E-Book inside.

Mit folgendem persönlichen Code
können Sie die E-Book-Ausgabe
dieses Buches downloaden.

20186-rx6p5-
6r61w-100l6

Registrieren Sie sich unter
www.hanser-fachbuch.de/ebookinside
und nutzen Sie das E-Book
auf Ihrem Rechner*, Tablet-PC
und E-Book-Reader.

Bleck / Moeller
Handbuch Stahl

Wolfgang Bleck
Elvira Moeller

Handbuch Stahl

Auswahl, Verarbeitung, Anwendung

HANSER

Die Herausgeber:

Univ.-Prof. Dr.-Ing. Wolfgang Bleck ist Leiter des Instituts für Eisenhüttenkunde der RWTH Aachen University.

Dipl.-Chem. Elvira Moeller ist Herausgeberin und Autorin technisch-wissenschaftlicher Publikationen. Sie ist freiberuflich für Verlage und Institutionen tätig.

Bibliografische Information Der Deutschen Bibliothek:

Die Deutsche Bibliothek verzeichnet diese Publikation in der Deutschen Nationalbibliografie; detaillierte bibliografische Daten sind im Internet über <http://dnb.d-nb.de> abrufbar.

ISBN: 978-3-446-44961-9

E-Book-ISBN: 978-3-446-44962-6

© 2018 Carl Hanser Verlag, München
www.hanser-fachbuch.de
Lektorat: Dipl.-Ing. Volker Herzberg
Herstellung: Cornelia Rothenaicher
Satz: Kösel Media GmbH, Krugzell
Coverconcept: Marc Müller-Bremer, Rebranding, München, Germany
Titelfoto: Saarpolygon Panorama, Fotolia
Coverrealisierung: Stephan Rönigk
Druck und Bindung: FIRMENGRUPPE APPL, aprinta druck GmbH, Wemding
Printed in Germany

Vorwort

Noch ein Buch über Stahl! Ja, denn dieses Buch ist besonders.

Wir sind angetreten, als Praktiker für Praktiker einen Leitfaden durch die verwirrende Vielfalt der Stähle und ihrer Nutzung zu entwickeln. Ausgehend vom Anwendungsbeispiel werden die Anforderungen an den Werkstoff, die bewährten Werkstofflösungen und schließlich Hintergrund-Informationen zur Bereitstellung und Charakterisierung der Werkstoffe gegeben. Bewusst wird dabei die Perspektive des Nutzers von Stahl gewählt, ebenso bewusst haben wir die Themenauswahl beschränkt, um nicht die Übersicht in der Informationsflut über Bauteile und Anwendungsbereiche bei mehr als 2500 genormten Werkstoffen auf Eisenbasis zu verlieren. Gusseisen mit seinen vielfältigen Verarbeitungs- und Anwendungsformen wird ausgeklammert, einige Randbereiche der Stahlanwendung wie die Pulvermetallurgie werden nur gestreift.

Dieses Grundkonzept stößt allerdings an viele Grenzen, die es zu überwinden galt. Ein spezieller Stahl kann in verschiedenen Produktformen für viele Anwendungsbereiche diskutiert werden. Manche Anwendungsbereiche lassen sich nicht deutlich voneinander abgrenzen. Schließlich kommt auch ein Buch für Praktiker nicht ohne die Bereitstellung von Grundlagen aus. Ein widerspruchsfreies, eindeutiges Konzept für unser Unterfangen gibt es nicht, aber wir haben – nach unserer Meinung – eine akzeptable Lösung gefunden.

Im Teil A des Buches werden die Grundlagen zu den Stählen, ihren physikalischen, chemischen und technologischen Eigenschaften, ihrer Herstellung, Verarbeitung und Normung in kondensierter Form zusammengestellt. Der Teil B gliedert sich in 10 anwendungsbezogene Kapitel, die von einem Konsortium von Fachleuten zusammengestellt wurden. Angesichts der Vielfalt der Stähle und der Verschiedenartigkeit ihrer Anwendungen ist die Zahl der Autoren sehr groß geworden; unterschiedliche Stile der Darstellung und verschiedene Schwerpunktsetzungen sind so vorgegeben. Neben der Beschreibung des Standes der Technik wird häufig auf die absehbaren Zukunftsentwicklungen eingegangen.

Anhand vieler Anwendungsbeispiele und der Konzentration auf die jeweils bedeutendsten für ein bestimmtes Anwendungsgebiet genutzten Stahlsorten wird ein Leitfaden erstellt, der konzentriert, detailreich und – hoffentlich – auch unterhaltsam in die Welt der Stähle und ihrer Nutzung einführt. Uns ist bewusst, dass die Darstellung viele Lücken aufweist, viele Themen sind bei weitem nicht vollständig behandelt. Gleichwohl bieten wir dem Leser eine Reise von der Bauteilanforderung zur Werkstoffwahl und selbstverständlich auch umgekehrt vom Werkstoff über die Verarbeitung zum Produkt mit definierten Eigenschaften.

Die Beiträge wurden von zahlreichen Fachleuten aus Industrie und Forschung in Eigenverantwortung geschrieben; Redundanzen lassen sich nicht immer vermeiden. Trotz aller Sorgfalt mögen sich Fehler oder Ungenauigkeiten eingeschlichen haben; die Herausgeber sind für Verbesserungsvorschläge und Anregungen dankbar.

Wir danken unseren vielen Autorinnen und Autoren, die sich in dem dreijährigen Entstehungsprozess dieses Buches engagiert haben. Das Autorenverzeichnis weist auf den jeweiligen industriellen oder wissenschaftlichen Hintergrund hin. Wir danken den Firmen und Organisationen, die Abbildungen und Informationen zu Verfügung gestellt haben. Ein besonderer Dank gilt Herrn Dipl.-Ing. Volker Herzberg vom Carl Hanser Verlag, der den Anstoß am Anfang und die vielen notwenigen Anstöße unterwegs für dieses Buch gab.

Unseren Lesern wünschen wir eine anregende Lektüre

Wolfgang Bleck   *Elvira Moeller*

im August 2017

Inhalt

TEIL B
Stähle für unterschiedliche Anwendungsbereiche

Autorenverzeichnis

Dr.-Ing. Frank Baumgärtner
Schunk Sintermetalltechnik GmbH, Heuchelheim
Frank.Baumgaertner@schunk-group.com
Kapitel: B 3-9

Dr.-Ing. Christoph Becker
Institut für Umformtechnik und Leichtbau
Technische Universität Dortmund
christoph2.becker@tu-dortmund.de
Kapitel: A 5-4

Prof. Dr.-Ing. Bernd-Arno Behrens
Institut für Umformtechnik und Umformmaschinen
(IFUM), Leibniz Universität Hannover
behrens@ifum.uni-hannover.de
Kapitel: A 5-3, A 5-6

Prof. Dr.-Ing. Wolfgang Bleck
Institut für Eisenhüttenkunde (IEHK)
RWTH Aachen
Wolfgang.Bleck@iehk.rwth-aachen.de
Kapitel: A 1, A 3, B 8-3, B 9-1, B 10-1, B 10-3,
alle Zwischentexte

Dipl.-Ing. Wolfgang Branner
HUBER SE
Berching
Wolfgang.Branner@huber.de
Kapitel: B 2-5

Prof. Dr.-Ing. Ulrich Brill
Institut für Eisenhüttenkunde (IEHK)
RWTH Aachen
u.brill@t-online.de
Kapitel: B 8-1

Prof. Dr.-Ing. habil., Prof. E. h. em. Klaus Brökel
Fakultät für Maschinenbau und Schiffstechnik
Universität Rostock
klaus.broekel@uni-rostock.de
Kapitel: B 3-1

Dipl.-Ing. Jan Bültmann
ehem. IEHK Aachen
Kapitel: A 5-10

M. Sc. Sandro Citarelli
Institut für Stahlbau und Lehrstuhl für Stahlbau und
Leichtmetallbau
RWTH Aachen
s.citarelli@stb.rwth-aachen.de
Kapitel: B 1-5

Dr.-Ing. habil. Sami Chatti
ehem. Institut für Umformtechnik und Leichtbau
Technische Universität Dortmund
sami.chatti@tu-dortmund.de
Kapitel: A 5-4

Dr.-Ing. Uwe Diekmann
MATPLUS GmbH
Kamen
uwe.diekmann@matplus.de
Kapitel: A 2

Dipl.-Ing. Florian Dobler
ehem. FZG München
Kapitel: B 3-2

Dr.-Ing. Serosh Engineer
EZM EdelstahlZieherei Mark GmbH
Wetter
s.engineer@ezm-mark.de
Kapitel: A 4, B 3-5 bis B 3-8, B 4-3, B 10-2

Christian-Simon Ernst
Kapitel: B 4-4

Dipl.-Ing. Martin Feistle
Lehrstuhl für Umformtechnik und Gießereiwesen,
Technische Universität München, Garching
martin.feistle@utg.de
Kapitel: A 5-1.2

Dr.-Ing. Alexander Felde
Institut für Umformtechnik, Universität Stuttgart
alexander.felde@ifu.uni-stuttgart.de
Kapitel: A 5-2

Prof. Dr.-Ing. Markus Feldmann
Institut für Stahlbau und Lehrstuhl für Stahlbau
und Leichtmetallbau
RWTH Aachen
feldmann@stb.rwth-aachen.de
Kapitel: B 1-5

Dr.-Ing. Johannes Gediga
Thinkstep
Leinfelden-Echterdingen
johannes.gediga@thinkstep.com
Kapitel: A 6

Dipl.-Ing. Ulrike Gabrys
Bundesanstalt für Wasserbau (BAW)
Karlsruhe
ulrike.gabrys@baw.de
Kapitel: B 5-2, B 5-3

Dipl.-Kfm. Holger Glinde
Institut Feuerverzinken GmbH
Düsseldorf
holger.glinde@feuerverzinken.com
Kapitel: B 1-8, B 1-9

Dipl.-Ing. Goran Grzancic
Institut für Umformtechnik und Leichtbau
Technische Universität Dortmund
goran.grzancic@tu-dortmund.de
Kapitel: A 5-4

Dr.-Ing. Christian Haase
Inst. für Eisenhüttenkunde (IEHK)
RWTH Aachen
Christian.Haase@iehk.rwth-aachen.de
Kapitel: B 10-5

M. Sc. Christoph Hartmann
Lehrstuhl für Umformtechnik und Gießereiwesen
Technische Universität München, Garching
christoph.hartmann@utg.de
Kapitel: A 5-1.1

Dr.-Ing. Oliver Hechler
ArcelorMittal Sheet Piling,
Esch-sur-Alzette (Luxembourg)
oliver.hechler@arcelormittal.com
Kapitel: B 1-3, B 5-5

Dr.-Ing. Winfried Heimann
Krefeld
winfried.heimann@web.de
Kapitel B 8-2

Dipl.-Ing. Thomas Hesse
Bundesanstalt für Wasserbau (BAW)
Karlsruhe
thomas.hesse@baw.de
Kapitel: B 5-2, B 5-3

Dipl.-Ing. Maria Hiller
Lehrstuhl für Umformtechnik und Gießereiwesen,
Technische Universität München, Garching
maria.hiller@utg.de
Kapitel: A 5-1.1

B. Sc. Jan Hof
ehem. IEHK Aachen
Kapitel: A 5-10

Dr.-Ing. Sven Hübner
Institut für Umformtechnik und Umformmaschinen
(IFUM), Leibniz Universität Hannover
huebner@ifum.uni-hannover.de
Kapitel: A 5-6

Dr.-Ing. Peter Janßen
Muhr und Bender KG, Attendorn
stahlpeter64@web.de
Kapitel: B 1-2, B 4-3

Dr.-Ing., Dr. techn. Albert Jörg
voestalpine Schienen GmbH
Leoben (Österreich)
albert.joerg@voestalpine.com
Kapitel: B 4-7

Dipl.-Ing. Hans-Uwe Kalle
ArcelorMittal Sheet Piling,
Esch-sur-Alzette (Luxembourg)
uwe.kalle@arcelormittal.com
Kapitel: B 1-3, B 5-5

Prof. Dr.-Ing. Andreas Kern
thyssenkrupp Steel Europe, Technology and
Innovation – Hot Rolled Products Duisburg
andreas.kern@thyssenkrupp.com
Kapitel: B 2-1, B 4-2

Dr.-Ing. Jürgen Klabbers-Heimann
Salzgitter Mannesmann Forschung GmbH, Duisburg
j.klabbers-heimann@du.szmf.de
Kapitel: B 4-5

Dr.-Ing. Andreas Klink
Werkzeugmaschinenlabor der
RWTH Aachen University
A.Klink@wzl.rwth-aachen.de
Kapitel: A 5-5.3

**Prof. Dr.-Ing., Dr.-Ing. E. h., Dr. h. c., Dr. h. c.
Fritz Klocke**
Werkzeugmaschinenlabor der
RWTH Aachen University
F.Klocke@wzl.rwth-aachen.de
Kapitel: A 5-5.1, A 5-5.2, A 5-5.3

Dr.-Ing. Jürgen Korkhaus
ehem. Werkstofftechnik BASF SE Ludwigshafen
Juergen.Korkhaus@gmail.com
Kapitel: B 2-2

Dipl.-Ing. Michael Krinninger
Lehrstuhl für Umformtechnik und Gießereiwesen
Technische Universität München, Garching
michael.krinninger@utg.de
Kapitel: A 5-1.2

Prof. Dr.-Ing. Markus Kuhnhenne
Lehr- und Forschungsgebiet Nachhaltigkeit
im Metallleichtbau
RWTH Aachen University
mku@stb.rwth-aachen.de
Kapitel: B 1-4

Dr. mont. Axel Kulgemeyer
Salzgitter Mannesmann Forschung GmbH, Duisburg
a.c.kulgemeyer@du.szmf.de
Kapitel: B 6

Dipl.-Ing. Ingolf Langer
Schunk Sintermetalltechnik GmbH, Thale
Ingolf.Langer@schunk-group.com
Kapitel: B 3-9

Prof. Dr.-Ing. Mathias Liewald
Institut für Umformtechnik, Universität Stuttgart
mathias.liewald@ifu.uni-stuttgart.de
Kapitel: A 5-2

M. Sc. Mingxuan Lin
Institut für Eisenhüttenkunde (IEHK)
RWH Aachen
Mingxuan.Lin@iehk.rwth-aachen.de
Kapitel: B 4-1

Dipl.-Ing. Jörg Maffert
Rehlingen-Siersburg
p.j.maffert@t-online.de
Kapitel: B 5-5

M. Sc. Robert Meißner
Institut für Umformtechnik, Universität Stuttgart
mathias.liewald@ifu.uni-stuttgart.de
Kapitel: A 5-2

Dr.-Ing. Juliane Mentz
Salzgitter Mannesmann Forschung GmbH, Duisburg
j.mentz@du.szmf.de
Kapitel: B 6

Dipl.-Chem. Elvira Moeller
Leinfelden-Echterdingen
elvira.moeller@t-online.de
Kapitel: A 5-11

Prof. Dr.-Ing. Sebastian Münstermann
Institut für Eisenhüttenkunde (IEHK)
RWTH Aachen
muenstermann@iehk.rwth-aachen.de
Kapitel: B 1-1, B 2-1

Dipl.-Math. Daniel Opritescu
Lehrstuhl für Umformtechnik und Gießereiwesen
Technische Universität München, Garching
daniel.opritescu@utg.de
Kapitel: A 5-1.1

Dipl.-Kffr. Esther Pfeiffer
thyssenkrupp Steel Europe – Quality Management
Heavy Plate, Duisburg
esther.pfeiffer@thyssenkrupp.com
Kapitel: B 2-1

Dr.-Ing. Ralf Podleschny
Internationaler Verband für den Metallleichtbau
(IFBS)
Krefeld
ralf.podleschny@ifbs.eu
Kapitel: B 1-4

Dr.-Ing. Ulrich Prahl
Institut für Eisenhüttenkunde (IEHK)
RWTH Aachen
Ulrich.Prahl@iehk.rwth-aachen.de
Kapitel: A 4, A 5-10, B 4-1

Dipl.-Ing. Jan Puppa
Institut für Umformtechnik und Umformmaschinen
(IFUM), Leibniz Universität Hannover
massivumformung@ifum.uni-hannover.de
Kapitel: A 5-3

Dr.-Ing. Hans-Willi Raedt
Vice President Advanced Engineering
Hirschvogel Automotive Group
Denklingen
HHG@Hirschvogel.com
Kapitel: B 4-4

Dr.-Ing. Evelin Ratte
Carpenter Technology Europe
eratte@cartech.com
Kapitel: B 7

Prof. Dr.-Ing. Uwe Reisgen
Institut für Schweißtechnik und Fügetechnik (ISF)
der RWTH Aachen
office@isf.rwth-aachen.de
Kapitel: A 5-7, A 5-8, A 5-9

M. Sc. Markus Schulte
Institut für Eisenhüttenkunde (IEHK)
RWTH Aachen
Markus.Schulte@iehk.rwth-aachen.de
Kapitel: B 10-1

M. Sc. Hannah Schwich
Institut für Eisenhüttenkunde (IEHK)
RWTH Aachen
Hannah.Schwich@iehk.rwth-aachen.de
Kapitel: A 4

Prof. Dr.-Ing. Karsten Stahl
Lehrstuhl für Maschinenelemente (FZG),
Technische Universität München, Garching
stahl@fzg.mw.tum.de
Kapitel: B 3-2

Dr.-Ing. Lars Stein
Institut für Schweißtechnik und Fügetechnik (ISF)
der RWTH Aachen
stein@isf.rwth-aachen.de
Kapitel: A 5-7, A 5-8, A 5-9

Prof. Dr.-Ing., Dr.-Ing. E.h. A. Erman Tekkaya
Institut für Umformtechnik und Leichtbau,
Technische Universität Dortmund
erman.tekkaya@iul.tu-dortmund.de
Kapitel: A 5-4

Dipl.-Ing. Andreas Thieme
Rehlingen-Siersburg
andreas.thieme1962@gmail.com
Kapitel: B 5-1

Dr.-Ing. Thomas Tobie
Lehrstuhl für Maschinenelemente (FZG),
Technische Universität München, Garching
Tobie@fzg.mw.tum.de
Kapitel: B 3-2

M. Sc. Frederik Vits
Werkzeugmaschinenlabor der
RWTH Aachen University
F.Vits@wzl.rwth-aachen.de
Kapitel: A 5-5.2

Prof. Dr.-Ing. Wolfram Volk
Lehrstuhl für Umformtechnik und Gießereiwesen
Technische Universität München, Garching
wolfram.volk@utg.de
Kapitel: A 5-1.1, A 5-1.2

Dipl.-Ing. Annika Weinschenk
Lehrstuhl für Umformtechnik und Gießereiwesen
Technische Universität München, Garching
annika.weinschenk@utg.de
Kapitel: A 5-1.1

Dipl.-Ing. Frank Wilke
ehem. Deutsche Edelstahlwerke GmbH
frank.wilke@dew-stahl.com
Kapitel: B 2-3, B 3-3, B 3-4, B 4-7 bis B 4-18, B 5-4,
B 8-4, B 10-4

Dr.-Ing. Guido Wirtz
Werkzeugmaschinenlabor der
RWTH Aachen University
G.Wirtz@wzl.rwth-aachen.de
Kapitel: A 5-5.1

Dipl.-Ing. Maria Zielesnik
Inst. für Eisenhüttenkunde (IEHK)
RWTH Aachen
Maria.Zielesnik@iehk.rwth-aachen.de
Kapitel: B 4-1

Dr.-Ing. Steffen Zimmermann
Salzgitter Mannesmann Precision GmbH
Mülheim/Ruhr
Steffen.Zimmermann@smp-tubes.com
Kapitel: B 4-5

Stahl – eine Werkstoffgruppe mit Zukunft

Wolfgang Bleck

Am Anfang war die industrielle Revolution. Nach Jahrtausenden handwerklicher Tradition mit vorwiegend mündlicher Wissensvermittlung und Herstellung in kleinen Mengen begann für Stahl in der zweiten Hälfte der 18. Jahrhunderts die industrielle Massenfertigung. Neue Rohstoffe, wie beispielsweise höherwertige Eisenerze und die Verwendung von Koks als Reduktionsmittel, neue metallurgische Herstellprozesse und neue Verfahren der Weiterverarbeitung ermöglichten die Fertigung von Stahlprodukten mit bis dato unbekannter Qualität zu niedrigen Kosten. Dies war gleichermaßen die Voraussetzung für moderne Maschinen und eine moderne Verkehrsinfrastruktur. Stahl wurde zum wichtigsten industriellen Werkstoff überhaupt.

Ging es zunächst um die Menge des verfügbaren Stahls, kamen doch schon frühzeitig auch qualitative Anforderungen hinzu. Die Verwendung von Stahl in Dampfkesseln erforderte das Verständnis der mechanischen Eigenschaften in Gegenwart hoher Drucke und schneller Druckänderungen. Die Nutzung von Stählen im Eisenbahnwesen konnte nur gelingen, weil die Werkstoffeigenschaften bei sehr hohen zyklischen Beanspruchungen erforscht wurden und für die Entwicklung der chemischen Industrie waren Korrosionsbeständigkeit und das Verhalten bei hohen Temperaturen von außerordentlicher Bedeutung. Es war deshalb nur logisch, wenn nach einer Phase der Produktionssteigerung die Aufmerksamkeit vermehrt auf die Qualität der Stahlprodukte und die gezielte Entwicklung von für bestimmte Anwendungen optimierten Stählen gerichtet wurde.

Im Jahr 1860 wurde der Technische Verein für das Eisenhüttenwesen, der spätere Verein Deutscher Eisenhüttenleute VDEh, gegründet, seit 1861 erscheint die Zeitschrift „Stahl und Eisen", seit 1927 die Zeitschrift „Archiv für das Eisenhüttenwesen", die heutige „Steel

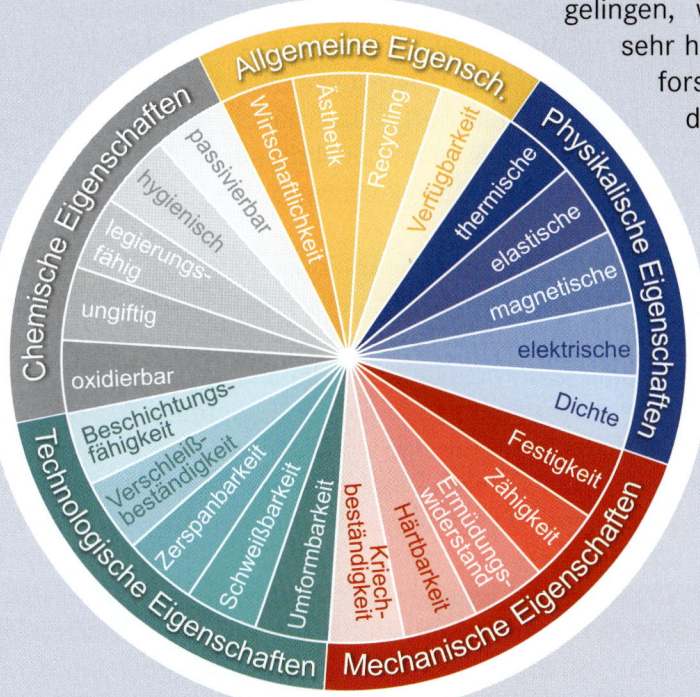

Stähle bieten mit ihrer Vielfalt an Legierungen ein außerordentlich breites Eigenschaftsspektrum

Research International". Die wissenschaftliche Durchdringung der Werkstoffgruppe der Stähle erlangte nun eine große Bedeutung. Resumiert man etwa vier Jahrtausende Geschichte von Eisen und Stahl seit der Zeit der Hethiter, so ist doch die wissenschaftlich basierte Werkstoffentwicklung noch relativ jung.

Der große Aufschwung der Stahlerzeugung erfolgte im 20. Jahrhundert und hier vor allem seit 1950. Stähle als die Werkstoffe der Infrastruktur wurden in unvorstellbar großen Mengen nachgefragt. Es gibt Schätzungen, dass allein für den Aufbau der nordamerikanischen Infrastruktur über 4 Mrd. t Stahl erforderlich waren. Der außergewöhnliche Aufschwung Chinas zum Land mit der größten Stahlindustrie der Welt erfolgte in den letzten 25 Jahren. Auch dies lässt sich nur mit dem Aufbau der chinesischen Infrastruktur interpretieren; auch hier kann man grob abschätzen, dass es sich um mehrere Mrd. t Stahl handelt, die in Schienen, Brücken und Häusern verbaut, das Land in Rekordzeit veränderten. Aber auch in Deutschland lassen sich neue Infrastrukturprojekte, beispielsweise im Offshore-Bereich, nur mit Hilfe von neuen Stählen realisieren.

Neben diesem Haupteinsatzgebiet in der Infrastruktur haben sich Stähle für sehr viele weitere Industriezweige als essentiell wichtig herausgestellt. Moderne Personenkraftwagen müssen hohen Komfortansprüchen genügen, im Energieverbrauch effizient sein und ein Höchstmaß an Sicherheit bieten; eine Kombination von Eigenschaften, die durch den Einsatz hochfester kaltumformbarer Stähle möglich wurde. Der anstehende Wechsel in Richtung Elektromobilität erfordert eine neue Generation von Elektroblechen aus Stählen, die für die besonderen Belastungen der hochfrequent arbeitenden Motoren im Pkw-Bereich sowohl magnetisch als auch mechanisch ausgelegt sind. Die Energiewende in Deutschland ist ohne Stahl nicht realisierbar.

Die Basis für diese etwas plakativ klingenden Aussagen ist die Tatsache, dass sich mit Stählen hervorragende Eigenschaftskombinationen realisieren lassen. Stähle weisen ein sehr großes Spektrum an mechanischen Eigenschaften auf: so können sie als weiche, unlegierte Stähle für Verpackungsanwendungen extrem weich und als hochfeste Drähte für Brückenseile oder Stahlcord in Armierungssystemen extrem hochfest sein. Die Zugfestigkeitswerte reichen von ca. 270 MPa bis hin zu 6500 MPa. Dies geht einher mit einem Werkstoffverhalten, das vor dem Bruch eine plastische Verformung garantiert, was als inhärentes Sicherheitskriterium funktioniert. Auch bei sehr hohen Festigkeiten verfügen Stähle noch über Zähigkeitswerte, die technisch nutzbar und berechenbar sind.

Die Berechenbarkeit der Stähle ist zudem ein wichtiges Argument für die derzeitige Anwendung, aber vor allem auch für zukünftige Entwicklungsaufgaben. Die kristalline Struktur des Werkstoffs mit seinen allotropen Phasenumwandlungen, das Verständnis der kristallinen Gitterbaufehler einerseits, das magnetische Verhalten der Stähle andererseits sowie die chemischen Reaktionen sowohl auf atomarer Ebene als auch in Grenzflächenbereichen können quantitativ mit physikalischen Gesetzmäßigkeiten beschrieben werden. Dies stellt eine wichtige Voraussetzung für eine wissenschaftlich fundierte Vorgehensweise bei der Entwicklung neuer Eigenschaftskombinationen dar und ist gleichzeitig die Basis für die sichere Auslegung von Bauteilen und die zuverlässige Ermittlung von deren Lebensdauer.

Gleichzeitig wird aber auch die Konkurrenz der Werkstoffe größer. Bis etwa in die 1950er-Jahre des 20. Jahrhunderts waren Stähle die einzigen Ingenieurwerkstoffe, die in großem Umfang genutzt wurden. Daneben gab es in kleinerem Ausmaß Kupfer und Kupfer-Basislegierungen sowie vereinzelt Nickel-Basiswerkstoffe. Die Nickel-Basiswerkstoffe haben das Temperaturspektrum des Einsatzes von metallischen Werkstoffen erweitert. Titanlegierungen schließlich haben in ihrer Kombination von mechanischen Eigenschaften und spezifischem Gewicht Stahl aus einigen Anwendungen, beispielsweise im Flugzeugbau, verdrängt. Gleichwohl sind die Mengen dieser Werkstoffe gering; ihr Einsatz beschränkt sich auf besonders anspruchsvolle Gebiete, die kostenmäßig häufig nicht so kritisch sind wie die klassischen Stahleinsatzgebiete. Neben die Metalle sind aber vor allem die Polymere getreten, die mit ihrem geringen Gewicht und einer Vielzahl an genau einstellbaren mechanischen und funktionellen Eigenschaften Stähle aus vielen Alltagsbereichen heraus verdrängt haben. Umgangssprachlich liest man insofern häufig, dass die Eisenzeit, genauer gesagt das Stahlzeitalter, ausklingt und durch eine Kunststoffwelt ersetzt wird. Dagegen spricht, dass die Stähle ein hervorragendes Eigenschaftsspektrum aufweisen. Insbesondere die Kombination von in weiten Grenzen einstellbarer Zugfestigkeit, verbunden mit einer hohen Bruchzähigkeit und einem geringen thermischen Ausdehnungskoeffizienten macht Stähle zu idealen Konstruktionswerkstoffen. Dank ihrer hohen Schmelztemperatur sind die Eigenschaften bis hin zu etwa 450 °C (entsprechend ca. 0,4 T_m) nicht durch thermische Entfestigungsprozesse eingeschränkt. Andererseits lassen sich im technisch leicht realisierbaren Wärmebehandlungsbereich zwischen 500 und 1000 °C zahlreiche Phasenumwandlungen gezielt zur Gefügeeinstellung nutzen. Die nur in engen Grenzen variable Dichte erscheint als Nachteil bei strengen Leichtbauanforderungen; allerdings kann dies durch Nutzung des hohen Elastizitätsmoduls und konstruktive Auslegung kompensiert werden.

Die großen Herausforderungen und offenen Fragen für die Zukunft der Stahlindustrie liegen eher in der Prozesstechnik als im Werkstoffbereich. Die Kohlenstoffmetallurgie, die bei der Reduktion

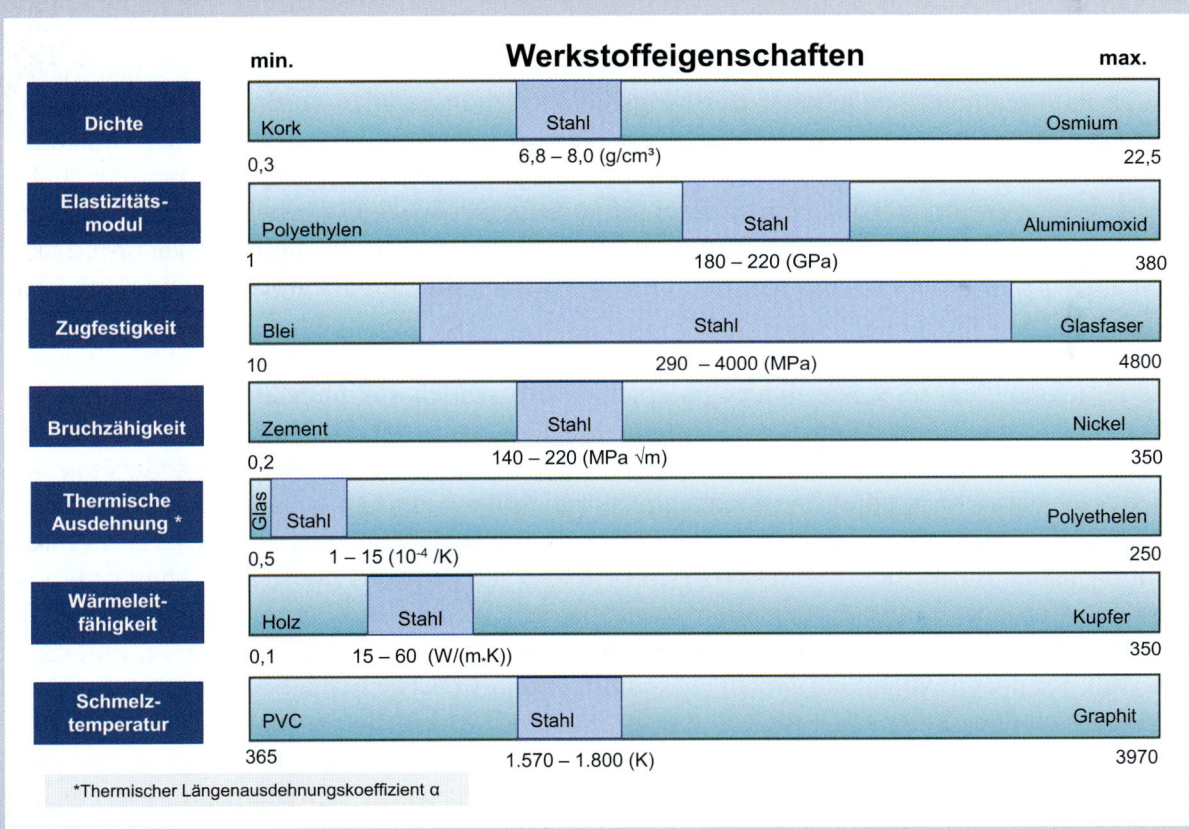

Die Position von Stahl relativ zu anderen Werkstoffen. Die charakteristischen Werte von Stählen werden verglichen mit einem besonders niedrigen und einem besonders hohen Wert bei anderen Werkstoffen
Quelle: HÜTTE – Das Ingenieurwissen, erweitert vom IEHK Aachen

des Eisenerzes, physikalisch bedingt, eine große Menge CO_2 freisetzt, ist in den Fokus der Politik geraten. Alternative metallurgische Prozesse gibt es derzeit nur im Labormaßstab. Zwar ist eine Umstellung auf eine Wasserstoffmetallurgie prinzipiell denkbar, bedarf aber nicht absehbarer verfahrenstechnischer Entwicklungen und setzt sicherlich jahrzehntelange sehr intensive Forschungsanstrengungen voraus. Gleichwohl befindet sich sowohl hier als auch bei der Flexibilisierung der Anlagentechnik mit dem Ziel einer besseren Anpassung an konjunkturelle Schwankungen ein großes Entwicklungspotenzial, dass die nächsten Jahrzehnte prägen wird.

Aber auch die Werkstofftechnik der Stähle tritt in ein neues Zeitalter. Dies ist keine übertriebene Formulierung, da mittlerweile der Traum der Werkstoffentwickler wahr geworden ist, dass auf der nm-Skala chemische Analysen und Strukturinformationen gewonnen werden können. Dies ist eine Folge von modernen, hochauflösenden Elektronenmikroskopen, die Einblicke in die Kristallstruktur ermöglichen, die vor wenigen Jahren undenkbar erschienen. Neue Erkenntnisse liefert aber vor allem die Atomsondentomographie, die eine genaue chemische Analyse mit einer Auflösung von ppm bezogen auf nm-große Bereiche ermöglicht. Erstmalig sind somit beispielsweise die Segregation von Fremdatomen in Grenzflächen oder Gradienten der chemischen Zusammensetzung in der Nähe von Ausscheidungen quantitativ zugänglich. Mit dieser Kombination von exakter chemischer und physikalischer Information auf der nm-Skala können nicht nur bisherige Theorien der Metallphysik überprüft und quantifiziert werden, sondern es gibt nun auch experimentelle Beobachtungen, die jenseits unserer bisherigen Theorien stehen.

Hoch interessante Ergebnisse lassen sich beispielsweise bei Mangan-legierten Stählen finden. Dieses Legierungselement, das seit vielen Jahrzehnten intensiv genutzt wird („Mangan ist des Hüttenmanns Freund") kann nun systematisch bei den mittel und hoch Mangan-legierten Stählen zur Steuerung unterschiedlicher Verformungsmechanismen genutzt werden, um mechanische Eigenschaften zu erzielen, die bis vor kurzem undenkbar waren. So lassen sich hohe Festigkeiten von über 1000 MPa mit Dehnungen von über 50 % und einer Sicherheit gegen Sprödbruch bis hin zu tiefsten Temperaturen kombinieren. Der großtechnischen Anwendung stehen derzeit noch der hohe Preis und eine Vielzahl von Problemen in der Fertigungstechnik gegenüber. Gleichwohl zeigt dieses Beispiel, welches große Spektrum an Eigenschaften bei Stählen noch systematisch erarbeitet werden kann.

Berücksichtigt man weiterhin, dass in der Werkstofftechnik nicht nur unterschiedliche Kristallstrukturen und -Phasen, sondern auch unterschiedliche Werkstoffe miteinander kombiniert werden können, dann ist das Potenzial von Eisen-Basislegierungen im Zusammenhang mit Werkstoffverbunden noch nahezu ungehoben. Zwar ist der metallische Überzug seit mehreren Jahrzehnten der Garant dafür, dass der Korrosionsangriff beispielsweise im Fahrzeugbau beherrscht wird, andererseits lassen sich in der Kombination von Faserverbundwerkstoffen mit ihrer strengen Richtungsabhängigkeit und metallischen Werkstoffen mit ihren tendenzmäßig eher isotropen Eigenschaften oder in der Kombination von elektrisch leitfähigen und nicht leitfähigen Werkstoffen vielfältige neue Varianten denken.

Die Welt der neuen Werkstoffe erscheint somit für viele Überraschungen noch offen und auch grundsätzlich neue Kombinationen von Werkstoffen und Werkstoffeigenschaften können erwartet werden. Hieraus Innovationen herzustellen, ist eine wichtige Aufgabe der Ingenieure. Dazu bedarf es Fertigungsverfahren, dazu bedarf es Verarbeitungsverfahren und dazu bedarf es der Möglichkeit der nachhaltigen Wiederverwertung. Gerade dies ist bei Stählen unproblematisch gegeben; aus Schrott wird ein wichtiger Sekundärrohstoff. Die Eisenerzvorräte in der Welt sind sehr groß und global verteilt. Hier liegt keine kritische Häufung in einzelnen Gebieten vor, sodass auch bei dem Primärrohstoff Eisenerz nach menschlichem Ermessen kein Mangel besteht. Etwas anders sieht es bei den Legierungselementen aus, die insbesondere bei Berücksichtigung der Gewinnungskosten häufig lokal sehr eingeschränkt verfügbar sind. Alternative Legierungsvarianten sind zwar meist vorhanden, aber häufig nicht kurzfristig abrufbar. Prinzipiell bleibt jedoch die hohe Verfügbarkeit des Rohstoffes Eisenerz, die mittlerweile ebenfalls hohe Verfügbarkeit des Sekundärrohstoffes Schrott und dessen unbegrenzte Rezyklierbarkeit ein wichtiger Vorteil der Stähle. Angesichts des Entwicklungspotenzials der Stähle und der erwiesenen Nachhaltigkeit kann man vermuten, dass die zukünftigen Historiker unsere Zeit zwar möglicherweise nicht mehr als Eisenzeit, sondern eher durch andere Begriffe charakterisieren werden. Aber Eisenbasis-Legierungen werden uns noch über viele Jahrhunderte als wichtige, verlässliche und nachhaltige Werkstoffe begleiten.

TEIL A
Der Werkstoff Stahl

1 Definition und Systematik von Stählen

Wolfgang Bleck

Stahl ist die mit Abstand technisch bedeutendste metallische Werkstoffgruppe; mit etwa 2500 spezifizierten Stahlsorten bietet sie eine Vielfalt an Eigenschaftskombinationen für unterschiedliche Einsatzgebiete. Viele dieser Stahlsorten wurden in den letzten Jahren modifiziert oder neu entwickelt; zusammen mit neuen Prozesswegen stellen sie ein interessantes und herausforderndes Aufgabengebiet für Ingenieure dar. Dieses Buch soll einen Einstieg in die Welt der Stähle ermöglichen, typische Anwendungsgebiete beschreiben, der Werkstoffentwicklung zugrundeliegende Gesetzmäßigkeiten aufzeigen und zur intensiven Beschäftigung mit Stählen anregen.

Der Begriff *Stahl* bezeichnet eine Werkstoffgruppe mit dem Hauptelement Eisen (Eisenbasislegierungen). Eisen geht mit anderen metallischen oder nichtmetallischen Elementen nichtstöchiometrische Verbindungen ein, die Legierungen genannt werden. Dabei können die Legierungselemente die Eisenatome im Kristallgitter ersetzen (substituieren) oder in den Lücken des Kristallgitters (interstitiell) gelöst werden. Technisch relevante Stähle weisen neben Eisen zumeist mehrere Legierungselemente auf. Ein charakteristisches Legierungselement stellt der Kohlenstoff dar, der in Stählen zwischen ca. 0,0002 und 2 Massen-% enthalten ist. Gusseisen weist höhere Kohlenstoffgehalte auf und wird durch Gießtechniken weiterverarbeitet, während für Stähle eine Weiterverarbeitung durch Warmumformung charakteristisch ist.

Das *Element Eisen* mit dem Symbol Fe (Ferrum) ist ein Übergangselement in der Gruppe VIII des Periodensystems mit der Ordnungszahl 26 und der Atommasse 55,8. Es ist mit 5,1 Massen-% das vierthäufigste Element der Erdkruste; der flüssige Erdkern besteht zum überwiegenden Teil aus geschmolzenem Eisen. Eisen kommt als reines Element in der Erdkruste nur selten, in gebundener Form als Oxid, Sulfid, Carbonat oder Silicat aber häufig vor.

Das Element Eisen hat nur eine geringe *chemische Stabilität*; es wird leicht oxidiert und reagiert direkt mit den meisten nichtmetallischen Elementen durch Bildung von Verbindungen, in denen Eisen die Oxidationsstufen $+2$ oder $+3$ einnimmt (in Sonderfällen auch $+6$). Beispielsweise geht Eisen mit Sauerstoff die Verbindungen FeO ($+2$) und Fe_2O_3 ($+3$) sowie die Verbindung Fe_3O_4 ($FeO \cdot Fe_2O_3$) ein. In Gegenwart von Sauerstoff, Wasser und Elektrolyten laufen elektrochemische Reaktionen ab, die unter dem Begriff Korrosion zusammengefasst werden. Eisen kann in den verschiedenen Oxidationsstufen mit Kohlenstoffverbindungen organometallische Verbindungen bilden. Mit den meisten metallischen Elementen kann Eisen nichtstöchiometrische Verbindungen (Legierungen) eingehen.

Der *Name* geht auf das illyrische Wort „iser" zurück, daraus hat sich zusammen mit dem venetisch-illyrischen „eisarnon", in dem die indogermanische Wurzel „eis" steckt, das germanische „isarnan" entwickelt. Durch Sprachverschiebungen entstand hieraus das gotische „eisarn", das altnordische „isarn", das deutsche „eisen", das holländische „ijzer", das schwedische „järn" und das englische „iron". Der wissenschaftliche Name „Ferrum" geht auf einen lateinisch-etruskischen Ursprung zurück; die französische Bezeichnung „acier" stammt vom lateinischen „acies" = scharf.

Der archäologische Begriff *Eisenzeit* datiert ab etwa 1500 v. Chr. die Einführung von Eisen als Gebrauchsmetall für Waffen und Kochutensilien. Zuvor war vereinzelt Eisen als kostbarer Schmuck verwendet worden; z. B. wurde in Troja ein Goldschmuckstück gefunden, das mit dem damals wertvolleren Eisen verziert war; auch aus Ägypten ist Eisenschmuck bekannt. Vermutlich ist die Eisenerzeugung als Zufallsprodukt bei der Kupfererschmelzung entstanden – weil z. B. statt eines vermeintlichen Kupfererzes Eisenerz in den Schmelzofen gegeben wurde –, so wie möglicherweise die Kup-

1

fererschmelzung zufällig beim Tonbrennen erfunden wurde.

Die *Geschichte der Eisenerzeugung* beginnt mit den Hethitern etwa 2000 v. Chr., die im heutigen Kleinasien beheimatet waren; erstmals werden eine gezielte Eisenerzeugung und ein Handel mit Eisenprodukten überliefert. Über die Phönizier, Etrusker und Römer gelangte die Kunde hierüber zu den Slawen und den Germanen. Eisen wurde überwiegend in einem einstufigen Verfahren durch Reduktion oxidischer oder sulfidischer Erze gewonnen (Rennfeuer); die hierbei erhaltene teigige, schlackenvermischte Masse bedurfte eines intensiven Schmiedens mit Abtrennung und Zerkleinerung der Schlacke, bevor sie gebrauchsfertig war. In Europa ist der zweistufige Erzeugungsweg mit flüssigem Roheisen als Zwischenprodukt und anschliessendem Frischprozess zur Herstellung von schmiedbarem Eisen (Oxidation der Begleitelemente, dadurch Reinigung des Eisens und Umwandlung in Stahl) im 14. Jahrhundert entwickelt worden; wesentlich vorangetrieben wurde die Verwendung von Eisen während der industriellen Revolution in der zweiten Hälfte des 18. Jahrhunderts. Erste Beispiele für die industrielle Nutzung waren Kessel, Eisenbahnschienen und Brücken. Besonderen Symbolwert haben die Ironbridge in Coalbrookdale in Großbritannien (erbaut 1779) sowie der Eiffelturm in Paris (erbaut 1889) erlangt.

Die *biologischen Eigenschaften* des Eisens zeichnen es als ein lebenswichtiges Mineral für Mensch und Tier aus. Es ist das Zentralatom des Hämoglobin- und des Myoglobin-Moleküls. Hämoglobin transportiert Sauerstoff in den roten Blutkörperchen von der Lunge in die Körperzellen und Kohlendioxid aus den Zellen in die Lunge. Myoglobin transportiert Sauerstoff im Muskelgewebe. Ein Eisenmangel führt beim Menschen zu verminderter Sauerstoffversorgung des Gehirns und macht sich durch Müdigkeit bemerkbar; der Eisengehalt des Blutes ist ein wichtiger Faktor für die Leistungsfähigkeit. Eisen wird nur ionogen (+ 2) und in Anwesenheit von Vitamin C in den Körper aufgenommen.

Wichtige Gründe für die *universelle technische Nutzung* des Elementes Eisen sind:

- Die Häufigkeit seines Vorkommens (4,7 % der Erdkruste; Lagerstätten mit > 50 Massen-% Eisen sind weltweit verbreitet).
- Die hohe Schmelztemperatur T_L von 1808 K (1535 °C); dadurch finden bei Raumtemperatur bis hin zu etwa 450 °C (= 0,4 T_L) keine thermisch aktivierten Gefügeänderungen statt. Im technisch gut beherrschbaren Temperaturbereich von ca. 550 bis 950 °C können durch Wärmebehandlungen Diffusionsvorgänge aktiviert und Mikrostrukturen gezielt eingestellt werden.
- Eisen weist im Festkörper zwei Phasenumwandlungen 1. Ordnung auf (A_4- und A_3-Umwandlung), die die Nutzung unterschiedlicher Kristallstrukturen für Stahlwerkstoffe ermöglichen. Viele Eigenschaften des Festkörpers lassen sich aus der Geometrie des kubisch-raumzentrierten und des kubisch-flächenzentrierten Gitters berechnen.
- Eine magnetische Umwandlung (A_2-Umwandlung, Phasenumwandlung 2. Ordnung) ermöglicht Werkstoffe mit unterschiedlichen elektrischen und magnetischen Eigenschaften und führt zu nutzbaren Anomalien beispielsweise bei der thermischen Ausdehnung.
- Eisen kann mit ca. 80 anderen Elementen Legierungen eingehen, die eine gegenseitige Löslichkeit oder aber eine Verbindungsbildung beinhalten.

Bild 1.1 Beispiele für die Verwendung von Gusseisen und Stahl im Brückenbau
links: Iron Bridge in Coalbrookdale/GB (1779) (Quelle: flickr)
mitte: Golden Gate Bridge in San Francisco/USA (1937) (Quelle: pixabay)
rechts: Beipanjiang Brücke in China (2016) (Quelle: http://www.highesttbridges.com)

Bild 1.2 Beispiele für die Nutzung von Stählen im Schiffbau, in der Architektur und im Haushalt
links: Kreuzfahrtschiff
mitte: Colourdome RWTH Aachen, selbsttragender Kuppelbau aus Stahlblech
rechts: Essbesteck

1.1 Systematik der Stähle

Weltweit werden etwa 2500 verschiedene Stähle hergestellt, deren chemische Zusammensetzung, Gefüge und Eigenschaften für unterschiedliche Produktformen und Anwendungen maßgeschneidert sind. Eine einheitliche Bezeichnungsweise der Stahlsorten ist zur kurz gefassten Identifizierung von Stählen und zu ihrer genauen Absprache bei Erzeugung, Bestellung, Lagerung und Weiterverarbeitung von großer Bedeutung.

Der Begriff „Stahlsorte" bezeichnet hierbei einen in einer Gütenorm erfassten Stahl; daneben gibt es die Erzeugnisnormen, die die verschiedenen Produktformen, z.B. Warmband, Feinblech, Draht, Profile usw., beschreiben. Die europäischen Normen (EN) für Stahl gibt es in den drei offiziellen Sprachen Deutsch, Englisch und Französisch. Die deutsche Fassung erhält den Status einer Deutschen Norm und wird als DIN EN herausgegeben.

Die Bezeichnung der Stähle erfolgt über Kurznamen oder Werkstoffnummern. Die Kurznamen werden nach DIN EN 10027-1 in zwei Hauptgruppen unterschieden: Hauptgruppe 1 umfasst Kurznamen, die Hinweise auf die Verwendung und die mechanischen oder die physikalischen Eigenschaften der Stähle enthalten. Kurznamen der Hauptgruppe 2 werden mit Hinweisen auf die chemische Zusammensetzung der Stähle gebildet.

Daneben existiert ein System von Werkstoffnummern; die Werkstoffnummern der Stähle werden vom Stahlinstitut VDEh als europäische Stahlregistratur verwaltet. Das Stahlinstitut VDEh hat es übernommen, eine Zusammenstellung aller registrierten und in europäischen Normen enthaltenen Stahlsorten mit ihren Werkstoffnummern zu pflegen und als Stahl-Eisen-Liste zu veröffentlichen. Die Stahl-Eisen-Liste enthält darüber hinaus alle der europäischen Stahlregistratur gemeldeten Stahlsorten, einschließlich Werksmarken europäischer Hersteller. Die Stahl-Eisen-Liste ist in Form einer Datenbank unter *www.stahldaten.de* kostenpflichtig verfügbar.

1.1.1 Einteilung der Stähle nach Hauptgüteklassen

Neben den europäischen Normungssystemen existieren zahlreiche weitere Systeme zur Normung von Stahlprodukten je nach Herstellungsland und Markt. Von Bedeutung ist dabei insbesondere das in Nord- und Südamerika angewendete System des American Iron and Steel Institute (AISI). Aufgrund großer Übereinstimmungen zwischen den einzelnen Stahlregistern ist in den meisten Fällen eine direkte Vergleichbarkeit zwischen den Nomenklaturen gegeben. So entspricht der in Deutschland unter dem Namen „V2A" bekannte nichtrostende Stahl 1.4301 dem Werkstoff AISI 304. Gleiches gilt für den Werkstoff AISI 316, der in Europa unter der Nummer 1.4401 – ebenfalls als ein nichtrostender Stahl – geführt wird.

Abweichend zu den bestehenden Normen haben sich verschiedene Bezeichnungen für Stähle durchgesetzt, die sich auf das gewählte Legierungskonzept beziehen. So ist der Begriff „mikrolegiert" nicht genormt. Er wird verwendet für Stähle mit den Mikrolegierungelementen Niob, Titan und Vanadin, die in Gehalten von $<0{,}1$ Massen-% zulegiert werden und deren Wirkung vorwiegend auf ihrer Fähigkeit zur Bildung von Karbonitriden beruht.

Stähle werden gemäß DIN EN 10020 je nach ihrer chemischen Zusammensetzung unterteilt in die Hauptgüteklassen

1

- unlegierte Stähle,
- nichtrostende Stähle und
- andere legierte Stähle.

1.1.1.1 Unlegierte Stähle

Unlegierte Stähle sind Stahlsorten, bei denen keiner der Grenzwerte nach Tabelle 1.1 erreicht wird. Die unlegierten Qualitätsstähle sprechen im Allgemeinen nicht gleichmäßig auf eine Wärmebehandlung an. Es sind keine Anforderungen an den Reinheitsgrad bezüglich nichtmetallischer Einschlüsse vorgeschrieben. Aufgrund der Beanspruchungen bei ihrem Gebrauch bestehen jedoch im Vergleich zu den Grundstählen schärfere oder zusätzliche Anforderungen, zum Beispiel hinsichtlich der Sprödbruchunempfindlichkeit, der Korngröße, der Verformbarkeit, sodass die Herstellung der Stähle besondere Sorgfalt erfordert.

Unlegierte Edelstähle haben insbesondere bezüglich nichtmetallischer Einschlüsse einen höheren Reinheitsgrad als Qualitätsstähle. In den meisten Fällen sind für sie ein Vergüten oder Oberflächenhärten vorgesehen

Tabelle 1.1 Grenzwerte zur Charakterisierung unlegierter Stähle (Schmelzenanalyse)

Legierungselement	Chemische Bezeichnung	Grenzwert (Massen-%)
Aluminium	Al	0,3
Bor	B	0,0008
Bismut (Wismut)	Bi	0,10
Cobalt	Co	0,30
Chrom	Cr	0,30
Kupfer	Cu	0,40
Lanthanoide (einzeln gewertet)	La	0,10
Mangan	Mn	1,65
Molybdän	Mo	0,08
Niob	Nb	0,06
Nickel	Ni	0,30
Blei	Pb	0,40
Selen	Se	0,10
Silicium	Si	0,60
Tellur	Te	0,10
Titan	Ti	0,05
Vanadium	V	0,10
Wolfram	Wo	0,30
Zirkon	Zr	0,05
Sonstige (jeweils) (mit Ausnahme von C, P, S, N)		0,10

und durch gleichmäßiges Ansprechen auf eine solche Behandlung gekennzeichnet. Die genaue Einstellung der chemischen Zusammensetzung und besondere Sorgfalt im Herstellungs- und Überwachungsprozess stellen verbesserte Eigenschaften zwecks Erfüllung erhöhter Anforderungen sicher. Diese Eigenschaften schließen hohe oder eng eingeschränkte Streckgrenzen- oder Härtbarkeitswerte sowie hohe Zähigkeitswerte ein und sind manchmal verbunden mit einer Eignung zum Kaltumformen und Schweißen.

Unlegierte Edelstähle sind Stahlsorten, die einer oder mehreren der nachfolgenden Anforderungen entsprechen:

- festgelegter Mindestwert der Kerbschlagarbeit im vergüteten Zustand;
- festgelegte Einhärtungstiefe oder Oberflächenhärte im gehärteten, vergüteten oder oberflächengehärteten Zustand;
- besonders niedrige Gehalte an nichtmetallischen Einschlüssen;
- festgelegter Höchstgehalt an Phosphor und Schwefel (Schmelzenanalyse: ≤ 0,020 %; Stückanalyse: ≤ 0,025 %;
- festgelegter Mindestwert der Kerbschlagarbeit an Charpy-V-Kerbproben bei – 50 °C von mehr als 27 J für in Längsrichtung entnommene Proben oder mehr als 16 J für in Querrichtung entnommene Proben;
- Kernreaktorstähle mit gleichzeitiger Begrenzung der Gehalte nach der Stückanalyse für folgende Elemente: Cu ≤ 0,10 %, Co ≤ 0,05 %, V ≤ 0,05 %;
- festgelegte elektrische Leitfähigkeit von > 9 Sm/mm²;
- ausscheidungshärtende Stähle mit festgelegten Mindestgehalten an Kohlenstoff in der Schmelzenanalyse von 0,25 % oder mehr und einem ferritisch-perlitischen Mikrogefüge, die ein oder mehrere Mikrolegierungselemente wie Nb oder Ti in Gehalten unterhalb der Grenzwerte für legierte Stähle enthalten. Das Ausscheidungshärten wird im Allgemeinen durch geregelte Abkühlung von Warmformgebungstemperatur erreicht;
- Spannstähle.

1.1.1.2 Nichtrostende Stähle

Nichtrostende Stähle sind Stähle mit einem Massenanteil Chrom von mindestens 10,5 % und höchstens 1,2 % Kohlenstoff. Sie werden weiterhin nach ihrem Nickelgehalt (< 2,5 Massen-%, > 2,5 Massen-%) sowie den Haupteigenschaften korrosionsbeständig, hitzebeständig, warmfest unterschieden.

1.1.1.3 Andere legierte Stähle

Andere legierte Stähle sind Stahlsorten, die nicht der Definition für nichtrostende Stähle entsprechen und bei denen, nach der Definition der Gehalte, wenigstens einer der Grenzwerte in Tabelle 1.1 überschritten wird. Legierte Qualitätsstähle sind Stahlsorten, für die Anforderungen bezüglich z. B. Zähigkeit, Korngröße und/oder Umformbarkeit bestehen. Legierte Qualitätsstähle sind im Allgemeinen nicht zum Vergüten oder Oberflächenhärten vorgesehen. Zu den legierten Qualitätsstählen zählen:

- schweißgeeignete Feinkornbaustähle;
- legierte Stähle für Schienen, Spundbohlen und Grubenausbau;
- legierte Stähle, die für schwierige Kaltumformungen vorgesehen sind;
- legierte Stähle, in denen Cu das einzige Legierungselement ist;
- legiertes Elektroblech und -band mit festen Anforderungen an Höchstwerte für den Ummagnetisierungsverlust oder Mindestwerte für die magnetische Induktion, Polarisation oder Permeabilität.

Die Klasse der legierten Edelstähle umfasst Stahlsorten, außer nichtrostenden Stählen, denen durch eine genaue Einstellung ihrer chemischen Zusammensetzung sowie durch besondere Herstell- und Prüfbedingungen verbesserte Eigenschaften verliehen wurden, die häufig in Kombination und innerhalb eng eingeschränkter Grenzen festgelegt sind. Legierte Edelstähle schließen legierte Maschinenbaustähle und legierte Stähle für den Druckbehälterbau, Wälzlagerstähle, Werkzeugstähle, Schnellarbeitsstähle und Stähle mit besonderen physikalischen Eigenschaften wie ferritische Nickelstähle mit kontrolliertem Ausdehnungskoeffizienten oder Stähle mit besonderem elektrischen Widerstand ein.

1.1.2 Bezeichnungssystem für Stähle

1.1.2.1 Bezeichnung nach Verwendungszweck sowie mechanischen und physikalischen Eigenschaften

Die DIN EN 10027-1 legt die Regeln für die Bezeichnung der Stähle durch Kennbuchstaben und Zahlen fest und gibt Hinweise auf wesentliche Merkmale.

Der Teil 1 der Norm beschränkt sich auf Hauptsymbole, mit denen die Verwendung, die mechanischen oder physikalischen Eigenschaften und die grobe chemische Zusammensetzung bestimmt werden können. Zur eindeutigen Identifizierung einer Stahlsorte sind in vielen Fällen Zusatzsymbole erforderlich. Die Stähle werden mit einem Hauptsymbol beschrieben, das aus einem Buchstaben als Hinweis auf die Verwendung und die Eigenschaften des Stahles besteht (Tabelle 1.2). Diese Hauptsymbole werden ergänzt um eine Zahl, die dem Mindestwert der Streckgrenze in MPa für die kleinste Erzeugnisdicke entspricht, z. B. S 235 = Stahl für den Stahlbau mit einer Streckgrenze $R_{eH} \geq 235$ MPa.

Tabelle 1.2 Hauptsymbole gemäß DIN EN 10027-1

Haupt-symbole	Verwendung
S	Stähle für den allgemeinen Stahlbau
P	Stähle für den Druckbehälterbau
L	Stähle für den Rohrleitungsbau
E	Maschinenbaustähle
B	Betonstähle
Y	Spannstähle
R	Stähle für oder in Form von Schienen
T	Feinst-, Weißblech und -band/Verpackungsblech und -band
H	Kaltgewalzte Flacherzeugnisse in höherfesten Ziehgüten
D	Flacherzeugnisse aus weichen Stählen zum Kaltumformen
M	Elektroblech und -band

Diese Hauptsymbole können ergänzt werden durch Zusatzsymbole für besondere Anforderungen oder Lieferzustände, die ihrerseits in zwei Gruppen unterteilt sind. Zusatzsymbole der Gruppe 2 können nur in Verbindung mit einem Zusatzsymbol der Gruppe 1 verwendet werden. Beispielsweise gelten folgende Zusatzsymbole für die Hauptsymbole P und H (Tabelle 1.3 und Tabelle 1.4): Die Bezeichnung P245NB gilt somit für einen Stahl für Druckbehälter mit einer Mindeststreckgrenze von 245 MPa, der normalgeglüht oder normalisierend gewalzt wird und der für die Fertigung von Gasflaschen geeignet ist. Die Bezeichnung E360 bezeichnet einen Maschinenbaustahl mit einer Mindeststreckgrenze von 360 MPa. Die Bezeichnung H260YD bezeichnet einen höherfesten IF-Stahl mit einer Mindeststreckgrenze von 260 MPa, der zum Schmelztauchbeschichten mit Zink geeignet ist.

Tabelle 1.3 Zusatzsymbole für Stähle für den Druckbehälterbau

Zusatz-symbol	Bedeutung
Gruppe 1	
M	thermomechanisch gewalzt
N	normalgeglüht oder normalisierend umgeformt
Q	vergütet
B	Gasflaschen
S	einfache Druckbehälter
T	Rohre
G	andere Merkmale
Gruppe 2	
H	Hochtemperatur
L	Tieftemperatur
R	Raumtemperatur
X	Hoch- und Tieftemperatur

Tabelle 1.4 Zusatzsymbole für kaltgewalzte Flacherzeugnisse in höherfesten Ziehgüten

Zusatz-symbol	Bedeutung
Gruppe 1	
M	thermomechanisch gewalzter und kaltgewalzter Stahl
C	Komplexphasenstahl (CP-Stahl)
I	isotroper Stahl
LA	niedriglegierter Stahl
B	Bake hardening Stahl (BH-Stahl)
P	phosphorlegierter Stahl
X	Dualphasenstahl
T	TRIP-Stahl (Transformation Induced Plasticity)
Y	interstitiell freier Stahl (IF-Stahl)
G	andere Merkmale
Gruppe 2	
D	Stahl für Schmelztauchüberzüge

1.1.2.2 Bezeichnung nach der chemischen Zusammensetzung

Unlegierte Stähle mit mittlerem Mn-Gehalt < 1 % (ausgenommen Automatenstähle) werden nach DIN EN 10020 beginnend mit einem „C" für Kohlenstoff, gefolgt von dem mittleren Kohlenstoffgehalt × 100 (Kohlenstoffkennzahl) bezeichnet, zum Beispiel:

- C15 = unlegierter Einsatzstahl mit 0,15 % C (nach DIN EN 10084),

- C45 = unlegierter Vergütungsstahl mit 0,45 % C (nach DIN EN 10083 Teile 1 und 2).

Für die weitere Unterscheidung der zahlreichen unlegierten Stähle können nach der Werkstoffbezeichnung Zusatzsymbole gesetzt werden; Beispiele sind in **Tabelle 1.5** enthalten.

Tabelle 1.5 Beispiele für Werkstoffbezeichnung und Zusatzsymbole

Zusatz-symbol	Bedeutung
Gruppe 1	
E	vorgeschriebener max. S-Massenanteil
R	vorgeschriebener Bereich des S-Massenanteils
D	zum Drahtziehen
C	besondere Kaltumformbarkeit (Kaltstauchen, Kaltfließpressen)
S	Stahl für Federn
U	Stahl für Werkzeuge
W	Stahl für Schweißdraht
G	andere Merkmale
Gruppe 2	
Cu	chemische Symbole für zusätzliche Legierungselemente (z. B. Cu)

Unlegierte Stähle mit einem mittleren Mn-Gehalt von ≥ 1 %, unlegierte Automatenstähle sowie legierte Stähle (ausgenommen Schnellarbeitsstähle), sofern der mittlere Gehalt der einzelnen Legierungselemente < 5 % ist, werden anders gekennzeichnet. Diese Stähle werden durch eine Kohlenstoffkennzahl klassifiziert, die dem 100fachen des mittleren prozentualen C-Gehalts des vorgeschriebenen Bereichs entspricht, die chemischen Symbole für die den Stahl charakterisierenden Legierungselemente, gefolgt von durch Bindestriche getrennten Zahlen, die dem mittleren Gehalt der Elemente entsprechen, multipliziert mit den in Tabelle 1.6 aufgeführten Faktoren. Die Reihenfolge der chemischen Symbole muss nach abnehmendem Wert des Gehaltes geordnet sein; wenn die Werte für den Gehalt von zwei oder mehr Elementen gleich sind, sind die entsprechenden Symbole in alphabetischer Reihenfolge anzugeben.

Tabelle 1.6 Legierungsfaktoren bei niedriglegierten Stählen

Legierungselement	Faktor
Cr, Mn, Ni, Si, W	4
Al, Be, Mo, Nb, Ta, Ti, V, Zr, Cu	10
P, S, N, C, Ce	100
B	1000

Beispielhaft können die Gehalte des Stahles 13CrMo4-5 an den wichtigsten Legierungsbestandteilen wie folgt ermittelt werden:

- Kohlenstoffkennzahl „13": 100 = 0,13 % C,
- Legierungsfaktor für Cr „4": 4 = 1 % Cr,
- Legierungsfaktor für Mo „5": 10 = 0,5 % Mo.

Die Bezeichnung der hochlegierten Stähle beginnt mit einem „X", um damit Verwechslungen mit unlegierten und niedriglegierten Stählen auszuschließen. Darauf folgen die Kohlenstoffkennzahl mit dem Faktor 100, die Symbole für die Legierungsbestandteile und die Legierungskennzahlen für die wichtigsten Legierungselemente. Hierbei werden keine Faktoren mehr benutzt; die Legierungsbestandteile geben also die Gehalte in % (abgerundet) an. Die Bezeichnung X6CrNiTi18-10 steht für einen hochlegierten Stahl mit 0,06 % C, 18 % Cr, 10 % Ni, etwa 0,3 bis 0,8 % Ti. Der letztgenannte Legierungsgehalt ist nicht in der Stahlbezeichnung enthalten, da er sich nach Abrunden zu null ergibt.

1.1.2.3 Bezeichnung der Stähle mit Werkstoffnummern

Der Aufbau der Werkstoffnummern ist in DIN EN 10027-2 festgelegt. Die Benutzung von Werkstoffnummern hat sich vor allem bei hochlegierten Stählen sowie im Handel durchgesetzt.

1. XX YY

mit Werkstoffhauptgruppennummer (1 = Stahl), XX Stahlgruppennummer, YY Zählnummer.

Die Stahlnummern können der Tabelle 1.7 auf den Seiten 10 und 11 entnommen werden. Beispielsweise ist der Werkstoff 1.4301 ein nichtrostender Stahl der Werkstoffgruppe 43 mit mindestens 2,5 % Nickel, mit Mangan sowie ohne Niob und Titan. Die Zählnummer 01 sagt dem Fachmann, dass es sich hierbei um den Stahl X5CrNi18-8, also dem am weitesten verbreiteten austenitischen nichtrostenden Stahl handelt (Umgangsbezeichnung V2A; Handelsnamen Nirosta, Chromargan etc.). Die in 1.1.2.1 genannten Beispiele besitzen die Werkstoffnummern 1.0111 (P245NB), 1.0070 (E360) und 1.0926 (H260YD).

Alle im Text erwähnten Normen sind in einer gesonderten Liste zusammengefasst (Seite 889).

Tabelle 1.7 Zuordnung der Stähle zu Stahlgruppennummern nach DIN EN 10027-2

Unlegierte Stähle			Legierte Stähle		
Grundstähle	Qualitätsstähle	Edelstähle	Qualitätsstähle	Werkzeugstähle	Edelstähle verschiedene Stähle
00 90 Grundstähle		10 Stähle mit besonderen physikalischen Eigenschaften		20 Cr	30
	01 91 allgemeine Baustähle mit R_m < 500 MPa	11 Bau-, Maschinenbau- und Druckbehälterstähle mit < 0,50 % C		21 Cr-Si Cr-Mn Cr-Mn-Si	31
	02 92 sonstige nicht für eine Wärmebehandlung bestimmte Baustähle mit R_m < 500 MPa	12 Bau-, Maschinenbau- und Druckbehälterstähle mit ≥ 0,50 % C		22 Cr-V Cr-V-Si Cr-V-Mn Cr-V-Mn-Si	32 Schnellarbeitsstähle mit Co
	03 93 Stähle mit im Mittel <0,12 % C oder R_m < 400 MPa	13 Bau-, Maschinenbau- und Druckbehälterstähle mit besonderen Anforderungen		23 Cr-Mo Cr-Mo-V Mo-V	33 Schnellarbeitsstähle ohne Co
	04 94 Stähle mit im Mittel ≥ 0,12 < 0,25 % C oder R_m ≥ 400 < 500 MPa	14		24 W Cr-W	34 Verschleißfeste Stähle
	05 95 Stähle mit im Mittel ≥ 0,25 < 0,55 % C oder R_m ≥ 500 < 700 MPa	15 Werkzeugstähle		25 W-V Cr-W-V	35 Wälzlagerstähle
	06 96 Stähle mit im Mittel ≥ 0,55 % C oder R_m ≥ 700 MPa	16 Werkzeugstähle		26 W außer Klassen 24, 25 und 27	36 Werkstoffe mit besonderen magnetischen Eigenschaften ohne Co
	07 97 Stähle mit höherem P- oder S-Gehalt	17 Werkzeugstähle		27 mit Ni	37 Werkstoffe mit besonderen magnetischen Eigenschaften mit Co
		18 Werkzeugstähle	08 98 Stähle mit besonderen physikalischen Eigenschaften	28 Sonstige	38 Werkstoffe mit besonderen magnetischen Eigenschaften ohne Ni
		19	09 99 Stähle für verschiedene Anwendungsbereiche	29	39 Werkstoffe mit besonderen magnetischen Eigenschaften mit Ni

Die Einteilung der Stahlgruppen steht im Einklang mit der Einteilung der Stähle nach EN 10 020.
In den Feldern der Tabelle sind folgende Angaben enthalten:
a) Die Stahlgruppennummer (jeweils oben links bzw. rechts)
b) Die kennzeichnenden Merkmale der unter der betreffenden Nummer erfassten Stahlgruppe
c) R_m = Zugfestigkeit
Die für die chemische Zusammensetzung und die Zugfestigkeit (R_m) angegebenen Grenzwerte gelten als Orientierung.

hem. best. Stähle	Bau-, Maschinenbau- und Behälterstähle			
0 ichtrostende Stähle mit < 2,5 % Ni ohne Mo, Nb nd Ti	50 Mn, Si, Cu	60 Cr-Ni mit ≥ 2,0 < 3 % Cr	70 Cr Cr-B	80 Cr-Si-Mo Cr-Si-Mn-Mo Cr-Si-Mo-V Cr-Si-Mn-Mo-V
1 ichtrostende Stähle mit < 2,5 % Ni mit Mo, hne Nb und Ti	51 Mn-Si Mn-Cr	61	71 Cr-Si Cr-Mn Cr-Mn-B Cr-Si-Mn	81 Cr-Si-V Cr-Mn-V Cr-Si-Mn-V
2	52 Mn-Cu Mn-V Si-V Mn-Si-V	62 Ni-Si Ni-Mn Ni-Cu	72 Cr-Mo mit < 35 % Mo oder Cr-Mo-B	82 Cr-Mo-W Cr-Mo-W-V
3 ichtrostende Stähle mit ≥ 2,5 % Ni ohne Mo, Nb nd Ti	53 Mn-Ti Si-Ti	63 Ni-Mo Ni-Mo-Mn Ni-Mo-Cu Ni-Mo-V Ni-Mn-V	73 Cr-Mo mit ≥ 0,35 % Mo	83
4 ichtrostende Stähle mit 2,5 % Ni und Mo, ohne Nb nd Ti	54 Mo Nb, Ti, V W	64	74	84 Cr-Si-Ti Cr-Mn-Ti Cr-Si-Mn-Ti
5 ichtrostende Stähle mit Sonderzusätzen	55 B Mn-B < 1,65 % Mn	65 Cr-Ni-Mo mit < 0,4 % Mo + < 2 % Ni	75 Cr-V mit < 2,0 % Cr	85 Nitrierstähle
6 chemisch beständige hochwarmfeste Ni-Legierungen	56 Ni	66 Cr-Ni-Mo + ≥ 2,0 < 3,5 % Ni	76 Cr-Mo-V	86
7 itzebeständige Stähle mit < 2,5 % Ni	57 Cr-Ni mit < 1,0 % Cr	67 Cr-Ni-Mo mit < 0,4 % Mo + ≥ 3,5 < 5,0 % Ni oder ≥ 0,4 % Mo	77 Cr-Mo-V	87
8 itzebeständige Stähle mit ≥ 2,5 % Ni	58 Cr-Ni mit ≥ 1,0 < 1,5 % Cr	68 Cr-Ni-V Cr-Ni-W Cr-Ni-V-W	78	88
9 Werkstoffe mit erhöhten Temperatureigenschaften	59 Cr-Ni mit ≥ 1,5 < 2,0 % Cr	69 Cr-Ni außer Klassen 57 bis 58	79 Cr-Mn-Mo Cr-Mn-Mo-V Cr-Mn-Mo-Ni	89

Informationsquellen zu Stahl

Uwe Diekmann

2.1 Einleitung

Im Internet stehen immer mehr Inhalte frei zur Verfügung. Die Informationsexplosion, von der man seit der allgemeinen Verbreitung des Internets spricht, hat in den vergangenen Jahren eine völlig neue Dimension erreicht. Auch im Bereich der Werkstoffe gab es bereits vor der Jahrtausendwende mehr als 150 wissenschaftlich-technische Datenbanken.

Gerade das Beispiel Internet zeigt, dass ein Zuviel an Informationen den Nutzer manchmal geradezu hilflos oder handlungsunfähig macht – beispielsweise durch werbefinanzierte Suchmaschinen.

Die Vermehrung von Informationen und Wissen ist keine Lösung, sondern ein neues Problem (Lehner 2014)

Für einzelne Werkstoffgruppen gibt es gute Lösungen: Wegweisend ist das Datenbanksystem der kunststoffverarbeitenden Industrie. Mit dem Datenbanksystem CAMPUS verschafft die chemische Industrie dem Kunden kostenlos einen Überblick über die Produktpalette mit Eigenschaftsdaten und Verarbeitungsparametern. Man hat sich auf bestimmte Untersuchungsverfahren und Terminologien im Eigenschaftsspektrum geeinigt. Somit ist es für den Kunden leicht, durch den Vergleich verschiedener Herstellerkennwerte den geeigneten Werkstoff zu suchen.

Leider gibt es bis heute kein vergleichbares Produkt für Stähle. Eine Vielzahl von Herstellern, Händlern, Verarbeitern, Instituten stellen ihre Informationen kostenfrei im Internet zur Verfügung. Dazu gibt eine Reihe von kommerziellen Datenbanken auf verschiedenen Teilgebieten, die mit mehr oder weniger seriösen Aussagen um Marktanteile kämpfen. Eine Auswahl von Datenbanksystemen für Stahl wird anschließend vorgestellt. Den Status von CAMPUS als kostenfreie und am Markt akzeptierte Referenzdatenbank, die von Herstellern für Kunden bereitgestellt wird, erreicht allerdings bisher keines dieser Systeme.

Daten, Informationen und Wissen

Daten, Informationen und Wissen stehen in engem Zusammenhang, der oft in Form der Wissenspyramide visualisiert wird (Bodendorf 2005).

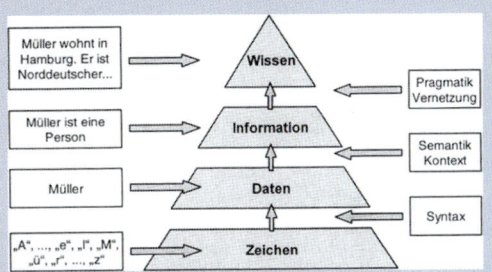

Bild 2.1 Die Wissenspyramide nach (Bodendorf 2005)

Daten sind Fakten, die ohne einen semantischen Kontext sinnfrei sind. So werden Daten zu einem Zugversuch erst zur Information, wenn diese mit Werkstoffen und Versuchsbedingungen verknüpft werden.

Nutzbares Wissen entsteht erst, wenn diese Informationen **entscheidungsrelevant** vernetzt werden können. In der einfachsten Form enthält eine Wissensdatenbank explizites Wissen in schriftlicher Form, z. B. als klassische Volltextarchive mit Forschungsberichten. Ansonsten lebt Wissen – abseits automatischer Inferenzmaschinen der KI (Künstlichen Intelligenz) – von den Verknüpfungen unterschiedlicher Informationen.

2

Dem Nutzer bleibt die Qual der Wahl:

- Wo gibt es Informationen zu welcher Fragestellung?
- Wie kann etwas für welche Fragestellung gesucht und gefunden werden?
- Was kann in Bezug auf Qualität und Zuverlässigkeit erwartet werden?

Die Wissensbeschaffung zum Werkstoff Stahl erfordert demzufolge eine Wissensbasis über die verfügbaren Informationsquellen. Zudem ist Wissen erforderlich, um mit den vielfältigen verfügbaren Informationen sinnvoll umzugehen.

 Information hat einen Wert – nutzbares Wissen ist nicht zum Nulltarif verfügbar.

Nur entscheidungsrelevante Informationen sind Wissen mit einem Wert. Es ist offensichtlich, dass mit Werten auch Kosten verbunden sind: Werthaltige Informationen gibt es allgemein nicht zum Nulltarif. Auch wenn man sich der vermeintlich kostenfreien Recherche im Internet bedient: Wenn man die hohen Aufwände in Betracht zieht, aus der Vielzahl der inkonsistenten, widersprüchlichen und unvollständigen Daten des Internets sinnvolle Entscheidungsgrundlagen abzuleiten, relativieren sich die Preismodelle der kommerziellen Anbieter.

In diesem Kapitel sollen Wege und Quellen für die Informationsbeschaffung gezeigt werden – allerdings sind die meisten dieser Angebote kostenpflichtig.

Informationen zum Werkstoff Stahl unterstützen oder sind sogar unerlässlich bei der Beantwortung der folgenden Fragestellungen:

- Werkstoffauswahl/Werkstoffsubstitution in der Produkt- und Prozessentwicklung: Hier ist zumindest in frühen Phasen der Produktentwicklung der Werkstoff Stahl auch im Vergleich zu anderen Werkstoffgruppen zu betrachten.
- Auslegung von Produkten und Prozessen: Hier werden vielfältige physikalische, thermophysikalische und technologische Daten benötigt, die reine Datenbanken mit Normendaten an Grenzen führen. Werkstoffsimulation und Schnittstellen zu CAE-Systemen sind von besonderer Bedeutung.
- Einkauf/Beschaffung bis hin zur Kostenoptimierung durch „Global Sourcing": Neben Querverweisen und Norminformationen zu internationalen Stahlsorten geht es um Preisinformationen vom Legierungszuschlag bis hin zu regional unterschiedlichen Preisindizes für unterschiedliche Produktformen.
- Initiierung von Forschungs- und Entwicklungsprojekten: Wissenschaftlich-technische Literatur im Volltext ist ein wichtiges Hilfsmittel – insbesondere, wenn Verknüpfungen zu anderen Datenbanken vorhanden sind. Viele Entwicklungen im Stahl, die heute neu erscheinen, gab es schon einmal. Daher ist auch die Verfügbarkeit von Daten vor dem Internet-Zeitalter erforderlich.
- Kompetenzaufbau: Die Vielfalt an Daten ist für Laien wertlos. Es gibt allerdings vielfältige Angebote, Know-how im Selbststudium aufzubauen und aufzufrischen – sowohl bezogen auf den Werkstoff Stahl selbst als auch auf das Finden und Verarbeiten der Informationen. Neben Wissensaufbau für Individuen ist das Wissensmanagement für Organisationen/Unternehmen eine strategische Herausforderung, die mit operativen Zielen in Einklang zu bringen ist.

2.2 Aufbau unternehmensinterner Informationsquellen

Moderne Unternehmen sind heute prozessorientiert ausgerichtet: Klar definierte Geschäftsprozesse bestimmen die Abläufe. Sie werden von den internen IT-Systemen unter Verwendung elektronischer Workflows unterstützt. Dies gilt insbesondere für Kernprozesse mit PLM-Systemen für Produktentwicklung und ERP-Systemen für Herstellung und Distribution. Damit verbunden ist vielfach der Aufbau von internen Datensammlungen, die bei geeigneten Verknüpfungen, z. B. über ein Data Warehouse, eine Wissensbasis darstellen. Diese Wissensbasis trägt zu einer strategischen Sicherung von Wettbewerbsvorteilen bei – unabhängig von dem Wissen in den Köpfen einzelner Mitarbeiter.

Die systematische Integration von Werkstoffdaten in diese Wissensbasen – sowie die Einbeziehung der Informationen auch in formale Änderungs- und Freigabeprozesse – gewinnt eine zunehmende Bedeutung in der industriellen Praxis. Gründe hierfür liegen in der Sicherung von strategischem Know-how für die Unternehmen sowie schlicht in Potenzialen zur Kostensenkung:

- Hoher Zeitbedarf/Kosten für die individuelle Suche nach Informationen in den unterschiedlichen Prozessen
- Hohe Kosten für unnötige Wiederholungen von Werkstoffprüfungen
- Hohe Kosten bei der Einarbeitung neuer Mitarbeiter sowie Minimierung von Risiken bei Fluktuation bzw. Abwanderung von Know-how-Trägern

In der Vergangenheit war der Aufbau derartiger hausinterner Systeme mit hohen Kosten und Risiken verbunden, da keine spezifischen Standardlösungen am Markt verfügbar waren. Dies hat sich in den letzten Jahren geändert: In vielen Unternehmen sind mittlerweile web-basierte Systeme unter Verwendung von Standardlösungen, wie Granta MI, WIAM oder Stahlwissen, im Einsatz. Tabelle 2.1 stellt die Lösungsanbieter mit Stahlkompetenz im deutschen Sprachraum zusammen.

Ein Vorteil bei der Verwendung einer Standardlösung ist, dass unternehmensinterne Informationen allgemein direkt mit den hierfür verfügbaren relevanten Referenzdatenbanken verknüpft werden können. Die Referenzdatenbanken werden dabei vom jeweiligen Systemanbieter aktualisiert und gepflegt, sodass die hausinterne Wissensbasis in dieser Hinsicht ständig aktuell ist.

Analog zur Einführung anderer IT-Systeme sollten zuvor die Chancen, Risiken und Potenziale gründlich überprüft sowie die Schnittstellen zur Systemlandschaft definiert werden: Der Aufbau sowie Betrieb und Pflege eines derartigen Systems ist mit Kosten für Softwarelizenzen, den Aufbau und Pflege der Wissensbasis sowie Betriebskosten verbunden. Sobald anspruchsvolles Wissen über Stahl unternehmensintern bereitgestellt werden soll, ist die Nutzung einer spezifischen Standardlösung für Werkstoffdatenmanagement in der Regel kosteneffizient und mit geringen Risiken für die Einführung verbunden.

 Praxisbeispiel VDM Metals

VDM Metals ist ein führender Hersteller einer breiten Palette von Hochleistungswerkstoffen mit Produktionsstätten in Deutschland und USA. Anspruchsvolle Sonderedelstähle werden für Anwendungen in der Luftfahrt, im Anlagenbau und der Energietechnik entwickelt und produziert.

Der Bereich Forschung und Entwicklung ist bei VDM Metals eine Kernkompetenz. Neben modernsten Methoden von der Werkstoffsimulation bis zur Prüfung im Labor ist das Thema Wissensmanagement entscheidend für die Absicherung und Verkürzung von Entwicklungsprozessen.

Hier spielt das interne Werkstoffinformationssystem, das nach einer systematischen Vorauswahl auf Basis einer Standardsoftware aufgesetzt wurde, eine zentrale Rolle: Kommerziell verfügbare Datenbanken, wie StahlDat SX und MMPDS, sind mit den internen Werkstoffdaten sowie mit allen Entwicklungsberichten der letzten 20 Jahre verknüpft. Allen Mitarbeitern mit den entsprechenden Berechtigungen steht diese verknüpfte Wissensbasis im Web-Browser zur Verfügung.

Dr. Jutta Klöwer, Leiterin F + E: „In dieser Wissensbasis steckt die Werkstoffintelligenz des Unternehmens – die interne Verfügbarkeit an jedem Arbeitsplatz ist operativ und strategisch ein enormer Vorteil."

Tabelle 2.1 Lösungsanbieter in Deutschland für den Aufbau von firmeninternen Werkstoffdatenbanken mit Kompetenzen für Stahl (alphabetisch)

Anbieter	Webseite	Ort	System	Werkstoffgruppen
Dr. Sommer Werkstofftechnik GmbH	www.werkstofftechnik.com	Issum	Stahlwissen	Stahlwissen + Wärmebehandlung
IMA Materialforschung und Anwendungstechnik GmbH	www.wiam.de	Dresden	WIAM	Alle, Referenzdatenbanken der IMA
M-Base Engineering + Software GmbH	www.m-base.de	Aachen	Marlis	Feinblechkennwerte (Marlis) und Campus (Kunststoffe)
MATPLUS GmbH	www.matplus.de	Kamen	EDA, J Mat Pro	Metallische Strukturwerkstoffe, Stahl (StahlDat) und Aluminium

2.3 Der Werkstoff Stahl im Vergleich – konzeptionelle Werkstoffauswahl

In frühen Phasen der Produktentwicklung hat der Konstrukteur in vielen Fällen die Möglichkeit, die Leistungsfähigkeit und die Kosten des Produktes in Bezug auf Werkstoff, Herstellung und Ökobilanz deutlich zu beeinflussen. Die systematische Werkstoffauswahl nach Ashby wurde papierbasiert in den 80er Jahren an der Universität Cambridge entwickelt (Ashby 2010).

Als Ausgründung der Universität Cambridge vermarktet die Fa. Granta Design Ltd. die Software CES, die eine datenbankgestützte Werkstoffauswahl entsprechend dieser Methodik anbietet. Seit 1990 wird die dazugehörige Datenbank „Material Universe" kontinuierlich weiterentwickelt. Einzigartig an dieser Datenbank ist:

- Alle Werkstoffe, also Holz, Leder, Metalle, Kunststoffe, Keramiken und Gläser, sind vorhanden, z.B. > 500 Stahlsorten, > 600 Kunststoffe, > 250 Aluminium-Legierungen.
- Alle Datensätze der Werkstoffe sind vollständig gefüllt, d.h. es finden sich physikalische Daten, mechanische Eigenschaften, Beständigkeiten gegenüber Medien, Öko-Daten und Indikatoren für Preise in dem System.
- Die Werkstoffe sind – sofern vorhanden – mit anderen Datenbanken verknüpft, bei Stählen z.B. mit der StahlDat SX und ASME-Daten.

Softwaregestützt kann der Benutzer mehrstufig und graphisch die üblichen Zielkonflikte auflösen, z.B. Leichtbaugüte vs. Kosten und Umwelteigenschaften. Bild 2.2 zeigt beispielhaft alle ca. 3000 Werkstoffe in der vergleichenden Darstellung „Kosten pro Festigkeit bei einem Zugstab" gegenüber der „Herstellenergie des Werkstoffs". Stahlwerkstoffe schneiden in diesem Beispiel sowohl in Bezug auf Leichtbaugüte als auch in Bezug aus Kosten hervorragend ab. Das Ergebnis der Werkstoffauswahl, d.h. die stufenweise Einschränkung mit allen Parametern und Annahmen, wird als Bericht ausgegeben und ist damit nachvollziehbar und wiederholbar. Das Ergebnis ist demzufolge dazu geeignet, die konzeptionelle Werkstoffauswahl im Freigabeprozess zu dokumentieren.

Die Methodik und das Werkzeug eignen sich für die konzeptionelle Vorauswahl des Werkstoffs – sie zielt nicht auf die exakte Spezifikation und die Erstellung von Liefervorschriften: Hier sind weitere Datenbanken gefragt, z.B. die Stahldat SX für Stahl oder die Campus-Datenbank für Kunststoffe.

Nachteil dieser Art der rechnergestützten Werkstoffauswahl: Es gibt auch hier keine kostenfreie Lösung – werthaltiges Wissen in kommerzieller Software hat einen Preis.

Neben diesem klaren methodischen Ansatz zum Vergleich der Werkstoffgruppen gibt es zahlreiche Weiterbildungsangebote von anerkannten Institutionen, wie z.B. Haus der Technik (Essen), Stahlinstitut VDEh (Düsseldorf), Deutsche Gesellschaft für Materialkunde DGM (Frankfurt) zu dem Themenfeld.

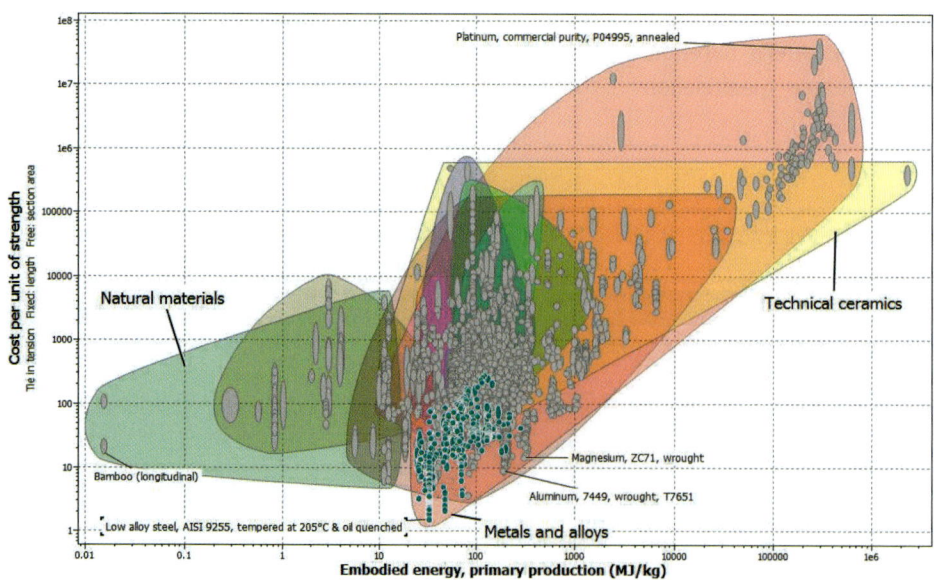

Bild 2.2
Konzeptionelle Werkstoffauswahl mit der Datenbank Material Universe

2.4 Werkstoffdatenbanken

Die Geschichte der Entwicklung von Faktendatenbanken für Werkstoffe reicht in die 80er Jahre des letzten Jahrhunderts zurück. Es gab zahlreiche Aktivitäten in den USA, in Japan und Europa mit den Zielen der Standardisierung von Strukturen und Datenaustauschformaten (Swindells 1990, Glazmann 1989), um die großen Herausforderungen bei der Speicherung und Abfrage von Werkstoffdaten und damals vergleichsweise großen Datenmengen zu lösen.

Heute kann der Anwender bei den meisten Systemen mit einem webfähigen Endgerät auf eine ergonomische, mehrsprachige Benutzerschnittstelle zugreifen. Im Kontext der Entwicklungen im IT-Umfeld und „Big-Data" können auch die größten heute existierenden Werkstoffdatenbanken eher als kleinere IT-Anwendungen bezeichnet werden. Unterschiede bestehen in Bezug auf Ergonomie und Flexibilität der zugrundeliegenden Systeme sowie der Qualität und Zuverlässigkeit der Inhalte.

Zurückkommend auf die Einleitung ist eine zunehmende Menge an Informationen bei Stahl eher ein Problem als eine Lösung. In Europa gibt es knapp 2500 Werkstoffnummern für Stahl – manche Datenbankanbieter werben mit dem Vielfachen an Werkstoffdatensätzen. Demgegenüber besteht beim lagerhaltenden Handel, der kleine und mittlere Unternehmen mit Stahl versorgt, eher das Interesse an einer Reduktion der Komplexität: In der Praxis sind deshalb etwa eine Größenordnung weniger Stähle als die erwähnten 2500 wirklich für „normale Stahlverbraucher" verfügbar.

Die teilweise seltsam anmutende Informationsvermehrung auf mehr als 100 000 Stahlsorten lässt sich oft einfach durch unterschiedliche Bezeichnungssysteme erklären, die auf unterschiedliche Anwendergruppen, unterschiedliche Normen, unterschiedliche Hersteller und internationale Querverweise zurückzuführen sind. So gibt es im Register Europäischer Stahlsorten etwa 25 Werkstoffdatensätze der „Festigkeitsklasse 235"[1] mit nur marginalen Unterschieden, bezogen auf die chemische Zusammensetzung. Unterschiede bestehen zum Teil in den zugesicherten Eigenschaften für Kerbschlagarbeit[2] und in den unterschiedlichen verknüpf-

ten Normen für unterschiedliche Anwendungen[3]. Ein Vielfaches an Datensätzen entsteht allein dadurch, wenn die Übernahme der EN-Normen in die nationalen Normen der EU-Mitgliedsländer als eigener Datensatz gezählt wird.

Anders herum betrachtet ist ein Stahl, der nach der markanten Eigenschaft Streckgrenze benannt wird, bezogen auf die chemische Zusammensetzung allgemein nur sehr grob spezifiziert: Die Normung überlässt dem Hersteller in recht weiten Grenzen die Festlegung der unternehmenseigenen Zielanalyse. Für den Anwender bedeutet dies, dass er zwar mit einer garantierten Mindeststreckgrenze rechnen kann, sich jedoch für eine Verarbeitung durch Schweißen und Biegen enorme Unterschiede ergeben können. Gängige industrielle Praxis ist es daher, in eigenen technischen Liefervorschriften die Normwerte anforderungsorientiert einzuschränken. Eine Ermittlung und Speicherung von Eigenschaften der theoretisch möglichen, kombinatorischen Explosion aller Stahlzusammensetzungen ist weder durchführbar noch zielführend.

 Es gibt theoretisch unendlich viele Stahlsorten – in der Praxis sind von den ca. 2500 registrierten europäischen Stahlsorten deutlich weniger am Markt verfügbar. Werbewirksame Aussagen zu einem Vielfachen an Datensätzen in Datenbanken helfen dem Anwender allgemein nicht weiter. Die Nutzbarkeit einer Datenbank ist nicht von der Anzahl der Datensätze abhängig.

Demzufolge ist ein Benennungs- und Klassifikationsschema immer ein Kompromiss – das europäische Nummern- und Bezeichnungssystem für Stähle gewinnt auch im internationalen Umfeld zunehmend an Bedeutung.

Mit dem Erscheinen der europäischen Norm DIN EN 10020 „Begriffsbestimmungen für die Einteilung der Stähle" liegt ein Regelwerk vor, das eine eindeutige Definition der Stahlsorten nach ihrer chemischen Zusammensetzung und nach den Hauptgüteklassen ermöglicht.

Die Bezeichnung der Stähle in Europa ist in der DIN EN 10027 Teil 1, und das Werkstoffnummernsystem in der DIN EN 10027 Teil 2 festgelegt. Neben der simplen,

---

[1] Festigkeitsklasse 235 meint hier: Stähle, die in ihrem Kurznamen die Zahl 235 als Maß für die Mindeststreckgrenze beinhalten.

[2] Beispiel: S235JR und S235J0 für eine Schlagarbeit von 27J bei Raumtemperatur und 0 °C.

[3] Beispiel: E235 mit Verweis auf EN 10305 und L235 mit Verweis auf EN 20244.

2

aber abstrakten Klassifizierung nach Nummern erhält jeder Stahl darüber hinaus noch einen Kurznamen. Dieser richtet sich entweder nach seiner Einsatzbestimmung, nach seiner chemischen Zusammensetzung oder markanten Eigenschaften. In Ergänzung dieser beiden Normen existiert die EN 10079. Sie definiert die Erzeugnisformen, in denen Stahl ausgeliefert wird.

Alle europäischen Werkstoffnummern werden zentral seitens der europäischen Stahlregistratur mit Sitz im Stahlzentrum Düsseldorf vergeben und in der eigenen Online-Datenbank StahlDat SX veröffentlicht. In diesem Sinne ist die StahlDat SX die führende Datenbank für Stahl in Europa.

Diese Beschreibung der Informationsquellen für Stahl bezogen auf Faktendatenbanken startet daher mit der StahlDat SX und beschränkt sich in der detaillierten Beschreibung auf die wichtigsten stahl-spezifischen Informationsquellen in Europa:

- StahlDat SX als das führende System der Europäischen Stahlregistratur
- Stahlschlüssel vom gleichnamigen Verlag als bekannte Quelle für den internationalen Werkstoffvergleich
- NaviMat StahlWissen von Dr. Sommer Werkstofftechnik als Lösung mit besonderem Bezug zur Wärmebehandlung.

Weitere Systeme werden anschließend zusammenfassend kürzer aufgezählt.

2.4.1 StahlDat SX

Entwicklung

Bereits seit 1943 veröffentlicht das Stahlinstitut VDEh in regelmäßigen Abständen ein Register aller genormten Stähle, das in der Vergangenheit in Buchform als Stahl-Eisen-Liste in den meisten stahlverarbeitenden Unternehmen genutzt wurde. 2005 wurde die Buchform durch eine erste internetbasierte Werkstoff- und Stahl-Datenbank StahlDat ersetzt. Sie wird weiter über den Verlag Stahleisen vertrieben.

Die StahlDat SX ist somit die stets aktuelle und einzig autorisierte Veröffentlichung der Europäischen Stahlregistratur. Aktualität und Genauigkeit ergibt sich auch aus der maßgeblichen Mitwirkung des VDEh in der europäischen Normung (siehe Kasten).

Europäische Normung (FES) und Europäische Stahlregistratur

Der Normenausschuss Eisen und Stahl (FES) als Teil des Deutschen Instituts für Normung vertritt die deutschen Interessen bei der weltweiten und regionalen Normung in der International Organization for Standardization (ISO) bzw. dem Europäischen Komitee für Eisen- und Stahlnormung (ECISS) sowie für die Ausarbeitung der entsprechenden nationalen Normen (DIN) (FES).

Auf Beschluss der ECISS (Europäisches Komitee für die Eisen- und Stahlnormung) hat das Stahlinstitut VDEh mit Sitz in Düsseldorf die Aufgabe der Europäischen Stahlregistratur übernommen. In das Register werden alle Stähle aufgenommen, die in europäischen Normen aufgeführt sind sowie weitere, für die Stahlunternehmen einen Eintrag auch unabhängig von der Normung wünschen.

Seit 2012 steht die neu entwickelte StahlDat SX („StahlDat eXtended"), basierend auf einer Standard-Software, im Internet zur Verfügung. Durch die Verwendung von Standardtechnologien und moderne Web-Technologien sowie die international breite Anwenderbasis des Systems ist eine Zukunftssicherheit und Erweiterbarkeit für die StahlDat SX gegeben. Dadurch wurden auch markante Erweiterungen in Richtung einer erweiterten Wissensbasis möglich. Beispielsweise enthält die StahlDat SX mittlerweile auch eine wachsende Volltextbibliothek zusätzlich zu den reinen Faktendaten-

```
1. - Stahl oder Stahlguss
    1.00...1.07 - Unlegierter Qualitätsstahl
    1.08...1.09 - Legierter Qualitätsstahl
    1.10...1.19 - Unlegierter Edelstahl
    1.20...1.89 - Legierter Edelstahl
        1.20...1.29 - Werkzeugstahl
        1.30...1.39 - Verschiedene Stähle
        1.40...1.49 - Chemisch beständige Stähle
            1.40
            1.41
            1.43
                1.4301 - X5CrNi18-10
                1.4303 - X4CrNi18-12
                1.4305 - X8CrNiS18-9
                1.4306 - X2CrNi19-11
                1.4307 - X2CrNi18-9
                1.4308 - GX5CrNi19-10
                1.4309 - GX2CrNi19-11
                1.4310 - X10CrNi18-8
                1.4311 - X2CrNiN18-10
                1.4312 - GX10CrNi18-8
                1.4313 - X3CrNiMo13-4
```

Bild 2.3 Verzeichnisbaum der europäischen Stahlsorten

banken. Möglich werden diese Erweiterungen durch Kooperationen mit führenden Instituten, Systemlieferanten und Stahlherstellern.

Inhalte

Kern der StahlDat SX ist das vollständige und ständig aktualisierte Register der europäischen Stahlsorten. Die Datenbank bildet den hierarchischen Baum der Stahlnummern zusammen mit Stahlbezeichnungen als zentrales Ordnungssystem direkt ab, wie dies in Bild 2.3 gezeigt wird (s.a. Kap. 1.1, Tab. 1.7). Für den Benutzer ist damit auch die 1:1-Beziehung zwischen der Werkstoffnummer und der Kurzbezeichnung unmittelbar ersichtlich. Auch ohne eine Suchmaske auszufüllen ist ein Navigieren in diesem Strukturbaum direkt möglich.

Jeder Werkstoff wird durch ein Datenblatt mit den wichtigsten Eckdaten aus der Normung beschrieben:

- Bezeichnungen, internationale Querverweise und Normenhinweise
- Chemische Zusammensetzungen mit Fußnoten zu Normenbezügen
- Ausgewählte kennzeichnende Eigenschaften
- Kennzeichnende Merkmale und Verwendungszwecke.

Das Register der Stahlsorten bietet darüber hinaus Verknüpfungen zu weiterführenden Inhalten des Systems (Bild 2.4):

- *Normen.* Normen sind über Eckdaten, wie Titel, Ausgabe und einer URL zu einer Online-Quelle beschrieben. Jede Norm ist mit den genannten Werkstoffen verknüpft, sodass eine übersichtliche Darstellung geschaffen wird. Aus Gründen des Urheberschutzes dürfen Normen allerdings nicht im Volltext in das System übernommen werden. Eine Ausnahme und Besonderheit bieten die Dokumente der Stahl-Eisen-Blätter (siehe Kasten), die einen normativen Charakter haben und im Volltext zur Verfügung gestellt werden.

Stahl-Eisen-Blätter als eine Volltext-Wissensbasis des VDEh

Mit den Stahl-Eisen-Prüfblättern (SEP) und den Stahl-Eisen-Werkstoffblättern (SEW) sowie den Stahl-Eisen-Einsatzlisten (SEE), Stahl-Eisen-Betriebsblättern (SEB) und Stahl-Eisen-Lieferbedingungen (SEL) können über 200 aktuelle Technikregeln als Wissensbasis in der Stahldat SX im Volltext genutzt werden.

- Stahl-Eisen-Betriebsblätter (SEB) enthalten Richtlinien für den Anlagenbetrieb auf den verschiedenen Gebieten, z. B. Tribotechnik, Fördertechnik, Korrosionsschutz
- Stahl-Eisen-Einsatzlisten (SEE) fassen zweckmäßige Werkstoffe für unterschiedliche Einsatzzwecke zusammen. Beispiel SEE 202: Warmarbeitswerkstoffe für Werkzeuge in Strangpressen
- Stahl-Eisen-Lieferbedingungen (SEL) beschreiben Anforderungen an bestimmte Erzeugnisformen. Beispiel SEL 100: Laserstrahlgeschweißte Tailored Blanks aus Stahlfeinblech
- Stahl-Eisen-Prüfblätter (SEP) enthalten Hinweise und Angaben über Prüfverfahren zum Ermitteln bestimmter Werkstoffeigenschaften. Sie dienen im Vorfeld der Normung dazu, Prüfverfahren zu vereinheitlichen. Beispiel SEP 1240: Prüf- und Dokumentationsrichtlinie für die experimentelle Ermittlung mechanischer Kennwerte von Feinblechen aus Stahl für die CAE-Berechnung
- Stahl-Eisen-Werkstoffblätter (SEW) beschreiben die Eigenschaftsprofile von Stählen, für die eine Normung noch nicht möglich ist. Beispiel SEW022: Zink-Magnesium-Überzüge bei kontinuierlich schmelztauchveredeltem Bandstahl.

- *Hersteller-Portal:* Das Hersteller-Portal stellt zunächst eine Auflistung der europäischen Hersteller mit Kontaktdaten zur Verfügung. Darüber hinaus sind herstellerspezifische Stahlsorten mit ihren Handelsnamen und Erzeugnisformen im System abgebildet. Die Hersteller haben die Möglichkeit, über einen gesonderten Zugang eigene Daten, z. B. eigene Werkstoffdatenblätter im PDF-Format, in der StahlDat SX zur Verfügung zu stellen. Darüber hinaus kann das Portal dafür genutzt werden, bei Bedarf neue Werkstoffnummern online bei der europäischen Stahlregistratur anzumelden.
- *Technologie-Portal:* Hier stehen physikalische und technologische Eigenschaften für die Auslegung von Produkten und Prozessen zur Verfügung. Umfangreiche technische Daten und Berechnungsmodelle, beispielsweise Fließkurven für die Kalt- und Warmverformung, thermophysikalische Eigenschaften, Umwandlungseigenschaften für die Wärmebehandlung (ZTU-/ZTA-Diagramme), Härtbarkeitsberech-

2

nungen, Prüfdaten für Feinbleche sind im System vorhanden. Die Daten können vergleichend und einheitenneutral als Tabelle oder in Diagrammform dargestellt werden.

- *Technische Bibliothek:* Eine Besonderheit der Stahl-Dat SX ist die integrierte Volltext-Bibliothek. Alle digital verfügbaren Berichte aus der FOSTA-Anwendungsforschung[4] sowie weitere Bücher, wie der bekannte und ansonsten mittlerweile schwer verfügbare Atlas zur Wärmebehandlung der Stähle und ein Atlas für Ausscheidungen stehen im Zugriff.

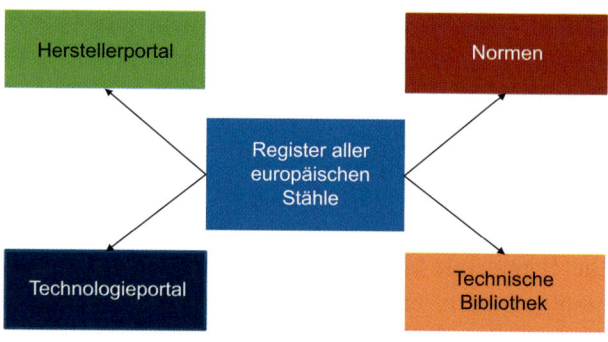

Bild 2.4 Komponenten und Verknüpfungen der StahlDat SX in der Übersicht

Beispielanwendungen

Durch die Web-Benutzeroberfläche kann die StahlDat SX sehr flexibel angepasst werden. Wegen der breiten Nutzungsmöglichkeiten ist für jedes Einzelportal eine entsprechende Eingangsseite mit möglichst einfacher Benutzerführung vorgesehen.

Der einfachste Einstieg kann über eine Volltextsuche erfolgen, die analog zu den Suchmaschinen im Internet alle Inhalte (Attribute wie Volltexte) sehr schnell durchsucht und entsprechende Trefferlisten bereitstellt. Die Treffer – Volltextdokumente oder Werkstoffdatenblätter – werden im Browser dargestellt und können auch lokal gespeichert werden. Bild 2.5 zeigt beispielhaft die Benutzeroberfläche mit einem Dokument aus den

Stahl-Eisen-Prüfblättern (SEP) als Ergebnis der Suche nach dem Begriff „Freigabe".

Zusätzlich zur Freitextsuche steht eine ganze Reihe vordefinierter Suchmasken zur Verfügung. Hervorzuheben ist, dass diese vom Anwender beliebig erweitert oder völlig neu gestaltet werden können, d. h. der Anwender kann beliebige im System vorhandene Attribute hinzufügen, wie dies in Bild 2.6 zu sehen ist. Auch im Stahl eher exotische chemische Elemente oder selten gesuchte Attribute stehen dann in diesen privaten Suchmasken zur Verfügung.

Durchgeführte Suchen mit den so modifizierten Suchmasken und Trefferlisten können lokal auf dem Arbeitsplatz des Benutzers gespeichert und später wiederverwendet werden. Damit steht dem Benutzer ein Instrument zum Aufbau einer persönlichen Bibliothek für seine spezifischen Fragestellungen zur Verfügung.

---

[4] Die Forschungsvereinigung Stahlanwendung e. V (FOSTA) deckt ein breites Themenspektrum ab, z. B. Fahrzeugbau, Umformtechnik, Fügetechnik, Stahlbau, Leichtbau, Umweltschutz. Forschungspartner sind Institute, Hochschulen, Ingenieurbüros und stahlverarbeitende Unternehmen *(http://www.stahl-online.de/index.php/ueber-uns/fosta/)*

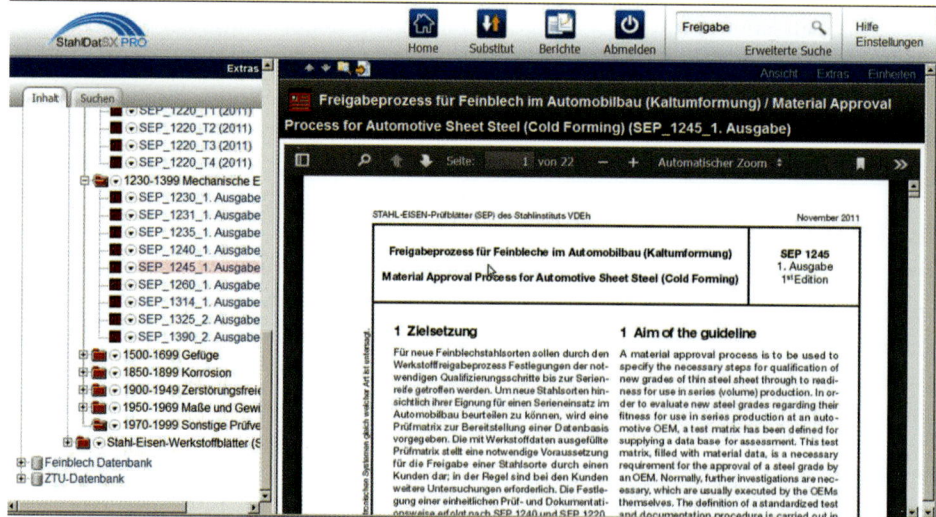

Bild 2.5
Darstellung eines SEP-Dokuments als Ergebnis der Volltextsuche in StahlDat SX

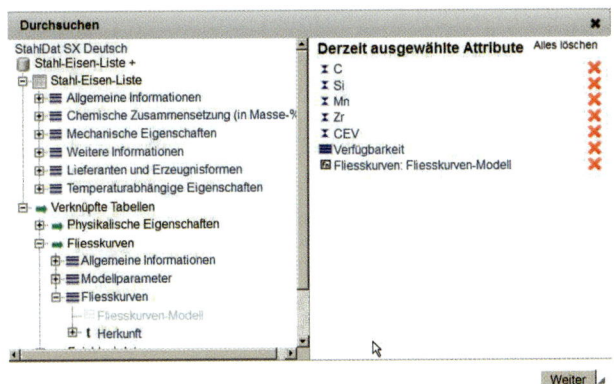

Bild 2.6 Erweiterbarkeit von Suchmasken in der StahlDat SX

Im Bereich der Werkstofftechnologie sind neben den klassischen Attributen und Volltexten auch parametrisierbare mathematische Modelle vorhanden.

Am Beispiel von Fließkurven für die Umformtechnik wird die Darstellungsform derartiger Modelle in der StahlDat SX gezeigt. Die Fließkurve eines Stahls ist abhängig von den Parametern Temperatur und Umformgeschwindigkeit. Als Ergebnis jahrelanger Forschungs- und Entwicklungsarbeiten an der Universität Bergakademie Freiberg wurden die umfangreichen experimentellen Untersuchungen modellhaft in Form von konstitutiven Gleichungen mit diesen Parametern beschrieben.

Bild 2.7 zeigt eine Darstellung ausgewählter Fließkurven in der Ansicht Fließspannung über Umformgrad. Im Rahmen der Gültigkeit der Modelle können so in der StahlDat SX beliebig viele Fließkurven für einen Stahl

in Abhängigkeit der Parameter Temperatur und Umformgeschwindigkeit erzeugt und verglichen werden. Die Überlagerung von Kurven unterschiedlicher Stähle für einen Werkstoffvergleich wird unterstützt. Ebenso möglich ist die Darstellung der Fließspannung gegenüber Temperatur oder Umformgeschwindigkeit. Die X-Y-Daten in den angezeigten Kurven können vom Anwender exportiert und so beispielsweise in der Umformsimulation genutzt werden.

Für CAE-Anwender und internationale Nutzer ist die einheitenneutrale Speicherung der Daten im System interessant. Das Einheitensystem kann jederzeit umgestellt werden, sodass z. B. Bild 2.7 auch in amerikanischen KSI (Kilo-pound-force per square inch) oder in den für die Simulation vielfach erforderlichen echten konsistenten SI-Einheiten (hier Pascal statt Megapascal) angezeigt werden kann.

Beispielhaft wird dies an einem Vergleich von Zugversuchen aus der Feinblech-Datenbank gezeigt, die in mehreren umfangreichen Projekten gemeinsam von der Stahl- und Automobilindustrie erarbeitet wurde. Ausgewählte Stähle für den Einsatz im Automobilbau wurden hierfür entsprechend dem SEP 1240 charakterisiert. Anwender der StahlDat SX haben einen Zugriff auf mehrere 1000 vollständig dokumentierte Versuche aus unterschiedlichen Bereichen. Bild 2.8 zeigt den Vergleich von Spannungs-Dehnungs-Kurven für den Werkstoff 1.4376 – X8CrMnNi19-6-3 bei unterschiedlichen Temperaturen. Es ist zu erkennen, dass dieser Mangan-legierte Stahl bei – 40 °C eine Umwandlung des metastabilen Austenits in Martensit zeigt, sodass sich der Verfestigungsexponent im Versuch ändert.

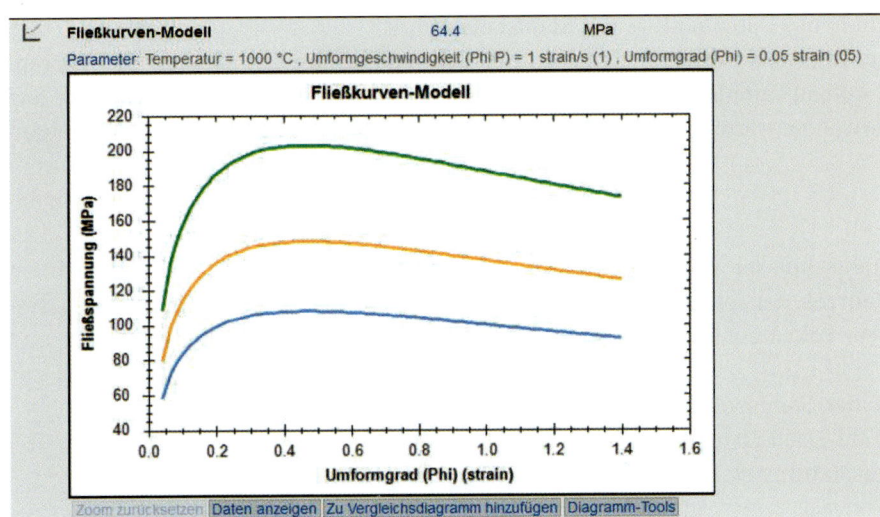

Bild 2.7
Visualisierung von Fließkurvenmodellen nach Spittel in der StahlDat SX am Beispiel eines 1.4571 bei 1000 °C und unterschiedlichen Umformgeschwindigkeiten

2

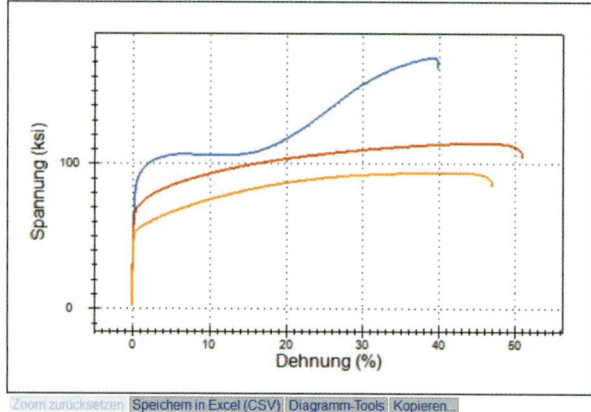

Bild 2.8 Vergleich von Spannungs-Dehnungs-Kurven für einen 1.4376 bei unterschiedlichen Temperaturen (in amerikanischen Einheiten)

Verfügbarkeit StahlDat SX

StahlDat SX ist in verschiedenen Versionen im Internet als Web-Anwendung verfügbar. Neue Benutzer können sich auf *http://www.stahldaten.de* online registrieren und über den integrierten Webshop Abonnements buchen. Weiterhin ist der klassische Vertriebsweg über den Verlag Stahleisen GmbH/Düsseldorf vorhanden.

Verschiedene Lizenzmodelle für Hochschulinstitute, Unternehmen, KMU und Einzelnutzer können gewählt werden. Flatrates erlauben einen direkten Zugriff von jedem Arbeitsplatz im Unternehmen auf das System, ohne dass eine gesonderte Authentifizierung/Eingabe eines Passworts erforderlich ist.

Eine eingeschränkte Demo-Version mit der Laufzeit von 14 Tagen nach Registrierung wird kostenlos angeboten (ohne Zugriff auf das Technologie-Portal und die Volltext-Bibliothek).

Das System wird zusätzlich als In-house-Datenbank von Fa. Granta Design Ltd. in Cambridge/UK vertrieben. Es kann als Grundlage für den Aufbau einer Unternehmenslösung für das Intranet verwendet werden.

2.4.2 Stahlschlüssel

Der Stahlschlüssel des Verlags Stahlschlüssel Wegst GmbH, Marbach, ist seit vielen Jahrzehnten ein bekanntes Nachschlagewerk mit einem Fokus auf internationale Werkstoffvergleiche.

Im deutschen Sprachraum gehörte der Stahlschlüssel zusammen mit der offiziellen Stahl-Eisen-Liste des VDEh als Buchform zur Standardausstattung stahlverarbeitender Unternehmen.

Als Buch erscheint der Stahlschlüssel etwa alle drei Jahre mit einer neuen und überarbeiteten Auflage.

Eine neu entwickelte Online-Version unter Verwendung von Microsoft-Web-Technologien wird fortlaufend aktualisiert.

Inhalte

Der Stahlschlüssel dient primär als Nachschlagewerk für internationale Stahlsorten und -marken. Über 70 000 Stahlmarken und Normen von ca. 300 Stahlwerken und Lieferanten sind mit aufgeführt. Ausführliche Analysentabellen internationaler Normen mit Vergleichswerkstoffen zu Europäischen Stahlsorten sind vorhanden, z. B. AISI, AMS, ASME, ASTM, AWS, GOST, JIS, SAE und weitere.

Entsprechend dieses klaren Schwerpunktes gibt es in der Online-Version klare definierte Abfragedialoge, wie beispielhaft in Bild 2.9 gezeigt:

- Suche nach Bezeichnungen
- Suche nach Analysen
- Suche nach Eigenschaften

Zu den einzelnen Werkstoffen werden die Inhalte des Stahlschlüssels in verschiedenen Reitern zusammengefasst:

- Allgemeines mit Bezeichnung und Referenzen zu Normen
- Chemische Analyse
- Mechanische Eigenschaften
- Physikalische Eigenschaften
- Wärmebehandlung
- Lieferfirmen
- Werkstoffvergleich

Beispielhaft zeigt Bild 2.10 einen Ausschnitt aus dem internationalen Werkstoffvergleich für einen 1.4301 im Stahlschlüssel.

Der Vorteil des Stahlschlüssels ist klar die Referenzierung von Normen und Firmenbezeichnungen aus 25 Ländern zusammen mit der konsistenten Darstellung über die verschiedenen Formate (Buch, CD und Online-Version), die in diesem Umfang von keinem anderen Produkt am Markt erreicht wird.

Die Darstellung der Inhalte ist allerdings durchgängig text- und tabellenbasiert, was dem Anspruch des Systems auch vollständig gerecht wird. Graphiken und graphische Datenvergleiche stehen somit nicht zur Verfügung.

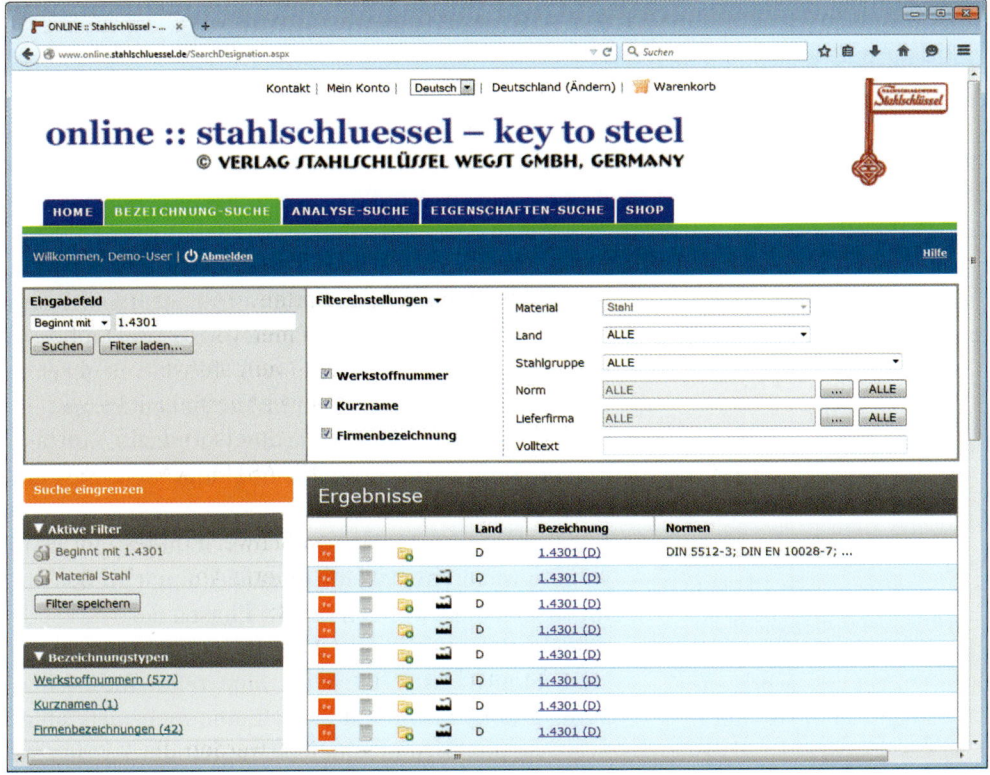

Bild 2.9 Abfragedialog im Stahlschlüssel Online am Beispiel „Bezeichnungen"

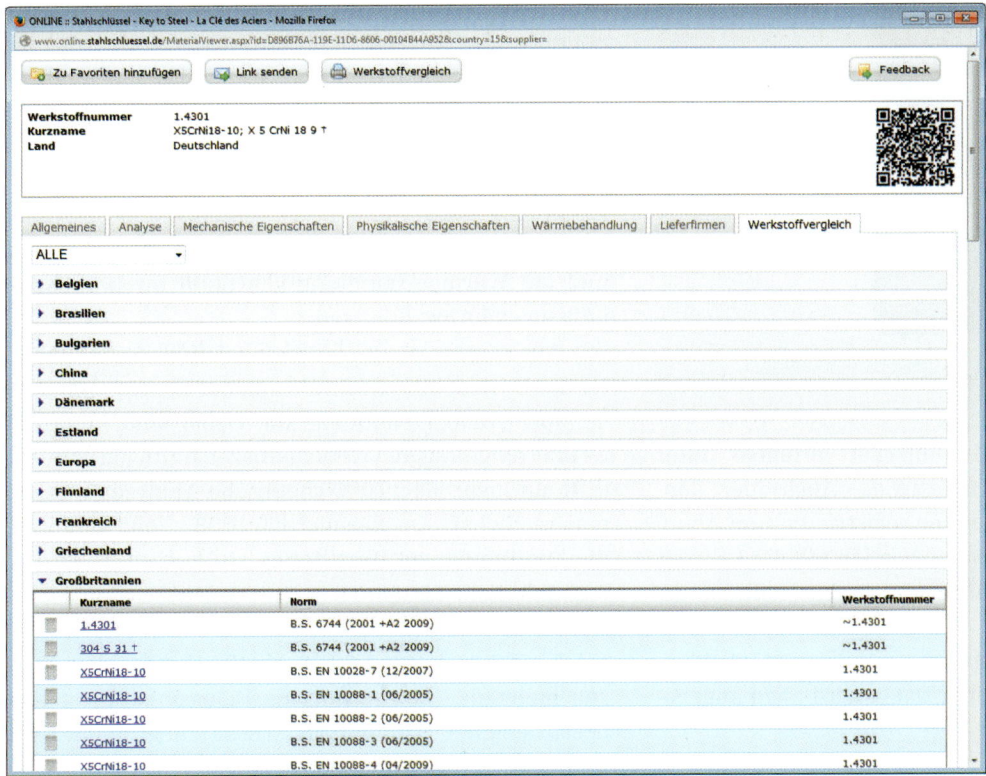

Bild 2.10 Ergebnis des internationalen Werkstoffvergleichs im Stahlschlüssel

2

Verfügbarkeit

Neben der langjährigen Präsenz und Beliebtheit bei den Anwendern liegt eine Besonderheit des Stahlschlüssels in der Verfügbarkeit in unterschiedlichen Produktformen *(www.stahlschlüssel.de)*:

- Nachschlagewerk in Buchform (mehrsprachig in Deutsch, Englisch, Französisch) mit ca. 880 Seiten (24. Auflage 2016)
- CD-ROM-Version, die als Windows-Einzelplatzversion oder auch im Netzwerk als native Anwendung genutzt werden kann

Stahlschlüssel-Taschenbuch – immer dabei

Das kleine und handliche Stahlschlüssel-Taschenbuch ist längst kein Geheimtipp mehr: Auch im Zeitalter von Smartphone und Tablet bietet es durch Größe, Inhalt und Übersichtlichkeit einen Mehrwert zu einem angemessenen Preis. Es enthält einen Auszug der gebräuchlichsten deutschen Stähle aus dem Stahlschlüssel.

Bild 2.11 Das Stahlschlüssel-Taschenbuch

Die Online Version ist im Internet verfügbar unter *http://www.online.stahlschluessel.de*. Auch hier können sich neue Benutzer online registrieren und Abonnements bestellen. Eine Demo-Version mit der Laufzeit von einem Tag nach Registrierung wird kostenlos angeboten.

Der Aufbau von Intranet-Lösungen mit den Möglichkeiten des Hinzufügens eigener Daten wird nicht angeboten.

2.4.3 StahlWissen NaviMAT

Seit mehr als einem Vierteljahrhundert bietet die Datenbank StahlWissen® der Dr. Sommer Werkstofftechnik GmbH vielfältige Informationen über Stähle und deren Wärmebehandlung. Im Gegensatz zu anderen Angeboten, die alle auf einem digitalisierten Printmedium basieren, wurde Stahlwissen von Anfang an als Datenbank konzipiert und aufgebaut. Das System ist weltweit das erste, kommerziell erfolgreiche Datenbanksystem mit Fokus auf Stahl. Qualität und Erfolg des Systems sind verknüpft mit der hohen Kompetenz und langjährigen Erfahrung des Anbieters auf dem Gebiet Stahl, Wärmebehandlung und Schadensanalyse.

Der Programmcode der Datenbank StahlWissen® wird ständig weiterentwickelt und gehört damit zu den wenigen Systemen aus den frühen Phasen der Werkstoffdatenbanken, die heute noch erfolgreich am Markt sind. StahlWissen® ist heute eine reine Intranet-Lösung. Das System nutzt aktuell eine mehrplatzfähige SQL-Datenbank und eine native Windows-Benutzerschnittstelle.

Parallel dazu werden kontinuierlich neue Daten aufgenommen sowie die vorhandenen Daten überprüft und aktualisiert. Um die Datenbank im Einsatz vor Ort stets aktuell zu halten, stehen den Anwendern über das Internet nahezu monatlich umfassende Update-Möglichkeiten zur Verfügung.

Inhalte

Inhaltliche Schwerpunkte des Systems sind Referenzdaten mit Normen, internationalen Normvergleichen und die Wärmebehandlung von Stahl für praktische industrielle Anwendungen.

Für den internationalen Vergleich von Werkstoffen bietet das System eine Rückführung auf die entsprechende Norm bzw. Lieferquelle an. Dabei sind mehr als 39 000 eingetragene Werkstoffbezeichnungen mit Zugriff auf mehr als 29 000 chemische Analysen im System verfügbar. Am Beispiel EN 10083 zeigt Bild 2.12 die Zuordnung von Werkstoffen zu Normen in der Datenbank StahlWissen.

Neben den über 3850 Fachdatenblättern mit mechanisch-technologischen Eigenschaften der Stähle ergänzen mehr als 7000 technische Diagramme die zuvor beschriebenen Dateninhalte. Diese Diagramme sind unter anderem kontinuierliche und isothermische ZTU-Schaubilder, Anlass- und Vergütungsschaubilder,

2

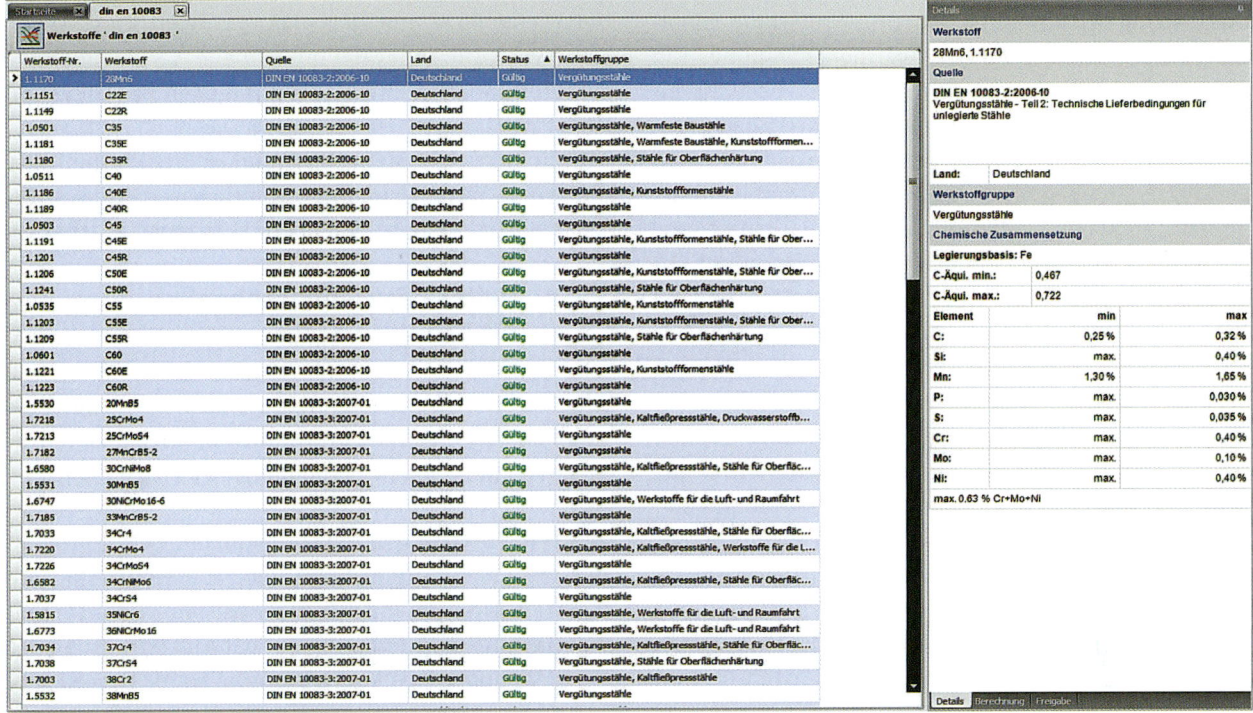

Bild 2.12 Zuordnung von Werkstoffen zu Normen am Beispiel der EN 10083 – Vergütungsstähle in der Datenbank StahlWissen

Stirnabschreckkurven und Warmfestigkeitsschaubil- der sowie Schaubilder über Dichte, Wärmeausdeh- nung, Wärmeleitfähigkeit und Wärmekapazität der Werkstoffe in Abhängigkeit von der Temperatur. Bild 2.13 zeigt den Vergleich der ZTU-Diagramme zweier Einsatzstähle.

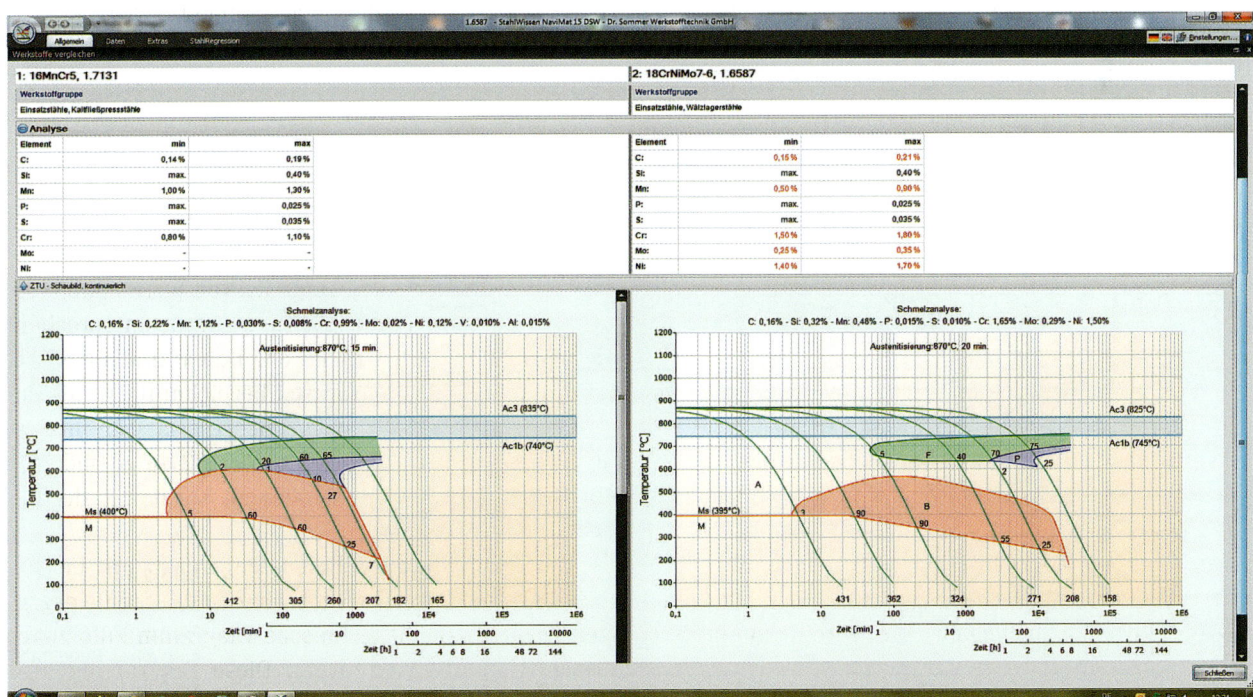

Bild 2.13 Vergleich von ZTU-Diagrammen in der Datenbank StahlWissen

Das System wird ergänzt um praxisrelevante Simulationsmöglichkeiten für die Wärmebehandlung. Die Abkühlung von Bauteilen aus einem bestimmten Werkstoff kann für verschiedene Abschreckbäder berechnet werden. Dazu wurden im Vorfeld die temperaturabhängigen Abschreckwirkungen von mehr als 30 marktüblichen Medien vermessen. Bei Bedarf werden weitere Abschreckmittel im Labor oder beim Kunden vor Ort individuell vermessen und zusätzlich in die Tabelle der Medien aufgenommen. Alternativ kann der Bediener die Abschreckwirkung aber auch über ggf. bekannte physikalische Kennwerte, wie Wärmeleitfähigkeit und Wärmeübergangszahl festlegen. Nach der Berechnung wird die simulierte Abkühlkurve für Rand und Kern des Bauteils in das ZTU-Schaubild eingetragen (Bild 2.14). Zusätzlich werden die zu erwartenden Härtewerte für Rand und Kern ausgegeben.

Das optionale Modul MetalloROM zeigt in aktuell fast 2000 Aufnahmen die Gefüge für verschiedenen Stähle nach unterschiedlichen Wärmebehandlungen und informiert umfassend über die Entstehungsgeschichte dieser Gefüge. Die Informationen über die Gefüge sind nach beliebig verknüpften Kriterien, wie Werkstoffbezeichnung, Werkstoffnummer, Gefügezustand, Archivnummer oder Stichwort, abrufbar.

Verfügbarkeit

Die Datenbank StahlWissen® und Erweiterungen sind als native Lösungen unter Microsoft Windows für Einzelarbeitsplätze und Netzwerk verfügbar. Das System kann vom Anwender um individuelle werkstoffbezogene Informationen durch Verknüpfungen zu Dateien ergänzt werden.

Für die Betriebssysteme iOS® und Android® ist mittlerweile eine Web-Applikation erhältlich, sodass über diesen Weg das System auch über das Internet nutzbar ist.

2.4.4 Weitere Faktendatenbanken mit Bezug zu Stahl

Eine Liste mit Werkstoffdatenbanken zum Thema Stahl ist niemals vollständig und aktuell. Die folgende kurze zusammenfassende Darstellung soll einen ersten Eindruck der Vielfalt vermitteln.

Die **WIAM® METALLINFO**-Datenbank ist ein Produkt der IMA Materialforschung und Anwendungstechnik GmbH in Dresden (*http://www.wiam.de*), die ihre Wurzeln im Dresdner Flugzeugbau hat und eine langjährige Werkstoffkompetenz vorweisen kann. Das System beinhaltet über 6000 Werkstoffe und 180 000 Modifikationen und ist die allgemeine Werkstoffdatenbank zum Werkstoffdatenbanksystem WIAM®. Das insgesamt umfangreiche System ist keine spezifische Datenbank für Stähle, sondern enthält darüber hinausgehend Daten für viele andere metallische Werkstoffe. Die enthaltenen Daten sind in Abhängigkeit vom Halbzeug und deren Abmessungen und vom Wärmebehandlungszustand dargestellt. Diagrammdarstellun-

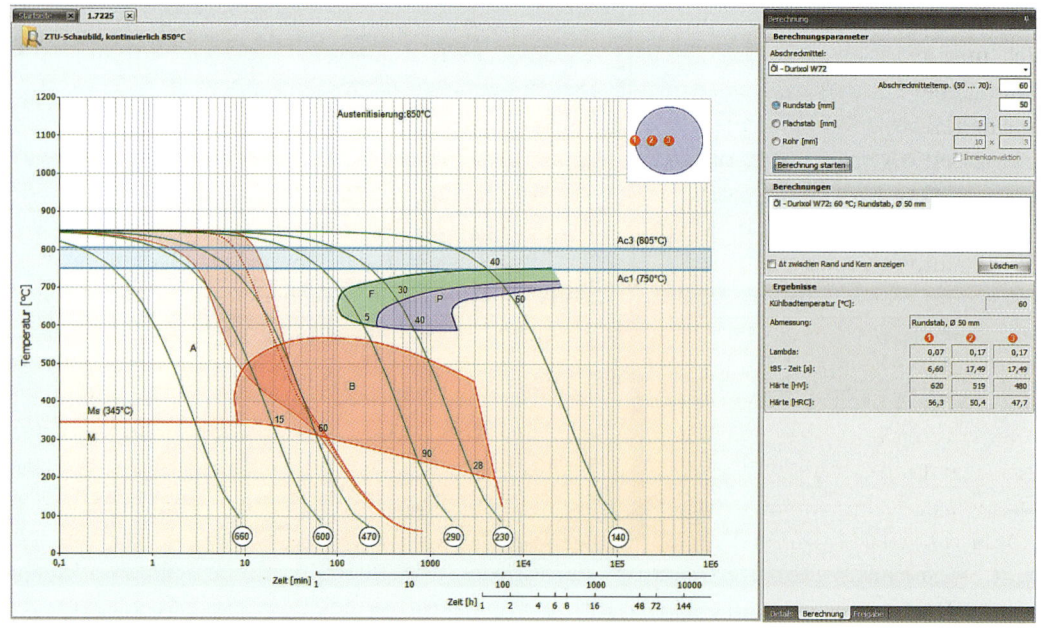

Bild 2.14
Simulationsergebnis der Gefügeentwicklung eines Rundstabs als Funktion von Werkstoff, Geometrie und Abkühlmedium

2

gen veranschaulichen die Temperaturabhängigkeit von mechanischen und physikalischen Eigenschaften. Der Inhalt basiert auf fachlich kompetent aufbereiteten Daten auf Grundlage von europäischen Standards. Erweiterungsmodule des WIAM-Datenbanksystems existieren für Fließkurven **WIAM® FLIESS,** Zeit-Temperatur-Umwandlungen **WIAM® ZTU** und Schwingfestigkeit **WIAM® ZYK. WIAM® Genesis** ist die Produktbezeichnung für das System zum Aufbau firmeninterner Lösungen für das Werkstoffdatenmanagement und ermöglicht nutzerspezifisch anpassbare Datenbanken. Die zusätzliche **WIAM® Plattform** ist für den Aufbau eines flexibel konfigurierbaren Informationssystems zur Visualisierung von Daten und Informationen erforderlich. Das WIAM-System hat im Bereich der firmeninternen Werkstoffdatensysteme im deutschen Sprachraum den höchsten Marktanteil.

Die Fa. Granta Design Ltd. liefert mit **Granta-MI** ein Grundsystem für den Aufbau eines Werkstoffdatenmanagements und ist global ein bedeutender Anbieter auf diesem Gebiet. Im Bereich Stahl werden unterschiedliche Datenbanken für den Intranet-Einsatz angeboten, die zum Teil auf digitalisierten Standardwerken basieren: **ASME Boiler and Pressure Vessel Code** der American Society of Mechanical Engineers, der das umfangreichste Regelwerk für Konstruktion, Fertigung und Prüfung von Druckbehältern darstellt (www.asme.org/about-asme/standards/bpvc-resources), **MMPDS** (Metallic Materials Properties Development and Standardization) mit statistisch abgesicherten Auslegungsdaten für den Aerospace-Bereich (www.mmpds.org/). Vorteil für europäische Anwender ist, dass die ursprünglich im amerikanischen Einheitensystem verfassten Handbücher im Datenbanksystem in metrischen Einheiten angezeigt werden können. Darüber hinaus werden mit **NIMS Creep and Fatigue, MI-21, Steelspec** und **StahlDat SX** weitere Datenbanken für das Intranet angeboten (www.grantadesign.com/products/data/metals.htm). Zusätzlich stehen sogenannte Gateways mit Schnittstellen zu unterschiedlichen CAE- und PLM-Systemen zur Verfügung.

Die **ASM Alloy Center Database** ist eine im Internet verfügbare Datenbank der ASM (American Society for Metals) und Teil des umfangreichen, kostenpflichtigen Online-Angebots. Das Gesamtangebot unter http://products.asminternational.org/matinfo/ umfasst weitere vier Wissensbasen: *ASM Handbooks Online*: Der vollständige Inhalt der 30 ASM-Handbücher und mehr, *ASM Alloy Phase Diagram Database* mit mehr als 36 500

binären und ternären Phasendiagrammen, *ASM Micrograph Database* mit 4000 Schliffbildern technischer Legierungen sowie die *ASM Failure Analysis Database* mit 1000 Schadensfällen und zugehörigen Informationen.

Fa. M-Base Engineering + Software GmbH (www.m-base.de) aus Aachen ist der Hersteller der weltweit erfolgreichsten und meist verbreiteten Werkstoffdatenbank überhaupt: CAMPUS (Computer Aided Material Preselection by Uniform Standards) für Kunststoffe. Im Bereich Stahl bietet M-Base das System **MARLIS** an, das für das Datenmanagement der umfangreichen Forschungsprojekte zur „Erarbeitung werkstoff- und verfahrensgerechter Kennwerte für Feinbleche aus normal- und höherfesten sowie nicht rostenden Stählen" geschaffen wurde. Das in den Projekten entstandene und in der SEP 1240 standardisierte Datenformat wird heute seitens Unternehmen der Stahlindustrie genutzt, nicht veröffentliche CAE-Daten an ihre Kunden zu übergeben, sodass MARLIS in der Automobilindustrie weit verbreitet ist. Sowohl das SEP 1240 als auch alle Daten aus den zugehörigen Forschungsprojekten sind heute auch Bestandteil der StahlDat SX.

GMT – Matilda (Material Information Link and Database Service) ist eine Sammlung von Produkten zur Simulation des Werkstoffverhaltens in Umformprozessen und während thermischer Behandlungen der Fa. GMS Gesellschaft für metallurgische Systeme mbH in Bernau bei Berlin (www.gms-steel.com/). Demzufolge enthält Matilda eine Datenbank zur Verwaltung von Fließkurven, wärmephysikalischen Kennwerten, ZTU-Schaubildern, umfassenden Parametersätzen für die Gefügesimulation und mit einer umfangreichen Visualisierungs- und Analysefunktionalität. Matilda steht als Stand-Alone-Version, als Online-Version (Silverlight/Moonlight erforderlich) und auch als SDK (Software Development Kit) für die Integration in CAE-Systeme zur Verfügung.

Das System **LAMBDA** ist die Datenbank der Arbeitsgemeinschaft für Warmfeste Stähle und Hochtemperaturwerkstoffe im VDEh und wird an der MPA Darmstadt entwickelt und gepflegt (www.mpa-ifw.tu-darmstadt.de) (Linn u. a. 2005). Ziel ist die systematische Erfassung von Werkstoffkennwerten für das Langzeitverhalten metallischer Hochtemperaturwerkstoffe. Die aus der Gemeinschaftsarbeit resultierenden und abgesicherten Werkstoffkennwerte bilden eine Grundlage für die Auslegung neuer Kraftwerke mit höheren Dampftemperaturen (bis 700 °C), höheren Wirkungsgraden und geringeren CO_2-Emissionen. Zugriff auf die Daten haben ausschließlich Mitglieder der o. g. Arbeitsgemeinschaft.

Die **MatDB** ist seit langer Zeit die Hochtemperatur-Datenbank des Forschungszentrum JRC Petten (European Commission Joint Research Centre) in den Niederlanden. Sie geht auf die Entwicklungsarbeiten zum Hochtemperaturreaktor (HTR) zurück, der im Forschungszentrum Jülich realisiert wurde. Aktueller Inhalt sind ca. 40 000 Datensätze aus Europäischen Forschungsprojekten für Hochtemperaturwerkstoffe im (Kern-) Kraftwerksbereich. Das System ist als Webbasiertes System im Internet unter https://odin.jrc.ec.europa.eu/ verfügbar und wird auch in Zusammenarbeit mit internationalen Partnern weiterentwickelt (Lin 2015).

Die **Bar Steel Fatigue Database** ist eine Ermüdungs-Datenbank für Langprodukte des „Automotive Applications Council" AAC des „American Iron and Steel Institute" AISI und stellt Ermüdungsdaten, Untersuchungsberichte, Schliffbilder für amerikanische Stahlwerkstoffe bereit. Die Datenbank steht den Mitgliedern der „Long Products Market Development Group" LPMDG und Entwicklern im Fahrzeugbau im Internet zur Verfügung (http://barsteelfatigue.autosteel.org).

AHSS Data Utilization ist eine kostenlose Feinblech-Datenbank des AAC/AISI. Sie stellt Kennwerte für populäre Stahlsorten der im Automobil gebräuchlichen Güten in Dateiform (Excel und PDF) zur Verfügung: www.autosteel.org/research/ahss-data-utilization/.

Die umfangreiche NIMS Materials Database **MatNavi** des japanischen National Institute for Materials Science (NIMS) beinhaltet unter anderem Creep Data Sheet (CDS), Fatigue Data Sheet (FDS), Metallic Material Microstructure Database (Kinso), Metallic Material Database (Kinzoku), CCT Diagram Database (CCTD) und steht nach Registrierung im Internet zur Verfügung (http://mits.nims.go.jp/).

Die **MatDat** (Material Properties Database) ist eine seit 2011 entwickelte Werkstoffdatenbank mit einem Schwerpunkt auf Ermüdung (Basan 2011). Detaillierte Datenblätter mit mechanischen Eigenschaften (monotone Eigenschaften, zyklische Eigenschaften, Ermüdungs-Eigenschaften) von Stählen und weiteren Werkstoffen stehen zur Verfügung. Nur Daten aus den einschlägigen, gut dokumentierten Quellen (Artikel aus Fachzeitschriften und Konferenzen, Dissertationen, technische Berichte, Handbücher) werden in die Datenbank aufgenommen. Das System steht nach Registrierung und Buchung eines Jahresabonnements unter www.matdat.com/ im Internet zur Verfügung.

MatWeb ist seit 1996 eine frei verfügbare Datenbank im Internet für eine Vielzahl unterschiedlicher Werkstoffe, u. a. auch fast 6000 Werkstoffdatensätze für Stähle in unterschiedlichen Produktformen und Abmessungen. Die Datenblätter behalten Zusammensetzung, mechanische Kennwerte, thermische Eigenschaften. Das System ist verfügbar unter www.matweb.com/search/AdvancedSearch.aspx. Erweiterte Auswertungen werden nach Registrierung möglich.

Total Materia (www.totalmateria.com) vormals Key-to-Metals, wirbt damit, die weltweit größte Sammlung von „fortgeschrittenen Daten" zu bieten: „Die Total Materia Datenbank beinhaltet mehr als 100 000 Stahlgüten aus der ganzen Welt". Wie einleitend ausgeführt wurde, hilft diese Informationsflut dem Anwender in der Regel nicht. Total Materia ist kostenpflichtig und steht im Wettbewerb zum etablierten Stahlschlüssel, der ausführlicher beschrieben wurde.

2.5 Simulationssysteme für die Berechnung von Werkstoffeigenschaften

Es ist oft nicht möglich, für eine bestimmte chemische Analyse und eine bestimmte Prozesskette in der Herstellung in Werkstoffdatenbanken einen genau passenden Datensatz zu finden: Diese Kombinatorik ist prinzipiell nicht beherrschbar.

Ein Lösungsansatz ist eine möglichst wissensbasierte Inter- oder Extrapolation, mit der diese Datenlücke aus bekannten Datensätzen geschlossen wird. Die Unsicherheiten, Streuungen und Inkonsistenzen der zur Verfügung stehenden Datensätze erschweren allerdings dieses Vorgehen.

Auch aus diesem Grund ist das Thema Werkstoffsimulation bereits seit Jahren Gegenstand umfangreicher Forschungsarbeiten. Gängige Schlagworte in diesem Zusammenhang sind „Stahl-ab-initio" und „ICME" (Integrative Computational Materials Engineering). Diese Ansätze zielen auch in die Richtung Entwicklung völlig neuer Stähle (Bleck 2011, Prahl 2012).

Wesentlich pragmatischer sind die hier vorgestellten

Werkzeuge StahlRegression und JMatPro, die bereits seit einiger Zeit in der Industrie eingesetzt werden.

StahlRegression

Das Modul StahlRegression der Dr. Sommer Werkstofftechnik GmbH ermöglicht bereits seit Jahren die Berechnung des zu erwartenden Gefüges, der Härte und der mechanischen Eigenschaften Festigkeit, Streckgrenze, Dehnung, Einschnürung und Biegewechselfestigkeit für Bauteile aus Vergütungsstählen.

Auf Basis von Regressionsmodellen werden dazu die erforderlichen ZTU-Diagramme berechnet. Alle Ergebnisse werden in anschaulichen Diagrammen wie ZTU-Schaubildern, Vergütungs- und Anlassschaubildern dargestellt.

Eingangsparameter sind Bauteilgeometrie, Bauteilabmessung, chemische Zusammensetzung sowie eine selbst definierte Wärmebehandlungsfolge. Grundlage der Berechnungen sind Regressionsanalysen über die Wärmebehandlungen der entsprechenden Werkstoffgruppe. Es liegt in der Natur von Regressionsmodellen, dass diese immer nur in einem vergleichsweise kleinen – bezogen auf die gesamte Stahlwelt – Lösungsraum valide Ergebnisse produzieren können.

Seit der Version 2013 ist das Programm StahlRegression als optionales Modul in StahlWissen Navimat integriert und profitiert von der Verknüpfung mit der umfangreichen Werkstoffdatenbank und einer aktuellen Bedienoberfläche.

JMatPro

Das Programm JMatPro der Fa. Sente Software Ltd. basiert demgegenüber auf dem Calphad-Ansatz (Calculation of Phase Diagrams) und damit auf thermodynamischer Grundlage. Ergebnis der Berechnungen sind konsistente, temperaturabhängige physikalische und mechanische Eigenschaften, die besonders im CAE-Umfeld Anwendung finden. Darüber hinaus wird JMatPro zunehmend in der Stahlentwicklung und Prozessentwicklung eingesetzt.

Das System berechnet unter Verwendung einer internen thermodynamischen Datenbank für Stahllegierungen zunächst die Phasengleichgewichte in Abhängigkeit von der exakten chemischen Zusammensetzung und der Temperatur. Dabei können alle wesentlichen Legierungs- und Begleitelemente im Stahl berücksichtigt werden.

Ergebnis der CalPhad-Berechnung sind die Anteile der verschiedenen Phasen und deren Zusammensetzung

als Funktion der Temperatur im Gleichgewicht. Diese Information ist Grundlage für die Berechnung der Gleichgewichtseigenschaften. Für jede Phase sind Eigenschaften als Funktion von Temperatur und Zusammensetzung in der zugrundeliegenden Datenbank vorhanden, sodass die Werkstoffeigenschaften durch Anwendung von Mischungsregeln ermittelt werden können. Erweiterte Modelle für die Berechnung von ZTU- und ZTA-Diagrammen sowie des Anlassverhaltens erlauben die Berechnung der Gefügeentwicklung über den Herstellprozess bis hin zu Fließkurven für die Umformsimulation.

Ein Hauptziel bei der Entwicklung von JMatPro war immer die anwenderfreundliche Bereitstellung von Werkstoffdaten für die FEM-Simulation, insbesondere für die Erstarrungs-, Umform- und Wärmebehandlungssimulation. Demzufolge existieren für viele FEM-Systeme, z. B. Magmasoft, Simufact, Sysweld, Deform HT, automatisierte Schnittstellen, mit denen vollständige und konsistente Datenmodelle erzeugt und direkt in die jeweiligen Systeme importiert werden können.

Weitere Simulationssysteme

Die Berechnung von Phasengleichgewichten für Stähle auf Basis der oben genannten Calphad-Methode ist seit Jahren in der Forschung an Instituten und in der Stahlindustrie sehr verbreitet. Demzufolge gibt es eine Vielzahl von Systemen am Markt. Da sich ihre Verbreitung jedoch vorwiegend auf das wissenschaftliche Umfeld beschränkt, werden sie an dieser Stelle nur kurz beschrieben:

Thermocalc (www.thermocalc.de/) der Fa. Thermo-Calc Software ist ein in der Forschung und Wissenschaft sehr etabliertes und weit verbreitetes Programm zur Berechnung thermophysikalischer Größen sowie von Phasendiagrammen. Das System steht in verschiedenen Benutzeroberflächen zur Verfügung, bietet unterschiedliche Schnittstellen zu Programmiersystemen, z. B. MatLab, sowie eine große Auswahl unterschiedlichster thermodynamischer Datenbanken. Zum Angebot des Anbieters gehören mit **TC-PRISMA** (Ausscheidungen) und **DICTRA** (Diffusionskontrollierte Phasenumwandlungen) weitere etablierte Systeme der Werkstoffwissenschaft.

FactSage (www.factsage.com/) ist eine bekannte und umfangreiche Lösung der gemeinsamen Entwicklungen der Fa. GTT-Technologies in Herzogenrath bei Aachen und Thermfact/CRCT (Montreal, Kanada). Es bietet ebenfalls umfangreiche Datenbanken und wird

2

in der Stahlindustrie vielfach für Modellierungen der Schlackesysteme bei der Stahlherstellung eingesetzt.

MatCalc der Fa. MatCalc Engineering GmbH in Wien (www.matcalc-engineering.com) ist ein in der Stahlforschung mittlerweile verbreitetes System mit einem Fokus auf die Berechnung von Ausscheidungsvorgängen.

MICRESS „MICRostructure Evolution Simulation Software" (www.access.rwth-aachen.de) ist ein System der ACCESS e. V. der RWTH Aachen für die Modellierung der Gefügeentwicklung auf Basis der Phasenfeldmethode.

2.6 Bibliotheken, Literaturdaten, Wissensbasen und Nachschlagewerke

Für den Werkstoff Stahl gibt es in Deutschland zwei herausragende Bibliotheken:

- Der Informationsbereich Technik und Bibliothek im Stahlinstitut VDEh deckt das weltweite Fachwissen zu Herstellung, Weiterverarbeitung und Verwendung von Eisen und Stahl ab. Die Bibliothek (Gründung 1905) hat etwa 70 000 monographische Werke und 90 000 Zeitschriftenbände sowie eine Bilder- und Filmsammlung. Der Buchbestand geht bis ins 16. Jh., der Zeitschriftenbestand bis ins 18. Jh. zurück. Weitere Informationen unter: www.stahl-online.de/index.php/service/technische-fachinformation/.
- Die Technische Informationsbibliothek (TIB) Hannover betreibt die Deutsche Zentrale Fachbibliothek für Technik. Als Zentrale Fachbibliothek ist sie Infrastruktureinrichtung der wissenschaftlichen Informationsversorgung in Deutschland. Die Bibliothek verfügt als weltweit größte Fachbibliothek in ihren Bereichen über einen exzellenten Bestand technisch-naturwissenschaftlicher Fach- und Forschungsinformationen. Die TIB bietet ihren Bestand über nutzerorientierte Portale auch im Internet an: www.tib.eu/.

Darüber hinaus gibt es eine Vielzahl von Online-Angeboten und Literaturdatenbanken, die zum großen Teil kostenpflichtig sind:

Die kostenlose Literaturdatenbank **Stahllit** bietet über 420 000 Literaturnachweise zum Stahl mit Inhalts-angabe/Zusammenfassung zu unterschiedlichen Themen um den Werkstoff Stahl. Volltext-Kopien der Literaturstellen werden gegen Gebühr von der Bibliothek des VDEh bereitgestellt; verfügbar unter www.stahllit.com.

Die **Datenbank WEMA** liefert bibliographische Hinweise mit Abstract auf deutsche und internationale Veröffentlichungen über metallische und nichtmetallische anorganische Werkstoffe einschließlich Verbundwerkstoffen. WEMA ist Teil der TEMA-Datenbank der WTI-Frankfurt und unter https://tecfinder.wti-frankfurt.de/ kostenpflichtig verfügbar. Die WTI-Frankfurt eG ist hervorgegangen aus dem Fachinformationszentrum Technik (kurz: FIZ Technik), das bereits 1979 von der Bundesregierung mit dem Ziel der Förderung der Information und Dokumentation ins Leben gerufen wurde.

Die **ProQuest Materials Science Collection** vereinigt mehrere führende werkstoffwissenschaftliche Datenbanken, einschließlich der renommierten METADEX-Datenbank. Sie weist die weltweit erscheinende Literatur auf dem Gebiet der Werkstoffwissenschaft und der Metallurgie nach und deckt die Werkstoffgruppen Metalle, Legierungen, Polymere, Keramiken und Verbundwerkstoffe ab; verfügbar unter www.proquest.com/.

Elsevier Knovel® ist eine kostenpflichtige webbasierte Anwendung von Elsevier, die technische Informationen mit Analysewerkzeugen verbindet (https://app.knovel.com). Speziell für die Ingenieurwissenschaften werden englischsprachige Handbücher, eBooks verschiedener Verlage und Datensammlungen aus Naturwissenschaft und Technik mit speziellen Suchfunktionen und Produktivitätstools erschlossen. Als Besonderheit erlauben interaktive Tabellen das Zusammenstellen und Auswerten von Daten, insbesondere auch Stoffdaten, nach persönlichen Bedürfnissen.

Die **SpringerMaterials: the Landolt-Börnstein-Datenbank** ist eine umfassende Datensammlung zu physikalischen und chemischen Eigenschaften von Materialien aus allen Gebieten der Physik, Chemie, Ingenieur- und Materialwissenschaften. Sie zählt zu den Faktensammlungen (formal und inhaltlich erschlossene Primärinformationen), obwohl die einzelnen Dokumente als PDF-Dateien zur Verfügung stehen. Mehr als 1300 Dokumente sind zum Themenfeld Stahl vorhanden. Das System ist kostenpflichtig unter http://materials.springer.com/ verfügbar.

Der Beuth Verlag in Berlin vertreibt kostenpflichtig als Tochterunternehmen des DIN Deutsches Institut für

Normung e. V. **nationale und internationale Normen und technische Regelwerke** unter www.beuth.de/.

Die Datenbank **ASTM Digital Library** bietet Zugriff auf mehrere tausend Volltexte der ASTM (American Society for Testing and Materials)-Kollektion mit täglich aktualisierten Inhalten. Enthalten sind außerdem ASTM Standards; kostenpflichtig verfügbar unter www.astm.org/DIGITAL_LIBRARY/.

Nachschlagewerke in Buchform

Einige der im Kapitel 2.4 genannten Datenbanken basieren auf Nachschlagewerken in Buchform, die teilweise heute noch als Buch oder CD verfügbar sind:

- Der **Stahlschlüssel** ist das Standard-Nachschlagewerk der stahlverarbeitenden Industrie für internationale Stahlbezeichnungen in Buchform oder CD. Siehe auch Abschnitt 2.4.2 (Wegst 2013).
- Das **MMPDS**-Handbuch (Metallic Materials Properties Development and Standardization) mit statistisch abgesicherten Auslegungsdaten für den Aerospace-Bereich ist in der 10. Auflage als Buch und CD unter www.mmpds.org/ verfügbar.
- Die **Advanced High-Strength Steels Application Guidelines V5.0** sind als Handbuch für die Grundlagen und Anwendungen hochfester Stähle im Automobilbau verfügbar (273 Seiten PDF 2014, erhältlich als kostenloser Download bei www.worldautosteel.org).

Mittlerweile sind auch im Beuth Verlag Nachschlagewerke erschienen:

Das **Praxishandbuch Stahlnormen** enthält Auszüge aus wesentlichen Normen mit den wichtigsten Angaben zur chemischen Zusammensetzung und zu mechanischen Eigenschaften (Eube 2012). Der **Internationale Stahlvergleich** stellt einen tabellenbasierten Vergleich von internationalen Stahlsorten der wichtigsten Industrieregionen bereit (ISO-, EN-, DIN-Normen, Nationale Normen aus China, Indien, Japan, Russland, USA) (Marks 2010).

Informationsangebote von Verbänden

Das **Stahlinstitut VDEh** ist hervorgegangen aus dem Verein Deutscher Eisenhüttenleute (VDEh). Es zielt auf die Förderung der technisch-wissenschaftlichen und technisch-wirtschaftlichen Zusammenarbeit bei der Weiterentwicklung der Stahltechnologie und des Werkstoffs Stahl. Auf www.stahl-online.de/ befindet sich ein breites Informationsangebot zur Stahlindustrie und Verweise auf weitere Seiten, unter anderem auf:

- Informationsstelle Edelstahl Rostfrei (ISER), www.edelstahl-rostfrei.de/
- Verlag Stahleisen, www.stahleisen.de/ mit seinem Online-Angebot unter https://shop.stahleisen.de/

Der weltweite Stahlverband **World Steel Association** bietet auf seiner Webseite www.worldsteel.org/ ebenfalls ein breites Informationsangebot und Verweise auf weiterführende Informationen, unter anderem auf:

- Steeluniversity, www.steeluniversity.org
- WorldAutoSteel, www.worldautosteel.org/ unter anderem mit den bekannten „Advanced High-Strength Steels Application Guidelines V5.0" und weiteren Informationen zum Einsatz von Stahl im Automobilbau

Stahlpreise

Kosten und Preise für Stahl hängen von den Faktoren Erzeugnisform, Abmessungen, Legierungskosten und Produktionsmengen ab. Es ist offensichtlich, dass eine einzeln gewalzte Blechtafel mit einem Gewicht von wenigen kg deutlich teurer sein muss als die gleiche Menge aus Warmbreitband, die als Coil mit einem Gewicht von mehr als 30 t hergestellt wurde. Trotzdem ist Stahl auch eine sogenannte Commodity, d. h. ein Rohstoff, der in Preisbörsen bewertet wird.

Es gibt eine Vielzahl von Portalen im Internet, die Marktpreisindizes für Stahl bereitstellen. Dabei sind einfache Informationen, wie z. B. die allgemeine Preisentwicklung an den Märkten, üblicherweise kostenfrei zu bekommen. Preise für Legierungsgruppen, einzelne Erzeugnisformen und/oder unterschiedliche Regionen sind allgemein kostenpflichtig. Beispielhaft sind einige bekannte und unabhängige Anbieter aufgeführt, die zumeist auch täglich und periodisch internationale Branchennachrichten anbieten:

- MEPS International Ltd. (www.meps.co.uk/)
- Steel Business Briefing Ltd (SBB) (www.steelbb.com/de/)
- Kallanish Commodities Ltd. (www.kallanish.com/de/price-series/)

Der Stahlhandel und viele Stahlhersteller bieten auf ihren Webseiten darüber hinaus Informationen zu den stahlsortenspezifischen Legierungszuschlägen an. Zusätzlich werden auch Preislisten angeboten, die zumeist Aufpreise für spezielle Stahlsorten und Abmessungen gegenüber einer Grundgüte beinhalten.

2

2

2.7 Selbststudium und Weiterbildung

Der optimale Einsatz des Werkstoffs Stahl erfordert Wissen über Zusammenhänge. Neben dem Selbststudium über die Literatur gibt es eine Reihe von Angeboten, die für eine berufsbegleitende Weiterbildung genutzt werden können.

VDEh Stahl-Akademie

Der VDEh bietet mit der Stahl-Akademie (www.stahl-online.de/index.php/themen/beruf-und-weiterbildung/stahl-akademie/) eine Reihe von kostenpflichtigen Vorlesungen zu verschiedenen Themen an, z. B.:

- **Zusatzstudium Werkstoff Stahl,** das für Ingenieuranwender aus nicht-metallurgischer Fachrichtungen in der Hersteller-, Zulieferer- und Anwenderindustrie konzipiert ist. Innerhalb von vier über das Jahr verteilten Vorlesungsblöcken wird Wissen über die Erzeugung, Eigenschaften, Verarbeitung und Anwendung von Stahl vermittelt.
- **Kontaktstudium Stahl** als mehrteilige Studienreihe für Ingenieure und Fachleute, die auf dem Gebiet der Werkstofftechnik bereits Berufserfahrung haben und über entsprechendes Fachwissen verfügen

Haus der Technik

Das Haus der Technik (HDT, www.hdt-essen.de/metallische_werkstoffe) ist das älteste technische Weiterbildungsinstitut Deutschlands, Kooperationspartner der RWTH Aachen und weiterer Hochschulen. Im Bereich der metallischen Werkstoffe wird eine Reihe von kostenpflichtigen Stahl-spezifischen Veranstaltungen angeboten, z. B.:

- Mehrphasenstähle für den Leichtbau
- Nichtrostende Stähle

Steel University

Die Steel University (www.steeluniversity.org) ist eine globale Initiative des Weltstahlverbandes, die eine zumeist kostenfreie E-Learning-Umgebung zum Thema Stahl bereitstellt, die mittlerweile in mehr als 100 Unternehmen und mehr als 200 Hochschulen genutzt wird. Zahlreiche Fortbildungsblöcke mit vielen interaktiven Simulationen stehen zu verschiedenen Gebieten zur Verfügung:

- Stahlherstellung mit Simulationen zum Hochofenprozess, Lichtbogenofen, Walzwerk
- Stahlanwendungen, z. B. mit dem Automotive Design Advisor
- Metallurgie, z. B. mit einer Simulation zur Pfannenmetallurgie
- Umweltschutz und Sicherheit

Einmal jährlich gibt es für Teilnehmer den globalen Wettbewerb „steelChallenge", bei dem Teilnehmer aus allen Kontinenten eine spezifische Aufgabe der Stahlherstellung möglichst kosteneffizient lösen sollen.

Online-Vorlesungen

Im Zuge der Effizienzsteigerungen in der Lehre gibt es ein zunehmendes Angebot an Online-Vorlesungen im Internet. Bekannt ist der Begriff MOOC (Massive Open Online Course), der kostenlose Online-Kurse bezeichnet, die meist auf Universitätsniveau sind und große Teilnehmerzahlen aufweisen.

So ist für interessierte Einsteiger die Vorlesungsreihe „STEEL101x – Introduction to Steel" interessant, die von TenarisUniversity (www.tenaris.com/en/tenarisuniversity.aspx) in Zusammenarbeit mit der Steel-University erarbeitet wurde und kostenlos auf edx (www.edx.org), der offenen E-Learning-Plattform des Massachusetts Institute of Technology (MIT) und ähnlichen Einrichtungen zur Verfügung steht.

Seit einigen Jahren bietet Prof. Harry Bhadeshia von der Universität Cambridge, der unter anderem international über seine Veröffentlichungen zum Thema Bainit (Bhadeshia 1992) bekannt wurde, eine umfangreiche Playlist von vollständigen Vorträgen und Vorlesungen auf YouTube (bhadeshia123) an, z. B. Aufzeichnungen von Vorlesungen, die am GIFT (Graduate Institute of Ferrous Technology) gehalten wurden (GIFT 2016).

Die Möglichkeiten für die Informationsbeschaffung zum Werkstoff Stahl sind vielfältig und in ständigem Wandel. Datenbanken, Fachbücher, Online-Kurse und Simulationssysteme werden sich weiterentwickeln. Im Zuge der allgemeinen Digitalisierung – Stichwort Industrie 4.0 – werden spezifische interne Wissensbasen in den Unternehmen an Bedeutung gewinnen.

Weiterführende Informationen zu Kapitel 2

Literatur

Ashby, M. F.: Materials Selection in Mechanical Design. 4. Aufl., Butterworth-Heinemann, 2010

Basan, R.; Franulović, M.; Križan, B.: Web-based material data knowledge base and expert system. In 15th International Research/Expert Conference „Trends in the development of machinery and associated technology"-TMT 2011, 2011

Bhadeshia, H. K. D. H.: Bainite in steels. Inst. of Metals, 1992

bhadeshia123 – YouTube. [Online]. Verfügbar unter: *www.youtube.com/user/bhadeshia123/playlists*

Bleck, W.: Characterisation of high Mn steels by new numerical and experimental tools. In Proc. of first international conference on high Mn steels, Seoul, 2011

Bodendorf, F.: Daten- und Wissensmanagement. 2. Aufl., Springer Verlag, Berlin, 2005

Eube, J.: Praxishandbuch Stahlnormen: Auszüge aus DIN-Normen für Herstellung, Auswahl und Anwendung. 3. Aufl., Beuth Verlag, Berlin u. a., 2012

FES. [Online]. Verfügbar unter: *www.din.de/de/mitwirken/normenausschuesse/fes*

GIFT. [Online]. Verfügbar unter: *http://gift.postech.ac.kr/*

Glazman, J. S.: Computerization and Networking of Materials Data Bases. ASTM International, 1989

JMatPro – Practical Software for Materials Properties Sente Software Ltd. [Online]. Verfügbar unter: *http://www.sentesoftware.co.uk/*

Lehner, F.: Wissensmanagement: Grundlagen, Methoden und technische Unterstützung. 5. Aufl., Carl Hanser Verlag München, 2014

Lin, L.; Austin, T.; Ren, W.: Interoperability of Materials Database Systems in Support of Nuclear Energy Development and Potential Applications for Fuel Cell Material Selection. Mater. Perform. Charact., Bd. 4, Nr. 1, S. 115 – 130, Juli 2015

Linn, S.; Schwienheer, M.; Scholz, A.; Berger, C.; Stegemann, U.; Pleiner, A.: EDV-System zur Verwaltung, Erfassung und Auswertung von langzeitigen Versuchsdaten zur Stahlanwendung VDMA Verlag, Frankfurt

Marks, P.; Tirler, W.: Internationaler Stahlvergleich: Deutsch/Englisch. 1. Aufl., Beuth Verlag, Berlin, 2010

Prahl, U.; Schmitz, G. J.: Future ICME. Integr. Comput. Mater. Eng. Concepts Appl. Modul. Simul. Platf., S. 305 – 321, Wiley, Published Online: 17 APR 2012

Swindells, N.; Waterman, N.; Kröckel, H.: Materials Information for the European Communities: Proc. Concl. Workshop Materials DB Demonstrator Programme, 6 – 8 December, 1989, Petten, NL. Official Publications of the European Communities, 1990

Wegst, M.; Wegst, C.: Stahlschlüssel – Key to Steel – La Clé des Aciers. 23. Aufl., Verlag Stahlschlüssel Wegst GmbH, Marbach, 2013

Internetadressen

www.stahl-online.de/index.php/ueber-uns/fosta

www.wiam.de

www.m-base.de

www.matplus.de

www.stahldaten.de

www.stahlschlüssel.de

www.online.stahlschluessel.de

www.mmpds.org

www.grantadesign.com/products/data/metals.htm

www.gms-steel.com

www.mpa-ifw.tu-darmstadt.de

www.autosteel.org/research/ahss-data-utilization

www.matdat.com

www.totalmateria.com

www.matweb.com/search/AdvancedSearch.aspx

www.thermocalc.de

www.factsage.com

www.matcalc-engineering.com

www.access.rwth-aachen.de

www.tib.eu

https://tecfinder.wti-frankfurt.de

https://app.knovel.com

www.beuth.de

http://products.asminternational.org/matinfo

www.edelstahl-rostfrei.de

www.stahleisen.de

https://shop.stahleisen.de

www.steeluniversity.org

www.worldautosteel.org

www.meps.co.uk

www.steelbb.com/de

www.kallanish.com/de/price-series

www.hdt-essen.de/metallische_werkstoffe

www.tenaris.com/en/tenarisuniversity.aspx

www.edx.org

Alle im Text erwähnten Normen sind in einer Liste zusammengefasst (Seite 889).

Eigenschaften von Stählen

Wolfgang Bleck

Die Eigenschaften von Metallen werden durch ihre chemische Zusammensetzung, ihren kristallinen Aufbau und besonders durch Störungen im idealen periodischen Aufbau des Kristalls bestimmt. Letztere werden unter den Begriffen Gefüge oder Mikrostruktur zusammengefasst. Man kann nun die Eigenschaften kristalliner Festkörper einteilen in solche, die empfindlich, und solche, die unempfindlich gegen Störungen des Kristallaufbaus sind. Beispielsweise ist die Elastizität weitgehend von der Mikrostruktur unbeeinflusst, während die Plastizität erst durch Gitterstörungen überhaupt ermöglicht wird.

Eine Besonderheit der Eisenbasis-Legierungen stellt die Polymorphie dar, die besagt, dass man verschiedene Kristallstrukturen in Abhängigkeit von der Temperatur und der chemischen Zusammensetzung in Stählen beobachten kann. Die Eigenschaften der Stähle sind eine Folge der im thermodynamischen Gleichgewicht existierenden Phasen, aber auch der Ungleichgewichtsphasen, die beispielsweise durch beschleunigte Abkühlung über Phasengrenzen hinweg entstehen. Eisen kann zudem mit vielen Elementen Legierungen (Mischungen) bilden. Dabei kann die Lösung der Legierungselemente substitutionell (auf Gitterplätzen) oder interstitiell (in Gitterlücken) erfolgen. Betrachtet man weiterhin, dass Eisenlegierungen in verschiedenen magnetischen Grundzuständen vorliegen können, so ergibt sich hieraus auch das Verständnis für die Vielzahl an möglichen Stählen mit unterschiedlichen Eigenschaften. Es ist gerade diese Kombination von kristallinen Phasen, magnetischen Grundzuständen und unterschiedlichen Legierungsmöglichkeiten, die den Erfolg der Stähle und ihre große Anpassungsfähigkeit ausmachen.

In diesem Kapitel werden die physikalischen Eigenschaften des Eisens besprochen, wobei zunächst die Eigenschaften des reinen Eisens dargestellt werden, um dann anschließend auf die Besonderheiten von Stählen einzugehen. Daran schließt sich eine Einführung in die Legierungskunde an, in der auch auf die mechanischen Eigenschaften als wichtigste Gebrauchseigenschaften von Stählen eingegangen und ihre Beeinflussbarkeit durch die chemische Zusammensetzung gezeigt wird.

3.1 Thermische Eigenschaften

3.1.1 Volumen- und Längenänderung von Eisen

Die Erwärmung eines reinen Metalls führt grundsätzlich zu einer stetigen Zunahme der Gitterkonstante und des Volumens, sofern keine Polymorphie vorliegt.

Reines Eisen durchläuft dagegen bei normalem Atmosphärendruck während der Erwärmung zwei Umwandlungen, die α-γ-Umwandlung (kubisch raumzentriert krz $\rightarrow$ kubisch flächenzentriert kfz) bei 911 °C bzw. 1184 K (A_3) und die γ-δ-Umwandlung (kfz$\rightarrow$krz) bei 1392 °C bzw. 1665 K (A_4). Die Gitterkonstante a wird daher mit steigender Temperatur durch drei Kurvenabschnitte mit unterschiedlicher Steigung beschrieben (Bild 3.1). Die unterschiedliche Steigung der einzelnen Kurvenabschnitte resultiert aus dem unterschiedlichen Ausdehnungsverhalten des krz- und des kfz-Kristallgitters.

Der lineare Ausdehnungskoeffizient α kann als mittlerer Ausdehnungskoeffizient für die einzelnen Temperaturbereiche errechnet werden:

$$\alpha = \frac{1}{l} \cdot \frac{dl}{dT} \tag{3.1}$$

mit l = Länge
T = Temperatur

3

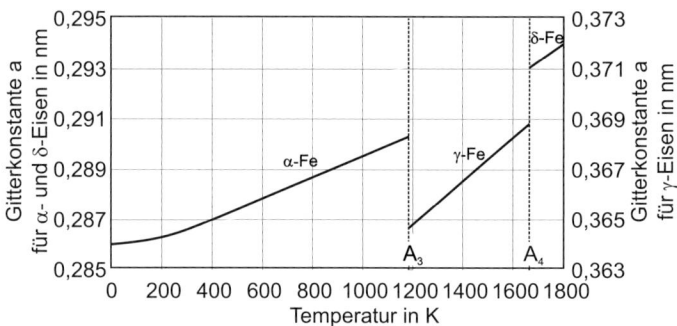

Bild 3.1 Änderung der Gitterkonstante a von reinem Eisen mit der Temperatur und in Abhängigkeit von der Kristallstruktur (Werkstoffkunde Stahl 1984)

Durch Umformung dieser Gleichung erhält man Gleichung 3.2, mit deren Hilfe die Länge bei einer gegebenen Temperatur errechnet werden kann.

$$l(T) = l_0 \cdot (1 + \alpha \cdot \Delta T) \tag{3.2}$$

In Tabelle 3.1 sind mittlere Wärmeausdehnungskoeffizienten für reines Eisen in verschiedenen Temperaturbereichen aufgeführt. Der lineare Wärmeausdehnungskoeffizient α als Funktion der Temperatur ist in Bild 3.2 dargestellt.

Tabelle 3.1 Mittlere Wärmeausdehnungskoeffizienten von reinem Eisen

Gitter	Temperaturbereich in °C	Mittlerer Ausdehnungskoeffizient α in $10^{-6}K^{-1}$
α-Fe	20 – 911	15,3
β-Fe	911 – 1392	22,0
γ-Fe	1392 – 1536	16,5

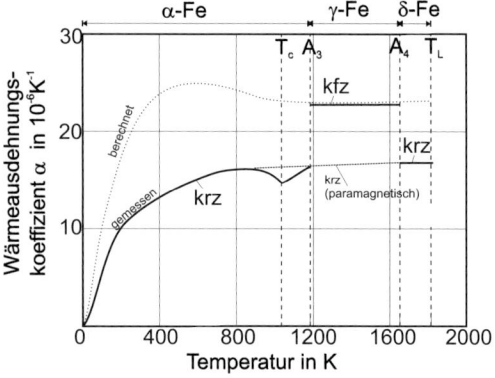

Bild 3.2 Wärmeausdehnungskoeffizient α in Abhängigkeit von der Temperatur und der Kristallstruktur (Werkstoffkunde Stahl 1984)

Der lineare thermische Ausdehnungskoeffizient α steigt im Stabilitätsbereich des α-Eisens mit zunehmender Temperatur an, weist in der Nähe der Curie-Temperatur T_C eine Anomalie in Form einer Absenkung auf und steigt anschließend erneut an. Der Grund liegt in der Änderung der magnetischen Eigenschaften von ferromagnetisch zu paramagnetisch. Im Stabilitätsbereich der γ-Phase zeigt sich ein konstanter Ausdehnungskoeffizient α von $22 \cdot 10^{-6}$ K^{-1}. Oberhalb des A_4-Punktes sinkt der Ausdehnungskoeffizient α im Stabilitätsbereich des δ-Eisens sprunghaft auf einen Wert von etwa $16{,}5 \cdot 10^{-6}$ K^{-1}. Die gepunkteten Kurven geben etwa den theoretisch berechneten Verlauf der Wärmeausdehnung des kfz-Eisens und des paramagnetischen krz-Eisens wieder. Diese berechneten Verläufe münden jeweils an den Umwandlungspunkten in die gemessenen Kurven ein.

Das Atomvolumen V_{at} ändert sich entsprechend der Gitterkonstante a mit zu- oder abnehmender Temperatur. Zwischen der Gitterkonstante und dem Atomvolumen bestehen folgende Zusammenhänge:

$$\text{Für das krz-Gitter: } V_{at} = \frac{a^3}{2} \tag{3.3}$$

$$\text{Für das kfz-Gitter: } V_{at} = \frac{a^3}{4} \tag{3.4}$$

Bild 3.3 zeigt die Änderung des Atomvolumens von reinem Eisen mit der Temperatur. Analog zum linearen Wärmeausdehnungskoeffizienten α kann hier ein kubischer Wärmeausdehnungskoeffizient γ als der auf die Volumeneinheit bezogene Differentialquotient aus der Volumenänderung dV und der Temperaturdifferenz dT berechnet werden.

$$\gamma = \frac{1}{V} \cdot \frac{dV}{dT} \tag{3.5}$$

Bei isotropen Werkstoffen korreliert der kubische Wärmeausdehnungskoeffizient γ mit dem linearen Wärmeausdehnungskoeffizienten α:

$$\gamma = 3 \cdot \alpha \qquad (3.6)$$

Somit genügt für die Beschreibung der Volumenänderung die Bestimmung der linearen Wärmeausdehnungskoeffizienten.

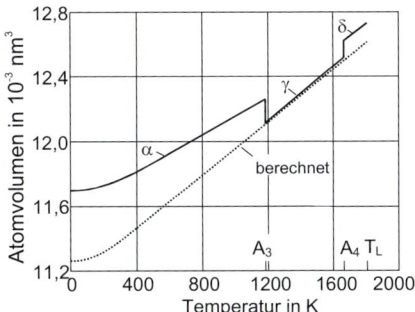

Bild 3.3 Änderung des Atomvolumens von Eisen mit der Temperatur und in Abhängigkeit von der Kristallstruktur (Werkstoffkunde Stahl 1984)

Zwischen Raumtemperatur und der A_3-Temperatur nimmt das Atomvolumen um etwa 4 % und die relative Länge um etwa 1,3 % zu. Zwischen Raumtemperatur und dem Schmelzpunkt nimmt das Volumen um etwa 7,5 % und die Länge um etwa 2,6 % zu. Die Umwandlung des α-Eisens (Raumerfüllung $RE_{(krz)}$ = 68 %) in das dichter gepackte γ-Eisen ($RE_{(kfz)}$ = 74 %) bei der A_3-Temperatur ist mit einer Volumenkontraktion von etwa 1 % bzw. einer Längenschrumpfung von 0,35 % verbunden. Die Volumenzunahme bei der A_4-Temperatur beträgt lediglich 0,5 %, da γ-Eisen einen größeren thermischen Ausdehnungskoeffizienten aufweist als α- und δ-Eisen.

Tabelle 3.2 Temperaturabhängigkeit von Gitterkonstante und Dichte von Eisen

Temperatur °C	Struktur	Bezeichnung	Gitterkonstante nm	Dichte g/cm³	rel. Länge
20	krz	α	0,2866	7,88	1
911	krz	α	0,2904	7,57	1,0132
911	kfz	γ	0,3646	7,65	1,0097
1392	kfz	γ	0,3688	7,40	1,0211
1392	krz	δ	0,2932	7,36	1,0229
1536	krz	δ	0,2941	7,29	1,0262

Tabelle 3.2 verdeutlicht die Temperaturabhängigkeit der Gitterkonstanten und der Dichte von reinem Eisen

und zeigt ein Rechenbeispiel für die relative Länge eines Stabes aus reinem Eisen bei verschiedenen Temperaturen.

Ein Stab aus reinem Eisen mit einer Länge l_0 von genau einem Meter bei Raumtemperatur nimmt demnach bei einer Erwärmung auf 911 °C (A_3-Temperatur) eine Länge von 1,0132 m an. Bei der Umwandlung kommt es sprunghaft zu einer Schrumpfung um 0,35 % auf 1,0097 m. Bei weiterer Erwärmung auf 1392 °C (A_4-Temperatur) dehnt sich der Stab auf eine Länge von 1,0211 m. Durch die erneute Umwandlung kommt es sprunghaft zu einer Dehnung um 0,18 % auf 1,0229 m. Schließlich nimmt der Stab am Schmelzpunkt eine Länge von 1,0262 m an, was einer Verlängerung von 26 mm gegenüber der Ausgangslänge bei Raumtemperatur entspricht. Die Berechnung der relativen Länge erfolgt in den drei verschiedenen Temperaturbereichen mit Hilfe der in Tabelle 3.3 angegebenen Formeln.

Tabelle 3.3 Formeln zur Berechnung der Gesamtdehnung von Eisen

Temperaturbereich in °C	Ausdehnung
20 – 911	$l(T) = l_0 \cdot \left[1 + 14{,}8 \cdot 10^{-6} \cdot (T - 20)\right]$
911 – 1392	$l(T) = l_0 \cdot 1{,}0097 \cdot \left[1 + 23{,}6 \cdot 10^{-6} \cdot (T - 911)\right]$
1392 – 1536	$l(T) = l_0 \cdot 1{,}0229 \cdot \left[1 + 22{,}3 \cdot 10^{-6} \cdot (T - 1392)\right]$

3.1.2 Volumen- und Längenänderung von Stählen

Die thermische Ausdehnung von rein ferritischen und ferritisch-perlitischen Stählen sowie von Vergütungsstählen ist der von α-Eisen sehr ähnlich. Der lineare Wärmeausdehnungskoeffizient α dieser Stähle entspricht mit 11 bis $13 \cdot 10^{-6}$ K^{-1} bei Raumtemperatur etwa dem von α-Eisen. Hochlegierte austenitische Stähle zeigen deutlich höhere lineare Wärmeausdehnungskoeffizienten α. Bild 3.4 stellt die linearen Wärmeausdehnungskoeffizienten von ferritischen und austenitischen Stählen in Abhängigkeit von der Temperatur dar.

In vielen magnetisch geordneten γ-Eisenlegierungen tritt eine sogenannte Volumen-Magnetostriktion auf, die darin besteht, dass beim Durchlaufen der magnetischen Ordnungsumwandlung eine Änderung des Gitterabstandes und als deren Folge eine Beeinflussung der Wärmeausdehnung eintritt.

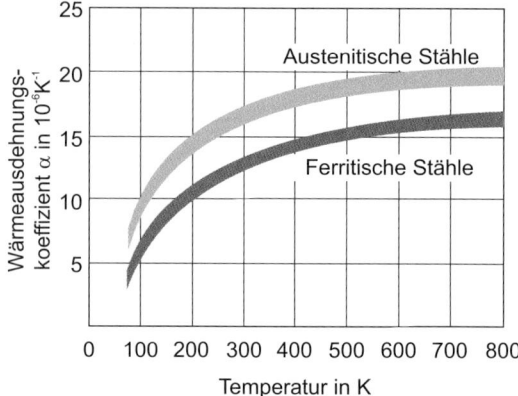

Bild 3.4 Wärmeausdehnungskoeffizienten ferritischer und austenitischer Stähle (Werkstoffkunde Stahl 1984)

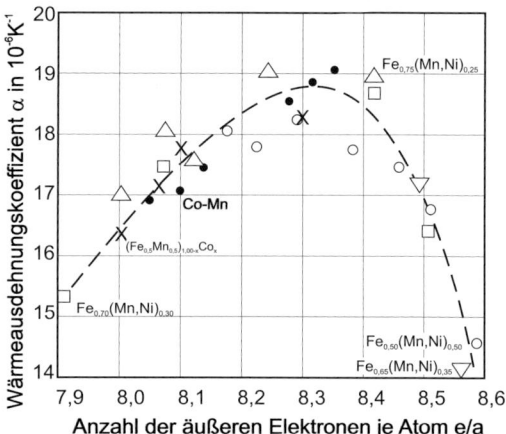

Bild 3.5 Wärmeausdehnung verschiedener kfz-Legierungsreihen bei 300 K (Werkstoffkunde Stahl 1984)

In Legierungen mit genügend großer positiver Volumen-Magnetostriktion kann die magnetische Kopplung die thermisch bedingte Änderung der Gitterabstände kompensieren. Diese sogenannten Invar-Legierungen zeichnen sich über einen gewissen Temperaturbereich durch eine geringe und nahezu konstante Wärmeausdehnung aus. Klassische Invar-Legierungen auf Eisenbasis enthalten etwa 36 % Ni und erreichen Wärmeausdehnungskoeffizienten um $1 \cdot 10^{-6}$ K^{-1}, Superinvar-Legierungen enthalten zusätzlich Kobalt und weisen Wärmeausdehnungskoeffizienten von etwa $1 \cdot 10^{-7}$ K^{-1} auf.

Ein gegenteiliges Wärmeausdehnungsverhalten zu Invar-Legierungen zeigen paramagnetische Eisen-Mangan-Nickel- und Eisen-Chrom-Nickel-Legierungen. Der Verlauf der Wärmeausdehnung dieser Legierungen ist durch ein Maximum gekennzeichnet. Diese Maxima sind eine Folge von Übergängen in einen höherenergetischen Zustand von Atomen mit größerem Atomvolumen. Der höhere Ausdehnungskoeffizient austenitischer Chrom-Nickel-Legierungen gegenüber dem der ferritischen Stähle lässt sich auf diese Weise erklären. Auf Grund dieser Anomalien weisen kubisch-flächenzentrierte Legierungen eine relativ große Wärmeausdehnung bei Raumtemperatur auf. Daher können diese Legierungen (z. B. 75 % Fe, 19 % Ni, 6 % Mn) mit großer Ausdehnung als aktive Komponenten in Bimetallsystemen verwendet werden. In Bild 3.5 ist der Ausdehnungskoeffizient bei 300 K über der Anzahl der äußeren Elektronen e je Atom a aufgetragen. Dabei ergibt sich ein Maximum von etwa $19 \cdot 10^{-6}$ K^{-1} bei e/a = 8,3. Legierungen mit kleineren oder größeren Valenzelektronenzahlen zeigen bei Raumtemperatur geringere Wärmeausdehnung.

3.1.3 Wärmeleitfähigkeit des Eisens

Temperaturunterschiede in einem Festkörper führen zu einem Wärmefluss. Dieser hängt in erster Linie von der Wärmeleitfähigkeit des Materials ab. Gute elektrische Leiter gelten dabei in aller Regel auch als gute Wärmeleiter.

Die Wärmeleitung beruht auf zwei grundsätzlichen Mechanismen. Sie kann über Gitterschwingungen (Phononen) oder über freie Elektronen (Leitungselektronen) erfolgen. Die Temperaturabhängigkeit der Wärmeleitfähigkeit λ ist in Bild 3.6 dargestellt.

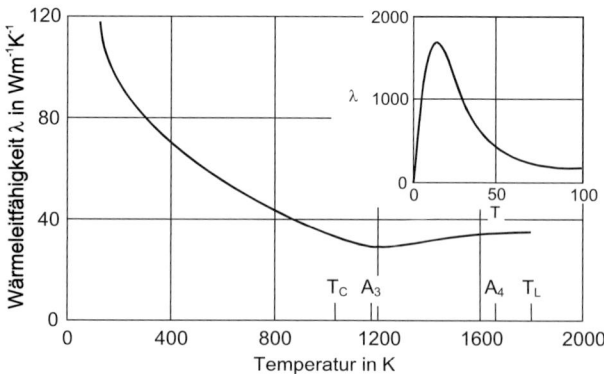

Bild 3.6 Wärmeleitfähigkeit von Eisen in Abhängigkeit von der Temperatur (Werkstoffkunde Stahl 1984)

In dieser Temperaturabhängigkeit spiegelt sich der Einfluss des Ferromagnetismus des Eisens wider. Unterhalb der Curie-Temperatur T_C ist mit dem Einsetzen der magnetischen Ordnung ein starker Anstieg der Wärmeleitfähigkeit verbunden.

Da oberhalb der Raumtemperatur die Wärmeleitung im Wesentlichen durch Leitungselektronen erfolgt, gilt für die Verknüpfung von elektrischer und thermischer Leitung näherungsweise das Wiedemann-Franz-Lorenz-Gesetz. Danach ändert sich das Verhältnis von Wärmeleitfähigkeit λ und elektrischer Leitfähigkeit σ proportional zur Temperatur T.

$$\lambda = \sigma \cdot L \cdot T \qquad (3.7)$$

Die Lorenz-Konstante L hat für alle Metalle annähernd den gleichen Wert und kann folgendermaßen bestimmt werden:

$$L \cong 3 \cdot \frac{k^2}{e^2} \qquad (3.8)$$

mit: k = Boltzmann-Konstante
e = Elementarladung

Für reines Eisen beträgt die Lorenz-Konstante L oberhalb der Raumtemperatur $3{,}03 \cdot 10^{-8}$ V^2 K^{-2}. Bei tieferen Temperaturen wird die Lorenz-Konstante allerdings selbst temperaturabhängig.

Mit sinkender Temperatur wird neben der elektronischen Leitung der Anteil der durch Gitterschwingungen transportierten Wärme bedeutsamer. Aus dem Zusammenwirken dieser beiden Mechanismen und der Größe des Restwiderstandes resultiert das Maximum der Wärmeleitfähigkeit bei tiefen Temperaturen, das in dem kleinen Teilbild in Bild 3.6 dargestellt ist. Dieses Maximum der Wärmeleitfähigkeit ist umso höher, je reiner der Kristall ist. Gitterfehler im Kristall verschlechtern sowohl die Wärmeleitfähigkeit als auch die elektrische Leitfähigkeit.

3.2 Elastische Eigenschaften

3.2.1 Elastizitätsmodul und Schubmodul

Bei mechanischer Beanspruchung werden in einem Körper Reaktionskräfte erzeugt, die mit den äußeren Kräften im Gleichgewicht stehen. Diese Reaktionskräfte werden, bezogen auf die Flächeneinheit, als Spannung bezeichnet. Diese Spannungen werden unterteilt in senkrecht zu der betrachteten Fläche wirkende (Normalspannungen σ) und solche, die in der Fläche auftreten (Schubspannungen τ).

Normalspannungen bewirken eine relative Längenänderung ε des Körpers. Im Fall von Zugnormalspannungen tritt eine Dehnung und im Fall von Drucknormalspannungen eine Stauchung des Körpers auf. Schubspannungen bewirken ein Abscheren des Körpers um den Winkel γ.

Nimmt der Körper nach Entlastung seine ursprüngliche Form wieder an, so handelt es sich um eine elastische Formänderung. Eine bleibende Formänderung wird als plastische Umformung bezeichnet. Dabei ist zu beachten, dass eine elastische Formänderung mit einer reversiblen Volumenänderung des Körpers verbunden ist, während bei einer plastischen Formänderung das Gesetz der Volumenkonstanz gilt.

Die Volumenzunahme bei elastischer Zugbeanspruchung soll in folgendem Beispiel verdeutlicht werden. Ein Rundstab mit dem Volumen V_0 wird durch Zugspannung beansprucht. Das sich einstellende Volumen V_1 soll im Folgenden berechnet werden.

Das Ausgangsvolumen V_0 des Rundstabes mit Durchmesser d_0 und Länge l_0 beträgt:

$$V_0 = \frac{\pi}{4} \cdot d_0^2 \cdot l_0 \qquad (3.9)$$

Unter Zugbeanspruchung ergibt sich das Volumen V_1 unter Berücksichtigung der Verlängerung und Querschnittsverringerung:

$$V_1 = \frac{\pi}{4} \cdot \left(d_0 - \Delta d\right)^2 \cdot (l_0 + \Delta l) \qquad (3.10)$$

Bei Vernachlässigung aller Terme, in denen Δd oder Δl quadriert oder miteinander multipliziert werden, und nach Einsetzen von V_0 sowie der Dehnung ε ergibt sich:

$$V_1 = V_0 \cdot \left(1 - 2\frac{\Delta d}{d_0} + \frac{\Delta l}{l_0}\right) = V_0 \cdot \left(1 - 2 \cdot \mu\varepsilon + \varepsilon\right) \qquad (3.11)$$

mit der Querkontraktionszahl $\mu = \frac{\Delta d}{d_0} \cdot \frac{l_0}{\Delta l}$ (3.12)

mit der Dehnung $\varepsilon = \frac{\Delta l}{l_0}$ (3.13)

Die Volumenänderung durch die Zugbeanspruchung beträgt damit:

$$\Delta V = V_1 - V_0 = V_0 \cdot \varepsilon \cdot \left(1 - 2 \cdot \mu\right) \qquad (3.14)$$

Aus $\mu_{Fe} = 0{,}235$ ergibt sich die Volumenzunahme für einen Eisenstab bei elastischer Beanspruchung.

Im elastischen Bereich besteht bei vielen Werkstoffen ein linearer Zusammenhang zwischen den Spannungen und den elastischen Formänderungen. Diesen Zusammenhang beschreibt das Hooke'sche Gesetz:

$$\sigma = \varepsilon \cdot E \quad \text{für Normalspannungen} \quad (3.15)$$

$$\tau = \gamma \cdot G \quad \text{für Schubspannungen} \quad (3.16)$$

Bei den beiden elastischen Konstanten handelt es sich um den Elastizitätsmodul E und den Schubmodul G. Diese Grundgleichungen der Elastizitätstheorie gelten allerdings nur für isotrope Werkstoffe. Die in Kristallen vorliegende Anisotropie äußert sich im mechanischen Verhalten dadurch, dass bei Einwirkung einer Spannung in verschiedenen kristallographischen Richtungen unterschiedliche Verformungen auftreten, da die elastischen Konstanten von der kristallographischen Orientierung abhängen. Werte für den Elastizitätsmodul E und Schubmodul G von Eisen-Einkristallen in verschiedenen Kristallrichtungen sind in Bild 3.7 angegeben.

Metallische Werkstoffe der Technik bestehen, soweit es sich nicht um Einkristalle handelt, aus einer Vielzahl von regellos orientierten Kristallen, sodass eine Orientierungsabhängigkeit der elastischen Konstanten makroskopisch nicht auftritt. Durch diese Quasi-Isotropie kann das elastische Verhalten durch einen mittleren Elastizitäts- und Schubmodul beschrieben werden. Diese mittleren Moduln für polykristallines Eisen betragen:

$$E = 210 \text{ GPa}$$
$$G = 83 \text{ GPa}$$

In Bild 3.8 sind die Elastizitätsmoduln verschiedener Elemente über ihrem Schmelzpunkt aufgetragen. Es zeigt sich dabei, dass mit steigendem Schmelzpunkt auch der Elastizitätsmodul ansteigt. So weist zum Beispiel Aluminium sowohl einen niedrigeren Schmelzpunkt als auch einen geringeren E-Modul als Eisen auf.

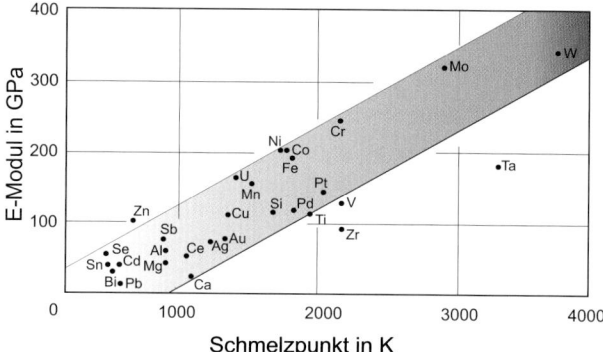

Bild 3.8 Elastizitätsmoduln verschiedener Elemente in Abhängigkeit des Schmelzpunktes

Der Elastizitätsmodul E und der Schubmodul G von polykristallinem Eisen sinken mit steigender Temperatur progressiv; beispielhaft wird die Abnahme des E-Moduls für un- und niedriglegierte Stähle im Bild 3.9 gezeigt. Der E-Modul ist weitgehend unabhängig von der im Gefüge auftretenden Korngröße.

Besonders in der Nähe der Curie-Temperatur sinkt der E-Modul auf Grund des Aufbrechens der magnetischen Kopplung verstärkt. Die α-γ-Umwandlung ist mit einer Zunahme des Elastizitätsmoduls verbunden (Bild 3.10). Gleichwohl ist der E-Modul von kfz-Eisen bei Raumtemperatur um ca. 10 % geringer als von krz-Eisen. Ursache hierfür ist eine unterschiedliche Temperaturabhängig-

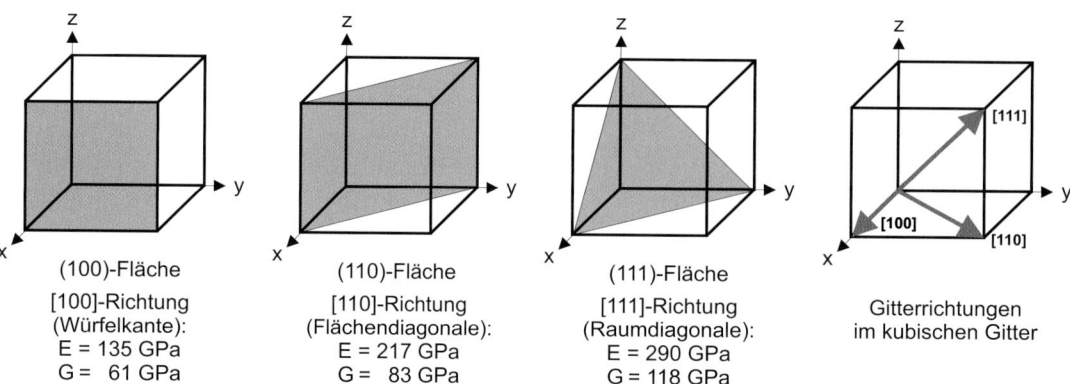

Bild 3.7 Elastizitätsmodul und Schubmodul in Abhängigkeit von der Kristallrichtung von Eisen-Einkristallen sowie Darstellung ausgewählter Richtungen und Flächen im kubischen Gitter

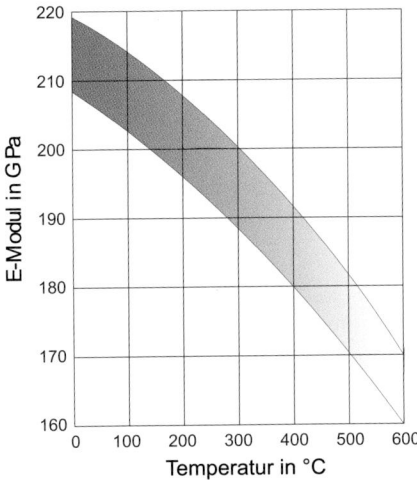

Bild 3.9 E-Modul in Abhängigkeit von der Temperatur für unlegierte und niedriglegierte Stähle

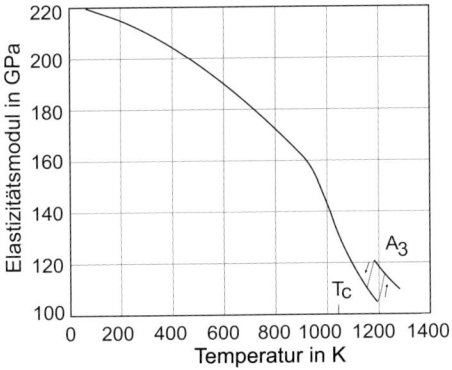

Bild 3.10 Temperaturabhängigkeit des E-Moduls von Eisen (Werkstoffkunde Stahl 1984)

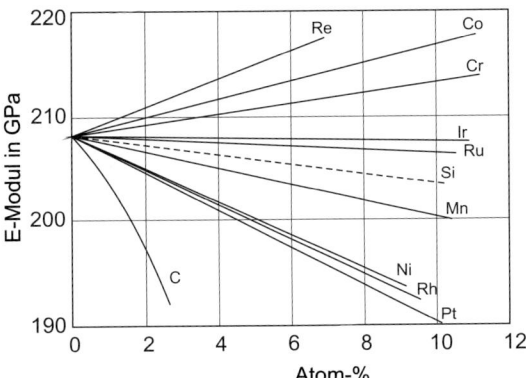

Bild 3.11 Einfluss von im Eisen-Mischkristall gelösten Legierungselementen auf den Elastizitätsmodul E bei Raumtemperatur

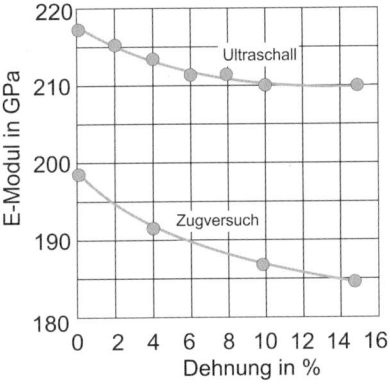

Bild 3.12 Einfluss der Vorverformung auf den *E*-Modul eines Tiefziehstahls, Messung mittels Ultraschall oder Zugversuch

keit der beiden Phasen auf Grund ihrer unterschiedlichen magnetischen Eigenschaften.

Eine weitere wesentliche Einflussgröße auf den Elastizitätsmodul E sowie den Schubmodul G ist der Gehalt an Legierungselementen. Es wird zwischen Elementen unterschieden, die diese Moduln erhöhen oder sie verringern. Von Bedeutung sind dabei die Moduln der einzelnen Legierungselemente. So erhöhen Legierungselemente mit höheren Moduln als Eisen in fester Lösung den jeweiligen Modul der Eisenlegierung. Die Effekte der gelösten Atome auf den Elastizitätsmodul E und den Schubmodul G sind weitgehend parallel.

Der Elastizitätsmodul E verschiedener binärer Eisenlegierungen ist in Bild 3.11 als Funktion der chemischen Zusammensetzung dargestellt. Die Kurve für die Eisen-Silicium-Legierung ist gestrichelt gezeichnet, da sie aus Daten abgeleitet wurde, die an Einkristallen ge-

messen worden sind. Der Elastizitätsmodul E ändert sich proportional mit dem Gehalt an gelösten Legierungselementen. Kohlenstoff und Kobalt bilden Ausnahmen von diesem linearen Zusammenhang. Für den Schubmodul G gelten analoge Abhängigkeiten von der chemischen Zusammensetzung.

In Bild 3.12 ist der Einfluss einer Vorverformung auf den Elastizitätsmodul E eines Tiefziehstahls dargestellt. Dieser Tiefziehstahl weist mit zunehmender Dehnung einen geringeren E-Modul auf. Es ist dabei ein Einfluss der Messmethode (Bestimmung im Zugversuch oder mittels Ultraschall-Messung) zu erkennen. Die im Zugversuch ermittelten Werte für den E-Modul liegen tiefer und weisen eine größere Abnahme auf als die mittels Ultraschall-Prüfung ermittelten. Die Abnahme des E-Moduls mit einer Vorverformung ergibt sich aus der erhöhten Defektdichte im Metall. Durch eine Glühbehandlung kann diese Defektdichte reduziert werden, sodass der E-Modul seinen Ausgangswert wieder erreicht.

3.2.2 Anelastizität

Beim ideal-elastischen Verhalten eines Körpers wird davon ausgegangen, dass entsprechend dem Hooke'-schen Gesetz jeder von außen aufgebrachten Spannung σ unterhalb der Streckgrenze eine bestimmte Dehnung ε zugeordnet werden kann. Die zeitliche Dauer der Belastung soll dabei keinen Einfluss haben.

In der Realität wird jedoch häufig eine elastische Nachwirkung beobachtet. Darunter ist eine zeitabhängige Verformung im elastischen Bereich zu verstehen, die zusätzlich zur elastischen Dehnung nach Hooke auftritt. Bildet sich diese zusätzliche, zeitabhängige Dehnung bei Entlastung mit der Zeit wieder zurück, sodass der Körper nach einiger Zeit seine ursprüngliche Form wieder annimmt, so spricht man von anelastischem Verhalten oder Anelastizität.

Wird ein anelastischer Körper für eine lange Zeit mit einer Spannung σ belastet, die kleiner als die Streckgrenze ist, so stellt sich zunächst spontan die rein elastische Dehnung ε_1 ein. Darauf folgt eine zeitabhängige, anelastische Dehnung $\varepsilon_2(t)$, die nach sehr langen Zeiten bis auf einen Grenzwert ε_2 ansteigt (Bild 3.13). Der anelastische Anteil der Dehnung $\varepsilon_2(t)$ hängt dabei exponentiell von der Zeit ab. Bei Entlastung geht zunächst spontan die rein elastische Dehnung zurück. Anschließend bildet sich die zusätzliche, zeitabhängige Dehnung zurück und der Körper nimmt seine ursprüngliche Form wieder an.

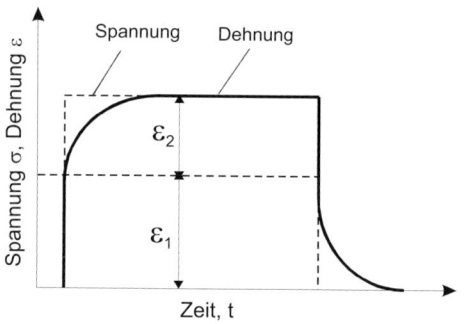

Bild 3.13 Schematische Darstellung der elastischen Nachwirkung

Ein praktisches Beispiel für die anelastische Dehnung ist die Dämpfung. Unter Dämpfung versteht man dabei den Energieverlust einer mechanischen Schwingung. Die Dämpfung wird dabei durch das logarithmische Dekrement Λ charakterisiert, wobei a_1 und a_2 die Amplitudenwerte zweier aufeinanderfolgender Schwingungen sind.

$$\Lambda = \ln\left(\frac{a_1}{a_2}\right) \qquad (3.17)$$

Dieser Energieverlust ist neben äußeren Anteilen wie Reibung mit der Umgebung auf innere Reibung infolge werkstoffspezifischer Effekte zurückzuführen. Die Höhe dieser Energieverluste wird bei Schwingungen durch die Frequenz sowie durch die Temperatur beeinflusst.

Als Versuchsaufbau dient ein Torsionspendel (Bild 3.14), bei dem eine draht- oder streifenförmige Probe zu Torsionsschwingungen angeregt wird. Bei der im Torsionspendel auftretenden periodisch wechselnden elastischen Verformung führt die elastische Nachwirkung zu einer zeitlichen Phasenverschiebung der Spannungs- und Dehnungsmaxima. Die Dehnung erreicht ihren Maximalwert erst nach einer bestimmten Relaxationszeit, deren Größe von den im Werkstoff ablaufenden Prozessen abhängt. Aus dieser Phasenverschiebung kann darauf geschlossen werden, dass die Dämpfung durch zeitabhängige Prozesse im Werkstoff hervorgerufen wird. Hier sind Platzwechselvorgänge von interstitiell gelösten Fremdatomen in Einlagerungsmischkristallen mit kubisch-raumzentriertem Gitter zu nennen. Die auf den Gitterlücken im α-Eisen befindlichen, gelösten Kohlenstoff- und/oder Stickstoffatome ändern ihre Lage in der Elementarzelle periodisch entsprechend der angelegten Spannung.

Im mechanisch unbeanspruchten Werkstoff sind alle Oktaederlücken im krz-Gitter (auf den Kanten- und Flächenmitten) energetisch gleichberechtigt, sodass die interstitiell gelösten Kohlenstoff- und/oder Stickstoffatome regellos verteilt sind (Bild 3.15 links). Da der Atomradius der C- und N-Atome größer ist als der Radius der Oktaederlücken im α-Eisen, wird durch Besetzung der Oktaederlücken das Eisengitter in Richtung der Oktaederachse gestreckt.

Durch eine mechanische Beanspruchung werden die Atomabstände des Kristallgitters in Zugrichtung vergrößert. Durch diese Aufweitung weisen die in dieser Richtung vorhandenen Gitterlücken günstigere energetische Bedingungen für die Einlagerung von Fremdatomen auf, während Bereiche unter Druckspannung ungünstigere Bedingungen aufweisen. Im Kristallgitter findet daher eine Umordnung der interstitiell gelösten Fremdatome in Richtung der energetisch günstigeren Plätze statt. Diese Umordnung ist zeitabhängig und bewirkt eine zusätzliche Aufweitung des Kristallgitters in Zugrichtung.

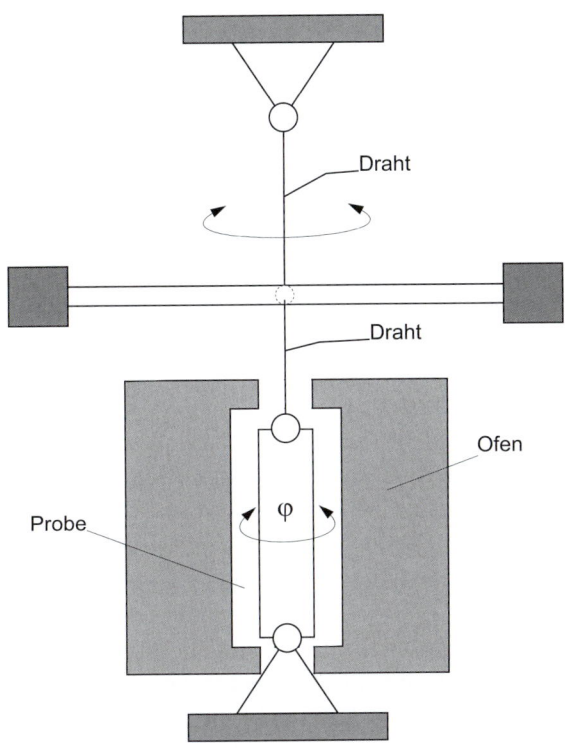

Bild 3.14 Prinzipieller Aufbau eines Torsionspendels

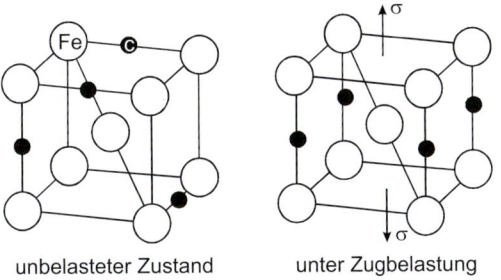

Bild 3.15 Schematische Darstellung der Verteilung der C-Atome im krz-Gitter zur Erläuterung des Snoek-Effekts

3

Verändert sich im Verlauf der Schwingung die Belastungsrichtung, so werden die zuvor energetisch günstigen Zwischengitterplätze durch die Richtungsänderung ungünstiger, sodass sich die eingelagerten Fremdatome auf den in der neuen Beanspruchungsrichtung vorhandenen energetisch begünstigten Zwischengitterplätzen anordnen. Nach Aufhebung aller äußeren Belastungen nehmen die interstitiell gelösten Atome wieder eine regellose Verteilung ein. Die Energie für diese Platzwechselvorgänge wird der Schwingungsenergie entzogen, was sich makroskopisch in einer Dämpfung der Schwingung äußert. Dieser Vorgang wird nach seinem Entdecker als Snoek-Effekt bezeichnet.

Die Relaxationszeiten der Platzwechselvorgänge sind temperaturabhängig und für verschiedene Atomarten unterschiedlich. Daher ist jede Atomart durch ein Dämpfungsmaximum in dem bei konstanter Frequenz in Abhängigkeit von der Temperatur aufgenommenen Dämpfungsspektrum gekennzeichnet. So können interstitiell gelöste Fremdatome wie Kohlenstoff und Stickstoff im krz-Eisen quantitativ nachgewiesen werden.

3.3 Magnetische und elektrische Eigenschaften

Die verschiedenen Erscheinungsformen des Magnetismus resultieren im Wesentlichen aus der Bewegungsmöglichkeit der Elektronen eines Atoms um den Atomkern, da jede Bewegung elektrischer Ladungen ein magnetisches Feld erzeugt. Das magnetische Moment eines Atoms setzt sich zusammen aus einem Hüllenmoment sowie einem Kernmoment. Das Hüllenmoment wiederum wird aus einem Bahnmoment sowie einem Spinmoment gebildet. Das Bahnmoment entsteht durch die Bewegung des Elektrons um den Atomkern und das Spinmoment durch die Eigenrotation des Elektrons. Das Spinmoment hat den größten Anteil an dem gesamten Magnetmoment des Atoms, wohingegen das Kernmoment so klein ist, dass es bei magnetischen Werkstoffen vernachlässigt werden kann.

3.3.1 Magnetische Eigenschaften von Eisen

Bei Festkörpern existieren vier Hauptformen des Magnetismus: Diamagnetismus, Paramagnetismus, Ferrimagnetismus und Ferromagnetismus. Grundsätzlich induziert ein äußeres magnetisches Feld H in der Elektronenhülle eines Stoffes einen elektrischen Strom, aus dem ein Magnetfeld B resultiert. B wird auch als magnetische Induktion bezeichnet. Die Größe dieses Magnetfeldes ist abhängig von der Induktionskonstante μ_0 und der stoffabhängigen Permeabilitätszahl μ_r. Es gilt:

$$B = \mu_0 \cdot \mu_r \cdot H \qquad (3.18)$$

$$\text{mit: } \mu_0 = 4\pi \cdot 10^{-7} \frac{V \cdot s}{A \cdot m} \qquad (3.19)$$

Im Vakuum gilt:

$$B = \mu_0 \cdot H \qquad (3.20)$$

wobei B in Tesla $T = \dfrac{V \cdot s}{m^2}$ und

H in $\dfrac{A}{m}$ angegeben wird. $\qquad (3.21)$

Die Art des Magnetismus wird also maßgeblich durch die Ausrichtung der magnetischen Momente der Atomhüllen beeinflusst. Dies ist zusammenfassend in Bild 3.16 widergegeben.

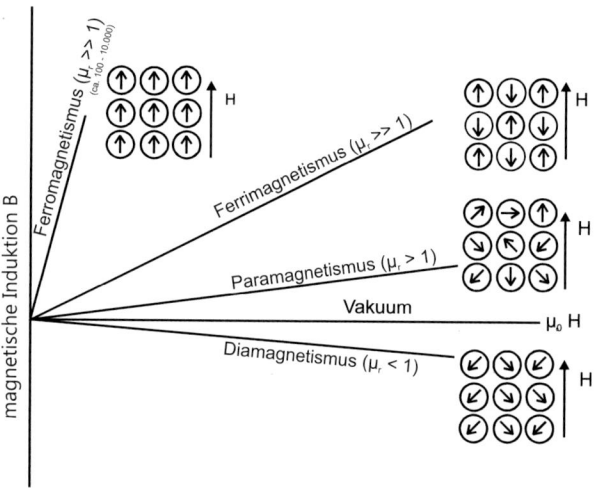

Bild 3.16 Schematische Darstellung der magnetischen Atommomente und der magnetischen Induktion B für verschiedene magnetische Grundzustände in Abhängigkeit von der magnetischen Feldstärke H

Diamagnetismus

Beim Diamagnetismus sind das resultierende Magnetfeld und damit die magnetischen Atommomente dem äußeren Magnetfeld entgegengerichtet. Die relative Permeabilität ist daher $\mu_r < 1$. Diamagnetismus tritt bei allen Stoffen auf, auch bei Edelgasen und Nichtmetallen. Hier kommt es zu einer Kompensation von Bahn- und Spinmomenten der Elektronen des Atoms, sodass das magnetische Moment des Atoms null beträgt. Bei para- und ferromagnetischen Stoffen wird der diamagnetische Anteil allerdings in den Hintergrund gedrängt.

Paramagnetismus

In paramagnetischen Stoffen sind die magnetischen Momente in den Atomhüllen räumlich regellos angeordnet, wodurch die mittlere magnetische Induktion zu null wird. Die relative Permeabilität μ_r ist > 1. Wird

ein paramagnetischer Stoff in ein magnetisches Feld gebracht, so richten sich die magnetischen Momente in Richtung des äußeren Magnetfeldes aus. Für kleine Feldstärken ist die magnetische Induktion proportional zum äußeren Feld. Höhere äußere Feldstärken führen mit der Zeit zur magnetischen Sättigung, d. h., sämtliche magnetischen Momente haben sich in Feldrichtung ausgerichtet. Mit steigender Temperatur sinkt die Sättigungsinduktion von Paramagneten. Paramagnetisch sind viele unedle Gase sowie alle ferro- und ferrimagnetischen Stoffe bei Temperaturen oberhalb der Curie-Temperatur.

Ferrimagnetismus und Ferromagnetismus

Bei starken Wechselwirkungen zwischen den magnetischen Momenten kann es zur Ordnung dieser Momente in den Atomhüllen kommen. Ordnen sich die Momente parallel an, spricht man von Ferromagnetismus. Bei antiparalleler Anordnung wird dies als Ferrimagnetismus oder Antiferromagnetismus bezeichnet. Bei ferrimagnetischen Werkstoffen kompensieren sich die magnetischen Momente bereits im Atombereich, wodurch die mittlere magnetische Induktion null ist. Demgegenüber existiert in den Atomhüllen ferromagnetischer Stoffe ein magnetisches Moment ohne Anwesenheit eines äußeren Magnetfeldes. Die relative Permeabilität μ_r von ferri- und ferromagnetischen Stoffen ist >> 1 und liegt im Bereich von 10^3 bis 10^6. Neben Eisen sind noch die Elemente Co und Ni, die Seltenen Erden Gadolinium (Gd) und Dysprosium (Dy) sowie Heusler-Legierungen (z. B. Cu_2AlMn) ferromagnetisch.

Ferromagnetische Stoffe sind von sich aus bis zur Sättigung „spontan" magnetisiert, da ein inneres Magnetfeld vorliegt. Bei Ausrichtung aller magnetischen Momente in die gleiche Richtung liegt eine Sättigungsinduktion B_S vor, die jedoch mit steigender Temperatur sinkt, da die magnetische Ordnung mit zunehmender Temperatur auf Grund von thermischen Gitterschwingungen abnimmt. Die Temperaturabhängigkeit der magnetischen Induktion ist in Bild 3.17 dargestellt. Die spontane Magnetisierung wird zu null bei der Curie-Temperatur T_C. Ferro- oder antiferromagnetische Kopplungen werden oberhalb T_C durch die thermische Energie des Kristallgitters aufgebrochen. Ab $T > T_C$ ist ein ehemals ferromagnetischer Werkstoff nur noch paramagnetisch, da keine spontane Magnetisierung mehr vorliegt. Die Curie-Temperatur von reinem Eisen beträgt 769 °C (1041 K).

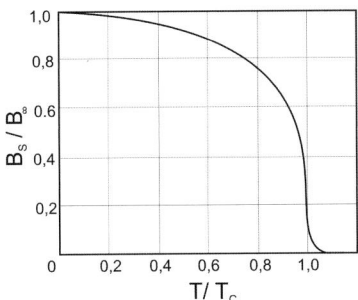

Bild 3.17 Temperaturabhängigkeit der spontanen Magnetisierung von Eisen, mit: T_C: Curie-Temperatur = 1041 K; B_S: Sättigungsinduktion; B_∞: Induktion bei unendlich großer Feldstärke (Werkstoffkunde Stahl 1984)

Wenn ein ferromagnetischer Stoff unmagnetisch erscheint, liegt das daran, dass er in viele mikroskopisch kleine Volumenbereiche, die sogenannten Weiß-Bezirke oder magnetischen Domänen, unterteilt ist. Diese Domänen sind zwar in sich spontan magnetisiert, die jeweiligen Magnetisierungsrichtungen sind jedoch regellos verteilt, was zur gegenseitigen Aufhebung führt. Dieser pauschal unmagnetische Zustand ist in Bild 3.18 (1) dargestellt.

Wird ein äußeres Magnetfeld angelegt und dessen Feldstärke H stetig gesteigert, so nimmt die magnetische Induktion B oder Magnetisierung M in diesem Werkstoff zunächst den nach der Neukurve (Bild 3.18

und Bild 3.19) ersichtlichen Verlauf, bis sie bei der äußeren Feldstärke H_S ihren Sättigungswert B_S erreicht. Bei sehr kleinen äußeren Feldstärken kommt es zunächst zu reversiblen Verschiebungen der Grenzen von nebeneinander liegenden magnetischen Domänen (= Blochwände), d. h. zu einem Wachsen der im Vergleich zum äußeren Magnetfeld günstig orientierten magnetischen Bereiche. Weiterhin findet eine Drehung der magnetischen Atommomente innerhalb der Weiß-Bezirke in Hauptmagnetisierungsrichtung statt. Anschließend wachsen die magnetischen Domänen, was sich durch irreversible Blochwandverschiebungen und Umklappvorgänge, die sogenannten Barkhausensprünge, ausdrückt (2). Bei Erreichen der Sättigungspolarisation werden die in Bezug auf das äußere Magnetfeld magnetischen Vorzugsrichtungen vollständig eingenommen (3). Wird das äußere Feld entfernt, so sinkt die magnetische Induktion nicht auf null zurück, sondern es bleibt eine Restinduktion, die Remanenzpolarisation B_R, zurück (4). Dies liegt daran, dass bei Entfernen des äußeren Magnetfeldes nur die reversiblen Vorgänge zurückgehen. Die irreversiblen Vorgänge verursachen somit die Remanenz. Um die magnetische Induktion wieder auf null zu senken, muss ein Gegenfeld in Höhe der Koerzitivfeldstärke H_C angelegt werden (5). Bei weiterer Steigerung der Feldstärke im

3

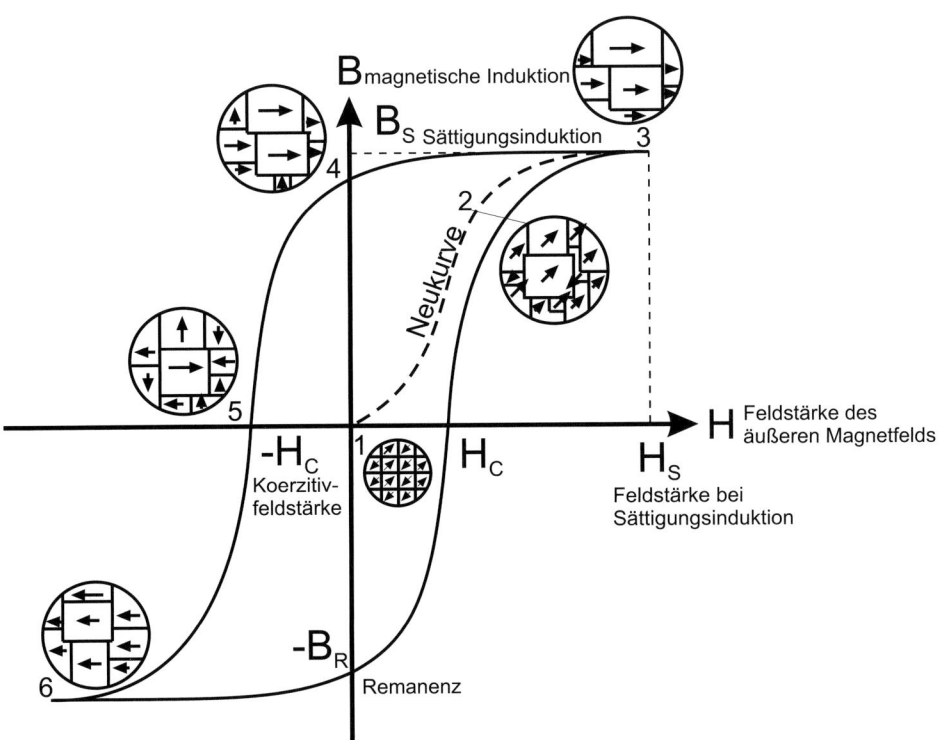

Bild 3.18
Magnetisierungskurve eines ferromagnetischen Werkstoffs (Werkstoffkunde Stahl 1984); die Zahlen sind im Text erläutert

negativen Bereich wird erneut die Sättigungsinduktion eingestellt (6).

Je größer H_C ist, desto größer wird auch die Hysteresefläche. In einem magnetischen Wechselfeld führen die irreversiblen Vorgänge zur Hysterese. Je größer die Hysteresefläche ist, desto größer sind auch die Ummagnetisierungsverluste pro Zyklus; der Werkstoff wird „magnetisch härter". Bei sehr hohen Frequenzen kommen zusätzlich Verluste durch Wirbelströme hinzu. Sie steigen quadratisch mit der Frequenz. Wirbelstromverluste sind außerdem abhängig von der elektrischen Leitfähigkeit.

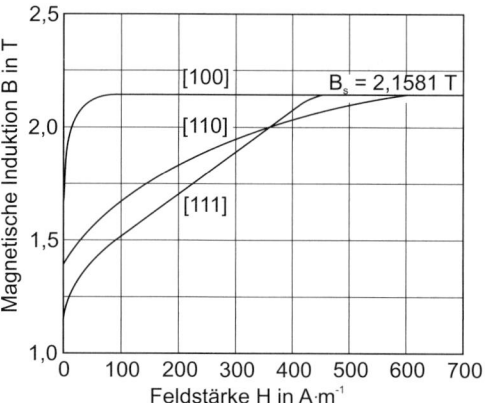

Bild 3.20 Anisotropie der Magnetisierung von Eisen (WK Stahl 1984)

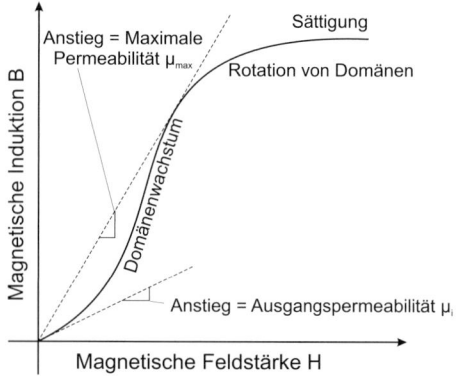

Bild 3.19 Erklärung des Verlaufs der Neukurve bei der Magnetisierung

Bild 3.20 zeigt deutlich, dass der Verlauf der Magnetisierung bei reinem Eisen stark von der Kristallorientierung abhängt, also stark anisotrop ist. Eine Magnetisierung entlang der <100>-Richtung erfolgt sehr schnell mit einem steilen Anstieg zu Anfang und einem schnellen Erreichen der Sättigungsinduktion. Dies liegt daran, dass Eisen in <100>-Richtung spontan magnetisiert ist. Bei einer <110>- oder <111>-Orientierung des äußeren Magnetfeldes erfolgt ein flacherer Anstieg der magnetischen Induktion. Die Sättigungsmagnetisierung wird erst bei deutlich größeren äußeren Feldstärken erreicht. Dies liegt daran, dass sich die Drehung der spontan magnetisierten Bereiche in die Richtung der der Feldrichtung nächsten Würfelkante ohne großen Widerstand vollziehen kann. Für das Eindrehen in die Richtung des äußeren Feldes ist jedoch eine wesentlich höhere Energie nötig. Wird das äußere Magnetfeld entfernt, drehen sich die magnetischen Momente in die Richtung der nächsten Würfelkanten zurück, nehmen jedoch nicht mehr ihre Ursprungsstellung ein. Die Anisotropie der Magnetisierung von Eisen wird unter anderem bei Elektroblechen technisch ausgenutzt.

Fallbeispiel Elektroband und -blech

Mit einer weltweiten jährlichen Erzeugung von ca. 11 Mio. Tonnen stellt Elektroblech den mengen- und wertmäßig wichtigsten weichmagnetischen Werkstoff dar. Auf Grund seiner Eigenschaften kann es in nicht-kornorientierte und kornorientierte Werkstoffe unterteilt werden. Dabei beträgt der Anteil an nicht-korn-orientierten Güten ca. 80 % der erzeugten Menge. Elektroband findet u. a. Anwendung in Generatoren, Transformatoren und Elektromotoren. Es zeichnet sich durch einen Siliciumgehalt von bis zu 3,5 Massen-% aus.

Für den Einsatz in Transformatoren werden kornorientierte Güten eingesetzt. Kennzeichnend sind große Körner mit einer Länge von bis zu 10 mm. Zudem besitzen sie eine scharfe Goss-Textur mit einer [100]-Richtung in Walzrichtung. In einem aufwändigen Fertigungsprozess findet während der Sekundärrekristallisation eine Kornwachstumsauslese statt, bei der die Matrix von den Körnern mit Goss-Orientierung aufgezehrt wird. Das Resultat ist ein Werkstoff mit stark anisotropen Eigenschaften, wodurch bei konstanter Richtung des magnetischen Flusses niedrigste Ummagnetisierungsverluste bei hohen Polarisationen erzielt werden. Eine bekannte Form stellt das EI-Blech in Bild 3.21 dar, welches in Transformatoren zum Einsatz kommt.

In Generatoren und Elektromotoren hingegen ist die Richtung des magnetischen Feldes gleichmäßig in der Blechebene verteilt. Daher sind hier möglichst isotrope Eigenschaften des Werkstoffs erforderlich, weshalb hier nicht-kornorientierte Werkstoffe Anwendung finden.

Bild 3.21
Beispiele für EI-Bleche;
Stapelung von kaltgewalzten
Elektroblechen in einem
Transformator
(Quelle: www.grau-stanzwerk.de)

3

3.3.2 Magnetische Eigenschaften von Stählen

Die magnetischen Eigenschaften von α-Eisenmisch-kristallen werden von Legierungselementen unter-schiedlich stark beeinflusst. Ein Beispiel hierfür ist die Curie-Temperatur. Vanadium und das ferromagneti-sche Element Cobalt erhöhen die Curie-Temperatur mit zunehmendem Anteil, durch steigende Ni-, Al-, Mn- und Si-Anteile wird sie dagegen gesenkt. Ti senkt die Curie-Temperatur am stärksten. Chrom erhöht die Curie-Temperatur bis zu einem Anteil von etwa 5 Mas-sen-%, um sie bei noch höheren Konzentrationen zu senken (Bild 3.22).

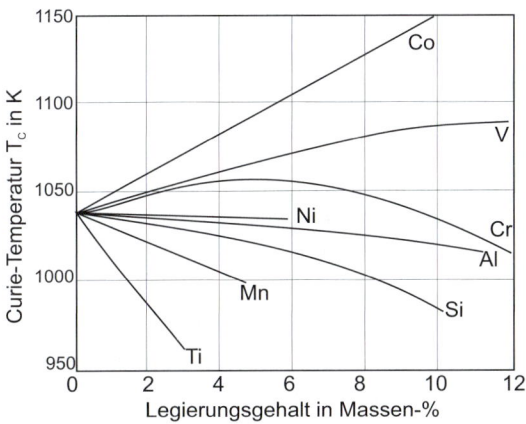

Bild 3.22 Beeinflussung der Curie-Temperatur durch Legierungs-elemente (Werkstoffkunde Stahl 1984)

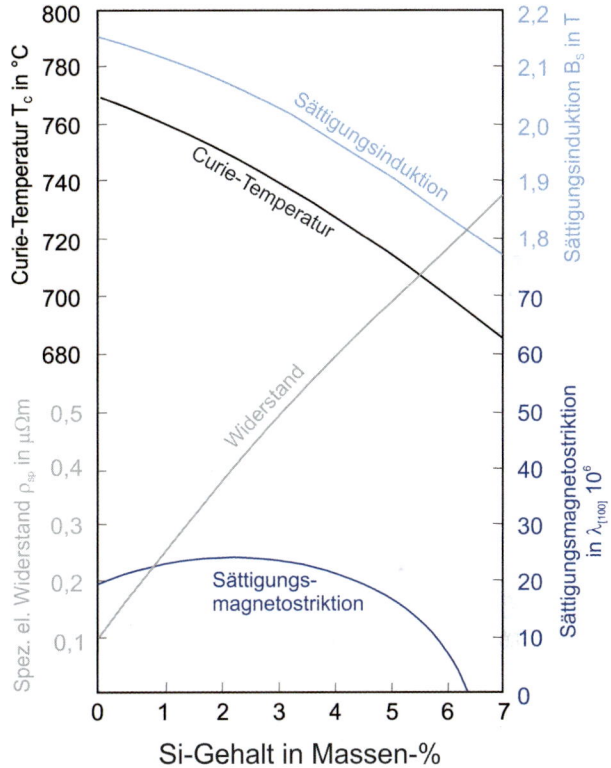

Bild 3.23 Einfluss von Silicium auf die magnetischen Eigenschaf-ten von Eisen (Littmann 1971)

Für technische Anwendungen sind die ferritischen Ei-sen-Silicium-Legierungen besonders wichtig. Haupt-einsatzgebiete sind magnetische Eisenkerne in elektri-schen Maschinen, Transformatoren sowie Elektrobleche und die Anwendungen in der Starkstromtechnik. Der Einfluss von Silicium auf die magnetischen Eigenschaf-ten von Eisen ist in Bild 3.23 wiedergegeben.

Eisen-Silicium-Legierungen sind weichmagnetische Werkstoffe. Sie besitzen bei der Ummagnetisierung eine geringe Koerzitivfeldstärke, eine geringe Sätti-gungsinduktion, eine starke Steigung der Neukurve (Bild 3.19), d. h. eine hohe relative Permeabilität und somit eine geringe Hysteresefläche. Weiterhin wird durch Silicium die Kristallanisotropie erniedrigt. Bei Si-Gehalten von > 2,2 Massen-% findet keine γ-α-Umwandlung statt, wodurch ein grobkörniges, stö-rungsfreieres und einphasiges Gefüge erzeugt werden kann.

Große Körner haben einen geringeren Korngrenzenanteil, der die Domänenwandbewegung erschwert. Die Folge ist eine Reduktion der auftretenden Hystereseverluste bei dem Ummagnetisierungsvorgang. Allerdings wirkt sich ein großes Korn nachteilig auf die Wirbelstromverluste aus, da diese proportional zum Quadrat der Domänenwandgeschwindigkeit steigen. Es gibt daher bei Elektroband einen im Sinne geringster Verluste optimalen mittleren Korndurchmesser, der je nach Anwendungsgebiet und Siliciumgehalt im Bereich von 90 bis 160 µm liegt. Die Sättigungsmagnetostriktion nähert sich null bei etwa 6,5 % Silicium, sodass die sonst im Wechselfeld auftretenden periodischen Längenänderungen einer Probe minimiert werden.

Durch die Kombination aus Umformung, die i.d.R. durch Walzen und anschließende Wärmebehandlungen erfolgt, entstehen im Werkstoff typische Walz- und Rekristallisationstexturen. In Elektroband wäre die {100}<001>-Würfel-Textur die ideale Textur, da somit immer zwei magnetisch weiche koplanare Richtungen <100> in der Blechebene liegen würden. Diese Würfel-Textur ist technisch nur schwierig darstellbar. Ein Kompromiss ist die nach ihrem Entdecker benannte Goss-Textur {110} <001>, die im kornorientierten Elektroblech durch sekundäre Rekristallisation eingestellt wird. Tabelle 3.4 zeigt die wichtigsten Hysteresekenngrößen verschiedener Fe-Si-Legierungen mit anderen Werkstoffen im Vergleich.

Tabelle 3.4 Hysteresekenndaten verschiedener Werkstoffe

Werkstoff	Permeabilitätszahl μ_r	Sättigungsinduktion B_S in T	Koerzitivfeldstärke H_C in $A \cdot m^{-1}$
α-Fe	5 000	2,14	72
Fe-3 % Si	8 000	2,01	56
Fe-3 % Si (kornorientiert)	50 000	2,01	7,2
Supermalloy (Ni79Fe16Mo5)	800 000	0,8	0,5

Siliciumzusätze bewirken eine starke Erhöhung des elektrischen Widerstandes (Bild 3.24), wodurch die Wirbelstromverluste P_W reduziert werden können; dies ist besonders bei Hochfrequenzanwendungen erwünscht. Es gilt folgende Beziehung für den Zusammenhang zwischen den Wirbelstromverlusten, dem spezifischen elektrischen Widerstand, der Frequenz und der Blechdicke:

$$\text{Wirbelstromverluste} \quad P_w = \frac{(\pi B f d)^2}{6 \rho_m \rho_{sp}} \qquad (3.22)$$

mit B: Flussdichte
ρ_{sp}: spezifischer elektrischer Widerstand
ρ_m: Dichte des Werkstoffs
f: Frequenz
d: Blechdicke

Aus Gleichung 3.22 ist ersichtlich, dass sich Wirbelstromverluste durch Erhöhung des spezifischen elektrischen Widerstandes und eine Senkung der Blechdicke vermindern lassen. Der spezifische elektrische Widerstand einer Fe-3 % Si-Legierung beträgt bei Raumtemperatur 0,3 µΩm, während der Widerstand von reinem α-Eisen nur etwa 0,1 µΩm beträgt. Aufgrund der Komplexität des Einflusses verschiedener Parameter auf die magnetischen Eigenschaften und ihre gegenseitige Wechselwirkung ist die analytische Bestimmung der Ummagnetisierungsverluste weichmagnetischer Legierungen bis heute nicht zuverlässig möglich.

Den erwünschten Eigenschaften von steigenden Si-Anteilen in Eisen steht die stark verminderte Umformbarkeit gegenüber. Warmgewalzte FeSi-Bleche dürfen nicht mehr als 4,5 Massen-% Si und kaltgewalzte FeSi-Bleche nicht mehr als 3,5 Massen-% Si aufweisen, weil sich sonst nicht verformbare Überstrukturen im Kristallgitter bilden: B2-Struktur = FeSi und D0$_3$-Struktur = Fe$_3$Si.

Legierungen mit 6,5 % Si konnten durch Chemical Vapour Deposition oder durch Schnellerstarrung im Labormaßstab hergestellt werden, ohne dass bisher eine industrielle Umsetzung erfolgt ist. Das enorme Potenzial neuer Werkstoffe verdeutlicht das folgende Beispiel: Ein 200-kVA-Transformator mit 0,1 mm dicken 3 %-Si-Blechen hat folgende Kennzahlen: Stahleinsatz 320 kg, Cu-Einsatz 160 kg, magnetische Flussdichte 0,3 T, Geräusch 80 dB. Der gleiche Transformator mit 6,5 %-Si-Blechen hätte die Kennzahlen: Stahleinsatz 250 kg, Cu-Einsatz 125 kg, magnetische Flussdichte 0,5 T, Geräusch 70 dB.

Ein weiteres Anwendungsfeld für weichmagnetische Eisenlegierungen sind magnetische Kerne von Induktionsspulen. Hier ist eine hohe Anfangspermeabilität, also die starke Steigung der Neukurve gefordert, da die bei den Schaltvorgängen fließenden Ströme nur sehr klein sind und somit die Bloch-Wände sehr beweglich sein müssen. Als Werkstoffe sind z.B. die untergeordneten Mischkristalle der Zusammensetzung FeNi₃ (Permalloy) oder Supermalloys geeignet. Sie werden normalerweise in <111>-Richtung des kfz-Gitters magnetisiert.

3.3.3 Elektrische Eigenschaften von Eisen

Die elektrische Leitfähigkeit der Metalle beruht auf der Beweglichkeit der Ladungsträger (= Elektronen) im elektrischen Feld. Die Beweglichkeit der Ladungsträger wird einerseits von Gitterschwingungen (Phononen) und andererseits von Gitterfehlern (Fremdatome) behindert. Je stärker die Gitterschwingungen und je höher die Zahl der Defekte, desto stärker wird auch die Beweglichkeit der Ladungsträger eingeschränkt. Das Maß für die Behinderung der Ladungsträger ist der spezifische elektrische Widerstand ρ. Der elektrische Widerstand teilt sich in einen temperaturabhängigen Teil ρ_{Ph} und einen konstanten Anteil ρ_0, den Restwiderstand, auf. ρ_{Ph} wird mit Phononen begründet, die durch Gitterschwingungen angeregt werden, und ist nahezu linear temperaturabhängig. Bei hohen Temperaturen behindern fast ausschließlich Gitterschwingungen die Ladungsträger, während der Restwiderstand vernachlässigbar wird. Bei tiefen Temperaturen sind sie praktisch eingefroren, und es gilt $\rho_{Ph} \approx 0$. Der Restwiderstand dominiert bei tiefen Temperaturen und ist umso größer, je mehr Fehler in einem Kristall vorliegen. Die Regel nach Matthiesen beschreibt den spezifischen elektrischen Widerstand ρ_{sp} als temperaturabhängige Größe.

$$\rho_{sp} = \rho_0 + \rho_{Ph}\left(T\right) \tag{3.23}$$

mit ρ_{Ph}: temperaturabhängiger Anteil
ρ_0: Restwiderstand

Der spezifische Widerstand von Eisen bei Raumtemperatur beträgt 0,098 μΩm.
σ bezeichnet die elektrische Leitfähigkeit und ist als Kehrwert des temperaturabhängigen spezifischen Widerstandes definiert. Wie in 3.1.3 bereits beschrieben wurde, besteht nach dem Gesetz nach Wiedemann-Franz eine lineare Korrelation zwischen der Wärmeleitfähigkeit λ [Wm⁻¹K⁻¹] und der elektrischen Leitfähigkeit σ:

$$\lambda = \sigma \cdot L \cdot T \tag{3.24}$$

mit σ: elektrische Leitfähigkeit [Ω⁻¹m⁻¹]
L: Lorenz-Konstante [V²K⁻²]

In erster Näherung kann die Temperaturabhängigkeit des elektrischen Widerstandes auch in folgender Form beschrieben werden:

$$\rho_{sp} = \rho_0 \cdot \left(1 + \alpha_{20} \cdot \Delta T\right) \tag{3.25}$$

mit α_{20}: Temperaturkoeffizient des elektrischen Widerstands bei 20 °C

3.3.4 Elektrische Eigenschaften von Stählen

Wird an einen Stahlwerkstoff eine äußere Spannung angelegt, so werden Elektronen in höhere Energiezustände überführt. Bei Überschneidungen der Energiebänder mit denen, die für den Ferromagnetismus verantwortlich sind, kommt es zu einer Beeinflussung des elektrischen Widerstands. Beim kfz-Kristall ist eine deutliche Verringerung der Zunahme des Widerstandes mit steigender Temperatur festzustellen. Legierungselemente stören die kristallografische Ordnung von Eisen und führen grundsätzlich zur Erhöhung des elektrischen (Rest-)Widerstandes bei Raumtemperatur (Bild 3.24). Mehrwertige Metalle, d.h. Metalle ohne gefüllte äußere Elektronenschale, und Kohlenstoff verursachen dabei eine größere Widerstandserhöhung als die Übergangsmetalle Nickel und Chrom.
Auch eine steigende Temperatur erhöht den elektrischen Widerstand von Stählen (Bild 3.25). Der Verlauf

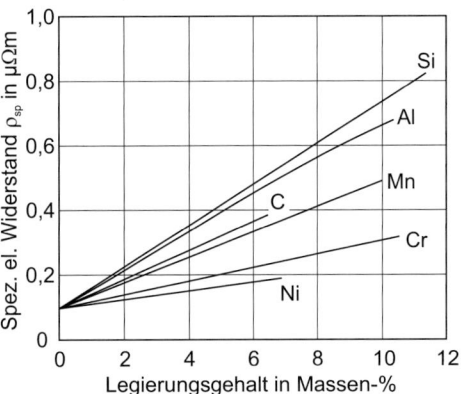

Bild 3.24 Erhöhung des elektrischen Widerstands von α-Eisen durch Legierungselemente (Werkstoffkunde Stahl 1984)

des elektrischen Widerstands in Abhängigkeit von der Temperatur ist bei Vorliegen der gleichen Kristallstruktur ähnlich, was die Kurven von reinem Eisen und ferritischen Stählen zeigen. Der Verlauf des spezifischen elektrischen Widerstands von austenitischen Stählen ist bis zur Umwandlungstemperatur hiervon deutlich abweichend. Während bei austenitischen Stählen schon bei tiefen Temperaturen ein relativ hoher elektrischer Widerstand vorliegt, der jedoch mit steigender Temperatur nur moderat ansteigt, haben krz-Legierungen bei tiefen Temperaturen einen geringeren Widerstand, der deutlich stärker ansteigt. Nach dem Wechsel von krz- zur kfz-Kristallstruktur ist der Verlauf der Widerstandstemperaturkurve bei allen Stählen erwartungsgemäß sehr ähnlich.

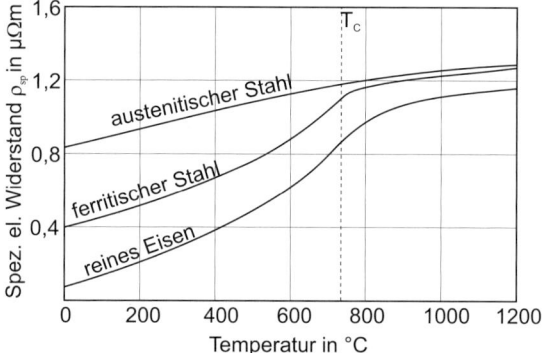

Bild 3.25 Schematische Darstellung des spezifischen elektrischen Widerstands ferritischer und austenitischer Stähle in Abhängigkeit von der Temperatur (WK Stahl 1984)

3.4 Legierungen des Eisens

3.4.1 Legierungsbildung

Im technischen Gebrauch kommen metallische Werkstoffe vorzugsweise als Legierungen zur Anwendung. Dies liegt daran, dass die Eigenschaften reiner Metalle vielfach durch Legierungsbildung in einer für den jeweiligen Anwendungsfall wünschenswerten Richtung verändert werden können.

Als *Legierung* wird eine Substanz mit noch überwiegend metallischem Charakter bezeichnet, die mindestens aus zwei Elementen besteht, wovon mindestens eines zur Ausbildung der metallischen Eigenschaften ein Metall sein muss. *Legierungselemente* werden bei der Werkstoffherstellung zur Erzielung bestimmter

Eigenschaften zugefügt. Sie können im Matrixgitter gelöst sein und somit zu einer Mischkristallverfestigung beitragen oder als Zusatzphase an Korngrenzen oder im Korn fein oder grob ausgeschieden oder auch gestreckt vorliegen. Elemente, die in geringen Mengen dem Stahl zugeführt werden, um die mechanisch-technologischen Eigenschaften zu verbessern, werden als *Mikrolegierungselemente* bezeichnet.

Stähle werden gemäß DIN EN 10020 je nach ihrer chemischen Zusammensetzung in die Hauptgüteklassen unlegierte Stähle, nichtrostende Stähle und andere legierte Stähle unterteilt (s. Kapitel 1.2).

Als *mikrolegierte Stähle* werden solche Stähle bezeichnet, die zum Zwecke der gezielten Beeinflussung von Verarbeitungs- und Gebrauchseigenschaften bei der Herstellung geringe Zusätze an Elementen erhalten, deren Menge etwa 0,2 Massen-% nicht übersteigt.

Unerwünschte *Spuren- und Begleitelemente* im Stahl, die aus den Erzen, Zuschlagstoffen und dem eingesetzten Schrott stammen, müssen so weit wie möglich reduziert werden. Zu den Begleitelementen, die im Stahlherstellungsprozess nicht vermeidbar sind, gehören Si, Mn, S, P, O, N, H und zu den Spurenelementen, die über den Schrott in den Stahl gelangen, gehören die geringen Mengen von Sn, Cu, Nb, As und Sb.

Atome von Legierungs- und Begleitelementen können im Eisenkristall substitutionell oder interstitiell gelöst werden. Bei der substitutionellen Lösung nimmt das Fremdatom (C) den Gitterplatz eines Eisenatoms ein, bei der interstitiellen Lösung wird das sehr kleine Fremdatom (B) in die Lücken des Eisenkristalls eingebaut. In einer idealen Lösung sind die Atome statistisch verteilt. Fremdatome führen zu einer Verzerrung des Kristallgitters (Bild 3.26).

Daneben können die verschiedenen Atome auch Verbindungen eingehen, in denen sie in einem bestimmten Zahlenverhältnis und einer definierten geometrischen Anordnung im Kristallgitter vorliegen. Weiterhin gibt es in Metallen eine Reihe von Übergangszuständen zwischen einer stöchiometrischen Verbindung und einer statistisch verteilten festen Lösung, die als intermetallische Verbindungen bezeichnet werden.

Von Clustern wird gesprochen, wenn sich Fremdatome in bestimmten Bereichen eines Kristalls anreichern. Weisen solche Cluster eine einheitliche Größe, Form und Zusammensetzung auf, dann spricht man von Guinier-Preston-Zonen (GP-Zonen). Cluster haben typischerweise eine Ausdehnung von einigen nm. In Stählen kommen auch deutlich größere Cluster mit einer

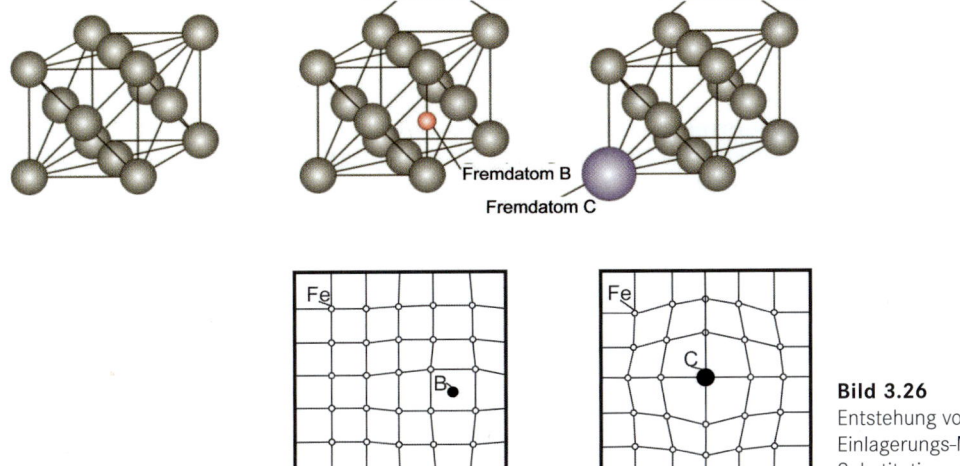

Bild 3.26
Entstehung von Gitterverzerrungen im Einlagerungs-Mischkristall (links) und im Substitutions-Mischkristall (rechts)

Ausdehnung von einigen μm vor, z. B. in Form von Graphit-Ausscheidungen in C-Stählen oder von Pb-Ausscheidungen in Automatenstählen. Von Interesse ist auch der Fall, wenn die Bindungskräfte zwischen ungleichen Atomen so stark sind, dass sich diese bevorzugt paarweise anordnen. Es ist die Rede von einer Nahordnung, wenn sich einzelne Atompaare bilden, z. B. Mn-C-Dipole, oder von einer Fernordnung oder Überstruktur, wenn sich in größeren Bereichen regelmäßige Anordnungen verschiedener Atome finden, z. B. in Fr-Cr-Legierungen (Bild 3.27).

Eine Übersicht über die Art der Lösung von verschiedenen Legierungs- und Begleitelementen gibt Tabelle 3.5 an. Klammerwerte deuten an, dass diese Art und Lösung selten ist und bestimmte Legierungskombinationen erforderlich macht. Beispielsweise wird Graphit in

Stählen üblicherweise nur bei gleichzeitig hohen C-Gehalten und hohen Si-Gehalten nach langen Glühbehandlungen beobachtet. Eine Besonderheit stellt auch das Atom Bor dar, das im kfz-Eisen vermutlich substitutionell, im krz-Eisen interstitiell gelöst vorliegt.

In Phasensystemen mit beschränkter Löslichkeit im festen Zustand treten zunächst die beiden Mischkristallphasen auf, daneben existieren vielfach noch Verbindungsphasen mit im Allgemeinen abweichender Gitterstruktur und stöchiometrischer Zusammensetzung A_xB_y. Die Bindung in derartigen Phasen ist bei intermetallischen Verbindungen teilmetallisch. Intermetallische Verbindungen unterliegen somit in ihrer Zusammensetzung nicht den klassischen Valenzregeln der Chemie, die für kovalente Verbindungen Gültigkeit haben. Hume-Rothery-Phasen werden durch das Ver-

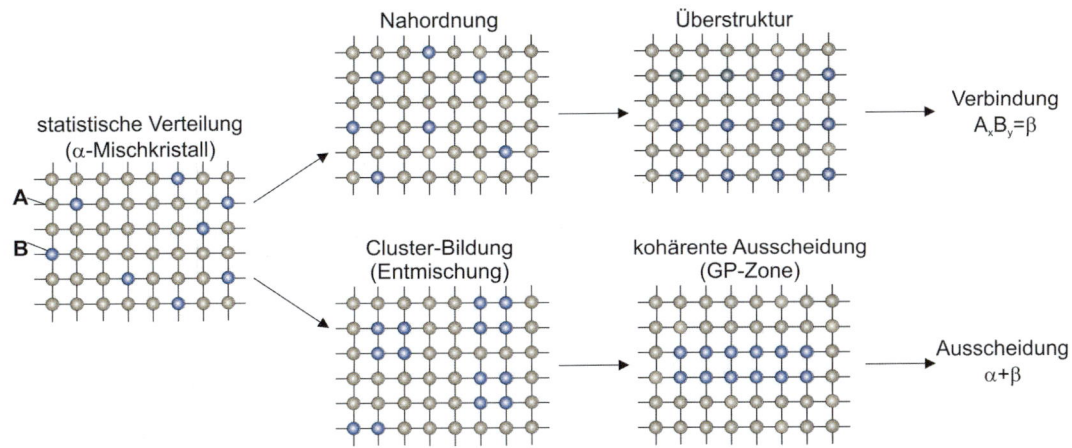

Bild 3.27 Verteilung von Fremdatomen B in Substitutions-Mischkristallen

hältnis der Valenzelektronen, Laves-Phasen durch die Packungsdichte unterschiedlich großer Atome definiert.

Tabelle 3.5 Lösungsart der Legierungs- und Begleitelemente im Stahl

Ordnungszahl	Symbol	Substitutionell	Interstitiell	Elementar	Verbindungen*
1	H				H_2-Blasen
5	B				BN
6	C				Fe_3C, $Fe_{2,4}C$, Grafit
7	N				AlN, Fe_2N, Fe_4N, TiN
8	O				Al_2O_3, MnO
13	Al				Al_2O_3, AlN
14	Si				Intermetallische Phasen
15	P				FeP
16	S				MnS
22	Ti				TiN, Ti (C, N)
23	V				V (C, N)
24	Cr				Cr_2O_3, $Cr_{23}C_6$, Cr_7C_3
25	Mn				MnS, MnO
27	Co				
28	Ni				Ni_2Al
29	Cu				Cu-Cluster
40	Zr				ZrO, ZrC
41	Nb				Nb (C, N)
42	Mo				MoC, Mo_2C
74	W				WC, W_2C
82	Pb				
					*Beispiele

Wichtige Beispiele für intermetallische Phasen sind:

- Die in warmfesten, austenitischen Stählen ausgeschiedenen γ'-Teilchen der Zusammensetzung Ni_3Al bzw. $Ni_3(AlTi)$,
- die in hochfesten martensitischen Fe-Ni-Stählen ausgeschiedenen Teilchen der Verbindungen Ni_3Mo, Fe_2Mo,
- die in hoch Mn + Al-legierten Stählen beobachtete κ-Phase $(Fe,Mn)_3AlC$,
- die in Kraftwerksstählen ausgeschiedenen Laves-Phasen Fe_2Mo und Fe_2W

- sowie die in hoch-Cr-haltigen Stählen auftretende und versprödende σ-Phase mit der ungefähren Zusammensetzung FeCr.

Die Übergangsmetalle bilden mit Kohlenstoff, Stickstoff, Sauerstoff und Bor Karbide, Nitride, Oxide und Boride, die für die Beeinflussung der Stahleigenschaften genutzt werden können.

3.4.2 Zustandsschaubilder von Fe-Legierungen

In Zustandsschaubildern wird der gleichgewichtsnahe Zustand von Phasen, die aus zwei (binäre), drei (ternäre) oder mehr Komponenten der möglichen chemischen Zusammensetzungen bestehen, für jede Temperatur bei konstantem Druck angegeben. Als Phase werden zunächst der Aggregatzustand und dann die allotropen Modifikationen, d.h. die verschiedenen kristallographischen Strukturen sowie deren Gefügeausbildung aufgefasst.

Durch Zulegieren eines Elementes zum Basismetall Eisen werden die Umwandlungstemperaturen des reinen Eisens verändert. Die Liquidustemperatur wird bis auf einige Ausnahmen (z.B. Ir, Os, Re, Ru) abgesenkt. Besonders deutlich ist der Einfluss der Legierungselemente zu erkennen bei der Ausdehnung des γ-Phasengebiets (kubisch-flächenzentrierter Mischkristall, Austenit) und den allotropen Umwandlungen der bei hohen Temperaturen stabilen δ-Phase (kubisch-raumzentrierter Mischkristall, δ-Ferrit) zur γ-Phase und von der γ-Phase zur α-Phase (kubisch-raumzentriert, Ferrit) bei tieferen Temperaturen.

Legierungselemente können das γ-Phasengebiet, Austenit, einengen oder erweitern. Bezogen auf das Temperaturintervall, in dem die kfz-Kristallstruktur des reinen Eisens stabil ist, werden Legierungselemente unterschieden, welche die A_3-Temperatur absenken und die A_4-Temperatur heraufsetzen und somit den γ-Bereich erweitern (Austenitbildner) oder einengen (Ferritbildner), wodurch die A_3-Temperatur heraufgesetzt und die A_4-Temperatur herabgesetzt wird. Bild 3.28 zeigt anhand einer thermodynamischen Beschreibung die Auswirkungen verschiedener Legierungselementtypen auf das Austenit-Phasengebiet. ΔH ist die Differenz der Lösungsenthalpien des jeweiligen Legierungselementes in Austenit bzw. Ferrit, d.h. $\Delta H = H\gamma - H\alpha$.

Elemente, die eine positive Lösungsenthalpie ΔH für die allotrope Umwandlung γ/α bewirken, führen zu

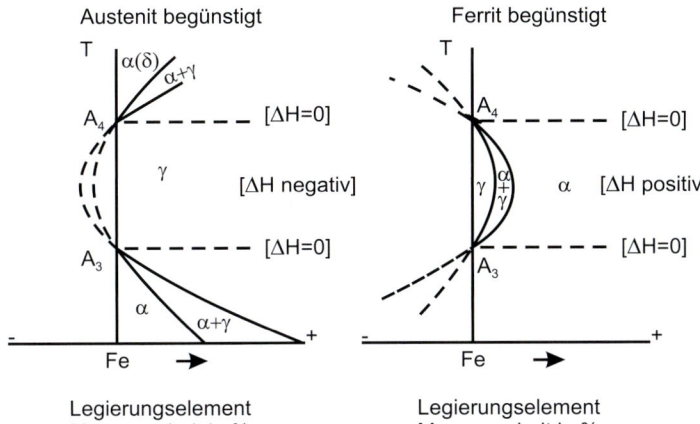

Austenit begünstigt

Ferrit begünstigt

Legierungselement
Massengehalt in %

Legierungselement
Massengehalt in %

Bild 3.28
Wirkung von substitutionellen Legierungselementen auf
das γ-Phasenfeld. Das Gebiet wird für ein negatives ΔH
erweitert und für ein positives ΔH eingeengt

3

einer Anhebung der A_4-Temperatur und einer Absenkung der A_3-Temperatur und bewirken damit eine Erweiterung des γ-Phasenfeldes. Elemente, die eine negative Lösungsenthalpie ΔH für die allotrope Umwandlung γ/α bewirken, führen zu einer Herabsetzung der A_4-Temperatur und einer Heraufsetzung der A_3-Temperatur und bewirken damit eine Einschnürung des γ-Phasenfeldes. Der Wert von ΔH schwankt stark zwischen den einzelnen Legierungselementen, er ist ein Indikator für die relative Stärke eines Austenit- bzw. Ferritbildners (Bild 3.29).

Durch Zulegieren der Elemente Ni, Mn, Co (Ru, Rh, Pa, Os, Ir und Pt), die mit γ-Eisen Substitutionsmischkristalle bilden, wird ein mit zunehmendem Legierungsgehalt sich vergrößerndes γ-Phasengebiet ausgebildet. Als Beispiel wird das Phasendiagramm Fe-Ni in Bild 3.30 wiedergegeben. Elemente, deren Atome im kfz-

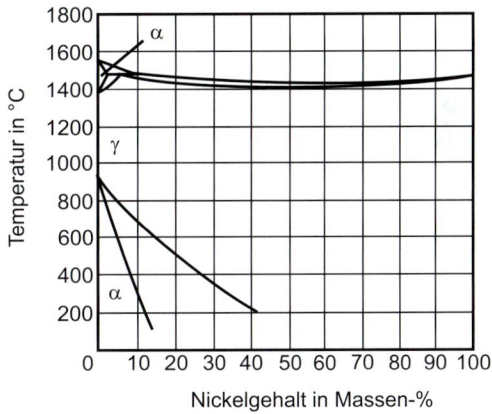

Bild 3.30 Zustandsschaubild Eisen-Nickel

Eisengitter interstitiell eingelagert werden, wie C, N, H, B sowie Cu und Zn (Re und Au), erweitern das γ-Gebiet ebenfalls. Allerdings wird das γ-Gebiet zu hohen Legie-

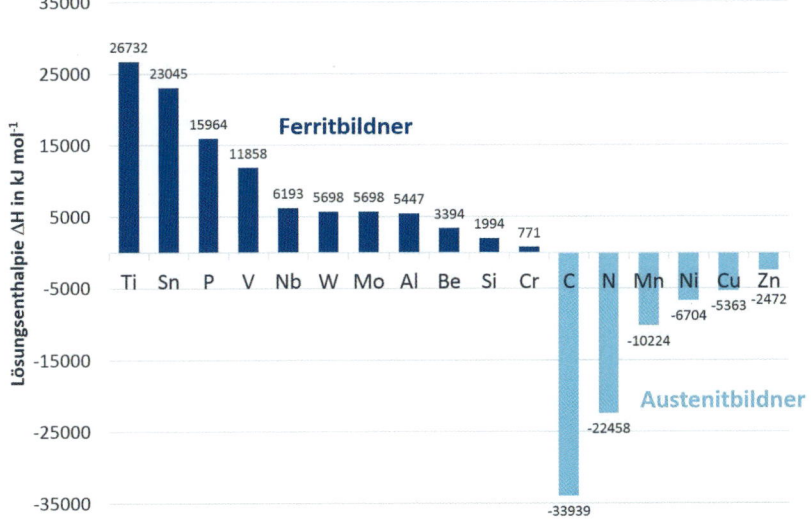

Bild 3.29
Relative Stärke von verschiedenen
Legierungselementen, die sich als Ferrit-
bzw. Austenitbildner verhalten

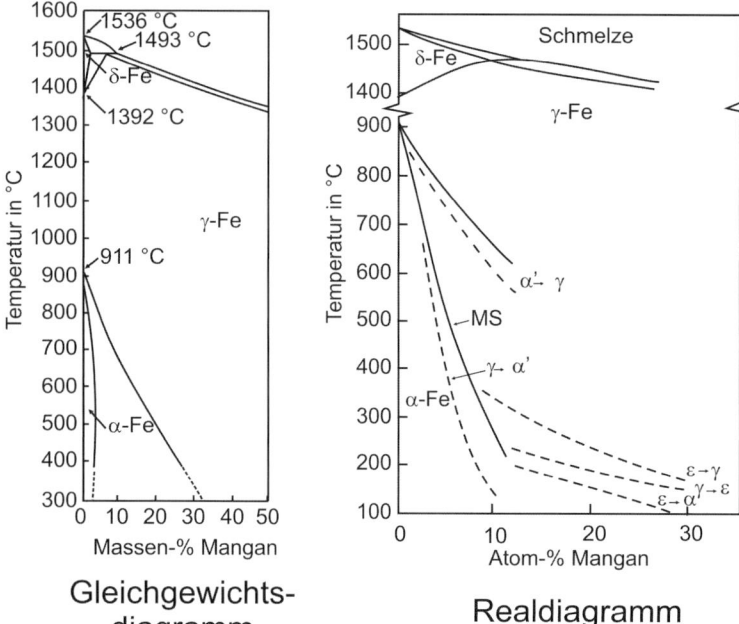

Gleichgewichts-
diagramm

Realdiagramm

Bild 3.31
Zustandsschaubild Eisen-Mangan

rungsgehalten durch Zweiphasengebiete (heterogene MK) abgeschlossen.

Ein weiteres Zweistoffsystem, auf das die Erweiterung des γ-Phasenfeldes zutrifft, ist das System Fe-Mn. Dieses System wird in Bild 3.31 sowohl als gleichgewichtsnahes Zustandsschaubild als auch als Realdiagramm dargestellt; bei Letzterem wird berücksichtigt, dass aufgrund der bei tiefen Temperaturen langsamen Diffusion eine Gleichgewichtseinstellung in technisch interessierenden Zeiträumen nicht mehr möglich ist.

Eine Einengung bis hin zur Abschnürung des γ-Feldes wird durch das Legieren mit den Elementen Cr, Si, Al, P, Ti, V, Mo, W und Be verursacht. Während des Aufheizens oder der Abkühlung, etwa im Rahmen einer Wärmebehandlung, erfolgt bei hohen Legierungsgehalten keine Umwandlung vom krz- zum kfz-Kristall mehr. Durch die Legierungselemente Ta, Nb, Zr und Ce wird das γ-Feld nicht vollständig abgeschnürt, sondern von heterogenen Zustandsfeldern eingeschlossen. Als Beispiel für diese Zustandsschaubilder wird das System Fe-Cr in Bild 3.32 gezeigt.

Ein weiteres Beispiel ist das System Fe-Si (Bild 3.33). Das rechte Schaubild stellt in einem Ausschnitt des linken Zustandsschaubildes den Existenzbereich verschiedener Überstrukturen dar, es bedeuten:

- A2-Struktur: krz-Gitter,
- D0₃-Struktur: Fe₃Si (höchstmögliche Anzahl von Fe-Si-Paaren als nächste und zweitnächste Nachbarn),

- B2-Struktur: Ordnungsgrad verringert sich, geringere Anzahl von Fe-Si-Paaren in zweitnächster Nachbarschaft.

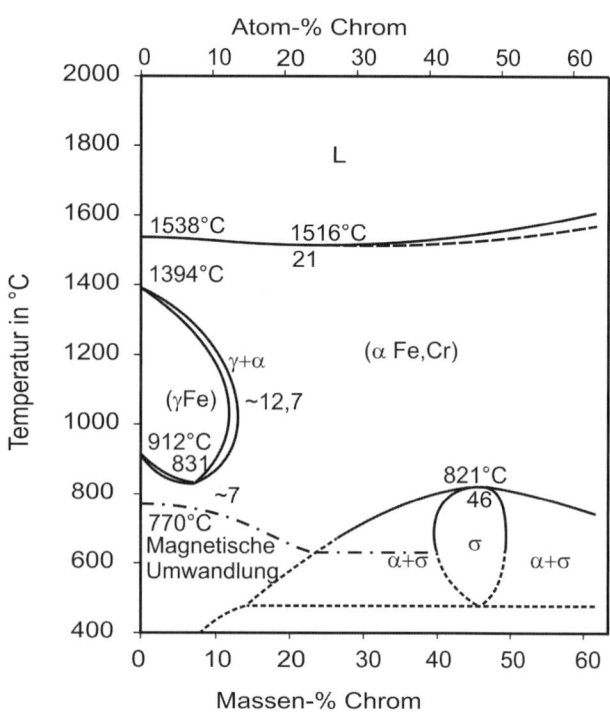

Bild 3.32 Zustandsschaubild Eisen-Chrom

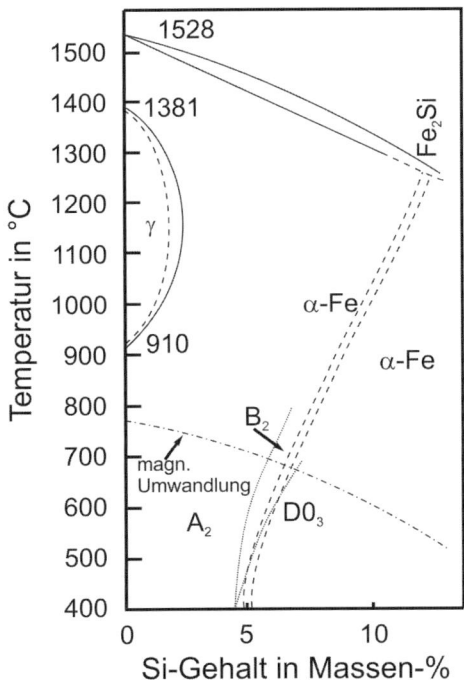

Bild 3.33 Zustandsschaubild Eisen-Silicium mit den Bereichen der dargestellten Überstrukturen B₂ und DO₃

Die Überstrukturen können durch Abschrecken nur teilweise vermieden werden (Einfrieren des Gefüges).

Hieraus ergeben sich beispielsweise technisch relevante Obergrenzen für warmgewalzte (< 4,5 Massen-% Si) und kaltgewalzte (< 3 Massen-% Si) siliciumlegierte Stähle für die Erzeugung von Elektroblechen.

3.4.3 Zustandsschaubild Eisen-Kohlenstoff

Für die Stahlherstellung hat das Element Kohlenstoff eine besondere Bedeutung, da es verfahrensbedingt bei der Reduktion vom Erz zum Eisen als Begleitelement vorhanden und bereits in geringer Konzentration für die Erweiterung des γ-Phasenfeldes wirksam ist. Das System Eisen-Kohlenstoff wird im Allgemeinen als Teildiagramm bis zu einem Massengehalt an Kohlenstoff von 7 % in Form eines Doppelschaubildes dargestellt, da Kohlenstoff entweder stabil als Graphit oder in Verbindung mit Eisen auch metastabil als Eisenkarbid, Fe₃C, im Gleichgewicht stehen kann (Bild 3.34). Wichtige Punkte werden in diesem System mit Buchstaben gekennzeichnet. Im für Stahl metastabilen System (durchgezogene Linien) wird als Gleichgewichtsphase Zementit (Fe₃C) berücksichtigt, im stabilen System (gestrichelte Linien) bildet Kohlenstoff (Graphit) die Gleichgewichtsphase. Fe-C-Legierungen mit weniger als 2 % Kohlenstoff werden als Stahl bezeichnet. Der

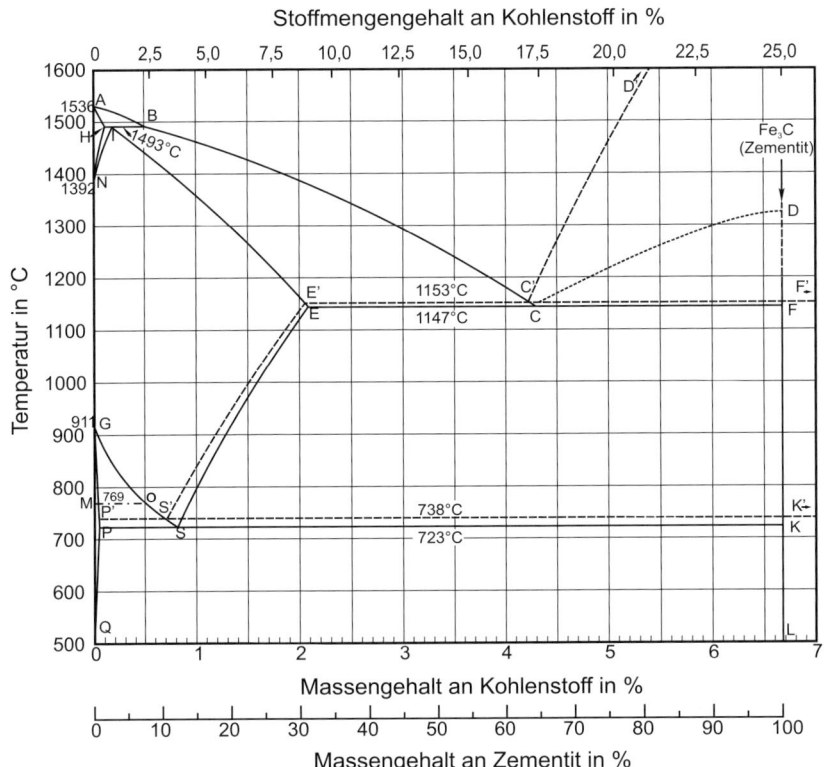

Bild 3.34
Zustandsschaubild (Doppelschaubild) Fe–C und Fe–Fe₃C (Hougardy 2003)

Wert von 2 % wird als Grenzwert für die Unterscheidung zwischen Stahl (metastabiles System) und Gusseisen (stabiles System) betrachtet. Bei Werkstoffen mit < 2 % Kohlenstoff wird beim Erstarren keine eutektische Phase und kein primärer Zementit gebildet.

Im Folgenden soll das metastabile Zustandsschaubild Eisen-Zementit (Fe-Fe$_3$C) beschrieben werden (Bild 3.35). Die Phasengrenzen werden anhand der im Bild angegebenen charakteristischen Punkte und als Linien beschrieben.

Enthält die ursprüngliche Schmelze weniger als 2,06 Massen-% C, so tritt neben Mischkristallen kein Eutektikum auf. Bei niedrigen Kohlenstoffgehalten scheiden sich aus der Schmelze zunächst δ-Mischkristalle (δ-Ferrit) aus. AB ist hier die Liquidus-, AH die Soliduslinie. Die δ-Mischkristalle erreichen bereits bei H (0,10 Massen-% C, 1493 °C) ihre Sättigungsgrenze. Es tritt eine peritektische Umwandlung ein: δ-Mischkristalle H reagieren mit Schmelze B (0,51 Massen-% C) unter Bildung von γ-Mischkristallen I (0,16 Massen-% C). Liegt der C-Gehalt rechts von dem Wert I, so verschwinden bei der Umsetzung die nach der Kurve AH primär ausgeschiedenen δ-Kristalle ganz, und die weitere Erstarrung erfolgt durch Ausscheidung von γ-Mischkristallen, wofür BC die Liquidus- und IE die Soliduslinie ist; liegt der C-Gehalt links von I, so wird die Schmelze aufgebraucht und die weitere Umsetzung von δ zu γ vollzieht sich im festen Zustand, wobei δ-Mischkristalle entsprechend der Kurve HN mit γ-Mischkristallen entsprechend IN im Gleichgewicht stehen. Die Umset-

zung ist bei der Temperatur beendet, bei der die Linie IN von der Konzentrationssenkrechten der Legierung geschnitten wird. Bei 1392 °C, A$_4$-Punkt, treffen sich die beiden Linien HN und IN im α-γ-Umwandlungspunkt N des reinen Eisens. Dieser wird durch Kohlenstoff erhöht und zu einem Intervall auseinandergezogen. Legierungen zwischen H und I, also zwischen 0,1 und 0,16 Massen-% C, durchlaufen dieses Umwandlungsintervall unmittelbar nach der bei 1493 °C beendeten Erstarrung, während Legierungen links von H unterhalb ihres Soliduspunktes in einem eng begrenzten Temperaturbereich einheitlich aus δ-Mischkristallen aufgebaut sind.

Ungleich wichtiger wegen ihrer viel größeren Lösungsfähigkeit für Kohlenstoff sind die γ-Mischkristalle, die als Austenit bezeichnet werden. Die γ-Mischkristalle entstehen in Legierungen mit weniger als 0,51 Massen-% C durch peritektische Umwandlung von δ-Mischkristallen mit der Restschmelze B, in Legierungen mit 0,51 bis 4,3 Massen-% C primär aus der Schmelze. Bei 1147 °C erreicht der Austenit seinen höchsten Kohlenstoffgehalt von 2,06 Massen-% C.

Liegt der Kohlenstoffgehalt links von S = 0,80 Massen-% C, so scheiden sich ab 911 °C, A$_3$-Punkt, aus dem Austenit mit sinkender Temperatur α-Mischkristalle mit sehr geringem Kohlenstoffgehalt entlang GP ab, während sich der restliche Austenit entsprechend der Kurve GS an Kohlenstoff anreichert. Aus kohlenstoffreichem Austenit (über 0,80 Massen-%) scheidet sich bei Abkühlung Zementit aus, wodurch der Kohlenstoff-

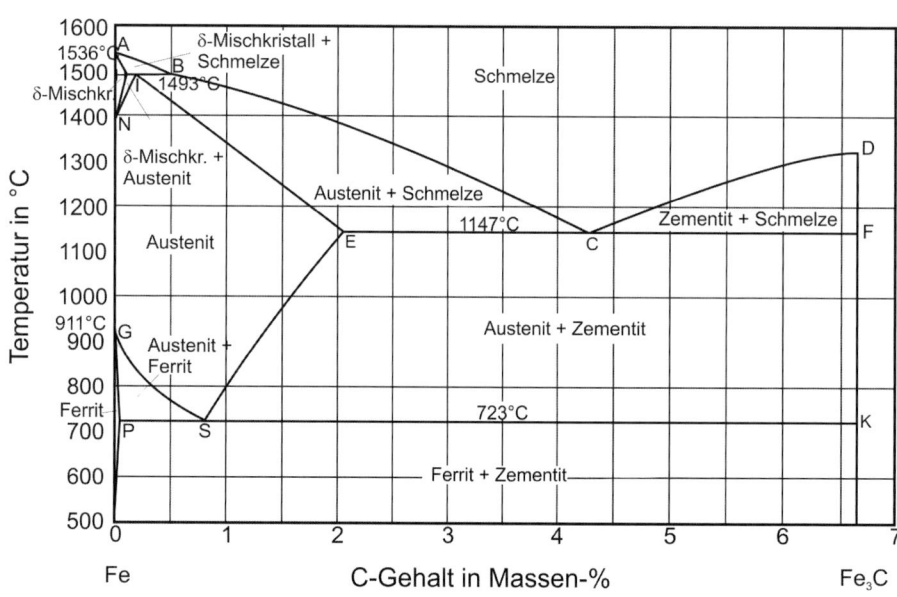

Bild 3.35
Zustandsschaubild Fe-Fe$_3$C
(metastabiles Gleichgewicht)
(Hougardy 2003)

gehalt des Austenits entsprechend ES abnimmt. Ist eine Temperatur von 723 °C, A_1-Punkt, erreicht, so zerfällt die restliche Lösung S zu einem Eutektoid aus α-Mischkristallen und Zementit. Aus dem Ferrit scheidet sich bei weiterer Abkühlung unter 723 °C Zementit entsprechend der Löslichkeitslinie PQ aus. Das Eisen zeigt bei 769 °C, A_2-Punkt, eine magnetische Umwandlung, bei der es aus dem paramagnetischen in den ferromagnetischen Zustand übergeht. Bis zu einem C-Gehalt von rd. 0,5 Massen-% vollzieht sich diese Umwandlung in dem bereits ausgeschiedenen Ferrit bei gleichbleibender Temperatur. Bei höheren Kohlenstoffgehalten scheidet sich entsprechend der Linie OSK unmittelbar ferromagnetisches α-Eisen aus den unmagnetischen γ-Mischkristallen aus. Das Eisenkarbid erfährt auch eine magnetische Umwandlung bei 210 °C und wird mit A_0 bezeichnet. Die Lage von A_0 ist vom Kohlenstoffgehalt der Legierung unabhängig.

Das Gefüge von Legierungen mit geringen Kohlenstoffgehalten unter 0,02 Massen-% besteht bei Raumtemperatur aus α-Mischkristallen mit Ausscheidungen von Tertiärzementit auf den Korngrenzen. Untereutektoide Legierungen mit weniger als 0,80 Massen-% C enthalten α-Mischkristalle und das Eutektoid (Perlit) aus Ferrit und Zementit. Übereutektoidische Legierungen mit 0,80 bis 2,06 Massen-% bestehen aus Perlit und Sekundärzementit, der sich auf den Korngrenzen des Austenits oder im Korninnern als Platten ausscheidet.

Bei weiterer Abkühlung bis auf Raumtemperatur sinkt die Löslichkeit des Kohlenstoffs im Ferrit bis auf 0,0002 % ab.

Die Gefügebezeichnungen der gleichgewichtsnah entstandenen Phasen der Mischkristalle lauten:

δ-MK = δ-Ferrit

γ-MK = Austenit

α-MK = α-Ferrit

Fe_3C = Zementit

Weiterhin wird der Zementit entsprechend der Phase, aus der er ausgeschieden wird, eingeteilt in:

- Primärzementit, wenn er als erste Phase aus der Schmelze kristallisiert (übereutektisch), entlang der Linie CD,
- Sekundärzementit, wenn er nach der Erstarrung aus dem primären Austenit gebildet wird, entlang der Linie SE,
- Tertiärzementit, wenn er aus der festen Lösung des Ferrits ausgeschieden wird, entlang der Linie QP.

Das feinstreifige Gefüge von eutektoiden Legierungen aus α-Ferrit und Zementit (Fe_3C) wird als Perlit und das Gefüge von eutektischen Legierungen aus Perlit und Zementit als Ledeburit bezeichnet.

Für den Großteil der Stähle genügt der Teilausschnitt des Zustandsschaubildes bis 2,06 % C. Für über 90 % der in Deutschland hergestellten Stähle würde der Ausschnitt bis 0,8 Massen-% für die gleichgewichtsnahe Umwandlung genügen, wenn der Einfluss weiterer Legierungselemente und der Abkühlgeschwindigkeit vernachlässigt wird.

3.5 Ausscheidungen

Die Übergangsmetalle bilden mit Stickstoff, Kohlenstoff und Bor Ausscheidungen, die als Nitride, Karbide und Boride bezeichnet werden. Die Neigung eines Elementes zur Karbid- bzw. Nitridbildung kommt in der thermodynamischen Stabilität des gebildeten Karbids bzw. Nitrids zum Ausdruck. Nachfolgend sind die in Stählen häufig auftretenden Karbide und Nitride bezüglich ihrer Beständigkeit aufgeführt (Bild 3.36).

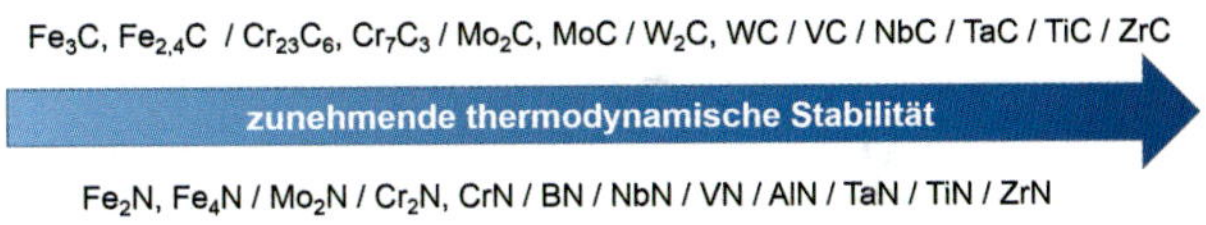

Fe_3C, $Fe_{2,4}C$ / $Cr_{23}C_6$, Cr_7C_3 / Mo_2C, MoC / W_2C, WC / VC / NbC / TaC / TiC / ZrC

zunehmende thermodynamische Stabilität

Fe_2N, Fe_4N / Mo_2N / Cr_2N, CrN / BN / NbN / VN / AlN / TaN / TiN / ZrN

Bild 3.36 Thermodynamische Stabilität der Einlagerungsverbindungen

Sind mehrere karbidbildende Elemente im Stahl gelöst, so kann angenommen werden, dass der vorhandene Kohlenstoff vorzugsweise zur Bildung der stabileren Karbidphase dient. Solche Karbidbildungen sind umso eher zu erwarten, je größer der Unterschied in der Kohlenstoffaffinität der Legierungselemente und je weiter die Reaktion in Richtung Gleichgewicht fortgeschritten ist. Es entstehen jedoch häufig komplex zusammengesetzte Karbide, die oft nur Übergangscharakter haben und sich nach langen Glühzeiten bei entsprechend hohen Temperaturen in die stabilen Karbidphasen umwandeln. Da die Zusammensetzung dieser Karbide nicht immer konstant, sondern häufig variabel ist, werden sie bestimmten Karbidtypen M_nC_m zugeordnet (Tabelle 3.6)

Tabelle 3.6 Übersicht über verschiedene Karbidtypen M_nC_m

Karbidtyp M_nC_m	kubisch	ortho-rhombisch	hexagonal
M_3C		$(Fe, Cr)_3C$	
M_2C			$(MO, W)_2C$
M_7C_3			$Cr_3Fe_4Cr_3$, $Cr_5Fe_2C_3$, $(Cr, Fe)_7C_3$
$M_{23}C_6$	$Fe_{21}W_2C_6$, $Cr_{15}Fe_8C_6$, $(Mo, Fe)_{23}C_6$		
M_6C	Fe_3W_3C, Fe_2Mo_4C, $(W, Fe)_6C$, $(Mo, W)_6C$		
MC	$(V, W)C$, $(Ti, W)C$, $(Ti, Nb)C$, $(Ti, Zr)C$		

Nicht nur die Metallkomponente M ist in vielen Verbindungen M_nX_m austauschbar, sondern auch die Nichtmetallkomponente X. Bei einer Reihe von Karbid- und Nitridbildnern M und ausreichendem Angebot an C und N entstehen je nach Bildungsbedingungen auch Karbonitride $M_n(C,N)_m$ bzw. Nitrocarbide $M_n(N,C)_m$.

Großen Einfluss auf die Eigenschaften von Stahl haben die endogenen nichtmetallischen Einschlüsse. Dies sind entweder Desoxidationsprodukte (Oxide) oder die Verbindungen der Stahlbegleiter (Sulfide bzw. Karbonitride).

In aluminiumberuhigten Stählen können sich beim Stranggießen in den Ausgüssen feste Einschlüsse wie Al_2O_3 ablagern und die Vergießbarkeit des Stahles beeinträchtigen. Durch die Calciummetallurgie werden Einschlüsse modifiziert und mit anderen unerwünschten Begleitelementen aus dem Stahl entfernt. Gelöstes Calcium greift die Tonerdeeinschlüsse an, und es ergibt sich eine Vielzahl von Calciumaluminaten. Um die Rotbruchgefahr bei der Warmumformung durch Bildung von niedrig schmelzendem Eisensulfid FeS zu beseitigen, werden heutige Stähle mit niedrigen Sauerstoff- und Schwefelgehalten eingestellt und mit Mangan zulegiert. Mangan hat eine höhere Affinität zu Schwefel als Eisen und bildet bereits bei hohen Temperaturen ein Mangansulfid, sodass die Rotbruchgefahr nicht mehr gegeben ist.

Die Mikrolegierungselemente Niob, Titan und Vanadin werden vor allem wegen ihrer Fähigkeit genutzt, fein verteilte Karbide, Nitride oder Karbonitride im nm-Maßstab zu bilden. Durch Kontrolle der Auflösungs- und Ausscheidungsvorgänge während der Warmumformung oder der Wärmebehandlung wird hierdurch gleichzeitig eine Kornfeinung durch Rekristallisations- und Kornwachstumsbehinderung sowie eine Festigkeitssteigerung durch Feinstausscheidungen bewirkt.

3.6 Wirkung der Legierungselemente

3.6.1 Beeinflussung der mechanischen Eigenschaften

In einem Mischkristall können die mechanischen Eigenschaften von Stählen durch Substitution von Atomen des Grundgitters oder durch auf Zwischengitterplätzen eingebaute Fremdatome beeinflusst werden.

Bild 3.37 lässt erkennen, dass die Streckgrenze sowohl von Ferrit als auch von Austenit mit der Konzentration der Fremdatome ansteigt und diese umso mehr wirken, je stärker die Verzerrung des Gitters durch die Fremdatome ist. Dabei fällt der starke Einfluss der Elemente C und N auf, die auf Zwischengitterplätzen eingelagert sind. Allerdings wird die Nutzung dieser Elemente zur Streckgrenzenerhöhung durch ihre Löslichkeit begrenzt, die bei interstitiellen Atomen sehr gering ist. Von den substitutionell gelösten Elementen ist die spezifische Wirkung der im Vergleich zu Eisen kleinen Phosphor- und Siliciumatome besonders hoch. Phosphor weist aufgrund seiner Größendifferenz zu Eisen eine ausgeprägte Segregationsneigung an den Korngrenzen auf, die zu einer Versprödung führen kann, sodass eine Phosphorlegierung nur in seltenen Fällen sinnvoll ist. Im Allgemeinen lässt sich feststellen, dass die spezifische Wirkung der Legierungselemente im krz-Kristallgitter (Ferrit) stärker ist als im kfz-Kristallgitter (Austenit).

Legierungselemente beeinflussen die Dauerfestigkeit ähnlich wie die Zugfestigkeit. Legierungselemente, die die Zugfestigkeit steigern, erhöhen auch die zyklische Festigkeit, wie aus dem Bild 3.38 am Beispiel der Biegewechselfestigkeit zu entnehmen ist.

Nichtmetallische Einschlüsse und Ausscheidungen wirken sich auf die Lebensdauer deutlich aus. Je besser der Reinheitsgrad ist, umso höher sind die Bruch-

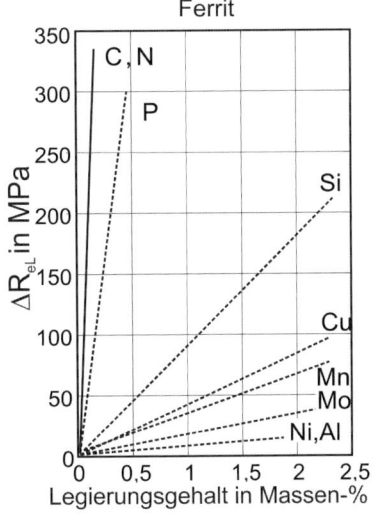

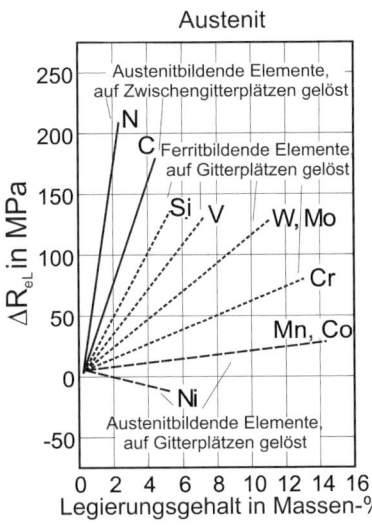

Bild 3.37
Einfluss des Legierungsgehaltes auf die untere Streckgrenze von Ferrit und Austenit bei Raumtemperatur; substitutionell gelöst: P, Si, Cu, Mn, Mo, Ni, Al, Cr; interstitiell gelöst: C, N (Werkstoffkunde Stahl 1984)

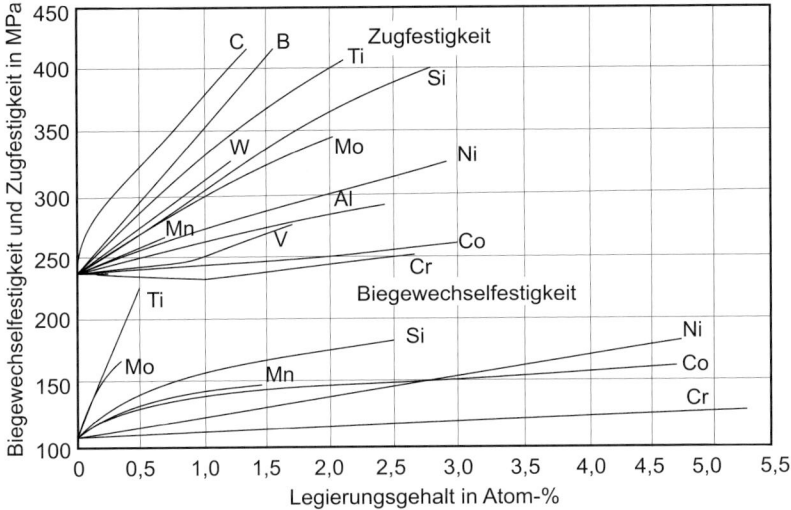

Bild 3.38
Einfluss verschiedener Legierungselemente auf die Zugfestigkeit und die Biegewechselfestigkeit von Reineisen (Werkstoffkunde Stahl 1984)

spannungen im Zeitfestigkeitsbereich und die Dauerschwingfestigkeit.

Der Verschleißwiderstand gegen Abrasion in Abhängigkeit von der Härte ist für verschiedene Werkstoffe im Bild 3.39 dargestellt. Mit zunehmender Härte nimmt der Verschleißwiderstand zu. Für Stahl bedeutet dies, dass mit höherem C-Gehalt, vor allem aber mit zunehmender Karbidzahl, der Verschleißwiderstand zunimmt. Liegen weitere Phasen in sehr feiner Verteilung vor, wie z.B. Karbide der Legierungselemente, so steigt der Verschleißwiderstand sehr viel langsamer als die Härte an.

Zur Erzielung einer hohen Festigkeit bei gleichzeitig ausreichender Zähigkeit werden Stähle häufig vergütet. Die Kombination Festigkeit/Zähigkeit wird umso besser, je feiner die Ausscheidungen verteilt sind und

je anlassbeständiger der Stahl ist; in diesem Fall können hohe Anlasstemperaturen ohne unzulässigen Festigkeitsverlust gewählt werden. Karbidbildner wie Cr, Mo, V, W, Nb erhöhen die Anlassbeständigkeit und bilden beim Anlassen harte Teilchen in feindisperser Verteilung. Eine hohe Zähigkeit wird in der Regel durch eine feinkörnige Gefügeausbildung erreicht. Da das Gefüge sich durch Kornwachstum bei der Austenitisierung vergröbert, werden Legierungselemente zulegiert, die durch Ausscheidungen das Kornwachstum unterdrücken. Geeignete Verbindungen sind vor allem AlN, V(C, N), Mo_2C, Nb(C, N) und Ti(C, N). Zur Erhöhung der Zähigkeit, insbesondere bei hohen Einsatztemperaturen, wird Nickel als Legierungselement genutzt. Es behindert gleichfalls das Kornwachstum im Austenitgebiet und senkt zudem die Umwandlungs-

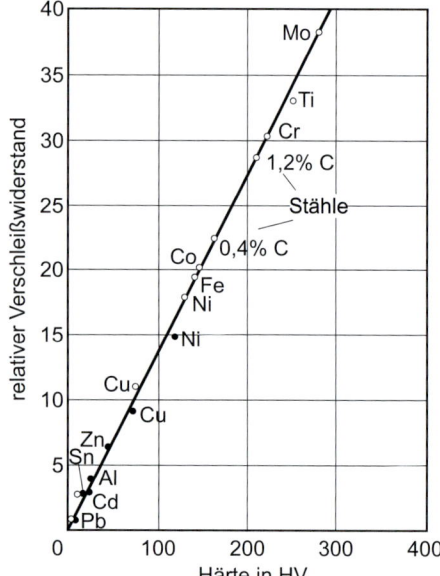

Bild 3.39 Verschleißwiderstand geglühter Metalle bei Abrasion in Abhängigkeit von der Härte (WK Stahl 1984)

temperatur des Austenits in Ferrit und Perlit, sodass im Fall einer diffusionsgesteuerten Umwandlung des Austenits diese auf einem gegenüber unlegierten Stählen niedrigeren Temperaturniveau abläuft und so zu einer zusätzlichen Gefügeverfeinerung führt.

Der Einfluss wichtiger Legierungselemente auf die mechanischen Eigenschaften sowie auf die Einhärtbarkeit und Anlassbeständigkeit von Stählen wird in der Tabelle 3.7 dargestellt.

Die Stärke der Beeinflussung wird farblich dargestellt. Es wird allgemein klar, dass viele Legierungselemente zur Erhöhung der Festigkeitseigenschaften beitragen. Eine positive Wirkung auf die Zähigkeitseigenschaften

ergibt sich nur bei den Legierungselementen Mn, Mo und V und ist mit deren kornfeinender Wirkung verbunden. Das Element Ni beeinflusst die kritische Spaltbruchspannung und erhöht dadurch den Widerstand gegen sprödes Versagen.

Die Ursache der Legierungswirkung liegt somit einerseits in einer direkten Beeinflussung der Eigenschaften, beispielsweise als Mischkristallelement oder in Form von Ausscheidungen, andererseits in einer indirekten Wirkung dadurch, dass die Kristallstruktur und der magnetische Grundzustand geändert werden. Stähle können prinzipiell in den drei Kristallstrukturen kubisch-raumzentriert krz (z.B. Ferrit), kubisch-flächenzentriert kfz (z.B. Austenit) oder hexagonal dichtest gepackt hdp (z.B. ε-Martensit in Cr-Ni-Stählen) vorliegen. Jede Kristallstruktur kommt zudem in jeweils zwei magnetischen Grundzuständen vor: ferromagnetisch, paramagnetisch, antiferromagnetisch. Diese kristallografische und magnetische Vielfalt und die Möglichkeit, dank ausgezeichneter Legierungsfähigkeit zwischen den Kristall- und Magnetstrukturen zu wechseln, ist die Ursache für die Vielfalt der Stähle und ihrer Eigenschaften.

3.6.2 Wirkung auf technologische Eigenschaften

Wärmebehandlung

Der Einfluss des Kohlenstoffgehalts und der Wärmebehandlung auf die Eigenschaften von unlegiertem Stahl sind im Bild 3.40 dargestellt. Die Zunahme des Kohlenstoffgehaltes führt zur Erhöhung der Zugfestigkeit und Streckgrenze und zur Abnahme der Bruchdehnung. Diese werden aber auch durch die Wärmebe-

Tabelle 3.7 Einfluss wichtiger Legierungselemente auf die mechanischen Eigenschaften

Legierungs-element	Festigkeitssteigerung durch		Warm-festigkeit	Verschleiß-festigkeit	Zähigkeit	Einhärt-barkeit	Anlassbe-ständigkeit
	MK-Bildung	Teilchen					
Mn							
Si							
Ni							
Cr							
Mo							
W							
F							
Co							
geringe oder keine Wirkung	mäßige Wirkung			starke Wirkung		sehr starke Wirkung	

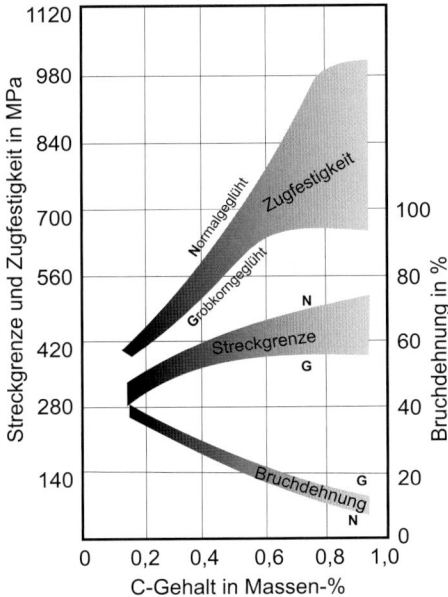

Bild 3.40 Einfluss des Kohlenstoffgehalts und der Wärmebehandlung auf die mechanischen Eigenschaften von unlegiertem Stahl; N: normalgeglüht, G: grobkorngeglüht

handlung beeinflusst. Die Verfahren Grobkornglühen (G) und Normalglühen (N) beeinflussen die Feinheit des entstehenden Perlitgefüges. Beim Grobkornglühen findet eine langsame Abkühlung im Ofen statt, und es entsteht grober Perlit, was zu einer niedrigeren Zugfestigkeit und Streckgrenze und zu einer höheren Bruchdehnung führt. Beim Normalglühen findet eine schnellere Abkühlung an der Luft statt, und es entsteht feiner Perlit, was zu einer höheren Zugfestigkeit und Streckgrenze und einer niedrigeren Bruchdehnung führt.

Zerspanbarkeit

Bei ausreichendem Mangangehalt wird der Schwefel als Mangansulfid abgebunden. Mangansulfide begünstigen die Risseinleitung und -ausbreitung und setzen die Scher- und Trennfestigkeit des Werkstoffs deutlich herab. Da es sich beim Zerspanen um Scher- und Trennvorgänge handelt, wird die Spanbildung positiv beeinflusst. Darüber hinaus können die Sulfideinschlüsse erweichen und auf den Frei- und Spanflächen als Gleitmittel wirken. Wegen dieses günstigen Einflusses der Mangansulfide auf die Zerspanbarkeit wird den Automatenstählen Schwefel in hohen Anteilen zugesetzt.

Alle Stähle enthalten als nichtmetallische Einschlüsse neben Sulfiden auch Oxide. Diese erhöhen im Allge-

meinen den Verschleiß und beeinflussen damit negativ die Zerspanbarkeit. Oxidische Einschlüsse bestimmter chemischer Zusammensetzungen können jedoch die Zerspanbarkeit auch verbessern. Es handelt sich um Desoxidationsprodukte mit relativ niedrigem Schmelzpunkt, die bei der Zerspanung einen schützenden Belag auf titanhaltigen Hartmetallwerkzeugen bilden. Diese Oxide werden bei der Desoxidation mit Calcium-Silicium-Legierungen erzeugt. Die günstige Wirkung tritt nur ein, wenn auf eine Desoxidation mit Aluminium verzichtet wird.

Die günstige Wirkung des Bleis auf die Zerspanbarkeit ist schon lange bekannt. Blei durchsetzt das Gefüge in Form von mikroskopischen metallischen Einschlüssen, wirkt damit als Gleitmittel zwischen den Kontaktzonen, vermindert die Scherfestigkeit und sorgt für einen kurzbrüchigen Span. Damit wird die spezifische Schnittkraft herabgesetzt und die Bildung von Aufbauschneiden weitgehend unterbunden, sodass neben der Zerspanungsleistung auch die Oberflächengüte gesteigert wird. Zusätze von Wismut wirken ähnlich. Selen und Tellur werden ebenfalls zur Verbesserung der Zerspanbarkeit allein oder zusammen mit Schwefel zugegeben. Es bilden sich Mischeinschlüsse aus Manganselenid und Mangansulfid, die in ähnlicher Form wie die reinen Sulfideinschlüsse bei der spanabhebenden Bearbeitung wirksam werden. Blei, Selen und Tellur sind toxisch und deshalb nicht uneingeschränkt anwendbar.

Segregation

Die Konzentration von Legierungsatomen an Korngrenzen ist im Allgemeinen von der Konzentration im Korninneren verschieden. Die Segregation der Legierungselemente kann durch para-elastische oder dielastische Wechselwirkung zwischen Legierungsatomen und Korngrenzen entstehen. Eine weitere Ursache für die Segregation von Legierungselementen an Korngrenzen ist die unterschiedliche Elektronenstruktur der Korngrenzenumgebung im Vergleich zum perfekten Gitter. Analog zur elektrischen Wechselwirkung von Versetzungen oder Leerstellen mit Legierungselementen besteht auch zwischen Korngrenzen und Legierunselementen eine elektrostatische Wechselwirkung, die zu einer Anreicherung oder Verarmung der Legierungsatome in der Korngrenze führt.

Die Werte von Sättigungsverhältnissen der Korngrenze (β_b) in Abhängigkeit von der atomaren Löslichkeit der Elemente im festen Zustand sind in Bild 3.41 darge-

3

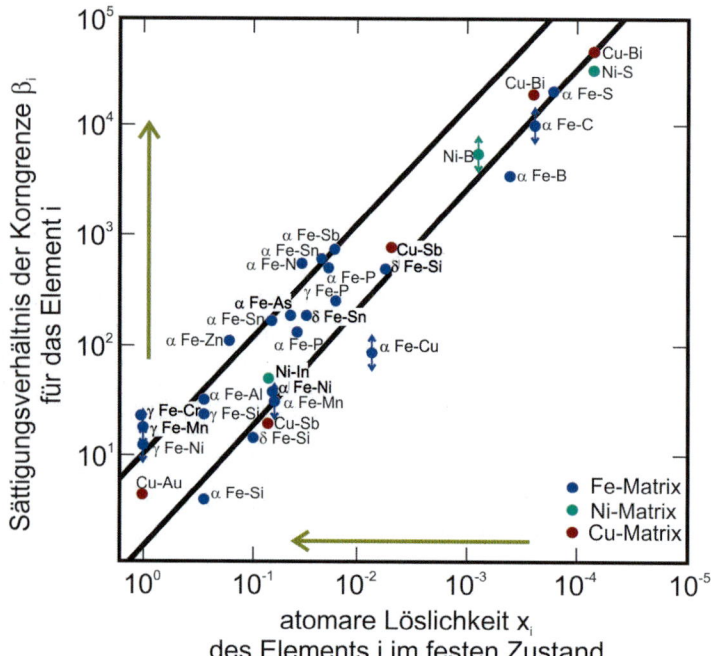

Bild 3.41
Abhängigkeit des Sättigungsverhältnisses der Korngrenze von der atomaren Löslichkeit der Elemente im festen Zustand (Raabe 2014)

stellt. Das Sättigungsverhältnis der Korngrenzen ist definiert als:

$$\beta_b = X_b / X_c , \qquad (3.28)$$

wobei X_b die molare Grenzflächenkonzentration einer monomolekularen Schicht ist und X_c der gesamte gelöste Anteil in Mol. Bei einem hohen Sättigungsverhältnis reichern sich Fremdatome an den Korngrenzen an.

Einige Legierungs- und Begleitelemente wie S, C und B haben im α-Eisen eine sehr hohe Segregationsneigung an den Korngrenzen bei gleichzeitig geringer Löslichkeit im festen Zustand. Die Elemente P, Sn und Sb neigen ebenfalls zur Anreichung an den Korngrenzen. Substitutionelle Legierungselemente wie Ni, Cr oder Mn haben eine geringere Segregationsneigung an den Korngrenzen bei höherer Löslichkeit im festen Zustand.

3.7 Einfluss einzelner Legierungselemente

3.7.1 Häufige Legierungselemente

Kohlenstoff

Kohlenstoff liegt in Stählen in der Regel in Form von Karbiden vor, dabei ist der Zementit Fe_3C die häufigste und das ε-Karbid $Fe_{2,4}C$ die nächsthäufige Modifikation. Die Karbide unterscheiden sich in ihrer Größe und Anordnung und können beispielsweise im Perlit lamellar ausgerichtet sein. Hohe Perlitgehalte erhöhen einerseits die Festigkeit, erniedrigen aber andererseits die Zähigkeit eines Stahls. Für gut kaltumformbare Stähle soll der Zementitgehalt möglichst niedrig sein. Bei Wärmebehandlungen können die Karbide aufgelöst werden, sodass nach einem Abschrecken gelöster Kohlenstoff in einer übersättigten Matrix vorliegt. Der gelöste Kohlenstoff führt dann in martensitischen Gefügen zu einer hohen Mischkristallhärtung. Die zur Vermeidung von diffusionskontrollierter Phasenumwandlung erforderliche Mindestabschreckgeschwindigkeit wird als die kritische Abkühlgeschwindigkeit bezeichnet; je höher der gelöste Kohlenstoffanteil im Stahl, desto geringer ist die kritische Abkühlgeschwindigkeit, d. h. desto höher ist die Härtbarkeit. Diese hohe

Härtbarkeit stellt allerdings ein Problem beim Schweißen dar, weshalb schweißgeeignete Stähle in der Regel im Kohlenstoffgehalt durch eine Obergrenze gekennzeichnet sind.

Die Erhöhung der Festigkeit und die Möglichkeit, Eisen durch Abschrecken zu härten, stellen die wichtigsten Eigenschaften von Kohlenstoff als Legierungselement dar. Die kritische Abkühlgeschwindigkeit wird durch niedrige und mittlere Kohlenstoffgehalte stark abgesenkt (was gleichbedeutend mit einer Erhöhung der Härtbarkeit ist) und bleibt im Bereich von 0,6 bis 1,4 Massen-% Kohlenstoff etwa gleich.

Silicium

Aufgrund seiner hohen Sauerstoffaffinität ist Silicium neben Mangan und Aluminium eines der wichtigsten Desoxidationsmittel. Alle Si-beruhigten Stähle weisen Siliciumanteile von 0,2 Massen-% auf. In unberuhigten Stählen ist Silicium lediglich in Spuren enthalten. Die Lösungsfähigkeit des Eisens für Silicium beträgt bei Raumtemperatur ca. 14 Massen-%. Bei Siliciumgehalten über 6,5 Massen-% bildet sich eine Überstruktur mit verbindungsähnlichem Charakter, die eine Versprödung mit sich bringt. Ab 3 Massen-% Silicium sind Stähle nicht mehr kalt- und ab 6,5 Massen-% Silicium nur noch schwer warmverformbar. Durch Silicium werden die Löslichkeit des Ferrits für Kohlenstoff und die Stabilität von Eisenkarbid vermindert. Silicium fördert die Erstarrung nach dem stabilen System. Bei höheren Siliciumgehalten zerfällt daher der Zementit beim Glühen in Eisen und Graphit (Schwarzbruch). Silicium erhöht die Streckgrenze und die Zugfestigkeit, ohne die Dehnung wesentlich zu verringern. Weiter vermindert das Element die kritische Abkühlgeschwindigkeit und vergrößert damit die Einhärtung. Wegen eines hohen Streckgrenzenverhältnisses sind Si-legierte Stähle als Federwerkstoffe geeignet. Stähle mit 3 Massen-% Silicium finden als Transformatorenwerkstoffe Verwendung, da Silicium den elektrischen Widerstand von Eisen erhöht und damit die Wirbelstromverluste herabsetzt. Durch eine unter atmosphärischen Bedingungen entstehende Schutzschicht aus SiO_2 wird das Korrosionsverhalten in Säuren verbessert. Auch die Zunderbeständigkeit wird durch das Entstehen von siliciumreichen Oxidschichten erhöht. Siliciumhaltige Deckschichten entstehen auch durch selektive Oxidation bei Rekristallisation und Glühen von Kaltband, deshalb wird für höchste Oberflächenansprüche auf eine Siliciumlegierung verzichtet. Bei der Entwicklung der Werkzeug-

stähle spielte die Verbesserung der Härtbarkeit durch Silicium eine wesentliche Rolle. Diese Werkzeugstähle zeichnen sich durch gute Verschleißfestigkeit und Anlassbeständigkeit aus.

Bild 3.42 Anwendungsbeispiel für Si-legierten Federstahl: Spiral-Federn (Quelle: www.gsfedern.de)

Federstähle:

Wirkung:	Erhöhung der Einhärtbarkeit und der Zugfestigkeit, Erhöhung des Streckgrenzenverhältnisses im vergüteten Zustand
Gehalt:	0,6 – 1,8 Massen-% Si
Beispiele:	38Si3, 65SiW7

Werkzeugstähle:

Wirkung:	Erhöhung der Verschleißfestigkeit und der Anlassbeständigkeit
Gehalt:	0,7 – 2,0 Massen-% Si
Beispiele:	125CrSi5, 45SiCrV6

Dynamo- und Transformatorstähle:

Wirkung:	Widerstandserhöhung, dadurch Absenken der Wirbelstromverluste
Gehalt:	bis 4,3 Massen-% Si
Beispiel:	5Si17

Hitze- und zunderbeständige Stähle:

Wirkung: Bei hochlegierten Cr- und CrNi-Stählen wird die Zunderbeständigkeit durch die Bildung einer siliciumreichen Oxidschicht erhöht

Gehalt: 0,7 – 2,5 Massen-% Si

Beispiele: X15CrNiSi20-12, X10CrSi6-4 bei Ventilstählen

Gehalt: bis 4,5 Massen-% Si

Beispiel: X45SiCr4

Mangan

Mangan ist ein wirksames Desoxidationsmittel. Etwa 10 Massen-% Mangan können im Ferrit bei Raumtemperatur gelöst werden. Mangan bildet zahlreiche nichtmetallische Einschlüsse, z.B. MnO, MnS. Diese Einschlüsse werden bei der Verformung häufig zu Zeilen gestreckt und führen zu anisotropen mechanischen Eigenschaften. Mangan ist zur Vermeidung der Rotbrüchigkeit in allen warmgewalzten Stählen enthalten, üblicherweise sind hierfür Mindestgehalte von 0,2 Massen-% oder ein Mn/S-Verhältnis von mehr als 20 erforderlich. Mangan bindet den Schwefel zu dem bei über 1500 °C schmelzenden MnS oder einem anderen Mn-reichen Sulfid ab.

Bezüglich Härtbarkeit und Durchhärtung ist Mn eines der billigsten und wirkungsvollsten Legierungselemente. Mit der Herabsetzung der kritischen Abkühlgeschwindigkeit bei zunehmendem Mangangehalt ist eine Erhöhung der Einhärtung verbunden. Es wird bevorzugt zur Mischkristallverfestigung in Baustählen

Bild 3.43 Anwendungsbeispiel für Mn- und P-legierten wetterfesten Baustahl: Fassade am Besucherzentrum Berliner Mauer, Architekten Mola Winkelmüller, Berlin (Quelle: www.detail.de, Foto: Karl Dieringer, Berlin)

genutzt. Der wichtigste austenitische Manganstahl ist der Manganhartstahl mit 12 bis 14 Massen-% Mangan und 1,2 bis 1,4 Massen-% Kohlenstoff (Mn : C = 10 : 1). Er zeichnet sich durch hohen Verschleißwiderstand, geringe Härte, niedrige Streckgrenze und hohe Verfestigung durch Kaltverformung infolge einer örtlichen Umwandlung von Austenit in Martensit durch Kaltverformung aus.

Baustähle:

Wirkung: Abbinden des Schwefels zu MnS, damit die Bildung von niedrigschmelzenden FeS-Phasen verhindert wird; Erhöhung der Streckgrenze und der Zugfestigkeit

Gehalt: bis 1,7 % Mn

Beispiel: S355JZG3 (St 52-3N)

Vergütungsstähle:

Wirkung: Erhöhung der Einhärtungstiefe durch Absenkung der kritischen Akühlgeschwindigkeit

Gehalt: bis 1,7 Massen-% Mn

Beispiel: 28Mn6

Einsatzstähle:

Wirkung: Erhöhung der Einhärtungstiefe ohne Karbidbildung

Gehalt: 0,9 – 1,4 Massen-% Mn

Beispiel: 16MnCr5

Phosphor

Aufgrund des großen Erstarrungsintervalls zwischen Liquidus- und Solidustemperatur entstehen in phosphorhaltigen Stählen ausgeprägte Seigerungen. Deshalb führt Phosphor, neben Schwefel, zu Heißrissen. Der Phosphorgehalt wird daher bei der Stahlerzeugung so gering wie möglich gehalten. Da die Radiendifferenz der Atome des Phosphors und des Eisens etwa 15 % beträgt, führt Phosphor zu einer sehr starken Mischkristallverfestigung, tendiert dadurch aber auch zur Anreicherung an Korngrenzen (Segregation). Dies kann zu sprödem Versagen durch Korngrenzenrisse führen. Bei kaltgewalztem Feinblech kann die festigkeitssteigernde Wirkung des Phosphors genutzt werden. In Gegenwart von Kupfer verbessert Phosphor die Beständigkeit wetterfester Baustähle gegenüber atmosphärischer Korrosion.

Wetterfeste Baustähle:

Wirkung: Beständigkeit gegen atmosphärische Korrosion

Gehalt: 0,06 – 0,15 Massen-%

Beispiel: S355J2WP (~ 9CrNiCuP3-2-4)

Schwefel

Schwefel ist ein Begleitelement des Stahles, das zu starken Seigerungen neigt. Die Löslichkeit von Austenit für Schwefel beträgt bei 1256 °C 0,05 %, während die Löslichkeit von δ-Ferrit bei 1365 °C 3,18 % und von α-Ferrit bei 910 °C nur 0,02 % beträgt. Daher bilden schon geringste Mengen Schwefel im Eisen das Eisensulfid FeS. Dieses Sulfid stellt einen sogenannten nichtmetallischen Einschluss dar und lässt sich bereits im polierten, ungeätzten Zustand eines Stahlschliffes erkennen. In Kombination mit gelöstem Sauerstoff tritt das FeO-FeS-Eutektikum mit einem Schmelzpunkt bei etwa 865 °C, das Fe-FeS-Eutektikum bei 988 °C auf. Die niedrigschmelzenden Eutektika verursachen in einem Temperaturbereich von 800 bis 1000 °C die Rotbrüchigkeit, die durch ungenügende oder nicht mehr vorhandene Duktilität bei der Warmumformung zum Versagen führt. Oberhalb von 1200 °C verursachen FeS und andere niedrigschmelzende Ausscheidungen auf den Korngrenzen bei einer Warmumformung einen Heißbruch. Um die schädlichen Wirkungen des Schwefels zu vermindern, wird dem Stahl stets eine gewisse Menge Mangan zulegiert, da dieses eine größere Schwefelaffinität als Eisen aufweist. Mangan bildet mit Schwefel das bei mehr als 1500 °C schmelzende Mangansulfid oder Mn-Fe-Sulfide. In Abhängigkeit von der Legierungszusammensetzung und den Erstarrungsbedingungen werden in technischen Stählen bis zu vier verschiedene Mischsulfidtypen (Me, Mn) S mit unterschiedlichen Schmelzpunkten gefunden.

Obwohl Schwefel im Allgemeinen als Begleitelement im Stahl wegen der Verschlechterung mechanischer Eigenschaften unerwünscht ist, enthalten Automatenstähle neben einem erhöhten Mangananteil und ggf. einer Pb-Zugabe höhere Schwefelanteile. Automatenstähle weisen etwa 0,15 bis 0,3 % Schwefel auf, da durch die geringe Festigkeit der Mangansulfide und ihre Wechselwirkung mit der Matrix ein kurzbrechender Span bei der spanabhebenden Bearbeitung erreicht

und die Oberflächenbeschaffenheit wesentlich verbessert wird. Edelbaustähle enthalten in bestimmten Fällen einen garantierten Schwefelanteil oder in Normen oder Spezifikationen vorgegebene Analysengrenzen für die Automatenbearbeitung.

Bild 3.44 Anwendungsbeispiel für S-legierte Automatenstähle: Späne bei der Automatenbearbeitung (Quelle: www.dreamstime.de, ©Josef Bosak)

Automatenstähle:

Wirkung: Kurzbrechender Span bei der Automatenbearbeitung

Gehalt: 0,15 – 0,30 Massen-% S

Beispiel: MnPb28

Edelbaustähle:

Wirkung: Kurzbrechender Span bei der Automatenbearbeitung

Gehalt: 0,020 – 0,035 Massen-% S

Beispiel: 16MnCr5S

Chrom

Chrom gehört zu den wichtigsten Legierungselementen der Stähle. Es erhöht die Zugfestigkeit, während die Dehnung nur geringfügig verschlechtert wird. Durch Herabsetzen der kritischen Abkühlgeschwindigkeit wird die Einhärtbarkeit wesentlich gesteigert. Eine Erhöhung der Härte wird weiterhin durch die karbidbildende Wirkung des Chroms hervorgerufen. Höhere Chromgehalte verbessern die Warmfestigkeit und Anlassbeständigkeit. Die Zunderbeständigkeit wird insbesondere in Kombination mit Silicium oder Aluminium erhöht. Da Stähle mit mehr als 12 % Cr eine Passivschicht bilden und damit gegen Korrosion in wässrigen Medien geschützt werden, ist Chrom das wichtigste Legierungselement der hochlegierten rost- und säurebeständigen Stähle.

Bild 3.45 Anwendungsbeispiel für Cr-legierte rost- und säure-beständige Stähle: Anlagentechnik in der chemischen Industrie (Quelle: www.cromatech.ch/anlagenbau/)

Vergütungsstähle:

Wirkung: Erhöhung der Einhärtbarkeit

Gehalt: bis ca. 2 Massen-% Cr

Beispiel: 41Cr4

Warmfeste Stähle:

Wirkung: Erhöhung der Warmfestigkeit durch Mischkristallbildung und Karbid-ausscheidung

Gehalt: bis 2,5 Massen-% Cr

Beispiel: 21CrMoV5-7

Nitrierstähle:

Wirkung: Erhöhung der Nitrierschichthärte durch Bildung von Chromnitriden

Gehalt: bis 2,5 Massen-% Cr

Beispiel: 34CrAlMo5

Druckwasserstoffbeständige Stähle:

Wirkung: Verringerung der Entkohlungsneigung durch Bildung von – auch bei höheren Temperaturen – beständigen Karbiden

Gehalt: niedriglegiert bis 3 Massen-% Cr hochlegiert bis 12 Massen-% Cr

Beispiel: 25CrMo4

Kaltarbeitsstähle:

Wirkung: Erhöhung der Anlassbeständigkeit und Verbesserung der Härtbarkeit

Gehalt: unter- und übereutektoid bis 1,5 Massen-% Cr ledeburitisch 12 Massen-% Cr rostfreie Werkzeugstähle 15 – 17 Massen-% Cr

Beispiele: 105WCr6, X210Cr12, X35CrMo17

Warmarbeitsstähle:

Wirkung: Verbesserung der Härtbarkeit

Gehalt: 1,0 – 5,0 Massen-% Cr, für sehr hoch beanspruchte Werkzeuge bis 13 Massen-% Cr

Beispiele: X38CrMoV5-1, X30WCrV5-3, X50NiCrWV13-13

Schnellarbeitsstähle:

Wirkung: Erhöhung der Härtbarkeit durch die Bildung leichtlöslicher Karbide beim Härten

Gehalt: 4 Massen-% Cr

Beispiel: HSS18-1-2-5

Rost- und säurebeständige Stähle:

Wirkung: Bildung einer Passivschicht, die den Stahl ab 12 Massen-% Cr unempfindlich gegen atmosphärische Korrosion macht

Gehalt: bis 28 Massen-% Cr

Beispiele: X20Cr13, X1CrNiMo28-4-2

Hitze- und zunderbeständige Stähle:

Wirkung: Bildung einer festhaftenden Cr_2O_3-Schicht

Gehalt: bis 30 Massen-% Cr

Beispiele: X10CrAl18, X20CrNiSi25-4

3

Nickel

Nickel gehört zu den Legierungselementen, die eine Erstarrung nach dem stabilen Eisen-Kohlenstoffsystem begünstigen. Durch die Verringerung der kritischen Abkühlgeschwindigkeit erhöht Nickel die Durchhärtung und Durchvergütung. Weiter erhöht Nickel vor allem die Zähigkeit, besonders im Tieftemperaturgebiet, wirkt kornfeinend und senkt die Überhitzungsempfindlichkeit. Der 18/10-Chrom-Nickel-Stahl zählt zu den Hauptvertretern der korrosionsbeständigen austenitischen Stähle. Der Wärmeausdehnungskoeffizient von Stählen erreicht bei 36 Massen-% Nickel ein Minimum (Invar-Stahl). Der elektrische Widerstand wird durch Nickel erhöht (Heizleiterdrähte, Konstantan).

Bild 3.46 Anwendungsbeispiel für Ni-legierten Invarstahl: Uhrenfeder
(Quelle: www.lesjoforsab.com)

Wasservergütete schweißbare Baustähle:

Wirkung: Absenken der kritischen Abkühlgeschwindigkeit

Gehalt: 1,0 Massen-% Ni

Beispiel: S460N (StE 460)

Einsatzstähle:

Wirkung: Steigerung der Zähigkeitseigenschaften durch Kornfeinung

Gehalt: 1,4 – 1,7 Massen-% Ni

Beispiele: 15CrNi6, 17CrNiMo 6

Vergütungsstähle:

Wirkung: Verbesserung der Durchhärtung und Durchvergütbarkeit durch Senken der kritischen Abkühlgeschwindigkeit, besonders wichtig bei Stählen für große Schmiedestücke

Gehalt: 1,0 – 1,4 Massen-% Ni

Beispiele: 36NiCrMo16, 36CrNiMo4

Warmfeste Stähle:

Wirkung: Verringerung der Entkohlungsneigung durch Bildung von – auch bei erhöhten Temperatruen – beständigen Karbiden

Gehalt: bis 1,3 Massen-% Ni

Beispiele: 20MnMoNi4-5, 28NiCrMo4

Werkzeugstähle für Kaltarbeit:

Wirkung: Steigerung der Härtbarkeit

Gehalt: bis 4 Massen-% Ni

Beispiel: X45NiCrMo4

Kaltzähe Nickelstähle:

Wirkung: Verbesserung der Zähigkeitseigenschaften auch bei tiefen Temperaturen

Gehalt: etwa 4 Massen-% Ni

Beispiele: 10Ni14, X8Ni9

Austenitische Cr-Ni-Stähle:

Wirkung: Festigkeitssteigerung durch Mischkristallbildung

Gehalt: mehr als 8 Massen-% Ni

Beispiel: X5CrNi18-10

Martensitaushärtende Stähle:

Wirkung: Bildung intermetallischer Phasen (z. B. Ni_3Mo)

Gehalt: etwa 18 Massen-% Ni

Beispiel: X2NiCoMo18-8-5

Invar-Stahl:

Wirkung: extrem niedriger Wärmeausdehnungskoeffizient

Gehalt: etwa 36 Massen-% Ni

Beispiel: Ni36

Molybdän

Molybdän erhöht die Härtbarkeit und Warmfestigkeit und verringert die Anlassversprödung der chrom- und manganhaltigen Vergütungsstähle. Die dafür notwendigen Molybdängehalte liegen zwischen 0,2 und 0,4 Massen-%. Eine Zugabe von 1 Massen-% Molybdän hat auf die Durchhärtung etwa den gleichen Einfluss wie eine Zulegierung von 2 Massen-% Chrom. Molybdän-Karbide erhöhen die Verschleißfestigkeit und die Anlassbeständigkeit, daher wird Molybdän in niedriglegierten Warmarbeitsstählen verwendet. In Einsatzstählen bewirkt Molybdän eine geringe Erhöhung der Eindringtiefe des Kohlenstoffs und führt zu einer Steigerung des Randkohlenstoffgehaltes. Austenitischen Stählen wird Molybdän zur Verbesserung der Korrosions- und Warmfestigkeit zulegiert. Ähnlich wie Chrom und Nickel neigt auch Molybdän zur Passivierung. Ein Zusatz von 2 bis 5 Massen-% Molybdän verbessert die Lochkorrosionsbeständigkeit hochlegierter Stähle. Bei hohen Temperaturen verbessert Molybdän die Zunderbeständigkeit des Stahls.

Bild 3.47 Anwendungsbeispiel für Mo-legierte Maraging-Stähle: Langprodukte für die Luftfahrtindustrie
(Quelle: www.imoa.info, Courtesy of Boehler AG, Austria)

Vergütungsstähle:

Wirkung: Erhöhung der Anlassbeständigkeit und
der Einhärtbarkeit, Verringerung der
Gefahr der Anlassversprödung

Gehalt: bis 0,5 Massen-% Mo

Beispiel: 42CrMo4

Warmfeste Stähle:

Wirkung: Steigerung der Warmfestigkeit und der
Zeitstandfestigkeit durch Mischkristallhärtung und Karbidausscheidung

Gehalt: bis 1 Massen-% Mo

Beispiele: 15Mo3, 21CrMoV5-11

Nitrierstähle:

Wirkung: Erhöhung der Härte der Nitrierschicht
durch Bildung von Mo-Nitriden

Gehalt: 0,15 – 1 Massen-% Mo

Beispiele: 34CrAlMo5, 31CrMo12

Druckwasserstoffbeständige Stähle:

Wirkung: Verringerung der Entkohlungsneigung
durch Karbidbildung; Karbide auch bei
erhöhten Temperaturen stabil

Gehalt: bis 0,5 Massen-% Mo in niedriglegierten
und etwa 1 Massen-% Mo in hochlegierten Stählen

Beispiele: 24CrMo10, X20CrMoV12-1

Rost- und säurebeständige Stähle:

Wirkung: Erhöhung der Lochkorrosionsbeständigkeit gegenüber chloridhaltigen Medien

Gehalt: bis 2 Massen-% Mo

Beispiel: X12CrNiMo17-12-2

Kupfer

Bei der Warmverarbeitung von kupferhaltigen Stählen kann an der Oberfläche und an Korngrenzen angereichertes Kupfer zu Oberflächenrissen führen. Deshalb wird Kupfer nur in sehr geringem Maß als Legierungselement verwendet. Kupfer führt im Zusammenhang mit einer Wärmebehandlung bei 550 °C zur Aushärtung durch kohärente Ausscheidung mit einer sehr effektiven Festigkeitssteigerung.

Die Verbesserung der Witterungsbeständigkeit durch Massenanteile von 0,07 bis 0,15 Massen-% Kupfer, besonders in Gegenwart von Phosphor, führte zur Einführung von Kupfer als Legierungselement in wetterfesten Baustählen. Dabei reichen schon Kupfergehalte von 0,2 bis 0,3 Massen-% zur Erzielung eines erhöhten Korrosionswiderstandes aus. Kupferzusätze steigern die Streckgrenze, die Zugfestigkeit und die Härtbarkeit. Deshalb werden Qualitätsstähle, für die auch eine erhöhte Witterungsbeständigkeit gefordert wird, mit Kupferzusatz erschmolzen. In rostfreien austenitischen Stählen bewirkt ein Kupferzusatz von bis zu 3 Massen-% besonders in Verbindung mit Molybdän eine Erhöhung der Korrosionsbeständigkeit.

Wetterfeste Baustähle:

Wirkung: Bildung wetterfester Deck- und Schutzschichten in Verbindung mit Phosphat- und Sulfatkomplexen zusammen mit Chrom

Gehalt: 0,25 – 0,55 Massen-% Cu

Beispiel: S355J2WP (~ 9CrNiCuP3-2-4)

Austenitische Cr-Ni-Stähle:

Wirkung: Erhöhung der Beständigkeit gegen Salz- und Schwefelsäure

Gehalt: bis 0,5 Massen-% Cu in niedriglegierten und etwa 1 Massen-% Cu in hochlegierten Stählen

Beispiel: X2NiCrMoCu25-20-5

Sinterstähle:

Wirkung: Schwundkompensation

Gehalt: ca. 1,5 Massen-% Cu

Kobalt

Kobalt gehört zu der Gruppe der Austenitbildner. Im Fe-Co-Phasendiagramm wird die Ferritumwandlung bis zu 50 % Co zu höheren Temperaturen (von 911 °C bis zu ca. 980 °C) verschoben. Kobalt weist mit 1121 °C die höchste Curie-Temperatur aller Metalle auf.

Martensitaushärtende Stähle:

Wirkung: Kobalt ist in der Matrix gelöst und bewirkt eine erhöhte Versetzungsdichte des Ni-Martensits. Außerdem wird die Wirkung ausscheidungsbildender Elemente durch eine verminderte Löslichkeit im Stahl durch Co verstärkt.

Gehalt: 8 – 12 Massen-% Co

Beispiel: X2NiCoMo18-8-5

Schnellarbeitsstähle (und hochlegierte Warmarbeitsstähle):

Wirkung: Durch Mischkristallbildung werden die Warmhärte und Anlassbeständigkeit durch Beeinflussung der Kohlenstoffdiffusion erhöht. Das Sekundärhärtemaximum wird zu höheren Anlasstemperaturen verschoben.

Gehalt: 5 – 10 Massen-% Co

Beispiele: HSS18-1-2-5, X20CrCoWMo10-10

Dauermagnetstähle:

Wirkung: Erhöhung der Sättigungs- und Remanenzflussdichte von Dauermagneten

Gehalt: bis 50 Massen-% Co

Beispiel: AlNiCo

Hochwarmfeste Stähle:

Wirkung: Steigerung der Zeitstandfestigkeit

Gehalt: ca. 20 Massen-% Co

Beispiele: X12CrCoNi21-20, NiCr20CoMo

Warmarbeitsstähle:

Wirkung: Steigerung der Warmhärte und des Verschleißwiderstands

Gehalt: bis 10 Massen-% Co

Beispiel: X20CoCrWMo10-9

3

Wolfram

Wolfram ist ein sehr starker Karbidbildner, es engt das Austenitgebiet ein (Ferritbildner). Es erhöht die Warmfestigkeit, Anlassbeständigkeit und die Verschleißfestigkeit bei hohen Temperaturen bis hin zur Rotglut.

Kaltarbeitsstähle:

Wirkung:	Erhöhung des Verschleißwiderstandes durch Karbidausscheidungen
Gehalt:	bis 2 Massen-% W
Beispiele:	105WCr6, X210CrW6

Warmarbeitsstähle:

Wirkung:	Erhöhung der Warmfestigkeit, der Anlassbeständigkeit und der Verschleißfestigkeit durch Sonderkarbidausscheidungen
Gehalt:	bis 8 Massen-% W
Beispiel:	X30WCrV5-3

Schnellarbeitsstähle:

Wirkung:	Erhöhung der Warmhärte, der Anlassbeständigkeit und der Verschleißfestigkeit durch Sonderkarbidausscheidungen
Gehalt:	2 – 18 Massen-% W
Beispiele:	HSS2-9-1, HSS18-1-2-5

Bild 3.48 Anwendungsbeispiel für Nb-legierten Baustahl: Öresundbrücke, die Schweden und Dänemark miteinander verbindet (Quelle: https://de.wikipedia.org/wiki/%C3%96resundbr%C3%BCcke#/media/File:%C3%96resundbr%C3%BCcke_Pfeiler_und_Durchfahrt.JPG)

Niob

Niob gehört mit *Titan* und *Vanadium* zu den klassischen Mikrolegierungselementen, die für die thermomechanische Behandlung eingesetzt werden. Alle drei Elemente weisen eine hohe Affinität zu Kohlenstoff und Stickstoff auf, sodass Karbide, Nitride und Karbonitride gebildet werden.

Feinkornbaustähle:

Wirkung:	Feinkornhärtung durch Rekristallisationsbehinderung und Behinderung des Austenitkornwachstums; nach TM-Walzung Ausscheidungshärtung, hohe Festigkeit bei guter Zähigkeit
Gehalt:	weniger als 0,1 Massen-% Nb, meist < 0,05 Massen-% Nb
Beispiel:	S420M

Stabilisierte austenitische Cr-Ni-Stähle:

Wirkung:	Steigerung der Zeitstandfestigkeit. Das Abbinden des Kohlenstoffs als NbC verhindert die Ausscheidung von Chromkarbiden, die Kornzerfallsgeschwindigkeit wird erniedrigt
Gehalt:	10-Faches des prozentualen Gehaltes an C, doch nicht mehr als 1 Massen-% Nb
Beispiel:	X6CrNiNb18-10

Stabilisierte ferritische Chromstähle:

Wirkung:	Erhöhung der Sättigungs- und Remanenzflussdichte von Dauermagneten
Gehalt:	10-Faches des prozentualen Gehaltes an C, doch nicht mehr als 1 Massen-% Nb
Beispiel:	X1CrNiMoNb28-4-2

Hochwarmfeste Nickellegierungen:

Wirkung:	Niob ersetzt Aluminium in der intermetallischen Phase Ni_3Al
Gehalt:	etwa 5 Massen-% Nb
Beispiel:	Inconel 718

Titan

Feinkornbaustähle (TM-Stähle):

Wirkung: Feinkornhärtung durch Rekristallisationsbehinderung und Behinderung des Austenitkornwachstums, Ausscheidungshärtung durch Titankarbide, daher hohe Festigkeit bei guter Zähigkeit

Gehalt: weniger als 0,1 Massen-% Ti

Beispiel: QStE380TM

Stabilisierte austenitische Cr-Ni-Stähle:

Wirkung: Steigerung der Zeitstandfestigkeit. Das Abbinden des C in TiC verhindert die Ausscheidung von Chromkarbiden

Gehalt: 5-Faches des prozentualen Gehaltes an Kohlenstoff, doch nicht mehr als 0,8 Massen-% Ti

Beispiel: X6CrTi17

Stabilisierte ferritische Chromstähle:

Wirkung: Erhöhung der Sättigungs- und Remanenzflussdichte von Dauermagneten

Gehalt: 7-Faches des prozentualen Gehaltes an Kohlenstoff

Beispiel: X1CrNiMoNb28-4-2

Hochwarmfeste Nickellegierungen:

Wirkung: Titan ersetzt Aluminium in der intermetallischen Phase Ni_3Al

Gehalt: etwa 5 Massen-% Ti

Beispiel: Nimonic 90

Vanadium

Feinkornbaustähle:

Wirkung: Ausscheidungshärtung. Gelöst wirkt V umwandlungsverzögernd. Die kornfeinende Wirkung ist wesentlich geringer als die von Nb und Ti. Durch die relativ hohe Löslichkeit ist eine Ausscheidungshärtung auch nach dem Normalglühen möglich

Gehalt: < 0,2 Massen-% V

Beispiel: S355M

Schnellarbeitsstähle:

Wirkung: Erhöhung der Verschleißbeständigkeit

Gehalt: 1,0 – 4, 0 Massen-% V

Beispiel: HSS6-5-2

Warmarbeitsstähle:

Wirkung: Steigerung der Härte, Erhöhung des Verschleißwiderstandes und Verbesserung der Anlassbeständigkeit

Gehalt: weniger als 1 Massen-% V

Beispiel: X40CrMoV5-1

Warmfeste ferritische Stähle:

Wirkung: Festigkeitssteigerung

Gehalt: weniger als 1 Massen-% V

Beispiel: X20CrMoV12-1

Aluminium

Neben Silicium ist Aluminium das wichtigste Desoxidationsmittel. In beruhigt vergossenen Stählen beträgt der Aluminiumgehalt etwa 0,01 Massen-%. Aluminium bildet mit N AlN-Verbindungen, die zur Kornfeinung genutzt werden. Al-Gehalte bis zu 8 Massen-% werden zur Dichtereduktion genutzt.

Bild 3.49 Anwendungsbeispiel für Al-legierten Heizleiter: Glühende Heizwendel in einer Rillenplatte (Quelle: www.bew-ust.de)

3

Feinkornbaustähle:

Wirkung: Beim Einstellen bestimmter Al- und N-Gehalte werden die Keimbildung bei der α-γ-Umwandlung begünstigt, das Kornwachstum behindert und die Feinkörnigkeit verbessert

Gehalt: > 0,02 Massen-% Al, falls N nicht durch Nb, Ti oder V abgebunden wird

Beispiel: S460M

Nitrierstähle:

Wirkung: Erhöhung der Härte der Nitrierschicht und des Verschleißwiderstandes

Gehalt: 0,8 – 1,2 Massen-% Al

Beispiele: 34CrAl6, 41CrAlMo7

Hitze- und zunderbeständige Stähle:

Wirkung: Herabsetzen der Zundergeschwindigkeit durch die Bildung einer festhaftenden Al-reichen Deckschicht

Gehalt: 0,5 – 1,7 Massen-% Al

Beispiel: X10CrAl18

Heizleiterlegierungen:

Wirkung: Erhöhung des spezifischen elektrischen Widerstandes. In Verbindung mit hohen Cr-Gehalten erhöht Al die Zunderbeständigkeit

Gehalt: 4,0 – 6,0 Massen-% Al

Beispiel: CrAl20-5

Warmfeste, hochwarmfeste Stähle, aushärtbare Stähle:

Wirkung: Erhöhung der Warmfestigkeit durch Ausscheidung von intermetallischen Phasen

Gehalt: 0,05 – 0,15 Massen-% Al

Beispiele: X2NiCoMo18-8-5, X32NiCrAlTi32-20, X7CrNiAl17-7

Stickstoff

Stickstoff wirkt als Austenitbildner, ähnlich wie Kohlenstoff. Die geringe maximale Löslichkeit des α-Eisens für N (max. 0,101 Massen-% N bei 594 °C) ist deutlich größer als die für C (max. 0,02 Massen-% C bei 723 °C). Zur Vermeidung einer Alterung wird N in vielen Stählen durch Zugabe von Legierungselementen abgebunden, z. B. zu AlN, TiN, BN. Durch Zulegierung anderer Elemente oder Druckaufstickung kann der N-Gehalt in austenitischen Stählen deutlich erhöht werden und dadurch ein Teil des Nickels substituiert und der C-Gehalt abgesenkt werden.

Rost- und säurebeständige Stähle:

Wirkung: Substitution des Austenitbildners Ni. Erhöhung der Warmfestigkeit und in Kombination mit Mo der Beständigkeit gegen Lochkorrosion

Gehalt: 0,1 – 0,5 Massen-% N

Beispiele: X2CrNiMoN17-13-5, X2CrNiN18-10

Feinkornbaustähle:

Wirkung: Verbesserung der Keimbildung und Behinderung des Kornwachstums durch AlN

Gehalt: ca. 0,05 Massen-% N

Beispiel: DC04

Ventilstähle:

Wirkung: Erhöhung der Härte und der Festigkeit durch ungebundenen N

Gehalt: 0,20 – 0,50 Massen-% N

Beispiel: X55CrMnNiN20-8

Bor

Bor verzögert die Austenitumwandlung in der Ferritstufe bereits bei kleinsten Gehalten im ppm-Bereich sehr wirkungsvoll. Im Bereich erhöhter Temperaturen verbessern mit Bor gebildete Ausscheidungen die Festigkeit austenitischer Cr-Ni-Stähle.

Bild 3.50 Anwendungsbeispiel für B-legierten Stahl für die Warmumformung von Blechbauteilen: Presshärten, PKW-B-Säulenfuß (Quelle: www.iwu.fraunhofer.de, ©Fraunhofer IWU)

Vergütungsstähle:

Wirkung:	In niedriglegierten Vergütungsstählen wird die kritische Abkühl geschwindigkeit soweit abgesenkt, dass eine Öl- statt einer Wasserhärtung erfolgen kann
Gehalt:	0,001 – 0,004 Massen-% B
Beispiel:	30MnCrB5

Werkzeugstähle:

Wirkung:	Verbesserung der Warmumformbarkeit
Gehalt:	ca. 0,004 Massen-% B
Beispiel:	NiCr26B

Stähle für die Kalt- und Warmmassivumformung:

Wirkung:	Härtbarkeitssteigerung ohne wesentliche Verschlechterung der Umformbarkeit
Gehalt:	ca. 0,002 Massen-%
Beispiel:	35B2

Einsatzstähle:

Wirkung:	Durch Bildung von Bornitriden erfolgt eine Erhöhung der Schlagfestigkeit und -zähigkeit
Gehalt:	ca. das 0,8-Fache des N-Gehalts
Beispiel:	23CrMoB33

Chrom-Nickel-Stähle:

Wirkung:	Erhöhung der Streckgrenze und der Festigkeit auch bei höheren Temperaturen durch Ausscheidungshärtung

Automatenstähle:

Wirkung:	Verbesserung der Zerspanbarkeit durch die Bildung komplexer (Mn, B)-Oxide

Federstähle:

Wirkung:	Steigerung der Härtbarkeit
Gehalt:	> 0,0005 Massen-% B
Beispiel:	52MnCrB3

3.7.2 Spurenelemente im Stahl

Die Spurenelemente werden nicht willentlich dem Stahl zulegiert, sondern über den Herstellprozess eingetragen. Es handelt sich hierbei um Elemente, die über die Rohstoffe, den Schrotteinsatz, Restgehalte von Vorläuferschmelzen, Übergänge aus dem Feuerfestmaterial oder Schlacken in den Stahl gelangen. Viele dieser Elemente wirken je nach Gehalt einerseits als Legierungselement oder andererseits als Spurenelement.

Zu den Spurenelementen gehören im engeren Sinne die Elemente H, C, N, O, P, S, As, Sb, Bi, die prozesstypisch sind, und im weiteren Sinn die Elemente Ti, V, Cr, Ni, Cu, Nb, Mo, Sn, die über den Schrott eingetragen werden. Aufgrund ihrer geringen Gehalte beeinflussen die Spurenelemente das Werkstoffverhalten vor allem dann, wenn sie zu Segregation an Oberflächen, Phasengrenzflächen oder Korngrenzen neigen oder zur Bildung von Ausscheidungen führen. Eine schematische Übersicht über den Eintrag und den Austrag von Spuren- und Legierungselementen in den Konverterprozess der Stahlherstellung gibt Bild 3.51.

Dank der hohen Prozesstemperaturen findet eine Reinigung der Schmelze statt und die meisten Spurenelemente werden über das Gas oder die Schlacke aus dem Prozess entfernt. Die im Stahl verbleibenden Elemente Cu, Ni, Co, Sn, Cr, Mo sind über die Steuerung des Schrotteinsatzes zu begrenzen. Die im Konverterprozess unter technischen Randbedingungen erzielbaren niedrigsten Gehalte sind in Tabelle 3.8 zusammengefasst.

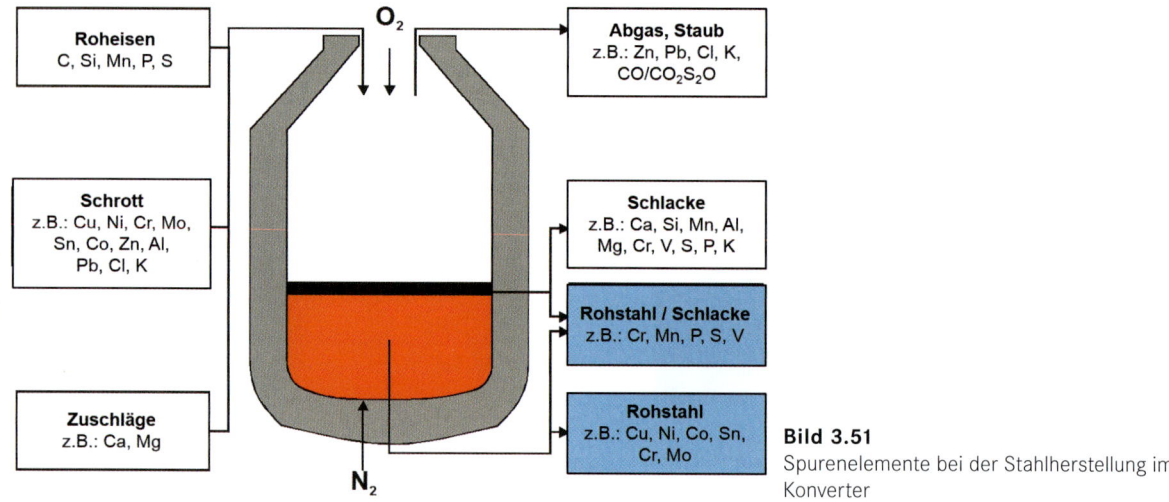

Bild 3.51
Spurenelemente bei der Stahlherstellung im Konverter

Tabelle 3.8 Spurenelemente bei der industriellen Stahlproduktion (Cramb 1999)

Element	P	C	S	N	H	T[O]*
Konzentration in ppm	10	5	5	10	<1	3
* Gesamtsauerstoffgehalt						

Die Wirkung der Spurenelemente ist von ihrem Gehalt, dem betrachteten Grundwerkstoff und dem Herstellprozess abhängig und häufig nur schwer nachweisbar. Falls quantitative Zusammenhänge zwischen dem Spurenelementgehalt und den Werkstoffeigenschaften bestehen, sind diese nur in wenigen Anwendungsfällen bekannt; sie sind stets stahl- und prozessspezifisch und kaum zu verallgemeinern. Die Tabelle 3.9 zeigt einige potenzielle Auswirkungen von Spurenelementen auf.

3.8 Zusammenfassung

Die in diesem Kapitel beschriebenen Grundlagen der kristallinen Polymorphie, der magnetischen Eigenschaften und der Legierungsbildung erklären die Vielfalt der heute verwendeten Stähle. Mehr als 2500 mit einer Werkstoffnummer gekennzeichnete Werkstoffe auf Eisenbasis werden unterschieden und erschließen somit das außerordentlich breite Einsatzgebiet der Stähle. Die Vielfalt der möglichen Phasenumwandlungen, die Kombination unterschiedlicher Phasen in definiert strukturierten Gefügen, die Nutzung unterschiedlicher Legierungskombinationen weisen weiterhin ein großes Entwicklungspotenzial auf. Gerade die in jüngster Zeit entwickelten neuen Charakterisierungsmethoden zur quantitativen Mikrostrukturbeschreibung auf der nm-Skale haben grundlegend neue Erkenntnisse zum Werkstoffaufbau erbracht. Gemeinsam mit einer physikalisch basierten Werkstoffmodellierung werden

Tabelle 3.9 Mögliche Auswirkungen von Spurenelementen

Wirkung	Element	Phänomene
Duktilitätseinbuße bei hohen Temperaturen	Cu, Sn, Nb	Rissbildung durch Korngrenzensegregation, Ausscheidungsprozesse
Reduzierung der Warmumformbarkeit	S	Bildung von Mangansulfiden
Verzögerte A_3-Phasenumwandlung	Cr, Mo, Nb, Ti	Erschwerung der Diffusion, Ausscheidungen
Verzögerte Rekristallisation nach Kaltumformung	Nb, Ti, V	Ausscheidungsbildung
Zähigkeitsverlust bei tiefen Temperaturen	P, S, Sn, Sb, Cu, As	Korngrenzenversprödung
Anlassversprödung bei Vergütungsstählen	P, Sn, Sb, As	Korngrenzensegregation
Kriechversprödung bei warmfesten Stählen	Mn, Si, Sn, Sb	Beschleunigtes Porenwachstum an Grenzflächen

somit neue Ansätze für die zukünftige Stahlentwicklung sichtbar.

Literatur zu Kapitel 3

Cramb, A. W.: High purity, low residual and clean steels. In: Impurities in Engineering Materials; (Hrsg.) Clyde L. Briant, Marcel Dekker, Inc. New York (1999) Kapitel 4, S. 49/89

Hougardy, H. P.: Umwandlung und Gefüge unlegierter Stähle; Verlag Stahleisen, Düsseldorf 2003

Littmann, M. F.: Iron and Silicon-Iron Alloys, IEEE Transactions on Magnetics; Xplore Digital Library, März 1971

Raabe, D. et al.: Grain boundary segregation engineering in metallic alloys: A pathway to the design of interfaces. Curr. Opin. Solid State Mater. Sci. 18, 1–21, 2014

Richter, F.: Physikalische Eigenschaften von Stählen und ihre Temperaturabhängigkeit: Polynome und graphische Darstellungen. Sonderberichte Heft 10, Verlag Stahleisen, Düsseldorf 1983

Werkstoffkunde Stahl; Band 1: Grundlagen; Verein Deutscher Eisenhüttenleute (Hrsg.), Verlag Stahleisen mbH, Düsseldorf 1984 (erscheint jetzt bei Springer)

Internetadressen

www.grau-stanzwerk.de

www.gsfedern.de

www.detail.de

www.dreamstime.de

www.cromatech.ch/anlagenbau/

www.lesjoforsab.com

www.imoa.info

www.wikimedia.de

www.bew-ust.de

www.iwu.fraunhofer.de

3

Alle im Text erwähnten Normen sind in einer Liste zusammengefasst (Seite 889).

Herstellung und Lieferformen von Stahl

Hannah Schwich, Serosh Engineer, Ulrich Prahl

4.1 Erzeugung von Stahl

Die weltweite Rohstahlerzeugung betrug 2014 1665 Mio. t, wovon ca. 74 % als Oxygenstahl in integrierten Hüttenwerken (Hochofen, Stahl- und Walzwerk) erschmolzen und ca. 26 % über die Elektrostahlroute hergestellt wurden (World Steel Association 2015). Weltweit stellt die EU nach China den zweitgrößten Stahlproduzenten dar (Bild 4.1).

Die Produktion von Oxygenstahl macht zwei Drittel der Rohstahlerzeugung in Deutschland aus. Das restliche Drittel wird über die Elektrostahlroute hergestellt. 2014 erzeugte Deutschland eine Gesamtrohstahlmenge von 42,9 Mio. t, von denen ca. 66 % zu Flach- und ca. 34 % zu Langerzeugnissen weiterverarbeitet wurden.

4.1.1 Primärmetallurgie

Die Primärmetallurgie, welche die Erzeugung von Rohstahl beschreibt, wird im Wesentlichen über zwei verschiedene Wege durchgeführt: zum einen über den Weg vom „Eisenerz zum Stahl" (Hochofen-, Schmelzreduktions- und Direktreduktions- oder auch Konverterroute) und zum anderen über den Weg vom „Schrott zum Stahl" (Elektrolichtbogenofenroute) (Bild 4.2).

Eisenerze kommen als *Stückerz* (6 – 30 mm Durchmesser) und *Feinerz* (< 6 mm) vor. Stückerze können nach dem Abbau direkt in den Schmelzprozessen verarbeitet werden, wohingegen Feinerze klassiert und je nach Feinheit zu *Sinter* oder *Pellets* verarbeitet werden müssen, um eine optimale Durchgasung der Schmelzprozesse zu gewährleisten.

Gröberes Feinerz (ca. 0,1 – 6,3 mm) wird zusammen mit Zuschlägen in Sinteranlagen zu sogenanntem Sinter verarbeitet. Hierbei wird das Feinerz in abwechselnden Lagen mit den Zuschlägen 0,5 m hoch auf ein Sinterband (durchlässiges Ofenrost) geschichtet und von einem Ofenbrenner zu unterschiedlich großen Stücken zusammengebacken. Ein anschließendes Sieben gewährleistet, dass nur etwa gleich große Sinterstücke als Fertigprodukt herausgehen und feinere Teile dem Prozess zurückgeführt werden.

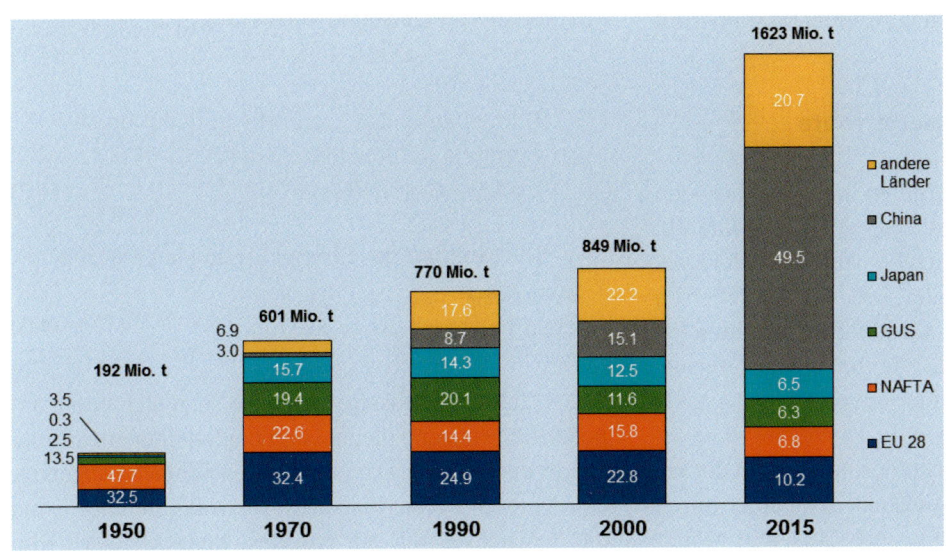

Bild 4.1
Welt-Rohstahlproduktion nach Regionen (Anteile in %) von 1950 bis 2015 (Wirtschaftsvereinigung Stahl 2016)

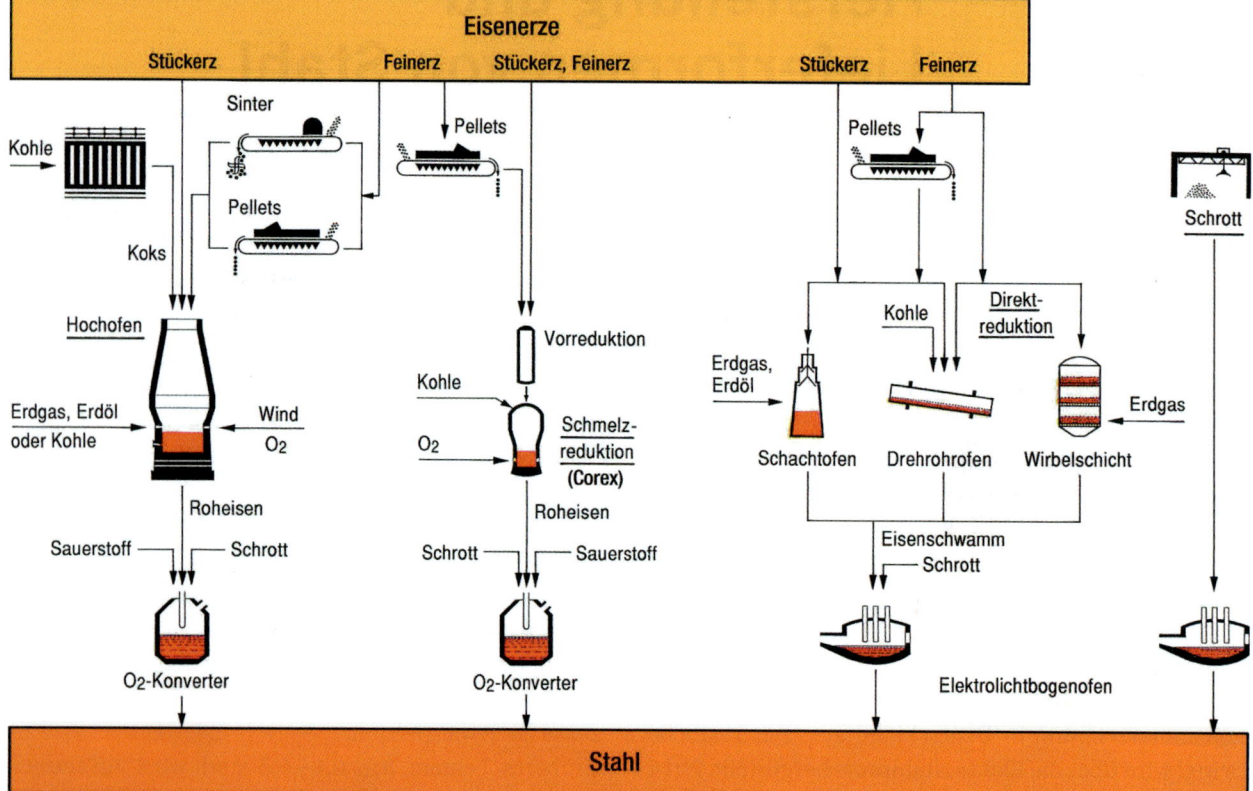

Bild 4.2 Routen der Primärmetallurgie; links: Hochofenroute, Mitte: Direktreduktion; rechts: Elektrolichtbogenofenroute (Stahlinstitut VDEh 2015)

Pellets werden in speziellen Pelletieranlagen aus feinstem Feinerz (< 0,2 mm) hergestellt. Es sind harte, poröse Kugeln mit einem Durchmesser von ca. 8 – 18 mm, die etwa 67 – 72 % Fe sowie verschiedene Zuschlagstoffe enthalten. Sie werden als Ausgangsmaterial für die Hochofen-/Konverterroute oder die Schmelz- und Direktreduktion verwendet (Stahlinstitut VDEh 2015).

4.1.1.1 Hochofen- und Konverterroute

Die älteste der Erzeugungsrouten ist die über den Hochofen, bei der oxidisches Eisenerz (z. B. Hämatit, Magnetit, Limonit) unter Zugabe von Hochofenkoks und Zuschlägen (z. B. Kalk, Kies, Dolomit) zu Roheisen reduziert wird. Das Eisenerz wird hierbei für einen optimalen chemischen Prozess, je nach Ausgangsbeschaffenheit, als Stückerz, Sinter oder Pellets chargiert (Stahlinstitut VDEh 2015).

Die Schachtbauweise des Hochofens ermöglicht die Reduktion des Eisenerzes im Gegenstromprinzip durch eine schichtweise Beschickung mit Koks und Möller

(Eisenerz plus Zuschläge) von oben und das Einblasen von Heißwind (Reduktionsgas, ca. 1200 °C) von unten (Bild 4.3).

So finden zur Herstellung des Roheisens im Hochofen im Wesentlichen drei chemische Reaktionen statt:

1) Energie liefernde Verbrennung des Kokses

$$C + O_2 \rightarrow CO_2 \qquad (4.1)$$

2) Erzeugung des gasförmigen Reduktionsmittels Kohlenstoffmonoxid

$$CO_2 + C \rightleftharpoons 2\,CO \qquad (4.2)$$

3) Reduktion des Eisenoxids zu elementarem Eisen

$$Fe_2O_3 + 3\,CO \rightarrow 3\,CO_2 + 2\,Fe \qquad (4.3)$$

Das so gebildete, flüssige Roheisen setzt sich unten am Boden ab, während die meisten Begleitelemente (Gangart) in der darüber schwimmenden Schlacke abgebunden werden. Beim Abstich werden das Roheisen und die Schlacke durch ein feuerfest ausgekleidetes Rin-

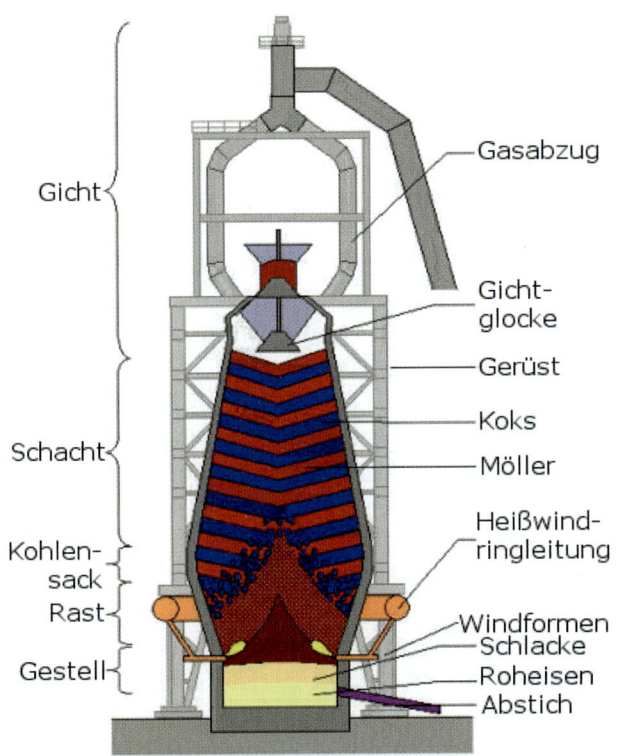

Bild 4.3 Schematischer Aufbau eines Hochofens mit den wesentlichen Anlageteilen und der abwechselnden Beschickung mit Koks und Möller (www.iehk.rwth-aachen.de 2015)

nensystem in die Torpedo- oder Roheisenpfannen sowie die Schlackenpfannen getrennt und ins Stahlwerk transportiert (Stahlinstitut VDEh 2015).

Das nun vorliegende Roheisen hat einen sehr hohen Kohlenstoffgehalt von ca. 4 – 5 % und enthält bis etwa 3 % Silicium und 6 % Mangan. Auch befinden sich noch geringe Mengen von Schwefel und Phosphor im Roheisen, weswegen es im kalten Zustand sehr spröde und daher für die weitere Verarbeitung im Walzwerk oder den Schmiedebetrieben nicht geeignet ist. Daher wird es zunächst durch Zugabe von Calcium entschwefelt, bevor es dem Konverter zur weiteren Stahlherstellung zugeführt wird.

Sauerstoffkonverter

Das Konverterverfahren ist in Linz und Donawitz, Österreich, entwickelt worden und wird daher oft als LD-Konverterverfahren bezeichnet. Es ist ein reines Sauerstoffaufblasverfahren. Durch das Einblasen von Sauerstoff (sogenanntes „Frischen") wird die störende Gangart, wie z. B. C, Si, S und P, oxidiert und anschließend über die Schlacke entfernt. Neben dem verbreite-

ten *Sauerstoffaufblasverfahren* durch den LD-Konverter existieren noch zwei weitere Blasverfahren: das *Sauerstoffbodenblasverfahren* (im OBM-Konverter (Oxygen Bottom Maxhütte)), bei welchem Sauerstoff durch den Boden eingeblasen wird, und das *kombinierte Blasverfahren* (im K-OBM-Konverter), bei dem eine Kombination aus von oben und durch den Boden eingeblasenem Sauerstoff eingesetzt wird. Heutzutage fassen die Konvertergefäße bis zu 400 t Rohstahl.

Nach der Behandlung im Konverter liegt der Kohlenstoffgehalt des nun vorliegenden Rohstahls bei unter 2,06 %. Die endgültige, gewünschte chemische Zusammensetzung des Produkts Stahl wird durch die Zugabe von Legierungselementen in einem nachgeschalteten Prozess (Sekundärmetallurgie) vorgenommen (Stahlinstitut VDEh 2015).

4.1.1.2 Rohstahlerzeugung durch Direktreduktion

Die Erzeugung von Roheisen durch die Reduktion des Eisenerzes mit Koks in einem Hochofen weist mit ca. 10 Mio. Tonnen pro Jahr eine hohe Produktionsleistung auf. Für bestimmte Regionen und Anlagenkonfigurationen können jedoch zwei andere Verfahrensweisen zur Reduktion des Eisenerzes wirtschaftlicher sein.

Schmelzreduktion

Zum einen die Schmelzreduktion, welche zweistufig abläuft. In einem ersten Schritt werden Stückerz (beim Finex-Verfahren auch Feinerze) und Pellets zu sogenanntem *Eisenschwamm* (Direct Reduced Iron (DRI) oder Hot Briquetted Iron (HBI)) reduziert, der im zweiten Schritt unter Zugabe von Kohle und Sauerstoff zu einem Roheisen weiter reduziert wird, das dem aus dem Hochofen ähnlich ist (Bild 4.2). Dieses Roheisen wird im Sauerstoffkonverter zu Stahl verarbeitet. Zur betrieblichen Anwendung der Schmelzreduktionsprozesse sind nur das Corex- und das Finex-Verfahren gelangt (Weißbach 1992).

Direktreduktion

Der zweite Verfahrensweg für die Erzeugung von Roheisen durch die Reduktion von Eisenerz ist die Direktreduktion. Dieses Verfahren entzieht Stückerz sowie Feinerz (Pellets) durch den Einsatz eines Reduktionsgases – Erdgas, welches in Wasserstoff und Kohlenmonoxid umwandelt – lediglich Sauerstoff. So entsteht bei niedrigeren Temperaturen als im Hochofen kein flüssiges Roheisen, sondern Eisenschwamm. Dieser wird zusammen mit Schrott hauptsächlich im Elektrolichtbogenofen eingesetzt (Bild 4.2).

4.1.1.3 Elektrolichtbogenofenroute

Neben der Hochofen- oder Konverterroute steht die *Elektrolichtbogenofenroute,* welche Stahl auf Basis von Schrott und/oder Eisenschwamm (DRI und HBI) herstellt. Der Schrott wird hierbei durch einen Lichtbogen eingeschmolzen, welcher durch elektrischen Strom entsteht, der meist durch eine Graphitelektrode geleitet wird.

Die Erzeugung von Rohstahl im Elektrolichtbogenofen beträgt weltweit ca. 425 Millionen Tonnen pro Jahr (World Steel Association 2015). Grundsätzlich kann auf jeder der beschriebenen Routen jede Stahlsorte hergestellt werden.

Der Lichtbogenofen besteht im Wesentlichen aus einem feuerfesten Ofengefäß mit Absticherker und Arbeitsöffnung, einem abnehmbaren Deckel mit Graphitelektroden und einer Kippvorrichtung. Es gibt zwei verschiedene Arten von Lichtbogenöfen, den Drehstrom- und den Gleichstromlichtbogenofen (Bild 4.4).

Bei beiden Anlagen wird der Schrott bei geöffnetem Ofendeckel über Körbe in das Ofengefäß chargiert. Bei geschlossenem Deckel werden die Elektroden heruntergefahren und der Lichtbogen (3500 °C) auf dem kalten Schrott gezündet. Die so entstehende Stahlschmelze hat eine Temperatur von bis zu 1800 °C. Der Schmelzvorgang kann durch zusätzliches Einblasen von Sauerstoff oder anderen Brennstoff-Gasgemischen beschleunigt werden.

Nach Erreichen der gewünschten chemischen Zusammensetzung und Temperatur wird die Stahlschmelze entweder durch Kippen des Ofens oder durch das Entfernen des Abstichsteins im Boden des Ofens (EBT: Excentric Bottom Tapping) in die Stahlpfanne abgegossen. Dabei wird oft Aluminium der Schmelze hinzugegeben, um eine gewisse Vordesoxidation zu erzielen. Diese Stahlschmelze wird in der Sekundärmetallurgie weiterverarbeitet.

Induktionsofen

Insbesondere, wenn kleinere Mengen (bis zu etwa 20 t Schmelzgewicht) an hochlegierten Stählen (z. B. rostfreie Stähle) erzeugt werden, kann die Erschmelzung in offenen Induktionsöfen von Vorteil sein. Diese Schmelzen werden anschließend sekundärmetallurgisch in der *Argon Oxygen Decarburization* (AOD)-Anlage weiterverarbeitet.

Für die Herstellung von höchstreinen Stählen, die z. B. in der Medizin- und Raumfahrttechnik benötigt wer-

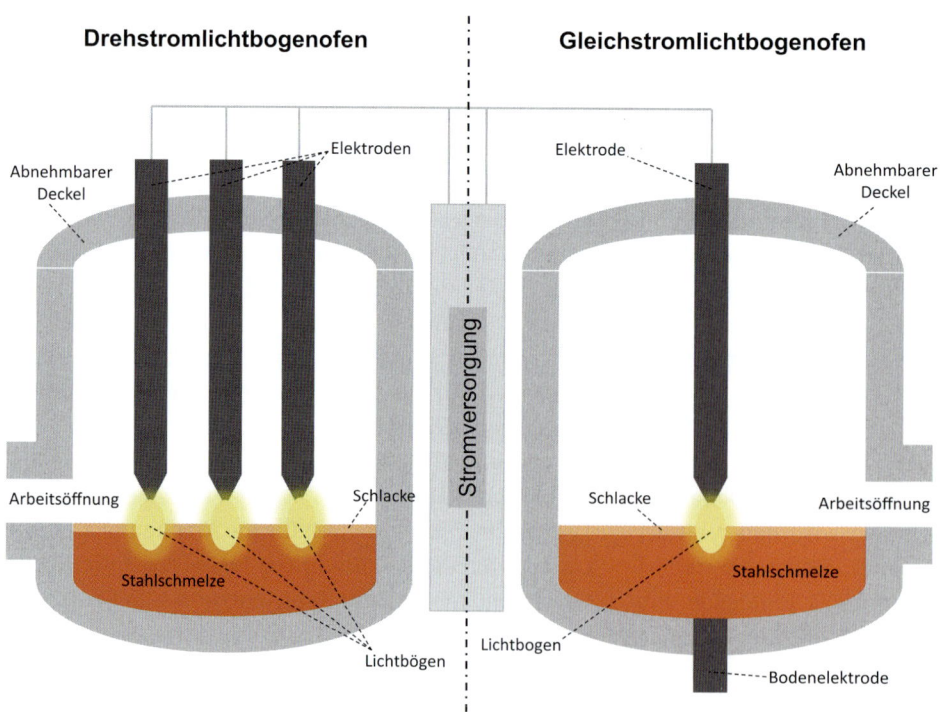

Bild 4.4
Schematische Darstellung eines Drehstrom- und eines Gleichstromlichtbogenofens

den, ist das Erschmelzen des Stahls im Induktionsofen unter Vakuum erforderlich. In diesen sogenannten *Vakuuminduktionsöfen* (VIM) können die hohen Anforderungen an Mikroreinheitsgrade und Gefügehomogenität gewährleistet werden. Um die Qualität des Stahls nicht zu gefährden, muss die gesamte Prozessroute vom Chargieren bis zum Vergießen unter Vakuum stattfinden. Hierfür sind an den Vakuuminduktionsofen einzelne Vergieß- und Chargierkammern angeschlossen, die separat evakuiert werden können.

Die verschiedenen Wege der Stahlerzeugung ergeben sich durch den jeweils gewählten Einsatzstoff. Eisenerze, die in der ursprünglichen Stahlherstellung über den Hochofen genutzt werden, sind ein begrenzter Rohstoff, sodass sich mit der Zeit die Elektrolichtbogenofenroute entwickelt hat, um den anfallenden Stahlschrott zu recyceln.

4.1.2 Sekundärmetallurgie

Im Prozessablauf des Stahlwerks wird die durch die Hochofen-/Sauerstoffkonverter- oder Elektrolichtbogenofenroute hergestellte Schmelze in der sogenannten Sekundärmetallurgie durch chemische sowie physikalische Maßnahmen weiterbehandelt. Diese sekundärmetallurgische Behandlung wird im *Pfannenofen* (auch Ladle Furnance, LF, genannt) und in nachgeschalteten Vakuumanlagen (*Vakuumstandentgasungs-* oder *RH-Anlagen* (RH: Rheinstahl-Heraeus)) vorgenommen.

Der Pfannenofen wird überwiegend zum Warmhalten, Wiedererwärmen und Verfeinern der Stahlschmelze genutzt, indem die Pfanne mit der frisch abgestochenen Schmelze in den Pfannenofen gesetzt, dieser mit dem Deckel verschlossen und anschließend die ein bis drei Elektroden in die Schmelze herabgelassen werden (Bild 4.5). Durch das zusätzliche Hinzufügen von Legierungselementen kann die gewünschte Stahllegierung eingestellt werden.

In der RH-Anlage (Bild 4.6) wird ein Teil der Stahlschmelze über ein Tauchrohr in ein Vakuumgefäß angesaugt. Hier findet durch das Vakuum und Zuführen von Argon oder Stickstoff eine Entkohlung und auch Entgasung der Schmelze statt, bevor diese durch das zweite Tauchrohr zurück in die Pfanne gelangt. Die RH-Anlage ist somit ein Vakuumumlaufverfahren, das eine Teilmengenentgasung ermöglicht.

Bei rost-, säure- und hitzebeständigen Stählen werden die sekundärmetallurgischen Maßnahmen nach dem *AOD* (Argon Oxygen Decarburization)- (Behrens 1979) oder *VOD-Verfahren* (Vacuum Oxygen Decarburization) (Bauer 1977) vorgenommen. Wobei das VOD-Verfahren vor allem für rostfreie Stähle mit niedrigem Kohlenstoffgehalt genutzt wird, und das AOD-Verfahren, um Chrom-Verschlackung zu vermeiden.

So werden die gewünschten Eigenschaften – im Wesentlichen chemische Zusammensetzung, Reinheitsgrad und Gießtemperatur – des Stahls erreicht. Nur hierdurch können die hohen Anforderungen an die ge-

4

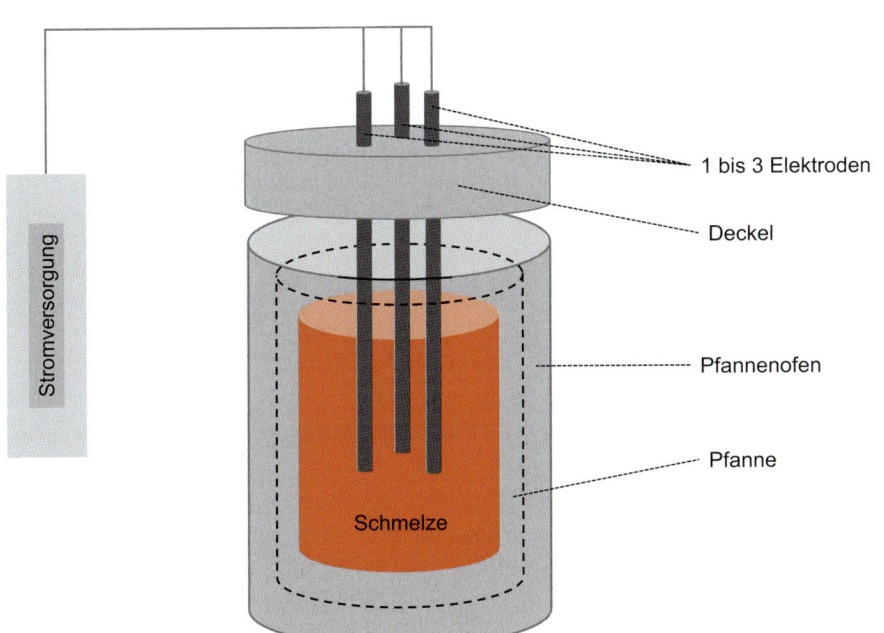

Bild 4.5
Schematische Skizze eines Pfannenofens

1 bis 3 Elektroden

Deckel

Pfannenofen

Pfanne

Stromversorgung

Schmelze

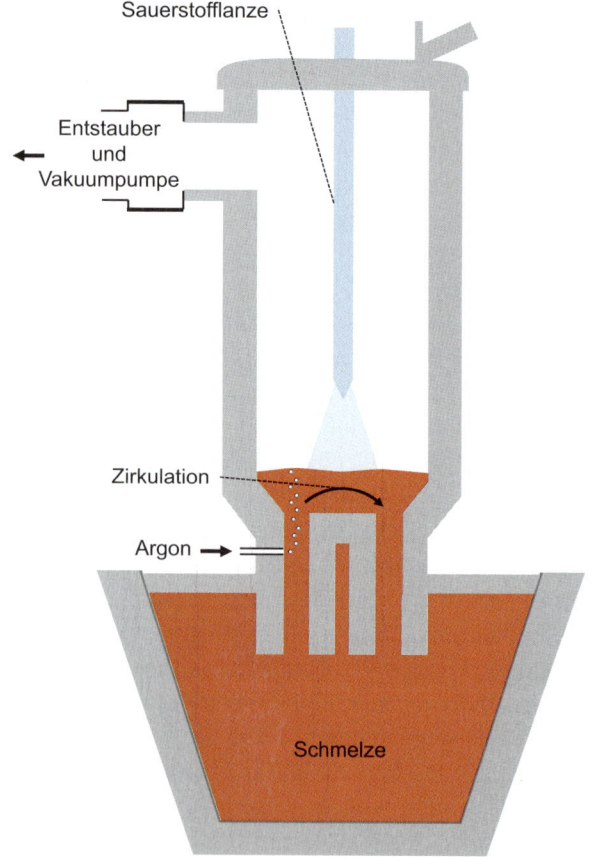

Sauerstofflanze

Entstauber
und
Vakuumpumpe

Zirkulation

Argon

Schmelze

Bild 4.6 Schematische Skizze einer RH-Anlage

Tabelle 4.1 Methoden der Sekundärmetallurgie (nach Senk 2015)

Methode	Beschreibung
Vakuumverfahren mittels Pfannenstand-Entgasung	Die Stahlschmelze wird vermindertem Druck ausgesetzt
Gasreaktionen	Reaktionen zwischen eingeleiteten Gasen, wie O_2, N_2, und in der Stahlschmelze gelösten Elementen wie H und C
Fällungsreaktionen	Reaktionen mit Elementen, die zu Feststoffen führen
Schlackenarbeit	Verteilungsgleichgewichte von Stoffen zwischen Schlacke und Stahl, z. B. $C_s = (S)/[S]$
Heizen	Elektrisch (mit Induktionswärme, mit Lichtbögen, mit Strahlung) Chemisch (durch Oxidieren von Aluminium und Silicium)
Kühlen	Mit Kühlschrott, durch Gasblasen, „Abhängen" (Warten)
Rühren	Mit Gasblasen (üblicherweise Argon); mit Induktionsspulen; (selten: mechanisch)
Legierungselemente aufschmelzen und auflösen	Zuführung aus Bunkern, durch Einspulen von Draht oder Fülldraht, durch Einblasen von Feinkorn mit Lanzen

genwärtig geforderten Stähle sichergestellt werden. Die chemischen Maßnahmen sind im Einzelnen:

- Desoxidieren,
- Entgasen (Entfernen von Stickstoff und Wasserstoff),
- Entschwefeln,
- Tief-Entkohlen und
- Legieren (je nach Stahlsorte Zugabe von Mn, Si, Ni, Cr usw. oder auch C, N oder S).

Die physikalischen Maßnahmen zur Einstellung der gewünschten Eigenschaften sind:

- Abscheiden bzw. Konditionieren nichtmetallischer Einschlüsse in die Schlacke,
- Homogenisieren der Schmelze durch Rühren und
- Einstellen der Gießtemperatur für die Strang- und Blockgießanlagen.

Zur Umsetzung dieser Maßnahmen können verschiedene Methoden genutzt werden (Tabelle 4.1).

4.1.3 Reinigung des Stahls durch Umschmelzen

Die Hauptaufgabe von Umschmelzverfahren ist die Reinigung des Stahls. Durch den Umschmelzprozess wird vor allem der oxidische Reinheitsgrad verbessert, wobei hier im Wesentlichen zwei Verfahren einzeln oder auch kombiniert genutzt werden können.

4.1.3.1 Elektroschlacke-Umschmelzverfahren (ESU)

Das Elektroschlacke-Umschmelzverfahren (ESU) ermöglicht es, Stahl mit hoher Reinheit und gerichtet erstarrtem Gefüge zu erzeugen. So werden Mikro- und Makroseigerungen sowie Lunker vermieden. Bei diesem Verfahren wird der Stahl hauptsächlich durch die Schlacke gereinigt, wodurch das Verfahren seinen Namen erhält.

Das Umschmelzen geschieht durch eine von oben in die Umschmelzkokille eingeschobene Elektrode (Abschmelzblock), welche in einem heißen Schlackenbad (ca. 1800 °C) durch einen Lichtbogen langsam abgeschmolzen wird. Hierbei tropft das Metall ab und fällt

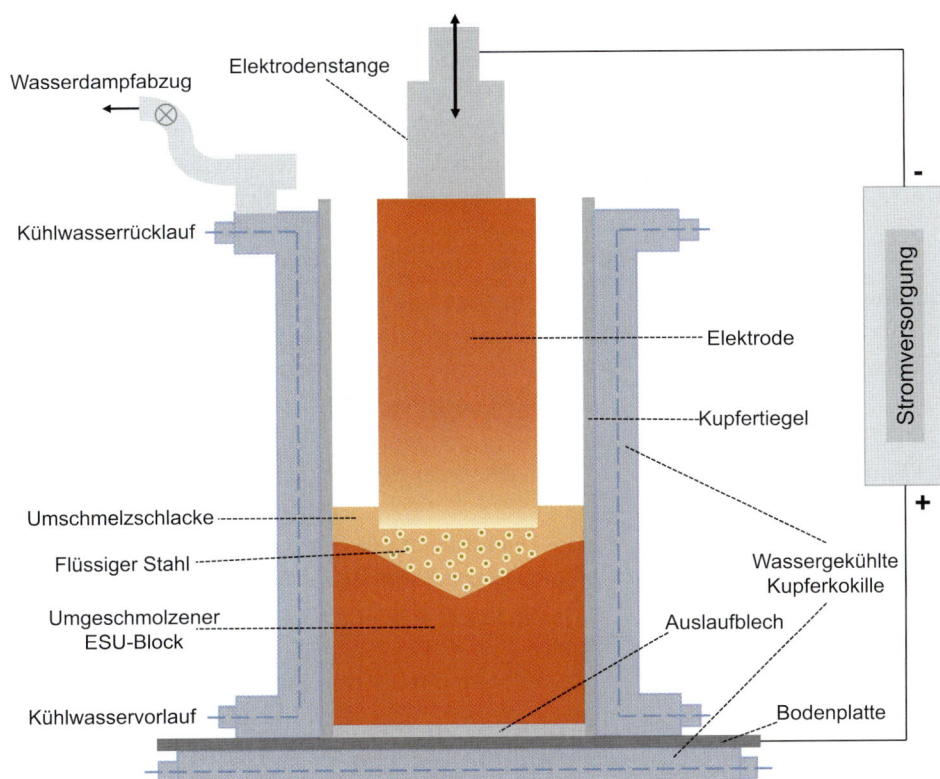

Bild 4.7
Skizze einer ESU-Anlage

durch die flüssige Schlacke in den darunterliegenden Metallsumpf, wobei der gewünschte Reinigungsprozess stattfindet. Um eine erneute Erstarrung des gereinigten Stahls zu gewährleisten, wird die Umschmelzkokille mit Wasser gekühlt, sodass an der unteren Begrenzung des Metallsumpfes kontinuierlich ein neuer Stahlblock entsteht (Bild 4.7).

Der langsame Umschmelzprozess und die starke Kühlung während der Erstarrung sorgen für deutlich verringerte Seigerungen im Vergleich zum offen vergossenen Stranggguss-Knüppel oder herkömmlichen Block. Die Form der Kokille bestimmt hierbei die Dimensionen der Stahlblöcke (DEW 2006).

4.1.3.2 Lichtbogen-Vakuum-Umschmelzverfahren (LBVU)

Durch das Lichtbogen-Vakuum-Umschmelzverfahren (LBVU) kann ein stark verbesserter mikroskopischer Reinheitsgrad erzielt werden. Insbesondere bei der Herstellung von höchstreinen Werkstoffen, die unter Vakuum erschmolzen wurden, wird so eine noch höhere Qualität erreicht, da nicht nur oxidische Einschlüsse entfernt, sondern auch unerwünschte Begleitelemente abgedampft werden.

Der Umschmelzprozess findet unter Vakuum bei ca. 0,001 mbar in einem wassergekühlten Umschmelztiegel statt, indem eine selbstverzehrende Elektrode durch das Anlegen einer elektrischen Spannung abgeschmolzen wird. Durch die Wasserkühlung ist wie beim ESU-Verfahren eine gleichmäßige Erstarrung des Umschmelzblocks gewährleistet. Der zwischen Elektrodenspitze und darunterliegendem Metallsumpf entstehende Lichtbogen gibt dem Verfahren seinen Namen.

4.1.4 Vergießen von Stahl zu Halbzeug

Das Vergießen und Erstarren von flüssigem Stahl aus der Sekundärmetallurgie gehört zu den sogenannten *Urformverfahren* und erfolgt in den Gießbetrieben. Diese liegen im Materialfluss eines Hüttenwerkes nach dem Stahlwerk und vor den Weiterverarbeitungsbetrieben wie dem Walz- und Schmiedewerk oder in separat bestehenden Gießereibetrieben. Beim Gießen von Metallschmelzen werden zwei verschiedene Verfahren je nach Erzeugnis unterschieden:

1. *Gießen in Strang und Block (Formategießen)*, bei dem das Halbzeug das Produkt der Gießverfahren darstellt. Zugehörige Formategussverfahren sind Strang-

guss und Blockguss (VDG e. V. 2005). Ist meist im Materialfluss des Hüttenwerkes enthalten.

2. *Gießen in Formen (Formgießen),* bei dem die produzierten Gussteile meistens das Endprodukt darstellen. Formgussverfahren sind z. B.: Sandguss, Feinguss und Druckguss (VDG e. V. 2005). Findet meist in Gießereibetrieben statt.

4.1.4.1 Gießen in Strang und Block

Sowohl in Deutschland als auch weltweit wird heutzutage der Großteil des flüssigen Stahls (> 90 %) kontinuierlich – also im *Strangguss* – zu Flach- und Langerzeugnissen vergossen (Bild 4.8). Der Rest wird über *Block- und Formguss* verarbeitet.

Stranggießen

Die große Verbreitung des Stranggießens kann durch eine Reihe von Vorteilen im Vergleich zum klassischen Blockguss erklärt werden:

- Der Strangguss erlaubt die Herstellung von Vormaterial und Halbzeugen in großen Mengen, kontinuierlich und in kurzer Zeit.
- Die Mikrostruktur von Halbzeugen aus Strangguss ist gleichmäßiger in Bezug auf die Entmischung von

Legierungselementen, wodurch auch die Entstehung von inneren Spannungen vermindert wird.

- Die Qualität und die Eigenschaften der gegossenen Halbzeuge sind leicht durch eine Veränderung der Gießparameter, z. B. durch die Gießgeschwindigkeit oder die Temperatur des Kühlwassers der Kokille, zu modifizieren.
- Durch das Stranggießen wird die produktionsbedingte Restmenge und damit der Anteil der Metallverluste im Vergleich zum Blockguss reduziert.
- Das Stranggussverfahren ist wirtschaftlicher bezüglich des Energieverbrauchs, da zum Teil das Aufheizen für die Umformverfahren reduziert und auch ein sogenannter Sequenzguss durchgeführt werden kann.
- Alle Operationen des Strangusses sind leichter zu automatisieren und zu kontrollieren (Messtechnik). Zudem braucht man weniger Beschäftigte im Vergleich zum Blockguss.

Die Stahlpfanne mit der Schmelze aus der Sekundärmetallurgie wird über den Gießkran in den Pfannendrehturm der Stranggießanlage eingesetzt (Bild 4.8). Das Gießen wird üblicherweise bei 20 bis etwa 50 °C über der Liquidustemperatur der jeweiligen Legierung vorgenommen, indem der flüssige Stahl über einen

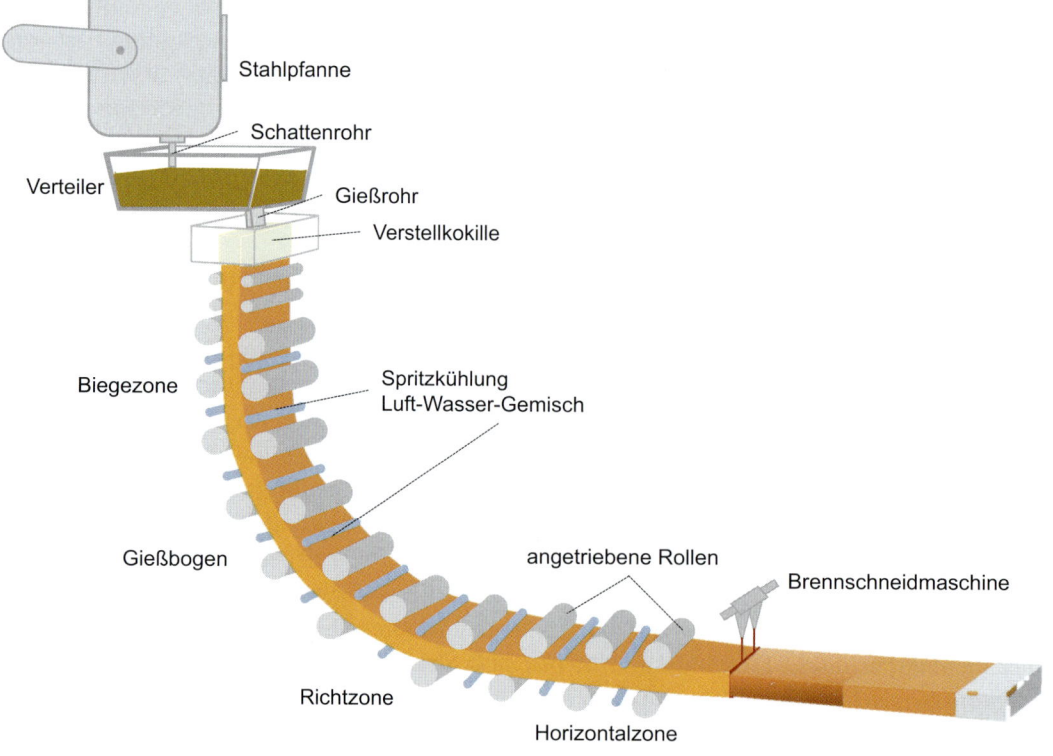

Stahlpfanne
Schattenrohr
Verteiler
Gießrohr
Verstellkokille
Biegezone
Spritzkühlung
Luft-Wasser-Gemisch
Gießbogen
angetriebene Rollen
Brennschneidmaschine
Richtzone
Horizontalzone

Bild 4.8
Schematische Darstellung einer Stranggießanlage zur Herstellung von Brammen

Bodenablass (Ausguss), der durch einen Schieber verschlossen wird, durch das sogenannte Schattenrohr in den Gießverteiler *(Tundish)* fließt. Das Schattenrohr verhindert die Reaktion des flüssigen Stahls mit dem Luftsauerstoff und der Tundish erfüllt in der Stranggießanlage zwei wichtige Aufgaben.

Zum einen dient er als Puffer und ermöglicht so das kontinuierliche Stranggießen durch fortwährenden Pfannenwechsel am Pfannendrehturm, und zum anderen verteilt er bei Mehrstranganlagen (Bild 4.9) die Schmelze auf die einzelnen Stränge. Im Tundish ist der flüssige Stahl durchgehend durch eine Schlackeschicht abgedeckt.

Vom Tundish gelangt der flüssige Stahl frei oder durch ein Gießrohr in die wassergekühlte Durchlauf- oder auch Verstellkokille *(primäre Kühlung)*, welche durch ihre Form das Format des Stranges bestimmt. Um ein Anbacken des Stahls an den gekühlten Wänden der Kokille zu verhindern und den Transportvorgang zu unterstützen, wird die Kokille oszillierend bewegt. Zusätzlich wird Gießpulver verwendet, welches sowohl eine Schlacke bildet, die die Reoxidation der Schmelze verhindert und aufsteigende Unreinheiten abbindet, als auch als Schmiermittel zwischen der erstarrten Schale und der Kokille dient. Da die erstarrte Strangschale beim Verlassen der Kokille eine Dicke von nur wenigen Zentimetern aufweist, wohingegen der Kern des Stranges noch flüssig ist, muss der Strang bis zur vollständigen Erstarrung intensiv mit Wasser bzw. einem Wasser-Luftgemisch gekühlt werden *(sekundäre Kühlung)*. So und durch *elektromagnetisches Rühren* (electro magnetic stirring = EMS), welches sowohl direkt an der Kokille (Kokillenrührer) als auch später im Strang (Sekundärrührer) stattfinden kann, werden ein gleichmäßiges Erstarrungsgefüge und eine stabile Strangschale erreicht.

Während des Gießens wird der Strang durch Rollen abgestützt, um ein Ausbauchen und Aufbrechen der Strangschale zu vermeiden. Diese Strangführungsrollen sind höchsten Beanspruchungen ausgesetzt und gehören wegen ihres Einflusses auf die Strangoberfläche zu den zentralen Bauteilen einer Stranggießanlage. Bei der Erstarrung des Stranges ist die *metallurgische Länge* unbedingt zu berücksichtigen. Dies ist die Länge des Stranges, die erreicht werden muss, bis der Strang vollständig durcherstarrt ist. Diese Länge kann je nach Durchmesser des Stranges bis zu 20 m vom Gießspiegel betragen. Erst wenn die metallurgische Länge erreicht ist, also der Strang in seinem Querschnitt durch-

Bild 4.9 Foto einer Stranganlage mit mehreren parallelen Strängen zur Herstellung von Knüppeln (Quelle: Georgsmarienhütte GmbH)

erstarrt, kann der Strang durch Schneidbrenner oder Scheren auf die gewünschte Länge zerteilt werden.

Die gängigsten Stranggussformate und -abmessungen sind Bramme, Vorblock, Rundstrangguss, Knüppel und Beam Blank (Bild 4.10). Aus ihnen können viele weitere Formate durch Umformprozesse hergestellt werden.

Je nach Verwendung und Einsatzgebiet gibt es verschiedene Bauarten von Stranganlagen (Bild 4.11). Die *Kreisbogenanlage* ist die am meisten verwendete Bauart, bei der der Strang in einem Radius (je nach Strangdicke) von etwa 6 bis 18 m gebogen wird, bis er in der Horizontalzone mithilfe einer Biege- und Richteinheit wieder geradegerichtet wird. Hierbei kann sowohl eine gerade als auch eine gebogene Kokille verwendet werden. Bei einer geraden Kokille verlässt der Strang die Kokille senkrecht nach unten und muss durch die anschließende Walzenführung gebogen werden. Bei einer gebogenen Kokille ist der Strang bereits kreisbogenförmig. Je nach Anwendungsgebiet wird das eine oder andere Konzept bevorzugt, da durch das Biegen des Strangs Risse entstehen können, aber andererseits durch die lange vertikale flüssige Strecke Verunreinigungen in die Schlacke aufsteigen können und so die Reinheit des Stahls verbessert wird.

Diesen letztgenannten Vorteil nutzen auch *Senkrecht- oder Vertikalstranganlagen*, bei denen der Strang erst nach der metallurgischen Länge abgeschnitten und

4

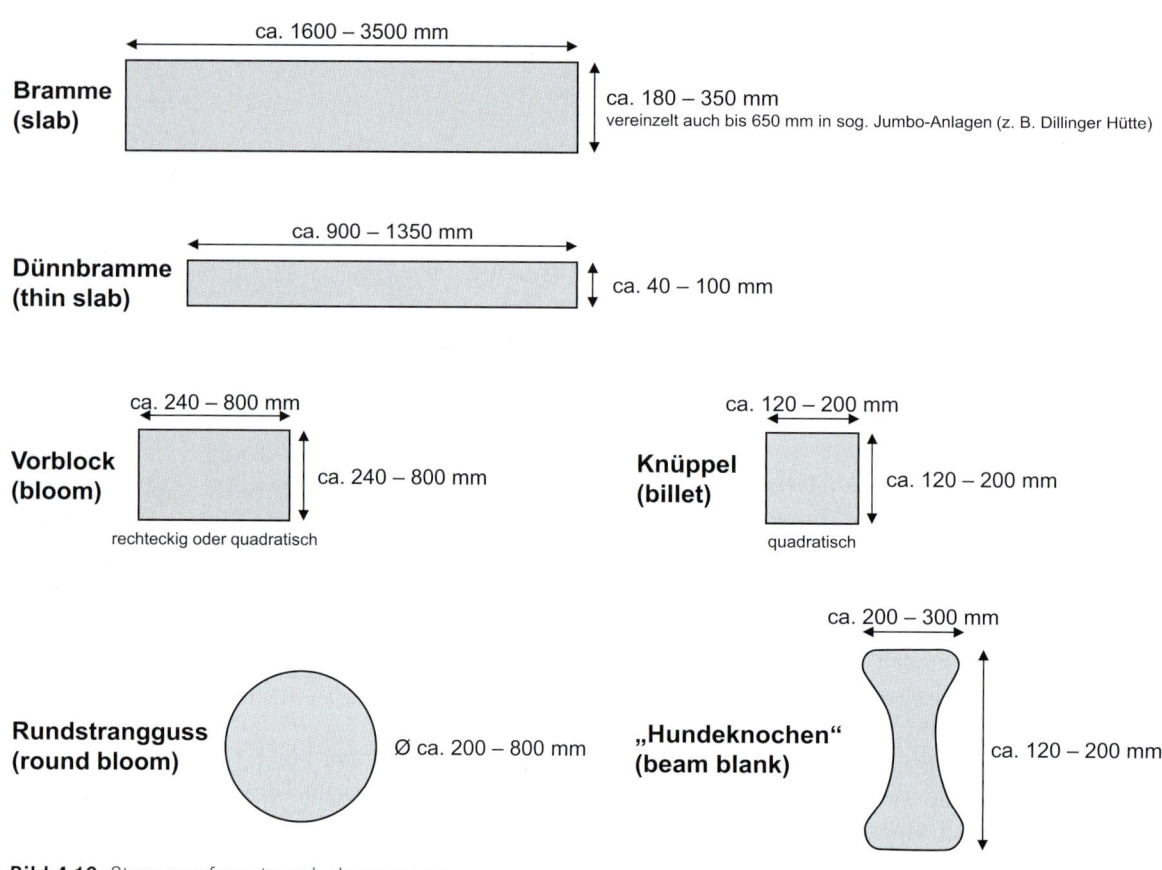

Bramme (slab)
ca. 1600 – 3500 mm
ca. 180 – 350 mm
vereinzelt auch bis 650 mm in sog. Jumbo-Anlagen (z. B. Dillinger Hütte)

Dünnbramme (thin slab)
ca. 900 – 1350 mm
ca. 40 – 100 mm

Vorblock (bloom)
ca. 240 – 800 mm
ca. 240 – 800 mm
rechteckig oder quadratisch

Knüppel (billet)
ca. 120 – 200 mm
ca. 120 – 200 mm
quadratisch

Rundstrangguss (round bloom)
Ø ca. 200 – 800 mm

„Hundeknochen" (beam blank)
ca. 200 – 300 mm
ca. 120 – 200 mm

Bild 4.10 Stranggussformate und -abmessungen

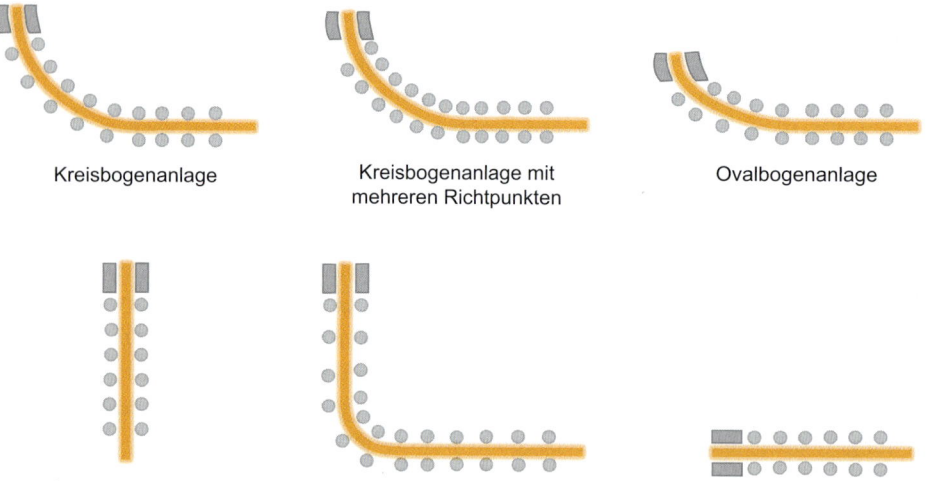

Kreisbogenanlage

Kreisbogenanlage mit mehreren Richtpunkten

Ovalbogenanlage

Senkrechtanlage

Senkrechtabbiegeanlage

Horizontalanlage

Bild 4.11
Schematische Darstellung unterschiedlicher Bauarten von Stranganlagen

anschließend in die Horizontale umgeklappt wird. Durch die, je nach Durchmesser großen Stranglängen brauchen diese Anlage sehr hohe Hallen und bieten bautechnisch größere Schwierigkeiten. Dafür sind sie in der Lage, auch schwierig zu gießende Legierungen z. B. mit hohen Legierungsgehalten herzustellen.

Wird eine Schmelze nicht kontinuierlich weitergegossen, sondern ein Angießen gestartet, so wird ein Anfahrstrang (Kaltstrang) von unten oder oben in die Kokille eingeführt, um die Unterseite zu verschließen. Wird nun die Schmelze aus dem Tundish in die Kokille gelassen, so erstarrt der eingefüllte Stahl auf dem Anfahrstrang und wird mit diesem über die Strangführungsrollen nach unten abgezogen. Ist die metallurgische Länge erreicht, so kann der Anfahrstrang vom Gussstrang entkoppelt (getrennt) werden.

Blockguss

Das Blockgussverfahren beschreibt das Vergießen des Stahls in tiefergelegte Kokillen mit einem Durchmesser von 270 bis 2300 mm Durchmesser, die 800 bis 4400 mm lang sein können. Es können Blockeinzelgewichte zwischen 0,6 und 600 t gegossen werden. Somit bietet der Blockguss im Gegensatz zum Strangguss die Möglichkeit, große Fertigabmessungen sowie Nischenprodukte herzustellen, die im Strangguss technisch noch nicht möglich sind oder in sehr geringen Mengen nachgefragt werden. Der Blockguss ist ein gängiges Verfahren für hochlegierte und in geringen Mengen nachgefragte Werkstoffe und ist insbesondere in folgenden Anwendungsgebieten zu finden:

- Spezialstähle für die Schmiedeindustrie,
- Brammenblöcke für dicke Bleche und
- hochlegierte Schnellarbeitsstähle.

Typische Formate hierbei sind rund, polygonal, zylindrisch und konisch, woraus sich in etwa 50 Standardformate ergeben.

Für den Blockguss wird der flüssige Stahl entweder von oben fallend *(fallender Guss)* oder von unten steigend *(steigender Guss)* in die bis zu acht Kokillen gegossen (Bild 4.12). Der fallende Guss wurde inzwischen fast vollständig vom steigenden Guss verdrängt, da er eine geringere Qualität aufgrund von eingewirbelter Luft aufweist.

Während des Gießens wird die oberste Schicht (der Kopf des Blockes) durch eine Schlackenschicht geschützt, welche durch die Zugabe von Gießpulver entsteht. Die Schlacke schützt auch vor Wärmeverlusten und dem Kontakt mit dem Luftsauerstoff. So bildet sich nur ein kleiner Kopflunker. Nach der Erstarrung des Stahlblocks wird die Kokille per Kran gestrippt, d. h. vom erstarrten Block getrennt.

4.1.4.2 Gießen in Formen

Der Formguss verringert durch das Gießen von endkonturnahen Bauteilen den Aufwand zur Fertigbearbeitung und bietet durch die Vielfalt an nutzbaren Werkstoffen (Gusseisen, Stahl) eine große Spannweite für maßgeschneiderte Eigenschaften. Zudem lassen sich durch das Formgießen auch komplizierte Geometrien realisieren. Die Formgießverfahren werden sowohl durch die Art der Formherstellung als auch durch die Art der Formfüllung unterschieden.

Die *Formherstellung* wird anhand der Verwendungshäufigkeit der Formen oder Modelle eingeteilt. Hierbei bezeichnet ein *Dauermodell* ein Modell, das mehrmals verwendet werden kann. Wird es hingegen bei der erstmaligen Verwendung zerstört, so wird es ein *verlorenes Modell* genannt. Die gleichen Definitionstypen existieren auch für Formen, weswegen man von *Dauerform* und *verlorener Form* spricht.

Die *Formfüllung* wird nach Dynamik und Bewegung von Gießmaterial und Form eingeteilt. So gibt es das *statische Gießen*, zu dem das Schwerkraft- und Niederdruckgießen gehört, und das *dynamische Gießen*, bei

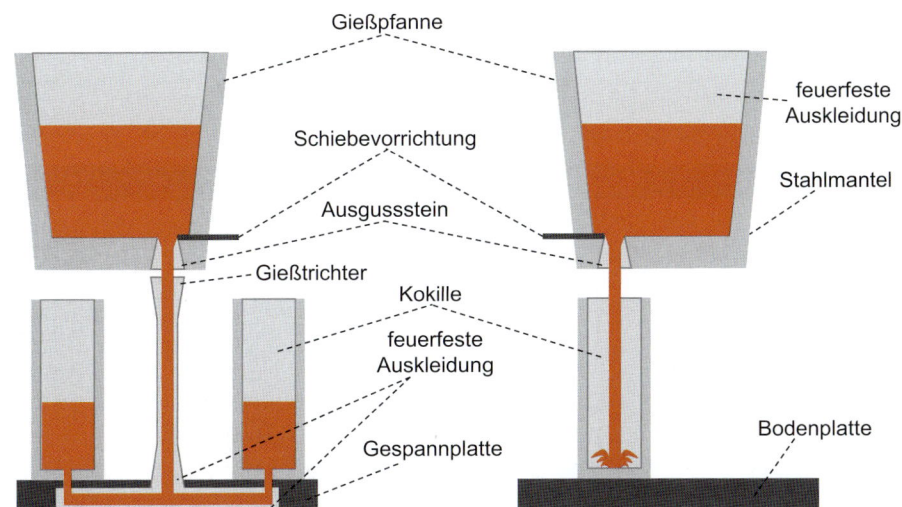

Bild 4.12
Schematische Darstellung des Blockgussverfahrens; links: steigender Guss mit zwei Kokillen; rechts: fallender Guss

Gießpfanne
Schiebevorrichtung
Ausgussstein
Gießtrichter
Kokille
feuerfeste Auskleidung
Gespannplatte
feuerfeste Auskleidung
Stahlmantel
Bodenplatte

dem sich sowohl die Form als auch das Gießmaterial bewegen können. Unter diesen beiden Systematiken lassen sich alle Gießverfahren einordnen, wobei Kombinationen aus beiden meist nicht möglich oder technisch nicht sinnvoll sind (VDG e. V. 2005).

Tabelle 4.2 Einteilung der Gießverfahren nach Art der Formfüllung und Art der Formherstellung (nach VDG e. V. 2005)

	Statisches Gießen	Dynamisches Gießen	
Form	Dauermodell und verlorene Form Verlorenes Modell und verlorene Form Dauerform	Dauerform	
Bewegung	keine	Bewegung der Form	Bewegung des Gießmaterials
Verfahren	Sandgießen Kokillengießen Feingießen	Schleudergießen Sturzgießen	Druckgießen

Die verwendeten Eisengusswerkstoffe für den Formguss lassen sich anhand der Schmiedbarkeit unterscheiden. Legierungen mit einem Kohlenstoffgehalt von weniger als 2 % werden als Stähle bezeichnet und sind warm- und kaltumformbar (sogenannte Knetlegierungen). Beträgt der Kohlenstoffgehalt mehr als 2 %, so werden die Legierungen als Gusseisen bezeichnet. Diese Grenze lässt sich aus dem Fe-C-Diagramm herleiten und dient zur Vermeidung von groben Primärkarbiden, die sich aus der Schmelze bilden können.

Die verwendeten *Stahlgusslegierungen* für den Formguss sind technisch natürlich weitaus komplexer als das Zweistoffsystem Fe-C, weswegen sie in die folgenden Werkstoffkategorien eingeteilt werden:

- (unlegierter) Stahlguss für allgemeine Verwendungszwecke (DIN EN 10293),
- korrosionsbeständiger Stahlguss (DIN EN 10283),
- Stahlguss für Druckbehälter (DIN EN 10213),
- hitzebeständiger Stahlguss (DIN EN 10295),
- Stahlgusssorten mit verbesserter Schweißeignung und Zähigkeit (DIN EN 10293) und
- Vergütungsstahlguss (DIN EN 10293).

Stahlguss wird oftmals für Bauteile genutzt, die komplexe Lastverhältnisse (z. B. ein Stahlguss-Knoten mit einem Gewicht von 13,1 t) oder komplizierte Geometrien aufweisen. Jedoch können auch leichtere und filigranere Bauteile mit Stahlguss hergestellt werden, wie z. B. die Halteplatte für ein Sicherheitsgurtsystem mit lediglich 77 g.

4.2 Herstellung von Halbzeug

4.2.1 Definition

Als Halbzeug werden nach DIN EN 10079 die Erzeugnisse bezeichnet, die durch Gießen (Strangguss oder Blockguss) und Umformen entstanden sind. Das Umformen bezieht sich hier auf das Walzen, Schmieden und Längsteilen von Strangguss mit großem Querschnitt oder Blöcken, die im Allgemeinen für die Umformung zu *Flach- oder Langerzeugnissen* durch Warmwalzen oder -schmieden oder auch die Herstellung von Schmiedestücken vorgesehen sind.

Ein Überblick über die verschiedenen Formate und Abmessungen von Halbzeug ist in Tabelle 4.3 gegeben.

Tabelle 4.3 Formate und Abmessungen von Halbzeug (nach DIN EN 10079)

Format	Abmessung	Bezeichnung
Quadratisches Halbzeug	Seitenlänge von > 50 mm	Vorblock (Seitenlänge ≤ 200 mm) Knüppel (Seitenlänge < 200 mm)
Rechteckiges Halbzeug	Querschnittsfläche von ≥ 2500 mm² Verhältnis von Breite zu Dicke < 2	Vorblock (Querschnittsfläche > 40 000 mm²) Knüppel (Querschnittsfläche < 40 000 mm²)
Flaches Halbzeug	Dicke von ≥ 50 mm Verhältnis von Breite zu Dicke ≥ 2	Bramme
Rundes Halbzeug		Unbearbeiteter Strangguss Durch Rohschmieden hergestelltes Halbzeug mit rundem Querschnitt
Vorprofiliertes Halbzeug	Dem Profil entsprechend vorgeformter Querschnitt	Vorprofiliertes Halbzeug, z. B. Beam Blank (Bild 4.13) (Querschnittsfläche > 2500 mm²)

Bild 4.13 Beam Blank (Hundeknochen) als Beispiel für vorprofiliertes Halbzeug (Quelle: Primetals Technology)

4.2.2 Herstellen von Flacherzeugnissen

Flacherzeugnisse sind nach DIN EN 10079 Erzeugnisse mit etwa rechteckigen Querschnitten, deren Breite viel größer als ihre Dicke ist. Per Definition ist die Oberfläche technisch glatt, kann aber in bestimmten Fällen, z. B. bei Tränenblechen, absichtlich Erhöhungen oder Vertiefungen in regelmäßigen Abständen aufweisen. Flacherzeugnisse werden in **sechs Kategorien** eingeteilt:

1. *Ohne Oberflächenveredelung oder Oberflächenbehandlung.* Flacherzeugnisse mit einem einfachen Überzug zum Schutz gegen Korrosion oder mechanische Beschädigung während Transport oder Lagerung (z. B. Passivierung, organischer Überzug, Öle oder Lacke), sind als nicht oberflächenveredelt anzusehen.

2. *Elektroblech und -band.* Diese Flacherzeugnisse sind durch ihre magnetischen Eigenschaften gekennzeichnet und für die Verwendung in magnetischen Kreisen von elektrischen Maschinen bestimmt.

3. *Verpackungsblech und -band.* Flacherzeugnisse, die meist mit einer Passivierung und einem Schutzölüberzug geliefert werden und zum Lackieren und Bedrucken geeignet sind.

4. *Mit Oberflächenveredelung.* Warm- oder kaltgewalzte Flacherzeugnisse mit dauerhaften Überzügen, die anderer Art als in Kategorie 2 und 3 sind. Diese Überzüge können auf beiden Seiten in gleicher Dicke, in unterschiedlicher Dicke (differenzüberzogen) oder nur auf einer Seite vorhanden sein.

5. *Profiliertes Blech* (Bild 4.14). Flacherzeugnisse, die aus oberflächenveredelten und nicht oberflächenveredelten Blechen mit einer Breite, die wesentlich größer als die Profilhöhe ist, hergestellt werden.

6. *Zusammengesetzte Erzeugnisse*
   a) Bleche oder Bänder, die durch Walzplattieren, Aufspritzen, Schweißplattieren oder Sprengplattieren aus verschleißfesten, chemisch- oder hitzebeständigen Stählen hergestellt wurden.
   b) Zwei Bleche, die durch eine isolierende Kunststoffschicht miteinander verbunden werden (Sandwichbleche).
   c) Zwei gerippte Bleche, die durch eine isolierende Zwischenschicht miteinander verbunden werden (Sandwichelemente) (Bild 4.15).

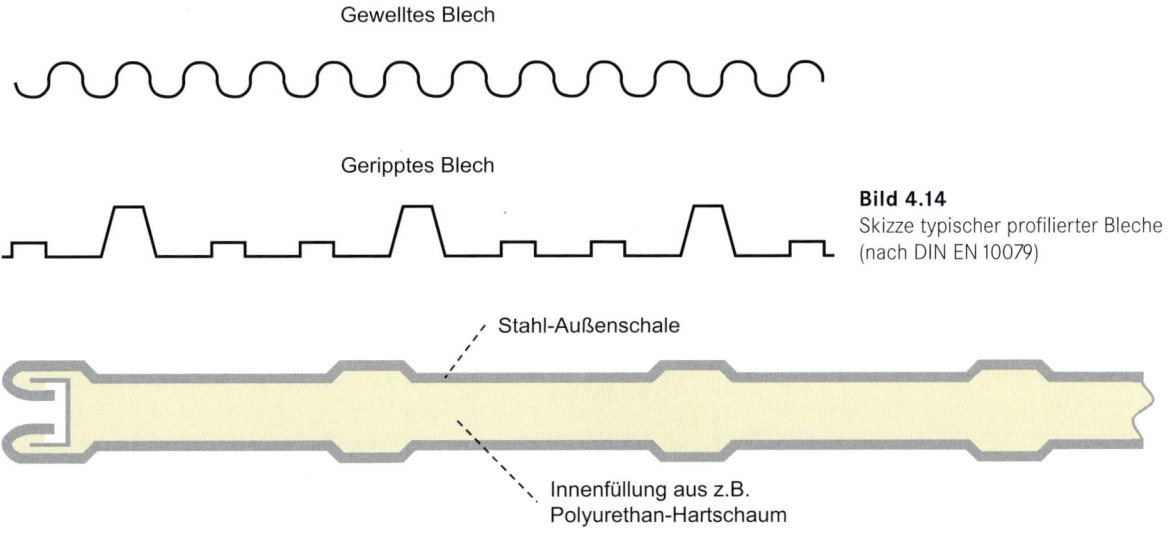

Gewelltes Blech

Geripptes Blech

Bild 4.14 Skizze typischer profilierter Bleche (nach DIN EN 10079)

Stahl-Außenschale

Innenfüllung aus z.B. Polyurethan-Hartschaum

Bild 4.15 Skizze eines typischen Sandwichelementes (nach DIN EN 10079)

Tabelle 4.4 Übersicht über die Lieferformen von Flacherzeugnissen aus Kategorie 1 bis 4 (nach DIN EN 10079)

Kategorie	Erzeugnis	Anmerkung
1 Ohne Oberflächen-veredelung	Breitflachstahl	warmgewalzt Breite über 150 mm bis 1250 mm Dicke von etwa 4 mm wird ausgewalzt, d. h. nicht aufgehaspelt geliefert scharfkantige Ecken
	Blech	warm- oder kaltgewalzt Mindestbreite von 600 mm *Feinblech:* Dicke < 3 mm *Grobblech:* Dicke ≥ 3 mm wird meist in quadratischen oder rechteckigen Tafeln ausgeliefert Kanten können walzroh (Naturwalzkanten), mechanisch geschnitten, brenn-geschnitten oder abgeschrägt sein
	Band	warm- oder kaltgewalzt wird nach dem Durchlaufen der Fertigwalze bzw. nach dem Beizen oder konti-nuierlichen Glühen aufgehaspelt. Warm-/Kaltbreitband: Breite ≥ 600 mm längsgeteiltes Warm-/Kaltbreitband: Walzbreite ≥ 600 mm; Lieferbreite < 600 mm warmgewalzter Bandstahl/Kaltband: Walzbreite < 600 mm leicht gewölbte Kanten; beschnittene Kanten
2 Elektroblech und -band	allgemein	kaltgewalzt: Dicke < 2 mm Breite ≤ 1500 mm warmgewalzt: Dicke zwischen 1,5 und 5 mm Festlegung für die mechanischen und magnetischen Eigenschaften
	nicht kornorientiert	unlegierte oder nur mit Si oder Si- und Al-legierte Stähle richtungsunabhängige magnetische Eigenschaften kann sowohl halbfertig als auch im schlussgeglühten Zustand geliefert werden kann mit und ohne Beschichtung oder mit ein-/beidseitiger isolierender Beschichtung geliefert werden
	kornorientiert	mit Si legierte Stähle anisotropes Gefüge werden mit beidseitig isolierender Beschichtung geliefert
3 Verpackungsblech und -band	Feinstblech	unlegierter weicher Stahl einfach kaltgewalztes Feinstblech/-band: Dicke: 0,17 bis 0,49 mm doppeltreduziertes Feinstblech/-band: 0,14 bis 0,29 mm
	Weißblech	meist aus Feinstblech/-band wird auf beiden Seiten durch ein kontinuierliches elektrolytisches Verfahren mit Zinn überzogen
	verzinntes Blech und Band	unlegierter weicher Stahl Band/Blech: Dicke ≥ 0,5 mm von beiden Seiten mit Zinn überzogen
	spezial-verchromtes Blech oder Band (ECCS)	meist aus Feinstblech/-band beidseitig mit einem zweischichtigen Überzug aus metallischem Chrom und Chromhydroxid oder hydratisiertem Chromoxid versehen.
4 Mit Oberflächen-veredelung	Blech/Band mit metallischem Überzug	Überzug aus Blei-Zinn-Legierung (Ternblech)[1] schmelztauchverzinkt aluminiert Überzug aus Aluminium-Zink mit elektrolytischem Überzug: ▪ elektrolytisches Ternblech-/band ▪ elektrolytisch verzinkt ▪ elektrolytischer Zink-Nickel-Überzug

[1] Dieser Überzug ist noch in der Norm enthalten, aber es ist nicht bekannt, wo diese Überzüge noch verwendet werden.

Tabelle 4.4 *Fortsetzung*

Kategorie		Erzeugnis	Anmerkung
4	Mit Oberflächen-veredelung	Blech/Band mit organischer Beschichtung	mit oder ohne metallischem Überzug kontinuierlich beschichtet mit organischen Stoffen oder einem Gemisch aus Metallpulver und organischen Stoffen Verfahren: • Aufbringen von einer oder mehreren Lackschichten • Aufbringen einer Klebefolie
		Blech/Band mit verschiedenen anorganischen Beschichtungen	Beschichtung aus einem anorganischen Stoff, z. B. Email

4

Eine genauere Einteilung der möglichen Lieferformen von Flacherzeugnissen in ihre Kategorien ist in Tabelle 4.4 gegeben.

4.2.2.1 Warmwalzen von Blechen und Bändern

Für das Warmwalzen von Blechen und Bändern wird von Brammen ausgegangen, die in einer Walzstraße über mehrere Gerüste mit je zwei nahezu parallelen, zylindrischen Walzen bis auf die gewünschte Dicke gewalzt werden. Walzen für Flacherzeugnisse haben üblicherweise eine leicht bombierte Form, um die Walzendeformation durch die Belastung während des Walzens abzufangen und die Bandführung zu verbessern. Das fertig gewalzte Produkt wird in Coils gehaspelt oder als zurechtgeschnittene Bleche gestapelt.

Das Warmwalzen findet bei einer Temperatur oberhalb der Rekristallisationstemperatur der zu verarbeitenden Stahllegierung statt. Der Vorteil ist, dass das Gefüge bei diesen Temperaturen in der Regel austenitisch und das Material somit weicher ist, wodurch geringe Kräfte für die Umformung benötigt werden.

Es werden zwei Verfahren für warmgewalzte Bleche und Bänder unterschieden: das *kontinuierliche* und das *reversierende Walzen*.

Bei *konventionellen Warmbreitbandstraßen* (Bild 4.16) werden meist dünnere Brammen (ca. 100 bis 300 mm Dicke) kontinuierlich zu Blechen mit Dicken von ca. 0,8 bis 15 mm gewalzt. Hierzu werden die Brammen zuerst in einem Wärme- oder Stoßofen auf die erforderliche Walztemperatur gebracht, anschließend entzundert und dann am Vorgerüst reversierend zum Vorband

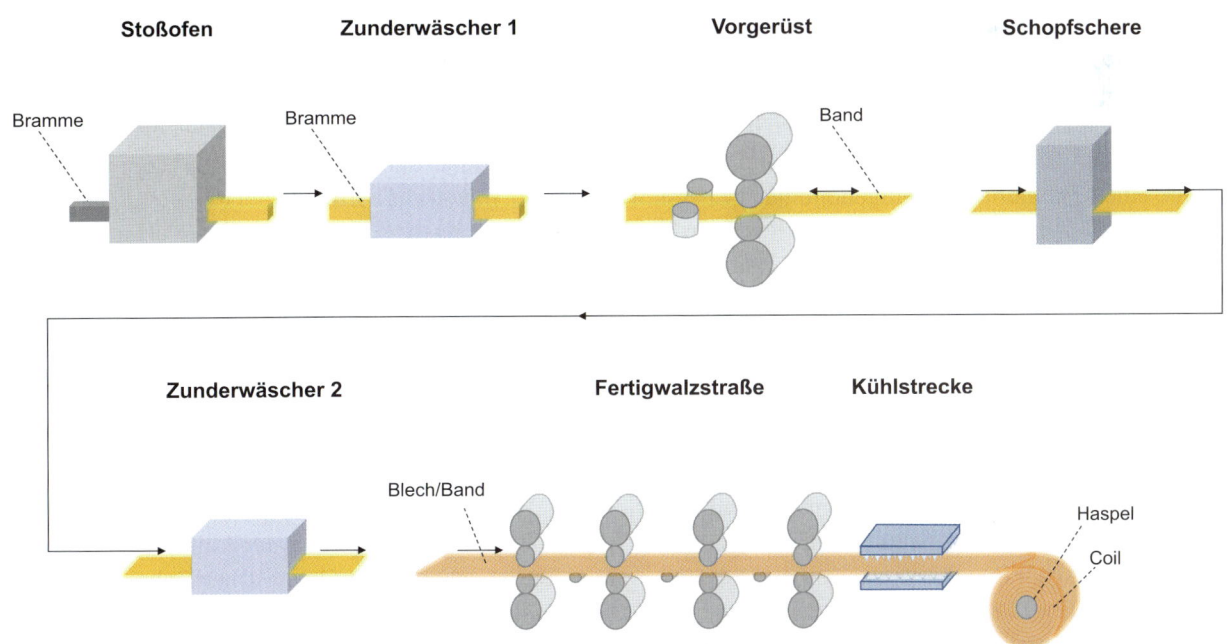

Bild 4.16 Schema einer Warmbreitbandstraße für Flachprodukte

4

gewalzt. Das Vorband wird nach Abtrennen des gebogenen Bandanfangs und -endes entzundert und der Fertigwalzstraße hinzugeführt. Über fünf bis sieben hintereinander geschaltete Walzgerüste, in denen sich das Band gleichzeitig befindet, wird es bis zur geforderten Dicke heruntergewalzt. Hierbei kann das Band eine Länge bis zu 600 m erreichen. Nach der Fertigwalzstraße folgt eine etwa 100 m lange Kühlstrecke, an deren Ende das fertige Band auf eine Haspel zu Coils mit einem Durchmesser von ca. 2 m aufgewickelt wird.

Das reversierende Walzen als eigene Herstellungsroute wird in *Grobblechstraßen* für die Herstellung von Grobblech genutzt. Hierbei werden Brammen von etwa 450 mm Dicke an Quatro-Reversier-Gerüsten auf Dicken von 3,5 bis 250 mm gewalzt. Das reversierende Walzen läuft in mehreren Stichen ab, wobei das Walzgut mehrmals auf dem Rollgang gedreht wird. Daher ist der Gerüsteinlauf mit einer Vorrichtung zum Drehen der Bramme um 90° versehen. So können auch Grobbleche mit Breiten größer als Brammenbreite hergestellt werden. Die technologischen Eigenschaften des Grobbleches werden durch eine definierte Temperaturführung und beschleunigtes Abkühlen eingestellt. Durch die große Dicke des Grobblechs kann es nicht auf Coils aufgewickelt werden; es wird in Tafeln geschnitten, weswegen der Adjustage mit Richten und Schneiden eine große Bedeutung zukommt.

4.2.2.2 Kaltwalzen von Blechen

Für das Kaltwalzen von Feinst- und Feinblechen wird Warmband eingesetzt. Das zu walzende Coil wird anschließend über eine Abspulhaspel in die Kaltbandwalzstraßen eingeführt und der Bandanfang wird mithilfe einer Spannhaspel aufgenommen. Zuerst durchläuft es die Beize, um von Zunder und Rost befreit zu werden. In einer *Tandemstraße* wird das Band anschließend bei Raumtemperatur über mehrere Walzgerüste kontinuierlich auf Dicken von 0,12 bis 3,0 mm gewalzt. Alternativ kann das Kaltwalzen auch auf Reversiergerüsten vorgenommen werden. Durch den Kaltwalzvorgang verfestigt das Material sehr stark, weswegen es zur Wiederherstellung der Umformeigenschaften einer rekristallisierenden Wärmebehandlung unterzogen wird. In den folgenden Dressierwalzgerüsten wird eine ausgeprägte Streckgrenze beseitigt und die gewünschte Oberfläche eingestellt (geglättet oder aufgeraut und verdichtet). Als letzter Arbeitsschritt folgt die Zurichtung (Adjustage), in der das Band einen

temporären Korrosionsschutz erhält, längs- oder quergeteilt und anschließend verpackt oder der Oberflächenveredlung zugeführt wird.

4.2.3 Herstellen von Langerzeugnissen

Langerzeugnisse sind nach DIN EN 10079 Erzeugnisse, deren Querschnitt über die Länge gleich bleibt und üblicherweise über eine Norm mit Nennmaßen, Grenzabmaßen und Formtoleranzen festgelegt wird. Die sonst technisch glatte Oberfläche der Langerzeugnisse kann in bestimmten Fällen, z.B. bei Beton- oder Spannstahl, absichtlich Erhöhungen oder Vertiefungen in bestimmten Abständen aufweisen.

Zu dieser weitaus größeren Gruppe der warm- und kaltgewalzten Langerzeugnisse gehören z.B. Stäbe, Drähte, Profile, Träger und Schienen.

4.2.3.1 Warmgewalzter und warmgezogener Stabstahl und Draht (Walzdraht)

Der warmgewalzte Stabstahl und/oder der warmgewalzte Draht, der einfach als Walzdraht bezeichnet wird, sind in vielen Fällen das Vormaterial für diejenigen Weiterverarbeiter (z.B. die Schmieden), die Material mit Walztoleranzen einsetzen können. Falls Forderungen an engere Toleranzen sowie an Festigkeit und Gefüge gestellt werden (z.B. von der Kaltstauchindustrie), so müssen die warmgewalzten Produkte vorher kaltumgeformt werden. Das Warmwalzen von Stabstahl oder Walzdraht erfolgt in *automatischen Walzstraßen*. Es gibt Walzstraßen, die nur Walzdraht oder nur Stabstahl walzen, aber auch solche, die Walzdraht und Stabstahl fertigen. Für das Warmwalzen von Stabstahl und Walzdraht wird üblicherweise von Knüppeln mit Abmessungen zwischen 120 und etwa 200 mm ausgegangen. Diese Knüppel können direkt in einer Knüppelstranggießanlage gegossen werden. Falls im Stahlwerk lediglich größere Abmessungen in Vorblockstranggießanlagen gegossen werden, dann muss der Knüppel auf den entsprechenden Querschnitt vorgewalzt werden. Die Erwärmung der Knüppel wird in *Hubbalken-* oder *Stoßöfen* vorgenommen, wobei in den neuen Walzstraßen nur noch der Hubbalkenofen eingebaut wird. Die Beförderung der Knüppel im Hubbalkenofen ist schonender für die Oberfläche des Knüppels als das Schieben im Stoßofen. Die Knüppel werden in mehreren Heizzonen zügig auf die Walztemperatur (um 1200 °C je nach der Werkstoffqualität) aufgewärmt. Die Haltezeit auf der Walztemperatur ist möglichst knapp zu bemessen, um die Entkohlung an der Knüppeloberfläche so gering wie möglich zu halten. In modernen Walzstraßen wird die Walzanfangstemperatur in etwa einer Stunde erreicht (ArcelorMittal 2014). Nachfolgend wird ein grober Überblick über den Aufbau der verschiedenen Anlagen in einer zeitgemäßen Walzstraße wiedergegeben:

- *Wasserstrahlentzunderungsanlage:* In dieser Anlage, die direkt hinter dem Erwärmungsofen angebracht ist, wird die Zunderschicht an der Oberfläche der erwärmten Knüppel mit Wasser unter Hochdruck (etwa 100 bis 200 bar) entfernt. Wird diese Zunderschicht nicht vollständig entfernt, können Fehler durch eingewalzten Zunder an der Stab- oder Walzdrahtoberfläche auftreten.

- *Walzgerüste in der Vorstraße:* In der Vorstraße wird der quadratische Knüppel auf eine halbrunde bzw. runde Abmessung in vertikal und horizontal angeordneten Walzgerüsten vorgewalzt. Zum Beispiel wird eine quadratische Knüppelabmessung von 155 mm Seitenlänge zu einer runden Vorabmessung von etwa 100 mm Durchmesser vorgewalzt (ArcelorMittal 2014). Das Rundwalzen in der Vorstraße bringt Vorteile bezüglich der Oberflächenqualität des Walzdrahtes bzw. des warmgewalzten Stabes.

- *Zwischenwärmstrecke:* Eine Zwischenwärmstrecke besteht üblicherweise aus einem Wärmetunnel. Diese Anlage ermöglicht es, die Temperatur des Walzgutes konstant zu halten und die Walzgeschwindigkeit vom Weiterwalzen in den Zwischen- und Fertiggerüsten zu entkoppeln.

- *Walzgerüste in der Zwischenstraße:* In der Zwischenstraße werden die Walzgerüste auch in Horizontal-Vertikal-Anordnung (H-V-Anordnung) angebracht. Diese Anordnung verhindert einen Drall (Verdrehen) des Walzgutes und vermeidet somit die Bildung von Oberflächenfehlern. Die Anzahl der Walzgerüste im Einsatz ist abhängig von den Endabmessungen des Walzproduktes.

- *Fertigblockgerüst:* Das Fertigblockgerüst dient zur Einstellung der Endabmessung des Walzgutes. In manchen Walzstraßen gibt es zwei Fertigblockgerüste mit einer zwischengeschalteten Kühlstrecke, um die Temperatur des Walzgutes gezielter einzustellen.

In modernen Walzstraßen für Draht wird auch eine Strecke (Loop) integriert, auf der das Walzgut bei unterschiedlichen Temperaturen thermomechanisch gewalzt werden kann. Das *thermomechanische Walzen*

Bild 4.17 Windungsleger auf dem Stelmor-Kühlbett (Quelle: ArcelorMittal GmbH)

führt die Endverformung in einem Temperaturbereich aus, in dem Austenit nicht mehr signifikant rekristallisiert, sodass es während der Abkühlung zu einem feinkörnigeren Ferrit-Perlit-Gefüge und somit zu günstigeren Festigkeits- und Duktilitätswerten kommt.

Der Abkühlungsmöglichkeit in einer Walzstraße kommt besondere Bedeutung zu. Walzstraßen, die als reine Walzdrahtstraßen gebaut werden, haben ein Stelmor-Kühlbett zur gezielten Kühlung des Drahtes (Bild 4.17). Über einen Windungsleger wird der Draht auf die Stelmor-Kühlbett-Anlage gelegt, die üblicherweise eine Länge von bis zu 120 m hat und mit Ventilatoren sowie mit befahrbaren Deckeln ausgestattet ist. Durch eine langsamere oder schnellere Abkühlung kann ein gewünschtes Gefüge im Walzdraht gleichmäßig über die Länge des Walzdrahtringes und über den Walzdrahtdurchmesser eingestellt werden.

In Walzdrahtstraßen mit Stelmor-Abkühlung werden Abmessungen zwischen 5,5 und 25 mm Durchmesser gewalzt. Die Geschwindigkeit beim Walzen der Abmessung von 5,5 mm kann bis zu 120 m/s in der Endwalzstufe erreichen (ArcelorMittal 2014). Die Ringgewichte können bis zu 3 Tonnen betragen.

In kombinierten Walzdraht- und Stabstahlstraßen kann der Walzdraht im Abmessungsbereich von rd. 5,5 bis zu 50 mm Durchmesser gewalzt werden. Bei Abmessungen über etwa 25 mm Durchmesser wird der Walzdraht in Garret-Haspeln aufgewickelt und auf einer Hakenbahn abgekühlt. Diese Art der Abkühlung ist ungleichmäßiger als die bei der Abkühlung in einer Stelmor-Kühlbett-Anlage.

Der warmgewalzte Stabstahl wird in der Regel zwischen 15 mm und bis zu etwa 100 mm Durchmesser

4

gewalzt. Aus wirtschaftlichen Gründen wird der Stabstahl aber häufig erst ab einer Abmessung von 20 bzw. 25 mm Durchmesser gewalzt. Die warmgewalzten Stäbe werden vereinzelt auf einem Kühlbett abgekühlt. In manchen Fällen können die Stäbe auch mit Ventilatoren angeblasen werden. Neben Rundstäben können auch Profile mit Vierkant-, Sechskant- und rechteckigen Querschnitten gewalzt werden. Einige Walzwerke sind in der Lage, auch zeichnungsgebundene Querschnitte nach Kundenanforderung zu walzen. Warmgewalzter Stabstahl oder Walzdraht weisen je nach Abmessung Toleranzen größer als +/– 0,15 mm auf (nach DIN EN 10060 und DIN EN 10108). An dünnen Walzdrahtabmessungen (5,5 bis etwa 25 mm Durchmesser), die in modernen Drahtstraßen gewalzt werden, können Toleranzen von +/– 0,10 mm eingehalten werden. Je dicker die Abmessung, umso größer ist deren Toleranz.

Eine häufige Lieferform von Walzdraht sind gezogene Drahtringe mit definiertem Gefüge und definierter Festigkeit zum Kaltstauchen von Befestigungselementen und für massive Kaltumformteile. Die Weiterverarbeitung von Walzdraht ist wirtschaftlicher als von warmgewalztem Stab. Die Ringgewichte bewegen sich zurzeit in der Regel zwischen 1 und 2,5 Tonnen. Aus dem gezogenen Draht werden auch kaltgewalzte Flachdrähte mit einer maximalen Breite von 20 mm und einer maximalen Dicke von 5 mm hergestellt. Durch das Kaltwalzen in Öl als Schmiermittel wird eine hellblanke Oberfläche eingestellt. Der Flachdraht kann mit natürlichen Walzkanten oder mit kalibrierten (definierten) Walzkanten geliefert werden. Die gebräuchlichen Flachdrähte bestehen aus rostfreien Stahlsorten und weisen infolge des Kaltwalzens hohe Festigkeitswerte von über 1600 MPa auf.

4.2.3.2 Kaltgewalzter und kaltgezogener Stabstahl und Draht

Die Walztoleranzen von warmgewalzten Stäben reichen für viele Schmiedebetriebe aus. Es gibt jedoch auch Gründe, warum die Kaltumformung dieser Langprodukte besser sein kann:

- Die Abmessungstoleranzen von warmgewalzten Stäben und Walzdraht für die Weiterverarbeitung sind zu groß.
- Das geforderte Gefüge und bestimmte mechanische Eigenschaften, die für die Weiterverarbeitung gewünscht werden, werden nicht eingehalten.

- Die Oberfläche soll besser und glatter als die an einem warmumgeformten Langerzeugnis sein.

Die kaltumgeformten Erzeugnisse können nach unterschiedlichen Verfahren gefertigt werden, wie nachstehend angegeben:

- im kaltgezogenen oder kaltgewalzten Zustand,
- im geschliffenen Zustand,
- im geschälten oder geschabten Zustand.

Die Ausführungsformen können sehr unterschiedlich sein – als Stab, in Ringform lose oder Lage auf Lage gewickelt (rechte Seite, Bild 4.18) und auf Spulen gewickelt (insbesondere für die sehr geringen Abmessungen).

Bild 4.18 Ausführungsformen von kaltumgeformten Langerzeugnissen

Die Fertigungswege für kaltumgeformte Langerzeugnisse können je nach Werkstoff und Anforderungen des Kunden unterschiedlich sein. In der Regel gibt der Kunde die Anforderungen, z. B. Festigkeit, Gefüge, Oberflächenbeschaffenheit, Ausführung und Toleranzen, vor.

Für das Ziehen von kaltumgeformten Langerzeugnissen gibt es typische Fertigungsschritte, die je nach Fertigungsaufbau zur Erfüllung der gestellten Anforderung wiederholt werden:

Entzundern → +AC-Glühen (DIN EN 10027-1) (ehemalig GKZ – für Glühen auf kugelige Karbide) → Beschichten → ein Ende anspitzen → Ziehen, Entfernen der Beschichtung → A-(Weichglühen) oder AC-Glühen mit Fortsetzung der einzelnen Schritte bei Bedarf.

Nachstehend werden einige Erläuterungen zu den einzelnen Fertigungsschritten gegeben:

- *Entzundern:* Da das warmgewalzte Halbzeug mit Zunder behaftet ist, muss dieser entweder chemisch oder mechanisch entfernt werden. Bei der chemischen Entzunderung ist es sinnvoll, den Zunder zunächst zu lockern und anschließend durch das Beizen in Säuren zu entfernen. Die unlegierten und legierten Baustähle werden zunächst in eine Kaliumpermanganatlösung getaucht, in Wasser gespült und anschließend in wässriger Salzsäurelösung gebeizt. Die höher legierten austenitischen rostfreien Stähle (DIN EN 10088) mit Nickelgehalten von über 8 % weisen eine starke Klebzunderbildung auf. Um diese zu entfernen, ist eine Lockerung des Zunders in oxidierenden oder reduzierenden Salzschmelzen ratsam. Die oxidierende Salzschmelze besteht aus einer Mischung aus Natriumhydroxid und Natriumnitrat, die reduzierende aus Natriumhydroxid und Natriumhydrid. Diese Salzschmelzen werden bei rd. 300 bis 400 °C betrieben. Nach dem Spülen in Wasser wird der Zunder durch das Beizen in Säuren, z. B. Schwefel- und Salpetersäure oder in einem Gemisch aus diesen Säuren mit Flusssäure (HF), entfernt. Das mechanische Entzundern wird durch das Strahlen der Oberfläche mit harten Stahlstrahlkörnern bewerkstelligt. Diese Art der Entzunderung wird in der Regel für die Verarbeitung von unlegierten oder niedriglegierten Baustählen sowie Wälzlagerstählen eingesetzt.

- *Glühbehandlung:* Für die meisten Stahlwerkstoffe ist zur Einstellung einer ausreichenden Kaltumformung eine geeignete Glühbehandlung des Walzdrahtes oder des warmgewalzten Stabes erforderlich. Ausnahmen bilden die unlegierten Stähle mit niedrigem C-Gehalt sowie die Automatenstähle, insbesondere, wenn sie einer spanabhebenden Bearbeitung unterworfen werden. Wenn diese Stähle zu weich werden, dann gibt es Probleme wegen der Bildung einer starken Aufbauschneide am Spanwerkzeug. Die Art der Glühung ist abhängig von der Stahlsorte (ausführlich in Kapitel 5-10 – Wärmebehandlung).

- *Beschichten mit Schmiermittelträgern:* Das Ziel der Beschichtung ist es, eine gute Haftung des Schmiermittels beim Ziehen zu erreichen. Es gibt Schmiermittelträger, die direkt mit der Oberfläche reagieren, wie Phosphate und Oxalate, sowie wasserlösliche Schmiermittelträger wie Kalk und Mineralsalze. Eine Phosphatbeschichtung wird in der Regel für unlegierte und legierte Stähle, die Oxalatbeschichtung für höherlegierte Stähle (z. B. rostfreie Stähle) verwendet.

- *Anspitzen:* Damit ein Ende in das Ziehwerkzeug eingeführt werden kann, muss eine Seite des Walzdrahtes oder des warmgewalzten Stabes angespitzt (verjüngt) werden. Das Anspitzen von Walzdrähten wird mittels Walz- oder Einstoßvorrichtungen, bei den größeren warmgewalzten Stabstahlabmessungen auch mittels Fräsen vorgenommen.

- *Kaltumformung durch Ziehen:* Das Ziehen wird in Verbindung mit Schmiermittel vorgenommen. Das Schmiermittel wird unmittelbar vor dem Ziehstein auf das beschichtete Material aufgebracht. Ziel ist es, die Reibung und die Ziehkräfte beim Ziehen möglichst gering zu halten. Haftet die Beschichtung nicht gut genug, so kann es zu Abrissen beim Ziehen kommen. Als Ziehmittel kommen Fette, Öle oder Stearate (Seife) zur Anwendung. Je nach der Stahllegierung kann je Zug zwischen ca. 10 und 30 % kaltumgeformt werden.

- *Entfernung der Beschichtung oder des Schmiermittels vor dem erneuten Glühen:* Falls mehrere Ziehvorgänge notwendig sind, ist es sinnvoll, die Beschichtung oder das Schmiermittel vor dem erneuten Glühen zu entfernen. Das Material wird in Natriumhydroxid entfettet und anschließend in Säure gebeizt. In der Regel reicht eine kurze Anlassglühung (A-Glühung), um die Ziehspannungen abzubauen. Es ist nicht notwendig, immer wieder eine AC-Glühung nach jedem Ziehvorgang durchzuführen. Diese Prozesskette wird so lange wiederholt, bis die geforderte Abmessung oder Profilform eingestellt ist. Zu erwähnen ist, dass bei einem Kaltwalzvorgang Verfahrensschritte wie das Anspitzen entfallen.

Bei der Diskussion über die Fertigung von kaltumgeformten Langerzeugnissen ist es nicht üblich, die einzelnen Fertigungsschritte zu erwähnen. Es wird nur vom Glühen und Ziehen gesprochen.

Kaltumgeformte Stäbe stehen in verschiedenen Ausführungen zur Verfügung:

- *Gezogene Rund- und Profilstäbe* mit engen Durchmessertoleranzen von IT 9 und kleiner (DIN ISO 286). Die gezogenen Rundstäbe werden auch Blankstahl genannt.

- *Gezogene und geschliffene Rundstäbe* mit engerer Durchmessertoleranz als IT 9 (DIN ISO 286) und mit einer technisch rissfreien Oberfläche (DIN EN 10021).

- *Geschälte und richtpolierte Rundstäbe* üblicherweise über 25 mm Durchmesser mit IT9-Toleranz.

Die Stabstahlausführung wird bevorzugt, wenn eine vollständige Prüfung gefordert wird, wie es der Fall für kritische Bauteile für die Automobilindustrie ist. Die Prüfungen erstrecken sich auf die Oberflächenrissprüfung und auf die Ultraschallprüfung des Innenbereichs der Stäbe.

Die Bezeichnung *Blankstahl* bezieht sich ursprünglich auf Stabstahl aus den Automatenstählen, z. B. 11SMn28 oder 11SMnPb28 (DIN EN 10277 und DIN EN 10087) für die spanabhebende Bearbeitung. Wegen der wirtschaftlichen Bedeutung vom Blankstahl ist die Fertigung in sogenannten „kombinierten Ziehmaschinen" automatisiert worden. In diesen kombinierten Ziehmaschinen sind folgende Fertigungsschritte in einer Linie integriert:

Abhaspeln des Walzdrahtes → Richten der Walzdrahtader → mechanisches Entzundern mittels Strahlen → Ziehen zum Stab mittels Ziehschlitten → Trennen auf Stablänge → Richten des Stabes.

Gegebenenfalls kann auch eine Rissprüfanlage in Linie eingesetzt werden.

An die gezogenen und geschliffenen Stäbe werden hohe Ansprüche bezüglich der Toleranz, der Oberflächenrauheit und der Fehlerfreiheit gestellt. Die geforderten Toleranzen an dem Stabstahl liegen je nach Verwendung zwischen IT 6 und IT 8 (nach DIN EN ISO 286) und die Oberflächenrauigkeit bei Rz < 10 μm (nach DIN EN ISO 4287). Bei einem Enddurchmesser der Stäbe von < 30 mm ist das Vormaterial üblicherweise der warmgewalzte Walzdraht. Der Walzdraht wird in den kombinierten Ziehmaschinen zum Stab gezogen und anschließend geschliffen. Voraussetzung für diese Fertigung ist, dass die Festigkeit des Walzdrahtes unter etwa 1000 MPa liegt. Falls mit einer hohen Festigkeit von > 1000 MPa und beispielsweise auch in vergüteter Ausführung geliefert werden muss, dann wird der Walzdraht als Vormaterial zum Drahtring gezogen und der Drahtring vergütet. Der vergütete Drahtring wird anschließend zum Stab gestreckt, da ein Ziehen zum Stab bei diesen hohen Festigkeiten nicht möglich ist. Anschließend werden die Stäbe geschliffen.

Das *Schälen* von Stäben wird meistens bei Abmessungen über 20 mm Durchmesser vorgenommen. In der Regel wird warmgewalzter Stab eingesetzt. Voraussetzung ist, dass die eingestellte Festigkeit im warmgewalzten Zustand innerhalb der Kundenforderung liegt. Falls nicht, muss der warmgewalzte Stab einer geeigneten Wärmebehandlung unterzogen, gerichtet und anschließend geschält werden. Die Geradheit des Stabs ist wichtig für den Schälvorgang und soll bei < 2 mm/m liegen.

4.2.4 Herstellen von Rohren

Die Anwendungsgebiete für Rohre oder auch Hohlprofile aus Stahl sind sehr vielseitig. So werden sie z. B. für den Transport von wichtigen Primärenergieträgern wie Öl und Gas, Chemieerzeugnissen verschiedener Art, Trink-, Brauch- und Abwasser sowie von Feststoffen wie Kohle und Erz genutzt. Zudem werden sie auch als Halbzeuge für z. B. Stoßdämpfer oder auch in der Baubranche als statische oder konstruktive Elemente verwendet. Auch wenn beim Begriff Rohr oft von einem kreisrunden Querschnitt ausgegangen wird, sind auch quadratische, ovale und andere Querschnitte möglich.

Rohrfernleitungen werden sowohl als landverlegte Leitungen in normalen (bis – 10 °C) und in arktischen Klimazonen (bis – 60 °C) als auch als seeverlegte Leitungen betrieben. Der in den letzten Jahren zu beobachtende Trend im Fernleitungsbau zeigt, dass aus wirtschaftlichen Gründen hohe Betriebsdrücke und relativ große Verhältnisse von Rohrdurchmesser zu Wanddicke angestrebt werden. Hieraus entsteht die Forderung nach Stählen mit hoher Streckgrenze und Zugfestigkeit. Die geforderten Streckgrenzwerte gelten für eine Prüfung am fertigen Rohr. Daher muss bei der Werkstoffauswahl eine möglicherweise durch das Rohrherstellungsverfahren bedingte Änderung der am ebenen Blech oder Band ermittelten Streckgrenze des Stahls berücksichtig werden.

Durch die Verbesserung der Schweißtechnik und die steigende Nachfrage nach Großrohren (große Durchmesser), die als *nahtloses Rohr* unwirtschaftlich in der Herstellung wären, werden heutzutage fast zwei Drittel der weltweiten Stahlrohrproduktion als *geschweißtes Rohr* hergestellt (Brensing 2005).

Geschweißte Rohre

Durch die Herstellung von geschweißten Rohren mit Längs- oder Spiralnaht können Außendurchmesser von ca. 6 bis 2500 mm bei vergleichsweise geringen Wanddicken von 0,5 bis 40 mm bedient werden (nach DIN 2458).

Geschweißte Rohre werden durch das Biegen von gewalzten Flachprodukten und anschließendes Schließen durch eine Schweißnaht hergestellt. Genutzte Flachprodukte hierzu sind warm- oder kaltgewalzter Bandstahl, warmgewalztes Breitband oder auch Grobblech. Die Einformung des gewalzten Flachprodukts kann kalt oder warm geschehen und wird wie folgt unterteilt:

- kontinuierliche Rohrformung,
- Einzelrohrformung.

Bei der kontinuierlichen Rohrformung wird Band in Rollensätzen oder -käfigen abgehaspelt und am Ende des Bands kontinuierlich ein neues Band angeschweißt. Die Einzelrohrfertigung geschieht über Pressen (U-O-Verfahren, C-Verfahren) oder auch über 3-Walzen-Biegemaschinen.

Die heute überwiegend genutzten Schweißverfahren sind (Brensing 2005):

- Feuerpressschweißen (Fretz-Moon-Verfahren),
- Hochfrequenzschweißen,
- Unterpulverschweißen,
- Kombination Schutzgasunterpulverschweißung und
- Schutzgasschweißen.

Nahtlose Rohre

Die Herstellung von nahtlosen Rohren ist immer ein Warmherstellungsverfahren, weswegen auch von *warmfertigen Rohren* gesprochen wird. Als Vormaterial dienen Rundstrang und Blöcke, die gelocht und anschließend durch Presslochen, Presslochwalzen oder Schrägwalzlochen zum Rohr ausgestreckt werden.

Nahtlose Rohre werden für gehobene Anwendungen (Kranbau, Achsen, hochwarmfeste Reaktorrohre etc.) genutzt, sind aber auch nicht selten Vorprodukte für Kaltformgebungsverfahren von Rohren mit kleinen Durchmessern und Wanddicken (DIN 2391). Durch eine grobe Unterteilung des Abmessungsbereichs der Außendurchmesser lassen sich die Verfahren zur nahtlosen Rohrherstellung wie folgt unterscheiden (Brensing 2005, Kulgemeyer 2004):

- von ca. 21 bis 178 mm das Rohrkontiverfahren (auch mit bewegter Dornstange [Multistand Plug Mill {MPM}]) und das Stoßbankverfahren,
- von ca. 140 bis 406 mm das Stopfenwalzverfahren,
- von ca. 250 bis 660 mm das Schrägwalz-Pilgerschrittverfahren,
- von ca. 256 bis 1450 mm Press- und Ziehverfahren nach Erhardt.

Diese hauptsächlichen Verfahren sind heute modifiziert und auch kombiniert zu finden.

4.2.5 Herstellen von Schmiedeteilen

Der Vollständigkeit halber sind die folgenden Abschnitte hier noch eingefügt. Die ausführliche Darstellung der Warmmassivumformung und Kaltmassivumformung findet sich in den Kapiteln 5-2 und 5-3.

Bild 4.19 Schmiedehammer der Karl Diederichs KG (Quelle: Stahlseite.de, Niggemeier)

Freiformschmieden

Das Freiformschmieden beschreibt eine Umformung, bei der Stahlblöcke mit einem Stückgewicht von bis zu 250 t mithilfe eines *Schmiedemanipulators* zwischen sogenannten *Sätteln*, nicht formgebundenen Werkzeugen, durch eine Presse, einen Schmiedehammer (Bild 4.19) oder eine Langschmiedemaschine umgeformt werden. Aufgrund der so entstehenden geringen Fixkosten, aber gleichzeitig langen Prozesszeit, wird das Freiformschmieden insbesondere für die industrielle Herstellung von sehr großen Einzelstücken, wie z. B. Kurbelwellen von Schiffsdieseln, oder auch für Kleinserien genutzt (Raedt 2014).

Das Freiformschmieden teilt sich in die folgenden umformtechnischen Einzelverfahren auf:

- Stauchen,
- Recken,
- Eindornen und
- Lochen.

Gesenkschmieden

Das Gesenkschmieden ist vor allem für sicherheitsrelevante kleinere Teile, wie z. B. Pleuel, Zahnräder, Getriebeteile oder Lenkungsteile, mit einer hohen Stückzahl geeignet, da die Herstellung der benötigten, formgebenden Werkzeuge *(Gesenke)* zeitaufwändig und teuer ist.

Während des Gesenkschmiedens, was bei Schmiedetemperaturen von ca. 1200 °C stattfindet, wird das Schmiedestück fast vollständig vom Gesenk, welches aus zwei Gesenkhälften besteht, die die Negativform des fertigen Schmiedestücks darstellen, umschlossen. Der hohe Druck, der für diese Umformung benötigt wird, wird durch einen Schmiedehammer oder eine Schmiedepresse erzeugt (Raedt 2014).

Langschmieden

Das Langschmieden bildet einen Spartenbereich des Freiformschmiedens, welches sehr große Schmiedestücke herstellen kann. So werden rotationssymmetrische Schmiedestücke, wie beispielsweise Kaltwalzen und Dornstangen bis zu einer Länge von 22 m sowie nichtmagnetische Schwerstangen geschmiedet. Dieser Prozess erfolgt vollautomatisch und über die im Schmiedekasten befindlichen vier axialsymmetrisch angeordneten Schmiedestößel, an denen die Schmiedewerkzeuge befestigt sind (Bild 4.20).

Fließpressen

Die Formgebung von Werkstücken durch das Durchdrücken durch eine Werkzeugöffnung nennt man Fließpressen. Dieses Verfahren eignet sich zur Massenherstellung von Werkstücken, die pro Stück wenige Gramm bis ca. 30 kg wiegen. Je nach verwendetem Temperaturbereich während des Fließpressens spricht man von *Warmfließpressen* oder *Kaltfließpressen* (Raedt 2014).

Mehrstufenpressen

Das Mehrstufenpressen wird vor allem in der Massivumformung, insbesondere für Normteile (Schrauben, Muttern, Nieten), aber auch in der Automobilindustrie

Bild 4.20 Schmiedemaschine RF 70 der Deutschen Edelstahlwerke in Krefeld (Heischeid 2008)

genutzt. Es können in den einzelnen Pressstufen unterschiedliche Arbeitsverfahren, wie z. B. Stauchen, Fließpressen usw., sowohl kalt als auch warm abgewickelt werden und so große Stückzahlen mit kurzen Standzeiten gefertigt werden.

Der Marktführer für Anlagen des Mehrstufenpressens ist Hatebur, weswegen der Prozess auch oft unter diesem Namen läuft. Beim Hatebur-Pressen wird bei höheren Temperaturen gearbeitet und üblicherweise warmgewalztes Vormaterial eingesetzt.

4.2.6 Ringwalzen

Das Ringwalzen hat sich in der Massivumformung vor allem für Ringe durchgesetzt, da es ein großes Spektrum an Durchmessern, Wanddicken und Höhen ermöglicht und der Umrüstaufwand im Vergleich zum Gesenkschmieden relativ gering ist (Kluge 2005).

4.3 Qualitätskontrolle bei der Herstellung von Halbzeug

Die Qualitätssicherung von Halbzeugen, Flach- und/oder Langprodukten beginnt bereits bei der Erschmelzung des Stahls (z. B. im Hochofen oder Elektrolichtbogenofen). Von diesem Punkt an werden die Produkte kontinuierlich bis zu ihren Herstellungs- und Weiterverarbeitungsprozessen (z. B. Stranggießen, Walzen) überwacht.

Diese Überwachung von Beginn an ist unerlässlich, da die chemische Zusammensetzung der Schmelzen (Chargen) die Basis für das Werkstoffverhalten in der gesamten weiteren Fertigung darstellt. Im weiteren Verlauf des Herstellungsprozesses wird der Stahl sowohl *zerstörungsfreien Prüfverfahren* als auch *zerstörenden Prüfverfahren* unterzogen.

Die zerstörungsfreien Prüfverfahren werden im Wesentlichen nach ihrer Funktionsweise und Energieart in vier Gruppen unterteilt:

- Ultraschallprüfung
- Durchstrahlungs- oder Röntgenstrahlprüfung
- elektromagnetische Prüfung
- Penetrationsverfahren.

Bei den zerstörenden Prüfverfahren werden Proben aus definierten Prüfpositionen und in definierter Art und Anzahl entnommen. Ausschlaggebend hierfür ist die spätere Verwendung oder Weiterverarbeitung des Halbzeugs, Flach- oder Langproduktes und somit die jeweiligen Qualitätsstandards, die meist in den technischen Lieferbedingungen mit den Endkunden festgehalten werden. Zu ihnen zählen zahlreiche mechanische Erprobungen, wie z. B. Härtemessung, Kerbschlagbiege-, Dauerschwing- oder Zugversuch, sowie die Metallographie für z. B. Untersuchungen des Reinheitsgrades und die Gefügeanalyse.

Aufgrund der großen Vielzahl an Prüfverfahren wird im Folgenden vor allem auf die gängigsten, zerstörungsfreien Prüfverfahren für Halbzeuge, Flach- und Langerzeugnisse eingegangen.

Um die allgemeine Qualitätssicherung zu gewährleisten und die Kompetenz und Leistungsfähigkeit nachzuweisen, wird national und international vorausgesetzt, dass Unternehmen jeder Größe und Branche ein nach DIN EN ISO 9001 zertifiziertes Qualitätsmanagementsystem besitzen. Für Zulieferer der Automobilindustrie existiert zusätzlich noch die ISO/TS 16949, welche auf der EN ISO 9001 basiert und als „Technische Spezifikation" gemeinsam von der IATF (International Automotive Task Force) veröffentlicht wurde.

Die zerstörungsfreie Prüfung (ZfP nach EN 1330) von Werkstoffen spielt heutzutage in allen Bereichen der modernen metallverarbeitenden Industrie eine wichtige Rolle. Sie erlaubt eine Beschleunigung der Qualitätskontrolle, da sie die herkömmlichen zerstörenden Prüfverfahren ergänzen oder ersetzen kann. Mit ihr lassen sich Aussagen über die Lage und Größe von Fehlern sowie die Festigkeit, Anisotropie, Gefügebeschaffenheit oder Eigenspannungszustände treffen.

4.3.1 Ultraschallverfahren (US-Verfahren)

Die Ultraschallprüfung ist im Allgemeinen über die DIN EN ISO 16810 geregelt und dient dem Nachweis und der Größenbestimmung von Fehlern. Für die unterschiedlichen Anwendungszwecke existiert eine Vielzahl von Prüfköpfen, wobei die wesentliche Unterscheidung zwischen *Normalprüfköpfen* – die Schallwelle

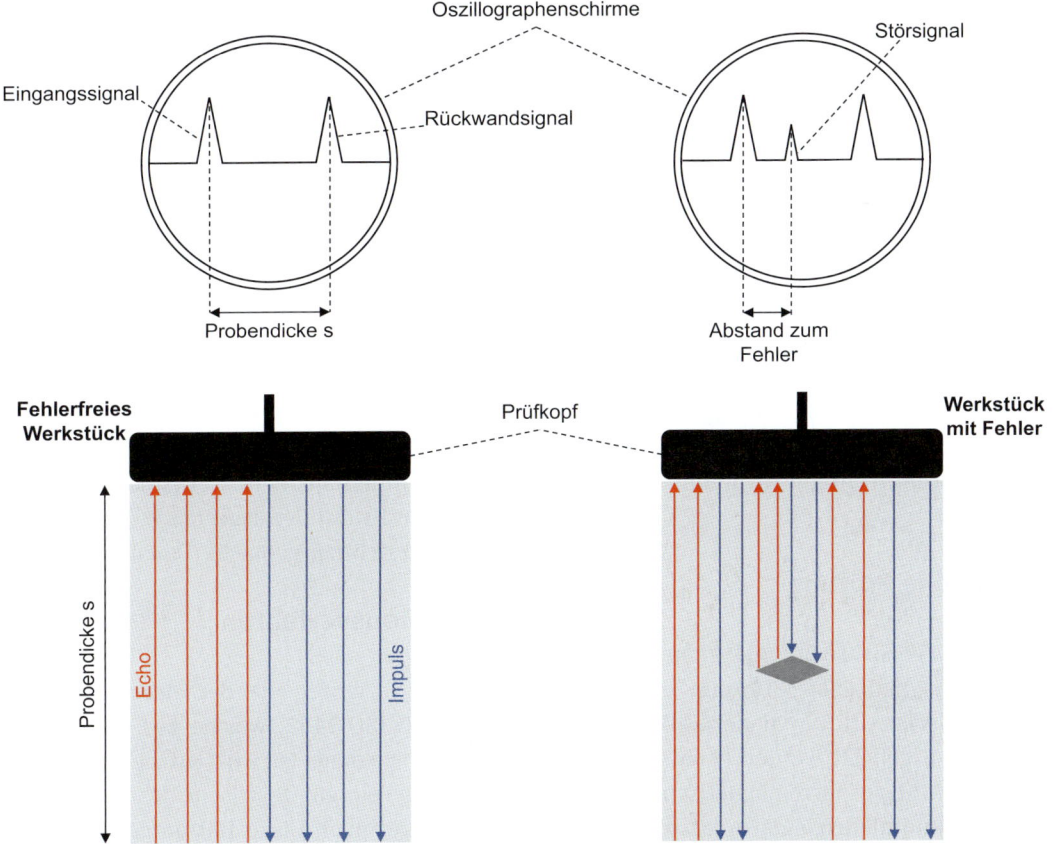

Bild 4.21 Darstellung des Ultraschall-Impuls-Echo-Verfahrens: Der Prüfkopf dient sowohl als Sender *als auch* als Empfänger. Durch den Abstand zwischen zwei Signalen kann auch die Lage des Fehlers im untersuchten Werkstück abgeschätzt werden

4

dringt senkrecht in das Werkstück – und *Winkelprüf-köpfen* – die Schallwelle tritt unter einem Winkel von z. B. 45°, 60° oder 70° gegen die Normale ins Werkstück – unterschieden wird.

Die Ankopplung des Prüfkopfs geschieht über das Auftragen eines Koppelmittels (z. B. Wasser oder Öl) auf das Werkstück und die Ultraschallwellen werden im Werkstück an Inhomogenitäten und an der Rückwand des Werkstücks reflektiert und gelangen so zurück zum Prüfkopf (Bild 4.21). Nach der elektronischen Signalverarbeitung lässt sich die Situation im Werkstück auf einem Oszillographenbildschirm darstellen.

4.3.2 Durchstrahlungs- oder Röntgenstrahlprüfung

Die Durchstrahlungsprüfung *(Radiographie)* nach DIN EN ISO 5579 wird meist als automatisiertes Prüfverfahren zur Überprüfung von Gussteilen und Schweißnähten genutzt. Hierbei wird das zu untersuchende Werkstück zwischen eine Röntgen- oder Gamma-Strahlenquelle und einen Röntgenfilm oder Bildwandler gebracht. Die Röntgenstrahlen (X-Rays) werden mit Beschleunigungsspannungen bis 400 keV auf das Werkstück gerichtet, wobei Eindringtiefen von bis zu 500 mm erreicht werden können. Die Intensität der Röntgenstrahlen ist bei der Durchstrahlung des fehlerfreien Vollmaterials schwächer als bei der Durchstrahlung eines Fehlers (Riss, Lunker oder Pore), weshalb die Intensitätsverteilung durch unterschiedliche Schwärzungen auf dem Röntgenfilm sichtbar gemacht werden kann. Je größer der Intensitätsunterschied zwischen der das fehlerfreie Werkstück durchdringenden Strahlung und der des Fehlers, desto deutlicher ist der Fehler zu erkennen. Daher lassen sich Fehler, deren größte Ausdehnung parallel zur Strahlung verläuft, besser erkennen als solche, die sich senkrecht zur Strahlungsrichtung befinden.

4.3.3 Elektromagnetische Prüfung

Das *Wirbelstromprüfverfahren* gehört so wie die *Magnetpulverprüfung* zur elektromagnetischen Prüfung. Jedoch können mit der Wirbelstromprüfung nahezu alle Stahlsorten (z. B. RSH-Stähle) geprüft werden, wohingegen die Magnetpulverprüfung auf ferromagnetische Werkstoffe (z. B. unlegierte und niedriglegierte ferritische Baustähle) beschränkt ist.

Das Wirbelstromverfahren nach DIN EN ISO 15549

macht Inhomogenitäten oder Werkstofftrennungen (z. B. Risse) im Werkstück messtechnisch erfassbar, indem es Änderungen im Wechselstromwiderstand (die Impedanz) einer Spule misst. Hierfür wird diese Spule mit Wechselstrom durchflossen und dicht an das zu untersuchende Werkstück gebracht, wodurch das entstehende elektromagnetische Feld kreisförmige Wirbelströme in der Umgebung der Spule im Werkstück induziert. Fehler im Werkstück verursachen Störungen in diesen Wirbelstrombahnen, wodurch sich der Wechselstromwiderstand der Spule ändert. Die Eindringtiefe der Wirbelstrombahnen hängt von der Prüffrequenz sowie von den magnetischen und elektrischen Eigenschaften des Werkstoffes ab.

Die Magnetpulverprüfung nach DIN EN ISO 9334 dient ähnlich wie das Wirbelstromprüfverfahren dem Nachweis von Oberflächeninhomogenitäten, z. B. Rissen, Schlackenzeilen und Ähnlichem. Je näher der Fehler unterhalb der Oberfläche liegt, desto besser wird er sichtbar gemacht, da die Empfindlichkeit mit zunehmender Tiefenlage abnimmt. Auch hat die Lage der Fehler einen erheblichen Einfluss auf die Erkennbarkeit dieser. So werden Fehler, die senkrecht zur Richtung des Magnetfeldes liegen, wegen der stärkeren Störung der Feldlinien eher erkannt als Fehler parallel zur Feldlinienrichtung.

Zur Durchführung der Prüfung wird ein Prüfmittel, meist eine Suspension aus farbigen (auch schwarz) oder fluoreszierenden Teilchen in einer Trägerflüssigkeit (z. B. Eisenoxidpulver in Ölschwemmung), auf das zu prüfende Werkstück aufgetragen. Anschließend wird das Werkstück mit Wechselstrom, Stromstößen oder auch Gleichstrom (unter Ausnahme der Induktionsdurchflutung) magnetisiert. An den Fehlstellen müssen höhere magnetische Widerstände durch Erhöhung des Durchtrittsquerschnitts ausgeglichen werden, sodass Kraftlinien aus dem Werkstück austreten können. An diesen Kraftlinien lagert sich das Prüfmittel an und wird so sichtbar gemacht (Bild 4.22).

4.3.4 Penetrationsverfahren

Beim Penetrationsverfahren oder der Farbeindringprüfung nach DIN EN ISO 3452, welche zur Ortung von Oberflächenrissen geeignet ist, wird auf die von Öl- und Fettrückständen gereinigte Oberfläche des Werkstücks eine Flüssigkeit geringer Viskosität aufgebracht. Die Flüssigkeit dringt durch die Kapillarwirkung in die vorhandenen Öffnungen an der Oberfläche ein und

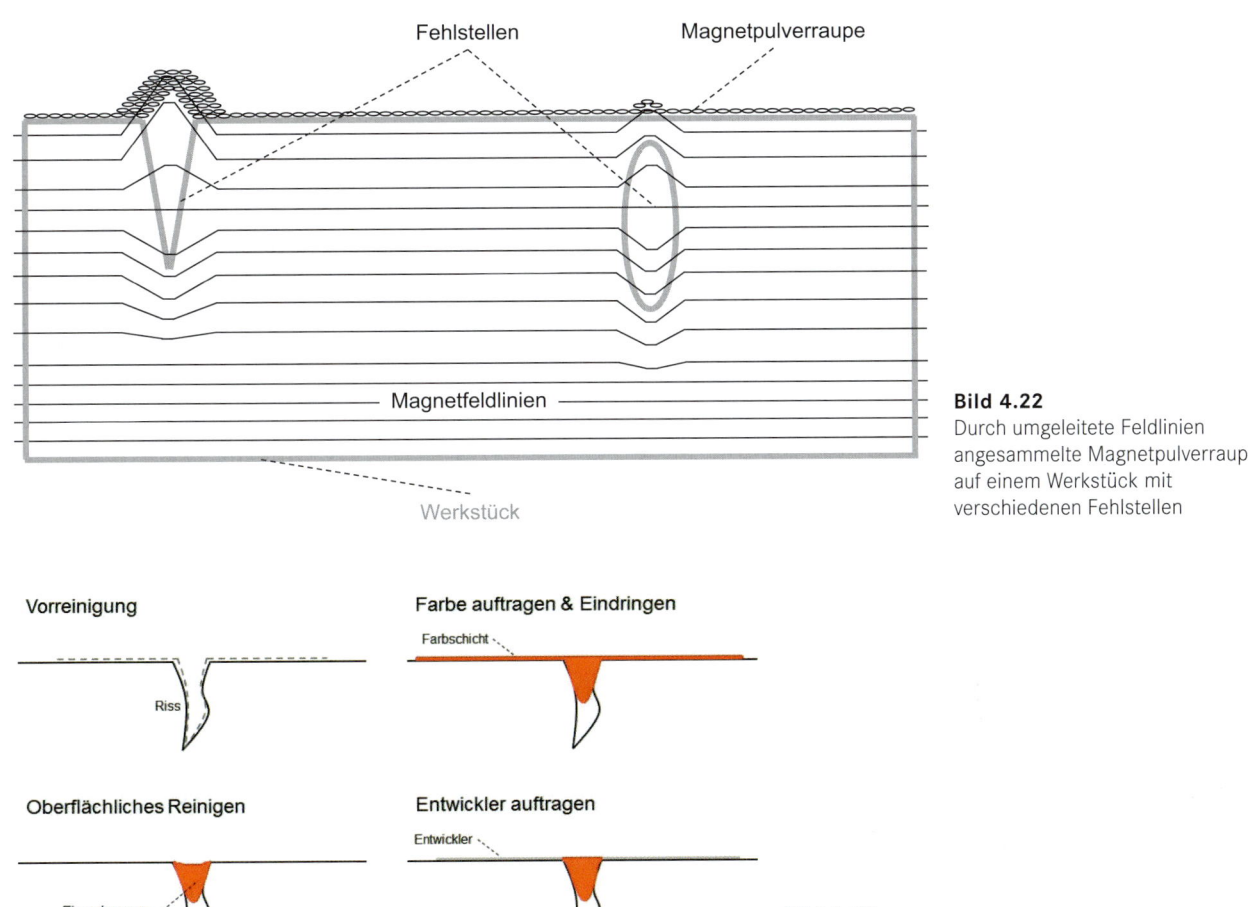

Fehlstellen

Magnetpulverraupe

Magnetfeldlinien

Werkstück

Bild 4.22
Durch umgeleitete Feldlinien
angesammelte Magnetpulverraupe
auf einem Werkstück mit
verschiedenen Fehlstellen

4

Vorreinigung

Riss

Farbe auftragen & Eindringen

Farbschicht

Oberflächliches Reinigen

Eingedrungene
Farbe im Riss

Entwickler auftragen

Entwickler

Bild 4.23
Vorgehensweise bei der Farbeindringprüfung

zeigt nach dem oberflächlichen Entfernen der Flüssigkeit den Fehler an. So können auch oberflächliche Fehler, die durch einfache Sichtkontrolle nicht erkannt werden konnten, sichtbar gemacht werden (Bild 4.23).

4.3.5 Fazit

Die kontinuierlichen Verbesserungen der letzten Jahrzehnte im Bereich der Metallurgie und insbesondere in der Sekundärmetallurgie erlauben heutzutage eine Stahlherstellung in sehr hoher Qualität bezüglich des makroskopischen und mikroskopischen Reinheitsgrades bei gleichzeitig geringer Gefügeinhomogenität. Das Auftreten von singulären Makroeinschlüssen kann durch die Anwendung des Umschmelzverfahrens sogar gänzlich vermieden werden. Auch die Stranggießverfahren haben ein hohes Niveau erreicht, sodass eine gute Oberfläche der gegossenen Stahlprodukte möglich ist.

Auch bei den Weiterverarbeitungsprozessen (z. B. zu Stabstahl, Draht, Rohren oder Flachprodukten) können hohe Oberflächenqualitäten und gleichzeitig sehr geringe Maßtoleranzen und Ovalitäten sicher eingestellt werden (Engineer 1997, Adams 2006, Fachvereinigung Kaltwalzwerke 2009). Fortschritte in der prozessbegleitenden Prüftechnik der Stahlprodukte gewährleisten, dass viele Fehler/Ungänzen aussortiert werden können, wenngleich nach wie vor nicht alle Fehlerarten/Ungänzen immer zu entdecken sind. Weiterhin muss berücksichtigt werden, dass ein erhöhter Prüfaufwand auch mit zusätzlichen Kosten einhergeht. Letzten Endes kommt es darauf an, den optimalen Fertigungsablauf und die angepasste Prüfintensität für den jeweiligen Verwendungszweck unter Einbeziehung von fachlich qualifiziertem Personal auszusuchen.

Literatur zu Kapitel 4

Adams, H. W.: Das Richtige richtig tun; QZ, Jahrgang 50 (2006) S. 32 – 33

Babich, A.; Senk, D.; Gudenau, H. W.; Mavrommatis, K. Th.: Ironmaking. Verlagshaus Mainz GmbH, Aachen 2008

Bauer, H.; Behrens, K. F.; Walther, M.: Das Vakuumfrischen hochchromhaltiger Stähle im Konverter; Stahl & Eisen 97 (1977), S. 938 – 944

Behrens, K. F.; Köhler, E.; Unger, K. D.: Die Erschmelzung nichtrostender, säure- und hitzebeständiger Stähle bei den Thyssen Edelstahlwerken in Krefeld – Inbetriebnahme einer AOD-Anlage; Stahl & Eisen 99 (1979), S. 1302 – 1310

Brensing, K.-H.; Sommer, B.: Herstellverfahren für Stahlrohre. Stahlrohr Handbuch, 12. Aufl., Mannesmannröhren-Werke AG, Mülheim an der Ruhr 2005

Engineer, S.; Wieland, H-J.: Null-Fehler-Philosophie; Stahl-Eisen 117 (1997), Heft 3, S. 79 – 84

Heischeid, C.; Horsthofer, J.; Piper, K.-E.: Technologien zur Herstellung anspruchsvoller Schmiedeerzeugnisse. Stahl & Eisen 128 (2008) Nr. 10

Kluge, A.; Faber, H.: Glühende Ringe – Das Ringwalzen als wichtiges Verfahren der Massivumformung. MM Das Industrie Magazin, Heft 39 (2005), S. 26 – 31

Kulgemeyer, A.; Groß-Weege, J.; Träger, C.: Herstellung von Stahlrohren. Salzgitter Mannesmann Forschung GmbH, Duisburg 2004

Niggemeier, U.: www.stahlseite.de; Karl Diederichs KG

N. N.: ArcelorMittal Duisburg GmbH: Ortswechsel – Europas modernste Drahtstraße in Duisburg-Ruhrort 2014

N. N.: Deutsche Edelstahlwerke (DEW): Schutzgas-Elektro-Schlacke-Umschmelz-Anlage (ESU), Witten 2006

N. N.: 0-Fehler-Strategie in der Kaltwalzindustrie: Fachvereinigung Kaltwalzwerke e. V., Düsseldorf 2009

Raedt, H.-W.: Massivumgeformte Komponenten – Forged Components. 2. Auflage, Hirschvogel Holding GmbH, Denklingen 2014

Stahlinstitut VDEh: Stahlfibel. Verlag Stahleisen GmbH, Düsseldorf, 2015

Verein Deutscher Giessereifachleute (VDG) e.V.: Grundlagen der Gießereitechnik. 2005

Weißbach, W.: Stahlerzeugung. Werkstoffkunde und Werkstoffprüfung, Kapitel 4, Friedr. Vieweg & Sohn Verlagsgesellschaft mbH, Braunschweig/Wiesbaden 1992

Wirtschaftsvereinigung Stahl 2016

World Steel Association: World Steel in Figures; Brussels/Belgium, 2015

Alle im Text erwähnten Normen sind in einer Liste zusammengefasst (Seite 889).

Verarbeitung von Stählen

Wolfgang Bleck

I m Herstellprozess von Stählen schließt sich an das Schmelzen und Gießen eine Formgebung an, die in jedem Fall als Warmumformung, bei einigen Produktformen ergänzt um eine Kaltumformung, erfolgt und zum Halbzeug führt. Halbzeug ist der Oberbegriff für die Lieferform von metallischen Werkstoffen nach einer ersten Umformung. Als Bleche (Grobblech, Feinblech, Feinstblech), Coils (gewickeltes Feinblech oder Feinstblech), Stangen, Profile oder Rohre sind Halbzeuge die verbreitete Lieferform von Stählen. Diese werden in Normen bezüglich Material- und Oberflächenqualität, Form und Abmessungen sowie Toleranzen definiert. Halbzeuge sind somit der Ausgangspunkt für die Weiterverarbeitung zu einem Produkt durch weitere Fertigungsschritte.

Die Fertigungstechnik ist das Teilgebiet des Maschinenbaus, das sich mit der Herstellung von Werkstücken aus Halbzeugen und deren Zusammenbau zu Bauteilen beschäftigt. Die Fertigungsverfahren werden in DIN 8580 beschrieben. Sie werden häufig in Kombination eingesetzt und weisen eine große Zahl an Varianten auf. Im Folgenden werden lediglich die wichtigsten, für die Weiterverarbeitung von Halbzeugen aus Stahl angewandten Fertigungsverfahren des Umformens, Trennens, Fügens, der Oberflächenbehandlung und der Wärmebehandlung zusammengestellt. Es handelt sich hierbei um keine vollständige Auflistung; vielmehr wird besonderer Wert darauf gelegt, diejenigen Fertigungsverfahren vorzustellen, die bezüglich ihrer Verbreitung eine besondere Aufmerksamkeit verdienen und die gleichzeitig zu einer Veränderung der Werkstoffeigenschaften beitragen können.

Dies lässt sich anschaulich am Beispiel von nichtrostenden Stählen erläutern, die als Halbzeug typischerweise eine hervorragende Korrosionsbeständigkeit aufwei-

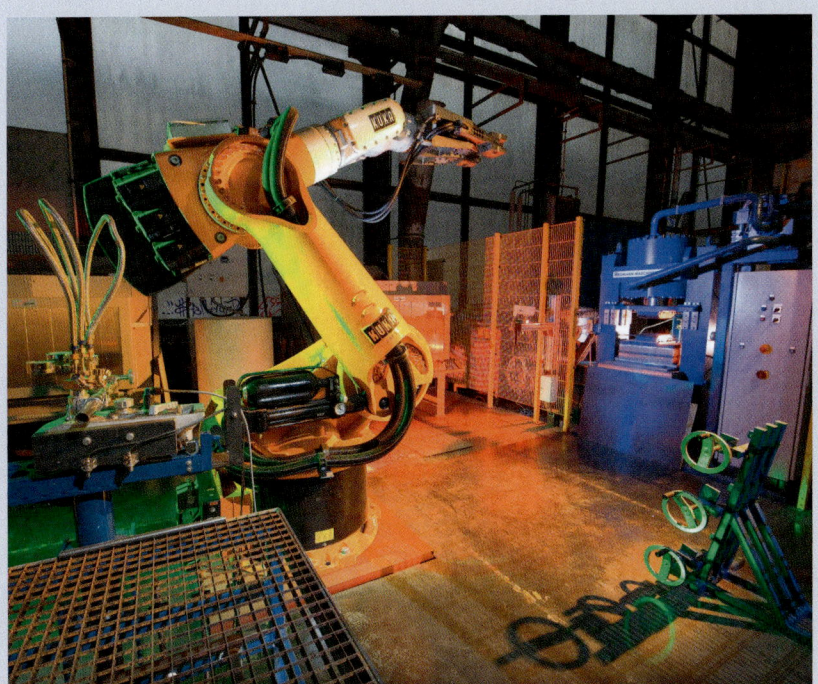

Robotergestützte Weiterverarbeitung von Gussblöcken in einer Fertigungskette im Labor
(Foto: Brixius, IEHK)

5

sen, welche allerdings durch Weiterverarbeitung tendenzmäßig verschlechtert werden kann. Der korrosionstechnisch schwerwiegendste Eingriff ist zweifelsohne das Schweißen, bei dem entweder eine neue Phase in Form von Zusatzwerkstoffen oder aber der Werkstoff selbst durch starke Hitzeeinwirkung korrosionstechnisch beeinflusst wird. Dies geht in der Regel einher mit Veränderungen des Werkstoffgefüges, beispielsweise in Form von Grobkornbildung und Ausscheidung von Zweitphasen, die in Kombination mit Schweißfehlern, wie Poren oder Segregationen, zu einem erheblich erhöhten Korrosionsrisiko führen können. Aber auch eine rein mechanische Bearbeitung von nichtrostendem Stahl, beispielsweise um die Oberflächenrauigkeit zu beeinflussen, kann das Korrosionsverhalten gravierend verändern. Es gilt die Regel, dass je rauer die Oberfläche, desto geringer die Korrosionsbeständigkeit ist. In ähnlicher Weise kann eine plastische Umformung durch eine erhöhte Gitterfehlerdichte oder zunehmende Eigenspannungen zu einem verstärkten Korrosionsangriff führen.

Im Folgenden werden zunächst eigenschaftsbildende Umformprozesse sowohl für die Blech- als auch für die Massivumformung beschrieben. Das Formänderungsvermögen eines Stahles wird von seiner chemischen Zusammensetzung und seiner Gefügestruktur bestimmt; es wird durch den Umformprozess selber reduziert. Daraus resultieren neue mechanische, korrosive oder Oberflächeneigenschaften, die für die Bauteilanwendung relevant sind.

Bei der spanenden Formgebung und den Trennverfahren sind die auftretenden Eigenschaftsänderungen zumeist auf einen relativ kleinen Bereich in unmittelbarer Nähe der Angriffsstelle des Zerspanungs- oder Trennwerkzeuges beschränkt. Allerdings können auch hieraus charakteristische neue Eigenschaften entstehen, die das Bauteilverhalten in vielfacher Weise beeinflussen.

Beim Schweißen von Stählen als dem wichtigsten Fügeverfahren wird zumindest lokal eine Temperatur oberhalb der Schmelztemperatur eingestellt und mit oder ohne Zuführung von Zusatzwerkstoffen ein neues Eigenschaftsprofil geschaffen. Das Gefüge in der Schweißzone ähnelt dann dem eines Gusswerkstoffes, während in der Wärmeeinflusszone unterschiedliche Wärmebehandlungszustände eingestellt werden. Das entstehende heterogene Gefüge äußert sich in lokal unterschiedlichen Eigenschaften.

Viele Halbzeuge erfahren zudem eine Oberflächenbehandlung; häufig ist der Zweck neben der kosmetischen Oberflächenveredelung der Korrosionsschutz. Bei Stählen werden vielfach metallische Überzüge genutzt, wodurch als Folge von Diffusionsvorgängen und Reaktionen im oberflächennahen Bereich des Grundwerkstoffes neue Eigenschaften eingestellt werden. Dies betrifft beispielsweise Korngrenzenbelegungen mit Fremdatomen oder die Bildung intermetallischer Phasen, die das Umformvermögen beeinträchtigen können.

Schließlich können die Eigenschaften von Stählen mit einer Vielzahl von Wärmebehandlungsverfahren gestaltet werden. Wärmebehandlungen von Stählen werden mit unterschiedlichen Zielvorgaben durchgeführt und sind häufig mit einer Gefügeumwandlung verknüpft. Hierdurch entstehen neue gefügebedingte mechanische Eigenschaften und als eine Besonderheit bei Stählen aufgrund der schnell diffundierenden interstitiell gelösten Atome (im Wesentlichen gelöster Kohlenstoff) lokal unterschiedliche chemische Zusammensetzungen, die auf mikroskopischer Ebene oder in Form von Gradienten auch makroskopisch zu Eigenschaftsgradienten führen.

Es ist somit das Ziel dieses Kapitels, das Bewusstsein dafür zu schärfen, inwieweit Weiterverarbeitungsprozesse die typischerweise am Halbzeug genormten Eigenschaften beeinflussen können. Erst die Kenntnis des gesamten Prozessweges, der darin gegebenen Veränderungen von Gefüge, Oberfläche und Eigenspannungsverteilung ermöglicht eine Beurteilung der am Bauteil erzielbaren Eigenschaften und stellt somit auch eine wichtige Voraussetzung für die richtige Werkstoff- und Prozesswahl dar.

5-1 Umformen und Schneiden von Blechbauteilen

Wolfram Volk, Christoph Hartmann, Maria Hiller, Daniel Opritescu, Annika Weinschenk, Martin Feistle, Michael Krinninger

5-1.1 Blechumformung

Die Themen Leichtbau und Ressourceneffizienz spielen für den wirtschaftlichen Erfolg eines produzierenden Unternehmens eine herausragende Rolle. Insbesondere die Verfahren der Umformtechnik ermöglichen die wirtschaftliche Herstellung eines großen Bauteilspektrums aus den verschiedensten Werkstoffen.

Neben der Vielschichtigkeit und dem Variantenreichtum erlauben Umformprozesse die Herstellung von Bauteilen unterschiedlicher Anforderungsprofile. Hohe spezifische Bauteilfestigkeiten bei gleichzeitig geringen Wanddicken und effizienter Materialausnutzung erfüllen die gestiegenen Ansprüche an die Produktionstechnik der Gegenwart und sind unter anderem Gründe, warum Umformteile einen immer größeren Marktanteil für sich beanspruchen (Suchy 2006).

5-1.1.1 Bauteilspektrum und Prozesskette

Die Umformtechnik wird maßgeblich durch die Automobilbranche und deren Zulieferindustrie geprägt. Ein Grund hierfür ist die steigende Nachfrage nach Leichtbauprodukten (Pearce 1991). Weitere bedeutende Bran-

chen, ohne Anspruch auf Vollständigkeit, sind die Haushaltsgeräte- und Lebensmittelindustrie.

Im Folgenden wird auf die Herstellung sowie die Bewertung der Qualität von Umformbauteilen näher eingegangen. Um die Anschaulichkeit der theoretischen Beschreibungen zu erhöhen, werden diese durch konkrete Ausführungen an einem Beispielbauteil begleitet. Dazu wird exemplarisch das linke und rechte Bauteil zur Verbindung des Seitengerippes mit der Bodengruppe einer Fahrzeugkarosserie herausgegriffen (Bild 5-1.1). Diese Bauteile sind typische Blechumformbauteile, welche tiefgezogen, schergeschnitten und nachgeformt werden. Die Bauteile werden aus dem kaltgewalzten Stahlwerkstoff mit hoher Streckgrenze HC 260 LAD mit einer Dicke von 1,4 mm hergestellt. Bild 5-1.2 zeigt die Anordnung der Bauteile VSU-li/re in der Bodengruppe der Fahrzeugkarosserie.

5-1.1.2 Auslegung des Fertigungsprozesses

Im Methodenkonzept, auch Fertigungsplan genannt, erfolgt die Grobplanung vom herzustellenden Bauteil zur Ziehanlage. Letztere beschreibt dabei nicht die benötigte Anlagentechnik, sondern die bauteilbezogene Ausgestaltung der Werkzeuggeometrien, welche die Blechhalter-, Matrizen- und Stempelwirkflächen sowie Ergänzungsflächen umfassen (Birkert 2013, Hoffmann 2012).

Die Inhalte und Rahmenbedingungen des Methodenkonzepts sind in Bild 5-1.3 dargestellt. Das Ergebnis des Methodenkonzepts ist das Produktionskonzept, welches die Rahmenbedingungen für die Methodenplanung festlegt. Die Methodenplanung übernimmt dabei die konkrete Ausgestaltung des Bauteils und der benötigten Werkzeuge, worauf in diesem Kapitel jedoch nicht näher eingegangen wird.

Im Methodenkonzept erfolgt bereits die Entscheidung, ob das Bauteil in Folgeverbund- oder Stufen- bzw.

Bild 5-1.1 Linkes und rechtes Bauteil zur Verbindung des Seitengerippes (VSU-li/re) mit der Bodengruppe einer Fahrzeugkarosserie (Quelle: BMW AG)

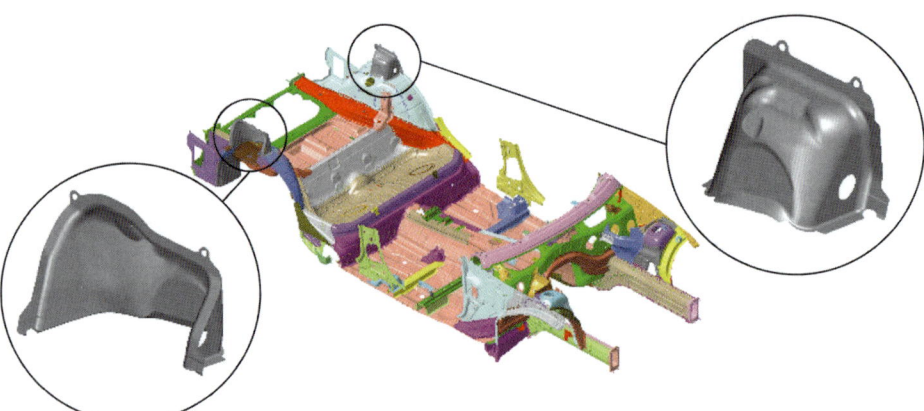

Bild 5-1.2
Bauteile zur Verbindung des Seitengerippes unten links/ rechts in der Bodengruppe der Fahrzeugkarosserie und eine Einzeldarstellung der Bauteile im Produktkoordinatensystem (Quelle: BMW AG)

Transferfertigung hergestellt wird. Bei der Folgeverbundfertigung ist in der Regel eine höhere Ausbringung als bei der Stufenfertigung möglich. Demgegenüber bietet Letztere jedoch wesentlich mehr Flexibilität, da das Bauteil nicht an einem durchgängigen Streifen verbleibt. Aus Sicht der Wirtschaftlichkeit kann die Folgeverbundfertigung trotz der höheren Ausbringungsrate durchaus nicht die erste Wahl sein. Wenn beispielsweise eine Schachtelung von Platinen ineinander nicht möglich ist, kann beim Streifenbild unter Umständen höherer Verschnitt auftreten als bei einer Fertigung mit Platinen. Bei Bauteilen mit hohem Komplexitätsgrad und großen Abmessungen, z. B. Karosseriebauteilen, werden in der Regel wegen der größeren Flexibilität Stufenwerkzeuge benötigt (Birkert 2013). Aufgrund der Komplexität der Beispielbauteile aus Bild 5-1.2 erfolgt die Herstellung in Stufenfertigung mit fünf Arbeitsfolgen. In der ersten Arbeitsfolge werden die Bauteile gezogen. Anschließend folgen zwei Beschneidestufen. Zum Schluss findet das Nachformen in zwei separaten Arbeitsfolgen statt.

Bei der *Einzelteilfertigung* wird pro Hub ein Bauteil produziert. Aus Gründen der Wirtschaftlichkeit wird jedoch eine *Mehrfachteilefertigung* angestrebt. Die Pressengröße und die benötigten Pressenfunktionen stellen dabei die limitierenden Faktoren dar. Deshalb werden sehr große und komplexe Bauteile in Einzelteilfertigung und kleine sowie auch Teile mittlerer Größe, insbesondere spiegelbildlich vorkommende Bauteile, zunehmend auf Mehrfachwerkzeugen hergestellt. Bei der Mehrfachteilefertigung können die Werkzeuge entweder mit einer oder mit mehreren Platinen bestückt werden. Die zu fertigenden Teile können dabei aus separaten Ziehteilen entstehen, oder es können mehre-

re Bauteile zu einem Ziehteil zusammengelegt werden (Birkert 2013).

Das bereits eingeführte Beispielbauteil tritt in der linken und rechten Fahrzeughälfte auf und ist annähernd symmetrisch. Wegen der geringen Bauteilgröße ist eine Doppelteilfertigung möglich. Die Herstellung des linken und rechten Bauteils aus einem Ziehteil reduziert den Werkzeuginvest und erhöht den Materialnutzungsgrad, da auf diese Weise ein geschlossenes Bauteil anstelle von zwei halboffenen gefertigt wird (Bild 5-1.4).

Die *Platinengeometrie* ist eng mit den Kosten eines Bauteils verknüpft. Aufgrund der im Verhältnis zu den

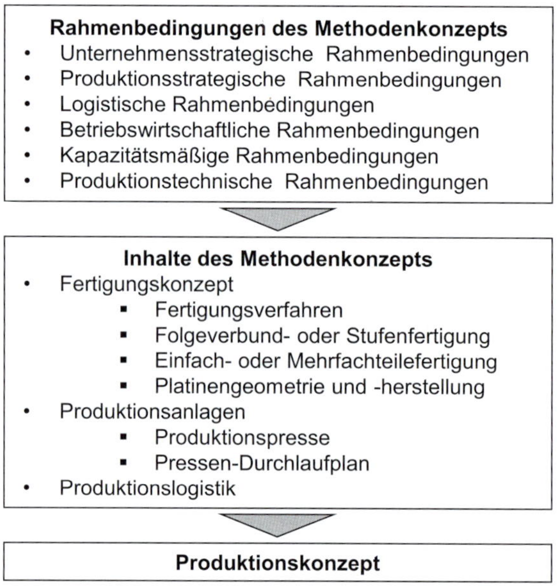

Rahmenbedingungen des Methodenkonzepts
- Unternehmensstrategische Rahmenbedingungen
- Produktionsstrategische Rahmenbedingungen
- Logistische Rahmenbedingungen
- Betriebswirtschaftliche Rahmenbedingungen
- Kapazitätsmäßige Rahmenbedingungen
- Produktionstechnische Rahmenbedingungen

Inhalte des Methodenkonzepts
- Fertigungskonzept
  - Fertigungsverfahren
  - Folgeverbund- oder Stufenfertigung
  - Einfach- oder Mehrfachteilefertigung
  - Platinengeometrie und -herstellung
- Produktionsanlagen
  - Produktionspresse
  - Pressen-Durchlaufplan
- Produktionslogistik

Produktionskonzept

Bild 5-1.3 Inhalte des Methodenkonzepts und dessen Rahmenbedingungen angelehnt an (Birkert 2013)

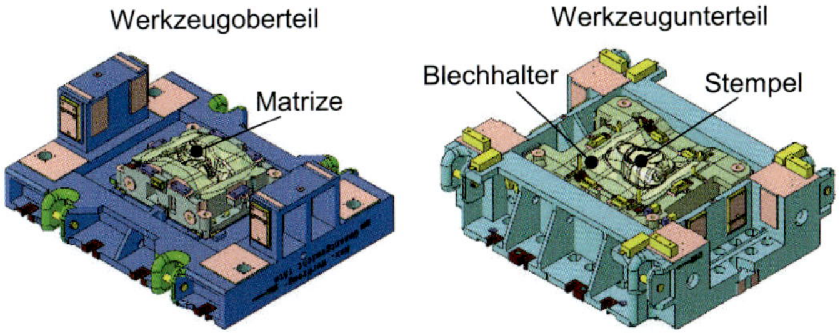

Bild 5-1.4
Werkzeugaufbau zum Ziehen des zusammengelegten Grundkörpers des Beispielbauteils aus der Platine (Quelle: BMW AG)

Stückkosten hohen Materialkosten besitzt die Platinenplanung eine große wirtschaftliche Bedeutung. Als Beurteilungskriterium für die Effizienz des Platinenzuschnitts wird der Materialnutzungsgrad (MNG) herangezogen. Zur Unterscheidung des Materialnutzungsgrades bei den unterschiedlichen Fertigungsstufen können verschiedene Typen definiert werden. Der Materialnutzungsgrad 1 (MNG1) berücksichtigt den Nutzungsgrad bei der Platinenherstellung, d. h. den bereits hierbei auftretenden Abfall:

$$MNG1 = \frac{\text{Platinengewicht}}{\text{Materialeinsatzgewicht pro Platine}}$$

$$(5\text{-}1.1)$$

Der Materialnutzungsgrad 2 (MNG2) beschreibt demgegenüber den Nutzungsgrad bei der Herstellung des Bauteils aus der Platine:

$$MNG2 = \frac{\text{Bauteilgewicht}}{\text{Platinengewicht}} \qquad (5\text{-}1.2)$$

Der Materialgesamtnutzungsgrad (MNGg) berücksichtigt den gesamten Prozess der Bauteilentstehung von der Platinenherstellung bis zum fertigen Bauteil:

$$MNGg = \frac{\text{Bauteilgewicht}}{\text{Materialeinsatzgewicht pro Platine}}$$
$$= MNG1 \cdot MNG2$$

$$(5\text{-}1.3)$$

Für eine komplette Fahrzeugkarosserie liegt der MNGg typischerweise zwischen 50 % und 60 %. Aufgrund des Wettbewerbsdruckes und des systematischen Einsatzes geeigneter Softwarelösungen ist eine kontinuierliche Zunahme des MNGg festzustellen.
In der Regel wird als Bauteilgewicht das im CAD-System ermittelte Gewicht verwendet. Da Dickenänderungen aufgrund der Umformung nicht berücksichtigt werden, liegt das tatsächliche Bauteilgewicht unter dem des CAD-Bauteils. Sind in einem Bauteil Aus-

schnitte nötig oder weist das Bauteil eine komplexe Geometrie auf, so reduziert sich der MNG in der Regel deutlich. Um Abfälle zu reduzieren und damit den MNG zu steigern, können Verschnittsegmente für weitere Bauteile verwendet werden, sofern Abmessung und Zustand es zulassen (Birkert 2013, Hoffmann 2012).

Die Festlegung der zu verwendenden *Produktionspresse* bzw. *Produktionspressenlinie* ist Teil des Methodenkonzepts. Die verschiedenen Pressentypen und die entsprechende Automatisierung können der Fachliteratur, z. B. Schuler 1996, entnommen werden. Nach Birkert sind der Grundaufbau mit den dazugehörigen Funktionalitäten, die Geometrie-, Kinematik-, Leistungs-, Steifigkeitskenngrößen sowie die Mechanisierungseinrichtung von besonderer Bedeutung für das Methodenkonzept und den nachfolgenden Methodenplan. Die Presse mit ihren Kenndaten und der entsprechenden Peripherie muss zum Methodenkonzept passen, um eine einwandfreie Herstellbarkeit des Produktes zu gewährleisten (Birkert 2013).
Für die Produktion des Beispielbauteils wird eine Ziehpresse mit 8000 kN Presskraft pro Stufe verwendet. Die Tischgröße beträgt dabei 2500 mm × 1750 mm.
Der letzte zu klärende Punkt des Methodenkonzepts wird in der *Pressen-Durchlaufplanung* abgehandelt. Dabei wird der Transport des Bauteils innerhalb der Presse vom Aufnehmen der Platine bis zum Ablegen des umgeformten Produkts betrachtet. Ziel ist es, mögliche Kollisionen zu erkennen und zu vermeiden. In der Regel werden vorab Kinematik-Simulationen durchgeführt, um die Kollisionsfreiheit zwischen den Bauteilen, Werkzeugelementen, der Maschine und dem Transfersystem zu gewährleisten (Birkert 2013).
Bild 5-1.5 stellt die Kinematiksimulation für das Beispielbauteil dar, welches durch Greifer von einer Stufe zur nächsten transportiert wird. Die eingezeichneten Linien zeigen die Bewegung der Mechanisierung relativ zum Werkzeugoberteil auf.
Das Methodenkonzept wird stark von strategischen

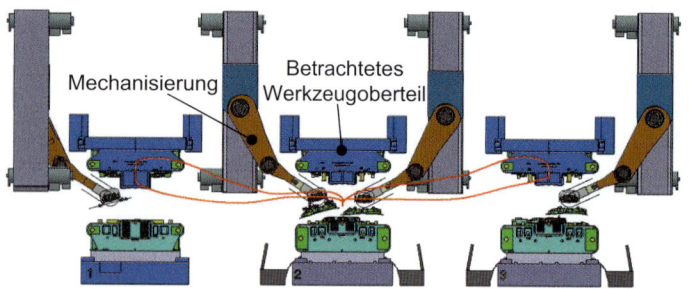

—Bewegung der Mechanisierung relativ zum Werkzeugoberteil

Bild 5-1.5
Durchlauf des Beispielbauteils durch unterschiedliche
Herstellungsstufen innerhalb einer Presse (Quelle: BMW AG)

5

Vorgaben durch das Management und den zur Verfügung stehenden Ressourcen beeinflusst. In der Praxis ist somit häufig ein Kompromiss aus technischen und wirtschaftlichen Anforderungen zu finden. Die zu beachtenden Kriterien sind stark vom Unternehmen abhängig und beziehen neben der Unternehmensstrategie betriebswirtschaftliche, produktionsstrategische und -technische sowie logistische und kapazitätsmäßige Gegebenheiten mit ein (Birkert 2013, Hoffmann 2012).

5-1.1.3 Verfahren der Blechumformung

Bei der Herstellung von Blechbauteilen spielt das Tiefziehen eine wesentliche Rolle. Darüber hinaus sind insbesondere das Streckziehen und eine Kombination der beiden Fertigungsverfahren in der Massenfertigung von Hohlkörpern aus Blechwerkstoffen anzutreffen. Bild 5-1.6 zeigt die Einteilung der Verfahren Tiefziehen

und Streckziehen, welche zur Kategorie Tiefen gezählt werden, in die Systematik der umformenden Fertigungsverfahren.

Tiefziehen

Tiefziehen ist nach DIN 8584-3 definiert als das „Zugdruckumformen eines Blechzuschnittes zu einem Hohlkörper oder Zugdruckumformen eines Hohlkörpers zu einem Hohlkörper mit kleinerem Umfang ohne beabsichtigte Veränderung der Blechdicke". Das dadurch hergestellte Bauteil wird als Ziehteil, auch als Ziehschale bekannt, bezeichnet (Birkert 2013).

Beim Tiefziehen wird der Blechzuschnitt zwischen der Matrize und dem Blechhalter mit einer definierten Kraft geklemmt (Bild 5-1.7). Anschließend bewegt sich der Stempel nach unten und formt so die Platine um. Die Umformkraft wird beim Tiefziehen über den Boden in das Ziehteil ein- und über die Zarge in die Umformzone weitergeleitet. Die Einordnung des Tiefziehens in

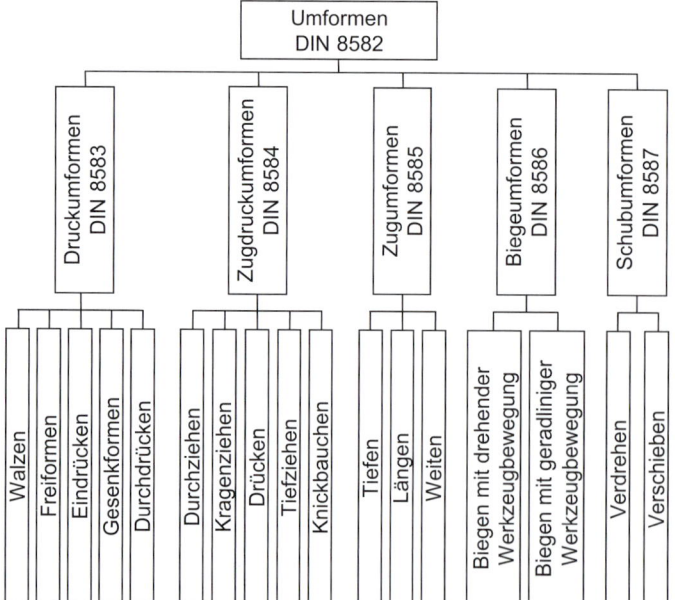

Bild 5-1.6
Unterteilung des Verfahrens Umformen nach DIN 8580,
DIN 8582, DIN 8583-1, DIN 8584-1, DIN 8585-1, DIN 8586,
DIN 8587

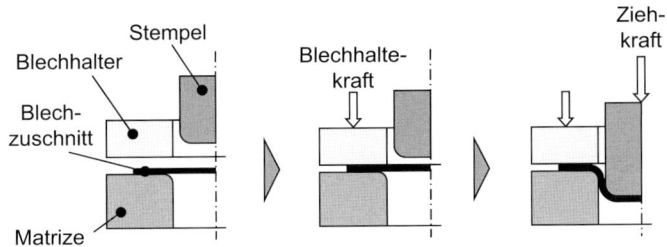

Bild 5-1.7
Elemente und Ablauf des Tiefziehens im Erstzug

5

die Kategorie Zugdruckumformen rührt daher, dass in der Umformzone, dem Ziehteilflansch, ein Zugdruckspannungszustand herrscht. In diesem Bereich fließt der Werkstoff von einem größeren zu einem kleineren Durchmesser. Dies hat zur Folge, dass unter Beibehaltung der Blechdicke die Volumenelemente in radialer Richtung gestreckt und in tangentialer gestaucht werden müssen (Bild 5-1.8) (Lange 1975).

Im Boden- und Zargenbereich des Ziehteils herrschen dagegen Zugspannungen, welche durch zweiachsige Spannungszustände verursacht werden. Der Bodenbereich ist durch eine Zugzugbeanspruchung gekennzeichnet, wie sie beim Streckziehen vorzufinden ist. Im Auslauf der Stempelkantenrundung liegt aufgrund der behinderten einachsigen Zugbeanspruchung ein ebener Dehnungszustand vor (Lange 1975).

Streckziehen

Ein weiteres Verfahren zur Herstellung von Hohlkörpern ist das Streckziehen. In der Flugzeugindustrie erfolgt dessen Einsatz häufig zur Herstellung großflächiger Bauteile. Im Automobilbereich tritt es bei der Herstellung von Hohlkörpern, häufig in Kombination mit dem Tiefziehen, auf. Dabei wird unter dem Begriff Streckziehen laut DIN 8585-4 das „Tiefen eines Zuschnittes mit einem starren Stempel, wobei das Werkstück am Rand fest eingespannt ist" verstanden. Das Bauteil wird entweder zwischen starren Werkzeugteilen eingespannt oder mit Hilfe von Spannzangen, welche eine zusätzliche Zugbeanspruchung aufbringen können, gestreckt. Im Gegensatz zum Tiefziehen bleibt hier die Bauteildicke nicht annähernd konstant, sondern die Formgebung wird durch die Verringerung der Blechdicke erzeugt (Lange 1975, Hoffmann 2012).

Bei diesem Prozess kommen entweder spezielle Streckmaschinen zum Einsatz, oder es werden – ähnlich zum Tiefziehen – starre Ziehwerkzeuge eingesetzt (Bild 5-1.9). Wird eine Streckziehmaschine eingesetzt, ergibt sich bei der Herstellung von konvexen Bauteilen gegenüber dem Tiefziehen ein deutlich einfacherer und kostengünstigerer Werkzeugaufbau (Lange 1990), da lediglich ein Ziehstempel erforderlich ist. Bei der Herstellung von großen Stückzahlen werden in der Regel geschlossene Ziehwerkzeuge auf einer Presse verwendet. Der Unterschied zwischen den Verfahren Tiefziehen und Streckziehen wird durch die Wirkung des Blechhalters verursacht. Beim Tiefziehen dient dieser zur Steuerung des Blechflusses, wohingegen beim Streckziehen der Blechhalter den Flansch festklemmt und das Material am Nachfließen hindert (Birkert 2013).

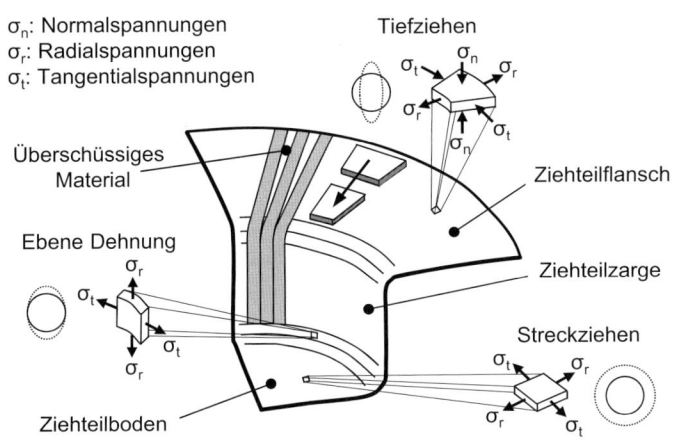

Bild 5-1.8
Werkstofffluss und -beanspruchung beim Tiefziehen eines Napfes aus einer Ronde

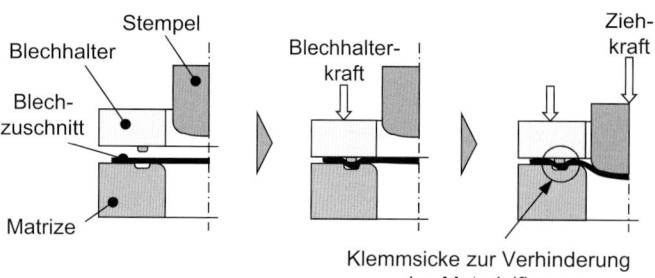

Klemmsicke zur Verhinderung
des Materialflusses

Bild 5-1.9
Streckziehen mit starren Werkzeugen auf einer Ziehpresse

5-1.1.4 Bewertungskriterien und Fehler in der Blechumformung

Sowohl in der Simulation, beim Serienanlauf als auch im Serienprozess wird die Qualität von Blechumformteilen anhand spezifischer Kenngrößen und Kriterien bewertet. Bei Blechumformteilen sind die Erfüllung der funktionalen Anforderungen sowie die Einhaltung von Lage-, Form- und Maßtoleranzen entscheidend.

Aufgrund der Komplexität moderner Umformprozesse ergibt sich eine Vielzahl von Einflussfaktoren, welche sich auf die Qualität bzw. Herstellbarkeit von Blechumformteilen auswirken. Neben offensichtlichen Auswirkungen wie den mechanischen Eigenschaften des Blechwerkstoffes, der Oberfläche des Werkzeuges und den Prozessparametern im Umformprozess sind Tribologie, Werkzeug- und Bauteilgeometrie sowie das Gesamtsystem Presse-Werkzeug-Bauteil Gesichtspunkte, die in die Betrachtung eingehen müssen.

Die Prozesskette der Blechumformung behebt Fehler im Allgemeinen in drei Stufen: in der Methodenplanung, im Tryout bzw. Serienanlauf sowie laufend im Serienbetrieb. Aufgrund steigender Lösungsqualität im simulativen Bereich können hier bereits viele Fehler virtuell abgefangen werden. Der Tryout bildet das Bindeglied zwischen der virtuellen Welt der Methodenplanung und der Serienproduktion. Im Wesentlichen wird das Werkzeug in der Simulation für den Serienanlauf vorbereitet. Fertigungstoleranzen sowie Modellungenauigkeiten der simulativen Erprobung werden schließlich im Tryout bzw. beim Serienanlauf abgefangen. Im Serienbetrieb entstehen Abweichungen größtenteils aufgrund von Verschleiß oder aufgrund von Schwankungen der Prozess- und Werkstoffparameter.

Virtuelle Bewertung

Die simulative Betrachtung und Auslegung des Blechumformprozesses im Methodenplan ermöglicht es bereits in einer frühen Phase, die Machbarkeit eines Blechbauteils zu bewerten und fertigungstechnische Probleme am Bauteil abzufangen.

Ein Fokus in der Bewertung von Blechumformteilen liegt auf der Abstreckung eines Werkstücks bzw. dessen Änderung der Blechdicke. Dies geschieht über die Analyse der Formänderungsverteilung, welche unter der Annahme von Volumenkonstanz die Rückrechnung auf die Blechdicke und somit die Ausdünnung des Werkstoffs erlaubt. Visualisiert und bewertet werden kann die Abstreckung eines Bauteils im Grenzformänderungsdiagramm. In diesem ist dazu eine werkstoffspezifische Grenzformänderungskurve hinterlegt, welche den Beginn der Materialinstabilität anzeigt.

Die Abstreckung ist ebenfalls bei der Betrachtung von Reißern wichtig, da ihnen meist eine übermäßige Ausdünnung vorangeht. In der Simulation erfolgt die Bewertung der beginnenden lokalen Einschnürung durch Analyse der logarithmischen Hauptdehnungswerte im Postprocessing. Sie kann für die Bewertung der Ausdünnung herangezogen werden. Übermäßige Ausdünnung entspricht einer unzulässigen Einschnürung des Blechs im Umformprozess in Bereichen zweiachsigen Zuges. Ein übermäßiges Ausdünnen wirkt sich über die Größen Steifigkeit und Festigkeit ebenfalls auf die Crashtauglichkeit des Ziehteils aus Bild 5-1.10. zeigt die simulative Identifikation von Bereichen mit übermäßiger Ausdünnung. Mit den Ergebnissen können die Konstruktion der Ziehanlage bzw. die Ankonstruktion sowie die Nachformoperationen gegebenenfalls überarbeitet werden.

Steigt die Belastung eines Ziehteils im Umformprozess über eine kritische Zugbeanspruchung hinaus, kann das Bauteil Reißer aufweisen. Am Beispiel eines rotationssymmetrischen Napfs treten sie vornehmlich nach der Ausbildung des Bodenbereichs in Form eines Bodenreißers auf. Bei einem Bodenreißer führt die Stempelkraft, welche über den Bauteilboden durch die

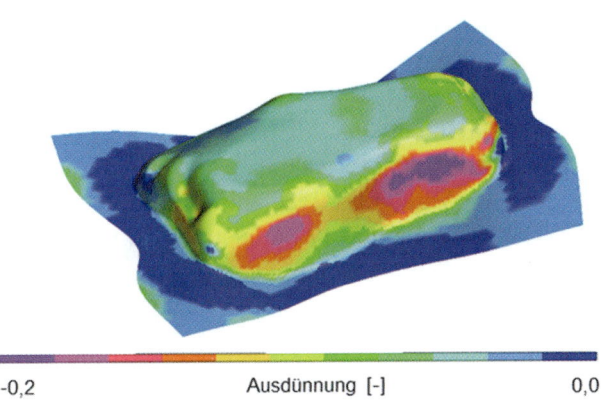

-0,2   Ausdünnung [-]   0,0

Bild 5-1.10 Darstellung der Abstreckung des simulierten Bauteils zur Verbindung des Seitengerippes mit der Bodengruppe einer Fahrzeugkarosserie

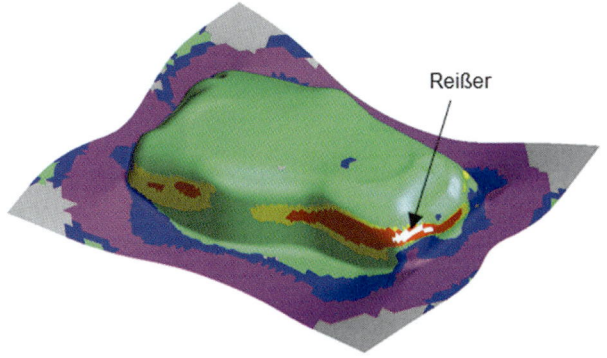

Bild 5-1.12 Reißer in der Simulation des Bauteils zur Verbindung des Seitengerippes mit der Bodengruppe einer Fahrzeugkarosserie. Die Farbe gibt den Grad der Ausdünnung wieder (s. Bild 5-1.10)

5

Zarge in den Flanschbereich übertragen wird, zur Überschreitung der kritischen Zugspannungen. Bild 5-1.11 zeigt einen Bodenreißer (Hoffmann 2012).

Bei rotationssymmetrischen Näpfen entstehen Risse entweder an der Stempel- oder Matrizenanhaukante. Die Rissinitiierung findet dabei in der Anhaukante des kleineren Werkzeugradius statt. Rechteckige Näpfe zeigen Risse in Zonen, in denen das Material anfangs einer Schubdehnung unter dem Blechhalter, dann einer Biegung und Rückbiegung im Bereich des Einlaufradius und schließlich einer ebenen Dehnung in der Zarge ausgesetzt ist. Bei Rissen ausgehend von der Bauteilkante, beispielsweise beim Abstellen von Flanschen, wird die kritische Dehnung zuerst an der Kante überschritten. Materialkanten sind einer einachsigen Beanspruchung ausgesetzt. Die Grenze der Umformbarkeit ist dabei neben der Dehnung stark von der Bauteilform sowie den Materialeigenschaften abhängig.

Reißern geht in der Regel eine übermäßige Ausdünnung des Materials voraus. Durch Berechnungen in der Simulation können Reißer daher in den häufigsten Fällen zuverlässig vorhergesagt werden. Bild 5-1.12 zeigt Reißer, welche unter Zuhilfenahme der Simula-

tion ermittelt worden sind. In Bereichen hoher Formänderungen sinkt die Zuverlässigkeit der Vorhersagen. Parameter wie beispielsweise die Reibung und Chargenschwankungen, welche sich nur schwer realitätsnah in der Simulation abbilden lassen, sind hierfür ursächlich.

Um Reißern entgegenzuwirken, besteht grundsätzlich die Möglichkeit, über größere Formradien, größere Stempel- und Matrizenradien oder geringere Ziehtiefen sowie eine Öffnung des Zargenwinkels lokal die Zugspannungen zu verringern. Eine weitere Option besteht darin, die Blechhalterkraft zu reduzieren, damit der Werkstoff in erhöhtem Maße nachfließt. Eine Reduzierung der Blechhalterkraft erhöht demnach das mögliche Ziehverhältnis (Quotient aus Ausgangsrondendurchmesser und Stempeldurchmesser) bei sonst gleichartigen Randbedingungen. Das Grenzziehverhältnis beschreibt das Ziehverhältnis bei idealer Wahl der Blechhalterkraft. Bild 5-1.13 zeigt den Zusammenhang zwischen Blechhalterkraft und Bodenreißern für rotationssymmetrische Näpfe (Doege 2010), aufgetragen über das Ziehverhältnis. Eine Steuerung des Blechflusses kann weiterhin über Sicken im Werkzeug erfolgen. Ähnlich der Änderung der Blechhalterkraft kann über den Zuschnitt der Platine Einwirkung auf die Rückhaltekräfte am Werkstück genommen werden, wobei in der Praxis stets der Materialnutzungsgrad berücksichtigt werden muss. Reißer können über die Reduktion der Rückhaltekräfte ebenfalls durch geeignete Beölung vermieden werden.

Materialseitig kann Reißern ebenfalls durch einen höheren r-Wert entgegengewirkt werden, da Werkstoffe mit höheren r-Werten mehr aus der Blechbreite als

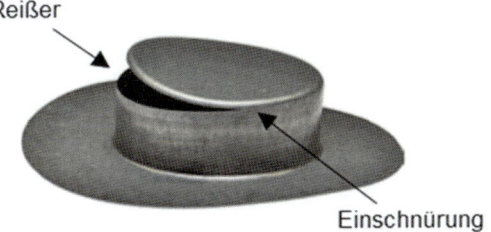

Bild 5-1.11 Bodenreißer an zylindrischem Bauteil

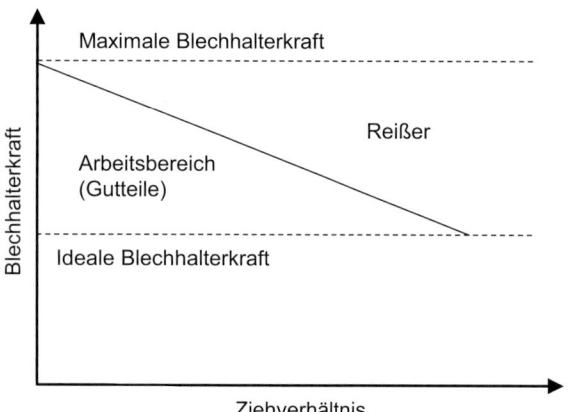

Bild 5-1.13 Blechhalterkraft über das Ziehverhältnis bis zur Ausbildung von Bodenreißern; das Ziehverhältnis entspricht dabei dem Verhältnis aus Rondendurchmesser und Stempeldurchmesser

5

aus der Blechdicke fließen. Dies hat zur Folge, dass die Materialausdünnung, die Reißern vorausgeht, verringert wird.

Neben Reißern sowie übermäßiger Ausdünnung aufgrund hoher Blechdickenreduktion existiert in Bodenbereichen die Problematik einer zu geringen Abstreckung. Bodenbereiche werden im Prozess vorrangig durch Zugspannungen umgeformt. Sind die Zugspannungen zu gering, findet keine ausreichende Plastifizierung statt. Bereiche, die keine ausreichende Formänderung erfahren oder nur elastisch verformt werden, erfahren keine Kaltverfestigung. Daher erzielen Nacharbeitsprozesse, die auf den Mechanismen der Kaltverfestigung aufbauen, nicht die gewünschten Ergebnisse, wie beispielsweise das Bake Hardening. Ursächlich für die zu geringen Zugspannungen im Bauteilboden kann eine zu hohe Reibung zwischen dem Werkstück und dem Stempel sein. Ebenfalls können ungünstige Abwicklungsverhältnisse, welche die gewünschte Plastifizierung gar nicht erst zulassen (Birkert 2013), die Ursache zu geringer Zugspannungen sein. Um eine ausreichende Abstreckung zu erzielen, müssen die Zugspannungen im Prozess erhöht werden. Die Simulation erlaubt es, Maßnahmen zur Erhöhung der Zugspannungen im Bodenbereich virtuell nachzuvollziehen und anzupassen. Dies kann beispielsweise über die Regulierung der Blechrückhalterkraft in Form von Ziehsicken oder eine Erhöhung der Blechhalterkraft geschehen.

Zur Beurteilung der Genauigkeiten bezüglich der Bauteilform soll zunächst auf zylindrische Werkstücke eingegangen werden, die durch Tiefziehen hergestellt wer-

den. Die Form- und Maßhaltigkeit wird anhand des Verlaufs sowie der Lage der Mantellinie im Zargenbereich untersucht. Messtechnisch wird über Schnittebenen durch die Rotationsachse des zylindrischen Bauteils sowohl die Abweichung von der Zylinderform als auch der Verlauf der Wanddicke im Zargenbereich bewertet. Die Rundheitsprüfung erfolgt durch das Einbringen von Schnittebenen, deren Normale der Rotationsachse entspricht. Bild 5-1.14 zeigt graphisch, wie die Schnitte zur Beurteilung der Arbeitsgenauigkeit in das Bauteil gelegt werden (Lange 1990).

In Längsrichtung der Mantellinie nimmt die Wanddicke typischerweise mit zunehmender Napfhöhe zu. Dies begründet sich im zeitlich sowie lokal veränderlichen Spannungszustand im Material. Neben werkstofflichen Anpassungen kann werkzeugseitig über den Ziehspalt Einfluss auf die Wandstärke genommen werden. Bei kleiner werdenden Ziehspalten erhöht sich der Anteil der Abstreckung in der Zarge, wodurch gleichbleibende Wanddicken ab einem relativen Ziehspalt von etwa 0,8 erreicht werden können. Darüber hinaus bestimmt der Ziehspalt maßgeblich den Verlauf der Mantellinie in Längsrichtung. Größere Werte des relativen Ziehspaltes ermöglichen dem Blechwerkstoff ein nahezu freies Ausbilden der Mantellinie ohne ein Anlegen an den Stempel. Eine Verkleinerung des Ziehspalts begünstigt nicht nur einen konstanten Verlauf der Wanddicke, sondern erreicht ebenfalls, dass die Innenseite der Zarge sich an den Stempel anschmiegt. Bei der Bewertung der Rundheit sind vorrangig die Materialien mit anisotropem Verhalten interessant, da

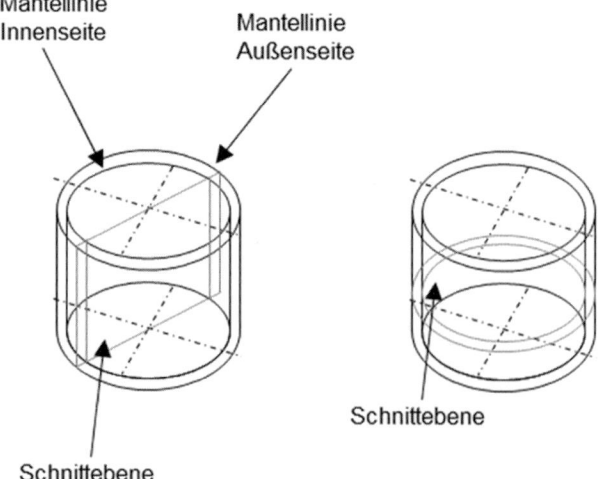

Bild 5-1.14 Schnitte durch ein zylindrisches Bauteil zur Bewertung der Bauteilqualität (Lange 1990)

sich unter quasi-isotropen Bedingungen nahezu Kreise in den Schnittebenen abbilden. Lässt es die Größe des Ziehspaltes zu, bildet sich für Werkstoffe mit starker ebener Anisotropie eine quadratische Form mit abgerundeten Ecken aus, wobei die Abweichung von der Rundheit mit steigendem relativen Ziehspalt steigt. Wegen der Wanddickenverläufe ist zudem die Unrundheit an der Außenseite des Bauteils größer als innen (Lange 1990).

Neben den genannten Einflüssen werden an realen Bauteilen die Form- und Maßabweichungen in der Blechumformung im Wesentlichen von der Rückfederung bestimmt. Die Abweichungen entstehen während des Öffnens des Werkzeuges. Im zuvor geschlossenen Zustand stehen die elastischen Kräfte im umgeformten Bauteil im Gleichgewicht mit den äußeren Kräften, welche von der Presse aufgebracht werden. Nimmt man die Presskräfte mit dem Rückhub vom Bauteil, verformt sich das Werkstück entsprechend einem neuen Kräftegleichgewicht und springt auf. Wird der Aufsprung nicht über Vorhalten in der Werkzeugauslegung und Konstruktion berücksichtigt, können Abweichungen im Bereich mehrerer Millimeter entstehen. Das Vorgehen bei der Kompensation unter Zuhilfenahme der Aufsprungsimulation zeigt Bild 5-1.15. Der Prozess läuft iterativ ab, bis schließlich die Freigabe der Geometrie im Soll-Ist-Vergleich erfolgt (Banabic 2010).

Bild 5-1.16 zeigt ein Beispiel für die Kompensation des Aufsprungs über eine Anpassung der Werkzeugwirkfläche. Da das Bauteil aufgrund des elastischen Anteiles entgegen der Umformung aufspringt, muss das Ziehteil überbogen werden. Nach der Überbiegung federt das Bauteil in die Sollgeometrie zurück. Rück-

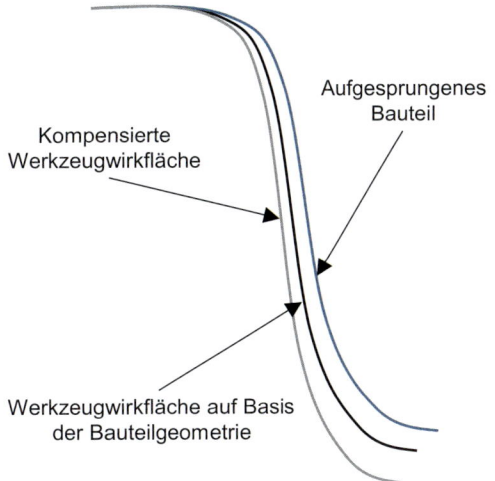

Bild 5-1.16 Aufsprungkompensation über die Anpassung der Werkzeugwirkflächen

federung kann grundsätzlich durch Werkstoffe mit höheren E-Moduln sowie niedrigeren Werkstofffestigkeiten reduziert werden. Da die Wahl des Werkstoffs in der Praxis meist feststeht, wird versucht, neben der Kompensation im Werkzeug der Rückfederung über die Prozessführung beizukommen. Hierfür können die tribologischen Verhältnisse im Prozess oder die Blechrückhalterkräfte genutzt werden. Mit Hilfe von Ziehsimulationen kann dies überprüft und verbessert werden (Bild 5-1.18). Gegebenenfalls können auch Änderungen am Bauteil oder der Ankonstruktion zielführend sein.

Nach der Einstellung des neuen Kräftegleichgewichts verbleibt im Bauteil weiterhin eine gewisse potentielle Energie, die in Form innerer Spannungen (Eigenspannungen) gebunden ist. Da Bauteile in der Regel in meh-

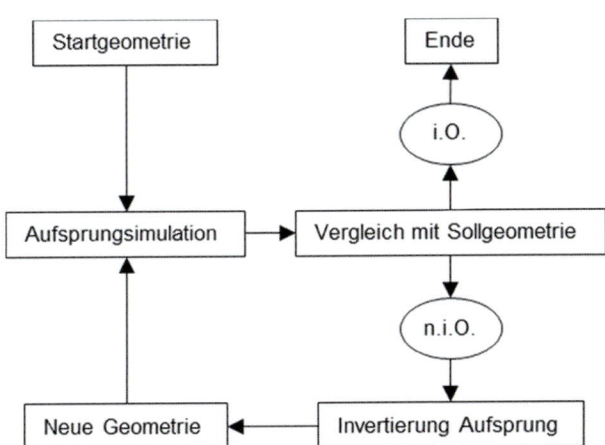

Bild 5-1.15 Vorgehen bei der simulativen Aufsprungkompensation

Bild 5-1.17 Sichtbare Anhau- und Nachlaufkante an der Wanne einer Schubkarre

 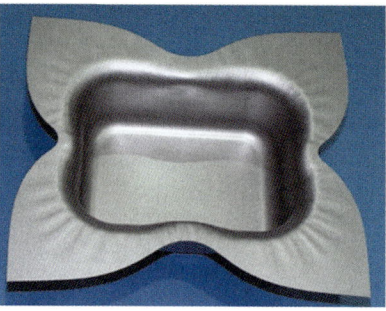

Bild 5-1.18
Falten 1. Art an einem zylindrischen sowie einem rechteckigen Napf

5

reren Stufen bearbeitet und beschnitten werden, ändern sich der innere Spannungszustand und somit die Eigenspannungen mehrmals im Prozess. Dadurch verformt sich das Werkstück nach jedem Prozessschritt. Die Veränderungen aufgrund der elastischen Rückfederung sind in sämtlichen Bauteilbereichen unterschiedlich ausgeprägt.

Im Speziellen bei hoch- und höchstfesten Stahlgüten stellt der Aufsprung nach der Umformung eine große Herausforderung dar. Hierbei gilt typischerweise, dass eine höhere Festigkeit zu größerem Aufsprung führt.

Die Oberflächenqualität des Bauteils spielt in der Blechumformung insbesondere bei Sichtteilen eine entscheidende Rolle. Im Gegensatz zu abtragenden Verfahren bleibt die Oberflächenschicht in der Blechumformung über den gesamten Prozess erhalten (Lange 1990).

Oberflächenfehler, die sich auf hohe Flächenpressungen zurückführen lassen, sind Anhau- und Nachlaufkanten. Beim Werkzeugkontakt treten lokal an hervorstehenden Werkzeugbereichen (z.B. Ziehradien) extreme Belastungen auf. Durch den hohen Gradienten der Flächenpressung in Bereichen der Werkzeugprofilradien und die auftretende Rückfederung entsteht an der Kontaktstelle mit dem Werkzeug die Anhaukante sowie auf der gegenüberliegenden Oberflächenseite die Nachlaufkante. Die erste Anhau- und Nachlaufkante wird vom Ziehstempel, die zweite von der Ziehmatrize verursacht. Anhaukanten treten folglich bei Werkzeugkontakt auf. Die gegenüberliegende Nachlaufkante wird erst sichtbar, wenn diese durch eine Relativbewegung erscheint. Bild 5-1.17 zeigt Anhau- und Nachlaufkante an der Wanne einer Schubkarre. Durch die Reduzierung des Blechhalterdruckes oder die Veränderung der Ziehsickenform lassen sich die Anhau- und Nachlaufkanten von Stempel und Matrize beeinflussen. Eine Vergrößerung des Stempel- und Matrizenradius reduziert deren Sichtbarkeit ebenso wie eine Verringerung der Stößelgeschwindigkeit (Hoffmann 2012). Bei Sicht-

teilen sollten Anhau- und Nachlaufkanten im Methodenplan wenn möglich in den Abfallbereich des Beschnitts gelegt werden.

Als prozessbedingte Oberflächenfehler können zudem Falten betrachtet werden. Falten sind wellenförmige Deformationsmuster des Bleches, die mit plastischer Verformung verbunden sind. Sie entstehen in der Zarge, im Flansch oder als Übergangsfalten in Bereichen, in denen sich die Abwicklungsquerschnitte ändern. Als Ursache für Falten sind in der Regel Druck- oder Schubspannungen sowie eine Kombination aus beiden zu nennen. Allgemein stellen lokal große Spannungsunterschiede ein Problem dar, wodurch auch eine Kombination aus niedrigen und hohen Zugspannungen Falten hervorrufen kann.

Falten, die unter dem Blechhalter, also im Ziehflansch des Bauteils entstehen, werden als Falten 1. Art bezeichnet (Bild 5-1.18). Mit steigender Größe des Flanschbereichs steigen die tangential wirkenden Druckkräfte und somit die Gefahr für Faltenbildung an. Wirkt den dadurch hervorgerufenen Kräften eine zu geringe Blechhalterkraft entgegen, kann die Knickgrenze überschritten werden. Die Blechhalterkräfte zur Verhinderung der Faltenbildung sind vergleichsweise gering. Die durch sie hervorgerufenen normal wirkenden Druckspannungen liegen im Bereich von 1 – 5 MPa, was in Bezug auf den eigentlichen Fließvorgang vernachlässigbar ist. Bei konstanten Bedingungen lässt sich grundsätzlich feststellen, dass dickere Bleche eine geringere Neigung zur Bildung von Falten 1. Art zeigen und entsprechend geringere Blechhalterkräfte ausreichen. Des Weiteren wirkt sich eine hohe Werkstoffsteifigkeit (E-Modul, Tangentenmodul) zugunsten niedrigerer erforderlicher Blechhalterkräfte aus (Birkert 2013). Der Zusammenhang zwischen Blechhalterkraft sowie Falten 1. Art ist in Bild 5-1.19 dargestellt.

Falten in der Zarge werden als Falten 2. Art bezeichnet.

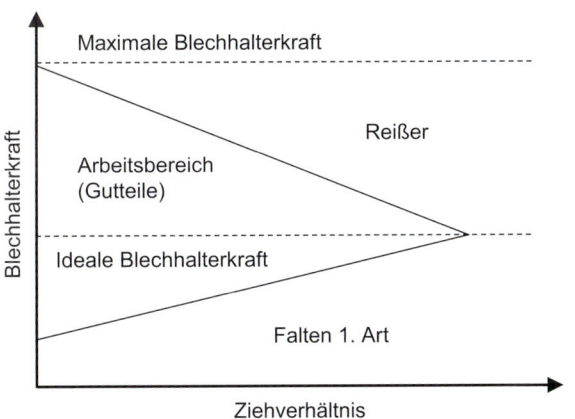

Bild 5-1.19 Blechhalterkraft über das Ziehverhältnis bis zur Ausbildung von Falten 1. Art

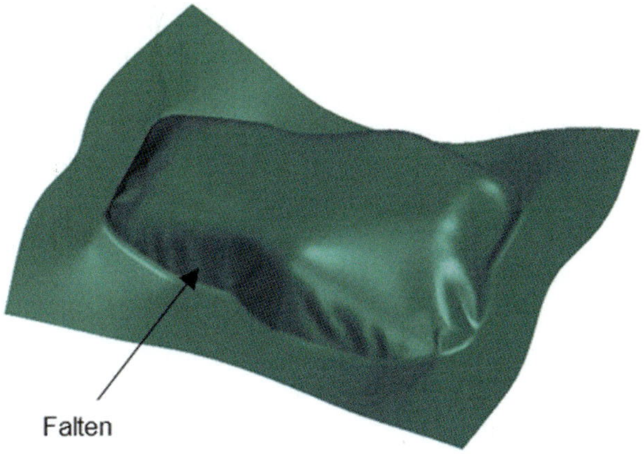

Bild 5-1.20 Faltenbildung bei der Simulation des Beispiel-Bauteils zur Verbindung des Seitengerippes mit der Bodengruppe einer Fahrzeugkarosserie

5

Ursächlich für ihr Auftreten sind tangentiale Druckspannungen innerhalb der Zarge, beispielsweise bei der Umformung halbkugelförmiger oder konischer Werkstücke. Die frei überspannten Bereiche, also Bereiche ohne Werkzeugkontakt zwischen Matrizeneinlauf und Stempelkante, der Spannungszustand, der Blechwerkstoff und dessen Dicke sind die maßgeblichen Parameter für die Entstehung von Falten in der Zarge (Hoffmann 2012). Eine Erhöhung des frei überspannten Bereichs steigert generell die Gefahr für die Ausbildung von Falten 2. Art.

Betrachtet man Falten in komplexen Geometrien, entstehen an Kanten im Flansch Druckkräfte, während das Material von einem größeren auf einen kleineren Radius gebogen wird. Falten sind dabei auf die Verdickung des Materials rückführbar. Falten können ebenfalls an Stellen auftreten, an denen der Grundriss des Stempelbodens sehr unregelmäßig geformt ist. Wenn der Materialfluss große Ungleichmäßigkeiten aufweist, treten Schubbeanspruchungen auf, die zur Faltenbildung führen können. Aufgrund von Sattelformen können Falten in konvex-konkaven Übergangsbereichen entstehen. Das Material ist in dieser Zone Scherkräften ausgesetzt. Um die Faltenbildung infolge von Druckspannungen einzudämmen, ist es zielführend, möglichst enge Ziehspalte zu wählen. Bei Faltenbildung im Stempelboden kann die Verbesserung des Blechhaltertragbildes, das Einbringen von Ziehsicken oder das Anlegen von Materialverbrauchern, zielführend sein. Treten Falten in der Zarge auf, so besteht die Möglichkeit, unterschiedliche Formhöhen über Ziehwülste auszugleichen. Dadurch werden die frei überspannten Be-

reiche verkürzt. Treten stempelseitig Falten auf, kann eine Ziehstufe auf dem Stempel angebracht oder ein Materialverbraucher eingesetzt werden (Hoffmann 2012).

Grundsätzlich lassen sich Falten in der Ziehsimulation zuverlässig vorhersagen. Sie können bereits vor dem Tryout und der Serienfertigung vermieden werden. Bild 5-1.20 zeigt die Faltenbildung des Beispielbauteils in der Simulation. Faltenbildung sowie Rückbildung sind in der Simulation beobachtbar, wodurch Maßnahmen wie die Positionierung und Ausführung von Ziehsicken überprüft werden.

Bewertung im Tryout

Im Tryout wird entgegen der virtuellen Bewertung mit realen Bauteilen gearbeitet. Die wirk- bzw. formgebenden Flächen des Werkzeuges sind mit den Konstruktionsdaten aus der Ziehanlagenkonstruktion der Methodenplanung hergestellt und können mit Platinen bestückt werden.

Zur Beurteilung der Abstreckung im Tryout wird eine Formänderungsanalyse durchgeführt. Hierfür wird eine Platine vor dem Abpressen mit einem Raster aus kreisförmigen Markierungen versehen, um über eine anschließende Vermessung die Verzerrungszustände an den Rasterpunkten berechnen zu können. Trägt man die Messpunkte in das Formänderungsdiagramm ein, besteht analog zum Vorgehen in der Simulation die Möglichkeit, die Ausdünnung zu beurteilen. Ebenfalls werden in der Praxis die direkte Blechdickenmessung und Sichtprüfung als Kontrollinstrumente eingesetzt. Bei einer ungünstigen geometrischen Gestalt des

5

Blechumformteils kann es bei der Entnahme aus dem Werkzeug zu ungewollten plastischen Verformungen kommen. Dies geschieht beispielsweise, wenn sich Werkstücke nur mit großen Kräften aus der Matrize ausformen lassen oder hohe Belastungen des Bauteils beim Abstreifen vom Stempel auftreten. Hohe Klemmkräfte sind in der elastischen Rückverformung des Werkstücks nach dem eigentlichen Umformprozess begründet. Des Weiteren können hohe Unterdrücke zwischen Werkzeug und Bauteil das Ausformen beeinträchtigen. Mit Entlüftungslöchern im Werkzeug kann diesem Effekt entgegengewirkt werden, die im Tryout gegebenenfalls angepasst werden können (Birkert 2013).

Aufgrund der Komplexität des Aufsprungs können nicht sämtliche Abweichungen in der Simulation abgefangen werden. Im Tryout kann daher erneut eine werkzeugseitige Kompensation des Aufsprungs erforderlich sein. Ebenfalls kann der Einfluss des Schmierbilds sowie der Blechrückhalterkräfte praktisch getestet und angepasst werden.

Neben den vorrangig beachteten Form- und Maßabweichungen infolge der elastischen Rückfederung übt die elastische Deformation vom gesamten System Werkzeug-Presse-Werkstück Einfluss auf die Bauteilqualität aus. Die elastische Verformung des Pressenständers sowie des Pressenantriebes kann in vertikaler Richtung beispielsweise über den Stößelhub ausgeglichen werden. Einfluss auf die Form- und Maßabweichungen hat auch die Durchbiegung des Pressentisches und des Stößels. Für große Umformwerkzeuge bewegen sich diese im Bereich von 0,5 bis 1 mm. In der Praxis wird dieser Sachverhalt größtenteils in der Konstruktion über Vorhalten entsprechender Bereiche der Werkzeugwirkflächen einbezogen.

Lokal zu hohe Flächenpressungen zwischen Werkstück und Werkzeug stellen einen Grund für Oberflächenfehler dar. So entstehen beispielsweise linien- oder flächenförmige Glanzstellen, sogenannte Markierungen, in Bereichen, in denen die Oberflächenrauheit des Ausgangsmaterials geglättet wird. Solche Druckstellen können bei der Einarbeit des Werkzeuges im Tryout vermieden werden. Findet in Bereichen mit zu hoher Flächenpressung eine Relativbewegung statt, können aufgrund tribologischer Vorgänge Abriebstellen in der Bauteiloberfläche auftreten.

Weitere Oberflächenfehler sind Einfallstellen. Sie entsprechen Oberflächendellen mit geringen Tiefenabmessungen im Minusbereich zwischen 0,01 und 1 mm.

Auch Einfallstellen mit einer Tiefe im untersten 0,01 mm-Bereich äußern sich nach der Lackierung als sichtbare Oberflächendefekte. Sie entstehen in Bereichen mit wechselnden Dehnungswerten, insbesondere an großflächigen und flachen Bauteilen mit nur geringen Umformgraden. Die elastische Rückfederung am Ende des Umformvorgangs bewirkt dabei lokal ein Überschreiten der kritischen Knicklast des Materials. Die Detektion der Einfallstellen geschieht durch Abziehen mit einem feinen Schleifstein, durch Fühlen mit einem Fühlhandschuh oder einer Sichtprüfung der Oberfläche mit feiner Beölung und spezieller Ausleuchtung. Die Behebung von Einfallstellen kann über ein besseres Ausstrecken der Platine mit höheren Blechhalterdrücken erreicht werden. Eine homogenere Druckverteilung kann sich ebenfalls positiv auswirken. Des Weiteren bietet die Änderung des Schmierbilds eine Möglichkeit, Einfallstellen zu korrigieren. Auch kann die Werkzeugaktivfläche in den betroffenen Bereichen überbombiert werden, beispielsweise durch das Überfräsen der Werkzeugflächen, Aufschweißen oder das Auftragen von Kunststoffen. Die Basis von Werkzeuganpassungen im Tryout ist in vielen Fällen das sogenannte Tuschieren.

Bewertung im Serienprozess

Die Bewertung des Serienprozesses erfolgt im Zusammenhang von Verschleiß sowie Schwankungen von Prozess- und Werkstoffparametern. Zur Kontrolle werden dafür grundsätzlich dieselben Verfahren wie im Tryout eingesetzt.

Der Verschleiß der Werkzeuge steht in direktem Bezug zur Maßhaltigkeit der Bauteile, was sich beispielsweise in einer Vergrößerung von Radien am Werkstück äußert. Einflüsse auf die Oberfläche liegen vornehmlich in geänderten bzw. schwankenden Prozessbedingungen sowie Fremdkörpern, wie Schmutz oder Abrieb auf Werkzeugwirkflächen. Schwankungen und Änderungen können sowohl im Werkstoff, bei der Schmierstoffmenge als auch der Viskosität des Schmierstoffs auftreten. Ebenfalls äußert sich der Einfluss des Wärmezustands des Umformwerkzeugs.

Durch Fremdkörper hervorgerufene Fehler wirken sich entsprechend ihrem Auftreten im Werkzeug unterschiedlich auf die Bauteiloberfläche aus. Findet in diesem Bereich keine Relativbewegung zwischen Werkzeug und Blech statt, entsteht lokal eine punktförmige Erhebung. Riefen dagegen sind linienförmige Vertiefungen in Richtung des Materialflusses, verursacht durch das Abgleiten des Materials auf Abriebpartikeln. Beide Fehlerarten lassen sich größtenteils durch Sauberkeit im Prozess, Reinigung und Wartung sowie Politur oder Beschichtung der Werkzeugaktivflächen reduzieren (Birkert 2013).

Literatur zu Kapitel 5-1.1

Banabic, D.: Sheet Metal Forming Processes. Springer-Verlag, Berlin, Heidelberg 2010

Birkert, A.; Haage, S.; Straub, M.: Umformtechnische Herstellung komplexer Karosserieteile. Springer-Verlag, Berlin, Heidelberg 2013

Doege, E.; Behrens, B.-A.: Handbuch Umformtechnik. Springer-Verlag, Heidelberg, Dordrecht, London, New York 2010

Hoffmann, H.; Neugebauer, R.; Spur, G.: Handbuch Umformen. Carl Hanser Verlag, München 2012

Kalpakjian, S.; Schmid, S.: MANUFACTURING Engineering and Technology. Pearson, Singapur 2014

Lange, K.: Lehrbuch der Umformtechnik, Band 3: Blechumformung. Springer-Verlag, Berlin, Heidelberg 1975

Lange, K.: Umformtechnik, Handbuch für Industrie und Wissenschaft, Band 3: Blechbearbeitung. Springer-Verlag, Berlin, Heidelberg 1990

Pearce, R.: Sheet Metal Forming. Hilger, Bristol 1991

Rieg, H.; Hackenschmidt, R.: Finite Elemente Analyse für Ingenieure. 5. Auflage 2014, Carl Hanser Verlag, München 2009

Schuler GmbH: Handbuch Umformtechnik. Springer-Verlag, Berlin, Heidelberg 1996

Suchy, I.: Handbook of Die Design. 2. Auflage, McGraw-Hill Companies, New York, Chicago, San Francisco, Lisbon, London, Madrid, Mexico City, Milan, New Delhi, San Juan, Seoul, Singapore, Sydney, Toronto 2006

Alle im Text erwähnten Normen sind in einer Liste zusammengefasst (Seite 889).

5-1.2 Schneiden von Blechen

Wolfram Volk, Martin Feistle,
Michael Krinninger

5-1.2.1 Beschneideoperationen

Beschneideoperationen finden sich nahezu in allen Stufen der Prozesskette eines Blechbauteils wieder. Bereits im Walzwerk werden Trennoperationen bei der Verarbeitung von Brammen bzw. Dünnbrammen durchgeführt. Nach dem Warmwalzen werden die entstandenen Grobbleche mit fliegenden Scheren für die weitere Verarbeitung abgelängt. Beim anschließenden Kaltwalzen findet ein seitliches Besäumen der bereits auf Nennmaß gebrachten Blechbänder mit einem kontinuierlichen Verfahren statt, sodass diese eine konstante Breite über die gesamte Bandlänge besitzen. Des Weiteren werden die Bänder in der Länge auf die vom Kunden geforderten Maße zugeschnitten. Im Anschluss daran werden die Bleche zu Coils aufgehaspelt und einer Wärmebehandlung unterzogen, um durch Rekristallisation den Ursprungszustand des Gefüges wiederherzustellen. Im Kaltwalzprozess kann zwischen einem kontinuierlichen Spalten des Muttercoils in einzelne Bänder mit geringerer Bandbreite, beispielsweise für den Einsatz in Folgeverbundwerkzeugen auf Stanzautomaten, oder einem diskontinuierlichen Ablängen der Bänder auf die gewünschte Band- bzw. Tafellänge für Anwendungen in den Presswerken der Fahrzeugindustrie unterschieden werden. Vor der Verarbeitung der Bleche in den Presswerken der Automobilhersteller findet ein Tafelbeschnitt der Coils zu einzelnen Platinen statt, sofern nicht direkt vom Band gefertigt wird. Nach der Umformung der Platinen zu fertig gezogenen Bauteilen werden die notwendigen Durchbrüche, Aussparungen und Löcher zur Funktionserfüllung zumeist mechanisch durch Scherschneiden eingebracht. Der Beschnitt der Außenkontur verleiht dem Bauteil die abschließende, endgültige Geometrie. Somit erfährt jedes Blechbauteil während seines Herstellungsprozesses mindestens eine Schneidoperation.

Das Scherschneiden, manchmal auch als Normalschneiden bezeichnet, gehört zu den am häufigsten verwendeten Verfahren in der Blechbearbeitung (Fritz 2006). Es zählt laut DIN 8580 nicht zu den Verfahren des Umformens, sondern aufgrund der Verringerung des Stoffzusammenhalts zu den Verfahren des Trennens und somit zur Hauptgruppe III, in der durch teilweises oder vollständiges Aufheben der Zusammenhalt von Körpern vermindert wird (DIN 8580). Nichtsdestoweniger geht jeder mechanischen Schneidoperation eine plastische Umformung voraus.

In Anlehnung an DIN 8588 wird für die Benennung beim Schneiden folgende Konvention verwendet: Wird von einer bauteilseitigen Bezeichnung gesprochen, so wird diese mit „Schnitt-" als Stammsilbe bezeichnet, z. B. „Schnittfläche". Bei werkzeugseitigen Komponenten wird die Stammsilbe „Schneid-" vorangestellt, beispielsweise „Schneidkante". So ist bereits bei der Bezeichnung eindeutig klargestellt, von welchen Komponenten die Rede ist.

5-1.2.2 Scherschneiden

DIN 8580 teilt die Hauptgruppe „Trennen" in die weiteren Gruppen Zerteilen, Spanen mit geometrisch bestimmter Schneide, Spanen mit geometrisch unbestimmter Schneide, Abtragen, Zerlegen und Reinigen ein. Das Zerteilen nach DIN 8588 enthält neben dem bereits angesprochenen Scherschneiden weitere spanlose Trennverfahren, wie beispielsweise Messerschneiden, Beißschneiden, Spalten, Reißen und Brechen. Da sich dieses Kapitel vorrangig mit der Herstellung von Blechbauteilen in der Serienfertigung beschäftigt, wird an dieser Stelle auf eine detaillierte Erklärung der weiteren Verfahren verzichtet. Hingegen wird lediglich das Scherschneiden mit seinen Sonderverfahren und Verfahrensvarianten ausführlich beschrieben. Für die detaillierte Beschreibung der weiteren Schneidverfahren sei auf die DIN 8588 verwiesen.

Die Verfahren der Gruppe Zerteilen sind generell dadurch gekennzeichnet, dass ein mechanisches Trennen erfolgt, bei dem kein formloser Stoff bzw. keine Späne entstehen. Bild 5-1.21 zeigt den prinzipiellen Aufbau des Scherschneidprozesses, bei dem ein Blech zwischen zwei sich aneinander vorbeibewegenden Schneidaktivelementen ohne Niederhalter abgetrennt wird. Prinzipiell ist ein Niederhalter für einen Scherschneidprozess nicht erforderlich.

Es kann zwischen den Verfahren des einhubigen, des mehrhubigen und des kontinuierlichen Scherschneidens unterschieden werden. Das Knabberschneiden, mehrhubig fortschreitendes Schlitzen und kontinuierliches Schlitzen zählen ebenfalls zu der Gruppe des Scherschneidens, werden aber aufgrund der geringen Industrierelevanz vernachlässigt.

Kontinuierliches Scherschneiden wird beispielsweise mit rotierenden kreisrunden Schneidmessern bei fortlaufendem Materialtransport realisiert. Bild 5-1.22 zeigt eine industriell eingesetzte kontinuierliche Schneidanlage zum Bandspalten. Dieses Verfahren wird sowohl beim Besäumen als auch beim Spalten von Mutter coils verwendet, um einerseits saubere Randbeschnitte bzw. andererseits verschieden breite Coils für die entsprechenden Anwendungen auf Stanzautomaten zu erzeugen.

Beim mehrhubigen Scherschneiden findet ein Beschnitt zwischen zwei einschneidigen Werkzeugen mit schrittweisem Vorschub in mehreren Hüben statt.

Im industriellen Herstellungsprozess von Blechbauteilen findet das einhubige Scherschneiden mit Niederhalter am häufigsten Anwendung. Bei diesem Verfahren wird ein Schnitt entlang der gesamten Schnittlinie während einer Hubbewegung durchgeführt. Es kann zwischen einer offenen und einer geschlossenen Schnittlinie differenziert werden. Eine geschlossene Schnittlinie bedeutet, dass keine Berandung des Blechs ge-

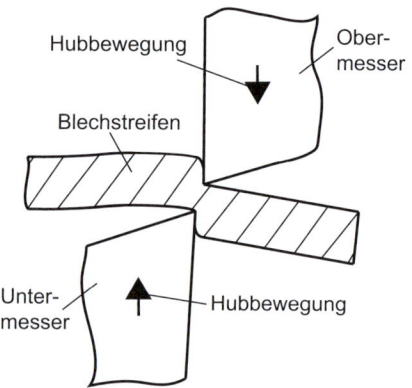

Bild 5-1.21 Scherschneiden eines Blechteils zwischen zwei sich aneinander vorbeibewegenden Werkzeugen (geradlinige Bewegung) ohne Niederhalter (nach DIN 8588)

Bild 5-1.22 Kontinuierliche Spaltanlage zur Bandspaltung (Quelle: STAHLO Stahlservice GmbH & Co. KG)

schnitten wird, sondern die Schnittlinie in sich selbst geschlossen ist.

Verfahrensvarianten des Scherschneidens

Je nach Schnittlinienform kann zwischen verschiedenen Verfahrensvarianten des Scherschneidens unterschieden werden. Ausschneiden und Lochen entsprechen Verfahrensvarianten, die lediglich nach dem Verwendungszweck der Schnittteile (Bauteil und Abfall) unterschieden werden (Bild 5-1.23). Das Ausschneiden ist ein einhubiges Schneiden entlang einer geschlossenen Schnittlinie zur Herstellung einer Bauteilaußenkontur. Für das Sollmaß des Bauteils ist beim Ausschneiden das Maß der Schneidplatte ausschlaggebend (VDI 3368). Der äußere Beschnitt des hier diskutierten Strukturbauteils wird mittels Ausschneiden hergestellt. Die Löcher an diesem Demonstratorbauteil werden mittels Lochen umgesetzt (Bild 5-1.13). Das Lochen ist ein Verfahrensbeispiel für die Herstellung einer Innenform mit Hilfe eines einhubigen Scherschneidens entlang einer in sich geschlossenen Schnittlinie. Der Abfall beim Lochen wird als Butzen bezeichnet. Im Unterschied zum Ausschneiden ist beim Lochen das Maß des Stempels für das Sollmaß der Lochung ausschlaggebend (VDI 3368). Je nach Neigungswinkel der Fläche, welche gelocht werden soll, kann dies ohne bzw. muss

dies mit einem Werkzeugschiebersystem erfolgen, um eine ausreichende Schnittflächengüte zu erreichen. Bild 5-1.23 zeigt die prinzipielle Unterscheidung der beiden Verfahrensvarianten nach DIN 8588.

Das Beschneiden (Bild 5-1.24) entspricht einem Verfahrensbeispiel für eine vollständige Trennung von Blechrändern oder Bearbeitungszugaben entlang einer geschlossenen oder offenen Schnittlinie. Dieses Verfahren kommt beispielsweise beim Zuschnitt von Blechtafeln zu Platinen zum Einsatz, um diese für die weitere Bearbeitung in Einzel- oder Stufenwerkzeugen vorzubereiten.

Die Verfahrensvariante Ausklinken ist in Bild 5-1.25 dargestellt. Sie beschreibt einen Scherschneidprozess an einer inneren oder äußeren Berandung eines Werkstücks, wobei die offene Schnittliniengeometrie an zwei Stellen die Berandung der Ausgangsplatine kreuzt. Ausklinkungen können bei der Herstellung von Blechteilen in Folgeverbundwerkzeugen als Positionierhilfen der Bauteile in den einzelnen Werkzeugstufen verwendet werden.

Einschneiden ist ein Verfahren mit offener Schnittlinie. Bei dieser Variante des Schneidens findet lediglich eine teilweise Trennung des Werkstücks statt. Hierfür ist ein Schneidaktivelement mit Schrägschliff bzw. ein ziehender Schnitt (Bild 5-1.26) notwendig. Beim Einschneiden kann gleichzeitig eine Abstellung des Flansches umgesetzt werden. Anschließend wird mit einem Biegestempel eine gezielte Biegung realisiert. Bild 5-1.26 zeigt die schematische Darstellung des Einschneidens einer Außen- und Innenkontur in Anlehnung an DIN 8588.

Abschneiden bezeichnet das vollständige Trennen eines fertigen oder halbfertigen Bauteils vom Rohteil, oder Halbfertigteil. Diese Verfahrensvariante ist durch eine offene Schnittlinie gekennzeichnet. Bei der Her-

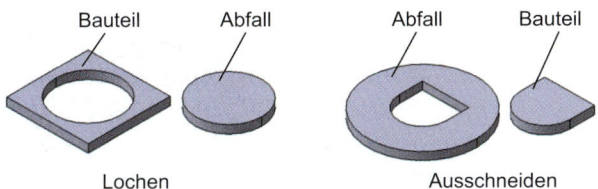

Bild 5-1.23 Unterscheidung der Verfahrensvarianten Ausschneiden und Lochen (nach DIN 8588)

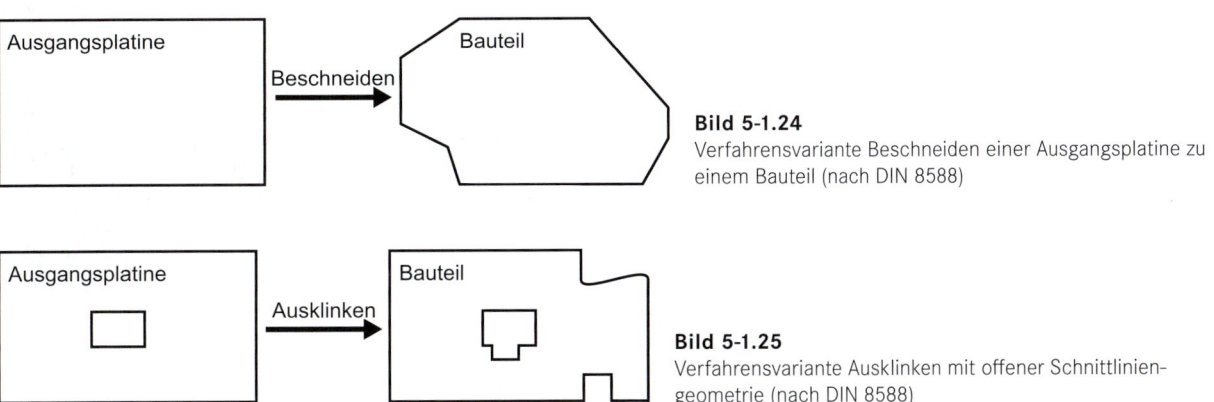

Bild 5-1.24
Verfahrensvariante Beschneiden einer Ausgangsplatine zu einem Bauteil (nach DIN 8588)

Bild 5-1.25
Verfahrensvariante Ausklinken mit offener Schnittliniengeometrie (nach DIN 8588)

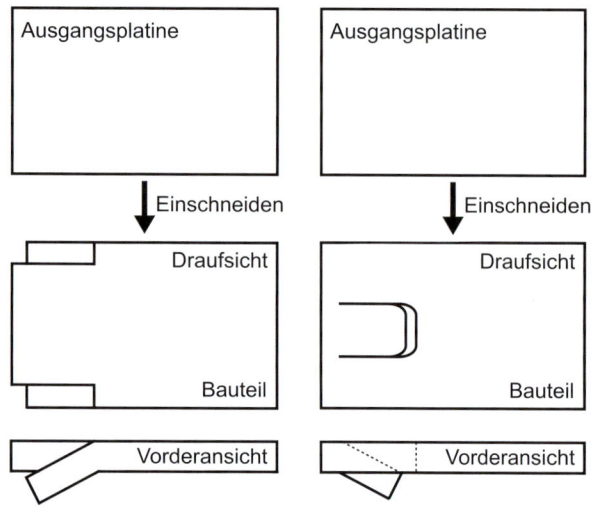

Bild 5-1.26 Verfahrensvariante Einschneiden einer Außen- und Innenkontur (nach DIN 8588)

Kinematik beim Scherschneiden

Anhand der Kinematik kann eine Unterteilung der Schneidverfahren stattfinden. In dieser Kategorisierung wird in Abhängigkeit der Bewegungsrichtung zwischen Aktivelement und Werkstück und Kontakt zwischen Schneidkante und Werkstück unterschieden. Die Eingruppierung kann in vollkantiges oder kreuzendes und drückendes bzw. ziehendes Schneiden erfolgen. Bild 5-1.28 verdeutlicht die Begriffe zur Einteilung der Schneidverfahren nach (DIN 8588).

Vollkantiges Schneiden ist durch eine von Beginn an vollständig eindringende Schneide entlang der gesamten Schnittlinie gekennzeichnet. Der Winkel α zwischen Schneide und Blechoberfläche beträgt 0 Grad. Bei ebenen Platinen ist dies durch gerade Schneidleisten umsetzbar, bei gekrümmten Bauteiloberflächen erfordert es hingegen der Krümmung angepasste Schneidleisten. Vollkantig drückendes Schneiden (Bild 5-1.28a)), wie beispielsweise Abschneiden, kann ohne Einsatz eines Schiebers nur bei ebenen Bauteilen erfolgen. Vollkantig ziehendes Schneiden entspricht einer vollständig eindringenden Schneide bei zur Schneide schräger Bewegungsrichtung des Schneidwerkzeuges (Bild 5-1.28b)), kreuzendes Schneiden hingegen einer entlang der Schnittlinie allmählich eindringenden Schneidkante mit sich in der Schneidebene unter dem Winkel α kreuzenden Schneiden. Exemplarisch dafür ist das Beschneiden eines Karosserieblechteils entlang einer ebenen Oberfläche mit einer schrägen Schneide. Je nach Winkel zwischen der Schneidkante und der Bewegungsrichtung des Schneidaktivelements kann

stellung von Bauteilen vom Blechband in Folgeverbundwerkzeugen tritt immer ein Abschneidevorgang auf, nämlich spätestens dann, wenn das fertige Bauteil aus dem Blechstreifen, der zum Vorschub und als Transportband dient, herausgelöst wird. Bild 5-1.27 zeigt schematisch die Verfahrensvariante des Abschneidens. Eine industrielle Anwendung ist beispielsweise das Abschneiden einzelner Blechtafeln vom Coil.

Werden alle entstehenden Schnittteile nach einem Schneidprozess entlang einer definierten Schnittlinie als Bauteile verwendet, so wird dieser Scherschneidprozess als Zerschneiden bezeichnet.

Der Vollständigkeit halber werden an dieser Stelle noch die beiden Varianten des Schälens und des Kiemens genannt. Allerdings haben diese im hier betrachteten Gesamtumfeld der Karosserieteileherstellung eine untergeordnete Rolle, sodass auf eine detaillierte Beschreibung verzichtet wird (DIN 8588).

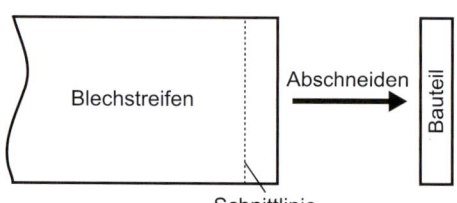

Bild 5-1.27 Verfahrensvariante Abschneiden eines Bauteils von einem Blechstreifen (nach DIN 8588)

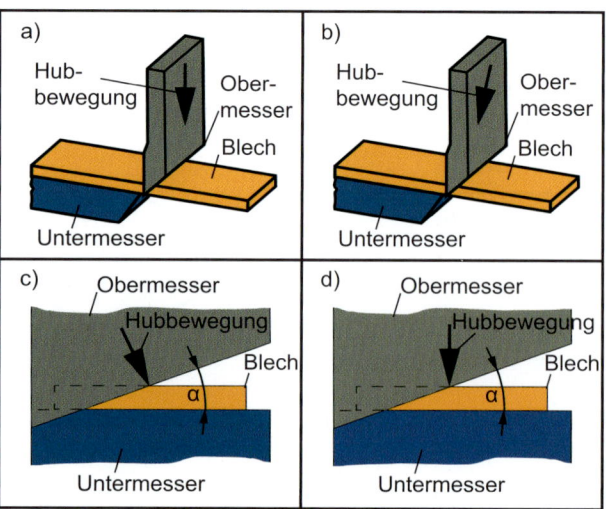

Bild 5-1.28 Begriffe zur Unterteilung der Scherschneidverfahren (nach DIN 8588)

beim kreuzenden Schneiden zwischen drückendem (Bild 5-1.28c)) und ziehendem Schnitt (Bild 5-1.28d)) unterschieden werden.

Beim drückenden Schneiden verläuft die Bewegung des Schneidaktivelements in der Schneidebene senkrecht zur Schneide. Ziehendes Schneiden hingegen entspricht einer schräg zur Schneide stehenden Bewegung zwischen dem Schneidaktivelement und dem Bauteil.

Diese Verfahrensvarianten werden aus verschiedenen Gründen in der Industrie angewendet. So kann durch einen kreuzend ziehenden Schnitt die aufzuwendende Prozesskraft deutlich reduziert werden. Darüber hinaus wird je nach eingesetzter Scherschneidvariante die erzeugte Schnittfläche beeinflusst.

Industriell relevante Sonderverfahren des Scherschneidens

Weitere, gerade in der Blechverarbeitung verbreitete wichtige Sonderverfahren des Scherschneidens sind die Verfahren Feinschneiden, Konterschneiden und Nachschneiden. Diese Verfahren bedingen zusätzliche werkzeugspezifische Besonderheiten, die zwar die Werkzeugkosten erhöhen, aber dadurch auch das Spektrum der Bauteile erweitern und den Anwendungsspielraum vergrößern.

Das Ziel des Feinschneidens ist es, möglichst ein- und anrissfreie Schnittflächen mit hoher Oberflächengüte und Rechtwinkligkeit zwischen Schnittfläche und Bauteiloberfläche zu erzeugen. Die entstehenden Bauteile weisen sehr geringe Grathöhen auf, sodass die resultierenden Schnittflächen ohne weitere Bearbeitung als Funktionsflächen verwendet werden können. Dies wird in der Regel im einhubigen Scherschneiden mit einem Niederhalter und einem zusätzlichen Gegenhalter umgesetzt. Der Niederhalter hat die Aufgabe, die Aufbiegung des Bauteils zu verhindern. Der Gegenhalter hat beim Ausschneiden die Funktion, die Durchbiegung des Bauteils zu reduzieren.

Zur Erhöhung des Fließvermögens des Blechwerkstoffs können zusätzliche Ringzacken auf dem Niederhalter und auf der Schneidplatte oder nur auf dem Niederhalter integriert werden. Die Positionierung hängt hauptsächlich von der Werkstoffdicke ab. Die Ringzacken werden unmittelbar an der zu schneidenden Kontur positioniert. Sie induzieren in der Schereinflusszone zusätzliche Druckspannungen, welche das Erreichen der kritischen Scherbruchfestigkeit und somit die Rissinitiierung verzögern. Dadurch wird längeres Fließen des Werkstoffs begünstigt. Auch der Gegenhalter kann je nach Prozessführung zur Einbringung von Druckspannungen verwendet werden. Zusätzlich wird durch die Einprägung der Ringzacke die Verschiebung des Werkstücks während des Schneidvorgangs vermieden.

Feinschneiden findet im Vergleich zum konventionellen Scherschneiden bei geringeren Schneidspalten statt. Es ist ein höherer Kraftaufwand für den Trennprozess aufzubringen. Des Weiteren werden für den Feinschneidprozess drei wirkende Kräfte benötigt: Diese Kräfte sind die Niederhalterkraft (inklusive der Ringzackenkraft), die Gegenhalter-Kraft und die Schneidkraft. Beim normalen Schneiden sind lediglich die Schneidkraft und bei Verwendung eines Niederhalters die Niederhalterkraft aufzubringen. Bei der Herstellung von Feinschneidbauteilen werden häufig Feinkornstähle verwendet. Diese ermöglichen ein hohes Umformvermögen während des Feinschneidprozesses. Somit sind anrissfreie Schnittflächen erreichbar.

Konterschneiden hingegen ist ein mehrhubiges gegenläufiges Scherschneiden mit zwei oder drei Stufen. Die vollständige Werkstofftrennung findet in der letzten Werkzeugstufe statt, um die Gratbildung beim Heraustrennen zu vermeiden.

Nachschneiden ist ein zweistufiges Schneiden. In einem ersten Schneidprozess wird das Bauteil entlang der Schnittlinie inklusive einer Schneidzugabe schergeschnitten. In der Folgeprozessstufe wird die Schneidzugabe in einer weiteren Schneidoperation abgetrennt. Dadurch sind je nach Anforderungen an das Bauteil saubere und maßhaltige Schnittflächen erreichbar. Durch angepasste Schneidparameter können bei einem Nachschneidprozess die auftretenden Dehnungen im Bauteil verringert werden. Dadurch steht ein größeres Restumformvermögen zur Verfügung. Das Restumformvermögen an der Bauteilkante bezeichnet das Umformvermögen, um welches eine Schneidkante weiter plastisch verformt werden kann, bis ein Versagen z.B. durch einen Kantenriss auftritt.

Durch Nachschneiden hergestellte Schnittflächen können bei geeigneter Schneidparameterwahl direkt als Funktionsflächen verwendet werden. Wesentliche Parameter zur Realisierung der endgültigen Bauteilschnittfläche sind der Vorschneid-Schneidspalt und die Kombination Nachschneidzugabe und Nachschneid-Schneidspalt. Ein Beispiel für die erfolgreiche Anwendung eines Nachschneidverfahrens ist die Massenherstellung der Kettenglieder von Steuerketten.

5

Prozessparameter eines Scherschneidprozesses

Die drei am Scherschneidprozess beteiligten Komponenten sind die beiden Scherschneidaktivelemente mit den Schneidkanten zur Durchführung des Schneidprozesses sowie der in der Regel verbaute Niederhalter zur Vermeidung des Aufbiegens des Blechs beim Schneidprozess. Die aufzuwendende Niederhalterkraft während des Schneidprozesses eines Stahlblechs sollte in der Größenordnung von mindestens 30 % der Schneidkraft liegen. Darüber hinaus kann der Niederhalter als Führungselement des oberen Schneidaktivelements verwendet werden. Je nach Werkzeugbauart kann eine Abstreiferfunktion mittels Niederhalter umgesetzt werden.

Die nachfolgende Prinzipskizze stellt exemplarisch die am Scherschneidprozess beteiligten Werkzeugkomponenten und die einstellbaren Prozessparameter im offenen Schnitt dar.

Die wesentlichen Prozessparameter beim Scherschneiden sind der Schneidspalt, die Schneidkantengeometrie und die Schneidgeschwindigkeit.

Der Schneidspalt u beschreibt den konstanten Abstand zwischen den Mantelflächen der Schneidaktivelemente im eingetauchten Zustand. Ungleichmäßige Schneidspalte können zu Querkräften im Werkzeug führen. Diese verursachen nicht nur ungleichmäßige Schnittflächen, sondern sorgen ebenfalls für den inhomogenen Verschleiß der Schneidkanten. Dadurch kann die Standmenge der Werkzeuge verringert und die prozesssichere Anwendung des Werkzeuges beeinträchtigt werden. Als Schneidluft wird bei einer geschlossenen Schnittlinie der zweifache Schneidspalt angesehen. Beide Größen werden in der Regel als prozentualer

Wert der Blechdicke angegeben (relativer Schneidspalt).

Typische Werte für Scherschneidprozesse mit Stahlblech liegen je nach Werkstoffdicke im Bereich zwischen 5 % bei dünnen Blechen bis 1 mm, 7 % im Bereich zwischen 1,5 mm und 3 mm und 10 % bei Werkstoffen mit Blechdicken zwischen 3,5 mm und 8 mm. Für Feinbleche hat sich die grobe Überschlagsformel nach Oehler-Kaiser zur Ermittlung des optimalen Schneidspalts etabliert (VDI 3368). Diese lautet:

$$u = c \cdot s \cdot \sqrt{0,1 \cdot \tau_{\mathrm{B}}} \qquad (5\text{-}1.4)$$

Darin wird die Blechdicke s und die Scherfestigkeit τ_{B} des zu schneidenden Werkstoffs verwendet. Der Faktor c entspricht einem Beiwert, der sich laut VDI 3368 aus Grund-, Freiwinkel-, Blechdicken-, Maschinen- und Verfahrensbeiwert ermittelt. Allerdings ist die formelmäßige Vorhersage nur beschränkt gültig. Je nach Anwendung des Bauteils, Anforderung an die Schnittflächen bzw. nach verwendetem Material ist die allgemeingültige Vorhersage des zu verwendenden Schneidspalts nicht möglich. Im Einzelfall muss dieser aus der Erfahrung heraus gewählt oder durch Vorversuche ermittelt werden.

Für das Sonderverfahren Feinschneiden werden deutlich geringere Abstände zwischen Schneidplatte und Schneidstempel verwendet. Der relative Schneidspalt für Feinschneiden liegt in der Größenordnung von 0,5 %.

Aufgrund des großen Einflusses des Schneidspalts auf die Schnittflächenkenngrößen und dementsprechend auf die Qualität der Bauteile ist diesem bei der Auswahl der Prozessparameter besondere Beachtung zu schenken.

Die Schneidkantengeometrie entspricht dem Bereich zwischen der Druck- und der Freifläche eines Schneidwerkzeuges. Der Keilwinkel ist der Winkel zwischen diesen beiden Flächen. Der Radius bzw. die Fase an der Schneidkante hat maßgeblichen Einfluss auf die entstehenden Schnittflächen am Bauteil. Die verschiedenen Einflüsse werden im folgenden Kapitel näher erläutert.

Die Geschwindigkeit, mit welcher der Scherschneidprozess durchgeführt wird, wird als Schneidgeschwindigkeit bezeichnet. Diese hat bei dehnratenabhängigem Materialverhalten einen Einfluss auf die aufzuwendenden Schneidkräfte beim Scherschneiden und die entstehenden Schnittflächen am Schnittteil.

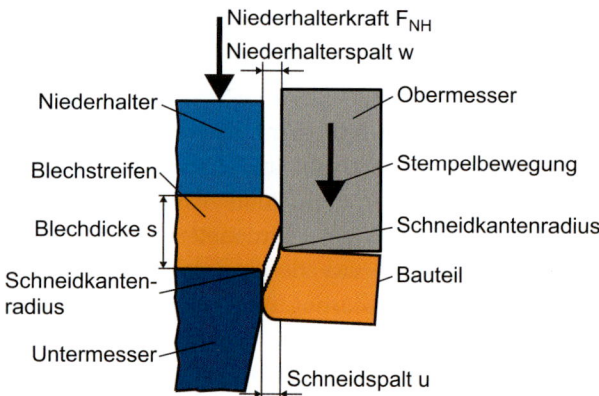

Bild 5-1.29 Werkzeugkomponenten und Prozessparameter beim vollkantig drückenden Scherschneidprozess (Verfahrensvariante Abschneiden) mit offener Schnittlinie (nach Hoffmann 2012)

Ein weiterer Werkzeugparameter ist der Niederhalterspalt w. Dieser ist definiert als der gleichmäßige Abstand zwischen der Niederhaltermantelfläche und der Mantelfläche des oberen Schneidaktivelements im bereits eingetauchten Zustand. Der Einfluss des Niederhalterspalts ist im Vergleich mit den bereits genannten Parametern vernachlässigbar, sofern dieser klein genug ist.

Kräfte beim Scherschneiden

Die Schneidkraft F_s ist die aufzuwendende Kraft, um den vollständigen Trennprozess zu vollziehen. Sie kann nach der folgenden Schneidkraftformel abgeschätzt werden:

$$F_{s,max} = A_s \cdot k_s \qquad (5\text{-}1.5)$$

wobei gilt:

$$A_s = l_s \cdot s_0 \qquad (5\text{-}1.6)$$

$$k_s = k \cdot R_m \qquad (5\text{-}1.7)$$

Die angenommene Scherfläche, welche sich aus der Schnittlinienlänge l_s und der Blechdicke s_0 zusammensetzt, wird mit A_S bezeichnet.

Der Schneidwiderstand k_S setzt sich aus der Zugfestigkeit R_m des verwendeten Werkstoffs und dem Scherschneidfaktor k zusammen. Dieser wird von verschiedenen Einflussgrößen bestimmt, welche sich in drei Gruppen einteilen lassen. Die Einflüsse und die Auswirkungen bedingt durch deren Variation werden am Beispiel eines vollkantig drückenden Schneidens mit offener Kontur im Folgenden näher beschrieben:

- *Bauteilgeometrie*
  Zu dieser Gruppe gehören Blechdicke, Schnittliniengeometrie und Schnittlinienart. Die Erhöhung der Blechdicke führt zu einem verringerten Scherschneidfaktor (Schmidt 2006, Lange 1990). Kleine Radien in der Schnittliniengeometrie hingegen erhöhen diesen charakteristischen Faktor. Bei Verwendung einer offenen geraden Schnittlinie reduziert sich dieser Faktor gegenüber einer geschlossenen Schnittlinie um mehrere Prozent.
- *Werkzeugparameter*
  Diese Gruppe beinhaltet Schneidspalt, Schneidkantenradius, Niederhalterspalt, Verschleißzustand und Oberflächenbeschaffenheit. Eine Erhöhung des Schneidspalts führt zu einem reduzierten Scher-

schneidfaktor. Das wirkende Moment vergrößert sich, wodurch sich die induzierten Zugspannungen erhöhen und somit ein verfrühter Riss eintritt. Der Werkzeugverschleiß, welcher prinzipiell mit einem größeren initialen Schneidkantenradius vergleichbar ist, führt zu einem gesteigertem Scherschneidfaktor, da die induzierten Spannungen während des Werkstofffließens auf eine größere Fläche der Schneidkante verteilt werden. Polierte und/oder beschichtete Oberflächen der Schneidaktivelemente senken die Reibung zwischen Werkstück und Werkzeug während des Scherschneidprozesses, dadurch sinkt der Scherschneidfaktor.

- *Prozessparameter*
  Scherschneidgeschwindigkeit, Schmierung, Prozesstemperaturen und Schneidstrategie, zum Beispiel in Form eines Blechlagewinkels, gehören zu der Gruppe der Prozessparameter. Eine Erhöhung der Scherschneidgeschwindigkeit reduziert den Scherschneidfaktor. Die Temperaturerhöhung in der Schneidzone sowie eine generelle Erhöhung der Prozesstemperatur wirken entfestigend, die Erhöhung der Dehnrate hingegen verfestigend, wobei der Temperatureinfluss überwiegt. Durch die Verwendung eines geeigneten Schmierstoffs wird die Reibung zwischen den Aktivelementen und dem Werkstoff reduziert. Der Scherschneidfaktor sinkt lediglich geringfügig, da der Schmierfilm nach dem Eintauchen der Schneidaktivelemente in das Blech abreißt und somit kaum eine Wirkung des Schmierstoffs erzielt wird. Darüber hinaus ist die aufzuwendende Reibkraft gering im Verhältnis zu den insgesamt herrschenden Prozesskräften. Durch eine Variation des Blechlagewinkels, unter dem geschnitten wird, verändert sich der Scherschneidfaktor deutlich.

Weitere Schneidstrategien, wie zum Beispiel beim kreuzend ziehenden Schnitt, reduzieren die aufzubringende maximale Schneidkraft. Dies ist auf die veränderten sich im Eingriff befindlichen Flächen zurückzuführen. Nachteilig wirken sich bei dieser Schneidstrategie die erhöhte Eintauchtiefe und der dadurch verursachte erhöhte Verschleiß der Schneidaktivelemente aus.

Eine Optimierung der Schneidstrategie durch das Einbringen einer Kerbe auf der Oberseite des Blechs, wie es beim Notch Shear Cutting der Fall ist, führt zu einer Reduktion der aufzuwendenden Schneidkraft. Diese Verringerung der Schneidkraft ist einerseits auf die bedingt durch die Kerbe resultierende, verringerte Blechdicke zurückzuführen. Andererseits wird die Rissiniti-

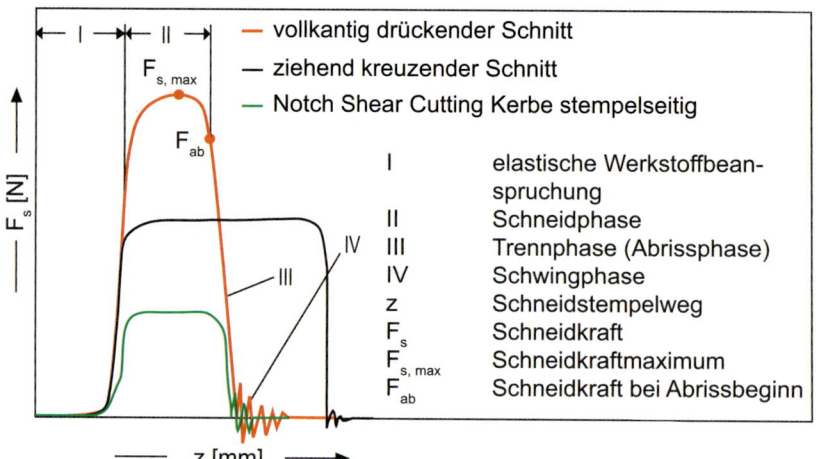

Bild 5-1.30
Typische Schneidkraft-Weg-Verläufe beim vollkantig drückenden Schnitt, beim ziehend kreuzenden Schnitt und beim Notch Shear Cutting mit offener Schnittlinie

ierung durch die Kerbwirkung und die aus der Biegung resultierenden Zugspannungen begünstigt. Insbesondere bei der Verarbeitung von pressgehärteten Stählen, beispielsweise für Strukturteile einer Fahrzeugkarosserie, sind über 50 % Krafteinsparung möglich (Feistle 2015).

Bild 5-1.30 zeigt den Schneidkraft-Weg-Verlauf beim vollkantig drückenden Schnitt mit offener Schnittlinie. Des Weiteren sind die typischen Verläufe beim ziehend kreuzenden Schneiden und beim Notch Shear Cutting bei offener Schnittlinie dargestellt. Die einzelnen Phasen des Scherschneidprozesses werden an späterer Stelle detailliert beschrieben.

Schnittflächencharakteristika

Beim Scherschneiden entstehen durch den Trennprozess bei der Verwendung eines neutralen Blechlagewinkels Schnittflächen mit den nachfolgenden charakteristischen Merkmalen (VDI 2906-2). Die in den Klammern beschriebenen spezifischen Abmessungen dienen der Bewertung der Schnittflächen. Häufig werden die Schnittflächenkenngrößen als relative Anteile normiert auf die Blechdicke angegeben:

- Kanteneinzug (Kanteneinzugsbreite, -höhe),
- Glattschnitt (Glattschnitthöhe bzw. -anteil),
- Bruchfläche (Bruchflächenhöhe bzw. -anteil, Bruchflächenwinkel),
- Schnittgrat (Schnittgratbreite, -höhe).

Das Bild 5-1.31 zeigt das typische Aussehen einer Schnittfläche mit neutralem Blechlagewinkel. Die charakteristischen Schnittflächenkenngrößen nach VDI 2906-2 sind darin näher bezeichnet. Farblich abgesetzt ist die Schereinflusszone. Dieser Bereich nahe der

Bauteilkante erfährt durch den Scherschneidprozess eine plastische Deformation des Gefüges. Gleichzeitig findet in diesem Bereich eine Aufhärtung maßgeblich bedingt durch Kaltverfestigung statt. Die Kaltverfestigung beeinflusst die Randzone in der Regel bis zu einer Tiefe von circa 70 % der Blechdicke. Die genaue Tiefe hängt maßgeblich vom Schneidspalt, von der Werkzeugführung, von der Beschaffenheit der Schneidaktivelemente, vom zu trennenden Werkstoff, der Blechdicke, der Geometrie des Bauteils und der Schneidgeschwindigkeit ab.

Der Kanteneinzug wird im Wesentlichen durch die folgenden Prozessparameter bestimmt. Je größer der Schneidspalt bzw. der Schneidkantenradius gewählt wird, desto mehr Werkstoff kann zu Beginn des Scherschneidprozesses zwischen die beiden Schneiden der Aktivelemente fließen. Somit nimmt der Kanteneinzug zu. Weiterhin beeinflussen die verwendete Legierung selbst, deren Gefüge und Festigkeit, die vorliegende Blechdicke und die Teilegeometrie den Kanteneinzug. Dicke Bleche sowie Schnittliniengeometrien mit kleinen Krümmungsradien bzw. kleine Winkel in ausspringenden Geometrien zeigen erhöhte Kanteneinzüge. Der Niederhalterspalt beeinflusst ebenfalls den Kanteneinzug am Werkstück. Ein größerer Niederhalterspalt verursacht einen höheren Kanteneinzug. Beim Sonderverfahren Feinschneiden entstehen somit deutlich geringere Kanteneinzüge im Vergleich zum Normalschneiden. Diese werden durch die engen Schneidspalte und scharfen Schneidkantenradien begünstigt.

Ein kleinerer Schneidspalt, eine größere Schneidkantenrundung sowie eine geringe Schneidgeschwindigkeit

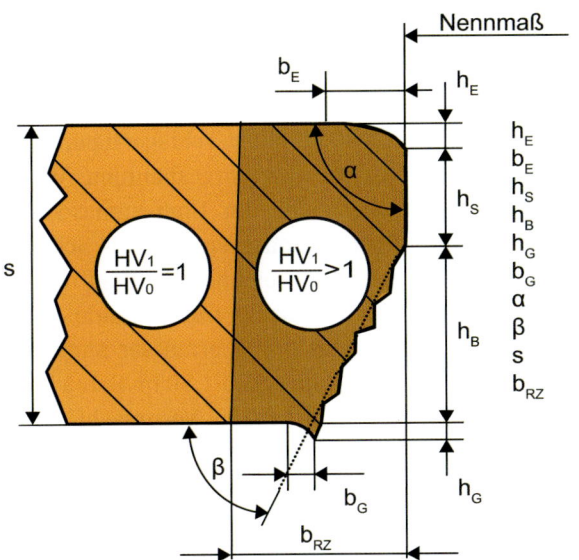

h_E	Kanteneinzugshöhe
b_E	Kanteneinzugsbreite
h_S	Glattschnitthöhe
h_B	Bruchflächenhöhe
h_G	Schnittgrathöhe
b_G	Schnittgratbreite
α	Glattschnittwinkel
β	Bruchflächenwinkel
s	Blechdicke
b_{RZ}	beeinflusste Randzone

(HV_0 Grundhärte;
HV_1 Härte nach dem
Schneidvorgang)

Bild 5-1.31
Charakteristische
Schnittflächenkenngrößen eines
Schnittteils (nach VDI 2906-2)

5

führen zur Erhöhung des Glattschnittanteils. Der kleine Schneidspalt verursacht einen höheren Druckspannungszustand in der Scherzone, dadurch wird die Scherbruchfestigkeit erst mit Verzögerung erreicht. Beim Feinschneiden kann dieser Effekt durch die Einbringung der Ringzacke verstärkt werden. Wird der Schneidkantenradius vergrößert, ermöglicht dies ein erhöhtes Fließvermögen des Werkstoffs im Bereich der Schneidkante verglichen mit scharfkantigen Schneidaktivelementen. Die Erhöhung der Schneidgeschwindigkeit führt beim Stahl zur dehnratenabhängigen Erhöhung der Fließgrenze und somit zu einem spröderen Werkstoffverhalten und früheren Bruch (Volk 2015).

Der Bruchflächenteil wird prinzipiell durch die gleichen Einflussfaktoren bestimmt. Maßgebend für die Ausbildung des Bruchflächenwinkels sind der Schneidspalt und der Zustand der Schneidkanten, da der Riss beim offenen Schnitt bei Erschöpfung des Umformvermögens ausgehend von einer Schneidkante auf die gegenüberliegende Schneidkante des Schneidaktivelements zuläuft.

Die Gratbildung wird von allen bereits erwähnten Prozessparametern beeinflusst. Maßgeblich wird diese vom Verschleißzustand der Schneidaktivelemente und dem daraus resultierenden Zustand der Schneidkante dominiert. Die Ausbildung des Grats basiert auf dem vorhandenen Freiraum zwischen den Aktivelementen, bestehend aus Schneidkantenverrundung und Schneidspalt. Dieser Freiraum wird während des Schneidprozesses mit dem verdrängten Werkstoff ausgefüllt.

Zur Vermeidung der Gratbildung besteht die Möglichkeit, eine Kerbe auf der dem Untermesser zugewandten Seite des Blechs einzubringen und durch diese hindurch zu schneiden. Dieses Verfahren ist eine weitere Verfahrensvariante des Notch Shear Cutting (Feistle 2015).

Verfahrensablauf des Scherschneidens

Nachfolgend wird der Verfahrensablauf eines Scherschneidprozesses mit offener Schnittlinie bei einem vollkantig drückenden Schnitt mit Niederhalter in seinen einzelnen Phasen erläutert. Der Schneidprozess wird dabei in fünf Phasen unterteilt.

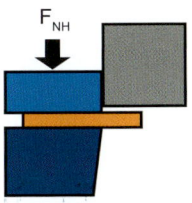

Das bereits im Werkzeug befindliche Blech wird in der initialen Phase durch das mit dem herabfahrenden Stößel fest verbundene Oberwerkzeug zwischen Niederhalterplatte und unterem Schneidaktivelement zunächst geklemmt und mit einer definierten Niederhalterkraft beaufschlagt. Die weitere Stößelbewegung bewirkt das Aufsetzen des oberen Schneidaktivelements auf der Blechoberfläche. Dadurch wird das Blech mit dem Druck des Schneidaktivelements beaufschlagt, sodass zunächst eine elastische Verformung im Bereich der Schnittlinie entsteht. Basierend auf dem Schneidspalt, den Schneidkantengeometrien der Schneidaktivelemente und der Blechdicke wird ein Biegemoment tangential zur Schneidkante erzeugt. Dieses bewirkt eine Reduzierung des zunächst flächigen Kontakts zwischen Blech und Schneidaktivelement auf einen theoretischen Linienkontakt entlang der Schnittlinie. Der Niederhalter verhindert das Aufbiegen des Blechs im Bereich des unteren Schneidaktivelements, ein Abheben kann so ausgeschlossen werden.

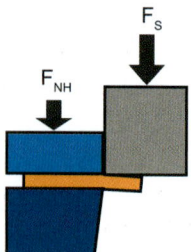

Im Weiteren wird in der Prozessphase 1 das System Werkstück-Werkzeug-Umformmaschine elastisch vorgespannt. Dieser Bereich ist im Kraft-Weg-Diagramm eines Schneidprozesses (Bild 5-1.30, Bereich I) als linearer Anstieg zu erkennen.

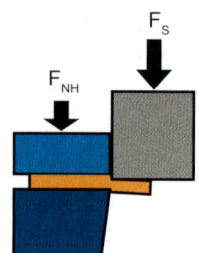

Die weitere Abwärtsbewegung des oberen Schneidaktivelements führt zur Erhöhung des Spannungszustands in der Scherzone. Wird die Schubfließgrenze des Werkstoffs überschritten, beginnt dessen plastische Formänderung. Das Blech wird in Bewegungsrichtung des oberen Schneidaktivelements deformiert, wodurch zunächst der Kanteneinzug entsteht (Bild 5-1.30, Bereich II). Im Weiteren wird der Glattschnitt, der einem Fließen des Werkstoffs entspricht, ausgeformt. Dieser ist durch eine glänzend schimmernde, jedoch stark kaltverfestigte Oberfläche gekennzeichnet. Die maximale Schneidkraft ist der Wendepunkt zweier verschiedener gegenläufiger Einflüsse. Diese sind die Kaltverfestigung und der kleiner werdende Querschnitt des Blechs. Bis zum Erreichen des Kraftpeaks dominiert die Kaltverfestigung. Danach kann die Kaltverfestigung die Querschnittsabnahme nicht mehr kompensieren und die Schneidkraft sinkt ab.

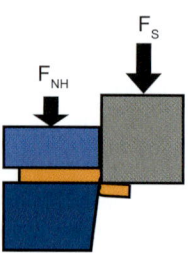

Ist das werkstoffabhängige Umformvermögen erschöpft, kommt es zur Rissinitiierung in der Scherzone zwischen den Schneidkanten des oberen und unteren Schneidaktivelements. Die Rissinitiierung findet ab dem Zeitpunkt statt, an dem die maximalen Schubspannungen die Schubbruchgrenze des Werkstoffs erreichen. Aufgrund der Bewegungsrichtung des Obermessers und der daraus entstehenden Vorbiegung des Blechs werden auf der Blechoberseite Zugspannungen induziert. Diese führen zu einer im Vergleich mit dem geschlossenen Schnitt verfrühten und gerichteten Rissausbreitung vom oberen in Richtung des unteren Schneidaktivele-

ments sofern gleiche Schneidkantenzustände vorliegen.

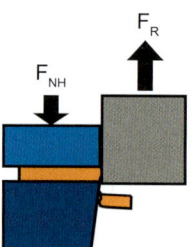

Die vollständige Werkstofftrennung führt zu einer schlagartigen Entlastung des vorgespannten Werkzeuges und der Umformmaschine. Dieses Phänomen wird als Schnittschlag bezeichnet. Bedingt durch die schlagartig freiwerdende Energie wird das Obermesser angeregt. Diese Schwingungen sind im Bild 5-1.30 im Bereich IV, der Ausschwingphase, zu erkennen. Verursacht durch diese longitudinale Schwingung des Schneidaktivelements kommt es zum wiederholten Kontakt zwischen der Schnittfläche und der Schneidkante. Dadurch kann erhöhter Verschleiß im Bereich der Schneidkante auftreten. Dieser Erscheinung kann zumindest teilweise durch ein angepasstes Kopfspiel des oberen Schneidaktivelements entgegengewirkt werden. Besonders beim Schneiden mit geschlossener Schnittlinie lässt sich dadurch der Verschleiß reduzieren und die Standmenge deutlich erhöhen (Mair 2015).

Bei der Wahl eines geeigneten Schneidspalts entstehen die bereits beschriebenen charakteristischen Schnittflächen nach VDI 2906-2. Wird der Schneidspalt bei zähen Werkstoffen, beispielsweise bei austenitischen nichtrostenden Edelstählen, zu klein gewählt, besteht die Gefahr der Ausbildung eines Sekundärglattschnitts. Nachdem das Blech vollständig abgetrennt worden ist, werden die elastisch induzierten Spannungen im Bauteil freigesetzt. Dies führt zu einer elastischen Rückfederung des Blechs. Nach dem Erreichen des unteren Umkehrpunktes der umformenden Werkzeugmaschine wird das obere Schneidaktivelement wieder in die Ausgangslage zurückbewegt. Bei der Rückzugsbewegung besteht die Gefahr des erhöhten Werkzeugverschleißes. Da das elastisch in Blechrichtung vorgespannte Obermesser nach der vollständigen Bauteiltrennung zurückfedert, findet ein nochmaliger Kontakt auf der Mantelfläche des Schneidaktivelements mit der Glattschnittfläche des Werkstücks statt. Dieser kann zu abrasivem Verschleiß führen. In der weiteren Rückzugsbewegung taucht das Obermesser aus dem Blech aus. Anschließend hebt der Niederhalter ab.

Werkzeugtechnik beim Scherschneiden

Grundsätzlich werden drei verschiedene Bauarten von Werkzeugen unterschieden: führungslose Freischnittwerkzeuge, Plattenführungswerkzeuge und Säulenführungswerkzeuge. Je nach Anzahl der zu produzierenden Bauteile, der geforderten Genauigkeiten der Bauteile und dem vorhandenen Maschinenpark ist die wirtschaftlichste Werkzeuglösung zu wählen. Bild 5-1.32 zeigt exemplarisch die drei verschiedenen Bauarten und deren Funktionskomponenten.

Die kostengünstigste Bauform ist ein ungeführtes Schneidwerkzeug mit Einspannzapfen (Bild 5-1.32 links) z.B. für einen Freischnitt. Dieses Schneidwerkzeug ist eine konstruktiv sehr einfache Lösung. Lediglich eine untere Schneidplatte (Untermesser) auf einer Grundplatte und ein Obermesser werden benötigt. Das führungslose Zapfenwerkzeug besitzt keinerlei werkzeugseitige Führungselemente und nutzt die Stößelführung der Umformmaschine als Führungselement. Die maximal mögliche Genauigkeit für den Schneidprozess bildet somit die Genauigkeit der Umformmaschine. Die Positionierung des Stempels zur Matrize stellt sich als besonders anspruchsvoll dar. Eine ungenaue Ausrichtung der beiden Aktivelemente zueinander kann zu variierenden Schneidspalten entlang der Schnittlinie führen. Dies verursacht ungleichmäßige Verschleißerscheinungen an den Aktivelementen. Gegebenenfalls kann es zur Kollision des Stempels mit der Matrize kommen. Das Werkzeug wird zumeist ohne Niederhalter ausgeführt, lediglich ein Abstreifer wird, vor allem beim Lochen, verwendet, um das Stanzgitter des Blechstreifens nach dem Schneidprozess abzustreifen. Diese Werkzeugbauart kann lediglich für

Bauteile mit geringen Schnittflächenanforderungen und einfachen Geometrien verwendet werden. Es eignet sich lediglich für geringe Stückzahlen.

Das Plattenführungswerkzeug ist die Weiterentwicklung des ungeführten Zapfenwerkzeuges (Bild 5-1.32 mittig). Das Werkzeug besitzt eine zur Schneidplatte positionierte Führungsplatte. Diese bildet in Kombination mit der Streifenführung einen Tunnel. Die Führungsplatte unterstützt die Stempelführung und verbessert die Positionierung des Schneidstempels. Dadurch erlaubt sie eine gleichmäßige Einstellung des Schneidspalts, eine Kollision der Schneidaktivelemente kann vermieden werden. Somit sind verbesserte Schnittflächenqualitäten auch bei komplexen Bauteilgeometrien möglich. Darüber hinaus kann durch die zusätzliche Führung bei dünnen Schneidstempeln ein Ausknicken verhindert werden. Die verwendete Plattenführung fungiert gleichzeitig als Abstreifer des Stanzgitters. Allerdings muss der Tunnel an die verwendeten Blechstreifen angepasst werden. Bei zu schmaler Ausführung besteht die Gefahr des Bandstaus, der zu Prozessstörungen führt.

Diese Werkzeugbauart ist eine vergleichsweise kostengünstige Lösung. Sie wird für hohe Bauteilstückzahlen mit mittleren bis hohen Genauigkeitsanforderungen verwendet.

Das Säulenführungswerkzeug (Bild 5-1.32 rechts) wird in der Regel in mehrstufigen Werkzeugen, wie Folge- oder Stufenwerkzeugen, verwendet. Diese Bauart be-

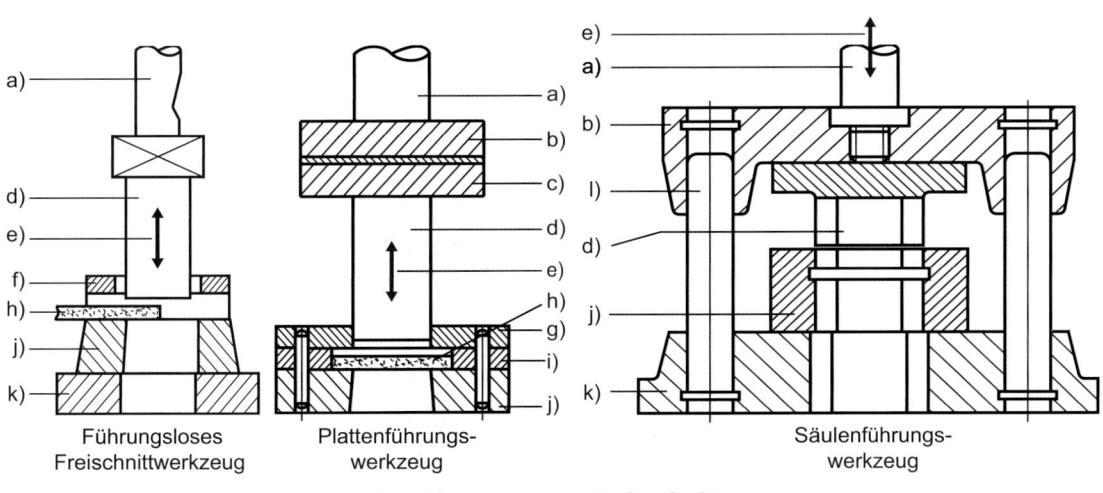

a) Einspannzapfen	e) Hubbewegung	i) Streifenführung
b) Kopfplatte	f) Abstreifer	j) Unteres Schneidaktivelement
c) Stempelhalteplatte	g) Führungsplatte	k) Grundplatte
d) Oberes Schneidaktivelement	h) Blechwerkstoff	l) Führungssäule

Bild 5-1.32 Verschiedene Werkzeugbauarten und deren Funktionskomponenten (nach Krahn 2009)

steht aus mindestens zwei, bei der Verwendung eines Niederhalters aus drei Platten. Die Führung wird in dieser Werkzeugbauart auf mehrere Führungselemente verteilt. Eine Besonderheit dieser Bauart ist, dass durch die Säulenführung sowohl die Führung der Umformmaschine als auch der Stempel als Führungselement entlastet wird. Die Realisierung der Führung kann über Gleitlager (Säule-Gleitbuchsen-Kombination) oder Wälzkörper (Säule-Wälzkörper-Buchsen-Kombination) erfolgen. Diese Führungsarten werden bei hohen Stückzahlen mit hohen Anforderungen an die Bauteilgenauigkeit verwendet. Die Umsetzung mit Wälzkörpern ermöglicht die Herstellung von hochpräzisen Bauteilen mit komplexen Geometrien. Bei Anwendungen in Schnellläuferpressen erlaubt diese Bauart Hubzahlen von bis zu 2000 Hub/min. Nachteilig wirken sich Querkräfte auf diese Bauart aus. Aufgrund der reduzierten Kontaktlänge ergeben sich geringere Quersteifigkeiten, die sich wiederum in vermehrtem Verschleiß äußern.

Komponenten von Scherschneidwerkzeugen

Scherschneidwerkzeuge bestehen typischerweise aus einer Vielzahl von Komponenten. Dazu zählen neben dem Werkzeuggestell aus Platten und Werkzeugführungselementen auch Federn, Bandführungen, Bandanheber bzw. Bauteilauswerfer und die Aktivelemente.

Als Aktivelemente werden in Schneidwerkzeugen die am Scherschneidprozess beteiligten Werkzeugelemente wie Schneidleisten, -stempel, -buchsen und Matrizenplatten bezeichnet. Je nach Werkzeuggröße, Bauteilkontur, Stückzahl, Hubzahl, zu trennendem Werkstoff etc. werden verschiedene Materialien verwendet. Diese reichen von kostengünstigen Gusseisenwerkstoffen für den Großwerkzeugbau über Kaltarbeitsstähle hin zu pulvermetallurgischen Stählen bzw. Aktivelementen aus Keramik.

Federn werden zur Erzeugung der Niederhalterkraft verwendet. Je nach Anwendung können Gasdruckfedern oder Schraubenfedern eingesetzt werden. Schraubenfedern gibt es in verschiedenen Festigkeitsklassen. Ein wesentlicher Nachteil ist die nahezu linear ansteigende Federkraft mit zunehmendem Federweg. Zu beachten ist, dass Schraubenfedern im Werkzeug vorgespannt verbaut werden müssen. Dies kann entweder über vorgespannte Federpakete oder über die Niederhalterplatte erfolgen. Gasdruckfedern können bereits befüllt von den Herstellern bezogen werden. Alternativ können diese über eine Befülleinrichtung auf den gewünschten

Druck befüllt werden. Eine Verschaltung der Gasdruckfedern im Werkzeug ermöglicht eine gleichmäßige Befüllung der Federn und erlaubt dadurch eine konstante Niederhalterkraft im gesamten Werkzeug. Je nach Bauart der Gasdruckfedern kann eine wegunabhängige Niederhalterkraft realisiert werden. Dadurch wird einem Verkippen der Niederhalterplatte entgegengewirkt. Gasdruckfedern dürfen nicht mit Querkraft belastet werden, da ansonsten die Dichtigkeit verloren geht. Darüber hinaus dürfen Gasdruckfedern nur bis zu 200 Hub/min (Fibro 2016) verwendet werden. Für Schnellläuferanwendung sind daher Schraubenfedern vorzusehen.

Zur Realisierung der Bandführung sind je nach Werkzeugbauart beispielsweise Führungsleisten, Führungspilze bzw. in Plattenwerkzeugen die Führungsplatte, die einen Tunnel bildet, möglich. Die Positionierung der Bauteile bzw. des Blechstreifens wird über Sucherstifte realisiert. Bei einfachen Bauteilen kann dies auch über Anschläge umgesetzt werden. Diese bedingen Ausklinkungen im Streifen. Handelt es sich nicht um ein reines Schneidwerkzeug, so kann es notwendig sein, die Teile beim Vorschub anzuheben. Dies wird über Bandanheber realisiert. Die konstruktive Umsetzung kann anhand federnder Druckstücke oder über federnde Führungspilze erfolgen.

Beim Beschneiden von Blechbauteilen kann nicht immer gewährleistet werden, dass das einzubringende Loch in ein horizontal liegendes Blech geschnitten wird. Wird der Blechlagewinkel unter dem geschnittenen zu groß, ist ein direkter Beschnitt aus Richtung der Stößelbewegung nicht mehr möglich. Der Einsatz von Schiebern zur Richtungsumlenkung der Stößelbewegung kann beim Scherschneiden genutzt werden, falls die entstehende Schnittflächenqualität nicht zufriedenstellend ist bzw. durch auftretende Querkräfte eine Abdrängung des Stempels zu verringerter Maßgenauigkeit und Schnittflächenqualität führt. Maximale Winkel, bei denen ein Beschneiden ohne Schieber möglich ist, sind bei Stahl 20° bis 30°.

5-1.2.3 Fehler und Qualitätskriterien beim Schneiden

Schnittteile müssen im industriellen Umfeld verschiedene Anforderungen bezüglich Fehlern und Qualitätskriterien erfüllen. Werden diese nicht erreicht, müssen die Bauteile entweder nachgearbeitet oder als Ausschuss deklariert werden. Fehler können beispielsweise durch Maßabweichungen bzw. nicht erfüllte Form- und Lagetoleranzen an den Bauteilen entstehen. Diese können wiederum werkzeug-, werkstoff- oder prozessbedingt sein.

Werkzeugseitige Fehler können durch falsche Positionierung der Aktivelemente bzw. der Bauteile im Werkzeug oder Fertigungsungenauigkeiten, wie unzulässiges Spiel in den Führungen des Werkzeuges, hervorgerufen werden. Wird beim Werkzeugkonzept eine zu geringe Werkzeugquersteifigkeit gewählt, kann dies zu Verlagerungen der Schneidaktivelemente führen, wodurch sich der eingestellte Schneidspalt verändern kann. Bei der Verarbeitung von dickeren Blechen können bei der Wahl eines zu großen Schneidspalts Querrisse entlang der Schnittlinie parallel verlaufend zur Blechoberfläche auftreten. Weitere Probleme können durch hochkommende Stanzbutzen entstehen. Werden die herausgetrennten Butzen beim Rückhub aus der Matrize herausgezogen, können Werkzeugbeschädigungen und Ausschussbauteile entstehen. Im schlimmsten Fall kann es zum Werkzeugbruch kommen.

Werkstoffseitig hervorgerufene Fehler werden beispielsweise durch anisotropes Werkstoffverhalten verursacht.

Prozessbedingte Fehler können durch geringe oder fehlende Zwischenlüftung des Blechs beim Schneidprozess entstehen. Zu den Qualitätskriterien in der blechverarbeitenden Industrie zählen hingegen die Schnittflächen von Bauteilen. Je nach Anwendungszweck des Bauteils wird die Ausprägung der Schnittfläche unterschiedlich eingestuft. Besonderes Augenmerk wird auf die Gratausbildung gelegt. Eine maximale Grathöhe von 10 % der Blechdicke wird in der Automobilindustrie bei der Verarbeitung von Dünnblechen als Gutteil anerkannt. Neben der Grathöhe als absolutem Ausschusskriterium wird bei Verwendung der Schnittfläche als Funktionsfläche auf eine geringe Kanteneinzugshöhe bei gleichzeitig großem Glattschnittanteil und hoher Schnittflächenwinkligkeit geachtet.

Werden die beschnittenen Bleche, beispielsweise beim Platinenzuschnitt, in einer weiteren Arbeitsfolge umgeformt, so muss bereits beim erstmaligen Beschnitt die Kantenrisssensitivität berücksichtigt werden, dementsprechend müssen die Schneidparameter gewählt werden. Eine Nichtbeachtung kann zu einer Reduzierung des Restumformvermögens um bis zu 50 % führen (Feistle 2016). Ein Versagen der Bauteile durch Kantenrisse ist häufig die Folge. Insbesondere dann, wenn

Werkstoffe mit unterschiedlichen Gefügebestandteilen mechanisch getrennt werden.

Zu beachten ist weiterhin, dass sich durch hohe Ausbringungsmengen der Verschleißzustand der Werkzeugaktivelemente prozessbedingt erhöht und sich somit die Schnittflächenausprägungen mit zunehmendem Verschleiß an den Schneidaktivelementen verändern.

Literatur zu Kapitel 5-1.2

Feistle, M.; Krinninger, M.; Golle, R.; Volk, W.: Notch Shear Cutting of Press Hardened Steels - 16th International Conference on Sheet Metal Proceedings. Trans Tech Publications Ltd, Erlangen 2015

Feistle, M.; Golle, R.; Volk, W.: Determining the influence of shear cutting parameters on the edge cracking susceptibility of high-strength-steels using the edge-fracture-tensile-test – Procedia CIRP 2016. Neapel 2016

Fibro GmbH: Fibro Normalien Hauptkatalog 2015. Fibro GmbH, Hassmersheim 2015

Fritz, A.; Schulze, G.: Fertigungstechnik. Springer-Verlag, Berlin, Heidelberg 2006

Hoffmann, H.; Neugebauer, R.; Spur, G.: Handbuch Umformen. Carl Hanser Verlag, München 2012

Krahn, H.; Eh, D.; Kaufmann, N.; Vogel, H.: 1000 Konstruktionsbeispiele Werkzeugbau, Umformtechnik - Schneidetechnik - Fügetechnik. Carl Hanser Verlag, München 2009

Lange, K.: Umformtechnik, Handbuch für Industrie und Wissenschaft, Band 3: Blechbearbeitung. Springer-Verlag, Berlin, Heidelberg 1990

Mair, J.: Dynamische Belastungen von Lochstempeln beim Scherschneiden. Dissertation, Technische Universität München, Lehrstuhl für Umformtechnik und Gießereiwesen, München 2015

Schmidt, R.-A.; Birzer, F.: Umformen und Feinschneiden - Handbuch für Verfahren, Stahlwerkstoffe, Teilegestaltung. Carl Hanser Verlag, München 2006

Schuler GmbH: Handbuch Umformtechnik. Springer-Verlag, Berlin, Heidelberg 1996

VDI 3368: Schneidspalt-, Schneidstempel- und Schneidplattenmaße für Schneidwerkzeuge der Stanztechnik. VDI-Verlag, Düsseldorf 1982

VDI 2906-2: Schnittflächenqualität beim Schneiden, Beschneiden und Lochen von Werkstücken aus Metall - Scherschneiden; VDI-Verlag, Düsseldorf 1994

Volk, W.: Einfluss prozessbedingter Schneidspaltveränderungen auf den Werkzeugverschleiß. Europäische Forschungsgesellschaft für Blechverarbeitung e. V. – Forschungsbericht Nr. 419, Druckteam GmbH, Hannover 2015

Alle im Text erwähnten Normen sind in einer Liste zusammengefasst (Seite 889).

5

Kaltmassivumformung von Stahl

Mathias Liewald, Alexander Felde, Robert Meißner

5-2.1 Einleitung

In der Kaltmassivumformung kommen hauptsächlich Verfahren wie der Rohr- und Drahtzug, das Stauchen sowie das Fließpressen zum Einsatz. Kennzeichnend für die Kaltmassivumformung ist dabei, dass der Umformprozess ohne äußere Wärmezufuhr in das Halbzeug oder in das Werkzeug stattfindet, jedoch, je nach Verfahren, prozessbedingt Temperaturerhöhungen von bis zu 180 °C auftreten können (Lange et al. 2008). Das Bauteilspektrum der Kaltumformung reicht dabei von Kleinteilen, die nur wenige Gramm wiegen, bis hin zu Bauteilen, die eine Masse von bis zu 30 kg besitzen (Hoffmann 2012).

Die Vorteile der Kaltmassivumformung sind vor allem die nahezu optimale Werkstoffausnutzung, eine relativ hohe Mengenleistung der Kaltumformverfahren und geringe Stückkosten. Des Weiteren sind eine hohe Reproduzierbarkeit bezüglich Maß- und Formgenauigkeit (Tabelle 5-2.1), eine hohe Oberflächengüte der Bauteile sowie eine bisweilen hohe Festigkeitssteigerung aufgrund einer einsetzenden Kaltverfestigung bzw. eines ununterbrochenen Faserverlaufs als positive Verfahrenseigenschaften aufzuführen. Als nachteilig sind eine aufwändige Rohteilvorbereitung (Reinigen, Oberflächenbehandlung, Beschichten) sowie die hohen Werkzeugbelastungen bis zu 4000 MPa anzusehen. Aufgrund der hohen Abschreibungsbeträge der gesamten Prozesstechnik für die Kaltpresstechnik und sonstiger finanzieller Aufwände ist die Kaltmassivumformung meist auf die Herstellung großer Losgrößen beschränkt.

Als weitere einschränkende Faktoren der Kaltumformung sind neben maschinenspezifischen Grenzwerten als Prozessgrenzen hauptsächlich

- die Werkzeugbelastung,
- das spezifische Formänderungsvermögen des Werkstückwerkstoffs und
- verfahrensbedingte Grenzen der Formgebung

zu nennen.

Bei der Auslegung eines Umformprozesses ist stets darauf zu achten, dass keine dieser Grenzen erreicht wird. Bleibt dies in Bezug auf das Werkstück unbeachtet, so kann ein von außen nicht erkennbarer Fehler

Tabelle 5-2.1 Erreichbare a) Toleranzklassen und b) Oberflächengüten (VDI 1998) für Stähle

a)	IT-Angaben nach DIN ISO 286 Teil 1											
	5	6	7	8	9	10	11	12	13	14	15	16
Gesenkschmieden						•	•	•	•	•	•	•
Präzisionsschmieden			•	•	•							
Warmfließpressen						•	•	•	•	•	•	•
Halbwarmfließpressen						•	•	•	•	•	•	•
Kaltfließpressen	•	•	•	•	•	•						

b)	Rautiefe R_t	
	Wand innen	Wand außen
Napf-Rückwärts-Fließpressen (große Messlänge)	1 bis 3 µm –	1 bis 2 µm 8 bis 29 µm
Voll-Vorwärts-Fließpressen (große Messlänge)	2 bis 3 µm 6 bis 9 µm	3 bis 4 µm 8 bis 15 µm

aufgrund innenliegender Schädigung zu einem verfrühten Versagen des Bauteils im Betrieb führen. Zur besseren Beurteilung von Werkstoffgrenzen und zur Abschätzung auftretender Werkzeugbelastungen werden, basierend auf Überschlagsrechnungen und Erfahrungswerten sogenannte Stadienpläne für die stufen- oder schrittweise Erzeugung von Kaltpressteilen erstellt. Im Stadienplan werden nicht nur die schrittweise Umformung des Halbzeugs bis zum fertigen Pressteil, sondern auch technische Details für den Bauteiltransport und auch die konstruktiven Schnittstellen für den Weitertransport der Werkstücke im Arbeitsraum der Umformpresse festgelegt. Ein Stadienplan für das Kaltfließpressen beinhaltet somit die genauen Geometrien der einzelnen Zwischenstufen, eventuelle Zusatzbeschichtungen, Wärmebehandlungsvorgänge und auch alle wichtigen Oberflächen- und Lagetoleranzen.

Die in der Kaltmassivumformung erreichbaren hohen Maßtoleranzen (Toleranzen für Nennmaße) und Oberflächengüten (Rauheiten) sind im Vergleich mit konkurrierenden Umformverfahren der Tabelle 5-2.1 zu entnehmen. Die Bereiche der ISO-Toleranzklassen von IT6 bzw. IT7 sind dabei jedoch nur mit zusätzlichen Maßnahmen erreichbar (Klocke 2006).

Im Folgenden wird ein kurzer Überblick über die wichtigsten Verfahren der Kaltfließpresstechnik sowie deren Prozessgrenzen gegeben. Im Anschluss daran werden die in der Massivumformung verwendeten Stähle und Legierungen genannt und charakterisiert.

5-2.2 Kaltfließpressverfahren

5

Die am häufigsten verwendeten Verfahren der Kaltmassivumformung stellen das Stauchen sowie die Verfahren des Fließpressens dar. Das Fließpressen ist ein Verfahren der Stückgutfertigung und gehört zu der Untergruppe Durchdrücken (DIN 8583) eines metallischen Rohteils durch geometrisch entsprechend vor-

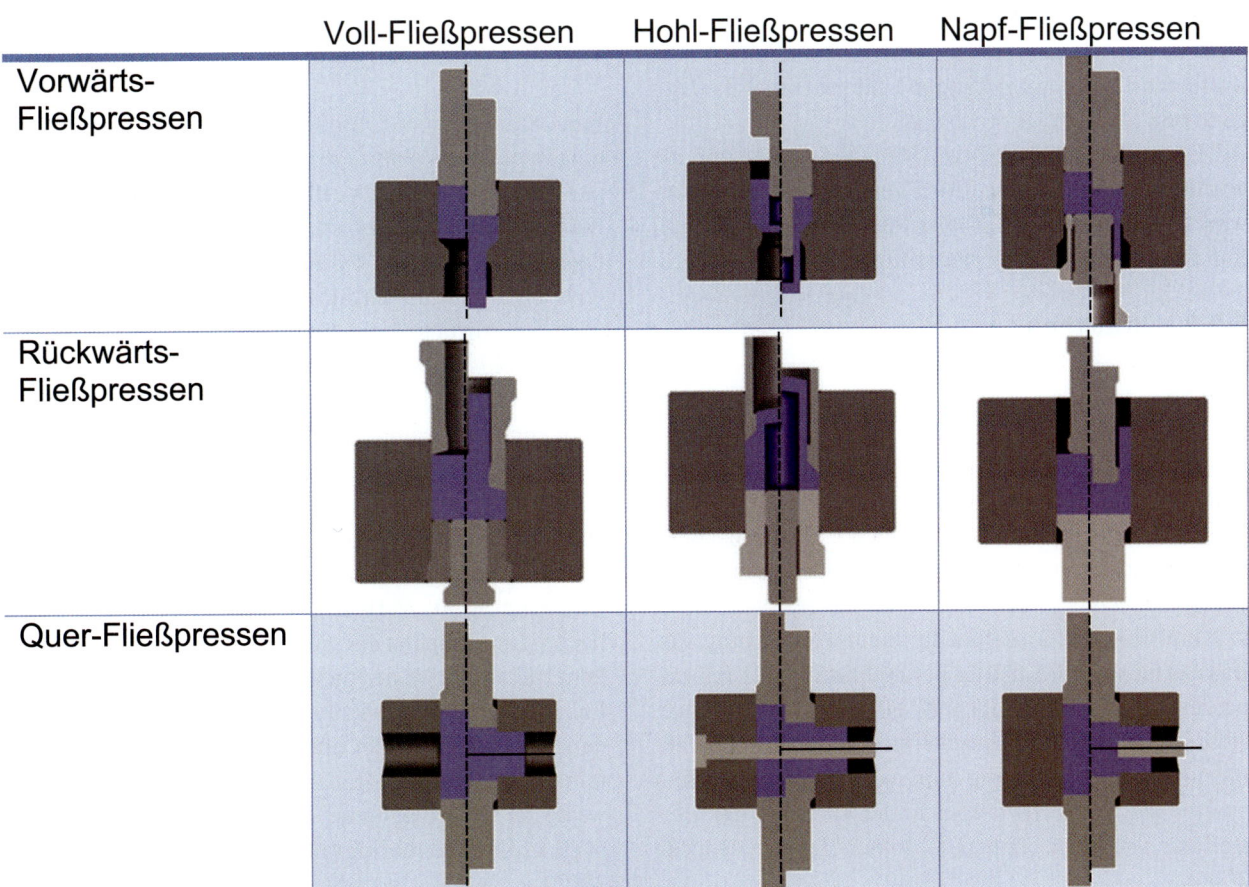

Bild 5-2.1 Schematische Übersicht der heute etablierten Fließpressverfahren

bereitete Werkzeugkomponenten. Die in Bild 5-2.1 dargestellte Verfahrensmatrix zeigt die bis dato in der Praxis etablierten Fließpressverfahren, wobei es aktuelle Weiterentwicklungen gibt (Rudolf 2010). Die einzelnen Verfahren werden zunächst nach Richtung des Werkstoffflusses, bezogen auf die Werkzeughauptbewegung, in Vorwärts-, Rückwärts- und Quer-Fließpressen eingeteilt. Eine weitere Unterteilung der Verfahren findet auf Basis der erzeugten Werkstückgeometrie in Voll-, Hohl- und Napf-Fließpressen statt.

Die Krafteinleitung in das Werkstück findet hauptsächlich über starre Stempel, in seltenen Fällen über Wirkmedien wie Öl oder Wasser (z. B. vereinzelt beim Quer-Fließpressen, QFP) statt. Zur Senkung der Prozesskraft und zur wirtschaftlicheren Herstellung der Pressteile ist es oftmals sinnvoll, verschiedene Verfahren in derselben Umformstufe zu kombinieren. Bei einer Kombination von diesen Pressverfahren werden meist zwei Grundvorgänge des Fließpressens in einem gemeinsamen Werkzeug während eines Pressenhubs zeitgleich durchgeführt. Das Material fließt dabei in die Richtung des geringsten Umformwiderstandes, was eine Reduktion der Presskraft ermöglicht. Die benötigte Gesamtkraft ist daher immer kleiner bzw. maximal gleich dem Kraftbedarf des dominierenden Umformvorgangs (Lange 1988).

Im Folgenden wird auf das Stauchen sowie auf die wichtigsten Verfahren des Fließpressens (Voll-Vorwärts-Fließpressen, Napf-Rückwärts-Fließpressen und Voll-Quer-Fließpressen) eingegangen.

5-2.2.1 Stauchen

Prinzip

Das Stauchen wird der Gruppe des Freiformens innerhalb der Gruppe des Druckumformens zugeteilt. Beim Stauchvorgang wird im Allgemeinen ein Stababschnitt zwischen zwei parallelen Ebenen (Stauchbahnen) zusammengestaucht (Bild 5-2.2). Infolge dessen bildet sich ein Werkstofffluss quer zur Stempelbewegung aus. Das Verfahren wird häufig bei mehrstufigen Umformprozessen dem eigentlichen Fließpressen vorangestellt, um den meist abgescherten Rohteilen eine definierte Form am Umfang und parallele Stirnflächen anzupressen. Das Verfahren findet auch bei der Herstellung von Flanschen o.Ä. seinen Einsatz (Klocke 2006).

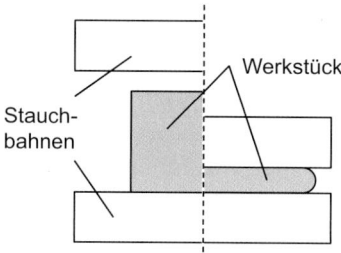

Bild 5-2.2 Verfahrensprinzip des Stauchens

Aufgrund des beim idealen Stauchen (ohne Reibung) vorherrschenden einachsigen Druckspannungszustands wird dieser Versuch in der Warm- und Kaltumformtechnik sehr häufig zur Materialcharakterisierung verwendet. Über den im Stauchversuch ermittelten werkstoffspezifischen Kraft-Weg-Verlauf und durch Auswertung der Probengeometrie (z. B. mit optischen Messverfahren während des Versuchsablaufes) kann mit Hilfe werkstofflicher Zusammenhänge auf die Fließkurve des geprüften Werkstoffes geschlossen werden (Doege 1986).

Verfahrensgrenzen beim Stauchen von Stahl

Beim Stauchen von Stahl bilden meist das Umformvermögen des Werkstoffs sowie die geometrischen Abmessungen des Werkstücks die begrenzenden Parameter. Beim Stauchen von sehr flachen Werkstücken kann jedoch vereinzelt auch die ertragbare Stempelbelastung eine signifikante Verfahrensgrenze wie Ausknicken oder Scherbruch darstellen. Um ein Ausknicken des Werkstücks während der Umformung zu vermeiden, sollte beim Stauchen von Stangenabschnitten der Quotient von freier Länge zum Durchmesser bei Stahl nicht mehr als 2,3 betragen. Zur Realisierung größerer Stauchverhältnisse müssen dem eigentlichen freien Stauchvorgang verschiedene definierte Vorstauchoperationen vorangestellt werden. Ebenfalls sollte der Umformgrad als Verhältnis der Querschnitte vor und nach dem Stauchen für duktile Stähle aufgrund möglicher Risse im Mantelbereich der Probe bei den heute üblicherweise eingesetzten Stahlwerkstoffen pro Stufe den Wert $\varphi = 1{,}6$ nicht überschreiten. Durch eine Aufteilung in mehrere Stauchoperationen mit beispielsweise zwischenliegender Wärmebehandlung sind jedoch größere Umformgrade realisierbar (Neugebauer 2005).

Bild 5-2.3
Bauteilbeispiele für das Verfahren
Stauchen (Schmale 2015)

Beispiele

Das Stauchen ist ein weit verbreitetes Verfahren bzw. eine häufig eingesetzte Vorstufe in der Massivumformung. Es wird sowohl bei Anwendung in der Rohteilvorbereitung (Anstauchen einer Zentrierung) zu Beginn einer Stadienfolge als auch beim Kopfanstauchen eines Drahtendes, z. B. zur Herstellung von Flanschen an Massenartikeln, von Nägeln oder Schrauben angewendet. Zur Herstellung anderer Anbindungsmöglichkeiten werden vereinzelt Bereiche in der Werkstückmitte oder auch senkrecht zur Stabachse gestaucht (Bild 5-2.3).

5-2.2.2 Voll-Vorwärts-Fließpressen (VVFP)

Prinzip

Beim Voll-Vorwärts-Fließpressen wird von einem Vollkörper ausgehend ein Vollkörper mit verringertem Querschnittsdurchmesser hergestellt (Bild 5-2.1). Zu Beginn des Umformvorgangs herrscht zunächst ein instationärer Spannungszustand, der sowohl durch ein Aufstauchen des Rohteils in die Matrize (bedingt durch das Einlegespiel) als auch durch ein Einfließen des Werkstoffs in die Umformzone erzeugt wird. Erst nach einem vollständigen Anliegen des Werkstoffs am Stempel und an der Matrize bzw. nach einem Ausfüllen der Fließschulteröffnung stellt sich ein stationärer Umformvorgang ein. Kennzeichnend für das VVFP ist, dass stempelseitig immer ein nicht- sowie ein teilverfestigter Bereich am Bauteil verbleiben.

Verfahrensgrenzen für das Voll- Vorwärts-Fließpressen von Stahl

Die beiden wesentlichen limitierenden Parameter beim VVFP stellen das Werkstoffumformvermögen sowie die maximal zulässige Stempeldruckbelastung dar. Die größten Spannungen treten im Werkstück während des Umformvorgangs am Querschnittsübergang im Be-

reich der Fließschulter auf. Diese maximalen Spannungen können durch diverse konstruktive Anpassungen auf ein beherrschbares Maß reduziert werden, indem der Schulterwinkel möglichst optimal gewählt wird (Lange 1988).

Werkstoffseitige Grenzen beim VVFP bestehen hinsichtlich des maximalen Umformgrades und verschiedener geometrischer Verhältnisse, die verfahrensspezifische Fehler zur Folge haben können. Um ein werkstoffseitiges Versagen zu verhindern, sollte der Umformgrad für duktile Stähle den Wert $\varphi = 1{,}6$ und bei schwer umformbaren Stählen den Wert $\varphi = 0{,}65$ nicht überschreiten (Tabelle 5-2.2).

Des Weiteren ist es möglich, dass es durch zu groß gewählte Öffnungswinkel der Matrize zu einem Versagen des Werkstoffs entlang der Mittelachse des Bauteils führen kann (Chevronrisse, Bild 5-2.4). Hinweis für ein solches Versagen ist eine auf der Stirnfläche des ausgepressten Zapfens entstehende, nach innen gewölbte Stirnfläche. Die Entstehung der Chevronrisse ist auf einen inhomogenen Werkstofffluss während der Umformung zwischen den rand- und mittelachsennahen Bereichen und auf die daraus entstehenden hohen Zugspannungen im Inneren des Bauteils zurückzuführen.

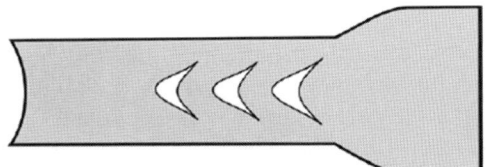

Bild 5-2.4 Chevronrisse beim Voll-Vorwärts-Fließpressen (Lange 2008)

Bei der Auslegung eines VVFP-Prozesses sollten neben den bereits genannten Einschränkungen und Grenzen noch weitere Verhältnisse berücksichtigt werden. So sollte das Durchmesser/Höhen-Verhältnis des Rohteils aufgrund eines sprunghaften Anstiegs der Reibungskraft bei duktilen Stählen nicht höhere Werte als 10 annehmen. Bei schwer umformbaren Stählen sollte

Tabelle 5-2.2 Grenzumformgrade beim VVFP für Stahlwerkstoffe (Lange 2008, Neugebauer 2005)

Form-änderungs-vermögen	Stahlwerkstoff	Max. Umform-grad φ	l_0/d_0
hoch	z. B. C4C (1.0303) C15 (1.0401)	1,60	10
mittel	z. B. C35 (1.0501), 16MnCr5 (1.7131)	1,00	6
gering	z. B. C45 (1.0503), 42CrMo4 (1.7225)	0,65	4
Resthöhe	$l_r/d_0 > 0,5$		

der Grenzwert von 4 nicht überschritten werden (Tabelle 5-2.2). Ebenfalls sollte zur Vermeidung einer Trichterbildung an der Stirnfläche zwischen Stempel und Werkstück infolge inhomogener Werkstoffgeschwindigkeiten die verbleibende Resthöhe nicht kleiner als die Hälfte des Schaftdurchmessers gewählt werden (Hoffmann 2012).

Beispiele

Das Voll-Vorwärts-Fließpressen kommt vor allem bei länglichen Pressteilen wie Wellen oder Schrauben, aber auch in Verfahrenskombination unter anderem bei der Herstellung von Bundmuttern und Wellen zum Einsatz (Bild 5-2.5). Oftmals folgen zur Herstellung von Funktionsflächen ein Zerspanvorgang und/oder eine lokale Wärmebehandlung dem Umformvorgang nach.

Bild 5-2.5 Bauteilbeispiele für das VVFP (Unseld 2014, Karlsson 2016)

5-2.2.3 Napf-Rückwärts-Fließpressen (NRFP)

Prinzip

Beim Napf-Rückwärts-Fließpressen wird meist von einem runden Vollkörper ausgehend ein Napf entgegen

der Bewegungsrichtung des Pressstempels hergestellt (Bild 5.2-1). Die formgebende ringförmige Werkzeugöffnung wird dabei durch die Durchmesserdifferenz zwischen Stempel und Matrize gebildet. Während des Umformvorgangs herrscht im Werkstück zu jeder Zeit ein instationärer Werkstofffluss mit einer lokal wandernden Umformzone. Zu Beginn eines Umformvorgangs legt sich das Rohteil an die Matrizenwand an und erst danach bildet sich ein Werkstofffluss entgegen der Stempelbewegungsrichtung, der das eigentliche Napfen darstellt.

Zur Erhöhung der Konzentrizität der Pressteile kann eine zusätzliche Stempelführung vorgesehen werden (Liewald 2014). Hierbei wird der Stempel zur Matrize über eine Hülse beim Einfahren in das Werkstück zusätzlich zentriert, um eine unsymmetrische Ausformung des Napfes zu verhindern.

Verfahrensgrenzen für das Napfen von Stahl

Die limitierenden Parameter beim Napf-Rückwärts-Fließpressen von Stahl stellen neben den werkstoffspezifischen Grenzen bzw. verfahrensbezogenen Grenzwerten auch die auftretenden Werkzeugbelastungen dar. Die höchsten axialen Druckspannungen im Napfstempel während eines Pressvorgangs sollten 2500 MPa nicht überschreiten. In Anbetracht dieser hohen Belastung ist auf eine hohe Werkstoff- und Oberflächenqualität des Napfstempels und seine zur Matrize mittige Positionierung zu achten. Auch muss seine Länge bei der Werkzeugkonstruktion im Hinblick auf ein mögliches Ausknicken beachtet werden (Eulerscher Knickfall) (Hoffmann 2012). Infolge der hohen Stempelbelastung betragen die maximalen Umformgrade für duktile Stähle $\varphi = 1,45$ und für schwer umformbare Stähle $\varphi = 0,83$ (Tab. 5-2.3). Eine Besonderheit beim NRFP ist, dass es ebenfalls einen minimalen Umformgrad gibt, der sich erfahrungsgemäß für duktile Stähle bei $\varphi = 0,14$ und für schwer umformbare Werkstoffe bei $\varphi = 0,3$ befindet. Darüber hinaus sollten Wanddicken kleiner als 1 mm ebenfalls aufgrund eines starken Anstiegs des Kraftbedarfs vermieden werden (Lange 2008).

Ein weiterer limitierender Faktor beim NRFP stellt die Restbodenhöhe des gepressten Werkstücks dar. Die verbleibende Bodendicke sollte nach dem Pressvorgang größer als die Wanddicke bzw. größer als 1 mm sein, da bei Nichtbeachtung eine Spanbildung, ein

Tabelle 5-2.3 Grenzen beim NRFP für Stahlwerkstoffe (Lange 2008, Neugebauer 2005)

Grenze	Stahlwerkstoff	Min. Umformgrad φ	Max. Umformgrad φ	h_i/d_i
Gut umformbare Stähle	z. B. C4C (1.0303) C15 (1.0401)	0,14	1,45	3
mäßig gut umformbare Stähle	z. B. C35 (1.0501), 16MnCr5 (1.7131)	0,22	1,02	2
Schwer umformbare Stähle	z. B. C45 (1.0503), 42CrMo4 (1.7225)	0,30	0,83	1,5
Restbodendicke H_b	Wanddicke > H_b > 1 mm			

Abheben oder ein Reißen des Bodenbereichs verursacht wird (Burgdorf 1973).

Beispiele

Das Napf-Rückwärts-Fließpressen ist ein sehr verbreiteter Fließpressprozess und findet in der heutigen Praxis häufig in Verfahrenskombinationen seine Anwendung. Hergestellt wird dabei, vornehmlich aus einem runden Halbzeug, ein ebenfalls rundlicher langer Napf, der je nach Anwendung auch eine Verzahnung aufweisen kann. Vereinzelt kommt das Napf-Rückwärts-Fließpressen von rechteckigen Bauteilen oder in anderen, verschiedenen Variationen zum Einsatz (Bild 5-2.6). Zu beachten ist die vor allem in den Eckbereichen stark ansteigende Matrizenbelastung, was dort schnell zu gravierenden Schäden führen kann.

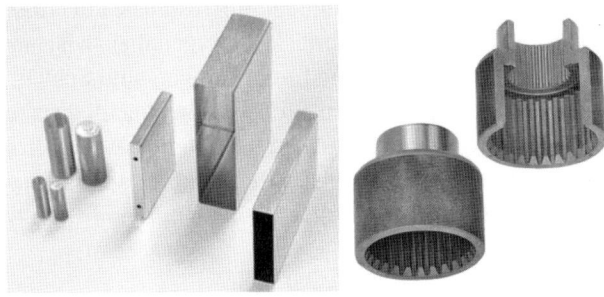

Bild 5-2.6 Bauteilbeispiele für das NRFP (Weinzierl 2014, Weidel 2013)

5-2.2.4 Voll-Quer-Fließpressen (VQFP)

Prinzip

Beim Voll-Quer-Fließpressen werden quer zur Stempelbewegung einzelne Zapfen (Nebenformelemente) oder flächige Elemente (Flansche) ausgepresst. Diese Nebenformelemente sind in ihrer äußeren Form (rund, eckig, oval etc.) frei wählbar. Charakteristisch für das Quer-Fließpressen ist eine in ihrer Größe während des Pressvorgangs sich nicht verändernde Werkzeugöffnung, mit der die Nebenformelemente erzeugt werden. Ein weiteres Charakteristikum stellt das vollständig umschlossene Werkstück im geschlossenen Werkzeug (Bild 5-2.1) dar. Zur Vermeidung eines Einfließens des Stahlwerkstoffes in die Trennebene zwischen oberer und unterer Matrize werden zusätzlich zu der Umformkraft entsprechende Schließ- bzw. Zuhaltekräfte benötigt (Napierala 2015, Lange 2008).

Verfahrensgrenzen für das Quer-Fließpressen von Stahl

Wie auch bei den zuvor dargestellten Verfahren bilden geometrische Grenzen und auch die Umformbarkeit des Werkstoffs die limitierenden Faktoren dieses Verfahrens. So kommt es unter anderem zu Problemen, wenn Rohteil- und Zapfendurchmesser annähernd gleich groß gewählt werden. Bei zu ähnlichen Abmessungen entstehen aufgrund eines inhomogenen Werkstoffflusses hohe Zugspannungen im Bereich der Zapfenausflüsse, die ein Reißen der Bauteile in diesem Bereich verursachen. Allgemein gilt, dass beim Quer-Fließpressen stets die Druckspannung die dominante Spannung bleiben sollte, um Risse und Formabweichungen, vor allem in Bezug auf die Rundheit, zu vermeiden. Eine Erhöhung der Druckspannungen im Bauteil kann dabei durch das Aufbringen von lateralen Gegenkräften auf die Stirnflächen der Nebenformelemente erreicht werden (Schätzle 1987, Räuchle 2003, Rudolf 2014, Wälder 2015).

Darüber hinaus sollte erfahrungsgemäß der Umformgrad φ für duktile Stähle den Wert 1,5 (schwerumformbare Stähle ca. 1) nicht überschreiten, da sonst ein werkstoffseitiges Versagen an den Nebenformelementen zu erwarten ist (Hoffmann 2012, Rudolf 2014).

Beispiele

Typische Quer-Fließpressteile sind Tripoden, Zapfen-
kreuze für Kardangelenke sowie Kugelnaben für An-
triebsgelenke (Bild 5-2.7). Es ist zudem möglich, läng-
liche Teile, wie zum Beispiel zweischenklige Gabelteile,
durch Quer-Fließpressen anstatt durch Napf-Fließpressen herzustellen. Dabei sind die erforderlichen Stem-
pelkräfte aufgrund des freien Werkstoffflusses in Querrichtung geringer. Des Weiteren erlaubt das hierfür
üblicherweise verwendete Schließwerkzeug auch, Hin-
terschnitte am Bauteil zu realisieren, wie sie oftmals an
den Zapfenenden bei Tripoden benötigt werden.

Bild 5-2.7 Bauteilbeispiele für das VQFP (Boas 2011)

5-2.3 Tribologie

Die Kaltmassivumformung stellt, insbesondere bei der
Umformung von höherfesten Stählen, die höchsten Anforderungen an ein tribologisches System. Es ist daher
erfolgsentscheidend, dass die Qualität der Werkzeugoberflächen bzw. die der darauf aufgebrachten Hart-
stoffbeschichtungen während der gesamten Lebensdauer des Umformwerkzeuges auf einem anspruchsvollen Niveau gehalten werden.

Die Anforderungen, die an ein tribologisches System in
der Kaltmassivumformung gestellt werden, sind unter
anderem die Beständigkeit der Schmierwirkung unter
sehr hohen Flächenpressungen von bis zu 4000 bis
5000 MPa sowie unter einer starken Oberflächenvergrößerung (bis zehnfach größer). Außerdem können in
der Kaltmassivumformung sowohl sehr hohe Relativ-

geschwindigkeiten zwischen Werkstück und Werkzeug
als auch Temperaturen von bis zu 180 °C auftreten.
Ein Versagen des Schmierstoffsystems führt zu einem
direkten Kontakt zwischen Werkzeug und Werkstück,
was ein sofortiges Aufschweißen des Werkstückstoffes
an der Werkzeugoberfläche zur Folge hat (Hoffmann
2012, Klocke 2006).

Die meisten der heute am Markt verfügbaren Schmierstoffe haben keine für die Verfahren der Kaltmassivumformung ausreichend hohe Druckfestigkeit. Zur Erhöhung der Druckfestigkeit bzw. zur Erzeugung einer
erhöhten Bindung zwischen Werkstück und Schmierstoff kann eine Trägerschicht (sog. Konversionsschicht)
zwischen Schmierstoff und Werkstück aufgebracht
werden. Diese Konversionsschicht bildet eine sehr gute
physikalische und chemische Grundlage zur Anhaf-
tung eines Schmierstoffs, was oftmals ein vorheriges
Aufrauen der Oberfläche mittels Strahlen erforderlich
macht (Lange 1988).

5-2.3.1 Konversionsschichten

Bei vergleichsweise geringen Flächenpressungen in
der Kaltpressmatrize von unter 1000 MPa können für
weiche Werkstoffe Kaltfließpressöle (z. B. beim Stauchen) ohne Haftvermittler verwendet werden. Für
Stahlwerkstoffe mit höheren Festigkeiten (z. B. C35,
1.0501; 16MnCr5, 1.7131; etc.) oder Verfahren mit erhöhten Ansprüchen an den Schmierstoff (z. B. Napfen)
muss meist eine Konversionsschicht aufgebracht werden. Diese besteht aus kristallinen Salzschichten, die
sich chemisch mit dem Grundwerkstoff verbinden. Bei
nicht- bzw. niedriglegierten Stählen kommt vor allem
eine anorganische Metallphosphatschicht (z. B. Zinkphosphatschicht) als Trägerschicht zum Einsatz, die
gleichzeitig einen sehr guten Korrosionsschutz darstellt. Die optimale Schichtdicke beträgt dabei zwischen
5 und 20 µm, für einfache Umformungen sind Schichtdicken von 5 – 10 µm ausreichend. Bei hochlegierten
Stählen bzw. nichtrostenden Stahlgüten (z. B. 100Cr6)
kommen als Konversionsschicht meist eine Eisenoxa-
latschicht mit einer Dicke von 5 bis 8 µm zum Einsatz
(Hoffmann 2012).

5-2.3.2 Typische Schmierstoffe für Stahlwerkstoffe in der Kaltmassivumformung

In der Kaltmassivumformung werden in heutigen Produktionsabläufen hauptsächlich Fest-, Öl- oder Seifenschmierstoffe verwendet. Die am häufigsten verwendeten Schmierstoffsysteme stellen dabei Seifen, speziell das Natriumstearat, in Verbindung mit einer Konversionsschicht dar. Diese stearatbasierten Seifen reagieren nach dem Auftragen chemisch mit der zuvor aufgebrachten Phosphatschicht und bilden als Reaktionsprodukt Zinkstearat. Von Vorteil ist dabei die Bildung einer sehr festen chemischen Bindung zwischen Schmier- und Trägerschicht, die Druckspannungen von bis zu 2000 MPa ertragen kann und auch relativ niedrige Reibungszahlen von bis zu $\mu = 0,05$ bewirkt (Bowden 1959).

Die Fest- und Ölschmierstoffe lagern sich hingegen, auf rein physikalischen Prinzipien beruhend, in Mulden und Vertiefungen auf dem Grundwerkstoff oder der Trägerschicht ein. Diese entstehenden Verbindungen sind damit, im Vergleich zu chemischen Bindungen, weniger physikalisch und chemisch stabil und weisen daher nur geringere Haftfestigkeiten verglichen mit Stearat auf (Hoffmann 2012).

Als Festschmierstoff werden in der Kaltmassivumformung von Stahl im Wesentlichen Molybdändisulfid (MoS_2) und Graphit verwendet. Diese Schmierstoffe zeichnen sich durch eine hohe Temperaturbeständig- keit (ca. 400 °C) sowie durch ein gutes Trennvermögen aus.

Durch Verwendung einer Trägerschicht (Phosphatschicht) können bei den Festschmierstoffen ebenfalls Eigenschaftsverbesserungen erzielt werden. Die Trägerschicht muss dabei auf den verwendeten Schmierstoff abgestimmt sein, um dessen Leistungsfähigkeit bezüglich der auftretenden Oberflächenvergrößerung bzw. der notwendigen Trennwirkung vollständig nutzen zu können (Bild 5-2.8).

Im Bereich der Ölschmierstoffe kommen für relativ kleine Umformgrade, niedrige Flächenpressungen und weiche Stahlwerkstoffe vornehmlich Mineralölkohlenwasserstoffe zum Einsatz. Das Aufbringen des Schmierstoffs erfolgt in der Praxis meist durch Tauchen oder Besprühen der Rohteile. Im Allgemeinen ist jedoch die alleinige Verwendung von ölbasierten Schmierstoffen in der Kaltmassivumformung von Stahl wegen der sehr geringen Druckfestigkeit von Ölen nicht weit verbreitet (Groche 2004).

Aufgrund der prozessbedingten starken Umweltbelastung durch die Verwendung von Seifen oder Festschmierstoffen wird derzeit versucht, weitestgehend auf eine Phosphatträgerschicht zu verzichten und diese durch eine Polymerbeschichtung zu substituieren (Groche 2004). Diese Art der Schmierung konnte sich jedoch bisher infolge einiger Defizite noch nicht großflächig in industriellen Anwendungen durchsetzen.

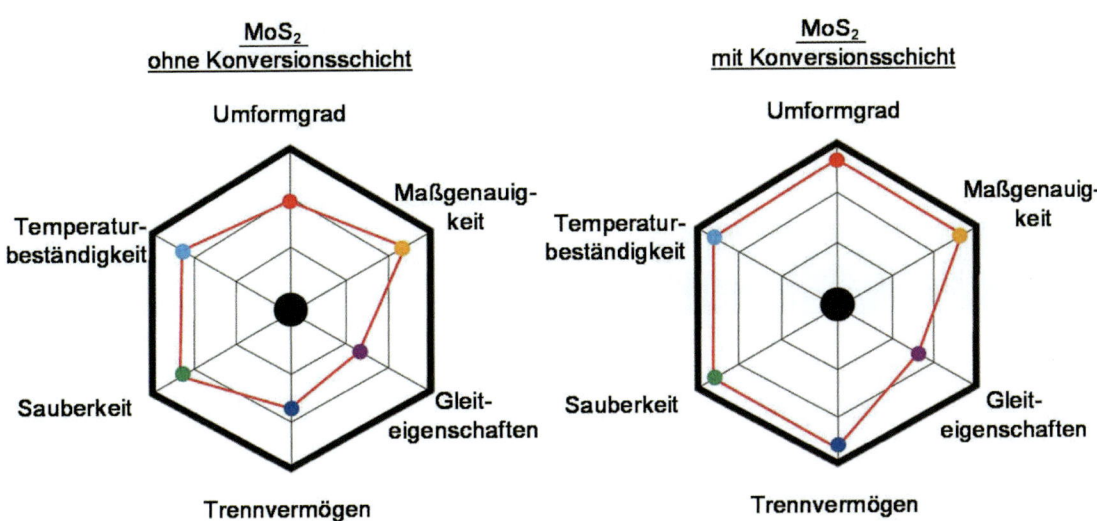

Bild 5-2.8 Einfluss der Konversionsschicht (Zwez 2014)

5-2.4 Stähle für die Kaltmassivumformung

5-2.4.1 Allgemeines

In der Kaltmassivumformung werden vor allem unlegierte und niedriglegierte Stähle mit einem Kohlenstoffgehalt bis maximal 0,5 % verwendet. Gute Voraussetzungen für stabile Kaltumformprozesse bilden dabei insbesondere eine geringe Fließspannung zu Prozessbeginn und eine nur geringe Verfestigungsneigung während des Umformprozesses. Somit werden Stähle verarbeitet, die sowohl ein hohes Umformvermögen als auch ein homogenes Gefüge und eine günstige Gefügestruktur aufweisen. Die Gefügeausbildung zur besseren Umformbarkeit wird dabei oftmals durch ein vorhergehendes Glühen der Rohteile oder des Halbzeuges erreicht.

Festigkeit

Die benötigte Festigkeit der in der Kaltmassivumformung eingesetzten Stähle ist stets in Bezug zu der möglichen Umformbarkeit zu betrachten. Lange teilt die Stähle bzgl. der Festigkeit in drei Kategorien ein und geht dabei von einem weichgeglühten Werkstoffgefüge aus (Lange 2008). Stähle mit einem geringeren Kohlenstoffgehalt lassen sich sehr gut kaltumformen, weisen jedoch Zugfestigkeiten bis nur ca. 500 MPa auf. Mit steigendem Kohlenstoffgehalt nimmt die Zugfestigkeit zwar zu, jedoch sinkt das Formänderungsvermögen. In Tabelle 5-2.4 ist eine Übersicht der drei Kategorien gegeben, welche durch die Zugfestigkeit, die Brinell-Härte und den Kohlenstoffgehalt genauer spezifiziert werden.

Tabelle 5-2.4 Einteilung der Stähle für das Kaltpressen (Lange 2008)

Form-änderungs-vermögen	Zug-festigkeit R_m [MPa]	Brinell-Härte HB	Kohlenstoff-gehalt in Massen-%
relativ hoch	<420	95 – 110	≤0,10 – 0,20
mäßig	560	115 – 135	0,25 – 0,30
begrenzt	600 – 650	150 – 180	0,35 – 0,40

Grenzwerte von Legierungsbestandteilen

In der Kaltmassivumformung werden unlegierte und niedriglegierte Stähle mit einem Kohlenstoffgehalt bis 0,5 % eingesetzt. Neben Kohlenstoff sind die wichtigsten Legierungselemente vor allem Mangan (Mn), Chrom (Cr), Nickel (Ni) und Molybdän (Mo). Für das Kaltumformen sollte der Legierungsgehalt jedoch insgesamt nicht mehr als 3 % betragen, da dieser die Fließspannung erhöht und das Formänderungsvermögen verringert. Die Legierungselemente Phosphor und Schwefel führen zu einer Versprödung des Werkstoffs und zu Kernseigerungen mit der Folge eines erhöhten Risikos der Rissbildung im Pressteil bei höheren Umformgraden. Die Härtbarkeit der Stähle kann durch die Zugabe von bereits sehr geringen Mengen Bor verbessert werden (Gimm 1982). Vanadiumlegierte Stähle sind in der Regel nicht kaltumformbar.

In Tabelle 5-2.5 ist eine Übersicht der Legierungsbestandteile für Stähle in der Kaltmassivumformung mit den heutigen Grenzwerten zusammengestellt.

Kaltfließpressteile werden häufig durch eine spanende Bearbeitung weiterbearbeitet und sollten somit eine gute Zerspanbarkeit aufweisen. Die Zerspanbarkeit wird durch das Zulegieren von Elementen, z.B. Schwefel, verbessert. Jedoch steigt im Gegenzug die Versprödung und damit sinkt das Formänderungsvermögen a priori.

Tabelle 5-2.5 Legierungsbestandteile von Kaltmassivumformstählen (Hoffmann 2012)

Legierungselement	Chem. Symbol	Grenzwerte in Massen-%
Kohlenstoff	C	0,5
Silicium	Si	0,5
Mangan	Mn	2,0
Phosphor	P	0,035
Schwefel	S	0,035
Chrom	Cr	2,0
Molybdän	Mo	0,4
Stickstoff	N	0,01
Bor	B	0,005
Vanadium	V	0

Grenzumformgrade

Die erreichbaren Grenzumformgrade sind neben den Legierungselementen auch von den jeweiligen Umformverfahren abhängig. So sind tendenziell beim Vorwärts-Fließpressen höhere Umformgrade erreichbar als beim Rückwärts-Fließpressen (Klocke 2006). In Tabelle 5-2.6 ist eine Übersicht der Grenzumformgrade (φ_{max}) gegeben.

Tabelle 5-2.6 Grenzumformgrade verschiedener kohlenstofflegierter Stähle für die Kaltmassivumformung (Neugebauer 2005)

Werkstoff	Vorwärts-Fließpressen		Rückwärts-Fließpressen	
	φ_{max}	$\lvert\varepsilon_A\rvert$ / %	φ_{max}	$\lvert\varepsilon_A\rvert$ / %
C10 (1.0301)	1,6 – 2,0	80 – 85	1,4 – 1,6	75 – 80
C15 (1.0401) C22 (1.0402)	1,4 – 1,6	70 – 80	1,1 – 1,3	65 – 70
C25 (1.0406) C35 (1.0501)	0,8 – 1,0	55 – 65	0,7 – 0,8	50 – 60
C45 (1.0503)	0,5 – 0,6	40 – 45	0,5 – 0,8	40 – 55

Fließkurven

Als Fließkurve wird der Verlauf der Fließspannung k_f über dem Umformgrad φ bezeichnet. Die Fließspannung k_f ist diejenige Spannung, die zur Einleitung und Aufrechterhaltung des plastischen Fließens des Werkstoffs benötigt wird. Fließkurven können im Zugversuch ermittelt werden, jedoch werden üblicherweise Zylinderstauchversuche durchgeführt, um höhere Umformgrade abbilden zu können. Mit der Ludwik-Gleichung (Gl. 5-2.1) lassen sich Fließkurven für niedriglegierte Stähle im einfachsten Fall mit den Werkstoffkonstanten C und n einigermaßen gut annähern.

$$k_f(\varphi) = C\varphi^n \qquad (5\text{-}2.1)$$

Die Werkstoffkonstante C wird aus der Zugfestigkeit R_m, dem Verfestigungsexponenten n und der Euler'schen Zahl e nach Gl. 5-2.2 berechnet (Ludwik 1909).

$$C \approx R_m \left(\frac{e}{n}\right)^n \qquad (5\text{-}2.2)$$

Unter der Voraussetzung von Gl. 5-2.1 kann der Verfestigungsexponent n bei Gleichmaßdehnung aus dem Umformgrad bestimmt werden (Gl. 5-2.3).

$$\varphi_g \approx n \qquad (5\text{-}2.3)$$

Die Gleichmaßdehnung A_g lässt sich aus der Querschnittsveränderung der Rundprobe nach Gl. 5-2.4 bestimmen.

$$A_g = 2A_{10} - A_5 \qquad (5\text{-}2.4)$$

Aus Gl. 5-2.3 wird

$$n \approx \ln(1 + A_g) \qquad (5\text{-}2.5)$$

In Tabelle 5-2.7 ist eine Übersicht der Werkstoffkonstanten C und der Verfestigungsexponenten n für Stähle der Kaltmassivumformung gegeben.

Tabelle 5-2.7 Übersicht der Werkstoffkonstante C und des Verfestigungsexponenten n für einige Kaltmassivumformstähle (Hensel 1978)

Werkstoff	Werkstoffnummer	Konstante C [MPa]	Verfestigungsexponent n
C10	1.0301	798	0,244
C35	1.0501	960	0,153
16MnCr5	1.7131	808	0,09
20MnCr5	1.7147	950	0,145
100Cr6	1.3520	1055	0,175

In Bild 5-2.9 auf der Folgeseite sind verschiedene Fließkurven von heute üblicherweise eingesetzten Kaltmassivumformstählen vereinfacht dargestellt. Deutlich zu erkennen ist der Unterschied der geringeren Fließspannung bei Fließbeginn und der geringeren Verfestigung des Aluminiumwerkstoffs EN AW 6082 (3.2315) gegenüber den Stahlwerkstoffen.

5-2.4.2 Einsatzmöglichkeiten verschiedener Stahlsorten

Der Einsatz der Stähle der Kaltmassivumformung ist durch die Belastbarkeit der Fließpresswerkzeuge eingeschränkt, andererseits bestehen Grenzen bezüglich des Formänderungsvermögens auf Grund der Zusammensetzung und Gefügeausbildung der Werkstoffe.
In der Kaltmassivumformung werden Einsatz-, Bau- und Vergütungsstähle sowie nichtrostende Stähle eingesetzt und sind nach DIN EN 10263 genormt. In Tabelle 5-2.8 ist eine Übersicht von für solche Anwendungen bevorzugt eingesetzten Stählen mit dem dazugehörigen Kohlenstoffgehalt aufgeführt.

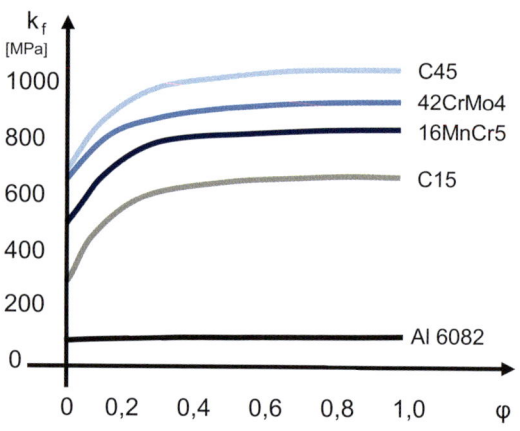

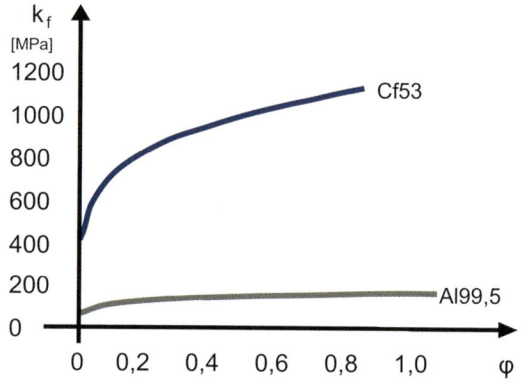

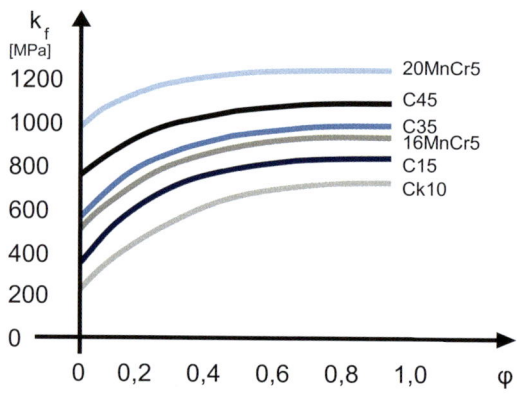

Bild 5-2.9 Fließkurven für verschiedene Kaltfließpressstähle im Vergleich zu EN AW 6082 (3.2315)

5-2.4.2.1 Baustähle

Baustähle werden für Bauteile ohne besondere Festigkeits- und Korrosionseigenschaften eingesetzt. Sie erfahren nach der Umformung keine Wärmebehandlung. Baustähle eignen sich auf Grund des besonders niedrigen Kohlenstoffgehalts sehr gut zum Kaltfließpressen; sie sind in DIN EN 10263-2 genormt. Die erreichbaren Festigkeitssteigerungen in Folge der Kaltverfestigung

Tabelle 5-2.8 Stähle für die Kaltmassivumformung (nach DIN EN 10263-2 bis -4)

	Bezeichnung	Werkstoff-nummer	Kohlenstoff-gehalt in Massen-%
Baustähle	C4C (QSt32-3)	1.0303	0,02 – 0,06
	C8C (QSt34-4)	1.0213	0,06 – 0,10
	C10C	1.0214	0,08 – 0,12
	C15C	1.0234	0,13 – 0,17
Einsatzstähle	C10E2C (Cq10)	1.1122	0,08 – 0,12
	C10E (Ck10)	1.1121	
	C15	1.0401	
	C15E (Ck15)	1.1141	0,12 – 0,18
	C15E2C (Cq15)	1.1141	
	15Cr3	1.7015	0,12 – 0,18
	16MnCr5	1.7131	0,14 – 0,19
	20MnCr5	1.7147	0,17 – 0,22
	20MoCr5	1.7321	0,17 – 0,22
Vergütungs-stähle	C22E	1.1151	0,18 – 0,24
	25CrMo4	1.7218	0,22 – 0,29
	34CrMo4	1.7220	0,30 – 0,37
	34Cr4	1.7033	0,30 – 0,37
	C35	1.0501	
	C35E (Ck35)	1.1181	0,32 – 0,39
	C35EC (Cq35)	1.1172	
	41Cr4	1.7035	0,38 – 0,45
	42CrMo4	1.7225	0,38 – 0,45
	C45	1.0503	
	C45E (Ck45)	1.1191	0,42 – 0,50
	C45EC (Cq45)	1.1192	

genügen bei diesen Artikeln oftmals den Ansprüchen. Die Kaltverfestigung kann bei geeigneter Stadienfolge zu Festigkeitsniveaus führen, die denen von Vergütungsstählen nach der Wärmebehandlung, beispielsweise von Ck45 (1.1191), nahezu gleichwertig sind (Hoffmann 2012).

Baustähle weisen eine Mindestzugfestigkeit von deutlich unter 500 MPa auf. Im Allgemeinen lassen sich Baustähle mit einer Brucheinschnürung Z von mindestens 50 % bis über 60 % am besten kaltumformen (Lange 2008).

Eine gute Kaltumformbarkeit besitzen dabei weiche, unlegierte Stähle, wie z. B. die Güten C4C (1.0303) und C8C (1.0213). Der Baustahl C4C (Ma8) (1.0303) zählt mit 0,08 % Kohlenstoff zu den weichsten Kaltfließpressstählen. Oftmals werden diese Stähle noch aluminiumberuhigt, wobei der Silicium-Gehalt mit max. 0,10 % zur Vermeidung der Blausprödigkeit begrenzt ist. Werden Kaltumformteile mit einfachen Geometrien einer umfangreichen spanenden Nachbearbeitung unterzogen, empfiehlt es sich, Baustähle mit erhöhtem Schwefelgehalt, z. B. 10S20 (1.0721), zu wählen.

Tabelle 5-2.9 Zugfestigkeit und Brucheinschnürung von typischen Baustählen vor und nach der Umformung (nach DIN EN 10263-2)

Werkstoff	weichgeglüht		kaltverfestigt	
	R_m, MPa	Z, %	R_m, MPa	Z, %
C4C (1.0303)	330	75	470	66
C8C (1.0213)	360	70	490	63

5-2.4.2.2 Einsatzstähle

Einsatzstähle finden dort Anwendung, wo harte, verschleißfeste Oberflächen in Verbindung mit einer zähen Kernzone des Werkstücks vom Anwender gefordert werden. Die Stähle sind in DIN EN 10263-3 genormt und eignen sich aufgrund des verhältnismäßig geringen Kohlenstoffgehalts ebenfalls gut für Kaltumformprozesse. Diese Stähle weisen unlegiert bzw. niedriglegiert einen Kohlenstoffgehalt von bis zu 0,25 % auf. Einsatzstähle sind an der Oberfläche aufkohlbar und dadurch anschließend härtbar. Die Einsatzhärtung erfolgt zwecks Erhöhung der Dauerfestigkeit, zur Verringerung der Kerbempfindlichkeit und zur Steigerung der Schwingfestigkeit. Die Festigkeit des Kerns hängt von der Art der Härtung und der Zusammensetzung des verwendeten Stahls ab. Die aufgekohlte Oberflächenschicht weist üblicherweise Härtegrade von bis zu 63 HRC auf (Berns 2008).

Für die Kaltmassivumformung eignen sich besonders blankgezogener und warmgewalzter Stabstahl, vorzugsweise als beruhigt gegossene Stahlgüte (mit dem Zusatz „q", z. B. Cq15 (1.1132). In der Anwendung finden sich insbesondere die legierten Einsatzstähle 15Cr3 (1.7015) und 16MnCr5 (1.7131) in Tabelle 5-2.10. Die Stahlsorten 20MnCr5 (1.7147) und 20MoCr4 (1.7321) eignen sich gut zur Direkthärtung und weisen aufgrund steigender Kohlenstoff- und Legierungsgehalte höhere Kernfestigkeiten bei entsprechender Einsatzhärtung auf (Lange 2008). Tabelle 5-2.11 nennt Anwendungsbereiche typischer Einsatzstähle.

Für das Anlasserritzel in Bild 5-2.10 wurde der Einsatzstahl 16MnCr5 verwendet. Zunächst wurden dazu ringförmige Rohteile phosphatiert, anschließend wur-

Tabelle 5-2.10 Zugfestigkeit und Brucheinschnürung von typischen Einsatzstählen (nach DIN EN 10263-3)

Werkstoff	weichgeglüht		kaltverfestigt	
	R_m, MPa	Z, %	R_m, MPa	Z, %
C10E2C (Cq10, 1.1122)	400	65	560	56
C15E2C (Ck15, 1.1132)	430	65	570	56
15Cr3 (1.7016)	520	60	630	57
16MnCr5 (1.7131)	550	62	660	59

Tabelle 5-2.11 Anwendungsbeispiele für Einsatzstähle in der Kaltmassivumformung (Lange 2008)

Werkstoff	Anwendung
C10 (1.0301)	Kleinteile mit geringer Kernfestigkeit und vorrangiger Beanspruchung auf Verschleiß, z. B. Stifte, Dorne;
C15 (1.0401)	Kleinteile mit höherer Kernfestigkeit und vorrangiger Beanspruchung auf Verschleiß, z. B. Hebel, Zapfen, Mitnehmer, Gelenke, Bolzen, Buchsen;
16MnCr5 (1.7131)	kleinere Zahnräder, Wellen, Tripoden, Lenkungsteile usw. mit hoher Kernfestigkeit bei günstigen Zähigkeitseigenschaften;
20MnCr5 (1.7147)	mittelgroße Zahnräder, Wellen, Lenkungsteile etc. mit hoher Kernfestigkeit bei günstigen Zähigkeitseigenschaften;
15Cr3 (1.7015)	Teile mit kleineren Abmessungen, die besonders hohen Verschleißwiderstand erfordern, z. B. Nockenwellen, Rollen, Bolzen, Kolbenbolzen, Spindeln;
20MoCr4 (1.7321)	Teile mit mittlerer Kernfestigkeit, hoher Zähigkeit und Dauerfestigkeit, die auf Verschleiß beansprucht werden, z. B. Zahnräder, Wellen, Achsen, Keile.

den die Rohteile mittels Trommeln mit Molybdändisulfid (MoS_2) beschichtet. Die Formgebung erfolgte hierbei in einer einzigen Stufe. Nach der Kaltumformung erfolgte eine Einsatzhärtung der Zahnflanken.

Bild 5-2.10 Geradverzahntes Anlasserritzel aus 16MnCr5 (1.7131) (Lange 2008)

5-2.4.2.3 Vergütungsstähle

Vergütungsstähle werden eingesetzt, wenn höhere Ansprüche an die mechanischen Eigenschaften der Bauteile gestellt werden, die somit eine anschließende Wärmebehandlung des vollständigen Werkstückvolumens erfordern, da der Effekt der Kaltverfestigung nicht ausreicht. Durch das Vergüten erhalten die Stähle sowohl höhere Streckgrenzen als auch hohe Zug- und Dauerfestigkeiten unter Beibehaltung von guten Zähigkeitseigenschaften. In der DIN EN 10263-4 sind die Vergütungsstähle genormt. Die Norm enthält unlegierte und legierte Stähle mit einem Kohlenstoffgehalt von 0,20 – 0,65 %. Durch den relativ hohen Kohlenstoffgehalt sind Vergütungsstähle nur bedingt zum Kaltumformen geeignet. Stähle mit höherer Grundfestigkeit und einem Kohlenstoffgehalt von über 0,45 % werden normalerweise mit Verfahrensrouten der Halbwarm- bzw. Warmmassivumformung umgeformt. Vereinzelt werden auch mikrolegierte Stähle mit herabgesetztem Siliciumgehalt unterhalb von 0,05 % eingesetzt (Lange 1988).

Der wichtigste Vorteil für das Kaltumformen dieser Stähle liegt darin, dass anstelle höherfester Stähle solche mit geringerem Kohlenstoffgehalt und damit niedrigerer Fließspannung verwendet und bei niedrigeren Presskräften verarbeitet werden können. Durch die nachfolgende Vergütung können Festigkeitsniveaus von bis zu ca. 1000 MPa erreicht werden (Tab. 5-2.12). Vergütungsstähle können in die Kategorien „partielle Härtung", „Vergütung" und „höhere Festigkeit mit/ ohne nachfolgender Wärmebehandlung" eingeteilt werden. Für die partielle Härtung eignen sich vor allem unlegierte Stähle, z. B. C45EC (1.1192), oder die legierten Stähle 41Cr4 (1.7035) und 42CrMo4 (1.7725). Für die Vergütung werden unlegierte Stähle, z. B. C35EC (1.1172) und C45EC (1.1192), gewählt, wenn keine zu

hohen Festigkeitsanforderungen bestehen und die Werkstückdurchmesser 20 mm nicht überschreiten. Für höhere Festigkeiten und eine geforderte Kernvergütung werden legierte Stähle verwendet. Unlegierte Vergütungsstähle eignen sich insbesondere für höhere Festigkeiten, da durch die Kaltverfestigung Festigkeitssteigerungen von über 50 % ab einem Umformgrad von $\varphi > 0,7$ erreicht werden können. Leider halbiert sich jedoch die Bruchdehnung bei diesen Stahlgüten.

Bild 5-2.11 Verzahnte Nabe aus C45 (Kittler et al. 1999)

Für die Herstellung der in Bild 5-2.11 aus C45 dargestellten Nabe wurden zylindrische Rohteile aus C45 zunächst GKZ-geglüht (Vickershärte 140 ± 5 HV30), diese dann phosphatiert, mit MoS_2 beschichtet, auf das Temperaturniveau von ca. 300 °C erwärmt und in einem Schließwerkzeug querfließgepresst. Dabei lag die mittlere Druckspannung im Stempel mit ca. 2400 MPa in zulässigen Grenzen (Kittler et al. 1999, Lange 2008).

5-2.4.2.4 Nichtrostende Stähle

Entsprechend ihrer metallografischen Gefügestruktur und ihren unterschiedlichen Legierungsgehalten werden nichtrostende Stähle in vier Hauptgruppen unterteilt (DIN EN 10263-5):

Tabelle 5-2.12 Zugfestigkeit und Brucheinschnürung von typischen Vergütungsstählen für die Kaltmassivumformung [DIN02d]

Werkstoff	Weichgeglüht		Kaltverfestigt	
	R_m, MPa	Z, %	R_m, MPa	Z, %
C35EC (Cq35, 1.1172)	560	60	670	–
C45EC (Cq45, 1.1192)	600	60	720	–
34Cr4 (1.7033)	580	62	620	62
41Cr4 (1.7035)	620	58	640	58
25CrMo4 (1.7218)	580	60	610	60
34CrMo4 (1.7220)	600	60	620	60
42CrMo4 (1.7225)	630	58	650	58

- Martensitische Stähle (12 – 14 % Chrom, keine sonstigen Legierungsbestandteile, härtbar)
- Ferritische Stähle (15 – 17 % Chrom, geringe Gehalte an Nickel und Molybdän, härtbar). Die ferritischen Chromstähle werden für Werkstücke mit eingeschränkter Korrosionsbeständigkeit verwendet und besitzen eine mittelmäßige Umformeignung.
- Austenitische Stähle (mind. 18 % Chrom, 8 % Nickel und Chrom-Nickel-Molybdän-Stähle mit mind. 18 % Chrom, 10 % Nickel und 2 % Molybdän, nicht härtbar). Während des Kaltumformens erfolgt eine Umwandlungs- bzw. Lösungshärtung aufgrund der kubisch-flächenzentrierten Gitterstruktur (Martensitbildung). Einerseits führt dies zu einer hohen Kaltverfestigung, andererseits muss schon bei mäßigen Umformgraden zwischengeglüht werden.
- Rostbeständige, ferritisch-austenitische Stähle, in der Literatur auch oft als „rostfreie Duplexstähle" oder nur als „Duplexstähle" bezeichnet.

Mechanische Eigenschaften typischer nichtrostender Stähle sind in Tabelle 5-2.13 aufgeführt. Da die ferritischen und austenitischen Stähle in der Kaltmassivumformung eine relativ breite Verwendung finden, werden in diesem Abschnitt nur diese Gruppen betrachtet. Die austenitischen Stähle verfestigen durch die Martensitbildung deutlich stärker als ferritische bei sonst gutem Formänderungsvermögen und erfordern deshalb u. U. ein mehrmaliges Zwischenglühen für den Fall anspruchsvoller Werkstückgeometrien (Bayol et al. 1995). Ferner sind besondere Maßnahmen zur Oberflächenbehandlung der Rohteile vor dem Umformen notwendig, wobei meistens Oxalierverfahren verwendet werden. Die dabei entstehende Ferrooxalatschicht hat ähnliche Eigenschaften wie eine Zinkphosphatschicht (Lange 1988). Je nach Legierung und örtlichem Umformgrad kann dehnungsinduzierter Martensit entste-

hen, infolgedessen steigen die Umformkräfte an und die Korrosionsbeständigkeit der bei Raumtemperatur umgeformten Bauteile sinkt.

5-2.4.2.5 Bainitische Stähle

Bainitische Stähle (beispielsweise der Stahl 7MnB8 (1.5519) haben im Gegensatz zu Vergütungsstählen bereits im Walzzustand eine höhere Festigkeit, die durch die Kaltumformung auf 800 bis 1100 MPa gesteigert werden kann (Hasler 2016). Vorteilhaft ist hierbei der Wegfall der separaten Wärmebehandlung. Die höheren Ausgangsfestigkeiten des Rohmaterials führen zu höheren Abscher- und auch Umformkräften in der Fertigung. Neben einer sehr guten Umformbarkeit zeichnen sich bainitische Stähle durch eine gute Schweißbarkeit und Zerspanbarkeit aus. Die höheren Festigkeiten bei gleichzeitig guter Umformbarkeit werden durch einen geringeren Kohlenstoffgehalt und durch Zugabe von Mikrolegierungselementen wie Titan, Vanadium und Niob erreicht.

5-2.5 Wärmebehandlungsstrategien

Die Stähle der Kaltmassivumformung können sowohl vor als auch nach der Umformung wärmebehandelt werden. Eine vorhergehende Wärmebehandlung wird dabei stets zur Erhöhung des Formänderungsvermögens des Ausgangswerkstoffs eingesetzt. Eine zwischenliegende bzw. nachfolgende Wärmebehandlung erfolgt hinsichtlich der Erzielung verbesserter Festig-

Tabelle 5-2.13 Zugfestigkeits- und Brucheinschnürungskennwerte von typischen nichtrostenden Stählen für die Kaltmassivumformung (DIN02e)

Werkstoff	Weichgeglüht		Kaltverfestigt	
	R_m, MPa	Z, %	R_m, MPa	Z, %
X10Cr13 (1.4006), martensitisch	600	60	720	57
X6Cr17 (1.4016), ferritisch	560	63	660	60
X5CrNi1810 (1.4301), austenitisch	650	65	820	–
X2CrNiMoN22-5-3 (1.4462), austenitisch-ferritisch	880	55	1020	–

keits- und Gebrauchseigenschaften des fertig gepressten Werkstücks oder dessen Oberflächenmodifikation.

5-2.5.1 Wärmebehandlung vor der Kaltmassivumformung

Die Verringerung der Rohteilfestigkeit und -härte vor der Kaltmassivumformung zur Erzielung eines spannungsarmen Gefüges wird mittels Weichglühen durchgeführt. Beim Glühen bis zum Erreichen von kugeligem Zementit (GKZ) wird zusätzlich die Veränderung des Gefügezustands mit einbezogen. Beim GKZ-Glühen wird der lamellar eingeformte Zementit unterhalb der A_{C1}-Linie (Bild 5-2.12) verringert und das Umformvermögen erhöht sowie die Fließspannung herabgesetzt. Infolge der Wärmebehandlung wird kugeliger Zementit ausgebildet. Die Umwandlung steigert die Bruchdehnung und -einschnürung erheblich und begünstigt somit die Kaltumformung (Doege 2010).

Das Weichglühen erfolgt im Allgemeinen vor dem ersten Umformarbeitsgang bei Stählen mit einem Kohlenstoffgehalt bis ca. 0,5 % für etwa 3,5 bis 4 h bei 680 – 700 °C. Anschließend wandelt sich der lamellare Zementit während der Ofenabkühlung in kugeligen Zementit um. Die Veränderung der Festigkeitseigenschaften ist beispielhaft in Tabelle 5-2.14 dargestellt.

Tabelle 5-2.14 Festigkeitseigenschaften des Stahls C45E (1.1191) für verschiedene Gefügezustände (Lange 2008)

	Zementit im Perlit lamellar	Zementit im Perlit kugelig	Zementit im Perlit kugelig, gleichmäßig verteilt
Streckgrenze [MPa]	400	350	450
Zugfestigkeit [MPa]	720	600	600
Brucheinschnürung [%]	40	54	67

5-2.5.2 Wärmebehandlung nach der Kaltmassivumformung

In der Kaltmassivumformung wird nach Bedarf eine der folgenden drei Wärmebehandlungen Rekristallisationsglühen, Normalglühen und Spannungsfreiglühen zwischen den Umformvorgängen bzw. nach dem letzten Umformvorgang eingesetzt (Bild 5-2.13). Das Rekristallisationsglühen wird im Allgemeinen zwischen zwei Kaltumformvorgängen zur Beseitigung von Werkstoffverfestigungen und der Homogenisierung und Senkung von Eigenspannungen genutzt. Die Glühtemperatur ist dabei abhängig vom Umformgrad und dem Legierungsgehalt des Werkstoffs. Die Werkstücke werden für mehrere Stunden geglüht und anschließend im Ofen langsam abgekühlt.

Das Normalglühen von Kaltfließpressstählen wird ebenfalls zwischen den Umformvorgängen zur Herab-

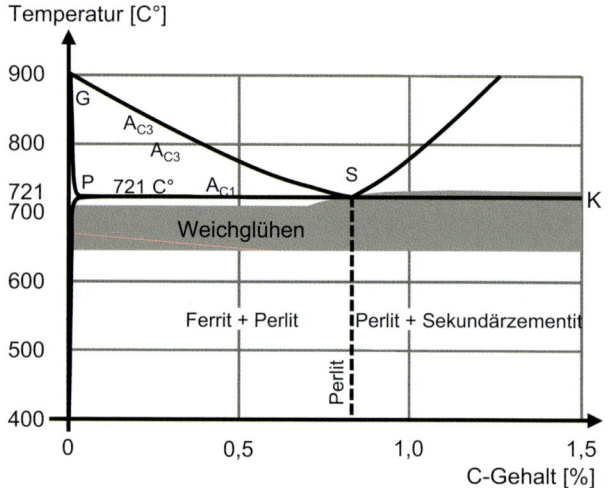

Bild 5-2.12 Temperaturbereich des Weichglühens zur Vorbehandlung der Rohteile für die Kaltumformung

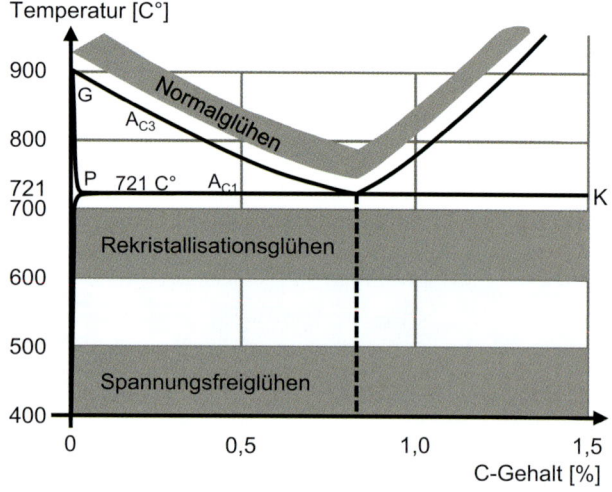

Bild 5-2.13 Wärmebehandlungen zwischen bzw. nach der Kaltumformung für Stähle mit einem Kohlenstoffgehalt von bis zu 1,5 % (Lange 2008)

setzung der Werkstoffverfestigung und zur Beseitigung von Grobkorn verwendet. Die Wärmebehandlungstemperatur liegt ca. 30–50 °C oberhalb der A_{C3}-Linie und beträgt daher ca. 850–920 °C, je nach Kohlenstoffgehalt. Nach dem Glühen werden die Werkstücke an der Luft abgekühlt (Roos 2015, Lange 2008).

Die Beseitigung von Eigenspannungen erfolgt mittels Spannungsfreiglühen. Die Wärmebehandlung wird bei einem Temperaturniveau von 450–500 °C für kaltumgeformte Werkstücke mit anschließender Ofenabkühlung durchgeführt. Während des Spannungsfreiglühens erfolgen keine wesentlichen Gefüge- und Festigkeitsveränderungen.

Literatur zu Kapitel 5-2

Bayol, J.; Levigoureux, J.; Cauvet, M.: Stainless steels with good cold heading ability and improved machinability. Proceedings of the 9th International Cold Forging Congress, Solihull, UK 22–26 May, 1995

Berns, H.; Theisen, W.: Eisenwerkstoffe – Stahl und Gusseisen. Springer Verlag, Berlin, Heidelberg 2008

Bowden, F.P.; Tabor, D.; Freitag, E.H.: Reibung und Schmierung fester Körper. Springer Verlag, 1959

Burgdorf, M.: Fließpreßgerechte Gestaltung von Werkstücken. Werkstatttechnik – Zeitschrift für industrielle Fertigung Volume 63 (1973), S. 387–392, Springer-Verlag

Boas, D.V.; Button, S.T.: Analise Numerica do Forjamento a frio de um componente. Brazilian Conference on manufacturing engineering, 2011

Doege, E.; Meyer-Nolkemper, H.; Saeed, I.: Fließkurvenatlas metallischer Werkstoffe, Carl Hanser Verlag München Wien, 1986

Doege, E.; Behrens, B.-A.: Handbuch Umformtechnik. 2. Auflage, Springer Verlag, Berlin, Heidelberg 2010

Felde, A.; Liewald, M.: Verfahrensentwicklung zur Kaltmassivumformung von hohlen Leichtbaukomponenten. Schmiede-Journal 03/2014

Gimm, W.; Mukhoty, A.; Roempler, D.: Einfluss verschiedener Schmelzvarianten auf die mechanischen Eigenschaften von Einsatzstählen. ZwF 77 (1982) 4, S. 194–199

Groche, P.; Kappes, B.: Tribologie der Massivumformung – Modellprüfstände der Tribologie. In: Handbuch der Tribologie und Schmierungstechnik, expert-Verlag, Renningen 2004 S. 1–15

Hasler, S.; Kertesz, L.: Bainitischer Stahl beflügelt den Leichtbau. Umformtechnik, 4, 2016, S. 30–32

Hensel, A.; Spittel, Th.: Kraft- und Arbeitsbedarf für Umformverfahren, Leipzig, Verlag der Grundstoffindustrie, 1978

Hoffmann, H.; Neugebauer, R.; Spur, G.: Handbuch Umformen – Handbuch der Fertigungstechnik. Carl Hanser Verlag, München 2012

Karlsson, T.: Gearbox shaft. http://www.kmtgrinding.com/workpiece/gearbox-shaft/, 2016

Kittler, H.R.; Schwager, A.; Kammerer, M.; Siegert, K.; Felde, A.: Fließpressen in Brasilien. In: Siegert, K. (Hrsg.), Neuere Entwicklungen in der Massivumformung, MAT IMFO

Werkstoff-Informationsgesellschaft mbH, Frankfurt/M., 1999, S. 517–531

Klocke, F.; König, W.: Fertigungsverfahren 4: Umformen: Umformtechnik. 5. Auflage, Springer, 2006

Lange, K.: Umformtechnik – Handbuch für Industrie und Wissenschaft Band 2: Massivumformung, 2. Auflage, Springer-Verlag, Berlin Heidelberg New York London Paris Tokyo, 1988

Lange, K.; Kammerer, M.; Pöhlandt, K.; Schöck, J.: Fließpressen – Wirtschaftliche Fertigung metallischer Präzisionswerkstücke. Springer-Verlag, Berlin, Heidelberg 2008

Ludwik, P.: Elemente der technologischen Mechanik. Springer-Verlag, Berlin, Heidelberg 1909

Napierala, O.; Haase, M.; Tekkaya, A.E.; Wälder, J.; Felde, A.; Liewald, M.: Analyse und Optimierung des Hohl-Quer-Fließpressens ohne Querdorne. International Aluminium Journal 91 (2015)

Neugebauer, R.: Umform- und Zerteiltechnik, Fraunhofer-Institut für Werkzeugmaschinen und Umformtechnik IWU, 2005

Räuchle, F.; Ermittlung der Kräfte über dem Stempelweg beim Querfließpressen; Dissertation, Universität Stuttgart; Frankfurt: MAT INFO Werkstoff- und Informationsgesellschaft mbH, 2003

Roos, E.; Maile, K.: Werkstoffkunde für Ingenieure – Grundlagen, Anwendung, Prüfung. Springer-Verlag, Berlin 2015

Rudolf, S.; Felde, A.; Liewald, M.: Hoch-Quer-Fließpressen von rohrförmigen Rohteilen – Ein neues Verfahren zur Herstellung von Leichtbaukomponenten. In: Buchmayr, B. (Hrsg.) XXIX Verformungstechnisches Kolloquium, 27.02–2.03.2010, Planneralm, Steiermark, S. 59–65

Rudolf, S.: Beitrag zur Erweiterung der Verfahrensgrenzen des Quer-Fließpressens, Dissertation, Institut für Umformtechnik, Universität Stuttgart, 2014

Schätzle, W.; Querfließpressen eines Flansches oder Bundes an zylindrischen Vollkörpern aus Stahl. Berichte aus dem Institut für Umformtechnik Nr. 93, Universität Stuttgart, Berlin Heidelberg: Springer-Verlag 1987

Schmale, D.; Schmale, S.: Stauchen Vollmaterial. www.schmale-gmbh.de, 2015

Unseld, P.; Meßmer, G.; Kertesz, L.: Leichtbau durch Kaltumformung mechanischer Verbindungselemente. Schmiede-Journal 03/2014

VDI 3138-1: Kaltmassivumformen von Stählen und NE-Metallen, VDI-Verlag Düsseldorf (zurückgezogen)

Wälder, J.; Felde, A.; Liewald, M.: Hollow lateral extrusion of tubular billets – Further development of the cold forging process. Applied Mechanics and Materials 794 (2015), S. 160–165

Weidel, S.; Raedt, H.-W.: Beitrag der Massivumformung zu den Leichtbaubestebungen in der Automobilindustrie. In: Liewald, M. (Hrsg.), Neuere Entwicklungen in der Massivumformung, MAT IMFO Werkstoffinformationsgesellschaft mbH, Frankfurt/M., 2013, S. 283–290

Weinzierl, S.: Schuler gründet Business Unit für Batterien. Produktion – Technik und Wirtschaft für die deutsche Produktion, 2014

Zwez: Informationsbroschüre Filme zum Formen; Seite 4–5, Lindlar 2014

Alle im Text erwähnten Normen sind in einer Liste zusammengefasst (Seite 889).

Warmmassivumformung von Stahl

Bernd-Arno Behrens, Anas Bouguecha, Jan Puppa

5-3.1 Einleitung

Die Massivumformung von Rohteilen ohne vorheriges Erwärmen erfordert hohe Umformkräfte. Der wesentliche Vorteil der Kaltmassivumformung liegt in der hohen Maßgenauigkeit, sodass Bauteile mit anspruchsvollen Funktionsflächen oft einbaufertig hergestellt werden können. Eine Verringerung der zur Umformung erforderlichen Kräfte kann durch eine Erhöhung der Umformtemperatur erfolgen. Die Umformung von Stahlerzeugnissen in einem Temperaturbereich von 500 °C bis 900 °C wird der Halbwarmmassivumformung zugeordnet. Hierbei sind geringere Umformkräfte als bei der Kaltmassivumformung notwendig. Darüber hinaus ergibt sich im Vergleich zur Warmmassivumformung aufgrund der reduzierten Oxidation (Zunderbildung) und des geringeren Verzugs eine bessere Maßgenauigkeit. Die Warmmassivumformung von Stahl findet bei einer Rohteiltemperatur von 1000 °C bis 1250 °C statt. Hierdurch resultiert eine acht- bis zehnfach geringere Umformkraft im Vergleich zur Kaltmassivumformung. Die Werkstofftemperatur liegt oberhalb der Rekristallisationstemperatur, wodurch eine stetige Kornneubildung während der Umformung stattfindet und somit eine starke Abnahme der Versetzungsdichte erreicht wird. Dadurch lassen sich deutlich größere Formänderungen realisieren. Nachteilig ist jedoch die reduzierte Maßgenauigkeit aufgrund von Verzug, Schrumpfung und Zunderbildung (Doege 2010). Der Einfluss der Umformtemperatur auf die Fließspannung (k_f), die Bruchformänderung (φ_{Br}), die Maßgenauigkeit (S_{ges}) und die Zunderbildung auf Basis des Eisenverlusts durch Abbrand (Fe$_V$) ist am Beispiel des Stahls C15 in Bild 5-3.1 dargestellt.

Eine generelle Anwendungsempfehlung zur Kalt-, Halbwarm- oder Warmmassivumformung kann nicht getroffen werden. Jedes Verfahren bietet seine spezifischen Vor- und Nachteile. Die technisch und wirtschaftlich sinnvolle Auswahl des jeweiligen Verfahrens sollte bauteilspezifisch erfolgen. Dabei gilt es, die Bauteilgeometrie, die gewünschte Form- und Maßgenauigkeit, den verwendeten Werkstoff, die erforderlichen mecha-

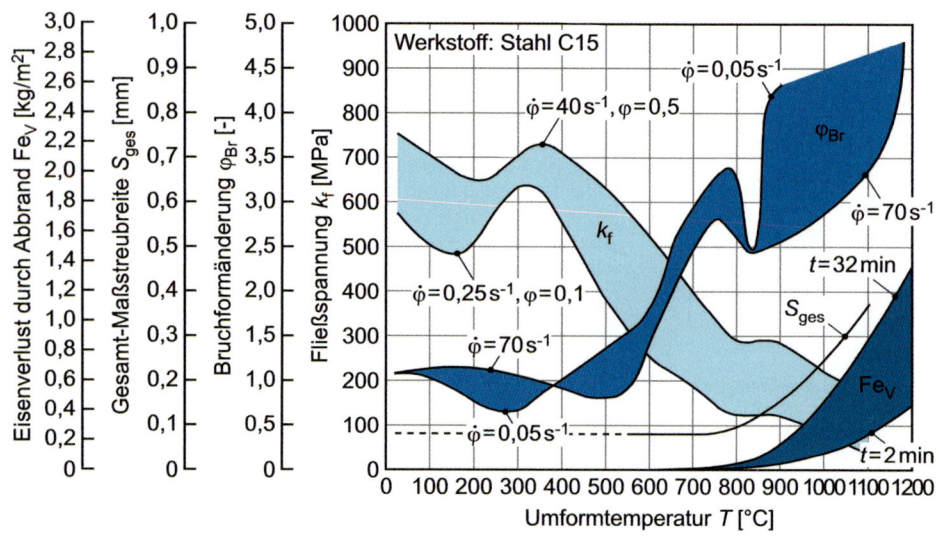

Bild 5-3.1
Einfluss der Umformtemperatur auf die Umform- und Werkstückeigenschaften nach Lindner (Lindner 1965)

nischen Eigenschaften des Bauteils sowie die Produktionsmenge zu berücksichtigen (Industrieverband Massivumformung e. V. 2015).

5-3.2 Verfahren der Warmmassivumformung

Die Warmmassivumformung erfolgt zwecks der Herabsetzung von Spannungen und Kräften sowie zur Vergrößerung des Formänderungsvermögens eines Werkstoffs nach Erwärmen in einem Temperaturbereich, in dem Erholungs- und Rekristallisationsvorgänge stattfinden. Das Fertigen durch Umformen mit Erwärmen wird nach Lange (Lange 1988) auch als Schmieden bezeichnet. Unter Schmieden wird eine Gruppe von Verfahren zusammengefasst, welche überwiegend den Umformverfahren zuzuordnen sind. Ergänzt werden diese durch die Verfahren Trennen und Fügen. Eine Zusammenfassung der wichtigsten Verfahren, welche zur Fertigung von Schmiedeteilen dienen, ist in Bild 5-3.2 dargestellt.

Zu den in der Schmiedepraxis vorwiegend zum Einsatz kommenden Fertigungsverfahren zählen die Druckumformverfahren, deren zentrale Verfahren das Walzen, das Freiformen sowie das Gesenkformen sind.

5-3.2.1 Walzen

Das Walzen wird definiert als ein stetiges oder schrittweises Druckumformen mit einem oder mehreren rotierenden Werkzeugen (DIN 8583-2). Die Walzverfahren lassen sich nach ihrer Kinematik in Längs-, Quer- und Schrägwalzen einteilen. Beim Längswalzen wird das Walzgut senkrecht zu den Walzachsen ohne Drehung durch den Walzspalt bewegt. Das Querwalzen ist dadurch gekennzeichnet, dass sich das Walzgut ohne Bewegung in Achsrichtung um die eigene Achse dreht. Treten beide Bewegungen gleichzeitig auf, wird dieses als Schrägwälzen bezeichnet. Das Walzgut wird um die eigene Achse gedreht, wobei zeitgleich eine Axialbewegung des Werkstücks bei Schrägstellung der Walzen durch einen Längsvorschub erfolgt. Walzverfahren werden in der Warmmassivumformung im Wesentlichen zur Vorformgebung von Halbzeugen eingesetzt. Industriell häufig angewandte Verfahren sind z. B. das Reckwalzen, das Querkeilwalzen oder das Ringwalzen.

Das Reckwalzen ist ein Längswalzen mit lokaler Materialverdrängung und dient ausschließlich zur Erzeugung von Vorformprodukten für ein nachfolgendes Gesenkschmieden mit einer über der Produktlängsachse definierten Massenverteilung. Die Formgebung erfolgt mittels Walzsegmenten, deren Profil sich in Umfangsrichtung ändert (Bild 5-3.3). Beim Walzvorgang wird dieses Profil auf dem Reckwalzprodukt abgebildet. Dabei lassen sich über die Produktlängsachse unterschied-

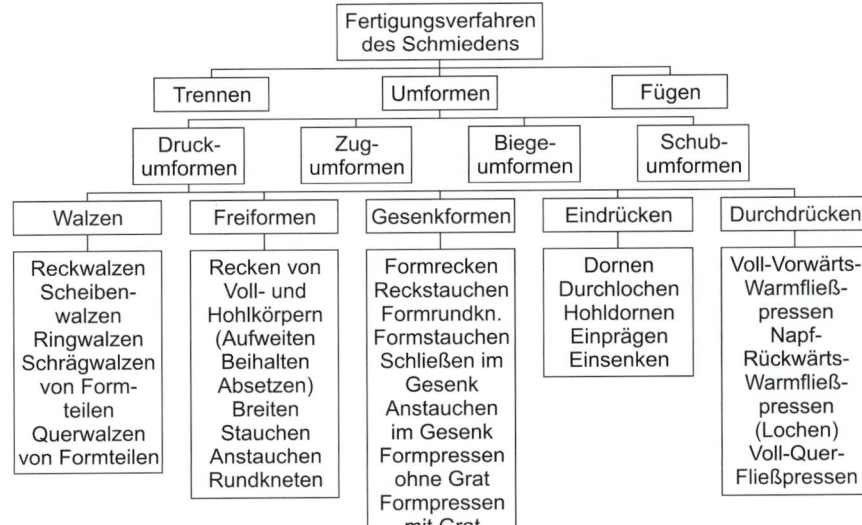

Bild 5-3.2 Fertigungsverfahren des Schmiedens nach Lange (Lange 1988)

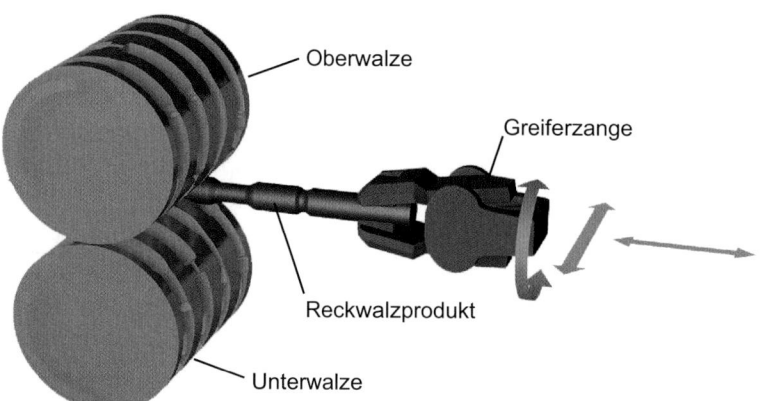

Bild 5-3.3
Prinzipdarstellung des Reckwalzens (Industrieverband Massivumformung e. V. 2015)

liche Querschnittsflächen erzeugen, deren Geometrie sowohl kreis- als auch quadratförmige Querschnitte aufweisen kann. Das Reckwalzprodukt durchläuft meist mehrere Stufen (Stiche) und wird beim Übergang von einer zur anderen Stufe um 90° um die Längsachse gedreht. Zum Bauteilspektrum zählen u. a. Pleuelstangen oder Achsschenkel mit weit ausladenden Armen (Industrieverband Massivumformung e. V. 2015).

Beim Querkeilwalzen wird ein zylindrisches Halbzeug zwischen zwei keilförmig profilierten Walzwerkzeugen umgeformt (Bild 5-3.4). Dabei wird eine Materialverdrängung entlang der Drehachse des Werkstücks erzielt. Ähnlich wie beim Reckwalzen können unterschiedliche Querschnittsflächen erzeugt werden. Es können jedoch nur rotationssymmetrische Halbzeuge eingesetzt werden. Das Verfahren bietet gegenüber dem Reckwalzen eine höhere Formgenauigkeit sowie Reproduzierbarkeit der Walzprodukte und erfordert einen geringeren Zeitbedarf. Eingesetzt wird es u. a. zur Vorformgebung für Pleuel oder Lenkhebel (Industrieverband Massivumformung e. V. 2015).

Einen Sonderfall des Längswalzens stellt das Ringwalzen dar. Das Ringwalzen ist ein kontinuierliches partielles Umformen von vorgeformten, ringförmigen Werkstücken (Vorringe) und dient zur Herstellung von Ringen größeren Durchmessers. Die Formgebung der Vorringe erfolgt zuvor durch Stauchen und Lochen. Das Verfahren dient ausschließlich zur Herstellung von

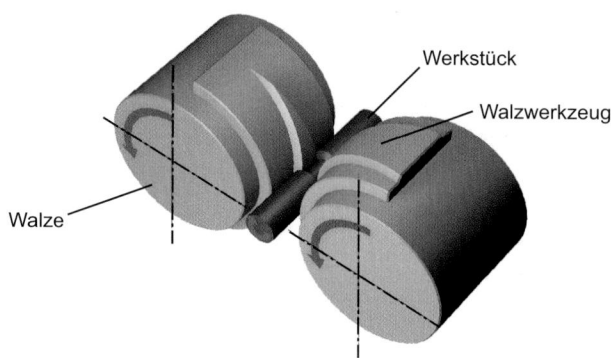

Bild 5-3.4 Prinzipdarstellung des Querkeilwalzens (Industrieverband Massivumformung e. V. 2015)

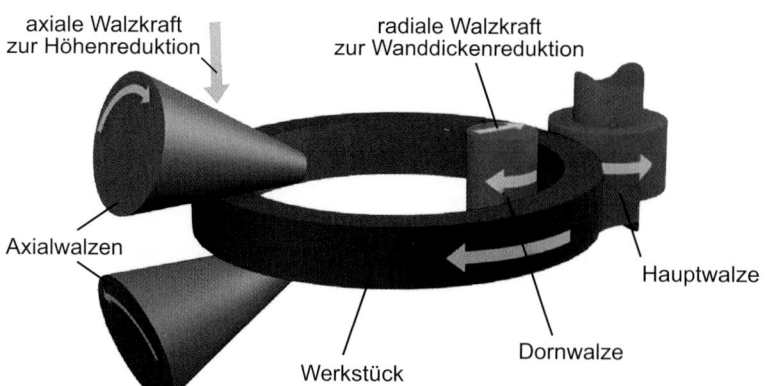

Bild 5-3.5
Prinzipdarstellung des Ringwalzens (Radial-Axial-Ringwalzen) (Industrieverband Massivumformung e. V. 2015)

Ringen und wird vorrangig für die Fertigung von Lager-
ringen eingesetzt. Neben geometrisch einfachen, rechteckigen Ringquerschnitten ermöglicht das Verfahren
auch die Fertigung profilierter Ringe mit unterschiedlichen Durchmessern, Wanddicken und Höhen. Der
häufigste Maschinentyp ist ein Radial-Axial-Ringwalz-
werk, bei dem sowohl die Höhe als auch die Wanddicke
eines Rings während des Walzens gleichzeitig reduziert werden (Bild 5-3.5). Die axiale Höhe gewalzter
Ringe kann im Bereich von etwa 20 mm bis 1500 mm
liegen, die Durchmesser erreichen bis zu mehreren
Metern. Das Stückgewicht eines Ringes kann dabei
mehr als 10 t betragen (Industrieverband Massivumformung e. V. 2015).

5-3.2.2 Freiformen

Das Freiformen zählt zu den ältesten Schmiedeverfah-
ren und wird heutzutage vornehmlich zur Erzeugung
von Vorformen sowie für die Fertigung sehr großer
Schmiedeteile angewendet. Im Gegensatz zum Gesenkformen erfolgt die Formgebung der Schmiedestücke
ohne begrenzende Werkzeuge, durch freie oder festgelegte Relativbewegung zwischen Werkzeug und
Schmiedestück (DIN 8583-3). Neben der Formgebung
des gewünschten Werkstücks dient das Freiformen als
Warmmassivumformverfahren auch dem Schließen
und Verschweißen von Hohlstellen von gegossenem
Vormaterial. Durch Freiformen können Rohblöcke bis
zu einem Gesamtgewicht von 350 t umgeformt werden.
Die herstellbaren Werkstückabmessungen reichen dabei bis zu mehreren Metern (Industrieverband Massivumformung e. V. 2015). Neben dem Breiten und dem
Stauchen zählen die Verfahren Recken und Rundkneten zu den wichtigsten Verfahren des Freiformschmiedens (DIN 8583-3).

Das Recken stellt ein Verfahren dar, bei dem der Querschnitt bzw. die Dicke eines Werkstücks schrittweise
zwischen nicht formgebundenen Recksätteln verringert wird (Bild 5-3.6). Die Verdrängung des Werkstoffs
findet dabei hauptsächlich in Längsrichtung statt. In
bestimmten Fällen wird das Werkstück zusätzlich gedreht oder gekantet (DIN 8583-3).

Da die Formgebung mittels nicht formgebundener
Werkzeuge erfolgt, können Schmiedeteile mit unterschiedlichen Massenverteilungen mit denselben Werkzeugen hergestellt werden. Die schrittweise Umformung erfordert jedoch einen relativ hohen Zeitaufwand
und kann sich daher nachteilig auf die Produktivität

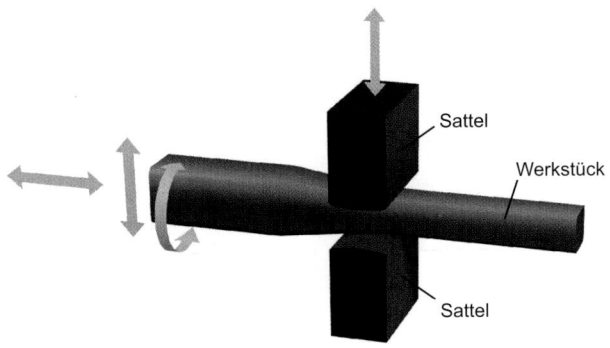

Bild 5-3.6 Prinzipdarstellung des Reckens (Industrieverband
Massivumformung e. V. 2015)

und den Wärmehaushalt der Schmiedeteile auswirken.
Auch die Formgenauigkeit der Reckprodukte ist aufgrund der freien Umformung eingeschränkt. Das Verfahren wird hauptsächlich bei Produkten mit hohen
Einsatzgewichten und geringen Stückzahlen zur Mas-
senvorverteilung für nachfolgende Fertigungsverfahren
eingesetzt. Zum Bauteilspektrum gehören z. B. Schiffs-
kurbel- oder Generatorwellen (Industrieverband Massivumformung e. V. 2015).

Ein weiteres wichtiges Verfahren des Freiformschmiedens ist das Rundkneten. Es dient zur Querschnittsver-
minderung von Stäben und Rohren mit zwei oder mehreren weggebundenen Werkzeugen, welche den zu
vermindernden Querschnitt ganz oder nur zu einem
großen Teil umschließen (Bild 5-3.7). Das Verfahren
wird überwiegend in der Kaltmassivumformung eingesetzt, findet jedoch auch Anwendung in der Halbwarm-
und Warmumformung, wobei die Erwärmung der Rohteile induktiv in der Umformmaschine erfolgen kann
(Hoffmann 2012). Die Formgebung erfolgt durch das
gleichzeitige Wirken radialer Kräfte auf das Werkstück,
welches sich während des Umformprozesses dreht
(DIN03b). Die Radialschläge haben einen geringen Hub
und werden mit einer hohen Frequenz ausgeführt. Wie
auch beim Recken können durch ein schrittweises
Rundkneten mit nicht formgebundenen Werkzeugen
unterschiedliche Werkstückgeometrien mit denselben
Werkzeugen hergestellt werden. Allerdings können
verfahrensbedingt nur rotationssymmetrische Werkstücke gefertigt werden. Zum Bauteilspektrum zählen
vorzugsweise wellenförmige Werkstücke mit hoher
Wiederholgenauigkeit (Industrieverband Massivumformung e. V. 2015). Ähnlich wie beim Recken ist das
schrittweise Umformen zeitaufwändig und nachteilig für die Produktivität und den Wärmehaushalt der

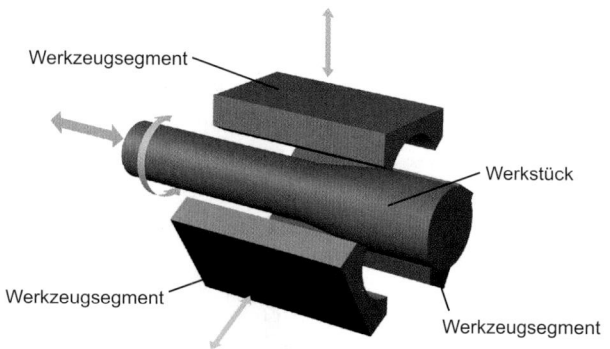

Bild 5-3.7 Prinzipdarstellung des Rundknetens (Industrieverband Massivumformung e. V. 2015)

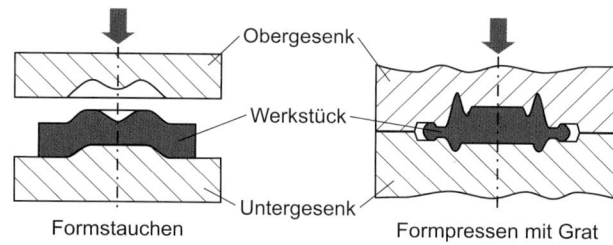

Bild 5-3.8 Verfahren des Gesenkformens mittels teilweiser (links) und ganzer (rechts) Werkstückumschließung (Doege 2010)

Produkte. Aufgrund der geringen Mengenleistung wird eine wirtschaftliche Fertigung beim Rundkneten lediglich für kleine Stückzahlen erreicht. Bei größeren Stückzahlen werden aus wirtschaftlichen Gründen die Verfahren des Walzens und Durchdrückens eingesetzt (Doege 2010).

5-3.2.3 Gesenkformen

Das Gesenkformen wird nach DIN 8583 als Druckumformen mittels gegeneinander bewegter Formwerkzeuge (Gesenken) definiert. Die Werkzeuge enthalten dabei die gewünschte Werkstückform, sodass es zu einer abformenden Gestalterzeugung kommt (DIN 8583-4). Das Gesenkformen wird unterschieden in die teilweise oder ganze Umschließung des Werkstücks. Exemplarisch dazu werden in Bild 5-3.8 das Formstauchen und das Formpressen mit Grat dargestellt. Beim Formstauchen wird das Werkstück zwischen teilweise umschließenden Werkzeugen, deren Form sich auf das Werkstück überträgt, gestaucht. Das Formpressen mit Grat erfolgt mittels formgebenden Gesenken, welche das Werkstück ganz umschließen.

Zu den zentralen Verfahren des Gesenkformens mit ganzer Werkstückumschließung zählen das Formpressen mit und ohne Grat. Beide Verfahren werden herkömmlich auch als Gesenkschmieden bezeichnet. Innerhalb der Warmmassivumformung stellt das Gesenkschmieden das bedeutendste Verfahren dar. Während beim Formpressen mit Grat überschüssiger Werkstoff durch einen geometrisch definierten Gratspalt abfließen kann, erfolgt das Formpressen ohne Grat in einem vollständig umschlossenen Werkzeug, sodass kein Werkstoff aus dem Gesenk austritt (Bild 5-3.9).

Bei Letzterem, welches im Speziellen auch als Präzisionsschmieden bezeichnet wird, ist darauf zu achten, dass kein Werkstoffüberschuss entsteht. Gegenüber dem Gesenkschmieden mit Grat bietet das Präzisionsschmieden, bei genauer Abstimmung von Rohteil- und Gravurvolumen, den Vorteil einer optimalen Werkstoffausnutzung und eines geringeren Nachbearbeitungsaufwands der Schmiedeteile, was zu erheblichen wirtschaftlichen Vorteilen führen kann. Die Abgratoperation entfällt und eine Verringerung der Einsatzmasse von 10 % bis 30 % ist möglich. Darüber hinaus zeichnet sich das Verfahren durch geringe Prozesskräfte aus, da der hohe Kraftbedarf, welcher zur Ausbildung des Grates nötig ist, entfällt (Lange 1988).

Während beim Freiformen der Werkstoff maßgeblich

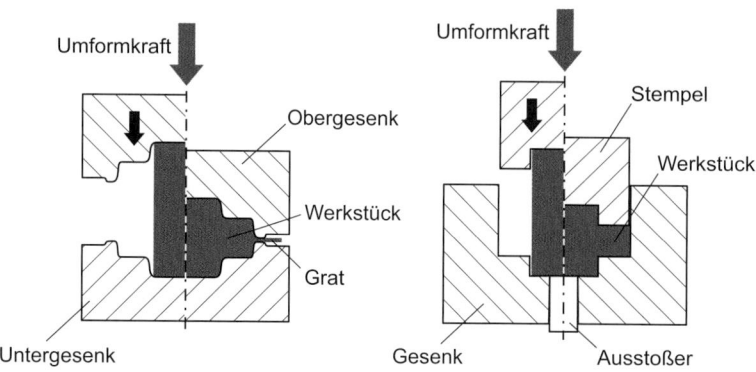

Bild 5-3.9
Verfahren des Gesenkschmiedens – Formpressen mit (links) und ohne Grat (rechts) (Doege 2010)

quer zur Beanspruchungsrichtung verdrängt wird, erzwingen die Werkzeuge beim Gesenkschmieden einen gerichteten Werkstofffluss in Bewegungsrichtung der Werkzeugteile und quer dazu. Dabei treten drei verschiedene Grundvorgänge (Stauchen, Breiten und Steigen) auf, von denen mindestens zwei immer vorhanden sind. Beim Stauchen findet der Werkstofffluss hauptsächlich parallel zur Werkzeugbewegung statt. Die Werkstückhöhe wird verringert, ohne dass ein ausgeprägtes Gleiten an den Werkzeugwänden stattfindet. Das Breiten ruft einen Werkstofffluss hervor, der im Wesentlichen senkrecht zur Werkzeugbewegung ist. Hierbei entsteht eine starke Reibung zwischen Werkzeug und Werkstück, die zu hohen Umformkräften führt, was wiederum einen verstärkten Verschleiß der Werkzeuge verursacht. Beim Steigen findet der Werkstofffluss parallel zur Werkzeugbewegung statt. Hierbei fließt ein Teil des Werkstoffs in den Gratspalt, wodurch sich dort der Fließwiderstand erhöht, sodass der Werkstoff in tiefe Gravurbereiche zu steigen beginnt. Die Grundvorgänge des Werkstoffflusses beim Gesenkschmieden sind in Bild 5-3.10 dargestellt (Lange 1988).

Bei der Herstellung der Gesenke fallen hohe Kosten an, die durch hohe Stückzahlen kompensiert werden müssen, sodass das Verfahren Gesenkschmieden aus wirtschaftlichen Gründen fast ausschließlich für die Serienproduktion mit hohen Stückzahlen geeignet ist. Hierbei kommen unterschiedliche Pressentypen zum Einsatz, deren charakteristische Eigenschaften das Auswahlkriterium für den geforderten Umformprozess darstellen. Zu den gängigsten Pressentypen zählen Exzenter- oder Kurbelpressen, Spindelpressen und Hämmer. Die so hergestellten Bauteile zeichnen sich durch ihre hervorragenden mechanischen Eigenschaften aus und finden dadurch Verwendung in Bereichen, bei denen es auf

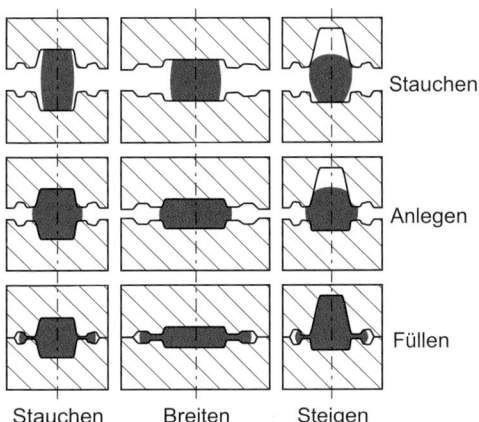

Bild 5-3.10 Grundvorgänge beim Füllen von Schmiedegravuren (Lange 1988)

5

Sicherheit und Zuverlässigkeit ankommt, wie z.B. bei hochbeanspruchten Bauteilen im Fahrzeugbau (Raedt 2014). In Bild 5-3.11 sind einige typische Bauteile der Warmmassivumformung dargestellt.

Im Vergleich zu anderen Fertigungsverfahren weisen geschmiedete Bauteile bessere mechanische Eigenschaften auf. Bei Gussbauteilen entstehen beim Erstarren der Schmelze Poren, die an kritischen Stellen des Bauteils zu einem plötzlichen Versagen führen können. Diese Poren werden beim Schmieden durch Knetvorgänge und durch den Prozess selbst geschlossen, sodass Schmiedeteile bei geringerem Gewicht höher belastbar sind. Die beanspruchungsgerechten Gestaltungsmöglichkeiten eignen sie besonders für kraft- und bewegungsübertragende Bauteile sowie zur Aufnahme von hohen statischen und dynamischen Lasten (Doege 2010). Der Vorteil geschmiedeter Bauteile gegenüber denen, die gegossen wurden, ist auf den Faserverlauf zurückzuführen. In Bild 5-3.12 ist ein Vergleich der Faserverläufe eines Gussteils, eines spanend bearbeite-

Bild 5-3.11 Bauteile der Warmmassivumformung: links: Abtriebwelle mit integriertem Planetenträger für Automatikgetriebe aus AFP-Stahl 38MnVS6, Kombination Warm- und Kaltumformung, Festigkeit nach kontrollierter Abkühlung etwa 1000 MPa; Mitte: Kettenrad aus Einsatzstahl 16MnCr5, Warmumformung; rechts: Radnabe aus AFP-Stahl 38MnVS6, Warmumformung (Quelle: Hirschvogel Umformtechnik GmbH)

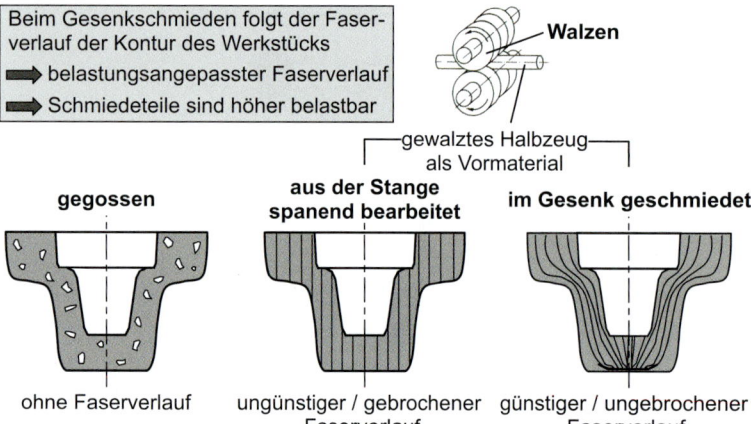

Beim Gesenkschmieden folgt der Faserverlauf der Kontur des Werkstücks
➡ belastungsangepasster Faserverlauf
➡ Schmiedeteile sind höher belastbar

Walzen

gewalztes Halbzeug als Vormaterial

gegossen

aus der Stange spanend bearbeitet

im Gesenk geschmiedet

ohne Faserverlauf

2 % des Volumens sind Poren und Lunker

ungünstiger / gebrochener Faserverlauf

günstiger / ungebrochener Faserverlauf

Poren und Lunker werden durch Umformverfahren (Walzen, Schmieden) geschlossen

Bild 5-3.12
Vergleich der Faserverläufe bei einem Gussteil (links), einem gespanten Bauteil (Mitte) und einem Schmiedeteil (rechts) (Doege 2010)

ten Bauteils sowie eines im Gesenk geschmiedeten Bauteils dargestellt. Der Faserverlauf entsteht durch das Umformen und besteht aus gestreckten Ausscheidungen von Mangansulfid. Diese beeinflussen die Kerbschlagarbeit und sorgen für eine starke Anisotropie des Materials. Resultierend hat der Faserverlauf einen signifikanten Einfluss auf die Belastbarkeit des Werkstücks. Wird ein günstiger Faserverlauf erzeugt, kann die Kerbschlagarbeit gesteigert werden. Umgekehrt verschlechtern sich jedoch die Werkstückeigenschaften bei ungünstigem Faserverlauf (Schuster 2012).

Die Umformung findet mit dem Ziel einer endkonturnahen Fertigung statt, wodurch eine nachfolgende spanende Bearbeitung minimiert werden kann. Somit bieten die umformenden Fertigungsverfahren eine besonders effiziente Materialausnutzung. Die Materialkosten werden gesenkt und die Wirtschaftlichkeit des Verfahrens erhöht sich. Durch die gezielte Nutzung der verbesserten mechanischen Eigenschaften können belastete Querschnitte reduziert und stark beanspruchte Bauteile schlanker konstruiert werden (Raedt 2014).

5-3.3 Warmumformbarkeit von Stählen

Bei der Umformung unter erhöhten Temperaturen ändern sich die plastischen Eigenschaften von Stählen. Neben dem Abfall der werkstoffspezifischen Span-

nungskennwerte (Fließspannung, 0,2 %-Dehngrenze, Zugfestigkeit) führt die Erhöhung der Umformtemperatur in der Regel zu einer deutlichen Steigerung der erreichbaren Formänderung und Duktilität. Diese temperaturbedingten Eigenschaftsänderungen werden bei der Warmumformung genutzt, um den erforderlichen Kraft- und Arbeitsaufwand zu minimieren und große Formänderungen zuzulassen, ohne dass der Werkstoffzusammenhalt verloren geht (Lange 2002). Das Werkstoffverhalten von Stählen bei der Warmumformung, welches auch als Warmumformbarkeit bezeichnet wird (Winkler 1984), kann in Betriebs- oder Laborversuchen untersucht werden. Der Betriebsversuch bietet den Vorteil, das Umformverhalten unter realitätsnahen Bedingungen zu erfassen, wodurch sich im Allgemeinen jedoch vergleichsweise hohe Kosten ergeben. Mit einem deutlich geringeren Aufwand können die technischen Vorgänge während der Umformung in Laborversuchen durch technologische Prüfverfahren möglichst praxisnah abgebildet werden. Zu den wichtigsten Laborversuchen zählen der Warmstauch-, der Warmzug- und der Warmdrehversuch, mithilfe derer die Warmumformbarkeit von Werkstoffen durch Eigenschaftskennwerte wie die Fließspannung und das Formänderungsvermögen charakterisiert werden kann (Winkler 1984).

5-3.3.1 Fließkurven

Für die Auslegung von Umformprozessen und die Auswahl von Umformmaschinen werden die Größe der Spannungen in der Umformzone und die daraus resultierenden Kräfte benötigt. Die Spannungen hängen im

Wesentlichen von den Eigenschaften des umzuformenden Werkstoffs im plastischen Zustand, von den Reibungsverhältnissen in der Wirkfuge und von der Werkzeuggestaltung ab (Lange 2002). Die Grundlage für die Ermittlung von Umformkraft und -arbeit sowie zur Ermittlung von Spannungen oder Formänderungen stellt die Fließkurve eines Werkstoffs dar. Diese bildet den Zusammenhang zwischen Fließspannung k_f, auch wahre Spannung genannt, und der logarithmischen Formänderung bzw. dem Umformgrad φ ab und charakterisiert das Werkstoffverhalten bei der Umformung im plastischen Bereich. Die Fließspannung wird daher definiert als diejenige Spannung, welche im einachsigen, homogenen Spannungszustand die plastische Verformung eines Werkstoffs einleitet bzw. aufrechterhält (Doege 2010).

Stahlwerkstoffe verfestigen im Allgemeinen bei Raumtemperatur mit zunehmender Formänderung, da die Versetzungsdichte ansteigt. Im Verlauf der plastischen Verformung führt der Anstieg der Versetzungsdichte zu einer starken Verfestigung des Werkstoffs. Das versetzungsreiche Kristallgitter stellt eine Abweichung vom thermodynamischen Gleichgewicht dar. Um einer Werkstoffschädigung durch die ansteigende Verfestigung zu entgehen, müssen Versetzungen neu gebildet bzw. abgebaut werden. Einerseits wird durch die Neubildung von Versetzungen die behinderte Versetzungsbeweglichkeit umgangen, andererseits wird durch den Abbau von Versetzungen die Versetzungsdichte reduziert und einer Verfestigung entgegengewirkt. Der Abbau von Versetzungen ist temperaturabhängig und wird durch hohe Temperaturen begünstigt. Erhöhte Temperaturen führen zu einer Abnahme der Versetzungsdichte durch thermisch aktivierte Erholungs- und Rekristallisationsvorgänge. Diese metallkundlichen Prozesse können klassifiziert werden in dynamische Werkstoffänderungen während der plastischen Verformung (dynamische Erholung, dynamische Rekristallisation) und statische Werkstoffänderungen, die nach der Verformung oder in Pausenzeiten bei mehrstufigen Prozessen auftreten (statische Erholung und statische Rekristallisation) (Gottstein 2007).

Dynamische Erholungs- bzw. Rekristallisationsvorgänge beeinflussen den Verlauf von Fließkurven in charakteristischer Weise. Die bei der Warmumformung ablaufenden Entfestigungsvorgänge führen dazu, dass die Fließspannung nach einer anfänglichen Verfestigung auf ein niedrigeres, konstantes Niveau absinkt (dynamische Rekristallisation, Bild 5-3.13a) oder nahezu konstant bleibt (dynamische Erholung, Bild 5-3.13b). Der Anteil an dynamischer Erholung bzw. Rekristallisation hängt entscheidend von den Werkstoff- (Stapelfehlerenergie) sowie den Umformbedingungen (Umformgrad) ab. Als werkstoffspezifischer Gefügeparameter bestimmt die Stapelfehlerenergie die Versetzungsstruktur und damit auch das Erholungs- bzw. Rekristallisationsverhalten. Die Stapelfehlerenergie gibt an, wie weit Versetzungen im Gleichgewichtszustand voneinander entfernt sind, d. h. wie stark sie aufgespalten sind. Hohe Stapelfehlerenergien bedeuten eine geringe Aufspaltung der Versetzungen. Aufgrund der geringen Abstände zwischen den Versetzungen sind die zur Versetzungsbewegung erforderlichen Kräfte gering. Die Prozesse des Kletterns und Quergleitens werden mit steigender Stapelfehlerenergie begünstigt, sodass hohe Stapelfehlerenergien tendenziell eher eine dynamische Erholung im Werkstoff veranlassen. Liegen niedrige Stapelfehlerenergien im Werkstoff vor, wie z. B. bei austenitischen Stählen, ist davon auszugehen, dass die dynamische Rekristallisation der dominierende Entfestigungsmechanismus ist (Lange 2002). Für das Auftreten dynamischer Rekristallisation ist das Erreichen einer kritischen Versetzungsdichte (Formänderung) erforderlich. Bei einer geringen Verformung (z. B. kleine Querschnittsreduzierungen beim Walzen; maximale Umformgrade φ bis 0,7) (Doege 1986), bei der die Gesamtformänderung unterhalb des Maximums der Fließkurve liegt, wird erwartungsgemäß dynamische

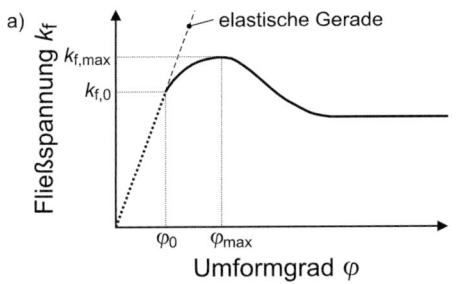

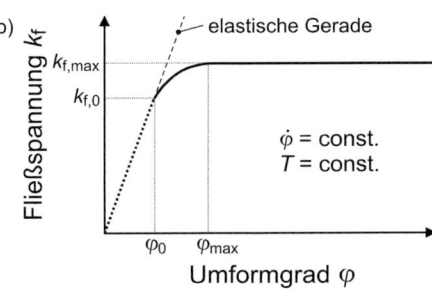

Bild 5-3.13
Schematische Darstellung von Warmfließkurven bei den dominanten Entfestigungsmechanismen: a) dynamische Rekristallisation und b) dynamische Erholung nach Lange (Lange 2002)

Erholung auftreten. Bei einem hohen Umformgrad (z. B. beim Strangpressen; maximale Umformgrade φ bis 5) (Doege 1986) wird vorwiegend dynamische Rekristallisation auftreten (Lange 2002).

Neben den Werkstoffeigenschaften und der Größe der eingebrachten Formänderung φ ist die Fließspannung von der Formänderungsgeschwindigkeit $\dot{\varphi}$ und der Umformtemperatur T_U abhängig. Die momentane Fließspannung wird dabei nicht nur durch die augenblicklich wirkenden Werte von φ, $\dot{\varphi}$ und T_U beeinflusst, sondern auch durch die vorausgegangenen Temperatur- und Umformverhältnisse, von denen das (momentane) Gefüge abhängt. Um bei Umformprozessen mit inhomogener Formänderungs- und Temperaturverteilung für die Berechnung lokaler Zielgrößen (Spannung, Formänderung) ausreichend Informationen über die Fließspannung zu erhalten, werden Fließkurven für verschiedene Formänderungsgeschwindigkeiten und Umformtemperaturen ermittelt. Exemplarisch sind in Bild 5-3.14 im Stauchversuch ermittelte Fließkurven für den Einsatzstahl 16MnCr5 dargestellt.

Der Einfluss der Formänderungsgeschwindigkeit beruht in erster Linie auf den Entfestigungsvorgängen im Material. Während die Verfestigung zeitgleich mit der Formänderung einhergeht, laufen die thermisch aktivierten Entfestigungsvorgänge mit einer Geschwindigkeit ab, die hauptsächlich von der Temperatur abhängt. Bei einer hohen Formänderungsgeschwindigkeit hat der Werkstoff weniger Zeit zum Entfestigen als bei geringer, sodass die Fließspannung im Allgemeinen mit zunehmender Formänderungsgeschwindigkeit ansteigt. Die Kurve für den Anstieg der Fließspannung hat Ähnlichkeit mit einer Potenzfunktion. Auch der Einfluss

der Umformtemperatur steht im Zusammenhang mit den thermisch aktivierten Entfestigungsvorgängen. Eine Erhöhung der Umformtemperatur bewirkt einen Abfall der Fließspannung. Thermisch aktivierte Prozesse, die zu einer Entfestigung des Materials führen, werden mit zunehmender Temperatur beschleunigt. Die Kurve für den Abfall der Fließspannung ähnelt im Bereich der Warmumformtemperatur einer Exponentialfunktion. Eine Übersicht qualitativer Fließkurvenverläufe in Abhängigkeit der Prozessgrößen Umformgrad, Formänderungsgeschwindigkeit und Umformtemperatur ist in Bild 5-3.15 dargestellt.

Zusammenfassend kann festgehalten werden, dass die Vorgänge in der Umformzone und das sich an die Umformung einstellende Gefüge von folgenden Parametern abhängig sind (Lange 2002):

- Ausgangsgefüge
- Werkstoff
- Formänderungsgeschwindigkeit
- Formänderung
- Temperatur

Für die Warmumformung erschließt sich dadurch die Möglichkeit, das Endgefüge in Abhängigkeit von den Umformbedingungen sowie durch eine kontrollierte Abkühlung bzw. Wärmebehandlung zu steuern. Schmiedeteile können z. B. zur Einstellung eines optimalen Gefüges mittels einer der Umformung anschließenden thermo-mechanischen Behandlung direkt aus der Schmiedewärme abgeschreckt und angelassen werden. Der Einsatz von mikrolegierten ausscheidungshärtenden ferritisch-perlitischen Stählen (AFP-Stähle) ermöglicht die Einhaltung geforderter Werkstoffeigenschaften durch eine kontrollierte Abkühlung aus der

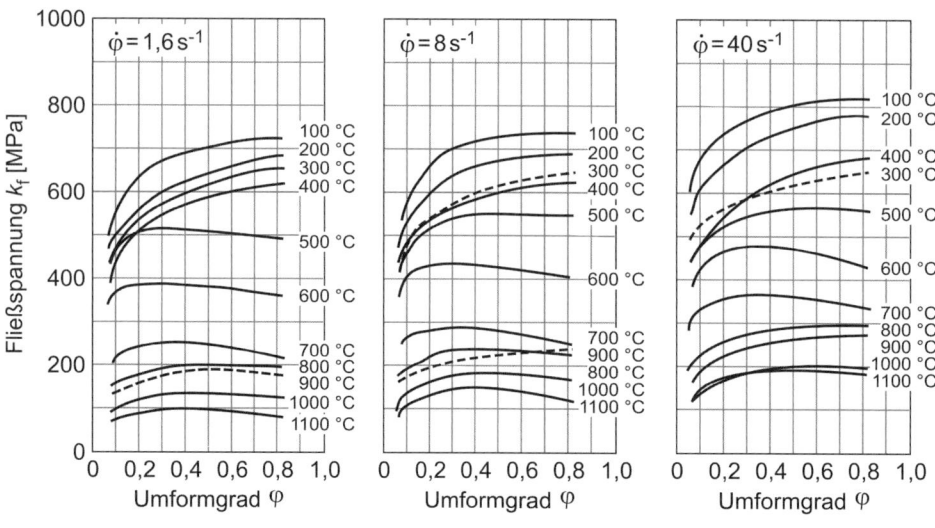

Bild 5-3.14
Fließkurven für den Einsatzstahl 16MnCr5 in Abhängigkeit von der Umformtemperatur für verschiedene Formänderungsgeschwindigkeiten (Doege 1986)

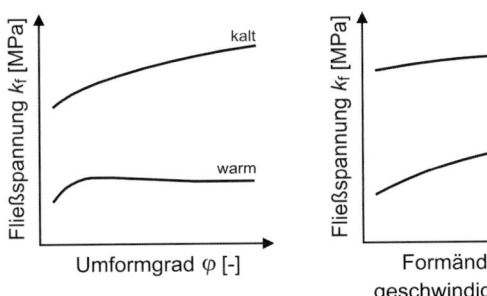

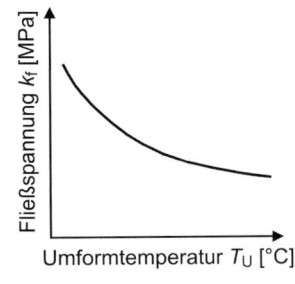

Bild 5-3.15
Einfluss der Prozessgrößen
Umformgrad, Formänderungsgeschwindigkeit und Umformtemperatur auf die Fließ-
spannung nach Doege
(Doege 1986)

Schmiedewärme ohne zusätzliche Wärmebehandlung (nach DIN EN 10267).

5-3.3.2 Formänderungsvermögen

Unter dem Formänderungsvermögen wird die maximale Formänderung verstanden, die ein Werkstoff bis zum Auftreten erster Anrisse oder bis zum Bruch (Bruchformänderung φ_{Br}) ertragen kann. Bei der Warmumformung hängt diese von verschiedenen Einflussgrößen wie dem Umformverfahren, der chemischen Zusammensetzung und dem Gefüge des Werkstoffs ab. Das Umformverfahren kann sich dabei u. a. durch den Spannungszustand, die Formänderungsgeschwindigkeit sowie die Temperatur auf die erzielbare Formänderung auswirken (Winkler 1984). Grundsätzlich nimmt das Formänderungsvermögen mit steigender Temperatur zu und mit steigender Formänderungsgeschwindigkeit ab. Bei Umformverfahren mit hohen Druckspannungsanteilen, wie z. B. beim Strangpressen, sind höhere maximale Formänderungen möglich

als bei Umformverfahren mit hohen Zugspannungsanteilen, wie z. B. beim Drahtziehen. In Bild 5-3.16 wird der Zusammenhang zwischen Spannungszustand und Formänderungsvermögen verdeutlicht. Die schematische Darstellung beschreibt die logarithmische Bruchformänderung φ_{Br} als Maß für das Formänderungsvermögen in Abhängigkeit vom bezogenen Spannungsmittelwert sm/kf, wobei der Spannungsmittelwert dem arithmetischen Mittelwert der drei Hauptnormalspannungen σ_I, σ_{II} und σ_{III} entspricht.

Die Darstellung liefert somit qualitative Informationen über erreichbare Formänderungsvermögen einzelner Umformverfahren mit unterschiedlichem Spannungszustand. Während z. B. bei einer einachsigen Streckung schon bei etwa 20 % Formänderung eine örtliche, rasch zum Bruch führende Einschnürung zu beobachten ist, können bei Verfahren mit überwiegenden Druckanteilen wesentliche höhere Formänderungen erzielt werden. Ohne jegliche Werkstofftrennung können diese, je nach Prozessbedingungen, 80 % und mehr betragen. Die Druckumformverfahren sind hinsichtlich erziel-

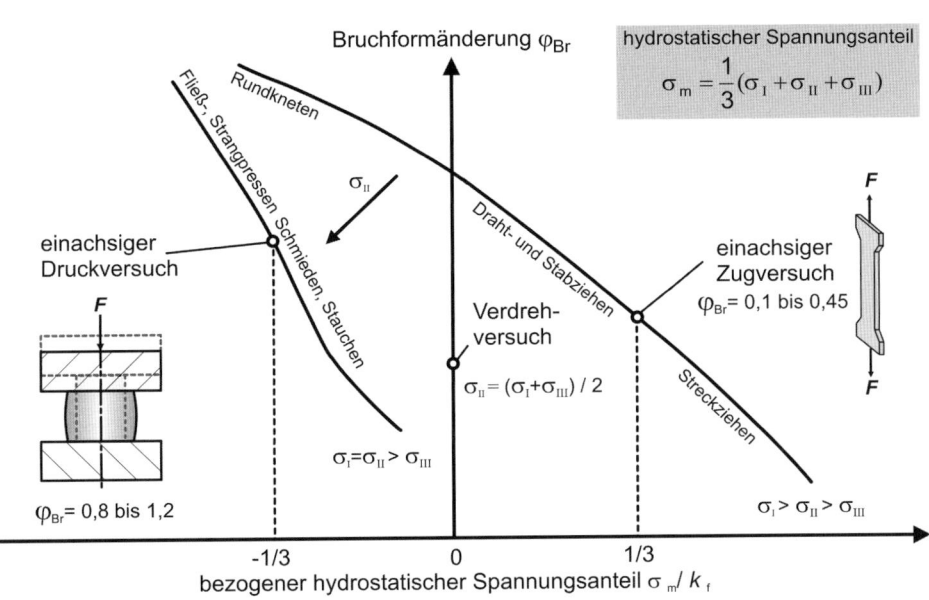

Bild 5-3.16
Schematische Darstellung
der Bruchformänderung in
Abhängigkeit von dem auf die
Fließspannung bezogenen
Spannungsmittelwert nach
Stegner (Stegner 1965)

5

barer Formänderungen deshalb den Verfahren des Zugumformens überlegen, weil einzelne Werkstoffbereiche während der Formänderung unter gegenseitigem Druck stehen. Durch diesen Zustand wird die Rissbildung bzw. die Rissausbreitung erschwert. Zudem werden die Gleitebenen, welche durch Abgleiten zur Formänderung beitragen, unter Spannung gesetzt. Im Allgemeinen gilt, dass das Formänderungsvermögen bei negativen Spannungsmittelwerten (hydrostatischer Druck) größer ist als bei positiven (hydrostatischer Zug) und dass bei einem negativen Spannungsmittelwert das Formänderungsvermögen umso größer ist, je größer der Betrag des Spannungsmittelwerts ist (Doege 2010).

Eine quantitative Bestimmung des Formänderungsvermögens ist aufgrund der Vielzahl unterschiedlicher Einflussgrößen schwierig bzw. nahezu unmöglich. In vielen Fällen ist dies aber auch nicht zwingend erforderlich, da es vielmehr darauf ankommt, die Bedingungen in realen Umformvorgängen durch praxisnahe Versuche anzunähern. Die realen Bedingungen lassen sich im konkreten Einzelfall nur im jeweiligen Umformprozess selbst realisieren. Daher wird die Eignung von Stählen für bestimmte Umformvorgänge in einfachen Laborversuchen ermittelt. Das einfachste (relative) Maß für die Umformeignung stellt dabei die durch Zugversuche ermittelte Brucheinschnürung Z dar (Bild 5-3.17), welche als Maß für die Beurteilung der Schmiedbarkeit eines Werkstoffs verwendet werden kann (Lange 2002).

Literatur zu Kapitel 5-3

Doege, E.; Behrens, B.-A.: Handbuch Umformtechnik; Grundlagen, Technologien, Maschinen. 2., bearbeitete Auflage, Springer-Verlag, Berlin [u. a.] 2010

Doege, E.; Meyer-Nolkemper, H.; Saeed, I.: Fließkurvenatlas metallischer Werkstoffe. Carl Hanser Verlag, München 1986

Gottstein, G.: Physikalische Grundlagen der Materialkunde. 3. Auflage, Springer-Verlag, Berlin [u. a.] 2007

Hoffmann, H.; Neugebauer, R.; Spur, G.: Handbuch Umformen – Handbuch der Fertigungstechnik. 2. Auflage, Carl Hanser Verlag, München 2012

Lange, K.: Umformtechnik – Handbuch für Industrie und Wissenschaft, Band 1: Grundlagen. 2. Auflage, Studienausgabe, Springer-Verlag, Berlin [u. a.] 2002

Lange, K.: Umformtechnik – Handbuch für Industrie und Wissenschaft, Band 2: Massivumformung. 2. Auflage, Springer-Verlag, Berlin [u. a.] 1988

Lindner, H.: Massivumformung von Stahl zwischen 600 bis 900 °C – Halbwarmschmieden. Dissertation, Universität Hannover, VDF-Verlag, Düsseldorf 1966

N. N.: Industrieverband Massivumformung e. V.: Massivumformung kurz und bündig. Hagen 2015

Raedt, H.-W.: Massivumgeformte Komponenten. 2. Auflage, Hirschvogel Holding GmbH, Denklingen 2014

Schuster, A.: Charakterisierung des Faserverlaufs in umgeformten Stählen und dessen Auswirkungen auf mechanische Eigenschaften. Dissertation, Universität Dortmund, Shaker Verlag, Aachen 2013

Stenger, H.: Über die Abhängigkeit des Formänderungsvermögens metallischer Werkstoffe vom Spannungszustand. Dissertation, TH Aachen 1965

Winkler, P.-J.; Dahl, W.: Warmumformbarkeit. In: Verein Deutscher Eisenhüttenleute (Hrsg.): Werkstoffkunde Stahl, Kapitel C 6, S. 564 – 577, Band 1: Grundlagen. Springer-Verlag, Berlin [u. a.] 1984

Alle im Text erwähnten Normen sind in einer Liste zusammengefasst (Seite 889).

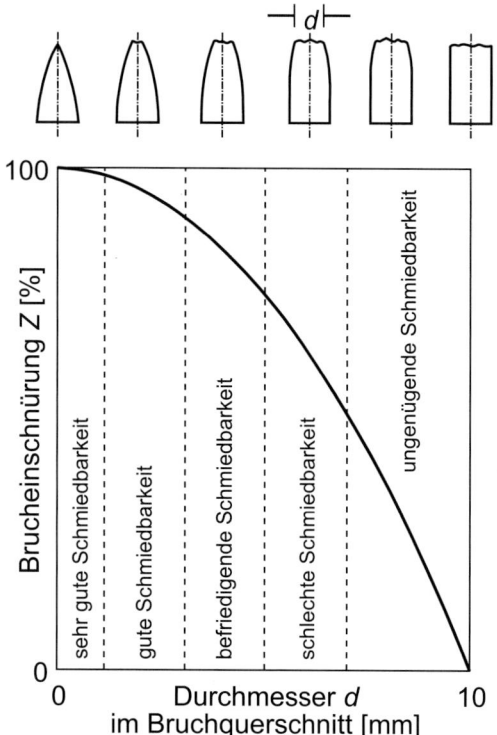

Bild 5-3.17 Brucheinschnürung beim Warmzugversuch als Maß für die Schmiedbarkeit (d_0 = 10 mm) (Lange 2002)

Biegeumformung von Stählen

Goran Grzancic, Christoph Becker,
Sami Chatti, A. Erman Tekkaya

5-4.1 Einleitung

In nahezu allen technischen und nicht technischen Systemen sind gekrümmte Bauteile aus Stahlwerkstoffen im Einsatz. Dabei ist zwischen zwei Bauteiltypen zu unterscheiden: Dies sind zum einen flächige und zum anderen stangenförmige Bauteile. Die Herstellung der jeweiligen Bauteilkrümmungen erfolgt in den meisten Fällen durch eine Biegeumformung. In Abhängigkeit des Bauteiltyps wird zwischen dem Blechbiegen, dem Rohr- und dem Profilbiegen unterschieden. Da das Biegen zu den am häufigsten angewendeten Verfahren der blech- und profilverarbeitenden Industrie zählt, erstrecken sich die Anwendungsfelder gebogener Bauteile auf die unterschiedlichsten Industriezweige. Im Bereich des Blechbiegens reichen die Anwendungen beispielsweise von der Einzelfertigung von Blechbauteilen

für den Schiffs- und Apparatebau bis hin zur Massenfertigung kleinster Bauteile für die Elektroindustrie. Typische Einsatzgebiete gebogener Rohr- oder Profilbauteile sind im Bereich der Verkehrstechnik wie beispielsweise dem Automobil- und Schienenfahrzeugbau bis hin zur Luft- und Raumfahrt zu finden. Durch die großen Formgebungsmöglichkeiten beim Biegen von Blechen, Rohren und Profilen ergeben sich ferner interessante Anwendungsmöglichkeiten in der Architektur und im Design (Bild 5-4.1) (Chatti 2006).

Im Rahmen dieses Kapitels sollen die wesentlichen Grundlagen zum Biegen von Blechen, Rohren und Profilen aus Stahl sowie die unterschiedlichen Biegeprozesse mit ihren wesentlichen Eigenschaften, Fehlerscheinungen, Abhilfemethoden und Erweiterungen dargestellt werden.

Nach DIN 8586 werden Biegeverfahren nach der Art

a)

Design

Apparatebau

Quelle: Nusser Stadtmöbel

Quelle: TRUMPF

b)

Architektur

Möbelbau

Quelle: Helge Kirchberger Photography / Red Bull Hangar-7

Quelle: Thonet GmbH

Bild 5-4.1
Bauteilanwendungen
a) Blechbiegen
b) Rohr- und Profilbiegen

a)

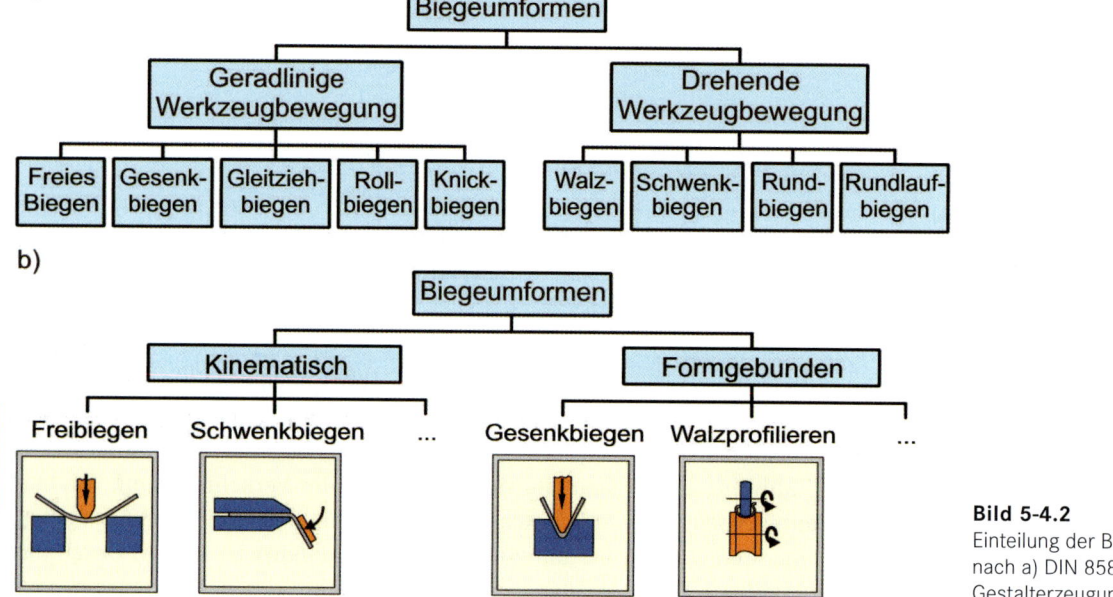

b)

5

Bild 5-4.2
Einteilung der Biegeverfahren
nach a) DIN 8586 b) Art der
Gestalterzeugung

der Werkzeugbewegung eingeordnet. Dabei wird grundsätzlich zwischen Verfahren mit geradliniger Werkzeugbewegung und Verfahren mit drehender Werkzeugbewegung unterschieden (Bild 5-4.2a).

Neben der Einteilung der Verfahren nach ihrer Werkzeugbewegung können die Biegeverfahren ebenfalls nach der Art der Gestalterzeugung in kinematische und formgebundene Biegeprozesse eingeteilt werden (Bild 5-4.2b). Bei formgebundenen Prozessen wird die finale Bauteilgeometrie hauptsächlich über die Werkzeuggeometrie vorgegeben. Als Prozessbeispiele sind hierbei das Gesenkbiegen sowie das Walzprofilieren zu nennen. Bei den kinematischen Biegeverfahren wird die finale Bauteilgeometrie im Wesentlichen durch die Kinematik des Werkzeugs bzw. durch die Relativbewegung zwischen Werkzeug und Werkstück erzeugt. Typische Verfahrensbeispiele für kinematische Biegeverfahren sind das Freibiegen, das Schwenkbiegen und das Walzrunden. Der wesentliche Vorteil der kinematischen im Vergleich zu den formgebundenen Biegeverfahren ist die hohe Flexibilität. Dagegen wirkt sich die geringere Werkstückführung bei kinematischen Biegeprozessen nachteilig auf die Fertigungsgenauigkeit aus, welche bei formgebundenen Verfahren hoch ist.

5-4.2 Grundlagen des Biegens

Grundbegriffe am Biegeteil

Zunächst sollen Grundbegriffe und Bezeichnungen am Biegebauteil definiert werden, auf die in den nachfolgenden Abschnitten wiederholt zurückgegriffen wird. Die wichtigsten Biegeteilparameter sind im Bild 5-4.3 am Beispiel eines gebogenen Bleches dargestellt. Beim Rohr- und Profilbiegen behalten die Definitionen ihre Gültigkeit.

Das Blech wird durch das wirkende Biegemoment M_b gebogen. Die Biegeschenkel und der Biegebogen bilden den Biegequerschnitt, welcher in der Biegeebene liegt. Senkrecht zur Biegeebene steht die Biegeachse. Auf dieser liegt der Mittelpunkt des Biegebogens. Der Biegebogen wird durch den inneren (r_i), mittleren (r_m) und äußeren (r_a) Biegeradius sowie durch den Biegewinkel (θ) und Scheitelwinkel (β) definiert. Der mittlere Biegeradius gibt dabei den Radius der neutralen (ungelängten) Faser an. Ergänzende Bauteilparameter sind im Bild 5-4.3 dargestellt. Die aufgeführten Grundbegriffe und Definitionen werden im Folgenden zur Berechnung des Biegeprozesses verwendet.

Dehnungen, Spannungen und Rückfederung beim Biegen

Beim Biegen wird das Bauteil mit einem Biegemoment M_b beaufschlagt, um die entsprechende Geometrie zu

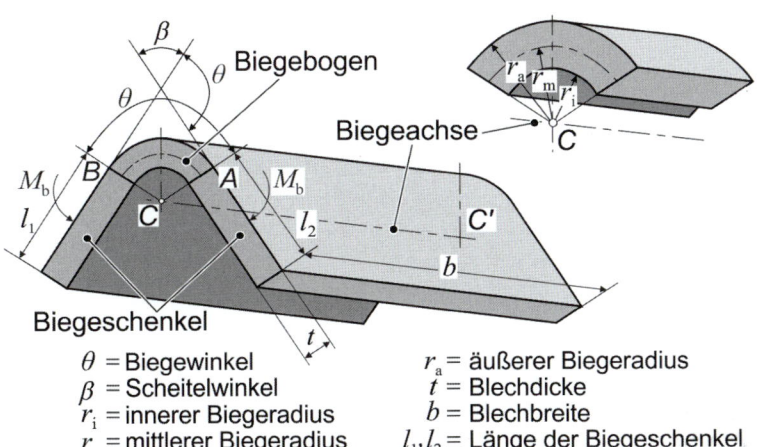

Bild 5-4.3
Grundbegriffe am Biegebauteil (Kienzle 1952)

θ = Biegewinkel
β = Scheitelwinkel
r_i = innerer Biegeradius
r_m = mittlerer Biegeradius

r_a = äußerer Biegeradius
t = Blechdicke
b = Blechbreite
l_1, l_2 = Länge der Biegeschenkel

5

erzeugen. Dieses Biegemoment erzeugt im Bauteil eine definierte Dehnungsverteilung, welche im Bild 5-4.4 dargestellt ist.

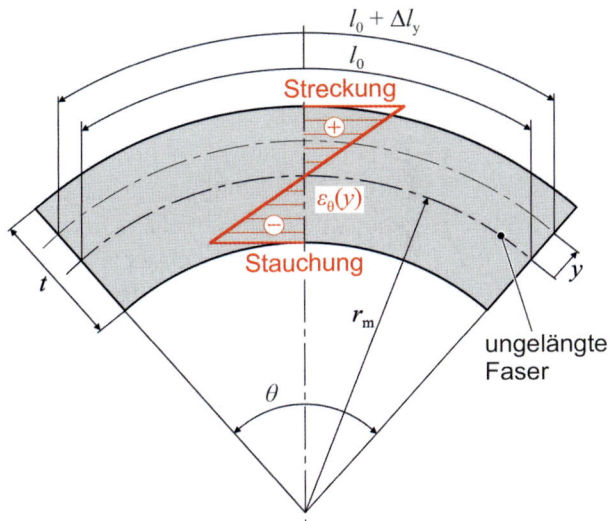

Bild 5-4.4 Dehnungsverteilung im Biegequerschnitt (Lange 1990)

Im Außenbogen des Bauteils wird eine Streckung hervorgerufen, wobei im Innenbogen eine Stauchung erzeugt wird. Die Dehnungsverteilung ist eine Funktion des Abstands zur ungelängten Faser *(y)* und lässt sich wie folgt bestimmen:

Technische Dehnung:

$$\varepsilon_\theta = \frac{y}{r_m} \tag{5-4.1}$$

Gemäß Gleichung 1 nimmt die Dehnung im Zug- und Druckbereich linear mit größer werdendem Abstand

zur Blechmitte zu. Die logarithmische Formänderung (Umformgrad) ist dabei mit der Gleichung (5-4.2) bestimmbar.

Umformgrad:

$$\varphi = \ln\left(1 + \frac{y}{r_m}\right) \tag{5-4.2}$$

Basierend auf der Dehnungsverteilung lässt sich mithilfe des Materialverhaltens die Verteilung der Biegespannungen über den Bauteilquerschnitt bzw. die Blechdicke darstellen. Die Spannungsverteilungen für die Fälle der elastischen und der teilplastischen Biegung sind in Bild 5-4.5 qualitativ gezeigt.

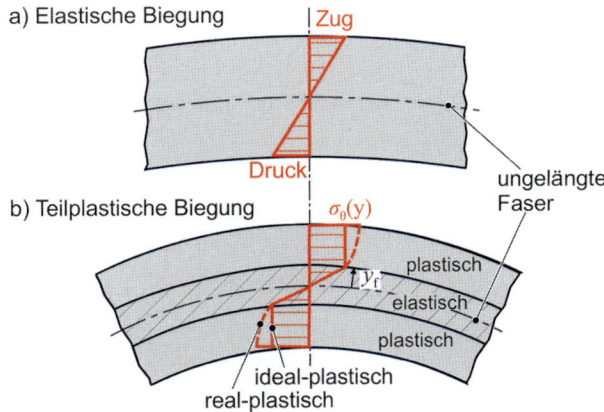

Bild 5-4.5 Spannungsverteilungen bei a) elastischer und b) teilplastischer Biegung (Lange 1990)

Bei der teilplastischen Biegung erfährt der Kern des Bauteils eine elastische Umformung, während sich am inneren und äußeren Querschnittsbereich ein elastisch-plastischer Zustand einstellt. Der Spannungsverlauf im elastisch-plastischen Bereich ist dabei von dem Materialverhalten abhängig. Im Bild 5-4.5b sind jeweils die Verläufe für einen ideal-plastischen und einen real-plastischen (mit Verfestigung) Werkstoff dargestellt. Am Innenbogen des Bauteils treten Druckspannungen auf und am Außenbogen entsprechend Zugspannungen. Diese Spannungsverteilung führt zu für das Biegen typischen Versagensfällen. Die Druckspannungen am Innenbogen können zu einer Faltenbildung und die Zugspannungen am Außenbogen zu Rissen führen (Abschnitt 5-4.4.3). Dementsprechend sind bei der Auslegung eines Biegeprozesses insbesondere diese Grenzwerte zu beachten, welche vom Material, aber auch vom Biegeradius und der Blechdicke bzw. dem Rohrdurchmesser (Gl. 5-4.2) beeinflusst werden. Basierend auf der Spannungsverteilung im Querschnitt kann das erforderliche Biegemoment mithilfe folgender Gleichung bestimmt werden (Ludwik 1903):

Biegemoment:

$$M_b = \int_t \sigma_\theta(y) \cdot b \cdot y \cdot dy \qquad (5\text{-}4.3)$$

Mithilfe der Berechnung des Biegemomentes können die zur Biegeumformung bereitzustellenden Prozesskräfte im Vorfeld abgeschätzt werden, um beispielsweise erforderliche Parameter der Biegemaschine zu dimensionieren.

Rückfederung

Die zuvor beschriebene Spannungsverteilung führt nach der Entlastung des Bauteils zu einer Rückfederung, welche bei der geometrischen Auslegung des Bauteils sowie des Biegeprozesses entsprechend berücksichtigt werden muss.

Die elastische Rückfederung des Bauteils, die bei Stählen ausgeprägter ist als bei anderen Werkstoffen, lässt sich unter Berücksichtigung von Bild 5-4.6 wie folgt bestimmen (Lange 1990):

$$\frac{1}{r_{mR}} = \frac{1}{r_m} - \frac{M_b}{EI} \qquad (5\text{-}4.4)$$

Hierbei lässt sich der unbelastete Biegeradius r_{mR} aus dem belasteten Biegeradius r_m, dem Biegemoment M_b, dem E-Modul E sowie dem Flächenträgheitsmoment I des Bauteilquerschnitts bestimmen.

Das Rückfederungsverhalten hängt stark vom ausgewählten Werkstoff und der erzielten Gesamtdehnung im Biegebauteil ab. Bild 5-4.6 ist die Abhängigkeit des Rückfederungsverhaltens von den Parametern Gesamtdehnung ε_{ges}, Streckgrenze R_e, Elastizitätsmodul E und dem Verfestigungsexponenten n anhand von entsprechenden Spannungs-Dehnungs-Diagrammen dargestellt. Während in Bild 5-4.7a das Spannungs-Dehnungs-Verhalten zweier Biegungen bei unterschiedlicher Gesamtdehnung verglichen wird, werden in Bild 5-4.7b – d jeweils zwei verschiedene Werkstoffe bei gleicher Biegung (gleiche Gesamtdehnung) betrachtet. Aus dem Vergleich der jeweiligen Rückfederungsbeträge (ε_{e1}, ε_{e2}) lassen sich die folgenden Aussagen ableiten:

Die Rückfederung eines Biegebauteils steigt an bei (Kahl 1985):

- einer anwachsenden Gesamtdehnung bei verfestigenden Werkstoffen

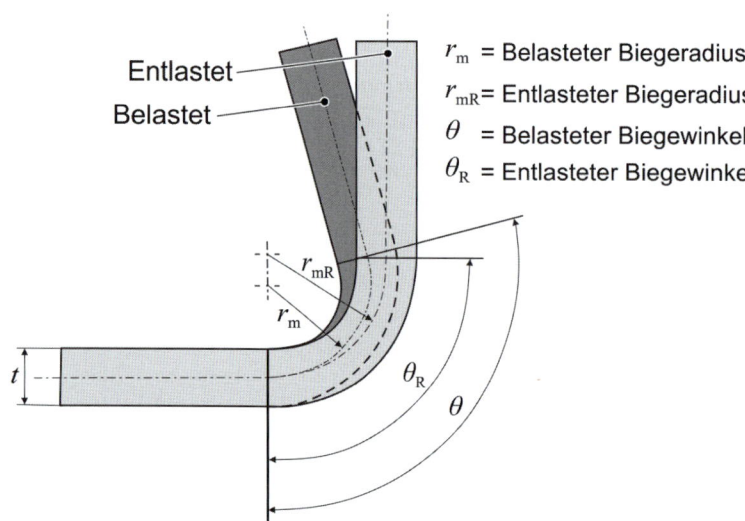

r_m = Belasteter Biegeradius
r_{mR} = Entlasteter Biegeradius
θ = Belasteter Biegewinkel
θ_R = Entlasteter Biegewinkel

Bild 5-4.6
Rückfederung beim Biegen

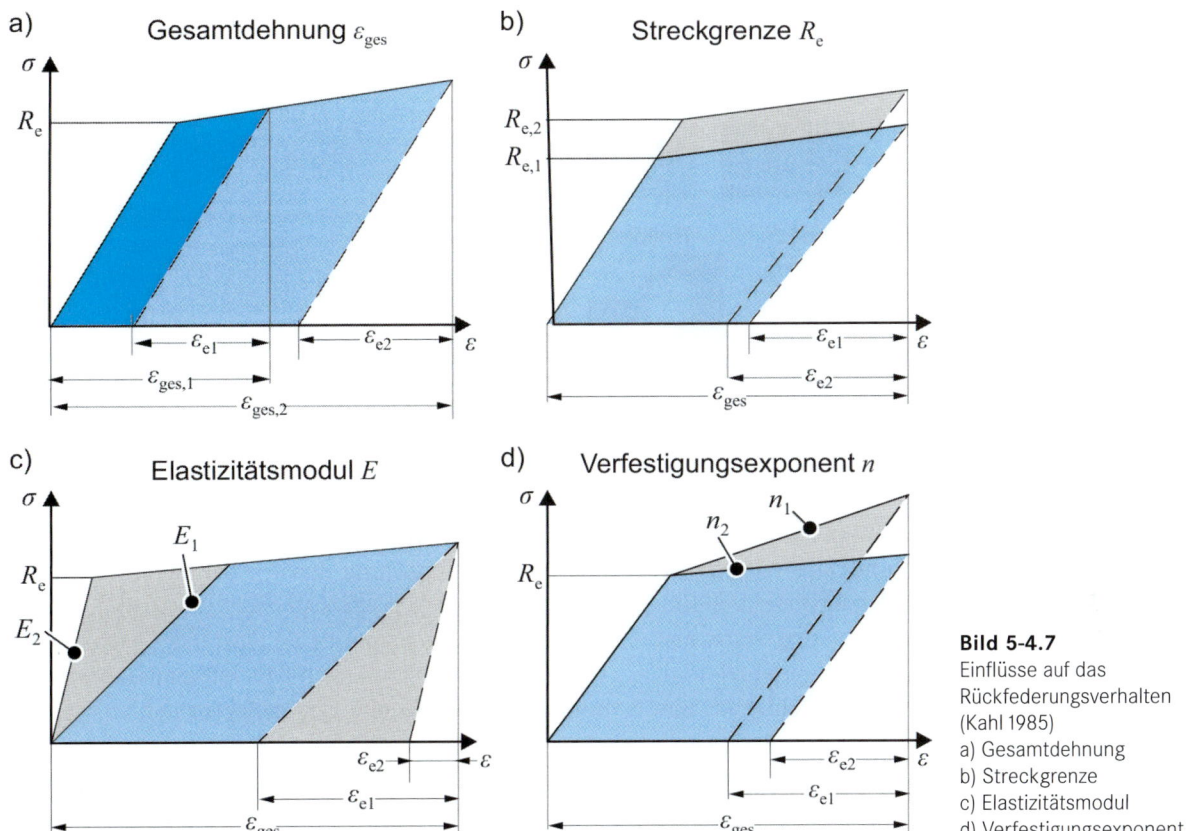

Bild 5-4.7
Einflüsse auf das
Rückfederungsverhalten
(Kahl 1985)
a) Gesamtdehnung
b) Streckgrenze
c) Elastizitätsmodul
d) Verfestigungsexponent

5

- einer größeren Streckgrenze bei gleichbleibender Gesamtdehnung
- einem kleineren Elastizitätsmodul bei gleichbleibender Gesamtdehnung
- einem stärker verfestigenden Werkstoff bei gleichbleibender Gesamtdehnung.

5-4.3 Blechbiegen

5-4.3.1 Blechbiegeverfahren mit geradliniger Werkzeugbewegung

Angelehnt an die DIN 8586 werden Blechbiegeverfahren nach der Art der Werkzeugbewegung eingeordnet. Zu den wichtigsten Vertretern der Verfahren mit geradliniger Werkzeugbewegung zählt das Biegen im Gesenk. Dabei liegt das Blechhalbzeug auf einer Matrize auf und wird durch einen Stempel in die Matrize gedrückt. In Abhängigkeit der Werkzeuggestalt wird zwischen den Verfahrensvarianten Freies Biegen und Gesenkbiegen unterschieden. Weitere Verfahren sind das Gleitziehbiegen, das Gesenkrunden und das Rollbiegen (Bild 5-4.8).

Freibiegen

Das Freibiegen ist ein Biegeverfahren, bei dem die Werkstückgeometrie hauptsächlich über die Kinematik des Verfahrens bestimmt wird. Die gewünschte Biegekontur wird demnach nicht über die Form der Werkzeuge bestimmt, sondern hauptsächlich über die relative Lage des Stempels zur Matrize. Die eingesetzten Werkzeuge dienen dabei lediglich zur Übertragung der zur Biegeumformung notwendigen Kräfte und Biegemomente, sodass sich die resultierende Biegekontur frei ausbilden kann. Durch die Änderung des Stempelwegs kann der Biegewinkel beeinflusst werden. Durch den Einsatz eines einzigen Werkzeugsatzes können schließlich unterschiedliche Biegegeometrien erzeugt werden. Neben der dadurch erzielten hohen Fertigungsflexibilität sind die für die Biegeumformung notwendigen Biegekräfte und -momente vergleichsweise gering.

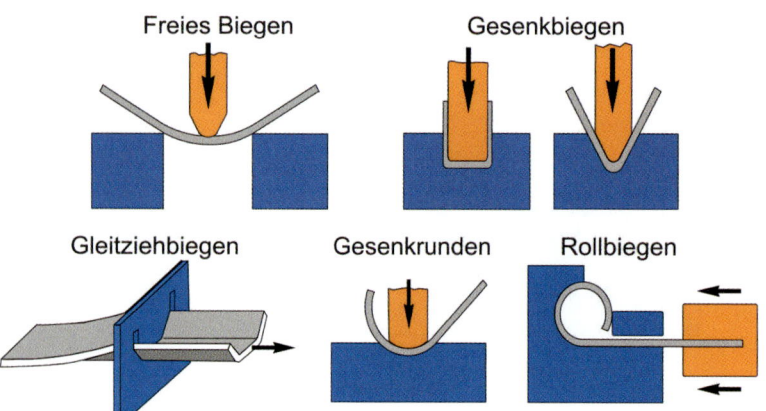

Bild 5-4.8
Biegeverfahren mit geradliniger Werkzeugbewegung (DIN 8586)

Nachteilig beim Freibiegen ist die erzielbare Genauigkeit der Bauteile. Blechdicken- und Materialschwankungen sowie anwachsender Werkzeugverschleiß führen zu einer Veränderung der Biegebedingungen und schließlich zu einer eingeschränkten Reproduzierbarkeit der Biegegeometrie. Resultierende Fehler im Biegewinkel und Biegeradius können durch entsprechende Kompensationsmaßnahmen ausgeglichen werden. Eine nützliche Maßnahme besteht beispielsweise darin, eine integrierte Online-Winkelmessung in Kombination mit einem Regelungsansatz zur Korrektur des Stempelwegs einzusetzen.

Gesenkbiegen
Anders als beim Freibiegen erfolgt die Formgebung beim Gesenkbiegen hauptsächlich über die Geometrie des Gesenks, welches die Negativgeometrie des gewünschten Biegebauteils (Biegeradius und Biegewinkel) aufweist. Zu Beginn der Biegeumformung liegt ein Freibiegeprozess vor. Mit Fortschreiten der Stempelbewegung legen sich die Biegeschenkel an die Werkzeugkontur an und ein anschließender Prägedruck wird aufgebracht, wodurch die Form des Biegeteils an die Werkzeugform angepasst wird. Durch den finalen Prägevorgang wird die Rückfederung des Bauteils wesentlich reduziert, und es wird eine hohe Fertigungsgenauigkeit erzielt, was den wesentlichen Vorteil dieses Verfahrens darstellt. Biegebauteile, die hohe Genauigkeitsanforderungen aufweisen, werden somit vorrangig im Gesenk gebogen. Verfahrensbedingt muss für jede Bauteilgeometrie ein eigenes Biegegesenk zur Verfügung gestellt werden, wodurch beim Bauteilwechsel häufiges Umrüsten des Biegewerkzeugs nötig wird. Weiterhin liegen beim Gesenkbiegen wesentlich höhe-

re Prozesskräfte als beim Freibiegen vor, was eine stabilere Werkzeugtechnik sowie ein kostenintensiveres Maschinensystem nach sich zieht. Aufgrund der genannten Verfahrensmerkmale wird das Gesenkbiegen vorrangig bei großen Losgrößen verwendet, bei denen eine hohe Bauteilgenauigkeit gefordert ist.

5-4.3.2 Blechbiegeverfahren mit drehender Werkzeugbewegung

Zu den Biegeverfahren mit drehender Werkzeugbewegung zählt zum einen die Gruppe der Walzbiegeverfahren. Ihre Vertreter sind das Walzrunden, das Walzrichten sowie das Walzprofilieren, auf welches im Folgenden näher eingegangen wird. Weitere Verfahren mit drehender Werkzeugbewegung sind das Schwenk-, Rund- und Wellbiegen (Bild 5-4.9).

Walzprofilieren
Beim Walzprofilieren werden Metallbänder oder -streifen mithilfe von mehreren hintereinander angeordneten Walzenpaaren stufenweise zu Profilen umgeformt. Jeweils ein Walzenpaar bildet eine Umformstufe. Die Kraft, die für den Blechvorschub benötigt wird, wird durch den Reibschluss zwischen den Walzen und dem Blech erzeugt. Während das Blech das Walzenpaar durchläuft, erfährt es eine kontinuierliche Biegeumformung. Im Gegensatz zum Gesenk- oder Freibiegen, bei denen das Blech über die gesamte Länge umgeformt wird, wird beim Walzprofilieren nur jeweils ein kleiner Abschnitt zwischen den Walzen gebogen. Zusätzlich zu der Biegeumformung erfährt das Blech im Bereich der Biegezone elastische Längsdehnungen, welche durch die unterschiedlich langen Wege der Blechbandteile

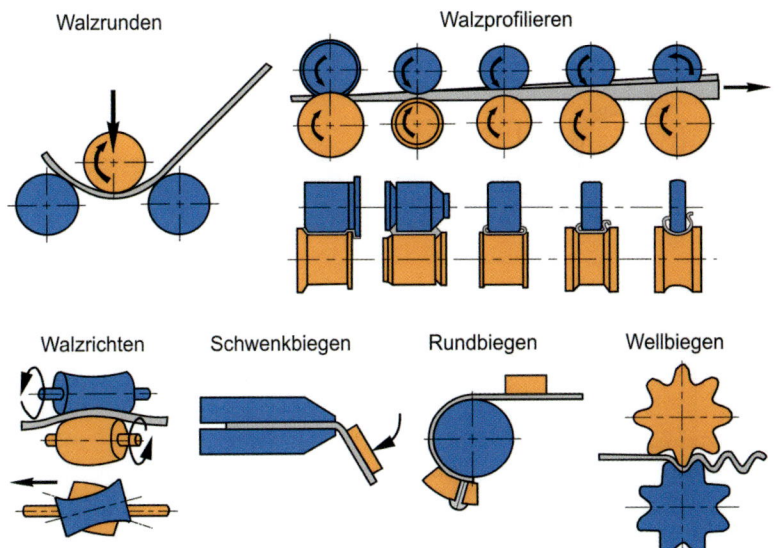

Bild 5-4.9
Blechbiegeverfahren mit drehender
Werkzeugbewegung (DIN 8586)

5

eines Querschnitts beim Übergang vom ebenen zum gebogenen Blechprofil auftreten. Dabei ist das Auftreten plastischer Längsdehnungen zu vermeiden, da diese im Biegeschenkel zurückbleiben und zu einer unerwünschten Bauteildeformation (Krümmung, Wellenbildung) führen. Das Bauteilspektrum beim Walzprofilieren reicht von einfachen bis hin zu sehr komplexen Profilen. Dabei ist die Profillänge beliebig. Durch die hohen Blechvorschubgeschwindigkeiten ist eine relativ große Ausbringung erzielbar. Typische Bauteile, die mit dem Walzprofilieren hergestellt wurden, sind zum einen Well- oder Trapezbleche, die im Bauwesen ihre Anwendung finden. Zum anderen werden aus schmaleren Blechstreifen beispielsweise Kaltprofile für den Nutzfahrzeugbau gefertigt.

5-4.3.3 Fertigungsfehler und Gegenmaßnahmen beim (Blech-)Biegen

Bei der Biegeumformung von Blech- oder auch Profilbauteilen kann es zu einer Vielzahl von Fertigungsfehlern am Biegebauteil kommen (Bild 5-4.10a – b). Neben verschiedenen Fertigungsfehlern, die zu Maßungenauigkeiten am Biegebauteil führen, ist ferner Versagen in Form von Rissen, Oberflächenschäden oder Aufwölbung der Biegekanten zu finden. Dabei ist die Rissbildung der am häufigsten eintretende Versagensfall. Risse treten im Regelfall am Außenbogen auf, da hier die größten Zugspannungen vorliegen (Bild 5-4.5). Zur Vermeidung der Rissbildung gibt es eine Vielzahl von

Ansätzen, die im Folgenden näher betrachtet werden. Zum einen kann die *Werkstoffauswahl* angepasst werden. Durch den Einsatz eines Werkstoffs mit einer vergleichsweise höheren Gleichmaßdehnung bei gleicher Zugfestigkeit kann der Rissbildung entgegengewirkt werden. Neben dem Werkstoffwechsel kann Rissbildung auch durch eine geänderte Prozessführung verhindert werden. Möglichkeiten zur Änderung der Prozessführung sind im Bild 5-4.10c zusammengefasst. Neben der *Verringerung der Oberflächenrauheit* bzw. der *Reibung* zwischen Werkzeug und Werkstück kann eine Biegeumformung bei **höheren Temperaturen** vorgenommen werden. Da Stahl oder Leichtmetalle bei höheren Temperaturen im Regelfall ein duktileres Materialverhalten aufweisen, wird eine höhere Streckung des Außenbogens ohne Rissbildung ermöglicht. Eine weitere Methode ist die Verwendung des Prinzips der *Spannungsüberlagerung*. Durch das Überlagern einer Spannung in der Biegezone wird der Spannungszustand in der Umformzone eines Werkstücks positiv beeinflusst, sodass die Rissentstehung verhindert bzw. reduziert wird. Ferner ermöglicht eine Spannungsüberlagerung eine Reduzierung der Bauteilrückfederung, welche hauptsächlich zu den Maßfehlern am Biegeteil führt. Auf das Prinzip der Spannungsüberlagerung und ihre Vorteile im Biegeprozess wird im Abschnitt 5-4.5 näher eingegangen.

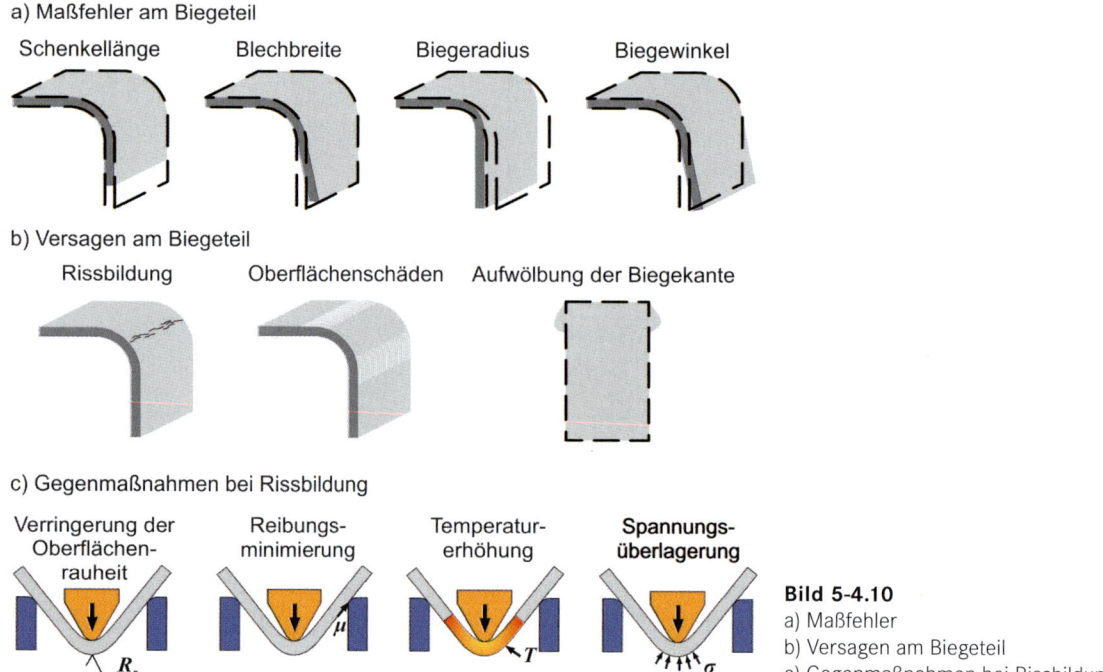

Bild 5-4.10
a) Maßfehler
b) Versagen am Biegeteil
c) Gegenmaßnahmen bei Rissbildung

5-4.4 Rohr- und Profilbiegen

Neben der Einteilung der Biegeverfahren nach DIN 8586 können Rohr- und Profilbiegeverfahren weiterhin nach der Art der Gestalterzeugung in formgebundene und formungebundene (kinematische) Verfahren eingeteilt werden. Bei den formgebundenen Verfahren wird die gewünschte Biegekontur durch die Formgestaltung des Biegewerkzeugs festgelegt. Der wesentliche Vorteil dieser Verfahrensgruppe ist die vergleichsweise hohe Bauteilgenauigkeit. Dagegen spricht allerdings der hohe Werkzeugaufwand. Bei formungebundenen Verfahren wird die Biegekontur über die Kinematik der Werkzeugelemente definiert. Hier-

aus ergeben sich die Vorteile der vergleichsweise hohen Fertigungsflexibilität, da mit einem Werkzeugsatz mehrere Bauteile hergestellt werden können. Allerdings wirkt sich die Formungebundenheit negativ auf die Bauteilgenauigkeit aus. Im Folgenden wird jeweils eine Übersicht über die Verfahrensgruppe gegeben und ein konkretes Biegeverfahren näher dargestellt.

5-4.4.1 Formgebundenes Rohr- und Profilbiegen

Im Bild 5-4.11 ist eine Übersichtsmatrix mit einer Auswahl verschiedener formgebundener Biegeverfahren gegeben, die zusätzlich gemäß DIN 8586 unterteilt

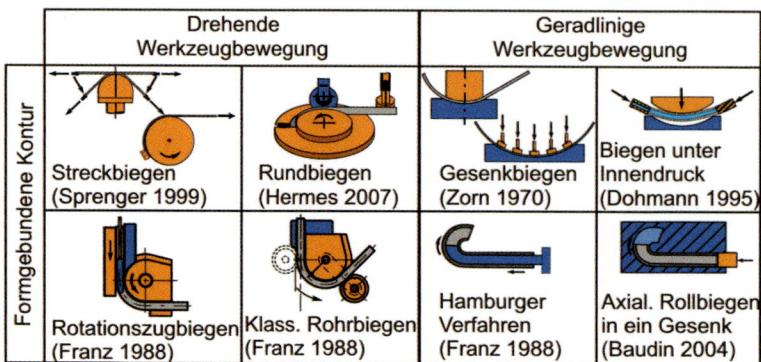

Bild 5-4.11
Auswahl an formgebundenen Biegeverfahren
(Hermes 2012)

sind. Ein weitverbreitetes Verfahren zum Biegen von Rohren und Profilen ist das Rotationszugbiegen, welches im Folgenden vorgestellt wird.

Rotationszugbiegen

Das Rotationszugbiegen ist ein formgebundenes Verfahren mit drehender Werkzeugbewegung. Es wird hauptsächlich zum Biegen von Rohren eingesetzt. Das Prozessprinzip ist im Bild 5-4.12 dargestellt.

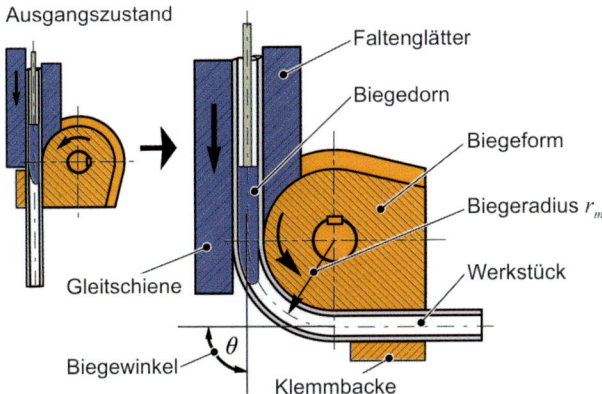

Bild 5-4.12 Prozessprinzip des Rotationszugbiegens

Das gerade Rohr wird zu Beginn über einen Biegedorn, dessen Lage zur Biegeachse einstellbar ist, geschoben. Der gerade bleibende Schenkel des zu biegenden Rohres wird mit der Klemmbacke im formgebenden Werkzeug (Biegeform) fixiert. Im Bereich der Umformzone wird die Rohraußenseite von der Biegeform sowie der Gleitschiene umfasst (Engel 2008). Die Biegeform ist dabei mit einem drehbaren Biegetisch verbunden. Beim Rotationszugbiegen können Rohre bis zu einem Biegeradius von etwa 0,7 × Rohrdurchmesser gebogen

werden. Ist eine Änderung des Biegeradius gewünscht, muss ein entsprechendes Werkzeug eingesetzt werden. Hinsichtlich einer Variation des Biegeradius kann bei modernen Maschinenausführungen die Spanneinheit des Rohres vertikal positioniert werden und mithilfe von Mehretagenwerkzeugen auf einer vertikal anders angeordneten Biegeform gebogen werden. Dagegen kann der Biegewinkel frei definiert werden. Grundsätzlich wird während der Biegeoperation der Rohraußenbogen gestreckt und der Innenbogen gestaucht.

5-4.4.2 Kinematisches Rohr- und Profilbiegen

Eine ausgewählte Übersicht an kinematischen Biegeverfahren ist im Bild 5-4.13 gegeben. Der wesentliche Vorteil kinematischer Biegeverfahren liegt in der Verwendung eines Biegewerkzeugs für die Herstellung von unterschiedlichen aufeinanderfolgenden Biegeradien, da die Formänderung ausschließlich über die Relativbewegung des Profilvorschubs und des Biegewerkzeugs definiert wird. Ein klassisches kinematisches Biegeverfahren stellt das Drei-Rollen-Biegen dar, welches im Folgenden näher betrachtet wird.

Drei-Rollen-Biegen

Das Drei-Rollen-Biegen ist für das Biegen von Profilen aus beliebigen Werkstoffen mit offenen, geschlossenen und auch leicht unsymmetrischen Querschnitten für große Radien geeignet. Das Prozessprinzip des Drei-Rollen-Biegens sowie eine entsprechende Biegemaschine sind in Bild 5-4.14 dargestellt.

Beim Biegen wird das Rohr bzw. Profil zwischen Biege- und Stützrolle axial geführt, wobei um die Biegerolle

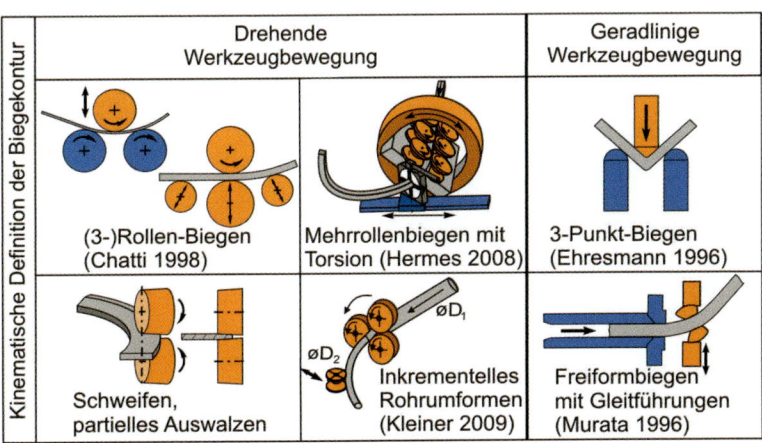

Bild 5-4.13 Auswahl an kinematischen Biegeverfahren (Hermes 2012)

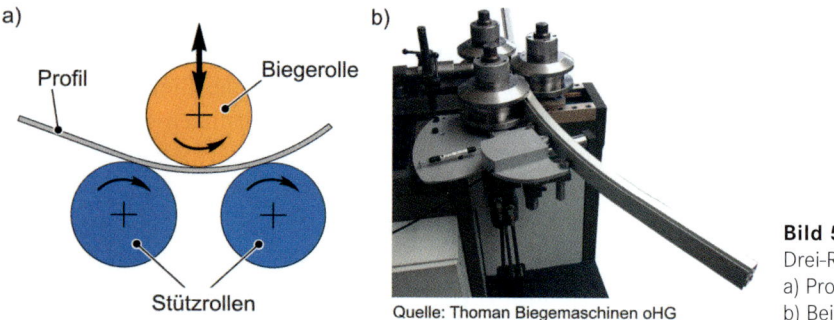

Bild 5-4.14
Drei-Rollen-Biegen
a) Prozessprinzip
b) Beispiel einer Biegemaschine

gebogen wird. Die Definition des Biegeradius erfolgt aus der relativen Positionierung der Biege- und Stützrollen. Da ein funktionaler Zusammenhang zwischen Biegeradius und Biegerollenposition besteht, sind unterschiedliche Profilradien mit einem einzelnen Rollensatz herstellbar (Chatti 1998). Hierin liegt auch die große Flexibilität des Verfahrens begründet. Im Regelfall werden beim Drei-Rollen-Biegen Profile in der Ebene gebogen. Das dreidimensionale Biegen ist mit einer konventionellen Biegemaschine zunächst nicht direkt möglich. Über einstellbare Profilführungsrollen, welche senkrecht zu den Biege- und Stützrollen positioniert sind, wird das Biegen von Schraubenkonturen mit kleinen Steigungen ermöglicht.

5-4.4.3 Versagensfälle und Gegenmaßnahmen beim Rohr- und Profilbiegen

Neben den im Bild 5-4.10 aufgeführten Fertigungsfehlern und Versagensfällen beim Blech- und Profilbiegen

kommt es beim Profilbiegen, unabhängig vom gewählten Biegeverfahren, zu weiteren Herausforderungen, die zu den im Bild 5-4.15 dargestellten Versagenserscheinungen und Fertigungsungenauigkeiten führen können. Im Folgenden wird auf einzelne Herausforderungen und ihre Gegenmaßnahmen näher eingegangen.

Faltenbildung
Im Abschnitt 5-4.2 wurde bereits die charakteristische Spannungsverteilung bei der Biegeumformung vorgestellt (Bild 5-4.5). Übersteigen die im gestauchten Bereich (Innenbogen) wirkenden Druckspannungen die Knickstabilität des Profilabschnitts, kommt es zur Faltenbildung. Dieser kann grundsätzlich durch verschiedene Maßnahmen entgegengewirkt werden. Durch die *Erhöhung der Wandstärke* wird die Steifigkeit des Profils gegen das Ausknicken erhöht und somit die Neigung zur Faltenbildung verringert. Neben der Materialzugabe kann weiterhin ein Einsatz von *inneren und/ oder äußeren Abstützungen* der Bildung von Falten vorbeugen. Zur inneren Abstützung werden hauptsächlich

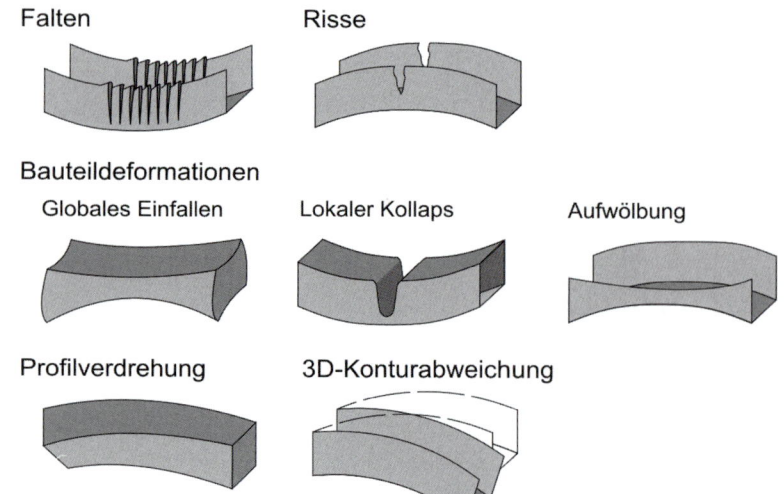

Bild 5-4.15
Herausforderungen und Versagenserscheinungen beim Rohr- und Profilbiegen (Vollertsen 1999)

Aggregatzustand						
Flüssig	Fest					
			Metall			
Öl, Wasser	Quarzsand	Polymer	Niedrig schmelzende Legierung	Starrer Dorn	Glieder-kette	Blech-lamellen
„Aktiver" Dorn	Aufwendig Formflexibel	Mehrfach verwendbar Kurze Taktzeit	Flexibel Ausschmelzen erforderlich	Begrenzt einsetzbar Formstabil	Formstabil in Berühr-bereichen	Formstabil Nur 2D-Biegung

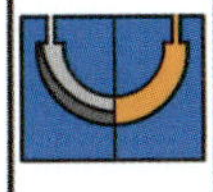

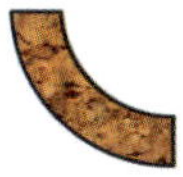

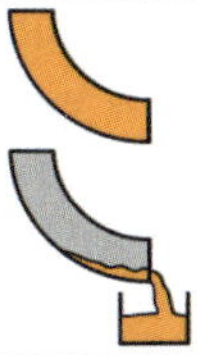

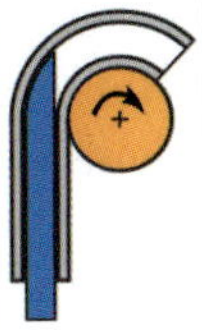

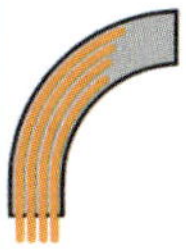

Werkstoff (Zeilenkopf), *Besonderheit* (Zeilenkopf)

Bild 5-4.16
Übersicht über Dornarten (Vollertsen 1999)

5

Dorne oder Füllungen eingesetzt, welche in Abhängigkeit der Biegeaufgabe unterschiedlich ausgeführt sein können. Eine Übersicht über verschiedene Dornarten ist im Bild 5-4.16 gegeben.

Zur äußeren Abstützung des Profils können Faltenglätter eingesetzt werden, welche am Innenbogen positioniert werden (Bild 5-4.12). Eine dritte Maßnahme gegen Faltenbildung stellt das *Überlagern von axialen Zugspannungen* dar. Die bei der Spannungsüberlagerung wirkenden Mechanismen zur Faltenminderung werden im Abschnitt 5-4.5.1 beschrieben.

Bauteildeformationen

Beim Biegen von Hohlprofilen mit dünnen Wandstärken kann es während des Biegens zu verschiedenen

Bauteildeformationen kommen. Während geschlossene Profilquerschnitte hauptsächlich zum Einfallen (Kollaps) und seitlichen Ausbeulen neigen, kommt es bei offenen Querschnitten häufig zum Aufklappen der freien Schenkel. Die Ursache für das jeweilige Deformationsverhalten liegt in den wirkenden Biegelängsspannungen (Bild 5-4.5). Die jeweils resultierenden Kräfte aus der Zug- bzw. Druckzone im gestreckten bzw. gestauchten Bereich des Profilquerschnitts sind entgegengesetzt gerichtet und führen zur Verlagerung der äußeren Bereiche in Richtung der ungelängten Faser des Profils, wodurch schließlich der Querschnitt deformiert wird (Bild 5-4.17a). Bei geschlossenen Profilen heben sich die Radialkräfte in den Profilstegen gegenseitig auf. Durch das Einfallen der Flansche wird ein

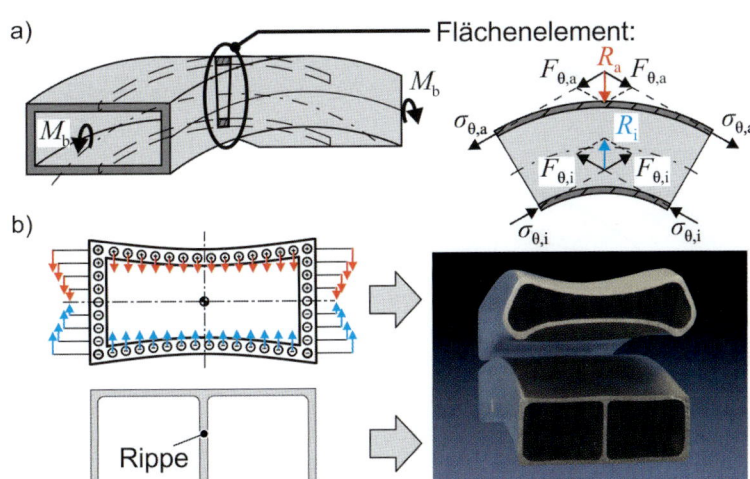

Bild 5-4.17
a) Resultierende der Biegelängsspannung (Franz 1988)
b) Abhilfe durch Versteifungsrippen

Moment in den Profilecken induziert, wodurch ein seitliches Ausbauchen der Stege initiiert wird. Im weiteren Verlauf begünstigen die radialen Kraftanteile im Steg die Querschnittsdeformation.

Um den beschriebenen Verformungen entgegenzuwirken, können Abhilfemaßnahmen ergriffen werden. Ähnlich wie bei der Faltenbildung kann zum einen die Wandstärke des Profils erhöht werden, welche die Steifigkeit des Profils steigert und somit einen größeren Widerstand gegen die Deformationen darstellt. Zum anderen können innere Abstützungen in Form von Dornen und Füllungen eingesetzt werden, um das Einfallen des Profils zu verhindern (Bild 5-4.16). Bei offenen Profilquerschnitten kann dem seitlichen Ausbauchen über entsprechende Führungen an den Außen- und Innenflächen der Stege entgegengewirkt werden. Liegen keine konstruktiven Restriktionen im Profilquerschnitt vor, kann eine Modifikation der Querschnittsgeometrie durch Verstärkungsrippen und Aussteifungen ebenfalls Verformungen reduzieren. Ein entsprechendes Beispiel ist im Bild 5-4.17b dargestellt.

Profilverdrehung

Beim Biegen von Profilen mit unsymmetrischen Querschnitten ist ein Verdrehen der Profile um die Längsachse zu beobachten, obwohl eine Biegung in der Ebene durchgeführt wurde (Bild 5-4.18a). Ursächlich sind dabei unsymmetrisch verteilte Schubspannungen im Profilquerschnitt, welche während des Biegevorgangs in einem Torsionsmoment resultieren und zur Verwindung des Profils führen.

Eine Möglichkeit, diesem Effekt entgegenzuwirken, ist der *Einsatz von Warmbiegetechnologie* (Bild 5-4.18b). Dabei kann der Profilquerschnitt vollständig oder partiell erwärmt werden. In Bild 5-4.18b ist am Beispiel eines L-Profils aus lufthärtendem Vergütungsstahl (Bezeichnung: MW 1000L Z1, weichgeglüht auf Re = 400 MPa, Hersteller: Salzgitter Mannesmann Precision) der Einfluss der erwärmten Querschnittsbereiche dargestellt. Während bei der vollständigen Erwärmung die Verdrehung des Profils reduziert wird, kann die Verdrehung mithilfe der partiellen Erwärmung nahezu vollständig verhindert werden (Staupendahl 2014). Dabei ist die richtige Auswahl des partiell zu erwärmenden Querschnittsbereichs von großer Bedeutung. Eine weitere Maßnahme zur Vermeidung der Profilverwindung liegt in der *Änderung der Querschnittsgeometrie* (Koser 1990, Tekkaya 2008). Wenn es die jeweilige Anwendung erlaubt, ist der Einsatz von weniger asymmetrischen Querschnitten zu bevorzugen, da hierbei die Schubspannungsverteilung während des Biegevorgangs im Querschnitt symmetrischer ist und zu einem geringeren resultierenden Torsionsmoment führt.

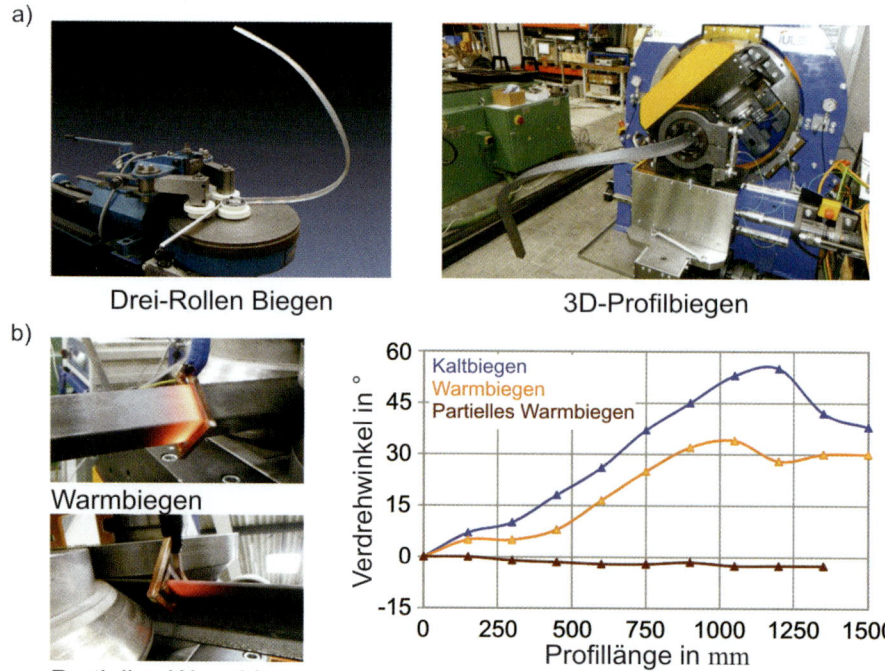

Bild 5-4.18
a) Profilverdrehung beim Biegen
b) Warmbiegemaßnahmen
(Staupendahl 2014)

5-4.5 Spannungsüberlagerung zum Biegen hochfester Stähle

Der Trend bei der Entwicklung der kaltumformbaren Stähle geht zu deutlich höheren Festigkeiten bei ausreichenden Formgebungsmöglichkeiten. Die derzeitig verfügbaren hoch- und höherfesten Stähle stellen sehr hohe Anforderungen an die Umformtechnik. Zum einen weisen sie ein geringeres Umformvermögen auf, sodass es schneller zu Werkstoffversagen kommt, wodurch beispielsweise kleinere Biegeradien nicht mehr erzielbar sind. Beispielsweise werden enge Biegeradien nicht erzielt. Zum anderen sind die Anforderungen an die Maßhaltigkeit nur mit deutlich größerem Aufwand zu erreichen als bei der Umformung von niederfesten Stählen. Wenn die Festigkeit des verwendeten Materials steigt, nimmt die während des Umformprozesses eingebrachte Energie im Werkstück zu und äußert sich in Form von größeren Eigenspannungen, die zu deutlich höheren Rückfederungen führen (Bild 5-4.7). Je nach eingesetztem Umformverfahren ist es schwierig, diese zu kompensieren. Dieses Problem wird weiter verschärft durch die Auswirkung von Chargenschwankungen des eingesetzten Werkstoffes. Diese sind bei hoch- und höchstfesten Stählen derzeit noch ausgeprägter als bei Stählen mit niedriger Festigkeit und machen sich hinsichtlich der geometrischen Form- und Maßgenauigkeit der Bleche und Profile deutlich bemerkbar. Dies führt dazu, dass die Maßhaltigkeit nur innerhalb eines relativ großen Toleranzfeldes gewährleistet werden kann.

Interessante Alternativen, um bei Werkstoffen im Allgemeinen und bei hochfesten Stählen im Speziellen die Verfahrensgrenzen zu erweitern und die verhältnismäßig hohe Rückfederung zu kompensieren, bietet die Methode der Spannungsüberlagerung. Hier können den reinen Biegespannungen zusätzliche Zug- oder Druckspannungen überlagert werden. Das Ziel ist es, den Spannungszustand im Bauteil positiv im Sinne des Umformprozesses zu beeinflussen, sodass die o. g. Probleme verhindert oder zumindest stark reduziert werden. Im Folgenden werden drei Verfahrensbeispiele, die auf diesem Prinzip basieren, gezeigt.

5-4.5.1 Streckbiegen

Das Streckbiegen (Bild 5-4.19) ist insbesondere für das Biegen von Profilen ein weitverbreitetes Fertigungsverfahren. Das Streckbiegen wird oft im Automobilbau in der Massenfertigung angewendet. Das Verfahren beruht auf dem Prinzip, das Material mithilfe einer Zieheinrichtung mit Wirkrichtung in die Profillängsachse komplett in den plastischen Zugspannungsbereich zu bringen. Infolge der Spannungsüberlagerung durch Zugbeanspruchung wird das nachfolgende formgebundene Biegen begünstigt. Dies führt in Verbindung mit der beim Streckbiegen sehr guten Führung des Werkstücks durch aufwendige Werkzeugkonstruktionen zu

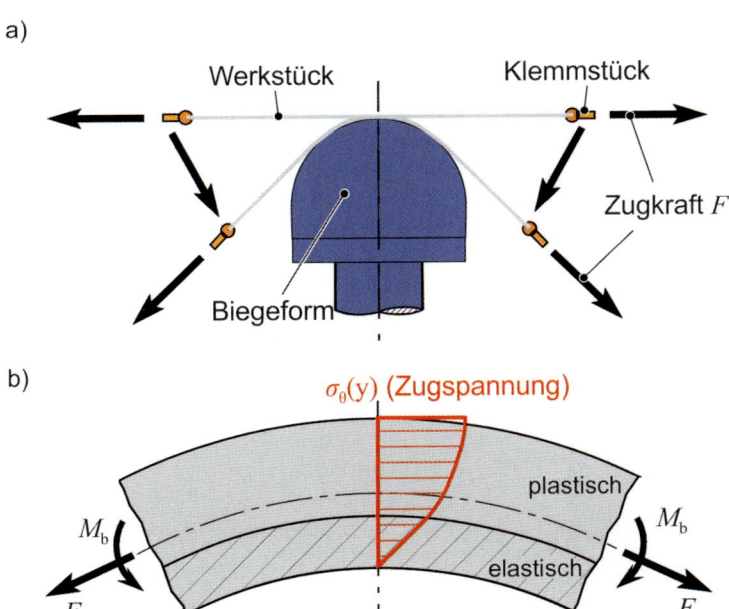

a) Werkstück   Klemmstück
Zugkraft F
Biegeform

b) $\sigma_\theta(y)$ (Zugspannung)
plastisch
elastisch
M_b M_b
F F

Bild 5-4.19
Tangentialstreckbiegen a) Prozessprinzip
b) Spannungsverteilung im Querschnitt

zwei wesentlichen Vorteilen. Zum einen kann die Rückfederung durch die Zugspannungsüberlagerung fast vollständig eliminiert werden. Zum anderen können Querschnittsverformungen in Form von Falten und Wellen im Druckbereich vermindert werden (Bild 5-4.15), welche beispielsweise bei dünnwandigen Profilen durch lokales Ausknicken entstehen können (Späth 1991, Späth 1991a, Sprenger 1999). Dies wird durch die Verlagerung des Materials in den Zugbereich durch die überlagerte Zugspannung ebenfalls vermieden.

Das Streckbiegen lässt sich in die Unterverfahren Tangentialstreckbiegen und Abrollstreckbiegen einteilen. Beim (räumlichen) Abrollstreckbiegen wird das zu biegende Profil auf ein sich drehendes Werkzeug aufgewickelt, während es an einer Seite an dem Werkzeug befestigt ist und nur am anderen Profilende mithilfe einer Spannvorrichtung mit der Zugkraft beaufschlagt wird. Beim Tangentialstreckbiegen wird das Profil von beiden Seiten ebenfalls mit beweglichen und angetriebenen Spanneinheiten mit der Zugkraft beaufschlagt und dann an die Biegeform angelegt. Den Vorteilen der hohen Form- und Maßgenauigkeit sowie der hohen Reproduzierbarkeit beim Streckbiegen stehen jedoch die Nachteile der geringen Flexibilität wegen der hohen Formbindung und der hohen Kosten für Streckbiegemaschinen und -werkzeuge gegenüber, sodass sich dieses Verfahren nur für die Massenfertigung eignet.

5-4.5.2 Freibiegen mit inkrementeller Druckspannungsüberlagerung

Eine weitere interessante Alternative, um gerade bei hochfesten Stählen die verhältnismäßig hohe Rückfederung zu kompensieren, bietet die Methode der Druckspannungsüberlagerung. Bild 5-4.20 zeigt am Beispiel des Verfahrens Freibiegen die Biegestrategie (Kleiner 2006). Der modifizierte Freibiegeprozess stellt eine Erweiterung des konventionellen Freibiegens um eine inkrementelle Druckspannungsüberlagerung in der Umformzone während der Belastungsphase dar. Dies wird anhand einer zusätzlichen drehbaren Rolle erzielt, die sich im unteren Bereich befindet, entlang der gebogenen Blechkante fährt und dabei das Blech lokal mit einer bestimmten Druckkraft gegen den Stempel vor seiner Entlastung drückt. Die Überlagerung der Druckspannungen führt zur Reduktion des elastischen Biegeanteils im Vergleich zum plastischen und somit zu einer beachtlichen Verringerung der Bauteilrückfederung (Kleiner 2009).

Einen wesentlichen Vorteil dieses Verfahrens stellt die Möglichkeit der genauen Lokalisierung der Spannungsüberlagerung dar. Erste Untersuchungen von Kleiner haben einen positiven Einfluss auf die Rückfederungsminimierung gezeigt (Kleiner 2009). Weitere Untersuchungen von Weinrich mit unterschiedlichen Rollengeometrien und Werkstoffen haben diesen Effekt

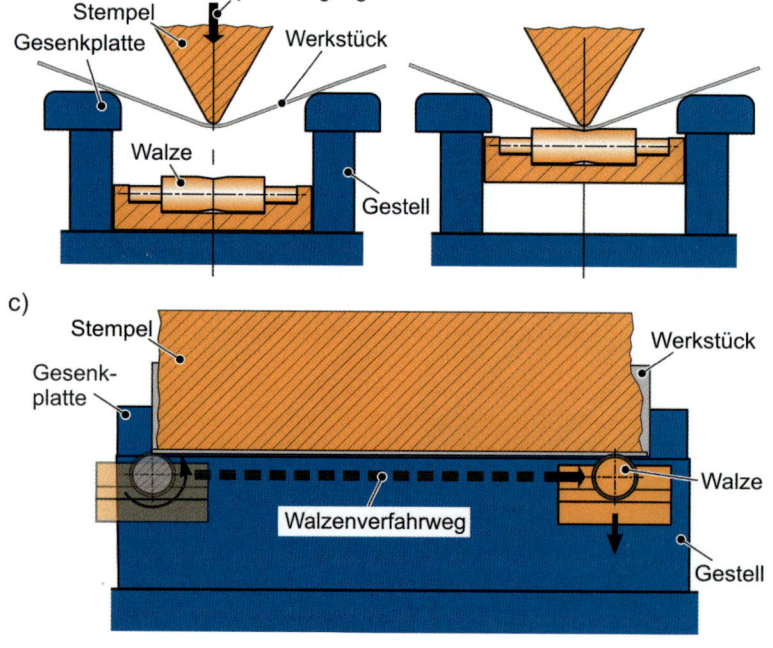

Bild 5-4.20
Freibiegen mit inkrementeller Druckspannungsüberlagerung (Kleiner 2009)
a) Freibiegen
b) Walzenpositionierung
c) Druckspannungsüberlagerung

bestätigt und ebenfalls die Erweiterung der Formänderungsgrenzen, zum Beispiel durch die Verhinderung der Entstehung von Rissen (Weinrich 2009).

5-4.5.3 Inkrementelles Rohrumformen

Ein anderes Beispiel für ein Verfahren, das auf dem Prinzip der Spannungsüberlagerung beruht, ist das inkrementelle Rohrumformen (IRU) (Kleiner 2009). Dieses Verfahren mit kinematischer Gestalterzeugung kombiniert das Engen durch Drücken und das Freiformbiegen. Im Bild 5-4.21 ist das Verfahrensprinzip abgebildet.

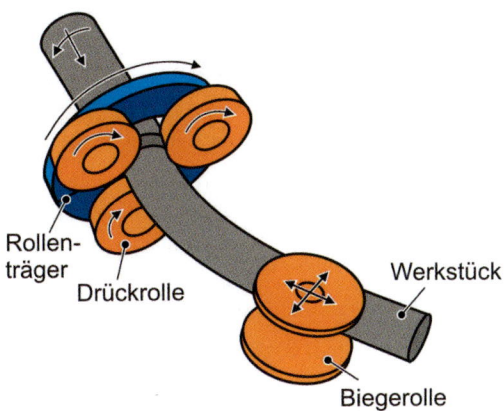

Bild 5-4.21 Prinzip des inkrementellen Rohrumformens (Becker 2014)

Das umzuformende Rohr wird zunächst mithilfe einer Vorschubeinheit mit einem definierten Vorschub durch ein Drückwerkzeug geschoben, welches eine rotierende Bewegung um das Rohr ausführt. Durch die Zustellung der Rollen des Drückwerkzeuges wird das Rohr auf einen definierten Durchmesser über eine bestimmte Länge reduziert. Mithilfe des nachgeschalteten Biegewerkzeuges wird dem Drückprozess ein Biegeprozess überlagert. In diesem Falle sind es Biegespannungen, die den Druckspannungen überlagert werden. Durch das Vorplastifizieren des Werkstoffes im Drückprozess und das gleichzeitige Überlagern des Biegeprozesses ergibt sich sowohl eine stark reduzierte Biegekraft als auch eine reduzierte Rohrrückfederung, verglichen mit dem konventionellen Freiformbiegeprozess (Becker 2014). Dies eröffnet ein beachtliches Potenzial für die Verarbeitung von hochfesten Stählen. Die Flexibilität des Verfahrens erlaubt es, sowohl Rohre während des Biegens gleichzeitig im Durchmesser flexibel anzupassen als auch frei definierte, zwei- und dreidimensionale Biegegeometrien zu erzeugen.

Literatur zu Kapitel 5-4

Baudin, S.; Rayb, P.; Mac Donald, B.J.; Hashmib, M.S.J.: Development of a novel method of tube bending using finite element simulation. Journal of Materials Processing Technology 153–154 (2004), S. 128–133

Becker, C.: Inkrementelles Rohrumformen von hochfesten Werkstoffen. Dissertation, Technische Universität Dortmund, Shaker Verlag, Aachen 2014

Chatti, S.: Optimierung der Fertigungsgenauigkeit beim Profilbiegen. Dissertation, Technische Universität Dortmund, Shaker Verlag, Aachen 1998

Chatti, S.: Production of Profiles for Lightweight Structures. Habilitationsschrift, Technische Universität Dortmund – Universität Franche Comté, Books on Demand GmbH, 2006

Dohmann, F.; Hartl, C.: Innenhochdruckumformen als flexibles Umformverfahren. Flexible Umformtechnik; DFG Deutsche Forschungsgemeinschaft, Mainz 1995

Ehresmann, J.: Automatisiertes Biegen von Profilen zu Konstruktionsteilen von nichtkreisförmiger, flexibel vorgebbarer Kontur. Schriftenreihe der Arbeitsgruppe Automatisierungstechnik 14, Technische Universität Hamburg-Harburg, 1996

Engel, B.; Gerlach, G.; Cordes, S.: Biegemomentenabschätzung des Dornbiegeverfahrens. MM-Maschinenmarkt, Vogel-Verlag, Würzburg 2008

Franz, W.D.: Maschinelles Rohrbiegen; Verfahren und Maschinen. VDI-Verlag, Düsseldorf 1988

Hermes, M.; Chatti, S.; Ridane, N.: Flexible Werkzeugsysteme bringen Tailored Tubes in die richtige Form. MM-Maschinenmarkt, Vogel-Verlag, Würzburg 2007

Hermes, M.; Kleiner, M.: Method and device for profile bending. Internationale Patentanmeldung, WO002008113562A1, Dortmund 2008

Hermes, M.: Neue Verfahren für das rollenbasierte 3D-Biegen von Profilen. Dissertation, Technische Universität Dortmund, Shaker Verlag, Aachen 2012

Kahl, K.W.: Untersuchungen zur Verbesserung der Form- und Maßgenauigkeit beim Biegen von Blechen. Dissertation, Technische Universität Dortmund, VDI-Verlag, Düsseldorf 1985

Kienzle, O.: Untersuchungen über das Blechbiegen. Mitteilungen der Forschungsgesellschaft Blechverarbeitung 3 (1952), S. 57–65

Kleiner, M.: Freibiegen mit inkrementeller Druckspannungsüberlagerung. Patentanmeldung DE 102006014093.1, Dortmund 2006

Kleiner, M.; Tekkaya, A.E.; Chatti, S.; Hermes, M.; Weinrich, A.; BenKhalifa, N.; Dirksen, U.: New incremental methods for springback compensation by stress superposition. Journal of Production Engineering, Research and Development, 3 (2009) 2, S. 137–144

Koser, J.: Konstruieren mit Aluminium. Aluminium Verlag, Düsseldorf 1990

Lange, K.: Umformtechnik. Bd. 3: Blechbearbeitung. Springer-Verlag, Berlin, Heidelberg, New York 1990

5

Ludwik, P.: Technologische Studie über Blechbiegung – Ein Beitrag zur Mechanik der Formänderungen. Technische Blätter 35 (1903), S. 133 – 159

Murata, M.; Aoki, Y.: Analysis of circular tube bending by MOS bending method. Advanced Technology of Plasticity 1 (1996), S. 505 – 508

Späth, W.: Gute Chancen – Gebogene Rahmenprofile aus Magnesium mit komplizierten Querschnitten automatisch herstellen in Großserien. MM-Maschinenmarkt 97 (1991) 29, S. 56 – 61, Vogel Verlag, Würzburg

Späth, W.: Biegen großer Strangpressprofile für Aluminiumwagen. Aluminium 67 (1991) 6, S. 556 – 557

Sprenger, A.: Adaptives Streckbiegen von Aluminium Strangpressprofilen. Dissertation, Universität Erlangen-Nürnberg, Meisenbach GmbH Verlag, Bamberg 1999

Staupendahl, D.; Becker, C.; Hermes, M.; Tekkaya, A. E.; Hudovernik, M.; Quintana, G.; Cavallini, B.; Esteve Oro, F.; Tassan, M.; Servoli, G.; Tolazzi, M.; Di Rosa, S.; Sulaiman, H.; Salomon, R.: Flexible and cost-effective innovative manufacturing of complex 3D-bent tubes and profiles made of high-strength steels for automotive lightweight structures (ProTuBend). Publications Office of the European Union, Luxembourg 2014

Tekkaya, A. E.; Weinrich, A.; Selvaggio, A.; Schikorra, M.; Dirksen, U.: Optimierung eines FE-Modells zur Bestimmung der Querschnittsdeformation und der Verdrillung beim Drei-Rollen-Biegeprozess. In: Proceedings of the 11th International Symposium of Students and Young Mechanical Engineers, Gdansk (Polen)

Vollertsen, F.; Sprenger, A.; Kraus, J.; Arnet, H.: Extrusion, channel, and profile bending: a review. Journal of Materials Processing Technology 87 (1999), S. 1 – 27

Weinrich, A.; Ben Khalifa, N.; Chatti, S.; Dirksen, U., Tekkaya, A. E.: Springback Compensation by Superposition of Stress in Air Bending. Key Engineering Materials 410-411 (2009), S. 621 – 628

Zorn, H.: Mehrstempelpressen zur Profilumformung und deren Automatisierung auf der Grundlage einer elastisch-plastischen Berechnung der Profilbiegung. Dissertation, Universität Rostock, 1970

Alle im Text erwähnten Normen sind in einer Liste zusammengefasst (Seite 889).

Spanen und Abtragen

Fritz Klocke, Guido Wirtz, Frederik Vits, Andreas Klink

5-5.1 Zerspanung mit geometrisch bestimmter Schneide

Fritz Klocke, Guido Wirtz

Unter Zerspanung versteht man alle Verfahrensvarianten des Trennens, bei denen eine Formänderung durch Verminderung des Materialzusammenhalts entsteht. Die Formänderung wird durch Relativbewegung zwischen Werkzeug und Werkstück erreicht, indem die Schneiden eines Werkzeuges von einem Werkstück Werkstoffschichten in Form von Spänen abtrennen. Die DIN 8580 unterscheidet Zerspanung mit geometrisch bestimmter Schneide und Zerspanung mit geometrisch unbestimmter Schneide. Die Zerspanung mit geometrisch bestimmter Schneide nutzt Werkzeuge, deren Schneidenanzahl, Schneidteil und Lage zum Werkstück bestimmt sind.

5-5.1.1 Verfahrensgrundlagen

Der Schneidteil – Begriffe und Bezeichnungen
Der Teil, an dem sich die Werkzeugschneiden befinden, wird als Schneidteil bezeichnet. Der Schneidkeil wird durch zwei Flächen definiert: Die Span- und die Freifläche (Bild 5-5.1). Diese Flächen schneiden sich und bilden die Schneidkante. Der Winkel zwischen Span- und Freifläche wird als Keilwinkel β bezeichnet (Klocke 2008).
Die Fläche, auf der der Span abläuft, wird *Spanfläche* A_γ genannt. Die Freifläche A_α ist die Fläche am Schneidkeil, die der neu entstehenden Werkstückoberfläche, der Schnittfläche, zugekehrt ist. Der Schneidkeil muss somit immer in Bezug zur Verfahrenskinematik betrachtet werden (Klocke 2008).

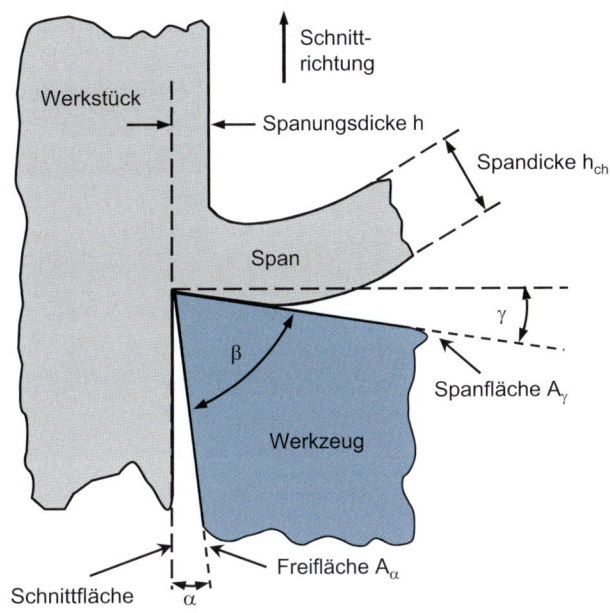

Bild 5-5.1 Beschreibung des idealisierten Schneidkeils

Das Drehwerkzeug weist einen Haupt- und einen Nebenschneidkeil auf (Bild 5-5.2). Die Hauptschneide S ist immer der Schnittfläche zugewandt, die Nebenschneide S' immer der gefertigten Fläche. Komplexere Werkzeuge verfügen über mehrere Schneiden, die aus mehreren Schneidkeilen bestehen (Klocke 2008).

Parameter zum Festlegen der Geometrie des Schneidteils
Die erste Größe, die am Werkzeug festgelegt wird, ist der *Keilwinkel* β. Die Festlegung des Keilwinkels ist abhängig von der Härte und Festigkeit des zu zerspanenden Materials.
Der Verschleiß an der Freifläche wird wesentlich durch die Größe des Freiwinkels α bestimmt. Geht der Freiwinkel $\alpha \to 0°$, so steigt der Flächenverschleiß, da die Freiflächenreibung zunimmt.

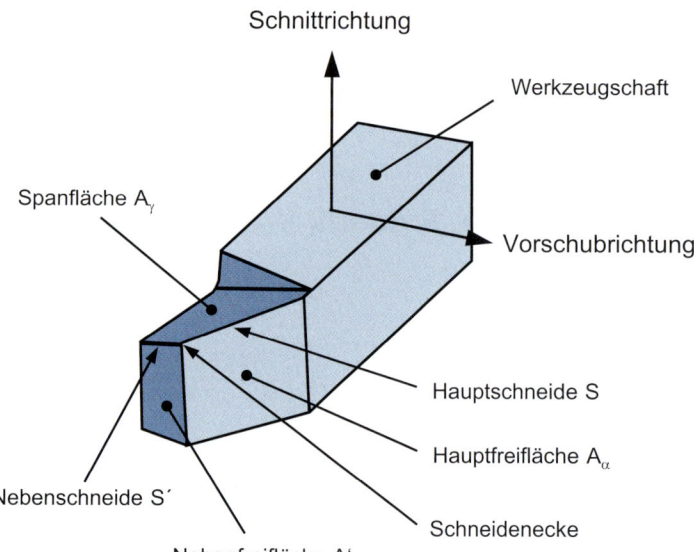

Bild 5-5.2
Schneiden und Flächen am Drehwerkzeug

Der *Spanwinkel* γ kann im Gegensatz zum Freiwinkel positiv oder negativ sein. Geringere Schnitt- und Vorschubkräfte und verbesserte Werkstückoberflächen sind Vorteile eines positiven Spanwinkels. Jener Spanablauf, der durch einen positiven Spanwinkel hervorgerufen wird, bedingt jedoch oft nur eine ungenügende Spanbrechung. Durch einen negativen Spanwinkel kann die Schneidenstabilität erhöht werden. Negative Spanwinkel werden zum Beispiel bei der Bearbeitung von Werkstücken mit Durchbrüchen, Walz- oder Gusshaut sowie in der Hartzerspanung angewendet.

Bei großen Schnitttiefen und Vorschüben sollte der *Eckenwinkel* ε möglichst groß sein. Zur Herstellung von kleinen Übergangsradien benötigt man kleine Eckenwinkel. Die Bestimmung des Eckenwinkels erfolgt durch die Lage der Hauptschneide und der Nebenschneide.

Bei konstantem Vorschub und konstanter Schnitttiefe steigt mit kleiner werdendem *Einstellwinkel* die Spanungsbreite b an. Kleine Einstellwinkel werden bei der Zerspanung von Werkstoffen mit hoher Festigkeit eingesetzt, um den Werkzeugverschleiß bzw. die Werkzeugbelastung zu verringern.

Bei negativem *Neigungswinkel* λ erfolgt der Anschnitt nicht an der Schneidenecke. Dadurch wird die Gefahr des Schneidenbruchs infolge örtlicher Überlastung verringert. Die Lage des ersten Schneidenkontakts ist insbesondere bei unterbrochenen Schnitten wichtig, z.B. beim Überdrehen von Bohrungen und beim Fräsen. Negative Neigungswinkel rufen große Passivkräfte

hervor. Der Neigungswinkel hat weiterhin einen Einfluss auf die Spanabflussrichtung. Ein negativer Neigungswinkel kann zur Folge haben, dass der Span auf die Werkstückoberfläche abgelenkt wird. Dies kann zu einer Verschlechterung der Oberflächengüte führen.

Die Wahl des *Eckenradius* r_ε ist abhängig vom Vorschub f und der Schnitttiefe a_p. Im Zusammenhang mit dem gewählten Vorschub beeinflusst er wesentlich die erreichbare Oberflächengüte (Klocke in Heisel 2014).

Der Schnittvorgang

Während des Spanbildungsvorgangs dringt der Schneidteil zunächst in den Werkstoff ein, sodass es zu einer elastischen und plastischen Verformung kommt. Sobald die maximal zulässige werkstoffabhängige Schubspannung überschritten wird, fängt der Werkstoff an, plastisch zu fließen. Der verformte Werkstoff bildet sich zu einem Span aus, der über die Spanfläche des Schneidteils abläuft. Der Betrag der Spannungen wird durch die Vorschubgeschwindigkeit v_f, die Schnittgeschwindigkeit v_c und die Schnitttiefe a_p beeinflusst. In der Verfahrenskinematik wird durch die Festlegung des Spanwinkels γ_n, des Einstellwinkels κ_r und des Neigungswinkels λ die Richtung der Schneidkeilbelastung bestimmt (Klocke 2008). Um eine Spanbildung zu gewährleisten, muss die Mindestspanungsdicke und -schnitttiefe überschritten werden (Moll 1939, Djatschenko 1952, Sokolowski 1955, Brammertz 1961, Brammertz 1960). Über 50 % der Wärme wird über die Späne abgeführt. Ein Unterschreiten der

Mindestspanungsdicke führt zu kritischer thermischer Belastung, Materialverformung und stark erhöhtem Werkzeugverschleiß, da keine Späne mehr entstehen und die Wärme nur unzureichend abgeführt werden kann (Plöger 2002).

Im Bild 5-5.3 können die plasto-mechanischen Vorgänge bezüglich der Verformung des Werkstoffs während der Zerspanung betrachtet werden. Dazu wird ein Raster auf dem Werkstoff angebracht, sodass der Spanbildungsvorgang sichtbar gemacht werden kann. Diese Methode bezeichnet man als Visioplastizität (Hastings 1967, Childs 1971, Leopold 1980, Leopold 2000).

Die besonderen Bedingungen bei der Spanbildung sind zum einen die hohe Spanflächentemperatur von ca. 770 – 1100 °C und zum anderen die hohe Formänderungsgeschwindigkeit der Größenordnung 10^4 1/s. Aufgrund der inneren Reibung und der Reibung an den beteiligten Grenzflächen entstehen Wärme und thermische Dehnung. Die maximale Temperatur am Werkzeug tritt nicht direkt an der Schneidkante, sondern je nach Schnittbedingungen in einem gewissen Abstand von ihr auf der Spanfläche auf. Der größte Teil der Wärme wird vom Span abgeführt (Bild 5-5.4) (Klocke 2008). Haupteinflussgrößen auf die am Schneidteil wirkenden Temperaturen sind im Wesentlichen: der zerspante Werkstoff, der Schneidstoff, die gewählten Schnittbedingungen, der Werkzeugverschleiß und das Kühlmedium. Den größten Einfluss auf die maximalen Temperaturen, die in der Kontaktzone zwischen Span und Werkzeug auftreten, hat die Schnittgeschwindigkeit. Durch Kühlschmierstoffe werden thermische Ausdehnungseinflüsse verringert (Klocke 2008).

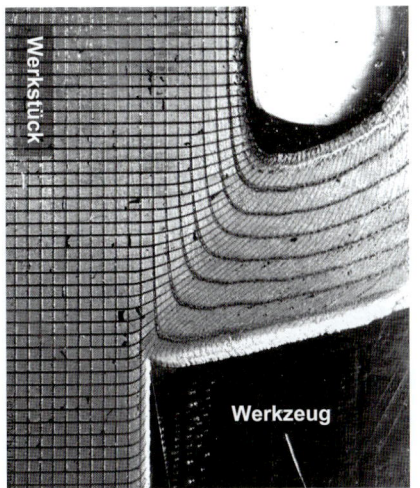

Bild 5-5.3 Modellvorstellung der Formänderung (Leopold 2000)

Im Bild 5-5.5 wird der *Spanbildungsvorgang* anhand einer Spanwurzelaufnahme gezeigt. Die plastische Verformung gliedert sich in vier Bereiche: Der Strukturverlauf im Werkstück (a) geht durch einfaches Scheren in den Strukturverlauf des Spans (b) über. Wird mit spröden Werkstoffen gearbeitet, so kann es bereits durch eine geringe Verformung in der Scherebene zur Werkstofftrennung kommen (Klocke 2008).

Ist die Verformungsfähigkeit des Werkstoffs größer, so trennt der Werkstoff sich erst vor der Schneidkante im Bereich (e). In der Abbildung lassen sich die starken Verformungen in den Randbereichen der Spanfläche (c) und der Schnittfläche (d) erkennen, die durch die Schubbelastung unter senkrecht wirkendem Druck und der hohen Temperatur hervorgerufen werden. In

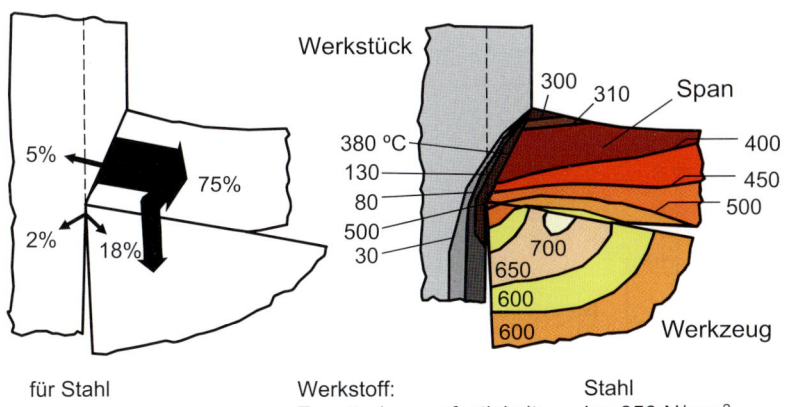

Werkstoff:	Stahl
Formänderungsfestigkeit:	k_f = 850 N/mm²
Schneidstoff:	HW-P20
Schnittgeschwindigkeit:	v_c = 60 m/min
Spanungsdicke:	h = 0,32 mm
Spanwinkel:	γ = 10°

Bild 5-5.4
Wärme- und Temperaturverteilung in Werkstück, Span und Werkzeug bei der Stahlzerspanung (Kronenberg 1954, Vieregge 1959)

5

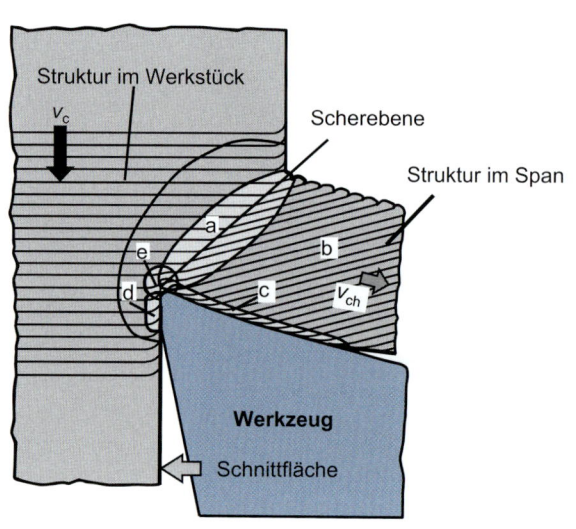

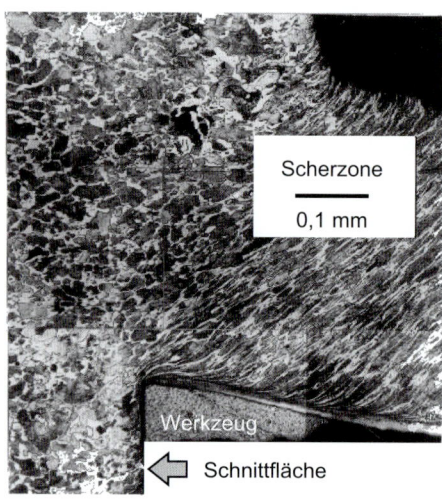

Werkstoff:	C53E	**Bild 5-5.5**
Schneidstoff:	HW-P30	
Schnittgeschwindigkeit:	$v_c = 100$ m/min	Spanentstehungs-
Spanungsquerschnitt:	$a_p \times f = 2 \times 0{,}315$ mm^2	stelle

den Grenzschichten entstehen weitere plastische Verformungen durch das Abgleiten über die Werkzeugfläche (Klocke 2008).

Durch die Kompression des Werkstoffs in der Stauzone im Bereich (e) vor der Schneidkante entsteht ein hydrostatischer Druckspannungszustand. Dieser ermöglicht eine rein duktile Zerspanung ohne Rissbildung. Voraussetzung für die duktile Zerspanung ist, dass die Druckspannungen oberhalb der Schubfließgrenze, jedoch unterhalb der Schubfestigkeit liegen (Bild 5-5.6).

Unter dieser Voraussetzung ist die Spanseparation ausschließlich auf plastisches Fließen und nicht auf das Erreichen eines Versagenskriteriums mit Rissbildung zurückzuführen.

Durch plastische Deformation an der Freifläche entstehen Druckspannungen in der oberflächennahen Grenzschicht des Bauteils (Plöger 2002). Druckspannungen sind bestrebt, Mikrorisse zu schließen und deren Ausbreitung zu verhindern (Klocke 1995). Druckspannungen nehmen mit zunehmender mechanischer Belastung, hervorgerufen durch steigende Schneidkantenverrundung oder steigende Spanungsdicke, zu (Bergmann 1990). Die Kornstreckung innerhalb der Randzone wird begleitet von Kaltverfestigung und Versprödung. Sie bildet eine Textur aus, in der die Schnittrichtung der Walzrichtung beim Umformen entspricht.

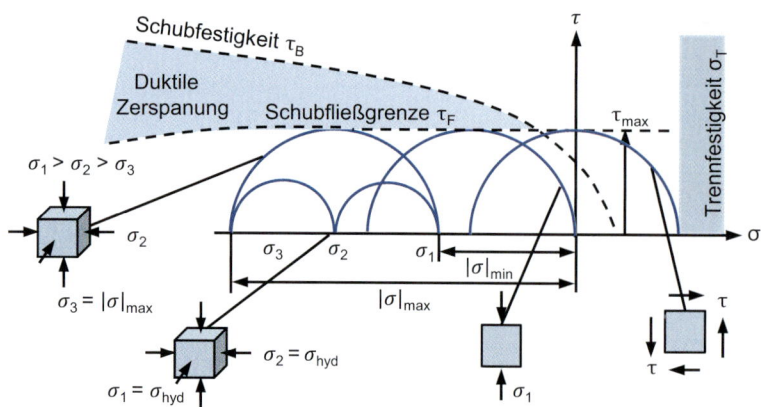

Bild 5-5.6
Duktile Zerspanung sprödharter Werkstoffe durch hydrostatische Drucküberlagerung

5-5.1.2 Zerspanbarkeit von Stählen

Der Begriff Zerspanbarkeit umfasst vier konkrete Merkmale, anhand derer die Qualität eines Zerspanprozesses bewertet werden kann:

- Werkzeugverschleiß,
- Zerspankraft,
- Oberflächengüte und
- Spanform.

Werkzeugverschleiß

Auf die Schneidstoffe wirkt bei der Zerspanung ein thermo-mechanisches Belastungskollektiv, sodass *Werkzeugverschleiß* entsteht. Die Höhe der Belastungen beeinflusst direkt die Intensität der wirkenden Verschleißmechanismen und damit auch das Auftreten der charakteristischen Verschleißformen, die letztlich die Standzeit bestimmen. Grundsätzlich werden Span- und Freiflächenverschleiß unterschieden, wobei der Freiflächenverschleiß an der Neben- und an der Hauptschneide auftritt. Im Bild 5-5.7 sind die in DIN ISO 3685 standardisierten Verschleißformen und die zugehörigen Verschleißmessgrößen exemplarisch für das Drehen dargestellt. An der Freifläche sind die mittlere Verschleißmarkenbreite VB, der Schneidkantenversatz SV_∞ und SV_γ und die maximale Verschleißmarkenbreite VB_{max} üblich. Auf der Spanfläche wird der auftretende Kolk durch die Kolktiefe KT und den Kolkmittenabstand KM beschrieben. Aus dem Verhältnis dieser beiden Verschleißmessgrößen wird das Kolkverhältnis K = KT/KM gebildet.

In Abhängigkeit von den Schnittbedingungen und der Schneidstoff-Werkstoff-Paarung kann der Freiflächenverschleiß am Rand der Kontaktzone ein deutliches Maximum aufweisen. Diese Verschleißform wird als Kerbverschleiß bezeichnet. Verschleißformen mit besonderer Bedeutung sind Ausbrüche sowie Kamm- und Querrisse. Querrisse entstehen durch mechanische Wechselbelastung und Kammrisse durch thermische Wechselbelastung. Auch ein verschleißbedingter Schneidenversatz ist möglich (Klocke 2008). Wird die Mindestspanungsdicke unterschritten, steigt der Werkzeugverschleiß stark an (Berger 1991).

Ferritische und austenitische Stahlwerkstoffe neigen sehr stark zur Adhäsion mit dem Schneidstoff. Der Grund hierfür ist vor allem in der guten plastischen Verformbarkeit dieser Werkstoffe zu sehen. Die große Duktilität der ferritischen Werkstoffe beruht auf deren relativ geringer Festigkeit, bei den austenitischen Stahlwerkstoffen auf deren kubisch-flächenzentriertem Kristallgitter.

Wolframkarbid, als Träger der Härte und Verschleißfestigkeit in den konventionellen WC-Co-Hartmetallen, besitzt eine hexagonale Kristallstruktur. Das Kristallgitter des Bindemetalls Kobalt ist dagegen oberhalb von 400 °C kubisch-flächenzentriert und besitzt somit eine Adhäsionsvorgänge begünstigende Struktur. Die üblicherweise auf Hartmetallen abgeschiedenen Schichtsysteme auf Titanbasis sind ebenfalls kubisch-flächenzentriert, sodass eine starke Adhäsionsneigung bei der Zerspanung austenitischer Stahlwerkstoffe entsteht. Die Verschleißformen, die aus dieser starken

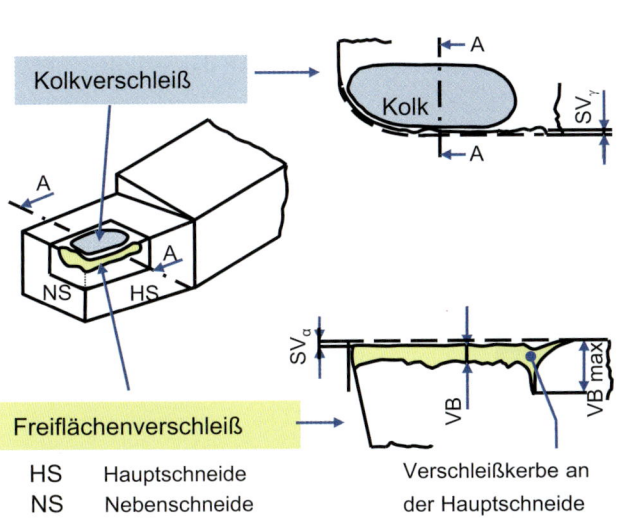
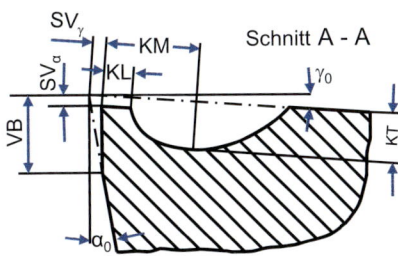

KT	Kolktiefe
KM	Kolkmittenabstand
KL	Kolklippenbreite
VB	mittlere Verschleißmarkenbreite
VB_{max}	maximale Verschleißmarkenbreite
SV_α	Schneidkantenversatz Freifläche
SV_γ	Schneidkantenversatz Spanfläche

HS	Hauptschneide
NS	Nebenschneide

Verschleißkerbe an der Hauptschneide

Bild 5-5.7 Verschleißformen und Verschleißmessgrößen

Adhäsionsneigung resultieren, können von Werkstoffverklebungen auf Span- und Freifläche bis hin zur Entschichtung beschichteter Werkzeuge im Bereich der Kontaktzone reichen.

Beim Abscheren von Mikroverschweißungen kann die Materialtrennung in der Grenzfläche, innerhalb eines oder innerhalb beider Körper erfolgen. Von Adhäsionsverschleiß spricht man dann, sobald die Werkstofftrennung im Schneidstoff erfolgt. Auch für die Bildung und das Wachstum von Aufbauschneiden, bei denen Material vom zu zerspanenden Werkstoff auf das Zerspanwerkzeug übertragen wird, ist die Adhäsion verantwortlich (Erinski 1990, Habig 1980, Zum Gahr 1987).

Aufbauschneiden sind hochverfestigte Schichten des zerspanten Werkstoffs, die als Verklebungen auf dem Werkzeug die Funktion der Werkzeugschneide übernehmen. Ermöglicht wird diese Erscheinung durch die Eigenschaft bestimmter Werkstoffe, sich bei plastischer Verformung zu verfestigen. Der an der Schneide haftende Werkstoff wird durch den Spandruck verformt und gewinnt eine hohe Härte, die ihn befähigt, seinerseits die Funktion eines spanabhebenden Werkzeugs zu übernehmen.

Im Bild 5-5.8 ist eine Verschleiß-Schnittgeschwindigkeitsfunktion (VB-v_c-Kurve) dargestellt. Danach steigt der Freiflächenverschleiß mit der Schnittgeschwindigkeit nicht kontinuierlich an, sondern weist mindestens zwei ausgeprägte Extremwerte auf (Optiz 1964). Der Verschleiß erreicht zunächst ein Maximum bei der Schnittgeschwindigkeit, bei der die Aufbauschneiden ihre größten Abmessungen aufweisen. Ein Verschleißminimum tritt bei der Schnittgeschwindigkeit auf, bei der keine Aufbauschneide mehr entsteht.

Der nach Überschreiten des Maximums trotz höherer Schnittgeschwindigkeit geringer werdende Freiflächenverschleiß ist darauf zurückzuführen, dass infolge von Rekristallisationsvorgängen die Verfestigung der Aufbauschneide abgebaut wird. Sie wird instabil und wandert nicht mehr teilweise zwischen Schnittfläche und Freifläche, sondern insgesamt über die Spanfläche ab. Die Lage der Maxima und Minima der VB-v_c-Kurve ist temperaturabhängig. Sie wird durch jegliche Maßnahmen zur Erhöhung der Schnitttemperatur (z.B. höheren Vorschub, kleineren Spanwinkel, höhere Werkstofffestigkeit) zu niedrigeren Schnittgeschwindigkeiten verschoben. Maßnahmen zur Herabsetzung der Schnitttemperatur (z.B. Kühlung) verschieben die Extremwerte demgemäß zu höheren Schnittgeschwindigkeiten (Optiz 1969, Pekelharing 1974).

Beschichtete Schneidstoffe und Kühlschmierstoffe erhöhen die Standzeit. Durch Kühlschmierstoffzufuhr werden der Spanabtransport und die Wärmeabfuhr verbessert (Sangermann 2013). Ferner werden die thermischen Ausdehnungseinflüsse verringert. Bei dem Einsatz von Kühlschmierstoffen muss gegebenenfalls eine Reinigung der Werkstücke nach der Bearbeitung erfolgen. Zudem sind andere Aufwände, wie Entsorgungskosten oder Filterreinigung, möglich. Bei wassergemischten Kühlschmierstoffen muss darüber hinaus die Konzentration und der Befall durch Mikroorganismen überwacht werden. Biozide müssen zugegeben werden und das Risiko dermatologischer Erkrankungen des Bedienpersonals ist erhöht (Klocke 2008).

Zerspankraft

Die *Zerspankraft* am Schneidkeil setzt sich pythagoräisch aus den Komponenten Schnittkraft F_c, Vorschubkraft F_f und Passivkraft F_p zusammen. Im Bild 5-5.9 ist dies exemplarisch für das Drehen dargestellt. Alle Zer-

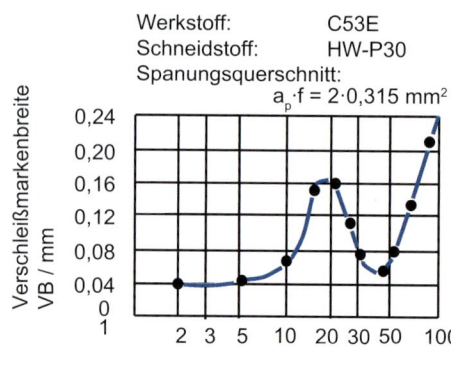

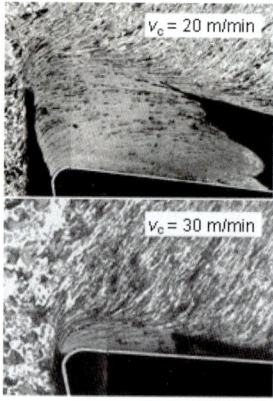

Bild 5-5.8
Freiflächenverschleiß und Aufbauschneidenbildung

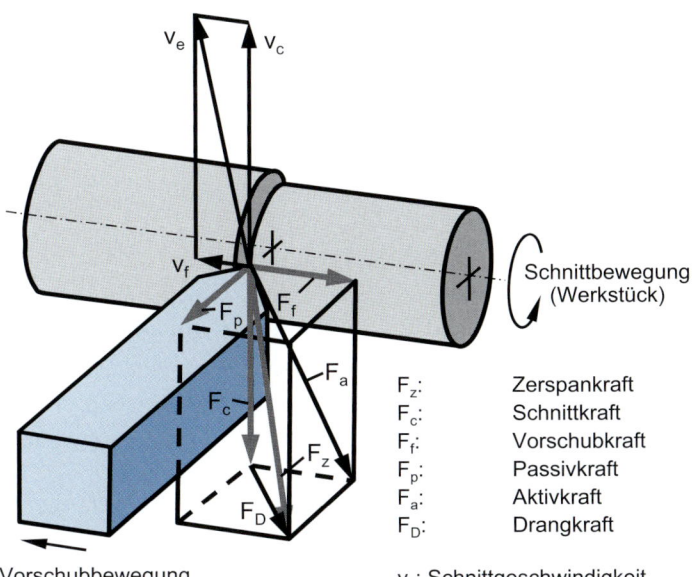

Schnittbewegung
(Werkstück)

F_z: Zerspankraft
F_c: Schnittkraft
F_f: Vorschubkraft
F_p: Passivkraft
F_a: Aktivkraft
F_D: Drangkraft

Vorschubbewegung
(Werkzeug)

v_c: Schnittgeschwindigkeit
v_f: Vorschubgeschwindigkeit
v_e: Wirkgeschwindigkeit

Bild 5-5.9
Zerspankraft und ihre Komponenten beim Drehen
(DIN 6584)

5

spankraftkomponenten sind in ihrer Wirkrichtung auf das Werkzeug hin gerichtet und stehen der jeweiligen Geschwindigkeitskomponente entgegen. Zudem lassen sich Vorschub- und Passivkraft zu einer Drangkraft zusammenfassen, mit der das Werkzeug aus dem Schnitt gedrängt wird. Ähnliches gilt für die aus Schnitt- und Vorschubkraft resultierende Aktivkraft, die insbesondere bei lang auskragendem Werkzeughalter zu einer Verlagerung und zu Schwingungen führt (Klocke 2008).

Zur Abschätzung der Durchbiegung von Werkzeug und Werkstück sowie zur Charakterisierung der Zerspanbarkeit werden Zerspankraftmodelle verwendet. Das Modell nach Kienzle stellt das wohl bekannteste empirische Modell zur Zerspankraftberechnung dar (Kienzle 1952):

$$F_i' = k_{i1.1} \cdot b \cdot h^{(1-m_i)}$$

Es eignet sich zur Berechnung der drei o.g. Zerspankraftkomponenten und wird entsprechend der jeweiligen Komponente mit c, f und p indiziert. Der grundsätzliche Modellaufbau besteht aus den Modellparametern $k_{i1.1}$ und m_i sowie den geometrischen Größen Spanungsbreite b und Spanungsdicke h. Es ist ersichtlich, dass die Spanungsbreite b bzw. die Schnitttiefe a_p die Kraftkomponenten proportional beeinflussen, die Spanungsdicke jedoch über den Expo-

nenten $1 - m_i$ nichtlinear in die Kraftberechnung einfließt.

Oberflächengüte

Im Bild 5-5.10 ist exemplarisch ein Längsdrehprozess gezeigt, der das Erzeugen der kinematischen Oberflächenrautiefe (Oberflächengüte) veranschaulicht. Haupt- und Nebenschneide sind durch den Eckenradius (r_ε) miteinander verbunden. Die kinematische Oberflächenrauheit resultiert aus der Durchdringung von Werkzeug und Werkstück. Es ist zu erkennen, dass der Eckenradius eine Vorschubwendel bzw. einen Drall auf die Werkstückoberfläche aufschneidet. Die kinematische Rauheit entspricht der Profilhöhendifferenz zwischen Kamm und Tal und kann über den Satz des Pythagoras geometrisch berechnet werden. In guter Näherung lässt sich vereinfacht folgern, dass die kinematische Rauheit mit dem Quadrat des Vorschubes wächst und umgekehrt proportional zum Eckenradius abnimmt.

Neben der kinematischen Rauheit bildet sich auch die Schartigkeit des Nebenschneidenverschleißes quer zur Wirkrichtung in der Werkstückoberfläche als kinematische Rauheit ab. Ferner führen Schwankungen der Aktivkraft zu Schwingungen und zu einer Relativbewegung zwischen Werkzeug und Werkstück, sodass in Wirkrichtung eine Wellenkontur auf die Oberfläche aufgeschnitten wird. An Bauteilecken und -kanten

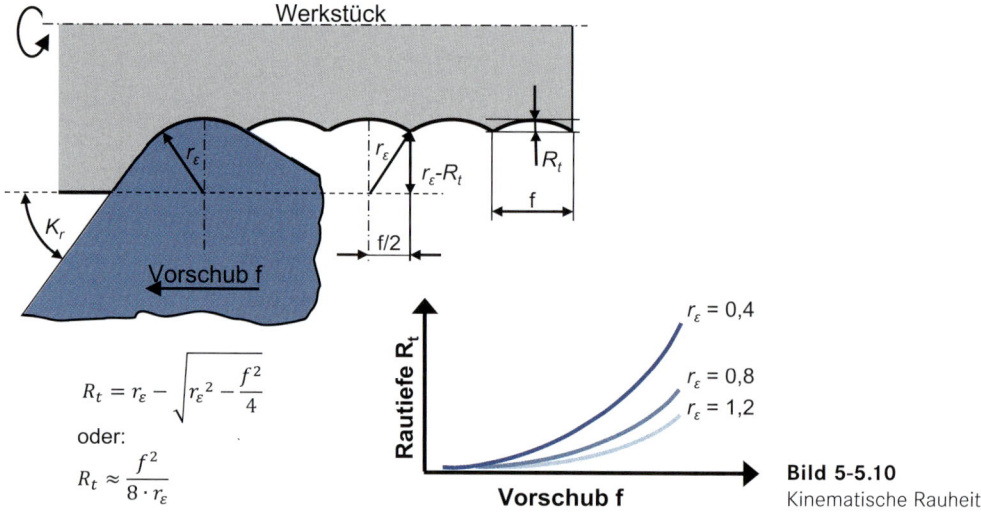

$$R_t = r_\varepsilon - \sqrt{r_\varepsilon^2 - \frac{f^2}{4}}$$

oder:

$$R_t \approx \frac{f^2}{8 \cdot r_\varepsilon}$$

Bild 5-5.10
Kinematische Rauheit

5

kann der Werkstoff die Zerspankraft nicht aufnehmen und wird umgebogen. Folglich entsteht ein Grat (Klocke 2008).

Spanform

Ein wesentlicher Aspekt bei der Auslegung von Zerspanwerkzeugen und -prozessen ist die Sicherstellung von günstigen *Spanformen*. Dazu zählen kurze Wendel- und Spiralspäne (Bild 5-5.11). Ungünstige Spanformen erschweren den Spanabtransport und können die Werkstückoberfläche, das Werkzeug oder die Maschine beschädigen. Verantwortlich für die Länge der Späne ist das Brechen des Spans, kurz: Spanbruch. Er kann in den meisten Fällen nur durch zeit- und kostenintensive Vorversuche ermittelt werden. Eine sichere Vorhersage von Spanbruch für unterschiedliche Prozessbedingungen und Werkzeuggeometrien kann dazu

beitragen, den zeitlichen Aufwand für die Prozess- und Werkzeugauslegung wesentlich zu reduzieren (Essig 2010).

In Abhängigkeit von den Werkstoffeigenschaften bilden sich bei der spanenden Bearbeitung verschiedene Arten von Spänen aus (Bild 5-5.12). Die Voraussetzung für die Entstehung eines Fließspans ist, dass der Werkstoff sich ausreichend verformen lässt, dass ein gleichmäßiges Gefüge im Spanbereich vorliegt und dass die Verformungen beim Zerspanungsvorgang keine Versprödungserscheinungen hervorrufen.

Lamellenspäne entstehen, wenn ein ungleichmäßig verformtes Werkstoffgefüge vorliegt. Dies kann durch zeitlich stark veränderte Reibungsverhältnisse zwischen Span und Werkzeug erklärt werden. Lamellenspäne entstehen nicht nur bei hohen Vorschüben, sondern auch bei hohen Schnittgeschwindigkeiten.

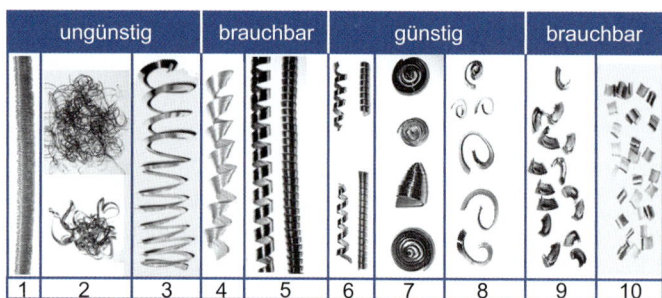

ungünstig		brauchbar			günstig			brauchbar	
1	2	3	4	5	6	7	8	9	10

1 Bandspäne
2 Wirrspäne
3 Flachwendelspäne
4 Schrägwendelspäne
5 lange Wendelspäne

6 kurze Wendelspäne
7 Spiralspäne
8 konische Wendelspäne
9 Spanlocken
10 Bröckelspäne

Bild 5-5.11
Verschiedene Spanformen

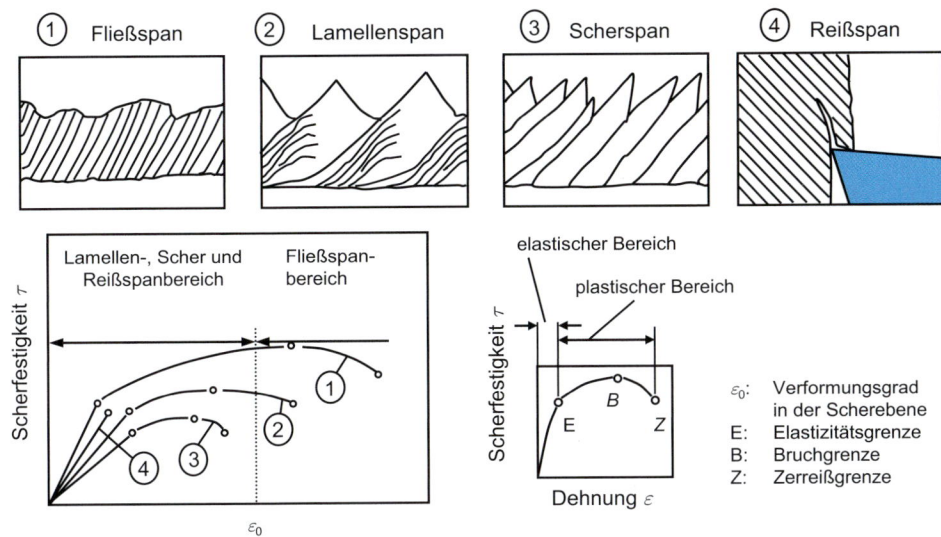

elastischer Bereich

plastischer Bereich

ε_0: Verformungsgrad in der Scherebene
E: Elastizitätsgrenze
B: Bruchgrenze
Z: Zerreißgrenze

Dehnung ε

Verformungsgrad ε

Bild 5-5.12
Spanarten in Abhängigkeit von den Werkstoffeigenschaften (Vieregge 1970)

5

Die Besonderheit bei Scherspänen ist, dass die Spanteile zunächst in der Scherebene getrennt werden und anschließend wieder miteinander verschweißen. Sie werden gebildet, wenn der Verformungsgrad in der Scherebene größer als der Bruchumformgrad ist. Dies ist nicht nur bei spröden Werkstoffen wie Gusseisen der Fall, sondern auch durch Kaltverfestigung und Versprödung bei der Spanabnahme. Des Weiteren können Scherspäne auch bei sehr niedrigen Schnittgeschwindigkeiten entstehen.

Wird ein Werkstoff mit ungleichmäßigem Gefüge, wie zum Beispiel Gusseisen oder Gestein, bearbeitet, so entstehen Reißspäne. Beim Zerspanungsvorgang werden die Späne von der Oberfläche abgerissen, sodass es oft zu Beschädigungen der Werkstückoberfläche kommt (Klocke 2014).

Die Werkzeugeigenschaften und die damit entstehenden Spanformen können gezielt durch Wärmebehandlung und Legieren des Werkstoffes mit Nichtmetallen wie Phosphor und Schwefel und niedrigschmelzenden Metallen verändert werden (Essel 2006, Klocke 2014).

Einfluss der Gefügebestandteile

Die Gefügeausbildung beeinflusst die mechanischen Eigenschaften und somit auch die Zerspanbarkeit von Stählen. Tabelle 5-5.1 zeigt die mechanischen Eigenschaften unterschiedlicher Gefügebestandteile.

Ferrit besitzt eine niedrige Festigkeit und Härte sowie eine gute Verformbarkeit. Daraus resultieren:

- Adhäsion am Werkzeug und Aufbauschneidenbildung,

Tabelle 5-5.1 Mechanische Eigenschaften der Gefügebestandteile, nach (Vieregge 1970)

	Härte/ HV 10	R_m/(MPa)	$R_{p0,2}$/ (MPa)	Z/%
Ferrit	80 – 90	200 – 300	90 – 170	70 – 80
Zementit	>1100	–	–	–
Perlit	210	700	300 – 500	48
Austenit	180	550 – 750	300 – 400	50
Bainit	300 – 600	800 – 1100	–	–
Martensit	900	1380 – 3000	–	–

- Bildung langer Späne,
- schlechte Oberflächengüte und Gratbildung.

Die Zähigkeit von Ferrit ist jedoch aufgrund der kubisch-raumzentrierten Kristallstuktur deutlich geringer als die des kubisch-flächenzentrierten Austenits.

Austenit besitzt, bedingt durch die kubisch-flächenzentrierte Kristallstruktur, eine hohe Zähigkeit und ist gut verformbar. Daraus resultieren:

- Adhäsion am Werkzeug und Aufbauschneidenbildung,
- Bildung langer Späne,
- Kaltverfestigung der gefertigten Oberfläche und zusätzliche mechanische Belastung bei folgenden Schnitten.

Perlit ist eine lamellare Verbundphase aus Ferrit und Zementit (Fe_3C). Zementit stellt in diesem Verbund eine harte Phase dar, sodass die Härte der Verbundphase Perlit höher als die von Ferrit ist. Perlit ruft auf-

5

grund der höheren Härte folgende Nachteile bei der Zerspanung hervor:

- starken abrasiven Verschleiß und
- hohe Zerspankräfte.

Das lamellare Gefüge Perlit bietet aufgrund der geringeren Verformbarkeit aber auch folgende Vorteile bei der Zerspanung:

- geringe Neigung zu Adhäsion und Aufbauschneidenbildung,
- Bildung kurzer Späne,
- gute Oberflächenqualität und geringe Gratbildung.

Martensit bietet aufgrund der tetragonal verzerrten, raumzentrierten Zelle kaum Zähigkeit und kaum Verformbarkeit (Klocke 2008). Es ist sehr hart und spröde. Dies führt bei der Zerspanung zu einem:

- hohen thermo-mechanischen Belastungskollektiv und
- erhöhtem Abrasivverschleiß.

Einfluss der Legierungselemente

Legierungselemente nehmen Einfluss auf die Gefügeausbildung von Eisen. Sie können darüber hinaus Hartstoffe ausbilden oder auch eine tribologisch günstige Wirkung auf die Zerspanung ausüben. Im Allgemeinen rufen Oxide, Karbide und Nitride aufgrund ihrer keramischen Eigenschaften von hoher Härte und thermischer Stabilität abrasiven Verschleiß an Zerspanwerkzeugen hervor. Demgegenüber können niedrigschmelzende Einschlüsse, wie Sulfide, Blei, Cadmium und Bismut, tribologisch günstige Schichten bei der Zerspanung ausbilden, die der Schmierung dienen und den Werkzeugverschleiß reduzieren. Eine ausführliche Darstellung des Einflusses der Legierungselemente auf die Eigenschaften von Stählen findet sich in Kapitel A3.

Bei unlegierten Stählen und ohne eine besondere Wärmebehandlung ist der Kohlenstoffgehalt unmittelbar mit der Gefügeausbildung verbunden. Somit gelten die Zerspanbarkeitscharakteristika der o. g. Gefügebestandteile.

Bei geringem Kohlenstoffgehalt führt der hohe Ferritanteil zu Adhäsion und langen Spänen. Der abrasiv bedingte Werkzeugverschleiß ist aufgrund der geringen Festigkeit und Härte gering. Mit zunehmendem Kohlenstoffgehalt steigen Festigkeit und Härte, die Verformbarkeit nimmt jedoch ab. Dies führt zu erhöhtem abrasiven Werkzeugverschleiß. Gleichzeitig nimmt der Adhäsionsverschleiß, ab und es entstehen kürzere Späne.

Ferner bildet Kohlenstoff neben Eisen (Fe$_3$C) mit den

Elementen Cr, Mo, V, W und Si – den sog. Karbidbildnern – sehr feste, harte und hochschmelzende Karbide. Diese Hartstoffe erhöhen in erheblichem Maße den abrasiven Verschleiß von Zerspanwerkzeugen (Klocke 2008).

Schwefel bildet unterschiedliche Sulfide im Stahl. Hierzu zählen die unerwünschten Eisensulfide (FeS) und die erwünschten Mangansulfide (MnS) (Bild 5-5.13a). Eisensulfide führen aufgrund ihrer geringen Schmelztemperatur und bevorzugten Anlagerung an den Korngrenzen zur gefürchteten Rotbrüchigkeit des Stahls. Als Rotbruch wird das Aufreißen des bei 800 – 1000 °C rotglühenden Stahls unter Verformungseinfluss bezeichnet. Die Bildung von Eisensulfiden kann durch Hinzulegieren von Mangan unterdrückt werden, da die Affinität von Schwefel zu Mangan erheblich höher als die Affinität von Schwefel zu Eisen ist. Schwefel bildet unter Anwesenheit von Mangan bevorzugt Mangansulfide aus (Klocke 2008, Bargel 2000).

Mangan verhindert also, dass der Schwefel unerwünschte Verbindungen mit Eisen zu Eisensulfid eingeht. Es schützt somit vor der Rotbrüchigkeit des Stahls. Mangansulfide besitzen eine deutlich höhere Schmelztemperatur als Eisensulfide. Sie senken die Scher- und Trennfestigkeit und erleichtern somit die Risseinleitung und -ausbreitung. Die versprödende Wirkung der Mangansulfide verbessert die Zerspan-

Eisen- und Mangansulfide

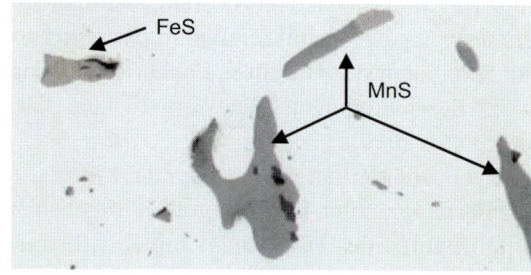

a

Gestreckte Mangansulfide nach der Umformung

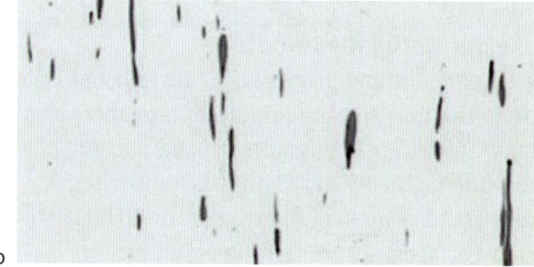

b

Bild 5-5.13 Sulfidische Einschlüsse im Stahl (Quelle: www.metallograf.de)

barkeit. Insbesondere, wenn die Mangansulfideinlagerungen in Verformungsrichtung gestreckt vorliegen (Bild 5-5.13b), begünstigen sie kurze Späne, eine hohe Oberflächenqualität, und sie verringern die Aufbauschneidenbildung. Lange Sulfideinschlüsse verschlechtern jedoch die Festigkeit und die Zähigkeit des Stahls (Klocke 2008).

Chrom, Molybdän, Wolfram und Vanadium werden als Karbidbildner bezeichnet, da sie bei Stählen mit höheren Kohlenstoff- und Legierungsanteilen sehr harte und hochschmelzende Karbide bilden.

Positiv hinsichtlich der Zerspanbarkeit ist hingegen, dass diese Elemente mit Eisen homogene Mischkristalle ausbilden. Mischkristalle besitzen eine verzerrte Gitterstruktur, sodass die Festigkeit und die Sprödigkeit zunehmen. In der Folge wird die Spanlänge reduziert und die Zerspanbarkeit verbessert (Klocke 2008, Bargel 2000).

Nickel ist ein Austenitbildner. Es erweitert das Austenitgebiet von Stählen zu niedrigen Temperaturen. Aufgrund der kubisch-flächenzentrierten Gitterstruktur verfügt das austenitische Gefüge prinzipiell über eine hohe Zähigkeit, sodass negative Zerspanbarkeitseigenschaften resultieren, geprägt von einer Kombination aus Adhäsionsverschleiß, langen Spänen, starker Kaltverfestigung und hoher mechanischer Schneidenbelastung.

Silicium dient der Desoxidation. Es entsteht SiO_2, das sich meist mit anderen Oxiden (FeO, MnO, ...) zu harten und spröden Silikaten verbindet. Festigkeit und Härte steigen, die Bruchdehnung wird verringert. In der Folge ergibt sich ein erhöhter abrasiver Werkzeugverschleiß.

Titan und Vanadium werden als Feinkornbildner bezeichnet. Sie erhöhen bereits bei geringer Zugabe die Festigkeit und die Verformbarkeit durch die Ausbildung eines feinkörnigen Gefüges. Infolge der höheren Festigkeit steigt die Werkzeugbelastung, und die bessere Verformbarkeit ruft längere Späne hervor. Beide Einflüsse wirken sich also negativ auf die Zerspanbarkeit aus.

Ferner führen Titan und Vanadium zur Bildung feinstverteilter Karbid- und Karbonitridausscheidungen. Diese hochfesten und hochschmelzenden Ausscheidungen erhöhen den abrasiven Verschleiß von Zerspanwerkzeugen und sind daher ungünstig für die Zerspanbarkeit (Klocke 2008, Bargel 2000).

Die niedrigschmelzenden Legierungeelemente *Blei, Cadmium und Bismut* gehen nicht mit Eisen in Lösung, sondern durchsetzen das Gefüge mit submikroskopischen Einschlüssen. Aufgrund ihres niedrigen Schmelzpunkts bildet sich bei der Zerspanung auf der Werkzeugschneide ein vor Verschleiß schützender Schmierfilm aus, der die Reibung zwischen Werkzeug und Werkstoff erheblich verringert, die Zerspankraft reduziert und kurze Späne hervorruft. Diese zerspanungstechnisch äußerst positiven Effekte werden insbesondere bei den Automatenstählen beobachtet, die einen typischen Bleigehalt von etwa 0,25 % aufweisen (Klocke 2008, Bargel 2000).

Aufgrund der toxischen Wirkung und der Notwendigkeit zum Recyclen von kurzlebigen Produkten existieren Verbote zur Verwendung von Blei, z. B. in Automobilen und in Elektronikgeräten. Die Richtlinie 2000/53/EG des Europäischen Parlaments und die Altfahrzeug-Verordnung verbieten die Verwendung von Blei in Kraftfahrzeugen. Ähnliches gilt für Elekro- und Elektronikgeräte nach der Richtlinie 2011/65/EU. Somit bestehen branchenspezifische Einschränkungen zur Verwendung von Blei, und es werden Alternativen mit einer ähnlich positiven Wirkung auf die Zerspanbarkeit untersucht (Essel 2006).

Aluminium, Silicium, Mangan oder Calcium werden zur Desoxidation von Stählen eingesetzt. Sie binden den aus der Herstellung stammenden Sauerstoff. Dabei entstehen abrasiv wirkende nichtmetallische Einschlüsse, wie Aluminium- und Siliciumoxide, die den Verschleißfortschritt begünstigen (Winkler 1983). Zerspanungstechnisch günstiger ist die Desoxidation mit Calcium-Silicium oder Ferro-Silicium. Hierbei kann eine Sulfidschale um die Körner entstehen, die als niedrigschmelzende sulfidische Schicht eine schmierende Wirkung auf der Werkzeugschneide übernimmt und somit den Verschleißfortschritt reduziert (König 1965, Optiz 1967).

Durch eine Calciumbehandlung von mit Aluminium desoxidierten Stählen können scharfkantige Aluminiumoxide in kugelförmige und bei der Zerspanung plastifizierbare Calciumaluminate umgewandelt werden. Diese bilden niedrigschmelzende Einschüsse geringer Härte, die bei der Zerspanung zwischen Werkzeug und Werkstück eine tribologisch günstige Schmierschicht ausbilden und den Werkzeugverschleiß reduzieren (König 1965, Tönshoff 1989, Klocke 1998a, Zinkann 1999).

Einfluss der Wärmebehandlung

Eine weitere Möglichkeit, das Gefüge in seinen Bestandteilen und seiner Zusammensetzung zu beeinflussen, ist die Wärmebehandlung. In der Praxis werden daher Wärmebehandlungen gezielt zur Beeinflussung der Zerspanbarkeit eingesetzt. Die in diesem Gliederungspunkt genannten Kurzbezeichnungen für den Behandlungszustand von Stahlerzeugnissen beziehen sich auf die DIN EN 10027-1 (Klocke 2008). Eine ausführliche Darstellung der Verfahren der Wärmebehandlung findet sich in Kapitel A 5.10.

Das *Grobkornglühen* wird in der Zerspanung eingesetzt, um durch kurze Späne die Zerspanbarkeit zu verbessern. Ursächlich ist die bei grobem Korn rasch voranschreitende Versprödung und Kaltverfestigung des grobkörnigen Stahls während der Spanabnahme, da sich die Versetzungen in grobem Korn rasch aufstauen und einander in der Bewegung behindern. Bei untereutektoiden Stählen mit 0,3–0,4 % Kohlenstoffgehalt wird durch Grobkornglühen ein grobes Gefüge mit einem möglichst geschlossenen Ferrit-Netz erzeugt, das Perlit oder Bainit umschließt (Horstmann 1985, Schumann 2004). So wird der Werkzeugverschleiß reduziert, die Spanbildung und die Oberflächengüte werden verbessert (Klocke 2008).

Normalglühen (+N) liefert ein homogenes und feinkörniges Gefüge. Bei den untereutektoiden Stählen orientiert sich die Zerspanbarkeit an dem überwiegenden Gefügeanteil: Ferrit führt zu langen Spänen, der Werkzeugverschleiß ist jedoch gering. Perlit hingegen führt zu einer besseren Spanbildung bei erhöhtem Werkzeugverschleiß (Horstmann 1985). Bei den übereutektoiden Stählen lassen sich die Karbidzellen durch Normalglühen nicht vollständig auflösen, sodass diese Stähle einen relativ hohen Werkzeugverschleiß hervorrufen. Die Oberflächengüte ist jedoch hoch (Schumann 2004).

Das *Weichglühen* (+A) wird verwendet, um die hohe Härte und geringe Verformbarkeit zu beseitigen, die aus einem Gefüge mit lamellarem Perlit und Zementit hervorgeht. Dabei wird der Perlit in eine körnige Struktur aus Ferrit und eingeschlossenem Zementit überführt (+AC). Dieses Gefüge ist weich und gut verformbar, sodass der Werkzeugverschleiß reduziert wird. Die Spanlänge nimmt jedoch mit zunehmendem Ferritanteil zu (Klocke 2008).

Der Zerspanung vorausgehende ur- und umformende Herstellprozesse hinterlassen infolge ungleichmäßiger Abkühlung und starker mechanischer Bearbeitung Spannungen im Bauteil. Diese Spannungen stehen im Gleichgewicht. Durch die Zerspanung wird Materialvolumen entfernt, das nun nicht mehr für den Erhalt des Gleichgewichts zur Verfügung steht. Folglich kommt es zu Verzug und das Spannungsgleichgewicht stellt sich erneut ein. Das *Spannungsarmglühen* reduziert die inneren Spannungen im Gefüge und somit den Verzug des Bauteils (Klocke 2008).

Rekristallisationsglühen beseitigt die Kaltverfestigung nach der Kaltumformung und stellt die Verformbarkeit des Gefüges wieder her. Es wird hauptsächlich zwischen den einzelnen Verformungsstufen, z. B. beim Kaltwalzen bzw. -ziehen von Blechen und Drähten angewendet (Schumann 2004, Metallograf 06). Auch bei der Zerspanung kommt es zu Kornstreckung und somit zu Kaltverfestigung in der Oberflächenrandzone. Ursächlich hierfür ist die plastische Verformung des Gefüges infolge Scherung und Reibung im Bereich der Spanentstehungsstelle (Bild 5-5.5) (Klocke 2008).

Glühen auf bestimmte Eigenschaften

Ein Gefüge mit Widmannstätten-Struktur kann bei untereutektoiden Stählen mit einem Kohlenstoffgehalt von 0,10–0,35 % durch hohe Austenitisierungstemperatur, lange Haltedauer und beschleunigte Abkühlung erzeugt werden. Das Gefüge, bestehend aus nadeligem Ferrit und feinverteiltem lamellaren Zementit, führt zu kurzen Spänen, hat aber schlechte mechanische Gebrauchseigenschaften (Schumann 2004).

Bei Einsatzstählen kann die Zerspanbarkeit verbessert werden, indem eine Wärmebehandlung auf ferritisch-perlitisches Gefüge (+FP) erfolgt. Spanlänge und Werkzeugverschleiß ähneln den günstigen Bedingungen von Automatenstählen mit niedrigem Kohlenstoffgehalt. Auch eine Wärmebehandlung auf bestimmte Zugfestigkeit (+TH) verbessert die Zerspanbarkeit von Einsatz- und Vergütungsstählen. Vergütungsstähle, die aus der Schmiedehitze kontrolliert abgekühlt werden (+BY), können den Werkzeugverschleiß im Vergleich zum gleichen Werkstoff im vergüteten oder normalisierten Zustand reduzieren (Winkler 1983).

Das *Vergüten* (+QT) erzeugt ein Gefüge, das sich durch eine hohe Festigkeit und Zähigkeit auszeichnet. Das Anlassen führt zum Zerfall des Martensits. Bei niedriger Anlasstemperatur entstehen fein dispers verteilte Kohlenstoffausscheidungen, bei hoher Anlasstemperatur gröbere Zementitkörner (Schumann 2004). Die mechanische und die thermische Werkzeugbeanspruchung bei der Zerspanung von angelassenem Marten-

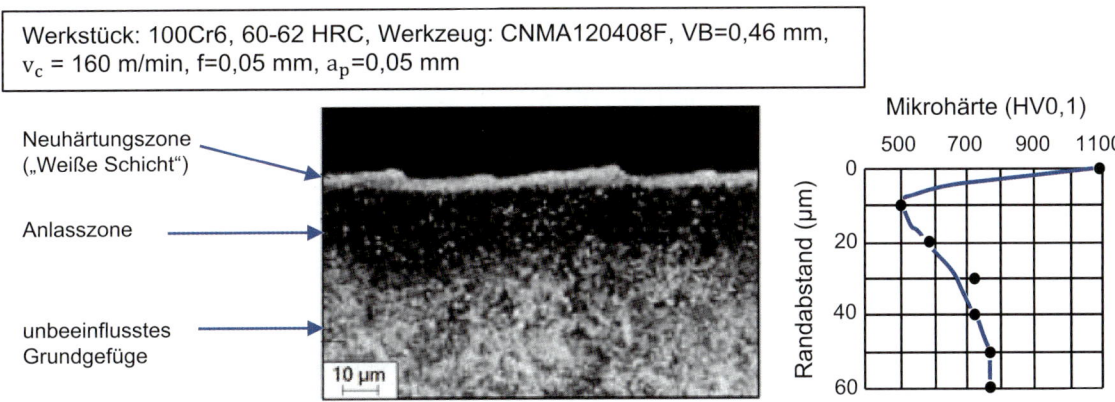

Werkstück: 100Cr6, 60-62 HRC, Werkzeug: CNMA120408F, VB=0,46 mm, v_c = 160 m/min, f=0,05 mm, a_p=0,05 mm

Bild 5-5.14 Weiße Schicht und Anlasszone, die beim Hartdrehen entstehen (Koch 1996)

sit sind hoch, sodass eine stabile Schneide mit hohem Verschleißwiderstand erforderlich ist. Die Spanlänge ist gut, und die erzielbare Oberflächengüte ist von hoher Qualität (Klocke 2008).

Aufgrund des hohen thermo-mechanischen Lastkollektivs bei der Zerspanung von Stählen mit einer Härte von mehr als 45 HRC können Gefügeveränderungen in der Oberflächenrandzone entstehen. Im Querschliff kann durch eine Nitalätzung die Tiefe dieser Gefügeveränderungen ermittelt werden. Der Schichtaufbau besteht meist aus einer Neuhärtungs- und einer Anlasszone, deren mechanische Eigenschaften sich von denen des Grundgefüges unterscheiden. Bild 5-5.14

zeigt ein Beispiel der Oberflächenrandzone nach dem Hartdrehen.

Die Bildung einer Neuhärtungszone setzt voraus, dass die Austenitisierungstemperatur lokal überschritten und infolge der raschen Selbstabschreckung feinnadeliger Martensit von hoher Härte gebildet wird. Aufgrund der höheren Korrosionsbeständigkeit erscheint dieser Teil der Randzone nach dem Ätzen hell und wird daher auch als Weiße Schicht bezeichnet. Darunter befindet sich eine Anlasszone, deren Festigkeit gegenüber dem Grundgefüge reduziert ist. Die Korrosionsbeständigkeit dieser Schicht ist geringer, sodass hier eine dunkle Färbung nach der Nitalätzung auftritt.

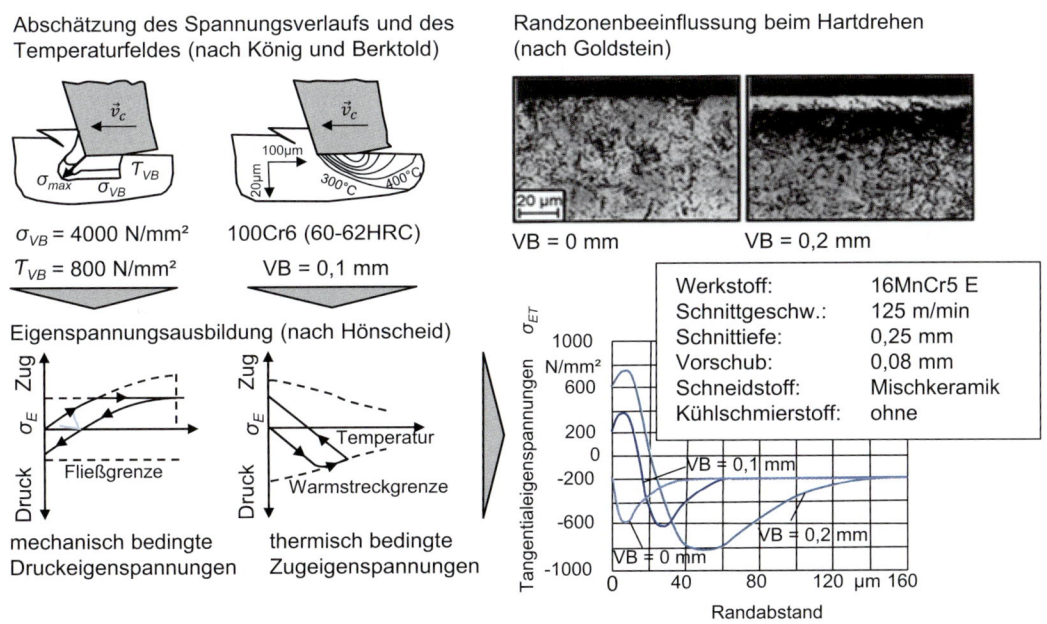

Bild 5-5.15 Analyse der Randzonenausbildung bei der Hartdrehbearbeitung (König 1994, Hönscheid 1975, Goldstein 1991)

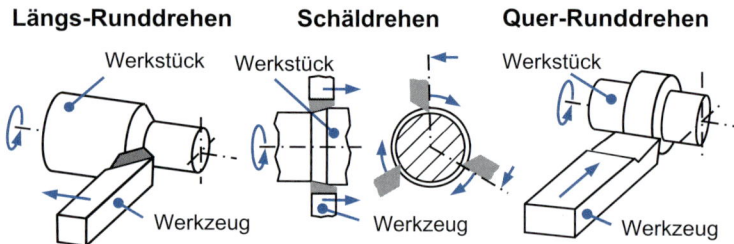

Bild 5-5.16
Verfahrensvarianten des Runddrehens
(nach DIN 8589-1)

Mit zunehmendem Werkzeugverschleiß verändern sich auch die Eigenspannungen in der Oberflächenrandzone. Bild 5-5.15 zeigt, dass mit zunehmendem Werkzeugverschleiß die Eigenspannungen in Oberflächennähe vom Druck- in den Zugbereich übergehen. Dies ist auf die verschleißbedingt zunehmende Kontaktlänge zwischen Werkzeug und Werkstück und die folglich höhere thermische Belastung der Randzone zurückzuführen. Zugeigenspannungen der Randzone sind als kritisch zu beurteilen, da sie das Risswachstum fördern. Sie nehmen mit zunehmendem Verschleiß der Nebenfreifläche zu und können durch Reduktion der Wärmeentstehung und eine verbesserte Abfuhr der Prozesswärme verringert werden. Dazu eignen sich geringere Schnittleistungen, Werkzeugbeschichtungen und eine verbesserte Kühlschmierung (Jochmann 2001).

5-5.1.3 Technologiesteckbriefe

Als repräsentative Auswahl von Fertigungsverfahren mit geometrisch bestimmter Schneide werden das Drehen, das Fräsen und das Bohren in Form von Technologiesteckbriefen beschrieben. Hierzu werden jeweils die Kinematik, die Verfahrensvarianten und die geometrischen Eingriffsbedingungen erläutert.

Verfahrensvarianten beim Drehen
Drehen ist ein spanendes Verfahren mit geometrisch bestimmter Schneide. Die Schnittbewegung erfolgt rotatorisch, und die Vorschubbewegung liegt dazu beliebig quer. Drehverfahren können nach verschiedenen Gesichtspunkten unterteilt werden. Beispielsweise verfolgen das Schruppen und das Schlichten eine andere Zielsetzung. Beim Schruppdrehen wird ein hohes Zeitspanungsvolumen angestrebt. Durch kleine Spanungsquerschnitte werden beim Schlichtdrehen eine hohe Maß- und Formgenauigkeit sowie eine hohe Oberflächengüte erzielt. Um die Fertigungszeit bei der Automaten- und NC-Bearbeitung zu reduzieren und das Zeitspanungsvolumen zu steigern, können während des Bearbeitungszeitraums mehrere Werkzeuge gleichzeitig im Eingriff sein (Klocke 2008). Um das Verfahren kinematisch einordnen zu können, wird die Relativbewegung zwischen Werkstück und Werkzeug betrachtet. Die Einteilung der Verfahrensvarianten des Drehens erfolgt nach DIN 8589-1.

Das *Runddrehen* erzeugt eine zur Drehachse des Werkstückes koaxial liegende kreiszylindrische Fläche. Die Varianten des Runddrehens sind im Bild 5-5.16 dargestellt.

Das *Plandrehen* erzeugt eine zur Drehachse des Werkstückes orthogonale, ebene Fläche. Varianten des Plandrehens sind u. a. Quer-Plandrehen und Quer-Abstechdrehen (DIN 8589-1) (Bild 5-5.17). Die Werkzeuge neigen bei hoher Belastung zum Schwingen. Bei der Bearbeitung mit konstanter Drehzahl ist darauf zu achten, dass sich die Schnittgeschwindigkeit mit dem Werkstückdurchmesser ändert (Klocke 2008).

Im Bild 5-5.18 sind die geometrischen Eingriffsbedingungen beim Drehen veranschaulicht. Der Spanungsquerschnitt wird durch die Prozessparameter Vor-

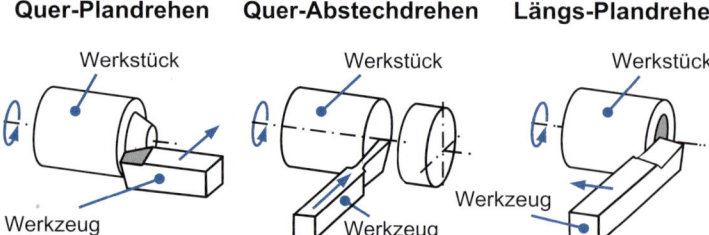

Bild 5-5.17
Verfahrensvarianten des Plandrehens (nach DIN 8589-1)

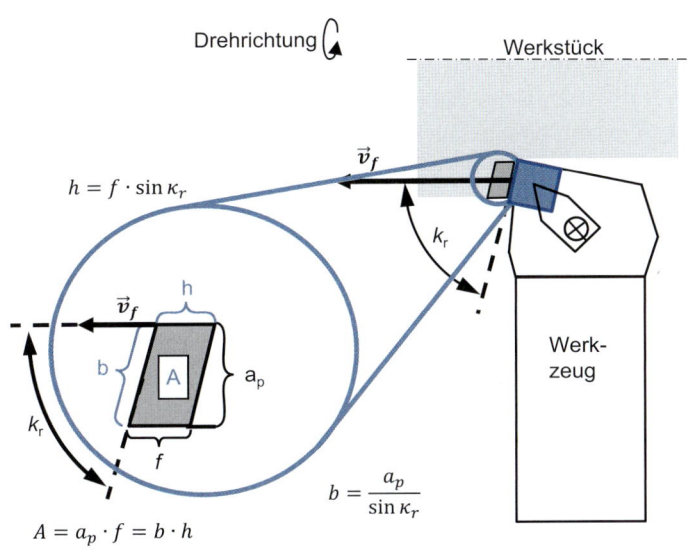

Bild 5-5.18
Werkzeug-Bezugssystem und nomineller
Spanungsquerschnitt

schub f und Schnitttiefe a_p aufgespannt, alternativ über die Spanungsbreite b und die Spanungsdicke h. Die Parameter der beiden Bezugssysteme stehen jeweils im rechten Winkel zueinander und lassen sich über den Sinus des Einstellwinkels ineinander überführen. Der Einstellwinkel k_r befindet sich zwischen der Vorschubrichtung und der Lage der Hauptschneide. Spanungsbreite b und Spanungsdicke h werden zur Zerspankraftberechnung nach Kienzle herangezogen.

Hier bedeuten:

- Einstellwinkel $\quad\quad\quad k_r$
- Schnitttiefe $\quad\quad\quad\quad a_p$
- Vorschub $\quad\quad\quad\quad\quad f$
- Spanungsbreite $\quad\quad\quad b$
- Spanungsdicke $\quad\quad\quad h$
- Spanungsquerschnitt $\quad A$

Verfahrensvarianten beim Fräsen

Fräsen ist Spanen mit kreisförmiger Schnittbewegung des Werkzeugs. Die Vorschubbewegung liegt in der Regel beliebig quer zur Drehachse des Werkzeugs. In Abhängigkeit vom Schneideneingriff unterscheidet

man zwischen Stirn-, Umfangs- und Schaftfräsen (Bild 5-5.19). Die Schneiden befinden sich nicht ständig im Eingriff, sondern es kommt bei jeder Umdrehung des Werkzeugs zu Schnittunterbrechungen. Die wiederkehrenden Schnittunterbrechungen und die Schnittkraftschwankungen erfordern gute dynamische Eigenschaften von Fräsmaschinen. Bei engen Konturkrümmungen und hoher Vorschubgeschwindigkeit treten ungewollte Veränderungen des Vorschubes pro Zahn durch endliche Beschleunigung der Maschinenachsen auf (Huntgeburth 1999).

Die Werkstückoberfläche wird beim *Umfangsfräsen* durch die Hauptschneide erzeugt. Man unterscheidet das Gleichlauf- und das Gegenlauffräsen. Die Kinematik des Gleichlauf- und Gegenlauffräsens wird im Bild 5-5.20 verdeutlicht (Klocke 2008).

Das *Gleich- und das Gegenlauffräsen* verursachen unterschiedliche Beanspruchungen an der Schneide. Beim Gleichlauffräsen ist die Schnittkraft auf das Werkstück gerichtet. Die Spanungsdicke ist zunächst groß und nimmt zum Schneidenaustritt hin auf null ab, sodass ein Verkleben des Spans mit der Schneide weit-

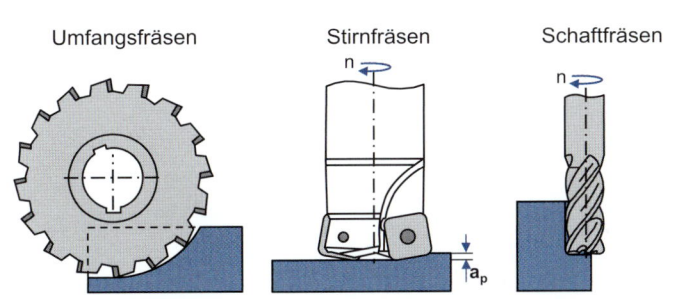

Bild 5-5.19
Verschiedene Varianten des Fräsens

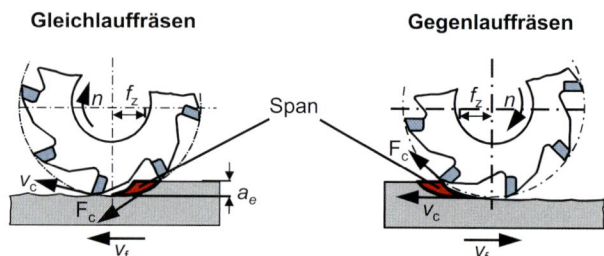

Bild 5-5.20 Umfangsfräsen im Gleich- und Gegenlauf

gehend unterbunden und das Risiko einer Beschädigung der Schneide minimiert wird. Allerdings ist beim Gleichlauffräsen ein spielfreier Tischvorschubantrieb notwendig, um Schwingungen und Stöße zu vermeiden. Die Fräsmaschine muss eine größere Stabilität aufweisen als beim Gegenlauffräsen. Die Vorteile des Gleichlauffräsens können also nur mit geeigneten Maschinen erzielt werden. Durch eine geeignete Auswahl erreicht man eine höhere Oberflächenqualität (Huntgeburth 1999).

Beim Gegenlauffräsen ist die Schnittkraft vom Werkstück weg gerichtet. Hier ist der Schneideneintritt durch eine Reib- und Quetschphase mit hoher mechanischer und thermischer Belastung gekennzeichnet. Aus dem Schneideneintritt mit Nullspanungsdicke resultiert eine stärkere Abdrängung als beim Gleichlauffräsen. Hier werden die Oberflächengüte und die Werkzeugstandzeit durch die an der Schneide anhaftenden Späne negativ beeinträchtigt. Ferner kann ein labiles Werkstück durch die Schnittkraft von der Aufspannfläche abgehoben oder zu Schwingungen angeregt werden (Klocke 2008).

Bei koaxialer Ausrichtung der Schneiden treten hohe dynamische Belastungen auf, da jeweils eine komplette Schneide in den Werkstoff ein- oder aus dem Werkstoff austritt. Durch schrägverzahnte Werkzeuge kann die dynamische Belastung reduziert werden, jedoch tritt dann eine axiale Kraft auf.

Beim *Stirnfräsen* wird die Werkstückoberfläche von der Stirnseite des Werkzeugs mit der Nebenschneide erzeugt (Bild 5-5.21). Der Einstellwinkel beim Stirnfräsen beträgt $\kappa_r = 45° - 75°$. Hat der Einstellwinkel eine Größe von $\kappa_r = 90°$, bezeichnet man den Fräsprozess auch als Eckfräsen. Hierbei wird die Werkstückoberfläche sowohl mit der Nebenschneide als auch mit der Hauptschneide erzeugt (Klocke 2008).

Um Werkzeugbruch zu vermeiden, wählt man kleine Spanungsquerschnitte und hält dadurch die dynamische Belastung der Schneidstoffe gering. Um Schwingungen des Systems Werkzeug – Werkstück – Maschine zu reduzieren, werden Messerkopfstirnfräser teilweise mit einer ungleichmäßigen Teilung am Umfang versehen (Klocke 2008). Kleinere Messerkopfstirnfräser bis D = 250 mm werden an der Werkzeugspindel montiert. Größere Fräser werden wegen ihres hohen Gewichts beim Werkzeugwechsel zweiteilig ausgeführt. Der Grundkörper bleibt hierbei auf der Spindel, und es wird nur der ringförmig gestaltete Schneidteil gewechselt. Um die Wirtschaftlichkeit und die Flexibilität zu erhöhen, werden Messerkopfstirnfräser mit Werkzeugkassetten verwendet. Die Kassetten werden in einen Grundkörper eingesetzt, schützen den Werkzeuggrundkörper bei Schneidenbruch und ermöglichen häufig eine axiale und radiale Schneidenjustage. Ferner ermöglichen sie die Aufnahme unterschiedlicher Wendeschneidplattenformen, -größen und -geometrien.

Charakteristisch für alle Verfahrensvarianten des Fräsens ist der periodische Ein- und Austritt der Werk-

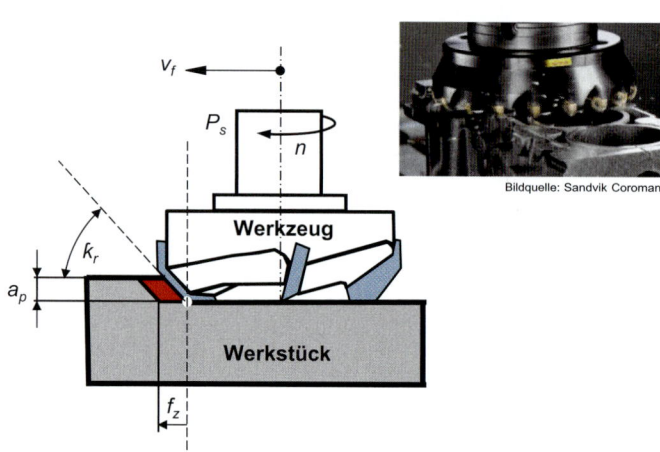

Bildquelle: Sandvik Coromant

Bild 5-5.21
Kinematik beim Stirnfräsen (Sandvik Coromant)

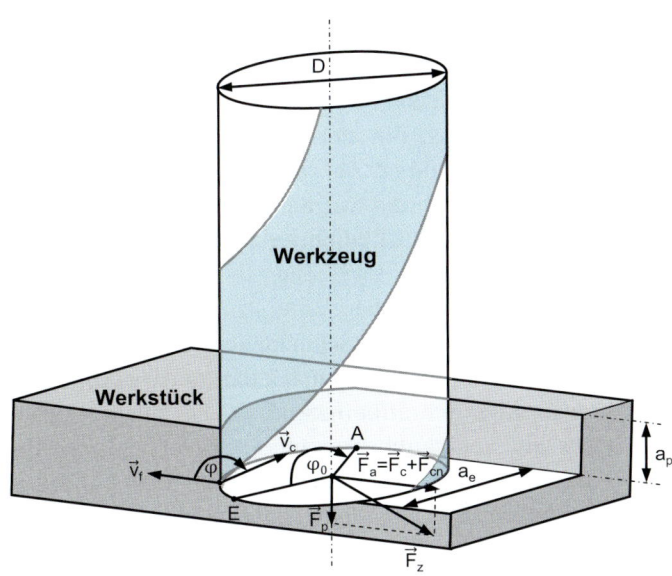

Bild 5-5.22
Eingriffsbedingungen beim Fräsen

5

zeugschneiden, der sogenannte unterbrochene Schnitt. Vorschub f und Schnittgeschwindigkeit v_c stellen die Prozessparameter dar. Geometrische Eingriffsgrößen sind die radiale Zustellung a_e und die axiale Zustellung a_p. Der Umschlingungswinkel φ_c liegt zwischen dem Ein- und Austritt der Schneide, der Vorschubrichtungswinkel φ zwischen dem Vektor der Vorschub- und der Schnittgeschwindigkeit. Die Kontaktbedingungen zwischen Werkzeug und Werkstück werden ferner durch den Fräserdurchmesser D und die Bedingungen der Schneidteilgeometrie beeinflusst (Bild 5-5.22). Die Zerspankraft F_Z kann beim Fräsen in eine Aktivkraft F_a in der Arbeitsebene und eine Passivkraft F_p senkrecht zur Arbeitsebene zerlegt werden. Die Aktivkraft ergibt sich durch vektorielle Addition von Schnitt- und Schnittnormalkraft. Da die Spanungsdicke während des Eingriffs stark variiert, insbesondere die Mindestspanungsdicke lokal unterschritten werden kann, ist der Kienzle-Ansatz nur bedingt anwendbar. Ob der Einsatz von Kühlschmierstoffen für den Frästvorgang sinnvoll ist, muss im Einzelfall geprüft werden. Kühlschmierstoffe reduzieren zwar die Schneidentemperatur, führen jedoch gleichzeitig zu einer Erhöhung des Thermoschocks an der Werkzeugschneide. Die thermische Wechselbelastung kann zu Kammrissen am Werkzeug führen. Diese Risse verlaufen senkrecht zur Schneidkante. Durch die Verwendung von Kühlschmierstoffen kann das Verkleben der Späne mit den Werkzeugschneiden vermindert oder teilweise sogar komplett vermieden werden. Als Kühlschmierstoff kann auch Druckluft dienen (Klocke 2008).

Verfahrensvarianten beim Bohren

Bohrverfahren sind nach DIN 8589-2 definiert als Spanen mit einer kreisförmigen Schnittbewegung. Die Drehachse des Werkzeuges und die Achse der zu erzeugenden Innenfläche sind identisch, die Vorschubbewegung verläuft in Richtung dieser Achse. Die Drehachse der Schnittbewegung behält ihre Lage zum Werkzeug bei, unabhängig von der axialen Vorschubbewegung. Das Bohren kann vielfältig eingesetzt werden. Es werden Bohrungen ins Volle für Durchgangs- und Sacklochbohrungen bzw. Aufbohrungen zur Verbesserung der Maß-, Form- und Lagegenauigkeit eingesetzt. Beim Bohren kommen ein- oder mehrschneidige Werkzeuge zum Einsatz. Am häufigsten wird in der Praxis der Wendelbohrer genutzt. Verfahrensspezifische Merkmale des Bohrens sind der notwendige Spanabtransport durch die Spannuten aus dem Bohrungsinneren, die ungünstige Wärmeverteilung an der unzugänglichen Wirkstelle, die sich über dem Bohrerdurchmesser ändernde Schnittgeschwindigkeit und die Wechselwirkung zwischen der Nebenschneide und der erzeugten Bohrungsoberfläche (Veselovac 2013, Klocke 2008).

Als *Vollbohren* wird das Bohren in den vollen Werkstoff bezeichnet, sodass eine kreiszylindrische Innenfläche entsteht, die koaxial zur Drehachse der Schnittbewegung liegt. Soll eine bereits bestehende Bohrung vergrößert werden, so geschieht dies durch Aufbohren (Bild 5-5.23) (Klocke 2008).

Die Bohrung wird durch das Längen-/Durchmesserverhältnis (*L/D*) bestimmt. Für das *Kurzlochbohren* gilt

5

Bohren ins Volle   **Aufbohren**

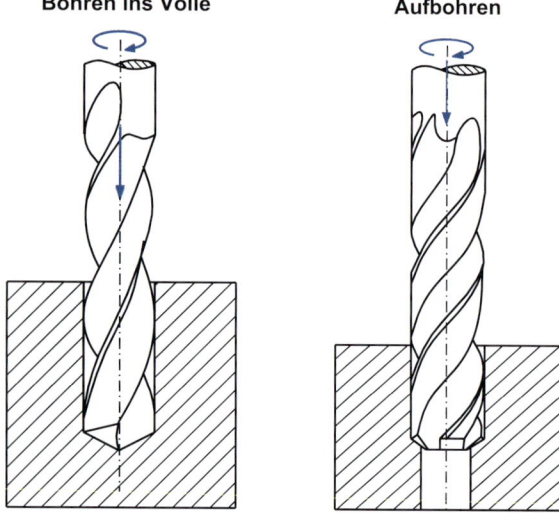

Bild 5-5.23 Bohren ins Volle und Aufbohren (nach DIN 8589-2)

$\frac{L}{D} < 3$, für das *Tieflochbohren* $\frac{L}{D} \geq 3$. Beim Tieflochbohren kommen hauptsächlich einschneidige Werkzeuge zum Einsatz. Mit dieser Technologie können sowohl tiefe als auch qualitativ hochwertige Bohrungen ausgeführt werden. Beim Tiefbohren wird die komplette Bohrung in einem Zug ohne Entspanungshub hergestellt. Die Späne werden hierbei durch Kühlschmierstoff aus

der Bohrung heraustransportiert. Unter günstigen Bedingungen lässt sich eine Oberflächenrauheit von $R_t = 0,1 \,\mu m$ erreichen. Es gibt drei Verfahrensvarianten des Tiefbohrens, die sich in der Zufuhr des Kühlschmierstoffs und in der Abfuhr des Gemischs aus Kühlschmierstoff und Spänen unterscheiden: das Einlippenbohren, das BTA-Bohren und das Ejektorbohren (Klocke 2008).

Beim Bohren entstehen unterschiedliche Spanarten. Im Bild 5-5.24 ist der Schneideneingriff am Beispiel eines zweischneidigen Wendelbohrers dargestellt. Die kreisförmige Schnittbewegung ist von einer translatorischen Vorschubbewegung überlagert. Durch das Zusammenwirken von Schnitt- und Vorschubbewegung bewegt sich die Werkzeugschneide entlang einer Schraubenlinie. Unter Berücksichtigung der Schnittbedingungen ist der Freiwinkel so auszulegen, dass der effektive Freiwinkel positiv ist. Damit wird ein Drücken oder Aufsitzen des Bohrwerkzeuges am Bohrungsgrund vermieden. Eine obere Grenze des Freiwinkels ist jedoch durch die Schwächung des Schneidteils und die Neigung zu Schwingungen gegeben (Klocke 2008).

Vereinfacht setzt sich der Wendelbohrer aus Schaft und Schneidteil zusammen (Bild 5-5.25). Es gibt unterschiedliche Anschliffarten, um den verschiedensten

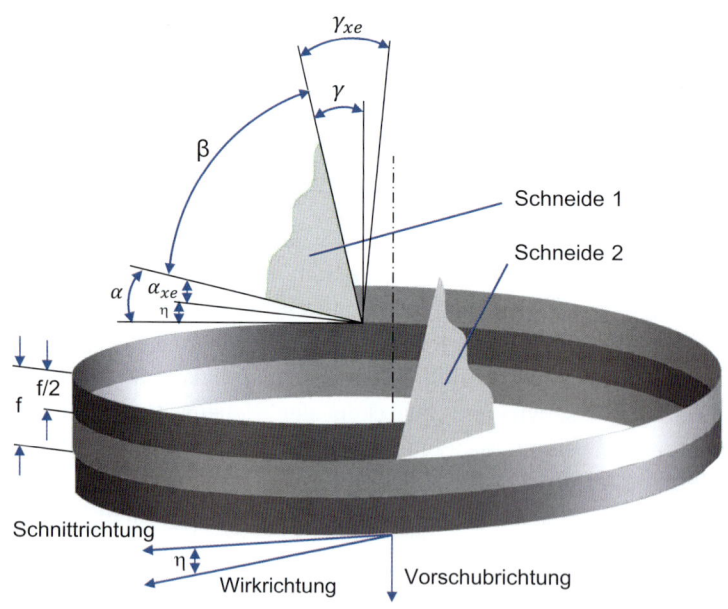

α:	Freiwinkel	γ_{xe}:	Wirkspanwinkel
α_{xe}:	Wirkfreiwinkel	η:	Wirkungsrichtungswinkel
β:	Keilwinkel	f:	Vorschub
γ:	Spanwinkel		

Bild 5-5.24
Eingriff der Hauptschneiden eines zweischneidigen Bohrwerkzeugs

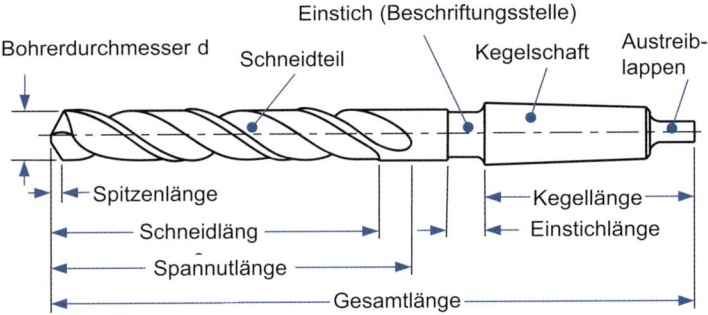

Einstich (Beschriftungsstelle)
Bohrerdurchmesser d   Schneidteil   Kegelschaft   Austreib-
lappen
Spitzenlänge
Schneidläng
Spannutlänge
Kegellänge
Einstichlänge
Gesamtlänge

Bild 5-5.25
Wendelbohrer mit Kegelschaft (DIN 1412)

5

Bearbeitungsaufgaben gerecht zu werden. Der Spitzenwinkel beeinflusst den Bohrvorgang erheblich. Ein kleiner Spitzenwinkel erhöht die Maßgenauigkeit, erhöht jedoch auch die Reibung an der Bohrungswand. Ein großer Spitzenwinkel hingegen führt eher zum Verlaufen des Bohrers, sodass sich der Durchmesser der Bohrung vergrößert. Eine lange Querschneide bewirkt eine geringe Selbstzentrierung und erfordert hohe Vorschubkräfte, sodass hohe Form- und Lagefehler die Folge sind. Vollhartmetall-Bohrer liefern eine um etwa 3 IT-Klassen verbesserte Bohrungsqualität, verglichen mit HSS. Durch die Verwendung von Vollhartmetall-Bohrern werden eine radiale Werkzeugabdrängung und Torsionsschwingungen vermindert (Klocke 2008).

Aufgrund der Kinematik ist die Schnittgeschwindigkeit außen an den Bohrerecken maximal und fällt zum Zentrum hin bis auf null ab. Während im Zentrum hohe Druckspannungen und Quetschvorgänge auf den Schneidstoff wirken, ist an den Schneidenecken eine hohe thermische und mechanische Verschleißbeständigkeit erforderlich. Daher gilt es bei der Auswahl des Schneidstoffs, eine auf den Bohrprozess abgestimmte Kombination aus Härte und Zähigkeit zu wählen.

Literatur zu Kapitel 5-5.1

Bargel, H.-J.: Werkstoffkunde. 11. Auflage, Springer Verlag, Berlin 2012

BGBl. I S. 1474: Veränderung der Altfahrzeug-Verordnung in der Fassung der Bekanntmachung vom 21. Juni 2002 (BGBl. I S. 2214), die zuletzt durch Artikel 95 der Verordnung vom 31. August 2015 (BGBl. I S. 1474) geändert worden ist

BGBl. I S. 2214: Altfahrzeug-Verordnung in der Fassung der Bekanntmachung vom 21. Juni 2002

Bergmann, E. et al.: Ion-plated titanium carbonitride films. Surface and Coatings Technology 42 (1990) 3, S. 237 – 251

Berger, A.: Auswirkung des Werkzeugverschleißes auf die Oberfläche und den Eigenspannungsverlauf des Werkstückes bei der Hartfeinbearbeitung im Orthogonaldrehprozess. Studienarbeit, RWTH Aachen, 1991

Brammertz, P.-H.: Ursachen für Form- und Maßfehler an feinbearbeiteten Werkstücken. Dissertation, RWTH Aachen, 1960

Brammertz, P.-H.: Die Entstehung der Oberflächenrauheit beim Feindrehen. Industrieanzeiger 83 (1961) 2, S. 25 – 31

Childs, T. H. C.: A new visio-plasticity technique and a study of curly chip formation. Int. J. mech. Sci. 13 (1971) 4, S. 373 – 387, Oxford (UK): Pergamon Press

Djatschenko, P.; Jakobson, M. O.: Die Beschaffenheit der Oberfläche bei der Zerspanung von Metallen. VEB Technik, Berlin 1952

Erinski, D.: Untersuchungen über den Einfluss des Werkstoffgefüges auf das Zerspanverhalten von Al-Si-Gußlegierungen. Dissertation, RWTH Aachen, 1990

Essel, I.: Machinability Enhancement of Non-Leaded Free Cutting Steels. Dissertation, RWTH-Aachen, 2006

Essig, C.: Vorhersage von Spanbruch bei der Zerspanung mit geometrisch bestimmter Schneide mit Hilfe schädigungsmechanischer Ansätze. Dissertation, RWTH-Aachen, 2010

Goldstein, M.: Optimierung der Fertigungsfolge „Kaltfließpressen-Spanen" durch Hartdrehen als Feinbearbeitungsverfahren für einsatzgehärtete Preßbauteile. Dissertation, RWTH Aachen, 1991

Habig, K.-H.: Verschleiß und Härte von Werkstoffen. Carl Hanser Verlag, München 1980

Hastings, W. F.: A new quick-stop device and grid technique for metal cutting research. Annals of the CIRP XV (1967), S. 109 – 116

Heisel, U.; Klocke, F.; Uhlmann, E.; Spur, G.: Handbuch Spanen. Carl Hanser Verlag, München 2014, Kapitel 3, S. 73 – 111

Horstmann, D.: Das Zustandsschaubild Eisen-Kohlenstoff und die Grundlagen der Wärmebehandlung der Eisen-Kohlenstoff-Legierungen. Verlag Stahleisen GmbH, Düsseldorf 1985

Hönscheid, W.: Abgrenzung werkstoffgerechter Schleifbedingungen für die Titanlegierung TiAl6V4. Dissertation, RWTH Aachen, 1975

Huntgeburth, B.: Hochgeschwindigkeits-Schlichtfräsen von Spritzgieß- und Tiefziehwerkzeugen. Diplomarbeit, RWTH Aachen, 1999

Jochmann, S.: Untersuchungen zu Prozess- und Werkzeugauslegungen beim Hochpräzisionshartdrehen. Dissertation, RWTH Aachen, 2001

Kienzle, O.: Die Bestimmung von Kräften und Leistungen an spanenden Werkzeugen und Werkzeugmaschinen. VDI-Z 94 (1952) 11/12, S. 299–305

Klocke, F.; König, W.: Fertigungsverfahren. Massivumformung. VDI, Düsseldorf 1995

Klocke, F.; Fritsch, R.: Fortschrittliche Magnesiumbearbeitung am Beispiel des Fräsens und der Gewindefertigung. Tagungsband 6. Magnesiumguss Abnehmerseminar & Automotive Seminar, Europäische Forschungsgemeinschaft Magnesiumguss e. V., Aalen 30. Sept./1. Okt. 1998

Klocke, F.; König, W.: Fertigungsverfahren – Drehen, Fräsen, Bohren. 8. Auflage, Springer Verlag, Berlin 2008

Koch, K.-F.: Technologie des Hochpräzisions-Hartdrehens. Dissertation, RWTH Aachen, 1996

König, W.: Der Einfluss nicht metallischer Einschlüsse auf die Zerspanbarkeit von unlegierten Baustählen. Industrieanzeiger Teil 1 87 (1965) 26, S. 463–470 ; Teil 2 87 (1965) 43, S. 845–850; Teil 3: 87 (1965) 51, S. 1033–1038

König, W. et al.: Hartfeinbearbeitung mit definierter Schneide – Höchste Bauteilqualität nicht nur durch Schleifen. IDR, 1994, S. 18-24

Kronenberg, M.: Grundzüge der Zerspanungslehre. Bd. 1: Einschneidige Zerspanung. 2. Aufl., Springer-Verlag, Berlin 1954

Leopold, J.: Modellierung der Spanbildung – Experiment. Wissenschaftliche Schriftenreihe der TH Karl-Marx-Stadt, 1980

Leopold, J.: The Application of Visioplasticity in Predictive Modelling the Chip Flow, Tool Loading and Surface Integrity in Turning Operations. 3rd CIRP-International Workshop on „Modelling of Machining Operations" University of New South Wales, Australia 2000

Moll, H.: Die Herstellung hochwertiger Drehflächen – Einfluß der Schnittbedingungen auf die Oberflächengüte beim Drehen, Schlichten und Feinschlichten. Dissertation, TH Aachen, 1939

Optiz, H.; Grappisch, M.: Die Aufbauschneidenbildung bei der spanenden Bearbeitung. Forschungsbericht Nr. 1405 des Landes Nordrhein-Westfalen. Westdeutscher Verlag, Köln 1964

Optiz, H. et al.: Verbesserung der Zerspanbarkeit von unlegierten Baustählen durch nichtmetallische Einschlüsse bei Verwendung bestimmter Desoxidationslegierungen. Forschungsbericht des Landes NRW 1416. Westdeutscher Verlag, Köln 1967

Optiz, H.; Diederich, N.: Untersuchungen der Ursachen für Abweichungen des Verschleißverhaltens spanabhebender Werkzeuge. Forschungsbericht des Lds. Nordrh.-Westf. Nr. 2043. Westdeutscher Verlag, Köln 1969

Pekelharing, A. I.: Built-Up Edge (BUE). Is the mechanism understood? Annals of the CIRP 23 (1974) 2, S. 206–211

Plöger, J. M.: Randzonenbeeinflussung durch Hochgeschwindigkeitsdrehen. Diss., Universität Hannover, 2002

Richtlinie 2000/53/EG zur stofflichen Verwertung von Kraftfahrzeugen durch Recycling innerhalb der Europäischen Union (EU)

Richtlinie 2011/65/EU des Europäischen Parlaments und des Rates vom 8. Juni 2011 zur Beschränkung der Verwendung bestimmter gefährlicher Stoffe in Elektro- und Elektronikgeräten

Sangermann, H.: Hochdruck-Kühlschmierstoffzufuhr in der Zerspanung. Dissertation, RWTH-Aachen, 2013

Schumann, H.; Oettel, H.: Metallografie. 14. Aufl., Wiley-VCH, Weinheim 2004

Sokolowski, A. P.: Präzision in der Metallbearbeitung – Mittel u. Wege zur Steigerung d. Bearbeitungsgenauigkeit in d. spanenden Formung. Verl. Technik, Berlin 1955

Tönshoff, H. K. et al.: Metallurgische Auswirkungen der Calciumbehandlung von Stahlschmelzen auf die Bearbeitbarkeit. Stahl und Eisen 109 (1989) 13, S. 651–660

Veselovac, D.: Process and Product Monitoring in the Drilling of Critical Aero Engine Components. Dissertation, RWTH-Aachen, 2013

Vieregge, G.: Zerspanung der Eisenwerkstoffe. Stahleisen-Bücher, Bd. 16. Verlag Stahleisen GmbH, Düsseldorf 1959

Vieregge, G.: Zerspanung der Eisenwerkstoffe. Verlag Stahleisen GmbH, Düsseldorf 1970

Winkler, H.: Zerspanbarkeit von niedriglegierten Kohlenstoffstählen nach gesteuerter Abkühlung. VDI-Verlag, Düsseldorf 1983

Zinkann, V.: Der Spanbildungsvorgang als Acoustic-Emission-Quelle. Dissertation, RWTH Aachen, 1999

Zum Gahr, K.-H.: Grundlagen des Verschleißes. In: Metallische und nichtmetallische Werkstoffe und ihre Verarbeitungsverfahren im Vergleich. VDI Bericht Nr. 600.3, S. 29–55, VDI-Verlag, Düsseldorf 1987

Internetadressen

Metallograf 06 www.metallograf.de: Wärmebehandlungsarten bei Stahl, 2006

Alle im Text erwähnten Normen sind in einer Liste zusammengefasst (Seite 889).

5-5.2 Zerspanung mit geometrisch unbestimmter Schneide

Fritz Klocke, Frederik Vits

Die Zerspanung mit geometrisch unbestimmter Schneide umfasst nach DIN 8589 die spanenden Bearbeitungsverfahren Schleifen, Honen, Läppen, Gleitschleifen und Strahlspanen. Bei diesen Fertigungsverfahren erfolgt die Materialzerspanung durch mehr oder weniger regellos geformte und statistisch verteilte Körner aus Hartstoffen, die mit dem Werkstoff in Eingriff gebracht werden.

Industriellen Einsatz findet die Zerspanung mit geometrisch unbestimmter Schneide bei der Bearbeitung von

Bauteilen, bei denen hohe Oberflächengüten und Maßgenauigkeiten gefordert werden. Zudem wird eine effiziente Bearbeitung bestimmter Werkstoffe oftmals erst durch die Zerspanung mit geometrisch unbestimmter Schneide ermöglicht. Im Bereich der Stahlwerkstoffe gilt dies insbesondere für die Feinbearbeitung von gehärteten Bauteilen.

5-5.2.1 Verfahrensgrundlagen

Die Materialzerspanung mit geometrisch unbestimmter Schneide erfolgt durch regellos geformte Körner aus Hartstoffen, die in den zu zerspanenden Werkstoff eingreifen und dadurch elastische und plastische Verformung sowie Spanbildungsvorgänge bewirken. Dabei setzt sich die Zerspanung aufgrund der großen Anzahl gleichzeitig in das Werkstück eingreifender Kornspitzen aus der Summe vieler unterschiedlicher Schneideneingriffe zusammen, die einzelne Späne aus der Werkstoffoberfläche heraustrennen. Um einen Span zu bilden, müssen die in das Werkstück eingreifenden Körner über eine höhere Härte verfügen als das zu zerspanende Material. Es werden daher kristalline sprödharte Kornwerkstoffe eingesetzt. Die Spanbildung erfolgt im Bereich von wenigen Mikrometern (Klocke 2005).

Grundlagen des Schneideneingriffs

Je nach Bearbeitungsverfahren unterscheidet sich die Art und Weise des Korneingriffs (Bild 5-5.26). Beim *Strahlspanen* sind die Körner ungebunden und prallen mit hoher Geschwindigkeit auf die Oberfläche des Werkstücks. Im Falle eines duktilen Werkstoffes wird dieser durch das Auftreffen der Körner unter anderem plastisch verformt, wodurch eine Verfestigung der Oberfläche erzielt werden kann. Dabei entstehen Druckeigenspannungen in der Werkstückrandzone. Weist der zu bearbeitende Werkstoff ein sprödhartes Verhalten auf, können ganze Bereiche aus der oberflächennahen Schicht durch die auftreffenden Körner herausplatzen. Die Wirkung der eingreifenden Kornschneide wird maßgeblich durch die kinetische Energie des Korns bestimmt, sodass das Wirkprinzip des Schneideneingriffs energiegebunden ist (Klocke 2005).

Beim *Läppen* kommen ebenfalls ungebundene Körner zum Eingriff, welche sich zwischen einem starren Läppwerkzeug und der zu bearbeitenden Oberfläche befinden. Durch eine parallele Relativbewegung zwischen Läppwerkzeug und Werkstückoberfläche werden die Schleifkörner gezwungen, eine Wälzbewegung auszuführen. Dabei drücken sich die Körner in die Werkstückoberfläche ein, sodass diese geglättet und verfestigt wird. Durch das ständige Abrollen der Körner wird eine feine Zerspanung in Folge von Werkstoffermüdung herbeigeführt. Der Schneideneingriff wird maßgeblich durch den Raum zwischen Läppwerkzeug und Werkstück bestimmt. Aus diesem Grund handelt es sich um ein raumgebundenes Wirkprinzip (Martin 1975, Klocke 2005).

Drückt man das Werkzeug mit erhöhter Kraft, aber konstanter Flächenpressung auf das Werkstück, können die Körner keine Wälzbewegung mehr ausführen

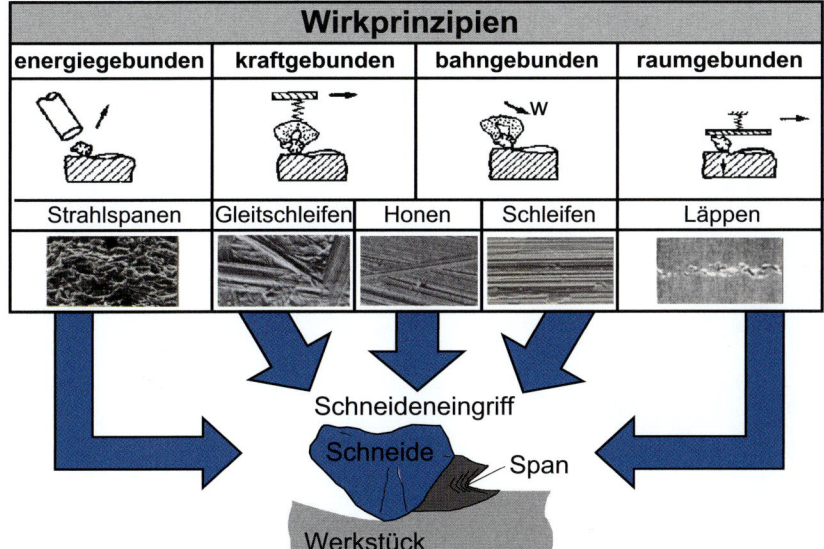

Bild 5-5.26
Wirkmechanismen des Schneideneingriffs

5

und ritzen feine Riefen in die Werkstückoberfläche. Diese Art von Korneingriff tritt beim *Gleitschleifen* und *Honen* auf. Da das Korn wegen der konstanten Flächenpressung mit einer begrenzten Kraft auf die Oberfläche des Werkstücks gedrückt wird, ist der Schneideneingriff hierbei kraftgebunden.

Beim Fertigungsverfahren *Schleifen* wird das Korn ortsfest in einer Bindung gehalten und durchdringt den Werkstoff auf einer vorgegeben Bahn, die von der Eingriffskinematik abhängt (Bild 5-5.27). Daher ist der Schneideneingriff bahngebunden.

Im Folgenden wird die Spanbildung beim Schleifen von duktilen Werkstoffen anhand des Einzelkorneingriffs erklärt. Bei der Bearbeitung dringt das Korn zunächst auf einer flachen Bahn in das Werkstück ein und verformt den Werkstoff in der ersten Phase elastisch. In der zweiten Phase beginnt der Werkstoff, zusätzlich zur elastischen Verformung, plastisch zu fließen. Dabei wird der Werkstoff zur Seite verdrängt, wodurch Aufwürfe entstehen, und/oder fließt unter der Schneide hindurch. Überschreitet die Spanungsdicke h_{cu} einen kritischen Wert, beginnt die eigentliche Spanbildung. Dieser Grenzwert wird als Schnitteinsatztiefe T_μ bezeichnet (Bild 5-5.27). In der dritten Phase des Schneideneingriffs treten Verdrängungsvorgänge und Spanbildung gleichzeitig auf. Dabei ist für die Effizienz der Zerspanung entscheidend, welcher Anteil der Spanungsdicke h_{cu} tatsächlich als Span gebildet wird. Dieser Anteil wird als effektive Spanungsdicke $h_{cu\,eff}$ bezeichnet (Klocke 2005, Lortz 1975, Masslow 1952, Steffens 1978). Die Schnitteinsatztiefe T_μ sowie die effektive Spanungsdicke $h_{cu\,eff}$ werden maßgeblich durch die Reibverhältnisse an der Schneide beeinflusst, welche wiederum von der Wahl des Kühlschmierstoffes abhängig sind. Der Einsatz einer Emulsion führt beispielsweise zu einer größeren Reibung an der Zerspanstelle als der Einsatz eines Öls. Bei hoher Reibung setzt die Spanbildung bei geringeren Schnitteinsatztiefen T_μ ein und die effektive Spanungsdicke $h_{cu\,eff}$ steigt. Es entsteht jedoch auch eine höhere Wärme in der Kontaktzone. Mit abnehmender Reibung an der Schneide steigt die Schnitteinsatztiefe T_μ und es kommt zu einer länger andauernden und somit auch stärkeren plastischen Werkstoffverdrängung. Die Effizienz der Zerspanung sinkt, da die effektive Spanungsdicke $h_{cu\,eff}$ abnimmt. Gleichzeitig entsteht weniger Wärme in der Kontaktzone. Neben den Reibverhältnissen an der Schneide wird die Spanbildung durch die Kornform, die Relativgeschwindigkeit zwischen Werkstück und Schneide sowie die Fließeigenschaften des Werkstoffs beeinflusst (Klocke 2005, Vits 1985). Die Spanbildung beim Schleifen sprödharter Werkstoffe unterscheidet sich signifikant von der duktilen Zerspanung. Bei der Zerspanung sprödharter Werkstoffe erfolgt die Werkstofftrennung mit zunehmender Korneingriffstiefe durch die Wirkmechanismen Rissinitiierung, Rissausbreitung und plastische Deformation. Es entstehen laterale Risse, deren Folge Werkstoffabplatzungen bzw. Ausbrüche sind, die in Summe zur Werkstoffabnahme führen (Marshall 1983, Saljé 1987, Klocke 2008). Liegt in der Werkstückrandzone vor der Schneide ein hydrostatischer Druckeigenspannungszustand vor, können sprödharte Werkstoffe duktil zerspant werden (Brinksmeier 2010). Neben dieser Theorie wies Bifano in

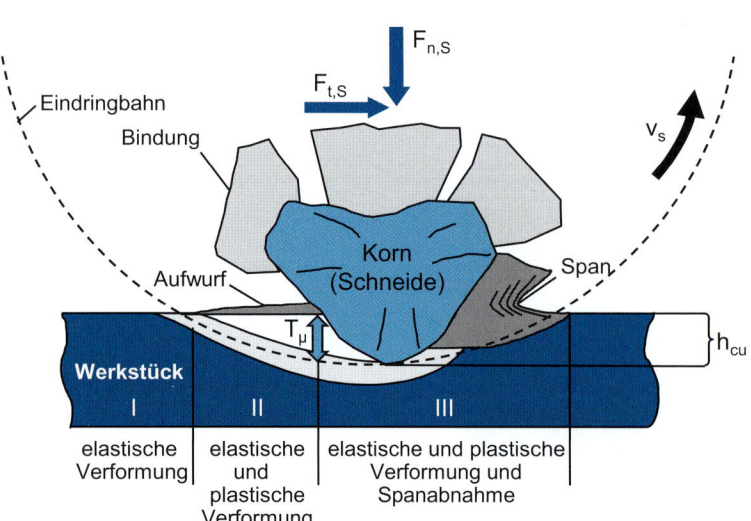

Bild 5-5.27
Zonen elastischer und plastischer Verformung bei der Spanabnahme

experimentellen Untersuchungen für unterschiedliche sprödharte Werkstoffe nach, dass diese duktil zerspant werden können, wenn eine kritische Spanungsdicke $h_{cu,krit}$ nicht überschritten wird (Bifano 1991).

Im Folgenden wird die Kraft und Energieverteilung beim Eingriff eines Einzelkorns genauer betrachtet. Die Schnittkraft, die während eines Schneideneingriffs auf die Einzelschneide wirkt, lässt sich in eine Komponente F_{tS} in Richtung der Schnittgeschwindigkeit und eine Komponente F_{nS} normal dazu aufteilen. Der Quotient F_{tS}/F_{nS} wird als Schnittkraftverhältnis µ bezeichnet. Das Schnittkraftverhältnis wird maßgeblich durch die Kornform und die Reibverhältnisse an der Schneide beeinflusst (Klocke 2005, Rubenstein 1967).

Der Großteil der beim Schleifen in den Prozess eingebrachten Energie wird in Wärme umgewandelt. Diese Wärme verteilt sich auf alle Komponenten, die an der Zerspanung beteiligt sind (Bild 5-5.28).

Der gesamte Wärmestrom q_t verteilt sich in der Kontaktzone auf die Schleifscheibe (q_s), das Werkstück (q_w), die Späne (q_{span}) und den Kühlschmierstoff (q_{kss}). Die Verteilung der Wärmeströme ist von dem zu bearbeitenden Werkstoff, der Kühlschmierung, den Prozessparametern und der Wahl des Schleifwerkzeuges abhängig. Ist der Wärmestrom in das Werkstück zu groß, kommt es zu einer thermischen Gefügeschädigung der Werkstückrandzone, auch Schleifbrand genannt. Aus diesem Grund ist man bestrebt, einen möglichst hohen Anteil der entstehenden Wärme über den Kühlschmierstoff, die Späne sowie über das Schleifwerkzeug abzuführen. Dabei ist jedoch darauf zu achten, dass das Schleifwerkzeug nicht thermisch und nicht mechanisch überbelastet wird (Jaeger 1942, Klocke 2005, Stephenson 2003).

Aufbau von Schleifwerkzeugen

Eine Schleifscheibe besteht aus Körnern, Bindung und Poren. Die Körner dienen der Werkstoffzerspanung und müssen daher eine höhere Härte als der zu zerspanende Werkstoff aufweisen. Zudem gehören hinsichtlich der Verschleißfestigkeit eine gewisse Zähigkeit, thermische Wechselbeständigkeit und chemische Beständigkeit zu den Anforderungen an den Kornwerkstoff. Grundsätzlich wird zwischen konventionellen und hochharten Kornwerkstoffen unterschieden. Zu den konventionellen zählen Korunde und Siliciumkarbid, zu den hochharten Kornwerkstoffen rechnet man kubisches Bornitrid (CBN) sowie Diamant. Die Wahl des Kornwerkstoffs hängt von der jeweiligen Bearbeitungsaufgabe ab. Für die Bearbeitung von ungehärteten Stählen, Schnellarbeitsstählen und Temperguss eignen sich Normal- und Halbedelkorund. Gehärtete Stähle, Einsatzstähle und Nickelbasiswerkstoffe werden üblicherweise mit Edelkorund, Sol-Gel-Korund oder kubischem Bornitrid bearbeitet. Siliciumkarbid eignet sich zur Bearbeitung von Hartmetallen, Grauguss und Titanwerkstoffen, während kubisches Bornitrid vornehmlich bei der Zerspanung von Nickelbasiswerkstoffen sowie für das Präzisionsschleifen hochlegierter Stähle eingesetzt wird. Diamant eignet sich für das Präzisionsschleifen von sprödharten Werkstoffen sowie für die Bearbeitung von Hartmetallen, Glas und Keramik.

Die Schleifscheibenbindung dient zur Einbindung der Körner. Hinsichtlich einer hohen Verschleißfestigkeit werden von der Bindung hohe Kornhaltekräfte, eine gute thermische Leitfähigkeit und eine hohe chemische Beständigkeit gefordert. Des Weiteren werden die Abrichtbarkeit, der Spanraum und die Kühlschmierstoffversorgung durch die Wahl der Bindung beeinflusst. Gängige Bindungstypen sind keramische Bindun-

5

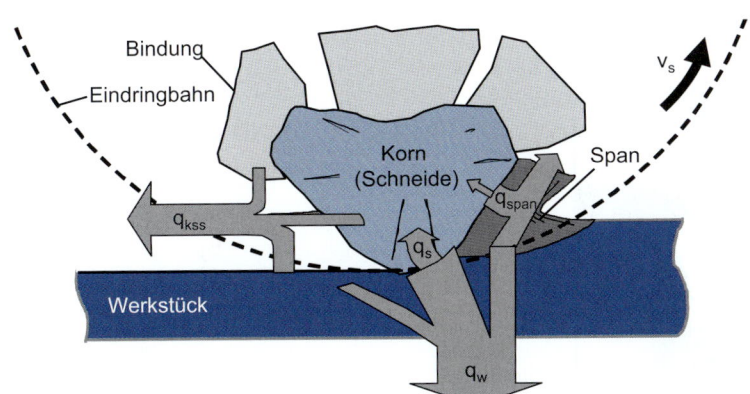

Bild 5-5.28
Energieverteilung und Wärmeströme beim Einzelkorneingriff

5

gen, Kunstharzbindungen sowie metallische Bindungen. Keramische Bindungen sind spröde. Sie zeichnen sich durch eine hohe Temperaturbeständigkeit aus, sind jedoch empfindlich gegenüber Temperaturwechsel. Zudem weisen sie eine hohe chemische Widerstandsfähigkeit gegenüber Ölen und Wasser auf. Kunstharzbindungen sind unempfindlich gegenüber Schlag, Stoß sowie seitlicher Druckbelastung und werden häufig als Trenn- oder Schruppscheiben eingesetzt. Im Bereich der Feinschleifscheiben ermöglicht die hohe Elastizität der Bindung eine Erzielung hoher Oberflächengüten. Metallische Bindungen zeichnen sich durch ihren hohen Verschleißwiderstand sowie durch eine hohe Wärmeleitfähigkeit aus, sind jedoch schwierig abzurichten. Die Poren der Schleifscheibe nehmen den Kühlschmierstoff auf und transportieren diesen zur Kontaktzone von Werkzeug und Werkstück. Sie dienen zudem zum Abtransport des zerspanten Werkstoffes. Der volumetrische Porenanteil einer Schleifscheibe hat direkten Einfluss auf die Bindungshärte, den Spanraum und die Kühlschmierstoffaufnahme. Eine offenporige Schleifscheibe begünstigt den Transport von Kühlschmierstoff und Spänen. Die Gefahr einer thermischen Werkstückschädigung wird reduziert. Mit steigendem volumetrischen Porenanteil sinkt jedoch die Bindungshärte und damit der Verschleißwiderstand der Schleifscheibe. Aus diesem Grund ist auch die Porosität einer Schleifscheibe auf die jeweilige Bearbeitungsaufgabe abzustimmen.

Verschleiß von Schleifwerkzeugen

In Folge der mechanischen und thermischen Belastung sowie chemischer Vorgänge bei der Bearbeitung verschleißt das Schleifwerkzeug. Der Werkzeugverschleiß wird maßgeblich durch die Wahl der Bearbeitungsparameter, den zu bearbeitenden Werkstoff und die Schleifscheibe selbst beeinflusst. Es wird zwischen Mikro- und Makroverschleiß unterschieden. Unter Mikroverschleiß versteht man einen Verschleiß am Einzelkorn durch mechanischen Abrieb, chemische Vorgänge, Druckerweichung oder die Entstehung von Mikrorissen. Verschleißarten wie Kornbruch und Kornausbruch sind dem Makroverschleiß zuzuordnen. Dabei kann ein Kornausbruch entweder aus einem Bindungsbruch in Folge einer mechanischen Überbelastung resultieren oder einem chemischen und thermischen Bindungsverschleiß geschuldet sein. Während Makroverschleiß zu einem Maß- oder Profilverlust am Werkstück führt, macht sich Mikroverschleiß oftmals durch eine Gefügeschädigung am Werkstück durch thermische Überbelastung bemerkbar. In beiden Fällen ist ein Konditionieren der Schleifscheibe erforderlich.

Konditionierung von Schleifwerkzeugen

Das Konditionieren einer Schleifscheibe unterteilt sich in die Operationen Reinigen und Abrichten, wobei sich das Abrichten in die Prozesse Profilieren und Schärfen untergliedert. Beim Reinigen werden Zusetzungen aus den Porenräumen der Schleifscheibe entfernt, das Profilieren dient der Erzeugung eines definierten Werkzeugprofils und das Schärfen der Erzeugung einer definierten Werkzeugmikrotopographie. Als Abrichtwerkzeuge kommen primär stehende oder rotierende Diamantwerkzeuge zum Einsatz. Zu den stehenden Abrichtwerkzeugen gehören Einkornabrichter, Vielkornabrichter und Abrichtfliesen, zu den rotierenden Abrichtwerkzeugen Profilrollen, Formrollen und Topfscheiben (Bild 5-5.29) (Klocke 2005).

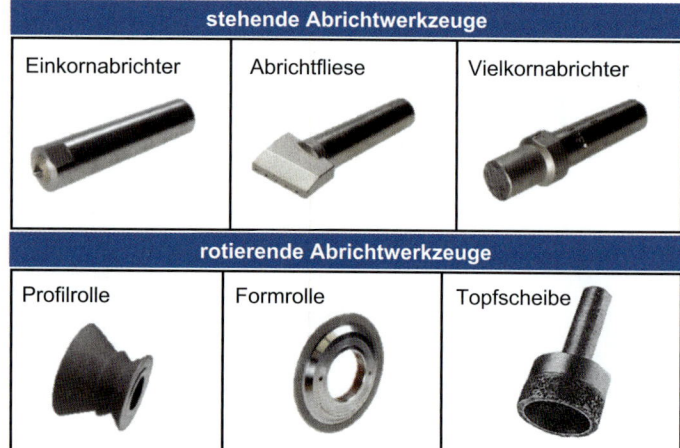

Bild 5-5.29
Verschiedene Abrichtwerkzeuge

Kenngrößen zur Zerspanung mit geometrisch unbestimmter Schneide

Mit Hilfe von Kenngrößen lassen sich Schleifprozesse, unabhängig vom Schleifverfahren, allgemein beschreiben und vergleichend bewerten. Im Folgenden werden verschiedene prozessbeschreibende Kennzahlen vorgestellt, anhand derer sich unterschiedliche Schleifstrategien verfahrensübergreifend vergleichen lassen. Zwei zentrale Kenngrößen zur Beschreibung eines Schleifverfahrens sind die maximale unverformte Spanungsdicke $h_{cu\,max}$ und das bezogene Zeitspanungsvolumen Q'_w. Um diese zu erklären, werden zunächst einige Grundbegriffe zur Zerspanung mit geometrisch unbestimmter Schneide aufgezeigt. Als Schnittgeschwindigkeit v_c wird die Relativgeschwindigkeit zwischen Werkstück und Schleifscheibe in deren Kontaktzone bezeichnet. Diese berechnet sich für entgegengerichtete Geschwindigkeitsvektoren aus der Summe von Schleifscheibenumfangsgeschwindigkeit v_s und der Werkstückgeschwindigkeit v_w und für gleichgerichtete Geschwindigkeitsvektoren aus deren Differenz. Letztere Prozessführungsvariante wird als Gleichlaufschleifen bezeichnet. Im umgekehrten Fall spricht man von Gegenlaufschleifen.

Als Zustellung a_e wird die radiale Zustellung des Schleifwerkzeuges relativ zum Werkstück bezeichnet (Bild 5-5.30). Die geometrische Kontaktlänge l_g beschreibt in guter Näherung den Eingriffsbogen zwischen Werkzeug und Werkstück und berechnet sich aus der Zustellung a_e und dem äquivalenten Schleifscheibendurchmesser d_{eq}.

$$l_g = \sqrt{a_e \cdot d_{eq}}$$

Der äquivalente Schleifscheibendurchmesser d_{eq} berücksichtigt, dass sich bei den Verfahren Außenrund-, Flach- und Innenrundschleifen trotz gleicher Zustellung a_e unterschiedliche Kontaktverhältnisse einstellen. Er entspricht dem Schleifscheibendurchmesser beim Flachschleifen, bei dem die gleichen Kontaktverhältnisse wie bei dem betrachteten Verfahren vorliegen würden (Klocke 2005, Kassen 1969, Werner 1971):

$$d_{eq} = \frac{d_w \cdot d_s}{d_w \pm d_s}$$

Die maximale unverformte Spanungsdicke $h_{cu\,max}$ ist ein Maß für die theoretische Dicke der bei der Zerspanung mit geometrisch unbestimmter Schneide erzeugten Späne (Bild 5-5.31). Da die Eingriffsverhältnisse aufgrund der regellosen Schneidenverteilung und Schneidenform beim Mehrkorneingriff variieren, wird die statistisch gemittelte maximale unverformte Spanungsdicke $h_{cu\,max}$ zur Beschreibung der Geometrie des Schneideneingriffs beim Schleifen herangezogen:

$$h_{cu\,max} \approx k \cdot \left(\frac{1}{C_{stat}}\right)^{\alpha} \cdot \left(\frac{v_w}{v_s}\right)^{\beta} \cdot \left(\frac{a_e}{d_{eq}}\right)^{\gamma}$$

Die Kenngröße C_{stat} gibt die statische Schneidendichte an. Der Proportionalitätsfaktor k und die Exponenten α, β und γ sind empirisch ermittelte Werte und berücksichtigen den Einfluss des Schmierungszustandes und der Werkzeug/Werkstoff-Paarung auf die Spanbildung (Kassen 1969, Werner 1971).

Das Zeitspanungsvolumen Q_w ist definiert als das je Zeiteinheit zerspante Werkstoffvolumen und ist damit

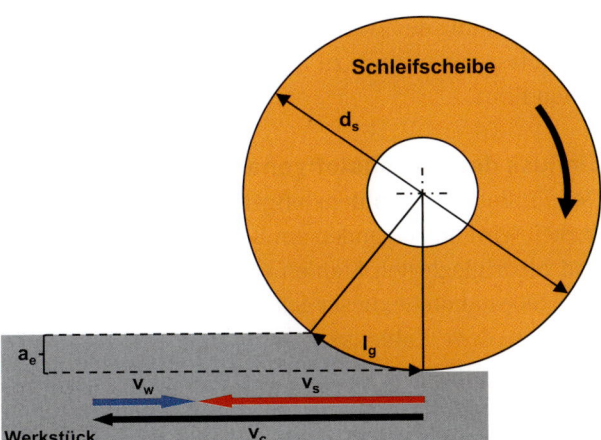

Bild 5-5.30 Geschwindigkeiten und Kontaktlänge beim Schleifen

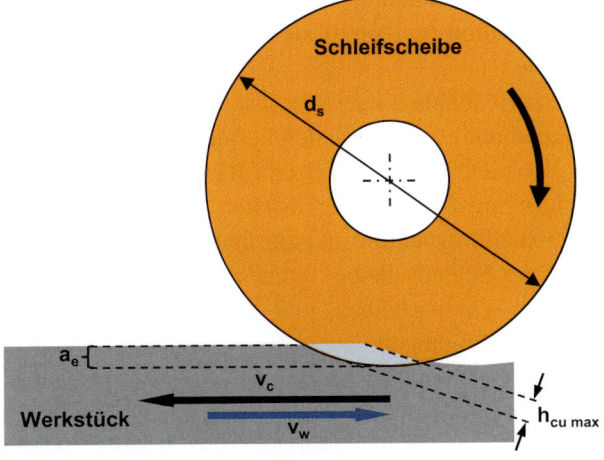

Bild 5-5.31 Maximale unverformte Spanungsdicke

eine zentrale Kenngröße für die Produktivität eines Schleifprozesses. Für eine bessere Vergleichbarkeit verschiedener Schleifprozesse bezieht man das Zeitspanungsvolumen Q_w auf die effektive Eingriffsbreite $b_{s\,eff}$ der Schleifscheibe. Diese Kenngröße wird als bezogenes Zeitspanungsvolumen Q'_w bezeichnet und berechnet sich aus dem Produkt des Arbeitseingriffes a_e und der Werkstückgeschwindigkeit v_w (Klocke 2005):

$$Q'_w = a_e \cdot v_w$$

5-5.2.2 Schleifbarkeit von Stählen

Um den Einfluss der Werkstoffauswahl auf den Schleifprozess zu diskutieren, muss zunächst der Begriff *Schleifbarkeit* erläutert werden. Schleifbarkeit ist definiert als die Eigenschaft eines Werkstoffes, sich unter gegebenen Bedingungen spanend bearbeiten zu lassen. Als Bewertungskriterien für die Schleifbarkeit eines Werkstoffes können die erzeugte Werkstückrandzone (thermische und mechanische Beeinflussung) sowie die Spanbildung herangezogen werden. Die Spanbildung hat direkten Einfluss auf die Schleifkraft, die Oberflächenrauheit, eventuelle Zusetzungen der Schleifscheibe und den makroskopischen sowie mikroskopischen Schleifscheibenverschleiß. Da die Schleifbarkeit eines Werkstoffes durch alle Komponenten des Schleifsystems bestimmt wird, müssen Schleifscheibe (Spezifikation und Einsatzvorbereitung), Prozessparameter und Kühlschmierung auf den jeweiligen Werkstoff und die Bearbeitungsziele (Bauteilanforderungen, Produktivität, Qualität) abgestimmt werden.

Einfluss der Gefügebestandteile
Die Gefügeausbildung beeinflusst die mechanischen Eigenschaften und somit auch die Schleifbarkeit von Stählen.
Unlegierte Stähle mit *ferritischem Gefüge* werden überwiegend mit geometrisch definierter Schneide bearbeitet. Die niedrige Festigkeit und Härte sowie die hohe Verformungsfähigkeit ferritischer Gefüge führt bei der Schleifbearbeitung zu einer hohen Zusetzungsneigung der Schleifscheibe. Daher ist der Einsatz offenporiger Schleifscheiben und die Verwendung von Abrichtbedingungen zur Erzeugung einer hohen Schleifscheibenwirkrautiefe von Vorteil. Aufgrund der geringen Härte von Ferrit bestehen keine hohen Anforderungen an den Kornwerkstoff hinsichtlich seiner Härte und Verschleißfestigkeit.

Stähle mit *perlitischem Gefüge* weisen eine höhere Festigkeit und Härte auf, sodass die Schleifscheibe einem höheren Abrasivverschleiß unterliegt. Des Weiteren führt die höhere Festigkeit zu einer höheren Schleifkraft und höheren Zerspantemperaturen. Die geringere Verformungsfähigkeit perlitischer Gefüge führt zu einer geringeren Zusetzungsneigung der Schleifscheibe und begünstigt, dass Schleifscheibentopographien mit geringerer Wirkrautiefe eingesetzt werden können. Diese ermöglichen die Erzielung feinerer Oberflächen. Stähle mit *austenitischem Gefüge* weisen ein duktiles Werkstoffverhalten auf. Dies führt zu einer hohen Zusetzungsneigung der Schleifscheibe. Aus diesem Grund sollten Schleifscheiben mit einer hohen Wirkrautiefe eingesetzt werden. Im Vergleich zu Ferrit verfügt Austenit über eine höhere Festigkeit, was zu einer höheren Belastung der Schleifscheibe in Folge der größeren mechanischen Belastung führt.
Stähle mit *martensitischem Gefüge* sind gekennzeichnet durch eine hohe Härte und Festigkeit. Dies führt zu einer hohen Schleifkraft und dementsprechend zu einer hohen Belastung der Schleifscheibe. Daraus resultieren hohe Anforderungen hinsichtlich der Härte des Kornwerkstoffes. Sind hohe Oberflächengüten, hohe Zerspanleistungen und eine hohe Form- und Maßgenauigkeit gefordert, eignet sich der Einsatz von CBN im Zusammenhang mit der Hochgeschwindigkeits-Schleifbearbeitung. Durch die hohen Schnittgeschwindigkeiten kann die Spanungsdicke und damit auch die Einzelkornbelastung reduziert werden. Weitere gängige Kornwerkstoffe für die Bearbeitung gehärteter Stahlwerkstoffe sind Edelkorund und Sol-Gel-Korund. Diese unterliegen jedoch einem höheren Verschleiß im Vergleich zu CBN. Bei der Bearbeitung von martensitischen oder vergüteten Gefügen ist eine zu hohe thermische Belastung des Werkstoffes zu vermeiden, da diese zu Anlasszonen und zu sprödharten Neuhärtungszonen führt.

Einfluss des Kohlenstoffgehaltes
Der Einfluss des Kohlenstoffgehaltes auf die Schleifbarkeit wird im Folgenden am Beispiel von unlegierten und niedriglegierten Stählen erläutert. Der Anteil der Gefügebestandteile dieser Stähle variiert in Abhängigkeit von dem Kohlenstoffgehalt und der Wärmebehandlung. Dies hat wiederum einen Einfluss auf die Schleifbarkeit. Bei Stählen mit einem Kohlenstoffgehalt $<0,25\,\%$ ist die Schleifbarkeit im Wesentlichen durch die Eigenschaften des Ferrits gekennzeichnet. Mit hö-

heren Kohlenstoffgehalten (0,25 % < C < 0,8 %) nimmt der Anteil des Perlits zu, sodass der Einfluss der Zerspaneigenschaften des Perlits auf die Schleifbarkeit des Werkstoffes zunimmt. Darüber hinaus bildet Kohlenstoff mit Elementen wie zum Beispiel W, Mo, V, Cr, Si und Fe feste und harte Karbide, sodass der abrasive Werkzeugverschleiß deutlich erhöht wird.

Einfluss der Legierungselemente

Legierungselemente haben einen wesentlichen Einfluss auf die Gefügeausbildung von Stahlwerkstoffen und damit auf deren Schleifbarkeit.

Durch die Zugabe von *Mangan* wird die Härtbarkeit von Stählen verbessert sowie deren Festigkeit gesteigert. Aufgrund der hohen Affinität zu Schwefel bildet Mangan mit Schwefel Sulfide. Bei Stählen mit niedrigen Kohlenstoffgehalten wird durch Mangangehalte bis zu 1,5 % die Schleifbarkeit aufgrund guter Spanbildungseigenschaften verbessert. Bei Stählen mit höheren Kohlenstoffgehalten wird die Schleifbarkeit durch Mangan negativ beeinflusst, da mit zunehmendem Mangan- und Kohlenstoffgehalt stabiler Austenit gebildet wird. Das austenitische ist schwerer zu zerspanen als ein ferritisches Gefüge.

Durch die Zulegierung von *Chrom, Molybdän und Wolfram* wird die Härtbarkeit von Stählen verbessert und somit deren Gefüge und Festigkeit beeinflusst. Dies wiederum hat einen Einfluss auf die Schleifbarkeit. Bei Stählen mit hohen Kohlenstoff- bzw. Legierungsgehalten bilden diese Elemente jedoch harte Sonder- und Mischkarbide. Die Schleifbarkeit kann dadurch (hinsichtlich eines höheren abrasiven Werkzeugverschleißes) negativ beeinflusst werden.

Nickel erweitert das Austenitgebiet von Stählen hin zu niedrigen Temperaturen und führt zu einer Festigkeitssteigerung von Stahlwerkstoffen. Damit hat Nickel einen negativen Einfluss auf die Schleifbarkeit. Dies gilt insbesondere für austenitische Ni-Stähle.

Silicium steigert die Festigkeit und Härte von ferritischen Stählen und bildet mit Sauerstoff harte Si-Oxid-(Silikat)Einschlüsse. Dies führt zu einem erhöhten abrasiven Werkzeugverschleiß.

Titan und Vanadium können bereits in kleinen Mengen aufgrund von feinstverteilten Karbid- und Karbonitridausscheidungen sowie einer starken Kornfeinerung große Festigkeitssteigerungen verursachen. Daraus resultiert eine erhöhte mechanische Belastung für das Schleifwerkzeug.

Schwefel bildet, je nach Legierungsbestandteilen des Stahls, verschiedene stabile Sulfide, die die Schleifbarkeit beeinflussen. Eisensulfide führen dabei zu ungewünschten Werkstoffeigenschaften. Durch Hinzulegieren von Mangan kann die Bildung von Eisensulfiden verhindert werden, da Schwefel eine deutlich höhere Affinität zu Mangan hat als zu Eisen. Folglich bilden sich bevorzugt Mangansulfide aus. Mangansulfide haben einen positiven Einfluss auf die Schleifbarkeit. Sie wirken versprödend und führen zu kurzbrüchigen Spänen, besseren Werkstückoberflächen und einer geringeren Zusetzungsneigung der Schleifscheibe. Mit zunehmender Länge der Mangansulfideinschlüsse werden die mechanischen Eigenschaften wie Festigkeit, Dehnung, Brucheinschnürung und Kerbschlagzähigkeit jedoch negativ beeinflusst.

Bei der Desoxidation von Stählen werden die Elemente Aluminium, Silicium, Mangan oder Kalcium zugegeben, welche bei der Stahlerstarrung freiwerdenden Sauerstoff binden. Dies hat zur Folge, dass z.B. Aluminiumoxide und Siliciumoxide in Form von harten, nicht verformbaren Einschlüssen im Stahl vorliegen und dessen Schleifbarkeit negativ beeinflussen. Dies gilt insbesondere dann, wenn die Oxide in größeren Mengen oder in Zeilenform im Stahl vorliegen. Nach der Desoxidation mit Calcium-Silicium oder Ferro-Silicium können sich unter bestimmten Bearbeitungsbedingungen verschleißhemmende oxidische und sulfidische Schutzschichten auf den Kornschneiden bilden und die Schleifbarkeit somit positiv beeinflusst werden (Klocke 2005).

Einfluss der thermischen und mechanischen Belastung auf den Werkstoff

Während der Schleifbearbeitung wird der Werkstoff durch den Schneideneingriff mechanisch sowie thermisch belastet. Diese Belastungen beeinflussen im Wesentlichen den Eigenspannungszustand sowie das Werkstoffgefüge in der Werkstückrandzone und damit einhergehend die Funktionalität des gefertigten Bauteiles. Während Druckeigenspannungen in der Werkstückrandzone häufig auf eine mechanische Belastung des Werkstoffes zurückzuführen sind, resultieren Zugeigenspannungen in der Werkstückrandzone typischerweise aus einer thermischen Belastung. Zu welchen Anteilen sich das Belastungskollektiv beim Schleifen aus thermischer und mechanischer Belastung zusammensetzt und welcher Eigenspannungszustand daraus resultiert, hängt von dem zu bearbeitenden Werkstoff, der eingesetzten Schleifscheibe, dem

Schleifverfahren, der Kühlschmierstoffart und -zufuhr sowie den gewählten Prozessparametern ab. Kommt es aufgrund einer thermischen Überbelastung während der Schleifbearbeitung zu einer Schädigung der Werkstückrandzone, wird dies als Schleifbrand bezeichnet. Gängige Methoden zur zerstörungsfreien Detektion von Schleifbrand sind die Sichtprüfung und die Barkhausenrauschen-Analyse. Darüber hinaus kann Schleifbrand mit Hilfe einer Nitalätzung detektiert werden. Bei diesem Prüfverfahren werden die Proben in einem Tauchbad geätzt, wodurch die thermisch geschädigten Zonen eine dunkle Färbung annehmen.

5-5.2.3 Technologiesteckbriefe

Eine Einteilung der unterschiedlichen Schleifverfahren erfolgt nach DIN 8589. Diese unterscheidet nach der Art des Verfahrens, der zu bearbeitenden Fläche, der eingesetzten Werkzeugfläche und der Art der Vorschubbewegung. Eine Übersicht gängiger Schleifverfahren und der dazugehörigen geometrischen und kinematischen Kenngrößen zeigt (Bild 5-5.32) (DIN 8589).

Das Arbeitsergebnis wird bei der Schleifbearbeitung maßgeblich durch die Stellgrößen bezogenes Zeitspanungsvolumen Q'_w, Schnittgeschwindigkeit v_c und Zu-

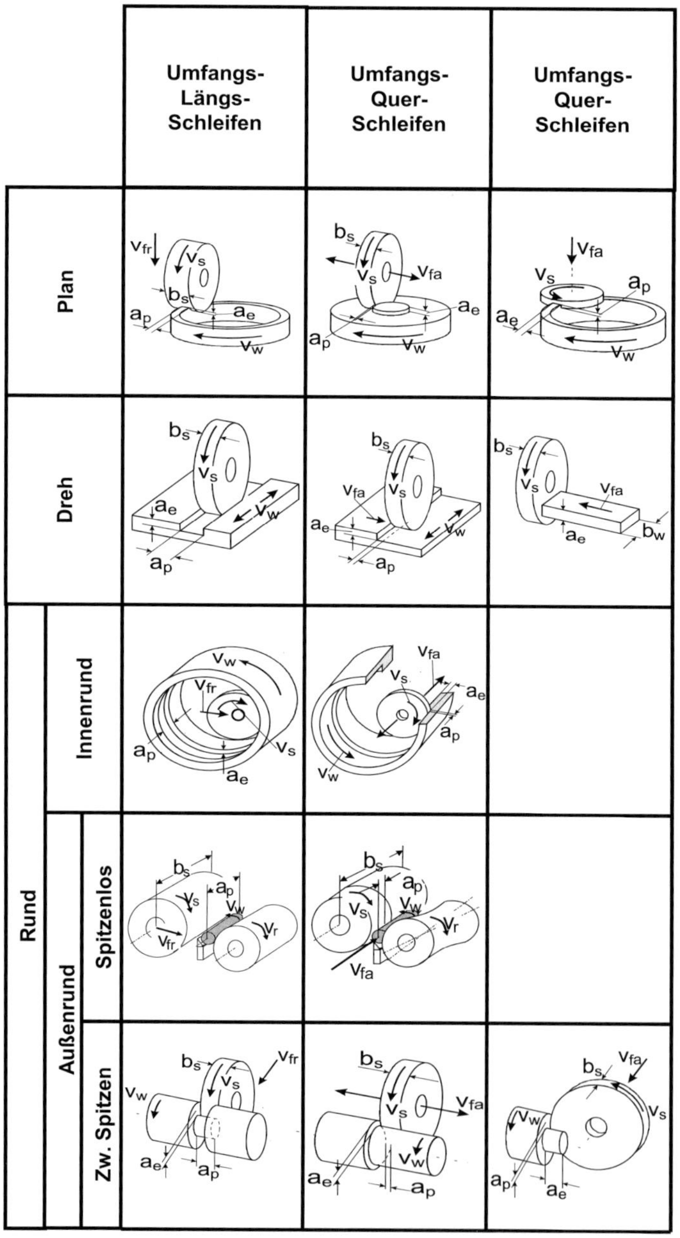

Bild 5-5.32
Übersicht über gängige Schleifverfahren

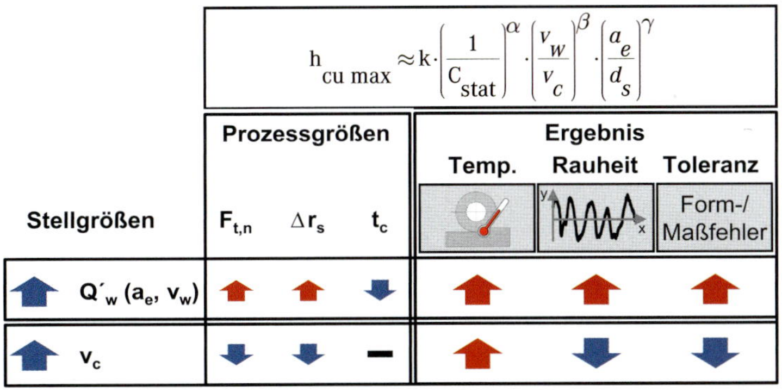

$h_{cu\ max} \approx k \cdot \left(\dfrac{1}{C_{stat}}\right)^{\alpha} \cdot \left(\dfrac{v_w}{v_c}\right)^{\beta} \cdot \left(\dfrac{a_e}{d_s}\right)^{\gamma}$					
	Prozessgrößen			**Ergebnis**	
Stellgrößen	$F_{t,n}$	Δr_s	t_c	Temp. Rauheit Toleranz Form-/Maßfehler		
⬆ $Q'_w\ (a_e,\ v_w)$	🔺	🔺	🔻	🔺 🔺 🔺		
⬆ v_c	🔻	🔻	—	🔺 🔻 🔻		

Bild 5-5.33
Einflüsse auf das Arbeitsergebnis

stellung a_e beeinflusst (Bild 5-5.33). Eine Steigerung des bezogenen Zeitspanungsvolumens Q'_w führt zu einer höheren maximalen unverformten Spanungsdicke $h_{cu\ max}$. Als Folge derer steigen die Prozesskraft $F_{t,n}$ und der Schleifscheibenradialverschleiß Δr_s. Die Bearbeitungszeit t_c wird reduziert. Zudem führt eine Steigerung des bezogenen Zeitspanungsvolumens Q'_w zu einer höheren Schleifleistung und damit zu einem höheren Wärmeeintrag. Darüber hinaus steigt in Folge der zunehmenden maximalen unverformten Spanungsdicke $h_{cu\ max}$ die Oberflächenrauheit und Form- und Maßfehler nehmen zu. Eine Steigerung der Schnittgeschwindigkeit v_c führt zu einer Abnahme der maximalen unverformten Spanungsdicke $h_{cu\ max}$ und damit zu einer geringeren Einzelkornbelastung. Infolge dessen sinken die Prozesskräfte $F_{t,n}$ und der Schleifscheibenradialverschleiß Δr_s. Mit steigender Schnittgeschwindigkeit v_c steigt jedoch die thermische Beanspruchung der Werkstückrandzone. Wird die Werkstückgeschwindigkeit v_w bei einem konstanten bezogenen Zeitspanungsvolumen Q'_w gesteigert, muss der Arbeitseingriff a_e reduziert werden. Dabei reduzieren sich ebenfalls die Prozesskräfte $F_{t,n}$ und der Schleifscheibenradialverschleiß Δr_s. Die Maß-, Form- und Lagefehler nehmen ab. Aufgrund der steigenden Spanungsdicke nimmt die

Werkstückrauheit zu. Die thermische Beanspruchung des Werkstückes sinkt, da mit sinkender Zustellung a_e die Kontaktlänge l_g zwischen Schleifscheibe und Werkstück sinkt und somit der Kühlschmierstoff besser an die Zerspanstelle transportiert wird. Der Abtransport des zerspanten Werkstoffes wird dadurch ebenfalls erleichtert. Mit steigender Werkstückgeschwindigkeit v_w reduziert sich die Wärmeeinwirkdauer. Die thermische Belastung der Werkstückrandzone wird ebenfalls gesenkt (Klocke 2005).

Planschleifen

Das Plan- bzw. Flachschleifen wird zur Herstellung von Flächen eingesetzt, die entweder vollständig eben sind oder in Hauptvorschubrichtung der Schleifscheibe geradlinig verlaufen. Es wird zwischen den Verfahrensvarianten Umfangs-Quer-, Umfangs-Längs-, Seiten-Quer- und Seiten-Längs-Schleifen unterschieden. In der industriellen Praxis werden am häufigsten die Verfahren Umfangs-Quer-Schleifen (Nuten- bzw. Profilschleifen) und Umfangs-Längs-Schleifen (Flächenschleifen bzw. Planen großer Flächen) eingesetzt (Bild 5-5.34). Bei beiden Verfahren kann im Tief-, Pendel- oder Schnellhubschliff gearbeitet werden (Bild 5-5.35) (Brandin 1978). Beim Tiefschleifen wird der Werkstoff bei

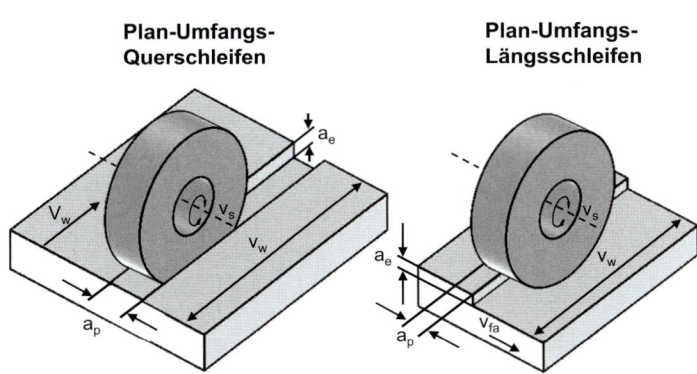

Plan-Umfangs-Querschleifen

Plan-Umfangs-Längsschleifen

Bild 5-5.34
Eingriffsverhältnisse beim Plan-Umfangs-Quer- und Plan-Umfangs-Längs-Schleifen

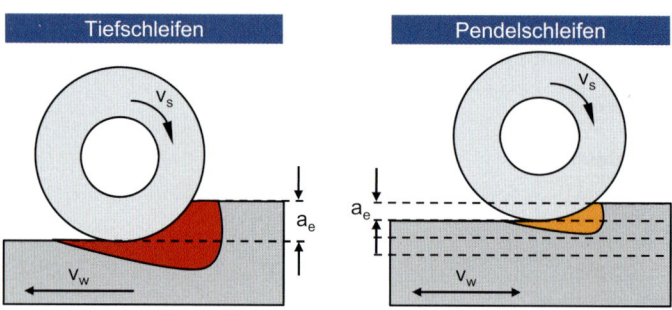

Bild 5-5.35
Verfahrensprinzipien des Tief- und Pendelschleifens

großen Zustellungen oder sogar in einem Überlauf zerspant. Beim Pendelschleifen erfolgt die Zerspanung bei einem identischen bezogenen Zeitspanungsvolumen Q'_w in mehreren Überläufen bei höheren Werkstückgeschwindigkeiten v_w und einer kleineren Zustellung a_e. Das Schnellhubschleifen zeichnet sich durch sehr hohe Werkstückgeschwindigkeiten v_w von bis zu 200 m/min bei entsprechend kleiner Zustellung a_e aus.

Mit zunehmendem Arbeitseingriff a_e steigt die Kontaktlänge zwischen Werkstück und Schleifscheibe, sodass der Transport von Kühlschmierstoff in die Kontaktzone sowie der Abtransport des zerspanten Werkstoffs erschwert wird. Darüber hinaus steigt die Einwirkdauer der Prozesswärme in das Werkzeug und die Werkstückrandzone mit sinkender Werkstückgeschwindigkeit v_w. Vorteile des Tiefschleifens gegenüber dem Pendel- und Schnellhubschleifen sind die besseren erzielbaren Oberflächenqualitäten und die kürzeren Schleifzeiten, da Leerwege und Tischumsteuerzeiten entfallen, wohingegen beim Pendel- und Schnellhubschleifen die thermische Beeinflussung der Werkstückrandzonen und somit die Gefahr einer thermischen Schädigung reduziert werden (Klocke 2005). Insbesondere für das Schnellhubschleifen ergibt sich eine vergleichsweise geringe thermische Beeinflussung der Werkstückrandzonen. Daraus resultieren Vorteile bei der Bearbeitung von schwer zerspanbaren Werkstoffen, wie z. B. Titanaluminiden und Nickelbasislegierungen (Nachmani 2008, Zeppenfeld 2005). Darüber hinaus konnte nach einer Bearbeitung von Stahlwerkstoffen mittels Schnellhubschleifen ein Druckeigenspannungszustand in der Werkstückrandzone ohne eine thermische Schädigung nachgewiesen werden (Duscha 2014).

Rundschleifen

Das Rundschleifen wird überwiegend zur Bearbeitung rotationssymmetrischer Bauteile eingesetzt. Dabei wird zwischen Außenrund- und Innenrundschleifen unterschieden. Beide Verfahren und deren Varianten werden im Folgenden genauer vorgestellt.

Beim *Außenrundschleifen* zwischen Spitzen wird das Werkstück mit Hilfe von stirnseitigen Zentrierungen gelagert und durch einen Werkstückmitnehmer angetrieben. Da beim Außenrund-Umfangs-Längsschleifen zwischen Spitzen während der Bearbeitung verhältnismäßig geringe Tangentialkräfte auftreten, kann das Werkstück hierbei auch über einen Stirnseitenmitnehmer reibschlüssig angetrieben werden.

Das Außenrund-Umfangs-Querschleifen (Außenrundeinstechschleifen) findet bei der Bearbeitung von Lagersitzen, Wellenabsätzen und Nuten Anwendung. Das Schleifwerkzeug wird dabei entweder normal oder schräg zur Werkstückrotationsachse zugestellt (Bild 5-5.36). Das Schrägeinstechschleifen eignet sich besonders zur gleichzeitigen Bearbeitung hoher Planschultern und Umfangsflächen. Diese können in einem Einstich fertig bearbeitet werden, sodass sich deutliche Zeitvorteile gegenüber dem Geradeinstechschleifen ergeben. Weitere Vorteile des Schrägeinstechschleifens gegenüber dem Geradeinstechschleifen sind eine Re-

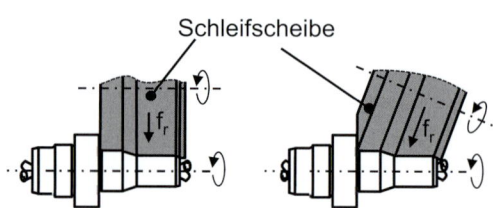

Bild 5-5.36 Verfahrensvarianten beim Außenrund-Umfangs-Querschleifen

duzierung der Schleifkontaktlänge an der Planschulter. Die Gefahr von thermischen Gefügeschädigungen wird reduziert und Schnittgeschwindigkeitsdifferenzen, die bei oben genanntem Bearbeitungsfall beim Geradeinstechschleifen auftreten, werden ausgeglichen (Goere 1986, Klocke 2005).

Der Einstich kann mehrstufig ausgeführt werden. Hierbei wird mit jeder weiteren Stufe das bezogene Zeitspanungsvolumen Q'_w reduziert, sodass bei vergleichbarer Werkstückqualität eine geringere Prozesszeit im Vergleich zum Einstich mit einem konstanten bezogenen Zeitspanungsvolumen Q'_w realisiert werden kann. In der letzten Prozessstufe, dem Ausfunken, erfolgt keine radiale Zustellung der Schleifscheibe. Es werden lediglich Rauheitsspitzen auf der Werkstückoberfläche eingeebnet sowie Formfehler durch zerspankraftinduzierte Verformungen des Werkstücks reduziert, da sich das System entspannen kann. Für die gleichzeitige Bearbeitung mehrerer Funktionsflächen in einem Einstich können Scheibensätze zum Einsatz kommen. Dieses Verfahren ist hochproduktiv, jedoch auch unflexibel, da mit einem Scheibensatz nur eine einzige Geometrie erzeugt werden kann.

Das Außenrund-Umfangs-Längsschleifen zwischen Spitzen eignet sich zur Herstellung zylindrischer und konischer Werkstücke und wird eingesetzt, wenn die zu bearbeitende Werkstücklänge wesentlich größer als die Schleifscheibenbreite ist. Die Schleifscheibe wird hierbei zunächst radial zugestellt und bewegt sich anschließend entlang der zu bearbeitenden Werkstückflächen. Je nach Prozessführung erfolgen weitere radiale Zustellbewegungen in den Umkehrpunkten (Bild 5-5.37). Die Zerspanung des Aufmaßes erfolgt entwe-

der in einem Überlauf (Schälschleifen) oder in mehreren Überläufen. Durch die hohen Belastungen der Schleifscheibe eignen sich für das Schälschleifen insbesondere Schleifscheiben mit hochharten Kornwerkstoffen.

Beim *Innenrundschleifen* werden, wie beim Außenrundschleifen, die Verfahren Innenrund-Umfangs-Querschleifen (Einstechschleifen) und Innenrund-Umfangs-Längsschleifen unterschieden. Die jeweiligen Kinematiken der Innenrundschleifverfahren sind analog zu denen beim Außenrundschleifen zwischen Spitzen. Die Werkstücke werden beim Innenrundschleifen im Allgemeinen am äußeren Rand einseitig gespannt, um die Zugänglichkeit zur Innenbohrung sicherzustellen. Zur Spannung der Werkstücke können Backenfutter oder bei komplexen Werkstückgeometrien auch Sonderkonstruktionen verwendet werden. Die Herausforderung bei der Einspannung in einem Backenfutter ist die Gewährleistung einer ausreichenden Rundlaufgenauigkeit und die Vermeidung einer Verformung der Werkstücke durch die Spannkraft. Da beim Innenrundschleifen die Kontaktlänge zwischen Schleifscheibe und Werkstück wesentlich länger ist als beim Außenrundschleifen, werden eine ausreichende Kühlschmierstoffversorgung der Kontaktzone sowie der Abtransport der Späne erschwert. Die Gefahr einer thermischen Gefügeschädigung in der Randzone wird deutlich erhöht. Um dem entgegenzuwirken, werden Schleifscheiben mit einer relativ groben Körnung, einer geringen Härte und einem offenen Gefüge eingesetzt. Aufgrund ihrer kleinen Abmessungen und geringen Härte unterliegen Schleifscheiben für das Innenrundschleifen einem hohen Verschleiß. Zudem lassen sich aufgrund der

5

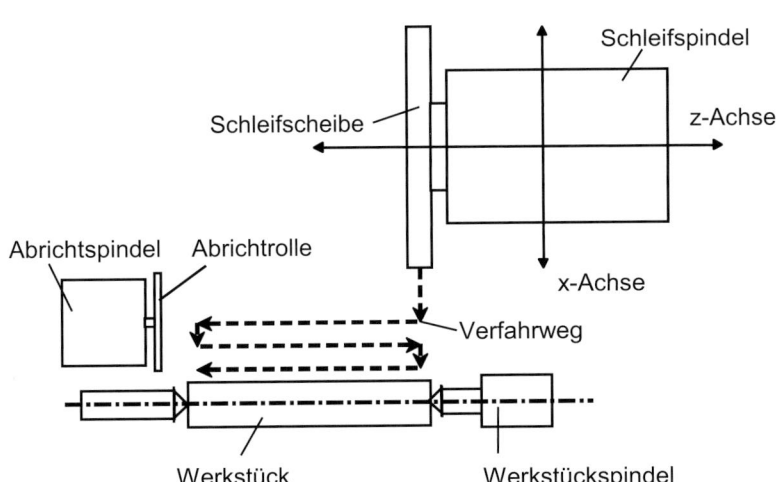

Bild 5-5.37
Kinematik des Außenrund-Umfangs-Längsschleifens

5

geringen Schleifscheibendurchmesser oftmals nur geringe Schnittgeschwindigkeiten realisieren, sodass die Vorteile hoher Schnittgeschwindigkeit, wie Kraftsenkung, Oberflächenverbesserung und Verschleißreduzierung, nicht genutzt werden können. Aus diesen Gründen können beim Innenrundschleifen häufig nur kleine Zeitspanungsvolumina realisiert werden. Darüber hinaus lässt sich mittels Innenrundschleifen nur eine begrenzte Bohrungstiefe bearbeiten, da mit steigender Auskraglänge des Werkzeuges die Gefahr einer unzulässigen Durchbiegung der Schleifspindel zunimmt. Dies führt zu Maß- und Formabweichungen am Werkstück (Klocke 2005).

Literatur zu Kapitel 5-5.2

Bifano, T.; Dow, W.A.; Scattergood, R.O.: Ductile-Regime Grinding: A New Technology for Machining Brittle Materials. Journal of Engineering for Industry 113 (1991), S. 186–189

Brandin, H.: Pendelschleifen und Tiefschleifen – vergleichende Untersuchungen beim Schleifen von Rechteckprofilen. Dissertation, TU Braunschweig, 1978

Brinksmeier, E.; Mutlugünes, Y.; Klocke, F.; Aurich, J.C.; Shore, P.; Ohomori, H.: Ultra-precision grinding. CIRP Annals, Manufacturing Technology 59 (2010), S. 652–671

Duscha, M.: Beschreibung des Eigenspannungszustandes beim Pendel- und Schnellhubschleifen. Dissertation, RWTH Aachen, 2014

Göre, J.: Simulationsmodell zur Prozessauslegung beim Schrägeinstechschleifen. Dissertation, RWTH Aachen, 1986

Jaeger, J.C.: Moving Sources of Heat and the Temperature at Sliding Contacts. Proc. Of the Royal Society of New South Wales 76 (1942), S. 203–224

Kassen, G.: Beschreibung der elementaren Kinematik des Schleifvorganges. Dissertation, RWTH Aachen, 1969

Klocke, F.: Fertigungsverfahren – Schleifen, Honen, Läppen. Springer-Verlag, Berlin 2005

Klocke, F.: Manufacturing Processes 2 – Grinding, Honing, Lapping. Springer-Verlag, Berlin 2008

König, W.: Kleine Schritte. Der Maschinenmarkt 99 (1993) 25, S. 36–42

Lortz, W.: Schleifscheibentopographie und Spanbildungsmechanismus beim Schleifen. Dissertation, RWTH Aachen, 1975

Marshall, D.B.; Evans, A.G.: The Nature of Machining Damage in Brittle Materials. Proc. Royal Soc. (1983) 385, S. 461–475

Martin, K.: Läppen. VDI-Z 117 (1975) 17

Masslow, E.N.: Grundlagen der Theorie des Metallschleifens. Verlag Technik, Berlin 1952

Nachmani, Z.: Randzonenbeeinflussung beim Schnellhubschleifen. Dissertation, RWTH Aachen, 2008

Rubenstein, C.: Force Measurements during Cutting Tests with Singe Point Tools simulating the Action of a Single Abrasive Grit. Industrial Diamond Information Bureau, London 1967

Saljé, E.; Möhlen, H.: Prozessoptimierung beim Schleifen keramischer Werkstoffe. Industrie Diamanten Rundschau (1987), S. 243–247

Steffens, K.: Spanbildung und Trennpunktlage beim Schleifen. Industrie-Anzeiger 100 (1978) 73, S. 49–50

Steffens, K.: Thermomechanik des Schleifens. Dissertation, RWTH Aachen, 1983

Stephenson, D.: Physical basics in Grinding. European Conference on Grinding, Aachen 2003

Vits, R.: Technologische Aspekte der Kühlschmierung beim Schleifen. Dissertation, RWTH Aachen, 1985

Werner, G.: Kinematik und Mechanik des Schleifprozesses. Dissertation, RWTH Aachen, 1971

Zeppenfeld, C.: Schnellhubschleifen von γ-Titanaluminiden. Dissertation, RWTH Aachen, 2005

Alle im Text erwähnten Normen sind in einer Liste zusammengefasst (Seite 889).

5-5.3 Abtragende Verfahren – Funkenerosion und elektrochemische Bearbeitung

Fritz Klocke, Andreas Klink

Die abtragenden Fertigungsverfahren Funkenerosion (EDM) und elektrochemische Bearbeitung (ECM) stellen aufgrund ihrer nicht mechanisch basierten Abtragprinzipien wichtige Alternativen zur konventionellen Zerspanung dar. Die Verfahren finden im Allgemeinen dann Anwendung, wenn eine Zerspanung technologisch oder wirtschaftlich nicht mehr sinnvoll darstellbar ist.

Gerade bei der Fertigung filigraner Geometriekonturen mit großen Aspektverhältnissen in gehärteten bzw. schwer zerspanbaren Stahlwerkstoffen bietet die *Funkenerosion* aufgrund der nahezu kraftfreien Bearbeitung ein großes Potential. Die vergleichsweise geringen Abtragraten verhindern jedoch in den meisten Fällen den direkten Einsatz dieser Technologie in der Serienfertigung. Vielmehr findet sich diese Technologie gerade im Werkzeug- und Formenbau und der Feinwerktechnik wieder, wenn es gilt, präzise Stempel, Matrizen oder Kavitäten bzw. Bauteile in kleiner Stückzahl herzustellen.

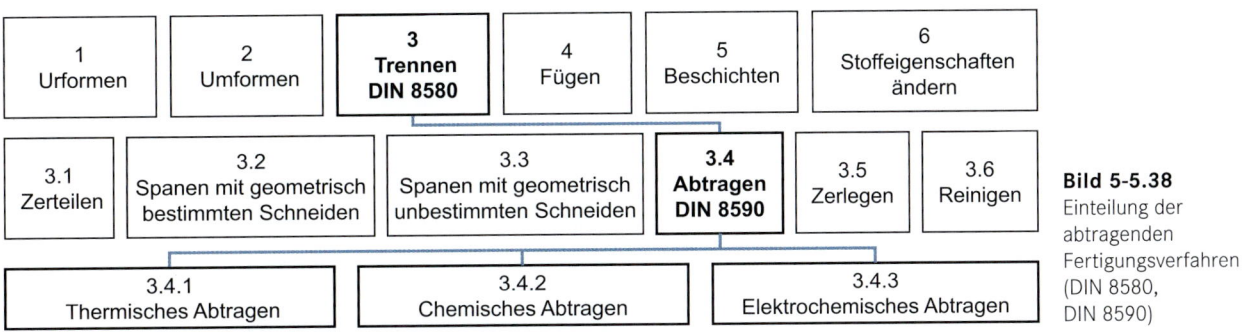

Bild 5-5.38
Einteilung der abtragenden Fertigungsverfahren (DIN 8580, DIN 8590)

Die *elektrochemische Bearbeitung* hingegen zeichnet sich insbesondere aufgrund des flächigen Abtrags durch vergleichsweise hohe Abtragraten bei gleichzeitig guter Oberflächengüte aus. Aufgrund des quasi nicht vorhandenen Werkzeugverschleißes, aber der vergleichsweise aufwändigen Prozessauslegung findet diese Technologie allerdings eher in der Serienfertigung ihre Anwendung. Hierbei zeichnet sich die Bearbeitung werkstückseitig durch eine weder thermisch noch mechanisch veränderte Randzone aus.

Gemäß Bild 5-5.38 ordnen sich die beiden Technologien nach DIN 8580 und DIN 8590 in die Hauptgruppe Trennen, Gruppe Abtragen ein. Während die Funkenerosion zur Untergruppe Thermisches Abtragen gehört, fällt die ECM-Technologie in die Kategorie Elektrochemisches Abtragen.

5-5.3.1 Verfahrensgrundlagen und resultierende Werkstoffmodifikationen

Bei der Funkenerosion, kurz EDM (Electro Discharge Machining) genannt, wird das physikalische Phänomen eines Materialabtrags als Folge elektrischer Entladungen zwischen zwei elektrisch leitenden Werkstoffen technisch genutzt. Der Abtragprozess findet in einer elektrisch nichtleitenden (dielektrischen) Flüssigkeit statt. Werkstück und Werkzeug werden so in Arbeitsposition gebracht, dass zwischen beiden ein Arbeitsspalt verbleibt. Wird nun an die Elektroden eine elektrische Spannung angelegt, so kommt es nach Überschreiten der Durchschlagfestigkeit des Arbeitsmediums – vorgegeben durch den Elektrodenabstand und die elektrische Restleitfähigkeit des Dielektrikums – zur Bildung eines energiereichen Plasmakanals (Bild 5-5.39) (Klocke 2007).

Die physikalischen Vorgänge, die zur Bildung des Funkens und darüber hinaus zum Werkstoffabtrag führen, sind noch nicht vollständig geklärt. Sie lassen sich während der Entladung in drei aufeinander folgende Hauptphasen aufteilen: die Aufbau-, Entlade- und Abbauphase. Während der Aufbauphase, die alle zur Bildung des Entladekanals führenden Vorgänge umfasst, liegt eine große zeitliche Strom- und Spannungsänderung vor. Die Stromcharakteristik verursacht nach Durchschlagen des Arbeitsmediums einen Stromfluss, der fast ausschließlich auf der Mantelfläche des Entladekanals stattfindet. Dabei wird die Anode durch Elektronenbeschuss teilweise schon vor der eigentlichen Bildung des leitenden Plasmakanals abgetragen, während die Kathode weitgehend unbeeinflusst bleibt (Klocke 2007).

In der Entladephase konzentriert sich der zeitlich konstante Strom auf einen kleinen Querschnitt. Die sich aus der zugeführten elektrischen Energie ergebenden Wärmeübertragungsvorgänge bewirken ein Schmelzen bzw. ein Verdampfen bestimmter Materialvolumina, wodurch sich eine ständig vergrößernde Gasblase ausbildet. Während der Abbauphase, die mit dem Abschalten der Stromzufuhr beginnt, brechen Gasblase und Plasmakanal zusammen und das teils verdampfte, teils flüssige Material wird ausgeschleudert (Klocke 2007).

Zur Beschreibung der Abtragvorgänge hat sich die „elektrothermische" Theorie weitgehend durchgesetzt. Sie geht davon aus, dass die durch die elektrische Entladung erzeugte Wärme die Elektrodenoberfläche im Bereich der Kanalfußpunkte aufschmilzt und dass der Werkstoffabtrag durch Ausschleudern des schmelzflüssigen Metalls bzw. durch Verdampfen erreicht wird. Erst der ungleiche Werkstoffabtrag an Anode und Kathode aufgrund der unterschiedlichen Aufteilung der Entladeenergie ermöglicht die wirtschaftliche Nutzung der Funkenerosion (Klocke 2007).

Das am Werkzeug und Werkstück aufgrund einer Entladung abgetragene Werkstoffvolumen hängt von der Polarität und den physikalischen Eigenschaften der

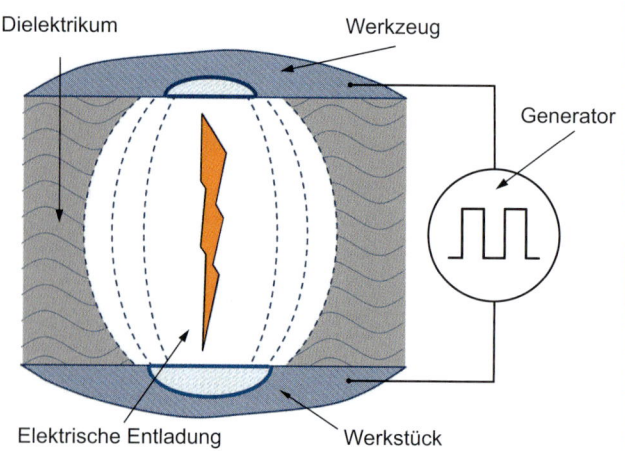

Bild 5-5.39
Abtragprinzip der Funkenerosion und resultierende Randzoneneigenschaften (Klocke 2007, Behrens 2011, Klink 2011)

Elektrodenmaterialien sowie von der Entladedauer und dem Entladestrom ab. Bei geeigneter Wahl des Werkzeugelektrodenwerkstoffs und durch Verändern der Einstellparameter kann eine bedeutende Asymmetrie des Elektrodenabtrags erzielt werden (Klocke 2007).

Die Funkenerosion ist bei der Bearbeitung metallischer Werkstoffe seit Jahrzehnten etabliert und hat in den letzten beiden Jahrzehnten aufgrund von Fortschritten in der Leistungselektronik und der hochfrequenten Prozessregelung (direkte, generatorseitige Reaktion auf einzelne Entladeimpulse) einen entscheidenden technologischen Schub zur Erhöhung der erzielbaren Abtrag- bzw. Schnittraten und zur Minimierung der thermisch beeinflussten Randzone erhalten.

Ausgedehnte weiße Randzonen, Risse und Poren sowie thermisch geschädigte Umwandlungszonen des Ge-

füges treten bei richtiger Prozessführung lediglich bei Verwendung großer Entladeenergien bei der Schruppbearbeitung auf (Bild 5-5.39). Durch eine geeignete werkstoffspezifische, abgestufte Schlicht- und Feinstschlichtbearbeitung lassen sich solche Effekte heute weitgehend minimieren, sodass „thermische Zerstörungen bis weit über 1 mm" (Der Stahlformenbauer 2013) oder aufgehärtete amorphe weiße Randschichten in der Größenordnung von 50 μm weder verfahrenstypisch noch zwingend verfahrensinhärent sind. Es lässt sich vielmehr bei richtig gewählter Prozessabfolge grundsätzlich eine zu konventionellen Prozessketten gleichwertige oder verbesserte Oberflächenintegrität einstellen.

Bei der Funkenerosion können zwei Verfahrensvarianten unterschieden werden. Dies sind die Drahterosion

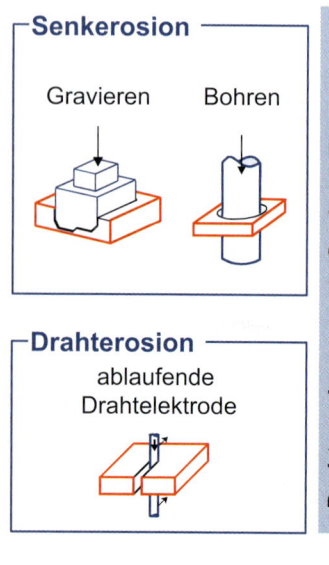

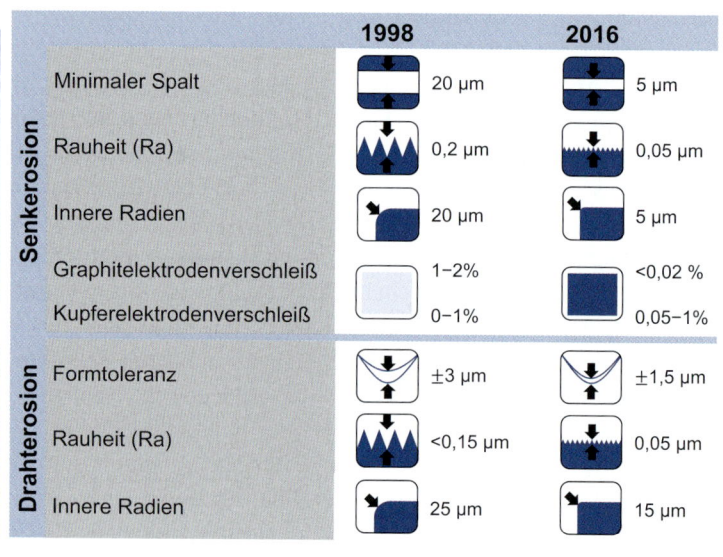

Bild 5-5.40
Verfahrensvarianten der funkenerosiven Bearbeitung und erzielbare Prozesscharakteristika (GF Machining Solutions)

und die Senkerosion (Bild 5-5.40). Die heute erzielbaren typischen Prozesscharakteristika hinsichtlich erzielbarer Geometriegenauigkeit und Werkzeugelektrodenverschleiß sind ebenfalls in einem Vergleich mit dem Jahr 1998 dargestellt. Es lassen sich insbesondere die oben bereits genannten signifikanten Prozessverbesserungen innerhalb der Technologie erkennen.

Beim elektrochemischen Abtragen, kurz ECM (Electrochemical Machining), wird die Elektrolyse als zugrundeliegendes Wirkprinzip angewendet. Unter Elektrolyse werden dabei alle chemischen Vorgänge und chemischen Veränderungen eines Stoffes, die bei einem Stromdurchgang durch einen Elektrolyten auftreten, verstanden. Das elektrochemische Abtragen beruht auf der Auflösung eines als Anode (positiv) polarisierten metallischen Werkstoffs in einem elektrisch leitenden Medium. Die Grundlagen der anodischen Metallauflösung mit Hilfe einer äußeren Spannungsquelle sind in Bild 5-5.41 dargestellt. Der positive Pol einer Gleichspannungsquelle wird an den abzutragenden metallischen Werkstoff (Anode) gelegt, der negative Pol an eine ebenfalls metallische Kathode. Für den Stromtransport zwischen diesen beiden Elektroden ist ein elektrisch leitendes Medium erforderlich, in der Regel werden dazu wässrige Natriumnitrat- oder Natriumchlorid-Elektrolytlösungen eingesetzt. In Sonderfällen kommen auch saure bzw. basische Lösungen zum Einsatz (Klocke 2007).

Durch das Anlegen der Gleichspannung laufen an den Elektroden komplexe elektrochemische Reaktionen ab. An der Anode geht das abzutragende Metall unter Abgabe von Elektronen als Metallionen in die Elektrolytlösung über. Je nach den chemischen Eigenschaften der Metallionen und der Zusammensetzung der Elektrolytlösung bleiben die Metallionen entweder gelöst oder reagieren mit Bestandteilen der Elektrolytlösung, z.B. unter Bildung von Metallhydroxiden. Diese sind in der Elektrolytlösung nicht löslich und fallen aus, wodurch ein Entfernen der Abtragprodukte (als Hydroxide) mit Hilfe einfacher Trennverfahren (Absetzbehälter, Zentrifuge, Filterpresse) möglich ist. An der Kathode laufen ebenfalls elektrochemische Reaktionen ab, an denen die Bestandteile der Elektrolytlösung beteiligt sind. Auf diese soll hier nicht näher eingegangen werden. Hervorzuheben ist aber, dass an der Kathode kein Abtrag oder Abscheiden erfolgt (Klocke 2007).

Durch den ausschließlich chemischen Materialabtrag bei der EC-Bearbeitung kommt es zu keiner thermisch oder mechanisch beeinflussten Randzonenausbildung wie bei vielen anderen Fertigungsverfahren. Die resultierende Oberfläche weist somit primär die Eigenschaften des Grundwerkstoffes auf. Oberflächenrauheiten werden prinzipiell eingeglättet, und es entstehen insbesondere keine Risse oder Poren (Bild 5-5.41). Da die anodische Metallauflösung auf atomarer Ebene stattfindet, lassen sich prinzipiell Oberflächengüten $Ra < 0,1\ \mu m$ erreichen. Durch die eingebrachte Joulesche Wärme infolge des Stromflusses wird der Elektrolyt erwärmt. Die Bearbeitungstemperatur muss bei Verfahrensanwendung aber stets unterhalb der Siedetemperatur (100 °C) des wasserbasierten Elektrolyten bleiben. Die somit geringe resultierende Wärmeein-

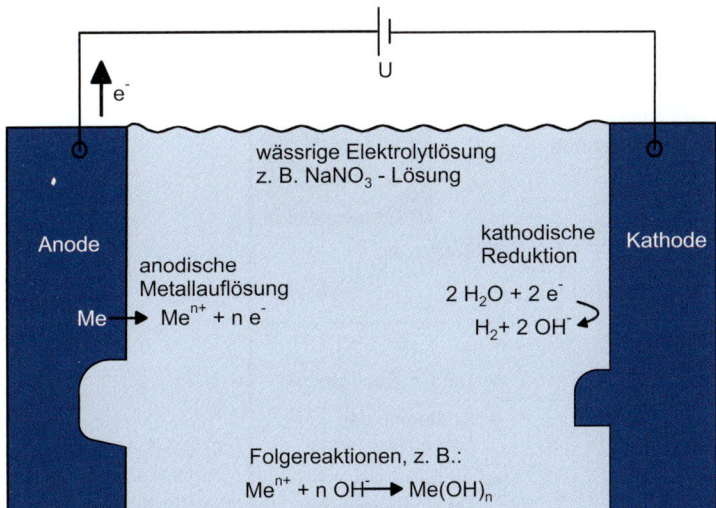

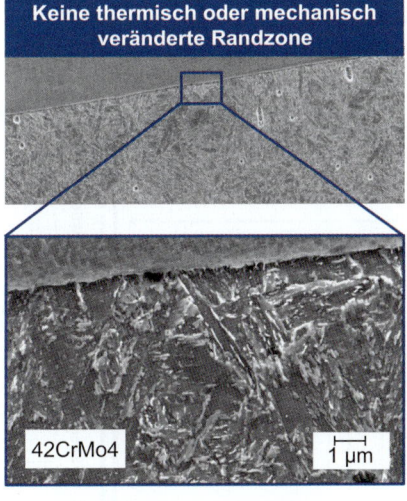

Bild 5-5.41 Abtragprinzip der elektrochemischen Bearbeitung und resultierende Randzoneneigenschaften (Klocke 2007, Klocke 2015)

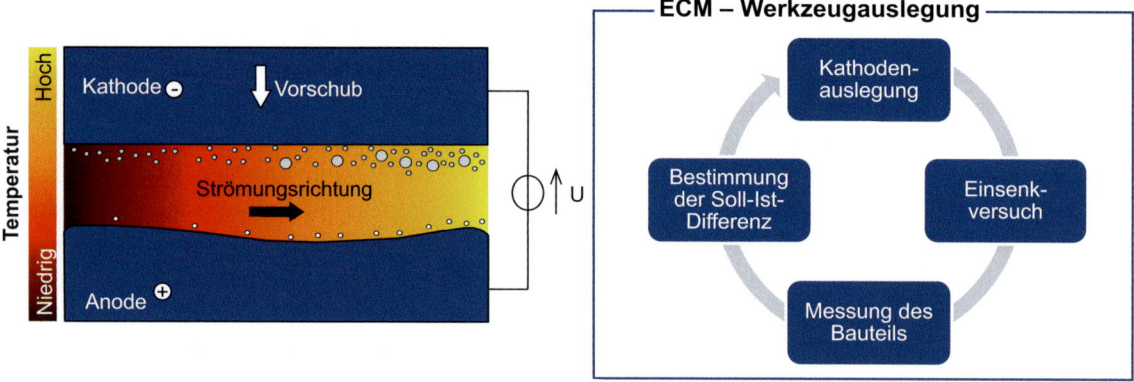

Bild 5-5.42 Spaltausbildung und notwendige iterative Werkzeugauslegung bei der EC-Bearbeitung (Klocke 2015)

bringung in den Werkstoff verändert die Randzone des Werkstücks nicht.

Die Werkstückgeometrie stellt kein exaktes Abbild der Werkzeugoberfläche dar, sie setzt sich aus Kathodengeometrie und Arbeitsspaltgröße zusammen. Da sich die Eigenschaften des Elektrolyten durch die entstehenden Prozessgase und die aufgenommene Prozesswärme kontinuierlich ändern, stellt der Arbeitsspalt jedoch keine äquidistante Größe dar (Bild 5-5.42).

Die Kathodenauslegung stellt daher stets eine der größten Herausforderungen in der Prozessauslegung dar. Eine ganzheitliche simulative Vorhersage ist industriell bisher nur sehr begrenzt möglich, sodass die Werkzeugauslegung heute klassischerweise in langwierigen und kostenintensiven experimentellen Iterationszyklen erfolgen muss (Klocke 2015).

Die Arbeitsspaltgröße bestimmt maßgeblich die Konturgenauigkeit des späteren Bauteils. Um die Abbil-

dungsgenauigkeit des ECM-Prozesses zu erhöhen, wurden Verfahren entwickelt, die eine Verkleinerung des Arbeitsspalts zum Ziel hatten (Bild 5-5.43). Dieser verkleinerte Arbeitsspalt erschwert die Elektrolytspülung. Daher wurde die konstant anliegende Spannung (DC-ECM) durch eine gepulste Gleichspannung ersetzt und mit einer gleichzeitigen mechanischen Kathodenoszillation überlagert (PECM). In den Pulspausen kann der Elektrolyt so wieder aufgefrischt werden und höhere Stromdichten bzw. ein kleinerer Arbeitsspalt wird ermöglicht. Die Periodendauer liegt je nach Anforderung im Bereich von Millisekunden bis zu Mikrosekunden und die mechanische Oszillation beträgt üblicherweise 0,1 mm. Mit dieser Verfahrensvariante lassen sich Genauigkeiten von $<20\,\mu m$ erzielen.

Das Festigkeitsverhalten erodierter Bauteile wird sowohl bei statischer als auch bei dynamischer Belastung

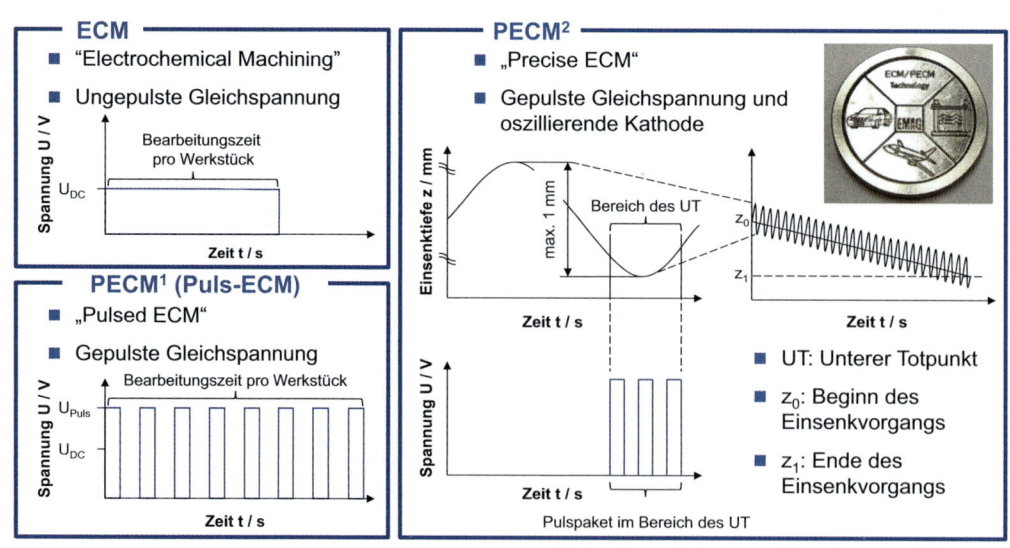

Bild 5-5.43
Verfahrensvarianten der elektrochemischen Bearbeitung (Klocke 2015)

maßgeblich durch die durch den Funkenerosionsprozess hervorgerufenen Eigenspannungen und Mikrorisse in den oberflächennahen Schichten beeinflusst. So ist die dynamische Festigkeit funkenerosiv bearbeiteter Bauteile aufgrund der prozessinhärent eingebrachten Zugeigenspannungen häufig geringer als bei solchen, die spanend bearbeitet wurden. Das Arbeitsergebnis ist abhängig von vielen verschiedenen Parametern, wie z. B. Arbeitsmedium, Elektrodenwerkstoff und Entladeenergie. Diese Parameter beeinflussen die Randzone des Werkstücks auf verschiedene Weise und verändern die Festigkeit erodierter Bauteile.

Durch die funkenerosive Bearbeitung von legierten und hochlegierten Werkzeugstählen kann die Härte in den oberflächennahen Randzonen ansteigen. Hierfür können unterschiedliche Phänomene verantwortlich sein, die sich auch gegenseitig beeinflussen. Insbesondere bei massiven Bauteilen ist der Wärmeabfluss in das Werkstoffinnere sehr groß. Es treten hohe Abkühlgeschwindigkeiten auf, durch die sich Hartphasen bilden können (Härteeffekt). In Abhängigkeit vom Grundmaterial und vom Dielektrikum wurde auch beobachtet, dass Kohlenstoff in die Oberfläche des Werkstücks diffundiert. Dies hat Einfluss auf kritische Abkühlgeschwindigkeiten, die den zuvor genannten Härtemechanismus verstärken oder sogar erst ermöglichen. Modellrechnungen zeigen, dass unter bestimmten Annahmen Akühlungsgeschwindigkeiten über 10^6 K/s an der Oberfläche auftreten. In diesem Fall steigt die Wahrscheinlichkeit, dass das erschmolzene Metall nicht mehr kristallin erstarrt. Es können amorphe

Oberflächenschichten entstehen, die als metallisches Glas bezeichnet und auch experimentell nachgewiesen werden (Klocke 2007).

In spanenden Fertigungsprozessen überlagern sich mechanische und thermische Wirkmechanismen. Welcher Art die entstehenden Eigenspannungen in diesem Fall sind, ist ohne Kenntnis der Verfahrensbedingungen deshalb nicht generell vorhersagbar. Häufig gelingt es in spanenden Fertigungsprozessen, Druckeigenspannungen in der Oberfläche zu erzeugen. Allgemeingültig kann man dies aber nicht voraussagen. Unter der Voraussetzung, dass funkenerosiv bearbeitete Bauteile Zugeigenspannungen aufweisen, elektrochemisch bearbeitete Oberflächen nahezu spannungsfrei sind und durch spanende Verfahren Druckeigenspannungen erzeugt werden, liegt die Dauerfestigkeit funkenerosiv bearbeiteter Werkstücke unter denjenigen von ECM und spanend bearbeiteten Bauteilen. Beim funkenerosiven Drahtschneiden lässt sich durch den Einsatz der Nachschnitttechnologie die Randzonendicke verringern, das Eigenspannungsniveau senken und die Oberflächenrauheit verbessern. Dadurch werden ähnliche Rauheitswerte wie beim Schleifen realisiert. Versuche zeigen, dass vom Hauptschnitt zum dritten Nachschnitt sowohl Oberflächenrauheit als auch Eigenspannungsniveau sinken, während durch weitere Nachschnitte hauptsächlich eine zusätzliche Verbesserung der Oberflächenrauheit erreicht wird (Klocke 2007).

Bild 5-5.44 zeigt das Ergebnis der Biegewechselfestigkeitsuntersuchung von drahtgeschnittenen Bauteilen

Darstellung der dynamischen Bauteilfestigkeit in Form von Wöhlerlinien

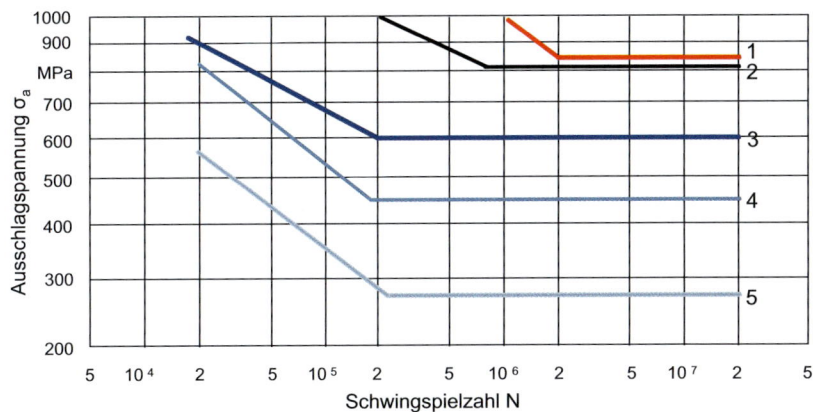

1: EC-Bearbeitung   2: Schleifen
3: Draht-EDM, 6. Nachschnitt; Strom: 0,7 A; Entladungsdauer: 0,4 µs / Imp. ; Einzelimpuls
4: Draht-EDM, 3. Nachschnitt; Strom: 4 A; Entladungsdauer: 0,4 µs / Imp.; 16-fach Impuls
5: Draht-EDM, Hauptschnitt; Strom: 44 A: Entladungsdauer: 2,6 µs / Imp.; 4-fach Impuls

Bild 5-5.44
Bauteilfunktionalität in Abhängigkeit von der gewählten Bearbeitungstechnologie für Stahl HS6-5-3 (Klocke 2007)

aus dem pulvermetallurgischen, vergüteten Schnellarbeitsstahl ASP 23 (HS6-5-3). Diese werden mit solchen verglichen, die elektrochemisch bearbeitet oder geschliffen werden. Eine Verbesserung der dynamischen Beanspruchbarkeit funkenerosiv bearbeiteter Bauteile ist letztendlich nur möglich, wenn die Zugeigenspannungen in der Randzone abgebaut und Mikrorisse vermieden oder beseitigt werden. Als naheliegende Maßnahme bietet sich ein Nacharbeiten durch Schlichterodieren bei der Senkerosion bzw. weitere Nachschnitte beim Drahtschneiden an (Klocke 2007).

Hier sind jedoch Grenzen gesetzt, da die Abtragraten mit kleiner werdender Entladeenergie bei gleichzeitig zunehmendem Verschleiß stark abnehmen. Aufgrund der Fortschritte in der EDM-Generatortechnologie in den letzten Jahrzehnten konnten die dauerfestigkeitsmindernden Zugspannungen in der Randzone verringert werden. Eine wesentlich wirkungsvollere Steigerung der dynamischen Beanspruchbarkeit wird mit einer Änderung des Eigenspannungszustands sowie der Randzoneneigenschaften durch mechanische Entfernung der Eigenspannungszone, Induzierung von Druckeigenspannungen durch Kugelstrahlen und metallurgische Umwandlung der Randzonen durch thermische oder thermomechanische Nachbehandlung der Werkstücke erreicht (Klocke 2007).

5-5.3.2 Erodierbarkeit und elektrochemische Bearbeitbarkeit von Stahlwerkstoffen

Zunächst ist die Frage zu klären, wie der Begriff der Erodierbarkeit in der Funkenerosion bzw. der elektrochemischen Bearbeitbarkeit definiert ist. Eine Möglichkeit besteht beispielsweise darin, in Analogie zur Zerspanbarkeit bei Prozessen mit definierter Schneide für das Erodieren ebenso Überbegriffe zu definieren wie den Abtragmechanismus (analog zur Spanform), die Oberflächengüte, den Verschleiß (analog zur Standzeit) und die Prozesskräfte (analog zur Zerspankraft). Wie auch bei der definierten Zerspanung sind diese Kriterien nicht voneinander unabhängige Größen, beschreiben aber den Prozess im Sinne des physikalischen Wirkmechanismus, die Ausprägung oder Qualität der neu erzeugten Werkstückoberfläche, die Abnutzung des Werkzeugs und damit in gewissem Rahmen die zu erwartende Konturgenauigkeit sowie die Werkstück/Werkzeug-Interaktion in Form von Prozesskräften, die

bei der prozesskraftarmen Funkenerosion jedoch erst bei filigranen Konturelementen an Werkstück oder Werkzeug einen merklichen Einfluss ausüben (Dieckmann 2011).

Neben den hier genannten Erodierbarkeitskriterien, die zunächst nur die technologische Machbarkeit betrachten, wird im Wesentlichen bei der Funkenerosion und der elektrochemischen Bearbeitung der wirtschaftlichen Betrachtung des Prozesses bei einer gegebenen Aufgabenstellung Aufmerksamkeit geschenkt. Beispielsweise wird bei der Drahtfunkenerosion diese üblicherweise mit den jeweils erreichbaren Schnittraten und damit benötigten Hauptzeiten zuzüglich anteiliger Werkzeugkosten abgebildet. Eine weitere Betrachtungsmöglichkeit besteht in der Aufstellung von Einfluss- und Ergebnisgrößen. Als Ergebnisgrößen sind hier Schnitt- bzw. Abtragrate, Ausbildung der Makro- und Mikrogeometrie und Beeinflussung des oberflächennahen Gefüges zu nennen. Beeinflusst wird das Erreichen dieser Ergebnisgrößen durch die verwendete Maschinentechnik und die der Aufgabe entsprechend anzupassenden Bearbeitungsparameter, das verwendete Dielektrikum sowie die Werkzeugelektrode und schließlich durch den zu bearbeitenden Werkstoff selbst (Dieckmann 2011). So existieren beispielsweise große Unterschiede bzgl. der Randzonenausbildung bei der Verwendung von deionisiertem Wasser im Bereich der Drahterosion und CH-basierten Dielektrika im Bereich der Senkerosion (und neuerdings ebenfalls im Bereich der Drahterosion), wenn beispielsweise korrosionsanfällige Werkstoffe ohne spezielle Anti-Elektrolyse-Generatortechnik bearbeitet werden müssen.

Voraussetzung zur grundsätzlichen Bearbeitbarkeit von Werkstücken sowohl im Bereich der Funkenerosion als auch im Bereich der elektrochemischen Bearbeitung ist das Vorhandensein einer elektrischen Mindestleitfähigkeit. Diese ist im Allgemeinen für alle Stahlwerkstoffe gegeben. Ggf. müssen allerdings Gusshäute oder umfangreiche Oxidschichten zunächst mechanisch entfernt werden. Ebenso ist der Abtragmechanismus der anodischen Metallauflösung für alle Stahlwerkstoffe erzielbar und somit ebenfalls die elektrochemische Bearbeitbarkeit gesichert.

Obgleich die Erodierbarkeit eines Werkstoffs mittels Funkenerosion von dessen mechanischen Eigenschaften unabhängig ist, haben die chemische Zusammensetzung, und damit zusammenhängend bestimmte physikalische Eigenschaften, einen erheblichen Ein-

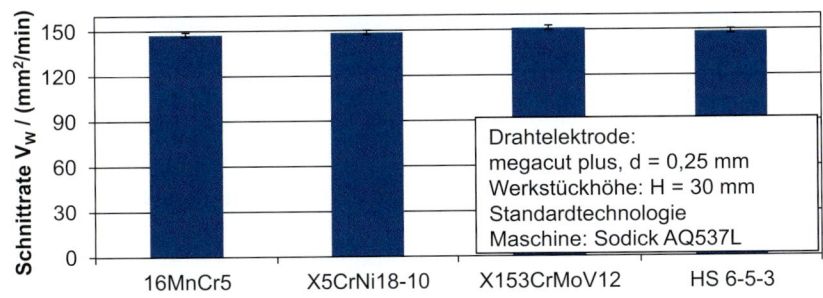

Bild 5-5.45
Schnittrate der drahtfunkenerosiven Bearbeitung verschiedener Stähle im Hauptschnitt

fluss. So sind vor allem die thermischen Kenngrößen, wie die Schmelz- und Verdampfungstemperatur bzw. -energie sowie die Wärmeleitfähigkeit und -kapazität, aber auch die elektrische Leitfähigkeit, die atomare Bindungsenergie und die Dichte eines Werkstoffs für dessen Erodierbarkeit maßgebend. Weiterhin können nichtleitfähige oder deutlich geringer leitfähige Partikel, wie beispielsweise Lunker oder Wolframkarbid, zu einer Veränderung der Erodierbarkeit führen. Daher ergeben sich bei unterschiedlichen Werkstoffen verschiedene Abtragraten und Oberflächenkennwerte (Klocke 2007). So lassen sich beispielsweise Stahlwerkstoffe und Hartmetalle bezüglich der erzielbaren Abtrag- bzw. Schnittraten gleichbleibend gut erodieren. Dagegen lassen sich kupferbasierte Werkstoffe wie beispielsweise Ampcoloy mit guter Wärmeableitung schlechter erodieren. Leichtmetalle wie Aluminium und Magnesium lassen sich hingegen u. a. aufgrund ihrer geringen Dichte sehr effizient bearbeiten.

Innerhalb der Werkstoffklasse Stahl sind die Unterschiede bzgl. der erzielbaren Abtrag- und Schnittraten aufgrund unterschiedlicher Werkstoffzusammensetzungen in der Regel nicht sehr ausgeprägt. Bild 5-5.45 zeigt beispielhaft die gleichbleibende resultierende

Schnittrate im funkenerosiven Hauptschnitt für eine gegebene Bearbeitungsaufgabe, wenn lediglich der Stahlwerkstoff variiert wird.

Ebenso hat der Wärmebehandlungszustand in der Regel keinen signifikanten Einfluss auf die erzielbaren Abtrag- und Schnittraten bei der Schrupp- und Schlichtbearbeitung. Lediglich beim sogenannten funkenerosiven Polieren, d. h. dem Erodieren mit kleinsten Entladeenergien zur Erzielung bester Oberflächengüten können entsprechende Einflüsse detektiert werden. So zeigt Bild 5-5.46 Unterschiede in der erzielbaren Abtragrate und Oberflächengüte in Abhängigkeit vom zugrunde liegenden Werkstoffgefüge und dem Wärmebehandlungszustand. Es lässt sich bzgl. der Polierabtragrate ein Anstieg für die vier ausgewählten Stahlwerkstoffe feststellen, der nur durch die Änderung der Mikrostruktur durch den jeweiligen Härteprozess hervorgerufen sein kann. Bezüglich der erzielbaren besten Oberflächengüten lässt sich aussagen, dass je feinkörniger und karbidärmer – und somit homogener – das Mikrogefüge ist, desto bessere Oberflächengüten lassen sich erreichen. So weist der Kaltarbeitsstahl unabhängig von der Wärmebehandlung die schlechtesten Werte auf. Durch Wahl der pulvermetallurgischen Variante oder durch Wechsel zum Warm- bzw. zum Schnell-

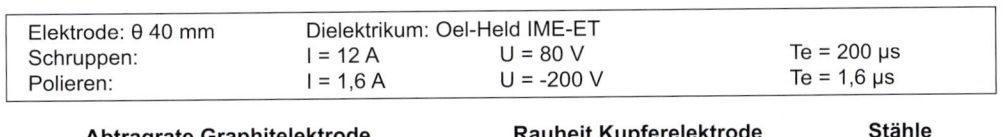

Abtragrate Graphitelektrode

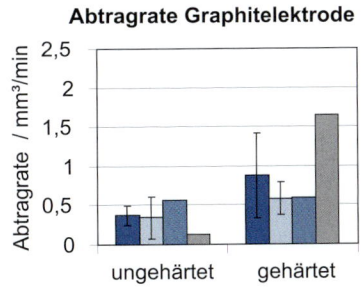

Rauheit Kupferelektrode

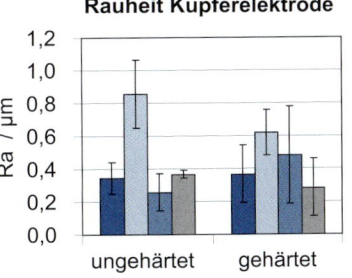

Stähle

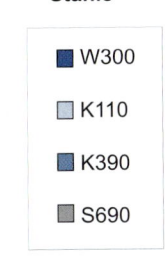

Bild 5-5.46
Realisierbare Abtragraten und Oberflächengüten beim senkerosiven Polieren unterschiedlicher Stähle und Gefügezustände

arbeitsstahl lässt sich die erzielbare Rauheit entsprechend senken.

Analog zur Abtragrate in der Funkenerosion ist das spezifische Abtragvolumen für das elektrochemische Abtragverhalten ein bedeutsamer Kennwert. Wesentlich ist, dass das Abtragverhalten des zu bearbeitenden Werkstoffs, außer von seiner chemischen Zusammensetzung, auch von dessen Gefügestruktur und damit von der Wärmebehandlung, vom Verarbeitungszustand und von weiteren, die Struktur eines Werkstoffs bestimmenden Größen abhängt. Das Abtragverhalten muss darüber hinaus in direktem Zusammenhang mit der Temperatur gesehen werden. Die direkte Proportionalität zwischen der Abtraggeschwindigkeit v_A und der Stromdichte J leitet sich aus den Faradayschen Gesetzmäßigkeiten ab. Dieser theoretische Zusammenhang gilt jedoch nur für die Bedingung, dass die ausschließlich abtragwirksamen Reaktionen mit den angenommenen elektrochemischen Wertigkeitsänderungen ablaufen. Gerade diese Voraussetzung ist aber in der Praxis nicht immer zutreffend, da an einer Elektrode in Abhängigkeit von den vorliegenden Bearbeitungsbedingungen (z.B. Art des Elektrolyten, pH-Wert, angelegte Arbeitsspannung usw.) mehrere elektrochemische Reaktionen ablaufen, die sowohl abtragwirksam als auch abtragunwirksam sein können. Außerdem sind die unterschiedlichen elektrochemischen Reaktionen oftmals potentialabhängig und damit auch stromdichteabhängig (Klocke 2007).

Die v_A-J-Kennlinie wird durch die nicht homogene Gefügestruktur der in der Praxis eingesetzten Werkstofflegierungen beeinflusst. Diese enthalten oftmals nicht lösliche oder schlecht lösliche Partikel (z.B. eingeschlossene Zementitpartikel), die wegen der bevorzug-

ten Auflösung des umgebenden Grundmaterials aus dem Werkstoff herausgespült werden, ohne dass hierzu elektrische Ladung verbraucht wird. Während ein linearer Zusammenhang zwischen der Abtraggeschwindigkeit v_A und der Stromdichte J nach dem Faradayschen Gesetz auf einen konstanten Reaktionsmechanismus hinweist, bewirken die zuvor beschriebenen Reaktions- bzw. Abtragmechanismen ein Abknicken des Kennlinienverlaufs. Grundsätzlich können jedoch alle untersuchten Abhängigkeiten von Abtraggeschwindigkeit und Stromdichte durch Geraden oder Geradenabschnitte dargestellt werden (Klocke 2007). Typische Kennlinienverläufe für Stahlwerkstoffe entsprechen den in Bild 5-5.47 dargestellten Verläufen A – D.

Da der Kennlinienverlauf in bestimmter Weise die anodischen Reaktionsvorgänge widerspiegelt, kann ein spezifischer Kennlinientyp auf eine bestimmte charakteristische Abtragform zurückgeführt werden. Die das elektrochemische Abtragverhalten bestimmenden Einflussgrößen verdeutlichen, dass eine Klassifizierung von Werkstoffgruppen hinsichtlich ihrer elektrochemischen Senkbarkeit nicht allein nach dem Unterscheidungsmerkmal der chemischen Werkstoffzusammensetzung vorgenommen werden kann. Vielmehr verhalten sich Werkstoffe mit gleicher chemischer Zusammensetzung bei der Bearbeitung mit unterschiedlichen Elektrolyten völlig verschieden, sodass die Art der verwendeten Elektrolytlösung als übergeordnetes Unterscheidungskriterium ebenfalls genannt werden muss (Klocke 2007).

Den Einfluss der elektrochemischen Bearbeitung auf die Ausbildung der Oberfläche in Abhängigkeit vom Wärmebehandlungszustand und somit von der Mikrostruktur zeigt beispielhaft Bild 5-5.48. Für den Werk-

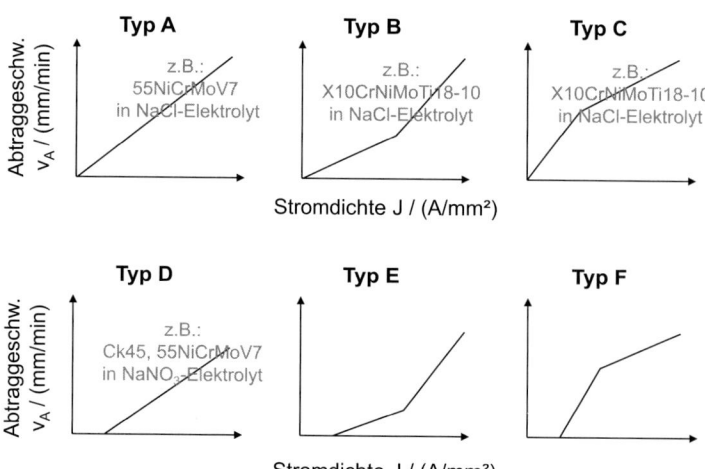

Bild 5-5.47
Charakterisierung der elektrochemischen Bearbeitbarkeit anhand von typischen v_A-J-Kurven (Klocke 2007)

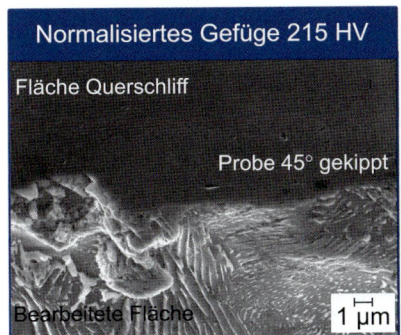

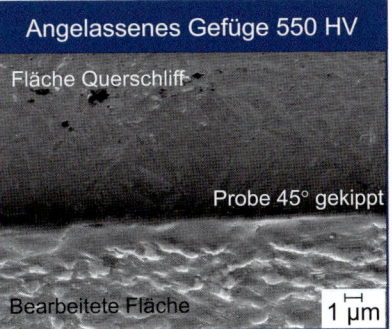

Bearbeitung

DC-ECM
Material: 42CrMo4
Spannung: 19 V
Elektrolyt: 21% $NaNO_3$
Vorschub: 1 mm/min

Bild 5-5.48 Oberflächenausbildung nach der elektrochemischen Bearbeitung in Abhängigkeit vom Wärmebehandlungszustand (Klocke 2015)

stoff 42CrMo4 kann für den normalisierten Zustand ein heterogenes Auflöseverhalten zwischen Ferrit und Zementit beobachtet werden, welches die Zementitlamellen lokal freilegt. Im Fall der gehärteten Werkstoffvariante findet ein deutlich gleichmäßigeres elektrochemisches Auflöseverhalten statt.

5-5.3.3 Technologiedatenblätter

Funkenerosive Senkbearbeitung

Die Herstellung von Raumformen und Durchbrüchen wird mit Hilfe des funkenerosiven Senkens durchgeführt. Beim klassischen Gravieren bildet sich eine Werkzeugelektrode mit einer dem zu erzeugenden Ist-Profil entsprechenden Form äquidistant im Werkstück ab. Die Information über die Werkstückgeometrie liegt folglich im Werkzeug. Die Vorschubbewegung wird

hierbei im Allgemeinen in der Z-Achse durch die an der Pinole befestigten Werkzeugelektrode ausgeführt. Bei der Bahnerosion (ähnlich zur Fräsbearbeitung) liegt hingegen die Geometrieinformation in einem NC-Programm. So wird es möglich, mit einfachen Werkzeuggeometrien komplexe Werkstückgeometrien zu erzeugen. Diese Variante findet sich primär im Bereich der funkenerosiven Mikrobearbeitung. Bei der Herstellung von Durchbrüchen ist oftmals ausschließlich eine schnelle Bearbeitung, z.B. als Startlochbohrung, erwünscht, sodass die erzeugte Geometrie nur von untergeordneter Bedeutung ist. Jedoch gibt es auch Anwendungsfälle, bei denen eine bestimmte Geometrie erzeugt werden muss (Klocke 2007).

Den Aufbau entsprechender Werkzeugmaschinen zeigt Bild 5-5.49. Neben der eigentlichen Maschine mit entsprechender Achskinematik werden eine Dielektri-

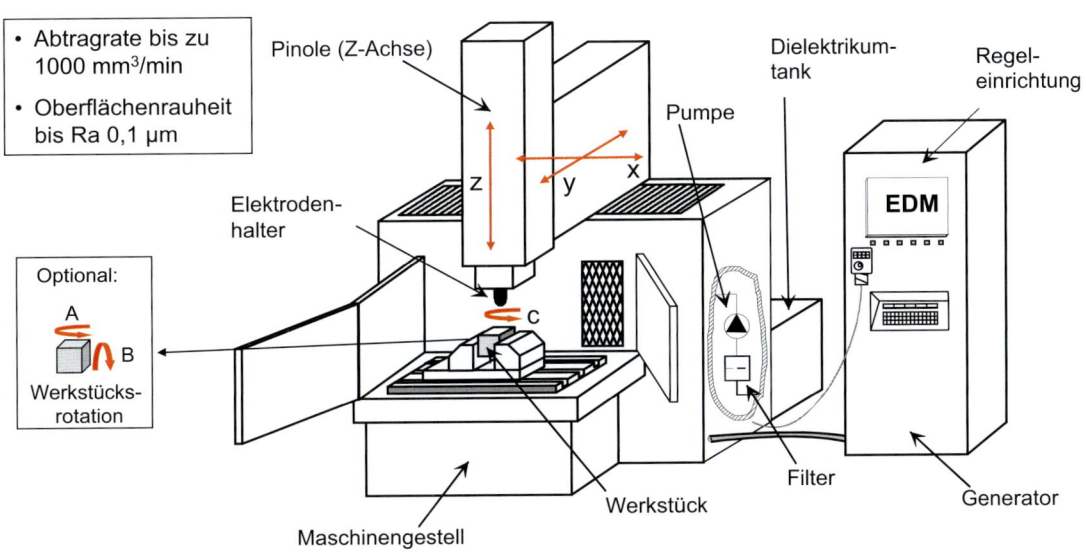

Bild 5-5.49 Maschinenaufbau und Kinematik in der Senkerosion (Klocke 2007)

kumversorgung und der elektrische Generator mit Prozessregelung benötigt. Klassische Senkerosionsmaschinen weisen eine X-, Y- und Z-Achs-Translationsbewegung sowie eine C-Achs-Rotationsbewegung der Pinole auf, während das Werkstück auf dem Werkstücktisch ruht. Optional haben sich in den letzten Jahren zusätzliche A- und B-Rotationsbewegungen auf Werkstückseite durchgesetzt, die die Freiheitsgrade zur Bearbeitung erweitern. Typische Abtragraten reichen bis zu 1000 mm³/min und beste Oberflächengüten bis Ra < 0,1 μm.

Die sogenannte Planetärerosion erweitert das Anwendungsgebiet der Funkenerosion erheblich und kann gegenüber dem konventionellen Senken zu deutlichen Kosteneinsparungen führen. Kennzeichnendes Merkmal dieser Technik ist eine räumliche Translationsbewegung der Elektrode, die der konventionellen, geradlinigen Einsenkbewegung überlagert wird (Bild 5-5.50). Daraus ergeben sich Fertigungsmöglichkeiten, die in der konventionellen Senkerodiertechnik, wenn überhaupt, nur durch mehrfaches Umspannen des Werkstücks und mit den damit verbundenen Genauigkeitsverlusten zu realisieren sind. Dazu gehören z.B. die Herstellung von Hinterschneidungen und konischen Durchbrüchen. Die Idee, die der Entwicklung der Planetärerosion zugrunde liegt, leitet sich aus den Verhältnissen bei der Schlichtbearbeitung ab. Nach dem Schruppen ist es notwendig, das Elektrodenuntermaß zu verkleinern, und zwar entsprechend der bei Schlichtbedingungen mit niedriger Entladeenergie geringeren Spaltweite. Durch die translatorische Auslenkbewegung wird das Elektrodenuntermaß der jeweils vorhergehenden Bearbeitungsstufe kompensiert, die Elektrode scheinbar vergrößert.

Unterschiedliche Maße brauchen also bei der Fertigung der Elektroden für die einzelnen Schlichtstufen nicht berücksichtigt zu werden. Damit reduzieren sich die Elektrodenherstellkosten, insbesondere dann, wenn mit einer einzigen oder zumindest mit einer geringeren Anzahl an Werkzeugen fertig bearbeitet werden

kann. Unabhängig von Funkenspalt und Elektrodenuntermaß können somit hochgenaue Formen erodiert werden, zumal durch die einstellbare exzentrische Bewegung Korrekturen des Endmaßes sehr einfach auszuführen sind. Die verschiedenen Bewegungskombinationen der Planetärerosion sind heute in der Regel in die Maschinensteuerung fest integriert. Dazu gehören neben der üblichen kreisförmigen Orbitalbewegung auch eckige Auslenkgeometrien und das sternförmige Aufweiten, um gegebenenfalls scharfe Ecken frei zu erodieren (Klocke 2007).

Durch die Kinematik der Planetärbewegung entstehen weitere Vorteile in technologischer Hinsicht. Bei der Umlaufbewegung ergibt sich automatisch aufgrund der sich ständig ändernden Spaltweiten eine wechselnde Saug-Druck-Spülung, die abgetragene Partikel sehr gut aus dem Arbeitsbereich entfernt. Das erreichbare Tiefen-/Durchmesserverhältnis ist infolge dieser verbesserten Spülbedingungen auch ohne zusätzliche Spülhilfen deutlich erhöht. Dementsprechend verbessert sich die Prozessstabilität, was sich letztlich in kürzeren Bearbeitungszeiten und kleineren Endrauheiten bemerkbar macht. Da an allen Bearbeitungsflächen die gleichen Prozessbedingungen vorliegen, ist die Voraussetzung für eine gleichmäßige Oberflächenausbildung an Stirn- und Seitenflächen gegeben. Ein wesentlicher Vorteil ist in der gleichmäßigen Verteilung des Elektrodenverschleißes besonders beim Schlichten zu sehen, da durch die Translation innerhalb der geschruppten Einsenkung auf einer größeren Fläche erodiert wird, sodass sich der Verschleiß auf die gesamte Elektrodenmantelfläche verteilt (Klocke 2007).

Um einen guten Erosionsprozess zu gewährleisten, sind im Arbeitsspalt Entladebedingungen zu schaffen, die das Auftreten von Kurzschlüssen, Fehlentladungen und Leerlaufimpulsen möglichst ausschließen. Da die Bedingungen im Arbeitsspalt nach jeder Entladung durch veränderte Eigenschaften des Dielektrikums, wie Verschmutzung, Temperatur usw., die z.B. die elektrische Leitfähigkeit verändern sowie durch den Ab-

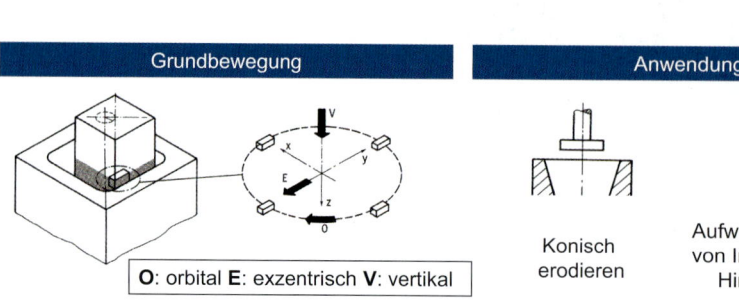
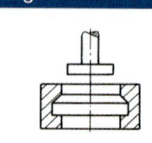

Bild 5-5.50
Grundbewegung und Anwendungen der Planetärerosion (Klocke 2007)

Grundbewegung

Anwendungen

O: orbital E: exzentrisch V: vertikal

Konisch erodieren

Aufweiten und Erodieren von Innenkonturen und Hinterschneidungen

trag variieren, müssen Funkenerosionsmaschinen mit einer geeigneten Vorschubregelung ausgerüstet sein. Die Vorschubregelung hat die Aufgabe, die Werkzeugelektrode entsprechend dem Abtrag, dem Verschleiß und den jeweiligen Spaltbedingungen so nachzuführen, dass möglichst keine Kurzschlüsse, Fehlentladungen oder Leerlaufimpulse auftreten. Als Regelgröße dient die Zündverzögerungszeit, die eine zum Arbeitsspalt proportionale Größe ist (Klocke 2007).

Ein allen funkenerosiven Anlagen gemeinsames Bauelement ist das Aggregat für das Arbeitsmedium, da das Erodieren üblicherweise unter flüssigen Dielektrika stattfindet. Das Dielektrikum hat folgende Hauptaufgaben:

- die Einschnürung des Entladekanals zur Erhöhung der Energiedichte,
- die Entfernung der Abtragpartikel aus dem Spalt,
- die Kühlung der Bearbeitungsstelle,
- die Ionisation des Arbeitsspalts und
- die Isolation von Werkzeug- und Werkstückelektrode.

Der Spülung der Bearbeitungsstelle kommt in der Funkenerosion in diesem Zusammenhang eine ganz besondere Bedeutung zu, da hierdurch erzielbare Abtragraten und Oberflächengüten sowie die Reduktion des Werkzeugverschleißes maßgeblich beeinflusst werden. Als Dielektrikum werden aus wirtschaftlichen Gründen beim funkenerosiven Senken hauptsächlich Kohlenwasserstoffverbindungen in Form von Mineralöl- oder Syntheseprodukten eingesetzt, die eigens auf die speziellen Anforderungen bei der funkenerosiven Bearbeitung zugeschnitten sind (Klocke 2007).

Die Topographie funkenerosiv bearbeiteter Oberflächen ist charakterisiert durch die Aneinanderreihung und Überlagerung einzelner Entladekrater, die sogenannte Kraterlandschaft (Bild 5-5.51). Die Rauheit der Oberfläche wird durch die Größe der einzelnen Entladekrater und damit im Wesentlichen durch die Entladeenergie bestimmt. Die Oberflächengestalt ist daher als narbig oder muldig zu bezeichnen, sie weist keine gerichteten Bearbeitungsspuren auf. Die Beschreibung der Topographie stützt sich in der Regel auf die Erfassung von Rauheitskennwerten mittels Tastschnittgeräten. Zur schnellen, überschlägigen Beurteilung der Rauheit wurde 1975 vom Verein Deutscher Ingenieure (VDI) ein Oberflächennormal (VDI 3400) geschaffen, mit dessen Hilfe erodierte Oberflächen anhand des Ra-Wertes gemäß der ebenfalls angegebenen Formel verglichen und klassifiziert werden können. Dieses hat bis heute weite Verbreitung gefunden. Jedoch muss bei der Anwendung dieses Standards beachtet werden, dass durchaus unterschiedliche Topographien zum selben Ra-Wert führen können und dass somit zur vollständigen Oberflächencharakterisierung weitere Beschreibungsparameter notwendig sind. Ebenso ist zu beachten, dass bei Anwendung im Kunststoffspritzgussbereich je nach Abformverhalten Unterschiede zwischen der Topographie des Stahlformeinsatzes und des abgeformten Bauteils bestehen.

Die Senkerosion wird heute in der Regel bei der Bearbeitung von filigranen Konturelementen mit großen Aspektverhältnissen in schwer zu zerspanenden Werkstoffen eingesetzt. Paradebeispiel ist in diesem Zusammenhang die Herstellung von Rippenstrukturen im

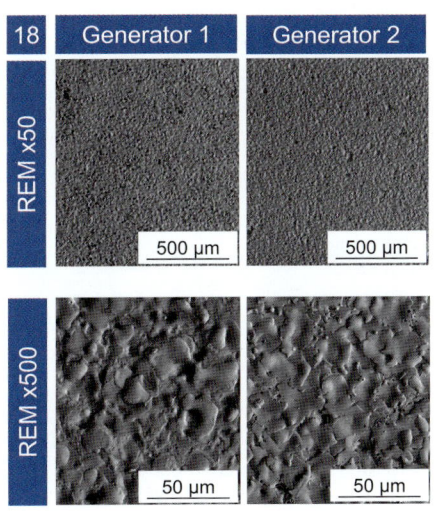

VDI-Klasse = 20 log (10 Ra)

Bild 5-5.51
Kraterlandschaft erodierter Oberflächen
VDI 3400-Klasse 18 und VDI 3400-Normal
in Kunststoffausführung (Klink 2015)

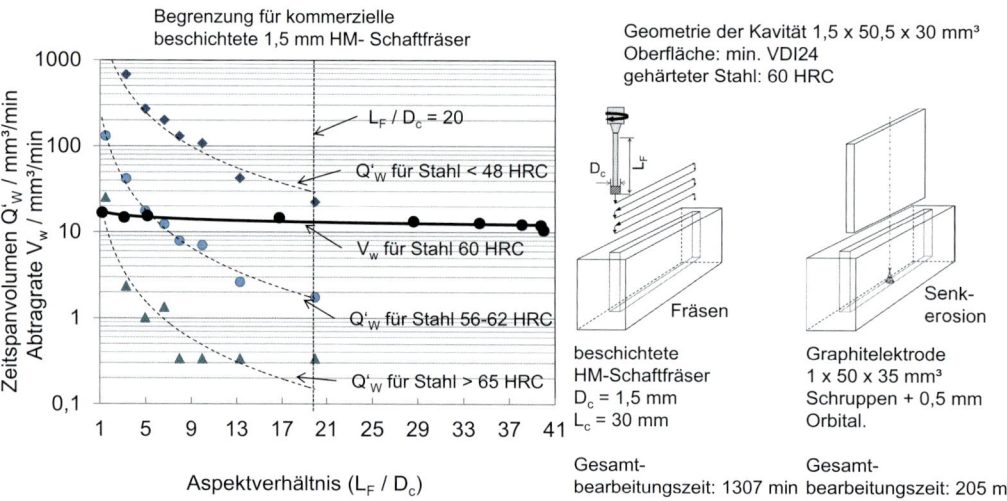

Begrenzung für kommerzielle beschichtete 1,5 mm HM- Schaftfräser

$L_F / D_c = 20$

Q'_W für Stahl < 48 HRC

V_W für Stahl 60 HRC

Q'_W für Stahl 56-62 HRC

Q'_W für Stahl > 65 HRC

Zeitspanvolumen Q'_W / mm³/min
Abtragrate V_w / mm³/min

Aspektverhältnis (L_F / D_c)

Empfehlung optimaler Fräsparameter durch *Seco Tools*.

Geometrie der Kavität 1,5 x 50,5 x 30 mm³
Oberfläche: min. VDI24
gehärteter Stahl: 60 HRC

Fräsen

Senk-
erosion

beschichtete
HM-Schaftfräser
D_c = 1,5 mm
L_c = 30 mm

Graphitelektrode
1 x 50 x 35 mm³
Schruppen + 0,5 mm
Orbital.

Gesamt-
bearbeitungszeit: 1307 min

Gesamt-
bearbeitungszeit: 205 min

Bild 5-5.52
Technologieeinsatz der Senkerosion im Werkzeugbau bei filigranen Konturelementen mit großen Aspektverhältnissen (Garzon 2013)

Kunststoffspritzgussbau durch Bearbeitung gehärteter Stahlwerkstoffe. In Bild 5-5.52 werden exemplarisch Einsatzmöglichkeiten und -grenzen der funkenerosiven Senkbearbeitung im Vergleich zum konventionellen Fräsen von Kavitäten hinsichtlich Produktivität und erzielbarer Geometrie dargestellt.

Nicht zuletzt aufgrund guter Zerspanbarkeit, keiner Gratbildung und hoher Abtragraten bei niedrigem Verschleiß werden heute hauptsächlich Graphitelektroden in der Senkerosion eingesetzt (Bild 5-5.53). Es lassen sich verschiedene Strukturen auf einer Elektrode sehr einfach zusammenfassen, sodass der Handlingsaufwand gegenüber Kupferelektroden deutlich reduziert werden kann. Wenn jedoch auch bei der Elektrodenfertigung die Fräsbearbeitung geometrisch an ihre Grenzen stößt (Zugänglichkeit der kleinen Elektrode), kann

alternativ die Drahterosion zur Elektrodenherstellung eingesetzt werden.

Zur Erzielung bester Oberflächengüten beim funkenerosiven Polieren und bei der Herstellung von strukturierten polierten Formeinsätzen finden weiterhin Kupferelektroden Anwendung (Bild 5-5.54).

Drahtfunkenerosion

Diese Verfahrensvariante hat sich für die Herstellung zylindrischer bzw. konischer Durchbrüche in der industriellen Praxis weitestgehend durchgesetzt. Besonders der Schnittwerkzeugbau ist durch die Drahterosion geradezu revolutioniert worden, da es möglich ist, Stempel und Matrize ohne Teilungen aus einem gehärteten Halbzeug zu fertigen. Den schematischen Aufbau einer modernen Schneiderosionsanlage zeigt

Lang auskragende Graphitelektroden

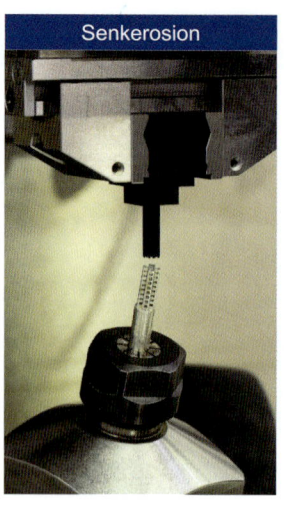

Senkerosion

Bild 5-5.53
Senkerodieren von Bauteilen mit großen Aspektverhältnissen mit Graphitelektroden (Klink 2015)

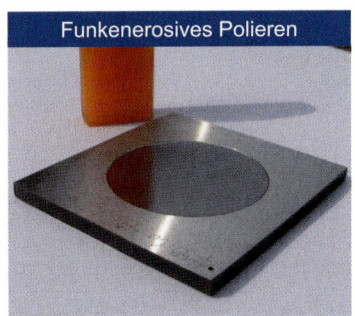

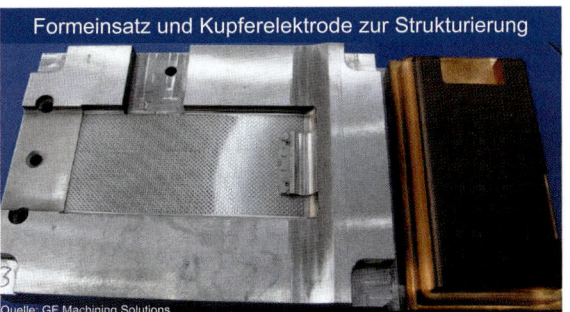

Bild 5-5.54
Funkenerosives Polieren und
Herstellung von Formeinsätzen

Bild 5-5.55. Die Maschine besteht im Wesentlichen aus dem Gestell mit den Drahtführungen und -kontaktierungen, dem Drahtantrieb und dem auf einem Kreuztisch angeordneten Arbeitsbehälter mit den Befestigungsmöglichkeiten für das Werkstück. Durch die Ansteuerung der Elektromotoren erfolgt eine Bewegung des Werkstücks relativ zum Draht, sodass durch die Überlagerung der Bewegungen in X- und Y-Richtung beliebige zylindrische Konturen erzeugt werden können. Ebenfalls haben sich in den letzten Jahren zusätzliche A- und B-Rotationsbewegungen auf Werkstückseite durchgesetzt, die die Freiheitsgrade zur Bearbeitung erweitern. Typische Schnittraten in der Drahterosion reichen bis zu 500 mm²/min und beste Oberflächengüten liegen in der Größenordnung von Ra = 0,04 μm. Die bearbeitbaren Werkstückhöhen können standardmäßig bis zu 500 mm betragen.

Für die in der Drahterosion eingesetzten Generatoren gilt im Unterschied zu den Generatoren an Senkanlagen die Forderung nach einer kleineren Impulsenergie, da aufgrund des geringen Leitungsquer-schnitts des Werkzeugdrahts dieser nicht beliebig hoch beansprucht werden kann. Daher wird bei Impulsgeneratoren die Impulsdauer auf wenige Mikrosekunden (0,2 bis 4 μs) begrenzt und die Pausendauer auf das Zehn- bis Zwanzigfache dieses Wertes ausgedehnt, sodass trotz eines hohen Entladestroms der Arbeitsstrom nur wenige Ampere beträgt. Die Entladeenergie wird dem Draht nach Möglichkeit in unmittelbarer Nähe des Arbeitsplatzes über Schleifkontakte in den Drahtführungen zugeleitet, um die elektrische Verlustleistung so gering wie möglich zu halten. Beim funkenerosiven Schneiden wird zumeist deionisiertes Wasser als Arbeitsmedium eingesetzt. Neben den aufgeführten Anlagekomponenten Maschine, Regelung und Generator ist noch das zur Dielektrikumsversorgung dienende Flüssigkeitsaggregat mit Pumpe, Filter und Ionentauscher zu nennen. Die Versorgung der Bearbeitungsstelle bzw. die Aufbereitung des Wassers übernimmt das Dielektrikumsaggregat. Es hat die Aufgabe, die Abtragpartikel auszufiltern, die elektrische Leitfähigkeit mittels Ionentauscher konstant zu halten und das deioni-

5

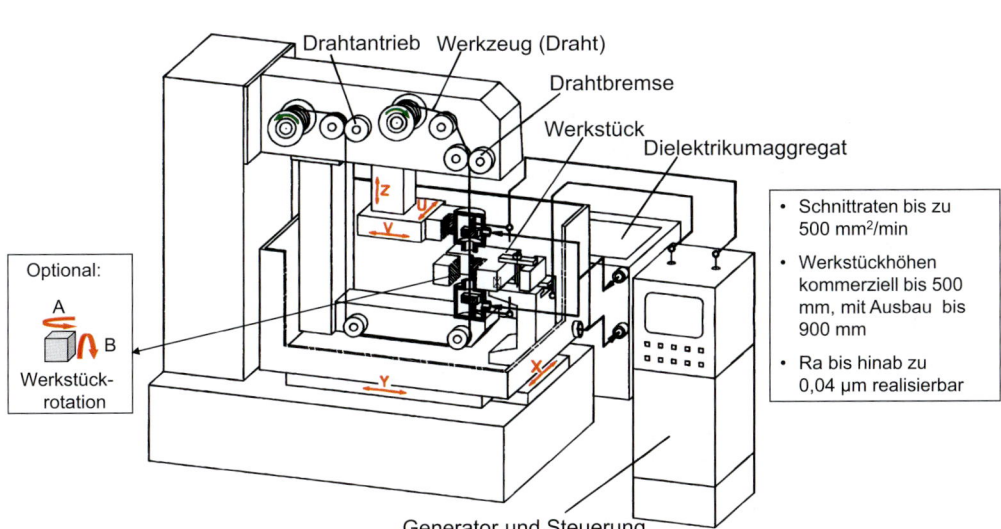

- Schnittraten bis zu 500 mm²/min
- Werkstückhöhen kommerziell bis 500 mm, mit Ausbau bis 900 mm
- Ra bis hinab zu 0,04 μm realisierbar

Bild 5-5.55
Maschinenaufbau und Kinematik in der Drahterosion (Klocke 2007)

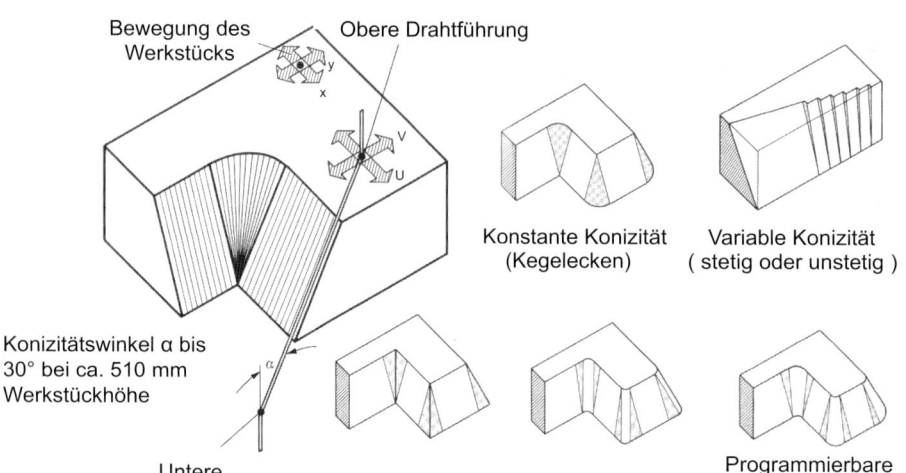

Bewegung des Werkstücks

Obere Drahtführung

Konstante Konizität (Kegelecken)

Variable Konizität (stetig oder unstetig)

Konizitätswinkel α bis 30° bei ca. 510 mm Werkstückhöhe

Untere Drahtführung

Scharfkantige Ecken

Isoradiale Ecken

Programmierbare Radiusdifferenz

Bild 5-5.56
Bewegungsüberlagerung beim konischen Drahterodieren (Klocke 2007)

sierte Wasser zu speichern und zu kühlen. Die spezifischen elektrischen Leitwerte des deionisierten Wassers liegen dabei üblicherweise im Bereich von 2 bis 100 μS/cm. Alternativ können kohlenwasserstoffbasierte Dielektrika eingesetzt werden, bei denen kein Ionentauscher notwendig ist. Die Spülung erfolgt entweder durch Freistrahlen von oben und unten oder zusätzlich im Bad. Die letztgenannte Verfahrensweise hat jedoch infolge der trotz geringer elektrischer Leitfähigkeit des deionisierten Wassers vorhandenen Streuströme eine höhere Verlustleistung zur Folge. Der Vorteil ist indes, dass durch Konstanthaltung der Wassertemperatur die thermischen Schwankungen am Werkstück gering sind (Klocke 2007).

Die Überlagerung der X-, Y-Achsen der unteren Drahtführung mit den U-, V-Achsen der oberen Drahtführung dient zur Erzielung schräger Schnitte in der sogenannten Konikbearbeitung, wie sie z.B. bei der Herstellung von Freiwinkeln an Schnittwerkzeugen erforderlich sind. Die meisten Anlagen besitzen Vorrichtungen, die eine numerisch gesteuerte Schrägstellung des Drahts gestatten. Wie in Bild 5-5.56 erkennbar, wird der Winkel durch Verschiebung einer Drahtführung (U- und V-Achse) realisiert. Die andere Drahtführung bleibt ortsfest. Beim Schneiden komplizierter Konizitäten wird eine Überlagerung der Auslenkbewegung der Drahtführung mit der Bewegung des Werkstücks in der X-Y-Ebene erforderlich. Dem Verfahren eröffnen sich realisierbare Konizitätswinkel bis etwa 30°. Anwendungsbereiche finden sich im Extrudierwerkzeugbau, Formenbau und bei der Herstellung von Sintermatrizen sowie Profilzerspanungswerkzeugen.

Insbesondere im Werkzeugbau spielt die erzielbare Oberflächen- und Randzonenausbildung eine entscheidende Rolle, da gerade funkenerosiv geschnittene Bauteile häufig die hochbelasteten Aktivelemente des Werkzeugs darstellen. In Anwendungsfällen, wo die nach dem funkenerosiven Schneiden mit maximal möglicher Schnittrate zurückbleibende Oberflächengüte den Anforderungen nicht gerecht wird, hat sich die Mehrschnitt- bzw. Nachschnitttechnologie durchgesetzt. Sie ist dadurch gekennzeichnet, dass im Anschluss an einen konturerzeugenden Hauptschnitt in mehreren aufeinanderfolgenden Nachschnitten mit sukzessive reduzierter Entladeenergie die Randschicht der vorausgegangenen Bearbeitung nachgearbeitet wird. Hierbei wird neben der Erzielung einer bestimmten Oberflächenrauheit und Form- und Maßgenauigkeit eine Verringerung der Dicke der thermisch beeinflussten Randzone angestrebt. Dies dient in erster Linie einer Verbesserung der dynamischen Bauteileigenschaften. In Bild 5-5.57 ist exemplarisch die Oberflächenausbildung mit den dazugehörigen Rauheitskennwerten sowie der Dicke der weißen Randzone für die Bearbeitungsstufen Hauptschnitt bis fünfter Nachschnitt dargestellt. Hierbei ist zu beachten, dass sich lediglich bis zum dritten Nachschnitt eine völlig neue weiße Randzone ausbildet. Ab dem vierten Nachschnitt werden nur noch die Rauheitsspitzen abgetragen bzw. eingeebnet (Klocke 2007).

Die Drahterosion wird heute – ähnlich zur Senkerosion – zur Herstellung filigraner Regelgeometrien mit großen Aspektverhältnissen in schwer zerspanbaren Werkstoffen eingesetzt. Bild 5-5.58 zeigt als Bearbeitungsbeispiele die Herstellung stoffschlüssiger Gelenke

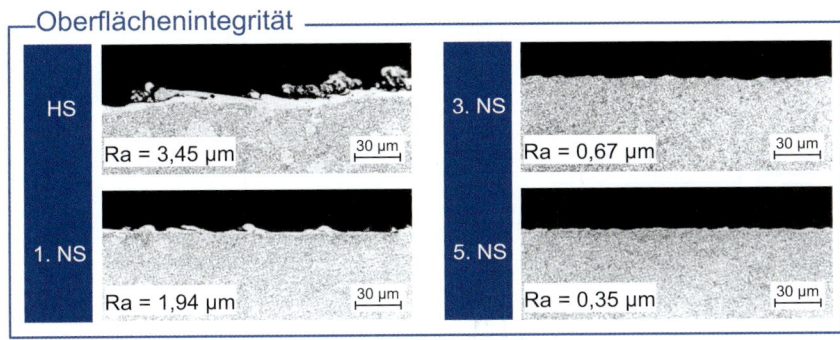

Bild 5-5.57
Evolution der Oberflächenintegrität infolge
Nachschnittbearbeitung (Klocke 2007)

für die Feinwerktechnik sowie die Herstellung von Stempelgeometrien für den Werkzeug- und Formenbau. Das stoffschlüssige Gelenk aus einem pulvermetallurgischen Stahl weist im engsten Querschnitt in Nachgiebigkeitsrichtung eine minimale Dicke von 40 µm auf. Eine solche Verjüngung über eine Werkstückhöhe von 15 mm lässt sich ausschließlich mittels Drahterosion herstellen. Ähnliche Bedingungen gelten für die hochpräzise Herstellung der Geometrieelemente des Stempels auf einer Werkstückhöhe von 80 mm. Typische erzielbare Geometriegenauigkeiten liegen im einstelligen Mikrometerbereich.

Elektrochemische Bearbeitung

Das elektrochemische Senken im Speziellen stellt eine abbildende Variante der elektrochemischen Metallbearbeitung dar. Dabei wird zwischen der Kathode und der Anode eine kontinuierliche Relativbewegung erzeugt. Der Elektrolyt wird dazu durch den sich einstellenden schmalen Arbeitsspalt geführt. Er dient dabei nicht nur dem Stromtransport, sondern auch dem Abtransport der Prozesswärme und der Abtragprodukte (Klocke 2007).

EC-Senkanlagen bestehen grundsätzlich aus der Elektrolytversorgung, der Bearbeitungsmaschine und dem Generator (Bild 5-5.59). Die eigentliche Bearbeitungsmaschine verfügt über Aufspanntische für die Werkzeug- und Werkstückelektroden. Während des Bearbeitungsprozesses wird dabei mittels einer Vorschubeinheit die Relativbewegung zwischen Werkzeug und Werkstück hergestellt. Diese muss eine gleichförmige Bewegung der Elektrode (in der Regel die Werkzeugelektrode) gewährleisten, da die Vorschubschwankungen zum mechanischen Kontakt der Elektroden und damit zum Kurzschluss führen können. Die Vorschubgeschwindigkeit sollte für einen Bereich von 0,1 bis 20 mm/min einstellbar sein (Klocke 2007).

Da zwischen den Elektroden verhältnismäßig hohe Elektrolytdrücke wirksam werden (5 bis 50 bar), hat das Maschinengestell eine große statische Steifigkeit aufzuweisen, damit Aufbiegungen nicht zu Lageveränderungen im System Werkzeug/Werkstück führen und ungenaue Einsenkungen verursachen. Weiterhin muss die Maschine in ihrem konstruktiven Aufbau eine besondere thermische Stabilität zeigen, um auch Lageveränderungen im System Werkzeug/Werkstück

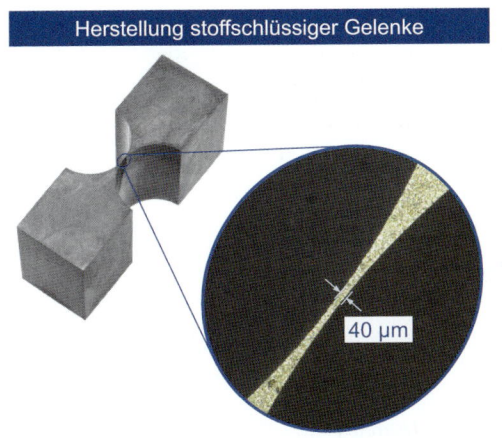

Bild 5-5.58
Anwendung der
Drahtfunkenerosion –
Herstellung
stoffschlüssiger
Gelenke und Stempel
(Hensgen 2015)

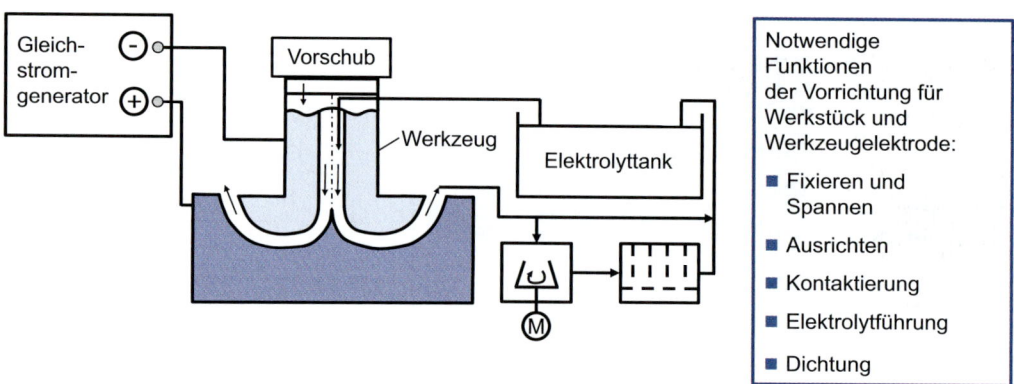

Arbeitsmedium:	Wässrige Elektrolytlösung z.B. NaCl, NaNO$_3$	Arbeitsspannung:	5 - 20 V
		Stromdichte:	0,1 - 4 A/mm^2
Werkzeug:	Abbildendes Formwerkzeug, Kein Verschleiß	Bearbeitungsspalt:	0,005 - 1 mm
		Abtraggeschw.:	0,2 - 10 mm/min
		Spez. Abtrag:	ca. 1 - 2,5 mm^3/(A min)

Bild 5-5.59
Maschinenaufbau bei der elektrochemischen Senkbearbeitung (Klocke 2007)

aufgrund von Wärmedehnungen in Grenzen zu halten. Diesem Sachverhalt ist besondere Beachtung zu schenken, da verhältnismäßig große elektrische Energien im Arbeitsspalt in Wärme umgesetzt werden und diese vom Elektrolyten abzuführen sind. Die zur Elektrolyse notwendige Gleichspannung liefert ein Generator, der aus einem Transformator zur Herabsetzung der Netzspannung auf eine maximale Arbeitsspannung von 20 bis 30 V und aus einem Gleichrichter besteht. Die Arbeitsspannung ist zur Beeinflussung des Arbeitsergebnisses stufenlos einstellbar und unabhängig vom Generatorstrom konstant geregelt. Außerdem verfügt ein ECM-Generator über eine Kurzschlusserfassung und eine Stromschnellabschaltung, die im Fall einer nicht immer zu vermeidenden Prozessstörung (z. B.

aufgrund ungünstiger Elektrolytströmungen) Kurzschlussschäden an den Werkzeug- und an den Werkstückelektroden verhindert (Klocke 2007).

Das elektrochemische Abtragverhalten einer Stahllegierung ist beispielhaft in Bild 5-5.60 dargestellt, es wurde in einem sogenannten Normversuch ermittelt. Die Abtraggeschwindigkeit in Abhängigkeit von der Stromdichte folgt für die beiden klassischen Elektrolyte einem linearen Verlauf, während sich die Oberflächengüte hyperbolisch für gesteigerte Stromdichten verringert. Dieser Verlauf bewirkt den für die EC-Bearbeitung positiven Effekt, dass die Oberflächengüte mit zunehmender Bearbeitungsgeschwindigkeit besser wird. Er bedingt allerdings auch den negativen Effekt, dass die Oberflächengüte im Seitenspaltbereich von Raum-

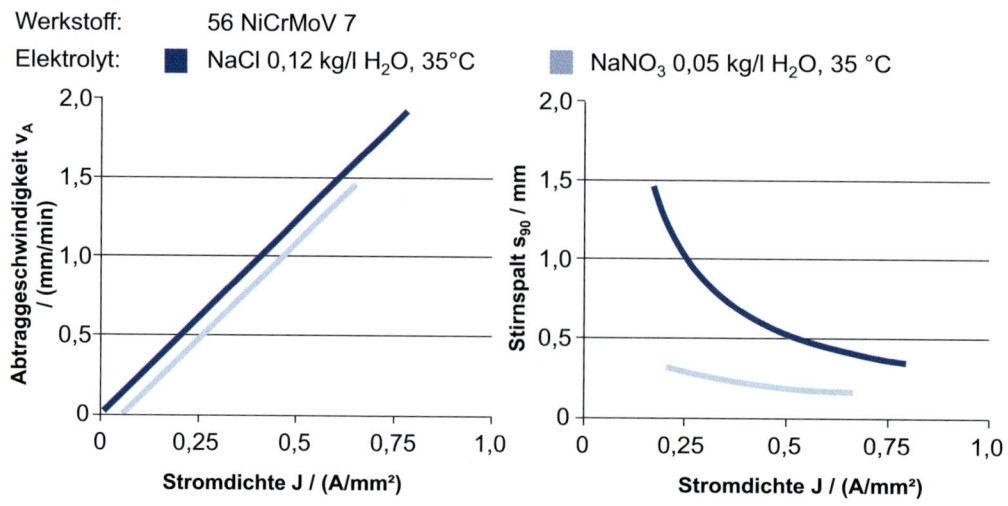

Bild 5-5.60
Abtraggeschwindigkeit und Stirnspalt in Abhängigkeit von der Stromdichte bei der ungepulsten Bearbeitung (Klocke 2007)

Bild 5-5.61
Elektrochemische Bearbeitung von Stahl-bauteilen für die Walzenindustrie und den Maschinenbau (Beispiele aus Klocke 2007)

5

formen aufgrund der dort vorliegenden kleinen Strom-dichten sehr beeinträchtigt werden kann (Klocke 2007).

Ein wichtiges Anwendungsgebiet der ECM-Technologie ist die Herstellung von Formmulden in Werkzeugen. Beispiele für solche Formmulden sind Tablettenwalzen für die Pharmaindustrie sowie Formringe und Segmen-te von Walzen zur Brikettierung und Kompaktierung von Schüttgütern (Bild 5-5.61). Der Vorteil von ECM liegt in der Mehrfachbearbeitung mit frei wählbarer Geomerie. Ein weiteres Anwendungsbeispiel ist die Herstellung von Brenn- und Kühlkammern in Diesel-Einspritzsystemen. Früher wurden diese Kammern auf Drehmaschinen mit speziellen Drehmeißeln kosten-intensiv eingebracht. Ferner entstand bei dieser Ferti-gungsmethode am Übergang Hauptbohrung/Kraftstoff-zulaufbohrung ein Grat, der aus strömungstechnischen Gründen entfernt werden musste. Nur durch ECM konnten die hohen Anforderungen der Motorenbauer erfüllt werden (Klocke 2007).

Durch einen bipolaren, gepulsten ECM-Prozess (Twin-Pulse ECM) lassen sich filigrane Strukturen in sehr engen Toleranzen bei gleichzeitig hoher Oberflächen-güte (Ra = 0,02 μm) fertigen. Durch zeitweise Um-polung der Kathode (bipolarer Prozess) wird eine Selbst-reinigung der Werkzeugelektrode erreicht. So werden heute bei der Firma Philips die Scherkappen für Rasier-apparate elektrochemisch hergestellt (Bild 5-5.62) (Klocke 2007). Weitere Anwendungsbeispiele für die

Bearbeitung von Stahlwerkstoffen mittels ECM finden sich insbesondere in der Werzeugherstellung.

5-5.3.4 Zusammenfassung

Die trennenden Verfahren sind in die zerspanenden Verfahren mit geometrisch bestimmter und unbe-stimmter Schneide sowie in die abtragenden Verfahren gegliedert. Der Schwerpunkt im Bereich der Zerspa-nung liegt auf der Beschreibung von Einflüssen auf die Zerspanbarkeit. Unter diesem Gesichtspunkt werden Gefügebestandteile, Legierungselemente und Wärme-behandlungen diskutiert.

Die Zerspanung mit geometrisch bestimmter Schneide nutzt Werkzeuge, deren Schneidenanzahl, Schneidteil und Lage zum Werkzeug bestimmt sind. Wesentliche Technologien hierzu sind das Drehen, das Bohren und das Fräsen. Anhand von Technologiesteckbriefen sind die Kinematik, die Verfahrensvarianten und die geo-metrischen Eingriffsbedingungen dieser Technologien erläutert.

Bei der Zerspanung mit geometrisch unbestimmter Schneide erfolgt die Materialtrennung durch mehr oder weniger regellos geformte und statistisch verteilte Körner aus Hartstoffen, die mit dem Werkstoff in Ein-griff gebracht werden. Die Technologiesteckbriefe un-terscheiden das Flach- und das Rundschleifen, erklären die Eingriffsbedingungen und die wesentlichen Verfah-rensvarianten.

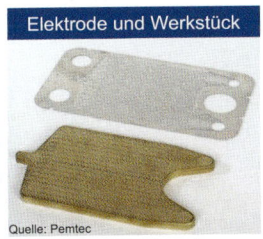

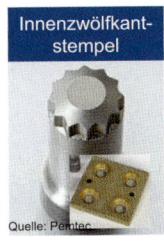

Bild 5-5.62
Elektrochemische Bearbeitung von Stahl-bauteilen in der Serienfertigung und im Werkzeugbau (Beispiele aus Klocke 2007, www.pemtec.de)

Im Bereich der abtragenden Fertigungsverfahren sind die Grundlagen der Funkenerosion (EDM) und die der elektrochemischen Bearbeitung (ECM) erläutert worden. In Analogie zur Zerpanbarkeit sind auch für diese Verfahren Kriterien zur Beurteilung der Erodierbarkeit und der elektrochemischen Bearbeitung diskutiert worden. Die Technologiesteckbriefe sind in Senk- und Drahterosion sowie elektrochemische Bearbeitung gegliedert. Sie erläutern die Kinematik, die Einflüsse auf die Oberflächenintegrität und zeigen Anwendungsbeispiele.

Literatur zu Kapitel 5-5.3

Behrens, B. A., Yilkiran, T.: Präzise Herstellung der Werkzeuge sichert fehlerfreien Umformprozess. MM Maschinenmarkt, Juni/2011, S. 26 – 29

N. N.: Wichtige Kriterien für die Strukturierbarkeit von Formen, Der Stahlformenbauer 2/2013, S. 22 – 28

Dieckmann, J.: Erodieren von Hartmetall – theoretische Aufarbeitung und Untersuchungen an UF-Hartmetallen mit CrNi-Binder, EAK-Bericht, WZL der RWTH Aachen, 2011

Garzon, M.: Analysis of Discharge Forces on Sinking EDM with High Aspect Ratio Electrodes; Ergebnisse aus der Produktionstechnik; Dissertation RWTH Aachen, Apprimus Verlag, Aachen 2013

Hensgen, L.: Grundlegende Untersuchung zu stoffschlüssigen Gelenken mit Einsatz in hochgenauen parallelkinematischen Mikromanipulatoren, in: Werkzeugbau Akademie, Forschungsbericht 2013/2014, Apprimus Verlag, Aachen 2015

Klink, A.; Guo, Y.; Klocke, F.: Surface integrity evolution of powder metallurgical tool steel by main cut and finishing trim cuts in wire-EDM. Proc. Eng. 19 (2011) 178 – 183

Klink, A.: Aktuelle Forschungstrends im Bereich der Senkerosion – Einsatz von Kupfer und Graphit; Thementag Graphit – GF Machining Solutions, Schorndorf, 19. März 2015

Klocke F.; Harst S.; Ehle L.; Zeis M.; Klink A.: Influence of Material Microstructure on the Electrochemical Machinability of Steel 42CrMo4; Proceedings of 11th International Symposium on Electrochemical Machining Technology – INSECT 2015, 12. – 13. 11. 2015, Linz; Shaker Verlag, Aachen 2016

Klocke, F.; Harst, S.; Ehle, L.; Zeis, M.; Klink, A.: Material Loadings during Electrochemical Machining (ECM) – a First Step for Process Signatures, Key Engineering Materials, Vols 651 – 653 (2015) S. 695 – 700

Klocke, F.; Klink, A.: Funkenerosion und elektrochemische Bearbeitung – Prozesstechnologische Potentiale im Kontext der digitalisierten Produktion, 15. Internationales Kolloquium „Werkzeugbau mit Zukunft", Aachen, 12. November 2015

Klocke, F.; König, W.: Abtragen, Generieren und Lasermaterialbearbeitung. Reihe: Fertigungsverfahren, Band 3, 4. Aufl., Springer-Verlag, Berlin 2007

Klocke, F.; Zeis, M.; Klink, A.: Interdisciplinary modelling of the electrochemical machining process for engine blades, in: CIRP Annals - Manufacturing Technology 64, 2015

VDI 3400: Elektroerosive Bearbeitung – Begriffe, Verfahren, Anwendung. VDI-Verlag, Düsseldorf 1975

Alle im Text erwähnten Normen sind in einer Liste zusammengefasst (Seite 889).

Bernd-Arno Behrens, Sven Hübner

Nach DIN 8593 werden die Fügeverfahren in thermische und mechanische Fügeverfahren sowie in das Kleben unterteilt. In der weiteren Beschreibung soll insbesondere das Clinchen näher betrachtet werden, welches den mechanischen Fügeverfahren zugeordnet wird. Eine Übersichtsdarstellung der Fügeverfahren ist in Bild 5-6.1 aufgezeigt.

Neben dem Bördeln, Falzen, Stanznieten etc. wird das Clinchen dem „Fügen durch Umformen" zugeordnet. Ein früherer Begriff hierfür war das Durchsetzfügen. Überlappt angeordnete Blech-, Rohr- oder Profilteile als Fügepartner werden durch Umformen mittels Stempel und Matrize gefügt. Die Parameter Fügepunktgeometrie, stempelseitige und matrizenseitige Blechdicke so-

wie die verwendeten Blechwerkstoffe bestimmen die Fügeaufgabe. Der Verfahrensablauf des Clinchens gliedert sich in die Prozessschritte Positionieren, Durchsetzen, Stauchen und Rückstellung, die in einer Clinchpresse automatisiert durchlaufen werden (Bild 5-6.2).

Das Durchsetzen und Stauchen wird durch folgende Merkmale gekennzeichnet:

■ Verschiebung des Blechwerkstoffs aus der Blechebene heraus beim gemeinsamen Durchsetzen der Fügepartner an der Fügestelle. Hierbei wird Material in die Matrizenkavität verbracht.

■ Wenn die Kavität gefüllt ist und der Blechwerkstoff den Boden der Matrize erreicht, wird er durch eine weitere Abwärtsbewegung des Stempels gestaucht,

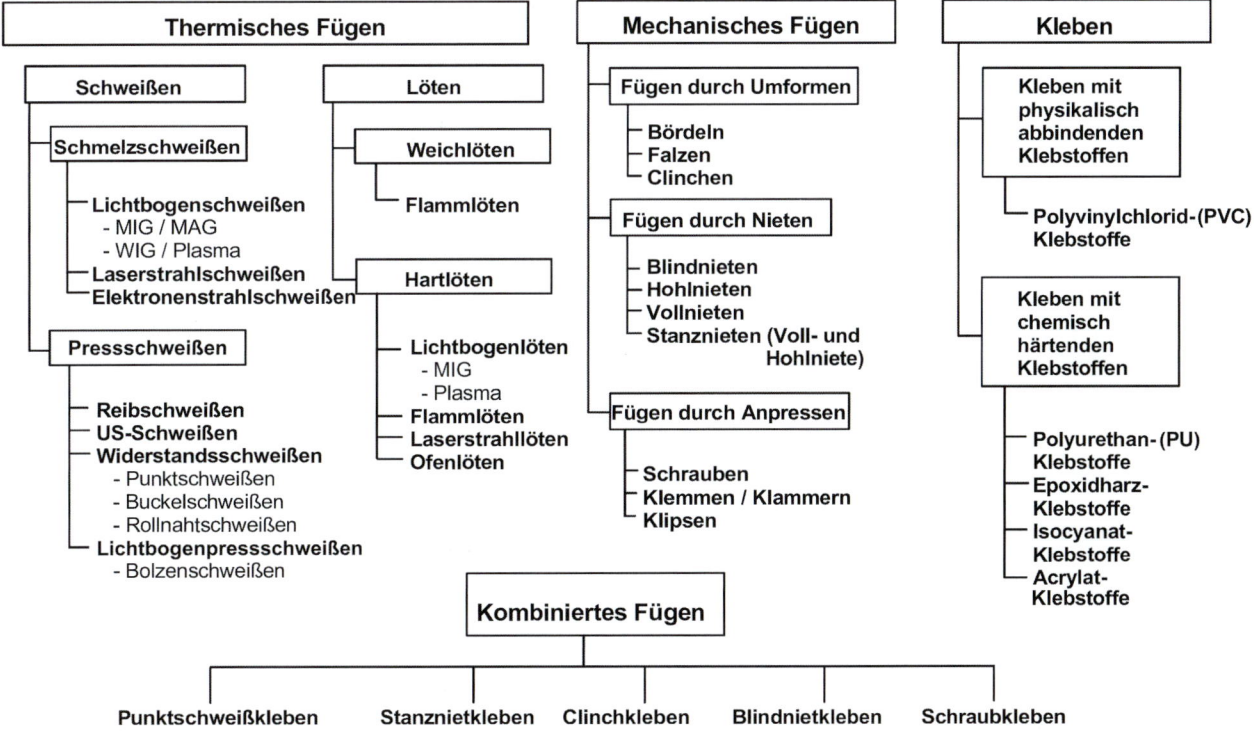

Bild 5-6.1 Einordnung des Clinchens in die Fügeverfahren nach DIN EN 8593

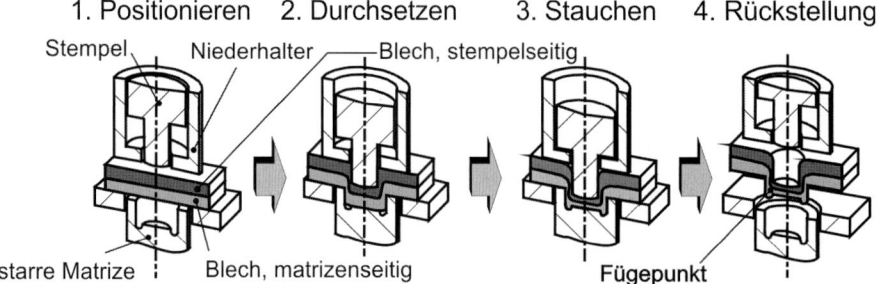

Bild 5-6.2
Clinchen mit starrer Matrize

5

sodass durch Fließpressen eine unlösbare hinterschnittige Verbindung entsteht. Dieser Prozessschritt wird Breiten genannt (Doege 2010).

Beim Clinchen entsteht die Verbindungsfestigkeit maßgeblich durch einen Formschluss und einen damit verbundenen Kraftschluss (Bild 5-6.3). Wenn bestimmte Bedingungen vorliegen, kann ein lokaler Stoffschluss vornehmlich im Bodenbereich entstehen (Doege 2003). Dieser kleinflächige Stoffschluss trägt üblicherweise nicht maßgeblich zur Verbindungsfestigkeit bei, wie es bei stoffschlüssigen Fügeverfahren, z.B. dem Punktschweißen, der Fall ist.

Zwei signifikant unterschiedliche Werkzeugkonzepte werden beim Clinchen angewandt. Dies sind das Clinchen mit starrer Matrize (Bild 5-6.2) (Liebig 1989) und das Clinchen mit öffnender Matrize (Bild 5-6.4) (Liebig 1992). Dabei sind die grundlegenden Funktionen ähnlich. Die Unterschiede bestehen matrizenseitig in der

Stauchphase. Durch bewegliche Schieber wird das Breiten bei der öffnenden Matrize erleichtert. Darüber hinaus gibt es von den Systemanbietern eine Vielzahl von Sonderverfahren, um spezielle Fügeaufgaben abzudecken.

Das Clinchen bietet eine Reihe von Vorteilen gegenüber anderen Fügeverfahren, wie z.B. Schweißen, Kleben, Stanznieten etc. (Doege 2010):

■ Die Fügestelle muss nicht erwärmt werden.
■ Es werden keine giftigen Gase oder Dämpfe emittiert.
■ Es sind keine korrosionsschutzbedingten Nacharbeiten notwendig.
■ Es werden keine Hilfsfügeteile, wie beispielsweise Nieten oder Schrauben, benötigt.
■ Es ist keine Oberflächenbehandlung oder Entfettung der Fügestelle durchzuführen.
■ Blechdickenschwankungen im Toleranzbereich der Halbzeughersteller sind unkritisch.

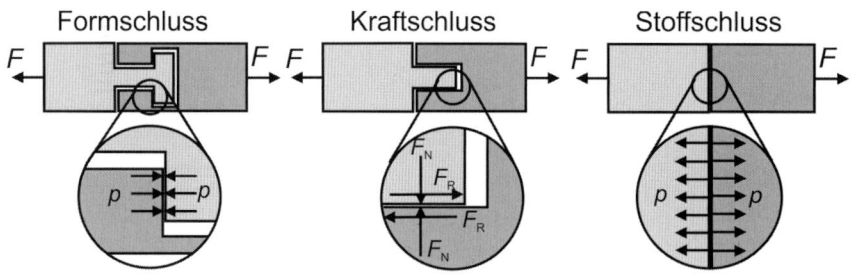

Bild 5-6.3
Schlussarten beim Clinchen (Doege 2010)

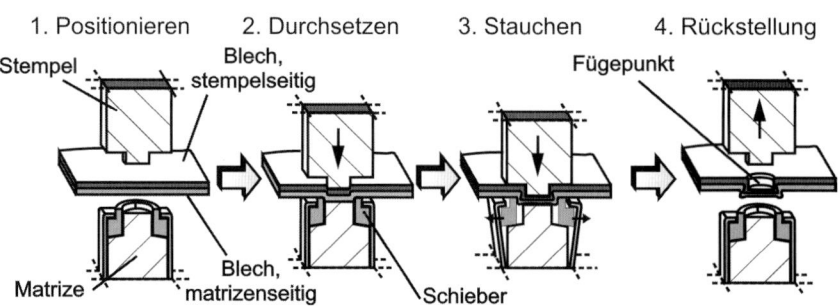

Bild 5-6.4
Clinchen mit öffnender Matrize

- Beschichtete, unbeschichtete sowie lackierte Bleche können geclincht werden.
- Das Clinchen verschiedener Werkstoffe unterschiedlicher Blechdicke ist möglich, auch bei Stahl-Aluminium-Kombinationen (Hahn 2002).
- Eine Online-Qualitätssicherung entspricht dem Stand der Technik, beispielsweise durch die Überwachung des Kraft-Weg-Verlaufs.

Mit dem Clinchen sind auch einige Nachteile verbunden:

- Das Clinchen führt meist zu einer geringeren quasistatischen Verbindungsfestigkeit im Vergleich zum Stanznieten.
- Es ist nicht universell einsetzbar bei sich ändernden Fügeaufgaben. Hier sind andere Fügesysteme, wie beispielsweise das Blindnieten, flexibler.
- Die Werkzeugauslegung basiert auf Erfahrungswissen der Systemanbieter, allerdings bieten diese praktisch anwendbare Tabellen zur Werkzeugauswahl in Abhängigkeit der Fügeaufgabe für Standard-Aufgaben.

Die Einteilung der Verfahren erfolgt hinsichtlich der Werkzeugform und der -kinematik. Es wird zwischen Clinchen mit Schneidanteil und Clinchen ohne Schneidanteil unterschieden.

Beim Clinchen mit Schneidanteil werden ein oder beide Fügeteile örtlich eingeschnitten, um das Breiten zu erleichtern (Bild 5-6.5).

Beim Clinchen erfolgt im ersten Schritt ein Positionieren der Fügepartner zwischen den Clinchwerkzeugen Stempel und Matrize. Nach dem genauen Positionieren werden die Bleche gemeinsam an der Fügestelle durchgesetzt und dabei lokal aus der Blechebene heraus in die Matrize verschoben. Wenn das Material den Boden

der Matrize erreicht, beginnt der Stauchvorgang. Durch Fließpressen findet im Bodenbereich eine radiale Werkstoffbewegung statt und eine unlösbare Verbindung der Bleche entsteht. Diesen Prozess nennt man Breiten. Charakteristisch für das Breiten beim Clinchen mit Schneidanteil ist, dass der Hinterschnitt nur an der Schneidkante entsteht. Abschließend erfolgen die Rückstellung der Werkzeuge und die Entnahme der Fügeverbindung. Die Ansicht eines Clinchpunkts mit Schneidanteil zeigt die Durchsetzkante und die Schneidkante (Bild 5-6.6) als charakteristische Merkmale (Doege 2010).

Die Ausbildung eines balkenförmigen Clinchpunkts mit Schneidanteil wird in zwei Schnitten verdeutlicht (Bild 5-6.7). Schnitt I-I zeigt die Ebene senkrecht zur Schnittkante, in der das Breiten stattfindet und sich der Formschluss ausbildet. Schnitt II-II zeigt die Ebene senkrecht zur Durchsetzkante zur Veranschaulichung. Hier führt das Breiten nicht zum Hinterschnitt. In dieser Ebene wird das Material im Bodenbereich zusammengehalten. Beide Funktionen zusammen sind für die Verbindungsfestigkeit maßgebend.

Wesentliche geometrische Größen sind der Hinterschnitt, die Halsdicke und die Bodendicke. Diese beziehen sich auf Bild 5-6.7 und sind zusammen mit den anderen geometrischen Größen in Tabelle 5-6.1 dargestellt.

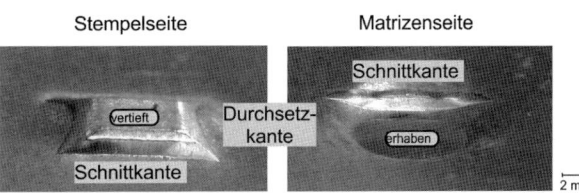

Bild 5-6.6 Ansicht eines Clinchpunktes mit Schneidanteil

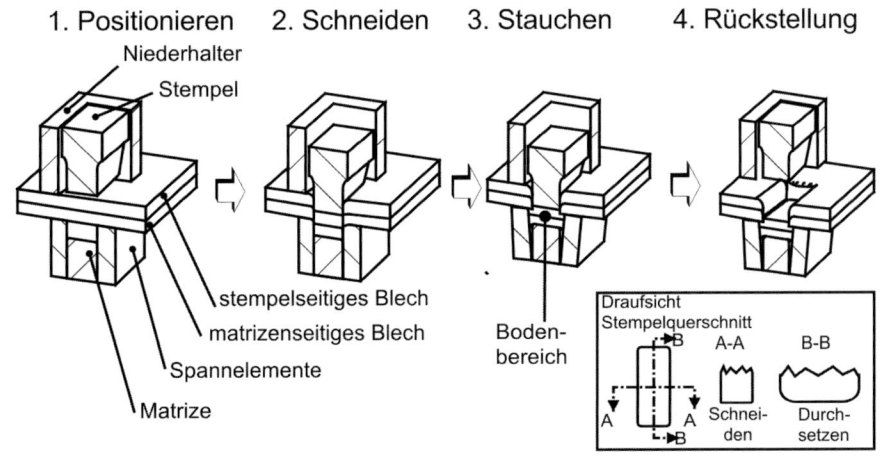

Bild 5-6.5
Clinchen mit Schneidanteil

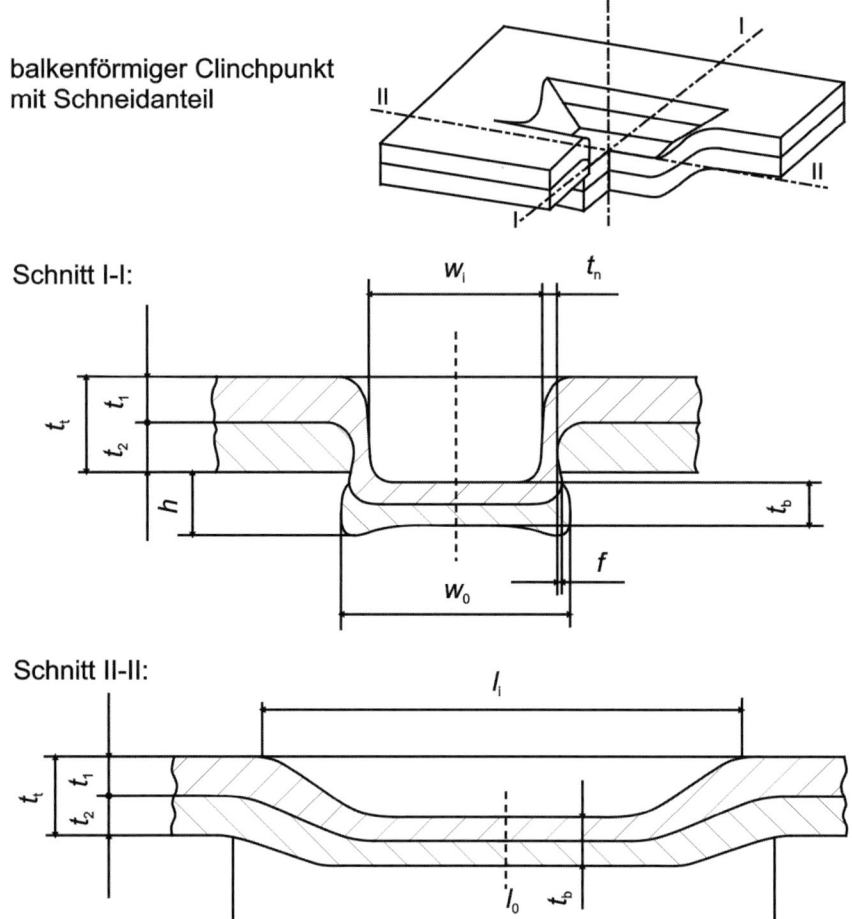

balkenförmiger Clinchpunkt mit Schneidanteil

Schnitt I-I:

Schnitt II-II:

Bild 5-6.7
Geometrische Größen beim Clinchpunkt mit Schneidanteil

Tabelle 5-6.1 Formelzeichen der geometrischen Größen beim Clinchen mit Schneidanteil (DVS-EFB 2003)

w_0:	Außennennbreite [mm]	t_n:	Halsdicke [mm]
w_i:	Innenbreite [mm]	t_b:	Bodendicke [mm]
f:	Hinterschnitt [mm]	t_t:	Gesamtblechdicke [mm]
l_0:	Außennennlänge [mm]	t_1:	Einzelblechdicke, stempel-seitig [mm]
l_i:	Innenlänge [mm]	t_2:	Einzelblechdicke, matrizen-seitig [mm]
h:	Punkthöhe [mm]		

Das Clinchen mit Schneidanteil zeichnet sich besonders durch eine Verdrehsicherheit der Fügeelemente aus und ist im Vergleich zum Clinchen ohne Schneidanteil zudem durch kostengünstigere Werkzeuge gekennzeichnet. Weiterhin ist es in besonderem Maße für das Fügen von mehr als zwei Blechlagen geeignet. Von Nachteil hingegen ist die unterschiedliche Verbindungsfestigkeit in I- und II-Richtung, eine Korrosionsgefährdung an den Schnittkanten (Doege 2010) und eine durch Kerbwirkung verminderte Dauerverbindungfestigkeit unter schwingender Beanspruchung (Hahn 1991).

Eine Clinchverbindung mit Schneidanteil sollte nachträglich lackiert werden. Bei Einsatz verzinkter Bleche ist der Kantenkorrosionsschutz durch den kathodischen Schutz der Zinkschicht gegeben, wie es auch beim Scherschneiden üblich ist. Bei der Verarbeitung von bereits lackierten Blechen sollte das Clinchen ohne Schneidanteil eingesetzt werden. Bei diesem Verfahren kann durch eine Anpassung der Werkzeuggeometrie eine Schädigung der Lackschicht reduziert bzw. vermieden werden (Hübner 2005), was beim Clinchen mit Schneidanteil systembedingt nicht möglich ist.

Nachfolgend wird das Clinchen ohne Schneidanteil dargestellt (Bild 5-6.8). Zu sehen ist der Clinchpunkt mit den zugehörigen Werkzeugen Stempel und Matrize. Das dargestellte Distanzelement übernimmt die Funktion des Niederhalters der Bleche. Alternativ kann auch ein mit Federkraft beaufschlagter Niederhalter

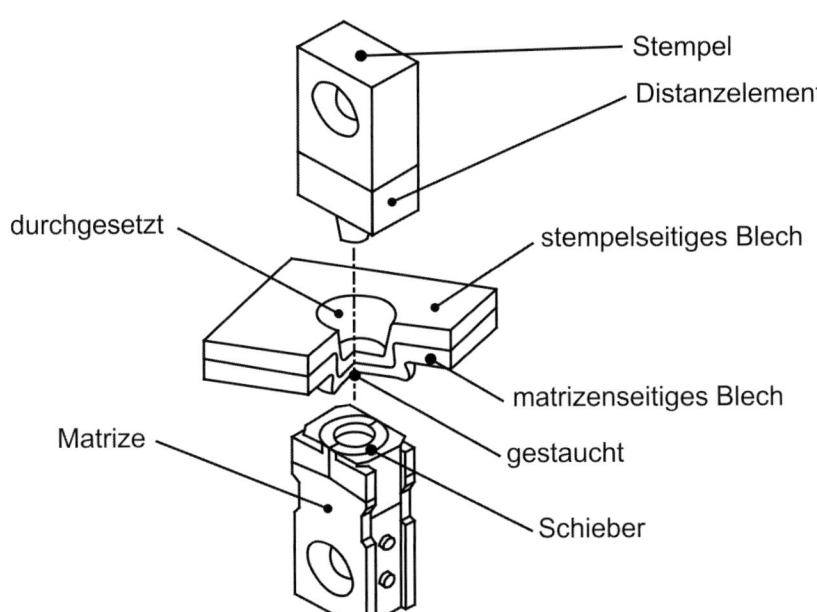

Stempel
Distanzelement
durchgesetzt
stempelseitiges Blech
matrizenseitiges Blech
gestaucht
Matrize
Schieber

5

Bild 5-6.8
Werkzeuge für das Clinchen ohne
Schneidanteil und Clinchpunkt

zum Einsatz kommen. Ein umlaufender Hinterschnitt entsteht durch das Stauchen und das damit verbundene Breiten unter dem Stempel (Doege 2010). Dieser bildet den Formschluss der Verbindung.

Die geometrischen Größen eines Clinchpunkts ohne Schneidanteil in seiner einfachsten Ausführung werden an einem rotationssymmetrischen Clinchpunkt visualisiert (Bild 5-6.9). Mit den in Tabelle 5-6.2 dargestellten Größen wird der Clinchpunkt vollständig beschrieben. Diese Größen werden dem Schliffbild entnommen. Hierfür wird ein Clinchpunkt in der Mitte aufgetrennt. Üblicherweise erfolgt dies mittels eines Nasstrennschleifers. Anschließend wird der Punkt geschliffen und unter einem Mikroskop bildlich aufgenommen und vermessen. Ein beispielhaftes Schliffbild ist angegeben (Bild 5-6.10 rechts).

Im Vergleich zum Clinchen mit Schneidanteil bietet das Clinchen ohne Schneidanteil mehrere Vorteile. Da-

her ist es auch das am weitesten verbreitete Verfahren. Die Vorteile sind ein guter Korrosionsschutz, da keine Schnittkanten vorhanden sind (Doege 2010), sowie die gute Dauerverbindungsfestigkeit unter schwingender Belastung durch eine verminderte Kerbwirkung (Hahn 1991). Lackierte Bleche können durch eine Werkzeugoptimierung schädigungsfrei geclincht werden (Hübner 2005).Von Nachteil im Vergleich zum Clinchen mit Schneidanteil sind höheren Fügekräfte und die im Allgemeinen geringere Verbindungsfestigkeit. Gerade bei der Auslegung von Roboterclinchbügeln für die Automobilindustrie spielt die Fügekraft eine zentrale Rolle. Diese Bügel müssen bei größeren Kräften deutlich stärker dimensioniert werden, wodurch das Gewicht steigt. Dies erfordert größere Roboter und reduziert die mögliche Manipulationsgeschwindigkeit.
Die Prozessauslegung ist für die Verbindungsfestigkeit von entscheidender Bedeutung. Diese ist am höchsten, wenn das dickere bzw. festere Blech stempelseitig angeordnet wird. Es gilt die Faustformel für eine gute Fügbarkeit: „dick in dünn" und „hart in weich". Die Werkzeuggeometrien für Stempel und Matrize sowie die einzustellende Bodendicke beeinflussen das Fügeergebnis, welches mithilfe von FE-Simulation berechnet werden kann. Eine gute Übereinstimmung der Fügeelementausbildung von Simulation und Experiment ist zu erkennen (Bild 5-6.10). Hierfür kam ein Tiefziehstahl DX54D+Z100 zum Einsatz, der sowohl für das Tiefziehen als auch für das Clinchen eine Referenz

Tabelle 5-6.2 Formelzeichen der geometrischen Größen beim Clinchen ohne Schneidanteil (DVS-EFB 2003)

d_0: Außennenndurchmesser [mm]	t_n: Halsdicke [mm]
d_i: Innendurchmesser [mm]	t_b: Bodendicke [mm]
f: Hinterschnitt [mm]	t_t: Gesamtblechdicke [mm]
h: Punkthöhe [mm]	t_1: Einzelblechdicke, stempelseitig [mm]
	t_2: Einzelblechdicke, matrizenseitig [mm]

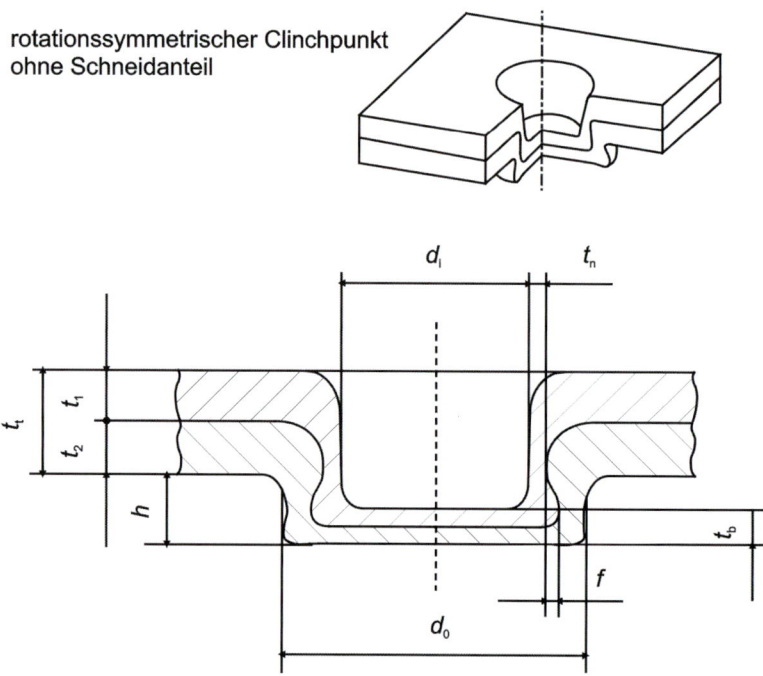

rotationssymmetrischer Clinchpunkt
ohne Schneidanteil

Bild 5-6.9
Geometrische Größen beim Clinchpunkt ohne
Schneidanteil (DVS-EFB 2003)

bilden kann. Als Möglichkeit des Abgleichs mit dem Experiment ist die Fügeelementausbildung die erste Wahl. Eine weiterführende Möglichkeit stellt der Kraft-Weg-Verlauf dar. Durch Verwendung rechnergestützter Datenbanksysteme können Ergebnisse von FE-Simulationen hinterlegt werden, um die Prozessauslegung zu vereinfachen (Hahn 2003). In der Praxis erfolgt die Werkzeugauslegung üblicherweise durch Nutzung von Erfahrungswissen der Anbieter von Clinchsystemen.

Die erste Wahl bei der Bewertung von Clinchverbindungen ist das Schliffbild. Anhand dieser Proben werden die qualitätsrelevanten Kenngrößen Halsdicke, Bodendicke und Hinterschnitt aufgenommen. Hier ist auf eine ausgewogene Fügeelementausbildung zu achten. Dies bedeutet, dass Halsdicke und Hinterschnitt beide gut vorhanden sind und die Bodendicke besonders im Hinblick auf die Einzelbodendicken der Fügepartner nicht zu dünn ist. Die Fügeelementausbildung

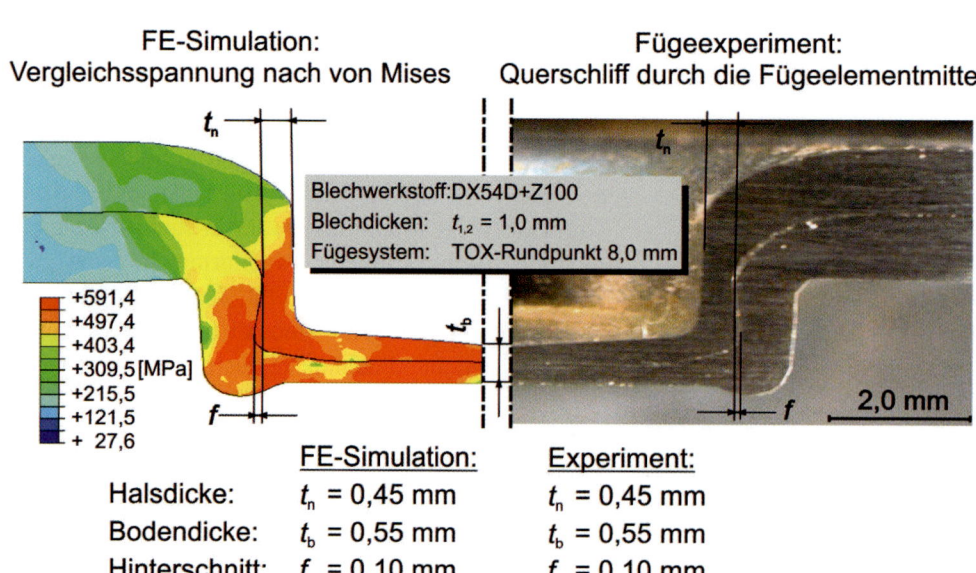

FE-Simulation:
Vergleichsspannung nach von Mises

Fügeexperiment:
Querschliff durch die Fügeelementmitte

Blechwerkstoff: DX54D+Z100
Blechdicken: $t_{1,2} = 1,0$ mm
Fügesystem: TOX-Rundpunkt 8,0 mm

+591,4
+497,4
+403,4
+309,5 [MPa]
+215,5
+121,5
+ 27,6

2,0 mm

	FE-Simulation:	**Experiment:**
Halsdicke:	$t_n = 0,45$ mm	$t_n = 0,45$ mm
Bodendicke:	$t_b = 0,55$ mm	$t_b = 0,55$ mm
Hinterschnitt:	$f = 0,10$ mm	$f = 0,10$ mm

Bild 5-6.10
Abgleich der FE-Simulation
mittels Querschliff beim
Clinchen (Doege 2010)

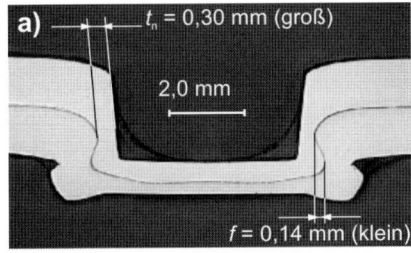 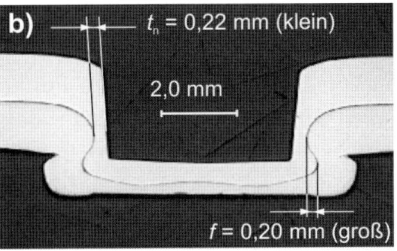

Bild 5-6.11
Querschliffe von Clinchpunkten mit unterschiedlichen geometrischen Kenngrößen (Doege 2010)

lässt auf die zu erwartende Verbindungsfestigkeit in den entsprechenden Belastungsrichtungen schließen. Diese wird im Zerreißversuch ermittelt.

Zur Verdeutlichung des Sachverhalts sind zwei Clinchpunkte im Querschliff dargestellt, die beide eine ausgewogene Fügeelementausbildung zeigen (Bild 5-6.11). Hierbei wurden die Parameter Halsdicke und Hinterschnitt variiert, um deren Auswirkung auf die Verbindungsfestigkeit zu untersuchen:

a) Halsdicke t_n groß, Hinterschnitt f klein
b) Halsdicke t_n klein, Hinterschnitt f groß

Bei Clinchpunkten wird die Verbindungsfestigkeit im quasistatischen Zerreißversuch vorwiegend an Flachproben unter folgenden Belastungsrichtungen ermittelt (DVS/EFB 2007):

- Scherzugversuch,
- Schälzugversuch und
- Kopfzugversuch.

Die Probengeometrie ist für eine Vergleichbarkeit der Ergebnisse genormt (DVS/EFB 2007). Eine maximale Traversengeschwindigkeit von 10 mm/min soll bei der Prüfung nicht überschritten werden (Hahn 2001).

Neben der quasistatischen Probenbelastung kann auch eine dynamische Belastungsprüfung durchgeführt werden. Hierfür eignen sich für Flachproben Dauerschwingversuche im Zugschwellbereich, um eine Probenausknickung unter Druck zu vermeiden (DVS/EFB 2007). Als Abbruchkriterium können beispielsweise 40 % Steifigkeitsverlust der Probe oder eine anfängliche Rissinitiierung genutzt werden (Hahn 2002).

Die Verbindungsfestigkeit ist für die Belastungsrichtungen Scherzug, Schälzug und Kopfzug unterschiedlich (Bild 5-6.12). Für diese quasistatischen Prüfungen sind die entsprechenden Kraft-Weg-Verläufe beispielhaft dargestellt. Die Maximalkräfte variieren je nach Belastungsrichtung, da der Clinchpunkt richtungsabhängige Verbindungsfestigkeiten aufweist. Der größere Traversenweg insbesondere bei der Kopfzugprobe ist durch die geringere Steifigkeit des gesamten Prüfsystems begründet und für diese Prüfung charakteristisch. Als Maß für die Energieaufnahme kann die Fläche unter der Kurve herangezogen werden, beispielsweise bis zur Maximalkraft (DVS/EFB 2007).

Die Verbindungsfestigkeit eines Clinchpunkts unter den entsprechenden Belastungsrichtungen wird im Wesentlichen von seiner geometrischen Ausbildung

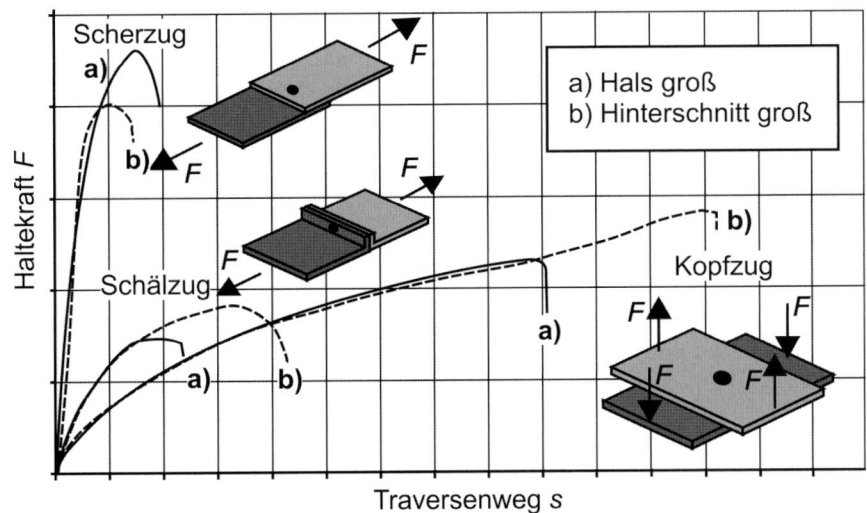

Bild 5-6.12
Verbindungsfestigkeit von Clinchpunkten bei unterschiedlichen Belastungsrichtungen, quasistatisch (Doege 2010)

beeinflusst. Hier werden die beiden Beispielclinchpunkte a) und b) in Bild 5-6.11 verglichen.

In den meisten Fällen gilt bei typischem Versagen:

- Eine große Scherzugverbindungsfestigkeit wird durch eine große Halsdicke hervorgerufen.
- Eine große Schälzug- oder Kopfzugverbindungsfestigkeit wird durch einen stark ausgebildeten Hinterschnitt hervorgerufen.

Das typische Versagen von Clinchpunkten wird in unterschiedliche Fälle unterteilt:

- Halsbruch tritt oftmals auf im Scherzugversuch.
- Im Schälzugversuch wird der Clinchpunkt einseitig auf Zug belastet und versagt oft durch Ausknöpfen.
- Im Kopfzugversuch erfolgt meist Ausknöpfen des stempelseitigen Teils des Clinchpunkts aus dem matrizenseitigen Teil.

Die eintretende Versagensart Halsbruch, Ausknöpfen (Bild 5-6.13) oder Mischversagen wird maßgeblich durch die geometrische Ausbildung des Clinchpunkts bestimmt und kann von den beschriebenen typischen Fällen abweichen. Hier spielen die kraftübertragenden Flächen Halsfläche und Hinterschnittfläche eine wesentliche Rolle. Da bei Belastung immer beide gleichzeitig beansprucht werden, tritt ein Versagen immer an der schwächeren Stelle ein. So kann ein Clinchpunkt mit viel Hinterschnitt unter Kopfzugbelastung auch mittels Halsbruch versagen, wenn der Hals zu dünn ausgebildet ist (Hübner 2005).

Nachfolgend wird die Verbindungsfestigkeit des Clinchens mit anderen Fügeverfahren verglichen. Anhand einer Scherzugprobe aus einem mikrolegierten höherfesten Stahl werden quasistatische und dynamische Belastungen für die Fügeverfahren Clinchen, Stanznieten und Punktschweißen gegenübergestellt (Bild 5-6.14).

Unter quasistatischer Belastung ist das Clinchen den anderen Verfahren unterlegen. Dies kann durch eine größere Punktanzahl kompensiert werden. Unter dynamischer Belastung hingegen sind mit dem Clinchen gerade bei großen Lastspielzahlen im Bereich der Dauerfestigkeit die besten Ergebnisse zu erzielen. Die hohe Dauerfestigkeit basiert auf guten Gefügeeigenschaften und verminderter Kerbwirkung durch das nichtschneidende Verfahren. Hierfür kommt das Clinchen ohne Schneidanteil zum Einsatz.

Die Verbindungsfestigkeit ist für den Konstrukteur eine wichtige Kenngröße des eingesetzten Fügeverfahrens für die entsprechende Fügeaufgabe. Sofern es sich bei der Fügeaufgabe um Sichtflächen handelt, spielt die optische Anmutung der Fügestelle ebenfalls eine entscheidende Rolle. Hier hebt sich das Clinchen von anderen Fügeverfahren ab, da die Oberfläche nur wenig Schädigung erfährt.

Besonders im Bereich der sog. weißen Ware werden bandlackierte Stahlbleche eingesetzt, um die nachträgliche Lackierung der Produkte einzusparen. Hierfür ist das Clinchen ein gut geeignetes Fügeverfahren. Durch eine Optimierung der Werkzeuggeometrie kann eine Schädigung je nach Lacksystem reduziert oder nahezu vollständig vermieden werden (Hübner 2005). Der Korrosionsschutz ist in jedem Fall durch die darunterliegende Zinkschicht gewährleistet. Beim Clinchen lackierter Bleche tritt das Hauptversagen mit einem umlaufenden Reißer in der Lackschicht ein. Die zwei typischen Versagensorte sind (Bild 5-6.15):

- oberer Bereich des stempelseitigen Näpfchens, umlaufend,
- umlaufender Bereich im Bodenbereich, matrizenseitig.

Versagen im Halsbereich (Halsbruch)

Stempelseite · Matrizenseite

Versagen im Hinterschnittbereich (Ausknöpfen)

Stempelseite · Matrizenseite

Bild 5-6.13 Versagensarten von Clinchpunkten beim Zerreißversuch

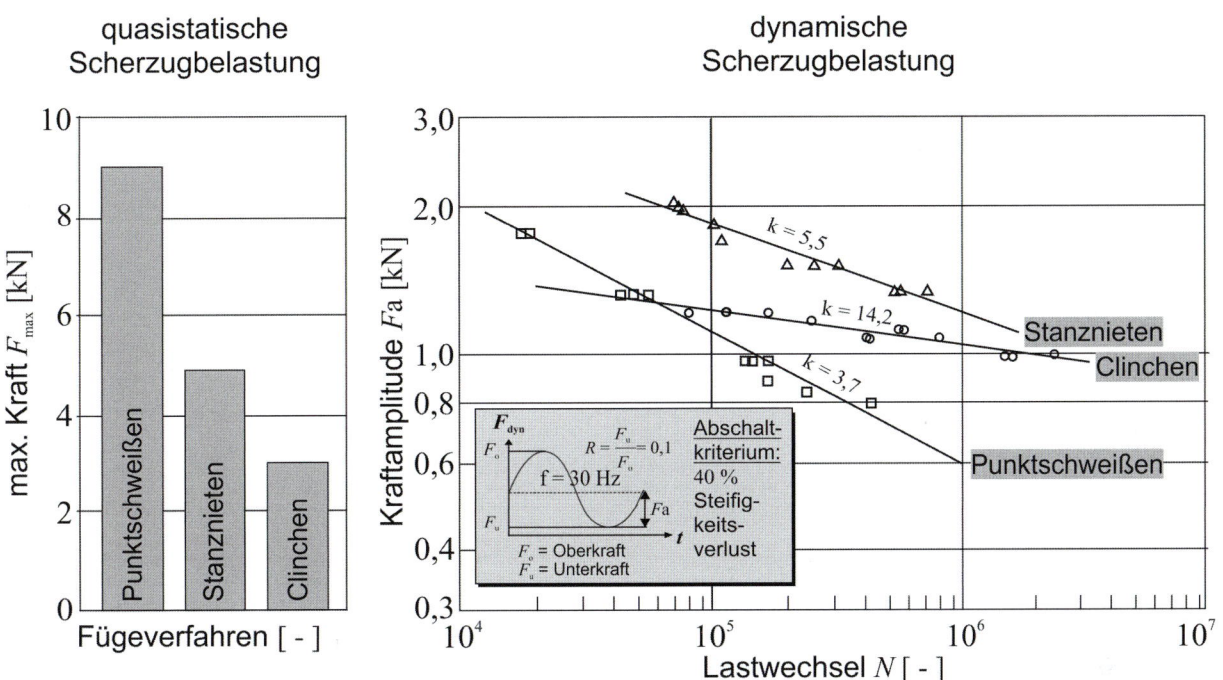

Bild 5-6.14 Verbindungsfestigkeitsvergleich von punktgeschweißten, stanzgenieteten und geclinchten Proben, Werkstoff H320LA, $s_0 = 1,0$ mm (Hahn 1995)

Eine Clinchwerkzeugoptimierung hierzu kann mittels der FE-Simulation unterstützt werden, indem man die lokale Dehnungsverteilung an der Werkstückoberfläche analysiert, ohne die Lackschicht gesondert im FE-System zu modellieren (Bild 5-6.15). Auf diese Weise wird der Aufwand reduziert. So können Aussagen über das zu erwartende lokale Versagen der Lackschicht getroffen und dessen Intensität kann quantifiziert werden. Die meisten Blechwerkstoffe lassen sich mittels Clin-

chen fügen, wodurch breite Anwendungsfelder geschaffen werden (Bild 5-6.16). Insbesondere unterschiedliche Werkstoffe können miteinander geclincht werden.
Als gut mit konventionellen Clinchwerkzeugen fügbar gelten Blechwerkstoffe, die ein Verhältnis von Dehngrenze $R_{p0,2}$ zur Zugfestigkeit R_m von $(R_{p0,2}/R_m) \leq 0,7$ sowie eine Bruchdehnung von $A_{80} \geq 12\,\%$ aufweisen (Kühne 2003). Darüber hinaus sind Blechwerkstoffe mit Einsatz von Sonderclinchwerkzeugen bedingt clinchgeeig-

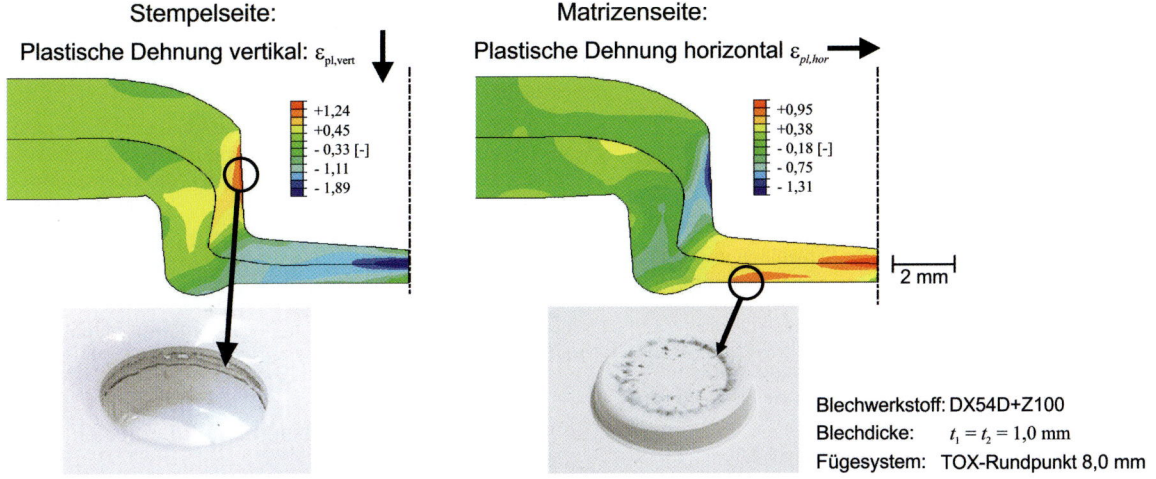

Bild 5-6.15 Korrelation zwischen plastischer Dehnung aus der FE-Simulation und der Lackschädigung (Hübner 2005)

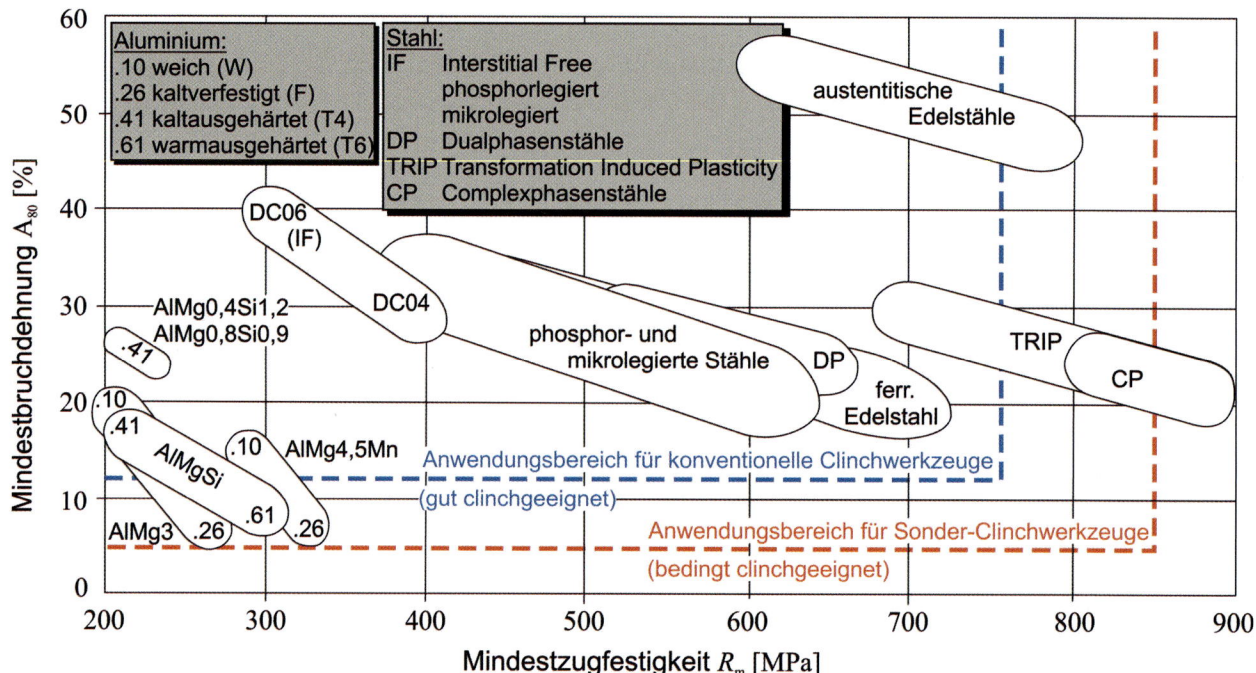

Bild 5-6.16 Fügbarkeit von Blechwerkstoffen mittels Clinchen (Kühne 2003)

net, die ein Verhältnis der Dehngrenze $R_{p0,2}$ zur Zugfestigkeit R_m von $(R_{p0,2} / R_m) > 0,7$ und eine gleichzeitige Bruchdehnung von $12\% < A80 \geq 8\%$ aufweisen (Kühne 2003). Hierfür ist eine Einzelprüfung unabdingbar.

Neben den allgemeinen Angaben zur Clinchbarkeit ist es möglich, mit geeigneten Werkzeug- und Prozessmodifikationen auch schwierige Fügeaufgaben durchzuführen.

Literatur zu Kapitel 5-6

Doege, E., & Behrens, B.-A. (2010). Handbuch Umformtechnik (Bd. Auflage 2). Springer

Doege, E., & Thoms, V. (2003). Thermisch unterstütztes Clinchen von Blechen und Bauteilen aus Magnesium-Knetlegierungen. Europäische Forschungsgesellschaft für Blechverarbeitung e. V. (Forschungsbericht No. 203)

DVS/EFB. (Dezember 2007). Prüfung von Verbindungseigenschaften – Prüfung der Eigenschaften mechanisch und kombiniert mittels Kleben gefertigter Verbindungen, Merkblatt DVS/EFB 3480-1

DVS-EFB. (Oktober 2003). Clinchen – Überblick, Merkblatt DVS-EFB 3420-2. DVS – Deutscher Verband für Schweißen und verwandte Verfahren e. V. und EFB – Europäische Forschungsgesellschaft für Blechverarbeitung e. V

Hahn, O, K. J. (2002). Schadensanalyse an Clinchverbindungen unter Schwingbelastung. Konferenz-Einzelbericht: Werkstoffprüfung, Schadensanalyse und Schadensvermeidung, Bad Nauheim, D, 6. – 7.12.2001, 98 – 103

Hahn, O., B. M. (1991). Schwingfestigkeit von durchsetzgefügten, bauteilähnlichen Aluminiumverbindungen. Forschungsbericht des Laboratoriums für Werkstoff- und Fügetechnik der Universität-GH Paderborn

Hahn, O., S. A. (1995). Eignung des Durchsetzfügens und des Stanznietens zum Fügen höherfester Stahlbleche. Studiengesellschaft für Stahlanwendung e. V., Düsseldorf, (Forschungsprojekt P283), Studie

Hahn, O., T. R. (April 2002). Wärmearme Fügetechniken für den Einsatz in Mischbauweisen. Konferenz-Einzelbericht: Dünnblechverarbeitung, Mischverbindungen – Innovative Lösungen für Leichtbaukonzepte, München, D, 10. – 11.4.2002, 19 – 30

Hahn, O. (2001). Neue Entwicklungen auf dem Gebiet der mechanischen Fügetechnik. Internat. Aachener Schweißtechnik Kolloquium, 2, 637 – 654

Hahn, O. (2003). PC-gestützte Auswahl, Auslegung und Dimensionierung von Clinchwerkzeugen. Forschungsbericht No. 201, Europäische Forschungsgesellschaft für Blechverarbeitung e. V.

Hübner, S. (2005). Clinchen moderner Blechwerkstoffe. Dissertation Leibniz Universität Hannover, TEWISS

Kühne, T. (2003). Clinchen – Entwicklungsstand und Anwendungen. Tagungsband EFB-Fortbildungspraktikum 23./24.9.2003. (Europäische Forschungsgesellschaft für Blechverarbeitung e. V., Hrsg.) Hannover

Liebig, H. (1992). Durchsetzfügen setzt sich durch. Stahl – Eigenschaften, Verarbeitung und Anwendung von Stahl, Verlag Stahleisen, Düsseldorf (3), 100 – 104

Liebig, H. B. (1989). Verbinden von Blechteilen zwischen Stempel und Gravur. VDI-Z(131), 95 – 102.

Alle im Text erwähnten Normen sind in einer Liste zusammengefasst (Seite 889).

5-7 Schweißen und Löten von Stählen

Uwe Reisgen, Lars Stein

Beim stoffschlüssigen Fügen erfolgt die Übertragung von Kräften nicht wie z. B. beim Schrauben oder Nieten infolge Kraft- oder Formschluss, sondern durch Kräfte auf atomarer und molekularer Ebene. Allen stoffschlüssigen Verbindungen ist gemeinsam, dass sie nicht ohne weiteres gelöst werden können und dass das Ergebnis eines solchen Fügeprozesses nicht einfach zerstörungsfrei geprüft werden kann. Stoffschlüssige Fügeverfahren erfordern daher eine fachgerechte Abstimmung von Beanspruchung, Fügeteilgeometrie und Vorbereitung, Werkstoff, Umgebungsbedingungen und Fügeverfahren, um sicher tragfähige und qualitativ hochwertige Verbindungen sowohl bei der Einzelteilfertigung als auch in der Großserie erstellen zu können. Die Auswahl eines für eine spezifische Aufgabe geeigneten Fügeverfahrens sollte dabei aus verschiedenen Blickwinkeln heraus betrachtet werden (Bild 5-7.1).

■ Die konstruktive Auslegung bestimmt die Qualität der Verbindung sowohl im Hinblick auf eine sichere Herstellung als auch im Hinblick auf einen sicheren Betrieb beim Gebrauch des fertigen Produktes. Man spricht von Fügesicherheit.

■ Das ausgewählte Verfahren muss unter den vorgegebenen Randbedingungen die Herstellung der Verbindung ermöglichen und gleichzeitig für den (die) zu fügenden Werkstoff(e) geeignet sein. Man spricht von Fügemöglichkeit.

■ Der (die) Werkstoffe dagegen müssen sowohl die mechanisch-technologischen Anforderungen der Konstruktion erfüllen als auch für die Verarbeitung mit dem entsprechenden Fügeverfahren geeignet sein. Man spricht von Fügeeignung.

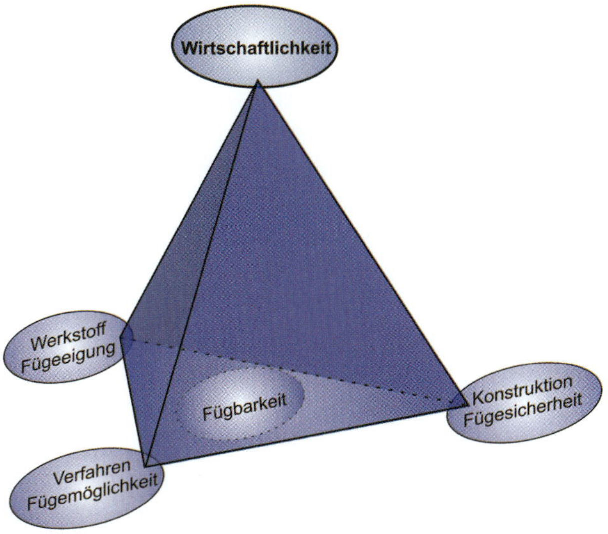

Die sorgfältige Abstimmung der untereinander wechselwirkenden Größen Fügesicherheit, Fügeeignung und Fügemöglichkeit bestimmen definitionsgemäß die Fügbarkeit. Diese rein technologischen Betrachtungen sind noch zum Finden der optimalen Lösung zusätzlich einer wirtschaftlichen Betrachtung zu unterziehen. Mögliche Lösungen sind in der Folge durch die betriebswirtschaftliche Analyse des gesamten Fertigungsablaufes zu bewerten. Die optimale Fügelösung (oder der beste Kompromiss) ist dann diejenige, mit der das zu fertigende Produkt am Ende mit den geforderten Eigenschaften und unter den gegebenen Bedingungen zum günstigsten Preis hergestellt werden kann.

5-7.1 Fügen durch Schweißen

Der Stoffschluss beim (Schmelz-)Schweißen wird dadurch erreicht, dass die fügenden Einzelteile im lokalen Schmelzfluss, ggfs. unter Zuhilfenahme eines artähnlichen Zusatzwerkstoffes, und Ineinanderfließen der Schmelzen zustande kommt. Ganz allgemein betrachtet wird eine lokal begrenzte Energiequelle über

Bild 5-7.1 Einflussfaktoren auf die Auswahl eines Fügeverfahrens (Reisgen/Stein 2016)

das Werkstück bewegt, die dieses bis zum Schmelzfluss aufheizt. Beim Weiterziehen der Wärmequelle
kühlt dieses wieder ab. Ein definiertes Element des
Werkstückes außerhalb der Schmelzzone erlebt in der
Folge bei Annäherung der Energiequelle eine Aufheizung bis zu einem Spitzenwert, nach dem Weiterziehen
der Energiequelle kühlt das Werkstück durch Wärmeleitung in das Material ab. Die Abkühlkurve wird hierbei, außer durch die Materialkonstanten, vor allem
durch die im Schmelzbad gespeicherte Wärmemenge
und die Temperatur des als Wärmesenke dienenden
umgebenden Grundmaterials bestimmt.

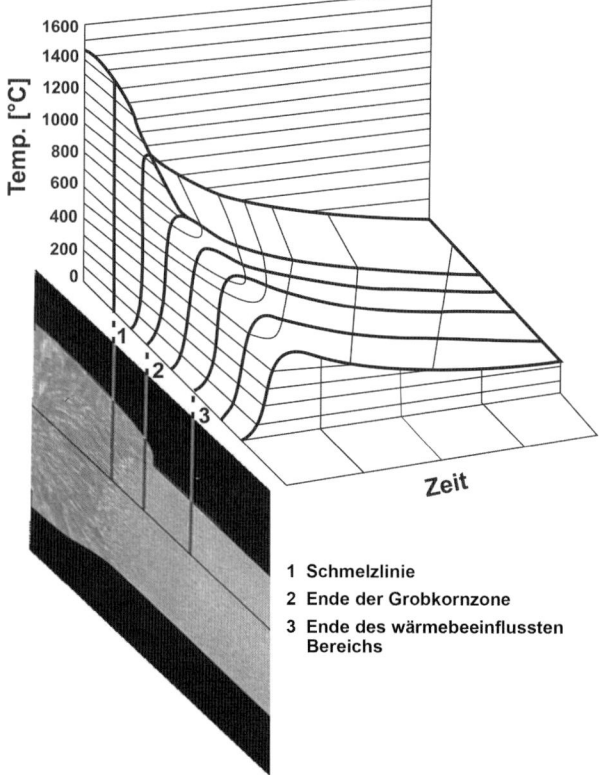

Bild 5-7.2 Schweißwärmezyklus in Abhängigkeit vom Abstand zur
Schmelzlinie (Reisgen/Stein 2016)

Neben dem schmelzflüssig gewesenen Schweißgut,
das in der Regel eine mehr oder weniger ausgeprägte
Gussstruktur aufweist, bildet sich jenseits der Schmelzlinie ein Bereich thermisch veränderten Grundwerkstoffs aus (Bild 5-7.2). Sowohl innerhalb des Schweißgutes als auch in diesem als Wärmeeinflusszone
bezeichneten Bereich erfährt der Stahl Gefügeänderungen, die denen einer klassischen Wärmebehandlung
nicht unähnlich sind (Kapitel 5-10). Abhängig vom er-
lebten Temperaturzyklus sind hier die mechanisch-

technologischen Eigenschaften gegenüber dem Grundwerkstoff in meist unerwünschter, aber unvermeidbarer
Weise verändert. Die Wärmeeinflusszone stellt daher
in aller Regel den Schwachpunkt einer (Schmelz-)
Schweißnaht dar. Das Schweißgut dagegen ist in seiner
Legierung auf die Erstarrung unter Schweißbedingungen optimiert und daher in der Regel unkritisch.

Schweißen stellt somit immer eine „Wärmemisshand-
lung" des Werkstoffes dar, deren Ausmaß durch eine
geeignete Prozessführung zu minimieren ist. Fachge-
recht ausgeführt sind mechanische und technologische
Eigenschaften zu erzielen, welche in etwa denen des
Grundwerkstoffes entsprechen. Die Unempfindlichkeit
eines Stahles gegenüber dem erfahrenen Schweißwärmezyklus wird mit dem Begriff Schweißeignung beschrieben. Im DIN-Fachbericht ISO/TR 581 ist dazu
ausgeführt:

„Die Schweißeignung eines Werkstoffes ist vorhanden,
wenn im Verlauf des eingesetzten Schweißverfahrens
aufgrund der werkstoffgegebenen chemischen, metallurgischen und physikalischen Eigenschaften eine jeweils den gestellten Anforderungen entsprechende
Schweißnaht hergestellt werden kann. Die Schweißeignung eines Werkstoffes innerhalb einer Werkstoffgruppe ist umso besser, je weniger die werkstoffbedingten
Faktoren beim Festlegen des Schweißverfahrens für
eine bestimmte Konstruktion beachtet werden müssen."

Gut schweißgeeignet ist die Gruppe der Bau- und Feinkornbaustähle, die in ihrer chemischen Zusammensetzung und Metallurgie auf gutmütige Reaktion auf den
Schweißwärmezyklus optimiert sind. Ebenfalls meist
gut schweißgeeignet sind die nicht umwandelnden austenitischen Stähle.

Die Einstufung eines Stahles als „bedingt schweißgeeignet" bedeutet, dass dieser nur unter besonderen
Maßnahmen, wie z.B. mit Hilfe von Vor- oder Nach-
wärmprozessen, mit brauchbarem Ergebnis zu verschweißen ist. So eingestufte Stähle sind insbesondere
in Serienproduktionen vor allem aus wirtschaftlichen
(Vor- und Nachwärmprozesse kosten Zeit und Geld),
aber auch aus technologischen Gründen (das Risiko
von teilweise nur schwierig nachzuweisenden Fehlern
im Gefüge der Schweißnaht steigt, die Schweißbarkeit
des Bauteiles sinkt) zu meiden.

Folglich ist Schweißen als Verbindungstechnologie immer dort angezeigt, wo Bauteile aus gut schweißgeeigneten Stählen mit Verbindungseigenschaften (statisch
sowie zyklisch), die annähernd denen des Grundwerk-

stoffs entsprechen, und dauerhaft, d. h. ohne vorgesehene Lösungsmöglichkeit, gefügt werden sollen.

Im Folgenden soll eine kleine Auswahl industriell relevanter Schweißverfahren mit ihren Möglichkeiten und Einsatzgrenzen vorgestellt werden. Systematisch wird nach der Art der Energiequelle unterschieden.

5-7.1.1 Schweißverfahren

Lichtbogenschweißen

Der Definition gemäß ist ein (elektrischer) Lichtbogen eine sich selbst erhaltende Gasentladung zwischen zwei Elektroden, die eine ausreichend hohe elektrische Potenzialdifferenz (entsprechend der Schweißspannung) aufweisen müssen, um die für die Stoßionisation benötigte hohe Stromdichte aufrecht zu erhalten. Die Gasentladung bildet ein Plasma, in dem die Teilchen (Atome oder Moleküle) zumindest teilweise ionisiert sind. Die freien Ladungsträger haben zur Folge, dass das Gas elektrisch leitfähig wird (Wikipedia 2013). Bei höheren Temperaturen erfolgt dann zunehmend auch thermische Ionisation. Die dabei umgesetzte elektrische Leistung (ermittelt aus dem Produkt von Lichtbogenstrom und Schweißspannung) wird in Wärmeenergie umgewandelt und von den Lichtbogenschweißverfahren als Wärmequelle zum Aufschmelzen des Werkstoffes und ggfs. eines Zusatzwerkstoffes, welcher zum Auffüllen des Nahtvolumens dient, genutzt. Die begrenzte Richtwirkung des Lichtbogens in axialer Richtung der Elektrode und die geringe Eigensteifigkeit der Plasmasäule führen dazu, dass sich der Lichtbogen in engen Spalten und Schweißnahtvorbereitungen dem Weg des geringsten (elektrischen) Widerstandes folgend seitlich auf die Nahtflanken ausrichtet und so der Lichtbogenfußpunkt mit seiner intensiven Wärmeentwicklung nicht mehr kontrolliert auf die Wurzel der

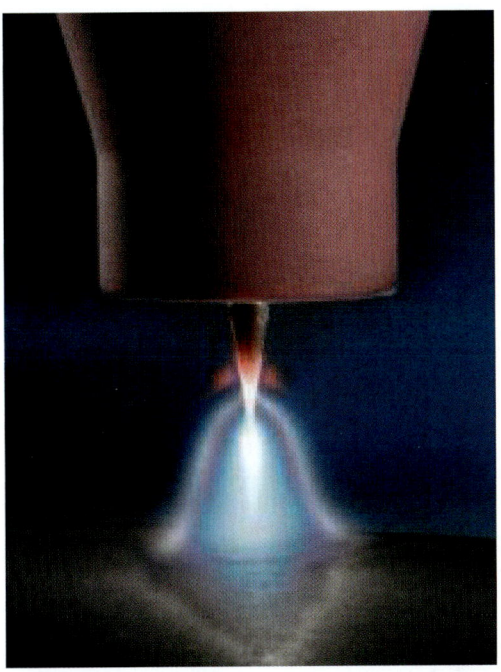

Bild 5-7.3 WIG-Lichtbogen (Quelle: EWM AG, Mündersbach)

Schweißnaht einwirkt. Wurzel- und Lagenbindefehler sind die häufige Konsequenz.

Vermeiden lässt sich dieses durch V-, Y- und X-Nahtvorbereitungen mit entsprechend großen Öffnungswinkeln oder ausreichend breite Tulpennahtvorbereitungen mit großzügig angelegten Ausrundungen im Bereich der Wurzellage (Bild 5-7.4). Für Lichtbogenschweißprozesse haben sich hier Öffnungswinkel von 40° bis 60° bewährt. In der Praxis bewährte Schweißnahtvorbereitungen sind in DIN EN ISO 9692-1 zu finden.

Neben den wegen ihrer hohen Relevanz im industriellen Umfeld nachfolgend behandelten Verfahren WIG-Schweißen, Lichtbogenhandschweißen, Metallschutz-

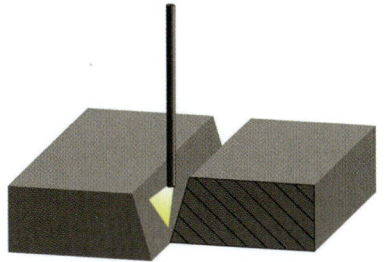
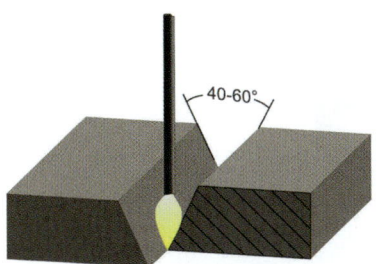
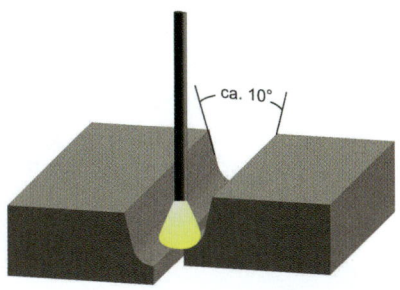

Bild 5-7.4 Ablenkung des Lichtbogens durch zu enge Schweißnahtvorbereitung (links), keine Ablenkung bei ausreichendem Öffnungswinkel (Mitte) oder ausreichender Spaltbreite in der Engspaltvorbereitung (rechts) (Reisgen/Stein 2016)

gasschweißen und Unterpulverschweißen existiert noch eine Reihe weiterer spezialisierter Varianten des Lichtbogenschweißens (Reisgen/Stein 2016).

Wolfram-Inertgasschweißen (WIG-Schweißen)

Beim Wolfram-Inertgasschweißen (WIG) dient ein elektrischer Lichtbogen, welcher zwischen einer nicht abschmelzenden Wolframelektrode und dem Werkstück brennt, als Wärmequelle zum Aufschmelzen von Grund- und eventuell zugesetztem Zusatzwerkstoff (Bild 5-7.5). Zum Schutz der Elektrode sowie des heißen, flüssig und fest vorliegenden Werkstoffes wird der Prozess unter einer Schutzgasabschirmung betrieben, die durch kontinuierliche Zufuhr von Schutzgas durch eine meist keramische Schutzgasdüse gewährleistet wird. Als Energiequelle zum Betreiben des Lichtbogens dient eine Schweißenergiequelle, der Stromkreis wird über Kabel zum Werkstück und zum Schweißbrenner geschlossen. Um möglichst hohe Stromdichten und damit leichteres Zünden sowie einen stabilen und gerichteten Lichtbogen zu erreichen, werden die Wolframelektroden mit einem Spitzenwinkel von ca. 30° bis 45° angeschliffen. So zugeschliffene Elektroden sind empfindlich gegen Überhitzung und werden daher bei Gleichstromprozessen am negativen Pol der Energiequelle betrieben. Ergebnis ist eine kegelförmige Lichtbogensäule mit einem Öffnungswinkel von ca. 45°, die eine weiche, in etwa gaußförmige Energieverteilung aufweist.

Wie bei allen Schweißverfahren müssen auch beim Wolfram-Inertgasschweißen sowohl die Schweißstelle mit dem flüssigen Schmelzbad, der heiße und flüssige Zusatzwerkstoff und auch die Wolframelektrode selber vor dem schädlichen Einfluss der Atmosphäre geschützt werden. Hierzu sind vor allem inerte Gase geeignet, welche weder mit der Elektrode noch mit den Werkstoffen reagieren. Weiterhin soll das Schutzgas günstige Bedingungen für die Ausbildung des Lichtbogens schaffen.

Aus Kostengründen wird überwiegend Argon eingesetzt, welches gelegentlich mit etwas Wasserstoff als starkem Reduktionsmittel und aktiver Komponente versetzt wird. Zur Beeinflussung des Einbrandes (der Anteil aufgeschmolzenen Grundwerkstoffs) und zur Einstellung spezieller Schweißeigenschaften können jedoch auch Helium und Gemische von Argon und Helium verwendet werden. Auch hier wird teilweise Wasserstoff als Reduktionsmittel zugesetzt.

Das WIG-Schweißen kann mit und ohne Zugabe von Zusatzwerkstoffen ausgeführt werden. Im einfachsten Falle lässt man die aufgeschmolzenen Kanten eines möglichst ohne Spalt vorbereiteten Stumpfstoßes unter der Einwirkung des Lichtbogens schmelzen und miteinander verfließen, was aufgrund der begrenzten Einbrandtiefe nur bei relativ dünnen Blechen möglich ist. Etwas dickere Bleche können auch im Bördelstoß durch das Schmelzen und Zusammenfließenlassen der Blechkanten verbunden werden. Dabei können auch Spalte überbrückt werden. Das dazu benötigte Zusatzmaterial wird durch das Niederschmelzen des Bördels bereitgestellt.

Bei größeren Blechdicken (ab ca. 3 – 4 mm), welche zur

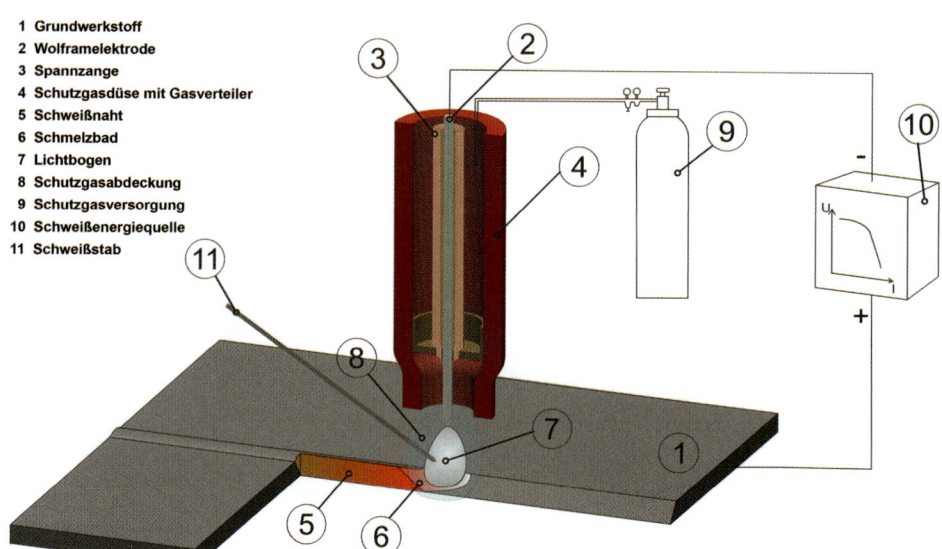

1 Grundwerkstoff
2 Wolframelektrode
3 Spannzange
4 Schutzgasdüse mit Gasverteiler
5 Schweißnaht
6 Schmelzbad
7 Lichtbogen
8 Schutzgasabdeckung
9 Schutzgasversorgung
10 Schweißenergiequelle
11 Schweißstab

Bild 5-7.5
Prinzipskizze des Wolfram-Inertgasschweißens
(Reisgen/Stein 2016)

vollständigen Anbindung mit Spalt und/oder Schweißnahtvorbereitung verarbeitet werden müssen, sowie
bei Kehlnähten muss zum Auffüllen des fehlenden
Volumens ein Zusatzwerkstoff zugesetzt werden
(Bild 5-7.6).

Bild 5-7.6 Manuelles WIG-Schweißen mit Schweißstab
(Quelle: Messer Group GmbH)

Beim manuellen Schweißen wird hier in der Regel auf
Schweißstäbe zurückgegriffen. Duktile Legierungen
sind meist als massiver Schweißstab verfügbar; solche,
die sich nicht oder nur schwierig zu Drähten ziehen
lassen, werden als Füllstab mit duktilem Mantel und
zusätzlichen Legierungselementen in der Füllung hergestellt und erst im Lichtbogen zur endgültigen Legierung umgeschmolzen. Weiterhin können Schlackebild-
ner in der Füllung enthalten sein, die Einfluss auf die
Legierungsbildung, das Fließverhalten und die Licht-
bogenstabilität nehmen. Neben der handgeführten Zuführung von Zusatzmaterial in Form von Schweißstä-
ben, welche dem Schweißer hohe Freiheitsgrade bei
der Wärmeführung und Ausführung der Nähte lässt
und so auch das Bewältigen anspruchsvoller Schweißaufgaben zulässt, kann die Zufuhr von Zusatzmaterial
auch (teil)-mechanisiert in Form von Drähten oder Füll-
drähten über Drahtvorschubeinheiten erfolgen. Die
Führung des Drahtes geschieht dann über Führungs-
rohre in die Nähe des Lichtbogens. Die Zufuhr kann
kontinuierlich oder auch gepulst erfolgen.

Die Stromstärke eines WIG-Lichtbogens bestimmt im
Zusammenspiel mit dem Schutzgas und der Schweißgeschwindigkeit im Wesentlichen die Einbrandtiefe in
den Werkstoff. Grund ist, dass die zum Einbrand beitra-
gende Wärmeentwicklung überwiegend im Elektroden-
fallgebiet stattfindet und diese nur vom Schweißstrom
abhängt. Um den Einbrand auch bei schwankenden

Lichtbogenlängen konstant halten zu können, wird der
WIG-Prozess mit Schweißenergiequellen mit Konstantspannungscharakteristik betrieben (Bild 5-7.7), welche
für die Schweißung von Stählen Gleichstrom liefern.
Für anspruchsvollere Schweißaufgaben, z. B. in Zwangslagen, wird auch gepulster Schweißstrom verwendet.

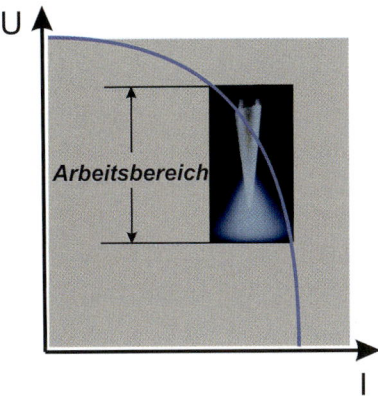

Bild 5-7.7 Kennlinie einer Energiequelle zum WIG-Schweißen
(Reisgen/Stein 2016)

Mit dem WIG-Verfahren kann eine Vielzahl von Stählen bis ca. 3 bis 4 mm Blechdicke (einlagig) sinnvoll
verschweißt werden, wobei sich vor allem im Bereich
der unlegierten und niedriglegierten Stähle sicherlich
leistungsfähigere Alternativen finden lassen. Das WIG-
Schweißen wird hier überwiegend zum Wurzelschwei-
ßen und bei der Verarbeitung dünner Bleche wegen der
guten Spaltüberbrückbarkeit manuell zum Einsatz
kommen. Dickere Bleche werden in Mehrlagentechnik
manuell oder mechanisiert geschweißt.

Im Bereich der hochlegierten Stähle, welche oft durch
oberflächliche Oxidation zur Bildung schädlicher Anlauffarben neigen oder auch anfällig für Heißrissbildung sein können, wird das WIG-Schweißen häufig
eingesetzt. Grund ist zum einen der durch den in der
Regel sehr ruhig brennenden Lichtbogen wenig ge-
störte Schutzgasstrom, der einen hervorragenden Gas-
schutz der Schweißstelle bietet, welcher aufgrund der
geringen Schweißgeschwindigkeiten auch den erkaltenden Bereich eine Zeitlang abdecken kann. Zum anderen verringert die flache Form des WIG-Schmelz-
bades im Zusammenspiel mit einer gut steuerbaren
und unabhängigen Einbringung von Wärme und Zusatzwerkstoff die Gefahr der Heißrissbildung. Die Auswahl des WIG-Verfahrens für eine Schweißaufgabe ist
aufgrund der damit erzielbaren geringen Abschmelzleistungen selten wirtschaftlich motiviert, sondern von

5

der Notwendigkeit seiner spezifischen Eigenschaften getrieben. Es wird vor allem bei der Verarbeitung dünnerer Bleche in der industriellen Praxis häufig manuell eingesetzt, da sich so seine spezifischen Vorteile, die aus der Trennung von Wärme- und Zusatzmaterialzufuhr resultieren und sich in hervorragender Kontrollierbarkeit des Schmelzbades zeigen, auch bei stark toleranzbehafteten Teilen besonders effektiv nutzen lassen.

Das WIG-Schweißen findet überall dort Anwendung, wo die geringen Abschmelzleistungen durch die technologischen Vorteile aufwogen werden:

- Hohe Prozesssicherheit
- Geringe Wärmeeinbringung
- Ruhiger Schweißprozess
- Unabhängigkeit von Wärme und Zufuhr von Zusatzwerkstoffen
- Gute Spaltüberbrückbarkeit
- Sehr gute Zwangslageneignung
- Hervorragende Gasabdeckung
- Gute Nahtoberflächen, keine Spritzer.

Bei dickeren Blechen wird es gerne als reines Wurzelschweißverfahren eingesetzt, wobei die Fülllagen, sofern der Werkstoff und die Anforderungen es zulassen, mit leistungsfähigeren Verfahren wie dem MSG- oder dem UP-Verfahren geschweißt werden. Häufige Anwendungen finden sich in Anlagen der Lebensmitteltechnik und im Apparatebau (hohe Anforderungen an Oxidfreiheit und Güte der Nahtoberflächen), im Rohrleitungsbau (Wurzelschweißeignung, Zwangslageneignung, hohe Reproduzierbarkeit mechanisierter Schweißungen, sehr gute Oberflächenqualitäten), in der Fertigung hochwertiger Bauteile (Reproduzierbarkeit,

Prozesssicherheit) und in der Verarbeitung dünner Bleche (Spaltüberbrückbarkeit, Zwangslageneignung, geringe Wärmeeinbringung).

Lichtbogenhandschweißen

Das Lichtbogenhandschweißen (Synonyme: E-Hand-Schweißen, Stabelektrodenschweißen) ist aufgrund des geringen notwendigen apparativen Aufwandes und seiner hohen Flexibilität hinsichtlich verschweißbarer Werkstoffe und Blechdickenbereiche, gemessen an der Zahl der verfügbaren Geräte, eines der am häufigsten genutzten Schweißverfahren.

Zwischen dem Grundwerkstoff und einer Stabelektrode brennt ein elektrischer Lichtbogen, welcher von einer Energiequelle mit Konstantstrom-Charakteristik versorgt wird. Die Übertragung des Stromes auf die Stabelektrode erfolgt über eine als Handstück dienende Klemme (Elektrodenhalter) und Kabel, die Übertragung auf den Grundwerkstoff über Kabel und Masseanschluss (Bild 5-7.8). Der Wärmeumsatz in den Fallgebieten von Anode und Kathode sorgt für das Aufschmelzen des Grundwerkstoffes einerseits und der Stabelektrode andererseits, welche vom Schweißer kontinuierlich so nachgeschoben wird, dass sich eine annähernd konstante Lichtbogenlänge ergibt. Nachdem die Stabelektrode bis auf einen Reststummel abgeschmolzen wurde, muss der Prozess zum Austausch der Stabelektrode unterbrochen werden. Die aus der meist mineralischen Elektrodenumhüllung entstehende Schlacke bestimmt die Verarbeitungseigenschaften der Stabelektrode sowie die mechanisch-technologischen Eigenschaften des abgeschmolzenen Schweißgutes. Sie schützt und formt die entstehende Schweißnaht.

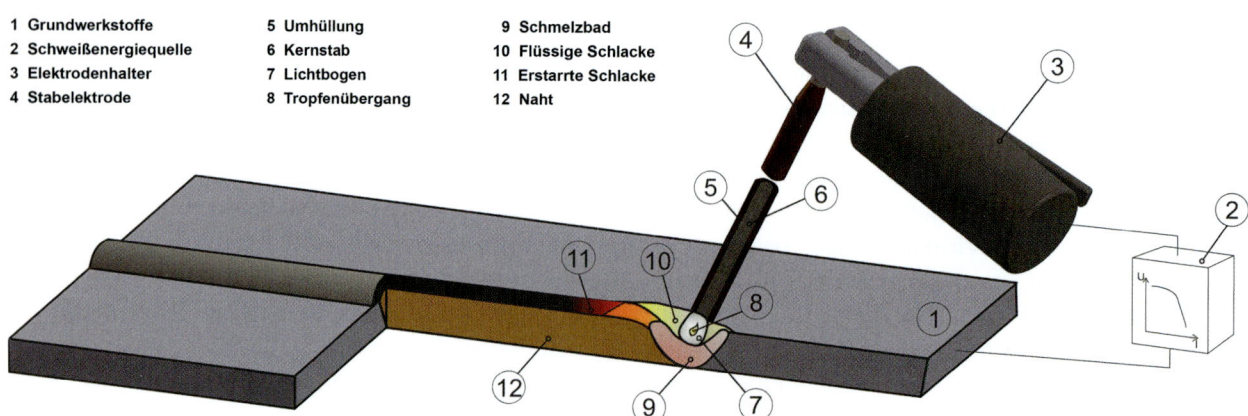

1 Grundwerkstoffe	5 Umhüllung	9 Schmelzbad
2 Schweißenergiequelle	6 Kernstab	10 Flüssige Schlacke
3 Elektrodenhalter	7 Lichtbogen	11 Erstarrte Schlacke
4 Stabelektrode	8 Tropfenübergang	12 Naht

Bild 5-7.8 Prinzipieller Aufbau des Schweißens mit der Stabelektrode (Reisgen/Stein 2016)

Zusatzwerkstoff ist die Stabelektrode selber, welche aus einem Kerndraht und der diesen gleichmäßig umgebenden Umhüllung besteht:

- Aufgabe des Kerndrahtes ist es, zum einen als Lieferant von Zusatzwerkstoff zu dienen, zum anderen der Stabelektrode mechanische Stabilität zu geben und den elektrischen Strom vom Elektrodenhalter bis zur Schweißstelle zu transportieren. Der Kerndraht-Werkstoff ist in der Regel auf den zu verschweißenden Grundwerkstoff abgestimmt.

- Aufgabe der Umhüllung ist die Erzeugung einer die Lichtbogenausbildung begünstigenden Atmosphäre an der Schweißstelle, der Schutz der übergehenden Tropfen sowie des flüssigen Schweißbades und der erkaltenden Naht vor den Einflüssen der Umgebungsluft sowie die Formung der Naht. Sie hat darüber hinaus auch Einfluss auf die Eigenschaften der Naht sowie auf die Verarbeitungseigenschaften. Der Umhüllungsmasse kann zusätzlich Metallpulver beigegeben werden, was zum einen dazu genutzt werden kann, das Kernstabmaterial im Schmelzbad zusätzlich zu legieren. Zum anderen kann durch die Zugabe von Eisen- bzw. Stahlpulver (bis zu 120 % der Kernstabmasse) die abschmelzbare Schweißgutmasse erhöht werden, ohne dass der Schweißstrom gegenüber einer Stabelektrode ohne Metallpulverzusatz erhöht werden muss. Dies erlaubt die Reduzierung der eingebrachten Streckenenergie (d. h. der vom Schweißprozess umgesetzten Wärmemenge. Diese wird auf eine Nahtlängeneinheit [cm oder mm] bezogen) bei gleicher Nahtdicke durch Erhöhung der Schweißgeschwindigkeit oder die Erhöhung der Nahtdicke bei gleicher Streckenenergie und Schweißgeschwindigkeit.

Die Auswahl einer Stabelektrode ist neben dem Werkstoff und der Schweißposition, welche die notwendigen Eigenschaften des Schweißgutes und den Umhüllungstyp festlegen, vor allem von der Blechstärke und der Art der Schweißnahtvorbereitung abhängig, welche den auszuwählenden Kernstabdurchmesser bestimmen. Dabei gilt: Je mehr Material zur Stützung des Schmelzbades und Ableitung des Schweißwärme vorhanden ist, umso größer kann der Kernstabdurchmesser gewählt werden. Der Schweißstrom wird in Abhängigkeit des Kernstabdurchmessers eingestellt. Beim Abschmelzen der Stabelektrode wird der elektrische Widerstand der Stabelektrode kontinuierlich kleiner. Um dennoch konstante Einbrandverhältnisse am Werkstück gewährleisten zu können, werden zum Licht-

bogenhandschweißen Energiequellen mit Konstantstromcharakteristik eingesetzt.

Mit dem Lichtbogenhandschweißen können durch Wahl geeigneter Stabelektroden alle schweißbaren Stähle in Blechdicken ab ca. 1 mm bis 6 mm in einer Lage geschweißt werden. Größere Nahtdicken werden in Mehrlagentechnik hergestellt.

Anwendungsbestimmende Vorteile des Lichtbogenhandschweißens sind die geringen Investitionskosten verbunden mit hoher Flexibilität des Verfahrens hinsichtlich verarbeitbarer Werkstoffe und Blechdickenbereiche (durch einfachen Austausch der Stabelektrode). Dazu kommt die gegenüber Schutzgasschweißverfahren vergleichsweise hohe Unempfindlichkeit gegenüber Wind, was das Verfahren für den Baustelleneinsatz prädestiniert (Bild 5-7.9).

Dem steht eine im Vergleich zum konkurrierenden Verfahren Metall-Schutzgasschweißen geringe Produktivität gegenüber (Abschmelzleistungen von ca. 1 bis 3 kg/h mit Normalelektroden und 2 bis 6 kg/h mit Hochleistungselektroden bei ununterbrochenem Schweißen). Der hohe Anteil an Nebenzeiten (ca. 70 % bei geübten Schweißern) zum Elektrodenwechsel, dem Entfernen der Schlacke sowie dem eventuell erforderlichen Ausschleifen der Endkrater setzt die Produktivität weiter herab.

Bild 5-7.9 Lichtbogenhandschweißen auf der Baustelle (Quelle: Lincoln Electric)

Anwendungen für das Lichtbogenhandschweißen finden sich daher hauptsächlich in der Einzelteil- und Kleinserienfertigung sowie beim Einsatz auf der Baustelle. Typische Branchen sind beispielsweise:

- Handwerk
- Stahl-, Hoch- und Brückenbau

5

- Großgeräte- und Maschinenbau
- Behälter- und Apparatebau
- Rohrleitungsbau, Pipelineverlegung

Metall-Schutzgasschweißen (MSG-Schweißen)

Das Metall-Schutzgasschweißen (MSG-Schweißen) ist ein Lichtbogenschweißverfahren, bei dem der Lichtbogen zwischen einer kontinuierlich nachgeförderten abschmelzenden endlosen Drahtelektrode, welche den Zusatzwerkstoff zur Füllung der Schweißnahtvorbereitung liefert, und dem Grundwerkstoff brennt (Bild 5-7.10). Zum Schutz der Schweißstelle vor dem schädlichen Einfluss der Atmosphäre wird ein Schutzgas eingesetzt. Gemessen an den Mengen verkauften Zusatzwerkstoffes ist es das industriell am weitesten verbreitete Schweißverfahren.

Die zum Betrieb des Lichtbogens notwendige Versorgung mit elektrischer Energie wird über ein Kontaktrohr gewährleistet, innerhalb dessen der Stromübergang auf die Drahtelektrode erfolgt. Über entsprechende stark dimensionierte Kabel von der Energiequelle zum Kontaktrohr und zum Grundwerkstoff wird der Stromkreis geschlossen. Die kontinuierliche Förderung der Drahtelektrode geschieht durch eine Drahtvorschubeinheit, welche die Drahtelektrode von einer Rolle abzieht und durch einen mit einer Förderseele aus Metall und Kunststoff versehenen Schlauch bis zum Brenner fördert.

Über eine Schutzgasdüse wird die Schweißstelle mit einem Schutzgas abgeschirmt, welches aus einer Druckgasflasche über Druckminderer und Schaltventile und

Bild 5-7.11 MSG-Schweißen (Quelle: EWM AG, Mündersbach)

einen Schutzgasschlauch zum Brenner gefördert wird. Dieser wird zusammen mit dem Schweißstromkabel, eventuellen Steuerkabeln, dem Drahtförderschlauch und den Kühlwasserschläuchen zum sogenannten Schlauchpaket zusammengefasst.

Als Schweißschutzgas kommt in Europa hauptsächlich Argon zum Einsatz, welches zur Beeinflussung der Schweißeigenschaften auch mit Anteilen an Helium, Kohlendioxid oder auch kleinen Anteilen Sauerstoff oder Wasserstoff versetzt werden kann. Die Verwendung reinen Kohlendioxids als Schutzgas ist in Europa unüblich geworden.

Die Drahtelektroden sind in der Regel in ihrer Zusammensetzung und in den mechanisch-technologischen Eigenschaften des damit erzeugten Schweißgutes den

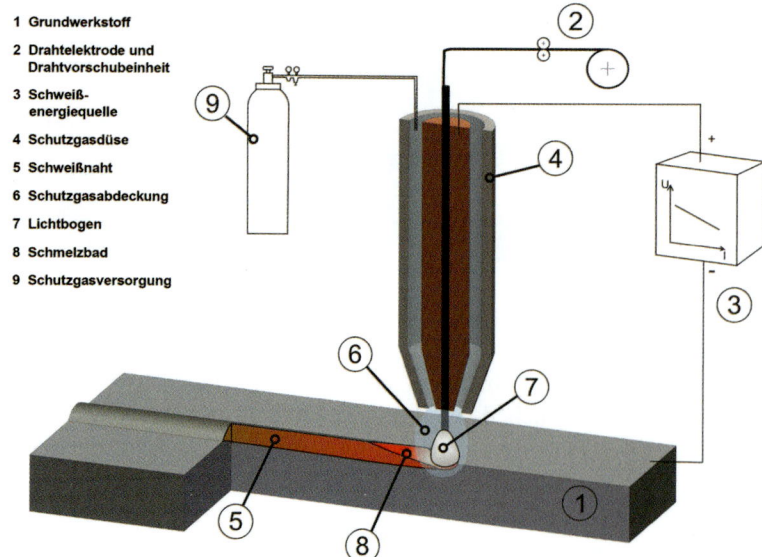

1 Grundwerkstoff
2 Drahtelektrode und Drahtvorschubeinheit
3 Schweiß-energiequelle
4 Schutzgasdüse
5 Schweißnaht
6 Schutzgasabdeckung
7 Lichtbogen
8 Schmelzbad
9 Schutzgasversorgung

Bild 5-7.10
Prinzipskizze des Metall-Schutzgasschweißens
(Reisgen / Stein 2016)

damit zu verarbeiteten Grundwerkstoffen ähnlich. Sie stehen dem Anwender als massive Drähte oder als sogenannte Fülldrähte in einer Reihe von Standarddurchmessern zur Verfügung. Zur Gewährleistung eines gleichmäßigen Stromüberganges mit geringem Übergangswiderstand sind die Drähte oft verkupfert. Grundvoraussetzung für einen stabilen Prozessverlauf bei Lichtbogenschweißprozessen mit mechanisiert geförderter abschmelzender Drahtelektrode ist ein Gleichgewicht von Abschmelzgeschwindigkeit und Drahtvorschubgeschwindigkeit, wie es sich bei Verwendung von Energiequellen mit Konstantspannungs-Charakteristik selbsttätig einstellt.

Gemessen an den verkauften Zusatzwerkstoffmengen sind das Metall-Schutzgasschweißen und seine Varianten diejenigen Schweißverfahren, welche die breiteste Anwendung finden. Es erlaubt die Verarbeitung aller schweißbaren Stähle. Die verarbeitbaren Blechdicken beginnen bei weniger als 1 mm im Stumpf oder Überlappstoß, bis zu ca. 6 – 8 mm in einer Lage im Stumpfstoß mit V- oder Y-Vorbereitung oder in der Kehlnaht. Dickere Bleche können in der Mehrlagentechnik mit ein- oder beidseitigen V- bzw. X-Vorbereitungen mit und ohne Steg geschweißt werden. Die vergleichsweise hohe Produktivität, der breite Blechdickenbereich, das weite Werkstoffspektrum und nicht zuletzt die einfache Mechanisier- und Automatisierbarkeit machen es zum bevorzugten Verfahren in einer Vielzahl von Branchen:

- Metallbauhandwerk
- Automobil- und Fahrzeugbau
- Stahlbau und Stahlhochbau (überwiegend in der Werkstatt, auf der Baustelle ist wegen der Windempfindlichkeit der Schutzgasabdeckung für entsprechenden Schutz zu sorgen)
- Maschinenbau
- Apparate- und Behälterbau
- Schiffbau

Unterpulverschweißen (UP-Schweißen)

Beim Unterpulverschweißen wird eine endlose Drahtelektrode unter einer Schicht aus Schweißpulver durch die Wärmewirkung eines elektrischen Lichtbogens abgeschmolzen. Das Schweißpulver wird durch den Lichtbogen aufgeschmolzen und bildet dabei eine Schlacke, welche die folgenden Aufgaben erfüllt:

- Schutz der Schweißstelle, des Schmelzbades und des übergehenden Zusatzwerkstoffes vor dem schädlichen Einfluss der Umgebungsluft
- Stabilisierung des Lichtbogens und der Kaverne
- Formung der erstarrenden Naht
- Beeinflussung der Zusammensetzung der Naht durch Zu- und Abbrand von Legierungselementen
- Beeinflussung der mechanisch-technologischen Eigenschaften der Naht durch Reaktion mit dem Schweißgut
- Erhöhung des Abschmelzwirkungsgrades durch Reduzierung von Strahlungsverlusten.

1 Grundwerkstoff

2 Drahtelektrode und Drahtvorschubeinheit

3 Schweißenergiequelle

4 Pulvertrichter

5 Schweißnaht

6 Wärmeeinflusszone

7 Kaverne mit Lichtbogen

8 Schmelzbad

9 Pulverschüttung

10 flüssige Schlacke

11 feste Schlacke

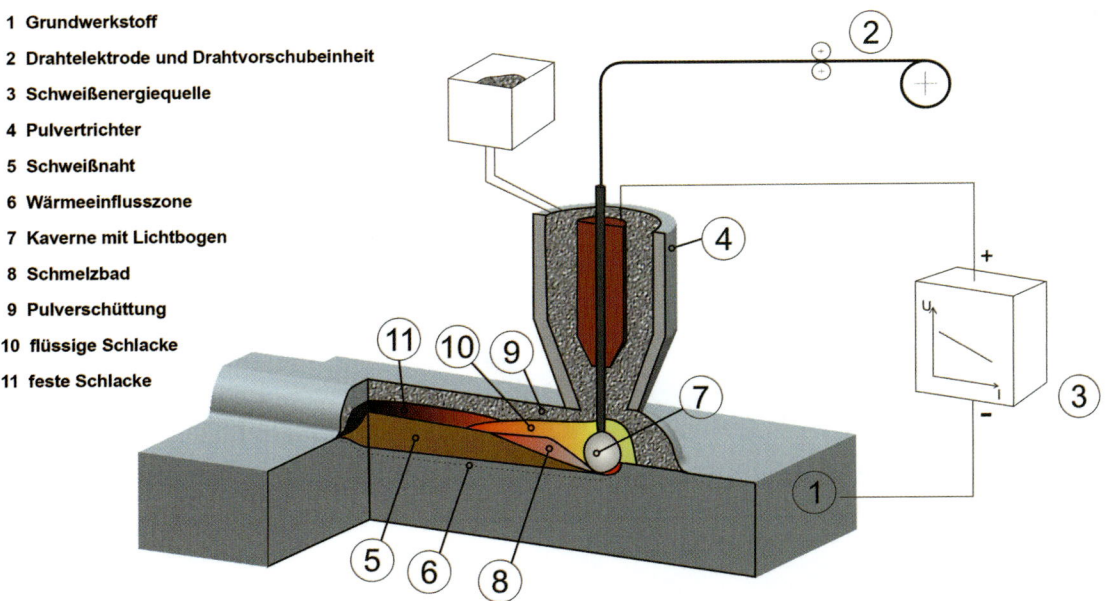

Bild 5-7.12 Prinzipskizze des Unterpulverschweißens (Reisgen/Stein 2016)

5

Der Zusatzwerkstoff ist eine endlose Drahtelektrode, die typischerweise Durchmesser von ca. 2 mm bis 5 mm aufweist. Diese wird von einer Haspel abgezogen, durch Rollenrichtwerke gerade gerichtet, mittels Vorschubrollenpaar durch einen Schweißkopf gefördert, der für die Kontaktierung mit der Energiequelle sorgt. Ein Massekabel zwischen Werkstück und Energiequelle schließt den Stromkreis, sodass ein Lichtbogen zwischen dem Ende der Drahtelektrode und dem Grundwerkstoff brennt und beide auf- bzw. abschmelzen kann. Schweißpulver wird durch einen ringförmig um den Schweißkopf angeordneten Pulvertrichter, welcher aus einem Vorratsbehälter beschickt wird, in definierter Höhe aufgetragen. Nicht durch den Prozess aufgeschmolzenes Schweißpulver wird hinter der Schweißstelle abgesaugt und nach Siebung und Entstaubung wieder dem Vorratsbehälter zugeführt.

Die Pulverschüttung, welche die Sicht auf die Schweißstelle verhindert, sowie das Gewicht von Schweißkopf, Drahtvorschub und Pulverversorgung machen die vollmechanisierte Führung des Prozesses an einem Handhabungsgerät, meist einem sogenannten Automatenträger, erforderlich (Bild 5-7.13). Aufgrund der großen Drahtdurchmesser werden beim Unterpulverschweißen leistungsfähige Energiequellen benötigt, welche zur Nutzung des inneren Selbstausgleichs in der Regel mit Konstantspannungscharakteristik ausgestattet werden.

Besonderes Kennzeichen des Unterpulverschweißens ist das Zusammenwirken von Drahtelektrode und Schweiß-

Bild 5-7.13 UP-Schweißanlage an Automatenträger (Quelle: WELTRON GmbH, Burbach)

pulver. Die mechanisch-technologischen Eigenschaften des Schweißgutes ergeben sich erst in der sogenannten Draht/Pulver-Kombination, was aus der Beeinflussung des flüssigen Zusatzwerkstoffes durch den Kontakt mit der Schlacke herrührt. Dieser führt in Abhängigkeit der Zusammensetzung des Drahtes, der Zusammensetzung der Schweißpulvers bzw. der Schlacke und des Grundwerkstoffes zu Zu- oder Abbrand von Legierungselementen, welche die Legierung und das Gefüge des Schweißgutes verändern. Die daran beteiligten Reaktionen sind temperatur- und oberflächenabhängig, daher haben auch die Schweißparameter einen Einfluss. So können z. B. mit einer Drahtelektrode durch

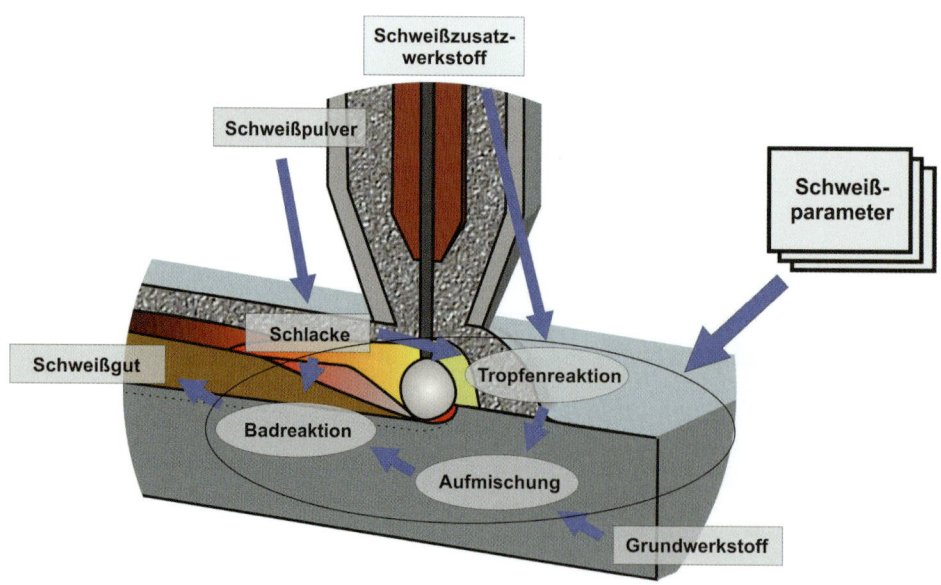

Bild 5-7.14
Metallurgische Reaktionen zwischen Schweißpulver, Schweißzusatzwerkstoff und Grundwerkstoff (Reisgen/Stein 2016)

Austausch des Schweißpulvers unterschiedliche Stähle werkstoffgerecht verschweißt werden. Schweißpulver zum Unterpulverschweißen sind immer mineralischen Ursprunges. Es kommen überwiegend dem Grundwerkstoff ähnliche Massivdrahtelektroden zum Einsatz, sodass sich in Verbindung mit den Zu- und Abbränden der Draht/Pulver-Kombination artgleiche oder artähnliche Schweißgüter ergeben. Zur Auswahl geeigneter Zusatzwerkstoff-Kombinationen bieten sich die Kataloge der Schweißzusatzwerkstoffhersteller an.

Mit den Unterpulverschweißverfahren lassen sich alle schweißbaren Stahlwerkstoffe verschweißen. Als Schweißnahtvorbereitungen kommen dabei sowohl symmetrische oder asymmetrische Y, Doppel-Y, und X-Vorbereitungen zum Einsatz, welche bis ca. 25 mm in Lage-Gegenlage-Technik geschweißt werden können. Bei dickeren Blechen ab ca. 30 mm werden häufig U- und Doppel-U-Schweißnahtvorbereitungen verwendet. Die Schweißungen erfolgen immer in PA- oder PB-Position, Zwangslagen sind wegen der großen Schmelz- und Schlackebäder sowie der losen Pulverschüttung nicht beherrschbar. Wurzellagen sowie dünne Bleche müssen auf Badabstützung geschweißt werden oder mit einem anderen Schweißverfahren hergestellt werden.

Die meist einfachen Handhabungssysteme und der große geometrische Abstand zwischen Schweißkopf und Pulverschüttung sowie der nachlaufenden Pulverabsaugung lassen die Anwendung nur bei vergleichsweise langen geraden Nähten sinnvoll erscheinen. Die großen Schmelzbäder führen zu Bereichen am Nahtanfang und am Nahtende, welche nicht immer die volle

Tragfähigkeit aufweisen. Es werden daher häufig An- und Auslaufbleche zum Starten und Abschalten des Prozesses vorgesehen. Typische Anwendungen finden sich beispielsweise:

- im Stahlbau und Stahlhochbau
- im Schiffbau und der Offshore-Technik
- im Apparate- und Behälterbau
- bei der Rohrherstellung
- im schweren Maschinenbau

Strahlschweißen

Der Begriff „Strahlung", oft gleichbedeutend mit dem Begriff „Strahlen" verwendet, bezeichnet der Definition nach die Ausbreitung von Teilchen oder Wellen. Unter „Strahl" wird dagegen fast immer ein Strahlenbündel verstanden, das eine gerichtete Bewegung aufweist und Energie transportiert. Trifft Strahlung auf ein Hindernis, so kann diese (abhängig von ihrer Art und der Art des Hindernisses) absorbiert (unter Abgabe ihrer Energie an das Hindernis), unbeeinflusst transmittiert (unter Erhalt ihrer Energie) und/oder auch reflektiert und gestreut (ebenfalls unter Erhalt der Energie) werden. Bei realen Hindernismaterialien tritt eine Kombination aller drei Effekte auf, wobei jedoch meist ein Einzelner das Verhalten dominiert. Dabei unterliegt sie unter anderem den optischen Gesetzen. Diese Eigenschaften ermöglichen den Transport und die Fokussierung von Strahlung sowie die Umsetzung ihrer Energie in Wärme, welche zum Schmelzen von Werkstoff und somit zum Schweißen genutzt werden kann. Zum Schweißen werden sowohl der Laserstrahl als auch der Elektronenstrahl genutzt. Durch Fokussierung der

5

Wärmeleitungs-schweißen

Tiefschweißen

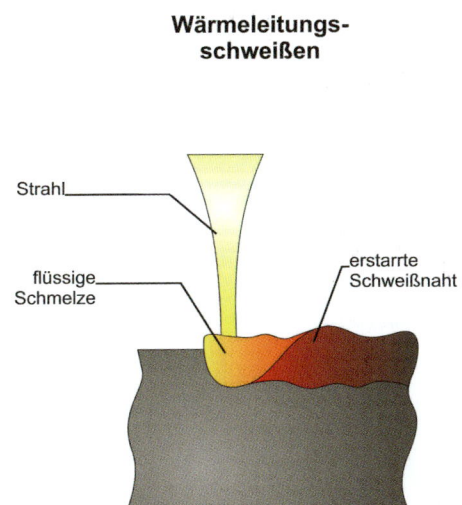

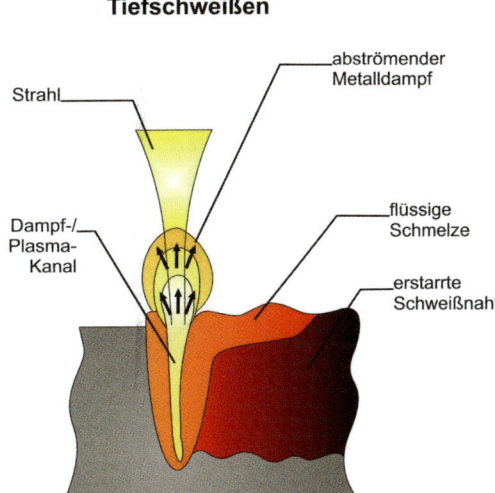

Bild 5-7.15
Schematische Darstellung des Energietransports beim Strahlschweißen (Reisgen/Stein 2016)

Rohstrahlen entstehen in der Nähe des Brennpunktes Energiedichten, welche ausreichen, das getroffene Material durch Absorption so weit zu erhitzen, dass dieses schmilzt oder verdampft. Abhängig von der Energiedichte erfolgt der Transport der Energie in den Grundwerkstoff auf zwei Arten (Bild 5-7.15):

Bei Überschreitung einer kritischen Energiedichte staut sich die durch die Wechselwirkung mit dem Strahl in den Werkstoff eingebrachte Wärme so weit auf, dass der Werkstoff lokal geschmolzen und verdampft wird. Der Dampfdruck öffnet eine Kapillare in der Schmelze, innerhalb derer der Strahl in die Tiefe des Werkstoffs vordringen kann. Die Wechselwirkung des Strahls mit dem Metalldampf in der Kapillare bewirkt eine Wärmeeinbringung auch in der Tiefe des Werkstoffs. Man spricht vom Tiefschweißen. So erstellte Nähte sind durch ein hohes Tiefen/Breiten-Verhältnis ausgezeichnet. Das aufgeschmolzene Volumen ist im Vergleich zu Lichtbogenschweißverbindungen klein, was eine vergleichsweise niedrige thermische Beeinflussung des Werkstoffes mit schmalen Wärmeeinflusszonen mit sich bringt. Der ohnehin niedrige thermische Verzug wirkt sich wegen der annähernd parallelen Nahtflanken überwiegend in der Blechebene aus.

Liegt die Energiedichte unterhalb dieses kritischen Wertes, erreichen die lokalen Temperaturen nicht die Verdampfungstemperatur. Es bildet sich ein Schmelzbad, welches in der Wechselwirkung mit der Strahlung weiter erhitzt wird. Es gibt die zugeführte Energie durch reine Wärmeleitung an den Grundwerkstoff weiter, welcher dadurch weiter aufgeschmolzen wird. Man spricht daher vom Wärmeleitungsschweißen (Bild 5-7.15). Aufgrund der geringen Tiefenwirkung wird das Wärmeleitungsschweißen beim Verschweißen dünner Bleche eingesetzt. Durch Wärmeleitungsschweißen hergestellte Nähte weisen eine Querschnittsform auf, die der mit Wolfram-Inertgasschweißen ohne Zusatzwerkstoff hergestellten Verbindungen ähnelt. Die Strahlschweißverfahren spielen ihre besonderen Vorteile vor allem bei Nutzung des Tiefschweißens aus:

- Lokal begrenzte, vergleichsweise geringe Energieeinbringung, minimaler Wärmeeintrag in das Werkstück
- Minimaler Verzug in Blechebenenrichtung, kaum Winkelverzug
- Große Nahtdicken in einer Lage
- Hohe Schweißgeschwindigkeiten.

Die sehr kleinen Wirkquerschnitte des Strahls setzen genau gefertigte Einzelteile voraus. Diese sind wegen der dafür in der Regel eingesetzten spanenden Bearbeitungsverfahren meist erheblich teurer als Einzelteile, die mit den für die Lichtbogenverfahren ausreichenden thermischen Trennverfahren ausgeschnitten wurden. In der Regel wird ein technischer Nullspalt angestrebt, der bei dünneren Bauteilen durch die Spanntechnik

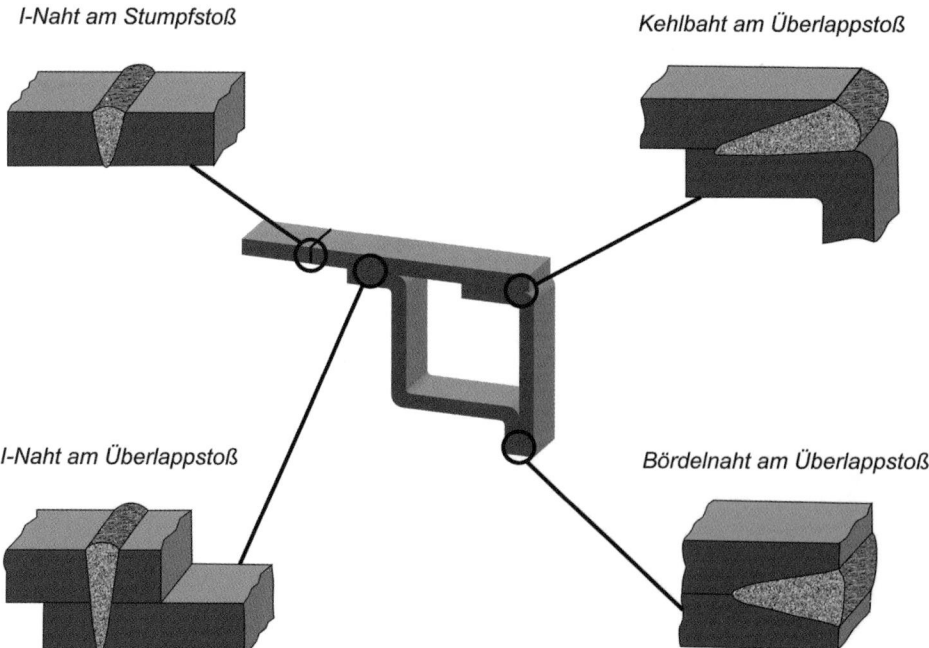

I-Naht am Stumpfstoß

Kehlbaht am Überlappstoß

I-Naht am Überlappstoß

Bördelnaht am Überlappstoß

Bild 5-7.16
Nahtvorbereitungen zum Strahlschweißen bei dünnen Blechen (Reisgen/Stein 2016)

erzeugt werden kann, bei dickeren Bauteilen jedoch in der Regel durch die spanend herzustellenden Einzelteile zu gewährleisten sind. Der fokussierte Strahl sollte die Werkstückoberfläche etwa senkrecht zu dieser erreichen können.

Die hohen Schweißgeschwindigkeiten bei vergleichsweise kleinen Schmelzbadvolumina führen zu steilen Aufheiz- und Abkühlkurven, welche Stähle zum Teil deutlich anders reagieren lassen, als man es vom Lichtbogenschweißen gewohnt ist. Insbesondere die schmalen Wärmeeinflusszonen verhalten sich teilweise gutmütiger als es die messbaren Härten erwarten lassen. Die Bewertung von Strahlschweißnähten erfolgt nach eigenen Normen (EN ISO 13919-1, EN ISO 13919-2, DIN EN ISO 12932).

Laserstrahlschweißen

Energiequelle beim Laserstrahlschweißen ist ein energiereicher Laserstrahl. Dieser wird als Rohstrahl mit vergleichsweise großem Durchmesser und geringer Leistungsdichte von einem als LASER bezeichneten Strahlerzeuger entweder über Umlenkspiegel oder eine Lichtleitfaser zu einer Fokussieroptik geleitet, die ihn entweder über Fokussierspiegel oder transmissive Fokussieroptiken (Linsensysteme) im Bereich der Werkstückoberfläche fokussieren und so die zum Schweißen benötigten hohen Energiedichten erzeugen. Über ge-

eignete Handhabungssysteme entweder für das Werkstück oder für die Optik wird die für den Schweißvorschub benötigte Relativbewegung zwischen Werkstück und Optik erzeugt. Je nach Art des Strahltransportes und der Art der Schweißaufgabe kommen hier kartesische Portalroboter oder auch Industrieroboter in Knickarmbauweise zum Einsatz (Bild 5-7.17). Laserstrahlerzeuger werden nach ihrem aktiven Medium unterschieden.

Bei für das Schweißen eingesetzten Lasern kommen entweder Kohlendioxid (Gaslaser) oder dotierte Kristalle (Festkörperlaser) zum Einsatz, was auch die Wellenlänge des Laserlichtes bestimmt. Die zur Erzeugung des Laserstrahles notwendige Energie wird dem aktiven Medium bei Gaslasern in der Regel durch Hochfrequenzanregung zugeführt, Festkörperlaser werden durch Licht aus Diodenstacks angeregt. Festkörperlaser verdrängen zurzeit aufgrund ihres besseren Wirkungsgrades, ihrer durch Lichtleitfasern transportierbaren Strahlung und ihres vergleichsweise günstigen Preises Gaslaser zum Schweißen aus der industriellen Praxis. Sie sind heute mit bis zu 16 kW Strahlleistung als Standardkomponenten verfügbar. Zukünftig werden auch Laser höherer Strahlleistungen verfügbar werden.

Für Schweißanwendungen relativ neu im Markt sind Halbleiterdiodenlaser mit Strahlleistungen von bis zu

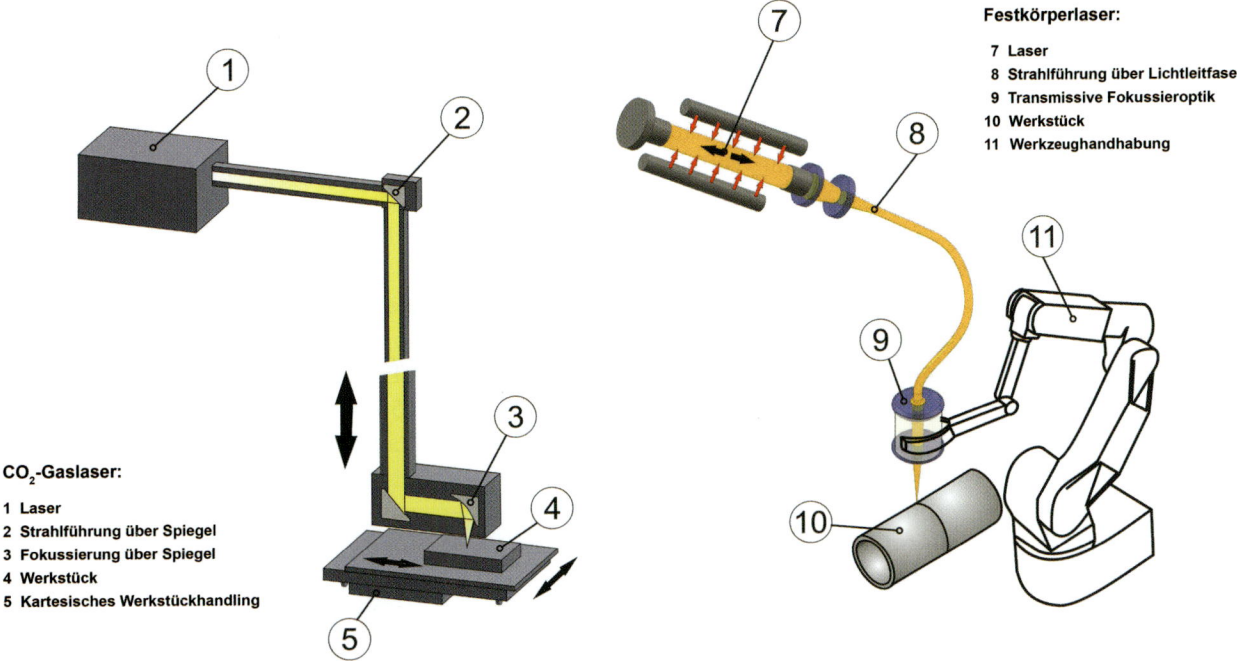

CO₂-Gaslaser:

1 Laser
2 Strahlführung über Spiegel
3 Fokussierung über Spiegel
4 Werkstück
5 Kartesisches Werkstückhandling

Festkörperlaser:

7 Laser
8 Strahlführung über Lichtleitfaser
9 Transmissive Fokussieroptik
10 Werkstück
11 Werkzeughandhabung

Bild 5-7.17 Prinzip des Anlagenaufbaus für CO₂-Gaslaser (links) und Festkörperlaser (rechts) (Reisgen/Stein 2016)

6 kW bei zum Tiefschweißen ausreichender Strahlqualität. Die Strahlerzeuger sind so kompakt, dass sie meist direkt, d. h. ohne zwischengeschaltete Strahlführung, mit der Optik verbunden von Industrierobotern gehandhabt werden können.

Laserlicht bzw. ein Laserstrahl lässt sich wegen der geringen Divergenz nahezu verlustfrei auch über größere Entfernungen übertragen und infolge seiner monochromatischen Eigenschaften hervorragend fokussieren. Seine Absorptionseigenschaften im Material sind unter anderem durch die Wellenlänge bestimmt. Glas ist transparent für die Strahlung von Festkörperlasern, während es die langwelligere Strahlung von CO_2-Lasern absorbiert.

CO_2-Laserlicht wird daher als Laserstrahl frei im Raum transportiert und über umlenkende Kupferspiegel zur Arbeitsstation geführt. Zur Fokussierung werden ebenfalls Spiegeloptiken verwendet. Die Art des Leistungstransportes führt dazu, dass bei Schweißanlagen mit CO_2-Lasern in der Regel kartesische Portalanlagen zum Einsatz kommen. Die notwendigen rotatorischen Achsen werden auf ein Minimum beschränkt und sind in unmittelbarer Nähe des Fokussierspiegels angebracht, um Verlagerungen des Fokuspunktes so klein wie möglich zu halten.

Die Strahlung von Festkörperlasern und Diodenlasern verhält sich dagegen im Wesentlichen wie sichtbares Licht. Sie kann einfach und mit geringen Verlusten mit Hilfe von Lichtleitfasern zum Einsatzort geleitet werden (bei Diodenlasern entfällt häufig wegen der direkten Handhabbarkeit die Lichtleitfaser) und dort mit Hilfe von Linsenoptiken fokussiert werden. Die Form der Lichtleitung ermöglicht es, die Laserleistung über verwinkelte und bewegliche Strecken ohne Veränderungen des Fokuspunktes zu transportieren, und erlaubt die Anwendung von 6-achsigen Knickarmrobotern zur Führung des Laserstrahles über das Werkstück. Verschweißbar sind verschiedene unlegierte und niedriglegierte Stähle (Baustähle, aber auch verschiedene Einsatz- und Vergütungsstähle mit Kohlenstoffgehalt bis ca. 0,22 %) und die Gruppen der ferritischen und austenitischen hochlegierten Stähle.

Das Laserstrahlschweißen wird dort angewendet, wo die hohen Investitionskosten für Anlage und Vorrichtungen sowie der höhere Preis für die genauer vorzubereitenden Einzelteile gegen die Einsparungen aus der verringerten Fertigungszeit gerechnet werden können. Dieses ist oft in der industriellen Massenfertigung gegeben. Ein zweites Argument für den Einsatz dieses Verfahrens besteht in der Nutzung des technologischen Vorteils des vergleichsweise geringen Verzuges und des spritzerarmen Prozesses, der die Verschweißung von Bauteilen mit hohen Präzisionsansprüchen oder bereits fertig bearbeiteten Einzelteilen erlaubt. Laserstrahlschweißen ist hier oft (zusammen mit dem teilweise konkurrierenden Elektronenstrahlschweißen) eine von wenigen funktionierenden Möglichkeiten, was dann auch Einzelteil- und Kleinserienfertigungen rentabel macht.

Bild 5-7.18 Laserschweißen im Karosseriebau (Quelle: Precitec GmbH & Co. KG, Gaggenau)

Der Automobil- und Fahrzeugbau setzt das Verfahren beispielsweise im Karosseriebau sowie bei der Herstellung von Getriebe- und Motorenteilen ein. Weitere Anwendungen finden sich in der stahlverarbeitenden Industrie, z. B. zur Herstellung von Taylored Blanks (meist in der Automobilindustrie verwendete Tiefziehplatinen, welche aus Blechen unterschiedlicher Dicke und/oder Güte durch Laserstrahlschweißen zusammengesetzt sind) oder in der Fertigung von dünnwandigen Rohren, in der Luftfahrtindustrie oder auch in der Medizintechnik.

Der Gedanke, keine teure Laserenergie für die Produktion von flüssigen Zusatzwerkstoffen aufwenden zu wollen, führte zur Entwicklung des Laser-MSG-Hybridschweißens (Bild 5-7.19). Hier übernimmt der Lichtbogen eines Metallschutzgasschweißprozesses vollständig das Aufschmelzen des Drahtes, während die gesamte Laserstrahlleistung für Einschweißtiefe und Schweißgeschwindigkeit zur Verfügung steht. Beide Teilprozesse brennen auf einem gemeinsamen Schmelzbad. In der Synergie beider Teilprozesse ergibt sich ein Schweißverfahren, welches die Einschweißtiefe und Geschwindigkeit des Laserprozesses mit der Spalt-

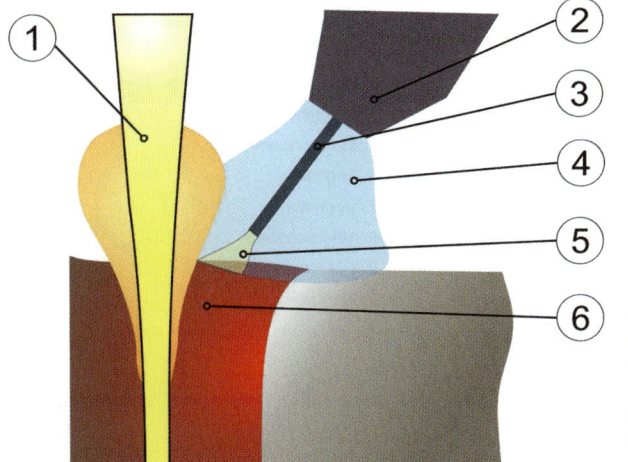

1 **Laserstrahl**
2 **MSG-Brenner**
3 **Drahtelektrode**
4 **Schutzgas**
5 **Lichtbogen**
6 **gemeinsames Schmelzbad**

Bild 5-7.19
Prinzipskizze des Laser-MSG-Hybridschweißens
(Reisgen / Stein 2016)

überbrückbarkeit und der Möglichkeit der metallurgischen Beeinflussung des Schweißgutes aus dem MSG-Prozess kombiniert. Die Verfahrensvariante erschließt denselben Blechdickenbereich wie das reine Laserstrahlschweißen.

Eine neue Verfahrensmodifikation ist das Laserstrahlschweißen unter Vakuum, die ähnlich wie beim Elektronenstrahlschweißen in einer evakuierten Kammer stattfindet. Der stark reduzierte Umgebungsdruck unterdrückt zum einen die Dampffackel, was dazu führt, dass weniger Laserleistung abgeschirmt wird und mehr Leistung für die Ausbildung des Keyholes (des Dampfkanals, Bild 5-7.15) zur Verfügung steht. Darüber hinaus sinkt die Siedetemperatur des Werkstoffes mit sinkendem Druck, d.h., das Keyhole ist mit weniger Leistung zu erzeugen und offen zu halten. Bei gleichen Schweißparametern kann so bei Drücken um 10^{-1} hPa die Einschweißtiefe mehr als verdoppelt werden.

Elektronenstrahlschweißen

Beim Elektronenstrahlschweißen wird die kinetische Energie hochbeschleunigter Elektronen, welche als Elektronenstrahl auf der Werkstückoberfläche auftreffen und deren Energie dort in Wärmeenergie umgewandelt wird, als Energiequelle zum Schweißen genutzt.

Die Erzeugung des Elektronenstrahles selbst geschieht im Hochvakuum. Aus einer elektrisch beheizten Wolframkathode treten hier durch Glühemission Elektronen aus, die vom sog. Wehnelt-Zylinder beschleunigt sowie durch ein elektromagnetisches Spulensystem zum Strahl geformt, fokussiert und zum Werkstück ge-

lenkt werden. Ein Elektronenstrahlerzeuger arbeitet mit einem im Vergleich zum Laser sehr viel besseren elektrischen Wirkungsgrad.

Um eine Streuung des Elektronenstrahls durch Kollision mit Luftmolekülen zu vermeiden und den Strahlcharakter zu erhalten, wird auch der Arbeitsraum der Anlage evakuiert. Die notwendige Qualität des Vakuums hängt maßgeblich von der benötigten Energiedichte am Werkstück ab. Hohe Einschweißtiefen im Tiefschweißeffekt erfordern hohe Energiedichten und somit eine hohe Qualität des Vakuums, während bei der Verschweißung dünnerer Bleche mittels Wärmeleitungsschweißen ein diffuserer Strahl, der durch Streuung im gröberen Vakuum entsteht, von Vorteil sein kann, z.B. hinsichtlich der Spaltüberbrückung.

Über ein ebenfalls elektromagnetisch betriebenes Ablenksystem kann der Strahl darüber hinaus auf einem begrenzten Raum mit hohen Beschleunigungen und Geschwindigkeiten bewegt werden. Mit Hilfe dieser schnellen Strahlablenkung kann unter Ausnutzung der endlichen Wärmeableitung im Bauteil die Strahlleistung nahezu beliebig auf der Werkstückoberfläche verteilt werden. Anwendungen sind zum Beispiel das Vor- oder Nachwärmen des Nahtbereiches durch breit angelegte vor- bzw. nachlaufende Wärmefelder, die aus dem Hauptstrahl abgezweigt werden und quasi-gleichzeitig mit diesem auf das Werkstück einwirken. Diese Mehrbadtechnik erlaubt es darüber hinaus, mehrere Schweißkapillaren gleichzeitig zu öffnen, was bei geeigneter Schweißfolge zur weiteren Reduzierung des beim Elektronenstrahlschweißen ohnehin schon geringen Verzuges genutzt werden kann.

Mit dem Elektronenstrahl lassen sich alle niedrig- wie

5

5

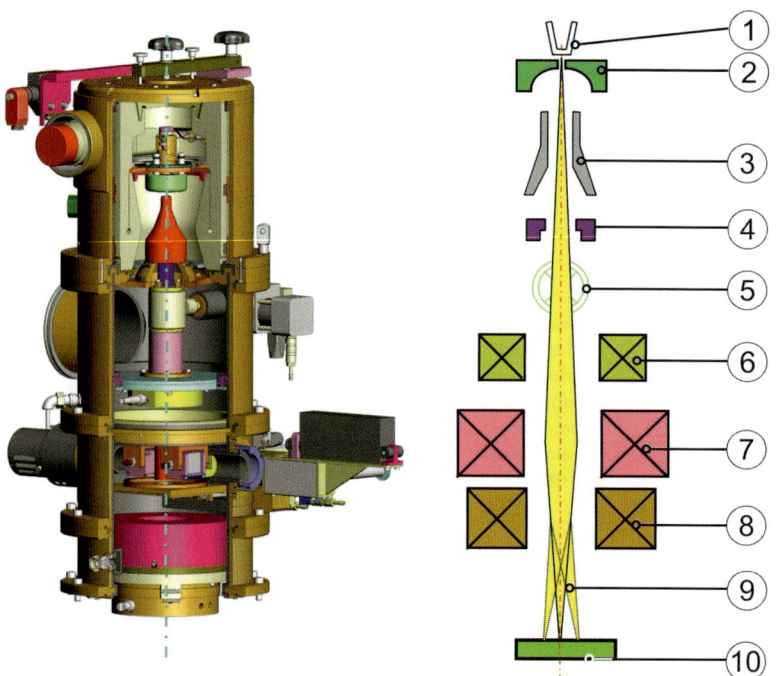

1	Beheizte Wolframkathode
2	Weyneltzylinder
3	Anode
4	Druckdrossel
5	Stahlrohrventil
6	Stigmator
7	Magnetlinse
8	Ablenksystem
9	Elektronenstrahl
10	Werkstück

Bild 5-7.20 Erzeugung eines Elektronenstrahls (Quelle: Steigerwald Strahltechnik GmbH, Maisach, *www.steigerwald-eb.de*)

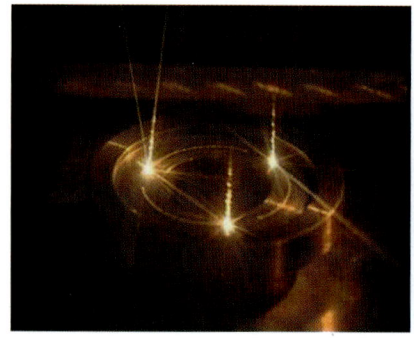

Bild 5-7.21
In Mehrbadtechnik geschweißtes Getriebebauteil
(© pro-beam)

auch hochlegierten Stahlwerkstoffe (bis ca. 150 mm Blechdicke in einer Lage) verschweißen. Im Wettbewerb gegenüber anderen möglichen Schweißverfahren sind die vergleichsweise hohen Schweißgeschwindigkeiten, die hohen Einschweißtiefen, die Verzugsarmut, die hohe Reproduzierbarkeit, die Möglichkeit endfertige Bauteile verschweißen zu können, die integrierten Wärmevor- und nachbehandlungsmöglichkeiten durch Strahlteilung, die Zerstörung von Oxidbelegungen durch die „mechanische Einwirkung" des Elektronenstrahls und das Vakuum und/oder der Oxidationsschutz der Bauteile Kriterien, die dem hohen apparativen Aufwand und den daraus folgenden hohen Maschinenstundensätzen, den erhöhten Kosten für die Vorberei-

tung der Teile und dem hohen Nebenzeitenanteil gegenübergestellt werden müssen, um so auch unter wirtschaftlichen Aspekten das „beste" Verfahren auswählen zu können. Anwendungen finden sich daher in einer Vielzahl von Branchen:

- Bau von chemischen Apparaten und Reaktoren
- Rohrherstellung
- Energietechnik
- Luft- und Raumfahrt
- Automobilindustrie, Motor- und Getriebeteile
- Elektronikindustrie
- Werkzeugbau
- Maschinen- und Anlagenbau
- Medizintechnik.

Pressschweißen durch elektrischen Strom/ Widerstandsschweißen

Im Gegensatz zu den Schmelzschweißverfahren, bei denen die Schweißung durch die Vermischung von Anteilen der Grundwerkstoffe mit einem eventuell eingesetzten Zusatzwerkstoff jeweils im Schmelzfluss ohne zusätzliche Krafteinwirkung erfolgt, sind die Pressschweißverfahren zusätzlich durch die Aufbringung einer die Fügeteile zusammenpressenden Kraft charakterisiert. Energiequelle beim Widerstandsschweißen ist die Wirkung des elektrischen Stromes, welche nach dem Ohm'schen Gesetz über die Material- und Kontaktwiderstände in Wärme umgesetzt wird.

Widerstandspunktschweißen

Bild 5-7.22 zeigt den prinzipiellen Verfahrensaufbau des Widerstandspunktschweißens. Zwei überlappende Bleche werden durch zwei kupferne und wassergekühlte Elektroden aufeinander gepresst. Die ballige Form der Elektroden bewirkt, dass sich sowohl die Kontaktwiderstände zwischen den Elektroden und den Blechoberflächen als auch zwischen den Blechen selber durch die so erzeugten Druckspitzen minimieren und so ein Pfad für den Schweißstrom definiert wird.

Der höchste elektrische Widerstand zwischen den Elektroden vor der Schweißung ist der Übergangswiderstand zwischen den Blechen. Beim Fließen des Schweißstromes entsteht deshalb hier die meiste Wärme (Bild 5-7.23). Mit zunehmender Erwärmung des Bauteiles bricht der Kontaktwiderstand zwischen den Blechen zusammen. Aufgrund der Kaltleitereigenschaften von Metallen wird der Ort des höchsten Widerstandes im Strompfad jetzt durch den Ort der höchsten Temperatur lokalisiert, der – da dort die Aufheizung des Materials begonnen hat – mit dem Kontaktbereich der Bleche übereinstimmt. Weiterer Stromfluss führt in der Folge zu einem weiteren Aufheizen und Aufschmelzen des Materials. Der Prozess zentriert sich so selbstständig. Die weiter wirkende Elektrodenkraft verhindert, dass flüssiges Material austritt. Wenn genügend schmelzflüssiges Material entstanden ist, wird der Schweißstrom abgeschaltet, die Schmelze erstarrt, und die Elektroden können entlastet und geöffnet werden. Typische Prozesszeiten vom Schließen bis zum Öffnen der Elektroden liegen in der Größenordnung von 1 s, typische Stromstärken in der Größenordnung von 6 kA (2 × 1 mm Tiefziehstahl).

Zum Widerstandspunktschweißen werden sowohl ortsfeste Ständermaschinen als auch mobil einsetzbare Schweißzangen verwendet. Ständermaschinen finden ihre Anwendung vorwiegend bei vergleichsweise kleinen Bauteilen, die entweder händisch oder mit Hilfe von Mechanisierungseinrichtungen zwischen die Elektroden gebracht und dort bis zur endgültigen

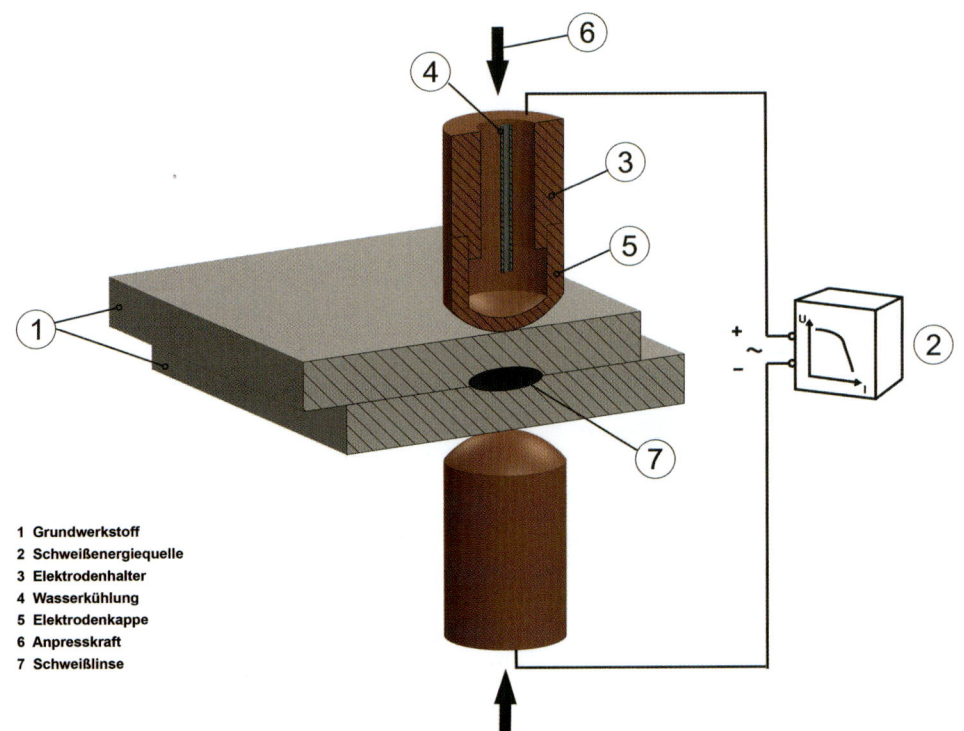

1 Grundwerkstoff
2 Schweißenergiequelle
3 Elektrodenhalter
4 Wasserkühlung
5 Elektrodenkappe
6 Anpresskraft
7 Schweißlinse

Bild 5-7.22
Prinzip des Widerstandspunktschweißens (Reisgen/Stein 2016) (Quelle: ELMA-Tech GmbH, Morsbach)

5

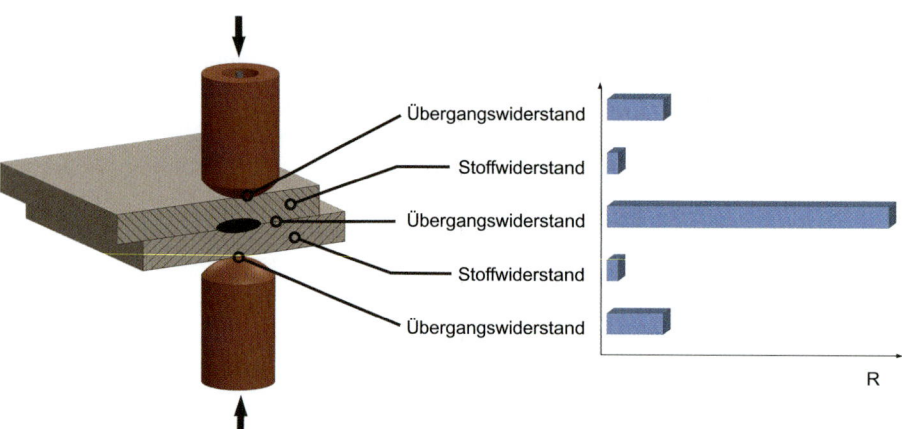

Bild 5-7.23
Relative Größe der Widerstände zu Beginn einer Widerstandspunktschweißung (Reisgen/Stein 2016)

Verschweißung fixiert werden. Schweißzangen, welche ebenfalls manuell (mit Hilfe gewichtsentlastender Systeme) oder am Roboter eingesetzt werden können, ermöglichen die Verschweißung größerer Bauteile.

Die Bereitstellung der erheblichen Schweißstromstärken von bis zu 20 kA für Stahlbleche bis 3 mm kann durch leistungsfähige Transformatoren mit und ohne Gleichrichter, aber auch durch Mittelfrequenzinverter oder Kondensatorentladungsanlagen erfolgen.

Mit dem Punktschweißen können unlegierte Stahlwerkstoffe, wie Tiefziehstähle und Baustähle, höherfeste Tiefziehstähle, wie Feinkornbaustähle, Dualphasen- und Bake-Hardening-Stähle, sowie ferritische und austenitische rostfreie oder auch hitzebeständige Stähle bis ca. 3 mm verschweißt werden. Diese dürfen metallische Überzüge, z.B. galvanische oder Feuerverzinkungen aufweisen, welche jedoch Einfluss auf die Elek-

trodenlebensdauer haben. Organische Beschichtungen müssen elektrisch leitend sein. Widerstandspunktschweißen wird häufig mit speziellen Kleb- und Dichtstoffen, welche vor dem Schweißen zwischen die Bleche gebracht werden, zum sogenannten Punktschweißkleben kombiniert. Die so erstellten Verbindungen sind dicht, vor Korrosion geschützt und weisen darüber hinaus verbesserte Festigkeits- und Dämpfungseigenschaften auf, was sie insbesondere für den automobilen Karosseriebau interessant macht.

Anwendungen für das Widerstandspunktschweißen finden sich überall dort, wo dünne Blechwerkstoffe im Überlappstoß verschweißt werden können:

- Automobilindustrie
- Herstellung weißer Ware
- Elektroindustrie.

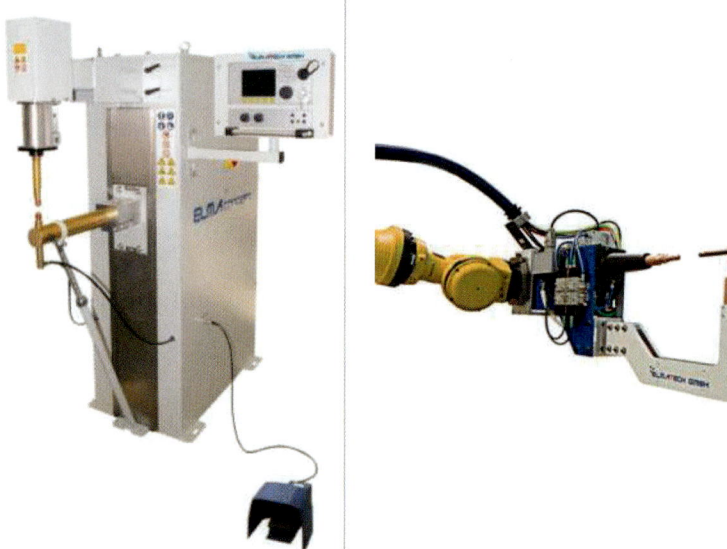

Bild 5-7.24
Ständermaschine (links) und Roboterschweißzange (rechts) (Quelle: ELMA-Tech GmbH, Morsbach)

Widerstandsbuckelschweißen

Während beim Widerstandspunktschweißen der Strompfad durch die Schweißkraft und die ballige Form der Elektroden definiert wird, übernehmen beim Buckelschweißen Erhöhungen auf der Blechoberfläche diese Aufgabe. Diese sogenannten Schweißbuckel kollabieren unter dem Einfluss von Schweißwärme und Schweißkraft; die flächig ausgebildeten Elektroden müssen zum Aufrechterhalten des Kraftniveaus und des elektrischen Kontaktes schnell nachgeführt werden.

Die geometrische Definition des Strompfades erlaubt es, auch mehrere Schweißpunkte gleichzeitig zu setzen; neben linsenförmigen Verbindungen sind auch linienförmige Geometrien möglich. Schweißbuckel werden in der Regel geprägt oder spanend angearbeitet, es können jedoch auch natürliche Buckelformen, wie z. B. bei gekreuzten Drähten, den Strompfad bestimmen (Bild 5-7.27).

Anwendung findet das Buckelschweißen vor allem bei Blechstärken, die nicht wirtschaftlich punktgeschweißt werden können, bei massiven Bauteilen und bei Bau-

Bild 5-7.25 Widerstandspunktschweißen mit beweglichen Schweißzangen in der Automobilindustrie (Quelle: KUKA Systems GmbH)

teilen, bei denen natürliche Buckel genutzt werden können:

- Haushaltswaren
- Elektroindustrie
- geschweißte Drahtgitter
- Schweißmuttern.

1 Grundwerkstoff
2 Schweißenergiequelle
3 Elektrode
4 Anpresskraft
5 Schweißbuckel
6 Schweißlinse

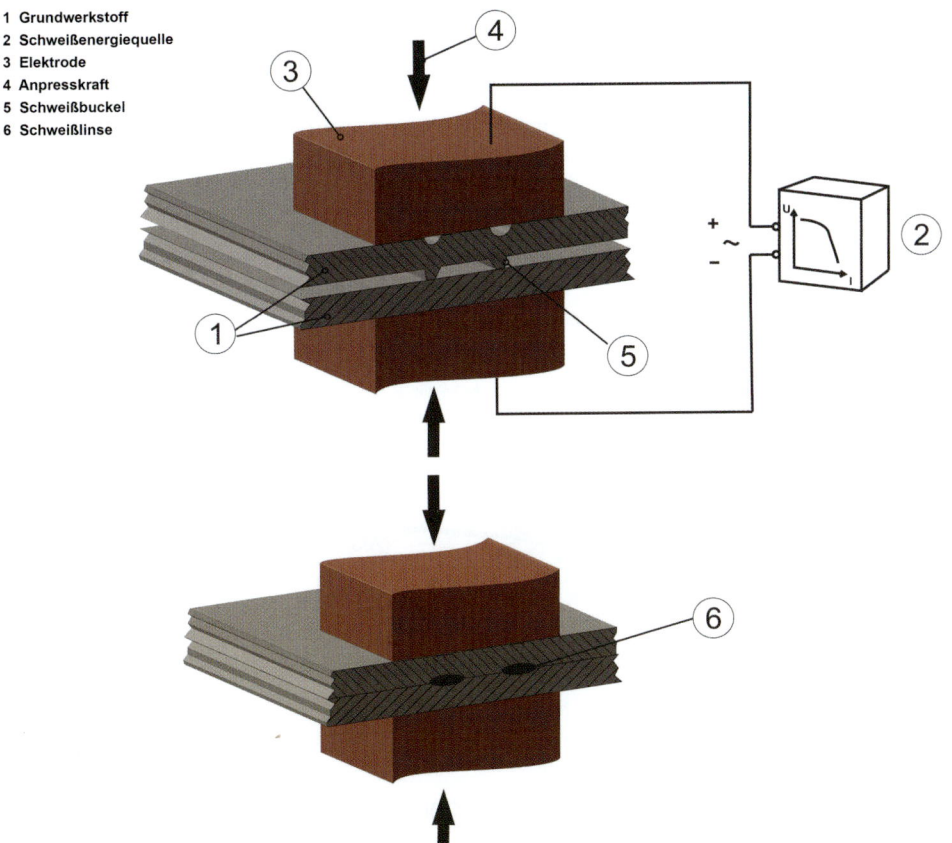

Bild 5-7.26
Buckelschweißen (Reisgen/ Stein 2016)

5

Bild 5-7.27 Baustahlmatten – Buckelschweißen mit natürlichen Buckeln (Quelle: Schlatter Industries AG, Schlieren/Schweiz)

5

5-7.1.2 Auswahl geeigneter Schweißparameter

Beim Schweißen durchläuft der Stahl einen verfahrensspezifischen Schweißwärmezyklus, der im Gefüge von der Temperatur und der Zeit abhängende Vorgänge auslöst.

ZTU-Schaubilder wie in Kapitel A5-10 gezeigt, eignen sich jedoch nicht für die Vorhersage der Gefügeausbildung einer Schweißverbindung. Hier kann in der Regel nicht von einem stabilen Austenitisierungszustand ausgegangen werden, da der Aufheizvorgang in der Regel

sehr schnell vonstatten geht und sich kein homogener Gefügezustand einstellt. Die jeweilige Spitzentemperatur (Bild 5-7.2) ist darüber hinaus abhängig vom Abstand zur Schmelzlinie. Folglich stellt sich auch bei der Abkühlung ein inhomogener Gefügezustand mit inhomogener Härteverteilung in der Wärmeeinflusszone des Werkstoffes ein.

Schweiß-ZTU-Schaubilder versuchen diesem Umstand Rechnung zu tragen, indem für die Aufheizphase ein Temperaturverlauf angenommen wird, wie er in unmittelbarer Nähe zur Schmelzlinie durch einen Lichtbogenschweißprozess hervorgerufen wird (Bild 5-7.28). Diese Schaubilder erlauben bei Kenntnis der Abkühlkurve die Eigenschaften der Wärmeeinflusszone in der Nähe der Schmelzlinie vorherzusagen. Hier stellt sich in der Regel die höchste Härte ein (Bild 5-7.2), und hier versagt die Schweißnaht bei Überbelastung aufgrund des Zusammenwirkens von metallurgischer und geometrischer Kerbwirkung mit dem Bereich höchster Sprödigkeit in der Verbindungszone. Über eine gezielte Legierung, z.B. mit Chrom und Nickel, lässt sich das kubisch-flächenzentrierte γ-Eisengitter so weit stabilisieren, dass es auch bei Raumtemperatur vorliegt. Solche Stähle zeigen kein Umwandlungsverhalten, stattdessen kann die Schweißwärme hier zur Kornvergröberung und zum teilweisen Verlust der technologischen Eigenschaften, wie beispielsweise der Korrosionsbeständigkeit, führen. Hier führen zu lange

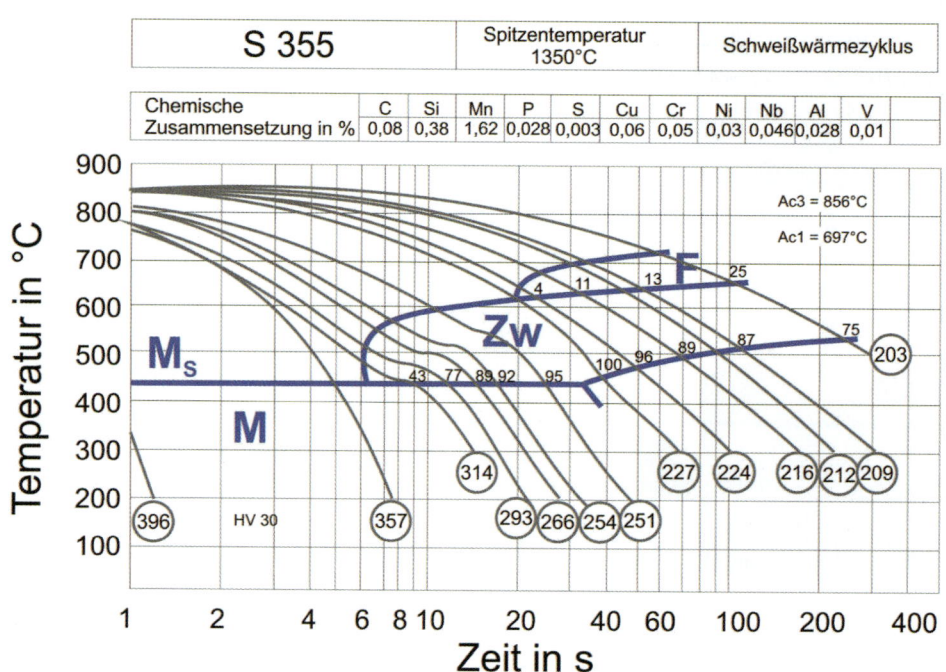

Bild 5-7.28
Schweiß–ZTU-Schaubild
(nach Seyffarth 1992)

Abkühlkurven in der Regel zu einer Verstärkung der unerwünschten Veränderungen.

5-7.1.3 Schweißen unterschiedlicher Stahlwerkstoffe

Die Festlegung von Schweißparametern zum Schweißen von Stahlwerkstoffen bedeutet immer einen Kompromiss. Zum einen sollen die vom Schweißwärmezyklus unvermeidbar hervorgerufenen Veränderungen der mechanisch-technologischen Eigenschaften des Grundwerkstoffs in der Wärmeeinflusszone begrenzt werden. Das aus der flüssigen Phase im Gussgefüge erstarrende Schweißgut muss dazu passende Eigenschaften entwickeln, welche sich im Zusammenspiel aus Abkühlkurve und chemischer Zusammensetzung ergeben. Weiterhin müssen die möglichen Randbedingungen des Schweißverfahrens sowie wirtschaftliche Aspekte berücksichtigt werden. Da alle dabei im Stahl ablaufenden Prozesse thermisch aktiviert werden, stellt die Abkühlkurve als einziger, gemeinsamer und in Grenzen leicht beinflussbarer Parameter hier die entscheidende Stellschraube dar. Sie hat Einfluss auf

- das Umwandlungsverhalten des Grundwerkstoffs sowie auf das Kornwachstum und – über das daraus entstehende Gefüge – auf Zähigkeit und Festigkeit der Verbindung,
- das Erstarrungsverhalten sowie die Ausbildung des Gussgefüges des Schweißgutes und – daraus resultierend – auf Zähigkeit und Festigkeit,
- die Diffusion und Reaktionen der Legierungselemente und damit auf technologische Eigenschaften wie das Korrosionsverhalten.

Die Strategie, der bei der Ermittlung geeigneter Schweißparameter und damit Abkühlkurven gefolgt wird, ist daher abhängig von dem durch die chemische Zusammensetzung bestimmten Umwandlungsverhalten des Stahles sowie von der bei der Stahlherstellung eingestellten Gefügestruktur.

Schweißen von unlegierten Stählen und hoch- und höherfesten Feinkornbaustählen

Alle Stähle dieser Art wandeln sich beim Aufheizen temperatur- und legierungsabhängig in das kubisch-flächenzentrierte Gitter um, beim Abkühlen entstehen so in Abhängigkeit der Abkühlkurve mehr oder weniger harte Gefügestrukturen, wie sie den Schweiß-ZTU-Schaubildern des jeweiligen Materials entnommen werden können. Ebenfalls den ZTU-Diagrammen der

Stähle dieser Gruppe ist zu entnehmen, dass der größte Teil der für die Gefügeausbildung relevanten Umwandlungsvorgänge in einem Temperaturbereich von 800 °C bis 500 °C stattfindet. Die Zeit, in der dieser Temperaturbereich durchlaufen wird, wird als $t_{8/5}$-Zeit bezeichnet und kann als charakteristische und einfach zu messende Größe zur Beschreibung der relevanten Abkühlkurve genutzt werden. Für einen Stahl bekannter Zusammensetzung stellt sich bei gleicher $t_{8/5}$-Zeit in der Wärmeeinflusszone eine ähnliche Gefügestruktur mit ähnlichen mechanisch-technologischen Eigenschaften ein.

Im Umkehrschluss heißt dieses, dass es möglich ist, für einen bestimmten Stahl Bereiche der $t_{8/5}$-Zeit anzugeben, innerhalb derer akzeptable mechanisch-technologische Eigenschaften der Wärmeeinflusszone erreicht werden. Unterschreitung dieses Zeitbereiches führt zu unzulässiger Aufhärtung, Überschreiten dagegen zu unerwünschten Änderungen der Gefügestruktur und damit zu einem Verlust an Festigkeit und Zähigkeit. Das Gleiche ist für das erstarrende Schweißgut möglich.

Die „richtigen" Schweißparameter für unlegierte Stähle und hoch- und höherfeste Feinkornbaustähle sind nun diejenigen, die Abkühlkurven erzeugen, die sowohl für den Grundwerkstoff als auch für das Schweißgut im als geeignet angegebenen $t_{8/5}$-Bereich liegen und dabei mit dem gewählten Verfahren die Erzeugung fehlerfreier Verbindungen mit möglichst hoher Wirtschaftlichkeit erlauben und dabei den Anforderungen an die mechanisch-technologischen Eigenschaften genügen. Bild 5-7.29 verdeutlicht die allgemeine Vorgehensweise bei der Festlegung von Schweißparametern für eine Lichtbogenschweißaufgabe und benennt die dafür angewendeten Regelwerke. Zur Abschätzung der zu erwartenden $t_{8/5}$-Zeit wird bei Lichtbogenschweißungen häufig der in Bild 5-7.30 gezeigte Rechenweg (Stahl-Informations-Zentrum Merkblatt 088 1993) verwendet. Eingangsgrößen sind die Schweißparameter (Schweißstrom I, Schweißspannung U und die Schweißgeschwindigkeit v_s), die Vorwärmtemperatur T_0, die Blechdicke d und verschiedene Korrekturfaktoren, die die empirisch ermittelten Formeln an das verwendete Schweißverfahren und die verwendete Nahtgeometrie anpassen.

Dem Ablauf aus Bild 5-7.29 weiter folgend schließt sich den theoretischen Abschätzungen die Überprüfung durch den realen Schweißversuch an. Die geschweißten Probestücke werden anschließend auf die Erfüllung der Anforderungen überprüft und die Schweiß-

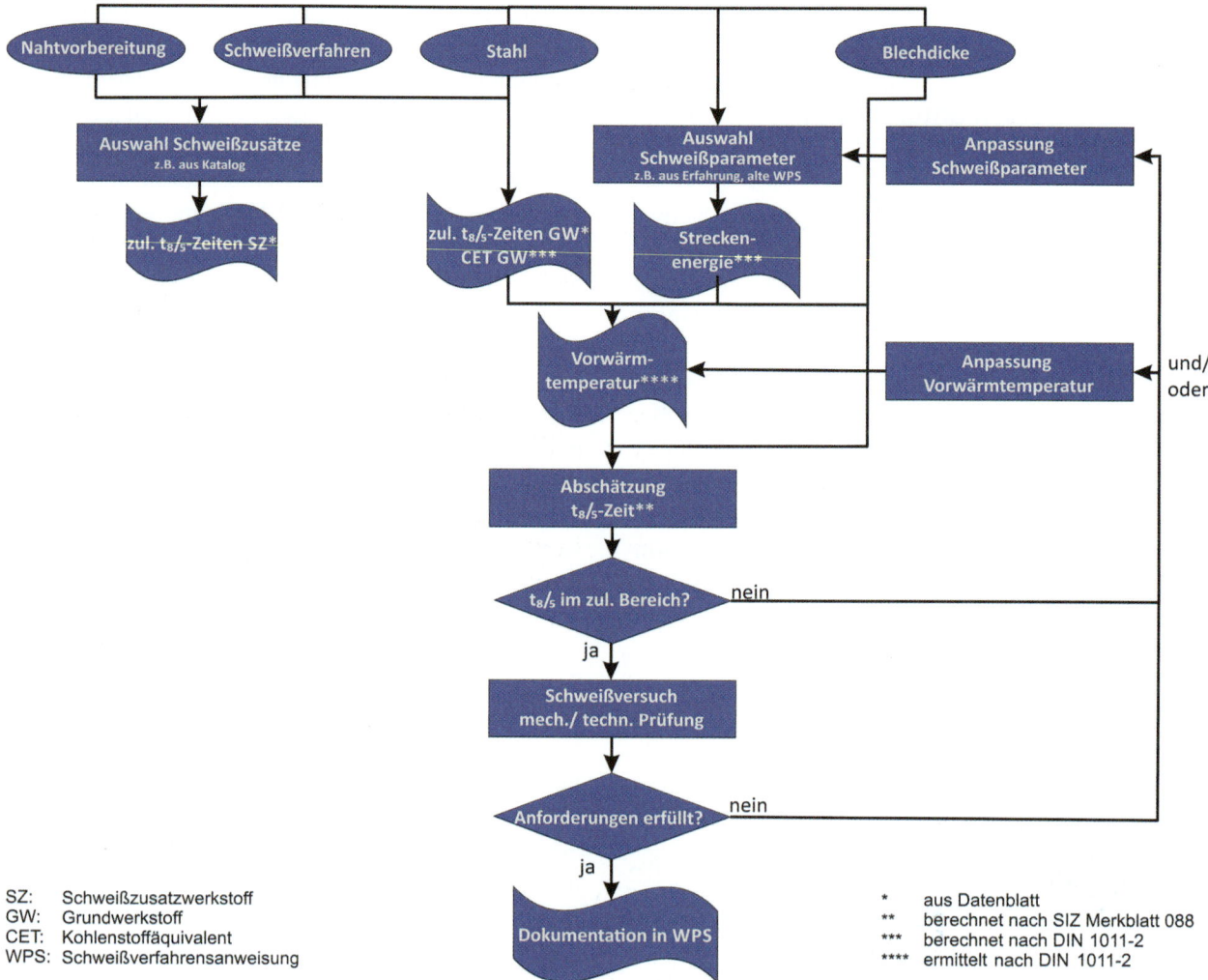

Bild 5-7.29 Vorgehensweise zur Bestimmung der Schweißparameter (Reisgen/Stein 2016)

bedingungen ggfs. noch einmal korrigiert. Mit der Übernahme der erfolgreichen Schweißbedingungen in eine Schweißanweisung (WPS, Welding Procedure Specification), z.B. nach DIN EN ISO 15609-1, kann dann mit den ermittelten Schweißparametern gefertigt werden.

Schweißen von nichtrostenden Stahlwerkstoffen und anderen legierten Stählen

Das gezielte Legieren von Stahlwerkstoffen mit Elementgehalten über die von DIN EN 10020 für unlegierte Stähle festgelegten Grenzen hinaus bewirkt Effekte, die über die reine Festigkeitssteigerung durch den Kohlenstoff und die kohlenstoffähnlich wirkenden Elemente hinausgehen. Darüber hinaus bestehen Wechselwirkungen zwischen den Legierungselementen, die auf der einen Seite dazu genutzt werden können, be-

sondere Eigenschaften einzustellen, auf der anderen Seite zu unerwünschten Effekten bei der schweißtechnischen Verarbeitung führen können.

Manche hoch- und höchstfeste Feinkornbaustähle überschreiten ebenfalls die Grenzen nach DIN EN 10020 für unlegierte Stähle. Sie beziehen ihre besonderen Festigkeitseigenschaften bei hoher Zähigkeit und guter Schweißeignung aus der speziellen Kombination von Feinkörnigkeit (auf deren weitgehenden Erhalt auch hier zu achten ist) und aus der auf Legierung und Wärmeführung beruhenden Gefügefestigkeit.

Die Verarbeitung von rostfreien und anderen legierten Stählen orientiert sich in der Regel an der Vermeidung dieser meist unerwünschten Wechselwirkungen.

Hilfsmittel zur Vorhersage der Gefügestruktur aus der Legierungszusammensetzung bei rostfreien und anderen legierten Stählen sind das Schaeffler-Diagramm

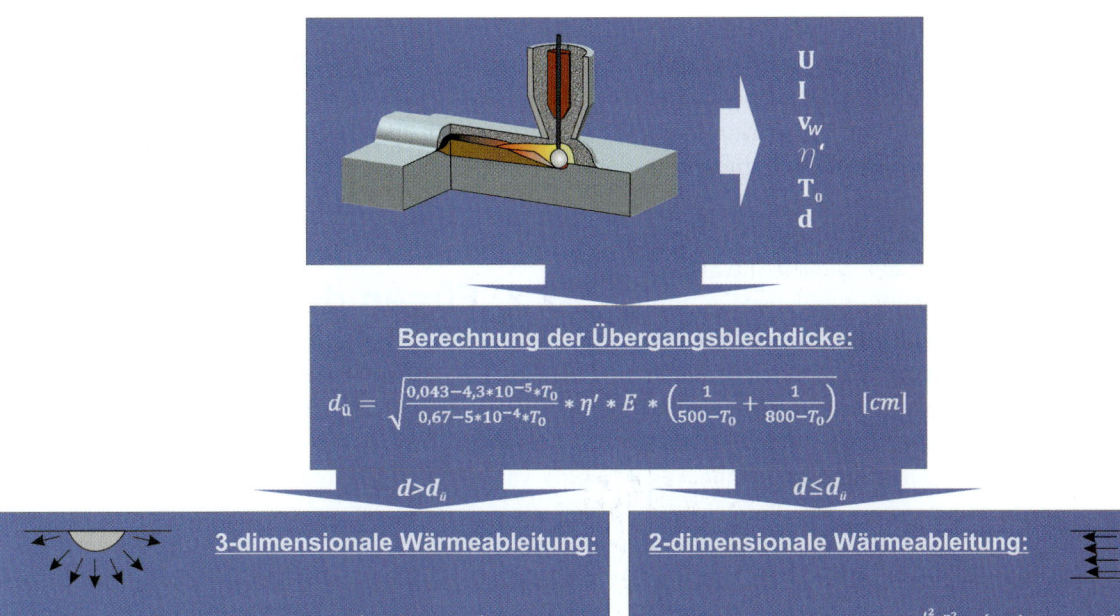

Bild 5-7.30 Vorgehensweise zur Abschätzung der $t_{8/5}$-Zeit (mit $E = \dfrac{U \cdot I}{v_S} \left[\dfrac{J}{cm}\right]$) (nach Stahl-Informations-Zentrum Merkblatt 088 1993)

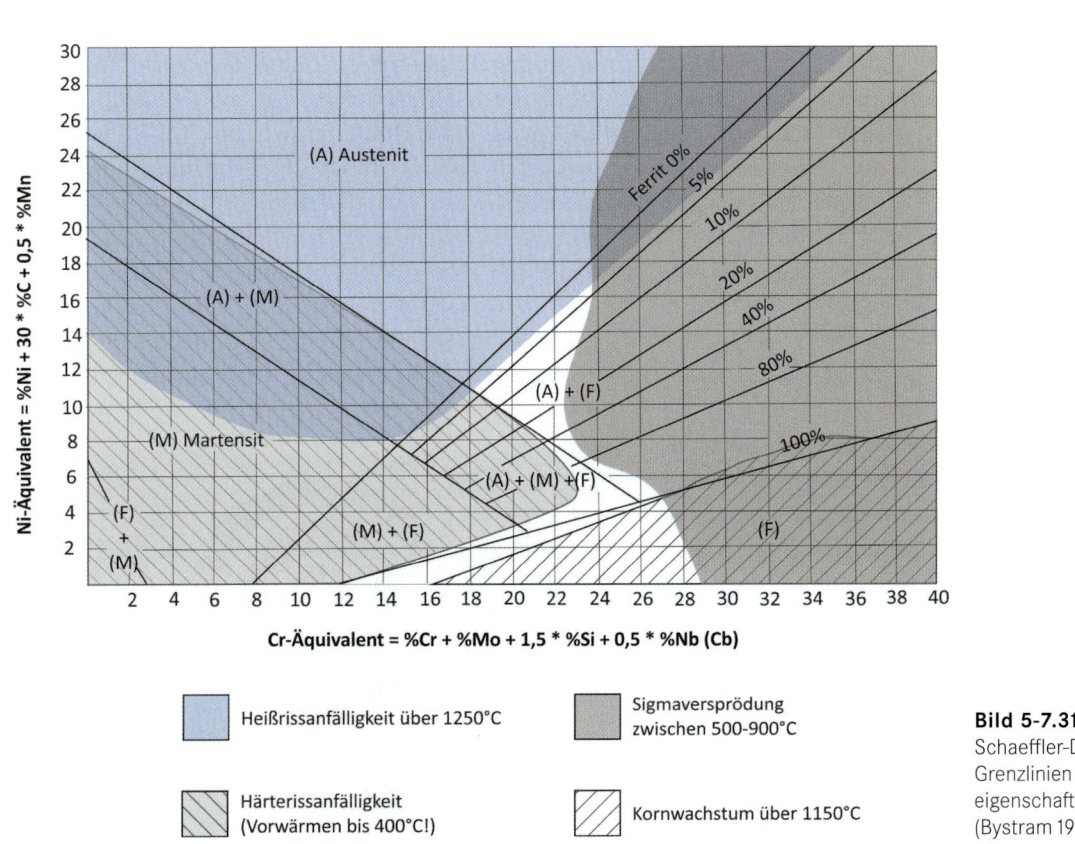

Heißrissanfälligkeit über 1250°C

Sigmaversprödung zwischen 500-900°C

Härterissanfälligkeit (Vorwärmen bis 400°C!)

Kornwachstum über 1150°C

Bild 5-7.31
Schaeffler-Diagramm mit Grenzlinien für Schweißgut-eigenschaften nach Bystram (Bystram 1956)

5

(Schaeffler 1949) bzw. das De-Long-Diagramm (De-Long 1974). Beide bilden die Wirkung der wichtigsten Austenit- und Ferrit-bildenden Legierungselemente mit Hilfe von Korrekturfaktoren auf die Wirkung von Nickel bzw. von Chrom ab und summieren diese zum sogenannten Nickel- und Chromäquivalent auf. (Im Gegensatz zum Schäffler-Diagramm wird beim De-Long-Diagramm bei der Ermittlung des Nickeläquivalentes zusätzlich die stark den Austenit stabilisierende Wirkung des Stickstoffes berücksichtigt). Schaeffler- und De-Long-Diagramm zeigen nun die für Stähle unter Schweißbedingungen zu erwartenden Gefügezusammensetzungen in Abhängigkeit des Chrom- und Nickeläquivalentes, wobei das De-Long-Diagramm einen Ausschnitt des Schaeffler-Diagramms im Bereich des Mischbereichs von Ferrit und Austenit darstellt und dort eine verbesserte Genauigkeit bei der Vorhersage des Ferritgehaltes aufweist.

Bystram (Bystram 1956) erweiterte 1974 das Schaeffler-Diagramm um Bereiche mit unerwünschten typischen Schweißguteigenschaften (Bild 5-7.31), wie sie beim Schweißen unter den von Schaeffler festgelegten Bedingungen entstehen. Das so erweiterte Diagramm stellt die Basis für die Ermittlung von Schweißparametern für rostfreie und andere legierte Stähle dar.

Die Bereiche überlagern sich teilweise. Es gibt nur ein vergleichsweise kleines Gebiet, in dem unter üblichen Schweißbedingungen nach Bystram kein Risiko besteht. Dieses Gebiet kann durch gezielte Optimierung der Wärmeführung mit Hilfe angepasster Schweißparameter in Grenzen erweitert werden. Dennoch sollte es bei der Planung von Schweißprozessen als „sicherer Bereich" angestrebt werden.

Auswahl von Schweißzusätzen

Schweißverbindungen sollen idealerweise mechanische Eigenschaften aufweisen, die möglichst gut denen des unbeeinflussten Grundwerkstoffs entsprechen. Stähle werden überwiegend artgleich geschweißt, d. h., die Zusatzwerkstoffe werden so ausgewählt, dass sich im Schweißgut in etwa die chemische Zusammensetzung des Grundwerkstoffs einstellt.

In der Praxis stellen die Produktkataloge der Hersteller von Schweißzusatzwerkstoffen eine gute Basis zur Auswahl eines geeigneten Schweißzusatzes dar. Ausgehend vom gewählten Schweißverfahren und dem verwendeten Werkstoff listen diese in der Regel die zur Verfügung stehenden Zusatzwerkstoffe zusammen mit der Normbezeichnung (die die Vergleichbarkeit mit

den Produkten anderer Anbieter sicherstellt) und Verarbeitungshinweisen auf. Weiterhin den Katalogen zu entnehmen sind die normativ geregelten Bereiche, für die der Schweißzusatz zugelassen ist.

5-7.2 Fügen durch Löten

Löten ist ein stoffschlüssiges Fügeverfahren, bei dem die Bauteile ähnlich dem Schweißen durch einen meist metallischen Zusatzwerkstoff, der unter der Anwendung von Wärme geschmolzen wird, verbunden werden. Es unterscheidet sich in den folgenden Punkten vom Schweißen:

- Nur der Zusatzwerkstoff wird im Verlauf des Verfahrens verflüssigt, die Bauteile selber werden nicht angeschmolzen.
- Daraus folgt unmittelbar, dass der Zusatzwerkstoff eine geringere Schmelztemperatur aufweisen muss als die Werkstoffe der zu fügenden Bauteile. Dieses schließt die Verwendung artgleicher Zusatzwerkstoffe aus. Lotwerkstoffe unterscheiden sich daher in ihrer metallischen Basis immer von den zu fügenden Grundwerkstoffen.
- Die metallische Bindung zwischen Lot und Grundwerkstoff kommt durch die Benetzung der festen Oberfläche des Grundwerkstoffes mit dem schmelzflüssigen Lot zustande. Dabei diffundiert das flüssige Lot in die oberen Schichten des Grundwerkstoffs.
- Die Lotwerkstoffe weisen i. d. R. geringere mechanische Festigkeiten als die damit verbundenen Grundwerkstoffe auf. Zur Erzielung vergleichbarer Tragfähig-

Bild 5-7.32 Ofengelötete Bauteile für die Automobilindustrie (Quelle: Innobraze GmbH, Esslingen)

keiten über die Fügezone sind daher größere Anbindungsquerschnitte als beim Schweißen erforderlich.

Löten als Fügeverfahren ist in der Folge vor allem dort angezeigt, wo
- großflächige Verbindungen benötigt werden,
- Schweißen wegen metallurgisch unverträglicher Fügepartner nicht zum Erfolg führt,
- Fügestellen nicht direkt zugänglich sind,
- viele Fügestellen mehr oder weniger gleichzeitig hergestellt werden sollen,
- eine gut elektrisch und thermisch leitende Verbindung benötigt wird,
- die Wärmeeinwirkung auf Werkstoff und Bauteil zum Erhalt von Werkstoffeigenschaften und zur Minimierung von Verzug begrenzt werden muss,
- sich durch Nutzung der verfahrensspezifischen Besonderheiten (z.B. Lotformteile, viele Fügestellen gleichzeitig usw.) wirtschaftliche Vorteile gegenüber konkurrierenden Fügeverfahren wie dem Kleben oder Schweißen darstellen lassen.

Das Vermeiden des Anschmelzens der Grundwerkstoffe beim Löten macht ein Ineinander-fließen-lassen von Einzelschmelzen zu einem gemeinsamen Schmelzbad als grundlegenden Mechanismus zur Herstellung des Stoffschlusses unmöglich. Stattdessen ist eine Benetzung, d.h. ein inniger Kontakt zwischen Flüssigkeit und Oberflächen der festen Grundwerkstoffe mit dem schmelzflüssigen Lot erforderlich.

Um das Lot in den Fügespalt zu bekommen, gibt es mehrere Möglichkeiten:
- Es wird beim Zusammensetzen der Bauteile z.B. in Form von Folien oder Pasten direkt im Fügespalt deponiert.
- Es wird beim Zusammenbau der Bauteile am Fügespalt in fester Form deponiert. Bei Erreichen der Arbeitstemperatur fließt dieses durch die Kapillarwirkung in den Lötspalt.
- Es wird in Form von Drähten oder Stäben an den Fügespalt der auf Arbeitstemperatur gebrachten Bauteile appliziert und dort über die Wärme der Bau-

teile aufgeschmolzen. Das dann schmelzflüssige Lot fließt durch die Kapillarwirkung in den Spalt.

Für die Applikation des meist pastenförmigen oder flüssigen Flussmittels gibt es die gleichen Möglichkeiten.

Die eigentliche Bindung zwischen Lot und Grundwerkstoff entsteht durch Diffusion des flüssigen in den festen Grundwerkstoff. Ermöglicht wird diese durch die Benetzung des Grundwerkstoffes mit flüssigem Lot und erleichtert durch das Temperaturniveau.

Aus den beim Löten ablaufenden Vorgängen ergibt sich der folgende, für alle Lötverfahren gemeinsame Prozessablauf (Bild 5-7.34):
- Reinigen der Oberflächen sowohl mechanisch als auch chemisch zur Schaffung möglichst guter Voraussetzungen zur Benetzung der Oberflächen.
- Die gereinigten Bauteile werden zusammengesetzt und gegeneinander fixiert. Lot und ggfs. ein Flussmittel werden entweder an oder in der Fügestelle vordeponiert oder später während oder nach der Erwärmung von außen zugeführt.
- Die zusammengesetzten Bauteile werden als Ganzes oder auch lokal erwärmt. Dabei wird zunächst das Aufschlämmungsmittel aus dem Flussmittel vertrieben, bei weiterer Erwärmung schmilzt dieses, fließt in den Lötspalt und benetzt dort die Oberflächen. Eventuell noch vorhandene Oxide werden gelöst und die Oberfläche vor erneuter Oxidation bei den herrschenden hohen Temperaturen geschützt. Bei weiterer Erwärmung auf Arbeitstemperatur des Lotes schmilzt dieses und fließt in den Lötspalt ein. Dabei verdrängt es das Flussmittel und benetzt die von diesem metallisch blank gehaltenen Oberflächen. Der Diffusionsprozess setzt ein.
- Bei der nachfolgenden Abkühlung erstarrt das Lot. Die Verbindung wird belastbar.
- Abschließend wird die Fixierung entfernt und die Bauteile werden – falls erforderlich – von Resten des Flussmittels befreit.

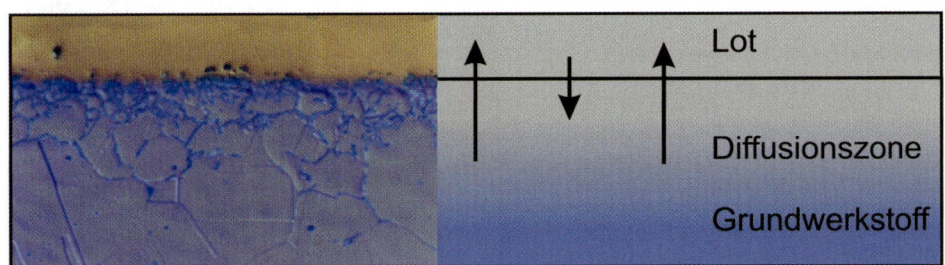

Bild 5-7.33
Materialtransport durch Diffusion bei Lötprozessen (Reisgen/Stein 2016)

5

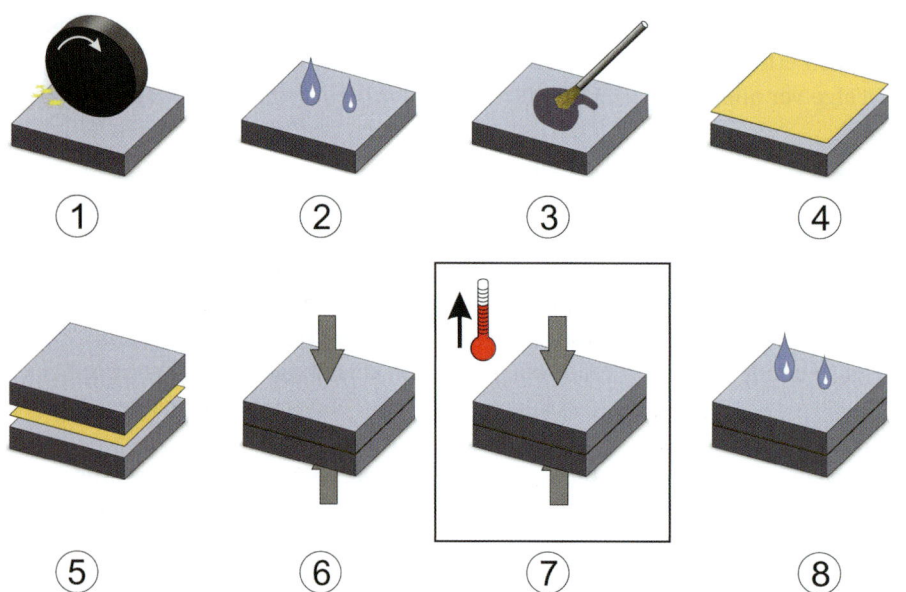

1 Mechanische Reinigung
2 Chemische Reinigung
3 Flussmittelauftrag
4 Lotapplikation
5 Zusammenbau
6 Fixierung
7 Erwärmen auf Arbeitstemperatur
   und Abkühlen
8 Flussmittelentfernung

Bild 5-7.34 Allgemeiner Prozessablauf beim Löten (Reisgen/Stein 2016)

Die Auswahl eines Lotwerkstoffes muss eine Vielzahl von Kriterien berücksichtigen:

Eine Vorauswahl kann anhand der Solidustemperatur des/der Grundwerkstoffe erfolgen. Die Arbeitstemperatur des Lotes (die Temperatur, bei der das Lot die Grundwerkstoffe benetzt, die auch niedriger als die Liquidustemperatur sein kann) darf diese nicht überschreiten, sondern sollte mindestens 50 – 100 °C unter der Solidustemperatur des niedriger schmelzenden Grundwerkstoffs liegen. Ferner muss es den oder die Grundwerkstoffe benetzen und auch mit diesen metallurgisch verträglich reagieren. Weitere Vorauswahlkriterien sind die geforderten mechanisch-technologischen Werte der Verbindung, hier ist insbesondere eine ausreichende Festigkeit zur Übertragung der Kräfte bei der möglichen Verbindungsfläche zu nennen, weiterhin sollen die Lote genügend Duktilität aufweisen, um Eigenspannungen in der Verbindungszone durch Plastifizierung abbauen zu können. Ergebnis der Vorauswahl sind die Lote, mit denen die Verbindung prinzipiell erstellt werden kann.

Bei der endgültigen Auswahl werden die verfügbaren Lötverfahren (auch unter dem Aspekt der benötigten Stückzahl) berücksichtigt. Der Vorzug sollte dem Verfahren und damit auch dem Lot mit den niedrigsten Arbeitstemperaturen gegeben werden. Dieses minimiert die Wärmebeeinflussung des Bauteiles, die entstehenden Eigenspannungen und letztendlich auch die Kosten.

5-7.2.1 Lote und Lotklassen

Als Lotwerkstoffe kommen meist Metalllegierungen zum Einsatz, welche in ihren Eigenschaften auf die jeweilige Lötaufgabe abgestimmt sind.

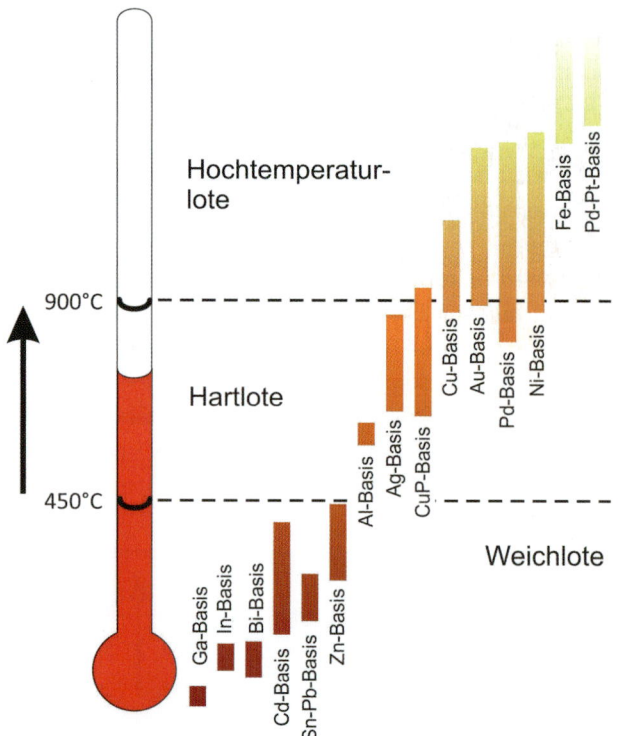

Bild 5-7.35 Klassifizierung der Lote nach Liquidustemperatur (Reisgen/Stein 2016)

Der Handel bietet Lote entsprechend den Möglichkeiten ihrer Applikation in einer Vielzahl von Lieferformen an. Diese umfassen Stäbe und Drähte mit und ohne Flussmittelanteil, Folien, Plättchen, Pasten und Pulver. Diese Vorprodukte werden teilweise durch Stanzen, Biegen, Gießen usw. in produktspezifische Formteile überführt, die dann beispielsweise die bedarfsgerechte Applikation zwischen den Hälften eines komplex geformten Plattenwärmetauschers sicherstellen.

Eine mögliche Unterteilung der Lotwerkstoffe erfolgt nach ihrer Liquidustemperatur. Dabei werden die in Bild 5-7.35 gezeigten Lotklassen (Weichlote mit Liquidustemperaturen bis 450 °C, Hartlote mit Liquidustemperaturen von 450 °C bis 900 °C und Hochtemperaturlote mit Liquidustemperaturen über 900 °C) unterschieden. Für das Löten von Stählen werden in der Regel Hartlote und Hochtemperaturlote, meist auf Silber- oder Kupferbasis (Ni-Basis für Edelstähle), mit denen die überwiegende Anzahl der Verbindungen hergestellt werden kann, eingesetzt. Bei der Auswahl von Loten für Verbindungen an artfremden Grundwerkstoffen ist auf die Benetzungsfähigkeit und die metallurgische Verträglichkeit des Lotes mit beiden Fügepartnern zu achten.

Bild 5-7.36 Mechanisiertes Hartlöten
(Quelle: Solvay Fluor GmbH, Hannover)

Weichlote werden im Maschinenbau wegen der damit erzielbaren nur geringen Festigkeiten kaum verwendet.

5-7.2.2 Flussmittel als Hilfsstoffe

Erster Schritt beim Löten ist in der Regel die mechanische Bearbeitung der Oberflächen, bei der grobe Verschmutzungen und Oxidschichten entfernt werden. In einem zweiten Schritt wird meist mit Lösemitteln entfettet. Oxide bilden sich jedoch in einer sauerstoffhaltigen Atmosphäre auf den so vorbereiteten Oberflächen, verstärkt durch die Erwärmung auf Löttemperatur, schnell neu, sodass sich die Oberflächen bis zu dem Zeitpunkt, an dem das Lot fließen könnte, schon nicht mehr optimal für die Benetzung eignen.

Flussmittel sind Hilfsstoffe zum Löten, welche vorhandene Oxide auf den Lötflächen reduzieren und ihre Neubildung verhindern. Darüber hinaus wirken sie in ähnlicher Weise auf das zugeführte Lot, auf dessen Oberfläche sie Oxide entfernen und die Oberflächenspannung des flüssigen Lot-Metalls herabsetzen. Dieses ermöglicht dem schmelzflüssigen Lot das Fließen und das Benetzen der ebenfalls aktivierten Bauteiloberflächen.

Der Handel liefert Produkte, welche in ihrer Zusammensetzung für verschiedene Wirktemperaturbereiche optimiert sind. Die Auswahl erfolgt nach der Arbeitstemperatur des verwendeten Lotes. Viele Flussmittel zum Hartlöten wirken korrosiv, sie sind daher nach der erfolgten Lötung durch Abwaschen oder Beizen sorgfältig zu entfernen. Flussmittel werden in Pasten- und Pulverform zum Auftrag angeboten. Oft werden auch Lotpulver und Flussmittel in einer Paste kombiniert. Zum manuellen Löten bietet der Handel Lötstäbe an, welche bereits mit einem Flussmittel ummantelt sind, oder Lötdrähte mit Flussmittelkern.

Alternativ zu Flussmitteln bewirken ein Hochvakuum oder reduzierende Schutzgase (meist Argon mit Zusätzen an Wasserstoff oder auch Kohlenmonoxid) sowie die thermische Reinigungswirkung eines Lichtbogens oder Laserstrahls ebenfalls eine Zerstörung auf der Oberfläche aufliegender Oxide und eine Aktivierung der Oberflächen. Sie können daher die Wirkung eines Flussmittels ergänzen oder dieses vollständig ersetzen.

Die notwendige Energie zum Schmelzen des Lotes kann auf verschiedene Weise aufgebracht werden. Gasbrenner, elektrischer Strom oder auch sonst zum Schweißen verwendete Energiequellen, wie ein elektrischer Lichtbogen oder auch der Laser- oder Elektronenstrahl, erwärmen das Bauteil lokal bis zur Arbeitstemperatur des Lotes. Das Sicherstellen der Benetzung erfolgt über geeignete Schutzgase oder Flussmittel. Das

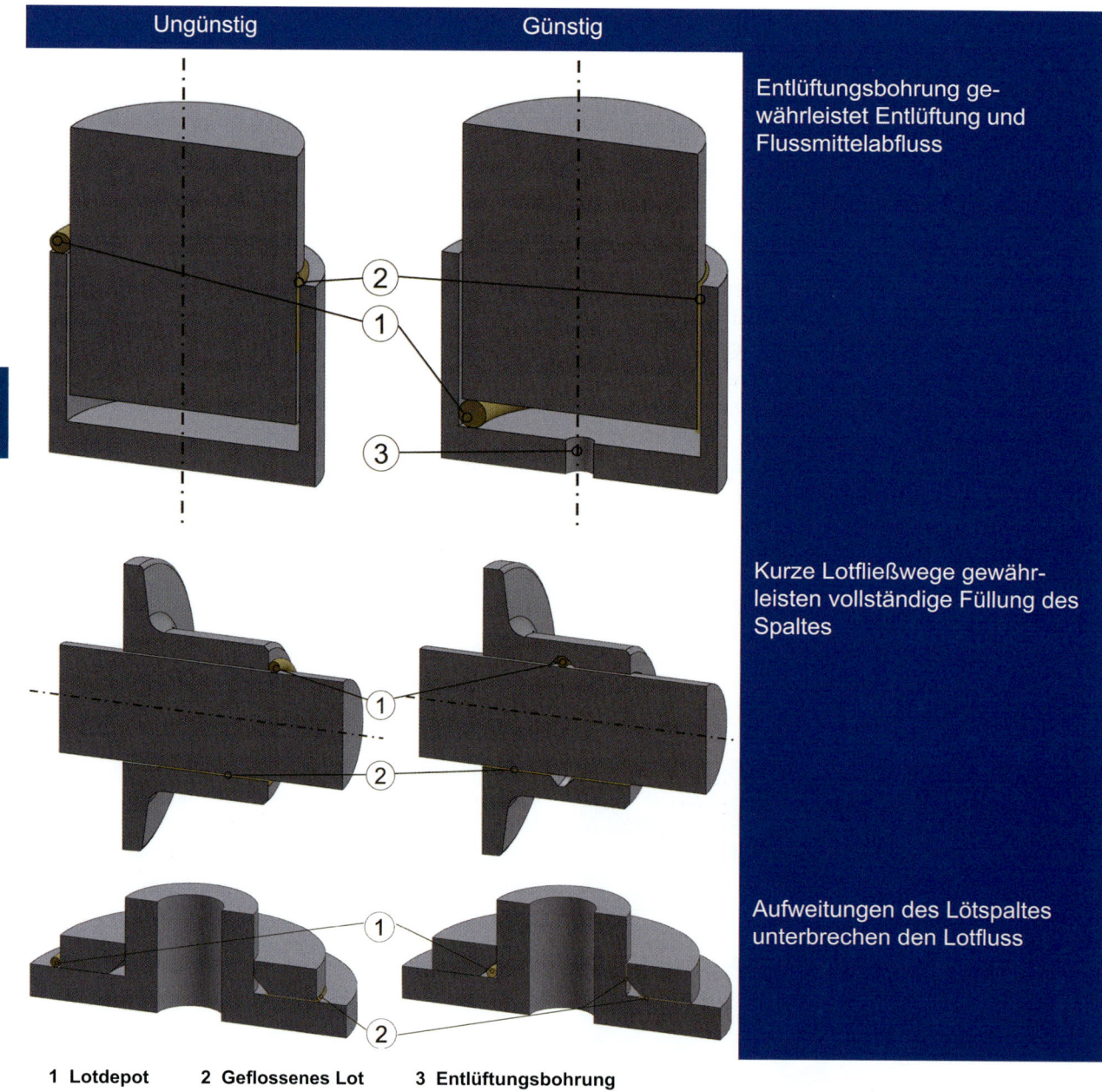

Ungünstig — **Günstig**

Entlüftungsbohrung gewährleistet Entlüftung und Flussmittelabfluss

Kurze Lotfließwege gewährleisten vollständige Füllung des Spaltes

Aufweitungen des Lötspaltes unterbrechen den Lotfluss

1 Lotdepot   2 Geflossenes Lot   3 Entlüftungsbohrung

Bild 5-7.37 Konstruktionsregeln für das Löten (Reisgen / Stein 2016)

Aufheizen in Öfen erwärmt das ganze Bauteil gleichmäßig auf die Arbeitstemperatur des Lotes. Verwendet werden sowohl offene Systeme wie Durchlauföfen, die meist mit einem Schutzgas beaufschlagt werden, als auch geschlossene Systeme, welche auch zum Teil das Löten im Vakuum ermöglichen. Durch die gleichmäßige Erwärmung und Abkühlung entstehen nur geringe Eigenspannungen in den Bauteilen.

Lotwerkstoffe weisen im Vergleich zu den Grundwerk-

stoffen, für die sie eingesetzt werden, meist eine geringere Festigkeit auf. Um die Festigkeitseigenschaften der Grundwerkstoffe optimal ausnutzen zu können, ist daher – ähnlich wie bei Klebverbindungen – der Ausgleich über größere Verbindungsflächen erforderlich. In der Folge werden beim Löten bevorzugt großflächige Stoßformen wie der Überlappstoß in seinen Varianten eingesetzt. Stumpfstöße sind nur bei Hart- und Hochtemperaturlötprozessen sinnvoll. Bei Prozessen, die nicht im Ofen stattfinden, muss auf Zugänglichkeit der Lötstelle mit der geplanten Wärmequelle geachtet werden.

Um die Wirksamkeit des Flussmittels und das Einfließen des Lotes sicherzustellen, ist bei der Wahl der Toleranzen darauf zu achten, Spalte in einer auf Verfahren, Bauteile und Zusatzwerkstoffe abgestimmten Größe einzustellen. Ebenfalls bereits bei der Konstruktion zu berücksichtigen ist die vorgesehene Art der Flussmittel- und Lotapplikation. Bei manuellen Lötungen kann dieses in Form von ummantelten Lotstäben von Hand erfolgen, die Zugänglichkeit zur Lötstelle muss dafür gewährleistet sein. Der Flussmittelauftrag im Lötspalt und das Vordeponieren von Lot an oder im Spalt vor dem eigentlichen Lötprozess stellt eine weitere Möglichkeit der Applikation dar. Insbesondere bei Ofenlötprozessen ist dieses der einzig gangbare Weg. Hierbei ist zu beachten, dass das Lot bei nicht parallelen Lotspalten in Richtung der Spaltverengung (also mit steigender Kapillarwirkung in der Tiefe des Spaltes) fließen soll. Lotspalte dürfen nicht unterbrochen sein, Aufweitungen des Spaltes unterbrechen die Kapillarwirkung und können vom Lot nicht überbrückt werden. Die Fließwege des Lotes sind durch geschickte Anordnung des Lotdepots klein zu halten. Für das Entweichen des Flussmittels sind entsprechende Öffnungen vorzusehen. Diese bieten auch der beim Zusammensetzen der Bauteile eingeschlossenen Luft beim Erwärmen einen Weg zur Druckentlastung.

Ein weiterer wichtiger Faktor ist die Güte der zu lötenden Oberflächen. Diese sollen frei von eingeformten oder eingewalzten Oxiden sein; Rautiefen von ca. 1,6 μm bis ca. 25 μm gelten als günstig. Diese Anforderungen können in der Regel durch spanende Fertigungsprozesse mit definierten Schneiden (Drehen, Fräsen und Ähnliches) erfüllt werden. Dabei ist der Bearbeitungsrichtung besondere Aufmerksamkeit zu widmen. Lot und Flussmittel fließen entlang der Bearbeitungsriefen besser in den Lötspalt als quer zu diesem.

Literatur zu Kapitel 5-7

Bystram, M-C. T.: Some Aspects of Stainless Alloy Metallurgy and their Application to Welding Problems. British Welding Journal 3 (1956) 2, S. 41 – 46

De-Long, W. T.: Ferrite in Austenitic Stainless Steel Weld Metal. Welding Journal 53 (1974), Research Supplement, S. 273s – 286s

Merkblatt 088: Schweißgeeignete Feinkornbaustähle; Richtlinien für die Verarbeitung, besonders für das Schmelzschweißen; Beiblatt 1: Kaltrißsicherheit beim Schweißen; Ermittlung angemessener Mindestvorwärmtemperaturen; Beiblatt 2: Ermittlung der Abkühlzeit t8/5 zur Kennzeichnung von Schweißtemperaturzyklen. Stahl-Informations-Zentrum, Düsseldorf 1993

Reisgen, U.; Stein, L.: Grundlagen der Fügetechnik – Schweißen, Löten, Kleben, DVS-Media, Düsseldorf, ISBN 978-3945023-49-5

Schaeffler, A. L.: Constitution Diagram for Stainless Steel Weld Metal. Metal Progress 56 (1949) 11, S. 680 A, B

Seyffarth, P.; Meyer, B.; Scharff, A.: Großer Atlas Schweiss ZTU-Schaubilder. Fachbuchreihe Schweißtechnik, Bd. 110. DVS-Verlag, Düsseldorf 1992

Wikipediaeintrag „Lichtbogen"

www.steigerwald-eb.de

Alle im Text erwähnten Normen sind in einer Liste zusammengefasst (Seite 889).

5

Metallkleben

Uwe Reisgen, Lars Stein

DIN 8593 bezeichnet Kleben als das „Fügen unter Verwendung eines Klebstoffes, d. h. eines nichtmetallischen Werkstoffes, der Fügeteile durch Flächenhaftung und innere Festigkeit (Adhäsion und Kohäsion) verbinden kann".

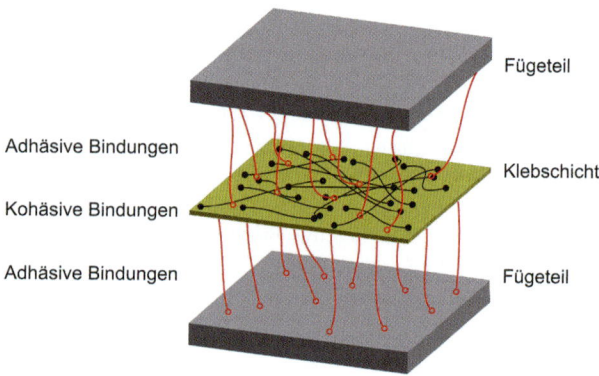

Bild 5-8.1 Schematische Darstellung einer Klebverbindung (Reisgen/Stein 2016)

Dieser Definition ist ein bereits essentieller Unterschied des Klebens gegenüber dem Schweißen und Löten zu entnehmen. Eine zusätzliche Schicht zwischen den Fügeteilen, bestehend aus einem nichtmetallischen Werkstoff, wird eingesetzt, um eine Verbindung zu erzeugen (Bild 5-8.1). Dieses sind meist organische Klebstoffsysteme auf Polymerbasis. Naturgemäß werden die Eigenschaften der Verbindung maßgeblich durch das eingesetzte Material – sowie die entstehenden Grenzflächen – bestimmt.

Offensichtliches Hauptaugenmerk ist daher die Auswahl eines adäquaten Klebstoffes, da er sämtlichen Anforderungen an das Bauteil und die Produktionsumgebung genügen muss. Die Vielzahl verfügbarer Klebstoffsysteme am Markt stellt den Konstrukteur bereits vor die erste Herausforderung. Der Schlüssel liegt dabei oftmals in der vollständigen Erstellung eines Lastenheftes, welches die Anforderungen an den Klebstoff

und seine Verarbeitung enthält. Erst auf dieser Basis ist es den Klebstoffherstellern möglich, geeignete Systeme zu empfehlen. Des Weiteren ist den Oberflächen der Fügeteile größere Aufmerksamkeit zu widmen. Einerseits sind in der Prozessplanung geeignete Schritte für die Oberflächenbehandlung zu berücksichtigen, andererseits müssen bei der Verarbeitung die Klebflächen sowohl reproduzierbar in den gewünschten Zustand gebracht werden als auch vor anschließender Kontamination bewahrt werden.

Der eigentliche Fügevorgang wird durch Klebstoffdosierung und -applikation eingeleitet, deren verfahrenstechnische Vorgänge sich aus dem Fließverhalten des Klebstoffes und dem Benetzungsvorgang auf den Fügeteiloberflächen ergeben. Erst durch die Benetzung werden die Voraussetzungen für eine Ausbildung von klebtechnischen Haftkräften geschaffen. Daraus ergibt sich die essentielle Herausforderung an den Klebstoff und die Grundlage für jede Klebung.

Der Klebstoff muss einerseits während der Verarbeitung die Bedingung einer ausreichenden Beweglichkeit

Bild 5-8.2 Geklebter Querlenker eines Formula-Student-Rennwagens aus kohlenstofffaserverstärktem Kunststoff und Aluminium (Quelle: Ecurie Aix – Formula Student Team RWTH Aachen e. V.), Kleines Bild: Querschliff der Klebschicht

erfüllen, um „seine" Moleküle in ausreichender Nähe für die Ausbildung von Haftkräften – d.h. im Bereich einiger Zehntel Nanometer – zu den Molekülen des Fügeteilwerkstoffes zu positionieren, andererseits im späteren Bauteilleben die gewünschte Steifigkeit und Festigkeit der Verbindung erfüllen.

Es schließt sich der Vorgang des Positionierens bzw. Fügens und Fixierens der Bauteile an – und in Abhängigkeit vom jeweiligen Klebstoffsystem – ein Aushärtevorgang, welcher z.B. durch Wärmeeintrag initiiert oder auch beschleunigt werden kann. Je nach Klebstoffsystem ergeben sich dabei die Randbedingungen an die Zeit für den Fügevorgang und die der Fixierung, die Temperatur bzw. Energieform (z.B. UV-Strahlung), den Fügedruck und weitere Parameter (z.B. die Luftfeuchtigkeit).

5-8.1 Eigenschaften von Klebungen

Für die Abwägung verschiedener Fügetechnologien für eine bestimmte Anwendung gegeneinander und die Entscheidung über die Einbeziehung eines Verfahrens in den weiteren Auswahlprozess werden im Folgenden die Vor- und Nachteile der Klebtechnik (insbesondere gegenüber dem Schweißen) sowie die damit realisierbaren, funktionellen Eigenschaften beschrieben:

Vorteile

- *Verbindungsmöglichkeit für verschiedene Werkstoffe und Werkstoffkombinationen*
  Zwischenmolekulare Bindungen können zwischen praktisch allen Werkstoffen ausgebildet werden. Das Fügen verschiedener, auch artfremder Werkstoffe, also z.B. Metalle mit Kunststoffen, ist einer der wichtigsten Gründe für den Einsatz der Klebtechnik. Auch Metalle unterschiedlichen elektrochemischen Potenzials können durch die isolierende Klebschicht sicher miteinander verbunden werden.
- *Verbindungsmöglichkeit für ein großes Spektrum an Fügeteilgeometrien*
  Durch die Fließfähigkeit des Klebstoffes während der Herstellung einerseits und die flächige und vergleichsweise homogene Krafteinleitung während der Nutzungsdauer andererseits kann eine große Bandbreite von Fügeteilgeometrien verbunden werden. Auch geometrisch komplexe Fügebereiche und empfindliche Werkstoffformen, wie z.B. Folien oder die Kombination von sehr dicken mit sehr dünnen Bauteilen, sind realisierbar.

- *Hohe dynamische Festigkeit und hohe Schwingungsdämpfung*
  In Abhängigkeit vom jeweiligen Klebstoffsystem und der Gestaltung des Fügebereichs ist es möglich, Verbindungen hoher dynamischer Dauerfestigkeit zu realisieren. Hierbei spielen die Elastizität des Klebstoffes sowie seine Fähigkeit, Spannungsspitzen durch lokales plastisches Fließen umzulagern, eine Rolle. Der hohe „mechanische Verlustfaktor" von Kunststoffen, also die hohe Dämpfung im Vergleich mit Metallen, kann genutzt werden, um z.B. akustische Vorteile zu erzielen.

- *Keine thermische Beeinflussung des Gefüges und kein thermischer Bauteilverzug*
  Selbst im Fall heiß härtender Klebstoffe mit Aushärtetemperaturen bis zu ca. 250 °C kann im Vergleich mit dem Schweißen von einem kalten Verfahren gesprochen werden. Kleben von Stahl bewirkt daher i.A. keine chemische oder physikalische Gefügeänderung oder ruft keine nennenswerten Eigenspannungen hervor.

- *Gute Skalierbarkeit des Verfahrens*
  - von manuell bis vollautomatisch: Das Kleben kann sowohl rein manuell praktisch ohne technische Hilfsmittel als auch in vollautomatisierten Massenproduktionen eingesetzt werden.
  - von Mikro bis Makro: Das Kleben lässt sich insbesondere durch ein breites Technologiespektrum der Dosiertechnik sowohl im Mikrometerbereich als auch im Bereich mehrerer Quadratmeter anwenden.

- *Gute Kombinierbarkeit mit anderen Fügeverfahren*
  Das Kleben wird häufig in Kombination mit anderen Fügeverfahren eingesetzt, man spricht hierbei auch vom Hybridfügen. Dadurch steigt der Prozessaufwand, es können aber im Gegenzug viele der Vorteile der Einzelverfahren vereinigt werden. So weisen die Hybridverfahren oftmals sowohl gute statische und dynamische Festigkeiten als auch gute Crasheigenschaften bei hoher Korrosionsbeständigkeit auf. Insbesondere das Punktschweißkleben ist im Automobilbau weit verbreitet und wird in verschiedenen Prozessvarianten bereits seit den 1980er Jahren eingesetzt. Darüber hinaus sind mechanische

Fügeverfahren – wie das Nieten oder Clinchen – gut für die Kombination mit einem Klebprozess geeignet.

- *Funktionelle Aufgaben in die Klebschicht integrierbar*
Neben der ausschließlichen Verbindung von zwei Fügeteilen ist es möglich, der Klebschicht weitere funktionelle Aufgaben zu übertragen und so ggf. zusätzliche Fertigungsschritte entfallen zu lassen.

Nachteile

- *Teilweise aufwändige Oberflächenvorbehandlung der Fügeteile notwendig*
In Abhängigkeit von dem zu verklebenden Material, dem Prozess und dem vorliegenden Zustand der Oberflächen ergibt sich die Notwendigkeit einer entsprechenden Oberflächenvorbehandlung. Lose anhaftender Schmutz und andere makroskopische, störende Schichten wie Lacke oder Fette werden durch vorbereitende Schritte entfernt. Darüber hinaus sind ggf. Schritte zur Verbesserung der Haftungsbedingungen sinnvoll. Bestimmte Werkstoffe sind ohne eine Oberflächenvorbehandlung praktisch nicht klebbar, wie z. B. PTFE (Teflon®) wegen seiner schlechten Benetzbarkeit. Für den Fall weiterer Prozessschritte vor der Verklebung durch Transport oder Lagerung können zudem adhäsionsfördernde Maßnahmen, z. B. durch Primer, notwendig sein.

- *Begrenzte thermische Formbeständigkeit*
Die Warmformbeständigkeit organischer Klebstoffe ist im Vergleich zu der von metallischen Werkstoffen begrenzt. Der typische obere Dauereinsatzbereich liegt zwischen 80 und 150 °C.

- *Kriechneigung*
In diesem Zusammenhang ist auch die Kriechneigung von Polymeren zu nennen, die unter statischer Last und/oder unter erhöhten Temperaturen zum Tragen kommt. Die Viskoelastizität von Polymeren, das sowohl elastische als auch viskose Verformungsverhalten, führt dazu, dass Spannungen durch Relaxation abgebaut werden können, was jedoch gleichzeitig unter Dauerbeanspruchung zu einem fortschreitenden Fließen führt.

- *Geringe Schälwiderstände*
Der Klebverbund zeigt sich sensibel gegenüber lokalen Lastspitzen. Insbesondere Schälbelastungen sind hier hervorzuheben, da sie oftmals einer nicht klebgerechten Konstruktion geschuldet und damit vermeidbar sind.

- *Alterungsabhängigkeit der Klebschicht und Grenzschicht*
Polymerklebstoffe altern auf Grund von Belastungen durch Medien, Temperatur und Strahlungen. Mit Klebstoffsystemen, die auf die zu verklebenden Komponenten abgestimmt sind, werden dennoch hohe Beständigkeiten gegenüber diesen äußeren Einflüssen erreicht.

- *Prozesszeit*
Der Abbindemechanismus chemisch und/oder physikalisch härtender Klebstoffe ist ein zeitabhängiger Vorgang. Eine Anforderung für hohe Produktionsraten ist eine schnelle Aushärtung einerseits, andererseits muss genug Verarbeitungszeit zur Verfügung stehen, in der der Klebstoff die gewünschte Fließ- und Benetzungsfähigkeit aufweist. Aufgrund dieses notwendigen Kompromisses sind der Aushärtegeschwindigkeit Grenzen gesetzt.

- *Sorgfältige Prozesskontrolle (Zeit, Temperatur, Druck), aufwändige Kontrollverfahren*
Der Klebprozess lässt sich nur eingeschränkt überwachen. Zudem ist eine Nachbearbeitung einer Klebung meist nicht möglich oder wirtschaftlich nicht sinnvoll. Aus diesem Grund ist der Prozesskontrolle bzw. der Qualitätssicherung besondere Aufmerksamkeit zu widmen.

- *Begrenzte Reparatur- und Demontagemöglichkeit*
Klebungen lassen sich nur zerstörend, d. h. in der Regel durch Überhitzen des Klebstoffes lösen. Für eine erneute Verklebung sind die gleichen Ansprüche an die Oberflächen und an die Verarbeitungsqualität zu richten, wie in der Produktion. Dies stellt im Reparaturfall oftmals ein Hindernis dar.

5-8.2 Funktionen in den Klebverbindungen

Die zumeist wichtigste Funktion einer Klebverbindung ist das Übertragen von Kräften bzw. das Bestimmen der Lage eines Fügeteiles. Als weitere Basisfunktionen kann das Dichten betrachtet werden. Neben diesen grundlegenden und auch naheliegenden Aufgaben kann die Klebverbindung weitere Funktionen erfüllen:

- Dämpfung

Die dämpfenden Eigenschaften einer polymeren Klebschicht können Vorteile bei dynamischen Vorgängen, insbesondere Vibrationen bieten. Klebungen werden daher auch (gerne auch in Kombination mit anderen Fügeverfahren) wegen des daraus resultierenden günstigen akustischen Verhaltens der gefügten Bauteile eingesetzt.

- Energieaufnahme

Die hohen Bruchdehnungen polymerer Klebstoffe sorgen dafür, dass bei der Verformung relativ hohe Energiemengen aufgenommen werden. Im Falle eines dynamischen Aufpralls hält das Bauteil möglichst ein hohes (bzw. gezieltes) Kraftniveau über einen möglichst langen Deformationsweg aufrecht, während es lokal sukzessiv kollabiert. Der Zusammenhalt der Fügepartner wird dabei möglichst lange aufrechterhalten.

- Schraubensicherung

Diese zusätzliche Funktion ist keine grundlegend andersartige gegenüber den Basisfunktionen. Sie zeichnet sich jedoch dadurch aus, dass ein separater Branchenzweig ein breites, speziell angepasstes Produktspektrum zur Verfügung hat. Die Anforderungen reichen dabei von einer gezielt einstellbaren Wiederlösbarkeit bis zu den angepassten Fließeigenschaften, um beim Anziehen der Schrauben reproduzierbar definierte Drehmomente zu erreichen.

- Korrosionsschutz

Diese zusätzliche realisierbare Funktion basiert auf der dichtenden Wirkung.

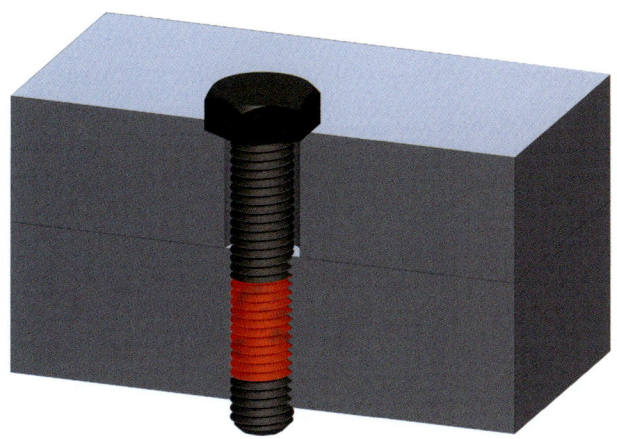

Bild 5-8.3 Schraubensicherung durch Klebstoffe (Foto: © 2015 Henkel AG & Co. KGaA)

5-8.3 Technische Klebstoffe

Die Eigenschaften von Klebungen hängen maßgeblich vom jeweiligen Klebstoff ab. Aus der Perspektive des Ingenieurs sind die mechanischen Eigenschaften von größerer Bedeutung, da diese direkten Bezug zur Gestaltung eines Bauteils und der damit verbundenen Klebstoffvorauswahl besitzen. Bild 5-8.4 vergleicht

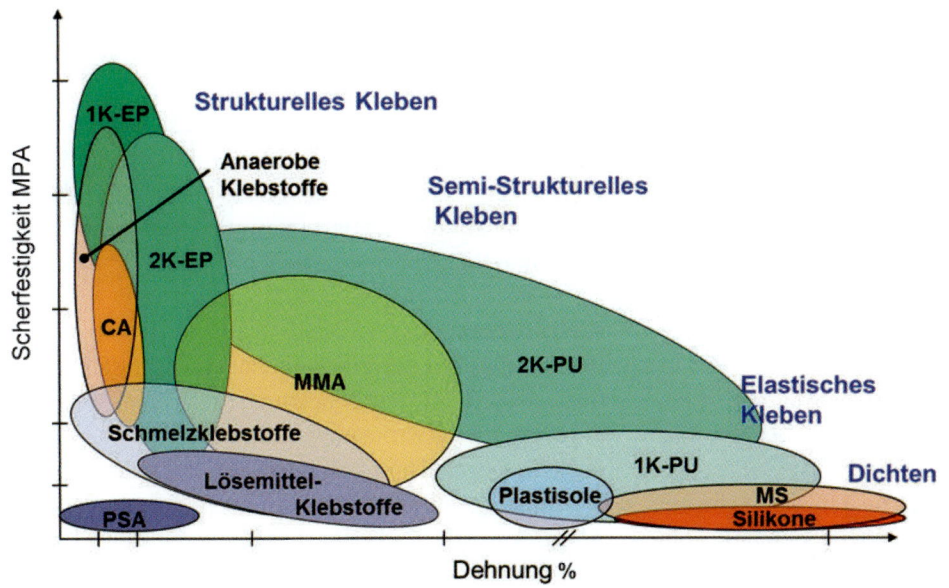

Bild 5-8.4
Mechanische Eigenschaften von Klebstoffen (Reisgen/Stein 2016)

Scherfestigkeit und Bruchdehnung von ausgewählten Klebstoffarten. Die jeweiligen Bereiche sind als charakteristische Anhaltswerte zu verstehen, da sowohl spezielle Formulierungen als auch hybride, also kombinierte Systeme aus verschiedenen Kunststoffarten möglich sind, die außerhalb der angegebenen Bereiche liegen. Die Bezeichnungen 1K-EP und 2K-EP sowie 1K-PU und 2K-PU stehen für ein- und zweikomponentige Epoxid- bzw. Polyurethansysteme, mit anaeroben Klebstoffen sind hingegen die unter Luftabschluss aushärtenden Systeme gemeint. Cyanacrylate (CA), Methylmethacrylate (MMA), MS-Polymere und Silikone sind Klebstoffe der gleichnamigen Kunststoffbasis. Schmelz-, Lösemittel- und Haftklebstoffe (PSA, engl. Pressure Sensitive Adhesives) werden nach ihrer Verarbeitungsmethode benannt. Plastisole bezeichnen eine Mischung aus pulverförmigem Thermoplast, welches sich unter Temperatur in einem beigesetzten Weichmacher löst. Der Reihenfolge nach von steifen, spröden zu weichen, dehnfähigen Systemen wird dabei vom strukturellen Kleben, semi-strukturellen Kleben, elastischen Kleben und Dichten gesprochen, wobei die begrifflichen Übergänge nicht klar abgegrenzt sind.

Benetzung und Adhäsion

Die Auswahl des Klebstoffsystems findet in erster Linie anhand der geforderten Eigenschaften der Fügestelle im Bauteil statt. Die Kohäsion, also das „innere" mechanische Verhalten der Klebschicht (sowie ggf. zusätzliche Funktionen) werden damit in engen Grenzen bestimmt.

Die zweite essentielle Voraussetzung für eine leistungsfähige Klebverbindung stellt eine ausreichende adhäsive Anbindung an die Fügeteile dar. Die Gesamtheit der genauen Adhäsionsmechanismen ist bis heute nicht vollständig verstanden. Im Folgenden werden zunächst verschiedene Adhäsionsarten unterschieden:

Die mechanische Adhäsion kommt durch die formschlüssige Verklammerung der ausgehärteten Klebschicht im Fügeteil zustande. I.d.R. besitzt sie einen wenig relevanten Einfluss auf die Klebfestigkeit. Ausnahme sind poröse Werkstoffe, wie z.B. Holz oder Schäume. In Bezug auf metallische Oberflächen ist mechanische Adhäsion von untergeordneter Bedeutung.

Die spezifische Adhäsion beschreibt die Adhäsionsmechanismen, die durch chemische, physikalische und thermodynamische Wechselwirkungen zustande kommen. Sie ist i.A. für die gegenwärtig technisch genutzten Werkstoffe, insbesondere auf Metallen, die wesentliche Ursache für die Haftung.

Bei Metallklebungen wurden in verschiedenen Untersuchungen auch kovalente, also chemische Bindungen nachgewiesen. Entscheidend ist hierbei, dass allen Bindungsmechanismen eine Reichweite unterhalb eines Nanometers gemein ist. Daher ist die ausreichende Annäherung des Klebstoffs an die Fügeteiloberfläche auf molekularer Ebene für die Ausbildung physikalischer (und ggf. chemischer) Haftungskräfte von größter Wichtigkeit. Übertragen auf den Klebprozess bedeutet dies die Forderung nach einer ausreichenden Benetzung der Fügeteiloberfläche durch den Klebstoff.

Die Benetzung basiert auf einem Fließprozess, der von den angreifenden Kräften einerseits, vom rheologischen Verhalten des Klebstoffes und vom Oberflächenzustand (Topographie, chemische Zusammensetzung) andererseits abhängt. Zu den wirksamen Kräften zählen z.B. die aus dem Dosierprozess resultierenden Scherkräfte, die Schwerkraft sowie die wechselwirkenden Oberflächen- und Grenzflächenspannungen von Klebstoff und Fügeteil (und der Atmosphäre). Je mikroskopischer die Betrachtungen von Benetzungsvorgängen auf Oberflächenrauigkeiten werden, desto größer wird die anteilige Wirkung der Oberflächenspannungen. Die Reaktion des Fluides, des Klebstoffes, hängt von seinem rheologischen Verhalten ab. Die Viskosität beeinflusst dabei insbesondere den zeitlichen Verlauf. Polymere zeigen dabei ein strukturviskoses oder auch scherverdünnendes Verhalten. Das bedeutet, je stärker die Scherung ist, die auf das Fluid wirkt, desto weniger viskos (zähflüssig) wird es. Vereinfacht gesagt spielt auch der vorangegangene Dosierprozess für die Benetzung eine Rolle, da sich das rheologische Verhalten auch nachhaltig beeinflussen lässt.

An dieser Stelle soll betont werden, dass eine gute Benetzung keine hohen Haftkräfte garantiert. Sie ist lediglich die Voraussetzung für die Ausbildung zwischenmolekularer Kräfte, ein direkter mathematischer Zusammenhang besteht jedoch nicht.

Klebprozess

Die Oberflächen der Fügeteile haben essentiellen Einfluss sowohl auf den Benetzungsprozess als auch auf die Ausbildung wirksamer Haftkräfte. Durch eine geeignete Oberflächenvorbehandlung wird neben der gleichmäßigen Benetzung vor allem eine ausreichende Alterungs- und Korrosionsbeständigkeit der Klebung erzielt.

Adhäsionsbruch

Kohäsionsbruch

Substratnaher
Kohäsionsbruch

Mischbruch

(Kohäsiver) Bruch
eines Fügeteils

Bild 5-8.5
Bruchbilder einer
Klebverbindung
(nach DIN EN ISO 10365)

Ein wichtiger Hinweis bezüglich der Notwendigkeit oder der Eignung einer Oberflächenvorbehandlung wird durch das Bild 5-8.5 einer Klebverbindung in mechanischen Prüfverfahren geliefert. Angestrebt wird ein kohäsiver Bruch, also ein Bruch innerhalb der Klebschicht. Zum einen wird (bei optimaler Aushärtung) hier die klebstoffspezifische maximale Festigkeit erreicht, zum anderen handelt es sich damit um einen in Grenzen vorhersagbaren Wert, damit ist eine Berechnung und Auslegung möglich.

In diesem Fall also ist die Adhäsion ausreichend hoch, um die Festigkeit des Klebstoffes auszuschöpfen. Sollte der Verbund jedoch adhäsiv versagen, also zwischen Klebschicht und Fügeteiloberfläche, so gibt es Verbesserungsbedarf seitens der Haftungsbedingungen auf der Oberfläche. DIN EN ISO 10365 legt hierbei Begrifflichkeiten und ein Bewertungsschema bezüglich der Bruchbilder fest. Bild 5-8.5 zeigt die wichtigsten Bruchbilder. Neben den hier gezeigten werden Brüche mit

Schälungsanteilen sowie Brüche im Fügeteil außerhalb der Klebfuge eintreten.

Durch eine Vorbehandlung überführt man die Fläche in einen reproduzierbaren Zustand mit adhäsiver Reaktivität. Üblicherweise wird in der Literatur in diesem Zusammenhang zwischen den zeitlich aufeinanderfolgenden Teilschritten Oberflächenvorbereitung, -vorbehandlung und -nachbehandlung unterschieden (Habenicht 2009, Kaliske 1971). Die Oberflächenvorbereitung dient der Schaffung klebbarer Oberflächen durch ein mechanisches Anpassen, Säubern und Entfetten. Die Oberflächenvorbehandlung dient dem Zweck, die Adhäsionsbedingungen zu verbessern, und die Oberflächennachbehandlung soll sie erhalten (und ggf. weiter verbessern) (Bild 5-8.6).

Dosierung und Applikation

Die klebtechnische Prozessführung ist geprägt durch eine Vielzahl an Möglichkeiten zwischen rein manuel-

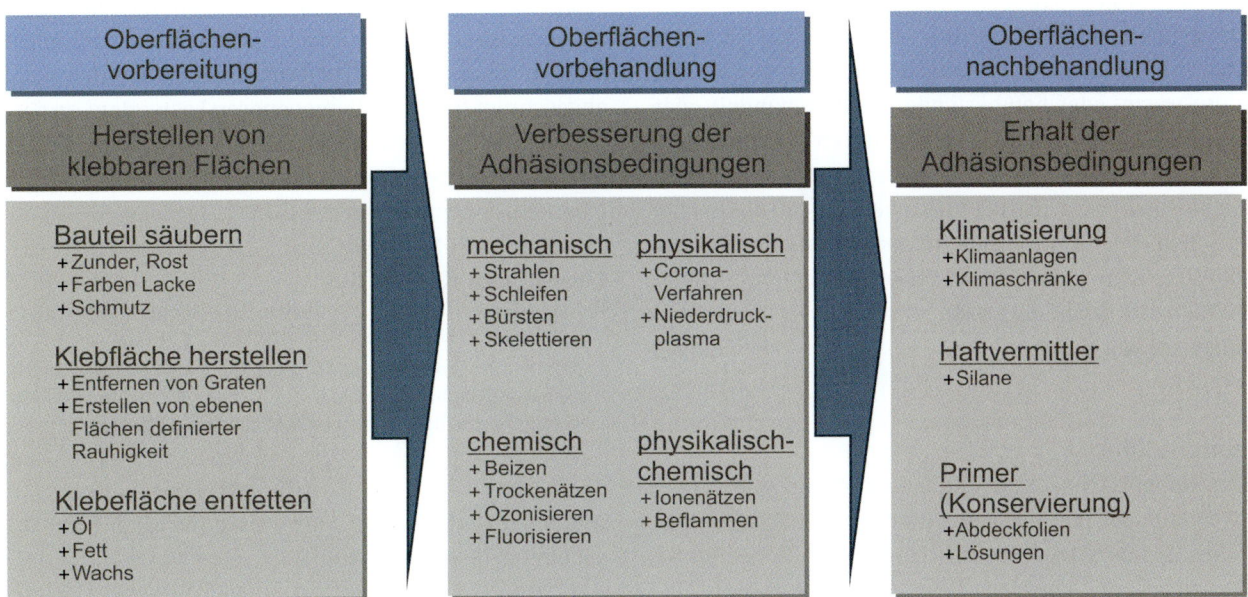

Bild 5-8.6 Teilschritte Oberflächenbehandlung (nach Habenicht 2009)

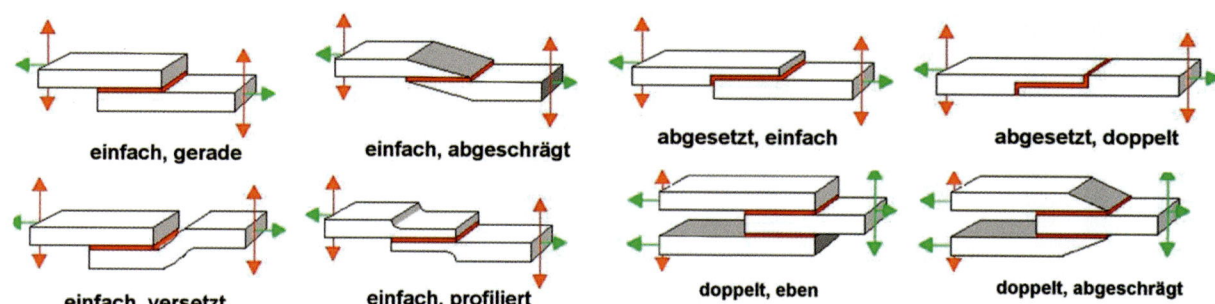

Bild 5-8.7 Variationen des Überlappstoßes (Reisgen/Stein 2016)

len Verfahren und kompletter Automatisierung mit den entsprechenden Liefer- oder Gebindeformen der Klebstoffe. Neben der aus dem Haushalt bekannten Tuben mit Alleskleber, Heißklebepistolen und Pistolen für 1K-Kartuschen, wie z.B. für Silikon, existieren verschiedene rein mechanische und elektrisch oder pneumatisch unterstützte Dosierwerkzeuge für den manuellen Umgang. Bei mehrkomponentigen Systemen kommen für den Mischvorgang oftmals sogenannte Statikmischer als Mischdüse zum Einsatz. Für Dosierprozesse größerer Mengen oder in einer kontinuierlichen Fertigung stehen Dosiersysteme zur Verfügung, die aus größeren Gebinden, wie Fässern von mehreren hundert Litern Inhalt versorgt werden. Die Handhabung der Systeme oder der Bauteile im Auftrags-, Füge- und Fixierprozess kann analog rein manuell oder (teil)automatisiert ablaufen.

Aushärtungsprozess

Der grundlegende Aushärtungsmechanismus ist durch den jeweiligen Klebstoff festgelegt, also ob es sich um kalt-, warm- oder heißhärtende Systeme handelt oder ob der Aushärtemechanismus durch Feuchtigkeit, UV-Strahlung etc. ausgelöst oder beschleunigt wird. Grundsätzlich ist hierbei zu bemerken, dass alle chemischen Reaktionen eine temperaturabhängige Reaktionsgeschwindigkeit aufweisen. Dementsprechend können z.B. auch kalthärtende Systeme in ihrem Aushärtevorgang durch erhöhte Temperatur beschleunigt werden.

Konstruktion

Die Konstruktion einer Klebverbindung sollte zwei maßgebliche Ziele verfolgen: Eine einwandfreie Durchführung des Fügeprozesses sowie eine kontrollierte Materialbeanspruchung – insbesondere des Klebstoffes – erlauben.

Im Gegensatz zu rein metallischen Bauweisen erfordert eine klebgerechte Konstruktion ein Umdenken – in erster Linie aufgrund der im Vergleich mit Metallen deutlich geringeren Festigkeit von Klebschichten, welche sich bei ca. 10 bis 20 % bewegt. Aufgrund dieser Tatsache sollte eine Klebverbindung großflächig wirken können, im Fall von verhältnismäßig dünnwandigen Metallblechen ist dies vor allem durch Überlappungen möglich. Die maßgebliche Voraussetzung für einen leistungsfähigen Klebverbund ist dabei eine homogene Spannungsverteilung.

Es gibt verschiedene konstruktive Ansätze, um einerseits vergrößerte Flächen bei andererseits möglichst geringen Spannungsüberhöhungen zu erreichen. Sofern ein Stumpfstoß eingesetzt wird, werden daher üblicherweise zusätzliche Maßnahmen wie eine Schäftung, ein Absatz oder Nut-Feder-Verbindungen vorgesehen werden bzw. zusätzliche Laschen in einem überlappten Stumpfstoß. Überlappte Stöße werden u.a. abgeschrägt für einen homogeneren Lastverlauf an den Überlappenden oder abgesetzt für geringeres Biegemoment. Einige Möglichkeiten der Variation eines Überlappstoßes werden in Bild 5-8.7 gezeigt.

Literatur zu Kapitel 5-8

Habenicht, G.: Kleben – Grundlagen, Technologien, Anwendungen. 6. Auflage. Springer, Berlin 2009

Kaliske, G.: Zu Problemen der Oberflächenvorbehandlung metallischer Fügeteile in der Klebtechnik unter besonderer Berücksichtigung der mechanischen Vorbehandlung. Plaste u. Kautsch. 18 (1971), S. 446–452.

Alle im Text erwähnten Normen sind in einer Liste zusammengefasst (Seite 889).

5-9 Thermisches Trennen von Stählen

Uwe Reisgen, Lars Stein

Thermische Trennprozesse trennen durch lokal begrenztes Schmelzen, Verdampfen und/oder Verbrennen des Grundwerkstoffs und anschließendes Austreiben der Schmelze, des Dampfes und/oder der Verbrennungsprodukte bei kontinuierlichem Brennervorschub entlang einer Kontur den Stahl.

Vorteil gegenüber spanenden Trennprozessen ist vor allem die Tatsache, ein quasi verschleißfreies Werkzeug zur Verfügung zu haben, mit dem auch relativ komplexe Formen mit vergleichsweise hoher Geschwindigkeit sowie guter Wirtschaftlichkeit aus Blechen, Rohren und ähnlichen Grundkörpern ausgeschnitten werden können. Die möglichen Schnittkonturen sind meist auf rechtwinklig zur Oberfläche verlaufende gerade Schnitte begrenzt (Ausnahme: autogenes Brennschneiden). Die erzielbare Schnittqualität ist abhängig vom eingesetzten Verfahren, der Art des Werkstoffes und der chemischen Zusammensetzung des zu trennenden Stahles.

Als Nachteile gegenüber den spanenden Trennverfahren können die thermische Beeinflussung des Werkstoffes im Bereich der Schnittkanten (u. U. Aufhärtung und daraus resultierend Rissbildung), Schneidverzug sowie eventuell oxidische Rückstände auf den Schnittflächen gesehen werden, welche (in Abhängigkeit der chemischen Zusammensetzung des Stahles und des späteren Verwendungszwecks) ein Vorwärmen des Werkstoffes und eventuell ein Verputzen der Schnittkanten erforderlich machen können. Qualitätsanforderungen und üblicherweise erreichbare Toleranzen für thermische Trennschnitte sind in EN ISO 9013 nachzulesen. Die Verfahren lassen sich nach den Funktionsprinzipien klassifizieren.

5-9.1 Brennschneiden

Diese Norm definiert Brennschneiden als „ein thermisches Schneidverfahren, bei dem die Schnittfuge dadurch entsteht, dass der Werkstoff überwiegend oxidiert wird und die entstehenden Produkte von einem Sauerstoffstrahl hoher Geschwindigkeit aus der Schnittfuge ausgeblasen werden."

Dazu wird der Stahl lokal mit Hilfe einer Flamme oder eines Laserstrahles so hoch erhitzt, dass dessen Zündtemperatur erreicht wird und er im reinen Sauerstoffstrahl verbrennt. Die von dieser exothermen Reaktion gelieferte Energie trägt zwar zur weiteren Erwärmung des Stahles bei, reicht aber nicht aus, um den Schnittbereich auf Zündtemperatur zu halten. Dazu wird die zusätzliche Leistung der Wärmequelle benötigt, die während des ganzen Prozesses aktiv bleibt. So kann in Verbindung mit dem Schneidvorschub gewährleistet werden, dass nur das unmittelbar durch die Wärmequelle und den exothermen Verbrennungsprozess auf Zündtemperatur gebrachte bzw. gehaltene Werkstoffvolumen oxidiert wird, und der Verbrennungsprozess sich nicht ungewollt außerhalb des Schneidspaltes fortsetzt.

Voraussetzung für den Einsatz des Verfahrens ist, dass die Zündtemperatur des Werkstoffs in reinem Sauerstoff niedriger liegt als die Schmelztemperatur des zu schneidenden Stahles, um ein unkontrolliertes Schmelzen des Werkstoffes zu vermeiden. Auch die bei der Verbrennung entstehenden Schlacken müssen niedriger schmelzen als der zu schneidende Stahl.

Der Gehalt an Kohlenstoff beeinflusst vor allem die Zündtemperatur. Er kann die Eignung eines Stahles zum Brennschneiden herabsetzen oder ihn für dieses Verfahren gänzlich ungeeignet machen. Stähle mit Kohlenstoffgehalten bis ca. 1,6 – 1,8 % gelten im Allgemeinen als gut brennschneidbar, bei Gehalten > 0,3 % wird jedoch eine Vorwärmung des Schnittbereiches empfohlen, um unerwünschte Aufhärtungen der Schnittkanten und die damit verbundene Rissgefahr zu vermeiden.

Die Oxide von Chrom, Nickel und Wolfram erhöhen die Schmelztemperatur der entstehenden Schlacken. Sie können damit unter Umständen das zweite wesentliche Hindernis zum Brennschneiden sein. Die meisten rostfreien Edelstähle gelten daher als nicht brennschneidgeeignet. Die Wärmequelle für die Aufheizung auf und für das Halten der Zündtemperatur begründet auch die Bezeichnung der Varianten des Brennschneidens.

Autogenes Brennschneiden

Wärmequelle beim autogenen Brennschneiden ist die Flamme eines Acetylen/Sauerstoff-Gemisches. Dieses wird in einem speziellen Schneidbrenner in einer Ringdüse verbrannt, welche um die eigentliche Schneiddüse angeordnet ist. Durch die Schneiddüse wird bei vergleichsweise hohem Druck der Schneidsauerstoff an die Schnittstelle gebracht. Er verbrennt dort den Werkstoff zu Schlacke, die dann durch den Druck des Schneidsauerstoffs und der Verbrennungsgase aus dem Schneidspalt ausgetrieben wird.

Mit Hilfe geeigneter Düsengeometrien, angepasster Gasdrücke und Vorschubgeschwindigkeiten können so Blechdicken von 5 bis zu 500 mm (industrieüblich, es sind auch Brennschnitte bis 1500 mm möglich) geschnitten werden. Die Schnittkanten sind nahezu parallel, die Qualität ist in der Regel optisch mit der Qualität der gewalzten Oberfläche vergleichbar und mit einer leichten Zunderschicht überzogen, welche leicht entfernt werden kann.

Durch schräges Anstellen des Brenners sind auch Fasenschnitte möglich. Ebenso können durch Hintereinanderschalten mehrerer unterschiedlich angestellter Brenner auch Schweißnahtvorbereitungen in X-, Y- und Doppel-Y-Form in einer Überfahrt schneiden.

Die Brennerführung erfolgt meist mechanisiert mit Hilfe kartesischer Portale, auf denen dann ebene Bauteile in beliebigen 2D-Konturen ausgeschnitten werden können. Für komplexere Konturen mit Winkelschnitten werden diese Portale dann um eine zusätzliche Drehachse erweitert. Höchste Komplexität der Schnitte ist mit 6-achsigen Industrieroboteranlagen möglich. Kleinere Trenn- und Anpassarbeiten sowie Abbruch- und Abwrackarbeiten sind dagegen die hauptsächliche Anwendung manuell geführter Schneidbrenner. Die erzielbaren Schnittqualitäten bleiben jedoch stark hinter denen mechanisiert durchgeführter Schnitte zurück.

Laserstrahlbrennschneiden

Bei dieser Verfahrensvariante übernimmt ein fokussierter Laserstrahl die Aufheizung des Werkstoffs auf Zündtemperatur. Auch hier übernimmt mit hoher Geschwindigkeit zugeführter Schneidsauerstoff das Verbrennen und Austreiben des Materials aus der Schnittfuge. Schneidsauerstoff und Laserstrahl werden in der Regel durch die gleiche Düse zugeführt. Wegen des

Bild 5-9.1
Autogenes Brennschneiden einer Schweißnahtvorbereitung (Quelle: ESAB Welding and Cutting)

kleineren Wirkquerschnittes des Laserstrahles ergeben sich kleinere Schnittfugenbreiten als beim autogenen Brennschneiden. Die Schlackemengen sind so klein, dass die Schnitte oft ohne weitere Nacharbeit verwendet werden können. Das Verfahren steht in direkter Konkurrenz zum Stanzen, dem es bei komplizierten Konturen und kleineren Stückzahlen oft wirtschaftlich überlegen ist. Es wird immer vollmechanisiert eingesetzt. Abhängig von der Leistung des verwendeten Lasers können Blechdicken bis 25 mm geschnitten werden.

5-9.2 Schmelzschneiden

DIN EN ISO 9013 definiert Schmelzschneiden als „ein thermisches Schneidverfahren, bei dem die Schnittfuge dadurch entsteht, dass der Werkstoff dort überwiegend geschmolzen wird und die entstehenden Produkte von einem Gasstrahl hoher Geschwindigkeit aus der Schnittfuge ausgeblasen werden." Es entsteht dabei keine nennenswerte Schlacke. Es entfallen somit die zum Brennschneiden erforderlichen Anforderungen an einen brennschneidgeeigneten Werkstoff. Es können alle Stähle mit diesem Verfahren geschnitten werden. Das Aufschmelzen des Werkstoffes erfolgt ähnlich dem vom Strahlschweißen bekannten Tiefschweißeffektes durch Wärmequellen hoher Leistungsdichte. Im Gegensatz zum Brennschneiden, mit dem annähernd rechtwinklige Schnitte gelingen, sind Schmelzschnitte durch eine Verrundung der oberen Schnittkante und durch leicht schräge Schnittkanten charakterisiert.

Plasmaschneiden

Als Wärmequelle kommt hier ein durch eine spezielle Brennerkonstruktion auf eine hohe lokale Energiedichte gebrachter elektrischer Lichtbogen, Plasmalichtbogen genannt, zum Einsatz. Als Schneidgas wird Stickstoff oder Druckluft verwendet.

Plasmageschnittene Kanten weisen die typische Verrundung der oberen Schnittkante und schräge Schnittkanten (Winkel ca. 1 – 5°) auf. Plasmaschneiden wird üblicherweise in einem Blechdickenbereich bis 180 mm angewendet. Die Führung des Brenners kann sowohl manuell (in der Regel nur bei dünneren Blechen) als auch vollmechanisiert erfolgen.

Laserschmelzschneiden

Im Gegensatz zum wirtschaftlicheren Laserstrahlbrennschneiden lassen sich mit dem Laserschmelzschneiden alle Stähle schneiden. Unter der Voraussetzung eines genügend leistungsfähigen Lasers lassen sich durch Austausch des Schneidsauerstoffs gegen Stickstoff die gleichen Anlagen nutzen.

Das Laserschmelzschneiden kommt daher meist bei nicht brennschneid-geeigneten Stählen im Blechdickenbereich bis zu 15 mm zum Einsatz. Die benötigte Laserleistung ist höher als beim Laserstrahlbrennschneiden gleich dicker Bleche.

5-9.3 Sublimierschneiden

DIN EN ISO 9013 definiert Sublimierschneiden als „ein thermisches Schneidverfahren, bei dem die Schnittfuge dadurch entsteht, dass der Werkstoff dort überwiegend verdampft wird und die entstehenden Produkte durch Expansion oder von einem Gasstrahl hoher Geschwindigkeit aus der Schnittfuge ausgeblasen werden." Die Energiequelle zur lokalen Verdampfung des Werkstoffs ist ein fokussierter Laserstrahl. Als Prozessgas zur Abschirmung der Schneidstelle vor der Umgebungsatmosphäre und dem Abtransport des Metalldampfes werden Stickstoff, Argon oder Helium verwendet.

Das Lasersublimierschneiden erzeugt grat- und oxidfreie Kanten. Es findet seine Anwendung im Metallbereich in der Regel bei Aufgaben, bei denen feinste Schnitte und geringste Verzüge gefordert sind. Der Schnitt entsteht oft in mehreren Überfahrten der Wärmequelle, was die Wirtschaftlichkeit des Verfahrens einschränkt.

5

5-10 Wärmebehandlung von Stählen

Jan Bültmann, Jan Hof, Ulrich Prahl

Nach der Definition des Internationalen Verbandes für die Wärmebehandlungen der Metalle (IVW) ist in Anlehnung an DIN EN 10052 Wärmebehandlung ein „Vorgang, in dessen Verlauf ein Werkstück oder ein Bereich eines Werkstückes absichtlich einer oder mehreren Temperatur-Zeit-Folgen und gegebenenfalls zusätzlich anderen physikalischen und/oder chemischen Einwirkungen ausgesetzt wird, um durch gezielte Gefügeveränderungen die gewünschten Verarbeitungs- und/oder Gebrauchseigenschaften einzustellen". Nach Art der Einwirkungen lassen sich die Wärmebehandlungsverfahren in thermische, thermochemische und thermomechanische Verfahren unterteilen (Bild 5-10.1).

Bei den thermischen Verfahren wird häufig zwischen Glühen, Anlassen und Härten unterschieden. Beim Glühen steht in der Regel die Gefügebeeinflussung zur Verbesserung der Verarbeitungseigenschaften (Zerspanbarkeit, Kaltumformbarkeit) im Vordergrund, während beim Härten und Anlassen die Optimierung der Gebrauchseigenschaften (Härte, Zähigkeit, Verschleiß) vorrangig betrachtet wird. Die Änderung der Werkstoffeigenschaften wird im Wesentlichen durch folgende Vorgänge erreicht:

- Änderung der Größe, Form und Anordnung der Gefügebestandteile (z. B. Grobkornglühen, Weichglühen)

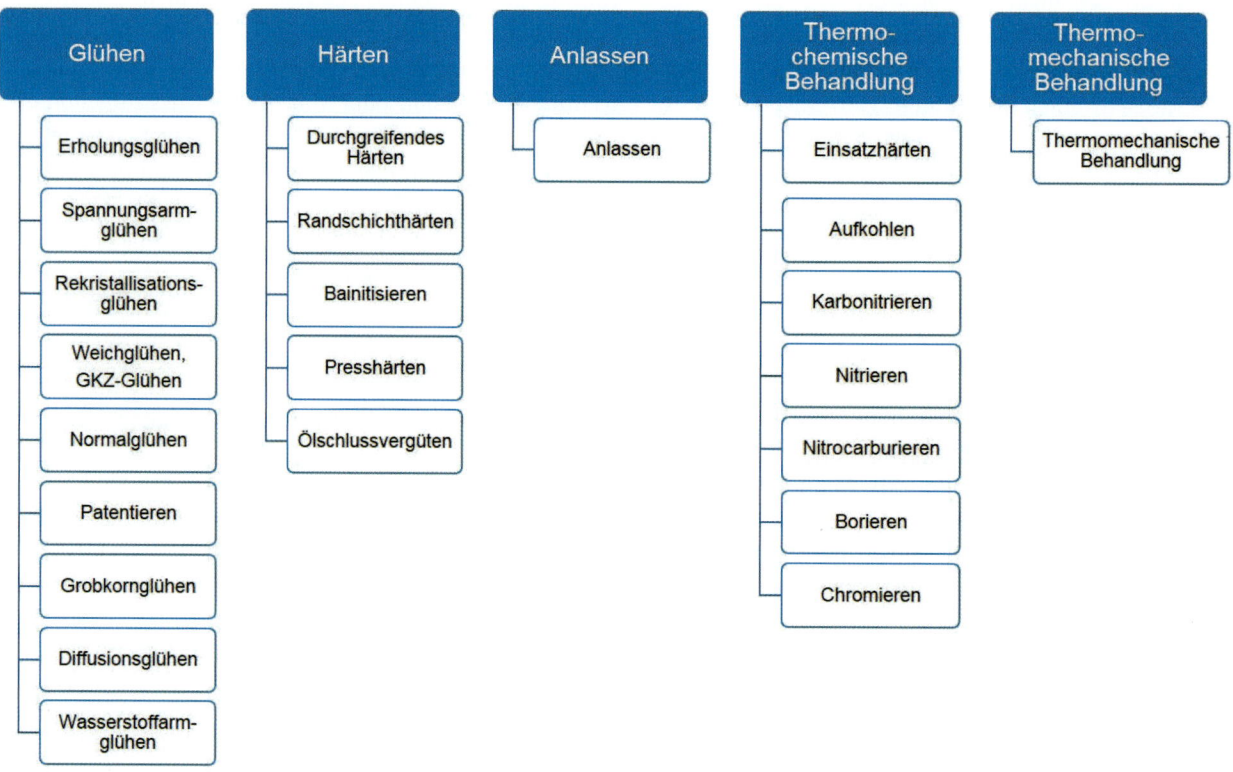

Bild 5-10.1 Wichtige Verfahren der Wärmebehandlung von Stählen

- Abbau von inneren Spannungen und Änderung ihrer Verteilung (z. B. Spannungsarmglühen, Anlassen)
- Umwandlung von Gefügebestandteilen, wobei der Gleichgewichtszustand angestrebt werden kann oder nicht (z. B. Normalglühen, Härten).

Jede Wärmebehandlung umfasst als Einzelvorgänge das Erwärmen auf Solltemperatur, das Aufrechterhalten der Temperatur über den ganzen Querschnitt für eine bestimmte Zeit (Halten) und das Abkühlen von der Solltemperatur.

Bei der Festlegung der Wärmebehandlungstechnologie ist zu beachten, dass nicht nur die Werkstoffeigenschaften, sondern auch die Größe und Form der Werkstücke und die Dauer der Einzelvorgänge einen großen Einfluss auf das Ergebnis der Behandlung haben. Während der Erwärmung (Anwärmdauer plus Durchwärmdauer) treten als Folge der Wärmeleitung umso größere Temperaturunterschiede zwischen Werkstückrand und -kern auf, je schneller aufgeheizt wird und je größer die Bauteilabmessungen sind. Eine schlechtere Wärmeleitfähigkeit, wie sie z. B. bei hochlegierten Stählen vorliegt, verstärkt die Temperaturunterschiede und begünstigt die damit verbundene Ausbildung thermischer Spannungen. Da diese beim Aufheizen zu Verzug und Spannungsrissen führen können, müssen die Aufheizgeschwindigkeiten dem Werkstoff und den Werkstückabmessungen angepasst werden. Gleiches gilt auch beim Abkühlen der Werkstücke. Auch hier sollten die Abkühlgeschwindigkeiten so gewählt werden, dass das gewünschte Gefüge sicher eingestellt werden kann, die Eigenspannungen jedoch relativ gering bleiben. Die Haltezeit wird meistens nach Erfah-

5

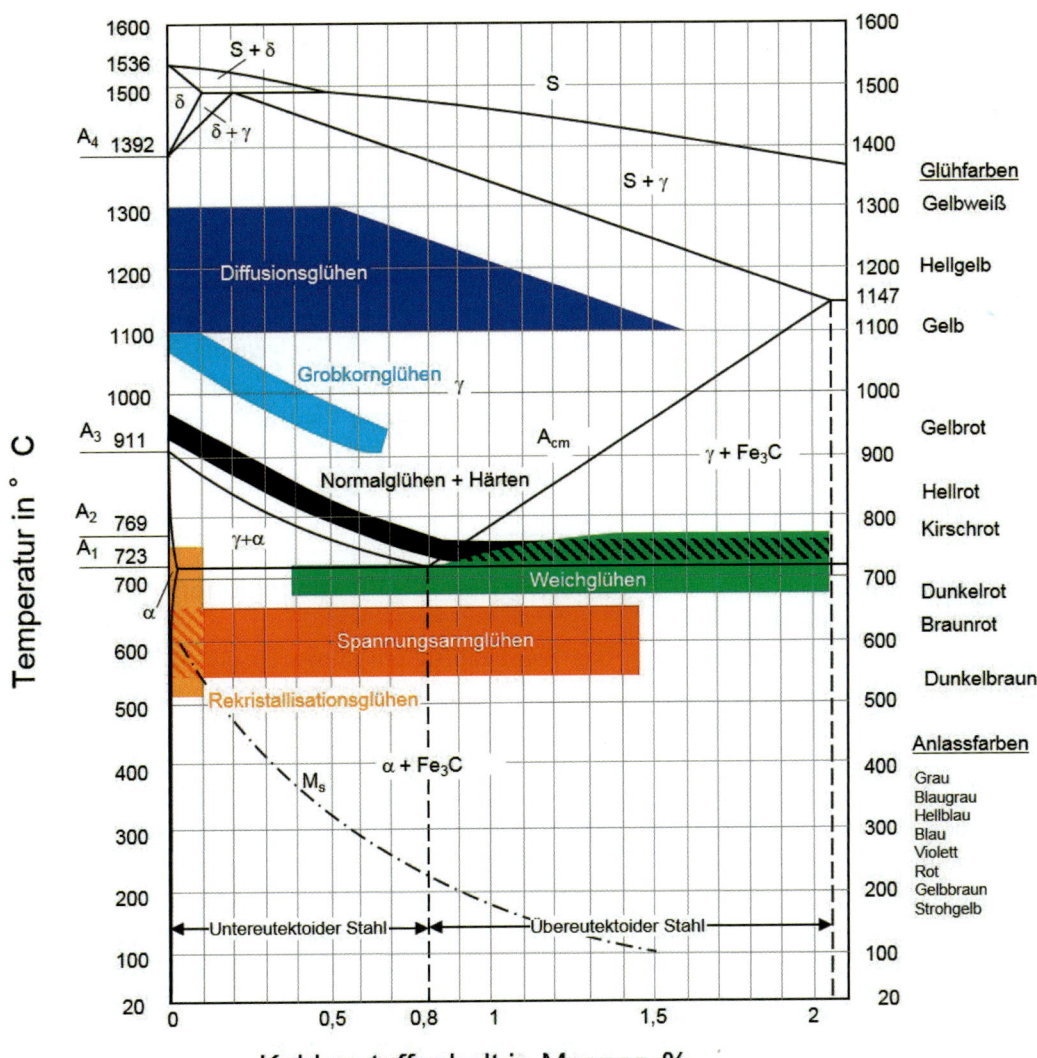

Bild 5-10.2
Temperaturbereiche verschiedener Glühbehandlungen für Fe-C-Legierungen (Bleck 2010)

rungswerten gewählt. Für unlegierte Stähle werden die für die Wärmebehandlungsverfahren charakteristischen Temperaturbereiche in Abhängigkeit vom Kohlenstoffgehalt im Eisen-Kohlenstoffdiagramm angegeben (Bild 5-10.2), für höherlegierte Stähle verschieben sich diese Temperaturbereiche entsprechend der Änderung der Umwandlungstemperaturen (DIN EN 10052, EURONORM 52-67).

5-10.1 Glühen

Unter dem Begriff Glühen werden alle Wärmebehandlungen verstanden, die durch eine Änderung im Gefüge den Werkstoff besser umformbar, besser spanbar oder zäher machen.
Für alle diese Wärmebehandlungen gilt der Ablauf:

- Erwärmen,
- Halten,
- Abkühlen.

Dabei ist die Dauer des Erwärmens und Haltens abhängig von den Bauteilabmessungen. Sie kann von 1 bis 100 Stunden und länger betragen.

5-10.1.1 Erholungsglühen

Erholungsglühen ist eine Wärmebehandlung, die nach geringer Kaltverformung eingesetzt werden kann und das Ziel hat, die eingetretene, geringe Verfestigung zumindest teilweise wieder aufzuheben. Das Erholungsglühen erfolgt bei niedrigen Temperaturen von etwa 200 bis 400 °C, bei denen die durch die plastische Verformung entstandenen Defekte – wie Leerstellen und Versetzungen – reduziert werden. Da die Temperaturen unter denen des Rekristallisationsglühens liegen, rekristallisiert das Gefüge nicht und Korngröße und Korngrößenverteilung bleiben weitestgehend erhalten. Daher sind aber auch nur geringere Härte- bzw. Festigkeitsabnahmen möglich. Die Ausheilung von Leerstellen geschieht dabei durch Diffusion von Zwischengitteratomen in Gitter-Leerstellen. Versetzungen heilen durch gegenseitiges Auslöschen vorzeichenfremder Versetzungen oder wandern in energetisch günstigere Positionen. In regelmäßigen Reihen angeordnet können Versetzungen auf diese Weise Kleinwinkelkorngrenzen bilden (DIN EN 10052, EURONORM 52-67).

5-10.1.2 Spannungsarmglühen

Spannungsarmglühen ist eine Wärmebehandlung, die aus Erwärmen und Halten bei ausreichend hoher Temperatur besteht (unterhalb des unteren Umwandlungspunktes A_{c1}) und einem anschließenden zweckentsprechenden Abkühlen, um innere Spannungen ohne wesentliche Änderung des Gefüges weitgehend abzubauen. Innere Spannungen können durch ungleichmäßiges Erwärmen oder Abkühlen entstehen, d. h. durch verschiedene Wärmedehnungen (z. B. beim Schweißen, Löten, Erstarren oder Abkühlen von Gussstücken) oder durch Kaltverformen (z. B. Biegen, Hämmern, Richten oder Schruppen). Beim Weiterverarbeiten oder später im Betrieb können diese Eigenspannungen zum Verziehen des betreffenden Teiles oder gar zur Rissbildung mit sprödem Versagen führen.
Spannungen im Werkstück können nur dadurch abgebaut werden, dass sie eine plastische Deformation (= Versetzungsbewegung) im Mikrobereich auslösen. Das erfordert jedoch, dass die Streckgrenze des Werkstoffes unter den Betrag der Spannungen gesenkt wird. Je weiter die Streckgrenze auf Werte unterhalb des Spannungsniveaus gesenkt werden kann, umso größer ist das Ausmaß der plastischen Deformation und somit die Möglichkeit des Spannungsabbaus. Die Festigkeit und die Streckgrenze nehmen bei den meisten Werkstoffen naturgemäß mit steigender Temperatur ab. Demzufolge beinhaltet das Spannungsarmglühen immer ein durchgreifendes Erwärmen auf ein entsprechend hohes Temperaturniveau (DIN EN 10052, EURONORM 52-67, Bleck 2010, ASM 1991, Läpple 2006, Zoch 2015).

5-10.1.3 Rekristallisationsglühen

Das Rekristallisationsglühen ist eine Wärmebehandlung mit dem Ziel, eine Kornneubildung in einem kaltumgeformten Werkstück durch Keimbildung und Wachstum ohne Phasenänderung zu erreichen.
Bei einer Kaltverformung – z. B. durch Bördeln, Tiefziehen, Kaltwalzen, Abkanten oder Kaltbiegen – wird das Kristallgitter stark gestört. Die Festigkeit nimmt stark zu (Verfestigung) und die Verformbarkeit nimmt ab. Die physikalischen Ursachen für dieses Phänomen sind die Versetzungen, deren Speicherung und Multiplikation bei der plastischen Verformung die Verfestigung verursachen. Beim Rekristallisationsglühen nimmt die Festigkeit ab und die Verformbarkeit zu. Aus metall-

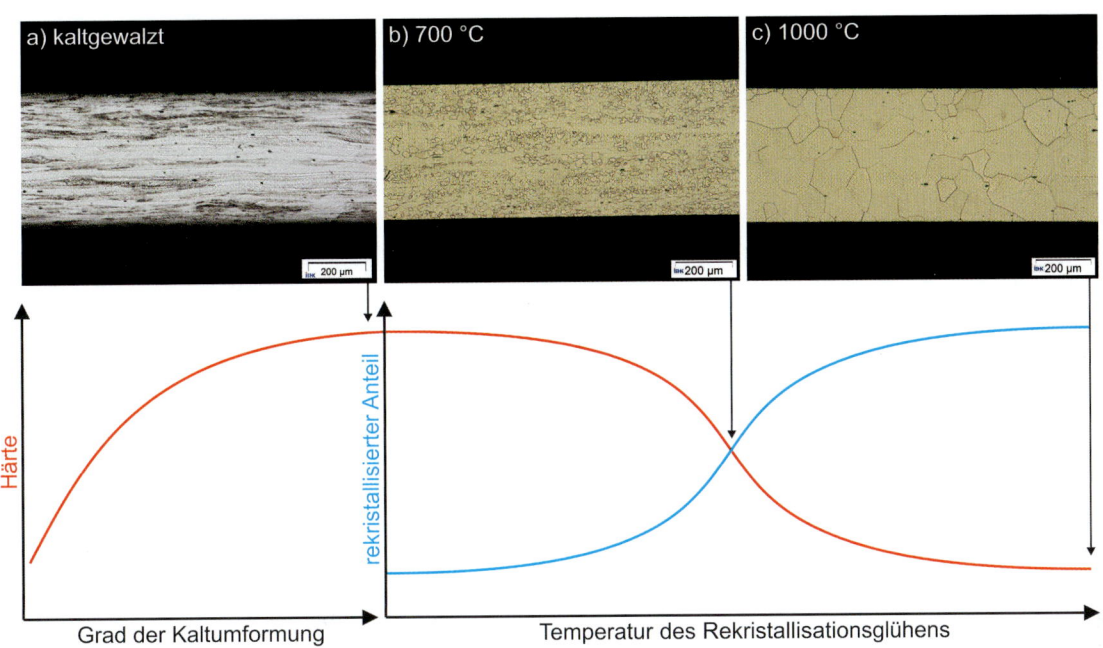

Bild 5-10.3 Einfluss der Glühtemperaturen auf die Härte bei Raumtemperatur und das Gefüge eines kaltgewalzten ferritischen Stahls: a) Gefüge nach dem Kaltwalzen, b) teilweise rekristallisiertes Gefüge, c) vollständig rekristallisiertes Gefüge mit Kornwachstum

physikalischer Sicht entspricht dies einer Umordnung und Beseitigung von Versetzungen. Nach einem bestimmten Kaltverformungsgrad ist ein Rekristallisationsglühen einzuschalten, um die ursprünglichen Werkstoffeigenschaften wiederherzustellen. Das Kristallgitter bildet sich dadurch neu. Durch aufeinanderfolgende Verformung und Glühung können somit große Kaltumformgrade erreicht werden.

Anschaulich lässt sich der Verlauf einer Rekristallisationsglühung anhand sogenannter Härte-Temperatur-Kurven verfolgen (Bild 5-10.3). Nach gleich langem Anlassen eines kaltgewalzten Metalls bei verschiedenen Temperaturen wird ersichtlich, wie dessen Härte mit wachsender Glühtemperatur abfällt.

Werden nach den Glühungen lichtmikroskopische Gefügebeobachtungen durchgeführt, so finden sich bei Glühtemperaturen links vom Steilabfall der Kurve praktisch keine Änderungen des charakteristischen Verformungsgefüges. Die dort auftretenden geringen Härteänderungen müssen also submikroskopischen Prozessen zugeordnet werden. Dies wird als Erholung bezeichnet. Im Temperaturbereich des Steilabfalls und des sich anschließenden Plateaus der Härtewerte werden dagegen Gefügeänderungen in Form von Kornneubildungen sichtbar. Diesen Prozess bezeichnet man als Rekristallisation. In Bild 5-10.3 sind jeweils für einen kaltgewalzten ferritischen Stahl die charakteristischen

Kurvenbereiche dargestellt. Oberhalb der für jedes Metall und jede Legierung spezifischen Rekristallisationstemperatur ($T_R \approx 0,4\, T_m$) bildet sich durch die eingebrachte Wärmeenergie das Kristallgitter neu. Die Versetzungen liefern mit der Wärmezufuhr oberhalb der Rekristallisationsschwelle die für die Kornbildung notwendige Energie. Die Rekristallisationstemperatur T_R ist im Wesentlichen von der vorangegangenen Verformung und dem Legierungsgehalt abhängig. Sie fällt mit steigendem Verformungsgrad und abnehmendem Legierungsgehalt des Stahles. Bei den unlegierten Stählen liegt T_R im Allgemeinen zwischen 450 und 600 °C, bei mittel- bis hochlegierten Stählen zwischen 600 und 800 °C. Die Aktivierungsenergie für die Rekristallisation liegt bei einem aluminiumberuhigten Stahl in der Größenordnung von etwa 160 kJ/mol.

Mit steigendem Kaltverformungsgrad wird die neue Kornstruktur feiner. Den Zusammenhang zwischen rekristallisierter Korngröße, Verformungsgrad und Temperatur liefert hierzu das Rekristallisationsschaubild (Bild 5-10.4). Eine Rekristallisation findet erst dann statt, wenn ein kritischer Verformungsgrad (meist zwischen 5 und 20 %) überschritten wird. Bei kleinen Verformungsgraden kann es wegen der geringen Rekristallisationskeimzahl zu einer unerwünschten Kornvergröberung kommen, sodass ein Rekristallisationslühen möglichst vermieden werden sollte. Grob-

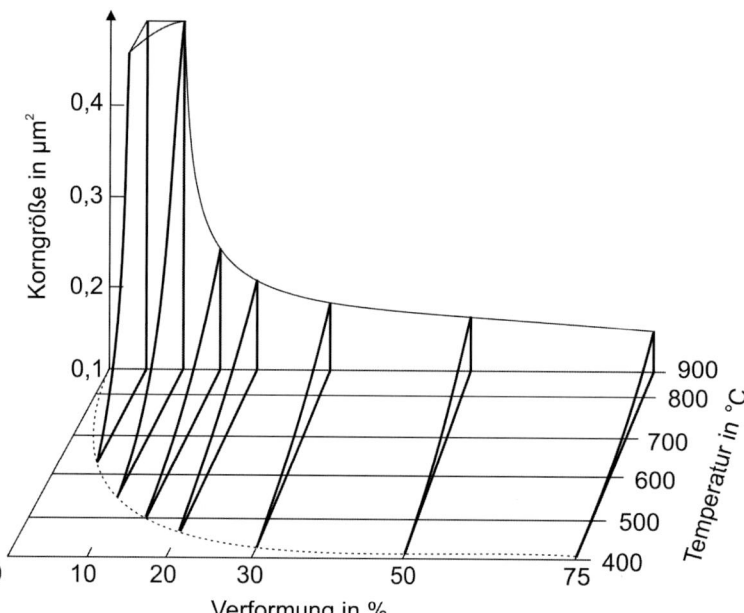

Bild 5-10.4
Isochrones Rekristallisationsschaubild von
Elektrolyteisen (Grosch 1981)

körniges Gefüge führt z. B. beim Tiefziehen von Blechen zu schlechter Oberflächengüte („Apfelsinenhaut")
des Bauteils und senkt die plastische Verformbarkeit
des Werkstoffes. Typische industriell angewandte Kaltwalzgrade liegen zwischen 50 und 85 %.

Im Unterschied zum Normalglühen erfolgt beim Rekristallisationsglühen die Kornneubildung durch Keimbildung und -wachstum, also ohne Phasenumwandlung. Bei geringen Umformgraden kann es jedoch zu
einer Kornvergröberung gegenüber dem Ausgangszustand kommen. Auf Grund der niedrigeren Glühtemperaturen im Vergleich zum Normalglühen kommt es
zu weniger Zunder und Verzug. Die bei geringer Kaltverformung eintretende geringe Verfestigung kann
durch eine sogenannte Erholungsglühung bei Temperaturen unterhalb der Rekristallisationstemperatur
aufgehoben werden. Dabei erfolgt keine Kornneubildung, sondern lediglich eine Neuordnung des gestörten Gitters. Eine Erholung setzt schon bei Temperaturen ab 200 °C ein.

Das Rekristallisationsglühen wird hauptsächlich beim
Kaltwalzen von Blech und Kaltziehen von Draht zwischen den einzelnen Umformstufen angewendet. Bei
der Herstellung von Kaltband haben sich zwei Verfahren zur Durchführung der Rekristallisationsglühung
industriell durchgesetzt: Dies sind zum einen das Haubenglühen (Glühen von aufgewickeltem Stahlband unter einer Schutzgashaube) sowie die Durchlaufglühung
(Glühen eines mit hoher Geschwindigkeit durch einen

Ofen laufenden Bandes), welche sich hinsichtlich der
Prozessführung wesentlich unterscheiden.

Die gravierenden Unterschiede zwischen dem konventionellen Haubenglühen und dem Durchlaufglühen
sind in Bild 5-10.5 mit den entsprechenden Zeit-Temperatur-Zyklen dargestellt. Die unterschiedlichen Glühtemperaturen sind auf eine vollständige Rekristallisation in der zur Verfügung stehenden Zeit abgestimmt.
Um die Rekristallisation zu beschleunigen, wird etwa
50 °C oberhalb der Rekristallisationsschwelle im Temperaturbereich 620 bis 700 °C (Haubenofen) bzw. 700
bis 850 °C (Durchlaufofen) geglüht. Beim Haubenglühen sind Temperaturen oberhalb 700 °C wegen der
dann bestehenden Gefahr des „Klebens" (Diffusionsverschweißen aufeinander liegender Windungen) zu
vermeiden. Während der Abkühlphase kann bei ca.
150 °C die Schutzgashaube gezogen und die Abkühlung an bewegter Luft beschleunigt vorgenommen werden. Vor einer Weiterverarbeitung des Bandes, z. B.
durch Dressieren wird eine Temperatur von weniger
als 40 °C angestrebt. Eine Gegenüberstellung der wichtigsten Glüh- und Abkühlparameter macht die Unterschiede zwischen den Verfahren besonders augenfällig
(Tabelle 5-10.1).

Die Unterschiede in den Prozessparametern beim rekristallisierenden Glühen des kaltgewalzten Bandes
wirken sich nachhaltig auf die Struktur und die mechanischen Eigenschaften des geglühten Bandes aus. Dadurch wird eine Anpassung der vorausgegangenen

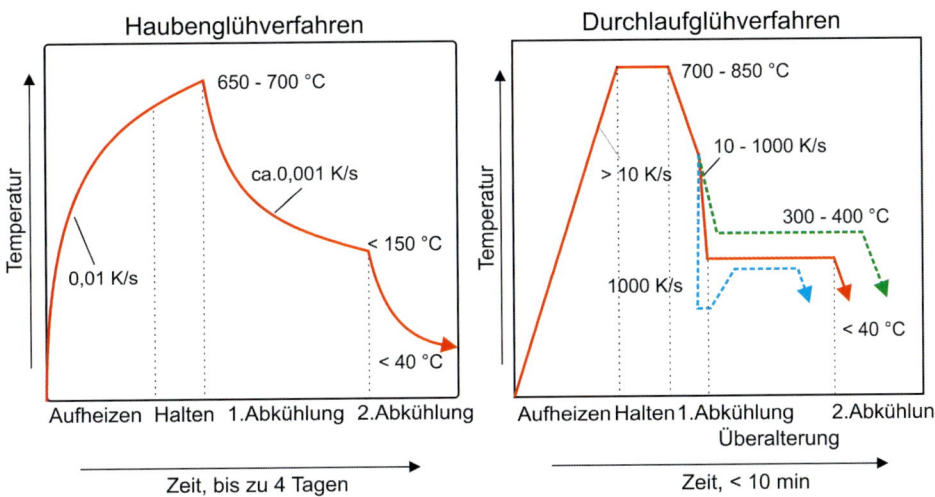

Bild 5-10.5
Schematische Glühzyklen von Hauben- und Durchlaufglühverfahren (Beneke 2012)

Tabelle 5-10.1 Kennzeichnende Glüh- und Abkühlparameter für das Hauben- und Durchlaufglühen

Parameter	Haubenglühen	Durchlaufglühen
Aufheiz-geschwindigkeit	0,01 K/s	10 K/s
Rekristallisations-bereich	560 – 620 °C	610 – 670 °C
Glühtemperatur	650 – 700 °C	700 – 850 °C
Haltedauer	Mehrere Stunden bis Tage	< 100 s
Abkühl-geschwindigkeit	0,001 K/s	10 – 1000 K/s

Verfahrensschritte der Stahlherstellung und des Warmbandwalzens erforderlich. Die bei beiden Verfahren während der Glühung ablaufenden charakteristischen metallkundlichen Vorgänge sind anhand eines aluminiumberuhigten Tiefziehstahls in Bild 5-10.6 aufgelistet. Bedingt durch unterschiedliche Aufheiz- und Abkühlbedingungen sowie verschiedene Glühtemperaturen beim Hauben- und beim Durchlaufglühen ergeben sich Verschiebungen der Temperaturbereiche, in denen die metallkundlichen Vorgänge jeweils wirksam werden.

Die Abbindung von Stickstoff als Aluminiumnitrid und die Ausscheidung von Kohlenstoff als Zementit verläuft bei beiden Verfahren unterschiedlich. Der Anteil an gelöstem Stickstoff wird im Wesentlichen bereits beim Aufhaspeln des Warmbandes eingestellt. Je nach Stahlgüte und nachfolgendem Glühverfahren sind hier hohe oder niedrige Haspeltemperaturen zu wählen; bei einer niedrigen Haspeltemperatur (unter 600 °C) liegt Stickstoff gelöst vor, bei einer hohen Haspeltemperatur

(über 700 °C) wird Stickstoff zu Aluminiumnitrid abgebunden. Wird der Stahl im Haubenverfahren geglüht, so dient die AlN-Ausscheidung während des Aufheizens als Steuerphase für die Erzielung einer ausgeprägten Tiefziehtextur. Durch die Ausscheidung von AlN auf den Korngrenzen der gestreckten Ferritkörner wird ein zu starkes Kornwachstum während der langsamen Aufheizphase unterdrückt, und es entsteht ein für die Haubenglühung charakteristisches gestrecktes Gefüge („Pancake-Gefüge") mit einer ausgeprägten {111}-Textur. Die Haspeltemperatur muss deshalb gering sein, damit der Stickstoff nach dem Warmwalzen in Lösung verbleibt.

Im Gegensatz dazu wird bei der Herstellung von kontinuierlich geglühten Stahlgüten eine hohe Haspeltemperatur des Warmbandes angestrebt, um die für die Texturentwicklung bei der Durchlaufglühung hinderliche AlN-Ausscheidung zeitlich vorwegzunehmen. Ein Beispiel für die Gefügeentwicklung eines kaltgewalzten IF-Stahls während der Durchlaufglühung zeigt Bild 5-10.7.

Bei beiden Glühverfahren kommt es während des Aufheizens und Haltens auf Glühtemperatur zur Auflösung des Zementits. Bei der Haubenglühung kann sich gelöster Kohlenstoff jedoch während der langsamen Kühlphase wieder vollständig ausscheiden, wodurch nach dem Glühen kein Alterungspotential besteht. Kohlenstoff, der während der Durchlaufglühung in Lösung gegangen ist, liegt nach der Schnellabkühlung in übersättigter Lösung vor. Deshalb wird im Glühzyklus eine Überalterungsstufe vorgesehen (350 bis 450 °C, 2 bis 4 min), bei der sich Karbide in Form von Zementit ausscheiden, wodurch die Gefahr der Alterung mini-

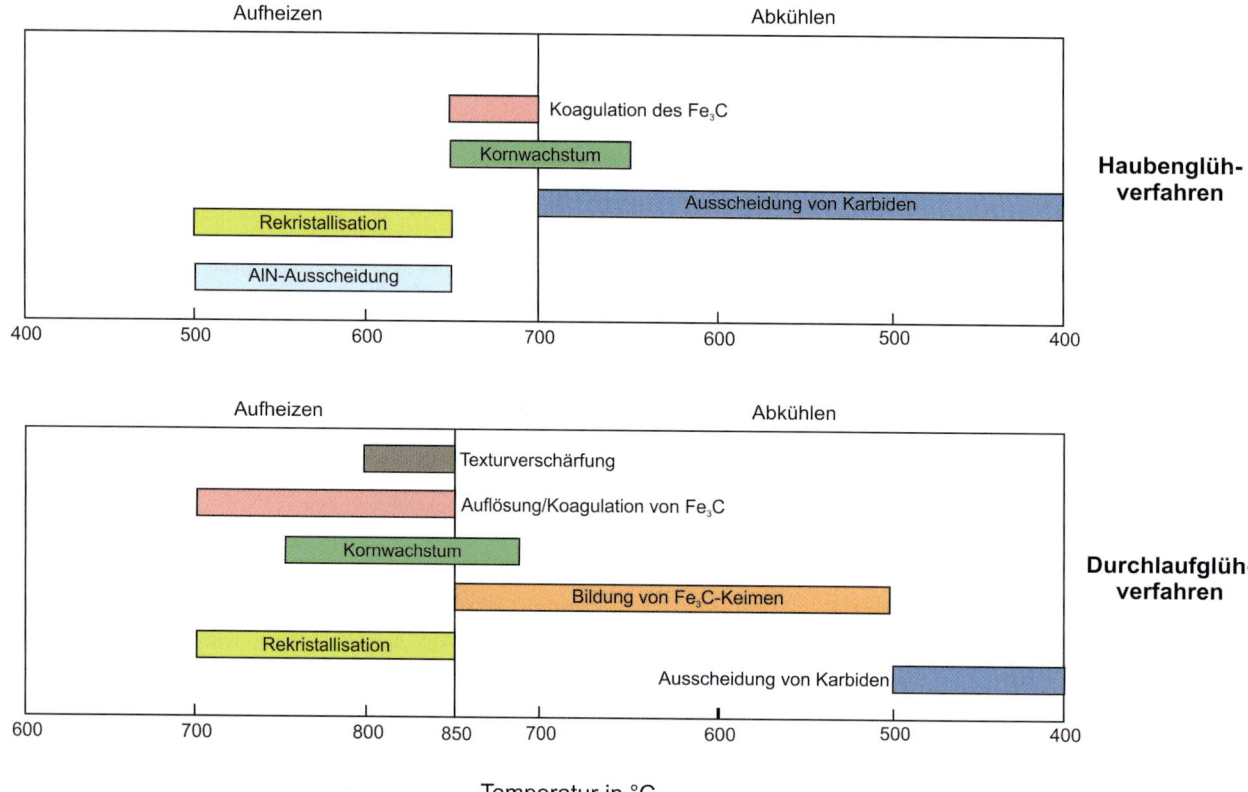

Bild 5-10.6 Metallkundliche Vorgänge beim Hauben- und Durchlaufglühen bei einem aluminiumberuhigten Tiefziehstahl mit Stickstoff in Lösung (Beneke 2012)

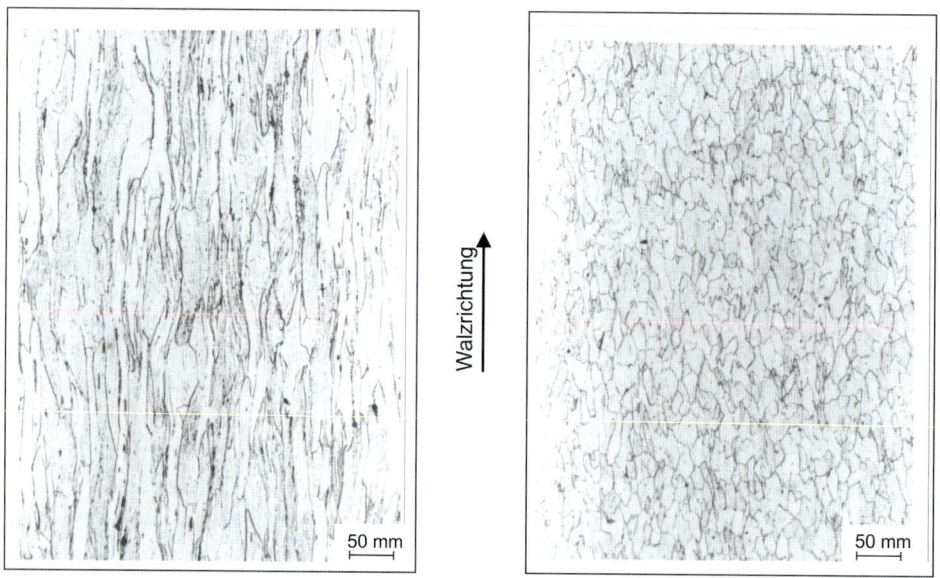

Bild 5-10.7 Gefüge eines ferritischen Stahls nach dem Kaltwalzen, Umformgrad 70 % (links); nach dem Rekristallisationsglühen, Pancake-Gefüge (rechts) (Beneke 2012)

miert wird. Je nach gewählter Kühlstrategie variieren die Temperatur und die Dauer der Überalterungsbehandlung (DIN EN 10052, EURONORM 52-67, Bleck 2010, ASM 1991, Läpple 2006, Zoch 2015).

5-10.1.4 Weichglühen oder GKZ-Glühen

Weichglühen ist eine Wärmebehandlung zum Vermindern der Härte eines Werkstoffes auf einen vorgegebenen Wert. Sie ist vor allem bei Vergütungsstählen zur Verbesserung der Umformbarkeit weit verbreitet. In Anlehnung an die Gefügeausbildung wird das Weichglühen auch als „Glühen auf kugeligen Zementit" oder „GKZ-Glühen" bezeichnet.

Die Glühung erfolgt bei einer Temperatur dicht unterhalb, oberhalb oder durch ein Pendeln um A_{c1}. Zur Erzielung eines geeigneten weichen Zustandes für die weitere Verarbeitung wird anschließend langsam abgekühlt. Der optimal weichgeglühte Zustand ist durch eine homogene Verteilung feiner, globular eingeformter Karbidteilchen in einer ferritischen Matrix gekennzeichnet. Die Härte sollte unter 207 HB30 liegen. Nach dem Schmieden oder Normalisieren ist das Gefüge von kohlenstoffreicheren Stählen (C > 0,3 %), wie z. B. Vergütungs-, Feder-, Wälzlager- oder Werkzeugstählen, perlitisch und entsprechend schlecht zerspanbar und kaltumformbar. Die lamellar ausgebildeten Karbide und ein eventuell vorhandenes, grob ausgebildetes Korngrenzenkarbidnetz erhöhen den Werkzeugverschleiß, da sie bei der Zerspanung geschnitten werden müssen, und verschlechtern durch ihre fließbehindernde Wirkung die Kaltumformbarkeit des Werkstoffes beim Stauchen oder Feinschneiden. Globulare Karbide hingegen werden vom Schneidwerkzeug zur Seite weggedrückt oder herausgerissen und behindern bei der Kaltumformung weitaus weniger das Fließen der ferritischen Matrix. Da der weichgeglühte Zustand auch der Ausgangszustand für die nachfolgende Här-

tung dieser Stähle ist, ergeben sich weitere, vor allem die Gebrauchseigenschaften der Stähle bestimmende Forderungen an das Gefüge. Zur Erzielung der Höchsthärte sowie der gewährleisteten Einhärtetiefe wird ein gleichmäßig verteiltes feines Karbidkorn gefordert. Dieses gleichmäßige Korn sichert weiterhin ein verzugsarmes Härten.

Steigende Einformung der Karbide senkt zwar die Härte, erschwert jedoch beim Härten die Auflösung der Karbide. Es muss somit ein Kompromiss zwischen bester Zerspanbarkeit und guter Härtbarkeit gefunden werden, der bei einer durchschnittlichen Korngröße der Karbide von etwa 0,003 mm erreicht wird. Untereutektoide Stähle werden mehrere Stunden bei 680 bis 710 °C gehalten, um ein Auflösen der Perlitstruktur zu erreichen. Bild 5-10.8 zeigt verschiedene Temperatur-Zeit-Verläufe beim Weichglühen von Stahl.

Gegenüber Raumtemperatur steigt das Lösungsvermögen des α-Eisens bis zur Temperatur A_{c1} beträchtlich an (von ca. 10^{-6} Massen-% C auf 0,02 Massen-% C). Der Vorgang der Einformung lässt sich formal in zwei Schritte aufgliedern: Zunächst kommt es zur Trennung der Zementitlamellen in unregelmäßig geformte Zementitkörper. Im weiteren Verlauf nähern sich diese Teilchen der Kugelform an, wobei kleinere auf Kosten von größeren Karbidkörnern verschwinden. Die treibende Kraft für beide Schritte ist die Minimierung der Grenzflächenenergie.

Bei der Durchführung ist darauf zu achten, dass die höchste Temperatur des Ofens noch unter A_{c1b} liegt. Da die Glühzeit mehrere Stunden beträgt, werden Teile des Werkstücks, deren Temperatur oberhalb von A_{c1b} liegt, so austenitisiert, dass sie sich z. B. bei einer anschließenden Luftabkühlung perlitisch umwandeln; diese Bereiche sind dann nicht weichgeglüht. Bei Stählen mit Kohlenstoffgehalten unter 0,4 % führt eine Weichglühung eher zur Verschlechterung der Zerspanbarkeit. Dagegen wird die Kaltumformbarkeit durch

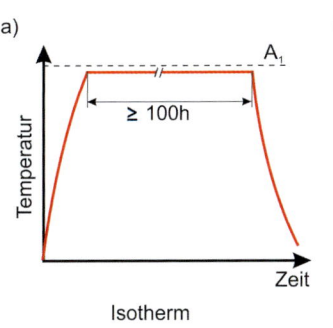

a)

Isotherm

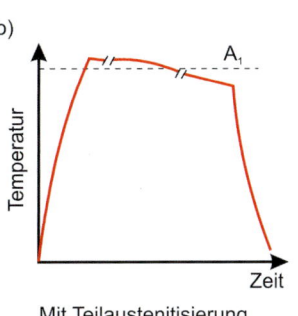

b)

Mit Teilaustenitisierung

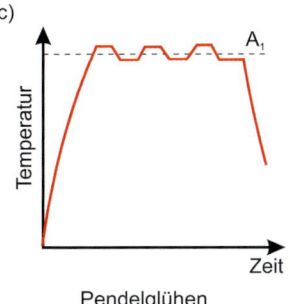

c)

Pendelglühen

Bild 5-10.8
Temperatur-Zeit-Verlauf beim Weichglühen von Stahl (Liedtke 2004)

eine GKZ-Glühung deutlich verbessert. Bei übereutektoiden Stählen verschlechtert das die Perlitkörner umgebende Zementitnetzwerk auf den Korngrenzen die Werkstoffeigenschaften. Oberhalb von A_{c1e} wird das Zementitnetzwerk teilweise und die Perlitstruktur vollständig aufgelöst. Bei einer anschließenden langsamen Abkühlung unter A_{c1b} keimt das sich ausscheidende Karbid an noch vorhandene Karbidreste an und führt so zur Einformung des Zementits. Ähnlich sind die Verhältnisse bei isothermer Umwandlung des Austenits in der Perlitstufe. Das schädigende Korngrenzenkarbidnetz ist durch derartige Behandlungen allerdings schwer zu beseitigen. Um lange Glühzeiten und eine eventuelle Kornvergröberung zu vermeiden, wird bei derartigen Stählen eine Pendelglühung durchgeführt. Hierbei wird mehrfach zwischen Temperaturen über A_{c1e} und unter A_{c1b} gependelt, wobei sich sowohl das Karbidnetzwerk als auch das lamellare Karbid schrittweise kugelförmig einformen.

Eine weitere Möglichkeit des Weichglühens besteht in einem Härten und Hochanlassen, d. h. in einem „Vergüten" bei Temperaturen kurz unter A_{c1b}. Bei dieser Wärmebehandlung wird die gleichmäßigste Anordnung kugeliger bzw. eckiger Karbide erreicht. Der Aufwand für diese Art des Weichglühens ist jedoch höher als für die oben beschriebenen Verfahren, sodass diese Wärmebehandlung nur in wenigen Fällen wirtschaftlich gerechtfertigt ist. Darüber hinaus kann eine Durchhärtung bei einigen Stählen zu Rissen führen.

In Bild 5-10.9 ist für den Stahl C100 der Einfluss einer Weichglühbehandlung auf die Gefügeausbildung dargestellt. Daraus wird ersichtlich, wie der Zementit durch die Wärmebehandlung von seiner lamellaren in eine globulare Struktur überführt wird. Letztere erweist sich bei der spanenden Bearbeitung als vorteilhaft (DIN EN 10052, EURONORM 52-67, Bleck 2010, ASM 1991, Läpple 2006, Zoch 2015).

5-10.1.5 Normalglühen

Mit Normalglühen oder Normalisieren wird eine Wärmebehandlung bezeichnet, die aus Austenitisieren und anschließendem Abkühlen an ruhender Luft besteht.

Das Glühen untereutektoider Stähle erfolgt dabei bei Temperaturen von 30 bis 50 °C oberhalb des A_{c3}-Punktes und bei übereutektoiden Stählen bei 30 bis 50 °C über A_{c1}, um nach erfolgter Abkühlung gleichmäßig verteilten Ferrit-Perlit bzw. Perlit-Karbid zu erhalten.

Das Werkstück wird nur so lange auf der hohen Glühtemperatur gehalten, bis es mit Sicherheit vollständig durchgewärmt ist. Danach wird es an ruhender Luft abgekühlt. Durch die dabei erfolgte zweimalige Durchschreitung der α/γ-Umwandlung wird der Stahl in einen feinkörnigen, gleichmäßigen Zustand überführt. Dieser Gefügezustand kann sowohl als Zwischenstadium für weitere thermische Behandlungen angestrebt werden (vor dem Weichglühen, Härten) als auch den

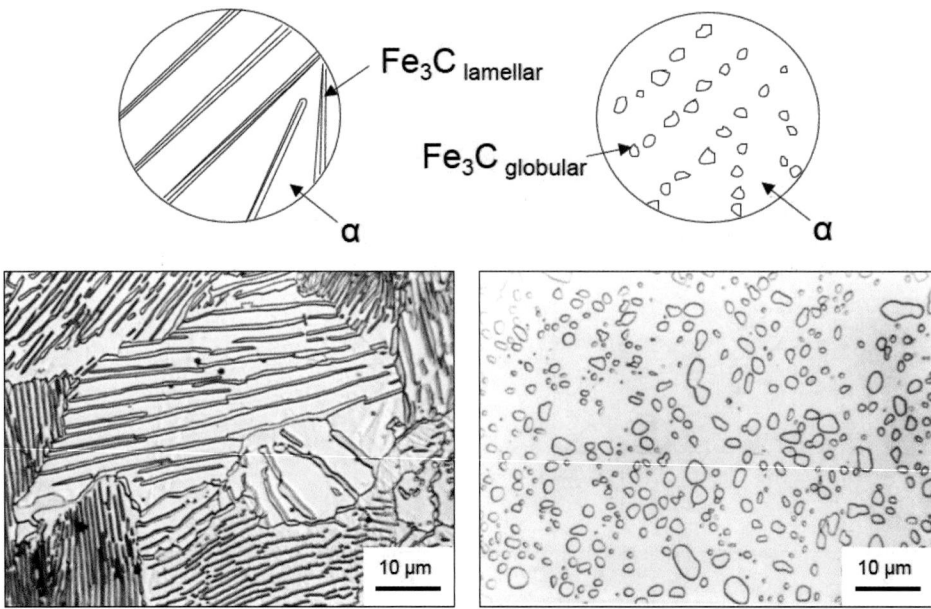

Bild 5-10.9
Einfluss einer Weichglühbehandlung auf die Gefügeausbildung des Stahls C100: links: Ausgangszustand, rechts: Weichglühgefüge (Bleck 2010)

Einsatzzustand des Werkstückes darstellen (Baustähle, Stahlformguss usw.). Alle durch Härten, Vergüten, Überhitzen, Schweißen, Kalt- und Warmverformung bewirkten Gefüge- und Eigenschaftsänderungen werden durch Normalglühen rückgängig gemacht, sofern sie nicht den Charakter dauernder Materialschädigungen tragen, wie z. B. Überwalzungen oder Härterisse.

Ein Beispiel für die durch eine korrekte Normalglühung herbeigeführte Gefügeänderung gibt Bild 5-10.10. Das Aufheizen und Abkühlen sollte im Allgemeinen so rasch wie möglich erfolgen, damit über die dadurch verstärkte Überhitzung oder Unterkühlung des Gefüges ein möglichst kleines Austenitkorn und feinkörniges Perlit-Gefüge entsteht. Die Austenitisiertemperatur soll die Umwandlungstemperatur A_{c3} möglichst nur wenig übersteigen (im Allgemeinen um 30 bis 50 °C), um ein grobkörniges Austenitkorn und ein daraus resultierendes grobes Sekundärgefüge zu verhindern.

Bezüglich der Wahl der Glühtemperatur stellt das Normalglühen übereutektoider Stähle einen Sonderfall dar. Bei übereutektoiden Stählen wird die Glühtemperatur nach der gewünschten Gefügebeeinflussung eingestellt. In der Regel wird als Glühtemperatur eine Temperatur oberhalb A_1 angegeben, falls nur eine Verfeinerung des perlitischen Gefügebestandteiles gewünscht wird. Höhere Temperaturen werden auf Grund der bestehenden Gefahr, dass es bei unsachgemäßer Abkühlung zur Ausbildung eines Zementitnetzwerkes kommt, meist nicht empfohlen.

Die Haltedauer auf Austenitisiertemperatur richtet sich nach der Materialdicke. Im Allgemeinen ist eine Minute je mm Wanddicke ausreichend, wobei mit zunehmendem Legierungsgehalt die Haltedauer mit Rücksicht auf die Karbidauflösung etwas verlängert werden kann.

Die Abkühlung von der Glühtemperatur verdient besondere Beachtung, da das Ziel des Normalglühens wesentlich von der Abkühlgeschwindigkeit im Gebiet der Phasenumwandlung beeinflusst wird. Die Feinheit des perlitischen Gefüges nimmt mit zunehmender Unterkühlung des Austenits bzw. zunehmender Abkühlgeschwindigkeit zu. Im Allgemeinen genügt die Abkühlung an ruhender Luft. Bei größeren Querschnitten kann unter Umständen eine Abkühlung im Pressluftstrom oder unter der Wasserbrause erforderlich sein, wobei andererseits aber die Gefahr besteht, dass unzulässig große Spannungen im Werkstück entstehen, was wiederum Verzug und eine erhöhte Rissgefahr verursacht. Es wird deshalb angestrebt, nach abgeschlossener Umwandlung, ab etwa 650 °C, nur noch sehr langsam weiter abzukühlen oder ein nochmaliges Erwärmen zum Entspannen nachzuschalten. Besondere Sorgfalt erfordert das Abkühlen von legierten Stählen. Durch eine zu langsame Abkühlung entsteht eine starke Ferrit-Perlit-Zeiligkeit oder Einformung der Zementitlamellen, und die Eigenschaften verschlechtern sich. Bei einer zu schnellen Abkühlung kann es zur unerwünschten bainitischen oder martensitischen Umwandlung kommen (DIN EN 10052, EURONORM 52-67, Bleck 2010, ASM 1991, Läpple 2006, Zoch 2015).

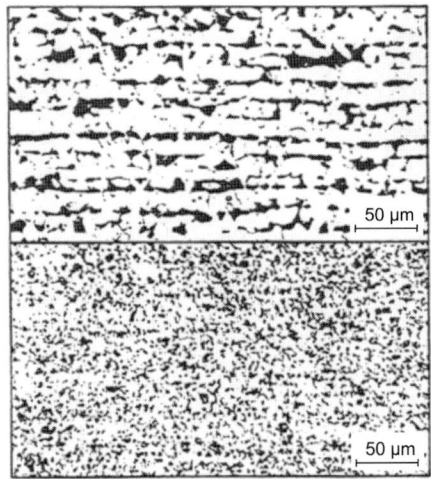

Blech 0,25 % C: Walzzustand (oben)
              normalgeglüht (unten)

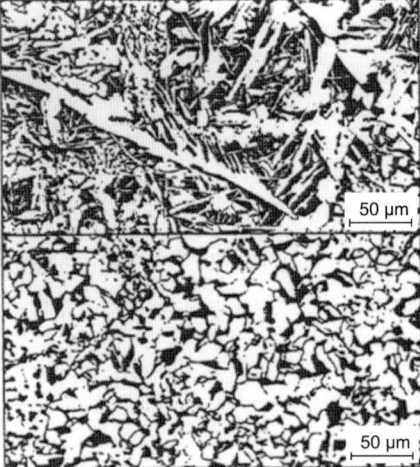

Stahlguss 0,25 % C: Gusszustand (oben)
                   normalgeglüht (unten)

Bild 5-10.10
Änderung der Gefügeausbildung durch Normalglühen: links: Beseitigung einer Gefügezeiligkeit, rechts: Beseitigung des Gussgefüges (Böhlerstahl)

5-10.1.6 Patentieren

Das Patentieren ist eine Wärmebehandlung von Draht oder Band, bestehend aus Austenitisieren und anschließendem geeigneten Abkühlen, um ein für das nachfolgende Ziehen oder Ziehwalzen günstiges Gefüge zu erhalten.

Die Fertigung der verschiedenen Endprodukte aus Draht erfolgt überwiegend durch spanlose Kaltformgebung. Daher ist die wichtigste Forderung an das Halbfertigerzeugnis Draht ein gutes Formänderungsvermögen. Das Gefüge, das ein gutes Formänderungsvermögen und eine große Duktilität bei gleichzeitig hoher Festigkeit aufweist, ist sehr feinlamellarer Perlit, früher auch Sorbit genannt. Die Wärmebehandlung zur Erzeugung dieses feinlamellaren Perlits heißt Patentierung. Je dünner die Lamellen, je geringer ihr gegenseitiger Abstand und je niedriger die Gefügeanteile von voreutektoidem Ferrit bei diesen Stählen sind, desto besser ist das Formänderungsvermögen und desto höher ist die Festigkeit. Daraus folgt, dass Stahl mit einem C-Gehalt nahe der eutektoiden Zusammensetzung am besten für die Erzielung eines guten, feinlamellar perlitischen Gefüges geeignet ist, da er im Allgemeinen keine voreutektoide Ferritausscheidung aufweist. Mit steigendem C-Gehalt sinkt aber das Formänderungsvermögen. Darüber hinaus wird auch die Neigung der Stähle zur Kohlenstoffentmischung höher (Zeiligkeit). Daher werden für Walzdrähte unlegierte Stähle mit einem C-Gehalt von 0,45 bis 0,65 % verwandt. Legierte Stähle werden im Allgemeinen nicht patentiert. Die Wärme-

behandlung Patentieren besteht aus Austenitisierung, Abschrecken und isothermer Perlitumwandlung (Bild 5-10.11) (DIN EN 10052, EURONORM 52-67, Bleck 2010, Läpple 2006).

5-10.1.7 Grobkornglühen

Grobkornglühen ist definiert als das Glühen untereutektoider Stähle bei einer Temperatur oberhalb A_{c3} mit ausreichend langem Halten sowie zweckentsprechendem Abkühlen, um ein grobes ferritisch-perlitisches Gefüge zur Verbesserung der Zerspanbarkeit zu erzielen.

Für eine Grobkornglühung kommen relativ weiche, beim Zerspanen zum „Schmieren" neigende Stähle mit Kohlenstoffgehalten unter 0,4 % (z. B. Einsatzstähle) in Frage. Als „Schmieren" wird zum einen das Zusetzen der Spanräume und zum anderen das Wegquetschen der Späne bezeichnet. Dadurch wird die Schnittleistung herabgesetzt und die Oberflächengüte des Werkstückes erheblich verschlechtert. Die automatische Fertigung der Teile erfordert neben geringer Schmierneigung weiterhin einen kurzbrechenden Span und einen geringen Verschleiß des Werkzeuges, was insgesamt mit kürzeren Ausfallzeiten verbunden ist. Das vorrangige Ziel einer Grobkornglühung ist somit die Einstellung einer zerspanungstechnisch günstigen Gefügestruktur. Bei Temperaturen von 950 bis 1100 °C und einer Haltedauer von einer bis vier Stunden (geometrie- und werkstoffabhängig) entsteht ein grobes Austenitkorn, das bei der nachfolgenden Abkühlung zu einem groben, ferritisch-perlitischen Gefüge mit schlechter Zähigkeit führt. Bei der Wahl der Glühtemperaturen muss bedacht werden, dass Stähle ähnlicher Zusammensetzung deutliche Unterschiede in ihrer Neigung zur Grobkornbildung aufweisen können. Im Vergleich zu unlegierten Stählen zeigen die mikrolegierten Feinkornstähle beispielsweise ein diskontinuierliches Kornwachstum. Nach einer anfänglichen Behinderung des Kornwachstums bei niedrigen Temperaturen erfolgt erst im Bereich der Lösungstemperatur der fein ausgeschiedenen Karbide und Karbonitride ein rascher Anstieg der Korngröße. Bild 5-10.12 zeigt hierzu die Kornflächenverteilung für einen mit Nb mikrolegierten Stahl 16MnCr5 bei unterschiedlichen Glühtemperaturen. Während bei niedrigen Glühtemperaturen eine Normalverteilung der Korngrößenklassen mit einem charakteristischen, weitgehend geradlinigen Kurvenverlauf vorliegt, bilden sich mit ansteigen-

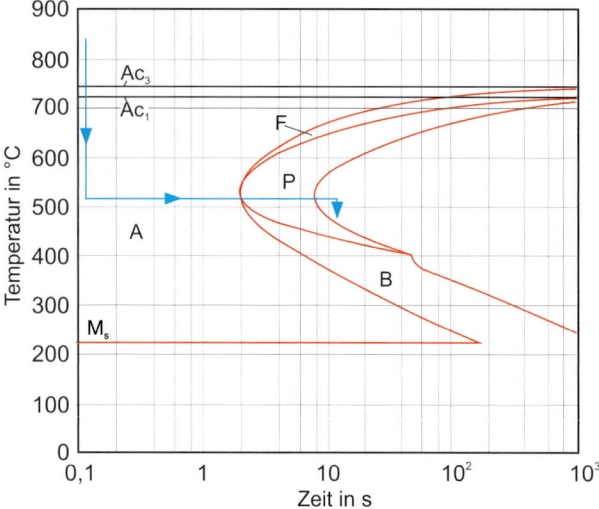

Bild 5-10.11 Isothermes ZTU-Schaubild mit dem Temperaturverlauf einer Patentierungsbehandlung (Beneke 2012)

der Glühtemperatur zwei Korngrößenklassen aus, gekennzeichnet durch einen sigmoidalen („s"-förmigen) Kurvenverlauf. Mit Beginn der Auflösung von Ausscheidungen setzt somit Kornwachstum ab etwa 1100 °C ein. Ein einheitliches grobes Korn im gesamten Gefüge kann für diesen Werkstoff dann erst bei Glühungen oberhalb von etwa 1150 °C erzeugt werden.

Der nachfolgenden Abkühlung aus dem Austenitgebiet kommt bei umwandlungsfähigen Stählen eine besondere Bedeutung zu. Bei kohlenstoffärmeren Stählen empfiehlt es sich, rasch auf 620 bis 670 °C abzukühlen und danach isotherm in der Perlitstufe umzuwandeln. Damit wird der Anteil voreutektoid auf den Korngrenzen ausgeschiedenen Ferrits vermindert und es entsteht ein größerer Anteil groblamellaren Perlits. Bei der Zerspanung eines derartigen Gefüges erfolgt die Scherung überwiegend in den weichen Ferritadern, sodass deren Verformungsfähigkeit nahezu erschöpft ist, bevor sie die Schneide erreichen. Die Spanablösung und Kurzbrüchigkeit wird somit erhöht und der Werkzeugverschleiß gesenkt. Gleichzeitig werden durch den verringerten Ferritgehalt die Spanstauchung und damit auch die Schmierneigung herabgesetzt, was sich in einer verbesserten Oberflächengüte äußert. Bei Vergütungsstählen ist dagegen ein höherer Anteil an Ferrit, der eine höhere Zugfestigkeit besitzt, neben einer groblamellaren Ausbildung des Perlits erwünscht. Deshalb ist hier ein langsameres Abkühlen mit dem Ziel eines Ferritnetzwerkes auf den Austenitkorngrenzen vorteilhafter. Eine Einformung des Zementits muss dabei jedoch vermieden werden, da sonst die Zerspanbarkeit

wieder schlechter wird. Allerdings ist die Neigung zur zeiligen Ausbildung des Sekundärgefüges bei langsamer Abkühlung in die Perlitstufe größer. Die stark unterschiedliche Festigkeit der Ferrit-Perlit-Zeilen führt speziell bei spanender Bearbeitung in Richtung der Zeilen zu einer schlechten Oberflächengüte. Nach der spanenden Bearbeitung ist das vorliegende Grobglühgefüge durch entsprechende Maßnahmen, z. B. Normalglühen, wieder rückzufeinen (DIN EN 10052, EURONORM 52-67, Bleck 2010, ASM 1991, Läpple 2006, Zoch 2015, ASTM E112, DIN EN ISO 643).

5-10.1.8 Diffusionsglühen

Nach DIN EN 10 052 ist Diffusionsglühen als ein Glühen bei sehr hohen Temperaturen (meist im Bereich von 1050 bis 1250 °C) mit ausreichend langem Halten (bis zu 50 h) definiert. Dadurch werden örtliche Unterschiede der chemischen Zusammensetzung infolge von Seigerungen (Kristallseigerungen) durch Diffusion verringert und Gefügeheterogenitäten beseitigt.

Unter dem Begriff Seigerung wird jede Entmischung einer Schmelze, in deren Folge eine örtliche Anreicherung (positive Seigerung) oder Abreicherung (negative Seigerung) von Elementen festzustellen ist, verstanden. Eine inhomogene Verteilung von Legierungs- und Begleitelementen ist unerwünscht, da für die Qualität von Werkstücken meist gleichmäßige Eigenschaften gefordert werden. Seigerungen treten im Korngrößenmaßstab als Mikroseigerung oder, wenn sie sich über das gesamte Gussstück (Halbzeug) erstrecken, als

5

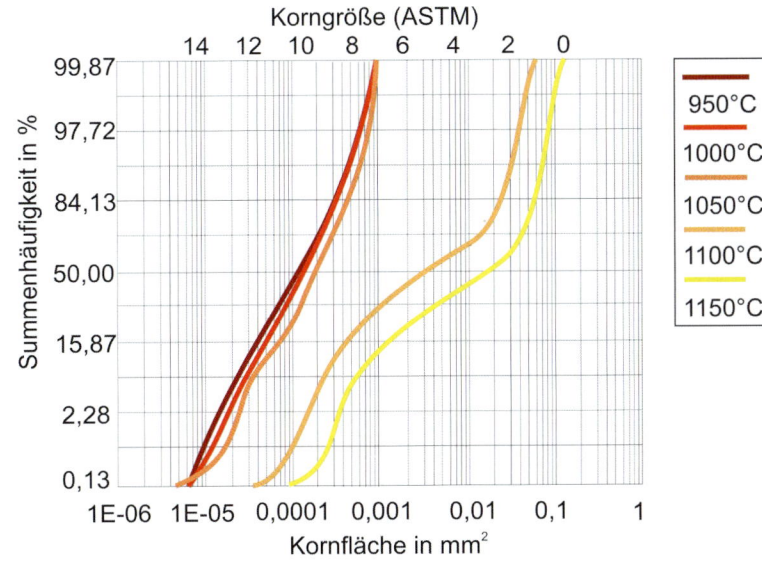

Bild 5-10.12
Einfluss der Glühtemperatur auf die Austenitkorngröße für einen Nb-legierten Stahl 16MnCr5 (Beneke 2012)
Anmerkung zur Korngrößenkennzahl: Die hier angegebenen Korngrößenkennzahlen nach ASTM E112 und die Korngrößenkennzahlen nach DIN EN ISO 643 sind annähernd gleich. Die Korngröße nach ASTM ist geringfügig größer, jedoch ist der Unterschied kleiner als die Messungenauigkeit bei der Bestimmung der Korngrößen.

5

Makroseigerung auf. Es werden Blockseigerungen und Kristallseigerungen unterschieden. Blockseigerungen entstehen während der Erstarrung eines Rohblocks, denn vor der Erstarrungsfront werden Begleitelemente und Einschlüsse geschoben und in der Restschmelze angereichert. Kristallseigerungen hingegen sind örtliche Entmischungserscheinungen (mikroskopische Konzentrationsunterschiede). Sie kommen dadurch zustande, dass sich bei Erstarrungsbeginn zunächst solche Kristalle ausscheiden, die arm an Begleitelementen (P, S, C) sind. Erst mit fortschreitender Erstarrung reichert sich der erstarrende Anteil an. Die Kristallite zeigen einen Konzentrationsgradienten: Ihr Gehalt an Legierungselementen nimmt von innen nach außen zu. Der Quotient aus niedrigstem und höchstem Gehalt der Legierungselemente wird als Seigerungsgrad bezeichnet. Bei homogener Verteilung beträgt der Seigerungsgrad entsprechend 1.

Die Heterogenität des Gefüges kann sich jeweils auf die Form, Anordnung oder Abmessung der Gefügebestandteile beziehen und lässt sich in folgende Gruppen einteilen:

- zonenförmige Heterogenitäten,
- anisotrope Heterogenitäten,
- isotrope Heterogenitäten.

Die zonenförmige Inhomogenität erstreckt sich über größere Bereiche und wird oft durch Makro-Seigerungen verursacht, wobei die Form der Zonen (z. B. Bereiche mit erhöhtem Anteil ausgeschiedener Phasen, Gebiete mit Härtungsgefüge) von der äußeren Form des Werkstückes abhängig ist (Bild 5-10.13a). Die Bildung der anisotropen Inhomogenität ist an das Vorhandensein von Vorzugsrichtungen im Werkstoff gebunden, wie sie z. B. bei der plastischen Deformation entstehen. In die Gruppe der anisotropen Inhomogenität sind z. B. die sekundäre Gefügezeiligkeit ferritisch-perlitischer Stähle (Bild 5-10.13b) und die zeilige Anhäufung von Karbiden bei Stählen mit höherem Kohlenstoffgehalt (Karbidzeiligkeit) einzuordnen. Die isotrope Inhomogenität wird nicht von Vorzugsrichtungen im Werkstoff bestimmt. Typisch für diese Art der Inhomogenität ist die ungleichmäßige Anordnung von Gefügebestandteilen in Nestern, die gleichmäßig über das gesamte Volumen verteilt sind (Bild 5-10.13c).

Entmischungen im mikroskopischen Bereich (Kristallseigerungen) führen zu den genannten anisotropen und isotropen Inhomogenitäten. Die eigentliche Ursache liegt darin, dass bei einer technischen, d. h. ungleichgewichtsnahen Erstarrung immer Konzentrationsunterschiede entstehen, weil der Gleichgewichtszustand beim Übergang flüssig/fest nicht erreicht wird. Demzufolge sind immer Konzentrationsunterschiede zwischen den primär gebildeten Dendriten und den interdendritischen Räumen vorhanden, wobei die Anordnung geseigerter Bereiche im Gefüge von der Dendritenmorphologie abhängig ist. Die Neigung zur Entmischung während der Erstarrung im Mikrobereich wird von Art und Menge der anwesenden Legierungs- und Begleitelemente beeinflusst. Da bei Material, das in einer Vorzugsrichtung verformt worden ist (z. B. durch Walzen oder Schmieden), diese geseigerten Mikrobereiche je nach ihrer Formänderungsfestigkeit mehr oder weniger stark in die Länge gestreckt werden, äußern sich die Kristallseigerungen in der Regel als zeilenförmige Anordnung. Bei normaler Abkühlung von der Umformtemperatur oder isothermischen Glü-

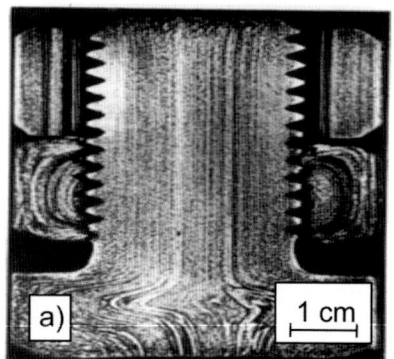 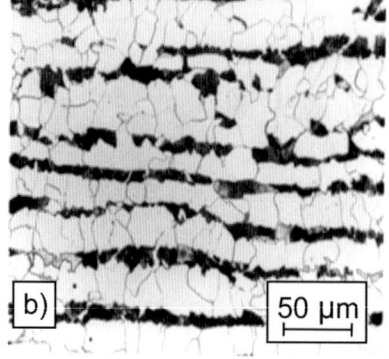 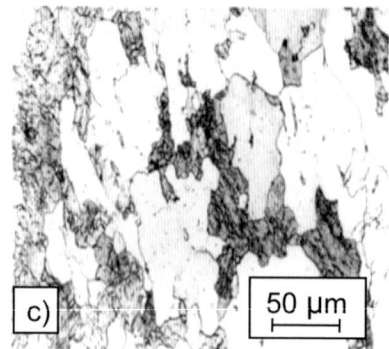

Bild 5-10.13 Arten der Gefügeheterogenität: a) Seigerungszone in einer Schraube (geätzt nach Oberhoffer), b) zeiliges ferritisch-perlitisches Gefüge eines Stahls mit 0,25 % C (Nital-Ätzung), c) Grobkornnest in einem weichen Stahl St 24 mit 0,03 % C, hervorgerufen durch inhomogenes Kornwachstum (Nital-Ätzung) (Beneke 2012)

hungen in den Zweiphasengebieten Austenit-Ferrit oder Ferrit-Karbid können die legierten Elemente die Umwandlungstemperaturen sowie die Art und Richtung der Kohlenstoffentmischung beeinflussen und zur Ausbildung einer Sekundärzeiligkeit führen. Die Zeilenstruktur ist durch den Zeilenabstand und die maximale und minimale örtliche Konzentration gekennzeichnet. Beide Kenngrößen legen den Konzentrationsgradienten senkrecht zu den Zeilen fest. Das Konzentrationsprofil ist durch Verformen und Diffusionsglühen beeinflussbar. Eine völlige Beseitigung solcher Erscheinungen ist nur möglich, wenn der Werkstoff auf so hohe Temperaturen erwärmt wird, dass sich die Entmischung der Legierungs- und Begleitelemente des Stahles ausgleichen kann. Grundlage hierfür ist die Diffusion, d.h. eine Wanderung der gelösten Atome über Abstände, die größer sind als die Gitterkonstante. Für die Größe des erzielten Ausgleiches beim Diffusionsglühen ist neben der Diffusionsgeschwindigkeit, die sich aus dem Temperatur- und Konzentrationsgefälle ergibt, noch die Zeit maßgebend, die

für die Diffusion zur Verfügung steht. Unter ungünstigen Bedingungen (kleiner Diffusionskoeffizient, hoher Ausgangsseigerungsgrad, großer Primärzeilenabstand, hoher Seigerungskoeffizient, möglichst niedriger Restseigerungsgrad) sind sehr lange Glühzeiten erforderlich. Mit der Beseitigung der Konzentrationsunterschiede verschwindet auch der heterogene Charakter des Sekundärgefüges, wodurch die Werkstoffeigenschaften in Querrichtung, insbesondere die Zähigkeitseigenschaften, verbessert und an die Eigenschaften in Längsrichtung angeglichen werden (Bild 5-10.14). Infolge der hohen Temperaturen und der langen Haltedauer kann es zur starken Verzunderung, Entkohlung und Grobkornbildung kommen. Die ersten beiden Fehlererscheinungen bewirken Materialverluste, die nur durch Glühen unter Schutzgas verhindert werden können. Die Grobkornbildung führt zur Verschlechterung der mechanischen Eigenschaften und muss durch eine nachfolgende Wärmebehandlung (z.B. Normalglühen) beseitigt werden (DIN EN 10052, EURONORM 52-67, Bleck 2010, ASM 1991, Läpple 2006, Zoch 2015).

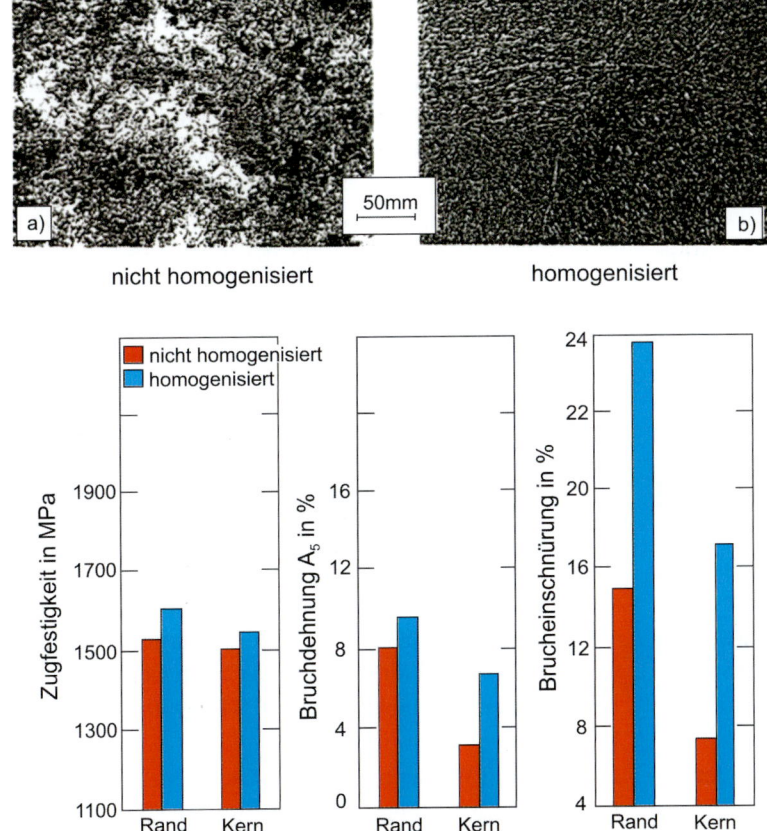

Bild 5-10.14
Einfluss einer Diffusionsglühung (Homogenisierung), 3 h, 1310 °C, auf die Ausbildung des Glühgefüges und die mechanischen Eigenschaften des Warmarbeitsstahles X38CrMoV5-1 (Haberling 1983)

5

5-10.1.9 Wasserstoffarmglühen

Das Wasserstoffarmglühen (nach DIN EN 10 052 auch Dehydrieren genannt) wird bei Stählen durchgeführt, die gegen Wasserstoffrisse empfindlich sind und z.B. geschweißt, gebeizt oder elektrolytisch beschichtet werden. Die Wärmebehandlung sollte möglichst unmittelbar nach dem Schweißen oder Galvanisieren erfolgen, spätestens aber nach 24 h. Dabei werden die Werkstücke über mehrere Stunden auf Temperaturen zwischen 200 °C und 300 °C gehalten.

Ziel ist es, den im Gefüge eingelagerten Wasserstoff zu reduzieren und somit Wasserstoffversprödung oder verzögerte Rissbildung zu verhindern. Eine bereits eingesetzte wasserstoffinduzierte Rissbildung kann durch das Wasserstoffarmglühen jedoch nicht rückgängig gemacht werden. Das Gefüge des Stahls wird durch die niedrigen Temperaturen nicht verändert. Sind die Bauteile verzinkt, sollte die Temperatur beim Wasserstoffarmglühen nicht über 220 °C liegen, da sonst in der Zinkschicht Risse und Fehlstellen entstehen können, die mehrere Mikrometer groß sind und den Korrosionsschutz deutlich reduzieren (DIN EN 10052, EURONORM 52-67).

5-10.2 Härten

Ziel des Härtens ist es, im Werkstück das für seine hohe Härte bekannte martensitische Gefüge einzustellen. Nach DIN EN 10052 wird beim Härten durch Austenitisieren und Abkühlen ein möglichst vollständig martensitisches Gefüge angestrebt, mit gegebenenfalls geringen Anteilen an Bainit. Denn je nach Stahl und den Gegebenheiten beim Härten ist eine vollständige Umwandlung in Martensit nicht immer möglich. Man unterscheidet (DIN EN 10052):

- Die Härtung über den gesamten Querschnitt durch Austenitisieren und Abkühlen, sodass sich der Austenit ganz oder teilweise in Martensit und gegebenenfalls in Bainit umwandelt. Hier kommen Stähle ab einem C-Gehalt von etwa 0,3 Massen-% zur Anwendung.
- Die Härtung der Randschicht durch Austenitisieren und Abkühlen. Hier kommen ebenfalls Stähle ab einem C-Gehalt von etwa 0,3 Massen-% zur Anwendung.

- Die Einsatzhärtung, die aus einem Aufkohlen oder Karbonitrieren und anschließendem Härten besteht. Hier kommen Stähle mit geringem C-Gehalt (< 0,25 %) zur Anwendung.

5-10.2.1 Durchgreifendes Härten

Beim durchgreifenden Härten wird ein Bauteil über den gesamten Querschnitt gehärtet. Der Prozess lässt sich in drei verfahrenstechnische Schritte gliedern:

- Erwärmen auf Härtetemperatur. Bei diesem Schritt wird das Bauteil auf die gewünschte Temperatur aufgeheizt. Es wird dabei zwischen Anwärmen (Zeit bis zum Erreichen der Härtetemperatur an der Werkstückoberfläche) und Durchwärmen (Zeit bis zum Erreichen der Härtetemperatur im Kern) unterschieden. Je größer der Querschnitt des Bauteils, desto weiter liegen die Zeit für An- und Durchwärmen auseinander.

- Halten auf Härtetemperatur. Die Dauer der Haltezeit variiert je nach Stahlsorte und Anwendung. Sie kann wenige Minuten bis zu einer Stunde betragen. Ziel ist die vollständige Austenitisierung des Gefüges, die Auflösung aller Karbide und die Lösung aller Legierungselemente. Die Dauer der Haltezeit kann mit Hilfe von sog. isothermen Zeit-Temperatur-Austenitisierungsdiagrammen (ZTA) abgeschätzt werden.

- Abschrecken mit definierter Abkühlgeschwindigkeit. Dabei muss die Geschwindigkeit größer als die kritische Abkühlgeschwindigkeit des Werkstücks sein.

Die Fähigkeit eines Stahls, durch Umwandlung in der Martensitstufe eine erhöhte Härte in einem bestimmten Querschnitt anzunehmen, wird nach DIN EN 10052 als die Härtbarkeit bezeichnet. Die unter idealen Bedingungen maximal erreichbare Härte wird Aufhärtbarkeit genannt und die Verteilung der Härte von der Oberfläche ins Werkstück ist die Einhärtung. Die Einhärtung wird im Allgemeinen durch die Einhärtetiefe definiert und kann nach DIN EN ISO 642 bestimmt werden. Die Einhärtetiefe ist dabei die Tiefe unter der Oberfläche (d.h. der senkrechte Abstand unter der Oberfläche eines Werkstücks), bis zu der ein definierter Härtewert erreicht wird (DIN EN 10052, DIN EN ISO 642).

Bauteile und Werkzeuge werden nach dem Härten häufig einem zusätzlichen Anlassen unterzogen, um entweder ihr Festigkeitsverhalten den jeweiligen Beanspruchungsbedingungen optimal anzupassen oder das

Tabelle 5-10.2 Mechanische Eigenschaften und Anwendungsbeispiele ausgewählter Vergütungsstähle (DIN EN 10083)

Name	Werkstoffnummer	Zugfestigkeit in MPa	Oberflächenhärte in HV 10	Anwendung
C22E	1.1151	500 – 600	200	Allgemeiner Maschinen- und Anlagenbau
C45	1.1191	700 – 850	215	
C60	1.1221	850 – 1000	245	z. B. Sägeblätter
34Cr4	1.7033	900 – 1100	235	z. B. Kurbelwellen
42CrMo4	1.7225	1100 – 1300	245	z. B. Zahnräder
36CrNiMo4	1.6511	1100 – 1300	245	z. B. Wellen
36NiCrMo16	1.6773	1250 – 1450	265	Hochfeste Teile im Maschinenbau

5

Risiko der Rissbildung bei einer nachfolgenden spanenden Bearbeitung zu vermindern, dies wird Vergüten genannt (EURONORM 52-67, Bleck 2010, ASM 1991, Läpple 2006, Zoch 2015, DIN EN ISO 642, Merkblatt 450).

bewährten Temperaturen lassen sich den entsprechenden Normen oder Werkstoffdatenblättern entnehmen (z. B. Werkzeugstähle DIN EN ISO 4957) (DIN EN 10052, EURONORM 52-67, Bleck 2010, ASM 1991, Läpple 2006, Zoch 2015, Merkblatt 450).

Austenitisieren

Die Aufhärtbarkeit eines Stahls ist im Wesentlichen von dem Kohlenstoffgehalt abhängig, der vor dem Abschrecken im Austenit gelöst ist. Um die günstigste Austenitisierungstemperatur zu wählen, müssen folgende Regeln beachtet werden:

Für unlegierte untereutektoidische Stähle soll die Härtetemperatur etwa 30 bis 50 °C oberhalb der Linie GS (A_3-Temperatur) im Fe-C-Diagramm liegen (Bild 5-10.15). Damit sind eine vollständige Auflösung des weicheren Gefügebestandteils Ferrit und eine homogene C-Verteilung gewährleistet.

Unlegierte übereutektoidische Stähle werden oberhalb der Linie SK (A_1-Temperatur) in Bild 5-10.15 bei etwa 780 bis 800 °C austenitisiert. Der Grund dafür ist, dass bei einer Austenitisierung im reinen Austenitgebiet (oberhalb der Linie SE) bei einem Abschrecken auf Raumtemperatur kein vollständig martensitisches Gefüge entsteht, sondern Restaustenit im Gefüge zurückbleibt, der die Härte verringert. Wird aus dem Zweiphasengebiet γ + Fe$_3$C abgeschreckt, besteht das Härtungsgefüge aus feinnadeligem Martensit mit eingelagerten, nicht aufgelösten Karbiden und eventuell Restaustenit. Dieses Gefüge besitzt eine deutlich höhere Härte.

Bei legierten Stählen liegen die Austenitisierungstemperaturen, je nach Art und Menge der Legierungselemente, bei deutlich höheren Temperaturen. Dies dient vor allem der Karbidauflösung sowie dazu, alle Legierungselemente in Lösung zu bringen. Die in der Praxis

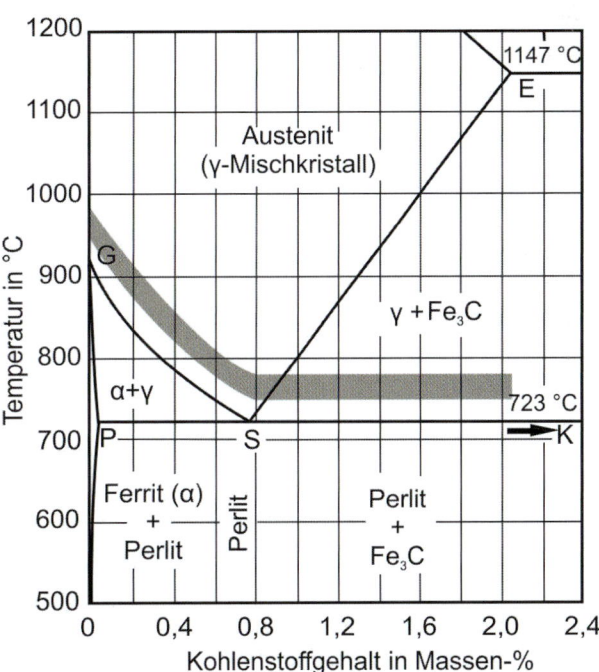

Bild 5-10.15 Lage der Austenitisierungstemperaturen für unlegierte Stähle im Eisen-Kohlenstoff-Diagramm (Grosch 1981)

Abschrecken

Als Abschrecken wird ein Abkühlvorgang nach DIN EN 10052 immer dann bezeichnet, wenn der Vorgang mit höherer Abkühlgeschwindigkeit als an Luft abläuft. Das Abschrecken kann durch verschiedene Mittel geschehen. Um ein vollständiges martensitisches Gefüge

5

zu erzeugen, muss die Abkühlgeschwindigkeit in allen Bereichen des Werkstücks über der oberen kritischen Abkühlgeschwindigkeit des Werkstoffes liegen. Diese kritische Abkühlgeschwindigkeit zur Unterdrückung der Perlit- und Bainitbildung wird durch folgende Faktoren maßgeblich beeinflusst:

■ Härtetemperatur und Haltezeit: Durch eine erhöhte Temperatur oder verlängerte Glühzeit wird die kritische Abkühlgeschwindigkeit herabgesetzt.

■ Stahlzusammensetzung: Mit steigendem Gehalt an C (bis 0,9 %) und Legierungselementen nimmt die kritische Abkühlgeschwindigkeit ab.

In unlegierten Stählen bestimmt der Kohlenstoffgehalt die kritische Abkühlgeschwindigkeit. Aus Bild 5-10.16 geht der Einfluss des Kohlenstoffgehaltes auf die kritische Abkühlgeschwindigkeit nach einem Austenitisieren bei 1000 °C hervor. Die Zunahme der kritischen Abkühlrate ab 0,9 % C ist auf die beim Austenitisieren nicht aufgelösten Karbide zurückzuführen, die als bevorzugte Keimbildungsorte für die perlitische Umwandlung fungieren und diese somit beschleunigen.

In legierten Stählen hängt die kritische Abkühlgeschwindigkeit außer vom Kohlenstoff auch von der Menge und Art der restlichen Legierungselemente ab. Dabei haben Elemente wie Chrom, Mangan, Nickel oder Molybdän einen positiven Einfluss auf die kritische Abkühlgeschwindigkeit, verringern diese also. Häufig ist der Einfluss aller beteiligten Legierungselemente und Randbedingungen sehr komplex. Allerdings lässt sich die kritische Abkühlgeschwindigkeit mit Hilfe von kontinuierlichen Zeit-Temperatur-Umwandlungsdiagrammen (ZTU) gut abschätzen. Eine Verringerung der kritischen Abkühlgeschwindigkeit entspricht in der Darstellung eines ZTU-Schaubildes einer Verschiebung der Phasen nach rechts.

Die erreichte Abkühlgeschwindigkeit in den verschiedenen Zonen eines Werkstückes ist abhängig von:

■ der spezifischen Wärmekapazität und Wärmeleitfähigkeit des Stahls,

■ der Größe, Form und Oberflächenbeschaffenheit des Werkstückes,

■ dem Wärmeübergang in der Grenzschicht Werkstück/Abschreckmittel,

■ Art, Konzentration, Temperatur und Konvektion des Härtemittels (sinkende Abschreckwirkung in der Reihenfolge: Salzwasser, Wasser, Polymerlösungen, Öl, Warmbad, Luft).

Bei Wasser, wässrigen Lösungen und Ölen erfolgt die Abkühlung dabei in drei Stufen. Zu Beginn des Abschreckprozesses bildet sich um das Bauteil ein geschlossener Film, der isolierend wirkt (Filmphase, Leidenfrost-Phänomen). Folglich resultiert nur ein geringer Wärmestrom ins Abschreckmedium, der mit relativ kleinen Abkühlgeschwindigkeiten verbunden ist. Bei einer bestimmten Temperatur, der sogenannten Leidenfrost-Temperatur, bricht der Dampffilm zusammen, und es kommt zu einem direkten Kontakt zwischen dem flüssigen Abschreckmedium und der Bauteiloberfläche (Kochphase). Die daraus resultierende intensive Blasenverdampfung bewirkt einen sprunghaften Anstieg des Wärmestroms aus dem Bauteil und entsprechend hohe Abkühlgeschwindigkeiten. Unterhalb der Siedetemperatur des Abschreckmediums erfolgt die Wärmeabfuhr nur noch rein konvektiv (Konvektionsphase) mit entsprechend kleinen Wärmeströmen und Abkühlgeschwindigkeiten (DIN EN 10052, EURONORM 52-67, Bleck 2010, ASM 1991, Läpple 2006, Zoch 2015, Merkblatt 450).

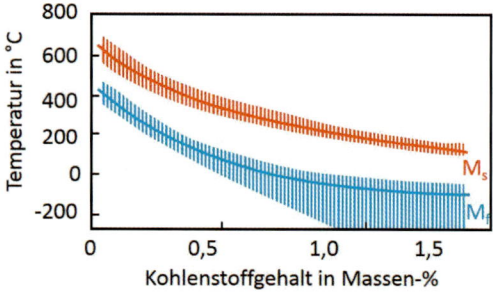

Bild 5-10.16 Kritische Abkühlgeschwindigkeit, bei deren Überschreiten eine vollständige martensitische Umwandlung von Kohlenstoffstählen erreicht wird; Austenitisieren bei 1000 °C (Bleck 2010)

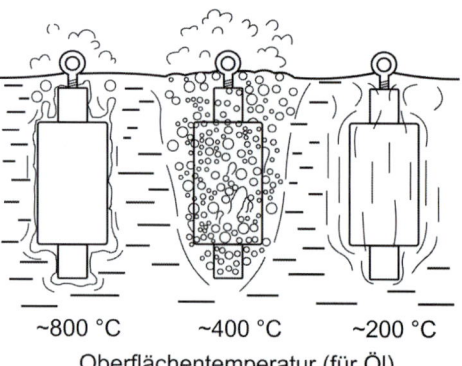

Bild 5-10.17 Phasen der Abkühlung bei flüssigen Abschreckmitteln mit einer Siedetemperatur unterhalb der Härtetemperatur (Kopietz 1960)

Wirkung verschiedener Abschreckmedien

Zur Erzielung eines martensitischen Gefüges ist es erforderlich, dass die Abschreckgeschwindigkeit die kritische Abkühlgeschwindigkeit zur Martensitbildung überschreitet. Einflussgrößen auf die Abschreckgeschwindigkeit sind:

- das Abschreckvermögen des Abschreckmittels,
- die Bewegung und die Temperatur des Abschreckmittels,
- die Wärmeleitfähigkeit des Werkstücks,
- die Abmessungen und die Form des Werkstücks,
- die Verweilzeit des Werkstücks im Abschreckmedium,
- der Oberflächenzustand.

Bild 5-10.18 zeigt schematisch die Abkühlgeschwindigkeiten in Wasser und Öl in Abhängigkeit von der Temperatur im Vergleich zu der für die Perlitunterdrückung notwendigen Mindestabkühlgeschwindigkeit (P) bei einem unlegierten Stahl. Das optimale Abschreckmittel sollte im Bereich der Perlitbildung möglichst viel Wärme, dagegen aber im Bereich der Martensitbildung zur Verringerung der Rissgefahr möglichst wenig Wärme abführen. Bei Wasser bildet sich bei hohen Temperaturen eine Dampfhaut, die aufgrund der geringeren Wärmeleitfähigkeit in einer geringeren Abschreckgeschwindigkeit resultiert. Bei tieferen Temperaturen (bis 600 °C) bricht der Dampfmantel zusammen und die Dampfblasen steigen auf. Durch die direkte Berührung des Wassers werden dem Werkstoff größere Wärmemengen entzogen: Die Abkühlgeschwindigkeit erreicht ihr Maximum (400 bis 500 °C). Bei noch tieferen Temperaturen erfolgt die Wärmeabfuhr lediglich durch Konvektion, d. h., die Abschreckwirkung nimmt wieder stark ab. Zusätze von Salzen (NaOH, NaCl) erhöhen wesentlich die Verdampfungstemperaturen, d. h. die größte Abschreckwirkung erfolgt über einen breiteren Temperaturbereich als bei reinem Wasser. Die Einhärtetiefe nimmt zu und die Rissgefahr beim Härten deutlich ab. Die Abschreckwirkung der Härteöle ist etwa dreimal geringer als die von Wasser, sie ist aber im kritischen Bereich zwischen 450 und 550 °C am größten und relativ unabhängig von der Badtemperatur. Nach Möglichkeit werden Öle verwendet, die mit Wasser von der Werkstückoberfläche abgewaschen werden können, sodass nur geringe Reinigungskosten entstehen. Eine weitere Möglichkeit ist die Verwendung von Polymerlösungen als Abschreckmittel. Diese liegen von der erreichbaren Abschreckwirkung her zwischen Öl und Wasser. Der Vorteil dieser Lösungen ist die Vermeidung einer ungleichmäßigen Ausbildung der Dampfhaut am Werkstück, wie sie bei der Wasserabschreckung auftritt. Die Abkühlung erfolgt dadurch gleichmäßiger, sodass der Verzug des Werkstücks minimiert werden kann. Neuere Verfahren wie das Niederdruckaufkohlen nutzen Gase zum Abschrecken (Bleck 2010, Läpple 2006, Merkblatt 450).

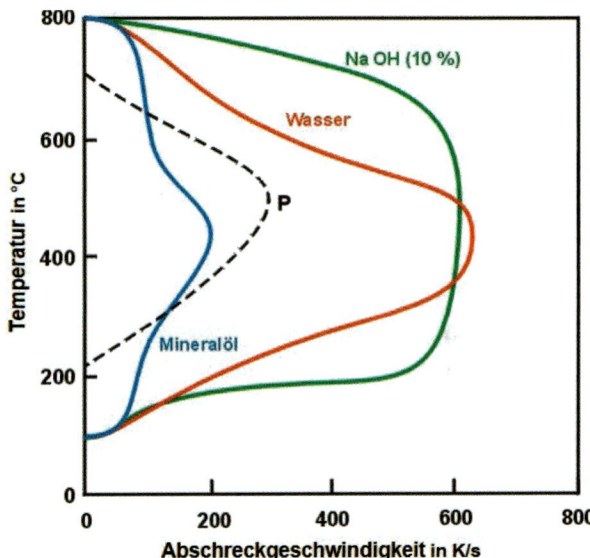

Bild 5-10.18 Wirkung verschiedener Abschreckmittel. P = zur Perlitunterdrückung bei einem unlegierten C-Stahl notwendige Abkühlgeschwindigkeit (Bleck 2010)

Härtespannungen

Beim Abschrecken entstehen Spannungen, die zum Verzug des Werkstückes und zu Rissen führen können. Auf Grund der mit sinkender Temperatur auftretenden Volumenabnahme des Werkstoffes führt der Temperaturgradient zwischen Rand und Kern zu entsprechenden Volumenunterschieden, die ihrerseits plastische Verformungen (z. B. Verlängerung des Randes gegenüber dem Kern) verursachen können. Der Längenunterschied ist mit Eigenspannungen sowie Maß- und Formänderungen des Werkstückes verbunden. Der bei der Abkühlung entstandene dreiachsige Spannungszustand kann ebenfalls zu Rissen führen.

Neben der Abkühlung verursacht auch die Umwandlung in Martensit Volumenänderungen und Spannungen. Mit Hilfe der Finite-Elemente-Methode (FEM) lassen sich die Härtespannungen für einfache Werkstückgeometrien berechnen. Zunächst werden Längsspannungen betrachtet, die beim Abschrecken eines

5

sich nicht umwandelnden Zylinders, z.B. aus einem austenitischen Stahl, auftreten.

Zu Beginn der Abkühlung entstehen im Rand Zugspannungen und im Kern Druckspannungen, unter denen dieser plastisch gestaucht, also verkürzt wird. Wegen dieser Verformung werden die Spannungen bei abnehmendem Temperaturunterschied zwischen Rand und Kern nicht zu null abgebaut. Mit der Abkühlung des (verkürzten) Kerns kehren sich die Spannungen um, sodass nach der Abkühlung Druckspannungen im Rand und Zugspannungen im Kern vorliegen. Wird ein sich martensitisch umwandelnder Stahl, z.B. der Vergütungsstahl 51CrV4, auf dieselbe Weise abgekühlt, ist zusätzlich noch die Volumenzunahme bei der Martensitbildung zu berücksichtigen. Wie im ersten Fall entstehen hier zu Beginn der Abkühlung Zugspannungen im Rand und Druckspannungen im Kern mit den entsprechenden Verformungen. Erreicht der Rand die M_s-Temperatur, beginnt der Austenit zu Martensit umzuklappen. Das ist mit einer Volumenzunahme dieses Bereiches verbunden und führt zu einer schnellen Spannungsumkehr. Hierbei wirken auf den Kern sehr hohe Zugspannungen, die ihn dehnen oder auch Innenrisse verursachen können. Mit der Martensitbildung im (gelängten) Kern ändern die Spannungen ihr Vorzeichen. Der Rand steht nach der Abkühlung unter Zug- und der Kern unter Druckspannung.

Härterisse in der Oberfläche können die Folge einer Entkohlung der Randschicht sein, die durch die Atmosphäre des Ofens oder die Zusammensetzung des Salzbades beim Austenitisieren verursacht wird. In diesem Fall liegt die M_s-Temperatur des abgekohlten Randes höher als die des kohlenstoffreicheren Inneren, sodass beim Abschrecken die Außenschicht schon bei viel höheren Temperaturen martensitisch wird. Wenn sich bei tieferer Temperatur dann der Kern umwandelt, dessen Volumenzunahme wegen des höheren C-Gehaltes noch größer ist, entstehen im martensitischen spröden Rand hohe Zugspannungen, die zu Rissen führen können. Abhilfe schafft eine genaue Kontrolle der Ofenatmosphäre oder die Entfernung der entkohlten Schicht. Wegen der beschriebenen Volumenänderungen ändern sich durch das Härten Maße und Form eines Werkstückes. Für die Maßänderungen ist hauptsächlich das Volumenwachstum infolge der Martensitbildung verantwortlich. Die Auswirkung der Volumenzunahme auf die Werkstückabmessungen hängt davon ab, zu welchem Zeitpunkt die Austenit-Martensit-Umwandlung in den einzelnen Querschnittsbereichen erfolgt. Bei-

spielsweise kann der noch austenitische Querschnittsbereich durch Spannungen, die während der Umwandlung der rascher abkühlenden Randschicht entstehen können, plastisch verformt werden. Die tatsächlichen Maßänderungen sind dadurch geringer. Diese plastischen Verformungen sind schließlich die Ursache von Formänderungen, die im üblichen Sprachgebrauch als Verzug bezeichnet werden. Welche Formänderungen am Werkstück auftreten, hängt hauptsächlich von seiner Form und dem Eigenspannungsprofil ab. Aber auch das Herstellungsverfahren des Ausgangsmaterials sowie die Art der Bearbeitung beeinflussen die Formänderungsrichtung (Bleck 2010, ASM 1991, Läpple 2006, Zoch 2015, Merkblatt 450).

5-10.2.2 Randschichthärten

Unter Randschichthärten werden Verfahren zusammengefasst, die darauf abzielen, eine oberflächennahe Schicht – mit geringer Schichtdicke im Vergleich zum gesamten Bauteilquerschnitt – durch Erwärmen und anschließendes Abkühlen zu härten. Dabei wird die chemische Zusammensetzung der Randschicht nicht verändert, allerdings treten Veränderungen im Gefüge auf. Die Verfahren zeichnen sich durch eine deutlich schnellere Abfolge des Austenitisierens und Abschreckens aus als bei einem gewöhnlichen Härtevorgang. Daher wird die Erwärmung durch eine intensive Energieeinwirkung realisiert, die meist 50 °C bis 100 °C über den üblichen Härtetemperaturen liegt. Um diese hohen Aufheizraten zu erreichen, haben sich die Verfahrensweisen des Flamm-, Induktions-, Laserstrahl- und Elektronenstrahlhärtens bewährt. Häufig werden die Bauteile vor dem Randschichthärten vergütet, um ein homogenes Gefüge mit gleichmäßiger Kohlenstoffverteilung sicherzustellen. Des Weiteren erhöhen sich dadurch die Gebrauchseigenschaften des Kerngefüges.

Flammhärten

Beim Flammhärten wird die Bauteiloberfläche durch oberflächennahes Verbrennen eines Gemisches aus Sauerstoff und Brenngas (Kohlenwasserstoffe) erwärmt. Die erzielten Leistungsflussdichten sind bei dieser Verfahrensart im Vergleich zu den weiteren Verfahren am geringsten. Unmittelbar im Anschluss an die Erwärmung erfolgt eine Abkühlung der Randschicht mittels Wasserbrause, um ein martensitisches Gefüge zu erzeugen. Ein Abschrecken mit Ölen ist in der Handhabung häufig aufgrund der vorhandenen Brandgefahr kompliziert. Das Flammhärten kann als Vorschub- oder Umlaufhärten sowie als Mischform ausgeführt sein. Bei der Variante des Vorschubhärtens wird das Bauteil linienförmig erhitzt und mit einer nachlaufenden Abschreckbrause abgeschreckt. Beim Umlaufhärten (Gesamtflächenhärten) wird die Oberfläche vollständig durch Rotieren des Bauteils in einer geeigneten Brennervorrichtung erwärmt und anschließend mit einer Brause oder durch Tauchen in ein Abschreckmedium abgekühlt. An das Härten kann sich ein Anlassen bei geringen Temperaturen anschließen, um die Rissgefahr sowie einen möglichen Restaustenitgehalt zu verringern. Die realisierbaren Einhärtetiefen liegen bei 1,5 mm bis 15 mm. Angewendet wird das Flammhärten häufig bei großen und sperrigen Bauteilen, bei denen große Einhärtetiefen gefordert werden. Allerdings sind vor allem schwer zugängliche Oberflächen schwierig zu behandeln. Auch sind geringe Einhärtetiefen nur mit großer Streuung reproduzierbar (DIN EN 10052, EURONORM 52-67, Läpple 2006, Zoch 2015, Merkblatt 236).

Induktionshärten

Bei der Verfahrensweise des Induktionshärtens erzeugt eine mit Wechselstrom durchflossene Spule ein magnetisches Feld. Dieses wiederum induziert in einen leitfähigen metallischen Werkstoff elektrische Wechselspannungen. Diese führen zu Wirbelströmen im Material, bei Temperaturen unterhalb der Curie-Temperatur treten zusätzlich Hystereseverluste auf. Aufgrund des Ohm'schen Widerstands des Materials erwärmt sich das Werkstück von selbst und nicht wie bei anderen Verfahren durch Wärmeleitung, Konvektion oder Wärmestrahlung. Dadurch lassen sich hohe Leistungsflussdichten erzielen.

Die Einhärtetiefe des Verfahrens hängt außer von werkstoffspezifischen Parametern stark von der gewählten Frequenz ab. Wird die Frequenz erhöht, so sinkt die Einhärtetiefe (Skineffekt). Es wird zwischen dem Mittelfrequenzhärten, Hochfrequenzhärten und Hochfrequenz-Impulshärten unterschieden. Das Verfahren kann als Vorschub- oder Gesamtflächenhärtung ausgeführt sein. Bei der Vorschubhärtung wird ein geringer Bereich des häufig rotierenden Bauteils von einem Induktor erwärmt. Dieser verfährt relativ zum Bauteil. Bei einer Gesamtflächenhärtung wird der gesamte zu behandelnde Bereich zur selben Zeit erwärmt. Hierbei ist eine Werkstückrotation während der Behandlung zwingend erforderlich.

Abgeschreckt werden die behandelten Bauteile je nach Verfahren mit Abschreckbrausen unterschiedlicher Bauart oder in Tauchbädern. Dabei kommen als Abschreckmittel Wasser, Polymerlösungen, Emulsionen oder Öle in Frage. Aufgrund der sehr lokalen Erwärmung gibt es bei Bauteilen mit ausreichendem Volumen auch die Möglichkeit der Selbstabschreckung, d. h. die Temperatur wird infolge des hohen Temperaturgradienten in das tiefer liegende kalte Bauteilvolumen abgeleitet.

Anwendung findet das Induktionshärten bei einer breiten Anzahl an Bauteilen im Automobilbau, der Luft- und Raumfahrt, dem Kraftwerksbau, dem Schiffbau, dem Werkzeugbau oder bei großen Getriebe- und Lagerbauteilen. Die Vorteile liegen vor allem im hohen Automatisierungsgrad und geringen Werkstückverzug. Ein weiterer Vorteil ist lokale Anwendbarkeit, sodass nur besonders hoch belastete Bauteilbereiche behandelt werden, wie z. B. die Schneidkante in einem Werkzeug. Auf Grund der hohen Leistungsübertragung kommt es zu kurzen Austenitisierungszeiten. Dies führt dazu, dass keine unerwünschte Kornvergröberung oder Verzunderung der Oberfläche eintritt. Des Weiteren ist mit Hilfe der Frequenz die Einhärtetiefe sehr gut steuerbar und gut zu reproduzieren. Allerdings ist Induktionshärten nur mit komplexen Anlagen und Werkzeugen möglich und folglich erst bei größeren Stückzahlen wirtschaftlich (DIN EN 10052, EURONORM 52-67, Läpple 2006, Zoch 2015, Merkblatt 236).

Laserstrahlhärten

Beim Laserstrahlhärten wird monochromatisches, scharf gebündeltes, zeitlich und räumlich kohärentes Licht erzeugt und anschließend auf die Werkstückoberfläche fokussiert. Als Laserquellen stehen für das Randschichthärten im Wesentlichen Gaslaser, Festkörperlaser (Nd:YAG-Laser, Yb:YAG-Laser) sowie Hochleistungs-Diodenlaser zur Verfügung. Trifft die erzeugte Strahlung auf die zu erwärmende Werkstückoberfläche, kommt es zu Absorption und Reflexion.

Welcher Anteil der Strahlung an der Oberfläche eine Absorption bzw. Reflexion erfährt, hängt dabei vom Werkstoff, der Oberflächenbeschaffenheit, der Temperatur sowie von verschiedenen Laserparametern ab. In der Regel werden 70 – 90 % der Strahlung reflektiert, daher kann es angebracht sein, eine zusätzliche Absorptionsschicht aufzubringen. Dies geschieht üblicherweise durch eine Oxidation, also eine Glühbehandlung bei erhöhten Temperaturen in Wasserdampf. Die Dicke der durch die absorbierte Strahlung erwärmten Randschicht liegt in der Regel im Bereich von 10 bis 4 mm. Allerdings wird der darunterliegende Werkstoff durch Wärmeleitung austenitisiert, sodass Einhärtetiefen bis 2 mm erreichbar sind. Der Laserstrahl verfährt während des Verfahrens relativ zum Werkstück im Vorschubprinzip. Durch Strahlfokussierung können dabei Spurbreiten bis zu 40 mm eingestellt werden. Das Abschrecken erfolgt bei einer Behandlung mit Laserstrahlhärten durch Eigen- bzw. Selbstabschreckung. Durch die geringen Einhärtetiefen genügt die Wärmeleitung zum Kern, um extrem hohe Abkühlraten zu erzeugen. Dabei sollten die Einhärtetiefen allerdings nicht mehr als 10 % der Wanddicke betragen.

Durch die sehr hohen Abkühlraten ergibt sich in der Folge ein Gefüge, das sehr hohe Härten aufweist. Außerdem besteht die Gefahr eines Verzugs des Werkstücks durch die geringen Einhärtetiefen nicht. Des Weiteren handelt es sich beim Laserstrahlhärten um ein sehr effizientes Verfahren, bedingt durch die kurze Behandlungsdauer, hohe Flexibilität und gute Reproduzierbarkeit. Anwendung findet das Verfahren allerdings nur vereinzelt bei der Randschichthärtung von Großserienteilen. Hauptsächlich wird es bei der Härtung hochbeanspruchter Bereiche von Großwerkzeugen wie Schneid- oder Biegekanten eingesetzt. Die Größe des Bereichs, der in einer wirtschaftlich vertretbaren Zeit behandelt werden kann, ist jedoch begrenzt (DIN EN 10052, EURONORM 52-67, Läpple 2006, Zoch 2015, Merkblatt 236).

Elektronenstrahlhärten

Beim Elektronenstrahlhärten werden mit Hilfe einer Elektronenstrahlkanone Elektronen erzeugt und auf die Probe gelenkt. Die Elektronen werden dabei aus einer glühenden Kathode emittiert und in Richtung der Anode beschleunigt. Anschließend werden sie mit Hilfe von magnetischen Linsen fokussiert und auf die Probenoberfläche gelenkt. Durch das geringe Gewicht der Elektronen kann der erzeugte Strahl mit sehr hohen Frequenzen (über 100 kHz) verfahren werden, sodass sich nahezu beliebige Muster auf der Oberfläche erzeugen lassen. Um die Wechselwirkung mit Teilchen in der Luft gering zu halten, wird der Innenraum der Elektronenkanone unter Vakuum gesetzt.

Beim Auftreffen des Elektronenstrahls auf die Werkstückoberfläche kommt es zu verschiedenen Wechselwirkungen. Zum einen geben die Elektronen ihre Energie an die Oberfläche ab, zum anderen werden

Röntgen- und Wärmestrahlung sowie Rückstreu- und Sekundärelektronen von der Oberfläche emittiert. In der Folge stellt sich eine Absorptionsschicht ein, deren Dicke von der Beschleunigungsspannung abhängt und zwischen 10 und 100 µm liegt. Die Schichten, die sich weiter im Werkstoffinneren befinden, werden durch Wärmeleitung austenitisiert. Ähnlich wie das Laserstrahlhärten arbeitet auch das Elektronenstrahlhärten mit dem Vorschubprinzip. Die erreichbaren Spurbreiten, erzeugt durch Ableiten des Elektronenstrahls, liegen bei etwa 50 mm. Aufgrund geringer Einhärtetiefen erfolgt das Abschrecken durch Eigen- bzw. Selbstabschreckung. Dadurch ergibt sich, analog zum Laserstrahlhärten, eine sehr hohe Härte sowie keine Gefahr durch Verzug. Da das Verfahren im Vakuum arbeitet, sind komplexe Anlagen und Werkzeuge nötig. Des Weiteren sind nur begrenzte Werkstückgrößen härtbar. Anwendung findet das Elektronenstrahlhärten daher kaum in der Serienproduktion. Charakteristische Beispiele für eine Anwendung sind hingegen technische Messer, wie Mähmaschinenklingen (DIN EN 10052, EURONORM 52-67, Läpple 2006, Zoch 2015, Merkblatt 236).

5-10.2.3 Bainitisieren

Ziel des Bainitisierens ist es, einen Werkstoffzustand herzustellen, in dem Ferrit- und Perlitbildung vermieden werden, um das Gefüge möglichst vollständig in Bainit umzuwandeln. Bainit hat im Allgemeinen eine höhere Härte und Festigkeit als Ferrit und Perlit, jedoch werden nicht in jedem Fall die gleich hohen Härtewerte erreicht wie beim Härten durch Martensit.

Bainitisieren besteht aus Austenitisieren und kontinuierlichem Abkühlen oder Austenitisieren, Abschrecken und isothermischem Halten. Es ähnelt damit bis auf den letzten Schritt dem Härten.

Nach dem Austenitisieren, um ausreichend Kohlenstoff im Austenit in Lösung zu bringen, wird das Werkstück möglichst langsam abgekühlt, ohne dabei in den Bereich der Perlit- oder Ferrit-Bildung zu kommen. Da bereits geringe Mengen an Perlit oder Ferrit die Härte des Gefüges deutlich verringern, ist Bainitisieren mit kontinuierlichem Abkühlen nur bei Stählen sinnvoll, die durch Zulegieren von Chrom, Molybdän, Mangan oder Bor eine ausreichend hohe Härtbarkeit aufweisen und bei denen der Bereich der Perlit- und Ferrit-Bildung im ZTU-Diagramm weit nach rechts verschoben ist.

Beim Bainitisieren mit isothermischem Halten wird das Werkstück nach dem Austenitisieren nicht wie beim Härten in Wasser oder Öl, sondern in einem heißen Salz- oder Metallbad abgeschreckt. Die Temperatur des Salz- oder Metallbades wird dabei so gewählt, dass sie oberhalb der Martensitstarttemperatur im Temperaturbereich der Bainitbildung liegt. Auf dieser Temperatur wird das Werkstück so lange gehalten, bis das Gefüge vollständig in Bainit umgewandelt ist (isothermische Umwandlung). Anschließend kann beliebig schnell auf Raumtemperatur abgekühlt werden.

Als Vorteil des Bainitisierens gilt eine reduzierte Verzugsneigung der Bauteile. Diese Wärmebehandlung ist besonders für große Bauteile interessant, für die eine martensitische Umwandlung risskritisch sein kann. Allerdings muss die Abkühlgeschwindigkeit im Kern noch hoch genug sein, damit dort kein Ferrit oder Perlit gebildet wird. Bainitisieren eignet sich somit nur für dünnwandige Bauteile (DIN EN 10052, EURONORM 52-67, Läpple 2006, Zoch 2015, Merkblatt 450).

5-10.2.4 Presshärten

Das Presshärteverfahren hat sich in den letzten Jahren als eines der wichtigsten Verfahren zur Fertigung von Karosseriebauteilen in der Automobilindustrie etabliert. Es stellt eine Kombination des Formgebungsprozesses mit gleichzeitiger Härtung dar und wird z. B. für borlegierten Vergütungsstahl wie 22MnB5 angewandt.

Für einen Werkstoff im Bereich der Fahrgastsicherheitszelle sind sowohl extreme Festigkeit als auch hohes Verformungsvermögen notwendig, um ein optimales Crashverhalten einzustellen. 22MnB5 bietet das Potenzial, komplexe Strukturbauteilgeometrien, wie z. B. die B-Säulenverstärkung, Schweller, die Dachverstärkung oder Seitenträgerverstärkung bei Zugfestigkeiten von bis zu 1650 MPa zu realisieren. Diese Bauteile sind für die Steifigkeit der Karosserie und die Fahrgastsicherheit von enormer Bedeutung, da sie bei einem Crash das Eindringen von Fremdkörpern in den Fahrgastraum verhindern sollen. Durch die ambivalente Anforderung an die Reduzierung des Fahrzeuggewichtes bei gleichzeitiger Erhöhung der passiven Sicherheit werden im Werkstoffleichtbau bei der Herstellung von sicherheitsrelevanten Strukturbauteilen zunehmend hochfeste und ultrahochfeste Stahlwerkstoffe eingesetzt. Aufgrund der hohen Festigkeit können mit diesen Werkstoffen sicherheitsrelevante Struktur-

bauteile mit gegenüber herkömmlich kaltumgeformten Bauteilen deutlich reduzierter Blechdicke hergestellt werden, was zu einer erheblichen Einsparung des Karosseriegesamtgewichtes in der Größenordnung von 20 bis 40 % führt. Nachteile von hochfesten bzw. ultrahochfesten Werkstoffen sind bei steigender Festigkeit die steigende Rückfederungstendenz und das abnehmende Kaltumformvermögen. Letzteres stellt allerdings ein Gefahrenpotenzial insbesondere in Verbindung mit Anti-Intrusion-Anwendungen dar. Pressgehärtete Bauteile werden im Fahrzeug in sämtlichen sicherheits- und crashrelevanten Bereichen eingesetzt, bei denen es während einer dynamischen oder statischen Beanspruchung auf eine hohe Energieaufnahme bei gleichzeitig geringer Verformung ankommt. Aus werkstofftechnischer Sicht ist das Ziel des Presshärtens das Einstellen eines martensitischen Gefüges, um die geforderte Zugfestigkeit von etwa 1500 MPa für die sicherheitsrelevanten Bauteile zu erfüllen. Gleichzeitig muss eine gewisse Restzähigkeit sichergestellt sein, um ein sprödes Versagen der Bauteile im Crashfall auszuschließen.

Presshärteverfahren

Grundsätzlich lässt sich das Verfahren des Presshärtens in vier wesentliche Prozessschritte unterteilen:

1. Austenitisierung im Ofen zur Homogenisierung des Gefüges als Voraussetzung für die später angestrebte, gleichmäßige Härtung.
2. Transfer der Formplatine in das Presswerkzeug.
3. Formgebung im Werkzeug innerhalb eines eng begrenzten Temperatur-Zeit-Fensters.
4. Härtung bei Unterschreiten der Martensitstarttemperatur und Halten bis unterhalb.

Bei diesem Verfahren wird zwischen direktem und indirektem Presshärten unterschieden, wobei beide jeweils Vor- und Nachteile besitzen. Komplexe Bauteile werden nur über das indirekte Presshärteverfahren hergestellt, da die Platinen durch die Kaltumformung fast endformnah für die Formhärtung vorbereitet werden. Beschichtete Platinen, wie Al/Si-beschichte Bleche, werden aufgrund ihrer schlechten Kaltumformeigenschaften mit dem direkten Presshärteverfahren verarbeitet.

Direktes Presshärten

In Bild 5-10.19 ist das direkte Presshärteverfahren schematisch dargestellt. Zunächst wird die umzuformende Platine in einem Schutzgasofen (Durchlauf-

oder Rollherdofen) bei einer Temperatur von 30 bis 50 K oberhalb der werkstoffspezifischen A_{c3}-Temperatur des Werkstoffs 22MnB5 (ca. 950 °C) für mehrere Minuten geglüht. Nachdem das Gefüge homogen austenitisiert wurde, wird das Blech aus dem Ofen entnommen und anschließend innerhalb von wenigen Sekunden in das wassergekühlte Werkzeug der hydraulischen Umformpresse eingelegt. Durch den Kontakt mit dem Werkzeug wird mit simultaner Formgebung bei einer Abkühlgeschwindigkeit zwischen 50 K/s und 100 K/s die Wärme entzogen. Anschließend wird das pressgehärtete martensitische Blech mit einem Laser- oder Hartschneider auf die Endgeometrie geschnitten.

Indirektes Presshärten

Beim indirekten Presshärteverfahren, das schematisch in Bild 5-10.20 dargestellt ist, wird die Platine zunächst

mit einer konventionellen Umformpresse bis auf 90 bis 95 % ihrer Endkontur vorgeformt. Anschließend wird die Vorform in einem Durchlaufofen bei einer Temperatur von 30 bis 50 K oberhalb der werkstoffspezifischen A_{c3}-Temperatur des Werkstoffs für mehrere Minuten homogen austenitisiert. Nach dem Glühen wird die Vorform mit den wassergekühlten Werkzeugen gleichzeitig auf die Endform gepresst und abgeschreckt. Nachfolgend wird das Blech mit einem Laser- oder Hartschneider auf die Endgeometrie geschnitten. Die Zunderschicht, die durch die Austenitisierung von unbeschichtetem Bandmaterial entstanden ist, muss anschließend mechanisch entfernt werden.

5-10.2.5 Öl-Schlussvergüten

Das Öl-Schlussvergüten ist ein spezielles Verfahren zum kontinuierlichen Vergüten von Stahldrähten, mit

Direktes Presshärten

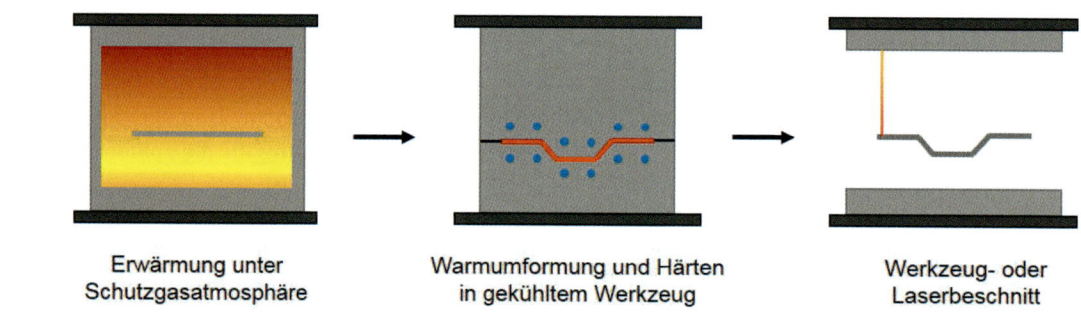

Erwärmung unter Schutzgasatmosphäre   Warmumformung und Härten in gekühltem Werkzeug   Werkzeug- oder Laserbeschnitt

Bild 5-10.19 Schematische Darstellung des direkten Presshärtens

Indirektes Presshärten

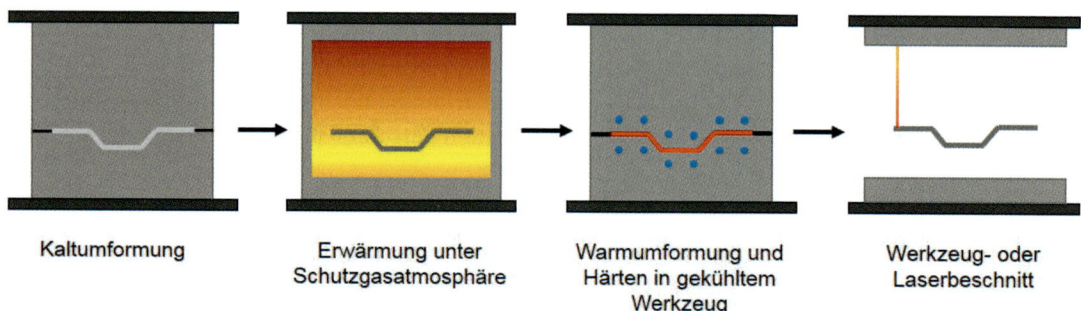

Kaltumformung   Erwärmung unter Schutzgasatmosphäre   Warmumformung und Härten in gekühltem Werkzeug   Werkzeug- oder Laserbeschnitt

Bild 5-10.20 Schematische Darstellung des indirekten Presshärtens

5-10.3 Anlassen

dem durch ein spannungsfreies, homogenes Gefüge ohne Verformungstextur die Zugfestigkeit gezielt eingestellt werden kann. Ziel ist eine hohe Lebensdauer sowie eine hohe Temperatur- und Relaxationsbeständigkeit für dynamisch hochbeanspruchte Federn.

Beim Öl-Schlussvergüten wird der Draht in einem gasbeheizten Durchlaufofen bei Temperaturen zwischen 800 und 1000 °C austenitisiert und in einem Ölbad durch Abschrecken bis auf etwa 50 °C gehärtet. Anschließend durchläuft der Draht ein etwa 450 bis 500 °C warmes Bleibad, in dem er angelassen wird. Die Drahtgeschwindigkeit kann einige Meter pro Sekunde betragen, und es können mehrere Drähte nebeneinander behandelt werden. Durch stumpfes Zusammenschweißen mehrerer Drähte hintereinander ist ein quasi kontinuierlicher Produktionsprozess möglich. Um die Dauerschwingfestigkeit weiter zu steigern, kann der Draht vor der Wärmebehandlung durch mechanischen Abtrag von etwa 0,2 mm geschält werden, um festigkeitsmindernde Verunreinigungen in der Walzdrahtaußenschicht zu beseitigen. Zusätzlich kann der Draht nach der Wärmebehandlung kugelgestrahlt werden, um Druckeigenspannungen in der Oberfläche zu erzeugen, die einer Rissbildung entgegenwirken (DIN EN 10270-2).

Als Anlassen bezeichnet man nach DIN EN 10 052 eine Wärmebehandlung, die in der Regel nach einem Härten oder einer anderen Wärmebehandlung durchgeführt wird. Das Anlassen setzt sich aus einem ein- oder mehrmaligen Erwärmen auf eine vorgegebene Temperatur unterhalb von A_{c1}, einem Halten auf dieser Temperatur und einem anschließenden zweckmäßigen Abkühlen zusammen. Ziel des Anlassens ist im Allgemeinen eine Überführung des Gefüges in einen weniger spröden und stabileren Zustand. Damit einhergehend werden beim Anlassen die Zähigkeitseigenschaften und Umformeigenschaften verbessert, während Streckgrenze und Zugfestigkeit verringert werden. Mit steigender Anlasstemperatur nehmen diese Effekte zu (Bild 5-10.21). Des Weiteren kommt es während des Anlassens zu Änderungen der Maße und gegebenenfalls der Form des Werkstücks (DIN EN 10052).

Anlassstufen

Neben der Anlasstemperatur sind vor allem die Haltezeit, die Abkühlgeschwindigkeit und die chemische Zusammensetzung des Stahls von Bedeutung. Durch das vorangegangene Härten liegen alle Gefügebestandteile (Martensit + Restaustenit) thermodynamisch instabil vor. Durch das Anlassen soll ein dem Gleichgewicht näherer Zustand eingestellt werden. Dieser Vorgang lässt sich in verschiedene Temperaturbereiche gliedern, in denen charakteristische Änderungen ablaufen:

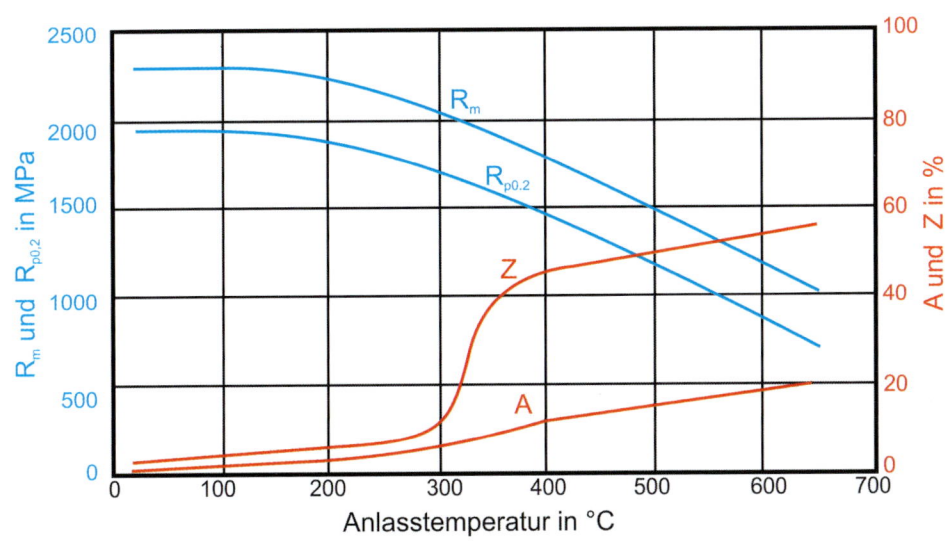

Bild 5-10.21
Eigenschaften eines gehärteten Stahls 50CrMo4 in Abhängigkeit von der Anlasstemperatur (Grosch 1981)

1. Anlassstufe von 100 bis 150 °C: Wenn der Gehalt an Kohlenstoff größer als 0,2 % ist, erfolgt in diesem Temperaturbereich die Ausscheidung des ε-Karbids (Fe$_2$C) aus dem Martensit. Durch die Diffusion und Ausscheidung des Kohlenstoffs entzerrt sich der tetragonale Martensit mit steigender Temperatur und Haltezeit zunehmend.

2. Anlassstufe von 250 bis 325 °C: Dieser Bereich ist gekennzeichnet durch die Umwandlung des Restaustenits in Bainit oder Martensit. Der vorliegende tetragonale Martensit wird durch die Umlagerung von Kohlenstoff in den weniger verzerrten kubischen Martensit überführt.

3. Anlassstufe von 325 bis 400 °C: Hier erfolgt die Bildung von Zementit (Fe$_3$C) und die Umwandlung von Fe$_2$C zu Fe$_3$C.

4. Anlassstufe oberhalb von 400 °C: In dieser Stufe finden Erholung und Rekristallisation des martensitischen Gefüges statt, wobei Defektstrukturen wie Leerstellen und Versetzungen abgebaut werden.

5. Anlassstufe oberhalb von 450 °C: Bei hochlegierten Stählen erfolgt hier die Bildung von Sonderkarbiden.

Die angegebenen Temperaturbereiche können sich mehr oder weniger überschneiden und werden durch den Legierungsgehalt und die Erwärmungsgeschwindigkeit bestimmt (DIN EN 10052, EURONORM 52-67, Bleck 2010, ASM 1991, Läpple 2006, Grosch 1981, Merkblatt 450).

Anlassversprödung

Durch das Anlassen in bestimmten Temperaturbereichen kann je nach chemischer Zusammensetzung und Ausgangsgefüge eine Verringerung der Zähigkeit eintreten. Dieses Phänomen wird als Anlassversprödung bezeichnet. Dabei unterscheidet man zwischen 300 °C- und 500 °C-Anlassversprödung.

Wenn niedriglegierte Stähle nach dem Härten im Temperaturbereich zwischen 250 und 350 °C angelassen werden, tritt ein Minimum der Bruchdehnung und der Kerbschlagarbeit trotz stetiger Abnahme der Festigkeit auf. Diese Anlasssprödigkeit, auch als 300 °C-Versprödung bezeichnet, hängt mit der Bildung von Karbiden in der dritten Anlassstufe zusammen. Sie wird verstärkt durch die Seigerung von Elementen wie P, Sb, As und Sn. Die Seigerung von derartigen Verunreinigungen schwächt die Adhäsion an den ehemaligen Austenitkorngrenzen, und die Rissbildung erfolgt bevorzugt an den dort ausgeschiedenen Karbiden. Durch einen hohen Reinheitsgrad des Stahls wird das Ausmaß der 300 °C-Versprödung vermindert. Die 300 °C-Versprödung wird wegen der schwierigen Wiederauflösung der Karbide auch als irreversible Anlasssprödigkeit bezeichnet.

Manche Stähle, besonders Mn-, Cr-, CrMn- und CrNi-Stähle, sind bezüglich der Kerbschlagarbeit auch gegenüber der Art der Abkühlung nach dem Anlassen oder gegenüber einer Wiedererwärmung auf Temperaturen um 500 °C empfindlich. Ursache für diese 500 °C-Versprödung, die auch an nicht gehärteten Gefügen auftreten kann, ist die Segregation (Seigerung an Gitterfehlern) von substitutionell gelösten Elementen wie P, As, Sn und Sb an den Korngrenzen, wobei Phosphor die größte Bedeutung zukommt. Diese Art der Anlassversprödung ist reversibel und kann beseitigt werden, indem das Werkstück auf Temperaturen oberhalb von 650 °C erwärmt wird und damit die gelösten Elemente gleichmäßig im Gefüge verteilt werden. Anschließend wird schnell durch den Temperaturbereich von 600 °C bis 350 °C abgekühlt.

Eine Abhilfe gegen die Anlassversprödung schafft langzeitiges Glühen knapp unterhalb A$_{C1}$ gefolgt von einer schnellen Abkühlung. Damit werden die Seigerungen während des Glühens abgebaut. Da der kritische Temperaturbereich um 500 °C schnell durchlaufen wird, können sie nicht wieder entstehen. Diese Wärmebehandlung kann jedoch nur bei ausreichend anlassbeständigen Stählen durchgeführt werden. Aber auch die Verminderung der unerwünschten Verunreinigungen, die Abbindung des gelösten Phosphors oder das Zulegieren von Elementen, die eine P-Segregation durch Korngrenzenbelegung ihrerseits verhindern (z. B. Bor), reduzieren die Anlassversprödung. Ebenfalls positiv wirkt sich eine Kornfeinung aus, da die Korngrenzflächen zunehmen und so der Grad der örtlichen Anreicherung verringert wird (DIN EN 10052, EURONORM 52-67, Bleck 2010, ASM 1991, Läpple 2006, Zoch 2015, Grosch 1981, Merkblatt 450).

Anlassbeständigkeit

Die Anlassbeständigkeit, d. h. die Fähigkeit, Eigenschaften wie hohe Zähigkeit, Härte und Festigkeit auch bei hohen Anlasstemperaturen zu behalten, wird vor allem vom Legierungsgehalt bestimmt. Wie aus den Anlasskurven in Bild 5-10.22 hervorgeht, wird der Härteabfall beim Anlassen mit zunehmendem Legierungsgehalt geringer und die Anlassbeständigkeit nimmt infolgedessen zu. Warmarbeitsstahl und Schnellarbeitsstahl stellen einen Extremfall der Anlassbeständigkeit dar. Sie sind sekundärhärtende Stähle. Ihre Härte weist nach einem anfänglichen Abfall ein Maximum bei 500 bis 600 °C auf, das sogar über der Abschreckhärte liegen kann. Durch Erhöhen der Härtetemperatur von 810 auf 920 °C wird nicht nur die Härtbarkeit, sondern auch die Anlassbeständigkeit in allen Gefügebereichen gesteigert. Bei der höheren Härtetemperatur werden mehr Sonderkarbide aufgelöst, was den Legierungsgehalt des Austenits vor dem Abschrecken erhöht. Während des Anlassens können daher mehr Sonderkarbide ausgeschieden werden. Die Steigerung der Anlassbeständigkeit bei erhöhter Härtetemperatur beruht also auf zunehmender Teilchenhärtung durch Sonderkarbide (DIN EN 10052, EURONORM 52-67, Bleck 2010, ASM 1991, Läpple 2006, Zoch 2015, Grosch 1981, Merkblatt 450).

Anlassverfahren

Das Anlassen ganzer Bauteile kann in Konvektionsöfen, Salz-, Öl- oder Metallbädern vorgenommen werden. Die Auswahl des Verfahrens hängt dabei von der gewünschten Ofentemperatur und der Größe und Anzahl der zu behandelnden Teile ab.

5-10.4 Thermochemische Behandlung

Als thermochemische Verfahren werden Verfahren in der Werkstofftechnik bezeichnet, die mit Hilfe einer geeigneten Wärmebehandlung in speziellen Umgebungsmedien zu einer gezielten Änderung der Eigenschaften in der Randschicht eines Werkstücks führen. Die thermochemischen Verfahren verbessern vor allem das Verhalten des Werkstoffs gegenüber statischen und dynamischen Belastungen sowie gegen Korrosion und Verschleiß. Bei allen Verfahren werden Atome aus dem Umgebungsmedium gelöst und gelangen mittels Diffusion in die Randschicht des Werkstücks. Dabei wird zwischen Nichtmetalldiffusion (z. B. Aufkohlen, Nitrieren) und Metalldiffusion (z. B. Chromieren) unterschieden.

5

- Einsatzhärten
  - Aufkohlen + Härten
  - Karbonitrieren + Härten
- Nitrieren
- Nitrocarburieren
- Borieren + Vergüten
- Chromieren + Härten
- Aluminieren

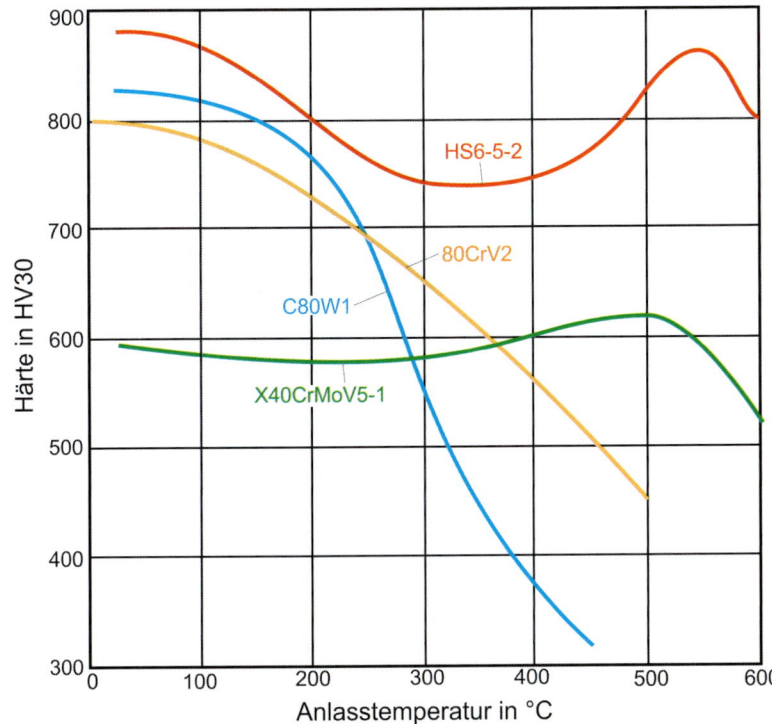

Bild 5-10.22
Anlasshärten der Kaltarbeitsstähle 80CrV2 und C80W1 sowie des Warmarbeitsstahls X40CrMoV5-1 und des Schnellarbeitsstahls HS6-5-2 (Grossmann 1991)

■ Silizieren

■ Vanadieren

■ Titanieren

Als technisch besonders weit verbreitete Verfahren werden im Folgenden das Einsatzhärten, Aufkohlen Karbonitrieren, Nitrieren, Nitrocarburieren, Borieren und Chromieren vertieft behandelt.

Als Wirkmedien werden bei thermochemischen Verfahren Feststoffe (Pulver), Flüssigkeiten (Salzschmelzen) sowie gasförmige Medien eingesetzt. Bei der Auswahl des geeigneten Verfahrens ist zu beachten, dass nicht jeder Werkstoff mit jedem Verfahren behandelt werden kann. Je nach Verfahren kann sich außerdem eine Wärmebehandlung oder ein mechanisches Nachbearbeiten an die thermochemische Behandlung anschließen. In manchen Fällen ist für die Einstellung der gewünschten Eigenschaften ein Härten nach der thermochemischen Behandlung nötig (Aufkohlen, Karbonitrien) in manchen Fällen optional (Borieren, Chromieren). Die erzielten Schichtdicken liegen in der Regel bei weniger als 2 mm, können aber bei einigen Verfahren nur wenige µm betragen. Die Behandlungszeiten sind ebenfalls stark vom Verfahren und der gewünschten Schichtdicke abhängig und können zwischen wenigen Minuten und bis zu mehreren Stunden variieren.

5-10.4.1 Einsatzhärten

Für eine wirtschaftliche Herstellung von Bauteilen und Werkstücken ist die Zerspanbarkeit maßgebend. Eine gute Zerspanbarkeit ist bei niedrigen Kohlenstoffgehalten um 0,1 bis 0,3 Massen-% gewährleistet. Stähle, die diese Anforderungen erfüllen, gehören unter anderem zu den Einsatzstählen (DIN EN 10084) oder Automatenstählen (DIN EN 10087). Aufgrund des niedrigen Kohlenstoffgehalts eignen sich diese Stähle aber nicht unmittelbar für das Härten. Die Härte der martensitischen Randschicht und die durch die martensitische Umwandlung hervorgerufenen Druckspannungen nehmen mit dem Kohlenstoffgehalt etwa linear zu, solange kein Restaustenit entsteht.

Um nicht nur die Zerspanbarkeit zu gewährleisten, sondern auch eine hohe Festigkeit im gehärteten Zustand sicherzustellen, erfolgt eine Anreicherung in der Randschicht mit Kohlenstoff, was als Aufkohlen bezeichnet wird. Das Aufkohlen mit anschließendem Härten und Anlassen wird unter dem Begriff Einsatzhärten zusammengefasst.

Die beim Härten entstehenden Druckspannungen sorgen dafür, dass von außen aufgebrachte Belastungen aufgrund der Superposition der Spannungskomponenten zu einer Verringerung der Belastungen am Bauteil führen. In Bild 5-10.23 ist die Wirkung des erzeugten Spannungsprofils am Beispiel einer Welle dargestellt. Es wird ersichtlich, dass die durch eine Biegung oder Torsion am Rand hervorgerufenen Zugspannungen durch die Druckeigenspannungen, die während der martensitischen Umwandlung entstehen, reduziert werden. In Verbindung mit der erhöhten Randhärte ermöglicht dieser Effekt insbesondere gekerbte Bauteile bei schwingender Beanspruchung höher zu belasten. Einsatzgehärtete Bauteile erreichen aufgrund dieses Effektes und der wirtschaftlich darstellbaren hohen Einhärtetiefe die höchsten Dauerschwing- und Wälzfestigkeiten.

Einsatzstähle sind nach DIN EN 10084 Baustähle mit niedrigem Kohlenstoffgehalt, die an der Oberfläche aufgekohlt und gegebenenfalls gleichzeitig aufgestickt werden, um eine hohe Härte der Randschicht bei zäh bleibendem Kern zu erzielen (Tabelle 5-10.3).

Die gewünschten Gebrauchseigenschaften erhalten aufgekohlte Werkstücke erst durch das Härten und Anlassen. Das Härten, welches sich direkt oder unter Zwi-

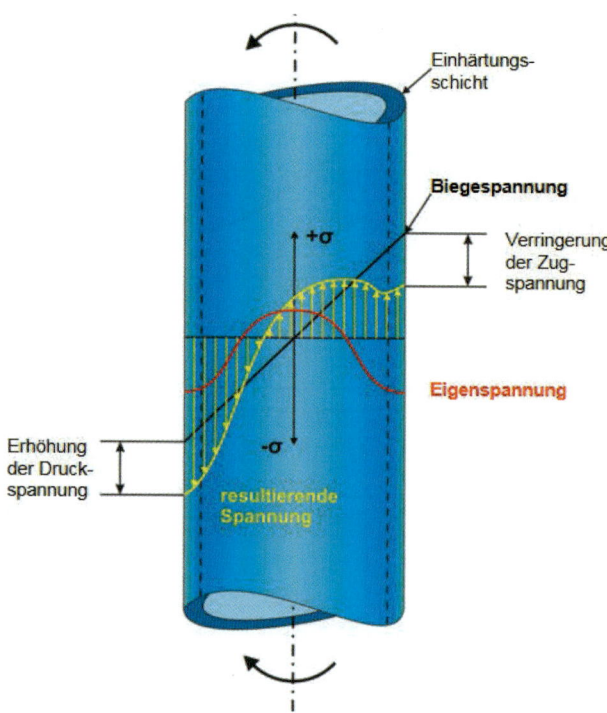

Bild 5-10.23 Wechselwirkung von Eigenspannung nach dem Einsatzhärten und Beanspruchungsspannung (Bleck 2012)

Tabelle 5-10.3 Mechanische Eigenschaften und Anwendungsbeispiele moderner Einsatzstähle (DIN EN 10084)

Name	Werkstoffnummer	Zugfestigkeit im Kern in MPa	Oberflächenhärte in HV 10	Anwendung
C10	1.0301	400 – 500	95	für Bauteile mit niedrigen Beanspruchungen
C10E	1.1121	400 – 500	105	
C15	1.0401	350 – 600	105	Bauteile mittlerer Festigkeit
C15E	1.1141	350 – 600	105	
17Cr3	1.7016	700 – 800	130	z. B. Nockenwellen
20Cr4	1.7024	650 – 800	145	z. B. für Kolbenbolzen
20CrS4	1.7028	650 – 800	145	
16MnCr5	1.7131	700 – 1000	165	direkt härtbar, z. B. für Wellen und Zahnräder
20MnCr5	1.7147	800 – 1200	170	für Bauteile mit höchsten Beanspruchungen

5

schenschalten von Bearbeitungsschritten (z. B. Richten oder Zerspanen) an das Aufkohlen anschließt, kann in unterschiedlicher Weise vorgenommen werden. Da die Kohlenstoffkonzentration über den Querschnitt eines aufgekohlten Werkstücks von außen nach innen abnimmt, ändert sich auch das Umwandlungsverhalten. Für die Randschicht mit ihrem höheren Kohlenstoffgehalt sind eine niedrigere Härtetemperatur und eine etwas geringere Abkühlgeschwindigkeit erforderlich als für den Kernbereich. Auch die Start- und Endtemperatur für die Martensitbildung sind unterschiedlich und sinken mit zunehmendem Kohlenstoffgehalt ab. Da die angewandten Aufkohlungstemperaturen in der Regel oberhalb der erforderlichen Rand- als auch Kernhärtetemperatur liegen, liegt es nahe, nach Ablauf der Aufkohlung auf die Härtetemperatur abzukühlen und anschließend abzuschrecken. Dabei kann von einer höheren Temperatur (über 900 °C) abgeschreckt werden, was als Kernhärten bezeichnet wird und in einem groben Randgefüge resultiert. Das Randgefüge kann in diesem Fall nach dem Kernhärten auch größere Anteile an Restaustenit enthalten. Deutlich feiner wird das Randgefüge, wenn vor dem Abschrecken die Härtetemperatur an den Randkohlenstoffgehalt angepasst wird. Dazu ist es erforderlich, die Temperatur auf 780 bis 860 °C abzusenken.

Beide zuvor erläuterten Prozesswege werden als Direkthärtung bezeichnet (Bild 5-10.24). Direkthärten ist die wirtschaftlichste Methode, kann jedoch nur angewendet werden, wenn ein bei den hohen Temperaturen auftretendes Austenitkornwachstum unterbunden wird und die Bauteile im Anschluss nur noch geschliffen werden. Das grobe Austenitkorn würde in einem groben martensitischen Umwandlungsgefüge resultie-

ren und die Gebrauchseigenschaften negativ beeinflussen.

Beim Einfachhärten wird nach dem Aufkohlen so abgekühlt, dass keine Härtung eintritt. Die Werkstücke können dadurch leichter bearbeitet oder gerichtet werden. Zum Härten werden sie dann erneut erwärmt und von der gewünschten Kern- oder Randhärtetemperatur abgeschreckt. Das zweimalige Durchlaufen der austenitisch-ferritischen Phasenumwandlung bewirkt eine Kornneubildung, sodass ein eventuell aufgetretenes Grobkorn beseitigt werden kann.

Für das Härten nach isothermer Umwandlung in der Perlitstufe wird nach der Aufkohlung in den Bereich der Perlitstufe (etwa 600 °C) abgekühlt und mindestens bis zum Temperaturausgleich gehalten. Nach Abschluss der Umwandlung wird wieder erwärmt und von der gewünschten Härtetemperatur abgeschreckt. Auch bei diesem Verfahren findet eine Kornneubildung statt, und es entsteht ein relativ feinkörniges Härtungsgefüge.

Während des Doppelhärtens werden zunächst der Kern und anschließend die Randschicht gehärtet. Für das Kernhärten wird nach dem Aufkohlen von einer hohen Temperatur abgeschreckt. Im Anschluss erfolgt eine Wiedererwärmung, bei der der Kern teilweise austenitisiert wird und damit unterhärtet vorliegt. Durch die zweimalige Phasenumwandlung liegt auch hier eine feinkörnige Randschicht vor. Im Vergleich mit den anderen Verfahren gehen mit dem Doppelhärten ein hoher Verzug und erhöhte Kosten einher, weshalb das Doppelhärten in der industriellen Praxis kaum noch Anwendung findet.

Nach dem Härten erfolgt in der Regel das Anlassen (150 bis 200 °C), bei dem der Kohlenstoff aus dem

5

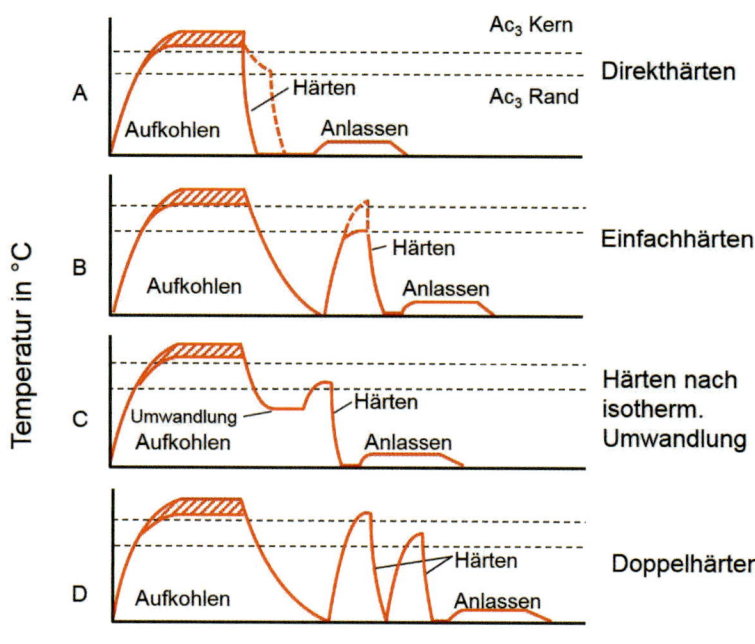

Bild 5-10.24
Mögliche Verfahrensabläufe für das Härten und
Anlassen aufgekohlter Bauteile (Bleck 2012)

übersättigten Martensit ausgeschieden wird. Durch
das Anlassen nehmen die Oberflächenhärte und die
Druckeigenspannngen ab. Die statische und dynamische Zähigkeit werden erhöht und die Schleifbarkeit
sowie die Maßhaltigkeit verbessert. Es besteht anschließend eine geringere Rissgefahr. Durch das Anlassen wird die Schwing- und Wälzfestigkeit sowie der
Widerstand gegen abrasiven Verschleiß vermindert.
Es wird aber auch beobachtet, dass durch das Anlassen die Dauerfestigkeitswerte ansteigen können, wenn
der Werkstoff zu spröde ist, um ohne Anlassen eingesetzt zu werden. Anlasstemperaturen von über 200 °C
führen dagegen zu einer deutlichen Abnahme der
Zähigkeit (DIN EN 10052, EURONORM 52-67, Bleck
2010, ASM 1991, Läpple 2006, Zoch 2015, Merkblatt
452).

**Mikrostruktur und Härteverlauf
einsatzgehärteter Werkstücke**

Die Gefügeausbildung erfolgt in Abhängigkeit vom
Randkohlenstoffgehalt und ist durch die Abschreckbedingungen gekennzeichnet. Darüber hinaus wird die
Härte bzw. der Martensitgehalt aber auch von den substitutionellen Legierungselementen beeinflusst, da mit
zunehmendem Legierungsgehalt der notwendige Kohlenstoffgehalt für eine martensitische Umwandlung
abnimmt.

Der Verlauf des Kohlenstoffgehalts ergibt einen Gradienten der Martensitstarttemperatur mit niedrigen
Martensitstarttemperaturen im Rand und hohen Mar-
tensitfinishtemperaturen im Kern. Das Gefüge in der
Randzone besteht aus Martensit, im Kern liegt meist
ein ferritisch-perlitisches Gefüge vor. Restaustenit im
Randbereich sollte vermieden werden, weil dadurch
die Druckspannungen und die Härte im Randbereich
abfallen, wodurch das Dauerbiegefestigkeitsverhalten
negativ beeinflusst wird (Bild 5-10.25). Für die Dauer-
wälzfestigkeit kann hingegen ein definierter Restaustenitgehalt zweckmäßig sein. Die Neigung zur Restauste-
nitbildung wird sowohl vom Randkohlenstoffgehalt
und den Legierungselementen (Ni, Mn) als auch von
den Abschreckbedingungen bestimmt. Fällt die Ab-
schrecktemperatur unter die Martensitfinishtempera-
tur, kann sich der Austenit nicht mehr in Martensit
umwandeln und verbleibt im Gefüge.
Die Legierungselemente beeinflussen die Randschicht
nicht nur durch den Einfluss auf die Kohlenstoffaktivität, sondern auch durch ihre Neigung zur Oxidation
und Karbidbildung. Karbide können die Verschleißeigenschaften verbessern. Die Ausbildung von Karbid-
netzwerken entlang von Korngrenzen ist aber aufgrund
der damit einhergehenden verringerten Dauerschwingfestigkeit und der versprödenden Wirkung der Karbide
unerwünscht. Darüber hinaus stehen die in den Karbi-

5

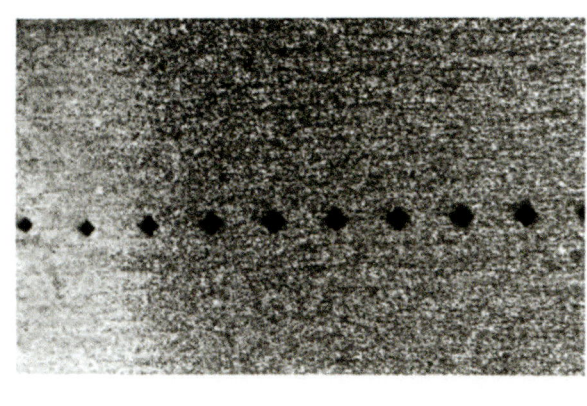

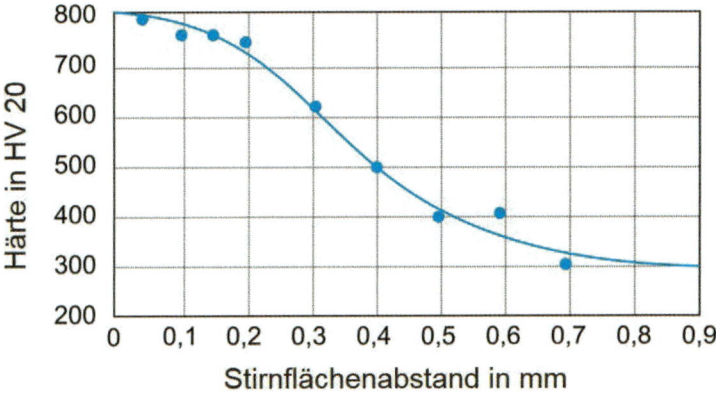

Bild 5-10.25
Härteeindrücke auf einer Jominy-Probe und Härteverlauf
nach dem Einsatzhärten (Bleck 2012)

den abgebundenen Legierungselemente nicht mehr für eine Steigerung der Härtbarkeit zur Verfügung, wodurch die Druckeigenspannungen abnehmen können. Der Einfluss verschiedener Legierungselemente auf die Karbidneigung im Gleichgewicht ist in Bild 5-10.26 dargestellt.

Die Linie S-E stellt die Grenze für die Kohlenstofflöslichkeit im Austenit dar. Beim Überschreiten der Grenze kann es zu Ausscheidung von Zementit (Fe$_3$C) kommen. In dem sich ausscheidenden Zementit können weitere Legierungselemente aufgenommen werden, und es bilden sich Mischkarbide (Fe, M)$_3$C (M = Cr, Mn, Mo). Bei einem Stahl mit zum Beispiel hohen Chromgehalten kann es deshalb bei deutlich niedrigeren Kohlenstoffaktivitäten zur Ausscheidung von Karbiden kommen. Bei der Bewertung der Karbidneigung muss zusätzlich noch die Bildungskinetik berücksichtigt werden. Um Karbide sicher zu vermeiden, ist eine bestimmte Härtetemperatur notwendig. Die Härtetemperatur sollte hoch genug sein, um eine Ausbildung von Netzkarbiden zu verhindern. Gleichzeitig sollte die Härtetemperatur aber auch niedrig sein, um einen geringen Verzug und ein feines Gefüge sicherzustellen. Abgesehen von der Aufkohlung im Plasma- und Vakuumofen ist während des Aufkohlens auch Sauer-

stoff anwesend, der in Verbindung mit den hohen Temperaturen zur Oxidbildung bestimmter Legierungselemente (Si, Mn, Cr) führen kann. Da die in den Oxiden abgebundenen Legierungselemente ebenfalls nicht

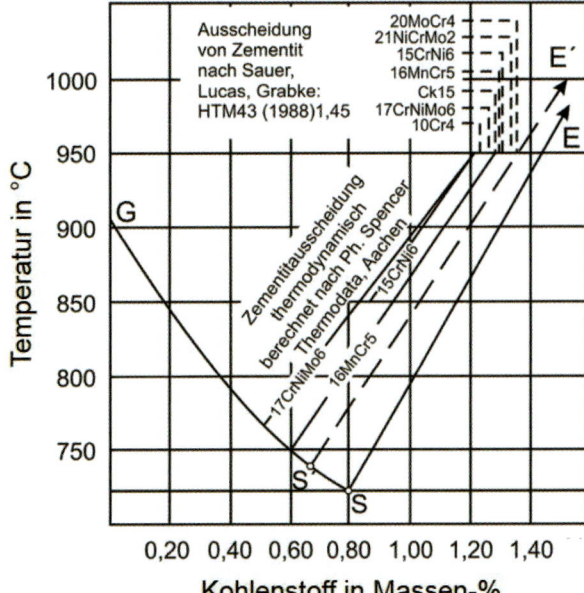

Bild 5-10.26 Karbidneigung von verschiedenen Legierungen (Sauer 1988)

mehr für die Umwandlungsverzögerung zur Verfügung stehen, kann auch durch Oxidbildung ein Abfall in der Oberflächenhärte eintreten. Als Einhärtetiefe gilt der Abstand von der Oberfläche, bei dem noch eine Härte von 550 HV 1 gemessen wird (DIN EN 10052, EURO-NORM 52-67, Bleck 2010, ASM 1991, Läpple 2006, Zoch 2015, Merkblatt 452).

5-10.4.2 Aufkohlen

Das Aufkohlen hat zum Ziel, die Härte der Randschicht zu erhöhen und damit die Verschleißeigenschaften und Schwingfestigkeit zu verbessern. Es ist das am weitesten verbreitete thermochemische Verfahren und wird vornehmlich an Zahnrädern, Wellen usw. eingesetzt. Zum Aufkohlen werden die Werkstücke über die A_{c3}-Temperatur erhitzt und einem Aufkohlungsmedium ausgesetzt. Dies erfolgt bei Temperaturen, bei denen der Werkstoff vollständig austenitisch ist, weil nur in diesem Zustand eine ausreichende Kohlenstofflöslichkeit im Werkstoff vorhanden ist (Bild 5-10.27). Aufgrund der geringeren Kohlenstoffaktivität im Werkstoff diffundiert der Kohlenstoff vom Aufkohlungsmedium in den Werkstoff. Die Höhe des sich einstellenden Randkohlenstoffgehalts ist durch die Triebkraft bzw. durch den Kohlenstoffaktivitätsunterschied zwischen Aufkohlungsmedium und dem Werkstoff vorgegeben und fällt mit zunehmender Aktivitätsdifferenz höher aus. Wie schnell sich der Gleichgewichtszustand einstellt, hängt von der Übergangszahl ab. Je größer die Übergangszahl ist, desto schneller stellt sich ein Zustand der Isoaktivität zwischen Aufkohlungsmedium und Werkzeugrandschicht ein. Die Aufkohlungstiefe wird durch die Prozessdauer bestimmt. Nach der Aufkohlung wird das Bauteil abgeschreckt, wobei es am

Bauteilrand aufgrund des hohen C-Gehaltes zur martensitischen Umwandlung kommt. Die Kombination aus martensitischem Rand und ferritisch-perlitischem oder bainitischem Kern ermöglicht die Herstellung von Bauteilen mit hartem, verschleißfestem Rand und zähem Kern. Die Aufkohlungstiefe ist eine wesentliche eigenschaftsbestimmende Größe für die Bauteile. Mit steigender Aufkohlungstiefe nimmt zum Beispiel die Biegefestigkeit der Bauteile zu, um bei größeren Aufkohlungstiefen wieder abzufallen.

Die Aufkohlungsdauer beeinflusst die Wirtschaftlichkeit der Bauteile wesentlich und kann je nach Bauteil bis zu 40 % der Produktionskosten einnehmen. Da es sich bei der Diffusion um einen thermisch aktivierten Prozess handelt, können durch eine Erhöhung der Aufkohlungstemperatur die Aufkohlungszeiten bei konstanter Aufkohlungstiefe und damit die Kosten deutlich reduziert werden. Eine Erhöhung der Aufkohlungstemperatur bei konstanter Aufkohlungstiefe von 950 auf 1050 °C kann die Aufkohlungsdauer um 60 % reduzieren. Um hohe Aufkohlungstemperaturen (über 950 °C) nutzen zu können, muss der Werkstoff feinkornbeständig sein.

Bei konventionellen einsatzhärtenden Stählen wird die Feinkornbeständigkeit durch ein definiertes Verhältnis von Aluminium und Stickstoff (3 : 1) gewährleistet. Die sich bildenden Aluminiumnitride sind jedoch bei höheren Aufkohlungstemperaturen thermodynamisch instabil und lösen sich auf. Deshalb wird versucht, die Feinkornbeständigkeit durch Legierungselemente wie Niob und Titan auf höhere Aufkohlungstemperaturen zu erweitern. Außer von der Temperatur wird die Aufkohlungsdauer für eine bestimmte Aufkohlungstiefe auch von den Legierungselementen beeinflusst.

Die Aufkohlungstiefe ist zur Wurzel aus der Diffusion

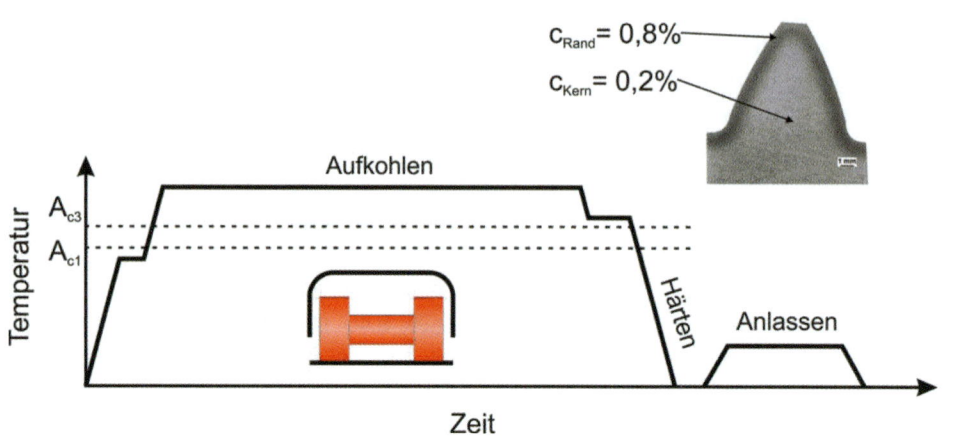

Bild 5-10.27
Temperatur-Zeit-Folge und Kohlenstoff-Verteilung beim Einsatzhärten, bestehend aus Aufkohlen, Härten und Anlassen (Bleck 2012)

und der Zeit proportional. Der sich bei der Aufkohlung einstellende Randkohlenstoffgehalt wird von Legierungselementen, die zu einer Erhöhung der Kohlenstoffaktivität beitragen, erniedrigt (Si, Ni, B, N, Co), wohingegen eine Absenkung der Kohlenstoffaktivität durch Legierungselemente (Cr, Mn, Mo, W, Ti, V) mit einem höheren Randkohlenstoffgehalt einhergeht (DIN EN 10052, EURONORM 52-67, Bleck 2010, ASM 1991, Läpple 2006, Zoch 2015, Merkblatt 452).

Verfahren zum Aufkohlen

Grundsätzlich gibt es drei verschiedene Verfahren, den Werkstoff aufzukohlen: Pulver-, Salzbad- und Gasaufkohlen. Industrielle Bedeutung hat jedoch im Wesentlichen nur noch das Gasaufkohlen. Diese Verfahrensart kann mit den drei Teilschritten – Vorgänge in der Gasphase, Übergang des Kohlenstoffs in den Werkstoff (Grenzschichtübergang) und Diffusion des Kohlenstoffs in das Werkstückinnere – beschrieben werden. Die Vorgänge in der Gasphase und in der Grenzschicht können anschaulich zunächst als Gleichgewichtszustände dargestellt werden; der gezielte Übergang zum Ungleichgewicht führt zur Aufkohlung. Als gasförmige Aufkohlungsmittel werden vornehmlich Kohlenwasserstoffe (Methan, Propan) sowie Alkohole und Alkohol-Derivate (Methanol) und weitere organische Kohlenstoffverbindungen verwendet (Läpple 2006).

5-10.4.3 Karbonitrieren

Karbonitrieren gleicht im Prozessablauf dem Aufkohlen. Allerdings wird das Werkstück beim Karbonitrieren mit Mitteln behandelt, die sowohl Kohlenstoff als auch Stickstoff abgeben können. Stickstoffhaltiger Martensit ist deutlicher härter, verschleißbeständiger und anlassbeständiger als normaler Martensit. Des Weiteren werden, im Gegensatz zum Aufkohlen, je nach Verfahren Temperaturen oberhalb bzw. unterhalb von A_{c3} des Kernwerkstoffs verwendet. Eine Behandlung unterhalb von A_{c3} des Kernwerkstoffs ist möglich, da Stickstoff die Übergangstemperaturen herabsetzt. Daher bildet sich in der an Stickstoff und Kohlenstoff angereicherten Randschicht auch bei tieferen Temperaturen Austenit. Es muss allerdings beachtet werden, dass die aufstickende Wirkung mit sinkender Temperatur zunimmt, während die aufkohlende Wirkung abnimmt. Karbonitrieren eines Werkstücks wird oberhalb A_{c3} und in Abhängigkeit des Kohlenstoffgehalts im Temperaturbereich zwischen 730 und 930 °C durchgeführt; die Behandlungsdauer liegt in der Regel zwischen einer Minute und einer Stunde. Bei dieser Art der Behandlung bildet sich in der Randschicht nach dem Abschrecken ein Gefüge aus, das sich aus einem stickstoffhaltigen Martensit und Restaustenit zusammensetzt. Die Werte für den Kohlenstoffgehalt in der Randschicht liegen dabei zwischen 0,5 und 0,8 Massen-%, während die Werte für Stickstoff im Bereich zwischen 0,2 und 0,5 Massen-% liegen. Ein höherer Stickstoffgehalt ist in der Regel unerwünscht, da er zur vermehrten Porenbildung in der äußersten Randschicht führt. Des Weiteren sollte die Summe des Kohlen- bzw. Stickstoffgehalts nicht zu hoch liegen, da sich in der Folge unerwünschte Karbide bilden können. Die Maß- und Formänderung ist geringer als beim Aufkohlen, jedoch größer als bei der Behandlung unterhalb von A_{c3}.

Eine Behandlung unterhalb von A_{c3} des Kernwerkstoffs wird bei Temperaturen zwischen 650 und 770 °C durchgeführt. Die Behandlungsdauer ist auf Grund der geringeren Temperaturen leicht erhöht und liegt bei einer bis zwei Stunden. Durch die erhöhte aufstickende Wirkung bei tieferen Temperaturen kommt es bereits während der Behandlung zu sehr hohen Stickstoffwerten in der Randschicht. Diese führen, analog zum reinen Nitrieren, zur Bildung einer Verbindungsschicht am äußeren Rand des Werkstücks. Nach dem Abschrecken bildet sich unterhalb dieser Verbindungsschicht ebenfalls ein stickstoffhaltiger Martensit mit Anteilen von Restaustenit aus. Aufgrund der niedrigen Temperaturen erfährt der Kern jedoch oft keine ausreichende Härtung

Die Vorteile des Karbonitrierens gegenüber dem reinen Aufkohlen liegen vor allem in der erhöhten Härte des stickstoffhaltigen Martensits. Die sich bei einer Behandlung unterhalb von A_{c3} ausbildende Verbindungsschicht wirkt sich positiv auf die Verschleiß- und Schwingfestigkeit sowie auf die Korrosionsbeständigkeit aus. Nachteilig sind die im Vergleich zum Aufkohlen geringeren erzielten Schichtdicken. Diese erschweren eine mechanische Nachbearbeitung oder machen sie unmöglich. Des Weiteren wird bei der Behandlung unter A_{c3} des Kernwerkstoffs der Kern nicht bzw. nicht völlig austenitisiert, was in der Folge dazu führt, dass er beim Abschrecken keine Härtung erfährt.

Als Behandlungsmedien kommen vor allem Salzschmelzen und Gasmischungen zum Einsatz. Zur Härtung der Randschicht wird vor allem Direkthärten eingesetzt (DIN EN 10052, EURONORM 52-67, Läpple 2006, Zoch 2015).

5-10.4.4 Nitrieren

Das Nitrieren soll wie das Einsatzhärten die Anwendungseigenschaften verbessern. Im Vergleich zum Einsatzhärten kann insbesondere das Verschleiß- und Korrosionsverhalten positiv beeinflusst werden. Auch die Dauerschwingfestigkeit steigt, da durch das Nitrieren Druckeigenspannungen in der Oberfläche erzeugt werden.

Nitrierschichten lassen sich durch Eindiffundieren von Stickstoff auf nahezu allen Stählen und Gusseisen erzeugen, dabei spielt der Zustand des Werkstoffes keine Rolle. Es können auch gehärtete oder vergütete Werkstoffe nitriert werden. Hauptsächlich angewendet wird es bei legierten Stählen. Speziell auf das Nitrieren ausgerichtete Stähle enthalten nitridbildende Legierungselemente (Al, Cr, Mo, V); sie erzielen im Vergleich zu anderen Stählen eine besonders große Randhärte, die höher ist als die von Martensit. Nitrierstähle sind in DIN EN 10085 genormt.

Die möglichen Bauteilgrößen können zwischen wenigen Millimetern und einigen Metern liegen. Übliche nitrierte Bauteile sind Motor- und Getriebeteile, aber auch Mahlwalzen, Spindeln und Extruderschnecken. Auch Stahlbleche mit hoher Verschleißbeanspruchung werden nitriert, da ein weiterer Vorteil gegenüber dem Einsatzhärten darin besteht, dass nach dem Nitrieren kein Abschrecken erfolgen muss, also kein Verzug und keine Risse entstehen. Aus diesem Grund, aber auch da Nitrierschichten kaum auftragen, können nitrierte Werkstücke vor dem Nitrieren auf Maß bearbeitet werden.

Die reine Stickstoffdiffusion bzw. das Nitrieren findet bei 500 bis 580 °C statt (Bild 5-10.28). Bei dieser relativ niedrigen Nitriertemperatur dauert der Diffusionsprozess sehr lange; übliche Nitrierzeiten liegen im Bereich von 40 bis 90 h. Dabei ist jedoch zu beachten,

dass sich die Nitrierzeit für eine bestimmte Nitriertiefe durch die Anwesenheit von nitridbildenden Legierungselementen erhöht. Mit zunehmender Temperatur wird die Prozessdauer kürzer, jedoch diffundiert jetzt auch Kohlenstoff ein.

Beim thermochemischen Verfahren des Nitrierens wird die Randschicht des Werkstücks mit Stickstoff angereichert. Stickstoff kann ebenso wie Kohlenstoff interstitiell in die Oktaederlücken des Eisengitters eingebaut werden. Beim Nitrieren von reinem Eisen entstehen bei Temperaturen von 590 °C in Abhängigkeit vom Stickstoffangebot des Behandlungsmediums folgende Gefügebestandteile:

- Krz-α-Mischkristall (MK), der bei Raumtemperatur 0,001 Massen-% und bei 590 °C 0,115 Massen-% Stickstoff lösen kann,
- Kfz-γ'-Nitrid (Fe$_4$N), das 5,7 bis 6,1 Massen-% Stickstoff ausweist,
- hexagonales ε-Nitrid (Fe$_{2-3}$N) mit einem Existenzbereich von 8 bis 11 Massen-% Stickstoff.

Die aufgestickte Randschicht lässt sich in zwei Bereiche einteilen (Bild 5-10.29):

- die äußere sehr stickstoffreiche Verbindungsschicht und
- die daran anschließende Diffusionszone, in der die Stickstoffkonzentration mit zunehmendem Abstand von der Oberfläche stetig abnimmt.

Die γ'- und die ε-Nitride verändern die ursprünglich vorhandene Struktur des Eisenwerkstoffes nicht. Dabei ist davon auszugehen, dass im Ausgangszustand vorhandene Ausscheidungen wie Karbide, Sulfide, Oxide etc. nicht aufgelöst werden, sondern sich am Aufbau der Schicht beteiligen. Dies hat zu der Bezeichnung „Verbindungsschicht" geführt. In der Diffusionsschicht wird der Stickstoff bei den unlegierten Eisenwerkstoffen interstitiell eingelagert. Bei langsamer Abkühlung

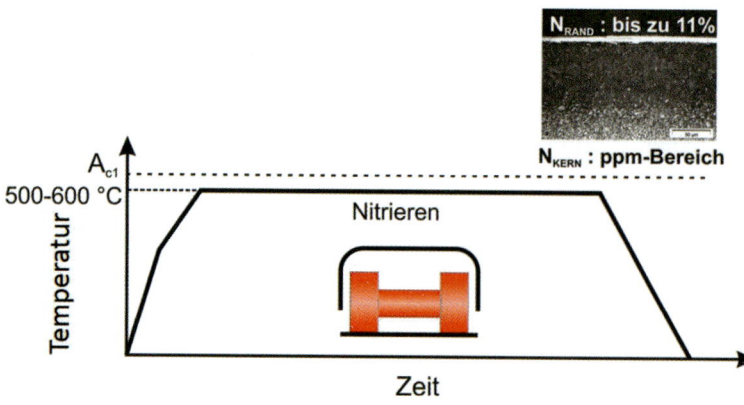

Bild 5-10.28
Temperatur-Zeit-Folge und Stickstoff-Verteilung beim Nitrieren (Bleck 2012)

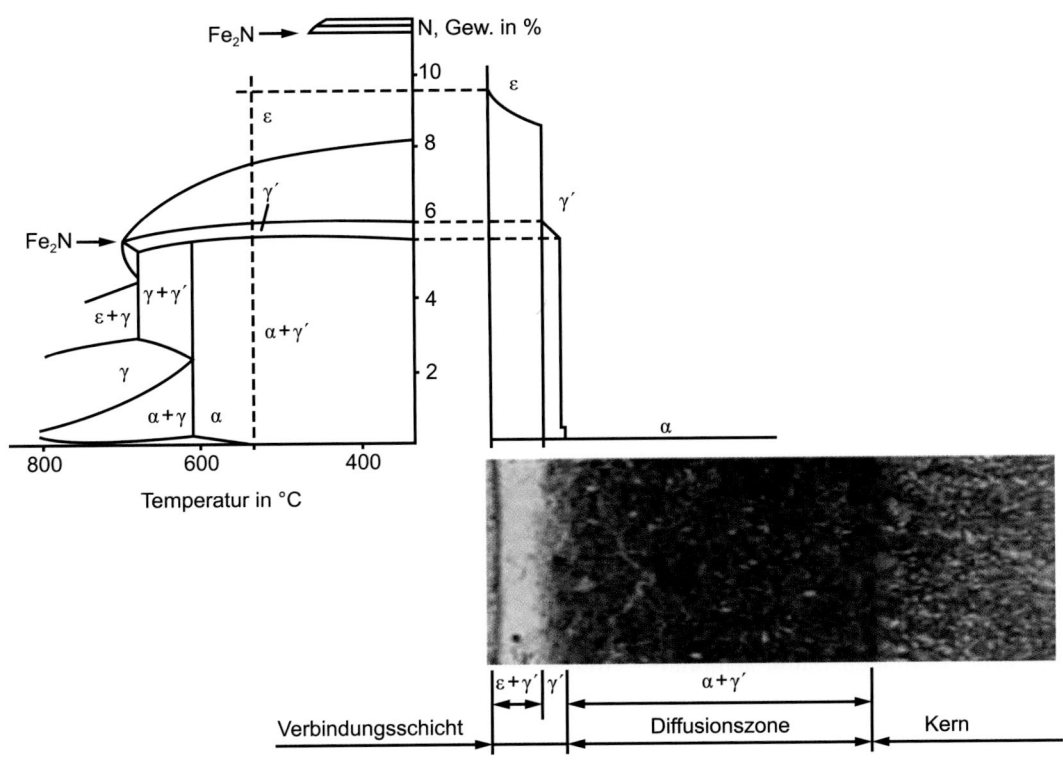

Bild 5-10.29 Zustandsschaubild Fe-N und Gefügeverteilung im nitrierten Werkstück in Abhängigkeit vom Stickstoffgehalt (Bleck 2012)

auf Raumtemperatur erfolgt jedoch eine nahezu vollständige Ausscheidung in Form grober γ'-Nitride, weil das Lösungsvermögen des Ferrits mit sinkender Temperatur stark abnimmt. Wird dagegen rasch auf Raumtemperatur abgekühlt, liegt ein an Stickstoff übersättigter Ferrit-MK vor. Aus diesem scheiden sich wegen der geringen Löslichkeit submikroskopisch feine α''-Nitride aus.

Durch den eindiffundierenden Stickstoff wird die Randschicht mittels Ausscheidungshärtung verfestigt. Bei den legierten Stählen werden sehr feine, lichtmikroskopisch nicht zu erkennende Nitride bereits während des Aufstickens ausgeschieden. Bei den unlegierten Stählen erfolgt die Ausscheidung von α''-Nitriden nach raschem Abkühlen im Zeitraum von einigen Tagen innerhalb des Ferrits. Die erreichbare Härte wird durch die Menge der im Eisenwerkstoff vorhandenen nitridbildenden Legierungselemente (Al, Cr, Mo, V) bestimmt. Im Vergleich zu den aufgekohlten Werkstücken kann die Oberflächenhärte um max. 100 HV höher sein. Eine Härtemessung über den Querschnitt nitrierter Werkstücke zeigt einen ähnlichen Verlauf wie nach dem Einsatzhärten. Die Härte fällt aber mit zunehmendem Abstand von der Oberfläche schneller ab.

Typische Nitriertiefen liegen im Bereich 0,1 bis 0,6 mm. Dabei ist zu beachten, dass die Nitrierhärtetiefe N_{ht} in Bezug auf die Kernfestigkeit definiert ist und den Abstand von der Oberfläche angibt, bei dem die Härte 50 HV über der Kernhärte des Werkstoffs liegt. Würde das gleiche Kriterium wie bei der Einsatzhärtetiefe angewendet, so würde sich die Nitrierhärtetiefe bei den angeführten Beispielen fast halbieren.

Ein Teil der im Augenblick des Zerfalls freigesetzten Stickstoffatome kann in den Eisenwerkstoff eindiffundieren. Die übrigen Atome vereinigen sich zu Stickstoffmolekülen oder mit Wasserstoff zurück zu Ammoniak.

Ähnlich wie beim Aufkohlen erfolgt die Stickstoffübertragung in mehreren Teilschritten:

1. Transport an die Werkstückoberfläche,
2. Adsorption an der Oberfläche,
3. Absorption an der Oberfläche,
4. Diffusion in das Werkstückinnere.

Dadurch entsteht zunächst ein stetiges Stickstoff-Konzentrationsgefälle (t_1) (Bild 5-10.30). Erreicht die Stickstoffkonzentration am äußeren Rand des Werkstücks einen Wert von ca. 5,7 Massen-% (t_2), entstehen γ'-Nitride. Ausgehend von einzelnen Keimpunkten wachsen sie allmählich zu einer geschlossenen Schicht unmit-

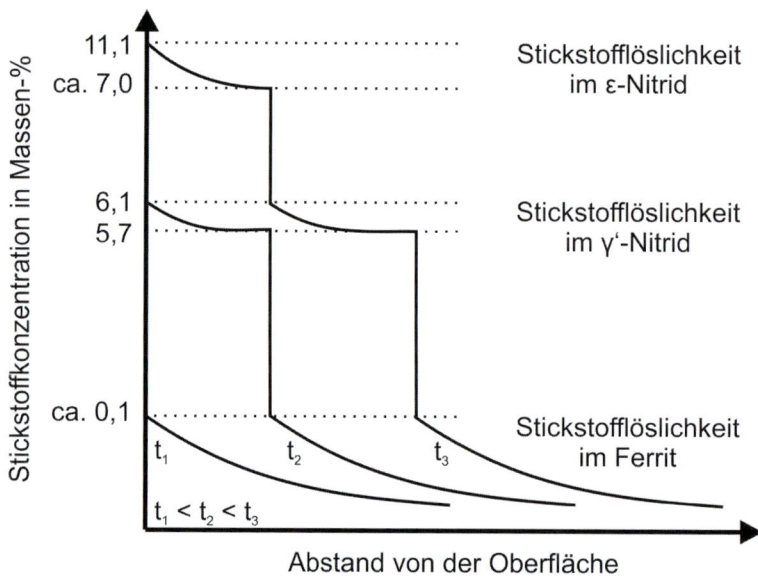

Bild 5-10.30 Schematische Darstellung des Aufstickungsvorganges (T = ca. 550 °C) (Bleck 2012)

telbar unter der Oberfläche zusammen. Dadurch nimmt die Geschwindigkeit der Absorption ab. Im weiteren Verlauf muss der Stickstoff durch diese Schicht hindurchdiffundieren, dabei nimmt deren Dicke und Stickstoffkonzentration zu. Bei einer Konzentration über ca. 7,0 Massen-% (t_3) entstehen dann ε-Nitride. Dies führt zu einer weiteren Verlangsamung der Stickstoffübertragung.

Für die Auswahl von Werkstoffen zum Nitrieren sollten außer Werkstoffeigenschaften (Kernfestigkeit, Randhärte) auch Form und Gestalt des Werkstücks berücksichtigt werden. Die Nitrierstähle sind bevorzugt legierte Stähle mit relativ hohem Kohlenstoffgehalt, bei denen eine bestimmte N_{ht} und eine hohe Randhärte erreicht werden können (Tabelle 5-10.4). Außer legierten Stählen können auch unlegierte Stähle ausgewählt

werden, wenn nach dem Nitrieren gerichtet, gebördelt oder glattgewalzt werden muss (DIN EN 10052, EURO-NORM 52-67, Läpple 2006, Zoch 2015, Bleck 2012, Merkblatt 447, DIN EN 10085).

Verfahren zum Nitrieren

Unter den zahlreichen Technologien des Nitrierens ist die Behandlung in geregelten Gasatmosphären die am weitesten verbreitete Methode. Beim Nitrieren in einer stickstoffhaltigen Gasatmosphäre werden im Wesentlichen das Gasnitrieren und Plasmanitrieren unterschieden. Eine weitere Möglichkeit besteht in der Anwendung von flüssigen Aufstickungsverfahren in Salzschmelzen.

Als reine Stickstoffspender stehen Ammoniak oder Stickstoff zur Verfügung. Ammoniakgas spaltet sich

Tabelle 5-10.4 Beispiele, mechanische Eigenschaften und Anwendungen moderner Nitrierstähle (DIN EN 10085)

Name	Werkstoffnummer	Zugfestigkeit im Kern in MPa	Oberflächenhärte HV 1	Anwendung
34CrAlMo5	1.8507	800 – 1000	850	für hohe Härten bei kleinen Querschnitten, z. B. Exzenter, Ventilspindeln, Zahnräder
34CrAlNi7-10	1.8550	900 – 1050	900	geeignet für große Querschnitte für höhere Beanspruchungen, z. B. Schnecken, Kolbenstangen, Zahnräder, Ringe
41CrAlMo7-10	1.8509	950 – 1100	950	für mittlere Querschnitte, z. B. Kolbenstangen, Ventilspindeln
31CrMoV9	1.8519	1100 – 1200	700	für niedrigere Nitrierhärten, z. B. Extruder, Führungen, Bohrer
31CrMo12	1.8515	1030 – 1180	850	für höhere Nitrierhärten, z. B. Zahnräder, Zylinder, Pleuelstangen, Wellen

bei Atmosphärendruck und Temperaturen über etwa 400 °C unter Verdopplung seines Volumens in Stickstoff und Wasserstoff auf. Die im Reaktionsraum vorhandenen Eisenoberflächen begünstigen die katalytische Dissoziation.

Bei dem Verfahren des Gasnitrierens wird das Werkstück in einem Ammoniak-Gasstrom behandelt. Die Temperaturen liegen zwischen 350 und 660 °C (häufig jedoch zwischen 500 und 550 °C). Die Behandlungsdauer kann dabei zwischen 4 und 100 h variieren und hängt hauptsächlich von der gewünschten Nitrierhärtetiefe, der Temperatur und den Legierungselementen des Bauteils ab. In der Regel werden lediglich legierte Stähle einer Behandlung durch Gasnitrieren unterzogen, da sich bei unlegierten Stählen häufig eine spröde Nitrierschicht bildet, die zum Abplatzen neigt.

Für die Behandlung des Werkstücks nach dem Verfahren des Plasmanitrierens werden kleine Mengen Stickstoff in einen Vakuumreaktor eingeleitet. Anschließend wird das Gas ionisiert und auf dem als Kathode geschalteten Werkstück abgeschieden. Von dort gelangt es über Absorption und Diffusion in die entsprechende Bauteilschicht. Die Behandlung findet in der Regel bei Temperaturen zwischen 500 und 550 °C statt. Die Behandlungszeiten liegen allerdings bei deutlich geringeren Werten im Vergleich zum Gasnitrieren und betragen nur wenige Minuten bis zu einigen Stunden. Das Verfahren des Plasmanitrierens bietet gegenüber anderen Nitriertechniken deutliche Vorteile, da vor allem die Temperatur und die Behandlungszeit deutlich reduziert sind. Des Weiteren ist ein gezielter Aufbau der gewünschten Schicht je nach Anwendungsart möglich. Auch eine örtlich begrenzte Anwendung ist realisierbar (Läpple 2006, Bleck 2012, Merkblatt 447).

5-10.4.5 Nitrocarburieren

Nach DIN EN 10052 handelt es sich bei dem Verfahren des Nitrocarburierens um ein „thermochemisches Behandeln zum Anreichern der Randschicht eines Werkstücks mit Stickstoff und Kohlenstoff unter Bildung einer Verbindungsschicht".

Das Verfahren ist prinzipiell für alle Stähle anwendbar, vornehmlich für unlegierte und legierte Vergütungs- und Einsatzstähle. Besonders geeignet ist es für Nitrierstähle aufgrund der nitridbildenden Legierungselemente.

Anwendung findet das Nitrocarburieren, ähnlich dem Nitrieren, bei Bauteilen im Bereich der Antriebs- und Fördertechnik, im Motorenbau oder bei Hydraulikteilen. Des Weiteren werden zahlreiche Werkzeuge nitrocarburiert, um die Standzeit zu erhöhen (z. B. Druckgusswerkzeuge, Strangpressmatrizen).

Durch die Diffusion von Kohlenstoff und Stickstoff in die Bauteiloberfläche bilden sich beim Nitrocarburieren, ähnlich dem Nitrieren, eine geschlossene Verbindungs- und eine Diffusionsschicht unter der Werkstückoberfläche aus. Die Schichtdicken liegen mit ca. 20 bis 300 µm im Vergleich zum Aufkohlen bei deutlich geringeren Werten. Vor allem die mit Kohlenstoff und Stickstoff angereicherte Verbindungsschicht führt zu einer deutlichen Verringerung des Reibungskoeffizienten und erhöht somit den Widerstand gegen Adhäsion und Abrasion.

Das Nitrocarburieren ähnelt in der Verfahrensweise und den sich ausbildenden Schichten stark dem Nitrieren. Allerdings werden Bauteile beim Nitrocarburieren Medien ausgesetzt, die sowohl Stickstoff als auch Kohlenstoff abgeben können. Diese Elemente werden durch mehrere chemische Reaktionen aus den Medien gelöst und gelangen an die Bauteiloberfläche. Dort werden sie von dieser absorbiert und gelangen anschließend über Diffusionsmechanismen in die entsprechenden Schichten. Durch die erhöhte Stickstoffkonzentration in der Randschicht und die geringe Löslichkeit in der Eisenmatrix bilden sich Nitride aus, die in der Folge zu einer geschlossenen Schicht zusammenwachsen. Diese Schicht behindert die Diffusion von nachfolgendem Stickstoff, was dazu führt, dass die Geschwindigkeit des Schichtaufbaus abnimmt. Die gebildete Schicht wird als Verbindungsschicht bezeichnet. Der Stickstoff ist jedoch in der Lage, tiefer in die Bauteiloberfläche einzudiffundieren und bildet unterhalb der Verbindungsschicht die Diffusionsschicht aus. In dieser Schicht liegt der Stickstoff interstitiell gelöst vor. Bei abnehmenden Temperaturen sinkt jedoch die Löslichkeit des Stickstoffs im Eisengitter, und es bilden sich ebenfalls Ausscheidungen in Form von Nitriden. Der Kohlenstoff, der bei einer Behandlung durch Nitrocarburieren ebenfalls vorliegt, löst sich fast ausschließlich in der Verbindungsschicht und fördert das Wachstum sehr stickstoffreicher ε-Nitride.

Die Wachstumsgeschwindigkeit der Schichten gehorcht dabei einem Quadratwurzel-Zeit-Gesetz. Allerdings wird die Geschwindigkeit durch die Behandlungstemperatur sowie die Legierungszusammensetzung bestimmt. Werkstoffe, die nitridbildende Elemente enthalten, müssen deutlich länger behandelt werden als unlegierte Stähle, um identische Schichtdicken zu erzielen. Das Wachstum der Verbindungsschicht wird in der Regel durch einen erhöhten Kohlenstoffgehalt in der Randschicht beschleunigt. Daher sind die Behandlungszeiten des Nitrocarburierens in der Regel geringer als die eines vergleichbaren Nitrierens.

Die nach der Behandlung resultierenden Härtewerte hängen ebenfalls stark von der Legierungszusammensetzung, Behandlungsdauer, Temperatur und dem Gefügezustand vor der Behandlung ab. Bei unlegierten Stählen werden Härten im Bereich von 300 bis 400 HV 10 erreicht, während Nitrierstähle und Schnellarbeitsstähle Werte über 1000 HV 10 aufweisen können. Die Behandlungstemperaturen liegen dabei im Bereich zwischen 570 und 580 °C, die Behandlungsdauer kann zwischen einigen Minuten und wenigen Stunden variieren.

In Bild 5-10.31 ist der typische Härteverlauf am Beispiel unlegierter und legierter Einsatzstähle wiedergegeben. Genauso wie beim Aufkohlen fällt im Allgemeinen die Härte stetig von außen nach innen ab (DIN EN 10052, Läpple 2006, Zoch 2015, Merkblatt 447).

Verfahren zum Nitrocarburieren

Das Nitrocarburieren kann als Pulver-, Salzbad-, Gas- oder Plasmanitrocarburieren erfolgen. Vor der Behandlung kann ein Spannungsarm- bzw. Normalglühen durchgeführt werden, um eventuell im Bauteil vorliegende Eigenspannungen zu reduzieren, die z. B. durch Zerspanen eingebracht wurden. Außerdem kann ein Vergüten der Bauteile vor dem Nitrocarburieren zweckmäßig sein. Dabei sollte darauf geachtet werden, dass die Anlasstemperatur etwa 30 °C über der späteren Temperatur beim Nitrocarburieren liegt. Im Anschluss wird die Bauteiloberfläche von allen Rückständen und Unebenheiten befreit, bevor die Behandlung beginnt.

Beim Pulvernitrocarburieren wird das zu behandelnde Werkstück in einen Kasten eingesetzt. Anschließend wird der Kasten vollständig mit einer Pulvermischung auf Basis von Calciumcyanamid ausgefüllt und im Ofen geglüht. Das Verfahren zeichnet sich durch geringe Investitionskosten und eine einfache Handhabung aus. Allerdings müssen sowohl Pulver als auch Kasten und Werkstück aufgeheizt werden. Das Verpacken des Werkstücks bzw. die Befüllung des Kastens vor Prozessbeginn verschlechtert die Effizienz des Verfahrens. Des

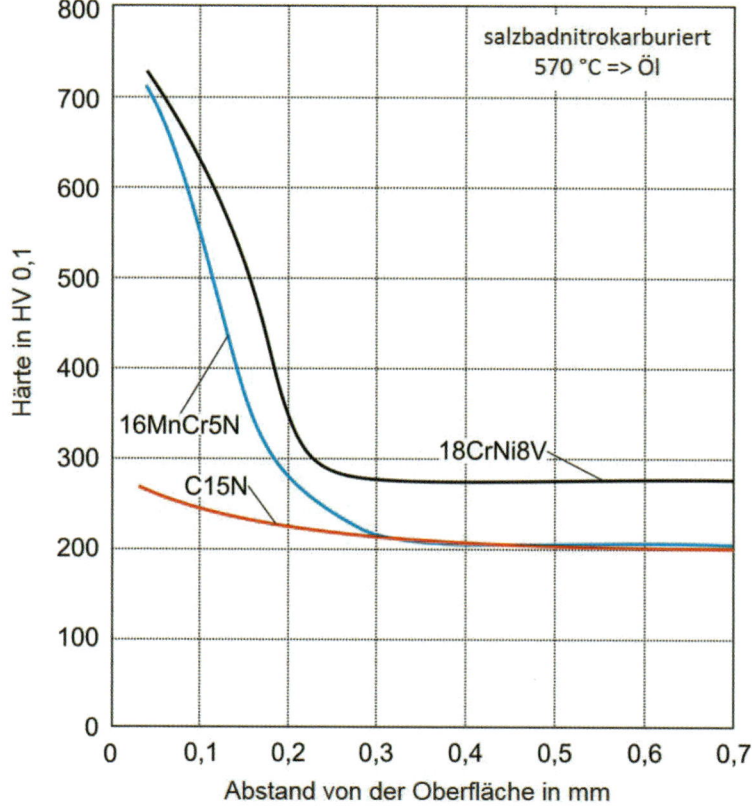

Bild 5-10.31
Härteverlaufskurven nitrocarburierter Einsatzstähle
(Bleck 2012)

Weiteren ist das Pulver nur einmal verwendbar, und es entstehen in der Folge Abfallmengen.

Beim Salzbadnitrocarburieren werden die Werkstücke in eine geeignete Salzschmelze eingehängt. Der Vorteil dieser Art der Behandlung liegt in der Anwendbarkeit auf nahezu alle Eisenwerkstoffe. Nachteilig ist allerdings der große Porenanteil, der während der Behandlung in der Verbindungsschicht entsteht.

Das Gasnitrocarburieren arbeitet mit einer Gasmischung aus Ammoniak und Kohlendioxid. Die Anwendung ist jedoch hauptsächlich auf legierte Stähle beschränkt.

Bei der Verfahrensart des Plasmanitrocarburierens werden ionisierte Moleküle beschleunigt und gezielt in die Oberfläche des Werkstücks eingebracht. Dieses Vorgehen bietet eine Reihe an Vorteilen, da gezielte Zusammensetzungen der Randschicht eingestellt werden können. Des Weiteren ist das Verfahren automatisierbar und auf nahezu alle Werkstoffe und Geometrien anwendbar.

Im Anschluss erfolgt eine Nachbearbeitung der Bauteile. Dabei werden z. B. Reste der Salzschmelze an der Oberfläche entfernt. Bei unlegierten Stählen kann ein Auslagern erforderlich sein. Für die Verbesserung des Korrosionsverhaltens können die Bauteile einem Nachoxidieren unterzogen werden (Läpple 2006, Merkblatt 447).

5-10.4.6 Borieren

Unter Borieren versteht man ein thermochemisches Diffusionsverfahren, bei dem durch die Anreicherung der Randschicht mit Bor sehr harte Randschichten erzeugt werden. Diese Randschicht zeigt eine geringe Neigung zur Adhäsion und verbessert die Schwingfestigkeit und Verschleißbeständigkeit, wogegen Zähigkeit und Verformbarkeit jedoch abnehmen.

Das Borieren wird vornehmlich für tribologisch beanspruchte Systeme verwendet, z. B. Warmgesenke, Ziehwerkzeuge, Extruderschnecken, Walzen, Strangpressmatrizen, Glasformen, Prägestempel, Ölpumpenräder, Raupenketten oder Ventilteile. Ein nachträgliches Vergüten ist möglich.

Durch Diffusion von Bor bilden sich in den Randzonen geschlossene Boridschichten, deren Härte bei Eisenwerkstoffen im Bereich von etwa 1600 bis 2000 HV liegt; bei Ni-Basiswerkstoffen werden Härtewerte bis 2800 HV gemessen und insbesondere bei boriertem Titan Werte um 4000 HV erreicht. Die Diffusion beschränkt sich im Gegensatz zum Aufkohlen oder Aufsticken auf geringere Eindringtiefen von 20 bis 300 µm. Die hohe Härte sowie auch die besondere Struktur der Schichten sind für den außerordentlichen Verschleißwiderstand verantwortlich, der bei borierten Bauteilen festzustellen ist und der insbesondere den Widerstand gegen abrasiven Verschleiß erhöht. Bei unlegierten sowie niedrig- bis mittellegierten Stählen verankert sich die Boridschicht zahnförmig mit dem Grundwerkstoff, was in einer ausgezeichneten Haftfestigkeit resultiert (Bild 5-10.32).

Bor ist ein Element der dritten Hauptgruppe des Periodensystems mit einem Atomgewicht von 10,81 u und einem Atomradius, der nur ca. 30 % kleiner ist als der des Eisenatoms. Dadurch ist die Einlagerung von Boratomen im Eisengitter nur begrenzt und auch nur im kfz-Austenit möglich. Bei Raumtemperatur ist im krz-Ferrit gelöstes Bor praktisch nicht nachweisbar (Bild 5-10.33).

Andererseits bildet Bor mit Eisenatomen sehr stabile Verbindungen, die Boride. In Eisenwerkstoffen wird zwischen zwei verschiedenen Boridphasen unterschieden, dem borärmeren Fe_2B mit einem stöchiometrischen Borgehalt von 8,83 Massen-% und einer tetrago-

a) boriert

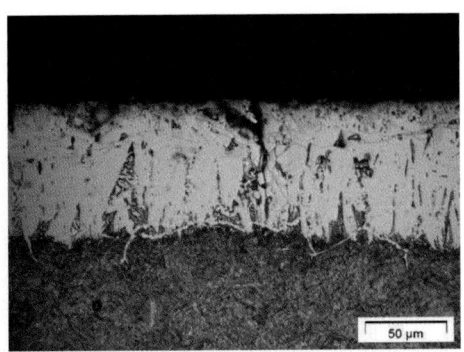

b) boriert und vergütet

Bild 5-10.32
Randschicht des borierten Stahls (Bleck 2012)

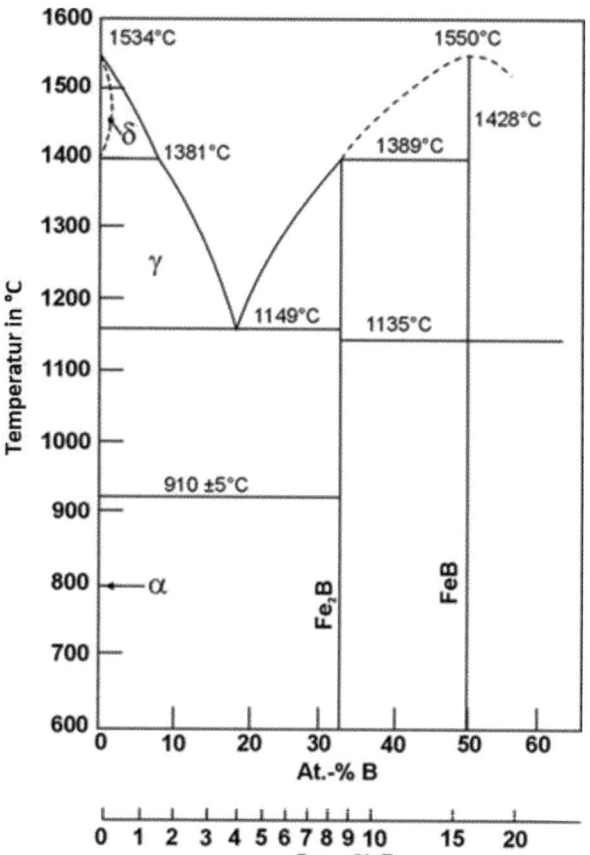

Bild 5-10.33 Das Gleichgewichtsschaubild zum System Fe-B (Bleck 2012)

ridschicht und dem Grundgefüge ergibt sich ein steiler Abfall der Härte. Bild 5-10.34 zeigt den Härteverlauf borierter Proben im Vergleich zu einsatzgehärteten und nitrocarburierten Proben.

Nach dem Borieren verfügt der Werkstoff über eine sehr harte Oberfläche, der Grundwerkstoff bleibt jedoch in seinem weichen Ausgangszustand. Bei punktförmigen Oberflächenbelastungen besteht somit die Gefahr, dass die Schicht durchbricht, da die sog. Stützhärte unterhalb der Schicht fehlt. Die thermischen Ausdehnungskoeffizienten von Boridschichten entsprechen ziemlich genau jenen des Eisens ($12 – 15 \times 10^{-6}$ K^{-1}). Somit besteht die Möglichkeit einer nachträglichen Wärmebehandlung. Eine Vergütung nach dem Borieren ist also ohne Beeinträchtigung der Boridschicht möglich.

Generell kommen gasförmige, flüssige und feste Borverbindungen als Borspender für den Borierprozess in Frage. Tabelle 5-10.5 gibt eine Übersicht über bekannte Boriermittel und die entsprechenden Verfahren. Die mit diesen Borspendern durchgeführten Verfahren lassen sich auf chemische oder elektrochemische Reaktionen zwischen einem borabgebenden Medium und dem jeweiligen Grundmaterial zurückführen. Da sich die Borierverfahren mit festen Borspendern am besten bewährt haben, wird die Verfahrenstechnik für diese genauer beschrieben.

Das Borieren unterteilt sich in die Verfahrensschritte Vorbehandlung, Einpacken, Wärmebehandlung und eine evtl. Nachbehandlung der borierten Bauteile. Da eine Nachbearbeitung borierter Teile hohe Kosten verursacht und diese nur mit den teuren Schleifmitteln durchführbar ist, gilt es, die Nachbearbeitung durch geeignete Maßnahmen zu vermeiden. Je nach Behandlungsbedingungen und Werkstoff beträgt die Aufwachsrate der Boridschicht im Mittel bis zu 30 %. Bestehen also Anforderungen an die Maßhaltigkeit, so ist bei der Fertigung ein entsprechendes Untermaß zu berücksichtigen. Um eine optimale Schichtqualität zu erhalten, sollten die zu borierenden Oberflächen so glatt wie möglich sein. Verzunderte Oberflächen können nicht boriert werden. Korrosionsschutzmittel sind unmittelbar vor dem Einpacken der Bauteile in das Boriermittel zu entfernen.

Die entsprechend vorbehandelten Bauteile werden in einem geeigneten Behälter aus hitzebeständigem Stahl so in das gebrauchsfertige Boriermittel eingebettet, dass die zu borierenden Flächen mit einer ca. 10 bis 20 mm dicken Schicht bedeckt sind. Ein partielles Borieren ist

nalen Gitterstruktur sowie dem borreicheren FeB mit einem Borgehalt von 16,23 Massen-% und rhombischer Struktur. In der praktischen Anwendung werden möglichst einphasige Fe$_2$B-Schichten angestrebt, da zweiphasige Schichten aufgrund des unterschiedlichen thermischen Ausdehnungskoeffizienten zu Abplatzungen neigen. Das Anreichern von Bor führt bereits nach sehr kurzer Behandlungsdauer in der Randschicht zur Bildung von Eisenborid. Mit zunehmender Aufnahme von Bor wachsen die Boridkristalle zu einer geschlossenen Schicht zusammen.

Die erzielbaren Schichtdicken liegen je nach Grundwerkstoff im Bereich von 5 bis 300 µm, wobei jedoch einphasige Schichten mit großer Schichtdicke nur bei unlegierten und niedriglegierten Stählen erzielbar sind. In der Praxis sind bei Eisenwerkstoffen Schichtdicken von 10 bis 80 µm üblich. Für Ni-Basislegierungen lassen sich ebenfalls Schichtdicken bis 300 µm erzielen, wohingegen bei Ti-Werkstoffen Schichtdicken von 10 bis 20 µm erreicht werden. Entsprechend dem schroffen Abfall der Borkonzentration zwischen der Bo-

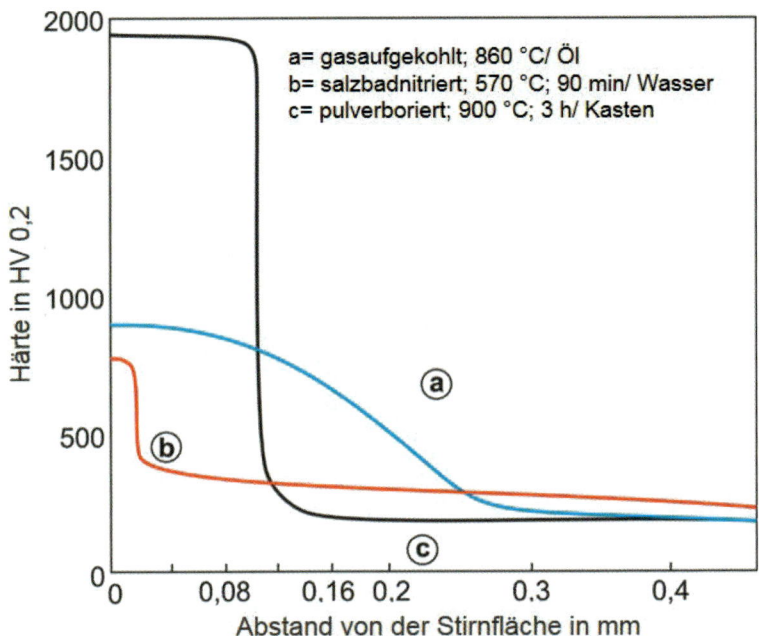

Bild 5-10.34
Vergleich der Härteverläufe nitrierter, einsatzgehärteter und borierter Proben (Bleck 2012)

möglich. Die nicht zu borierenden Oberflächen können dazu grundsätzlich mit verschiedenen Mitteln wie SiC, Kupferband oder verschiedenen technischen Klebebändern abgedeckt werden. Eine weitere Möglichkeit ist das partielle Aufbringen einer Paste, zu der das Boriermittel mit einem Bindemittel angerührt wird.
Für das Feststoffborieren sind Boriermittel in der Form von Pulvern, Granulaten und Pasten verfügbar. Die

derzeit erfolgreichsten Rezepturen enthalten Borkarbid (B_4C) als Borspender, Kaliumtetrafluoroborat (KBF_4) als Aktivator und Siliciumkarbid (SiC) als Verdünner zur Einstellung eines angepassten Verhältnisses von Borspender und Aktivator. Aufgabe des Aktivators ist es, gasförmige Substanzen freizusetzen, die in der Lage sind, den Transport des Bors an die Metalloberfläche zu übernehmen. In diesem Sinne verläuft das Feststoff-

Tabelle 5-10.5 Übersicht verwendeter Boriermittel und -verfahren (Bleck 2012)

Aggregatzustand des Boriermittels	Zusammensetzung	Verfahren
Gasförmig	BF_3, BCl_3, BBr_3 rein oder + Wasserstoff	Das bei Behandlungstemperatur gasförmige Boriermittel umströmt das induktiv oder im Rohrofen erwärmte Werkstück
	B_2H_6 + Wasserstoff	
	$(CH_3)_3B/(C_2H_5)B$	
Flüssig	$Na_2B_4O_7$ (+ NaCl/ + B_2O_3)	Elektrolyse: Werkstück kathodisch, Graphit oder Platin anodisch
	HBO_2 + NaF	
	Bor oder feste Borverbindungen in Fluoridschmelzen	Elektrolyse: Werkstück kathodisch, Boriermittel anodisch, Fluoride als Bad
	B_4C (+ NaCl/ + $BaCl_2$/ + $NaBF_4$)	Eintauchen in das geschmolzene Salz
	$Na_2B_4O_7$ + B_4C	
	Wässrige Lösung von $Na_2B_4O_7$	Induktive Erwärmung nach Aufbringen einer Paste
Fest	B_4C + Na_3AlF_6 + Ethylsilikat	Induktives Erwärmen nach Aufbringen einer Paste
	Ferrobor + Na_3AlF_6 + Wasserglas	
	Amorphes Bor (+ Aktivator)	Erwärmen im Kammerofen; Einpacken in Pulver oder (partiell) in Paste
	Ferrobor (+ Aktivator)	
	B_4C (+ Aktivator)	

5

borieren ebenfalls über die Gasphase. An der Bauteiloberfläche wird das Bor aufgenommen, und es kommt
zur Bildung der Boridphasen.

Behandlungstemperatur und Glühdauer richten sich
nach der geforderten Schichtdicke und den verwendeten Grundwerkstoffen. Der Temperaturbereich liegt
zwischen 800 und 1500 °C, die Behandlungszeiten
üblicherweise zwischen 1 und 12 h. Wie das Zustandsschaubild zeigt (Bild 5-10.33), ist es nicht sinnvoll, bei
Werkstoffen auf Fe-Basis die Behandlungstemperatur
über diesen Bereich hinaus nach oben zu erweitern, da
sonst unter Umständen durch eine örtliche Tempera-
turüberhöhung eine Eutektikumsbildung und damit
Oberflächenveränderung eintritt. Darüber hinaus übt
die Glühtemperatur einen erheblichen Einfluss auf die

zu erzielende Boridschichtdicke aus. Der Zusammenhang zwischen der Boridschichtdicke, der Behandlungsdauer und -temperatur ist in Bild 5-10.35 dargestellt.
Der Darstellung ist ebenso zu entnehmen, dass auch
für das Wachstum der Boridschicht ein Quadratwurzel-
Zeit-Gesetz gilt. Nach der Wärmebehandlung im Ofen
kühlen die Teile am besten im Kasten an der ruhenden
Luft ab. Es ist jedoch auch möglich, das Abkühlen im
Ofen durchzuführen.

Grundsätzlich lassen sich alle im allgemeinen Maschi-
nen- und Anlagenbau gebräuchlichen Stähle borieren.
Aber auch Grau- und Sphäroguss, Sinterstähle und sogar Hartmetall kann erfolgreich boriert werden. Nicht
geeignet sind dagegen aluminiumlegierte Stähle und
Stähle mit erhöhtem Siliciumgehalt. Aluminium und

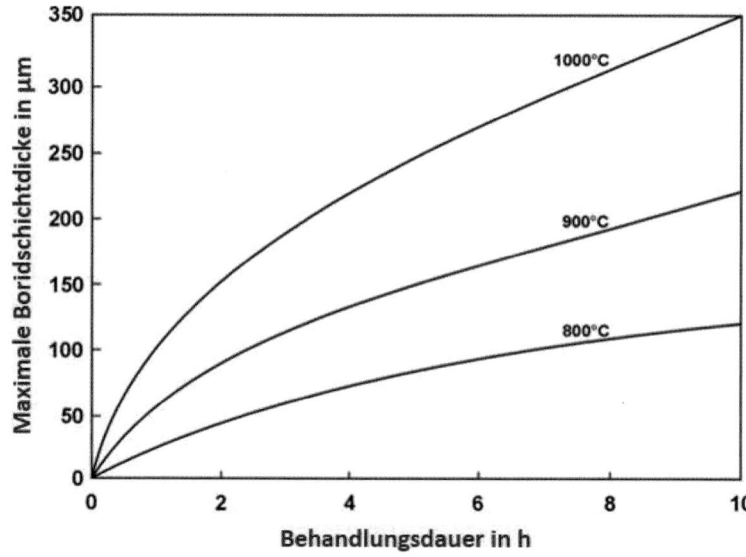

Bild 5-10.35
Zusammenhang zwischen Boridschichtdicke,
Behandlungstemperatur und -dauer (Bleck 2012)

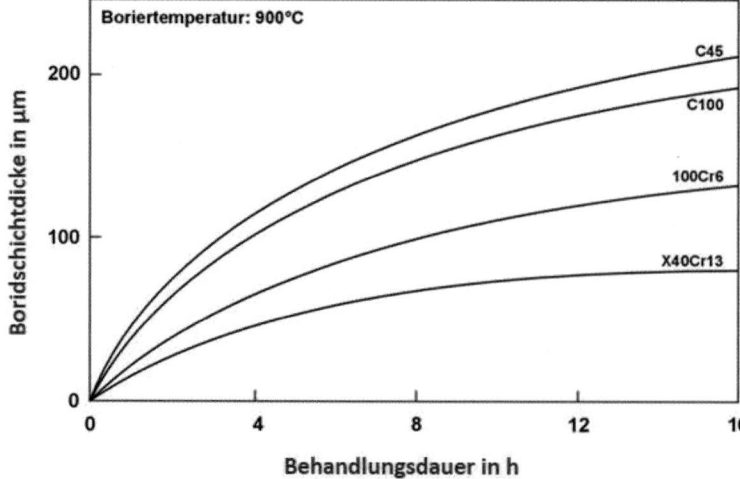

Bild 5-10.36
Zusammenhang zwischen der Boridschichtdicke und
der Borierdauer beim Pulverborieren bei 900 °C
(Bleck 2012)

Silicium sind in der Boridschicht nicht löslich. Das eindiffundierende Bor verdrängt das Silicium bzw. Aluminium nach innen, wodurch die Matrix unterhalb der Boridschicht mit Silicium angereichert wird. Da das Silicium als Ferritbildner agiert, entsteht im Extremfall (Siliciumgehalt > 0,8 Massen-%) eine Zone weichen Ferrits, welche insbesondere bei kerngehärteten Teilen mit hoher spezifischer Flächenbelastung zum Bruch der Boridschicht führen kann. So wie beim Nitrieren wird auch beim Borieren der Einfluss der Legierungselemente auf die Eindiffusion des Bors deutlich: Mit zunehmendem Gehalt an Legierungselementen nimmt die Boridschichtdicke ab bzw. die erforderliche Behandlungsdauer zu (Bild 5-10.36) (DIN EN 10052, Läpple 2006, Zoch 2015, Bleck 2012).

5-10.4.7 Chromieren

Mit Chromieren oder auch Inchromieren werden Prozesse bezeichnet, bei denen eine chromhaltige Randschicht im Werkstück erzeugt wird. Nicht zu verwechseln ist das Verfahren mit dem Verchromen, bei dem ein Chromüberzug elektrolytisch aufgebracht wird, oder dem Chromatieren, bei dem Chromatschichten als Passivierungsschichten hauptsächlich auf Zink und Aluminium erzeugt werden.

Als mögliche Vorgehensweisen existieren sowohl das Gaschromieren als auch das Chromieren mit Hilfe eines Pulvergemisches. In beiden Fällen geben Halogenverbindungen das Chrom an das Werkstück ab. Im Fall des Gaschromierens wird Chlorwasserstoff als Gas über ein Medium geleitet, das in der Lage ist, Chrom an das Werkstück abzugeben (Chrom, Ferrochrom), und reagiert zu Chromchlorid ($CrCl_2$, $CrCl_3$). Beim Chromieren im Pulverpack, bestehend aus dem Medium (Chrom, Ferrochrom), einem Aktivator (Ammoniumchlorid) sowie einem Verdünnungsmittel (Aluminiumoxid, Kaolin) entsteht durch Zersetzung des Aktivators der Chlorwasserstoff, der dann mit dem Medium zu Chromchlorid reagiert. Die Chromchloride adsorbieren an der Werkstoffoberfläche. Dabei dringt das Chrom atomar in den Werkstoff ein, während das Chlor wieder Chlorwasserstoff bildet und so erneut zum Chromtransport zur Verfügung steht.

Die Prozesse werden im Temperaturbereich zwischen 1000 und 1150 °C für 6 bis 12 Stunden durchgeführt. Dabei erreicht die Randschicht des Bauteils in einer Tiefe von 10 bis 100 µm Chromgehalte von bis zu 35 %, wodurch hauptsächlich die Korrosionsbeständigkeit

bis zu Temperaturen von 800 °C verbessert wird. Bei Stählen mit Kohlenstoffgehalten über 0,45 % bilden sich zusätzlich sehr harte Chromkarbide, die die Verschleißbeständigkeit erhöhen. Die Chromkarbide erschweren jedoch die Diffusion des Chroms in den Stahl, wodurch die Tiefe der Chromierung sinkt.

Aufgrund der hohen Temperaturen während des Chromierens müssen sowohl der Bauteilverzug als auch das Kornwachstum während bzw. nach der Behandlung beachtet werden. Des Weiteren können die erzeugten Chromschichten zu Sprödigkeit neigen, die allerdings durch eine nachfolgende Wärmebehandlung reduziert werden kann (DIN EN 10052, EURONORM 52-67, Läpple 2006).

5-10.5 Thermomechanische Behandlung

Bei einer thermomechanischen Behandlung (TMB) finden Wärmebehandlung und Umformung gleichzeitig statt. Prinzipiell trifft dies auf jede Art des Warmumformens zu. Im Allgemeinen wird jedoch nur dann von einer thermomechanischen Behandlung gesprochen, wenn durch eine bewusste Kontrolle der Temperatur- und Umformbedingungen in Kombination mit Mikrolegierungselementen sowie der Abkühlbedingungen dem Endprodukt Werkstoffeigenschaften verliehen werden, die nur durch eine Wärmebehandlung nicht erreichbar sind. Daher wird in diesem Kapitel lediglich die thermomechanische Behandlung mit Mikrolegierungselementen besprochen. Sie wird insbesondere bei Band-, Tafel- und Langprodukten sowie bei Rohren und Profilen erfolgreich angewandt, da hier aufgrund der gleichmäßigen Bauteildicken die Kontrolle von Temperaturführung und Umformgrad gut sichergestellt werden kann.

Als Mikrolegierungselemente werden Elemente bezeichnet, die in geringen Mengen dem Stahl zugefügt werden, um die mechanisch-technologischen Eigenschaften zu verbessern. Ihre Gehalte betragen für gewöhnlich weniger als 0,1 %. Im Gegensatz zu Legierungselementen wie z.B. Cr, Mo und Mn, die durch eine Beeinflussung der Matrix zu einer Veränderung des Gefüges und somit der Eigenschaften führen, wirken Mikrolegierungselemente in erster Linie durch

5

Ausscheidung einer zweiten Phase. Darüber hinaus können sie aber auch in gelöster Form zu einer Eigenschaftsveränderung beitragen. Neben Ca oder Elementen aus der Gruppe der Seltenen Erden, die zur Kontrolle nichtmetallischer Einschlüsse eingesetzt werden, und Al, dem klassischen Mikrolegierungselement zur Kornfeinung, sind vor allem die Karbid- und Nitridbildner Ti, Nb und V zur Steigerung sowohl der Festigkeit als auch der Zähigkeit von großem Interesse (Bild 5-10.37).

Die erzielten Verbesserungen des Gefüges sowie der Eigenschaften nach Anwendung der thermomechanischen Behandlung sind zum einen auf die Wechselwirkung zwischen der verformungs- und der legierungsbedingten Struktur des Austenits und zum anderen auf den Umwandlungsvorgang bei der anschließenden Abkühlung zurückzuführen (Bleck 2010).

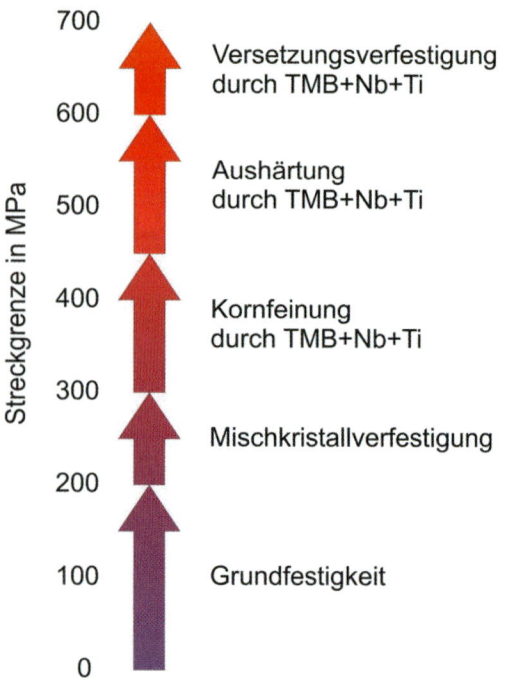

Bild 5-10.37 Beitrag der verschiedenen festigkeitssteigernden Mechanismen zur Streckgrenze eines thermomechanisch behandelten Stahles (Bleck 2010)

Einflussgrößen auf die thermomechanische Behandlung mikrolegierter Stähle

Die Warmumformung ist mit einer Reihe von metallkundlichen Vorgängen verbunden, die die Eigenschaften des Gefüges vor, während und nach dem Umformen maßgeblich mitbestimmen. Eine Übersicht über die wichtigsten Prozesse, die beim Herstellen eines Warm-

bandes ablaufen, zeigt Bild 5-10.38. Von der Austenitisierung im Stoßofen über den gesamten Walzstichplan bis zum nachfolgenden Abkühlen auf der Kühlstrecke und im Haspel tritt ein breites Spektrum von Vorgängen im Gefüge auf, die sich oft zeitlich überlappen und gegenseitig beeinflussen (Bleck 2010).

Austenitisierung

Durch die TMB wird in erster Linie ein feines Umwandlungsgefüge angestrebt. Voraussetzung dafür ist die Einstellung eines geeigneten, homogenen Ausgangszustandes vor der Umwandlung durch die Austenitisierung.

Bei der Austenitisierung darf die Stoßofentemperatur nicht zu niedrig gewählt werden, um die notwendige Homogenisierung des Austenits zu erreichen und die Walzkräfte bei der nachfolgenden Umformung gering zu halten. Eine zu hohe Brammentemperatur führt jedoch durch starkes Kornwachstum zu grobem Austenitkorn und damit zu schlechteren mechanischen Endeigenschaften. Weitere Nachteile einer zu hohen Austenitisiertemperatur sind Zunderverluste sowie der hohe Energieverbrauch und die damit verbundenen Kosten.

Ein feines Austenitgefüge ist eine wesentliche Voraussetzung für ein feines Ferritkorn. Daher muss die Temperatur hoch genug sein, um einen homogenen Austenit zu erzeugen und eine ausreichende Menge an Mikrolegierungselementen für die nachfolgende TMB im Austenit zu lösen. Die Auflösung von Mikrolegierungselementen zu Beginn der Behandlung ist eine wichtige Voraussetzung für deren nachfolgende Funktion im ganzen Prozess der TMB.

Die Kornwachstumsgeschwindigkeit steigt mit zunehmender Austenitisiertemperatur an. Ein Kornwachstum kann jedoch nur dann erfolgen, wenn keine wachstumshemmenden Hindernisse vorhanden sind. Solche Hindernisse sind feine, auf den Austenitkorngrenzen liegende Ausscheidungen. Erst wenn die Teilchen bei hohen Temperaturen koagulieren oder sich sogar auflösen, kann ein Kornwachstum erfolgen (Bleck 2010).

Umformung

Die Ferritkorngröße wird neben der Beeinflussung durch die Austenitkorngröße auch durch das Rekristallisations- und das Umwandlungsverhalten beeinflusst. Das wichtigste Ziel der Warmumformung ist es, einen definierten Austenitzustand vor der γ/α-Umwandlung zu erreichen.

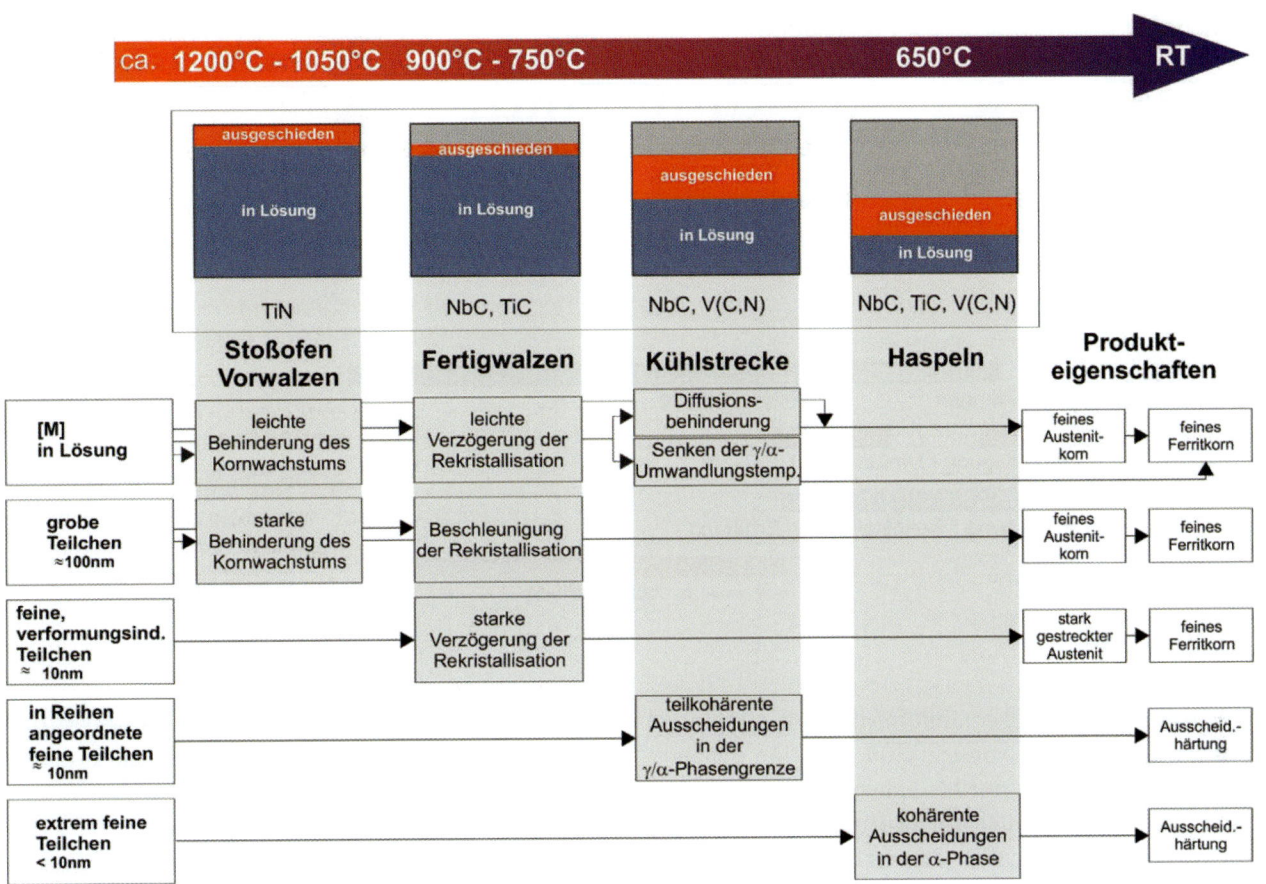

Bild 5-10.38 Wirkungsweise von gelöstem und ausgeschiedenem Niob, Vanadin und Titan im Stahl (Bleck 2010)

Während der mehrstufigen Umformung, die sich oft über einen weiten Temperaturbereich erstreckt, läuft die Austenitkornfeinung über eine dynamische oder statische Rekristallisation ab. Die Zusammensetzung des Stahls, die Temperatur und die Umformparameter bestimmen jeweils den einen oder den anderen Rekristallisationsmechanismus.

Die metallkundlichen Phänomene beim Walzen von Warmbreitband unter den Bedingungen einer thermomechanischen Behandlung sind in Bild 5-10.39 zusammengestellt. Warmbreitbandwalzen kann in die Abschnitte Erwärmen (im Stoßofen), Vorwalzen, Fertigwalzen, Schnellkühlen (auf der Kühlstrecke), langsames Kühlen (im Haspel) unterteilt werden. Während dieser Schritte finden teilweise zeitgleich Verfestigungs- und Endfestigungsprozesse statt.

Am Beispiel eines Warmwalzstiches (Bild 5-10.40) wird der Übergang von einem groben zu einem feinen Gefüge durch eine dynamische Rekristallisation (d.h. Rekristallisation während der Umformung) oder statische Rekristallisation (d.h. Rekristallisation nach der Umformung) dargestellt.

Die dynamische Rekristallisation, die bei höheren Temperaturen dominiert, läuft während des Walzens ab, sobald ein kritischer Umformgrad φ_{krit} erreicht wird. Dieses kann auch mehrmals in einem Stich erfolgen. Am Ende der Umformung sind alle Körner neu gebildet, einige allerdings erneut verfestigt, sodass eine vollständige Entfestigung erst nach der Umformung erfolgt. Die statische Rekristallisation fängt erst nach Ablauf einer Inkubationszeit nach der Umformung an, d.h. zwischen den einzelnen Walzstichen und nach dem Endwalzen. Die Dauer der statischen Rekristallisation ist abhängig von der Temperatur und kann zwischen wenigen Sekunden und mehreren Stunden betragen.

Die Mikrolegierungselemente V, Nb und Ti erhöhen den kritischen Umformgrad für die dynamische Rekristallisation sowie die Inkubationszeit für das Einsetzen der statischen Rekristallisation. Unter den Rand-

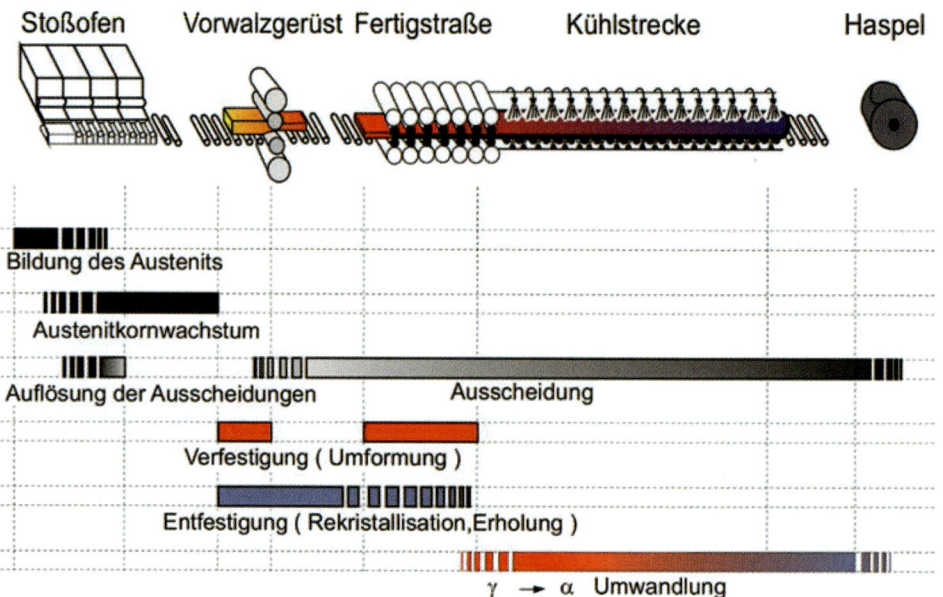

Bild 5-10.39
Metallkundliche Phänomene beim Walzen von Warmbreitband unter den Bedingungen einer thermomechanischen Behandlung (Bleck 2010)

bedingungen technischer Umformvorgänge mit einem Umformgrad je Stich von $\varphi = 0{,}05$ tritt eine dynamische Rekristallisation nur bei hohen Umformtemperaturen ein. Zur wirksamen Verzögerung der Rekristallisation führt hauptsächlich der verformungsinduziert ausgeschiedene Anteil der Ausscheidungen. Die entstehenden feinen Karbonitride blockieren die Versetzungsbewegung und verhindern so die Entfestigung. Da auf diese Weise die verformten Austenitkörner durch ihre große Korngrenzfläche, die hohe Versetzungsdichte sowie die nicht aufgelösten groben Ausscheidungen eine sehr hohe Keimzahl für eine γ/α-Umwandlung zur Verfügung stellen, wird nach der

Umwandlung ein sehr feines α-Gefüge vorliegen. Dieses Gefüge weist dann jedoch die ausgeprägte Orientierung in Umformrichtung des Austenits in Form einer Textur auf. Der kornfeinende und damit zähigkeitsverbessernde Effekt steigt mit zunehmendem Endumformgrad (Bild 5-10.41) (Bleck 2010).

Abkühlung

Der Einfluss der Mikrolegierungselemente auf die Phasenumwandlung hängt außer vom Legierungsgehalt auch von der Austenitisierungstemperatur und damit vom Ausscheidungszustand ab. Eine niedrige Austenitisierungstemperatur führt zu beschleunigter Ferritbil-

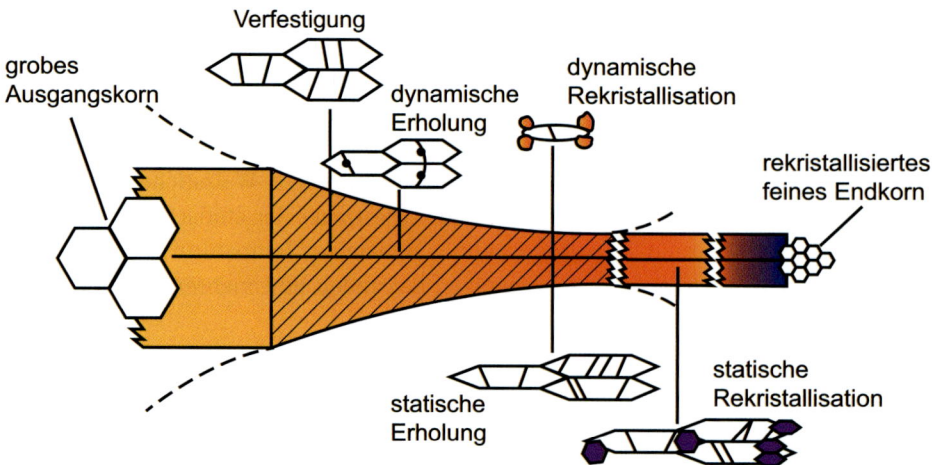

Bild 5-10.40
Ablauf der Rekristallisation des Austenits im Warmwalzprozess (Bleck 2010)

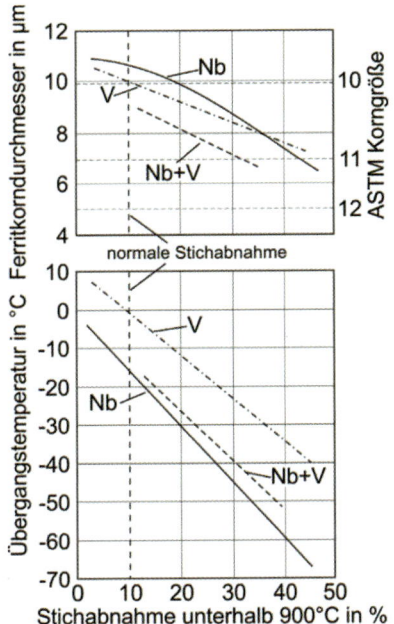

Bild 5-10.41 Zusammenhang zwischen dem Verformungsgrad in den letzten Stichen, der Ferritkorngröße und der Übergangstemperatur mikrolegierter Stähle (Bleck 2010)

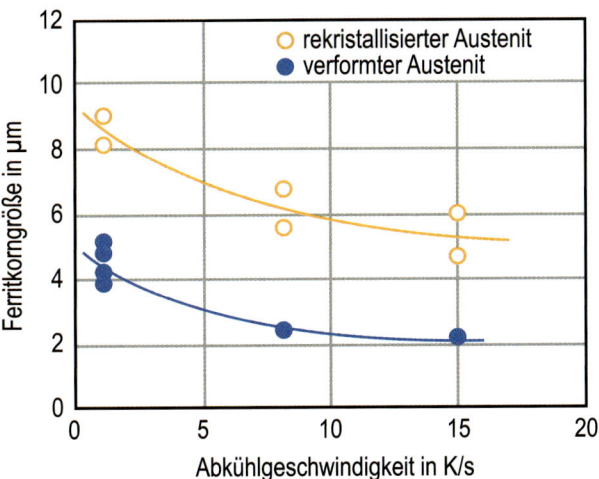

Bild 5-10.42 Einfluss der Abkühlgeschwindigkeit und des Austenitzustands auf die Ferritkorngröße von Warmband (Bleck 2010)

5

dung, da zum einen der Kohlenstoffgehalt der Matrix durch nicht aufgelöste Karbonitride abgesenkt ist und zum anderen die Ausscheidungen selbst Keimstellen für die γ/α-Umwandlung darstellen. Steigende Gehalte an Mikrolegierungselementen bewirken dabei durch die Erhöhung der Löslichkeitstemperatur ebenfalls eine Beschleunigung der Umwandlung. Bei hoher Austenitisierungstemperatur sind einerseits der C-Gehalt und der Gehalt an Mikrolegierungselementen in der Matrix angehoben, andererseits ist die Keimdichte nach dem Auflösen der Karbonitride abgesenkt. Daher wird die Ferritbildung verzögert, und es kann zur Umwandlung in die Bainit- oder Martensitstufe kommen. Durch den Einsatz von festigkeits- und zähigkeitssteigernden Mikrolegierungselementen kann der C-Gehalt von Baustählen stark herabgesetzt werden. Die mikrolegierten Stähle weisen so sehr kurze Umwandlungszeiten auf, wodurch eine Aufhärtegefahr praktisch nicht besteht.

Bild 5-10.42 zeigt, wie die Erhöhung der Abkühlgeschwindigkeit zu einem feineren Ferritkorn führt. Zusätzlich ist der Einfluss der Umformung im Austenit vor der Umwandlung auf die Ferritkorngröße deutlich zu erkennen (Bleck 2010).

Haspeltemperatur

Mit fallender Haspeltemperatur nimmt die Menge der Ausscheidungen schnell ab, was auf die ebenfalls abnehmende Diffusionsgeschwindigkeit zurückzuführen ist. Gleichzeitig ist jedoch ein starkes Ansteigen der Festigkeit zu erkennen. Dieses ist mit der erhöhten Keimbildung durch die stärkere Unterkühlung und der damit verbundenen feindisperseren Ausscheidung zu erklären. Ein Maximum der Festigkeitssteigerung ergibt sich bei Temperaturen um 600 °C (Bild 5-10.43). Bei diesen Temperaturen ist die γ/α-Phasenumwandlung schon abgeschlossen. Durch die Variation der Haspeltemperatur kann ein maximaler Aushärtungsbeitrag als Kompromiss zwischen Wachstumsgeschwindigkeit (Größe der Teilchen) und Keimdichte (Zahl der Teilchen) erreicht werden. Bei zu hoher Haspeltemperatur entstehen weniger Ausscheidungen, die dafür schnell wachsen und einen geringen Festigkeitsanstieg verursachen. Bei zu geringer Auslagerungstemperatur ist die Ausscheidungskeimdichte zwar groß, das Wachstum der Teilchen jedoch unterdrückt, sodass der volle Aushärtungseffekt ebenfalls nicht erreicht wird. Da bei mikrolegierten Stählen sowohl die Kornfeinung als auch die Aushärtung die Festigkeit verbessern, die Zähigkeit hingegen nur durch die Kornfeinung gesteigert wird, ist es wichtig, mit welchen Wirkungsanteilen die beiden Mechanismen zum Eigenschaftsbild beitragen (Bleck 2010).

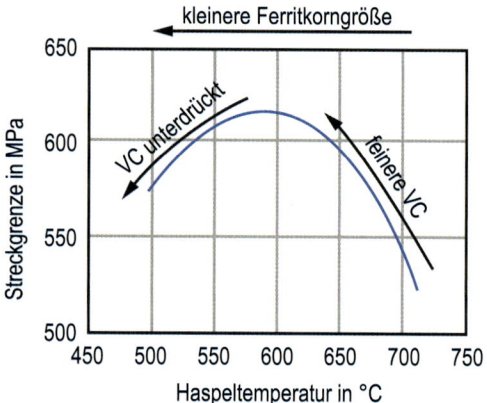

Bild 5-10.43 Einfluss der Haspeltemperatur eines mit Vanadium mikrolegierten Stahls auf die Streckgrenze (VC: Vanadinkarbid) (Bleck 2010)

5

Verarbeitung thermomechanisch behandelter Stähle

Die besondere Vorgehensweise bei der Einstellung des Gefüges der thermomechanisch behandelten Stähle führt dazu, dass sie nicht beliebig weiterverarbeitet werden können, da es nicht möglich ist, durch eine einfache Wärmebehandlung wie Normalglühen das Gefüge wiederherzustellen.

Ausgeschlossen sind somit alle Verarbeitungsschritte, die das Gefüge und damit die mechanischen Eigenschaften deutlich verändern, wie z.B. die Warmumformung oder Kaltumformung mit hohen Umformgraden, die ein anschließendes Normalglühen oder Vergüten erfordern. Geringe Kaltumformung oder Halbwarmumformung bis etwa 600 °C bei kurzen Haltezeiten sind je nach Legierung möglich.

Obwohl thermomechanisch behandelte Stähle sehr gut schweißgeeignet sind, muss ein zu hohes Wärmeeinbringen vermieden werden, da die zulässigen Abkühlzeiten nicht überschritten werden dürfen. Es sollte – abhängig von der Blechdicke – mit kleinen Streckenenergien und größeren Schweißgeschwindigkeiten gearbeitet werden. Auf das Vorwärmen kann teilweise verzichtet werden. Dann muss allerdings besonders auf den Wasserstoffeintrag geachtet werden, um eine wasserstoffinduzierte Rissbildung zu vermeiden.

Nach der Kaltumformung oder dem Schweißen kann ein Spannungsarmglühen bei ca. 550 °C für bis zu 150 min angeschlossen werden (Bleck 2010, Stahl-Eisen-Werkstoffblatt 088).

5-10.6 Fazit

Die Wärmebehandlung ist in fast allen Produktionsketten für Stahlbauteile ein notwendiger Schritt zur Einstellung der Eigenschaften, der aber mit zusätzlichen Kosten verbunden ist. Aktuelle Arbeiten zielen von daher immer auch darauf, die Gesamtkosten der Produktionskette zu reduzieren, indem Wärmebehandlungsschritte entweder aus der Umformung heraus durchgeführt oder aber in Kombination mit vorherigen und/oder nachgelagerten Schritten optimiert werden. Dieser Trend hin zur Prozesskettenbetrachtung geht einher mit der zunehmenden Digitalisierung der Produktion, sodass alle relevanten Prozessdaten auch in den nachfolgenden Prozessschritten zur Verfügung stehen können. Weiterhin werden zunehmend komplizierte, mehrstufige Prozesse mit engen Toleranzen gefahren, um mehrphasige und komplexe Gefügestrukturen einzustellen zur Optimierung der Eigenschaften. Auch diese Tendenz wird unterstützt von einer zunehmenden Digitalisierung der Werkstoffwissenschaften, die hochpräzise Modelle für Prozessmonitoring und -steuerung zur Verfügung stellt.

Literatur zu Kapitel 5-10

Beneke, F.; Nacke, B.; Pfeifer, H.: Handbook of Thermoprocessing Technologies. Vulkan-Verlag, Essen 2012

Bleck, W.: Spezielle Werkstoffkunde der Stähle für Studium und Praxis. Verlag Mainz, Aachen 2012

Bleck, W.: Werkstoffkunde Stahl für Studium und Praxis. Verlag Mainz, Aachen 2010

Böhlerstahl Vertriebsgesellschaft m.b.H.: Praxis-Service: Erfolgreiche Edelstahlverarbeitung.

Grosch, J.: Grundlagen der technischen Wärmebehandlung von Stahl. Werkstofftechnische Verlagsgesellschaft, Karlsruhe 1981

Grossmann, M. A.: Elements of hardenability. Stahl und Eisen 111 (1991) 7, S. 103–110

Kopietz, K.-H.: Der derzeitige Stand der Abschrecktechnik. Härterei-Technische-Mitteilungen (HTM) 15, Carl Hanser Verlag, München 1960

Läpple, V.: Wärmebehandlung des Stahls; Grundlagen, Verfahren und Werkstoffe. Verlag Europa-Lehrmittel, Haan-Gruiten 2006

Liedtke, D.; Jönsson, R.: Wärmebehandlung. Grundlagen und Anwendungen für Eisenwerkstoffe. 6. Aufl., Expert Verlag, Renningen-Malmsheim 2004

Merkblatt 236, Ausgabe 2009: Wärmebehandlung von Stahl – Randschichthärten. Stahl-Informations-Zentrum Düsseldorf

Merkblatt 447, Ausgabe 2005: Wärmebehandlung von Stahl – Nitrieren und Nitrocarburieren. Stahl-Informations-Zentrum Düsseldorf

Merkblatt 450, Ausgabe 2005: Wärmebehandlung von Stahl – Härten, Anlassen, Vergüten, Bainitisieren. Stahl-Informations-Zentrum Düsseldorf

Merkblatt 452, Ausgabe 2008: Einsatzhärten. Stahl-Informations-Zentrum Düsseldorf

Sauer, K. H.; Lucas, M.; Grabke, H. J.: Kohlenstofflöslichkeit, Legierungsfaktoren und maximale Löslichkeit in Einsatzstählen bei 950 °C. Härterei-Technische-Mitteilungen HTM 43 1, S. 45 – 53, Carl Hanser Verlag, München 1988

Stahl-Eisen-Werkstoffblatt 088, Ausgabe 1993: Schweißgeeignete Feinkornbaustähle; Richtlinien für die Verarbeitung, besonders für das Schmelzschweißen. Verlag Stahleisen Düsseldorf

Zoch, H.-W.; Spur, G.: Handbuch Wärmebehandeln und Beschichten. Carl Hanser Verlag, München 2015

Alle im Text erwähnten Normen sind in einer Liste zusammengefasst (Seite 889).

5

5-11 Korrosion und Korrosionsschutz

Elvira Moeller

5-11.1 Ursachen und Ablauf der Korrosion

5-11.1.1 Überblick

Alle Werkstoffe unterliegen unter dem Einfluss von Wasser, Sauerstoff und/oder Chemikalien der Korrosion oder einem anderen Abbauverhalten, weil ihre Oberfläche mit dem umgebenden Medium mehr oder weniger reagiert. Bei Metallen ist die Korrosion thermodynamisch betrachtet ein natürlicher Vorgang, der nicht verhindert, sondern dessen Geschwindigkeit nur vermindert werden kann. Das Ausmaß und die Geschwindigkeit der Korrosionsreaktion sind abhängig von der Stellung des Metalls in der elektrochemischen Spannungsreihe der Elemente. Je edler ein Metall ist, d. h. je größer sein positives Normalpotenzial, desto weniger neigt es zur Korrosion. Allerdings gibt es eine Reihe von Gebrauchsmetallen, wie Aluminium, Magnesium und Kupfer, die zwar unedler sind, aber bei Kontakt mit Sauerstoff sofort eine oxidische Deckschicht ausbilden, die das Metall gegen weitergehende Korrosion schützt.

Der zweite Einflussfaktor ist das angreifende Medium, also Atmosphäre, Wasser oder jede Art von Chemikalien. Kommen außerdem mechanische oder thermische Belastungen, wie Strömung, Reibung, sehr hohe oder sehr niedrige Temperaturen, sowie häufige Temperaturwechsel dazu, wird die Korrosionsgeschwindigkeit zusätzlich beeinflusst.

Korrosion bewirkt Abbau des Werkstoffs und damit Reduzierung der ursprünglichen Dicke eines Bauteils. Das Ergebnis sind mehr oder weniger gravierende Korrosionsschäden, die Ausbesserungsarbeiten mit erheblichen Folgekosten erforderlich machen. Um derartige Schäden zu vermeiden, muss für jedes Bauwerk und jede chemische Anlage, für jede Stahlbrücke und jede Rohrleitung der Korrosionsschutz bereits bei der Planung berücksichtigt werden. Korrosionsschutz beginnt am Reißbrett. Dieser Satz ist zwar nicht neu, aber er wird leider viel zu häufig ignoriert. Bereits bei der Planung von Bauteilen, Hochbauten oder ganzen Anlagen soll festgelegt werden, nach welchen Verfahren später der Korrosionsschutz aufgebracht werden soll. Es müssen folgende Fragen gestellt werden:

- Entstehen bei der Konstruktion Sicken oder Falze, in denen sich bei der Nutzung Wasser und Elektrolyte ansammeln?
- Ist die Größe eines Bauteils für die Feuerverzinkung geeignet?
- Treten durch zusätzliche Fügemaßnahmen neue Möglichkeiten für korrosiven Angriff auf?
- Sind die Konstruktionen so geplant, dass sich Instandhaltungs- und Instandsetzungsmaßnahmen durchführen lassen?
- Muss eine Anlage in andere klimatische Bereiche transportiert werden, sodass temporärer Korrosionsschutz notwendig wird?

Der Schutz gegen Korrosion, d. h. der Eingriff in die Korrosionsreaktion, basiert auf wenigen Prinzipien, die in einer ganzen Reihe von technischen Verfahren umgesetzt sind. Der erste Schritt ist eine korrosionsschutzgerechte Gestaltung, bei der besondere Möglichkeiten für korrosiven Angriff, wie Spalten und Sicken, ebenso vermieden werden wie sehr feingliedrige Elemente. Unter diesem Aspekt wäre der Eiffelturm zwar in dieser Form nie gebaut worden, aber er muss auch alle 7 Jahre mit 60 t Lack renoviert werden.

Die zweite Möglichkeit erstreckt sich auf die Auswahl eines Werkstoffes, der genau gegen das eingesetzte oder vorhandene Medium beständig ist und die Anwendung des sogenannten aktiven Korrosionsschutzes.

Der größte Teil der Korrosionsschutz-Maßnahmen basiert auf der Trennung von Metall und angreifendem Medium durch organische Beschichtungen, durch metallische oder nicht-metallische anorganische Überzüge wie Email- oder Zementauskleidungen oder -umhüllungen.

Last but not least ist jede Maßnahme zum Korrosionsschutz auch eine Maßnahme zum Schutz von Ressourcen, denn jedes verrostete Bauteil ist ein Stück verbrauchter und verschwendeter Rohstoff. Deshalb muss der geeignete Korrosionsschutz für den jeweiligen Anwendungsfall nach technischen, aber auch nach wirtschaftlichen Gesichtspunkten ausgewählt werden.

5-11.1.2 Korrosion und Korrosionssysteme

Technisch ist Korrosion definiert als die Reaktion eines metallischen Werkstoffs mit seiner Umgebung, die eine messbare Veränderung des Werkstoffes bewirkt und zu einem Korrosionsschaden führen kann (DIN EN ISO 8044). Korrosion läuft nicht isoliert, sondern in einem Korrosionssystem ab, auf das folgende Parameter Einfluss haben:

- Der Werkstoff (Stahl, NE-Metalle),
- die Umgebung oder das einwirkende Medium (Luft, Wasser, jede Art von Chemikalien, dazu gehören auch Lebensmittel),
- die Reaktionsbedingungen, wie Temperatur, Temperaturwechsel, Druck, Bewegung des Mediums und pH-Wert sowie
- zusätzliche Einflussgrößen, z. B. mechanische Beanspruchung.

Aus der Vielzahl von metallischen Werkstoffen, der unterschiedlichen Einsatzbereiche und der verschiedenen Medien, die auf die Werkstoffe einwirken können, ergibt sich eine große Zahl von möglichen Korrosionssystemen, die zudem unter verschiedenen Bedingungen aufeinander einwirken.

Diese Systeme lassen sich weiter differenzieren sowohl mit Blick auf die zahlreichen Legierungen der angegebenen Metalle, in Bezug auf einzelne Komponenten im jeweiligen Einsatzbereich als auch in Bezug auf die einwirkenden Medien, z. B. saure oder alkalische Chemikalien oder die unterschiedliche Art von Wässern. Hinzu kommen zusätzliche Belastungen, wie mechanische Beanspruchungen, z. B. Reibung oder Spannung, und thermische Belastungen, wie erhöhte Temperatur oder häufige Temperaturwechsel sowie biologische Einwirkungen.

Eisen und andere unedle Gebrauchsmetalle kommen in der Natur meist als Oxide vor und müssen in aufwändigen Prozessen unter Energiezufuhr zu Metallen reduziert werden. Das Oxid ist gegenüber dem Metall thermodynamisch stabiler, deshalb strebt das Metall danach, wieder in die oxidische Form überzugehen.

Die Ursachen für die lokale Zerstörung können sowohl vom Metall als auch von der Umgebung bzw. dem Medium ausgehen. Von Seiten des Metalls können verschiedene Ursachen verantwortlich sein z. B.:

- Kontakt unterschiedlicher Metalle führt zur Bimetallkorrosion,
- Inhomogenitäten an der Oberfläche oder im Gefüge zu Lochkorrosion,
- statische oder dynamische Zugspannungen bewirken Spannungs- oder Schwingungsrisskorrosion und
- die Absorption von Wasserstoff führt zu Wasserstoff induzierter Korrosion (Wasserstoffversprödung).

5-11.1.3 Einfluss von Medien auf das Korrosionsverhalten

Die häufigste Ursache von Seiten des umgebenden Mediums sind Unterschiede der Konzentration von Sauerstoff oder Salzen oder Unterschiede des pH-Wertes. Sauerstoffmangel innerhalb einer Korrosionspustel, in einem Spalt oder unter einer Ablagerung kann Anlass zu Loch- oder Spaltkorrosion geben. Die Abscheidung von Kondensattröpfchen führt zu örtlicher Korrosion. Phasengrenzen im Medium z. B. zwischen Öl und Wasser können ebenfalls Ursache für bevorzugte Korrosion sein. Schließlich sind auch hohe Strömungsgeschwindigkeiten des Mediums insbesondere nach Hindernissen gefährlich. Zu den Medien gehören die Atmosphäre, das Wasser, das Erdreich (Böden), unterschiedliche Chemikalien oder Lebensmittel.

In Tabelle 5-11.1 sind Belastungen beispielhaft zusammengestellt, die einzeln oder gemeinsam in den einzelnen Anwendungsbereichen auftreten können.

Atmosphärische Korrosion

Atmosphärische Korrosion ist ein Prozess, der durch die Einwirkung eines Gemisches aus Luft und Feuchtigkeit sowie der darin enthaltenen Gase und Dämpfe ausgelöst wird (DIN EN ISO 8044). Dies geschieht in der freien Atmosphäre und in geschlossenen Räumen gleichermaßen. Um die Korrosivität der Atmosphäre und damit die zu erwartende Geschwindigkeit der Korrosion beschreiben zu können, wurden Klimadaten und Atmosphärentypen definiert, die schließlich in der Aufstellung von Korrosivitätskategorien münden (Tabelle 5-11.2).

Tabelle 5-11.1 Belastungen von Bauwerken oder Bauteilen, die in verschiedenen Einsatzbereichen zu erwarten sind

Einsatzbereich	Belastungen
Stahlhochbau	Atmosphäre
Stahlbrückenbau	Atmosphäre, ggf. zusätzlich Wasser
Stahlwasserbau, Schiffbau, Meerestechnik, Offshore-Anlagen	Salzwasser, Süßwasser, Schmierstoffe, mechanische und biologische Belastung
Anlagenbau	Chemikalien aller Art, Lebensmittel
Kraftwerksbau	Atmosphäre, Chemikalien, Abgase
Sanitär- und Heizungstechnik, Rohrleitungsbau	Wasser, Abwasser, Kühlwasser, Trinkwasser, ggf. Böden
Automobil- und Fahrzeugbau	Atmosphäre, Streusalz, Temperaturwechsel, Schmierstoffe
Flugzeugbau	Atmosphäre, UV-Strahlung, Temperaturwechsel, Enteisungsmittel
Maschinenbau	Öl, Schmierstoffe, mechanische Belastung
Allgemeines Bauwesen	Atmosphäre, mineralische Baustoffe
Verpackung	Lebensmittel u. a.

Tabelle 5-11.2 Korrosivitätskategorien für atmosphärische Belastung nach DIN EN ISO 12944-2, Tabelle 1

Korro-sivitäts-kategorie	Unlegierter Stahl		Zink		Beispiele für typische Umgebungen
	Massen-verlust g/m^2	Dicken-abnahme μm	Massen-verlust g/m^2	Dicken-abnahme μm	
C1 unbedeu-tend	≤ 10	≤ 1,3	≤ 0,7	≤ 0,1	innen: Geheizte Gebäude mit neutraler Atmosphäre, z. B. Büros, Hotels, Läden, Wohnräume
C2 gering	> 10 – 200	> 1,3 – 25	> 0,7 – 5	> 0,1 – 0,7	außen: ländliche Bereiche, geringe Verunreinigung innen: ungeheizte Gebäude mit Wahrscheinlichkeit von Kondenswasser-bildung, z. B. Lager, Sporthallen
C3 mäßig	> 200 – 400	> 25 – 50	> 5 – 15	> 0,7 – 2,1	außen: Stadt- und Industriegebiet mit mäßiger Verunreinigung (SO_2), Küstenbereiche mit geringer Salzbelastung innen: Produktionsräume mit hoher Luftfeuchte, z. B. Lebensmittel-herstellung, Wäschereien, Brauereien
C4 stark	> 400 – 650	> 50 – 80	> 15 – 30	> 2,1 – 4,2	außen: Industriegebiete und Küstenbereiche mit mäßiger Salzbelastung innen: Stätten mit hoher Luftfeuchte und Verunreinigungen, z. B. Chemie-anlagen, Schwimmbäder, Bootsschuppen über Meerwasser
C5-I sehr stark (Industrie)	> 650 – 1500	> 80 – 200	> 30 – 60	> 4,2 – 8,4	außen: Industrielle Bereiche mit hoher Luftfeuchte und aggressiver Atmosphäre innen: Bereiche mit nahezu ständiger Kondensation und starker Verunreinigung
C5-M sehr stark (Meer)	> 650 – 1500	> 80 – 200	> 30 – 60	> 4,2 – 8,4	außen: Offshore- und Küstenbereiche mit hoher Salzbelastung innen: Bereiche mit nahezu ständiger Kondensation und starker Verunreinigung

Unter Klima versteht man das in einer bestimmten Region vorherrschende Wetter, das über einen langen Zeitraum beobachtet und statistisch ermittelt wurde. Es gibt auf der Welt unterschiedliche Klimazonen, z. B. gemäßigt, tropisch usw., die in ISO 9223 beschrieben sind. Der Atmosphärentyp dagegen charakterisiert die Atmosphäre – unabhängig vom Klima – am jeweiligen Standort des Objektes, die mehr oder weniger korrosive Stoffe in unterschiedlicher Konzentration enthalten kann (Tabelle 5-11.3).

Tabelle 5-11.3 Charakterisierung von Atmosphärentypen

Land-atmosphäre	ländliche Gebiete und kleine Städte ohne nennenswerte Verunreinigung durch korrosive Stoffe
Stadt-atmosphäre	dicht besiedelte Gebiete ohne Industrieansammlungen mit mäßiger Konzentration korrosiver Stoffe
Industrie-atmosphäre	Industriegebiete mit örtlichen oder regionalen Verunreinigungen, z. B. mit korrosiven Industrieabgasen, im Wesentlichen SO_2
Meeres-atmosphäre	Offshore-Bereiche, Küste und deren Nähe mit starker Belastung mit Meersalz-Aerosolen, im Wesentlichen Chloride

Die wirklichen am Standort herrschenden Bedingungen sind die örtlichen Umgebungsbedingungen. Sie umfassen die Einflüsse durch Verunreinigungen und die meteorologischen Parameter, wie Wind, Sonne und Wolken, die insofern Einfluss auf die Korrosion nehmen, als dass sie das Abtrocknen nasser Oberflächen fördern oder verzögern. In Innenräumen haben atmosphärische Verunreinigungen weniger Einfluss, dagegen können schlechte Belüftung, hohe Luftfeuchte oder Kondensation die Korrosion beachtlich fördern.

Ein weiterer entscheidender Faktor ist das Kleinstklima, das die direkte Korrosionsbelastung an der Grenzfläche Bauteil/Umgebung angibt. Es ist maßgeblich für die Korrosionsbelastung und damit für die Auswahl des optimalen Korrosionsschutzes. Beispiele sind Sonnen- oder Schattenseite eines Bauwerkes, Unterseite einer Brücke, z. B. über Wasser, die Luftfeuchtigkeit im Innenraum (Schwimmbad, Brauerei) und spezifische chemische Belastungen lokalen Charakters.

Atmosphärische Korrosion wird beschleunigt durch steigende Luftfeuchte, Kondenswasserbildung, steigende Konzentration korrosiver Stoffe in der Atmosphäre und/oder steigende Temperatur.

Entscheidend ist die Befeuchtungsdauer, also derjenige Zeitraum, in dem die metallische Oberfläche mit dem Elektrolytfilm bedeckt ist. Anhaltswerte hierfür lassen sich aus Temperatur und rel. Luftfeuchte berechnen, indem die Stunden summiert werden, in denen die rel. Luftfeuchte über 80 % und gleichzeitig die Temperatur über 0 °C liegt. Aufgrund dieser Einflussfaktoren werden die atmosphärischen Umgebungsbedingungen in sechs Korrosivitätskategorien eingeteilt (DIN EN ISO 12944-2). Diesen Kategorien entsprechen Massenverluste oder Dickenabnahmen, die an Proben aus Stahl oder Zink gemessen wurden, nachdem sie ein Jahr in der jeweiligen Atmosphäre ausgelagert waren (Tabelle 5-11.2).

Diese Ausführungen erscheinen sehr theoretisch, sie haben aber eine enorme praktische Bedeutung. Ein Material, das an der Müritz der Korrosion über lange Jahre widersteht, muss dies im Ruhrgebiet durchaus nicht tun. Oder: Die richtige Einschätzung der Korrosivitätskategorie für die gestellte Aufgabe kann wesentlich dazu beitragen, Korrosionsschäden zu vermeiden.

Korrosion im Wasser

Im Wasser und im Erdreich ist das Feuchteangebot in der Regel höher als in der Atmosphäre und umgekehrt das Sauerstoffangebot je nach Wassertiefe bzw. Bodenqualität geringer. Korrosion in Wasser betrifft den gesamten Bereich des Stahlwasserbaus, der Meerestechnik und den Offshore-Bereich, den Schiffbau, aber auch den Rohrleitungsbau für Trinkwasser und Abwasser sowie den Bau von Klärwerken und Anlagen in der Heiz- und Kühltechnik. Entscheidende Faktoren für die korrosive Wirkung des Wassers sind Art und Menge der im Wasser gelösten Salze sowie der Sauerstoffgehalt und die Wassertemperatur.

Bild 5-11.1 Beispiel für Korrosion im Wasser

Im Stahlwasserbau und im Schiffbau wird unterschieden zwischen Süßwasser, Brackwasser und Meerwasser. Als zusätzliche Komponenten sind mechanische Belastungen, wie Abrieb und Strömung, aber auch tierischer und pflanzlicher Bewuchs zu nennen, die zu mikrobiologischer Korrosion führen können. In DIN EN ISO 12944 sind unterschiedliche Belastungszonen definiert (Tabelle 5-11.4 und Tabelle 5-11.5).

Im Rohrleitungsbau wird die Korrosion, solange es sich um Trinkwasser handelt, durch gelöste Chlorid-, Sulfat- und vor allem Carbonat-Ionen, aber auch durch die Betriebsbedingungen beeinflusst. Materialien und Schutzmaßnahmen müssen hier vor allem so ausgelegt werden, dass die Qualität des Trinkwassers nicht beeinträchtigt wird, die in der Trinkwasserverordnung definiert ist (TWVO 2016). In Rohrleitungen können Korrosionsprodukte zum Verstopfen und schließlich zum Rohrdurchbruch mit allen negativen Folgen führen. Bei der Heiz- und Kühltechnik sind es die Temperaturwechsel, die die Korrosion fördern und im gesamten Klärwerksbau einschließlich der Rohrleitungen für Abwasser sind – aufgrund der uneinheitlichen Zusammensetzung - die Einflussgrößen sehr differenziert und umfangreich.

Korrosion im Erdreich

Im Erdreich wird die Korrosion durch Art und Menge der im Boden enthaltenen löslichen Salze sowie durch den Gehalt an Wasser und Sauerstoff und an organischen Bestandteilen bestimmt. Präzise Angaben dazu finden sich in EN 12501-1.

Tabelle 5-11.4 Belastungszonen im Stahlwasserbau nach DIN EN ISO 12944

Unterwasser-zone	Bereich ist dem Wasser ständig ausgesetzt
Wechselwasser-zone	Bereich, in dem sich der Wasserspiegel ändert und verstärkte Korrosion durch gemeinsame Einwirkung des Wassers und der Atmosphäre auftritt
Spritzwasser-zone	Bereich, in dem sich die Belastung durch Wellen und Spritzer ständig verändert, sodass besonders hohe Korrosionsbelastung – vor allem im Meerwasser – auftritt

Für Bauten im Wasser oder im Erdreich können feste Korrosivitätskategorien nur schwer definiert werden, daher sind verschiedene Umgebungen mit typischen Beispielen grob charakterisiert (Tabelle 5-11.5).

Tabelle 5-11.5 Kategorien der korrosiven Belastung im Wasser und im Erdreich nach DIN EN 12944

Kategorie	Umgebung	Beispiele
Im 1	Süßwasser	Flussbauten, Wasserkraftwerke
Im 2	Meer- oder Brackwasser	Hafenbereiche mit Schleusentoren, Sperrwerke; Offshore-Anlagen
Im 3	Erdreich	Behälter, Stahlspundwände, Stahlrohre

Korrosion unter dem Einfluss von Chemikalien

Chemische Stoffe sind in der Atmosphäre, in Wässern und auch in Erdböden enthalten. Die Korrosion durch Chemikalien stellt aber vor allem in der chemischen Prozessindustrie, in der petrochemischen Industrie, der Lebensmittelindustrie sowie bei Müllverbrennungs- und Heizungsanlagen eine entscheidende Rolle. Die aggressiven Stoffe treten hier in jeder Konzentration (bis hin zu konzentrierter Schwefelsäure), in unterschiedlichen Mischungen als Folge chemischer Reaktionen und häufig bei hohen Temperaturen auf. Korrosionsschäden in derartigen Anlagen können Schädigungen von Menschen und Umwelt bewirken.

Die Eigenschaften und die Strukturen von Chemikalien, die korrosiv auf Metalle wirken können, sind sehr unterschiedlich (Tabelle 5-11.6).

Tabelle 5-11.6 Auswahl von Chemikalien, die korrosiv auf Metalle einwirken können

Chemikalien	Einwirkende Medien
Anorganische Substanzen	Säuren (z. B. Salzsäure, Schwefelsäure, Salpetersäure, Flusssäure, Chromsäure), Alkalien (z. B. Natronlauge, Ammoniak), Salze
Organische Säuren	Essigsäure, Ameisensäure, Buttersäure
Andere organische Substanzen	Alkohole, Ketone, Kohlenwasserstoffe, halogenierte Kohlenwasserstoffe
Korrosive Gase	SO_2, NOX, Chlor, Acetylen

Die schädigende Wirkung korrosiver Stoffe auf die im Anlagenbau verwendeten Metalle wird auch hier verstärkt durch hohe Temperaturen, häufigen Temperaturwechsel und mechanische Einwirkungen, wie Strömung oder Abrieb. Es bedarf also sorgfältiger Analyse der eingesetzten und der entstehenden Substanzen, der Temperaturführung und der erwarteten Nutzungsdauer der Anlage oder bestimmter Anlagenteile. Es ist ratsam, sich anhand von Beständigkeitstabellen, wie sie von der DECHEMA oder den Herstellern der einzusetzenden Werkstoffe herausgegeben werden, ausführlich zu informieren.

5-11.1.4 Korrosionserscheinungen und Korrosionsarten

Die Korrosion ist – wie bereits erläutert – prinzipiell als eine Oxidation von metallischen Werkstoffen zu verstehen, die durch unterschiedliche Umgebungsbedingungen ausgelöst wird. Unabhängig von der Umgebung tritt Korrosion in unterschiedlichen Erscheinungsformen auf, denen bestimmte, meist elektrochemisch bedingte Korrosionsarten zugrunde liegen. Korrosion kann gleichmäßig oder nur an einzelnen Stellen auftreten, sie kann Löcher, Mulden oder Risse verursachen, und sie kann sich über lange Zeiträume entwickeln oder sie kann spontan auftreten.

Die Erscheinungsformen und die Arten der Korrosion sind in DIN 8044 definiert, sie werden im Folgenden erläutert.

Gleichmäßige oder Gleichförmige Korrosion
(Flächenkorrosion, abtragende Korrosion) ist eine Korrosionserscheinung, bei der der metallische Werkstoff von der Oberfläche her mit annähernd gleicher Geschwindigkeit abgetragen wird (gleichmäßiger Flächenabtrag). Ein typisches Beispiel ist die atmosphärische Korrosion. Der Flächenabtrag kann in mm/a oder in $g \cdot m^{-2} \cdot a^{-1}$ gemessen werden.

Lokale Korrosion
sind Korrosionserscheinungen, bei denen die Korrosion nicht gleichmäßig, sondern – bedingt durch örtlich unterschiedliche Bedingungen von Seiten des Werkstoffs oder des Mediums - lokal begrenzt angreift und der metallische Werkstoff sehr unterschiedlich abgetragen wird. Typische Beispiele für lokale Korrosion, deren Ursache das Vorliegen von Korrosionselementen ist, sind die folgenden:

Lochkorrosion
(Lochfraßkorrosion) ist eine Korrosionserscheinung, bei der örtlich Krater gebildet werden, deren Tiefe in der Regel gleich oder größer ist als ihr Durchmesser, während außerhalb der Lochfraßstellen praktisch kein Flächenabtrag vorliegt. Diese Korrosionserscheinung tritt besonders häufig in chloridhaltigen wässrigen Lösungen auf.

Muldenkorrosion
(muldenförmige Korrosion, Muldenfraß, Korrosionsmulden) ist eine Korrosionserscheinung, bei der Korro-sionsmulden gebildet werden, deren Durchmesser größer ist als ihre Tiefe. Der Flächenabtrag außerhalb der Mulden kann sehr gering sein.

Interkristalline Korrosion
ist eine Form der selektiven Korrosion, die in legierten Stählen in korngrenzennahen Bereichen infolge der Verarmung an Legierungselementen auftritt und die bis zum Zerfall des Gefüges in einzelne Körner führen kann.

Transkristalline Korrosion
ist eine Form der selektiven Korrosion, die aufgrund von Gefügeinhomogenitäten parallel zur Verformungsrichtung der Metalle durch das Innere der Körner verläuft.

Ebenfalls definiert sind die Arten der Korrosion.

Bimetallkorrosion
(Kontaktkorrosion, Galvanische Korrosion) tritt auf, wenn zwei Metalle mit unterschiedlichem elektrochemischem Potenzial leitend miteinander verbunden sind, also ein Korrosionselement bilden, oder durch einen Elektrolyten ein elektrochemischer Kreislauf hergestellt wird. Der beschleunigt korrodierende metallische Bereich, also der unedlere Partner, ist die Anode.

Bimetallkorrosion bewirkt gleichmäßigen oder örtlich unterschiedlichen Flächenabtrag, dessen Geschwindigkeit von der Stärke des Stroms abhängt, der im galvanischen Element fließt, und vom Flächenverhältnis zwischen Anode und Kathode.

Spaltkorrosion
ist eine Korrosionsart mit lokalem Angriff, die auf die Ausbildung von Korrosionselementen in Spalten zurückzuführen ist und daher durch die Konstruktion bedingt ist. Die Ursache sind Konzentrationsunterschiede zwischen dem Elektrolyten innerhalb und außerhalb des Spaltes oder unterschiedliche Belüftung in aggressiven Medien.

Spaltkorrosion erscheint meist als Mulden- oder Lochkorrosion, kann aber auch bis auf den Grund des Spaltes reichen. Sie lässt sich bereits bei der Planung weitgehend vermeiden, wenn auf Spalten so weit wie möglich verzichtet wird.

5

5

Spannungsrisskorrosion (SpRK)

tritt auf, wenn auf einen Werkstoff aggressive Medien und statische oder dynamische Zugbelastungen gleichzeitig einwirken. Zugspannungen können auch als Eigenspannung im Werkstück vorliegen. Druckbelastungen erzeugen keine SpRK.

Das Erscheinungsbild ist gekennzeichnet durch inter- oder transkristallin verformungslos verlaufende Risse, die verästelt oder verzweigt in den Werkstoff hineinlaufen und zwar immer senkrecht zur Zugbelastung, bis der restliche Querschnitt durch Gewaltbruch zerstört wird. Es ist kein allgemeiner Angriff zu beobachten, und es sind keine Korrosionsprodukte nachzuweisen. SpRK kann oft unvermittelt auftreten und sehr schnell zum Korrosionsschaden, also zum Brechen von Bauteilen und Aufreißen von Behältern oder Rohren, führen.

Schwingungsrisskorrosion (SwRK)

(Korrosionsermüdung) ist eine Folge des Zusammenwirkens von mechanischer Wechselbeanspruchung und Korrosion. Das Erscheinungsbild ist gekennzeichnet durch transkristalline Rissbildung, die nach niedrigen Lastspielzahlen (hohe Belastung) auftritt.

In den Rissen werden Korrosionsprodukte abgelagert, und zwar am Rissbeginn mehr als am Rissende. Ist nach fortschreitender Rissbildung der verbleibende Querschnitt zu stark belastet, erfolgt Gewaltbruch. Das Bruchbild gibt Auskunft über die Ursachen des Schadens.

Im Gegensatz zur SpRK gibt es für die SwRK keine kritischen Grenzbedingungen hinsichtlich des Korrosionssystems und der Belastungshöhe.

Wasserstoffinduzierte Korrosion

(Wasserstoffversprödung) ist eine Korrosionsart, bei der Risse durch Aufnahme von atomarem Wasserstoff entstehen. Außerdem reagiert der Wasserstoff mit Legierungselementen unter Hydridbildung und führt zur Versprödung.

Selektive Korrosion

ist der Oberbegriff für eine Reihe von Korrosionsarten, bei denen bestimmte Gefügebestandteile, korngrenzennahe Bereiche oder Legierungsbestandteile bevorzugt korrodieren. Zu dieser Korrosionsart gehören die interkristalline Korrosion und die Entzinkung von Messing, aber auch schicht- oder zeilenförmige Korrosionsformen bei gepressten oder gewalzten Metallen durch Inhomogenitäten im Gefüge.

Interkristalline Korrosion

tritt in legierten Stählen in korngrenzennahen Bereichen infolge der Verarmung an Legierungselementen auf und kann bis zum Zerfall des Gefüges führen. So wird z. B. in austenitischen Stählen bei zu hohem Kohlenstoff-Gehalt Chrom als korrosionsanfälliges Karbid ausgeschieden. Dies bedeutet Verarmung an Chrom und Bildung von Chromkarbid an den Korngrenzen.

Die Anfälligkeit eines nichtrostenden Stahls gegen interkristalline Korrosion kann durch Absenken des Kohlenstoffgehalts, ggf. Zulegieren von Nickel, herabgesetzt werden. Die interkristallinen Risse verlaufen entlang der Korngrenzen.

Transkristalline Korrosion

verläuft aufgrund von Gefügeinhomogenitäten parallel zur Verformungsrichtung der Metalle. Schichtförmige Korrosion führt zum Aufblättern und Aufwölben vor allem bei Aluminium-Werkstoffen, zeilenförmige Korrosion kann an allen geschmiedeten oder gewalzten Metallen auftreten. Sie ist auf Mikroseigerungen zurückzuführen.

Mikrobiologisch induzierte Korrosion (MIC)

ist eine Korrosionsart, die durch Bakterien ausgelöst wird. Die bekannteste Art ist der Angriff, der unter dem Einfluss von solchen Bakterien erfolgt, die Sulfate zu Sulfiden reduzieren, die dann ihrerseits über die Bildung von Schwefelwasserstoff zu Eisensulfid reagieren. Bei Zutritt von Luftsauerstoff entsteht Eisensulfat. Die Folge ist die Absenkung des pH-Wertes und Korrosion.

Es ist eine Reihe unterschiedlicher Bakterien bekannt, die aerob oder anaerob in Wasserleitungen und erdverlegten Rohren, auf Kunstdenkmälern, aber auch in Innenbereichen – z. B. in der Lebensmittelindustrie – Korrosionsschäden auslösen, die sich dann z. B. als Lochkorrosion oder Muldenfraß zeigen.

Chloridinduzierte Korrosion

ist ein Sonderfall der Lochkorrosion, die durch besonders hohe lokale Konzentration von Chloriden im Elektrolyten auch bei nichtrostenden Stählen ausgelöst wird.

Erosionskorrosion

ist eine Korrosionsart, bei der mechanischer Flächenabtrag (Erosion) und Korrosion zusammenwirken. An Stellen hoher Strömung oder Turbulenz von Flüssigkeiten, z. B. in Rohrverengungen, werden die Deckschichten durch Erosion geschädigt, sodass aktive

Oberflächenbereiche entstehen und die Korrosion überproportional ansteigt. Es zeigt sich Mulden- oder Lochkorrosion.

Hochtemperaturkorrosion
ist eine Korrosionsart, deren Ursache die Reaktion eines metallischen Werkstoffs mit heißen Gasen unterschiedlicher Zusammensetzung oder wasserfreier Schmelzen bei sehr hohen Temperaturen ist.

Unabhängig von den Erscheinungsformen oder Arten wird in der Praxis mit einigen Begriffen das Auftreten von Korrosion beschrieben, das durch eine bestimmte Konstellation des Werkstoffs im umgebenden Medium gegeben ist. In diesen Fällen kann das Erscheinungsbild den oben gegebenen Beschreibungen gleichen und die Art kann den Mechanismen der Korrosionsarten entsprechen.

Atmosphärische Korrosion
tritt in Luft mit rel. Feuchte > 60 % auf und wird durch SO_2, Chloride oder hygroskopische Stäube verstärkt. Die Korrosionsarten und -erscheinungsformen können unterschiedlich sein.

Wasserlinienkorrosion
tritt an Dreiphasengrenzen (Metall/Elektrolytlösung/ Luft) auf und führt zu Materialabtrag in Höhe der Flüssigkeitsoberfläche. Sie ist zu beobachten im Stahlwasserbau und in Tanks mit aggressiver Füllung.

Kavitationskorrosion
bewirkt Materialabtrag an rauen Oberflächen ähnlich der Lochkorrosion.

Reibkorrosion
tritt zusammen mit Verschleiß (Riefenbildung) auf. „Festfressen" von Werkstückpaarungen und Reibdauerbrüche können die Folge sein.

Stillstandskorrosion
ist keine Erscheinungsform der Korrosion, sondern nur eine Beschreibung der Ursache. Sie tritt auf bei Stillstand oder Stilllegung einer Anlage als Folge von Konzentration des Elektrolyten oder Aufnahme von Gasen.

Taupunktkorrosion
tritt auf, wenn Wasser (Schwitzwasserkorrosion) oder Säure bei Taupunktunterschreitung auf Metalloberflä-

chen kondensiert. Sie bewirkt flächigen oder lokalen Abtrag.

Unterrostung
tritt unter Beschichtungen oder Überzügen auf, wenn durch Verletzung der Schicht oder durch Diffusion Wasser und Sauerstoff an das Substrat gelangen. Die Folge sind Blasenbildung und Enthaftung.
Um die Schäden, die durch Korrosionsvorgänge entstehen können, zu vermeiden, muss in das Korrosionssystem eingegriffen werden. Dies ist die Aufgabe des Korrosionsschutzes.

5-11.2 Prinzipien des Korrosionsschutzes und Verfahren zu deren Umsetzung

5-11.2.1 Verfahren und Materialien

Die vielfältigen Erscheinungsformen und Mechanismen der Korrosion erlauben es, sehr unterschiedliche Methoden zum Schutz von Metallen gegen Korrosion einzusetzen. Korrosionsschutz bedeutet nicht das Vermeiden von Korrosion, sondern lediglich das Eingreifen in die Korrosionsreaktion mit dem Ziel, die Geschwindigkeit der Korrosion zu vermindern, um die Nutzungsdauer von Bauteilen, Bauwerken oder Werkstücken zu verlängern. Korrosionsschutz lässt sich mit Hilfe von vier Grundprinzipien realisieren (Bild 5-11.2).
Maßnahmen bei Planung und Konstruktion, d.h. die Auswahl geeigneter Werkstoffe und die Konstruktion von Bauteilen oder Werkstücken, durch die Möglichkeiten des korrosiven Angriffs minimiert werden.
Die Auswahl geeigneter Werkstoffe, die unter den zu erwartenden Korrosionsbelastungen optimale Beständigkeiten zeigen, kann ein wesentlicher Schritt zur Vermeidung von Korrosionsschäden sein, vor allem wenn man bedenkt, dass selbst ein teureres Material unter Berücksichtigung der andernfalls entstehenden zusätzlichen Sanierungs- und Instandhaltungskosten im Endeffekt preisgünstiger sein kann.
Konstruktive Maßnahmen zum Korrosionsschutz spie-

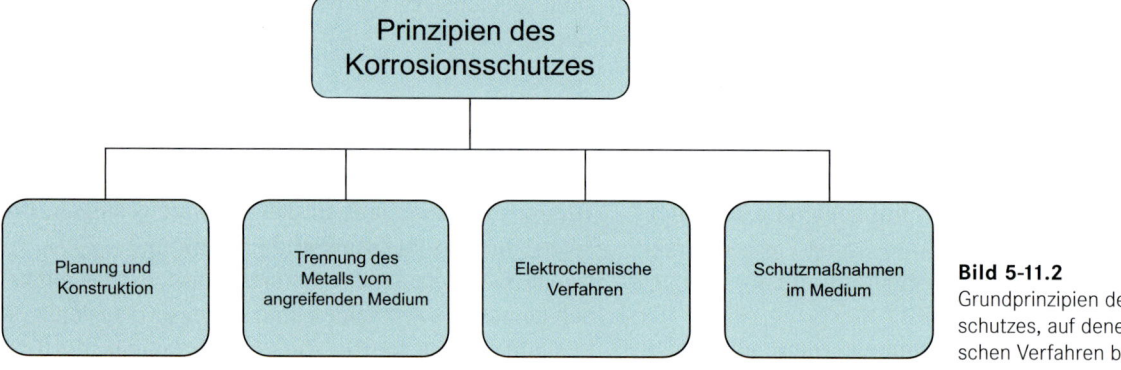

Bild 5-11.2
Grundprinzipien des Korrosionsschutzes, auf denen die technischen Verfahren basieren

5

len bei der Gestaltung von Bauwerken, Bauteilen oder Werkstücken, die korrosiv wirkenden Medien ausgesetzt sind, eine erhebliche Rolle. Die Gestaltung von Bauwerken, vor allem die Auslegung von Verbindungen zwischen Werkstücken aus gleichen oder unterschiedlichen Materialien, soll weniger vom Architekten als mehr vom Korrosionsschutz-Fachmann bestimmt werden.

■ *Maßnahmen zur Trennung des Metalls vom angreifenden Medium durch Beschichtungen und/oder Überzüge*

Die Trennung des Werkstoffs vom angreifenden Medium ist das Prinzip des so genannten passiven Korrosionsschutzes. Sie kann erfolgen durch

- organische Beschichtungen,
- metallische oder nicht-metallische anorganische Überzüge,
- Kombinationen unterschiedlicher Beschichtungen und/oder Überzüge.

Organische Beschichtungen im engeren Sinne werden aus Beschichtungsstoffen hergestellt, also aus Materialien auf Basis unterschiedlicher Bindemittel, mit oder ohne Korrosionsschutz-Pigmenten, die in Lösemitteln und/oder Wasser gelöst oder dispergiert sind oder als Pulverbeschichtungsstoffe eingesetzt werden. Zu den organischen Beschichtungen im weiteren Sinne gehören auch Gummierungen und Auskleidungen mit Kunststofffolien.

Metallische Überzüge aus Zink, Kupfer, Nickel, Chrom, Zinn oder Edelmetallen sowie aus Legierungen wie Messing und Bronze werden nach sehr unterschiedlichen Verfahren in verschiedenen Schichtdicken zum Schutz gegen Korrosion auf den Werkstoff aufgebracht. Die Haltbarkeitsdauer des Korrosionsschutzes lässt sich durch kombinierte Verfahren verlängern, bei denen ein metallischer Überzug mit

einer organischen Beschichtung überzogen wird (Duplex-System).

Außerdem gibt es nicht-metallische anorganische Überzüge, die zum Teil aus dem Werkstoff selbst, z.B. durch Oxidation, zum Teil aus völlig anderen Materialien, z.B. Email oder Keramik (Zementauskleidungen oder -umhüllungen) hergestellt werden. Um völlig andere Verfahren zum Aufbringen metallischer Schichten handelt es sich bei der PVD- und CVD-Technik. In beiden Fällen wird das Metall in die Gasphase übergeführt und dann auf dem Substrat abgeschieden.

■ *Maßnahmen, die in die Korrosionsreaktion auf elektrochemischem Wege eingreifen.*

Im Gegensatz zum so genannten passiven Schutz durch Beschichtungen und Überzüge wird beim elektrochemischen Korrosionsschutz in die Korrosionsreaktion durch Fremdströme eingegriffen. Der kathodische Korrosionsschutz ist dann besonders wirtschaftlich, wenn der zu schützende Stahl beschichtet ist, weil dann die Stromkosten geringer bzw. die Einsatzzeiten der Opferanoden länger sind.

■ *Maßnahmen durch Veränderung des angreifenden Mediums, z. B. durch Zusatz von Inhibitoren.*

Der Eingriff in das korrodierende Medium erfolgt durch Inhibitoren, die direkt an der Phasengrenze Metall/Medium oder im Medium selbst wirksam werden. Sie müssen sehr spezifisch für das jeweilige System ausgewählt werden.

Um für eine gestellte Aufgabe den am besten geeigneten Korrosionsschutz auswählen zu können, müssen auf der einen Seite die Anforderungen genau bekannt sein, und auf der anderen Seite muss das Wissen um die verschiedenen technischen Möglichkeiten zur Erfüllung dieser Anforderungen vorhanden sein. Aus der Gegenüberstellung von Anforderungen und Möglichkeiten wird der verantwortliche Konstrukteur oder Architekt die Auswahl treffen, wobei die Wirtschaftlichkeit keinesfalls vernachlässigt werden darf.

Vermeiden von Korrosion durch Werkstoffauswahl

Die Auswahl des geeigneten Werkstoffs für ein Bauwerk oder Bauteil im Stahlhochbau oder im Anlagenbau richtet sich zunächst nach den Anforderungen an
- die mechanischen Eigenschaften,
- die Nutzungsdauer und
- die Verarbeitungseigenschaften.

Hinzu kommen Überlegungen zur Verfügbarkeit und natürlich zum Preis. Das Verhalten des Materials im Kontakt mit dem umgebenden Medium, d. h. seine Beständigkeit gegen Korrosion, bestimmt die Nutzungsdauer und damit die Wirtschaftlichkeit von Bauteilen oder Bauwerken. Leider wird diese Eigenschaft häufig viel zu spät bedacht. Unter Wirtschaftlichkeit ist nicht nur der Preis pro Kilogramm Werkstoff zu verstehen. Ebenso berücksichtigt werden müssen Kosten für Instandhaltung, Stillstandzeiten und Betriebsausfall im Fall von häufigen Reparaturen.

Die mechanischen Eigenschaften von Werkstoffen sind als feste Kennwerte definiert und in Normen und Werkstoffblättern tabellarisch zusammengestellt. Ebenso sind die Verarbeitungseigenschaften der meisten Gebrauchsmetalle bekannt oder sie lassen sich im Einzelfall beim Werkstoffhersteller erfragen. Die Korrosionsbeständigkeit eines Metalls dagegen ist kein fester, einzelner Kennwert, sondern eine Eigenschaft des Korrosionssystems. Es ist also nicht zu fragen:
- Welche Korrosionsbeständigkeit hat ein Werkstoff?

sondern:
- Welcher Werkstoff hat unter den im vorgesehenen Einsatzbereich gegebenen Belastungen die höchste Korrosionsbeständigkeit und verspricht daher die längste Nutzungsdauer?

Stähle

Stahlsorten werden nach DIN EN 10020 unterteilt in:
- Unlegierte Stähle,
- nichtrostende Stähle und
- andere legierte Stähle (Kap. A1).

In *unlegierten Stählen* überschreiten die Massenanteile an Legierungselementen einen bestimmten Grenzwert nicht. Es sind keine Anforderungen bezüglich Reinheitsgrad oder metallischer Einschlüsse vorgeschrieben. Unlegierte Edelstähle dagegen haben insbe-

sondere bezüglich nichtmetallischer Einschlüsse einen höheren Reinheitsgrad als *Qualitätsstähle*. In den meisten Fällen sind für sie ein Vergüten oder Oberflächenhärten vorgesehen. Unlegierte Stähle stellen bezüglich der Erzeugungsmenge die mit Abstand bedeutendste metallische Werkstoffgruppe dar; sie werden wegen ihrer attraktiven mechanischen Eigenschaften vorwiegend als Strukturwerkstoffe eingesetzt. Ihre technische Bedeutung beruht auf ihrer weltweiten Verfügbarkeit, der kostengünstigen Herstellbarkeit und der Möglichkeit, durch Verformung und Wärmebehandlung sehr unterschiedliche Mikrostrukturen einzustellen. Ihr Eigenschaftsprofil ist gleichermaßen geprägt durch die chemische Zusammensetzung und die Mikrostruktur; letztere resultiert aus den Randbedingungen des Herstellprozesses. Ihre Korrosionsbeständigkeit variiert sehr stark in Abhängigkeit vom einwirkenden Medium. In den meisten Fällen ist Korrosionsschutz notwendig.

Nichtrostende Stähle enthalten mindestens 10,5 % Chrom und maximal 1,2 % Kohlenstoff. Sie sollen in der natürlichen Umgebung, wie Wasser, Luft und Erdboden nicht rosten. *Hochlegierte Stähle* sind Chromstähle, die außerdem Nickel, Molybdän und ggf. Kupfer, Niob, Titan usw. enthalten. Sie werden nach den Haupteigenschaften korrosionsbeständig, hitzebeständig und warmfest bezeichnet. Sie sind auch in aggressiven Medien gegen gleichmäßige Flächenkorrosion und örtliche Korrosion beständig. Je höher und differenzierter die Legierung, desto besser ist die Korrosionsbeständigkeit, desto höher ist aber auch der Preis.

Wetterfeste Baustähle sind in DIN EN 10155 genormt. Sie enthalten Cr, Cu, Mo, Ni und P und werden in allen Bereichen des Stahl- und Stahlleichtbaus sowie für Freileitungs- und Fahrleitungsmasten eingesetzt; sie bilden bei atmosphärischer Korrosion festhaftende Deckschichten an der Oberfläche. Besondere Korrosionsbelastungen, z. B. hohe Chlorgehalte der Atmosphäre, erfordern aber auch bei wetterfesten Stählen einen Korrosionsschutz. Langzeiterfahrungen belegen eindeutig, dass die Haltbarkeit von Beschichtungen, vor allem die Beständigkeit gegen Unterrostung, besser ist als bei normalen Baustählen. Die Korrosionsschutz-Wirkungen von Beschichtungssystemen und Legierungselementen weisen einen starken Synergieeffekt auf.

Werkstoffe für den Behälterbau müssen aus Gründen der Statik hohe Festigkeit aufweisen, gleichzeitig aber korrosionsbeständig sein, insbesondere bei der Belastung durch aggressive Medien.

5-11.2.2 Korrosionsschutzgerechte Gestaltung

Generell muss jedes Bauwerk oder Bauteil so gestaltet sein, dass es funktionsgerecht ist, eine ausreichende Standsicherheit hat, die geforderte Nutzungsdauer sichergestellt ist, zu annehmbaren Kosten erstellt werden kann und in ästhetischer Hinsicht befriedigt. Unter dem Aspekt des Korrosionsschutzes muss es so gestaltet sein, dass die Möglichkeit des Angriffs von korrosionsfördernden Medien herabgesetzt und damit die Gefahr der Korrosionsschäden so gering wie möglich gehalten wird. Die Korrosionsanfälligkeit nimmt mit dem Grad der Profilierung zu. Dies bedeutet, dass die Oberflächen eines Bauteils oder der Konstruktion im Verhältnis zum umschlossenen Volumen möglichst klein und wenig gegliedert sein sollen. Beispiele für – aus der Sicht des Korrosionsschutzes – weniger gelungene Gestaltung sind die Brücken- und Tragwerkkonstruktionen des 19. und 20. Jahrhunderts. Sowohl im Hochbau als auch im Anlagenbau sollen Bauwerke möglichst keine Unregelmäßigkeiten aufweisen, wie Winkel, Ecken und Kanten, in denen sich Staub, Feuchtigkeit und korrosionsfördernde Stoffe ablagern, und die somit häufig Ausgangspunkte für Korrosionsschäden werden. Ebenso sind Spalten, Fugen und Überlappungen so weit als möglich zu vermeiden, da sie bevorzugte Stellen für Korrosionsangriffe darstellen. Bauteilverbindungen sollen so gestaltet sein, dass sie keine zusätzlichen Angriffsmöglichkeiten für aggressive Stoffe darstellen.

5-11.2.3 Korrosionsschutz durch Beschichtungssysteme

Beschichtungsstoffe sind Materialien, bei denen vorwiegend organische Bindemittel in Lösemitteln oder Wasser gelöst oder dispergiert sind. Sie enthalten farbgebende (weiß, bunt, schwarz) und funktionelle Pigmente (Korrosionsschutzpigmente) und Füllstoffe. Sie werden mit unterschiedlichen Verfahren auf das metallische Bauteil oder Werkstück aufgebracht, und bilden dann eine zusammenhängende Beschichtung. Dieser Vorgang, bei dem das Bindemittel auf unterschiedliche Weise reagiert, das organische Lösemittel oder das Wasser an die Umgebung abgegeben werden, wird als Filmbildung bezeichnet.

Im Gegensatz zur Applikation von flüssigen und pulverförmigen Beschichtungsstoffen werden Gummi und einige Kunststoffe zu Bahnen und Folien verarbeitet und dann mit Klebstoff auf den metallischen Untergrund aufgebracht. Anwendungsbereiche für Auskleidungen sind vor allem der chemische Apparatebau, für das Aufbringen von Folien außerdem der Coil-Coating-Bereich.

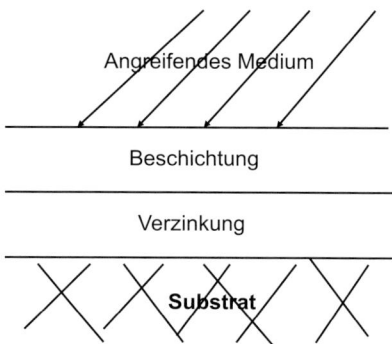

Bild 5-11.3 Schematische Darstellung des Schichtaufbaus im Korrosionsschutz

Die Schutzwirkung einer Beschichtung hängt ab von der Art des Bindemittels, von der Art des Korrosionsschutzpigmentes, von der Schichtdicke, von der vorschriftsmäßigen Verarbeitung, vor allem aber von der richtigen Auswahl für die geforderte Beanspruchung. Sie wird optimiert, indem nicht nur eine Schicht, sondern ein System aus mehreren Schichten aufgebracht wird, von der jede eine andere Funktion übernimmt. Die Auswahl der Materialien erfolgt anhand der Beanspruchungen und mit Hilfe von Tabellen, wie sie in der DIN EN ISO 12944 für Stahlbauwerke vorgegeben sind.

5-11.2.4 Korrosionsschutz durch metallische Überzüge

Die wichtigsten Überzugsmetalle sind Zink, Kupfer, Nickel, Chrom und Zinn, aber auch Aluminium und verschiedene Legierungen spielen eine Rolle. In der Elektro-, Elektronik- und Schmuckindustrie sind auch Edelmetalle von Bedeutung.

Metallische Überzüge können gegenüber Stahl unedler, also Anode, oder edler und demzufolge Kathode sein. Der Korrosionsschutzwert der erstgenannten wird bestimmt durch die Dicke der Überzüge, bei den letztgenannten ist die Porigkeit von großer Bedeutung. Die Dicke der Überzüge, die sich zwischen 0,1 mm und 10 cm bewegt, ist vom Auftragsverfahren abhängig, die Porenfreiheit lässt sich optimieren. Metallische Überzüge werden zumeist nach dem Auftragsverfahren und nur zuweilen nach dem Material unterteilt.

Beim *Schmelztauchen oder Feuermetallisieren* werden niedrigschmelzende Metalle, hauptsächlich Zink, aber auch Gemische aus Zink und Aluminium (Galfan), auf meist niedriglegierte Stähle aufgebracht, indem die Werkstücke in das schmelzflüssige Überzugsmetall getaucht werden. Die Oberfläche des Stahls wird angelöst, und es entstehen schnell an der Phasengrenze Stahl/Schmelze eine oder mehrere Schichten von Fe/Me-Mischkristallen, die die Haftung zwischen Stahl und Überzug vermitteln.

Beim *thermischen Spritzen* wird das Überzugsmetall in Form von Draht oder Pulver in einer gasbeheizten oder Lichtbogen-Pistole geschmolzen und in Form kleiner schmelzflüssiger Tropfen auf das Werkstück aufgespritzt, auf dem es vorwiegend mechanisch haftet.

Das *Flammspritzen* kann als das vielseitigste thermische Spritzverfahren angesehen werden, da durch den Einsatz verschiedener Materialien (reine Metalle, Legierungen, Oxide, Karbide, Nitride) Überzüge mit sehr unterschiedlichen Strukturen, Schichtdicken und Haftmechanismen mit hoher Verschleiß- und Korrosionsbeständigkeit erhalten werden.

Beim *Galvanisieren* (elektrolytische Abscheidung von Metallen) werden aus einem wässrigen Elektrolyten Metallionen kathodisch reduziert und als Metall auf dem Substrat abgeschieden. Auf diese Art lassen sich alle in der Technik verarbeiteten Metalle, wie Zn, Cu, Ni, Cd, Cr, Sn und deren Legierungen sowie die Edelmetalle verarbeiten. Da die Metallschichten sehr dünn sind, wird der Korrosionsschutz häufig durch Schichtkombinationen verbessert. Große Bedeutung hat die elektrolytische Bandverzinnung zur Weißblechherstellung. Der Grundwerkstoff wird bei diesem Verfahren nicht thermisch beansprucht und in seiner Struktur nicht verändert; allerdings besteht unter bestimmten Bedingungen die Gefahr der Wasserstoffversprödung. Neben diesen Methoden mit sehr breiten Anwendungsbereichen gibt es eine Reihe anderer Verfahren, z. B.

- die *fremdstromlos abgeschiedenen Überzüge*, die durch chemische Reduktion von Metallionen aus Salzlösungen auf den Oberflächen unedlerer Metalle entstehen;
- das *Aufdampfen* von Metallen, das unter der Bezeichnung PVD (physical vapour deposition) oder CVD (chemical vapour deposition) bekannt ist;
- das *Diffusionsverfahren*, bei dem an der Oberfläche des Grundwerkstoffs durch Eindiffundieren eines an-

deren Metalls oder Nichtmetalls bei hohen Temperaturen Diffusionsschichten entstehen; und

- das *Auftragschweißen*, bei dem eine feste Metallschicht auf ein Werkstück durch Schweißen aufgebracht wird.

Noch stärkere Überzüge lassen sich durch Plattieren erreichen. Auf ferritischem Baustahl werden nach verschiedenen Verfahren hochkorrosionsbeständige metallische Werkstoffe aufgebracht.

5-11.2.5 Korrosionsschutz durch nicht-metallische anorganische Überzüge

Nicht-metallische anorganische Überzüge umfassen sowohl dünne Schichten, die durch Umwandlung der Werkstoffoberfläche erhalten werden, als auch relativ dicke Schichten, wie Überzüge mit Email oder Keramik sowie Auskleidungen oder Umhüllungen mit Zement.

Zu den *schichtumwandelnden Verfahren* gehören sowohl nasschemische als auch thermochemische Verfahren. Im ersten Fall werden aus wässrigen Lösungen nicht-metallische anorganische Überzüge erzeugt, z. B. durch anodische Oxidation, durch Passivieren, Chromatieren, Phosphatieren, Brünieren oder Oxalatieren.

Im zweiten Fall sind es Spritz- oder Diffusionsverfahren, mit deren Hilfe nichtmetallische Elemente oder Verbindungen unter Wärmeeinwirkung in oder auf die Oberfläche des Grundwerkstoffes gebracht werden. Dazu gehören das Carborieren, Nitrieren, Carbonitrieren und Nitrocarburieren.

Emaillierungen sind im Prinzip silicatische Gläser, die als Fritten geliefert, auf das Bauteil gebracht, dort bei Temperaturen von über 1000 °C geschmolzen werden und dann zusammensintern. Sie sind außerordentlich chemikalienbeständig, d. h. sie eignen sich zum Auskleiden von Reaktorgefäßen im chemischen Apparatebau. Dem Nachteil der Sprödigkeit konnte durch die Entwicklung spezieller Glaskeramik begegnet werden.

5-11.2.6 Elektrochemischer Korrosionsschutz

Der elektrochemische Korrosionsschutz ist ein aktives Korrosionsschutz-Verfahren, bei dem in die Korrosionsreaktion eingegriffen wird. Die Grundlage bildet die Potenzialabhängigkeit der Korrosionsgeschwindigkeit. Durch Maßnahmen, die eine gezielte Polarisation in einem Potenzialbereich mit ausreichend verminderter Korrosionsgeschwindigkeit erlauben, werden Metalle geschützt. Die Polarisation erfolgt mehr oder weniger geregelt mit Hilfe der von außen zugeführten Gleichströme (Schutzströme). Beim kathodischen Schutz ist auch ein Kontakt mit galvanischen Anoden möglich. Solche Opferanoden sind Metalle, die ein negativeres Potenzial als das zu schützende Objekt haben, für Eisen z. B. Aluminium, Magnesium oder Zink. Die Kompensation des anodischen, die Metallauflösung bewirkenden Korrosionsstroms erfolgt beim kathodischen Schutz entweder durch galvanische Anoden oder durch Fremdstrom.

Bei Fremdstromschutzanlagen wird der negative Pol einer technischen Stromquelle, die bei vorhandenem Stromanschluss im Allgemeinen ein Gleichrichtergerät ist, mit dem zu schützenden Metall, der positive Pol mit der Fremdstromanode verbunden. Die Spannung zwischen Fremdstromanode und Schutzobjekt und der sich einstellende Schutzstrom werden durch entsprechende Einstellung am Transformator des Gleichrichters vorgenommen. Fremdstromanlagen für den kathodischen Korrosionsschutz von Rohrleitungen können bei niederohmigen Böden vor allem im Bereich von Industrieanlagen aber auch von Off-Shore-Anlagen in Meerwasser Schutzströme bis zu einigen hundert Ampere abgeben.

Um eine möglichst lange Lebensdauer der Anoden zu erhalten, ist auf einen geringen spezifischen Metallabtrag zu achten. Als hauptsächliches Anodenmaterial wird gegenwärtig im Erdboden Silicium-Gusseisen (FeSi), Graphit oder Magnetit eingesetzt. Fremdstromanoden im Erdboden werden meist in einen Erdungsgraben als Horizontalanoden mit durchgehender Koksbettung (niedriger Ohmscher Widerstand) oder als Gruppe von vertikalen Einzelanoden eingesetzt.

Der kathodische Korrosionsschutz von erdverlegten Anlagen gehört heute zum Stand der Technik und ist für Gashochdruckleitungen und Ölleitungen in technischen Regeln vorgeschrieben. Aber auch für Lagerbehälter und Tanklager sowie für ganze Industrieanlagen wird der kathodische Korrosionsschutz in steigendem Maße eingesetzt, um Außenkorrosion wirksam zu verhindern. Bereits seit Jahrzehnten wird in der Schifffahrt der kathodische Korrosionsschutz im gut leitenden Meerwasser durch Aluminium- oder Zinkanoden mit Erfolg angewandt. Heute werden die Schiffe überwiegend mit Fremdstromanlagen kathodisch geschützt.

Seewasserbauten haben meist eine große zu schützende Oberfläche. Falls galvanische Anoden verwendet

werden, benötigt man solche von entsprechender Größe. Für Schleusen, Küsten- und Hafenbauten sowie Off-Shore Bohr- oder Förderplattformen wird der kathodische Schutz vorzugsweise mit Fremdstrom angewendet. Eine bessere Stromverteilung kann erreicht werden, wenn die Anoden nicht direkt an der Spundwand befestigt sind, sondern in etwas weiterem Abstand auf Grund gelegt werden. Jedoch ist häufig eine solche Anordnung nicht möglich. Zur Vermeidung örtlicher Korrosion an nicht rostenden Stählen ist kathodischer Schutz ebenfalls möglich. Hierbei wird das Freie Korrosionspotenzial in einen Bereich verlagert, in dem keine örtliche Korrosion mehr auftritt.

Anodischer Korrosionsschutz beruht darauf, dass ein passives Verhalten des Konstruktionswerkstoffs auch dann erzwungen wird, wenn das Angriffsmittel nicht direkt Passivität erzeugt. Voraussetzung ist die Passivierbarkeit des Werkstoffs. Dies geschieht durch Aufprägen eines ausreichend hohen anodischen Stroms, der das Potenzial in den Passivbereich verschiebt. Zur Aufrechterhaltung des praktisch korrosionsfreien Zustandes der Passivität durch Fremdstrom ist in der Regel ein ständiger Stromfluss notwendig. Zu beachten ist, dass zur Erzeugung von Passivität eine hohe Stromdichte notwendig ist.

5-11.2.7 Korrosionsschutz durch Inhibierung

Als Inhibitoren werden chemische Verbindungen bezeichnet, die eine Reaktion verhindern oder zumindest deren Geschwindigkeit herabsetzen. Korrosionsinhibitoren sollen also die Korrosionsreaktion verhindern oder verlangsamen. Sie werden dem Medium, das in direktem Kontakt mit dem korrosionsgefährdeten Metall steht, in geringer Konzentration zugesetzt und bilden dann an der Grenzfläche zwischen Metall und Medium eine Schicht, die das Metall schützt. Je nach Art des Mediums und des Inhibitors erfolgt die Reaktion, sodass die Schutzschicht mehr oder weniger fest haftet, d. h. ihre Schutzwirkung kürzer oder länger ist. Korrosionsinhibitoren beeinflussen im Wesentlichen die Geschwindigkeit des Metallabtrags durch Flächen- und Muldenkorrosion, weniger oder gar nicht hingegen die durch Loch- oder Erosionskorrosion.

Diese Art des Korrosionsschutzes wird in Bereichen eingesetzt, in denen nicht-wässrige Medien, wie Mineralöl, Schmierstoffe oder Lösemittel direkt mit Metall in Kontakt kommen, die aber bei der Gewinnung, der Verarbeitung, dem Transport oder der Lagerung Sauerstoff und Feuchtigkeit aufnehmen, sodass in Rohren oder Behältern Korrosionsschäden auftreten können. Davon betroffen sind u. a. Anlagen in der chemischen oder petrochemischen Industrie, die Bearbeitung von Metallen unter Einsatz von Schmierstoffen oder die Lagerung und der Transport von Kraftstoffen.

Korrosionsschutz durch Inhibitoren ist auch dann zweckmäßig, wenn unlegierte Stähle mit wässrigen Systemen behandelt werden, z. B. beim Reinigen und Beizen mit wässrigen sauren oder alkalischen Reinigern, beim Galvanisieren und beim Beschichten mit wasserlöslichen Beschichtungsstoffen. Oder aber wenn Wasser mit definierter Zusammensetzung in geschlossenen Systemen im ständigen direkten Kontakt mit Metall steht, also in der Kühl- oder Heizwassertechnik, im Maschinenbau und im gesamten Bereich der Trinkwasserversorgung. Ein anderer Anwendungsbereich für Korrosionsinhibitoren ist eine Form des temporären Korrosionsschutzes.

Korrosionsinhibitoren in Trinkwasserinstallationen

Die für die Trinkwasserversorgung genutzten Wässer enthalten bereits unterschiedliche Mengen an natürlichen Inhibitoren, wie organische Stoffe (Huminstoffe) und Orthophosphat. Zu den inhibitorarmen Wässern zählen insbesondere hochwertige Grundwässer, da bei diesen oberflächlich aufgenommene Stoffe mit Inhibitorwirkung durch die Reinigungsvorgänge im Untergrund wieder weitgehend entfernt werden. Oberflächennah entstandene oder aus fließenden und stehenden Gewässern gewonnene Trinkwässer können hingegen vergleichsweise hohe Konzentrationen an natürlichen Inhibitoren enthalten.

Zu der Gruppe der am besten wirksamen Korrosionsinhibitoren zählen Phosphate. Sie können in kleinen Konzentrationen ab 1 mg/l außerdem den Ausfall von Calciumcarbonat beim Erwärmen von Wässern mit höherer Carbonathärte verhindern. Als ausgesprochene Deckschichtbildner gehören die Orthophosphate zur Gruppe der chemischen Inhibitoren. Sie sind in der Lage, durch Fällungsreaktionen mit den Wasserinhaltsstoffen und den Korrosionsprodukten gleichmäßige, porenarme, makroskopische Schichten schwerlöslicher komplexer Verbindungen zu bilden. Die Polyphosphate gehören ebenfalls zu der Gruppe der chemischen Inhibitoren und nehmen in dieser als Passivatoren eine besondere Stellung ein. Durch Adsorptionsvorgänge an der Phasengrenze bilden sie in kurzer Zeit mit den Me-

talloxiden zusammenhängende, dichte, für das Auge unsichtbare Filme.

Die zur Trinkwasserbehandlung eingesetzten Silikate sind ausschließlich Natriumsilikate, also Natriumsalze der Kieselsäure. Der Einsatz von reinen Silikaten zur Trinkwasserbehandlung bringt anwendungstechnische Probleme mit sich. Bei Vorhandensein von Härtebildnern werden diese – insbesondere im Bereich der Impfstelle – durch Anhebung des pH-Wertes ausgefällt, u. a. auch als Calciumsilikat. Die Ablagerungen bewirken eine Verkapselung der Impfstelle und zum Teil auch ein Zuwachsen des nach der Impfstelle liegenden Rohres. Allein schon aus diesem Grund ist der Einsatz reiner Silikate nur bei sehr weichen Wässern angebracht. Bei Mischwässern, d. h. bei Trinkwässern unterschiedlicher Härte, lassen sich die vorgenannten anwendungstechnischen Nachteile vermeiden, indem unbedingt ein Kombinationsprodukt Polyphosphate/Silikate eingesetzt wird. Die korrosionsinhibierenden Eigenschaften der Silikate basieren auf dem sehr hohen Reaktionsvermögen von Silikatlösungen.

Durch Dosierung von Inhibitormischungen, die auf die jeweilige Problematik abgestimmt sind, ist es möglich, die oben beschriebenen Korrosionserscheinungen zu vermeiden bzw. Leitungssysteme regelrecht zu sanieren. Dadurch können einerseits die Standzeiten von Installationen deutlich verlängert werden, andererseits kann die Qualität des Lebensmittels Wasser, beispielsweise durch Vermeidung der Rostwasserbildung oder durch Absenken der Kupfer- und Bleikonzentrationen unter die vorgeschriebenen Grenzwerte, erheblich verbessert werden.

Der Zusatz von Phosphaten und Silikaten zu dem wichtigsten Lebensmittel Trinkwasser ist in der Trinkwasseraufbereitungsverordnung (TWAVO) umfassend geregelt.

5-11.2.8 Temporärer Korrosionsschutz

Für alle Arten des Korrosionsschutzes sollen bereits im Entwurfsstadium die spätere Handhabung, der Transport und die Montage der einzelnen Bauteile in die Betrachtung eingeschlossen werden. D. h. es müssen Halterungen, Aufhängungen und ggf. Abstandshalter mit eingeplant werden. Es ist ebenfalls dafür zu sorgen, dass im Werk aufgebrachte Beschichtungen beim Transport und auf der Baustelle nicht beschädigt werden. Schweißen, Schneiden und Schleifen beim Zusammenbau also ggf. auf der Baustelle, erfordert Nacharbeiten. Dazu müssen alle notwendigen Orte erreichbar sein. Temporärer und dauerhafter Korrosionsschutz von Verbindungsstellen zwischen vorgefertigten Teilen muss bei der Gestaltung berücksichtigt werden. Auch das Material für Verbindungselemente muss vorgeschrieben werden, ggf. Isolierung, um Bimetallkorrosion (Kontaktkorrosion) zu verhindern.

Alle Bauteile müssen nach der Produktion gelagert und an ihren Bestimmungsort transportiert werden. Während dieser Zeit sind sie besonderen, nicht bestimmungsgemäßen Belastungen ausgesetzt, z. B. durch Kondenswasser, durch erhöhte oder stark verminderte Temperatur, durch häufige Temperaturwechsel oder ein völlig anderes Klima. Dies gilt bereits in europäischen Bereichen, aber verstärkt für die Lagerung und den Transport in Ländern mit anderen klimatischen Verhältnissen, wie hoher Temperatur und hoher Luftfeuchtigkeit und der Behandlung von Personal, das mit der Problematik nicht ausreichend vertraut ist.

Um Korrosion im sogenannten TUL-Bereich (Transport, Umschlag, Lagerung) zu verhindern, wird temporärer, also vorübergehender Korrosionsschutz eingesetzt. Verantwortlich für den einwandfreien Zustand des Packgutes bei Auslieferung ist derjenige, der das Gut versendet. Er kann diese Aufgabe einer Firma übertragen, die auf internationales Frachtgut spezialisiert ist. Aber auch dann ist es immer gut zu wissen, welche Maßnahmen zu ergreifen sind, denn für die Reklamation bei fehlerhafter Lieferung muss der Lieferant einstehen.

Das Transportgut wird zusammen mit Packmitteln in die Exportverpackung - auch Klima- oder Dichteverpackung genannt - eingebunden, dabei werden Sauerstoff und Feuchtigkeit mit eingeschlossen. Die Güter stehen in einer Halle, kommen ins Freie, unterliegen Tag-/Nachtwechsel und damit erheblichen Temperaturschwankungen. Da warme Luft vielmehr Feuchtigkeit aufnehmen kann als kalte, wird bei der Abkühlung die zusätzliche Feuchtigkeit als Kondensat auf dem Packgut abgeschieden wie im Sommer das Wasser auf der Flasche aus dem Kühlschrank. Denn 1 cm³ Luft bei 20 °C und 60 % rel. Luftfeuchte enthält 10,4 g Wasserdampf (normales Klima), während 1 cm³ Luft bei 40 °C und 90 % rel. Luftfeuchte 45,99 g Wasserdampf (tropisches Klima) enthält. Zudem kann das gesamte Transportgut im Container direktem Tropf- und Regenwasser ausgesetzt sein, das korrosionsfördernde Stoffe enthält.

Es ist also nicht nur eine geeignete Verpackung vorzusehen, um das Transportgut gegen mechanische Beschädigungen zu schützen, sondern innerhalb der Verpackung müssen metallische Oberflächen temporär gegen Korrosion geschützt werden. Dieser Korrosionsschutz sollte in der Anwendung einfach und in der Wirksamkeit gut kontrollierbar sein. Er darf die Eigenschaften der Metalloberflächen nicht dauerhaft beeinflussen und die Nachfolgeprozesse nicht stören.

Prinzipien und Methoden des temporären Korrosionsschutzes

Generell sollten die Oberflächen so gestaltet sein, dass Korrosionsangriffe wenig Chancen haben. Die Zeiten von Lagerung und Transport sollten möglichst kurz sein, was sich natürlich bei Lieferungen ins Ausland nicht beliebig realisieren lässt. Es ist darauf zu achten, dass während der Fertigung, der Reinigung oder der Umformung nicht bereits Korrosionsprozesse eingetreten sind, die dann in der Transportverpackung fortschreiten. Alle Teile sollen möglichst gut belüftet sein, insbesondere bei Gefahr der Schwitzwasserbildung. Allen Maßnahmen des temporären Korrosionsschutzes vorausgehen muss eine gründliche Reinigung, eine sorgfältige Trocknung und eine Akklimatisierung der metallischen Oberflächen.

Alle Verunreinigungen und Verschmutzungen, Fertigungsrückstände und Fingerabdrücke sind zu entfernen. Dabei ist zu beachten, dass keine zusätzlichen Korrosionsrisiken durch Reinigungsmittel initiiert werden. Bei der Trocknung ist nicht nur für trockene und rückstandsfreie Oberflächen zu sorgen, sondern es ist auch zu prüfen, ob sich in Tanks oder anderen Hohlräumen flüssige Betriebs- oder Kühlstoffe befinden, die als Gase oder Flüssigkeiten während des Transports austreten könnten. Sie müssen entfernt werden oder die Hohlräume müssen verschlossen werden. Von lackierten Oberflächen dürfen keine Lösemittelemissionen mehr ausgehen. Vor Beginn der Konservierungsmaßnahmen muss das Packgut an das Raum- oder Umgebungsklima angepasst werden. Sowohl die Kern- als auch die Oberflächentemperatur soll mit der Umgebungstemperatur im Gleichgewicht stehen, da sonst die Gefahr der Kondensatbildung noch vor Aktivierung der Wirkstoffe besteht.

Prinzipiell wird der temporäre Korrosionsschutz erreicht - wie jeder andere auch - indem in das Korrosionssystem eingegriffen wird, wobei entweder die korrodierende Komponente - in diesem Fall das Wasser - entfernt wird, oder indem verhindert wird, dass die korrodierende Komponente sich auf der Metalloberfläche ablagern kann, also die Oberfläche von der korrodierenden Komponente getrennt wird. Aus diesen Lösungsansätzen folgen für die Schadensprävention in der Exportverpackung:

- die Trockenmittelmethode,
- die VCI-Methode und
- die Schutzschichtmethode.

Die Trockenmittelmethode

Das Verfahren beruht darauf, dass das Packgut in die annähernd wasserdampfdichte Sperrschicht eingeschweißt wird. Innerhalb dieser Sperrschicht wird ein Trockenmittel ausgelegt, an dessen Oberfläche Gase oder gelöste Substanzen adsorbiert werden, die sich dann nicht mehr auf der Metalloberfläche ablagern können. Durch das Zusammenwirken dieser beiden Komponenten wird ein relativ trockenes künstliches Mikroklima erzeugt. Angestrebt wird eine relative Luftfeuchtigkeit von <40%. Als Sperrschicht kommt für Konservierungszeiträume bis zu 12 Monaten Polyethylenfolie zum Einsatz, für längere Konservierungszeiträume (bis zu 24 Monaten) eine Verbundfolie aus Aluminium (Wasserdampfsperre), Polyethylen (Siegelschicht) und Polyester als Verstärkung.

Die VCI-Methode

Die VCI-Methode (volatile corrosion inhibitor) ist ein Verfahren des aktiven Korrosionsschutzes, da der Korrosionsvorgang durch Inhibitoren aktiv beeinflusst wird. Die Methode beruht darauf, dass Inhibitoren, die sich im Innenraum der Verpackung befinden, verdampfen und sich auf der Metalloberfläche des Packgutes als monomolekularer Film ablagern. Es bildet sich eine Sperrschicht, die die Wassermoleküle fernhält. Es werden benötigt

- eine weitgehend luftdichte Sperrschicht, die das Packgut von der Außenatmosphäre trennt und
- ein Wirkstoff, der sich auf der Oberfläche des Packguts ausbreitet und den Kontakt mit Wasser unterbindet.

Die Schutzschichtmethode

Die Schutzschicht, bei der es sich im Prinzip um eine organische Beschichtung handelt, trennt die metallischen Oberflächen von korrosionsfördernden Medien, wie Wasser, Salze oder Säuren. Sie kann eine Dicke von 5 bis 500 µm haben. Sie ist im wahren Sinne temporär, denn sie wird mit Inbetriebnahme oder vor der weiteren Verarbeitung der Bauteile wieder entfernt. Es werden folgende Korrosionsschutzmittel verwendet: Lösemittelhaltige Beschichtungen, Beschichtungen auf wässriger Basis, Korrosionsschutzöle ohne Lösemittel und Tauchwachse.

Überblick über die Verfahren des temporären Korrosionsschutzes

Alle Verfahren haben ihre Vorteile, aber natürlich auch ihre Nachteile und Einsatzgrenzen. Generell sind die Wirksamkeit und die Entfernbarkeit temporärer Schutzschichten gegenläufig.

Tabelle 5-11.7 Vor- und Nachteile der Verfahren zum temporären Korrosionsschutz

Vorteile	Nachteile
Trockenmittelmethode	
universelle Verwendbarkeit keine Wirkstoff-Reaktionspotenziale relative Rechtssicherheit (DIN) relativ gute Kontrollierbarkeit der Wirksamkeit keine Entkonservierung erforderlich Trockenmittel sind gesundheitlich unbedenklich	hoher Anspruch an sorgfältige Verarbeitung hoher Aufwand an Zeit, Material, Ermittlung von Wirkstoff und Dosierung lange Einwirkzeit Bestimmung des hygroskopisch aktiven Beipacks hohe Verarbeitungsgeschwindigkeit hohe Beständigkeit der Sperrschicht Feuchteindikatoren gelten nur für bestimmte Temperaturbereiche
VCI-Methode	
leichte Verarbeitung und Dosierung keine hohe Anforderung an die Sperrschicht großes Wirkstoff-Angebot keine Entkonservierung erforderlich auch schwer zugängliche Stellen (Bohrungen, Hohlräume) werden geschützt Umhüllung muss nicht luftdicht verschweißt sein	lange Einwirkzeit Unverträglichkeit oder Unwirksamkeit bei bestimmten Oberflächen Art der Oberflächen muss bekannt sein Kunststoffe können beschädigt werden keine Kontrollmöglichkeit über die Aktivität nicht alle sind gesundheitlich unbedenklich

5

Tabelle 5-11.7 Vor- und Nachteile der Verfahren zum temporären Korrosionsschutz *(Fortsetzung)*

Vorteile	Nachteile
Schutzschichtmethode	
sichere Schutzwirkung keine hohe Anforderung an die Sperrschicht schnelle Verarbeitung	Entkonservierung erforderlich Lösemittelemissionen treten auf temperaturempfindlich hohe Anforderung an saubere Verarbeitung

5-11.3 Genormter Korrosionsschutz

Der Korrosionsschutz von Stahlbauten durch Beschichtungsstoffe ist in DIN EN ISO 12944 genormt (Tabelle 5-11.8). Diese Norm ist gültig für Bauwerke aus legiertem und unlegiertem Stahl mit mindestens 3 mm Wanddicke (Tabelle 5-11.9). Sie gilt nicht für Aluminium und andere Metalle und nicht für Stahlbeton. Diese Norm ist ein guter Kompromiss, der einerseits Planenden und Ausführenden eine verbindliche Richtschnur an die Hand gibt, andererseits aber den Vertragspartnern genügend Freiheit zur individuellen Ausgestaltung einer Vereinbarung lässt.

Der Teil 8 dieser Norm behandelt das Erstellen von Spezifikationen für den Korrosionsschutz von Stahlbauten mit Beschichtungssystemen beim Erstschutz und bei der Instandsetzung.

Jede Beschichtung erleidet im Laufe der Zeit einen natürlichen Abbauprozess, dessen Folgen sich zunächst in der Beeinträchtigung der optischen Eigenschaften zeigen. Durch Abbau des organischen Bindemittels kreidet die Beschichtung, der Glanz oder andere opti-

Tabelle 5-11.8 Übersicht über DIN EN ISO 12944

Teil der Norm	Titel
Teil 1	Allgemeine Einleitung
Teil 2	Einteilung der Umgebungsbedingungen
Teil 3	Grundregeln zur Gestaltung
Teil 4	Arten von Oberflächen und Oberflächenvorbereitung
Teil 5	Beschichtungssysteme
Teil 6	Laborprüfungen zur Bewertung von Beschichtungssystemen
Teil 7	Ausführung und Überwachung der Beschichtungsarbeiten
Teil 8	Erarbeiten von Spezifikationen für Erstschutz und Instandsetzung

Tabelle 5-11.9 Charakterisierung des Anwendungsbereichs von DIN EN ISO 12944

Angaben zum Objekt	Bemerkungen
Art des Bauwerks	Bauwerke aus unlegiertem oder niedriglegiertem Stahl von mindestens 3 mm Wanddicke, die entsprechend einem Sicherheitsnachweis ausgelegt sind; Stahlbeton ist nicht behandelt
Art der zu beschichtenden Oberfläche und der Oberflächenvorbereitung	■ unbeschichtete Oberflächen ■ Oberflächen mit thermisch gespritztem Überzug aus Zink, Aluminium oder deren Legierungen ■ feuerverzinkte Oberflächen ■ galvanisch verzinkte Oberflächen ■ sherardisierte Oberflächen ■ Oberflächen mit Fertigungsbeschichtungen ■ andere beschichtete Oberflächen
Art der Umgebungsbedingungen	■ Sechs Korrosivitätskategorien für atmosphärische Umgebung ■ Drei Kategorien für Bauwerke in Wasser oder im Erdreich
Art des Beschichtungssystems	Beschichtungsstoffe, die unter Umgebungsbedingungen härten, also keine ■ Pulverlacke ■ Einbrennlacke ■ wärmehärtende Beschichtungsstoffe Ebenso ausgeschlossen sind: ■ Beschichtungen mit mehr als 2 mm Trockenschichtdicke ■ Auskleidungen von Tanks ■ Produkte für die chemische Oberflächenbehandlung
Art der Maßnahme	Erstschutz und Instandsetzung
Schutzdauer des Beschichtungssytems	Drei definierte Zeitspannen für die Schutzdauer

sche Effekte gehen verloren, der Farbton wird verändert. Die Schichtdicke nimmt ab, der Film versprödet und es treten kleine Risse auf, durch die Wasser, Sauerstoff und ggf. Salze bis auf das Substrat vordringen können. Auf dem Stahl wird Rostbildung ausgelöst, die sich zunächst als Punktrost zeigt, der sich zum Flächenrost ausbreitet und die Beschichtung flächig absprengt.

Bild 5-11.4 Beispiel für Korrosionsschäden an Beschichtungen

Neben diesen Schädigungen durch vorhersehbares Abbauverhalten können nicht vorhersehbare Schädigungen auftreten, z.B. durch falsches Material oder mangelhafte Verarbeitung. Das ausgewählte Beschichtungssystem kann durch unerwartete Belastungen überfordert werden. Im Rahmen der Verarbeitung, d.h. der Vorbereitung der Oberfläche und der Applikation des Beschichtungssytems, gibt es ebenfalls Fehlerquellen, die später zu Schäden führen können, z.B. mangelhafte Oberflächenvorbereitung, d.h. schlechte Entfernung von Rost, Zunder, Walzhaut oder anderen Verunreinigungen sowie Altbeschichtungen, zu geringe Rautiefe beim Strahlen, zu geringe Schichtdicke des aufgebrachten Beschichtungsstoffes, zu geringe Kantenabdeckung sowie nicht nachgearbeitete Schweißnähte.

Bei regelmäßiger Überwachung eines Bauwerkes müssen die ersten Anzeichen erkannt werden. Eine Instandsetzungsmaßnahme muss spätestens dann beginnen, wenn die Oberfläche der Beschichtung schon Rostablagerungen, ggf. auch Beschädigungen zeigt, wenn das ganze Korrosionsschutzsystem aber noch tragfähig ist, d.h. wenn die Beschichtung noch fest am Untergrund haftet.

Die Angaben und Forderungen dieser Norm können als Grundlage der Vereinbarung zwischen Auftraggeber und Auftragnehmer herangezogen werden. Es wird eine Verjährungsfrist für Gewährleistungsansprüche – meistens Gewährleistungsfrist genannt – vereinbart, innerhalb derer der Auftraggeber die Beseitigung von Mängeln verlangen kann. Dabei ist zu unterscheiden zwischen Mängeln als Folge vertragswidriger Leistung und Mängeln als Folge von Umständen, die der Auftragnehmer nicht zu vertreten hat. Je größer die Zeit-

spanne zwischen Abnahme der Leistung und Ende der Gewährleistungsfrist ist, umso schwieriger wird diese Unterscheidung. Das Maß der Schädigung einer Beschichtung, die bis zur Instandsetzung hingenommen wird, ist zwischen den Vertragspartnern zu vereinbaren. In der Norm wird der Rostgrad Ri 3 als Kriterium vorgeschlagen.

5-11.3.1 Spezifikationen für den Erstschutz

Bei der Planung des Korrosionsschutzes durch Beschichtungssysteme müssen alle technischen und wirtschaftlichen Gesichtspunkte Berücksichtigung finden, wie die Umgebungsbedingungen, die spätere Nutzung des Bauwerks, die Kosten für unterschiedliche Beschichtungssysteme, die Kosten für Erstschutz und Instandsetzung, aber auch die Anforderungen in Bezug auf Arbeitssicherheit und Umweltschutz. Diese Arbeit kann durch projektbezogene Pläne und Phasenablaufpläne für den Erstschutz unterstützt werden. Sorgfältige Planung und Spezifikation sowie Kommunikation zwischen Auftraggeber, Auftragnehmer und allen anderen Beteiligten zum frühestmöglichen Zeitpunkt tragen dazu bei, Probleme zu vermeiden, die später nur zeitaufwändig und kostspielig beseitigt werden können.

Beim Erarbeiten einer Spezifikation für Erstschutz oder Instandsetzung sind die am besten geeigneten Beschichtungssysteme auszuwählen; dabei müssen alle in den Teilen 1 bis 7 der DIN EN ISO 12944 im Einzelnen beschriebenen Parameter berücksichtigt werden:

- Geforderte Schutzdauer
- Umgebungsbedingungen und Sonderbelastungen
- Oberflächenvorbereitung
- unterschiedliche Typen von Beschichtungsstoffen
- Art und Anzahl der Beschichtungen
- Beschichtungsverfahren und Anforderungen beim Beschichten
- Ort der Beschichtung (Werk oder Baustelle)
- Anforderungen an die Einrüstung
- Anforderungen an die künftige Instandsetzung
- Anforderungen in Bezug auf Gesundheitsschutz und Arbeitssicherheit
- Anforderungen in Bezug auf Umweltschutz.

Während des Erarbeitens der Projekt-Spezifikation muss der Verantwortliche endgültig über wichtige Planungsparameter entscheiden, z.B. über den Schutz gleitfester Verbindungen mit hochfesten Schrauben, den Schutz der Innenflächen von Hohlbauteilen und anderer verdeckter Stahloberflächen. Nicht zu beschichtende Bereiche/Flächen müssen in der Spezifikation angegeben werden. Der Verantwortliche muss Verordnungen zum Umweltschutz, zur Arbeitssicherheit und zum Gesundheitsschutz der Mitarbeiter sowie Arbeitsbedingungen im Werk und auf der Baustelle beschreiben.

5-11.3.2 Beschreibung des Objektes und der Belastungen

Die Schutzdauer ist ein technischer Begriff, der diejenige Zeit angibt, die ein Beschichtungssystem den Belastungen standhält, ohne dass eine Teilerneuerung notwendig ist. Es wird unterteilt in Schutzdauer „kurz", „mittel" und „lang" (Tabelle 5-11.10).

Tabelle 5-11.10 Definition der Schutzdauer

Zeitspanne	Schutzdauer in Jahren
kurz (L)	2 bis 5
mittel (M)	5 bis 15
lang (H)	über 15

Die Schutzdauer ist nicht gleichzusetzen mit dem juristischen Begriff der Gewährleistungszeit. Die Umgebungsbedingungen werden je nach Standort
- in der Atmosphäre,
- im Wasser oder
- im Erdreich

anhand ihrer korrodierenden Wirkung kategorisiert, und es werden ihnen die geeigneten Beschichtungssysteme zugeordnet.

Atmosphärische Korrosion tritt an allen Werkstücken oder Bauten aus Stahl auf, die sich im Kontakt mit der Atmosphäre befinden. Sie wird beschleunigt durch steigende relative Luftfeuchte, steigende Temperatur, Kondenswasserbildung und korrodierende Stoffe in der Atmosphäre. Entscheidend für die Korrosionsbelastung sind die örtlichen Bedingungen der Umgebung wie Klimatyp, ländliche oder Industrieatmosphäre, Stadt- oder Küstenbereich und das Kleinstklima, wie Sonnen- oder Schattenseite eines Gebäudes, Luftfeuchtigkeit im Innenraum (Schwimmbad, Lebensmittelverarbeitung). Die verschiedenen Klimatypen sind in ISO 9223 mit den Extremwerten für Temperatur und Luftfeuchte definiert (Tabelle 5-11.11).

Hinzu kommen die Einflüsse durch das Wetter und durch die Verunreinigungen der Atmosphäre, z.B. Gase oder gelöste Salze in Aerosolen.

Die Korrosionsbelastung in der Atmosphäre wird durch sechs Korrosivitätskategorien charakterisiert. Zur Ermittlung der jeweiligen Kategorien vor Ort wird die Messung der Massenverluste von Standardproben aus niedriglegiertem Stahl und Zink nach einjähriger Auslagerung nach ISO 9226 und ISO 9223 empfohlen. Es ist nicht zulässig, von kürzeren Auslagerungszeiten auf längere, z.B. 1 Jahr, hochzurechnen. Können im Anwendungsfall keine Proben ausgelagert werden, kann die Kategorie geschätzt werden. Diese Schätzung dient als Grundlage für die Auswahl der geeigneten Korrosionsschutz-Maßnahmen.

Korrosion in Wasser betrifft oft nur einen Teil des Bauwerks. Sie hängt ab von der Art des Wassers, wie Süßwasser, Brackwasser, Salzwasser, von der Temperatur, dem Sauerstoffgehalt, Art und Menge gelöster Stoffe,

Tabelle 5-11.11 Definition verschiedener Klimate nach ISO 9223

Klimatyp	Mittelwerte der jährlichen Extremwerte			Berechnete Befeuchtungsdauer*) h/Jahr
	Niedrige Temperatur °C	Hohe Temperatur °C	Höchste Temperatur**) °C	
extrem kalt	− 65	+ 32	+ 20	0 – 100
kalt	− 50	+ 32	+ 20	150 – 2500
kalt gemäßigt warm gemäßigt	− 33 − 20	+ 34 + 35	+ 23 + 25	2500 – 4200
warmtrocken mild warmtrocken extrem warmtrocken	− 20 − 5 + 3	+ 40 + 40 + 55	+ 27 + 27 + 28	10 – 1600
feuchtwarm gleichmäßig feucht-warm	+ 5 + 13	+ 40 + 35	+ 31 + 33	4200 – 6000

*) bei rel. Feuchte > 80 % und Temperatur > 0 °C
**) bei rel. Feuchte > 95 %

vom eventuellen Vorhandensein pflanzlichen oder tierischen Bewuchses, und von der Belastungszone, wie Unterwasserzone, d. h. ständige Belastung durch Wasser, Wechselwasserzone, d. h. abwechselnde Einwirkung des Wassers und der Atmosphäre, Spritzwasserzone, d. h. periodische Belastung mit Wasser.

Korrosion im Erdreich hängt ab von Art und Menge der Mineralien im Erdreich, von den organischen Bestandteilen, vom Gehalt an Wasser und an Sauerstoff. Die Korrosivitätsparameter der verschiedenen Bodenarten sind in dieser Norm nicht berücksichtigt. Sie sind in EN 12501-1 „Korrosion metallischer Werkstoffe – Korrosionswahrscheinlichkeit in Böden" enthalten. Für Bauten im Wasser oder im Erdreich können feste Korrosivitätskategorien nur schwer definiert werden; es sind verschiedene Umgebungen grob charakterisiert.

Unter *Sonderbelastungen* sind chemische und mechanische Belastungen und solche durch Kondenswasser oder höhere bzw. hohe Temperatur zu verstehen, die die Korrosion erheblich verstärken können bzw. die an das Beschichtungssystem besondere Anforderungen stellen (Tabelle 5-11.12). Besondere Situationen liegen z. B. im Innern von Gebäuden vor, wenn – bedingt durch die Nutzung der Gebäude – die Stahlbauten zusätzlichen Belastungen unterliegen, z. B. in Schwimm-

bädern, Viehställen oder Produktionsstätten in der Lebensmittelindustrie.

5-11.3.3 Auswahl des Beschichtungssystems

Der nächste Schritt ist die Auswahl des geeigneten Beschichtungssystems. Sie richtet sich nach der zu erwartenden Korrosionsbelastung, der erwarteten Nutzungsdauer, der zu erwartenden zusätzlichen Belastung, z. B. mechanisch durch Abrieb im Stahlwasserbau oder chemisch im Chemieanlagenbau, und den Bedingungen der Verarbeitung.

Eine sehr umfangreiche Tabelle in der Norm gibt Auskunft über die allgemeinen Eigenschaften der Beschichtungsstoffe auf unterschiedlicher Basis und ihre daraus resultierende Eignung für bestimmte Anwendungsbereiche. Diese Angaben können nur in Kombination mit den Angaben des Herstellers und den eigenen Erfahrungen genutzt werden.

Unter einem Beschichtungssystem ist die Summe mehrerer Beschichtungen oder von Überzügen und Beschichtungen (Duplex-System) zu verstehen. Es besteht normalerweise aus

- einer Grundbeschichtung,
- einer oder mehrerer Zwischenbeschichtung(en) und
- einer oder mehreren Deckbeschichtung(en).

Tabelle 5-11.12 Auftreten von Sonderbelastungen

Art der Belastung	Auftreten der Belastung
Chemische Belastungen	
Säuren Alkalien Salze organische Lösemittel korrosive Gase und Stäube	Kokereien, Beizereien, Galvanisieranstalten, Färbereien, Zellstoffhersteller, Gerbereien, Erdölraffinerien
Mechanische Belastungen	
Abrieb Erosion	Kies, Geröll, Sand, strömendes Wasser, Eis, Entfernung von Anwuchs im Stahlwasser- und Schiffbau
Andere Belastungen	
Kondenswasser erhöhte Temperatur (60 – 150 °C) hohe Temperatur (150 – 400 °C)	Kühlwasserleitungen, Wasserwerke, Asphalt auf Brücken, Schornsteine, Rauchgaskanäle
Kombinierte Belastungen	
mechanische und chemische Belastung	Granulat und Salz, z. B. in Parkhäusern Salzhaltiges Wasser und Granulat Salzsprühnebel

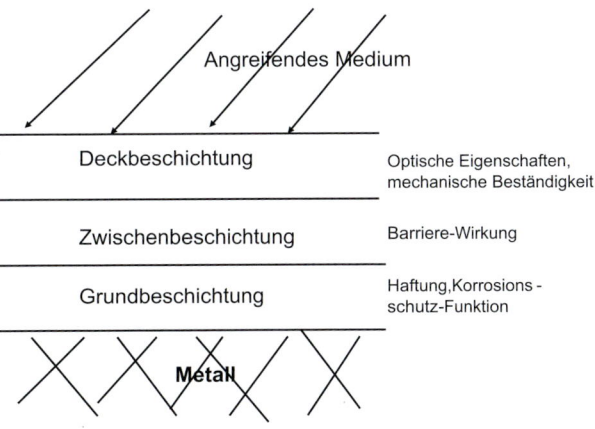

Bild 5-11.5 Schematische Darstellung eines Beschichtungssystems

Im Anhang von Teil 5 der Norm sind neun Tabellen enthalten, in denen in einer zunächst sehr kompliziert erscheinenden Matrix die Zusammenhänge zwischen den folgenden Parametern dargestellt sind:
- Dem Oberflächenvorbereitungsgrad,
- der Art des Beschichtungssystems,

- der Sollschichtdicke,
- der Korrosivitätskategorie und
- der zu erwartenden Schutzdauer.

Zur Grundbeschichtung wird Zinkstaub-Beschichtungsstoff empfohlen. Dabei handelt es sich um anorganische oder organische Beschichtungsstoffe, die mit Zinkstaub pigmentiert sind. Der Gehalt des Zinkstaubs im nichtflüchtigen Anteil muss mindestens 80 % betragen. Nur mit diesem Gehalt wird die angegebene Schutzdauer erreicht.

Ein wichtiger Faktor für ausreichende Schutzwirkung ist die Schichtdicke. Die Trockenschichtdicke eines Einzelwertes darf 80 % der Sollschichtdicke nicht unterschreiten. Der Mittelwert aller Messergebnisse muss gleich oder größer der Sollschichtdicke sein. Die Höchstschichtdicke soll das Dreifache der Sollschichtdicke nicht überschreiten.

5-11.3.4 Prüfung der Beschichtungssysteme

Damit Lieferanten und Anwender die zu verwendenden Beschichtungsstoffe nach den gleichen Methoden prüfen, sind in der Norm Prüfverfahren, Prüfbedingungen und Bewertungskriterien festgelegt.

Die korrosionsschützende Wirkung, die Nasshaftfestigkeit und die Barrierewirkung werden anhand der Beständigkeit gegen Wasser, Feuchtigkeit und Salzsprühnebel geprüft. In den Prüfbedingungen werden die entsprechend den Korrosivitätskategorien zu erwartenden Belastungen nachgestellt. Wenn weitere Aussagen über das Korrosionsverhalten von Beschichtungen erforderlich sind, können zwischen den Vertragspartnern weitere Prüfungen vereinbart werden. Die Prüfergebnisse werden bewertet und als Kriterium zur Auswahl des Beschichtungssystems herangezogen. Sie eignen sich zur Abschätzung der zu erwartenden Schutzdauer, aber nicht zur Vorhersage der *genauen* Schutzdauer.

Neben der Freibewitterung, die naturgemäß sehr langwierig ist, werden künstliche Korrosionsprüfungen vorgenommen, d. h. es werden im Labor die tatsächlich vorliegenden Belastungen im Zeitraffertempo nachgestellt und so innerhalb kurzer Zeit eine 1- oder 2-jährige Freibewitterung simuliert. Die Prüfmedien sind genau definiert. Die Prüfdauer ist bei Stahl und bei verzinktem Stahl unterschiedlich. Bei allen Prüfungen wird empfohlen, ein bewährtes Beschichtungssystem, das dem zu prüfenden möglichst ähnlich ist, sozusagen als Vergleichsmuster mitlaufen zu lassen. Die Beschichtung auf den Probenplatten wird vor und nach der künstlichen Belastung geprüft. Die Bewertung des Beschichtungssystems erfolgt nach den einschlägigen Prüfnormen.

5-11.3.5 Spezifikationen für die Instandsetzung

Prinzipiell gibt es keine Unterschiede zwischen Erstschutz und Instandsetzung: Die Oberflächen werden auf die gleiche Art vorbereitet, und es werden die gleichen Beschichtungsstoffe verwendet. Einige Besonderheiten sind jedoch zu beachten:

Maßnahmen der Instandsetzung müssen fast immer vor Ort erfolgen. Nur in wenigen Fällen werden Konstruktionen abgebaut, im Werk behandelt und dann wieder zusammengebaut. Aber auch dafür gibt es Beispiele.

Instandsetzungsmaßnahmen erfordern Kenntnisse über die „Biographie" des Bauwerkes und der daran angewendeten Korrosionsschutzmaßnahmen. Das gilt sowohl für die beim Erstschutz verwendeten Materialien, für die bisher durchgeführten Instandhaltungs- oder Instandsetzungsmaßnahmen als auch für die Belastung, die die Oberflächen im Laufe ihrer Nutzung ausgesetzt waren. Diese Unterlagen sind nicht immer verfügbar.

Prüfung und Planung

Bevor über eine Instandsetzungsmaßnahme im Korrosionsschutz entschieden wird, sind folgende Kriterien zu prüfen:

- Art des Bauwerks,
- Zustand des bisherigen Korrosionsschutzes, also der Altbeschichtung,
- erwartete Schutzdauer,
- Umgebungsbedingungen und
- zusätzliche Belastungen.

Bei der Art des Bauwerks kann es sich um eine Brücke über den Rhein, ein Stahlbauwerk, ein Objekt im Stahlwasserbau oder einen Teil einer Chemieanlage handeln. Schon aus dieser willkürlichen beispielhaften Aufzählung wird deutlich, dass sehr unterschiedliche Anforderungen aufgrund von Standort, Belastung, optischen Wünschen usw. gestellt werden.

Der Zustand des bisherigen Korrosionsschutzes, also der Altbeschichtung, ist zu prüfen auf optische Beeinträchtigung, wie Risse, Blasen, Runzeln, Abblätterungen, Durchrostung der Beschichtung, aber auch auf farbliche Veränderungen, Haftfestigkeit sowie Schichtdicke. Die Prüfungen werden zunächst visuell, dann mit Hilfsmitteln wie Gitterschnitt, Spanprüfung usw. vorgenommen. Soweit möglich, wird die Altbeschichtung entfernt, um den Grad der Unterrostung festzustellen. Anhand dieser Analyse wird möglichst unter Hinzuziehen eines Ingenieurbüros das Konzept für die Instandsetzung erstellt, d.h. es wird entschieden, ob eine Teilerneuerung möglich oder eine Vollerneuerung notwendig ist.

Instandsetzungsmaßnahmen sind nach ZTV-ING wie folgt definiert:

Ausbesserung

Wiederherstellen des Korrosionsschutzes durch Aufbringen geeigneter Korrosionsschutzsysteme an kleinflächigen Fehlstellen

Teilerneuerung

Wiederherstellen des Korrosionsschutzes durch Aufbringen geeigneter Korrosionsschutzsysteme an Fehlstellen und Aufbringen von mindestens einer ganzflächigen Deckbeschichtung

Vollerneuerung

Restloses Entfernen des alten Korrosionsschutzes und Aufbringen eines neuen Korrosionsschutzsystems

Natürlich ist die einfachste Möglichkeit, kleine Stellen auszubessern. Dies ist aber nur sinnvoll bei kleineren Objekten. Bei größeren Bauwerken, bei denen allein Einrüstung und Einhausung einen Teil der Kosten ausmachen, lohnt sich der Aufwand eigentlich nicht. Eine Vollerneuerung ist zu empfehlen, wenn

- die Altbeschichtung großflächig, z.B. mehr als 20%, unterrostet ist;
- dadurch keine ausreichende Haftung zum Stahl mehr gegeben ist;
- intensive Blasenbildung bis zum Substrat vorliegt sowie
- Versprödung der Altbeschichtung ($G_t > 3$) eingetreten ist.

Oberflächenvorbereitung

Der erste Schritt ist die Auswahl des geeigneten Verfahrens zur Oberflächenvorbereitung (Kap. II). Es muss so intensiv sein, dass lose anhaftende Beschichtungen, arteigene und artfremde Verschmutzungen entfernt werden und so schonend, dass die noch intakte Altbe-

schichtung nicht unnötig geschädigt wird. Die Oberflächenvorbereitung umfasst das Entfernen von Altbeschichtungen und Oberflächenverunreinigungen sowie das Aufrauen der Oberfläche für die nachfolgende Beschichtung. Mangelhafte Oberflächenvorbereitung führt zur Beeinträchtigung der Haftfestigkeit der Beschichtung mit allen Folgereaktionen.

Die erforderlichen Maßnahmen werden bestimmt durch

- das Alter des Bauwerks,
- den Standort des Bauwerks,
- die Qualität der Oberfläche,
- die Schutzwirkung des vorhandenen Beschichtungssystems,
- das Ausmaß der Korrosionsschäden,
- die Art und Intensität der zu erwartenden Belastung,
- das vorgesehene neue Beschichtungssytem.

Beschichtete Oberflächen sind zu bewerten nach DIN EN ISO 4628-1 bis ISO 4628-6 in Bezug auf

- Blasengrad,
- Rostgrad,
- Rissgrad,
- Abblätterungsgrad und
- Kreidungsgrad.

Ebenfalls berücksichtigt werden muss der geforderte Oberflächenvorbereitungsgrad. Da die Kosten dieses Verfahrensschrittes gewöhnlich der Reinheit proportional sind, soll der Oberflächenvorbereitungsgrad dem Beschichtungssystem oder das Beschichtungssystem dem Oberflächenvorbereitungsgrad angepasst werden. Alle Arbeiten zur Oberflächenvorbereitung müssen von qualifiziertem Personal ausgeführt und überwacht werden. Die vorbereitete Oberfläche muss geprüft und die Vorbereitung wiederholt werden, wenn der vereinbarte Oberflächenvorbereitungsgrad nicht erreicht wurde.

In der Norm sind alle chemischen und mechanischen Reinigungsverfahren einschließlich des Strahlens beschrieben. An die Stelle der Norm-Reinheitsgrade aus alten Normen sind die Oberflächenvorbereitungsgrade nach DIN EN ISO 8501-1 getreten.

Es wird unterschieden zwischen der

- *primären (ganzflächigen) Oberflächenvorbereitung*, bei der die gesamte Oberfläche bis zum blanken Stahl gereinigt wird. Es werden Walzhaut/Zunder, Altbeschichtungen und andere Verunreinigungen entfernt und die Vorbereitungsgrade Sa (durch Strahlen), St (durch Vorbereiten mit Werkzeugen), Fl (durch Flammstrahlen) und Be (durch Beizen) erreicht; und der

- *sekundären (partielle) Oberflächenvorbereitung,* bei die intakten Beschichtungen oder Überzüge verbleiben. Es werden Rost und andere Verunreinigungen entfernt und die Vorbereitungsgrade P Sa, P St, P Ma erreicht (p = partiell).

Das Aussehen der für die Beschichtung vorbereiteten Oberfläche hängt ab vom Ausgangszustand und vom Verfahren der Oberflächenvorbereitung. Die Rauheit der vorbereiteten Oberfläche beeinflusst die Haftfestigkeit der Beschichtung. Am besten geeignet für Beschichtungssysteme sind die Rauheitsgrade „mittel (G)" oder „mittel (S)". DIN EN ISO 8503-1 legt die Anforderungen an Rauheitsvergleichsmuster fest, die zum Sicht- und Tastvergleich von Stahloberflächen vorgesehen sind, die mit unterschiedlichen Strahlmitteln gestrahlt wurden. Die visuelle Bewertung der vorbereiteten Oberflächen ist in ISO 8501-1 und 8501-2 festgelegt. Ist eine Prüfung auf nicht sichtbare Verunreinigungen, wie Salzreste, Weißrost usw. erforderlich, ist diese Beurteilung in ISO 8502 beschrieben.

Vorhandene Beschichtungen, z.B. Zinkstaubgrundierungen, dürfen durch das Strahlen nicht poliert oder verschmiert werden, weil dadurch die Haftfestigkeit der nachfolgenden Beschichtung beeinträchtigt wird. Feuerverzinkte Oberflächen, die beschädigt sind oder Fehlstellen aufweisen, müssen so ausgebessert werden, dass die Schutzwirkung wiederhergestellt wird. Alle Verschmutzungen müssen entfernt werden, z.B. durch Sweep-Strahlen mit nicht-metallischem Strahlmittel. Thermisch gespritzte Überzüge müssen unmittelbar nach der Oberflächenvorbereitung beschichtet werden.

Bei den verschiedenen Verfahren der Oberflächenvorbereitung fallen Abfälle an: Verunreinigtes Wasser, verunreinigtes Reinigungsmaterial, verunreinigte Lösemittel und vor allem Strahlschutt. Einige Verfahren sind mit erheblicher Staubentwicklung verbunden. Schon bei der Planung dieser Arbeiten sind die Maßnahmen zum Schutz der Mitarbeiter, z.B. Tragen einer persönlichen Schutzausrüstung, und Fragen des Umweltschutzes, z.B. Entsorgung von Abwasser und Strahlschutt, mit einzubeziehen. Für alle genannten Komplexe sind die entsprechenden Verordnungen, Richtlinien oder Vorschriften heranzuziehen (Kap. VIII). Die Altbeschichtung wird beim Strahlen in feine Partikel zerteilt, die sich als Staub in der Luft befinden. D.h. es sind Maßnahmen zur Absaugung zu treffen, um die Gesundheit der Arbeitnehmer zu schützen. Bei den Arbeiten dürfen keine Stäube auf Menschen oder Gebäude in der Umgebung fallen. Die gesamte Baustelle muss eingehaust werden, der Luftwechsel ist vorgeschrieben und der Staub muss an der Stelle der Entstehung abgesaugt werden.

Die Entfernung von Altbeschichtungen durch Strahlen liefert Strahlschutt, der neben Wasser und Strahlmittel Reste der Altbeschichtung enthält. Altbeschichtungen können Asbest zur Verstärkung und als Füllstoff, bleihaltige Pigmente oder teerhaltige Bindemittel enthalten. Der Strahlschutt muss analysiert werden und entsprechend dem Ergebnis der Analyse entweder der Hausmülldeponie verbracht oder als Sonderabfall entsorgt werden. Dies ist besonders dann wichtig, wenn über die beim Erstschutz verwendeten Materialien keine detaillierten Unterlagen mehr vorhanden sind.

Auswahl des Beschichtungssystems

Für die Instandsetzung des Korrosionsschutzes wird eine Reihe von Beschichtungsstoffen eingesetzt, die auf einer relativ kleinen Zahl von Bindemitteln basieren. Diese Bindemittel lassen sich vielfältig modifizieren und kombinieren, sodass alle angegebenen Werte für ein spezielles System nur Richtwerte sein können. Beim Erarbeiten der Spezifikation zur Auswahl des Beschichtungssystems ist zu unterscheiden, ob es sich um eine Teilerneuerung oder um eine Vollerneuerung handelt. Im Falle der Vollerneuerung ist so zu verfahren wie beim Erstschutz.

5-11.4 Korrosionsschutz und Umweltschutz

Bei jedem technischen Prozess gibt es Produktionsabfälle, Nebenprodukte und/oder Reststoffe, die in gasförmiger, flüssiger oder fester Form an die Luft oder ins Wasser abgegeben oder auf einer Deponie abgelagert werden und die ein Gefahrenpotenzial beinhalten können. Beim Prozess des industriell oder gewerblich applizierten Korrosionsschutzes ist das nicht anders. Es sind die Rechtsgebiete des Immissionsschutzes, des Wasserrechts und der Abfallgesetzgebung betroffen. Derjenige, der für ein Korrosionsschutz-Projekt verantwortlich ist, sollte sich mit den rechtlichen Vorschriften vertraut machen, die dem Ziel dienen, Mitarbeiter und Umwelt vor Belastungen zu schützen. Selbst wenn in seinem Unternehmen je nach Größe des Betriebes ein oder mehrere Verantwortliche beschäftigt sind, haftet er schlussendlich mit allen rechtlichen Folgen. Außerdem sollte er sich im Einzelfall mit den Gegebenheiten vor Ort vertraut machen.

Der Umweltschutz umfasst alle Maßnahmen, um die natürliche Umgebung vor Einwirkungen aus industrieller Produktion und gewerblicher Tätigkeit zu schützen. Maßnahmen des Umweltschutzes sind im Umweltrecht gesetzlich geregelt.

Gesetze und Verordnungen sind entweder für die gesamte Bundesrepublik (Bundesgesetze) oder für das jeweilige Bundesland (Landesgesetze) bindend. Die hier vorgegebenen Regelungen dürfen nicht durch andere Maßnahmen ersetzt werden.

Technische Regeln und Richtlinien sowie Normen müssen nicht unbedingt eingehalten werden, wenn das gleiche Schutzziel mit anderen Mitteln erreicht und dies der zuständigen Behörde nachgewiesen werden kann.

Literatur zu Kapitel 5-11

Gramberg, U. in Corrosion Monitoring – damit ein Schaden erst gar nicht entsteht; GfKORR, Frankfurt a. M. 2003

Kaiser, W.-D., Schütz, A.: Schäden an Korrosionsschutzbeschichtungen; Curt R. Vincentz Verlag, Hannover 2000

Alle im Text erwähnten Normen sind in einer Liste zusammengefasst (Seite 889).

5

6 Life Cycle Assessment

Johannes Gediga

6.1 Einführung

Die Lebenszyklusanalyse (engl. LCA – Life Cycle Assessment) ist eine systematische Analyse der Umweltwirkungen von Produkten, Verfahren oder Dienstleistungen entlang des gesamten Lebenswegs („von der Wiege bis zur Bahre"). Dazu gehören sämtliche Umweltwirkungen, die während der Produktion, der Nutzungsphase und der Entsorgung sowie in den damit verbundenen vor- und nachgeschalteten Prozessen (z.B. Herstellung der Roh-, Hilfs- und Betriebsstoffe) entstehen. Die Methode der Ökobilanz kann als Tool für umweltorientierte Unternehmen von großem Nutzen in der Entwicklung von Produkten und Prozessen sein.

Wählt ein Unternehmen zum Beispiel ein Material für eine Anwendung in der Industrie aus, haben die technischen und ökonomischen Faktoren höchste Priorität. Ein weiterer wachsender Entscheidungsfaktor bei der Auswahl ist die Umweltperformance der ausgewählten Materialien oder Produkte. Bei der Entscheidung hilft die Lebenszyklusanalyse, da diese Methode das gesamte Leben eines Produktes betrachtet und sich somit die Nachhaltigkeit quantitativ darstellen lässt.

Dieses Kapitel beschreibt in Kürze die Methode der Lebenszyklusanalyse mit Verweisen auf detaillierte Literatur, da diese in vielen aktuellen Büchern und Berichten beschrieben steht. In einem Unterkapitel werden die wichtigen Unterschiede und Spezifika bei der Anwendung der Methode der Lebenszyklusanalyse im Stahlsektor dargestellt und erläutert. Darauf basierend werden Fallbeispiele bei der Anwendung im Stahlsektor wie auch bei der Anwendung aus der Produktsicht beschrieben.

6.2 Die LCA-Methode

Beim Erstellen einer Lebenszyklusanalyse sind zwei wichtige Grundsätze zu berücksichtigen:
- Die Betrachtung aller relevanten potenziellen Schadwirkungen auf die Umweltmedien Boden, Luft und Wasser sowie
- die Betrachtung aller Stoffströme, die mit dem betrachteten System verbunden sind, also Rohstoffeinsätze und Emissionen aus Vor- und Entsorgungsprozessen, aus der Energieerzeugung, während der Transporte und anderer Prozesse.

Grundsätze und Regeln zur Durchführung von Lebenszyklusanalysen, auch Ökobilanz genannt, sind in den ISO-Normen international festgelegt und als DIN EN 14040 und DIN EN 14044 in das deutsche Normenwerk übertragen. Danach umfasst die Lebenszyklusanalyse vier Elemente:

- Definition von Ziel und Untersuchungsrahmen
  Der erste Schritt der Lebenszyklusanalyse legt das Ziel und den Untersuchungsrahmen fest. Hierzu gehören beispielsweise die Definition von Systemgrenzen, der Funktion des Systems und der funktionellen Einheit, die Widerspiegelung der technischen und zeitlichen Aktualität, die Allokation der Umweltauswirkungen auf verschiedene Nebenprodukte (wichtig bei der Stahlherstellung) und die Anforderungen an die Datenqualität.
- Sachbilanz (Life Cycle Inventory: LCI)
  Die Sachbilanz beinhaltet die Datensammlung aller benötigten eingehenden (Ressourcen, Materialien) und ausgehenden (Emissionen, Abfälle) Stoff- und Energieströme, welche in einer Bilanz beinhaltet sind.
- Wirkungsabschätzung (Life Cycle Impact Assessment: LCIA)
  Bei der Wirkungsabschätzung werden die potenziellen Umweltwirkungen, die Einflüsse auf die mensch-

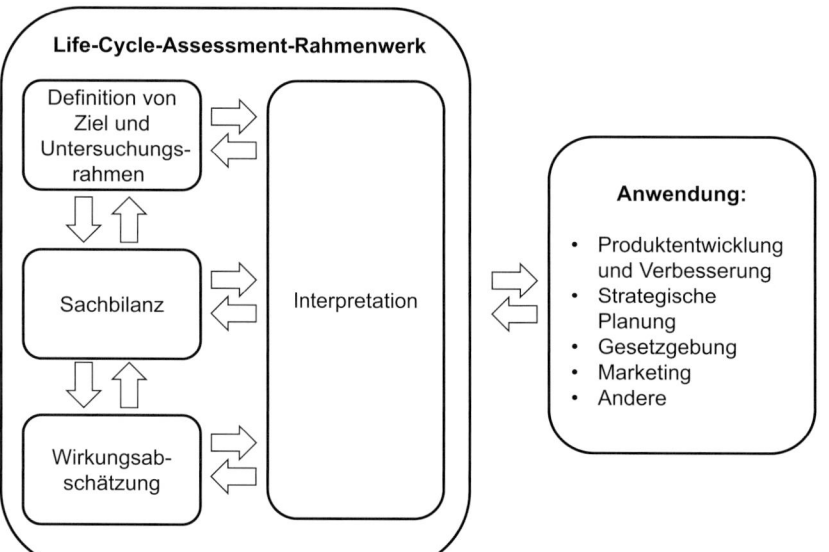

Bild 6.1
Elemente der Lebenszyklusanalyse nach
ISO 14040 und ISO 14044

liche Gesundheit und die Ressourcenverfügbarkeit über entsprechende Charakterisierungsfaktoren berechnet.

▪ Auswertung

Die Auswertung zeigt die Interpretation der Ergebnisse der Sachbilanz und der Wirkungsabschätzung in Bezug auf das Ziel der Lebenszyklusanalyse auf.

Die einzelnen Elemente sind direkt voneinander abhängig, wie das Diagramm in Bild 6.1 aus der Norm zeigt.

Die Ergebnisse der Lebenszyklusanalysen können wie folgt verwendet werden:

▪ Schwachstellenanalysen
▪ Ecodesign und Design for Recycling
▪ Benchmark von Prozessen und Produkten
▪ Einkaufs- und Lieferantenentscheidungen (grüne Lieferkette)
▪ Erstellung von Umweltdeklarationen nach ISO 14025 und EN 15804
▪ Erstellung von Typ-2-Selbstdeklarationen nach ISO 14021 und
▪ im Marketing und Verkauf der Produkte.

Die funktionelle Einheit ist die wichtigste Bezugsgröße in einer Lebenszyklusanalyse, die bei der Definition des Ziels und des Untersuchungsrahmens festzulegen ist (ILCD 2010). Alle späteren Quantifizierungen beziehen sich auf diese zu Beginn festgelegte funktionelle Einheit.

Mit dieser Festlegung wird auch die Anzahl der Nebenprodukte, falls solche im betrachteten Untersuchungs-

rahmen produziert werden, definiert. Ist zum Beispiel die funktionelle Einheit das Roheisen, dann sind Hochofenschlacke, Hochofengas, Sintergas, Kokereigas etc. Nebenprodukte, die einer Allokation (Verteilung der Umweltlasten auf die unterschiedlichen Produkte) unterzogen werden müssen. Hierzu wird die Bezugsgröße der funktionellen Einheit genutzt, damit das betrachtete Produkt Roheisen nicht die gesamte Umweltauswirkung zugeteilt bekommt. Die Norm enthält entsprechende Regeln und Vorgehensweisen, die im nachfolgenden Kapitel kurz erläutert und auf den Stahlsektor bezogen werden.

Sollen zwei Produkte mit der gleichen funktionellen Einheit verglichen werden, um das umweltlich „bessere" Produkt zu identifizieren und die Ergebnisse zu veröffentlichen, muss die Studie einer kritischen Prüfung (engl. critical review) unterzogen werden.

Ein allgemeiner Arbeitsfluss in der Anwendung einer Lebenszyklusanalyse ist in Bild 6.2 dargestellt.

Weitere detaillierte Schritte dieser Methode können in den entsprechenden Normen nachgelesen werden.

Bild 6.2
Ablaufdiagramm einer allgemeinen Lebenszyklusanalyse

6.3 LCA-Methode im Stahlsektor

Für den Stahlsektor führte der Weltstahlverband (worldsteel) seine erste globale Lebenszyklusanalyse für Stahlprodukte aus einem integrierten Stahlwerk 1995/1996 durch. Diese Studie basierte 1994/1995 auf Produktionsdaten der teilnehmenden Stahlwerke und dem internationalen Standardregelwerk (ISO 14040). Ein Update dieser durchschnittlichen Lebenszyklusdaten wurde 2000/2001 durchgeführt. Im Rahmen des Updates wurde zusätzlich zum Ergebnisbericht ein Lebenszyklusanalyse-Methodenbericht erstellt, der die Methode zur Lebenszyklusanalyse für die Anwendung in der Stahlindustrie übersetzte (World Steel Life Cycle Inventory Methodology; IISI 2002). Dieser Methodenbericht wurde von einer dritten unabhängigen Partei gemäß ISO 14040 und ISO 14044 verifiziert, um seine internationale Akzeptanz zu erhöhen. Basierend auf

diesen Methodenberichten werden weltweit die Lebenszyklusanalysen von Stahlprodukten durchgeführt.

Die Systemgrenzen einer Stahlbilanz umfassen nach dem Methodenbericht alle Aktivitäten des integrierten Stahlwerks, die Produktion und den Transport von Rohstoffen (materiell und energetisch) sowie anderer Verbrauchsstoffe (Sauerstoff, Stickstoff etc.).

Zusätzlich werden die entstehenden Nebenprodukte und deren Nutzung außerhalb des Stahlwerks nach der Methode der Systemraumerweiterung berücksichtigt. Diese Systemraumerweiterung vergibt Gutschriften, welche zu einer Reduktion des Umweltprofils des betrachteten Stahls führen. Wenn das nicht der Fall wäre, würden 100 % der Umweltbelastung dem Stahl zugeschrieben und alle Nebenprodukte würden umweltlastenfrei bleiben. In Bild 6.3 sind die typischen Systemgrenzen für die Lebenszyklusanalyse von Stahlprodukten dargestellt (WSA 2011).

Unter Berücksichtigung der beschriebenen Randbedingungen ist die Steinkohle (Lieferkette) das Rohmate-

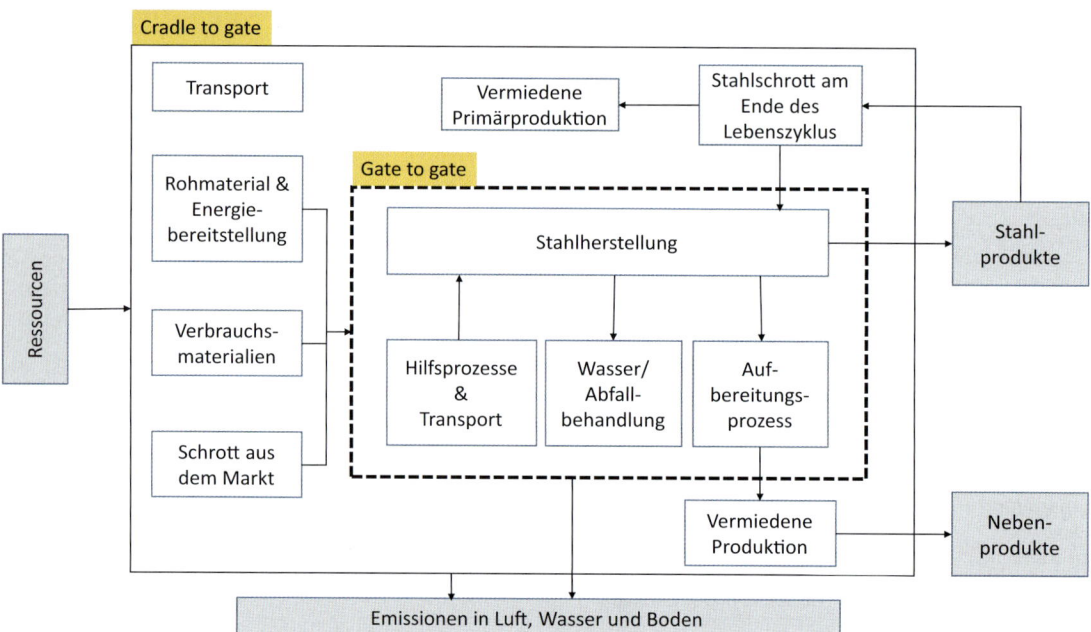

Bild 6.3 Systemüberblick der Stahlherstellung inklusive Recycling am Ende des Lebenszyklus

rial, das zum Primärenergiebedarf am meisten beiträgt, nämlich zwischen 75 % und 95 % (Bild 6.3, Cradle to gate). Von den Treibhausgasen werden > 60 % im integrierten Stahlwerk emittiert (Bild 6.3, Gate to gate) und nur zwischen 20 und 30 % in der Lieferkette zum Stahlwerk (WSA 2011).

Allokation von Produkten und Nebenprodukten

Die Allokation von Umwelteinwirkungen auf Produkte und Nebenprodukte wird im Folgenden beschrieben, denn sie ist sehr wichtig für die Berechnung der Lebenszyklusanalyse. Betrachtet man ein System, bei dem mehrere Nebenprodukte entstehen, müssen Allokationsschlüssel angewendet werden, um die Input- und Output-Parameter auf die Produkte und Nebenprodukte zu verteilen. In Tabelle 6.1 sind die Prozesse und deren Nebenprodukte für die Hochofen- und Elektrolichtbogenofenroute dargestellt.

Systemraumerweiterung ist eine Vorgehensweise, um Nebenprodukte in das betrachtete System zu integrieren und diesen eine Gutschrift mit den entsprechenden Primärprodukten zu geben (z.B. wird Hochofenschlacke mit Zement gutgeschrieben, da die Schlacke in der Zementindustrie einen Teil des Klinkers ersetzt).

Das ist im Speziellen für die Hochofenroute von großer Bedeutung, da hier große Mengen an wertvollen Ne-

Tabelle 6.1 Nebenprodukte bei der Stahlherstellung

Produktions-ort	Nebenprodukt	Allokationsmethode
Kokerei	Kokereigas Koks Benzol Teer Toluol Xylol Schwefel	Systemraumerweiterung
Hochofen	Hochofengas Roheisen (Produkt) Schlacke	Systemraumerweiterung
Sauerstoff-blaskonverter	Konvertergas Rohstahl (Produkt) Schlacke	Systemraumerweiterung
Elektrolicht-bogenofen	Rohstahl (Produkt) Schlacke	Systemraumerweiterung

benprodukten anfallen. Diese Methode wird auch bei der erzeugten Schlacke in der Elektrolichtbogenofenroute angewendet.

Das Allokationsmodell für den Stahlsektor, vorgeschlagen vom Weltstahlverband Worldsteel, sieht die in Tabelle 6.2 beschriebenen Systemraumerweiterungen und Gutschriften für die Schlacken der Hochofenroute vor.

Tabelle 6.2 Empfohlene Gutschriften im Stahlsektor (WSA 2011)

	% Gewinnung	Zement	Straßen-bau-material	Dünger
Hochofen-schlacke	>94%	82%	17%	<1%
Konverter-schlacke	>95%	9%	83%	8%
Elektroofen-schlacke	100%	9%	91%	0%

Die Norm ISO 14044 schlägt folgende Vorgehensweise vor:

Schritt 1: Wenn immer möglich, sollte Allokation vermieden werden durch

a) Aufteilen der Prozesse in Unterprozesse und die Sammlung der Daten und Informationen bezogen auf die Unterprozesse,

b) Systemraumerweiterung.

Schritt 2: Wenn Allokation nicht vermieden werden kann, sollte sie nach der physikalischen Beziehung durchgeführt werden, z. B. Massenallokation der Input- und Output-Ströme eines Prozesses nach den Mengen der Produkte und Nebenprodukte.

Schritt 3: Wenn eine physikalische Allokation nicht angebracht ist, kann zum Beispiel eine ökonomische Allokation stattfinden. Diese wird zum Beispiel bei Edelmetallen angewendet, wenn diese von den Nichteisen-Metallen getrennt werden, um die Umweltauswirkungen bei der Produktion aufwandgerecht zu verteilen.

Allokation am Ende des Lebenszyklus eines Stahlproduktes

Im Allgemeinen werden Stahlschrotte in der Stahlproduktion entweder als Kühlschrott oder – in größeren Mengen zum Beispiel bei Baustahl – als Rohstoff eingesetzt. Die Schrotte wurden in der Vergangenheit mit keiner Umweltauswirkung belastet, sondern wurden lastenneutral im Prozess geführt. Die ISO empfiehlt die Vorgehensweise des „open loop" (das Material wird am Ende des Lebenszyklus nach dem Recycling in einem neuen Produkt eingesetzt, welches noch nicht bekannt ist) oder des „closed loop" (in diesem Fall wird die Allokation vermieden, da das rezyklierte Material das Primärmaterial im selben Produkt ersetzt). Der Weltstahlverband setzt in seinem Lebenszyklusanalyse-Methodenbericht fest, dass die Umweltbelastung von Schrott auf den Input gleich der Gutschrift des Schrot-

tes am Ende des Lebenszyklus ist. Auch wenn es verschiedene Qualitäten von Stahl gibt, ist es nicht realistisch, eine Lebenszyklusanalyse für jeden Stahlschrott einzeln zu berechnen, da der Aufwand dafür zu hoch wäre und die Unterschiede nur minimal gegenüber den Auswirkungen bei der Stahlproduktion selbst sind. Der Weltstahlverband schlägt eine Sachbilanz für Schrott vor, die folgender Formel folgt:

$$(X_{pr} - X_{rec}) \cdot Y$$

X_{pr} = theoretische Sachbilanz für 100% Stahl aus Primärmaterial

X_{rec} = 100% rezykliertes Material mit 100% Schrotteintrag

Y = Prozessertrag aus dem Elektroofen, z. B. wird > 1 kg Schrott benötigt, um 1 kg Elektrostahl herzustellen

Wird diese Methode angewendet, hat die Sachbilanz von 1 Kilogramm Stahlwarmband inklusive der Berücksichtigung des Endes des Lebenszyklus einen CO_2-Wert von 0,86 kg (WSA 2011).

In den beiden Diagrammen Bild 6.4 und 6.5 ist ein Auszug aus den Umweltauswirkungen (Treibhauspotenzial und Versauerungspotenzial) aus dem Methodenbericht des Weltstahlverbandes dargestellt. Separat gezeigt sind:

1. Das Ergebnis der „Cradle to gate"-Lebenszyklusanalyse (linker Balken),

2. die Recyclinggutschrift (mittlerer Balken) und

3. die Umweltauswirkung für „Cradle to gate" inklusive der Recyclinggutschrift (rechter Balken).

Das Treibhauspotenzial (Global Warming Potential: GWP) eines Stoffes ist eine Maßzahl für den relativen Effekt des Beitrags dieses Stoffes zum Treibhauseffekt. Gemessen wird es in kg CO_2-Äquivalenten. Zum Beispiel beträgt das CO_2-Äquivalent für Methan in einem Zeithorizont von 100 Jahren 25. Das bedeutet, dass ein kg Methan in den ersten 100 Jahren 25-mal mehr zum Treibhauseffekt beiträgt als ein kg CO_2.

Das Versauerungspotenzial (Acidification Potential: AP) beschreibt die Summe aller derjenigen Gase aus den betrachteten Herstellungsprozessen als SO_2-Äquivalent, die in Verbindung mit Wasser zur Versauerung von Gewässern und Böden beitragen können (saurer Regen) (Bild 6.5).

Das Stahlinstitut VDEh und die Wirtschaftsvereinigung Stahl haben eine Studie zur materialpool-orien-

6

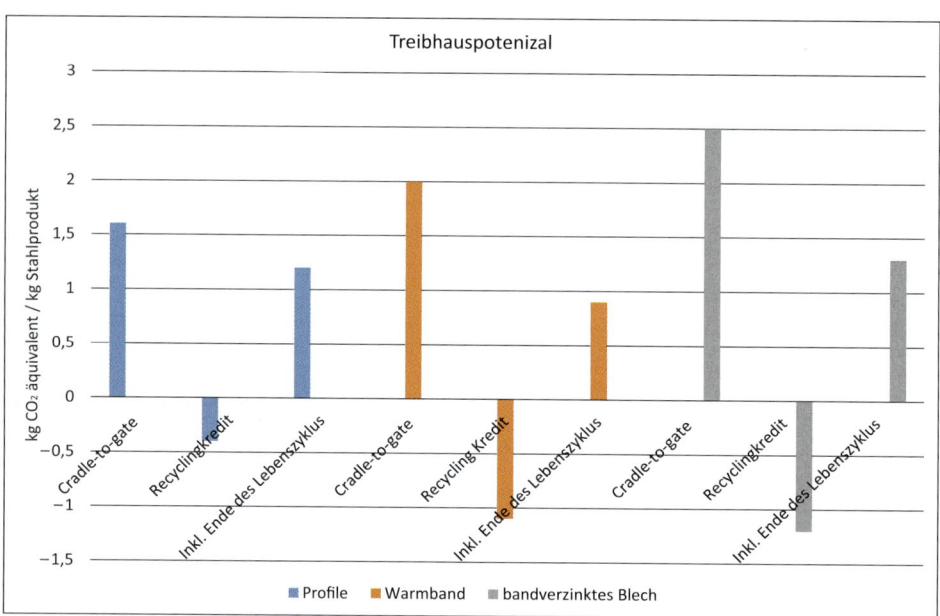

Bild 6.4
Treibhauspotenzial für drei Stahlprodukte inklusive Recycling (WSA 2011)

6

tierten Bewertung des Werkstoffes Stahl im Rahmen einer Lebenszyklusanalyse durchgeführt (TUB 2012). In dieser Studie wird gezeigt, dass bei der Produktion von einer Tonne Stahl – bezogen auf die Gesamtlebenszeit (sechs Lebenszyklen inklusive der Materialverluste im Lebenszyklus und bei den Recyclingprozessen) – weniger als 1000 Kilogramm CO_2 emittiert werden. Nach dieser Berechnungsmethode fällt die LCA des Stahls gegenüber den Studien, die ausschließlich die Primärproduktion von Roheisen im Hochofen und Stahl im Stahlwerk betrachten (ohne jegliche Gutschriften), deutlich positiver aus. Ähnlich wie beim Ansatz des Weltstahlverbandes ist das Ergebnis für 1 kg Stahlwarmband beim Multirecyclingansatz nach Finkbeiner 0.94 kg CO_2 inklusive Systemraumerweiterung und 0,90 kg CO_2 ohne Systemraumerweiterung.

Man kann sagen, dass die Ergebnisse bei Anwendung beider Methoden in der gleichen Größenordnung lie-

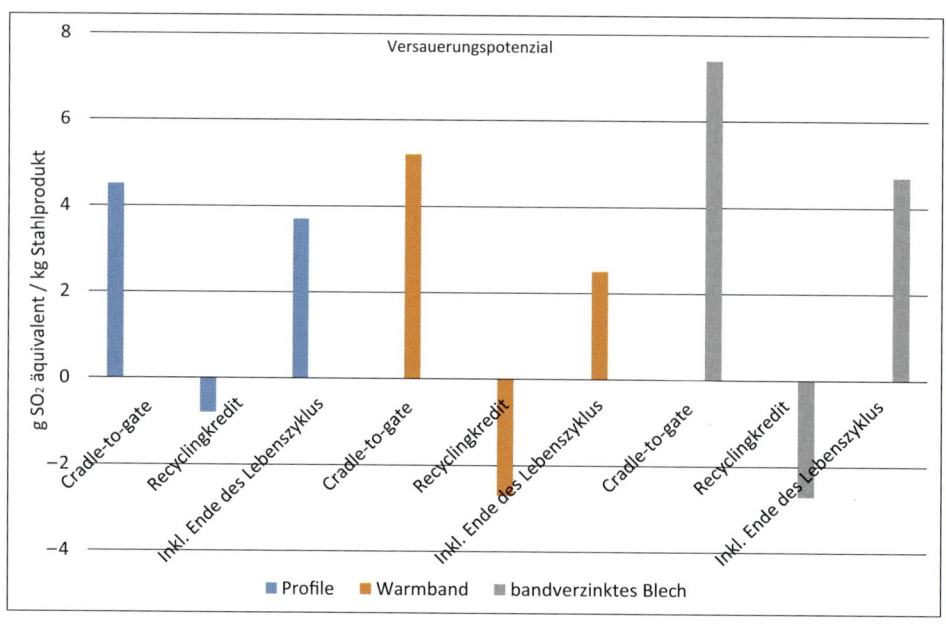

Bild 6.5
Versauerungspotenzial für drei Stahlprodukte inklusive Recycling (WSA 2011)

gen. Der Begründung hierfür ist, dass die oben angegebenen Werte nicht basierend auf den gleichen Systemgrenzen sind, da nur ein Unternehmen in Deutschland als Basis für die Berechnung betrachtet wurde, wohingegen der Weltstahlverband den Weltdurchschnitt der Stahlproduktion für die Berechnung zugrunde gelegt hat.

Zusammenfassend kann gesagt werden, dass durch die Komplexität im Stahlsektor die Methoden des ISO-Richtlinien für die Stahlherstellung übersetzt und für den Stahlsektor spezifische Methoden entwickelt wurden, welche der Weltstahlverband in veröffentlichten „Guidelines" und Methodenberichten beschreibt.

6.4 Anwendungen von LCA in der Industrie

Die Ergebnisse von Lebenszyklusanalysen werden heutzutage von Firmen hausintern oder zur Kommunikation nach außen angewendet. In folgenden Kapiteln werden Anwendungsbeispiele der Lebenszyklusanalyse im Stahlsektor und in der „downstream"-Industrie beschrieben.

6.4.1 Interne Nutzung der Lebenszyklusanalyse in der Stahlindustrie

Unternehmen, die Nachhaltigkeit in ihrer Firmenpolitik platziert haben, führen Lebenszyklusanalysen durch, um einen besseren Überblick der Umweltauswirkungen ihrer Produkte über den gesamten Lebenszyklus zu erhalten und richtige Entscheidungen für eine Verbesserung der Umweltperformance zu gewährleisten.

Der Bau- und der Automobilsektor sind die beiden Bereiche, in die der größte Teil der Stahlprodukte fließt. Das sind auch die beiden Sektoren, die im Folgenden mit der Lebenszyklusanalyse betrachtet werden. Firmen in beiden Bereichen führen Lebenszyklusanalysen für ihre neuen Produktanwendungen durch, um Vorteile bei der Vermarktung gegenüber der Konkurrenz zu haben.

Weiterhin gibt die Lebenszyklusanalyse einen Einblick in die „Hot Spots" im eigenen Stahlwerk wie auch zum Einfluss des Stahlwerks auf den gesamten Lebenszyklus des betrachteten Produktes. Diese Ergebnisse können neben der ökonomischen Analyse als Basis für die Identifikation von Verbesserungspotenzialen dienen.

Das Unternehmen ArcelorMittal (AM) beschreibt auf seiner Internetseite (AM 2014), dass es seit 2005 kontinuierlich das Wissen von LCA in der Firma aufgebaut hat, um unter anderem die Nachhaltigkeit von Neuentwicklungen zu bewerten. Die Firma hat z.B. in ihre Produktbereiche Automotive LCA integriert und wendet diese Methode bei Neuentwicklungen an, um die Vorteile der Nachhaltigkeit zu identifizieren und dem Kunden zu kommunizieren. Im Baubereich erstellt AM Umweltproduktdeklarationen (Environmental Product Declaration: EPD) basierend auf der LCA-Methode und EPD- spezifischen Normen (EN 15804, ISO 14025). Ein Beispiel sind unter anderem Langprodukte (AM 2012).

Die ThyssenKrupp AG (TK) berichtet auf ihrer Internetseite, dass sie für Bauprodukte Umweltdeklarationen (EPD) erstellt (TK 2011) und diese verwendet, um die Umweltfreundlichkeit ihrer Produkte zu kommunizieren. Des weiteren wird bei TK die Lebenszyklusanalyse auch zur Bewertung neuer Produkte angewendet (TK 2014).

Im Verpackungsbereich nutzt TK Rasselstein die LCA-Methode und die Umweltdeklaration für verzinntes Weißblech (TK 2012).

Im Bereich Produkte für den Automobilsektor von TK (TK 2014 A) werden neben der technischen Realisierung auch die umweltbezogenen Aspekte über den Lebenszyklus betrachtet. Das InCar©plus-Programm von TK wurde von einer Ökobilanz begleitet (TK 2014 A1). Das ist nur ein kleiner Ausschnitt aus Stahlunternehmen, die Lebenszyklusanalysen in ihrem Tagesgeschäft nutzen. Als weitere Beispiele können genannt werden: TataSteel in England und Indien, BlueScope in Neuseeland, Essar Steel, Jindal Steel, Baosteel in China. All diese Beispiele können auf deren Internetpräsenzen nachgelesen werden.

Im folgenden Kapitel wird der Bogen zu den Kunden der Stahlindustrie geschlagen, die Lebenszyklusanalysen ihrer Produkte erstellen, um zum Beispiel eine bestimmte Materialauswahl für ein neu entwickeltes Produkt von den umweltbezogenen Aspekten her zu untermauern.

6.4.2 Interner Nutzen von Lebenszyklus-analysen bei Kunden der Stahlindustrie

Automobilsektor

Die Anwendung der Lebenszyklusanalyse im Automobilsektor geht zurück bis in die 90er-Jahre des vorigen Jahrhunderts, in denen erste Lebenszyklusanalysen von Automobilbauteilen durchgeführt wurden. Schnell wurden Ganzautobilanzen durchgeführt, die heutzutage zum Alltagsgeschäft der großen Automobilkonzerne gehören (VW, Daimler).

Heute haben sich viele Großfirmen die Nachhaltigkeit als eine wichtige Aufgabe auf die Agenda geschrieben. Es wird LCA für Materialentscheidung bei Produkten verwendet. Automobilkonzerne nutzen LCA, um die Umweltauswirkungen beim Einsatz neuer Materialien zu berechnen und um umweltfreundliche Entwicklungen transparent darstellen zu können. Diese Methode der LCA ist im Tagesgeschäft der Konzerne entwicklungsbegleitend implementiert (MB 2001).

Stahlunternehmen arbeiten zusammen mit Kunden an Neuentwicklungen und nutzen LCA, um umweltrelevante Vorteile darzustellen. China Steel Corporation (CSC) führte zusammen mit Tatung Motor Co. in Taiwan ein LCA durch, um den Einsatz eines neuen Elektrostahls in Elektromotoren zu untermauern. CSC konnte die verbesserte Umweltperformance durch die verbesserte Energieeffizienz aufgrund der neuentwickelten Stähle 50CS290 und 50CS400 über den Lebenszyklus zeigen (WSA 2015). Das Treibhauspotenzial konnte um mehr als 5 % im Vergleich zum Einsatz von 50CS1300 reduziert werden.

Ein weiteres Beispiel aus der Veröffentlichung des Weltstahlverbandes (WSA 2015) zeigt, dass mit einer Gewichtsreduktion durch hochfeste Stähle über den gesamten Lebenszyklus Treibhausgasemissionen gegenüber dem Einsatz von konventionellem Stahl reduziert werden können. In einer Studie wurden Karosserien aus modernen hochfesten Stählen (Advanced High Strength Steels AHSS) und in Mischbauweise unter Nutzung von Aluminium- und Magnesiumlegierungen sowie Kunststoffen gefertigten Karosserien (Super Light Car SLC) verglichen. In den Diagrammen Bild 6.6 und Bild 6.7 sind Ergebnisse aus der Veröffentlichung dargestellt. Sie zeigen, dass im Vergleich zu einer Referenzkarosserie aus herkömmlichen Stählen durch den Einsatz von hochfesten Stählen bereits bei der Fertigung Treibhausgasemissionen eingespart werden können; hingegen ist die Herstellung von Aluminium- und Magnesium-intensiven Karosserien mit erhöhten Emissionen verbunden. Über den gesamten Lebenszyklus eines Fahrzeugs werden mit beiden Karosserien deutliche Einsparungen an Treibhausgasemissionen zwischen 6,3 und 6,5 % erzielt. Die Stahlkarosserien erreichen dies ohne Mehrkosten, während im Fall des intensiven Leichtbaus mit Aluminium und Magnesium deutlich höhere Material- und Fertigungskosten anfallen. Die Gewichtsreduktion durch neues Design der Automobilkarosserie aufgrund neu entwickelter Stähle zeigt Tabelle 6.3.

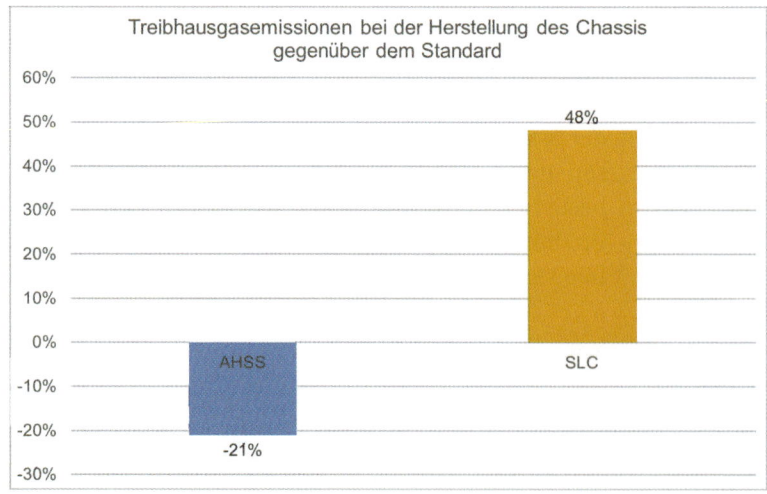

Bild 6.6

Treibhausgasemissionen bei der Herstellung einer Karosserie aus hochfesten Stählen AHSS oder in Superleichtbauweise (SLC) gegenüber einer Standard-Karosserie (WSA 2015)

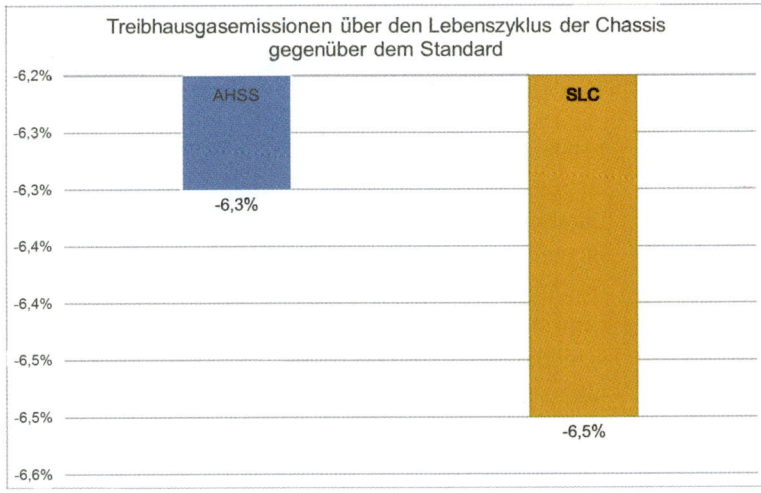

Bild 6.7
Treibhausgasemissionen über den gesamten Lebenszyklus einer Karosserie aus hochfesten Stählen AHSS oder in Superleichtbauweise (SLC) gegenüber einer Standard-Karosserie (WSA 2015)

Tabelle 6.3 Gewicht einer PKW-Karosserie bei Einsatz von herkömmlichen Stählen (Standard), modernen hochfesten Stählen (AHSS) und von Aluminium- und Magnesiumlegierungen (SLC)

	Standard	AHSS (Advanced High Strength Steel)	SLC (Super Light Car)
Gewicht der Karosserie in kg	280	225	180

Die Treibhausgasemissionen gegenüber dem „Standard-Chassis" erhöhen sich bei der Herstellung eines SLC um knapp 50 %.

Die Treibhausgasemissionen über den gesamten Lebenszyklus reduzieren sich aufgrund des verringerten Karosseriegewichtes. Berücksichtigt man den Kostenvorteil der Stähle sowie deren uneingeschränkte Großserientauglichkeit, dann wird der Siegeszug moderner hochfester Stähle im PKW-Bau verständlich.

Im Automobilsektor gibt es noch viele Beispiele, die hier aufgeführt werden könnten, die aber den Rahmen dieses Kapitels sprengen würden.

Bausektor

Die Anfänge des nachhaltigen Bauens reichen bis die in Anfänge der 90er-Jahre des vorigen Jahrhunderts zurück. Heute vergibt die DGNB (Deutsche Gesellschaft für Nachhaltiges Bauen) ein Gütesiegel für nachhaltige Bauwerke. Stahl ist ein wichtiges Material bei der Konstruktion von unterschiedlichen Bauwerken, z. B. Brücken, Hochhäusern und anderen Gebäuden. Lebenszyklusanalysen werden hier wie in anderen Sektoren verwendet, um die Vorteile des Materials bzw. Produktes über den Lebenszyklus zu zeigen. In einer unab-

hängigen Studie wurden eine Radfahrbrücke (14 Meter Spannweite) und eine Straßenverkehrsbrücke (24 Meter Spannweite) untersucht. Es konnte gezeigt werden, dass stahlbasierte Brücken eine niedrigere Umweltauswirkung haben als vergleichbare zementbasierte Brücken (WSA 2015).

Die beiden angesprochenen Branchen sind nur beispielhaft für viele andere Sektoren, wie die Verpackungs- und Gebrauchsgüterindustrie, die chemische Industrie, die Stromerzeugung etc., in denen Lebenszyklusanalysen genutzt werden.

Die Ergebnisse werden intern genutzt, um Verbesserungspotenziale bei der Herstellung von Produkten oder der Entwicklung neuer Prozesse zu identifizieren, oder sie werden zur Kommunikation mit Kunden und Stakeholdern verwendet.

6.4.3 Nutzen von LCA-Ergebnissen zur Kommunikation

Wenn Lebenszyklusanalysen zur Kommunikation genutzt werden, sind verschiedene Voraussetzungen notwendig, um die Glaubwürdigkeit der Ergebnisse zu bestätigen. Die ISO 14040 und ISO 14044 sind weit auslegbare Normen, in denen viele unterschiedliche Annahmen getroffen werden können und somit die Ergebnisse, die von verschiedenen LCA-Nutzern erstellt werden, nicht notwendigerweise vergleichbar sind. In diesem Fall helfen die Normen zur Erstellung von Umweltdeklarationen. Diese erlauben nur geringere Spielräume zu möglichen Annahmen. Sie sind vor allem für den Bausektor entwickelt worden (ISO 14025 und EN 15804). Länder haben Programmhalter, die die Verifikation der erstellten Umwelterklärung übernehmen, um die Einhaltung der Normen sicherzustellen. Diese Standards sind die Basis für Programmhalter, die diesen noch weniger Spielraum für differenzierte Annahmen geben, indem Regeln über Produktkategorien (PCR – Product Category Rules) erstellt werden, um eine Vergleichbarkeit herzustellen. Im Bausektor werden im Rahmen von Gebäudebewertungen auch Baumaterial und Bauprodukte in die Bewertung mit einbezogen, um den Gebäudeumweltstandard zu ermitteln (DGNB).

Gegenwärtig gibt es Harmonisierungsbestrebungen, um die länderspezifischen Regeln so weit wie möglich auf einer europaweiten Plattform zu vereinheitlichen, sodass eine Firma, die ihre Bauprodukte in verschiedene Länder Europas liefert, nicht immer wieder neue Umweltproduktdeklarationen nach den länderspezifischen Regeln erstellen muss. Des Weiteren wird generell die Allokation im Rahmen von Umweltdeklarationen nicht mit Systemraumerweiterung, sondern mit physikalischer oder ökonomischer Verteilung vorgeschlagen.

Ein spezieller Fall betrifft beim Stahl die Verteilung von Umweltauswirkungen auf die Hochofenschlacke. Betrachtet man die Hochofenschlacke, die in die Zementindustrie geht und Teile des Klinkers (energie- und CO_2-intensiv) ersetzt, nutzt in diesem Fall die Zementindustrie diese Schlacke als Input-Material ohne jegliche Umweltbelastungen, wohingegen die Stahlindustrie Umweltauswirkungen auf die Hochofenschlacke verteilt. Wenn jetzt ein Blick auf die gesamte Wirtschaft geworfen wird, fehlen im Makrosystem der Wirtschaft Emissionen, die die Zementindustrie nicht berücksichtigt. Hier wird ein politischer Dialog zwischen den Branchen geführt, um dieses Problem zu lösen.

Des Weiteren werden Umweltdeklarationen basierend auf den obigen Standards von Firmen zur Kommunikation mit den direkten Kunden verwendet, um Wettbewerbsvorteile zu erhalten.

Es gibt außerhalb des Bausektors solche Plattformen in Schweden, Korea und Japan, die alle auf der Basis des schwedischen Systems *environdec* aufbauen. Innerhalb dieses Systems werden Bauprodukte ebenfalls deklariert. Hier lehnt sich environdec direkt an die EN 15804 an. Bei environdec sind Produkte aus verschiedenen Bereichen deklariert, unter anderem Metalle wie Stahl zur Anwendung außerhalb des Bausektors (environdec1).

6.5 Zusammenfassung und Ausblick

Lebenszyklusanalysen werden im Stahlbereich sowohl zu internen Zwecken als auch zur externen Kommunikation verwendet. Stahlfirmen nutzen die Umweltbilanzen, um ihre Produkte auf dem Markt umweltfreundlich und transparent darzustellen.

Umweltbilanzen von Stahlprodukten werden in verschiedenen Sektoren weiterverwendet, um Produktbilanzen, z. B. von Automobilen oder Gebäuden, zu erstellen und reduzierte Umweltauswirkungen bei der Materialwahl von Stahl über den Lebenszyklus aufzuzeigen.

Wird die Komplexität von Produkten, z. B. eines Automobils am Ende des Lebenszyklus, betrachtet, muss das System über den ganzen Lebenszyklus simuliert werden, um ressourceneffiziente Entwicklungen voranzutreiben. Viele Materialien, die in kleinen Mengen vorhanden sind, gehen verloren, wenn nicht die richtige Infrastruktur (Recyclingtechnologien) zur Verfügung steht. Hierbei müssen auch die vergemeinschafteten Metalle im Erz betrachtet werden wie auch die Metalllegierungen im Produkt am Ende des Lebenszyklus, um die Fraktionen am Ende den richtigen Prozessen zuzuführen. Diese Art der Betrachtung ergibt die Möglichkeit, mit Hilfe von metallurgischen Simulationen die Rückgewinnung von kleineren Metallfraktionen zu optimieren und im gleichen Atemzug auch die reduzierten Umweltbelastungen aufzuzeigen.

Literatur zu Kapitel 6

Finkbeiner, M. et al.: Life Cycle Engineering as a Tool for Design for Environment. SAE conference, 2000

ILCD Handbook – Analysis of existing Environmental Impact Assessment methodologies for use in Life Cycle Assessment. European Commission (JRC), Institute for Environment and Sustainability, 2010

Neugebauer, S.; Finkbeiner, M.: Ökobilanz nach ISO 14040/44 für das Multirecycling von Stahl. Berlin 2012

Product Category Rule (PCR) Basic iron or steel products & special steels, except construction products.

Software and System Databases for Life Cycle Engineering. *www.thinkstep.com* thinkstep AG, Stuttgart-Echterdingen 1992 – 2015

Thermochemical and process simulation. Outotec Research Center, *www.outotec.com*, 1974 – 2015

The International EPD System. *http://www.environdec.com*, Stockholm 2015

World Steel Life Cycle Inventory Methodology Report 1999 – 2000. Brussels 2002 worldsteel Association: Life Cycle Assessment Methodology Report. 2011

worldsteel Association: Steel in circular economy. 2015

Internetadressen

AM 2014: *http://corporate.arcelormittal.com/what-we-do/research-and-development/life-cycle-assessment*

AM 2014 A: *http://automotive.arcelormittal.com/Sustainability/LCA/What_is_LCA*

AM 2012: *http://sections.arcelormittal.com/download-center/product-declarations/environmental-product-declaration.html*

TK 2012: *http://www.thyssenkrupp-rasselstein.com/fileadmin/pdf/publikationen/Umweltproduktdeklaration_fuer_verzinntes_Feinstblech_Weissblech.pdf*

TK 2011: *http://www.thyssenkrupp.com/de/presse/art_detail.html&eid=TKBase_1294923362817_364636091*

TK 2014: *http://www.thyssenkrupp.com/de/nachhaltigkeit/resourcen_und_energieeffizienz.html*

TK 2014 A: *http://www.thyssenkrupp.com/de/produkte/incarplus.html*

TK 2014 A1: *http://incarplus.thyssenkrupp.com/Main-Menu/Nachhaltigkeit/*

http://environdec.com/en/PCR/Detail/?Pcr=10372#.VcstcPmw5Bc; July 2015

DGNB: Zertifizierungssystem; *http://www.dgnb-system.de/de/system/zertifizierungssystem*, 2015

Alle im Text erwähnten Normen sind in einer Liste zusammengefasst (Seite 889).

6

TEIL B

Stähle für unterschiedliche Anwendungsbereiche

Stähle für das Bauwesen –
Stahl für die Infrastruktur der Welt

Wolfgang Bleck

Etwa die Hälfte des weltweit hergestellten Stahls wird für Gebäude und Infrastruktur benötigt. Unsere zivilisierte Welt ist ohne Stahl schlichtweg nicht denkbar: Stahl findet sich in spektakulären Brückenbauwerken, in riesigen Projekten des Küstenschutzes, in immer höheren Hochhäusern, also überall dort, wo Menschen wohnen, leben und arbeiten. Die Vereinten Nationen sagen eine Weltbevölkerung von 8,5 Mrd. Menschen im Jahre 2030 voraus, verbunden mit einer schnellen Urbanisierung, sodass der Bedarf für Gebäude und Infrastruktur weltweit wächst, in einigen Regionen sogar nahezu explodiert. Stähle leisten somit einen äußerst wichtigen Beitrag für die Gestaltung unserer Umwelt und damit letztendlich für unsere Lebensqualität.

Für den Einsatz von Stählen im Bauwesen sind einerseits die stahltypischen Eigenschaften wie Festigkeit, Zähigkeit, Dauerhaftigkeit von großer Bedeutung; andererseits ist es die vollständige Wiederverwertbarkeit, die Stähle als die idealen, nachhaltigen Baustoffe für die moderne Welt definieren. Eine Besonderheit des Bauwesens besteht darin, dass ein Großteil der Stahlanwendungen im sogenannten reglementierten Bereich stattfindet, d. h. durch Normen und Gesetze die Werkstoffauswahl, die Auslegung der Bauteile und häufig auch das Design vorbestimmt werden. Eine Neuentwicklung von Werkstoffen setzt deshalb im Bauwesen sehr häufig auch eine Weiterentwicklung der Normung voraus. Zunehmend wird bei der Werkstoffwahl die übliche lange Nutzungszeit eines Bauwerkes berücksichtigt und damit werden ebenfalls die notwendigen Instandhaltungs- und gegebenenfalls Rückbaumaßnahmen erfasst. Gerade die aktuelle Diskussion über die alternde Infrastruktur in vielen Industriestaaten weist auf die Notwendigkeit hin, Werkstoffe zu wählen, die reparierbar sind, und Bauwerke zu gestalten, die im Laufe der Lebenszeit veränderten Nutzungsbedingungen angepasst werden können.

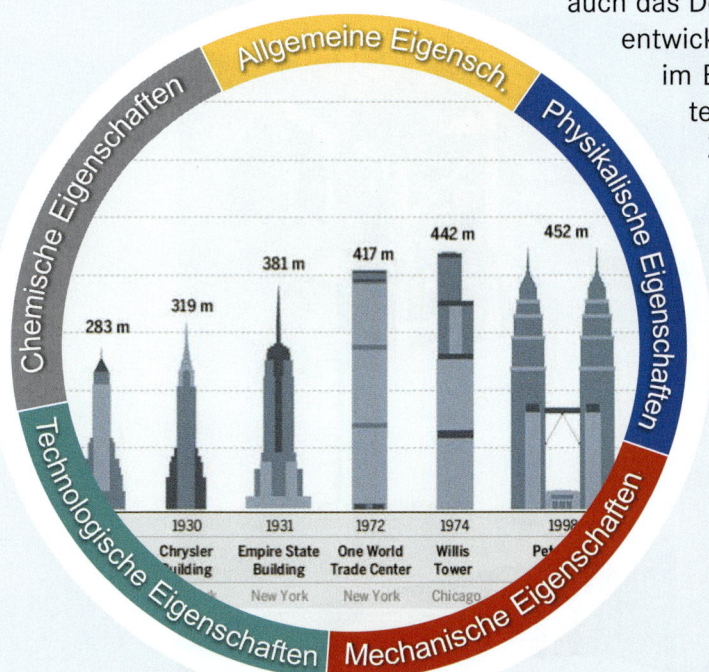

1

Der Einsatz von Stahl im Bauwesen erfolgt in sichtbaren und nicht-sichtbaren Bereichen. Zu letzteren gehört die vielfältige Verwendung von Stählen im Massivbau, wobei das im Beton eingebettete Stahlgerüst für die Aufnahme der Zugkräfte genutzt wird. Im Tiefbau, bei Wasserstraßen und im Küstenschutz ist die Verwendung von Spundwänden selbstverständlich, ohne dass diese nennenswert in Erscheinung treten. Sichtbar hingegen sind vielfältige Gebäudehüllen, die häufig mit hohen ästhetischen Ansprüchen in Stahl verwirklicht werden können. Sichtbar sind auch spektakuläre Brückenkonstruktionen, die Inselgruppen oder auch Kontinente über lange Distanzen miteinander verbinden. Die großen Dimensionen gerade im Brückenbau machen die Verwendung von hochfesten Stählen, beispielsweise für Seile, aber auch für Fahrbahnelemente erforderlich. Die Anforderungen an diese neuen Werkstoffe sind vielfältig. Sie ergeben sich nicht nur aus der regulären Belastung der Bauteile, sondern gelegentlich auch aus Sonderanforderungen, wie der Erdbebensicherheit, die in werkstofftechnischer Hinsicht eine „Low Cycle Fatigue" Beanspruchung darstellt. In korrosionskritischen Umgebungen, beispielweise bei Bauten in Küstennähe oder in Schwimmbädern, treten besondere Anforderungen im Hinblick auf die Lebensdauer auf, die zumeist nur durch legierte oder beschichtete Werkstoffe zu erfüllen sind.

Die vielfältigen Gestaltungsmöglichkeiten bezüglich Form und Oberfläche von Stahlprodukten regen Architekten, aber auch Fertigungsingenieure und Werkstofftechniker zu neuen, kreativen Lösungen an. Beispielsweise wurde der Schweizer Technologiepreis 2016 für eine digital gesteuerte Fertigung von Gitternetzstrukturen vergeben, die in Freiformen mit sehr hoher Flexibilität darstellbar sind und ein Traggerüst für den Betoneinsatz ohne zusätzliche Verschalung ermöglichen. Neue Entwürfe für Brücken sind entstanden, bei denen durch Verwendung hochfester Drähte nahezu unsichtbare Verbindungen in Naturschutzgebieten realisiert werden können. Spektakuläre Architektenträume mit Schwimmbädern auf Hochhausdächern oder mit weit auskragenden Aussichtsplattformen auf Berggipfeln sind mittlerweile Realität.

Das folgende Kapitel gibt eine Einführung in die vielfältigen Lieferformen und Stahlsorten für Anwendungen im Bauwesen. Es beschreibt technische Aspekte wie die normgerechte Auslegung bezüglich Festigkeit, Zähigkeit, Langlebigkeit und zeigt Beispiele für die Interaktion von Architekten und Bauingenieuren bei der ästhetischen Gestaltung von Gebäudehüllen, die hohen bauphysikalischen Anforderungen gerecht werden müssen. Beispiele aus dem Wasserstraßenbau und aus dem Kranbau ergänzen die Vielfalt der potenziellen Anwendungen.

1

Sebastian Münstermann

Der Begriff „Bauwesen" umfasst alle Aspekte, die mit der Errichtung von Bauwerken zusammenhängen. Es gibt verschiedene Möglichkeiten zur Klassifizierung dieser Aspekte, die sich beispielsweise aus dem verwendeten Werkstoff, aus dem vorgesehenen Arbeitsbereich, aus der jeweiligen Konstruktionsform oder aus der Art des zu errichtenden Bauteils ergeben. Zwangsläufig kommt es bei diesen Einteilungsversuchen zu Überschneidungen, sodass keine eindeutige Gliederung möglich ist.

- Bei der Einteilung nach dem Baustoff wird bewertet, welches Konstruktionsmaterial maßgeblich für die Tragstruktur verwendet wird. Nach den in Europa gängigen Konzepten spricht man hier in erster Linie vom Stahlbetonbau, vom Stahlbau, vom Mauerwerks- oder vom Holzbau.
- Die Einteilung nach dem Arbeitsbereich unterscheidet hingegen in erster Linie zwischen Hoch- und Tiefbau. Hinzu kommen beispielsweise der Wasserbau, der Ingenieurbau und der Städtebau.
- Hinsichtlich der Konstruktionsformen wird das Bauwesen in erster Linie in die Bereiche des Massivbaus, des Verbundbaus sowie des Skelett- und Fachwerkbaus eingeteilt.
- Besonders gängig ist auch die Einteilung nach der Art des zu errichtenden Bauwerks. Hier wird unter anderem unterschieden in den Brückenbau, in den Gebäudebau, in den Tunnelbau sowie in den Straßen- und Wegebau.

Die Strukturierung dieses Kapitels verfolgt die Einteilung des Bauwesens anhand der Konstruktionsformen. Demnach werden die Stahlanwendungen für die Bereiche

- des Massivbaus,
- des Verbundbaus sowie
- des Skelett- und Fachwerkbaus

individuell diskutiert.

1-1.1 Stähle für den Massivbau

Die wichtigsten Baustoffe für den Massivbau sind Stahlbeton und Mauerwerk, sodass hier im Wesentlichen die Bedeutung des Werkstoffs Stahl als Bewehrung für Beton hervorzuheben ist. Stahlbeton ist ein Verbundwerkstoff, der sich aus den beiden Materialien Stahl und Beton zusammensetzt, um die spezifischen vorteilhaften mechanischen Eigenschaften dieser beiden Baustoffe miteinander zu vereinigen. Hierbei handelt es sich um die im Vergleich zur Zugfestigkeit relativ hohe Druckfestigkeit des Betons und die hohe Zugfestigkeit des Stahls. Beim Einsatz von Stahlbeton können somit die spezifischen Vorteile des Bauens mit Beton genutzt werden, zu denen insbesondere die Möglichkeit zur Ausbildung von Flächentragwerken, die einfache Verarbeitbarkeit und relativ niedrigen Kosten gehören, ohne dass die niedrige Zugfestigkeit dieses Werkstoffs von nur etwa 10 % seiner Druckfestigkeit einem Einsatz im Wege steht. Voraussetzung ist aber, dass die eingelegte Bewehrung dauerhaft in der Lage ist, diese Zugspannungen abzutragen.

In Deutschland werden jährlich etwa 100 Millionen m³ Stahlbeton verbaut, wobei 6 Mio. t Bewehrungsstahl eingesetzt werden. Damit ist Stahlbeton der wichtigste Baustoff in Deutschland. Dieser große Erfolg gründet sich auf verschiedene Faktoren:

- Der Baustoff zeichnet sich durch eine hohe Dauerhaftigkeit aus. Dies liegt unter anderem daran, dass der Beton ein basisches Milieu mit einem pH-Wert von mehr als 12 aufweist und somit den eingebetteten Stahl wirkungsvoll vor Korrosion schützen kann. Die sogenannte Carbonatisierung des Betons durch Aufnahme von Kohlendioxid aus der Umgebungsluft kann zwar zu einer Absenkung des pH-Werts und somit zu einer Aufhebung des Korrosionsschutzes führen, allerdings dringt die Carbonatisierungsfront in der Regel nur mit sehr geringer Geschwindigkeit vor. Deshalb ist die Einhaltung einer ausreichenden Betonüberdeckung in den meisten Fällen ausreichend zur Sicherstellung des Korrosionsschutzes. Darüber hinaus unterscheiden sich die Wärmeausdehnungskoeffizienten von Stahl und Beton nicht so signifikant, dass Spannungen infolge behinderter thermischer Expansion zum Bauteilversagen führen würden.

■ Der Baustoff Stahlbeton ist unter Baustellenbedingungen gut einzusetzen und kann auch zu komplizierten geometrischen Formen verarbeitet werden.

■ Verglichen mit anderen Baustoffen ist das Verhältnis zwischen Preis und Tragfähigkeit besonders gut.

Stahlbetonteile entfalten ihre Tragwirkung mit Hilfe von Verbundspannungen zwischen den beteiligten Werkstoffen. Dabei beruht die Aktivierung der Stahlbewehrung auf einer Rissbildung im Beton. Solange aber diese Risse begrenzt bleiben, gelten sie als unschädlich. Durch Ausbildung einer feinverteilten, feingliedrigen Bewehrung können zwar diese Risse nicht verhindert werden, jedoch wird dadurch zur Bildung eines Rissnetzwerks mit kleinen, nicht weit geöffneten und deshalb unschädlichen Einzelrissen beigetragen.

Bild 1-1.1 Betonstahl als Fundamentbewehrung für eine Windenergieanlage (Quelle: *https://commons.wikimedia.org/wiki/File:Windpark_Sohl_-_Fundament.JPG, Autor Alexander Blecher*).

Bild 1-1.1 zeigt den Einsatz von Betonstabstahl zur Bewehrung eines Fundaments einer Windenergieanlage. In Deutschland kommen fast ausschließlich Betonstähle mit einer Nennfließspannung von 500 MPa zum Einsatz. Diese können als Stäbe, Matten, Drähte oder Gitterträger verwendet werden und besitzen zur Entfaltung einer optimalen Verbundwirkung eine gerippte Oberfläche.

Bewehrungsstähle sind in Deutschland in verschiedenen Formen erhältlich:

■ als Betonstabstahl,
■ als fertig verschweißte Betonstahlmatten,
■ als Betonstahlringe,
■ als Bewehrungsdraht,
■ als Gitterträger.

Die Lieferbedingungen für Betonstähle sind in der Norm DIN EN 10080 festgelegt. Hierin werden zur Sicherstellung der schweißtechnischen Verarbeitbarkeit Anforderungen an das Kohlenstoffäquivalent und die chemische Zusammensetzung gemäß Tabelle 1-1.1 definiert.

Tabelle 1-1.1 Anforderungen an chemische Zusammensetzung und Kohlenstoffäquivalent von Betonstählen gemäß DIN EN 10080

Kurz-name	Werk-stoff-nummer	Legierungsanteile in Massen-%					
		C max.	S max.	P max.	N max.	Cu max.	Ceq max.
B500A, B500B	1.0438, 1.0439	0,22	0,05	0,05	0,012	0,80	0,50

Weiterhin fasst Tabelle 1-1.2 die Anforderungen an die im quasistatischen Zugversuch bei Raumtemperatur zu ermittelnden mechanischen Eigenschaften zusammen. Diese Anforderungen definiert die Norm DIN 488. Es fällt auf, dass sich die beiden genannten Sorten nicht in der Dehngrenze, wohl aber im Streckgrenzenverhältnis unterscheiden. Zwangsläufig ergeben sich hieraus auch höhere Anforderungen an die Gleichmaßdehnung für die duktile Betonstahlsorte B500B.

Tabelle 1-1.2 Anforderungen an die mechanischen Eigenschaften von Betonstählen gemäß DIN 488

Kurz-name	Werkstoff-nummer	Dehn-grenze, MPa	Streck-grenzen-verhältnis	Gleichmaß-dehnung, %
B500A	1.0438	500	1,05	2,5
B500B	1.0439	500	1,08	5,0

1-1.2 Stähle für den Skelett- und Fachwerkbau

1-1.2.1 Typische Werkstoffkonzepte

Der Skelett- und Fachwerkbau zeichnet sich durch eine hohe Bedeutung des Werkstoffs Stahl aus, weil sich dieser gut zu Stabtragwerken aus geschweißten oder gewalzten Profilen verarbeiten lässt. Als typisches Beispiel für die Skelettbauweise in Stahl zeigt Bild 1-1.2 die Tragstruktur der Versuchshalle des „Zentrums Metallische Bauweisen" (ZMB) an der RWTH Aachen während des Baus der Hallenerweiterung. Es ist deutlich zu erkennen, dass die Tragstruktur dieses Gebäudes aus einzelnen Rahmenkonstruktionen besteht, die sich gegenseitig abstützen und ihrerseits aus Riegeln und Stützen bestehen.

Bild 1-1.2 Rahmenkonstruktion der ZMB-Halle in Aachen

Der im Jahr 2006 eröffnete und in Bild 1-1.3 gezeigte Berliner Hauptbahnhof ist ebenfalls ein bekanntes Beispiel für eine Skelettbauweise in Stahl. Mit etwa 300 000 Reisenden täglich ist dieser Bahnhof der am viertstärksten frequentierte Bahnhof Deutschlands und gleichzeitig der höchste Turmbahnhof Europas. Er wurde im Rahmen der Entwicklung eines neuen Verkehrskonzepts nach der deutschen Wiedervereinigung geplant und steht auf dem Gelände des ehemaligen Lehrter Bahnhofs. Er bildet die Verknüpfung verschie-

Bild 1-1.3 Hauptbahnhof Berlin als Beispiel für eine Stahl-Glas-Fachwerkkonstruktion (Quelle: Von Ansgar Koreng/CC BY 3.0 (DE), CC BY 3.0 de, *https://commons.wikimedia.org/w/index.php?curid=39788412*)

dener sich kreuzender schienengebundener Verkehrsträger, beispielsweise des Fern- und Regionalverkehrs der Deutschen Bahn, der Berliner U-Bahn und der S-Bahn. Der Bahnhof ist als eine Stahl-Glas-Konstruktion ausgebildet.

Auch viele Brücken sind in wesentlichen Teilen als Stabtragwerke ausgebildet. Sicherlich ist die in Bild 1-1.4 gezeigte Golden Gate Bridge in San Francisco eine der eindrucksvollsten Stahlbrücken der Welt. Sie gilt nicht nur als Wahrzeichen der Bay Area, sondern brach bei ihrer Errichtung auch viele technische Rekorde. Beispielsweise hatte sie die höchsten Pfeiler (227 m) sowie die längsten (2332 m) und dicksten (92 cm) Tragseile. Die Brücke ist als Hängebrücke mit einer Hauptstützweite von 1280 m konstruiert. Auch dieser Wert war bei ihrer Eröffnung Weltrekord.

Bild 1-1.4 Golden Gate Bridge als Beispiel für den Einsatz von Stahl im Brückenbau (Quelle: By Christian Mehlführer, User:Chmehl (Own work) [CC BY 3.0 (*http://creativecommons.org/licenses/by/3.0*)], via Wikimedia Commons)

Ein weiteres weltberühmtes Brückenbauwerk ist die in Bild 1-1.5 gezeigte Sydney Harbour Bridge. Diese wurde 1932 eingeweiht und ist eine der schwersten und mit einer Spannweite von mehr als 500 m auch eine der weitesten Bogenbrücken der Welt. Sie ist als genietete Konstruktion ausgebildet. Von den 52 800 t Stahl, die für die Brücke verbaut wurden, kamen fast 80 % aus Großbritannien, der Rest war aus australischer Produktion.

Als typisches Beispiel für eine Fachwerkstruktur aus Stahl darf der von 1887 – 1889 in Paris errichtete Eiffelturm nicht fehlen (Bild 1-1.6). Der Eiffelturm ist mit 324 m das höchste Bauwerk von Paris und war sogar bis zur Fertigstellung des Chrysler Buildings 1930 in New York das höchste Bauwerk der Welt. Das Gewicht des für die Tragstruktur verbauten Stahls, welcher nach dem Puddelverfahren hergestellt wurde, liegt bei

1

Bild 1-1.5 Sydney Harbour Bridge (Quelle: Von Adam. J. W. C. – Eigenes Werk, CC BY 3.0, *https://commons.wikimedia.org/w/index.php?curid=5846929*)

7300 t. Zum Fügen der einzelnen Bauteile kamen etwa 2,5 Millionen Niete zum Einsatz.

Für die Konstruktionen des Stahlbaus werden heutzutage in der Regel die Stähle der DIN EN 10025 herangezogen. Zu den wesentlichen Aufgaben, die Stähle für den Skelett- und Fachwerkbau zu erfüllen haben, zählt vor allem die Sicherstellung der strukturellen Integri-

Bild 1-1.6 Eiffelturm als Beispiel für eine Fachwerkkonstruktion (Quelle: Von Benh LIEU SONG – Eigenes Werk, CC BY-SA 3.0, *https://commons.wikimedia.org/w/index.php?curid=6926930*)

tät. Aufgrund dieses Einsatzes als Strukturwerkstoff werden Baustähle üblicherweise anhand ihrer im Zugversuch ermittelten Festigkeitseigenschaften charakterisiert. Darüber hinaus werden auch Anforderungen an die Zähigkeitseigenschaften, an die Festigkeitseigenschaften bei zyklischer Beanspruchung, die Beständigkeit, die schweißtechnische Verarbeitbarkeit, die Schneidbarkeit und Zerspanbarkeit sowie die Kaltumformbarkeit gestellt.

Die in der Liefervorschrift DIN EN 10025* genormten Stähle werden vorwiegend in hochbeanspruchten Konstruktionen des Stahlhochbaus eingesetzt und kommen bevorzugt in Hallen und Brücken, aber auch in Offshore-Konstruktionen und in Baumaschinen zum Einsatz. Andere, hier nicht weiter besprochene Anwendungsgebiete betreffen den Schiffbau sowie den allgemeinen Maschinenbau.

Es gibt eine Vielzahl verschiedener Baustähle mit höchst unterschiedlichen mechanischen Eigenschaften. Die DIN EN 10025 behandelt die warmgewalzten Erzeugnisse aus Baustählen und legt Anforderungen für Flach- und Langerzeugnisse aus diesen Werkstoffen fest. Die Norm unterscheidet fünf unterschiedliche Gruppen von Baustählen:

- unlegierte Baustähle (DIN EN 10025-2),
- normalgeglühte/normalisierend gewalzte schweißgeeignete Feinkornbaustähle (DIN EN 10025-3),
- thermomechanisch gewalzte schweißgeeignete Feinkornbaustähle (DIN EN 10025-4),
- wetterfeste Baustähle (DIN EN 10025-5),
- Flacherzeugnisse aus Stählen mit höherer Streckgrenze im vergüteten Zustand (DIN EN 10025-6).

Unlegierte Baustähle gemäß DIN EN 10025-2

Unter diese Gruppe fallen insgesamt neun Stahlsorten, die gemäß DIN EN 10020 zur Gruppe der unlegierten Qualitätsstähle gehören: S185, S235, S275, S355, S460, S500, E295, E335 und E360, wobei die Sorten S235 und S275 in den Gütegruppen JR, J0 und J2 sowie die Sorten S355 und S460 in den Gütegruppen JR, J0, J2 und K2 lieferbar sind. Die Sorte S500 ist nur in der Gütegruppe J0 erhältlich. Diese Gütegruppen charakterisieren die Zähigkeitseigenschaften und sind über festgelegte Anforderungen an die Kerbschlagarbeit definiert. Dabei kennzeichnet der Buchstabe J die Zähigkeitscharakterisierung anhand einer T27J-Übergangs-

---

* Der Autor bezieht sich hier immer auf den Normentwurf von 2011, der aber inzwischen zurückgezogen wurde.

temperatur, die höchstens bei Raumtemperatur („R"), 0 °C („0") oder – 20 °C („2") liegen darf. Die Kombination K2 hingegen bedeutet, dass mit 40J-Anforderungen gearbeitet wird.

Die Buchstaben „S" und „E" stehen für Baustahl (S) und Maschinenbaustahl (E). Die in der Werkstoffbezeichnung nachfolgenden dreistelligen Zahlen charakterisieren die Nennstreckgrenze der Werkstoffe in MPa für Erzeugnisdicken bis 16 mm. Darüber hinaus werden den Bezeichnungen auch Kennzeichnungen der Lieferzustände angefügt. Hierbei bedeutet „+ N", dass der Stahl normalisierend gewalzt wurde, also in einem Werkstoffzustand vorliegt, der dem nach einem Normalglühen entspricht. Die Bezeichnung „+ AR" kommt von der englischen Bezeichnung „as rolled" und bezeichnet denjenigen Zustand, der nach einem Warmwalzen ohne normalisierende oder thermomechanische Behandlung vorliegt. Die Bezeichnung „+ M" steht für den thermomechanisch behandelten Lieferzustand. Dieser lässt sich durch eine Wärmebehandlung alleine nicht reproduzieren.

Normalgeglühte/normalisierend gewalzte schweißgeeignete Feinkornbaustähle gemäß DIN EN 10025-3

Zu dieser Gruppe gehören die vier Stahlsorten S275, S355, S420 und S460. Dabei gehört der Stahl der Sorte S275 zur Gruppe der unlegierten Qualitätsstähle, der Stahl S355 ist ein legierter Qualitätsstahl, und die höherfesten Stähle der Sorten S420 und S460 sind legierte Edelstähle nach DIN EN 10020. Diese erhalten als Kennzeichnung für den Lieferzustand entweder den Zusatz „N" (festgelegte Mindestwerte der Kerbschlagarbeit bis – 20 °C) oder den Zusatz „NL" (festgelegte Mindestwerte der Kerbschlagarbeit bis – 50 °C). Hierbei kennzeichnet das „N" den Prozess des Normalglühens oder des normalisierenden Walzens, wohingegen sich das „L" vom englischen Begriff „low temperature application" ableitet.

Thermomechanisch gewalzte schweißgeeignete Feinkornbaustähle gemäß DIN EN 10025-4

Zu dieser Gruppe gehören Stähle der Sorten S275, S355, S420, S460 und S500. Die vier letztgenannten Sorten gelten gemäß DIN EN 10020 als legierte Edelstähle, lediglich der Stahl der Sorte S275 gilt als nicht legiert. Aufgrund ihres Herstellprozesses erhalten die Stähle der DIN EN 10025-4 den Zusatz „M" oder „ML", wobei das „M" für den Prozess des thermomechani-

schen Walzens sowie das „L" für die geforderten Zähigkeitseigenschaften bei tiefen Temperaturen bis – 50 °C steht.

Wetterfeste Baustähle gemäß DIN EN 10025-5

Wetterfeste Stähle sind Stähle, die zum Zweck einer Verbesserung des Widerstands gegen atmosphärische Korrosion bestimmte Legierungselemente enthalten, zu denen Phosphor, Kupfer, Chrom, Nickel und Molybdän gehören. Diese Elemente sollen schützende, dichte und fest haftende Oxidschichten bilden, um den Grundwerkstoff wirksam vor Korrosion zu schützen.

Die wetterfesten Baustähle der DIN EN 10025-5 gehören zur Gruppe der legierten Edelstähle nach DIN EN 10020 und umfassen die Stähle der Festigkeitsklassen S235, S355, S420 und S460. Sie können in den Lieferzuständen „+ N" (normalgeglüht/normalisierend gewalzt), „+ AR" (wie gewalzt) oder „+ M" (thermomechanisch gewalzt) ausgeliefert werden und erhalten zur Kennzeichnung der Kerbschlagzähigkeitseigenschaften die Gütegruppen J0, J2, J4 und K2 (nur S355). Ein wetterfester Feinkornbaustahl mit einer Mindeststreckgrenze bei Raumtemperatur von 460 MPa, der thermomechanisch gewalzt wurde und einen Mindestwert der Kerbschlagzähigkeit in Höhe von 27 J bei – 20 °C erreicht, heißt demnach S460J2W + M.

Wetterfeste Stähle gemäß DIN EN 10025-5 sind als Flacherzeugnisse sowie als Langerzeugnisse in Form von Profilen, Stäben und Walzdraht erhältlich.

Stähle mit höherer Streckgrenze im vergüteten Zustand gemäß DIN EN 10025-6

Zu dieser Gruppe gehören Stähle der Festigkeitsklasse S460, S500, S550, S620, S690, S890 und S960, die alle zur Gruppe der legierten Edelstähle nach DIN EN 10020 zählen. Aufgrund ihres Herstellprozesses erhalten diese Stähle den Zusatz „Q" vom englischen Begriff „quenched and tempered" (deutsch: gehärtet und angelassen). Ohne weitere Kennzeichnung werden für diese Werkstoffe Mindestkerbschlagzähigkeiten bis – 20 °C definiert. Die Gütegruppe „L" definiert Mindestkerbschlagzähigkeiten bis – 40 °C und die Gruppe L1 sogar bis – 60 °C (mit Ausnahme von S960).

Die Lieferbedingung DIN EN 10025 definiert für alle in ihr enthaltenen Stahlsorten verschiedene Anforderungsprofile. Hierzu gehören:

- Korngröße im Falle der Feinkornbaustähle,
- chemische Zusammensetzung nach der Schmelzen- und der Stückanalyse,

- Kohlenstoffäquivalent,
- Streckgrenze bei Raumtemperatur in Abhängigkeit von der Erzeugnisdicke,
- Zugfestigkeit bei Raumtemperatur in Abhängigkeit von der Erzeugnisdicke,
- Bruchdehnung bei Raumtemperatur in Abhängigkeit von der Erzeugnisdicke, ermittelt an Proportionalstäben,
- Kerbschlagzähigkeit für verschiedene Temperaturen.

Die Anforderungen an die mechanische Beanspruchbarkeit von Stählen für den Skelett- und Fachwerkbau ergeben sich aus Grenzzustandsbetrachtungen. Grenzzustände charakterisieren den Übergang eines technischen Systems vom akzeptierten zum nicht akzeptierten Verhalten. Sie werden meistens durch eine Funktion in der Form $R(X_i) - S(X_j) = 0$ beschrieben, wobei S eine Beanspruchung, deren Vergrößerung gefährlich wäre, und R einen Widerstand, dessen Verkleinerung gefährlich wäre, darstellen. Als Zuverlässigkeit wird die Eigenschaft verstanden, den Grenzzustand nicht zu erreichen.

Bei der Bemesung erfolgt eine Unterscheidung zwischen Grenzzuständen der Tragfähigkeit und Grenzzuständen der Gebrauchstauglichkeit. Durch Betrachtung des Grenzzustands der Tragfähigkeit werden die Sicherheitsanforderungen von Menschen, Umwelt und Sachgütern untersucht, wohingegen der Grenzzustand der Gebrauchstauglichkeit für den Nachweis der geforderten Funktionsfähigkeit betrachtet wird. In der Regel wird die Zuverlässigkeitsanforderung für Grenzzustände der Gebrauchstauglichkeit niedriger angesetzt als für Grenzzustände der Tragfähigkeit. Grenzzustände sollen in der Regel durch entsprechende Bauteilbemessung vermieden werden. Bei einigen Fertigungsprozessen, beispielsweise der zerspanenden Metallverarbeitung, werden Grenzzustände allerdings auch gezielt eingestellt.

1-1.2.2 Anforderungen an die Festigkeit

Die Auslegung von zugbeanspruchten Stahlbauteilen erfolgt zunächst auf Basis von Festigkeitsnachweisen. Damit soll sichergestellt werden, dass die im Bauteil unter den Betriebsbeanspruchungen auftretenden Einwirkungen nicht die Festigkeit des eingesetzten Werkstoffs überschreiten. Somit können Brüche, Anrisse oder unzulässige Verformungen ausgeschlossen werden.

In der Regel wird der Nachweis so geführt, dass plastisches Fließen im Grenzzustand der Gebrauchstauglich-

keit ausgeschlossen wird, damit die Tragstruktur keine bleibenden Verformungen erfährt. Hierzu wird die Vergleichsspannung als Einwirkung mit der im einachsigen Zugversuch ermittelten Fließspannung des Werkstoffs als Widerstand verglichen. Es handelt sich also um eine Grenzzustandsanalyse.

Bei der Vergleichsspannung handelt es sich um eine skalare Größe, welche die für das plastische Fließen relevante Beanspruchung eines Materialpunkts beschreibt. Sie wird aus dem deviatorischen Spannungstensor berechnet, weil hydrostatische Spannungen in porenfreien Metallen keine plastischen Verformungen hervorrufen. Die für Stähle gebräuchliche Definition der Vergleichsspannung nach von Mises lässt sich im Hauptspannungsraum als Abstand des Fließorts von der hydrostatischen Achse veranschaulichen und ergibt sich durch Auswertung der zweiten Invarianten des deviatorischen Spannungstensors.

Hinsichtlich der Einwirkungen hält das Auslegungsregelwerk in der Regel Lastannahmen vor. Zudem werden analytische Berechnungsgrundlagen zur Bestimmung der einwirkenden Spannungen angegeben, welche auf der Stabwerkstheorie beruhen. Dies bedeutet, dass die Durchführung von FE-Analysen zur Bestimmung der maximalen Einwirkungen in vielen Fällen nicht erforderlich ist. Wenn dies aber doch nötig wird, dann kann auf die Methoden der Kontinuumsmechanik zurückgegriffen werden.

Der Festigkeitsnachweis nach der für den Stahlbau gültigen Auslegungsnorm DIN EN 1993 beruht auf der Anwendung eines probabilistischen Bemessungsverfahrens. Hierin wird mit Hilfe von Teilsicherheitsbeiwerten sichergestellt, dass die Versagenswahrscheinlichkeit unter Berücksichtigung streuender Einwirkungs- und Widerstandsgrößen auf ein tolerierbares Maß reduziert wird. Die genannte Auslegungsnorm erlaubt den Einsatz unterschiedlicher Bemessungsverfahren:

- elastische Tragwerksberechnung, die in allen Fällen angewendet werden darf,
- plastische Tragwerksberechnung, die nur dann durchgeführt werden darf, wenn das Tragwerk über ausreichende Rotationskapazität an den Stellen verfügt, an denen sich die plastischen Gelenke bilden.

Das in der Realität unter üblichen Einsatzbedingungen anzutreffende elastisch-plastische Verhalten der Baustähle beeinflusst sowohl die Einwirkungs- als auch die Widerstandsseite.

- Durch plastische Verformungen kann es beispielsweise zu Spannungsumlagerungen an Querschnitts-übergängen kommen. Eine ausschließlich auf der Elastizitätstheorie beruhende Schnittgrößenermittlung bildet diese Prozesse nicht ab.

■ Plastisches Fließen beeinflusst aufgrund der Werkstoffverfestigung die Fließspannung des Werkstoffs.

Die Elastizität von Stählen beruht auf einem Mechanismus der Energiespeicherung, indem Atomabstände infolge mechanischer Spannungen reversibel variiert werden, ohne dass es zu Platzwechselvorgängen kommt. Aufgrund der Symmetrien von Spannungs-, Dehnungs- und Elastizitätstensor sind im allgemeinen Fall 21 elastische Kenngrößen zu bestimmen, um elastische Verzerrungen zu beschreiben. Aufgrund seiner kubischen Elementarzelle werden für Einkristalle aus Stahl aber nur noch drei Werte zur Beschreibung der elastischen Eigenschaften benötigt. Im Polykristall mit regelloser Anordnung der Kristallite werden üblicherweise der Elastizitätsmodul und der Schubmodul oder die Querkontraktionszahl zur Charakterisierung elastischer Eigenschaften herangezogen.

Das plastische Fließen der Stähle für das Bauwesen beruht auf dem Mechanismus der Versetzungsgleitung. Zu den wesentlichen Einflussgrößen, die auch bei der Bauteilauslegung beachtet werden müssen, zählen Dehnrate und Temperatur. Diese Einflussgrößen wurden in (Campbell 1970, Emde 2008) quantitativ beschrieben und modelliert. Insbesondere der erhebliche Temperatureinfluss auf die Festigkeit von Stählen für das Bauwesen sorgt dafür, dass dem Brandschutz in Stahlkonstruktionen eine besonders große Bedeutung beigemessen wird.

Bei der elastischen Tragwerksberechnung wird zunächst angenommen, dass der funktionale Zusammenhang zwischen Spannungen und Dehnungen durch einen linearen Ansatz beschrieben werden kann. Im Gegensatz dazu berücksichtigt die plastische Tragwerksberechnung die Einflüsse aus nichtlinearem Werkstoffverhalten bei der Ermittlung der Schnittgrößen. Das sogenannte Fließgelenkverfahren hat sich mittlerweile als ein gängiges elastisch-plastisches Bemessungsverfahren durchgesetzt. Es betrachtet den Einfluss plastischer Verformungen sowohl auf der Einwirkungs- als auch auf der Widerstandsseite. Die damit einhergehende Verfestigung wird allerdings auf der Einwirkungsseite gar nicht und auf der Widerstandsseite nur durch den Ansatz von sogenannten Spannungsblöcken bei der Ermittlung des plastischen Widerstandsmoments angesetzt.

Bei druckbeanspruchten Bauteilen sind nicht allein die Festigkeitseigenschaften des Werkstoffs für die Grenzzustandsbetrachtung relevant. Vielmehr sind Stabilitätseigenschaften zu betrachten, zu denen im Bauwesen insbesondere die Widerstände gegen Knicken, Beulen und Kippen gehören. Diese Widerstände hängen aber nicht ausschließlich vom Werkstoff, sondern auch in erheblichem Maß von der geometrischen Ausbildung des Bauteils ab. Beispielsweise ergibt sich die Eulersche Knicklast für Stützen aus der Stützenlänge, der Querschnittsfläche, dem Flächenträgheitsmoment des Querschnitts sowie dem Elastizitätsmodul des Werkstoffs.

1-1.2.3 Anforderungen an die Zähigkeit

Im konventionellen Nennspannungsnachweis wird sichergestellt, dass die im Bauteil auftretenden Spannungen nicht die Festigkeit des Werkstoffs überschreiten, wobei in der Regel als Werkstofffestigkeit die im einachsigen Zugversuch ermittelte Fließgrenze angenommen wird. Diese Vorgehensweise alleine reicht allerdings nicht aus, um die Bauteilsicherheit zu gewährleisten. Dies liegt daran, dass im Rahmen des Festigkeitsnachweises nicht beachtet wird, dass Fehler in der Mikrostruktur vorliegen können, die sich infolge der einwirkenden lokalen Zugspannungen instabil ausbreiten könnten. Es ist also nachzuweisen, dass auch im realen Bauteileinsatz die Streckgrenze voll ausgeschöpft werden kann, selbst wenn kleine Defekte und Ungänzen, die beispielsweise als Schweißfehler oder infolge von Materialermüdung auftreten, die Mikrostruktur schwächen. Es muss demnach eine ausreichende Werkstoffzähigkeit nachgewiesen werden.

Die Stähle für das Bauwesen weisen in der Regel eine kubisch-raumzentrierte Kristallstruktur auf, was dazu führt, dass es zur Aktivierung des Spaltbruchmechanismus kommen kann. Dieser beruht auf der Überwindung von atomaren Bindungskräften infolge einwirkender Zugspannungen und wird durch vorhandene Mikrodefekte begünstigt (Cotrell 1958, Orowan 1959). Sofern aber plastische Verformung auftritt, ohne dass gleichzeitig die Zugspannungen die Spaltbruchspannung des Werkstoffs erreichen (wenn also die Vergleichsspannung größer als die Fließspannung, aber die erste Hauptspannung kleiner als die Spaltbruchspannung ist), kann es zu solch großen plastischen Formänderungen kommen, dass sich Poren und Hohlräume im Gefüge bilden (Hancock 1976, van Stone

1985, Thompson 1984). Dies kann ebenfalls zum Werkstoffversagen führen, sodass es in Baustählen zu einer Konkurrenz verschiedener Bruchmechanismen kommt. Das für das Bauteil gewünschte Versagensverhalten ist dabei eindeutig das mit großen Verformungen einhergehende duktile Verhalten, weil es nicht zu schlagartigen Bruchereignissen kommt. Mit Hilfe des Zähigkeitsnachweises soll für die Stahlkonstruktionen des Bauwesens daher das Auftreten von makroskopisch sprödem Bruchverhalten verhindert werden, welches auf dem mikroskopischen Mechanismus des Spaltbruchs beruht.

Die auf Irwin (Irwin 1958) zurückgehenden und in (Broek 1978) ausführlich beschriebenen Konzepte der Bruchmechanik stellen ein wirkungsvolles und zuverlässiges Instrument für den Zähigkeitsnachweis dar. Sie bewerten die Beanspruchung von vorhandenen oder postulierten Rissspitzen, die an den höchstbeanspruchten Stellen des zu bewertenden Bauteils angenommen werden. Es gibt verschiedene bruchmechanische Konzepte für unterschiedliches Versagensverhalten. Die wesentlichen Konzepte sind die der linear-elastischen und der elastisch-plastischen Bruchmechanik. In der linear-elastischen Bruchmechanik hat sich vor allem das K-Konzept etablieren können, welches als Maß für die Beanspruchung der Rissspitze auf die sogenannte Spannungsintensität K zurückgreift. Diese hängt nicht nur von der einwirkenden Zugspannung, sondern auch von der vorhandenen Risslänge ab. Im Bereich der elastisch-plastischen Bruchmechanik hat sich hingegen das J-Integral etabliert, welches den Energieumsatz an der Rissspitze bewertet.

Bei der Ableitung von Zähigkeitsanforderungen werden Rissannahmen getroffen, die sich beispielsweise an den eingesetzten Füge- und Verarbeitungsverfahren orientieren und die Genauigkeit etwaiger ZfP-Verfahren ebenso berücksichtigen wie den Einfluss zyklischer Lasten. Unter Verwendung dieser Rissannahme und unter Kenntnis der einwirkenden Spannungen werden dann die Bauteilbeanspruchungen in Form von einwirkenden Spannungsintensitätsfaktoren oder J-Integralen bestimmt. Da diese Einwirkungen nicht zum Versagen führen dürfen, ergibt sich aus der Grenzzustandsbetrachtung „Einwirkung gleich Widerstand" automatisch die Forderung, dass die ermittelte charakteristische bruchmechanische Einwirkung der Zähigkeit des Strukturwerkstoffs entsprechen sollte.

Im Rahmen dieser Grenzzustandsbetrachtung müssen allerdings noch Spannungszustandseinflüsse kompensiert werden, weil die Ermittlung der bruchmechanischen Kenngrößen nicht zwangsläufig unter ähnlichen Spannungszuständen erfolgt wie der reale Bauteileinsatz. Die Kompensation der Spannungszustandseinflüsse erfolgt auf Basis des „Failure Assessment Diagram (FAD)". Hierin wird mit zunehmendem Plastifizierungsgrad des betrachteten Querschnitts die zulässige Ausnutzung der linear-elastischen Bruchzähigkeit reduziert. Ein solches FAD wird im Kapitel „Druckbehälterstähle" gezeigt (Kap. B2-1).

Aus der Anwendung des Failure Assessment Diagram heraus ergibt sich eine erforderliche Bruchzähigkeit bei der niedrigsten Einsatztemperatur des Bauteils. Auf Basis einer empirischen Korrelation zwischen den Ergebnissen von Bruchmechanik- und Kerbschlagbiegeversuchen kann hieraus eine erforderliche T27J-Temperatur abgeleitet werden. Dabei wird auf das von Wallin entwickelte Mastercurve-Konzept zurückgegriffen (Wallin 1991, Wallin 1999), um die üblicherweise stark streuenden Ergebnisse von Bruchmechanikversuchen anhand einer Weibull-Verteilungsfunktion statistisch zu beschreiben. Da die T27J-Übergangstemperaturen in den Liefervorschriften der Stähle verankert sind, ergibt sich somit die Möglichkeit, den formalen Zähigkeitsnachweis mit Regeln für die Werkstoffauswahl zu verknüpfen.

Das hier beschriebene Verfahren wurde für eine Vielzahl typischer Querschnittsformen des Stahlbaus durchgeführt. Die Rissannahme orientierte sich dabei an der Blechdicke, weil es mit zunehmender Erzeugnisdicke immer schwieriger wird, vorhandene Defekte durch zerstörungsfreie Prüfverfahren zu identifizieren. Aufgrund dieses Zusammenhangs nehmen die Zähigkeitsanforderungen im Stahlbau mit zunehmender Blechdicke immer weiter zu. Oder anders ausgedrückt: In Abhängigkeit von der Streckgrenzenausnutzung, der Nennzähigkeit des Werkstoffs und der niedrigsten Einsatztemperatur kann die zulässige Blechdicke definiert werden. Somit wird der Zähigkeitsnachweis im Bauwesen dadurch geführt, dass die Regeln für die Werkstoffauswahl insbesondere hinsichtlich der zulässigen Blechdicken eingehalten werden. Ein formaler Nachweis unter Anwendung der bruchmechanischen Konzepte muss aber nicht mehr explizit geführt werden.

1-1.2.4 Anforderungen an die Verfestigung

Im Bauwesen sind die meisten Beanspruchungen lastkontrolliert. Hierbei ist die punkt-, linien- oder flächenförmig aufgebrachte Belastung als Aktion anzusehen, auf die der Werkstoff mit einer Verformung reagiert. Wie diese Verformung ausfällt, hängt von den elastisch-plastischen Werkstoffeigenschaften ab. Typische Beispiele für lastkontrollierte Beanspruchungen sind Eigengewicht, Schneelasten oder Verkehrslasten. Im Gegensatz hierzu sind Auflagerverschiebungen klassische Beispiele für verformungskontrollierte Belastungen.

Die Art der Beanspruchung – lastkontrolliert oder verformungskontrolliert – hat allerdings auch Auswirkungen auf das resultierende Bauteilverhalten. Im Falle einer lastkontrollierten Beanspruchung kommt es unmittelbar nach dem Überschreiten der Traglast zum Versagen, weil infolge der nun dominierenden geometrischen und in den meisten Fällen auch schädigungsbedingten Entfestigung eine Reduzierung der Tragfähigkeit erfolgt. An der Belastung ändert sich jedoch nichts, sodass es zu einer rasanten Zunahme der lokalen plastischen Dehnrate und unweigerlich zum Versagen kommt. Im Falle einer wegkontrollierten Belastung hingegen müssen einzig und allein die erzwungenen Verformungen ohne katastrophales Versagen überstanden werden. Eine auf geometrische und schädigungsbedingte Entfestigung zurückzuführende Traglastreduzierung muss in diesem Fall aber nicht zum Strukturversagen führen.

Es wird deutlich, dass im Falle einer lastkontrollierten Beanspruchung das wesentliche Sicherheitselement der Abstand der Traglast von der bei Fließbeginn einwirkenden Belastung ist. Aus diesem Grund sollten Baustähle ein ausreichend niedriges Verhältnis zwischen Streckgrenze und Zugfestigkeit besitzen. Bei der Deutung dieser Aussage ist zu beachten, dass im Bereich der Werkstofftechnik als Streckgrenzenverhältnis der Quotient aus Streckgrenze und Zugfestigkeit definiert ist. Im Bauwesen hingegen wird unter dem Streckgrenzenverhältnis der Quotient aus Zugfestigkeit und Streckgrenze gemeint – es werden also Zähler und Nenner vertauscht.

Um auf einem gegebenen Streckgrenzenniveau ein niedriges Verhältnis zwischen der im einachsigen Zugversuch ermittelten Streckgrenze und der Zugfestigkeit einzustellen, muss die Verfestigung des Werkstoffs verbessert werden. Dies lässt sich anhand des Consi-

dère-Kriteriums herleiten. Dieses besagt, dass bei Erreichen der Gleichmaßdehnung die Fließkurve die Verfestigungskurve (also die Ableitung der Fließkurve nach der plastischen Vergleichsdehnung) schneidet. Dieser Schnittpunkt muss sich unweigerlich in den Bereich größerer Dehnungen verschieben, wenn die Verfestigung stärker ausgeprägt ist. Aufgrund der stets positiven Steigung der Fließkurve führt dies zu der Schlussfolgerung, dass dann auch die Zugfestigkeit vergrößert sein muss. Im Bereich der unlegierten Baustähle wurden bei den Werkstoffentwicklungen der vergangenen etwa 75 Jahre vor allen Dingen Maßnahmen ergriffen, welche sich positiv auf die Fließgrenze auswirken, aber zumindest in erster Näherung die Verfestigung nicht verändern. Zwangsläufig gingen mit den Festigkeitssteigerungen auch die in Bild 1-1.7 gezeigten Duktilitätseinbußen einher. Dieser Zusammenhang sowie die im nächsten Kapitel diskutierte hohe Kerbempfindlichkeit der hochfesten Baustähle sorgen dafür, dass nach wie vor für die meisten Konstruktionen in Skelett- und Fachwerkbauweise Stähle mit einer Nennstreckgrenze ≤ 460 MPa eingesetzt werden.

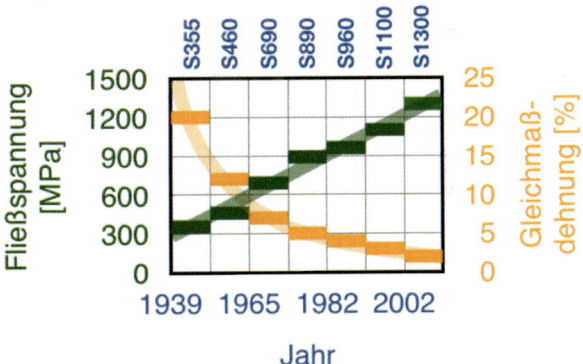

Bild 1-1.7 Entwicklung der unlegierten Baustähle in Bezug auf Festigkeit und Duktilität

1-1.2.5 Anforderungen an die Festigkeit bei zyklischer Beanspruchung

Für den quasistatischen Festigkeitsnachweis ist die im einachsigen Zugversuch ermittelte Streckgrenze derjenige Werkstoffkennwert, der den Materialwiderstand eindeutig charakterisiert. Es kommt allerdings in nahezu allen Anwendungsgebieten auch zur überlagerten Beanspruchung durch zeitlich veränderliche Lasten. Beispiele hierfür sind die Verkehrslasten auf Brücken, Wind- und Schneelasten (die allerdings im Bemes-

1

sungskonzept als ruhende Lasten betrachtet werden) sowie die auf der Massenträgheit beruhenden zyklischen Beanspruchungen durch bewegte Massen an Maschinen. Durch diese zyklischen Mechanismen werden allerdings auch Schädigungsmechanismen aktiviert, die dazu führen können, dass es zum Versagen der Struktur kommt, ohne dass hierzu Spannungen jenseits der Streckgrenze aufgebracht werden müssen. Üblicherweise werden diese Phänomene als Materialermüdung bezeichnet, auch wenn es, anders als beispielsweise beim Menschen, keine Möglichkeit zur Erholung – abgesehen von Reparaturschweißungen – gibt. Zur Bewertung der Ermüdungssicherheit von zyklisch beanspruchten Stahlkonstruktionen wird das Wöhler-Diagramm verwendet. Dieses beschreibt die zulässige Spannungsamplitude als Funktion der sicher ertragbaren Zyklenzahl. Das Wöhler-Diagramm betrachtet dabei den Fall konstanter Spannungsamplituden. Für Baustähle ergibt sich eine Wöhler-Linie mit zunächst abnehmender zulässiger Spannungsamplitude für zunehmende Zyklenzahlen, bevor sich ab dem Erreichen einer Grenzschwingspielzahl ein Dauerfestigkeitsbereich ausbildet. Erst bei sehr großen Zyklenzahlen, die für die meisten Stahlbaukonstruktionen nicht mehr relevant sind, kommt es zu einem erneuten Absinken der ertragbaren Spannungsamplituden. Bild 1-1.8 zeigt eine typische Wöhler-Linie.

Die für Stähle beobachtete Ausbildung einer Dauerfestigkeit lässt sich anhand der zugrundeliegenden zyklischen Schädigungsmechanismen begründen. Grund-

sätzlich lässt sich die zyklische Werkstoffschädigung in die vier Phasen der Rissinkubation, des Kurzrisswachstums, des Langrisswachstums und des Bruchs einteilen. Hier wird angenommen, dass die zyklisch aufgebrachten Spannungen in günstig orientierten Körnern aufgrund der passenden kristallographischen Kornausrichtung zu Versetzungsbewegungen führen. Dadurch kommt es zur Akkumulation der Versetzungsgleitung. Dies gilt vor allem dann, wenn sich die betroffenen Körner in der Nähe von Oberflächen befinden, sodass die Versetzungen den Kristall verlassen können. Dieser Prozess führt an einer Oberflächenaufrauung infolge von Intrusionen und Extrusionen sowie im Werkstoffvolumen zur Ausbildung persistenter Gleitbänder.

In den Phasen der Rissinkubation und des Kurzrisswachstums wird die zyklische Schädigung also in erster Linie durch die Versetzungsbewegung kontrolliert. Bei ausreichend niedrigen Spannungsamplituden kann es aber dazu kommen, dass Risse an inneren Grenzflächen arretiert werden. Dieser Vorgang beruht auf den Missorientierungsbeziehungen der betroffenen Körner und führt zur Ausbildung der Dauerfestigkeit. Hier ist die wichtige Schlussfolgerung zu ziehen, dass im Bereich der Dauerfestigkeit belastete Bauteile die erste und zweite Phase der zyklischen Schädigung bereits durchlaufen haben, sich jedoch keine Phase des Langrisswachstums und somit auch kein Bruchereignis zeigt.

Für die Aktivierung der zyklischen Schädigungsmechanismen sind offensichtlich die lokalen Beanspruchungen in den aufgrund ihrer Orientierung besonders gefährdeten Körnern von Bedeutung. Diese hängen stark von den vorhandenen Kerben in der Konstruktion ab, wobei der Begriff Kerbe hier nicht nur im geometrischen, sondern auch im metallurgischen Sinne zu verstehen ist. So gilt selbst nach den erfolgreichen Optimierungen des Reinheitsgrades bei den Stählen für Strukturanwendungen nach wie vor, dass am Initiierungsort der Ermüdungsrisse in den meisten Fällen nichtmetallische Einschlüsse gelegen haben. Zudem gibt es etablierte Korrelationen, mit denen die Festigkeit von Baustählen bei zyklischer Beanspruchung als Funktion der Matrixfestigkeit und des Durchmessers des größten nichtmetallischen Einschlusses ermittelt werden kann.

Die Erfahrung zeigt also, dass es an Kerben bevorzugt zur Ermüdungsrissbildung kommt, sodass zur Definition von Anforderungen an die Festigkeit bei zyklischer Beanspruchung des Werkstoffs komplizierte Beanspru-

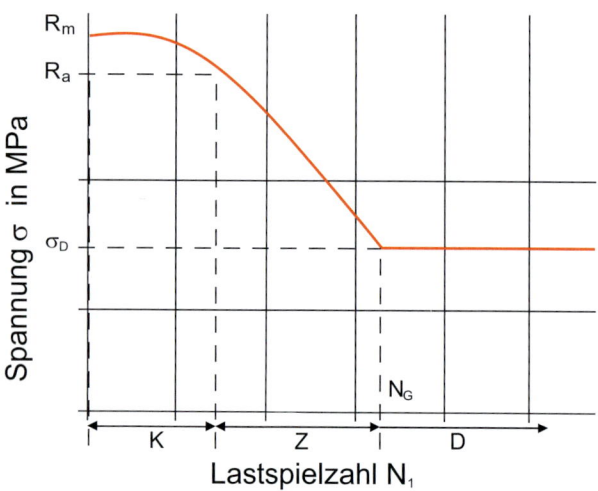

Bild 1-1.8 Typische Wöhler-Kurve eines Baustahls, Einteilung in die Bereiche Kurzzeitfestigkeit K, Zeitfestigkeit Z und Dauerfestigkeit D sowie Festlegung einer Grenzschwingspielzahl am Übergang zwischen Zeit- und Dauerfestigkeit

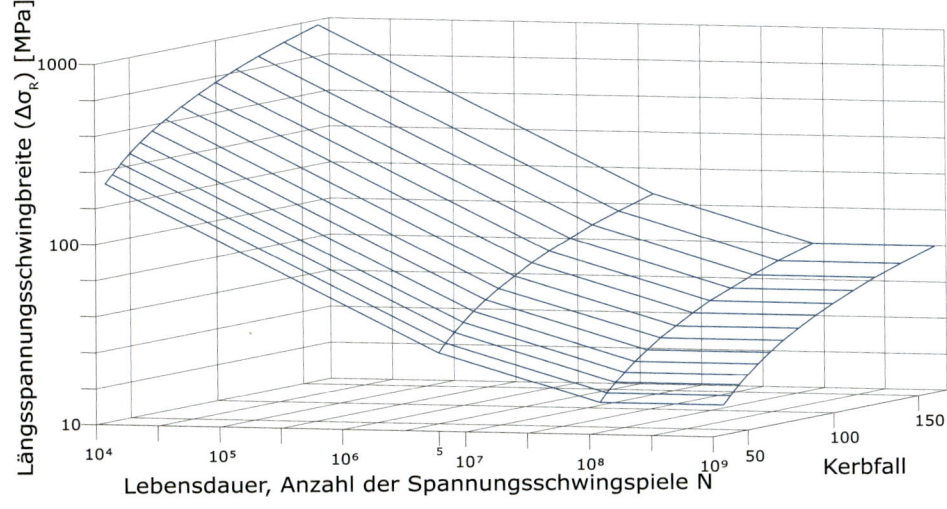

Bild 1-1.9
Standardisierte Wöhler-Linien
nach DIN EN 1993

chungsanalysen auf Basis von numerischen Simulationsrechnungen nötig wären. Um diesen erheblichen Aufwand zu umgehen, wurden im Zuge der europäischen Harmonisierung der Auslegungsregeln für den Stahlbau Kerbfälle definiert. Diese dienen zur Quantifizierung der von geometrischen und metallurgischen Kerben ausgehenden Spannungsüberhöhungen. Anschließend wurden für die einzelnen Kerbfälle standardisierte Wöhler-Linien angegeben (Bild 1-1.9).

Die Kurvenschar weist im Zeitfestigkeitsbereich bis 5 Millionen Lastwechsel eine Steigung auf, welche durch $m = 3$ charakterisiert wird. Im Bereich zwischen 5 Millionen und 100 Millionen Lastwechseln ist die Steigung hingegen durch $m = 5$ charakterisiert. Anschließend

beginnt der Bereich der Dauerfestigkeit. Jede Kurve aus dieser Schar beschreibt einen individuellen Kerbfall, der durch den Wert der Kurve bei einer Lastspielzahl von 5 Millionen angegeben wird. Um das Konzept der standardisierten Wöhler-Linien anzuwenden, muss also zunächst durch Auswertung von entsprechenden Katalogen der zum Bauteil passende Kerbfall festgelegt werden.

Da die in den vergangenen Jahrzehnten erfolgte Werkstoffentwicklung im Bereich der unlegierten Baustähle in erster Linie die Optimierung der Festigkeitseigenschaften zum Ziel hatte, sind abgesehen von Optimierungen des Reinheitsgrades nur wenige Maßnahmen zur Optimierung der zyklischen Festigkeitseigenschaf-

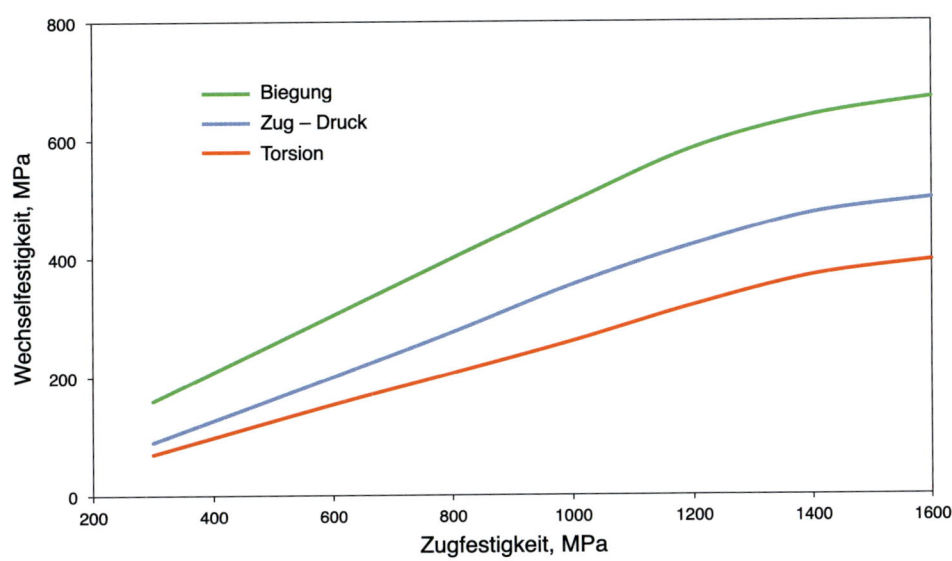

Bild 1-1.10
Wechselfestigkeit unlegierter Baustähle in Abhängigkeit von der Zugfestigkeit und der Belastungsart

ten etabliert worden. Bild 1-1.10 zeigt den Zusammenhang zwischen der Wechselfestigkeit und der Zugfestigkeit von unlegierten Baustählen. Hieran wird deutlich, dass die festigkeitssteigernden Maßnahmen nicht im gleichen Maße die Zugfestigkeit und die Wechselfestigkeit beeinflussen. Wird zudem das steigende Streckgrenzenverhältnis mit Zunahme der Streckgrenze beachtet, dann zeigt sich, dass mit der Zunahme der Streckgrenze nur noch geringfügige Steigerungen der Wechselfestigkeit einhergehen. Zwangsläufig können hochfeste Stähle ihr Leichtbaupotenzial in vorwiegend zyklisch beanspruchten Bauteilen nur schlecht zur Entfaltung bringen. Dies sowie die bereits erläuterten Duktilitätseinbußen führen dazu, dass nach wie vor (Stand 2016) deutlich mehr als 85 % aller für Infrastrukturanwendungen eingesetzten Stähle eine Nennstreckgrenze von 460 MPa oder weniger aufweisen.

1-1.2.6 Anforderungen an das Verarbeitungs- und Gebrauchsverhalten

Die Herstellung von Bauelementen und -gruppen aus warmgewalzten Grobblechen oder Profilen erfordert eine Reihe von verschiedenen Verarbeitungsschritten, zu denen das Schweißen, die Kaltumformung, das Stanzen und Bohren sowie die spanabhebende Bearbeitung gehören. Daher werden entsprechende Anforderungen an die Verarbeitbarkeitseigenschaften gestellt. Im Rahmen des Festigkeitsnachweises für geschweißte Konstruktionen wird gefordert, dass auch in den Schweißnähten die Nenneigenschaften des ausgewählten Grundwerkstoffs anzutreffen sind. Dementsprechend muss bei der Herstellung der Schweißverbindungen durch Auswahl angepasster Prozessparameter sowie gegebenenfalls durch Auswahl der Schweißzusatzwerkstoffe sichergestellt werden, dass die Festigkeit der Schweißnaht die des Grundwerkstoffs erreicht oder sogar übertrifft. Dies ist für unlegierte Baustähle moderater Festigkeit noch relativ einfach einzuhalten, bei den höchstfesten unlegierten Baustählen hingegen schon schwer zu realisieren.

Beim zyklischen Festigkeitsnachweis gehen die Schweißverbindungen in erster Linie über die Kerbfallbetrachtung in den Sicherheitsnachweis ein. Daher werden kerbarme Ausführungen der Schweißnähte gefordert.

Die Anforderungen an die Schweißbarkeit von Baustählen können überführt werden in Anforderungen an die chemische Zusammensetzung und den Reinheitsgrad. Zur Bewertung der Schweißeignung wird in der Regel das Kohlenstoffäquivalent herangezogen, für das stahlsortenabhängig die in den Tabellen 1-1.3 bis 1-1.5 genannten Höchstwerte gelten. Es lautet:

$$CEV = C + \frac{Mn}{6} + \frac{Cr + Mo + V}{5} + \frac{Ni + Cu}{15}$$

Hinsichtlich der Kaltverformbarkeit wird üblicherweise gefordert, dass die Konstruktion frei von Rissen verbleibt. Um abschätzen zu können, welche Kaltverformbarkeitseigenschaften ein Stahl hat, wird in der Regel das kritische r/t-Verhältnis ermittelt. Das r/t-Verhältnis ist das Verhältnis aus Biegerollenradius und der Blechdicke, welches bei einer Dreipunktbiegung gemäß Bild 1-1.11 eingestellt wird. Das kritische r/t-Verhältnis ist dasjenige, bei dem ein bleibender Biegewinkel von 90° noch ohne Rissbildung eingestellt werden kann.

Die Ausführung von Stahltragwerken ist in DIN EN 1090 geregelt. Empfehlungen zum Schweißen enthält DIN EN 1011.

Tabelle 1-1.3 Höchstwerte für das Kohlenstoffäquivalent (CEV) nach der Schmelzanalyse der gebräuchlichsten unlegierten Baustähle

Kurzname	Werkstoff-nummer	Desoxidationsart	Kohlenstoffäquivalent in %, max.				
			Nenndicken in mm				
			≤ 30	> 30 ≤ 40	> 40 ≤ 150	> 150 ≤ 250	> 250 ≤ 400
S235JR	1.0038	FN	0,35	0,35	0,38	0,40	0,40
S235J0	1.0114	FN	0,35	0,35	0,38	0,40	0,40
S235J2	1.0117	FF	0,35	0,35	0,38	0,40	0,40
S355JR	1.0045	FN	0,45	0,47	0,47	0,49	0,49
S355J0	1.0553	FN	0,45	0,47	0,47	0,49	0,49
S355J2	1.0577	FF	0,45	0,47	0,47	0,49	0,49
S355K2	1.0596	FF	0,45	0,47	0,47	0,49	0,49

Tabelle 1-1.4 Höchstwerte für das Kohlenstoffäquivalent (CEV) nach der Schmelzanalyse der gebräuchlichsten normalgeglühten/normalisierend gewalzten Stähle für das Bauwesen

Kurz-name	Werk-stoff-nummer	Kohlenstoffäquivalent in %, max.		
		Nenndicken in mm		
		≤63	>63 ≤100	>100 ≤250
S355N	1.0545	0,43	0,45	0,45
S355NL	1.0546	0,43	0,45	0,45

Tabelle 1-1.5 Höchstwerte für das Kohlenstoffäquivalent (CEV) nach der Schmelzanalyse der gebräuchlichsten thermomechanisch gewalzten Stähle für das Bauwesen

Kurz-name	Werk-stoff-nummer	Kohlenstoffäquivalent in %, max.				
		Nenndicken in mm				
		≤16	>16 ≤40	>40 ≤63	>63 ≤120	>120 ≤150[a]
S355M	1.8823	0,39	0,39	0,4	0,45	0,45
S355ML	1.8834	0,39	0,39	0,4	0,45	0,45
S460M	1.8827	0,45	0,46	0,47	0,48	0,48
S460ML	1.8838	0,45	0,46	0,47	0,48	0,48

a Diese Werte gelten nur für Langerzeugnisse.

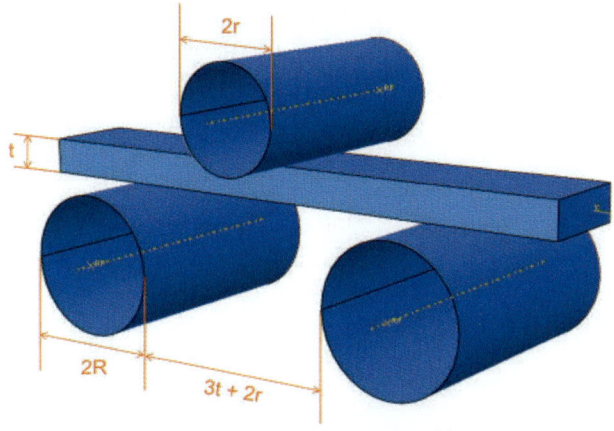

Bild 1-1.11 Ermittlung des kritischen r/t-Verhältnisses zur Bewertung der Kaltumformbarkeit von Grobblech nach DIN EN ISO 7438

1-1.2.7 Etablierte Stahlkonzepte für den Skelett- und Fachwerkbau

Ihre geringe Duktilität und hohe Kerbempfindlichkeit sind die wesentlichen Gründe dafür, dass die hochfesten Stähle mit Streckgrenzen von mehr als 460 MPa im Bauwesen praktisch keine Rolle spielen. Stattdessen ist der Stahleinsatz im Skelett- und Fachwerkbau nach wie vor auf die Stähle der DIN EN 10025 mit Streckgrenzen zwischen 235 MPa und 460 MPa beschränkt. Tabelle 1-1.6 fasst die Anforderungen an die chemische Zusammensetzung der gebräuchlichen Stähle zusammen. Für die Elemente Nb, V, Al, Ti, Cr, Ni und Mo existieren Anforderungen nur für die normalgeglühten/normalisierend gewalzten sowie die thermomechanisch gewalzten schweißgeeigneten Feinkornbaustähle. Diese zusätzlichen Anforderungen fasst Tabelle 1-1.7 zusammen.

Die Anforderungen an die Festigkeitseigenschaften und die Duktilität dieser Stähle werden in Abhängigkeit von der Erzeugnisdicke definiert. In den Tabellen 1-1.8 – 1-1.16 werden diese Anforderungen getrennt für die gebräuchlichen unlegierten Baustähle, die normalgeglühten/normalisierend gewalzten und die thermomechanisch gewalzten schweißgeeigneten Feinkornbaustähle zusammengefasst. Ferner fasst Tabelle 1-1.17 die Zähigkeitsanforderungen an diese Stähle zusammen.

1

Tabelle 1-1.6 Anforderungen an die chemische Zusammensetzung der gebräuchlichsten Stähle für das Bauwesen nach DIN EN 10025

Kurz-name	Werk-stoff-nummer	Legierungsanteile in Massen-%								
		C max.			Si max.	Mn max.	P max.	S max.	N max.	Cu max.
		Für Erzeugnisdicken in mm								
		≤ 16	> 16 ≤ 40	> 40						
S235JR	1.0038	0,19	0,19	0,23	–	1,50	0,045	0,045	0,014	0,60
S235J0	1.0114	0,19	0,19	0,19	–	1,50	0,040	0,040	0,014	0,60
S235J2	1.0117	0,19	0,19	0,19	–	1,50	0,035	0,035	–	0,60
S355JR	1.0045	0,27	0,27	0,27	0,60	1,70	0,045	0,045	0,014	0,60
S355J0	1.0553	0,23	0,23	0,24	0,60	1,70	0,040	0,040	0,014	0,60
S355J2	1.0577	0,23	0,23	0,24	0,60	1,70	0,035	0,035	–	0,60
S355K2	1.0596	0,23	0,23	0,24	0,60	1,70	0,035	0,035	–	0,60
S355N	1.0545	0,20			0,50	1,65	0,025	0,020	0,015	0,55
S355NL	1.0546	0,18			0,50	1,65	0,025	0,020	0,015	0,55
S355M	1.8823	0,16			0,55	1,70	0,035	0,030	0,017	0,60
S355ML	1.8834	0,16			0,55	1,70	0,030	0,025	0,017	0,60
S460M	1.8827	0,18			0,65	1,80	0,035	0,030	0,027	0,60
S460ML	1.8838	0,18			0,65	1,80	0,030	0,025	0,027	0,60

Tabelle 1-1.7 Weiterführende Anforderungen an die chemische Zusammensetzung der gebräuchlichsten normalgeglühten/normalisierend gewalzten und thermomechanisch gewalzten schweißgeeigneten Feinkornbaustähle nach DIN EN 10025

Kurzname	Werkstoff-nummer	Legierungsanteile in Massen-%						
		Nb max.	V max.	Al max.	Ti max.	Cr max.	Ni max.	Mo max.
S355N	1.0545	0,06	0,14	0,015	0,06	0,35	0,55	0,13
S355NL	1.0546	0,06	0,14	0,015	0,06	0,35	0,55	0,13
S355M	1.8823	0,06	0,12	0,015	0,06	0,35	0,55	0,13
S355ML	1.8834	0,06	0,12	0,015	0,06	0,35	0,55	0,13
S460M	1.8827	0,06	0,14	0,015	0,06	0,35	0,85	0,23
S460ML	1.8838	0,06	0,14	0,015	0,06	0,35	0,85	0,23

Tabelle 1-1.8 Anforderungen an die Mindeststreckgrenze der gebräuchlichsten unlegierten Stähle für das Bauwesen gemäß DIN EN 10025

Kurzname	Werkstoff-nummer	Mindeststreckgrenze R_{eH}[a] in MPa								
		Nenndicken in mm								
		≤ 16	> 16 ≤ 40	> 40 ≤ 63	> 63 ≤ 80	> 80 ≤ 100	> 100 ≤ 150	> 150 ≤ 200	> 200 ≤ 250	> 250 ≤ 400
S235JR	1.0038	235	225	215	215	215	195	185	175	165
S235J0	1.0114	235	225	215	215	215	195	185	175	165
S235J2	1.0117	235	225	215	215	215	195	185	175	165
S355JR	1.0045	355	345	335	325	315	295	285	275	265
S355J0	1.0553	355	345	335	325	315	295	285	275	265
S355J2	1.0577	355	345	335	325	315	295	285	275	265
S355K2	1.0596	355	345	335	325	315	295	285	275	265

a Für Blech, Band und Breitflachstahl in Breiten ≥ 600 mm gilt die Richtung quer (t) zur Walzrichtung, für alle anderen Erzeugnisse gelten die Werte in Walzrichtung (l).

Tabelle 1-1.9 Anforderungen an die Mindeststreckgrenze der gebräuchlichsten normalgeglühten/normalisierend gewalzten Stähle für das Bauwesen gemäß DIN EN 10025

Kurzname	Werkstoff-nummer	Mindeststreckgrenze R_{eH}[a] in MPa							
		Nenndicken in mm							
		≤ 16	> 16 ≤ 40	> 40 ≤ 63	> 63 ≤ 80	> 80 ≤ 100	> 100 ≤ 150	> 150 ≤ 200	> 200 ≤ 250
S355N	1.0545	355	345	335	325	315	295	285	275
S355NL	1.0546	355	345	335	325	315	295	285	275

a Für Blech, Band und Breitflachstahl in Breiten ≥ 600 mm gilt die Richtung quer (t) zur Walzrichtung, für alle anderen Erzeugnisse gelten die Werte in Walzrichtung (l).

Tabelle 1-1.10 Anforderungen an die Mindeststreckgrenze der gebräuchlichsten thermomechanisch gewalzten Stähle für das Bauwesen gemäß DIN EN 10025

Kurzname	Werkstoff-nummer	Mindeststreckgrenze R_{eH}[a] in MPa					
		Nenndicken in mm					
		≤ 16	> 16 ≤ 40	> 40 ≤ 63	> 63 ≤ 80	> 80 ≤ 100	> 100 ≤ 120[b]
S355M	1.8823	355	345	335	325	325	320
S355ML	1.8834	355	345	335	325	325	320
S460M	1.8827	460	440	430	410	400	385
S460ML	1.8838	460	440	430	410	400	385

a Für Blech, Band und Breitflachstahl in Breiten ≥ 600 mm gilt die Richtung quer (t) zur Walzrichtung, für alle anderen Erzeugnisse gelten die Werte in Walzrichtung (l).
b Bei Langerzeugnissen gelten die Werte für Dicken ≤ 150 mm.

Tabelle 1-1.11 Anforderungen an die Zugfestigkeit der gebräuchlichsten unlegierten Stähle für das Bauwesen gemäß DIN EN 10025

Kurzname	Werkstoff-nummer	Zugfestigkeit R_m[a] in MPa				
		Nenndicken in mm				
		< 3	≥ 3 ≤ 100	> 100 ≤ 150	> 150 ≤ 250	> 250 ≤ 400
S235JR	1.0038	360 – 510	360 – 510	350 – 500	340 – 490	330 – 480
S235J0	1.0114	360 – 510	360 – 510	350 – 500	340 – 490	330 – 480
S235J2	1.0117	360 – 510	360 – 510	350 – 500	340 – 490	330 – 480
S355JR	1.0045	510 – 680	470 – 630	450 – 600	450 – 600	450 – 600
S355J0	1.0553	510 – 680	470 – 630	450 – 600	450 – 600	450 – 600
S355J2	1.0577	510 – 680	470 – 630	450 – 600	450 – 600	450 – 600
S355K2	1.0596	510 – 680	470 – 630	450 – 600	450 – 600	450 – 600

a Für Blech, Band und Breitflachstahl in Breiten ≥ 600 mm gilt die Richtung quer (t) zur Walzrichtung, für alle anderen Erzeugnisse gelten die Werte in Walzrichtung (l).

Tabelle 1-1.12 Anforderungen an die Zugfestigkeit der gebräuchlichsten normalgeglühten/normalisierend gewalzten Baustähle gemäß DIN EN 10025

Kurz-name	Werk-stoff-nummer	Zugfestigkeit $R_m{}^a$ in MPa		
		Nenndicken in mm		
		≤ 100	> 100 ≤ 200	> 200 ≤ 250
S355N	1.0545	470 – 630	450 – 600	450 – 600
S355NL	1.0546	470 – 630	450 – 600	450 – 600

a Für Blech, Band und Breitflachstahl in Breiten ≥ 600 mm gilt die Richtung quer (t) zur Walzrichtung. Für alle anderen Erzeugnisse gelten die Werte in Walzrichtung (l).

Tabelle 1-1.13 Anforderungen an die Zugfestigkeit der gebräuchlichsten thermomechanisch gewalzten Baustähle gemäß DIN EN 10025

Kurzname	Werkstoff-nummer	Zugfestigkeit $R_m{}^a$ in MPa				
		Nenndicken in mm				
		≤ 40	> 40 ≤ 63	> 63 ≤ 80	> 80 ≤ 100	> 100 ≤ 120[b]
S355M	1.8823	470 – 630	450 – 610	440 – 600	440 – 600	430 – 590
S355ML	1.8834	470 – 630	450 – 610	440 – 600	440 – 600	430 – 590
S460M	1.8827	540 – 720	530 – 710	510 – 690	500 – 680	490 – 660
S460ML	1.8838	540 – 720	530 – 710	510 – 690	500 – 680	490 – 660

a Für Blech, Band und Breitflachstahl in Breiten ≥ 600 mm gilt die Richtung quer (t) zur Walzrichtung, für alle anderen Erzeugnisse gelten die Werte in Walzrichtung (l).
b Bei Langerzeugnissen gelten die Werte für Dicken ≤ 150 mm.

Tabelle 1-1.14 Anforderungen an die Mindestbruchdehnung der gebräuchlichsten unlegierten Baustähle in Anlehnung an DIN EN 10025

Kurzname	Werkstoff-nummer	Proben-lage[a]	Mindestbruchdehnung A in %					
			$L_0 = 5{,}65 \sqrt{S_0}$					
			Nenndicken in mm					
			≤ 3 ≤ 40	> 40 ≤ 63	> 63 ≤ 100	> 100 ≤ 150	> 150 ≤ 250	> 250 ≤ 400
S235JR	1.0038	l	26	25	24	22	21	21
S235J0	1.0114							–
S235J2	1.0117	t	24	23	22	22	21	21
S355JR	1.0045	l	22	21	20	18	17	17
S355J0	1.0553							–
S355J2	1.0577							–
S355K2	1.0596	t	20	19	18	18	17	17

a Für Blech, Band und Breitflachstahl in Breiten ≥ 600 mm gilt die Richtung quer (t) zur Walzrichtung. Für alle anderen Erzeugnisse gelten die Werte in Walzrichtung (l).

Tabelle 1-1.15 Anforderungen an die Mindestbruchdehnung der gebräuchlichsten normalgeglühten/normalisierend gewalzten Baustähle gemäß DIN EN 10025

Kurzname	Werkstoff-nummer	Mindestbruchdehnung A in % $L_0 = 5,65 \sqrt{S_0}$ Nenndicken in mm					
		≤ 16	> 16 ≤ 40	> 40 ≤ 63	> 63 ≤ 80	> 80 ≤ 200	> 200 ≤ 250
S235JR	1.0038	24	24	24	23	23	23
S235J0	1.0114	24	24	24	23	23	23
S235J2	1.0117	22	22	22	21	21	21

a Für Blech, Band und Breitflachstahl in Breiten ≥ 600 mm gilt die Richtung quer (t) zur Walzrichtung. Für alle anderen Erzeugnisse gelten die Werte in Walzrichtung (l).

Tabelle 1-1.16 Anforderungen an die Mindestbruchdehnung der gebräuchlichsten thermomechanisch gewalzten Baustähle gemäß DIN EN 10025

Kurzname	Werkstoff-nummer	Mindestbruchdehnung A in % $L_0 = 5,65 \sqrt{S_0}$
S355M	1.8823	22
S355ML	1.8834	22
S460M	1.8827	17
S460ML	1.8838	17

a Für Erzeugnisdicken < 3 mm, bei denen Proben mit einer Anfangsmesslänge L_0 = 80 mm zu prüfen sind, müssen die Werte zum Zeitpunkt der Anfrage und Bestellung vereinbart werden.

Tabelle 1-1.17 Anforderungen an die Zähigkeitseigenschaften der gebräuchlichsten Stähle für das Bauwesen nach DIN EN 10025

Kurzname	Werkstoff-nummer	An ISO-V-Spitzkerbproben längs zur Walzrichtung zu ermittelnde Kerbschlagarbeit in J bei Prüftemperatur in °C						
		20	0	– 10	– 20	– 30	– 40	– 50
S235JR	1.0038	27	27	–	27	–	–	–
S235J0	1.0114	27	27	–	27	–	–	–
S235J2	1.0117	27	27	–	27	–	–	–
S355JR	1.0045	27	27	–	27	–	–	–
S355J0	1.0553	27	27	–	27	–	–	–
S355J2	1.0577	27	27	–	27	–	–	–
S355K2	1.0596	–	–	–	40*	–	–	–
S355N	1.0545	55	47	43	40	–	–	–
S355NL	1.0546	63	55	51	47	40	31	27
S275M	1.8818	55	47	43	40	–	–	–
S275ML	1.8819	63	55	51	47	40	31	27
S355M	1.8823	55	47	43	40	–	–	–
S355ML	1.8834	63	55	51	47	40	31	27
S460M	1.8827	55	47	43	40	–	–	–
S460ML	1.8838	63	55	51	47	40	31	27

* Der Wert reduziert sich auf 33 für Erzeugnisdicken > 150 mm ≤ 400 mm

1-1.3 Stähle für den Verbundbau

Stahlbeton ist ein Verbundwerkstoff, der aus mehreren Einzelwerkstoffen (Zement, Betonkies, Wasser, Stahl) besteht, die nicht mehr räumlich getrennt vorliegen. Im Gegensatz hierzu charakterisiert der Begriff Verbundbau eine Bauweise, bei der die Tragstruktur aus einzelnen Querschnitten zusammengesetzt ist, die aus unterschiedlichen Werkstoffen bestehen. Der Verbund zwischen diesen einzelnen Querschnitten wird dabei durch geeignete Verbindungsmittel sichergestellt.

Beim Stahlverbundbau gibt es verschiedene gängige Querschnittsformen. So werden Biegeträger in der Regel so gestaltet, dass auf der Zugspannungsseite die Lastabtragung über Stahlprofile erfolgt, wohingegen auf der Druckspannungsseite flächige Stahlbetonteile ausgebildet werden. Bei diesen Biegeträgern wird der Verbund zwischen den Stahlträgern und den Stahlbetonplatten mit Hilfe von Kopfbolzendübeln sichergestellt. Diese weden einzeln auf das Stahlprofil aufgeschweißt. Sie werden bei der Fertigung des Verbundbauteils in den Beton eingegossen, sodass sie wirkungsvoll ein gegenseitiges Abscheren der einzelnen Querschnitte in der Verbundfuge verhindern. Bei den Verbundbiegeträgern reicht in der Regel die Tragfähigkeit der Stahlträger aus, um die Schalung und auch das Eigengewicht des Betons zu tragen. Dementsprechend müssen häufig keine zusätzlichen Tragstrukturen für die Herstellungsphase des Bauteils bereitgestellt werden. Da zudem aus Feuerschutz- und Korrosionsschutzgründen die Stahlträger ausbetoniert werden, ohne dass dieser Kammerbeton eine Tragwirkung entfaltet, ist der Tragstruktur nach ihrer Fertigstellung nicht mehr anzusehen, dass es sich um eine Verbundbauweise handelt. Vielmehr ähnelt die Art der Bauteilherstellung dem Prinzip einer verlorenen Schalung, mit dem wesentlichen Unterschied, dass hier ein erheblicher Traglastgewinn erzielt wird.

Bei runden Stützen hingegen sieht die Verbundbauweise vor, dass Stahlrohre mit Stahlbeton gefüllt werden. Hier erfolgt die Abtragung der großen Druckkräfte über den Stahlbeton. Die durch die Kompression hervorgerufenen Radialverformungen hingegen werden durch das außen angeordnete Rohr unterdrückt, wobei hierdurch tangentiale Zugspannungen entstehen. Auch in diesem Beispiel wird demnach der Stahlbeton zur Abtragung der Druckspannungen und der Stahl zur Abtragung der Zugspannungen verwendet. Bild 1-1.12 zeigt die vorgestellten typischen Querschnittsformen. Genau wie beim Stahlbeton und auch beim Spannbeton basiert das Konstruieren in der Verbundbauweise ursprünglich auf der Idee, die Druckspannungen dem Beton und die Zugspannungen dem Stahl zuzuweisen. Die Stahlverbundbauweise zeichnet sich durch eine besonders große Tragfähigkeit aus. Es lassen sich große Stützweiten realisieren, sodass die Verbundbauweise immer mehr Verbreitung bei Bauwerken des Hochbaus findet, wobei hier insbesondere Brücken zu

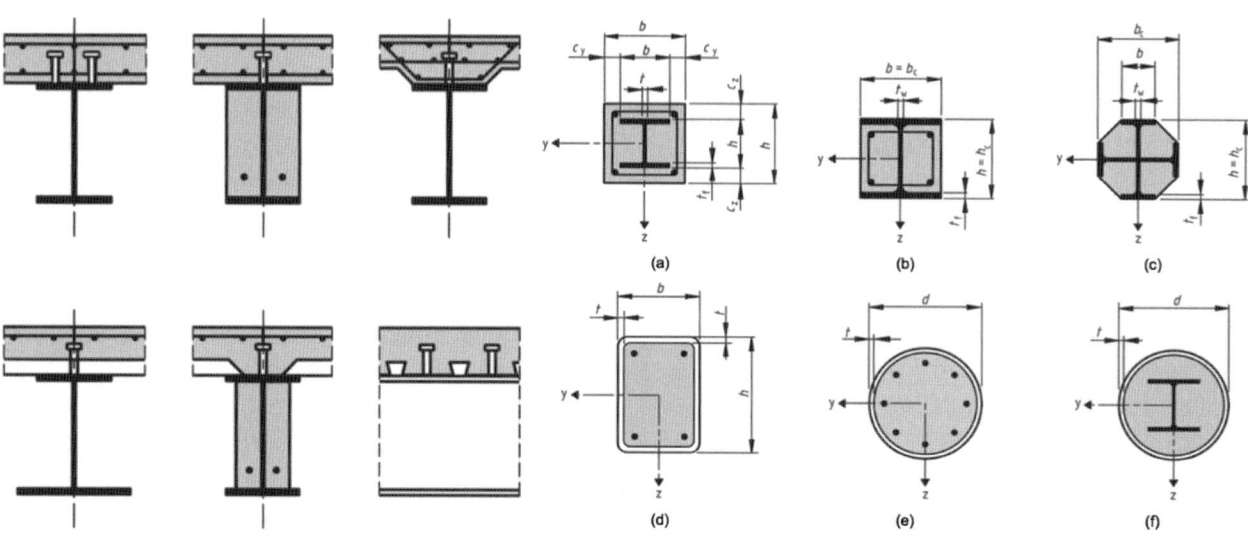

Bild 1-1.12 Typische Querschnittsformen der Stahlverbundbauweise (Quelle: DIN EN 1994)

nennen sind. In Verbundbauweise lassen sich schlanke Konstruktionen mit großer Spannweite realisieren, die sich durch eine hohe Wirtschaftlichkeit in der Bauphase auszeichnen. Insbesondere aufgrund des hohen Inspektions- und Reparaturaufwands der Spannbetonbauweisen gewinnt der Verbundbau dort zunehmend an Bedeutung, wo große Spannweiten zu überbrücken sind und eine hohe Traglast gefordert wird.

Im Verbundbau wird auf die Stähle der DIN EN 10025 zurückgegriffen. Auch hier zeigt sich der bevorzugte Einsatz der vorgestellten Stähle mit einer Nennstreckgrenze ≤ 355 MPa.

1-1.4 Stähle für Verbindungselemente

Zur Ausbildung von Anschlüssen haben sich im Bauwesen zwei wesentliche Verfahren etabliert, das Schrauben und das Schweißen. Geschraubte Verbindungen weisen dabei den Vorteil auf, dass die Verbindung schnell wieder gelöst werden kann. Im Stahlbau wird, anders als beispielsweise beim Bauen mit Holz, das Gegengewinde durch eine Mutter bereitgestellt, und üblicherweise sind die Schrauben, die im Stahlbau eingesetzt werden, ebenfalls aus Stahl.

Im Bauwesen können Schrauben durch Normal- und Querkräfte beansprucht werden. Durch das Anziehen der Schraubenverbindung wird eine Normalkraft in den Bolzen eingebracht, sodass es im Schraubenschaft zu Zugspannungen und in den zusammengefügten Werkstücken im Bereich der Schraube zu Druckspannungen kommt. Die Mechanik der Schraubenverbindung kann anhand der Vorstellung einer harten Feder veranschaulicht werden, wobei die aufgebrachte Federkraft die Schraubenverbindung vor einem selbsttätigen Lösen schützt. Wenn allerdings die Federspannung nachlässt, es also zum Spannkraftverlust der Schraubenverbindung kommt, dann kann sich auch die Schraubenverbindung lösen. Hieraus lässt sich unmittelbar ableiten, dass die Einhaltung entsprechender Anzugsmomente von entscheidender Bedeutung für die Sicherheit der Verbindung ist, auch wenn Anziehmomente bei nicht vorgespannten Schraubenverbindungen nicht festgelegt sind.

Die Herstellung von Schrauben für Anwendungen im Bauwesen erfolgt derzeit hauptsächlich nach zwei Verfahren. Kleine und mittlere Schraubendurchmesser werden nach dem Verfahren des Kaltfließpressens hergestellt. Dazu wird das als Draht vorliegende Ausgangsmaterial gerichtet, auf Länge geschnitten und in die gewünschte Form gestaucht. Anschließend erfolgt die Fertigbearbeitung, also das Entgraten und das Einwalzen des Gewindes. Die großen Schrauben hingegen werden aus Stangen in einem Warmpressverfahren hergestellt und erhalten ihr Gewinde durch spanabhebende Bearbeitung.

Schrauben sind in den Festigkeitsklassen 4.6, 5.6, 5.8, 6.8, 8.8, 10.9 und 12.9 erhältlich. Die erste Zahl gibt dabei die Zugfestigkeit des Werkstoffs in 100 MPa an, die zweite Zahl steht für das Streckgrenzenverhältnis R_e/R_m; beispielsweise entspricht die Festigkeitsklasse 4.6 einem Werkstoff mit 400 MPa Mindest-Zugfestigkeit und einem Streckgrenzenverhältnis von mindestens 60 %. Auch hier ist zu erkennen, dass sich das Streckgrenzenverhältnis mit zunehmender Festigkeit immer mehr dem Wert 1,0 annähert.

Die DIN EN 1993-1-8 unterscheidet bei Schrauben prinzipiell zwischen Scher- und Zugverbindungen (Bild 1-1.13). Dabei können die Schraubengarnituren zur Ausbildung von reinen Lochleibungsverbindungen, gleitfesten Verbindungen oder vorgespannten und nicht vorgespannten Zugverbindungen eingesetzt werden.

Bei zyklisch beanspruchten Konstruktionen des Bauwesens sind die Schraubenverbindungen grundsätzlich vorzuspannen, um Spannkraftverluste zu verhindern, die zu einem Lösen der Verbindung führen können.

Für das Bauwesen sind heutzutage vor allem die hochfesten Schrauben der Festigkeitsklasse 10.9 von Bedeutung. Diese werden aus Vergütungsstählen hergestellt. Als Ausgangsmaterial kommen für Schrauben bis zu einer Größe von M36 in der Regel die Stähle 32CrB4 (1.7076) und 36CrB4 (1.7077) als Ringmaterial zum Einsatz. Ab einer Schraubengröße von M39 wird Stabmaterial aus den Werkstoffen 34CrNiMo6 (1.6582) oder 30CrNiMo8 (1.6580) eingesetzt. Die hochfesten Schrauben werden schlussvergütet hergestellt. Dabei wird zunächst das Gewinde geschnitten und anschließend erfolgt die Wärmebehandlung, bevor die Schrauben feuerverzinkt werden, um sie gegen Korrosion zu schützen.

1

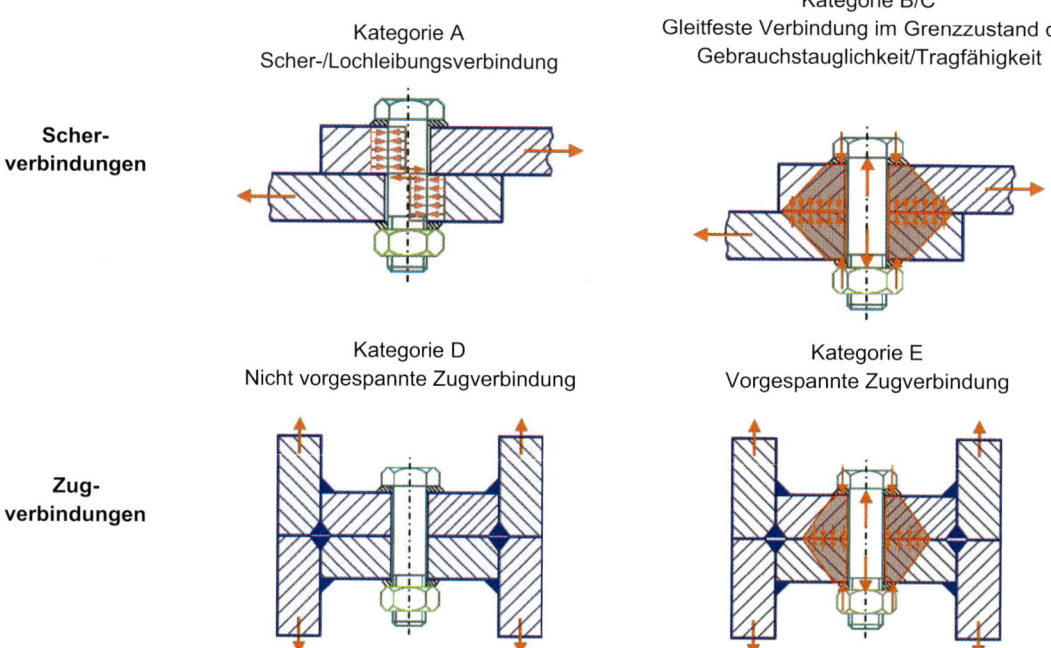

Bild 1-1.13 Kategorien von Schraubenverbindungen nach DIN EN 1993, Teile 1 – 8

1-1.5 Ausblick

Für Infrastrukturanwendungen wird jährlich ein bedeutender Teil der weltweiten Stahlproduktion eingesetzt. Somit ergibt sich auch ein großes Potenzial für ressourcenschonenden Leichtbau, welches zur heutigen Zeit allerdings noch nicht vollständig ausgeschöpft wird. Mittlerweile sind hochfeste Stähle mit exzellenten mechanischen Eigenschaftsprofilen verfügbar, die sich allerdings nur wenige Anwendungsfelder erschließen konnten. Für die Zukunft gilt es nun, immer bessere Methoden für die Grenzzustandsanalyse zu entwickeln, um auch die modernen Stähle für das Bauwesen ohne Sicherheitseinbußen einsetzen zu können.

Literatur zu Kapitel 1-1

Broek, D.: Elementary Engineering Fracture Mechanics. Sijthoff & Noordhoff International Publishers B.V., Alphen aan den Rijn, 1978

Campbell, J.D.; Ferguson, W.G.: The temperature and strain rate dependence of the shear strength of mild steel. Phil. Mag. 21 (1970), S. 63 – 82

Cotrell, A.H.: Theory of Brittle Fracture in Steel and Similar Metals. Trans. Metall. Soc. AIME 212 (1958), S. 192 – 203

Emde, T.: Mechanisches Verhalten metallischer Werkstoffe über weite Bereiche der Dehnung, der Dehnrate und der Temperatur. Dissertation, RWTH Aachen 2008

Hancock, J.W.; Mackenzie, A.C.: On the mechanisms of ductile failure in high strength steels subjected to multi-axial stress states. J. Mech. Phys. Solids 24 (1976) 2 – 3, S. 147 – 169

Irwin, G.R.: Fracture. Handbuch der Physik, Vol. VI, Springer Verlag, Berlin 1958, S. 551 – 590

Orowan, E.: Classical and dislocation theories of brittle fracture. In: Averbach, B.L.; Felbeck, D.K.; Hahn, G.T.; Thomas, D.A.; eds.: Fracture, S. 147 – 160, J. Wiley and the Technology Press, MIT, New York 1959

van Stone, R.H.; Cox, T.B.; Low jr, T.B.; Psioda, J.A.: Microstructural aspects of fracture by dimpled rupture. International Metals Reviews 30 (1985) 4, S. 157 – 179

Thompson, R.D.; Hancock, J.W.: Ductile failure by void nucleation, growth and coalescence. Int. J. Fract. 26 (1984), S. 99 – 112

Wallin, K.: Statistical modelling of fracture in the ductile-to-brittle transition range. In: Blauel, J.G.; Schwalbe, K.H.; eds.: Defect Assessment in Components, Fundamentals and Applications, Mechanical Engineering Publications, London 1991, S. 415 – 445

Wallin, K.: The master curve method: a new concept for brittle fracture. Int. J. Mater. Prod. Tec. 14 (1999) 2 – 3, S. 342 – 354

Alle im Text erwähnten Normen sind in einer Liste zusammengefasst (Seite 889).

1-2 Stähle für Drahtseile

Peter Janßen

1-2.1 Drahtseile für das Bauwesen

Drahtseile finden im Bauwesen und in vielen anderen Industriesparten Anwendung. Von der Verwendung in automatischen Fensterhebern im PKW über Kräne bis zu Brücken sind unterschiedliche Seilkonstruktionen und Drahtfestigkeiten eingesetzt. Jede Anwendung detailliert zu beschreiben und die dazu verwendeten Seilkonstruktionen zu erklären, würde den zur Verfügung stehenden Rahmen sprengen. Grundlegende Unterschiede und interessante Anwendungen werden deshalb hier beispielhaft dargestellt.

Grundsätzlich unterscheidet man bei Drahtseilen zwischen geschlossenen und offenen Drahtseilen (Bild 1-2.1). Während offene Drahtseile nur aus verseilten Litzen bestehen, sind geschlossene Drahtseile im Kern aus verseilten Litzen und in den äußeren Lagen aus ineinander verschränkten Profilen (in der Regel S-, Z- oder Trapezprofilen) aufgebaut.

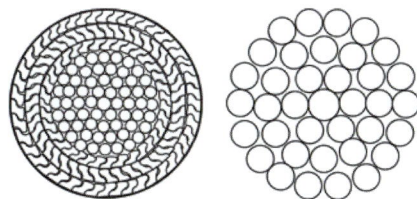

Bild 1-2.1 Konstruktionsbeispiele für offenes und geschlossenes Drahtseil

Die Litzen für Drahtseile werden aus gezogenen Drähten hergestellt, die wiederum durch Kaltmassivumformen (Ziehen) aus Walzdraht erzeugt werden. Anforderungen und Eigenschaften der Drähte sind in der DIN EN 10264-3 beschrieben. Die Geometrie der einzelnen Drähte hängt von der Seilkonstruktion ab. Typischerweise wird der Draht rund gezogen. Für spezielle

Konstruktionen werden die Drähte allerdings auch oval oder in anderen Geometrien gezogen. Bei komplizierten Profilen ist die Fertigung der Drähte durch Ziehen alleine nicht mehr möglich. In diesen Fällen werden Kaltwalzprozesse genutzt. Je nach Kaltumformgrad ist eventuell ein Zwischenpatentieren erforderlich.

Normalerweise wird Kohlenstoffstahl eingesetzt. Es können sowohl Aluminium-beruhigte als auch Silicium-beruhigte Stähle für die Seilfertigung verwendet werden. Der Aluminiumgehalt liegt bei Aluminium-beruhigten Stählen in der Regel bei 0,04 %. Silicium-beruhigte Stähle weisen nur einen Aluminiumgehalt von maximal 0,01 % auf.

Es werden Drähte mit Festigkeiten zwischen 1300 und 3000 MPa eingesetzt. Die Festigkeit der Drähte wird zu einem großen Teil durch Kaltverfestigung erreicht. Zum Korrosionsschutz können die Drähte vor der Herstellung der Litzen verzinkt oder mit einem anderen metallischen Überzug versehen werden. Bei der Feuerverzinkung ist mit einem Festigkeitsverlust zu rechnen, da die Festigkeit der Drähte zu einem großen Teil auf Kaltverfestigung beruht. Zur Reduzierung dieses Verlustes sind spezielle Stahlsorten auf dem Markt, die bei der Feuerverzinkung einen geringeren Festigkeitsverlust aufweisen. Diese Stahlsorten sind im Abschnitt „Hochfeste Drahtseile zur Befestigung von Offshore-Förderplattformen" zu finden. Bei der elektrolytischen Beschichtung ist die potenzielle Aufnahme von Wasserstoff im Prozess zu beachten. In einigen Anwendungen kann Wasserstoff negative Auswirkungen auf die Gebrauchseigenschaften haben.

Die Litzen werden durch Verseilen aus den einzelnen Drähten hergestellt. Sie werden anschließend auf einer Verseilmaschine zu dem Drahtseil der gewünschten Dicke verseilt. Dabei können je nach Anwendung auch Lagen aus unterschiedlichen Materialien (z. B. Kunststoff oder Hanf) eingebracht werden. Auch Fett zur Reduzierung der Reibung oder zum Korrosionsschutz

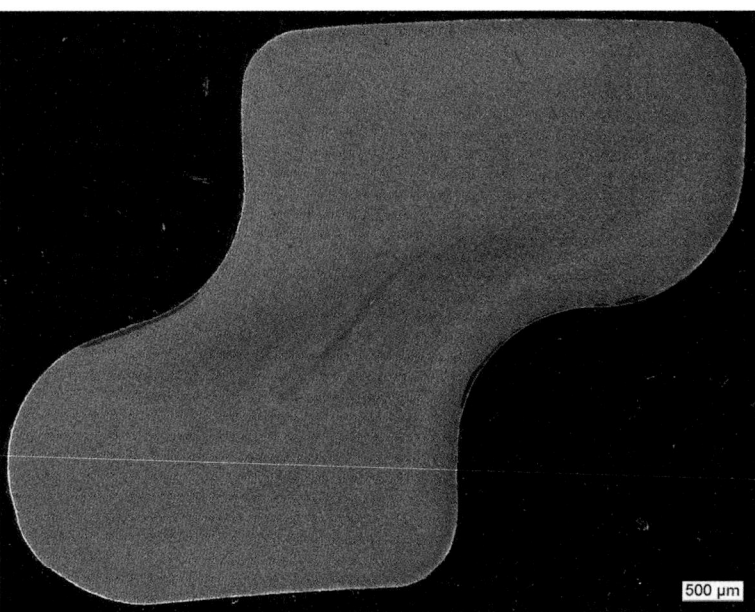

Bild 1-2.2
Querschliff durch ein Z-Profil für geschlossene Drahtseile

Tabelle 1-2.1 Typische Stahlsorten für Drahtseile nach DIN EN ISO 16120 (typische Werte)

Stahlsorte	Werkstoff-nummer	Legierungsanteile in Massen-%							
		C	Si	Mn	P	S	Mo	Cu	Cr
C60D	1.0611	0,6	0,2	0,65	max. 0,015	max. 0,02	max. 0,03	max. 0,1	max. 0,08
C65D	1.0612	0,65	0,2	0,65	max. 0,015	max. 0,02	max. 0,03	max. 0,1	max. 0,08
C70D	1.0615	0,7	0,2	0,65	max. 0,015	max. 0,02	max. 0,03	max. 0,1	max. 0,08
C75D	1.0614	0,75	0,2	0,65	max. 0,015	max. 0,02	max. 0,03	max. 0,1	max. 0,08
C80D	1.0622	0,8	0,2	0,65	max. 0,015	max. 0,02	max. 0,03	max. 0,1	max. 0,08

kann verwendet werden. In den folgenden Abschnitten werden einige typische Anwendungen kurz beschrieben und besondere Anforderungen ohne Anspruch auf Vollständigkeit angerissen. Da die Stahlsorten in fast allen Anwendungen vergleichbar sind, sind in den einzelnen Abschnitten – bis auf eine Ausnahme – keine Tabellen der typischen Stahlsorten zu finden. In den meisten Anwendungen sind Drahtseile an sicherheitskritischen Stellen im Einsatz. Bei Auswahl und Wartung des Drahtseils sind die Folgen seines Versagens zu berücksichtigen.

1-2.2 Drahtseile als Aufzug- und Kranseile

Drahtseile, die als Aufzug- oder Kranseile benutzt werden, unterliegen einer besonderen Beanspruchung, die durch das häufige Auf- und Abwickeln entsteht. Die Seile sind daher der Gefahr hoher innerer Reibung und des Verschleißes unterworfen. Bei der Auswahl der Werkstoffe und der Konstruktion des Seils müssen diese Rahmenbedingungen berücksichtigt werden.

Bei Seilen für Kräne auf Baustellen muss weiterhin mit hoher Korrosionsbelastung gerechnet werden. Entsprechend muss dem Korrosionsschutz ein besonderes

Augenmerk gewidmet werden. In Heißbetrieben, wie etwa Stahlwerken oder Kupferhütten, sind Drahtseile zusätzlich einer nicht unerheblichen Temperaturwechselbeanspruchung unterworfen. Üblicherweise haben diese Betriebe offene Werkhallen, die im Winter auch Temperaturen deutlich unter 0 °C aufweisen können. Beim Chargieren der Öfen sind die Drahtseile dann minutenlang erheblicher Strahlungswärme der bis zu 1700 °C heißen Aggregate ausgesetzt. Diese Tatsache führt zu einer deutlichen Erwärmung der Drahtseile. Eine vorzeitige Versprödung der äußeren Lagen muss in dieser Anwendung verhindert werden.

1-2.3 Drahtseile im Brückenbau

Drahtseile sind im Brückenbau hauptsächlich bei Hängebrücken und Schrägseilbrücken im Einsatz. Hänge- oder Schrägseilbrücken dienen häufig der Überbrückung von Gewässern, wenn Pfeiler im Fahrwasser vermieden werden sollen oder das Wasser für den Bau eines Pfeilers zu tief ist. Viele Rheinbrücken sind als Schrägseilbrücken ausgeführt.

Bild 1-2.3 Drahtseile in Schrägseilbrücken am Beispiel der A44-Rheinbrücke Ilverich (Nordrhein-Westfalen / Deutschland)

Drahtseile im Brückenbau müssen in der Regel hohe Lasten aufnehmen und sollten langlebig sowie möglichst wartungsarm sein. Im Einsatz sind sie dabei häufig einer sehr korrosiven Atmosphäre ausgesetzt. Salzhaltige Aerosole (z. B. beim Überbrücken von Meeresarmen oder aufgrund von Salz, das vom Winter-

dienst auf Straßenbrücken ausgebracht wird, können für ein starkes Korrosionspotenzial sorgen. Entsprechend sind diese Seile üblicherweise ummantelt, um das Seil vor Korrosion zu schützen. Aufgrund der hohen Lasten sind Drahtseile im Brückenbau aus sehr vielen Litzen und Drähten hergestellt. Für das Hauptseil bedeutet dies: In der Regel sind es mehrere 10 000 Drähte. Das Tragseil von Hängebrücken ist üblicherweise als Parallelseil ausgeführt. Für Jahrhundertbauwerke, wie beispielsweise die geplante Brücke über die Straße von Messina (Sizilien/Italien) bedeuten die extrem hohen Lasten und die erforderliche hohe Sicherheit (Erdbebengebiet!), dass die Seile mit herkömmlichen Stählen sehr dick werden könnten. Bei diesen extrem dicken Seilen besteht dann die Gefahr, dass sie unter ihrem Eigengewicht zerbrechen. Gelöst werden kann dieses Problem durch den Einsatz hochfester Stähle, die eine geringere Seildicke ermöglichen. Die entsprechenden Stahlsorten sind im Abschnitt „Hochfeste Drahtseile zur Befestigung von Offshore-Förderplattformen" zu finden.

1-2.4 Einsatz in Drahtseilbahnen

Bei Drahtseilbahnen sind Drahtseile als Tragseil und Zugseil im Einsatz. Es gibt diverse Bauformen als Luftseilbahn, Standseilbahn, Sessellift oder Schlepplift. Entsprechend der Bauform werden Tragseile und/oder

Bild 1-2.4 Drahtseile in Luftseilbahnen am Beispiel der Diavolezza-Bahn (Graubünden / Schweiz)

1

Zugseile benötigt. Häufig werden Seilbahnen im Gebirge errichtet. Sie sind dort erheblichen klimatischen Schwankungen und extremen Temperaturen ausgesetzt. Als Beispiel soll eine Luftseilbahn betrachtet werden, die üblicherweise sowohl über ein Trag- als auch über ein Zugseil verfügt.

Das Tragseil muss häufig große Entfernungen zwischen zwei Stützen überwinden und trägt in der Regel die Last der Gondel. Für die Bewegung der Gondel sorgt das Zugseil. Hohe Lebensdauer und Flexibilität des Seils sind wichtige Anforderungen bei dieser Anwendung.

1-2.5 Hochfeste Drahtseile zur Befestigung von Offshore-Förderplattformen

Drahtseile zur Befestigung von Ölförderplattformen sind in der Regel als geschlossene Drahtseile ausgeführt. Um die Seile vor Korrosion zu schützen, werden diverse Maßnehmen ergriffen. Die äußerste Schicht bei Befestigungsseilen für Förderplattformen besteht aus Kunststoff. Weiterhin werden die Drähte in der Regel galfanisiert, um auch die einzelnen Drähte vor Korrosion zu schützen. Beim Galfanisieren wird der Draht im Feuerverzinkungsverfahren mit einer metallischen Schicht überzogen. Die verwendete Legierung besteht aus 95% Zink und 5% Aluminium. Der Korrosionswiderstand von Galfan-beschichteten Drähten ist höher als der von konventionell verzinkten Drähten, ohne auf den kathodischen Schutz des Zinks zu verzichten. Galfanisierte Drähte können auch bei anderen, starkem Korrosionsangriff ausgesetzten Anwendungen (z. B. Brücken) eingesetzt werden.

Um den wachsenden Rohölbedarf der Weltbevölkerung zu decken und erschöpfte Fördergebiete zu ersetzen, ist die ständige Exploration neuer Vorkommen erforderlich. Da die neu entdeckten Vorkommen in der Regel schwer zugänglich sind, ist eine ständige Weiterentwicklung der Fördertechnologien nötig. Bei der Förderung von Vorkommen unter Meeren und Ozeanen befinden sich die neu entdeckten Vorkommen in der Regel in Tiefwassergebieten. Sollen die Förderplattformen auf dem Meeresgrund verankert werden, ist daher in diesen neuen Fördergebieten eine große Seillänge erforderlich. Aufgrund der großen Seillänge und der hohen aufzunehmenden Kräfte wachsen die Dicken der Seile in Größenordnungen, bei denen ein Bruch des Seils unter dem Eigengewicht zu befürchten ist, wenn Stähle mit normaler Festigkeit eingesetzt werden. Die Lösung ist der Einsatz von Stählen, die nach dem Feuerverzinken eine hohe oder sehr hohe Festigkeit aufweisen (Tabelle 1-2.2). Die hohe Festigkeit der Drähte für diese Seile wird zu einem erheblichen Teil durch Kaltverfestigung erreicht. Zum Feuerverzinken wird der Draht bei ca. 450 °C durch eine Zink- oder GALFAN-Schmelze gezogen. Bei dieser Temperatur sind Auswirkungen auf das Gefüge und die mechanischen Eigenschaften des kaltverfestigten Drahts zu berücksichtigen. Die Entwicklung neuer hochfester Stahlsorten (z. B. C81Si oder C91Si) fokussiert daher auf die mechanischen Eigenschaften nach der Verzinkung. Ziel ist ein möglichst geringer Festigkeitsverlust bei gleichzeitig hohem Festigkeitsniveau im Verzinkungsprozess.

Tabelle 1-2.2 Stahlsorten für hochfeste Seile zur Befestigung von Förderplattformen (typische Werte) nach DIN EN ISO 16120

Stahlsorte	Werkstoff-nummer	Legierungsanteile in Massen-%								
		C	Si	Mn	Al	P	S	Mo	V	Cr
C81Si		0,81	1,2	0,6	0,04	max. 0,02	max. 0,02	max. 0,01		
C86	1.0616	0,86	0,23	0,8	0,025	max. 0,02	max. 0,02	max. 0,01		
C88V	1.0628	0,88	0,4	0,8	0,04	max. 0,02	max. 0,015	max. 0,01	0,07	
91Cr1		0,91	0,26	0,3	0,005	max. 0,015	max. 0,005	max. 0,01		0,2
C91Si		0,91	1,3	0,4	0,005	max. 0,015	max. 0,005	max. 0,01	0,015	0,3

1-2.6 Sonstige Anwendungen

Drahtseile im Bergbau

Im Bergbau finden Seile vielfach Anwendung, hauptsächlich als Förderseil. Die Anforderungen sind in vielen Punkten ähnlich wie beim Kran- oder Aufzugseil. Allerdings kommen noch einige wichtige Anforderungen hinzu. Die Belastung eines Förderseils ist häufig deutlich höher. Zusätzliche Anforderungen aufgrund der Umgebungsbedingungen müssen erfüllt werden. Seile in Schürfkübelbaggern unterliegen einer starken abrasiven Belastung. Schürfkübelbagger werden sowohl im Tagebau als auch beim Bau von großen Schifffahrtskanälen eingesetzt. Die Seile müssen an die jeweilige Umgebung und den Verwendungszweck angepasst werden.

Einsatz in der Land- und Forstwirtschaft

In der Land- und Forstwirtschaft sind Drahtseile in vielen Bereichen zu finden. Typische Anwendungen sind Abspannseile, Zugseile für Traktoren, Rücke- und Skidderwinden oder Tragseile für Seilrutschen. Die meisten Anwendungen haben einen hohen abrasiven Verschleiß und raue Umgebungsbedingungen.

Maritime Anwendungen

Auch im maritimen Bereich gibt es vielfältige Einsatzgebiete für Drahtseile. Neben Kranseilen für Deckskrane werden Drahtseile in Rettungsbootdavits und Winden eingesetzt. Im maritimen Bereich ist Korrosion ein sehr wichtiges Thema. Es werden daher häufig beschichtete Drähte zu Seilen für den maritimen Bereich verarbeitet.

1-2.7 Zukunftschancen für Drahtseile

Stahldrahtseile sind vielseitig verwendbar und durch die Kombinationsmöglichkeit mit anderen Werkstoffen in ihrem Eigenschaftsprofil weit zu variieren. Bei vielen Herausforderungen an zukünftige Technologien können Drahtseile eine wichtige Rolle spielen. In Deutschland wird Strom zunehmend dezentral und weit entfernt von den Verbrauchern erzeugt. Hochspannungsleitungen müssen dann den Strom zu den Verbrauchern transportieren. Hier übernehmen Freileitungsseile den Transport des Stroms. Freileitungsseile enthalten auch Stahldrähte.

Eine weitere Herausforderung sind die wachsende Bevölkerungszahl und die Industrialisierung in einigen Ländern der Welt. Daraus folgt eine stärkere Verstädterung und eine Mechanisierung der Landwirtschaft. Beide Entwicklungen vergrößern die Absatzmärkte für Stahldrahtseile, da in vielen Land- und Forstmaschinen Drahtseile eingesetzt und Hochhäuser bzw. Wolkenkratzer mit Aufzügen ausgestattet werden. Durch die immer weitergehende Arbeitsteilung müssen auch immer mehr Waren transportiert werden. Auch von diesem Trend können Drahtseile (z.B. Kranseile in Containerbrücken) profitieren. Eine Substitution von Drahtseilen in diesen Anwendungen ist zurzeit nicht in Sicht. Drahtseile werden also in den nächsten Jahren weiterhin eine wichtige Rolle in wachsenden Märkten spielen.

Alle im Text erwähnten Normen sind in einer Liste zusammengefasst (Seite 889).

Stahl im Erd- und Grundbau

Hans-Uwe Kalle, Oliver Hechler

Der Werkstoff Stahl wird auch im Erd- und Grundbau wegen seiner hohen Zugfestigkeit und seines hohen – von der jeweiligen Stahlsorte unabhängigen – Elastizitätsmoduls E von 210 000 MPa sehr häufig verwendet. Stahl ist gegenüber Stahlbeton bei gleicher Biegesteifigkeit E_I leichter und ermöglicht schlankere Konstruktionen; dies liegt auch am Verhältnis des E-Moduls $E_\mathrm{Stahl}/E_\mathrm{Beton} \sim 7$. Stahlbauteile werden als Fertigelemente angeliefert und im Tiefbau meist als Bodenverdränger, d.h. ohne Bodenaushub, ins Erdreich eingetrieben. Sie sind nach dem Einbau sofort belastbar und durchfeuchten nicht.

Allerdings benötigt Stahl bei Verwendung in Dauerbauwerken einen Korrosionsschutz, der im Wasserbau gemäß Empfehlung E 35 der EAU (EAU 2012) entweder durch Abrostungszuschläge auf die rechnerisch erforderlichen Querschnittsdicken oder durch Korrosionsschutzbeschichtungen erfolgt.

Baustahl kann wiederverwendet werden. Diese Eigenschaft des Materials hat Stahlprodukte vor allem bei der Erstellung von temporären Baugrubenverbauten (meist mit gemieteten Bohlen), aber auch beim Bau von dauerhaften Hafenkaimauern sowie bei Ufereinfassungen von Binnenwasserstraßenbauten zum unverzichtbaren, lastabtragenden Bauelement werden lassen.

Nicht nur in den zuvor genannten „klassischen" Einsatzgebieten des Tiefbaus hat sich die Stahlspundwand über Jahrzehnte als sichere und wirtschaftliche Bauweise bewährt, sondern auch zunehmend in den Bereichen des Verkehrswegebaus (bei Brückenwiderlagern, Tunneln, Rampen und Trogstrecken) und des Umweltschutzes (als Hochwasserschutz-Wand, bei der Deichsanierung oder gar zur Altlasteneinkapselung und Deponieabschottung). In diesem breiten Anwendungsspektrum des Ingenieurtiefbaus gelten insbesondere Spundwandbauwerke aus Stahlspundbohlen als sichere, langlebige und bewährte Bauwerke.

1-3.1 Stahlspundwände

Stahlspundwände bestehen aus einzelnen, untereinander durch Schlösser verbundenen, ins Erdreich eingetriebenen, biege- und knicksteifen Elementen, den Stahlspundbohlen. Man unterscheidet je nach Herstellungsart zwischen „warmgewalzten" (Bild 1-3.1) und „kaltgeformten" (Bild 1-3.2) Stahlspundbohlen sowie nach deren Form zwischen U- und Z-förmigen Bohlen.

Warmgewalzte Bohlen (Bild 1-3.1) werden in mehreren Umformschritten aus Brammen warmgewalzt, wodurch eine optimale Massenverteilung hinsichtlich der erzielbaren Tragfähigkeiten erreicht wird. Durch diesen „warmen" Umformprozess sind sie frei von Eigenspannungen. Sie decken einen elastischen Widerstandsmomentenbereich von 600 cm³/m bis 5000 cm³/m ab und können in allen zuvor genannten Einsatzgebieten verwendet werden.

Kaltgeformte Profile (Bild 1-3.2) werden aus Blechen oder Bändern mit Dicken t ≤ 10 mm in wenigen Umformungen zu den o.g. Bohlenformen kalt gebogen. Dabei erhalten die Profile Eigenspannungen. Sie erreichen maximale Widerstandsmomente von ≤ 2000 cm³/m und werden hauptsächlich als Einzelbohlen in untergeordneten Bereichen wie dem innerstädtischen Grabenverbau verwendet.

1-3.2 Lieferformen und Rammelemente

Stahlspundbohlen werden fast ausschließlich als werkseitig zusammengezogene Doppelbohlen (Bild 1-3.3) geliefert, die im Vergleich zur Verwendung von Einzel-

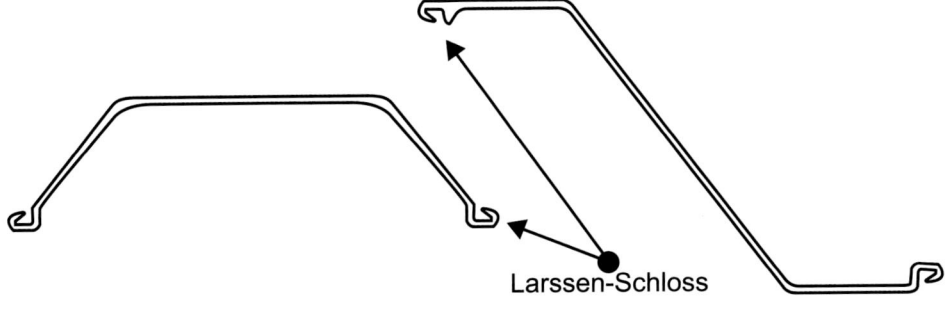

Bild 1-3.1
Warmgewalzte Stahlspund-
bohlen: links U-förmige Einzel-
bohle mit profilierten Larssen-
Schlössern, rechts Z-förmige
Einzelbohle mit profilierten
Larssen-Schlössern

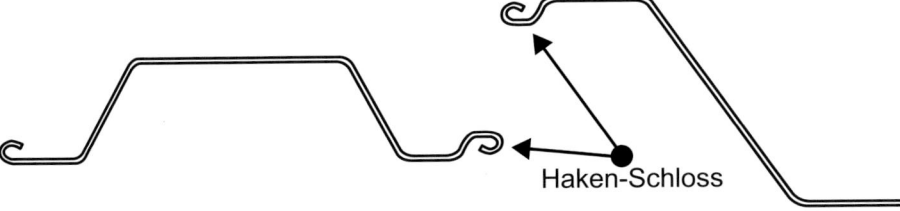

Bild 1-3.2
Kaltgeformte Stahlspundbohlen:
links U-förmige Einzelbohle mit
Haken-Schlössern, rechts
Z-förmige Einzelbohle mit
Haken-Schlössern

bohlen eine höhere Rammsteifigkeit bei gleichzeitig hohem Rammfortschritt besitzen. Der einzuhaltende Lieferzustand warmgewalzter Stahlspundbohlen ist in der Produktnorm DIN EN 10248 Teil 1 und Teil 2 geregelt, der für kaltgeformte in DIN EN 10249 Teil 1 und Teil 2.

Bei Einzelbohlenbreiten von 400 mm bis 800 mm werden Elemente von 800 mm bis 1600 mm mit Lieferlängen von bis zu 31 m (~ 50 m²) innerhalb weniger Minuten auf der Baustelle in den Boden getrieben.

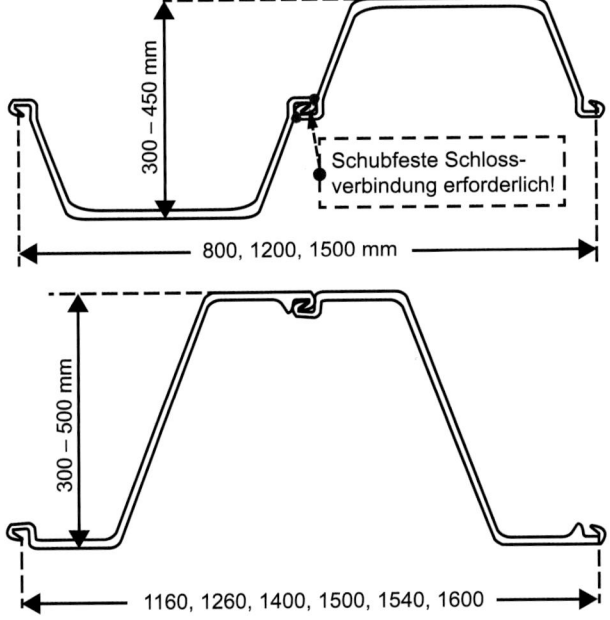

Bild 1-3.3 Werkseitig zusammengesetzte Doppelbohlen mit typischen Abmessungen

1-3.3 Normative Regelungen zu Spundbohlen

Spundbohlen sind in der Produktnorm DIN EN 10248 geregelt. Teil 1 dieser Normenfamilie beinhaltet die Technischen Lieferbedingungen für warmgewalzte, unlegierte Stahlspundbohlen für allgemeine Zwecke, Stahlbau und Tiefbauarbeiten. Sie beschreibt die Anforderungen an die chemische Zusammensetzung, die mechanischen Eigenschaften und Lieferbedingungen.

Die Norm enthält die Stähle mit folgenden Kurznamen und Werkstoffnummern:

- S240GP, 1.0021, ehemals StSp 37 nach TLS 1992;
- S270GP, 1.0023, ehemals StSp 45 nach TLS 1992;
- S320GP, 1.0046;
- S355GP, 1.0083, ehemals StSp S nach TLS 1992;
- S390GP, 1.0522;
- S430GP, 1.0523.

Die Benennung der Stähle für Spundwände erfolgt hierbei nach DIN EN 10027-1:

S nnn GP

S = Stähle für den Stahlbau

nnn = festgelegte Mindeststreckgrenze in MPa für den kleinsten Dickenbereich

G = andere Merkmale

P = für Spundbohlen (Piling)

Die Werkstoffnummern werden nach DIN EN 10027-2 gebildet.

In Teil 2 der DIN EN 10248 sind die Grenzmaße der Höhe, Breite, Wanddicke und Länge sowie die Grenzabweichungen des Schnittes rechtwinklig zur Längsachse, von der Geradheit und der Masse festgelegt. Zusätzlich sind Anforderungen an die Schlossverbindungen der Profile aufgeführt.

Die Normenfamilie DIN EN 10249 bezieht sich auf kaltgeformte, unlegierte Stahlspundbohlen aus warmgewalztem Band oder Blech mit einer Dicke ≥ 2 mm für allgemeine Zwecke, Stahlbau und Tiefbauarbeiten. Ein Verbinden der Profile mittels Haken-Schlössern oder durch Überlappung ermöglicht die Errichtung einer durchgehenden Wand.

In Teil 1 werden die Anforderungen hinsichtlich ihrer chemischen Zusammensetzung, mechanischen und technologischen Eigenschaften und Lieferbedingungen aufgeführt.

Die Norm bezieht sich auf drei Stahlsorten, die nach DIN EN 10025 definiert sind:

- S235JRC, 1.0120, ehemals St 37-2 nach DIN 17100;
- S275JRC, 1.0128, ehemals St 44-2 nach DIN 17100 und
- S355J0C, 1.0554, ehemals St 52-3 U nach DIN 17100.

Die Benennung der Stähle für Spundwände erfolgt hierbei nach DIN EN 10027-1:

S nnn JRC bzw. J0C

S = Stähle für den Stahlbau

nnn = festgelegte Mindeststreckgrenze in MPa

JR = Kerbschlagarbeit von 27 J bei Prüftemperatur 20 °C

J0 = Kerbschlagarbeit von 27 J bei Prüftemperatur 0 °C

C = mit besonderer Kaltumformbarkeit.

Die Werkstoffnummern werden ebenfalls nach DIN EN 10027-2 gebildet.

Im 2. Teil der Norm DIN EN 10249 sind die Grenzmaße der Höhe, Breite, Wanddicke und Länge sowie die Grenzabweichungen des Schnittes rechtwinklig zur Längsachse, der Geradheit und der Masse festgelegt.

Die Wahl der Stahlsorte erfolgt entwurfsspezifisch und wird immer auf die speziellen Anforderungen eines Projektes abgestimmt. Die Stahlsorte S355GP ist als Standardsorte für Stahlspundwände vorauszusetzen. Bei der Bemessung führt jedoch die Wahl einer Stahlsorte mit höherer Streckgrenze meist zu einer wirtschaftlicheren und nachhaltigeren Lösung. Die Stahlsorten S430GP oder S460AP (AP ist eine Werksspezifikation von ArcelorMittal) ermöglichen in der Regel den Einsatz von leichteren Spundwandprofilen, was zu einer Verringerung der einzusetzenden Spundwandmenge und somit auch zur Einsparung von Ressourcen führt. Auch werden Stahlsorten mit höherer Streckgrenze bei schweren Rammbedingungen gewählt, bei denen die Profilquerschnitte während des Einbringens mit großen Spannungen beansprucht werden. Allerdings ist nicht immer die Bemessung des Profils für die Wahl des Profilquerschnitts und der Stahlsorte kritisch, da örtliche Regelungen zum Schweißen und lokale Erfahrungen zusätzlich zu berücksichtigen sind. Beim Entwurf von Bauwerken in maritimer Atmosphäre können auch Stahlsorten mit den speziellen Eigenschaften einer verringerten Korrosionsgeschwindigkeit im Meerwasser gewählt werden, um so die Lebensdauer des Bauwerks mittels der Stahlsortenwahl maßgeblich zu verlängern.

1-3.4 Ausführung von Spundwandkonstruktionen

Anforderungen, Empfehlungen und Hinweise zur Ausführung von bleibenden oder temporären Spundwandkonstruktionen sowie zur hierzu erforderlichen Handhabung von Geräten und Materialien sind in der DIN EN 12063 gegeben. Stahlspundwände und auch kombinierte Spundwände werden in dieser Norm behandelt. Anforderungen für die Errichtung von spezifischen Teilen des Bauwerkes, die in anderen Normen behandelt werden, wie Erdanker und Pfähle, sowie Konstruktionen aus unterschiedlichen Baustoffen, wie z. B. Berliner Verbau, unterliegen nicht dieser Norm.

Die Richtlinie 89/106/EWG des Rates vom 21. Dezember 1988 zur Angleichung der Rechts- und Verwaltungsvorschriften der Mitgliedsstaaten über Bauprodukte (Richtlinie des Rates 1988) zielte auf die Beseitigung der technischen Handelshemmnisse auf dem Sektor der Bauprodukte ab und sollte den freien Verkehr dieser Produkte im Binnenmarkt verbessern [EU-Bauproduktenverordnung (BauPVO) – Verordnung Nr. 305/2011]. Um dieses Ziel zu erreichen, sah diese Richtlinie die Erarbeitung harmonisierter Normen für Bauprodukte sowie die Erteilung europäischer technischer Zulassungen vor. Durch die Veröffentlichung der Direktive 93/68/EEC und der Richtlinie 89/106/EWG wurde das CE-Zeichen für Bauprodukte eingeführt. Zum 1. Juli 2013 ist die „Verordnung (EU) Nr. 305/2011 des Europäischen Parlaments und des Rates zur Festlegung harmonisierter Bedingungen für die Vermarktung von Bauprodukten und zur Aufhebung der Richtlinie 89/106/EWG" – kurz Bauproduktenverordnung (BauPVO) – in Kraft getreten. Die BauPVO löst in Deutschland das Bauproduktengesetz ab und führt die CE-Kennzeichnung mit einem „Zertifikat der Leistungsbeständigkeit" baurechtlich zum 01.07.2013 ein. Ist demnach ein Bauprodukt von einer harmonisierten Norm erfasst oder entspricht ein Bauprodukt einer Europäischen Technischen Bewertung, die für dieses ausgestellt wurde, so erstellt der Hersteller gemäß Bauproduktenverordnung, Kapitel II, Artikel 4 eine Leistungserklärung für das Produkt und erklärt die Übernahme seiner Verantwortung dafür, dass sein Bauprodukt der erklärten Leistung entspricht. Bauprodukte sind Produkte, die nach Bauproduktenverordnung in „Bauwerke", also Bauten sowohl des Hochbaus als auch des Tiefbaus, dauerhaft eingebaut werden. Eine „harmonisierte Norm" ist hierbei eine Norm, die von einem der in Anhang I der Richtlinie 98/34/EG aufgeführten europäischen Normungsgremien auf der Grundlage eines Ersuchens der Kommission nach Artikel 6 der Bauproduktenrichtlinie angenommen wurde. Die CE-Kennzeichnung mit Leistungserklärung ist kein Qualitätsmerkmal, sondern eine Herstellerverpflichtung.

Weder eine der Produktnormen für Spundwände DIN EN 10248 und DIN EN 10249 noch die Norm zur Ausführung von Spundwandkonstruktionen DIN EN 12063 ist eine europäisch harmonisierte Norm. Sofern die Produkte für Spundwandkonstruktionen für allgemeine Zwecke, Stahlbau und Tiefbau eingesetzt werden, ist der Hersteller von seiner Pflicht zur Erstellung einer Leistungserklärung enthoben, und es besteht keine CE-Kennzeichnungspflicht. Diese Enthebung der CE-Kennzeichnungspflicht entbindet den Hersteller jedoch nicht von der Forderung einer werkseigenen Produktionskontrolle. Diese ist für Produktion und Ausführung notwendig, um die Qualitätsanforderungen an die Produkte und Bauwerke zu gewährleisten. Daher werden in Deutschland Stahlspundwände mit Ü-Zeichen nach Bauregelliste A, Teil 1, ausgeliefert.

Für die Ausführung kann die Abgrenzung der DIN EN 12063 zur DIN EN 1090 nicht eindeutig definiert sein, sodass auch eine Anarbeitung für Bauteile, insbesondere Schweißarbeiten, nach DIN EN 1090 gefordert sein könnte. Dies kann z.B. für mit Stahltragwerken nach DIN EN 1090 kombinierte Spundwände der Fall sein. Es ist zu bemerken, dass Spundwände von der DIN EN 1090 ausgenommen sind, da in der Liste der Publikationen für Konstruktionsmaterialien nicht auf die Produktnormen DIN EN 10248 oder DIN EN 10249 verwiesen wird. Eine CE-Kennzeichnung von Spundwänden ist dann möglich, wenn der Anarbeiter nach der entsprechenden Execution Class gemäß DIN EN 1090 zertifiziert ist, die Spundbohlen mit Zeugnis 3.1 und Ü-Zeichen geliefert werden und eine Eingangskontrolle durch den Anarbeiter erfolgt. Soll die Ausführung eines Bauwerks nach DIN EN 1090, also mit CE-Kennzeichnung, erfolgen, ist dies zwischen Besteller und Lieferanten in einer Zusatzanforderung zu vereinbaren.

1-3.5 Einbringen von Stahlspundwänden

Für das Einbringen (umgangsprachlich: „Rammen") der Stahlspundbohlen kann aus vier Verfahren, die sich hinsichtlich ihrer Lärm- und Erschütterungsauswirkungen sowie Bodeneignung unterscheiden, gewählt werden:

- das Einstellen der Bohlen in suspensionsgestützte Schlitze
- das statische Einpressen der Bohlen mit auf ihnen schreitenden oder an Mäklern geführten Hydraulikpressen
- das Einschlagen („Rammen") der Bohlen mittels Diesel-, Fall-, Hydraulik- oder Schnellschlaghämmern
- das Einvibrieren der Bohlen mit hochfrequenten Maschinen und variabler Fliehkraft.

Als lärm- und erschütterungsfreie Einbringverfahren gelten das Einstellen in Schlitze und das Einpressen der Bohlen.

Als wirtschaftlichstes Einbringverfahren wird das Einvibrieren der Bohlen genannt. Dabei werden diese in Schwingungen versetzt, womit der Boden in der nächsten Umgebung des Profils in einen pseudoflüssigen Zustand versetzt wird und dadurch Mantelreibung und Spitzenwiderstand des Bodens während des Eindringens verringert werden. Detaillierte Angaben zur Eignung des Verfahrens hinsichtlich der Bodenbeschaffenheit und zu Einbringhilfen usw. können den einschlägigen Veröffentlichungen wie z. B. der „Rammfibel" (ArcelorMittal 2004) entnommen werden.

1-3.6 Beanspruchung und Bemessung von Stahlspundwänden

Stahlspundwände werden durch Erd- und Wasserdruck sowie lotrechte Lasten aus Überbauten und geneigten Verankerungen belastet. Die Einwirkungen aus Erddruck auf die Wand und der mobilisierbare Erdwiderstand im Einbindungsbereich der Wand werden i. d. R. nach DIN 4085 angesetzt. Die Beanspruchungsermittlung (M = Momentenbeanspruchung, V = Querkraftbeanspruchung, N = Normalkraftbeanspruchung) erfolgt gemäß DIN EN 1997-1 Verfahren 2 mit charakteristischen Einwirkungen. Die Bemessungsschnittgrößen „E_d" (M_Ed, V_Ed, N_Ed) ergeben sich dann durch Multiplikation der charakteristischen Beanspruchungen (M_k, V_k, N_k) mit den jeweiligen Teilsicherheitsbeiwerten „γ_i" zu $E_\mathrm{d} = E_\mathrm{k} \cdot \gamma_\mathrm{i}$. Für die Abminderung der Bauteilwiderstände [f_y (Streckgrenze) und f_u (Zugfestigkeit)] gelten die in DIN EN 1993-1-1/NA aufgeführten Teilsicherheitsbeiwerte $\gamma_\mathrm{M0} = 1{,}0$ (Querschnittsbeanspruchung),

$\gamma_\mathrm{M1} = 1{,}1$ (Stabilitätsversagen), $\gamma_\mathrm{M2} = 1{,}25$ (Zugbeanspruchung).

Die Bemessung von U- und Z-förmigen Wellenspundwänden erfolgt nach DIN EN 1993-5, einer Norm, die explizit für die Stahlspundwand geschaffen werden musste, da sich sowohl die Profilformen als auch die Einsatzgebiete der Stahlspundwand erheblich von den Produkten des Stahlhochbaus unterscheiden.

1-3.7 Besondere Stahlwandkonstruktionen – Stahlträger für Verbauwände

Abweichend von den Wellenwandprofilen kommen bei Wänden im schweren Seehafenbau oder bei tiefen Baugruben kombinierte Stahlspundwände oder Jagged Walls zum Einsatz.

Kombinierte Stahlspundwände (Bild 1-3.4) werden durch wechselweise Anordnung von langen hochbelastbaren Tragbohlen und kürzeren und leichteren Zwischenbohlen gebildet. Diese Wandkonstruktionen erreichen erhöhte Tragfähigkeiten durch Widerstandsmomente von 5000 cm³/m $\leq W_\mathrm{y} \leq$ 22 000 cm³/m. Hier erfolgt die Tragpfahlberechnung nach DIN EN 1993-5 mit Verweisen auf DIN EN 1993-1.

Kombinierte Wände tragen prinzipiell wie Trägerbohlwände, die in der Regel aus den harmonisierten HEB-Trägern (H European Beam) mit Ausfachung durch Holzbohlen gebildet werden. Allerdings heben sie sich von diesen dadurch ab, dass hier sowohl die Tragbohlen untereinander, aber auch die Tragbohlen mit den Füllbohlen kraftschlüssig mittels gefräster Verhakungsnuten an den Flanschkanten durch spezielle Schloss-

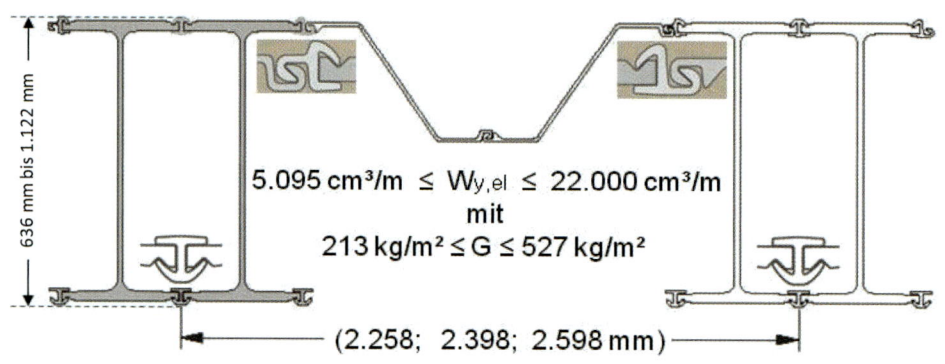

636 mm bis 1.122 mm

5.095 cm³/m $\leq$ W$_\mathrm{y,el}$ $\leq$ 22.000 cm³/m
mit
213 kg/m² $\leq$ G $\leq$ 527 kg/m²

(2.258; 2.398; 2.598 mm)

Bild 1-3.4
Beispiel für eine kombinierte Stahlspundwand

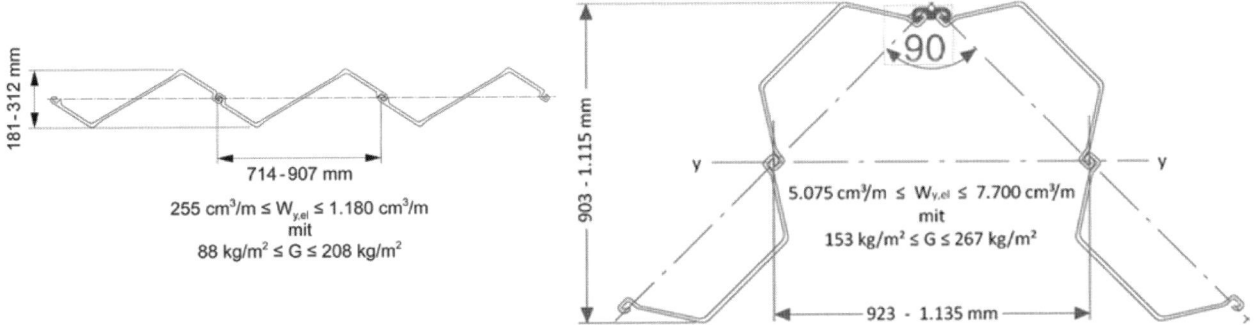

Bild 1-3.5 Beispiel für eine Jagged-Z-Wand (links), Beispiel für eine Jagged-U-Wand (normale Wellenwand), rechts

profile mechanisch verbunden werden und sie somit äußerst hohe Tragfähigkeiten bei einer nahezu wasserdichten Verbauwand gewährleisten.

Weiter gibt es Jagged-Z-Wände (Bild 1-3.5 links), bei denen die Z-Einzelbohlen in umgekehrter Position als üblich eingezogen werden. Jagged-Z-Wände weisen eine besonders geringe Bauhöhe auf.

Bei Jagged-U-Wänden (Bild 1-3.5 rechts) werden Doppelbohlen zur Wandachse um 45° verdreht eingerammt, was zu höheren Trägheitsmomenten in der erzwungenen Wandbiegeachse führt. Auch hier wird der kraftschlüssige Verbund zwischen den gedrehten Doppelbohlen durch spezielle Schlossprofile (Omega 18) gewährleistet.

1-3.8 Verankerungen von Stahlspundwänden – Stahlzugelemente

In der Regel werden Baugruben-, Ufer- oder Hafenwände mit höheren Geländesprüngen zur Reduzierung der erforderlichen Bohlenlängen, der Wandverformungen und Schnittkräfte rückwärtig verankert oder bei schmaleren Baugruben gegenseitig ausgesteift. Für die rückwärtige Verankerung können horizontal verlaufende Rundstahlanker mit Ankertafel oder geneigte Verdrängungspfähle mit oder ohne Verpresskörper, Mikropfähle oder Sonderpfähle verwendet werden.

Die Bemessung der Einzelelemente der Verankerung sowie der Nachweis der Spundwand im Anschlussbereich des Ankers werden in DIN EN 1993-5 Abschnitt 7 erläutert. Die Bestimmung der erforderlichen Ankerlänge erfolgt mit dem Nachweis der Standsicherheit in

der tiefen Gleitfuge gemäß Empfehlung E 10 der EAU (EAU 2012).

Die Herstellung der häufig im Hafen- und Wasserstraßenbau verwendeten Verdrängungspfähle ist in DIN EN 12699 mit DIN SPEC 18538 geregelt. Weitere Hinweise finden sich in der E 217 der EAU (EAU 2012).

Eine wirtschaftliche Art der Verankerung ist bei ebenem Gelände eine Verankerung mit Rundstählen (Bild 1-3.6), die an landeinwärts eingebauten Ankertafeln (Totmännern) befestigt werden.

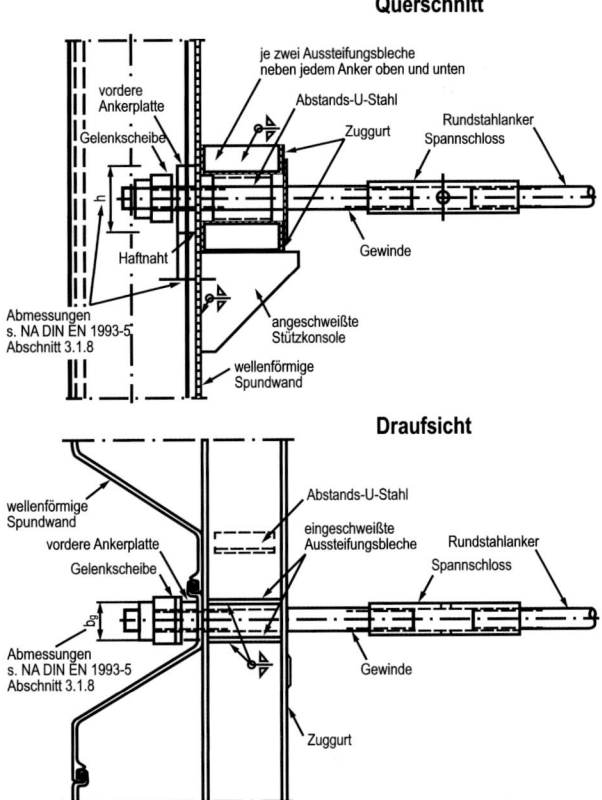

Bild 1-3.6 Anschluss einer Verankerung durch Rundstahlanker an eine Spundwand

Zur Übertragung der Zugkräfte dienen Rundstahlanker. Diese können geschnittene, gerollte oder warmgewalzte Gewinde aufweisen. Die Bemessung der Anker erfolgt nach DIN EN 1993-5 Abschnitt 7.2.3 bei Beachtung der Empfehlungen im Nationalen Anhang.

Zum Einsatz kommen unter anderem die Stahlsorten S355J0/J2 und S460N (DIN EN 10025). Eine Alternative dazu stellen z. B. Gewindestähle BSt 500/550 nach DIN 488-1 bzw. DIN EN 10080 als auch hochfeste Gewindestähle der Güte 670/800 dar. Bei Letzteren handelt es sich um aus der Walzhitze vergütete Tempcore-Stähle mit durchgehend aufgewalztem Gewinde. Bei Einsatz hochfester Stähle mit $f_{y,spec,max} > 500$ MPa ist in jedem Fall DIN EN 1993-5, Abschnitt 3.7 zu beachten.

Als Korrosionsschutzmaßnahmen an Rundstahlankern haben sich bewährt:

- Berücksichtigung einer zusätzlichen Abrostungsrate im Schaft- und Gewindebereich
- Feuerverzinken
- Feuerverzinken mit anschließender Beschichtung
- Komplette Beschichtungssysteme
- Schrumpfschlauchüberzug
- Umwicklung mit Korrosionsschutzbändern.

Rundstahlanker werden zum Schutz gegen Korrosion in einer Sandbettung verlegt. Eine Beschichtung zur Konservierung ist grundsätzlich nicht nötig (E 35, E 20 EAU 2012).

Verankerungen mittels Mikropfählen werden zunehmend in Wasserbau- und Hafenprojekten als Zugelemente eingesetzt. Die Weiterentwicklung der Bohrtechniken hat hierzu maßgeblich beigetragen. Als Mikropfähle bezeichnet man nicht vorgespannte Pfahltypen mit einem Durchmesser unter 300 mm. Sie werden insbesondere für die Verstärkung bestehender Fundamente als Gründungs- oder Nachgründungselemente eingesetzt und tragen die Zug- und Druckkräfte in den Boden ab.

Der Bohrverpresspfahl als Mikropfahlsystem nach DIN EN 14199 zeichnet sich durch hohe innere Tragfähigkeiten und Tragreserven aus.

Es kommen Stähle in Anlehnung an DIN EN 10025 Teil 2 und Teil 3 bis R_{eH} = 500 MPa und R_m = 700 MPa zum Einsatz. Als Alternative eignen sich sowohl Gewindestähle BSt 500/550 nach DIN 488-1 bzw. DIN EN 10080 als auch hochfeste Gewindestähle der Güten 670/800. Das Pfahlsystem kann gemäß DIN EN 14199 in jeder erforderlichen Neigung (> 10°) gegen die Horizontale hergestellt werden. Die maximale Pfahllänge ergibt sich aus den baupraktisch herstellbaren Bohrungen. Die Stahlzugglieder können mittels Muffen- oder Schweißstoß auf die erforderliche Länge gekoppelt werden. Werkseitige Lieferlängen schwanken je nach System von ca. 24 m bis 34 m. Die durchgängige Profilierung des Traggliedes gewährleistet einen guten Haftverbund sowie ein einheitliches Rissbild im Zementstein. Der Anschluss der Mikropfähle an die Spundwand kann den jeweiligen bauaufsichtlichen Zulassungen der unterschiedlichen Systeme entnommen werden.

Als alternative Verankerungsmöglichkeit kommen auch Verpressanker aus Stabspannstählen bzw. Spannstahllitzen zum Einsatz. Vorgespannte Verpressanker müssen den Vorgaben nach DIN 4125 bzw. DIN EN 1537 entsprechen. Durch die aktive Vorspannung können die zu erwartenden Wandverformungen erheblich reduziert werden.

Die Auswahl der Stahlsorten für Verankerungen ist begrenzt auf:

- Warmgewalzte, unlegierte Baustähle nach DIN EN 10025-2, hier i. d. R. S355J0/J2, je nach Anforderung bspw. an die Kerbschlagzähigkeit
- Warmgewalzte Feinkornbaustähle (normalgeglüht/normalisierend gewalzt) nach DIN EN 10025-3; hier i. d. R. S460N; dieser Stahl hat höhere/bessere mechanische Eigenschaften im Vergleich zu der Güte S355
- In Sonderfällen können ebenfalls Vergütungsstähle nach DIN EN 10083-3 zum Einsatz kommen oder andere vergütbare Stahlsorten außerhalb der DIN EN 10083. Wichtig ist in jedem Fall eine ausreichende Duktilität ($A_{5min} > 10$ %).
- Mit der Wahl eines Vergütungsstahls können u. U. kleinere Durchmesser zum Tragen kommen (vorausgesetzt, dass Steifigkeit keine Rolle spielt). Zwingend erforderlich ist jedoch die zusätzliche Wärmebehandlung des Materials (+ QT). Wirtschaftlich gesehen ist diese Lösung daher i. d. R. keine nutzbare Alternative zu o. g. gängigen Stahlsorten.
- Gewindestähle (Betonstahlbasis) nach DIN 488-1 bzw. DIN EN 10080; aus der Walzhitze vergütete Tempcore-Stähle mit durchgehend aufgewalztem Gewinde
- Stabspannstähle (z. B. Güte 950/1050)
- Spannstahllitzen nach prEN 10138:2000.

In der Regel sollte das Material einen charakteristischen Materialkennwert der Streckgrenze $f_{y,spec,max}$ = 500 MPa nicht überschreiten (DIN EN 1993-5, Abschnitt 3.7).

1-3.9 Anwendungsmöglichkeiten von Stahlspundwänden

Funktionalität, Wirtschaftlichkeit und Ästhetik sind bestimmend für die Lösungs- und die damit verbundene Baustoffwahl. Stahlspundwandlösungen verbinden die Vorteile einer rationellen Fertigteilbauweise mit der Forderung nach Sicherheit für Bauwerk und Umwelt bei gleichzeitig anspruchsvoller Gestaltung (HOESCH Stahlspundwände). Die Anwendungsmöglichkeiten der Stahlspundwand erstrecken sich über alle Bereiche des Bauwesens, beginnend beim traditionellen Wasser- und Tiefbau über den Ingenieur- und Verkehrswegebau bis hin zum Umweltschutz (Bilder 1-3.7 – 1-3.10).

Die Vorteile der Stahlspundwandbauweise sind, dass

- langjährige Erfahrungen mit Stahlspundwandlösungen bei einer ständigen Weiterentwicklung der Produktgeometrien, Stahlsorten und Lösungsentwürfe in Verbindung mit innovativen Zusatzleistungen (z. B. Beschichtungssystemen) vorliegen;
- vielfältige Möglichkeiten einer ästhetischen Gestaltung bestehen;
- eine Vielzahl an Profilgeometrien und Stahlsorten von Spundwänden zur Projektoptimierung mit schneller Verfügbarkeit zur Auswahl steht;
- flexibel einsetzbare Lösungen besonders durch die Möglichkeit der weiteren Anarbeitung von Stahlspundbohlen, wie spezielle Schweißkonstruktionen, Stoßpanzerungen, Schlossdichtungen und Beschichtung mit Systemen von langer Lebensdauer, entwickelt werden können;
- durch Schlossdrehung die Konstruktion jedem Wandachsenverlauf folgen kann;
- robuste Konstruktionen mit Sicherheit und sofortiger Tragfähigkeit erstellt werden;
- Bodenaushub erspart bleibt und damit auch eine Entsorgung des Bodens entfällt;
- eine hohe Qualität der Produkte durch industrielle Fertigung und Anarbeitung im Werk mit Qualitätskontrolle vorab durch Lieferung der einbaufertigen Bauteile direkt zur Baustelle gewährleistet wird;
- verkürzte Bauzeiten durch Lieferung einbaufertiger Spundwandelemente realisiert werden und somit auch Auswirkungen auf die Umwelt in der Bauphase verringert werden;
- große Lieferlängen möglich sind, die zu einer Vermeidung von Baustellenstößen führen können;
- der Platzbedarf beim Einbau durch Just-in-time-Lieferung verringert und eine platzsparende Baustelleneinrichtung mit leichterem Gerät benötigt wird;
- der Platzbedarf in der Nutzungsphase durch schlanke Lösungen mit geringer Bauhöhe minimiert wird;
- der Einbau unabhängig von Witterungseinflüssen erfolgen kann;
- diese Bauweise für alle Bodenarten und besonders wirtschaftlich für die Installation unter Wasser geeignet ist;
- eine einfache Prüfbarkeit der Material- und Systemeigenschaften auf der Baustelle gegeben ist;
- ein bekanntes und garantiertes Langzeitverhalten über die Lebensdauer mit planbaren Instandhaltungskosten (Lebenszykluskostenanalyse/Lebensdauerberechnung/Ökobilanzierung) für Spundwandlösungen gewährleistet werden kann;
- man nachhaltige Lösungen erhält, da die Stahlspund-

Bild 1-3.7 Hochwasserschutzwand, River Arun, Littlehampton/ Großbritannien

Bild 1-3.8 Sanierung einer Deponie, Horn/Österreich

Bild 1-3.9 Stützwand mit Überführung, Metro, Kopenhagen/ Dänemark

Bild 1-3.10 Tiefgarage, Tourcoing/Frankreich

wand ein umweltverträglicher Baustoff mit deklarierten Eigenschaften (ArcelorMittal 2016) ist, der keine gefährlichen Stoffe an die Umwelt abgibt und somit keine Gesundheitsgefahr für Lebewesen darstellt;

■ die Funktion der Dichtigkeit der Wand überprüft und dauerhaft garantiert werden kann, wobei auch Dichtungssysteme mit Eignung zum Einsatz in Trinkwasserschutzgebieten für die Zonen I – III nach WHG 2009 existieren;

■ Spundwandkonstruktionen häufig wesentlich leichter zu ersetzen bzw. durch ihre Anpassungsfähigkeit zur Ertüchtigung von bestehenden Bauwerken geeignet sind; ein kraftschlüssiges und wasserdichtes Anschließen an bestehende Bauwerke ist möglich;

■ diese spätere bauliche Veränderungen wie Tieferrammen, Aufständern und Verstärken erlaubt;

■ durch die Elastizität des Bauwerks z.B. größere Deichbewegungen schädigungsfrei kompensiert werden können und ein eventuelles Versagen mit Vorankündigung erfolgt;

■ die Rückgewinnung der Stahlspundwände, insbesondere bei temporären Bauwerken, einfach ist, um so entweder eine Wiederverwendung des Bauteils oder die Wiederverwertung als Schrott zu ermöglichen. Daraus entstehen interessante und nachhaltige Vertriebsmodelle wie das Leihgeschäft oder der Gebrauchtbohlenmarkt. Ein Verbleiben von Rückständen im Boden kann bei Spundwandlösungen weitestgehend vermieden werden.

Tabelle 1-3.1 Anwendungsgebiete von Stahlspundwänden

Wasserbau (zu Bild 1-3.7)	Umweltschutz (zu Bild 1-3.8)
Häfen	**Deponien, Altlasten und Einkapselungen**
• Kaimauern	• vertikale Dichtwände
• Dockbauwerke	• Baugruben für Bodenaustausch
• Dalben	
• Ro-Ro-Anlagen	• Tankfeldeinfassungen
Wasserstraßen	• Müllverladerampen
■ Streckenausbau	**Lärmschutz**
■ Dichtungswände	■ Lärmschutzwände
■ Ufersicherungen	**Gewässerschutz**
■ Liegestellen	■ Pumpwerke
■ Kolksicherungen	■ Kläranlagen
Bauwerke an Wasserstraßen und Gewässern	■ Regenüberlaufbecken
■ Schleusen	■ Regenrückhaltebecken
■ Wehre	■ Deichsicherungen
■ Brückenwiderlager	
■ Düker	
■ Sicherheitstore	
■ Hochwasserschutzwände	
■ Pfeilergründungen	
■ Ein- und Auslaufbauwerke	

Tabelle 1-3.2 Weitere Anwendungen von Stahlspundwänden

Verkehrswegebau (zu Bild 1-3.9)	Ingenieur- und Tiefbau (zu Bild 1-3.10)
Straßen und Schienen	■ Baugruben
■ Stützwände	■ Gründungen/Fundamente
■ Lärmschutzwände	■ Grabenverbau
■ Brückenwiderlager	■ Tiefgaragen
■ Rampen	■ Hausbau
■ Tiefstraßen/Grundwasserwannen	
■ Tunnel	

Viele dieser Vorteile können auch auf Hybridlösungen, z. B. Beton-Spundwand-Lösungen, übertragen und diesen mittels der Spundwände die nötigen Eigenschaften verliehen werden.

1-3.10 Einsatz von Spundwänden für Brückenwiderlager (Saale-Elster-Talbrücke)

Im Rahmen des Neubaus der Eisenbahnstrecke Erfurt – Leipzig/Halle entstand von 2006 bis 2012 südlich von Halle die längste Bahnbrücke Deutschlands. Sie sichert die Verkehrsströme von Nürnberg nach Berlin und von Frankfurt/Main nach Dresden (Arcelor-Mittal 2009). Die Saale-Elster-Talbrücke überquert auf einer Länge von 6456 m die Saale-Elster-Aue in Ost-West-Richtung, wovon in Bauwerksmitte ein Abzweig in Richtung Halle nach Norden mit 2112 m Länge führt.

Nach den Rahmenplänen der DB AG bestehen die Überbauquerschnitte aus einzelligen Spannbetonhohlkästen, die Überbausysteme sind vorwiegend Einfeldträger bei 44 Metern Pfeilerabstand. Lediglich in Bereichen mit Weichen und Gleisaufweitungen wurden Stützweiten von bis zu 70 Metern bzw. bei dem Überwerfungsbauwerk (Abzweig nach Halle) von 110 Metern ausgeführt.

Aufgrund der Lage des Bauwerkes in der Saale-Elster-Aue als einer überregional bedeutsamen Auenlandschaft mit großer Vielfalt an Arten wurden zahlreiche Maßnahmen ergriffen, um die Störungen der Landschaft und des Biotops möglichst zu reduzieren:

- Neuordnung der Trinkwasserschutzzonen, sodass das Bauwerk außerhalb der Zonen I (Fassungsbereich: Schutz des Trinkwassers vor unmittelbaren Gefahren) und II (Engere Schutzzone: Verhinderung bakterieller Verunreinigung), (WHG 2009) liegt.
- Abdichtung der Baustraßen in der Zone III (Schutz vor weitreichenden Beeinträchtigungen), (WHG 2009).
- Errichtung geschlossener Regenrückhaltebecken mit Leichtflüssigkeitsabscheidern und Auftriebssicherung zur Sicherheit bei Überströmung der Aue.

- Vor-Kopf-Bauweise des Brückenbauwerkes in ökologisch besonders hochwertigen Bereichen.

Auch bei der Gründung der insgesamt 242 Pfeiler, die das Brückenbauwerk tragen, wurden ökologische Aspekte berücksichtigt:

- Alle Pfeiler werden innerhalb mit Schlossdichtungen versehener Spundwandkästen flach gegründet.
- Die Spundwände binden konstruktiv in die Stauschichten des anliegenden Buntsandsteins bzw. der tertiären Sedimente ein und sichern so die Trennung des Bauwerks vom Grundwasser.
- Die Spundbohlen verbleiben im Boden und werden durch eine innenliegende Beschichtung dauerhaft gegen Korrosion gesichert.
- Zwischen dem Fundament und der Spundwand erfolgt eine kraftschlüssige Verbindung. Das sichert

Bild 1-3.11 Einbringen der Spundwände für die Spundwandkästen der Pfeiler

Bild 1-3.12 Pfeilergründungen mit kraftschlüssiger Verbindung zwischen dem Fundament und der Spundwand

die Lastabtragung über den Spundwandkasten und vermindert die Setzungen.

Aus rammtechnischen und konstruktiven Erwägungen sowie aus Gründen des Korrosionsschutzes (umlaufend gleiche Wandstärke der Profile) wurden für die Gründung der Pfeiler Z-Profile der Profilgruppen AZ 18 und AZ 26 eingesetzt.

Bild 1-3.13 Schalungsarbeiten zum Fertigen der Betonpfeiler

Bild 1-3.14 Erstellen des Brückenüberbaus in Vor-Kopf-Bauweise

Literatur zu Kapitel 1-3

ArcelorMittal: Installation of Steel Sheet Piles. Reprint, Zugriff über: *http://spundwand.arcelormittal.com/uploads/files/ee6cad78a66c122d7eb19082f51d0375.pdf*, 2004

ArcelorMittal Commercial RPS S.à r.l: Environmental Product Declaration. Hot-rolled steel sheet piling. Declaration number EPD-ARM-20160125-IBD1-EN. ECO EPD Ref. No. ECO-00000443. Institut Bauen und Umwelt e. V. (IBU), 20. 09. 2016

ArcelorMittal: Halbzeit an der Saale-Elster-Talbrücke. Case study. ArcelorMittal Commercial RPS Deutschland GmbH, Spundwand, September 2009

EAB: Empfehlungen des Arbeitskreises „Baugruben", Hrsg.: Deutsche Gesellschaft für Geotechnik, 5. Aufl., Ernst & Sohn, Berlin

EAU 2012: Empfehlungen des Arbeitsausschusses „Ufereinfassungen". 11. Aufl., Ernst & Sohn, Berlin 2012

EU-Bauproduktenverordnung (BauPVO) – Verordnung Nr. 305/2011 des Europäischen Parlaments und des Rates vom 09. 03. 2011

HOESCH Stahlspundwände

Richtlinie des Rates vom 21. Dezember 1988 zur Angleichung der Rechts- und Verwaltungsvorschriften der Mitgliedsstaaten über Bauprodukte (89/106/EWG). ABl. L 40 vom 11. 2. 1989, S. 12

TLS 1992: Technische Lieferbedingungen für Stahlspundbohlen. Bundesministerium für Verkehr, Fassung 1992

WHG: Gesetz zur Ordnung des Wasserhaushalts (Wasserhaushaltsgesetz). 31. 07. 2009

Alle im Text erwähnten Normen sind in einer Liste zusammengefasst (Seite 889).

1

1-4 Stähle für die Gebäudehülle

Markus Kuhnhenne, Ralf Podleschny

1-4.1 Allgemeines

In zunehmendem Maße werden in Europa Dach- und Außenwandkonstruktionen in Stahlleichtbauweise geplant und ausgeführt, welche neben dem Gebäudeabschluss und der Ästhetik vielfältige Anforderungen hinsichtlich des statisch-konstruktiven Entwurfes sowie der Bauphysik, Energieeffizienz und Nachhaltigkeit erfüllen müssen.

Die Verwendung von Bauelementen aus und mit Stahl in der Gebäudehülle nimmt immer mehr zu, da sie vielfältige Vorteile in sich vereinen, u. a.:

- statisch-konstruktive Funktionen und Witterungsschutz
- große Material- und Systemvielfalt
- geringes Gewicht und hohe Materialeffizienz
- schnelle Montage und hohen Vorfertigungsgrad
- hohe Maßhaltigkeit und Korrosionsbeständigkeit
- leichte Rückbaubarkeit und Wiederverwendbarkeit
- hohe Langlebigkeit und Werthaltigkeit.

Im Folgenden werden verschiedene Varianten des Einsatzes von Stahl in der Gebäudehülle mit ihren Besonderheiten und Einsatzgebieten vorgestellt.

1-4.2 Trapez- und Wellprofile, Sandwichelemente und Paneelprofile

Trapez- bzw. Wellprofile sind aus ebenem Stahlblech durch Kaltumformung hergestellte selbsttragende Profiltafeln mit in Tragrichtung parallelen, trapez- bzw. bogenförmigen Rippen. Sie werden als tragende raumabschließende Bauelemente in Dach-, Wand- und Deckenkonstruktionen verwendet (Bild 1-4.1).

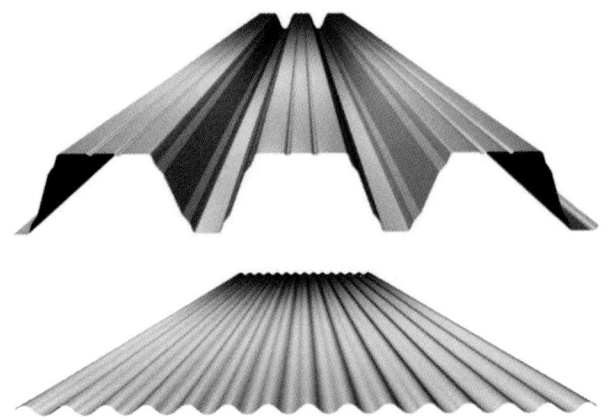

Bild 1-4.1 Trapez- und Wellprofil

Stahl-Sandwichelemente sind tragende und/oder raumabschließende wärmedämmende Bauelemente. Sie werden in kontinuierlichen oder diskontinuierlichen Verfahren hergestellt und bestehen aus einem Stützkern aus Polyurethan-Hartschaum (PUR), Polyisocyanurat-Hartschaum (PIR) oder Mineralwolle zwischen ebenen, linierten, mikrolinierten, gesickten oder profilierten Deckschalen aus Stahl. Die Verwendung von Sandwichelementen ist vor allem durch die Ausführung der Längsfuge definiert als Dach und Dachdeckungselemente, Außenwände und Wandbekleidungen sowie Trennwände und Unterdecken (Bild 1-4.2).

Paneelprofile, auch Kassetten, Liner oder Sidings genannt, sind ebene, plattenförmige Bauteile, die vorzugsweise bei hochwertigen Geschossbauten zum Einsatz kommen. Sie werden im Gegensatz zu rollgeformten Profilen in üblichen Breiten von 300 bis 600 mm konventionell über aussteifenden Kantungen an den Bauteilrändern erstellt. Sie können in modularer Weise horizontal oder vertikal angeordnet werden, sind in verschiedenen Farbgebungen lieferbar und erzeugen

1

Bild 1-4.2
Büro- und Produktionsgebäude Gludan GmbH in Büchen mit Stahl-Sandwichelementen in der Fassade (Quelle: Borgel Elementbau/Detlev Neumann)

Bild 1-4.3 Umsetzung eines individuellen Farbkonzepts am Beispiel einer kassettierten Fassade (Quelle: Goldbeck GmbH)

ein optisch ansprechendes Erscheinungsbild (Bild 1-4.3) (Wirtschaftsvereinigung Stahl 2006).
Als Grundmaterial für Trapez- und Wellprofile, Sandwichelemente und Paneelprofile werden Baustähle verwendet (Tabelle 1-4.1). Die Stahlbleche werden in kontinuierlichen Bandbeschichtungsanlagen mit einem metallischen Überzug, der ebenfalls in der Tabelle aufgeführt ist, und häufig zusätzlich mit einer organischen Beschichtung gegen Korrosion geschützt.

1-4.3 Feuerverzinkte Bauelemente

Feuerverzinkter Stahl wird zunehmend als Element der Fassadengestaltung entdeckt, da sich neben den bewährten Stärken des Materials Stahl, wie Langlebigkeit und Robustheit gegen mechanische Belastungen, auch die lebendig wirkenden metallischen Oberflächen bei Architekten immer größerer Beliebtheit erfreuen (Bild 1-4.4).
Beim Feuerverzinken nach DIN EN ISO 1461 (auch als Stückverzinken oder diskontinuierliches Feuerverzinken bezeichnet) werden die zuvor gefertigten Teile in schmelzflüssiges Zink getaucht. Grundsätzlich lassen sich alle gängigen Baustahlsorten feuerverzinken. Aussehen und Dicke des Zinküberzugs können jedoch in Abhängigkeit der chemischen Zusammensetzung des Stahls (hier spielen vor allem die Silicium- und Phosphoranteile eine Rolle) differieren. Bei der Stahlbestellung muss gemäß der anzuwendenden Erzeugnisnorm die Bestelloption „Feuerverzinken" gewählt werden. Der Einfluss der Werkstoffzusammensetzung in Bezug auf das Feuerverzinken ist in DIN EN ISO 14713-2, Tabelle 1-4.1 enthalten. Baustähle bis zu einer Streckgrenze von 500 MPa gehören heute zum Standard beim Feuerverzinken. Sollen höherfeste Baustähle (> 500

Tabelle 1-4.1 Beispiele von Stählen für Dach und Fassade nach DIN EN 10346

Kurzname	Werkstoffnummer	Symbole für verfügbare Überzüge	Legierungsanteile in Massen-%				
			max. C	max. Si	max. Mn	max. P	max. S
S280GD	1.0244	+Z, +ZA, +ZM, +AZ					
S320GD	1.0250	+Z, +ZA, +ZM, +AZ	0,20	0,60	1,70	0,10	0,045
S350GD	1.0529	+Z, +ZA, +ZM, +AZ					

Bild 1-4.4 Feuerverzinkte Fassade kombiniert mit Holzelementen (Quelle: Holger Ellgaard, Industrieverband Feuerverzinken)

MPa) verzinkt werden, empfiehlt sich eine vorherige Abstimmung mit dem Feuerverzinker.

Seitdem feuerverzinkte Bauprodukte, die in einer Gebäudefassade eingesetzt werden, durch die Veröffentlichung der überarbeiteten DIN 18516-1 im Juni 2010 normungstechnisch geregelt sind, ist eine baurechtliche Zustimmung im Einzelfall wie bis dahin nicht mehr notwendig. Auf diese Weise ist der Einsatz von feuerverzinktem Stahl als Tragkonstruktion, Fassadenbekleidung und auch für Verbindungs- und Befestigungselemente deutlich vereinfacht worden (Industrieverband Feuerverzinken 2012).

1-4.4 Bauelemente aus nichtrostendem Stahl

Dank neuer Entwicklungen in der Verarbeitungstechnik sowie zunehmender Bedeutung nachhaltigen Planens und Bauens werden nichtrostende Stahlfassaden nicht mehr nur bei prestigeträchtigen Großbauten, sondern vermehrt auch bei kleineren Bauwerken eingesetzt. Neben zahlreichen Neubauten finden sich auch immer öfter Anwendungen im Bereich der Sanierung und Ergänzung von Bestandsbauten, insbesondere in Kombination mit anderen Baustoffen, wie Beton, Mauerwerk, Holz oder beschichteten Stahlblechen. Auch für funktionale Elemente im Fassadenbereich, wie Verschattung, Lichtlenkung oder elektromagnetische Abschirmung eignet sich nichtrostender Stahl, der durch seine Passivschicht, die sich aus der chromreichen Legierung und Sauerstoff immer wieder neu bildet, keine zusätzlichen Beschichtungen benötigt. Fortschritte auf dem Gebiet computergesteuerter Verfahren zur Bearbeitung (Fräsen, Laser- und Wasserstrahlschneiden) und der dreidimensionalen Verformung ermöglichen neue architektonische Gestaltungskonzepte (Bild 1-4.5) (Informationsstelle Edelstahl Rostfrei 2013).

Nichtrostende Stähle enthalten nach DIN EN 10088 mindestens 10,5 Masse-% Chrom und weisen gegenüber unlegierten Stählen eine deutlich verbesserte Korrosionsbeständigkeit auf. Ursächlich hierfür ist die Ausbildung einer Passivschicht, die als Barriere zwischen der Legierung und den sie umgebenden Medien fungiert. Höhere Chromgehalte und der Zusatz weiterer Legierungselemente, wie Nickel, Molybdän, Mangan und Kupfer, verbessern die Korrosionsbeständigkeit, können aber auch die mechanischen Eigenschaften verändern.

Tabelle 1-4.2 Beispiele von nichtrostenden Stählen nach DIN EN 10088-4

Kurzname	Werkstoffnummer	Legierungsanteile in Massen-%								
		C max.	Si	P max.	S max.	N	Cr	Mo	Ni	Sonstige
X5CrNi18-10	1.4301	0,07	max. 1,00	0,045	0,015	≤0,11	17,5 – 19,5	–	8,0 – 10,5	
X2CrNi18-9	1.4307	0,030	max. 1,00	0,045	0,015	≤0,11	17,5 – 19,5	–	8,0 – 10,5	
X5CrNiMo17-12-2	1.4401	0,07	max. 1,00	0,045	0,015	≤0,11	16,5 – 18,5	2,00 – 2,50	10,0 – 13,0	
X2CrNiMo17-12-2	1.4404	0,030	max. 1,00	0,045	0,015	≤0,11	16,5 – 18,5	2,00 – 2,50	10,0 – 13,0	
X6CrNiMoTi17-12-2	1.4571	0,08	max. 1,00	0,045	0,015	–	16,6 – 18,5	2,00 – 2,50	10,5 – 13,5	Ti: 5xC bis 0,70
X2CrNiN23-4	1.4362	0,030	max. 1,00	0,035	0,015	0,05 – 0,20	22,0 – 24,0	0,10 – 0,60	3,5 – 5,5	Cu: 0,10 – 0,60

1

Bild 1-4.6 Besucherzentrum im Brückenpark Müngsten mit Fassade aus wetterfestem Baustahl (Quelle: Wirtschaftsvereinigung Stahl)

Bild 1-4.5 Die dreidimensional geformte Fassade aus gelochten Edelstahlblechen in Essen wurde mit dem Stahl-Innovationspreis 2015 ausgezeichnet (Quelle: Wirtschaftsvereinigung Stahl / thyssenkrupp AG)

1-4.5 Bauelemente aus wetterfestem Baustahl

In der modernen Architektur erlebt der wetterfeste Baustahl eine Renaissance. Den besonderen Reiz dieses zwischenzeitlich fast vergessenen Baustoffs macht das Paradoxon des Rosts als ästhetisches Merkmal aus (Corten-Stahl). Der braune, leicht changierende Farbton der Oberflächen erzeugt eine warme und natürliche, aber zugleich auch raue und puristische Atmosphäre (Bild 1-4.6).

Innerhalb von zwei bis drei Jahren bildet sich durch Bewitterung an der Oberfläche eine Rostschicht. Zwischen dem unveränderten Baustahl und dieser Rostschicht entsteht eine dichte, fest haftende Sperrschicht aus schwer löslichen Sulfaten oder Phosphaten, welche das Bauelement vor weiterer atmosphärischer Korrosion schützt. Durch diese Verlangsamung der weiteren Oxidation ist das Bauelement für die übliche Gebäudestandzeit geschützt (Stahl-Informations-Zentrum 2014).

Wetterfeste Baustähle gehören nach DIN EN 10020 zu den legierten Edelstählen. Sie unterscheiden sich von diesen aber durch ihre prozentual nur sehr geringen Massenanteile an Legierungsbestandteilen. Die chemischen und mechanischen Eigenschaften der wetterfesten Baustähle entsprechen in etwa denen der unlegierten Baustähle. Es gibt im Wesentlichen zwei Gruppen von wetterfesten Baustählen: Stähle mit dem Zusatz „W" erhalten ihre Wetterfestigkeit hauptsächlich durch die Legierungsbestandteile Chrom und Kupfer. Sie haben eine gute Schweißeignung sowie Kalt- und Warmumformbarkeit. Durch die weitere Zugabe von Phosphor – die Stähle sind am Ende mit dem Zusatz „WP" gekennzeichnet – erhöht sich die Korrosionsbeständigkeit. Nachteilig wirkt sich der hohe Phosphorgehalt aber auf Schweißbarkeit und Umformbarkeit aus.

Tabelle 1-4.3 Beispiele von Stählen für wetterfesten Baustahl nach DIN EN 10025-5

Kurzname	Werkstoff-nummer	Legierungsanteile in Massen-%								
		C max.	Si max.	Mn	P	S max.	N max.	Cr	Cu	Ni max.
S235J2W	1.8961	0,13	0,40	0,20 – 0,60	max. 0,035	0,030	–	0,40 – 0,80	0,25 – 0,55	0,65
S355J0WP	1.8945	0,12	0,75	max. 1,0	0,06 – 0,15	0,035	0,009	0,30 – 1,25	0,25 – 0,55	0,65
S355J2WP	1.8946	0,12	0,75	Max. 1,0	0,06 – 0,15	0,030	–	0,30 – 1,25	0,25 – 0,55	0,65
S355J2W	1.8965	0,16	0,50	0,50 – 1,50	max. 0,030	0,030	–	0,40 – 0,80	0,25 – 0,55	0,65

1-4.6 Nachhaltigkeitsaspekte im Stahlleichtbau

Lebenszyklusbetrachtung

Ein wichtiger Aspekt des nachhaltigen Bauens ist die Betrachtung des gesamten Lebensweges eines Gebäudes (Bild 1-4.7).

So lautet der Grundgedanke des nachhaltigen Bauens, dass in allen Phasen des Gebäudelebenszyklus' – von der Planung, der Erstellung über die Nutzung und Erneuerung bis zum Rückbau – eine Minimierung des Verbrauches von Energie und Ressourcen angestrebt wird.

Bauelemente der Gebäudehülle aus und mit Stahl können dazu beitragen, zukunftsfeste und ressourcenschonende Gebäude herzustellen. Dabei sollten Vorteile wie das sehr große Recyclingpotenzial des Werkstoffes (Kreißig 2010), die leichte Rückbaubarkeit und Wiederverwendbarkeit von Komponenten sowie die hohe Langlebigkeit und Werthaltigkeit der Bauteile in geeigneter Weise bei der Bewertung des nachhaltigen Bauens berücksichtigt werden. Durch modulare Systeme aus Stahl mit hoher Materialeffizienz lassen sich die Konstruktionen zudem leicht an die geplante Nutzungsdauer anpassen.

Einfluss der Gebäudehülle auf die Nachhaltigkeit eines Gebäudes

Die Gebäudehülle kann durch ihre vielseitigen Funktionen die Nachhaltigkeitsbewertung eines Gebäudes maßgeblich beeinflussen. So kann z.B. durch eine energieeffiziente Gebäudehülle bei gleichzeitiger Optimierung des Materialeinsatzes positiver Einfluss auf die Ressourceneffizienz und damit die ökologische Qualität des Gebäudes genommen werden. Darüber hinaus werden beispielsweise bei der Bewertung der ökonomischen Qualität mit Hilfe der Lebenszykluskosten neben den reinen Herstellungskosten auch die Instandhaltungs- und Reinigungskosten, die Kosten für Rückbau und Entsorgung sowie die Nutzungskosten des Gebäudes betrachtet. Dementsprechend können durch eine optimierte Planung der Gebäudehülle all diese Kostenarten positiv beeinflusst werden.

Literatur zu Kapitel 1-4

Industrieverband Feuerverzinken: Feuerverzinken. Internationale Fachzeitschrift. 41 (2012), *www.feuerverzinken.com*

Informationsstelle Edelstahl Rostfrei: Dokumentation 978, Innovative Fassaden aus nichtrostendem Stahl. 1. Auflage 2013, Reihe Bauwesen, Band 19

Kreißig, J.; Hauke, B.; Kuhnhenne, M.: Ökobilanzierung von Baustahl. Stahlbau 6 (2010), S. 418–423

Stahl-Informations-Zentrum: Dokumentation 585, Fassaden aus wetterfestem Baustahl, Düsseldorf, Ausgabe 2014

Wirtschaftsvereinigung Stahl: Dokumentation 550, Paneele aus Stahl für Fassaden. Düsseldorf, Ausgabe 2017

Alle im Text erwähnten Normen sind in einer Liste zusammengefasst (Seite 889).

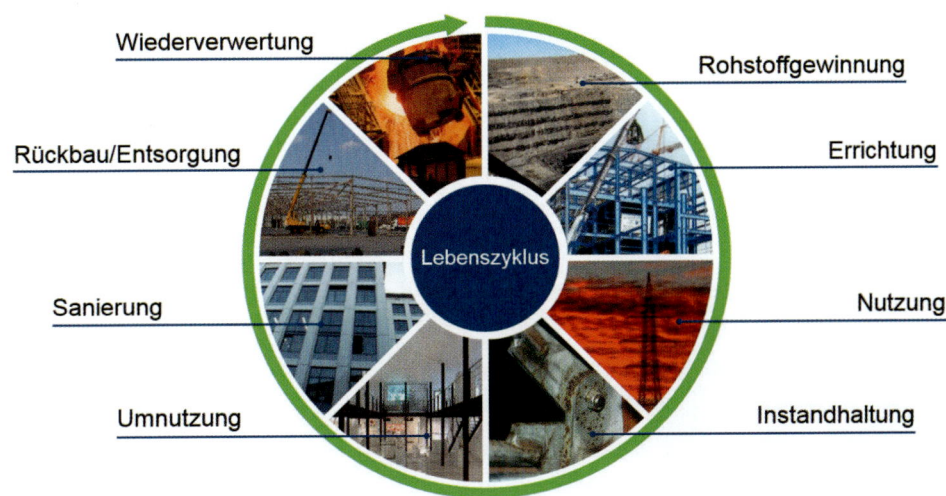

Bild 1-4.7
Lebenszyklus im Gebäudekontext

Stähle für den Kran- und Kranbahnbau

Markus Feldmann, Sandro Citarelli

1-5.1 Einleitung

Der Kranbau ist eine Unterdisziplin des Stahlbaus, genauer gesagt der Ingenieurbauwerke (in Abgrenzung zu den Architekturbauwerken).

Gemäß der Gliederung der europäischen Krannorm EN 13001 unterscheidet man:

- Fahrzeug- bzw. Mobilkrane (Bild 1-5.1)
- Turmdrehkrane (Bild 1-5.2)
- Auslegedrehkrane (Bild 1-5.3)
- Brücken- und Portalkrane (Bild 1-5.4 und Bild 1-5.6).

Weitere Unter- und Mischformen oder andere Arten, (z. B. Containerbrückenkrane, Bild 1-5.5, sind möglich. Ferner gibt es Offshorekrane, Winden- und Hubgeräte, LKW-Ladekrane, handbetriebene Krane, Lastaufnahmemittel, Manipulatoren etc., die in anderen Normen geregelt sind und hier nicht behandelt werden.

Daneben gibt es so genannte Kranbahnen, die nach DIN EN 1993-6 berechnet und bemessen werden (Bild 1.44). Kranbahnen sind solche Bauteile, auf denen sich Krane, zumeist Kranbrücken oder Kranportale, bewegen. Das allgemeine Unterscheidungsmerkmal zwischen Kran und Kranbahn ist jedoch nur, dass ein Kran beweglich und die Kranbahn eine feste Einrichtung ist. Streng genommen, und so war es bis vor Einführung der europäischen Normung in Deutschland, sind auf beide Bereiche mehr oder weniger die gleichen Auslegungs- und Bemessungsregeln für die Tragstruk-

Bild 1-5.2 Montage eines Baukrans auf der Baustelle des Einkaufszentrums Aquis Plaza in Aachen (Quelle: ACBahn (eigenes Werk) [CC BY-SA 3.0 (*http://creativecommons.org/licenses/by-sa/3.0*)], via Wikimedia Commons)

Bild 1-5.1
Liebherr-Mobilkran, 7-Achser (LTM 1400) (Quelle: Aisano (selbst fotografiert) [CC BY-SA 3.0 (*http://creativecommons.org/licenses/by-sa/3.0*)], via Wikimedia Commons)

tur anzuwenden. Insbesondere sollte das Tragsicherheitsniveau auf beiden Seiten des Rad-Schiene-Kontaktpunkts das gleiche sein. Denn prinzipiell gibt es keinen besonderen technischen Grund, warum beispielsweise die Krankatze und die Kranbrücke nach derselben Norm berechnet werden (hier gibt es also keinen Unterschied diesseits und jenseits der Radaufstandsfläche), hingegen die Kranbrücke und der sie tragende Kranbahnträger jedoch nicht nach denselben Regeln ausgelegt werden.

Der Grund für die unterschiedlichen Auslegevorschriften liegt in der rechtlichen Zugehörigkeit der einerseits beweglichen und der andererseits festen Strukturen. Während die beweglichen Strukturen, damit alle Krane, dem Maschinenbau zugeordnet werden, werden Kranbahnen den festen Strukturen des Bauwesens zu-

Bild 1-5.3 Auslegedrehkran im Hafen der ostfriesischen Nordseeinsel Juist (Quelle: 4028mdk09 (eigenes Werk) [CC BY-SA 3.0 (*http://creativecommons.org/licenses/by-sa/3.0*)], via Wikimedia Commons)

Bild 1-5.4
Brückenkran auf Kranbahnträgern, Ancofer Stahlhandel, Am Nordhafen in Mülheim an der Ruhr, (Quelle: Frank Vincentz (eigenes Werk) [CC BY-SA 3.0 (*http://creativecommons.org/licenses/by-sa/3.0*)], via Wikimedia Commons)

Bild 1-5.5
Containerterminal Tollerort im Hamburger Hafen (Quelle: Raimond Spekking (eigenes Werk) [CC BY-SA 4.0 (*http://creativecommons.org/licenses/by-sa/4.0*)], via Wikimedia Commons)

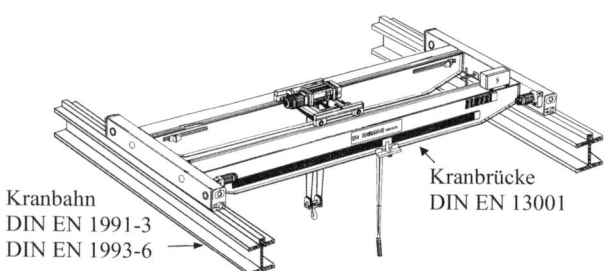

Kranbahn
DIN EN 1991-3
DIN EN 1993-6

Kranbrücke
DIN EN 13001

Bild 1-5.6 Brückenlaufkran und Kranbahnen (Kaiser 2000)

geordnet und unterliegen dem Bauordnungsrecht, obwohl sie technisch äußerst eng verwandt sind.

Wie bereits erwähnt, hat man in Deutschland, als noch die nationalen Normen DIN 15018 für die Krane und DIN 4132 für die Kranbahnträger galten, streng auf die technische und insbesondere sicherheitstechnische Gleichwertigkeit der Regeln geachtet. Dies ist nun nicht mehr so, mit dem Ergebnis, dass das Sicherheitsniveau von Kranbahnträger (Bauwesen) und Kranbrücke (Maschinenbau) unterschiedlich ist.

Wegen der anspruchsvollen Aufgabe, der i. d. R. großen angestrebten Lebensdauer und der Größe und Anzahl der Hublasten ist der Konstruktion und Detaillierung der schweißtechnischen Einzelheiten sowie der schweißtechnischen Ausführung große Sorgfalt und Beachtung zu schenken.

1-5.2 Entwurf und Bemessung

1-5.2.1 Grenzzustand der Tragfähigkeit und der Gebrauchstauglichkeit

Die speziellen Bauformen der verschiedenen Krantypen haben sich im Laufe der Zeit, man kann sagen vom Altertum (bis vor ca. 150 Jahren waren Krane aus Holz) bis jetzt, entsprechend den spezifischen Hebe- und Förderaufgaben entwickelt. Die Typik der Kranstrukturen entwickelte sich nach

- Standort und Logistik
- Art und Gewicht des Hebe- und Förderguts
- aus dem Wechselspiel der wirtschaftlichen Erfordernisse gegenüber den technischen Möglichkeiten

Insbesondere in den letzten 50 Jahren trieben die letzten Punkte die Leichtbauweise im Kranbau voran, ermöglicht einerseits durch eine immer bessere Optimie-

rung der Konstruktionsform und andererseits durch Einsatz von hochfesteren Baustählen mit entsprechend angepassten Schweißverfahren. So wurde das Eigengewicht aller zu bewegenden Teile immer weiter reduziert und das Nutzgewicht vergrößert.

Ein Grundparameter der Kranbemessung ist die Belastung. Sie setzt sich als ruhender Anteil aus dem Eigengewicht und den ständigen Lasten der Kranausbauten einerseits und als nicht ruhender Anteil aus den Hublasten andererseits zusammen. Hinzu kommen Windlasten, Lasten aus eventuellen Zwängungen, Betriebs- und Massenlasten aus Fahren und Bremsen sowie Notfalllasten etc.

Insbesondere den Hublasten ist bei ihrer Beschreibung besondere Aufmerksamkeit zu widmen, da sie die Stand und Betriebsfestigkeit im besonderen Maße beeinflussen. Man unterscheidet dabei, wie im allgemeinen Stahlbau auch, die Standsicherheit im Grenzzustand der Tragfähigkeit, zu denen die Festigkeits-, die Stabilitäts- und die Kippsicherheit der Querschnitte, Bauteile sowie der gesamten Struktur von Kranen gehören. Diese werden auf eine Versagenswahrscheinlichkeit ausgelegt, die gegen null gehen soll. Dabei sind die Einwirkungen mit einem Teilsicherheitsbeiwert auf der Einwirkungsseite zu erhöhen und die Widerstände der Struktur (Stahlbauteile) mit einem Teilsicherheitsbeiwert auf der Widerstandsseite zu reduzieren. Bei Auslegerkranen nimmt der Nachweis der Kippsicherheit einen besonderen Stellenwert ein.

Dem gegenüber steht der Grenzzustand der Gebrauchstauglichkeit, in dem Verformungen nachzuweisen und somit ab einer bestimmten Größe auszuschließen sind, wenn sie die Gebrauchstauglichkeit etwa durch zu große Durchbiegungen einer Kranbrücke beeinträchtigen. Solche Gebrauchstauglichkeitsanforderungen existieren im Kranbau nicht in dem Maße wie im Hoch- oder Brückenbau. Beispielsweise darf sich die Spitze des Auslegers eines Mobilkrans unter Last durchaus um mehrere Meter absenken; bei gleichzeitiger Leichtbauanforderung des mobilen Geräts führt dies zum Einsatz von ultrahochfesten Stählen.

Schließlich ist die Ermüdungs- bzw. Betriebsfestigkeit der konstruktiven Details von Kranbauwerken zu beachten. Es muss gewährleistet sein, dass es zu keiner Rissbildung durch wiederholte (zyklische) Belastung – wie bei Kranen typisch – kommt und somit die Voraussetzungen für den Grenzzustand der Tragfähigkeit (ungerissene Struktur) nicht mehr gegeben wären.

Die den Grenzzustand der Tragfähigkeit und die Ermüdung dominierende Belastung ist die Hublast. Sie setzt sich aus der Hebe- und Fördergutlast und einem so genannten „Hublastbeiwert" zusammen. Der Hublastbeiwert ist ein Faktor, mit dem die dynamischen Auswirkungen beim Anheben einer Last erfasst werden.

Die Größe und Stetigkeit der Hubbeschleunigung sind dabei pauschal in der jeweiligen Hubklasse, H1 bis H4, in Abhängigkeit von der Nennhubgeschwindigkeit v_H erfasst. Die Anhubgeschwindigkeit richtet sich dabei nach der Art des verwendeten Hubwerks. Es bedeuten:

- HD 1 kein Feinhub
- HD 2 Feinhub durch den Kranführer wählbar
- HD 3 automatische Feinhubzuschaltung
- HD 4 Hubgeschwindigkeit automatisch durch Kranführer steuerbar
- HD 5 automatische stufenlose Steuerung der Hubgeschwindigkeit

Die Größe des gewählten Hublastbeiwerts kann die Strukturauslegung maßgebend beeinflussen.

1-5.2.2 Ermüdung und Betriebsfestigkeit

Auch in EN 13001 wird die Ermüdung auf Grundlage von aus Ermüdungsversuchen statistisch ermittelten Wöhler-Linien für entsprechende häufig auftauchende Anschlussdetails geregelt (Bild 1-5.7).

Im Vergleich zum Eurocode 3 (DIN EN 1993-1-9) ist wichtig zu wissen, dass die Angaben zur charakteristischen Ermüdungsfestigkeit $\Delta\sigma_c$ (Bild 1-5.7) nicht direkt vergleichbar sind, da sie für verschiedene Überlebenswahrscheinlichkeiten ausgewertet worden sind. Des Weiteren gilt die Miner-Regel, auf deren Grundlage zulässige Spannungen unter Einbezug der Gesamtschwingzahl für verschiedene „S-Klassen" (Klassen der Spannungszeitverläufe ≙ Beanspruchungsgruppen der DIN 15018 ≙ Kollektivform) angegeben werden können.

1-5.2.3 Wahl der Stahlsorte

Hochfeste Stähle ($460\,\text{MPa} \leq R_{el} \leq 700\,\text{MPa}$) und höchstfeste bzw. ultrahochfeste Stähle ($700\,\text{MPa} \leq R_{el} \leq 1100\,\text{MPa}$) ermöglichen durch Leichtbauweise und in Kombination mit einem konsequent optimierten Design deutliche Reduktionen der Investitions- und Betriebskosten. Dies gilt für jegliche Art von Kranbauwerken, jedoch insbesondere für Mobilkrane. Das wesent-

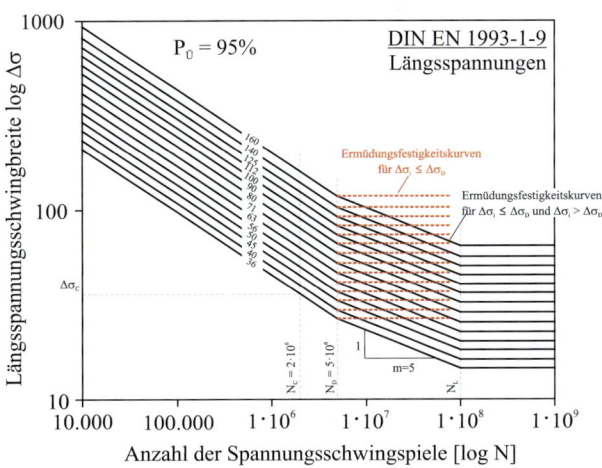

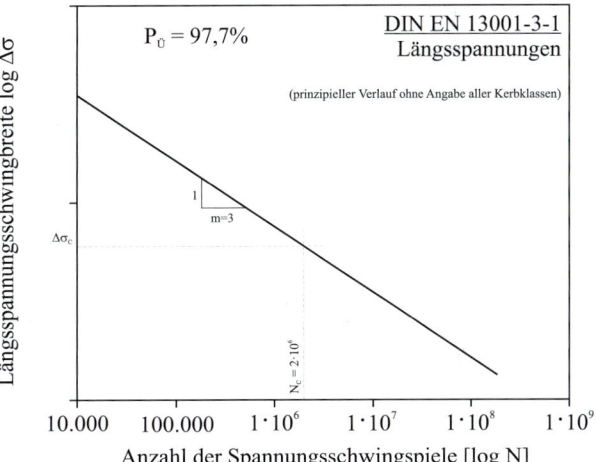

Bild 1-5.7 Standardisierte Wöhler-Linien für Längsspannungen nach DIN EN 1993-1-9 (oben) und nach DIN EN 13001 (unten) mit den entsprechenden Überlebenswahrscheinlichkeiten $P_Ü$

liche Ziel ist dabei das Erreichen eines maximalen Verhältnisses von Hubleistung zu Krangewicht. Dabei werden häufig, angepasst an die Spannungsausnutzungen, „hybride" Konstruktionslösungen, d. h. unter Einsatz verschiedener Streckgrenzen, gefunden. Beispielsweise geschieht dies auch bei Biegequerschnitten, bei denen für die Flansche höhere Streckgrenzen eingesetzt werden als für den Steg.

Schweißbare hoch- und höchstfeste Stähle werden von verschiedenen Herstellern angeboten und heute hauptsächlich für Konstruktionen der Förder- und Hebetechnik und vor allem im Mobilkranbau eingesetzt, um Transportgewichte zu sparen und somit ohne große Probleme und ohne Sondergenehmigungen über Straßen und Brücken fahren zu können. Die Normen DIN EN 10025-6 sowie DIN EN 10149-2 und

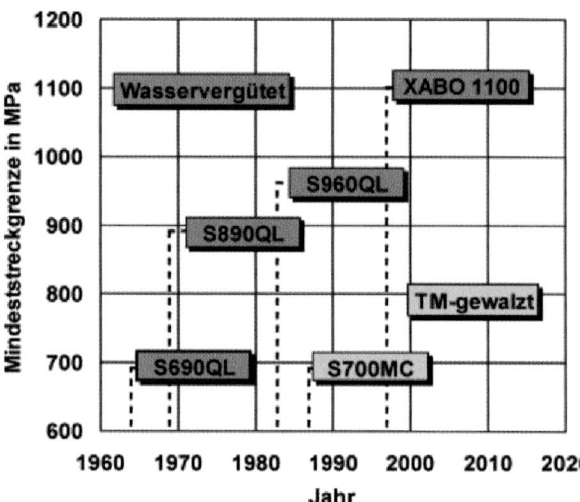

Bild 1-5.8 Entwicklung hochfester Baustähle im Lauf der letzten 50 Jahre (Hamme 2000)

Tabelle 1-5.1 Empfohlene Mindestwerte der Biegehalbmesser beim Abkanten gemäß DIN EN 10025-6

Bezeichnung		Empfohlener kleinster Biegehalbmesser[a] bei Nenndicken (t) 3 ≤ t ≤ 16 mm	
Nach EN 10027-1	Nach EN 10027-2	Biegeachse in Querrichtung	Biegeachse in Längsrichtung
S460Q	1.8908	3,0 t	4,0 t
S460QL	1.8906	3,0 t	4,0 t
S460QL1	1.8916	3,0 t	4,0 t
S500Q	1.8924	3,0 t	4,0 t
S500QL	1.8909	3,0 t	4,0 t
S500QL1	1.8984	3,0 t	4,0 t
S550Q	1.8904	3,0 t	4,0 t
S550QL	1.8926	3,0 t	4,0 t
S550QL1	1.8986	3,0 t	4,0 t
S620Q	1.8914	3,0 t	4,0 t
S620QL	18927	3,0 t	4,0 t
S620QL1	1.8987	3,0 t	4,0 t
S690Q	1.8931	3,0 t	4,0 t
S690QL	1.8928	3,0 t	4,0 t
S690QL1	1.8988	3,0 t	4,0 t
S890Q	1.8940	3,0 t	4,0 t
S890QL	1.8983	3,0 t	4,0 t
S890QL1	1.8925	3,0 t	4,0 t
S960Q	1.8941	4,0 t	5,0 t
S960QL	1.8933	4,0 t	5,0 t

a Die Werte gelten für Biegewinkel ≤ 90°

DIN EN 10146-3 machen Angaben über mechanische und technologische Eigenschaften, chemische Zusammensetzung und Kerbschlagzähigkeit.

Bild 1-5.8 gibt einen Überblick über die typischen hoch- und höchstfesten Stähle im Kranbau.

In Bezug auf die Spannungs-Dehnungs-Kurve hoch- und höchstfester Stähle ist zu bemerken, dass lange Zeit Bedenken wegen des bei diesen Stählen charakteristischerweise sehr hohen Streckgrenzenverhältnisses herrschten, da Zugfestigkeit und Streckgrenze sich bei zunehmender Streckgrenze immer weiter annähern. Dieser Effekt stammt aus der Bedeutung der Materialvolumenkonstanz des Considère-Kriteriums (Kap. B1-1). Das Streckgrenzenverhältnis ist also im Wesentlichen kein Merkmal, das die Güte eines Werkstoffs beschreibt, sondern entstammt den Gesetzmäßigkeiten der plastischen Instabilität, die bei Kleinproben unter Zug auftreten. Diesbezügliche Anforderungen in DIN EN 1993-1-12, dem Teil des Eurocode 3, der sich mit hochfesten Stählen beschäftigt, also auch mit Kranbaustählen, werden derzeit überarbeitet und demnächst in den allgemeinen Teil des Eurocode 3, EN 1993-1-1 überführt.

Im Mobilkranbau (Autokrane, Schienenkrane) werden in der Regel teleskopierbare Auslegerkonstruktionen verwendet, die aus kaltgeformten, hochfesten Blechen bestehen (Bild 1-5.1). Hierzu ist es wichtig, die Grenzen der Biegeradien, an denen geschweißt werden darf, zu kennen. Die Werkstoffnorm, (z. B. DIN EN 10025, gibt dafür Regeln (Tabelle 1-5.1).

Die „alte Generation" hoch- und höchstfester Stähle, die ihre Festigkeiten allein durch hohe Legierungszugaben erreichten, scheidet für die Verwendung im Kranbau aus, da ihre Schweißbarkeit und Sprödbruchsicherheit unzureichend sind. Mit der „neuen Generation" (eigentlich ist dieser Begriff nicht mehr richtig, da die ersten Vertreter dieser Generation immerhin schon vor ca. 30 Jahren verfügbar waren) hingegen ist es gelungen, die Forderungen nach guter Schweißeignung, guter Zähigkeit und hoher Festigkeit zu erfüllen. Hintergrund ist eine Feinkörnigkeit des Gefüges bei relativ geringen Legierungsanteilen, die durch die Herstellverfahren N (normalisiert), M (thermomechanisch gewalzt) und Q (vergütet, insbesondere wasservergütet) erreicht werden.

Offensichtlich beeinflussen diese Effekte durchaus auch die Ermüdungsfestigkeit (Bucak 2000), jedoch ohne dass dies bis jetzt Eingang in die allgemeinen Regeln gefunden hat.

Des Weiteren werden im Kranbau in nicht unerheblichem Maße Schienenwege geplant und gebaut, also werden hier auch Schienenprofile eingesetzt. Die Stähle solcher Profile entsprechen denen des üblichen Schienenwegebaus (Kap. B4-6).

1-5.3 Ausblick

Obwohl die technischen Herausforderungen in Auslegung und Fertigung von Kranstrukturen mit immer höherfesteren Stählen nicht unerheblich sind, wird sich der Trend zur Leichtbauweise insbesondere mit hoch- und höchstfesten Stählen im Kranbau fortsetzen.

Dabei werden alternative Werkstoffe (z. B. hochfeste Aluminiumlegierungen) keine bzw. lediglich eine Ausnahmerolle spielen. Interessant werden jedoch Mischbauweisen mit Compositen, beispielsweise hochfeste Stähle im Verbund mit CFK-Werkstoffen.

Literatur zu Kapitel 1-5

Bucak, Ö.: Zum Ermüdungsverhalten von hoch- und höchstfesten Stählen. Stahlbau 69 (2000) 4, S. 311–316

Hamme, U.; Hauser, J.; Kern, A.; Schriever, U.: Einsatz hochfester Baustähle im Mobilkranbau. Stahlbau 69 (2000) 4, S. 295–306

Kaiser, H. J.; Pohn-Weidinger, K.; Tschersich, H. J.: Hochfeste Baustähle für Bordkrane. Stahlbau 69 (2000) 4, S. 306–310

Seeßelberg, C.: Kranbahnen: Bemessung und konstruktive Gestaltung nach Eurocode. Beuth Verlag, Berlin 2014

Alle im Text erwähnten Normen sind in einer Liste zusammengefasst (Seite 889).

1

Nichtrostende Langprodukte im Bauwesen

Frank Wilke

Funktion

Im Gegensatz zu nichtrostenden Blechen im Bauwesen, die im Wesentlichen der Optik, der künstlerischen Gestaltung und dem Wetterschutz dienen, haben Langprodukte aus nichtrostenden Stählen im Bauwesen noch weitergehende Funktionen. Neben Verbindungselementen sind insbesondere Streben, Träger und Fassadenelemente für Glasfassaden sowie Halter für abgehängte Decken zu nennen. Langprodukte sind hier Bestandteil tragender Konstruktionen. Sie sind permanenter mechanischer und korrosiver Belastung ausgesetzt. Zum gesamten Bereich „Rostfrei im Bau" zählen auch Straßenmöblierung, Funktionsbausteine im öffentlichen Raum und Brückenkonstruktionen (Bild 1-6.1).

Werkstoffe und deren Eigenschaften

Als mechanische Funktionselemente müssen die Langprodukte im nichtrostenden Bereich des Bauwesens Kräfte aufnehmen, sie müssen darüber hinaus widerstandsfähig sein gegen Spannungsrisskorrosion, Schwingungsrisskorrosion, und sie sollen für lange Zeit optischen Ansprüchen genügen. Wegen der besonderen mechanischen Belastungen sind Zulassungen erforderlich, die europaweit in DIN EN 1993 definiert sind. Des Weiteren gilt im deutschsprachigen Raum die „Allgemeine Bauaufsichtliche Zulassung Z-30.3-6" vom Deutschen Institut für Bautechnik. Die Werkstoffe – ein Auszug aus DIN EN 10088 als Basisnorm für nichtrostende Stähle – werden in den Baunormen ergänzt um verschiedene Festigkeitsklassen der Produkte Draht, Hohlprofile, Profile, Stäbe, Walzdraht und Bleche als tragende Konstruktionen. Alle Produkte inklusive Schrauben und Gewindestangen weisen – je nach Werkstoff und deren Möglichkeiten – abmessungsabhängig Festigkeitsklassen bis zu einer Mindeststreckgrenze von S690 auf, d.h. $R_{p0,2}$ mind. 690 MPa (Tabelle 1-6.1, aus Allgemeiner bauaufsichtlicher Zulassung).

Ein weiterer Vorteil der bauaufsichtlichen Zulassung ist die Tatsache, dass die dort zugelassenen nichtrostenden Stähle in 5 Korrosionswiderstandsklassen eingeteilt sind, um die Auswahl beim Vorhandensein bestimmter Korrosionsmedien im Einsatz übersichtlich und formal einwandfrei treffen zu können. Insofern stellt die Allgemeine bauaufsichtliche Zulassung eine der wenigen Regeln dar, in denen die Beständigkeit rostfreier Stähle bestimmten Korrosionseinwirkungen zugeordnet ist (Tabelle 1-6.2, aus Allgemeiner bauaufsichtlicher Zulassung).

Des Weiteren wird korrosionstechnisch unterschieden, ob hier eine permanente Aufkonzentration der Korrosionsmedien erfolgt oder ob die Korrosionsbelastungen durch Reinigung oder andere Einflüsse abkonzentrierend wirken.

Die bauaufsichtliche Zulassung gibt auch Informationen für Konstrukteure darüber, ob bei besonderen Belastungszuständen Abminderungsfaktoren der ursprünglich festgelegten Werkstoffkennwerte zu berücksichtigen sind, so z.B. für Beulspannungen, Belastungen auf Biegen, Biegeknicken sowie geschweißte Verbindungen.

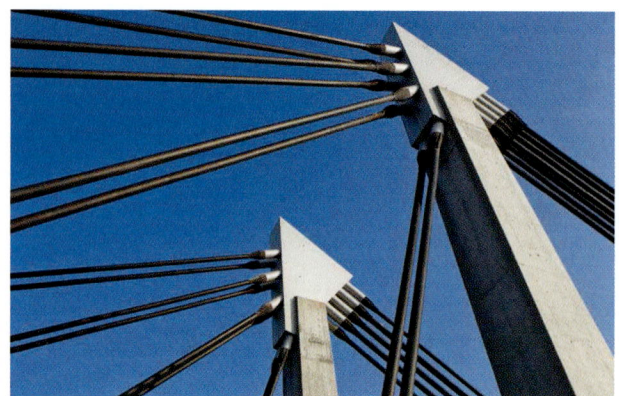

Bild 1-6.1 Korrosionsgeschützte Seile einer Brücke zur Kraftableitungsmessung

Die maximal zulässigen lieferbaren Abmessungen richten sich zum einen nach Werkstoffen, zum anderen auch nach den Kaltverfestigungsmöglichkeiten der jeweiligen Vorprodukte. So sind Verbindungselemente bis zu M64 beschrieben, Draht und Stäbe sowie kaltumgeformte Profile bis zu einer maximalen Dicke von 80 mm, Bleche und Hohlprofile bis zu einer maximalen Dicke von 8 mm (Tabelle 1-6.3). Geschweißte Bauteile sind bis zu einer maximalen Dicke von 45 mm beschrieben.

Herstellungsprozesse

Um die hohen Streckgrenzen bis Festigkeitsklasse S690 zu erzielen, ist eine Kaltverfestigung des Vorproduktes erforderlich. Je höher die Festigkeitsklasse, umso niedriger ist die maximal zulässige Dicke der Halberzeugnisse, da die Kaltverfestigung durchgreifend sein muss, um mögliche Streckgrenzen-Abschläge durch Verjüngung der Geometrie der Bauteile zu umgehen. Die Kaltverfestigung kann, je nach Halbzeugart,

durch Ziehen, Druckwalzpolieren, Kaltwalzen oder weitere Kaltumformvorgänge erzielt werden. Hier sind jedoch teilweise erhebliche Kräfte erforderlich, um die durchgreifende Verformung zu erzielen. Vorsicht ist jedoch bei Konstruktionen geboten, die vor dem Einsatz noch geschweißt werden, da hierdurch ein Teil der Kaltverfestigung wieder abgebaut werden kann. Speziell bei Verbindungselementen ist durch Gewinderollen, Kaltumformungen der Schraubenköpfe sowie Kaltwalzen des Schraubenschaftes eine durchaus hohe Kaltverfestigung des Werkstoffs möglich. Die zugelassenen austenitischen sowie Duplexstähle können deutlich besser kaltverfestigt werden als ferritische Stähle, die hier lediglich bis 60 mm ⌀ auf eine maximale Festigkeitsklasse von S460 eingestellt werden können.

Vorteil der hohen Festigkeitsklassen ist es zudem, dass Bauwerke filigraner erstellt werden können bzw. dass sie alternativ höhere Kräfte durch die Kaltverfestigung aufnehmen können. Bezüglich der Korrosionsbestän-

Tabelle 1-6.1 Allgemeine bauaufsichtliche Zulassung Z-30.3-6/2014. Werkstoffe und Festigkeiten

Lfd. Nr.	Stahlsorte[1]		Ge- füge[2]	Festigkeitsklassen[3] und Erzeugnisformen[4]					Korrosions- wider- stands- klasse[5] [6]
	Kurzname	W.-Nr.		S 235	S 275	S 355	S 460	S 690	
1	X2CrNi12	1.4003	F	B, Ba, H, P	D, H, S, W	D, S	D, S	—	I/gering
2	X6Cr17	1.4016	F	D, S, W	—	—	—	—	
3	X5CrNi18-10	1.4301	A	B, Ba, D, H, P, S, W	B, Ba, D, H, P, S	B, Ba, D, H, S	Ba, D, H, S	S	II/mäßig
4	X2CrNi18-9	1.4307	A	B, Ba, D, H, P, S, W	B, Ba, D, H, P, S	Ba, D, H, S	Ba, D, S	S	
5	X3CrNiCu18-9-4	1.4567	A	D, S, W	D, S	D, S	D, S	—	
6	X6CrNiTi18-10	1.4541	A	B, Ba, D, H, P, S, W	B, Ba, D, H, P, S	Ba, D, H, S	Ba, D, H, S	—	
7	X2CrNiN18-7	1.4318	A	—	—	B, Ba, D, H, P, S	B, Ba, H		
8	X5CrNiMo17-12-2	1.4401	A	B, Ba, D, H, P, S, W	B, Ba, D, H, P, S	Ba, D, H, S	Ba, D, S	S	III/mittel
9	X2CrNiMo17-12-2	1.4404	A	B, Ba, D, H, P, S, W	B, Ba, D, H, P, S	Ba, D, H, S	Ba, D, H, S	D, S	
10	X3CrNiCuMo17-11-3-2	1.4578	A	D, S, W	D, S	D, S	D, S	—	
11	X6CrNiMoTi17-12-2	1.4571	A	B, Ba, D, H, P, S, W	B, Ba, D, H, P, S	Ba, D, H, S	Ba, D, H, S	D, S	
12	X2CrNiN23-4	1.4362	FA	—	—	—	B, Ba, D, S, W	D, S	
13	X2CrNiN22-2	1.4062	FA	—	—	—	B, Ba, D, S, W	D, S	
14	X2CrMnNiN21-5-1	1.4162	FA	—	—	—	B, Ba, D, S, W	D, S	
15	X2CrNiMnMoCuN24-4-3-2	1.4662	FA	—	—	—	B, Ba, D, S, W	D, S	
16	X2CrNiMoN17-13-5	1.4439	A	—	B, Ba, D, H, S, W	—	—	—	IV/stark
17	X2CrNiMoN22-5-3	1.4462	FA	—	—	—	B, Ba, D, P, S, W	D, S	
18	X1NiCrMoCu25-20-5	1.4539	A	B, Ba, D, H, P, S, W	B, Ba, D, P, S	D, P, S	D, S	D, S	
19	X2CrMnMoNbN25-18-5-4	1.4565	A	—		—	B, Ba, D, S	—	V/sehr stark
20	X1NiCrMoCuN25-20-7	1.4529	A	—	B, D, S, W	B, D, H, P, S	D, P, S	D, S	
21	X1CrNiMoCuN20-18-7	1.4547	A	—	B, Ba	B, Ba	—	—	

[1] nach DIN EN 10088-1:2005-09
[2] A = Austenit; F = Ferrit; FA = Ferrit-Austenit (Duplex)
[3] Die der jeweils untersten Festigkeitsklasse folgenden Festigkeitsklassen sind durch Kaltverfestigung mittels Kaltverformung erzielt.
[4] B = Blech; Ba = Band und daraus gefertigte Bleche; D = Draht, gezogen; H = Hohlprofile; P = Profile; S = Stäbe; W = Walzdraht
[5] gilt nur für metallisch blanke Oberflächen
[6] erforderliche Korrosionswiderstandsklassen siehe Anlage 1.1, Tabelle 1

Tabelle 1-6.2 Allgemeine bauaufsichtliche Zulassung Z-30.3-6/2014. Korrosionswiderstandsklassen

Einwirkung	Exposition		Kriterien und Beispiele	Korrosions-widerstandsklasse				
				I	II	III	IV	V
Feuchte, Jahresmittelwert U der Feuchte	SF0	trocken bis wechselfeucht	$U < 95\%$	x				
	SF1	dauerfeucht	$95\% \leq U$		x			
Chloridgehalt der Umgebung, Entfernung M vom Meer, Abstand S belebter Straßen mit Streusalzeinsatz	SC0	gering	Land, Stadt, M > 10 km, S > 0,1 km	x				
	SC1	mittel	Industriegebiet, 1 km < M ≤ 10 km, 0,01 km < S ≤ 0,1 km		x			
	SC2	hoch	Maritimes Gebiet 0,25 km < M ≤ 1 km, S ≤ 0,01 km			x[1]		
	SC3	sehr hoch	Spritzwasserbereich M ≤ 0,25 km				x[2]	
Belastung durch Schwefeldioxid SO_2[3]	SR0	gering < 10 µg/m³	Land, Stadt	x				
	SR1	mittel 10 – 90 µg/m³	Industrie			x[1]		
	SR2	hoch 90 – 250 µg/m³	Straßentunnel					x[2]
pH-Werte an der Oberfläche	SH0	alkalisch (z. B. Kontakt mit Beton)	$9 < pH$	x				
	SH1	neutral	$5 < pH \leq 9$	x				
	SH2	leicht sauer (z. B. Kontakt mit Holz)	$3 < pH \leq 5$		x			
Lage der Bauteile	SL0	innen	beheizte und nicht beheizte Innenräume	x				
	SL1	außen, frei beregnet	frei stehende Konstruktionen		x			
	SL2	außen, zugänglich, witterungsgeschützt	überdachte Konstruktionen		x			
	SL3	außen, unzugänglich[4], Umgebungsluft hat Zutritt	Aufkonzentration von Luftinhaltsstoffen, keine Reinigung möglich				x	

Die Einwirkung, die die höchste Korrosionswiderstandsklasse (KWK) ergibt, ist maßgebend. Aus dem Zusammentreffen verschiedener Einwirkungen ergeben sich keine höheren Anforderungen.

[1] Durch regelmäßige Reinigung zugänglicher Konstruktionen oder direkte Beregnung wird die Korrosionsbelastung erheblich verringert, so dass um eine KWK abgemindert werden kann. Bei möglicher Aufkonzentration der Stoffe auf Oberflächen ist eine KWK höher zu wählen.

[2] Durch regelmäßige Reinigung zugänglicher Konstruktionen kann die Korrosionsbelastung erheblich verringert werden, so dass Abminderung um eine KWK möglich ist.

[3] Die Bemessung der Belastung erfolgt gemäß ISO 9225 nach der Menge der mittleren Gaskonzentration in der Luft.

[4] Als unzugänglich werden Konstruktionen engstuft, deren Zustand nicht oder nur unter erschwerten Bedingungen kontrollierbar ist und die im Bedarfsfall nur mit sehr großem Aufwand saniert werden können.

digkeit ist für allgemeine Anwendung der zugelassenen Werkstoffe im Hinblick auf Korrosionsbeständigkeit bei Kaltverfestigung kein Abschlag vorgesehen.

Perspektive/Alternativen

Auch wenn die Erst-Investitionen erheblich höher sind als bei Einsatz von Grundgüten von Stählen, so ist durch die lange Lebensdauer der Bauteile zum einen eine Wartungsfreiheit über viele Jahre gegeben, zum anderen sind keine Einschränkungen in der Belastbarkeit über die Lebensdauer notwendig. Da der Prozess der Kaltverfestigung nicht sehr aufwändig ist, ergibt sich dadurch im stark kaltverfestigten Zustand durchaus Wirtschaftlichkeit, sodass mittelfristig mit einer Steigerung des Einsatzes von Rostfrei-Langprodukten im Bauwesen zu rechnen ist.

Tabelle 1-6.3 Allgemeine bauaufsichtliche Zulassung Z-30.3-6/2014. Stahlsorten für Verbindungsmittel mit Zuordnung zu Stahlgruppen nach DIN EN ISO 3506 Tabelle 1.26 und 1.27 sowie Kennzeichnung und maximale Nenndurchmesser

Stahlsorte				Korrosionswiderstandsklasse[1]	Kennzeichnung für Schrauben mit Kopf in Anlehnung an DIN EN ISO 3506-1 Festigkeitsklasse, max. Nenndurchmesser, mm			Kennzeichnung für Gewindestangen, Stiftschrauben, Muttern und Scheiben in Anlehnung an DIN EN ISO 3506-1 + 2 Festigkeitsklasse		
Lfd. Nr.	Kurzname	W-Nr.	Gruppe		50	70	80	50	70	80
3	X5CrNi18-10	1.4301	A2	II/mäßig	≤M 39	≤M 24	≤M 20	≤M 64	≤M 45	≤M 24
4	X2CrNi18-9	1.4307	A2L		≤M 39	≤M 24	≤M 20	≤M 64	≤M 45	≤M 24
5	X3CrNiCu18-9-4	1.4567	A2L		≤M 24	≤M 16	≤M 12	≤M 24	≤M 16	≤M 12
6	X6CrNiTi18-10	1.4541	A3		≤M 39	≤M 20	≤M 16	≤M 64	≤M 30	≤M 24
8	X5CrNiMo17-12-2	1.4401	A4	III/mittel	≤M 39	≤M 24	≤M 20	≤M 64	≤M 45	≤M 24
9	X2CrNiMo17-12-2	1.4404	A4L		≤M 39	≤M 24	≤M 20	≤M 64	≤M 45	≤M 24
10	X3CrNiCuMo17-11-3-2	1.4578	A4L		≤M 24	≤M 16	≤M 12	≤M 24	≤M 16	≤M 12
11	X6CrNiMoTi17-12-2	1.4571	A5		≤M 39	≤M 24	≤M 20	≤M 64	≤M 45	≤M 24
12	X2CrNiN23-4	1.4362	[2]		–	≤M 24	≤M 20	–	≤M 64	≤M 20
13	X2CrNiN22-2	1.4062	[2]		–	≤M 24	≤M 20	–	≤M 39	≤M 20
14	X2CrMnNiN21-5-1	1.4162	[2]		–	≤M 24	≤M 20	–	≤M 39	≤M 20
15	X2CrNiMnMoCuN24-4-3-2	1.4662	[2]		–	≤M 24	≤M 20	–	≤M 39	≤M 20
16	X2CrNiMoN17-13-5	1.4439	[2]	IV/stark	≤M 20	–	–	≤M 64	–	–
17	X2CrNiMoN22-5-3	1.4462	[2]		–	≤M 24	≤M 20	–	≤M 64	≤M 20
18	X1NiCrMoCu25-20-5	1.4539	[2]		≤M 39	≤M 24	≤M 20	≤M 64	≤M 45	≤M 20
19	X2CrNiMnMoNbN25-18-5-4	1.4565	[2]	V/sehr stark	–	≤M 24	≤M 20	–	≤M 64	≤M 30
20	X1NiCrMoCuN25-20-7	1.4529	[2]		≤M 30	≤M 24	≤M 20	≤M 64	≤M 45	≤M 45

[1] gemäß Anlage 1, Tabelle 1
[2] Da derzeit keine normativen Festlegungen gelten, sind diese Stähle mit der Werkstoff-Nummer zu kennzeichnen.

Nichtrostender Betonstahl

Frank Wilke

Funktion

Für Bauteile aus Beton, die einer Zug- oder Biegebelastung ausgesetzt werden, sind Bewehrungsstähle im Innern des Betons erforderlich. Bei dünnen Querschnitten und offensichtlich hoher korrosiver Belastung werden daher nichtrostende Betonstähle eingesetzt. Das kann sowohl im privaten Baubereich geschehen (ISO-Körbe bei Balkonen, Treppenübergänge) als auch im öffentlichen Bereich (Betonschwellen für Eisenbahnen, Brücken). Die Funktion des nichtrostenden Stahls ist es, bei knapper Betonüberdeckung bzw. bei Anrissen eine weitere Haltbarkeit der Konstruktion ohne spröden Bruch zu gewährleisten. Unlegierte Stähle haben die negative Eigenschaft, dass bei Korrosion des Bewehrungsstahls durch Bildung von Korrosionsprodukten dessen Volumen zunimmt und somit Teile der Betonüberdeckung abplatzen können. Außerdem nimmt der Stahl selbst schnell im Querschnitt ab.

Werkstoffe und deren Eigenschaften

Im korrosionsträgen Bereich, speziell in der Bauindustrie und für Schwellen, kommen ferritisch-martensitische Werkstoffe wie 1.4003 zum Einsatz. Durch diesen Werkstoff wird bei korrosiver Belastung die Korrosionsgeschwindigkeit zumindest deutlich verzögert.

Bei hoher korrosiver Belastung, insbesondere bei Gefahr chloridinduzierter Spannungsrisskorrosion, kommen nichtrostende Duplexstähle wie 1.4362 und 1.4462 zum Einsatz. Die hohe Korrosionsbeständigkeit und die Unempfindlichkeit gegenüber Spannungsrisskorrosion garantiert eine lange Lebensdauer des Betonbauteils (Tabellen 1-7.1 und 1-7.2).

Abmessungen

Es gibt zum einen für die Betonarmierung Walzdraht im Abmessungsbereich von 6 bis 30 mm $\varnothing$, zum anderen Stäbe bis 40 mm $\varnothing$.

Herstellungsprozesse

Um eine ausreichende Rauigkeit und damit guten Werkstoffverbund zum Beton herzustellen, wird ein Großteil der Stähle als gerippter Betonstahl dargestellt. Das Einbringen der Rippen kann warm beim Walzen durchgeführt werden, hier liegen entsprechende Vorgaben vor zum Aussehen der Rippen (Rippenhöhe, Anordnung der Rippen). Diese Rippung ist in der Fertigwalze vorgefräst und garantiert die Ausbildung der Rippen.

Des Weiteren gibt es die Möglichkeit, kalt gerippte Stähle herzustellen, wobei ein Kalt-Profilierwerkzeug dem Draht die erforderliche Rippung verleiht. Dieses Verfahren ist jedoch sehr teuer und wird nur in bestimmten Bereichen angewendet. Vorteil der Kaltrippung ist allerdings die erhöhte Festigkeit. Die Duplexstähle werden meist im kaltverfestigten Zustand geliefert. D. h., zum einen können gerippte Betonstähle durch Recken kaltverfestigt werden, zum anderen durch die oben beschriebene Kaltrippung. Die Gesamtheit der nichtrostenden Stähle für den Baubereich ist,

Tabelle 1-7.1 Beispiele von nichtrostenden Betonstählen nach DIN EN 10088 (typische Werte)

Kurzname	Werkstoff-nummer	Legierungsanteile in Massen-%							
		C	Si	Mn	Cr	Mo	Ni	N	Cu
X2CrNi12	1.4003	0,02	0,40	1,00	11,3	0,1	0,4	0,01	0,10
X2CrNiN23-4	1.4362	0,01	0,40	1,20	22,2	0,3	4,1	0,1100	0,40
X2CrNiMoN22-5-3	1.4462	0,01	0,50	1,90	22,2	3,1	5,7	0,150	–

Bild 1-7.2 Nichtrostender gerippter Betonstahl mit unterschiedlicher Rippung, dunkel → warmgeformt; hell blank → kaltgeformt

Bild 1-7.1 Verschiedene Querschnitte von kaltgeripptem Betonstahl

Perspektiven/Alternativen

Einerseits nehmen Schadensfälle, speziell an Brücken, durch abgeplatzten Beton und korrodierte Armierung deutlich zu und erfordern daher prinzipiell den Einsatz korrosionsbeständigerer Stähle, andererseits ist der Einsatz nichtrostender Stähle, speziell im chloridhaltigen, hoch salzhaltigen Bereich, im Vergleich zu unlegierten Stählen um bis zu 4fach teurer. Somit ist die Gegenüberstellung der geplanten Lebensdauer mit den Erst-Investitionen entscheidend, denn auch beschichtete unlegierte Stähle haben nur eine bedingt längere Lebensdauer als unbeschichtete. Anwendungsgerecht wäre somit, speziell im Brückenbau, der Einsatz der hochlegierten, Duplexstähle, die gegen Spannungsrisskorrosion unempfindlich sind.

Literatur zu Kapitel 1-7

Deutsches Institut für Bautechnik Berlin: Allgemeine bauaufsichtliche Zulassung. Erzeugnisse, Bauteile und Verbindungsmittel aus nichtrostenden Stählen. Z-30.3-6. 12.05.2017

inklusive der Korrosionsansprüche sowie der variablen Festigkeitsklassen, in der bauaufsichtlichen Zulassung Z30.3-6 des Deutschen Instituts für Bautechnik genannt (Tabelle 1-7.2).

Details (Stababmessung, Profile) sind stark projektabhängig und können unterschiedlichste Fertigungswege aufweisen.

Alle im Text erwähnten Normen sind in einer Liste zusammengefasst (Seite 889).

Tabelle 1-7.2 Mechanische Kennwerte für nichtrostende Betonstähle (typische Werte)

Kurzname	Werkstoffnummer	Gefüge	$R_{p0,2}$ [MPa]	R_m [MPa]	A [%]
X2CrNi12	1.4003	Ferrit	500	620	12
X2CrNiN23-4	1.4362	Duplex	700	820	12
X2CrNiMoN22-5-3	1.4462	Duplex	750	880	12

Holger Glinde

Korrosion von Bewehrungsstahl ist ein weit verbreitetes Problem. Das hierdurch verursachte Schadensspektrum reicht von optischen Beeinträchtigungen durch Rostflecken über Betonabplatzer bis zum statischen Versagen der Konstruktion. Fehlstellen im Beton durch Risse, Fugen, Kiesnester oder fehlerhafte Betonüberdeckung sind typische Ursachen für Bewehrungskorrosion. Weitere Ursachen sind die Versauerung des Betons durch das Kohlendioxid der Luft und saure Substanzen (Carbonatisierung) sowie das Einwirken von Chloriden durch Tausalzbelastung oder Meeresatmosphäre.

Bewehrungskorrosion durch Carbonatisierung kann durch Feuerverzinken dauerhaft verhindert werden, da die Feuerverzinkung auch unterhalb eines pH-Wertes von 10 schützt (Bild 1-8.1). In den Expositionsklassen XC nach Eurocode 2 (EN 1992) ist der Einsatz von feuerverzinkter Bewehrung zur Verhinderung von carbonatisierungsinduzierter Bewehrungskorrosion sinnvoll.

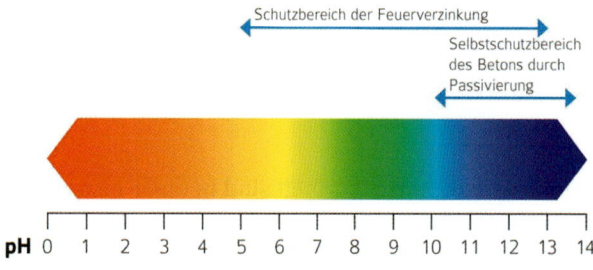

Schutzbereich der Feuerverzinkung

Selbstschutzbereich des Betons durch Passivierung

pH 0 1 2 3 4 5 6 7 8 9 10 11 12 13 14

Bild 1-8.1 Feuerverzinkung schützt auch unterhalb von pH 10

Feuerverzinkte Bewehrungsstähle sind auch unter Chloridbelastung deutlich beständiger als unverzinkte. Die Chloride werden von der Verzinkung als schwerlösliche basische Zinkchloride abgebunden und somit unschädlich gemacht. Durch die Verwendung feuerverzinkter Betonstähle wird die Dauerhaftigkeit von chloridbelasteten Konstruktionen und Bauteilen deut-

lich verbessert. Hierzu gehören in besonderem Maße maritime Bauwerke mit Kontakt zu Meerwasser oder salzhaltiger Seeluft sowie Bauten, die unmittelbar oder in Form von Sprühnebel und Spritzwasser durch Tausalze belastet werden (Tabelle 1-8.1), beispielsweise Stahlbetonbrücken, Parkhäuser und Tiefgaragen (Bild 1-8.2).

Tabelle 1-8.1 Expositionsklassen XD und XS nach Eurocode 2 (EN 1992)

Expositionsklasse	Umgebungsbedingung	Beispiele für die Zuordnung (informativ) nach nationalem Anhang DIN EN 1992-1-1/ NA (2011-01)
XD: Bewehrungskorrosion, ausgelöst durch Chloride, ausgenommen Meerwasser		
XD1	Mäßige Feuchte	Bauteile im Sprühnebelbereich von Verkehrsflächen
XD2	Nass, selten trocken	Schwimmbecken, Bauteile, die chloridhaltigen Industrieabwässern ausgesetzt sind
XD3	Wechselnd nass und trocken	Teile von Brücken, Fahrbahndecken, Parkdecks
XS: Bewehrungskorrosion, ausgelöst durch Chloride aus Meerwasser		
XS1	Salzhaltige Luft, kein unmittelbarer Kontakt mit Meerwasser	Außenbauteile in Küstennähe
XS2	Unter Wasser	Bauteile in Hafenbecken, die ständig unter Wasser liegen
XS3	Tidebereiche, Spritzwasser- und Sprühnebelbereiche	Kaimauern in Hafenanlagen

Hier ist feuerverzinkter Betonstahl sinnvoll.

Bild 1-8.2
Feuerverzinkter Betonstahl im Parkhausbau

Für feuerverzinkte Betonstähle gibt es eine Allgemeine bauaufsichtliche Zulassung. Sie regelt besondere Auflagen, die bei Entwurf und Bemessung, bei der Ausführung und beim Feuerverzinken zu beachten sind. Es sind ausschließlich bauaufsichtlich zugelassene Feuerverzinkereien zum Feuerverzinken von Betonstählen berechtigt. Mit der Zulassung ist sowohl das Feuerverzinken von Betonstabstahl als auch Betonstahl in Ringen und Betonstahlmatten abgedeckt.

Literatur zu Kapitel 1-8

Deutsches Institut für Bautechnik: Allgemeine bauaufsichtliche Zulassung unter der Zulassungsnummer Z-1.4-165.

Alle im Text erwähnten Normen sind in einer Liste zusammengefasst (Seite 889).

1

Brücken aus feuerverzinktem Stahl

Holger Glinde

Stahl- und Stahlverbundbrücken für Verkehrszwecke wurden in Deutschland bisher zumeist durch Beschichten vor Korrosion geschützt, obwohl Beschichtungssysteme nur eine Schutzdauer von rund 25 bis 30 Jahren bieten. Der dauerhaftere Schutz mittels eines metallischen Überzuges durch Feuerverzinkung kam bisher kaum zum Einsatz, da der Einfluss auf die Ermüdungsfestigkeit von zyklisch belasteten Bauteilen nicht ausreichend erforscht war.

Aktuelle wissenschaftliche Untersuchungen (FOSTA-Projekt 2014) haben bewiesen, dass eine Feuerverzinkung auch für dynamisch belastete Bauwerke wie Straßenbrücken geeignet ist. Zudem wurde der Nachweis für eine theoretische Korrosionsschutzdauer von 100 Jahren für stückverzinkte Brückenbauteile erbracht. Somit ist das Feuerverzinken als Korrosionsschutz für Stahl- und Verbundbrücken möglich.

Laut einer Studie des Deutschen Instituts für Urbanistik (difu 2013) aus dem Jahr 2013 sind 10 000 Straßenbrücken in Deutschland nicht mehr sanierbar und müssen in den nächsten Jahren komplett erneuert werden. Während an Betonbrücken primär Schäden durch

Risse und Durchfeuchtungen zum Ersatzneubau führen, sind es bei Stahl- und Stahlverbundbrücken überwiegend Korrosionsschäden.

Für Brückenbauwerke wird in der Regel eine Lebensdauer von mindestens 100 Jahren gefordert. Werden Stahl- und Verbundbrücken durch Beschichten vor Korrosion geschützt, dann ist die Beschichtung erfahrungsgemäß nach rund 25–30 Jahren komplett zu erneuern. Bezogen auf 100 Jahre sind neben einer Erstbeschichtung in der Regel zwei Erneuerungsbeschichtungen erforderlich, die Kosten und zumeist auch erhebliche Verkehrsstörungen verursachen. Kommt eine Feuerverzinkung zum Einsatz, so ist bei Zinküberzugsdicken von mindestens 200 Mikrometer eine Korrosionsschutzdauer von 100 Jahren in der Regel erreichbar. Für eine Verzinkung geeignet sind sowohl die klassischen Baustähle als auch hochfeste Stahlsorten; üblicherweise werden Stähle mit eingeschränkten Si-Gehalten geliefert. Für Bauanwendungen gibt es jedoch Einschränkungen (DASt-Richtlinie 022)

Stahl- und Verbundbrücken sind zyklischen Belastungen ausgesetzt, die einen Nachweis gegen Werkstoffermüdung gemäß DIN EN 1993-2 und DIN EN 1994-2 erfordern. Feuerverzinkte Bauteile sind bislang nicht in der Bemessungsnorm erfasst. Um die grundsätzliche Eignung der Feuerverzinkung für zyklisch belastete Brückenbauteile zu erbringen, wurden Versuche zur Ermüdungsfestigkeit an für den Brückenbau typischen Details (Kerbfällen) im feuerverzinkten und unverzinkten Zustand durchgeführt. Die an dem Foschungsprojekt beteiligten Wissenschaftler der Technischen Universität Dortmund, der MPA Darmstadt und des Instituts für Korrosionsschutz Dresden kamen zu dem Ergebnis, dass die Feuerverzinkung für den Einsatz an zyklisch belasteten Brückenbauteilen geeignet ist, wenn bestimmte Konstruktions- und Ausführungsaspekte berücksichtigt werden. Diese sind in einer von den Wissenschaftlern erstellten Arbeitshilfe zur Anwen-

Bild 1-9.1 Deutschlands erste feuerverzinkte Stahlverbundbrücke wurde im Jahr 2016 fertiggestellt

dung der Feuerverzinkung im Stahl- und Verbundbrückenbau dargestellt (Institut Feuerverzinken 2014). Eine von der Bundesanstalt für Straßenwesen beauftragte Studie (BASt-Bericht 2015) belegt, dass feuerverzinkte Brücken hinsichtlich der Erstkosten und der Folgekosten, in Bezug auf die verursachten externen Kosten als auch unter Nachhaltigkeitsaspekten im Vergleich zu beschichteten Brücken im Vorteil sind.

Als Ergebnis des FOSTA-Forschungsvorhabens P835 wurde im Rahmen eines Pilotprojektes eine feuerverzinkte Stahlverbundbrücke an der Autobahn A44 erbaut. Weitere feuerverzinkte Stahl- und Verbundbrücken, die derzeit noch mit einer Zustimmung im Einzelfall baurechtlich zugelassen werden müssen, sind im Bau bzw. in der Planung. Außerhalb Deutschlands haben sich feuerverzinkte Stahl- und Verbundbrücken seit Langem als dauerhaft erwiesen. Es ist zu erwarten, dass sich auch in Deutschland feuerverzinkte Brückenbauwerke etablieren werden, da Brücken hierdurch nachhaltiger und wirtschaftlicher ausgeführt werden können.

Literatur zu Kapitel 1-9

BASt-Bericht B 112: Nachhaltigkeitsberechnung von feuerverzinkten Stahlbrücken. Bergisch Gladbach 2015

DASt-Richtlinie 022: Feuerverzinken von tragenden Stahlbauteilen. Institut Feuerverzinken, Düsseldorf 2016

Bild 1-9.2 Die 1964 erbaute Brücke über den Shin-Nukui ist eine von mehr als 700 feuerverzinkten Stahlbrücken in Japan, die sich noch heute in einem guten, korrosionsfreien Zustand befindet

Deutsches Institut für Urbanistik (difu): Ersatzneubau Kommunale Brücken. Berlin 2013

FOSTA-Projekt P835: Feuerverzinken im Stahl- und Verbundbrückenbau. Düsseldorf 2014

Institut Feuerverzinken: Arbeitshilfe zur Planung und Ausführung von feuerverzinkten Stahlkonstruktionen im Straßenbrückenbau. In „Feuerverzinkte Stahl- und Verbundbrücken", S. 16 ff., Düsseldorf 2014

Alle im Text erwähnten Normen sind in einer Liste zusammengefasst (Seite 889).

Stähle für den Anlagen- und Apparatebau – *Werkstoffe in extremer Umgebung*

Wolfgang Bleck

Die Geschichte der Industrie ist auch eine Geschichte des Anlagen- und Apparatebaus. Ohne die Nutzung der Dampfkraft und der dazu benötigten Druckbehälter wäre die Mechanisierung der Fertigung und die Entwicklung schneller Transportwege wie der Eisenbahn und moderner Schiffe nicht möglich gewesen. Die zu Beginn der Industrialisierung häufigen Druckkesselexplosionen haben zur Weiterentwicklung von Werkstoffen, Prüfverfahren und Normen geführt. In der Folge entstanden der Selbsthilfeverein der deutschen Wirtschaft und schließlich der Technische Überwachungsverein TÜV. Damit waren die Grundvoraussetzungen für den sicheren Einsatz von Stählen unter schwierigen Randbedingungen gegeben.

Auch die Forschung an nichtrostenden Stählen war verknüpft mit den steigenden Anforderungen der chemischen Industrie. Im Jahre 1922 wurden in Deutschland die austenitischen nichtrostenden Stähle patentiert; die treibende Kraft für ihre Entwicklung war in der damals schnell wachsenden Farbenindustrie zu sehen, die für ihre chemischen Prozesse Werkstoffe benötigte, die hohen Anforderungen an Korrosionsbeständigkeit gerecht werden, gleichzeitig aber auch Temperaturen und Drücken widerstehen. Daraus entstanden ist eine vielfältige Werkstoffwelt, die für den Anlagenbau mittlerweile eine Palette optimierter Werkstoffe bereithält.

Die wesentlichen Anforderungen an die Werkstoffe im Anlagen- und Apparatebau sind einerseits die Beständigkeit gegen korrosive Beanspruchung, andererseits der Widerstand gegen die zu erwartenden mechanischen Belastungen häufig bei sehr tiefen oder sehr hohen Temperaturen sowie hohen Drücken. Produktionsanlagen sind häufig sehr kompliziert aufgebaut und erfordern eine vielfältige Fertigungstechnik, sodass die geforderten Eigenschaften nicht nur im Grundmaterial, sondern auch an Fügestellen zu garantieren sind. Nachdem Anlagen über viele Jahrzehnte zunächst rein empirisch ausgelegt wurden, wurden in jüngerer Zeit werkstoff-physika-

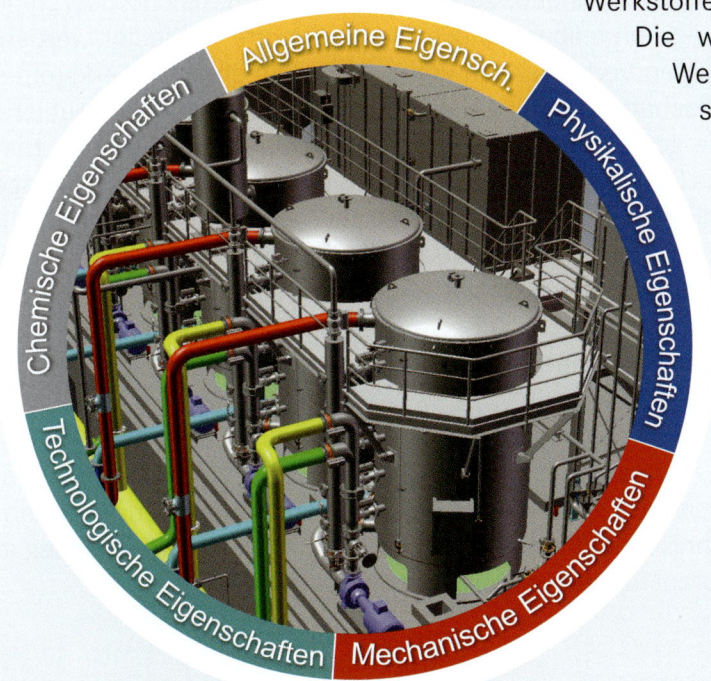

Quelle: www.solidworks.de

lisch basierte Modelle entwickelt, die auch unter Berücksichtigung lokaler Beanspruchungen eine sichere Bauteilauslegung ermöglichen.

Auch heute noch ist der Einsatz von Werkstoffen im Anlagen- und Apparatebau sehr abhängig vom Knowhow. Er setzt eine genaue Kenntnis der Prozesszustände voraus. Dies gilt es auch unter Störfällen zu berücksichtigen, sodass kritische Werkstoffzustände und die Gefahr von unkontrolliertem Versagen beherrschbar bleiben. Moderne Stähle mit ihrem sehr hohen Reinheitsgrad, mit einer hohen Gleichmäßigkeit bezüglich der chemischen Zusammensetzung leisten einen wesentlichen Beitrag zur Sicherheit von Anlagen. Die Berechenbarkeit von Stählen bezüglich ihres Versagensverhaltens hat in den letzten Jahren erhebliche Fortschritte erzielt, sodass heute auch extreme Werkstoffbeanspruchungen im Rechner simuliert und kritische Bauteilpositionen identifiziert werden können. Dies führt dazu, dass das Leistungsvermögen moderner Werkstoffe besser ausgenutzt und gleichzeitig Bauteile sicherer betrieben werden können.

 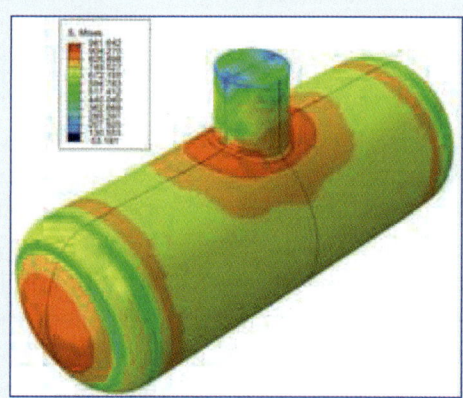

Extreme Anforderungen an den Korrosionswiderstand, den Verschleiß- oder Erosionswiderstand können häufig nur durch sehr schwierig herstellbare und teure Werkstoffe befriedigt werden. Durch die großflächig oder lokal erzeugten Verbindungen von zwei oder mehreren Werkstoffen können gezielt unterschiedliche Eigenschaften miteinander kombiniert werden, die deutliche funktionale oder ökonomische Vorteile gegenüber einem homogenen Material aufweisen. Hier bietet sich häufig die Kombination eines Stahls als Grundwerkstoff mit einer metallischen Auflage aus Nickel- oder Titanlegierungen an, die beispielsweise durch Walzplattieren hergestellt wird. Für die Herstellung eines Werkstoffverbundes kommen verschiedene Verfahren, wie das Warmwalz- oder Kaltwalzplattieren, für schwer umformbare Werkstoffe in großen Dicken auch das Sprengplattieren zum Einsatz. Des Weiteren gibt es gießtechnische Verfahren wie den Verbundguss oder Sonderverfahren wie das Auftragschweißen zur Herstellung von Werkstoffverbunden für den Anlagenbau.

Der Anlagenbau ist auch heute noch ein wichtiger Ausgangspunkt gerade für die Entwicklung hochlegierter Stähle. Steigende Sicherheitsanforderungen, beispielsweise in Kernkraftwerken, neue Verfahrenstechniken, beispielsweise zur Offshore-Verarbeitung von Rohstoffen, erfordern neue Werkstoffe, neue Simulationstechniken und neue Berechnungsverfahren. Einen Einstieg in den Stand der Technik und aktuelle Herausforderungen ermöglicht dieses Kapitel.

2-1 Stähle für den Kessel- und Druckbehälterbau

Andreas Kern, Esther Pfeiffer, Sebastian Münstermann

2-1.1 Allgemeines

Die Anwendungsbereiche des Kessel- und Druckbehälterbaus reichen vom Feuerlöscher bis zum Dampfkessel, vom Druckluftspeicher bis zum über 1000 t schweren Hydrocracker, von der Gasflasche bis zum Großtank für verflüssigte Gase (Richter et al. 2001). Unter dem Gesichtspunkt eines steigenden globalen Energiebedarfs hat insbesondere die Nachfrage nach Druckbehältern und Anlagen für die Verflüssigung von Gasen sowie für deren Transport und Lagerung in den letzten Jahren stetig zugenommen. Dabei werden Flüssiggase (LPG = Liquefied Petroleum Gas), wie z.B. Propan oder Butan, bei Temperaturen von bis zu − 55 °C oder auch die verflüssigten Naturgase (LNG = Liquefied Natural Gas) Methan und Ethan bei Temperaturen von bis zu − 163 °C gelagert oder transportiert (Degenkolbe 1982). In Bild 2-1.1 sind einige Anwendungsbeispiele für den Einsatz von Stählen im Kessel- und Behälterbau aufgeführt.

Stähle für den Behälterbau werden zumeist in der Produktform Grobblech geliefert. Sie erfüllen hohe Anforderungen an das Verarbeitungs- und Gebrauchsverhalten und müssen sich nach den üblichen Methoden durch Kalt- oder Warmumformen, Trennen, Fügen und Spanen verarbeiten lassen sowie ausreichenden Widerstand gegen die während der Verarbeitung und im Betrieb auftretenden statischen und dynamischen Beanspruchungen aufweisen. Ein besonderes Augenmerk liegt dabei auf einer guten Schweißbarkeit solcher Stähle. Die Gebrauchseigenschaften dürfen sich während der vorgesehenen Lebensdauer des Bauwerkes nicht so weit ändern, dass die Tragfähigkeit der Konstruktion beeinträchtigt wird.

Aus Sicherheitsgründen wird bei Behälterstählen besonderer Wert auf die Sprödbruchsicherheit der Bauteile gelegt. Selbst wenn in einem Katastrophenfall die Anlage durch Überbeanspruchung zerstört werden sollte, darf ein Bauteil nicht spröde zersplittern, son-

Bild 2-1.1
Verschiedene Konstruktionen als Beispiele für den Behälterbau

dern muss durch einen duktilen Bruch versagen. Die Zähigkeit metallischer Werkstoffe nimmt mit fallender Temperatur ab. Deshalb müssen Stähle mit umso höherer Eigenzähigkeit eingesetzt werden, je tiefer die Betriebstemperatur ist. Im Interesse der Wirtschaftlichkeit wird angestrebt, dass die Werkstoffeigenschaften den Zähigkeitsanforderungen genügen, sie aber nicht wesentlich übersteigen. Deshalb werden für unterschiedliche Bereiche des Kessel- und Behälterbaus Stähle mit unterschiedlichen Zähigkeitseigenschaften eingesetzt (Degenkolbe 1973).

Der Einsatz von Behälterstählen mit hoher Streckgrenze bietet vor allem bei hochbeanspruchten Konstruktionen und Anlagen Vorteile im Hinblick auf eine Werkstoffersparnis und somit eine überproportionale Reduzierung an Materialkosten. Ein wesentlicher Gesichtspunkt in diesem Zusammenhang ist außerdem, dass sich der Einfluss der Blechdicke auf die Gewährleistungswerte bei Verwendung höherfester Stähle weniger auswirkt als bei Stählen geringer Festigkeit (Uwer 1978).

Die in diesem Kapitel betrachteten Stähle für den Behälterbau haben ein ferritisches Gefüge und sind unlegiert oder nickellegiert. Die nickellegierten Stähle sind durch besondere Zähigkeitseigenschaften bei tiefen Temperaturen unter $-50\,°C$ gekennzeichnet. Dies wird durch Ni-Gehalte von 0,5 bis 9 % erreicht.

Im Folgenden wird auf die Anforderungen an die Behälterstähle, deren Herstellung und charakteristischen Eigenschaften sowie auf die für den Kessel- und Druckbehälterbau wichtigen Stahlgüten näher eingegangen. Im letzten Kapitel wird ein Ausblick auf künftige Neuentwicklungen bedingt durch die steigenden Kundenanforderungen an die Behälterstähle gegeben.

2-1.2 Anforderungen an Druckgeräte

Stähle für den Druckbehälterbau haben im Wesentlichen strukturelle Aufgaben zu erfüllen. Sie bilden die Umschließung eines druckführenden Bereichs und müssen daher sicherheitstechnische Aufgaben erfüllen. Ihre Auslegung und Dimensionierung erfolgt nach strengen Regularien. In Europa legt die Druckgeräterichtlinie PED 97/23 die Anforderungen an die Druck-

geräte fest und nennt harmonisierte Normen für Bemessung und Auslegung. Führend ist dabei die DIN EN 13445 2015 für unbefeuerte Druckbehälter. Zum anderen ist der amerikanische ASME-Code von großer Wichtigkeit. Dieser ist der weltweit am häufigsten genutzte Standard für die Konstruktion und Fertigung von Druckbehältern, auch im asiatischen Raum. Allerdings ist der ASME-Code nicht konform zur europäischen Druckgeräterichtlinie PED 97/23 EC. Daher stellt der ASME-Code keine wirkliche Alternative für europäische Druckgerätebetriebe dar. In Deutschland dominiert daneben immer noch das AD-Regelwerk (AD 2000 2015) als Vorschrift für die konstruktive Auslegung von Behältern in Konkurrenz zur DIN EN 13445 aus dem Jahr 2014.

Das schlagartige Bersten einer druckführenden Komponente birgt ein riesiges Gefahrenpotenzial für Mensch und Umwelt. Aus diesem Grund muss durch entsprechende Nachweise sichergestellt werden, dass es nicht zu solch verheerenden Schadensereignissen kommt. Die Durchführung dieser Sicherheitsnachweise ist von entsprechenden Regelwerken formal vorgeschrieben (ASME-Code, DIN EN 13445). Aus den Nachweisverfahren ergeben sich die nachfolgend beschriebenen Anforderungen an die Eigenschaften von Stählen für unbefeuerte Druckbehälter.

2-1.2.1 Anforderungen an die mechanischen Eigenschaften

2-1.2.1.1 Anforderungen an die Festigkeit

Der wesentliche Nachweis bei der Auslegung von unbefeuerten Druckbehältern ist der Festigkeitsnachweis. Damit wird sichergestellt, dass die auftretenden Spannungen selbst unter den ungünstigsten Beanspruchungsbedingungen nicht die Widerstandsfähigkeit des Materials überschreiten. Sinnvollerweise werden die höchsten zulässigen Spannungen dabei so gewählt, dass kein plastisches Fließen auftritt.

Dabei stellt sich das Problem, dass die zumeist mehrachsige Spannungsbeaufschlagung einer Komponente mit der im einachsigen Zugversuch ermittelten Streckgrenze verglichen werden muss. Die Kontinuumsmechanik beschreibt die Spannung in einem Materialpunkt als einen Tensor zweiter Stufe. Von den neun Komponenten des Tensors sind allerdings nur sechs voneinander unabhängig, weil der Spannungstensor aufgrund von Gleichgewichtsbedingungen symmetrisch sein muss. Um entscheiden zu können, ob plastisches Fließen stattfindet, muss nun aus dem Spannungstensor eine in ihrer Wirkung gleichwertige skalare Größe bestimmt werden, die mit der im einachsigen, quasistatischen, isothermen Zugversuch bestimmten Fließspannung des Werkstoffs verglichen werden kann. Diese in ihrer Wirkung gleichwertige Spannung wird Vergleichsspannung (engl.: equivalent stress) genannt. Für Stähle gibt es verschiedene Definitionen der Vergleichsspannung. Die gängigsten davon verbindet die Gemeinsamkeit, dass sie unabhängig von der Höhe der hydrostatischen Spannungen sind und nur die deviatorischen Spannungen berücksichtigen. Dies lässt sich mit einem einfachen Gedankenexperiment veranschaulichen: Setzt man eine massive Kugel aus Stahl ausschließlich hydrostatischen Spannungen aus, so wird sich diese Kugel unabhängig vom Betrag der Spannung nicht plastisch verformen können. Dies liegt an der anzunehmenden Volumenkonstanz. Würde es unter rein hydrostatischen Druckspannungen zur plastischen Verformung kommen, so wäre dies unweigerlich mit einer Verringerung des Volumens verbunden. Da diese Volumenabnahme nicht möglich ist, kann es auch unter rein hydrostatischen Spannungen nicht zur plastischen Verformung kommen.

Nach Tresca tritt plastisches Fließen dann ein, wenn die größte Schubspannung einen kritischen Wert erreicht (Tresca 1864). Dieses Modell würde unter rein hydrostatischen Spannungen für die Vergleichsspannung einen Wert von null anzeigen. Somit erfüllt die Vergleichsspannungsdefinition nach Tresca die Bedingung, dass unter rein hydrostatischen Spannungen keine für das plastische Fließen relevante Beanspruchung angezeigt werden darf. Der Mohrsche Spannungskreis verrät zudem, dass die größte Schubspannung aus den Hauptspannungen σ_1 und σ_3 berechnet wird (Richard 2004). Somit ist die Vergleichsspannung nach Tresca unabhängig von der zweiten Hauptspannung. Das heutzutage etwas weiter verbreitete Fließkriterium nach von Mises (v. Mises 1913) leitet die Vergleichsspannung aus der Gestaltänderungsarbeit ab und betrachtet deshalb alle drei Hauptspannungen. Auch die Vergleichsspannungsdefinition nach von Mises erfüllt die Bedingung, dass unter rein hydrostatischen Spannungen keine für das plastische Fließen relevante Spannung angezeigt wird.

Die Auslegungsregelwerke halten verschiedene Verfahren vor, um die Vergleichsspannung an jeder Stelle oder zumindest in den für die Auslegung relevanten Bereichen des Behälters zu bestimmen. Bei diesen Verfahren handelt es sich in der Regel um analytische Ansätze, die auf der Anwendung der Kesselformel beruhen. Immer mehr wird von den Regelwerken aber auch die numerische Spannungsanalyse im Rahmen der Finite-Elemente-Methode in Betracht gezogen.

Die Spannungen in den relevanten Stellen des Behälters hängen von der Behältergeometrie (Durchmesser, Wanddicke) sowie vom Innendruck ab. Zudem darf die Vergleichsspannung im Materialpunkt nicht die zulässige und von der Festigkeit des Werkstoffs abhängige Bemessungsspannung überschreiten. Somit wird im Festigkeitsnachweis eine Dreiecksbeziehung zwischen der Werkstofffestigkeit, der Behältergeometrie und dem maximalen Innendruck aufgezeigt. Am sehr einfachen Beispiel der Zylinderschale eines Druckbehälters lässt sich unter Verwendung der analytischen Ansätze der Auslegungsnorm DIN EN 13445 zeigen,

- wie sich bei konstantem Druck und Durchmesser die Wanddicke reduzieren ließe, wenn Werkstoffe höherer Festigkeit eingesetzt würden (Bild 2-1.2),
- wie sich bei konstantem Durchmesser und konstanter Wanddicke der Druck vergrößern ließe, wenn höherfeste Werkstoffe eingesetzt würden (Bild 2-1.3),
- wie sich bei konstanter Festigkeit und konstantem Durchmesser der Druck vergrößern ließe, wenn größere Wanddicken vorgesehen würden (Bild 2-1.4).

Dieser einfache Vergleich soll lediglich die Interaktion von Geometrie, Werkstoffeigenschaften und äußerer Belastung verdeutlichen und berücksichtigt deshalb nicht, dass unter Umständen anderweitige Nachweisverfahren eine der hier dargestellten Lösungen verhindern würden. Ungeachtet dieser Einschränkung wird jedoch auch deutlich, dass hochfeste Stähle für den Druckbehälterbau ein erhebliches Leichtbaupotenzial mit sich bringen, weil bei gleicher Baugröße und gleichem Innendruck die Wanddicke verringert und Material eingespart werden könnte. Hieraus ergibt sich unmittelbar die Anforderung einer hohen Festigkeit an die Druckbehälterstähle.

2-1.2.1.2 Anforderungen an die Verfestigung

Die Toleranz eines Druckbehälters gegenüber Überlasten hängt unter anderem stark von der Verfestigung des Werkstoffs ab; also von der Steigung der Spannungs-Dehnungs-Kurve im Zugversuch bei plastischer Verformung. Auch dieser Zusammenhang lässt sich anhand eines Gedankenexperiments veranschaulichen:

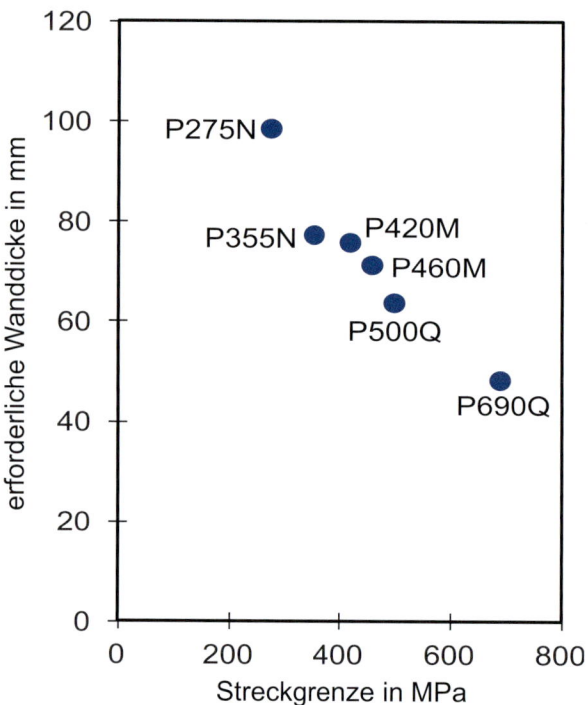

Bild 2-1.2 Erforderliche Wanddicke einer Zylinderschale mit 1500 mm Innendurchmesser für verschiedene Druckbehälterstähle unter der Annahme eines Innendrucks von 200 bar. Auswertung gemäß DIN EN 13445-3, Abschn. 7.4.2

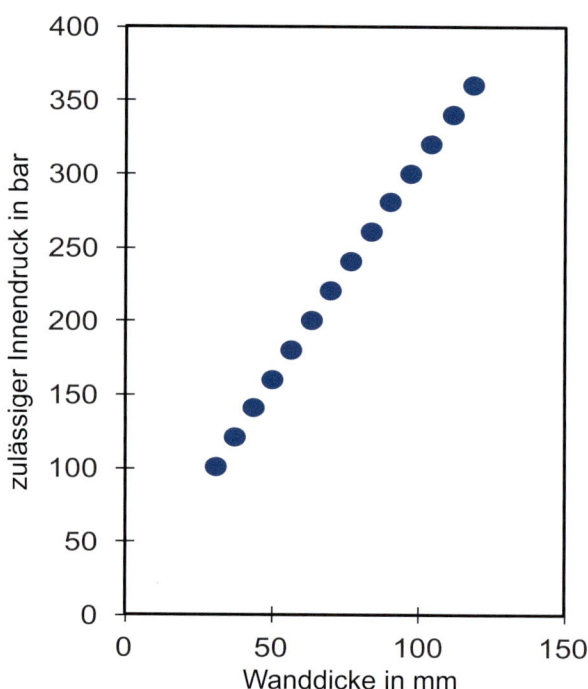

Bild 2-1.4 Zulässiger Innendruck einer aus dem Druckbehälterstahl P500Q gefertigten Zylinderschale mit 1500 mm Innendurchmesser für verschiedene Wanddicken. Auswertung gemäß DIN EN 13445-3, Abschn. 7.4

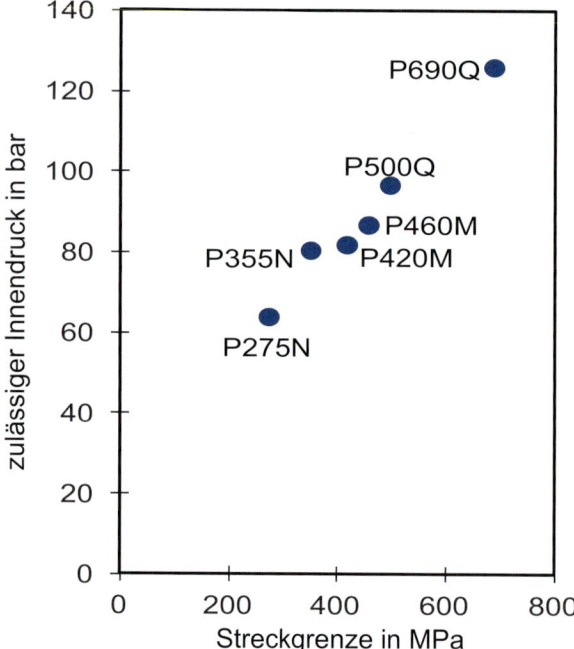

Bild 2-1.3 Zulässiger Innendruck einer Zylinderschale mit 1500 mm Innendurchmesser und 30 mm Wanddicke für verschiedene Druckbehälterstähle. Auswertung gemäß DIN EN 13445-3, Abschn. 7.4.2

Kommt es infolge einer auslegungsüberschreitenden Belastungssituation zur lokalen Plastifizierung des Werkstoffs, so ist aufgrund der geometrischen Voraussetzungen anzunehmen, dass diese plastische Verformung mit einer Oberflächenzunahme und somit einer lokalen Verringerung der Wanddicke einhergeht. Automatisch steigen lokal die Spannungen an, weil die Fläche des tragenden Querschnitts verringert wird, ohne dass sich die Schnittgrößen nennenswert verändert hätten. Der Prozess der plastischen Verformung wird somit von einer geometrisch bedingten Entfestigung begleitet. Dies ist jedoch so lange unschädlich, wie die aus der plastischen Verformung resultierende und auf eine Erhöhung der Versetzungsdichte zurückzuführende physikalische Verfestigung die geometrische Entfestigung übertrifft. Wenn allerdings der Werkstoff kein ausreichendes Verfestigungsverhalten aufweist, dann muss es aufgrund der lastkontrollierten Beanspruchungssituation zwangsläufig zum Versagen des Behälters bei hohen lokalen Dehnraten kommen, weil die geometrische Entfestigung größer ist als die physikalische Verfestigung.

Dieser Zusammenhang verdeutlicht, dass Druckbehäl-

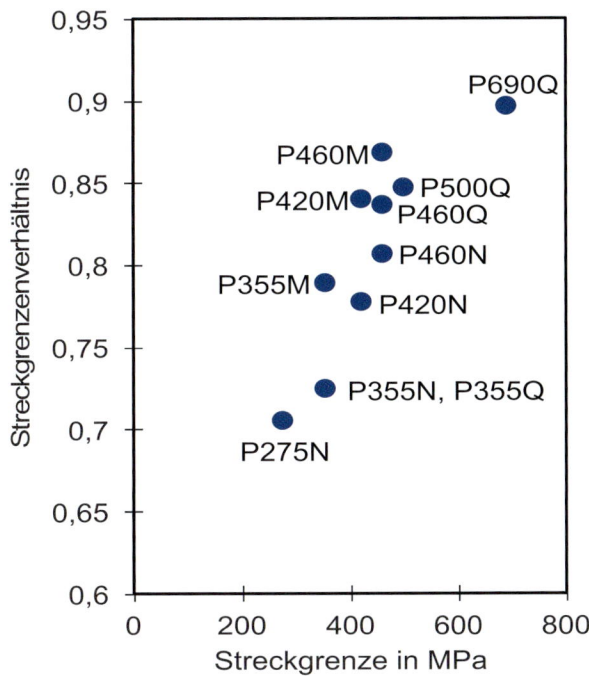

Bild 2-1.5 Einfluss der Festigkeit auf das Streckgrenzenverhältnis von Druckbehälterstählen

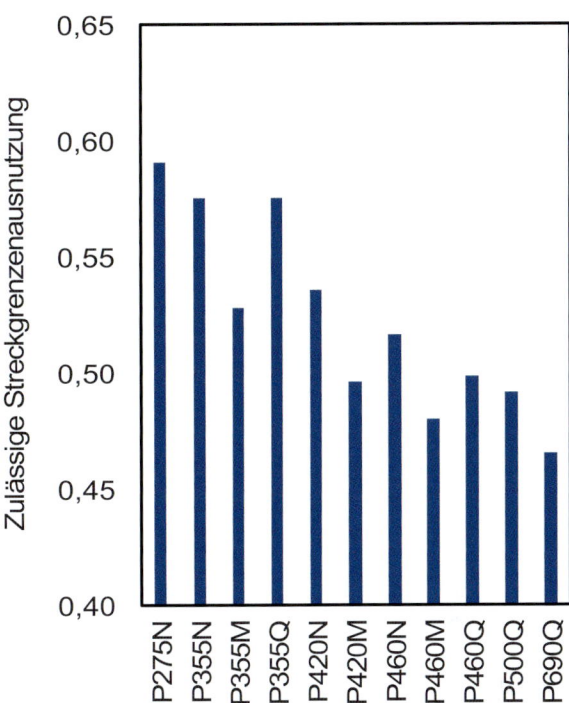

Bild 2-1.6 Zulässige Streckgrenzenausnutzungen für verschiedene Druckbehälterstähle gemäß DIN EN 13445, DBA-Verfahren

terstähle neben einer hohen Fließspannung auch ein ausreichendes Verfestigungsverhalten aufweisen sollten. Als Maß hierfür wird von den meisten Auslegungsvorschriften das Verhältnis von Streckgrenze zu Zugfestigkeit angesetzt. Je mehr sich dieses Streckgrenzenverhältnis dem Wert von eins annähert, desto weniger stark ausgeprägt ist die Verfestigung. Bild 2-1.5 zeigt auf, dass bei den in der europäischen Lieferbedingung für Druckbehälterstähle aufgeführten Werkstoffen das Streckgrenzenverhältnis mit zunehmender Festigkeit immer weiter ansteigt. Dementsprechend erlaubt die europäische Norm zur Auslegung unbefeuerter Druckbehälter mit zunehmender Werkstofffestigkeit auch immer geringere Ausnutzungsgrade der Fließspannung. Diesen Zusammenhang verdeutlicht Bild 2-1.6 in Form eines Säulendiagramms.

In Ergänzung zu diesen indirekt ausgedrückten Anforderungen an die Werkstoffverfestigung formuliert die Auslegungsnorm DIN EN 13445 eine einfache Anforderung an die Werkstoffduktilität. So darf die Bruchdehnung des Werkstoffs in alle Prüfrichtungen einen Wert von 14 % nicht unterschreiten. Da die Bruchdehnung eine von der Probenlänge abhängige Kenngröße ist, muss dieser Mindestwert an Proportionalstäben mit einer Messlänge

$$L_0 = 5{,}65 \cdot \sqrt{S_0}$$

nachgewiesen werden. Hierin sind L_0 die Ausgangsmesslänge sowie S_0 die Ausgangsquerschnittsfläche der Probe. Bei Abweichungen von dieser Geometrie sind entsprechende genormte Umrechnungsverfahren anzuwenden.

2-1.2.1.3 Anforderungen an die Zähigkeit

Im Rahmen des Festigkeitsnachweises wird belegt, dass an keiner Stelle des betrachteten Druckbehälters die Vergleichsspannung Werte jenseits der Bemessungsspannung annehmen kann. Da diese deutlich unterhalb der Fließspannung des Werkstoffs liegt, sind somit keine plastischen Verformungen möglich, was automatisch das Auftreten von Gleitbruch ausschließt. Dies liegt daran, dass der Gleitbruchmechanismus auf der Bildung, dem Wachstum und der Vereinigung von Poren beruht (Bild 2-1.7). Dieser Vorgang kann bei moderaten Temperaturen nur durch plastische Verformung hervorgerufen werden und findet somit bei Belastungen unterhalb der Fließspannung nicht statt.

Dennoch ist denkbar, dass es auch bei Spannungen

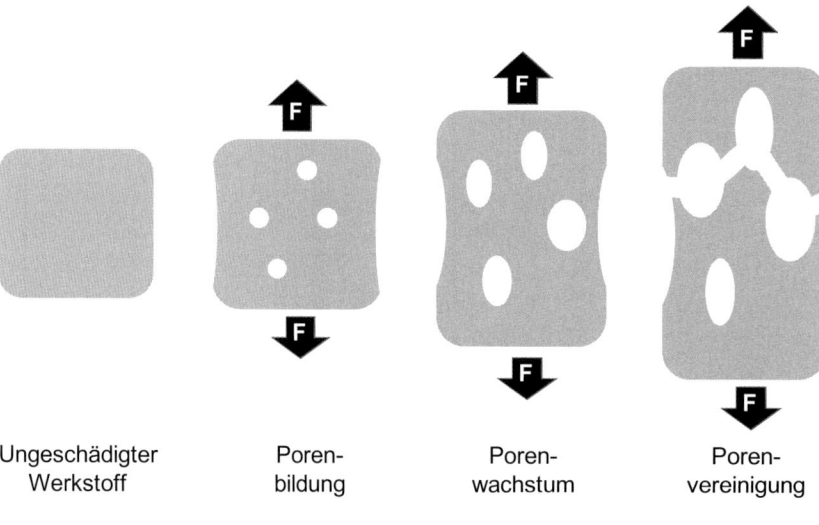

Ungeschädigter Werkstoff

Poren-bildung

Poren-wachstum

Poren-vereinigung

Bild 2-1.7
Schematische Darstellung des Gleitbruchmechanismus in Metallen

deutlich unterhalb der Fließspannung zum Bruch kommen kann. In diesem Fall muss der in Bild 2-1.8 skizzierte Spaltbruchmechanismus aktiviert werden. Dieser beruht zunächst auf der Bildung von mikroskopisch kleinen Defekten, welche durch Versetzungsreaktionen oder aber durch das Versagen einzelner Partikel hervorgerufen werden. Liegen ausreichend große Zugspannungen an diesen mikroskopisch kleinen Defekten vor, dann kommt es zum schlagartigen Versagen, weil ausgehend von den Mikrodefekten die atomaren Bindungskräfte überwunden werden. Der so beschriebene Spaltbruchmechanismus zeichnet sich somit durch zwei Besonderheiten aus:

- Er verläuft abgesehen von den mikroplastischen Verformungen bei der Defektbildung weitgehend verformungslos.
- Das eigentliche Bruchereignis wird aktiviert durch die lokal wirkenden Zugspannungen. Es ist somit

von der ersten Hauptspannung abhängig, aber nicht von der Vergleichsspannung.

Diese beiden Besonderheiten verdeutlichen, dass es grundsätzlich auch bei Beanspruchungen zum Spaltbruch kommen kann, bei denen aufgrund des Spannungszustands zwar nicht die Vergleichsspannung die Fließgrenze übertrifft, aber die erste Hauptspannung größer als die Spaltbruchspannung des Werkstoffs ist. Somit müssen unabhängig vom Festigkeitsnachweis auch Vorkehrungen gegen die Aktivierung des Spaltbruchmechanismus getroffen werden. Zu diesem Zweck werden Zähigkeitsanforderungen an den Werkstoff definiert.

Diese Definition basiert auf der Anwendung bruchmechanischer Konzepte. Für die gängigen Druckbehälterstähle wurden diese in der europäischen Auslegungsvorschrift für unbefeuerte Druckbehälter DIN EN 13445 so aufbereitet, dass in Abhängigkeit von der

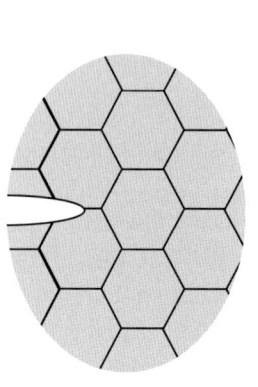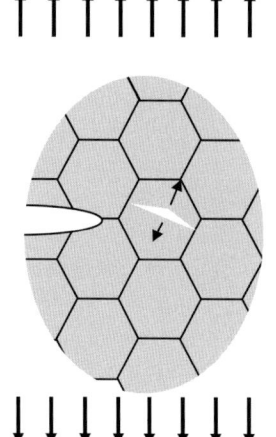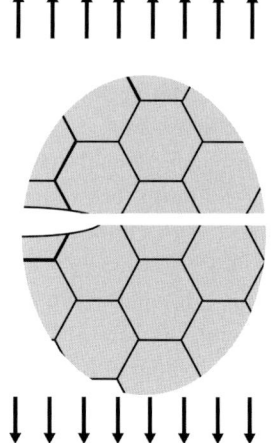

Bild 2-1.8
Schematische Darstellung des Spaltbruchmechanismus in Metallen

vom Stahlhersteller garantierten Übergangstemperatur des Kerbschlagbiegeversuchs und der gewählten Blechdicke die niedrigste Designtemperatur durch Auswertung eines in der Norm hinterlegten Nomogramms bestimmt werden kann. Dieses Verfahren hat den Vorteil, dass der Zähigkeitsnachweis auch von Ingenieuren geführt werden kann, die nicht Experten in der Anwendung bruchmechanischer Konzepte sind. Im nachfolgenden Kapitel werden die bruchmechanischen Konzepte erläutert, die zur Herleitung der beschriebenen Nomogramme geführt haben.

Die Bruchmechanik liefert Konzepte zur Bewertung von angerissenen Bauteilen. Da aufgrund des beschriebenen Festigkeitsnachweises ausgeschlossen werden kann, dass es zu großen plastischen Verformungen kommt, kann zum Zwecke der Ableitung von Zähigkeitsanforderungen an Stähle für unbefeuerte Druckbehälter auf die linear-elastische Bruchmechanik zurückgegriffen werden (Sandström 2004).

Unter der Annahme von isotropem Materialverhalten ergibt sich die Spannungsintensität als Maß für die Rissspitzenbeanspruchung anhand der Gleichung

$$K_\mathrm{I} = \sigma_\mathrm{appl} \sqrt{\pi a} \cdot Y(a, 2c, t)$$

Hierin bezeichnet σ_appl die senkrecht auf die Rissflanken wirkende Spannung, a ist die Tiefe des angenommenen Risses, $2c$ ist seine Breite und t ist die Blechdicke. Die Funktion $Y(a, 2c, t)$ ergibt einen Korrekturfaktor zur Berücksichtigung geometrischer Effekte der Bauteil-Riss-Konfiguration. Im hier beschriebenen Fall der DIN EN 13445 wird die Rissannahme an die Blechdicke gekoppelt, indem ein konstantes Verhältnis zwischen Risstiefe und Blechdicke von $a/t = 0{,}25$ angenommen wird. Der Riss selbst wird als semi-elliptischer Oberflächenanriss angenommen, der ein Verhältnis zwischen Risstiefe und Rissbreite von $a/c = 0{,}4$ aufweist. Für diese geometrische Risskonfiguration ergibt sich ein Korrekturfaktor $Y(a, 2c, t) \approx 1{,}0$ (Raju 1982, Metals Handbook 1996).

Um die einwirkende Spannungsintensität berechnen zu können, werden auch die Spannungen benötigt. Hier werden zunächst verschiedene Ausnutzungen der Nennstreckgrenze des Werkstoffs in Höhe von 25 %, 50 % und 75 % angenommen. Diese Werte werden anschließend um 100 MPa vergrößert, weil die tatsächlichen Werkstofffestigkeiten die Nennwerte in der Regel überschreiten. Zudem werden Zugeigenspannungen in Höhe der Streckgrenze angenommen. Unter Verwen-

dung dieser Annahmen können die einwirkenden Spannungsintensitäten bestimmt werden. Aus diesen lässt sich die erforderliche Zähigkeit ableiten, indem formal die Grenzzustandsbetrachtung „Einwirkung gleich Widerstand" gelöst wird. Hier ist allerdings zu beachten, dass bruchmechanische Kenngrößen abhängig vom Spannungszustand sind. Somit kann nicht direkt gefordert werden, dass die einwirkende Spannungsintensität gleich der Bruchzähigkeit des Werkstoffs sein muss. Vielmehr gilt, dass die einwirkende Spannungsintensität unter Berücksichtigung des im Bauteil vorliegenden Spannungszustands in die im ebenen Dehnungszustand zu ermittelnde Bruchzähigkeit des Werkstoffs überführt werden muss. Diese aufgrund der Spannungszustandseinflüsse auf die bruchmechanischen Kenngrößen durchzuführende Korrektur erfolgt in dieser Grenzzustandsanalyse in der Regel auf Basis des „Failure Assessment Diagram" (FAD) (Anderson 2005). Ein typisches FAD zeigt Bild 2-1.9. Hierin ist die Ausnutzung der Bruchzähigkeit K_R über dem Plastifizierungsgrad L_R aufgetragen. Die Grenzkurve separiert den sicheren vom unsicheren Auslegungsbereich.

Das Verfahren beruht demnach darauf, dass aus der Rissgeometrie und den auftretenden mechanischen Spannungen Rissspitzenbeanspruchungen unter den gegebenen Spannungszuständen ermittelt werden. Diese werden mit Hilfe des „Failure Assessment Diagram" in erforderliche bruchmechanische Zähigkeitsanforderungen bei der niedrigsten Einsatztemperatur umgerechnet. Anschließend ergibt sich durch Anwendung des mittlerweile genormten Master-Curve-Kon-

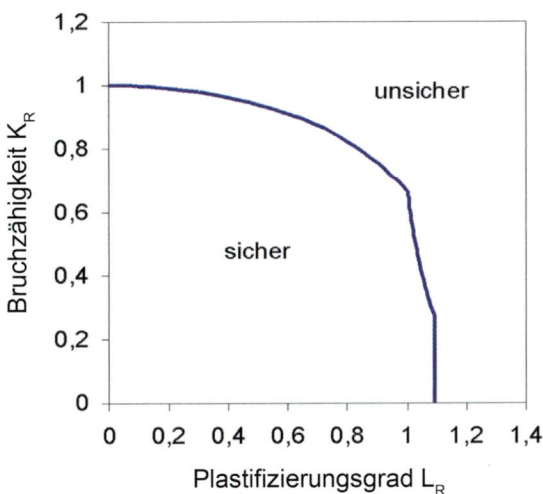

Bild 2-1.9 Failure Assessment Diagram

zepts (Wallin 1999) eine zu fordernde Referenztemperatur T100, bei der der Konstruktionswerkstoff eine Zähigkeit von $K_{IJ} = 100\,\text{MPa}\sqrt{m}$ aufweist. Dabei bedeutet K_{IJ}, dass es sich um einen aus einem J_C-Wert errechneten K-Wert handelt und nicht um einen gültigen K_{IC}-Wert. Danach erfolgt die Anbindung an den Kerbschlagbiegeversuch, indem die geforderte Temperatur T100 mit einer zu fordernden Temperatur T_{27J} aus dem Kerbschlagbiegeversuch empirisch korreliert wird (Liessem 1996).

Formal ergibt sich damit eine Dreiecksbeziehung zwischen der Designtemperatur, der zu fordernden Übergangstemperatur aus dem Kerbschlagbiegeversuch und der Blechdicke t. Diese kann so aufgelöst werden, dass für gegebene Einsatztemperaturen und Übergangstemperaturen die zulässigen Blechdicken errechnet werden können. Somit können Nomogramme für die verschiedenen Festigkeitsstufen der Druckbehälterstähle konstruiert werden. Bild 2-1.10 zeigt ein solches Nomogramm am Beispiel eines Druckbehälterstahls mit einer Nennstreckgrenze von 355 MPa, der schweißtechnisch verarbeitet und einer anschließenden Spannungsarmglühung unterzogen wurde. Im Nomogramm ist die Auslegungstemperatur über der im Kerbschlagbiegeversuch zu ermittelnden Übergangstemperatur T_{27J} aufgetragen, und für verschiedene Blechdicken sind die funktionalen Zusammenhänge zwischen der Auslegungstemperatur und der zu fordernden Übergangstemperatur eingetragen. Es wird deutlich, dass mit fallender Auslegungstemperatur auch die geforderte Übergangstemperatur immer weiter abnimmt. Zudem werden auch mit zunehmender Blechdicke immer höhere Zähigkeitsanforderungen definiert.

Grundsätzlich besteht die Möglichkeit, dass vorhandene Risse infolge zyklischer Lasten wachsen. Dementsprechend sollten die Zähigkeitsanforderungen auch nicht anhand der ursprünglichen Rissgeometrien ermittelt werden. Vielmehr sollte das zyklische Risswachstum mit in Betracht gezogen werden. Die Zyklenzahl bei unbefeuerten Druckbehältern ist allerdings in den meisten Fällen sehr gering (< 500 Zyklen), sodass kein zyklisches Risswachstum angesetzt werden muss. Somit werden in der Regel auch keine signifikanten Anforderungen hinsichtlich der zyklischen Festigkeitseigenschaften definiert.

2-1.2.2 Anforderungen an das Verarbeitungs- und Gebrauchsverhalten

Es gibt drei wesentliche Verarbeitungsschritte bei der Herstellung unbefeuerter Druckbehälter, nämlich das Zuschneiden der gewünschten Blechabmessungen, das Einformen des Behälters sowie das Zusammenfügen der einzelnen Komponenten. Diese Verarbeitungsschritte definieren somit Anforderungen an die Zerspanbarkeit, die Kalt- und Warmverformbarkeit sowie die Schweißbarkeit.

Die hier betrachteten Druckbehälterstähle sind üblicherweise unlegiert. Für besondere Tieftemperaturanwendungen werden legierte Stähle mit Ni-Zugaben bis zu 9 % verwendet (kaltzähe Stähle). Zur Bewertung ihrer Schweißbarkeit wird in erster Linie die chemische Zusammensetzung betrachtet. So formuliert die Norm DIN EN 13445 Anforderungen an die Höhe der Legierungsanteile der Stähle für drucktragende Teile, um somit die Schweißbarkeit der Stähle sicherzustellen,

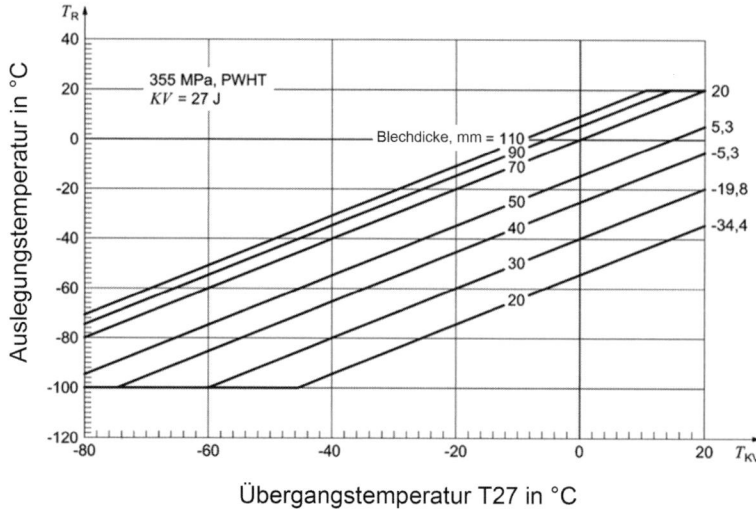

Bild 2-1.10
Nomogramm zur Festlegung von Zähigkeitsanforderungen am Beispiel von schweißtechnisch verarbeiteten und wärmebehandelten Bauteilen aus Stählen mit einer Nennstreckgrenze von 355 MPa (DIN EN 13445)

die sich dann natürlicherweise mit den Vorgaben der Werkstoffnormen DIN EN 10028 decken. Diese Anforderungen sind in Tabelle 2-1.1 zusammengefasst.

Tabelle 2-1.1 Anforderungen an die chemische Zusammensetzung von unlegierten Stählen für drucktragende Teile zur Sicherstellung ausreichender Schweißbarkeit. Auswertung gemäß DIN EN 13445

	Maximaler Gehalt nach Schmelzanalyse		
	% C	% P	% S
Design by Formula	0,23	0,035	0,025
Design by Analysis – direktes Verfahren	0,20	0,025	0,015

Hinsichtlich der Kaltverformbarkeit ist zu beachten, dass die lokalen Formänderungen nicht so groß werden, dass es zur Rissbildung kommt. Hier schreibt die Auslegungsnorm DIN EN 13445 vor, dass die Werkstoffe für drucktragende Teile frei sein müssen von inneren Fehlern und Oberflächenfehlern. Um sicherzustellen, dass es nicht zur Rissbildung kommt, dürfen deshalb minimale Biegeradien, welche mit steigender Festigkeit zunehmen, nicht unterschritten werden.

Als Alternative zur Kaltumformung bieten sich grundsätzlich Warmumformprozesse an. In der Warmumformung werden üblicherweise Temperaturen von 950 bis 1000 °C genutzt, in jedem Fall aber über Ac3. Dabei muss jedoch beachtet werden, dass insbesondere bei den vergüteten Stahlsorten durch diese Wärmebehandlung die mechanischen Eigenschaften verändert werden. Diese können durch eine erneute Vergütungsbehandlung wieder eingestellt werden. In SEW 088 sind Hinweise zur Verarbeitung der Feinkornbaustähle zusammengefasst (SEW 1993).

Daneben ist für das Gebrauchsverhalten zu beachten, dass zahlreiche Behälteranlagen, z.B. in der petrochemischen Industrie, schwefelwasserstoffhaltigen Medien ausgesetzt sind. Diese Stoffe können zu Schäden an Behältern und Rohrleitungen führen. Ursache dieser Schäden sind Korrosionsvorgänge durch freigesetzten Wasserstoff. Da die Schadstellen an den Innenseiten bzw. innerhalb der Wandungen liegen, sind diese von außen nur mit Hilfe aufwändiger Prüfverfahren erkennbar. Bauteilversagen durch diese Schädigungen können daher ohne Vorwarnung auftreten und im Extremfall sehr schwere Unfälle verursachen (Dillinger Hütte 2011). Bild 2-1.11 zeigt die mögliche Schädigung in einem Bauteil durch wasserstoffinduzierte Rissbildung. Für das Gebrauchsverhalten dieser Stähle ist daher ein ausreichender Widerstand gegen wasserstoffinduzierte Rissbildung (hydrogen induced cracking, HIC) notwendig (Kern 2010, Dillinger Hütte 2011).

Ausgehend von den zahlreichen Erfahrungen aus dem Rohrstahlsektor konnten die Grobblechhersteller in den vergangenen Jahren auch Stähle für den Behälterbau mit hohem Widerstand gegen HIC bereitstellen. Bild 2-1.12 zeigt schematisch den Mechanismus der wasserstoffinduzierten Rissbildung. Es wird deutlich, dass insbesondere hier der Reinheitsgrad der Stähle von besonderer Bedeutung ist (Dillinger Hütte 2011, Kern 2012).

Die Prüfung der HIC-Beständigkeit erfolgt nach fest vorgegebenen Vorschriften. Proben aus den Blechen werden entnommen und in eine gesättigte H_2S-Lösung gelegt (Bild 2-1.13). Der pH-Wert dieser Lösung liegt je nach Anforderung zwischen 3 und 5. In dieser Lösung werden die Proben in der Regel 72 h dem Angriff der

2

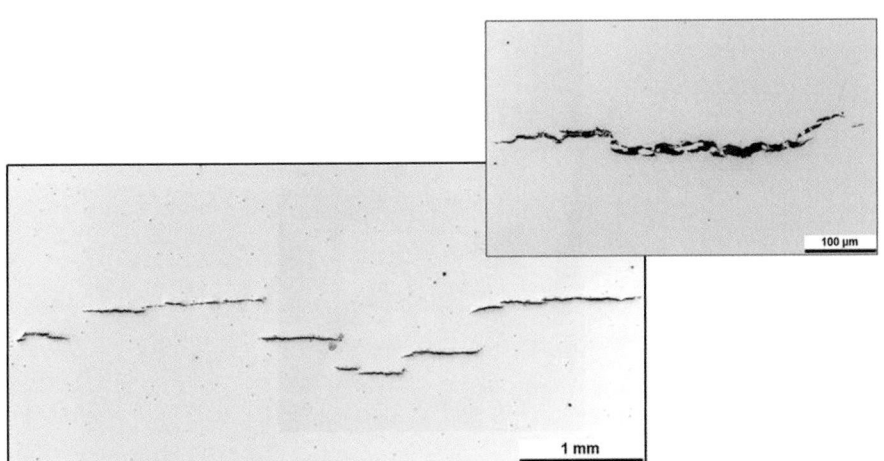

Bild 2-1.11
Bauteilschädigung bei wasserstoffinduzierter Rissbildung

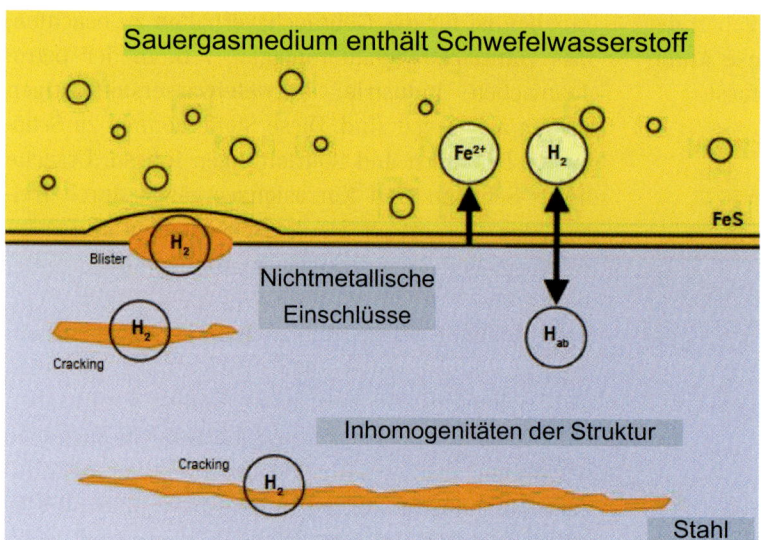

Bild 2-1.12
Mechanismen der wasserstoffinduzierten
Risskorrosion (HIC) – schematisch

Wasserstoffionen ausgesetzt. Nach erfolgtem Korrosionstest werden die Proben aus der Lösung entnommen und in vier Schliffe geteilt und metallografisch untersucht (Bild 2-1.14). Das Ausmaß des Rissbefalls wird dann anhand der Bewertungskriterien Risslängenverhältnis CLR (crack length ratio), Rissdickenverhältnis CTR (crack thickness ratio) und Rissempfindlichkeitsverhältnis CSR (crack sensitivity ratio) angegeben. Die Prüfergebnisse gelten in der Regel jeweils für den Mittelwert aller Proben und Schliffe eines Tests.

Die Anforderungen an die HIC-Beständigkeit werden dann häufig mit Grenzwerten für die o. g. Rissparameter definiert. Die Anforderungen an die Kennwerte CLR, CTR etc. sind üblicherweise in den Spezifikationen der Kunden oder in Normen verankert. Häufig wird dabei nach der Zusatzoption in der DIN EN 10028 bestellt.

Zusätzlich zur Forderung nach HIC-Beständigkeit wird häufig auch nach der SCC-Beständigkeit gefragt. Sulfid Stress Cracking (SSC) ist eine durch gleichzeitiges Ein-

Probenentnahme

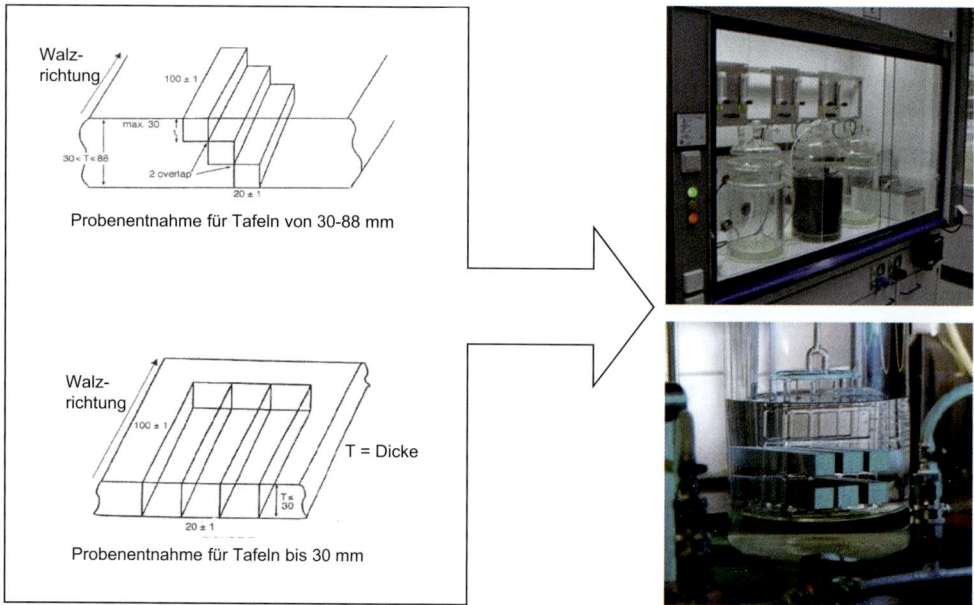

Bild 2-1.13 Prüfung der HIC-Beständigkeit nach NACE TM0284

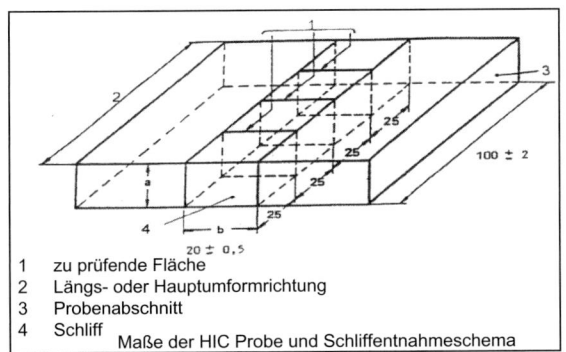

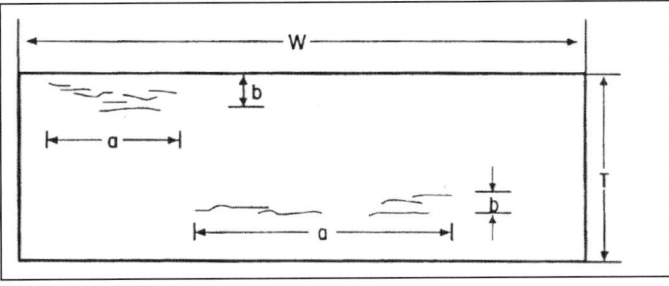

1 zu prüfende Fläche
2 Längs- oder Hauptumformrichtung
3 Probenabschnitt
4 Schliff
   Maße der HIC Probe und Schliffentnahmeschema

- **Berechnung von CSR, CLR und CTR je Schliff**

- **Durchschnitt über die Probe bzw. über drei Proben bilden**

$$CSR = \frac{\sum(a \times b)}{(W \times T)} \times 100\%$$

$$CLR = \frac{\sum a}{W} \times 100\%$$

$$CTR = \frac{\sum b}{T} \times 100\%$$

Bild 2-1.14 Bewertung der metallografischen Schliffe bei der Prüfung der HIC-Beständigkeit nach NACE TM0284

wirken von Wasserstoff und von außen aufgebrachter Beanspruchung auftretende Rissbildungsart, die in hochfesten Stählen und in der Wärmeeinflusszone von Schweißnähten auftreten kann. Da diese Schädigungsart primär mit der Härte des Werkstoffes zusammenhängt, wird die Härte des Grundwerkstoffes gemäß NACE MR 0175:2015 (NACE 2011) auf < 22 HRC begrenzt. Zur Durchführung des SSC-Tests müssen Prüflösung, Testdauer und Höhe der Zugspannung vereinbart werden.

Der Vollständigkeit halber sei mit „Stress Oriented Hydrogen Induced Cracking" (SOHIC) ein weiteres wasserstoffbedingtes Rissphänomen erwähnt, das für Blechanwendungen von untergeordneter Bedeutung ist. Hierbei werden an den Stellen, an denen mehrdimensionale Spannungszustände im Bauteil auftreten, im Vergleich zu den bisher beschriebenen Risstypen anders ausgeprägte Risse gefunden. Ausgangspunkte sind Kerben, Rissspitzen oder spannungsbeanspruchte Wärmeeinflusszonen von Schweißverbindungen. Typisch für diesen Risstyp ist eine Kombination von Rissen senkrecht zur Hauptspannungsrichtung des am stärksten beanspruchten Bereiches sowie von waagerechten Rissen in größerem Abstand davon. International wird an der Klärung dieses Schädigungsmechanismus und seinen Einflussgrößen gearbeitet. Ein genormter Test, der reproduzierbare Werte als Prüfkriterien liefert, ist bisher noch nicht verfügbar (Dillinger Hütte 2011).

Neben diesen technologischen Anforderungen an Stähle für den Anlagen- und Behälterbau stehen zunehmend auch scharfe Anforderungen an die Oberflächenqualität der gelieferten Grobbleche im Vordergrund. Diese muss möglichst frei von Kerben, Riefen und Kratzern sein, um mögliche Spannungskonzentrationen bei Verarbeitung und Gebrauch in der Nähe dieser Imperfektionen zu vermeiden, die zum Versagen der Konstruktion oder Ausfall des Bleches bei der Verarbeitung führen können. Üblicherweise ist der Oberflächenanspruch in der DIN EN 10163 geregelt. Hiernach sind Ungänzen bis zu der in Tabelle 2-1.2a gezeigten Tiefe ohne Reparatur zulässig. In Tabelle 2-1.2b ist vergleichend dazu eine verschärfte Oberflächenanforderung, wie sie z. B. für kaltzähe Stähle vielfach Verwendung findet, dargestellt.

Um dies sicherzustellen, gehen die Grobblechhersteller mehr und mehr zu einer eingehenden Oberflächenrevision im Rahmen der betrieblichen Gütesicherung und Qualitätsüberwachung über. Dazu gehören u. a. auch visuelle Einzelblechrevisionen auf Prüfböcken, die eine beidseitige Begutachtung der Blechoberflächen ermöglichen. Wichtig ist hier eine zielgerichtete Ausleuchtung der Bleche, um auch kleine, scharf ausgeprägte Ungänzen zu erkennen. Übliche Reparaturbehandlung für Oberflächenfehler ist das Schleifen, ggf. das Aufschweißen. Bild 2-1.15 zeigt ergänzend dazu im Vergleich die Oberflächencharakteristik bei fehlerhaft ausgeführter (Bild 2-1.15a) und anforderungsgerechter Oberfläche (Bild 2-1.15b).

2

Tabelle 2-1.2 a) und b)
Anforderungen an die Oberflächenqualität von Behälterstählen

a)

Nenndicke des Erzeugnisses *t*	Größte zulässige Tiefe der Ungänzen
3 ≤ t < 8	0,4
8 ≤ t < 25	0,5
25 ≤ t < 40	0,6
40 ≤ t < 80	0,8
80 ≤ t < 150	0,9
150 ≤ t < 250	1,2
250 ≤ t < 400	1,5

(alle Angaben in mm)

b)

Tiefe des Fehlers	Maßnahme	Resttiefe des Bleches an der Fehlerstelle
≤ 0,25 mm	keine	
> 0,25 mm und ≤ 0,30 mm	keine, wenn die Summe des Bereichs < 15%/m²	Bereiche mit einer Dicke von weniger als Nenndicke – 0,25 mm müssen kleiner als 155 cm² sein, um durch Schweißungen mit Übereinstimmung der Kundenvorgaben zu reparieren. Die Schweißung sollte vom Kunden durchgeführt werden.
	reparieren durch Schleifen, wenn die Summe des Bereichs > 15%/m²	
> 0,30 mm und ≤ 0,50 mm	keine, wenn die Summe des Bereichs < 5%/m²	
	reparieren durch Schleifen, wenn die Summe des Bereichs > 5%/m²	
> 0,50 mm	reparieren durch Schleifen	

Fehler wie Brüche, Schalen und Risse müssen, unabhängig von deren Anzahl und Größe, rückstandslos entfernt werden.

a)

unzureichend

b)

anforderungsgerecht

Bild 2-1.15
a) und b) Ausführung von Blechoberflächen bei Grobblechen aus Behälterstählen

2-1.3 Herstellung und Eigenschaften

Voraussetzung für die Bereitstellung von Grobblechen für den Anlagen- und Apparatebau mit Erfüllung der vorstehend genannten Anforderungen waren Fortschritte sowohl bei der Stahlherstellung als auch der Walz- und Wärmebehandlungstechnik (Degenkolbe 1993, Kern 2010).

2-1.3.1 Stahlherstellung

In den Stahlwerken wird dabei vorwiegend der bekannte Konverterprozess mit dem Sauerstoffaufblasprozess angewendet (Degenkolbe 1993). Der flüssige Stahl wird dabei gerührt, indem man inertes Gas durch den Konverterboden einbläst. Man erreicht so eine bessere Durchmischung von Metall und Schlacke. Das ermöglicht niedrige Gehalte an Phosphor und Schwefel sowie einen sehr guten Reinheitsgrad (Degenkolbe 1993).

- Roheisenentschwefelung
- Vakuumentgasung
- Argonspülen
- Calciumbehandlung
- Spezielle chemische Zusammensetzung
- Spezielle Vorsicht beim Strangguss
- Starke Dickenverminderung beim Walzen
  (Umformverhältnis mind. 3:1)

Intensiver Qualitätsprozess während der ganzen Produktion

Bild 2-1.16
Wichtige Parameter für die Herstellung von Stählen für den Behälterbau

Einzelheiten zur Stahlerzeugung können der Ausführung in Teil A entnommen werden.

Bild 2-1.16 fasst die wichtigen Aspekte der Stahlherstellung für die Behälterstähle nach Bereitstellung des Rohstahles in der Pfanne zusammen. Dabei ist die Pfannenmetallurgie besonders wichtig (Teil A) (Kern 2012). Sie entlastet den Konverterprozess und erlaubt eine sehr präzise Einstellung der angestrebten chemischen Zusammensetzung. Dabei ist die Injektion reaktiver Feststoffe nach dem Thyssen-Niederrhein-Verfahren (TN-Verfahren) besonders erwähnenswert (Degenkolbe 1993). Durch die gezielte Zugabe von Calcium werden ein Absenken des Schwefelgehaltes auf extrem niedrige Werte und eine besonders intensive Desoxidation des Stahles ermöglicht. Das ist günstig im Hinblick auf den Reinheitsgrad und führt dazu, dass die wenigen noch im Stahl verbleibenden Oxide und Sulfide in vorteilhafter globularer Form vorliegen. So kann in den Stählen für den Behälterbau die geforderte hohe Sicherheit gegen Sprödbruch und eine hervorragende Isotropie der Zähigkeits- und Verformungseigenschaften erreicht werden. In Bild 2-1.17 ist die Zähigkeit eines hochfesten Stahles mit und ohne Sulfidformbeeinflussung dargestellt (Kern 2010). Durch

geringe Schwefelgehalte in Verbindung mit der Bildung vorwiegend globularer Ca-Sulfide werden besonders hohe Zähigkeitswerte erreicht. Übliche Schwefelgehalte der Stähle für den Behälterbau betragen < 0,003 %. Gleichzeitig werden Phosphorgehalte merklich unter 0,012 % eingestellt.

Bei Stählen für den Behälterbau, die gleichzeitig einen Widerstand gegen wasserstoffinduzierte Rissbildung (HIC-Beständigkeit) aufweisen sollen, muss die Pfannenmetallurgie mit ganz besonderer Sorgfalt durchgeführt werden. Nichtmetallische Einschlüsse dienen bevorzugt als Wasserstofffangstellen und müssen möglichst vermieden werden. Daher gelten für diese Stähle vielfach sehr strenge Anforderungen an die Gehalte von Schwefel (< 0,0012 %) und Phosphor (< 0,007 %).

Darüber hinaus wird durch die Vakuumbehandlung die fast vollständige Entgasung der Stahlschmelze erreicht. Dabei ist besonders die Entfernung des gelösten Wasserstoffs wichtig. Bei der Abkühlung der Bleche können hohe Wasserstoffgehalte zur wasserstoffinduzierten Rissbildung (Flocken) führen. Dies passiert üblicherweise durch Rekombination des gelösten Wasserstoffes an Gefügefehlstellen im Zuge der Abkühlung durch die gleichzeitig verringerte Löslichkeit des ato-

2

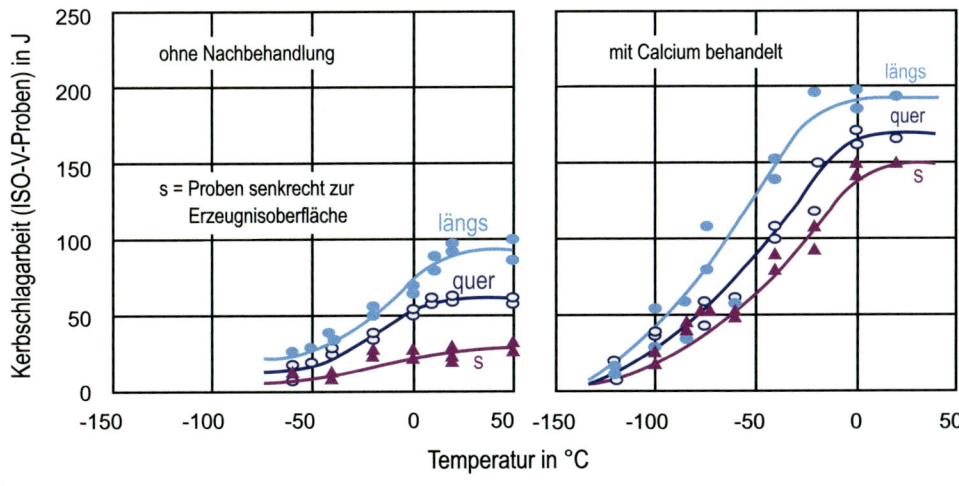

Bild 2-1.17
Einfluss einer Ca-Behandlung auf die Zähigkeitseigenschaften eines normalfesten Baustahles

maren Wasserstoffs. Um dies vor allem bei hohen Blechdicken zu verhindern, werden die Stahlschmelzen in modernen Stahlwerken auf <2 ppm entgast.

Das Abgießen im Strang gestattet eine homogene Erstarrung des Vormaterials. Insbesondere durch Einsatz

der Softreduktion kann darüber hinaus die Kernseigerung positiv beeinflusst werden (Bild 2-1.18) (Degenkolbe 1993).

Die chemische Zusammensetzung der Stähle für den Behälterbau zeigt auf den ersten Blick eine große Zahl

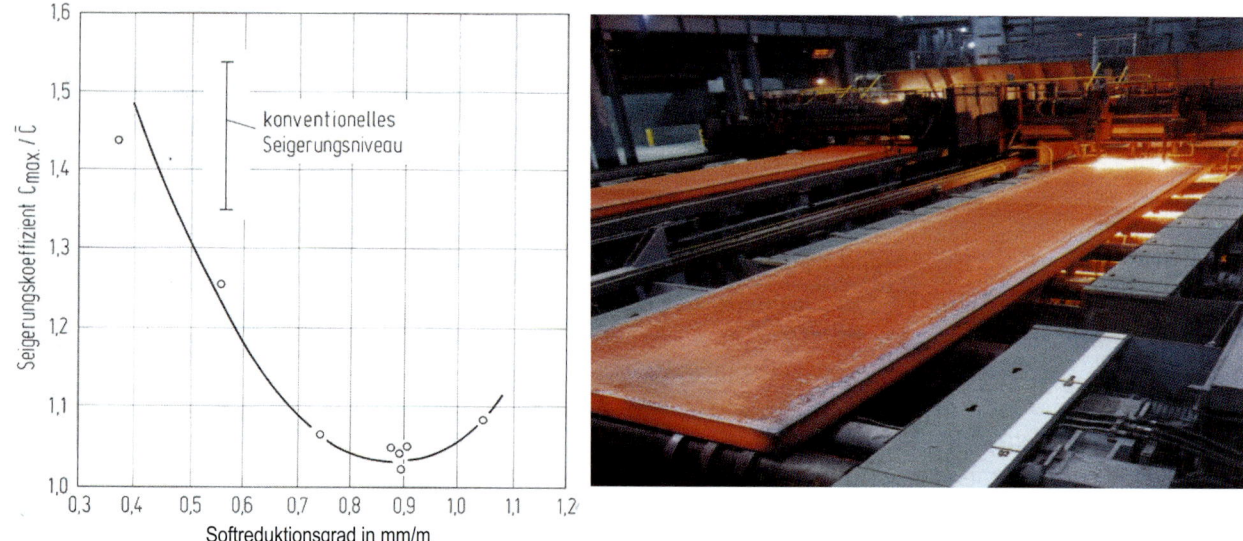

Bild 2-1.18 Die Softreduktion von Brammen beim Strangguss (rechts) verringert die Seigerung. Die zunehmende Softreduktion reduziert dabei den Seigerungskoeffizienten (hier für Kohlenstoff) als Maß für die Seigerung (links). Das konventionelle Seigerungsniveau ohne Softreduktion wird als Streuband angezeigt.

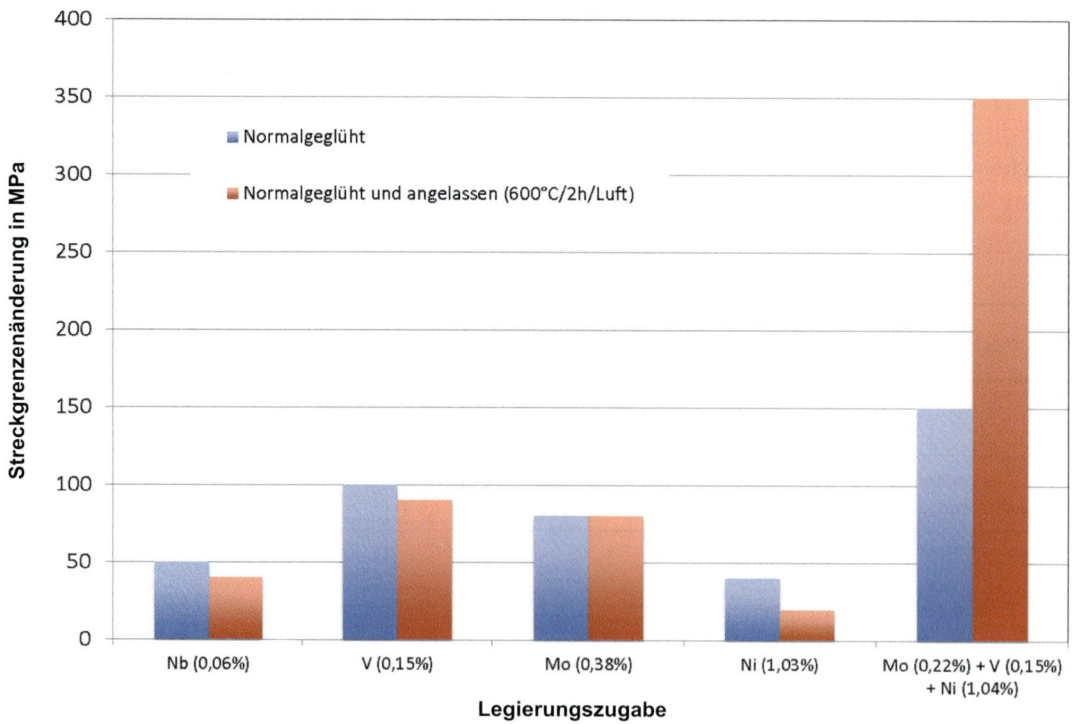

Bild 2-1.19 Wirkung von Legierungszusätzen auf die Änderung von Streckgrenzen; der Basisstahl enthält <0,30 % C, <2 % Si und Mn

von Legierungselementen, deren Zusätze alle das Ziel haben, die Streckgrenze zu erhöhen und gleichzeitig eine gute Sprödbruchsicherheit und eine gute Schweißbarkeit zu ermöglichen. In Bild 2-1.19 ist dazu die arteigene Wirkung einer Reihe von wichtigen Legierungselementen auf die Streckgrenze von Behälterstählen zusammengefasst (Hans 1977). Danach handelt es sich bei diesen Stählen üblicherweise um unlegierte Stähle mit Kohlenstoffgehalten bis max. 0,30 %. Die Si- und Mn-Gehalte betragen max. 2 %. Darüber hinaus enthalten sie Zusätze an Mo und Ni sowie eine Mikrolegierung mit Nb und V. Insbesondere die Mikrolegierung mit Nb ist für Behälterstähle besonders vorteilhaft (Kern 2010). Durch die kornfeinende Wirkung im Zuge des Walz- bzw. Wärmebehandlungsprozesses können besonders günstige Zähigkeitseigenschaften eingestellt werden (Bild 2-1.20).

Eine Sonderrolle nehmen die kaltzähen Stähle für den Apparatebau ein. Diese Werkstoffe sind durch besondere Zähigkeitseigenschaften bei Temperaturen unter −50 °C gekennzeichnet (Haneke 1985, Degenkolbe 1984). Kennzeichnendes Legierungselement hierbei ist Nickel, das durch seine stark umwandlungsverzögernde und kornfeinende Wirkung wesentlich verantwortlich für das Erreichen der hohen Tieftemperaturzähigkeit ist (Bild 2-1.21) (Müsgen 1982). Gleichzeitig weisen diese Stähle zur Zähigkeitssteigerung möglichst geringe Kohlenstoffgehalte auf (Müsgen 1982). Selbstverständlich ist es auch hier notwendig, einen besonders niedrigen Gehalt an Schwefel einzustellen, da hierdurch die Zähigkeitseigenschaften bei den tie-

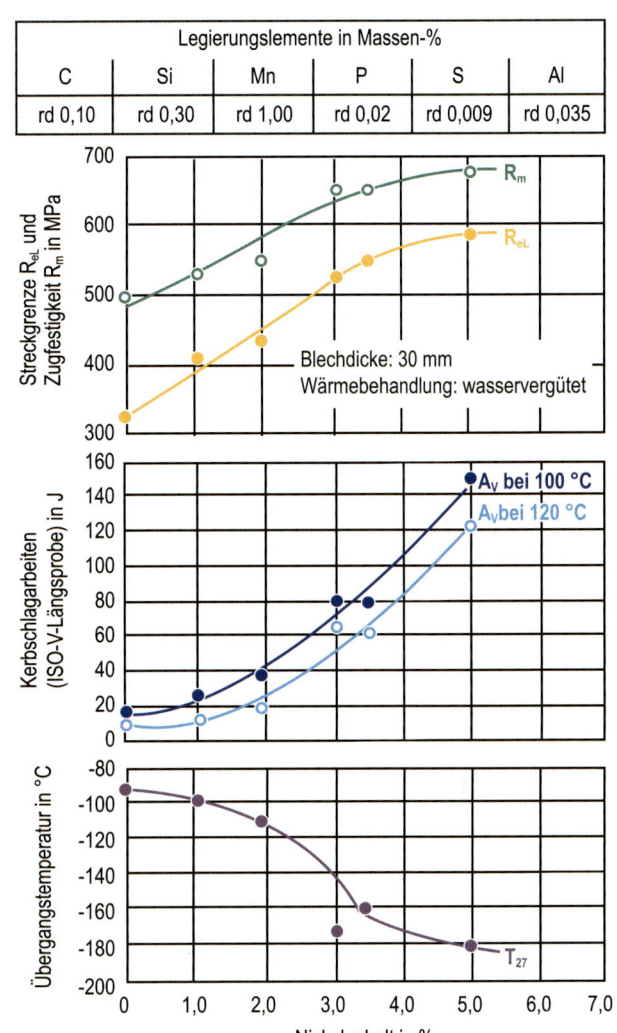

Legierungselemente in Massen-%					
C	Si	Mn	P	S	Al
rd 0,10	rd 0,30	rd 1,00	rd 0,02	rd 0,009	rd 0,035

Bild 2-1.21 Einfluss von Nickel auf die mechanischen Eigenschaften

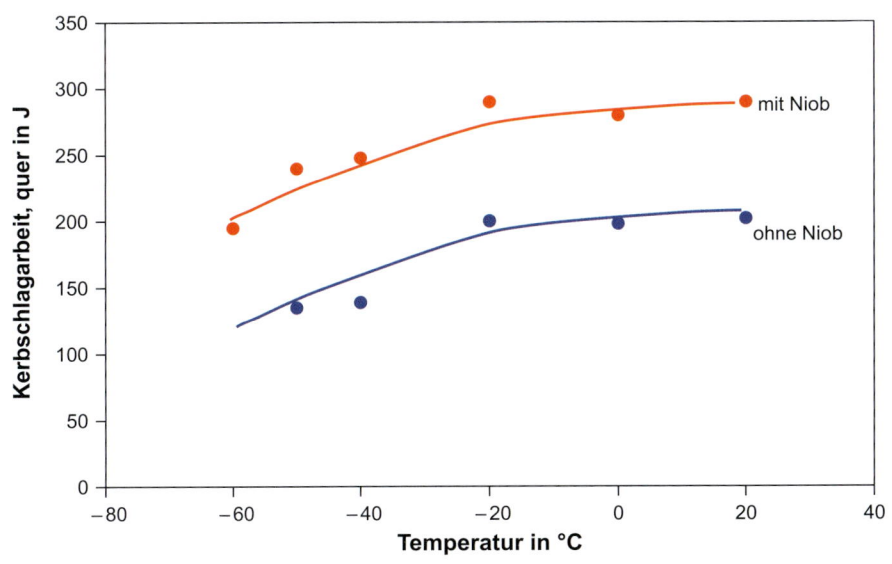

Bild 2-1.20
Einfluss von Niob auf die Zähigkeit unlegierter Behälterstähle mit 355 MPa Mindeststreckgrenze

2

fen Prüftemperaturen naturgemäß ebenfalls merklich beeinflusst werden.

2-1.3.2 Walzen und Wärmebehandlung

Die Grobblechherstellung für den Behälterbau erfolgt mit den vom Stahlwerk beigestellten Brammen üblicherweise durch Auswalzen auf einer Quartogrobblechstraße mit und ohne nachfolgende Wärmebehandlung. Dazu werden verschiedene Walzverfahren genutzt (Teil A) (Kern 2010, Kern 2005). Für die hier betrachteten Stähle für den Anlagenbau stehen zum einen das normalisierende Walzen (NU), zum anderen das konventionelle Warmwalzen gefolgt von einem Normalglühen im Vordergrund. Der Lieferzustand ist zumeist normalisiert. Beide Herstellwege sind weitgehend als äquivalent zu bezeichnen. Die erzeugten Blechdicken liegen üblicherweise im Bereich 3 bis 100 mm. Dabei ist festzuhalten, dass grundsätzlich durch das Warmwalzen mit möglichst niedriger Endwalztemperatur Bleche mit ausgezeichneten Zähigkeitseigenschaften im Walzzustand eingestellt werden können und hier ein merklicher Einfluss der Endwalz-

temperatur vorliegt (Bild 2-1.22). Auch bei nach dem Warmwalzen durchgeführten Normalglühen zeigt sich noch ein – wenn auch schwacher – Einfluss der Endwalztemperatur (Vererbung!) (Haneke 1985, Müsgen 1982). Das Normalglühen wird üblicherweise im Temperaturbereich um 920 °C, sicher aber oberhalb Ac3 mit geringer Haltedauer nach dem durchgreifenden Erwärmen durchgeführt. Die Bleche müssen nach dem Ofendurchgang an ruhender Luft abkühlen. Dadurch wird ein sehr gleichmäßiges Gefüge im Produkt erreicht.

Bei den Behälterstählen mit hohen Zähigkeitsanforderungen, insbesondere den kaltzähen Stählen mit Ni, kommt neben dem Normalglühen mit und ohne Anlassbehandlung (Luftvergüten) auch das Wasservergüten zum Einsatz (Haneke 1985, Müsgen 1982, Hickmann 2005). Dies kann auch mehrfach, z.B. als Doppelhärten oder Doppelnormalglühen, ausgeführt werden. Die Anlassbehandlung wird durch die Größe Anlasstemperatur gesteuert. Durch geeignete Auswahl dieses Parameters können bei gegebener chemischer Zusammensetzung gezielt gewünschte Kombinationen aus Festigkeit und Zähigkeit erreicht werden. Dabei än-

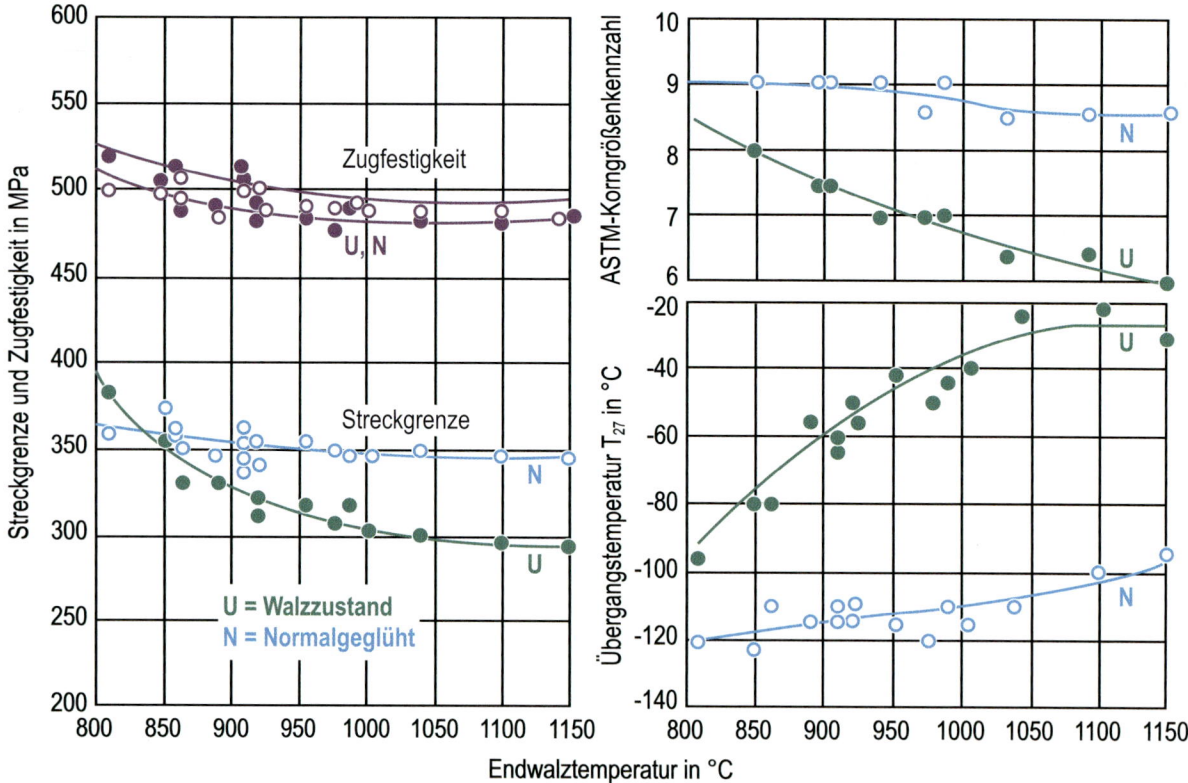

Bild 2-1.22 Einfluss der Walztemperatur auf die Korngröße und die mechanischen Eigenschaften eines kaltzähen Baustahls mit 0,5 % Nickel (Dicke 15 mm)

dern sich Fließspannung und Formänderungsvermögen gegenläufig. Damit steht bei diesen Stählen eine ganze Reihe von Wärmebehandlungsverfahren für die gezielte Einstellung der mechanischen Eigenschaften zur Verfügung (Müsgen 1985, Hanke 1985).

Das Wasservergüten ist ein zweistufiger Wärmebehandlungsprozess, der auf leistungsfähigen Anlagen durchgeführt wird. Es beginnt üblicherweise mit einem durchgreifenden Wiedererwärmen der Bleche auf Temperaturen oberhalb A_{c3}. Nach der Erwärmung erfolgt ein schnelles Abkühlen der Bleche mit Druckwasser, wodurch eine Gefügeumwandlung in die Martensit- oder Bainitstufe erreicht wird. Vielfach wird das Härten auch direkt aus der Walzhitze vorgenommen (Kern 2010, Hickmann 2005, Degenkolbe 1984). Das Bild 2-1.23 zeigt die für Ni-legierte kaltzähe Stähle üblicherweise genutzten Wärmebehandlungsprozesse im Überblick. Besonderer Vorteil einer Mehrfachausführung der Wärmebehandlung, mit Härtung aus dem Temperaturbereich zwischen A_{c1} und A_{c3}, ist das mehrfache Durchlaufen der Ferrit/Austenit-Umwandlung bei gleichzeitiger Ni-Anreicherung, die in einer verstärkten Kornfeinung mit positiver Wirkung auf Festigkeit und Zähigkeit mündet (Kern 2010). Bei der Anlassbehandlung ordnen sich dann die beim Härten entstandenen Gitterfehlstellen zu einer sehr feinen Sekundärstruktur. Gleichzeitig bilden sich feinste, hochdisperse zementitische Karbid- oder Carbonitrid-Ausscheidungen, die eine entsprechende Festigkeitssteigerung bewirken. Feinkörnige Substruktur und

Ausscheidungen sind maßgebend für den optimalen Gefügezustand der vergüteten Stähle, die gleichzeitig eine hohe Festigkeit und gute Zähigkeit haben (Müsgen 1985).

Bei Stählen für den Behälterbau kommt im Zuge der Herstellung zunehmend dem Spannungsarmglühen der Bleche eine Bedeutung zu. Diese Wärmebehandlung wird vielfach im Zuge des Behälterbaus zur Verringerung der durch Schweißen und Kaltumformung eingebrachten Spannungen durchgeführt. Dabei werden der Behälter oder die Behälterkomponenten einer langzeitigen Glühbehandlung mit Temperaturen $< A_{c1}$ und einer Glühdauer von wenigen Minuten bis zu mehreren Stunden unterzogen. Das Spannungsarmglühen wird auch als PWHT – Post-weld-heat-treatment – bezeichnet. Wegen der Höhe der Spannungsarmglühtemperatur unter A_{c1} kommt es in der Regel nur zu einem geringen Abfall von Streckgrenze und Zugfestigkeit.

Nach dem Walzen bzw. ggf. nach erfolgter Wärmebehandlung werden die Bleche adjustiert und durch Zuschneiden, Stempeln sowie ergänzende Qualitätskontrollen zu einem verkaufsfähigen Produkt weiter prozessiert und abschließend in den Versand gebracht (Kern 2010).

2-1.3.3 Charakteristische Eigenschaften von Behälterstählen

Die charakteristischen Eigenschaften dieser Stähle sollen nachfolgend für die unlegierten Behälterstähle und

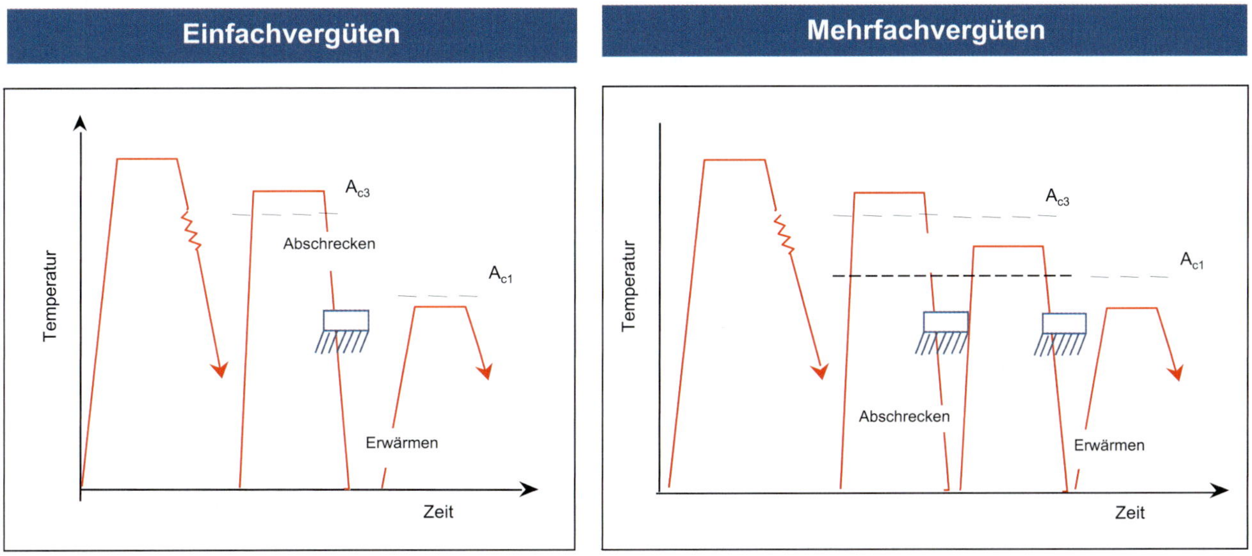

Bild 2-1.23 Varianten der Wasservergütung für kaltzähe Stähle

die kaltzähen Ni-legierten Behälterstähle vorgestellt werden. Wichtiges Unterscheidungsmerkmal ist der Bereich der Einsatztemperatur. Kaltzähe Behälterstähle werden in Behälterkonstruktionen eingesetzt, bei denen die Anwendungstemperatur unter rd. – 50 °C liegt.

In beiden Stahlgruppen werden die o. g. Wärmebehandlungsprozesse Normalglühen ggf. mit Anlassen (Luftvergüten) und/oder Wasservergüten nach dem Warmwalzen der Grobbleche zur gezielten Einstellung der geforderten mechanisch-technologischen Eigenschaften und des erwarteten Gebrauchsverhaltens verwendet. In vielen Fällen schließt sich ein Spannungsarmglühen der Bleche an.

2-1.3.3.1 Unlegierte Behälterstähle

Diese Stähle werden üblicherweise für einfache Druckbehälter und Dampfkessel eingesetzt. Es handelt sich vornehmlich um C-Mn-Stähle mit üblicherweise bis zu 0,20 % C und bis 1,60 % Mn. Für die Feinkörnigkeit sind diese Stähle zumeist mikrolegiert mit Nb/V. Darüber hinaus werden ihnen ggf. geringe Zusätze an Cr, Cu und/oder Ni bis max. 0,30 % zugesetzt. Die daraus hergestellten Grobbleche werden vorwiegend im normalgeglühten Zustand ausgeliefert. Für einige Stahlsorten ist aber auch das normalisierende Walzen als Ersatz für das Normalglühen zulässig. Das typische ferritisch-perlitische Sekundärgefüge dieser Stähle zeigt das Bild 2-1.24. Der Einsatz der verschiedenen Stahlsorten (u. a. P355 oder ASTM A516) hängt im Wesentlichen von Druck und Temperatur der jeweiligen Anlage ab. Ihr Druckbereich liegt üblicherweise zwischen 0,5 und 30 bar. Die Einsatztemperaturen variieren zwischen – 20 und + 400 °C (Richter 2001).

Als Folge der fortschrittlichen Stahlwerksmetallurgie und des damit verbundenen niedrigen Gehaltes an nichtmetallischen Einschlüssen zeigen diese Stähle ein hohes Duktilitätsniveau auch in Richtung der Blechdicke. Dies ist besonders wichtig, um die Gefahr von Terrassenbrüchen in geschweißten Behälterkonstruktionen zu verringern. Kennzeichnende Werkstoffeigenschaft ist hier die Brucheinschnürung Z in Blechdickenrichtung, die üblicherweise Werte von > 60 % erreicht. Wichtige Besonderheit dieser Stähle ist weiter, dass sie wegen ihres Einsatzes auch bei erhöhten Temperaturen eine ausreichende Warmstreckgrenze bei Temperaturen bis 400 °C aufweisen müssen. Der Einfluss der Temperatur auf die Streckgrenze für wichtige unlegier-

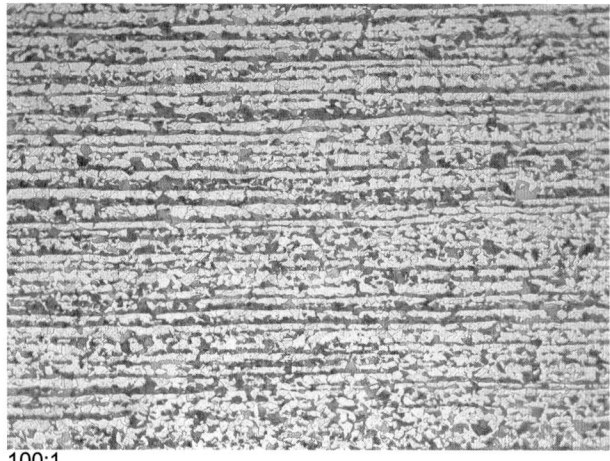

100:1

Bild 2-1.24 Typisches Gefüge eines normalgeglühten Behälterstahles mit 295 MPa Mindeststreckgrenze

te Baustähle ist in Bild 2-1.25 zusammengefasst. Zur Erzielung günstiger Warmstreckgrenzen ist ein Molybdänzusatz in den Stählen hilfreich (Hans 1977).

Die Zähigkeit der unlegierten Stähle für den Behälterbau wird zumeist durch das Verhalten im Kerbschlagbiegeversuch gekennzeichnet. Dabei werden Mindestwerte bei Prüftemperaturen bis zu – 50 °C für die Längs-, aber auch die Querrichtung vorgegeben. Das Bild 2-1.26 weist das typische Zähigkeitsniveau im Kerbschlagbiegeversuch bei einer Prüftemperatur von – 50 °C für die Güte P265GH aus. Hier ist auch der vorteilhafte Einfluss der Mikrolegierung in unlegierten Behälterstählen mit Nb zu erkennen (Kern 2010).

Zur Bewertung des Sprödbruchverhaltens werden darüber hinaus vielfach Prüfungen an bauteilähnlichen Proben durchgeführt. Alle Sprödbruchprüfungen gehen von der Voraussetzung aus, dass das Werkstoffverhalten durch die Temperatur, den Spannungszustand und die Verformungsgeschwindigkeit bestimmt wird. Die einzig genau bekannte Größe des Bauteils ist die Betriebstemperatur, die bei allen Prüfverfahren berücksichtigt wird. Eine Gemeinsamkeit der Proben ist ein Kerb, der einen ungünstigen Spannungszustand erzeugen soll. Die Verformung reicht von der statischen Belastung bis zur schlag- und sogar explosionsartigen Beanspruchung. Mit zunehmender Probenabmessung versucht man, das Gesamtverhalten des Bauteils noch genauer zu erfassen. Wesentlich ist aber auch die Unterscheidung, ob bei einer Prüfung die Auslösung oder Ausbreitung eines spröden Risses verfolgt werden soll. Im Fall der Auslösung will man es erst gar nicht zu einem spröden Anriss kommen lassen,

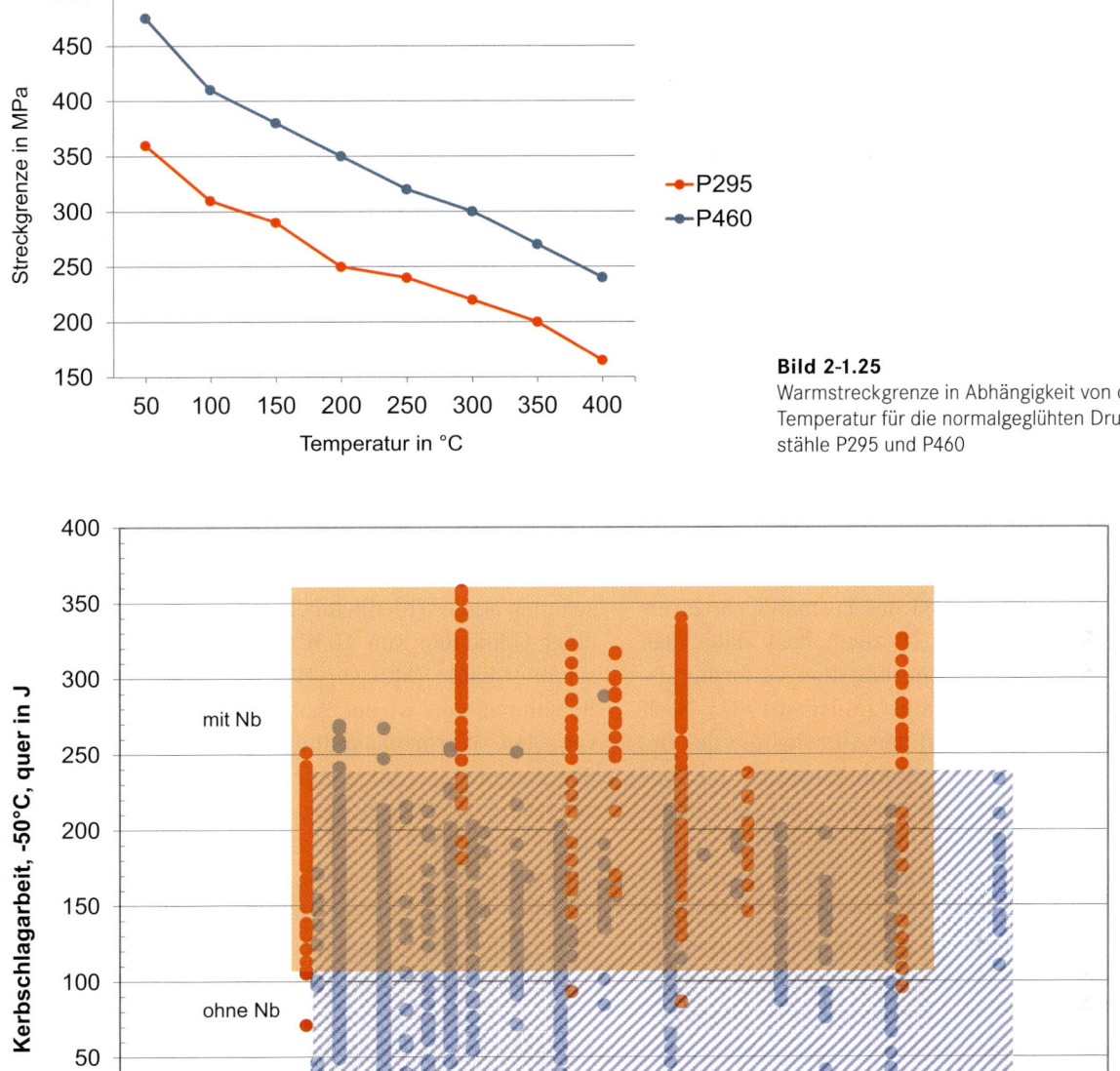

Bild 2-1.25
Warmstreckgrenze in Abhängigkeit von der
Temperatur für die normalgeglühten Druckbehälter-
stähle P295 und P460

Bild 2-1.26 Wirkung von Niob auf die Tieftemperaturzähigkeit bei P265 / ASTM A516 Gr. 60

und im Fall der Ausbreitung geht man von dem Vorliegen eines Risses aus und will die Bedingungen ermitteln, unter denen dieser Riss nicht weiter wächst.
Als gebräuchliche Sprödbruchprüfungen bei unlegierten Behälterstählen sind der Robertson-Versuch und
der Pellini-Versuch genannt (Hans 1977). Bild 2-1.27
zeigt Resultate zur Sprödbruchbewertung des Stahles
P460NH nach Robertson- bzw. Pellini-Test. Dargestellt
sind hier die Rissauffangtemperaturen CAT (Crack Arrest Temperature) und NDT (Nil Ductility Tempera-

ture), die merklich unter −40 °C liegen (Degenkolbe
1977).
Die Weiterverarbeitung der Grobbleche aus unlegierten Behälterstählen zu Erzeugnissen, wie Böden, Ku-
gelsegmenten, Rohren oder Profilen für geschweißte
Konstruktionen, kann durch Umformen und Wärmebehandeln erfolgen. Wichtig für die Charakterisierung
der unlegierten Behälterstähle ist das Verhalten bei
und nach Kalt- und/oder Warmumformung.
Formgebungsvorgänge ohne äußere Wärmezufuhr be-

Versuchstyp	Prüfanordnung	Übergangstemperatur in °C	
Pellini-Versuch		NDT	-45 bis -60
Robertson-Test		CAT	-56

Bild 2-1.27
Ergebnisse aus Robertson- und Pellini-Versuchen an P460NH

zeichnet man als Kaltumformung (Müsgen 1985, Degenkolbe 1973, Müsgen 1981). Kaltumformgänge benötigen je nach Höhe der Streckgrenze der verarbeiteten Stähle unterschiedlich hohe Umformkräfte. Bei der Kaltumformung der Behälterstähle wird der Formänderungswiderstand erhöht und das Formänderungsvermögen verringert. Bild 2-1.28 zeigt, dass dabei das Ausmaß der Eigenschaftsänderung dem Verformungsgrad annähernd proportional ist (Müsgen 1981). Nach den Regeln der Technik und den Vorschriften des Behälterbaus wird nach einer Kaltumformung, die über einen bestimmten Grenzwert hinausgeht, ein Spannungsarmglühen der Formteile vorgenommen, um die mit der Umformung verbundenen Eigenschaftsänderungen, besonders den Zähigkeitsverlust, rückgängig zu machen. Im Allgemeinen werden dabei Temperaturen von 550 bis 630 °C genutzt. Für die Praxis empfiehlt es sich, die Bedingungen des Spannungsarmglühens in erster Linie von den Betriebsbedingungen des Bauteils abhängig zu machen. Da weiter auch die

von der Fertigung herrührenden Eigenspannungen abgebaut werden müssen, ergeben sich bei dieser Wärmebehandlung zumeist lange Glühdauern. Bild 2-1.29 weist dazu den Einfluss der Glühbedingungen beim Spannungsarmglühen auf die mechanischen Eigenschaften unterschiedlicher Behälterstähle aus. Bis zu einer Glühdauer von 10 h verändern sich die Eigenschaften kaum (Müsgen 1981). Bei den betrachteten Behälterstählen ist der Abbau der Eigenspannungen von den Wärmebehandlungsbedingungen und der Streckgrenze des betrachteten Stahls abhängig (Müsgen 1985). Bild 2-1.30 vertieft diese Zusammenhänge für die Güte P355 nochmals (Müsgen 1981). Bei einer Glühtemperatur von 600 °C erfolgt bereits nach einer Stunde ein Spannungsabbau von über 80 %. Auf einen vollständigen Spannungsabbau muss häufig wegen der nachteiligen Wirkung des Glühens auf die mechanischen Eigenschaften verzichtet werden (Müsgen 1985). Ursachen für die vor allem verminderte Zähigkeit sind insbesondere die Erhöhung des Gehaltes an Tertiär-

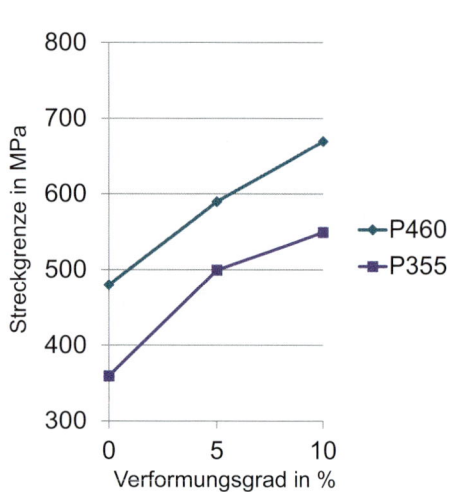
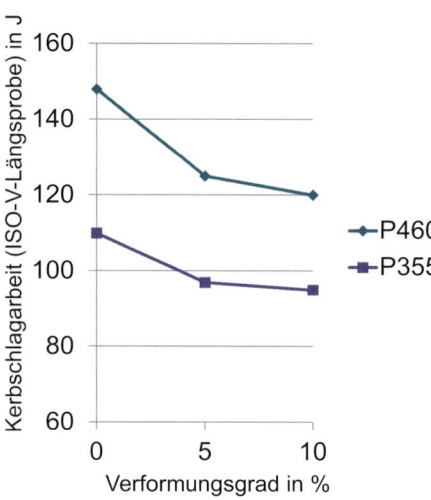

Bild 2-1.28
Einfluss der Kaltverformung auf die mechanischen Eigenschaften von Behälterstählen

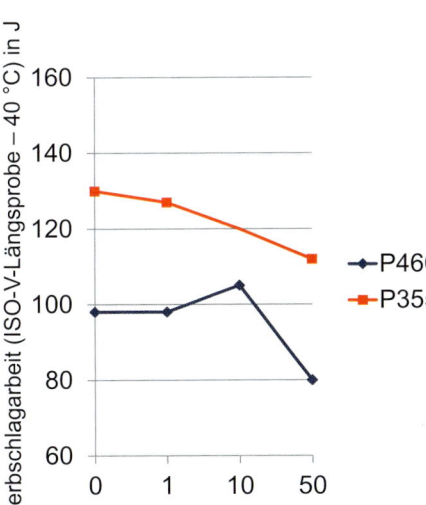

Bild 2-1.29
Einfluss der Glühdauer beim Spannungsarmglühen bei 600 °C auf die mechanischen Eigenschaften unterschiedlicher Behälterstähle

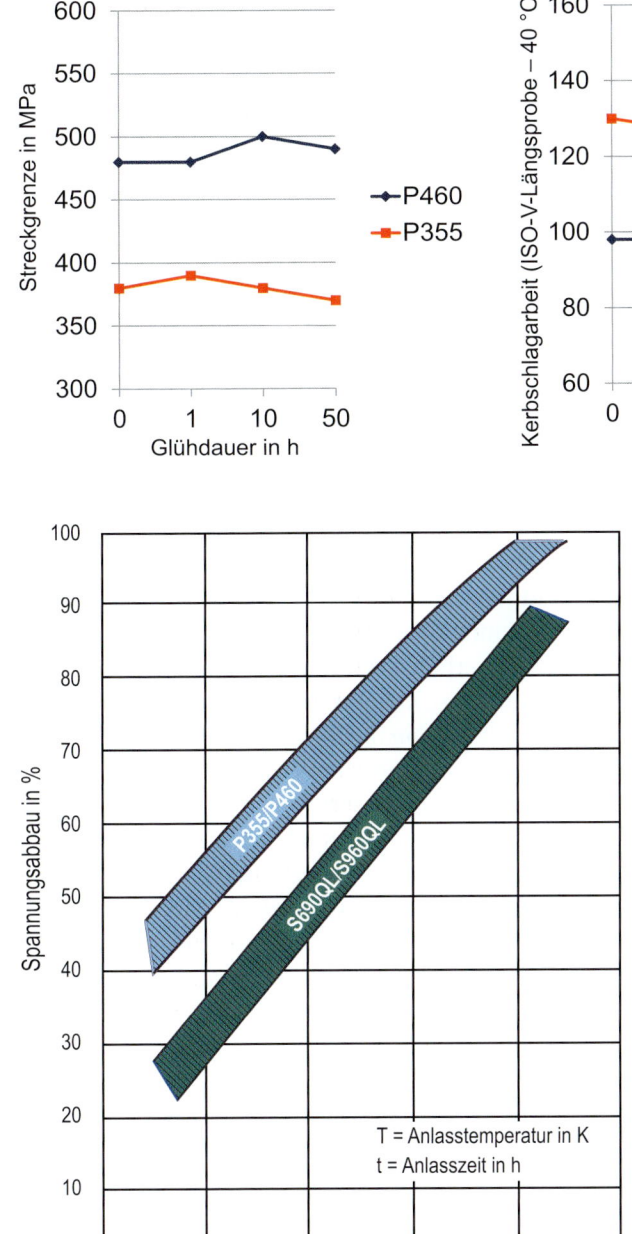

Bild 2-1.30 Eigenspannungsabbau durch Spannungsarmglühen bei unlegierten Behälterstählen im Vergleich zu wasservergüteten Stählen

zementit und die zunehmende Umwandlung des lamellaren in körnigen Perlit. In mikrolegierten Stählen kann dagegen auch eine Festigkeitssteigerung durch Ausscheidungshärtung auftreten.

Formarbeiten mit großen Formgraden, z.B. zur Fertigung von Behälterbauteilen, wie sie in Bild 2-1.31 dargestellt werden, können häufig nur in warmem Zustand vorgenommen werden.

Die unlegierten Behälterstähle, wie sie hier diskutiert werden, sind durchweg für ein Warmumformen geeignet. Das gilt sowohl für die Erwärmung zum Formen als auch für die Formgebung selbst sowie für die ggf. erforderliche Wärmenachbehandlung. Zur Warmumformung werden die Bauteile aus den unlegierten Be-

Bild 2-1.31 Kuppel eines Kraftwerkes, aufgebaut aus warmumgeformtem Behälterstahl P460N (Containment des 1300-MW-KKW Mülheim-Kärlich, Durchmesser: 50 m)

hälterstählen auf Temperaturen von 900 bis 1100 °C erwärmt und damit re-austenitisiert. Die bedeutendste Einflussgröße bei der Warmumformung ist die Umformtemperatur (Müsgen 1981, Uwer 1981). Dieser Einfluss ist vielfach untersucht worden. Bild 2-1.32 fasst die Ergebnisse für die Streckgrenze dazu zusammen. Proben aus P355N bzw. P460N wurden dazu auf rd. 1000 °C erwärmt und nachfolgend bei Temperaturen von 600 bis 950 °C um 5 bis 10 % gereckt. Die nach der Verformung und Luftabkühlung sowie nach einer anschließenden Normalglühung ermittelten Eigenschaften zeigen, dass diese nahezu unbeeinflusst von den Warmformgebungstemperaturen sind. Eine Warmumformung bei diesen Stählen verändert die Eigenschaften gegenüber dem Ausgangszustand nur wenig und eine nachträgliche Normalglühung ist nicht unbedingt erforderlich.

Das wichtigste Fügeverfahren für unlegierte Behälterstähle ist das Schweißen. Die hier beschriebenen Stähle sind nach den gängigen Verfahren grundsätzlich schweißbar. Das Schutzgasschweißen steht dabei im Vordergrund. Die Stahlzusammensetzung der betrachteten Stähle ist so gewählt, dass beim Schweißen weder ein Festigkeitsverlust oder eine Versprödung in der Wärmeeinflusszone noch eine Rissbildung auftritt. Die Schweißzusatzwerkstoffe müssen dazu gezielt ausgewählt und entsprechend der Festigkeitsklasse legiert sein. Grundsätzlich sind auch hier die Empfehlungen der Stahlhersteller für das Verarbeiten durch Schweißen zu beachten.

Allgemein ist festzuhalten, dass die Schweißeignung dieser Stähle mit zunehmendem Kohlenstoffgehalt abnimmt. Die Abkühlgeschwindigkeit nach dem Schweißen oder die Abkühlzeit $t_{8/5}$ wirkt auch bei dieser Stahlgruppe entscheidend auf die Eigenschaften der Schweißverbindungen (Müsgen 1985). Eine Mindestabkühlzeit ist einzuhalten, um Unternahtrisse zu vermeiden. Gleichzeitig darf eine Obergrenze nicht überschritten werden, um anforderungsgerechte Eigenschaften zu erhalten. Die Wirkung der Abkühldauer $t_{8/5}$ auf die Zähigkeit der Stähle vom Typ P460 zeigt Bild 2-1.33a im Überblick. Es zeigt sich, dass eine Steigerung der Abkühlzeit einen Anstieg der Übergangstemperatur, d. h. eine Verschlechterung der Zähigkeit zur Folge hat. Nach dem Spannungsarmglühen bei (Bild 2-1.33b) rd. 600 °C wird im Allgemeinen eine Verringerung der Zähigkeit in der Wärmeeinflusszone beobachtet. Das ist darauf zurückzuführen, dass sich dem positiven Anlasseffekt eine ausscheidungsbedingte Versprödung überlagert (Müsgen 1981).

Um der Sicherheit gegen Risse Rechnung zu tragen, wählt man im Rahmen der Schweißbedingungen eine bestimmte Vorwärmtemperatur, wobei als maßgebende Einflussgrößen die Stahlzusammensetzung, die Blechdicke und der Wasserstoffgehalt des Schweißgutes zu berücksichtigen sind. Auch hier erstellen die Stahlhersteller vielfach für die praktische Anwendung Arbeitsdiagramme, aus denen optimale Schweißbedingungen für den Behälterbau ableitbar sind (Bild 2-1.34). Eine ausführliche Betrachtung erfordert die Frage des

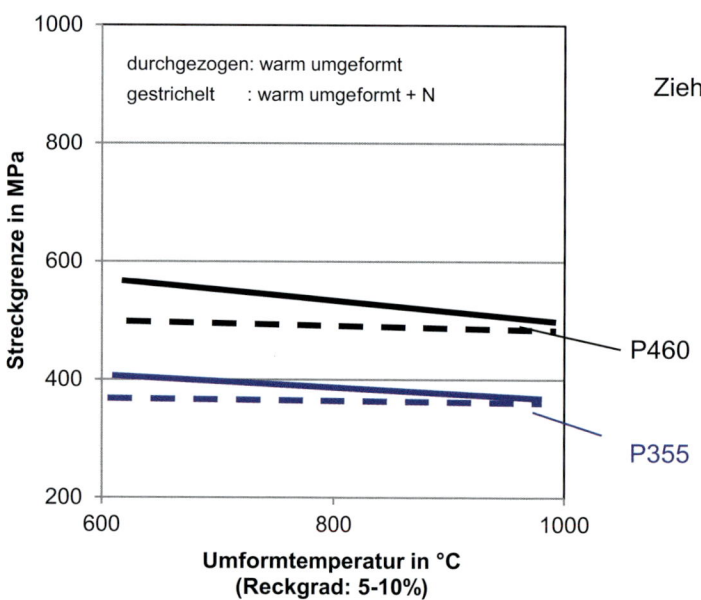

Bild 2-1.32
Einfluss der Warmumformtemperatur auf die Streckgrenze bei unlegierten normalgeglühten Behälterstählen

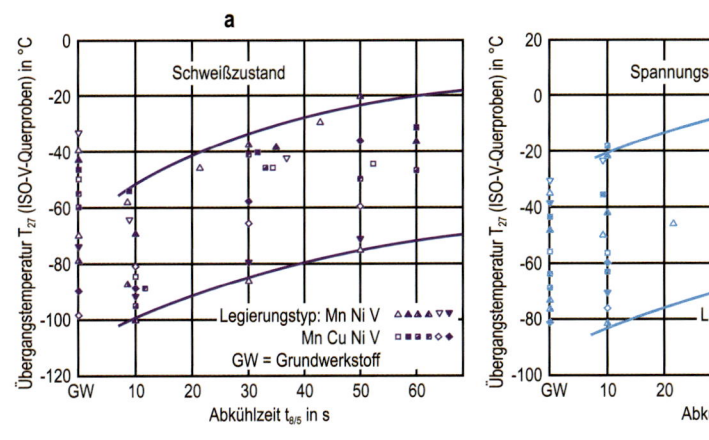

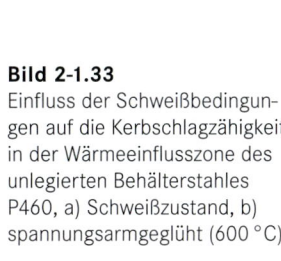

Bild 2-1.33
Einfluss der Schweißbedingungen auf die Kerbschlagzähigkeit in der Wärmeeinflusszone des unlegierten Behälterstahles P460, a) Schweißzustand, b) spannungsarmgeglüht (600 °C)

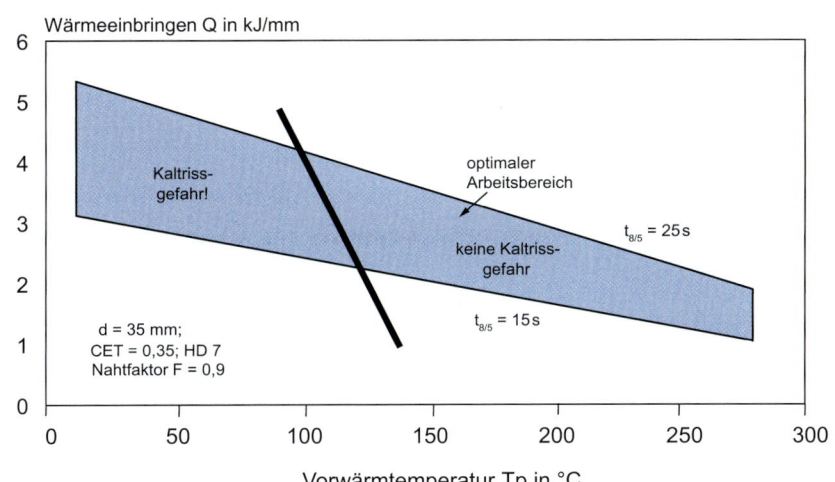

Bild 2-1.34
Arbeitsdiagramm zum Schweißen eines Stahles P460N, Blechdicke: 35 mm

Widerstands von Schweißverbindungen gegen Sprödbruch. Alle wichtigen Sprödbruchprüfungen sind deshalb auch an Schweißverbindungen durchzuführen, um immer die tiefste Anwendungstemperatur eines Stahles festlegen zu können. Hierzu ist auch auf die Verfahren der Bruch- und Schädigungsmechanik hinzuweisen (Kern 2010, Uwer 1991, Degenkolbe 1989).

2-1.3.3.2 Kaltzähe Behälterstähle

Konstruktionen aus kaltzähen Stählen finden sich vor allem in Anlagen der Energietechnik und -versorgung, in denen die Kältetechnik die Verflüssigung von Kohlenwasserstoffen unterstützt. Dies ist z. B. in der petrochemischen Industrie der Fall, bei der verschiedene Kohlenwasserstoffe, insbesondere Erdgas, verflüssigt gelagert werden, um so zu geringeren Rauminhalten bei Lagerung und Transport zu kommen. Bei LNG (Liquefied Natural Gas) wird z. B. durch Verflüssigung das

Volumen um rd. den Faktor 600 verringert (Haneke et al. 1981; Degenkolbe/Uwer 1973). Die zur Herstellung von Flüssiggasanlagen eingesetzten Stähle müssen auch unterhalb der Siedetemperatur der Gase eine ausreichende Duktilität und eine hohe Sprödbruchsicherheit aufweisen. Ihre Anwendungstemperatur liegt daher üblicherweise in der Regel unter $-50\,°C$. Tabelle 2-1.3 zeigt die Siedetemperaturen verschiedener technischer Gase sowie die Stahlsorten, die dafür eingesetzt werden (Müsgen 1982).

Als kaltzähe Stähle kommen damit vielfach Ni-legierte ferritische Stähle nach Tabelle 2-1.4 in Betracht. Festzuhalten sind die für die Gewährleistung der Kaltzähigkeit vorliegenden sehr tiefen Prüftemperaturen für den Zähigkeitsnachweis im Kerbschlagbiegeversuch. Dabei müssen für Mindeststreckgrenzen zwischen 300 und rd. 600 MPa Nachweise für die Zähigkeit bei Temperaturen von bis zu $-196\,°C$ geführt werden (Müsgen 1982, Hanke 1985). Kaltzähe Stähle sind danach durch

Tabelle 2-1.3 Anwendungsbereich kaltzäher Baustähle in der Flüssiggastechnologie

Kurzname	Werkstoffnummer	min. Streckgrenze bei RT MPa	Prüftemperatur °C	Kerbschlagarbeit[1] J min.	Butan ±0 °C	Propan −42 °C	Propen −47 °C	Kohlendioxid −78 °C	Ethan −89 °C	Ethylen −104 °C	Methan −161 °C	Sauerstoff −183 °C	Argon −186 °C	Stickstoff −193 °C	Wasserstoff −253 °C	Helium −269 °C
									mit einer Siedetemperatur von							
11MnNi5-3	1.6212	285	−60	40												
13MnNi6-3	1.6217	355	−60	40												
12Ni14	1.5637	355	−100	40												
X12Ni5	1.5680	390	−120	40												
X8Ni9	1.5662	585	−196	70												

[1] ISO-Spitzkerb-Längsproben; Mittelwert aus drei Einzelversuchen

Tabelle 2-1.4 Kennzeichnende Eigenschaften kaltzäher Baustähle

Güte	Wärmebehandlung	% C max.	% Si max.	% Mn	% P max.	% S max.	Mo max.	Nb max.	% V	% Ni	Re MPa min.	Rm MPa	A5	−50	−60	−80	−100	−120	−150	−170	−196
11MnNi5-3	N	0,14	0,50	0,70 bis 1,50	0,025	0,010		0,05	0,05	0,30 bis 0,80	285	420 bis 530	24	45	40						
13MnNi6-3	N	0,16	0,50	0,85 bis 1,70	0,025	0,010		0,05	0,05	0,30 bis 0,85	355	490 bis 610	22	45	40						
12Ni14	N/V	0,15	0,35	0,30 bis 0,80	0,020	0,005			0,05	3,25 bis 3,75	355	490 bis 640	22	50	50	45	40				
X12Ni5	V	0,15	0,35	0,30 bis 0,80	0,020	0,005			0,05	4,75 bis 5,25	390	530 bis 710	20	65	65	60	50	40			
X8Ni9	V	0,10	0,35	0,30 bis 0,80	0,020	0,005	0,10		0,05	8,5 bis 10,0	585	680 bis 820	18	120	120	120	110	100	90	80	70
X7Ni 9	V	0,10	0,35	0,30 bis 0,80	0,015	0,005	0,10		0,01	8,5 bis 10,0	585	680 bis 820	18	120	120	120	120	120	120	110	100

Festigkeitseigenschaften. min. Kerbschlagarbeit (ISO-V, längs), J, Prüftemperatur in °C

N: Normalgeglüht
V: Wasservergütet

einen vergleichsweise niedrigen C-Gehalt unter 0,18 % und eine Mn-Legierung mit max. 1,70 % charakterisiert. Kennzeichnend ist aber besonders der Ni-Gehalt dieser Stähle. Er reicht von Zusätzen um rd. 0,5 % bis zu relativ hohen Gehalten an Ni von rd. 9 %. Der Ni-Zusatz ist dabei die entscheidende Schlüsselgröße für das Erreichen einer ausreichenden Tieftemperaturzähigkeit (vgl. Bild 2-1.21). Erst bei Ni-Gehalten über 3 % besteht eine Aussicht darauf, Übergangstemperaturen T_{27} von weniger als −160 °C zu erreichen.

Hinsichtlich der Herstellung der kaltzähen Stähle ist zu beachten, dass diese nach dem Warmwalzen immer einer Wärmebehandlung unterzogen werden müssen. Dabei ist zwischen den Zuständen normalgeglüht und wasservergütet zu unterscheiden. Die Wasservergütung kann auch mehrstufig erfolgen (vgl. Bild 2-1.23). Stähle mit besonders hoher Zähigkeit stellt man durch Wasservergüten her. Im Allgemeinen wird diese Wärmebehandlung bei Stählen mit > 3,5 % Ni angewendet. Grundsätzlich ist jedoch auch bei den Stählen mit

0,5 % Ni durch Wasservergüten eine Verbesserung der Eigenschaften zu erwarten (Haneke 1985, Müsgen 1982).

Der Einfluss der unterschiedlichen Wärmebehandlungen auf die Eigenschaften von kaltzähen Behälterstählen kommt in Bild 2-1.35 zum Ausdruck. Hier zeigt sich, dass eine besonders hohe Zähigkeit nach der Wasservergütung zu erwarten ist. Bei den Stählen mit hohen Ni-Gehalten > 5 % bildet sich entsprechend der Zweiphasenentmischung zwischen Austenit und Ferrit beim Anlassen darüber hinaus erneut Austenit, der zwischen den Martensitpaketen entsteht und erfahrungsgemäß besonders günstig für eine hohe Zähigkeit ist (Kern 2010, Hickmann 2006). So kann in dem Stahl X12Ni5 durch Erhöhung des Nickelgehaltes auf 5,5 %, des Mangangehalts auf 1,2 % und des Molybdängehal-

tes auf 0,2 % und Anwendung einer dreistufigen Vergütungsbehandlung mit zweimaligem Härten und Anlassen ein Gefüge mit besonders guter Zähigkeit bei Prüftemperaturen bis −170 °C erreicht werden. Damit hat ein Stahl mit 5 – 6 % Ni bereits Eigenschaftswerte, die einen Übergang zu den besonderen Tieftemperatureigenschaften des 9-%-Ni-Stahles darstellen. Im Bild 2-1.36 ist ergänzend dazu der Einfluss der Anlasstemperatur auf die mechanischen Eigenschaften eines kaltzähen Stahles mit rd. 5,5 % Ni dargestellt (Müsgen 1982, Müsgen 1975). Mit zunehmender Anlasstemperatur und dem damit verbundenen Anstieg des neu gebildeten Austenits steigt die Zähigkeit kontinuierlich an. Allerdings müssen der Martensit und der neu gebildete Austenit dabei in einem ausgewogenen Verhältnis zueinander stehen. Oberhalb einer bestimmten Anlass-

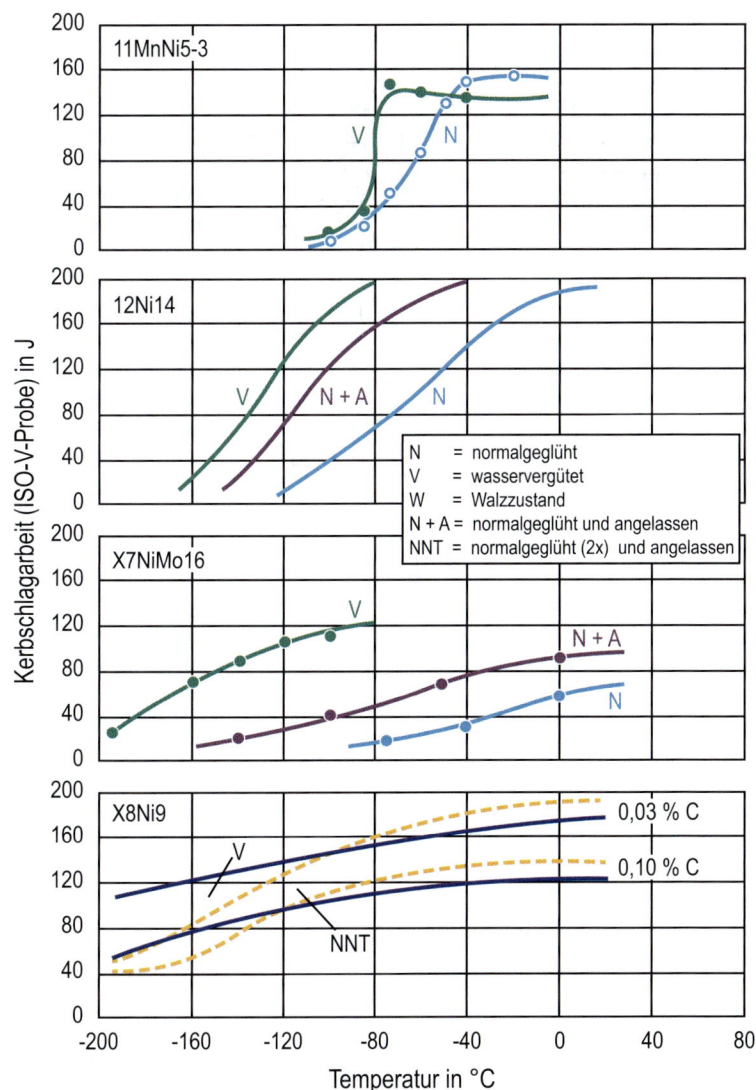

Bild 2-1.35
Einfluss der Wärmebehandlung auf die Kerbschlagarbeit kaltzäher Nickelstähle

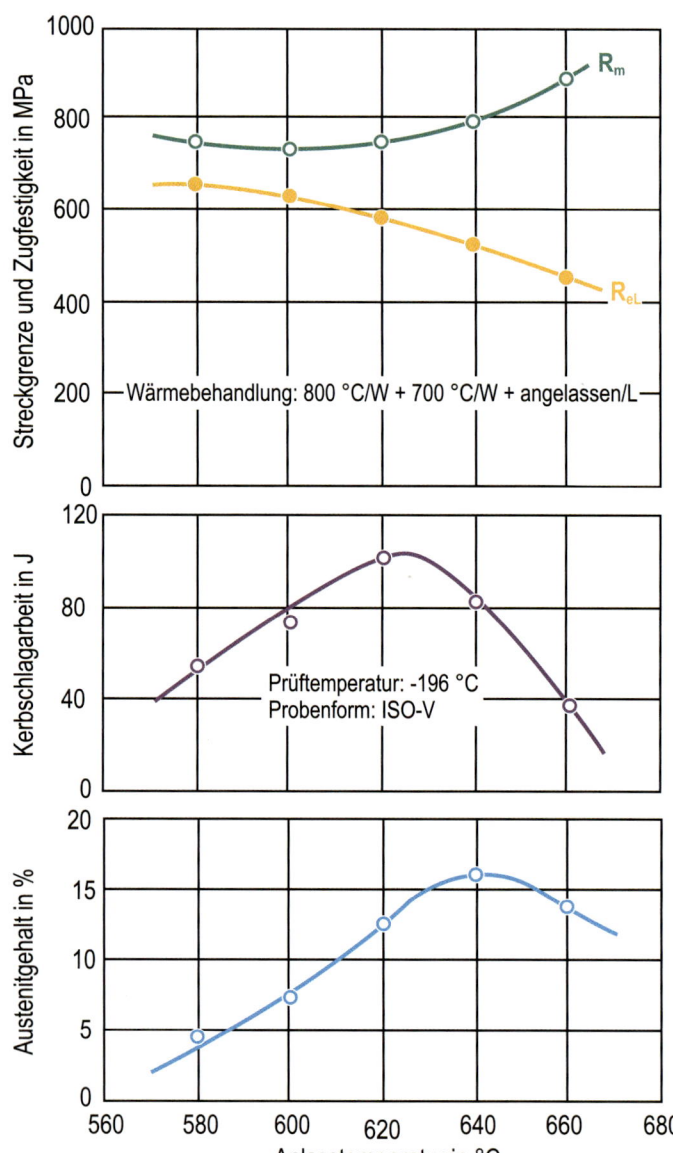

Bild 2-1.36
Einfluss der Anlasstemperatur auf Austenitgehalt und mechanische Eigenschaften eines kaltzähen Stahles mit rund 5,5 % Ni

temperatur von 600 – 650 °C mit sehr hohem Austenitanteil wird dann wieder eine Verschlechterung der Zähigkeit beobachtet.

Die hohe Zähigkeit der kaltzähen Behälterstähle zeigt sich auch in bruchmechanischen Untersuchungen. Bild 2-1.37 zeigt die Ergebnisse solcher Untersuchungen zur kritischen Rissspitzenöffnung (Crack-Tip-Opening-Displacement, CTOD) an X8Ni9-Grobblechen bei unterschiedlichen Prüftemperaturen (Kern 2010). Für eine Einsatztemperatur von −160 °C werden Rissöffnungswerte von rd. 1 mm gemessen. Ergänzend dazu kann das Rissauffangvermögen bei hohen Beanspruchungsgeschwindigkeiten aus umfangreichen Pellini-Fallgewichtsversuchen der kaltzähen Stähle durch sehr tiefe

NDT-Übergangstemperaturen gekennzeichnet werden. Tabelle 2-1.5 zeigt dazu, dass hier bei Ni-Gehalten > 5 % NDT-Temperaturen von unter − 195 °C vermerkt werden können (Haneke et al. 1981, Müsgen 1982).

Neben der hohen Zähigkeit müssen die kaltzähen Stähle aber auch ausreichende Festigkeitseigenschaften aufweisen, um die geforderte Tragfähigkeit in Behälterkonstruktionen nachzuweisen. Erwartungsgemäß steigen die Festigkeitseigenschaften mit sinkender Temperatur an. Bild 2-1.38 gibt einen Überblick über den Einfluss der Temperatur auf die Streckgrenze bei Stählen mit 3,5 bzw. 5 % Nickel (Müsgen 1982, Haneke 1985). Bei den genannten Anwendungstemperaturen sind die Streckgrenzen z. T. beträchtlich höher als bei Raumtemperatur. Da die Berechnung der Behälter für diese Stähle jedoch auf den Kennwerten für Raumtemperatur beruht, können die Festigkeitseigenschaften bei Betriebstemperatur nicht voll genutzt werden.

Die Weiterverarbeitung der kaltzähen Stähle zu Behäl-

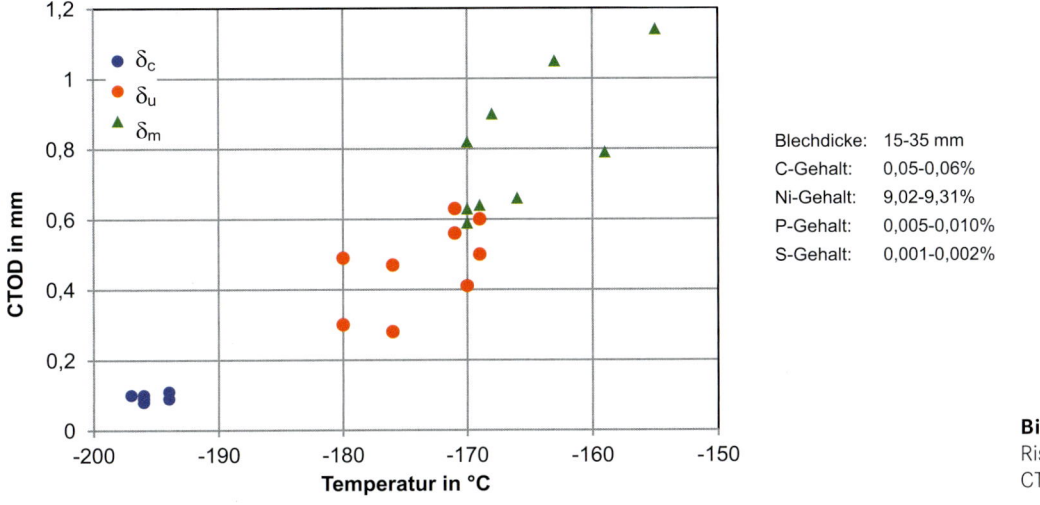

Blechdicke: 15-35 mm
C-Gehalt: 0,05-0,06%
Ni-Gehalt: 9,02-9,31%
P-Gehalt: 0,005-0,010%
S-Gehalt: 0,001-0,002%

Bild 2-1.37
Rissspitzenaufweitung
CTOD von X8Ni9

Tabelle 2-1.5 NDT-Übergangstemperatur kaltzäher Baustähle

Kurzname	Werkstoff-nummer	Chemische Zusammensetzung in Massen-%			Streckgrenze	Blechdicke	NDT-Temperatur in °C							
		Mn	Ni	Mo	MPa	mm	– 60	– 80	– 100	– 120	– 140	– 160	– 180	– 200
11MnNi5-3	1.6212	1,30	0,50	–	310 – 380	13 – 40								
13MnNi6-3	1.6217	1,40	0,50	–	360 – 420	15 – 45								
12Ni14	1.5637	0,55	3,50	–	430 – 550	18 – 35								
X12Ni5	1.5680	0,40	4,80	–	480 – 560	20 – 28								
X12Ni5-mod.	keine	1,15	5,30	0,22	550 – 650	25 – 30							< –195 °C	
X8Ni9	1.5662	0,36	9,10	–	650 – 720	25 – 28							< –195 °C	

Pelliniprobe

* Nil-Ductility-Transition Temperatur

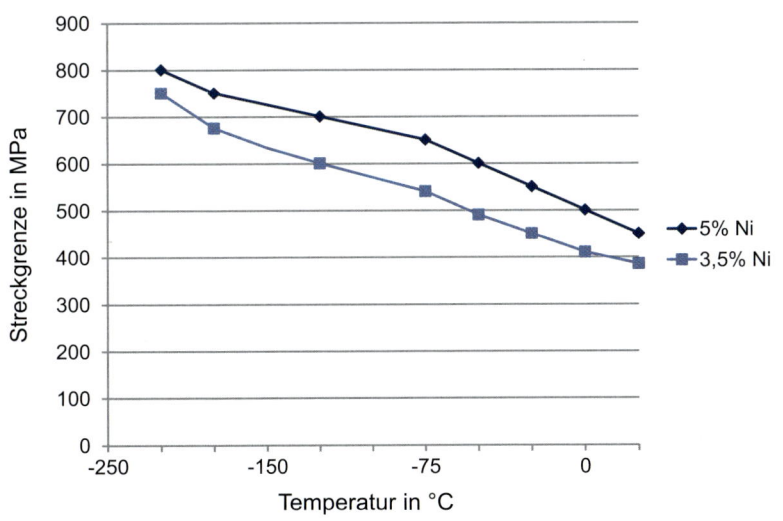

Bild 2-1.38
Streckgrenze verschiedener kaltzäher Stähle bei
Temperaturen < RT

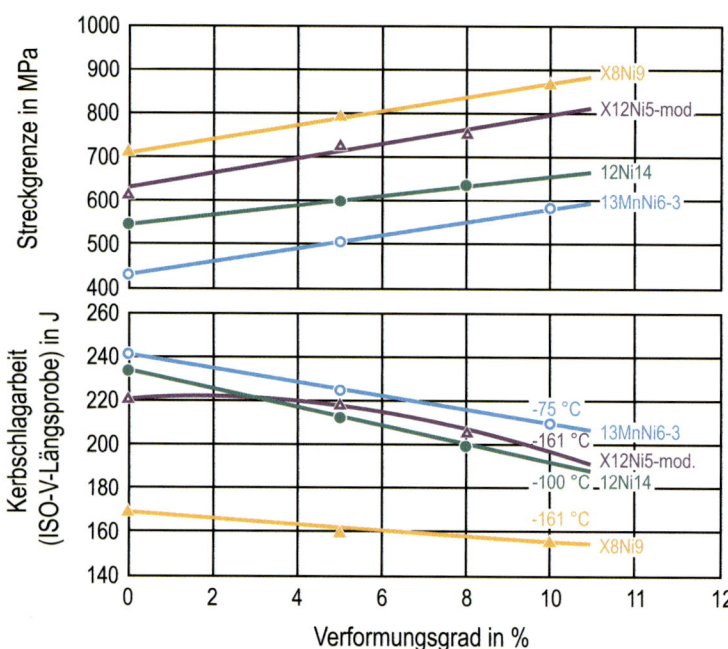

Bild 2-1.39
Einfluss der Kaltverformung auf die mechanischen Eigenschaften kaltzäher Baustähle

tersegmenten erfolgt ebenfalls durch Kalt- und Warmumformen (Müsgen 1980, Haneke 1985). Grundsätzlich werden die gleichen Umformverfahren wie bei den allgemeinen Baustählen angewendet. Wie bei den anderen Stählen führt das Kaltumformen zu einer Veränderung der mechanischen Eigenschaften (Bild 2-1.39). Die Streckgrenze steigt an und die Zähigkeit sinkt. Eine durch das Umformen hervorgerufene Verfestigung kann auch hier durch das Spannungsarmglühen teilweise rückgängig gemacht werden. Eine nachteilige Beeinflussung der mechanischen Eigenschaften ist al-

lerdings auch nach Langzeitglühung nicht zu erwarten. Es zeigt sich, dass bis zu einer Glühdauer von 50 Stunden nach einer Glühbehandlung bei 570 °C noch keine ungewöhnlichen Eigenschaftsänderungen feststellbar sind (Müsgen 1980). Ergänzend dazu zeigt das Bild 2-1.40 am Beispiel des Stahles 13MnNi6-3, dass es bei Streckgrenze und Zugfestigkeit zu einer leichten Reduzierung der Festigkeitskennwerte nach Spannungsarmglühen kommen kann. Eine Versprödung tritt bei kaltzähen Stählen nicht ein (Kern 2010).

Nach dem Warmumformen, d. h. nach einem Umfor-

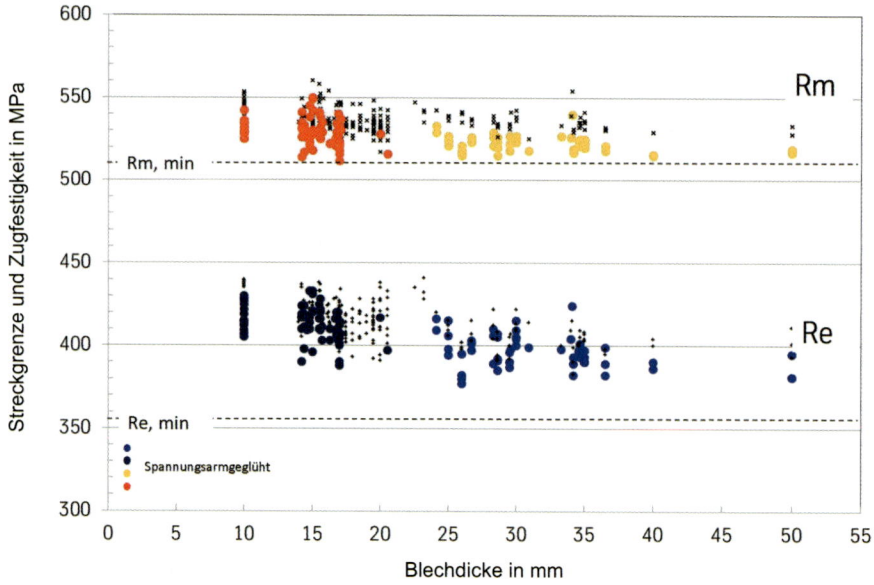

Bild 2-1.40
Einfluss des Spannungsarmglühens auf die mechanischen Eigenschaften kaltzäher Baustähle am Beispiel von 13MnNi6-3

men oberhalb 600 °C, ist bei vergüteten kaltzähen Stählen in jedem Fall eine erneute Wärmebehandlung durchzuführen. Bei den normalgeglühten Stählen kann darauf üblicherweise verzichtet werden. Wichtige Bedingung ist dabei, dass der Temperatur-Zeit-Zyklus bei der Warmumformung dem des Normalglühens entspricht. In der Praxis sind sicher sorgfältige Untersuchungen notwendig, um sich zu vergewissern, dass die geforderten mechanischen Eigenschaften im konkreten Verarbeitungsfall eingehalten werden.

Wichtigstes Fügeverfahren ist auch für die kaltzähen Behälterstähle das Schmelzschweißen. Unter Beachtung der Regeln der Technik sind diese Stähle sowohl von Hand als auch automatisiert gut schweißbar. Aufgrund der niedrigen Kohlenstoffgehalte härten auch die höher mit Nickel legierten Stähle nur wenig auf. Alle kaltzähen Stähle sind gut schweißgeeignet. Wichtig ist die Auswahl geeigneter Schweißzusatzwerkstoffe, die in ihrer chemischen Zusammensetzung auf den Grundwerkstoff abgestimmt sein müssen. So weit wie möglich sollten artgleiche Zusatzwerkstoffe verwendet werden, die üblicherweise Ni-Gehalte von 1,0 bis 2,5 % aufweisen. Für Stähle mit Ni-Gehalten von mehr als 5 % werden allerdings nur austenitische Schweißzusätze verwendet (Haneke et al. 1981, Uwer 1988). Beim Schweißen ist zu beachten, dass mit zunehmendem Ni-Gehalt die Neigung zur Magnetisierung zunimmt. Dadurch kann es zu Lichtbogeninstabilitäten kommen, denen durch Verwendung bestimmter Elektroden begegnet werden kann. Im konkreten Anwendungsfall sind auf jeden Fall die Empfehlungen der Stahlhersteller einzuholen.

Der Einfluss der Schweißbedingungen bzw. des Wärmeeinbringens auf die Zähigkeit von Schweißverbindungen kaltzäher Stähle mit und ohne Spannungsarmglühen ist von besonderer Bedeutung für die Praxis. Dazu zeigen die Bilder 2-1.41a und 2-1.41b die Wirkung unterschiedlicher $t_{8/5}$-Zeiten auf die Kerbschlagarbeit-Temperatur-Kurven für kaltzähe Stähle mit unterschiedlichen Ni-Gehalten (Haneke 1985). Hiernach ist der Einfluss des Wärmeeinbringens vergleichsweise gering. Tendenziell wird bei geringen Ni-Gehalten mit abnehmender $t_{8/5}$-Zeit eine Verbesserung der Zähigkeit beobachtet; in diesem Fall wird auch beim Spannungsarmglühen eine weitere Verbesserung der Übergangstemperatur beobachtet. Bei hohen Ni-Gehalten verschlechtert ein Spannungsarmglühen in der Regel das Zähigkeitsverhalten der Schweißverbindung und ist daher ggf. zu vermeiden. Neben der Beurteilung der Sprödbruchsicherheit von Schweißverbindungen im Kerbschlagbiegeversuch kommen auch Ergebnisse aus Großzugversuchen zum Tragen, um die Grenzen

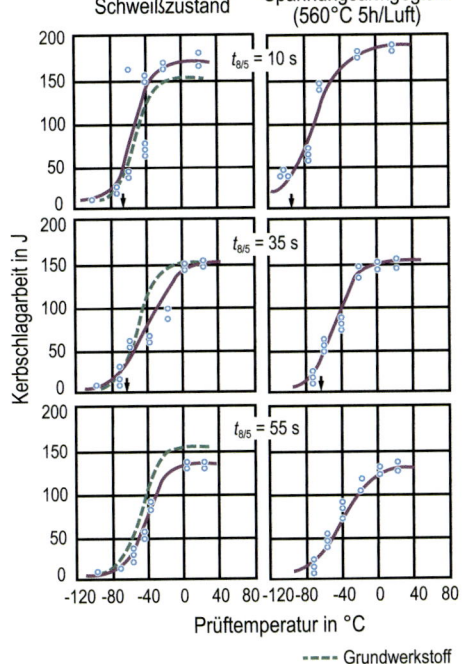

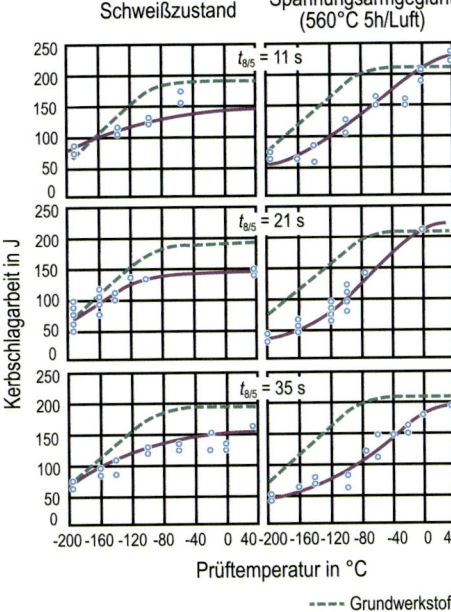

Bild 2-1.41
Einfluss der Schweiß-
bedingungen ($t_{8/5}$-Zeit)
auf die Kerbschlagarbeit
in der Wärmeeinflusszone
geschweißter kaltzäher
Stähle mit unterschiedlichem
Ni-Gehalt für den Behälterbau

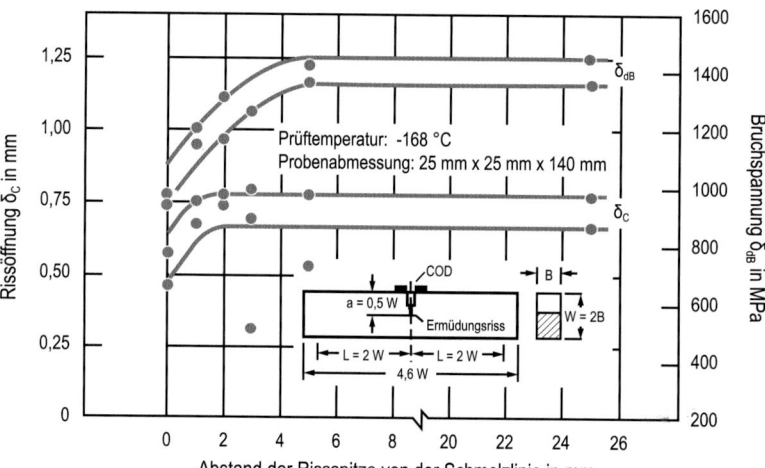

Bild 2-1.42
Bruchverhalten einer UP-Schweißverbindung aus X8Ni9 (Dreipunktbiegetest nach BS 5762)

der Anwendung eines Stahles und seiner Schweißverbindungen kennen zu lernen. Im Robertson-Test werden für einen Stahl mit rd. 0,5 % Ni Crack-Arrest-Temperaturen in der Schweißverbindung von − 60 °C gefunden (Müsgen 1982). In modernen bruchmechanischen Untersuchungen zeigen Schweißverbindungen aus 9-%-Ni-Stahl Rissöffnungswerte δ_c bei − 168 °C von mehr als 0,50 mm (Bild 2-1.42) (Müsgen 1982, Haneke et al. 1981, Kern 2010).

2-1.4 Wichtige Stahlgüten für den Behälterbau

2-1.4.1 Unlegierte Behälterstähle

Die wichtigen Stahlsorten sind in der Tabelle 2-1.6 zusammengefasst. Es handelt sich dabei zumeist um die Güten nach DIN EN 10028-2/-3 bzw. ASTM.
Wichtige Stahlsorten daraus sind:
- P265
- P295
- P355

sowie nach ASTM-Normen die Stahlsorten
- ASTM A516, Gr. 60-70
- ASTM A537, Cl. 1
- ASTM A738

Alle Stahlsorten werden im normalisierten Zustand geliefert. Wichtig ist festzuhalten, dass dabei für die nach ASTM-Norm gelieferten Güten zwingend ein Normalglühen vorzusehen ist und nur ein äquivalentes nor-

malisierendes Walzen (NU) nicht zulässig ist. Der Grund hierfür sind die normativen Vorschriften der ASTM, die das normalisierende Walzen nicht als Fertigungsverfahren für Behälterstähle zulassen.
Wesentliche Kennwerte der Eigenschaften von unlegierten Behälterstählen sind die Festigkeits- und Zähigkeitseigenschaften. Die Zähigkeit wird dabei aus Ergebnissen des Kerbschlagbiegeversuchs bewertet. Aus Tabelle 2-1.6 wird deutlich, dass die Anforderungen an die verschiedenen Stahlsorten sowohl hinsichtlich der Stahlzusammensetzung als auch der mechanischen Eigenschaften sehr eng beieinander liegen. Hieraus nutzen die Stahlhersteller die Möglichkeit, durch gezielte Vorgabe von Analyse und Fertigungsbedingungen maßgeschneiderte Werkstoffe beizusteuern. Diese erfüllen dann gleichzeitig die Anforderungen verschiedener Stahlsorten für den Behälterbau. Sogenannte Multigüten mit Mehrfachtestierungen stellen einen erheblichen Anteil im Lieferprogramm der Stahlhersteller dar. Dabei gelingt es beispielsweise, bis zu vier Güten in einem Produkt zu vereinen (Kern 2010), was es dem Anwender ermöglicht, mit einem Produkt bzw. Blech verschiedene Druckbehälterprojekte zu bedienen. Um Multigüten in der Grobblechfertigung zu realisieren, muss sichergestellt sein, dass die Streuung der mechanischen Eigenschaften der gefertigten Bleche möglichst gering ist. Das Bild 2-1.43 zeigt dies an einem Beispiel mit mechanischen Eigenschaften verschiedener Bleche, in denen die Güten S355/P355 und ASTM A516 Gr. 70 gleichzeitig testiert werden können.
Neben den Festigkeits- und Zähigkeitseigenschaften wird zunehmend auch eine HIC-Beständigkeit für unlegierte Druckbehälterstähle nach geltenden Normen

Tabelle 2-1.6 Chemische Zusammensetzung und mechanische Eigenschaften wichtiger unlegierter Stähle für den Behälterbau

Norm	Herstellung	Werkstoffnummer	Kurzname		Chemische Zusammensetzung, max. [Massen-%]				Zugversuch (quer)			Kerbschlagversuch (quer) (d = 16 mm)	
					C	Si	Mn	andere	R_e min (MPa)	R_m (MPa)	A min (%)	T (°C)	AV min, J
DIN EN 10028-2	N	1.0345	P235		0,16	0,35	1,20		235	360–480	24		
		1.0425	P265		0,20	0,40	1,40	Cu, Ni, Nb	265	410–530	22	–20	27
		1.0481	P295		0,20	0,40	1,40		295	460–580	21		
DIN EN 10028-3/-5	N/(TM)	1.0486	P275		0,16/–	0,40/–	1,50/–		275	390–510	24	–20	
		1.0562/66	P355		0,18/0,14	0,50	1,70/1,60	Cu, Ni, Nb	355	450–630	22	bis	27
		1.8905/15	P460		0,20/0,16	0,60	1,70		460	530–720	17	–50	
ASTM	N	keine	A516	60	0,21	0,40	0,90	Cu, Ni, Nb	220	415–550	25	–51	18
				70	0,27	0,40	1,2	Cu, Ni, Nb	260	485–620	21	–46	20
	N	keine	A537	1	0,24	0,15/0,50	0,70/1,35	Cu, Ni, Nb	345	485–620	22	–62	20
	N	keine	A633	A	0,18	0,15/0,15	1,15/1,50		290	430–570	23	–60	20
				C, D	0,20	0,15/0,50	1,15/1,50	Cu, Ni, Nb	345	485–620	23	–60	20
				E	0,22	0,15/0,50	1,15/1,50		415	550–690	23	–60	20
	N	keine	A662	A	0,14	0,15/0,40	0,90/1,35		275	400–540	23	–60	20
				B	0,19	0,15/0,50	0,85/1,50	Cu, Ni, Nb	275	450–585	23	–45	20
				C	0,20	0,15/0,50	1,00/1,60		295	485–620	22	–45	20
	N	keine	A738	A	0,24	0,15/0,50	1,50		310	515–655	20		
				B	0,20	0,15/0,55	0,90/1,50		415	585–705	20		
				C	0,20	0,15/0,50	1,50	Cu, Ni, Nb	415	550–690	22	30	27
				D	0,10	0,15/0,50	1,00/1,60		485	585–724	20		
				E	0,12	0,15/0,50	1,10/1,60		515	620–760	20		

2

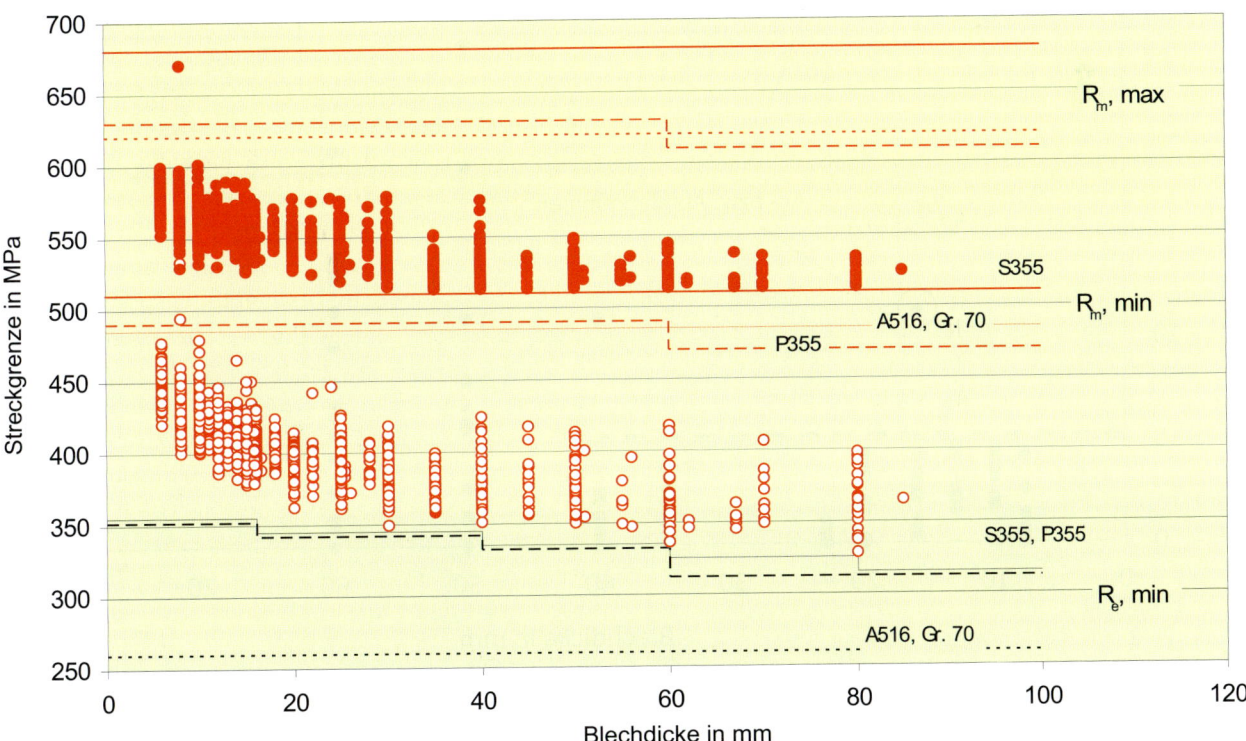

Bild 2-1.43 Festigkeitseigenschaften der Multigüte S355N/P355N/ASTM A516 Gr. 70

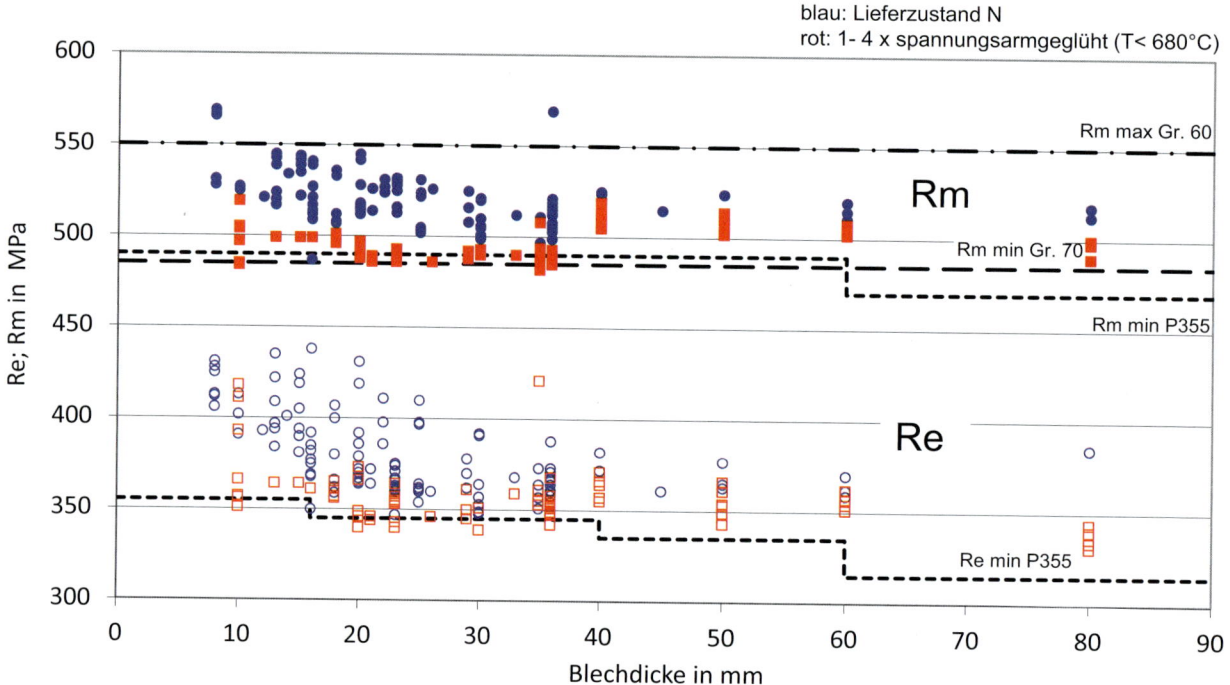

Bild 2-1.44 Mechanische Eigenschaften der HIC-beständigen Multigüte ASTM A516 Gr. 60/65/70 mit P355NL

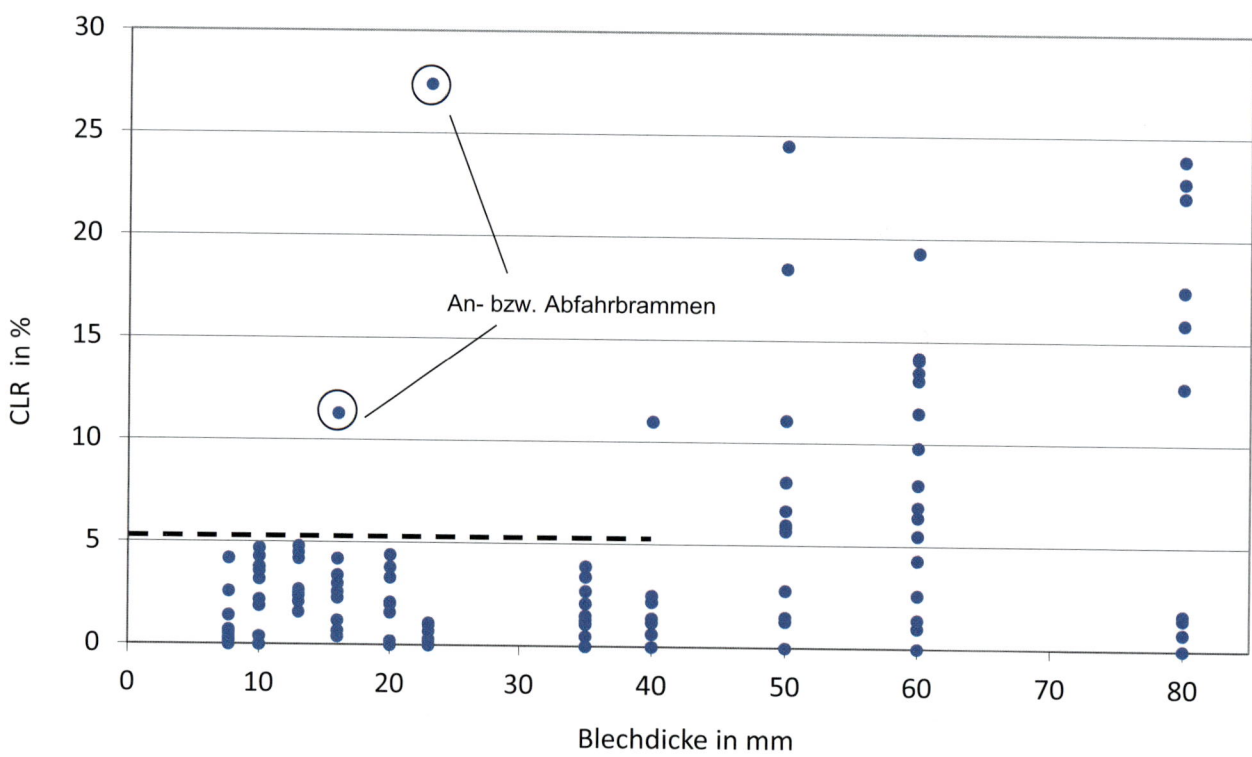

Bild 2-1.45 Erreichte CLR-Kennwerte nach HIC-Test an P355/ASTM A516 Gr. 60/65/70 in Abhängigkeit der Blechdicke nach Spannungsarmglühen (Prüfung nach NACE 0284)

bzw. Kundenspezifikationen gefordert. Diese wird zumeist im normalgeglühten und spannungsarmgeglühten Zustand zugesagt. Wichtig für die entsprechend eingesetzten Stahlkonzepte ist es somit, dass auch nach einem Spannungsarmglühen und dem damit gegenüber dem normalgeglühten Zustand verbundenen Abfall von Streckgrenze und Zugfestigkeit noch weitgehend sicher die geforderten Eigenschaften eingehalten werden. Bild 2-1.44 zeigt dies im Überblick am Beispiel des HIC-beständigen P355 in Mehrfachtestierung mit ASTM A516, Grade 60 bis 70 (Kern 2012). Ergänzend dazu gibt das Bild 2-1.45 einen Überblick über die in einer pH-3-Lösung im HIC-Test nach NACE 0284 ermittelten kritischen Risslängenwerte CLR an spannungsarmgeglühten Proben. Dabei wird deutlich, dass insbesondere der Verzicht auf Brammen aus dem Anfangs- bzw. Endbereich des Stranggusses für das Erreichen ausreichender HIC-Beständigkeit von großer Wichtigkeit ist. So muss hier auf etwa 20 % einer einzeln abgegossenen Schmelze verzichtet werden. Eine Betrachtung gegen die typischen CLR-Grenzwerte von 5 bzw. 10 % zeigt, dass eine HIC-Beständigkeit für Dicken bis etwa 50 mm heute problemlos möglich ist (Kern 2012).

2-1.4.2 Kaltzähe Behälterstähle

Wichtige Stahlsorten in der betrieblichen Anwendung sind aus heutiger Sicht (Tabelle 2-1.7):
- X12Ni5
- X7Ni9/X8Ni9 bzw. ASTM A553

Stahlzusammensetzung und geforderte mechanische Eigenschaften werden zumeist in Übereinstimmung mit der Norm DIN EN 10028-4 bestellt (Hickmann 2006). Allerdings gibt es gerade für X7Ni9 bzw. X8Ni9 mit rd. 9 % Ni auch Äquivalenzgüten nach ASTM, die häufig bei außereuropäischen Projekten für Behälter angefragt werden. Für den Bau von LPG-Behältern (Liquefied Petroleum Gas) mit Betriebstemperaturen bis −50 °C wird daneben üblicherweise der Stahl 13MnNi6-3 eingesetzt. Der abgesenkte Kohlenstoffgehalt in Verbindung mit der Herstellung über Normalglühen bewirkt ein sehr hohes Zähigkeitsniveau sowie eine verbesserte Verarbeitbarkeit gegenüber klassischen Baustählen. Mindestwerte für die Streckgrenze von 355 MPa bewirken ein sicheres und Gewicht sparendes Konstruieren.

Stärker verbreitet, vor allem für den Bau von Flüssiggasbehältern auf Tankschiffen für den Ethantransport, ist der Stahl X12Ni5 mit etwa 5 % Ni, der üblicherweise wasservergütet geliefert wird. Bild 2-1.46 zeigt typische mechanische Eigenschaften dieser Güte. Übliche Prüftemperaturen für den Zähigkeitsnachweis sind hier je nach Blechdicke −110 bis −130 °C (Hickmann 2006).

Der Stahl X7Ni9/X8Ni9 bzw. die ASTM-Variante ASTM A553 weist mit 9 % den höchsten Ni-Gehalt auf. Dieser Stahl wird standardmäßig für den Bau von LNG-Behältern mit Betriebstemperaturen von rd. −160 °C eingesetzt. Die Herstellung erfolgt auch hier vorwiegend über Wasservergüten. Wegen seiner hohen Mindeststreckgrenze von rd. 600 MPa ist er hervorragend für Leichtbauweisen mit geringen Behälterwanddicken geeignet. In den letzten Jahren haben sich die Zähigkeitsanforderungen wegen des steigenden Sicherheitsbedürfnisses stetig erhöht (Bild 2-1.47). So sind heute Mindestkerbschlagarbeiten von rd. 100 J, die merklich über den in den Normen geforderten Werten liegen,

Tabelle 2-1.7 Chemische Zusammensetzung und Eigenschaften wichtiger kaltzäher Behälterstähle (Herstellung über Wasservergüten)

Norm	Kurz-name	Werk-stoff-num-mer	Blech-dicke	Legierungsanteile in Massen-%								Zugversuch			Kerbschlagversuch, quer nach Charpy		laterale Breitung
				C	Si	Mn	P	S	Mo	Ni	V	R_e	R_m	A	−120 °C*	−196 °C	−196 °C
			mm									MPa		%	J		mm
EN 10028-4	X12Ni5	1.5680	≤ 30 > 30 ≤ 50	≤ 0,15	≤ 0,35	0,30 bis 0,80	≤ 0,020	≤ 0,005		4,75 bis 5,25	≤ 0,05	≥ 390 ≥ 380	530 bis 710	≥ 20	≥ 27		
	X8Ni9**	1.5662	≤ 30 > 30 ≤ 50	≤ 0,10	≤ 0,35	0,30 bis 0,80	≤ 0,020	≤ 0,005	≤ 0,10	8,5 bis 10,0	≤ 0,05	≥ 585 ≥ 575	680 bis 820	≥ 18		≥ 50	
	X7Ni9	1.5863	≤ 30 > 30 ≤ 50					≤ 0,015			≤ 0,01	≥ 585 ≥ 575				≥ 80	
ASTM ASME	A 553 SA 553	keine	≤ 50	≤ 0,13	0,15 bis 0,40	≤ 0,90	≤ 0,035	≤ 0,035		8,50 bis 9,50		≥ 585	690 bis 825	≥ 20			≥ 0,38

* Prüftemperatur: − 110 °C für eine Blechdicke t ≤ 25 mm und − 115 °C für 25 mm < t ≤ 30 mm
** Variante + QT 680

keine Seltenheit mehr. Hierdurch werden die Anforderungen an den Reinheitsgrad der Stähle und insbesondere den P-Gehalt ebenfalls stetig erhöht. Moderne Stähle mit 9 % Ni weisen daher zumeist P-Gehalte unter 0,007 % auf. Bild 2-1.48 und 2.49 zeigen ergänzend typische mechanische Eigenschaften dieser Güte für Blechdicken bis rd. 35 mm. Es ist zu erkennen, dass die erreichte Zähigkeit zumeist deutlich über 100 J bei −196 °C liegt (Kern 2010, Hickmann 2006).

Erwähnt werden soll noch, dass technisch und wirtschaftlich bedeutend darüber hinaus auch die Güte 12Ni14 mit etwa 3,5 % Ni ist, die z. B. für Transport und Lagerung von verflüssigtem Kohlendioxid oder Ethan verwendet werden kann. Unter der Voraussetzung eines hohen Reinheitsgrades sowie niedriger Gehalte an Phosphor und Schwefel lassen sich bei einer Prüftemperatur von −120 °C noch gute Kerbschlagarbeiten > 27 J erreichen. Der Stahl wird üblicherweise normal-

Chemische Zusammensetzung

C: 0,08 %   Si: 0,25 %   Mn: 0,65 %   S: 0,001 %   P: 0,008 %   Ni: 5,0 %

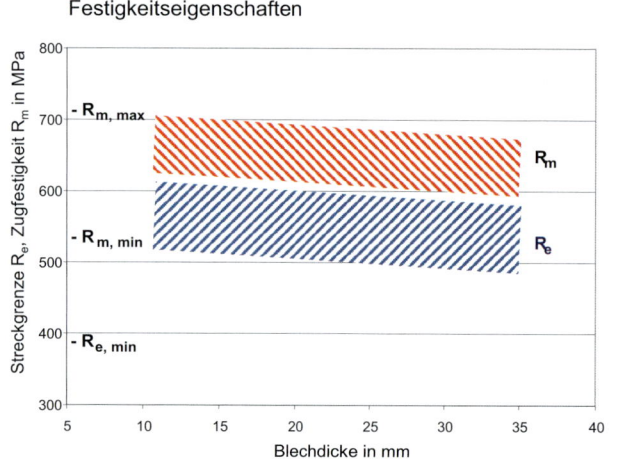
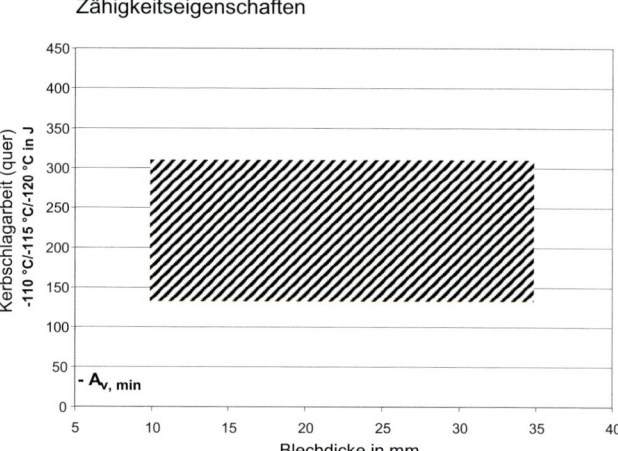

Bild 2-1.46 Mechanische Eigenschaften eines 5-%-Ni-Stahls X12Ni5

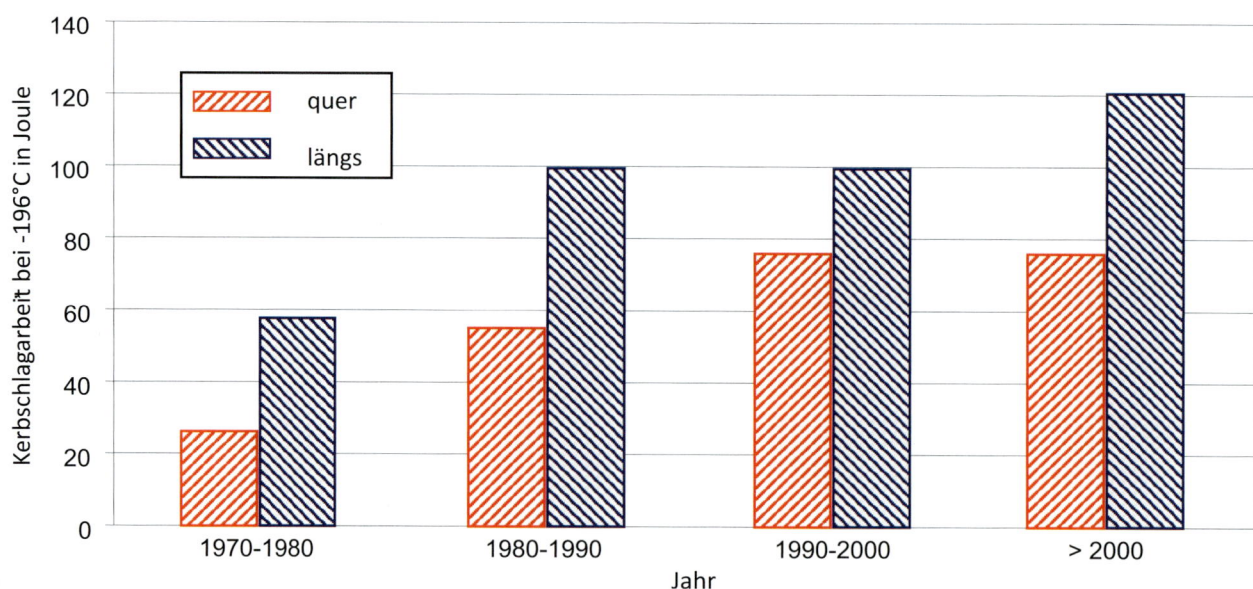

Bild 2-1.47 Steigende Zähigkeitsanforderungen bei 9 %-Ni-Stählen seit 1970

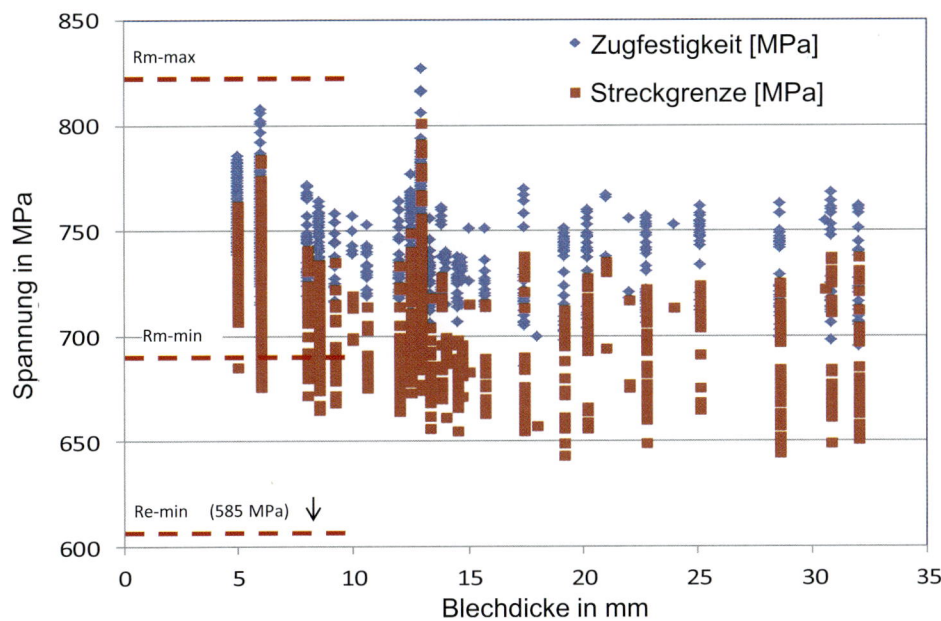

Bild 2-1.48
Mechanische Eigenschaften –
9%-Ni-Stahl: X7Ni9/X8Ni9
(Festigkeit)

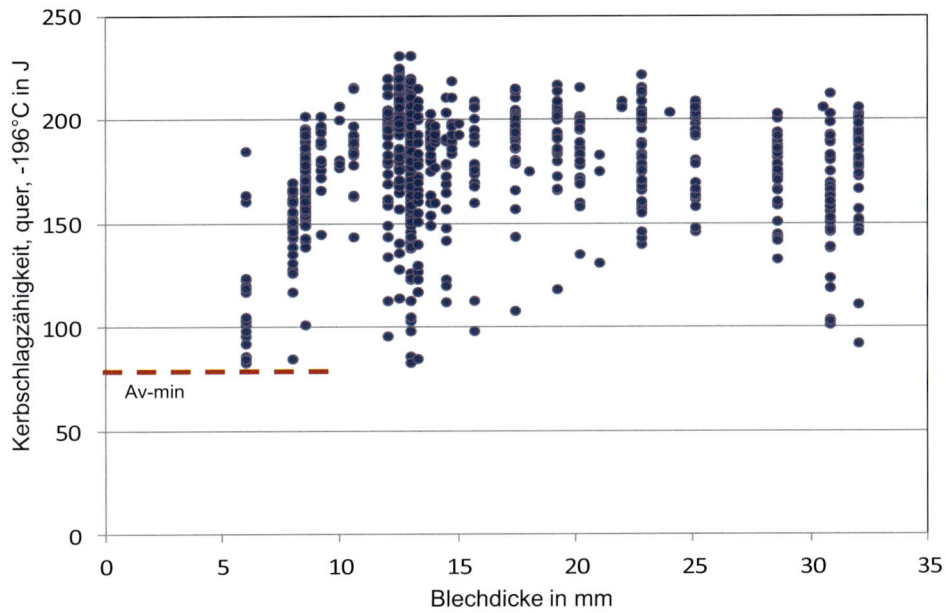

Bild 2-1.49
Mechanische Eigenschaften
eines 9%-Ni-Stahls: X7Ni9/
X8Ni9 (Zähigkeit)

geglüht geliefert. Allerdings ergibt eine Wasservergütung etwas günstigere Eigenschaften (vgl. Bild 2-1.35).

2-1.5 Künftige Entwicklungen

Im Hinblick auf künftige Entwicklungen haben alle Bleche und Stahlsorten gemein, dass die Anforderungen bezüglich Streubandbreiten für die mechanisch

technologischen Eigenschaften, die Zähigkeitskennwerte sowie Verarbeitbarkeit, Oberflächenqualität und Ebenheit sowie die Forderungen nach engeren Toleranzen stetig ansteigen werden. Darüber hinaus gewinnt der Kostenaspekt wegen langfristig steigender Ressourcenknappheit ebenfalls an Bedeutung. Parallel hierzu steht auch die Forderung nach sich ständig verkürzenden Lieferzeiten. All dies sind Herausforderungen für die Grobblechhersteller zur Lieferung von Druckbehälterstählen in den nächsten Dekaden.

Unlegierte Behälterstähle

Wie bereits erläutert, sind die wesentlichen Eigenschaftskennwerte von unlegierten Behälterstählen die Festigkeits- und Zähigkeitseigenschaften. Aus Sicherheitsgründen wird bei Behälterstählen besonderer Wert auf die Sprödbruchsicherheit gelegt. Da die Sicherheitsanforderungen an die Kessel- und Druckbehälter stetig steigen, erhöhen sich gleichzeitig auch die Anforderungen an die unlegierten Behälterstähle bezüglich eines höheren Zähigkeitsniveaus mit geringerer Streuung. Parallel dazu gewinnt die Einengung der Streubandbreite bei den Festigkeitskennwerten zunehmend an Bedeutung.

Bei den unlegierten Druckbehälterstählen werden zudem teilweise veraltete und redundante Analysenkonzepte mit sehr hohen Gehalten an teuren Legierungselementen wie Nickel und Kupfer eingesetzt. Zur Ressourcenschonung kommt daher der Entwicklung von Legierungen ohne Kupfer und Nickel eine besondere Bedeutung zu mit dem Ziel, die hohen Anforderungen an das Kohlenstoffäquivalent und die mechanischen Eigenschaften einschließlich der Tieftemperaturzähigkeit durch Zugabe kostengünstigerer Legierungselemente, wie z. B. Cr, weiter sicher zu erfüllen. Darüber hinaus wird durch die Substitution von Kupfer und Nickel eine Reduzierung des Kohlenstoffäquivalents angestrebt.

Für die Behälteranlagen in der petrochemischen Industrie mit schwefelwasserstoff- oder aminhaltigen Medien steigt die Forderung nach Blechen in Dicken > 50 mm mit hoher HIC-Beständigkeit. Dies ist in den Stahlwerken nur mit einem erhöhten Aufwand bei der Entschwefelung und der Begrenzung des P-Gehaltes auf Werte < 0,007 % zu realisieren, was gleichzeitig die Herstellkosten merklich erhöht. Gleichzeitig kommt dann der seigerungsarmen Erstarrung im Strang und der Anwendung einer Warmwalzstrategie mit hoher Durchverformung eine besondere Bedeutung zu.

Kaltzähe Behälterstähle

Die Konstruktion von Behältern und Tanks verlangt Grobbleche aus Stählen mit sehr hoher Zähigkeit bei tiefen Temperaturen. Für diese kaltzähen Stähle ist dabei grundsätzlich ein hoher Ni-Gehalt wichtig. Wegen des hohen Sicherheitsbedürfnisses sind die Anforderungen an den Sprödbruchwiderstand außerordentlich hoch. Gleichzeitig werden Festigkeiten gefordert, die eine möglichst geringe Wanddicke und damit ressourcenschonenden Leichtbau erlauben. Die Stähle müssen darüber hinaus unter Baustellenbedingungen gut schweißbar sein. Wie bereits in Bild 2-1.47 dargestellt, nehmen vor allem die Zähigkeitsanforderungen bei den Stählen mit 9 % Ni für die LNG-Wertschöpfungskette stetig zu. Gleichzeitig rücken zunehmend die Rohstoffknappheit und die volatilen Preise auf dem Rohstoffmarkt in den Fokus. Daher gewinnt die Bereitstellung von Werkstoffen mit geringeren Ni-Gehalten als derzeit üblich zunehmend an Bedeutung. Gleichzeitig findet dies auch in den Normen für diese Stähle verstärkt Niederschlag.

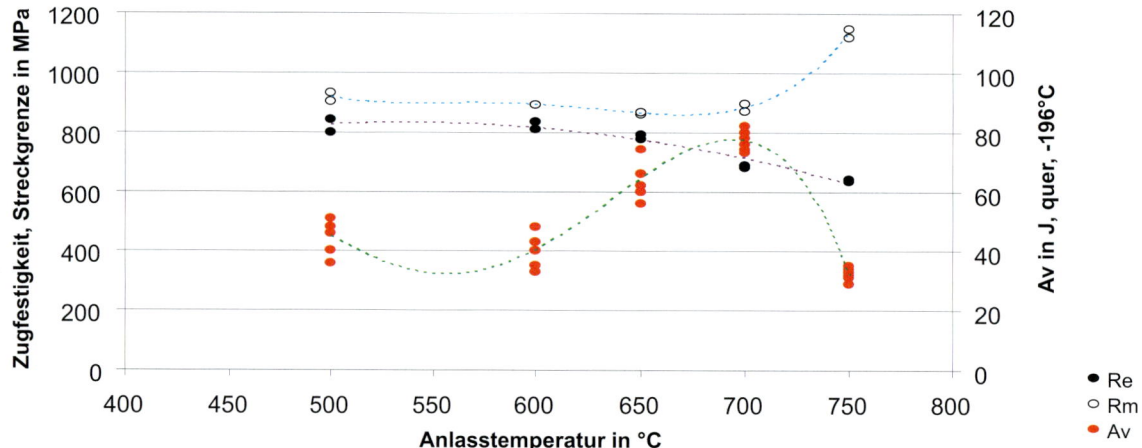

Bild 2-1.50 Mechanische Eigenschaften eines kaltzähen Stahls mit rd. 6 % Ni

Interessant sind dabei Entwicklungen von Stählen mit 6 – 7 % Ni mit Tieftemperaturzähigkeit, die Alternativen für die bekannten Güten X8Ni9/ASTM A553 darstellen (ASTM 2013). Hier kommt zunehmend die thermo-mechanische Behandlung zum Auswalzen der Bleche – ggf. mit beschleunigter Abkühlung anstelle des klassischen Wasservergütens – zum Einsatz. Bild 2-1.50 zeigt darüber hinaus Ergebnisse der Entwicklung eines kaltzähen Stahles mit 6 % Ni, der über Wasservergüten, ggf. mit Doppelhärtung, herstellbar ist. Danach werden max. Kerbschlagarbeitswerte von rd. 80 J gemessen, die die geltenden Normen knapp erfüllen. Fraglich ist

es aber, ob dies ausreicht, um den künftig zu erwartenden Zähigkeitsanforderungen, gerade in der LNG-Technik, zu entsprechen.

Passend hierzu sei auf die Entwicklung und Bereitstellung thermomechanisch gewalzter kaltzäher Stähle mit 1,5 % Ni hingewiesen, die als Ersatz für die klassische 5-%-Ni-Variante X12Ni5 in Betracht kommen. Nach einer thermomechanischen Walzung und anschließender Intensivkühlung werden die in Bild 2-1.51 gezeigten mechanischen Eigenschaften erreicht. Die Mikrostruktur dazu zeigt ein sehr feines ferritisches Gefüge mit geringen Perlitanteilen. Hiermit können

Chemische Zusammensetzung in Massen-%								
C	Si	Mn	P	S	N	Al	Ni	Nb
0,05-0,06	0,26-0,31	1,10 - 1,21	0,004 - 0,008	0,001 - 0,004	0,006	0,030 - 0,042	1,33 - 1,50	0,009 - 0,019

Festigkeitseigenschaften			
Blechdicke	Streckgrenze R_e	Zugfestigkeit R_m	Bruchdehnung A_5
mm	MPa	MPa	MPa
20	477 - 484	522 - 576	27 - 33
40	413	505	n.b.

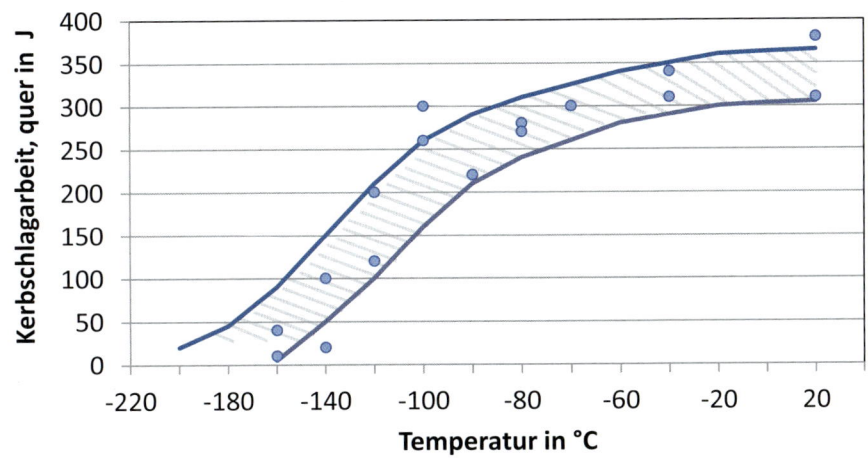

Bild 2-1.51
Mechanische Eigenschaften von kaltzähen Baustählen mit 1,5 % Ni nach thermomechanischem Walzen

2

Tabelle 2-1.8 Vergleich der chemischen Zusammensetzung und mechanischen Eigenschaften zwischen kaltzähen Stählen mit 1,5 bzw. 5 % Ni

Kurz-name	Werk-stoff-nummer	Chemische Zusammensetzung in Massen-%								
		C	Si	Mn	P	S	N	Al	Ni	Nb
X12Ni5	1.5680	0,08	0,25	0,62	0,012	0,005	0,005	0,040	5,0	–
1,5 % Ni	keine	0,06	0,31	1,11	0,008	0,004	0,0058	0,042	1,50	0,019

Kurzname	Werkstoff-nummer	Blechdicke [mm]	Verfahren	R_e [MPa]	R_m [MPa]	R_e/R_m	A_5 [%]	AV, quer (– 110 °C) [J]
X12Ni5	1.5680	10 – 17,8	QT	550	632	0,87	38	287
1,5 % Ni	keine	20	TM	484	522	0,93	33	220

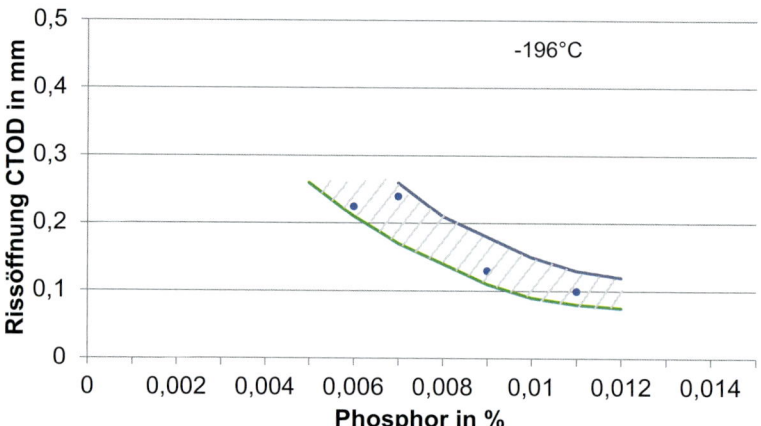

Bild 2-1.52
Einfluss des Phosphorgehalts auf die Bruchzähigkeit eines X8Ni9/X7Ni9

praktisch die typischen mechanischen Eigenschaften des X12Ni5 erreicht (Tabelle 2-1.8) werden (Kern 2010).

Neben diesen spezifischen Werkstoffweiterentwicklungen kommt der weiteren Absenkung des Begleitelementes Phosphor ebenfalls eine zunehmende Bedeutung zu. Dabei stehen vermehrt Anforderungen nach Phosphorgehalten < 0,007 % in der Diskussion, da hierdurch der Sprödbruchwiderstand merklich verbessert wird. Bild 2-1.52 zeigt dies durch Darstellung des Phosphoreinflusses auf die kritische Rissöffnung (CTOD-Wert) (Kern 2010). Dies ist in den Stahlwerken mit einem erhöhten Aufwand durch Intensivierung der Schlackenarbeit im Konverterprozess zu realisieren, erhöht aber die Herstellkosten merklich.

Literatur zu Kapitel 2-1

AD 2000: Werkstoffe für Druckbehälter, Taschenbuch 2016, Beuth-Verlag, Berlin

Anderson, T. L.: Fracture Mechanics: Fundamentals and Applications. Third Edition, Taylor and Francis, 2005

ASTM A 841: Nach dem thermomechanisch kontrollierten Verfahren hergestelltes Stahlblech für Druckkessel. 2013

Book of ASTM Standards. Beuth-Verlag, Berlin 2015

Degenkolbe, J.; Müsgen, B.; Uwer, D.: Progress in the production and fabrication of 9% Ni steel. Tagungsband Transport and storage of LPG & LNG, Brügge 7. – 10. 5. 1984

Degenkolbe, J.; Müsgen, B.: Wärmebehandlung von Stahl nach Kaltumformung. Archiv Eisenhüttenwesen 44 (1973) 10, S. 769 – 774

Degenkolbe, J.; Uwer, D.: Druckbehälter aus hochfesten Stählen zum Transport von Flüssiggas. Schweißen und Schneiden 25 (1973) 9 – Sonderdruck

Degenkolbe, J.; Müsgen, B.: Sonderbaustähle für den Einsatz bei tiefen Temperaturen. Bänder, Bleche, Rohre 14 (1973) 6, S. 245 – 252

Degenkolbe, J.: Wasservergütete schweißbare Baustähle. Werkstoffkunde der gebräuchlichen Stähle Teil 1, Verlag Stahleisen mbH, Düsseldorf 1977, S. 222 – 236

Degenkolbe, J.; Haneke, M.: Rohre Rohrleitungsbau. Rohrleitungstransport 17 (1978), S. 514 – 520

Degenkolbe, J.; Hougardy, H. P.; Uwer, D.: Schweißen unlegierter und niedriglegierter Baustähle. Merkblatt Nr. 381, Stahl-Informations-Zentrum, 4. Auflage, Düsseldorf 1989

Degenkolbe, J.; Müsgen, B.; Schönherr, W.: Stähle und Stahlerzeugnisse. Stahlbau Handbuch Band 1, Teil A, Stahlbau-Verlagsgesellschaft, Köln 1993

Degenkolbe, J.: Beeinflussung von Werkstoffeigenschaften bei der Herstellung von Grobblech. Thyssen Techn. Berichte (1993) 1, S. 19 – 30

Dillinger Hütte: Gut gerüstet für den Sauergaseinsatz. Mitteilung, Revision 2, Juli 2011

Gohlke, K.: Die DIN EN 13445 und das AD 2000-Regelwerk – ein anwendungsorientierter Vergleich aus der Sicht eines Druckgerätebetreibers der chemischen Industrie. Bachelorarbeit im Fachbereich Elektrotechnik, Maschinenbau und Technikjournalismus der Hochschule Bonn-Rhein-Sieg, Sankt Augustin 2014

Haneke, M.; Degenkolbe, J.; Petersen, J.; Weißling, W.: D10 – Kaltzähe Stähle. Werkstoffkunde Stahl Band 2, Anwendung, Springer-Verlag Berlin, Verlag Stahleisen mbH, Düsseldorf 1985, S. 275 – 304

Haneke, M.; Müsgen, B.; Petersen, J.: Kaltzähe Stähle für Transport und Lagerung verflüssigter Gase. Fachberichte Hüttenpraxis Metallweiterverarbeitung, 19 (1981), S. 646 – 668

Hans, A.; Normalgeglühte Feinkornbaustähle mit einer Mindeststreckgrenze bis etwa 550 N/mm². Werkstoffkunde der gebräuchlichen Stähle Teil 1, Verlag Stahleisen mbH, Düsseldorf 1977, S. 205 – 221

Hickmann, K.; Kern, A.; Schriever, U., Stumpfe, J.: Production and Properties of High-Strength Nickel-alloy Steel Plates of Low Temperature Applications. 1st International Conference High-Strength Steels, 2nd – 4th Nov. 2005, Rome 2006

Kern, A.; Nießen, T.; Schriever, U.; Tschersich, H.-J.: Production and properties of thermomechanical rolled high-strength steel plates with min YS up to 700 MPa. Ironmaking and Steelmaking 32 (2005) 4, S. 331 – 336

Kern, A.: Vorlesungsskript Steel Design. RWTH Aachen, 2010

Kern, A.; Gottlieb, J.; Schriever, U.; Steinbeck, G.: High Performance Steels for Pressure Vessels. Niobium Bearing Structural Steels, ed. by Janston, St. G.; Patel, J. by ASM 2010, S. 415 – 426

Kern, A.; Dietrich, A.; Schäf, S.: New constructional steel of pressure vessels with a high resistance to hydrogen-induced cracking (HIC). Steel Construction 5 (2012) 2, S. 117 – 122

Liessem, A.: Bruchmechanische Sicherheitsanalysen von Stahlbauten aus hochfesten, niedriglegierten Stählen. Dissertation, RWTH Aachen, Shaker Verlag, 1996, Berichte aus dem Institut für Eisenhüttenkunde, Band 3/96

Metals Handbook. 10th ed. vol. 19, Metals Park: ASM, 1996, p. 989

Müsgen, B.; Degenkolbe, J.: Behälterwerkstoffe für Flüssiggas-Tankschiffe – Neuer 5,5 % Nickel-Stahl für Tieftemperaturtechnik. Bänder, Bleche, Rohr 2 (1975), S. 48 – 52

Müsgen, B.: Umformen und Wärmebehandeln von kaltzähen Stählen. Thyssen Techn. Berichte (1980) 2, S. 78 – 83

Müsgen, B.: Umformen und Wärmebehandeln schweißbarer Baustähle. Thyssen Techn. Berichte, (1981) 1, S. 76 – 85

Müsgen, B.: Einfluss von Formgebung und Wärmebehandlung auf mechanische Eigenschaften. Maschinenmarkt 88 (1982) 8, S. 1272 – 1275

Müsgen, B.: Kaltzähe Nickelstähle. Thyssen Techn. Berichte (1982) 1, S. 66 – 78

Müsgen, B.; de Boer, H.; Fröber, H.; Peters, J. D2 – Normalfeste und hochfeste Baustähle. Werkstoffkunde Stahl Band 2, Anwendung, Springer-Verlag Berlin, Verlag Stahleisen mbH, Düsseldorf 1985, S. 6 – 63

Müsgen, B.: High strength quenched and tempered steels – production, properties and applications. Metal Construction (1985) 8, pp. 495 – 499

NACE TM 0284: Evaluation of Pipeline and Pressure Vessel Steels for Resistance to Hydrogen-Induced Cracking. Ausgabe 2011

Richard, P.; Grey, H.: Mohr circles, stress paths and geotechnics. 2 ed., Taylor & Francis, 2004, pp. 1 – 30

Raju, I. S.; Newman, J. C. J.: Stress-intensity factors for internal and external surface cracks in cylindrical vessels. J Pressure Vessel Technol (Trans ASME) 104 (1982), pp. 293 – 298

Richter, K.; Luxemburger, G.; Cawelius, R.: Grobblech Herstellung und Anwendung – Grobblech im Kessel- und Druckbehälterbau. Stahl-Informations-Zentrum, in: Dokumentation 570, Düsseldorf 2001, S. 53 – 59

Sandström, R.; Langenberg, P.; Sieurin, H.: New brittle fracture model for the European pressure vessel standard. International Journal of Pressure Vessels and Piping 81 (2004) 10 – 11, October – November, S. 837 – 845

SEW 088:1993-10: Schweißgeeignete Feinkornbaustähle; Richtlinien für die Verarbeitung, besonders für das Schmelzschweißen. Beuth-Verlag, Berlin 1993

Tresca, H.: Mémoire sur l'écoulement des corps solides soumis à de fortes pressions. C. R. Acad. Sci. Paris, 1864, vol. 59, p. 754

Uwer, D.: Hochfeste Baustähle, Eigenschaften und Probleme bei der schweißtechnischen Verarbeitung. Thyssen Technische Berichte (1978) 1, S. 8 – 16

Uwer, D.: Schweißen der Stähle für den Stahlbau. Thyssen Techn. Berichte (1981) 1, S. 69 – 75

Uwer, D.; Höhne, H.: Determination of suitable minimum preheating temperatures for the cold-crack-free welding of steel. Welding and Cutting (1991) 5, S. E108 – E111

Uwer, D.; Wegmann, H. G.; Ortmann, R.: Artgleiches Schweißen des Stahls X8Ni9. Stahl und Eisen 108 (1988) 8, S. 53 – 58

von Mises, R.: Mechanik der festen Körper im plastisch deformablen Zustand. Göttin. Nachr. Math. Phys. 1 (1913), pp. 582 – 592

Wallin, K.: Master curve method: a new concept for brittle fracture. Int J Mater Prod Technol (Switzerland) 14 (1999), pp. 342 – 354

Alle im Text erwähnten Normen sind in einer Liste zusammengefasst (Seite 889).

2

Werkstoffauswahl für den Bau chemischer Anlagen

Jürgen Korkhaus

2-2.1 Einleitung

In den Anfängen der industriellen Herstellung chemischer Produkte wurden neben Eisen, welches zumeist als Gusseisen zum Einsatz kam, die Metalle Kupfer und Blei sowie die Werkstoffe, Holz und Stein für die Reaktionsgefäße und die Rohrleitungen verwendet. Bild 2-2.1 zeigt das Beispiel einer Destillationsanlage für Dimethylanilin bei der BASF in Ludwigshafen aus dem Jahr 1865.

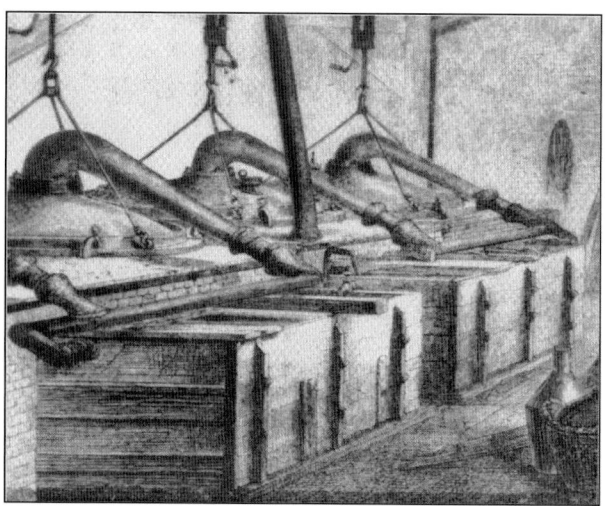

Bild 2-2.1 Destillationsanlage für Dimethylanilin bei der BASF AG aus dem Jahr 1865

Wollte man die Kapazität erhöhen, so hat man die Anlage dupliziert. Der große Bedarf an chemischen Produkten, insbesondere an Farbstoffen, hatte zur Folge, dass diese Vorgehensweise bald an Grenzen stieß, und so nahm die technische Chemie mit deutlich verbesserten Raum/Zeit-Ausbeuten der Anlagen ihren Ausgangspunkt. Ein wesentlicher Parameter dabei war neben der Temperatur ein erhöhter Druck, den es galt, sicher zu beherrschen. Die verfügbaren Werkstoffe waren damals nicht standardisiert und in ihren Eigenschaften oft nicht hinreichend reproduzierbar. Auch war das Schweißen als maßgebliche Verbindungstechnik noch nicht entwickelt, sodass Behälter und Rohrleitungen genietet werden mussten. Dies hatte zur Folge, dass es in Chemieanlagen häufiger zu zum Teil schweren Unfällen durch das Versagen von Anlagenkomponenten kam, die herstellungs- und fertigungsbedingt dem Druck nicht standhalten konnten. Es stellte sich rasch heraus, dass die Weiterentwicklung der chemischen Technik eng mit der Weiterentwicklung der Werkstoffe und deren Verarbeitungstechniken verknüpft war. Insbesondere die Entwicklung von Stählen spielte dabei eine zentrale Rolle, denn sie boten neben einer grundsätzlich guten Verfügbarkeit mit ihrem Eigenschaftsprofil für die Anforderungen nach Temperaturbeständigkeit, chemischer Beständigkeit, Druckfestigkeit und gutem Verarbeitungsverhalten die beste technische Lösung. Es ist daher nicht verwunderlich, dass einzelne Unternehmen, wie z. B. die BASF SE in Ludwigshafen, sich selber aktiv an der Entwicklung von Stählen für ihre Anlagen und an der Entwicklung von Fertigungs- und Verarbeitungstechniken beteiligten.

Die enge symbiotische Beziehung zwischen der Stahl herstellenden und verarbeitenden Industrie einerseits und der chemischen Industrie andererseits reichte bis weit in das 20. Jahrhundert und ist heute noch, wenn auch weniger ausgeprägt, vorhanden. Der chemischen Industrie steht heute eine weite Palette an Konstruktionswerkstoffen, insbesondere an Stählen zur Verfügung, sodass die Frage der Machbarkeit eines chemischen Verfahrens bei der Werkstoffauswahl nicht mehr im Vordergrund steht, sondern die Anforderung, das technisch/wirtschaftliche Optimum bei der Werkstoffauswahl zu finden. Wie man dabei vorgeht, welche Werkzeuge und Werkstoffe zur Verfügung stehen und welche Restriktionen beachtet werden müssen, soll in den weiteren Abschnitten dieses Kapitels betrachtet werden.

2-2.2 Gesichtspunkte für die Werkstoffauswahl beim Bau von Chemieanlagen

Die Anforderungen an Werkstoffe für Chemieanlagen sind sehr vielfältig und werden primär bestimmt durch die jeweiligen Prozessparameter Temperatur, Druck und Medium.

Wie Bild 2-2.2 verdeutlicht, in dem die Gesichtspunkte zusammengefasst sind, die bei der Werkstoffauswahl für eine Chemieanlage zu berücksichtigen sind, sind dabei noch zahlreiche andere Aspekte zu beachten, die nicht alle technischer Natur sind. Übergeordnet lassen sich diese in die Kategorien Sicherheit, Wirtschaftlichkeit und Prozess- und Produktanforderungen einteilen.

2-2.2.1 Sicherheit chemischer Anlagen

Zum Oberbegriff Sicherheit gehören die ausreichende Festigkeit, Zähigkeit und Korrosionsbeständigkeit ebenso wie die zerstörungsfreie Prüfbarkeit, die Gefügestabilität, die Schweißeignung und Verformbarkeit sowie die notwendigen thermo-physikalischen Eigenschaften. Es liegt auf der Hand, dass in der chemischen Industrie, in der eine Vielzahl aggressiver Medien gehandhabt wird, die Korrosionsbeständigkeit der Anlagenwerkstoffe eine besonders wichtige Rolle spielt. Sie kann im Einzelfall über die Machbarkeit eines chemischen Prozesses im Produktionsmaßstab entscheiden und zwar im technischen und im wirtschaftlichen Sinne.

Unter den thermo-physikalischen Eigenschaften sind sowohl die Temperatur- und Wärmeleitfähigkeit als auch das thermische Ausdehnungsverhalten zu verstehen. Wärmeübertragung ist eine wichtige Funktionalität vieler chemischer Apparate. Die Wärme- und Temperaturleitfähigkeit fließen somit unmittelbar in die Dimensionierung der Apparate ein, ebenso wie das thermische Ausdehnungsverhalten. Temperaturunterschiede, z. B. in Röhrenwärmeaustauschern zwischen den Rohren und dem Mantel, ist durch die Steifigkeit

2

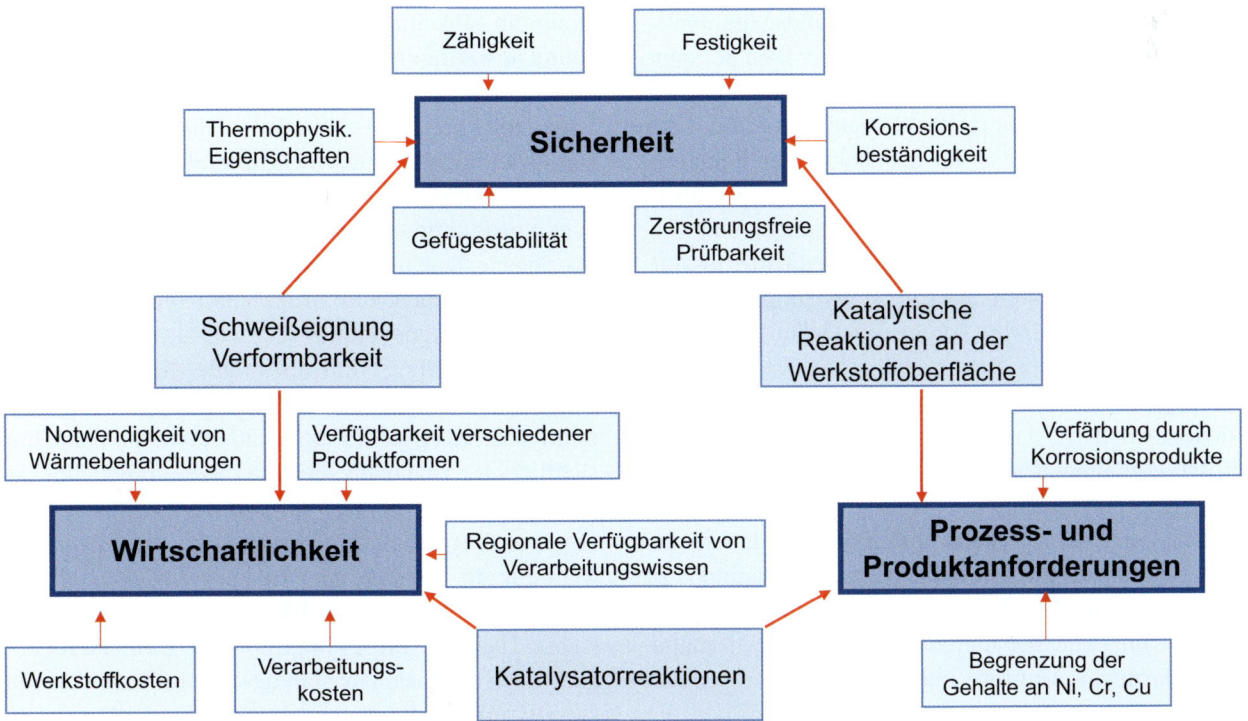

Bild 2-2.2 Gesichtspunkte der Werkstoffauswahl für eine Chemieanlage

der Konstruktion Rechnung zu tragen. Auch Mischkonstruktionen aus verschiedenen Werkstoffen können in dieser Hinsicht kritisch sein.

Bei der Forderung nach der Schweißbarkeit und Verformbarkeit ist zu beachten, dass der chemische Apparatebau immer noch weitgehend durch handwerkliche Verarbeitungsweisen geprägt ist. Dies bedeutet, dass – sowohl was die Schweißeignung als auch das Umformverhalten betrifft – eine gewisse Verarbeitungstoleranz der Werkstoffe gefordert wird.

Die zerstörungsfreie Prüfbarkeit ist zwar zu großen Teilen durch die Gestaltung des Bauteils bedingt, dennoch sind auch werkstoffimmanent Schweißnähte z. B. an austenitischen und Duplex-Stählen und Mischnähte zwischen ferritischen und austenitischen Stählen sowie Gussteile oft nur eingeschränkt oder nur mit großem Aufwand auf innere Fehler zu prüfen.

Ein Werkstoff mit hoher Gefügestabilität besitzt die Fähigkeit, seine eigenschaftsbestimmende Mikrostruktur über einen möglichst großen Temperaturbereich langzeitig stabil zu halten. Technische Werkstoffe sind bei der Herstellung in einem weitgehend metastabilen Zustand eingefroren. Diffusionsbedingt kommt es, abhängig von der Temperatur, den Diffusionseigenschaften des Werkstoffs und dem Ausmaß der Abweichung vom stabilen Gleichgewichtszustand zu Veränderungen der Versetzungsdichte und -anordnung, der Kornstruktur und des Ausscheidungszustands, die deutliche Eigenschaftsänderungen zur Folge haben können. Der entscheidende betriebliche Parameter für die Gefügestabilität ist somit die Einsatztemperatur des Werkstoffs. Diese muss mit den bekannten Temperaturbereichen in Relation gesetzt werden, in denen in einzelnen Werkstoffen Gefügeveränderungen und Ausscheidungsvorgänge stattfinden, durch die die Gesamtheit der Eigenschaften des Werkstoffs verändert wird. Die generelle, inhärente Forderung der Regelwerke an Werkstoffe für den Druckbehälterbau ist die, dass durch deren Kombination von Festigkeit und Zähigkeit sichergestellt ist, dass im Versagensfall ein Leck-vor-Bruch-Verhalten gegeben ist. Dies bedeutet aber auch, dass die verwendeten Werkstoffe durch die Betriebsbedingungen keine gravierenden Eigenschaftsveränderungen erfahren dürfen. Wenn mit solchen dennoch zu rechnen ist, so ist die Voraussetzung für den Werkstoffeinsatz im Druckbehälterbau, dass die Eigenschaftsveränderungen langsam und stetig erfolgen, sodass deren Ausmaß durch ein entsprechendes Prüfkonzept sicher erfasst werden kann. Zu diesem Themenkreis werden im folgenden Abschnitt „Metallische Werkstoffe für Chemieanlagen" noch detailliertere Angaben gemacht. Bei der Bewertung der Gefügestabilität sind nicht nur die normalen Betriebsbedingungen im Produktionsfall, sondern auch temporäre Betriebszustände, wie sie z. B. bei thermischen Reinigungs- und Regenerationsprozessen auftreten, zu betrachten. Hierbei entstehen oft sehr hohe Temperaturen, bei denen es zu Festkörperreaktionen im Werkstoff und zu Wechselwirkungen mit Belägen und Ablagerungen kommt, durch die z. B. Nitrierungen oder Aufkohlungen hervorgerufen werden können.

2-2.2.2 Wirtschaftlichkeit für Anlagenbau und -instandhaltung

In der Kategorie Wirtschaftlichkeit spielen die Werkstoffkosten eine maßgebliche Rolle. Die Werkstoffkosten werden im Falle der hochlegierten Stähle primär durch die täglich neu fixierten Preise für die Legierungselemente, insbesondere für die Elemente Ni und Mo bestimmt, aber auch durch den im Einzelfall unterschiedlichen Aufwand bei der Herstellung von Legierungen. Darüber hinaus spielen auch die Produktformen, wie Blech, Rohr oder Stab noch eine große Rolle. Aus diesem Grund sind die in Bild 2-2.3 angegebenen relativen Werkstoffkosten nur sehr grobe Anhaltswerte, die im Einzelfall noch einmal zeitnah in Erfahrung gebracht werden müssen. Die Darstellung verdeutlicht die Bandbreite der metallischen Werkstoffe, die in der Chemietechnik eingesetzt werden. Eisenbasislegierungen, wie hochlegierte, nichtrostende Stähle, stehen hier in Konkurrenz mit anderen Werkstoffen, wobei auch Kunststoffe nicht vergessen werden sollen, die oft überlegene Beständigkeitseigenschaften besitzen, für die Handhabung hoher Drücke und Temperaturen jedoch nicht geeignet sind.

In der Darstellung sind als Stähle die Legierungen 1.4541 (X6CrNiTi18-10), 1.4571 (X6CrNiMoTi17-12-2) und 1.4539 (X2NiCrMoCuN25-20-5) enthalten, die hinsichtlich der Legierungsgehalte einen großen Teil des Spektrums der darstellbaren korrosionsbeständigen Eisenbasislegierungen abdecken und die in der Anwendung in chemischen Anlagen durchaus gängig sind. Die Werkstoffkosten differieren zwischen den einfachen Legierungen 1.4541 und 1.4571 einerseits und dem hoch korrosionsbeständigen Stahl 1.4539 andererseits um ein Vielfaches und im Vergleich zum unlegierten Stahl sind bei den korrosionsbeständigen Ei-

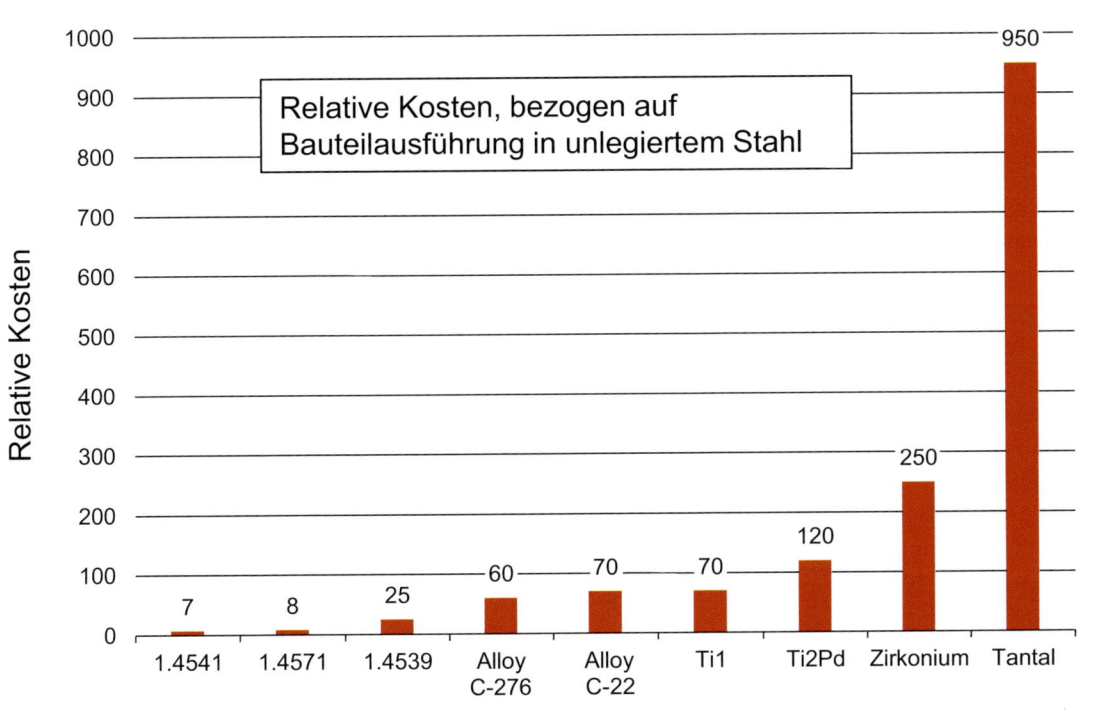

Bild 2-2.3 Kosten für korrosionsbeständige Werkstoffe in Relation zu denen für unlegierten Stahl, bezogen auf die gleiche Masse

senbasislegierungen durchaus Preisfaktoren zwischen 10 und 40 nicht unüblich. Zu noch höheren Beständigkeitsanforderungen hin wird auf Ni-Basislegierungen zurückgegriffen. Nickel besitzt für die Legierungselemente Chrom und Molybdän, die die Korrosionsbeständigkeit in den meisten Anwendungsfällen bedingen, eine deutlich höhere Löslichkeit als die Eisenmatrix. Die im Bild aufgeführten Legierungen Alloy C-22 (NiCr-21Mo14W, W.-Nr. 2.4602) und Alloy C-276 (NiMo-16Cr15W, W.-Nr. 24819) gehören zur C-Familie der Nickelbasislegierungen, d. h., es sind hoch Chrom- und insbesondere Molybdän-haltige Legierungen, die außerordentlich gute Korrosionsbeständigkeit gegen Säuren, Säuregemische und Laugen aufweisen und die zudem sehr beständig in Bezug auf chloridinduzierte Lochkorrosion sowie Spannungsrisskorrosion sind.

Ti1, Ti2Pd, Zr und Ta sind Sonderwerkstoffe mit im Einzelfall überlegenen Beständigkeitseigenschaften, deren Kosten und auch deren Festigkeitseigenschaften und Verarbeitungsverhalten ihren Einsatz auf Sonderfälle begrenzen.

Im Standardfall bewegt sich der Anteil der Werkstoffkosten zwischen 10 und 20 % der Investitionssumme für eine Chemieanlage. Durch Verwendung sehr hochlegierter und teurer Werkstoffe kann dieser Anteil steigen.

Neben den reinen Werkstoffkosten wird die Wirtschaftlichkeit der Werkstoffauswahl auch von den Kosten für die Werkstoffverarbeitung mitbestimmt. Sofern hier z. B. Umformprozesse nur bei erhöhten Temperaturen durchgeführt werden dürfen oder mehrere intermediäre Wärmebehandlungen erfordern oder wenn beim Schweißen besondere Reinheitsanforderungen oder Wärmeführungserfordernisse einzuhalten sind, schlägt sich das in Form erhöhter Verarbeitungskosten nieder. Hier spiegelt sich auch wider, wenn der Werkstoff eine geringe Verarbeitungstoleranz besitzt, sodass sich erfahrungsgemäß im Apparatebau eine erhöhte Reparaturquote ergibt, die dann bereits ins Angebot eingepreist ist.

Die Werkstoffauswahl hat somit einen Einfluss auf die Investitionskosten für eine Chemieanlage und ist damit ein nicht zu vernachlässigender Stellhebel mit Blick auf die Wirtschaftlichkeit eines Verfahrens; denn die Investitionskosten bestimmen den notwendigen Preis für ein Produkt mit. Außerdem haben sie Einfluss auf die Verfügbarkeit und den Instandhaltungsaufwand der Anlage.

Der Gesichtspunkt der Verfügbarkeit verschiedener Produktformen zielt darauf ab, dass beim Bau chemischer Apparate neben Blechen und Rohren auch

Schmiedestücke, Flansche, Schrauben, Stangenmaterial und Drähte erforderlich sind. Sofern eine dieser Produktformen nicht am Markt erhältlich ist, kann dies den Ausschluss für eine bestimmte Werkstoffauswahl bedeuten.

Die regionale Verfügbarkeit von Verarbeitungswissen stellt sich als Problem im Rahmen der Globalisierung der Chemiekonzerne dar; denn man möchte dort, wo die Anlagen stehen, auch auf Anlagen- und Apparatebaufirmen zurückgreifen können, die neben dem Bau der Anlagen auch Anlagenänderungen und Instandhaltungsarbeiten kompetent und sachgerecht ausführen können. Dies kann im Einzelfall abhängig vom Werkstoff durchaus problematisch sein.

Katalysatorreaktionen mit dem Anlagenwerkstoff beeinträchtigen den Prozess und darüber auch das Produkt und haben auf diesem Wege natürlich auch Einfluss auf die Wirtschaftlichkeit. Derartige Reaktionen kommen z. B. dadurch zustande, dass sich Korrosionsprodukte des Anlagenwerkstoffs auf dem Katalysator abscheiden und dessen Eigenschaften verändern. Ein Beispiel hierfür sind Kupferkontaminationen von Katalysatoren. Kupfer wirkt häufig als Katalysatorgift. Um die Vergiftung auszulösen, genügt es bereits, wenn in der Anlage ein austenitischer Stahl verbaut ist, wie der 1.4539, der aus Gründen der Beständigkeit in Schwefelsäure mit 2 bis 3 % Kupfer legiert ist. Selbst dann, wenn der Stahl an sich als beständig zu werten ist mit einer Abtragsrate $\ll 0{,}1$ mm/Jahr, kann es zu einer Katalysatorvergiftung kommen.

Es ist aber auch möglich, dass der Apparate- oder Anlagenwerkstoff selbst eine katalytische Wirkung ausübt. Das kann prozessbedingt zu unerwünschten Nebenprodukten oder Produktverunreinigungen führen, was wiederum zu Prozessstörungen durch Ablagerungen z. B. von Kohlenstoff führen kann. Das kann aber auch sicherheitstechnische Probleme zur Folge haben, wenn die katalytische Reaktion mit einer hohen Energiefreisetzungsrate verbunden ist, wie dies bei der Handhabung von Wasserstoffperoxid geschehen kann. Bei Konzentrationen oberhalb von 30 % können z. B. nicht passivierbare Eisenoberflächen zu kritischen Reaktionen führen. Aus diesem Grund sind in den entsprechenden Vorschriften und Guidelines, wie der CEFIC Bulk Storage Guideline (CEFIC 2012), nicht nur Angaben über die zulässigen Werkstoffe enthalten, sondern auch Angaben zu erforderlichen Nachbehandlungen nach dem Bau. Hierbei geht es um Beiz- und anschließende Passivierungsbehandlungen z. B. für

den an sich zugelassenen 18/10CrNi-Stahl, mit denen Anlauffarben und Schweißspritzer sowie Fremdmetallkontaminationen entfernt werden sollen. Das anschließende Passivieren dient dazu, die Oberfläche in einen einheitlich stabilen passiven Zustand zu versetzen. Die Frage der Wechselwirkung zwischen dem Anlagenwerkstoff und den Produkten muss immer im Vorfeld geklärt werden, um sicherheitstechnische, aber auch Prozessprobleme zu vermeiden.

Die Produktverfärbung durch Korrosionsprodukte oder Abrieb der Anlagenwerkstoffe kann dazu führen, dass Produkte nicht mehr anforderungsgerecht sind. Bei der Herstellung von Weißpigmenten wie Titandioxid wären Verfärbungen durch Rostbildung an den Anlagenwerkstoffen sicherlich unzulässig. Silos für Kunststoffgranulate bestehen oft aus Aluminium. Der hier anfallende Abrieb von Korrosionsprodukten der Silowand ist weiß, im Falle von unlegiertem Stahl als Silowerkstoff wäre er rostbraun.

Bestehen besonders hohe Reinheitsanforderungen an die Produkte, wie dies im Bereich der Herstellung von Lebensmitteln, Pharmazeutika und Kosmetika gegeben ist, bei denen der Gehalt an Schwermetallen, wie Ni, Cr, Cu streng limitiert ist, beeinflusst dies natürlich ebenso die Werkstoffauswahl. Die normalerweise für Eisen- und Nickelbasislegierungen verwendete technische Beständigkeitsgrenze von 0,1 mm/Jahr Korrosionsabtrag ist dann viel zu hoch und muss durch weitaus geringere Grenzwerte ersetzt werden, die dann fallweise festzulegen sind. Besonders extrem ist die Situation bei der Herstellung höchstreiner Chemikalien, wie sie z. B. für die Herstellung von mikroelektronischen Bauteilen und Schaltungen verwendet werden. Hier sind die Anforderungen an die Metallionengehalte so restriktiv, dass sich die Verwendung von Metallen für die Herstellung und Lagerung dieser Chemikalien ausschließt. Praktische Erfahrungen haben sogar gezeigt, dass beim Bau der Anlagenteile darauf geachtet werden muss, dass die später produktberührten Oberflächen nicht mit metallischen Werkzeugen unmittelbar in Kontakt kommen.

In den bisherigen Betrachtungen der Anforderungen an Werkstoffe für Chemieanlagen hat die Investition in eine Neuanlage die maßgebliche Rolle gespielt. Aber auch aus dem Betrieb und der Instandhaltung der Anlage erwachsen Anforderungen an die Werkstoffauswahl. Eine der wichtigsten besteht darin, die Anzahl der verwendeten Werkstoffe klein zu halten, damit man im Reparaturfall auf Standards und Vorratsmaterialien zurückgreifen kann. Hier ergibt sich rasch ein Zielkonflikt mit der Forderung nach einer technisch/wirtschaftlichen Optimierung der Werkstoffauswahl beim Bau der Anlage.

2-2.3 Metallische Werkstoffe für Chemieanlagen

Chemieanlagen werden überwiegend aus metallischen Werkstoffen – insbesondere aus Stählen – gebaut. Hierfür gibt es sicherlich zahlreiche Gründe. Die wohl wichtigsten sind neben der guten Marktverfügbarkeit in der Kombination von Festigkeit und Zähigkeit über einen weiten Temperaturbereich, der gut zu beherrschenden Verarbeitbarkeit und Schweißbarkeit zu sehen. Darüber hinaus sind herstellungs- und betriebsbedingte Schädigungen an metallischen Werkstoffen sicher und mit überschaubarem Aufwand mit den Methoden der zerstörungsfreien Prüfung zu erfassen.

In Bild 2-2.4 ist dargestellt, wie hoch der Anteil der verschiedenen metallischen Werkstoffe an den ca. 100 000 Druckbehältern in den Anlagen der BASF SE in Ludwigshafen ist. Nahezu zwei Drittel der Druckbe-

hälter bestehen aus unlegierten und niedriglegierten Stählen.

Unlegierte Stähle besitzen eine gute Schweißeignung und die in der Chemietechnik üblicherweise eingesetzten Güten haben Streckgrenzen von maximal 360 MPa. Gegenüber höherfesten Stählen bestehen Vorbehalte, da diese im Bereich von Schweißverbindungen zu höheren Härten oberhalb von 280 HV neigen, die ein erhöhtes Risiko zur Bildung wasserstoffinduzierter Risse infolge des bei Korrosion gebildeten Wasserstoffs mit sich bringen. Hierzu reicht bereits die Korrosion bei freier Bewitterung aus.

Bei den niedriglegierten Stählen handelt es sich zumeist um warmfeste Güten, wie 15Mo3, 13CrMo4-4 und 10CrMo9-10. Die letztgenannten Stähle, die mit 1 % Cr und 0,4 % Mo sowie 2,25 % Cr und 1 % Mo legiert sind, sind dabei auch als druckwasserstoffbeständige Stähle bekannt. Diese Eigenschaft wird dann gefordert, wenn hohe Wasserstoffpartialdrücke bei Temperaturen oberhalb ca. 180 °C gehandhabt werden müssen. Hierzu werden weitergehende Angaben im Abschnitt „Einsatztemperaturen und Anwendungsgebiete metallischer Werkstoffe" gemacht.

Hochfeste, niedriglegierte Vergütungsstähle werden in der Chemietechnik nur in Nischenbereichen wie der Höchstdrucktechnik eingesetzt. Hier muss man dann auf die Schweißeignung zugunsten einer hohen Festig-

2

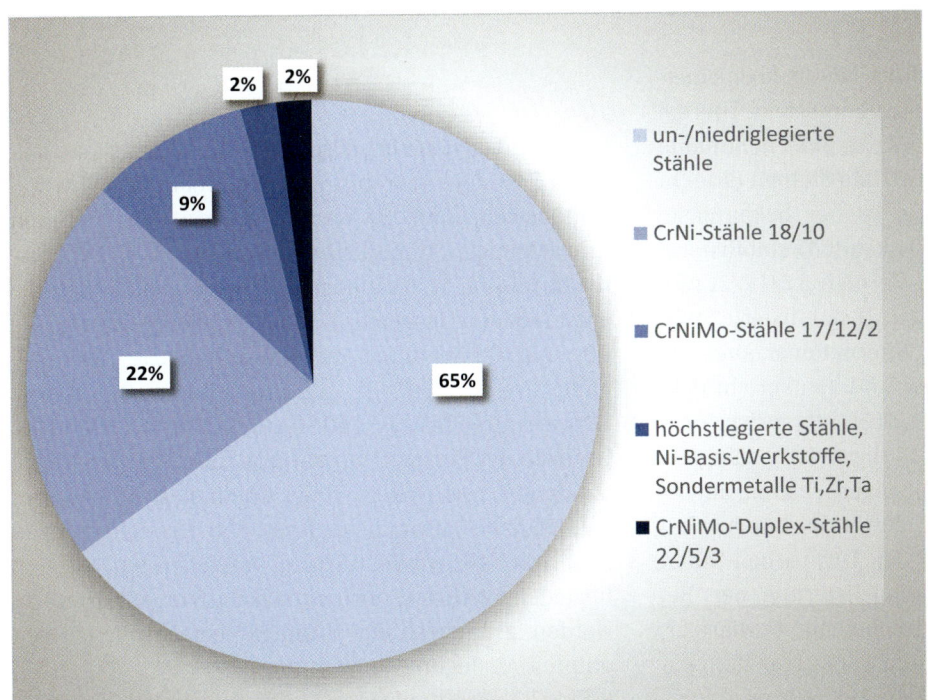

Bild 2-2.4
Verteilung der metallischen Werkstoffe für Druckbehälter bei der BASF in Ludwigshafen

keit verzichten, die die Handhabung extremer Drücke von >> 375 bar erst möglich macht. Die Reaktionen werden entweder in Rohrreaktoren gehandhabt oder in Autoklaven. Beide sind aus Festigkeitsgründen sehr dickwandig, und das Verhältnis des Außen- zum Innendurchmesser liegt bei mehr als 1,5, sodass bei der Berechnung der über die Wanddicke vorliegende Spannungsgradient nicht mehr vernachlässigt werden kann. Die höchsten Spannungen treten dabei an der Innenoberfläche auf. Käme hier nicht ein höchstfester Stahl zum Einsatz, würden Fließprozesse an der Innenoberfläche auftreten, die auch durch eine größere Wanddicke nicht zu vermeiden wären. Ein in der Höchstdrucktechnik oft verwendeter Stahl ist der 30CrNiMo8 (W.-Nr. 1.6580), für den je nach Wanddicke Streckgrenzenwerte bei Raumtemperatur in der Größenordnung von 800 MPa bis 1000 MPa gewährleistet werden. Durch Optimierung der chemischen Zusammensetzung, insbesondere durch Absenkung des Schwefelgehaltes, werden auch bei diesen Festigkeitswerten noch sehr gute Zähigkeitswerte erreicht. Ein Beispiel hierfür ist der Stahl K10X, der eine Modifikation des Stahls 30CrNiMo8 darstellt. Bei den z. T. extrem großen Wanddicken im Höchstdruckbereich ist dabei nicht nur auf die erreichbare Festigkeit der Stähle, sondern auch auf deren Durchvergütbarkeit zu achten. Wenn die Durchvergütbarkeit für den Querschnitt gewährleistet ist, ist sichergestellt, dass Gefügeausbildung, Festigkeit und Zähigkeit über die Wanddicke gleichmäßig sind.

Rund ein Drittel der Druckbehälter ist aus hochlegierten korrosionsbeständigen Stählen hergestellt. Hierbei spielen die 18/10CrNi-Stähle (22 %) eine dominante Rolle, gefolgt von den 17/12/2CrNiMo-Stählen (9 %). In der deutschen Chemieindustrie ist der bekannteste Vertreter der 18/10CrNi-Stähle die mit Ti stabilisierte Güte 1.4541 (X6CrNiTi18-10). Bei den 17/12/2CrNiMo-Stählen ist es der ebenfalls mit Ti stabilisierte Stahl 1.4571 (X6CrNiMoTi17-12-2). International sind die sogenannten low carbon grades 304L (entspricht dem Stahl 1.4307, X2CrNi18-9) und 316L (entspricht dem Stahl 1.4404, X2CrNiMo17-12-2) die weitaus gängigeren. Hinsichtlich der Festigkeitseigenschaften, insbesondere bei Temperaturen von 200 °C und mehr sind die Ti-stabilisierten Qualitäten den Low-carbon-Güten überlegen. Durch die Internationalisierung der Beschaffung wird es allerdings zunehmend schwieriger, die Ti-stabilisierten Qualitäten zu konkurrenzfähigen Preisen zu bekommen.

Eine interessante Werkstoffgruppe sind die Duplex-Stähle, wie der Stahl 1.4462 (X2CrNiMoN22-5-3). Diese Stähle besitzen ein Mischgefüge aus etwa 50 % Austenit und 50 % Ferrit. Aus diesem Grund haben sie ein deutlich höheres Festigkeitsverhalten als die rein austenitischen Stähle, welches gepaart ist mit hoher Korrosionsbeständigkeit. Der Stahl 1.4462 ist sicherlich der bekannteste der Duplex-Stähle und kommt in den Druckbehältern der BASF in Ludwigshafen zu 2 % zur Anwendung. Die weiteren hochlegierten Stähle mit Chrom- und Nickelgehalten bis zu ca. 30 % und Mo-Gehalten bis ca. 7 % sowie die noch höherlegierten und damit noch beständigeren Nickelbasislegierungen und die Sonderwerkstoffe sind ebenfalls nur zu ca. 2 % bei den Druckgeräten vertreten.

Die wesentlichen Arbeitspferde in der Chemieindustrie sind somit die unlegierten und niedriglegierten Stähle und dort, wo Korrosionsbeständigkeit gefragt ist, die austenitischen 18/10CrNi- und 17/12/2CrNiMo-Stähle gefolgt von dem Duplex-Stahl 1.4462 mit deutlichem Abstand.

2-2.4 Einsatztemperaturen und Anwendungsgebiete metallischer Werkstoffe

In den Anlagen der chemischen Technik herrschen teilweise Einsatztemperaturen, die dominant für die Werkstoffauswahl sind. So werden z. B. in den Öfen von Crack-Anlagen Wandtemperaturen bis zu 1150 °C erreicht und im Separationsteil der Anlagen werden die entstandenen Gasgemische aus Propylen, Ethylen, C2-, C3- und C4-Schnitten durch fraktionierte Verflüssigung ihrer Bestandteile getrennt. Hierbei treten tiefe Temperaturen bis zu − 160 °C auf. In Bild 2-2.5 sind die Grenzen der Einsatztemperaturen für unterschiedliche Stahlgüten und weitere in der Chemietechnik verwendete Metalle zusammengefasst. Die Bereichsgrenzen sind dabei als Anhaltswerte zu verstehen und müssen für jeden Werkstoff noch einmal individuell abgeklärt werden, z. B. durch einen Zähigkeitsnachweis bei den unteren Auslegungstemperaturen.

Bild 2-2.6 vermittelt einen Eindruck von den Dimensio-

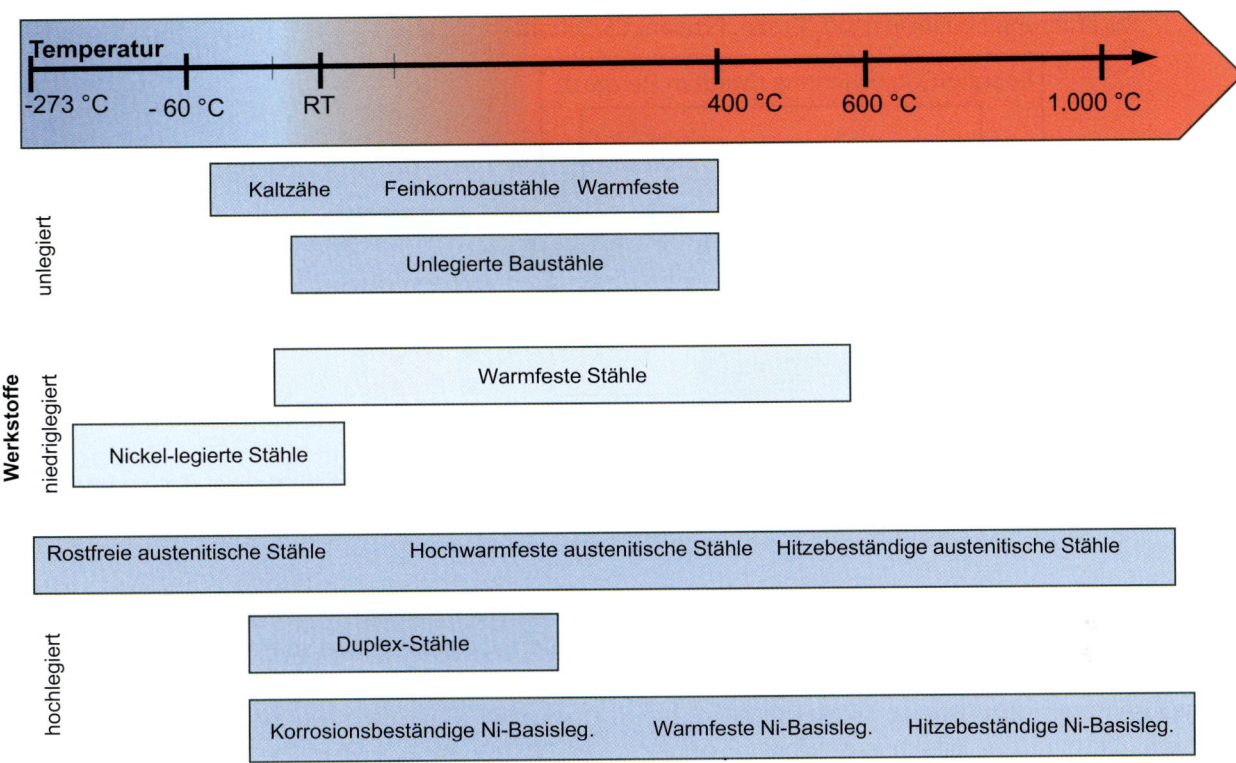

Bild 2-2.5 Metallische Werkstoffe und die Bereiche ihrer Einsatztemperaturen

nen eines Steam-Crackers mit den verschiedenen Anlagenteilen. Wie aus dem in Bild 2-2.7 gezeigten Blockschaltbild hervorgeht, wird der Rohstoff (Rohbenzin oder LPG) mit überhitztem Dampf gemischt und thermisch gepalten. Dies erfolgt im heißen Teil in den Crack-Öfen. Anschließend wird das Gas abgekühlt, wobei die dabei gewonnene Energie zur Dampfgewinnung genutzt wird, dann wird es auf etwa 32 bar kompri-

miert und im Separationsteil in die Wertprodukte getrennt. Ein Steam-Cracker ist eine sehr große und komplexe Anlage, die oft am Anfang der Wertschöpfungskette integrierter Chemiestandorte steht.

Bei den Crack-Öfen handelt es sich um mit Gasbrennern beheizte senkrechte Röhrenöfen. Die Rohre bestehen aus austenitischen Schleudergusswerkstoffen, die recht hohe Kohlenstoffgehalte von bis zu 0,50 % aufwei-

1. Dampferzeugung   4. Trennung
2. Kühlung   5. Spaltöfen
3. Verdichtung   6. Coldbox

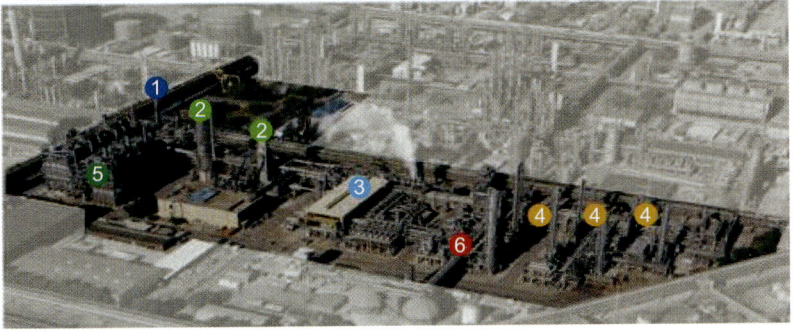

Bild 2-2.6
Überblick über einen Steam-Cracker in einem
Verbundstandort der chemischen Industrie

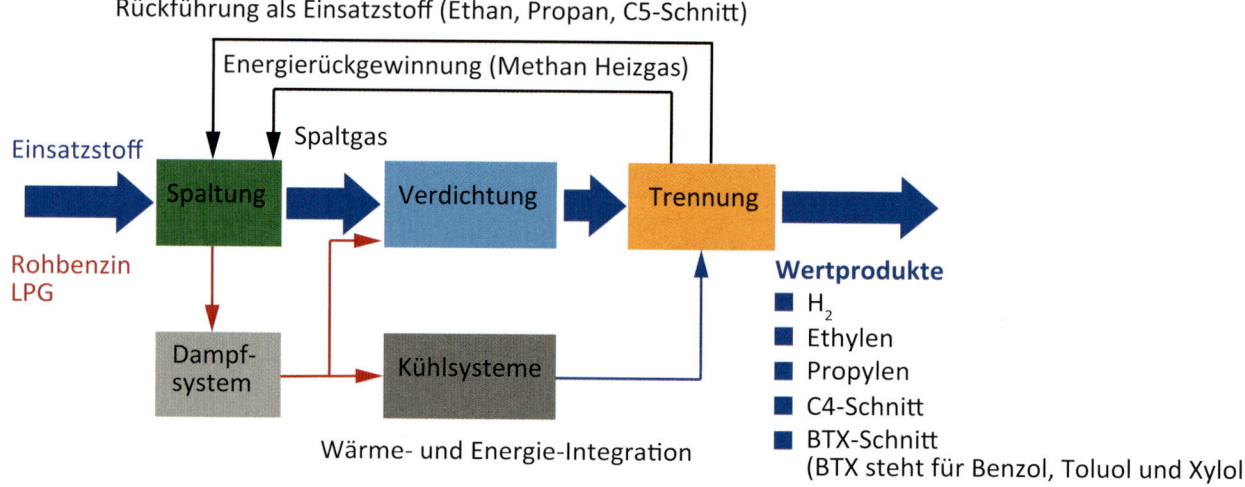

Bild 2-2.7 Vereinfachtes Fließdiagramm für einen Flüssigkeits-Steam-Cracker

sen, Chromgehalte zwischen 25 und 35 % besitzen und mit 35 bis 45 % Nickel legiert sind. Zusätzlich sind die Werkstoffe z. T. mit bis zu 5 % W zur Steigerung der Zeitstandfestigkeit und mit bis zu 1 % Nb legiert. Die im Laufe der Zeit in diesen Rohren auftretenden betrieblichen Probleme sind Coke-Abscheidungen, die durch ein Regenerieren abgebrannt werden. An der Innenoberfläche kommt es zur Aufkohlung des Gefüges, was die Zyklen zwischen den Regenerierungen verkürzt, denn durch die Aufkohlung wird verhindert, dass sich eine effektive Oxidschicht auf der Basis von Chromoxid ausbilden kann. Um die Standzeiten der Rohre gegen Aufkohlung zu verlängern, wird den Legierungen bis zu 2 % Si und in neueren Entwicklungen bis zu ca. 5 % Al zugegeben. Hierdurch soll eine die Coke-Ablagerung inhibierende stabilere Oxidschicht hervorgerufen werden.

In dem Bereich, in dem die heißen Gase aus dem Ofen gequencht und dann verdichtet werden, sind unlegierte und niedriglegierte Stähle im Einsatz. Hier ist eine hohe Abkühlgeschwindigkeit erforderlich, um die Rückbildung höherer Moleküle zu unterdrücken. In den sog. Quench-Kühlern müssen die von dem heißen Gas berührten Oberflächen intensiv gekühlt werden, um eine Überhitzung des eingesetzten unlegierten Stahles zu verhindern. Dazu wurde speziell für die hier eingesetzten Kühler ein spezifisches Design entwickelt, z.B. in Form eines wassergekühlten Doppelrohres, durch dessen Innenrohr das heiße Gas geleitet wird. Der unlegierte Stahl ist dabei wesentlicher Bestandteil des Konzeptes, da seine hohe Wärmeleitfähigkeit den Quench-Prozess in dieser Form ermöglicht.

Im Tieftemperaturbereich der Separation werden dort, wo die Auslegungstemperatur die −50 °C nicht unterschreitet, kaltzähe Feinkornbaustähle eingesetzt. Bis zu ca. − 110 °C werden niedriglegierte Nickelstähle wie der 10Ni14 (W.-Nr. 1.5637) bei voller Ausnutzung der Streckgrenze in der Auslegung benutzt; bis zu − 200 °C ist dies mit dem 9-%-Ni-Stahl X8Ni9 (W.-Nr. 1.5662) möglich. Einschränkungen bezüglich der Auslegungsspannung ergeben sich bei dem 9-%-Ni-Stahl dadurch, dass er normalerweise mit einem weicheren austenitischen Schweißzusatz geschweißt wird, dessen Streckgrenze dann auslegungsrelevant ist. Alternativ dazu können auch austenitische Stähle wie der 1.4541 verwendet werden, die kein Übergangsverhalten zum Sprödbruch kennen. Sie sind aus Gründen der Verfügbarkeit und der Verarbeitung sogar deutlich unkritischer als die Nickelstähle, sodass ihre Verwendung im Einzelfall auch kostenmäßig attraktiv ist. Es soll an dieser Stelle nicht unerwähnt bleiben, dass neben den oben genannten Werkstoffen im Separationsteil auch Aluminiumlegierungen im Tieftemperatureinsatz sind.

Die für die unlegierten und niedriglegierten Stähle sowie die Duplex-Stähle angegebenen unteren Einsatztemperaturen hängen damit zusammen, dass diese Stähle ein Übergangsverhalten vom Zähbruch zum Spaltbruch besitzen. Abhängig vom gemessenen Zähigkeitsverhalten im Kerbschlagversuch, der Wanddicke, der Frage, ob nach dem Schweißen ein Spannungsarmglühen stattgefunden hat und in welchem Umfang die Streckgrenze unter Auslegungsbedingungen ausgenutzt wird, können z.B. Behälter aus unlegierten Feinkornbaustählen für deutlich tiefere Temperaturen als die hier angegebenen – 20 °C nach der Druckgeräterichtlinie und EN 13445 ausgelegt und betrieben werden. Der Einsatz der Stähle bei tiefen Temperaturen ist allgemein bis – 20 °C möglich. Für die tieftemperaturzähen Stähle dieser Werkstoffgruppe sind allerdings auch deutlich niedrigere Einsatztemperaturen z. B. bis – 50 °C unproblematisch.

Nickelbasislegierungen, die ähnlich wie austenitische Stähle ebenfalls nicht zu einem Sprödbruchübergang neigen, sind eher aus Gründen des Anwendungsbedarfs nicht allgemein für den Einsatz bei tiefen Temperaturen zugelassen.

Bei den Sonderwerkstoffen gibt es ebenfalls die Einschränkung der Werkstoffzulassung auf – 10 °C. Wichtiger ist hier jedoch die obere Temperaturgrenze von 200 °C. Praktische Erfahrungen zeigen, dass zu höheren Temperaturen hin die Gefahr besteht, dass es zu Wasserstoffversprödung infolge Hydridbildung durch den bei Korrosionsprozessen gebildeten Wasserstoff kommt. Die Hydridbildung hat eine unzulässige Versprödung zur Folge.

Hochwarmfeste und hitzebeständige Nickelbasislegierungen ergänzen die korrosionsbeständigen Nickelbasislegierungen zu hohen Einsatztemperaturen hin. Die korrosionsbeständigen Legierungen werden bis zu ca. 450 °C eingesetzt, zu höheren Temperaturen hin können einige von ihnen im Langzeitbetrieb durch Ausscheidungsprozesse verspröden. Die warmfesten und hitzebeständigen Nickelbasislegierungen sind in einer Vielzahl aggressiver Gasatmosphären noch beständig und zeichnen sich durch hohe Festigkeits- und Zeitstandfestigkeitswerte aus.

Nicht ganz so hoch sind die oberen Grenztemperaturen für den Einsatz hitzebeständiger und warmfester austenitischer Stähle. Einzelne Legierungen der warmfesten austenitischen Stähle können bei Grenztemperaturen bis zu 1000 °C eingesetzt werden. Dies bedeutet, dass für Temperaturen bis zu ca. 1000 °C austenitische Stähle mit hinreichender Gefügestabilität und gesicherten Zeitstandwerten verfügbar sind.

Die hitzebeständigen austenitischen Stähle können in Einzelfällen bis zu ca. 1150 °C eingesetzt werden. Ihre Verwendung für Druckbehälter scheitert daran, dass sie insbesondere im Temperaturbereich zwischen 600 und 850 °C durch Sigmaphasen-Ausscheidungen verspröden. Ihr Einsatz ist daher üblicherweise auf Hitzeschilde und Auskleidungen beschränkt, die keinen Druck ertragen müssen. Bei den warmfesten austeniti-

schen Stählen handelt es sich um stabile Vollaustenite, bei denen diese Ausscheidungen erheblich verzögert werden und in deutlich unkritischerem Umfang auftreten.

Die Einschränkung des Einsatzes korrosionsbeständiger austenitischer Stähle auf Temperaturen von ca. 550 °C hat damit zu tun, dass diese Stähle zu höheren Temperaturen hin dazu neigen, auf den Korngrenzen chromreiche Karbidausscheidungen ($Cr_{23}C_6$) zu bilden. Diese haben zur Folge, dass die Korngrenzen an gelöstem Chrom verarmen, welches der entscheidende Träger der Passivität und der Korrosionsbeständigkeit ist. In der Folge werden die Korngrenzenbereiche angegriffen und der Werkstoff erleidet interkristalline Korrosion. Weitere Informationen hierzu werden im Folgeabschnitt gegeben. Durch Zulegieren von hoch Kohlenstoff-affinen Elementen wie Ti oder Nb (Stabilisieren) sowie durch Absenken des Kohlenstoffs auf Gehalte < 0,03 % (Low-Carbon-Güten) kann dieser Schädigungsprozess so verzögert werden, dass er beim Warmumformen und Schweißen im Apparatebau nicht in Erscheinung tritt. Im Dauerbetrieb bei hohen Temperaturen lässt er sich hingegen insbesondere im Bereich von Schweißverbindungen nicht vermeiden. Speziell bei den hoch Mo-haltigen korrosionsbeständigen austenitischen Stählen sind die oberen Einsatztemperaturen z. T. auch auf niedrigere Werte im Bereich von 500 °C begrenzt, da es hier zu weiteren intermetallischen Ausscheidungen kommen kann, durch die die Zähigkeit und die korrosionschemischen Eigenschaften deutlich gemindert werden.

Die obere Einsatztemperatur der Duplex-Stähle ist für den Dauereinsatz auf 250 °C für geschweißte und auf 280 °C für nicht geschweißte Konstruktionen limitiert. Ursache hierfür ist, dass in dem ferritischen Teil des Gefüges dieser Stähle die chromreiche ά-Phase ausgeschieden wird, durch die die Zähigkeit deutlich verringert wird. Das Ausscheidungsmaximum liegt bei 475 °C, aber auch bei tieferen Temperaturen kann es nach langen Einsatzzeiten zu Versprödungen kommen, wobei Schweißverbindungen aufgrund der hier vorliegenden spezifischen Gefügeausbildung in besonderem Maße gefährdet sind. Die im VdTÜV-Werkstoffblatt 418 (VdTÜV-Werkstoffblatt 418) für den Stahl 1.4462 genannten Werte beruhen auf Zähigkeitsuntersuchungen nach Langzeitauslagerungen. Andere ferritisch-austenitische Duplex-Stähle verhalten sich in vergleichbarer Weise, sodass die obere Temperaturgrenze für den Dauereinsatz auch auf sie angewendet wird. In den USA

2

wird der Duplex-Stahl 1.4462 im ASME-Code hingegen durchaus für Temperaturen bis zu 315 °C zugelassen. Die sogenannte 475-°C-Versprödung, die Versprödung durch Grobkornbildung beim Schweißen, die Gefahr der interkristallinen Korrosion bereits nach dem Schweißen und Warmumformen sind maßgebliche Gründe dafür, warum die hochlegierten ferritischen Chromstähle in der chemischen Technik nicht zum Einsatz kommen. Ursächlich ist, dass im ferritischen Gefüge alle Diffusionsvorgänge um den Faktor 10–100 schneller ablaufen als im austenitischen. Wenn hochlegierte ferritische Stähle dennoch eingesetzt werden, dann handelt es sich um hitzebeständige Stähle, die recht hoch mit Chrom, Silicium und Aluminium legiert sind (Sicromal-Güten) und deshalb eine hohe Zunderbeständigkeit besitzen. Sie werden zumeist in Schwefel-haltigen Atmosphären eingesetzt, wo höher Nickel-legierte austenitische Stähle aufgrund der Bildung eines Nickelsulfid-Eutektikums bei ca. 645 °C versagen. Ihre Verwendung ist dabei auf nicht drucktragende Teile, wie Hitzeschilde und Auskleidungen, beschränkt.

Historisch gesehen spielen die druckwasserstoffbeständigen Stähle eine besondere Rolle für die chemische Industrie. Deren Standardgüten, wie 13CrMo4-4 und 10CrMo9-10, haben sich auch als gängige bainitische, warmfeste Stähle in der Technik etabliert. Die Entwicklung der druckwasserstoffbeständigen Stähle wurde von der chemischen Industrie mit getragen, weil diese im Umfeld der Ammoniaksynthese und anderer Hydrierprozesse das Problem hatte, dass unlegierte Stähle bei hohen Wasserstoffpartialdrücken bei erhöhten Temperaturen infolge Methanbildung zwischen dem Kohlenstoff im Zementit und dem eindiffundierten atomaren Wasserstoff versagt haben. Die Stähle erfahren dann eine innere Entkohlung, die eine Entfestigung zur Folge hat, sowie Porenbildung und Trennungen entlang der Korngrenzen durch den hohen Druck des Methans. Durch die Zulegierung von Chrom und Molybdän werden die Karbide im Stahl stabilisiert und so dem Schädigungsprozess durch die Methanisierung entgegengewirkt. Die für einen Druckwasserstoffangriff erforderlichen Wasserstoffpartialdrücke und Temperaturen werden zu höheren Werten verschoben.

Dieser Zusammenhang ist in dem von der API (American Petroleum Institute) veröffentlichten, sogenannten Nelson-Diagramm zusammengefasst. Grundlegende Untersuchungen zu dem Thema wurden in den 1940er Jahren von G. A. Nelson durchgeführt, der dann dieses Diagramm mit den Einsatzgrenzlinien 1949 erstmalig veröffentlichte (Nelson 1949). Das Diagramm basiert auf praktischen Erfahrungen aus Raffinerien und petrochemischen Anlagen und wird regelmäßig unter Berücksichtigung neuer Erfahrungen überarbeitet.

Die aktuelle Version ist in der 8. Ausgabe der API RP 941 enthalten (Bild 2-2.8). Aufgrund kritischer Schäden ist hier die Grenzkurve für den Einsatz unlegierter Stähle, die nach dem Schweißen keine Spannungsarmglühung erfahren haben, nach unten verschoben. In dem Diagramm sind neben den oben erwähnten Werkstoffgüten noch weitere Stähle enthalten, die aufgrund ihrer Legierungszusammensetzung einen höheren Widerstand gegen Druckwasserstoffangriff besitzen. Hierbei handelt es sich um einen mit 2,25 % Chrom und 1 % Molybdän legierten Stahl, ähnlich dem 10CrMo9-10, der zusätzlich noch mit Vanadium legiert ist, wodurch die Druckwasserstoffbeständigkeit erhöht wird. Außerdem enthält das Diagramm noch Grenzkurven für einen 3-%-Chromstahl mit 1 % Molybdän und einen 6-%-Chromstahl mit 0,5 % Mo. Bei Letzterem sind die Karbide so stabil, dass keine innere Methanisierung, sondern nur noch eine Randentkohlung unter Druckwasserstoffbedingungen beobachtet wird.

Die niedriglegierten Stähle 13CrMo4-4 und 10CrMo9-10 besitzen eine sehr gute Warmfestigkeit. Aus diesem Grund gehören sie auch zur Gruppe der warmfesten Stähle. Diese zeichnen sich durch hohe Streckgrenzenwerte bei hohen Temperaturen aus und darüber hinaus durch hohe und abgesicherte Zeitstandfestigkeitswerte. Solange die Warmstreckgrenze niedriger liegt als die Zeitstandfestigkeit R_m bei einer Belastungsdauer von z. B. 100 000 h, wird die Warmstreckgrenze zur Festigkeitsauslegung herangezogen. Unterschreitet die im Zeitstandversuch gemessene Zeitstandfestigkeit die Warmstreckgrenze, dann dominiert das zeitabhängige Kriechverhalten des Werkstoffs das Festigkeitsverhalten bei der Einsatztemperatur. Dementsprechend muss dann auch der Zeitstandfestigkeitswert zur Auslegung des Bauteils herangezogen werden. Bei den ebenfalls zur Gruppe der warmfesten Stähle gehörenden unlegierten Qualitäten wie dem Stahl P265GH (früher HII) liegt der Schnittpunkt beider Festigkeitskennwerte bei ca. 400 °C. Zeitstandwerte sind bis zu einer Temperatur von etwa 480 °C verfügbar. Bei den niedriglegierten Stählen liegt der Schnittpunkt zwischen 450 und 500 °C und Zeitstandwerte stehen bis zu 530 °C (15Mo3), 570 °C (13CrMo4-4) und 600 °C (10CrMo9-10) zur Verfügung. Im Vergleich zu den unter Druckwas-

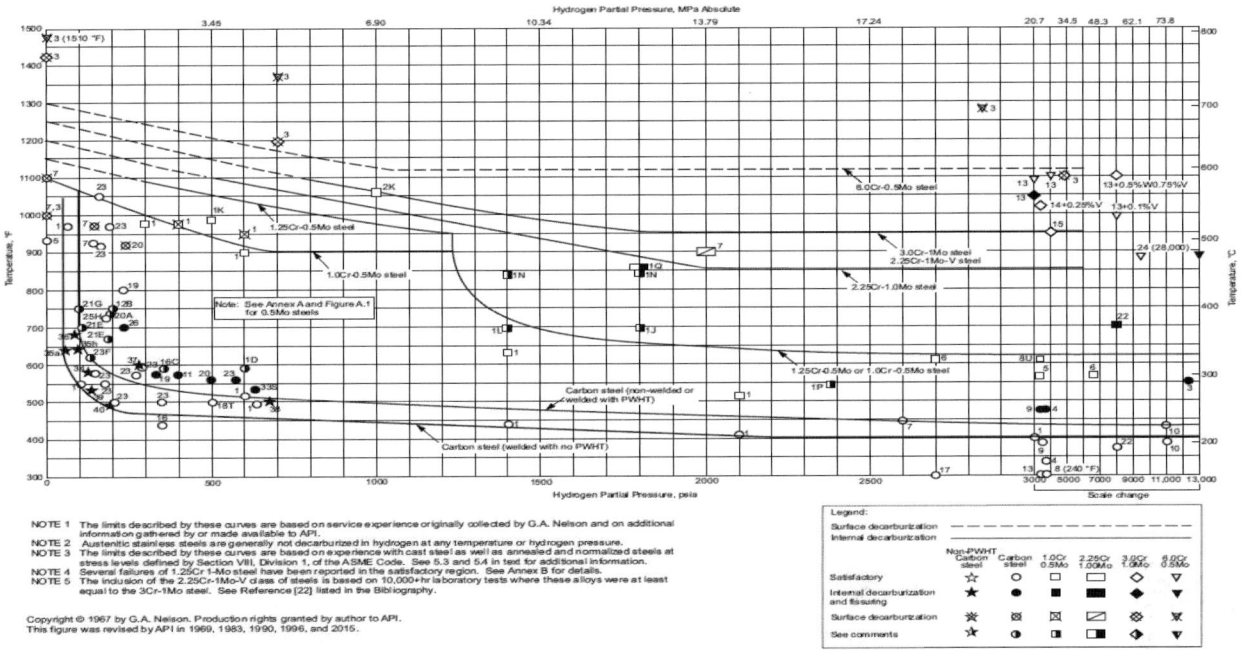

Bild 2-2.8 Aktuelle Version des Nelson-Diagramms aus (API RP 941 2016)

serstoff zulässigen Betriebstemperaturen sind diese Werte deutlich höher. Bis zu ca. 620 °C sind dann unter Zeitstandbedingungen noch die martensitischen Stähle einsetzbar, die mit 9 oder 12 % Chrom legiert sind. Für noch höhere Auslegungstemperaturen müssen dann austenitische Stähle ausgewählt werden. Aufgrund der geringeren Wärme- und Temperaturleitfähigkeit sowie des höheren thermischen Ausdehnungskoeffizienten dieser Stähle stellt ein solcher Werkstoffsprung hohe Anforderungen an die Anpassung des Designs. Die dann oft noch erforderliche Mischverbindung zwischen dem austenitischen und ferritischen Stahl ist metallurgisch gesehen schwierig und stellt häufig einen Schwachpunkt in der Konstruktion dar.

Bei dem Betrieb von Bauteilen im Zeitstandbereich unterliegen diese einem zeitabhängigen Schädigungsprozess. Dieser erfolgt zwar stetig, sein Fortschritt muss jedoch mit einem Prüfkonzept erfasst und überwacht werden. Hierzu werden insbesondere die Schweißverbindungen in den Teilen der Komponente mit den höchsten Temperaturen und/oder den höchsten mechanischen Beanspruchungen regelmäßig geprüft. Dies erfolgt mit den bekannten zerstörungsfreien Prüfverfahren, wie der Ultraschallprüfung und den Prüfungen auf Oberflächenfehler mit Magnetpulver oder dem Farbeindringverfahren. Zusätzlich haben sich noch Gefügeuntersuchungen mit Replika bewährt. Das Prüfkon-

zept auf Zeitstandschädigung greift, wenn die Anlage 60 % der rechnerischen Lebensdauer erreicht hat. Mittels der Gefügeabdrücke kann man bereits erste Gefügeveränderungen und beginnende Schädigungen feststellen. Ist dies der Fall, so werden die weiteren Überwachungen in einem mit der Zeit immer engeren zeitlichen Raster durchgeführt. Üblicherweise werden im Prüfbereich Poren und Mikrorisse durch Zeitstandbeanspruchung von der Oberfläche her ausgeschliffen, bis man wieder auf einen nicht irreversibel geschädigten Werkstoff stößt. Die Wanddicke ist hier dann entsprechend dünner, und man wird in der Folge diesen Bereich immer wieder prüfen. Mit fortschreitender Schädigung kann man so idealerweise erkennen, wann die Komponente ausgetauscht werden muss, und kann sie zuvor bestellen, wobei zu bedenken ist, dass diese Anlagenkomponenten oft sehr lange Lieferzeiten haben. Reparaturen an zeitstandgeschädigten Bauteilen sind schwierig und oft nur von eingeschränkter Lebensdauer.

2

2-2.5 Korrosionsbeständigkeit als Auswahlkriterium

Bei der Vielzahl der in der chemischen Industrie hergestellten und verarbeiteten Medien, die häufig recht aggressiv sind, ist es offensichtlich, dass die Korrosionsbeständigkeit der Anlagenwerkstoffe eine zentrale Frage bei der Werkstoffauswahl ist. Zur Bewertung der Korrosionsbeständigkeit können unterschiedliche Kriterien herangezogen werden. Im Falle der Produktion hochreiner Chemikalien, die keinerlei Verunreinigungen durch Metallionen aufweisen dürfen, erfolgt die Bewertung der Korrosionsbeständigkeit anders als im Standardfall, wo u.U. ein Korrosionszuschlag auf die rechnerisch erforderliche Wanddicke hinzuaddiert wird.

Korrosionsangriff kann außerdem ein sehr lokales Phänomen sein, welches in Form von Löchern und Rissen in Erscheinung tritt. Die Voraussetzung für die Angriffsformen der Lochkorrosion und der Spannungsrisskorrosion ist die Passivität des Werkstoffs in dem entsprechenden Medium.

Durch Zulegieren von ca. 10,5 % gelöstem Chrom im Stahl wird dieser in neutralen wässrigen Lösungen passiv, weil Chrom diese Eigenschaft auf die Legierung überträgt. Die Passivität wird durch eine nicht stöchiometrisch aufgebaute, extrem dünne Oxidschicht hervorgerufen, die eine unmittelbare Wechselwirkung zwischen dem Agens und dem Stahl verhindert. Durch Erhöhen des Chromgehaltes und auch des Molybdängehaltes wird die Passivschicht stabilisiert, sodass sie auch unter zunehmend sauren Bedingungen ihre Schutzwirkung ausüben kann.

Bild 2-2.9 zeigt die verschiedenen Erscheinungsformen der Korrosion, wie sie bei passivierbaren Stählen beobachtet werden. Neben dem allgemeinen Abtrag kann der Korrosionsangriff in Form von Löchern, interkristallinem Angriff, selektivem Angriff oder durch trans- oder interkristalline Risse erfolgen. Auslöser für interkristalline – und oft auch für die selektive Korrosion – sind die günstigen Keimbildungs- und Ausscheidungsbedingungen im Bereich der Korngrenzen. Im Falle der interkristallinen Korrosion bedingen chromreiche Karbidausscheidungen (Summenformel $Cr_{23}C_6$) auf den Korngrenzen chromverarmte Säume, deren gelöster Chromgehalt unter der Passivitätsgrenze liegt. Hier kommt es dann zu einem raschen Angriff. Eine nur kurze Zeit dauernde Beizbehandlung des Bauteils ist meist bereits ausreichend, um Leckagen hervorzurufen. Die technisch zumeist ausreichende Verzögerung der Chromausscheidungen erreicht man durch die Stabilisierung der Stähle mit Ti oder Nb oder durch Verwendung von Low-Carbon-(LC)-Güten.

Bei der selektiven Korrosion handelt es sich um eine Erscheinungsform, bei der Ausscheidungssäume auf den Korngrenzen und Zweitphasen, wie z.B. Delta-

allgemeiner Abtrag

Lochkorrosion

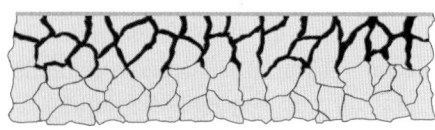

interkristalline Korrosion

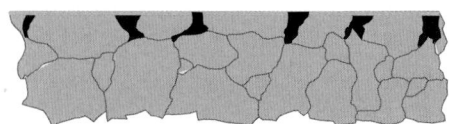

selektive Korrosion

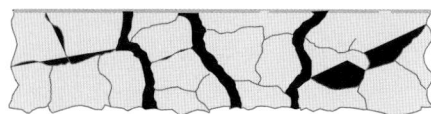

interkristalline Spannungsrisskorrosion

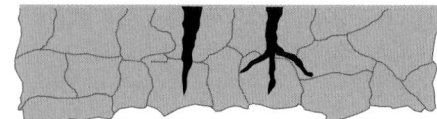

transkristalline Spannungsrisskorrosion
Schwingungsrisskorrosion

Bild 2-2.9 Erscheinungsformen der Korrosion an passivierbaren Stählen

ferrit, unmittelbar angegriffen werden. Das Auftreten insbesondere der interkristallinen, aber auch der selektiven Korrosion kann dadurch hervorgerufen werden, dass das Lösungsglühen nach der Halbzeugherstellung nicht ordnungsgemäß durchgeführt wurde oder dass im Zuge der weiteren Verarbeitung der Stahl nicht werkstoffgerecht behandelt wurde, z. B. beim Schweißen, Warmumformen oder Wärmebehandeln. Selektive Korrosion kann jedoch auch durch spezifische stark oxidierende Medien, wie Salpetersäure, hervorgerufen werden, die Zweitphasen verstärkt angreifen.

Spannungsrisskorrosion wird unabhängig davon, ob sie inter- oder transkristallin verläuft, durch die Wechselwirkung spezifischer Medien mit angelegten mechanischen Spannungen ausgelöst. In Tabelle 2-2.1 sind für verschiedene Legierungssysteme die bekannten Medienkombinationen angegeben, die Spannungsrisskorrosion zur Folge haben können. Die mechanischen Spannungen zum Auslösen dieser Korrosionsform liefern neben den allgemeinen, z. B. durch den Innendruck hervorgerufenen Primärspannungen die vom Schweißen oder Umformen verbliebenen Eigenspannungen als Sekundärspannungen. Im Regelfall sind hier die kritischen Bereiche, die es bei Anlageninspektionen gilt genauer zu untersuchen. Der Mechanismus der Spannungsrisskorrosion geht darauf zurück, dass durch die mechanischen Spannungen Gleitstufen im Werkstoff erzeugt werden, die die Passivschicht verletzen, sodass sich das kritische Agens – bei transkristalliner Spannungsrisskorrosion handelt es sich dabei zumeist um Chloride – hier anlagern und den Angriff initiieren kann. Der grundlegende Mechanismus ist in Bild 2-2.10 in den rechten Teilbildern wiedergegeben. Transkristalline chloridinduzierte Spannungsrisskorrosion in neutralen Medien tritt üblicherweise erst oberhalb 60 °C auf. Das Maximum der Empfindlichkeit liegt bei etwa 10 % Nickelgehalt im Stahl. Darüber und darunter nimmt die Empfindlichkeit ab. Links in Bild 2-2.10 ist der Mechanismus der Halogenid-induzierten Lochkorrosion dargestellt. Hierbei erfolgt der Angriff durch die Halogenide an metallurgisch bedingten Schwachstellen der Passivschicht, wie Oxiden und Sulfiden.

Schwingungsrisskorrosion ist eine Schädigungsform, die durch die Wechselwirkung einer schwingenden mechanischen Belastung mit einem Medium hervorgerufen wird. Im Gegensatz zur Spannungsrisskorrosion bedarf sie jedoch keines spezifischen Mediums.

Schwingungsrisskorrosion zeichnet sich üblicherweise durch einen transkristallinen, nur wenig verzweigten Verlauf aus. Spannungsrisskorrosion neigt deutlich mehr zu Rissverzweigungen. Schwingungsrisskorrosion kann im aktiven Oberflächenzustand und auch im passiven eintreten. Der entscheidende Schädigungsmechanismus der Schwingungsrisskorrosion besteht in der Wechselwirkung des Mediums mit den durch die zyklische Belastung hervorgerufenen Gleitbändern und der hier entstandenen sehr reaktiven Oberfläche. Die hohe Reaktivität bedingt, dass für diese Korrosionsform kein spezifisches Medium erforderlich ist. Befindet sich der Werkstoff im instabil passiven Zustand, so geht Schwingungsrisskorrosion häufig von Lochfraßstellen oder interkristalliner Korrosion aus. In diesen Fällen kann eine Abhilfe durch den Einsatz eines beständigeren Werkstoffs erreicht werden, bei dem keine Spannungsüberhöhungen durch Lochkorrosion oder IK-Angriff in der Wechselwirkung mit dem Medium entstehen. Schwingungsrisskorrosion ist aber auch im stabil passiven Zustand eines Werkstoffes möglich, allein durch die oben beschriebene Wechselwirkung von die Passivschicht durchstoßenden Gleitbändern, welche dann mit dem Medium in Wechselwirkung treten. In diesem Fall ist der Einsatz eines beständigeren Werkstoffes alleine nicht zielführend. Im Falle von Gefährdung durch Schwingungsrisskorrosion sollte daher darauf geachtet werden, konstruktiv und fertigungsbedingte Kerben zu vermeiden, die Spannungsüberhöhungen mit sich bringen. Außerdem empfiehlt es sich, das Spannungsniveau durch Vergrößerung des Querschnitts zu reduzieren

Wie Tabelle 2-2.1 verdeutlicht, können durchaus auch unlegierte Stähle von Spannungsrisskorrosion betroffen sein. Dies zeigt, dass auch diese Stahlgruppe – abhängig vom Medium – durchaus eine Passivität, z. B. durch eine Deckschichtbildung, ausprägen kann. Die Voraussetzung für eine Passivität ist somit nicht zwangsläufig an den Chromgehalt oberhalb der Resistenzgrenze gebunden, sondern ergibt sich aus der Wechselwirkung des Metalls mit dem Medium. Ein Chromgehalt oberhalb von 13 % bewirkt aber die Eigenschaft, unter normalen atmosphärischen Bedingungen nichtrostend zu sein.

Für die Gruppe der nichtrostenden Stähle – in der chemischen Technik umfasst diese die austenitischen Stähle und die Duplex-Stähle – sind vor allem die Halogenide und dort insbesondere das Chlorid im Hinblick auf Lochkorrosion und Spannungsrisskorrosion kri-

Tabelle 2-2.1 Spannungsrisskorrosion auslösende Medien für verschiedene Legierungssysteme (Wendler 1998)

Fe			Al	Cu	Ni
unlegierter Stahl		austenitischer Stahl			
H_2O/NO_3^-	inter	H_2O/Cl^-			
H_2O/OH^-	inter	H_2O/OH^-	H_2O/Br^-	H_2O/NH_3	H_2O/HF
H_2O/CN^-	trans/inter				H_2SiF_6
H_2O/PO_4^{3-}	inter			H_2O/OH^-	H_2O/Cl^-
H_2O/SO_4^{2-}	trans/inter		H_2O/J^-		H_2O/OH^-
$H_2O/CO_3^{2-}/HCO_3^-$	trans	H_2O/Br^-	H_2SO_4	H_2O + Amine	Polythionsäure
$H_2O/CO/CO_2$	trans	$H_2O/H^-/SO_4^{2-}$		H_2O + Citrate	Chromsäure
H_2O/H_2S	trans/inter	Polythionsäuren	HNO_3	H_2O + Tartrate	Ameisensäure
				H_2O/NO_3^-	NaOH-Schmelze
Rohmethanol	inter	H_2O/H_2S	org. Flüssigkeiten	H_2O/NO^-	KOH-Schmelze
NH_3	trans	H_2O/H_2SO_3		H_2O/SO_4^{2-}	
flüssig und gasförmig			feuchte Luft	H_2O/SO_3^{2-}	Dampf
		H_2O/NH_4OH		H_2O/S^{2-}	
Amine	trans/inter			H_2O/F^-	org. Flüssigkeiten
				Dampf	

tisch zu sehen. Ob der Chloridgehalt kritisch ist, wird nicht nur durch den Gehalt an sich, sondern durch zahlreiche weitere Parameter, wie die Temperatur, den pH-Wert der Lösung, deren Sauerstoffgehalt etc. bestimmt. Oftmals sind Gehalte < 100 ppm bereits ausreichend für das Auftreten von Lochkorrosion und Spannungsrisskorrosion. Beide Korrosionsarten sowie auch die selektive und interkristalline Korrosion besitzen eine sehr hohe Fortschrittsgeschwindigkeit. Bei Lochkorrosionsangriff am Stahl 1.4571 in Kühlwasser aus dem Rhein bei 45 °C wurden Penetrationsgeschwindigkeiten von mehreren hundert mm/Jahr gemessen. Dies erklärt sich mit der starken Ansäuerung des Mediums in dem Loch und einer Anreicherung an Chloriden. In technischem Sinne bedeutet das aber, dass alle lokalisierten Korrosionsarten aufgrund der hohen Fortschrittsraten unzulässig sind. Bei der Werkstoffauswahl ist daher sicherzustellen, dass keine Lochkorrosion, selektive oder interkristalline Korrosion und keine Spannungsrisskorrosion in dem auszulegenden Bauteil auftreten kann. Im Hinblick auf die selektive und interkristalline Korrosion werden hierzu Korrosionsprüfungen in standardisierten Medien der Halbzeuge im Anlieferungszustand oder nach der Verarbeitung und/oder einer simulierenden Wärmebehandlung durchgeführt. Letzteres wird gemacht, wenn z. B. eine schweißtechnische Reparaturfähigkeit sichergestellt werden soll.

Zur Ermittlung des Beständigkeitsverhaltens werden Korrosionsversuche in den später zu handhabenden realen Lösungen durchgeführt. Um eine eventuelle Gefährdung für Spannungsrisskorrosion durch Chloride zu erfassen, wird in den Proben durch Biegen oder einseitiges grobes Schleifen ein hoher (Eigen-) Spannungszustand erzeugt, der ausreicht, um Spannungsrisskorrosion auszulösen. Um zu erkennen, ob eine Gefährdung durch Lochkorrosionbesteht, haben sich elektrochemische Tests im Betriebsmedium bewährt. Hierbei wird die Probe langsam anodisch polarisiert und dadurch Lochkorrosion erzeugt. Entscheidend ist, ob diese sich unter außenstromlosen Bedingungen wieder repassivieren lässt. Ein mögliches Kriterium hierfür ist, wenn das wiederum unter langsamer Potenzialabnahme erreichte Repassivierungspotenzial im außenstromlosen Zustand um 50 mV edler ist als das freie Korrosionspotenzial. Ist dies gegeben, so ist der Werkstoff auch im Falle einer einmaligen Fehlchargierung des Apparates in der Lage, einmal gebildete Lochkorrosionskeime unter normalen Produktionsbedingungen wieder zu repassivieren, sodass sie nicht weiter wachsen.

Wenn auf diese Weise sichergestellt ist, dass lokalisierte Korrosionsarten nicht auftreten, dann kann der nichtrostende austenitische oder Duplex-Stahl ausgewählt werden, wenn der allgemeine Abtrag unter einem Grenzwert von 0,1 mm/Jahr liegt. Üblicherweise

 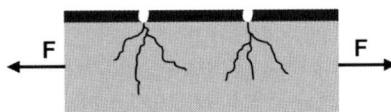

Bild 2-2.10
Mechanismen der Halogenid-induzierten Lochkorrosion (links) und der Spannungsrisskorrosion
(rechts)

liegen die allgemeinen Abtragsraten der ausgewählten Stähle eher eine Zehnerpotenz niedriger.

Im Falle unlegierter Stähle liegen die Abtragsraten recht häufig bei 0,1 mm/Jahr, oftmals sogar darüber. Unlegierte Stähle werden z. B. in chloridhaltigen Lösungen nicht durch Loch- und/oder Spannungsrisskorrosion angegriffen. Es kann daher eine wirtschaftlich sehr sinnvolle Entscheidung sein, in einem solchen Medium einen unlegierten Stahl mit entsprechendem Korrosionszuschlag auf die rechnerisch erforderliche Wanddicke einzusetzen, auch wenn die allgemeine Abtragsrate bei 0,5 mm/Jahr liegt, bevor man einen teuren, hochlegierten austenitischen oder Duplex-Stahl wählt.

Die allgemeine Abtragsrate von 0,1 mm/Jahr gilt auch für Nickelbasislegierungen als oberer Grenzwert der Zulässigkeit. Da diese Materialien aber noch teurer sind als die austenitischen Stähle, werden sie üblicherweise erst dann eingesetzt, wenn die Abtragsrate deutlich geringer ist. Dabei ist auch zu beachten, dass die durch verstärkte Korrosion erfolgenden Produktkontaminationen im Einzelfall nicht vernachlässigt werden dürfen.

Bei Sondermetallen wie Titan, Zirconium und Tantal sind die zulässigen Abtragsraten auf maximal 0,02 mm/Jahr begrenzt. Höhere Abtragsraten sind bei diesen Metallen mit der Gefahr einer Wasserstoffversprödung verbunden. Der Wasserstoff entsteht dabei in der kathodischen Teilreaktion des Korrosionsprozesses.

Die volle Korrosionsbeständigkeit der hochlegierten Stähle und Nickelbasislegierungen ist allerdings nur dann in vollem Umfang vorhanden, wenn die Werkstoffe werkstoffgerecht verarbeitet werden. Ein großes Problem stellen dabei bei der Warmverarbeitung und beim Schweißen entstandene Anlauffarben dar. Anlauffarben werden durch bei hohen Temperaturen entstandene Chromoxide erzeugt. Sie sind so dick ausgeprägt, dass sie durch Lichtbrechung Farbeffekte hervorrufen. Bereiche mit Anlauffarben sind besonders durch Lochkorrosion gefährdet. Die relativ dicken Oxidschichten in den betroffenen Bereichen sind recht spröde und daher anfällig für feine Risse. Das Metall unter den Chromoxidbelägen ist an Chrom verarmt und daher weniger widerstandsfähig gegenüber einer Lochbildung.

Bild 2-2.11 veranschaulicht dies anhand von zwei Korrosionsproben aus dem Stahl 1.4541, die unter identischen Bedingungen in einer chloridhaltigen Lösung ausgelagert wurden. Im Falle der linken Probe waren zuvor durch einseitige Erwärmung mit der Flamme Anlauffarben erzeugt worden. Man erkennt, dass insbesondere im Übergangsbereich der Anlauffarben zahlreiche Korrosionslöcher entstanden sind. In der Mitte sind die Oxide offensichtlich so dick, dass sie eine Schutzwirkung ausüben, sodass es in der Versuchszeit nicht zu einem Angriff kommen konnte. Die rechte Probe, die metallisch blank eingesetzt wurde, zeigte nur eine Stelle von Lochkorrosion an einer oberflächlich vorhandenen, metallurgisch bedingten Verunreinigung. Die Prüfbedingungen waren sehr aggressiv.

Bei der Verarbeitung werden Anlauffarben dadurch vermieden, dass der Sauerstoffzutritt verhindert wird.

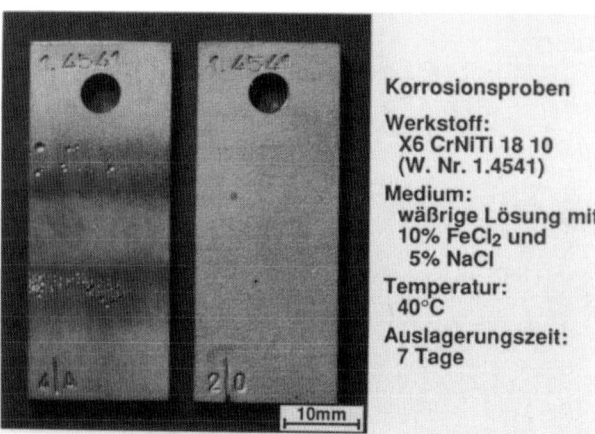

Korrosionsproben

Werkstoff:
X6 CrNiTi 18 10
(W. Nr. 1.4541)

Medium:
wäßrige Lösung mit
10% FeCl₂ und
5% NaCl

Temperatur:
40°C

Auslagerungszeit:
7 Tage

Bild 2-2.11 Erhöhte Gefahr der Lochkorrosion durch Anlauffarben

Beim Schweißen wird dies z. B. durch Schutzgasbeschleierung der Schweißstelle und durch Formiergasschutz der Wurzelseite der Schweißnaht erreicht. Insbesondere der Formiergasschutz ist oftmals eine zeitaufwändige Maßnahme. Sie wird deshalb häufig nicht in gewünschter Form durchgeführt. Sind Anlauffarben vorhanden, so ist das Beizen des Bauteils in einer abtragenden Beize der beste Weg, um die optimale Korrosionseigenschaft gleichmäßig zu erzeugen. Mechanische Oberflächenbehandlungen, wie Bürsten oder Schleifen, sind zumeist wenig hilfreich, da mit ihnen die Oxidschicht entfernt wird, nicht aber die chromverarmte Oberflächenschicht darunter.

Die Werkstoffauswahl unter Korrosionsgesichtspunkten beginnt zunächst einmal mit einem Screening.

Hierzu werden Beständigkeitsschaubilder herangezogen, wie sie z.B. in (Berg 1965) zusammengestellt sind. Bild 2-2.12 zeigt das Beständigkeitsschaubild für den Stahl 1.4541 (18/10-CrNi), den Stahl 1.4571 (17/12/2-CrNiMo) sowie den Stahl 1.4539 (904L-X1NiCrMoCu25-20-5) in Ameisensäure (Outokumpu Corrosion Handbook).

Für die verschiedenen Stähle ist jeweils die Grenzkurve für eine allgemeine Abtragsrate von 0,1 mm/Jahr angegeben. Zusätzlich dazu ist noch strichliert die Siedelinie der Säure bei Normaldruck eingetragen. Es ist offensichtlich, dass die Zunahme des Chrom-, aber insbesondere des Molybdängehaltes eine erhebliche Steigerung der Beständigkeit zur Folge hat. Geringste Mengen an Chlorid in der Säure (im ppm-Bereich) lösen allerdings eine hohe Lochkorrosionsgefährdung aus. Außerdem muss beachtet werden, dass gerade in diesem System die Korrosionsprodukte eine inhibierende Wirkung aufweisen, sodass das durch frische Kondensate an einem Kühlfinger ausgelöste Korrosionsgeschehen rasch mit einer deutlich stärkeren Schädigung verbunden ist als dies bei einem einfachen Tauchversuch der Fall wäre.

Bei der Nutzung derartiger Schaubilder oder Herstellerinformationen müssen mehrere Punkte klar sein: Zum einen beziehen sich die Angaben zumeist auf das Korrosionsverhalten in der reinen Lösung. In der Realität der chemischen Produktion wird aber nur sehr selten mit reinen Lösungen gearbeitet, sondern mit technischen Lösungen, die Verunreinigungen z.B.

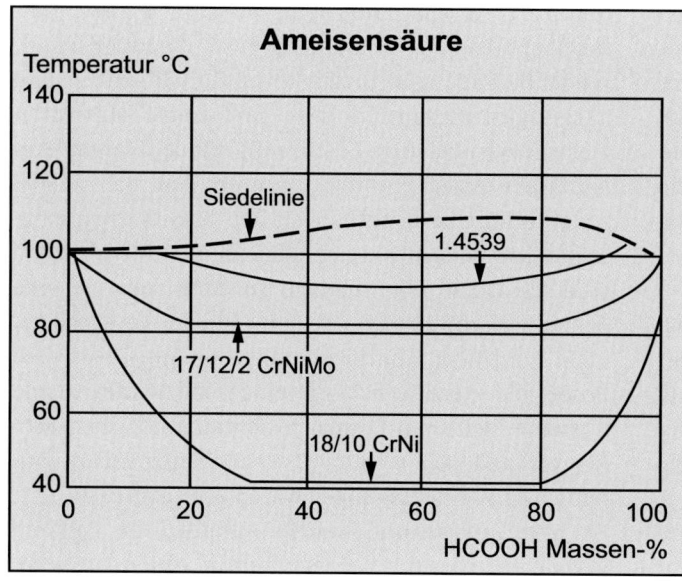

Bild 2-2.12
Isokorrosionskurven für verschiedene austenitische Stähle in Ameisensäure (Corrosion Handbook)

durch Halogenide enthalten. Zum andern wird in den Diagrammen und Informationen oftmals nur auf die allgemeine Abtragsrate Bezug genommen, nicht aber auf eventuell auch auftretende Lokalkorrosion. Die Beständigkeitsgrenze ist außerdem oft auch höher angesetzt als 0,1 mm/Jahr. Vorsichtig sollte man bei der Nutzung derartiger Unterlagen sein, wenn die Parameter der Versuchsführung nicht genannt werden. Hierzu zählen u. a. das Verhältnis von Oberflächen zu Volumen zwischen Proben und Medium, die Versuchsdauer, die Begasung des Mediums, ob es gerührt wurde oder nicht und ob mit rückgeführten Kondensaten geprüft wurde.

Eine besonders wertvolle Informationsquelle zum Korrosionsverhalten von Werkstoffen in chemischen Produkten und deren Herstellprozessen stellen die DECHEMA-Werkstoff-Tabellen (DECHEMA o. J.) dar, in denen umfangreiche Literaturauswertungen zu verschiedenen Werkstoff-Medium-Kombinationen vorgenommen und auch Bewertungen gegeben werden.

Im Rahmen des Screening kann eine Anzahl potenziell infrage kommender Legierungen identifiziert werden, die dann sinnvollerweise im jeweiligen Produktionsmedium mit Werkstoffproben geprüft werden. Am aussagefähigsten sind diese Untersuchungen, wenn sie z. B. in einer großtechnischen Anlage oder in einer Technikumsanlage unter realitätsnahen Bedingungen durchgeführt werden können. Besteht nur die Möglichkeit eines Laborkorrosionsversuchs, so ist darauf zu achten, dass die Oberflächentemperaturen z. B. von Heiz- oder Kühlflächen auch an den Proben anliegen, dass die Belüftung des Mediums realitätskonform ist und dass es über die Versuchsdauer keine wesentlichen Veränderungen erfährt. So müssen bei höheren Temperaturen des Mediums leichtsiedende Bestandteile durch Kühlfinger in der Versuchsapparatur immer wieder zurückgeführt werden. Außerdem muss sichergestellt sein, dass Korrosionsprodukte der Proben die Korrosivität der Lösung nicht beeinträchtigen. Schließlich muss auch die Versuchsführung hinreichend lange dauern, da Korrosionsvorgänge im Allgemeinen Induktionszeiten benötigen. Bewährt hat es sich, die Versuche 4 mal 7 Tage lang durchzuführen mit einer wöchentlichen Zwischenauswertung in Form einer Wägung und Bemusterung der Proben bezüglich Lokalkorrosion und einem Wechsel des Mediums. Die Probencoupons, die für die Korrosionsversuche verwendet werden, sollten mit einer mittigen Schweißverbindung versehen sein. Schweißverbindungen haben sich oft als Schwachpunkte in Bauteilen auch in Bezug auf Korrosion erwiesen. Die Proben sollten nach dem Schweißen sorgfältig gebeizt werden, um Grundwerkstoff und Schweißverbindung in den optimalen Oberflächenzustand zu versetzen. Durch einseitiges grobes Beschleifen können in den Proben im Schweißnahtbereich hohe Eigenspannungen hervorgerufen werden, die bei entsprechender Gefährdung Spannungsrisskorrosion auslösen. Bei mechanisch vorgespannten Proben besteht – wie die Erfahrung zeigt – die Gefahr, dass die eingebrachten Spannungen relaxieren. Beim Einbau der Proben ist unbedingt darauf zu achten, dass diese nicht miteinander in einem elektrisch leitfähigen Kontakt stehen. Aus diesem Grund sollten die Probenhalter aus Glas oder nicht-leitendem Kunststoff bestehen.

In den Tabellen 2.2 bis 2.4 sind einige hochlegierte Stähle und Nickelbasislegierungen zusammengestellt, die in der Chemietechnik gebräuchlich sind. Diese Zusammenstellungen erheben nicht den Anspruch auf Vollständigkeit, zumal die Werkstoffhersteller immer wieder neue Legierungen entwickeln, die oft interessante Alternativen bieten. Eine solche ist z. B. der sogenannte Lean-Duplex-Stahl, der darauf abzielt, eine Alternative zu den 18/10-Cr-Ni- und den 17/12/2-Cr-Ni-Mo-Stählen zu sein. Lean-Duplex-Güten sind mit 20 – 22 % Cr, 1 – 3 % Mo und 0,05 – 0,25 % N legiert. Diese drei Elemente kennzeichnen die Stabilität der Passivschicht und werden in der sog. Pitting Resistance Equivalent Number oder Wirksumme zusammengefasst. In diese Kennzahl geht der Chromgehalt einfach, der Mo-Gehalt mit dem Faktor 3,3 und der Stickstoffgehalt mit dem Faktor 16 ein. Mit dieser Kennzahl lassen sich Legierungen qualitativ vergleichen, eine direkte Aussage über die Beständigkeit in einer Chemikalie ist hingegen damit nicht möglich. Bei den Lean-Duplex-Güten ist der Nickel-Gehalt auf 1 – 3 % begrenzt und durch Mangan (4 – 6 %) als Austenitbildner z. T. ersetzt. Mangan ist deutlich billiger als Nickel, und die Duplex-Stähle besitzen gleichzeitig eine Streckgrenze bei Raumtemperatur, die in etwa doppelt so hoch ist wie die der korrosionschemisch gleichwertigen Austenite. Dieser Vorteil kann allerdings nur dann voll genutzt werden, wenn die Auslegung nach der Festigkeit und nicht nach Stabilitätsgesichtspunkten erfolgt.

Infolge einer sehr eingeschränkten Beständigkeit gegenüber Loch- und Spannungsrisskorrosion ist der 18/10-CrNi-Stahl nicht für die Handhabung halogenidhaltiger Prozessmedien und chloridhaltiger Kühlwässer geeignet. 18/10-CrNi-Stähle werden bevorzugt in organischen Medien mit geringen Anteilen organischer Säuren, die ansonsten zu Korrosion oder Verfärbung des Produktes durch Korrosionsprodukte bei unlegiertem Stahl führen würden, eingesetzt. Darüber hinaus finden diese austenitischen Stähle Anwendung in Alkalihydroxiden bis zu einer Temperatur von 100 °C sowie in wässrigen, halogenidfreien Salzlösungen. Bei der Handhabung von Salpetersäure ist die ELC-Güte des 18/10-CrNi-Stahls (W.-Nr. 1.4306, X2CrNi19-11) der geeignete Stahl. Durch Modifikation seiner chemischen Zusammensetzung wird sein Gefüge praktisch frei von Delta-Ferrit (< 1,0 %), der bevorzugt in Form einer selektiven Korrosion von der Salpetersäure angegriffen wird.

Durch die Zugabe von 2 – 2,5 % Mo bei den 17/12/2-CrNiMo-Stählen werden diese in Bezug auf Loch- und Spaltkorrosion in halogenidhaltigen Lösungen deutlich beständiger und sie werden in neutralen, alkalischen und schwach sauren, leicht chloridhaltigen Medien erfolgreich eingesetzt. In Kühlwasser aus dem Rhein hat sich der 1.4571 bis zu einer Wandtemperatur von 35 °C als beständig erwiesen. Aber auch die Korrosionsbeständigkeit z. B. in Schwefelsäure, in technischer Phosphorsäure und insbesondere in organischen Säuren wird durch den erhöhten Molybdängehalt erheblich verbessert. Bezüglich halogenidinduzierter Spannungsrisskorrosion weisen die 17/12/2-CrNiMo-Stähle gegenüber den 18/10-CrNi-Stählen keinen Vorteil auf. Hier spielt der Nickelgehalt eine wichtige Rolle. Hohe Nickelgehalte bedingen eine höhere Resistenz gegenüber Spannungsrisskorrosion. Der Molybdängehalt in den 17/12/2-CrNiMo-Güten hat zur Folge, dass in diesen Werkstoffen ein höherer Delta-Ferritanteil vorhanden ist. Aus diesem Grund sind diese Stähle für die Handhabung von stark oxidierenden Chemikalien wie Salpetersäure weniger geeignet.

Die ferritisch-austenitischen Duplex-Stähle sind eine Werkstoffgruppe mit zunehmender Bedeutung. Neben der bereits angesprochenen sehr hohen Festigkeit bieten sie gegenüber einer großen Anzahl von Chemikalien ausgezeichnete Beständigkeitseigenschaften, wie z. B. in organischen Säuren. Duplex-Stähle neigen nicht zur interkristallinen Korrosion und besitzen eine hohe

Tabelle 2-2.2 Im Anlagenbau der chemischen Industrie gebräuchliche korrosionsbeständige austenitische Stähle

Stahlsorte		Legierungsanteile in Massen-%					genormt in		
							DIN EN 10088		Sonstige
Kurzname	W.-Nr.	C	Cr	Mo	Ni	Sonstige	Teil 2	Teil 3	
Austenitische Stähle									
X5CrNi18-10	1.4301	≤ 0,07	17,0/19,5		8,5/10,5	N ≤ 0,11	X	X	
X2CrNi19-11	1.4306	≤ 0,03	18,0/20,0		10,5/12,0	N ≤ 0,11	X	X	
X2CrNiN18-10	1.4311	≤ 0,03	17,0/19,5		8,5/11,5	N 0,12/0,22	X	X	
X6CrNiTi18-10	1.4541	≤ 0,08	17,0/19,0		9,0/12,0	Ti 5x%C bis 0,70	X	X	
X6CrNiNb18-10	1.4550	≤ 0,08	17,0/19,0		9,0/12,0	Nb ≥ 10x%C bis 1,0	X	X	
X5CrNiMo17-12-2	1.4401	≤ 0,07	16,5/18,5	2,0/2,5	10,0/13,0	N ≤ 0,11	X	X	
X2CrNiMo17-12-2	1.4404	≤ 0,03	16,5/18,5	2,0/2,5	10,0/13,0	N ≤ 0,11	X	X	
X6CrNiMoTi17-12-2	1.4571	≤ 0,08	16,5/18,5	2,0/2,5	10,5/13,5	Ti ≥ 5x%C bis 0,70	X	X	
X1CrNiMoN25-25-2	1.4465	≤ 0,02	24,0/26,0	2,0/2,5	22,0/25,0	N 0,08/0,16			SEW 400
X2CrNiMoN17-13-3	1.4429	≤ 0,03	16,5/18,5	2,5/3,0	11,0/14,0	N 0,12/0,22	X	X	
X2CrNiMo18-14-3	1.4435	≤ 0,03	17,0/19,0	2,5/3,0	12,5/15,0	N ≤ 0,11	X	X	
X2CrNiMnMo-NbN25-18-5-4	1.4565	≤ 0,03	23,0/26,0	3,0/5,0	16,0/19,0	N 0,30/0,50 Nb ≤ 0,5 Mn 3,5/6,5			SEW 400
X2CrNiMoN17-13-5	1.4439	≤ 0,03	16,5/18,5	4,0/5,0	12,5/14,5	N 0,12/0,22	X	X	
X1NiCrMoCuN25-20-5	1.4539	≤ 0,02	19,0/21,0	4,0/5,0	24,0/26,0	Cu 1,2/2,0 N ≤ 0,15	X	X	
X1NiCrMoCuN25-20-7	1.4529	≤ 0,02	19,0/21,0	6,0/7,0	24,0/26,0	Cu 0,5/1,5 N 0,10/0,25	X	X	
X1NiCrMoCu31-27-4	1.4563	≤ 0,02	26,0/28,0	3,0/4,0	30,0/32,0	Cu 0,7/1,5 N ≤ 0,10	X	X	

Resistenz gegenüber halogenidinduzierter Spannungsrisskorrosion – offensichtlich ein positiver Einfluss des ferritischen Gefügeanteils. Bis zu einem pH-Wert von ca. 4 werden Duplex-Stähle in chloridhaltigen Lösungen üblicherweise nicht durch Spannungsrisskorrosion geschädigt. Aber auch in Alkalihydroxidlösungen sind Duplex-Stähle gut beständig. Ein sehr interessantes Einsatzgebiet für die Stähle sind Bedingungen, unter denen austenitische Stähle durch eine Komplexierungsreaktion ihres Nickelanteils angegriffen werden. In einer Ammoniumextraktionskolonne, in der austenitische Stähle zuvor mit einer Abtragsrate von ca. 1 mm/Jahr angegriffen wurden, war der Duplex-Stahl X2CrNiMo22-5-3 mit einer um zwei Dekaden geringeren Korrosionsgeschwindigkeit voll beständig.

Zu höheren Legierungsgehalten hin steigt die Korrosionsbeständigkeit der Stähle an. Gegenwärtig werden Eisenbasislegierungen hergestellt, die sich nahtlos an die Nickelbasislegierungen mit ihren höheren Chrom-und Molybdängehalten anschließen und mit diesen auch in Konkurrenz stehen. Mit der Beständigkeit steigen die Kosten für die Werkstoffe und oft werden auch die Toleranzfenster bei der Verarbeitung kleiner. Vertreter dieser Gruppe ist z. B der Werkstoff Nr. 1.4563.

Die Werkstoffauswahl allein gewährleistet jedoch nicht, dass Korrosion in der Praxis vermieden wird. Hierzu gehört, dass neben der Auswahl eines beständigen Werkstoffs auch korrosionsschutzgerecht konstruiert wird. Hierunter sind Konstruktionen zu verstehen, bei denen Spalten vermieden werden sowie die Bildung von Inkrustationen und Belägen, in denen sich korrosionskritische Bestandteile des Mediums, wie z. B. Chloride, anreichern können. In dieser Hinsicht sind Heizflächen besonders gefährdet. Hier können z. B. Inhaltsstoffe von Kühlwasser Beläge bilden, die nach einiger Betriebszeit dann nicht nur verfahrenstechnisch Schwierigkeiten bereiten, sondern auch korrosionschemisch. Beispiele für korrosionsschutzgerechte

Tabelle 2-2.3 Duplex-Stähle, die im Anlagenbau der chemischen Industrie gebräuchlich sind

| Stahlsorte | | Legierungsanteile in Massen-% | | | | | |
Kurzname	W.-Nr.	C	Cr	Ni	Mo	Cu	N
X2CrNiN23-4	1.4362	≤ 0,030	22,00/24,00	3,50/5,50	0,10/0,60	0,10/0,60	0,05/0,20
X2CrNiMoN22-5-3	1.4462	≤ 0,030	21,00/23,00	4,50/6,50	2,50/3,50		0,10/0,22
X2CrNiMoCuN25-6-3	1.4507	≤ 0,030	24,00/26,00	5,50/7,50	2,70/4,00	1,00/2,50	0,15/0,30
X2CrNiMoN25-7-4	1.4410	≤ 0,030	24,00/26,00	6,0/8,0	3,5/5,0	≤ 0,5	0,20/0,30

Tabelle 2-2.4 Auswahl an Nickelbasislegierungen, die in der Chemietechnik eingesetzt werden

| Handelsname | Kurzbezeichnung | Legierungsanteile in Massen-% | | | | | | |
		W.-Nr.	Ni	Cr	Fe	Mo	Cu	Nb	Sonstige
Alloy 200	Ni99,2	2.4066	≥ 99,2						
Alloy 201	LC-Ni99	2.4068	≥ 99						
Alloy 400	NiCu30Fe	2.4360	≥ 63		1 – 2,5		28 – 34		
Alloy 600	NiCr15Fe	2.4816	≥ 72	14 – 17	6 – 10				
Alloy G-30	NiCr30FeMo	2.4603	Rest	28,0 – 31,5	13,0 – 17,0	4,0 – 6,0	1.0 – 2,4	0,3 – 1,5	W: 1,5 – 4,0
Alloy 625	NiCr22Mo9Nb	2.4856	≥ 58	20 – 23	≤ 3	8 – 10		3,2 – 3,8	
Alloy C-4	NiMo16Cr16Ti	2.4610	Rest	14,0 – 18,0	≤ 3	14 – 17			
Alloy C-276	NiMo16Cr15W	2.4819	Rest	14,5 – 16,5	4 – 7	15 – 17			W: 3 – 4,5
Alloy C-22	NiCr21Mo14W	2.4602	Rest	20 – 22,5	2,0 – 6,0	12,5 – 14,5			W: 2,5 – 3,5
Alloy C-2000	NiCr23Mo16Cu	2.4675	Rest	22 – 24	≤ 3	15,0 – 17,0	1,3 – 1,9		
Alloy 59	NiCr23Mo16Al	2.4605	Rest	22 – 24	≤ 1,5	15 – 16,5			Al: 0,1 – 0,4
Alloy 686	NiCr21Mo16W	2.4606	Rest	19,0 – 23,0	≤ 5,0	15,0 – 17,0			W: 3,0 – 4,4 Ti: max. 0,25
Alloy B-2	NiMo28	2.4617	Rest	≤ 1,0	≤ 2,0	26 – 30			
Alloy B-3	NiMo29Cr	2.4600	Rest	1,0 – 3,0	1,0 – 3,0	27,0 – 32,0			

Konstruktionen sind in der GfKORR-Richtlinie „Korrosionsschutzgerechte Konstruktion" zusammengestellt (GfKORR-Richtlinie o. J.).

2-2.6 Die Auslegung von Chemieapparaten

Die standardmäßige Auslegung von Chemieapparaten erfolgt in Europa auf der Grundlage der europäischen Druckgeräterichtlinie (Druckgeräterichtlinie 2002) und harmonisierter Normen, wie der EN 13445 (s. Normenliste im Anhang). In den USA wird der ASME Code für die Auslegung von Druckbehältern herangezogen. In weiteren Ländern, wie z. B. China oder in Japan, gibt es eigene Regelwerke zur Auslegung von Druckbehältern, die oft an den ASME-Code angelehnt sind. Das Besondere dieser Regelwerke ist, dass man sie als Systeme verstehen muss. So werden hier Berechnungsverfahren für Behälter, Rohrleitungen, Behälteranschlüsse, Abzweigungen, Behälterausschnitte und Flansche und vieles mehr angegeben, ebenso wie die werkstoffabhängigen Berechnungskennwerte für statische und auch dynamische Belastungen. Die zulässigen Berechnungsspannungen sind im Falle des ASME-Code Division 1 häufig geringer als im Falle der Druckgeräterichtlinie. Dies hat zur Folge, dass die ASME-Druckapparate dann bei vergleichbaren Stahlgüten eine dickere Wand besitzen, deren Nennspannungen bei Auslegungsinnendruck niedriger ausfällt als bei einem nach Druckgeräterichtlinie und EN 13445 für den gleichen Zweck gebauten Behälter. Gleichzeitig ist es so, dass nach den Anforderungen des ASME-Code Div. 1 die Umfänge und die Art der zerstörungsfreien Prüfungen der Schweißnähte bei der Herstellung deutlich weniger restriktiv sind als dies laut Druckgeräterichtlinie und EN 13445 der Fall ist. Beide Regelwerke führen zur sicheren Auslegung von Druckapparaten auch für den Langzeitbetrieb und – obwohl hier keine quantitative Korrelation gegeben ist – erscheint es so, dass die konservativere Festigkeitsberechnung nach ASME ein höheres Maß an Fehlertoleranz besitzt. Dies hat eine innere Schlüssigkeit, zeigt aber auch den systemischen Ansatz der Regelwerke. Es wäre fatal, wenn man aus Kostengründen die dünnere Wanddicke nach der Druckgeräterichtlinie mit dem zerstörungsfreien Prüfumfang

nach ASME kombinieren würde. Dies wäre zwar jeweils konform mit der Forderung in einem der beiden Regelwerk, aber man würde das erfahrungsbasierte System sowohl des ASME-Codes Division 1 als auch der Druckgeräterichtlinie und der EN 13445 verlassen. Es soll hier aber auch auf die Division 2 des ASME-Code hingewiesen werden, bei deren Anwendung ähnliche Wanddicken wie bei der Druckgeräterichtlinie und der zugehörigen EN-Norm 13445 herauskommen.

Neben dem Standardverfahren zur Auslegung von Druckbehältern kennen sowohl der ASME-Code als auch die Druckgeräterichtlinie die Möglichkeit, die Festigkeitsberechnungen mit numerischen Methoden durchzuführen. Dies ist dann zwingend notwendig, wenn die analytischen Berechnungsformeln für den Standardfall nicht mehr angewandt werden dürfen, was z. B. bei einem sehr großen Stutzenausschnitt in einem zylindrischen Reaktormantel geschehen kann, der sich aus verfahrenstechnischen Gründen nahe an einem Rohrboden befinden soll.

Bei der Auslegung eines Behälters sind alle wahrscheinlichen Betriebszustände zuvor zu erfassen. Dies bedeutet: Alle Temperaturen und Drücke im Normalbetrieb, ggf. bei Reinigungen und Regenerationen, müssen betrachtet werden. Dabei sind auch mögliche Betriebsstörungszustände mit einzubeziehen. Aus der Summe dieser Daten wird dann ein Werkstoff ausgewählt, der für den Temperaturbereich der Auslegung nach dem Regelwerk zugelassen ist. Für den Stahl gibt es für diesen Temperaturbereich somit gesicherte Festigkeitskennwerte; er besitzt eine hinreichende Zähigkeit gegenüber Sprödbruch. Eine wesentliche Anforderung, die der Komponentenwerkstoff erfüllen muss, ist, dass er im Auslegungsbereich durch die gehandhabten Stoffe nicht unzulässig angegriffen wird und im Kontakt mit ihnen keine kritischen Reaktionen auslöst. Auch hierbei sind Reinigungs- und Regenerationsphasen, aber auch An- und Abfahrbedingungen zu erfassen, die sich oft als nicht ganz unproblematisch erweisen.

Die Sicherheit des Behälters gegenüber Versagen durch einen außerhalb des Auslegungsbereichs (Auslegungsdruck, Auslegungstemperatur) liegenden Betriebszustand wird durch eine Sicherheitseinrichtung wie z. B. eine Druckentlastung durch eine Berstscheibe gewährleistet. Diese ist eines der Ergebnisse der Sicherheitsbetrachtung, die für jeden chemischen Produktionsprozess durchgeführt werden muss.

2-2.7 Sonderausführungen von Behältern

Insbesondere dann, wenn hohe Anforderungen an die Korrosionsbeständigkeit zur Auswahl sehr teurer Stähle oder anderer Metalle zwingen, bietet es sich an, eine Konstruktion zu wählen, die auf eine Funktionsteilung hinausläuft. Die Druckfestigkeit wird dann durch einen Mantel aus unlegiertem oder niedriglegiertem Stahl gewährleistet und die Beständigkeit durch eine zumeist 3 – 5 mm dicke Auskleidung oder Plattierung aus einem beständigen Werkstoff sichergestellt. Im Falle der losen Auskleidung – man spricht hier auch von einem Liner oder einem Hemd – sind beide Werkstoffe nicht miteinander verbunden. Dieses Design hat den Vorteil, dass man die Dichtigkeit der die Korrosionsbeständigkeit gewährleistenden Auskleidung überwachen kann. Hierzu wird häufig der drucktragende Teil der Konstruktion innen mit Rillen und Bohrungen versehen, durch die die Überwachung des Zwischenraums ermöglicht wird. Abhängig vom Produkt können diese Bohrungen dann mit Prüfröhrchen bestückt werden, in denen es z. B. zu einem Farbumschlag im Leckagefall kommt. Konstruktionen mit losen Auskleidungen sind nicht für den Unterdruckbereich geeignet. Da das Design hierbei möglichst einfach gehalten wird, werden die Auskleidungen an den üblicherweise oben und unten angebrachten Stutzen verschweißt. Hierbei ist zu beachten, dass Unterschiede in den thermischen Ausdehnungskoeffizienten zwischen der Auskleidung und dem Mantel an den Anschlussstellen rasch sehr große plastische Dehnungen auslösen können und zum Abriss der Auskleidung führen können.

Um dieses Problem und das der Unterdruckfestigkeit der Auskleidung in gewissem Umfang entschärfen zu können, wurden Auskleidungssysteme entwickelt, bei denen die Auskleidung durch Punkt- oder Rollnahtschweißungen mit dem Mantel verbunden wird.

Im Falle von Plattierungen sind Grund- und Auflagewerkstoff stoffschlüssig miteinander verbunden. Plattierungen zwischen korrosionsbeständigen Stählen und unlegiertem oder niedriglegiertem Stahl werden im Regelfall als Walz- oder Schweißplattierungen ausgeführt. Während das Schweißplattieren üblicherweise mit einer Bandelektrode im Unterpulver- oder Elektroschlackeschweißprozess an dem an sich fertigen Behälter erfolgt, werden beim Walzplattieren Blechhalbzeuge hergestellt. Bei den hohen Temperaturen des Walzprozesses werden durch den Umformprozess an der Grenzfläche Deckschichten aufgebrochen, und es kommt zur innigen Diffusionsverbindung zwischen beiden Werkstoffen. Walzplattieren kann auch mit einigen Nickelbasislegierungen als Auflagewerkstoff durchgeführt werden. Für den Apparatebau hat man den Vorteil, dass beim Walzpattieren relativ große Formate hergestellt werden können, sodass für den Apparat wenige Schweißnähte anfallen. Die Schweißverbindungen machen plattierte Konstruktionen recht aufwändig, da der drucktragende Teil der Nähte dann mittels WIG-Verfahren oder mit dem Lichtbogenhandschweißen so abgedeckt werden muss, dass diese Bereiche korrosionschemisch keine Schwachstelle darstellen. Zu diesem Zweck werden dann im Allgemeinen mit überlegierten Elektroden Pufferlagen hergestellt, die dann so abgedeckt werden können, dass das Schweißgut der später produktberührten Decklage die Beständigkeit des Plattierungswerkstoffs erreicht. Durch die Stoffschlüssigkeit des Verbundes beim Plattieren können in den Behältern auch Einbauten, wie Stromstörer etc., eingeschweißt werden. Bei dem abhängig vom Aufmischungsgrad mit dem Trägerwerkstoff ein- oder zweilagig ausgeführten Schweißplattieren ist der Verzug des Behälters aufgrund der Schweißeigenspannungen zu beachten, der bei Behälterflanschen zu größeren Problemen führen kann.

Eine Besonderheit unter den Plattierungsverfahren ist das Sprengplattieren. Hiermit können auch Werkstoffe, die nicht dafür geeignet sind, miteinander verschweißt zu werden, miteinander verbunden werden (Bild 2-2.13). Unter der Wirkung der hinsichtlich der Zünd-

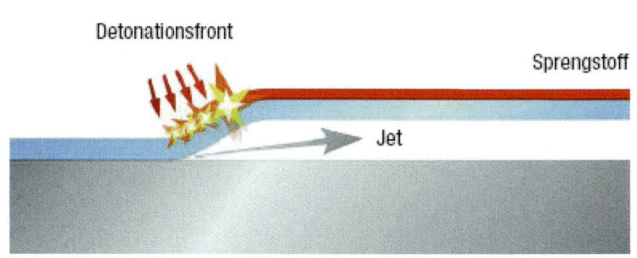

Detonationsfront

Sprengstoff

Auflagematerial

Jet

Grundwerkstoff

Bild 2-2.13
Schematische Darstellung des Sprengplattierens

geschwindigkeit und Zündenergie wohl abgestimmten Sprengladung wird das Auflageblech beschleunigt. An der Kollisionsfront mit dem Trägerwerkstoff entstehen extreme Drücke, Deckschichten werden zerstört und als Materialstrahl herausgeschleudert und die beiden Werkstoffe kommen in einen innigen Verbund.

Mittels Sprengplattieren können Bleche, aber auch Brammen, die anschließend noch ausgewalzt werden, mit metallischen Werkstoffen höchster Korrosionsbeständigkeit plattiert werden. Die Grundvoraussetzung ist, dass der Auflagewerkstoff hinreichend verformbar sein muss, sodass er unter der Wirkung der Explosionsfront nicht reißt. Um die Intensität der Energiefreisetzung bei der Sprengung so moderat wie möglich zu halten und dennoch eine fertigungssichere Bindung zu erreichen, wird auch mit weichen Zwischenschichten aus Nickel oder Kupfer gearbeitet. Diese haben dann bei der weiteren Verarbeitung, z. B. beim Formen und Glühen, auch noch die Wirkung, die Diffusion zwischen dem Auflage- und Grundwerkstoff zu verhindern.

Beim schweißtechnischen Verbinden von sprengplattierten Blechen, deren Auflage- und Grundwerkstoff mit einem gemeinsamen Schmelzbad nicht fertigungssicher verbunden werden können (z. B. unlegierter Stahl und Titan oder Zirconium), werden zunächst die tragenden Nähte am unlegierten oder niedriglegierten Stahl geschweißt. Die Plattierung ist in diesem Bereich abgearbeitet. Anschließend werden die tragenden Schweißnähte mit Blechstreifen aus dem Plattierungswerkstoff abgedeckt, die mit der Plattierung verschweißt werden. Wie dies fertigungssicher umgesetzt werden kann, ist nicht trivial und erfordert neben einer guten Vorbereitung der Naht ein hohes Maß an manueller Geschicklichkeit bei den Schweißern.

Der sich bei plattierten Anlagenkomponenten ergebenden Einsparung bei den Werkstoffkosten stehen somit deutlich höhere Fertigungs- und Verarbeitungskosten als bei einer Massivbauweise gegenüber. Ob eine plattierte oder ausgekleidete Ausführung wirtschaftlicher ist, lässt sich dabei nicht pauschal an dem Preis für den aus Korrosionsgründen erforderlichen Werkstoff festmachen, sondern muss im Einzelfall ermittelt werden. Dabei ist klar, dass mit zunehmendem Preis für den korrosionsbeständigen Werkstoff und mit zunehmendem Auslegungsdruck eine funktionsteilige Apparateauslegung begünstigt wird. Allerdings müssen auch andere Gesichtspunkte, wie die Reparaturfähigkeit, gewichtet werden. Die Entscheidung, welches Design verwendet wird, ist somit nicht nur von den Investitionskosten getrieben und wird üblicherweise in der Abstimmung zwischen dem späteren Betreiber, dem Projektingenieur, dem Apparatebauer und dem Werkstofftechniker getroffen.

Literatur zu Kapitel 2-2

API RP 941: Steels for Hydrogen Service at Elevated Temperatures and Pressures in Petroleum Refineries and Petrochemical Plants. 8. Ausgabe, 02. 01. 2016

Berg, F. F.: Korrosionsschaubilder. VDI-Verlag GmbH, Düsseldorf 1965

CEFIC Bulk Storage Guideline of Hydrogen Peroxide. März 2012

DECHEMA e. V. Informationssysteme und Datenbanken (Herausgeber): DECHEMA-Werkstoff-Tabellen. Frankfurt, o. J.

Druckgeräterichtlinie: Richtlinie 97/23/EG des Europäischen Parlaments und des Rates vom 29. Mai 1997 zur Angleichung der Rechtsvorschriften der Mitgliedstaaten über Druckgeräte. Verbindlich seit: 29. 5. 2002

GfKORR − Gesellschaft für Korrosionsschutz e. V. (Herausgeber): GfKORR-Richtlinie Korrosionsschutzgerechte Konstruktion. Frankfurt a. Main

Nelson, G. A.: Hydrogenation of Steel Plants. American Petroleum Institute Proceedings 29 (1949), S. 163 – 174, Washington DC

Outokumpu: Corrosion Handbook

VdTÜV: VdTÜV-Werkstoffblatt 418: Ferritisch-austenitischer Walz- und Schmiedestahl, X2CrNiMoN22-5-3, Werkstoff-Nr. 1.4462; Band, Blech, Flansch, Form- und Stabstahl, nahtloses Rohr, Schmiedestück. Verband der TÜV e. V. Berlin

Wendler-Kalsch, E.; Gräfen, H.: Korrosionsschadenkunde. Springer-Verlag, Berlin, Heidelberg 1998

Alle im Text erwähnten Normen sind in einer Liste zusammengefasst (Seite 889).

Getränkeabfüllmaschinen aus nichtrostendem Stahl

Frank Wilke

Funktion

Getränkeabfüllmaschinen dienen zur sterilen, hygienischen Befüllung von Einzelgebinden mit Flüssigkeiten oder Saucen. Die Abfüllung bei erhöhter Temperatur erfordert den Einsatz hochwertiger korrosionsbeständiger Stähle. Eine Abfüllmaschine besteht aus rund 60 t nichtrostendem Stahl in Form von Blechen, Rohren, Platten, Profilen, Schrauben und Düsen.

Werkstoffe und deren Eigenschaften

Aufgrund des sterilen Umfeldes und der notwendigen Hygiene werden viele Flüssigkeiten bei Temperaturen bis zu 80 °C abgefüllt. Aufgrund der Aggressivität von Medien bei den erhöhten Temperaturen ist die Werkstoffauswahl bei nichtrostenden Stählen für die Getränkeabfüllmaschinen eine besondere Herausforderung. Zusätzlich gibt es zwischen den einzelnen Chargen der Getränkeabfüllung Reinigungsvorgänge, die ebenfalls mit aggressiven Medien bei erhöhten Temperaturen durchgeführt werden. Trotz der notwendigen Spülvorgänge ergeben sich Aufkonzentrationen, die im Zusammenhang mit den hohen Temperaturen den Einsatz von molybdänhaltigen korrosionsbeständigen Stählen erfordern (Tab. 2-3.1). Als Beispiel soll hier das Abfüllen von Würzflüssigkeit gelten, bei dem neben Säuren auch Salze bei deutlich erhöhten Temperaturen im Medium vorhanden sind. Da es weder zu abtragender noch zu Lochkorrosion kommen darf und es auch ge-

schweißte Bauteile gibt, sind teilweise klassische A4-Werkstoffe wie 1.4404 an der Grenze ihrer Korrosionsbeständigkeit. So werden in Einzelfällen die Werkstoffe 1.4529 oder 1.4539 mit erhöhten Molybdängehalten eingesetzt.

Tabelle 2-3.2 Mechanische Kennwerte von Stählen für den Einsatz bei der Lebensmittelverarbeitung (typische Werte der Industrie)

Werkstoff-nummer	Gefüge	$Rp_{0,2}$ [MPa]	R_m [MPa]	A [%]
1.4404	Austenit	340	600	48
1.4435	Austenit	350	600	43
1.4529	Austenit	440	750	38
1.4539	Austenit	400	700	38

Es muss die absolute Korrosionsbeständigkeit des Werkstoffes gewährleistet sein, ohne dass irgendein Abtrag erfolgt, um keine Metalle oder deren Reaktionsprodukte als Verunreinigung in das Lebensmittel gelangen zu lassen.

Abmessungen

Es kommen alle Abmessungen im Bereich Band, Blech, Rohr, Profile, Stäbe und Schrauben zum Einsatz.

Herstellungsprozesse

Neben klassischen Zuschnitten und Kaltbearbeitung sowie zerspanender Bearbeitung im Anlagenbau liegt

Tabelle 2-3.1 Beispiele von Stählen für den Einsatz bei der Lebensmittelverarbeitung nach DIN EN 10088 (typische Werte)

Kurzname	Werkstoffnummer	Legierungsanteile in Massen-%							
		C	Si	Mn	Cr	Mo	Ni	Cu	N
X2CrNiMo17-12-2	1.4404	0,02	0,50	1,3	16,6	2,1	11,2	0,3	0,030
X2CrNiMo18-14-3	1.4435	0,02	0,50	1,3	17,2	2,6	12,7	0,3	0,030
X1NiCrMoCuN25-20-7	1.4529	0,01	0,30	0,5	19,9	6,1	24,2	0,8	0,150
X1NiCrMoCuN25-20-5	1.4539	0,01	0,30	0,9	19,8	4,2	24,2	1,3	0,070

das Augenmerk speziell bei Profilen und geschweißten Bauteilen. Zum Ende der Arbeitsgänge ist eine Reinigung und Entfernung von Stäuben erforderlich, gefolgt von Beizen und insbesondere einer ausreichenden Passivierung. Es ist wichtig, dass eine bearbeitete oder gebeizte Oberfläche ausreichend Zeit zum Repassivieren erhält, möglicherweise künstlich unterstützt durch entsprechende Passivierungsbäder. Des Weiteren muss die Oberfläche möglichst spaltenfrei sein und eine geringe Rauigkeit aufweisen, um das Absetzen von Lebensmittelresten zu verhindern. Polierte Zustände, ausgerundete Kanten und günstige Strömungsverhältnisse für Flüssigkeiten ohne Spalte an Rohrenden so-

wie glatt bearbeitete Schweißnähte sind bei diesem Anlagenbau Grundvoraussetzung.

Neben der Werkstoffauswahl ist somit auch die fachgerechte Verarbeitung von nichtrostenden Stählen von entscheidender Bedeutung für die Lebensdauer einer Anlage.

Perspektive/Alternativen

Aufgrund ihres neutralen Verhaltens und der guten Reinigungsmöglichkeiten bleiben nichtrostende Stähle für Getränkeabfüllmaschinen auch weiterhin die beste Werkstoffwahl.

2

Einsatz von Stahl in Abwasser-
behandlungsanlagen

Wolfgang Branner

2-4.1 Abwasseranfall und -zusammensetzung

Abwasser ist das durch häuslichen, gewerblichen, landwirtschaftlichen oder sonstigen Gebrauch in seinen Eigenschaften veränderte, mit Fremdwasser abfließende Schmutzwasser (Deutsche Vereinigung für Wasserwirtschaft, Abwasser und Abfall 2015). Niederschlagswasser hingegen ist das gesammelte und abfließende Wasser, das aus dem Bereich von bebauten oder befestigten Flächen stammt. Heutzutage versickert in der Regel das Niederschlagswasser vor Ort oder wird in einer getrennten Leitung dem Vorfluter zugeführt (Trennkanalisation). Drei Viertel des häuslichen Abwassers stammen aus den Bereichen Körperpflege, Toilettenspülung und Wäschewaschen. Im Mittel fallen pro Einwohner und Tag ca. 130 l Schmutzwasser mit einer durchschnittlichen Zusammensetzung gemäß Tabelle 2-4.1 an. Die Chlorid-Konzentration wird vor allem durch das Trinkwasser beeinflusst, andere Inhaltsstoffe mehr oder weniger stark durch industrielle und häusliche Einleitungen.

2-4.2 Funktionsweise einer Abwasserbehandlungsanlage

Zur Reinigung von unerwünschten Bestandteilen im Abwasser werden heute mechanische und biologische Verfahren (Reinigungsprozesse) eingesetzt (Bild 2-4.1). Die oben genannten Reinigungsprozesse werden in der Regel kontinuierlich durchflossen, können aber auch batchweise, über ein Zeitintervall (Sequencing-Batch-Reactor-Verfahren), abgearbeitet werden. Die bei der Abwasserreinigung anfallenden Schlämme (Primär- und Überschussschlamm) werden, in Abhängigkeit der Kläranlagengröße, in einer nachfolgenden Schlammbehandlung stabilisiert und entwässert.

Mechanische Verfahren

Diese Verfahren werden gerne auch mit dem Überbegriff „mechanische Reinigung" bezeichnet. Sie bilden immer den ersten Reinigungsabschnitt einer jeden Kläranlage. Die Aufgabe der mechanischen Reinigung von Abwasser ist die Entnahme von Störstoffen jeglicher Art. Besonders wichtig sind die Abtrennung von mehr oder weniger groben Störstoffen mittels Rechen bzw. Sieben (Rechengut) und die Abtrennung von mineralischen Partikeln (Sand), um alle nachfolgenden Behandlungsstufen zu schützen, ihren Betrieb zu sichern und den Wartungsaufwand gering zu halten (Deutsche Vereinigung für Wasserwirtschaft, Abwasser und Abfall 2015).

Tabelle 2-4.1 Durchschnittliche Zusammensetzung von Abwasser

Abwasser	CSB [mg/l]	N_{ges} [mg/l]	P_{ges} [mg/l]	pH-Wert	Chlorid [mg/l]	Sulfat [mg/l]	Feststoffe [mg/l]	Sand [mg/l]
häuslich	400 – 500	30 – 80	5 – 20	7 – 8	20 – 2000	50 – 600	300 – 500	10 – 100
industriell*	< 20000	*	*	3 – 12	< 10000	< 10000	< 20000	< 1000

* abhängig vom Industrie-/Gewerbebetrieb
CSB = chemischer Sauerstoffbedarf

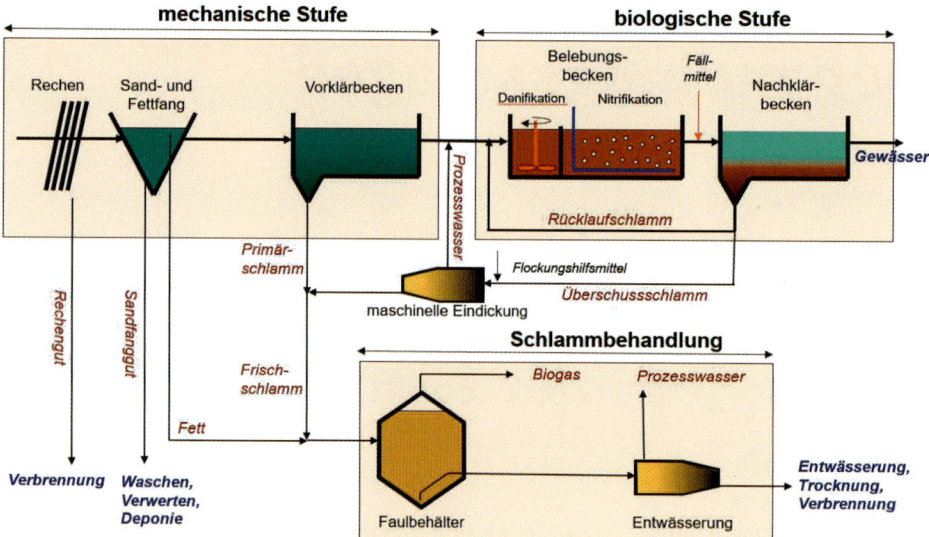

Bild 2-4.1
Fließschema einer mechanisch-
biologischen Kläranlage
(Quelle: Krebs 2009)

Biologische Verfahren

Diese Verfahren werden für den Abbau organisch belasteter Abwässer in der aeroben und anoxischen Abwasserreinigung eingesetzt. Bei der biologischen Abwasserreinigung helfen Milliarden von Mikroorganismen, die gelösten Stoffe im Abwasser (organische Kohlenstoff-, Stickstoff- und Phosphorverbindungen) durch ihre Stoffwechseltätigkeit in feste, absetzbare Stoffe (Biomasse) umzusetzen. Im nachgeschalteten Nachklärbecken werden gereinigtes Abwasser und Biomasse durch Sedimentation voneinander getrennt. Das Wasser fließt in den Vorfluter (Gewässer) und die Biomasse wird zum größten Teil als Überschussschlamm der Schlammbehandlung zugeführt.

Schlammbehandlung

Die bei der Abwasserreinigung anfallenden Schlämme werden in der Regel in einem Faulbehälter anaerob behandelt. Bestimmte Bakterien zersetzen bei 37 °C die organischen Bestandteile, wobei Methangas anfällt. Dieses Gas wird in Blockheizkraftwerken zu Strom und Wärme umgewandelt. Der ausgefaulte, stabilisierte Schlamm wird anschließend mittels Schneckenpressen oder Zentrifugen maschinell entwässert und zukünftig einer Verbrennung zugeführt.

2-4.3 Werkstoffe und deren Eigenschaften

Aufgrund des feuchten und korrosiven Milieus (Bild 2-4.2) werden heute in allen Behandlungsstufen einer Kläranlage für Maschinentechnik (Bild 2-4.3), Rohrleitungen und sicherheitstechnische Ausrüstungen (z.B. Geländer) austenitische Chrom-Nickel-Stähle ohne oder mit Molybdänzusatz eingesetzt. Die Korrosionsbeständigkeit wird maßgeblich von den Abwasser-/Schlamminhaltsstoffen Chlorid und Schwefelwasserstoff (H_2S), der bei der Reduktion von oxidierten

Bild 2-4.2 Rechen im Abwasser (Quelle: HUBER SE)

Bild 2-4.3
Rechen im Gebäude (Quelle: HUBER SE)

Schwefelverbindungen wie Sulfat entsteht, beeinflusst. Beläge (Biofilme), vor allem an der Wasserwechselzone, fördern einen Korrosionsangriff am Werkstoff und sind zu vermeiden.

In Abwesenheit von H_2S kann in der Regel bis zu einem Chloridgehalt von 200 ppm ein V2A-Stahl (austenitischer CrNi-Stahl, Werkstoff-Nr. 1.4307) eingesetzt werden. Wird in der Gasphase H_2S festgestellt oder liegt ein Chloridgehalt über 200 ppm vor, sollte grundsätzlich ein molybdänlegierter V4A-Stahl (austenitischer CrNiMo-Stahl, Werkstoff-Nr. 1.4404) in Betracht gezogen werden. Bei H_2S-Konzentrationen > 6 ppm in der Gasphase oder bei einem Chloridgehalt > 400 ppm ist ein Duplex-Stahl (austenitisch-ferritischer Stahl X2CrNiMoN22-5-3; Werkstoff-Nr. 1.4462) zu empfehlen. Ist H_2S-Gas messbar oder muss damit gerechnet werden (z. B. bei Pumpenbeschickung oder Überfallwehren) sollte grundsätzlich eine Absaugung am obersten Punkt des Behälters erfolgen. Die Absaugleistung des Rohrventilators sollte das 10- bis 15-fache des Gasvolumens über dem Wasserspiegel betragen. Die komplette Absaugeinrichtung sollte aus beständigem Kunststoff ausgeführt werden, weil die bei der Absaugung anfallenden Kondensate oft stark sauer sind.

Meist handelt es sich um eine Mixtur von edelstahlangreifenden Parametern, wie Chlorid, H_2S und Belägen, die nicht einfach mit üblichen Werten aus Beständigkeitstabellen beantwortet werden können. In kommunalen Anwendungen gibt in der Regel das Ingenieurbüro den Werkstoff vor. Bei industriellen Abwässern können meist Erfahrungswerte von Altmaschinen oder vergleichbaren Projekten herangezogen werden. Bei diesen Abwässern sind weitere Parameter wie z. B.

pH-Wert, Oxidations- oder Lösungsmittel zu berücksichtigen.

Tabelle 2-4.2 nennt Beispiele von Stählen, die üblicherweise bei der Abwasserbehandlung eingesetzt werden. Der unlegierte Baustahl S355 (Werkstoff-Nr. 1.0570) ist zwar, aufgrund des fehlenden Korrosionsschutzes, für diesen Bereich nicht geeignet, aber im Gegensatz zu den teuren austenitischen Stählen mit niedrigerer Streckgrenze fällt die plastische Verformung beim 1.0570 etwas geringer aus und wird deshalb trotz fehlender Korrosionsbeständigkeit gelegentlich für Pressschnecken eingesetzt. Bei den V2A- und V4A-Stählen treten die kohlenstoffarmen Varianten 1.4307 und 1.4404 gegenüber den Stählen 1.4301 und 1.4571 immer mehr in den Vordergrund. Durch den Einsatz dieser ELC-Stähle (Extra Low Carbon) wird beim Schweißen in der Regel eine Sensibilisierung (Chromkarbidbildung) vermieden und einer interkristallinen Korrosion vorgebeugt. Duplex-Stähle besitzen ein ferritisches-austenitisches Gefüge und liegen in ihrer Korrosionsbeständigkeit, welche über die Wirksumme W ($W = \%\,Cr + 3{,}3 \cdot \%\,Mo + x \cdot \%\,N$; x = 0 bei austenitisch Stählen, x = 16 bei austenitisch/ferrritischen Stählen) wiedergegeben wird, durch den hohen Chrom- und Molybdängehalt deutlich über den molybdänhaltigen V4A-Stählen.

Bedingt durch den robusten Einsatz im Bereich der Maschinentechnik müssen, neben dem korrosiven Aspekt, auch Verschleißbeständigkeit (Härte) und Zugfestigkeit der eingesetzten Edelstähle berücksichtigt werden. Duplex-Stahl 1.4462 verfügt über eine ausreichende Härte, um rotierende Teile im Abwasser vor Abrasion zu schützen. Bedingt durch seine hohe Zug-

2

Tabelle 2-4.2 Beispiele von Stählen bei der Abwasserbehandlung nach DIN EN 10088

Kurzname	Werkstoff-nummer	Legierungsanteile in Massen-%						Wirksumme in Massen-%
		C	Cr	Ni	Mo	Ti	N	
S355J2+N	1.0570 (Baustahl)	≤ 0,20	–	–	–	–	–	–
X5CrNi18-10	1.4301 (V2A)	≤ 0,07	17,5 – 19,5	8,0 – 10,5	–	–	–	18
X2CrNi18-9	1.4307 (V2A)	≤ 0,03	17,5 – 19,5	8,0 – 10,5	–	–	–	18
X6CrNiMoTi17-12-2	1.4571 (V4A)	≤ 0,08	16,5 – 18,5	10,5 – 13,5	2,0 – 2,5	5xC- 0,7	–	24
X2CrNiMo17-12-2	1.4404 (V4A)	≤ 0,03	16,5 – 18,5	10,0 – 13,0	2,0 – 2,5	–	–	24
X2CrNiMoN22-5-3	1.4462 (Duplex-Stahl)	≤ 0,03	21,0 – 23,0	4,5 – 6,5	2,5 – 3,5	–	0,10 – 0,22	34

festigkeit wird dieser Duplex-Stahl auch oft für standardisierte Getriebemotorwellen eingesetzt.

2-4.4 Abmessungen

Je nach Einsatzort und Anwendung (mechanische Reinigung, biologische Reinigung, Schlammbehandlung) werden unterschiedliche Abmessungen und Materialstärken benötigt.

Die Größe der Maschinen im Bereich der mechanischen Reinigung richtet sich nach dem Einsatzfall, der Durchsatzleistung und dem Aufstellungsort. Die Einzelteile der Maschinen werden aus Blechtafeln mittels Laser geschnitten. Die Abmaße der Tafeln betragen, je nach Materialstärke, von 1 × 2 m bis 1,5 × 3 m.

Rechen und Pressen sollten sehr robust, je nach Einsatzfall mit Blechdicken zwischen 3 und 20 mm ausgeführt werden, denn diese Maschinen müssen zum Teil sehr heterogene und große Feststoffe verarbeiten. Bei den Schlammpressen (Bild 2-4.4) ist das Aufgabegut Klärschlamm relativ homogen. Es wird gleichmäßig mittels Pumpen zugeführt, was eine gewisse Standardisierung zulässt. Blechdicken von 2,5 bis 10 mm sind üblich.

Für die Rohrleitungen und die sicherheitstechnischen Ausrüstungen werden gezogene Rohre mit 1,5 bis 10 mm Wanddicke und Tränenbleche mit einer Wanddicke von 4 bis 6 mm eingesetzt. Rührwerke, Räumerbrücken und Abdeckungen werden vom Hersteller entsprechend dimensioniert.

2-4.5 Herstellungsprozesse

Unabhängig davon, ob Maschinen, Rohrleitungen oder sicherheitstechnische Ausstattungen gefertigt werden, sollte beim Umgang mit dem Werkstoff Edelstahl Folgendes berücksichtigt werden (Deutsche Vereinigung für Wasserwirtschaft, Abwasser und Abfall 2010):

- Das Schweißen von hochlegierten Stählen erfordert eine besondere Sorgfalt und Fachkenntnisse gemäß DIN EN ISO 3834-1. Folgendes ist zu berücksichtigen:
  - Auswahl des richtigen Schweißverfahrens (z. B. Schutzgasschweißen)
  - Vermeidung hoher Wärmeeinbringung
  - Wurzelschutz durch Wurzelabdeckung oder Formierung
  - Flammrichten nur bis max. 700 °C.
- Die beim Schweißen entstehenden Oxidfilme und Zunderschichten, welche die Korrosionsbeständigkeit beeinträchtigen, müssen entfernt werden. Eine Vollbadbeize ist die sicherste Methode der kompletten Reinigung, weil auch die Innenkontur des Bauteils gebeizt wird. Andere Verfahren, wie Glasperlenstrahlen oder Bürsten, können bei kleinen Bauteilen eingesetzt werden.
- Eine spaltfreie Konstruktion oder ausreichend große Spalte von > 0,5 mm verhindern Spaltkorrosion.
- Herstellung metallisch blanker Oberflächen bei der Bearbeitung

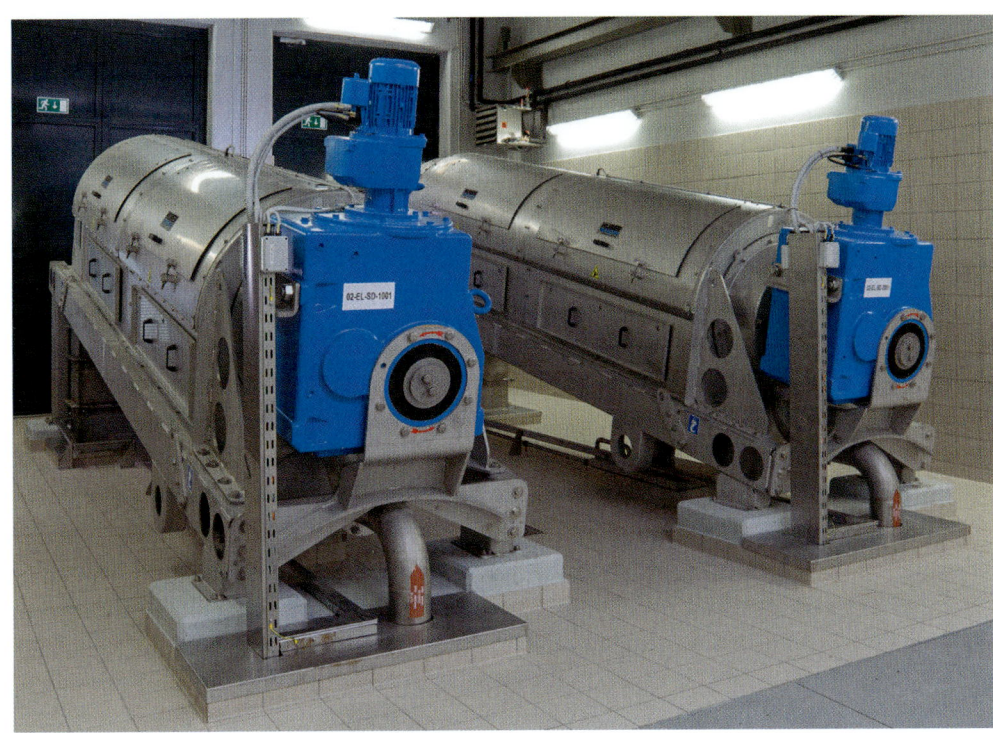

Bild 2-4.4
Standardisierte
Schlammentwässerungs-
maschinen (Quelle:
HUBER SE)

2

2-4.6 Perspektiven/Alternativen

Die Nachfrage nach Duplex-Stählen wird aufgrund der zunehmenden Schwefelwasserstoffproblematik und den hohen Konzentrationen von Chlorid und Sulfat im Abwasser in den nächsten Jahren ansteigen. Außerdem wird der höherlegierte V4A-Stahl sowohl bei der Wasser- als auch bei der Abwasserbehandlung mehr und mehr den V2A-Stahl ersetzen.

Literatur zu Kapitel 2-4

Deutsche Vereinigung für Wasserwirtschaft, Abwasser und Abfall: DWA-M 168. Hennef 2010

Deutsche Vereinigung für Wasserwirtschaft, Abwasser und Abfall: DWA-M 369. Hennef 2015

Krebs, P.: Grundlagen der Abwassersysteme, TH Dresden, Institut für Siedlungs- und Industriewasserwirtschaft, Dresden 2009

3

Stähle für den Maschinenbau – *Werkstoffvielfalt für höchste Beanspruchungen*

Wolfgang Bleck

Seit Jahrtausenden bedienen wir uns der Maschinen, die aus verschiedenen einzelnen Elementen zusammengefügt, technische Funktionen übernehmen. Das Zahnrad stellt ein besonders prominentes Maschinenelement dar, das bereits in vorchristlicher Zeit genutzt wurde. In der Frühzeit wurde es aus Holz gefertigt, aber bereits im historischen Museum der chinesischen Stadt Xian findet sich neben der weltberühmten Terrakotta-Armee in einer eher unscheinbaren Vitrine ein Zahnrad aus Gusseisen aus der Zeit des Kaisers Qin Shihuangdi, der um 200 v. Chr. gelebt hat. Maschinenelemente sind Bauteile, die in gleicher oder ähnlicher Form in vielen Maschinen enthalten sind; entsprechend vielfältig sind ihre Produktformen. Immer dann, wenn hohe Kräfte im Spiel sind oder eine sehr lange Lebensdauer benötigt wird, kommen Stähle zum Einsatz.

Stähle für Maschinenelemente, im Englischen häufig als Engineering Steels bezeichnet, haben gemein, dass für die Einstellung der finalen Bauteileigenschaften überwiegend eine Wärmebehandlung erforderlich ist – gegebenenfalls ist diese integriert in den Fertigungsprozess – und dass sie zumeist spanend bearbeitet werden. Häufig müssen Maschinenelemente neben sehr hohen mechanischen und geometrischen Anforderungen auch korrosiven Ansprüchen genügen. Es kommen somit eine Vielzahl unterschiedlicher Werkstoffe zum Einsatz:

- Einsatzstähle mit relativ niedrigem Kohlenstoffgehalt,
- Vergütungsstähle mit mittleren und hohen Kohlenstoffgehalten,
- Stähle für eine besondere Oberflächenbehandlung, z. B. Nitrierstähle,
- Automatenstähle mit besonders günstigem Zerspanungsverhalten,
- Federstähle mit großem elastischen Verformungsvermögen,
- ferritische und austenitische nichtrostende Stähle für korrosionskritische Anwendungen.

Die Werkstoffvielfalt ist groß; ein Überblick über die verwendeten Werkstoffe wird auch dadurch er-

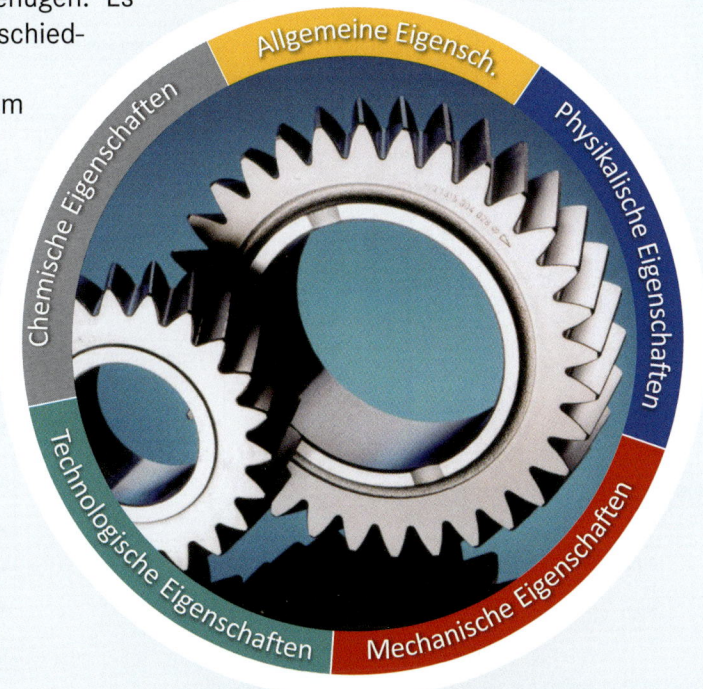

schwert, dass neben genormten Stahlsorten auch Sondergüten für spezielle Anwendungen entwickelt wurden. Maschinenelemente sind häufig hoch belastete Bauteile, die für das sichere Funktionieren großer Maschinen und Anlagen essentiell sind. Entsprechend aufwändig sind die Qualitätssicherungsmaßnahmen bei ihrer Herstellung; entsprechend vielfältig sind die Anforderungen an die Werkstoffentwicklung und die Robustheit der Prozesskette.

Die großen Entwicklungstrends für Stähle im Maschinenbau sind einerseits durch den Leichtbau geprägt, der auch bei vielen Maschinen ein wichtiges Kriterium darstellt, andererseits führen die langen Prozessketten aus Umformung, Zerspanung und verschiedenen Wärmebehandlungen zur Suche nach der Einsparung von Prozessschritten. Hier sind vor allem Chancen durch den Wegfall von Wärmebehandlungen zu sehen, die in der jüngeren Vergangenheit die Einführung von direkt aus der Schmiedehitze gehärteten Stählen ermöglichte. Je nach Bauteilgröße und Anforderungen an die mechanischen Eigenschaften wurden neue Werkstoffkonzepte mit ausscheidungsgehärteten ferritisch-perlitischen oder bainitischen Gefügen entwickelt. In den letzten Jahren werden zudem Anstrengungen unternommen, ressourcenkritische Legierungselemente zu ersetzen.

Eine Orientierungshilfe für die Werkstoffwahl bei durch Massivumformung hergestellten Bauteilen bietet das Schaubild. Zunächst wird zwischen korrosiv und nicht korrosiv beanspruchten Anwendungsfällen differenziert. Dann wird die mechanische Belastung definiert: hier werden sowohl Wälzbelastung und zyklische Beanspruchungen als auch Zähigkeitsanforderungen angesprochen.

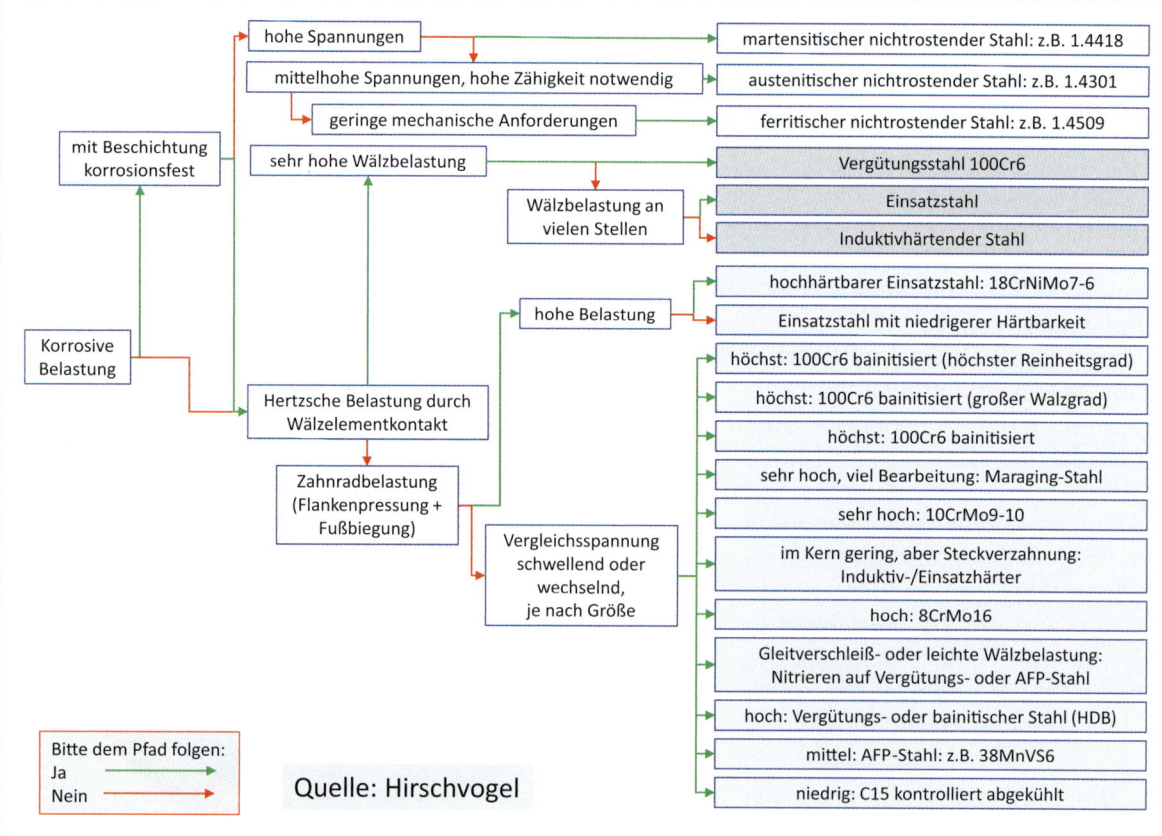

Entscheidungspfad für die Werkstoffwahl in der Massivumformung

3

Dem Pfad folgend wird ein erster Werkstoffvorschlag für den jeweiligen Anwendungsfall unterbreitet.

Eine Auflistung aller Maschinenelemente, ihrer spezifischen Anforderungen und der für sie in Frage kommenden Stähle kann angesichts des Variantenreichtums hier nicht geleistet werden. Zudem sind häufig gleich mehrere Alternativen bei der Kapitelzuordnung in diesem Buch für die einzelnen Komponenten möglich. So werden Zahnräder und Getriebe, Federn sowie Achsen und Wellen sowohl im Kapitel 3 (Stähle für den Maschinenbau) als auch im Kapitel 4 (Stähle für die Verkehrstechnik) angesprochen. Hydraulik-Komponenten werden im Kapitel 3, aber auch im Kapitel 4; Verbindungselemente werden anwendungsspezifisch in den Kapiteln 1 (Stähle für das Bauwesen) und 4 besprochen. Im Folgenden werden besonders häufig genutzte Maschinenelemente mit ihren spezifischen Anforderungen und den typischen Stählen beispielhaft vorgestellt.

3

3-1 Stähle für Maschinenelemente

Klaus Brökel

3-1.1 Systematik der Maschinen- und Konstruktionselemente

Als Maschinenelemente werden elementare und häufig verwendete Einzelteile und Baugruppen verstanden, die für die Realisierung von Teilfunktionen technischer Systeme im Maschinenbau zum Einsatz kommen. Konstruktionselemente sind Baugruppen, die in diesem Zusammenhang üblicherweise als funktionale Einheit definiert werden. Sie können durchaus aus mehreren Einzelteilen bestehen (z. B. Wälzlager und Ketten), aber auch komplexe Baugruppen oder ganze Produkte darstellen, wie Zahnradgetriebe, Gleitlager und Kupplungen. In einigen Quellen wird daher auch in Maschinen- und Konstruktionselemente unterschieden. In diesem Sinne ist ein komplett einbaufertiges Zahnradgetriebe ein Konstruktionselement und eine Schraube ist ein Maschinenelement. Wird sie mit einer Mutter komplettiert zu einer Schraubenverbindung, wird die Einordnung unscharf, sodass zur Vereinfachung beide Begriffe als Maschinenelemente zusammengefasst werden. Die Teile, Baugruppen und Produkte, in denen Stahl als Werkstoff eine wichtige und zum Teil die primäre funktionserfüllende Rolle spielt, werden betrachtet und die Rolle des Stahls wird dabei näher erläutert.

Die Verwendung von Stahl für die unterschiedlichen Arten von Maschinenelementen ist begründet in den hohen verfügbaren Festigkeiten des Materials und weiteren teilweise sehr speziellen Eigenschaften, die zusätzlich durch vielfältige Legierungsmöglichkeiten angepasst werden können. Hinzu kommt, dass die Industrie in der Lage ist, durch gezielte Wärmebehandlungsverfahren das Kristallgefüge und die Eigenschaften des Stahls sehr genau dem Verwendungszweck entsprechend anzupassen.

Stahl zeichnet die einzigartige Eigenschaft aus, die mechanischen Grundbeanspruchungen Zug und Druck, Biegung, Torsion und Hertz'sche Pressung mit linear-elastischem Verhalten in einem weiten Beanspruchungsbereich bei hoher statischer, Dauer- und Zeitfestigkeit zu ertragen. Durch diese Eigenschaften in Verbindung mit einer guten Verfügbarkeit wurde er zum absoluten Favoriten bei der Wahl des Werkstoffes für hochbelastete, hochbelastbare und langlebige Teile und Baugruppen. Ein weiterer Vorteil von Stahl ist seine gute Eignung für ein nahezu vollständiges Recycling.

Maschinen- und Konstruktionselemente gibt es in einer riesigen Anzahl von Typen und Ausführungen. Daher ist es unmöglich, auf alle einzugehen, und in diesem Rahmen kann nur eine repräsentative Auswahl in Ansätzen beschrieben werden. Für weiterführende Informationen wird auf die zahlreichen Literaturquellen, Normen und das Internet mit detaillierten Angaben der Hersteller verwiesen.

Ein systematischer Überblick wird in Tabelle 3-1.1 durch die Definition von typischen Gruppen von Elementen mit ihren wichtigsten Funktionen aus dem konstruktiven Bereich gegeben. Hülltriebe, Dichtungen, Rohrleitungen und sonstige bzw. Hilfselemente werden in diesem Kapitel nicht näher betrachtet. Aber auch diese Maschinenelemente sind ohne den Einsatz von Stahl in den meisten Fällen nicht realisierbar. Allerdings spielt er häufig nicht die Hauptrolle bei der Funktionserfüllung dieser Produkte.

Tabelle 3-1.1 Einteilung der Maschinen- und Konstruktionselemente (Steinhilper 2012)

Maschinenelemente	Funktionen	Beispiele
Verbindungselemente	Kraft- und Momentenübertragung	Schrauben und Muttern, Niete, Stifte, Schweißverbindungen, Kleb- und Lötverbindungen, Klettverbindungen, Schnappverbindungen
Elastische Elemente	Energiespeicherung	Federn, Spannringe, elastische Kupplungen
Lager- und Führungselemente	Lagefixierung	Achsen, Wellen, Wälzlager, Gleitlager
Leitungselemente	Energieleitung	Wellen, Welle-Nabe-Verbindungen, Kupplungen, Bremsen
Umformelemente	Energiewandlung	Zahnräder und Zahnradgetriebe, Koppelgetriebe
Hülltriebe	Energieübertragung, Bewegungssynchronisierung, Transport	Riementriebe, Zahnriemen, Ketten
Dichtungen	Dichten, Schützen	Flachdichtungen, O-Ringe, Radialwellendichtringe
Rohrleitungssysteme	Leiten von Flüssigkeiten, Gasen und Feststoffen	Hydraulikkomponenten, Pneumatikkomponenten, Ölversorgungssysteme
Hilfselemente, sonstige Elemente	Filtern, Separieren, Einhausen, Bedienen	Filter, Separatoren, Gehäuse, Schilder, Bedien-, Sicht-, Sicherheits- und Kontrollelemente

3-1.2 Mechanische Verbindungselemente

Die Bezeichnung „mechanisches Verbindungselement" umfasst alle Maschinenelemente, mit deren Hilfe auf mechanischem Wege eine lösbare oder unlösbare Verbindung von zwei oder mehr Einzelteilen hergestellt wird oder die wesentlich zum Erreichen dieser Funktion beitragen (z. B. Schrauben, Muttern, Niete, Stifte und Bolzen). Sie dienen der Übertragung von Kräften und Momenten sowie von Bewegungen zwischen mehreren Bauteilen und Baugruppen. Dabei richtet sich die Wahl des geeigneten Verbindungselementes nach unterschiedlichen Kriterien wie ihrer Lösbarkeit, der Zugänglichkeit, den äußeren Belastungen oder den erforderlichen Freiheitsgraden der Konstruktion.

Die Nutzung von Stählen für diese Klasse von Maschinenelementen wird in der Regel durch die äußeren Belastungen und die daraus resultierenden inneren Beanspruchungen wesentlich beeinflusst. Es dominieren die Schubbeanspruchung, die Biegebeanspruchung und die spezifische Pressung zwischen den meist zylindrischen Wirkflächen der Bauteile.

3-1.2.1 Stift- und Bolzenverbindungen

Stifte dienen im Allgemeinen zum festen Verbinden oder Fixieren von Bauteilen. Das exakte (passgerechte) Fixieren erfolgt durch spezielle Passstifte mit eng tolerierten Durchmessern von Stift und Bohrung. Gelenkverbindungen zwischen Bauteilen können mittels Bolzen realisiert werden. Beide Verbindungselemente sind ausgesprochen einfach aufgebaut und kostengünstig herzustellen (Bild 3-1.1 und Bild 3-1.3). Eine gute Tragfähigkeit der Elemente wird allerdings nur bei statischer Belastung erreicht. Dabei stellen Stift und Bolzen jeweils formschlüssige Verbindungen zwischen beiden Bauteilen her. Während Stifte durch die Verwendung einer Übergangs- oder Übermaßpassung fest in den Bohrungen der Bauteile sitzen, müssen Bolzen mit Spielpassungen gegen Herausfallen durch geeignete Hilfsmittel, wie Sicherungsringe oder Splinte, gesichert werden. Auch diese Sicherungselemente sind in der Regel aus Stahl gefertigt.

Durch die hohe Festigkeit und Härte der für die meisten Stifte und Bolzen verwendeten Vergütungsstähle ist sichergestellt, dass keine Verformungen oder Beschädigungen der Oberfläche bei der Montage auftreten. Bei Bolzenverbindungen wird damit das Festfressen in den Bohrungen verhindert und der Verschleiß bei einer Relativbewegung der Teile zueinander wird eingeschränkt. Bei relativ zueinander bewegten Teilen ist eine Schmierung (Fettschmierung) in vielen Fällen notwendig.

Für Stifte und Bolzen werden in der Regel Werkstoffe mit höheren Festigkeiten als die der umgebenden Bauteile verwendet. Eine Wiederverwendbarkeit wird hierdurch in vielen Fällen, besonders bei großen Abmessungen und höheren Kosten der Teile, gesichert.

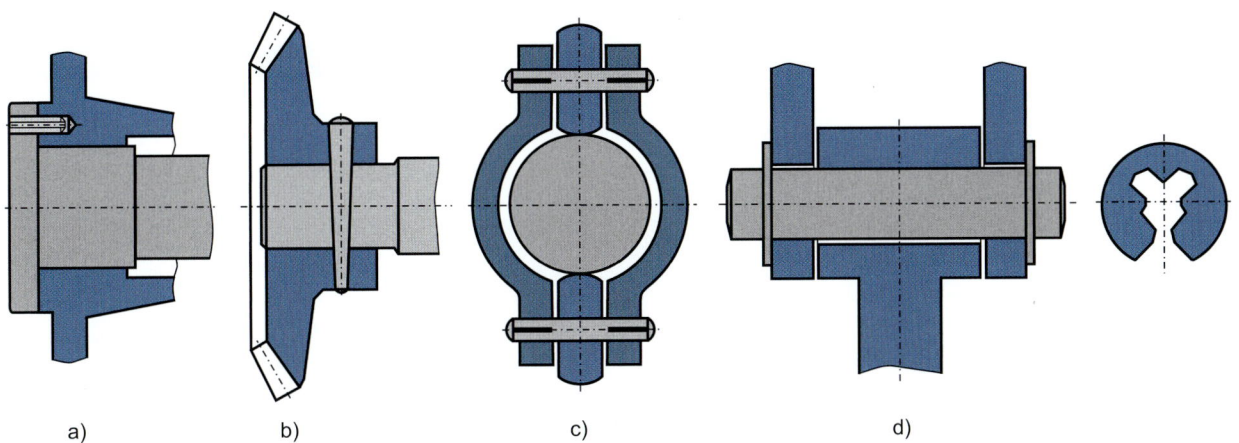

Bild 3-1.1 Gestaltung von Stift- und Bolzenverbindungen a) Spannstift als Sicherungsstift, b) Kegelstift als Befestigungs- und Verbindungsstift, c) Doppelkerbstifte S12 als Achsstifte für Rollen, d) Bolzen nach DIN EN 22340 mit Sicherungsscheiben DIN 6799 (Steinhilper 2012)

Alle Bauformen sind mit einfachen Mitteln zerstörungsfrei lösbar und mehrfach verwendbar. Eine Ausnahme sind die Schließringbolzen, die als moderne Ergänzung oder auch Ersatz für hochfeste und vorgespannte Schraubenverbindungen (HV) hauptsächlich im Stahlbau (Bild 3-1.6) verwendet werden. Schließringbolzenverbindungen (Bild 3-1.2) werden wie die Schraubenverbindungen vorgespannt. Im diesem Zustand erfolgt das radiale Zusammenpressen des Schließringes in die umlaufenden Gänge des Bolzens. Durch die plastische Verformung entsteht eine festsitzende, sowohl formschlüssige als auch reibschlüssige Verbindung zwischen Schließring und Bolzen ohne bei der Montage Hohlräume in den Gängen zu erzeugen. Sie lockert sich auch unter dynamischer Belastung nicht und stellt eine außerordentlich haltbare Verbindung dar. Ein Lösen der Verbindung ist allerdings nur zerstörend möglich. Der kleinere Durchmesser im Bild 3-1.2 rechts dient der Einleitung der Vorspannkraft in den Bolzen. Schließringbolzen werden in den gleichen Festigkeitsklassen und Werkstoffen angeboten wie Schrauben.

Stählerne Stifte und Bolzen werden im Allgemeinen aus Automatenstahl hergestellt. Als Automatenstahl wird ein Stahl bezeichnet, der für die spanenden Fertigungsverfahren Drehen und Bohren mit ununterbrochenem Schnitt durch CNC-Werkzeugmaschinen eine spezielle Eignung aufweist (Tabelle 3-1.2). Die besondere Eigenschaft der Spanbrechung wird durch Legieren mit Phosphor oder Schwefel erreicht. Dadurch bilden sich Einschlüsse im Gefüge des Stahls oder Korngrenzen werden so modifiziert, dass es zur Ausbildung kurzer Späne kommt. Legierungen mit Blei erzeugen ebenfalls feinverteilte heterogene Einschlüsse im Stahl, an denen die Späne brechen können. Automatenstähle für sehr hohe Schnittgeschwindigkeiten werden daher üblicherweise mit Blei legiert. Bei der Herstellung entstehen jedoch giftige Bleidämpfe, die gesundheitlich bedenklich sind. Als Alternative bieten sich Schwefel- und Mangananteile an, die ähnliche Eigenschaften wie die Bleilegierung erreichen. Durch den Schwefelzusatz entstehen weiche Einschlüsse von Mangansulfid im Stahl, an denen die Späne ebenfalls brechen.

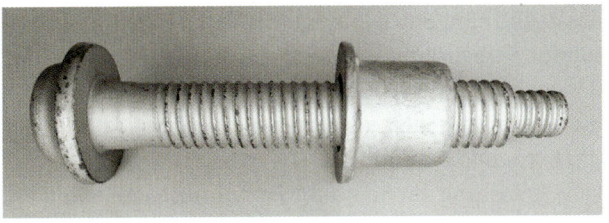

Bild 3-1.2 Schließringbolzen mit Zinküberzug für den Stahlbau

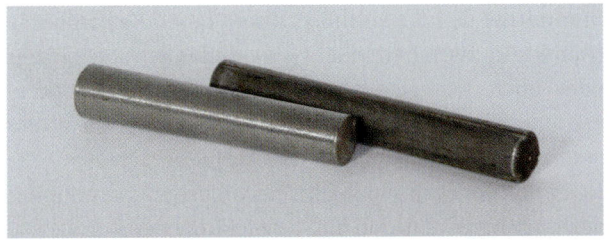

Bild 3-1.3 Kerb- und Zylinderstifte ohne Oberflächenbeschichtung

Tabelle 3-1.2 Automatenstähle nach DIN 1651/EN 10087 bzw. EN 10277-3

Stahlsorte	Werkstoff-Nr.	Eigenschaften
9S20	1.0711	Für Teile mit geringer Beanspruchung
11SMn30	1.0715	Für Teile mit geringer Beanspruchung
9SMnPb28	1.0718	Für Teile mit geringer Beanspruchung. Pb-Zusatz, um glatte Beanspruchungsflächen zu erzielen
11SMn37 9SMn36	1.0736	Für Teile mit geringer Beanspruchung
11SMnPb37 9SMnPb36	1.0737	Für Teile mit geringer Beanspruchung. Pb-Zusatz, um glatte Beanspruchungsflächen zu erzielen
11SMnPbTe37	1.0738	Variante des 1.0737. Pb-Zusatz, um glatte Bearbeitungsflächen zu erzielen. Tellur verbessert die Zerspanbarkeit beim Drehen
11SMnPbBiTe 37	1.0739	Für Teile mit geringer Beanspruchung. Pb-Zusatz, um glatte Beanspruchungsflächen zu erzielen. Bismut verbessert wie Tellur die Zerspanbarkeit beim Drehen
10S20	1.0721	Einsatzhärtbarer Automatenstahl für Bolzen oder Kegelstifte
10SPb20	1.0722	Einsatzhärtbarer Automatenstahl für Bolzen oder Kegelstifte

Die wichtigsten Automatenstähle sind in der DIN 1651/ EN 10087 bzw. EN 10277-3 aufgeführt.

3-1.2.2 Schraubenverbindungen

Die Schraube bzw. das Gewinde als physikalisches Prinzip der Schraube ist eines der am häufigsten verwendeten und ältesten Maschinenelemente zum Verbinden von mechanischen Bauteilen im Maschinenbau. Im Gegensatz zu Kleb-, Schweiß-, Löt-, Press- und Nietverbindungen lassen sich die Schraubenverbindungen zerstörungsfrei lösen. Sie bilden dadurch die Grundlage für Montage und Demontage komplexer Produkte. Die Schraubverbindung wird in außerordentlich vielfältigen Formen hergestellt und ist darüber hinaus bezüglich der Ausführung der Werkstoffe, der Geometrie der Gewinde und der Dimensionierung national und international genormt. Aus der Kombination von Außengewinde und Innengewinde entsteht mit den zu verbindenden Bauteilen und Sicherungselementen eine sogenannte Schraubenverbindung. Hierbei wird zwischen dem Gewinde von Schraube und Mutter ein Formschluss erzeugt. Durch die geometrische Gestalt des Gewindes bilden sich spezielle Reibverhältnisse heraus, die den Formschluss durch einen Kraftschluss (Reibkraft zwischen den Gewindeflanken) ergänzen oder auch teilweise ersetzen. Hochbelastete, vorgespannte Schraubverbindungen werden ganz nach diesem Prinzip dimensioniert und gestaltet. Das Funktionsprinzip der kraftschlüssigen Schraubenverbindung wird durch die Aufwicklung eines Keils auf einen Zylinder beschrieben. Das in die Ebene abgewickelte Gewinde entspricht dem physikalischen Prinzip einer schiefen Ebene. Die Schraube kann deshalb nicht nur als Befestigungsmittel verwendet werden, sondern auch als Bewegungsschraube und als physikalischer Kraftverstärker (schiefe Ebene). Das bedeutet, dass bei einer relativen Drehbewegung der Schraube zur Mutter eine Verschiebung der Gewindeflanken der Schraube auf den Gewindeflanken der Mutter stattfindet und dadurch eine Umsetzung der Drehbewegung in eine axiale Relativbewegung von Schraube und Mutter bewirkt wird.

Für eine in Längsrichtung (axial) vorgespannte Schraubenverbindung entsteht das typische Verspannungsdiagramm nach Bild 3-1.4. In dieser Darstellung ist die Aufteilung der äußeren Betriebskraft auf die gedehnten (kurz „Schraube" genannt) bzw. gestauchten (kurz „Hülse" genannt) Bauteile der Schraubenverbindung erkennbar. Durch die Veränderung der Federsteifigkeiten von Schraube, Mutter, den verspannten Teilen und weiteren umgebenden Bauteilen, wie Scheiben und Sicherungselementen, ist eine Optimierung der Beanspruchungsverhältnisse im Bereich der Schraubenverbindung im linearen Bereich der Federkennlinien von Stahl (Hooke'sches Material) erzielbar. Bild 3-1.8 zeigt die durch eine Betriebskraft F belastete Schraubenverbindung (Schraube, Mutter, zwei Platten) und das dazugehörige Verspannungsdiagramm. Bild 3-1.4 zeigt die Aufteilung der gesamten Schraubenkraft F_S auf die Schraube und die Hülse (Platten). Für die dynamische Belastung der Schraube ist nur noch der Anteil F_{SA} als Ausschlaggröße der äußeren Belastung anzunehmen.

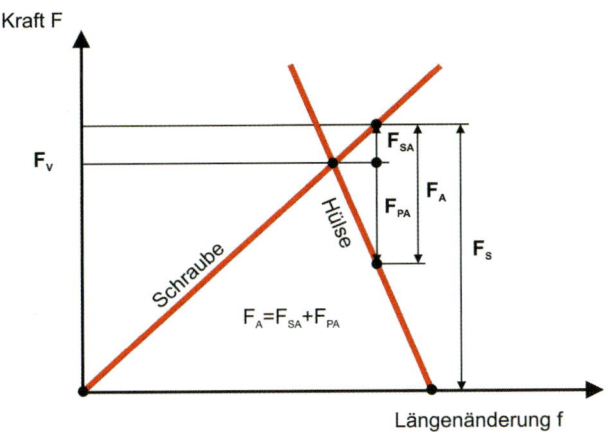

Bild 3-1.4 Verspannungsschaubild für Kräfte und Verformungen an einer vorgespannten Schraubenverbindung nach VDI-Richtlinie (2230)

Tabelle 3-1.3 Festigkeitsklasse, Zugfestigkeit und Streckgrenze von Schrauben (Auswahl)

Festigkeitsklasse	Zugfestigkeit MPa	Streckgrenze MPa
8.8	8 × 100 = 800	8 × 8 × 10 = 640
10.9	10 × 100 = 1000	10 × 9 × 10 = 900
12.9	12 × 100 = 1200	12 × 9 × 10 = 1080

Bild 3-1.6 Schraubengarnitur HV 10.9, feuerverzinkt (Schraube, Mutter, Scheiben) für den Stahlbau nach DIN EN 14399

Bild 3-1.5 zeigt eine sogenannte Dehnschaftschraube aus dem Motorenbau, die für eine Verringerung der Federsteifigkeit sehr lang und mit reduzierten Durchmessern gefertigt wird. Dadurch wird die Federkennlinie der Schraube flacher und infolgedessen der Anteil der Schraubenkraft, der von der Schraube selbst aufgenommen werden muss, kleiner. Hochdynamisch belastete Schraubenverbindungen lassen sich auf Grund der großen Kerbwirkung der Gewinde nur aus hochfesten Stählen und durch Anwendung dieses Prinzips der Kraftaufteilung durch Anpassung der Federsteifigkeiten an die Beanspruchungsgrößen realisieren.

Bild 3-1.7 Verschiedene Schrauben und Muttern (verzinkt und rostfrei), Festigkeitsklasse 8.8 auf den Kopf der Sechskantschraube geprägt

Bild 3-1.5 Dehnschaftschraube aus dem Motorenbau

Bezeichnungssystem der Festigkeitsklassen

Die wichtigsten mechanischen Eigenschaften werden bei Schrauben aus Stahl durch eine zweistellige Zahlenkombination benannt. Die erste Zahl gibt $1/_{100}$ der Mindestzugfestigkeit in MPa im Spannungsquerschnitt an.

Die zweite Zahl gibt das 10fache des Verhältnisses der unteren Streckgrenze (R_{el} bzw. R_p = 0,2) zur Nennzugfestigkeit R_m (Streckgrenzenverhältnis) an. Die Multiplikation beider Zahlen ergibt $1/_{10}$ der Mindeststreckgrenze in MPa.

Muttern werden ebenfalls einer Festigkeitsklasse zugeordnet und mit einer Zahl gekennzeichnet, die multipliziert mit 100 die jeweilige Prüfspannung ergibt.

Für den Konstrukteur von Maschinen und Anlagen sind die Belastbarkeit der Verbindungteile und damit vorrangig ihre mechanischen Eigenschaften entscheidend. Diese Eigenschaften werden nicht nur durch den verwendeten Werkstoff bestimmt, sondern auch durch den Herstellungsprozess, während dessen sich die Materialeigenschaften gezielt verändern.

Der Draht des Rohmaterials einer Schraube hat andere Eigenschaften als die fertige Schraube. Durch Wärmebehandlung, Oberflächenbeschichtung und Kaltumformung einzelner Bereiche der Schraube, besonders im Bereich der Gewindegänge, ist eine erhebliche Verbesserung der mechanischen Eigenschaften erreichbar.

Im Designprozess werden der Durchmesser und die Festigkeitsklasse der Schraube ausgewählt, um die mechanischen Eigenschaften der Beanspruchung anzupassen.

3

Tabelle 3-1.4 Chemische Zusammensetzung von Stählen für Schrauben nach DIN EN ISO 898-1

Festigkeits-klasse	Werkstoff und Wärmebehandlung	Legierungsanteile in Massen-%				Anlasstemperatur °C
		C		P	S	
		min	max	max	max	min
3.6	Kohlenstoffstahl	0,15	0,20	0,050	0,060	–
4.6			0,55	0,050	0,060	–
			0,55	0,050	0,060	
5.6		0,13	0,55	0,050	0,060	
8.8	Kohlenstoffstahl mit Zusätzen (z. B. Bor, Mn oder Cr), gehärtet und angelassen	0,15	0,40	0,025	0,025	425
	Kohlenstoffstahl, gehärtet und angelassen	0,25	0,55	0,025	0,025	
9.8	Kohlenstoffstahl mit Zusätzen (z. B. Bor, Mn oder Cr), gehärtet und angelassen	0,15	0,40	0,025	0,025	425
	Kohlenstoffstahl, gehärtet und angelassen	0,25	0,55	0,025	0,025	
10.9	Kohlenstoffstahl mit Zusätzen (z. B. Bor, Mn oder Cr), gehärtet und angelassen	0,20	0,55	0,025	0,025	425
	Kohlenstoffstahl, gehärtet und angelassen	0,25	0,55	0,025	0,025	
	Legierter Stahl, gehärtet und angelassen	0,20	0,55	0,025	0,025	
12.9	Legierter Stahl, gehärtet und angelassen	0,30	0,50	0,025	0,025	425

Beim Vorliegen dynamischer Beanspruchungen werden Schraubverbindungen vorgespannt (Bild 3-1.4), um die infolge der Kerbwirkung des Gewindes gegenüber der Belastungs- und Beanspruchungsamplitude sehr empfindlichen Schrauben zu entlasten. Sogenannte Smith-Diagramme für die Dauerfestigkeit von Schrauben unterschiedlicher Festigkeitsklassen sind in Bild 3-1.9 und Bild 3-1.10 dargestellt. Typisch für Schrau-

bendiagramme sind der schlanke Verlauf zwischen Oberspannungs- und Unterspannungslinie σ_A infolge der geringen Wechselausschlagfestigkeit σ_W und die hohen ertragbaren Mittelspannungen σ_m infolge der hohen maximalen Festigkeit der Schraubenmaterialien. Sonderbehandlungen wie das Schlussrollen der Gewinde (eine Art der Kaltverformung) erzeugen Eigenspannungen im Schraubenmaterial, die den enormen

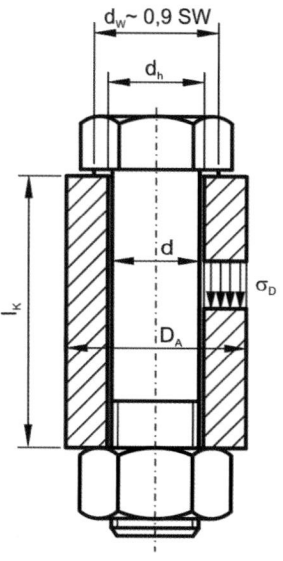
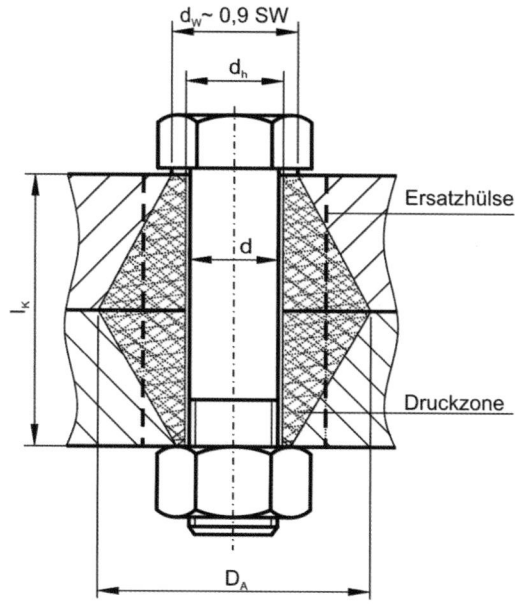

Bild 3-1.8
Verschiedene Modelle für die Pressungs- oder Druck-spannungsverteilung in den verspannten Teilen als Grundlage für die Ermittlung der Federkonstanten im Bild 3-1.4 (Steinhilper 2008)

Kerbspannungen in den Schraubengewinden entgegenwirken und für gute Dauerfestigkeitswerte sorgen. Detailliert werden die Entwurfsgrundlagen von Schraubenverbindungen in der VDI-Richtlinie 2230 dargelegt. Mit den aufgeteilten Belastungsgrößen aus dem Verspannungsdiagramm F_{SA} (Bild 3-1.4) kann umgerech-

net auf die wirkenden Nennspannungen im Schraubenquerschnitt mit dem Smith-Diagramm der Schraube die zu erwartende Sicherheit der Schraubenverbindung direkt ermittelt werden. Für die Ermittlung der Sicherheit bietet die VDI-Richtlinie 2230 mehrere Verfahren an. Die Bilder 3-1.9 und 3-1.10 dokumentieren

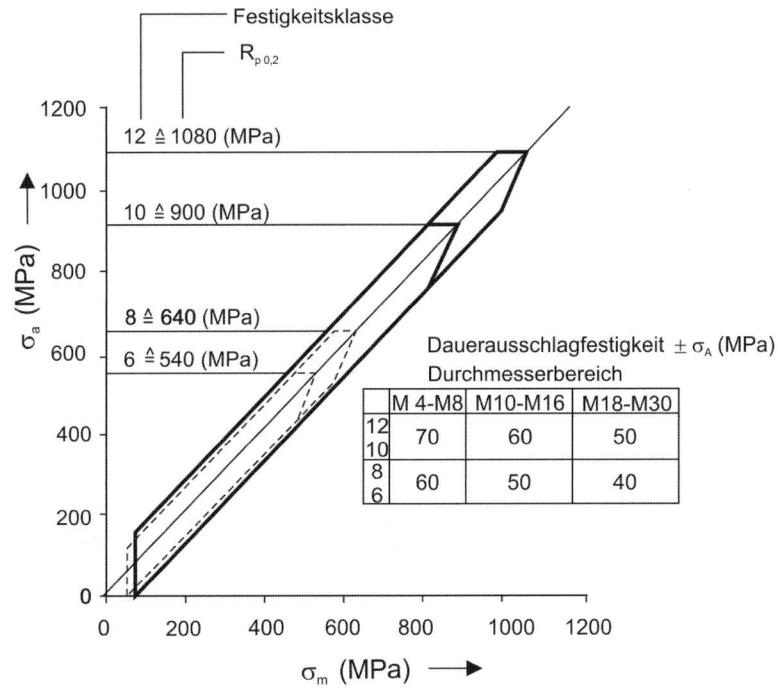

Bild 3-1.9
Smith-Diagramm zur Dauerfestigkeit schlussvergüteter Schrauben (Steinhilper 2008)

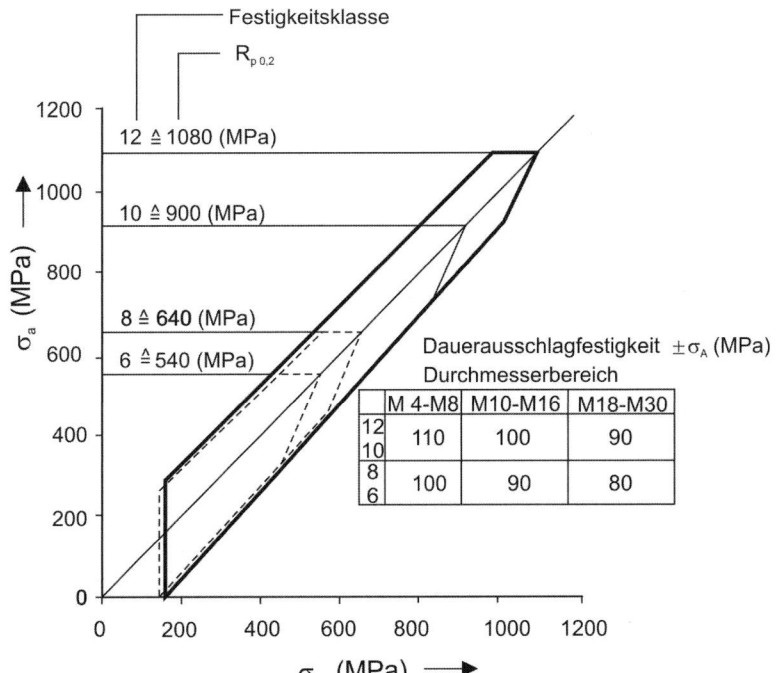

Bild 3-1.10
Smith-Diagramm zur Dauerfestigkeit schlussgerollter Schrauben (Steinhilper 2008)

die Erhöhung der Ausschlagfestigkeit der Schraubengewinde durch Kaltverformung, in diesem Fall durch sogenanntes Schlussrollen. Die verfügbare Dauerausschlagfestigkeit der Schraube (repräsentiert durch σ_A in der kleinen Tabelle) vergrößert sich durch die gestiegene Wechselfestigkeit σ_W erheblich. Die Ausschlaggröße der Belastung (bzw. die Beanspruchungsspannung) kann bei der gleichen mittleren Belastung (bzw. Beanspruchung) erheblich höher gewählt werden. Dadurch steigt bei gleicher äußerer Belastung die verfügbare Sicherheit der Schraubenverbindung oder die Schraube kann kleiner dimensioniert werden.

3-1.3 Elastische Elemente

3-1.3.1 Funktionen und Wirkungen von Federn

Die elastischen Maschinenelemente, die umgangssprachlich auch als Federn bezeichnet werden, gehören zur Gruppe der Verbindungselemente. Ihre Eigenschaft, Energie zu speichern, wird in diesem Zusammenhang nicht betrachtet, da der Werkstoff Stahl und die Fertigung im Vordergrund stehen. Federn besitzen

einerseits die Eigenschaft, Kräfte und große Formänderungen aufzunehmen und übertragen zu können, andererseits sind neben den Federungseigenschaften auch Dämpfungseffekte vorhanden. Diese Eigenschaften werden durch das Elastizitäts- und Dämpfungsverhalten des eingesetzten Werkstoffes und einer für den jeweiligen Einsatzzweck geeigneten geometrischen Gestaltung gezielt ausgenutzt.

Federn finden in vielen Bereichen der Technik Anwendung. Sie werden zur Aufnahme und Dämpfung von Stößen, als Energiespeicher- und Schwingungselemente, für kraftschlüssige Verbindungen sowie als Elemente zur Kraftmessung und Kraftbegrenzung eingesetzt.

3-1.3.2 Systematik der Federn

Die speziellen Eigenschaften von Federn sind auf eine Kombination von geometrischer Form und gezielt ausgewählter Elastizität des verwendeten Federwerkstoffes zurückzuführen (Kap. B4-3). Ausgehend davon kann eine Einteilung der Federn in Form- und Stofffedern vorgenommen werden. Als Formfedern werden dabei die Federn bezeichnet, die ihre Federungseigenschaften hauptsächlich einer speziellen Formgebung verdanken. Diese Federn werden immer dann aus Metallen, besonders natürlich Stahl, hergestellt, wenn Kunststoffe oder Komposit-Werkstoffe aus unterschied-

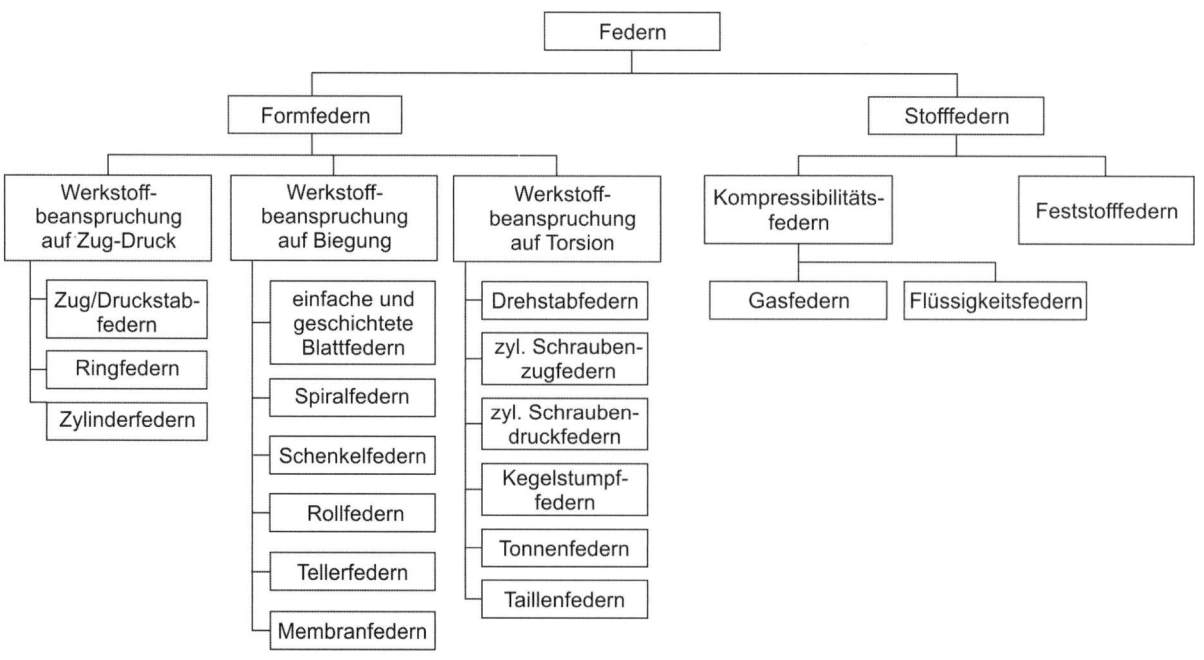

Bild 3-1.11 Einteilung der Federn (Rieg/Steinhilper 2012)

lichen Gründen nicht einsetzbar sind. Die Gruppe der Stofffedern umfasst vornehmlich Nichtmetallfedern, deren Federungsvermögen auf einer starken elastischen Verformungsfähigkeit des eingesetzten Werkstoffes, infolge des niedrigen E- bzw. G-Moduls, beruht. Sie sind eine Domäne der Kunststoffe.

Eine Systematisierung der Federn kann auch nach ihrem physikalischen Wirkprinzip erfolgen. Dabei unterscheidet man mechanisch, pneumatisch und hydraulisch wirkende Federn. Bei Betrachtung mechanisch wirkender Federn können unterschiedliche Beanspruchungen des Federwerkstoffes als differenzierende Kriterien herangezogen werden. In Spiralfedern treten Beanspruchungen durch Zug-Druck-Kräfte, Querkräfte,

Biegemomente und Torsionsmomente gleichzeitig auf. Die Dimensionierung ist besonders bei komplizierten Geometrien aufwändig und wird heute mit numerischen Methoden durchgeführt. In einfachen Fällen genügt die Auslegung auf Basis der Torsionsbeanspruchung des Federdrahtes.

Bauformen

Bei Beschränkung der Betrachtung auf Formfedern aus Stahl kann als Näherungsmodell für die Grobdimensionierung von Federn ein einachsiger Spannungszustand vorausgesetzt werden, sodass die Berechnung auf die Beanspruchungsart begrenzt wird, die im Federmaterial vorrangig wirkt. Das Bild 3-1.12 gibt einen

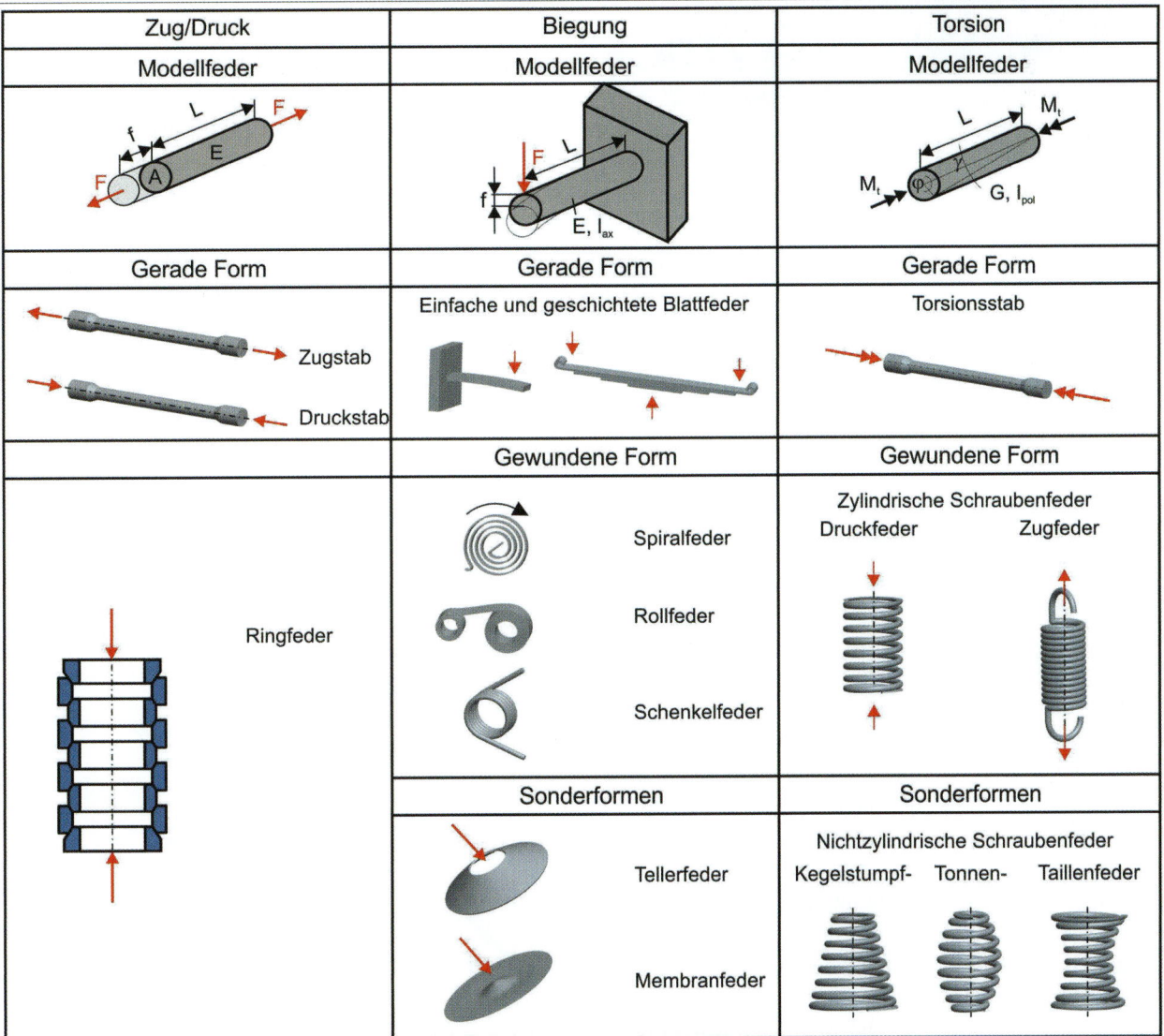

Bild 3-1.12 Bauformen unterschiedlicher Federn (Rieg/Steinhilper 2012)

Bild 3-1.13 Zylindrische Spiralfeder mit Rechteckquerschnitt
(Quelle: Röhrs KG)

Bild 3-1.14 Zylindrische Druckfeder mit Kreisquerschnitt
(Quelle: Röhrs KG)

Überblick über gebräuchliche Bauformen von Federn und zeigt, welche Beanspruchungsart maßgeblich die Funktion und die Dimensionierung bestimmt.

Versagensformen

Vom Versagen eines Maschinenelementes wird gesprochen, wenn die konstruktiv festgelegte Funktion nicht mehr gewährleistet ist. Dieser Fall kann bei Federn eintreten, falls die aufgebrachten statischen und dynamischen Belastungen dazu führen, dass die maximal zulässigen Materialkennwerte des Federwerkstoffes durch die erreichte Größe der inneren Beanspruchung überschritten werden. Dazu zählen alle im Federungsmechanismus hervorgerufenen physikalischen Effekte, wie z.B. innere und äußere Reibung, im Federmaterial auftretende Spannungen sowie Temperatureinflüsse. Das Überschreiten von zulässigen Spannungswerten bei Formfedern führt häufig zu einer bleibenden plastischen Verformung bzw. zum Bruch der Feder. Bei Federn mit äußeren Reibungseffekten oder stark dynamischer Belastung können die zulässigen Temperaturen in den Reibflächen oder im Federmaterial überschritten werden und damit zur vorzeitigen Materialermüdung führen.

Grundlagen der Berechnung

Das mechanische Verhalten einer Feder wird durch ihre Federkennlinie charakterisiert. Sie beschreibt die Abhängigkeit der Federkraft F (bzw. des Federmomentes M_t) von der Längenänderung s (bzw. dem Verdrehwinkel φ) der Feder. Die Steigung der Kennlinie wird Federrate bzw. Federsteifigkeit c genannt. Als Maß wird die Größe des Steigungswinkels β der Federkennlinie im Betriebspunkt (B) definiert. Allgemein gilt für die Federsteifigkeit beliebiger Elemente:

$$c = \tan \beta = \frac{dF}{ds} \text{ bzw. } c_t = \tan \beta = \frac{dM_t}{d\varphi}$$

Der Verlauf einer Kennlinie gibt Aufschluss über die Arbeitsweise und damit die Funktionserfüllung einer Feder in Abhängigkeit von den äußeren Belastungen. Grundlegend können vier Kennlinienverläufe unterschieden werden, wie sie in Bild 3-1.15 zu sehen sind. Eine beliebig große Vielfalt von Federkennlinien lässt sich durch variable geometrische Formen der Feder und des Federdrahtes oder durch die Kombination von mehreren Federn konstruktiv erreichen.

Formfedern werden im allgemeinen Fall durch Biegung, Zug und Druck, Torsion und auch Querkraft belastet. Welche der Grundbeanspruchungsarten dominiert, ist von der geometrischen Gestalt abhängig. Für den Fall der zylindrischen Schraubenfeder mit Kreisquerschnitt ist die Torsionsbelastung entscheidend. Die Dimensionierung der Drehstabfeder und der Schraubenfeder ist daher sehr ähnlich (DIN EN 13906). Dies gilt allerdings nur für runde Drähte. Abweichende

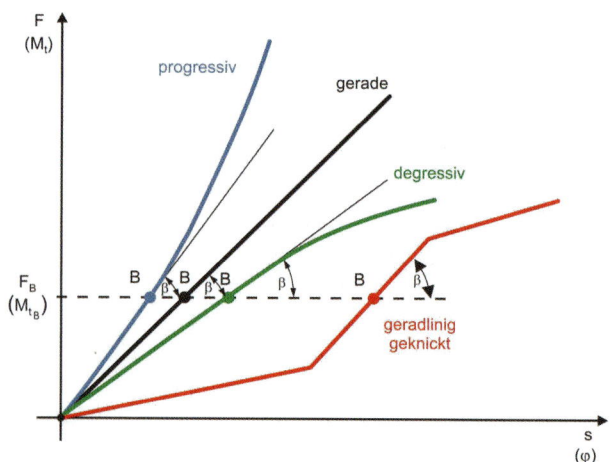

Bild 3-1.15 Mögliche Kennlinienverläufe von Federn
(Rieg/Steinhilper 2012)

Tabelle 3-1.5 Normen, häufig verwendete Werkstoffe und typische Kennwerte der Federtechnik (Quelle: federntechnik.de)

Stahlsorte	Werkstoff-Nr.	Euronorm	G-Modul MPa	R_m MPa	warmfest bis °C
Ck65	1.1200	DIN EN 10270-1 SH	81.500	1.850	100
Ck67		DIN EN 10270-1 DH	81.500	1.850	100
Federstahldraht, Normfedern aller Art, DH mit besserer Reinheit, SH für statische Belastung, DH für dynamische Belastung					
67SiCr5	1.7103	DIN EN 10270-2 VD SiCr	79.000	2.050	170
Federstahldraht vergütet für Ventilfedern, rissgeprüft, für höchste Betriebssicherheit, VD für hohe Dauerfestigkeit und hochdynamisch belastbar					
51CrV4	1.8159	DIN EN 10089	78.000	1.450	200
Federstahldraht vergütet, große Federn ab d = 16 mm, dauerfest					
X10CrNi18-8	1.4310	DIN EN10270-3	71.700	1.600	250
Gute Allround-Eigenschaften, lebensmittelverträglich					
		FK2000	79.000	2.150	160
Hochfester Stahl d = 3 – 11 mm, für höchste statische und dynamische Anforderungen					

Querschnittsformen und Federgeometrien erfordern numerische Analysen oder experimentelle Nachweise. Bei dynamischen äußeren Belastungen ist auch bei Federn beliebiger Bauart ein Dauerfestigkeitsnachweis erforderlich.

Stahlfedern werden aus gezogenem kreisrunden Federstahldraht oder auch anderen gezogenen Querschnitten hergestellt. Die Herstellung kann durch Kalt- oder Warmumformung erfolgen. Kleinere Baugrößen werden kaltgezogen. Größere Abmessungen werden in der Regel warmgeformt.

3-1.4 Lager- und Führungselemente

Im Maschinen- und Anlagenbau werden relativ zueinander bewegte Teile durch spezielle Lager- und Führungselemente voneinander getrennt und gleichzeitig funktional miteinander verbunden. Lagerungen übertragen definierte, oft große Belastungen. Bei Führungen sind die Belastungen oft auf das Eigengewicht reduziert. Daher beschränken sich die Betrachtungen an dieser Stelle auf die Lager im Maschinenbau.

Auf Grundlage ihres unterschiedlichen physikalischen Wirkprinzips wird in Wälz- und Gleitlagerungen unterschieden. Beide haben die gleiche Funktion der Kraftübertragung unter Relativbewegung bei völlig verschiedenen Wirkungsweisen. Bei Beschränkung auf den Werkstoff „Stahl" sind Gleitlager nicht relevant, da sich mit dem Werkstoff Stahl keine gut arbeitenden Gleitlager herstellen lassen. Für die Gleitschicht zwischen den Bauteilen, die überwiegend aus Stahl bestehen, werden in der Praxis Weißmetalle, Bronzen oder Kunststoffe eingesetzt. Da die umgebenden Bauteile jedoch in der Regel aus Stahl gefertigt sind, wird auch den Gleitlagern ein Kapitel gewidmet.

3-1.4.1 Wälzlager

Wälzlager nutzen das physikalische Wirkprinzip des „Wälzens" als Kombination von „Rollen" und „Gleiten" durch die Anordnung von rotationssymmetrischen Wälzkörpern zwischen zwei relativ zueinander bewegten Teilen aus. Das führt zu einer extrem reibungsarmen Kraftübertragung zwischen zwei relativ zueinander bewegten Maschinenelementen. Dabei kommt es zum Rollen der Wälzkörper mit einem spezifischen Gleitanteil (Wälzen). Die Wälzkörper sind entweder rollenförmig (Zylinder, Kegel, Tonne) oder kugelförmig ausgebildet. An ihnen entstehen unter Last, ebenso wie an den beteiligten Wirkflächen, elastische Deformationen, die ihrerseits kleine Kontaktflächen zwischen den Wälzkörpern und den Innen- und Außenringen der Wälzlager hervorrufen, deren Größe und vorherrschende Beanspruchung nach der Hertz'schen Theorie (Hertz'sche Pressung) oder durch numerische Kontaktanalysen berechnet werden können (Bild 3-1.16 und Bild 3-1.17).

3

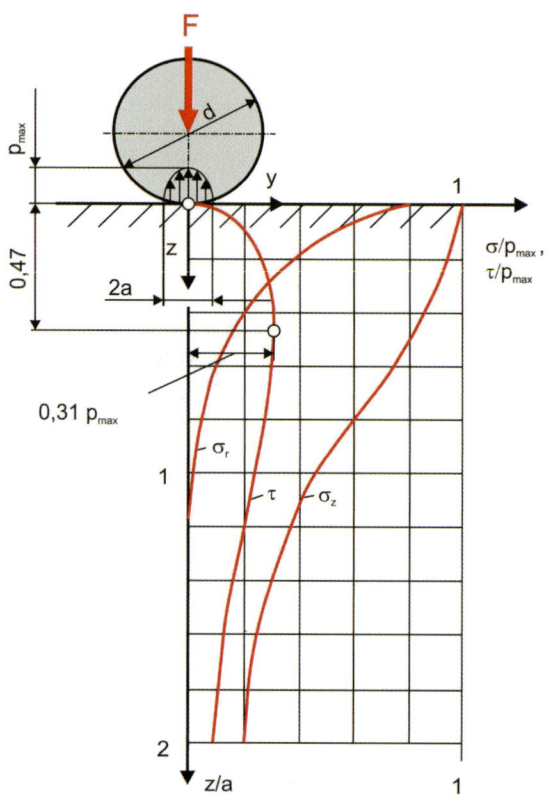

Bild 3-1.16 Lage und Größe des Schubspannungsmaximums für einen Kugelkontakt unter der Oberfläche des Kontaktmaterials, in einer Tiefe von 0,47 z/a und einer Größe von 0,31 p_{max} (Steinhilper 2008)

Bild 3-1.17 Lage und Größe des Schubspannungsmaximums für einen Rollenkontakt unter der Oberfläche des Kontaktmaterials, in einer Tiefe von 0,78 z/a und einer Größe von 0,30 p_{max} (Steinhilper 2008)

3

Die elastischen Deformationen der Bauteile rufen auch Roll- und Reibungswiderstände hervor, auf die an dieser Stelle nicht eingegangen werden kann. Sie führen aber zur Erwärmung der Bauteile und müssen deshalb bei der Auslegung beachtet werden.

Die Hauptversagensart von Wälzlagern ist die Ermüdung in oberflächennahen Werkstoffbereichen infolge der zeitlich veränderlichen Beanspruchungen beim Überrollen. Sie wird in der Hauptsache durch das Schubspannungsmaximum (ca. 0,3 p_{max} bei Rollen) dicht unterhalb der Oberfläche (0,47 z/a bei Kugeln bzw. 0,78 z/a bei Rollen) hervorgerufen (Bilder 3-1.6 und 3-1.7). Es entstehen muschelförmige Ausbrüche, die als Pittings oder Grübchen bezeichnet werden. Definitionsgemäß wird schon beim Auftreten eines kleinen Ausbruchs von einem Lagerausfall durch Wälzermüdung gesprochen. Auch die statische Überlastung infolge falscher Montage oder plastische Verformungen durch Erschütterungen im Stillstand können Pittings hervorrufen und damit zum Ausfall eines Wälz-

Bild 3-1.18 Schnitt eines einreihigen Rillenkugellagers mit Messing-Massivkäfig

Bild 3-1.19 Doppelreihiges Pendelrillenkugellager im einbaufertigen kombinierten Steh- und Flanschlagergehäuse

lagers führen. Zudem tritt durch tribochemische Reaktionen bei ungeeigneten Passungen an den Sitzflächen der Lagerringe Verschleiß auf, der allgemein als Passungsrost bezeichnet wird. Dieser lässt Anrisse in der Oberfläche entstehen und kann so ebenfalls Ursache von Dauerbrüchen der Lagerringe sein. In elektrischen Maschinen kann es zu Stromübergängen zwischen den Wälzlagerringen und Wälzkörpern kommen, die zu einer Zerstörung der Oberflächen führen. Die fachgerechte Auslegung und Schmierung von Wälzlagern ist daher unabdingbar für das Erreichen der konstruktiv festgelegten Lebensdauer. Wälzlager werden vorwiegend mit Fettschmierung ausgeführt. Bei Anwendung mit hohen Drehzahlen ist aber auch die Ölumlaufschmierung üblich, um die erzeugte Reibungsenergie abführen zu können. Die Auslegung erfolgt nach den Richtlinien der Hersteller, da die Ermittlung

der Zeitfestigkeit zahlreiche Experimente erfordert und für jede Bauart und Baugröße separat durchgeführt werden muss.

Die unterschiedlichen Arten und Bauformen der Wälzlager sind durch die vorhandenen Hauptbelastungsrichtungen (Radiallager und Axiallager) definiert. Außerdem ist zwischen Kugellagern und Rollenlagern zu unterscheiden (Bild 3-1.20). Die spezielle geometrische Gestalt der Rollen sowie die Anordnung der Wälzkörper (einzelne oder doppelte Reihen) erzeugen die unterschiedlichen Bauformen.

Wälzlager werden vorzugsweise in wartungsfreien und für eine vorgegebene Lebensdauer ausgelegten Lagerungen in nahezu allen Getrieben, Motoren, Werkzeugmaschinen, Fördermaschinen und Fahrzeugen eingesetzt. Sie dienen der kostengünstigen und betriebssicheren Aufnahme von statischen und dynamischen Lagerbelastungen. Für Lagerungen, die bei kleinen Drehzahlen und hohen Belastungen reibungsarm arbeiten sollen, sind Wälzlager ebenfalls geeignet. Der Vorteil der Wälzlager ist ihr geringer Schmierstoffverbrauch, die einfache Wartung sowie ihre weitgehende Normung, welche die weltweite Beschaffung der Lager und ihren problemlosen Austausch ermöglichen. Sehr große Lager sind Sonderanfertigungen, die sich von den kleinen Standardlagern deutlich unterscheiden. Sowohl die Fertigung als auch die Dimensionierung stellen Spezialfälle dar.

Nachteile von Wälzlagern sind ihr höherer Platzbedarf gegenüber Gleitlagern, die Empfindlichkeit gegenüber stoßartiger Belastung sowie die höhere Geräuschemission. Sie werden zeitfest ausgelegt und sind damit in ihrer Lebensdauer begrenzt. Da Wälzlager empfindlich gegen Verschmutzung sind, ist immer eine gute Abdichtung erforderlich.

Neueste Entwicklungen der Hersteller von Wälzlagern konzentrieren sich vor allem auf eine hohe Verschleiß- und Korrosionsbeständigkeit. Um dies zu erreichen, werden spezielle Beschichtungen verwendet und neue Werkstoffe eingesetzt, die höchsthärtbar und zudem rostfrei sind. Für Sonderfälle finden Wälzlager Anwendung, die vollständig aus keramischen Werkstoffen wie Si3N4 bestehen. Für spezielle Anwendungen werden auch Hybridlager eingesetzt, deren Laufringe aus Wälzlagerstahl und deren Kugeln aus Keramik bestehen und besonders bei hohen Drehzahlen und schlechten Schmierungsverhältnissen für gute Betriebsergebnisse sorgen. Zur Vermeidung von Passungsrost versehen einige Hersteller die Außenringe mit

3

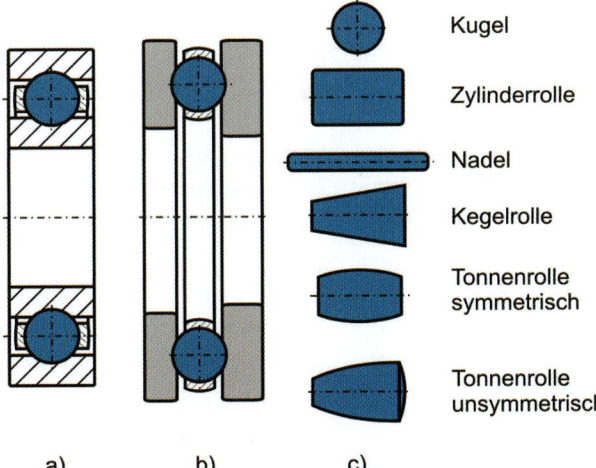

a)   b)   c)

Kugel

Zylinderrolle

Nadel

Kegelrolle

Tonnenrolle symmetrisch

Tonnenrolle unsymmetrisch

Bild 3-1.20 Aufbau und Bestandteile von Wälzlagern: a) Radiallager; b) Axiallager; c) Wälzkörperformen (Rieg/Steinhilper 2012)

O-Ringen, die das Auftreten von Relativbewegungen reduzieren sollen.

Leistungsvermögen und Zuverlässigkeit von Wälzlagern werden im hohen Maße durch die Werkstoffe bestimmt, aus denen die einzelnen Teile gefertigt sind. Bei den Werkstoffen für die Lagerringe und die Wälzkörper hat die Härtbarkeit des Stahls eine besondere Bedeutung, da die Härte von ausschlaggebender Wirkung auf die Belastbarkeit, die Ermüdungsfestigkeit und die Berührungsverhältnisse im Wälzkontakt ist. Das betrifft sowohl den Einsatz in sauberer Umgebung als auch unter kontaminierten Schmierbedingungen. Daneben werden hohe Anforderungen an die Maßstabilität gestellt. Wälzlagerkäfige werden durch Reibungs-, Beschleunigungs- und Trägheitskräfte mechanisch beansprucht. Dazu kommen unter Umständen noch chemische Einwirkungen durch bestimmte Schmierstoffe bzw. Schmierstoffzusätze, durch Lösungsmittel oder Kühlmittel. Wie wichtig die einzelnen Eigenschaften sind, hängt von den konkreten Betriebsbedingungen ab.

Durchhärtende Wälzlagerstähle

Der am häufigsten für Wälzlager verwendete durchhärtende Stahl ist der Chromstahl 100Cr6 mit etwa 1 % Kohlenstoff- und 1,5 % Chromgehalt gemäß DIN EN ISO 683-17 (Tabelle 3-1.6). Heute kann dieser Stahl als der älteste und am besten erforschte Edelbaustahl angesehen werden. Seine chemische Zusammensetzung kombiniert auf ideale Weise Verarbeitungs- und Einsatzeigenschaften. Zwei Arten der Wärmebehandlung (Martensit- oder Bainithärtung) werden normalerweise eingesetzt, um die erforderliche hohe Härte von 58 bis 65 HRC zu erzielen. Die Weiterentwicklungen metallurgischer Prozesse in den letzten Jahren hatten Stähle mit höherer Reinheit, Homogenität und Qualität zum Ergebnis.

Induktionshärtende Wälzlagerstähle

Induktionshärtende Wälzlagerstähle bieten die Möglichkeit, nur die Laufbahnen selektiv zu härten, ohne die Werkstoffstruktur der übrigen Lagerringbereiche zu verändern. Da die partielle Induktionsoberflächenhärtung die Eigenschaften des Stahls und des Bauteils insgesamt nur unwesentlich verändert, können bestimmte Funktionseigenschaften gezielt in einem Bauteil kombiniert werden.

Moderne funktionsintegrierende Lagerungseinheiten, z.B. die sogenannten HBU-Einheiten (Hub Bearing Unit) mit einem integrierten Flansch am Innen- und/oder Außenring, sind ein gutes Beispiel für eine solche Kombination. Der ungehärtete Flansch ist auf die erforderliche Dauerfestigkeit ausgelegt, wohingegen nur die Laufbahnbereiche die erforderliche Härte für die Belastbarkeit und Ermüdungsfestigkeit der Lagerung aufweisen.

Sogenannte Drahtwälzlager ersetzen die Wirkflächen auf dem Innen- und Außenring durch ringförmige Drähte aus Wälzlagerstahl. Die umgebende Konstruktion kann aus anderen Stahlsorten dargestellt werden. Es erfolgt eine Funktionstrennung von Wälzkontakt und Montageeigenschaften des Lagers mit einer Verringerung des Einsatzes von hochwertigem Wälzlagerstahl. Die Werkstoffe der umgebenden Bauteile können den erforderlichen Eigenschaften für den Einbau optimal angepasst werden.

Einsatzhärtende Wälzlagerstähle

Bei den einsatzhärtenden Wälzlagerstählen werden vorwiegend Cr-Ni-legierte und Mn-Cr-legierte Stähle mit rund 0,15 % Kohlenstoffgehalt entsprechend DIN ISO 683-17 verwendet. Lager mit Ringen und/oder Wälzkörpern aus Einsatzstahl werden für Anwendungsfälle empfohlen, bei denen hohe Zugspannungen in den Ringen durch sehr feste Passungen oder hohe stoßartige Belastungen auftreten.

Nichtrostende Wälzlagerstähle

Für Lagerringe und Wälzkörper aus nichtrostendem Stahl werden Stähle mit hohem Cr-Gehalt, wie z.B. X47Cr14 (1.3541), X65Cr14 (1.4037) nach DIN ISO 683-17 oder X105CrMo17 (1.4125), X108CrMo17 (1.3543) nach DIN EN 10088-1 eingesetzt.

Warmharte Wälzlagerstähle

Für Wälzlager, die über längere Zeit Temperaturen von mehr als 250 °C ausgesetzt sind, müssen hochlegierte Stähle wie 80MoCrV42-16 nach DIN ISO 683-17 verwendet werden. Nur mit diesen Legierungen kann die notwendige Härte über die geforderte Lebensdauer erreicht werden.

Stahlblechkäfige werden aus kohlenstoffarmem und warmgewalztem Material gepresst (DIN EN 10111). Wesentliche Eigenschaften sind eine relativ hohe Festigkeit und damit verbunden ein geringes Gewicht des Käfigs. Durch eine Oberflächenbehandlung können die Reibung und damit der Verschleiß zwischen Käfig und Wälzkörpern bei Bedarf erheblich verringert werden. Wälzlager weisen nach einigen Betriebsstunden Lauf-

Bild 3-1.21 Einreihiges Rillenkugellager mit Blechkäfig

Bild 3-1.22 Geteiltes einreihiges Rillenkugellager mit Blechkäfig

oder Tragbilder auf den Oberflächen auf. Aus diesen Schattierungen lassen sich Rückschlüsse auf die Genauigkeit der Ausrichtung von Welle und Lager ziehen und gegebenenfalls eine Korrektur vornehmen. Im Bild 3-1.23 sind diese Laufbilder an den beiden Tonnen-Wälzkörpern links unten gut zu erkennen.

3-1.4.2 Gleitlager

Im Gegensatz zur Konstruktion und Herstellung von Wälzlagern spielt die Verwendung von Stahl bei der Entwicklung von Gleitlagern eine untergeordnete Rolle. Der Grund ist das völlig andersartige Wirkprinzip der Gleitlager. Es beruht auf der Trennung zweier Oberflächen durch einen dünnen Schmierfilm. Dieser stellt ein strömungstechnisches Phänomen dar und

Bild 3-1.23 Verschiedene Wälzkörper (Tonnen, Kugeln, Kegelrollen)

wird auch dementsprechend mit einem Ansatz aus der Theorie der hydrodynamischen Strömung in einem Schmierspalt beschrieben und simuliert. Als Kontaktmaterialien werden für das Lager Weißmetalle, Bronzen oder Kunststoffe verwendet. Sie weisen von Natur

Tabelle 3-1.6 Durchhärtbare Wälzlagerstähle nach DIN 17230 (neu DIN EN ISO 683-17) und ASTM A295/JIS G 4805

Kurzname Werkstoff-Nr.	Norm	Legierungsanteile in Massen-%							
		C	Si	Mn	P	S	Cr	Mo	Ni
100Cr6 1.3505	DIN 17230	0,90 1,05	0,15 0,35	0,25 0,45	0 0,030	0 0,025	1,35 1,65	– –	0 0,30
100CrMn6 1.3520	DIN 17230	0,90 1,05	0,50 0,70	1,00 1,20	0 0,030	0 0,025	1,40 1,65	– –	0 0,30
100CrMo7 1.3537	DIN 17230	0,90 1,05	0,20 0,40	0,25 0,45	0 0,030	0 0,025	1,65 1,95	0,15 0,25	0 0,30
100CrMo7-3 1.3536	DIN 17230	0,90 1,05	0,20 0,40	0,60 0,80	0 0,030	0 0,025	1,65 1,95	0,20 0,35	0 0,30
100CrMnMo8 1.3539	DIN 17230	0,90 1,05	0,40 0,60	0,80 1,10	0 0,030	0 0,025	1,80 2,05	0,50 0,60	0 0,30
SAE 52100 1.3505	ASTM A295	0,98 1,10	0,20 0,35	0,25 0,45	0 0,025	0 0,025	1,30 1,60	– –	– –
SUJ 2 1.3505	JIS G 4805	0,95 1,10	0,15 0,35	0 0,50	0 0,025	0 0,025	1,30 1,60	– –	0 0,25

3

aus gute Gleiteigenschaften gegenüber den Wellen aus Stahl auf und haben außerdem die Eigenschaft, dass Schmieröl sehr gut an ihnen haftet.

Als Stützmaterial für diese Gleitmaterialien werden Stahlelemente verwendet. Bild 3-1.24 zeigt den kreisförmigen Druckstein eines großen Axialgleitlagers. Erkennbar ist die etwa 2 – 3 mm starke Weißmetallschicht (Sn80Sb12Cu6Pb2, eine Legierung mit sehr guten Eigenschaften für ölgeschmierte Gleitlager nach DIN ISO 4381), die auf einem Grundkörper aus einfachem, kohlenstoffarmem Stahl aufgebracht ist. Zwischen Weißmetall und Stahl besteht eine metallurgische Verbindung. Ein Formschluss ist nicht notwendig. Dieser Druckstein mit etwa 150 mm Durchmesser überträgt eine Axialkraft von etwa 50 kN und wirkt ausschließlich über einen sich selbst aufbauenden hydrodynamischen Schmierfilm zwischen Weißmetall und Wellenbund mit einer Schmierfilmdicke im Bereich von zehntel Millimetern.

Bei nicht erfolgter metallurgischer Bindung von Weißmetall und Stahl infolge von Fertigungsmängeln kommt

Bild 3-1.24 Kreisrunder Druckstein eines Axialgleitlagers

Bild 3-1.25 Lagerschaden durch schlechte metallurgische Bindung zwischen Weißmetall und Stahlstützschale eines Radialgleitlagers

es zu Ausbrüchen aus der Gleitschicht, die zum Versagen des Lagers führen. Daher ist mit besonderer Sorgfalt bei der Vorbereitung der Stahloberfläche und beim Gießen des Weißmetalls zu arbeiten. Wichtig ist ein kohlenstoffarmer Stahl für eine perfekte metallurgische Verbindung des Weißmetalls mit der Stahlstützschale.

3-1.5 Achsen und Wellen

Achsen und Wellen dienen der Übertragung von Drehmomenten und Drehzahlen und damit der Weiterleitung einer mechanischen Leistung. Sie werden daher auch als Leitungselemente bezeichnet. Sehr kurze Wellen werden hauptsächlich auf Torsion und lange Wellen auf Biegung und Torsion beansprucht und berechnet. Infolge der Drehbewegung sind Wellen mit Verzahnungen durch ein umlaufendes Biegemoment (Umlaufbiegung) einer Wechselbeanspruchung unterworfen und sind daher auch bei konstantem Drehmoment und konstanter Drehzahl auf Dauerfestigkeit nach DIN 743 oder der FKM-Richtlinie zu dimensionieren.

Sogenannte Radsätze (Bild 3-1.26) stellen komplette und auch komplexe Baugruppen dar, die aus fertig montierten Wellen oder Achsen mit Lagern, Zahnrädern und anderen Maschinenelementen, wie Sicherungsringen und auch Dichtungen, bestehen können. Oft werden auf Wellen weitere Funktionselemente, die ebenfalls Maschinenelemente darstellen, angeordnet. Hierzu zählen verschiedene Arten von Verzahnungen, Keilwellen, Passfedern und Passfedernuten (Bilder 3-1.26; 3-1.27; 3-1.31).

In Bild 3-1.26 weist die Welle von links beginnend eine Keilverzahnung zum Einleiten eines Drehmomentes auf. Rechts daneben folgt ein Kegelrollenlager für die Aufnahme von Radial- und Axialkräften. Daran schließt sich ein schrägverzahnter Evolventen-Stirnradbereich an. Über ihn wird das Drehmoment abgeleitet. Es folgt das zweite Kegelrollenlager für den Aufbau einer vorgespannten Stützlagerung. Schließlich ist in der Wellenbohrung ein Nadellagerkranz erkennbar, der für eine innen liegende weitere Welle oder andere drehbare Bauteile verwendet wird. Bemerkenswert sind die extrem kompakte Bauweise und die ausschließliche Verwendung von unterschiedlichen Stahlsorten für Welle, Lagerringe, Wälzkörper und Käfige.

Bild 3-1.26 Radsatz bestehend aus Welle, Verzahnung und Wälzlagern

Bild 3-1.27 Gehärtete Getriebewelle eines Schaltgetriebes mit geschliffener Verzahnung und erkennbaren Nutzungsspuren an der Keilwelle durch die axiale Bewegung von Zahnrädern beim Schalten

3-1.6 Welle-Nabe-Verbindungen

Für die Übertragung von Drehmoment und Drehzahl von einem rotierenden Bauteil auf ein anderes steht eine Vielzahl von maschinenbaulichen Elementen zur Verfügung. Sie werden nach dem vorherrschenden physikalischen Wirkprinzip in reibschlüssige und formschlüssige systematisiert.

Reibschlüssige Welle-Nabe-Verbindungen

Als kraftschlüssige oder reibschlüssige Elemente, deren Wirkprinzip auf Coulomb'scher Reibung beruht, sind die hydraulischen Spannbuchsen (Bild 3-1.28) und die Kegelspannsätze (Bild 3-1.29 und 3-1.30) typische Beispiele für die Kategorie von Maschinenelementen. Die Aufbringung der Spannkraft geschieht bei den Kegelspannsätzen durch Schrauben bei gleichzeitiger Verstärkung der Kraft durch innen liegende kegelförmige Elemente (physikalisches Prinzip einer schiefen Ebene).

Bild 3-1.28 Hydraulische Spannbuchse ETP-EXPRESS 40-V

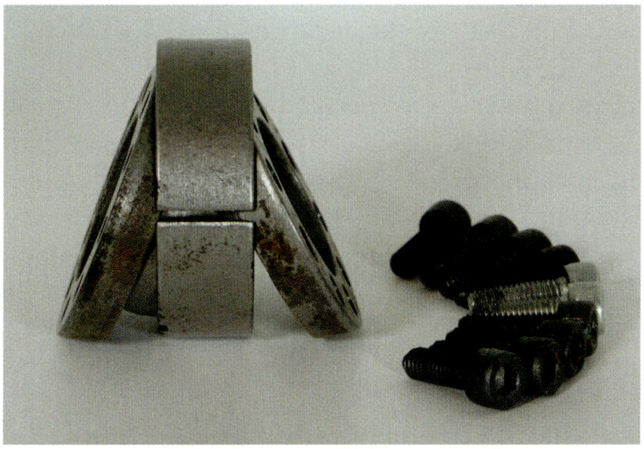

Bild 3-1.29 Kegelspannsatz, in Einzelteile zerlegt

Bild 3-1.30 Zusammengebauter Kegelspannsatz mit geschlitzten Außen- und Innenhülsen (Verformbarkeit)

Die ETP-Buchsen sind als hydraulisch wirkende Spannbuchsen in verschiedenen Ausführungen verfügbar. Allen gemeinsam ist das Prinzip der Druckerzeugung in einem innen liegenden konzentrischen Hohlraum. Dies geschieht durch einen ebenfalls innen angeordneten kleinen Hydraulikzylinder. Dieser ist in Bild 3-1.28 im Flansch mit dem größeren Durchmesser angeordnet und durch die Schraube mit Innensechskant bedienbar. Der mit einer Flüssigkeit gefüllte Hohlraum befindet sich im Absatz mit dem kleineren Durchmesser (links im Bild 3-1.28). Diese nach ihrer Herstellerfirma benannten ETP-Buchsen zeichnen sich durch sehr guten Rundlauf und einfache Lösbarkeit aus. Sie sind auch in verschiedenen rostfreien Stahlsorten verfügbar. Sowohl bei den hydraulischen Spannbuchsen als auch im Fall der Kegelspannsätze erfolgt die Übertragung des Drehmomentes ausschließlich über die Coulomb'sche Reibung zwischen den verspannten Teilen. Nur die Art der Kraftaufbringung unterscheidet beide Arten von Welle-Nabe-Verbindungen.

Formschlüssige Welle-Nabe-Verbindungen

Formschlüssige Welle-Nabe-Verbindungen gehen häufig mit den Wellen und/oder den Naben eine Funktionseinheit ein. In die Welle oder Nabe werden eine, zwei oder eine Vielzahl von axialen Nuten gefräst, die für einen Formschluss genutzt werden. Dies kann mit und ohne Hilfselemente (z.B. Passfedern, Bild 3-1.32) geschehen.

Bild 3-1.31 Geradverzahnte Stirnradwelle mit Passfedernut und Lagersitz

Bild 3-1.32 Passfeder hochkant

Formschlüssige Welle-Nabe-Verbindungen werden zur Übertragung von Drehmomenten verwendet. Ihre Dimensionierung erfolgt auf Grundlage der vorhandenen Flächenpressung an den Flanken von Wellennut und Passfeder. Die Passfeder wird in der Regel aus dem festeren Material gefertigt.

Das ist in den meisten Fällen ein maßhaltig gezogener und fertig tolerierter Keilstahl (z.B. unlegierter Baustahl E295 (alt: St 50), E335 (alt: St 60) nach DIN EN 10027-1, unlegierter Vergütungsstahl C45E nach DIN 17200). Der Querschnitt der Passfeder ist durch den Wellendurchmesser als Nennmaß genormt und die Länge wird dem zu übertragenden Drehmoment entsprechend angepasst.

3-1.7 Gleichförmig übersetzende Getriebe

Für eine gleichförmige Drehmomentenwandlung bei gleichzeitiger Übertragung der Bewegung von einer Welle auf eine andere stellen Zahnräder eine sehr elegante und dazu kostengünstige Lösung für kleinste und größte Leistungen und Drehmomente dar. Zahnräder werden im Mikrobereich und im Makrobereich in zahllosen Varianten hergestellt und verbaut. Typisch für den allgemeinen Maschinenbau sind Räder mit Evolventenverzahnung mit Anwendung von vergüteten oder einsatzgehärteten Werkstoffen. Für hochwertige Verzahnungen werden Vergütungs- und Einsatzstähle nach DIN 743-3 verwendet (Tabelle 3-1.7). Die Eignung der verschiedenen Stähle ist nicht nur durch die erforderliche Festigkeit festgelegt, sondern auch durch die Baugröße sowie die verfügbaren Herstell- und Wärmebehandlungsverfahren. In den Tabellen 3-1.7 und 3-1.8 sind einige typische Vertreter von Werkstoffen mit ihren Zugfestigkeiten σ_B und den Zug/Druck-Wechselfestigkeiten σ_{zdW} bzw. Biegewechselfestigkeiten σ_{bW} beispielhaft aufgeführt. Die Wechselfestigkeiten sind die bestimmenden Größen für die Dauerfestigkeit von Werkstoffen bei dynamisch belasteten Bauteilen (siehe Smith-Diagramm nach DIN 743).

Die Größe der Zähne wird durch den Modul m beschrieben. Er beträgt etwa die halbe Zahnhöhe in mm. Das Stirnradpaar in Bild 3-1.33 zeigt den Eingriff zweier geradverzahnter Stirnräder mit Zahnflanken, die als

Tabelle 3-1.7 Festigkeitswerte für Vergütungsstähle nach DIN 743-3 (Auszug)

Werkstoff-Nr.	Kurzname	Zugfestigkeit σ_B MPa	Zug/Druck-wechsel-festigkeit σ_{zdW} MPa
1.0511	C40	650	260
1.0503	C45	700	280
1.0540	C50	750	300
1.7006	46Cr2	900	360
1.7220	34CrMo4	1000	400
1.7228	50CrMo4	1100	440
1.6511	36CrNiMo4	1100	440
1.6580	30CrNiMo8	1250	500
1.6582	34CrNiMo6	1200	480

Tabelle 3-1.8 Kernfestigkeitswerte für Einsatzstähle nach DIN 743-3

Werkstoff-Nr.	Kurzname	Zugfestigkeit σ_B MPa	Biege-wechsel-festigkeit σ_{bW} MPa
1.1121	C10E	500	250
1.7016	17Cr3	800	400
1.7131	16MnCr5	1000	500
1.7147	20MnCr5	1200	600
1.6587	18CrNiMo7-6	1200	600

und kann konstruktiv durch die Wahl der Zähnezahl, des Schrägungswinkels, der Profilverschiebung und weiterer Parameter beeinflusst werden. In Achsrichtung schrägverzahnte Räder (Bild 3-1.34) tragen ebenfalls zu einer guten Verteilung der Belastung auf mehrere Zähne und damit zu einem ruhigen Lauf bei.

Auf den Schliffbildern (Bild 3-1.35 und 3-1.36) ist der Effekt der Einsatzhärtung zu erkennen. Durch die Auf-

Bild 3-1.34 Schrägverzahntes Kegelrad mit Passfedernut

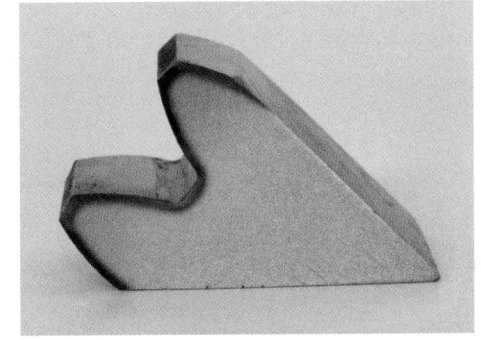

Bild 3-1.35 Schliffbild eines einsatzgehärteten Zahnrades mit Modul 4 (gehärtete Randschicht dunkel dargestellt)

Evolventen gestaltet sind, und die gleichzeitige Berührung von zwei Zähnen jeden Rades (Überdeckung). Die erzielbare Überdeckung ist der Grund für das besonders gleichförmige Arbeiten dieser Art von Zahnrädern

Bild 3-1.33 Gepaarte geradverzahnte Stirnräder mit Passfedernuten

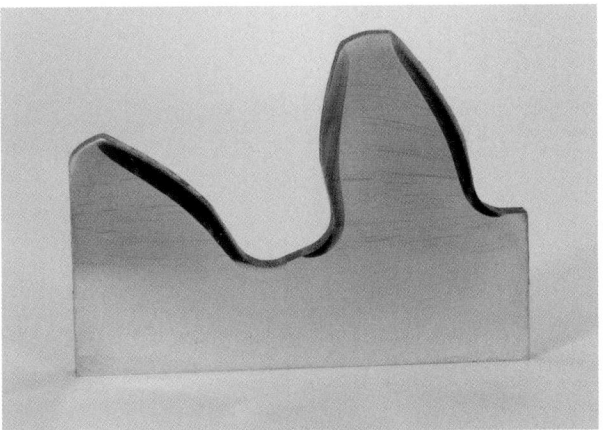

Bild 3-1.36 Schliffbild eines einsatzgehärteten Zahnrades mit Modul 12 (gehärtete Randschicht dunkel dargestellt)

3

kohlung der Randschicht entsteht bis in eine Tiefe von einigen Millimetern eine sehr harte Randschicht, die den hohen Schubspannungen infolge der Hertz'schen Pressung nach Bild 3-1.16 und Bild 3-1.17 widersteht. Das Maximum der Schubspannungen muss innerhalb dieser Härteschicht liegen, um das Entstehen von Grübchen an den Zahnflanken zu verhindern. Daher ist die Härtetiefe ein Fertigungsparameter, der neben der Berechnung der Festigkeit der Verzahnung nach DIN 3990 unbedingt eingehalten werden muss.

3-1.8 Zusammenfassung

Die Produktion von Stahl in großen Mengen ist eine Errungenschaft des modernen Menschen, die ohne jeden Zweifel als wichtigste Basis der industriellen Revolution bezeichnet werden kann. Keine andere Branche unserer Wirtschaft ist ohne Stahl effizient vorstellbar oder gar realisierbar. In diesem Kapitel wurden die sogenannten Maschinenelemente beispielhaft vorgestellt. Sie sind die atomaren Elemente des Maschinenbaus, die miteinander kombiniert und beliebig oft vervielfältigt in den einfachsten Produkten, wie Fahrrädern und Kinderspielzeug, bis zu komplexen Erzeugnissen wie Schiffen, Flugzeugen und Chemieanlagen grundlegende technische Funktionen wie Verbinden, Lagern und Übertragen sicher und kostengünstig ermöglichen. Das ist nur möglich durch die gegenüber allen anderen verfügbaren Materialien hervorragenden Eigenschaften von Stahl bei geringen Kosten.

Literatur zu Kapitel 3-1

Rieg, F.; Steinhilper, R.: Handbuch Konstruktion. Carl Hanser Verlag, München 2012

Steinhilper, R.; in: Sauer, B.; Feldhusen, J.: Konstruktionselemente des Maschinenbaus 1. Springer-Verlag, Heidelberg 2008

Alle im Text erwähnten Normen sind in einer Liste zusammengefasst (Seite 889).

3

Karsten Stahl, Thomas Tobie, Florian Dobler

3-2.1 Einleitung

Bauteile der Antriebstechnik unterliegen in der Regel vielfältigen Beanspruchungen. Die zunehmend hohe Leistungsdichte moderner Zahnradgetriebe stellt hohe Anforderungen an die Funktionssicherheit und Wirtschaftlichkeit der eingesetzten, leistungsübertragenden Komponenten. Neben der konstruktiven Gestaltung beeinflusst insbesondere der gewählte Werkstoff mit seinen Gefügeeigenschaften und Kennwerten, welche durch die Wärmebehandlung gezielt optimiert werden können, die Gebrauchseigenschaften der Konstruktion. Wesentliche Voraussetzung, um Werkstoff und Wärmebehandlung geeignet auswählen zu können, ist das Verständnis des Beanspruchungsgeschehens. Im Folgenden werden hierzu die wesentlichen Grundlagen der Bauteilbeanspruchung für das Maschinenelement Zahnrad dargestellt und entsprechende Kriterien für die Auswahl von Werkstoff und Wärmebehandlung abgeleitet. Auslegungsregeln, die im Rahmen theoretischer und experimenteller Untersuchungen abgesichert wurden, erleichtern das Arbeiten in der praktischen Anwendung.

Zahnräder stellen hinsichtlich Gestalt und Beanspruchung ein komplexes Maschinenelement dar. Bei der Auswahl von Werkstoff und Wärmebehandlung müssen entsprechend zahlreiche Gesichtspunkte berücksichtigt werden (Bild 3-2.1).

Grundsätzlich steht für das Bauteil Zahnrad eine Vielzahl an unterschiedlichen Werkstoffen für den Einsatz in Getriebeanwendungen zur Verfügung. Für Anwendungen mit niedrigen Anforderungen an die Kraftübertragung werden häufig Kunststoffe, Nichteisenmetalle, Sinter- und Gusseisenwerkstoffe oder auch Baustähle verwendet. Verzahnungen aus diesen Werkstoffen werden zumeist in geringer Verzahnungsqualität und hohen Stückzahlen und somit zu geringen Stückkosten gefertigt. Für Zahnräder mit hohen und höchsten Leistungsanforderungen werden dagegen in erster Linie legierte Stähle, welche für eine Wärmebehandlung ge-

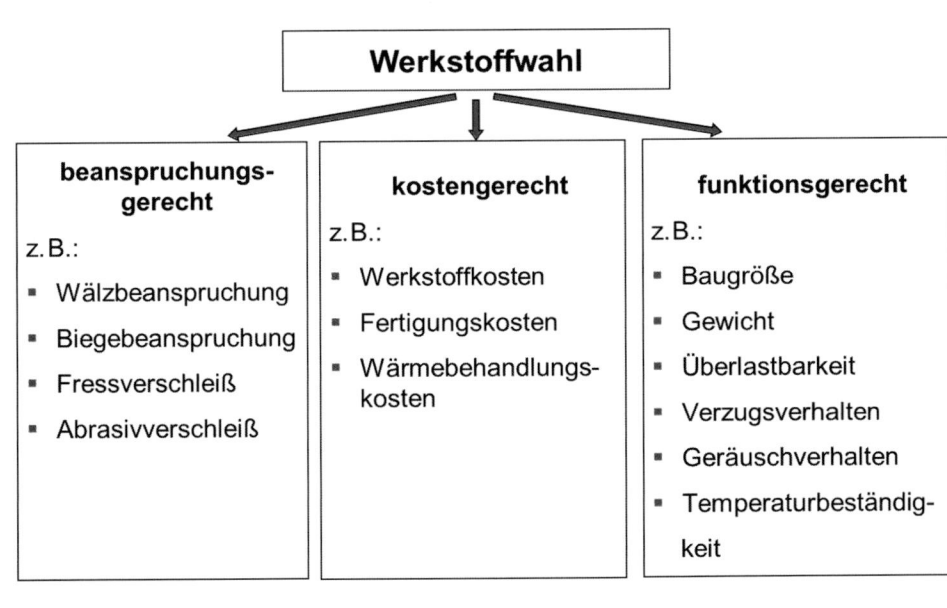

Bild 3-2.1
Gesichtspunkte für eine anforderungsgerechte Werkstoffauswahl für Zahnräder

eignet sind, verwendet. Die höchste Bedeutung im Bereich hochbeanspruchter Verzahnungen kommt dabei den Einsatzstählen zu, da hier der lokale Beanspruchungszustand auf die lokale Beanspruchbarkeit in besonderer Weise abgestimmt werden kann. Tabelle 3-2.1 zeigt anhand eines einfachen, einstufigen Industriegetriebes beispielhaft den Einfluss von Werkstoff und Wärmebehandlungsverfahren der Verzahnung auf einige kennzeichnende Eigenschaften der entsprechenden Getriebekonstruktion.

Bei jeweils gleichen Basisvorgaben ist eine deutliche Verringerung der Baugröße, des Gewichts und der relativen Kosten des Getriebes durch die Verwendung von einsatzgehärteten an Stelle von vergüteten Zahnrädern ersichtlich. Gleichzeitig werden die Tragfähigkeitsgrenzen der Verzahnung hinsichtlich der verschiedenen Schadensarten und die Betriebskenngrößen wie Verlustleistung, Öltemperatur oder erforderlicher Schmierstoff beeinflusst. Im Folgenden wird der Fokus auf Verzahnungen mit hohen Leistungsanforderungen und somit auf für eine Wärmebehandlung geeignete Stähle gelegt.

3-2.2 Grundlagen der Zahnradbeanspruchung und der Tragfähigkeitsrechnung

Die vorteilhafte Anwendung (oberflächennah) gehärteter Zahnräder ergibt sich durch die komplexe Beanspruchung der Zahnradzähne sowohl an der Oberfläche als auch in entsprechenden Tiefenbereichen des Werkstoffes unterhalb der Bauteiloberfläche. Grundsätzlich ist hierbei zwischen der Beanspruchung im Zahnfuß sowie auf der aktiven Zahnflanke eines Zahnradzahnes zu unterscheiden (Bild 3-2.2). Während das Beanspruchungsprofil im Zahnfuß maßgebend durch

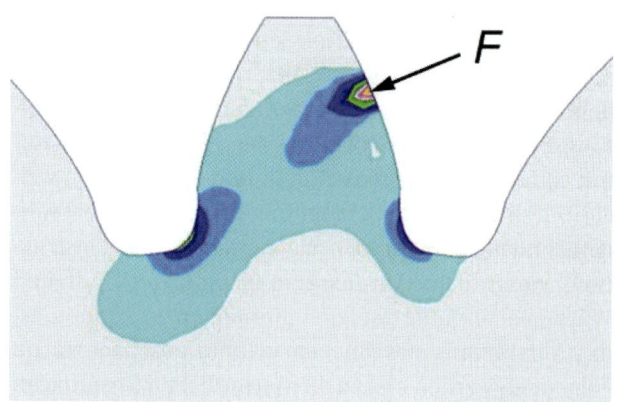

Bild 3-2.2 Allgemeiner Spannungszustand in einem Zahnradzahn (F – Zahnnormalkraft)

Tabelle 3-2.1 Einfluss des Verzahnungswerkstoffs auf Baugröße, Gewicht und Kosten eines einstufigen Getriebes (Beispiel) bei identischem zu übertragenden Drehmoment (S_H – Grübchensicherheit, S_F – Sicherheit gegen Zahnfußbruch) nach (Winter 1981)

Werkstoff	Ritzel & Rad: 42CrMo4	Ritzel: 20MnCr5 Rad: 42CrMo4	Ritzel & Rad: 31CrMoV9	Ritzel & Rad: 34CrMo4	Ritzel & Rad: 20MnCr5
Wärmebehandlung	vergütet	Ritzel: einsatzgeh. Rad: vergütet	gasnitriert	induktiv flankengehärtet	einsatzgehärtet
Achsabstand Modul	650 mm 10 mm	585 mm 10 mm	490 mm 10 mm	470 mm 10 mm	390 mm 10 mm
Baugröße					
Gesamtgewicht in %	100	71	54	49	33
Preis in %	100	85	78	66	63
Sicherheit S_H Sicherheit S_F	1,3 5,7	1,3 3,9	1,3 2,3	1,4 2,3	1,6 2,3

die Biegebeanspruchung aus der wirkenden Zahnkraft bestimmt wird, erfährt die Zahnflanke eine Wälzbeanspruchung, gekennzeichnet durch die Hertzsche Pressung und die Kinematik der Verzahnung.

Das Beanspruchungsprofil der Zahnflanke kann unter Berücksichtigung der Anwesenheit eines Schmierstoffes entsprechend den Hertzschen Gleichungen und der Theorie der Elastohydrodynamik (EHD) durch den Verlauf der maximalen Schubspannungen (z. B. Hauptschubspannung oder Wechselschubspannung) beschrieben werden und unterscheidet sich maßgebend von den Gegebenheiten im Zahnfuß (Bild 3-2.3). Während an der Zahnflanke – u. a. in Abhängigkeit der Schmierbedingungen – die Lebensdauer hauptsächlich durch die Schadensarten Grübchenbildung, Graufleken, Verschleiß und/oder Fressen bestimmt wird, ist für den Bereich der Zahnfußrundung in der Regel die Schadensart Zahnfußbruch maßgebend. Für die Zahnfußbeanspruchung wird dabei im Allgemeinen das Modell des einseitig eingespannten Biegebalkens zu Grunde gelegt. Der Spannungsgradient ergibt sich in Folge der Kerbwirkung und des Widerstandsmoments gegen Biegung im Bereich der Zahnfußrundung. Der maßgebenden Biegebeanspruchung sind dabei zusätz-

liche Anteile aus Druck- und Schubbeanspruchung überlagert.

Die Grundlagen der Tragfähigkeitsberechnung von Stirnzahnrädern stellen die Berechnungsverfahren der DIN 3990/ISO 6336 sowie aus umfangreichen theoretischen und experimentellen Untersuchungen abgeleitete Berechnungsansätze dar. Dabei gelten auch speziell für das Bauteil Zahnrad die Grundgedanken der allgemeinen Festigkeitsberechnung, das heißt, der Werkstoff muss an jedem Ort eines Zahnradzahnes eine ausreichende Festigkeit aufweisen, um die wirkenden Spannungen bei geforderter Lebensdauer sicher zu ertragen bzw. um ein Versagen des Bauteils zu verhindern. Hierzu werden für ein Getriebe maßgebende Beanspruchungskennwerte mit der Werkstofffestigkeit verglichen und überprüft, ob für jede Schadensgrenze – bei geforderter Lebensdauer – ausreichende rechnerische Sicherheiten vorliegen. Nach DIN 3990/ISO 6336 basiert die Nachrechnung der Tragfähigkeit dabei auf der an einem Zahnradzahn angreifenden Nenn-Umfangskraft der abweichungsfreien Verzahnung. Die realen Betriebsbedingungen werden durch eine Reihe zusätzlicher Faktoren berücksichtigt. Festigkeitskennwerte für unterschiedliche Beanspruchungsarten und

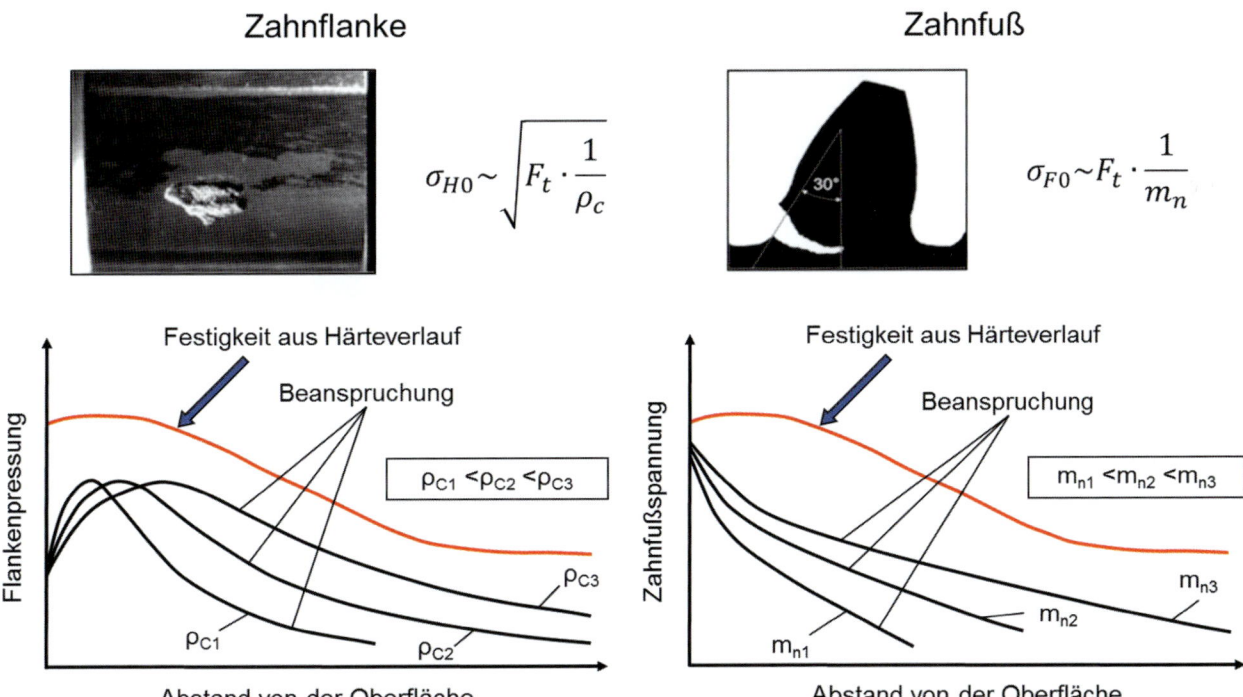

Bild 3-2.3 Gesetzmäßigkeiten des Beanspruchungs- und Beanspruchbarkeitszustands in Abhängigkeit von der Zahnradgröße; (a) an der Zahnflanke, (b) am Zahnfuß (DIN EN 10083) (σ_{H0} – nominelle Flankenpressung am Wälzpunkt, σ_{F0} – Zahnfuß-Nennspannung, F_t – Nenn-Umfangskraft, ρ_c – Ersatzkrümmungsradius im Wälzpunkt, m_n – Normalmodul)

Werkstoffgruppen sind in DIN 3990-5/ISO 6336-5 zusammen mit Anforderungen an die Werkstoffqualität belegt. Die Festigkeitswerte basieren dabei auf experimentellen Untersuchungen an Standard-Referenz-Prüfrädern unter Standard-Prüfbedingungen. Mittels verschiedener Einflussfaktoren ist eine Umwertung auf die Bedingungen der jeweiligen Anwendung möglich.

3-2.3 Überblick über typische Zahnradschadensarten und Mechanismen

Die Zahnradtragfähigkeit wird durch unterschiedliche Schadensarten beschränkt, abhängig von Verzahnungsgeometrie, Materialeigenschaften, Betriebsbedingungen und Schmierstoffeigenschaften. Zudem wird jede Schadensart durch verschiedene physikalische Parameter in unterschiedlicher Weise beeinflusst und unterliegt unterschiedlichen Mechanismen. Für eine geeignete Zahnradauslegung ist daher ein umfassendes Verständnis der zugrundeliegenden Mechanismen sowie der entsprechenden Last- und Spannungszustände erforderlich. Dies ermöglicht die Auswahl eines geeigneten Werkstoffs mit optimalen Eigenschaften bezüglich der hohen geforderten Tragfähigkeiten. Zahnradschäden können grundsätzlich als Ausfälle aufgrund von Materialermüdung oder als Ausfälle ohne vorhergehende Materialermüdung charakterisiert werden, wobei Letztere in erster Linie von tribologischen Problemen in der geschmierten Kontaktzone herrühren. Darüber hinaus ist eine Unterscheidung in Abhängigkeit des Ursprungsorts des Zahnradschadens möglich, welcher einerseits auf die Lage im Zahnradbereich – an der Zahnflanke oder im Zahnfuß – und auf der anderen Seite auf den Schadensausgang im Materialvolumen – an der Oberfläche, in der gehärteten Randschicht oder in größerer Materialtiefe – bezogen werden kann. Dies kann zu verschiedenen Anforderungen an die Materialeigenschaften in unterschiedlichen Bereichen des Zahnrades führen. Bild 3-2.4 zeigt zusammenfassend die bei der Getriebeauslegung zu berücksichtigenden, bedeutsamsten Zahnradschadensarten.

Grübchen und Zahnfußbruch sind die klassischen Schadensarten in Folge von Werkstoffermüdung. Beide Schadensarten haben ihren Ursprung in der Regel an oder nahe der Oberfläche und sind durch einen Anriss, welcher sich weiter im Material ausbreitet, gekenn-

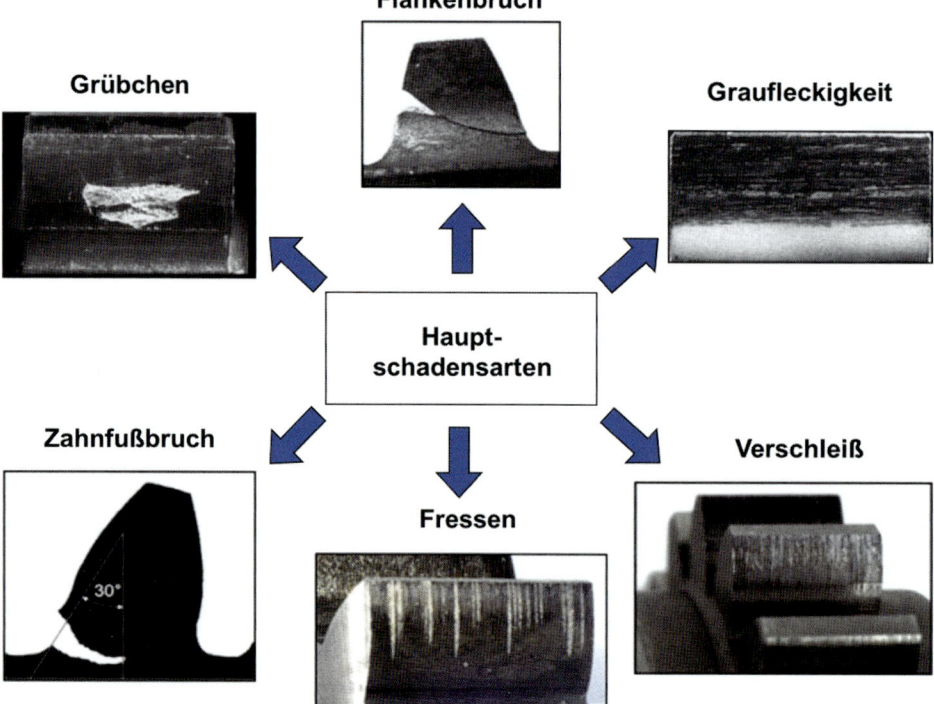

Bild 3-2.4
Hauptschadensarten an Zahnrädern

zeichnet. Während die Tragfähigkeit bezüglich Grübchen stark durch die Hertzsche Flankenpressung in der Zahnkontaktzone beeinflusst wird, ist die Zahnfußtragfähigkeit von den Biegespannungen in der Zahnfußausrundung abhängig. Unterschiede in den Gesetzmäßigkeiten hinsichtlich Flankenpressung und Biegebeanspruchung und die daraus resultierenden Spannungszustände können zu unterschiedlichen Anforderungen von Materialeigenschaften in den jeweils relevanten Bereichen führen (siehe auch Bild 3-2.3). Zusätzlich kann die Schadensart Graufleckigkeit die Leistungsfähigkeit eines Zahnrads (negativ) beeinflussen. Diese wird bei ungünstigen Schmierbedingungen direkt an der Oberfläche der belasteten Zahnflanke beobachtet. Graufleckigkeit wird dabei als Ermüdungsschaden gesehen, bei dem die Rissausbreitung auf den oberflächennahen Randbereich beschränkt ist. Folglich wird diese Schadensart durch die Materialeigenschaften an der Oberfläche und in den Bereichen nahe der Oberfläche beeinflusst. Die Kontaktbelastung an der Zahnflanke induziert auch Spannungen in größerer Materialtiefe unter der Oberfläche. Wenn diese Spannungen die lokale Festigkeit des Materials übersteigen, können weitere Schäden mit Rissbildung unter der Oberfläche entstehen. Solche Schäden werden in der Literatur als TIFF, Zahnflankenbruch oder Ermüdung unter der Oberfläche bezeichnet. Da die lastinduzierten Spannungen in größerer Materialtiefe mit zunehmender Zahnradbaugröße steigen, gewinnen für Zahnräder großer Baugröße die Festigkeitseigenschaften des Materials in größeren Materialtiefen an Bedeutung.

Neben den Ermüdungsschäden sind auf der Zahnflanke weitere Schadensarten bekannt, welche aber anderen Mechanismen unterliegen. Unter Fressen versteht man ein spontan auftretendes, kurzzeitiges lokales Verschweißen der Zahnflanken von Ritzel und Rad auf Grund eines unzureichend trennenden Schmierfilms im Zahneingriff. Als maßgebliche Kenngröße zur Bestimmung der Fressgefährdung ist die im Kontakt vorliegende Temperatur anzusehen, welche durch die Öltemperatur, die Belastung, die im Kontakt vorliegende Reibungszahl sowie die Geschwindigkeitsverhältnisse beeinflusst wird. Als weiterer typischer, nicht ermüdungsbehafteter Zahnradschaden ist die Schadensart Verschleiß (Langsamlauf-Verschleiß) zu nennen. Dieser kann bei sehr langsamen Umfangsgeschwindigkeiten und damit einhergehenden geringen Schmierfilmdicken im Zahnkontakt auftreten. Es handelt sich um einen kontinuierlichen, linearen Materialabtrag, der auftritt, sobald verschleißkritische Bedingungen

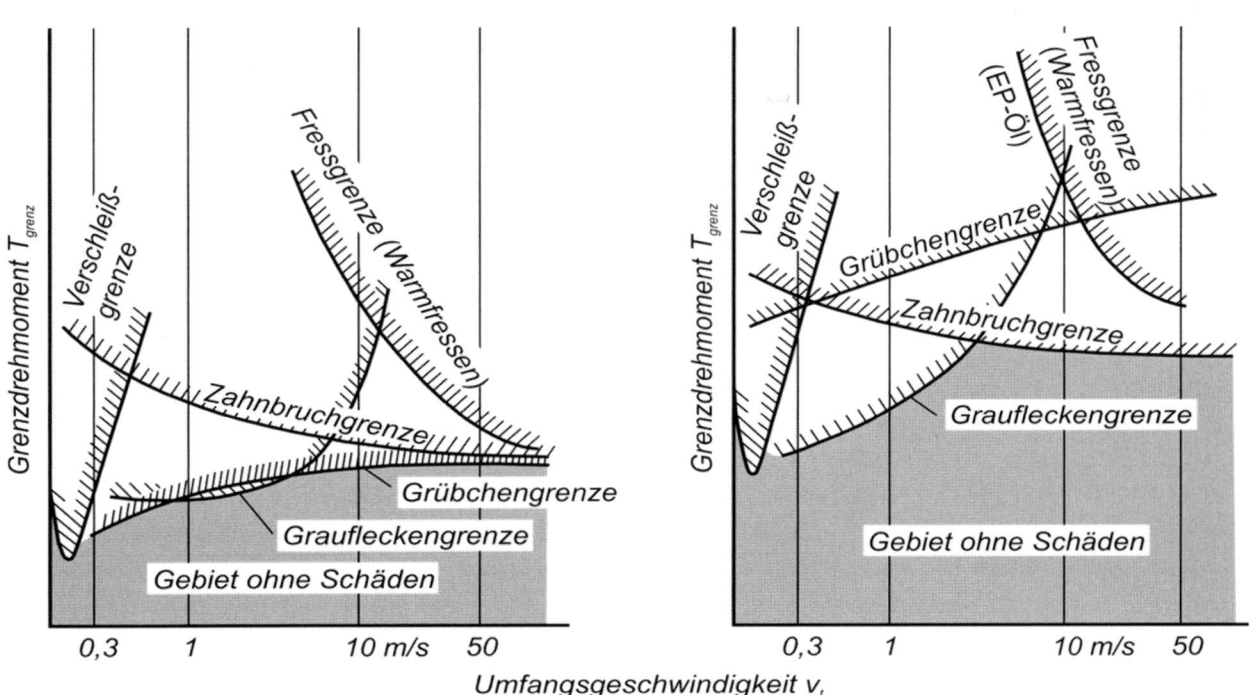

Bild 3-2.5 Einfluss des Ausgangswerkstoffs auf das Auftreten von Zahnradschäden in Abhängigkeit der Umfangsgeschwindigkeit und des zu übertragenden Drehmoments

im Zahnkontakt erreicht sind oder unterschritten wurden.

Welche der Schadensarten letztendlich für eine praktische Anwendung relevant ist, wird sowohl durch die geometrische Gestalt, die Herstell- und Betriebsbedingungen, aber insbesondere auch durch den verwendeten Werkstoff und die entsprechende Wärmebehandlung bestimmt. Bild 3-2.5 zeigt hierzu einen Vergleich der Haupttragfähigkeitsgrenzen für Zahnräder aus Vergütungs- (links) und Einsatzstahl (rechts). Ersichtlich ist, dass die Tragfähigkeitsgrenzwerte für einsatzgehärtete Zahnräder in der Regel deutlich über denen vergüteter Zahnräder liegen, dass darüber hinaus aber auch die einzelnen Schadensgrenzen im Verhältnis zueinander durch Werkstoff und Wärmebehandlung deutlich unterschiedlich beeinflusst werden können. Die angegebenen Verhältnisse sind dabei beispielhaft zu verstehen und können durch eine Reihe von sich zum Teil gegenseitig beeinflussenden Kenngrößen modifiziert werden.

3-2.4 Anforderungen an die Eigenschaften von Zahnradstählen

Der bei einer Verzahnung im Betrieb vorliegende Beanspruchungszustand stellt unterschiedliche Anforderungen an die lokalen Werkstoffeigenschaften der Zahnflanke und im Zahnfuß sowohl an der Oberfläche als auch in der Randschicht sowie in größerer Werkstofftiefe. Die lokalen Festigkeitseigenschaften werden durch das komplexe Zusammenspiel verschiedener Einflussgrößen, wie z. B. Grundwerkstoff, Stahlherstellung, Wärmebehandlung oder auch mechanische Bearbeitung, beeinflusst (Bild 3-2.6).

Hochbeanspruchte Zahnräder sollen im Allgemeinen im oberflächennahen Randbereich eine hohe Festigkeit und somit Härte aufweisen, welche eine ausreichend hohe Dauer- sowie Verschleißfestigkeit bietet. Im Kernbereich liegt idealerweise ein zäher Kern vor, um Sprödbruch unter hohen Stoßbelastungen zu vermeiden (DIN EN 10084). Dementsprechend sind verschiedene Legierungskonzepte sowie thermische und thermochemische Wärmebehandlungsverfahren entwickelt worden, um diese Eigenschaftskombination zu erreichen. Legierungskonzepte für unterschiedliche Zahnradbaugrößen unterscheiden sich in verschiedenen Märkten aufgrund von historischen Gegebenheiten (z. B. Automobilbau, Maschinenbau, Militär), praktischen Erfahrungen sowie lokaler Verfügbarkeit von Legierungselementen erheblich.

Die grundlegenden Anforderungen werden nachfolgend am Beispiel der Einsatzstähle erläutert, können jedoch sinngemäß auch auf andere Werkstoffe zur Wärmebehandlung übertragen werden. Einsatzstähle müssen die folgenden wesentlichen Anforderungen im Hinblick auf Bauteileigenschaften und Haltbarkeit erfüllen:

- Chemische Zusammensetzung/Härtbarkeit
- Homogenität/mikroskopischer und makroskopischer Reinheitsgrad
- Mechanische Eigenschaften (Zugfestigkeit, Dauerfestigkeit und Zähigkeit)
- Verschleißfestigkeit, Wälzfestigkeit, Biegefestigkeit und Vibrationsbeständigkeit
- Hohe und gleichmäßige Formstabilität (DIN 3990)

In gängigen Normen werden die technischen Lieferbedingungen für Einsatzstähle (DIN EN 10084 und ISO 683-11) spezifiziert. Zusätzlich zu der Klassifizie-

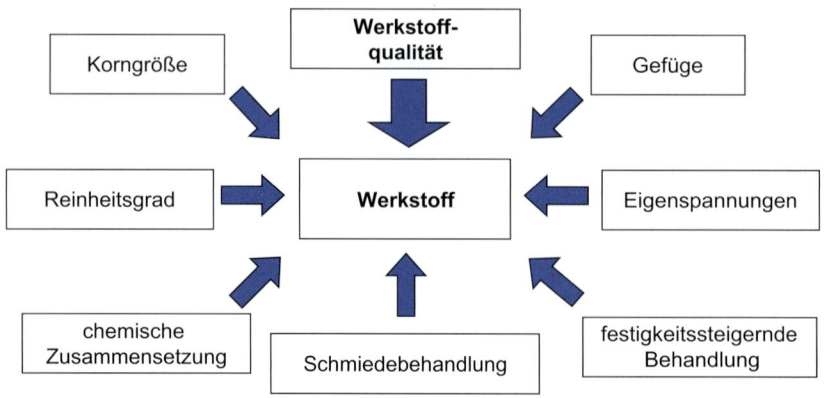

Bild 3-2.6
Einflussgrößen auf die (lokalen) Werkstoffeigenschaften

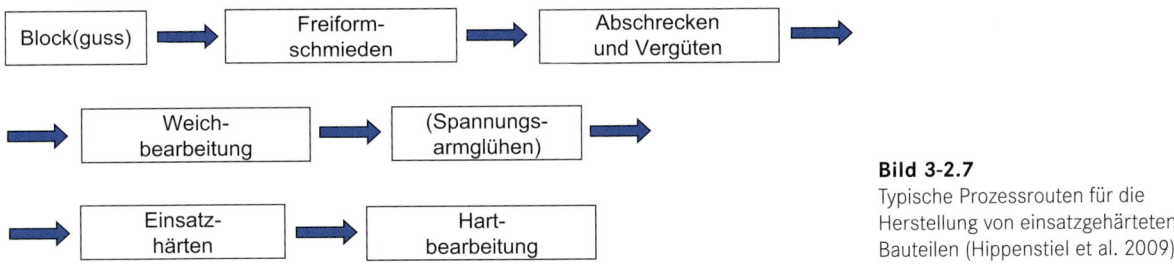

Bild 3-2.7
Typische Prozessrouten für die
Herstellung von einsatzgehärteten
Bauteilen (Hippenstiel et al. 2009)

rung und Bezeichnung von Stahlsorten, den Produktionsprozessen und den Eigenschaftsanforderungen (z. B. Härtbarkeit) werden Prüf- und Inspektionsverfahren festgelegt. Neben diesen allgemeinen Standards haben viele Hersteller firmeninterne Lieferspezifikationen veröffentlicht, welche besondere Anforderungen (z. B. Austenitkorngröße, chemische Zusammensetzung, …) näher beschreiben. Dies ist begründet durch die zahlreichen möglichen Verfahrenswege zur Herstellung von einsatzgehärteten Komponenten. Je nach Bauteilanforderungen werden verschiedene Ablauffolgen von Glühen, Härten und Bearbeitung verwendet (Beispiel für eine entsprechende Fertigungsabfolge s. Bild 3-2.7).

Wenn beispielsweise eine hohe Formstabilität des Bauteils erforderlich ist, so wird das Vorvergüten vor und das Spannungsarmglühen nach der Bearbeitung durchgeführt. Zur Optimierung des Materials ist es daher wichtig, die gesamte Prozesskette zu berücksichtigen. Für die Gestaltung von Getriebebauteilen werden die Stahlsorten häufig nach den Anforderungen der DIN 3990 Teil 5/ISO 6336-5 ausgewählt. Bild 3-2.8 zeigt als Beispiel die zu erwartende Zahnfuß-Dauerfestigkeit von verschiedenen Gruppen von Stahllegierungen und Wärmebehandlungskonzepten.

Innerhalb der Festigkeitsbereiche können in der Regel drei Qualitätsstufen unterschieden werden (Bild 3-2.12):

- Klasse ML für geringe Anforderungen
- Klasse MQ für Anforderungen, die von erfahrenen Herstellern mit angemessenem Kostenaufwand erfüllt werden können
- Klasse ME für Anwendungen mit höchsten Anforderungen an die Zahnradtragfähigkeit.

Es ist ersichtlich, dass die höchsten Festigkeitswerte von einsatzgehärteten Zahnrädern der Werkstoffqualität ME erreicht werden. Das Diagramm bezieht dabei eine leicht messbare Eigenschaft, wie die Oberflächenhärte, auf eine komplexe Systemeigenschaft, wie die

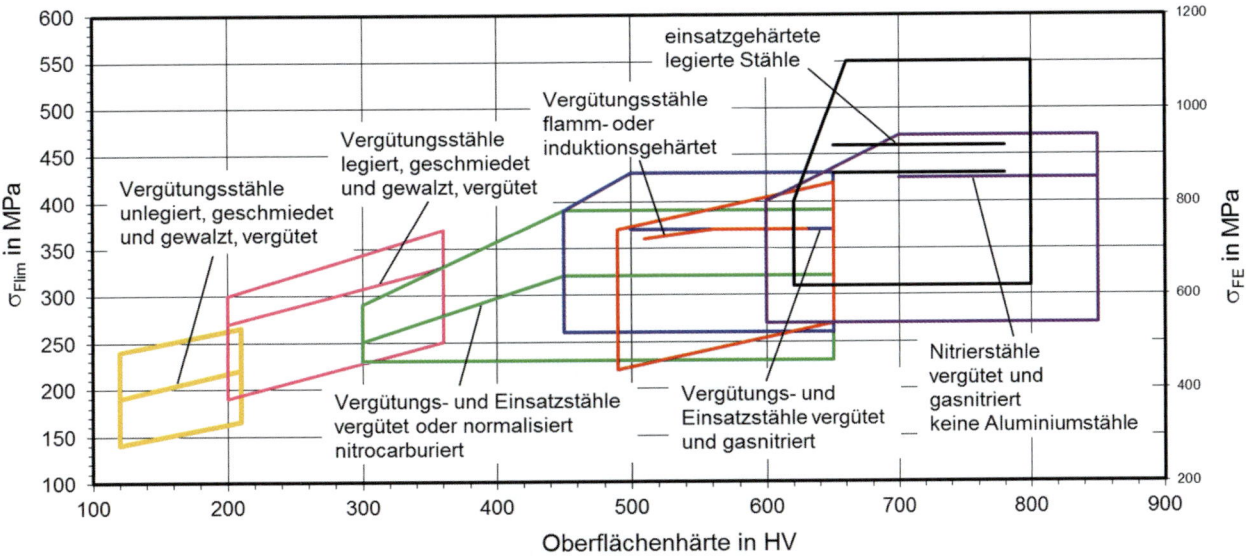

Bild 3-2.8 Festigkeitsfelder zur Zahnfuß-Dauerfestigkeit für unterschiedliche Wärmebehandlungsverfahren nach DIN 3990-5 (Hippenstiel et al. 2009)

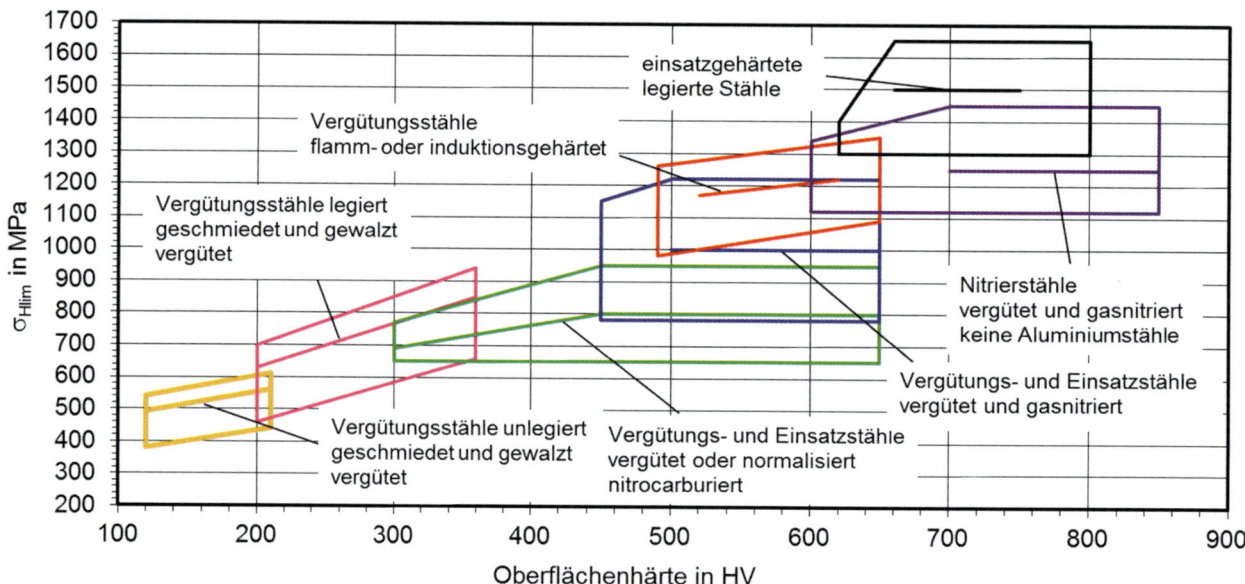

Bild 3-2.9 Festigkeitsfelder zur Grübchen-Dauerfestigkeit für unterschiedliche Wärmebehandlungsverfahren nach DIN 3990-5

Dauerfestigkeit im Zahnfuß. Die Tatsache, dass für eine vorgegebene Oberflächenhärte ein durchaus breites Festigkeitsniveau bezüglich der Zahnfußdauerfestigkeit erzielt werden kann, lässt erkennen, dass die Legierungszusammensetzung, die Mikrostruktur und die thermochemische Behandlung einen sehr großen Einfluss auf die tatsächliche Leistungsfähigkeit des Zahnrads haben.

Vergleichbare Aussagen gelten auch hinsichtlich der Zahnflankentragfähigkeit, wo insbesondere hinsichtlich der Ermüdungsschäden Grübchen und Flankenbruch einsatzgehärtete Zahnräder hoher Werkstoffqualität die größten Tragfähigkeitspotenziale aufweisen (Bild 3-2.9).

3-2.4.1 Einsatzstähle

Für hoch- bis höchstbeanspruchte Verzahnungen werden in der Regel einsatzgehärtete Zahnräder verwendet. Beim Einsatzhärten wird durch die thermochemische Behandlung die oberflächennahe Randschicht mit Kohlenstoff angereichert, um ein beanspruchungsgerechtes Festigkeitsprofil mit einer hohen Randhärte und einem sanften Festigkeitsübergang hin zum Kerngefüge zu erzielen (Bild 3-2.2 und Bild 3-2.3). Hierbei können Einsatzhärtungstiefen von ca. 0,2 ... 5,0 mm prozesssicher erreicht werden. In der einsatzgehärteten Randschicht liegt in der Regel ein Gefüge aus Martensit und Restaustenit vor. Bild 3-2.10 zeigt bei-

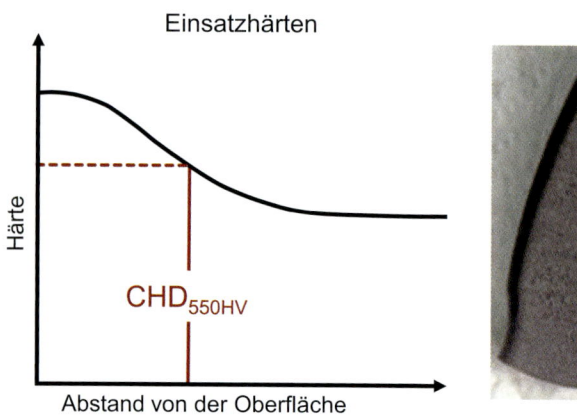

Bild 3-2.10
Schematischer Einsatzhärtungstiefenverlauf (links) und Härtekontur einer einsatzgehärteten Verzahnung (rechts) (CHD$_{550HV}$ – Einsatzhärtungstiefe bei einer Grenzhärte von 550 HV)

spielhaft einen schematischen Härtetiefenverlauf einer einsatzgehärteten Verzahnung sowie eine entsprechende Härtekontur.

Nachfolgend sind wesentliche Werkstoffkenngrößen aufgeführt, welche Einfluss auf die Tragfähigkeit einsatzgehärteter Zahnräder haben:

- Einsatzhärtungstiefe,
- Oberflächenhärte,
- Kernfestigkeit,
- Mikrostruktur und Korngröße,
- Restaustenitgehalt,
- Reinheitsgrad,
- Verformungsgrad,
- Homogenität des Werkstoffgefüges,
- Randoxidation.

Für die Verwendung in Getrieben steht eine Vielzahl von Einsatzstählen zur Verfügung. Ein Überblick über gängige, international im Einsatz befindliche Einsatzstähle unterschiedlicher Legierungskonzepte ist in Tabelle 3-2.2 dargestellt.

Neben den oben genannten Anforderungen werden insbesondere für Zahnräder umfangreicherer Baugröße spezielle Anforderungen an die Härtbarkeit gestellt,

welche jedoch in den gängigen Normen nicht weiter betrachtet werden. In Bild 3-2.11 ist der Einfluss des Grundwerkstoffs und somit der Härtbarkeit auf die Zahnfußtragfähigkeit einsatzgehärteter Zahnräder aus unterschiedlichen Einsatzstählen dargestellt.

Der Einfluss der Baugröße wird hierbei über den Baugrößenfaktor Y_X rechnerisch erfasst. Es zeigt sich ein signifikanter Einfluss des verwendeten Werkstoffs (und somit der Härtbarkeit) auf den Baugrößenfaktor. Werkstoffe mit hoher Härtbarkeit (17NiCrMo14 und 17CrNiMo6) zeigen hier im Vergleich zu einem Werkstoff mit geringer Härtbarkeit (16MnCr5) deutliche Vorteile in der Tragfähigkeit.

Ebenso ist das Einsatzhärtungsverfahren auf die Baugröße abzustimmen. Die unterschiedlichen Härteverfahren weisen hierbei jeweils Vor- sowie Nachteile auf. Ein Überblick über die gängigsten Einsatzhärtungsverfahren unter Angabe von Vor- und Nachteilen sowie zu möglichen Anwendungsgebieten ist in Tabelle 3-2.3 gegeben.

In Bild 3-2.12 sind die in ISO 6336-5 belegten erreichbaren Festigkeitswerte für die Grübchen- und Zahnfuß-Dauerfestigkeit einsatzgehärteter Zahnräder dar-

Tabelle 3-2.2 Chemische Zusammensetzung international verwendeter Einsatzstähle für Zahnräder mittlerer und großer Baugröße sowie übliche geografische Einsatzgebiete

Bezeichnung	Norm	Legierungsanteile in Massen-%									Region
			C	Si	Mn	P	S	Cr	Mo	Ni	
20MnCr5	EN 10084 0	min.	0,17	–	1,10	–	–	1,00	–	–	Westeuropa
		max.	0,22	0,40	1,40	0,035	0,035	1,30			
18CrNiMo7-6	EN 10084 0	min.	0,15	–	0,50	–	–	1,50	0,25	1,40	
		max.	0,21	0,40	0,90	0,025	0,035	1,80	0,35	1,70	
15CrNi6	EN 10084 0	min.	0,14	–	0,40	–	–	1,40	–	1,40	Frankreich, Deutschland
		max.	0,19	0,40	0,60	0,035	0,035	1,70		1,70	
17NiCrMo6-4	EN 10084 0	min.	0,14	–	0,60	–	–	0,80	0,15	1,20	Italien, Frankreich
		max.	0,20	0,40	0,90	0,025	0,035	1,10	0,25	1,50	
SAE 8620	SAE J1249 0	min.	0,18	0,15	0,70	–	–	0,40	0,15	0,40	Nordamerika
		max.	0,23	0,35	0,90	0,030	0,040	0,60	0,25	0,70	
SAE 9310	SAE J1249 0	min.	0,08	0,15	0,45	–	–	1,00	0,08	3,00	
		max.	0,13	0,35	0,65	0,025	0,040	1,40	0,15	3,50	
20CrMnTi*	GB T 3077 0	min.	0,17	0,17	0,80	–	–	1,00	0,00	–	China
		max.	0,23	0,37	1,10	0,035	0,035	1,30	0,15	0,30	
20CrMnMo	GB T 3077 0	min.	0,17	0,17	0,90	–	–	1,10	0,20	–	
		max.	0,23	0,37	1,20	0,025	0,035	1,40	0,30	0,30	
SCM420	JIS G4105 0	min.	0,18	0,15	0,60	–	–	0,90	0,15	–	Japan
		max.	0,23	0,35	0,85	0,030	0,030	1,20	0,30		

* 0,04 – 0,10 % Ti

3

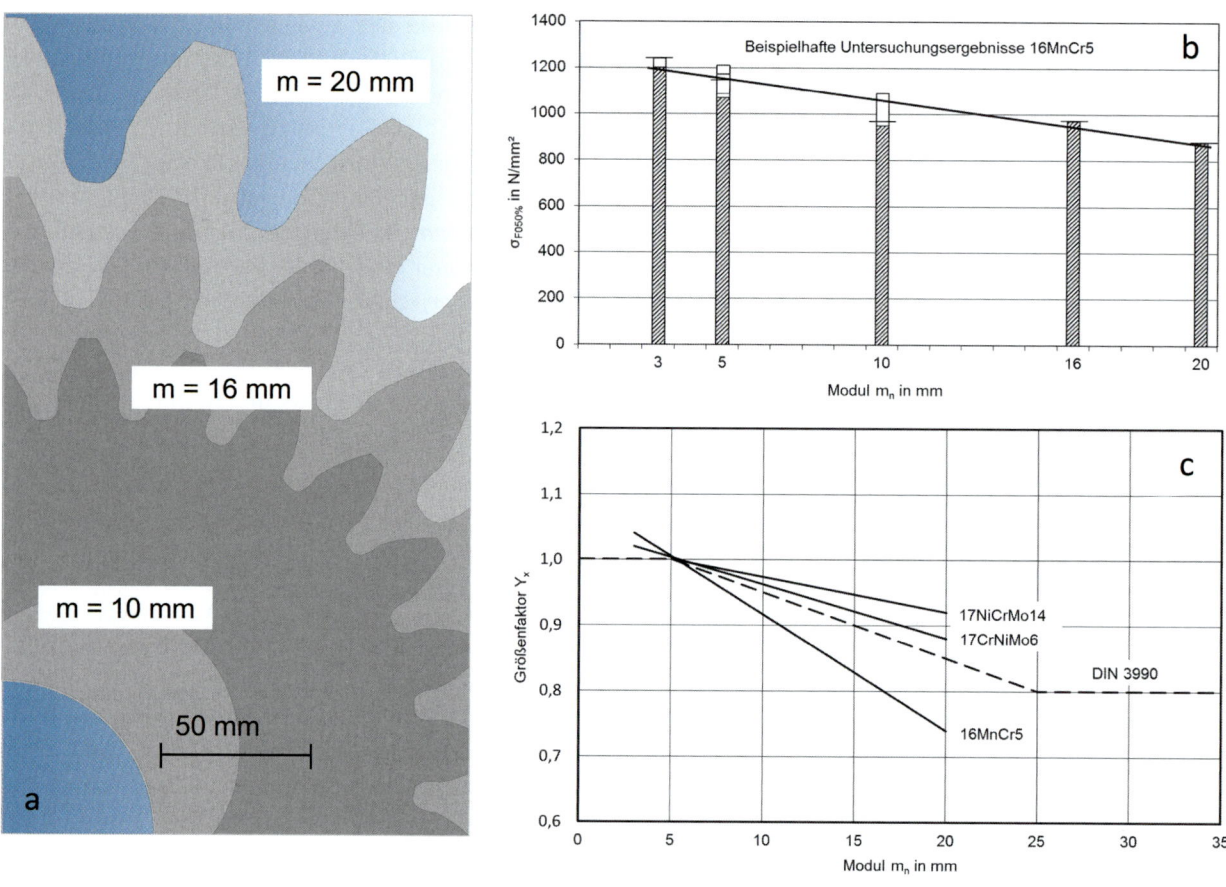

Bild 3-2.11 Einfluss der Baugröße auf die Zahnfußtragfähigkeit für Einsatzstähle mit unterschiedlichen Härtbarkeiten; (a) Beispiele für untersuchte Prüfräder, (b) experimentell bestimmte Zahnfußdauerfestigkeitsgrenze für den Werkstoff 16MnCr5 in Abhängigkeit der Baugröße, (c) experimentell bestimmter Größenfaktor zur Zahnfußtragfähigkeit für unterschiedliche Einsatzstähle (m_n – Normalmodul; Y_X – Größenfaktor für Zahnfußtragfähigkeit; $\sigma_{F0,50\%}$ – dauerfest ertragene Zahnfuß-Nennspannung für 50 % Ausfallwahrscheinlichkeit) (Steutzger et al. 1997)

Tabelle 3-2.3 Überblick über die gängigen Einsatzhärtungsverfahren für Zahnräder sowie Anwendungsgebiete, Vor- und Nachteile

Verfahren	Anwendung	Vorteile	Nachteile
Direkthärten	kleinere Zahnräder kleinere CHD	einfaches, preiswertes Härteverfahren wenig Verzug Energie-/Zeitersparnis höchste Kernhärtewerte	grobkörniger Martensit höhere Restaustenitgehalte Gefahr von Kornwachstum
Einfachhärten	größere Zahnräder größere CHD	feinnadeliger Martensit verringerter Restaustenitgehalt	energie- und zeitaufwendig Verzug
Doppelhärten	verzugsunempfindliche Zahnräder	höchste Kernzähigkeit feinkörniger Martensit geringer Restaustenitanteil	Verzug höchster Energie- und Zeitaufwand

gestellt. In Abhängigkeit der Werkstoffqualität bilden die darin belegten Kennwerte die Basis für den rechnerischen Tragfähigkeitsnachweis. Hierbei ist zu beachten, dass die ausgewiesenen Kennwerte Mittelwerte darstellen.

Durch spezielle Maßnahmen (z. B. Strahlbehandlung,

optimierte Werkstoffzusammensetzung oder Wärmebehandlung) ist es im Einzelfall möglich, experimentell abgesicherte höhere Tragfähigkeitskennwerte zu erzielen. Nach ISO 6336-5 steigen sowohl die Anforderungen an den Werkstoff als auch an die durchzuführenden Prüfungen zur Sicherstellung der Werkstoffquali-

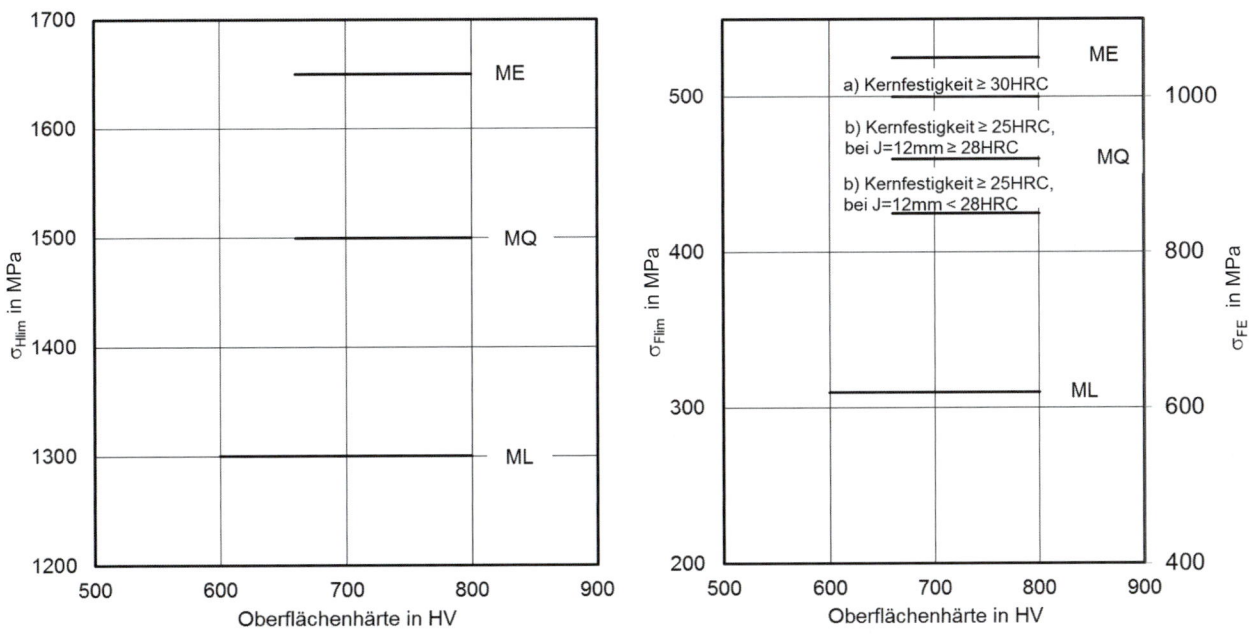

Bild 3-2.12 Grübchen- und Zahnfuß-Dauerfestigkeitskennwerte für einsatzgehärtete Verzahnungen nach ISO 6336-5

tät von Qualität ML zu Qualität ME deutlich. Für die üblicherweise in Deutschland verwendeten Einsatzstähle 16MnCr5, 20MnCr5 und 18CrNiMo7-6 liegt auf Basis zahlreicher Forschungsvorhaben (z. B. der Forschungsvereinigung Antriebstechnik e. V.) eine umfangreiche, abgesicherte Datenbasis zu Festigkeitskennwerten vor.

3-2.4.2 Nitrierstähle

Beim Nitrieren wird durch eine thermochemische Behandlung die Randschicht eines Werkstücks mit Stickstoff angereichert. Ziel ist die Erzeugung einer harten, verschleißfesten Randschicht. Gängige Nitrierwerkstoffe für Verzahnungen sind z. B. 31CrMoV9, 34CrNiMo6 oder 42CrMo4. Übliche Verfahren sind das Gas-, das Bad- oder das Plasmanitrieren. Bild 3-2.13

zeigt beispielhafte Gefügeaufnahmen der nitrierten Randschicht in unterschiedlichen Vergrößerungen.

An der Bauteiloberfläche liegt die sogenannte Verbindungsschicht (Bild 3-2.13 links, heller Bereich) vor, welche in der Regel nur wenige Mikrometer dick ist. Unterhalb der Verbindungsschicht liegt die Diffusionsschicht (Bild 3-2.13 rechts, dunkler Bereich). Im Hinblick auf tribologisch bedingte Schäden sind die Eigenschaften der Verbindungsschicht von maßgeblicher Bedeutung (geschlossene Verbindungsschicht, ausreichende Dicke der Verbindungsschicht, Zusammensetzung der Verbindungsschicht). Hinsichtlich ermüdungsbedingter Schäden sind zusätzlich die Eigenschaften der Diffusionsschicht maßgeblich.

Die Wahl der geeigneten Nitriertiefe ist an den Modul der Verzahnung gekoppelt und sollte mit steigendem Modul ebenfalls ansteigen. Allerdings ist zu beachten,

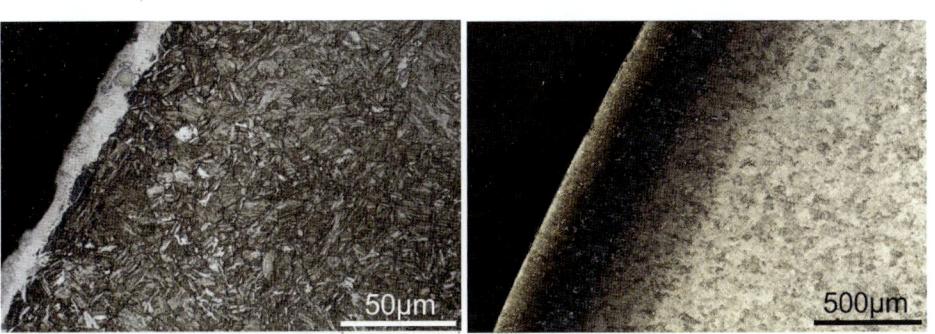

Bild 3-2.13
Exemplarische geätzte Schliffbilder nitrierter Verzahnungen
links: Darstellung der oberflächennahen Randschicht mit Verbindungsschicht (hell);
rechts: Darstellung der wärmebehandelten Zone mit Diffusionsschicht (dunkel) und darunter liegendem Kerngefüge

3

dass auf Grund technologisch bedingter Restriktionen (Diffusionsgeschwindigkeit des Stickstoffs, Temperatur während der Wärmebehandlung, Wärmebehandlungsdauer) die Nitriertiefe auf ca. 0,6 – 0,8 mm begrenzt ist. Im Vergleich zum Einsatzhärten liegt zudem ein deutlich steilerer Härteabfall von der Rand- hin zur Kernhärte vor. Weiterhin zeigen nitrierte Verzahnungen im Gegensatz zu einsatzgehärteten Verzahnungen eine deutlich ausgeprägte Überlastempfindlichkeit. Die erreichbaren Festigkeitswerte, insbesondere im Bereich der statischen Festigkeit, liegen zumeist unterhalb derer einsatzgehärteter Verzahnungen, jedoch liegt besonders bei Verzahnungen kleinerer Baugröße ein mögliches Tragfähigkeitspotenzial vor, da hier Beanspruchungs- und Beanspruchbarkeitsprofil gut korrelieren. Für Großzahnräder findet Nitrieren vor allem aus Gründen des Verschleißschutzes Anwendung.

3-2.4.3 Stähle zum Randschichthärten

Das Randschichthärten stellt ein thermisches Verfahren zum Härten mit einer auf die Randschicht be-schränkten Wärmeeinbringung und dadurch hervorgerufener Gefügeumwandlung dar. Ziel ist die Erzeugung einer hohen Oberflächenhärte verbunden mit einem möglichst sanften Härteübergang zum (vergüteten) Kernwerkstoff. Gängige Werkstoffe zum Randschichthärten von Verzahnungen sind 51CrV4, 34CrNiMo6 oder 42CrMo4, in besonderen Anwendungen auch Stahlguss oder Gusseisen. Die üblichen Verfahren sind Flamm-, Induktions-, Laser- oder Elektronenstrahlhärten. In Abhängigkeit des verwendeten Härteverfahrens kann eine Allzahn- oder Einzelzahnhärtung durchgeführt werden. Dabei sind unterschiedliche Härtekonturen realisierbar. Bild 3-2.14 zeigt beispielhaft zwei durch induktive Allzahnhärtung erzeugte Härtekonturen. Während die links dargestellte Verzahnung im Bereich der Zahnflanke vollständig durchgehärtet ist, weist die rechts dargestellte Verzahnung eine Härtekontur auf, die mit einsatzgehärteten Verzahnungen vergleichbar ist.

In Tabelle 3-2.4 ist eine Übersicht über die typischerweise verwendeten Härteverfahren in Abhängigkeit der Stückzahl sowie der Baugröße dargestellt.

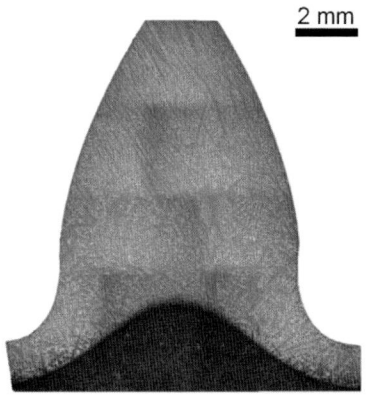

2 mm

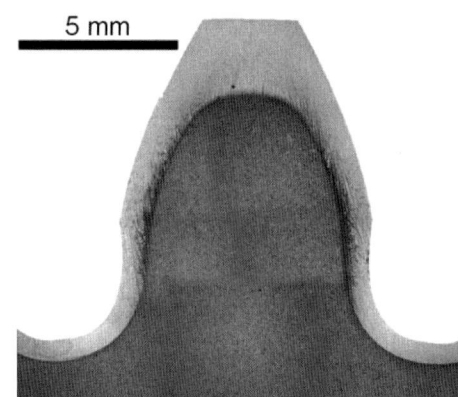

5 mm

Bild 3-2.14
Unterschiedliche, durch induktive Allzahnhärtung erzeugte Härtekonturen; links: durchgehärtete Zahnflanke, rechts: konturnahe Härtung

Tabelle 3-2.4 Überblick über die gängigen Randschichthärteverfahren für Zahnräder sowie Stückzahlen und Baugröße nach (Niemann/Winter 2003)

Verfahren		Stückzahl	Durchmesser in mm	Modul in mm	Härtewerte
Umlaufhärtung	Flamme	Serie, Einzelfertigung	bis 200 bis 1500	≤ 6 ≤ 18	Kopf/Flanke: 50 – 56 HRC
	Induktionshärtung im Einzel- oder Mehrfrequenzverfahren	Serie	bis 200	≤ 6	Zahngrund: 36 – 56 HRC
Einzelzahnhärtung	Flamme Beidflanken	Einzelfertigung	unbeschränkt	> 8	50 – 56 HRC
	Induktion Beidflanken	Kleinserie		6 – 40	
	Flamme Lücke			10 – 40	47 – 52 HRC
	Induktion Lücke			5 – 40	

Durch das Randschichthärten sind hohe Oberflächenhärtewerte erzielbar. Im Übergangsbereich zum Kerngefüge ist mit einem steilen Härteabfall zu rechnen. Im Vergleich zum Einsatzhärten können deutlich größere Härtetiefen bis in den Bereich von ca. 10 mm realisiert werden. Die erreichbaren Festigkeitswerte liegen zumeist unterhalb derer einsatzgehärteter Verzahnungen. Neuere Untersuchungen zeigen für Verzahnungen kleinerer Baugröße jedoch ein deutliches Tragfähigkeitspotenzial induktivgehärteter Verzahnungen, welches bisher nach ISO 6336-5 nicht berücksichtigt wird (Nadolski et al. 2016). Typische Anwendungsgebiete für die Allzahnhärtung stellen Großserien im Automobilbereich dar, während die Einzelzahnhärtung überwiegend für Großverzahnungen mit (sehr) geringen Stückzahlen zum Einsatz kommt.

3-2.4.4 Vergütungsstähle

Vergüten stellt ein durchgreifendes, rein thermisches Verfahren dar. Hierbei wird das Bauteil meist oberhalb von 550 °C gehärtet und anschließend angelassen. Gängige Vergütungswerkstoffe sind 30CrNiMo8, 36NiCrMo16 oder 42CrMo4. Anwendung findet das Vergüten überwiegend als Zwischenbehandlung vor der nachgelagerten Wärmebehandlung oder als letzter Schritt der Wärmebehandlung, insbesondere für Verzahnungen großer Baugröße. In Bild 3-2.15 sind exemplarisch Einflüsse des Kohlenstoffgehalts bzw. der

Legierungselemente auf mechanische Kenngrößen von Vergütungsstählen dargestellt.

Die Tragfähigkeit vergüteter Verzahnungen liegt deutlich unterhalb der von einsatzgehärteten, nitrierten oder randschichtgehärteten Verzahnungen. Die Vorteile vergüteter Verzahnungen liegen in der kostengünstigen und einfachen Herstellung, dem gut beherrschbaren Wärmebehandlungsverfahren, den guten Einlaufeigenschaften sowie der hohen Zahnfußbruchsicherheit. Vergütete Zahnräder finden Einsatzmöglichkeiten vor allem im Großgetriebebau (z.B. Walzwerke) sowie in der Paarung mit einem gehärteten Ritzel (z.B. in Planetengetrieben). Bei der Paarung mit einem härteren Partner ist das höhere Verschleißrisiko am vergüteten Zahnrad zu berücksichtigen.

3-2.5 Zusammenfassung und Ausblick

Das vielfältige und komplexe Beanspruchungsgeschehen am Bauteil Zahnrad erfordert eine besondere Sorgfalt bei der Auswahl von Werkstoff und Wärmebehandlungsverfahren unter Berücksichtigung der Betriebs- und Fertigungsbedingungen. Unterschiedliche Schadensmechanismen und eine Vielzahl sich zum Teil

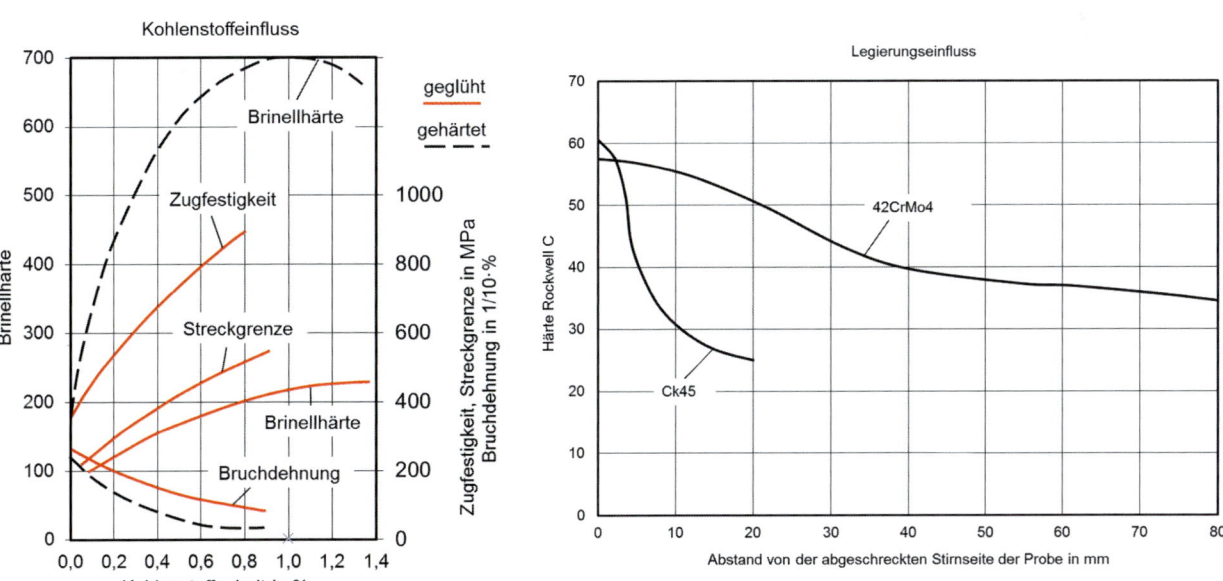

Bild 3-2.15 Einfluss des Kohlenstoffgehalts (links nach (Lüpfert 1966)) bzw. der Legierungselemente (rechts, s. DIN EN 10083) auf mechanische Kenngrößen von Vergütungsstählen

gegenseitig beeinflussender Kenngrößen erfordern eine möglichst genaue Kenntnis der physikalischen Zusammenhänge und bedingen häufig Kompromisse hinsichtlich der gewünschten Werkstoffeigenschaften. Vereinfachte Rechenverfahren und Auslegungsregeln auf der Basis von Erfahrungswerten und Untersuchungsergebnissen geben dem Getriebekonstrukteur in der Praxis die Möglichkeit, rasch und zuverlässig eine den Anforderungen entsprechend geeignete Wahl von Werkstoff- und Wärmebehandlungsverfahren zu treffen. Aufgrund des bei Zahnrädern charakteristischen Beanspruchungsprofils über der Werkstofftiefe im Bereich der Zahnflanke und des Zahnfußes kommt speziell bei hoher Leistungsanforderung den Stählen mit einer Möglichkeit zur Wärmebehandlung eine überragende Bedeutung zu. Nur durch das Zusammenwirken von Konstruktion und Werkstoff- bzw. Wärmebehandlungstechnik kann es somit letztendlich gelingen, das vorhandene Wissen zum Beanspruchungszustand und den erforderlichen Werkstoffeigenschaften optimal zu nutzen und entsprechend optimierte Lösungen für Bauteile im Bereich der Antriebstechnik zu entwickeln. An moderne Zahnradgetriebe werden stetig neue Anforderungen wie z. B. höhere Leistungsdichte, reduzierte Kosten, erhöhte Zuverlässigkeit der Komponenten oder weitere Ausnutzung von Werkstoffpotenzialen gestellt. Im Bereich der Wärmebehandlung wird vermehrt das Hochtemperaturaufkohlen zur Verringerung der Prozesszeiten eingesetzt, was jedoch erhöhte Anforderungen an die Feinkornbeständigkeit bedingt. Im Rahmen aktueller Forschungen werden z. B. alternative Gefügezustände (z. B. Carbonitrieren mit hohem Restaustenitgehalt in der gehärteten Randschicht, welcher durch Ausscheidungen stabilisiert werden soll) untersucht. Im Bereich des Nitrierens werden Verfahren zum sog. Tiefnitrieren betrachtet, welche Nitrierhärtetiefen > 1 mm ermöglichen sollen. Im Bereich der Randschichthärtung findet die induktive Mehrfrequenzhärtung mehr und mehr Verbreitung, durch die Verzahnungen kleiner bis mittlerer Baugröße sehr schnell konturtreu und somit beanspruchungsgerecht gehärtet werden können. Im Bereich der Stahlherstellung werden Anstrengungen unternommen, den Reinheitsgrad zu erhöhen sowie Seigerungen zu verringern.

Durch Mikrolegierungskonzepte soll die Schadenstoleranz erhöht werden. Aus verbesserten Werkstoffeigenschaften erwachsen zudem neue Anforderungen an geeignete Messtechniken zur Sicherstellung der gewünschten Qualität und die Notwendigkeit verbesserter Werkstoffmodelle zur Berechnung der Tragfähigkeit. Zu allen oben genannten Aspekten werden zahlreiche Forschungsvorhaben durchgeführt. Dies zeigt die Notwendigkeit weiterer Verbesserungen in der Tragfähigkeit von Zahnrädern.

Literatur zu Kapitel 3-2

GB/T 3077: Alloy Structure Steels. 2015

Hippenstiel, F.; Johann, K.-P.; Caspari, R.: Tailor Made Carburizing Steels for Use in Power Generation Plants. Paper presented at the European Conference on Heat Treatment, Strasbourg, France 2009

JIS G4105: Chromium Molybdenum Steels

Krause, C.; Biasutti, F.; Davis, M.: Induction Hardening of Gears with Superior Quality and Flexibility Using Simultaneous Dual Frequency (SDF®). AGMA Technical Paper, Alexandria 2011

Lüpfert, H.: Metallische Werkstoffe. C. F. Winter, Prien 1966

Nadolski, D.; Dobler, F.; Steinacher, M.; Tobie, T.; Zoch, H.-W.; Stahl, K.: Tragfähigkeit und Festigkeitseigenschaften induktionsgehärteter Zahnräder. Abschlussbericht, Forschungsvorhaben Nr. 660, Heft 1186, Forschungsvereinigung Antriebstechnik e. V., Frankfurt am Main 2016

Niemann, G.; Winter, H.: Maschinenelemente Band 2: Getriebe allgemein, Zahnradgetriebe – Grundlagen Stirnradgetriebe. 2. Auflage, Springer Verlag, Berlin 2003

SAE J 1249: Former SAE Standard and Former SAE Ex-Steels. 2008

Spitzer, H.; Bleck, W.; Flesch, R.: Einsatzstähle – Normung und Entwicklungstendenzen. ATTT/AWT-Tagung Einsatzhärtung, Tagungsband, S. 11 – 20, Aachen, April 1998

Steutzger, M.; Oster, P.; Höhn, B.-R.: Größeneinfluß auf die Zahnfußfestigkeit. Forschungsvorhaben Nr. 162, Heft 529, Forschungsvereinigung Antriebstechnik e. V., Frankfurt am Main 1997

Tobie, T.; Höhn, B.-R.; Stahl, K.: Tooth Flank Breakage – Influences on Subsurface Initiated Fatigue Failures of Case Hardened Gears. Proceedings of the ASME 2013 International Design Engineering Technical Conferences and Computers and Information in Engineering Conference, Portland, Oregon, USA August 4-7 2013, Paper No. DETC2013-12183

Winter, H.-J.: 20 Jahre Antriebstechnik. Sonderheft (1981), S. 11 – 16

Alle im Text erwähnten Normen sind in einer Liste zusammengefasst (Seite 889).

3-3 Zähne für eine Baggerschaufel

Frank Wilke

Funktion

Zähne einer Baggerschaufel müssen eine hohe Verschleißbeständigkeit aufweisen und dürfen nicht spröde brechen, da im Einsatz durchaus schlagartige Beanspruchungen auftreten können.

Werkstoffe und deren Eigenschaften

Als Werkstoff kommt u.a. Mangan-Hartstahl 1.3401 zum Einsatz, der zum einen hohe Festigkeit aufweist, zum anderen bei jeglicher Kaltverformung sofort stark aufhärtet. Der Werkstoff ist somit auch zusätzlich verschleißfest und kann nicht kalt gesägt oder kalt abgeschert werden.

Tabelle 3.-3.1 Beispiel eines Stahls für Baggerzähne (typische Werte)[1]

Kurz-name	Werkstoff-nummer	Legierungsanteile in Massen-%				
		C	Si	Mn	Cr	N
X120Mn12	1.3401	1,2	0,4	12,5	0,4	0,009

1) Werkstoff ist nicht genormt

Abmessungen

Als Vormaterial dient Halbzeug im Abmessungsbereich 30 bis 100 mm $\varnothing$ Stabstahl zum Verschmieden, hergestellt aus Vorblock-Strangguss.

Herstellungsprozess

Mangan-Hartstahl 1.3401 wird im Strangguss vergossen und heiß zu Stabstahl gewalzt. Nach Abkühlung auf Raumtemperatur ist keine Kaltbearbeitung des Stahls möglich. Zum Herstellen von Baggerzähnen wird das Material wieder auf 1000 °C erwärmt, geschert und zu den Baggerzähnen präzis verformt, da eine weitere Kaltbearbeitung nach dem Abkühlen des Baggerzahns sehr aufwändig ist. Der Baggerzahn wird danach entweder mit der Baggerschaufel verschraubt oder verschweißt. Ein verschraubter Baggerzahn kann ohne Probleme nach Verschleiß im Einsatz ersetzt werden. Der Vorteil dieses Stahls als Baggerzahn ist, dass die Spitze des Baggerzahns während der Einsatzzeit durch die Beanspruchung selbst wieder aufhärtet.

Perspektive/Alternativen

Werkstoff 1.3401 ist ein kostengünstiger, hoch verschleißbeständiger Stahl, der derzeit keine kostengünstigeren Alternativen hat.

3-4 Wälzlager für verschiedene Bereiche

Frank Wilke

Funktion

Im Gegensatz zu Gleitlagern mit Buntmetall-Komponenten sind Wälzlager mit kugel-, rollen- oder tonnenförmigen Elementen verschleißarm und wartungsarm. Je nach vorgegebener Belastungsart gibt es verschiedenste Geometrien, um radiale bis schräg einwirkende Kräfte zwischen bewegtem und ruhendem Teil abzuleiten. Die bekanntesten Lager sind Radlager, Achslager bei Schienenfahrzeugen sowie Großlager bei Windkraftanlagen.

Bild 3-4.1 Beispiel für Wälzlager

Werkstoffe und deren Eigenschaften

Sowohl Wälzkörper als auch Außen- und Innenringe der Lager müssen zur Verschleißminimierung eine hohe Oberflächenhärte über 60 H_{Rc} aufweisen. Im Edelstahlbereich kommen hier grundsätzlich 3 verschiedene Werkstoffgruppen zum Einsatz:

- Durchhärtende Wälzlagerstähle, wie 100Cr6
- Einsatzstähle, wie 20MnCr5, die im aufgekohlten Zustand eine hohe Oberflächenhärte erzeugen, im Kern jedoch das duktile vergütete Gefüge aufweisen
- Kohlenstoffstähle, wie C56E2, deren Laufbahnen induktiv oberflächengehärtet werden

Für korrosionsbelastete Anwendungsfälle gibt es nichtrostende Wälzlager, die aus härtbarem Chromstahl (1.3541, 1.3543), aus druckaufgesticktem martensitischen Chromstahl (1.4108) oder aus martensitischem, oberflächenaufgestickten 1.4021-Martensit bestehen (Aufsticken im Solnit-Verfahren).

Allen Wälzlagerstählen ist gemein, dass sehr hohe Anforderungen an den Reinheitsgrad gestellt werden. Dieser hohe Anspruch, verbunden mit geringsten Spurenelementen, wie Calcium, Titan oder Schwefel, gewährleistet eine lange Lebensdauer und reduziert die Gefahr von Feldausfällen durch Unstetigkeit und Fehler im Material bis 1 mm unter der Wälzoberfläche.

Durchhärtende Wälzlagerstähle, wie 100CrMn6, ggf.

Tabelle 3-4.1 Beispiele von Werkstoffen für Wälzlager gemäß DIN EN ISO 683-17

Kurzname	Werkstoff-nummer	Legierungsanteile in Massen-%							
		C	Si	Mn	Cr	Mo	Al	O	N
100Cr6	1.3505	1,0	0,3	0,4	1,4		0,003	0,0008	
100CrMn6	1.3520	1,0	0,6	1,1	1,5		0,003	0,0008	
C56E2	1.1219	0,54	0,2	0,9	0,1		0,008	0,0012	
X108CrMo17	1.3543	0,98	0,3	0,5	17,0	0,50	0,008	0,0015	
X47Cr14	1.3541	0,44	0,3	0,3	12,8		0,008	0,0020	
X30CrMoN15-1	1.4108	0,30	0,4	0,4	14,5	0,90	0,009		0,350

zusätzlich eine elektroschlacke-umgeschmolzene Qualität, weisen werkstofflich den besten Reinheitsgrad auf und erzielen die längsten Lebensdauern. Aufgekohlte Einsatzstähle sind durch den notwendigen Gehalt an Aluminium zur Feinkornbeständigkeit nach dem Einsatzhärten bezüglich Reinheitsgrad schlechter zu bewerten, haben aber als Grundwerkstoff eine höhere Duktilität. Nichtrostende Wälzlagerstähle erreichen nur selten die Oberflächenhärte wie durchhärtende Wälzlagerstähle, zudem sind sie in der Korrosionsbeständigkeit als knapp einzustufen, speziell, wenn sie einen erhöhten Kohlenstoffgehalt aufweisen und dadurch ein Teil des Chroms als Chromkarbid abgebunden ist.

Das Gefüge sollte seigerungsarm und fein karbidisch sein, da grobe Karbide sowohl die Lebensdauer des Lagers als auch das Laufgeräusch beeinflussen.

Abmessungen

Je nach Geometrie des Wälzlagers kann das Vormaterial aus sehr dünnen Drahtabmessungen bestehen, aber auch aus großen geschmiedeten Ringen oder gewalzten flanschartigen Ringen. Abmessungstechnisch gibt es somit bei Wälzlagern kaum Beschränkungen. Ein hoher Gesamtumformgrad aus dem Gusszustand ist anzustreben.

Herstellungsprozesse

Bei Wälzlagern in großen Serien werden die Kugeln als Wälzkörper überwiegend heiß in einer Schmiedemaschine verpresst, während Innen- und Außenringe zu großen Teilen über eine Hatebur-Presse warm verpresst werden. Im Gegensatz dazu werden tonnen- oder rollenförmige Wälzkörper zerspanend hergestellt. Je nach Art der Werkstoffgruppe werden die Bauteile zerspant und danach einsatzgehärtet oder induktiv oberflächengehärtet. Danach erfolgt eine Feinbearbeitung. Beim Zusammenbau Innenring/Außenring/Wälzkörper werden durch sogenannte Käfige aus Messing, Stahl oder Kunststoff die einzelnen Wälzkörper zueinander auf Distanz und in der richtigen Lage gehalten.

Perspektive/Alternativen

Aufgrund der hohen Oberflächenhärte gibt es auch keramische Wälzkörper, die jedoch noch Schwächen bei schlagartiger Belastung aufweisen. Für eine lange Lebensdauer der Lager sind auch heute durchhärtende Wälzlagerstähle wie 100CrMn6 der qualitativ beste Werkstoff: Aus Kostengründen werden für Wälzlager mit deutlich begrenzter Lebensdauer zunehmend Stähle wie C56E2 eingesetzt. Die Mengenentwicklung der Lager entspricht der der Automobilindustrie sowie des allgemeinen Maschinenbaus.

3

Auswerferstifte

Serosh Engineer

Auswerferstifte werden zum Auswerfen von Formteilen aus Press-, Spritzgieß- oder Druckgießwerkzeugen verwendet. Sie werden in verschiedenen Ausführungen hergestellt (Bild 3-5.1).

Die unterschiedlichen Ausführungen der Auswerferstifte sind mit Angaben der Bemaßung und der Oberflächenbeschaffenheit in nachstehenden Normen angegeben:

- Auswerferstifte mit zylindrischem Kopf und zylindrischem Schaft: DIN EN 1530-1,
- Auswerferstifte mit zylindrischem Kopf und abgesetztem Schaft (bezeichnet als abgesetzter Auswerferstift): DIN EN 1530-2,
- Auswerferstifte mit zylindrischem Kopf und abgeflachtem Schaft (bezeichnet als Flachauswerfer): DIN ISO 8693,
- Auswerferstift mit kegligem Kopf und abgesetztem Schaft: DIN EN 1530-1.

Für Druckgießwerkzeuge werden überwiegend Auswerferstifte aus dem Warmarbeitsstahl X38CrMoV5-1 (1.2343) im vergüteten Zustand mit einer Festigkeit von > 1.400 MPa im Kern eingesetzt. Diese Auswerfer-

stifte werden in der Regel auf eine Oberflächenhärte von mindestens 950 HV0.3 nitriert. Der warm gestauchte zylindrische Kopf muss eine Härte von 45 +/− 5 HRC aufweisen.

Für Press- und Spritzgießwerkzeuge werden Auswerferstifte überwiegend aus Kaltarbeitsstählen mit einer Härte von 60 +/− 2 HRC eingesetzt. Kaltarbeitsstähle wie zum Beispiel 115CrV3 (1.2210), 120WV4 (1.2516), 90MnCrV8 (1.2842) oder auch die höherlegierten Varianten wie X210Cr12 (1.2080) oder X155CrMoV12-1 (1.2379) werden im vergüteten Zustand verwendet.

Die Flachauswerfer werden üblicherweise aus dem Stahl 100Cr6 (1.3505 oder 1.2067) gefertigt. In besonderen Fällen werden sie aus Schnellarbeitsstählen (z. B. 1.3343: S 6-5-2) oder bei einer Forderung an eine gewisse Korrosionsbeständigkeit aus den Werkstoffen X90CrMoV18 (1.4112) oder X105CrMo17 (1.4125) hergestellt (Tab. 3-5.1).

Die Auswerferstifte besitzen am Schaft eine sehr geringe Durchmessertoleranz von g6 (DIN EN ISO 286-2). Dies bedeutet, dass z. B. bei einem Schaftdurchmesser von 10 bis 18 mm eine Toleranz von − 6 bis − 17 μm

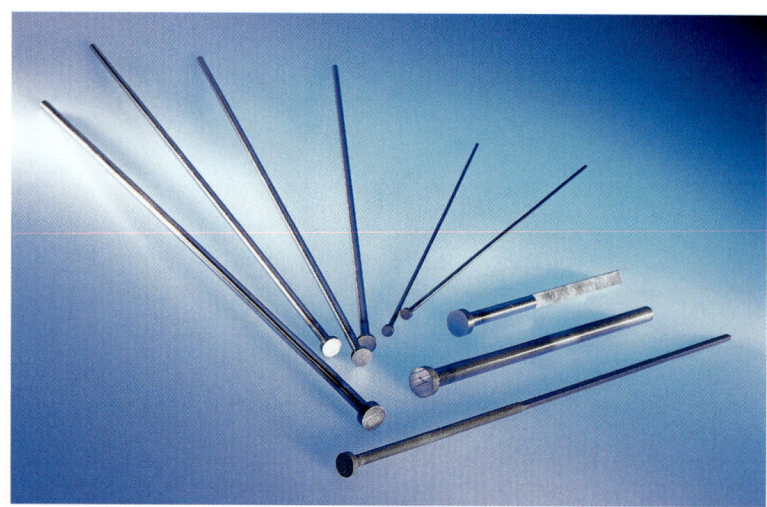

Bild 3-5.1
Auswerferstifte (Quelle: Fa. Gebrüder Eberhard GmbH & Co KG, Nordheim)

Tabelle 3-5.1 Häufig verwendete Stähle für Auswerferstifte

Kurzname	Werkstoff-nummer	Verwendung	Härte/Festigkeit
X210Cr12	1.2080	Auswerferstifte für Press- und Spritzgießwerkzeuge	Gehärtet auf 60 +/- 2 HRC
115 CrV 3	1.2210		
X155CrMoV12-1	1.2379		
100MnCrW4	1.2510		
120W4	1.2516		
90MnCrV8	1.2842		
100Cr6	1.3505/ 1.2067	Flachauswerfer-stifte	
X38CrMoV5-1	1.2344	Auswerferstifte für Druckgieß-werkzeuge	
S 6-5-2	1.3343	Auswerferstifte für Druckgieß-werkzeuge	Vergütet auf 1400 MPa
X90CrMoV18	1.4112	Auswerferstifte mit Anforderung an die Korrosions-beständigkeit	Vergütet auf 60+/- 2 HRC
X105CrMo17	1.4125		

eingehalten werden muss. Zugleich muss der Schaft des Auswerferstiftes eine sehr glatte Oberfläche aufweisen. Es wird eine Oberflächenrauheit Rz von max. 2,5 µm verlangt. Da bei der Herstellung der Auswerferstifte nur der Kopf warm gestaucht wird, müssen die geforderten Eigenschaften im Schaftbereich praktisch an dem gelieferten Vormaterial (Stabstahl) eingestellt

werden. Dies stellt sehr hohe Anforderungen an die Durchmessertoleranz und an die Oberflächenbeschaffenheit des Stabstahles.

Die Auswerferstifte werden aus gezogenem, vergüteten (Festigkeit von > 1400 MPa) und geschliffenen Stabstahl angefertigt. Damit die Durchmessertoleranz am Schaft des Auswerferstiftes nach der Oberflächenbehandlung (z. B. nach dem Nitrieren) von g6 eingestellt wird, muss die Durchmessertoleranz am Stab bei fg6 nach DIN EN ISO 286-2 liegen. Ein Beispiel von einem Stabdurchmesser mit einem Nennmaß von 10 mm verdeutlicht die einzuhaltende enge Toleranz. Die Durchmessertoleranz des geschliffenen Stabes mit einem Nennmaß von 10 mm darf nur zwischen – 7 und – 18 µm (fg6), also zwischen 9,982 und 9,993 mm, liegen, damit der Auswerferstift nach der Oberflächenbehandlung eine Toleranz von – 5 bis – 14 µm (g6), also zwischen 9,986 und 9,995 mm, aufweist. Die Oberflächenrauheit des Stabstahles muss auch auf Rz-Werte von 2,5 µm eingestellt werden.

Zur Erfüllung der Anforderungen an vergüteten und geschliffenen Stabstahl für Auswerferstifte sind genau arbeitende Schleifmaschinen notwendig. Zudem muss die Vergütung in Schutzgasatmosphäre vorgenommen werden, um eine Entkohlung der Stähle zu vermeiden.

Alle im Text erwähnten Normen sind in einer Liste zusammengefasst (Seite 889).

3

Linearführungssysteme aus Blankstahl

Serosh Engineer

Die Hauptkomponente des Linearführungssystems sind Führungsschienen und Führungswagen (Bild 3-6.1), die gezogen und fertig bearbeitet sein können.

Die gezogenen Führungsschienen und -wagen werden als endabmessungsnahe Profile hergestellt und anschließend nur noch gebohrt und geschliffen. Die Laufbahn, auf der der Wagen rollt, wird induktiv gehärtet. Die Bewegung des Führungswagens erfolgt durch das Abrollen auf Wälzkörperreihen, die auf vier Laufbahnen in der Führungsschiene gelagert sind (Bild 3-6.2).

Diese Bewegungstechnologie ermöglicht eine reibungsarme, gleichmäßige und präzise Kraftübertragung sowie eine hohe Steifigkeit des Systems. Die Linearführungen lassen sich hinsichtlich ihrer entscheidenden Funktionalität, wie Lebensdauer und Tragzahlen, mathematisch berechnen. Mit diesen Komponenten können lineare Bewegungen von z. B. Maschinenteilen präzise, zuverlässig und kostengünstig durchgeführt werden. Wesentliche Anforderungen an die gezogenen Schienen und Wagen sind:

- Das gezogene Profil soll konturtreu mit möglichst geringem Schleifaufmaß sein.

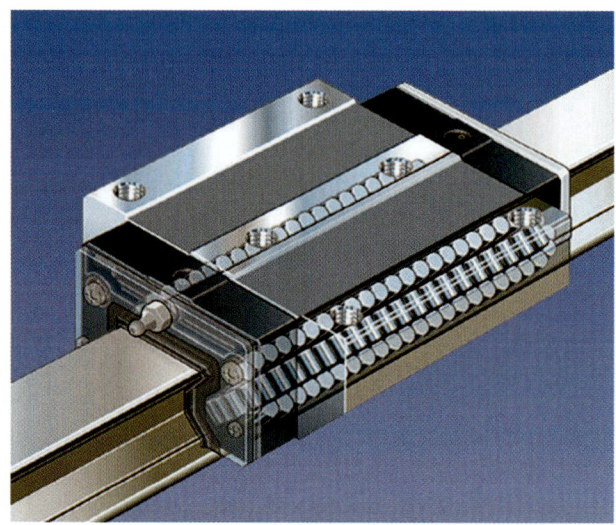

Bild 3-6.2 Bewegungstechnologie des Führungswagens (Quelle: Bosch Rexroth AG)

- Die Oberfläche der gezogenen Bauteile soll möglichst frei von Fehlern sein.
- Die Entkohlung der gelieferten gezogenen Schienen und Wagen muss auf ein Minimum begrenzt sein.

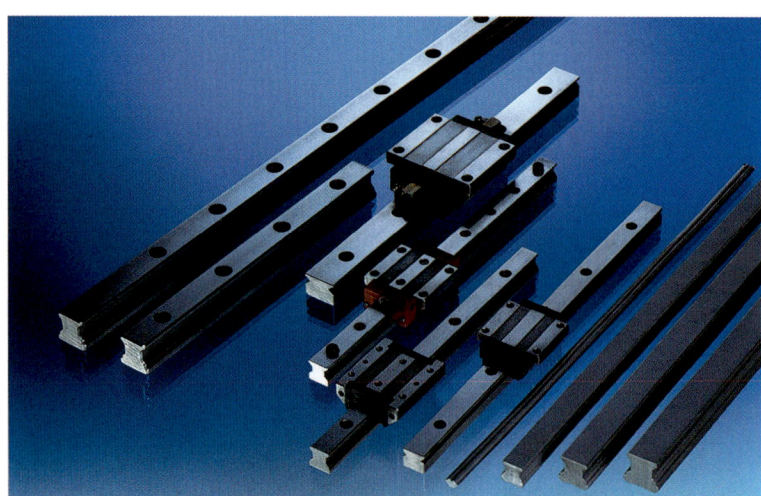

Bild 3-6.1
Linearführungsschienen und -wagen (links: bearbeitete Schienen und Wagen; rechts: gezogene Schienen) (Quelle: EZM EdelstahlZieherei Mark, Wetter)

- Es werden hohe Geradheitsanforderungen über die gesamte Länge des gezogenen Stabs gestellt.
- Zur Vermeidung von Verzug müssen die gezogenen Stäbe geringe Eigenspannungen aufweisen.

Die verwendeten Werkstoffe für die Führungsschiene müssen einen Kohlenstoffgehalt von über 0,55 % aufweisen, damit nach dem Härten der Laufbahnen eine Härte von > 58 HRC erreicht wird. Die hohe Härte ist wegen der auftretenden hohen Herz'schen Pressungen notwendig. Die Laufbahnen der Führungsschienen müssen wegen der Gleitbewegungen der Wälzkörper eine ausreichende Verschleißfestigkeit besitzen. Je nach Anwendung und Umgebungsbedingungen müssen Werkstoffe verwendet werden, die eine ausreichende Temperatur- und Korrosionsbeständigkeit haben. Die meist verwendeten Werkstoffe sind 60Cr3 (1.7177), 58CrMoV4 (17792) und der korrosionsträge Werkstoff 1.4037 (X65Cr13).

3

Klemmkörperprofile für Freiläufe

Serosh Engineer

Freiläufe sind wichtige Komponenten im Maschinen- und Anlagenbau. Freiläufe mit Klemmkörpern weisen entscheidende Vorteile als selbstschaltendes Antriebselement auf. Sie vereinen Eigenschaften wie hohe Betriebssicherheit, Wirtschaftlichkeit und hohe Automatisierungsgrade in sich. Beispiele von Klemmkörperprofilen im gezogenen Zustand und der Einbau der Klemmkörperprofile sind aus Bild 3-7.1 ersichtlich.

Freiläufe sind hochbelastbare Maschinenelemente mit besonderen Eigenschaften. Der Klemmstück-Freilauf besteht aus Außen- und Innenringen mit zylindrischen Laufbahnen. Dazwischen sind die einzelnen angefederten Klemmstücke angeordnet (Bild 3-7.2). In der einen Drehrichtung gibt es keine Verbindung zwischen dem Außen- und Innenring und der Freilauf läuft frei.

In der anderen Richtung gibt es eine feste Verbindung zwischen dem Innen- und Außenring und in dieser Drehrichtung kann ein hohes Drehmoment übertragen werden.

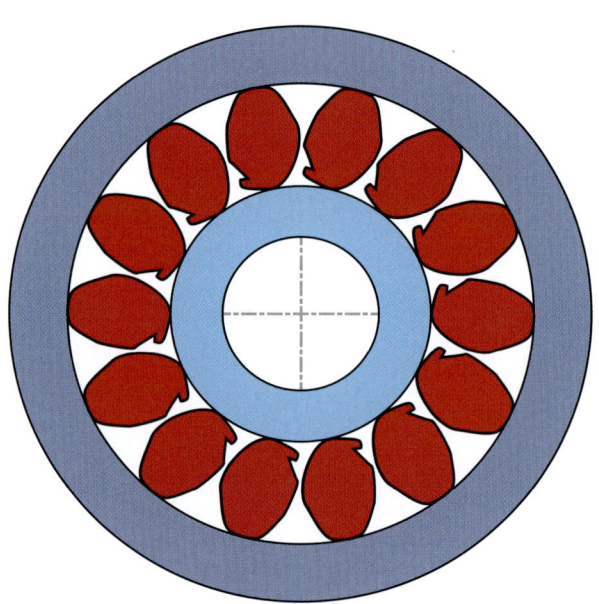

Bild 3-7.2 Schematische Darstellung eines Klemmstück-Freilaufs (Quelle: Fa. Ringspann)

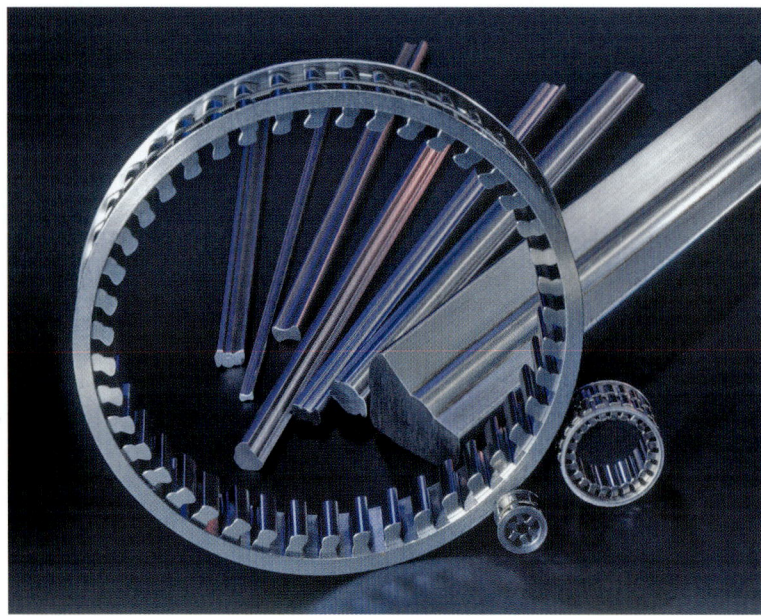

Bild 3-7.1
Klemmkörperprofile (Quelle: EZM EdelstahlZieherei Mark, Wetter)

Einige typische Anwendungsbeispiele für Freiläufe sind:

- Überholkupplungen: Diese trennen beim Abschalten von z. B. Ventilatoren und Gebläsen die schnell laufenden Teile von den Antrieben, sodass sie freilaufen können.
- Vorschubschaltfreiläufe: Die Vorschubschaltfreiläufe bilden die Vorschubeinrichtungen für Material an Stanz- und Schmiedepressen sowie an Drahtverarbeitungsanlagen.
- Rücklaufsperren: In Schrägförderbändern und Aufzügen verhindern die Rücklaufsperren ein Rücklaufen des Fördergutes bei Stromausfällen oder Motorenstillstand.

Die gezogenen Stäbe aus Klemmkörperprofilen müssen eine sehr hohe Geradheit und vor allem eine Maßhaltigkeit in Mikrometerbereich aufweisen. Zudem ist ein Stahl mit sehr gleichmäßigem Gefüge mit geringer Entkohlung erforderlich. Wegen der erforderlichen hohen Verschleißbeständigkeit werden in der Regel Stähle mit rd. 1 % C (wie z. B. 100Cr6, Werkstoffnummer 1.3505) eingesetzt.

3

Rakelwellen für Auftrags-systeme für das Streichen von Papier und Karton

Serosh Engineer

In der Papier- und Kartonindustrie ist das Dosiersystem Rakel das bevorzugte System für das Streichen des Materials. Unter Streichen sind u. a. der Vorstrich, die Rückseitenbehandlung von Karton sowie die Oberflächenleimung und Pigmentierung mit der Filmpresse zu verstehen. Das Rakelsystem weist gegenüber dem Dosiersystem Streichklinge höhere Standzeiten und eine geringere Störanfälligkeit auf. Es hat sich deswegen im Online-Betrieb durchgesetzt.

Für eine hydrodynamische Dosierung der Aufträge nach dem Rakelsystem wird eine glatte oder mittels spanabhebender Bearbeitung profilierte Rakelwelle eingesetzt. Je nach der geforderten Strichqualität, Standzeit und Laufeigenschaft des Dosiersystems wird die Rakelwelle verchromt oder mit Keramik beschichtet. Entscheidend für die Menge des Auftrags ist der sich einstellende Druck gegenüber der Auftragswalze. Der Druck ist abhängig von der Rheologie des Beschichtungsmaterials, der Maschinengeschwindigkeit und dem Durchmesser der Rakelwelle. Bei einem Rakelwellendurchmesser von z. B. 25 mm werden Maschinengeschwindigkeiten von über 1250 m/min gefahren. Diese Bedingungen stellen hohe Anforderungen an die Rakelwellen.

Die Rakelwelle muss eine ausreichende Korrosionsbeständigkeit gegen das aufzutragende Medium aufweisen; daher wird sie häufig aus dem Werkstoff 1.4301 (X5CrNi18-10 nach DIN EN 10088) hergestellt (Bild 3-8.1).

Der Auftrag auf dem Papier oder Karton muss sehr gleichmäßig erfolgen. Daher werden folgende Forderungen an die Rakelwellen gestellt:

- Die Welle muss möglichst zylindrisch sein. Innerhalb einer Welle wird eine Durchmesserabweichung von maximal 3 µm toleriert.
- Die Rakelwelle muss möglichst weich und spannungsfrei sein.
- Die Geradheitsabweichung über die gesamte Länge der Rakelwelle soll unter 0,3 mm liegen.

Je nach Anlagenkonfiguration des Dosiersystems werden Rakelwellen in Längen von 3 bis zu 12 m mit einem Durchmesser von 9 bis 25 mm eingesetzt.

Bild 3-8.1 Rakelstangen aus 1.4301
(Quelle: EZM EdelstahlZieherei Mark GmbH, Wetter)

Literatur zu Kapitel 3-8
Füger, Ch.; Knop, R.; Schepers, D.: Mitteilung der Fa. Horst Sprenger GmbH, Moers

Die im Text erwähnte Norm ist in einer Liste enthalten (Seite 889).

Pulvermetallurgische Werkstoffe

Frank Baumgärtner, Ingolf Langer

Unter Pulvermetallurgie versteht man die Herstellung und Verarbeitung von metallischen Pulvern, wobei die Abgrenzung zu weiteren pulververarbeitenden Technologien nicht exakt definiert ist. Allen gemeinsam ist jedoch die grundsätzliche Verfahrensweise. Ausgehend vom Pulver erfolgt eine Formgebung mit anschließender Konsolidierung zu einem Halbfabrikat bzw. Fertigprodukt. Die wichtigsten pulvermetallurgischen Verfahren sind

- das axiale Pressen oder auch Sintertechnologie genannt,
- das pulvermetallurgische Spritzgießen und
- die Herstellung von Halbzeugen, wie beispielsweise Werkzeugstählen, über unterschiedliche Herstellprozesse, u. a. über heißisostatisches Pressen (HIP).

3-9.1 Axiale Presstechnik

Formteile

Waren früher poröse Gleitlager aus Bronze- und Eisenlegierungen die bekanntesten Vertreter aus der Werkstoffgruppe der axialen Presstechnik, so überwiegen heute im modernen Automobilbau Formteile, die in hoher Stückzahl produziert werden. In Gleitlagern wird die Porosität der Pulverpresslinge gezielt eingestellt und genutzt, um Öle, Fette und andere gleitverbessernde Medien einzuschließen, die dann im Einsatzfall den EHD-Kontakt mitbestimmen. Typische Anwendungsfälle sind Kleinmotoren und Lüfter, die eine zuverlässige Schmierung während ihrer gesamten Lebensdauer über viele Jahre ohne Service sicherstellen müssen.

Formteile zeichnen sich durch teilweise sehr komplexe Geometrien aus. Sehr bekannt sind Verzahnungsbauteile, die in millionenfacher Stückzahl hergestellt werden. In Kleingetrieben finden sich solche Verzahnungsteile bis hin zu Anwendungen in der Motorsteuerung (Kettenräder, Riemenscheiben) oder Bauteilen in Automatik- und Schaltgetrieben (Synchronringe etc.). Grundsätzlich unterscheiden sich die Anwendungen einerseits in solche mit geringer bis mittlerer Belastung, bei denen beim Pressen eine mittlere Dichte eingestellt wird, die noch ca. 10 – 15 % Restporosität aufweist. Höhere Belastungskollektive benötigen eine weitere Reduktion der Porosität und auch eine Auswahl von höherwertigen Rohstoffen.

Hinsichtlich weichmagnetischer Anwendungen stehen gleichfalls Materialien zur Verfügung, die über das Matrizenpressverfahren verarbeitet werden können. Statisch beanspruchte Anker und Polteile sind Massenprodukte, die aus Reineisen, FeP, FeSi etc. produziert werden. In dynamischen Anwendungen, d. h. in Frequenzbereichen über 300 Hz, finden sich neuerdings

Bild 3-9.1 Beispiele für Formteile aus Stahlpulver: Nockenteil, Keilscheibe, Druckplatte für Lenksäulenverstellung, Sensorring für Nockenwellensteuerung, schrägverzahntes Zahnrad für Ausgleichswellen, Rotor für Nockenwellenversteller

immer mehr soft magnetic composites (SMC). SMC zeichnen sich aus durch beschichtete Pulverpartikel, die zu Formteilen verpresst neuartige 3-D-Motorendesigns zulassen.

3-9.1.1 Werkstoffe und deren Eigenschaften

Die Werkstoffe der axialen Presstechnik sind in der DIN 30910 genormt. Teil 1 gibt einen Überblick über die grundsätzliche Nomenklatur, Teil 2 bis Teil 4 gelten für Lager-, weichmagnetische und Formteilanwendungen. Daneben gibt die ISO EN DIN 575 5 gleichwertige Informationen, beschreibt allerdings mit der Nomenklatur Werte, die teils schwer an den Serienbauteilen zu überprüfen sind. Durch die vielfältigen Einflussgrößen bei der Herstellung von Sinterbauteilen, wie Dichte, exakte Materialkomposition, Wärmebehandlung und Nachbehandlung, sollten Anwender besser die Werkstoffleistungsblätter der Hersteller konsultieren.

Lagerwerkstoffe basieren in der Regel auf Bronze (CuSn 90/10) und können je nach Anwendungsfall zusätzlich mit Kohlenstoff (Graphit) als Festschmierstoff legiert werden. Bronzewerkstoffe sind in hoher Reinheit verfügbar und können mit Zugabe weiterer typischer Legierungselemente in den Festigkeits- und Laufeigenschaften beeinflusst werden.

Gleitlager auf Fe-Basis sind günstiger in der Herstellung. Sie können gleichfalls mit Kupfer, Graphit und anderen Festschmierstoffzugaben weiter veredelt und an die jeweilige Anwendung angepasst werden. Speziell im Abgasbereich von aufgeladenen Verbrennungsmotoren finden sich zudem Lager in der Abgasrückführung auf Edelstahlbasis, wobei sowohl austenitische wie ferritische Werkstoffe verfügbar sind. Das Tribosystem Wellenmaterial und Schmierstoff sowie Drehzahl, Last und weitere Einflussgrößen sind mit dem Hersteller zu besprechen, um die optimale Geometrie und Werkstoffauswahl zu treffen.

Formteile finden sich in vielen Funktionen und somit Geometrien und Performancebereichen (Bild 3-9.1). Komplexe Stoßdämpferbauteile, die werkzeugtechnische Herausforderungen darstellen, sind eher aus einfachen FeCuC-Werkstoffen gefertigt. Kupfer findet in der axialen Presstechnik deshalb gerne Anwendung, weil es innerhalb des Sinterprozesses mit Eisen ein Eutektikum bildet und für eine intensivere metallische Verbindung unter den einzelnen Pulverpartikeln sorgt. Gleichzeitig ist in Verbindung mit Kohlenstoff eine starke Festigkeits- und Härtesteigerung des Grundmaterials erzielbar.

Moderne hochbelastete Bauteile werden vorzugsweise aus Werkstoffen der Gruppe Fe-Mo, Fe-Mo-Cu-Ni oder

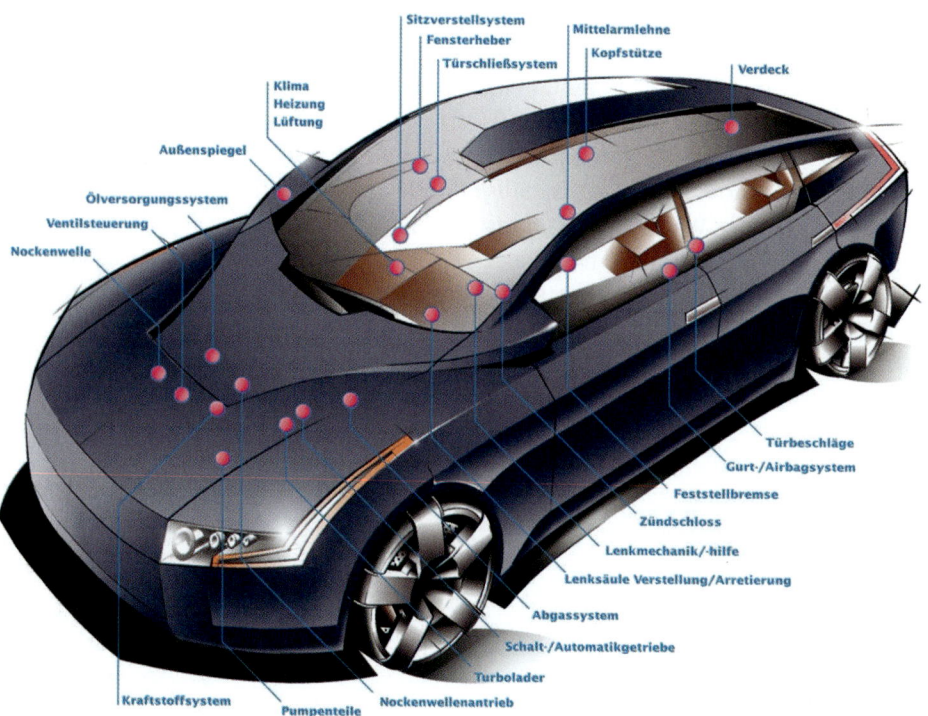

Bild 3-9.2
Typische Anwendungen für Sinterbauteile im Automobil

Bild 3-9.3 Beispiele für Bauteile in der Abgasrückführung und Standardlager

auch Fe-Cr-Mn produziert. Zugfestigkeiten von über 1000 MPa sind damit erzielbar. Da den Pulvern zunächst kein Kohlenstoff zulegiert ist und härtesteigern-

de Legierungselemente elementar zugemischt werden, können die Pulver zu sehr hohen Dichten verpresst werden. Erst beim Sinterprozess gehen die härte- und festigkeitssteigernden Legierungselemente in Lösung und formen den finalen Werkstoff. Beispiele für die betreffenden Stähle zeigt Tabelle 3-9.1.

Die Abmessungen von Sinterbauteilen orientieren sich an den zur Verfügung stehenden Pressengrößen. Kleine Lager für Modelleisenbahnen werden in kleinen Pressen mit 40 kN Presskraft produziert. Auf den größten Pressen mit Presskräften von bis zu 15 000 kN können beispielsweise Bauteile wie der in Bild 3-9.5 gezeigte ABS-Sensorring aus austenitischem Edelstahl hergestellt werden.

3-9.1.2 Herstellungsverfahren

Ausgehend vom metallischen Ausgangspulver sind werkstofftechnisch viele Alternativen möglich, den Grundwerkstoff über die Zugabe von weiteren pulverförmigen Zuschlagstoffen zu veredeln – soweit dies für die Anwendung technisch und wirtschaftlich sinnvoll erscheint. Die Zugabe von organischen Presshilfsmitteln reduziert die Reibung innerhalb der Pulverpartikel und verbessert somit den Verdichtungsvorgang beim Pressen. Das Pressen erfolgt auf mechanischen, hydraulischen oder elektrischen Pressen. Je nach Bauteilgeometrie sind Pressen mit der notwendigen Anzahl an Stempelebenen vorzusehen. Die aus der Presse zu ent-

3

Tabelle 3-9.1 Werkstoffklassen nach DIN 30910-4 für Eisen-Basiswerkstoffe

Werkstoff	Sint-	Legierungsanteile in Massen-%						
		C	Cu	Ni	Mo	P	Fe	andere
Sintereisen	00	<0,3	<1	–	–	–	Rest	<2
Sinterstahl								
C-haltig	01	0,3 – 0,6	<1	–	–	–	Rest	<2
Cu-haltig	10	<0,3	1 – 5	–	–	–	Rest	<2
Cu- und C-haltig	11	0,4 – 1,5	1 – 5	–	–	–	Rest	<2
Cu-, Ni- und Mo-haltig	30	<0,3	1 – 5	1 – 5	<0,8	–	Rest	<2
Mo-haltig	31	<0,3	<3	<5	0,8 – 2	–	Rest	<2
Mo- und C-haltig	32	0,3 – 0,9	<3	<5	0,8 – 2	–	Rest	<2
P-haltig	35	<0,3	<1	–	–	0,3 – 0,6	Rest	<2
Cu- und P-haltig	36	<0,3	1 – 5	–	–	0,3 – 0,6	Rest	<2
Cu-, Ni-, Mo- und C-haltig	39	0,3 –0,6	1 – 5	1 – 5	<0,8	–	Rest	<2
Nichtrostender Stahl						Cr		
AISI316	40	<0,08	–	10 – 14	2 – 4	16 – 19	Rest	<2
AISI430	42	<0,08	–	–	–	16 – 19	Rest	<2

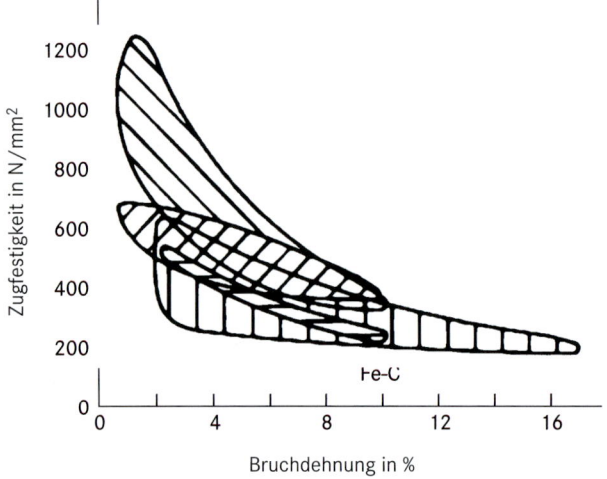

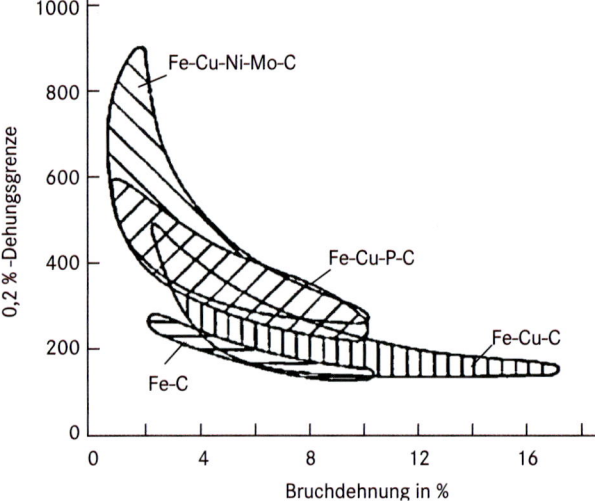

Bild 3-9.4 Typische Werkstoffdaten für Sinterwerkstoffe nach DIN EN ISO 6892

Bild 3-9.5 Riemenrad aus austenitischem Edelstahl

nehmenden Formlinge werden Grünteile genannt. Diese Grünteile weisen Endkontur auf, bei einer moderaten Grundfestigkeit. Diese beruht auf dem Verklammern der Pulverpartikel untereinander durch den eigentlichen Pressvorgang. Zur Steigerung der Festigkeit auf die eigentliche Zielgröße werden die Grünteile dem Sinterprozess zugeführt. Der Sintervorgang ist ein thermisch aktivierter Diffusionsvorgang, bei dem die Pulverpartikel einen stofflichen Verbund eingehen. In

der Regel erfolgt dieser Verbund über Diffusion in der Festphase, damit bleiben die Bauteile sehr maßstabil. Sobald Flüssigphasen beim Sinterprozess auftreten, kann dies nachteilig für die Maßtoleranz sein, die Festigkeit wird jedoch positiv beeinflusst. Nach der Sinterung können unterschiedliche Veredelungsprozesse folgen, die sich grundsätzlich an denen der konventionellen Stahlbearbeitung orientieren. Den prozessbedingten Restporositäten ist ggf., je nach Verfahren, Rechnung zu tragen. Die Prozessfolge zur Herstellung von Bauteilen in der axialen Presstechnik veranschaulicht Bild 3-9.6.

3-9.1.3 Eigenschaften der Formteile und Perspektiven

Sinterbauteile zeichnen sich durch maximale Rohstoffausnutzung und eine hohe Energieausbeute aus. Das Verfahren kann somit als „grüne Technologie" verstanden werden. Durch den im Vergleich zur konventionellen Fertigung mittels Schmieden oder Kaltfließpressen geringeren Verschleiß der Werkzeuge steht ein Produk-

Metallpulver **Mischen** **Pressen** **Sintern** **Veredelung**

 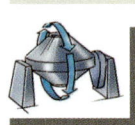 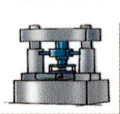 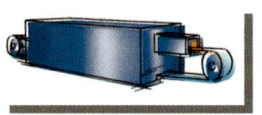 

Bild 3-9.6
Schematische Darstellung des Fertigungsablaufs in der axialen Presstechnik

tionsprozess zur Verfügung, der sehr hohe Stückzahlen hochproduktiv in engen Toleranzbreiten (batch zu batch) bereitstellen kann. Schließlich sind diese Vorteile auch ein wirtschaftliches Argument, das in den letzten 20 Jahren der Pulvermetallurgie im direkten Branchenvergleich ein deutlich stärkeres Wachstum beschert hat.

Die Weiterentwicklung der modernen hydraulischen und elektrischen Pressen erlaubt immer komplexere und höher belastbare Bauteile. Getriebezahnräder können nachweislich aus der Matrizenpresstechnik gewonnen werden und dies mit gestaltoptimierten Schrägverzahnungen, die zerspanungstechnisch nicht herstellbar sind (Flodin 2016).

Auch für die Elektrifizierung des Antriebsstrangs bieten SMCs neue Möglichkeiten der Verlustreduktion und der Bauraumoptimierung von Elektromotoren. Werkstoffsysteme mit unterschiedlichen magnetischen und elektrischen Eigenschaften wurden entwickelt und finden immer stärkeren Marktzugang.

3-9.2 Pulvermetallurgisches Spritzgießen (metal injection moulding – MIM)

Ursprünglich wurde dieses Verfahren entwickelt, um die Einschränkungen bei der Formgebung mit konventionellen pulvermetallurgischen Verfahren zu überwinden (Formung von Hinterschnitten, Bohrungen quer zur Entformungsrichtung etc.) und die Möglichkeit zur endformnahen Darstellung komplexer Bauteile zu nutzen. Sehr schnell erwiesen sich zusätzlich die nahezu uneingeschränkten Möglichkeiten bei der Werkstoffzusammensetzung als Triebkraft beim kontinuierlichen Wachstum des Marktpotenzials dieses innovativen Verfahrens. Als Besonderheit ist, wegen des Einstellens hoher Dichten, eine Volumenschrumpfung zwischen 10 und 20 % während des Sinterprozesses zu berücksichtigen.

Anders als bei den für die großindustrielle Herstellung komplexer Bauteile üblicherweise genutzten pulvermetallurgischen Verfahren bestehen bei der Formgebung über das MIM-Verfahren so gut wie keine Einschränkungen bei der Werkstoffauswahl. Grund dafür ist die Tatsache, dass die für die Formgebung erzeugte homogene Masse aus Metallpulver und organischem Binder inkompressibel ist und die Pulver im Prozess nicht deformiert werden – es muss also auf das Umformvermögen der Pulver keine Rücksicht genommen werden. Dadurch können Legierungen über die schmelzmetallurgischen Grenzen hinaus kreiert und verarbeitet werden. Die verfahrenstechnischen Forderungen zur Fließfähigkeit der zu verarbeitenden Massen führen zum Einsatz feiner Pulver im typischen Partikelgrößenbereich kleiner 30 μm mit sphärischer Morphologie. Neben dem geringen Fließwiderstand bieten diese Pulver einen weiteren Vorteil: Sie haben aufgrund der hohen spezifischen Oberfläche eine hohe Sinteraktivität. Diese Eigenschaft nutzend werden MIM-Werkstoffe bis zu Enddichten oberhalb 96 % der theoretischen Dichte gesintert. Die verbleibenden Restporen sind homogen verteilt und kugelig eingeformt (Bild 3-9.7).

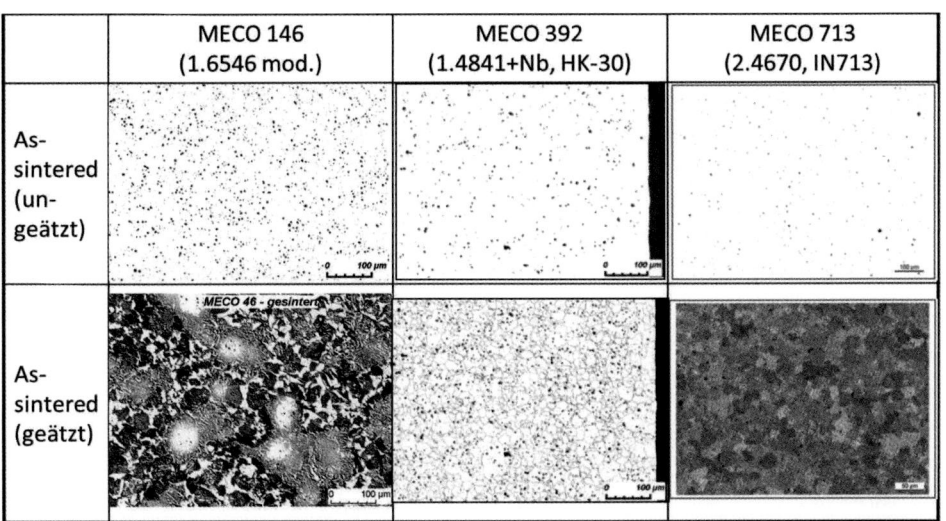

Bild 3-9.7
Beispiele für typische Mikrostrukturen von MIM-Werkstoffen (Werkstoffbezeichnungen der Schunk Sintermetalltechnik GmbH, MECO 146 aus Einzelpulvern mischlegiert, MECO 392 und MECO 713 aus fertiglegierten Pulvern gesintert)

Die entstehenden Sintergefüge sind sehr feinkörnig und weisen, insbesondere beim Sintern ohne Flüssigphasen, nur marginale Beträge an Ausscheidungen an Korngrenzen auf. Insbesondere Karbide sind homogen in der Matrix verteilt. Daraus resultieren hervorragende statische und dynamische Eigenschaften, die aufgrund fehlender Verformung im Verlauf des Herstellungsprozesses isotrop ausgeprägt sind (Tabelle 3-9.2).

Ungeachtet der nahezu unbegrenzten Möglichkeiten der Werkstoffzusammensetzung befinden sich – den Markterfordernissen folgend – vornehmlich die aus der Schmelzmetallurgie bekannten Werkstoffe in der Anwendung. Das sind insbesondere Materialien aus folgenden Werkstoffklassen:

- Nichtrostende Stähle
- Konstruktionswerkstoffe
- Weichmagnetische Materialien
- Heißgaskorrosionsbeständige, warmfeste Legierungen
- Leichtmetalle (z. B. Titanlegierungen).

Eine aktuelle Übersicht der am häufigsten eingesetzten Werkstoffe bietet u. a. die Web-Seite des deutschen Fachverbandes der MIM-Industrie, dem sogenannten MIM-Expertenkreis. Maßgeblich durch die Mitglieder dieses Verbandes wurde auch die Standardisierung des Verfahrens und seiner Werkstoffe betrieben.

Grundsätzlich können beim Design eines komplexen MIM-Teils alle konstruktiven Details umgesetzt werden, wie sie auch bei der spritzgießtechnischen Herstellung von Kunststoffteilen möglich sind. So sind u. a. Hinterschneidungen, winklig zueinander stehende Bohrungen oder Gewinde (innen und außen) werkzeugfallend darstellbar. Die Vielfalt an Formgebungsmöglichkeiten erlaubt die endformnahe Herstellung komplexer Bauteile (near-net-shape).

Wie alle Bauteile unterliegen auch die über das MIM-Verfahren gefertigten Bauteile speziellen verfahrenstechnischen und ökonomischen Restriktionen. Zur Vermeidung möglicher Spritzgießfehler (Ausbildung von Fließfronten, Poren durch Lufteinschluss, Einfallstellen etc.) einerseits und mit zunehmender Wanddicke stark wachsender Entbinderungsdauer andererseits sollte die Bauteildicke maximal 8 – 10 mm betragen. Diesem Umstand kann durch den konstruktiven Einsatz von Rippenstrukturen und Materialausnehmungen begegnet werden. Im Ergebnis kann der im Vergleich zu konkurrierenden Fertigungsverfahren höhere Preis der Ausgangspulver kompensiert werden. Aus diesem Grund sind MIM-Teile auch nur maximal 100 g – typischerweise kleiner 40 g – schwer.

Herstellungsverfahren

Rohstoffe/Mischen

Im MIM-Prozess (Bild 3-9.8) werden feine, im Idealfall kugelige Pulver kleiner 30 µm zu komplexen Bauteilen verarbeitet. Diese Pulver werden über chemische und/oder physikalische Verfahren (üblicherweise Inertgas- oder Hochdruckwasserverdüsung) erzeugt. Die Pulver können dabei aus reinen Elementen oder Legierungen bestehen. Aufgrund der runden Gestalt besitzen sie einen geringen Fließwiderstand und eine hohe Sinteraktivität.

Zur Gewährleistung der für den Spritzgießprozess

Tabelle 3-9.2 Mechanische Eigenschaften von typischen MIM-Werkstoffen

Bezeichnung	Werkstoff-nummer	Werkstoffgruppe	Werkstoff-zustand	Zugfestigkeit [MPa]	Streckgrenze [MPa]	Dehnung [%]
MIM Fe2Ni		Nickellegierter Stahl	gesintert	>260	>150	>20
MIM 42CrMo4	1.7225	Vergütungsstahl	gesintert gehärtet (48 HRC)	>800 >1600	>650 >1400	8 2
MIM 100Cr6	1.3505	Wälzlagerstahl	gesintert	>900	>500	>5
MIM 316L	1.4404	Rostfreier Stahl	gesintert	>450	>140	>40
MIM 17-4PH	1.4542	Rostfreier Stahl	gesintert gehärtet (40 HRC)	>800 >1200	>660 >1000	3 2
MIM Fe50Ni	1.3926	Weichmagnetischer Werkstoff	gesintert	>400	>150	>20
MIM M2	1.3342	Schnellarbeitsstahl	gehärtet (50 HRC)	>1200	>800	1
MIM IN713LC	2.4670	Superlegierung	gesintert	>1100	>750	>10
MIM Ti6Al4V	ASTM B348	MIM-Titan	gesintert	>850	>750	>12

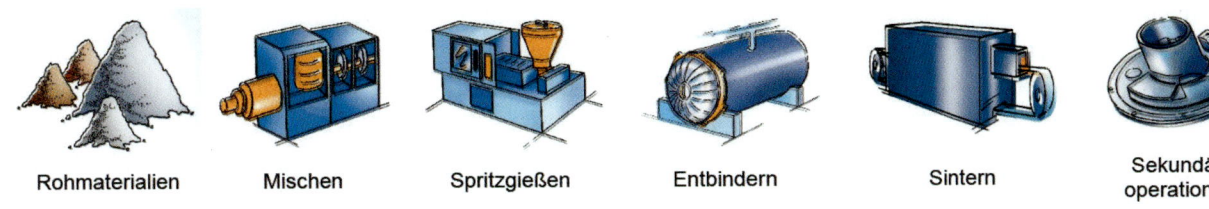

| Rohmaterialien | Mischen | Spritzgießen | Entbindern | Sintern | Sekundär-operationen |

Bild 3-9.8 Schematische Darstellung des technologischen Ablaufs beim pulvermetallurgischen Spritzgießen (MIM-Verfahren)

notwendigen Fließfähigkeit wird das Pulver mit einem System aus mehreren Kunststoffen, dem sogenannten Binder, zu einer homogenen Masse (Feedstock) verarbeitet. Je nach Art der eingesetzten Kunststoffe unterscheiden sich diese Feedstocks in ihrer Viskosität bei den jeweiligen Verarbeitungstemperaturen. Der Anteil der Kunststoffe am Gemisch beträgt etwa 40 Vol.-% (entspricht 5 bis 8 Massen-%). Bei Raumtemperatur besitzen die Gemische eine hinreichende Grünfestigkeit, damit ein beschädigungsfreies Handling der aus ihnen gefertigten Körper durch den Verarbeitungsprozess möglich ist.

Das Homogenisieren von Pulver und Binder zu einem sogenannten Feedstock erfolgt in einem Mischprozess in Knetern oder auf Doppelschnecken- bzw. Scherwalzenextrudern, ggf. mit vorgeschaltetem Vormischen. Das Ziel besteht in der Zerstörung der Agglomerate der sehr feinen Pulver und gleichzeitiger Benetzung der Pulveroberflächen mit den organischen Binderbestandteilen. Nach dem Austragen des Feedstocks schließt sich üblicherweise ein Granulierprozess an, um den Feedstock für das nachfolgende Spritzgießen in eine günstig handhabbare und rieselfähige Ausgangsform zu überführen.

Spritzgießen

Der Formgebungsprozess im Rahmen des MIM-Verfahrens erfolgt in Analogie zur Verarbeitung von Kunststoffen über das Spritzgießen. Unter Verwendung von konventionellen Spritzgießautomaten, die im Bereich der Plastifiziereinheit stärker gegen Abrasion durch geeignete Werkstoffe bzw. Werkstoffkombinationen geschützt sind, werden sogenannte Grünteile gefertigt. Dazu werden die Feedstock-Granulate in eine Spritzeinheit, bestehend aus Zylinder und Schnecke, eingezogen, sukzessive erwärmt, plastifiziert und verdichtet. Im Anschluss werden die Massen in temperierte Werkzeuge gepresst und in Abhängigkeit vom eingesetzten Kunststoffsystem auf Temperaturen prozessiert, bei denen die entstandenen Grünteile eine hinreichende

Festigkeit besitzen und zerstörungsfrei entformt werden können.

Durch die vielfältigen Möglichkeiten der Auslegung von Spritzgießwerkzeugen können extrem komplexe Geometrien endformnah dargestellt werden. Je nach Größe der Bauteile und in Abhängigkeit der notwendigen Kapazitäten können Ein- oder Mehrkavitätenwerkzeuge eingesetzt werden. Eventuell anfallende Angüsse o. Ä. können sofort recycelt und dem Prozess wieder zugeführt werden – der Prozess arbeitet nahezu abfallfrei.

Entbindern

Im Prozessschritt Entbindern unterscheiden sich die derzeit weltweit eingesetzten Varianten des MIM-Verfahrens am deutlichsten. Der Prozess ist auf die rückstandsfreie Entfernung der Kunststoffbestandteile aus dem Grünteil ausgerichtet und also zielgerichtet auf die Zersetzung des jeweiligen Bindersystems hin optimiert. In Abhängigkeit von den verwendeten Kunststoffen können drei grundsätzliche technologische Varianten unterschieden werden:

- *Thermisches Entbindern*

  Die Binderbestandteile werden in langwierigen, sehr genau zu regelnden thermischen Aufheizprozessen nacheinander aus dem Teil entfernt. Anschließend erfolgt das Sintern.

- *Katalytisches Entbindern*

  Langkettige Polymere werden durch chemische Reaktionen, vorzugsweise über die Gasphase, in ihre Monomere zerlegt, die dann abdampfen und eine offene Porosität im sogenannten Braunteil zurücklassen. Die restlichen Bestandteile (backbone) dampfen im nachfolgenden Sinterprozess während des Aufheizens über das Kapillarsystem aus.

- *Flüssigentbindern (Lösemittelextraktion)*

  In einem Lösungsmittelbad (Wasser oder andere Lösungsmittel, wie Aceton, Hexan etc.) werden lösbare Binderkomponenten aus dem Braunteil herausgelöst und erzeugen ein inneres Kapillarsystem, über das im nachfolgenden Sinterprozess während der Aufheizphase der backbone abdampft.

Aufgrund ökonomischer Vorteile wurde das thermische Entbindern von den beiden anderen technologischen Alternativen nahezu vollständig vom Markt verdrängt.

Sintern

Aufgrund der im MIM-Verfahren eingesetzten feinen und sphärischen Pulver besteht im Sinterprozess die Möglichkeit, die Materialien bis zur theoretisch möglichen Dichte zu verdichten. Technisch werden üblicherweise Dichten größer als 96 % reproduzierbar eingestellt. Als Nebeneffekt der Dichtesteigerung findet ein Schrumpf der Bauteile im Bereich von 10 bis 20 % statt. Diese enorme Änderung der Bauteilmaße (Bild 3-9.9) ist durch geeignete Sinterunterlagen und durch die konstruktive Auslegung der MIM-Teile zu unterstützen. Der Prozess des Sinterns selbst erfolgt in diskontinuierlichen Chargenöfen oder in kontinuierlichen Sinteröfen. Die verwendeten Sinterparameter sind sehr stark werkstoffabhängig und reichen bei den Temperaturen je nach Werkstoff bis an die Schmelztemperatur heran. Üblicherweise liegen sie aber bei ca. 80 % der Schmelztemperatur (gerechnet in Kelvin).

Die Wahl des Ofentyps erfolgt auf Basis werkstofflicher und ökonomischer Kriterien. Kleine Losgrößen einerseits und sauerstoffaffine Materialien andererseits werden vorzugsweise in Batch-Öfen gesintert. In diesen Aggregaten können für unterschiedliche Materialien sehr spezielle Sinterbedingungen realisiert werden. So sind alle inerten und reduzierenden Gase sowie Vakuum als Atmosphäre bei üblicherweise angewandten Temperaturen bis 1500 °C möglich. Bei Produkten,

die in Großserie produziert werden, kommen häufig kontinuierliche Sinteröfen zur Anwendung. Mit ihnen können unter reduzierenden Atmosphären und Temperaturen bis 1400 °C MIM-Teile gesintert werden.

Unabhängig von der Art der eingesetzten Öfen ist als verfahrenstechnische Besonderheit bei Nutzung im MIM-Verfahren auf die Gewährleistung der rückstandsfreien Abführung der Abdampfprodukte der thermischen Restentbinderung sowie die erschütterungsarme Positionierung während des gesamten Prozesses zu achten.

3-9.3 Perspektiven

Im Wettbewerb der pulvermetallurgischen Fertigungsverfahren im Speziellen und der Verfahren zur Herstellung komplexer Bauteile im Allgemeinen konnte sich das MIM-Verfahren insbesondere bei der endformnahen Darstellung hochbeanspruchter Bauteile in hohen Stückzahlen am Markt etablieren. Zusätzlich steigt das Potenzial bei komplexen Bauteilen aus Werkstoffen, die nur sehr aufwändig zu bearbeiten sind. Auf Basis dieser Randbedingungen sind seit Jahren zweistellige jährliche Wachstumsraten zu verzeichnen.

In jüngster Zeit kommen weitere Alleinstellungsmerkmale hinzu. Die bisher auf den labortechnischen Maßstab begrenzte Möglichkeit zur Herstellung von Bauteilen aus zwei oder mehr Werkstoffen ohne Fügeprozesse innerhalb des MIM-Verfahrens konnte mit ersten Applikationen in die Serienfertigung überführt werden (Bild 3-9.10). Denkbar sind nun Kombinationen aus

Bild 3.-9.9
Schrumpf eines MIM-Teils entlang der technologischen Kette (links: Grünteil, Mitte: Braunteil, rechts gesintertes Teil)

Bild 3-9.10
MIM-Teil bestehend aus
2 unterschiedlichen Werkstoffen – 2K-MIM-Teil (links),
Mikrostruktur der Fügezone
(Mitte) und Aufnahme mittels
Computertomograph (rechts)

sich teilweise widersprechenden Werkstoffeigenschaften (magnetisch-unmagnetisch, verschleißfest-weichmagnetisch, verschleißfest-schweißbar etc.) innerhalb eines komplexen Bauteils. Dadurch wird weiteres Wachstumspotenzial für dieses vergleichsweise junge Herstellungsverfahren erschlossen werden.

Literatur zu Kapitel 3-9

Beiss, P.: Pulvermetallurgische Fertigungstechnik. Springer-Verlag, Berlin, Heidelberg 2013

Flodin, A.: Testing And Validation Of PM Gears In A 6 Speed Manual Transmission. Proc. World PM Conf., 09. – 13.10.2016, Hamburg

Moeller, E. (Hrsg.): Handbuch Konstruktionswerkstoffe. 2. Auflage, Carl Hanser Verlag, München 2013

Schatt, W.; Wieters, K.-P.; Kieback, B.: Pulvermetallurgie. Springer-Verlag, Berlin, Heidelberg 2007

Internetadressen

www.schunk-sintermetals.com

www.mim-experten.de

Alle im Text erwähnten Normen sind in einer Liste zusammengefasst (Seite 889).

Stähle für die Verkehrstechnik – *Qualität und Quantität in höchster Perfektion*

Wolfgang Bleck

I m Jahr 2015 wurden über 90 Mio. Fahrzeuge produziert, wobei jedes Fahrzeug im Mittel 900 kg Stahl enthält. Davon werden etwa ein Drittel bei Personenkraftwagen für die Karosserie oder bei Lastkraftwagen für das Fahrergehäuse eingesetzt, ein weiteres Drittel wird im Antriebsstrang und im Motorenbau verwendet, der Rest findet sich in den Rädern, den Reifen, dem Tank und weiteren Hilfsaggregaten. Stahl ist offensichtlich überall und konnte die in den letzten Jahren stark steigenden Anforderungen im modernen Automobilbau hervorragend begleiten. Auf der einen Seite sind es die Produktion, die zunehmend in automatisierten Produktionsstrecken erfolgt und eine sehr hohe Gleichmäßigkeit der Produktqualität erforderlich macht, auf der anderen Seite spielen Leichtbau und gleichzeitig erhöhte Anforderungen an die passive Sicherheit eine zunehmende Rolle. Die sich hieraus ergebenden, zunächst widersprüchlich erscheinenden Werkstoffanforderungen lassen sich durch die Verwendung von modernen höchstfesten Stählen lösen: die Masse wird reduziert und gleichzeitig werden die mechanischen Eigenschaften der Bauteile so abgestimmt, dass auch die mittlerweile weltweit verbreiteten Sicherheitsanforderungen bei der Fahrzeugzulassung zuverlässig erfüllt werden können. Der Erfolg neuer Werkstoffe, häufig in Kombination mit neuen Bauteilauslegungen und Fertigungsverfahren, spiegelt sich in Statistiken wider. So ist die Anzahl der Verkehrstoten in der Bundesrepublik Deutschland in den letzten Jahren drastisch gesenkt worden. Ein Fahrzeug stellt mittlerweile eine sichere Zelle dar. Ein besonderer Schutz wird zunehmend nun für die potenziellen Unfallgegner, wie Fußgänger und Radfahrer, erforderlich.

Die Geschichte der Entwicklung der sogenannten „Advanced High Strength Steels" seit etwa 1990 gehört zu den großen Erfolgsgeschichten des Stahls. Einerseits werden hier gezielt die in metallischen Werkstoffen bekannten festigkeitssteigernden Mechanismen genutzt, andererseits wird durch

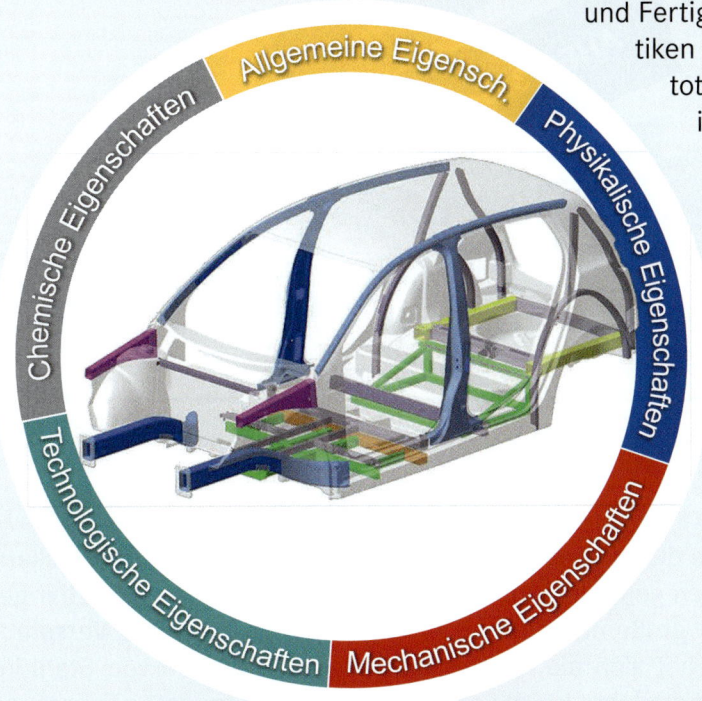

die Möglichkeit der Kombination unterschiedlicher mikrostruktureller Phasen das Eigenschaftsprofil so eingestellt, dass hohe Umformbarkeit und hohe Festigkeit vereinbar werden.

Die Steigerung der Motorenleistung und die höhere Effizienz der Fahrzeuge in Bezug auf Energieverbrauch ist ebenfalls evident, auch wenn hier die politischen Wünsche häufig schneller steigen als die technische Realisierbarkeit nachkommt. Neue Hochleistungswerkstoffe für Motoren- und Getriebeanwendungen basieren auf Kohlenstoffstählen, die ihre finalen Eigenschaften durch eine thermische oder thermochemische Behandlung erhalten. Hier wird höchster Reinheitsgrad mit einer definierten Gefügeeinstellung bei der Wärmebehandlung gepaart; neue Verfahrenswege bei der Wärmebehandlung aus der Schmiedehitze bieten zudem ein Kostensenkungspotenzial durch eine Verkürzung der Prozesskette. Das enorme Leistungspotenzial moderner Stähle zeigt sich beispielsweise bei den sehr dünnen Stahlkord-Drähten für die Reifen, die mit Zugfestigkeiten von 4 GPa in der großtechnischen Erzeugung oder mit über 6 GPa im Laborexperiment Werte in der Nähe der theoretischen Festigkeit von 10 GPa einstellen. Das enorme Potenzial der Stähle zur Festigkeitssteigerung unter Ausnutzung von Phasenumwandlungen, Verformung, Mischkristallverfestigung, Kornfeinung, Ausscheidungshärtung, Texturverfestigung und Eigenspannungen wird hier eindrucksvoll dokumentiert.

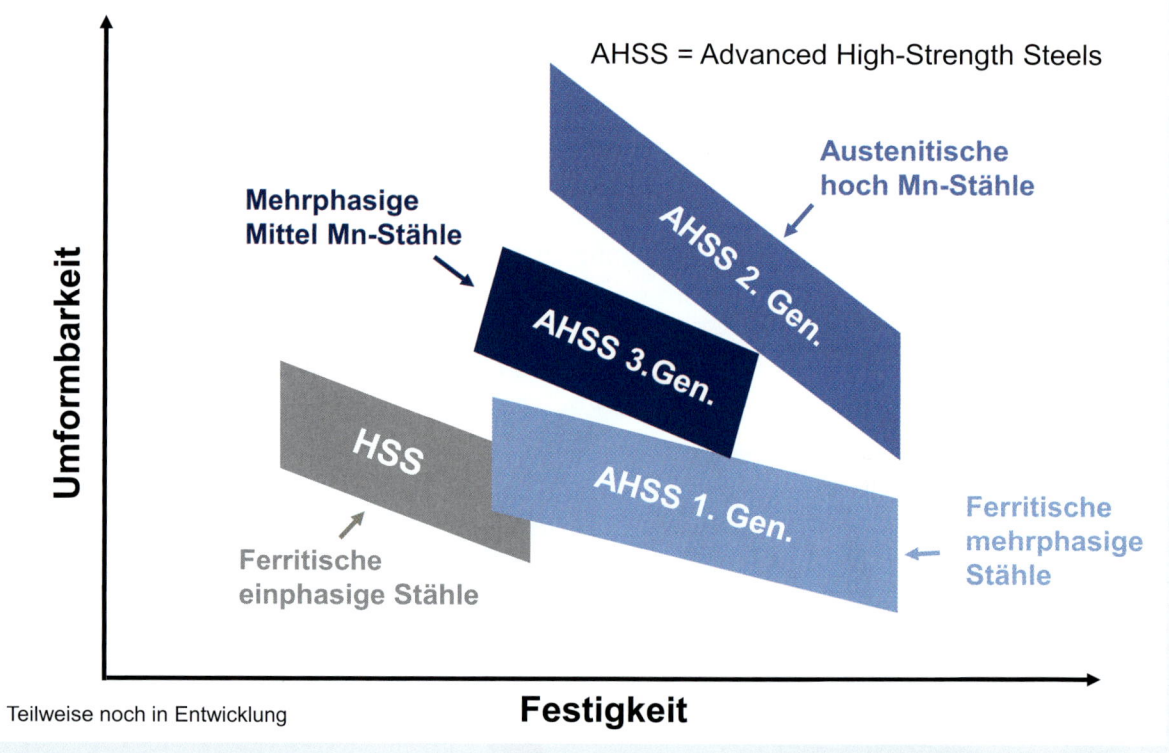

Neue Stahlkonzepte für die Karosserie

Gerade im Automobilbau zeigt sich, wie durch konsequente Interaktion von Werkstoffherstellern und Werkstoffanwendern neue Lösungen gefunden und für eine Großserienfertigung nutzbar gemacht werden können. Angesichts der großen Stahlmengen für Anwendungen in der Verkehrstechnik und des hohen Kostendrucks hat sich die relative Wettbewerbssituation von Stahl im Vergleich zu Alternativwerkstoffen über die Jahre kaum verändert. Zwar sind moderne Fahrzeuge aus vielen verschiedenen Werkstoffen zusammengesetzt und neue Werkstoffkonzepte werden sowohl bei metallischen als auch bei nicht-metallischen Werkstoffen zunehmend erprobt. Gleichwohl ist für die Großserienfertigung die hohe Gleichmäßigkeit der Produkteigenschaften, das unproblematische Versorgungs- und Recyclingsystem, die unkomplizierte und zuverlässige Verarbeitungstechnik von Stahl kaum zu ersetzen.

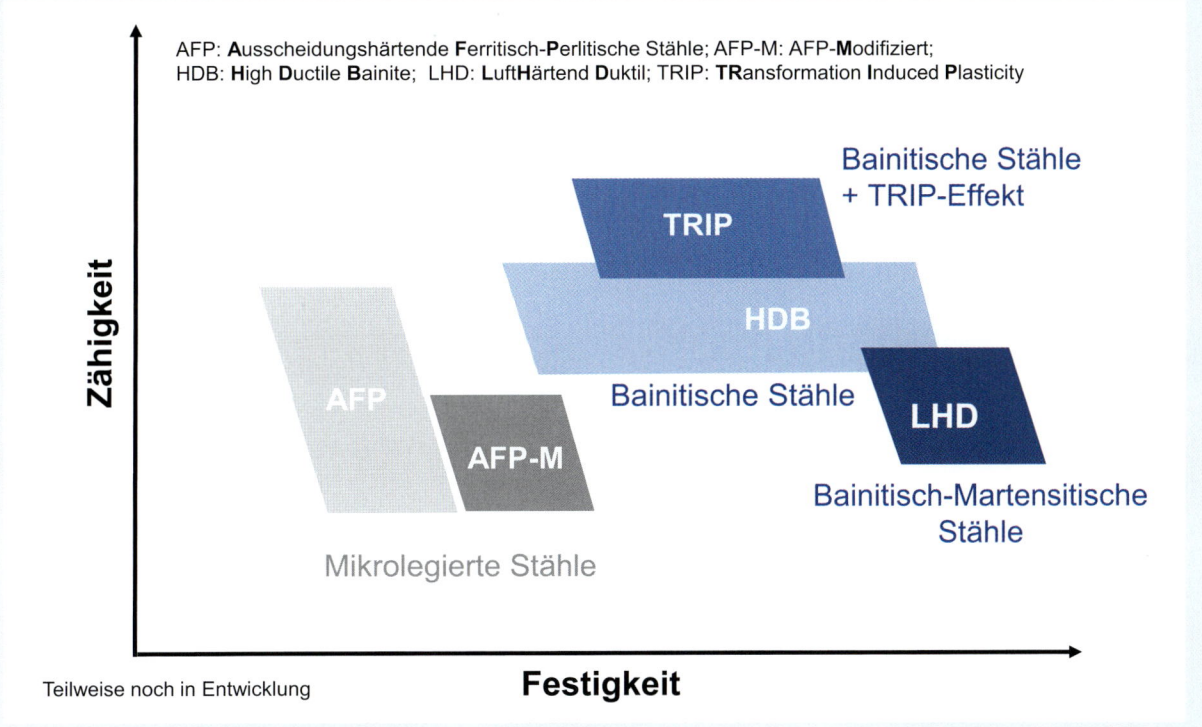

AFP: **A**usscheidungshärtende **F**erritisch-**P**erlitische Stähle; AFP-M: AFP-**M**odifiziert;
HDB: **H**igh **D**uctile **B**ainite; LHD: **L**uft**H**ärtend **D**uktil; TRIP: **TR**ansformation **I**nduced **P**lasticity

Neue Stahlkonzepte für Getriebe und Fahrwerk

Das Kapitel „Stähle für die Verkehrstechnik" bezieht sich aber nicht nur auf den Automobilbau. Die Renaissance des Schienenverkehrs und der weltweite Ausbau von Hochgeschwindigkeits-Eisenbahnstrecken setzt auch bei einem seit über 180 Jahren genutzten Bauteil – der Breitfuß- oder Vignol-Schiene aus Stahl – neue Entwicklungen voraus. Auch hier ist die Kombination von chemischer Zusammensetzung und Wärmebehandlung der Königsweg zur Einstellung von außergewöhnlichen Eigenschaftskombinationen, auch hier werden Gefüge extrem fein strukturiert – etwa bei der Feinperlitisierung oder der bainitischen Phasenumwandlung. Schließlich darf nicht vergessen werden, dass nicht nur das Schienennetz, sondern auch leistungsfähige Brücken, vielfältige Schutzsysteme und auch Wasserstraßen für den modernen Verkehr erforderlich sind. Eine eindeutige Zuordnung von Werkstoffen und Bauteilen zu Kategorien fällt häufig schwer: die Bauwerke für den Verkehr werden im Kapitel „Stähle für das Bauwesen" abgehandelt, der Schwerpunkt hier liegt bei Fahrzeugen für die Straße und die Schiene, bei Motoren und Getrieben sowie bei Schienen selbst.

Stähle für Pkw-Karosserien

Mingxuan Lin, Maria Zielesnik, Ulrich Prahl

4-1.1 Einleitung

Bei der Auswahl geeigneter Blechwerkstoffe für Fahrzeuganwendungen ist die Industrie aus werkstoffkundlicher Sicht herausgefordert, eine Vielzahl von Anforderungen zu erfüllen, die oft zueinander im Gegensatz stehen (Bild 4-1.1). Aus technischer Sicht sind die entscheidenden Gesichtspunkte, welche die Entwicklung von festeren und gleichzeitig leichteren Werkstoffen antreiben:

- Crash-Performance (Sicherheit),
- Treibstoffeffizienz,
- Verarbeitbarkeit,
- Lebensdauer und
- Oberflächenqualität.

So erfordert zum Beispiel die steigende Erwartung im Bereich der Unfallsicherheit im Allgemeinen steifere Karosseriekonstruktionen, was oft mit größerer Bauteildicke und somit zusätzlichem Bauteilgewicht einhergeht. Um jedoch Anforderungen wie Energieeffizienz und Emissionsreduktion gerecht zu werden,

müssen werkstoffkundliche Lösungen gefunden werden, um auch gleichzeitig das Gesamtgewicht des Autos zu reduzieren. Für korrosionsgefährdete Teile sind ästhetische Belange bezüglich der Lackierung und Beulfestigkeit ebenfalls wichtig, erweisen sich aber bei jeder Komponente des Fahrzeugs als sehr unterschiedlich. Deshalb werden Materialien so ausgewählt, dass sie den Leistungsanforderungen auf möglichst effiziente Weise entsprechen und gleichzeitig kostengünstig darstellbar sind (Keeler/Kimchi 2014).

Über all diesen Erwägungen stehen die zunehmend strengeren Standards, Normen und gesetzlichen Bestimmungen für Automobile, die sowohl von den amerikanischen als auch von den europäischen Regierungen zur Energieeffizienz und zur Reduktion von Treibhausgasemissionen verfasst werden. Deshalb suchen Autohersteller nach Wegen, ihre Autos leichter zu machen. Eine Verringerung des Materials für jedes Fahrzeug bedeutet gleichzeitig eine Reduktion des Energieverbrauchs bei der Materialproduktion und beim Recycling. Obwohl Materialien mit geringerer

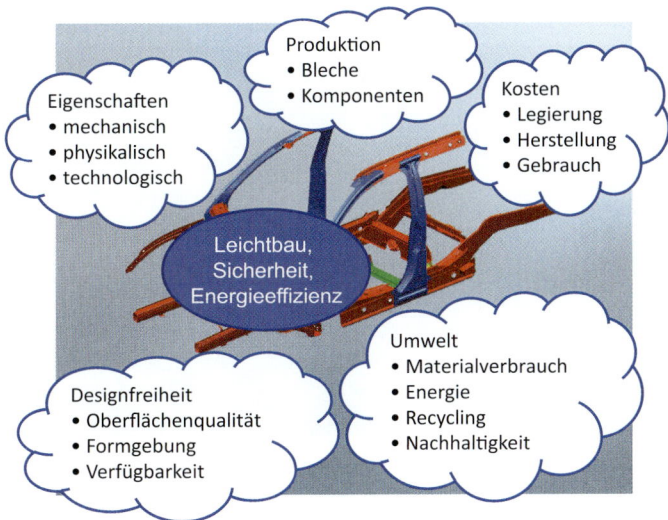

Bild 4-1.1
Ziele bei der Karosserieentwicklung für Automobile
(Quelle: Stahlzentrum)

Dichte wie Aluminium, Magnesium und polymere Verbundwerkstoffe ihren Weg in Automobilanwendungen finden, um die Anforderungen an eine Gewichtsreduktion zu erfüllen, bleibt Stahl nach wie vor dominant auf dem Markt. Neben der Vielseitigkeit der Eigenschaften von Stahl sind hier auch die kosteneffiziente Produktionstechnik sowie die vollständige Recyclierbarkeit als Vorteil zu nennen.

Aus technologischer Sicht stellt die Automobilindustrie an einen Blechwerkstoff die folgenden Anforderungen:

- exzellente Kaltumformbarkeitseigenschaften und hohe Festigkeiten,
- Oberflächenqualität,
- Fügbarkeit,
- Korrosionsbeständigkeit in wässrigen Medien.

Im Folgenden werden die vier Eigenschaften näher beschrieben.

Exzellente Kaltumformbarkeitseigenschaften und hohe Festigkeiten

Bleche müssen sich in komplexen Geometrien mit teilweise lokalen hohen Umformgraden versagensfrei fertigen lassen und anschließend die notwendigen Struktursteifigkeiten aufweisen. Der Begriff „versagensfrei" beschreibt dabei nicht nur die Freiheit von Rissen, sondern auch die Vermeidung von unzulässigen örtlichen Einschnürungen oder unzulässigen Gestaltsabweichungen. Die relevanten Kennwerte sind dabei der r- und der n-Wert aus dem quasistatischen Zugversuch, der Erichsentiefungsversuch, das Grenzformänderungsschaubild aus Nakajima-Versuchen, das Lochaufweitungsverhältnis sowie die Eigenschaften aus dem Hochgeschwindigkeitszugversuch.

Ein Grenzformänderungsschaubild wird anhand des Nakajima-Tests nach DIN EN ISO 12004-2 ermittelt. Hierfür werden taillierte Probengeometrien mit verschiedenen Stegbreiten (Bild 4-1.2) bis zum Versagen getieft, die zuvor mit einem Messraster versehen wurden. Die Stegbreite erstreckt sich von 20 mm im Falle des einachsigen Zuges bis zu einer allseitig geklemmten Vollgeometrie mit einer Breite von 190 mm. Die Variation der Platinenbreite bestimmt den Spannungszustand während des Tests und führt zu einem bestimmten Verhältnis von Haupt- zu Nebenumformgrad. Die Proben werden mittels eines Niederhalters festgeklemmt und durch einen genormten Stempel mit 100 mm Durchmesser getieft (Bild 4-1.3, links). Eine Sicke im Niederhalter verhindert ein Nachfließen des Bleches und die Umformung führt zu einer Ausdünnung und anschließend zum Riss im Zentrum der Platine. Durch eine optische Auswertung des verformten Rasters kann zu jedem Zeitpunkt der lokale Umformgrad bestimmt werden. Der maximale Umformgrad bei Rissbildung ist dann ein Maß für die Umformbarkeit des Werkstoffes bei dem untersuchten Spannungszustand (Bild 4-1.3, rechts).

Der in der Nähe des Risses ausgemessene Bereich ergibt, wie in Bild 4-1.4 dargestellt, die dazugehörigen maximalen Umformgrade φ_1 (Hauptumformgrad) und φ_2 (Nebenumformgrad). Diese Auswertung erfolgt üblicherweise durch optische Methoden mittels Kamera, aber es ist auch eine manuelle Ausmessung der den Riss umgebenden Bereiche möglich (Bild 4-1.3 rechts). Pro geprüfter Probe wird in einem Diagramm ein Wertepaar φ_1 und φ_2 ermittelt, bei dem Versagen stattgefunden hat. Zur Erstellung eines vollständigen Grenz-

Bild 4-1.2 Geometrien für den Nakajima-Test mit verschiedenen Stegbreiten (links). Verformte Proben (rechts). Die schmalste Probe entspricht dem linken Bereich im Verformungsdiagramm (einachsiger Zug) und die breiteste (quadratische) Probe entspricht dem rechten Bereich (Streckziehen)

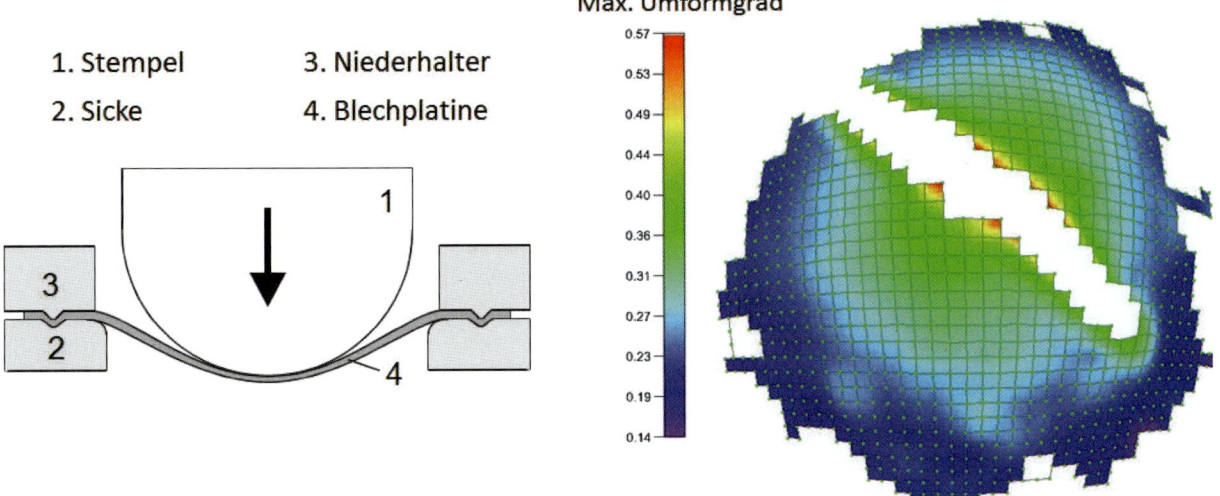

Max. Umformgrad

1. Stempel
2. Sicke
3. Niederhalter
4. Blechplatine

Bild 4-1.3 Mit einem Stempel wird das eingespannte Probenblech bis zum Versagen umgeformt (links). Für das bis zum Riss umgeformte Blech wird nach der Rissbildung das verformte Raster optisch ausgewertet und der maximale lokale Umformgrad bei Rissbildung bestimmt (rechts)

formänderungsschaubildes sind mindestens 3 gültige Proben pro Geometrie mit der gleichen Stegbreite und damit dem gleichen Spannungszustand zu prüfen, um eine Ausgleichskurve bestimmen zu können. Diese Ausgleichskurve sollte mindestens über 5 Stützpunkte (Geometrien) verfügen und stellt schließlich die werkstoff- und dickenspezifische Grenzkurve der Umformung dar. Bild 4-1.5 zeigt beispielhaft ein Grenzformänderungsschaubild mit den dargestellten Umformverhältnissen für einen Stahl 1.4301 mit einer Blechdicke von 1 mm.

Oberflächenqualität

Hier gehen die Oberflächenrauheit und die Fehlerfreiheit ein, da sie die Umform- und Lackierbarkeit eines Bleches beeinflussen. Für die im Schmelztauchverfahren aufzubringenden Überzüge aus Zink, Zinklegierungen oder Aluminium ist eine möglichst saubere und reaktionsfreudige Stahloberfläche die unverzichtbare Voraussetzung für eine kontrollierte Legierungsbildung und eine störungsfreie Kristallisation des Überzugsmetalls. Die zulässigen Oberflächenqualitäten werden in DIN EN 10130 klassifiziert nach Oberflächenart A (erlaubt sind Poren, kleine Riefen, kleine Warzen, leichte Kratzer und leichte Verfärbungen, welche die Eignung zum Umformen und die Haftung von Oberflächenüberzügen nicht beeinträchtigen) und

4

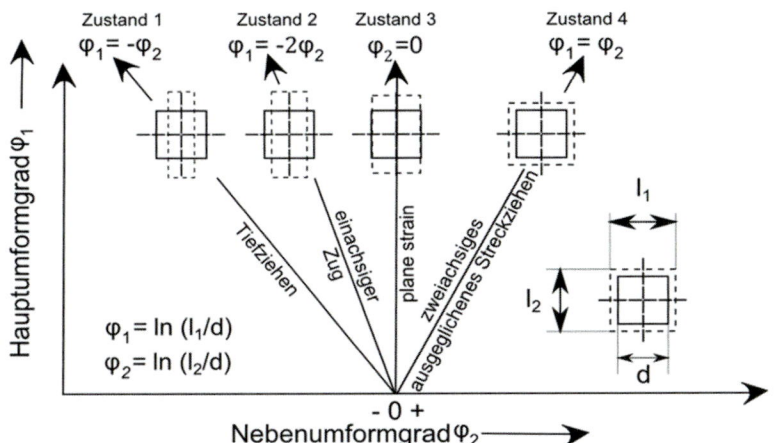

Zustand 1
$\varphi_1 = -\varphi_2$

Zustand 2
$\varphi_1 = -2\varphi_2$

Zustand 3
$\varphi_2 = 0$

Zustand 4
$\varphi_1 = \varphi_2$

Hauptumformgrad φ_1

Tiefziehen

einachsiger Zug

plane strain

zweiachsiges ausgeglichenes Streckziehen

$\varphi_1 = \ln(l_1/d)$
$\varphi_2 = \ln(l_2/d)$

- 0 +
Nebenumformgrad φ_2

l_1

l_2

d

Bild 4-1.4
Ermittlung eines Grenzformänderungsschaubildes aus verschiedenen Messwerten für einen Blechwerkstoff

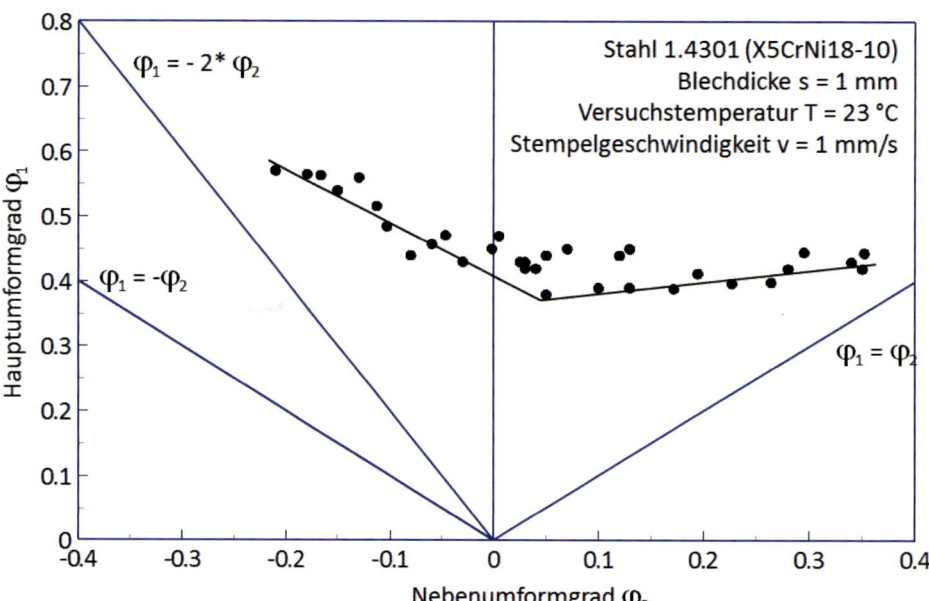

Bild 4-1.5
Grenzformänderungsschaubild (FLD) für einen Stahl 1.4301 mit Blechdicke 1 mm

B (die bessere Seite muss so weit fehlerfrei sein, dass das einheitliche Aussehen einer Qualitätslackierung oder eines elektrolytisch aufgebrachten Überzuges nicht beeinträchtigt wird).

Fügbarkeit

Die üblichen Verfahren, um die Bleche zu einer Karosserie zu fügen, sind Widerstandspunkt- und Laserschweißen, mechanisches Fügen oder Kleben. Die Fügequalität ist unter anderem abhängig von der chemischen Zusammensetzung, vom Durchgangswiderstand des Stahls oder auch von Faktoren wie Oberflächenqualität und Oberflächenreinheit. Zur Qualifizierung werden gemäß SEP 12020 sowohl zerstörende (Scherzug- und Kopfzugversuch, Härtemessungen, Meißelprüfung, metallographische Untersuchungen) als auch zerstörungsfreie (Sichtprüfung, Farbeindringprüfung, Ultraschall) Prüfungen durchgeführt. Weiterhin wird auch die Standzeit der Schweißelektroden geprüft, die beim Schweißen oberflächenveredelter Feinbleche im Vergleich zu unbeschichtetem Feinblech beträchtlich schlechter sein kann.

Korrosionsbeständigkeit in wässrigen Medien

Für oberflächenveredelte Bleche und für gefügte Komponenten gilt es, Korrosion unter einsatznahen Bedingungen zu vermeiden. Die wichtigsten qualifizierenden Tests sind Auslagerungsversuche in definierten Atmosphären, wie z. B. der Salzsprühnebeltest oder der VDA-Wechseltest.

Aus der Sicht des Stahlherstellers kommen dann noch die Anforderungen der effizienten, produktionstechnisch robusten und ökonomischen Herstellbarkeit und einer guten (politisch stabilen) Verfügbarkeit der Rohstoffe und der Energie hinzu.

Während der letzten Jahrzehnte hat der stetige Einsatz der Stahlindustrie sowie der Automobilindustrie die Entwicklung neuer Stahlsorten vorangetrieben und eine wachsende Vielfalt an Eigenschaften erreicht. Zurzeit macht Stahl annähernd 60 % des Gesamtgewichts eines Autos aus und 95 % des Gewichts von Karosserie und Klappen. Wie in Bild 4-1.6 dargestellt, bestand und besteht nach wie vor der Trend, durch eine vielfältige Mischung verschiedener Stähle sowie anderer Materialien mit geringer Dichte das Fahrzeuggewicht weiter zu reduzieren (World Steel Association 2008, Senuma 2001, Ducker Worldwide 2008). Ein großes Potenzial an Gewichtsreduktion wurde vor allem durch die Entwicklung der neuen HSS-Güten (engl. High Strength Steels) und der AHSS-Produkte (engl. Advanced High Strength Steels) eröffnet, welche eine deutlich verbesserte Kombination aus Festigkeit, Härte und Umformbarkeit bieten.

Die Anfang der 90er Jahre gegründete WorldAutoSteel-Gruppe, eine Kooperation von 35 Stahlunternehmen aus 18 verschiedenen Ländern innerhalb der World-Steel Association, koordinierte und leitete ein Vielzahl von Projekten mit dem Ziel, die besonderen Vorteile von Stählen bei der Herstellung von leichten, sicheren

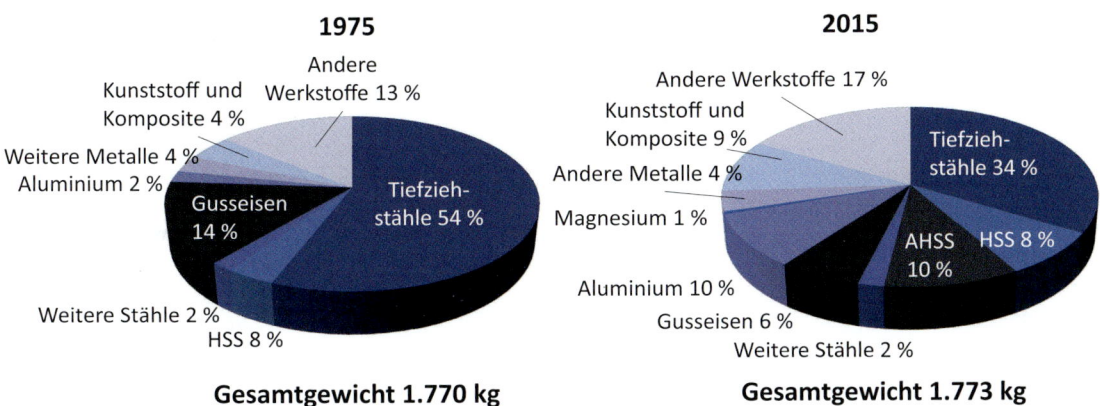

1975

Andere Werkstoffe 13 %

Kunststoff und Komposite 4 %

Weitere Metalle 4 %

Aluminium 2 %

Gusseisen 14 %

Tiefziehstähle 54 %

Weitere Stähle 2 %

HSS 8 %

Gesamtgewicht 1.770 kg

2015

Andere Werkstoffe 17 %

Kunststoff und Komposite 9 %

Andere Metalle 4 %

Magnesium 1 %

Aluminium 10 %

Gusseisen 6 %

Weitere Stähle 2 %

Tiefziehstähle 34 %

AHSS 10 %

HSS 8 %

Gesamtgewicht 1.773 kg

Bild 4-1.6 Werkstoffe für eine Prototypen-Karosserie im Vergleich 1975 zu 2015. Die Prototypen sind jeweils so gewählt, dass das Gewicht vergleichbar ist (Ducker Worldwide 2008)

und erschwinglichen Autokarosserien für Fahrzeuge zu erarbeiten und zu verbreiten. So konnte gezeigt werden, dass die Verwendung von AHSS für verschiedene Karosseriestrukturen im Vergleich zu konventionellen Werkstoffen zu höheren Festigkeiten bei gleichzeitig geringeren Massen und demzufolge geringeren CO_2-Emissionen führte. Die Aktivitäten begannen mit dem ULSAB-Projekt (engl. Ultralight Steel Auto Body) 1994, dessen Fokus auf der Karosserie lag (ULSAB 2002, Zuidema 2001). Dem ULSAB-Projekt folgten zahlreiche weiterführende Projekte wie ULSAB-AVC (engl. Advanced Vehicle Concepts), ULSAC (Closure) und ULSAS (Suspension). Innerhalb dieser ULSAB-Projekte gelang eine Gewichtseinsparung bei der Karosserie von etwa 20–30 %. Ebenso wurde beim FSV-Programm (engl. Future Steel Vehicle) am Design von Karosseriestrukturen aus Stahl für die Elektromobilität gearbeitet. In diesem Bereich sind über 35 % Gewichtsreduktion an einem definierten Referenzfahrzeug sowie annähernd 70 % Emissionsreduktion im gesamten Lebenszyklus erreichbar (Tamarelli 2011). Die Gewichts- und Kostenersparnis wurde durch ein optimiertes Karosseriedesign erzielt, indem ein großer Anteil an HSS- und AHSS-Blechen in Kombination mit hochentwickelten Umform- und Fügetechniken verwendet wurde (Zuidema 2001).

Neben dieser großen gemeinschaftlichen Aktivität gibt es auch noch verschiedene kleinere Projekte, die den Einsatz von modernen Stählen im Automobilbau unter spezifischen Randbedingungen thematisieren. Als Beispiele seien die Programme „New Steel Body" (NSB) von ThyssenKrupp, „S-in motion" von ArcelorMittal oder „Bao Car Body" (BCB) von BaoSteel genannt.

4-1.2 Terminologie und Klassifizierung

Die Terminologie und Klassifizierungsmethoden von Stahlprodukten für Automobilanwendungen variieren weltweit erheblich. Die in diesem Kapitel genutzte Terminologie basiert auf einer Systematik, die von der WorldAutoSteel im Rahmen der ULSAB-Projekte eingeführt wurde und sich an den englischsprachigen Bezeichnungen orientiert (Keeler 2014, ULSAB 2002). Nach dieser metallurgisch motivierten Systematik werden Stähle mit „XX aaa/bbb" bezeichnet, wobei die ersten Ziffern „XX" (welche nicht nur auf 2 Stellen begrenzt sind) die Art des Stahls darstellen, die nächsten Ziffern „aaa" für die minimale Streckgrenze des Materials in MPa und die letzten Ziffern „bbb" für die minimal erreichte Zugfestigkeit des untersuchten Stahls stehen. Diese im ULSAB-AVC-Programm entwickelte Bezeichnungsmethodik stellt die Grundlage für eine heutzutage weltweit akzeptierte Klassifizierung der Karosseriestähle dar und ist leicht erweiterbar auf neue Stahlentwicklungen. In Tabelle 4-1.1 sind die in diesem Kapitel thematisierten Stähle in einer Systematik dargestellt, die sich an die ULSAB-Systematik anlehnt und einige neuere Stahlgruppen dabei mit einsortiert.

Um diese ULSAB-Systematik zu verdeutlichen und einen repräsentativen Überblick über ermittelte mechanische Eigenschaften zu präsentieren, sind in Tabelle 4-1.2 die Stähle aufgeführt, welche im Projekt ULSAB-AVC für die Karosserie, Verschlüsse, Zubehörteile, das Fahrwerk und die Räder gewählt worden sind.

4

Tabelle 4-1.1 Vergleich zwischen unterschiedlichen Gruppen von Stahlblechen (in Anlehnung an die Nomenklatur von WorldAutoSteel)

Art	Bedeutung	Gefüge	Klassifizierung
IF	Interstitial Free	Ferrit-Perlit-Matrix mit feinen Ausscheidungen	Konventioneller weicher Tiefziehstahl
DDQ	Deep Drawing Quality		
IF-HS	Interstitial Free – High Strength		HSS – konventioneller hochfester Tiefziehstahl
BH	Bake Hardenable		
HSLA	High Strength Low Alloyed		
FB	Ferritic Bainitic	Ferritmatrix mit Bainit, Martensit und/oder Restaustenit	AHSS – hochfester Mehrphasenstahl
DP	Dual Phase		
CP	Complex Phase		
TRIP	TRansformation Induced Plasticity		
MS	MartenSitic		
LH	Luft Härtend	Martensitische Matrix	AHSS – hochfester Vergütungsstahl
HF (dt.: PH)	Hot Formable (dt.: presshärtbar, PH)		
TWIP	TWinning Induced Plasticity	Hochmangan-Austenit	AHSS – 2G
Q&P	Quench & Partitioning	Martensit + Austenit	AHSS – 3G
MMn	Medium Mn		

Tabelle 4-1.2 Mechanische Eigenschaften ausgewählter Stähle für Karosseriebauteile im ULSAB-AVC-Projekt (R_e: Streckgrenze, R_m: Zugfestigkeit, A: Bruchdehnung, n-Wert: Verfestigungsexponent, gemessen in Querrichtung, r-Wert: senkrechte Anisotropie) (Keeler 2014)

Stahlgüte	R_e [MPa] (min)	R_m [MPa] (min)	A [%]	n-Wert [–] (min)	r-Wert [–] (min)
BH 210/340	210	340	34 – 39	0,18	1,8
BH 260/370	260	370	29 – 34	0,13	1,6
DP 280/600	280	600	30 – 34	0,21	1,0
IF 300/420	300	420	29 – 36	0,20	1,6
DP 300/500	300	500	30 – 34	0,16	1,0
HSLA 350/450	350	450	23 – 27	0,14	1,1
DP 350/600	350	600	24 – 30	0,14	1,0
DP 400/700	400	700	19 – 25	0,14	1,0
TRIP 450/800	450	800	26 – 32	0,24	1,9
DP 500/800	500	800	14 – 20	0,14	1,0
CP 700/800	700	800	10 – 15	0,13	1,0
DP 700/1000	700	1000	12 – 17	0,09	0,9
MS 950/1200	950	1200	5 – 7	0,07	0,9
MS 1250/1520	1250	1520	4 – 6	0,065	0,9

In der Praxis gibt diese Nomenklatur häufig nicht genug Informationen wieder, z. B. in Bezug auf den Walzzustand, die Beschichtung, die Oberflächenqualität und die Tiefziehgüte. Daher ist im deutschsprachigen Raum in Kooperation zwischen Automobilherstellern und Stahlproduzenten die VDA-Richtlinie VDA 239-100 entwickelt worden, die eine Nomenklatur darstellt, in der alle für die Anwender relevanten Informationen enthalten sind. Diese Nomenklatur ist ebenfalls modular aufgebaut und beginnt einen Stahlnamen immer mit einer Information über die Walzart (CR: Cold Rolled, HR: Hot Rolled). Im Einzelnen werden in diesem System die folgenden Stahlklassen unterschieden und jeweils mit einer eigenen Systematik versehen (VDA 2016):

- *Weiche Stähle:*

  Der Name setzt sich zusammen aus der Walzart (HR, CR) und der Güteklassezahl 1 bis 5. Mit steigender Güteklassezahl verbessert sich die Umformbarkeit.

Das chemische Konzept des Stahls kann durch die Ergänzung „IF" oder „Non-IF" enger spezifiziert werden.

- *Hochfeste Stähle:*
  Diese werden über die Walzart, die Mindeststreckgrenze in MPa (Längsrichtung) und den Stahltyp bezeichnet (BH, IF, LA).

- *Mehrphasenstähle:*
  Sie werden durch die Walzart, die Mindeststreckgrenze in MPa mit dem Kurzzeichen „Y", die Mindestzugfestigkeit in MPa mit dem Kurzzeichen „T" (Längsrichtung) sowie den Stahltyp bezeichnet (CP, DP, DH, MS, TR, FB).

Anschließend folgen Informationen über Eigenschaften und Stahlart und Informationen zu Oberfläche und Beschichtung.

In der schematischen Darstellung (Bild 4-1.7) wird die Umformbarkeit über der Festigkeit für verschiedene Klassen von Feinblechstählen für Fahrzeuganwendungen dargestellt. Diese Darstellung basiert auf Daten aus dem traditionellen Zugversuch, wenn mit der Zugfestigkeit ein Maß für die Festigkeit und mit der Bruchdehnung ein Maß für die Kaltumformbarkeit verwendet wird. In der Abbildung wird deutlich, dass im Allgemeinen die Festigkeit und die Kaltumformbarkeit einander entgegengesetzte Eigenschaften sind, die nicht ohne weiteres unabhängig voneinander einstellbar sind.

Auf der linken Seite des Diagramms finden sich die traditionellen Tiefziehstähle IF und DDQ, welche geringe Festigkeit bei exzellenter Umformbarkeit bieten. Diese Stahlklassen sind einphasige Werkstoffe mit ferritischer Matrix und ihre Position im Diagramm zeigt näherungsweise einen hyperbolischen Verlauf, bei dem

das Produkt aus Zugfestigkeit R_m und Bruchdehnung A (der sogenannte Eco-Index = $R_m \cdot A$) eine Konstante von ca. 10 GPa % ergibt.

Der weltweit verbreitete Ausdruck HSS bezieht sich auf Stähle mit einer Mindeststreckgrenze von 210 – 550 MPa und beschreibt konventionelle Sorten wie IF-HS, BH und HSLA. In der Vergangenheit galten Stähle mit Zugfestigkeiten > 500 MPa nur als eingeschränkt kaltumformbar. Auch diese Stähle zeigen ein Gefüge aus Ferrit (bzw. bainitischem Ferrit) und bewirken durch feine Ausscheidungen und Kornfeinung die erhöhten Festigkeiten. Diese Stähle liegen ebenfalls im Eigenschaftsspektrum näherungsweise auf der Hyperbel $R_m \cdot A$ = 10 GPa %.

Für Sorten, deren Streckgrenze mehr als 550 MPa beträgt, ist der Begriff AHSS (Advanced High Strength Steel) geläufig. Neue Entwicklungen vor allem bezüglich der Gefügeeinstellung haben zu AHSS-Werkstoffgruppen geführt, die auch bei hohen Festigkeitswerten noch attraktive Eigenschaften für die Kaltumformung aufzeigen und damit das Eigenschaftsdiagramm zu höheren Festigkeits/Umformbarkeits-Kombinationen ausweiten. Diese AHSS haben üblicherweise eine ferritbasierte, mehrphasige Mikrostruktur (DP-, CP-, TRIP- und MS-Stahl), welche einen erheblichen Anteil an harten Phasen wie Martensit, Bainit und Restaustenit enthält (ULSAB 2012). Die mehrphasigen Gefüge stellen eine Kombination verschiedener Phasen mit individuellen Eigenschaften dar, die sich jeweils sehr stark unterscheiden. Die Stähle zeigen allgemein ein höheres Vermögen zur Kaltverfestigung aufgrund von inhomogener Spannungsverteilung zwischen dem weichen Bestandteil (Ferrit) und den harten Bestandteilen, was zu den besonderen mechanischen Eigenschaften ver-

4

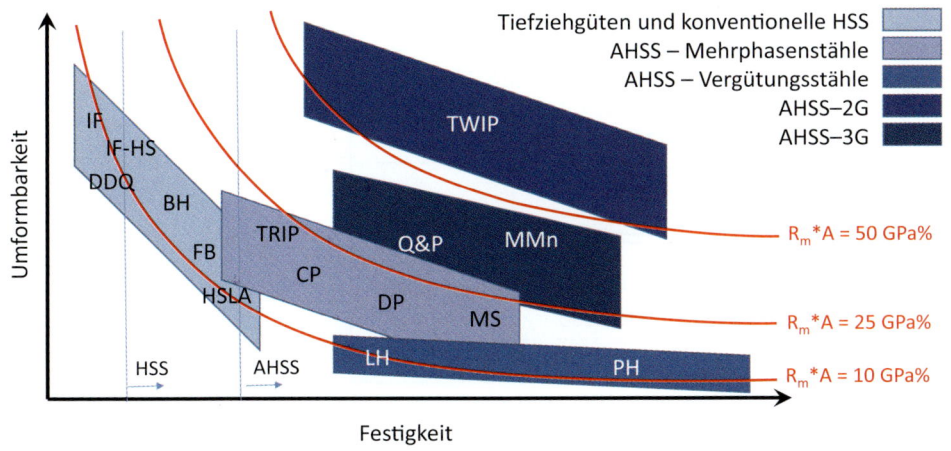

Bild 4-1.7
Portfolio der Feinblechstähle im Vergleich

glichen mit konventionellen HSS-Stählen führt und erheblich höhere Eco-Indices von 15 bis 25 GPa% bewirkt.

Eine Option zur Einstellung sehr hoher Festigkeiten sind Vergütungsstähle. Dieses Konzept ist allerdings nicht ohne weiteres auf Blechwerkstoffe zu übertragen. Erstens erschweren die erhöhten Kohlenstoffgehalte das Umformen und zweitens entstehen beim Abschrecken thermische Spannungen und Verzüge, die die Bauteile unbrauchbar machen. Mit den PH- und den LH-Stählen sind zwei AHSS-Konzepte vorhanden, die trotzdem eine Wärmebehandlung zum Einstellen martensitischer Gefüge erlauben, aber dafür eine besondere Prozessführung benötigen.

In der englischsprachigen Literatur werden für die Weiterentwicklungen der AHSS in Richtung höherer Festigkeiten auch die Begriffe „ultra-" oder „extra-höchstfester Stahl" (UHSS – Ultra-High Strength Steel und XHSS – Extra-High Strength Steel) für Stähle mit einer Zugfestigkeit größer als 780 MPa oder der Begriff „Giga-Pascal-Stahl" für Zugfestigkeiten > 1000 MPa genutzt, was jedoch in dieser Weise nicht in die allgemeine Nomenklatur Eingang gefunden hat. Seit den 2000er Jahren hat sich stattdessen für die weitere Entwicklung der AHSS-Sorten die Nomenklatur AHSS der zweiten und der dritten Generation (AHSS-2G, AHSS-3G) durchgesetzt.

Die AHSS der zweiten Generation (AHSS-2G) stellen eine neue Klasse hochlegierter austenitischer Blechstähle für die Automobilindustrie dar, die nochmals erheblich höhere Festigkeits/Dehnbarkeits-Kombinationen erlauben. Für diese Stähle werden hohe Mn-Gehalte von 15 – 30 Gew.-% verwendet. Als zusätzliche Verformungsmechanismen zeigen diese Stähle neben dem Versetzungsgleiten auch den TRIP-Effekt (engl. **TR**ansformation **I**nduced **P**lasticity) und/oder TWIP-Effekt (engl. **TW**inning **I**nduced **P**asticity). Die gezielte Einstellung dieser zusätzlichen Verformungsmechanismen erlaubt eine hohe Vielfältigkeit in den betreffenden Eigenschaften mit Festigkeits/Dehnbarkeits-Kombinationen mit einem Eco-Index von 50 – 60 GPa %. Die dritte Generation AHSS (AHSS-3G) strebt eine Eigenschaftskombination zwischen der ersten und zweiten Generation von AHSS an mit einem Eco-Index zwischen 25 und 50 GPa %. Damit soll eine Alternative zu den hoch Mn-haltigen TRIP/TWIP-Stählen entwickelt werden, die entlang der gesamten Produktionskette einfacher zu handhaben ist. Die AHSS-3G zeigen wieder mehrphasige Mikrostrukturen mit hohen Gehalten an metastabilem Austenit in einer martensitischen Matrix. Dieser Entwicklung sind einerseits die Stähle mit mittleren Mn-Anteilen (8 – 12 Gew.-%) zuzurechnen, deren Herstellung eine relativ lange isotherme Glühbehandlung im Zweiphasengebiet benötigt. Eine zweite Option, das angepeilte Eigenschaftsspektrum einzustellen, stellt der sogenannte Q&P-Prozess (engl. Quench and Partitioning) dar, der durch ein unterbrochenes Abschrecken im Temperaturbereich zwischen Martensitstart- und -endtemperatur plus einer anschließenden isothermen Glühstufe hohe Anteile an Restaustenit

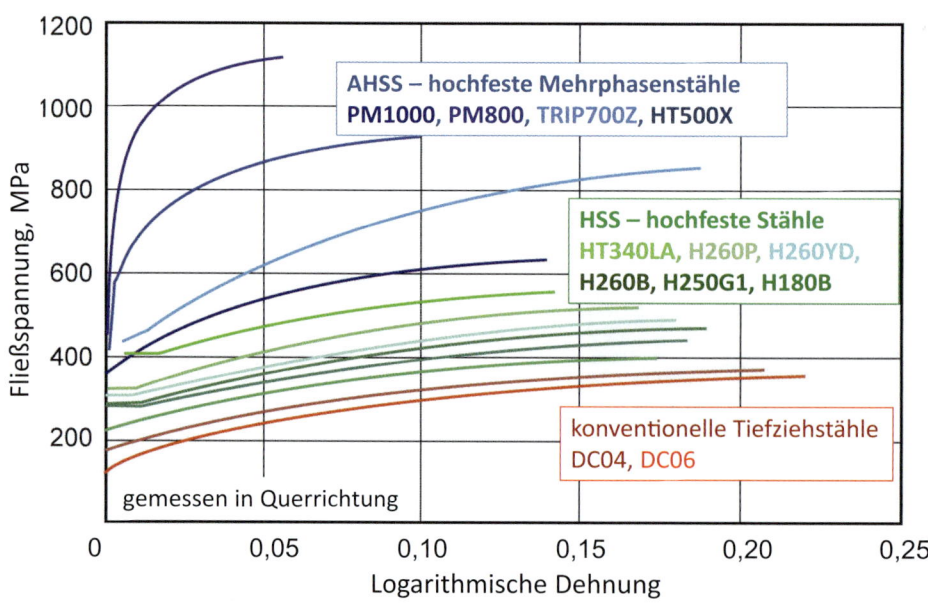

Bild 4-1.8
Fließkurven verschiedener kommerzieller Feinblechstähle für die Automobilkarosserie (exemplarisch)

bewirkt. Diese AHSS-3G-Stähle sind aber noch im Stadium der Entwicklung und stehen bis auf Weiteres nur bedingt kommerziell zur Verfügung.

Um das Spektrum der einstellbaren Eigenschaften zu veranschaulichen, sind in Bild 4-1.8 die Fließkurven für eine beispielhafte Auswahl an modernen Feinblechstählen dargestellt.

4-1.3 Metallurgische Betrachtungen

Dünne Bänder und Bleche aus weichen unlegierten Stählen sind zumeist für eine direkte Weiterverarbeitung durch Formgebung ohne äußere Erwärmung bestimmt; ihre wesentliche Eigenschaft ist die sehr gute Kaltumformbarkeit. Es werden maßgeschneiderte Legierungen mit präzise gesteuerten Walzprozessen und optimierten Kühlkonzepten kombiniert, um die gewünschten Gefüge und die finalen Eigenschaften durch Phasenumwandlungen einzustellen. Die Urformung aus der Stahlschmelze erfolgt dabei meist über Stranggießanlage, wobei für hochlegierte Stähle auch Gießwalzanlagen genutzt werden (Bild 4-1.9). Zu den wichtigsten Legierungselementen für Feinblechstähle gehören dabei Kohlenstoff (C), Stickstoff (N), Mangan (Mn), Silicium (Si), Aluminium (Al), Nickel (Ni), Niob (Nb), Chrom (Cr), Molybdän (Mo), Titan (Ti) sowie Vanadium (V) und in einigen wenigen Anwendungen auch Phosphor (P). Ihre Auswirkungen auf die Mikrostruktur und die Eigenschaften des Stahls sind in Tabelle 4-1.3 zusammengefasst. Grundsätzlich ist es die Zielsetzung, das Legierungsniveau niedrig zu halten, um die Kosten für Rohstoffe zu begrenzen und allfällige Seigerungen zu reduzieren.

Tabelle 4-1.3 Auswirkungen der wichtigsten Legierungselemente in Stählen für Feinblech

Wirkung	Elemente
Austenitstabilisierung	C, Mn, V
verzögerte Perlitbildung (verbesserte Härtbarkeit)	B, Mn, Cr, Mo, Ni, V
Mischkristallbildung	C, N, P, Si, Cu, Mn
Kornfeinung	Ti, Nb, V, Al (bilden feine Karbide und Nitride)

Bei warmgewalzten Bändern und Blechen ist eine wichtige Voraussetzung für eine gute Kaltumformbarkeit, dass der Werkstoff einen sehr hohen Reinheitsgrad besitzt und dass das Gefüge nur geringe Perlit- oder Zementitgehalte aufweist. Konsequenterweise sind kaltumformbare Stähle in der Regel durch niedrige Kohlenstoffgehalte gekennzeichnet. Wichtig ist weiterhin eine gleichmäßige Gefügeausbildung und die Vermeidung oder Minimierung der Alterung, die durch interstitiell gelöste C- oder N-Atome hervorgerufen wird. Als Folge der Alterung kann es bei der Umformung von Kaltband zu inhomogenem plastischen Fließen und daraus resultierend zur Bildung von Fließfiguren kommen, die insbesondere bei Anwendungen im Sichtbereich in der Automobilkarosserie (das sind die sogenannten Außenhautteile) nicht toleriert werden.

In der Regel werden warmgewalzte Stähle für die direkte Weiterverarbeitung zum Bauteil aluminiumberuhigt hergestellt; der im Stahl vorhandene Aluminiumgehalt kann dann bei ausreichend hoher Haspeltemperatur nach dem Warmwalzen die Alterungsbeständigkeit durch Abbinden der interstitiell gelösten N-Atome zu Al-Nitriden erhöhen. Die ebenfalls interstitiell gelösten C-Atome werden durch das langsame Abkühlen im gewickelten Coil unterhalb der Warmband-Haspeltemperatur überwiegend als Zementit Fe_3C ausgeschieden.

Höchste Anforderungen an die Kaltumformbarkeit und an die Oberflächengüte können nur von kaltgewalzten Stählen erfüllt werden. Nach dem Warmwalzen erfolgen hier die zusätzlichen Verarbeitungsschritte (Bild 4-1.9):

- Beizen zum Entfernen des Walzzunders,
- Kaltwalzen mit Kaltwalzgraden von über 50 %,
- rekristallisierendes Glühen,
- gegebenenfalls Schmelztauchveredelung,
- Dressieren.

Das Dressieren dient zur Beseitigung einer ausgeprägten Streckgrenze und zur Einstellung einer definierten Oberflächenrauheit. Die mechanischen Eigenschaften werden wesentlich durch die bei der Glühbehandlung ablaufende Rekristallisation und die dabei eingestellten Gefüge und Texturen bestimmt. Das Glühen kann prinzipiell chargenweise in sogenannten Haubenöfen, in denen die Coils geglüht werden, oder kontinuierlich in Band-Durchlauföfen erfolgen. Beide Verfahren unterscheiden sich charakteristisch in der Art der Wärmebehandlung. Das Haubenglühen erfolgt am gewickelten Band (Coil) und benötigt einige Tage; die maximal eingestellten Glühtemperaturen liegen bei

·4

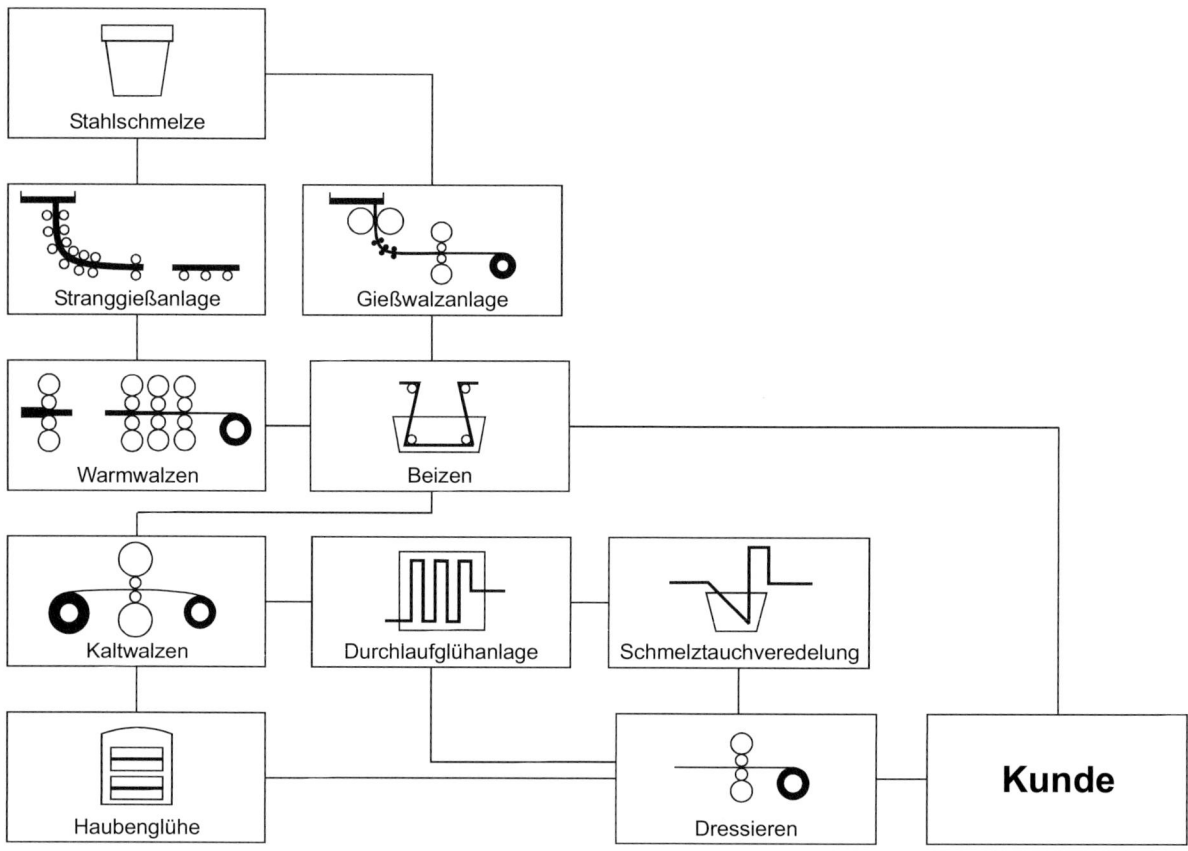

Bild 4-1.9 Prozessrouten zur Herstellung von Feinblech

700 °C. Das kontinuierliche Glühen benötigt wenige Minuten zur Rekristallisation, die allerdings bei wesentlich höheren Temperaturen bis hin zu 850 °C abläuft. Die für Band-Durchlauföfen charakteristische beschleunigte Abkühlung nach dem Glühen erfordert eine im Glühprozess integrierte Überalterungsbehandlung (darunter versteht man eine isotherme Haltestufe bei ca. 400 °C) zur Vermeidung von Alterungsvorgängen bei Raumtemperatur oder aber die Verwendung besonders geeigneter Stahlsorten, wie z. B. IF-Stähle.

4-1.4 Korrosionsschutz

Um Stahl effektiv vor Korrosion zu schützen, werden verschiedene Überzüge bzw. Beschichtungen eingesetzt. In vielen Fällen wird hierbei auf ein mehrschichtiges System aus Zink, Phosphatierung und Lackierung zurückgegriffen, um sowohl einen aktiven als auch einen passiven Schutz zu gewährleisten.

In sogenannten Feuerbeschichtungsanlagen wird das Stahlband (üblicherweise Kaltband) zunächst gereinigt und die Oberfläche wird chemisch aktiviert, um eine hochreaktive Oberfläche zu erzeugen. In einem nachgeschalteten Ofen erfolgt die Wärmebehandlung bzw. Rekristallisation. Dabei wird das Band stufenweise erwärmt und kontrolliert abgekühlt, um die gewünschten mechanischen Eigenschaften einzustellen. Bevor das Band zum Schmelztauchbeschichten in die Zinkschmelze eintaucht, wird es auf ca. 465 °C abgekühlt (ca. 5 °C über $T_{Zinkbad}$). Durch diesen Wärmeüberschuss wird das Zinkbad auf seiner Temperatur gehalten und braucht nicht zusätzlich beheizt zu werden.

Durch die hochreaktive Oberfläche kann das Eisen zunächst mit dem im Schmelzbad befindlichen Aluminium reagieren und eine Fe_2Al_5-Inhibitionsschicht ausbilden. Die raue Oberflächenmorphologie der Inhibitionsschicht sorgt dann für eine gute Haftung des Zinks und dient gleichzeitig als Diffusionsbarriere für das Eisen, sodass ein definierter Schichtaufbau aus verschiedenen Fe-Zn-Phasen eingestellt werden kann. Das überschüssige Zink wird über Düsen beim Verlassen des Zinkbades so weit entfernt, bis die gewünschte

Zinkschichtdicke (zwischen 7 bis 25 μm) eingestellt ist. Anschließend wird das Stahlband weiter abgekühlt, dressiert und chemisch nachbehandelt (geölt, versiegelt, phosphatiert etc.), um die Oberfläche beim Haspeln zu schützen, einen zusätzlichen Korrosionsschutz zu leisten oder bei nachgeschalteten Umformvorgängen als Schmierung zu dienen. Analog zu Zink können auch Zn-Al-, Zn-Mg- oder Al-Si-Legierungen aufgetragen werden.

Dem Prozess des Verzinkens sind in Abhängigkeit der chemischen Zusammensetzung des Substrates Grenzen gesetzt. Die Qualität der Beschichtung ist abhängig von der Summe der Legierungselemente, was hauptsächlich Sorten mit erhöhten Legierungsgehalten wie die AHSS der verschiedenen Generationen betrifft. Insbesondere hohe Gehalte an Mangan, Silicium, Aluminium und Phosphor führen bei der Rekristallisation bzw. Erwärmung auf Schmelzbadtemperatur zur Ausbildung von Oxiden, die die Ausbildung der Fe_2Al_5-Schicht verhindern. Ohne diese Inhibitionsschicht ist die Benetzbarkeit des Zinks nicht gewährleistet und es entstehen Oberflächenfehler wie z.B. bare-spots (nicht beschichtete Bereiche).

Eine alternative Beschichtungstechnologie stellt das eletrolytische Verzinken dar, welches unter anderem auch für mittel bzw. hoch Mn-haltige Stähle geeignet ist. Hierbei wird das Kaltband zunächst in einer Hauben- oder Kontiglühe rekristallisiert und anschließend in der EBA (elektrolytische Beschichtungsanlage) zunächst gebeizt und chemisch gereinigt. Anschließend durchläuft das Band verschiedene Elektrolysezellen, in denen dann die Zinkabscheidung stattfindet. Da die Zinkschicht hier „Atom für Atom" aufgebaut wird, entstehen keine unterschiedlichen Zn-Fe-Phasen und man kann einen sehr dünnen (bis zu 5 μm), aber dennoch gut vor Korrosion schützenden Zn-Überzug abscheiden. Nachteile dieses Verfahrens sind die längere Behandlungsdauer sowie die höheren Kosten, da hier Glühung und Beschichtung voneinander getrennt sind.

4-1.5 Stähle im Einzelnen

Im Folgenden werden die für die Anwendung für Automobil-Karosserien eingesetzten Stähle im Einzelnen beschrieben.

4-1.5.1 DDQ – weiche Tiefziehstähle

Die nach wie vor wichtigste Gruppe der Karosseriebleche bilden die weichen Tiefziehstähle, die in vielen PKW den größten Teil der eingesetzten Bleche umfassen. Die chemische Zusammensetzung ist gekennzeichnet durch niedrige Kohlenstoffgehalte, durch begrenzte Gehalte an Mangan, Phospor, Schwefel und Stickstoff sowie durch die Zugabe weiterer Elemente wie Aluminium oder in besonderen Fällen Titan, Niob oder Bor. Die Stähle werden als Warmband nach DIN EN 10111 und als Kaltband nach DIN EN 10130 klassifiziert. Die mechanischen Eigenschaften der weichen unlegierten Stähle sind durch abgestufte Höchstwerte der Streckgrenze und Zugfestigkeit sowie Mindestwerte der Bruchdehnung gekennzeichnet. Es wird hier zwischen vier Warmbandsorten (DD11 bis DD14) und sechs Kaltbandsorten differenziert (DC01 und DC03 bis DC07). Eine Übersicht über die warmgewalzten Sorten DDXX ist in Tabelle 4-1.4 und über die kaltgewalzten Sorten DCXX in Tabelle 4-1.5 zu finden einschließlich der zulässigen chemischen Zusammensetzung und der geforderten mechanischen Kennwerte.

4

Tabelle 4-1.4 Eigenschaften und chemische Zusammensetzung von kontinuierlich warmgewalztem Band und Blech nach DIN EN 10111

Bezeichnung	Kennwerte			Legierungsanteile in Massen-%			
Kurzname/W.-Nr.	R_e [MPa] (1 mm < e < 2 mm)[2]	R_m [MPa] (max)	A_{80} [%] (min) (1 mm < e < 1,5 mm)[1]	C (max)	P (max)	S (max)	Mn (max)
DD11/1.0332	170–360	440	22	0,12	0,045	0,045	0,60
DD12/1.0398	170–340	420	24	0,10	0,035	0,035	0,45
DD13/1.0335	170–330	400	27	0,08	0,030	0,030	0,40
DD14/1.0389	170–310	380	30	0,08	0,025	0,025	0,35
Bemerkungen	[1] e ist die Nenndicke in mm [2] Streckgrenze und Bruchdehnung werden in Abhängigkeit von der Blechdicke definiert und sind hier exemplarisch für eine Dicke angegeben.						

Tabelle 4-1.5 Eigenschaften und chemische Zusammensetzung von kaltgewalzten Erzeugnissen nach DIN EN 10130

Bezeichnung	Kennwerte					Legierungsanteile in Massen-%				
Kurzname/W.-Nr.	R_e [MPa] (max)	R_m [MPa]	A_{80} [%] (min)	r_{90} (min)	n_{90} (min)	C (max)	Mn (max)	P (max)	S (max)	Ti (max)
DC01/1.0330	280	270–410	28	–	–	0,12	0,60	0,045	0,045	–
DC03/1.0347	240	270–370	34	1,3	–	0,10	0,45	0,035	0,035	–
DC04/1.0338	210	270–350	38	1,6	0,18	0,08	0,40	0,030	0,030	–
DC05/1.0312	180	270–350	40	1,9	0,20	0,06	0,35	0,025	0,025	–
DC06/1.0873	170	270–330	41	2,1	0,22	0,02	0,22	0,020	0,020	0,30
DC07/1.0898	150	250–310	44	2,5	0,23	0,01	0,20	0,020	0,020	0,20

Die Produkte durchlaufen im Anschluss an das Kaltwalzen im Haubenofen oder im Durchlaufofen einen Rekristallisationsglühprozess. Beim Glühen im Durchlaufofen ergibt sich dann ein gleichmäßiges globulares Gefüge (Bild 4-1.10). Beim Glühen im Haubenofen kommt es dagegen erst zu einer Ausscheidung von Aluminiumnitriden auf den Korngrenzen und anschließend zur Rekristallisation des Ferrits. Daher wird die Korngrenzenorientierung von den ausgeschiedenen Aluminiumnitriden bestimmt und das so entstehende Gefüge ist in Walzrichtung langgezogen (Pancake-Gefüge). Das Gefüge zeigt in diesem Fall eine ausgeprägte Textur und resultiert in einem hohen r-Wert bzw. in einer guten Tiefziehbarkeit, gleichzeitig existiert aber die Gefahr der Orangenhautbildung.

Das Grenzformänderungsschaubild (Bild 4-1.11, links) für die weichen Tiefziehsorten zeigt, dass vom DC01 zum DC07 mit sinkender Festigkeit gleichmäßig größere Umformgrade erreicht werden können. Der Anwendungsbereich der weichen Tiefziehsorten umfasst ein weites Spektrum und insbesondere Bauteile mit hohen Anforderungen an die Umformbarkeit des Ausgangsmaterials (Bild 4-1.11, rechts).

4-1.5.2 IF- und IF-HS-Stähle

Wie in Tabelle 4-1.5 zu sehen, haben die Stähle DC06 und DC07 extrem geringe C-Gehalte. Diese Stähle sind als ULC-Stähle (engl. Ultra Low Carbon) konzipiert und gehören in die Sorte der IF-Stähle (engl. interstitial free, ohne interstitielle Legierungselemente).
Die Namensgebung IF-Stahl leitet sich aus den überaus geringen Anteilen an C- und N-Atomen im Mischkristall ab, welche als kritisch für die Umformbarkeit gelten. Die IF-Stähle gibt es in verschiedenen Festigkeitsklassen (Tabelle 4-1.6), wobei grundsätzlich zwischen weichen IF-Stählen aus der Familie der DC-Stähle (DC07 und DC06 sind IF-Stähle und DC05 kann auch

Element [%]	C	Si	Mn	P	S	Al	N
DC04	0,08	0,01	0,40	0,030	0,030	0,04	0,005

Gefüge:
- Ferritische Matrix
- Karbide (wenige) und AlN

Mechanische Eigenschaften:
- Niedrige Streckgrenze und Zugfestigkeit
- Niedrige Härte
- Sehr hohe Bruchdehnung
- Hohe Streck- und Tiefziehbarkeit

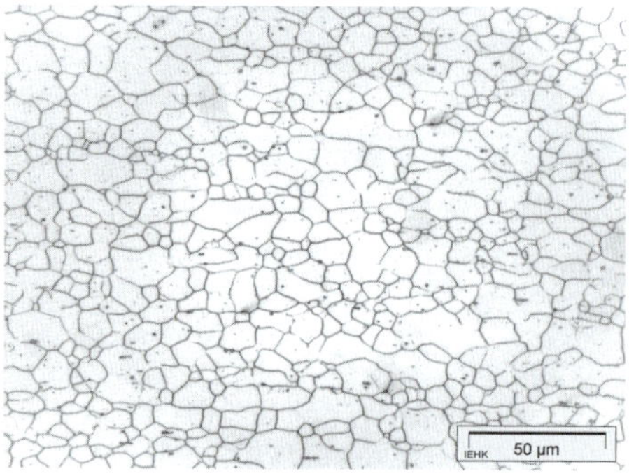

Bild 4-1.10
Weicher Tiefziehstahl – chemische Zusammensetzung, Gefüge und spezifische Eigenschaften (exemplarisch)

R_e (MPa)	R_m (MPa)	A_{80} (%)	r_{90}	n_{90}	A_g (%)
140–210	270–350	>38	>1,6	>0,18	~22

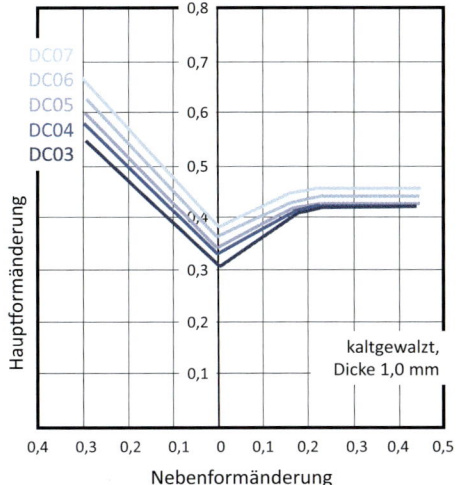

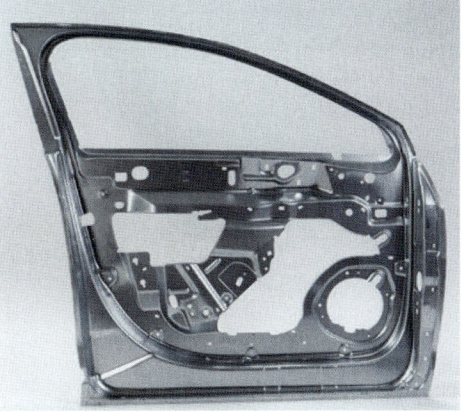

Bild 4-1.11
Grenzformänderungsdiagramme für weiche Tiefziehstähle (links) und Türinnenverkleidung aus DC04 (Dicke 0,7 mm) als beispielhaftes Bauteil (rechts) (Quelle: Arcelor)

als IF-Stahl vorliegen) und hochfesten IF-Stählen (IF-HS, IF-High-Strength) unterschieden wird. Die Umformbarkeit der IF-Stähle wird von keiner anderen konventionellen Stahlsorte erreicht (siehe dazu auch die IF-Stähle DC06 und DC07 in Bild 4-1.11). Die IF-HS-Sorten weisen aber eine vergleichsweise hohe planare Anisotropie auf (Δr = 0,5 bis 0,7) und neigen daher stark zur Zipfelbildung bei rotationssymmetrischen Teilen.

Charakteristisch für die guten Tiefzieheigenschaften und damit verbunden die besonders hohe Kaltumformbarkeit aller IF-Stähle sind hohe Dehnungen, ein niedriges Streckgrenzenverhältnis $R_{p0,2}/R_m$ bzw. niedrige Streckgrenzen, hohe n-Werte (Verfestigungsexponent) und hohe r-Werte (senkrechte Anisotropie) (Bild 4-1.12).

Die IF-HS-Stähle haben eine Streckgrenze größer 160 MPa. Im Vergleich mit weichen IF-Stählen zeigen die IF-HS-Stähle im Grenzformänderungsschaubild eine

etwas reduzierte, aber immer noch exzellente Umformbarkeit (Bild 4-1.13, links). Diese Stähle werden weitgehend in geometrisch komplizierten Teilen der Karosseriestruktur und für Klappen angewendet, wie z. B. für Fondböden, Radkästen, Ersatzradmulden, Türinnenbleche und Seitenblenden (Bild 4-1.13, rechts).

Der extrem geringe Anteil interstitieller Legierungselemente wird durch zwei Methoden erreicht: zum einen die Feinregulierung der Chemie der Schmelze und zum anderen das Legieren von nitrid- und karbidbildenden Elementen. So werden während der Vakuumbehandlung bei der Stahlherstellung typischerweise weniger als 30 ppm Kohlenstoff und 40 ppm Stickstoff eingestellt. Zusätzlich werden Titan und Niob zulegiert, um mit Kohlenstoff und Stickstoff Ausscheidungen zu bilden und sie damit vollständig aus dem Mischkristall zu entfernen. Beim Legierungsdesign wird dabei für Titan und Niob üblicherweise eine (über-)stöchiometrische

4

Tabelle 4-1.6 Eigenschaften und chemische Zusammensetzung von IF-Stählen

Bezeichnung	Kennwerte					Legierungsanteile in Massen-%[1]				
Kurzname/Werkstoffnummer	$R_{p0,2}$ [MPa]	R_m [MPa]	A_{80} [%] (min)	r_{90} (min)	n_{90} (min)	C (max)	Mn (max)	P (max)	S (max)	Ti (max)
DC07[2]/1.0898	–150	250–310	44	2,5	0,24	0,01	0,20	0,020	0,020	0,20
DC06[2]/1.0873	–170	270–330	38	1,8	0,22	0,02	0,20	0,020	0,020	0,30
CR160IF[3]	160–210	280–340	38	1,4	0,20	0,01	0,60	0,060	0,025	0,12
CR180IF[3]	180–240	320–400	35	1,2	0,19	0,01	0,70	0,060	0,025	0,12
CR210IF[3]	210–270	340–420	33	1,1	0,18	0,01	0,90	0,080	0,025	0,12
CR240IF[3]	240–300	360–440	31	1,0	0,17	0,01	1,60	0,100	0,025	0,12
Bemerkungen	[1] Für alle Sorten wird außerdem gefordert: Cu max. 0,20 % [2] IF-Stahl nach DIN EN 10130 [3] hochfester IF-Stahl nach VDA 239-100									

Element [%]	C	Si	Mn	P	S	Al	N	Ti
DC06	0,02	0,01	0,25	0,020	0,020	0,04	0,002	0,30

Gefüge:
- Ferritische Matrix
- Mikrolegierungsausscheidungen

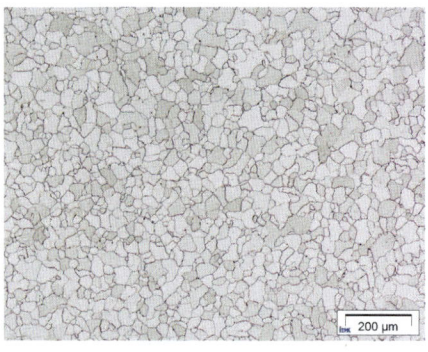

Mechanische Eigenschaften:
- Niedrige Streckgrenze und Zugfestigkeit
- Hoher n-Wert
- Hoher r-Wert
- Sehr hohe Gleichmaßdehnung
- Extreme Streck- und Tiefziehbarkeit

200 µm

R_e (MPa)	R_m (MPa)	A_{80} (%)	r_{90}	n_{90}	A_g (%)
140–170	270–330	>41	>2,1	>0,22	≈25

Bild 4-1.12
IF-Stahl – chemische Zusammensetzung, Gefüge und spezifische Eigenschaften (exemplarisch)

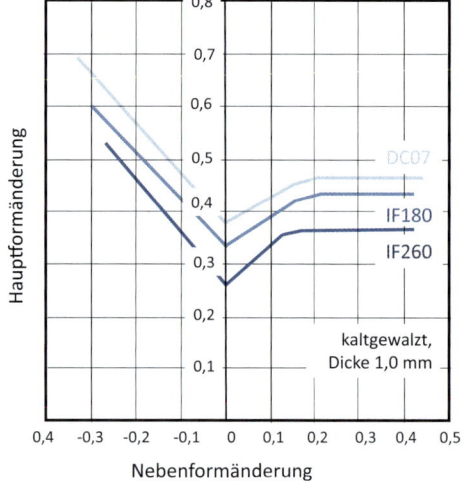

Bild 4-1.13
Grenzformänderungsdiagramme für IF-Stähle (links) und Radhaus aus DC06 (IF260, Dicke 0,9 mm) als beispielhaftes Bauteil (rechts) (Quelle: Arcelor)

Zusammensetzung angenommen, sodass die C- und N-Atome vollständig abgebunden werden. In diesem Fall sind die IF-Stähle aufgrund des fehlenden freien Kohlenstoffs uneingeschränkt alterungsbeständig. Demgegenüber erlaubt ein nicht ausreichender Anteil an Titan und Niob einen gewissen Grad an Bake-Hardening (Baker et al. 2002).

IF-Stähle besitzen ein Gefüge aus feinkörnigem Ferrit mit dispersen Ausscheidungen, welche typischerweise während und nach dem Warmwalzen entstehen. Die hauptsächlichen Verfestigungsmechanismen bei IF-Stählen sind Kornfeinung, Ausscheidung von Karbiden/Nitriden, Mischkristall- und Kaltverfestigung. Die erwünschte Festigkeit kann durch Mischkristallhärtung mit den Legierungselementen Phosphor, Silicium und Mangan erzielt werden (Bode et al. 2000).

Eine ausgeprägte Steigerung der Festigkeit ist mit Hilfe der Einlagerung von Phosphor zu realisieren. Phosphorlegierte Stähle sind Stähle, die im Vergleich zu weichen unlegierten Stählen höhere Phosphor- und meist auch höhere Mangangehalte aufweisen. Hierdurch wird eine Mischkristallverfestigung und eine Kornfeinung hervorgerufen. Eine Phosporlegierung erfolgt mit Zugaben von max. ca. 0,08 %; höhere Gehalte führen zu Segregationseffekten. Die IF-HS-Stähle stellen unter den phosphorlegierten Stählen eine Sondergruppe dar. Für Ti-haltigen IF-Stahl kann allerdings die Zugabe von Phosphor zur Bildung von FeTiP-Ausscheidungen führen, was die wünschenswerte {1 1 1}-Textur reduziert und somit den r-Wert senkt.

IF-Stähle, in denen nur Titan vorhanden ist, weisen im Durchschnitt höhere r-Werte auf und sind deshalb besser umformbar als Ti-Nb-Stähle. Ti-Nb-legierte IF-HS-Stähle weisen aber wiederum eine niedrige Übergangstemperatur für SWE (Secondary Work Embrittlement) auf. Das bezeichnet die Empfindlichkeit eines Materials gegen interkristallinen Bruch während einer zweiten Umformung oder während des Einsatzes. Verursacht wird dieser Effekt durch P-Seigerungen an den Korngrenzen. Bei Ti-Nb-IF-Stählen bilden sich Fe(Ti,Nb) P-Ausscheidungen; sie verhindern die Schwächung der Korngrenzen durch Phosphor. Ein weiterer Nachteil ist eine niedrige Dauerfestigkeit. Auch dieses Phänomen zeigt sich durch ferritische interkristalline Brüche aufgrund der niedrigen Kohäsionsfestigkeit der Korngrenze, was durch den Mangel an Kohlenstoff und Stickstoff an der Korngrenze verursacht wird. Beide Probleme können durch die Zugabe von 2 – 3 ppm Bor zulasten der Dehnbarkeit minimiert werden.

4-1.5.3 BH-Stähle

Die Entwicklung weicher Stähle mit hervorragenden Tiefzieh-Eigenschaften erfüllt die Grundanforderungen der Automobilindustrie zur Herstellung komplizierter Flächenbauteile. Die begrenzte Festigkeit dieser Stähle jedoch resultiert in einer schwachen Beulsteifigkeit beim Endprodukt, was insbesondere bei freiliegenden großflächigen Karosserieteilen kritisch sein kann. BH-Stähle (engl. Bake Hardening) wurden entwickelt, um eine gute Tiefziehfähigkeit mit erhöhter Festigkeit zu kombinieren zur Herstellung von komplizierten Karosserieteilen, die eine gute Beulsteifigkeit erfordern. Sie erlauben den Einsatz von C-armen Stählen anstelle

teurer HSS. Allerdings hat sich herausgestellt, dass der BH-Effekt auch bei den mehrphasigen AHSS, wie Dualphasen-, Komplexphasen- und TRIP-Stählen, auftreten kann.

In BH-Stählen wird das Phänomen der Reckalterung als zusätzlicher Verfestigungsmechanismus genutzt, der während des Lackeinbrennprozesses (~ 170 °C) gezielt aktiviert wird. Der Name beschreibt genau diese Kombination von backen (engl. bake) und verfestigen (hardening). Durch das Bake Hardening steigt die Streckgrenze der kaltgeformten Stahlbleche in Folge der Bildung von Cottrell-Wolken und der Ausscheidung von Karbiden an den Versetzungen. Weiterhin erholt sich durch die BH-Behandlung auch der E-Modul, d. h., die bei einer Umformung beobachtete Reduzierung des E-Moduls wird rückgängig gemacht, was für eine Steifigkeitsauslegung besonders wichtig ist. Da die genannten Veränderungen der mechanischen Eigenschaften (Streckgrenze, Bruchdehnung, n-Wert) stark verlangsamt auch bei Raumtemperatur stattfinden, ist die Lagerfähigkeit dieser Stahlsorten im Lieferzustand eingeschränkt. BH-Stähle werden in verschiedenen Festigkeitsklassen definiert (Tabelle 4.7). Es wird dabei gefordert, dass die BH-Stähle zusätzlich eine weitere Festigkeitssteigerung (den BH-Index) von mindestens 30 MPa nach dem Einbrennen der Lackierung zeigen.

Die Höhe der Festigkeitssteigerung durch Bake Hardening wird mit Hilfe des BH-Indexes angegeben. Dieser berechnet sich aus der Differenz der unteren Streckgrenzenwerte bzw. der 0,2-%-Dehngrenze $R_{p0,2}$ vor und nach der Bake-Hardening-Behandlung (Bild 4-1.14), wobei gemäß Norm DIN EN 10325 als standardisierte

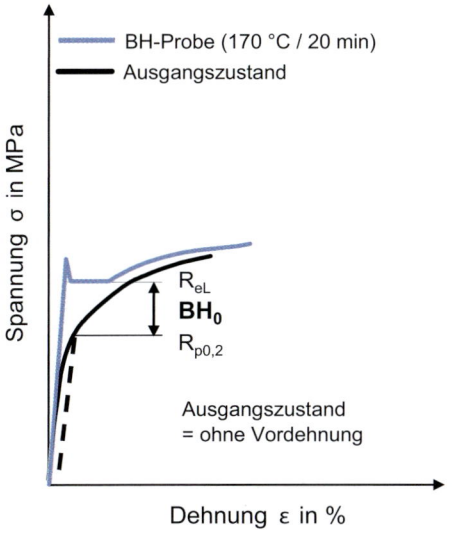

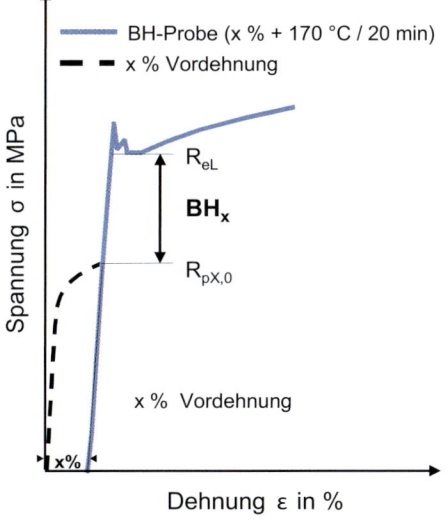

Bild 4-1.14
Definition des Streckgrenzenanstiegs für den unverformten Ausgangszustand, BH_0-Wert (links) und für den um x % plastisch vorgedehnten Zustand, BH_x-Wert (rechts)

Wärmebehandlung eine Temperatur von 170 °C und eine Haltezeit von 20 min zugrunde gelegt werden.

In der Praxis werden zwei Fälle unterschieden: Der BH_0-Wert beschreibt die Streckgrenzenerhöhung einer Probe ohne Vordehnung nur durch Wärmebehandlung (Bild 4-1.14, links). Die Berechnung erfolgt mit dem R_{eL}-Wert nach BH-Behandlung abzüglich der 0,2-%-Dehngrenze im Ausgangszustand. Zur Ermittlung werden zwei verschiedene Proben benötigt, jeweils eine mit und eine ohne Wärmebehandlung, die miteinander verglichen werden. Der BH_x-Wert ist definiert als die Erhöhung der Streckgrenze durch Bake Hardening nach einer plastischen Vorverformung von x % (Bild 4-1.14, rechts). Dabei wird die Differenz der unteren Streckgrenze R_{eL} bzw. $R_{p0,2}$ nach der Wärmebehandlung mit der Fließspannung R_{px} derselben Probe bei Erreichen der Vordehnung berechnet. In der aktuellen Norm wird nur noch der BH_2-Wert berücksichtigt. Das ist die Streckgrenzenerhöhung nach einer plastischen Vordehnung von 2 %, hervorgerufen durch eine Wärmebehandlung, die einen üblichen industriellen Lackierprozess simuliert.

$$BH_0 = R_{eL} \, (170 \,°C/20 \, min) - R_{p0,2}$$
(Ausgangszustand)

$$BH_2 = R_{eL} \, (2 \,\% + 170 \,°C/20 \, min) - R_{p2,0}$$
(2 % pl. Vordehnung)

nach DIN EN 10325.

Für andere Vordehnungen, x %, erfolgt die Berechnung analog.

Das Reckalterungsphänomen ist mit den komplexen Interaktionen zwischen beweglichen Versetzungen und Mischkristallatomen erklärbar. Eine Verformung des Stahls bringt neue Versetzungen ein, an denen sich im Laufe der Lackhärtung interstitielle Atome als eine Cottrell-Wolke sammeln. Interstitielle Atome haben die Neigung, in der Nähe von Versetzungen zu bleiben, da die Gitterverzerrung, welche durch Fremdatome erzeugt wird, durch das Spannungsfeld der Versetzungen kompensiert wird. Während des plastischen Fließens müssen Versetzungen zunächst die Cottrell-Wolken überwinden, um sich weiter fortbewegen zu können. Dies resultiert in einem Anstieg der Fließgrenze und einem diskontinuierlichen Fließbeginn. Dieser Mechanismus für Reckalterung und den mit dem Bake Hardening einhergehenden Fließgrenzenanstieg wird schematisch in Bild 4-1.15 dargestellt.

Im Lieferzustand weisen BH-Stähle gute Tiefzieheigenschaften wie eine niedrige Streckgrenze (180 – 360 MPa), eine hohe Dehnung (26 – 34 %) und hohe r-Werte auf (Bild 4-1.16). Sämtliche Sorten der Bake-Hardening-Stähle verfügen für alle Arten der Formgebung über eine gute Tiefziehfähigkeit, die mit der von IF-Stählen gleicher Festigkeit vergleichbar ist (Bild 4-1.17, links). Der Anstieg der Streckgrenze infolge des Bake Hardening beträgt mindestens 30 MPa, üblicherweise aber 40 bis 60 MPa während einer typischen Lackhärtung bei 170 °C für 20 Minuten, was eine erhebliche Zunahme der Bauteilsteifigkeit und damit der Beulfestigkeit bewirkt. Daher sind BH-Stähle in der Automobilindustrie besonders für Außenkarosserieteile geeignet, wie Türen, Motorhauben, Heckklappen, Kotflügel und Dächer, sowie für Strukturteile, wie zum Beispiel Unterbodenteile, Verstärkungen, Querträger oder Innenhautteile (Bild 4-1.17, rechts).

Im Prinzip kann sowohl Stickstoff als auch Kohlenstoff genutzt werden, um einen Bake-Hardening-Effekt zu erzielen, wobei das BH-Potenzial grundsätzlich mit dem N- und dem C-Gehalt im Mischkristall ansteigt. Die in der Automobilindustrie verwendeten Stähle enthalten typischerweise keinen gelösten Stickstoff und nur eine sehr geringe Konzentration an gelöstem Koh-

Tabelle 4-1.7 Eigenschaften und chemische Zusammensetzung von BH-Stählen

Bezeichnung	Kennwerte[1]					Legierungsanteile in Massen-%[2]			
Kurzname VDA 239-100	$R_{p0,2}$ [MPa]	R_m [MPa]	A_{80} [%] (min)	r_{90} (min)	n_{90} (min)	C (max)	Mn (max)	P (max)	S (max)
CR180BH	180 – 240	290 – 370	34	1,1	0,17	0,06	0,70	0,060	0,025
CR210BH	210 – 270	320 – 400	32	1,1	0,16	0,08	0,70	0,085	0,025
CR240BH	240 – 300	340 – 440	29	1,0	0,15	0,10	1,00	0,100	0,030
CR270BH	270 – 330	360 – 460	27	–	0,13	0,11	1,00	0,110	0,030
Bemerkungen	[1] Für alle Sorten wird außerdem gefordert: BH_2 min. 30 MPa								
	[2] Für alle Sorten wird außerdem gefordert: Al min. 0,015 %, Cu max. 0,20 %, Si max. 0,50 %								

Streckgrenzenanstieg
durch Alterung

Erhöhte
Versetzungsdichte
durch Umformung

Gute Umformbarkeit
bei Anlieferung

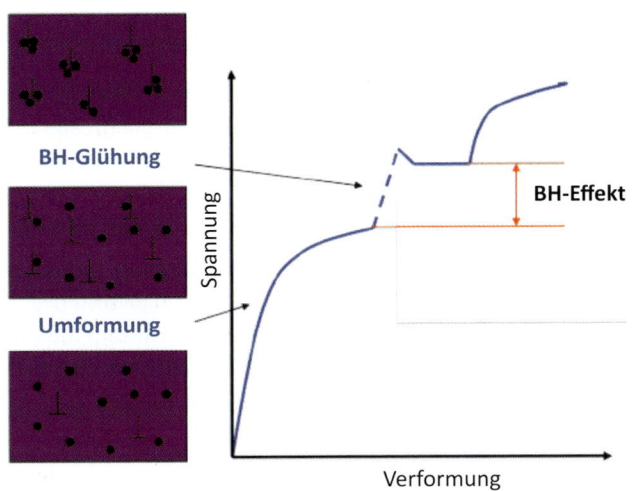

BH-Glühung

Umformung

Spannung

BH-Effekt

Verformung

Bild 4-1.15
Schematische Darstellung des
BH-Effektes der Reckalterung

Element [%]	C	Si	Mn	P	S	Al	Nb	Ti
BH180	0,10	0,50	0,70	< 0,06	< 0,025	> 0,1	< 0,09	< 0,12

Gefüge:

- Ferritische Matrix mit Perlit und vereinzelt körnigem Zementit
- Karbonitrid-Ausscheidungen der Mikrolegierungselemente Al, Ti, Nb

Mechanische Eigenschaften:

- Niedrige Streckgrenze und Zugfestigkeit
- Hohe Streck- und Tiefziehbarkeit
- Reckalterung beim Einbrennlackieren
- Gute Beulsteifigkeit im Bauteil

50 µm

Bild 4-1.16
BH-Stahl – chemische
Zusammensetzung,
Gefüge und spezifische
Eigenschaften
(exemplarisch)

4

R_e (MPa)	R_m (MPa)	A_{80} (%)	r_{90}	n_{90}	BH_2 [MPa]
180–230	300–360	>34	>1,6	>0,17	35

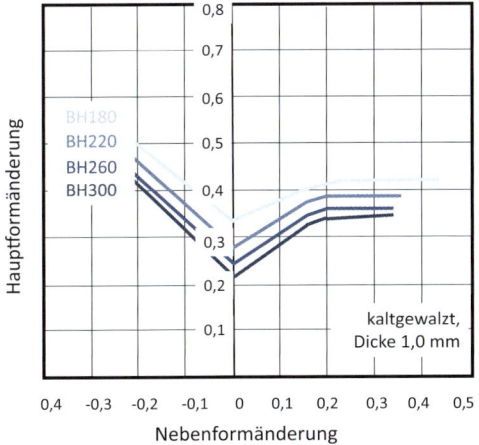

BH180
BH220
BH260
BH300

kaltgewalzt,
Dicke 1,0 mm

Hauptformänderung

Nebenformänderung

Bild 4-1.17
Grenzformänderungsdiagramme
für BH-Stähle (links) und Autotür
als beispielhaftes Bauteil
(rechts) (Quelle: Arcelor)

lenstoff (<30 ppm), wobei der Gesamt-C-Gehalt des Stahles weit höher liegt. Bei höheren Gehalten an gelöstem Kohlenstoff wächst die Gefahr einer natürlichen Alterung bei Raumtemperatur. Dies verursacht eine schwer kontrollierbare Streckgrenzendehnung und Lüdersbänder, welche die Oberflächenqualität nach dem Umformen erheblich beeinflussen können. Zu diesem Zweck wurden Al-beruhigte Stähle mit einer Zugabe von 0,03 – 0,07 % Aluminium entwickelt, welches mit Stickstoff AlN bildet.

4-1.5.4 HSLA-Stähle

HSLA-Stähle (engl. High Strength Low Alloyed, hochfest, niedrig/mikrolegiert) wurden in den letzten 50 Jahren entwickelt und sind für die Automobilindustrie

nach wie vor von großer Bedeutung. Es handelt sich um gut kalt umformbare und einfach schweißbare Stähle, die gleichzeitig durch eine höhere Festigkeit und Härte mit anderen hochfesten Stählen wettbewerbsfähig sind. Diese Eigenschaften haben dazu geführt, dass mit den HSLA-Stählen zum ersten Mal hochfeste Stähle ihren breiten Einsatz in Automobilanwendungen gefunden haben. Diese Stähle werden sowohl in Kaltband- als auch in Warmbandqualität geliefert.

Die Tabelle 4-1.8 und Tabelle 4-1.9 geben die geforderten Eigenschaften sowie die vorgegebene chemische Zusammensetzung für HSLA als Warmband und als Kaltband wieder. Die Stähle können in ihrer chemischen Zusammensetzung, ihren Gefügen und ihren Eigenschaften erheblich variieren. Es gibt mikrolegierte (kalt- und warmgewalzte) HSLA-Stahlsorten in einem

Tabelle 4-1.8 Eigenschaften und chemische Zusammensetzung von warmgewalzten hochfesten niedrig-/mikrolegierten Stählen (HSLA-Warmband)

Bezeichnung	Kennwerte				Legierungsanteile in Massen-%[1]			
Kurzname VDA 239-100	$R_{p0,2}$ [MPa]	R_m [MPa]	A_{80} [%] (min)	n_{90} (min)	C (max)	Si (max)	Mn (max)	Ti (max)
HR300LA	300 – 380	380 – 500	24	0,14	0,12	0,50	1,30	0,15
HR340LA	340 – 440	410 – 540	22	0,13	0,12	0,50	1,50	0,15
HR380LA	380 – 480	450 – 570	10	–	0,12	0,50	1,50	0,15
HR420LA	420 – 520	480 – 600	18	–	0,12	0,50	1,60	0,15
HR460LA	460 – 560	520 – 640	16	–	0,12	0,50	1,65	0,15
HR500LA	500 – 620	560 – 700	14	–	0,12	0,50	1,70	0,15
HR550LA	550 – 670	610 – 750	12	–	0,12	0,60	1,80	0,15
HR700LA	700 – 850	750 – 950	10	–	0,12	0,60	2,10	0,20
Bemerkungen	[1] Für alle Sorten wird außerdem gefordert: Al min. 0,015 %, P max. 0,030 %, S max. 0,025 %, Nb max. 0,10 %, Cu max. 0,20 %							

Tabelle 4-1.9 Eigenschaften und chemische Zusammensetzung von kaltgewalzten hochfesten niedrig-/mikrolegierten Stählen (HSLA-Kaltband)

Bezeichnung	Kennwerte				Legierungsanteile in Massen-%[1]				
Kurzname VDA 239-100	$R_{p0,2}$ [MPa]	R_m [MPa]	A_{80} [%] (min)	n_{90} (min)	C (max)	Si (max)	Mn (max)	P (max)	S (max)	Nb (max)
CR210LA	210 – 300	310 – 410	29	0,15	0,10	0,50	1,00	0,080	0,030	0,10
CR240LA	240 – 320	320 – 430	27	0,15	0,10	0,50	1,00	0,030	0,025	0,09
CR270LA	270 – 350	350 – 460	25	0,14	0,12	0,50	1,00	0,030	0,025	0,09
CR300LA	300 – 380	380 – 490	23	0,14	0,12	0,50	1,40	0,030	0,025	0,09
CR340LA	340 – 430	410 – 530	21	0,12	0,12	0,50	1,50	0,030	0,025	0,09
CR380LA	380 – 470	450 – 570	19	0,12	0,12	0,50	1,60	0,030	0,025	0,09
CR420LA	420 – 520	480 – 600	17	0,11	0,12	0,50	1,65	0,030	0,025	0,09
CR460LA	460 – 580	520 – 680	15	0,10	0,13	0,60	1,70	0,030	0,025	0,10
Bemerkungen	[1] Für alle Sorten wird außerdem gefordert: Al min. 0,015 %, Cu max. 0,20 %, Ti max. 0,15 %									

Streckgrenzenbereich zwischen 210 MPa und 850 MPa und mit Bruchdehnungen zwischen 10 und 30 %, der kennzeichnende n-Wert kann 0,10 bis 0,15 betragen und die Streckgrenzenverhältnisse sind 0,7 bis 0,8.

HSLA-Stähle enthalten einen sehr geringen Anteil an C, leicht erhöhte (bis zu 2 %) Mn-Anteile und relativ geringe Anteile an Phosphor und Schwefel. Zur Kornfeinung werden in der Regel Mikrolegierungselemente wie Vanadium, Titan und/oder Niob zugefügt. Zusätzlich ist eine Mischkristallverfestigung überlagert. Für diesen Effekt werden Mangan, Silicium und Phosphor verwendet. Die Mikrostruktur von HSLA-Stahl in Bild 4-1.18 besteht aus einer feinkörnigen ferritischen Matrix. Perlit ist hierbei eine unerwünschte Verfestigungskomponente, da er die Härte verringert.

Wie im Diagramm zur Grenzformänderung (Bild 4-1.19, links) gezeigt, besitzen HSLA-Stähle eine geringere Umformbarkeit als IF-Stähle, was auf den relativ niedrigen Verfestigungsfaktor zurückzuführen ist. Aufgrund des relativ geringen Anteils an Kohlenstoff und anderen Legierungselementen sind HSLA-Stähle für Schweißverbindungen mit vielen weiteren Stahlsorten gut geeignet. Mikrolegierte Stähle sind für die Fertigung von Strukturbauteilen der Rohkarosserie sowie in Bodengruppen, insbesondere von Verstärkungselementen, Trägern, Säulen und Chassisteilen bestimmt, wodurch eine erhöhte Festigkeit angestrebt wird (Patel et al. 2001).

Legierungselemente wie Calcium und Zirkonium sollen dabei die Beschaffenheit nichtmetallischer Einschlüsse verändern, um verteiltes kugelförmiges Sulfid in einer nahezu reinen ferritischen Matrix zu bilden

Element [%]	C	Si	Mn	P	S	Al	Nb	Ti
HX340LAD	0,11	0,50	1,00	0,030	0,025	>0,015	0,09	0,15

Gefüge:
- Ferritische Matrix mit wenig Perlit
- Evtl. geringe Anteile Bainit/Martensit
- Karbonitrid-Ausscheidungen der Mikrolegierungselemente Al, Ti, Nb

Mechanische Eigenschaften:
- Hohe Streckgrenze und Zugfestigkeit
- Moderater n-Wert
- Eingeschränktes Tief- und Streckziehvermögen
- Ausgezeichnete Schweißbarkeit

Bild 4-1.18
HSLA-Stahl – chemische Zusammensetzung, Gefüge und spezifische Eigenschaften (exemplarisch)

R_e (MPa)	R_m (MPa)	A_{80} (%)	A_g (%)	r_{90}	n_{90}
340–420	410–510	>21	14	1,0	0,14

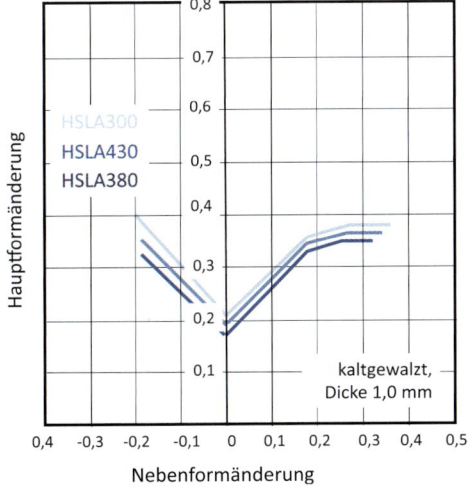

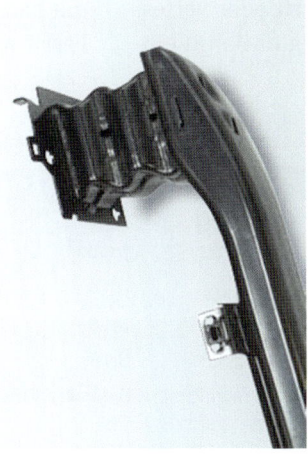

Bild 4-1.19
Grenzformänderungsdiagramme für HSLA-Stähle (links) und vorderer Stoßfängerträger aus DP780 mit Stoßdämpfer aus HSLA300 als beispielhaftes Bauteil (rechts) (Quelle: Arcelor)

(Luyckx et al. 1970). Dieser Prozess behebt die härte-verringernde Wirkung des Sulfids und erhält die Festigkeit.

Zu den genutzten Verfestigungsmethoden bei diesen Stahlsorten gehören Kornfeinung, Mischkristallverfestigung sowie Ausscheidungshärtung. Die Kornfeinung, welche sowohl Festigkeit als auch Härte erhöht, zählt hierbei zum wichtigsten Mechanismus. Die Korngröße des Ferrits kann durch ein angepasstes Ausscheidungsdesign kontrolliert werden, da die Zener-Pinning-Kraft feiner Ausscheidungen die Wanderung der Korngrenzen während Rekristallisation, Kornwachstum und Phasenumwandlung unterdrückt. Ein weiteres verbreitetes Verfahren, um eine optimierte Mikrostruktur zu erhalten, ist das TM-Walzen (thermomechanisch kontrolliertes Walzen), bei welchem die Umformung und die Abkühlgeschwindigkeit des Stahls sehr genau kontrolliert werden, um die Rekristallisation und die $\gamma \rightarrow \alpha$-Transformation zur geeigneten Zeit zu steuern (Facco 2009).

4-1.5.5 FB-Stähle

Die hochfesten FB-Stähle (ferritisch-bainitisch) sind Warmwalzstähle, die auf den mikrolegierten HSLA-Stählen basieren und speziell für Bauteile mit kritischen Kragenziehoperationen entwickelt wurden. Sie werden genutzt, wenn das Festigkeitsniveau der HSLA-Stähle gefragt ist, aber gleichzeitig besondere Anforderungen in Bezug auf Formstanzeigenschaften oder Lochaufweitungsverhalten gestellt werden. In diesem Sinne runden die FB-Stähle das Portfolio der mikrolegierten HSLA-Stähle ab; sie sind als Warmband in verschiedenen Festigkeitsklassen lieferbar (Tabelle 4-1.10).

FB-Stähle besitzen eine Matrix aus Ferrit oder verfestigtem Ferrit, in die Bainit oder verfestigter Bainit ein-gelagert ist. Die hohe Festigkeit der Matrix wird durch Kornfeinung, die Ausscheidung von Mikrolegierungselementen und eine hohe Versetzungsdichte bewirkt. Das ferritisch-bainitische Mikrogefüge verleiht diesen Stählen eine hohe Zugfestigkeit und ausgezeichnete Umform- und Formstanzeigenschaften (Kragenziehen). Unter Berücksichtigung ihrer hohen mechanischen Festigkeit und ihrer Gefügestruktur verfügen FB-Stähle gegenüber mikrolegierten HSLA-Stählen über interessante Dauerfestigkeitseigenschaften bei gleichzeitig sehr guter Crashperformance (Bild 4-1.20). Aufgrund ihres niedrigen Kohlenstoffgehaltes sind diese Stähle gut schweißbar, was sie auch für Tailored-Blanks-Anwendungen prädestiniert.

Trotz seiner hohen Festigkeit kann ein FB-Stahl im Allgemeinen gut kalt umgeformt werden und ist im Grenzformänderungsdiagramm durchaus mit den HSLA–Stählen vergleichbar (Bild 4-1.21, links). Im Vergleich zu warmgewalzten DP-Stählen weisen FB-Stähle mit vergleichbarer Zugfestigkeit ein höheres Streckgrenzenverhältnis auf, d. h., ihre Streckgrenze liegt entsprechend höher. Dieses führt bei Tiefzieh- und Streckziehoperationen zu einem etwas geringeren Umformniveau als bei DP-Stählen mit vergleichbarem Festigkeitsniveau. Aufgrund ihrer feinen Gefügestruktur und den vergleichsweise niedrigen Härteunterschieden im Gefüge weisen FB-Stähle jedoch sehr gute Lochaufweitungswerte auf, was diesbezüglich insbesondere bei Durchstellungen, Biege- und Abkantoperationen von Vorteil ist. FB-Stähle werden daher hauptsächlich für die kaltumformende Fertigung von Strukturteilen (Längsträger, Querträger), Karosserieteilen, Rädern oder für Teile im unteren Fahrwerkbereich eingesetzt (Bild 4-1.21, rechts).

FB-Stähle weisen eine sehr feine Mikrostruktur auf, die mit den aufeinander abgestimmten Gefügeanteilen von Ferrit und Bainit die attraktive Eigenschaftskombina-

Tabelle 4-1.10 Eigenschaften und chemische Zusammensetzung von warmgewalzten ferritisch-bainitischen Stählen (FB-Stähle)

Bezeichnung	Kennwerte[1]			Legierungsanteile in Massen-%[2]				
Kurzname VDA 239-100	$R_{p0,2}$ [MPa]	R_m [MPa]	A_{80} [%] (min)	C (max)	Mn (max)	P (max)	S (max)	B (max)
HR300Y450T-FB	300 – 400	450 – 550	24	0,18	2,00	0,050	0,010	0,005
HR440Y580T-FB	440 – 600	580 – 700	15	0,18	2,00	0,050	0,010	0,010
HR600Y780T-FB	600 – 760	780 – 920	12	0,18	2,00	0,050	0,010	0,010
Bemerkungen	[1] Für alle Sorten wird außerdem gefordert: BH_2 min. 30 MPa [2] Für alle Sorten wird außerdem gefordert: Cr + Mo max. 1,00 %, Al 0,015 – 2,0 %, Cu max. 0,20 %, Nb + Ti max. 0,15 %							

Element [%]	C	Si	Mn	P	S	Cr+Mo	Al	B	Ti+Nb	V
FB-W 600 ZE	<0,18	<0,50	<1,60	<0,025	<0,010	<0,30	>0,015	<0,01	<0,05	<0,15

Gefüge:
- Matrix aus Ferrit mit eingelagertem Bainit
- Karbonitrid-Ausscheidungen der Mikrolegierungselemente Al, Nb, Ti

Mechanische Eigenschaften:
- Hohe Zugfestigkeit
- Moderates Streckgrenzenverhältnis
- Gute Umformeigenschaften
- Gute Formstanzeigenschaften (Kragenziehen)
- Hohe Dauerfestigkeit und gute Schweißeignung

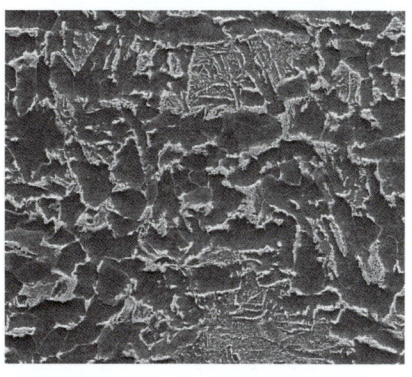

Bild 4-1.20
Ferritisch-bainitisches Warmband – chemische Zusammensetzung, Gefüge und spezifische Eigenschaften (exemplarisch)

R_e (MPa)	R_m (MPa)	A_{80} (%)	R_e/R_m	BH_2 [MPa]
480–580	>590	>16	0,75	>30

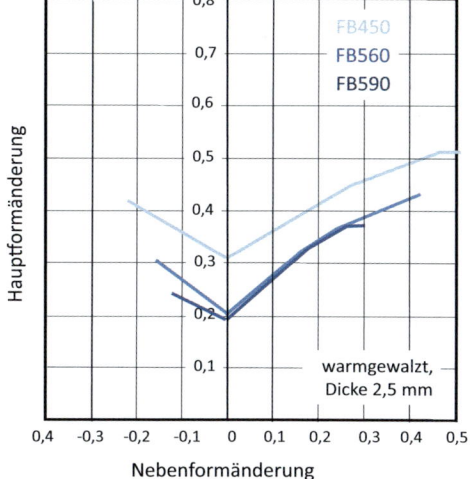

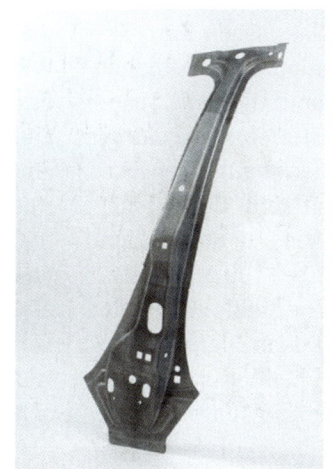

Bild 4-1.21
Grenzformänderungsdiagramme für FB-Stähle (links) und Säulenverstärkung als beispelhaftes Bauteil (rechts) (Quelle: Arcelor)

tion ergibt. Grundlage für diese Gefüge sind eine ausgewählte chemische Zusammensetzung und – wie bei HSLA-Stählen – die Herstellung mittels thermomechanischen Walzens. FB-Stähle sind üblicherweise vollberuhigte Feinkornstähle, deren Al-Gehalt min. 0,015 % beträgt. In diesem Konzept sind Mo und B dafür verantwortlich, dass beim thermomechanischen Walzen das Prozessfenster für die Bainitbildung vergrößert wird. Zur zusätzlichen Feinkornbildung und/oder Stickstoffabbindung werden nach Wahl Niob, Titan oder Bor einzeln oder in Kombination zugesetzt.

4-1.5.6 DP- und DH-Stähle

Die Entwicklung von DP-Stahl (Dualphasenstahl) kennzeichnet den Anfang vom Leichtbaudesign mit Stahl in der Automobilindustrie. Charakteristisch für diese Stahlklasse ist die feinkörnige Ferritmatrix mit eingelagerten kleinen, harten Martensitinseln, deren Anteil mit zunehmender Festigkeitsklasse im Allgemeinen ebenfalls zunimmt (Bild 4-1.22). Das Gefüge kann mit steigender Festigkeit auch Bainitanteile enthalten. Das Gefüge von DP-Stählen mit verbesserter Umformbarkeit (sogenannte DH-Stähle) beinhaltet darüber hinaus auch geringe Mengen Restaustenit. DP- und DH-Stähle sind als Kalt- und auch als Warmband in verschiedenen

4

Tabelle 4-1.11 Eigenschaften und chemische Zusammensetzung von warm- und kaltgewalzten Dualphasenstählen (DP- und DH-Stahl)

Bezeichnung	Kennwerte[1]				Legierungsanteile in Massen-%[2]				
Kurzname VDA 239-100	$Rp_{0,2}$ [MPa]	R_m [MPa]	A_{80} [%] (min)	n_{90} (min)	C (max)	Si (max)	Mn (max)	P (max)	Al
HR330Y580T-DP	330 – 450	580 – 680	19	0,13	0,14	1,00	2,20	0,060	0,015 – 0,1
CR290Y490T-DP	290 – 380	490 – 600	24	0,15	0,14	0,50	1,80	0,050	0,015 – 1,0
CR330Y590T-DP	330 – 430	590 – 700	20	0,14	0,15	0,80	2,50	0,050	0,015 – 1,5
CR440Y780T-DP	440 – 550	780 – 900	14	0,11	0,18	0,80	2,50	0,050	0,015 – 1,0
CR590Y980T-DP	590 – 740	980 – 1130	10	–	0,20	1,00	2,90	0,050	0,015 – 1,0
CR700Y980T-DP	700 – 850	980 – 1130	8	–	0,23	1,00	2,90	0,050	0,015 – 1,0
CR440Y780T-DH	440 – 550	780 – 900	18	0,13	0,18	0,80	2,50	0,050	0,015 – 1,0
CR700Y980T-DH	700 – 850	980 – 1180	13	–	0,23	1,80	2,90	0,050	0,015 – 1,0
Bemerkungen	[1] Für alle Sorten wird außerdem gefordert: BH_2 min. 30 MPa [2] Für alle Sorten wird außerdem gefordert: S max. 0,010%, Cr + Mo max. 1,40%, B max. 0,005%, Cu max. 0,20%, Nb + Ti max. 0,15%								

Festigkeitsklassen lieferbar mit den typischen Dickenabmessungen (Tabelle 4-1.11).

DP-Stähle bieten, verglichen mit klassischen Karosseriestählen, eine bessere Kombination aus Festigkeit und Dehnbarkeit. Sie haben eine kontinuierliche Spannungs-Dehnungs-Kurve ohne Streckgrenzendehnung, was eine ausgezeichnete Oberflächenqualität bewirkt. Die charakteristische Zugfestigkeit und Gesamtdehnung von kommerziell erhältlichen DP-Stahlsorten liegt in einem Bereich von 500 – 1100 MPa bzw. 10 – 25 %. Im Zugversuch zeigen diese Stähle eine niedrige Streckgrenze bei gleichzeitig hoher Zugfestigkeit, was gleichzusetzen ist mit einem hohen Verfestigungsvermögen. Eine hohe Streckgrenze kaltgeformter Bauteile bewirkt eine ausgezeichnete Dauerfestigkeit. Eine gleichmäßige Verteilung von kleinen Martensitinseln und ein feinkörniger Ferrit verhindern eine nachteilige Wirkung auf die Dauerfestigkeit, welche durch den Festigkeitsunterschied zwischen beiden Bestandteilen auftritt. Das hohe Kaltverfestigungspotenzial führt zu einer starken Energieaufnahme bei diesen Stählen, weshalb sie sich für den Einsatz in Sicherheitsbauteilen und Verstärkungen eignen. Der Bake Hardening-Effekt kann den Stählen zusätzlich ein herausragendes Potenzial zum Einsatz bei Bauteilen mit reduziertem Gewicht verleihen.

Aufgrund des guten Kaltverfestigungsverhaltens weisen DP-Stähle eine hervorragende Umformbarkeit bei

Element [%]	C	Si	Mn	P	S	Cr+Mo	Al	B	Ti+Nb	V
DP-K 30/50	<0,14	<0,80	<2,00	<0,080	<0,015	<1,00	<2,00	<0,005	<0,15	<0,20

Gefüge:
- Harte Martensitinseln in weicher, feinkörniger ferritischer Matrix
- Inhomogene Mikro-Härteverteilung

Mechanische Eigenschaften:
- Niedrige Streckgrenze
- Niedriges Streckgrenzenverhältnis
- Hohe Verfestigung, hoher n-Wert
- Hohe Gleichmaß- und Bruchdehnung
- Moderate Lochaufweitung und Biegbarkeit

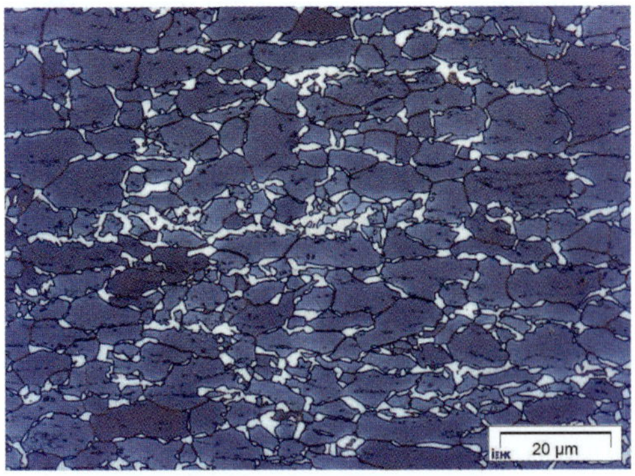

Bild 4-1.22 DP-Stahl – chemische Zusammensetzung, Gefüge und spezifische Eigenschaften (exemplarisch)

R_e (MPa)	R_m (MPa)	A_{80} (%)	r_{90}	n_{90}	R_e/R_m	BH_2 [MPa]
300-370	>500	>28	1,0	0,15	0,6	>30

hohem Widerstand gegen örtliche Einschnürung auf (Bild 4-1.23, links). Sie sind daher besonders für Umformungen im Streckziehbereich geeignet. Der hohe n-Wert beeinflusst jedoch das Verformungspotenzial im Schnittkantenbereich aufgrund von Schnittkantenhärtung. Dieser Nachteil der DP-Stähle begrenzt das Potenzial beim Lochaufweitungsversuch und damit z. B. bei gezogenen Flanschen in Eckzonen oder beim Falzen.

DP-Stähle eignen sich für gewichtssparende Teile für Räder, Fahrgestellteile, Karosserieverstärkung und Profile oder auch für streckgezogene Außenteile mit besonderen Anforderungen bezüglich der Beulfestigkeit. Der Einsatz von DP-Stahl für Automobilteile, wie Stoßstangen, Räder, Radscheiben, Riemenscheiben und Federn, erlaubt gegenüber konventionellem Tiefziehstahl eine Gewichtsreduktion bis zu 30 % bei einer erhöhten Lebensdauer der Bauteile. DP-Stähle zeigen ebenfalls ein gutes Crashverhalten aufgrund ihrer besonders ausgeprägten Einschnürdehnung (das ist der Bereich der Spannungs-Dehnungs-Kurve nach der Gleichmaßdehnung bis zum Bruch). Daher werden DP-Stähle auch gerne für sicherheitsrelevante Bauteile der Vorder- oder Hinterachse von Automobilen genutzt (Bild 4-1.23, rechts).

Bild 4-1.24 zeigt die Gefüge von vier verschiedenen DP-Stählen. Der Volumenanteil an Martensitinseln innerhalb der Ferritmatrix sowie die Korngröße der Matrix sind zwei Hauptfaktoren, welche die Festigkeit des DP-Stahls beeinflussen. Die gehärteten Martensitinseln tragen maßgeblich zur Festigkeit bei und behindern das plastische Fließen während der Umformung. Die Form und Anordnung der Martensitinseln kann ebenfalls die Festigkeit des DP-Stahls beeinflussen und die

Ursache für anisotrope mechanische Eigenschaften des Stahls sein. Kritisch sind die hohen Spannungsunterschiede zwischen Ferrit und Martensit im Gefüge, die sich negativ auf die Kantenrissempfindlichkeit des DP-Stahls auswirken.

Ein weiterer Faktor, der die höhere Festigkeit erklärt, ist die Volumenexpansion des Martensits während des Abschreckens von Austenit. Diese verursacht eine lokale Verformung im mikroskopischen Maßstab in der umliegenden Ferritmatrix; sie erhöht die Festigkeit der Matrix durch lokale Kaltverfestigung und führt zu einer hohen Kaltverfestigungsrate und somit zu einer besseren Umformbarkeit als bei HSLA-Stählen.

Die Festigkeit der Martensitinseln im abgeschreckten Zustand hängt vorrangig vom C-Anteil ab. Eine Erhöhung des C-Anteils im Martensit führt zu einem Zuwachs der Festigkeit. Die Festigkeit des Martensits hängt weiterhin von Legierungselementen wie Mangan und Silicium ab, welche eine Mischkristallverfestigung verursachen. Allerdings wird angenommen, dass dieser Effekt zweitrangig ist im Gegensatz zur stärkeren Verfestigungswirkung von C-Atomen. In manchen Fällen sind auch Anteile an Bainit und Restaustenit als harte Phasenanteile in einem DP-Gefüge zu finden, je nachdem, welchen thermisch-mechanischen Prozess der Stahl durchläuft und welche Zusammensetzung er aufweist.

DP-Stahl kann sowohl über eine Kaltwalz- als auch über eine Warmwalzroute hergestellt werden (Bild 4-1.25). Bei beiden Varianten ist der zentrale Schritt zur Einstellung eines Dualphasen-Gefüges ein quasi-isothermes Halten im Temperaturbereich zwischen der A_{c1}- und A_{c3}-Temperatur. In diesem interkritischen

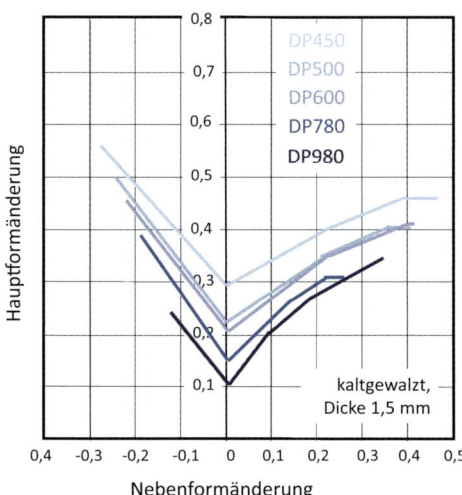
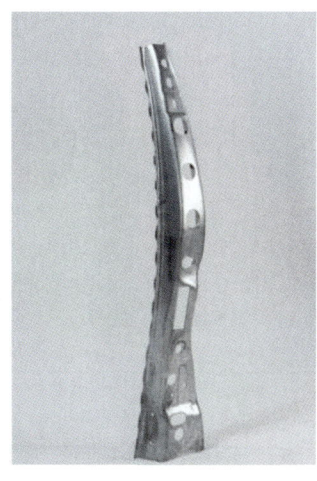

Bild 4-1.23
Grenzformänderungsdiagramme für DP-Stähle (links) und B-Säulen-Verstärkung als beispielhaftes Bauteil (rechts) (Quelle: Arcelor)

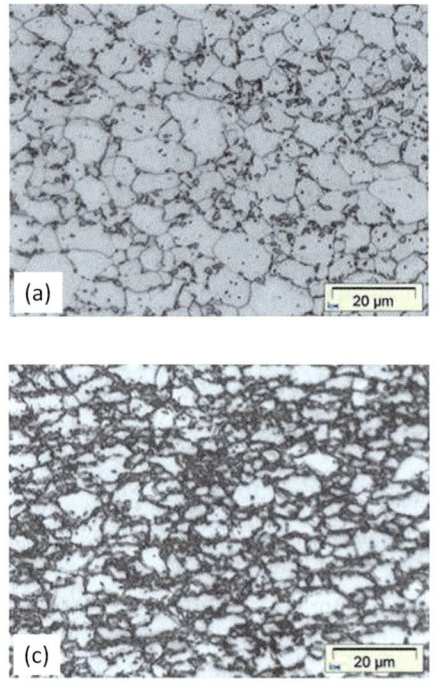

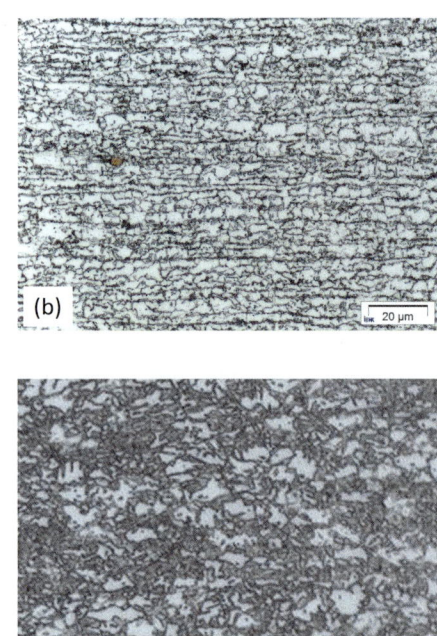

Bild 4-1.24
Mikrostrukturen unterschiedlicher kaltgewalzter DP-Stahlsorten im Lieferzustand:
(a) DP500-, (b) DP600-,
(c) DP800- und (d) DP1000-
Stahl

Temperaturbereich wird ein ferritisch-austenitisches Gefüge eingestellt. Die Haltetemperatur und die Haltezeit sind zwei wichtige Parameter im Prozess, um die Korngröße des Ferrits, den Volumenanteil des Austenits und die C-Anreicherung im Austenit, welcher später zu Martensit wird, zu steuern. Der Austenitanteil geht gegen 100 %, wenn die Temperatur sich der A_{c3}-Temperatur nähert. Da die C-Löslichkeit in Ferrit wesentlich niedriger ist als in Austenit, reichert sich bei dieser interkritischen Glühbehandlung der Kohlenstoff im Austenit an und senkt dessen Martensitstarttemperatur.

Sobald die geforderte Menge Austenit gebildet wurde, wird der Stahl mit hoher Abkühlgeschwindigkeit abgekühlt, um den Austenit in Martensit umzuwandeln. Anschließend wird das Stahlblech bei niedriger Temperatur gehaspelt, sodass die dann angelassenen Martensitinseln eine etwas reduzierte Festigkeit bei verbes-

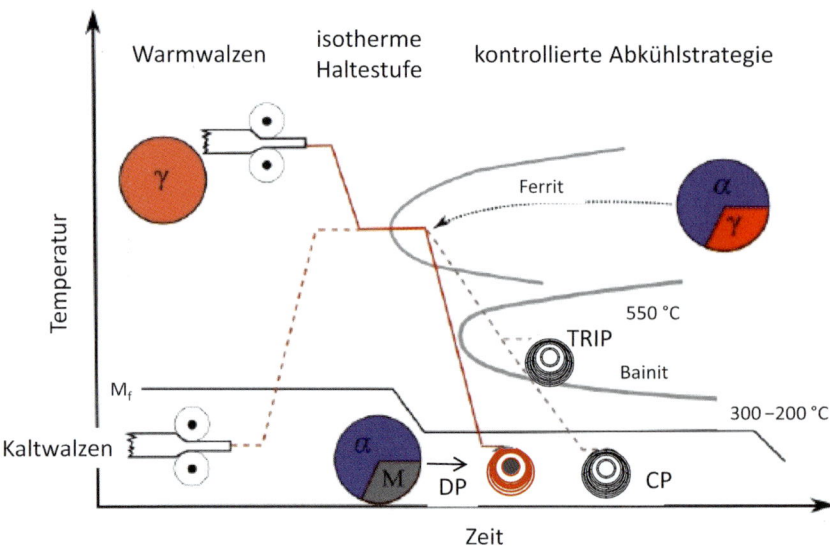

Bild 4-1.25
Schematische Fertigungsabläufe von kalt- und warmgewalztem DP-Stahl

serter Dehnbarkeit bewirken (Abdalla et al. 1999). Bei vielen Herstellungsrouten wird das Abschrecken für eine Feuerverzinkung unterbrochen. In diesem Fall wird der Stahl auf der Temperatur des Zinkbads gehalten, die bei der Feuerverzinkung annähernd 460 °C beträgt.

Das interkritische Glühen wird entweder durch Wiedererhitzen von kaltgewalzten Bändern oder durch kontrolliertes Kühlen eines vollständig austenitisierten warmgewalzten Bandes im interkritischen Bereich realisiert. Ersteres ist als kaltgewalzter oder auch als wärmebehandelter DP-Stahl oder auch als HTDP (engl. Heat Treated Dual Phase) bekannt, letzteres als ARDP-Stahl (engl. As-Rolled Dual Phase). HTDP-Stahl erfordert in der Regel einen höheren Mn-Anteil als das Verfahren für ARDP-Stahl. Beim anschließenden Glühen neigen Mn-reiche Bereiche in der Blechmittenlage zur Bildung von Martensitbändern, welche im Stahlblech anisotrope mechanische Eigenschaften erzeugen.

4-1.5.7 CP-Stähle

Hochfeste CP-Stähle (Komplexphasenstahl, engl. Complex Phase) zählen zu den AHSS und sind durch ein mehrphasiges Gefüge charakterisiert, welches aus einer feinkörnigen ferritisch-bainitischen Matrix mit harten Martensitinseln und eventuell auch geringen Anteilen Restaustenit besteht. CP-Stähle stellen eine Weiterentwicklung der DP-Stähle dar mit der Zielsetzung eines verbesserten Stülp- und Biegeverhaltens. Dank ihrer feinen Gefügestuktur lassen sich sehr hochfeste Stähle mit guter Kaltumformbarkeit herstellen, die im Festigkeitsniveau mit DP-Stählen vergleichbar sind, aber gleichzeitig im Lochaufweitungsversuch wesentlich bessere Kennwerte bieten. CP-Stähle sind als Warm- und Kaltband lieferbar (Tabelle 4-1.12).

Da CP-Stähle zu einem signifikanten Volumenanteil aus Bainit bestehen, weisen diese Stahlsorten ein höheres Niveau für die Fließspannung auf bei einem Zugfestigkeitsniveau, welches jenem der DP-Stähle ähnelt. Das Streckgrenzenverhältnis $R_{p0,2}/R_m$ von CP-Stahl ist erheblich niedriger als das von HSLA-Stahl und geringfügig höher als das von DP-Stählen. CP-Stähle weisen eine Zugfestigkeit von 700–1000 MPa auf mit einer Dehnung von ca. 10–15 % und ein Bake-Hardening-Potenzial von 30–70 MPa. Ebenfalls bieten CP-Stähle durch ein Gleichgewicht der Anteile von Ferrit, Bainit, Martensit und Ausscheidungshärtungsphasen eine attraktive Mischung aus höherer Festigkeit und Verschleißfestigkeit sowie guter Kaltumformbarkeit und Schweißbarkeit (Bild 4-1.26). Charakteristisch für CP-Stähle ist zudem ein kontinuierlicher Fließübergang im Spannungs-Dehnungs-Diagramm und ein hohes Maß an Gleichmaßdehnung. CP-Stähle mit einer Bainitmatrix haben eine bessere Umformbarkeit, da der Härteunterschied von Bainit und angelassenem Martensit gering ist. Vergleicht man die Spannungs-Dehnungs-Charakteristika von konventionellem DP600 mit CP-Stahl, so zeigt sich ein deutlich höheres Streckgrenzenniveau des CP-Stahls. Ein CP-Stahl im direkten Vergleich zu einem DP-Stahl der gleichen Zugfestigkeitsklasse zeigt eine höhere Streckgrenze, eine vergleichbare Bruchdehnung und vor allem sehr viel bessere Lochaufweitungswerte und eine hervorragende Biegbarkeit.

CP-Stähle zeigen im Grenzformänderungsdiagramm eine gute Kaltumformbarkeit (Bild 4-1.27, links). Die CP-Stähle sind dabei vor allem für tiefgezogene Bauteile relevant, die komplizierte Nebenformen aufweisen, für die Biege-, Stülp- oder Kantoperationen notwendig sind, d. h. crashrelevante Bauteile mit Durchzügen oder Kragen, die einer dynamischen Wechselbeanspruchung ausgesetzt sind. Im Bauteil bieten CP-Stähle eine

Tabelle 4-1.12 Eigenschaften und chemische Zusammensetzung von warm- und kaltgewalzten Komplexphasenstählen (CP-Stahl)

Bezeichnung	Kennwerte[1]			Legierungsanteile in Massen-%[2]				
Kurzname VDA 239-100	$R_{p0,2}$ [MPa]	R_m [MPa]	A_{80} [%] (min)	C (max)	Si (max)	Mn (max)	Al	Nb + Ti (max)
HR660Y760T-CP	660–820	760–960	10	0,18	1,00	2,20	0,015–1,2	0,25
CR570Y780T-CP	570–720	780–920	10	0,18	1,00	2,50	0,015–1,0	0,15
CR780Y980T-CP	780–950	980–1140	6	0,23	1,00	2,70	0,015–1,0	0,15
CR900Y1180T-CP	900–1100	1180–1350	5	0,23	1,00	2,90	0,015–1,0	0,15
Bemerkungen	[1] Für alle Sorten wird außerdem gefordert: BH_2 min. 30 MPa [2] Für alle Sorten wird außerdem gefordert: P max. 0,050 %, S max. 0,010 %, Cr + Mo max. 1,00 %, B max. 0,005 %, Cu max. 0,20 %							

4

Element [%]	C	Si	Mn	P	S	Cr+Mo	Al	B	Ti+Nb	V
CP1200	0,15	0,36	2,06	<0,10	<0,020	0,13	0,045	<0,005	0,034	0,006

Gefüge:
- Mischung aus verschiedenen Bainitphasen, Ferrit und Martensit
- Homogene Mikro-Härteverteilung

Mechanische Eigenschaften:
- Hohe Streckgrenze
- Mittleres Streckgrenzenverhältnis
- Mittlere Verfestigung und n-Wert
- Mittlere Gleichmaß- und Bruchdehnung
- Exzellente Lochaufweitung und Biegbarkeit

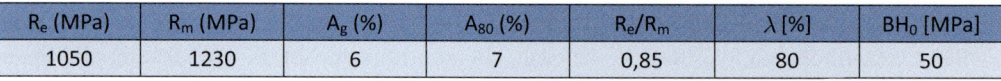

Bild 4-1.26
CP-Stahl – chemische Zusammensetzung, Gefüge und spezifische Eigenschaften (exemplarisch); λ ist das Grenz-Lochaufweitungsverhältnis in %, ermittelt im Lochaufweitungsversuch nach DIN ISO 16630

R_e (MPa)	R_m (MPa)	A_g (%)	A_{80} (%)	R_e/R_m	λ [%]	BH_0 [MPa]
1050	1230	6	7	0,85	80	50

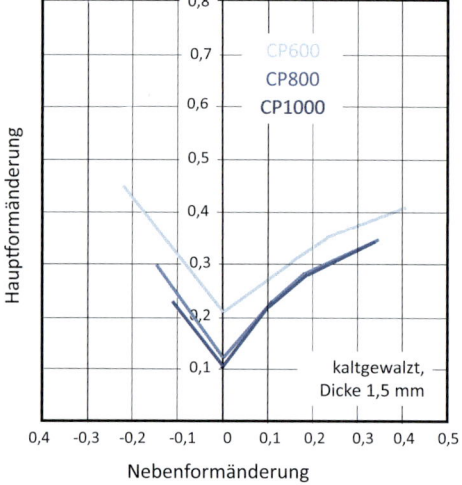

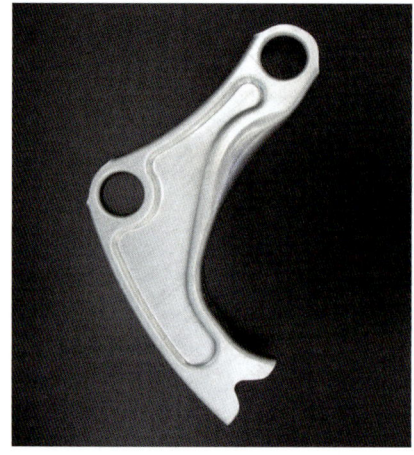

Bild 4-1.27
Grenzformänderungsdiagramm für CP-Stähle (links) und Querlenker aus CP800 (Dicke 3,1 mm) als beispielhaftes Bauteil (rechts) (Quelle: Arcelor)

hohe Energieaufnahme und eine hohe Kapazität für Restverformung. In der Automobilindustrie werden diese Stähle zur Konstruktion von Karosserie- und Fahrwerksbauteilen genutzt, die hohe Energie aufnehmen müssen, wie Stoßdämpfer, B-Säulen-Verstärkungen, Seitenaufprallträger, Profile, Querträger und Fahrwerksteile (Bild 4-1.27, rechts).

Das Produktionsverfahren dieser Stähle hängt stark von den Verarbeitungsbedingungen ab. Sie werden meist durch kontrollierte Kühlungsprozesse nach dem Warmwalzen und dem interkritischen Glühen produziert. Die Abkühlkurve muss sorgfältig kontrolliert werden, um den Ferrit- und Bainitbereich korrekt zu durchlaufen (Bild 4-1.28). Es ist wichtig, dass sowohl der erwünschte Volumenbereich als auch die Größen-

verteilung von Bainit und/oder Martensit in der Matrix erreicht werden, um die angestrebten mechanischen Eigenschaften einzustellen (Mesplont/Cooman 2003). CP-Stähle zeigen eine außerordentlich gute Alterungsbeständigkeit und können daher in Verzinkungsanlagen stückverzinkt oder feuerverzinkt werden. Durch diese Alterungsbeständigkeit eignen sich CP-Stähle ebenfalls zur Warmumformung bei Temperaturen unterhalb von 700 °C und erlauben dann eine Bauteilfestigkeit wie im Lieferzustand (Heller/Nuss 2005).

CP-Stähle haben ein Legierungskonzept, das dem der DP- und TRIP-Stähle ähnelt und definierte Anteile an Mangan und Silicium beinhaltet. Für die Herstellung von warmgewalzten CP-Stählen wird das Legierungskonzept C-Mn-P-Cr eingesetzt. Die Zugabe von Phos-

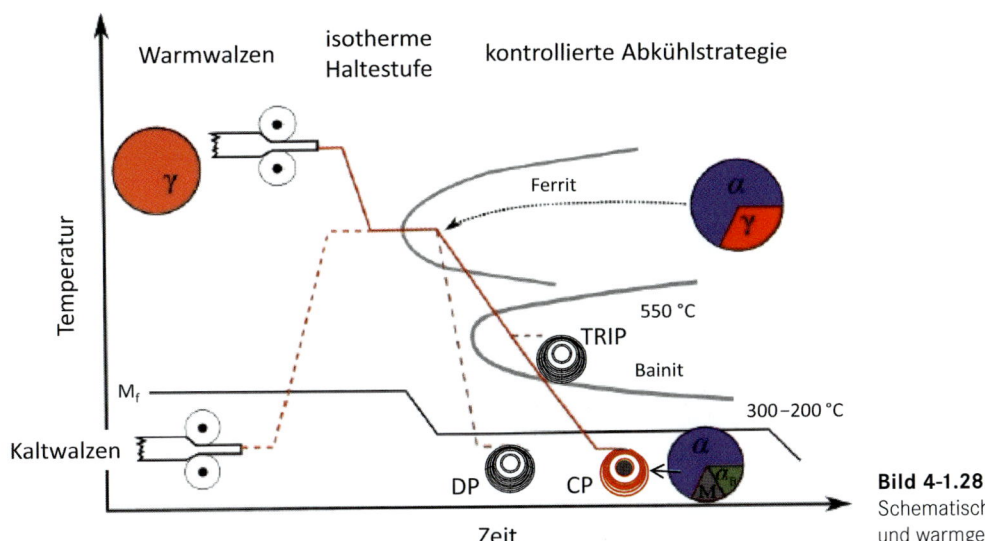

Bild 4-1.28
Schematische Fertigungsabläufe von kalt-
und warmgewalztem CP-Stahl

phor liegt darin begründet, dass eine Umwandlungs-
lücke von Bainit und Perlit im ZTU-Diagramm erzeugt
werden soll. Geringe Mengen Niob, Titan und/oder
Vanadium werden den Stahlsorten zusätzlich hinzuge-
fügt, um eine feine Ferritkorngöße zu erhalten. Die Mikrolegierungselemente bilden feine Ausscheidungen,
welche die Austenitkörner nach dem Warmwalzen verfeinern und außerdem die Umwandlung von Austenit
zu Ferrit durch den Zener-Pinning-Effekt verschieben.
Die Zugabe von Bor in Kombination mit Titan (für eine
N-Abbindung) wird ebenfalls bei CP-Stählen eingesetzt, um die Inkubationszeit von Ferrit und Perlit zu
erhöhen und somit auch die Prozesssicherheit bei niedrigen Abkühlgeschwindigkeiten zu verbessern.

4-1.5.8 TRIP-Stähle

TRIP-Stähle (engl. **TR**ansformation-**I**nduced **P**lasticity)
sind hochfeste Stähle mit nochmals verbesserter
Kaltumformbarkeit und besserem Verfestigungsverhalten im Vergleich zu den DP- und den CP-Stählen.

Diese Eigenschaftskombination wird durch den sogenannten TRIP-Effekt ermöglicht, bei dem der Restaustenit während einer Kaltverformung in Martensit
umwandelt und dadurch zu einer besonders starken
Verfestigung führt. Dieser Effekt tritt im Allgemeinen
bei hohen Dehnungen auf und hat dann eine zusätzliche Verfestigung zur Folge, was wiederum einer Einschnürung entgegenwirkt und so eine Erhöhung der
Gleichmaßdehnung bewirkt. Die TRIP-Stähle sind im
VDA-Werkstoffblatt 239-100 (Tabelle 4-1.13) zwar nur
als Kaltband in zwei Festigkeitsklassen aufgeführt,
aber grundsätzlich sind diese Stähle auch als Warmband und auch mit höheren Festigkeiten herstellbar.
Aufgrund der bedeutenden Funktion des Restaustenits
sind diese Stähle auch als Restaustenit-Stähle bekannt.
Bei TRIP-Stählen wird ein Gefüge aus 40 bis 60 Vol.%
Ferrit, 35 bis 45 Vol.% Bainit und 5 bis 15 Vol.% Restaustenit eingestellt. Diese besondere Gefügekombina-
tion bewirkt ein hohes Kaltverfestigungspotenzial, eine
ausgezeichnete Umformbarkeit und Tiefziehfähigkeit
begleitet von einer höheren Festigkeit (Bild 4-1.29).

Tabelle 4-1.13 Eigenschaften und chemische Zusammensetzung von kaltgewalztem TRIP-Stahl

Bezeichnung	Kennwerte[1]				Legierungsanteile in Massen-%[2]				
Kurzname VDA 239-100	$R_{p0,2}$ [MPa]	R_m [MPa]	A_{80} [%] (min)	n_{90} (min)	C (max)	Si (max)	Mn (max)	P (max)	Al
CR400Y690T-TR	400 – 520	690 – 800	24	0,19	0,24	2,00	2,20	0,050	0,015 – 2,0
CR450Y780T-TR	450 – 570	780 – 910	21	0,16	0,25	2,20	2,50	0,050	0,015 – 2,0
Bemerkungen	[1] Für alle Sorten wird außerdem gefordert: BH_2 min. 40 MPa [2] Für alle Sorten wird außerdem gefordert: S max. 0,010 %, Cr + Mo max. 0,60 %, B max. 0,005 %, Cu max. 0,20 %, Nb + Ti max. 0,20 %								

Element [%]	C	Si	Mn	P	S	Cr+Mo	Al	B	Ti+Nb	V
HCT690T	<0,24	<2,00	<0,25	<0,080	<0,015	<0,60	<2,00	<0,005	<0,20	<0,20

Gefüge:

- Bainit und Martensit in weicher, feinkörniger ferritischer Matrix
- Metastabile Restaustenitinseln

Mechanische Eigenschaften:

- Hohe Streckgrenze
- Mittleres Streckgrenzenverhältnis
- Sehr hohe Verfestigung, hoher n-Wert
- Sehr hohe Gleichmaßdehnung
- Moderate Lochaufweitung und Biegbarkeit

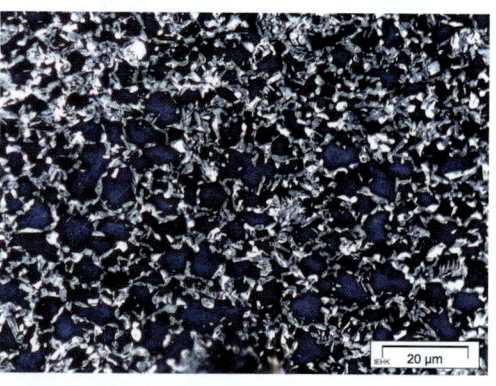

Bild 4-1.29
TRIP-Stahl – chemische Zusammensetzung, Gefüge und spezifische Eigenschaften (exemplarisch)

R_e (MPa)	R_m (MPa)	A_{80} (%)	n_{90}	R_e/R_m	BH_2 [MPa]
400–520	>690	>23	0,19	0,5	>40

Diese spezielle Eigenschaftskombination wird durch die dehnungsinduzierte Phasenumwandlung erreicht, in welcher Restaustenit eine erhebliche Rolle einnimmt. Hier ist der mit Kohlenstoff angereicherte Restaustenit eine metastabile Phase, welche in eine ferritisch-bainitische Matrix eingebettet ist und in der auch geringe Anteile an Martensit vorliegen können. Die TRIP-Umwandlung bietet den Vorteil der verbesserten Verformbarkeit kombiniert mit einer Festigkeitssteigerung während der Formgebung. Die für die Verfestigung günstige Umwandlung von Restaustenit in Martensit führt jedoch auch zu einer ausgeprägten Kantenaufhärtung beim mechanischen Schneiden und reduziert das gute Umformpotenzial im Schnittkantenbereich deutlich.

In TRIP-Stählen kann die Fließkurve durch das Kontrollieren der Stabilität und den Restaustenit-Gehalt angepasst werden (Jacques et al. 1998). Übliche TRIP-Stahlsorten bieten eine Zugfestigkeit von 700 – 900 MPa mit einer Dehnung von 20 – 25 % und weisen ein Streckgrenzenverhältnis $R_{p0,2}/R_m$ von 0,6 – 0,65 auf.

Der stabilisierte Restaustenit ist bei Raumtemperatur eine metastabile Phase. Die Martensitstarttemperatur kann durch den Spannungs-Dehnungs-Zustand des Austenits stark beeinflusst werden. Da sich die Martensitumwandlung mit einer Geschwindigkeit ähnlich der Schallgeschwindigkeit ausbreitet, kann sie ohne eine Inkubationszeit ausgelöst werden, sobald die Martensitstarttemperatur oberhalb der Raumtemperatur liegt. Ist der Restaustenit einer gewissen thermischen oder mechanischen Belastung ausgesetzt, so wandelt er sich spontan in Martensit um, was zu einer hohen Dichte an Versetzungen und Phasengrenzen führt. Diese Defekte induzieren eine wesentlich höhere Kaltverfestigungsrate als die gewöhnliche Kaltverfestigung in ferritischen Gefügen. Dieser TRIP-Effekt wird in ähnlicher Weise ebenfalls bei Formgedächtnislegierungen und verformbaren Keramiken genutzt.

Bild 4-1.30 zeigt links einen Vergleich zwischen der Grenzformänderungskurve zweier TRIP-Stähle und eines DP-Stahls mit einer ähnlichen Fließspannung. Die TRIP-Stähle zeigen eine bessere Umformbarkeit als der Stahl DP600 mit niedrigeren Festigkeitswerten. Im Zugversuch zeigt TRIP-Stahl im Vergleich zu DP-Stahl eine niedrigere anfängliche Kaltverfestigungsrate. Da der Martensit durch Bainit ersetzt wurde, sind freie Versetzungen in der Ferritmatrix weniger effektiv und somit ergibt sich eine geringere Anfangsverfestigung. Dennoch wird die Verfestigung bei höheren Dehnungen unterstützt vom TRIP-Effekt, wenn bei DP-Stählen schon die Abnahme der Kaltverfestigung beginnt. TRIP-Stahl weist ebenfalls eine höhere Zugfestigkeit und Dehnung im Vergleich zu DP- und HSLA-Stählen bei ähnlicher Fließspannung auf.

TRIP-Stähle weisen im Vergleich zu DP- oder CP-Stählen eine verbesserte Kaltumformbarkeit auf, insbesondere beim Tiefziehen. Diese Stähle sind besonders zur Konstruktion extrem komplexer Autoteile geeignet. Außerdem ermöglicht die ausgezeichnete Energieaufnahmekapazität von TRIP-Stählen ihren Einsatz bei Karosserieteilen, Säulen und crashrelevanten Teilen wie Seitenaufprallträgern, Windschutztraversen und Felgen (Bild 4-1.30, rechts).

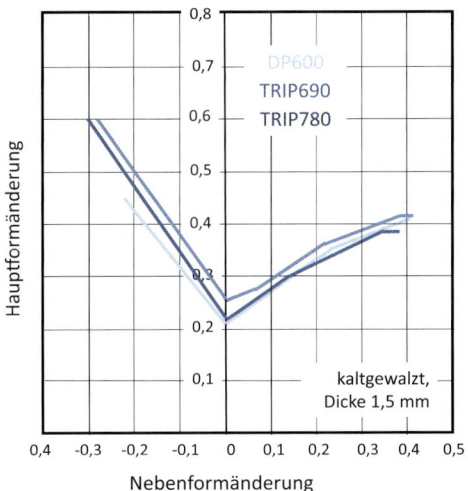

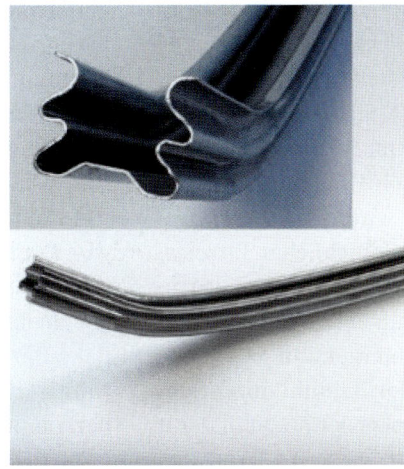

Bild 4-1.30
Grenzformänderungsdiagramm
für zwei TRIP-Stähle im Vergleich
mit einem DP-Stahl (links) und
Stoßfänger-Querträger aus
elektrolytisch beschichtetem
TRIP780 (Dicke 1,6 mm) als
beispielhaftes Bauteil (rechts)
(Quelle: Arcelor)

Das Legierungsdesign von TRIP-Stählen nutzt ein Si-Al-Konzept und hat die Homogenität der mechanischen Eigenschaften über die Blechdicke zum Ziel (Heller/Nuss 2005). Während Kohlenstoff und Mangan für ihre austenitstabilisierende Wirkung bekannt sind, verhindert Silicium die Ausscheidung von Karbiden während der Bainitreaktion. Mikrolegierungselemente wie Niob, Titan und Phosphor werden als festigkeitssteigernde Elemente beigefügt, um den C + Si-Gehalt zu reduzieren. Auf diese Weise bleibt das Festigkeitsniveau beibehalten und der negative Einfluss von Kohlenstoff und Silicium auf die Schweißbarkeit und die Beschichtung wird reduziert. Feine Niob- und Titan-Ausscheidungen bewirken dabei die notwendige Kornfeinung (Baik et al. 2001).

Die Einstellung des Gefüges erfolgt über zwei Prozess-schritte (Bild 4-1.31). Der erste Schritt beinhaltet ein interkritisches Glühen des kaltgewalzten Bleches, wie bei DP-Stählen. Der mehrphasige Stahl wird zunächst auf eine Temperatur zwischen A_{c1} und A_{c3} erhitzt, bei welcher ein austenitisch-ferritisches Gefüge gebildet wird. Der Volumenanteil von Austenit wird durch die Glühtemperatur und Haltedauer kontrolliert. Dem interkritischen Glühen folgt als zweiter Schritt ein schnelles Kühlen und anschließendes Halten im Bainit-Bereich. Die Abkühlgeschwindigkeit sollte hoch genug sein, um eine weitere Ferritbildung zu vermeiden. Das Blech wird dann in einer bainitischen Haltestufe in einem Bereich zwischen 350 und 500 °C gehalten. Während ein Teil des Austenits sich zu Bainit umwandelt, wird Kohlenstoff aus dem bainitischen Ferrit heraus in die umgebenden Restaustenitinseln umverteilt. Hier-

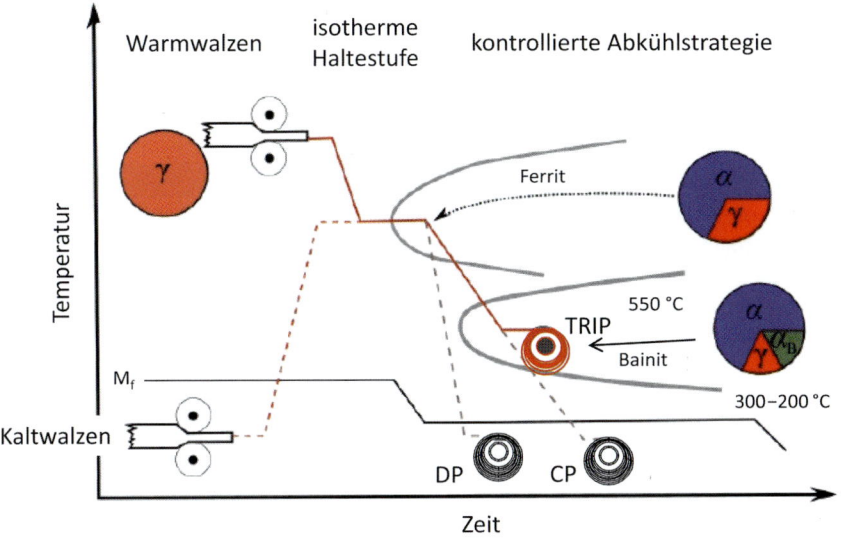

Bild 4-1.31
Schematische Fertigunsabläufe von kalt-
und warmgewalztem TRIP-Stahl

durch wird die Martensitstarttemperatur im Restaustenit unter Raumtemperatur reduziert, d. h., der Restaustenit wird durch C-Anreicherung stabilisiert. Der erhöhte Si-Gehalt von TRIP-Stählen unterstützt diese stabilisierende Wirkung, indem eine vorzeitige Karbidausscheidung und damit eine Reduktion des C-Gehalts im Austenit unterdrückt wird.

Warmwalzen ist ein weiterer gebräuchlicher Prozess, um TRIP-Stahl zu produzieren, bei welchem der warmgewalzte und vollständig austenitisierte Stahl auf die interkritische Temperatur heruntergekühlt wird. Anschließend wird das Blech bei der Bainitbildungstemperatur (ca. 500 °C) gehaspelt, wobei der Austenit dann teilweise zu Bainit umgewandelt wird. Während des Kühlungsvorgangs werden die Perlitbildung sowie Zementitausscheidung wirkungsvoll durch Si unterdrückt.

4-1.5.9 MS-Stähle

Die Familie der MS- (martensitischen) Stähle komplettiert das Spektrum der niedriglegierten, hochfesten AHSS im höchsten Festigkeitsbereich. Diese Stähle werden in der Literatur mitunter auch als ultrahochfeste Stähle (UHSS, engl. Ultra High Strength Steels) bezeichnet. Sie verfügen über eine martensitische Matrix mit geringen Gehalten an Ferrit oder Bainit. Diese Stahlgruppe hat die höchsten Zugfestigkeiten der kaltumformbaren Mehrphasenstähle mit Werten bis zu 1700 MPa bei allerdings sehr geringen Bruchdehnungen von 5 %. Im VDA-Werkstoffblatt 239-100 sind die MS-Stähle sowohl als Warm- als auch als Kaltband gelistet (Tabelle 4-1.14).

MS-Stähle weisen eine sehr hohe Streckgrenze, eine geringe Kaltumformbarkeit, ein gutes Biegeverhalten und eine gute Duktilität der Schnittkanten auf, was wiederum gute Lochaufweitungswerte bewirkt. Die Eignung zum Tiefziehen ist sehr eingeschränkt und Grenzformänderungsschaubilder sind nur bedingt aussagefähig (Bild 4-1.33, links). Diese Stahlsorten eignen sich vorwiegend für inkrementelle Umformverfahren wie Rollformen oder auch biegende Umformverfahren wie Kragenstülpen; zur Charakterisierung der Eigenschaften sind Biegetests und Lochaufweitungsversuche gut geeignet. Auch diese Stähle zeigen ausgeprägtes Bake-Hardening-Verhalten (Bild 4-1.32). Bemerkenswert ist dabei, dass der BH-Effekt im Gegensatz zu den herkömmlichen BH-Sorten mit steigender Umformung größer wird.

Diese Stähle bieten sich für die Herstellung von geometrisch wenig komplexen Bauteilen durch Umformverfahren wie das Walzprofilieren an. Die Verwendung von extrem hochfesten Stählen für Bauteile mit einfachen Geometrien ermöglicht maximale Gewichtseinsparung und gleichzeitig sehr gutes Intrusionsverhalten beim Crash. Diese Stahlsorte kann gut zu relativ komplexen Querschnitten mit kleinen Radien verarbeitet werden. Die MS-Stähle eignen sich daher in besonderer Weise für sicherheitsrelevante Bauteile im Personenkraftwagen, wie Front- und Heckaufprallträger, Türverstärkungen, Schwellerverstärkungen oder Dachquerträger (Bild 4-1.33, rechts).

Martensit-Stähle werden aus vollberuhigten Schmelzen als thermomechanisch gewalztes Warmband durch ein Abschrecken aus dem Austenitgebiet erzeugt. Zur Verbesserung der Einhärtbarkeit können Mangan, Silicium, Chrom, Molybdän, Bor, Vanadium und Nickel eingesetzt werden. Nach dem Warmwalzen können sie auf moderate Weise kaltgewalzt werden. Für eine anschließende Wärmebehandlung ist MS-Stahl allerdings

Tabelle 4-1.14 Eigenschaften und chemische Zusammensetzung von warm- und kaltgewalztem MS-Stahl

Bezeichnung	Kennwerte[1]			Legierungsanteile in Massen-%[2]							
Kurzname VDA 239-100	$R_{p0,2}$ [MPa]	R_m [MPa]	A_{80} (min)	C (max)	Si (max)	Mn (max)	P/S (max)	Cr + Mo (max)	Al	B (max)	Nb + Ti (max)
HR900Y1180T-MS	900 – 1150	1180 – 1400	5	0,25	0,80	2,50	0,05/0,010	1,2	0,015 – 2,0	0,005	0,25
CR860Y1100T-MS	860 – 1120	1100 – 1320	3	0,13	0,50	1,20	0,02/0,025	1,00	> 0,01	0,010	0,15
CR1030Y1300T-MS	1030 – 1330	1300 – 1550	3	0,28	1,00	2,00	0,02/0,025	1,00	> 0,01	0,010	0,15
CR1220Y1500T-MS	1220 – 1520	1500 – 1750	3	0,28	1,00	2,00	0,02/0,025	1,00	> 0,01	0,010	0,15
CR1350Y1700T-MS	1350 – 1700	1700 – 2000	3	0,35	1,00	3,00	0,02/0,025	1,00	> 0,01	0,010	0,15
Bemerkungen	[1] Für alle Sorten wird außerdem gefordert: BH_2 min. 30 MPa [2] Für alle Sorten wird außerdem gefordert: Cu max. 0,20 %										

Element [%]	C	Si	Mn	P	S	Cr+Mo	Ni	Al	B	Ti+Nb	V
MS-W 1200	0,12	0,064	1,45	0,020	0,010	0,22	0,023	0,032	<0,005	0,040	0,005

Gefüge:

- Mischung aus verschiedenen Bainitphasen, Ferrit und Martensit

Mechanische Eigenschaften:

- Hohe Streckgrenze
- Mittleres Streckgrenzenverhältnis
- Mittlere Verfestigung und n-Wert
- Geringe Gleichmaß- und Bruchdehnung
- Moderate Lochaufweitung und Biegbarkeit
- Hohes Bake Hardening

Bild 4-1.32
MS-Stahl – chemische Zusammensetzung, Gefüge und spezifische Eigenschaften (exemplarisch); λ ist das Grenz-Lochaufweitungsverhältnis in %, ermittelt im Lochaufweitungsversuch nach DIN ISO 16630

R_e (MPa)	R_m (MPa)	A_g (%)	A_{80} (%)	R_e/R_m	λ [%]	BH_0 [MPa]
1050	1350	4	4,5	0,92	45	115

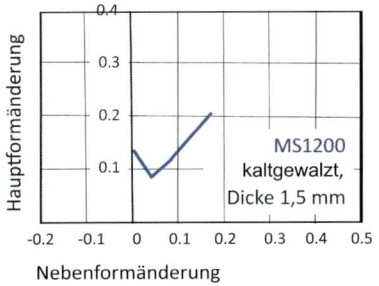

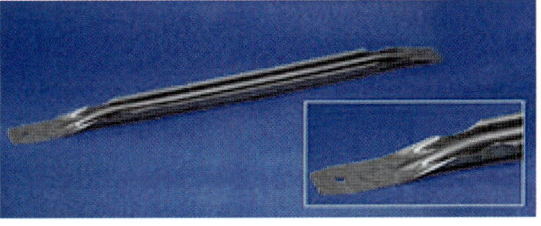

Bild 4-1.33
Grenzformänderungsdiagramm (links) und Seitenaufprallschutz als beispielhaftes Bauteil (rechts), jeweils für warmgewalzten MS1200 (Dicke 1,5 mm) (Quelle: Salzgitter)

nicht geeignet. Temperaturen über 250 °C können zu einer Unterschreitung der Garantiewerte führen.

4-1.5.10 LH-Stähle

Für LH-Stahl (lufthärtend) ist eine gute Verformbarkeit im weichen Lieferzustand sowie eine hohe Festigkeit im gehärteten Zustand charakteristisch (Flaxa/Schoettler 2007) (Bild 4-1.34). LH-Stahl ist den HSS zuzuordnen, steht aber aufgrund seines speziellen Stahl- und Prozesskonzeptes außerhalb der VDA-Klassifizierung. Diese Stähle werden als Kalt- oder Warmband geliefert, kalt in ein Bauteil umgeformt und anschließend gehärtet.

Der Begriff Lufthärtung rührt von der ausgezeichneten Härtbarkeit dieser Stahlsorten her, d.h., dass martensitische Phasen sogar während einer relativ langsamen Luftabkühlung gebildet werden können. Die LH-Stähle weisen im Lieferzustand eine ferritische Mikrostruktur mit (Cr, Mo)C- und V(N, C)-Karbonitridausscheidungen und eventuell einer geringen Menge Rest-

austenit auf, d.h., die Bleche werden also im ferritischen Zustand mit guter Verformbarkeit geliefert und werden kalt umgeformt. Im anschließenden Härtungsvorgang ist ein Abschrecken nicht mehr erforderlich. Somit kann das bei martensitischen Stählen gängige Problem des Verzugs verhindert oder zumindest stark reduziert werden. Nach der Wärmebehandlung hat der Stahl ein martensitisch-bainitisches Gefüge und verfügt dann über eine hohe Festigkeit bei gleichzeitig guter Zähigkeit. Die hervorragende Härtbarkeit der LH-Stähle ist nicht ausschließlich auf Kohlenstoff und Mangan als Legierungselemente zurückzuführen, sondern ebenfalls auf Chrom, Molybdän, Vanadium, Bor und Titan.

LH-Stähle sind gut schweißbar und können anschließend mittels Stückverzinken vor Korrosion geschützt werden.

Bei der Wärmenachbehandlung wird das Bauteil in einem Ofen in inerter Gasatmosphäre auf eine Temperatur im Austenitbereich erhitzt (ca. 950 °C) und dann an der Luft oder in einem inerten Gas gekühlt, was zu der

4

Element [%]	C	Si	Mn	P	S	Cr	Mo	Al	B	Ti	V
LH800-HR/CR	0,15	0,30	2,10	0,020	0,010	1,00	0,40	0,060	0,006	0,050	0,12
LH900-HR/CR	0,15	0,30	2,10	0,020	0,010	1,00	0,60	0,060	0,006	0,050	0,20

Gefüge:

- Lieferzustand: ferritische Matrix mit Ausscheidungen aus Karbiden und Karbonitriden
- Gehärteter Zustand: martensitisch-bainitisches Gefüge mit Ausscheidungen

Mechanische Eigenschaften:

- Sehr gute Kaltumformbarkeit
- Hohe Crash- und Betriebsfestigkeit

Lieferzustand

Härtezustand

20 µm

20 µm

Art	Zustand	R_e (MPa)	R_m (MPa)	A_g (min) (%)	A	n_{90} (min)
LH800-HR	Lieferzustand	260-400	460-650	–	A_5 >25 %	–
LH800-CR	Lieferzustand	290-420	450-580	>14	A_{80} >25 %	> 0,14
LH800	Gehärtet	600-700	800-900	–	A_5 >15 %	–
LH900-HR	Lieferzustand	290-410	480-670	–	A_5 >24 %	–
LH900-CR	Lieferzustand	310-430	480-600	>13	A_{80} >24 %	> 0,13
LH900	Gehärtet	700-800	900-1000	–	A_5 >13 %	–

Bild 4-1.34
LH-Stähle – chemische Zusammensetzung, Gefüge und spezifische Eigenschaften (exemplarisch)

martensitischen Struktur mit hoher Festigkeit führt. Ein anschließendes Anlassen ermöglicht den Abbau von Eigenspannungen im gehärteten Bauteil. Gleichzeitig wird die Härte des Bauteils so verringert, um die geforderten Zähigkeitswerte zu erreichen. Die niedrige Festigkeit im unbehandelten weichen Zustand steigt nach der Lufthärtung auf Zugfestigkeitswerte zwischen 800 bis 1000 MPa an, und die Streckgrenze steigt auf Werte zwischen 600 und 800 MPa (Bild 4-1.35, links).

Auch im gehärteten Zustand ist der Stahl noch moderat kalt umformbar.

Charakteristisch für diese Stähle ist ihre herausragende Verformbarkeit nach dem Kaltwalzen. Sie sind daher besonders geeignet zur Produktion komplexer Teile für Anwendungen unter zyklischer Belastung. Sie verfügen über eine höhere Festigkeit als hochfeste Stähle (HSS), was wiederum eine Reduktion der Blechdicke und damit des Bauteilgewichtes erlaubt. Die Stähle

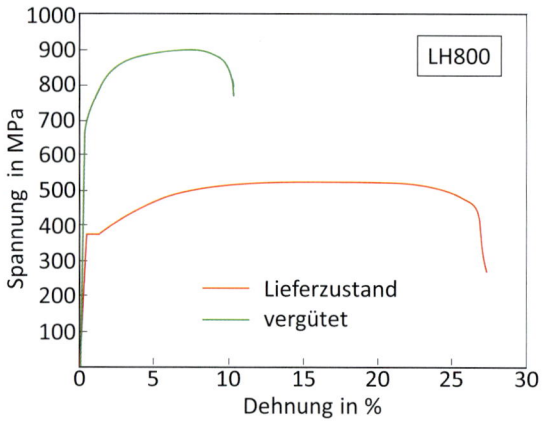

Bild 4-1.35 Fließkurven für LH800 im Lieferzustand und gehärtet (links) und Achsträger aus LH800 als beispielhaftes Bauteil (rechts) (Quelle: Salzgitter)

können sowohl durch Tiefziehen als auch mit anderen Verfahren der Formgebung bearbeitet werden. Insbesondere können sie auch für geschweißte Komponenten genutzt werden, welche hohen, zyklischen Lasten ausgesetzt und sicherheitstechnisch relevant sind wie Achsträger, Gelenkwellen, Querlenker, Überrollbügel, Laufachsen sowie A- und B-Säulen (Bild 4-1.35, rechts).

4-1.5.11 PH-Stähle

PH-Stähle sind Stähle, die für den Prozess des Presshärtens zur Verfügung stehen (engl. HF hot-formed). Diese Stähle wurden für Baugruppen entwickelt, die für den Crashfall von Bedeutung sind und hier insbesondere für den Seitenaufprall. Derartige Sicherheitsbauteile erfordern eine sehr hohe Festigkeit und eine gewisse Dehnbarkeit, dürfen aber auf keinen Fall spröde versagen. Hierbei ist Festigkeit die wichtigste Eigenschaft, welche mit der martensitischen Mikrostruktur auf eine effiziente und günstige Weise gegeben ist. Allerdings sind martensitische Stähle zu hart und spröde für Verformungen. Deshalb werden diese Stähle üblicherweise im ferritisch-perlitischen Gefügezustand als Warm- oder Kaltband geliefert, im Austenitzustand bei hoher Temperatur umgeformt und dabei im Gesenk abgeschreckt, um dann erst nach bzw. bei der Umformung die harte martensitische Mikrostruktur zu bilden. Die Presshärtestähle gehen konzeptionell auf den Stahl 22MnB5 zurück, aber grundsätzlich sind alle C-Mn-Stähle für das Presshärten geeignet.

Kommerziell sind verschiedene C-Mn-Stähle mit variierten C- und Mn-Gehalten als Kalt- und Warmband lieferbar. Diese Stähle sind nicht genormt. In Bild 4-1.36 wird das Konzept der Presshärtestähle an einem Beispiel dargestellt.

Das Presshärten, also die kombinierte Prozessführung aus Warmumformung und Abschrecken, ist auch als Warmumformhärten oder Heißumformung bekannt. Beim Presshärten wird der Rohling zunächst im Ofen austenitisiert und anschließend in ein Tiefziehwerkzeug mit sorgfältig kontrollierter Temperatur und Kühlleistung überführt. Die Stahlplatte wird dann heiß umgeformt und im geschlossenen Werkzeug unter Pressung schnell abgekühlt. Nach einer vollständigen Martensitumwandlung wird das Stück aus dem Werkzeug entnommen und weiter bei Luft gekühlt. Die Produktionsrate liegt üblicherweise bei 2 – 3 Teilen pro Minute. Aufgrund der Abschreckung im Gesenk zeigen die abgeschreckten Bauteile wenig Verzug, aber sie stehen unter hohen Eigenspannungen, was zu unvorhersehbaren Verzügen beim Beschneiden führen kann.

Das Verfahren zum Presshärten gibt es zurzeit in zwei verschiedenen Hauptarten: das direkte sowie das indirekte Presshärten (Bild 4-1.37). Beim direkten Presshärten wird das unverformte Blech direkt erhitzt und in ein Werkzeug zur Verformung und Abschreckung überführt. Das indirekte Presshärten beinhaltet noch einen zusätzlichen Schritt der Kaltverformung: Das Blech wird zuerst auf 90 – 95 % der Endform kaltge-

Element [%]	C	Si	Mn	P	S	Cr	Mo	Ni	Al	B	Cu	Ti
22MnB5-CR	0,25	0,30	1,40	0,020	0,005	0,20	0,10	0,10	0,050	0,005	0,10	0,050

Gefüge:

- Lieferzustand: ferritisch-perlitische Matrix
- Gehärteter Zustand: martensitisch-bainitisches Gefüge

Mechanische Eigenschaften:

- Gute Kaltumformbarkeit im Lieferzustand
- Extrem hohe Festigkeit im gehärteten Zustand
- Verbesserung der Zähigkeit durch Anlassen
- Hohe Crash- und Betriebsfestigkeit

Bild 4-1.36
PH-Stähle – chemische Zusammensetzung, Gefüge und spezifische Eigenschaften (exemplarisch)

Lieferzustand (kaltgewalzt)			Pressgehärtet (ohne Anlassen)		
R_e (MPa)	R_m (MPa)	A_{80} (%)	R_e (MPa)	R_m (MPa)	A_{80} (%)
310–400	480–580	>20	>1000	>1650	>4

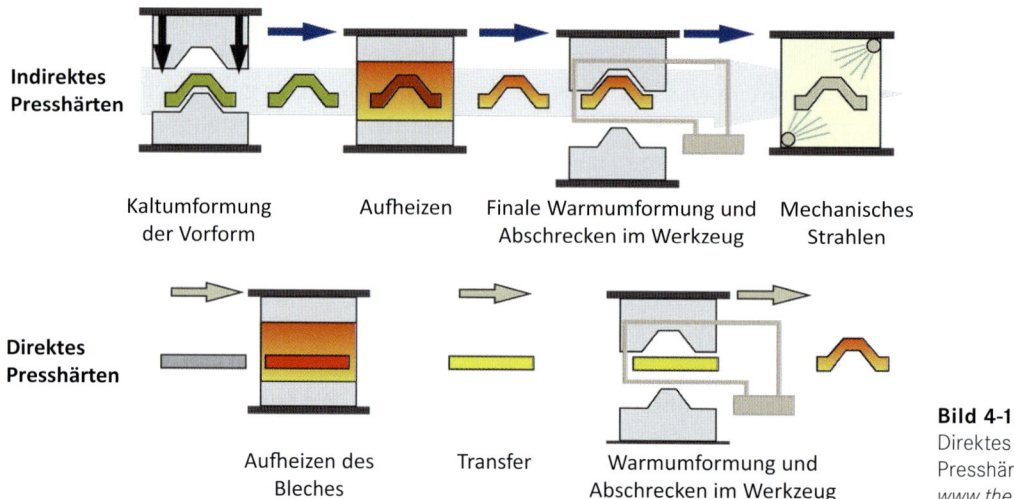

Bild 4-1.37
Direktes und indirektes
Presshärten (Quelle:
www.thefabricator.com)

formt und anschließend in den Ofen und dann in ein Umformwerkzeug zur Warmformung überführt. Das Ziel dieser Methode ist es, den Abrasionsverschleiß an den Werkzeugoberflächen zu reduzieren, indem die Relativbewegungen zwischen Pressform und Rohling verringert werden.

Bei der Austenitisierungstemperatur entsteht bei Luftkontakt des Stahls unmittelbar eine Zunderschicht. Um Oberflächenoxidation und Entgasung (Entkohlung) zu umgehen, werden die meisten Blechrohlinge mit einer Schutzschicht vorbeschichtet. Der Oberflächenschutz besteht dann oft aus einer Al-Si-Schicht, welche eine Zunderbildung auf dem Stahl während des direkten Presshärtens verhindert.

Nach der Verformung des erhitzten Rohlings im austenitischen Temperaturbereich wird das Bauteil im geschlossenen Gesenk abgeschreckt, bis die Martensitumwandlung im Werkstück vollständig abgelaufen ist. Um eine vollständige Martensitstruktur des 22MnB5 zu erhalten, ist eine Abkühlgeschwindigkeit von mehr als 25 K/s erforderlich. Die Martensitentwicklung führt zu einem Anstieg der Fließspannung und damit der Bauteilfestigkeit. Eine unvollständige Martensitumwandlung führt zu bainitischen Anteilen im Gefüge und hat eine unerwünschte reduzierte Festigkeit zur Folge. Nur die vollständige Beschreibung des Umwandlungsverhaltens (unter dem Einfluss von Zeit, Temperatur und Umformung) erlaubt eine Vorhersage über die resultierenden Eigenschaften des Werkstücks wie etwa Härte, Eigenspannung und Verformung.

In Bild 4-1.38 (links) sind die Fließkurven des Stahls 22MnB5 im Lieferzustand sowie im gehärteten Zustand im Vergleich mit anderen kaltumformbaren Stäh-

len dargestellt. Die extreme Festigkeit im pressgehärteten Zustand wird hier deutlich. Zurzeit werden pressgehärtete Bauteile in der Automobilindustrie bevorzugt für A-Säulen, B-Säulen, Seitenaufprallschutz, Stoßstangen, Dachrahmen, Schweller, Querträger, Dachträger und Karosserieverstärkungen eingesetzt. Auch der so genannte Eindringschutz, der etwa beim seitlichen Crash eine lebenswichtige Barriere zwischen Außen- und Fahrgastzelle bildet, wird aus diesem Vergütungsstahl gefertigt. Weiterhin wird der Stahl 22MnB5 unter anderem als Tunnel, Trägerteil-Boden und Rahmen-Stirnwand eingesetzt (Bild 4-1.38, rechts).

Ursprünglich wurden zuerst C-Mn-Stähle für diese Prozesse genutzt. Um die Härtbarkeit der Stähle zu verbessern, werden geringe Mengen an Bor und Titan beigemischt; diese Stähle werden dann auch als C-Mn-B-Stähle bezeichnet. Da Bor nur in Lösung seine umwandlungsverlangsamende Wirkung zeigt, sollte die Ausscheidung von Bornitrid vermieden werden. Zu diesem Zweck wird ein gewisser Anteil an Titan zulegiert, da das Löslichkeitsprodukt von Titan und Stickstoff in Stahl wesentlich geringer ist als das von Bor und Stickstoff. Titan stellt sicher, dass freier Stickstoff unmittelbar nach der Erstarrung durch Titan abgebunden wird, sodass Bor in Lösung bleibt.

Obwohl pressgehärtete Bauteile eine hohe Festigkeit und hohe geometrische Präzision aufweisen, schränken die geringe Zähigkeit, die Gefahr einer verzögerten Rissbildung und eine geringe Oberflächenqualität den Einsatz dieser Produkte ein (Naderi et al. 2013). Neue Entwicklungen beim Presshärten beinhalten drei verschiedene Ansätze:

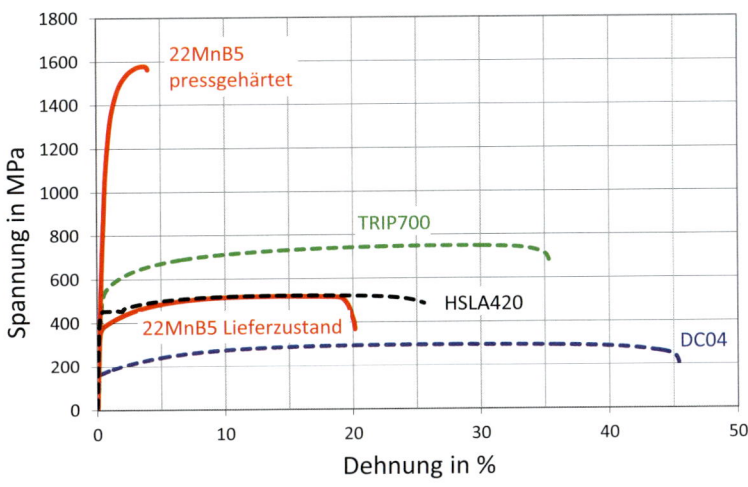
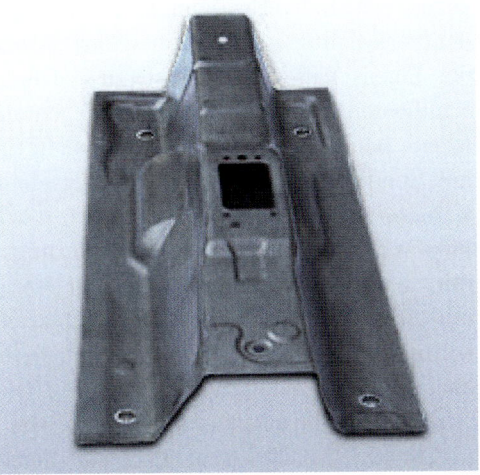

Bild 4.1-38 Spannungs-Dehnungs-Kurven des Stahls 22MnB5 im Lieferzustand und im pressgehärteten Zustand im Vergleich zu kalt umformbaren Stählen (links), Tunnelbauteil als beispielhaftes Bauteil (rechts) (Quelle: Salzgitter)

- Anwendung des sogenannten Q&P-Konzeptes (Quench and Partitioning), um ein Zweiphasengefüge einzustellen, welches aus Martensit und (metastabilem) Austenit besteht. Durch diese Vorgehensweise kann ein Gefüge mit 18 % Restaustenit eingestellt werden, welches die Dehnung der Probe auf 15 % erhöht (Han et al. 2014).
- Einführung einer konventionellen Anlassbehandlung nach dem Presshärten, um die mechanischen Eigenschaften zu verbessern. Hiermit wurde eine Gesamtdehnung von 12 – 16 % mit einer Bruchkraft von 1700 – 1800 MPa erreicht (Naderi et al. 2013).
- Kontrolle einer langsamen oder unterbrochenen Kühlung im temperaturgeregelten Werkzeug. Mit

derartigen Verfahren werden komplexe, teilweise mehrphasige Mikrostrukturen mit Bainit und Martensit eingestellt (Abdollahpoor 2015).

4-1.5.12 TWIP-Stähle

Die TWIP-Stähle (engl. TWinning Induced Plasticity) gehören zur 2. Generation der AHSS und bieten eine außergewöhnliche Kombination von Festigkeit und Dehnbarkeit weit jenseits der bisher diskutierten Stahlblechkonzepte. Diese TWIP-Stähle haben einen extrem hohen Mn-Gehalt von 15 – 30 %, sodass der Stahl bei Raumtemperatur vollständig oder überwiegend austenitisch ist (Bild 4-1.39). Sie weisen eine aus-

4

Element [%]	C	Si	Mn	Al	Nb	V
X60Mn22	0,60	0,24	22,0	0,003	0,009	0,23

Gefüge:
- Austenitische Matrix
- Eventuell Martensitinseln
- Karbidausscheidungen

Mechanische Eigenschaften:
- Sehr gute Kaltumformbarkeit
- Moderate Streckgrenze und extrem hohe Zugfestigkeit
- Sehr starke Verfestigung
- Bruchdehnung nahezu gleich der Gleichmaßdehnung

Bild 4-1.39
TWIP-Stahl – chemische Zusammensetzung, Gefüge und spezifische Eigenschaften (exemplarisch)

R_e (MPa)	R_m (MPa)	A_{80} (%)	R_e/R_m	BH_2 [MPa]
400	1000	50	0,4	>40

gezeichnete Kaltverfestigungsfähigkeit auf, welche von den Verformungszwillingen herrührt. Ihre ansprechenden Eigenschaften machen sie zu vielversprechenden Kandidaten für Automobilanwendungen als kaltumgeformte Bauteile mit einer extrem hohen Crash-Sicherheit und für strukturelle Verstärkungselemente in der Karosserie.

Für TWIP-Stähle wird das C-Mn-Legierungskonzept genutzt, wobei Mangan und Kohlenstoff den Austenit stabilisieren und ebenfalls die Stapelfehlerenergie (SFE) kontrollieren. Hohe C- und Mn-Anteile begünstigen aber auch die Bildung von hexagonal dichtest gepacktem Epsilon-Martensit und Karbiden, wie M_3C, M_5C_2 und $M_{23}C_6$, was wiederum durch eine Zugabe von Aluminium und Silicium vermieden werden kann. Da Martensit und Karbide in diesem Konzept als nachteilig für die mechanischen Eigenschaften gelten, versuchen die Stahlerzeuger deshalb karbidfreie und homogene Austenitgefüge mit dem C-Mn-Al-Si-Konzept herzustellen.

In TWIP-Stählen wird die Verformung durch dehnungsinduzierte Zwillingsbildung kontrolliert, welche mit dem Versetzungsgleiten auf komplexe Weise zusammenwirkt und bei der Kaltverfestigung als maßgeblicher Mechanismus bei diesen Stählen gilt. Die resultierenden Zwillingsgrenzen verhalten sich wie zusätzliche Korngrenzen und festigen das Material. Der Festigungsmechanismus wirkt wie ein dynamischer Hall-Petch-Effekt: da die Bildung mechanischer Zwillinge die Erzeugung von lamellaren Kristallen mit spiegelsymmetrischer Orientierung bewirkt, reduzieren diese Zwillinge effektiv die mittlere freie Weglänge für Versetzungsbewegungen. Damit erhöht sich die Fließspannung, was wiederum zu einer guten Kaltverfestigung und einer hohen Gleichmaßdehnung führt.

In Bild 4-1.40 sind Gefüge dargestellt, die nach einer Verformung eine starke Zwillingsbildung aufweisen. In den EBSD-Aufnahmen (engl. Electron Back Scatter Diffraction, Elektronenrückstreubeugung) einer REM-Untersuchung (Rasterelektronenmikroskop) sind verformungsinduzierte Epsilon-Martensitbereiche und Verformungszwillinge ersichtlich.

Bei einer bestimmten Temperatur und bei einer bestimmten Dehngeschwindigkeit weist die Fließspannung von TWIP-Stählen eine negative Dehnratenempfindlichkeit auf. Deshalb können Belastungslokalisationen und ein sägezahnartiges Verhalten in der Fließkurve beobachtet werden. Dieses Phänomen ist als Portevin-Le-Chatelier-Effekt (PLC) bekannt. Der PLC-Effekt wird mit dynamischen Wechselwirkungen zwischen gleitenden Versetzungen und beweglichen gelösten Atomen erklärt und ist namentlich auch bekannt als dynamische Reckalterung, DSA (engl.: dynamic strain aging). In C-Mn-TWIP-Stählen, wie X60Mn22 und X60Mn18, wird DSA auch bei Raumtemperatur dokumentiert. Der PLC-Effekt ist im Allgemeinen unerwünscht, da er bei tiefgezogenen Bauteilen eine inakzeptable Oberflächenqualität bewirkt. Er kann in TWIP-Stählen durch eine Erhöhung des Al-Gehalts im Stahl effektiv unterdrückt werden (Cooman 2011).

Eine weitere technologische Herausforderung bei TWIP-Stählen wie dem X60Mn22 ist die verzögerte Rissbildung, die auch als wasserstoffinduzierte Versprödung bezeichnet wird. Mit diesem Phänomen wird eine Versprödung des Werkstoffes bezeichnet, die nach einer im Allgemeinen unbestimmten Zeit zum spontanen Versagen führt. Der genaue Mechanismus bei der verzögerten Rissbildung ist noch nicht vollständig verstanden, aber als notwendige Randbedingungen gelten hohe Festigkeit, hohe Eigenspannungen aufgrund einer Vorverformung und die Gegenwart von Wasserstoff im Gefüge. Dieser wasserstoffinduzierte Bruch hängt

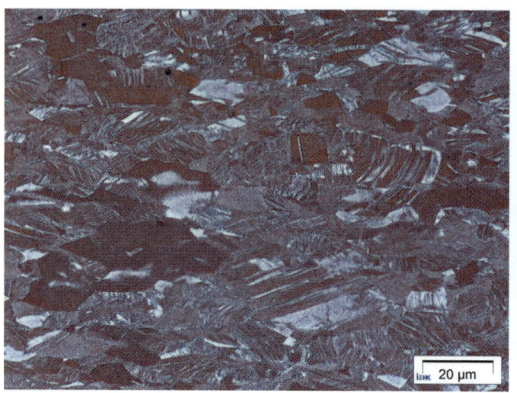  

Bild 4-1.40
Aufnahme von TWIP-Stahl nach der Verformung (links), EBSD-Daten deuten auf Phasen hin: grün = Austenit, gelb = Epsilon-Martensit (Mitte), EBSD-Daten deuten auf einen Orientierungswechsel hin (Korngrenzen und Zwillinge) (rechts)

phänomenologisch auch mit der dehnungsinduzierten α-Martensit-Bildung zusammen. Durch eine Zugabe von 1,5 % Aluminium kann diese verzögerte Rissbildung wirkungsvoll vermieden werden.

Derzeitige Legierungsentwicklungen konzentrieren sich auf den Feinschliff mechanischer Eigenschaften und das Vermeiden der verzögerten Rissbildung. Gegenstand der Legierungsentwicklung sind dabei Kupfer und Aluminium, wodurch die SFE erhöht wird, was wiederum den TWIP-Mechanismus fördert.

TWIP-Stähle können bei Sitzquerträgerteilen genutzt werden, welche bei Frontal- und Seitenaufprallen die Insassen schützen, bei A- und B-Säulen und für andere crash-relevante Teile, wie z. B. Längsträger, und für komplexe geometrische Bauteile mit speziellen Eigenschaften (z. B. Aufnahmelager mit hohen Anforderungen gegen Ermüdungsversagen).

4-1.6 Abschließende Betrachtung

Die Anwendungen und die aktuellen Entwicklungen von Stählen für PKW-Karosserien zeigen eine zunehmende Diversifizierung. Einer der wichtigsten Entwicklungstreiber ist der Wunsch nach Leichtbaukonstruktionen, die Stähle mit hohen Festigkeiten benötigen, um Strukturkomponenten mit geringen Blechdicken zu produzieren.

Da die Umformanforderungen mit Hilfe moderner Simulationsmethoden an jedes Bauteil detailliert formuliert werden können, leitet sich daraus ein Trend in Richtung maßgeschneiderter Umformeigenschaften zur Herstellung von Bauteilen mit reduziertem Gewicht und definierten Struktureigenschaften ab. Zur Herstellung der dafür notwendigen Stähle zeigen sich aus werkstofftechnischer Sicht die folgenden Tendenzen:

- Anwendung von zunehmend komplizierten Legierungssystemen mit leicht erhöhten oder auch sehr hohen Legierungsgehalten (z. B. Hoch- und Mittelmangan-Stähle),
- Produktionsprozesse für Bleche mit komplizierten Prozessführungen und engen Prozessparametertoleranzen (z. B. unterbrochene oder mehrstufige Wärmebehandlungen oder kontrollierte Abkühlstrategien),
- Nutzung von Werkstoffkonzepten mit komplizierten

Verformungsmechanismen und metastabilen Gefügeanteilen (z. B. Nutzung des TRIP- oder TWIP-Effektes).

Seitens der Werkstoff- und Prozesstechnik sind diese Stähle aufwändiger und weniger robust als die klassischen weichen Tiefziehstähle. Die wesentlich verbesserten Eigenschaften im Bauteil und damit die Möglichkeit für eine Gewichtsreduzierung der Karosserie rechtfertigen in zunehmender Weise den Aufwand. Aktuell wird erwartet, dass die genannten Trends durch eine zunehmende Digitalisierung in der Produktions- und Werkstofftechnik eher noch verstärkt werden.

Literatur zu Kapitel 4-1

Abdalla, A. J.; Hein, L.; Pereira, M. S.; Hashimoto, T. M.: Materials Science and Technology 15 (1999), S. 1167 – 70

Abdollahpoor, A.; Chen, X.; Pereira, M. P.; Xiao, N.; Rolfe, B. F.: Journal of Materials Processing Technology 2015

Baik, S. C.; Kim, S.; Jin, Y. S.; Kwon, O.: ISIJ International 41 (2001), S. 290 – 7

Baker, L. J.; Daniel, S. R.; Parker, J. D.: Materials Science and Technology 18 (2002), S. 355 – 68

Bode, R.; Hartmann, G.; Imlau, K.: Stahlfeinbleche für den Automobilbau: Herstellung, Verarbeitung und Einsatzbereiche. Verl. Moderne Industrie, Landsberg/Lech 2000

Cooman, B. C. de; Chin, K.; Kim, J.: High Mn TWIP Steels for Automotive Applications. In: Chiaberge, M. (Ed.): New Trends and Developments in Automotive System, Engineering. Intech, Croatia 2011

Ducker Worldwide: America Iron and Steel Institute – SMDI Light Vehicle Steel Content. Executive Summary, 2008

Ducker Worldwide: 2015 North American Light Vehicle Aluminum Content Study. Executive Summary

Facco, G. G.: Effect of cooling rate and coiling temperature on the final microstructure of HSLA steels after HSM and/or laboratory TMP processing. University of Pittsburgh 2009

Flaxa, V.; Schoettler, J.: Entwicklung, Produktion und Eigenschaften hochfester Staehle für den Atomobilbau. Proceeding of 14th Saxony's Metal Forming Meeting „Werkstoffe und Komponenten für den Fahrzeugbau", Freiberg, Germany, 4 – 5 December 2007, S. 127 – 136

Han, X.; Zhong, Y.; Yang, K.; Cui, Z.; Chen, J.: Procedia Engineering 81 (2014), S. 1737 – 43

Heller, T.; Nuss, A.: Ironmaking & Steelmaking 32 (2005), S. 303 – 8

Jacques, P.; Delannay, F.; Cornet, X.; Harlet, P.; Ladriere, J.: Metall and Mat Trans A 29 (1998), S. 2383 – 93

Keeler, S.; Kimchi, M.: Advanced High-Strength Steels Application Guidelines. 2014

Luyckx, L.; Bell, J. R.; McLean, A.; Korchynsky, M.: Metallurgical Transactions 1 (1970), S. 3341 – 50

Mesplont, C.; De Cooman, B. C.: Materials Science and Technology 19 (2003), S. 875 – 86

4

Naderi, M.; Abbasi, M.; Saeed-Akbari, A.: Metall and Mat Trans A 44 (2013), S. 1852 – 61

Patel, J.; Klinkenberg, C.; Hulka, K.: Hot rolled HSLA strip steels for automotive and construction applications. Düsseldorf, Germany 2001

Senuma, T.: ISIJ International 41 (2001), S. 520 – 32

Tamarelli, C. M.: AHSS 101: The Evolving Use of Advanced High Strength Steels for Automotive Applications. 2011

ULSAB-AVC Consortium: Overview report. 2002

Verband der Automobilindustrie e. V. (Hrsg.): VDA 239-100 Werkstoffblatt: Flacherzeugnisse aus Stahl zur Kaltumformung. 2016

Worldsteel Association: An Advanced High Strength Steel Family Car: ENVIRONMENTAL, CASE STUDY, 2008

Zuidema, B. K.; Denner, S. G.; Engl, B.; Sperle, J.: New High Strength Steels Applied to the Body Structure of ULSAB-AVC. SAE International, Warrendale, PA, 2001

Alle im Text erwähnten Normen sind in einer Liste zusammengefasst (Seite 889).

4

Stähle für den Nutzfahrzeugbau

Andreas Kern

4-2.1 Allgemeines

Stahl ist wegen seiner Tragfähigkeit, seines günstigen Verarbeitungsverhaltens und seiner hohen Wirtschaftlichkeit der wichtigste Konstruktionswerkstoff im Nutzfahrzeugbau. Seine überragende Bedeutung verdankt er vor allem der Möglichkeit, seine Eigenschaften an die jeweiligen technischen Anforderungen anzupassen.

Nutzfahrzeuge sind Kraftfahrzeuge, die nach ihrer Bauart und Einrichtung zum Transport von Personen oder Gütern oder zum Ziehen von Anhängern bestimmt sind. Die Fahrzeuge dürfen aber kein Personenkraftwagen oder Kraftrad sein (Statistisches Bundesamt 2014). Von besonderer Bedeutung sind dabei Nutzfahrzeuge zum Heben und zur Beförderung von Lasten (Bild 4-2.41):

- Mobilkrane
- Sattelschlepper
- Bagger
- Muldenkipper
- Trailer
- Landmaschinen

Zum Bau von Nutzfahrzeugen werden vor allem in den tragenden Konstruktionsteilen Grobbleche ab einer Blechdicke von 3 mm eingesetzt.

Für die wirtschaftliche Konstruktion und den ökonomischen Betrieb von Nutzfahrzeugen steht der Leichtbaugedanke, verbunden mit hoher Tragfähigkeit, eindeutig im Vordergrund. Mobilkrane sind hierfür ein gutes Beispiel. Sie müssen heute Lasten über 1000 t tragen und sollen gleichzeitig so leicht gebaut sein, dass sie auf unseren Straßen mit Beschränkung der Achslasten auf 12 t fahren dürfen. Darüber hinaus werden die lan-

Bild 4-2.1 Anwendungsbeispiele für Nutzfahrzeuge

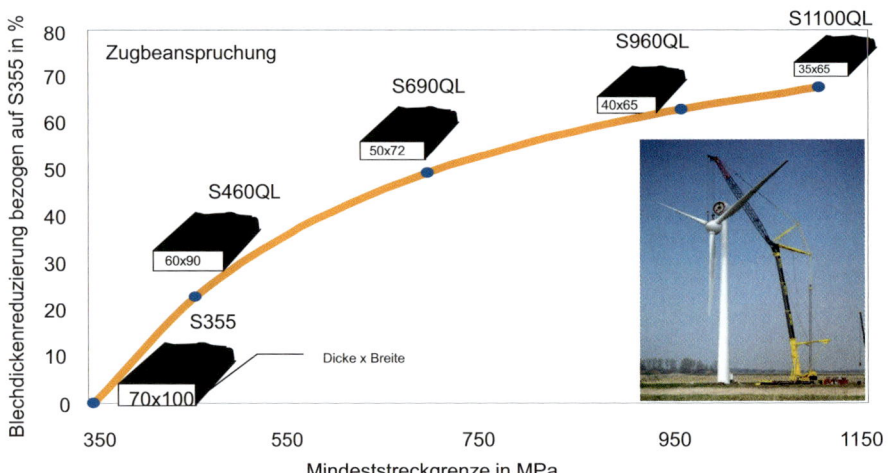

Bild 4-2.2
Möglichkeit der Reduzierung
der Blechdicke durch Einsatz
hochfester Stähle

gen Auslegersysteme durch hochbelastbare Zugstangen abgespannt. Um dies zu erreichen, kommen Grobbleche bevorzugt aus sogenannten hochfesten Baustählen zum Einsatz. Unter hochfesten Baustählen werden im Allgemeinen Baustähle verstanden, deren Mindeststreckgrenze > 500 MPa ist. Die erreichbaren Mindeststreckgrenzen betragen bis zu 1300 MPa, in verschleißbeanspruchten Konstruktionen sogar bis 1700 MPa. Außerdem nutzt man Härten bis 600 HB. Den vorteilhaften Einsatz von hochfesten Grobblechen mit Mindeststreckgrenzen bis 1100 MPa im Nutzfahrzeugbau dokumentiert das Bild 4-2.2. Vereinfachend ist dabei von einer einachsigen Zugbeanspruchung eines Konstruktionsdetails ausgegangen. Bei gleicher Tragfähigkeit kann hiernach das Eigengewicht der Konstruktion

um rd. 50 % verringert werden, wenn ein Stahl mit 690 MPa anstelle 355 MPa Mindeststreckgrenze verwendet wird (Kaiser et al. 2008, Kern 2005).

Im Hinblick auf verschleißbeanspruchte Nutzfahrzeuge kann durch hochfeste Baustähle die Standzeit entsprechender Konstruktionen merklich gesteigert werden. Bild 4-2.3 zeigt die Wirkung hoher Härten im Vergleich zu einem normalfesten Standardbaustahl S355 auf den Verschleißwiderstand bzw. die Lebensdauer. Dabei sind die Werte für den S355 auf 1 normiert. Durch Nutzung eines hochfesten verschleißfesten Baustahls mit 500 HB kann bei rein abrasiver Beanspruchung die Standzeit um rd. 300 % gegenüber einem S355 gesteigert werden (Feinle et al. 2006).

Ein weiteres Kennzeichen der Nutzung hochfester

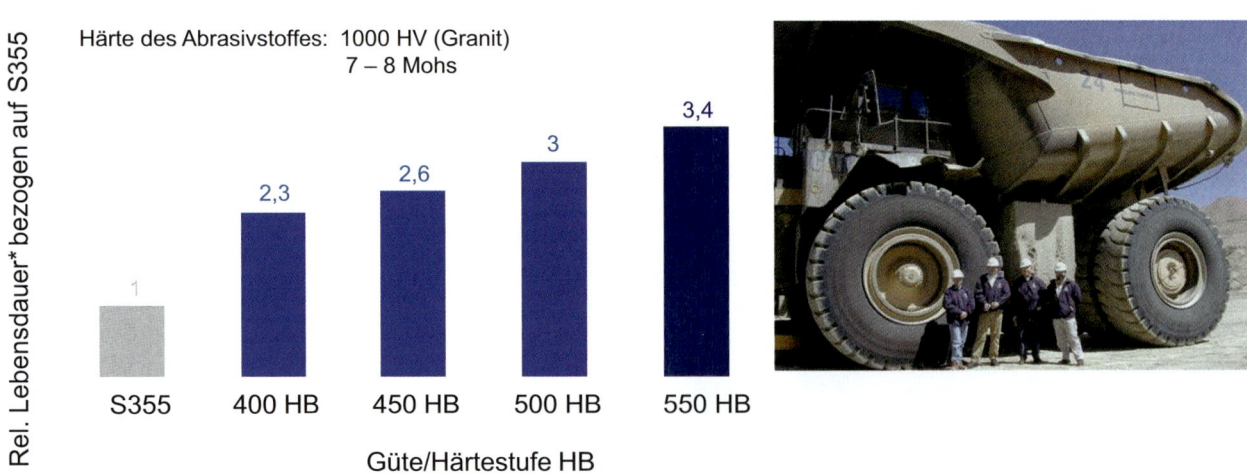

*Ergebnisse aus Simulationsrechnungen

Bild 4-2.3 Darstellung der relativen Lebensdauer verschleißfester Stähle im Vergleich zum konventionellen Baustahl S355

Höhere Wirtschaftlichkeit durch

- Reduzierung der Blechdicke

- Reduzierung des Schweißnahtvolumens

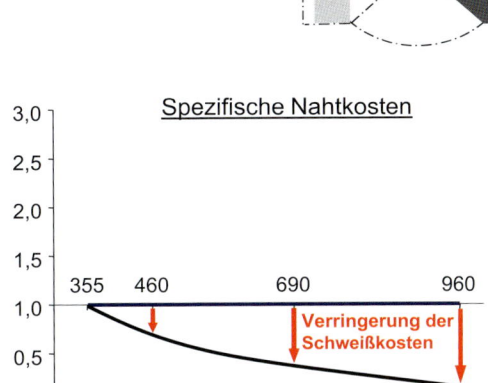

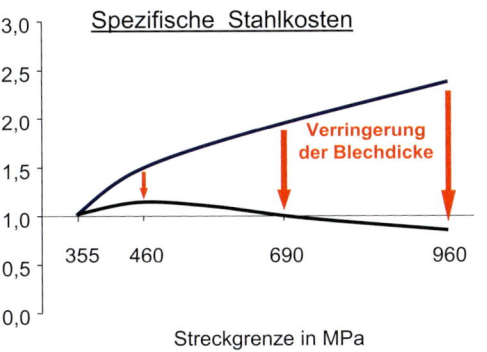

Bild 4-2.4 Auswirkungen auf die Wirtschaftlichkeit durch die Verwendung von hochfesten Baustählen

Baustähle im Nutzfahrzeugbau ist, dass durch den Einsatz dieser Werkstoffe auch die Fertigungskosten von Schweißkonstruktionen erheblich verringert werden können und sich damit die Wirtschaftlichkeit verbessert (Bild 4-2.4) (Kaiser et al. 2008). Nur durch den Einsatz geringerer Blechdicken lassen sich trotz der höheren Werkstoffkosten bei hochfesten Baustählen gegenüber dem Basisbaustahl S355 fast gleiche spezifische Stahlkosten erreichen. Ein ergänzender Vorteil ergibt sich durch die infolge der geringeren Blechdicken niedrigeren spezifischen Schweißnahtkosten, z. B. sinkt durch die geringeren Blechdicken das Schweißnahtvolumen. Die Ersparnis kann bis zu 80 % bei Vergleich des S960 gegenüber einem S355 betragen.

Daneben kann durch den Einsatz hochfester Baustähle auch eine höhere Stabilität in knick- oder beulbeanspruchten Konstruktionen erreicht werden (Bild 4-2.5) (Köppel et al. 1970). Die zulässigen Druckspannungen sind vom Schlankheitsgrad abhängig. Dabei ist der Schlankheitsgrad λ eine geometrische Kenngröße eines betrachteten Stabes und proportional der Stablänge L und durch

$$\lambda = \frac{\beta \cdot L}{i}$$

mit $\beta = 0,5 - 2$ gegeben. i ist der Trägheitsradius des Querschnitts.

Im Bereich niedriger Schlankheitsgrade sind für die hochfesten Baustähle deutlich höhere Spannungen als bei normalfesten Baustählen ohne Knicken zulässig. Für die Beanspruchung auf Beulen liegen die Verhältnisse ähnlich.

Bild 4-2.5 Knickverhalten von Baustählen, dargestellt anhand zulässiger Druckspannungen (schematisch)

4-2.2 Anforderungen

Ausgehend von den vorstehenden Zusammenhängen ergeben sich zahlreiche Anforderungen an die eingesetzten Werkstoffe. Bei der Anwendung von Grobblechen aus hochfesten Stählen im Nutzfahrzeugbau steht vor allem die Gewährleistung der Bauteilsicherheit im Vordergrund (Kaiser et al. 2008). Hier sind neben den mechanisch-technologischen Eigenschaften auch die Verarbeitungseigenschaften bei Kalt- und Warmumformen, Schneiden und Schweißen sowie die Gebrauchseigenschaften, u.a. bei schwingender Beanspruchung, die sich aus der konstruktiven Auslegung des Bauteils ergeben, von Bedeutung (Bild 4-2.6). Je nach Anwendungsfall ergeben sich unterschiedliche Anforderungen z.B. an die Sprödbruchsicherheit, die Schwingfestigkeit, den Verschleißwiderstand und ggf. auch den Korrosionswiderstand. In der Praxis wird häufig der beste Kompromiss aus den Forderungen nach Festigkeit, Verarbeitbarkeit, Gebrauchsverhalten und der Kostensituation gewählt. Allgemein sollte bedacht werden: Nicht der beste Werkstoff ist gut genug, sondern der ausreichende Werkstoff ist der Beste.

Anforderungen an die mechanischen Eigenschaften

Hierunter sind zunächst die Anforderungen an die im einachsigen Zugversuch und im Kerbschlagbiegeversuch ermittelten Kennwerte Streckgrenze, Zugfestigkeit, Bruchdehnung und Kerbschlagarbeit bzw. Übergangstemperatur zur Bewertung der Ertragbarkeit vorhandener Spannungen und der Sprödbruchsicher-

heit zu verstehen. Die hochfesten Baustähle für den Nutzfahrzeugbau weisen heute Mindeststreckgrenzen von etwa 500 bis 1300 MPa mit entsprechendem Zähigkeitsnachweis auf. Die entsprechenden Zugfestigkeiten liegen dann üblicherweise im Bereich von 650 bis 1500 MPa. Hochfeste verschleißbeständige Baustähle zeigen darüber hinaus Zugfestigkeiten bis 2000 MPa. Wichtig ist weiter für Stähle im Nutzfahrzeugbau, dass sie eine ausreichende Fähigkeit besitzen, sich unter der Einwirkung äußerer Kräfte plastisch zu verformen, ohne dass dadurch der Werkstoffzusammenhang gestört wird. Dies ist insbesondere für eine ausreichende Kaltumformbarkeit wichtig. Geeignete Kenngrößen für dieses Formänderungsvermögen der Stähle sind die im Zugversuch ermittelten Parameter Bruchdehnung, Brucheinschnürung oder Bruchverformungsarbeit. Gefordert werden hierfür hohe Beträge plastischer Verformung, bevor ein Bruch eintritt (de Boer et al. 1984). Typische Anforderungen an die Bruchdehnung liegen bei min. 10%. Allerdings ist zu beachten, dass die Bruchdehnung der Stähle mit zunehmender Streckgrenze bzw. Zugfestigkeit abnimmt. Das Bild 4-2.7 fasst das Spannungs-Dehnungs-Verhalten unterschiedlicher hochfester Stähle zusammen (de Boer et al. 1984).

Das Sprödbruchverhalten ist von besonderer Bedeutung für den Einsatz hochfester Baustähle im Nutzfahrzeugbau, da hier die Beanspruchungen vielfach mehrachsig und schlagartig sind. Die Sprödbruchsicherheit, also die Absicherung gegen Rissauslösung bzw. Rissfortpflanzung, hängt dabei von der Zähigkeit ab. Die Höhe der Kerbschlagarbeit und die Übergangstempera-

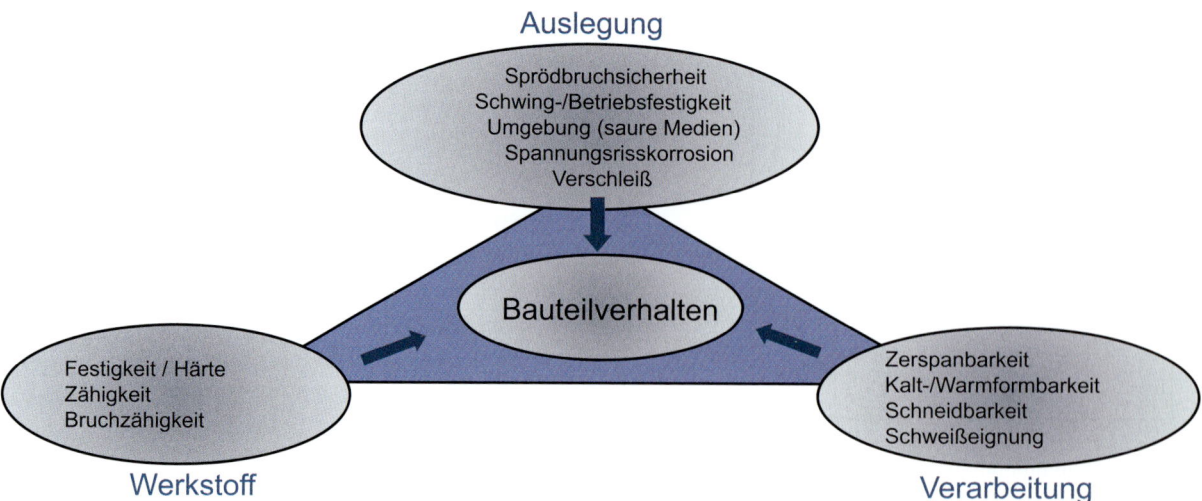

Bild 4-2.6 Anforderungen an hochfeste Baustähle zur Bauteilsicherheit

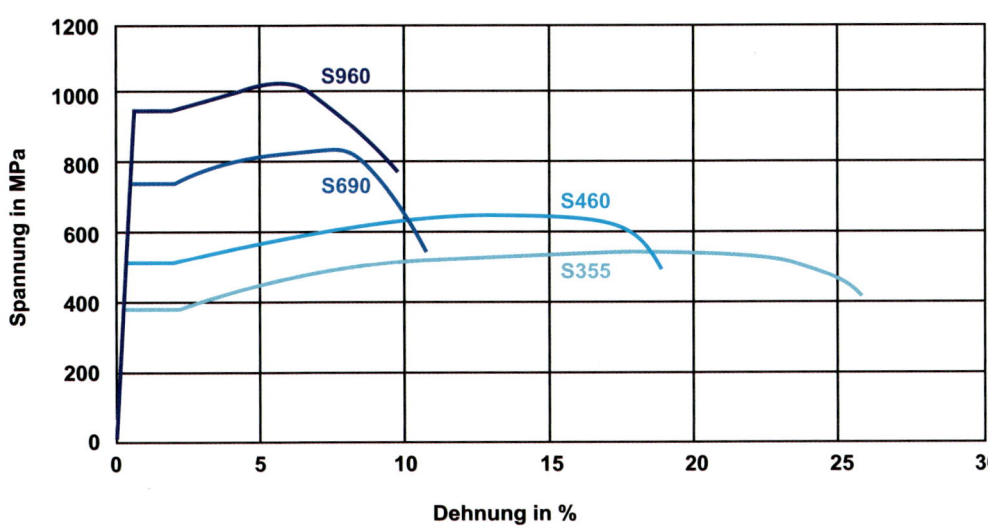

Bild 4-2.7
Spannungs-Dehnungs-
Kurven von Stählen
unterschiedlicher
Mindest-Streckgrenze

tur für das Erreichen einer bestimmten Kerbschlagarbeit sind für das Sprödbruchverhalten dabei die zentralen Kenngrößen. Bei den hochfesten Baustählen für den Nutzfahrzeugbau werden dazu vielfach Mindestkerbschlagarbeiten bei Prüftemperaturen bis min. $-60\,°C$ vereinbart. Typische Werte für die Kerbschlagarbeit sind hier min. 27 J. Für eine fundierte Sprödbruchbewertung werden darüber hinaus auch Kennwerte aus Großzugversuchen oder aus Robertsonbzw. Drop-Weight-Versuchen in Form von kritischen Rissöffnungen CTOD (Crack tip opening displacement) oder Crack-Arrest-Temperaturen gefordert. Die Crack-Arrest-Temperatur CAT ist dabei die tiefste Temperatur, bei der ein sich mit hoher Geschwindigkeit ausbreitender Riss im Werkstoff gerade noch aufgefangen

wird (Dahl et al. 1990, Müsgen 1985, Degenkolbe 1977).
Um die Bauteilsicherheit geschweißter Konstruktionen für Nutzfahrzeuge gegen Sprödbruch nachzuweisen, werden zunehmend quantitative Sicherheitsanalysen auf der Basis bruchmechanischer Kennwerte angewendet. Der Sicherheitsnachweis wird dabei vielfach in Anlehnung an den Eurocode 3 durch Vergleich der aus der Beanspruchungssituation resultierenden Bauteilzähigkeit mit der gemessenen bruchmechanischen Zähigkeit des Werkstoffes durchgeführt (Kern 2005, Bleck et al. 2004, Kaiser et al. 1997). Dabei wird deutlich, dass die Anforderungen an die Zähigkeit mit zunehmender Festigkeit ansteigen (Bild 4-2.8). Die bruchmechanische Zähigkeit der modernen hochfesten Baustähle liegt in

4

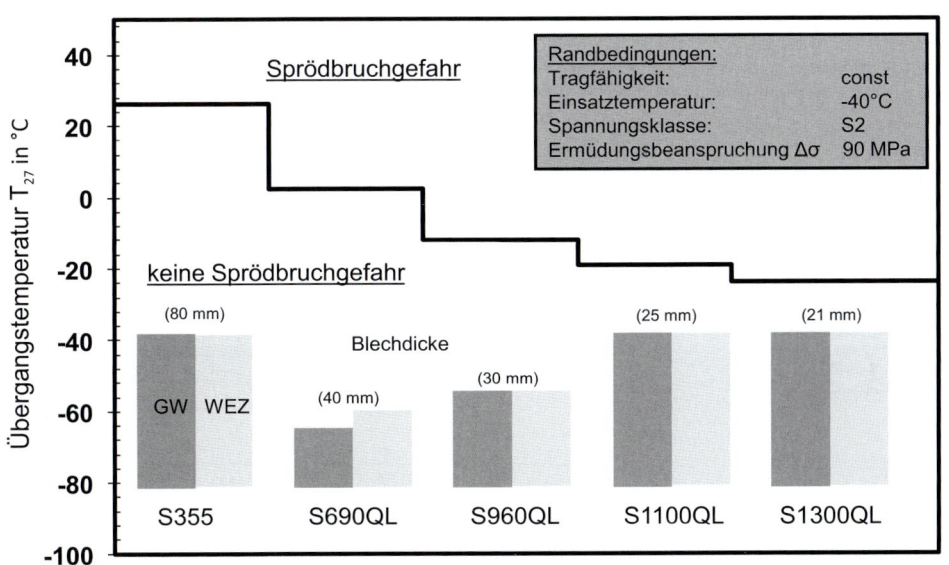

Bild 4-2.8
Bewertung der Sprödbruchsicherheit hochfester Stähle in Anlehnung an Eurocode 3, GW: Grundwerkstoff, WEZ: Schweißverbindung

jedem Fall auch bei einer Einsatztemperatur von − 40 °C noch über der erforderlichen Bauteilzähigkeit.

Neben den Anforderungen an die statische Festigkeit werden vor allem bei Stählen in Bauteilen des Nutzfahrzeugbaus Anforderungen an den Widerstand gegen wechselnde mechanische Beanspruchung, d. h. eine bestimmte Dauerfestigkeit gestellt. Bei der Festlegung dieser Anforderungen sind allerdings die Einflüsse von Form, Größe, Oberflächenbeschaffenheit und Bearbeitung des Bauteils sowie Umwelteinflüsse besonders zu berücksichtigen (Müsgen/Hoffmann 1987 und 1988). Hat ein Bauteil während seiner Nutzung nur eine begrenzte Lebensdauer mit vergleichsweise wenigen Schwingspielen, aber hohen Beanspruchungsspannungen aufzuweisen, so kann bei seiner Auslegung eine höhere Beanspruchung als die übliche Dauerfestigkeit, die Zeitfestigkeit, zugrunde gelegt werden. Für den Grundwerkstoff mit weitgehend kerbfreier Oberfläche ergibt sich ein in erster Näherung proportionaler Zusammenhang zwischen der Zugfestigkeit und der Dauerschwingfestigkeit bei Stählen bis rd. 1000 MPa Zugfestigkeit (Bild 4-2.9) (Müsgen 1987b). Die im Nutzfahrzeugbau eingesetzten hochfesten Baustähle sollten also auch einen Vorteil bei zyklischer Beanspruchung aufweisen. Die genaue Betrachtung zeigt aber, dass mit der in Schweißverbindungen üblichen Kerbwirkung die Dauerschwingfestigkeit nahezu unabhängig von der Zugfestigkeit des Stahls ist. Hochfeste Stähle weisen demnach in dieser Richtung zunächst keinen Vorteil auf (Bild 4-2.9).

Dennoch ergeben sich aus dem Einsatz hochfester Stähle immer dann Vorteile, wenn die Schweißverbindung in wenig belastete Bereiche der Konstruktion gelegt wird. Erst wenn durch geeignete Maßnahmen die Kerbwirkung im Bauteil verringert wird, nähert sich das Dauerschwingverhalten wieder dem des Grundwerkstoffes an. Dabei kommen heute z. B. das WIG-Aufschmelzen und das UIT-Verfahren (Ultrasonic impact treatment) zum Einsatz. Bei Letzterem werden mit einem Handgerät über einen Ultraschallkoppler sowohl Eigenspannungen in den Schweißnahtbereich eingebracht als auch zusätzlich die Form der Schweißnaht behandelt. Hiermit kann sogar die Schwingfestigkeit des Grundwerkstoffes nahezu erreicht werden (Kaiser et al. 2008, Müsgen/Hoffmann 1988, Fischer et al. 1999). Die Zunahme der Dauerfestigkeit ist dann vorwiegend durch die Werkstoffverfestigung oder durch die dabei gleichzeitig entstehenden günstigen Druckeigenspannungssysteme bedingt.

4-2.3 Anforderungen an das Verarbeitungs- und Gebrauchsverhalten

Im Hinblick auf das Verarbeitungsverhalten der hochfesten Stähle steht die Schweißbarkeit im Vordergrund. Gute Schweißbarkeit bedeutet, dass die eingesetzten Stähle möglichst ohne Einschränkung und vor allem ohne Vorwärmen auch unter ungünstigen Bedingungen rissfrei schweißbar sind (Hauser et al. 1994, Uwer/Degenkolbe 1992, Uwer 1992, Uwer 1991). Im Nutzfahrzeugbau kommt dabei wesentlich das Schutzgasschweißen und – bei größeren Blechdicken – das Unterpulverschweißen zur Anwendung. Daneben hat sich in den letzten Jahren das Laserschweißen bewährt (Kaiser et al. 2008, Kalla et al. 1991). Hier sind die ge-

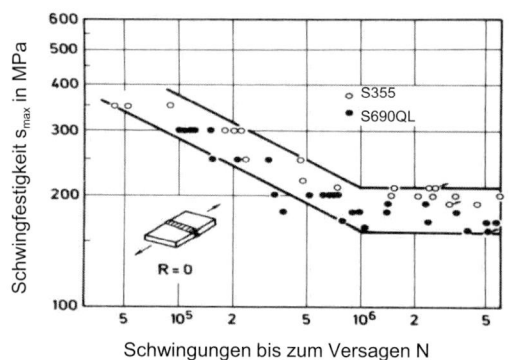
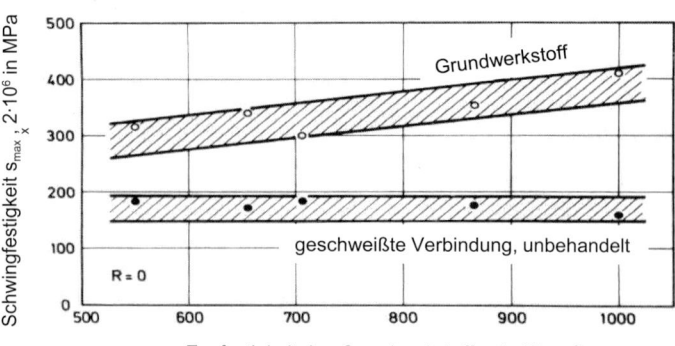

Bild 4-2.9 Darstellung des Schwingfestigkeitsverhaltens der hochfesten Sonderbaustähle

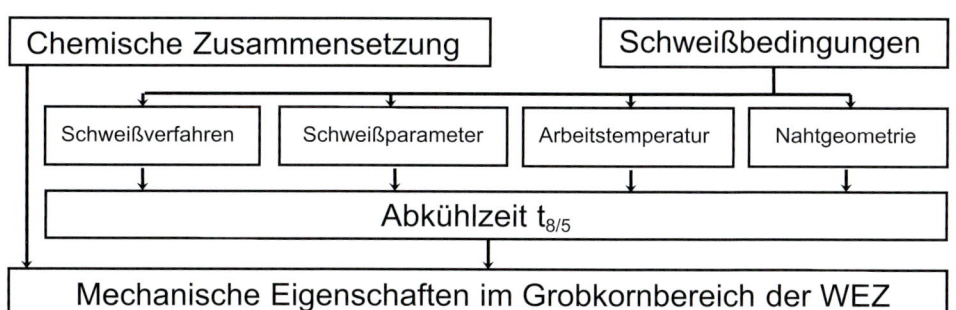

Bild 4-2.10
Einflussgrößen auf die mechanischen Eigenschaften der Schweißnaht

ringe Ausprägung der Wärmeeinflusszone und die geringe Verzugsneigung als vorteilhaft zu nennen. Darüber hinaus müssen die Schweißverbindungen ein dem Grundwerkstoff entsprechendes Tragvermögen aufweisen. Die Schweißzusatzwerkstoffe müssen dazu gezielt ausgewählt und entsprechend der Festigkeitsklasse legiert sein (Degenkolbe 1980).

Die mechanischen Eigenschaften der Schweißnaht, d.h. die Festigkeit, Härte und Zähigkeit der Wärmeeinflusszone, werden dabei wesentlich von der chemischen Zusammensetzung des Stahls und der aus den Schweißparametern resultierenden $t_{8/5}$-Abkühlzeit bestimmt (Bild 4-2.10) (Degenkolbe et al. 1985, Degenkolbe et al. 1989). Die $t_{8/5}$-Zeit wird dabei wesentlich durch die Schweißbedingungen gesteuert, was sich aus der Theorie der Wärmeleitung fester Körper ableiten lässt. Diese ist insbesondere proportional zum Wärmeeinbringen in die Schweißnaht. Die Zusammenfassung der verfahrenstechnischen Einflussgrößen zu einer zentralen Kenngröße, der $t_{8/5}$-Zeit, trägt wesentlich dazu bei, die Behandlung des Zusammenhanges zwischen den Schweißbedingungen und den mechanischen Eigenschaften in Schweißgut und Wärmeeinflusszone zu erleichtern. Das Schweißen verändert das

Gefüge um die Schweißnaht herum; es entsteht eine Wärmeeinflusszone. Hohe Wärmeeinbringung (hohe $t_{8/5}$-Zeit, langsame Abkühlung) führt dabei zu einer breiten Ausprägung der Wärmeeinflusszone (Bild 4-2.11). Die zu hohe $t_{8/5}$-Zeit birgt die Gefahr nicht ausreichend hoher Festigkeit und ungenügender Zähigkeit. Zu geringe $t_{8/5}$-Zeiten hingegen können zu ungünstigem Verformungsverhalten führen.

Es sind Vorkehrungen zu treffen, um unzulässige Fehler, wie z.B. Risse, zu vermeiden. Dazu gehören ausreichendes Aufschmelzen der Nahtflanken und sorgfältige Nahtvorbereitung, sorgfältiges Entfernen der Schlacke und Abstimmung der Schweißparameter (Streckenenergie, Arbeitstemperatur etc.) auf die Rissempfindlichkeit des Stahles. Am wirksamsten zur Vermeidung von Kaltrissen ist die Vorgabe einer passenden Vorwärmtemperatur für das Werkstück. Durch Vorwärmen wird die Abkühlung des Nahtbereiches verzögert und die Wasserstoffeffusion wird begünstigt. Zur Beschreibung der Kaltrissempfindlichkeit konnten in umfangreichen Forschungsarbeiten quantitative Konzepte zur Bestimmung der geeigneten Vorwärmtemperatur abgeleitet werden (Uwer 1991). Neben der chemischen Zusammensetzung des Stahles, ausge-

4

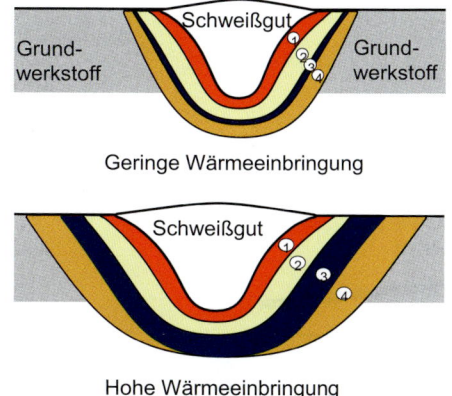

Geringe Wärmeeinbringung

Hohe Wärmeeinbringung

Temperaturzonen
1 Grobkornbereich > 1200°C
2 Feinkornbereich: 900–1100°C
3 Interkritisch erhitzter Bereich: 750–800°C
4 Anlasszone < 700°C

Bild 4-2.11
Einfluss des Schweißens auf die Ausprägung der Wärmeeinflusszone im Material

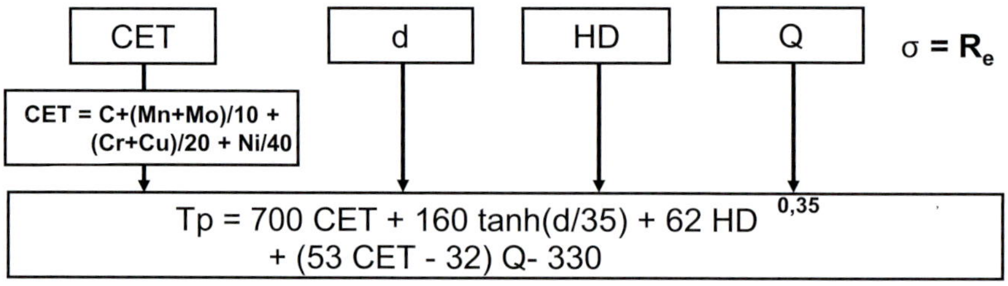

| CET | d | HD | Q | $\sigma = R_e$ |

CET = C+(Mn+Mo)/10 + (Cr+Cu)/20 + Ni/40

$$Tp = 700\ CET + 160\ \tanh(d/35) + 62\ HD^{0{,}35} + (53\ CET - 32)\ Q - 330$$

Tp = Vorwärmtemperatur in °C
CET = Kohlenstoffäquivalent in %
d   = Blechdicke in mm

Q   = Wärmeeinbringen in kJ/mm (Q= eta*E)
σ = Eigenspannung im Nahtbereich in MPa
HD = Wasserstoffgehalt in ppm

Bild 4-2.12
Einflussgrößen auf die Kaltrissempfindlichkeit – Bestimmung der Vorwärmtemperatur

drückt durch das Kohlenstoffäquivalent CET, spielen die Werkstückdicke, der Wasserstoffgehalt des Schweißgutes, die Schweißbedingungen und der Beanspruchungszustand des Bauteiles eine Rolle (Bild 4-2.12). Das Kohlenstoffäquivalent ist dabei eine Summenformel, die in geeigneter Weise den Gesamtlegierungsgehalt des Stahls in einer einzigen Kerngröße zusammenfasst. Bewährt hat sich dabei die Summenformel nach CET. Daneben wird häufig auch die Summenformel nach IIW verwendet.

Die Kohlenstoffäquivalente sind dabei durch folgende Gleichungen gegeben:

$$CE_{IIW} = C + Mn/6 + (Cr + Mo + V)/5 + (Ni + Cu)/15$$

$$CET = C + (Mn + Mo)/10 + (Cr + Cu)/20 + Ni/40$$

In Ergänzung zu den vorstehenden Zusammenhängen wird eine hohe Lebensdauer vor allem für Maschinen und Geräte des Baumaschinen- und Landmaschinenbaus gefordert. Dabei spielt das Verschleißverhalten der eingesetzten Stähle, also der Materialabtrag bei Kontakt mit Baustoffen etc., eine entscheidende Rolle.

Der Instandhaltungsaufwand für derartige Fahrzeuge lässt sich nur durch den Einsatz verschleißfester Stähle mit hoher Härte in Grenzen halten. Dabei wird bei gegebenem Abrasivmaterial mit hoher Härte mit zunehmender Härte des Konstruktionswerkstoffs ein geringerer Materialabtrag erreicht (Feinle et al. 2006, Dietrich et al. 2007, Walter et al. o. J., Pircher et al. 1986). Die Härte der meisten Abrasivgesteine ist merklich höher als die Härte des Stahls S235, wodurch sich hier eine hohe Verschleißrate ergibt. Der Verschleiß nimmt nicht linear mit der Härte des Abrasivmaterials zu, sondern es ergibt sich eine Verschleißtieflage mit geringem und eine Verschleißhochlage mit hohem Verschleiß und ein entsprechender Übergang (Bild 4-2.13). In Abhängigkeit vom jeweiligen Anwendungsfall und dem Verhältnis zwischen Werkstoffhärte und Härte des Abrasivmaterials befindet man sich dabei an unterschiedlichen Stellen der Übergangscharakteristik. Die Verschleißrate ist bei gehärteten Verschleißstählen deutlich geringer als bei S355. Allerdings ist beim Einsatz hochfester verschleißbeständiger Stähle im Nutzfahrzeugbau zu beachten, dass das Verschleißverhalten der Grobbleche sowohl von deren Werkstoff-

4

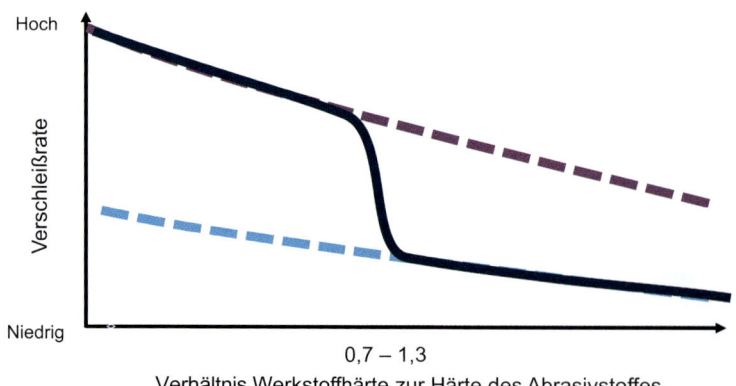

Hoch

Verschleißrate

Niedrig

0,7 – 1,3
Verhältnis Werkstoffhärte zur Härte des Abrasivstoffes

Bild 4-2.13
Übergangscharakteristik von Abrasivverschleiß

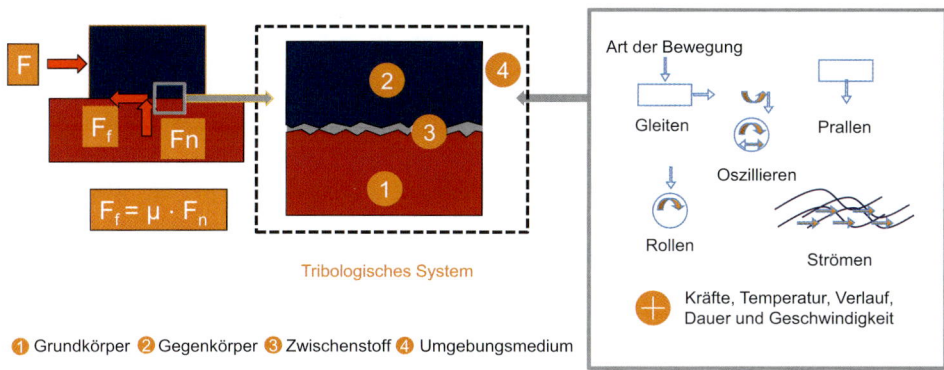

Bild 4-2.14
Einflussgrößen auf den
Verschleiß

eigenschaften, insbesondere der Härte und Festigkeit, aber auch von den Eigenschaften des Gegenkörpers und dem Umgebungsmedium sowie konstruktiven Randbedingungen abhängt. Auftretender Verschleiß ist somit keine Werkstoff-, sondern immer eine Systemeigenschaft. Diese Zusammenhänge lassen sich schematisch durch die tribologische Systemkonfiguration (Bild 4-2.14) beschreiben (Walter 2013).

In der Regel werden die Bleche aus hochfesten Baustählen für den Nutzfahrzeugbau kalt umgeformt. Dabei wird zumeist das Umformverfahren gewählt, das mit dem geringsten Aufwand das gewünschte Werkstück in der erforderlichen Güte und Menge herzustellen gestattet (de Boer et al. 1984). Für die Kaltumformung ist das Verformungs- und Verfestigungsverhalten des Stahls von besonderer Bedeutung. Insbesondere im Mobilkranbau kommen bei der Auslegerherstellung zahlreiche genau aufeinander abgestimmte Kaltumfor-

mungen zur Anwendung, ehe zwei Halbschalen zu einem Auslegerteil verschweißt werden (Bild 4-2.15). Aber auch im Trailerbau ist besondere Kaltumformbarkeit der Grobbleche gefragt, da hier zumeist umfangreiche Biegeoperationen zur Bereitstellung komplexer Bauteile notwendig sind. Stähle mit besonders guter Kaltumformbarkeit weisen ein ferritisches Gefüge ohne große Perlitanteile und damit einen geringen Kohlenstoffgehalt auf. Sie können Mindeststreckgrenzen bis 700 MPa erreichen (Nießen 2004).

4-2.3.1 Herstellung und Eigenschaften

Voraussetzung für die Bereitstellung von Grobblechen aus hochfesten Stählen für den Nutzfahrzeugbau mit Erfüllung der vorstehend genannten Anforderungen waren Fortschritte sowohl bei der Stahlherstellung als auch bei der Walz- und Wärmebehandlungstechnik.

Bild 4-2.15
Weiterverarbeitung hochfester
Baustähle (Kaltumformen und
Schweißen)

4-2.3.1.1 Stahlherstellung

Die Stahlherstellung generell ist in Teil A ausführlich beschrieben. Als besonders wichtig für die hochfesten Stähle ist die Stahlwerksmetallurgie einzustufen. Sie besteht aus mehreren Abschnitten, die in Bild 4-2.16 zusammengefasst sind.

Dabei ist die Injektion reaktiver Feststoffe besonders erwähnenswert. Durch die gezielte Zugabe von Calcium ermöglicht dieses sog. TN-Verfahren ein Absenken des Schwefelgehaltes auf extrem niedrige Werte und eine besonders intensive Desoxidation des Stahles. Das ist günstig im Hinblick auf den Reinheitsgrad und führt dazu, dass die wenigen noch im Stahl verbleibenden Oxide und Sulfide in vorteilhafter globularer Form vorliegen (Sulfidformbeeinflussung). So kann mit den hochfesten Baustählen die geforderte hohe Sicherheit gegen Sprödbruch und eine hervorragende Isotropie der Zähigkeits- und Verformungseigenschaften erreicht werden (Degenkolbe et al. 1993b). In Bild 4-2.17 ist die Zähigkeit eines hochfesten Stahls mit und ohne Sul-fidformbeeinflussung dargestellt (Degenkolbe et al. 1993b). Darüber hinaus wird durch eine Vakuumbehandlung die fast vollständige Entgasung der Stahlschmelze erreicht. Dabei ist besonders die Entfernung des gelösten Wasserstoffs wichtig. Bei der Abkühlung der Bleche können hohe Wasserstoffgehalte zur wasserstoffinduzierten Rissbildung (Flocken) führen. Um dies vor allem bei hohen Blechdicken zu verhindern, werden die Stahlschmelzen in modernen Stahlwerken auf < 2 ppm entgast.

Die chemische Zusammensetzung der hochfesten Baustähle für den Fahrzeugbau lässt sich aus Bild 4-2.18 grundsätzlich charakterisieren (Kern 2010). Danach handelt es sich bei diesen Stählen üblicherweise um unlegierte Stähle mit Kohlenstoffgehalten bis max. 0,20 %. Die Si- und Mn-Gehalte betragen max. 2 %, während die Legierungselemente Cr, Cu, Ni, Mo in Summe unter 5 % der Stahlzusammensetzung ausmachen. Wichtig ist es festzuhalten, dass übliche Schwefelgehalte hochfester Baustähle für den Fahrzeugbau

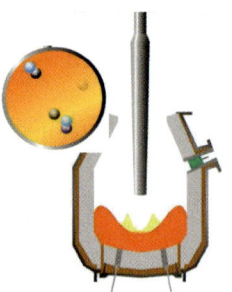
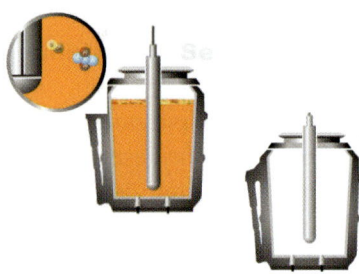
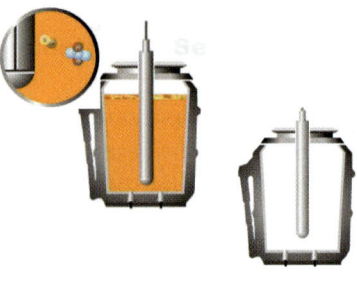

- Oxidation der Verunreinigungen (Si, S, P, C)
- Homogenisierung des Geschmolzenen
- Metall-Schlacken-Reaktion

- Calciumzugabe zur Entschwefelung
- genaues Legieren
- Desoxidation des Stahls
- Entgasung des Stahls

- Kontinuierlicher Prozess
- schnelle Erstarrung der äußeren Schale
- geringe Segregation

Bild 4-2.16
Drei Abschnitte der Stahlwerksmetallurgie:
Links: Stahlproduktion
Mitte: Pfannenmetallurgie
Rechts: Strangguss

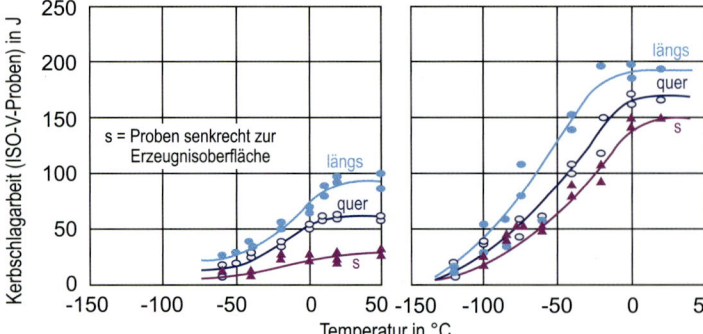

Bild 4-2.17
Einfluss einer Calcium-Behandlung (TN-Verfahren) auf die Kerbschlagarbeit in Abhängigkeit von der Temperatur (links ohne Calcium, rechts mit Calcium)

< 0,0030 % betragen. Gleichzeitig werden Phosphorgehalte merklich unter 0,015 % eingestellt. Im Weiteren weisen die hochfesten Stähle fast immer eine Mikrolegierung mit Nb, V, Ti und/oder Bor auf. Die Gehalte an diesen Stoffen liegen bei max. 0,1 % (de Boer 1983).

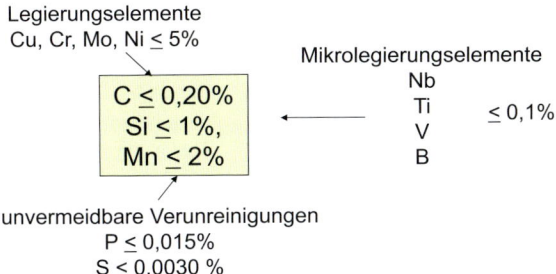

Legierungselemente
Cu, Cr, Mo, Ni ≤ 5%

Mikrolegierungselemente
Nb
Ti   ≤ 0,1%
V
B

C ≤ 0,20%
Si ≤ 1%,
Mn ≤ 2%

unvermeidbare Verunreinigungen
P ≤ 0,015%
S ≤ 0,0030 %

Bild 4-2.18 Legierungs- und Begleitelemente in hochfesten Baustählen

4-2.3.1.2 Walzen und Wärmebehandlung

Die Grobblechherstellung erfolgt mit den vom Stahlwerk beigestellten Brammen üblicherweise durch Auswalzen auf einer Quartogrobblechstraße mit und ohne nachfolgende Wärmebehandlung. Dazu stehen eine Reihe von Walzverfahren und Wärmebehandlungsverfahren zur Verfügung (Bild 4-2.19). Für die hier betrachteten hochfesten Baustähle für den Fahrzeugbau stehen zum einen das thermomechanische Walzen und die Wasservergütung als dem Walzen nachgeschaltete

Wärmebehandlung im Vordergrund (Degenkolbe 1993, Kern/Pfeiffer 2014). Die erzeugten Blechdicken liegen üblicherweise im Bereich 3 bis 100 mm.

Bleche mit bis zu 690 MPa Mindeststreckgrenze lassen sich dabei durch das thermomechanische Walzen ohne nachträgliche Wärmebehandlung bereitstellen. Die chemische Zusammensetzung des Stahls und der Umform-Zeit-Temperatur-Verlauf mit niedrigen Endwalztemperaturen um A_{r3} sind beim thermomechanischen Walzen eng aufeinander abgestimmt. Insbesondere die Verzögerung der Rekristallisation durch ausgeschiedene und gelöste Mikrolegierungselemente ist wichtig. Sie bedingt ein besonders feines Ferritkorn nach dem Walzen. Die Gefügeausbildung hängt darüber hinaus auch von der Abkühlgeschwindigkeit nach dem Walzen ab. Durch eine beschleunigte Abkühlung (Intensivkühlung) wird die Ferritkorngröße gegenüber der Luftabkühlung um weitere 50 % reduziert (Uwer 1988). Zusätzlich wird die Bildung von Bainit begünstigt. Die Gefügeausbildung wird gleichmäßiger und die Zeiligkeit wird verringert (Bild 4-2.20) (Tschersich et al. 1995, Degenkolbe et al. 1987, Kern et al. 1990).

Zur Einstellung der mechanischen Eigenschaften im Walzzustand werden die verschiedenen bekannten Verfestigungsmechanismen gezielt genutzt. Dies zeigt das Bild 4-2.21 beispielhaft für einen Stahl mit rd. 700 MPa Streckgrenze. Dazu gehören insbesondere die Mischkristallverfestigung und die Kornfeinung, aber auch die Verfestigung durch Ausscheidungen. Die Kornfeinung ist besonders wichtig, da hierdurch neben einer

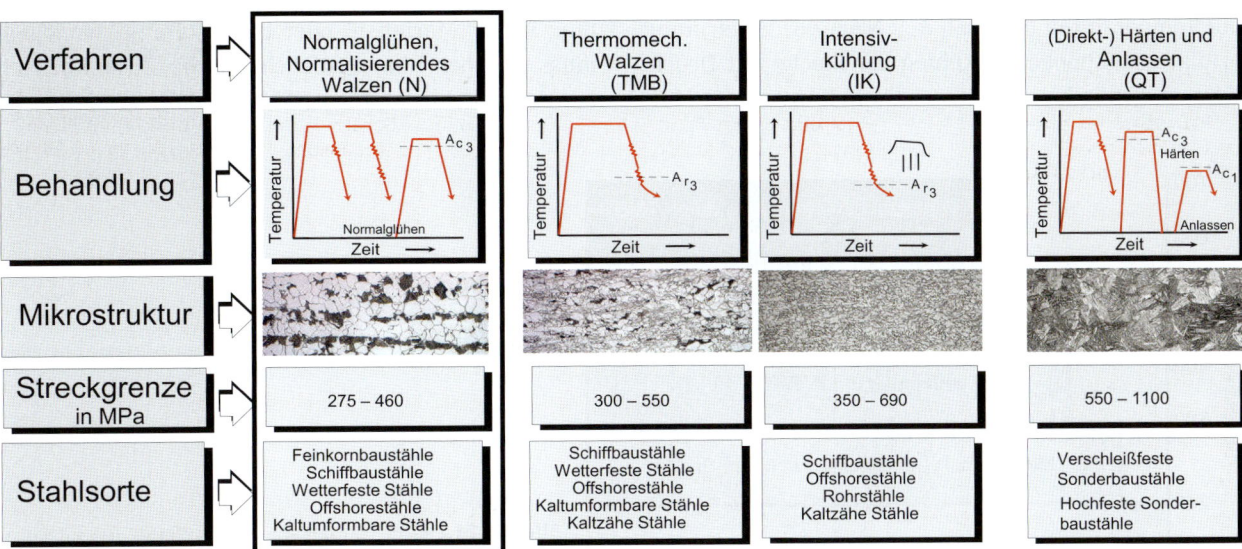

Bild 4-2.19 Verfahren zur Herstellung von Grobblechen aus hochfesten Baustählen

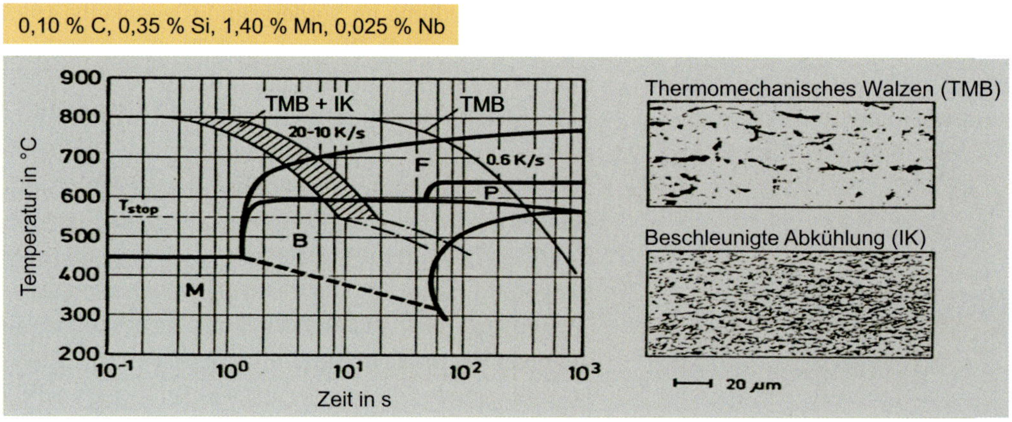

0,10 % C, 0,35 % Si, 1,40 % Mn, 0,025 % Nb

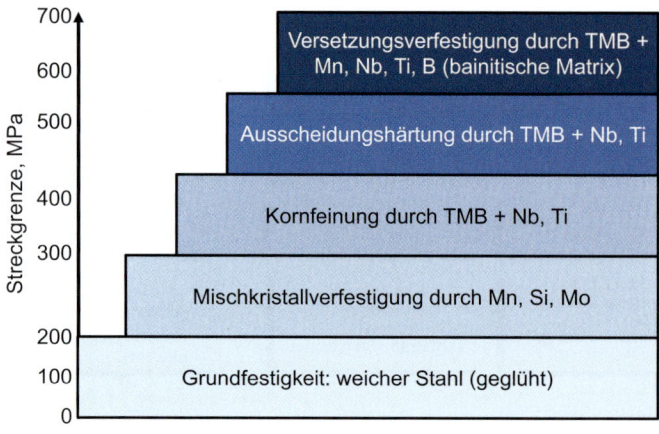

Bild 4-2.20
Gefügeumwandlung
bei beschleunigter
Abkühlung
(Intensivkühlung, IK)

hohen Streckgrenze auch gleichzeitig eine hohe Zähigkeit gewährleistet ist. Sie wird beim thermomechanischen Walzen erreicht, indem ein großer Teil der Umformung beim Grobblechwalzen ohne Rekristallisation im Austenitbereich erfolgt. Als Folge entstehen sehr feine ferritische Mikrostrukturen mit günstigen Auswirkungen auf Streckgrenze und Zähigkeit. Durch das Vorhandensein von Bainit nach beschleunigter Abkühlung wird dann eine weitere Streckgrenzensteigerung ermöglicht.

Bleche mit mehr als 690 MPa Mindeststreckgrenze oder geforderten Härten bis 600 HB für Verschleißanwendungen werden üblicherweise durch eine an das Walzen anschließende Wärmebehandlung, das Härten, das Vergüten, hergestellt. Das Vergüten ist ein zweistufiger Wärmebehandlungsprozess, der auf leistungsfähigen Anlagen durchgeführt wird. Es beginnt mit einem durchgreifenden Wiedererwärmen der Bleche auf Temperaturen oberhalb A_{c3}. Nach der Erwärmung erfolgt ein schnelles Abkühlen der Bleche mit Druckwasser, wodurch eine Gefügeumwandlung in der Mar-

tensit- oder Bainitstufe erreicht wird. Vielfach wird das Härten auch direkt aus der Walzhitze vorgenommen (Bild 4-2.22) (Degenkolbe 1993). Neben energietechnischen Vorteilen ist der Anstieg der Streckgrenze bei der Direkthärtung bemerkenswert, was durch eine höhere Fehlstellendichte im Stahl erreicht wird. Allerdings ist mit diesem Festigkeitsgewinn eine entsprechende Einbuße an Verformungsvermögen und Zähigkeit verbunden.

Bei der Abkühlung im Zuge des Härtens ist der Kohlenstoffgehalt des Stahls bedeutend, da er die sog. Ansprunghärte (Härte nach dem Abschrecken) bei der Wärmebehandlung maßgeblich beeinflusst. Dazu zeigt das Bild 4-2.23, dass die erreichte Martensithärte fast linear mit dem Kohlenstoffgehalt ansteigt. Für eine Martensithärte von 500 HB nach dem Härten muss daher der Stahl min. rd. 0,25 % C aufweisen. Um über den Blechquerschnitt immer eine gleichmäßige Umwandlung in der Martensit- oder Bainitstufe zu erreichen, muss darüber hinaus die chemische Zusammensetzung des Stahls so ausgewählt werden, dass an jeder

Bild 4-2.21
Verfestigungsmechanismen beispielhaft am hochfesten Baustahl S700MC

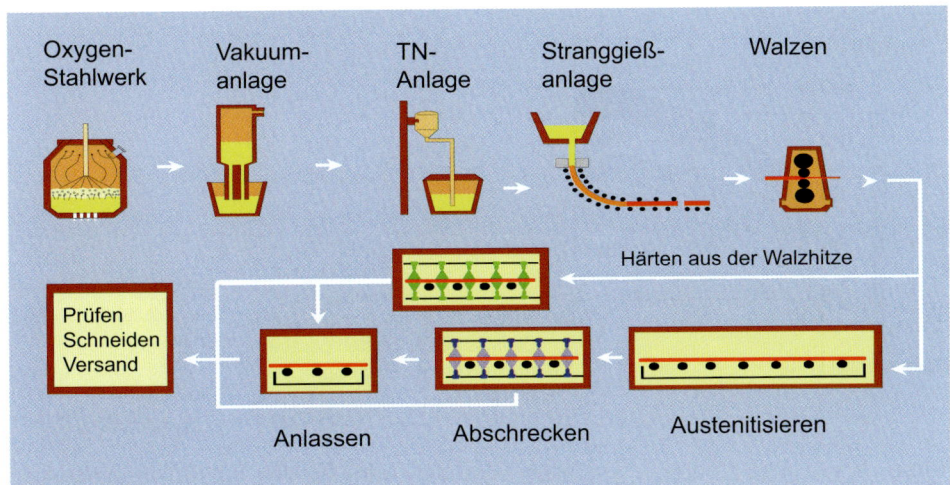

Bild 4-2.22
Fertigungsschema für wasser-vergütete bzw. gehärtete Grob-bleche

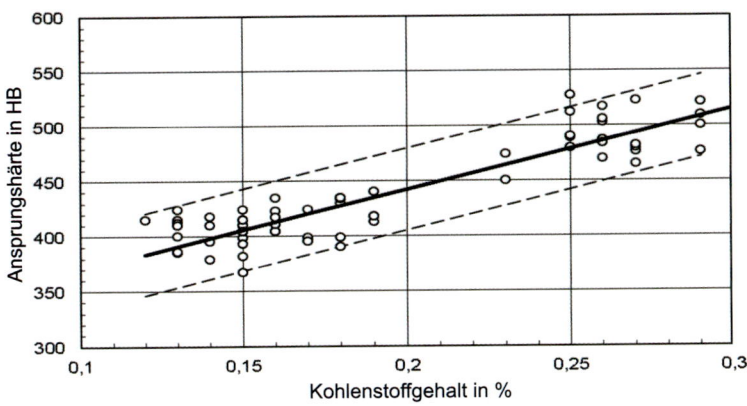

Bild 4-2.23
Ansprunghärte in Abhängigkeit vom Kohlenstoffgehalt

Stelle des Bleches die kritische Abkühlgeschwindigkeit für Martensitbildung mindestens erreicht wird. Dazu muss die Bainit- und Ferritstufe im ZTU-Schaubild zu möglichst langen Zeiten verschoben sein. Besonders hilfreich ist hier das Legierungselement Ni oder auch Bor. In Bild 4-2.24 ist die besonders vorteilhafte Wir-kung von Bor auf die Verzögerung der Umwandlung und damit die Härtbarkeit erkennbar. Vergütete Bleche höherer Blechdicke enthalten daher häufig eine Mikro-legierung mit Bor und Titan. Letzteres verstärkt die Borwirkung (Kern 1990).

Beim Vergüten schließt sich an das Härten das Anlassen

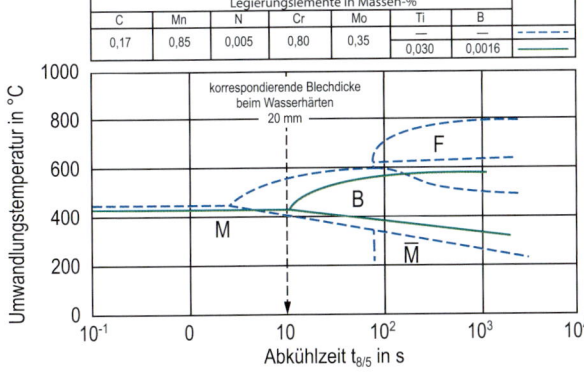

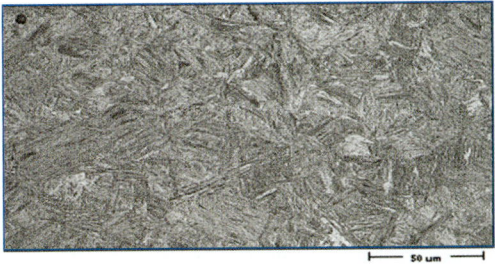

Bild 4-2.24 Umwandlungsverhalten unterschiedlich legierter Stähle

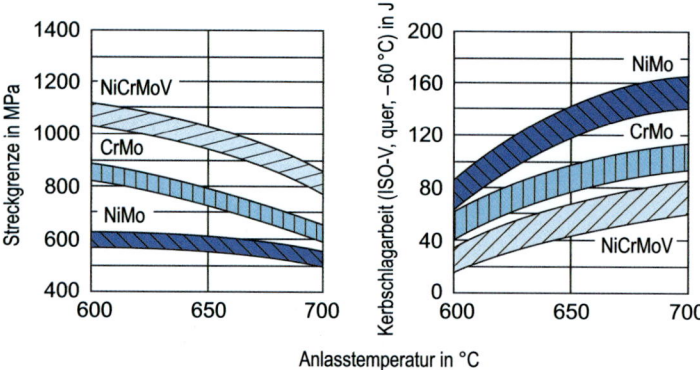

Bild 4-2.25
Einfluss der Anlasstemperatur auf die Streckgrenze
und die Kerbschlagarbeit

an, das bei Temperaturen bis max. A_{c1} erfolgt. Neben der chemischen Zusammensetzung ist diese Behandlung eine wichtige Steuergröße für die mechanischen Eigenschaften beim Vergüten. Bei der Anlassbehandlung ordnen sich die beim Härten entstandenen Gitterfehlstellen zu einer sehr feinen Sekundärstruktur. Gleichzeitig bilden sich feinste, hochdisperse zementitische Karbid- oder Karbonitridausscheidungen, die eine entsprechende Festigkeitssteigerung bewirken. Feinkörnige Substruktur und Ausscheidungen sind maßgebend für den optimalen Gefügezustand der vergüteten Stähle, die gleichzeitig hohe Festigkeit und gute Zähigkeit haben. Die Anlassbehandlung wird entscheidend durch die Größe „Anlasstemperatur" und die Legierungskonzeption gesteuert (Bild 4-2.25). Durch geeignete Auswahl dieser Parameter können bei gegebener chemischer Zusammensetzung gezielt gewünschte Kombinationen aus Festigkeit und Zähigkeit eingestellt werden. Dabei ändern sich Fließspannung und Formänderungsvermögen gegenläufig (Müsgen 1985). Vor allem Legierungskonzepte mit Cr, Mo und V führen zu vergleichsweise hohen Festigkeitskennwerten.

4-2.3.1.3 Charakteristische Eigenschaften

Die Grobbleche aus hochfesten Baustählen für den Nutzfahrzeugbau sind in unterschiedlichen Normvorschriften verankert. Hier stehen die DIN EN 10149-2 und die DIN EN 10025-6 im Vordergrund. Darüber hinaus werden diese Stähle vielfach durch Werksvorschriften der unterschiedlichen Stahlhersteller in sog. Werkstoffdatenblättern als Werksondergüten normativ beschrieben. Letzteres gilt vor allem für die verschleißbeständigen Stähle, die in keiner nationalen oder internationalen Norm verankert sind.

Die hochfesten Baustähle für den Nutzfahrzeugbau lassen sich grob in drei Gruppen einteilen:

- Kaltumformstähle
- Hochfeste wasservergütete Baustähle
- Hochfeste verschleißbeständige Baustähle

Dabei kann das Herstellverfahren als Hauptunterscheidungsmerkmal herangezogen werden. Während die Grobbleche aus Kaltumformstählen üblicherweise durch thermomechanisches Walzen ohne nachträgliche Wärmebehandlung hergestellt werden, werden die übrigen Gruppen zwingend durch Wasservergüten oder einfaches Härten nach dem Walzen hergestellt.

Kaltumformstähle

Kaltumformstähle weisen üblicherweise Mindeststreckgrenzen bis 690 MPa auf.

Tabelle 4-2.15 zeigt die typischen chemischen Zusammensetzungen hochfester thermomechanisch gewalzter Stähle (TM-gewalzt) für den Nutzfahrzeugbau und die erreichten mechanischen Eigenschaften gemäß DIN EN 10149-2. Die führenden Stahlhersteller vertreiben diese Stähle auch häufig als Werksondergüten mit entsprechenden Zusatzzusagen bei der Zähigkeit und dem Kaltumformvermögen. Diese TM-gewalzten Stähle zeichnen sich durch ihren sehr niedrigen Kohlenstoffgehalt aus. Sie besitzen einen geringen Gehalt an den Mikrolegierungselementen Nb und V, die für die Ausbildung des sehr feinkörnigen ferritisch-perlitischen Gefüges nach dem TM-Walzen ausschlaggebend sind. Das feinkörnige Gefüge wirkt sich zusammen mit dem niedrigen Kohlenstoffgehalt bzw. Kohlenstoffäquivalent sehr günstig auf die Verarbeitungseigenschaften aus. Bild 4-2.26 zeigt die typische perlitarme Mikrostruktur eines thermomechanisch gewalzten Grobbleches S355MC.

Besonders hervorzuheben bei den mechanischen Ei-

Tabelle 4-2.15 Typische chemische Zusammensetzungen und Eigenschaften thermomechanisch gewalzter Kaltumformstähle

Kurzname	W.-Nr.	Legierungselemente in Massen-%					Mechanische Eigenschaften		
		C	Si	Mn	Nb	V	$R_{e, min}$ [MPa]	R_m [MPa]	A_{min} [%]
S315MC	1.0972	0,07	0,03	0,40 – 1,50	0,020 – 0,040	–	315	390 – 510	24
S355MC	1.0976					–	355	430 – 550	23
S420MC	1.0980					–	420	480 – 620	19
S460MC	1.0982					0,045	460	520 – 670	17
S500MC	1.0984				0,045 – 0,060	0,085	500	550 – 700	14
S550MC	1.0986					0,090	550	600 – 750	14
S600MC	1.8969		0,45	1,60		–	600	650 – 820	13
S700MC*)	1.8974	0,06	0,50	1,80	0,065	–	700	750 – 950	12

*) zusätzlich: Mikrolegierung mit Ti, B

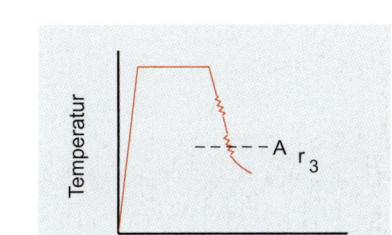

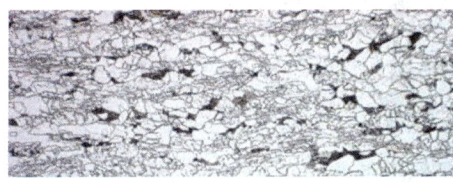

10 µm

Bild 4-2.26 Typische Mikrostruktur eines thermomechanisch gewalzten Grobbleches S355MC

genschaften sind die sehr hohen Bruchdehnungen trotz hoher Streckgrenze. Diese Bleche zeigen entsprechend eine außergewöhnliche Kaltumformbarkeit beim Biegen und Abkanten. Hierdurch wird gestattet, Rahmenkonstruktionen für den Fahrzeugbau mit hohem Widerstandsmoment unter Verwendung gebogener Grobbleche zu erstellen (Bild 4-2.27). Kaltumformstähle werden im Nutzfahrzeugbau üblicherweise in Blechdicken bis 20 mm eingesetzt.

Bei der Verarbeitung durch Biegen und Abkanten sind deutlich günstigere Abkantradien beim Umformen als mit allgemeinen Baustählen möglich. Das Bild 4-2.28 verdeutlicht die sehr niedrigen Abkantradien der Kaltumformstähle im Vergleich zu einem klassischen S355. Die zulässigen Verformungsgrade in der Zugzone und somit die engsten inneren Biege- bzw. Kantradien ergeben sich bei den Kaltumformstählen nähe-

4

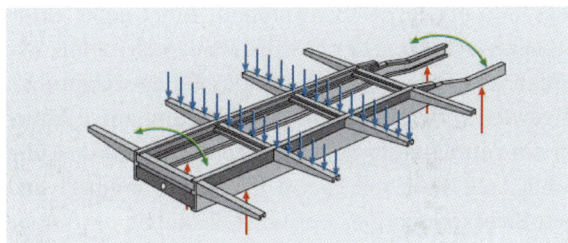

Pfeile zeigen an, wo bei Lastangriff besonders hohe Widerstandsmomente vorliegen

Bild 4-2.27
Rahmenkonstruktion für den Nutzfahrzeugbau

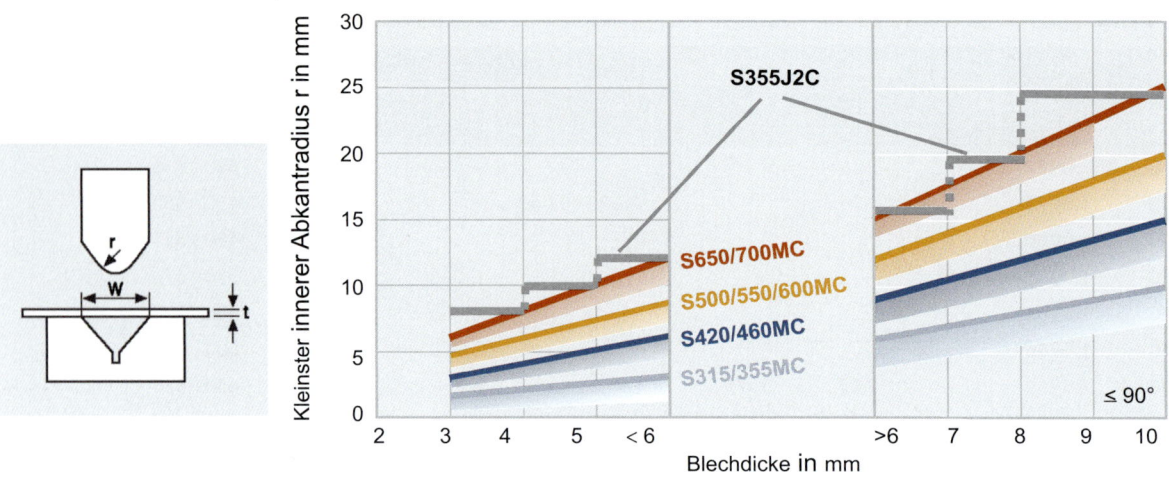

Bild 4-2.28 Empfohlene Abkantradien für die Stähle S355–S700MC

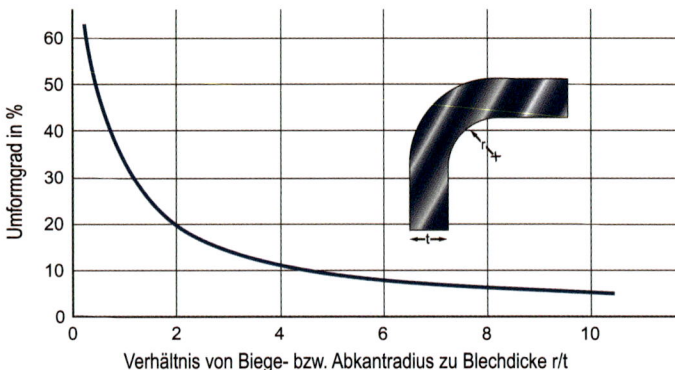

Bild 4-2.29
Umformgrad in Abhängigkeit vom Verhältnis von Biege- bzw. Abkantradius zu Blechdicke r/t

rungsweise aus der Bruchdehnung der Werkstoffe und einem Sicherheitsfaktor (Bild 4-2.29). Selbst bei dem S700MC mit 700 MPa Mindeststreckgrenze ist im Biegeversuch mit einem extrem kleinen Biegeradius von zweimal Blechdicke ein anrissfreies Biegen bei Blechdicken bis 6 mm möglich. Die möglichen Kantendehnungen hängen jedoch stark von der Beschaffenheit der Blechkante ab, d.h., das Trennverfahren und die Qualität der Schnittkanten sind von großer Bedeutung. Um die engsten Biegeradien zu erreichen, sind fehlerfreie Schnittkanten unbedingte Voraussetzung. In schwierigen Fällen haben sich ein Überschleifen der Kanten in der Biegezone und Maßnahmen gegen die Verformungsbehinderung, z.B. Schmieren, bewährt. Der Verarbeiter muss sicherstellen, dass keine Fließbehinderung durch das Werkzeug auftritt (Massip 1986). Auch die Aufhärtung beim Brennschneiden und Schweißen der Kaltumformstähle ist nur sehr gering, was ein Vorwärmen überflüssig macht. Für die Verarbeitung können die üblichen thermischen Trenn- und

Schweißverfahren verwendet werden. Wie aus Bild 4-1.30 hervorgeht, liegt die Höchsthärte selbst beim Schweißen des hochfesten S700MC mit relativ kurzer Abkühlzeit unterhalb von 350 HV 10. Bei Abkühlzeiten $t_{8/5}$ zwischen 5 und 15 s zeigt die Schweißnaht ein ausgewogenes Härteprofil. Der moderate Härteabfall in der Anlasszone neben der Schweißnaht führt nicht zu einer Beeinträchtigung der Festigkeitseigenschaften, wie an quer zur Schweißnaht entnommenen Zugproben nachgewiesen werden kann. Die Neigung zur Bildung einer ausgeprägten Erweichungszone wird bei Abkühlzeiten $t_{8/5}$ oberhalb von 15 s, d.h. bei Anwendung einer hohen Streckenenergie, verstärkt. Daneben sind hohe Streckenenergien auch im Hinblick auf die Zähigkeit in der WEZ zu vermeiden. So liegt der optimale $t_{8/5}$-Bereich für die Kaltumformstähle zwischen 5 und 25 s. Für das MAG- und Lichtbogenhandschweißen werden Abkühlzeiten zwischen 5 und 20 s bzw. beim Unterpulverschweißen zwischen 10 und 25 s empfohlen (Massip/Schriever 1986, Wegmann/Gerster 2003).

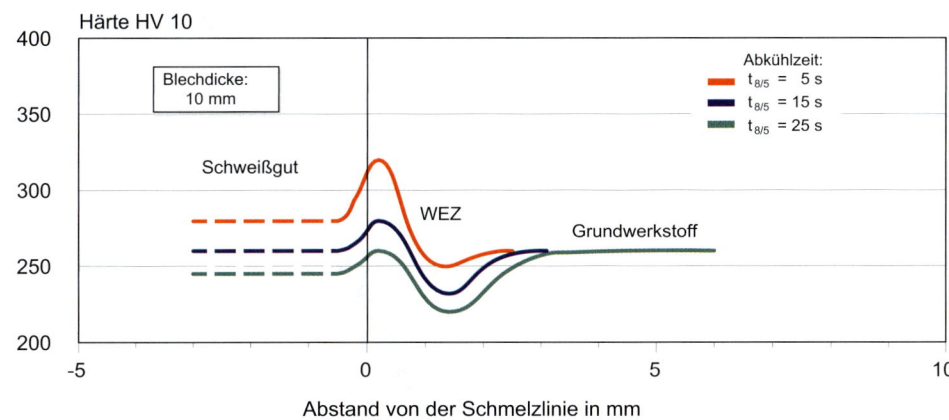

Bild 4-2.30
Einfluss der Schweißbedingungen auf die Härte in der WEZ bei dem Stahl S700MC

Hochfeste wasservergütete Baustähle

Hochfeste wasservergütete Baustähle weisen vorwiegend Mindeststreckgrenzen von 690 bis 1100 MPa auf. Tabelle 4-2.16 gibt einen Überblick über die relevante Analysenkonzeption und charakteristische mechanische Eigenschaften.

Hochfeste wasservergütete Baustähle für den Nutzfahrzeugbau sind niedriglegierte Stähle auf der Basis Chrom-Molybdän bzw. Chrom-Molybdän-Nickel-Vanadium. Der Kohlenstoffgehalt ist auf maximal 0,20 % beschränkt und der Legierungsgehalt wird im Sinne einer guten Schweißbarkeit möglichst niedrig gehalten. Die chemische Zusammensetzung ist dabei so gewählt, dass im Zuge der Vergütungsbehandlung beim Härten des Bleches in Druckwasser von Austenitisierungstemperatur der Austenit über den gesamten Blechquerschnitt in der Martensit- oder Bainitstufe umwandelt. Eine Kennzeichnung der wasservergüteten Baustähle zeigt Tabelle 4-2.17 (Degenkolbe 1977, Tschersich

2002, Kern/Schriever 2002, Hamme et al. 2000, Müsgen 1985).

Die hochfesten wasservergüteten Baustähle sind in der Norm EN 10025-6 beschrieben. Hierin sind Stähle mit Mindeststreckgrenzen bis 960 MPa erfasst. Die heute verfügbaren Stähle mit bis zu 1300 MPa Mindest-

Tabelle 4-2.17 Kennzeichen wasservergüteter Baustähle

Zusammensetzung	Niedriger Kohlenstoffgehalt, niedriger Gehalt an Legierungselementen
Wärmebehandlung	Vergüten durch Wasserhärten und Anlassen
Gefüge	Feinkörnig
Mechanische Eigenschaften	Hoher Formänderungswiderstand (Streckgrenze), hohes Formänderungsvermögen (Zähigkeit)
Verarbeitung	Kaltumformbarkeit, Eignung zum Schmelzschweißen, volle Tragfähigkeit der Schweißverbindungen ohne Wärmebehandlung

Tabelle 4-2.16 Relevante Analysenkonzeption und charakteristische mechanische Eigenschaften hochfester wasservergüteter Baustähle

Norm EN 10025-6	W.-Nr.	Legierungs-konzept	$R_{e, min}$ [MPa]	R_m [MPa]	T_{27} [°C]	A_{min} [%]
S550QL	1.8926		550	640 – 820	– 40	16
S620QL	1.8927	CrMo	620	700 – 890	– 40	15
S690QL	1.8928		700	770 – 940	– 40	14
S550QL1	1.8986		550	640 – 820	– 60	16
S620QL1	1.8987	CrMo	620	700 – 890	– 60	15
S690QL1	1.8988		700	770 – 940	– 60	14
S690QL	1.8933	CrMoNiV	960	980 – 1150	– 40	12
1100QL	1.8942		1100	1200 – 1500	– 40	8

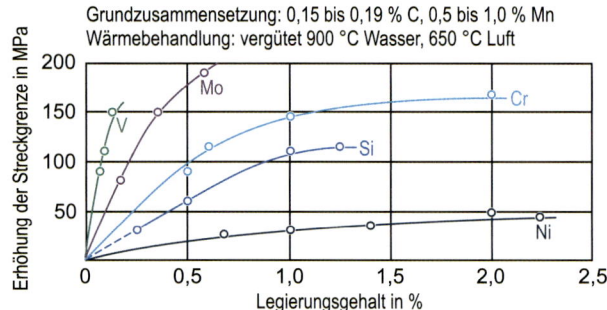

Bild 4-2.31 Einfluss der Legierungselemente auf die Streckgrenze wasservergüteter Baustähle

streckgrenze werden in herstellereigenen Werkstoffblättern gekennzeichnet, die dann bei der Auftragsabwicklung als normative Vorschrift dienen.

Neben der hohen Streckgrenze weisen die wasservergüteten Baustähle auch eine hervorragende Zähigkeit mit Übergangstemperaturen bis – 60 °C auf. Die jeweilige Kombination aus Festigkeit und Zähigkeit wird dabei durch die Wahl der Stahlzusammensetzung gezielt eingestellt. Ergänzend dazu zeigt das Bild 4-2.31 die Beeinflussung der Streckgrenze durch die chemische Zusammensetzung des Stahles. Hier wird deutlich, dass besonders die Elemente V und Mo eine große Wirkung auf das Festigkeitsniveau der wasservergüteten Baustähle im Nutzfahrzeugbau haben. Im Zugversuch zeigen diese Stähle das Verhalten eines konventionellen, niedrigfesten Baustahls S355. Das Last-Verlängerungs-Schaubild eines Stahls S690QL lässt aber einen deutlich ausgeprägten Fließbereich (natürliche Streckgrenze) erkennen (Bild 4-2.32). Die Streckgrenzendeh-

nung liegt üblicherweise bei 2 %. Für die Gleichmaßdehnung werden etwa 8 % ermittelt. Die Einschnürdehnung liegt aber in der gleichen Größenordnung wie bei Stählen mit deutlich niedrigerer Streckgrenze (Brucheinschnürungswerte von 55 bis 80 %). Das wahre Spannungs-Dehnungs-Diagramm ist in Bild 4-2.32 ergänzend dargestellt. Außer der gemessenen Fließkurve, die durch den mehrachsigen Spannungszustand während der Einschnürung beeinflusst wird, wurde der für den einachsigen Spannungszustand korrigierte Verlauf des Formänderungswiderstandes in Abhängigkeit der natürlichen Dehnung eingetragen (Degenkolbe 1977).

Wichtig für den Einsatz der wasservergüteten Stähle ist weiter die Gleichmäßigkeit der mechanischen Eigenschaften über die Blechabmessung. Hierzu zeigt das Bild 4-2.33 am Beispiel eines 25-mm-Grobbleches aus S960QL, dass die erreichten Eigenschaften bei optimal ausgeführten Vergütungsprozessen nur wenig streuen. Wasservergütete Stähle sind dabei deutlich homogener als thermomechanisch gewalzte Stähle. Dies ist auch ein entscheidender Vorteil für die Bevorzugung dieser Stähle bei der Werkstoffauswahl.

Grundvoraussetzung für das Erreichen einer hohen Werkstoffzähigkeit nach Wasservergütung ist die saubere metallurgische Arbeit mit der Einstellung niedrigster Phosphor- und Schwefelgehalte. Die wasservergüteten Baustähle für den Nutzfahrzeugbau zeigen die in Bild 4-2.34 dargestellte grundsätzliche Charakteristik.

Mit zunehmender Streckgrenze verringert sich das erreichbare Zähigkeitsniveau im Kerbschlagbiegever-

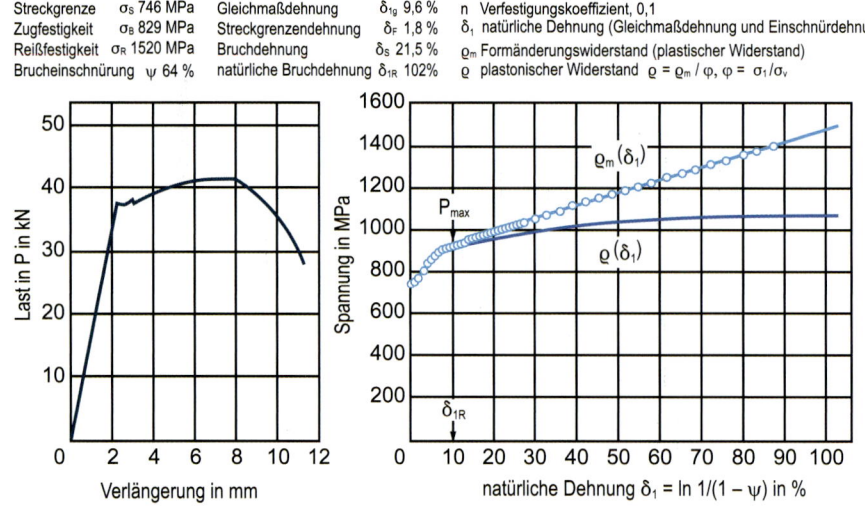

Bild 4-2.32
Ergebnisse des Zugversuchs beim Stahl S690QL

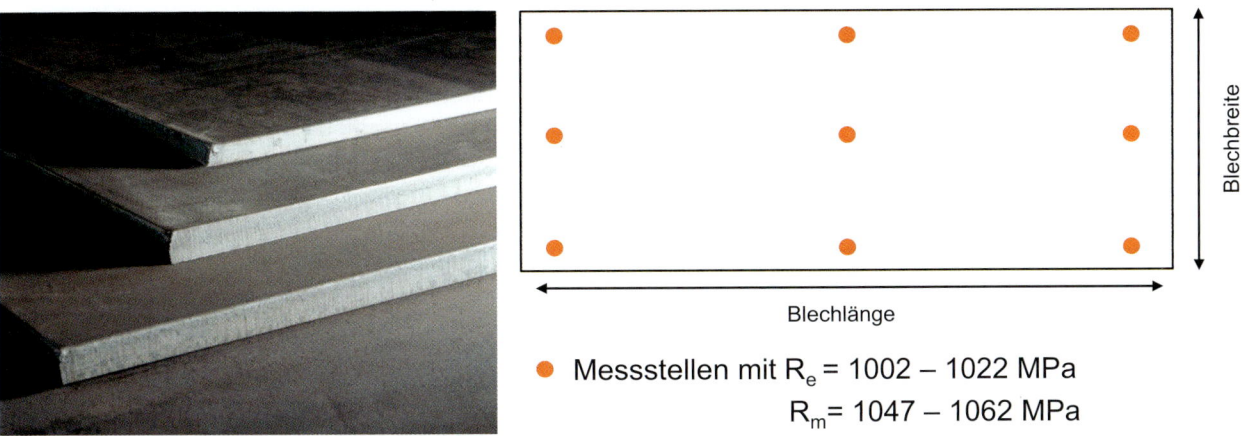

● Messstellen mit R_e = 1002 – 1022 MPa
R_m = 1047 – 1062 MPa

Bild 4-2.33 Typische Streubreiten der mechanischen Eigenschaften in Grobblechen aus S960QL (Blechdicke 25 mm)

such. Allerdings zeichnen sich die wasservergüteten Stähle durch einen hohen Sprödbruchwiderstand und ein gutes Rissauffangvermögen aus. Vor allem das gute Rissauffangvermögen kann im Robertson-Test, Double-Tension-Test und Drop-Weight-Test gezeigt werden (Bild 4-2.35). Für den Stahl S690QL liegt die Rissauffangtemperatur CAT des isothermen Robertson-Tests (Nennspannung rd. 500 MPa) unterhalb −50 °C. Hier wird der Werkstoff bei voller Blechdicke einer Zugspannung entsprechend der Betriebsspannung unterworfen und gleichzeitig durch einen von außen eingeleiteten Sprödbruch beansprucht. Ermittelt wird die tiefste Temperatur, bei der ein mit hoher Geschwindigkeit sich ausbreitender Riss vom Werkstoff gerade noch auf-

gefangen wird. Während der Versuchsaufwand für die Sprödbruchprüfung nach Robertson sehr aufwändig ist, hat der Drop-Weight-Test nach Pellini wegen der einfacheren Probenherstellung in den letzten Jahren mit gleicher Aussage zunehmend an Bedeutung gewonnen. Die im Drop-Weight-Test ermittelte NDT-Temperatur als Pendant zur Rissauffangtemperatur CAT liegt in gleicher Größenordnung (Degenkolbe 1977).

Für die Bewertung des Gebrauchsverhaltens dieser Stähle gewinnt darüber hinaus die Betrachtung der Eigenschaften in Bruchmechanikuntersuchungen zunehmend an Bedeutung. Nur hiermit ist eine fundierte Abschätzung des Sprödbruchverhaltens der Stähle gewährleistet. Zur Bestimmung der statischen Bruch-

4

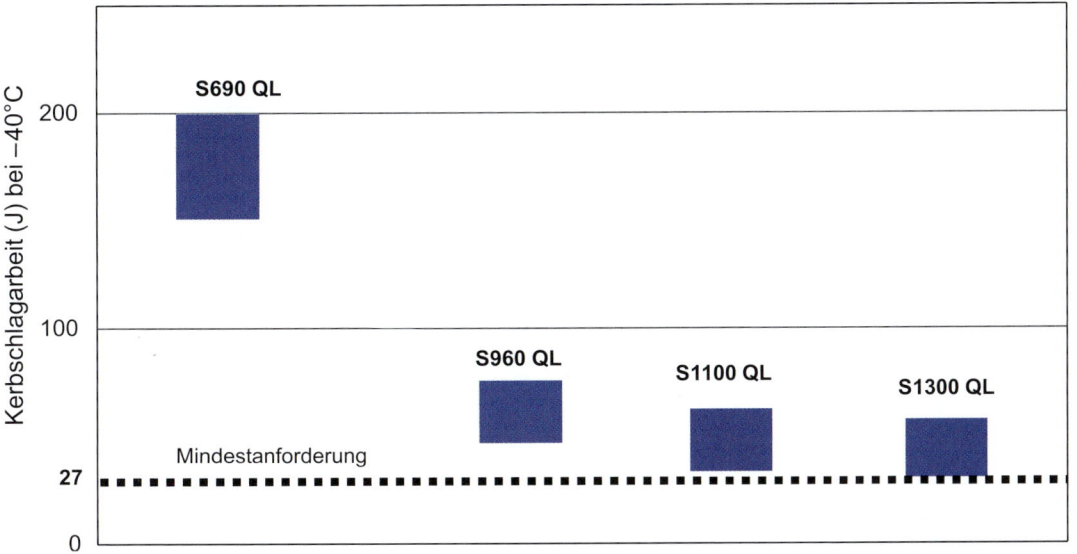

Bild 4-2.34 Kerbschlagarbeit in Abhängigkeit von der Streckgrenze

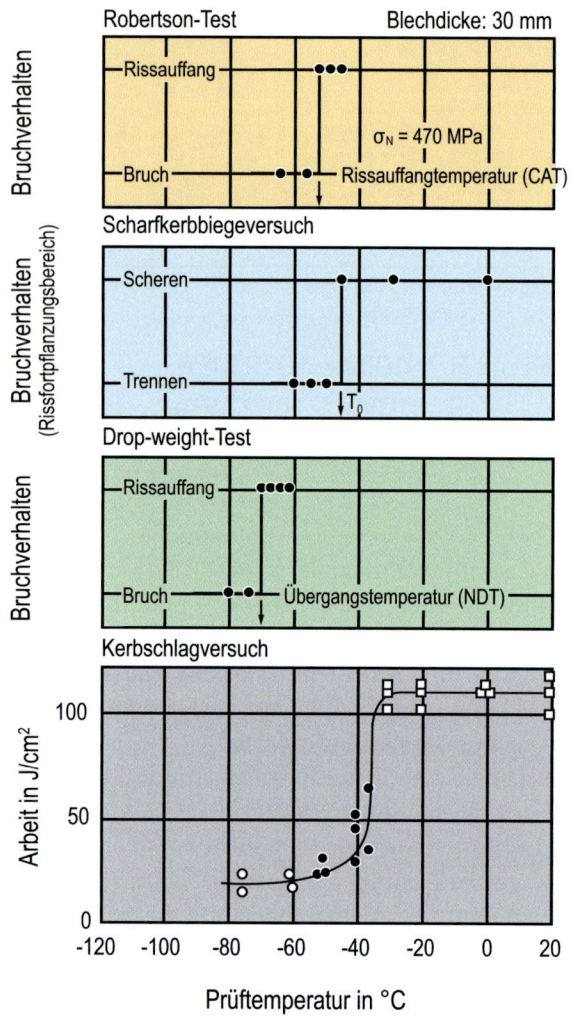

Bild 4-2.35 Zähigkeitsuntersuchungen am Stahl S690QL mit Hilfe verschiedener Tests. Das Rissauffangvermögen wird im Robertson- und im Drop-Weight-Test ermittelt.

zähigkeit wird dazu üblicherweise die in Bruchmechanikversuchen ermittelte kritische Rissaufweitung CTOD herangezogen. Die Rissspitzenöffnung CTOD beschreibt die Verschiebung der Rissflanken im Bereich der Rissspitze. Dieser CTOD-Wert kann in die Risszähigkeit K_c durch Anwendung allgemein anerkannter Umwertungsbeziehungen umgerechnet werden. Für entsprechend hochfeste Baustähle konnte dabei zunächst zwischen CTOD-Wert und einem zugehörigen Wert für das J-Integral ermittelt werden (Bild 4-2.36). Das J-Integral kennzeichnet dabei die Verformungsenergie vor einer Rissspitze für die erreichte Rissspitzenöffnung (Dahl et al. 1990, Nießen 2000).

Für die Bestimmung der in zyklischen Versuchen zu erwartenden Risswachstumscharakteristik werden Versuche mit gezielt angerissenen Proben einer wechselnden Beanspruchung unterzogen und die Zunahme des Risses wird mit der Schwingspielzahl ermittelt. Die Auswertung entsprechender Ergebnisse in linearen Bereich des Rissfortschrittsverlaufes führt zu Bild 4-2.37 und gibt einen Überblick über die in wasservergüteten Stählen erreichten Risswachstumsraten (Kern 2005, Bleck et al. 2004).

Auch hochfeste wasservergütete Baustähle werden bei Einsatz im Nutzfahrzeugbau kalt- und teilweise auch warmumgeformt. Allerdings müssen beim Kaltumformen der Stähle mit den hohen Streckgrenzen bis 1100 MPa merklich höhere Kräfte aufgebracht und höhere Rückfederungen in Kauf genommen werden. Bei der Kaltumformung bleibt der ursprüngliche Wärmebehandlungszustand des Stahls erhalten. Es ist aber zu berücksichtigen, dass sich die Eigenschaften des Stahls

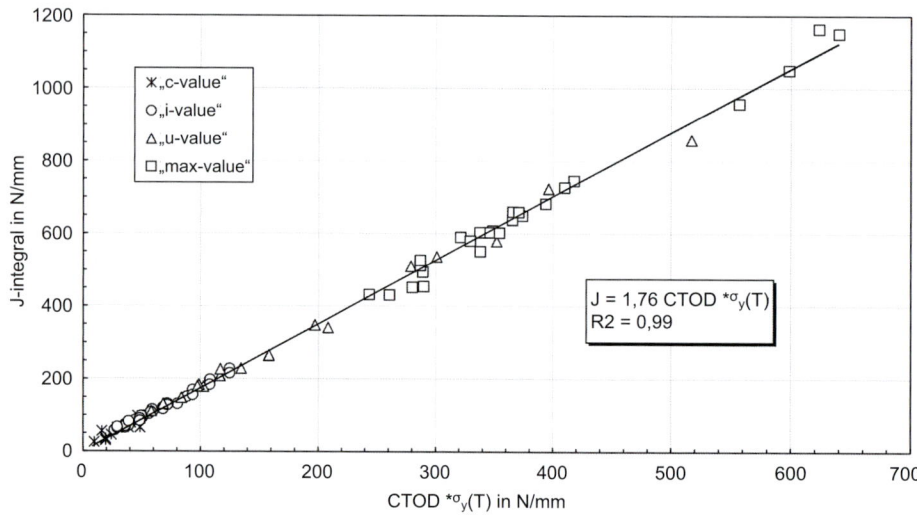

Bild 4-2.36
Korrelation von CTOD und J-Integral bei hochfesten Baustählen
$\sigma_y(T)$: Streckgrenze

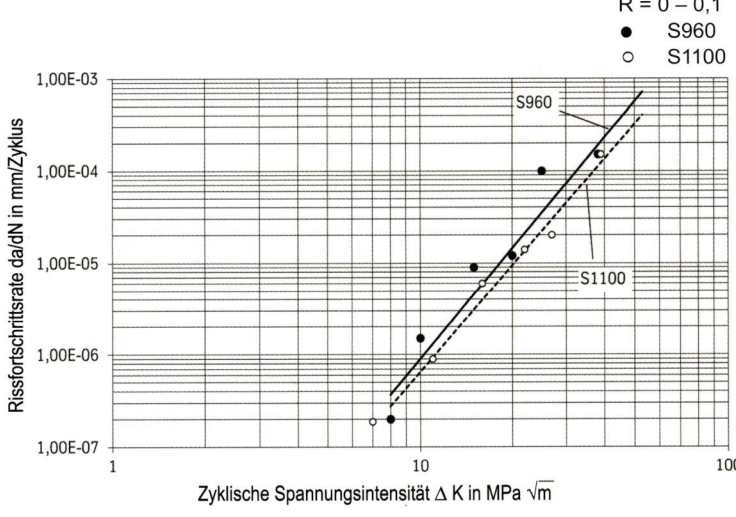

Bild 4-2.37
Erreichte Risswachstumsraten bei wasservergüteten
Stählen S960QL und S1100QL

in Abhängigkeit vom Umformgrad ändern. Durch die
Kaltumformung wird die Streckgrenze des Werkstoffs
üblicherweise erhöht und die Zähigkeit herabgesetzt.
Das Ausmaß der Eigenschaftsänderung ist dem Kaltverformungsgrad annähernd proportional. Dies zeigt
das Bild 4-2.38 am Beispiel eines S690QL. Die durch
die Kaltumformung eingebrachten Verspannungen
können häufig durch ein Spannungsarmglühen der
Konstruktion reduziert werden. Dabei darf jedoch die
Anlasstemperatur des Stahls nicht überschritten werden. Nach den allgemeinen Vorgaben für die Verarbeitung schweißgeeigneter Stähle sollte diese Temperatur
600 °C nicht überschreiten. Bei dieser Wärmebehandlung nähert man sich mit zunehmender Glühtemperatur und Glühdauer den Streckgrenzenwerten des
unverformten Ausgangszustands. Alternativ kann natürlich die Konstruktion einer kompletten Neuvergütung unterzogen werden; dies ist in der Praxis jedoch
häufig sehr aufwändig (Müsgen 1985).

Um bei der Warmumformung möglichst günstige
Umformverhältnisse anzutreffen, muss üblicherweise
auf bis zu 1050 °C erwärmt werden. Allerdings wird
bei den wasservergüteten Stählen bei Temperaturen
über A_{c1} (rd. 700 °C) die Vergütungsstruktur vollständig aufgehoben. Daher werden wasservergütete
Baustähle bevorzugt kaltumgeformt. Bei großen Blechdicken ist allerdings die Warmumformung unumgänglich. Das Bild 4-2.39 macht deutlich, dass sich an eine
Warmumformung bei Temperaturen über 700 °C Glühtemperatur zwingend eine Neuvergütung zur Einstellung der Eigenschaften des Ausgangszustands anschließen muss (Müsgen 1985).

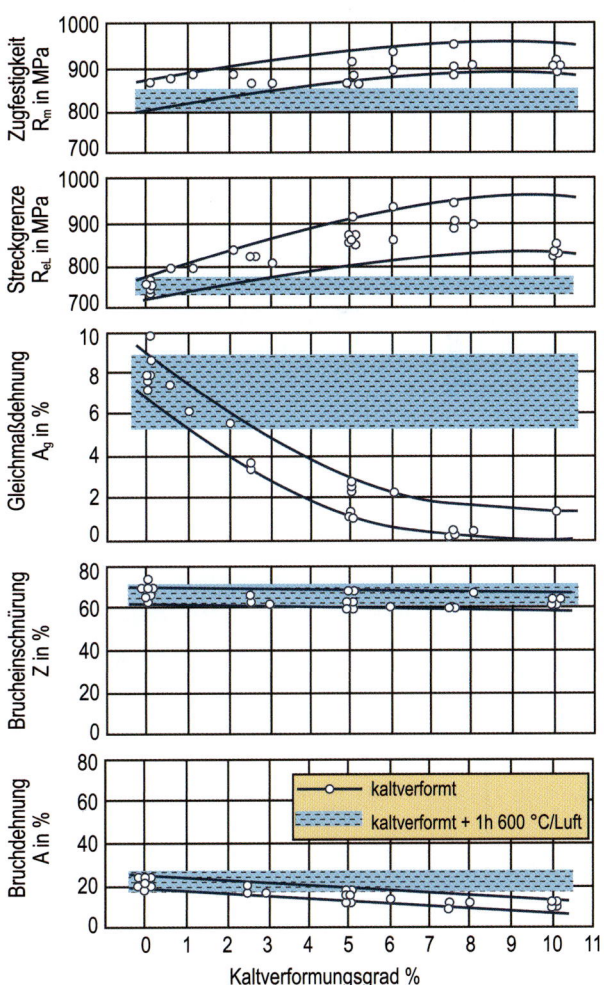

Bild 4-2.38 Eigenschaftsänderungen in Abhängigkeit des Kalt-
umformgrades eines S690QL

4

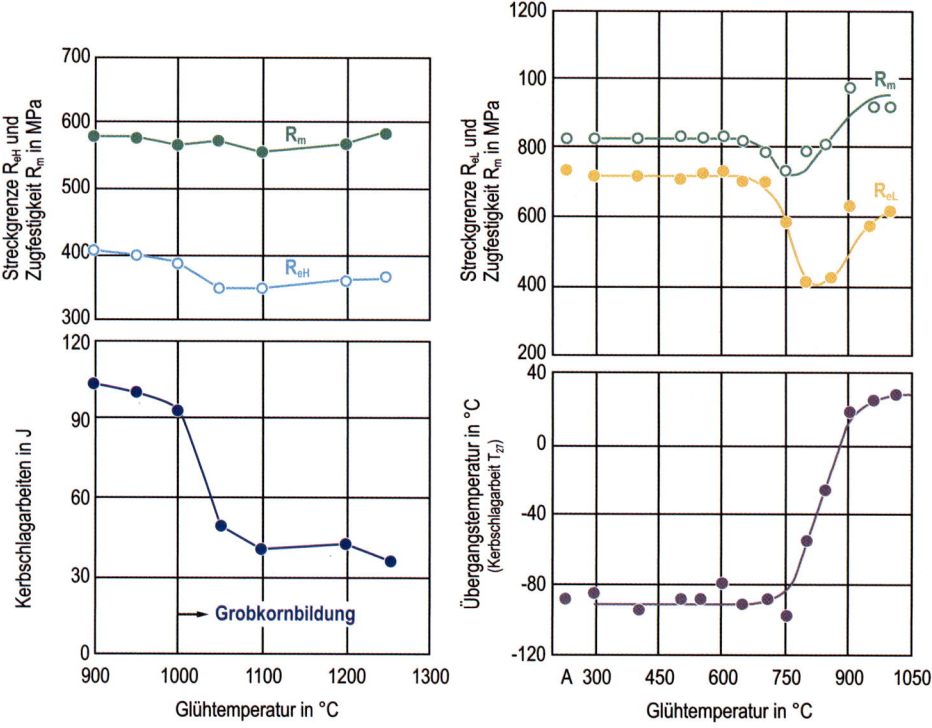

Bild 4-2.39
(links) Einfluss der Glühtemperatur (Glühdauer: 30 min) auf die Streckgrenze *ReH*, Zugfestigkeit R_m und die Kerbschlagarbeit bei − 20 °C an ISO-Spitzkerb-Längsproben des Stahls S355; (rechts) Einfluss der Glühtemperatur (Glühdauer: 30 min, Luftabkühlung) auf Streckgrenze R_{eL}, Zugfestigkeit R_m und Übergangstemperatur der Kerbschlagarbeit T_{27} des Stahls S690QL

Hinsichtlich des Dauerfestigkeitsverhaltens der wasservergüteten Stähle ist in Schweißverbindungen praktisch kein Vorteil für hochfeste Stähle erkennbar. Das Bild 4-2.40 zeigt ergänzend dazu, wie mit geeigneter Nahtnachbehandlung UIT eine Verbesserung des Dauerschwingverhaltens bei S1100QL erreicht werden kann (Müsgen et al. 1985, Hoffmann/Müsgen 1985, Kaiser et al. 2008).

Die schweißtechnische Verarbeitung der wasservergüteten Baustähle für den Nutzfahrzeugbau beginnt im Allgemeinen mit der Nahtvorbereitung. Die Grobbleche aus diesen Stählen lassen sich mit allen thermischen Schneidverfahren verarbeiten (Bild 4-2.41). Am gängigsten ist dabei immer noch das autogene Brennschneiden, das zwar nur vergleichsweise geringe Schneidgeschwindigkeiten ermöglicht, aber dafür bis

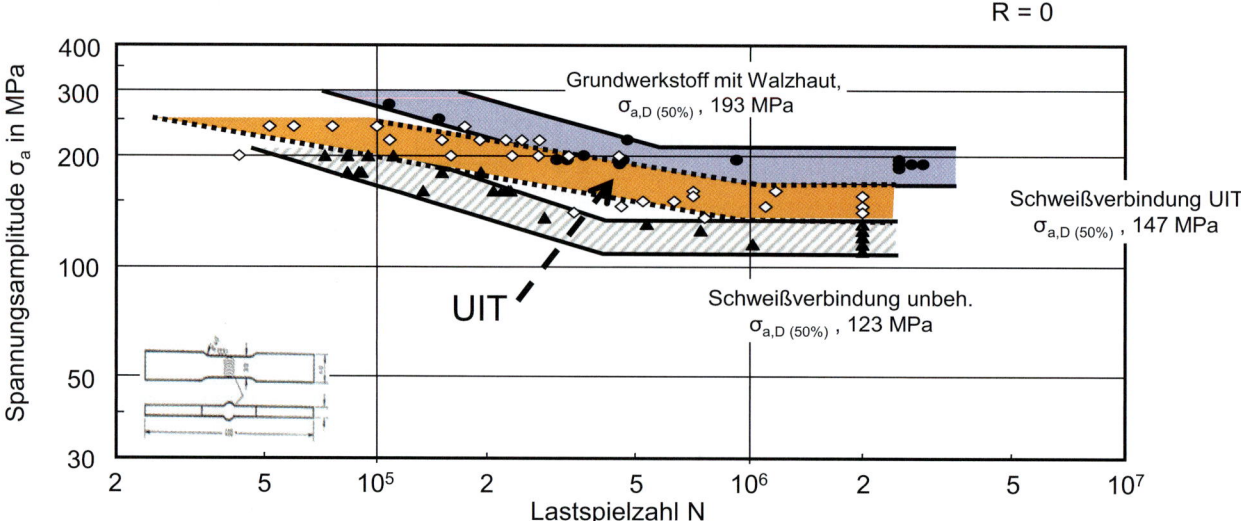

Bild 4-2.40 Einfluss einer UIT-Behandlung auf die Schwingfestigkeit von Schweißverbindungen des Stahles S1100QL

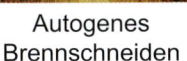
Autogenes
Brennschneiden

Plasmaschneiden

Laserstrahl-
schneiden

Jet cutting

Bild 4-2.41
Gebräuchliche thermische
Schneidverfahren

zu großen Blechdicken angewendet werden kann. Vorteilhaft sind das Plasma- und Laserstrahlschneiden vor allem bei dünnen Blechen, da hier bei den geringen Schneidgeschwindigkeiten schnell Verzug und Verwerfungen auftreten. Mit einer vergleichsweise hohen Schneidgeschwindigkeit ist eine geringe Wärmebeeinflussung im Schneidbereich verbunden (Bild 4-2.42). Als Folge ist die Wärmeeinflusszone schmaler und der Verzug geringer. Die Blechdickengrenzen liegen bei etwa 40 beziehungsweise 20 mm. Die wasservergüteten Stähle lassen sich ebenfalls mit allen gängigen Verfahren schweißen. Wegen des hohen Mechanisierungsgrades und des geringen Wasserstoffgehaltes im Schweißgut steht häufig das Schutzgasschweißen im Vordergrund. Daneben wird bei größeren Blechdicken bevorzugt das Unterpulverschweißen eingesetzt. Von den Schweißzusätzen werden natürlich die gleichen mechanisch-technologischen Eigenschaften wie vom

Grundwerkstoff erwartet. Festzuhalten ist, dass es heute bis zu Mindeststreckgrenzen von 960 MPa festigkeitsgleiche Zusatzwerkstoffe für das Schweißen gibt. Bei hochfesten Stählen mit höheren Mindeststreckgrenzen als 960 MPa gibt es aktuell keine artgleichen Zusatzwerkstoffe; es werden die für die Stähle mit 960 MPa Mindeststreckgrenze gebräuchlichen eingesetzt. Um anforderungsgerechte Eigenschaften in der Schweißverbindung zu erhalten, muss neben dem zielführenden Schweißzusatzwerkstoff die $t_{8/5}$-Zeit, welche durch die Schweißbedingungen gesteuert wird, in einem engen Fenster eingestellt werden. Für den Stahl S690QL gibt das Bild 4-2.43 dazu einen Überblick. Übliche $t_{8/5}$-Zeiten für die hochfesten wasservergüteten Baustähle liegen im Bereich 5 bis 25 s (Wegmann/ Gerster 2003, Uwer 1987, Uwer/Dißelmeyer 1986, Uwer/ Dißelmeyer 1986b, Uwer 1988).

Neben den mechanischen Eigenschaften spielt bei

4

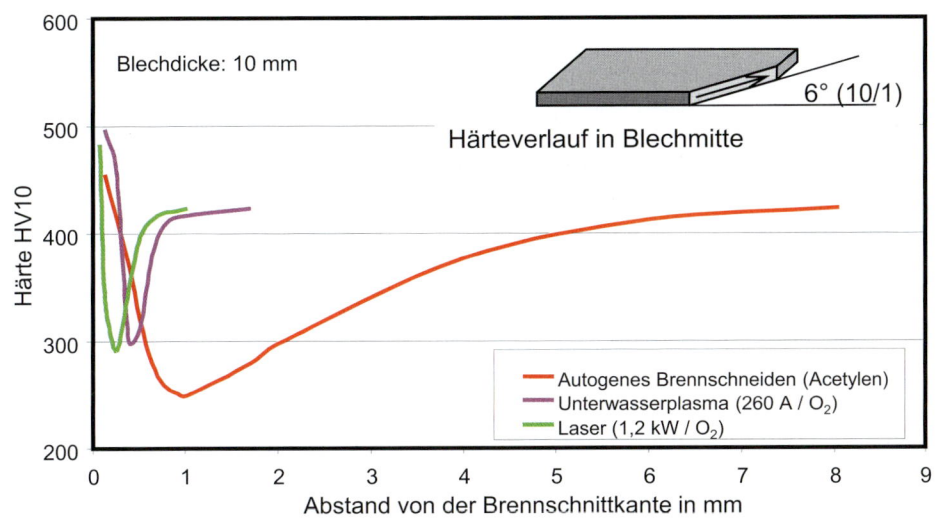

Bild 4-2.42
Härte in Abhängigkeit vom Abstand von der Brennschnittkante eines Stahls mit 400 HB Härte

Festlegung der Schweißbedingungen

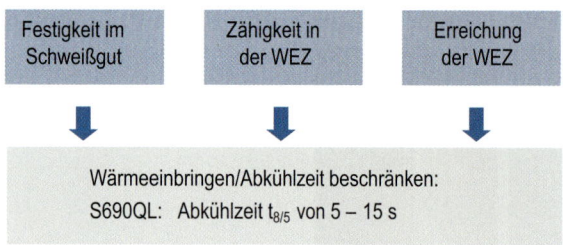

Festigkeit im Schweißgut → Zähigkeit in der WEZ → Erreichung der WEZ

Wärmeeinbringen/Abkühlzeit beschränken:
S690QL: Abkühlzeit $t_{8/5}$ von 5 – 15 s

Bild 4-2.43 Empfehlungen für das Schweißen von Kaltumformstählen

diesen Stählen auch das Kaltrissverhalten eine wichtige Rolle beim Schweißen. Aufbauend auf den entsprechenden Konzepten zur Bestimmung dieses Prozessparameters lassen sich blechdickengestaffelt Vorgaben für das Vorwärmen machen. Entsprechende Vorgaben für den Stahl S960QL zeigen, dass bei Dicken bis 30 mm kein Vorwärmen notwendig ist und die Vorwärmtemperatur bei Dicken >60 mm auf 125 °C ansteigt.

Aus der Kombination der Betrachtungen zur Kaltrisssicherheit und der Erreichbarkeit geforderter mechanischer Eigenschaften in der Schweißverbindung erstellen die Stahlhersteller vielfach sog. Arbeitsdiagramme für den praktischen Gebrauch (Bild 4-2.44). Hieraus kann der Verarbeiter stahlspezifisch zielsicher alle notwendigen Parameter für das Anfertigen anforderungsgerechter Schweißverbindungen ablesen und in die Praxis umsetzen.

Beim Auftreten von Kaltrissen stellt man häufig fest, dass zwar die richtige Vorwärmtemperatur gewählt, jedoch die tatsächliche Wärmeableitung am Bauteil

nicht richtig eingeschätzt wurde. Zu beachten ist, dass die Vorwärmtemperatur in ausreichendem Abstand von der Schweißnaht gemessen wird und an Stellen, an denen mehrere Schweißnähte zusammentreffen und neben der dreidimensionalen Wärmeableitung auch dreidimensionale Spannungszustände auftreten können, sorgfältiger (ggf. höher) vorgewärmt wird (Wegmann/Gerster 2003, Uwer/Dißelmeyer 1988).

4-2.3.2 Hochfeste verschleißbeständige Baustähle

Bei hochfesten verschleißbeständigen Stählen strebt man im Interesse des Verschleißwiderstandes eine hohe Härte an. Tabelle 4-2.18 gibt eine Übersicht über die typische chemische Zusammensetzung der Grobbleche aus verschleißbeständigen Baustählen unterschiedlicher Härtestufe.

Die Stähle zeigen in Blechdicken bis 100 mm als charakteristische Legierungselemente Mn, Cr, Mo und Ni bei C-Gehalten bis 0,36 % und erreichen Härten von

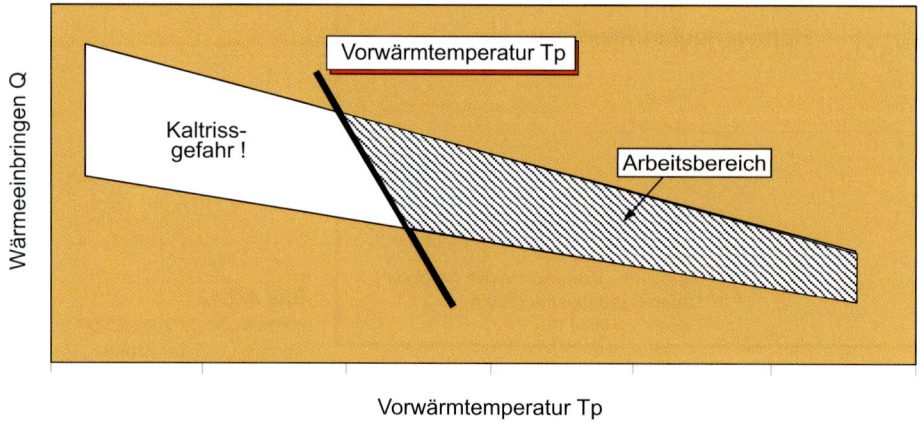

Bild 4-2.44
Schematisches Arbeitsdiagramm für das Anfertigen anforderungsgerechter Schweißverbindungen

Tabelle 4-2.18 Übersicht über die typische chemische Zusammensetzung der Grobbleche aus verschleißbeständigen Baustählen

Härtestufe	Lieferzustand	Härtespanne HB	Kohlenstoffgehalt	Legierung	Kerbschlagarbeit typ. bei 15 mm Dicke
350	Q + T	310 – 370	0,17 %	CrMo	70/80 J bei – 40 °C
400	Gehärtet	370 – 430	0,15 %	Cr (Mo)	50 J bei – 40 °C
450	Gehärtet	420 – 480	0,19 %	Cr (Mo)	30 J bei – 40 °C
500	Gehärtet	470 – 530	0,25 %	CrMo (Ni)	25 J bei – 20 °C
600	Gehärtet	550 – 630	0,36 %	CrMoNi	20 J bei – 20 °C

ca. 300 bis 600 HB bei ausreichender Zähigkeit (Kaiser et al. 2008, Feinle et al. 2006). Dabei muss natürlich bei der Auswahl des verschleißbeständigen Baustahls im Nutzfahrzeugbau immer der Anwendungsfall im Auge behalten werden, da je nach Härte des Gegenstoffes nicht immer der Einsatz von besonders harten Stählen zielführend ist. Dies verdeutlicht das Bild 4-2.45 beispielhaft. Bei Abrasivstoffhärten von unter 500 HB spielt die Härte des Stahls zwischen 400 und 600 HB keine Rolle. Für Abrasivstoffhärten unter rd. 250 HV verhalten sich die verschleißbeständigen Stähle nicht viel anders als der konventionelle S355. Die verschleißbeständigen Stähle werden zumeist durch eine Härtebehandlung nach dem Warmwalzen erstellt. Die für das Wasservergüten übliche Anlassbehandlung wird in der Regel nur fallweise durchgeführt. Damit kommt dem C-Gehalt des Stahls eine zentrale Bedeutung für das Erreichen der gewünschten Härte zu. Es ist festzuhalten, dass die verschleißbeständigen Stähle sehr empfindlich auf Wärmeeintrag reagieren. Üblicherweise sind hier nur max. Anlasstemperaturen von rd. 250 °C für ein Reduzieren von Spannungen erlaubt. Eine höhere Anlasstemperatur führt zu einem unerwünschten Härteabfall.

Bedeutsam für das Verschleißverhalten ist die durch den Herstellprozess und die gewählte chemische Zusammensetzung eingestellte Härte in Verbindung mit einer maßgeschneiderten Mikrostruktur. Die typische martensitische Mikrostrukturausbildung der verschleißbeständigen Baustähle ist in Bild 4-2.46a beispielhaft dargestellt. Mit der durch den in der martensitischen Matrix zwangsgelösten C-Gehalt bestimmten Härte ist die gezielt eingestellte sehr geringe Paketgröße des lattenförmigen Martensits von < 10 µm Grundvoraussetzung für besten Verschleißwiderstand. Charakteristisch ist auch die Anordnung der einzelnen Latten in verschiedenen Winkeln zueinander. Bild 4-2.46b zeigt diese Lattenstruktur in einer Aufnahme aus dem Rasterelektronenmikroskop. In diese Lattenstruktur eingelagert sind feine Karbide, die sich bei der Analyse als Mischzementit $(Fe, Mn, Cr, Mo)_3 C$ oder als feinste NbC-Teilchen darstellen (Bild 4-2.46c). Dabei lassen sich Anteile an Mn, Cr und Mo bis zu 5 % im Karbid feststellen. Diese Karbide weisen naturge-

4

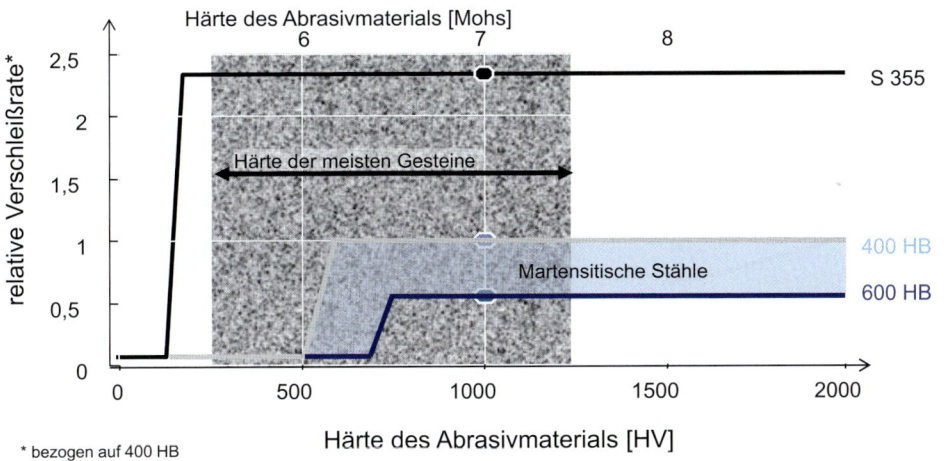

Bild 4-2.45
Einfluss der Härte des Abrasivmaterials auf den Abrasivverschleiß; Übergangscharakteristik des Verschleißverhaltens

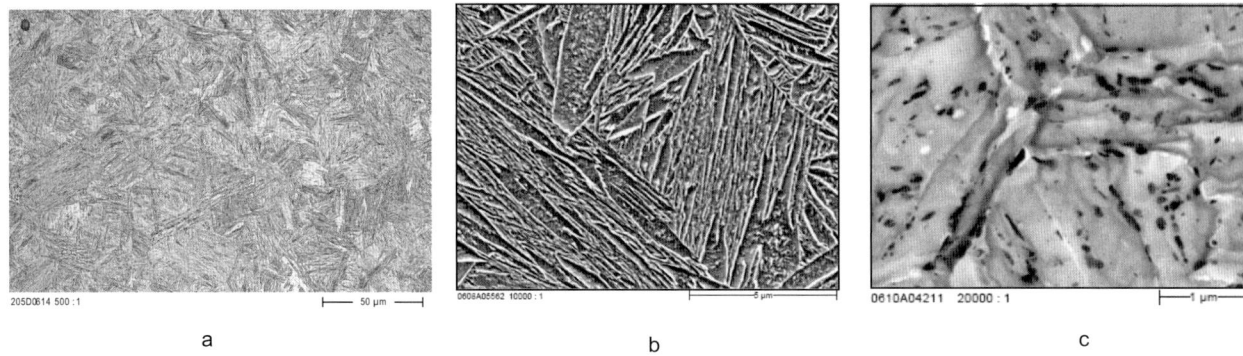

Bild 4-2.46 a) Martensitische Mikrostrukturausbildung, b) Lattenstruktur des Martensits, c) Lattenstruktur mit feinen, eingelagerten Karbiden

mäß eine sehr hohe Härte von > 1000 HV auf. Durch ihre sehr hohe Anzahl und äußerst feine Verteilung tragen sie zusätzlich zur hohen Härte der martensitischen Grundmatrix wesentlich zum hohen Verschleißwiderstand bei, da hierdurch die für eine Rissbildung notwendigen Versetzungsbewegungen merklich behindert werden. Der Volumenanteil an harten Karbiden und die Paketgröße des Martensits können dabei über die Stahlzusammensetzung, das Walzverfahren und die Wärmebehandlung gesteuert werden (Feinle et al. 2006, Kaiser et al. 1998).

Neben der hohen Härte kann durch eine gute Eigenzähigkeit des Werkstoffs in entsprechenden Grobblechen der Verschleißwiderstand weiter gesteigert werden. Zur Kornfeinung und damit zur Zähigkeitssteigerung enthalten die verschleißfesten Stähle fast immer eine Mikrolegierung mit Nb. Nb bewirkt eine Gefügefeinung, sodass die Verformungsfähigkeit des verschleißbeständigen Baustahls gesteigert wird. Dies

führt zu verstärktem Mikropflügen im Fall des Furchungsverschleißes und zu verstärkter Flächenaufweitung beim Prallverschleiß, d.h. insgesamt zu weniger Materialabtrag (Bild 4-2.47).

Im Fall des Furchungsverschleißes ist zu erkennen, dass Cr hier eine besonders positive Wirkung hat. Dies gilt vor allem bei Vorliegen einer gleichzeitigen korrosiven Beanspruchung im sauren Medium. Ursache ist, dass durch die Cr-Legierung eine Passivierungsschicht auf der Oberfläche aufgebaut wird, die den Wasserstoffionenangriff aus sauren Medien im Sinne höheren Verschleißes verringert. Daneben wird die Anzahl und Härte der Cr-Mischzementitteilchen erhöht. Die Wirkung des Chroms und das Verschleißverhalten hochharter Stähle mit rd. 400 HB in Abhängigkeit vom pH-Wert des Mediums ist ergänzend in Bild 4-2.48 illustriert (Pircher et al. 1986, Fuentes Musz et al. 2013).

Im Hinblick auf den effektiven und wirtschaftlichen

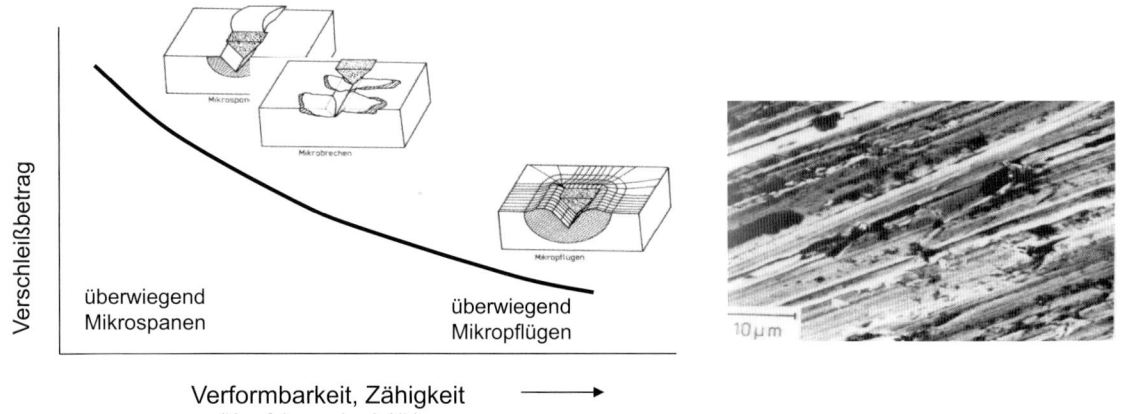

Bild 4-2.47 Verschleißbetrag in Abhängigkeit von Verformbarkeit, Zähigkeit

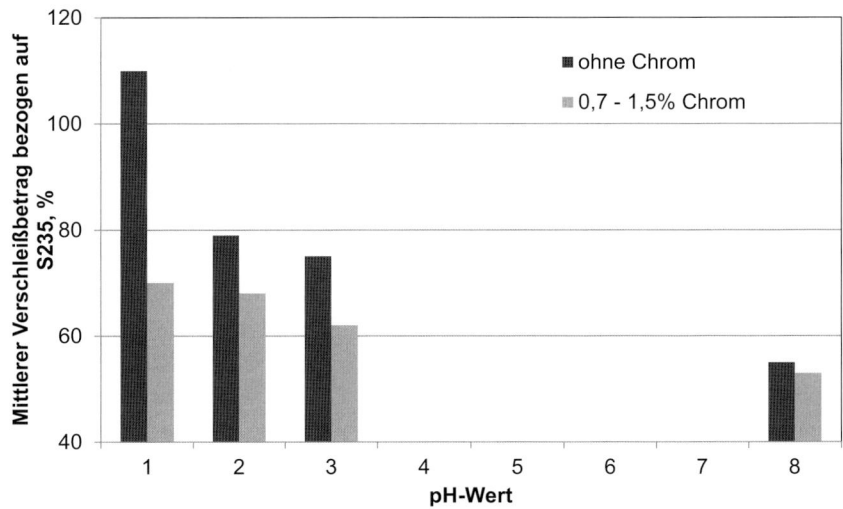

Bild 4-2.48
Verschleißverhalten im Rührtopf-Versuch

Einsatz verschleißbeständiger Stähle mit langen Be-
triebszeiten sowie zur Instandhaltung von Konstruktionen steht vor allem das Verarbeitungsverhalten im
Vordergrund. Die verschleißbeständigen Stähle zur
Anwendung im Nutzfahrzeugbau sind unter Berücksichtigung ihrer hohen Härte mit engen Biegeradien
gut kaltumformbar, sodass auch komplizierte Bauteile,
wie z. B. Half-Pipe-Mulden, problemlos gefertigt werden können. Die Kaltumformung, z. B. durch Abkanten
oder Biegen auf Pressen und Walzen, ist weit verbreitet
und gewinnt auch bei den verschleißbeständigen
Baustählen eine immer größere Bedeutung. Die vorherrschenden Umformverfahren sind das Kaltbiegen
auf Drei-Walzen-Biegemaschinen und das Abkanten im
90°-V-Gesenk auf Gesenkbiegepressen. Im Vergleich
zu Stählen mit niedriger Streckgrenze müssen beim
Umformen hochfester Stähle jedoch zwei zusätzliche
Größen berücksichtigt werden: der erhöhte Kraftaufwand und die verstärkte Rückfederung. Höhere Kräfte
sind erforderlich wegen des höheren Formänderungswiderstandes. Durch eine gute Schmierung der Matri-
zenkanten kann allerdings die Biegekraft um bis zu
25 % gesenkt werden. Naturgemäß ist das Umformverhalten quer zur Hauptwalzrichtung günstiger als längs,
da die sulfidischen und/oder oxidischen Einschlüsse
weniger zur Auswirkung kommen. Als zusätzliches
Kriterium muss die Blechdicke berücksichtigt werden.
Ein dünnes Blech weist wegen des geometrischen Einflusses ein wesentlich günstigeres Rissauslösungsver-
halten und Rissauffangvermögen auf als ein dickeres.
Es wird vorausgesetzt, dass die Blechkanten vor dem
Umformen kerbfrei geschliffen und entgratet sind. Es

ist auf ein gutes Gleiten der Bleche zu achten, d. h. auf
Schmierung der Matrize und des Biegestempels sowie
auf ständiges Säubern der Werkzeuge von losem, abge-
blätterten Glühzunder. Zur Beurteilung des Umform-
verhaltens wird hier das r/t-Verhältnis beim Abkanten
(Biegeradius r zur Blechdicke t) herangezogen. Typische Mindestabkantradienverhältnisse bei verschleißfesten Stählen mit bis zu 450 HB betragen etwa 2 bis
4,5.

Die Warmumformung der gehärteten verschleißbeständigen Stähle ist bei Temperaturen zwischen 850 und
1000 °C möglich. Dabei ist zu beachten, dass der ursprüngliche Wärmebehandlungszustand des Werkstoffes durch eine Warmverformung wieder aufgehoben
wird. Das bedeutet, dass dann der Verschleißwiderstand des Bleches und die Härte des Lieferzustandes
erst durch eine komplette, neue Wärmebehandlung
wieder eingestellt werden müssen, wenn die Bauteile
nicht direkt aus der Umformwärme gehärtet werden
können. Erfahrungsgemäß ist dieses Verfahren für die
genannten Stahlsorten nur in Sonderfällen von Bedeutung.

Die verschleißbeständigen Baustähle sind mit den gängigen Verfahren gut trennbar und schweißbar. Hier unterscheiden sie sich grundsätzlich nicht von dem Verhalten der wasservergüteten Baustähle. Durch ihr
niedriges Kohlenstoffäquivalent wird eine hohe Kaltrisssicherheit erreicht. Ein Vorwärmen zum thermischen Schneiden oder Schweißen ist demnach erst bei
dicken Blechen notwendig. Zur zielgerichteten Unterstützung der Stahlverarbeiter stellen die Stahlhersteller auch hier spezifische Verarbeitungshinweise mit

4

Arbeitsdiagrammen für das Schneiden und Schweißen zur Verfügung (Herr 1992).

4-2.3.3 Wichtige Stahlgüten für den Nutzfahrzeugbau

Ausgehend von den o. g. Zusammenhängen lassen sich einige kennzeichnende Stahlsorten identifizieren, die heute üblicherweise im Nutzfahrzeugbau eingesetzt werden. Einen Überblick dazu gibt Tabelle 4-2.19. Hierin ist neben der Stahlzusammensetzung auch das charakteristische Eigenschaftsprofil dargestellt. Ergänzend dazu gibt das Bild 4-2.49 eine Darstellung des Zähigkeitsverhaltens der Stähle. Es wird das vergleichsweise geringe Zähigkeitsniveau der verschleißfesten Stähle gegenüber den hochfesten wasservergüteten Stählen deutlich.

Für Komponenten in Nutzfahrzeugen, von denen eine Tragfähigkeit z. B. für das Heben von Lasten erwartet wird, kommen die wasservergüteten Baustähle zum Einsatz. Dabei haben sich die Stahlsorten S690QL und S960QL mit mindestens 690 bzw. 960 MPa Mindeststreckgrenze bewährt. In modernen Blechen mit einer Mindeststreckgrenze von 1100 MPa nach Wasservergüten stellt sich ein vorläufiger Höhepunkt der Entwicklung hinsichtlich der erreichbaren Mindeststreckgrenze bei hochfesten Baustählen ein. Diese Stähle sind vor allem Standard in den Konstruktionen des Mobilkranbaus. Dabei stehen die Unterwagenkonstruktion, die Konstruktionen der Drehbühne und der Auslegerbau im Vordergrund.

Bei den Stählen mit besonderen Anforderungen an die Kaltumformbarkeit wird heute wegen der äußerst engen Abkantradien vorwiegend auf den Stahl S700MC

Tabelle 4-2.19 Überblick der gängigen Stahlsorten im Nutzfahrzeugbau

	Kurzname	W.-Nr.	Legierung	typ. CET[1] [%]	Lieferzustand	$R_{e, min}$ [MPa]	R_m [MPa]	Härte [HBW]	$A_{V, min}$ [J] längs −20°C	−40°C
Normalfest	S355	1.0577	Nb(Ti)	0,31	N	355	470 – 630		27	
Höherfest	S460M	1.8827	NbTiV	0,28	TM	460	540 – 720		40	
	S500M	1.8829	NbTiV			500	560 – 720		40	
	S700MC	1.8974	NbTi		TM	700	750 – 950			40
Hochfest	S690QL	1.8928		0,31	QT	690	770 – 940			27[3]
	S960QL	1.8933	CrMo (V, Ni)	0,39		960	980 – 1150			27[3]
	S1100QL	1.8942		0,42		1100	1200 – 1500			27[3]
Verschleißfest	400 HB	1.8714		0,32	Q	1050[2]	1250[2]	370 – 430		50[2]
	500 HB	1.8734	Cr (Mo, Ni)	0,41		1300[2]	1600[2]	470 – 530	25[2]	
	600 HB	1.8735		0,54		1700[2]	2000[2]	>550	20[2]	

1) Typische Werte bei Dicken <20 mm; CET = C + (Mn + Mo)/10 + (Cr + Cu)/20 + Ni/40
2) Typische Werte
3) Querwerte

4

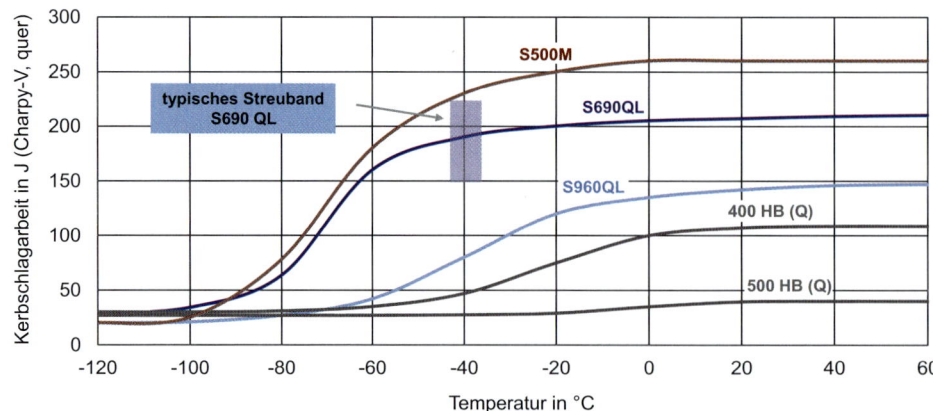

Bild 4-2.49
Typische Zähigkeitseigenschaften hoch- und verschleißbeständiger Stähle

Kurzname	$R_{e,min}$ [MPa]	A_{min} [%]	Abkantradius für t = 5 mm
S600MC	600	13	1.5 x t
S650MC	650	12	2.0 x t
S700MC	700	12	2.0 x t

t = Blechdicke

Bild 4-2.50
Rahmenkonstruktion des Trailerbaus; Anwendungsbeispiel S700MC

zurückgegriffen, um mit möglichst hoher Streckgrenze den Leichtbau in komplex geformten Bauteilen zu realisieren. Ein Beispiel hierfür ist die Rahmenkonstruktion des Trailerbaus (Bild 4-2.50). Hier fungieren die thermomechanisch gewalzten Stähle häufig als Substitut für den wasservergüteten Stahl S690QL. Darüber hinaus finden die thermomechanisch gewalzten Stähle zunehmend Anwendung im Bau von Bordkranen.

Bei Verschleißanwendungen sind häufig verwendete Stahlsorten Werkstoffe mit 400 bis 600 HB. Hiermit wird der überwiegende Teil der Anforderungen abgedeckt. Für besondere Anwendungen, bei denen es während des Betriebes zu erhöhten Temperaturen kommt, werden zunehmend sog. temperaturbeständige verschleißbeständige Baustähle eingesetzt. Diese sind so konzipiert, dass sie üblicherweise bei Einsatz bis rd. 400 °C ihre hohe Härte nicht verlieren. Sie werden meist durch Vergüten oder auch Normalglühen hergestellt und erfordern gegenüber nur gehärteten verschleißfesten Stählen einen erhöhten Legierungsaufwand.

4-2.3.4 Künftige Entwicklungen

Die stetig steigenden Anforderungen an den Nutzfahrzeugbau hinsichtlich Tragfähigkeit, Gebrauchsverhalten und Verarbeitbarkeit der eingesetzten Werkstoffe zwingt zur stetigen Weiter- und Neuentwicklung der Stähle. Dabei stehen neben den klassischen mechanischen Eigenschaften zunehmend auch Anforderungen an die Oberflächenqualität und die Lackierbarkeit sowie die Ebenheit im Vordergrund. Künftige Entwicklungen bei den hochfesten Baustählen für den Nutzfahrzeugbau haben die nachfolgend genannten gezeigten Ziele:

- Verbesserung mechanischer Eigenschaften
- Verbesserung der Schweißbarkeit
- Verbesserung der Kaltumformbarkeit
- Optimierung der Fertigungswege

Die besonderen Anforderungen, z.B. des Mobilkranbaus, haben die Stahlhersteller in den letzten Jahren zur Erarbeitung von Stahlkonzepten veranlasst, die nach Wasservergüten Mindeststreckgrenzen über 1100 MPa aufweisen. Damit kann das Eigengewicht der Konstruktionen bei Annahme einer proportionalen Verringerung der Blechdicke gegenüber den bislang eingesetzten Stählen mit 1100 MPa Mindeststreckgrenze nochmals verringert werden. In einem ersten Schritt haben die Stahlhersteller durch konsequente Nutzung der metallkundlichen Wirkmechanismen für die gewünschten mechanischen Eigenschaften entsprechende Werkstoffe mit 1300 MPa Mindeststreckgrenze für die Serie bereitgestellt. Diese zeigen bei gleichem Zähigkeitsniveau das geforderte Streckgrenzenniveau. Aktuelle Entwicklungen beinhalten derzeit Stähle mit 1500 MPa Mindeststreckgrenze.

Im Bereich der verschleißbeständigen Baustähle weisen aktuelle Entwicklungen darauf hin, die erreichte Härte über 600 HB hinaus zu steigern. Allerdings ist hier wegen der notwendigen weiteren Erhöhung des Legierungsgehaltes mit einer weiteren Beeinträchtigung der Schweißeignung gegenüber den bislang verwendeten 600-HB-Stählen zu rechnen.

Dem Streben nach immer höheren Streckgrenzen und damit dem Wunsch, im Nutzfahrzeugbau das Eigengewicht weiter zu reduzieren, sind auch Grenzen gesetzt (Bild 4-2.51). Dabei ist die zunehmende Knickgefahr vor allem bei Kranauslegern zu nennen. Darüber hinaus ist zu beachten, dass die Sprödbruchreserve durch den Einsatz von Baustählen mit immer höherer Streckgrenze zunehmend geringer ausfällt und auch eine verstärkte Empfindlichkeit gegen Spannungsrisskorrosion vorliegt.

4

○ Knicken

○ Ermüdung der
Schweißverbindungen

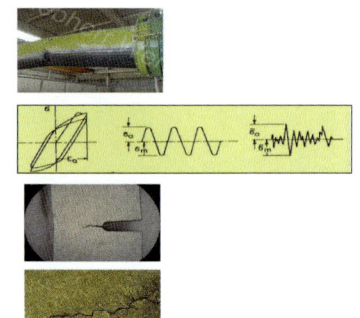

○ Bruchzähigkeit

○ Spannnungsrisskorrosion

Bild 4-2.51
Kritische Belastungsfälle für die Grenzen der Entwicklung
von Baustählen mit hohen Streckgrenzen

Literatur zu Kapitel 4-2

Aufbereitungstechnik – Mineral Processing 48 (2007) 9, S. 12 – 24

Bleck, W.; Hummel, H.; Kern, A.; Schriever, U.: Ermüdungsverhalten von Mobilkranbauteilen aus hochfesten Baustählen. Gemeinschaftsveröffentlichung mit Liebherr, Ehingen 2004

Dahl, W.; Hubo, R.; Müsgen, B.; Kaiser, H.-J.; Sedlacek, G.; Bild, J.: Bewertung bruchmechanischer Versagenskonzepte im Hinblick auf eine zuverlässige Vorhersage des Bauteilverhaltens. Studienges. Stahlanwendg. Januar 1990, Forschungsbericht Projekt 137

de Boer, H.; Fröber, H.; Degenkolbe, J.; Müsgen, B.: Normalfeste und hochfeste Baustähle. In: Werkstoffkunde Stahl. Verlag Stahleisen, Düsseldorf 1984, S. 6 – 54

de Boer, H.: Mikrolegierte Stähle – thermomechanische Behandlung und Eigenschaften. Blech-Rohre-Profile 30 (1983) 12, S. 485 – 488

Degenkolbe, J.: Beeinflussung von Werkstoffeigenschaften bei der Herstellung von Grobblech. Thyssen Techn. Berichte (1993) 1, S. 19 – 30

Degenkolbe, J.; Mahn, J.; Müsgen, B.; Tschersich, H.-J.: Erfahrungen mit der beschleunigten Abkühlung von Grobblech aus der Walzhitze. Thyssen Techn. Berichte (1987) 1

Degenkolbe, J.; Müsgen, B.; Schönherr, W.: Stähle und Stahlerzeugnisse, Stahlbau Handbuch Band 1, Teil A. Stahlbau-Verlagsges., Köln 1993b, S. 453 – 483

Degenkolbe, J.; Schriever, U.: Temperaturverlauf, Walzverfahren und Kühlmethode beeinflussen die Gefügeausbildung bei der Grobblechherstellung. Maschinenmarkt 94 (1988) 44, Würzburg, S. 66 – 71

Degenkolbe, J.: Sprödbruchverhalten von schweißgeeigneten Baustählen aus der Sicht des Stahlherstellers.

Degenkolbe, J.; Uwer, D.; Wegmann, H.: Kennzeichnung von Schweißtemperaturzyklen hinsichtlich ihrer Auswirkung auf die mechanischen Eigenschaften von Schweißverbindungen durch die Abkühlzeit $t_{8/5}$ und deren Ermittlungen. Thyssen Techn. Berichte (1985) 1

Degenkolbe, J.: Wasservergütete schweißbare Baustähle. In: Werkstoffkunde der gebräuchlichen Stähle. Verlag Stahleisen, Düsseldorf 1977, S. 222 – 236

Degenkolbe, J.; Hougardy, H. P.; Uwer, D.: Schweißen unlegierter und niedriglegierter Baustähle. Merkblatt Nr. 381, Stahl-Informations-Zentrum, 4. Aufl. 1989

Dietrich, A.; Feinle, P.; Kern, A.; Schriever, U.: Charakterisierung und Modellierung des Verschleißverhaltens hochfester Sonderbaustähle XAR. 48. Tribologie-Fachtagung: „Reibung, Schmierung und Verschleiß", 24. - 26.09.07 in Göttingen, Tagungsband I, S. 16/1 – 16/10, Moers 2007

Feinle, P.; Kern, A.; Schriever, U.: Verschleißverhalten hochfester Sonderbaustähle XAR. 47. Tribologie-Fachtagung: „Reibung, Schmierung und Verschleiß", 25. - 27.09.06 in Göttingen, Tagungsband II, S. 8/1 – 8/9, Moers 2006

Fischer, W.; Heeschen, J.; Müsgen, B.; Nitschke, Th.; Wohlfahrt, W.: Kombiniertes Nachbehandlungsverfahren zur Verbesserung der Dauerschwingfestigkeit von geschweißten Stahlkonstruktionen. Tggbd. Große Schweißtechnische Tagung, 26. - 28.09.1990 in Garmisch-Partenkirchen

Fuentes Musz, F.; Dietrich, A.; San Juan, N.; Lima, E.: Wear behaviour of thick steel plates under the action of chilean copper ore. Proc. Conf. Mantemin (2013)

Hamme, U.; Hauser, J.; Kern, A.; Schriever, U.: Einsatz hochfester Baustähle im Mobilkranbau. Ernst & Sohn, Stahlbau 69 (2000) 4, S. 295 – 305

Hauser, J.; Herr, D.; Müsgen, B.; Uwer, D.: Herstellung und Anwendung hochfester Stähle im Nutzfahrzeug- und Mobilkranbau. VDI-Berichte, Nr. 1080 (1994), S. 105 – 113

Herr, D.; Uwer, D.; Degenkolbe, J.: Schweißen moderner hochfester Baustähle. Stahl 92 (1992) 3, S. 114 – 117

Hoffmann, K.; Müsgen, B.: Improvement of the fatigue behaviour of welded high-strength steels by optimized shot peening. Steels in Marine Structures, Amsterdam 1987b, S. 679 – 684

Hoffmann, K.; Müsgen, B.: Verbesserung der Schwingfestigkeit von Schweißverbindungen hochfester Stähle. Sonderdruck Vortrags- und Diskussionstagung 1985, Bad Nauheim 3./4.12.1985

Kaiser, H.-J.; Kern, A.; Schriever, U.: Application of Microstructural Modelling for the Optimization and Development of HSLA-Steels within the Scope of Heavy Plate Production. Proc. 2nd. Int. Conf. On Modelling of Metal Rolling Processes, London 09. 11.12.1996, S. 59 – 66

Kaiser, H.-J.; Kern, A.; Schriever, U.; Wegmann, H.: Fracture toughness of modern high-strength steels with minimum yield strength up to 690 Mpa. Trondtheim, Norway 1 – 2 July 1997

Kaiser, H.-J.; Schriever, U.; Wegmann; H.: Moderne verschleißwiderstandsfähige Sonderbaustähle, Herstellung, Verarbeitung und Anwendung. Schweißen und Schneiden 50 (1998) 9, S. 556 – 562

4

Kaiser, J.-H.; Kern, A.; Grill, R.; Schlosser, H.; Schröter, F.: Grobbleche aus Sonderbaustählen für höchste Anforderungen. Stahl und Eisen 128 (2008) 4, S. 91 – 97

Kalla, G.; Funk, M.; Beyer, K. E.; Müsgen, B.; Kaiser, H.-J.; Piehl, K. H.: Werkstoffeigenschaften von CO_2-laserstrahlgeschweißten Stählen StE 355 und StE 460. DVS-Berichte Band 135 (1991), S. 152 – 157

Kern, A.: Mobilkranbauer und Stahlproduzent – Gemeinsame Untersuchung der Lebensdauer von Kranbauteilen aus XABO. Compact (2005) 1, S. 9

Kern, A.; Müsgen, B.; Schriever, U.: Wirkung von Bor in wasservergüteten Stählen. Thyssen Techn. Ber. (1990) Heft 1, S. 43 – 52

Kern, A.; Nießen, T.; Schriever, U.; Tschersich, H.-J.: Production and properties of thermomechanical rolled high-strength steel plates with min YS up to 700 MPa. Ironmaking and Steelmaking 32 (2005) 4, S. 331 – 336

Kern, A.; Pfeiffer, E.: Modern production of heavy plates for constructional application – Control of production process and quality. Steel Construction Design and Research 7 (2014) 2, S. 147 – 153

Kern, A.; Schriever, U.: Mobilkranbau mit hochfesten Baustählen. Kran Magazin 26 (2002) 12, S. 36 – 38

Kern, A.; Schriever, U.: Quality Assurance and Quality Control During the Production of Heavy Plates of Steel. Zeitschrift für Metallkunde 91 (2000) 10, S. 874 – 881

Kern, A.: Vorlesungsskript Steel Design. RWTH Aachen 2010

Köppel, K.; Möll, R.; Braun, P.: Stahlbau 39 (1970), S. 289 – 298

Massip, A.; Schriever, U.: Warmgewalztes Blech und Band für den Nutzfahrzeugbau. Thyssen Techn. Ber. Heft 2 (1986), S. 207 – 222

Metal Construction August 1985

Müsgen, B.; de Boer, H.; Fröber, H.; Petersen, J.: Normalfeste und hochfeste Baustähle, Werkstoffkunde Stahl. Springer Verlag, 1985, S. 6 – 63

Müsgen, B.: High strength quenched and tempered steels – production, properties and applications.

Müsgen, B.; Hoffmann, K.: Verbesserung der Schwingfestigkeit beim Schweißen hochfester Stähle. Technische Rundschau 21 (1988), Bremen, S. 44 – 47

Müsgen, B.; Hoffmann, K.: Verbesserung der Schwingfestigkeit von Schweißverbindungen hochfester Stähle. Thyssen Techn. Ber. Heft 1 (1987)

Müsgen, B.: Zähigkeitsbewertung von höherfesten Stählen und deren Schweißverbindungen. Vorträge zum Berg- und Hüttenmännischen Tag 1985

Nießen, T.: Auswirkungen von lokalen Werkstoffeigenschaften auf das Bruchverhalten bauteilähnlicher Großzugproben aus hochfesten Feinkornbaustählen. Shaker Verlag, Aachen (2000)

Nießen, T.; Schriever, U.; Tschersich, H.-J.; Kern, A.: Production and properties of thermomechanical rolled high-strength steel plates with min YS up to 700 MPa. Int. Conf. on Thermomechanical processing of steels, Jun 2004 Liege, Belgien

Pircher, H.; Lendowski, H.; Dißelmeyer H.: Verhalten niedriglegierter Stähle in verschiedenen Verschleißsystemen. Tagungsband DGM, 1986

Statistisches Bundesamt: Nutzfahrzeuge im Aufschwung – Export steigt um 26 %. 22. September 2010, abgerufen am 06. April 2014

Tschersich, H.-J.; Kaiser, H.-J.; Kern, A.; Schriever, U.: Moderne hochfeste Baustähle mit hoher Bauteilsicherheit. Stahl (2002) 1, S. 36 – 40

Tschersich, H.-J.; Schriever, U.; Bobbert, J.; Kuntze, Ch.: Modern Structural Steels with Improved Properties Through Accelerated Cooling. Proceedings of the Fifth (1995) International Offshore and Polar Engineering Conference, The Hague, The Netherlands, June 11. – 16. 1995, S. 187 – 196

Uwer, D.; de Boer, H.: Herstellung, Eigenschaften und Verarbeitung thermomechanisch gewalzter Stähle. TECHNIKA 1989, Schiff & Hafen, Kommandobrücke (1988) 11, S. 60 – 61

Uwer, D.; Dißelmeyer, H.: Erfahrungen mit dem Verarbeiten des hochf. wasserverg. Baustahls StE 890. Schweißen und Schneiden 38 (1986) 9, S. 432 – 436

Uwer, D.; Dißelmeyer, H.: Erfahrungen mit der Herstellung, Verarbeitung und Anwendung des hochfesten wasservergüteten Baustahles XABO 90. Thyssen Techn. Ber. (1986b), Sonderdruck

Uwer, D.; Dißelmeyer, H.: Erfahrungen mit Herstellung, Verarbeitung und Anwendung des hochfesten wasservergüteten Baustahles XABO 90. Schweißtechnik (1988) 12, S. 238 – 242

Uwer, D.: Einfluss der Schweißbedingungen auf die mechanischen Eigenschaften der Wärmeeinflusszone. Tagungsband „Stähle und Schweißen", VDEh D (1988), S. 66 – 87

Uwer, D.: Experience in the Welding and Applic. Of High-Strength Structural Steels. Tagungsband IWC-87, New Delhi Januar 1987

Uwer, D.; Höhne, H.: Charakterisierung des Kaltrissverhaltens von Stählen beim Schweißen. Schweißen u. Schneiden 43 (1991), 4, S. 195 – 199

Uwer, D.; Höhne, H.: Determination of suitable minimum preheating temperatures for the cold-crack-free welding of steels. Welding and Cutting (1991) 5, S. E108 – E111

Uwer, D.: Schweißen hochfester Stähle. DVS-Tgsbd., S. 22 – 27, Gr. Schweißtechn. Tgg., Friedrichsh. 30. 9. – 2. 10. 1992

Walter, P.; Dietrich, A.; Kern, A.: Rechnergestützte Modellierung des Verschleißverhaltens von Grobblechen aus hochfesten Baustählen. AT Aufbereitungstechnik 10 (2013), S. 64 – 71.

Wegmann, H.; Gerster, P.: Schweißtechnische Verarbeitung und Anwendung hochfester Baustähle im Nutzfahrzeugbau. Schweißtechnische Tagung Berlin (2003)

Alle im Text erwähnten Normen sind in einer Liste zusammengefasst (Seite 889).

4

Stähle für das Fahrwerk und den Antriebsstrang in der Automobiltechnik

Peter Janßen, Serosh Engineer

4-3.1 Federstähle

Federn werden an vielen Stellen im Automobil eingesetzt. Es gibt sehr hoch dynamisch belastete Federn im Antriebsstrang (Ventilfedern, Transmissionsfedern, Kupplungsfedern, Federn in Kraftstoffeinspritzsystemen). Weitere Anwendungen sind Achsfedern und Kofferraumdeckelfedern (Bilder 4-3.1 und 4-3.2). Alle Anwendungen in modernen Automobilen erfordern eine hohe Belastbarkeit des Stahls. Es sind daher fast ausschließlich SiCr- und Cr-legierte Federstähle im Einsatz. Die Belastungskollektive sind je nach Einsatzzweck so unterschiedlich, dass die Anforderungen an Eigenschaften wie den oxidischen Reinheitsgrad, die Randentkohlung und maximale Oberflächenfehlertiefe sehr unterschiedlich sind. In der Regel werden im Automobil Schraubenfedern eingesetzt. Die Form und Größe der Federn werden von den Anforderungen, dem Einsatzzweck und dem Einbauraum bestimmt. Federn im Automobil sind daher immer maßgeschneidert und keine Normteile. Der Anwender muss sich mit dem Federnhersteller immer detailliert abstimmen.

Die höchsten Anforderungen an den eingesetzten Stahl stellt die Motorventilfeder. Es wird daher im gesamten Fertigungsprozess ein sehr hoher Aufwand getrieben. Im Stahlwerk wird der Stahl mit einer speziellen „SuperClean"-Metallurgie erschmolzen, um einen für den Anwendungszweck besonders geeigneten oxidischen Reinheitsgrad zu erhalten. Motorventilfedern sind hochbelastete Schraubenfedern, bei denen im Versagensfall der Bruch von der Oberfläche oder dem oberflächennahen Bereich ausgeht. Im Fall des Bruchausgangs von einem Einschluss ist die Einschlussgröße der entscheidende Parameter. Je größer der oxidische Einschluss ist, desto höher ist das Risiko für einen Federbruch. Es müssen im Stahlherstellungsprozess also zu allererst möglichst kleine Einschlüsse gezüchtet werden.

In heute üblichen Stahlherstellungsverfahren werden

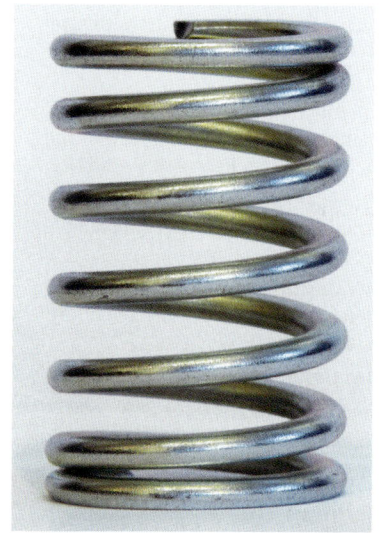

Bild 4-3.1 Ventilfeder (Stahlsorte 54SiCr6)

Bild 4-3.2 Achsfeder (Stahlsorte 54SiCrV6)

Federstähle von den für die Duktilität schädlichen Elementen – wie Phosphor – durch Sauerstoff befreit. Beim Abstich des primärmetallurgischen Prozesses (z. B. Sauerstoffaufblasverfahren im Konverter) enthält der Stahl daher einen relativ hohen Sauerstoffanteil (ca. 500 – 1000 ppm), der beim Abstich entfernt werden muss. Für diesen Beruhigungsprozess können verschiedene Verfahren und Elemente eingesetzt werden. Die Kombination von Verfahren und eingesetzten chemischen Elementen beeinflusst den oxidischen Reinheitsgrad erheblich. Der Verfahrensweg, der zu einem sehr niedrigen Gesamtsauerstoffgehalt im Stahl führt, hat den Nachteil, dass sich relativ große, unverformbare, hoch aluminiumoxidhaltige Einschlüsse bilden. Diese Einschlüsse würden zu Federbrüchen führen. Oxide, die sich als Desoxidationsprodukte in der Schmelze bilden, haben in Abhängigkeit von der lokalen Übersättigung und nachlaufenden Agglomerationsvorgängen Größen von 1 µm bis zu mehreren Millimetern. Ziel der Sekundärmetallurgie ist es, die Einschlüsse in die Schlacke zu überführen. Um dieses Ziel zu erreichen, muss auf den Einschluss eine Auftriebskraft wirken. Die Auftriebskraft entsteht durch den Dichteunterschied zwischen Desoxidationsprodukt und Stahl. Allerdings wirkt der Auftriebskraft eine Reibungskraft entgegen. Das Gleichgewicht zwischen Auftriebskraft und Reibungskraft liegt bei etwa 50 µm für einen ideal runden Partikel, d. h., ein oxidischer Einschluss, der 50 µm oder kleiner ist, kann selbst bei unendlicher Zeit nicht in die Schlacke aufsteigen. Da in einem technischen Prozess selten ideal runde Einschlüsse entstehen, muss in einem nach dem Stand der Technik gefertigten Stahl auch mit oxidischen Einschlüssen mit einer Größe über 50 µm gerechnet werden. Selbst bei Einschlüssen von 50 µm Größe können, wenn sie oberflächennah in der Feder zu finden sind, bereits Federbrüche auftreten. Die Lösung des Problems ist die Züchtung von verformbaren Einschlüssen mit Hilfe der „SuperClean"-Metallurgie. Mit Hilfe einer Si-Mischdesoxidation und weiterer sekundärmetallurgischer Maßnahmen wird die Zusammensetzung der Einschlüsse so beeinflusst, dass der Schmelzpunkt des Einschlusses sehr niedrig liegt. Der Einschluss wird im Warmwalzprozess teigig bzw. flüssig und verformt sich besser als die Stahlmatrix. Trotz eines relativ hohen Gesamtsauerstoffgehalts ist die Anzahl größerer Einschlüsse sehr gering und somit das Risiko eines Federbruchs um Zehnerpotenzen niedriger als bei einem aluminiumberuhigten Stahl.

Schraubenfedern werden nach verschiedenen Verfahren hergestellt. Alle handelsüblichen SiCr-Federstähle können in diesen Verfahren eingesetzt werden. Zunächst unterscheidet man zwischen warm- und kaltgewickelten Federn. Bei warmgewickelten Federn wird der Walzdraht gezogen, zu Stäben abgelängt, die Stäbe werden erwärmt, zur Feder gewickelt und anschließend vergütet. Die Stäbe können vor der Federfertigung geschliffen werden, um eventuell vorhandene Oberflächenfehler zu beseitigen (Bild 4-3.3). Dieses Verfahren wird z. B. zur Fertigung von Achsfedern eingesetzt. Bei kaltgewickelten Federn wird der Draht zunächst gezogen. Anschließend erfolgt eine Ölschlussvergütung. Der ölschlussvergütete Draht wird dann kalt zur Feder gewickelt. Ein Sonderverfahren ist eine kaltgewickelte Feder, die aus hartgezogenem Draht hergestellt wird. In diesem Fall erfolgt nach dem Federwickelprozess eine Stückvergütung.

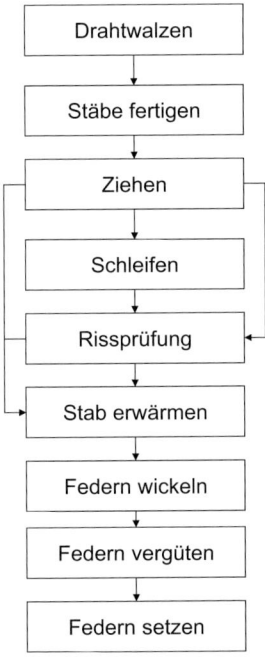

Bild 4-3.3 Ablaufdiagramm für die Herstellung warmgewickelter Federn

Die Anforderungen an Randentkohlung und Oberflächenqualität sind bei kaltgewickelten Federn für hochdynamische Belastungen ebenfalls sehr hoch. In der Regel wird aus diesem Grund der Draht vor dem Ziehen und Vergüten geschält. Durch den Schälprozess kann es zur Bildung von Reibmartensit in der Oberfläche kommen, der im nachfolgenden Ziehprozess zu vielfältigen Problemen führen kann. Der geschälte

Walzdraht muss daher vor dem Ziehen angelassen oder patentiert werden. Fehler auf der Oberfläche werden mit dieser Maßnahme zu einem großen Teil entfernt. Nach dem Vergüten bzw. Ziehen wird der Draht rissgeprüft und fehlerhafte Stellen werden mit einer Farbmarkierung versehen. Diese Stellen werden dann im Federwickelprozess aussortiert (Bild 4-3.4).

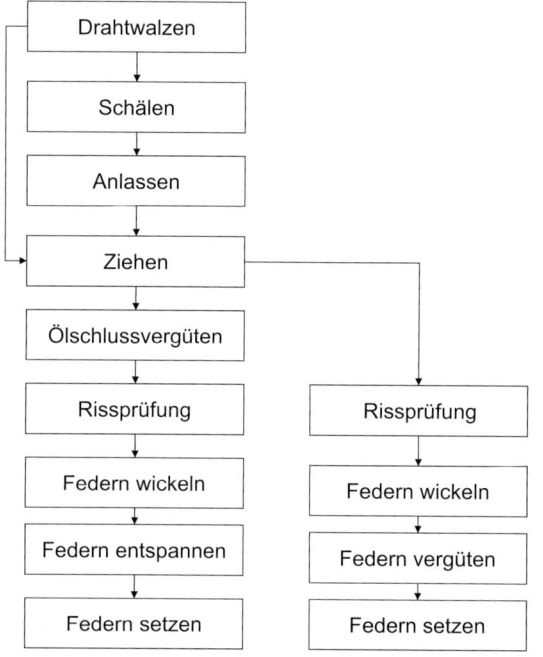

Bild 4-3.4 Ablaufdiagramm für die Herstellung kaltgewickelter Federn

Die Erhöhung der Verdichtung in Verbrennungsmotoren und der engere Bauraum haben in den letzten Jahren zu einer immer höheren Belastung der Ventilfedern geführt. Diese Tendenz erhöht wiederum die Festigkeitsanforderungen an den ölschlussvergüteten Draht. Neben der Standardstahlsorte 54SiCr6 sind heute auch höherfeste Stahlsorten mit weiteren Legierungselementen im Einsatz (Tabelle 4-3.1).

Die Zugfestigkeit des ölschlussvergüteten Drahts liegt in Abhängigkeit von Stahlsorte und Drahtdurchmesser zwischen 1760 und 2280 MPa. Es werden Mindestbrucheinschnürungen zwischen 35 und 50 % erreicht. Ventilfedern werden in der Regel kaltgewickelt.

Die Transmissionsfedern liegen von den Anforderungen her zwischen den Kupplungs- und den Ventilfedern. Hochbelastete Transmissionsfedern werden daher häufig aus ölschlussvergütetem Ventilfederdraht hergestellt. Bei geringeren Belastungen können die Anforderungen an den oxidischen Reinheitsgrad heruntergeschraubt werden. Transmissionsfedern werden häufig in Kurbelwellendämpfern und Zweimassenschwungrädern zur Reduzierung von Drehmomentspitzen eingesetzt.

Kupplungsfedern haben in der Regel eine niedrigere Belastung als Transmissionsfedern. Aus diesem Grund können die Anforderungen an den oxidischen Reinheitsgrad weiter herabgesetzt werden. Auf der anderen Seite wird Kupplungsfederdraht aus Kostengründen häufig nicht geschält. Da bei ungeschältem Draht Fehler des Walzdrahts auf dem Endprodukt erhalten bleiben, sind die Anforderungen an Oberflächenqualität und Randentkohlung des Walzdrahts höher. Eine typische Stahlsorte für Kupplungsfedern ist der 54SiCr6. Achsfedern sind die schwersten Federn im Automobil. Die Anforderungen an den Reinheitsgrad sind in der Regel nochmals niedriger als bei der Kupplungsfeder. Da die Achsfeder in einem korrosions- und steinschlaggefährdeten Bereich verbaut wird, wird sie in der Regel mit einer Beschichtung geschützt. Durch Steinschlag und Korrosion kann Wasserstoffversprödung auftreten, die wiederum zu einem Versagen der Achsfeder führen kann. Aus diesem Grund sind hochfeste Stahlsorten in diesem Segment noch nicht sehr verbreitet. Hochfeste Stahlsorten müssen in dieser Anwendung eine Resistenz gegen Wasserstoffversprödung aufweisen. Die Standardstahlsorte ist immer noch der 54SiCr6. Achsfedern werden kalt- oder warmgewickelt. Eine Sonder-

Tabelle 4-3.1 Beispiele von Stahlsorten für Ventilfedern, Achsfedern, Federn in Kraftstoffeinspritzsystemen und Transmissionsfedern nach DIN EN 10089 und DIN EN 10027 (typische Werte)

Kurzname	Werkstoff-nummer	Legierungsanteile in Massen-%								
		C	Si	Mn	Al	P	S	Mo	V	Cr
54SiCr6	1.7102	0,54	1,4	0,7	max. 0,004	max. 0,025	max. 0,02			0,65
54SiCrV6	1.8152	0,56	1,5	0,7	max. 0,004	max. 0,025	max. 0,02		0,15	0,75
60SiCrMoV8	–	0,6	2,0	0,3	max. 0,004	max. 0,025	max. 0,02	0,1	0,15	0,9

Tabelle 4-3.2 Beispiele von Stahlsorten für Kofferraumdeckelfedern nach DIN EN 10089 und DIN EN 10027 (typische Werte)

Kurzname	Werkstoff-nummer	Legierungsanteile in Massen-%							
		C	Si	Mn	Al	P	S	V	Cr
60SiCrV7	1.8153	0,6	1,7	0,8	max. 0,004	max. 0,025	max. 0,02	0,15	0,4
65SiCr6	1.7107	0,65	1,7	0,8	max. 0,004	max. 0,025	max. 0,02		0,4
67SiCr6	1.7103	0,67	1,5	0,6	max. 0,004	max. 0,025	max. 0,02		0,6

anwendung ist die Bremsspeicherfeder in Lastkraftwagen. Typischerweise wird in dieser Anwendung ein 54SiCrV6 eingesetzt.

Ein steigender Bedarf an Federn entsteht in der letzten Zeit durch die Verbreitung von automatischen Schließsystemen für Kofferraumdeckel. Die Kofferraumdeckelfeder wird ebenfalls aus einem hochfesten Stahl hergestellt (Tabelle 4-3.2).

4-3.2 Stähle für Schrauben und Verbindungselemente

Schrauben für die Automobilindustrie sind üblicherweise genormt (DIN EN ISO 898, VDA 235-204). Sie sind in Festigkeitsklassen eingeteilt (Tabelle 4-3.3). Im Automobilbau werden aktuell häufig noch Schrauben der Festigkeitsklasse 8.8 oder niedriger eingesetzt. Für Zylinderkopfschrauben werden in der Regel die Festigkeitsklassen 8.8 oder höher verwendet. Schrau-

ben werden im Automobil zur Befestigung von Anbauteilen im Karosseriebereich sowie im Antriebsstrang und dem Fahrwerk zur Montage von Komponenten genutzt. Der große Vorteil der Schraubverbindung im Vergleich zu anderen Fügeverfahren ist, dass die Verbindung ohne großen Aufwand wieder gelöst werden kann. Hauptaufgabe der Schraube ist der Aufbau der Klemmkraft zwischen zwei Fügeteilen. Je nach Einsatzort können noch weitere Anforderungen hinzukommen. Die Radschraube zur Befestigung der Felge ist zum Beispiel einem erheblichen Korrosionsangriff durch Spritzwasser, das im Winter auch salzhaltig ist, ausgesetzt. Üblicherweise werden hier beschichtete Schrauben eingesetzt.

Zylinderkopfschrauben (Bild 4-3.5) hingegen haben ein vergleichbar geringes Risiko der Korrosion, sind aber höheren Temperaturen ausgesetzt. Es wurden für diesen Einsatzzweck 15.9-Schrauben entwickelt, die z. B. auf der Stahlsorte 38CrNiMoB5 basieren. Anwender haben beim Einsatz höherfester Schrauben häufig Bedenken wegen möglicher Wasserstoffversprödung, da hochfeste Stahlsorten für dieses Phänomen eher anfällig sind. Die Wasserstoffaufnahme geschieht häufig durch Korrosion während des Einsatzes. Bei der

Tabelle 4-3.3 Festigkeitsklassen für Schrauben (DIN EN ISO 898)

Festigkeitsklasse	Zugfestigkeit [MPa]	Mindest-bruchdehnung [%]	Werkstoff und Wärmebehandlung
3.6	300	25	Kohlenstoffstahl
4.6	400	22	Kohlenstoffstahl
4.8	400	14	Kohlenstoffstahl
5.6	500	20	Kohlenstoffstahl
5.8	500	10	Kohlenstoffstahl
6.8	600	8	Kohlenstoffstahl evtl. mit Zusätzen von z. B. B, Mn, Cr, vergütet
8.8	800	12	Kohlenstoffstahl evtl. mit Zusätzen von z. B. B, Mn, Cr, vergütet
9.8	900	10	Kohlenstoffstahl evtl. mit Zusätzen von z. B. B, Mn, Cr, vergütet
10.9	1000	9	Kohlenstoffstahl evtl. mit Zusätzen von z. B. B, Mn, Cr, vergütet oder legierter Stahl, vergütet
12.9	1200	8	legierter Stahl, vergütet

Bild 4-3.5 Hochfeste Zylinderkopfschraube

Zylinderkopfschraube besteht dieses Risiko nicht, da sie sich in einem mit Schmieröl gefüllten Raum befindet.

Je nach Einsatzzweck wird die Stahlsorte und – falls erforderlich – die Vergütungsbedingung ausgewählt. DIN EN ISO 898 gibt hierfür erste Hinweise. Allgemein gilt, dass mit höherer Festigkeitsklasse der Legierungsgehalt ansteigt. Vom C15 zum 38CrNiMoB5 gibt es jede Menge Varianten für jeden Anwendungszweck (Tabelle 4-3.4).

Da in Automobilen heutzutage nur wenige Schrauben mit Festigkeitsklassen größer 8.8 zu finden sind, ist hier noch ein großes Gewichtseinsparpotenzial zu finden. Auch wenn die einzelne Schraube nur wenige Gramm wiegt, sind aufgrund der großen Anzahl mehrere Kilogramm Schrauben in einem PKW verbaut. Je nach Fahrzeugtyp und -größe findet man zwischen 15 und 50 kg Schrauben in einem PKW.

Ein Kriterium, das für den Einsatz hochfester Schrauben erfüllt sein muss, ist die Resistenz gegen Wasserstoffversprödung. Wasserstoff kann in verschiedenen Stadien im Herstellungsprozess und der Verwendung vom Stahl aufgenommen werden. Es gibt aber auch zahlreiche Prozesse in der Fertigungskette, die eine Reduzierung des Wasserstoffgehalts ermöglichen. Legierte Kaltstauchstähle, die üblicherweise für hochfeste Schrauben verwendet werden, werden bei westeuropäischen Premiumstahlherstellern in der Regel einer Vakuumbehandlung unterzogen. Eine ca. 2 Wochen

dauernde Lagerung des Walzdrahts nach Drahtwalzung reduziert den ohnehin schon niedrigen Wasserstoffgehalt westeuropäischen Stahls unter die Nachweisgrenze. Im weiteren Fertigungsweg kann dann z.B. beim Beizen oder elektrolytischen Verzinken Wasserstoff aufgenommen werden. Die Prozesseigner dieser Prozesse haben dafür zu sorgen, dass Wasserstoffaufnahme vermieden wird. Bei richtiger Prozessführung in der gesamten Lieferkette kann also verhindert werden, dass die Schraube einen messbaren Wasserstoffgehalt hat.

Beim Einsatz im Automobil kann die Schraube Wasserstoff in Folge von Korrosionsprozessen aufnehmen. Diese Möglichkeit ist bei einigen Einsatzzwecken nicht sicher zu verhindern. Die Beständigkeit gegen Wasserstoffversprödung kann über eine künstliche Wasserstoffbeladung nachgewiesen werden. Für die Stahlsorte 38CrNiMoB5 wurde beispielsweise die Beständigkeit gegen Wasserstoffversprödung bis zur Löslichkeitsgrenze von Wasserstoff nachgewiesen.

In Norm DIN EN ISO 898 ist für hochfeste Schrauben eine Vergütung der Schraube vorgeschrieben. Die Werksnormen der Automobilhersteller lehnen sich üblicherweise an diese Norm an. Stand der Technik ist also eine vergütete hochfeste Schraube. In den letzten Jahren wurden neue Werkstoffklassen entwickelt, die auch für die Kaltverformung geeignet sind. Als Beispiel kann hier der bainitische Stahl genannt werden. Weitere Werkstoffklassen, wie TRIP-Stahl oder Dualphasenstahl, sind in unterschiedlichen Entwicklungsstadien bzw. in der Markteinführung (Tabelle 4-3.5). Mit neuen Werkstoffklassen kann unter Umständen auf die Vergütung der Schraube verzichtet werden, da das Gefüge aus der Walzhitze bzw. durch eine Glühbehandlung des Drahts eingestellt werden kann und ein ausreichendes Verformungsverhalten aufweist. Wichtig bei nicht ver-

Tabelle 4-3.4 Beispiele von Stahlsorten für Schrauben nach DIN EN 10263 und DIN EN 10027 (typische Werte)

Kurzname	Werkstoff-nummer	Legierungsanteile in Massen-%							
		C	Si	Mn	Al	P	S	B	Cr
C15	1.0401	0,15	max. 0,4	0,4	0,04	max. 0,045	max. 0,045		
C20	1.0411	0,2	max. 0,1	0,8	0,04	max. 0,025	max. 0,025		
19MnB4	1.5523	0,2	max. 0,4	1,0	0,04	max. 0,03	max. 0,035	0,0035	
23MnB3	1.5507	0,23	max. 0,15	0,9	0,04	max. 0,015	max. 0,015	0,0035	0,3
32CrB4	1.7076	0,32	max. 0,3	0,8	0,03	max. 0,025	max. 0,025	0,0030	1,1
35B2	1.5511	0,35	max. 0,4	0,8	0,04	max. 0,035	max. 0,035	0,0030	
38CrNiMoB5		0,38	max. 0,2	0,8	0,03	max. 0,025	max. 0,025	0,0030	1,3

Tabelle 4-3.5 Beispiele von bainitischem Stahl und Dualphasenstahl nach DIN EN 10263 und DIN EN 10027 (typische Werte)

Kurzname	Werkstoff-nummer	Legierungsanteile in Massen-%							
		C	Si	Mn	Mo	Ni	Cr	Al	V
20MnCrMo7	1.7911	0,2	0,5	1,7	0,3	0,25	1,6	max. 0,01	
18MnCrSiMo6		0,18	1,2	1,6	0,3				
18MnCr5-3mod		0,2		1,9			1,5		
8MnSi5	1.5113	0,09	1,0	1,7					0,02

güteten hochfesten Schrauben ist, dass sie wie vergütete Schrauben auch bei Beaufschlagung mit höheren Temperaturen die mechanischen Eigenschaften behalten. Für erste Anwendungen konnte dies bereits nachgewiesen und die Werksvorschriften entsprechend angepasst werden. Ausgangsgefüge und Kaltumformgrad müssen hierbei beachtet werden, um die Anforderungen zu erfüllen. Es sollten bei diesen Werkstoffen maßgeschneiderte Lösungen gewählt werden, um das Maximum an Vorteilen aus den neuen Stählen herauszuholen. Aus diesem Grund sollte die komplette Fertigungskette des Verbindungselements (Stahlwerk, Drahtverarbeitung, Schraubenhersteller) ihr Wissen bei der Festlegung des Fertigungswegs und der Werkstoffeigenschaften auch in den Zwischenschritten einbringen.

Neben Kostenvorteilen durch die eingesparte Vergütungsbehandlung ist auch die bessere Maßhaltigkeit zu nennen, da Verzug beim Vergüten bei diesem Fertigungsweg mit den neuen Stählen nicht auftreten kann.

4-3.3 Schmiedestähle für Kurbelwellen, Antriebswellen, Achsen und Achsschenkel

Schmiedestähle sind in unterschiedlichen Festigkeitsniveaus verfügbar. Neben konventionellen Kohlenstoffstählen werden AFP-Stähle (ausscheidungshärtende ferritisch-perlitische Stähle), Vergütungsstähle und neuerdings bainitische Stähle eingesetzt. Im PKW-Bereich gibt es bei kleinen Fahrzeugen aus Kostengründen Konkurrenz mit Stahlguss, der aber einen erheblichen Gewichtsnachteil hat. Für Leichtbaulösungen ist die Schmiedestahlvariante zu bevorzugen. Der Zwang zu Leichtbau ergibt sich aus den Forderungen der Poli-

tik zu einer Reduzierung des Kraftstoffverbrauchs und damit der Emissionen. Im Motorenbereich hat sich ein Trend zur Reduzierung der Anzahl der Zylinder bei gleicher Leistung der Zylinder herausgebildet. Während der VW Käfer zu Beginn der 1970er Jahre aus 1600 ccm Hubraum eine Leistung von 50 PS (37 kW) generierte, werden in modernen Motoren mit Hilfe von Turbolader und Kraftstoffeinspritzung Leistungen bis in die Größenordnung von 155 PS (115 kW) erreicht. Auch das Drehmoment ist dementsprechend größer geworden. Aus dieser Tendenz ergibt sich eine höhere Belastung der Kurbelwelle bei gleichem Hubraum. Ferner wird auch der zur Verfügung stehende Bauraum für den Motor immer kleiner. Während Fahrzeuge der 1970er und 1980er Jahre noch einen sehr übersichtlichen Motorraum hatten, ist der zur Verfügung stehende Platz heute nahezu komplett ausgenutzt. Der Weg zur Elektrifizierung wird den für den Verbrennungsmotor zur Verfügung stehenden Raum weiter reduzieren. Der Trend geht also beim Verbrennungsmotor zu einer Reduzierung der Zylinder bei gleicher Leistung. Schon heute sind in der gehobenen Mittelklasse häufig statt 6-Zylindermotoren 4-Zylindermotoren verbaut. Die Laufruhe wird dabei mit Hilfe von Ausgleichswellen sichergestellt, um den gewohnten Fahrkomfort des 6-Zylindermotors zu erhalten. Diese Ausgleichswellen sind ebenfalls häufig Schmiedeteile.

Ist eine Kerndichte des Schmiedeteils vom Anwendungszweck gefordert, muss ein Mindestumformgrad eingehalten werden, der von der Stahlsorte und dem Anwendungszweck abhängig ist. Da der Stahl beim Übergang von der flüssigen zur festen Phase sein Volumen reduziert, entstehen in der Enderstarrung im Kern des Stranggussriegels Erstarrungshohlräume. Die Oberflächen dieser Erstarrungshohlräume sind metallisch blank und verschweißen während des Warmwalzprozesses. Um die Erstarrungshohlräume sicher zu verschweißen, ist eine Mindestumformung durchzuführen.

Aufgrund der eben geschilderten höheren Anforde-

4

Tabelle 4-3.6 Beispiele von Stählen für Schmiedeteile nach DIN EN 10267, DIN EN 10083 und DIN EN 10027 (typische Werte)

Kurzname	Werkstoff-nummer	Legierungsanteile in Massen-%							
		C	Si	Mn	Mo	Ni	Cr	N	V
C60	1.0601	0,6	max. 0,4	0,75	max. 0,1	0,4	max. 0,4		
38MnSiVS6	1.1303	0,38	0,7	1,5	max. 0,08		max. 0,3	0,015	0,15
42CrMo4	1.7225	0,42	0,25	0,75	0,22				
18MnCr5-3mod		0,2		1,9			1,5		
38MnCr6 IH		0,38	1,2	1,6			1,0		

rungen sind einfache C-Stähle auf dem Rückzug. Auch AFP-Stähle werden aktuell bis an die Grenze belastet. Viele Konstrukteure sehen dann nur die Möglichkeit, auf Vergütungsstähle auszuweichen, die aber eine zusätzliche Wärmebehandlung erfordern. Stähle mit bainitischem Gefüge, die aus der Schmiedehitze vergütet werden können, sind hier eine gute Alternative (Tabelle 4-3.6).

Die Stahlsorten C60 und 42CrMo4 müssen vergütet werden. Der 38MnSiVS6 erreicht seine mechanischen Werte durch eine BY-Behandlung aus der Schmiedehitze. Das bainitische Gefüge der Stahlsorten 18MnCr5-3mod und 38MnCr6 IH kann durch kontrollierte Abkühlung aus der Schmiedehitze erreicht werden. Die mechanischen Kennwerte sind nach Wärmebehandlung bzw. Abkühlung aus der Schmiedehitze für einen Durchmesser von ca. 100 mm angegeben (Tabelle 4-3.7).

Da für die Auslegung von Schmiedeteilen in der Regel die Streckgrenze herangezogen wird, wird beim Studium der Tabelle verständlich, dass C-Stähle und AFP-Stähle bei ansteigenden Belastungen zurückgedrängt werden. Die in der Tabelle angegebenen Werte sind als Richtwerte zu verstehen, die üblicherweise ohne großen Aufwand erreicht werden können. Die Mindeststreckgrenze kann angehoben werden, wenn mit dem Stahllieferanten Vereinbarungen zur Streubreite bzw. zur Lage der chemischen Zusammensetzung in der Spanne der Norm getroffen werden. Ferner kann durch

ein geringeres Streuband in der Wärmebehandlung bzw. Einhaltung der Abkühlvorschrift bei AFP- und bainitischen Stählen die Mindeststreckgrenze angehoben werden. Besonders bei bainitischen Stählen ist die Einhaltung der Abkühlvorschrift zur Erreichung der angestrebten mechanischen Kennwerte wichtig. Die Bainitumwandlung ist ein diffusionsgesteuerter Prozess. Diffusion benötigt Zeit. Es ist daher wichtig, dass im Temperaturintervall für die Bainitumwandlung ausreichend Zeit zur Verfügung steht. Das Temperaturintervall für die Bainitumwandlung ist dem ZTU-Schaubild für die verwendete Stahlsorte zu entnehmen. In der Regel liegt dieses Intervall zwischen 300 und 600 °C. Der günstigste Abkühlzyklus ist eine beschleunigte Abkühlung aus der Schmiedehitze (z.B. im Luftstrom) bis zur Bainitumwandlungstemperatur und anschließend eine Umwandlung unter stark verzögerter Abkühlung oder gar eine isotherme Umwandlung. Die Auswirkung der Abkühlung auf die mechanischen Eigenschaften eines bainitischen Stahls wird am Beispiel des Stahls 18MnCr5-3 mod gezeigt (Tabelle 4-3.8). Dieser Stahl wurde für Achsen und Achsschenkel entwickelt.

Kann der optimale Abkühlzyklus aus anlagentechnischen Gründen nicht eingehalten werden, kann bei einer erfolgten zu schnellen Abkühlung im Temperaturbereich 500 – 250 °C durch eine Anlassbehandlung (Tabelle 4-3.9) trotzdem das gewünschte Niveau der mechanischen Kennwerte erreicht werden. Da es sich

Tabelle 4-3.7 Mechanische Kennwerte für Schmiedestähle (typische Werte)

Stahlsorte	Werkstoffnummer	Gefüge	$R_{p0,2}$ [MPa]	R_m [MPa]	A [%]
C60	1.0601	Martensit	min. 450	850	min. 14
38MnSiVS6	1.1303	Ferrit Perlit	min. 550	870	min. 25
42CrMo4	1.7225	Martensit	min. 600	1000	min. 50
18MnCr5-3mod		Bainit	min. 700	min. 1100	min. 40
38MnCr6 IH		Bainit	750	1190	25

Tabelle 4-3.8 Eigenschaften von 18MnCr5-3mod in Abhängigkeit von den Abkühlbedingungen; Abkühlung von der Austenitisierungstemperatur (Janßen 2014)

Abkühlbedingungen	$Rp_{0,2}$ [MPa]	R_m [MPa]
Ruhende Luft	710	1150
Luftstrom bis 450 °C + 1 h isotherme Umwandlung	750	1280
Luftstrom bis 350 °C + 1 h isotherme Umwandlung	780	1020
Luftstrom bis 300 °C + 1 h isotherme Umwandlung	810	1130

Tabelle 4-3.9 Mechanische Kennwerte des Stahls 18MnCr5-3mod nach Anlassbehandlung (Janßen 2014)

Anlasstemperatur	$Rp_{0,2}$ [MPa]	R_m [MPa]
Ohne Anlassen	685	1160
250 °C	820	1140
300 °C	860	1110
350 °C	890	1110
400 °C	870	1070

nicht um einen aufwändigen Vergütungsprozess handelt, bleibt ein Kostenvorteil gegenüber dem Vergütungsstahl erhalten. Beim Fügen von bainitischen Stählen ist aufgrund der besonderen Anforderungen an die Abkühlung einiges zu beachten. Fügeprozesse mit einer sehr hohen Temperaturbelastung sollten vermieden werden, da nach einer Austenitisierung des Gefüges der Abkühlzyklus eingehalten werden muss, um wieder ein bainitisches Gefüge zu erhalten. Schmiedeteile, die aus bainitischen Stählen gefertigt werden, haben in der Regel eine Dauerfestigkeit, die auf dem Niveau von Vergütungsstählen liegt. In vielen Anwendungsfällen ist das Verhalten unter zyklischer Belastung sogar besser als das von Vergütungsstählen. Der Stahl 38MnCr6 IH wurde speziell für Kurbelwellen (Bild 4-3.6) entwickelt und ist für die Induktionshärtung von Laufflächen und/oder Radien geeignet.

Generell sollte bei allen Stahlsortengruppen berücksichtigt werden, dass die Zugabe von Schwefel zur Verbesserung der Zerspanungseigenschaften negative Auswirkungen auf die Dauerfestigkeit hat. Gut ausgerüstete Unternehmen sind aufgrund der Fortschritte in der Zerspanungstechnik bereits heute in der Lage, schwefelarme Stähle zu vertretbaren Kosten und mit guter Produktivität zu verarbeiten. Auch Kurbelwellen, die häufig einen hohen Zerspanungsaufwand haben, werden bereits aus schwefelarmen Stählen hergestellt.

4-3.4 Stähle für Wellen in Hilfsaggregaten

Auch in Hilfsaggregaten – wie Wasserpumpen, Generatoren und Turboladern – sind Wellen aus Stahl verbaut. Eine interessante Anwendung sind Wasserpumpenwellen. Sehr häufig wird hier der Wälzlagerstahl 100Cr6 eingesetzt. Der typische Fertigungsweg ist:
1. Erschmelzung im Stahlwerk
2. Strangguss
3. Warmwalzen von Draht- oder Stabstahl
4. Glühen des Walzdrahts oder Stabstahls auf kugeligen Zementit
5. Ziehen
6. Fertigung der Wasserpumpenwelle.

Je nach Zerspanungsaufwand wird der Stahl 100Cr6 mit unterschiedlichen Schwefelgehalten eingesetzt.

Tabelle 4-3.10 Beispiel eines Stahls für Wasserpumpenwellen nach EN ISO 683-17 und DIN EN 10027 (typische Werte)

Kurz-name	Werk-stoff-nummer	Legierungsanteile in Massen-%					
		C	Si	Mn	P	S	Cr
100Cr6	1.3505	1,0	0,25	0,35	max. 0,01	0,01	1,5

Bild 4-3.6 Beispiel einer Kurbelwelle (Stahlsorte 42CrMo4)

4

4-3.5 Stähle für zerspanend hergestellte Teile

In Automobilen ist eine Vielzahl von Teilen verbaut, die zerspanend hergestellt werden. Typische Beispiele sind Nockenwellenendstücke, Spannhülsen und Spannmuttern. Grundsätzlich werden bei Stählen für zerspanend hergestellte Teile zwei Stahlsorten unterschieden: Bei Anwendungen mit höheren Festigkeitsanforderungen werden Stähle mit höherem Kohlenstoffgehalt, sogenannte Vergütungsautomatenstähle, eingesetzt. Für geringere Festigkeitsanforderungen verwendet man üblicherweise Weichautomatenstähle mit geringerem Kohlenstoffgehalt.

Automatenstähle werden je nach Zerspanungsanforderungen mit Elementen legiert, die zerspanungsfördernd wirken. Leider hat eine Legierung mit zerspanungsfördernden Elementen unerwünschte Nebenwirkungen. Eine Legierung mit Schwefel reduziert z. B. die Dauerfestigkeit eines Stahls. Bei Vergütungsautomatenstählen, die üblicherweise für höher belastete Teile eingesetzt werden, wirkt sich diese Eigenschaft der zerspanungsfördernden Elemente besonders negativ aus. Diese Elemente fördern einerseits den Spanbruch, was erwünscht ist. Andererseits erhöhen sie die Sprödigkeit des Stahls, was bereits im Herstellungsprozess zu Problemen führt und einen erhöhten Befall des Walzdrahts oder Stabstahls mit Oberflächenfehlern hervorrufen kann. Schwefel bildet im Stahl Sulfide, die den Spanbruch fördern. Eisensulfid wirkt sich besonders negativ auf die Warmzähigkeit von Stählen aus. Mangansulfide sind hingegen gutmütiger. Eine Legierung des Stahls mit höheren Mangangehalten verbessert also die Warmzähigkeitseigenschaften von Automatenstählen und reduziert die Rissempfindlichkeit beim Stranggießen und Warmwalzen. Elemente wie Wismut, Blei, Tellur und Selen haben nicht nur negative Auswirkungen auf die Zähigkeitseigenschaften von Stählen, sondern können auch die Gesundheit von Lebewesen schädigen. Allerdings werden diese Elemente im Stahl gebunden und bei üblichem Einsatz im Automotive-Bereich nicht freigesetzt. Trotzdem wird die Verwendung dieser Elemente schon seit Jahren immer wieder in Frage gestellt. Dies gilt besonders für Blei. Für viele Anwendungen ist die Nutzung von Stählen mit Legierung von Blei, Wismut, Tellur oder Selen nicht mehr notwendig, da sich in Westeuropa die Zerspanungstechnik erheblich weiterentwickelt hat und

Tabelle 4-3.11 Beispiele von Vergütungsautomatenstählen nach DIN EN 10083, DIN EN 10087 und DIN EN 10027 (typische Werte)

Kurz-name	Werk-stoff-nummer	Legierungsanteile in Massen-%					
		C	Si	Mn	P	S	Pb
44SMn28	1.0762	0,44	0,2	1,4	max. 0,06	0,28	
C45mod	1.1191	0,45	0,2	0,8	max. 0,045	0,03	
C45Pb	1.0504	0,45	0,2	0,8	max. 0,045	0,028	0,25
C35Pb	1.0502	0,35	0,2	0,7	max. 0,045	0,1	0,25

ohne solche Stähle auskommen kann. Nichtsdestotrotz gibt es auch heute noch Anwendungen mit sehr hohen Anforderungen, die nicht ohne bleilegierte Stähle auskommen können. Bei der Stahlauswahl sollte der Fortschritt in der Zerspanungstechnik berücksichtigt werden, um die Legierung mit gesundheitsschädlichen Elementen möglichst zu vermeiden. An dieser Stelle muss noch einmal daran erinnert werden, dass durch diesen Schritt auch positive Effekte bei der Dauerfestigkeit erreicht werden und bei der ganzheitlichen Kosten/Nutzen-Betrachtung berücksichtigt werden müssen.

Ein Beispiel für den Einsatz von Vergütungsautomatenstählen ist das Nockenwellenendstück (Bild 4-3.7). Die Geometrie dieses Teils wird zerspanend hergestellt. Anschließend wird eine Vergütung durchgeführt. Sehr häufig kommt die Stahlsorte 44SMn28 zum Einsatz (Tabelle 4-3.11). Dieser Stahl enthält einen hohen Schwefelanteil, der zur Bildung von großen Sulfiden führt und die Sprödigkeit des Materials erhöht. In der Vergütung können diese beiden Eigenschaftsveränderungen zur Bildung von Rissen führen, die ein Versagen des Teils in der Montage oder im Einsatz verur-

Bild 4-3.7 Nockenwellenendstück (Stahlsorte: 44SMn28)

sachen können. Ferner ist zu berücksichtigen, dass im 44SMn28 ein Teil des Mangans durch Schwefel als MnS abgebunden ist. Dieser Anteil des Mangans steht zur Festigkeitssteigerung des Stahls nicht mehr zur Verfügung, da MnS eine geringere Festigkeit als das Grundgefüge hat. Mangansulfideinschlüsse sind also eine Schwachstelle im Gefüge. Der sulfidische Reinheitsgrad ist somit ein wichtiger Gradmesser für die Qualität eines Stahls. Der Schwefelgehalt bestimmt allerdings entscheidend den sulfidischen Reinheitsgrad des Stahls. Ein hoher Schwefelgehalt und ein guter sulfidischer Reinheitsgrad schließen sich somit gegenseitig aus. Die Stahlsorte 44SMn28 hat aufgrund des sehr hohen Schwefelgehalts von 0,28 % immer einen geringen sulfidischen Reinheitsgrad. Der Herstellungsprozess kann nur die Schwefelverteilung beeinflussen. Der Haupteinfluss stammt hierbei vom Stranggussformat. Als Faustregel gilt, dass die Sulfidgröße mit dem Stranggussquerschnitt wächst. Die Streckung der Sulfide ergibt sich aus dem Umformgrad zum fertigen Produkt. Ein höherer Gesamtumformgrad in der Formgebung verursacht eine größere Streckung der Sulfide. Diese Tatsache erklärt unterschiedliche Kerbschlagarbeitswerte in Abhängigkeit von der Hauptumformrichtung bei schwefellegierten Stählen. Je niedriger der Schwefelgehalt des Stahls ist, desto weniger ist dieses Phänomen ausgeprägt.

Alternativ könnte für diesen Einsatzzweck der Stahl C45 eingesetzt werden, der einen geringeren Schwefelgehalt als der Stahl 44SMn28 hat. In der bleilegierten Variante C45Pb wird der niedrigere Schwefelgehalt mit seinen Auswirkungen auf die Zerspanbarkeit durch Blei kompensiert. Allerdings hat auch Blei, wie schon erwähnt, negative Auswirkungen auf die Zähigkeit, da es sich bevorzugt an den Korngrenzen ausscheidet. Ein weiterer bevorzugter Ort zur Bildung von Bleiausscheidungen sind die Mangansulfide. Die Störstelle Mangansulfid wird zwar durch die Verringerung des Schwefelgehalts im C45Pb im Vergleich zum 44SMn28 in ihrer Größe reduziert; allerdings führen vergesellschaftete Bleiausscheidungen wieder zu einer Vergrößerung der Störstelle. Im Falle von Vergütungsautomatenstahl spricht eine weitere Eigenschaft des Bleis gegen eine erhöhte Legierung mit diesem Element. Die Löslichkeit des Bleis im Stahl wird durch Elemente wie Kohlenstoff oder Chrom deutlich herabgesetzt. In handelsüblichen Vergütungsautomatenstählen liegt aus diesem Grund die maximale Löslichkeit des Bleis in flüssigem Stahl zwischen 0,3 und 0,4 %. Wird diese Grenze überschrit-

ten, kann es zur Bildung von Bleizeilen (große Bleiausscheidungen) kommen, die im Einsatz aufgrund der niedrigen Festigkeit des Bleis zu einem Versagen des Bauteils führen können. In den letzten Jahren haben verschiedene Stahlhersteller Konzepte zur Verbesserung der Zerspanbarkeit von C45 entwickelt. Diese modifizierten C45-mod-Varianten wurden durch Mikrolegierung und/oder sekundärmetallurgische Maßnahmen in ihren Zerspanungseigenschaften optimiert. Mit angepassten Zerspanungsparametern können diese Stähle häufig eine Zerspanungsleistung wie ein Stahl 44SMn28 erreichen. Ein typisches Bauteil für die Stahlsorte C45 ist die Düsenspannmutter in Kraftstoffeinspritzsystemen (Bild 4-3.8).

Wismutlegierte Vergütungsautomatenstähle sind in den USA verbreitet und werden dort häufig als „grüner Stahl" beworben. Diese Stähle dienen als Ersatz für bleilegierte Vergütungsautomatenstähle (C45Pb etc.). Wismut weist allerdings eine Toxizität wie Blei auf und ist ein Nebenprodukt der Bleiproduktion. Eine wirkliche Alternative zu bleilegierten Stählen sind diese Stähle also nicht. In der Herstellung sind sie zudem sehr teuer, da der Ausschuss durch Oberflächenfehler als Folge einer schlechten Strangvergießbarkeit (großer Nullzähigkeitsbereich im Heißzugversuch) sehr hoch ist. Tellurlegierte Stähle sind sowohl in Asien als auch in Europa für Spezialanwendungen im Einsatz. Auch diese Stähle sind aufgrund der schlechten Warmzähigkeitseigenschaften sehr teuer in der Herstellung. Die Preise von selenlegierten Stählen sind getrieben von den hohen Kosten in der Beschaffung von Selen. Für weniger belastete Teile mit hohem Zerspanungsaufwand werden Weichautomatenstähle eingesetzt

Bild 4-3.8 Düsenspannmutter (Stahlsorte: C45)

(Tabelle 4-3.12). Auch bei dieser Stahlsortengruppe sind zerspanungsfördernde Elemente legiert. Es handelt sich um die gleichen Elemente wie bei den Vergütungsautomatenstählen. Auch die Auswirkungen im Fertigungsprozess sind vergleichbar. Nur die Grenzwerte verschieben sich. Weichautomatenstähle haben z. B. eine höhere Löslichkeit für Blei, d. h., das Risiko für große Bleiausscheidungen ist entsprechend niedriger. Die Versprödungsneigung bei der Legierung mit Tellur verändert sich nicht stark.

Tabelle 4-3.12 Beispiele für Weichautomatenstähle nach DIN EN 10087 und DIN EN 10027 (typische Werte)

Kurzname	Werkstoffnummer	Legierungsanteile in Massen-%					
		C	Si	Mn	P	S	Pb
11SMn28	1.0715	0,08	0,04	1,1	max. 0,1	0,3	
11SMnPb28	1.0718	0,08	0,04	1,1	max. 0,1	0,3	0,3
11SMnPb36	1.0737	0,08	0,04	1,1	max. 0,1	0,37	0,3

4-3.6 Stähle für Lenkungsteile

Lenkungsteile sind in der Regel Sicherheitsteile. Aus diesem Grund sind die Anforderungen an die Fehlerfreiheit des fertigen Lenkungssystems besonders hoch. Viele Teile in Lenkungssystemen sind kaltmassivumgeformt oder geschmiedet. Kaltstauchstähle und AFP-Stähle sind daher häufig in Lenkungssystemen zu finden (Tabelle 4-3.13).

Häufig verwendet wird der AFP-Stahl 30MnSiVS6. Dieser Stahl ist zwar sehr gut für diese Anwendung und den üblichen Fertigungsweg geeignet, trotzdem müssen einige wichtige Punkte beachtet werden, um ein fehlerfreies Endprodukt zu bekommen. Der Stahl ist beim Stranggießen und Warmwalzen extrem rissempfindlich. Das Stahlwerk muss daher die Oberflächen-

temperatur im richtigen Temperaturfeld halten und eine Stranggießanlage mit einem ausreichenden Gießradius betreiben. Ein weiterer wichtiger Punkt ist die Einstellung des richtigen Gefüges. Bei falscher Kühlung nach dem Drahtwalzprozess kann sich Kernmartensit bilden, der im weiteren Verarbeitungsprozess zu Kernaufreißungen (Chevrons) führen kann. Diese Kernaufreißungen können tückisch sein, wenn sie im Kaltstauchprozess nicht bis zur Oberfläche wachsen. Sie bleiben dann unentdeckt und können im Einsatz zum Bauteilversagen führen. Eine Herstellung des Werkstoffs ohne einzelne Martensitkörner im Drahtkern ist fast unmöglich. Es muss daher die Anzahl und Größe der Martensitkörner durch prozesstechnische Maßnahmen so gering wie möglich gehalten werden. Neben einer ausreichend ausgestatteten Luftkühlstrecke im Drahtwalzwerk ist die Kontrolle der Spurenelemente sehr wichtig. Elektrostahlwerken ist es aufgrund der großen Mengen von Spurenelementen im Schrott nur mit sehr großem Aufwand möglich, diese Stahlsorte für Kaltstauchanwendungen herzustellen. Auch bei der Wärmebehandlung und beim Ziehen müssen speziell an den Werkstoff angepasste Parameter benutzt werden. Etablierte Fertigungsketten in Deutschland liefern den Werkstoff schon seit Jahrzehnten qualitativ stabil.

4-3.7 Stähle für Reifeneinlegedrähte (Stahlkord)

Der Stahlgürtelreifen ist eigentlich ein Verbundwerkstoff. Das Gummi wird durch Stahllitzen und -drähte verstärkt. Diese Stahlprodukte gibt es in unterschiedlichen Durchmessern und Festigkeitsklassen. Man unterscheidet 5 Festigkeitsklassen:
1. Normale Festigkeit (NT – ca. 2700 MPa)
2. Hohe Festigkeit (HT – ca. 3200 MPa)
3. Sehr hohe Festigkeit (SHT – ca. 3400 MPa)

Tabelle 4-3.13 Beispiele von Stählen für Kugelzapfen nach DIN EN 10083, DIN EN 10267 und DIN EN 10027 (typische Werte)

Kurzname	Werkstoffnummer	Legierungsanteile in Massen-%							
		C	Si	Mn	Mo	Cr	S	N	V
37Cr4	1.7034	0,37	0,25	0,8		1			
41Cr4	1.7035	0,41	0,3	0,8		1			
30MnSiVS6	1.1302	0,28	0,6	1,5	max. 0,08	max. 0,3	0,04	0,015	0,15

4. Extrem hohe Festigkeit (UHT – ca. 3600 MPa)

5. Höchste Festigkeit (SUHT – ca. 4000 MPa)

Die Festigkeit wird durch den Kohlenstoffgehalt und die Kaltverformung durch Ziehen erreicht (Tabelle 4-3.14).

Tabelle 4-3.14 Beispiele von Stahlsorten für Stahlkord nach DIN EN 10083 und DIN EN 10027 (typische Werte)

Kurz-name	Werk-stoff-nummer	Legierungsanteile in Massen-%					
		C	Si	Mn	P	S	Cr
C60D3	1.1228	0,6	0,2	0,5	max. 0,02	max. 0,02	
C70D3	1.1237	0,7	0,2	0,5	max. 0,02	max. 0,02	
C80D3	1.1238	0,8	0,2	0,5	max. 0,02	max. 0,02	
C90D3	1.1239	0,9	0,2	0,5	max. 0,02	max. 0,015	
C92Cr	1.1239	0,92	0,25	0,5	max. 0,02	max. 0,015	0,2

Für diese Anwendung ist eine gute Kaltverformbarkeit erforderlich, da der Stahl durch große Kaltverformung auf sehr dünne Abmessungen (z. B. 0,1 mm) gezogen wird. Da dieses Ziel nicht in einem Schritt erreicht werden kann, erfolgen nach erschöpfter Verformbarkeit in der Regel Zwischenpatentierungen. Der Walzdraht hat normalerweise ein sehr feinstreifiges perlitisches Gefüge (sorbitisches Gefüge). Dieses Gefüge wird in Drahtstraßen durch beschleunigte Abkühlung mit Hilfe von Gebläsen eingestellt. Das Gefüge muss auch über den Querschnitt homogen sein. Aus diesem Grund sind ausgeprägte Mittenseigerungen schädlich und müssen vermieden werden. Martensitkörner, die durch Seigerungen oder falsche Abkühlung entstehen können, verursachen häufig Napf- und Kegelbrüche oder Chevrons im Ziehprozess, da Verformung und Ziehgeschwindigkeit sehr hoch sind. Nicht entdeckte Chevrons können im Verseilprozess und in anderen Weiterverarbeitungsprozessen zu Brüchen führen, die

ein Verwerfen des Produkts erforderlich machen können. Auch große oxidische Einschlüsse können zu diesem Fehlerbild führen, daher ist ein guter oxidischer Reinheitsgrad erforderlich.

Da die Haftung von Gummi auf Stahl sehr schlecht ist, wird der Draht vor dem letzten Ziehschritt üblicherweise elektrolytisch mit einer Messingschicht versehen. Die dünnen Drähte werden im ersten Schritt nach dem Ziehen zu Litzen verseilt oder direkt in einer Konstruktion verarbeitet. Drähte, die für Litzen in dem Reifenwulst verarbeitet werden, sind in der Regel dicker und haben aufgrund der geringeren Kaltverformung etwas geringere Anforderungen an die Stahlqualität. Zur Reduzierung des Gewichts des Reifens geht der Trend zu höheren Festigkeiten und dünneren Drähten. Auf diese Art und Weise lässt sich auch mit Stahl eine Gewichtsreduzierung des Reifens darstellen.

Eine weitere interessante Anwendung für Seile aus Stahlkord sind elektrische Fensterheber in Automobilen. Auch für dünne Federelemente im statischen Bereich kann eine Stahlkordqualität eingesetzt werden.

4-3.8 Stähle für Stabilisatoren

Stabilisatoren im Fahrwerk werden überwiegend aus Stahlstäben oder Stahlrohren hergestellt. Walzdraht wird in der Regel auf Maß gezogen und auf Länge geschnitten. Anschließend wird der Stabilisator gebogen. Häufig wird abschließend oder vor der Herstellung des Stabilisators noch eine Vergütung durchgeführt. Es kommen verschiedene Stahlsortengruppen zum Einsatz. Neben normalen Kohlenstoffstählen werden auch AFP-Stähle und vergütbare Stähle eingesetzt (Tabelle 4-3.15).

Typische Abmessungen des Walzdrahts liegen zwischen 12 und 22 mm. Da keine große Kaltverformung aufgebracht wird, sind keine besonderen Anforderun-

Tabelle 4-3.15 Beispiele von Stählen für Stabilisatoren nach DIN EN 10132, DIN EN 10089, DIN EN 10267 und DIN EN 10027 (typische Werte)

Kurzname	Werkstoff-nummer	Legierungsanteile in Massen-%						
		C	Si	Mn	P	S	Cr	V
Ck67	1.1231	0,67	0,25	0,75	max. 0,015	max. 0,015	0,25	
38MnSiVS6	1.1303	0,38	0,7	1,5	max. 0,035	max. 0,025	0,15	0,15
38Mn6	1.1127	0,38	0,25	1,5	max. 0,025	max. 0,025		
55Cr3	1.7176	0,55	0,2	0,75	max. 0,025	max. 0,025	0,75	

gen an den Stahlreinheitsgrad zu beachten. Die Oberfläche ist mit der für Automobilanwendungen üblichen Qualität herzustellen. Da es sich um ein relativ großes Teil handelt, sind Gewichtseinsparungen natürlich ein wichtiges Thema. Der Einsatz von Rohren ist hier eine Möglichkeit. Es ist hierbei zu beachten, dass die Fertigung aus Rohren erheblich aufwändiger ist. Unter Kostengesichtspunkten kommen auch höherfeste Stahlsorten zum Einsatz. Interessant ist es auch, die Vergütung einzusparen und aus der Walzhitze vergütete Drähte einzusetzen.

4-3.9 Stähle für Pleuel

In Verbrennungsmotoren sind Pleuel häufig als Crackpleuel ausgeführt. Die Pleuel werden in einem Stück geschmiedet und das große Auge wird anschließend aufgebrochen. Durch diese Herstellung wird sichergestellt, dass der Pleuel nach der Montage im Motor wieder passgenau einfach zusammengesetzt werden kann. Hierbei werden Pleueldeckel und Pleuelstangen mit Hilfe einer Pleuelschraube verspannt. Stähle für diese Anwendung müssen eigentlich unvereinbare Eigenschaften haben. Neben einer hohen Zähigkeit in der Endanwendung müssen sie sich im Herstellungsprozess an einem bestimmten Punkt spröde brechen lassen. Die chemische Zusammensetzung muss daher an diese Anwendung gut angepasst werden (Tabelle 4-3.16).

4-3.10 Stähle für Einspritzsysteme in Dieselmotoren

Die erste Idee für eine Einrichtung, bei der die Kraftstoffeinspritzung unabhängig von der Stellung der Kurbelwelle erfolgen konnte, stammt aus dem Jahr 1930 (Bartsch o. J.). Eine vom Motor angetriebene Kraftstoffpumpe versorgt eine Verteilerleiste (Common-Rail), mit der die Einspritzventile über kurze Rohrleitungen verbunden sind. Die Einspritzventile werden durch Magnete geöffnet und durch die Federkraft geschlossen. Diese grundlegenden Gedanken sind das Prinzip der Common-Rail-Einspritztechnologie (Bild 4-3.9).
Die Fertigung in Großserien erfolgte im Jahr 1997. Damals lag der Einspritzdruck in dem Dieselmotor bei etwa 1300 bar. Inzwischen werden Drücke von 2200 bar in Diesel-PKWs erreicht, mit dem Ziel, die Drücke auf rd. 3000 bar zu erhöhen. Bei den Motoren, die mit höheren Drücken betrieben werden, erfolgt die Steuerung des Einspritzvorgangs statt über Magnetventile über solche, die den Piezoeffekt nutzen (Bartsch o. J.). Der Einspritzvorgang erfolgt etwa viermal schneller als der Hub eines Magnetventils. Zudem wird das Injektorverhalten in Bezug auf die Stabilität und Reproduzierbarkeit des Einspritzvorgangs im Vergleich zu dem Magnetventil verbessert. Durch diese Technik werden der Kraftstoffverbrauch und die Schadstoffemissionen erheblich gesenkt. Die Piezoaktoren bestehen aus vielen feinsten Keramikplättchen, die einen Stapel (Stack) von einer Höhe von etwa 30 mm bilden. Die obere und untere Seite des Stacks wird mit einer hauchdünnen Schicht eines guten elektrischen Leiters als Elektrode bedrückt. Bei Anlegen einer elektrischen Spannung dehnt sich der Keramikstapel aus (Bild 4-3.10).
Der Common-Rail (Verteilerleiste) wird bis zu Drücken von rd. 2200 bar in der Regel aus dem AFP-Stahl (ausscheidungshärtender ferritisch-perlitischer Stahl) 38MnSiVS6 nach DIN EN 10267 geschmiedet und spanabhebend bearbeitet. Für höhere Drücke werden die

Tabelle 4-3.16 Beispiel eines Stahls für Pleuel nach ISO 683-12 und DIN EN 10027 (typische Werte)

Kurzname	Werkstoff-nummer	Legierungsanteile in Massen-%							
		C	Si	Mn	P	Ni	Cr	S	V
C70S6	1.0603	0,71	0,2	0,6	max. 0,03	0,065	0,1	0,06	0,04

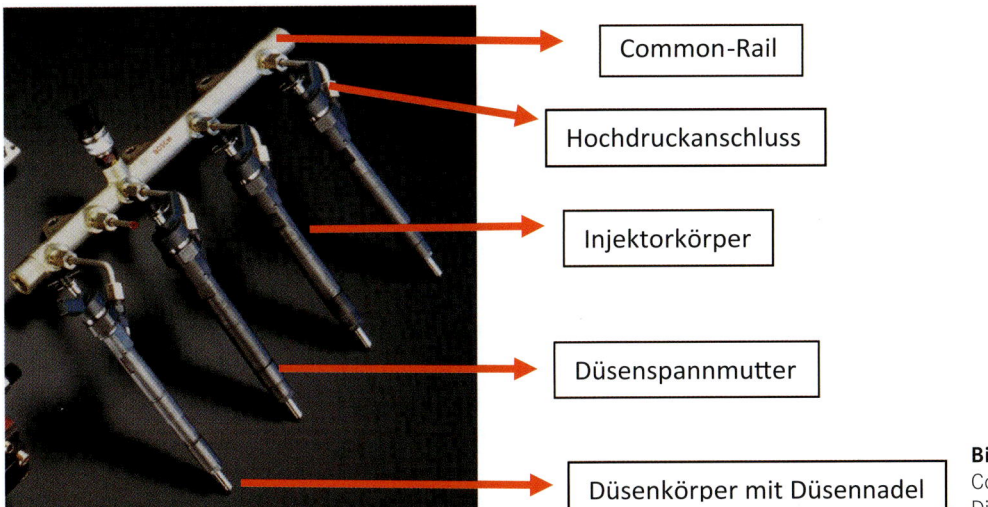

Common-Rail

Hochdruckanschluss

Injektorkörper

Düsenspannmutter

Düsenkörper mit Düsennadel

Bild 4-3.9
Common-Rail-Einspritzung in
Dieselmotoren

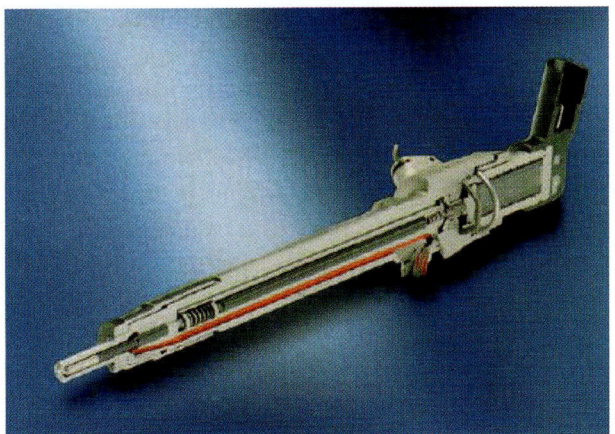

Bild 4-3.10 Piezodieselinjektor im Schnitt

Common-Rails aus höherlegierten Stählen mit Cr- und Mo-Zusätzen eingesetzt (Tabelle 4-3.17).

Der Injektor wird bis zu Drücken von etwa 2200 bar aus einem Stahl mit rd. 0,45 % C und mit Zusätzen von Legierungselementen, die die spanabhebende Bearbeitung fördern (wie z. B. Schwefel und geringe Zusätze von Blei), legiert. Für die höheren Druckstufen sind auch legierte Cr- und Mo-haltigen Stähle vorgesehen.

Die Düsenspannmutter, die den Injektorkörper mit dem Düsenkörper verbindet, wird aus einem Kohlenstoffstahl mit rd. 0,45 % C und mit geringen Zusätzen von Elementen zur Förderung der spanabhebenden Bearbeitung hergestellt. Die Düsenspannmutter wird entweder im weichgeglühten Zustand spanabhebend bearbeitet und anschließend auf eine Festigkeit von rd. 1150 MPa vergütet oder im vorvergüteten Zustand zerspant.

Der Düsenkörper wird aus dem Werkstoff 18CrNi8 (Werkstoff-Nr. 1.5920) mit rd. 0,18 % Kohlenstoff sowie jeweils rd. 2,0 % Chrom und Nickel gefertigt. Der Düsenkörper wird kaltfließgepresst und im einsatzgehärteten Zustand bei einer Oberflächenhärte von rd. 60 HRC eingesetzt. Diese hohe Härte ist notwendig, um den Verschleiß an der Spitze des Düsenkörpers durch die ständige Bewegung der Düsennadel gering zu halten.

Die Düsennadel wird aus dem Schnellarbeitsstahl 1.3343 hergestellt und weist eine hohe Verschleißbeständigkeit auf. Die Düsennadel wird aus geschliffenem Stabstahl in der Abmessung 4 bis 5 mm spanabhebend bearbeitet und anschließend zum Erreichen einer hohen Härte (~ 60 H_{Rc}) vergütet. Der geschliffene Stabstahl muss möglichst frei von Eigenspannungen vorliegen, damit die Düsennadel nach der Vergütung

Tabelle 4-3.17 Beispiele von Stählen für das Common-Rail nach DIN EN 10267, DIN EN 10083 und DIN EN 10027 (typische Werte)

Kurzname	Werkstoffnummer	Legierungsanteile in Massen-%						
		C	Si	Mn	Mo	Cr	N	V
38MnSiVS6	1.1303	0,38	0,7	1,5	max. 0,08	max. 0,3	0,015	0,15
42CrMo4	1.7225	0,42	0,25	0,75	0,22			

Tabelle 4-3.18 Beispiele von Stahlsorten für Injektoren, Düsenspannmuttern und Düsenkörper nach DIN EN 10083 und DIN EN 10027 (typische Werte)

Kurzname	Werkstoffnummer	Legierungsanteile in Massen-%							
		C	Si	Mn	P	S	Cr	Ni	Pb
C45 mod	1.1191	0,45	0,2	0,8	max. 0,045	0,03			
C45 Pb	1.0504	0,45	0,2	0,8	max. 0,045	0,028			0,25
18CrNi8	1.5920	0,18					2,0		

möglichst wenig Verzug aufweist. Das nachträgliche Richten der Düsennadel ist kostspielig und führt zur Reduzierung des Ausbringens bei der Fertigung.

4-3.11 Erwartete Entwicklungen für Langprodukte in der Antriebstechnik für den Automobilbau

Die Automobilindustrie ist vor allem von der Forderung zur Reduzierung der Emissionen bzw. des Kraftstoffverbrauchs getrieben. Eine Reduzierung des Fahrzeuggewichts und die Weiterentwicklung der Antriebstechnik sind hier erkennbare Lösungsansätze der Automobilindustrie. In der Antriebstechnik sind aktuell mehrere mögliche Entwicklungsrichtungen in der Diskussion:

1. Weiterentwicklung der mit Benzin- oder Dieselkraftstoff betriebenen Verbrennungsmotoren
2. Hybridantriebe in den verschiedenen Variationen
3. Elektroantriebe
4. Wasserstoffbetriebene Brennstoffzellen
5. Wasserstoffbetriebener Verbrennungsmotor.

Neben dem Gesetzgeber beeinflussen auch die Wünsche der Verbraucher die Entwicklung der Marktanteile der verschiedenen Varianten. Ferner ist zu erwarten, dass auch die Entwicklung des autonomen Fahrens einen Einfluss auf die Antriebstechnik haben wird. Alle Varianten im Detail in ihren Auswirkungen auf den Stahleinsatz zu durchleuchten, würde den Rahmen dieses Kapitels sprengen. Aus diesem Grund werden nur einige zu erwartende Hauptentwicklungsrichtungen beschrieben.

Die Variante 1 ist im Schwerpunkt eine Effizienzsteigerung von Verbrennungsmotoren. Für die eingesetzten Stähle bedeutet dies eine höhere Belastung durch höhere Einspritzdrücke, höhere Drehmomente und „Downsizing" (Reduzierung der Anzahl der Zylinder bei gleicher Leistung). Man kann daher von einem verstärkten Einsatz von höherfesten Stählen und neuen Stahlsorten wie etwa bainitischen Stählen ausgehen. Weiterhin ist davon auszugehen, dass Fehlstellen im Stahl ein erhöhtes Risiko für Bauteilversagen darstellen. Die Anforderungen an den sulfidischen und oxidischen Reinheitsgrad werden also größer werden. Derzeit sind nicht nur Automatenstähle, sondern auch viele Vergütungsstähle mit Schwefel und anderen zerspanungsfördernden Elementen legiert. Die Wirkung dieser Elemente beruht auf Ausscheidungen (Fehlstellen), die zum Sprödbruch neigen und somit den Spanbruch fördern. Diese Eigenschaft bleibt allerdings auch im fertigen Bauteil erhalten. Die Forderung nach einem besseren sulfidischen Reinheitsgrad durch reduzierte Schwefelgehalte kann von westeuropäischen Stahlwerken ohne große Probleme gewährleistet werden. Die Zerspanungstechnik muss allerdings weiterentwickelt werden, um die Fertigungskosten im Griff zu halten.

Bei den Varianten 2 und 3 sind zusätzliche Batterien erforderlich, die das Fahrzeuggewicht erheblich erhöhen. Der Hauptfokus ist hier bei der Gewichtsreduzierung zu sehen. In Hybridfahrzeugen sind außerdem in der Regel kleinere Verbrennungsmotoren im Einsatz, die häufig mit einem unkritischeren Drehzahlkollektiv betrieben werden. Die Belastungen steigen nicht ganz so stark wie bei der Variante 1. Es ist allerdings auch bei diesen beiden Varianten von einem verstärkten Einsatz von höherfesten Stählen auszugehen, um das Fahrzeuggewicht wieder zu reduzieren.

Die Varianten 4 und 5 sind am schwierigsten zu bewerten, da aktuell nur wenige marktreife Fahrzeuge weltweit zu finden sind. Diese Technologien könnten starken Rückenwind erfahren, wenn Wasserstoff als Energiespeicher im Rahmen der Energiewende stärker gefördert wird. In wasserstoffbetriebenen Verbrennungsmotoren sind hohe Festigkeiten und eine gute

Beständigkeit gegen Wasserstoffversprödung die Hauptanforderungen. Aktuell im Markt eingesetzte Stahlsorten haben nicht alle ein geeignetes Eigenschaftsprofil. Neue hochfeste Stahlsorten und weitere Forschung zur Wasserstoffversprödung werden hier in den nächsten Jahren Abhilfe schaffen.

Im Fahrwerksbereich ist ein Ziel, die Massen zu reduzieren. Stähle mit höheren Festigkeiten können auch hier helfen, dieses Ziel zu erreichen. Da das Fahrwerk immer korrosionsgefährdet ist, spielt auch hier für höherfeste Stähle die Wasserstoffversprödung eine große Rolle. Dieses Thema wird schon seit Jahren in der Entwicklung berücksichtigt. Neue Stahlsorten, die eine geringe Neigung zu Wasserstoffversprödung zeigen, und neue Beschichtungssysteme zum Korrosionsschutz von Stahl schaffen hier Abhilfe.

Der Werkstoff Stahl ist aufgrund seiner Vielseitigkeit in der Lage, für viele neue Herausforderungen in der Anwendung die richtige Lösung bereitzustellen.

Literatur zu Kapitel 4-3

Bartsch, C.: Piezo-Diesel-Einspritzung. Die Bibliothek der Technik Band 282, Verlag Moderne Industrie, Landsberg 2006

Janßen, P.; Fricke, I.; Voll, U.: AutoMetForm/SFU, Freiberg 2014, S. 130 – 137

Alle im Text erwähnten Normen sind in einer Liste zusammengefasst (Seite 889).

4

Leichtbau mit massiv-umgeformten Komponenten in der Automobilindustrie

Hans-Willi Raedt, Frank Wilke, Christian-Simon Ernst

4-4.1 Motivation für Leichtbau

Leichtbau ist in der Automobilindustrie seit langem ein Megatrend. Mit Beginn der Ölkrise in den 1970ern steht die Reduzierung des Verbrauchs von Antriebsenergie im Fokus der Automobilhersteller. Konträr dazu sind allerdings die Entwicklungstendenzen zur Steigerung von Leistung, Komfort und Sicherheit der Fahrzeuge. Diesem Dilemma kann mit Leichtbauanstrengungen entgegengewirkt werden: Durch die Reduzierung der Masse von Fahrzeugkomponenten kann das Fahrzeug mit weniger Antriebsenergie bewegt werden.

Im Bereich der Bleche, vor allem mit Fokus auf Karosse, Türen und Klappen sowie teilweise im Fahrwerk, haben vor allem die Projekte der ULSAx-Familie (*www.worldautosteel.org/projects*) beeindruckende Fortschritte in Richtung Leichtbau demonstriert. Massivumgeformte Komponenten im Fahrzeug erleben nun neben den translatorischen Beschleunigungen vor allem in Motor, Getriebe und Antriebsstrang rotatorische Beschleunigungen. Im Fahrwerk bestimmt ihre Masse

sowohl Fahrverhalten und Federungsenergieverluste als auch Komfort. Aus diesen Gründen macht es in mehrfacher Hinsicht Sinn, sich mit dem Leichtbau an massivumgeformten Komponenten zu beschäftigen. Zum Verständnis der Ideen, die in der Initiative Massiver Leichtbau erarbeitet wurden, ist es aber sehr sinnvoll, kurz in die Grundlagen der massivumgeformten Komponenten einzusteigen.

4-4.2 Massivumformung im Automobilbau

Die Massivumformung ist die Umformart, bei der mit Draht oder Stange als Ausgangsmaterial gearbeitet wird. Dabei werden komplex geformte Bauteile erzeugt. Umformbauteile sind wirtschaftlich, wenn im Vergleich zur Zerspanung eine bessere Werkstoffausnutzung erreicht werden kann oder die Prozesskosten zerspanend

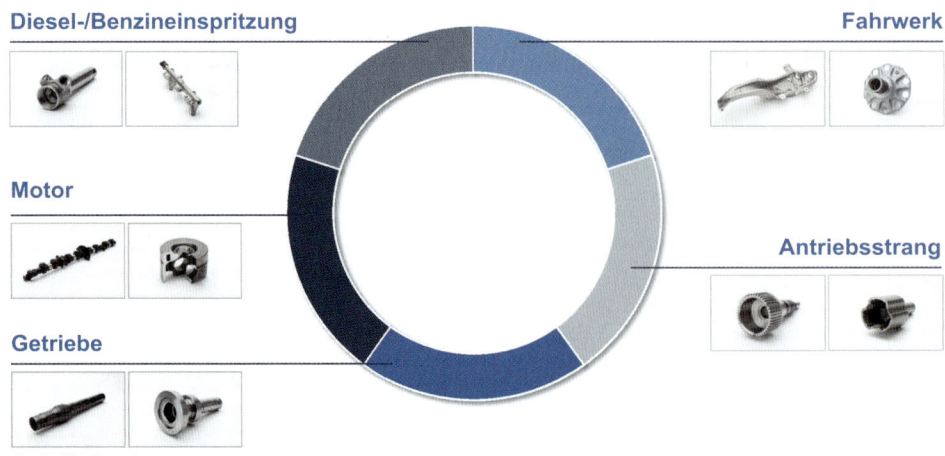

Diesel-/Benzineinspritzung

Motor

Getriebe

Quelle: Hirschvogel

Fahrwerk

Antriebsstrang

Bild 4-4.1
Übersicht über umgeformte
Bauteile im Automobil

höher liegen. Im Vergleich zu Gieß- oder Sinterverfahren weisen umgeformte Bauteile bessere Werkstoffeigenschaften auf.

Massivumgeformte Bauteile finden sich im Automobil in der Kraftstoffeinspritzung, im Motor, im Getriebe, im weiteren Antriebsstrang sowie im Fahrwerk (Bild 4-4.1). In der Karosserie finden sich aus der Massivumformung vor allem Verbindungselemente.

4-4.3 Prozesse der Massivumformung

Die Massivumformung wird unterteilt in die Warmmassivumformung bei Temperaturen zwischen 1100 °C und 1250 °C, die Halbwarmumformung zwischen 720 °C und 950 °C und die Kaltumformung, bei der der Werkstoff vor der Umformung keine Erwärmung erfährt (Bild 4-4.3). Zumeist werden die Bauteile indus-

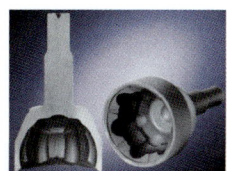

| 20 °C | 720 °C-950 °C | ~1200 °C |
| Kaltumformung | Halbwarmumformung | Warmumformung |

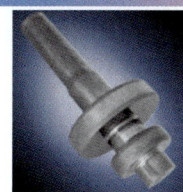
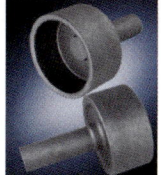

Quelle: Hirschvogel

Bild 4-4.2
Verschiedene Prozesse der Massivumformung

4

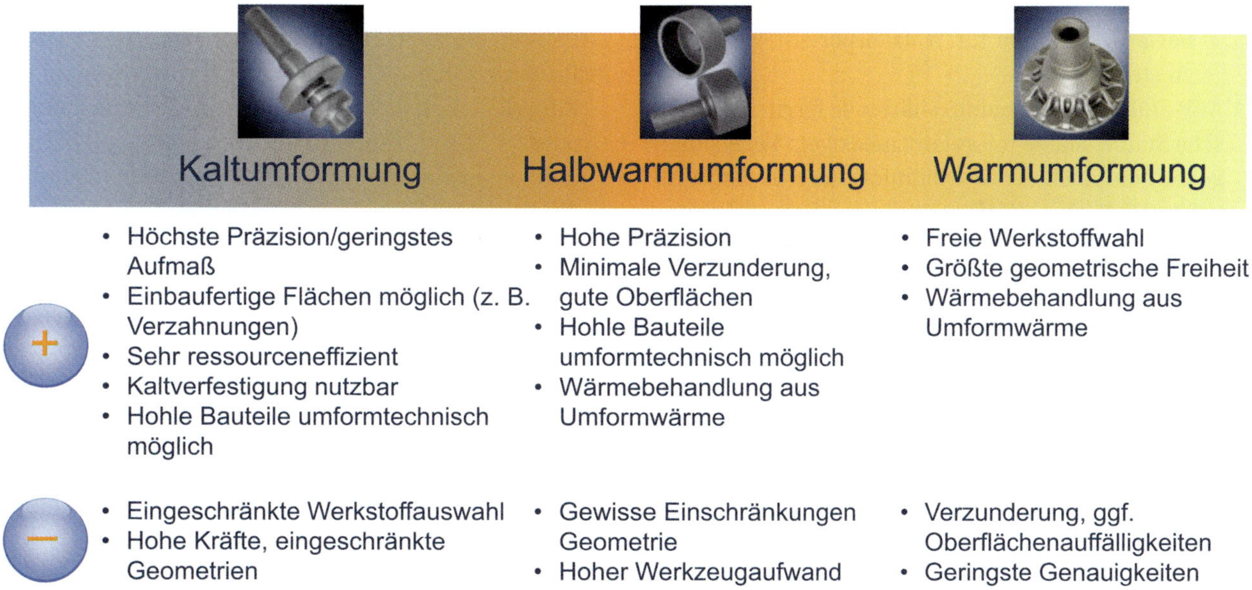

| Kaltumformung | Halbwarmumformung | Warmumformung |

+

- Höchste Präzision/geringstes Aufmaß
- Einbaufertige Flächen möglich (z. B. Verzahnungen)
- Sehr ressourceneffizient
- Kaltverfestigung nutzbar
- Hohle Bauteile umformtechnisch möglich

- Hohe Präzision
- Minimale Verzunderung, gute Oberflächen
- Hohle Bauteile umformtechnisch möglich
- Wärmebehandlung aus Umformwärme

- Freie Werkstoffwahl
- Größte geometrische Freiheit
- Wärmebehandlung aus Umformwärme

–

- Eingeschränkte Werkstoffauswahl
- Hohe Kräfte, eingeschränkte Geometrien

- Gewisse Einschränkungen Geometrie
- Hoher Werkzeugaufwand

- Verzunderung, ggf. Oberflächenauffälligkeiten
- Geringste Genauigkeiten

Quelle: Hirschvogel

Bild 4-4.3 Vergleich der Vor- und Nachteile der Kalt-, Halbwarm- und Warmumformung

triell in einer bis zu fünf Stufen von der zylindrischen oder kubischen Ausgangsform in die komplexe finale Form gebracht. Hierbei werden die Umformteile manuell oder automatisch von Stufe zu Stufe transportiert, was die Ausbringung der Maschine und die Wirtschaftlichkeit des Verfahrens stark beeinflusst.

4-4.4 Übersicht über die verwendeten Werkstoffe

In der Massivumformung für die Automobilindustrie werden überwiegend Stähle eingesetzt, die in der Rohstahlroute im Hochofen aus Erz oder aber in der Elektrostahlroute aus recyceltem Schrott erzeugt werden. Der größte Teil der Stähle für die Massivumformung wird im Strang vergossen. Die Breite an verwendeten Stählen ist sehr groß. Dies sind im Einzelnen:

- Niedriglegierte C-Stähle: Für einfache Anwendungen ohne größere Festigkeitsanforderungen.
- Induktivhärtbare Stähle: Weitgehend niedriglegiert, mit einem gewissen Kohlenstoffgehalt. Dieser ermöglicht eine Induktivhärtung, um
    - bei niedrigerem Kohlenstoffgehalt (0,25 % – 0,4 %) die Schwingfestigkeit zu erhöhen oder Lagersitzfunktionen zu gewährleisten bzw.
    - bei höherem Kohlenstoffgehalt (ca. 0,5 %) hochharte Oberflächen für Wälzkörper zur Verfügung zu stellen.
- AFP-Stähle: Ausscheidungshärtende ferritsch-perlitische Stähle. Stähle mit relativ niedrigem Legierungsgehalt, die nach der Warmumformung in den ferritisch-perlitischen Gefügezustand umwandeln und durch eine gezielte Mikrolegierung mit Vanadium und/oder Niob bei der Abkühlung eine Ausscheidungshärtung erfahren. Diese Stähle erzielen fast das Festigkeitsniveau von Vergütungsstählen, aber ohne teure Legierungselemente und ohne die aufwändigere Vergütungsbehandlung.
- Einsatzstähle: Stähle mit niedrigem Kohlenstoffgehalt (0,15 % – 0,25 %) und einer Zulegierung von härtbarkeitssteigernden Elementen. Diesen Stählen wird bei der Wärmebehandlung in der Randschicht Kohlenstoff eindiffundiert. Sie besitzen nach dem Vergüten eine harte Randschicht, die z. B. für Zahnradkontakte den notwendigen Widerstand darstellt, und

gleichzeitig einen zähen Kern, der stoßartige Belastungen aufnimmt.

- Vergütungsstähle: Stähle mit einem so hohen Gehalt an härtbarkeitssteigernden Elementen, dass beim Vergüten die angestrebte martensitische Gefügeumwandlung bis in den Kern hinein vollständig erfolgt.
- Bainitische Stähle: Eine recht neue Stahlgruppe für die Massivumformung. Sie sind für die Warm- und Halbwarmumformung konzipiert und besitzen einen so hohen Gehalt an härtbarkeitssteigernden Elementen, dass bei der Abkühlung an Luft bis in den Kern ein bainitisches Gefüge erzielt wird. Die bainitischen Stähle kombinieren damit das Festigkeits- und Zähigkeitsniveau von Vergütungsstählen mit den Kosten der AFP-Stähle.
- Nitrierstähle: Stähle, die zumeist wie Vergütungsstähle konzipiert sind, die aber bis in den Kern gehärtet werden können. Diese Stähle sind zudem mit Legierungselementen versetzt, die mit Stickstoff Verbindungen eingehen und damit in einer Nitrierwärmebehandlung eine hochharte Randschicht erzeugen.
- Wälzlagerstähle: Stähle, die nach der Wärmebehandlung eine Randschicht aufweisen, die Wälzbelastungen widerstehen kann. Darunter fallen die klassischen Wälzlagerstähle, die durchhärtend sind und zur Erzielung eines hohen oxidischen Reinheitsgrades einen hohen Kohlenstoffgehalt aufweisen, aber auch Einsatz- und induktivhärtbare Stähle. Der Wälzlagerstahl 100Cr6 wird für hochbelastete Anwendungen im Dieseleinspritzbereich auch im bainitisierten Zustand eingesetzt.
- Rostfreie Stähle: Für gewisse Anforderungen an die Korrosionsfestigkeit z. B. für benzinführende Bauteile oder im Abgasstrang werden hochlegierte Stähle eingesetzt. Ein genügend hoher Chromgehalt erzeugt die Korrosionsfestigkeit; die weiteren Legierungselemente werden je nach Anforderung an Festigkeit und Korrosionsverhalten zugegeben.

Bei Anwendungen, bei denen keine besondere Härte an der Oberfläche eingestellt werden muss, die nur strukturelle Festigkeit benötigen und die größere Entfernungen zwischen Anbindungspunkten überbrücken, kann unter dem Aspekt Leichtbau auf Aluminium gesetzt werden. Bei einer Festigkeit der automobiltypischen AlMgSi-Legierungen von 400 MPa bei nur ungefähr einem Drittel der Dichte von Stahl erfährt der Werkstoff Stahl hier eine Konkurrenzsituation. Je nach Anspruch des finalen Fahrzeugs fällt vor allem im Oberklassebereich bei der Abwägung der Leichtbaukosten die Wahl auf geschmiedetes Aluminium, vor allem im Fahrwerkbereich.

4-4.5 Weiterveredlung

Ein Großteil der massivumgeformten Bauteile erfährt nach der Umformung noch eine spanende Weiterveredlung und – je nach Werkstoff und Anforderung – weitere Wärmebehandlungen. Die spanenden Bearbeitungen sind dabei z. B. Drehen, Fräsen und Bohren. Je nach Anforderung und Stahlgruppe kommen Wärmebehandlungen wie Einsatzhärten, Induktivhärten, Nitrieren sowie Bainitisieren zur Anwendung. Je nach geometrischer Forderung können dann noch Hartbearbeitungen wie Schleifen, Läppen oder Finishen (Erzielen geringer Rauheiten) eingesetzt werden.

Die Initiative Massiver Leichtbau: Konsortium und Vorgehensweise

Verschiedene Unternehmen der Massivumformung haben sich in den letzten Jahren schon intensiv mit dem Thema Leichtbau auseinandergesetzt. Neu entwickelte Werkstoffe beinhalten Leichtbaupotenzial. Die Weiterentwicklung massivumformtechnischer Möglichkeiten, nicht zuletzt durch die intensive Anwendung von FEM-Stoffflusssimulationen, bietet Ansätze zur Gewichtsreduzierung. Die Umsetzung dieser Möglichkeiten erfordert aber die Kommunikation entlang der langen, sehr taylorisierten Prozesskette massivumgeformter Komponenten: Stahlhersteller, Umformer, Zerspaner, Wärmebehandler, Systemhersteller, OEM – viele Beteiligte müssen eingebunden werden. Zur Förderung der Bereitschaft zu dieser Kommunikation müssen aber die enormen Potenziale der Massivumformung für den Leichtbau erkannt, kommuniziert und verstanden sein. Vor dieser Aufgabe stehen alle Beteiligten der Stahlhersteller- und Massivumformerbranche. Bei gleichgerichteten Zielen macht es Sinn, die Energien vorwettbewerblich zu bündeln: Aus diesem Grund haben sich 2012 24 Unternehmen der Stahlherstellung und der Massivumformung zur Initiative Massiver Leichtbau zusammengeschlossen, um in der ersten Projektphase an einer Mittelklasselimousine das Leichtbaupotenzial gesamtheitlich aufzuzeigen. Aufgrund des großen Interesses an dieser branchenübergreifenden Aktivität wurde 2015 eine zweite Phase gestartet, in der ein leichtes Nutzfahrzeug (LNfz) zum Studienobjekt wurde. An der zweiten Phase waren 28 Firmen beteiligt.

In beiden Phasen wurde ein gebrauchtes Fahrzeug beschafft und bei der Forschungsgesellschaft Kraftfahrwesen fka an der RWTH Aachen vollständig demontiert. In Hands-On-Workshops wurden die Komponenten von Experten der beteiligten Firmen analysiert. Hier wurden zu zahlreichen Komponenten Leichtbauvorschläge erarbeitet, die auf werkstoffliche, geometrische oder konzeptionelle Art zu einer Gewichtseinsparung führen.

Die erzeugten Leichtbauideen wurden klassifiziert: Wie viel Prozent des Gewichts lassen sich einsparen, wie wird die Entwicklung der Fertigungskosten eingeschätzt und welchen Umsetzungsaufwand erwartet der Ideengeber? Mit diesen Klassifizierungsdaten lässt sich ein Überblick zur sinnvollen Priorisierung der Leichtbauvorschläge anfertigen. Die Ideen werden in drei Kategorien in einer Portfolio-Grafik eingeteilt. Auf der horizontalen Achse werden Ideen je nach Kostenauswirkung und Umsetzungsaufwand (mit Gewichtung 2:1) dargestellt, auf der vertikalen Achse Leichtbaupotenzial (Bild 4-4.4).

Die erste Kategorie der Ideen beinhaltet die „Quick Wins". Diese Ideen sollten schnell und mit hoher Priorität verfolgt werden. Sie bieten Gewichtsreduzierung ohne oder mit nur geringen Mehrkosten und verursachen gleichzeitig wenige bis keine Schwierigkeiten bei der Umsetzung. Die Initiative Massiver Leichtbau möchte jedoch betonen, dass dies nicht als Kritik jeglicher Art an den Konstrukteuren des Fahrzeugherstellers missverstanden werden darf. Diese Ideen stellen Vorschläge dar, um den aktuellen Stand der Technik von Schmiede- und Materialtechnologien (vor allem moderne Stahllösungen) zur Unterstützung des Megatrends Leichtbau zu realisieren.

Die zweite Kategorie umfasst die Ideen mit ausgeglichenem Leichtbaupotenzial. Sie bieten Gewichtseinsparungen zu erhöhten Kosten am einzukaufenden Massivumformbauteil. Hier muss aber betrachtet werden, ob nicht z. B. ein umformtechnisch eingebrachter Hohlraum zwar zu einem höheren Einkaufspreis am höher wertgeschöpften Umformbauteil führt, aber in den weiteren Prozessschritten dann kein Bohrprozess mehr notwendig ist – die Kostenbilanz am einbaufertigen Bauteil also durchaus vorteilhaft sein kann.

Die dritte Kategorie ist die Gruppe der „Harten Nüsse". Hierbei steigen Kosten und Aufwand stärker an. Es

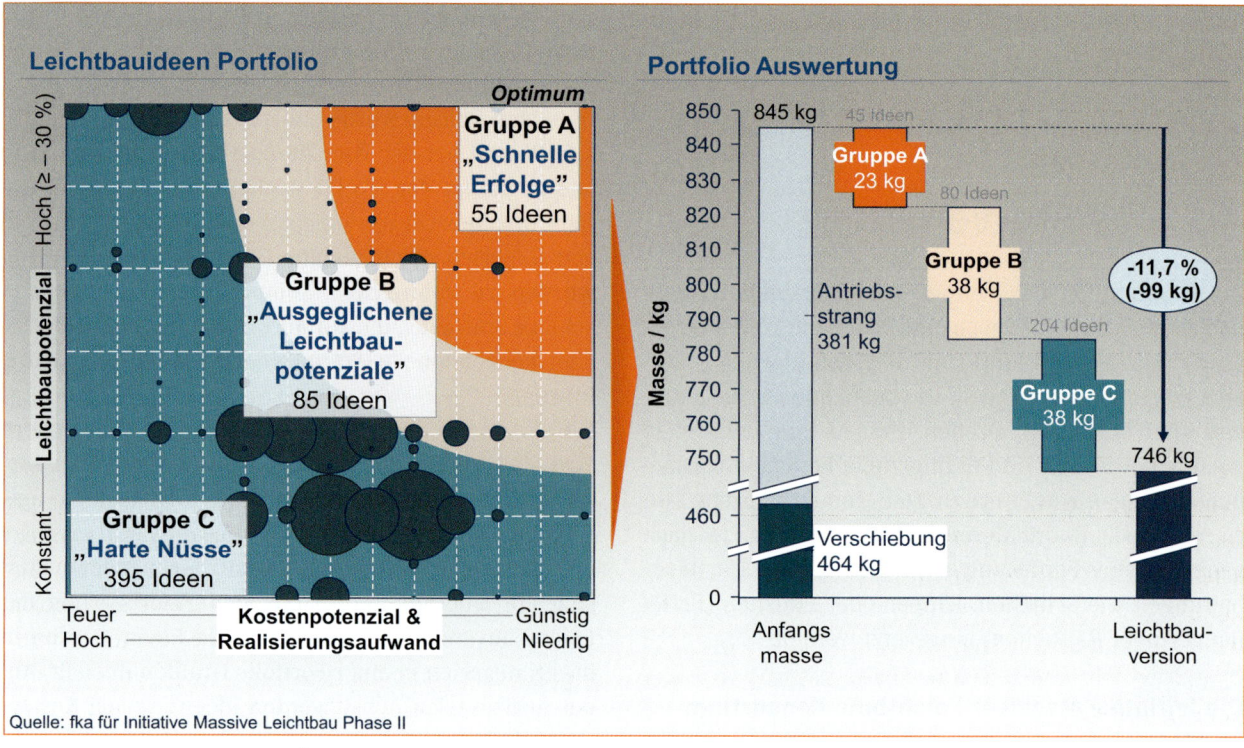

Bild 4-4.4 Ideenklassifizierung: Überblick der drei Kategorien von Leichtbaupotenzialen und ihrer Auswirkungen auf die Gewichtsersparnis am Beispiel der Phase II „Leichtes Nutzfahrzeug"

ist zu beachten, dass diese Aufwände mit anderen Leichtbauoptionen am Fahrzeug, welche derzeit die Schlagzeilen beherrschen (CFK, Stahlblech, Kunststoffe), eingehend verglichen werden müssen. Die Massivumformung ist eine anerkannte Technologie und ermöglicht günstigere Leichtbaukosten pro Kilogramm eingespartes Gewicht als viele andere Fertigungsverfahren, wenn man ihr die entsprechende Aufmerksamkeit gewährt, was eines der Hauptziele der Initiative Massiver Leichtbau ist.

Für das gesamte Fahrzeug in Phase I wurde ein Gesamtleichtbaupotenzial durch alternative Werkstoffe, Leichtbauschmiedeauslegung und Leichtbaukonzepte von 42 kg identifiziert. In Phase II betrugen diese am leichten Nutzfahrzeug insgesamt 99 kg. Die auf Stahl beruhenden Leichtbaupotenziale lagen in der Phase II bei 65 kg. Da dieses Fahrzeug einen höheren Anteil an eisenbasierten Lösungen aufweist (z. B. Eisengussteile) als der in Phase I analysierte Pkw, tragen die auf Nichteisenmetallen basierenden Ideen ein weiteres Leichtbaupotenzial von 34 kg bei. Bei Anwendung der besten Leichtbauideen würde sich das Gewicht von Antriebsstrang und Fahrwerk in diesem Fahrzeug um 11,7 % reduzieren lassen.

4-4.6 Ideen mit Leichtbaupotenzial

Viele der Gewichtseinsparungen wurden in erster Linie dadurch erreicht, dass Material an Stellen weggenommen wurde, an denen es nicht benötigt wird. Die breiten und gleichzeitig im Vergleich zur Zerspanung kostengünstigen Gestaltungsmöglichkeiten der Massivumformtechnologie wurden besser ausgenutzt. Zweitens wurden Stähle mit höherer Leistungsfähigkeit für Leichtbauanwendung vorgeschlagen. An ausgewählten Komponenten ermöglichten geschmiedete Aluminiumlegierungen an Stelle von Gusseisen oder stahlblechbasierten Komponenten Gewichtseinsparungen. Die wirtschaftliche Machbarkeit dieser Vorschläge muss, wie in allen Fällen, eingehend überprüft werden. Schließlich erfüllten einige konzeptionelle Ideen die vorgegebenen funktionellen Anforderungen an die Bauteile und Teilsysteme mit weniger Gewicht. Die folgenden Beispiele zeigen das Spektrum an werkstofflichen, gestalterischen und konzeptionellen Leichtbauideen aus PKW und LNfz. Bei Angabe prozentualer Gewichtsverhältnisse ist stets die vorgefundene

Komponente x Prozent schwerer als die Leichtbauvariante.

Im Bereich der Stahlwerkstoffe für Schmiedeteile gibt es viele neue Entwicklungen. So kommen z. B. bainitische Güten auf den Markt, die ähnlich kostengünstig verarbeitet werden können wie AFP-Stähle, d. h. ohne zusätzliche Vergütungsbehandlung, die aber mechanische Kennwerte wie Vergütungsstähle erreichen (Bild 4-4.5). Mit dem Einsatz dieser Stähle kann Leichtbaupotenzial kostengünstig gehoben werden. Ein Beispiel ist die Anhängerkupplung, die mit einem festeren und gleichzeitig zäheren Stahl leichter dimensioniert werden kann.

Der Einsatz von Leichtmetallen im Vergleich zum Stahl kann an einigen Stellen zu Leichtbaulösungen führen. Bild 4-4.5 zeigt rechts ein Fahrwerklager an der Hinterachse, bei dem von Stahl auf hochfestes Aluminium mit größerer Auflagefläche umgestellt wurde. Zudem ist das Bauteil hohl ausgeführt mit innerem Hinterschnitt. Beides ist kaltumformtechnisch ohne weiteres kostengünstig umsetzbar.

Aber auch weitere stahltechnische Entwicklungen besitzen ein hohes Leichtbaupotenzial: Die Verwendung von Verbindungselementen mit höherer Festigkeitsklasse könnte über die hohe Anzahl dieser Bauteile im Fahrzeug einen signifikanten Beitrag zum Leichtbau erbringen, und zwar dort, wo die Festigkeitsklasse die auslegungsbestimmende Größe ist und nicht z. B. die Festigkeit des anzuschraubenden Bauteils.

Der Motor ist direkt auf der Vorderachse platziert und trägt zusammen mit dem Getriebe entscheidend zum Fahrzeuggewicht bei. Diese Bauteile sind großen Belastungen und sehr hohen Ermüdungszyklen ausgesetzt. Dennoch sind Gewichtseinsparungen an diesen Komponenten möglich. Im Bild 4-4.6 sind einige Beispiele von Leichtbauvorschlägen dargestellt. Pleuelstangen im Verbrennungsmotor weisen in nahezu allen Motoren weltweit eine ähnliche Form auf. Kürzlich wurden neue Geometrien zur Gewichtsreduzierung vorgeschlagen, die jedoch eine ähnliche Steifigkeit, Knicklast und Belastbarkeit aufwiesen. Zusammen mit einem optimierten Stahl könnte das Pleuelstangengewicht um 10 % verringert werden. Die Kurbelwelle ist eine der schwersten Einzelkomponenten im Motor. Neue Stähle und geometrische Optimierungen könnten, insbesondere in Kombination, zu bedeutenden Gewichtsreduzierungen führen. Im Kraftstoffeinspritzsystem können sowohl beim Dieselpumpengehäuse als auch beim Hochdruckpumpendeckel durch Ausschöpfen des vollen Potenzials der freien Gestaltungsmöglichkeiten der Umformtechnik Gewichtseinsparungen realisiert werden. Im Bild 4-4.6 nicht dargestellt, aber dennoch erwähnenswert: Das Common-Rail dieses Fahrzeugs kann 293 g leichter sein, was bedeutet, dass das Serien-

4

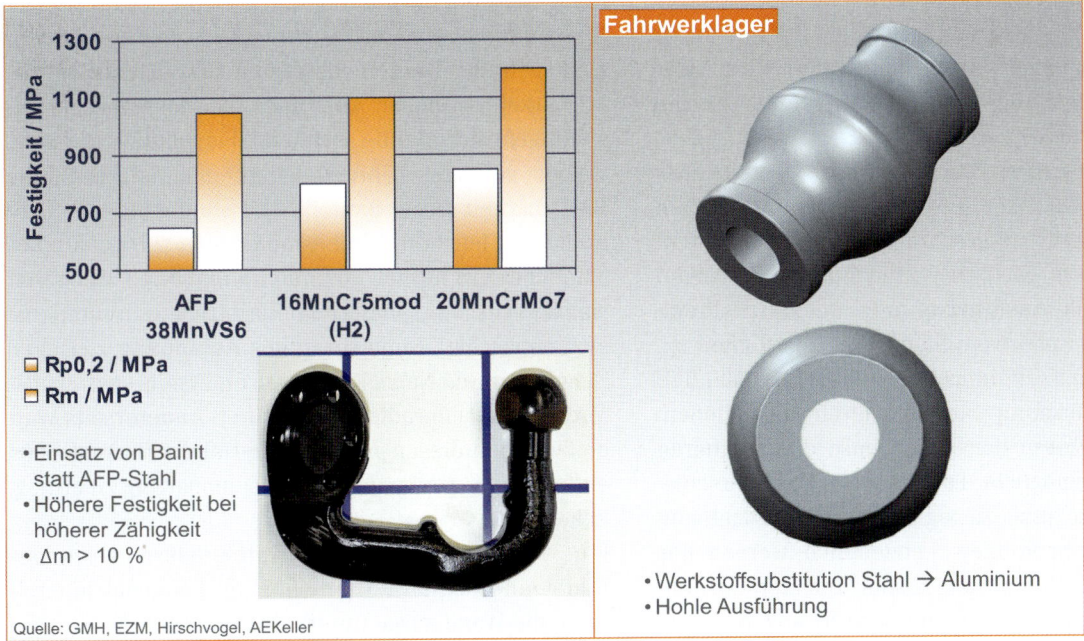

Fahrwerklager

- Einsatz von Bainit statt AFP-Stahl
- Höhere Festigkeit bei höherer Zähigkeit
- Δm > 10 %

- Werkstoffsubstitution Stahl → Aluminium
- Hohle Ausführung

Quelle: GMH, EZM, Hirschvogel, AEKeller

Bild 4-4.5 Werkstoffideen: werkstofftechnische Leichtbaupotenziale (AFP-Stahl gegenüber den bainitischen Stählen 16MnCr5mod/(H2) und 20MnCrMo7)

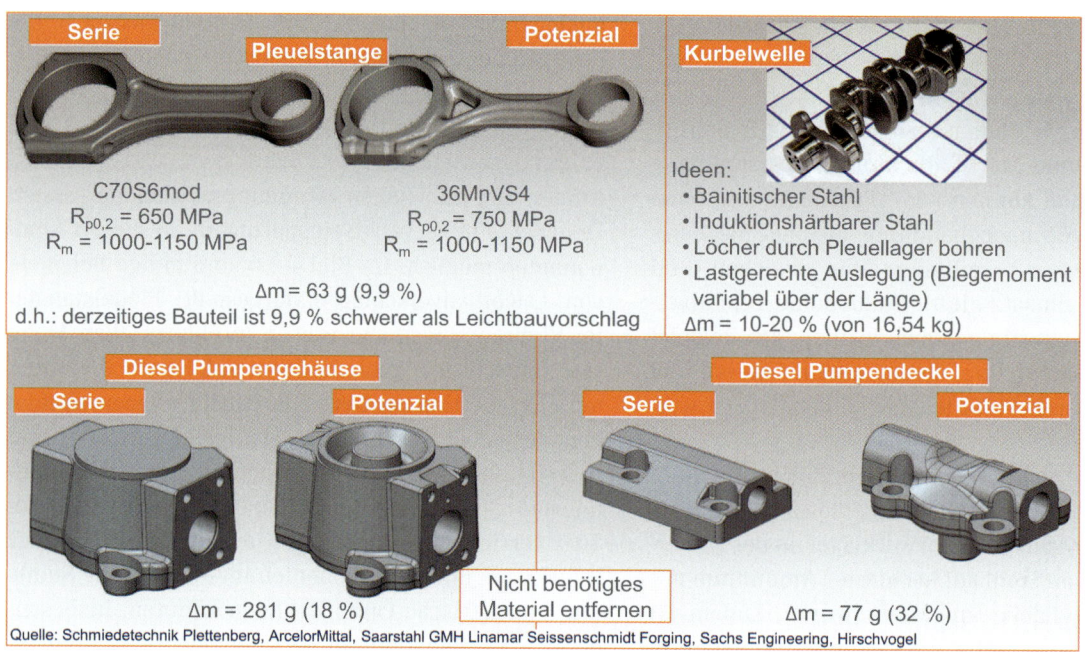

Bild 4-4.6 Leichtbaupotenziale in Kraftstoffeinspritzung und Motor

bauteil 27 % schwerer ist als die Leichtbauversion. Dies wäre erreichbar, wenn das Rail nicht wie bisher als Rohr mit zusätzlichen Funktionsgeometrien, sondern als Freiform mit unterschiedlichen Durchmessern und dennoch exakt gleicher maximaler Spannung in höchstbelasteten Bereichen gestaltet werden würde.

Das Schaltgetriebe des leichten Nutzfahrzeugs wiegt 60,8 kg. Die Schmiedekomponenten dieses Systems tragen nahezu 22 kg hierzu bei. Folglich kann durch Gewichtseinsparungen an Wellen, Zahnrädern oder dem Abtriebsflansch das Systemgewicht signifikant gesenkt werden.

Der Abtriebsflansch des Fahrzeugs verfügt bereits über komplexe Formen zur Gewichtseinsparung. Tiefere Nuten und zusätzlich abgeschrägte Seiten können dennoch mehr Masse einsparen (Bild 4-4.7). Die Wellen lassen eine hohle Ausführung entweder durch Rundkneten vom Rohr oder vom fließgepressten Rohteil zu. Eine alternative Fertigungsmethode für ein Hohlteil stellen Kaltumformung, Bohren und ein anschließendes Hohlfließpressen dar, was ebenso einen inneren Hinterschnitt ermöglicht. Es zeigt sich, dass verschiedene Herstellprozesse zu signifikanten Gewichtseinsparungen führen können. Letztendlich werden das Endgewicht, die Produktionskosten und der Gesamtmaterialeinsatz (sofern Ressourceneffizienz bewertet wird) betrachtet werden müssen, um die endgültige Fertigungsmethode auszuwählen. Zahnräder in diesem

System sind meist rotationssymmetrisch. Bei diesen Bauteilen führen geringere Wandstärken und tiefere Nuten, die umformtechnisch machbar sind, zu entscheidenden Gewichtseinsparungen an den Komponenten.

Auch weitere geometrische Möglichkeiten erlauben es, Bauteile leistungsfähiger und damit kleiner und belastbarer zu dimensionieren. Ein Beispiel dafür ist im Bild 4-4.8 dargestellt: Die Verzahnungen der Differenzialkegelräder werden ständig im Hinblick auf die Belastbarkeit optimiert. Aber auch die Möglichkeit, massivumgeformte Zähne an einen Flansch anzubinden, was bei gefrästen Zähnen nicht möglich ist, erhöht die Belastbarkeit dieser Bauteile und erlaubt eine kleinere und damit leichtere Dimensionierung.

Ähnliches gilt für das Stirnrad im Bild 4-4.8. Auch hier war der Ausgangspunkt eine klassische rein rotationssymmetrische Geometrie in der Anbindung zwischen Zahnkranz und Nabe. Es wurden einerseits steifigkeitsfördernde Arme radial ausgestaltet. Andererseits wurde zwischen diesen Armen Material durch Auslochen entfernt, um maximale Gewichtseinsparung zu ermöglichen.

Ein weiteres Potenzial an Stirnrädern zeigt das Bild 4-4.8 ebenfalls. Hier wird als Potenzial identifiziert, die Wandstärke unterhalb der Zahnfüße zu reduzieren. Bei balligen, mittentragenden Verzahnungen liegt die Hauptbiegebelastung der Zähne in der Zahn-

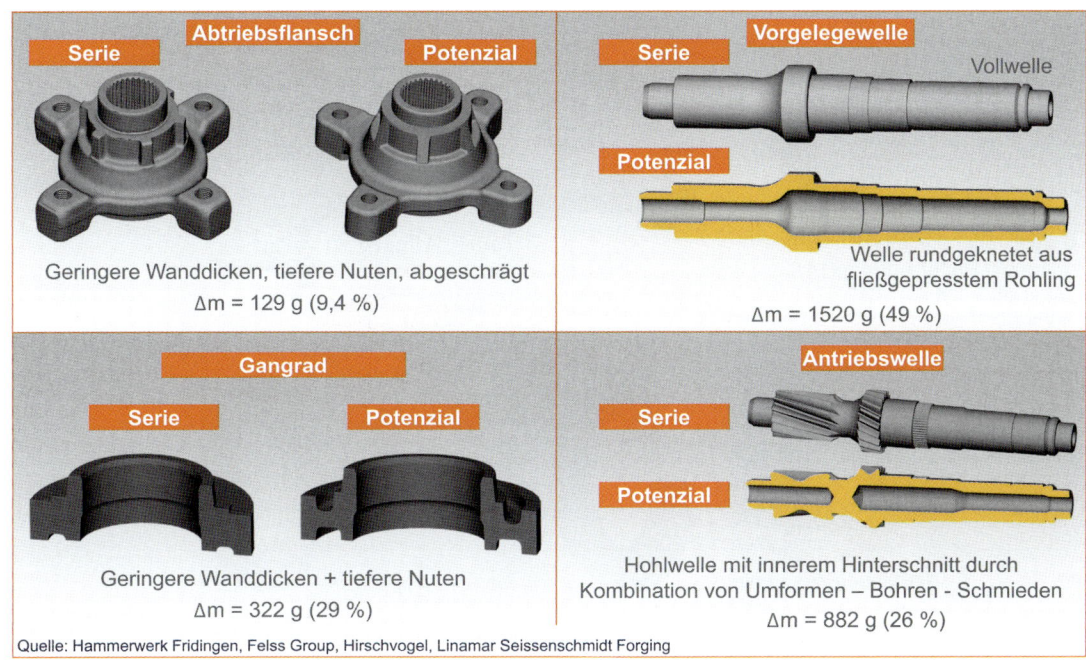

Bild 4-4.7 Leichtbaupotenziale im Getriebe

mitte. Aus diesem Grund dürfte an den Zahnenden weniger Material notwendig sein, um die Biegebelastung des Zahns abzustützen.

Aufgrund der hohen Gesamtstückzahl ziehen Gangräder in Getrieben besondere Aufmerksamkeit auf sich. Entsprechend zeigt das Bild für den Getriebe-

antriebsstrang eine weitere Optimierung durch eine nicht-rotationssymmetrische Ausprägung der Zahnkranzanbindung mit verringerten Wandstärken.

Je nach verfügbarer umformtechnischer Einrichtung (Presskraft, Stufenanzahl, Möglichkeit zum Einfach- oder Mehrfach-Lochen) werden unterschiedliche Um-

4

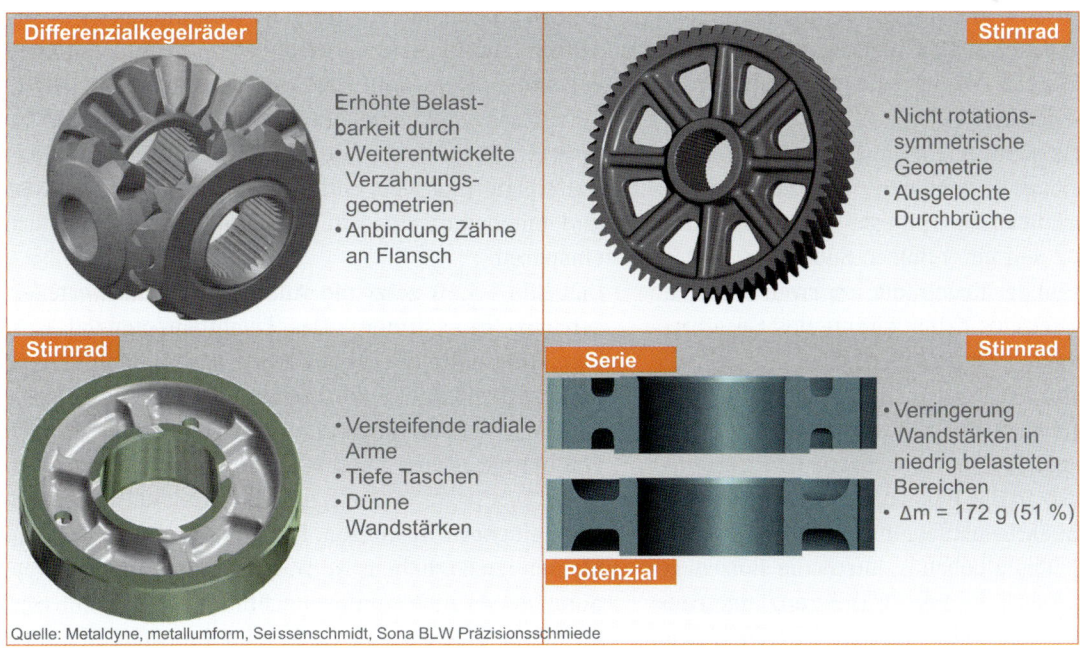

Bild 4-4.8 Leichtbaupotenzial im Getriebeantriebsstrang

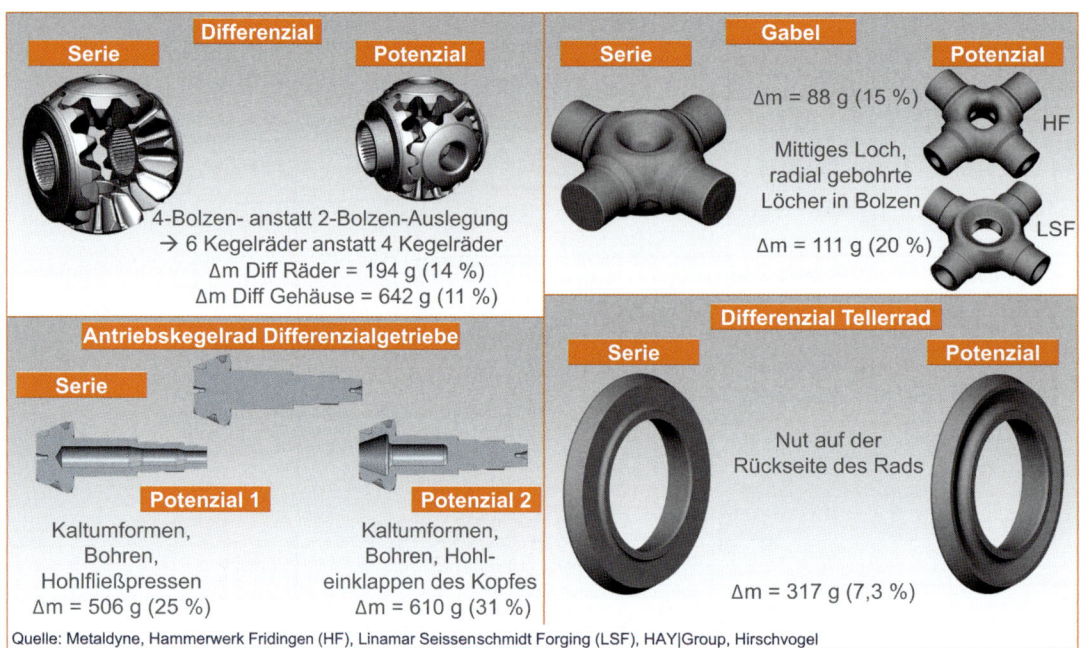

Bild 4-4.9 Leichtbaupotenziale im Antriebsstrang (Differenzial, Gabel)

formbetriebe zu unterschiedlichen Lösungsansätzen bezüglich des Leichtbaus gelangen, um insbesondere die rotatorischen Massen zu reduzieren, deren Leichtbaupotenzial entsprechend höher bewertet werden muss.

Vom Getriebe bis zur angetriebenen Radnabe übertragen viele Komponenten das Drehmoment. Die Gewichtseinsparung dieser Bauteile reduziert einerseits die translatorisch beschleunigte Masse. Andererseits darf jedoch in Getriebe und Antriebsstrang deren Rotationsträgheit nicht unbeachtet bleiben. Hier trägt das Einsparen von Masse zweifach zur Reduzierung des Kraftstoffverbrauchs bei.

Im Differenzialgetriebe stellen die Kegelräder, heutzutage meist net-shape-geschmiedet, das zentrale Subsystem dar. Ein Vorschlag zu diesen Bauteilen ist die Umstellung des 2- auf ein 4-Bolzen-Subsystem mit Erhöhung der Anzahl der Kegelräder um zwei. Durch die geringere Belastung der Zähne könnte das Gesamtgewicht der Kegelräder trotz zweier zusätzlicher Bauteile so um 194 g reduziert werden. Durch den geringeren Einbauraum kann auch die Größe des Gehäuses verringert und um ein geschätztes Gewicht von 642 g gesenkt werden. Das Kreuz in der Kardangabel wird, abhängig von der Drehmomentbelastung, mittels eines zentralen Lochs und einer Radialbohrung durch die Bolzen gewichtsreduziert. Das Tellerrad im Differenzialgetriebe kann durch Einbringen einer geschmiedeten Nut an der Rückseite und gleichzeitiges Belassen von genü-

gend Material unter den Zähnen an Gewicht verlieren. Und schließlich ist es möglich, das Antriebskegelrad teilweise hohl zu fertigen. Die Kombination aus Schmiede- und Zerspantechnik bietet unterschiedliche Lösungen, die verschiedene Mengen an Gewicht einsparen und für verschiedene Aufspann- und Zerspankonzepte auf Kundenseite geeignet sind.

Auch in der Kardanwelle bietet sich ein bemerkenswertes Leichtbaupotenzial durch Umgestaltung eines Subsystems an: Es wird vorgeschlagen, die konventionell verzahnte Nabe-Welle-Verbindung durch eine Hirth-Verzahnung an beiden Bauteilen (Gabel/Flansch) zu ersetzen. Dies könnte erhebliches Gewicht durch Materialreduzierung weit entfernt von der Rotationsachse und möglicherweise einige Schrauben und Muttern einsparen.

Das Bild 4-4.10 zeigt die Antriebswelle im Verteilergetriebe (links unten). Das Leichtbaupotenzial wird hier unterhalb der Hypoidverzahnung identifiziert. Entsprechend kann dort schon im Schmiedeprozess eine Aussparung eingeschmiedet werden, die je nach Wuchtanforderung nicht mehr überdreht werden muss. Des Weiteren kann eine Bohrung im Wellenzentrum eingebracht werden. Letztere erzeugt zwar einen kleinen zusätzlichen Aufwand in der Weichzerspanung, da sie nicht umformtechnisch eingebracht werden kann, dürfte aber trotzdem im Kennwert „€ pro kg (Leichtbau)" günstig sein.

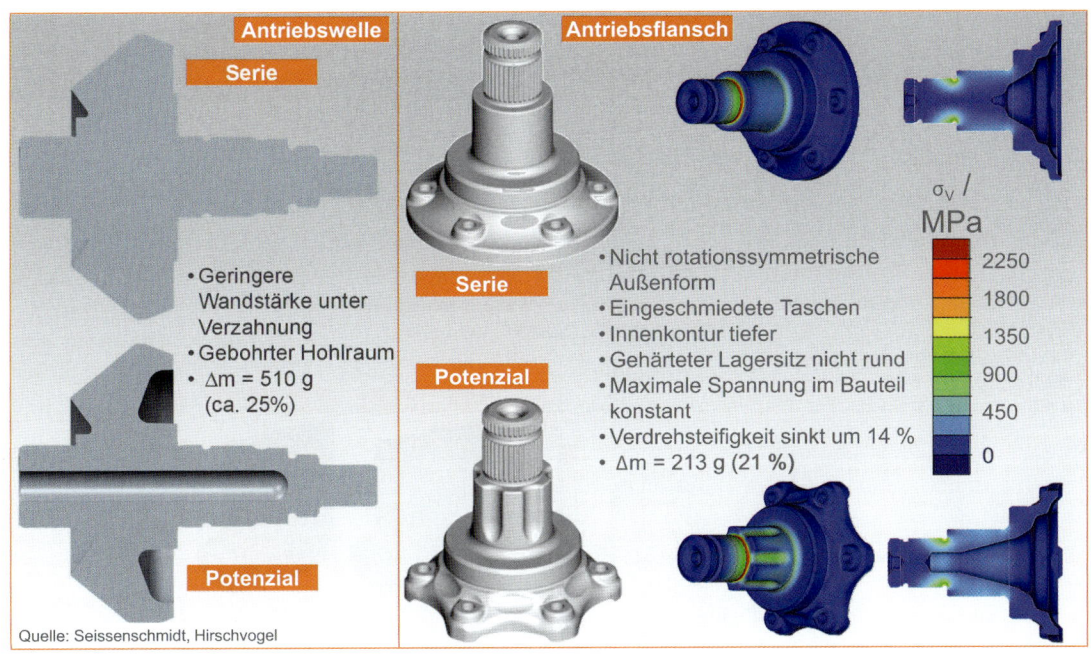

Bild 4-4.10 Leichtbaupotenziale im Antriebsstrang (Antriebswelle, Antriebsflansch)

Das Bild 4-4.10 zeigt rechts einen Abtriebsflansch. Der Leichtbauvorschlag umfasst folgende Punkte: Es wird an der Außenform von der Rotationssymmetrie abgewichen. Taschen werden eingeschmiedet und die Innenform wird tiefer gezogen, ohne dass dies die Spannungen im außen liegenden Freistich erhöht. Der Vorschlag bezüglich des Lagersitzes muss mit dem Kunden sicherlich noch detaillierter diskutiert werden: Es wird die Annahme getroffen, dass der Innenring des Lagers nicht unbedingt vollflächig aufliegen muss, sondern dass einzelne Stege ausreichen. Diese können schmiedetechnisch problemlos eingebracht werden.

Ein wichtiges Fahrwerkbauteil ist die Radnabe. Je nach Radlagergeneration hat die Funktionsintegration der Wälzlagerung direkt auf die Radnabe schon zu Gewichtseinsparungen geführt; in dem untersuchten Referenz-PKW war dies der Fall. Der im Bild 4-4.11 auf der linken Seite dargestellte Leichtbauvorschlag stellt eine große Gewichtserleichterung dar, wurde aufgrund der mutigen Konstruktion aber auch mit einem deutlich höheren Umsetzungsaufwand klassifiziert.

Des Weiteren zeigt das Bild 4-4.11 auf der rechten Seite eine geradezu revolutionäre Leichtbauidee. Der Sechskant auf Muttern und Schrauben ist ein sehr klassisches, nahezu ikonenhaftes Konstruktionselement. Mit den Gestaltungsmöglichkeiten der Kaltumformung kann hiervon abgewichen werden. Zwar werden pro Bauteil nur wenige Gramm eingespart, aber aufgrund der hohen Anzahl solcher Verbindungselemente multipliziert sich der Leichtbauvorteil entsprechend oft im Automobil. Es werden Gewichtsvorteile von bis zu 20 %, je nach Größe der Mutter, für diese Lösung angegeben.

Das Fahrwerk trägt das Fahrzeug und ist als sicherheitsrelevantes System ausgelegt. Dennoch ist hier die Leichtbaugestaltung aufgrund eines hohen Anteils ungefederter Masse besonders vorteilhaft. Gerade im Fahrwerk muss im Hinblick auf mögliche Entwicklungspotenziale bei Stahlwerkstoffen die Konkurrenz durch den Werkstoff Aluminium betrachtet werden.

Geschmiedete Aluminiumräder können die derzeitig beschichteten Stahlblechräder ersetzen (Bild 4-4.12). Aus EN AW 6082 geschmiedete Räder in T6-wärmebehandeltem Zustand weisen eine Streckgrenze ($R_{p0,2}$) von 330 MPa und eine Zugfestigkeit (R_m) von 360 MPa bei guter Duktilität auf. Das vorgeschlagene Al-Rad ist für eine Radlast von 975 kg ausgelegt. Da dies eine sehr effiziente Vorgehensweise für den Leichtbau im Fahrwerk darstellt, wird erwartet, dass geschmiedete Aluminiumräder weitere Fahrzeugklassen erobern. Die Entscheidung für einen Werkstoff zur Ausschöpfung von Leichtbaupotenzialen hängt in jedem Fall insbesondere von den Kosten und zusätzlichen Kriterien, wie Ressourceneffizienz und dem CO_2-Ausstoß in der

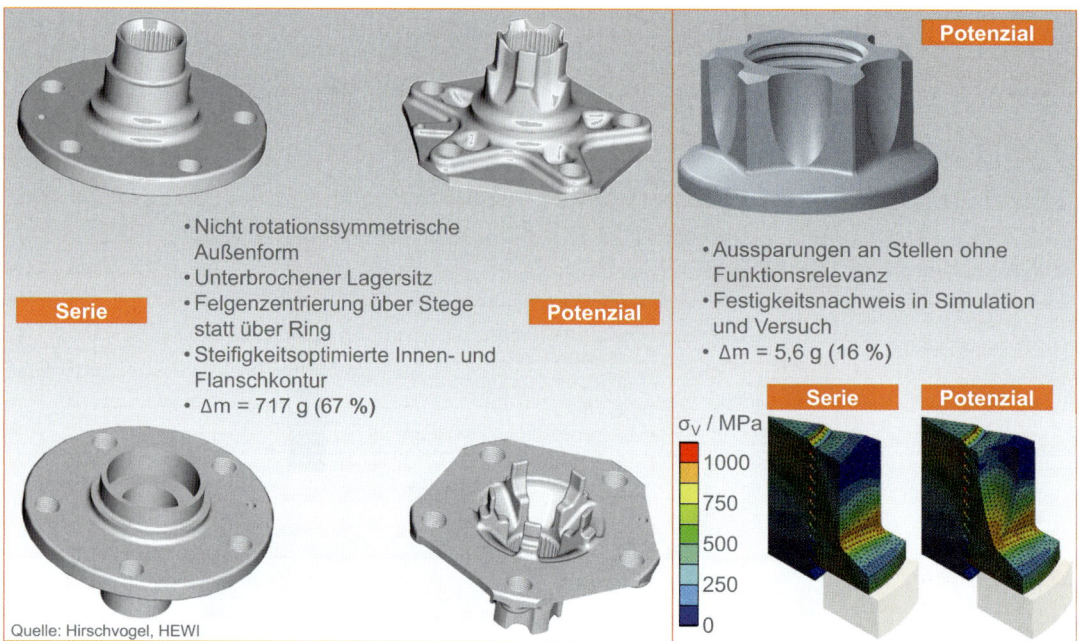

Bild 4-4.11 Leichtbaupotenziale im Fahrwerk am Beispiel Radnabe und Radmutter

Produktion, ab. Das vordere Dämpfersystem der Achse beinhaltet einen massiven Dämpferkolben, der durch eine rundgeknetete hohle Ausführung mehr als die Hälfte des derzeitigen Gewichts einsparen könnte. Ein weiterer Materialaustausch wird für das Schwenklager vorgeschlagen: Gusseisen ($R_{p0,2}$ 250 MPa, R_m 400 MPa)

könnte durch geschmiedetes Aluminium ($R_{p0,2}$ 360 MPa, R_m 400 MPa) ersetzt werden. Nach bionischer Optimierung (Topologieoptimierung und linearelastische FEM gegen plastisches Fließen) ist das gegenwärtig eingesetzte Bauteil 174 % schwerer als der Leichtbauvorschlag. Schrauben und Muttern sind im gesamten Fahrzeug

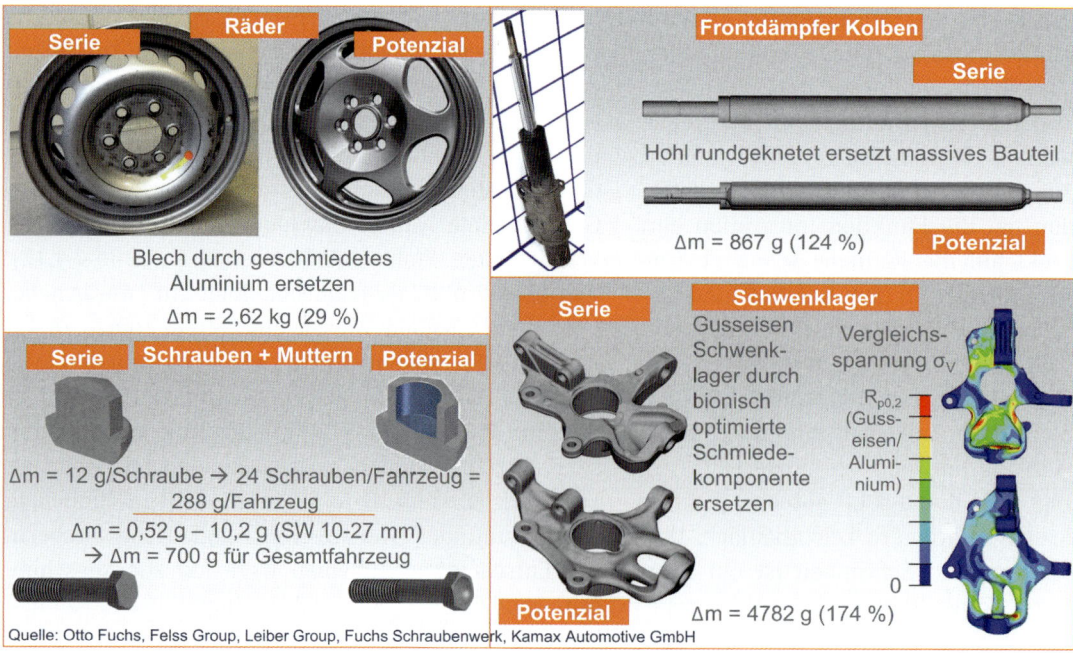

Bild 4-4.12 Leichtbaupotenziale an Felge, Dämpfer, Schwenklager und Verbindungselementen

allgegenwärtig. Die Optimierung dieser Teile spart jeweils nur wenige Gramm ein. Dennoch, multipliziert mit ihrer großen Anzahl, ist eine erhebliche Gewichtsersparnis möglich. Dies gilt für die Schrauben zum Befestigen der Räder an den Bremsscheiben und Radnaben, wobei die Gesamtmenge an Schrauben nur 24 Stück beträgt. Allerdings ist die Gewichtsersparnis pro Teil mit 12 g je Schraube, was sich pro Fahrzeug auf 288 g summiert, eher hoch. Ein weiterer Vorschlag betrifft eine gering ausgeprägte Vertiefung im Kopf der Schrauben, die aber an Schrauben jeglicher Größe angebracht werden kann. Die Gewichtseinsparung je Schraube liegt zwischen 0,52 g und 10,2 g (bei Schlüsselweiten von 10 bis 27 mm). Die Verminderung des Gewichts für das gesamte Fahrzeug wird auf zirka 700 g bei einem gleichzeitigen Kostenanstieg von nur zirka 5 % geschätzt. Zudem wurden im gesamten leichten Nutzfahrzeug nur Verbindungselemente mit einer Festigkeit unterhalb der Klasse 10.9 gefunden. Das Ausnutzen der Festigkeitsklasse 10.9 könnte sogar noch weiteres Leichtbaupotenzial einbringen.

Das Bild 4-4.13 zeigt einige Vorschläge des Leichtbaupotenzials der LNfz-Hinterachse. Das Rohr, welches das Differenzialgetriebegehäuse beidseitig mit den Radträgern verbindet, stellt einen großen Gewichtsanteil dieses Teilsystems dar. Derzeit wird dieses Rohr aus 1.0580 mit einer Streckgrenze ($R_{p0,2}$) von 420 MPa gefertigt (in der DIN EN 10296-1 sind je nach Lieferzustand Streckgrenzen von mindestens 400 MPa spezifiziert). Die Umstellung des Stahlwerkstoffs auf 20MnV6, thermomechanisch gewalzt, steigert die Streckgrenze auf 600 MPa und erlaubt so die Verringerung der Wandstärke in nicht geschweißten Bereichen. Das derzeitige Rohr ist um 44 % schwerer als der Leichtbauvorschlag. In der Bremse lässt sich die Wandstärke des Kolbens reduzieren (von 4,8 mm auf 3,5 mm). Für die im Fahrzeug vierfach vorhandene Radnabe wurden unterschiedliche Ansätze vorgeschlagen, abhängig von den Produktionsmöglichkeiten der jeweiligen Zulieferer. Grundsätzlich überwiegen unrunde, steifigkeitsoptimierte Geometrien. Die derzeitigen Bauteile sind mehr als 30 % schwerer als die Leichtbauvorschläge. Unten links in Bild 4-4.13 ist wieder ein Werkstoffersatz dargestellt. Tauscht man eine dreiteilige geschweißte Stahlbaugruppe gegen ein Monoblock-Aluminium-Schmiedeteil aus, erweist sich das Stahlbauteil im Vergleich zu dem Leichtbauvorschlag als 74 % schwerer. Das Aluminiumbauteil bedarf einiger Zerspanungsvorgänge, allerdings können im Gegensatz zum Stahlbauteil die Schweiß- und Korrosionsschutzprozesse entfallen.

Leichtbau, der durch Konzeptänderungen erwirkt wird, ist sehr wirkungsvoll, da er eher disruptiven denn inkrementellen Charakter aufweist. Gerade das kann aber auch die Umsetzungshürden vergrößern. Bild 4-4.14 zeigt einen Leichtbauvorschlag, dessen Um-

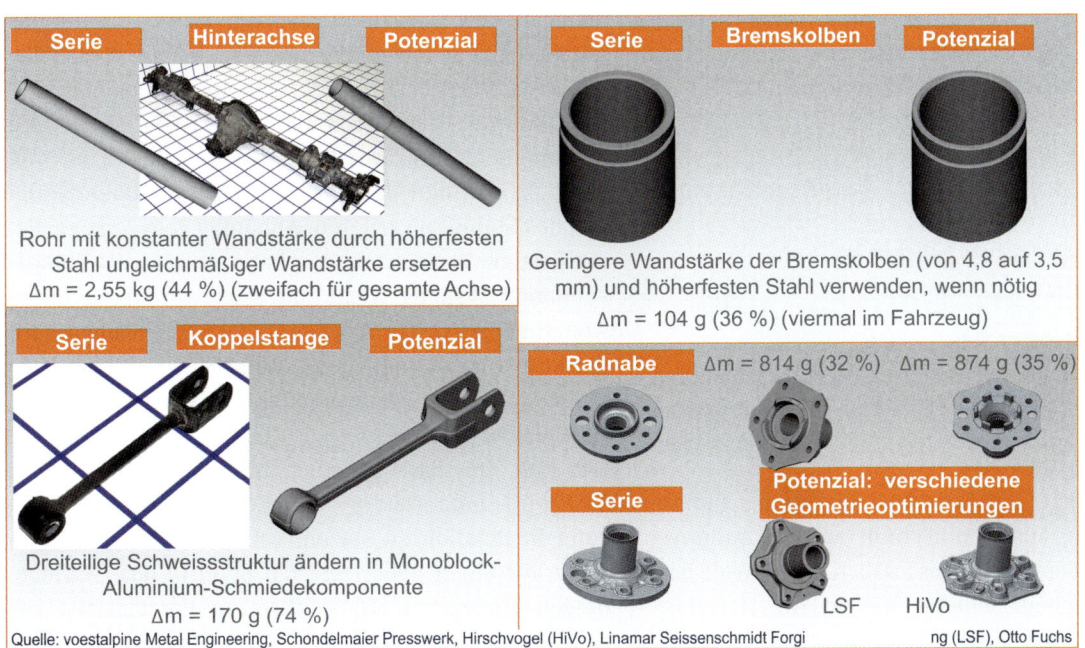

Bild 4-4.13 Weitere Leichtbaupotenziale im Fahrwerk (Hinterachse, Bremskolben, Koppelstange, Radnabe)

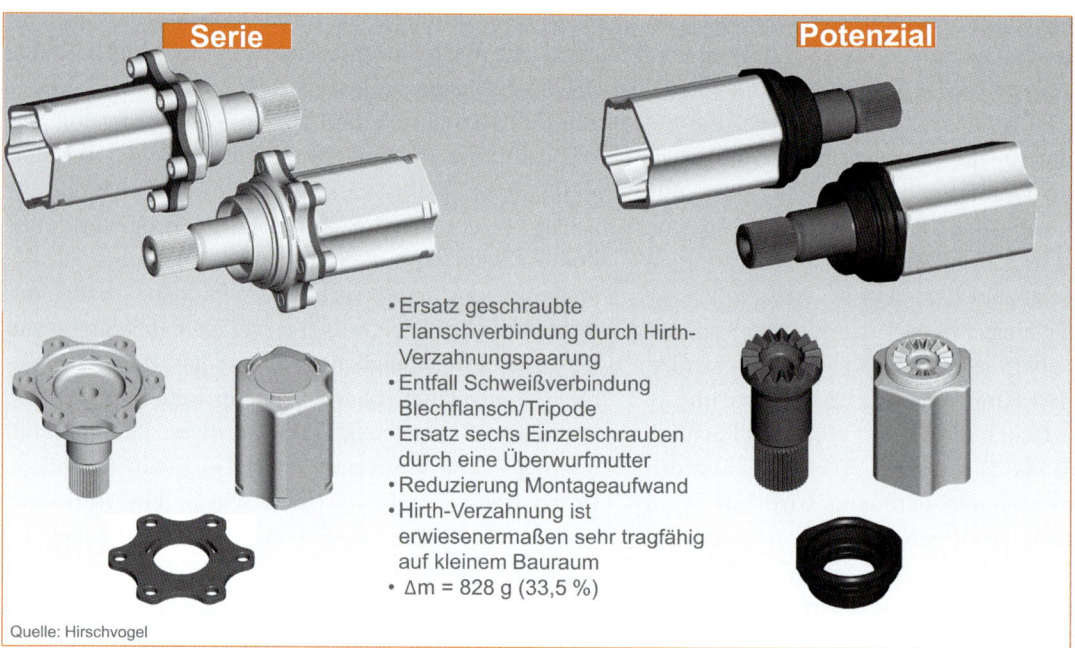

Bild 4-4.14 Ein Beispiel für Leichtbaupotenzial durch Konzeptänderung

setzungshürden noch ausgetestet werden müssen. Er sieht vor, dass die Drehmomentübertragung statt durch einen geschraubten Flansch durch eine Hirth-Verzahnung realisiert wird, die sowohl an der Ausgangswelle des Differenzialgetriebes wie auch an der Tripode einbaufertig durch Umformung hergestellt werden kann. Der Vorschlag kann damit nicht nur zu einer Reduzierung des Gewichtes um 33,5 % führen, sondern auch zum Wegfall des Schweißprozesses und zu einer Verringerung des Aufwands in der Fahrzeugmontage.

4-4.7 Stärkere Stähle – leichtere Getriebe und andere Verzahnungsanwendungen

Die Notwendigkeit zur Gewichtsreduzierung nimmt in der gesamten Automobiltechnik zu. Die Initiative Massiver Leichtbau erachtet es folglich als sinnvoll, das Verhältnis zwischen höheren Kosten für Hochleistungsstähle und der möglichen daraus resultierenden Gewichtseinsparung der Getriebe zu untersuchen.

Hierzu wurde eine Getriebe-Design-Studie am Institut für Produktentwicklung (IPEK) des Karlsruher Instituts für Technologie (KIT) in Auftrag gegeben. Das Schaltgetriebe des leichten Nutzfahrzeugs wurde in einer Excel-Tabelle abgebildet (Bild 4-4.15). Das Modell berücksichtigt Zahnflankenbelastung, Zahnfußbelastung, Drehmomentübertragungskapazität durch Schrumpfverbände und Ermüdung durch Torsion des mittellegierten Einsatzhärtestahls, der für dieses Getriebe verwendet wird. Basierend auf festgelegten Eingangswerten (Motorleistung, Geschwindigkeit und Drehmoment) und der Getriebetopologie ist es nun möglich, Pittingwiderstand und Zahnfußdauerfestigkeit des Stahls zu variieren. Abhängig vom Anstieg dieser Festigkeitseigenschaften kann das Modell Einsparungen in Systemgewicht und -größe voraussagen. Die Abnahme der Größe von Zahnrädern und Wellen wird direkt berücksichtigt. Eine zusätzliche Annahme berechnet die Gewichtsnebeneffekte des schrumpfenden Getriebegehäuses.

Um nun den Kostenanstieg durch leistungsstärkere Stahlwerkstoffe mit der möglichen Gewichtseinsparung in Relation zu setzen, wurden Festigkeitskennwerte für einen höherlegierten Stahl in das Getriebemodell eingegeben. Dies führte zu Voraussagen zur Gewichtseinsparung von 2,45 kg. Um das manuelle Getriebe aus hochlegiertem Stahl herzustellen, müss-

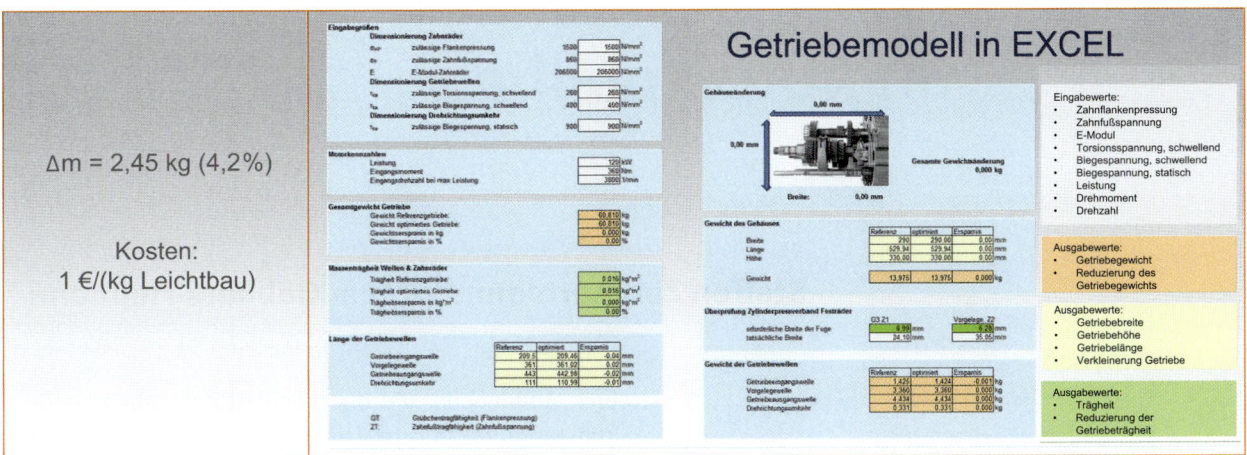

Quelle: IPEK des KIT, Initative Massiver Leichtbau

Bild 4-4.15 Modell zur Getriebegestaltung in Excel implementiert (Quelle: IPEK – Institut für Produktentwicklung des Karlsruher Instituts für Technologie (KIT), Initiative Massiver Leichtbau)

ten ca. 21 kg der Wellen und Zahnräder aus höherlegiertem Stahl gefertigt werden. Dieser Stahl weist einen erhöhten Materialpreis auf (Basispreis und Legierungszuschlag [Zahlenbasis Stand Sommer 2015]). Unter der Annahme, dass das Einsatzgewicht der Schmiedekomponenten im gleichen Maße um 2,45 kg sinkt, beträgt der Gesamtkostenanstieg des Leichtbaugetriebes lediglich 2 €.

Folglich ist eine Gewichtsersparnis von 2,45 kg mit Mehrkosten von weniger als 1 € pro kg Gewichtseinsparung erreichbar. Gewichtsreduzierung durch Einsatz leistungsstärkerer Stähle in Getriebeanwendungen stellt somit eine sehr kosteneffektive Leichtbaumaßnahme dar. Dies ist nicht nur auf Getriebe anwendbar, sondern auf sämtliche Systeme, in denen Zahnräder in Eingriff stehen (Differenzialgetriebe, Verteilergetriebe usw.). Zudem zeigt das Getriebemodell, dass weitere Gewichtseinsparungen durch Materialien mit noch höheren Festigkeitswerten möglich sind.

4-4.8 Fazit und Ausblick

Die Initiative Massiver Leichtbau demonstriert anhand von inzwischen zwei unterschiedlichen Fahrzeugen (Personenkraftwagen und leichtes Nutzfahrzeug), dass moderne Massivumformtechnik und Umformwerkstoffe, insbesondere hochfeste Stähle, einen entscheidenden Beitrag zu ökonomischen Leichtbaulösungen in der Automobilindustrie leisten können.

In Phase I wurde erkannt, dass die Leistungsfähigkeit von Einsatzstählen in Getriebeanwendungen ein großer Multiplikator für den Leichtbau ist. In Phase II wurde dieser Einfluss eindrucksvoll quantifiziert. Das vom BMWi über die AiF öffentlich geförderte Verbundforschungsprojekt Massiver Leichtbau (Laufzeit 2015 – 2018) wird noch weitere Leichtbaupotenziale eröffnen.

Eine Kernerkenntnis behält aber ihre Gültigkeit: Nur über gute Kommunikation zwischen allen Beteiligten in der Prozesskette wird die optimale Abstimmung von Bauteilgestaltung, Werkstoff und Fertigungstechnik ermöglicht, die zur Entwicklung von Leichtbaulösungen hoher Qualität für die Massenproduktion zu wettbewerbsfähigen Kosten führt.

Weiterführende Informationen zu Kapitel 4-4

www.massiverLEICHTBAU.de
www.worldautosteel.org/projects

Die im Text erwähnte Norm ist in einer Liste enthalten (Seite 889).

4-5 Präzisionsstahlrohre im Automobilbau

Steffen Zimmermann, Jürgen Klabbers-Heimann

4-5.1 Eigenschaften und Fertigung von Präzisionsstahlrohren

Durch die Einführung von Präzisionsstahlrohren im Automobilbau konnte in der Vergangenheit dem Leichtbaukonzept durch eine an die Belastung angepasste Auslegung Rechnung getragen werden. Die Substitution des Vollmaterials durch einen Rohrkörper hat neben der Gewichtsreduzierung und der damit einhergehenden Kraftstoffreduzierung zu einer wesentlichen Absenkung der Emissionswerte geführt. Wenn auch der Anteil an Präzisionsstahlrohrprodukten im Automobil mit einem Gewichtsanteil < 10 % (ca. 50 – 70 kg/Pkw) gering erscheinen mag, so konnte das Präzisionsstahlrohr während der letzten Jahre in einer Vielzahl von Anwendungsbereichen das Vollmaterial ersetzen (Lagao et al. 2007). Je nach Produktgruppe liegt die Gewichtseinsparung zwischen 20 und 40 %. So können beispielsweise bei Nockenwellen und Stabilisatoren durch den Einsatz von Präzisionsstahlrohren signifikante Gewichtseinsparungen von bis zu 40 % realisiert werden. Die Hauptanwendungsbereiche von Präzisionsstahlrohren im Automobilbau sind:

- passive Sicherheit (z. B. Airbag),
- Motor (z. B. Nockenwelle), Einspritzleitungen
- Fahrwerk/Karosserie (z. B. Stabilisatoren, Stoßdämpfer, Innenhochdruck-umgeformte (IHU) Bauteile),
- Antriebsstrang (z. B. Seiten- und Längswellen, Kugelkäfige),

um nur einige Beispiele zu nennen (Bild 4-5.1) (Salzgitter 2015).

Nockenwellen steuern die Öffnung der Ventile, Einspritzleitungen versorgen die Zylinder mit Kraftstoff, Kugelkäfige stellen sicher, dass Lenkbewegungen sowie Ein- und Ausfedervorgänge der Räder möglich werden. Stabilisatoren sind Federelemente im Fahrwerk eines Automobils, die das Wanken des Fahrzeugs – Drehbewegung um die Längsachse – reduzieren und so zur Verbesserung der Fahrstabilität beitragen. Antriebswellen übertragen das Drehmoment vom Getriebe zum Rad, Längswellen sorgen bei heck- bzw. allradgetriebenen Fahrzeugen dafür, dass das Drehmoment auf die Hinterachse übertragen wird. Airbags zählen zu den passiven Sicherheitselementen im Fahrzeug. Neben den „klassischen", etablierten Fahrer- und Beifahrerairbags gewinnen auch Seiten- und Knieairbags zunehmend an Bedeutung. Drei Arten von Funktionsweisen lassen sich beim Airbag voneinander unterscheiden: pyrotechnische Generatoren, Kaltgasgeneratoren und Hybridgasgeneratoren.

Aufgrund der großen Werkstoffpalette und der dadurch bedingten hohen Produktvielfalt im Automobilbereich ist es wichtig, die Herstellungsmöglichkeiten bei der Präzisionsrohrfertigung ausgehend vom Vormaterial über die Vorstufe, den Rund- oder Brammenstrangguss bis zur Fertigstufe und den nachgeschalteten verschiedensten Produkten aufzuzeigen.

Legt man hierbei den Fokus auf die Präzisionsrohrfertigung, so kann man gemäß der Präzisionsstahlrohrnormen DIN EN 10305-1 bis -3 allgemein drei Typen von Präzisionsrohren unterscheiden (Bild 4-5.2):

- das nahtlose, kaltgezogene Rohr,
- das geschweißte, kaltgezogene Rohr
- und das maßgewalzte Rohr.

Das maßgewalzte Rohr wird folglich nicht mehr kaltgezogen, sondern nur zu einem Schlitzrohr eingeformt und verschweißt, also „maschinenfertig" ausgeliefert.

Beim nahtlosen Rohr wird das Vorrohr, die Luppe, in einem Warmumformprozess aus Rundstrangguss hergestellt. Anschließend wird in ein- oder mehrstufigen Kaltziehprozessen das Präzisionsstahlrohr hergestellt. Ein schematischer Fertigungsablauf von nahtlosen Präzisrohren und deren Haupteigenschaften ist in

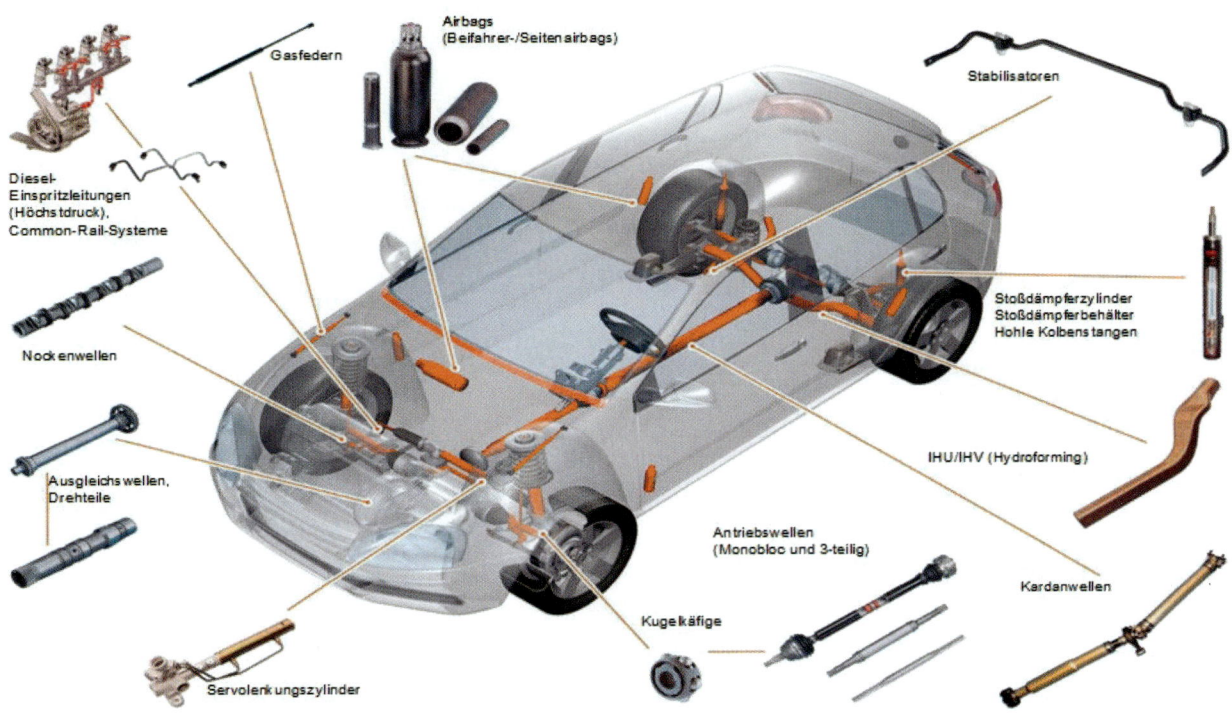

Bild 4-5.1 Produktspektrum und Anwendungsbereiche von Präzisionsstahlrohren im Automobil (Salzgitter 2015)

Bild 4-5.3 dargestellt. Mehrfachzüge und mehrmalige Wärmebehandlungen sind in diesem Ablaufplan je nach Abmessungsbereich (z.B. Rohre für Einspritzleitungen) möglich bzw. zwingend erforderlich. Bei den nahtlosen Rohren können aufgrund ihres Herstellungsprozesses alle gängigen Stähle eingesetzt werden, wobei eine homogene Gefügeausbildung über den Umfang maßgeblich die gezielte Einstellbarkeit der mechanisch-technologischen Eigenschaften bedingt. Daneben haben sie keine Fügestelle in Form der

Schweißnaht und zeichnen sich durch engste Toleranzen sowie ein gutes Umformverhalten aus. Typische Anwendungsbeispiele für das nahtlose Rohr im Automobilbereich sind z.B. Antriebswellen, Einspritzleitungen oder Airbagbehälter.

Geschweißte Rohre werden in induktiven Längsnahtschweißprozessen aus einem abgewickelten Band kontinuierlich hergestellt. Für maßgewalzte Rohre wird nach einer Schweißnahtglühung zur Homogenisierung des Gefüges in dem Bereich der Naht der Prozess be-

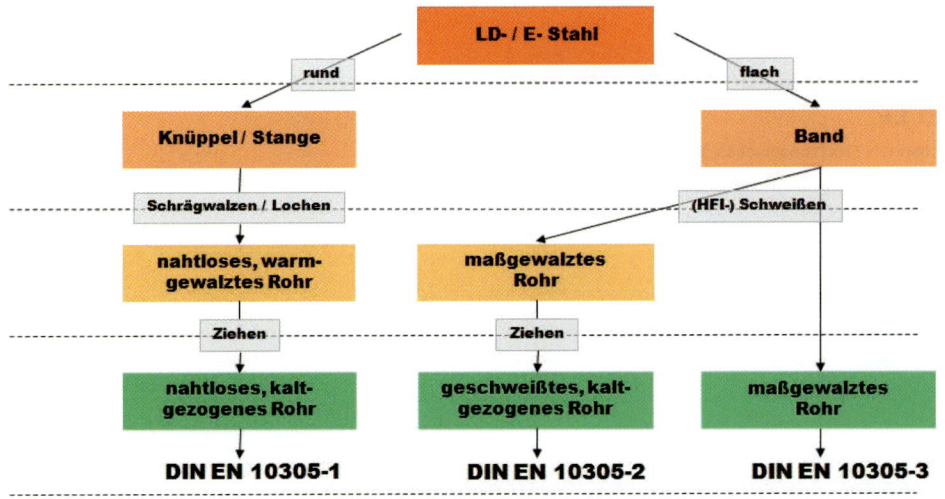

Bild 4-5.2
Exemplarische Darstellung der Präzisionsstahlrohrfertigung nach DIN EN 10305

Eigenschaften

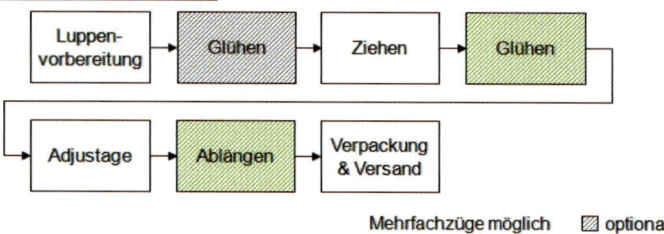

- Breites Werkstoffspektrum
- Gutes Umformverhalten
- Großes S/D –Verhältnis darstellbar
- Homogene Gefügeausbildung über den Rohrumfang
- Engste Toleranzen darstellbar

- Hohe Oberflächenqualität
- Hohe Abmessungsvielfalt
- Gezielte Einstellbarkeit der mechanisch / technologischen Werkstoffeigenschaften

Fertigungsablauf

Luppenvorbereitung → Glühen → Ziehen → Glühen

Adjustage → Ablängen → Verpackung & Versand

Mehrfachzüge möglich ▨ optional

Bild 4-5.3
Eigenschaften und Fertigungsablauf von nahtlosen Präzisionsstahlrohren nach DIN EN 10305

endet. Das Rohr entspricht dann der Norm DIN EN 10305-3. Das Eigenschaftsprofil und der Fertigungsablauf von maßgewalzten Präzisionsstahlrohren sind in Bild 4-5.4 wiedergegeben. Typische Anwendungsbeispiele für das maßgewalzte Rohr im Automobilbereich sind IHU-Bauteile u. a. für Fahrwerkskomponenten wie Achsen und Querträger. Bei höheren Anforderungen bzgl. Homogenität des Gefüges, engerer Fertigungstoleranzen und ggf. zur gezielten Einstellung der mechanischen Kennwerte können sich auch hier ein- oder mehrstufige Ziehprozesse und mehrmalige Wärmebehandlungen je nach Abmessungsbe-

reich anschließen. Da sie aus Bandmaterial hergestellt sind, können geschweißt gezogene Rohre sehr geringe Wanddicken besitzen. Sie haben eine hohe Oberflächenqualität und darüber hinaus i. d. R. auch eine exzellente Exzentrizität. Jedoch ist die Werkstoffwahl durch die notwendige Schweißeignung eingeschränkt.

Das Eigenschaftsprofil und der Fertigungsablauf von geschweißten und kaltgezogenen Präzisionsstahlrohren sind in Bild 4-5.5 wiedergegeben. Typische Anwendungsbeispiele für das geschweißte und kaltgezogene Rohr im Automobilbereich sind Nocken- und Längswellen, aber auch Lenkungsteile.

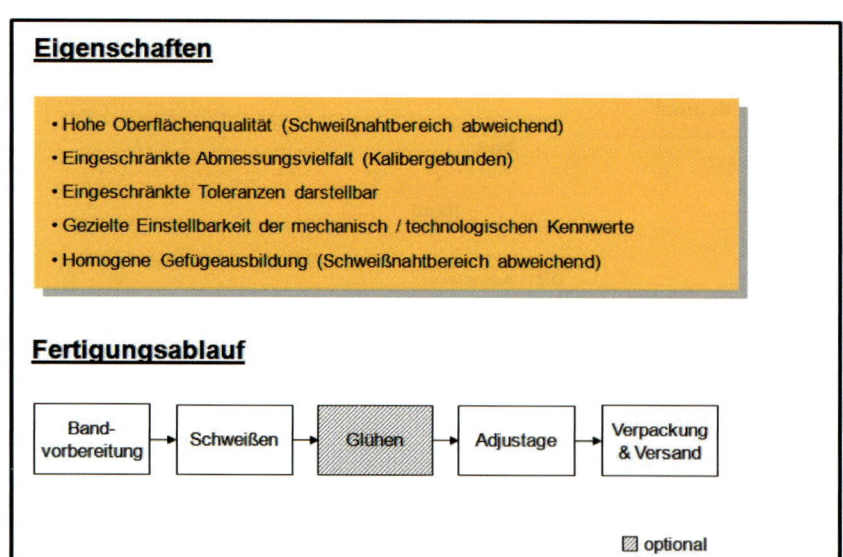

Eigenschaften

- Hohe Oberflächenqualität (Schweißnahtbereich abweichend)
- Eingeschränkte Abmessungsvielfalt (Kalibergebunden)
- Eingeschränkte Toleranzen darstellbar
- Gezielte Einstellbarkeit der mechanisch / technologischen Kennwerte
- Homogene Gefügeausbildung (Schweißnahtbereich abweichend)

Fertigungsablauf

Bandvorbereitung → Schweißen → Glühen → Adjustage → Verpackung & Versand

▨ optional

Bild 4-5.4
Eigenschaften und Fertigungsablauf von maßgewalzten Präzisionsstahlrohren nach DIN EN 10305

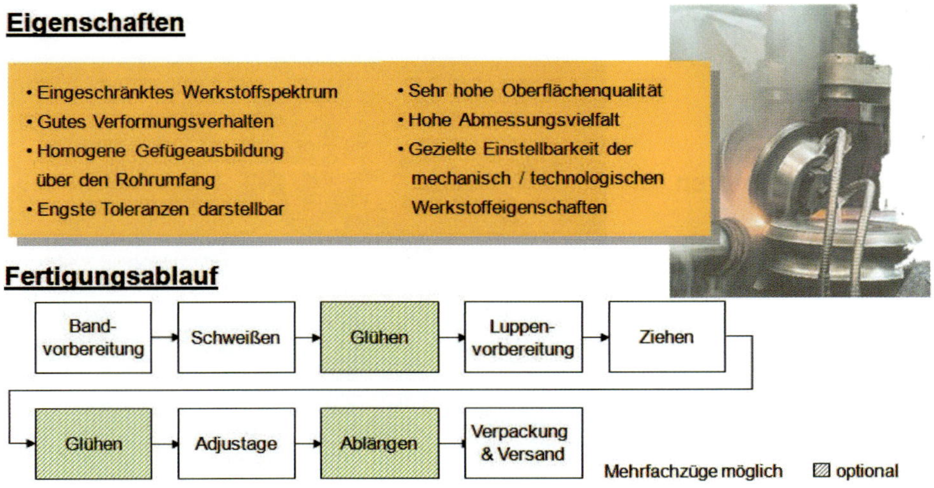

Eigenschaften

- Eingeschränktes Werkstoffspektrum
- Gutes Verformungsverhalten
- Homogene Gefügeausbildung über den Rohrumfang
- Engste Toleranzen darstellbar
- Sehr hohe Oberflächenqualität
- Hohe Abmessungsvielfalt
- Gezielte Einstellbarkeit der mechanisch / technologischen Werkstoffeigenschaften

Fertigungsablauf

Band-vorbereitung → Schweißen → Glühen → Luppen-vorbereitung → Ziehen

→ Glühen → Adjustage → Ablängen → Verpackung & Versand

Mehrfachzüge möglich   ▨ optional

Bild 4-5.5
Eigenschaften und Fertigungs-ablauf von geschweißten und kaltgezogenen Präzisionsstahl-rohren nach DIN EN 10305

Die Herstellung erfolgt hierbei nach nationalen und internationalen Normen, wie z. B. der DIN EN 10305-1-4, der DIN EN 10217, DIN EN 10216 und verschiedenen ASTM-Normen.

Betrachtet man die gesamte Fertigungskette, so wird die Vielfalt der einstellbaren Eigenschaften erst deutlich. Die Fertigungsabläufe sind natürlich nicht losgelöst von den auf das Präzisionsrohr wirkenden Einflussfaktoren zu betrachten.

Aus Produktsicht sind bei der Herstellung von Präzisionsstahlrohren die Einflussfaktoren Werkstoff, Abmessung, Oberfläche und Rohrtyp bestimmende Parameter. Es muss ein reproduzierbarer Fertigungsweg gewährleistet werden, der durch Qualitätsplanung und -sicherung ergänzt wird. Neben der Weiterverarbeitung in spanenden Prozessen können auch Anforderungen an die Umformeigenschaften, die Schweißeignung und das Handling des Stückgutes während der Fertigung selbst gestellt werden (Bild 4-5.6).

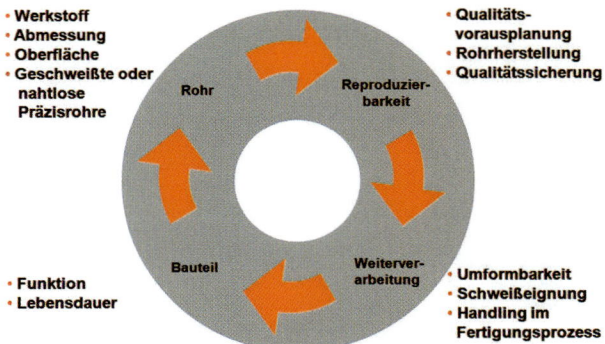

- Werkstoff
- Abmessung
- Oberfläche
- Geschweißte oder nahtlose Präzisrohre

- Funktion
- Lebensdauer

Rohr

Bauteil

Reproduzier-barkeit

Weiterver-arbeitung

- Qualitäts-vorausplanung
- Rohrherstellung
- Qualitätssicherung

- Umformbarkeit
- Schweißeignung
- Handling im Fertigungsprozess

Bild 4-5.6 Einflussfaktoren auf das Präzisionsrohr aus Produktsicht nach DIN EN 10305

Ein besonderer Aspekt bei der Planung von Präzisionsstahlrohren ist die sogenannte „Hand-in-Hand-Entwicklung", d. h. es findet eine synchronisierte Entwicklung von Präzisionsstahlrohr und Endprodukt statt. Dies bedeutet, dass die Eigenschaften und Anforderungen des Präzisionsrohres nicht von den Eigenschaften und Anforderungen des Endproduktes getrennt betrachtet werden können und dass somit eine Werkstoffentwicklung immer auch eine gleichzeitige Prozess- und Fertigungsentwicklung beinhaltet.

Wie bereits erwähnt, liegt der Fokus der Präzisionsstahlrohre in folgenden Anwendungsbereichen der Automobilindustrie: Antriebskomponenten, Federung, Insassenschutz, Kraftstoffeinspritzung, Motor/Getriebe, Karosserie/Fahrwerk und Lenkungsteile. Das heißt, das Einsatzfeld von Präzisionsrohren erstreckt sich vom Airbag über Nockenwelle, Antriebswelle, Stabilisator, Stoßdämpferzylinder, Kugelkäfig bis hin zum IHU-(Innenhochdruckumformung)-Bauteil und zur Einspritzleitung (Bild 4-5.1).

Aus der im Automobilbereich großen Produktpalette und den damit verbundenen unterschiedlichsten Anforderungen an die technologischen wie mechanischen Eigenschaften wird zwangsläufig auf vielfältigste Werkstoffgruppen zurückgegriffen, wie z. B. niedrig und höherlegierte sowie mikrolegierte Baustähle, Einsatzstähle, Vergütungsstähle, Mangan-Bor-Stähle und lufthärtende Stahlsorten.

Im Folgenden werden exemplarisch einzelne Produkt- und Werkstoffgruppen und die dahinterstehende Motivation zur Weiterentwicklung speziell im Automobilbereich hervorgehoben.

4

4-5.2 Beispiele für Präzisionsstahlrohre im Automobilbau

4-5.2.1 Einspritzleitungen für Dieselmotoren (DEL)

Die an Einspritzleitungen für Dieselmotoren (Bild 4-5.7) gestellten Anforderungen sind neben der Dauerfestigkeit eine gute Stauchbarkeit, Biegefähigkeit (plastische Verformbarkeit und Autofrettage) und Korrosionsbeständigkeit sowie mit steigender Druckstufe eine „ungänzenfreie" Innenoberfläche (Bild 4-5.8).

Die in den letzten Jahren erzielten Verbesserungen hinsichtlich der geforderten Werkstoffeigenschaften sind in Bild 4-5.9 zusammengefasst. Hier sind die mechanischen Kennwerte und Dehnungen unterschiedlichster DEL-Güten aufgetragen.

So haben in der Vergangenheit allgemeine Verbesserungen bei der Stahlherstellung, d. h. Verbesserungen des Reinheitsgrades und damit die Beseitigung und Reduzierung unerwünschter Begleitelemente, wie z. B. P, S und Cu, zu einer Anhebung des Eigenschaftspotenzials der Güte E355 bis zu einer Druckstufe von 1600 bar geführt (Optimierung des Herstellungsprozesses und gezielte Legierungsführung).

Eine weitere deutliche Steigerung von Festigkeit und Zähigkeit und damit verbunden eine Anhebung der Druckstufe auf 1800 bar konnte durch gezielte Legie-

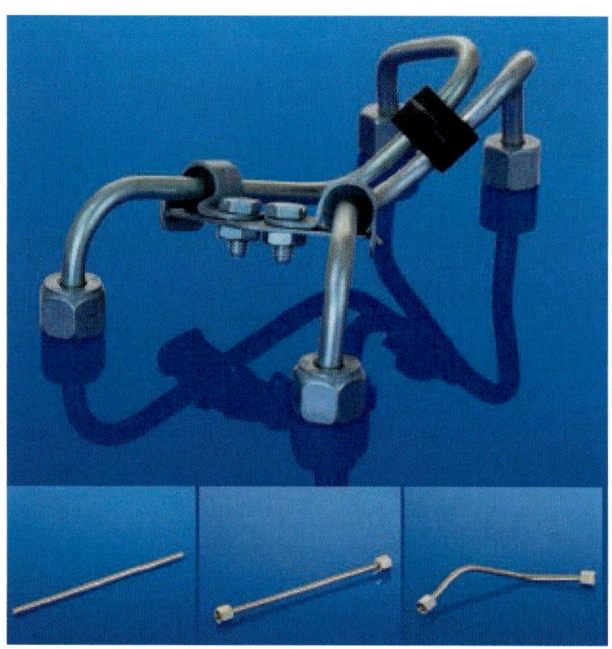

Bild 4-5.7 Beispiel für Einspritzleitungen für Dieselmotoren (Salzgitter 2015)

rungstechnik mit Mikrolegierungselementen, wie z. B. V, Nb und/oder Ti (und eventuell N), erreicht werden (Kornfeinung über Mikrolegierungselemente).

Die Mikrolegierungselemente erzeugen einzeln oder in ihrer Kombination während der Wärmebehandlung und bei der weiteren Abkühlung eine feine „Dispersion" von Karbid/Nitrid-Ausscheidungen des Typs MX. Im Austenitgebiet behindern diese Ausscheidungen

> **Mit zunehmenden Betriebsdrücken moderner Dieseleinspritzsysteme steigen die Anforderungen an die Dieseleinspritzrohre.**

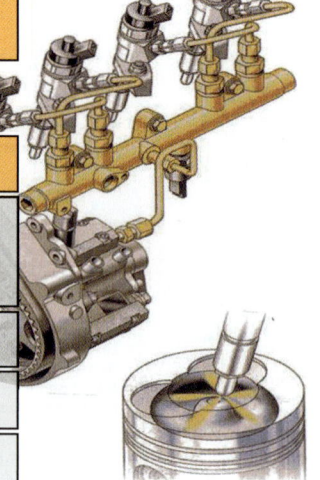

Anforderungen	Vorteile
Dauerfestigkeit (Schwellbelastung, Druckamplitude bzw. Schwingbreite)	hohe Streckgrenze, definierter Eigenspannungszustand exzellente Innenoberfläche
gute Stauchbarkeit, hohe Biegefähigkeit	hohe Dehnung, gute Außenoberfläche
hohe Korrosionsbeständigkeit	beschichtungsfähige Rohroberfläche (z.B. Cr-VI-frei)
Sauberkeit (Innenoberfläche)	definierte Fehlertiefen, geringe Partikelanzahl

Bild 4-5.8
Anforderungsprofil an ein Präzisionsstahlrohr für die Produktgruppe Dieseleinspritzrohr (DER)

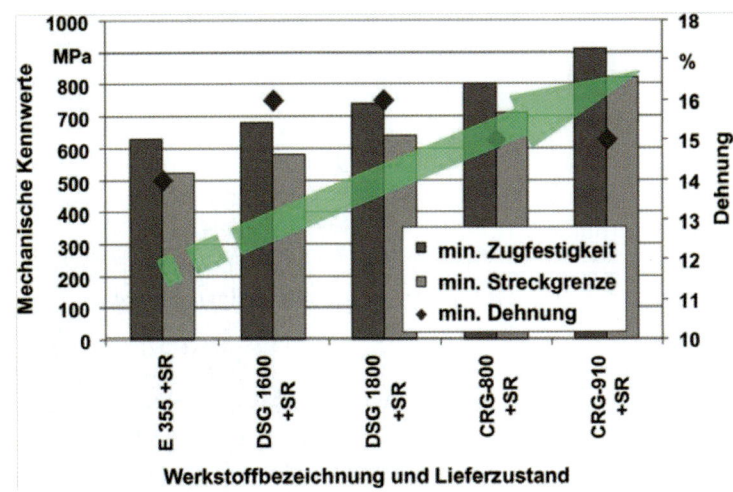

Bild 4-5.9
Werkstoffoptimierung und -entwicklung für die
Produktgruppe Dieseleinspritzrohr (Hagedorn 2008)

das Kornwachstum (Korngrenzen-Pinning) und die Rekristallisation. Somit kann ein feinkörniger, unrekristallisierter Austenit in die γ/α-Umwandlung eintreten und es kann ein sehr feinkörniges Endgefüge erzielt werden.

Weitere Steigerungen der Druckstufen bis über 2000 bar werden durch Werkstoffoptimierungen, verbesserte Fertigungs- und Herstellungsabläufe sowie durch den Einsatz abgestimmter Autofrettageprozesse realisiert. Dem Autofrettageprozess kommt dabei eine wesentliche Bedeutung zu, da dieser sowohl die Ermüdungsfestigkeit als auch die Innenoberflächenqualität der Komponente erhöht.

Durch den Autofrettageprozess (Druckbeaufschlagung der DEL mit Drücken bis weit über den Fließbeginn an der Rohrinnenseite hinaus) werden an der Innenoberfläche des Rohres Druckeigenspannungen aufgebaut (blaue Kurven in Bild 4-5.10), die zu einer Erhöhung der Dauerfestigkeit sowie zu einer signifikanten Reduktion der Streuung der Lebensdauerdaten führen. Infolge Autofrettage wird während der Belastung eine Kerbwirkung, die von möglichen Ungänzen ausgehen kann, reduziert, da die Autofrettage auch zu einer Plastifizierung des Kerbgrundes führt und sich daher ein niedrigerer Kerbfaktor einstellt. Ein Vergleich der Spannungsverläufe autofrettierter (rechte Spalte) und

4

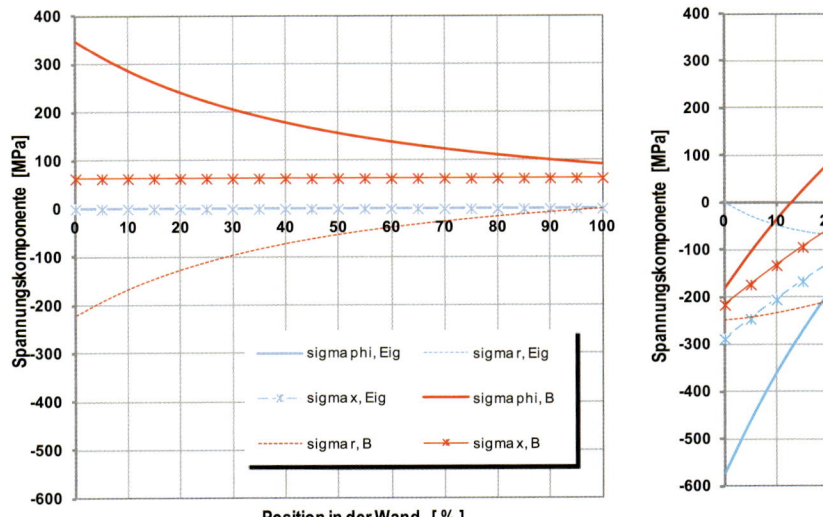

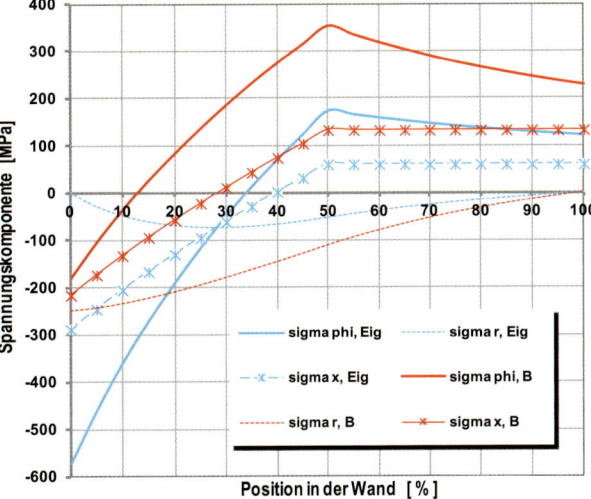

Bild 4-5.10 Vergleich des Spannungsverlaufs am nicht autofrettierten und autofrettierten Rohr
Nicht autofrettiertes Rohr, $D_a \times D_i = 6,35$ mm $\times$ 3,00 mm bei Innendruckbelastung (links)
Autofrettiertes Rohr, $D_a \times D_i = 6,35$ mm $\times$ 3,00 mm bei Innendruckbelastung

nicht autofrettierter Bauteile (linke Spalte) in Bild 4-5.10 verdeutlicht, dass die im Betriebszustand vorhandene effektive maximale Umfangsspannung (rote durchgezogene Kurve) bei zuvor durchgeführter Autofrettage an der Rohrinnenoberfläche signifikant herabgesetzt ist. Weiterhin wird durch die Autofrettage die Mittelspannung signifikant herabgesetzt, wodurch die Ermüdung der Bauteile weiter gehemmt wird.

Die Ursache möglicher Oberflächenungänzen selbst liegt üblicherweise auf Seiten der Warmrohrherstellung. Weitere gängige Verfahren zur Reduzierung solcher Fehler sind mechanische oder auch chemische Bearbeitungen der Rohrinnenoberflächen, sodass unterschiedliche Qualitätsstufen erzielt werden können (Bild 4-5.11). Die gezeigten Qualitätsstufen P und S repräsentieren minimale bzw. maximale Fehlertiefen. In der Stufe P müssen alle detektierten Oberflächenfehler und -ungänzen, gemessen in radialer Richtung, kleiner 20 μm sein. Die Qualitätsstufe Q beschreibt einen Wertebereich zwischen 20 und 50 μm Fehlertiefe. Danach schließt sich die Fehlerstufe R an (nicht gezeigt). Als maximale Fehlertiefen werden Ungänzen in der Größenordnung 80 – 130 μm betrachtet (Stufe S). Größere Fehlertiefen sind für solche Produkte nicht zulässig.

Neuere Werkstoffentwicklungen sowie der Einsatz bisher nicht in Betracht gezogener Werkstoffgruppen mit weiteren optimierten Fertigungsprozessen lassen Druckstufen bis zu 3000 bar realistisch erscheinen (Bild 4-5.12).

4-5.2.2 Stabilisatoren als Beitrag zum Fahrkomfort

Im Bereich der Fahrwerke ist im Zusammenhang mit Leichtbaukonzepten insbesondere die Produktgruppe der Stabilisatoren hervorzuheben. Stabilisatoren tragen erheblich zum Fahrkomfort und zur Fahrsicherheit bei, da sie in Kraftfahrzeugen die Seitenneigung bei Kurvenfahrten verringern sollen. In der Regel sind Stabilisatoren U-förmig gebogene, teilweise abgewinkelt bzw. verkröpft vorliegende Fahrwerkskomponenten, die somit erhebliche Anforderungen an die mechanischen Kennwerte und die Umformbarkeit der eingesetzten Präzisionsstahlrohre stellen (Bild 4-5.13).

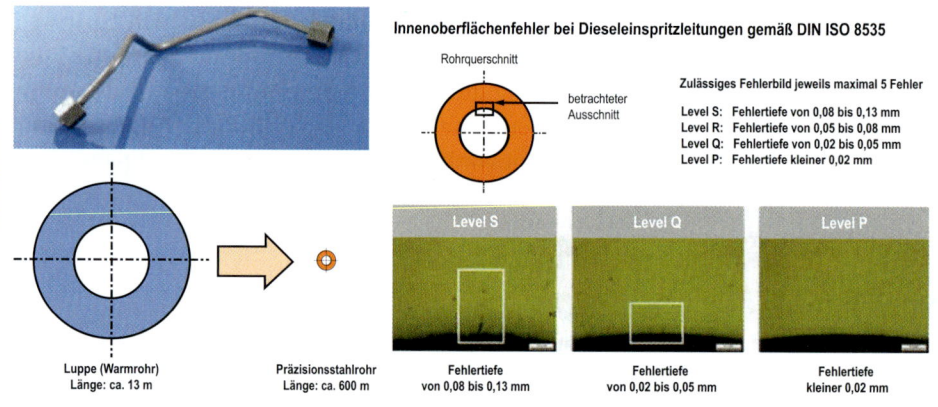

Bild 4-5.11
Qualitätsstufen der Rohrinnenoberflächen am Beispiel Dieseleinspritzrohr (DER) (Salzgitter 2015)

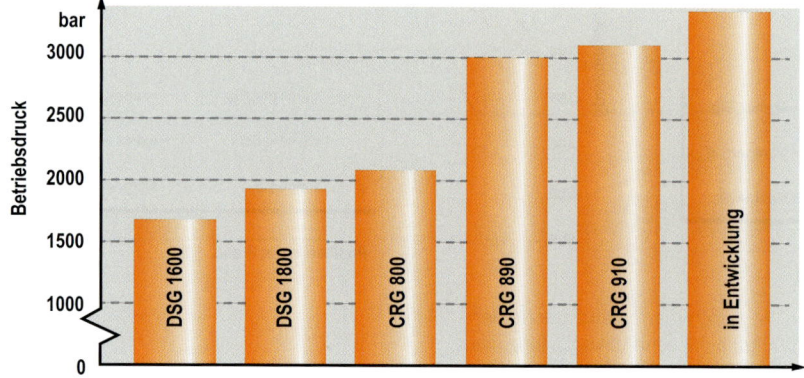

Bild 4-5.12
Entwicklung der Einspritzdrücke als Resultat von Werkstoff- und Prozessentwicklung am Beispiel Dieseleinspritzleitung (DEL) (Salzgitter 2015)

Diese Produktgruppe wird wegen der an sie gestellten Kundenerwartungen und Präzisionsrohranforderungen hauptsächlich durch die breite Werkstoffpalette der mikrolegierten Mangan-Bor-Stähle, wie z.B. die Stähle 26MnB5 und 34MnB5 bzw. Einsatzstähle, aber auch durch klassische Vergütungsstähle (CrMo-Stähle) abgedeckt.

Das Beanspruchungsniveau und damit verbunden die maximal zulässige Festigkeit werden in erster Näherung durch den Kohlenstoffgehalt bestimmt. Somit kann beim Einsatz von geschweißten Präzisionsstahlrohren der Schweißprozess eine limitierende Größe für den Kohlenstoffgehalt sein. Ist es nicht mehr möglich, über die gegebene Legierungszusammensetzung eine geforderte Festigkeitsklasse zu erzielen, müssen der

Stabilisatorfertigung gezielte Wärmebehandlungsprozesse, wie Aufkohlungsprozesse, vorangehen.

Zur Erfüllung der dynamischen Lebensdaueranforderungen werden an Präzisionsstahlrohre für die Stabilisatoranwendung neben einer hohen Werkstoffzähigkeit höchste Anforderungen an die Oberflächenqualität gestellt.

Zum einen können mit diesen Werkstoffgüten in Kombination mit einer eigens darauf abgestimmten Fertigung engste Toleranzen bzgl. Außendurchmesser, Wanddicke und Exzentrizität sichergestellt werden. Zum anderen kann ein breites Spektrum an geforderten mechanischen Kennwerten sicher realisiert werden. In der Regel können ein Streckgrenzenniveau zwischen 300 und 700 MPa, ein Zugfestigkeitsniveau zwischen 500 und 900 MPa sowie Bruchdehnungen zwischen 6 und bis zu 30 % erreicht werden. Somit kann den Anforderungen an die Maß-, Form- und Lagengenauigkeit sowie einer guten Umformbarkeit Rechnung getragen werden.

Da diese Werkstoffgruppen i.d.R. vergütet bzw. einsatzgehärtet eingesetzt werden, ist bei der Weiterverarbeitung eine gezielte Einstellung eines Randzonengefüges bzw. Vergütungsgefüges notwendig, um die Härteanforderungen zu erfüllen.

Wie anfangs aufgezeigt, bieten hierbei Präzisionsstahlrohre ein im Vergleich zum Vollmaterial erhebliches Leichtbaupotenzial, welches durch die Verwendung höherfester Güten noch gesteigert werden kann. Neben einer signifikanten Gewichtsreduzierung von bis zu 40 % im Vergleich zum Vollstab (Bild 4-5.14) ist ein reduzierter Fertigungsaufwand bei gleichzeitig verbesserten Bauteileigenschaften gewährleistet.

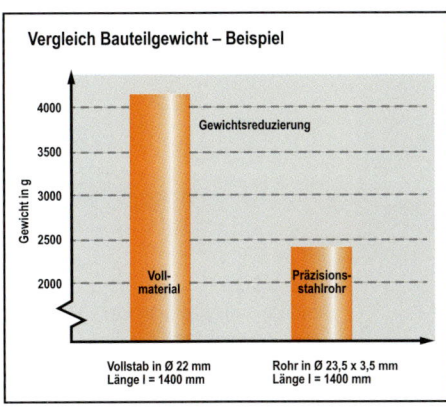

Bild 4-5.13 Beispiel für Stabilisatoren im Bereich Fahrwerkstechnik (Salzgitter 2015)

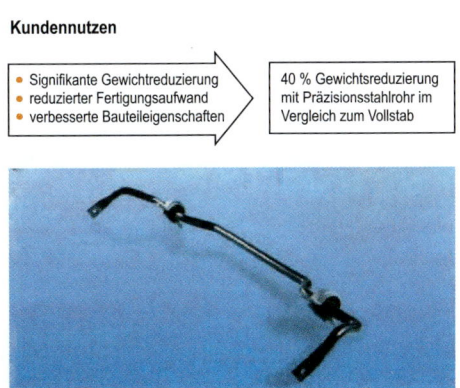

Bild 4-5.14
Möglichkeit der Gewichtsreduzierung am Beispiel von Stabilisatoren (Salzgitter 2015)

4-5.2.3 Wellen in der Antriebstechnik

Ein weiteres Beispiel für den Einsatz von Präzisionsstahlrohren aus dem Bereich der Antriebstechnik ist die Produktgruppe der Wellen (Bild 4-5.15), d. h. Getriebe-, Antriebs- und Monoblockwellen. Auch hier gilt es, dem Anforderungsprofil des Produktes, durch gezielt ausgewählte Werkstoffe und unter Berücksichtigung kostengünstiger Fertigung gerecht zu werden.

Im Allgemeinen sollten Wellen in einem breiten Temperaturbereich eine ausreichende elastische Verformbarkeit, eine hohe Festigkeit und eine hohe Steifigkeit aufweisen. Auch bei den Wellen werden Leichtbaukonzepte angestrebt. Wie bei den Stabilisatoren können beachtliche Flächenträgheitsmomente bei reduziertem Materialeinsatz realisiert werden. Daneben müssen Funktionsflächen der Wellen, die mit unterschiedlichen Konstruktionselementen in Kontakt kommen (wie z.B. Lager und Dichtungen), eine möglichst verschleißfeste Oberfläche, d.h. hohe Härte, aufweisen.

Zur Anwendung kommen sowohl nahtlose als auch HFI-geschweißte Präzisionsstahlrohre. Und auch hierbei ist der Schweißprozess eine limitierende Größe für den Kohlenstoffgehalt und somit für die Festigkeit. Für normalbeanspruchte Wellen werden üblicherweise Werkstoffe aus der Gruppe der Baustähle, wie E295 und E355 (DIN EN 10305) oder der unlegierten Vergütungsstähle wie C35 und C45 (DIN EN 10083) eingesetzt.

Werden besonders hohe Anforderungen an die Werkstoffe für Wellen hinsichtlich z.B. Umformbarkeit, optimierter Durchhärtbarkeit, Belastbarkeit und Korrosionsbeständigkeit gestellt, kommen Vergütungsstähle, wie 42CrMo4 oder auch Einsatzstähle wie 16MnCr5 und 17CrNiMo6 zum Einsatz. Für eine gute Zerspanbarkeit,

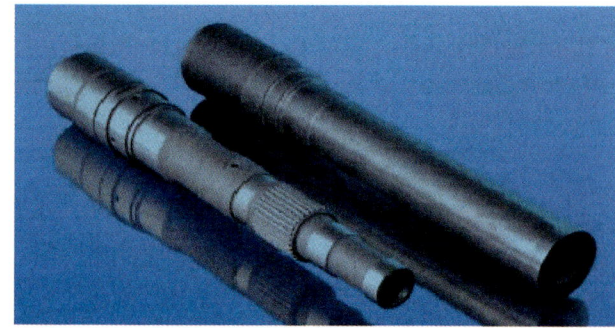

Bild 4-5.15 Beispiel von Seitenwellen im Bereich der Antriebstechnik (Salzgitter 2015)

Härtbarkeit und Zähigkeit können diese Varianten auch mit geregeltem Schwefelgehalt auftreten.

In der Regel wird für alle Wellen-Werkstoffe eine hohe Oberflächenhärte (geringer Verschleiß) bei gleichzeitig zähem Kernbereich (hohe Lebensdauer der Bauteile) angestrebt (Bild 4-5.16). Speziell auf den Rohrherstellungsprozess abgestimmte Weiterverarbeitungsverfahren gewährleisten die Einstellung u. a. möglichst homogener Gefügestrukturen (Feinkorn) und minimieren dadurch z.B. den Härteverzug bei der Wellenherstellung.

4-5.2.4 Airbag dient der Sicherheit

Ein Beispiel für den Einsatz von Präzisionsstahlrohren aus dem Bereich der passiven Fahrzeugsicherheit stellt die Produktgruppe der Airbags dar (Bild 4-5.17).

Airbags zählen zu den passiven Sicherheitselementen im Fahrzeug. Da sie direkt dem Insassenschutz dienen, werden höchste Anforderungen an die verwendeten Werkstoffe gestellt. Neben den „klassischen", etablierten Fahrer- und Beifahrerairbags gewinnen auch Sei-

Anforderungen an die Rohre

- Hohe Maß-, Form- und Lagetoleranzen (besondere Eigenschaften, z. B. bezüglich Wanddicke, Exzentrizität, Rundheit)
- Hohe Umformbarkeit
- Hohe Oberflächenqualität
- Geringer Härteverzug (besondere Werkstoff- und Gefügeeigenschaften)
- Hohe Bauteillebensdauer

Werkstoffentwicklung/Technologieentwicklung

In einem für den Nutzungszweck optimierten Rohrherstellungsprozess lassen sich mit unterschiedlichen Werkstoffen verschiedene Gewichtsreduzierungen sowie über die gesamte Prozesskette Kosteneinsparungen realisieren.

Bild 4-5.16
Anforderungsprofil an ein Präzisionsstahlrohr für die Produktgruppe Getriebewellen (Salzgitter 2015)

Bild 4-5.17
Beispiel für Airbaganwendung im Bereich
Sicherheitstechnik (Salzgitter 2015)

ten- und Knieairbags zunehmend an Bedeutung. Drei Arten von Funktionsweisen lassen sich beim Airbag voneinander unterscheiden: pyrotechnische Generatoren, Kaltgasgeneratoren und Hybridgasgeneratoren.

Airbags müssen sehr gute Kalt- und Warmumformungseigenschaften besitzen. Darüber hinaus muss die Schweißbarkeit gewährleistet sein, wobei das Kohlenstoffäquivalent eine entscheidende Rolle spielt.

Die wesentlichen Anforderungen an Präzisionsstahlrohre für den Airbageinsatz sind ein feinkörniges, isotropes Gefüge, sehr gute Festigkeitseigenschaften bei niedrigen Einsatztemperaturen, ausgezeichnete statische und dynamische Festigkeitseigenschaften sowie exzellente Zähigkeitseigenschaften bei Temperaturen bis −60 °C und darunter.

Insbesondere bei Kaltgasbehältern werden neben einer hohen Festigkeit auch besondere Anforderungen an die Zähigkeit der Werkstoffe gestellt. Bei einem gegebenen Festigkeitsniveau haben sich mit zunehmenden Anforderungen an die Tieftemperaturzähigkeit die Werkstoffkonzepte zunächst von mikrolegierten Stählen zu lufthärtenden Werkstoffen verschoben. Heute etablieren sich vor allem vergütungsfähige Werkstoffvarianten. Je nach Anforderungsprofil kann auf teure Legierungselemente, wie z. B. Molybdän und Nickel, weitgehend verzichtet werden, wenn durch Mikrolegierungselemente und eine geeignete Temperaturführung bei der Rohrherstellung die hohen Festigkeitsanforde-

rungen über die Einstellung eines bainitisch-martensitischen Gefüges gewährleistet werden können. Durch den Einsatz von vergütbaren Werkstoffvarianten, z. B. auf der Basis des hochfesten Stahls SAE 1513, kann die Temperatur-Übergangskurve nochmals zu niedrigeren Temperaturen verschoben werden (Bild 4-5.18).

Bereits als Präzisionsrohr (Frühstadium der Airbagfertigung) werden diese Varianten sowohl im statischen als auch dynamischen Berstversuch geprüft, um die späteren Bauteileigenschaften sicher abbilden zu können. Eine mehrteilige Zerlegung des Prüflings (Fragmentierung) ist dabei das Ausschlusskriterium für den möglichen Einsatz als Airbagbehälter für Kaltgasgeneratoren.

4-5.3 Zusammenfassung und Ausblick

4

Präzisionsstahlrohre werden in der Automobilindustrie in einer Vielfalt von Produkten eingesetzt. Das vorhandene Portfolio deckt dabei alle wesentlichen Baugruppen vom Motor bis zur passiven Sicherheit ab. Neben druckführenden Bauteilen, wie z. B. Einspritzleitungen und Airbagbehältern, kommen Rohrlösungen vor allem aufgrund der beabsichtigten Gewichtseinsparung zum Zuge.

In der Regel wird die Fertigung der Präzisionsstahlrohre, beginnend mit der Vormaterialroute (Rundblock oder Bandmaterial), speziell auf die vorliegende Anwendung abgestimmt. Die gewählten Vorbehandlungen des Rund- bzw. des Bandmaterials sowie die Streckenbilder und Wärmebehandlungen sind hierbei stets auf die Anwendung beim Kunden ausgerichtet, sodass die mechanisch-technologischen sowie die geometrischen Anforderungen der Produkte bestmöglich ge-

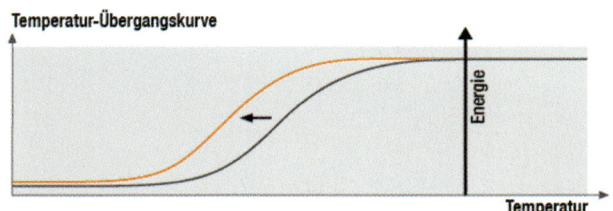

Bild 4-5.18 Verschiebung der Temperatur-Übergangskurve (schematisch) durch geeignete Werkstoffauswahl aus dem Bereich Airbag-Anwendung (Salzgitter 2015)

währleistet werden können. Je nach Baugruppe und Belastungskollektiv kommen „gewöhnliche" Baustähle, unlegierte wie legierte Vergütungsstähle, Einsatzstähle sowie lufthärtende Stähle zum Einsatz. Da in der Automobilindustrie aufgrund der großen Stückzahlen bzw. Tonnagen stets ein hoher Kostendruck vorhanden ist, werden i. d. R. „schlanke" Prozessrouten bevorzugt. Dabei steht stets die Gewährleistung der geforderten Merkmale (Festigkeit, Verformbarkeit, Oberflächenqualität, Härtbarkeit, Verzug etc.) im Vordergrund. Von Vorteil ist hierbei die synchronisierte Entwicklung von Halbzeug und Endprodukt, d. h. Hand-in-Hand! Nur so können schlanke Prozessrouten ermöglicht werden.

Literatur zu Kapitel 4-5

Greuling, S.; Bergmann, J. W.; Thumser, R.: A design concept for autofrettaged parts under pulsating internal pressure. Materialwissenschaft und Werkstofftechnik 32 (2001), S. 342 – 352

Hagedorn, M.; Lechtenfeld, U.; Zaremba, A.: Präzisrohre für Hochdruck-Dieseleinspritzleitungen. MTZ (2008) 3, S. 200 – 205 Jahrgang 1969

Herz, E.; Thumser, R.; Vormwald, M.; Bergmann, J.: Endurance limit design of high pressure diesel injection pipes for low failure probability. Proceedings of the International Conference on Fatigue Design, Senlis, France, 2005

Lagao, P.; Hagedorn, M.; Nettersheim, W.: Verringerung von Fertigungsaufwand und Gewicht durch den Einsatz von Präzisrohren. Sonderdruck Stahl (2007) 3, S. 6

Salzgitter Mannesmann Precision: Produktbroschüre Precision Steel Tubes for the Automotive Industry. März 2015

Zimmermann, S.; Hagedorn, M.; Lechtenfeld, U.; Zaremba, A.: High Pressure Fuel Lines for Modern Diesel Engines. 2nd International Conference on Steel in Cars and Trucks, SCT 2008

Zimmermann, S.; Ostermann, A.; Bremer, L.; Lechtenfeld, U.; Zaremba, A.: Injection Lines for Diesel Engines. 3rd International Conference on Steel in Cars and Trucks, SCT 2011

Alle im Text erwähnten Normen sind in einer Liste zusammengefasst (Seite 889).

4

4-6 | Stähle für den Schienenfahrweg

Albert Jörg

4-6.1 Einleitung

Eisenbahnen bilden das Rückgrat einer jeden Infrastruktur, wobei der anhaltende Erfolg des Eisenbahnwesens im Laufe der Zeit vor allem der Tatsache geschuldet ist, dass hohe Transportleistungen sehr energieeffizient erbracht werden können. Grundsätzlich dienen Eisenbahnen der Beförderung von Personen, Gütern und Rohstoffen und in Abhängigkeit von ihrem hauptsächlichen Zweck haben sich unterschiedliche Eisenbahnsysteme entwickelt: beginnend mit dem artreinen Personenverkehr mit Straßenbahnen und Metros, über konventionelle Mischverkehrsstrecken und Hochgeschwindigkeitsbahnen in Europa bis hin zum artreinen Güterverkehr mit Schwerlastbahnen, die in der Regel in Übersee anzutreffen sind. Trotz aller systematischen Unterschiede haben alle Eisenbahnen Folgendes gemein: Jede Bahn für sich ist ein äußerst komplexes System, an dem viele einzelne Fachbereiche unterschiedlichster Disziplinen aus Bautechnik, Maschinenbau und Elektrotechnik beteiligt sind. Und jede Bahn wird durch den stählernen Fahrweg

charakterisiert, woher auch der Name „Eisenbahn" herrührt.

Kernelement dieses Fahrwegs ist die Eisenbahnschiene, die zudem das am höchsten beanspruchte Bauteil des Oberbaus darstellt. Dies kann auch sehr einfach an ein paar Kenndaten festgemacht werden: Im Mischverkehr werden Radsätze mit Achslasten von 20 t mit Geschwindigkeiten von bis zu 250 km/h über das Gleis bewegt, im Hochgeschwindigkeitsverkehr werden im Normalbetrieb mit reduzierten Achslasten Geschwindigkeiten von 360 km/h erreicht. Bei der Schwerlast besitzen die Fahrzeuge Achslasten von 35 t und mehr und Züge bestehen bisweilen aus mehreren hundert Waggons und erreichen damit Gesamtlängen von mehreren Kilometern. Nur durch eine moderne Schienentechnik und den Anforderungen entsprechende, hoch widerstandsfähige Stähle kann ein sicherer und leistungsfähiger Eisenbahnbetrieb gewährleistet werden.

Im gängigsten Oberbausystem für konventionelle Eisenbahnen (auch als Vollbahnen bezeichnet), dem konventionellen Schotteroberbau, werden Schienen elastisch auf Schwellen befestigt. Die Schwellen selbst liegen in einem ebenfalls elastischen Schotterbett und bilden mit den Schienen den so genannten Gleisrost. Jedoch gibt es neben dem Schotteroberbau eine Vielzahl von weiteren Fahrwegsystemen. Als Beispiel sind hier bei der Vollbahn „Feste-Fahrbahn-Systeme" zu nennen, die in manchen Ländern insbesondere bei Hochgeschwindigkeitsstrecken zur Anwendung kommen. Weit verbreitet sind diese Systeme in Tunnels und auf Brücken mit größeren Spannweiten. Auch für Straßenbahngleise gibt es eine Vielzahl unterschiedlicher Einbausysteme für Rillenschienen.

Bild 4-6.1 Klassische Mischverkehrsstrecke mit Schotteroberbau

4-6.2 Aufgaben der Schiene

Die Schiene hat im System Fahrweg drei grundsätzliche Aufgaben: die Aufnahme der Verkehrslasten (Schiene als Träger), die Führung der Fahrzeuge (Schiene als Fahrbahn) sowie Aufgaben der Leit- und Sicherungstechnik. Diese drei Aufgaben bestimmen die notwendigen Eigenschaften der Schiene bzw. des Schienenstahls.

Hinsichtlich der „Schiene als Element der Leit- und Sicherheitstechnik" handelt es sich bei der Aufgabe der Schienen im Wesentlichen um die Funktion als elektrischer Leiter zum Zwecke der sogenannten Gleisfreimeldung. Nur nach einer Gleisfreimeldung, d. h. der Bestätigung, dass ein bestimmter Streckenabschnitt – auch als Block bezeichnet – nicht durch einen Zug belegt ist, wird einem Zug die Einfahrt in ebendiesen Block genehmigt. Die Gleisfreimeldung, die auf unterschiedliche Arten erfolgen kann, stellt somit das Schlüsselinstrument für die außergewöhnlich hohe Sicherheit im Eisenbahnverkehr dar. Bei dem Weg der direkten Erkennung, ob ein Block frei oder besetzt ist, wird in ebendiesem Block ein Gleisstromkreis angelegt: Über beide Schienen eines Gleises wird ein geschlossener Stromkreis angelegt und durch den Stromfluss wird bestätigt, dass sich in dem Abschnitt kein Zug befindet. Fährt ein Zug in diesen Block ein, wird über die Radsätze ein Kurzschluss erzeugt (Verbindung von linker und rechter Schiene über die Räder und die Radsatzwelle). Der Stromfluss wird unterbunden und das Gleis kann somit eindeutig als belegt identifiziert werden. Neben ausreichender Isolierung der Schienen im Gleisbett sind die gute elektrische Leitfähigkeit bzw. der passende spezifische Widerstand des Schienenwerkstoffs selbst die Voraussetzung zur Sicherstellung der zuverlässigen Gleisfreimeldung (direkte Gleisfreimeldung) (Fendrich 2006).

Bei der Funktion „Schiene als Fahrbahn" erfüllt die Schiene drei grundsätzliche Aufgaben. Sie bietet dem Rad eine geometrisch einwandfreie Fahrfläche zum Abrollen, nimmt die Rad/Schiene-Kontaktkräfte auf und gewährleistet die exakte Führung der Fahrzeuge im Gleis durch die Schiene. Diese Führung der Fahrzeuge im Gleis wird über die Kontur des Schienenprofils erreicht und über das Zusammenwirken von beiden Schienen und dem Radsatz. Hierbei sind die beiden großen Vorteile des Systems Radsatz/Gleis:

- in der Geraden die Selbstzentrierung der Radsätze im Gleis.
- im Bogen das kräftefreie Einlenken in die Gleisbögen.

Beide Phänomene resultieren aus den Tatsachen, dass ein Radsatz im Gleis um ein gewisses Maß (das sogenannte Spurspiel) seitlich versetzt werden kann und dass es sich bei den Profilen der Räder um nach außen verjüngende, konische Profile handelt. Bei einer horizontalen Auslenkung des Radsatzes bauen sich am linken Rad und am rechten Rad des starren Radsatzes Differenzen in den Rollradien auf. Über die auf diesem Weg eingeleitete Rotationsbewegung des Radsatzes (Sinuslauf) erfolgt die Selbstzentrierung in der Geraden und das Einlenken in den Bogen. Somit können Bögen, sofern die Radien ein gewisses Maß nicht unterschreiten, ohne Spurkranzkontakt durchfahren werden. Vielfach wird das System viel zu vereinfachend betrachtet und der Sinuslauf nicht als lauftechnisches Prinzip hinter diesen komplexen Phänomenen gesehen, sondern als das Phänomen selbst. Dies ist natürlich nicht zutreffend. Eine gedankliche Ebene darunter, im System Rad/Schiene, werden die Kräfte übertragen: Diese umfassen Vertikallasten, Führungskräfte (horizontal, quer), Kräfte aus Traktion und Bremsen (horizontal, längs) sowie Kräfte resultierend aus Schlupfvorgängen im Rad/Schiene-Kontakt. Für die Übertragung der Kräfte stehen jeweils nur sehr kleine Kontaktflächen zur Verfügung in der Größenordnung von rund 200 mm² (d. h. Größenordnung einer Euro-Münze), woraus sich Flächenpressungen von bis zu 2000 MPa

Bild 4-6.2
Überblick über verschiedene Oberbauarten: von (li.) nach (re.): Schwerlast (Schotteroberbau), Metro (feste Fahrbahn) sowie Straßenbahn (eingedecktes Rillenschienengleis)

Bild 4-6.3 Berührungskontakt Rad/Schiene

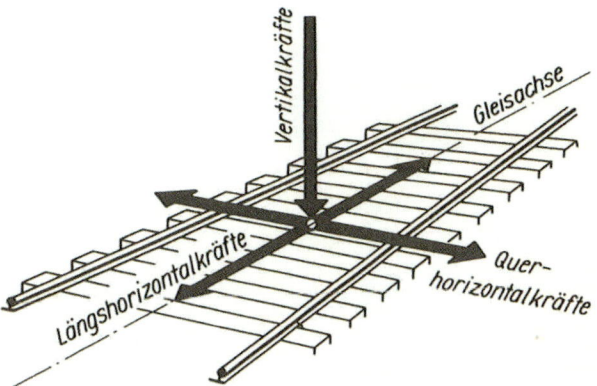

Bild 4-6.4 Auf den Unterbau abzutragende Kräfte im System Gleis, aus (Führer 1978)

ergeben. Dies verlangt dem Schienenwerkstoff höchste Widerstandsfähigkeiten ab, um Schienenverschleiß, plastische Verformung und die Phänomene der Rollkontaktermüdung erfolgreich bekämpfen zu können.

Nach der Aufnahme der Verkehrslasten durch die Schiene müssen diese über darunter liegende Oberbauteile bis in den Untergrund abgetragen werden. Diese Aufgabe erfüllt die Schiene in ihrer Funktion „Schiene als Träger". Die Ausbildung einer Biegelinie einer Schiene unter dem Rad erlaubt zum Beispiel die Verteilung der Radlasten auf mehrere Schwellen – und nur so können die Vertikallasten in die Tiefe in einer Art und weise abgebaut werden, dass der Untergrund und das Untergrundplanum nicht über das zulässige Maß beansprucht werden. Durch diese Biegelinie werden in den Schienenfuß jedoch Zugspannungen eingebracht und es muss ein Nachweis gegen Materialermüdung geführt werden. Zur Spannungsermittlung kommen neben sehr alten, auf Zusammenhängen der technischen Mechanik basierenden Verfahren (wie dem Verfahren von Zimmermann in (Führer 1978)) in der jüngeren Vergangenheit immer häufiger dynamische Modelle zur Anwendung. Eine Übersicht über diese Verfahren kann der einschlägigen Fachliteratur (Esveld 2001, Lichtberger 2003) entnommen werden. Für eine Dimensionierung des Oberbaus (Fragen der Ermüdungsfestigkeit) ist die Verwendung von quasistatischen Verfahren jedoch ausreichend, da diese trotz einiger Vereinfachungen sehr gut mit der Praxis übereinstimmende Ergebnisse liefern. Über diese betrieblichen Zugspannungen hinaus werden Schienen im lückenlos verschweißten Gleis auch noch durch Temperaturspannungen beansprucht, die ebenfalls Berücksichtigung

finden müssen. Durch die Wahl eines geeigneten Werkstoffs und Schienenprofils kann sichergestellt werden, dass diese Anforderungen erfüllt und die entsprechenden Nachweise erbracht werden können.

4-6.3 Anforderungen an das Schienenprofil

Als Schienenprofil wird die äußere Querschnittsform der Schiene bezeichnet. Für Vollbahnen kommen auf der ganzen Welt sogenannte Vignolschienen zum Einsatz, welche aus einem breiten Schienenfuß, einem schlanken Schienensteg und dem Schienenkopf bestehen. Während der Schienenkopf für die meisten Profile relativ einheitlich gestaltet ist (die Auswirkungen kleinster Änderungen auf die Laufeigenschaften von Fahrzeugen dürfen jedoch nicht unterschätzt werden), gibt es für den Schienensteg (Höhe) und den Schienenfuß (Breite) eine große Vielfalt unterschiedlicher Geometrien. Mit der Steigerung der Achslasten mussten sich auch die Schienenprofile in Richtung höherer Trägheits- und Widerstandsmomente weiterentwickeln, um die Schienenspannungen wieder auf ein ertragbares Maß zu reduzieren. Die wirksamste Erhöhung des Trägheits- und Widerstandsmoments kann durch eine Vergrößerung der Querschnittshöhe erzielt werden. Damit geht auch eine Zunahme des Metergewichts von Schienen einher. Waren in der Mitte des 20. Jahrhunderts Schienen mit 49 kg Metergewicht

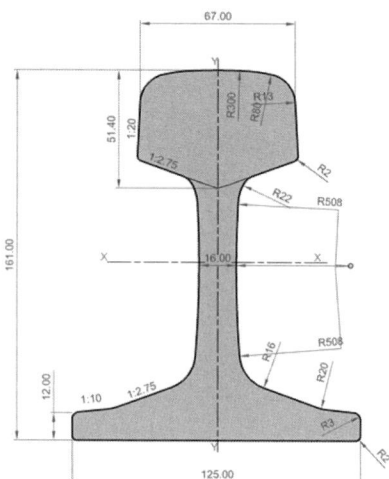
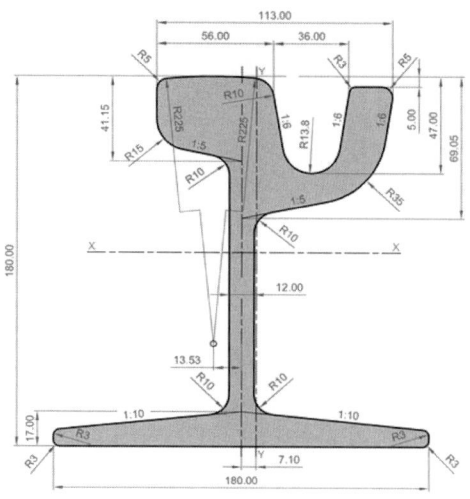

Bild 4-6.5
Schienenprofile 54E2
(Vignolschiene, links) und
60R1 (Rillenschiene, rechts)

Standard, so sind heute auf hochbelasteten Strecken in Europa Schienen mit einem Gewicht von 60 kg Kilogramm je Laufmeter Stand der Technik. Im Schwerlastverkehr sind noch schwerere Profile bis ca. 70 kg Metergewicht im Einsatz. Im Nahverkehrsbereich werden in der Regel Rillenschienen eingesetzt. Diese sind optimal geeignet in eingedeckten Systemen eingesetzt zu werden. Die Rille für den Spurkranz des Rades wird hier bereits durch die äußere Form der Schiene hergestellt und der Fahrbahnbelag kann beim Einbau unmittelbar und bündig an die Schiene angeschlossen werden.

Schienenprofile sind je nach Anforderung in verschiedenen Normen festgelegt. Die wichtigsten Normen – nicht nur hinsichtlich der Profile – sind die EN 13674-1 für Vignolschienen im europäischen Vollbahnbereich, die AREMA 2016 bei Schwerlastbahnen in Übersee (AREMA 2016) und die EN 14811 für Rillenschienen bei Straßenbahnen weltweit.

Grundsätzlich ist festzuhalten, dass eine große Zahl unterschiedlicher Schienenprofile existiert, die auch Sonderprofile für den Weichenbau umfasst, sodass Europas größter, den Weltmarkt bedienender Schienenhersteller, die voestalpine Schienen GmbH in Österreich, mehr als 100 verschiedene Profile im Produktionsprogramm hat. Diese Vielfalt bringt mit sich, dass die unterschiedlichen Schienenprofile mit dem freien Auge in der Regel nicht unterschieden werden können. Um die Schienen im Gleis dennoch eindeutig identifizieren zu können, wird das Profil mit dem erhabenen Walzzeichen auf dem Schienensteg kenntlich gemacht. Das Walzzeichen umfasst neben dem Profil auch Informationen zum Hersteller, dem Walzjahr und der

Stahlgüte. Auf der gegenüberliegenden Seite des Steges befindet sich die Warmstempelung, mittels derer die Schiene eindeutig identifiziert werden kann.

Alle Schienen müssen engste Anforderungen an Profiltoleranzen einhalten und höchsten Ansprüchen an die Ebenheit und Endengeradheit genügen.

4-6.4 Anforderungen an die Schienenlänge

War noch vor einhundert Jahren die übliche Schienenlänge 18 m, so erzeugen heute führende Schienenhersteller Schienen in der Länge von 120 m. Dies stellt einige Anforderungen nicht nur an die Produktion, sondern besonders auch an die Lieferlogistik, jedoch sind auch hierfür bereits Lösungen entwickelt worden. Durch den Einsatz von Langschienen kann die Anzahl an Schweißverbindungen im Gleis erheblich reduziert werden. Obwohl mittlerweile qualitativ hochwertige Schweißverfahren zur Anwendung kommen, stellen Schweißungen immer eine Inhomogenitätsstelle mit erhöhtem Ausfallrisiko dar (Form- und Werkstoffkerbe) und können im Gleis oder auf einer Baustelle auch nicht mit derselben Prozessüberwachung und -sicherheit hergestellt werden, wie sie bei der Schienenerzeugung zur Anwendung kommen. Die Verringerung der Anzahl von Schweißstößen durch die Verwendung längerer Schienen stellt somit eine Optimierung des Fahrwegs dar.

4-6.5 Anforderungen an die Werkstoffe

An Stähle für Eisenbahnschienen werden hohe Anforderungen gestellt, sowohl die mechanischen Kennwerte, aber auch andere Eigenschaften betreffend. Diese Anforderungen sollen gewährleisten, dass Stähle für Eisenbahnschienen

- eine hohe Verschleißfestigkeit,
- einen hohen Widerstand gegen Rollkontaktermüdung (Rolling Contact Fatigue, RCF),
- eine hohe Werkstoffwechselfestigkeit,
- einen hohen Reinheitsgrad,
- einen geringen Wärmeausdehnungskoeffizienten,
- eine entsprechende Leitfähigkeit,
- eine gute Schweißeignung und
- niedrige Herstellungskosten

besitzen, um so einen Beitrag zu einem technisch und wirtschaftlich optimierten Fahrweg zu leisten.

Hohe Verschleißfestigkeiten verhindern, dass der Materialverlust durch den Eisenbahnbetrieb (der sogenannte natürliche Abtrag) speziell im engen Bogen einen zu raschen Schienenwechsel erforderlich macht. Es ist durchaus möglich, dass im engen Bogen bei der Verwendung von Standardstählen Liegedauern von nur ein bis zwei Jahren erreicht werden. Zudem ist in engen Bögen auch das Phänomen einer sich verwellenden Bogeninnenschiene (so genannte Schlupfwellenbildung) präsent, welche zusammen mit plastischer Verformung der Schienen eine Schienenbearbeitung im Gleis notwendig macht (Schienenschleifen, Schienenfräsen, Schienenhobeln etc.). Der durch Schienenbearbeitung hervorgerufene künstliche Schienenabtrag verringert die Liegedauer der Schienen im Gleis zusätzlich.

In allen Bögen führt die betriebliche Belastung bei Schienen zu einer Rissbildung an der Oberfläche, und unter gewissen Umständen kann dies auch im geraden Gleis der Fall sein. Von Schienenwerkstoffen wird daher immer ein möglichst hoher Widerstand gegen Rollkontaktermüdung (RCF) gefordert. In der Regel bilden sich diese RCF-Risse als Head Checks aus. Dies sind periodische Risse an der Fahrkante, die im flachen Winkel in die Schiene wachsen und zu einem späteren Zeitpunkt nach unten in Richtung Schienenfuß abknicken können. Erst in diesem sehr späten Stadium geht von Head Checks eine Gefahr aus. Somit wird der Zustand der Schienen von den Infrastrukturbetreibern regelmäßig in definierten Intervallen überwacht. Genau wie alle anderen Formen der Rollkontaktermüdung auch, werden Head Checks bei Erreichen von Grenzwerten durch Schienenbearbeitung im Gleis entfernt. Auch wenn trotz hoher Anstrengungen und großer Fortschritte in den letzten Jahren aufgrund der Komplexität des Systems Rad/Schiene noch nicht alle Mechanismen der Rissbildung und des Rissfortschritts bis ins letzte Detail erforscht werden konnten, so ist das Verhalten bzw. das Fortschreiten dieser Risse in unterschiedlichen Schienenstählen hinlänglich bekannt, und Maßnahmen zur Rissentfernung können mit großem Vorlauf geplant werden. Besitzt ein Schienenwerkstoff keinen ausreichenden RCF-Widerstand, so reduziert sich die Liegedauer von Schienen ebenfalls erheblich und kann im Bogen in mittleren Radienbereichen (700 m – 1500 m) ebenfalls nur noch wenige Jahre betragen.

Führen übermäßiger Schienenverschleiß und/oder häufige Schienenbearbeitung nicht zu einem vorzeitigen Austausch der Schienen, können Eisenbahnschienen Liegedauern von 60 Jahren und mehr erreichen. Mit modernen Hochleistungsschienenstählen werden im Schwerlastsektor auch 5 Milliarden Tonnen überrollter Last erreicht bzw. dementsprechend von den

4

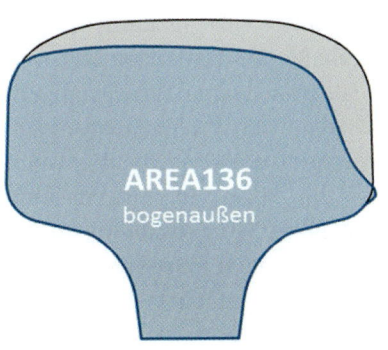

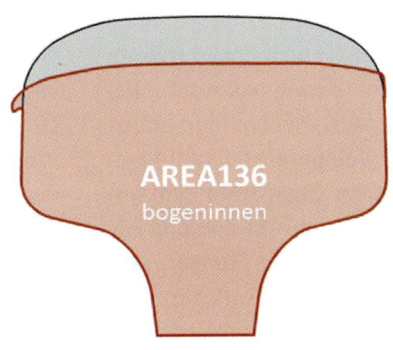

Bild 4-6.6
Schienenverschleiß: typisches Verschleißbild Außenschiene (blau, links) und Innenschiene (rot, rechts) im engen Bogen am Beispiel der Schwerlastschiene AREA136. Das Nominalprofil ist durch die schwarze Linie angegeben, die Verschleißfläche ist grau hinterlegt. An der Außenschiene ist der Spurkranzanlauf der Räder gut zu erkennen

Bild 4-6.7 Schlupfwellenbildung (Verwellung der Innenschiene im engen Bogen)

Bild 4-6.8 Rollkontaktermüdung: Head Checks an der Fahrkante, Traktionsrisse in Schienenkopfmitte mit leichten Ausbröckelungen (Spalling) – typisches Erscheinungsbild bei Schwerlast

Schienen mehrere hundert Millionen Lastwechsel (Achsüberrollungen) ertragen. Daraus folgt die Anforderung einer hohen Gestaltfestigkeit der Schiene bzw. – auf den Werkstoff allein bezogen – eine hohe Werkstoffwechselfestigkeit (Dauerfestigkeit).

Mit der hohen Werkstoffwechselfestigkeit einher geht auch die Forderung, dass Schienenstähle höchste Reinheitsgrade aufweisen müssen. Bei der Stahlherstellung kommen daher eigene Verfahren und streng kontrollierte Prozesse wie beispielsweise in bestens eingestellten Entgasungsanlagen zur Anwendung. Hohe Reinheitsgrade sind Voraussetzung dafür, dass Schienen die hohen Kontaktpressungen im Rad/Schiene-Kontakt ohne Schädigung aufnehmen können, aber genauso auch die außerordentlich hohen Lastspielzahlen aus Achsüberfahrten im Lauf der Schienenliegedauer (Wechselfestigkeit).

Die Forderung nach geringen Wärmeausdehnungskoeffizienten in der Größenordnung von $1{,}2 \cdot 10^{-5}\ \mathrm{K^{-1}}$ ergibt sich aus der Tatsache, dass Schienen in der Regel im Gleis zu sehr langen Schienenbändern verschweißt werden. Die Wärmedehnung in Längsrichtung infolge Temperaturänderung im Vergleich zur Verschweißtemperatur (Neutraltemperatur) ist damit behindert. Bei Über- und Unterschreitung der Neutraltemperatur bauen sich in den Schienen Temperaturspannungen auf, die im Winter als zusätzliche Zugspannungen (erhöhtes Risiko von Dauerbrüchen) und im Sommer als zusätzliche Druckspannungen (erhöhtes Risiko eines seitlichen Ausknickens des Gleisrostes) vorliegen.

Die Forderung nach Einhaltung entsprechender Grenz-werte der elektrischen Leitfähigkeit bzw. des spezifischen Widerstands ergibt sich aus der Leit- und Sicherungstechnik. Die jeweiligen Grenzwerte werden von Bahnen in der Regel individuell festgelegt.

Schienen können auf verschiedene Arten verschweißt werden. Neben aluminothermischen Verfahren kommen auch mobile oder ortsfeste Abbrennstumpfverfahren sowie Elektroden- und Fülldraht-Verbindungsschweißverfahren zur Anwendung. Eine entsprechende Schweißeignung ist für jeden Schienenstahl jedoch eine Grundvoraussetzung. Die Anforderung nach einer gewissen Schweißeignung ergibt sich aus der kritischen Abkühlgeschwindigkeit: Trotz der generell hohen Kohlenstoffgehalte bei Schienen (0,4 % bis ca. 1 %) sind alle genormten Schienenstähle mit den unterschiedlichen Verfahren unter Einhaltung der entsprechenden Vorgaben schweißbar. Hier ist allerdings zu beachten, dass zusätzliche Legierungselemente zur Härtesteigerung jedoch nur sehr begrenzt zugesetzt werden können, da Legierungselemente prinzipiell die Schweißeignung von Stählen verschlechtern.

Hinsichtlich des Verbindungsschweißens gilt grundsätzlich, dass alle Schienenstähle vorzuwärmen sind. Eine Besonderheit tritt in diesem Zusammenhang bei Rillenschienen zu Tage: Einige niedrigkohlige Rillenschienen (Kohlenstoffgehalte der Schienenstähle von etwa 0,5 %) können im Gleis auch ohne Vorwärmung in Längsrichtung zum Zwecke der Profilwiederherstellung aufgeschweißt werden. Dies ist notwendig, wenn der Schienenverschleiß im Bogen im eingedeckten Gleis rasch fortschreitet. Dies ist werkstofftechnisch möglich, da in Längsrichtung immer in mehreren Lagen aufgeschweißt und auf diese Weise mehrfach Wärme in die Schiene eingebracht wird. Das Auftragschweißen im Gleis kann mehrmals wiederholt werden, sollte aber nur dann zur Anwendung kommen, wenn keine Alternativen im Sinne von Schienen mit hohem und höchstem Verschleißwiderstand zur Verfügung stehen. Generell sind die im Gleis durchgeführten Schweißarbeiten natürlich nicht von jener hohen Qualität und Prozesssicherheit wie Schweißungen in Schweißwerken. Mit den Standards der Schienenherstellung im Rahmen der industriellen Großproduktion sind sie ebenfalls nicht vergleichbar.

Die Forderung nach niedrigen Herstellungskosten führt dazu, dass innovative Konzepte bei der Weiterentwicklung von Schienenstählen verfolgt werden müssen. Ein Beispiel dafür ist die Wärmebehandlung von Schienenstählen zur Herstellung eines hochwiderstandsfähigen, feinlamellaren Gefüges: Werden Schienen zum Beispiel im Zuge des normalen Produktionsprozesses in speziellen Anlagen einer Wärmebehandlung unterzogen, handelt es sich um ein derartiges innovatives Konzept. Im Gegensatz dazu führen rein auf legierungstechnischen Maßnahmen beruhende Konzepte zu hohen Herstellungskosten. Auch eine thermische Nachbehandlung nach der Produktion (Glühen von Schienen) ist aufgrund des hohen Aufwands und der Langwierigkeit dieser Verfahren und der damit verbundenen hohen Kosten nicht mehr für die Produktion von Schienen für das Streckengleis geeignet. Auf diese Art hergestellte Schienen können nur bei Spezialanwendungen (z. B. im Weichenbau) eingesetzt werden.

4-6.6 Bewährte Stähle und deren Herstellungskonzepte

Bei der Betrachtung von Schienenstählen muss in Vignolschienen für die klassische Eisenbahn und Rillenschienen für bündig eingedeckte Straßenbahnen unterschieden werden. Für beide Anwendungsarten gibt es seit vielen Jahrzehnten einen jeweiligen Standardschienenstahl. Im Falle der klassischen Eisenbahn ist dies die Stahlsorte R260 nach EN 13674-1 für Vignolschienen und für die Straßenbahn die Güte R200 nach EN 14811 für Rillenschienen. Beide sind hochfeste C-Mn-Stähle mit Kohlenstoffgehalten weit höher als bei z. B. Baustählen üblich. Diese vergleichsweise hohen

Tabelle 4-6.1 Standardstahlsorten (gerades Gleis) für Vollbahn und Straßenbahn. Für den Einsatz im Bogen sind beide Stähle aufgrund ihres zu geringen Materialwiderstands nicht mehr geeignet

Stahl-sorte	Anwen-dung	Norm	Gefüge	C-Gehalt [%]	Härte [BHN]
R260	Basisstahl Vignol-schienen	EN 13674	Perlit	0,62 bis 0,80	260 bis 300
R200	Basisstahl Rillen-schienen	EN 14811	Perlit und Ferrit	0,40 bis 0,60	200 bis 240

Kohlenstoffgehalte sind ein Kennzeichen aller Schienenstähle. Mit wenigen Ausnahmen ist ein weiteres Kennzeichen von Schienenstählen, dass diese vom Gefüge her perlitisch sind, da Perlit die für Schienen notwendige entsprechend hohe Materialwiderstandsfähigkeit besitzt.

Für beide Standardschienenstahlsorten gilt jedoch gleichermaßen, dass diese aufgrund der stetig steigenden Belastungen im Rad/Schienen-Kontakt nur noch begrenzt eingesetzt werden können und nur noch für das gerade Streckengleis geeignet sind. In Bögen und in Geraden mit höheren Beanspruchungen (z. B. durch Traktionskräfte) erfahren beide Schienenstähle vorzeitige, erhebliche Schädigungen. Dies führt zu hohen Instandhaltungsaufwendungen und einer inakzeptabel kurzen Liegedauer im Gleis. Beide Stähle bilden jedoch die Basis für sämtliche Weiterentwicklungen bei Schienenstählen, bei denen von den Ingenieuren sämtliche Möglichkeiten und Konzepte (mehr oder weniger erfolgreich) ausgeschöpft werden. Die beiden wichtigsten Konzepte zur Weiterentwicklung von Schienenstählen sind nachfolgend aufgelistet und kurz beschrieben.

4-6.6.1 Anwendung der Legierungstechnik

Durch den Zusatz von Legierungselementen wie beispielsweise Chrom oder Molybdän kann bei naturharten Schienenstählen eine Steigerung der Schienenhärte auf bis zu 360 Brinell erreicht werden. Diese Vorgehensweise ist jedoch dadurch limitiert, dass diese Legierungselemente nicht unbegrenzt eingesetzt werden können. Einerseits führen sie ab einem bestimmten Punkt nur noch zur Steigerung der Härte ohne weitere Verbesserung der Verschleiß- und RCF-Beständigkeit (Jörg et al. 2016), andererseits geht mit diesen Legierungselementen eine sich erheblich verschlechternde Schweißeignung der Schienenstähle einher.

4

Dies und die Tatsache, dass die Verfahren der Wärmebehandlungstechnik die Erzeugung von härteren Schienen mit deutlich besserem Betriebsverhalten erlauben, führten dazu, dass das Legierungskonzept an Bedeutung verloren hat und nur noch in Einzelfällen zur Anwendung kommt.

Der diesem Konzept zugehörige Schienenstahl nach EN 13674-1 (Vignolschienen) ist der R320Cr. In der EN 14811 (Rillenschienen) findet sich kein Schienenstahl, der sich dieses Konzepts bedient.

4-6.6.2 Anwendung der Wärmebehandlung

Die Verfahren der Wärmebehandlungstechnik erlauben eine gezielte und kontrollierte Steuerung der Abkühlgeschwindigkeit der Schienen nach dem Walzprozess. Durch die leicht beschleunigte Abkühlung der Schienen aus der Walzhitze wird in die Gefügeumwandlung (Kohlenstoffdiffusion) eingegriffen und damit die Ausbildung eines fein-lamellaren perlitischen Gefüges der Schiene sichergestellt. Auf diesem Weg können auf sehr elegante Weise jene Eigenschaften der Schiene eingestellt werden, die für ein überlegenes Betriebsverhalten der Schiene im Gleis notwendig sind. Die nach dieser Technologie erzielbaren Schienenhärten bewegen sich in Bereichen von bis zu 400 Brinell und darüber. Auch eine Kombination von Legierungstechnik und Wärmebehandlungstechnik wird in der Praxis häufig angewandt, jedoch wieder unter Berücksichtigung der sich verschlechternden Schweißeignung.

Im Vergleich zur reinen Anwendung der Legierungstechnik ist einer der wesentlichen Vorteile der Wärmebehandlungstechnologie zudem, dass Schienen mit einer hohen Festigkeit und einer hohen Härte hergestellt werden können, ohne dass Abstriche bei der

Bild 4-6.9 Wärmebehandlungsanlage und Kühlbett für 120 m Schienen der voestalpine Schienen in Österreich (großes Bild), Schiene unmittelbar vor Beginn der Wärmebehandlung (kleines Bild)

Zähigkeit des Materials oder der grundsätzlichen Schweißeignung gemacht werden müssen, wie beispielsweise auch der EN 13674-1 entnommen werden kann. Gleichzeitig können Schienen jedes Profils auch über das Schienenprofil in einer Weise optimiert werden, dass gezielt auf die Beanspruchung Rücksicht genommen werden kann. Das sind Schienen mit hoher Härte und fein-lamellarem Gefüge im Schienenkopf für den Rad/Schiene-Kontakt (Kontaktpressungen, Verschleiß und Rollkontaktermüdung) und niedriger Härte im Schienensteg (Bohrungen) und im Schienenfuß (Biegebeanspruchung).

Unter den vier in der EN 13674-1 genormten wärmebehandelten Schienenstählen sind die Schienengüten R350HT und R350LHT Stähle, die primär dem Konzept der reinen Anwendung der Wärmebehandlungstechnologie folgen, während die Stahlsorte R370CrHT mittels der Kombination von Legierungstechnik und anschließender Wärmebehandlung hergestellt wird.

In der EN 14811 werden drei wärmebehandelte Schie-

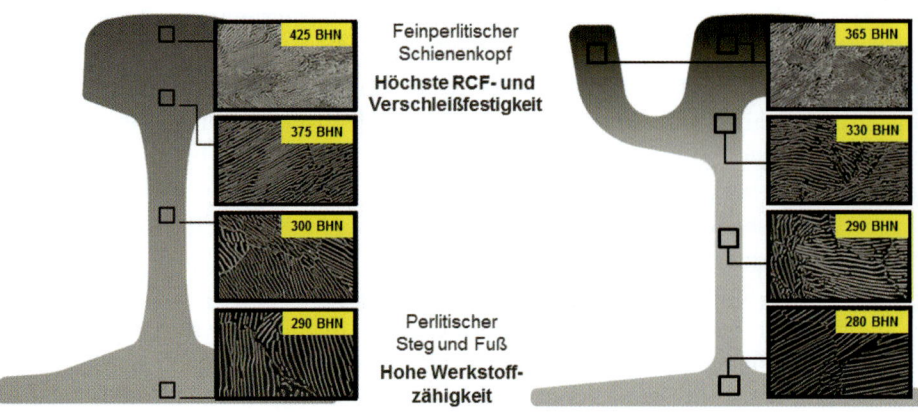

425 BHN

Feinperlitischer Schienenkopf

Höchste RCF- und Verschleißfestigkeit

375 BHN

300 BHN

290 BHN

Perlitischer Steg und Fuß

Hohe Werkstoffzähigkeit

365 BHN

330 BHN

290 BHN

280 BHN

Bild 4-6.10
Über den Schienenquerschnitt werkstofftechnisch auf die jeweilige Beanspruchung optimierte Schienen am Beispiel Vignolschiene (R400HT, li.) und Rillenschiene (R340GHT, re.). Die Härteverläufe können sowohl bei Vignol- als auch bei Rillenschienen je nach Kundenanforderungen angepasst werden (voestalpine HSH® Technologie)

nenstähle spezifiziert, von denen zwei (R260GHT, R290GHT) aufgrund niedriger Kohlenstoffgehalte ohne zusätzliche Vorwärmung aufschweißbar sind. Diese Eigenschaft ist bei der Schienengüte R340GHT nicht mehr erforderlich, da diese eine entsprechend hohe Verschleißfestigkeit besitzt. Der für ein Aufschweißen im Gleis zu hohe Kohlenstoffgehalt von etwa 0,79 % fällt nicht mehr ins Gewicht.

Es kann also zusammengefasst werden, dass die Härte von Schienen durch den Zusatz von Legierungselementen und/oder eine dem Walzprozess nachfolgende Wärmebehandlung gemäß den gewünschten Spezifikationen eingestellt werden kann. Somit wird bei Schienenstählen in zwei Klassen unterschieden: naturharte und wärmebehandelte Schienenstähle. Diese Einteilung findet sich auch in den Normen wieder; sowohl in der EN 13674-1 für Vignol- und Zungenschienen als auch in der EN 14811 für Rillenschienen oder beispielsweise AREMA-Standards werden naturharte und wärmebehandelte Schienen spezifiziert.

Die Einteilung der Schienenstähle gemäß deren Härte folgt der Tatsache, dass die Härte der Schiene einfach und ohne Aufwand auch im Gleis bestimmt werden kann. Eine hohe Härte der Schiene ist jedoch keine hinreichende Bedingung zur Erzielung hoher Widerstandsfähigkeiten. Ersichtlich wird dies z. B. bei Rillenschienen bei den sogenannten Vanadiumgüten. Das sind nichtgenormte Schienenstähle mit höheren Härtewerten, deren Widerstandsfähigkeit aber schlechter ausfällt, als die Härtewerte vermuten lassen. Der Mechanismus hinter diesen Vanadiumgüten ist die Ausscheidungshärtung, die die Härte des Stahls zwar

(stark) ansteigen lässt, werkstofftechnisch bedingt jedoch nicht dessen Verschleißfestigkeit erhöht.

Die Härtewerte korrelieren also nicht mit der Widerstandsfähigkeit der Schienen im Gleis. Somit gilt grundsätzlich, dass der Blick auf die Härte alleine nicht ausreichend ist, um Schienenstähle hinsichtlich ihres Betriebsverhaltens zu klassifizieren.

Bei genauem Blick auf die chemischen Zusammensetzungen der Schienenstähle fällt auf, dass mit der Stahlsorte R400HT gem. EN 13674-1 ein Schienenstahl eine deutlich andere chemische Zusammensetzung besitzt als die übrigen Schienenstähle. Bei diesem Material wird der Kohlenstoffgehalt bewusst auf 0,9 % und darüber angehoben. Es handelt sich somit um einen hypereutektoiden (HE) Schienenstahl mit einem (100 %) rein perlitischen Gefüge. Hergestellt wird dieser Werkstoff über ein spezielles Legierungskonzept und angepasste und aufeinander abgestimmte Prozesse während der gesamten Produktion; bei voestalpine Schienen seit 1999. Während herkömmliche Konzepte darauf abzielen, einen feinlamellaren Perlit herzustellen, bedient sich dieses innovative Materialkonzept erstmalig des gezielten Eingriffs in die Gefügestruktur des Perlits selbst. Über das Legierungskonzept im Allgemeinen und den erhöhten Kohlenstoffgehalt im Speziellen wird in das Phasengleichgewicht des fein-lamellaren Perlits (Stärkung der Zementitlamellen) eingegriffen, was unmittelbar zu einem höheren Verschleißwiderstand und einem stark gesteigerten Widerstand gegen Schlupfwellenbildung führt (Dartzalis/Jörg 2014, Jörg/Stock 2012). Gleichzeitig wird auf diese Weise auch der Widerstand gegen Rollkontakt-

4

Tabelle 4-6.2 Standardstahlsorten für Schienenstähle gem. EN 13674-1:2011. Von Bedeutung sind der naturharte Stahl R260 und die wärmebehandelten Stähle R350HT und R400HT

Stahlsorte	Legierungsanteile in Massen-%					Min. Zugfestig-keit	Min. Bruch-dehnung	Härte auf der Fahr-fläche
Bezeichnung	C	Si	Mn	Cr	$S_{max.}$	R_m MPa	A_5 %	HBW
R200	0,40 bis 0,60	0,15 bis 0,58	0,70 bis 1,20	<0,15	0,035	680	14	200 bis 240
R220	0,50 bis 0,60	0,20 bis 0,60	1,00 bis 1,25	<0,15	0,025	770	12	220 bis 260
R260	0,62 bis 0,80	0,15 bis 0,58	0,70 bis 1,20	<0,15	0,025	880	10	260 bis 300
R260Mn	0,55 bis 0,75	0,15 bis 0,60	1,30 bis 1,70	<0,15	0,025	880	10	260 bis 300
R320Cr	0,60 bis 0,80	0,50 bis 1,10	0,80 bis 1,20	0,80 bis 1,20	0,025	1080	9	320 bis 360
R350HT	072 bis 0,80	0,15 bis 0,58	0,70 bis 1,20	<0,15	0,025	1175	9	350 bis 390
R350LHT	0,72 bis 0,80	0,15 bis 0,58	0,70 bis 1,20	<0,30	0,025	1175	9	350 bis 390
R370CrHT	0,70 bis 0,82	0,40 bis 1,00	0,70 bis 1,10	0,40 bis 0,60	0,020	1280	9	370 bis 410
R400HT	0,90 bis 1,05	0,20 bis 0,60	1,00 bis 1,30	<0,30	0,020	1280	9	400 bis 440

naturhart (R260 bis R320Cr), wärmebehandelt (R350HT bis R400HT)

Tabelle 4-6.3 Standardstahlsorten für Schienenstähle gem. AREMA 2016. Von Bedeutung sind hier jeweils die beiden „high strength"-Schienenstähle

Stahlsorte		Legierungsanteile in Massen-%					Min. Zugfestig-keit	Min. Bruch-dehnung	Härte auf der Fahr-fläche
Bezeichnung		C	Si	Mn	Cr	$S_{max.}$	R_m MPa	A_4 %	HBW
Standard Strength	Carbon Rail Steel	0,74 bis 0,86	0,10 bis 0,60	0,75 bis 1,25	0,30	0,020	983	10	≥310
Intermediate Strength		0,74 bis 0,86	0,10 bis 0,60	0,75 bis 1,25	0,30	0,020	1069	10	≥350
High Strength		0,74 bis 0,86	0,10 bis 0,60	0,75 bis 1,25	0,30	0,020	1179	10	≥370
Standard Strength	Low Alloy Rail Steel	0,72 bis 0,82	0,10 bis 0,50	0,80 bis 1,10	0,25 bis 0,40	0,020	983	10	≥310
Intermediate Strength		0,72 bis 0,82	0,10 bis 1,00	0,70 bis 1,25	0,40 bis 0,70	0,020	1013	8	≥325
High Strength		0,72 bis 0,82	0,10 bis 1,00	0,70 bis 1,25	0,40 bis 0,70	0,020	1179	10	≥370

Tabelle 4-6.4 Standardstahlsorten für Schienenstähle gem. EN 14811:2009. Von Bedeutung sind der naturharte Stahl R200 und die wärmebehandelten Stähle R290GHT und R340GHT

Stahlsorte		Legierungsanteile in Massen-%					Min. Zugfestig-keit	Min. Bruch-dehnung	Härte auf der Fahr-fläche
Bezeichnung		C	Si	Mn	Cr	$S_{max.}$	R_m MPa	A_5 %	HBW
R200	naturhart	0,40 bis 0,60	0,15 bis 0,58	0,70 bis 1,20	<0,15	0,035	680	14	200 bis 240
R220G1		0,50 bis 0,65	0,15 bis 0,58	1,00 bis 1,25	<0,15	0,025	780	12	220 bis 260
R260		0,62 bis 0,80	0,15 bis 0,58	0,70 bis 1,20	<0,15	0,025	880	10	260 bis 300
R260GHT	wärmebe-handelt	0,40 bis 0,60	0,15 bis 0,58	0,70 bis 1,20	<0,15	0,035	880	12	260 bis 300
R290GHT		0,50 bis 0,65	0,15 bis 0,58	1,00 bis 1,25	<0,15	0,025	960	10	290 bis 330
R340GHT		0,62 bis 0,80	0,15 bis 0,58	0,70 bis 1,20	<0,15	0,025	1175	9	340 bis 390

ermüdung (RCF) und Materialermüdung stark erhöht. Diese Schienengüte wird im Schwerlastsektor seit fast zwei Jahrzehnten erfolgreich als Standardgüte für Gerade und Bogen eingesetzt, kommt aber auch im europäischen Mischverkehr bereits standardmäßig im Bo-

gen zum Einsatz. Seit 2012 setzen auch Metro-Betreiber weltweit auf diesen hochfesten Schienenstahl. Seit 2016 sind erstmalig auch Rillenschienen in dieser besonders widerstandsfähigen Stahlsorte in Gleisen in aller Welt im Einsatz.

Bild 4-6.11 Aufnahmen mit dem Rasterelektronenmikroskop (REM, kleines Bild) und dem Lichtmikroskop (großes Bild): lamellarer Perlit R260 (links), fein-lamellarer Perlit R350HT (mi.) und feinst-lamellarer, hypereutektoider Perlit R400HT (rechts)

Es kann zusammengefasst werden, dass das Ziel von Weiterentwicklungen von Schienenstählen in der Vergangenheit primär die Herstellung eines fein-perlitischen Gefüges (geringe Lamellenabstände, R350HT) war und dass diese Herangehensweise in der jüngeren Vergangenheit um innovative Konzepte mit direktem Eingriff in das Gefüge ergänzt wurde (R400HT), was zu erheblichen Verbesserungen in der Widerstandsfähigkeit der Schienenstähle geführt hat.

Der hochfeste, perlitische Schienenwerkstoff R400HT besitzt einen im Vergleich zur R260 um den Faktor 6 höheren Materialwiderstand. Dies ist auch notwendig, um den Einwirkungen der modernen Eisenbahn einen entsprechenden Widerstand entgegensetzen zu können.

4-6.7 Bemessung von Schienenstählen

Nachdem die Schiene mit Blick auf das Ingenieurwesen die beiden Funktionen „Schiene als Fahrbahn" und „Schiene als Träger" erfüllt, müssen Schienen auch entsprechend diesen Anforderungen dimensioniert werden.

Wirklich relevant ist jedoch nur der Fall „Schiene als Träger", bei dem die Schiene wie ein kontinuierlich elastisch gelagerter Träger betrachtet wird. Im Rahmen der Nachweisführung werden Schienen nur auf den Bemessungsgrenzzustand „Ermüdung" dimensioniert. Es handelt sich um ein Serviceability-Limit-State-(SLS)-Konzept unter Berücksichtigung von Geometrie und Zustand der Schiene und ist in seinen Grundzügen den Kerbfalltabellen gem. Eurocode EN 1993-1-9 „Ermüdung" für den Stahlbau recht ähnlich. In einschlägiger Fachliteratur und in Regelwerken der Eisenbahnen werden zulässige Höchstspannungen für korrodierte Schienen im Gleis für den maßgebenden Punkt, die Schienenfußmitte, angegeben. Die Werte werden für das Stoßlückengleis angegeben, genauso aber auch für das lückenlos verschweißte Gleis unter Berücksichtigung von überlagerten Temperatur-Zugspannungen sowie externen Zugspannungen, die von Tragwerken über die Schienenbefestigungen in die Schiene eingebracht werden. Als Beispiel können hier für die Profil/ Güten-Kombination 60E1/R260 zulässige Höchstspannungen von 200 MPa genannt werden (Fendrich 2006).

Dieser Wert deckt auch Schweißverbindungen ab. In der Praxis werden Schienen jedoch nicht dimensioniert, sondern es wird die richtige Schiene nach folgenden Kriterien für das Gleis ausgewählt: das geeignete Profil (benötigtes Trägheits- und Widerstandsmoment für den jeweiligen Anwendungsfall) kombiniert mit geeigneter Stahlgüte (Widerstandsfähigkeit gegen Verschleiß und RCF).

Der Ultimate-Limit-State (ULS) spielt bei derart hohen Lastspielzahlen, wie sie Schienen im Gleis erfahren, keine Rolle – auch erreichen die Lasten aus der Zugüberfahrt nur sehr geringe Werte und liegen im Mischverkehr beim Schienenprofil 60E1 im Mittel in der Größenordnung von „nur" etwa 60 MPa. Nachdem kein ULS-Nachweis geführt wird, ist beispielsweise auch die Streckgrenze in der Schienennorm EN 13674-1 nicht geregelt, jedoch schon eine Mindest-Werkstoffwechselfestigkeit angegeben.

4-6.8 Betriebsverhalten von Schienenstählen

Das Betriebsverhalten von Schienenstählen definiert Umfang und Häufigkeit von notwendigen Instandhaltungsmaßnahmen zur Aufrechterhaltung von Sicherheit und Komfort und in weiterer Folge direkt die Liegedauer der Schiene im Gleis, die je nach Anwendungsfall oder Schienengüte 2 Jahre oder 60 Jahre betragen kann. Beides, Instandhaltung und Liegedauer, sind Kennzahlen der technischen Eignung des Gleises und beeinflussen unmittelbar die Wirtschaftlichkeit des Fahrwegs (LCC). Bild 4-6.12 gibt einen sehr guten, kompakten Überblick über das Betriebsverhalten von Vignolschienen im Gleis. Zu beachten ist, dass die quantitativen Liegedauern sehr stark von den jeweiligen Randbedingungen abhängen, die qualitativen Unterschiede zwischen den Güten jedoch nahezu konstant bleiben. Das komplexe System kann schlussendlich rein auf den Rad/Schiene-Kontakt reduziert werden, wo dann nur noch der Materialwiderstand des Schienenwerkstoffs für das Betriebsverhalten ausschlaggebend ist.

In allen Anwendungsgebieten, von Schwerlast bis zur Straßenbahn, werden über die normale Verfolgung des Betriebsverhaltens (über die Kennzahlen Instand-

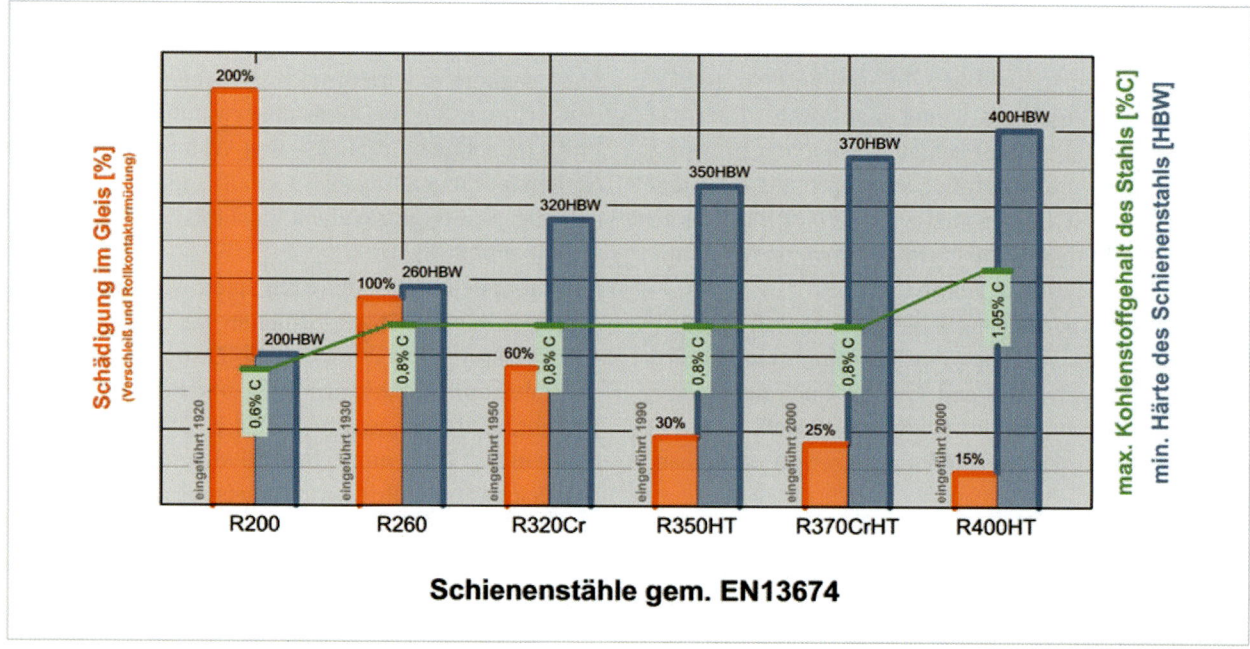

Bild 4-6.12 Überblick über das Betriebsverhalten unterschiedlicher Schienenstähle unter Angabe von Härte und Kohlenstoffgehalt. Erhebliche Erhöhung des Materialwiderstands bei hochfesten Schienenstählen, Verbesserung in der Größenordnung Faktor 2 bei Vergleich von R400HT mit R350HT

haltungshäufigkeit und Liegedauer sowie über Messfahrten von Schienenprüfzügen) hinaus so genannte Gleistests eingerichtet, bei denen Schienen sehr umfangreich und detailliert überwacht werden. Teilweise handelt es sich um neue Stähle, teilweise werden auch bereits erprobte Stähle unter besonderen Randbedingungen getestet. Zwei Beispiele aus Europa (Jörg/Stock 2016) seien hier angeführt, in einem Fall handelt es sich um einen engen Bogen und in dem anderen Fall um einen typischen und repräsentativen RCF-Bogen.

Im ersten Test konnte bei der hochfesten perlitischen Schienengüte R400HT in einem engen Bogen (Radius etwa 200 m) hinsichtlich aller Schädigungsmechanismen ein erheblich verbessertes Betriebsverhalten beobachtet werden. Für den Schienenverschleiß (Begrenzung der Liegedauer, Instandhaltungsaufwendungen für Schienenkopf-Reprofilierung) ergibt sich durch den Einsatz der hochfesten perlitischen Schienengüte R400HT eine Reduktion des Schienenverschleißes sowohl an der Innen- als auch an der Außenschiene auf unter 60 % im Vergleich zur Stahlsorte R350HT. Bei der Schlupfwellenbildung (Reduktion der Liegedauer, Lärmbelästigung, Vibrationen, Schädigung des gesamten Oberbaus, Instandhaltungsaufwendungen für Wiederherstellung eines ebenen Fahrspiegels) sind die

Verbesserungen ebenfalls enorm. Auch hinsichtlich der Rollkontaktermüdung (Begrenzung der Liegedauer, Schienen-Instandhaltungsaufwendungen für die Entfernung des durch Risse und Ausbrüche behafteten Materials) zeigte sich das gewohnte Bild. Das für hochfeste Schienen typische und kennzeichnende, im Vergleich zu naturharten Güten wesentlich feinere Rissmuster, welches mit geringeren Risstiefen bzw. Rissfortschrittsraten einhergeht, wurde dokumentiert. Insgesamt kann die Liegedauer der Schienen im Gleis von ursprünglich 1,5 Jahren für die Stahlsorte R260 nur durch die Wahl der hochfesten Güte R400HT auf mehr als 10 Jahre gesteigert werden.

Im zweiten Test liegt der Fokus aufgrund des großen Bogenradius von etwa 1500 m eindeutig auf Seiten der Rollkontaktermüdung. Bei Messungen der Risstiefe mittels Wirbelstromtechnik wurden bei der Schienengüte R400HT im Vergleich zur Güte R260 erhebliche Verbesserungsfaktoren ermittelt, im Vergleich zur Güte R350HT liegen die Verbesserungsfaktoren wie üblich im Bereich 2,0. Diese Verbesserungen wurden später auch metallographisch bei Laboruntersuchungen von ausgebauten Schienenstücken verifiziert (Bilder 4-6.13 bis 4-6.15).

Zusammenfassend kann festgestellt werden, dass die Wahl der geeigneten Stahlgüte einen erheblichen Ein-

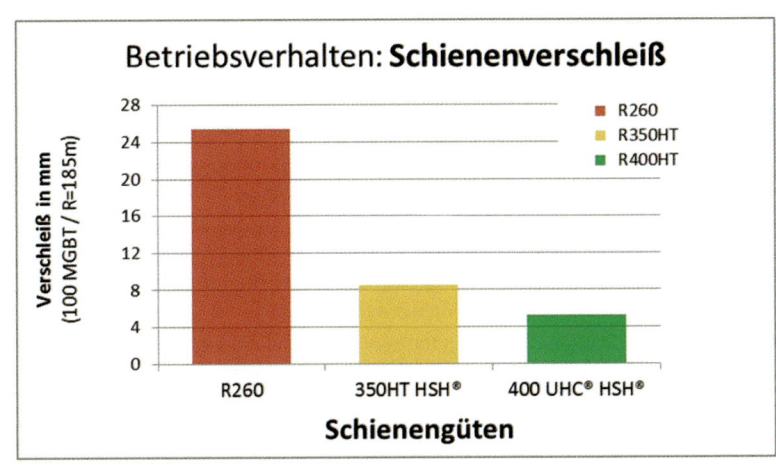

Bild 4-6.13
Schienenverschleiß unterschiedlicher Schienenstahlsorten. Geringster Verschleiß bei der hochfesten Schienengüte R400HT

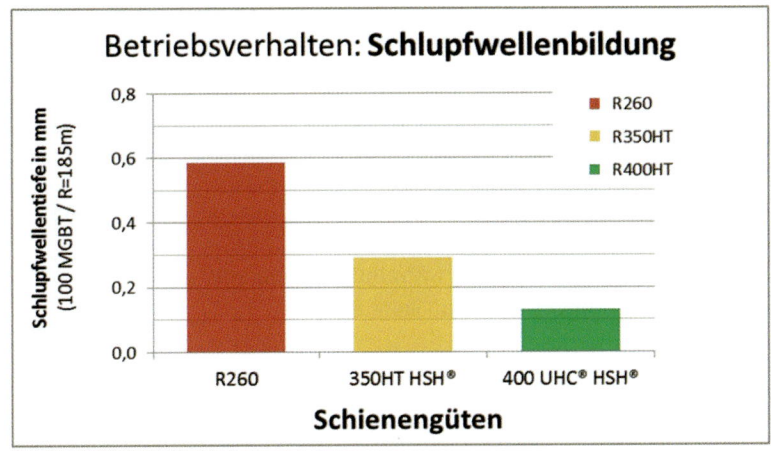

Bild 4-6.14
Entwicklung der Schlupfwellenbildung bei unterschiedlichen Schienenstahlsorten. Höchste Widerstandsfähigkeit der Güte R400HT führt zu den
geringsten Schlupfwellentiefen

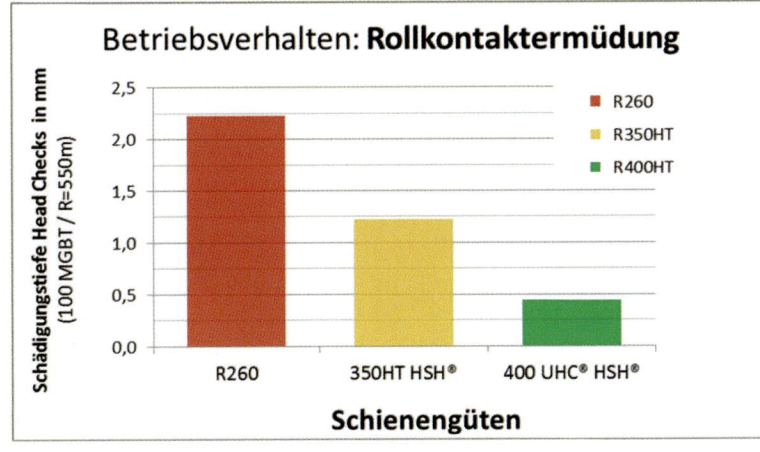

Bild 4-6.15
Rollkontaktermüdung (Head Checking) bei unterschiedlichen Schienenstahlsorten, gemessen in
einem weiten Bogen. Geringste Risstiefen bei der
Schienengüte R400HT

4

fluss auf die Instandhaltungsnotwendigkeiten und die Gesamtliegedauer der Schiene im Gleis ausübt.

4-6.9 Fazit

Für den normalen Betrachter erschließt sich die Bedeutung von Schienen für die gesamte Eisenbahninfrastruktur oft nicht. Tatsächlich handelt es sich aber um ein High-tech-Produkt mit höchsten Anforderungen an den Stahl und das Profil. Schienen sind in ihrer äußeren Form seit Jahrzehnten nahezu unverändert, werden heute aber mit weit geringeren Produkttoleranzen und in wesentlich besseren und hochreinen Stahlsorten hergestellt, als dies in der Vergangenheit der Fall war. Dies ist nur die logische Konsequenz der kontinuierlichen Steigerungen der Beanspruchungen im Rad/Schiene-Kontakt. Ausgehend von zwei Basisstahlgüten wurden durch die großindustrielle Anwendung der Wärmebehandlungstechnologie und durch innovative Legierungskonzepte Schienenstähle entwickelt, die durch ihr überlegenes Betriebsverhalten ganz erheblich zur technischen und wirtschaftlichen Optimierung des Fahrwegs beitragen.

Literatur zu Kapitel 4-6

AREMA: Chapter 4 (rail). American Railway Engineering and Maintenance of Way Association, 2016

Dartzalis, E.; Jörg, A.: Complex Challenges, Innovative Solutions – Optimization of the System Railway at Sihltal Zürich Uetlibergbahn. ZEVrail 138 (2014), Tagungsband Tagung Moderne Schienenfahrzeuge, Graz 2014

Esveld, C.: Modern Railway Track – Second edition. MRT Productions, Zaltbommel 2001

Fendrich, L. (Hsg.): Handbuch Eisenbahninfrastruktur. Springer Verlag, Berlin, Heidelberg, New York 2006

Führer, G.: Oberbauberechnung. Transpress VEB Verlag für Verkehrswesen, Berlin 1978

Jörg, A. et al.: Hypereutectoid Rail Steels – Best in Class and still to be further developed. Proceedings IHHA Konferenz, Perth Juni 2016

Jörg, A.; Stock, R.: Wärmebehandelte Schienengüte R400HT – Hochfeste Schienenstähle in Österreich und in der Schweiz. ZEVrail 136 (2012), Sonderausgabe Innotrans Berlin 2012

Lichtberger, B.: Handbuch Gleis – Unterbau, Oberbau, Instandhaltung, Wirtschaftlichkeit. Tetzlaff Verlag, Hamburg 2003

Alle im Text erwähnten Normen sind in einer Liste zusammengefasst (Seite 889).

4

Nichtrostende Federn

Frank Wilke

Funktion

Die meisten nichtrostenden Federn sind in den Bereichen Feinmechanik und Elektronik zu finden und somit im Miniaturbereich. Die Funktion der Feder als solche beinhaltet einen Rückholeffekt, die Länge der Schraubenfedern ist unterschiedlich.

Werkstoffe und deren Eigenschaften

Neben den klassischen Federeigenschaften muss das Material über allgemeine Korrosionsbeständigkeit verfügen. Die Mehrzahl der Anwendungen ist in Bezug auf Korrosion z. B. durch Schwitzwasser und Industrieatmosphäre weniger anspruchsvoll, sodass hier im Normalfall molybdänfreie austenitische Stähle zum Einsatz kommen, ähnlich der A2-(1.4301)-Gruppe. Da die Federn erst dann ihre Eigenschaft als elastisches Bauteil entwickeln, wenn der elastische Bereich ausreichend groß, die Streckgrenze also entsprechend hoch

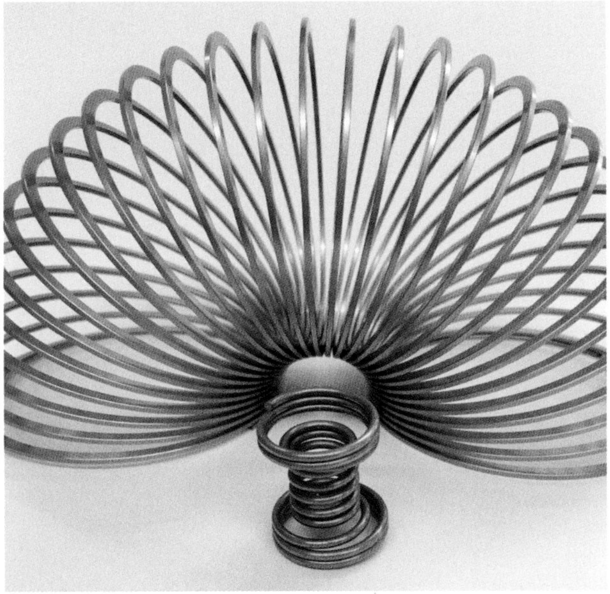

Bild 4.-7.1 Diverse Schraubenfedern

ist, wird hier eine Modifikation des Stahls 1.4301 mit einer Mindeststreckgrenze von 1200 MPa verwendet. Dieser Stahl mit der Werkstoffnummer 1.4310 weist einen erhöhten Kohlenstoffgehalt auf und ist der meist verwendete nichtrostende Federwerkstoff.

Tabelle 4-7.1 Beispiel von Stählen für Federn nach DIN EN 10088 (typische Werte)

Kurzname	Werk-stoff-nummer	Legierungsanteile in Massen-%					
		C	Si	Mn	Cr	Ni	N
X10CrNi18-8	1.4310	0,12	max. 2,0	max. 2,0	16,5	6,8	0,03

Der erhöhte Kohlenstoffgehalt im Stahl 1.4310 erhöht einerseits die Festigkeit und damit die Funktion als Feder, andererseits ist jedoch die Korrosionsbeständigkeit niedriger als bei den klassischen nichtrostenden austenitischen Stählen einzuordnen.

Tabelle 4-7.2 Mechanische Kennwerte für Federstahl (typische Werte)

Kurzname	Werk-stoff-nummer	Gefüge	$Rp_{0,2}$ [MPa]	R_m [MPa]	A [%]
X10CrNi18-8	1.4310	80 % Austenit 20 % Verformungsmartensit	1.350	1.480	15

Abmessungen

Da die Mehrzahl der Anwendungen als fertige Schraubenfedern unter 1 mm liegt, kommt als Vormaterial gebeizter Walzdraht 5,5 mm ⌀ zum Einsatz. Nichtrostende Schraubenfedern mit größeren Querschnitten sind äußerst selten.

Herstellungsprozess

Als Basis dient Walzdraht gebeizt 5,5 mm ⌀ aus Strangguss gewalzt. Dieser Draht wird in mehreren

Stufen verformt, wobei es jedoch bei sehr dünnen Querschnitten eine Zwischenwärmebehandlung geben kann, um die Ziehfähigkeit für Endabmessungen deutlich unter 1 mm $\varnothing$ zu gewährleisten. Beim Ziehen werden bewusst hohe Umformgrade gewählt, um die hohe Festigkeit von deutlich oberhalb 1200 MPa zu erreichen. Durch den hohen Umformgrad entsteht an der fertigen Feder verformungsinduziert Martensit, sodass diese Federn leicht magnetisch sind, was jedoch bezüglich der Korrosionsbeständigkeit keinen negativen Einfluss hat.

An Wickelautomaten werden die Federn aus Blankdraht dann kalt gewickelt, auf die entsprechende Länge abgeteilt sowie die Enden der Feder zeichnungsgemäß bearbeitet.

Perspektive/Alternativen

Es gibt wenig alternative nichtrostende Federwerkstoffe, da die hohe Festigkeit und gleichzeitig hohe Elastizität nur über einen austenitischen Werkstoff mit hohem Kohlenstoffgehalt hergestellt werden kann. Somit ist die Werkstoffauswahl gering. Da ein Teil der Federanwendungen von mechanischer zu elektrischer Schaltung übergeht, stagniert der Markt für nichtrostende Federn.

4

Zahnstangen für Lenkungen

Frank Wilke

Funktion

Zahnstangen dienen der mechanischen Übertragung der Lenkkräfte auf die Vorderräder des Kraftfahrzeugs. Die Lenkung muss spielfrei sein, um den Geradeauslauf zu gewährleisten und spontane Lenkbewegungen zu vermeiden, die Schlingern verursachen könnten. Des Weiteren muss die Lenkung geräuschfrei sein und über die Lebensdauer bei der Geradeausfahrt verschleißfrei bleiben.

Werkstoffe und deren Eigenschaften

Gefordert ist für dieses Bauteil ein hoch vergüteter spannungsarmer Stahl, der im Bereich der Verzahnung gehärtet werden kann. Einer der Hauptwerkstoffe ist 37Cr4.

Tabelle 4-8.1 Beispiel eines Stahls für Zahnstangen nach DIN EN 10083-3 (typische Werte)

Kurzname	Werkstoffnummer	Legierungsanteile in Massen-%				
		C	Si	Mn	Cr	Al
37Cr4	1.7034	0,36	0,10	0,80	1,0	0,020

Abmessungen

Hauptabmessungen für diese Anwendungen sind 18 bis 40 mm ⌀ Blankstahl, je nach Fahrzeug-Kategorie.

Herstellungsprozesse

Grundsätzlich können die Zahnstangen für Lenkungen nach drei völlig unterschiedlichen Verfahren hergestellt werden:

- *Traditionelles Verfahren über Zerspanung*
  Der Blankstahl wird einseitig zerspanend bearbeitet, d. h., es wird über eine Länge von rund 30 bis 40 cm einseitig ein Zahnstangenprofil ausgefräst. Dieses Zahnprofil ist jedoch nicht gleichmäßig, sondern aufgrund der Lenkübersetzung und Bewegung sind die Abstände sowie die Steigung der einzelnen Zähne

deutlich unterschiedlich. Somit sind die Ansprüche an die Zerspanung der einzelnen Zähne sowie die Genauigkeit sehr hoch. Neben dem hohen Zerspanungsaufwand ist zu berücksichtigen, dass nur ein Halbrund der Stange bearbeitet wird und somit allein auf Grund des Tatbestandes, dass die Bearbeitung nicht rotationssymmetrisch ist, Eigenspannungen mit der Folge von Verzug entstehen. Man versucht zwar, durch geeignete Maßnahmen im Vorfeld Eigenspannungen zu vermeiden und den möglichen Verzug vorher zu berechnen, nachträgliche Richtoperationen sind jedoch nicht gänzlich zu vermeiden.

- *Warmschmieden einer Zahnstange*
  Die Zähnung wird beim Schmiedeprozess über das Gesenk eingebracht, und es ist danach eine Feinbearbeitung der Zähne erforderlich. Ein Großteil der Bearbeitung ist somit über die Warmumformung erledigt, sodass kalt nur eine Feinbearbeitung erfolgt und mögliche Probleme im Zusammenhang mit Verzug deutlich geringer sind als im ersten beschriebenen Verfahren. Das Verfahren findet besonders bei großen Mengen gleicher Geometrie Anwendung.

- *Taumel-Fließpressen*
  Eine sehr elegante, aber aufwändige Art ist das Einbringen der Verzahnung in einen sehr weichen Lieferzustand des Stabes mithilfe des Taumel-Fließpress-Vorganges. Die Verzahnung wird als Negativ in eine Form eingebracht, die sich ein Stück weit auf der Oberfläche abwälzt (Taumeln) und im kalten Zustand die Verzahnung sehr sauber und präzise abbildet, sodass praktisch keine weitere Kaltbearbeitung mehr erforderlich ist und ebenfalls kein Verzug des Materials nach der Kaltbearbeitung zu verzeichnen ist. Der anlagentechnische Aufwand ist jedoch groß und die Methode erfordert große Stückzahlen.

Zum Ende der Kaltbearbeitung der Verzahnung wird der übrige Teil der Welle kalt fertigbearbeitet und einem Induktiv-Härteprozess unterzogen, um die Verschleißbeständigkeit der Verzahnung zu gewährleisten. Abschließend erfolgt ggf. ein leichtes Nachrichten, sofern Verzug vorhanden ist, sowie das Fertigschleifen der Zähne.

Perspektiven/Alternativen

Grundsätzlich steht die mechanische Lenkung zunehmend im Wettbewerb mit der elektrischen Lenkung. Des Weiteren ist das „tote Gewicht" der Zahnstange derzeit Ziel gewichtsoptimierender Alternativlösungen.

4

4-9 Achsen für Eisenbahnen und Straßenbahnen

Frank Wilke

Funktion

Bahnachsen mit aufgeschrumpften Scheibenrädern stellen innerhalb der Fahrzeug-Drehgestelle die Verbindung zwischen Fahrzeug und Gleis her. Über Federn und Rollenlager stützt sich das Waggongewicht auf den Achsen ab. Bei Triebfahrzeugen können Achsen zusätzlich angetrieben sein. Abhängig vom Fahrzeuggewicht, der vorgesehenen Geschwindigkeit und der Anwendung (z. B. Niederflurstraßenbahnen) können Bahnachsen sehr unterschiedlich dimensioniert sein.

Werkstoffe und deren Eigenschaften

Mechanisch werden höchste Anforderungen an die Bahnachsen bei Zügen mit Neige-Technik (gleisbogenabhängige Wagenkastensteuerung) sowie bei Hochgeschwindigkeitszügen bis 350 km/h gestellt. Hohe Ansprüche in Bezug auf den Korrosionsschutz gibt es bei Straßenbahnen, bei denen es durch Salze (chloridhaltige Medien) zu Korrosion kommen kann. Für die hohen Geschwindigkeiten sind eine sehr hohe Grundfestigkeit sowie Eigenspannungsarmut für einen schwingungsfreien Lauf erforderlich. Standardwerkstoff ist hier 25CrMo4, für Hochgeschwindigkeitszüge können auch höherlegierte Werkstoffe zum Einsatz kommen. Hauptanforderungen an das Material sind ein hoher Reinheitsgrad sowie – bei der Umformung zur fertigen Radsatzwelle – ein hoher Umformgrad für einen homogenen Gefügezustand.

Abmessungen

Halbzeug-Vormaterial für das Verschmieden der Bahnachsen ist in der Regel ein gewalzter Stab in der Abmessung 240 mm vierkant. Die Fertigabmessungen der Bahnachsen selbst können je nach Anspruch deutlich unterschiedlich sein (90 mm bis 180 mm).

Herstellungsprozesse

Die Bahnachsen werden rotationssymmetrisch aus 260-mm-vierkantigem Vormaterial auf Langschmiedemaschinen geschmiedet. Im letzten Schmiededurchgang wird eine Kontur über die Länge angeschmiedet, wobei die Enden der Bahnachsen zur Aufnahme der Rollenlager verjüngt sind. Im Bereich der später aufzunehmenden Radscheiben weisen die Bahnachsen Verdickungen auf. Danach wird das Material vergütet, wobei auf Eigenspannungsfreiheit zu achten ist. Als letzter Arbeitsgang der reinen hergestellten Bahnachsen werden diese an den Aufnahmeflächen für die Radscheibe sowie an den Achsenden zur Aufnahme der Rollenlager mit sehr engen Toleranzen zerspanend bearbeitet.

Nach der Fertigstellung der Bahnachsen werden diese zum Aufschrumpfen der Radscheiben gekühlt und die Radscheiben werden gleichzeitig erwärmt, sodass ein lagegerechtes Aufschrumpfen der Radscheiben auf die Bahnachse möglich ist. Vor dem Einsatz der Bahnachse, speziell bei Hochgeschwindigkeitszügen, wird der Achsenkörper selbst mechanisch oder durch eine Schutzschicht gegen Einschläge von aufgewirbeltem Schotter geschützt.

Tabelle 4-9.1 Beispiele von Stählen für Bahnachsen nach DIN EN 10083 (typische Werte)

| Kurzname | Werkstoffnummer | Legierungsanteile in Massen-% | | | | | | |
		C	Si	Mn	Cr	Mo	Ni	N
25CrMo4	1.7218	0,25	0,30	0,70	1,0	0,20	–	0,0080
34CrNiMo6	1.6582	0,34	0,30	0,60	1,5	0,20	1,5	0,0070

Perspektive/Alternativen

Da Bahnachsen speziell im Hochgeschwindigkeitsbereich ein Verschleißprodukt sind, gibt es permanenten Bedarf. Lediglich im Bereich der Niederflurstraßenbahnen werden teilweise Bahnachsen ersetzt durch Radnaben-Motoren, bei denen in Teilen auf Achsen aus Platzgründen verzichtet wird. Ansonsten gibt es zu den bekannten Stählen keine Alternative. Perspektivisch ist zu sagen, dass derzeit verschiedene Projekte in Arbeit sind, um die Lebensdauer der Bahnachsen dadurch zu erhöhen, dass ihre Oberfläche besser gegen Steinschlag geschützt wird, um beginnende Anrisse zu vermeiden.

4

4-10

Stähle für Auspuff-Flansche von Kraftfahrzeugen

Frank Wilke

Funktion

Im Bereich der Abgasanlage eines Automobils gibt es zwischen Rohr und Topf bzw. Krümmer am Motor Querschnittsübergänge, wobei eine feste hitzebeständige Verbindung zwischen den einzelnen Auspuffteilen und dem Auspuff-Krümmer am Motor hergestellt werden muss. Diese Funktion erfüllen die Auspuff-Flansche.

Werkstoffe und deren Eigenschaften

Die gesamte Auspuffanlage eines Fahrzeuges ist stark korrosionsgefährdet, zum einen durch die auftretende Temperatur sowie durch die Zusammensetzung der Abgase, die Temperaturwechsel mit Taupunktunterschreitung und zum anderen durch die Beaufschlagung im äußeren Bereich durch chloridhaltiges Wasser. Rohrmaterial ist heute im Wesentlichen hochlegierter ferritischer nichtrostender Stahl. Die Auspuff-Flansche werden je nach Lage im Fahrzeug sowie Beaufschlagung mit Temperatur und Medien aus ferritischen nichtrostenden hitzebeständigen Stählen hergestellt oder aus austenitischen hitzebeständigen Stählen. Die mechanische Belastung der Bauteile ist relativ gering, das Material muss jedoch schweißgeeignet, zerspanbar und gut schmiedbar sein und in Verbindung mit den übrigen Bestandteilen des Abgassystems bezüglich Korrosion korrelieren. Hier ist speziell die Wärmeausdehnung des gesamten Systems zur berücksichtigen.

Abmessungen

Das Vormaterial für Flansche ist aus Strangguss hergestellter Stabstahl im Abmessungsbereich 28 bis 38 mm ⌀.

Herstellungsprozess

Der gewalzte Stabstahl muss vor der Weiterverarbeitung sehr intensiv auf Oberflächenfehler geprüft werden, da es am nachfolgend hergestellten Produkt keinerlei Reparaturmöglichkeiten gibt. Die Stäbe werden danach auf Einsatzlänge geschert und induktiv auf Schmiedetemperatur erwärmt. Danach werden liegend im Gesenk die Auspuff-Flansche dreieckig (ein Auspuffloch) oder ellipsenförmig (2 Auspufflöcher) geschmiedet und abgeschreckt. Die Schmiedestücke werden dann sandgestrahlt, gebeizt und sichtkontrolliert, darauf folgend ggf. mit Bohrungen für die Verbindung mit dem übrigen Auspuffsystem sowie geschliffenen Dichtflächen versehen. Schließlich erfolgt der Einbau zum kompletten Auspuffsystem.

Perspektive/Alternativen

Mit Flanschen verschweißte Rohrsysteme werden durch Umformung von Rohrmaterial zunehmend durch reine Rohrsysteme ersetzt. Im Heißbereich direkt hinter dem Krümmer im Motor hat das Arbeiten mit rostfreien Flanschen jedoch noch eine gewisse Berechtigung.

Tabelle 4-10.1 Beispiele von Stählen für Auspuff-Flansche für Kraftfahrzeuge nach DIN EN 10095/DIN EN 10088 (typische Werte)

Kurzname	Werkstoff-nummer	Legierungsanteile in Massen-%								
		C	Si	Mn	Cr	Ni	Al	N	Ti	Nb
X10CrSiAl7	1.4713	0,06	0,80	0,50	6,2	–	0,7	–		
X15CrNiSi20-12-2	1.4828	0,05	1,60	1,80	19,20	11,60	0,0005	0,0400		
X2CrNiTiNb18	1.4509	0,01	0,50	0,80	17,9	–	0,0005	0,0100	0,15	0,40

4-11 Einsatzstähle für Kolbenbolzen in Verbrennungsmotoren

Frank Wilke

Funktion

Der Kolbenbolzen im Verbrennungsmotor ist das Verbindungsstück zwischen dem eigentlichen Motorkolben und dem Pleuel zur Übertragung der Kräfte auf die Kurbelwelle. Die Verbindung zwischen Kolben und Pleuel ist beweglich und zur Übernahme von Druck- und Zugkräften vorgesehen. Der Kolbenbolzen wird dabei auf Biegung belastet.

Werkstoffe und deren Eigenschaften

Hauptsächlich ist es heute der Einsatzstahl 20MnCr5, der vergütet und einsatzgehärtet zur Anwendung kommt. Alternative Einsatzstähle wie z. B. Niob-stabilisierte Werkstoffe für höhere Belastungen sind möglich. Bei Einsatz von 30CrMoV9 für Sportmotoren wird dieser Stahl nitriert.

Tabelle 4-11.1 Beispiele von Stählen für Kolbenbolzen nach DIN EN 10084 und DIN EN 10085 (typische Werte)

Kurzname	Werk-stoff-nummer	Legierungsanteile in Massen-%					
		C	Si	Mn	Cr	Mo	V
16MnCr5	1.7131	0,16	0,20	1,20	1,0	–	–
20MnCr5	1.7147	0,18	0,20	1,20	1,0	–	–
30CrMoV9	1.8519	0,32	0,20	0,70	2,50	0,20	0,15

Abmessungen

Je nach Größe des Verbrennungsmotors bewegen sich die Kolbenbolzen zwischen 12 mm ∅ und 150 mm ∅. Vormaterial ist geglühter Stabstahl und Draht aus Strangguss, wobei sehr hohe Anforderungen an den makroskopischen Reinheitsgrad dieser Stähle gestellt werden, der in manchen Anwendungsfällen nur durch Elektroschlacke-umgeschmolzenes Material erreicht werden kann. Grund ist die hohe dynamische Belastung des Kolbenbolzens auf Biegung, wobei kleinste Inhomogenitäten in der Mikrostruktur des Materials zum Versagen führen würden.

Herstellungsprozesse

Prinzipiell gibt es verschiedene Wege, einen Kolbenbolzen darzustellen:
Kaltumformung, Warmumformung, Zerspanung können hierbei alternative Prozesse sein, wobei der bevorzugte Weg geometrieabhängig ist.
Der bevorzugte Weg ist von der Geometrie abhängig. Der fertig bearbeitete Kolbenbolzen wird einsatzgehärtet, wobei darauf zu achten ist, dass es nicht zu Verzug kommt. Danach wird das Material fein geschliffen und poliert. Da der Kolbenbolzen Bewegung aufnehmen muss, ist die Rundheit und Maßtoleranz bei diesem Produkt eine sehr wichtige Größe.
Der Kolbenbolzen wird vor dem Einsatz aufwändig mittels verschiedener Prüfverfahren, u. a. mittels Ultraschall-Tauchtechnik, auf äußere und innere Fehler überprüft. Bereits kleinste äußere und innere Fehler können aufgrund der dynamischen Belastung zur Zerstörung des Kolbenbolzens führen.

Perspektive/Alternativen

In Bezug auf die Werkstoffe gibt es außerhalb der Einsatzstähle derzeit wenig Alternativen. Grundsätzlich ist die Zahl der Kolbenbolzen natürlich von der Entwicklung der Verbrennungsmotoren überhaupt und im Detail von der Anzahl der Zylinder abhängig.

Gebaute Nockenwelle für die Motorsteuerung

Frank Wilke

Funktion

Die Nockenwelle ist Teil des Zylinderkopfes. Sie sorgt als rotierende, mit exzentrischen Nocken versehene Welle dafür, dass die Ventile der einzelnen Zylinder zum richtigen Zeitpunkt geschlossen und geöffnet werden.

Werkstoffe und deren Eigenschaften

Für die Funktion ist im Wesentlichen der Werkstoff der Nocken selbst relevant, die einer permanenten Verschleißbeanspruchung ausgesetzt sind. Der ideale Werkstoff hierfür ist der Vergütungsstahl 100Cr6 mit einer Oberflächenhärte von $> 60\,H_{Rc}$. Speziell bei der gebauten Nockenwelle hat sich dieser Werkstoff gegenüber vielen anderen bewährt, da hier teilweise am tragenden Rohr sehr dünne Querschnitte vorliegen.

Tabelle 4.48 Beispiel eines Stahls für Nocken nach DIN EN ISO 683-17 (typische Werte)

Kurzname	Werk-stoff-nummer	Legierungsanteile in Massen-%				
		C	Si	Mn	Cr	Al
100Cr6	1.3505	0,97	0,20	0,45	1,50	0,008

Die Nockenwelle ist der normalen Betriebstemperatur von −40 bis +80 °C eines Kraftfahrzeugs ausgesetzt.

Abmessungen

Die Geometrie der auf das Rohr aufgezogenen Nocke einer Nockenwelle ist sehr stark von der Größe des Motors abhängig. Bei sehr kleinen Motoren im PKW-Bereich haben die Nocken eine Breite von 10 mm und eine maximale Höhe von 40 mm. Im LKW-Bereich sind die Nocken deutlich breiter und größer bis zu einer maximalen Höhe von 90 mm.

Die Länge der gesamten Nockenwelle, d. h. des Rohrs mit aufgezogenen Nocken, richtet sich natürlich nach der Anzahl der Zylinder des Motors.

Herstellungsprozesse

Früher wurden Nockenwellen warmgeschmiedet. Dies hatte den Nachteil, dass je nach Motortyp sehr viele Gesenke für die unterschiedliche Anordnung und Zahl der Nocken notwendig waren. Das Verfahren tritt heutzutage in den Hintergrund.

Als weiteres Fertigungsverfahren gibt es die aus dem vollen Stabstahl zerspante Nockenwelle, die hier allerdings einen extremen Zerspanungsaufwand erfordert. Sie kann nicht so filigran konstruiert werden wie eine gebaute Nockenwelle, da durch den Zerspanprozess die natürliche Faser des gewalzten Stabstahls unterbrochen wird, sodass deutliche Kanten mit Spannungsspitzen entstehen.

Heute gebräuchlich ist die „gebaute" Nockenwelle, bei der die einzelnen Nocken sehr flexibel je nach Motortyp auf ein Rohr aufgezogen werden können.

Herstellung der Nocke

Für die Nocke stehen zwei Produktionswege zur Verfügung: Zum einen kann sie aus Stabstahl spanend hergestellt werden, zum anderen kann sie geschmiedet werden, was im Wesentlichen über schnell laufende Hatebur-Pressen geschieht.

Für das Verfahren Schmieden wird der blanke Stabstahl induktiv erwärmt, heiß abgeschert und in mehreren Stufen zur Nocke geformt. Nach Abkühlung der Nocke wird diese im Auge und auf der Lauffläche bearbeitet und die Kanten werden gebrochen. Nach der Härtung der Nocke wird ihre äußere Lauffläche noch fein geschliffen und auf das Rohr aufgezogen.

Perspektive

Für Standardfahrzeuge wird mittelfristig die gebaute Nockenwelle mit geschmiedeten Nocken das Standardprodukt sein. Im Wettbewerb hierzu steht, speziell für eine weitere Kraftstoffersparnis, die elektrische Ventilsteuerung.

Motorventile aus Edelstahl

Frank Wilke

Funktion

Ventile in Verbrennungsmotoren dienen zur geregelten Zufuhr von Verbrennungsgasen, zum Schließen des Verbrennungsraums nach der Zündung sowie zur geregelten Abfuhr der Abgase nach der Funktion. Diese Ventile werden dabei mechanisch und thermisch hoch belastet. Wichtig ist ein dichtes Abschließen des Ventils im Bereich des Ventilsitzes beim Verbrennungsvorgang. Ventile werden sowohl bei Diesel- als auch bei Benzinmotoren benötigt und können – in Abhängigkeit der Leistung des Verbrennungsmotors – eine deutlich unterschiedliche Baugröße aufweisen. Neben sehr kleinen Motoren, wie z. B. im Moped oder Rasenmäher, gibt es extrem große Ventile in Energieerzeugern oder Schiffsdieselmotoren. Die geplante Lebensdauer der Ventile ist in Abhängigkeit des Motors deutlich unterschiedlich; so sind Industriedieselmotoren durch eine sehr lange Lebensdauer gekennzeichnet.

Werkstoffe und deren Eigenschaften

Grundsätzlich können für bestimmte Anwendungen Einlassventile und Auslassventile getrennt betrachtet werden. Einlassventile sind geringer thermisch belas-

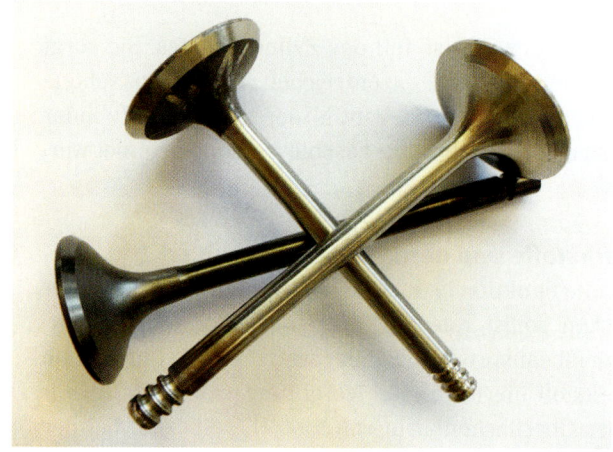

Bild 4-13.1 Einlassventile für Pkw oder Lkw

tet, während Auslassventile höheren Belastungen unterworfen sind. Zudem ist die Wahl des Werkstoffes für Ventile abhängig von Kraftstoff, Art, Dimension und der vorgesehenen Lebensdauer. Einlassventile sowie die Ventilschäfte werden im Wesentlichen aus dem Werkstoff 1.4718, ggf. bei höherer thermischer Belastung aus 1.4731 hergestellt. Thermisch hoch belastete

Tabelle 4-13.1 Beispiele von Stählen für Motorventile aus Edelstahl nach DIN EN 10095 (typische Werte)

Kurzname	Werkstoff-nummer	Legierungsanteile in Massen-%								
		C	Si	Mn	Cr	Mo	Ni	N	W	Nb
X53CrMnNiN21-9	1.4871[1]	0,55	0,12	9,0	20,5	0,2	3,40	0,44		
X55CrMnNiN20-8	1.4875[1]	0,55	0,12	8,0	20,0	0,2	1,8	0,30		
X50CrMnNiNbN21-9	1.4882[1]	0,50	0,20	9,0	20,5	0,2	3,7	0,44	0,9	1,9
X40CrSiMo10-2	1.4731[2]	0,40	2,3	0,4	10,2	0,9				
X45CrSi9-3	1.4718[2]	0,45	2,8	0,5	9,0	0,1				
X6NiCrTiMoVB25-15-2	1.4980[1]	0,40	0,60	1,5	13,4	1,3	26,8			
								Al	V	Ti
								0,25	2,5	2,5

[1] Auslassventile, Austenit
[2] Einlassventile, Martensit

Auslassventile werden aus den Werkstoffen 1.4871 und 1.4882 gefertigt. Selten sind mittlerweile Ventile aus den Werkstoffen 1.4873, 1.4875 und 1.4748.

Die Ventile werden thermisch unterschiedlich belastet. Beim Start eines Motors kann von einer Anfangstemperatur von – 30 °C ausgegangen werden, bei Betriebstemperatur sind Materialtemperaturen, speziell im Bereich des Ventilsitzes, bis zu 800 °C möglich. Die Werkstoffe dürfen sich beim Dauereinsatz nicht längen, da dies sonst zu Undichtigkeiten am Ventilsitz führen würde. Es ist eine Beständigkeit gegen Heißkorrosion durch Diesel- und Benzinprodukte erforderlich.

Bei der Heißkorrosion ist nicht nur eine mögliche aufkohlende Atmosphäre vorliegend, sondern je nach Einsatzland sind es auch z. B. schwefelhaltige Abgase. Die Heißkorrosionsbeständigkeit wird somit im Wesentlichen durch den in der Stahllegierung enthaltenen Chrom- und Siliciumgehalt sichergestellt.

Zusätzlich muss der Werkstoff bei den Betriebstemperaturen eine ausreichende Festigkeit aufweisen. Es darf keine Versprödung eintreten sowie, speziell im Ventilsitz, durch die hohe Temperatur kein Kornwachstum und kein plastisches Verhalten.

Abmessungen

Ventile zählen zu den bewegten Massen im Verbrennungsmotor. Es ist das Ziel, das Ventil so klein wie möglich zu gestalten, ohne dass die Funktion beeinträchtigt wird, speziell der Transport der Verbrennungsgase. Ventilschäfte für Kraftfahrzeugmotoren weisen Durchmesser von 5 – 7 mm auf, die dazugehörigen Ventilteller eine Tellergröße von 15 – 25 mm. Sehr große Ventile für Stromerzeuger/Schiffsmotoren haben Schaftdurchmesser von bis zu 60 mm und Ventilteller-Durchmesser bis zu 200 mm. Die gesamte Ventillänge beträgt bei kleinen Motoren 100 mm, bei großen Industriemotoren bis zu 1600 m.

Herstellungsprozesse

Je nach Größe und Funktion des Ventils gibt es sehr unterschiedliche Herstellprozesse. Nachfolgend werden einige typische Prozessabfolgen sowie deren Besonderheiten beschrieben:

Kraftfahrzeugventil als Einlassventil aus einem Werkstoff: Der Werkstoff wird aus Stabstahl, z. B. 18 mm ⌀, geschert, dann induktiv auf Schmiedetemperatur erwärmt und in mehreren Schritten einerseits reduziert zum Schaft, andererseits gestaucht zum Ventilteller.

Danach wird das Ventil vergütet und allseitig bearbeitet. Zerspanungsoperationen gibt es im Wesentlichen im Ventilsitz sowie in den Einstichen am Ende des Ventilschaftes zur Führung des Ventils. Danach wird das Ventil im Bereich der Einstiche im Schaft als auch im Bereich des Ventilsitzes induktiv gehärtet.

Eine alternative Fertigung des Ventils besteht darin, dass das Ventil prinzipiell zweiteilig hergestellt wird: Ein Teil ist der Schaft, der als vergüteter Blankstahl bezogen wird, und das zweite Teil ist der Ventilteller, der heiß über Schmieden hergestellt und mithilfe von Reibschweißen mit dem Ventilschaft verbunden wird. Der Ventilteller kann hierbei je nach thermischer Belastung aus martensitischem Material, aber auch aus austenitischem Werkstoff bestehen. In der weiteren Fertigungsabfolge werden die Reibschweißstelle sowie der Ventilschaft überschliffen, des Weiteren dann auch der Ventilsitz sowie die Einstiche am Ventilschaft (wie oben beschrieben).

Bild 4-13.2 Auslassventil, das durch Reibschweißen hergestellt wurde

Zur Erhöhung der Beständigkeit gegen Heißkorrosion sowie der thermischen Belastbarkeit kann es im Bereich des Ventilsitzes zu einer Pulverauftragsschweißung kommen, die dann zur Sicherstellung der Dichtheit nach dem Auftragen kalt feinbearbeitet wird.

Eine weitere Prozessvariante für die Herstellung von Ventilen sind hohlgebohrte Ventile, die mit Natrium gefüllt sind, um die Überhitzung des Ventiltellers durch Wärmeabfuhr über das Natrium in den Ventilschaft zu vermeiden.

Ventile aus martensitischem Edelstahl für große Industriemotoren werden einteilig aus Stabstahl, z. B. 60 mm $\varnothing$, geschmiedet durch Teilerwärmung des Stabes und Anstauchen des Tellers.

Wichtig für einen fehlerfreien Gesamtprozess zur Herstellung des Ventils sind eine fehlerfreie Oberfläche des eingesetzten Stabstahls und ein sehr guter makroskopischer Reinheitsgrad sowie ein seigerungsarmes Gefüge. Dieses ist nicht nur erforderlich für eine optimale homogene Härteannahme in allen Bereichen des Ventils, sondern auch im Bereich des Ventiltellers als Austrittsfläche der Seigerung, um eine hinreichende Beständigkeit gegen Heißkorrosion zu gewährleisten.

Perspektiven/Alternativen

Verbrennungsmotoren benötigen in jedem Falle Ventile zur Regelung des Gasstroms. Die Fertigung aus hochwarmfestem Stabstahl ist kostengünstig und hat sich bewährt und wird auch im überschaubaren Zeitraum dominant bleiben. Alternativ hergestellte Ventile aus keramischen Materialien sind in der Fertigung zu aufwändig. Aus Blech hergestellte Ventile zeigen als Alternative bei hoher thermischer und Druckbelastung nicht immer die geforderte hinreichende Langzeitstabilität. Aus dem Vollen zerspante Stahlventile sind in der Herstellung unwirtschaftlich und durch den gebrochenen Faserverlauf mechanisch instabiler. Der Einsatz niedriglegierter Stähle aus Kostengründen verbietet sich aus Sicht der Heißkorrosionsbeständigkeit sowie der mechanischen Dauerbelastbarkeit.

4

4-14 Vorgelegewelle als Teil des Fahrzeuggetriebes

Frank Wilke

Funktion

Getriebe dienen zur Kraftübertragung vom Verbrennungsmotor auf den eigentlichen Antriebsstrang. Die einzelnen Gangräder auf den dazugehörigen Wellen übertragen die Momente in den entsprechenden Schaltstufen, sodass der Motor mit dem maximalen Drehmoment und der günstigsten Motordrehzahl wirtschaftlich arbeiten kann. Am Beispiel der Vorgelegewelle wird ein Hauptbauteil nachfolgend beschrieben.

Werkstoffe und deren Eigenschaften

Im gesamten Getriebe werden heute Einsatzstähle nach DIN EN 10083 verbaut, die im vergüteten Zustand im Kern eine hohe Festigkeit aufweisen, um die erforderlichen Momente zu übertragen, und auf der Oberfläche bzw. im Zahnkranzbereich einsatzgehärtet sind, um verschleißfrei als Zahnrad Kräfte zu übertragen. Prinzipiell steht für diesen Zweck eine breite Palette von Einsatzstählen zur Verfügung, wobei der auszuwählende Werkstoff ein Optimum aus Gewicht, Bauraum, zu übertragenden Momenten und Wirtschaftlichkeit darstellen soll. Die mechanischen Eigenschaften des Grundwerkstoffs im vergüteten Zustand, genormt in EN 10084, dienen als Basis für Berechnungsmodule, die in ihren Grundzügen in der ISO 6336, Teil 5, vorgegeben sind. Einsatzgrößen für die Berechnung eines Getriebes sind u. a. die Grundfestigkeit des Werkstoffes, die Zahnfuß-Tragfähigkeit, die Grübchentragfähig-

keit der Abwälzoberfläche, der E-Modul sowie weitere qualitative Faktoren des einzusetzenden Stahls.

Der einfachste, aber am wenigsten belastbare Stahl ist der Werkstoff 1.7139. Für höchste mechanische Belastung bei gleichzeitiger Minimierung des Bauraums dienen die Werkstoffe 1.6757 sowie 1.6587. Die Besonderheit der beiden letztgenannten Werkstoffe liegt einerseits in der hohen mechanischen Belastbarkeit bei gleichzeitig hoher Zähigkeit, andererseits in der wirtschaftlichen Einsatzhärtbarkeit, d. h., es sind tiefe Aufkohlungsschichten möglich. Zur Verbesserung des Reinheitsgrades dieser Stähle wird in neueren Anwendungen ein Teil des Feinkorn-stabilisierenden Aluminiums durch Niob ersetzt, was den makroskopischen Reinheitsgrad und damit die Lebensdauer dieser Werkstoffe deutlich verbessert. Ein weiteres Maß für die

Tabelle 4-14.2 Beispiele von Einsatzhärtetiefen verschiedener Einsatzstähle

Kurzname	Werkstoff-nummer	Härte bei unterschiedlichem Abstand von der Stirnfläche	
		10 mm	20 mm
16MnCrS5	1.7139	25 H_{Rc}	18 H_{Rc}
25MoCrS4	1.7326	35 H_{Rc}	28 H_{Rc}
20NiMoCr6-5	1.6757	36 H_{Rc}	28 H_{Rc}
18CrNiMo7-6	1.6587	42 H_{Rc}	35 H_{Rc}

Tabelle 4-14.1 Beispiele von Einsatzstählen für Getriebewellen nach DIN EN 10084 (typische Werte)

Kurzname	Werkstoff-nummer	Legierungsanteile in Massen-%						
		C	Si	Mn	S	Cr	Mo	Ni
16MnCrS5	1.7139	0,16	0,30	1,20	0,020	0,90	–	–
25MoCrS4	1.7326	0,24	0,30	0,80	0,020	0,50	0,45	–
20NiMoCr6-5	1.6757	0,18	0,30	0,80	0,020	0,40	0,40	1,50
18CrNiMo7-6	1.6587	0,18	0,30	0,80	0,010	1,60	0,30	1,50

Werkstoffeigenschaften des Zahnkranzes sind die möglichen Einhärtetiefen der Werkstoffe.

Abmessungen

Je nach Getriebestufe und Aufbau der Vorgelegewelle kommt aus Strangguss hergestellter Stabstahl im Abmessungsbereich von 20 bis 100 mm ⌀ zum Einsatz. Zahnräder können als integrierter kalt umgeformter Bestandteil in der Welle hergestellt sein, können aber auch im Baukastenprinzip aus einzelnen Zahnrädern, aufgebaut auf einer Welle, gefertigt werden. Die Einsatzabmessungen sind somit variabel und entsprechen durch den Tatbestand der Kaltmassivumformung im Vormaterial somit nicht der Abmessung des fertigen Zahnrades oder der Welle. Es gibt auch Zahnräder aus Werkstoffverbunden, d. h., der Tragkörper ist ein niedrig legierter Baustahl, auf den der hochwertige Zahnkranz, massiv umgeformt, aufgeschrumpft oder verbundgeschmiedet wird.

Herstellungsprozesse

Am Beispiel der Vorgelegewelle wird der typische Ablauf der Fertigung eines Getriebebauteils nachfolgend dargestellt:

- Walzen von Stabstahl mit anschließendem Ferrit-/Perlit-Glühen auf max. 170 HB Festigkeit für eine nachfolgende Kaltmassivumformung. Alternativ thermo-mechanisches Walzen der Stäbe bei reduzierter Endwalztemperatur mit nachfolgendem hohen Anlassen unter A_{c1} zur Erzielung eines feinkörnigen, kaltmassivumformbaren Stabes.
- Sägen und Entgraten des Stabstahls auf Säglinge für die vorgesehene Einsatzlänge der Welle.
- Mechanisches Strahlen mit Strahlkorn und Beschichten der Oberfläche für die Kaltmassivumformung.
- Mehrstufiges Kaltumformen des Stabes zum Anpressen von einem oder mehreren Bunden, die später die Zahnräder darstellen, sowie Verjüngen der Welle in den erforderlichen Bereichen.
- FP-Glühen der kalt umgeformten Welle (alternativ Hochanlassen bei thermo-mechanisch gewalztem Material) zur Schaffung günstiger Voraussetzungen für die Zerspanung.
- Zerspanung der Welle und der Zahnräder nahe an das Endmaß, wobei hier zwingend vermieden werden sollte, dass durch die Zerspanung neue Eigenspannungen in der Welle aufgebaut werden.
- Einsatzhärten in der Welle, wobei nach Erwärmen auf Einsatztemperatur und ausreichendem Halten

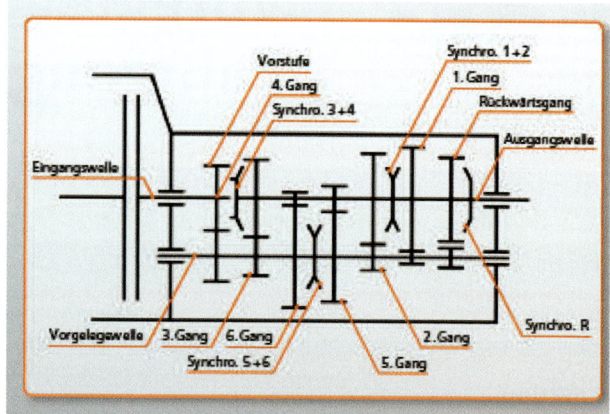

Bild 4-14.1 Zu berechnende Getriebekomponenten mit dem im Pkw eingesetzten Werkstoff 20NiMoCr6-5

zur Aufkohlung der randnahen Schichten die Basis für eine ausreichende Härte der Oberfläche im nachfolgenden Einsatz geschaffen wird. Je nach Werkstoff sind die Aufkohlungstemperaturen zwischen 930 °C und 1050 °C bei mind. 4 h Haltezeit zu wählen, wobei auf die Feinkornbeständigkeit des Grundwerkstoffes zu achten ist. Die Einsatzhärtetemperatur hängt somit direkt von der Feinkornbeständigkeit des Stahls ab, Temperatur und Dauer ergeben die Aufkohlungstiefe, die einen gleitenden Übergang zum Grundwerkstoff darstellen muss, um kein Ablösen der einsatzgehärteten Schicht im Betriebszustand zu bewirken.
- Aus der Einsatzhärtetemperatur wird heute normalerweise einstufig direkt abgeschreckt, um den gehärteten Grundwerkstoff mit einer möglichst hohen Ausgangshärte für das Anlassen zu haben.
- Richten der gehärteten Welle auf Schlagfreiheit im Einsatz. Hierbei ist darauf zu achten, dass keine Härterichtrisse entstehen. Für eine gute Ausgangsgeradheit vor dem Richten sind die Spannungsarmut des Vormaterials, werkstoffschonendes Zerspanen, ideale Lage der Bauteile beim Einsatzhärten im Ofen sowie homogene gleichförmige Abschreckgeschwindigkeit beim Einsatzhärtevorgang selbst zwingend erforderlich.
- Danach erfolgt ein Anlassen der Welle auf gewünschte Festigkeit sowie ein Fertigschleifen der Funktionsoberflächen. Dieser letzte Schritt stellt eine hohe qualitative Anforderung dar, da zum einen der Schleifabtrag gering sein muss, um die Einsatzhärteschicht nur geringstmöglich abzutragen, zum anderen aber beim Schleifen der gehärteten Zone Schleifbrand vermieden werden muss.

- Nachfolgend Zusammenbau des Getriebes, Lage der Vorgelegewelle.

Perspektive/Alternativen

Die in Frage kommenden Einsatzstähle, insbesondere 18CrNiMo7-6 sowie 20NiCrMo6-5, stellen heute bereits ein Optimum an Getriebewerkstoffen dar. Verbesserung der makroskopischen Reinheitsgrade sowie wirtschaftlich optimierte Einsatzhärtebedingungen garantieren auch weiterhin den sinnvollen Einsatz dieser Stähle. Als Alternative zum klassischen Getriebe gibt es nur den Elektroantrieb des Kraftfahrzeuges, bei dem speziell bei Radnabenmotoren keine Getriebe erforderlich sind.

4

Exzenterwelle für die Motorsteuerung

Frank Wilke

Funktion
Die Exzenterwelle dient zur Motorsteuerung, hier speziell zur Steuerung bei variablem Ventilhub. Die typische Länge einer Exzenterwelle beträgt ungefähr 40 cm.

Werkstoffe und deren Eigenschaften
Für Exzenterwellen wird eine Sondervariante des Vergütungsstahls 38MnVS6 eingesetzt. Die hohen Anforderungen an den Werkstoff betreffen eine hohe Festigkeit als Folge der starken Dynamik auch der Exzenterverstellung, eine lokal hohe Festigkeit wegen des Rollkontaktes am Zwischenhebel und der Wälzkontakte am mittleren Zahnsegment sowie die Verzugsfreiheit nach dem Schmieden, da eine separate Vergütungsbehandlung nicht vorgesehen ist. Gefordert ist ein bainitfreier AFP-Stahl mit Korngrößen zwischen

G = 7 und 10 und feiner sowie mit einer Mindeststreckgrenze $R_{p0,2}$ von 665 MPa. Im Bereich des Rollkontaktes am Zwischenhebel muss eine Nitrierbarkeit ohne Streckgrenzenverlust gegeben sein.

Abmessungen
Im Wesentlichen kommt Stabstahl der Abmessung 28 mm $\varnothing$, aus Strangguss thermomechanisch gewalzt, zum Einsatz.

Herstellungsprozesse
Der thermomechanisch gewalzte Stabstahl wird abgelängt, in der Mitte des Säglings induktiv erwärmt, sodass ein Bund angestaucht werden kann zur Herstellung des deutlich dickeren Zahnsegmentes. Danach wird der Sägling komplett induktiv erwärmt und im Gesenk vorgeschmiedet, fertiggeschmiedet, heiß abge-

Bild 4-15.1
Exzenterwelle eines Pkw

Tabelle 4-15.1 Chemische Zusammensetzung eines Stahls für Exzenterwellen in Anlehnung an DIN EN 10267 (typische Werte)

Kurzname	Werkstoff-nummer	Legierungsanteile in Massen-%					
		C	Si	Mn	Cr	Ni	V
38MnVS6 mod.	1.5231	0,35	0,55	1,0	0,2	0,09	0,20

mod.: zusätzliche Elemente definiert

Tabelle 4-15.2 Mechanische Kennwerte eines Stahls für Exzenterwellen (typische Werte)

Kurzname	Werkstoff-nummer	Gefüge	$R_{p0,2}$ [MPa]	R_m [MPa]	A [%]
38MnVS6 mod.	1.5231	Ferrit/Perlit G = 7 – 10	665	900	17,5

gratet und kalibriert sowie dann einer gezielten Abkühlung zugeführt. Hierbei darf keinerlei Verzug auftreten und das Material muss ein bainitfreies Ferrit-/Perlit-Gefüge aufweisen.

In der Kaltbearbeitung werden die Enden getrennt und zentriert, danach wird die Funktionsfläche gedreht und die Exzenterformen sowie die beiden Lagersitze werden geschliffen. Im Weiteren wird die Verzahnung im Zahnsegment durch Wälzfräsen hergestellt. Zum Ende der Bearbeitung erfolgt ein lokales Plasmanitrieren der Exzenterformen und eine Kontrolle des Rundlaufs. Es werden somit nur die Funktionsflächen bearbeitet, die übrigen Flächen zeigen noch die ursprüngliche Warmumformoberfläche. Danach wird das Bauteil in den Motor eingesetzt.

Perspektive/Alternativen

Die Motorsteuerung hat sich bewährt und dient zur Kraftstoffeinsparung. Alternative Werkstoffe zum 38MnVS6 mod. gibt es für diese Art der mechanischen Motorsteuerung nicht. Eine grundsätzliche Alternative ist allerdings die elektronische Motorsteuerung.

Vorstauchen
Vorschmieden
Fertigschmieden
Abgraten
Kalibrieren
P-Behanden
Manuelles Ablegen

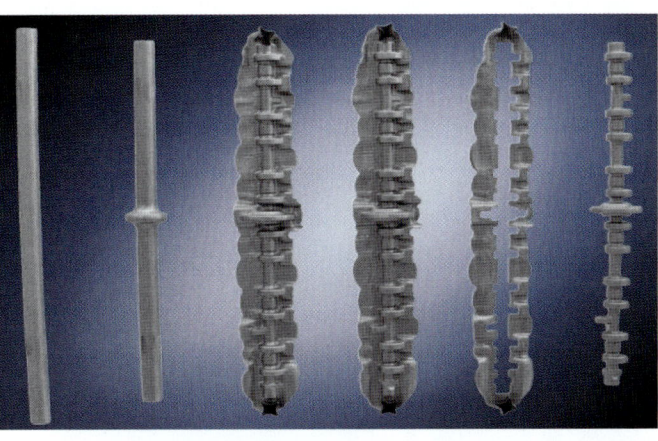

Bild 4-15.2
Stadienfolge des Schmiedens bei der Herstellung einer Exzenterwelle

4

Ablängen / Zentrieren
Drehen: Flanken / Radien
Vorschleifen: Exzenterformen
Fertigschleifen: Lagersitze
Fräsen: Sensoranschluß / Anschlagnocken
Wälzfräsen: Verzahnung
Fertigschleifen: Exzenterform
Plasmanitrieren
Prüfen

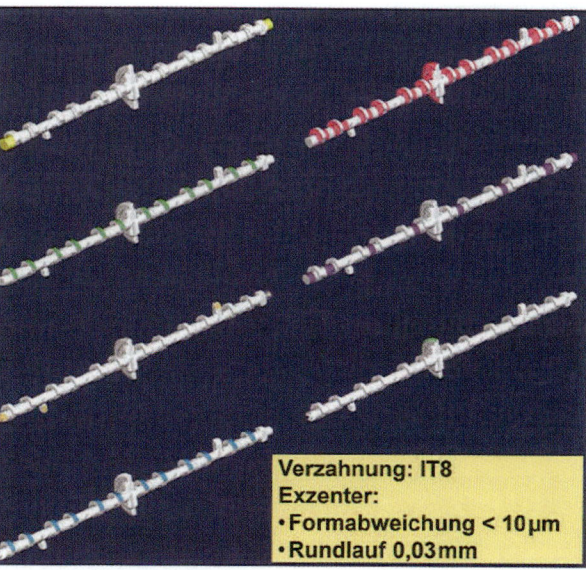

Verzahnung: IT8
Exzenter:
• Formabweichung < 10 µm
• Rundlauf 0,03mm

Bild 4-15.3
Prozessschritte in der Herstellung einer Exzenterwelle

4-16 Benzinverteilerleiste in Pkw-Motoren

Frank Wilke

Funktion

Ähnlich wie beim Common-Rail für Dieselmotoren ist der Kraftstoff Benzin den einzelnen Motorzylindern gleichmäßig und mit hohem Druck zuzuführen. Dies geschieht über die Benzinverteilerleiste (Rail) mit entsprechenden Bohrungen für die einzelnen Zylinder bei einem Betriebsdruck von max. 300 bar, wechselnd je nach Betriebssituation.

Werkstoffe und deren Eigenschaften

Aufgrund der gegenüber Diesel anderen Zusammensetzung des Kraftstoffs Benzin sind hier nichtrostende Werkstoffe im Einsatz. Zu berücksichtigen ist die unterschiedliche Zusammensetzung des Benzins weltweit.

Erfahrungsgemäß sind hier nichtrostende Edelstähle mit mind. 16 % Chrom einzusetzen. Bezüglich der mechanischen Werte muss der Werkstoff im Druck-

Bild 4-16.1
Verteilerleiste Common-Rail für Dieselmotoren

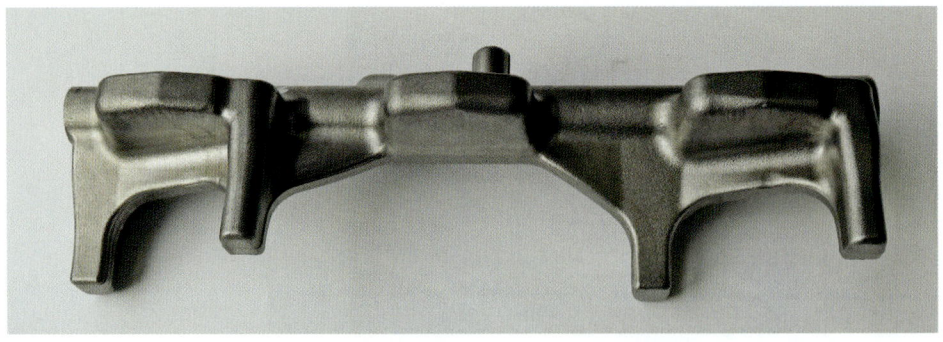

Bild 4-16.2
Verteilerleiste Common-Rail für Benziner

Tabelle 4-16.1 Beispiele von Stählen für eine Benzinverteilerleiste in Pkw-Motoren nach DIN EN 10088 (typische Werte)

Kurzname	Werkstoff-nummer	Legierungsanteile in Massen-%							
		C	Si	Mn	Cr	Ni	Cu	N	Mo
X5CrNi18-10	1.4301	0,04	0,50	1,95	18,9	8,1	0,6	0,07	–
X4CrNiMo16-5-1	1.4418	0,03	0,50	0,90	15,3	4,7	0,2	0,06	1,0

schwellbereich bis max. 300 bar bei Einsatztemperaturen von – 40 bis + 80 °C geeignet sein. Festigkeiten > 500 MPa sowie eine hinreichende Duktilität sind Grundvoraussetzungen. Im Vergleich zu Diesel-Rails sind bei Benzin-Rails die Drücke deutlich niedriger.

Abmessungen

Je nach Motortyp haben die Kraftstoffverteilerleisten eine Länge von 30 bis 50 cm. Das rohrförmige Gebilde weist einige, in Abhängigkeit der Zylinderzahl seitliche Balkone auf, die dann die Benzinverteilung sicherstellen. Diese Balkone haben eine Länge bis zu 30 mm seitlich.

Herstellungsprozess

Die Benzinverteilerleiste kann spanend hergestellt werden, wobei die einzelnen Komponenten durch thermisches Fügen zum Rail verbunden werden. Nachfolgend ist die Möglichkeit des einteiligen Schmiedens eines Rails beschrieben.

Ein gescherter Stababschnitt in der knappen Länge eines Rails wird induktiv erwärmt. Über nachfolgendes Querwalzen erfolgt eine Optimierung der Masseverteilung über die Länge des Rails, gleichzeitig eine Längung des Abschnittes sowie intensive Durchverformung. Danach wird das Rail, speziell die Balkone, über Warmumformung im Gesenk ausgeformt. Wie bei nichtrostenden Stählen üblich, wird das Produkt dann direkt nach dem Schmieden in Wasser abgeschreckt (austenitische Werkstoffe mit dem Endzustand abgeschreckt, ferritische Werkstoffe für den Endzustand feinkörnig und weichmartensitische Stähle für den Zustand gehärtet, die im Nachhinein dann noch einer Anlassbehandlung unterzogen werden müssen). Danach erfolgt die Kaltbearbeitung, im Wesentlichen das Herstellen der Bohrungen zur Kraftstoffverteilung.

Perspektive/Alternativen

Auch in Zukunft sind nichtrostende Stähle aus korrosiver Sicht für die Benzinverteilung erforderlich. Es wird auch weiterhin mehrere Herstellverfahren für die Verteilerleisten geben. Druckerhöhungen über 300 bar sind denkbar.

4

Kolben für Anwendung in der Servo-Hydraulik

Frank Wilke

Funktion

Zur Bedienung einzelner Funktionen an Service-Fahrzeugen wie Bagger und Pistenwalzen gibt es eine zentral gesteuerte Servo-Hydraulik. Hier werden über einzelne Kolben in einem Öl-Hydraulikverteiler Funktionen erzeugt oder zurückgenommen. Diese bei hohem Druck funktionierende Hydraulik muss sehr fein steuerbar sein und darf kein Leck aufweisen.

Werkstoffe und deren Eigenschaften

Im Wesentlichen kommen für diese Bauteile hochlegierte Nitrierstähle wie die Stähle 30CrMoV9 oder 8CrMo16 zum Einsatz. Eine gute Nitrierbarkeit der Oberfläche bei gleichzeitig hoher Vergütefestigkeit über 900 MPa muss gegeben sein. Wegen möglicher schlagartiger Belastung der Servo-Hydraulik muss auch bei extremen Bedingungen wie beispielsweise bei einer Temperatur von – 40 °C eine hohe Zähigkeit des vergüteten Grundwerkstoffes vorhanden sein.

Abmessungen

Für den Einsatz in der Servo-Hydraulik kommen üblicherweise aus Strangguss gewalzte blanke Stäbe mit Durchmessern von 8 bis 100 mm zum Einsatz.

Herstellungsprozess

Die Stäbe als Halbzeug werden von Seiten des Stahlherstellers derart vergütet, dass zum einen keine Eigenspannungen auftreten, zum anderen eine Anlassbeständigkeit gegeben ist. Nach der komplexen Zerspanung zu Kolben mit bis zu 70 % Spanverlust werden die Kolben nitriert. Bei diesem Vorgang dürfen sich die mechanischen Werte nicht verändern genau so wenig wie die Geometrie des Materials, da die Nitrierschicht relativ dünn ist und durch einen leichten Abschliff am Ende die notwendige Schichtdicke unterschritten werden würde. Danach werden die einzelnen Kolben mit entsprechenden Kopfstücken in den Verteilerkörper eingebaut, um dann den entsprechenden Öldruck zu steuern.

Perspektive/Alternativen

Nitrierstähle 30CrMoV9 und 8CrMo16 sind aufgrund ihrer hohen Festigkeit bei gleichzeitig hoher Zähigkeit besonders geeignete Werkstoffe. Aufgrund der Dünnwandigkeit sind hoch aluminiumhaltige Nitrierstähle wie 34CrAlMo5 weniger geeignet. Servo-Hydraulik-Komponenten zur Steuerung von Funktionen in Fahrzeugen können nur im Einzelfall durch elektrische Steuerungen ersetzt werden.

Tabelle 4-17.1 Beispiele von Stählen für Hydraulikkolben nach DIN EN 10085 (typische Werte)

Kurzname	Werkstoff-nummer	Legierungsanteile in Massen-%						
		C	Si	Mn	Cr	Mo	Al	V
8CrMo16	1.8524	0,08	0,20	1,10	3,80	0,55	0,020	0,03
30CrMoV9	1.8519	0,32	0,20	0,70	2,50	0,20	0,020	0,15
34CrAlMo5-10	1.8507	0,33	0,20	0,70	1,20	0,20	0,900	–

Edelstähle für die Luftfahrt

Frank Wilke

Funktion

Grundsätzlich ist der Flugzeugkonstrukteur bemüht, durch den Einsatz von Aluminium und Titan sowie verstärkten und unverstärkten Kunststoffen die bewegte Masse klein zu halten. Es gibt jedoch Funktionen im Flugzeug, bei denen der Einsatz hochfester Edelstähle den besten Kompromiss zwischen Leichtbau und Funktion darstellt. Zu diesen Bauteilen zählen die Steuerungswellen für Höhen- und Seitenruder, Wellen für die Funktion der Bremsklappen sowie die gesamte Fahrgestellkonstruktion.

Als weitere Bauteile in hochfestem Edelstahl sind Führungsschienen sowie Scharniere, z.B. an den Ausgängen und Gepäckklappen, zu nennen.

Werkstoffe und deren Eigenschaften

Im Wesentlichen werden für diese Bauteile nichtrostende aushärtbare Edelstähle in Festigkeiten über 1100 MPa eingesetzt. Diese Stähle sind zum einen wegen ihrer Langlebigkeit, zum anderen wegen der hohen Korrosionsbeständigkeit unter allen klimatischen Bedingungen vorgegeben. Aufgrund dieser Bedingungen müssen die Stähle im Bereich von $-40\,°C$ bis $+100\,°C$ einsetzbar und duktil sein. Dies trifft insbesondere für Flugzeuge bei Flügen über 10000 m Höhe zu, da dort immer tiefe Temperaturen herrschen und die Leichtgängigkeit von Wellen inklusive deren Elastizität zwingend notwendig ist.

Die Kerbschlagzähigkeit bei Raumtemperatur liegt im Normalfall bei Festigkeiten von über 1100 MPa bei >50 Joule, die Dehnungswerte prinzipiell über 15%. Die häufigsten Stahlqualitäten sind hier Elektroschlacke-umgeschmolzener aushärtbarer Stahl 1.4545 und 1.4548 mit mind. 16% Chrom.

Die Ultraschallprüfung der Bauteile soll die weitgehende Freiheit von nichtmetallischen Einschlüssen und damit die absolute Freiheit von inneren Fehlern sichern. Neben Elektroschlacke-umgeschmolzenem Material kommt auch für einzelne Anwendungen Vakuum-umgeschmolzenes Material in Betracht (für geringste Wasserstoffgehalte).

Abmessungen

Als Vormaterial für die Wellen sind blanke Rundstäbe in Abmessungen von 10 bis 200 mm $\oslash$ üblich sowie im Einzelfall auch Profile.

Herstellungsprozess

Von Seiten der Stahlhersteller wird im Wesentlichen Elektroschlacke-umgeschmolzener, ausgehärteter Blankstahl zur spanenden Verarbeitung geliefert. Ein besonderes Kennzeichen hierbei ist, dass die Wärmebehandlung nach dem Walzen des Stabstahls vergleichsweise komplex ist.

Als nächster Schritt nach dem Walzen erfolgt ein Lösungsglühen und Abschrecken des Stabstahls, nach Abkühlung auf Raumtemperatur ein erstes Aushärten, danach ein Richten des Stabstahls und ein zweites Aushärten. Das Material wird danach geschält, gerichtet und schlussentspannt zur Einhaltung minimaler

Tabelle 4-18.1 Beispiele von Stählen für die Luftfahrt[1]

Kurzname	Werkstoff-nummer	Legierungsanteile in Massen-%						
		C	Si	Mn	Cr	Ni	Cu	Nb
X5CrNiCuNb16-4	1.4548	0,03	0,30	0,50	15,2	4,0	3,2	0,20
	1.4545	0,03	0,30	0,50	14,7	4,5	3,2	0,30

[1] Lieferung nur nach Luftfahrt-Kunden-Spezifikationen

Eigenspannungen (quer, axial und tangential) von < 100 MPa. Dies dient danach dazu, die zerspanend hergestellten Bauteile, im Wesentlichen Hohlwellen, Steckachsen und Wellen, auf Dauer verzugsfrei darzustellen.

Der ausgehärtete, entspannte Blankstahl wird beim Komponentenhersteller dann im Wesentlichen durch Zerspanung zu den eigentlichen Bauteilen verarbeitet. Hierbei ist darauf zu achten, dass bei diesen hochfesten Stählen durch den Zerspanungsprozess keine weiteren Eigenspannungen in das Material eingebracht werden.

Am Ende der Zerspanungsprozesse vor dem Einbau der Komponente wird diese nochmals sehr intensiv zerstörungsfrei auf Risse geprüft. Zudem werden Eigenspannungsmessungen durchgeführt, um die Verzugsfreiheit und Alterungsbeständigkeit zu belegen.

Bei der Verarbeitung wird der aushärtbare Stahl praktisch nie zu Bauteilen verschweißt, sondern nur mechanisch mit anderen Bauteilen verbunden.

Perspektiven/Alternativen

Aufgrund der Festigkeit und der Wirtschaftlichkeit wird es auch in Zukunft Komponenten aus nichtrostenden aushärtbaren Stählen im Flugzeugbau geben. In den letzten Jahren ist es gelungen, aushärtbare Stähle so prozesssicher darzustellen, dass sie trotz Festigkeiten bis zu 1300 MPa hohe Duktilitäten aufweisen.

4

5

Stähle für Offshore-Anwendungen und den Stahlwasserbau – *Stähle erschließen die maritime Welt*

Wolfgang Bleck

Die Offshore-Industrie besteht im Wesentlichen aus zwei Gruppen: der Offshore Öl- und Gas-Industrie sowie der Offshore-Windenergie-Industrie. Daneben gewinnt die maritime Rohstoffgewinnung an Bedeutung.

Das Meer ist eine wichtige Rohstoffquelle. So werden Sand und Kies sowie die Energierohstoffe Öl und Gas bereits seit vielen Jahren im Meer abgebaut. Darüber hinaus fördert man aus den flachen Küstenbereichen der Ozeane seit langem Minerale, die durch Erosion aus dem Hinterland an die Küste transportiert wurden. Dazu gehören zum Beispiel die Diamanten vor der Küste Südafrikas und Namibias sowie Vorkommen von Zinn, Titan und auch Gold entlang der Küsten Afrikas, Asiens und Amerikas. Der bergmännische Abbau von Rohstoffen aus dem Meer ist also nicht neu, wird aber vermutlich in größere Tiefen vordringen. So gibt es Bestrebungen, den Meeresbergbau mineralischer Rohstoffe auf die Tiefsee (tiefer als 1000 Meter) auszuweiten. Nach Informationen des Helmholtz-Zentrums für Ozeanforschung in Kiel zählen zu den Rohstoffen, die aus der Tiefsee gefördert werden sollen, neben den Manganknollen (meist in Wassertiefen jenseits der 4000 Meter), die Kobaltkrusten entlang der Flanken submariner Gebirgszüge (meist zwischen 800 und 2500 Meter) sowie die sogenannten Massivsulfide und die Sulfidschlämme, die in Bereichen vulkanischer Aktivität an den Plattengrenzen in Wassertiefen bis zu 5000 Meter auftreten.

Die Suche nach Öl findet mittlerweile ebenfalls in großen Gewässertiefen statt. Von schwimmenden Plattformen aus und mit Hilfe von Unterwasserkameras und Robotern werden die Bohrköpfe in den Meeresboden gerammt, oftmals noch zusätzlich mehrere Kilometer tief. Das gesamte Gerät muss nicht nur eine Wassersäule über sich in Höhe von mehreren Kilometern aushalten, sondern auch noch große Temperaturunterschiede.

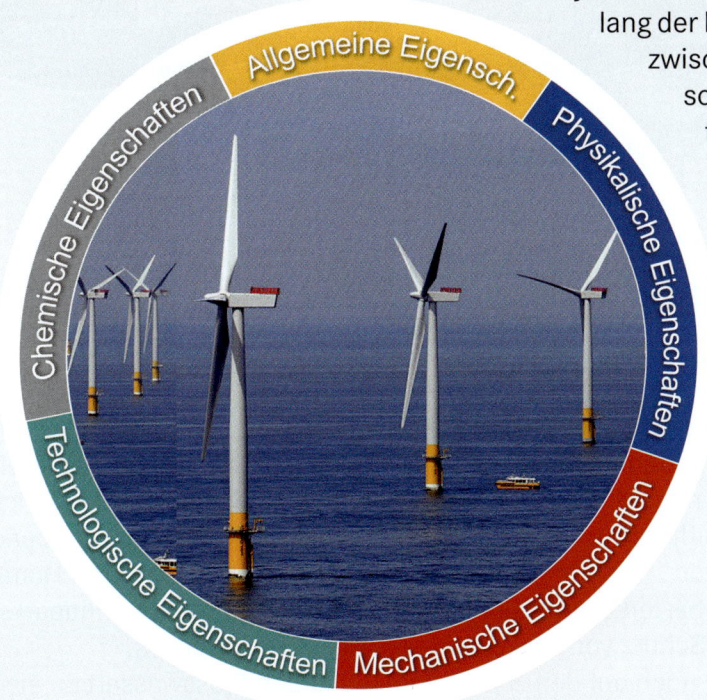

Quelle: Greater-Gabbard-wind-fram-SGP-industrytap

Die Nutzung der Windenergie ist hingegen noch überwiegend auf den Festlandsockel beschränkt. Sie ist eine Erfolgsgeschichte und hat bis Ende 2016 in Europa zu 3589 Offshore-Windenergieanlagen (WEA) mit einer Leistung von über 12 GW geführt. Aktuelle Studien gehen davon aus, dass die gewünschte Steigerung des Windkraftanteils am deutschen Strommix auf ca. 15 % im Jahr 2020 zu einem großen Anteil aus dem Ausbau der Offshore-Windenergie folgt. Gegenüber Onshore-Windrädern haben Offshore-Anlagen unter anderem den Vorteil, dass auf See die durchschnittliche Anzahl der Volllaststunden fast doppelt so hoch ist wie auf dem Land.

Bei Onshore-Windrädern bestehen in der Regel der Turm, die Gondel und das Getriebe des Rotors zum größten Teil aus Stahl. Dies ergibt fast 90 % Materialanteil des Werkstoffs Stahl (exklusive Betonfundament). Bei Offshore-Windanlagen liegt der Stahlanteil noch wesentlich höher, da hier zusätzlich das Fundament aus Stahl besteht. Ein 200-MW-Tripod-Offshore-Windpark besteht aus ca. 100 000 t Stahl. Neben den Belastungen durch die hohen Windgeschwindigkeiten müssen die Anlagen der salzhaltigen Umgebungsluft widerstehen. Sie werden durch meerwasserbeständige Werkstoffe geschützt. Häufig werden Baugruppen vollständig gekapselt bzw. Maschinenhäuser und Türme mit Überdruckbelüftung ausgestattet. Betriebswichtige Systeme werden sofern möglichst redundant ausgelegt. Zertifiziert werden die modernen Windenergieanlagen mittlerweile für eine Betriebsdauer von 25 Jahren.

Umweltschützern ist die industrielle Nutzung von Meeresgebieten häufig ein Dorn im Auge, vor allem, weil große Bereiche des Meeresbodens noch eine terra incognita darstellen. Es gibt aber auch positive Auswirkungen. So findet man eine größere Biodiversität innerhalb von Windparks als in der umgebenden Nordsee. Dies trifft insbesondere auf Meerestiere zu, die in dem Windpark Ruhe und Schutz finden. In der Nähe von Helgoland sollen Offshore-Windparks sogar mit Hummern besiedelt werden, da diese einen harten Untergrund bevorzugen, der bei diesen Windparks durch künstliche Steinschüttungen als Schutz vor Auskolkung angelegt werden muss.

Schließlich wird in diesem Kapitel auch noch auf den Hafenausbau und den Flusswasserbau eingegangen. Gerade der letztere hat in Deutschland eine lange Tradition vorzuweisen. 1905 wurde der Bau des Mittellandkanals beschlossen, der nach 32 Jahren Bauzeit im Jahr 1938 fertig gestellt war. Er verbindet über weitere Anschlusskanäle den Rhein, die Ems, die Weser und die Elbe. Ein besonderes Bauwerk der Ingenieurkunst stellt dabei die Kanalüberführung in Form einer Trogbrücke über die Weser dar. Der Nord-Ostsee-Kanal, 1895 als Kaiser-Wilhelm-Kanal eröffnet, gehört zu den drei am meisten befahrenen künstlichen Schifffahrtsstraßen der Welt. Mit einer Länge von fast 100 km zwischen Unterelbe und Ostsee erspart er jährlich fast 35 000 Schiffen rund 450 Kilometer Umweg um Jütland. Insgesamt umfasst das Netz der Bundeswasserstraßen ca. 6550 km Binnenschifffahrtsstraßen und ca. 690 km auf Seeschifffahrtstraßen. Etwa 34 % der Netzlänge sind frei fließende oder geregelte Flussstrecken, 42 % staugeregelte Flussstrecken und 24 % künstliche Wasserstraßen. Zu den wichtigsten Bauwerken zählen rund 350 Schleusenanlagen, rund 300 Wehranlagen, vier Schiffshebewerke, acht Sperrwerke und rund 1000 Brücken. Das Netz der Bundeswasserstraßen stellte im Jahr 2012 ein Anlagevermögen von rund 40 Mrd. Euro dar.

Im Folgenden werden eindrucksvolle Beispiele für die Nutzung moderner Stähle im Umfeld von maritimen Industrien, von Schiffbau, von Hafen- und Flusswasserbau dargestellt. Gerade für die Bereiche Offshore und Tiefsee sind aktuell große Herausforderungen zu meistern, die neue Anforderungen an die Werkstoffe, die Fertigungsverfahren und die Bauteilauslegung mit sich bringen.

5

Andreas Thieme

5-1.1 Entwicklung der Offshore-Technologie

Der Begriff „Offshore" ist in unterschiedlichen Zusammenhängen bekannt. Vom englischen Ursprung her werden mit diesem Begriff alle Tätigkeiten beschrieben, die abseits der Küste im Meer stattfinden. So wird er zum Beispiel im Finanzbereich für die Auslagerung von Dienstleistungen oder Kapital in andere Hoheitsgebiete mit besonderen fiskalischen Vorteilen verwendet. Im technischen Bereich werden mit Offshore alle technischen Aktivitäten, die auf See stattfinden, beschrieben, sofern sie nichts mit der eigentlichen Schifffahrt zu tun haben. Es handelt sich vor allem um die Nutzung von gasförmigen oder flüssigen Bodenschätzen, also Öl- und Erdgasvorkommen. Zu diesen Aktivitäten gehören die Exploration dieser Vorkommen und deren Ausbeutung mittels Bohrungen in den Meeresboden. Nach dem Sammeln und einer Vorbehandlung auf Plattformen, in speziellen Schiffen auf dem Meer oder in Förder- und Behandlungseinrichtungen unter Wasser werden diese Bodenschätze entweder durch fest auf dem Meeresboden installierte Leitungen ans Festland transportiert oder in speziellen Tanks gesammelt und dann mit Schiffen zur weiteren Verarbeitung gebracht. Auch die Beherbergung von Arbeitskräften auf den Förderplattformen oder in speziellen, neben den Produktionseinrichtungen errichteten Wohnquartieren gehört in dieses Umfeld.

In Zukunft wird es auch möglich sein, feste Materialien wie Erze vom Meeresboden zu bergen. Technologien hierzu sind in der Entwicklung und werden nach wirtschaftlichen Gesichtspunkten eingesetzt werden. Ferner werden zum Bereich Offshore auch Dienstleistungen für die auf See errichteten Anlagen, wie Installationsarbeiten, Versorgung oder Instandhaltung, gezählt. Für diese Tätigkeiten werden spezialisierte Schiffe, Kräne oder temporär aufzubauende Plattformen benötigt.

Zum weiteren Feld der wirtschaftlichen Nutzung der Meere gehört auch die Erzeugung erneuerbarer Energien durch Wind, Gezeitenströmungen oder Wellenenergie im Meer.

Schon Ende des 19. Jahrhunderts wurden die ersten Bohrungen nach Öl in den flachen Gewässern der großen Seen oder direkt an der Pazifikküste in Kalifornien niedergebracht.

In der Anfangszeit der Offshore-Technologie war Stahl nur für besonders beanspruchte Bauteile eingesetzt worden, während für einen Großteil der Konstruktionen noch Holz verwendet wurde. Die hierzu benötigte Arbeitsfläche in Form einer Plattform, auf der das Bohrequipment stand, wurde über der Wasseroberfläche auf Rammpfählen, die in den Meeresboden getrieben wurden, montiert. Diese Rammpfähle sind in der einfachen geometrischen Form eines Rohres ausgeführte Konstruktionselemente, die Pile genannt werden und noch heute vielfach Verwendung finden. Diese Stahlrohre in unterschiedlichen Durchmessern und Wandstärken sind entweder zylindrisch ausgeführt oder auch konisch abgestuft; sie werden mittels einer Ramme in den Meeresboden getrieben. Die neueste Ausführung des Bauteils Pile ist der Monopile, der als Gründung für Offshore-Windenergieanlagen verwendet wird. Piles werden auch wie ein Nagel zum Fixieren von Konstruktionen auf dem Meeresboden verwendet, oder sie bilden – dicht nebeneinander in den Boden gerammt – die Basis von Kaianlagen.

Von den Anfängen der Öl- und Gasförderung im Wasser ausgehend hat sich die Technologie bedeutend weiterentwickelt. Aus ersten kleinen Plattformen, die nur wenige Quadratmeter groß waren, sind heute Produktionsstätten mit mehreren aneinandergekoppelten Plattformen geworden, die eine Vielzahl von Aufgaben gleichzeitig erfüllen. In diesen Förder- und Weiterver-

Bild 5-1.1
Offshore-Öl-Bohrungen in
Summerland, Kalifornien 1902
*https://usresponserestora
tion.files.wordpress.com/2016
/07/california-oil-wells-off
shore-drilling-summerland-
pre-1906_credit-gh-eldridge_
us-geological-survey_1500.jpg?
w=1200*

arbeitungsbetrieben auf See sind zum Teil ständig mehrere hundert Personen beschäftigt. Öl und Gas werden mittlerweile bis in Wassertiefen von über 4000 m gefördert. Diese Fördereinrichtungen findet man heutzutage in allen Klimazonen. Die Fortführung dieser Technologie ist ohne die Entwicklung von Stählen, die neue technische und kommerzielle Lösungen erlauben, nicht denkbar, wobei beide Entwicklungsstränge immer Hand in Hand gegangen sind und sich gegenseitig inspiriert haben.

Nach wie vor wird ein Großteil der Öl- und Gasreserven an Land gefördert, allerdings wird mittlerweile mehr als ein Drittel des Erdöls aus Offshore-Quellen gewonnen; auch beim Erdgas ist es fast ein Drittel der Weltförderung.

Diese Vorkommen liegen in drei verschiedenen Tiefenbereichen, nämlich im

- Flachwasser bis in eine Tiefe von etwa 400 m
- Tiefwasser bis in eine Tiefe von etwa 1500 m
- Tiefstwasser in Wassertiefen darunter.

Die Förderung beschränkt sich zurzeit fast nur auf den Flachwasserbereich, nur ein Zehntel kommt aktuell aus tieferen Bereichen. Geophysikalische Untersuchungen erkunden mittlerweile Vorkommen in Tiefen bis zu 12 km unter der Meeresoberfläche. Die Mehrzahl neu gefundener Vorkommen liegt in diesen größeren Wassertiefen, wobei das durchschnittliche Ausmaß der gefundenen Felder deutlich größer als an Land ist, sodass trotz der hohen Förderkosten bei ausreichend hohen Ölpreisen eine zukünftige Ausbeutung von Lagerstätten im Tiefstwasserbereich sinnvoll erscheint.

5-1.2 Offshore-Bauten zur Öl- und Gasförderung

Um auf hoher See Exploration und Förderung von Öl und Gas durchführen zu können, bedarf es geeigneter Arbeitsflächen, die über der Wasseroberfläche aufgebaut werden müssen. Über die lange Entwicklungszeit der Offshore-Industrie wurde, ausgehend von der einfachen, auf Piles gegründeten Plattform, eine Vielzahl von unterschiedlichen Konstruktionen entwickelt. Im Folgenden soll eine Übersicht über einen Teil der gängigsten Formen gegeben werden, wobei zwischen der Plattform, auf der die eigentliche Arbeitstätigkeit stattfindet, und der Gründungsstruktur unterschieden wird.

5-1.2.1 Arbeitsplattformen

Zunächst soll die eigentliche Plattform, in Englisch als Topside bezeichnet, beschrieben werden. Ihr Aufbau ist mit Ausnahme der rein schwimmenden Konstruktionen in allen Fällen ähnlich; allerdings wird zwischen verschiedenen Arbeitsgebieten unterschieden. Es gibt Plattformen für Bohr-, Förder- oder Explorationstätigkeiten. Ferner werden Plattformen zur Unterbringung von Mitarbeitern benötigt, auch sind Kombinationen dieser Tätigkeiten möglich.

Die Plattformen sind den jeweiligen Anforderungen entsprechend ausgelegt. Der einfachste Fall ist die eingeschossige Plattform, auf der einzelne Aggregate zum

Betrieb einer schon erschlossenen Öl- oder Gasquelle installiert sind. Diese Arbeitsplattform ist unbemannt und wird nur von Wartungspersonal betreten.

Daneben gibt es Plattformen mit großen mehrstöckigen Aufbauten, auf denen sowohl das dort geförderte Öl oder Gas für den weiteren Transport in einer Pipeline oder mit Tankschiffen aufbereitet als auch im laufenden Betrieb weitere Bohrungen zur Erweiterung des Ölfeldes herabgebracht werden können. Neben diesen großen Produktionsplattformen werden über Laufstege mit ihnen verbundene, Living Quarter genannte Unterkünfte betrieben. In diesen, mehrere Stockwerke hohen Wohnplattformen wird die mehrere 100 Personen umfassende Mannschaft für den ständigen Betrieb der Plattform untergebracht.

5-1.2.2 Gründungsstrukturen

Die Bauart der Gründung als Träger der Plattform hängt vor allem von der Einsatzwassertiefe und vom Verwendungszweck der Plattform ab. In Flachwasserzonen auf dem sich an die Küste anschließenden Schelfsockel werden Konstruktionen benutzt, die auf dem Meeresboden direkt verankert werden. Senkt sich der Schelfsockel in die Tiefsee ab, müssen immer aufwändigere, dann schwimmende Konstruktionen installiert werden, die je nach Wassertiefe mit Abspannvorrichtungen am Meeresboden befestigt werden oder frei schwimmend sind. Ein weiteres Unterscheidungsmerkmal ist der Verwendungszweck der Fördereinrichtung. Man unterscheidet zwischen dauerhaft an einem Ort aufgestellten Plattformen und leicht beweglichen, nur temporär am jeweiligen Arbeitsort verwendeten Plattformen oder Schiffen. Sollen große Vorkommen ausgebeutet werden, werden dauerhaft fixierte Konstruktionen verwendet, für Exploration oder kleine Vorkommen werden temporäre Lösungen gewählt.

Künstliche Insel

Die einfachste Methode zur Errichtung einer Arbeitsfläche im Flachwasser stellt der Bau einer künstlichen Insel dar. Ist dies nicht möglich, wird die Plattform, wenn es die Wassertiefe zulässt, auf einer auf dem Meeresboden fixierten Stahlkonstruktion aufgebaut. Es werden dann die folgenden Gründungstypen benutzt.

Jacket

Die Auslegung der als Jacket bezeichneten Gründungsstruktur hängt von dem zu tragenden Gewicht und der Wassertiefe ab. Weitere beim Design zu berücksichtigenden Faktoren sind die zu erwartenden maximalen

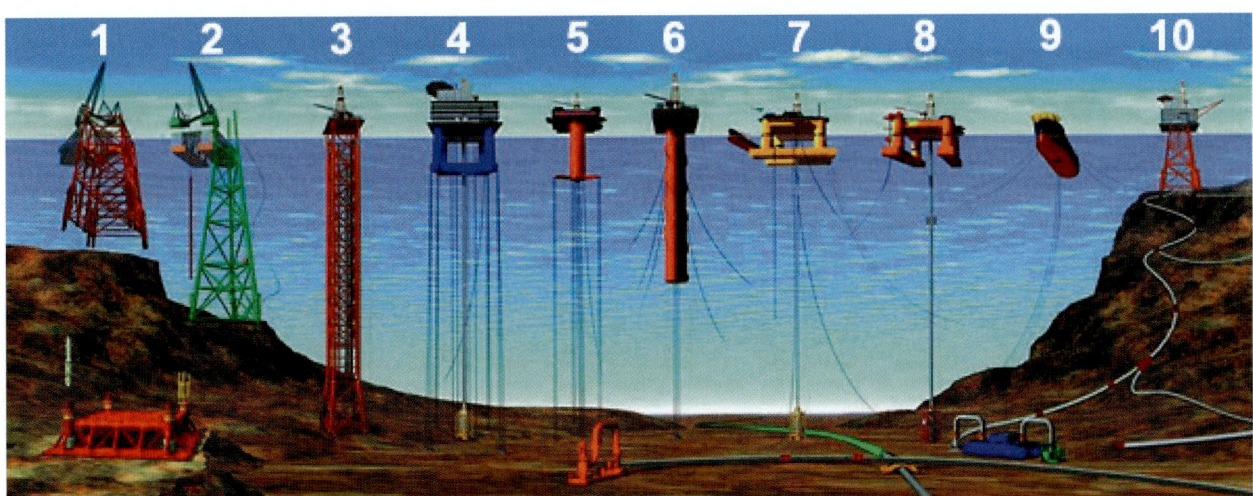

Bild 5-1.2 Gründungstypen für Offshore-Öl- und Gasinstallationen
https://upload.wikimedia.org/wikipedia/commons/d/d9/Types_of_offshore_oil_and_gas_structures.jpg
1, 2 am Meeresboden fixierte konventionelle Strukturen
3 Turmplattform (Compliant Tower)
4, 5 schwimmende, verspannte Plattformen (TLP Tension Leg Platform)
6 schwimmende, mit Schwerkörper versehene Plattform (Spar Platform)
7, 8 halbtauchende Plattformen (Semi-submersibles)
9 schwimmende Plattformen (FPSO Floating Production, Storage, and Offloading Facility)
10 Unterwasser-Anlagen (Sub-sea Completion and Tie-back to Host Facility)

und durchschnittlichen Wellenlasten sowie die durchschnittlichen und minimalen Temperaturen. Neben der Wassertiefe muss bei der Auslegung der Höhe des Jackets die durch die Ausbeutung der Bodenschätze zu erwartende Absenkung des Meeresbodens berücksichtigt werden. Mittlerweile ist eine wirtschaftliche Installation einer fixierten Plattform bis in Wassertiefen von etwa 500 m möglich.

Die Plattform wird auf einem Jacket auf dem Meeresboden aufgestellt. Das Jacket wird aus Rohren unterschiedlicher Durchmesser, die über Knotenkonstruktionen miteinander verbunden sind und eine steife Gitterstruktur ergeben, aufgebaut. Die Hauptlasten werden von Rohren großer Durchmesser und hoher Wandstärke aufgenommen, die typischerweise an den Ecken der Struktur platziert sind. Die Kräfte dazwischen werden von Rohren geringerer Durchmesser, den sogenannten Bracings, aufgenommen.

In Einzelfällen wurde in der Vergangenheit statt eines Stahl-Jackets eine Gründungsstruktur aus Beton verwendet, die sich aber nicht durchsetzen konnte, da neben dem enormen Bauaufwand der am Ende der Lebenszeit anstehende Abbau sich als sehr kompliziert herausstellte.

Schwerkraftgründungen

Eine Sonderform der Gründung für eine Plattform stellt die Schwerkraftgründung dar. Hierbei handelt es sich um eine vor der Installation schwimmfähige Konstruktion, die an die Arbeitsposition gezogen wird und dann auf den Meeresboden abgesenkt wird. Auch auf dieser Gründung wird eine normale Topside aufgesetzt. Die Schwerkraftgründung zur Errichtung einer Öl- und Gasplattform findet vor allem in Gegenden Verwendung, in denen keine ausreichende Infrastruktur für die Installation auf See vorhanden ist. Beispiele hierfür sind das Kaspische Meer oder Neuseeland. In beiden Bereichen sind keine größeren Schwimmkräne verfügbar, die die bei der Errichtung eines Jackets erforderlichen Arbeiten leisten können. Ebenso wurden die ersten großen Plattformen in Norwegen aufgrund nicht vorhandener Infrastruktur, aber auch aus technologischen Gründen als Schwerkraftgründung ausgeführt. Beispiel hierfür ist die Troll-A-Plattform, die mit einer Höhe von 472 m und einem Gewicht von 683 600 t in einer Wassertiefe von 303 m steht.

Bild 5-1.3 Jacket Gina Krog beim Verladen in der Werft (Quelle: Heerema HFG)

Bild 5-1.4 Schwerkraftgründung Troll-A-Plattform, 1995, Norwegen
https://upload.wikimedia.org/wikipedia/commons/b/ba/Oil_platform_Norway.jpg

Bild 5-1.5 Compliant Tower – Benguela Belize Base Tower während der Errichtung vor Angola, 2005
https://upload.wikimedia.org/wikipedia/commons/0/0d/BBlaunch3.jpg

Compliant Tower

Der Compliant Tower ist eine gegenüber dem normalen Jacket wesentlich flexiblere Struktur, die deutliche laterale Bewegungen erlaubt. Sie kann in Wassertiefen von 400 – 900 m eingesetzt werden.

Auch diese Struktur ist mit Piles auf dem Meeresboden fixiert. Ihre Aufgaben bestehen darin, sowohl zu fördern als auch neue Bohrungen zu setzen.

Auf die gittermastartige Gründungsstruktur wird eine Plattform mit gegenüber normalen Jackets geringerem Gewicht gesetzt. Aufgrund der Länge und der Flexibilität der Struktur kann der Gittermast auch in zwei oder mehr Teilen auf dem Meeresboden aufgebaut werden.

5-1.2.3 Schwimmende Konstruktionen

Zur Ausbeutung von Öl und Gas in größeren Wassertiefen werden verschiedene schwimmende Konstruktionen verwendet, die zum Teil mit Ketten- oder Rohrkonstruktionen am Meeresboden fixiert werden, sodass sie

als ortsfest anzusehen sind. Auch Kunstfaserseile können zur Abspannung dienen. Diese Mooring Systeme sind hochkomplexe, durch dauernde Wechselbelastung extrem auf Ermüdung beanspruchte Systeme, die sowohl in konstruktiver als auch werkstoffseitiger Hinsicht sehr anspruchsvoll sind.

Daneben gibt es für größte Wassertiefen von über 1000 m auch schwimmende Installationen, die mithilfe von Eigenantrieb und satellitengestützten Systemen dynamisch ortsfest gehalten werden.

Tension Leg Platform (TLP)

Bei einer Tension Leg Platform handelt es sich um einen Schwimmkörper, der am Meeresboden mit einer als Abspannvorrichtung konstruierten vertikalen Rohrkonstruktion befestigt ist.

Die Rohrkonstruktion wird durch den getauchten Schwimmkörper unter Zug gesetzt, sodass die Plattform im Meer fixiert schwimmt, dank der Abspannung aber vom Wellengang weitgehend unbeeinflusst bleibt.

5

Spar Platform

Bei der sogenannten Spar Platform handelt es sich um einen Schwimmkörper, der wie eine Boje ausgeführt ist. Er ist typischerweise in vertikaler Richtung länger als das TLP. Der Schwimmkörper hat aber einen kleineren Durchmesser. Die Topside ist auf dem Spar aufgebaut.

Bild 5-1.7 Spar Gavingavinchan in horizontaler Lage beim Transport
https://upload.wikimedia.org/wikipedia/commons/0/ 08/Gavingavinchan.jpg

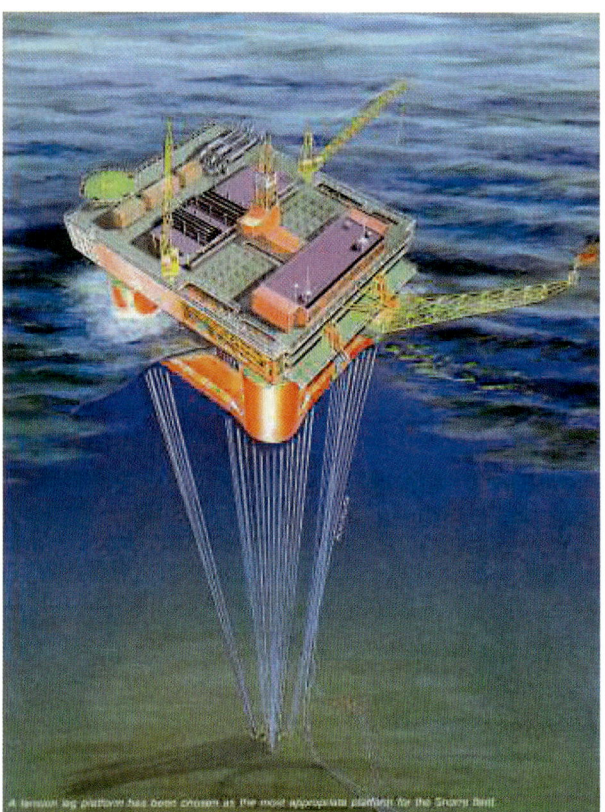

Bild 5-1.6 TLP Snorre A in Norwegen
https://commons.wikimedia.org/wiki/File:Snorre_A_TLP_illustration_(NOMF_02764_009).jpg

Diese Form von Plattformen wird in Meerestiefen bis zu 2000 m eingesetzt. Werkstoffkundlich ist die hohe Ermüdungsbelastung der Rohrkonstruktion zu erwähnen, da der Schwimmkörper durch den Wellengang eine schwellende Zugwechselbelastung auf die Fixierung aufbringt. Um diesen Belastungen langfristig widerstehen zu können, muss das für das Rohr verwendete Grobblech geringe Dicken-Toleranzen aufweisen. Das Rohr selber muss als Konstruktionselement eine besonders hohe Rundheit haben, um einerseits den Belastungen standzuhalten und andererseits eine exakte Montage der Verbindungselemente zu ermöglichen. Ferner dürfen die Werte für die mechanischen Eigenschaften der Rohre nur geringfügig streuen. Da aufgrund der möglichen großen Wassertiefe die Rohrkonstruktion extrem schwer wird, ist diese Konstruktion auch ein typischer Einsatz für hochfeste Werkstoffe, um das Gesamtgewicht zu reduzieren.

Da der Schwimmkörper eine große Grundfläche hat, kann von einer Tension Leg Platform eine große Zahl Bohrlöcher ausgebeutet werden.

Die Fixierung am Meeresboden erfolgt beim Spar durch konventionelle Mooring-Systeme mit Ketten oder Kunststoffseilen. Die vertikale Bewegung wird durch den großen Tiefgang des Schwimmkörpers reduziert. Die Bohrgestänge und Steigleitungen (Riser) werden beim Spar durch die Mitte des Schwimmkörpers geführt. Durch den geringeren Durchmesser des Schwimmkörpers können nicht so viele Bohrlöcher wie beim TLP ausgebeutet werden, da die zur Verfügung stehende Fläche kleiner ist. Spars werden zurzeit in Wassertiefen von bis zu 2500 m verwendet.

Floating Production Storage and Offloading (FPSO)

Neben den Produktionsplattformen werden Konstruktionen benötigt, die vor allem die Behandlung und Zwischenlagerung der geförderten Produkte übernehmen. Hier kommen Schiffe zum Einsatz; häufig werden umgebaute Öltanker genutzt.

Mit zunehmender Größe dieser Schiffe werden speziell für diesen Einsatzzweck gebaute Schwimmkörper verwendet. Ein Floating Production System kann aufgrund seiner großen Deckfläche eine Vielzahl von Aufgaben erfüllen. Hierzu gehört vor allem die Aufbereitung von über Pipelines von anderen Plattformen oder unter-

Bild 5-1.8 FPSO FIRENZE in der Adria, Italien
https://upload.wikimedia.org/wikipedia/commons/thumb/e/e7/
FIRENZE_FPSO.jpg/800px-FIRENZE_FPSO.jpg

seeischen Ölquellen (Subsea Wells) angelieferten Öl- und Gasgemischen, wobei Öl, Gas und Wasser voneinander getrennt werden müssen. Diese Produkte werden entweder zum Weitertransport im Schiffskörper gelagert oder im Fall des Wassers zurück in die Quelle injiziert, um dort den Förderdruck aufrechtzuerhalten. Bei der Behandlung von Öl und Gas kann auch schon eine Vorbehandlung, z.B. eine Reinigung oder die Trocknung des Gases erfolgen. Daneben kann heute auf besonders großen FPSO Gas zum weiteren Transport verflüssigt werden. Die Möglichkeit zur Zwischenlagerung gewinnt an Bedeutung, da aufgrund der großen Wassertiefe und der damit verbundenen großen Entfernung zum Festland an vielen Standorten die Verlegung von Pipelines zu aufwändig wird.

Zentraler Fixpunkt dieser Schiffe sind Drehlager am Bug, an denen sogenannte Mooring-Systeme – Ketten oder Spannseile – am Meeresboden fixiert werden können. Das FPSO kann sich an diesem Lager entsprechend den meteorologischen Erfordernissen drehen. Durch das Lager werden die Riser Pipes von den Bohrlöchern am Boden nach oben auf das Schiff geführt.

5-1.2.4 Spezielle Formen der Plattform

Der erste Schritt bei der Förderung von Öl und Gas ist die Exploration von möglichen Lagerstätten und das Erstellen der Bohrlöcher, Wells genannt. Zunächst wird mit seismischen Methoden, bei denen durch Schallwellen die geologische Beschaffenheit des Bodens ermittelt wird, eine Voruntersuchung auf die Höffigkeit des zukünftigen Fördergebietes durchgeführt. Nach einer positiven Bewertung muss dann das Vorhandensein

des Rohstoffs durch Bohrungen nachgewiesen werden. Hierzu wird von der Bohrplattform zunächst der Bohrstrang bis auf den Meeresboden abgesenkt. Dann wird die Bohrung durch das Deckgebirge in die öl- und gashaltige Schicht gebracht. Hierbei kann durch eine Steuerung des Bohrgestänges nicht nur vertikal, sondern auch horizontal weg von der Plattform gebohrt werden. Für das Bohrgestänge werden nahtlos geformte Rohre verwendet, die durch spezielle Schraubverbindungen kraftschlüssig miteinander verbunden sind. Am Kopf des Bohrgestänges sind Bohrmeißel angebracht, die entweder durch die Drehung des Gestänges oder durch die Spülflüssigkeit mittels einer Turbine angetrieben werden. Für diese hohem Verschleiß ausgesetzten Bauteile werden verschleißfeste Werkstoffe, meist Stahlguss, verwendet. Die Bohrlöcher werden mit Stahlrohren, genannt Casings, stabilisiert. Das Bohrloch wird schon während der Bohrarbeiten und auch im weiteren Betrieb mit einem Sicherheitsventil, dem Blowout Preventer, abgesichert, um unkontrollierte Öl- oder Gasaustritte zu vermeiden oder diese sofort zu stoppen. Dieses Sicherheitsbauteil wird aus großen Schmiedeteilen zusammengesetzt und verbleibt während der gesamten Nutzungsdauer der Quelle auf dem Bohrloch. Zur weiteren Abschirmung des Bohrloches wird der Bohrstrang vom Meeresboden bis zur Plattform in einem Riser Pipe genannten Rohr geführt. Riser Pipes werden entweder als Längsnaht-geschweißte Rohre oder als gewickelte Flex Pipes ausgeführt. Da diese Stränge erhebliche Gewichte erreichen können, die von der Plattform gehalten werden müssen, werden sie typischerweise in hochfesten Güten ausgeführt. Neben der Bohrtätigkeit zur Exploration von mobilen Plattformen oder Schiffen werden Bohrungen auch von Produktionsplattformen mit entsprechender Ausrüstung durchgeführt, um die Zahl der Bohrungen zu erhöhen und dadurch die Ausbeutung des Feldes zu steigern.

Jack Up Platform

Bei der Exploration und der Erforschung neuer Lagerstätten werden speziell für diese Tätigkeiten flexibel einsetzbare, sogenannte Jack Up Platforms zum Bohren verwendet.

Da der Hauptzweck dieser Plattform das Bohren ist, spricht man auch von einem Jack Up Rig. Die Hauptanforderung besteht darin, schnell an verschiedenen Stellen aktiv werden zu können. Das zuvor beschriebene Jacket ist hierfür, da es fest auf dem Meeresboden aufgestellt ist, nicht geeignet. Diese Jack Up Riggs werden

5

Bild 5-1.9
Jack-Up-Bohrplattform „Iran Khazar" im
Einsatz an einer Förderplattform von Dra-
gon Oil im Cheleken-Feld (Turkmenistan)
*https://commons.wikimedia.org/wiki/
File:Jack-up-rig-in-the-caspian-sea.JPG*

heute bis in etwa 150 m Wassertiefe verwendet. Neben
der Exploration werden Jack Up Rigs auch in erforsch-
ten Feldern zur Niederbringung neuer Bohrungen verwendet, sodass die dort fördernden Plattformen keine
eigenen Bohreinrichtungen vorhalten müssen.

Beim Jack Up handelt es sich um einen Schwimmkörper mit oder ohne Eigenantrieb, der je nach Bauform
mit drei bis vier Beinen (Legs), die nach unten auf den
Meeresboden gefahren werden können, aus dem Wasser gehoben werden kann und so eine stabile Arbeitsplattform bildet. Bei den Beinen handelt es sich um
drei- oder vierseitige Gittermastkonstruktionen. Das
tragende Element bilden Zahnstangen an den Ecken.

Hierbei handelt es sich um Blechlamellen mit Dicken
von 50 bis 210 mm und Breiten bis zu einem Meter.
Die Zähne werden an den Schmalseiten über die Blechdicke aus Grobblech gebrannt. Zur Versteifung sind auf
diese Zahnstangen auf beiden breiten Seiten Halbschalen geschweißt. Diese Chords werden auch aus hochfestem Stahl gefertigt, der kalt- oder warmumgeformt
wird. Die Zahnstangen sind mit Rohren, sogenannten
Bracings, miteinander zu steifen und belastbaren Mas-
ten verbunden. Der Schwimmkörper kann mit Zahn-
radmotoren an Zahnstangen, wenn diese Bodenkontakt
haben aus dem Wasser gehoben werden. Für die Zahnstangen, mit Blechdicken bis zu 210 mm werden hochfeste vergütete Stähle mit einer Mindeststreckgrenze

von 690 MPa und Zähigkeitsanforderungen bis zu
Prüftemperaturen von −60 °C eingesetzt.

In geringerer Wanddicke wird ein ähnlicher Stahl auch
für das sogenannte Turret verwendet, ein dreieckiger
Anbau am Rand des Schwimmkörpers, auf den der
Bohrturm montiert ist. Die außermittige Montage ist
erforderlich, um außerhalb der Aufstandsfläche der
Legs bohren zu können. Die Anforderungen an den
Werkstoff sind für die Bauteile Zahnstange und Turret
auch in Bezug auf Ebenheit und Schweißeignung das
Anspruchsvollste, was in der Verwendung von Stahl im
Bereich Offshore zu finden ist.

Bild 5-1.10 Zahnstange, Dicke 210 mm, Güte EQ 69
(Quelle: C Dillinger)

Bild 5-1.11
Semi Sub Thunder Horse, Golf von
Mexiko
*https://upload.wikimedia.org/wikipe
dia/commons/3/39/Thunder_Horse_
Semisub.jpg*

Jack-Up-Plattformen werden bei Bauprojekten als Unterkünfte für Arbeitskräfte während der Bauphase verwendet. Hierzu wird das Jack Up direkt neben die zu errichtende Plattform gestellt.

Semi-submersible Platforms
Wird in Wassertiefen über 150 m gearbeitet, kommen schwimmende Konstruktionen zum Einsatz.
Hierbei handelt es sich um sogenannte Semi-Subs, selbstfahrende Halbtaucher, die mit tief liegenden Schwimmkörpern eine möglichst ruhige Lage der Platt-

form garantieren sollen. Während des Einsatzes werden diese Plattformen mit Ankerketten am Boden fixiert oder dynamisch mit satellitengestützten Systemen am Ort gehalten.

Drillship
Die mobilste Art, an verschiedenen Orten in kurzer Zeit Untersuchungen durchzuführen, ist die Nutzung spezieller Schiffe. Sowohl bei weit auseinanderliegenden Untersuchungsorten als auch für Wassertiefen, bei denen Ankersysteme nicht mehr eingesetzt werden

5

Bild 5-1.12
Drillship Pacific Bora
*https://upload.wikimedia.org/wikipe
dia/commons/d/da/Pacific_Bora_in_
Singapore_waters_-_20110227-04.jpg*

können, bietet sich die Verwendung dieser speziellen Schiffe an.

Die ortsgenaue Positionierung erfolgt über GPS-gesteuerte Antriebs- und Rudersysteme des Schiffes. Drillships können für Probebohrungen, aber auch für Produktionsbohrungen bis in Wassertiefen von über 4000 m verwendet werden.

5-1.2.5 Unterwassertechnologie

Die Errichtung und der Unterhalt von Plattformen auf hoher See stellen einen großen finanziellen Aufwand dar. Die Arbeitsverhältnisse auf den Plattformen sind auch eine Herausforderung an das Personal, sodass permanent nach Möglichkeiten gesucht wird, den betriebenen Aufwand zu reduzieren. In der Vergangenheit war es zwingend, dass viele Prozesse direkt vom Menschen kontrolliert und geführt werden müssen. Die Entwicklung der IT-Technologie, die deutlich verbesserten Kommunikationstechnologien und neue Methoden der Verfahrenstechnik haben jetzt Konzepte ermöglicht, die es erlauben, mit Unterwasseranlagen die Produktion an den Bohrlöchern zu betreiben.

Auch weitergehende Schritte einer Reinigung des Gases können von automatisch oder ferngesteuert arbeitenden Anlagen auf dem Meeresboden direkt in der Nähe des Bohrlochs durchgeführt werden. Von diesen kleinen Anlagen werden anfallendes Öl und Gas in Pipelines zur weiteren Behandlung und Verteilung an Land gebracht. Auch die Kontrollzentren sitzen an Land. Im Idealfall ist die Errichtung von Plattformen nicht notwendig. Liegen die Quellen zu weit entfernt vom Land, so kann diese Technologie auch rund um schon existierende Plattformen zur Erweiterung von bestehenden Feldern verwendet werden, ohne neue Plattformen bauen zu müssen. Auch bei neu erschlossenen Feldern wird der verstärkte Einsatz von Unterwasseranlagen zur Aufwandsreduzierung beobachtet. Der Stahlbedarf, bezogen auf die Förderleistung eines Ölfeldes, sinkt durch die Nutzung dieser neuen Technologien. Obwohl es sich um recht kleine Anlagen handelt, sind die Anforderungen an die hier eingesetzten Stähle anspruchsvoll, da diese Installationen im Verlauf ihrer Nutzung nur noch sehr schwer zugänglich sind und daher bei Fertigung und Betrieb auf höchstmögliche Fehlerfreiheit geachtet werden muss.

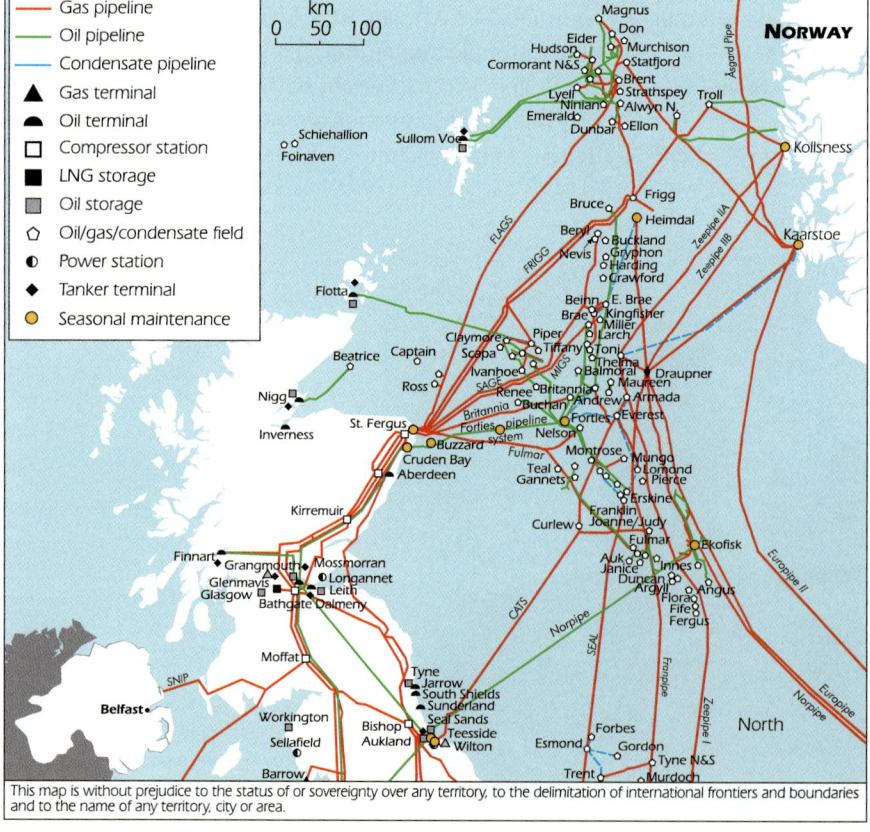

Bild 5-1.13
Erdgas-, Öl- und Kondensatleitungssysteme in der Nordsee
https://www.iea.org/media/omr reports/2013/0613/image061364.png

Bild 5-1.14
Offshore-Versorger Siem Symphony bei
Stavanger, Norwegen
*https://upload.wikimedia.org/wikipedia/
commons/thumb/7/7a/Siem_Symphony_
near_Stavanger_20150618_1.jpg/1024px-
Siem_Symphony_near_Stavanger_20150618_
1.jpg*

5-1.2.6 Transport von und zur Plattform

Der Transport im Offshore-Bereich bezieht sich auf zwei Aspekte. Der eine ist der Transport der gewonnenen Rohstoffe, der andere die Versorgung der Plattform mit Material und Personal. Hier gibt es je nach Lage der Felder die Möglichkeit, Rohrleitungssysteme, wie sie in der Nord- und Ostsee, dem Golf von Mexico oder dem Golf von Arabien installiert sind, zu benutzen.

Diese Rohrleitungen werden je nach zu transportierendem Medium, nach zu transportierendem Volumen und nach Verlegetiefe im Wasser aus nahtlosen oder Längsnaht-geschweißten Stahlrohren gefertigt.

Ist das auszubeutende Feld geographisch ungünstig gelegen, zum Beispiel im Golf von Angola, dann wird das gewonnene Gas oder Öl von der Plattform oder dem FPSO, die hierzu mit Tankkapazitäten ausgestattet sind, mit Tankschiffen direkt zu den Verbrauchern transportiert. Gas kann hierbei auf dem FPSO verflüssigt und mit Flüssiggastransportern verschifft werden.

Ein weiterer wichtiger Punkt beim Betrieb von Offshore-Installationen ist die Versorgung der Plattformen.

Während das Personal mit Hubschraubern auf die Plattformen gebracht wird, werden alle anderen Materialien mit speziellen Offshore-Arbeitsschiffen geliefert. Diese Schiffe sind konstruktiv und werkstoffseitig den Anforderungen in dem jeweiligen Arbeitsgewässer angepasst.

Bild 5-1.15
Kranschiff Hermod
*https://upload.wikimedia.org/wikipedia/
commons/3/39/Hermod_leaving_Calland_
canal.jpg*

5-1.2.7 Installation und Instandhaltung

Die Installation und Instandhaltung ist ebenfalls ein wichtiges Betätigungsgebiet im Bereich Offshore. Insbesondere das Aufbauen großer Jackets erfordert den Einsatz von Hebegeräten größten Ausmaßes.

Da es nahezu unmöglich ist, auf See größere Bauarbeiten durchzuführen, werden die Jackets und Topsides so weit wie möglich in den Werften an Land vorgefertigt. Der Transport erfolgt auf Leichtern, Barges genannt, zur Baustelle. Dort werden die Bauteile mittels großer Schwimmkräne oder spezieller Installationsschiffe auf den Meeresboden abgesenkt bzw. auf das Jacket gehoben. Da die einzelnen Hubvorgänge extrem teuer sind, wird bereits bei der Konstruktion auf eine möglichst einfache Montage geachtet. Dies ist werkstoffseitig von größter Bedeutung, da zur Gewichtseinsparung häufig neue hochfeste Stähle zur Anwendung kommen. Ferner ist es auf See auch von Bedeutung, dass die Werkstoffe wie in der Werft möglichst unkompliziert zu schweißen sind. Ebenfalls können eine sinnvolle Werkstoffwahl und eine gut durchdachte Konstruktion dazu beitragen, den Instandhaltungsaufwand möglichst klein zu halten.

Eine weitere Installationsleistung auf See ist das Verlegen von Offshore-Leitungen. An Land vorgefertigte Rohrsegmente aus Längsnaht-geschweißten Rohren mit Längen von bis zu etwa 40 m und Durchmessern bis zu 48" werden auf Verlegeschiffen kontinuierlich aneinander geschweißt und permanent auf den Meeresboden abgelassen, während sich das Schiff entsprechend der Verlegeleistung vorwärtsbewegt. Die Rohre werden an Land mit unterschiedlichen Beschichtungssystemen nach Projektanforderung beschichtet und mit Beton, falls es eine Gasleitung ist, zur Auftriebsreduzierung ummantelt. Beim Verlegen wird zwischen zwei Verfahren, dem sogenannten S-laying und dem J-laying, unterschieden. Beim S-laying läuft der Rohrstrang horizontal vom Schiff und nähert sich dem Meeresboden in einer S-Kurve, wobei der Strang zweimal gebogen wird, bevor er auf dem Meeresboden aufliegt. Beim J-laying wird der Rohrstrang senkrecht auf den Meeresboden abgelassen und legt sich mit einer Biegung dann horizontal auf den Meeresboden.

Die maximale Verlegetiefe liegt im Augenblick bei etwa 2000 m. Rohre mit kleinerem Durchmesser bis 20" können an Land zu langen Rohrabschnitten von mehreren Kilometern Länge auf Spulen gewickelt werden. Diese Spulen werden dann im Reelingverfahren vom Verlegeschiff aufgenommen und mit einer wesentlich größeren Verlegeleistung als bei den Rohren mit größerem Durchmesser vom Schiff ins Wasser auf den Meeresboden herabgelassen.

Auch das Abbauen von Konstruktionen (Decommissioning), die ihre maximale Lebensdauer erreicht haben, ist mittlerweile ein wichtiges Betätigungsfeld der Öl- und Gasindustrie auf See. Aus Umweltschutz- und Sicherheitsgründen müssen Öl- und Gasinstallationen sowie Offshore-Windanlagen in einem höchstmöglichen Umfang zurückgebaut werden. Diese Auflagen sind bereits in der Genehmigung der Einrichtungen festgelegt. Bis auf Rammpfähle (pinpiles), die im Boden

Bild 5-1.16
Multipurpose-Verlege- und Decommissioning-Schiff Pioneering Spirit, Allseas – hier beim Abbau der YME Topside
https://upload.wikimedia.org/wikipedia/ commons/thumb/2/2b/%22Pioneering_ Spirit%22%2Cformerly_%2C_in_August_2016. jpg/1024px-%22Pioneering_Spirit%22%2C_ formerly_Pieter_Schelte%2C_in_ August_2016.jpg

Bild 5-1.17 Verlegeschiff Apache II mit Spooler in Moss, Norwegen
https://upload.wikimedia.org/wikipedia/commons/d/d0/Apache_II_pipelaying_ship.jpg

verbleiben, werden Aufbauten und Gründung komplett abgebaut. Diese Tätigkeit wird von Offshore-Arbeitsschiffen unter Zuhilfenahme von Schwimmkränen oder speziellen Schiffen, die Topside und Jacket aufnehmen können, erledigt. Die abgebauten Bauteile werden an Land gebracht und recycelt.

5-1.3 Offshore-Bauten zur Gewinnung regenerativer Energien

Die Erschließung regenerativer Energiequellen gewinnt eine besondere Bedeutung. Da 70 % der Erdoberfläche mit Wasser bedeckt sind, ist es sinnvoll, Strom durch Umwandlung der auf See vorhandenen Energie in Form von Wind, Strömung, Gezeiten und Wellen zu nutzen. Die Erschließung dieser Energiequellen ist noch in der Anfangsphase. Nur bei der Nutzung der Offshore-Windenergie werden bereits industrielle Projekte umgesetzt und mittlerweile zu einem nicht unerheblichen Teil zu der Stromversorgung in Mitteleuropa beitragen.

5-1.3.1 Offshore-Windkraftanlagen

Bei der Nutzung der Windenergie auf See werden Windenergieturbinen, bestehend aus einem Generator und einem dreiblättrigen Propeller, auf einem Turm, der wiederum auf einem Fundament basiert, in Wassertiefen bis zu 70 m errichtet. Um eine große Anzahl Windenergieturbinen aufstellen zu können, sind ausgedehnte Flachwasserzonen, wie man sie in Nord- und Ostsee, der Irischen See oder der französischen Atlantikküste findet, erforderlich. Neben den auf dem Meeresboden fixierten Fundamenten gibt es auch Konzepte für schwimmende Fundamente, die in erster Linie für große Wassertiefen eingesetzt werden. Diese schwimmenden Fundamente werden mit Ketten oder Abspannseilen am Boden fixiert.

In der Windkraftanlage ist der Generator mit dem Propeller entweder über ein Getriebe verbunden oder der Propeller treibt den Generator direkt an. Kennzeichnend für diese Technologie sind die enormen Entwicklungsschübe, die zu immer größeren Leistungen der Generatoren führen. 2010 lag die Standardleistung eines Generators bei 3 – 4 MW. 2016 ist die Leistung bei Neubauten bereits auf 6 MW je Einheit angestiegen. Planungen bis 10 MW und darüber laufen zurzeit. Auch finden vermehrt getriebelose Konstruktionen Einsatz. Hintergrund ist das Ziel der Konstrukteure und Betreiber, immer wartungsärmere und effizientere

Einheiten zu entwerfen, um die Kosten für den Bau, der auf die Leistung der Windenergieanlage umgerechnet wird, zu reduzieren. Die einzelnen Windkraftanlagen werden in Parks mit typischerweise 80 – 100 Anlagen zusammengefasst. Die gewonnene Energie dieser Anlagen wird an im Windpark platzierte Umspannplattformen geliefert, die den erzeugten Wechselstrom auf Gleichspannung transformieren, sodass er verlustarm in das Transportnetz eingespeist werden kann. Erst verbrauchernah an Land wird wieder auf Wechselstrom transformiert. Je nach Konzept werden Umspannplattformen für einzelne Parks oder in größerer Bauausführung für mehrere, nahe beieinander liegende Parks verwendet.

Zur Errichtung der Windparks ist aufgrund des hohen Flächenbedarfes, die Windräder stehen bis zu 500 m auseinander, ein enormer Planungs- und Genehmigungsaufwand erforderlich. Zum einen sind bei der Auswahl eines Windparkgebietes die meteorologischen Bedingungen, wie tatsächlich vorliegende Windgeschwindigkeiten über einen größeren Zeitraum, geologische Gegebenheiten zur Bebaubarkeit des Meeresbodens und zur Auswahl des Fundamenttyps zu berücksichtigen, zum anderen ist die Erreichbarkeit des Baufeldes ein wichtiger Parameter zur Abschätzung der Bau- und Wartungskosten. Daneben muss eine betriebsrechtliche Genehmigung seitens hoheitlicher Stellen erlangt werden. Der Bau von Offshore-Windparks erfolgt aufgrund von Entwicklungsplänen, die die einzelnen nationalen Verwaltungen im Rahmen der Suche nach der Nutzung regenerativer Energien aufgestellt haben. Die Durchsetzung dieser Technologie ist vor allem auf die seitens der Gesetzgebung definierten Rahmenbedingungen angewiesen. Regenerativer Strom, gewonnen auf hoher See, ist zurzeit noch teurer als dies der Fall für konventionell mittels thermischer Verfahren erzeugten Strom ist. Nur durch vom Gesetzgeber garantierte Finanzierungshilfen oder vorgegebene Vergütungen für den Strom lassen sich die hohen Investitionskosten decken. Diese Feststellung trifft für alle Länder, in denen Offshore-Windenergie entwickelt werden soll, zu.

Stahl findet bei der Mehrheit der bisher gesetzten Fundamente Verwendung. Die Türme sind im Bereich Offshore komplett aus Stahl. Ferner werden die Zellen, in denen Getriebe und Generator untergebracht sind, aus Stahl gebaut. Die Blätter der Propeller hingegen sind bis auf wenige Ausnahmen aus Faserverbundwerkstoffen gefertigt. Die höchsten Anforderungen an den Stahl

haben die Gründungen zu erbringen. Für Gründungen, die auf dem Meeresboden aufgesetzt werden, haben sich zwei Hauptformen durchgesetzt. Zum einen handelt es sich um eine aus einem Zentralrohr bestehende Konstruktion, in der Offshore-Windtechnologie als Monopile bezeichnet. Zum anderen handelt es sich um die aufgelöste Struktur des Jackets. Ausschlaggebend für die Verwendung einer bestimmten Gründungstype sind die Kosten, die sich aus dem Gesamtkonzept ergeben. Die Kosten einer Gründungsstruktur ermitteln sich aus den Werkstoffkosten des Stahls, den Fertigungskosten der Struktur, den Montagekosten und den Wartungskosten.

Mittlerweile kann der Monopile mit allen derzeit verfügbaren Turbinen bis in Wassertiefen von 40 m gesetzt werden.

Monopiles sind unten offene Rammenrohre, die je nach Bodenbeschaffenheit bis zu 40 m in den Boden gerammt werden. Der Durchmesser des Monopiles liegt je nach Wassertiefe und verwendeter Turbine bei bis zu 8 m. Monopiles bis 10 m Durchmesser für noch größere Wassertiefen sind in der Planung. Die Wanddicken des Monopile sind dem im Einsatz auftretenden Momentenverlauf angepasst und betragen bis zu 110 mm. Für einzelne Bereiche können sogar noch dickere Bleche verwendet werden. Der Monopile wird aus Mantelschüssen in spezialisierten Werften in einer Serienfertigung zusammengesetzt. Hierbei wird besonderer Wert auf beste Schweißbarkeit und geringe Variation der mechanisch-technologischen Werte der verschiedenen gelieferten Bleche gelegt. Das hauptsächliche Auslegungskriterium für einen Monopile ist dessen Steifigkeit, da es sich um ein dynamisches System mit rotierenden Massen handelt. Für Monopiles werden bevorzugt Stähle gemäß DIN EN 10025-3 oder DIN EN 10025-4 und für besonders belastete Bauteile höherer Wanddicke Offshore-Güten nach DIN EN 10225 verwendet, immer in Streckgrenzenklasse 355 MPa. Da in der schweißtechnischen Fertigung hocheffiziente Schweißverfahren mit dem Eintrag hoher Streckenenergien verwendet werden, sind thermomechanisch gewalzte Stähle für die Fertigung bevorzugt. Ferner werden, um möglichst effizient arbeiten zu können, Bleche mit höchstmöglichem Blechgewicht eingesetzt, um den Fertigungsaufwand so gering wie möglich zu halten.

Neben dem zylindrischen Monopile werden auch aufgelöste Jacket-Konstruktionen verwendet. Bei einem Jacket handelt es sich wie auch in der Öl- und Gas-

Bild 5-1.18
Monopile für Wassertiefe
30 m, Durchmesser 8 m
(Quelle: C Steelwind
Nordenham)

industrie um eine Konstruktion, die mit gegenüber dem Monopile vergleichsweise dünnen Rohren über Gitterknoten eine Gittermaststruktur auskommt. Diese Struktur ist steifer als ein Monopile und kann in deutlich größeren Wassertiefen eingesetzt werden. Die Rohre mit gegenüber dem Monopile geringeren Wanddicken werden je nach Durchmesser entweder als Längsnahtgeschweißtes oder als aus Mantelschüssen zusammengesetztes Rohr in spezialisierten Werken produziert und fertig bearbeitet an die Werft geliefert. In der Werft werden die Knotenkonstruktionen teils von Hand, teils mit Robotern geschweißt. Anschließend wird hieraus die Struktur errichtet. Das Jacket wird mit Pinpiles, die in speziellen Führungen in den Boden gerammt werden, auf dem Meeresboden befestigt. Aufgrund der hohen Belastung der Knoten werden für das Jacket vor allem Stähle der Offshore-Norm DIN EN 10225 verwendet.

Der Auswahlprozess der Gründungsstruktur ist vor allem durch die Kosten bestimmt. Obwohl für das Jacket je nach Konstruktion die Stahlmenge im Vergleich zu Monopiles geringer ist, wird aufgrund der höheren Fertigungskosten und der höheren Errichtungs- und Unterhaltskosten zurzeit vor allem der Monopile verwendet, da dieser bis in Wassertiefen von 40 m meist das günstigste Konzept darstellt. Ein weiterer Aspekt in der Auswahl der Gründungsstruktur ist auch die Verfügbarkeit der Gründung. Für Monopiles stehen aufgrund des hohen Automatisierungsgrades bei der Fertigung und Zwischenlagerung ausreichende Kapazitäten zur Verfügung, während beim Jacket aufgrund des hohen manuellen Aufwandes bei der Fertigung die Bereitstellung der erforderlichen Anzahl an Jackets für ein Projekt schwierig ist und hierdurch die Planung eines Projektes deutlich schwerer ist.

Neben den zwei Hauptstrukturen existieren auch noch andere Konzepte, wie der Tripile oder der Tripod, die sich allerdings aufgrund der hohen Kosten und fertigungsbedingter Schwierigkeiten nicht durchsetzen konnten. Zurzeit in Erprobung sind auch noch weitere Entwürfe, wie zum Beispiel das Suction Bucket, bei dem eine auf dem Kopf stehende Schüssel mittels Unterdruck in den Meeresboden gesaugt wird und damit für sicheren Stand der Gründung sorgen soll.

Zusätzlich zu den aus Stahl hergestellten Gründungskonzepten gibt es auch noch verschiedene Konstruktionen aus Beton, die unter dem Begriff Schwerkraftgründungen zusammengefasst werden können. Diese Gründungen sitzen mit ihrem hohen Gewicht plan auf dem Meeresboden auf und ermöglichen so die Montage der Windtürme. Schwerkraftgründungen werden bevorzugt dort eingesetzt, wo die geologischen Verhältnisse die Verwendung von Piles nicht erlauben.

Entsprechend der Öl- und Gasförderung werden auch bei Windkraftanlagen für sehr große Wassertiefen, in denen sich eine direkte Gründung der Anlage auf dem Meeresboden nicht mehr lohnt oder technisch nicht machbar ist, schwimmende Gründungstypen entwi-

5

ckelt. Diese schwimmenden Gründungen bestehen aus einem tauchenden Schwimmkörper, auf dem wie bei einer Gründung auf dem Meeresboden ein Turm montiert ist, der den Generator mit den Rotorblättern trägt. Der Schwimmkörper ist mit Ketten oder Kunstfaserseilen am Meeresboden befestigt. Zur Reduzierung der durch den Seegang erzeugten Schwingungen tauchen die Schwimmkörper möglichst tief ins Wasser ein, um eine stabile Basis für den schwingungsarmen Betrieb der Turbine zu gewährleisten. Vorgesehen sind die schwimmenden Gründungssysteme für Standorte abseits der großen Schelfgebiete mit geringen Wassertiefen, die ein Kennzeichen für die Standorte der Windparks in Nord- und Ostsee sind.

Durch die Lage der Offshore-Windenergiefelder fernab der Küste kommt dem Stromtransport zu den Verbrauchern eine besondere Bedeutung zu. Um den Strom verlustarm transportieren zu können, wird der von den Turbinen erzeugte Wechselstrom von Umspannplattformen zu Gleichstrom umgewandelt, der über Netze, Grids, an Land gebracht wird und dort nach erneuter Umwandlung in Wechselstrom ins normale Stromnetz eingespeist wird. Je nach Größe des Windparks oder bei Zusammenlegung mehrerer Parks können die Umspannplattformen sehr groß werden. Hier werden als Gründung verschiedene Konstruktionen vom großen Jacket bis zu einer halbtauchenden Plattform verwendet. Kleinere Umspannplattformen sind unbemannt und werden auf Fundamenten, ähnlich wie sie auch zur Errichtung der Windenergieanlagen benutzt werden, gebaut.

Die Errichtung von Offshore-Windparks erfordert ebenso wie in der Öl- und Gasindustrie spezielle Installationsschiffe. Um die großen Bauteile – ein Monopile kann mittlerweile bis zu 1500 t Gewicht haben – sicher und passgenau zu installieren, werden Schiffe benutzt, die wie Jack-Up-Plattformen mit Legs aus dem Wasser gehoben werden können, um eine stabile Arbeitsfläche zu bieten. Mit Schiffen ähnlicher Bauart werden auch die Türme, Turbinen und Rotoren montiert. Ferner werden beim Bau von Windparks auch Kabelverlegungsarbeiten durchgeführt, um die einzelnen Windenergieanlagen mit der Umspannplattform zu verbinden. Die Instandhaltung der Windparks erfolgt je nach Maßnahme über Helikopter, kleine Versorgungsschiffe oder bei größeren Maßnahmen mittels Jack-Up-Schiffen.

5-1.3.2 Gewinnung von Strömungs-, Wellen- und Gezeitenenergie

Während die Windkraft auf See schon in industriellem Umfang genutzt wird, steht die Nutzung der Energie, die durch die Bewegung des Wassers gewonnen werden kann, noch am Anfang. Die älteste genutzte Energieform aus dieser Gruppe stellt die Gezeitenenergie dar. Da der Tidenhub in den küstennahen Gewässern abhängig vom Ort zum Teil enorme Höhen erreichen kann, wurden schon vor geraumer Zeit in einigen Küstenabschnitten Dämme errichtet, die das auf- und ablaufende Wasser durch Turbinen leiten und so die Energie nutzbar machen. Neuere Entwicklungen zeigen am Boden fixierte Turbinen mit propellerartigen Rotoren, die frei im Wasser stehen und von dem schnell fließenden Gezeitenstrom angetrieben werden. Das gleiche Prinzip kann auch im küstennahen Bereich bei konstant starken Meeresströmungen eingesetzt werden. Hierbei wird dann eine gegenüber der Gezeitenkraft konstante Energiegewinnung sichergestellt.

Wellenenergie wird von schwimmenden, am Boden verankerten Einheiten genutzt. Hierbei werden durch die Wellen in der Installation Strömungen erzeugt, die dann den Generator antreiben.

5-1.4 Stahl für den Offshore-Bereich

Stahl ist für Bauten im Offshore-Bereich seit dem 19. Jahrhundert der bevorzugte Werkstoff. Dies liegt vor allem daran, dass der Werkstoff die Anforderungen auf See in Bezug auf mechanische Eigenschaften und auch in Bezug auf die Verarbeitungseigenschaften in der Fertigung von allen zur Verfügung stehenden Werkstoffen am besten erfüllt. In Werften können vorfabrizierte Baugruppen an Land gefertigt werden, die dann auf See mit relativ einfachen Mitteln zusammengesetzt werden. Mit den heutzutage verfügbaren Stählen können durch Schweißen schnell und kostengünstig hoch belastbare und sichere große Strukturen aufgebaut werden.

Die hier beschriebenen Strukturen sind für eine Lebensdauer von bis zu 40 Jahren ausgelegt. Die maximal erlaubte Nutzung hängt zum einen von den mittels bruchmechanischen Überlegungen ermittelten Kennwerten ab. Zum anderen wird die Nutzungsdauer der Bauwerke auch durch die Regeln der Klassifikationsgesellschaften oder durch staatliche Vorgaben definiert. Nach dem Erreichen der vorgesehenen Lebensdauer können diese Bauwerke dank der Verwendung des Werkstoffs Stahl im Vergleich zu Konstruktionen aus Beton leichter und nahezu vollständig abgebaut und an Land recycelt werden. Für diesen Decommissioning genannten Vorgang werden speziell hierfür gebaute Schiffe verwendet, die in der Lage sind ganze Topsides oder Jackets aufzunehmen und an Land zur Verschrottung zu bringen, ohne dass, wie beim stückweisen Rückbau auf See, ein Risiko durch das Austreten von Reststoffen aus den Bauwerken zu befürchten ist.

5-1.4.1 Anforderungen an Stahl für Offshore-Anwendungen

Mindestens zwei Anforderungen werden an Offshore-Werkstoffe gestellt: Zum einen sind die Bedingungen, unter denen sie eingesetzt werden, gegenüber denen an Land (Onshore) wesentlich härter. Die Lasten, die durch Wind und Wellen auf die Konstruktionen einwirken, sind in ihren maximalen Werten und Lastkollektiven unvergleichlich höher als an Land. Ferner können je nach Einsatzgebiet die Designtemperaturen, die bei der Auslegung der Konstruktionen zugrunde gelegt werden, tiefer als an Land entsprechender geographischer Breite sein. Hieraus ergibt sich die Forderung, dass diese Werkstoffe höheren mechanischen Belastungen standhalten müssen. Dies wird durch besondere Anforderungen an die Zähigkeit bei tiefen Temperaturen und die Ermittlung der Zähigkeit an Proben aus den metallurgisch ungünstigsten Positionen in halber Blechdicke erreicht. Zum anderen muss die Forderung nach einer möglichst fehlerfreien Fertigung der Konstruktionen, die als Grundlage für einen sicheren Betrieb auf See dient, bei Auswahl und Auslegung der Werkstoffe für Offshore-Konstruktionen umgesetzt werden. Die Fehlerfreiheit sicherzustellen ist bei Offshore-Anlagen erforderlich, da zum einen aufgrund der schlechten Erreichbarkeit der im offenen Wasser stehenden Konstruktionen mit eingeschränkter Inspektionsmöglichkeit und fehlenden Reparaturmöglichkeiten zu rechnen ist. Fehler - besonders an tragenden Strukturen - können nicht oder nur mit hohem Aufwand behoben werden. Zum anderen muss auch der Umweltaspekt bei der Förderung auf See beachtet werden. Das Versagen von Anlagen oder Strukturen führt im Ökosystem durch den Austritt von Öl, Kondensat oder Erdgas zu schwersten Schädigungen dieses Systems. Die Beseitigung der Folgen einer solchen Einleitung ist extrem zeit- und kostenintensiv und daher unbedingt zu vermeiden. Daneben führen solche Ereignisse zu nur schwer wieder zu behebenden Imageschäden des Betreibers der Plattform.

Eine Bedingung für eine fehlerfreie Fertigung der Plattformen ist die gute Schweißbarkeit, die durch eine Schweißqualifikation nachgewiesen werden kann. Moderne, leicht und sicher schweißbare Stähle werden heutzutage mit den zur Verfügung stehenden Technologien durch angepasste, niedriglegierte Stähle und besondere Walz- und Kühlverfahren hergestellt. Diese Fertigung erfolgt in einem durch Qualitätssicherung und Prüfmaßnahmen überwachten Umfeld. Damit werden sehr homogene Eigenschaften der produzierten Bleche erreicht.

Hauptsächlich werden für den Bau von Offshore-Konstruktionen Bleche eingesetzt. Je nach Güte, Materialdicke und benötigten Blechbreiten oder -gewichten wird entweder für dünnere Bleche abgecoiltes Material aus Warmbreitband oder – falls es hieraus nicht hergestellt werden kann – Grobblech, reversierend gewalzt in Quartogerüsten, verwendet. Daneben finden auch Profile und andere Langprodukte in unterschiedlichen Formen und Güten Anwendung. Besondere Bauteile, wie Ventile, werden aus Stahlguss oder Schmiedeteilen hergestellt, für die zum Teil hochkorrosionsfeste Legierungen verwendet werden.

Blech kann in diesen Konstruktionen als Glattblech verwendet werden. Meistens aber werden aus Blechen bei spezialisierten Weiterverarbeitern entweder geschweißte Träger hergestellt oder Rohre gefertigt, aus denen in den Werften die zuvor beschriebenen Strukturen gebaut werden. Bei Rohrdurchmessern bis DN 1400 handelt es sich meist um Längsnaht-geschweißte Rohre, die parallel zur Walzrichtung eingeformt werden. Diese Formgebung erfolgt über Dreiwalzenbiegemaschinen, UOE- oder JCO-Pressen, die auch bei der Herstellung von längsnahtgeschweißtem Leitungsrohr verwendet werden. Rohre mit höherem Durchmesser oder Wanddicken, die sich mit den vorgenannten Biegemaschinen nicht einformen lassen, werden aus Mantelschüssen zusammengesetzt. Bei Mantelschüssen handelt es sich um quer zur Walzrichtung eingeformte Bleche, die als Rohrsegmente mittels Rundnähten zu Rohren großen Durchmessers verbun-

5

den werden. Die Einformung der Bleche zu Mantelschüssen erfolgt mittels sehr starker 3-Walzen- oder 4-Walzen-Rundbiegemaschinen, in Einzelfällen auch mit speziellen JCO-Pressen. Diese Art von Rohr kann höchste Wanddicken erreichen und dient bei großen Jacket-Konstruktionen als das Konstruktionselement, das die größten Lasten aufnehmen kann. Aufgrund seiner Geometrie ist das Rohr ein Körper, der relativ einfach zu berechnen und bezüglich der Ermüdung sicher auszulegen ist. Die Schweißarbeiten bei der Rohrherstellung erfolgen maschinell. Nur beim Schweißen der Knoten ist je nach Fertigungsbetrieb und Knotenkonstruktion teilweise manuelle Arbeit erforderlich. Inzwischen werden Knoten bei verschiedenen Werften mit Schweißrobotern gefertigt, sodass sowohl Qualität als auch Fertigungseffizienz gesteigert wurden.

Um beim Fertigen der Strukturen ein möglichst schnelles Arbeiten zu ermöglichen, ist es bei Offshore-Werkstoffen üblich, vor der eigentlichen Fertigung für das ausgewählte Material einen Schweißeignungsnachweis zu führen. Durch die Prüfung von Schweißproben durch den Stahlhersteller nach genau festgelegten Regeln wird gezeigt, dass der Stahl definierten Belastungen standhält und in der Lage ist, bei der Schweißung oder im Einsatz entstandene kleinere Fehler, wie feine Risse oder Kerben, zu ertragen. Diese Tests dienen dazu, Stahlhersteller und Werkstoff zu qualifizieren. Neben der Bestimmung von Zähigkeiten an bestimmten Positionen in der Wärmeeinflusszone der Schweißnaht werden hierzu bruchmechanische Untersuchungen mit Rissspitzenaufweitungs-Tests (CTOD; Crack Tip Opening Displacement) durchgeführt. Die Spannungsspitzen an der Rissspitze können im Material durch plastisches Fließen abgebaut werden. Solange die Probe nicht bricht, ist die von außen einwirkende Kraft kleiner als der Widerstand, der ihr vom Werkstoff entgegengesetzt wird. Mit diesem Versuch werden Kennwerte ermittelt, mit denen in der elastisch-plastischen Bruchmechanik abgeschätzt werden kann, ob der Werkstoff den vom Konstrukteur angenommenen maximalen Fehler ertragen kann.

Die Bauteile müssen so konstruiert sein, dass die angenommenen und zulässigen Fehler in der Konstruktion, insbesondere in der Schweißnaht, kleiner sind als die, die der Werkstoff noch ertragen kann. So wird ein Bauteilversagen vermieden. Dieser Forderung wird neben entsprechenden Konstruktions- und Fertigungsmethoden auch durch besondere, gegenüber normalen Baustählen erhöhte Zähigkeitsanforderungen Rechnung getragen.

5-1.4.2 Herstellung von Stahl für Offshore-Anwendungen

Offshore-Stähle werden in Blechform je nach Stahlsorte, Abmessung und Norm in drei verschiedenen Lieferzuständen angeboten:

- normalisiert (N),
- thermomechanisch gewalzt (TM oder TMCP: Thermomechanical Controlled Processing) sowie
- in einer Quette abgeschreckt und angelassen (Q + T: Quench + Temper).

Je nach Güte sind in den Normen unterschiedliche Blechdickenbereiche definiert. Während die Mindestdicke konstruktiv vorgegeben ist und typischerweise über 6 mm liegt, wird die Dickenobergrenze durch die Machbarkeit in den Herstellerwerken definiert. Insbesondere bei TM-gewalztem Stahl wird die maximale darstellbare Dicke durch die prozesstypische Kornfeinung bestimmt, die bei hohen Dicken insbesondere im Kern als Folge der langsameren Abkühlung nur noch eingeschränkt eingestellt werden kann. Allerdings hat auch hier durch neue Prozessführung beim Warmwalzen eine Anhebung der maximal produzierbaren Blechdicken stattgefunden. In diesem Zusammenhang ist darauf hinzuweisen, dass sowohl nicht definierte Blechdicken als auch andere Eigenschaften der Bleche jederzeit, wenn sie vom Kunden benötigt werden, mit Einzelabnahmen Verwendung finden können.

Eine typische Anforderung an Offshore-Stähle ist der Nachweis der Zähigkeit bei Temperaturen unter $-20\,°C$. Die Kerbschlagproben müssen dabei in der halben Blechdicke entnommen werden. Da in diesem Bereich die geseigerte Zone liegt, kann bei tiefen Prüftemperaturen eine ausreichende Zähigkeit nur mit besonderem Aufwand erzielt werden. In Blechdickenmitte findet zum einen während der Erstarrung des Stahles in der zuletzt erstarrten Restschmelze eine Anreicherung von seigernden Elementen wie Schwefel, Phosphor, Kohlenstoff und Mangan statt. Dieser, im Vergleich zum Rest des Blechs angereicherte Bereich, zeigt andere härtere Gefüge als das umgebende Material. Ferner entstehen aus Mangan und Schwefel weiche, beim Walzen in Längsrichtung gestreckte Mangansulfide. Diese würden, wenn sie im Bereich des Kerbs einer Kerbschlagbiegeprobe liegen, als Rissstarter fungieren und zu schlechten Kerbschlagwerten führen. Außerdem findet bei der Erstarrung einer Stahlschmelze auch eine Volumenreduktion der zuletzt erstarrten Schmelze mit Porenbildung statt.

In der Prozesskette zur Blechherstellung werden deshalb verschiedene Maßnahmen angewendet, um die erforderliche Zähigkeit insbesondere in halber Blechdicke einzustellen:

1. Im Stahlwerk wird in der Sekundärmetallurgie eine Vakuumbehandlung des Stahls durchgeführt. Hierbei wird der Gehalt gelöster Gase wie Wasserstoff oder Stickstoff reduziert. Daneben erfolgt dort der letzte Schritt zur Absenkung der Schwefel- und Phosphorgehalte. Die Mangansulfide werden durch eine Calciumbehandlung zu globularen Partikeln eingeformt, sodass sie beim Walzen nicht mehr gestreckt werden können und durch ihre Form den Kerbschlagversuch nicht mehr beeinflussen. Ein möglichst guter Reinheitsgrad wird durch Reinheitsgradspülen bei der sekundärmetallurgischen Behandlung eingestellt.

2. Weiterhin können auch Legierungskonzepte mit erhöhten Nickelgehalten die Zähigkeit im Kern verbessern. Von dieser Möglichkeit wird heute aus Kostenaspekten und wegen komplizierter Schweißbarkeit in der Fabrikation nach Möglichkeit nicht mehr Gebrauch gemacht.

3. Während des Gießens entstehen durch Volumenschrumpfungen Poren insbesondere in der Blechmitte. Daher müssen Brammen aus Strangguss oder Material aus Blockguss bei der Walzung ausreichend stark verformt werden, um diese Ungänzen zu verschmieden. Einige Normen wie die DIN EN 10225 schreiben Mindestdickenverformungsgrade von 4:1 vor, sodass eine ausreichend große Vormaterialdicke benötigt wird.

4. Dies setzt ein starkes Walzgerüst voraus, da nur durch ausreichend hohe Walzkräfte eine Verformung auch in Dickenmitte erreicht werden kann. Dann erst sind die Poren und Lunker verschmiedet und stellen im Kerbschlagversuch keinen Ausgang für Risse mehr dar.

5. Auch die Verwendung des thermomechanischen Walzprozesses im Walzwerk ist hilfreich, um das Zähigkeitsniveau anzuheben. Bei diesem Verfahren werden aufbauend auf niedriglegierten Schmelzen in einem kontrollierten Walzprozess die Eigenschaften des Materials eingestellt. Eine weitere Wärmebehandlung ist nicht erforderlich. Unter Zuhilfenahme von Mikrolegierungselementen wird die Rekristallisation beim Walzprozess verzögert, was zu einer Längung der Austenitkörner führt, dem sogenannten austenite pancaking, was aufgrund erleichterter Keimbildung nach der Phasenumwandlung in einem besonders feinkörnigen Gefüge resultiert. In diesem Walzprozess werden unter anderem die Erwärmtemperatur und -dauer der Brammen, die Walztemperaturen, die Umformgrade der einzelnen Walzphasen sowie die Kühltemperatur und -dauer bei der abschließenden Kühlung mit Wasser vorgegeben und während des Walzens kontrolliert. Durch das erzeugte feinkörnige Gefüge steigen sowohl die Zähigkeit als auch die Streckgrenze und Festigkeit. Die Zähigkeitsniveaus von thermomechanisch gewalzten Blechen liegen deutlich über denen von gleich festen normalisierten Blechen. Ebenfalls verschiebt sich beim TM-Material die Übergangstemperatur zäh/spröd zu deutlich tieferen Temperaturen gegenüber normalisiertem Material.

Der Vorteil der Verwendung von Brammen aus dem Stranggussprozess besteht darin, dass diese über die Länge eine gleichmäßige innere Erstarrungsstruktur haben. Dagegen weisen Blöcke, die im Stand einzeln vergossen werden, insbesondere in dem zuletzt erstarrten und mit Restschmelze angereicherten Kopfbereich deutlich stärker geseigerte Bereiche auf. Da aus kommerziellen Gründen die Verwendung von Blockvormaterial deutlich teurer als die Bramme aus Strangguss ist, wird nach Möglichkeit immer Letzteres verwendet. Bei den meisten Herstellern sind im Stranggussprozess die Brammendicken beschränkt, sodass für sehr dicke Bleche, um den Anforderungen an den Umformgrad gerecht zu werden, auf den metallurgisch ungünstigeren Blockguss umgestiegen werden muss.

5-1.4.3 Internationale Normung der Stahlgüten

Die eigentliche Stahlsorte, die der Konstrukteur verwendet, ist über die Definition der mechanischen Eigenschaften festgelegt. Hierzu gehören die Werte für Streckgrenze und Zugfestigkeit sowie für die Zähigkeit. Es werden auch die Testmodalitäten, die eine Vergleichbarkeit zwischen verschiedenen Herstellern und Testlaboren sicherstellen sollen, definiert. Hierzu gehört neben der Anzahl an durchzuführenden Tests die Festlegung der Probenentnahmeorte und der Probenfertigung. Ein wichtiger Bestandteil einer Norm ist für eine industrielle Fertigung auch die Festlegung der Prozeduren für Wiederholungsprüfungen, die durch die Streuung der Prüfwerte erforderlich sein kann. Diese Retests genannten Wiederholungsprüfungen sind ein anerkanntes statistisches Mittel, um eine stabile Fertigung zu gewährleisten. Neben den zerstörenden Prüftechniken können auch zerstörungsfreie Prüfmethoden wie die Ultraschallprüfung definiert werden.

Gerade im Bereich Offshore, bei dem für Bauprojekte auf den Werften eine Vielzahl unterschiedlicher Bleche oder Profile verarbeitet werden muss, ist als qualitätssichernde Maßnahme eine eindeutige Kennzeichnung der Produkte erforderlich, die in den Normen ebenfalls definiert wird.

Daneben werden in Normen auch Maßtoleranzen vorgegeben. Hierbei handelt es sich um Dicken-, Längen- und Breitentoleranzen. Ebenfalls kann die Ebenheit und die Oberflächengüte definiert werden. Zu einer endgültigen Sicherstellung der Güte des Materials kann in einer Norm auch die Art der Inspektion des Materials und seine Zertifizierung vorgegeben werden. Abschließend können auch noch Anforderungen formuliert werden, die die Kunden zusätzlich zu den eigentlichen Stahlsorten bestellen können, z. B.

- Wärmebehandlungen nach dem Schweißen (PWHT: Post Weld Heat Treatment)
- Reckalterungsprüfungen zum Nachweis der Alterungsbeständigkeit
- Zugversuchsprüfungen in Dickenrichtung nach der letzten Wärmebehandlung
- Ringfaltversuche
- Angaben über an diesem Material durchgeführte Großzugversuche oder Durchführung von CTOD-Prüfungen am einzelnen Blech
- Angaben über das Kaltumformverhalten von Blechen
- Angaben über das Warmumformverhalten von Blechen
- Nachweis einer Schweißeignungsprüfung zur Pre-Qualifikation des Materials
- Durchführung von zusätzlichen Ultraschallprüfungen
- besondere Anforderungen an die Oberflächenqualität.

Insbesondere die Reckalterungsprüfung, die Zugversuche in Dickenrichtung und die Schweißeignungsprüfung werden im Bereich Offshore häufig benötigt.

Für die Darstellung von Stählen zur Verwendung in Offshore-Projekten existieren zwei große Normenblöcke. In Europa sind die in den Euronormen EN definierten Werkstoffe gemäß DIN EN 10225 bestimmend. In den USA und weiten Teilen Asiens hingegen dominieren die amerikanischen vom American Petrol Institute API erarbeiteten Normen, vor allem definiert in der API

2H, API 2H oder API 2Y. Daneben werden Stähle auch in Normen oder Rules genannten Spezifikationen von Klassifikationsgesellschaften wie DNV oder ABS definiert. Der Unterschied von API oder Euronorm zu den Spezifikationen der Klassifikationsgesellschaften ist, dass deren Rules typischerweise eine Zulassung der Lieferwerke bei den Klassen erfordern, um diese Werkstoffe liefern zu dürfen. Weiterhin sind in den Normen der Klassifikationsgesellschaften auch Güten definiert, die in den klassischen Offshore-Normen nicht zur Anwendung kommen. Es handelt sich in erster Linie um höchstfeste Stähle der Streckgrenzenklasse 690 MPa. Diese Stähle werden für Sonderanwendungen wie zum Beispiel Zahnstangen bei Jack-Up-Plattformen oder Anbauteilen wie Turrets oder Kränen benötigt. Auch bilden diese Stähle eine Brücke zu den Sondergüten, die in speziellen Schiffbaunormen von anderen Klassifikationsgesellschaften wie LR oder BV definiert werden.

Die Euro- oder API-Normen erwarten, dass die Werkstoffe die in den Normen definierten Kennwerte erreichen. Eine Kontrolle des Lieferwerkes erfolgt im Allgemeinen durch eine Abnahme der Lieferung durch Dritte als Fremdabnahme. Auch Schweißqualifikationen, die von den Lieferwerken vorgehalten werden, sind nur durch eine Fremdabnahme zu bestätigen. Durch diese Zulassung, Approval, können die Lieferwerke im Rahmen der vorgestellten Produktionskonzepte und Analysen den Kunden Materialien, die den Anforderungen der Klassifikationsgesellschaften entsprechen, liefern. Insbesondere der Konstrukteur hat durch die Verwendung dieser, von der Klassifikationsgesellschaft akzeptierten Materialien einen Vorteil, da die Verwendung dieser Materialien bei der Gesamtkonstruktion durch die Klassifikationsgesellschaft leichter akzeptiert wird, während unbekannte Materialien erst noch durch eine Eignungsprüfung laufen müssen.

Als eine Besonderheit sind die norwegischen NORSOK-Spezifikationen zu erwähnen, die auf der DIN EN 10225 aufbauen, aber über diese hinausgehende Klassen von Streckgrenzen definieren und für einzelne Güten konstante Streckgrenzen unabhängig von der Blechdicke fordern. Die Formulierung dieser Spezifikationen ist dem Umstand geschuldet, dass in Euro-Norm und API-Standard für die hoch entwickelten norwegischen Konstruktionstechniken nicht ausreichend definierte Werkstoffe vorhanden waren.

Ferner definieren einzelne Öl- und Gasfirmen wie Shell oder Maersk für ihre Bauten eigene Spezifikationen, die meist ergänzende Anforderungen zu Euronorm

EN 10225 oder der API 2W, API 2H oder den entsprechenden Vorgängernormen darstellen. In diesen Endkundennormen werden entweder Zusatzanforderungen an bekannte Materialien gestellt oder es werden für Materialien zur Fertigung bestimmter Bauteile zur einfacheren oder kostengünstigeren Beschaffung auch Relaxation zum Ursprungsmaterial erlaubt. In Einzelfällen müssen sich Hersteller für die Lieferung der dort definierten Güten qualifizieren.

Daneben gibt es noch weitere nationale Normen zur Versorgung nationaler Märkte, wie zum Beispiel die aus Russland. Kennzeichen dieser nationalen Normen ist, dass häufig die Möglichkeiten der lokalen Lieferanten berücksichtigt werden, um so die lokale Produktion zu stärken, aber auch um bei der Materialbeschaffung unabhängig zu sein.

Übersicht über Offshore-Normen

Alle Normen für Offshore-Materialien sind ähnlich aufgebaut. Um dem Konstrukteur für alle Beanspruchungsfälle die erforderlichen Materialien zur Verfügung zu stellen, wird sowohl für die Streckgrenze als auch für die Zähigkeit eine Matrix vorgegeben. Bei der Streckgrenze wird zwischen normalfesten, hochfesten und höchstfesten Güten unterschieden. Zu den normalfesten gehören die Streckgrenzenklassen bis 355 MPa, die hochfesten werden bis 460 oder 500 MPa definiert. In einigen Normen sind auch höchstfeste Güten bis 690 MPa definiert. Daneben werden in einer zweiten Matrix Werte für die Kerbschlagarbeit bei verschiedenen Prüftemperaturen definiert. Die höchste Prüftemperatur liegt bei −20 °C, die tiefste und anspruchsvollste bei −60 °C. Neben der Unterscheidung der Güten nach mechanischen Eigenschaften werden in den Normen auch Unterscheidungen bezüglich der späteren Verwendung der Stähle gemacht. Je nach Einstufung der zu konstruierenden Bauteile wird zwischen Special, Primary und Secondary Members unterschieden.

DIN EN 10225

Beispielhaft für die anderen Normen wird der Aufbau der DIN EN 10225 genauer beschrieben. Diese Norm kommt aus einer Gruppe Normen, die sich alle mit der Definition von Stahlgüten beschäftigen und hierarchisch aufgebaut sind. Zunächst werden in der EN 10020 die Hauptgüteklassen in unlegierte Stähle, nichtrostende Stähle und anders legierte Stähle eingeteilt. In der EN 10027-1 werden im Teil Bezeichnungssysteme die Kurznamen der Stähle beschrieben. Normale Baustähle werden in der EN 10025-1 definiert (Warmgewalzte Erzeugnisse aus Baustählen: Allgemeine Lieferbedingungen). Diese Norm ist die Basis für die später zu beschreibende Offshore-Norm. In Teil drei werden normalisierte und in Teil vier TM-gewalzte Baustähle beschrieben. Die Stahlsorten werden nach den festgelegten Mindeststreckgrenzen unterteilt, bspw. S275, S355. Stahlsorten können in Gütegruppen geliefert werden, die in EN 10025-2-6 festgelegt sind: Die Gütegruppe hängt von der Kerbschlagarbeit/Kerbschlagtemperatur ab.

Hierarchisch darüber rangiert die DIN EN 10225 (Schweißgeeignete Baustähle für feststehende Offshore-Konstruktionen). Sie ist in drei Gruppen in Relation zur EN 10025-1, -3, -4 und 10210-1 unterteilt.

Gruppe 1 enthält „einfache" Baustahlsorten mit nur geringen Abweichungen zu den Sorten, die in der allgemeinen Baustahlnorm EN 10025-3 und Teil 4 definiert sind. In den Gruppen 2 und 3 sind spezifische Offshore-Stahlsorten mit wesentlichen Zusatzforderungen gegenüber vergleichbaren Sorten nach EN 10025-3/4/6 aufgeführt. Gruppe 3 enthält gegenüber denen der Gruppe 2 wesentliche Zusatzanforderungen, wie Vakuumentgasung oder Pfannenbehandlung, um insbesondere die Zähigkeit und die Eigenschaften in Dickenrichtung zu verbessern. Hierzu gehört auch eine verschärfte Ultraschallprüfung der fertigen Produkte.

Die Nomenklatur der Güten nach Euronorm erfolgt nach der Streckgrenzenklasse. Die Stahlbezeichnung enthält S am Anfang für die Verwendung als Stahlbaugüte und hinter der Streckgrenzenklasse den Kennbuchstaben G für andere Merkmale. Ferner wird der Lieferzustand durch die Kürzel N (normalisiert),

Tabelle 5-1.1 Einteilung schweißgeeigneter Stähle für feststehende Offshore-Konstruktionen nach EN 10225

Gruppe	Stahlsorte	max. Dicke in mm
1	S355G2+N, G5+M	20
	S 355 G3+N, G6+M	40
2	S355G7+N, G9+N	150
	S355G7+M, G9+M S420G1+M, G1+QT S460G1+M, G1+QT	100
3	S355G8+N, G10+N	150
	S355G8+M, G10+M S420G2+M, G2+QT S460G2+M, G2+QT	100

Tabelle 5-1.2 Aus dem Zugversuch ermittelte Kennwerte nach EN 10225

Streckgrenzenklasse	Stahlsorte	Lieferzustand	Streckgrenze* in MPa	Festigkeit* in MPa
355 MPa	S355G2–G10	+N, +M,	≥ 355	470 – 630
420 MPa	S420G1-G2	+N, +M, +Q+T	≥ 420	500 – 660
460 MPa	S460G1-G2	+N, +M, +Q+T	≥ 460	540 – 700

* Reduzierte Werte mit steigender Blechdicke

Tabelle 5-1.3 Kerbschlaganforderungen an Stähle für feststehende Offshore-Konstruktionen nach EN 10225

Streckgrenzenklasse	Stahlsorte	Prüftemperatur in °C	Prüfrichtung	Probenlage
355 MPa	S355G2 + G5	–20	längs	¼ Blechdicke
	S355G3 + G3	–40	quer	
	S355G7, G8, G9, G10	–40	quer	¼ Blechdicke, > 40 mm auch in ½ Blechdicke
420 MPa	S420G1 + G2	–40	quer	
460 MPa	S460G1 + G2	–40	quer	

Tabelle 5-1.4 Aus dem Zugversuch ermittelte Kennwerte von Stählen unterschiedlicher Güte nach API Spec. und API 2W

Streckgrenzen-klasse	Stahlsorte	Lieferzustand	Streckgrenze* in MPa	Festigkeit* in MPa	max. Dicke in mm
275 MPa	API 2H Gr. 42	N	290	428 – 565	101,6
355 MPa	API 2H Gr. 50	N	345	483 – 620	101,6
	API 2W Gr. 50	TM	345 – 517	449	152,4
420 MPa	API 2W Gr. 60	TM	414 – 620	518	101,6

* Reduzierte Zugversuchskennwerte bei 63,5 mm bei API 2H

Tabelle 5-1.5 Kerbschlaganforderungen nach EN 10225

Streckgren-zenklasse	Stahlsorte	Prüftempe-ratur/ °C	Probenlage
275 MPa	API 2H Gr. 42	–40	¼ Blechdicke
355 MPa	API 2H Gr. 50	–40	
	API 2W Gr. 50	–40	
420 MPa	API 2W Gr. 60	–40	

M (thermomechanisch gewalzt) oder O+T (vergütet) beschrieben.

Die Streckgrenze wird mit einem Mindestwert blechdickenabhängig beschrieben, um den Verlust an Streckgrenze mit steigender Blechdicke bei gleichbleibender Analyse zu kompensieren. Die Festigkeit wird mit Unter- und Obergrenze ebenfalls unter Berücksichtigung der Blechdicke definiert.

API

In Amerika sind vom API (American Petroleum Institute) ebenfalls Normen zur Darstellung von Blechen zum Einsatz im Offshore-Bereich definiert worden. Es handelt sich um die folgenden drei Normen, die sich in Bezug auf die Wärmebehandlung der gelieferten Produkte unterscheiden:

- 2H: Plates for offshore structures, normalized
- 2W: Plates for offshore structures, thermomechanically rolled
- 2Y: Plates for offshore structures, quenched and tempered

Die Benennung der Güten erfolgt mit den KSI-Werten (Kilopound per Square Inch) der jeweiligen Festigkeitsklasse. Im Gegensatz zur Euronorm definiert die API eine blechdickenunabhängige Streckgrenzenklasse mit Minimal- und Maximalwert, während für die Zugfestigkeit nur ein Minimumwert vorgegeben ist. Diese Vorgaben haben ihren Ursprung in den im amerikanischen Bereich verwendeten Konstruktionstechniken.

Norsok

In der norwegischen Norm Norsok wird für die normalfesten Güten die Vorgehensweise der EN mit Blechdicken-abhängigen Absenkungen der Streckgrenze und

Tabelle 5-1.6 Aus dem Zugversuch ermittelte Kennwerte nach der norwegischen Norsok Standard M-120

Streckgrenzen-klasse	Stahlsorte	Vergleichsgüte nach EN 10225	Lieferzustand	Streckgrenze in MPa	Festigkeit in MPa	max. Dicke in mm
355 MPa	Y20	S355G10	N oder TM	355*	470 – 630*	150
	Y25	S355G9				
420 MPa	Y30	S420G2	TM oder Q+T	420 – 540*	500 – 660**	100
	Y35	S420G1				
460 MPa	Y40	S460G2	TM oder Q+T	460 – 580*	550 – 700**	
	Y45	S460G1				
500 MPa	Y50	S500G2***	TM oder Q+T	500 – 600**	600 – 700**	75
	Y55	S420G1				

* Reduzierte Anforderungen mit steigender Blechdicke
** Konstant im definierten Blechdickenbereich
*** S500 ist in der aktuellen Ausgabe der EN 10225 noch nicht definiert

Festigkeit genutzt. Die hochfesten Güten fordern anders als in der EN konstante Streckgrenzen und Festigkeiten, da hierdurch konstruktiv insbesondere beim Bau von Topsides Gewichtsreduzierungen umgesetzt werden können. Eine Besonderheit bei diesen Normen ist die Einführung einer Streckgrenzenklasse 500 MPa. Die Kerbschlaganforderungen und -prüfungen sind entsprechend denen der EN 10225 definiert. Die Schweißqualifikation ist nach EN 10225 Option 18 durchzuführen.

Schweißqualifikation

Die Schweißqualifikationen nach API RP2Z (S11 of API 2H/W/Y) und EN 10225, Anhang E (Option 18) haben die gleiche Aufgabe. Sie sollen den Fertigern Informationen zur Schweißbarkeit des verwendeten Materials liefern. Hierzu gehören Aussagen zur nötigen Vorwärmung des Grundwerkstoffs und der zu erwartende Widerstand gegen spröden Bruch in der Wärmeeinflusszone, der durch Kerbschlagbiegeproben und bruchmechanische Untersuchungen nachgewiesen wird. Die Versuchsschweißungen werden mit verschiedenen, von den Normen vorgegebenen Streckenenergien durchgeführt. Die Ergebnisse können bei der API nach Bedarf und bei der EN nach Bedarf oder verwendetem Schweißverfahren auch im spannungsarm geglühten Zustand ermittelt werden.

Die durchzuführenden Untersuchungen sind in den jeweiligen Anhängen der Norm aufgeführt. Bei der Auswertung ist insbesondere auf die korrekte Lage der Anrisse der CTOD-Proben in der Wärmeeinflusszone zu achten. Je nach Norm muss der Riss in der WEZ mit bestimmten Mindest-Grobkornanteilen liegen. Liegt der

Anriss nicht in einer Zone mit mindestens dem benötigten Anteil von schädlichem Grobkorn im Gefüge, so ist der Test nicht gültig bzw. zu wiederholen. Ferner muss eine Mindestzahl an Prüfungen in der Wärmeeinflusszone durchgeführt werden, um ein statistisch abgesichertes Ergebnis zu bekommen.

5-1.5 Stahlbedarf für den Offshore-Bereich in der Praxis

Aus der Vielzahl der in den verschiedenen Normen definierten Stahlsorten wird aus Sicht des Herstellers von Blechen oder Profilen nur ein sehr kleiner Anteil vom Markt nachgefragt und tatsächlich produziert. Es haben sich insbesondere bei tragenden Strukturen, in die der größte Stahlanteil des Bedarfs Offshore fließt, einige Standardgüten herauskristallisiert, die für alle Projekte in ähnlichem Umfang verwendet werden. Obwohl mittlerweile hochfeste und höchstfeste Güten herstellbar sind, mit denen theoretisch der Konstrukteur durch Reduzierung der verwendeten Blechdicken Material und der Fertiger Schweißaufwand sparen könnte, wird in einem nicht unerheblichen Umfang unter Berücksichtigung der Erfordernisse bezüglich Ermüdungsfestigkeit oder Einhaltung von Beulkriterien nach wie vor mit normalfestem Material der Streckgrenzenklasse 355 gearbeitet. Typischerweise werden Güten mit hoher Zähigkeit und guter Schweißeignung eingesetzt.

5

Ferner erwarten die Verarbeiter den Nachweis einer Schweißqualifikation.

Durch die Entwicklung der Konstruktionen ist allerdings festzustellen, dass der Anteil im hochfesten Bereich steigt. Dies ist besonders bei Verwendungen in der Nordsee festzustellen, da hier vor allem innovative Konstrukteure die größte Zahl der Projekte betreuen. Die Möglichkeiten der modernen Stähle werden bei der Fertigung besonders in Europa umgesetzt, um die Einsparpotenziale dieser Güten bei der Konstruktion und schweißtechnischen Fertigung zu nutzen. Hierbei handelt es sich vor allem um die thermomechanisch ge-

walzten Stähle in den Streckgrenzenklassen 355 bis 500 MPa. Neben den mechanisch-technologischen Eigenschaften sind auch die geringen Kosten für diese Stähle für den Konstrukteur interessant. Daneben wird besonders beim Bau von Jackets darauf geachtet, dass möglichst große Blechabmessungen verfügbar sind, die die Fabrikationskosten durch eine Minimierung des erforderlichen Schweißaufwandes merklich reduzieren.

Alle im Text erwähnten Normen sind in einer Liste zusammengefasst (Seite 889).

5

Stähle für Hubketten im Stahlwasserbau

Thomas Hesse, Ulrike Gabrys

Funktion der Hubketten

Zum Bewegen der Stahlwasserbauverschlüsse werden unter anderem Ketten eingesetzt. Diese Ketten konnten gemäß DIN 19704 bis 2015 hergestellt werden als:

1. Ketten mit schwimmenden Bolzen (ohne Verdrehsicherung)
   - Bolzen und Laschen aus nichtrostendem Stahl, Innen- und Außenlasche mit selbstschmierenden Buchsen,
   oder
   - Bolzen aus nichtrostendem und Laschen aus unlegiertem Stahl, Innen- und Außenlasche mit selbstschmierenden Buchsen.

2. Ketten mit an den Außenlaschen festgelegten Bolzen
   - Bolzen und Laschen aus nichtrostendem Stahl, Innenlaschen mit selbstschmierenden Buchsen,
   oder
   - Bolzen aus nichtrostendem und Laschen aus unlegiertem Stahl, Innenlaschen mit selbstschmierenden Buchsen.

Mit der Neuausgabe der DIN 19704 in 2015 ist die Mischbauweise legierter/unlegierter Stahl entfallen, und es sollten nur noch Ketten aus legiertem Stahl zum Einsatz gelangen.

Lediglich bei selten betätigten Verschlüssen, die in der Regel über dem Wasserspiegel liegen, kann noch unlegierter Stahl mit Schmierung der Innenlaschen durch den Bolzen zum Einsatz gelangen.

Der verwendete nichtrostende Stahl muss für die Kerbschlagarbeit einen Wert von mindestens 27 J bei –20 °C erreichen.

Bild 5-2.1 Kette an einem Wehrverschluss, Bolzen aus legiertem Stahl, Laschen aus höherfestem Stahl

Werkstoffe und deren Eigenschaften

Für die mechanisch stark beanspruchten Kettenbolzen werden vorzugsweise nichtrostende Chromstähle verwendet. Häufig kommt der martensitische Chromstahl

Tabelle 5-2.1 Chemische Zusammensetzung eines Bolzenmaterials

Kurzname	Werkstoff-nummer	Legierungsanteile in Massen-%						
		C	Si	Mn	P	S	Cr	Ni
X17CrNi16-2	1.4057+QT	0,12 – 0,22	≤ 1,0	≤ 1,5	≤ 0,04	≤ 0,03	15,0 – 17,0	1,5 – 2,5

Tabelle 5-2.2 Chemische Zusammensetzung eines Laschenmaterials

Kurzname	Werkstoff-nummer	Legierungsanteile in Massen-%							
S690QL	1.8928	C	Si	Mn	P	S	N	Cr	Cu
		≤ 0,20	≤ 0,80	≤ 1,70	≤ 0,020	≤ 0,010	≤ 0,015	≤ 1,50	≤ 0,50
		Mo	Nb	Ni	Ti	V	Zr	B	
		≤ 0,70	≤ 0,06	≤ 2,0	≤ 0,05	≤ 0,12	≤ 0,15	≤ 0,005	

X17CrNi16-2 nach DIN EN 10088-1 zum Einsatz, da dieses Material im vergüteten Zustand über hohe Festigkeiten und ausreichend gute Zähigkeit auch bei tiefen Temperaturen verfügt.

Bei Kettenkonstruktionen komplett aus nichtrostendem Material werden die Kettenlaschen analog den Bolzen ebenfalls aus nichtrostenden Chromstählen gefertigt.

Bei Kettenkonstruktionen mit Laschen aus „schwarzem Material" kommt als Laschenwerkstoff meist ein Feinkornbaustahl zum Einsatz. Eine häufig verwendete Stahlsorte ist der hochfeste, wasservergütete S690QL nach EN10025-6. Diese Kettenlaschen werden dann mit einer Beschichtung gegen Korrosion geschützt.

Diese Beschichtung kann z.B. aufgebaut werden aus einer Zinkstaubfarbe auf Polyurethanharz-Basis als Grundbeschichtung (60 – 80 μm), einem 1-komponentigen Polyurethan als Zwischenbeschichtung (150 μm) und einem lichtbeständigen 1-komponentigen Polyurethan als Deckbeschichtung (80 μm).

Abmessungen
Gemäß der Bemessung nach DIN 19704-1: Stahlwasserbauten – Berechnungsgrundlagen

Alle im Text erwähnten Normen sind in einer Liste zusammengefasst (Seite 889)

5

Stähle für Stahlwasser-bauverschlüsse

Thomas Hesse, Ulrike Gabrys

Funktion der Verschlusskörper

Der Stahlwasserbau lässt sich, obwohl er im Fachgebiet „Konstruktiver Wasserbau" angesiedelt ist, zweifellos als eines der Spezialgebiete des allgemeinen Stahlbaus definieren. Unter Stahlwasserbauten werden in erster Linie die beweglichen stählernen Verschlusskörper für Stauanlagen, Wasserkraftanlagen und bauliche Anlagen der Wasserstraßen verstanden. Bei den stählernen Verschlusskörpern gibt es eine Vielzahl an Konstruktionsarten, wie z. B. Stemmtore, Hubtore oder Klappen für Schleusenbauwerke und Walzen, Fischbauklappen oder Rollschütze als Wehrverschluss. Auch Revisionsverschlüsse, Sparbeckenverschlüsse, Längskanalverschlüsse und Ausrüstungsteile wie Einlaufrechen, Poller und Stoßschutzeinrichtungen sowie Kanalbrücken sind Stahlwasserbauten. Die Tonnagegrößen der gefertigten Stahlwasserbaukonstruktionen sind im Vergleich zu anderen Stahlbauten eher marginal. Für Stahlwasserbauten gibt es eine eigene Norm, die DIN 19704, in der basierend auf der EN 1993-1 die Berechnung und Ausführung geregelt wird. Des Weiteren liegen Merkblätter, Richtlinien und zusätzliche Technische Vertragsbedingungen vor, die spezielle Teilgebiete des Stahlwasserbaus regeln.

Die Kernbauwerke der Wasserstraßen- und Schifffahrtsverwaltung in Deutschland sind als Kunstbauten ausgeführt:

- 340 Schleusenanlagen (mit ca. 450 Schleusenkammern, 900 Stahlverschlüssen)
- 4 Schiffshebewerke als Senkrecht-Hebewerke (Schiffstrog, Trogtore, Haltungstore, Kanalbrücke)
- 280 Wehranlagen (mit über 800 Stahlverschlüssen)
- 8 Sperrwerke für den Küstenschutz
- 33 Sperr- und Sicherheitstore
- 15 Kanalbrücken

Bild 5-3.1 Schleusenverschluss, Stemmtorflügel in Riegelbauweise

Werkstoffe und deren Eigenschaften

Stahlwasserbauverschlüsse werden aus unlegierten Baustählen nach EN10025-2 hergestellt. Diese Stähle zeichnen sich durch eine hohe Duktilität und eine gute Schweißeignung aus. Die am häufigsten eingesetzte Stahlsorte ist S235. Bei höheren Anforderungen an die Festigkeit wird auch die Stahlsorte S355 verwendet. Der Einsatz unberuhigt vergossener Stähle ist nicht zugelassen.

Auf Grundlage der niedrigsten Einsatztemperatur, die

Bild 5-3.2
Schleusenverschluss, Hubtor in
Faltwerkbauweise

im Stahlwasserbau in Deutschland bei −30 °C liegt, bestimmt sich die erforderliche Gütegruppe des Stahls. Für die hauptsächlich zum Einsatz kommenden Materialdicken von 10 mm bis 25 mm ist in den meisten Fällen die Gütegruppe JR ausreichend. Für dickere Bauteile können die Gütegruppen J0 und J2 erforderlich werden.

Der Einsatz höherfester Stähle (z.B. normalgeglühte, schweißgeeignete Feinkornbaustähle nach EN10025-3) ist im Stahlwasserbau nicht üblich.

Nichtrostende Stähle werden im Stahlwasserbau nach Möglichkeit nur sparsam verwendet. Der Einsatz beschränkt sich für gewöhnlich auf Lagerbauteile und Dichtleisten. Auf Grund der Bauteillagen in oder am

Wasser führt eine übermäßige Verwendung von nichtrostenden Stählen zu erhöhter elektrochemischer Korrosion, die die Tragstrukturen aus Baustahl schädigt.

Abmessungen
Flachstahl gemäß ab 8 mm
Profilstahl, Hohlprofile gemäß ab 6 mm

Perspektive/Alternativen
Insbesondere für kleinere Verschlüsse wurden in den letzten Jahren im Rahmen von Ersatzinvestitionen wirtschaftlich interessante Alternativen zur traditionellen Stahlkonstruktion untersucht. Erste Schleusentore aus faserverstärktem Kunststoff sowie einige klei-

Tabelle 5-3.1 Chemische Zusammensetzung unlegierter Baustähle

Kurzname	Werkstoff-nummer	Legierungsanteile in Massen-%						
		C	Mn	P	S	N	Cu	Si
S235JR	1.0038	< 0,17	< 1,40	< 0,035	< 0,035	< 0,012	< 0,55	–
S355J2	1.0577	< 0,20	< 1,60	< 0,025	< 0,025	–	< 0,55	< 0,55

Tabelle 5-3.2 Chemische Zusammensetzung nichtrostender Stähle

Kurzname	Werkstoff-nummer	Legierungsanteile in Massen-%						
		C	Si	Mn	Cr	Ni	S	P	Mo
X5CrNi18-10	1.4301	≤ 0,07	≤ 1,00	≤ 2,00	17,5 – 19,5	8,0 – 10,0	≤ 0,045	≤ 0,045	–
X2CrNiMo17-12-2	1.4404	≤ 0,03	≤ 1,00	≤ 2,00	16,5 – 18,5	10,0 – 13,0	≤ 0,030	≤ 0,045	2,0 – 3,0

ne Schlauchwehre werden derzeit als Pilotprojekte betrieben. Bei einem Schlauchwehr wurde der bewegliche Stahlverschluss durch einen wassergefüllten Schlauch (robustes, textilbewehrtes Elastomer) ersetzt. Durch Variation des Innendrucks kann die Schlauchhöhe verändert werden.

Literatur zu Kapitel 5-3

Wickert, G.; Schmaußer, G.: Stahlwasserbau. Springer-Verlag Berlin, Heidelberg, New York 1971

Alle im Text erwähnten Normen sind in einer Liste zusammengefasst (Seite 889)

5

5-4 Nichtrostende Stähle im Flusswasserbau

Frank Wilke

Funktion

Für den Einsatz beweglicher Bauteile im Flusswasserbau wie Schleusentore, Ketten, Wehre sind nichtrostende Stähle einzusetzen, um die Funktion der Anlagen sowohl unter korrosiven Bedingungen als auch unter Eisgang zu gewährleisten.

Werkstoffe und deren Eigenschaften

Da im Flusswasserbau bewegliche Teile wie Wehre und Ketten großen Kräften ausgesetzt werden und eine dichtende Funktion haben müssen, sind hohe Festigkeiten über 900 MPa bei Funktionsflächen erforderlich. Bei tiefen Temperaturen sind durch Eisgang und schlagartige Belastung hinreichend duktile Werkstoffe

einzusetzen. Zusätzlich gibt es eine sehr unterschiedliche korrosive Belastung, sodass in der Nähe der Quellorte die korrosive Belastung inkl. der thermischen gering ist, in Mündungsnähe zum Meer durch Brackwasser und höhere Temperaturen in der Spritzwasserzone eine durchaus messbare hohe Chloridbelastung vorliegt. Da Flusswasserbauten über einen sehr langen Zeitraum funktionsfähig bleiben müssen, kommen daher nichtrostende Vergütungsstähle wie Werkstoff 1.4057 und 1.4418 zum Einsatz, alternativ bei höheren Chloridbelastungen Duplexstähle wie Werkstoff 1.4462. Details zu Werkstoffen und Eigenschaften siehe Auszug aus DIN 19704 sowie Merkblatt MNIS der BAW (Bundesanstalt für Wasserbau) (Tab. 5-4.1).

Tabelle 5-4.1 Für nichtrostende Stähle festgelegte charakteristische Werte

	1	2	3	4	5	6	7	8
Nr.	Kurzname nach DIN EN 10088-1 bis DIN EN 10088-3	Werkstoff Nr.	Erzeugnisdicke t mm	0,2 % Dehngrenze $f_{0,2}$ MPa	Zugfestigkeit $f_{u,k}$ MPa	Elastizitätsmodul E MPa	Schubmodul G MPa	Temperaturdehnzahl α_T 10^{-6} K^{-1}
1	X5CrNi18-10	1.4301	$\leq$ 75[a] $\leq$ 250[b]	220[a] 190[b]	500[a b]			16,0
2	X6CrNiTi18-10	1.4541	$\leq$ 75[a] $\leq$ 250[b]	220[a] 190[b]	500[a b]			16,0
3	X6CrNiMoTi17-12-2	1.4571	$\leq$ 75[a] $\leq$ 250[b]	240[a] 200[b]	500[a]	200.000[f] 170.000[g]	77.000[f] 65.400[g]	16,0
4	X2CrNiMo17-12-2	1.4404	$\leq$ 75[a] $\leq$ 250[b]	$\leq$ 240[a] $\leq$ 200[b]	500[a b]			
5	X4CrNiMo16-5-1	1.4418	$\leq$ 75[c] $\leq$ 250[d]	680[c] 550[d]	840[c] 760[d]			10,3
6	X2CrNiMoN22-5-3	1.4462	$\leq$ 75[a] $\leq$ 160[b]	460[a] 450[b]	640[a] 650[b]			13,0
7	X17CrNi16-2	1.4057	$\leq$ 160[e]	600[e]	800[e]	215.000	83.000	10,0

a Warmgewalzte Bleche und Walzenstähle
b Halbzeug, Stäbe und Profile
c Warmgewalzte Bleche, vergütet (QT 840)
d Halbzeug, Stäbe und Profile, vergütet (QT 760)
e Halbzeug, Stäbe und Profile, vergütet (QT 800)

bei Berechnung von
f Zwangsschnittgrößen
g Stabilitätswerten

Tabelle 5-4.2 Für nichtrostende Schrauben festgelegte charakteristische Werte

Stahlgruppe nach DIN EN ISO 3506-1	Festigkeitsklasse	Gewinde	Streckgrenze $f_{y,b,k}$ MPa	Zugfestigkeit $f_{u,b,k}$ MPa
A2 und A4	50	≤ M39	210	500
	70	≤ M20	450	700
	80	≤ M20	600	800

Abmessungen

Neben Rundstangen mit 50 – 300 mm ⌀ kommen hier auch große Flachabmessungen und Profile zum Einsatz. Diese werden z. T. durch Wasserstrahlschneiden bearbeitet oder zerspanend über Fräsen zu Bauteil-Komponenten gefertigt.

Herstellungsprozesse

Bevorzugt sind geschraubte Konstruktionen im Einsatz, da bei den dicken Querschnitten ein Schweißen von nichtrostenden Stählen eine Wärmenachbehandlung erfordert und die Gefahr von Verzug der Bauteile besteht (Tab. 5-4.2).

Es besteht somit für den Konstrukteur die Forderung nach einer hohe Kräfte aufnehmenden Konstruktion, die gleichzeitig möglichst filigran sein sollte, um den schweißtechnischen Aufwand in Grenzen zu halten. Bei Einsatz von nichtrostenden Vergütungsstählen wie

1.4057 und 1.4418 kann zum Schutz gegen Korrosion, speziell im Brackwasser, ein anodischer Schutz entweder durch elektrischen Strom oder durch eine Opferanode auf Aluminiumbasis hergestellt werden.

Perspektive/Alternativen

Flusswasser-Bauwerke können naturgemäß auch aus normalen Maschinenbaustählen hergestellt werden, hier ist jedoch mit erheblichem Verschleiß aufgrund von Korrosion zu rechnen. Ein Schutz durch Anstrich oder Kunststoffbeschichtung ist hier jedoch nur unzureichend möglich, da es zum einen Reibflächen gibt, zum anderen aber auch durch Eisgang und andere mechanische Beschädigungen Schutzschichten verletzt werden können und es somit zu Korrosion oder Undichtigkeiten bei entsprechenden Funktionsflächen kommen kann.

5

5-5 Stähle für den Hafenausbau

Oliver Hechler, Hans-Uwe Kalle

5-5.1 Hafen Hamburg

Als einer der wichtigsten Häfen Europas erzielt der Hamburger Hafen eine Umschlagstonnage von mehr als 14 Millionen TEU (Container; Twenty-foot Equivalent Unit). Dieser europäische „Mega-Port" wurde mit einem jährlich steigenden Containerumschlagsvolumen von 15% bei knapp 10% Wachstum des Gesamtumschlags konfrontiert und man beschloss, mit einem Investment von etwa einer Milliarde Euro den Bau von vier weiteren Containerterminals in Angriff zu nehmen. Dies waren:

- Containerterminal Burchardkai
  Hier wurde bei 2850 m Kailänge aus kombinierten Stahlspundwänden mit einer Kaimauerhöhe von 16,5 m durch den Umbau und die Modernisierung des Umschlagssystems die Lagerkapazität von 2,6 Millionen TEU auf 5 Millionen TEU erhöht.
- Containerterminal Altenwerder
  Die aus kombinierten Stahlspundwänden gebaute Kailänge betrug 1400 m und die Höhe der Kaimauer 16,7 m. Durch die Verlängerung der Kaiwand mit einer ebenfalls kombinierten Stahlspundwand konnte

hier der Containerumschlag von 1,9 auf 3 Millionen TEU erhöht werden.
- Containerterminal Tollerort
  Bei einer vorhandenen Kailänge von 395 m konnte durch Erweiterung der Lagerungsfläche der Containerumschlag um 0,8 Millionen TEU auf 2 Millionen TEU bis 2011 gesteigert werden.

5-5.2 Eurogate-Containerterminal Predöhlkai

Das Eurogate-Terminal Predöhlkai am Waltershofer Hafen wurde im November 2005 offiziell wiedereröffnet. Der erste Teil des Modernisierungsprogramms war nach einer Bauzeit von 18 Monaten abgeschlossen und mit den größten Containerbrücken Europas ausgestattet worden, um die weltweit größten Containerschiffe be- und entladen zu können.
Die gesamte Wandlänge des 1. Bauabschnitts betrug

Bild 5-5.1
Containerterminal Predöhlkai in Hamburg

477 m. Sie gliedert sich in 12 Regelblöcke mit einer Länge von je 29,51 m und einen Eckblock mit einer Länge von 26,84 m, der im Osten mit einer Querwand von ca. 37 m zur alten, den Ansprüchen der neueren Containerschiffe nicht mehr genügenden Kaimauer abschließt. Im Westen endet sie in zwei Flügelwandblöcken von 59 Metern Länge. Die Kaimauer wurde als „vorgeschuhte" Lösung vor den bestehenden Liegeplätzen 1 bis 4 am Containerterminal Eurogate im Waltershofer Hafen hergestellt. Die Konstruktion wurde wie bei vorangegangenen Kaimauer-Projekten als sogenannte „Hamburger Lösung" mit der typischen über-

bauten Böschung ausgeschrieben. Der Bauabschnitt wurde als kombiniertes Bauwerk aus Kaimauer und HWS-Anlage ausgebildet.

Die Kaimauerkonstruktion gliedert sich vertikal in eine wasserseitige Reihe von Reibepfählen, eine rückverankerte, gemischte Stahlspundwand, drei Reihen Ortbeton-Rammpfähle sowie eine Hochwasserspundwandschürze auf der Landseite.

Der Stahlbetonüberbau besteht aus einem Kaikopf mit aufgesetzter HWS-Wand und integrierter wasserseitiger Kranspur. Landseitig schließt eine Stahlbetonplatte an. Für eine 100 ft (= 30,48 m) breite Container-Brü-

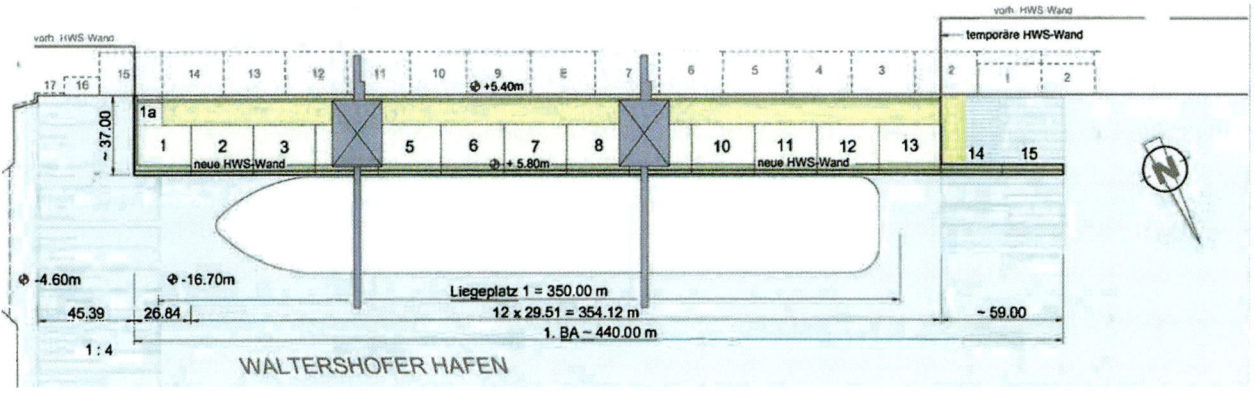

Bild 5-5.2 Darstellung der Konstruktion der Kaimauer des Waltershofer Hafens

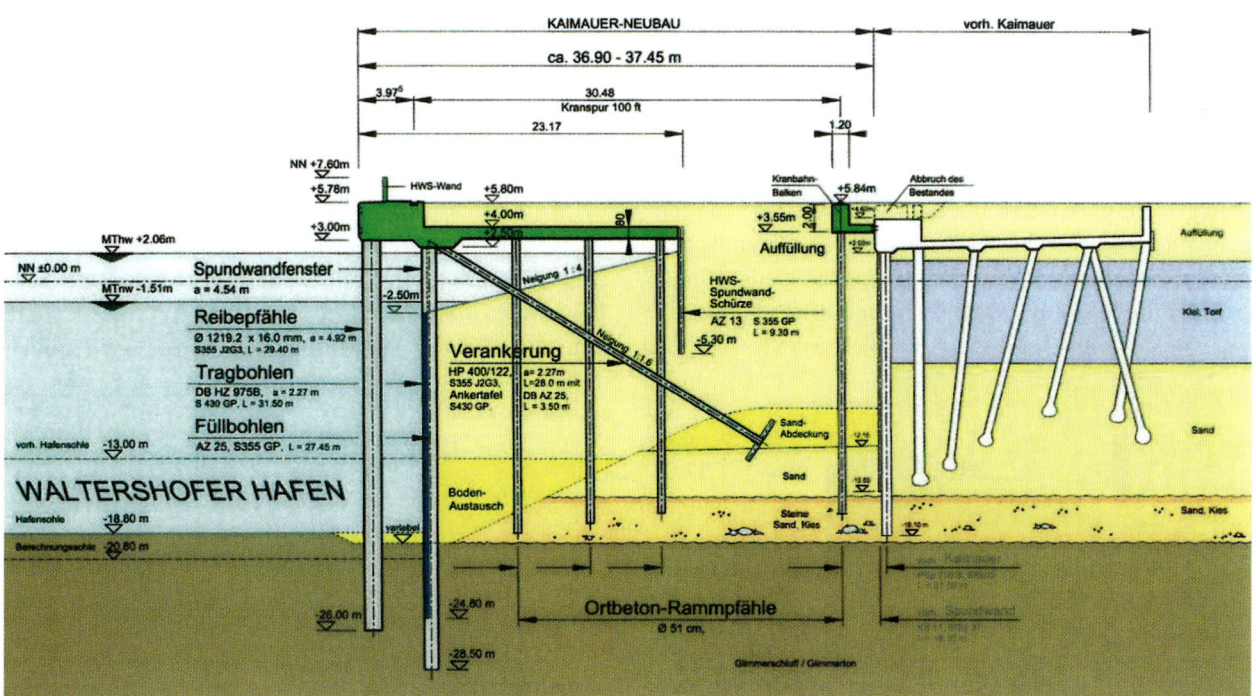

Bild 5-5.3 Regelquerschnitt der Kaimauer im Waltershofer Hafen

ckenspur wurde ein landseitiger Kranbahnbalken separat gegründet.

Als tragende Kaiwand wurde eine kombinierte Spundwand, bestehend aus den Tragpfählen DB HZ 975 B-24 in der Stahlgüte S430GP (WSt.-Nr. 1.0523) mit einem Achsabstand von 2,27 m und dazwischen liegenden Füllbohlen AZ 25 S355GP (WSt.-Nr. 1.0083), gewählt. Die Tragpfähle wurden bis zu einer Tiefe von NN −29,5 m bzw. NN −28,5 m im Pilgerschrittverfahren eingebracht. Die Füllbohlen enden in einer Tiefe von NN −24,50 m.

Spundwandelemente und Reiberohre wurden von einer Hubinsel aus eingebracht. Anschließend wurden sogenannte „Klappanker" an die Spundwand angeschlossen, auf die Hafensohle abgelassen, eingerüttelt und mit Sand abgedeckt. Nachfolgend wurde der Raum zwischen neuer und vorhandener Spundwand mit Elbsand aufgespült. Von der neu gewonnenen Arbeitsebene aus wurden dann die Ortbeton-Rammpfähle hergestellt.

5-5.3 Schleusenkanal Langwedel

Deutschlands Wasserstraßen haben eine wichtige Funktion für den Güterverkehr. Sie entlasten nicht nur Straßen und Schienen, sondern sind elementarer Bestandteil des Verkehrskonzepts der Bundesrepublik. Beispielsweise verbindet die Mittelweser über den Mittellandkanal die Seehäfen der Unterweser-Region mit dem gesamten Binnenwasserstraßennetz. Das bedeutet aber auch: Die Verkehrswege müssen den dynamischen Entwicklungen der Schifffahrt immer wieder angepasst und ihre Kapazitäten kontinuierlich optimiert werden, um wettbewerbsfähig zu bleiben.

Das gilt vor allem in Bezug auf den Querschnitt der Schleusenkanäle. Aktuelle Groß-Motorgüterschiffe erreichen eine Länge von 110 Metern und eine Breite von 11,45 Metern. Diese beeindruckenden Maße stellen an die vorhandenen Wasserstraßen insbesondere im Schleusenbereich immer wieder neue Anforderungen. Bei dem Projekt Schleusenober- und -unterkanal Langwedel ging es um einen ökologisch vertretbaren und ökonomisch sinnvollen Ausbau, der sich an den Erfordernissen großer Motorgüterschiffe mit einer Abladetiefe von 2,5 Metern orientiert. Die Baukosten wurden auf etwa 30 Mio. Euro geschätzt.

Der Schleusenkanal Langwedel erstreckt sich von Weserkilometer 327,648 bis 338,945. Der Oberkanal besteht aus einer freien, über vier Kilometer langen Strecke und dem oberen Vorhafen, der Unterkanal entsprechend aus dem unteren Vorhafen und einer knapp zwei Kilometer langen freien Strecke.

Nachdem das Planfeststellungsverfahren im Jahr 2006 abgeschlossen worden war, begannen die Vorbereitungen und schließlich drei Jahre später die Arbeiten am Ausbau des Kanals. Dieser Abschnitt ist einer von insgesamt drei Schleusenkanälen an der unteren Mittelweser, an denen Ausbauarbeiten stattfinden. Zugleich ist er mit knapp acht Kilometern auch der längste. Betroffen von den Arbeiten waren ausschließlich Ober- und Unterkanal, der unmittelbare Schleusenbereich samt Vorhäfen war nicht Bestandteil des Ausbauvorhabens.

Beim Schleusenoberkanal wurden beidseitig symmetrisch zur Kanalachse kombinierte Rechteck-Trapez-Profile (KRT-Profile) mit einer Wassertiefe von 3,5 m unter hydrostatischem Stau und in einer Breite von 42 m ausgebaut. Mit Hilfe dieser Maßnahme ist der Kanalabschnitt dann problemlos auch im Begegnungsverkehr befahrbar. Am Schleusenunterkanal kam ebenfalls ein 3,5 m tiefes Trapezprofil unter hydrostatischem Stau zum Einsatz. Zur Minimierung der Eingriffsfolgen

Bild 5-5.4
Kanalbau

Bild 5-5.5 Einsetzen von Stahlspundwänden

wurde hier die Böschungsneigung variiert. Neben dem Abbruch zweier Auslassbauwerke standen auch die Anpassung eines Einlassbauwerkes sowie der Ausläufe zweier weiterer Einlassbauwerke auf der Agenda.

Die gesamten Bauleistungen wurden wasserseitig erbracht. Zentraler Bestandteil der Bauarbeiten waren Spundwandinstallationen am Ober- und Unterkanal zur Sicherung der jeweiligen Uferwände. Die KRT-Spundwand wurde unverankert und ohne Wasserhaltung erstellt. Die gespundete Trennspitze und die hohe Spundwand der Umschlags- und Verladestelle Daverden wurden verankert ausgeführt.

Die auf Wasserlinie eingebrachten Spundwandkonstruktionen waren Voraussetzung dafür, dass die Arbeiten zur Verbreiterung der Kanalteilstücke risiko- und reibungslos ausgeführt werden konnten. Für die Spundwände der Erweiterungsarbeiten kamen Spundbohlen von ArcelorMittal Commercial RPS zum Einsatz. Diese hatten sich bereits in zahlreichen vergleichbaren Projekten als optimale Lösung auf hohem Qualitätsniveau bewährt. Insgesamt 10 700 Tonnen Spundbohlen AZ 20-700 in der Länge 9,60 m bzw. 10,60 m wurden in diesem Projekt verbaut. Mittels

zweier Mäklerrammen auf zwei Rammpontons brachte das Bauunternehmen 90 000 Quadratmeter Spundwand ein und verbaute 8900 Meter Spundwandholm. Dabei war die Wahl einer Spundwand aus Z-Profilen aufgrund ihrer Wellenform und bestimmter Ansprüche eher ungewöhnlich, galten doch bis dahin vor allem U-förmige Profile als traditionelle Lösung für den Kanalbau. Jedoch bot die AZ 20-700 von ArcelorMittal handfeste Vorteile – sie war das wirtschaftlichste Profil in der beim Bau benötigten Widerstandsmomenten-Klasse. Gerade bei einem Projekt dieser Größenordnung war Wirtschaftlichkeit ein entscheidendes Kriterium, und so entschloss man sich zu einigen Proberammungen mit den Z-Profilen. Diese verliefen so positiv, dass die Entscheidung klar war: Sicherung und Ausbau von Oberkanal und Unterkanal im Bereich der Brücke sollten durchweg mit AZ 20-700-Spundwandprofilen realisiert werden. Nach Abschluss der Arbeiten bietet heute der Schleusenkanal Langwedel mit seiner deutlich erweiterten Fahrrinne beste Voraussetzungen für eine intensivere und damit profitablere Nutzung.

Daten und Fakten
Bauherr: Wasserstraßen Neubauamt Helmstedt, Bauausführung: Johann Bunte Bauunternehmung GmbH, Papenburg
Gesamttonnage: 10 700 t
Profile: AZ 20-700
Bohlenlänge: 9,60 m bzw. 10,60 m
Stahlgüte: S270GP

5-5.4 Donauhafen Straubing-Sand

Das Hafenbecken des am Rhein-Main-Donau-Kanal liegenden Donauhafens Straubing-Sand weist eine Tiefe von 9,80 m und eine gesamte nutzbare Kailänge von 1050 m auf. Es wurde in Spundwandbauweise geplant. Rund 4500 Tonnen Spundwand der Profile L3S und L4S in Längen bis zu 17,5 m wurden für die Ausführung des Bauvorhabens eingesetzt.

Das Einbringen der Bohlen war eine der Besonderheiten dieser Baustelle. Die extrem schwierigen Bodenverhältnisse mit sehr dicht gelagerten tertiären schluffi-

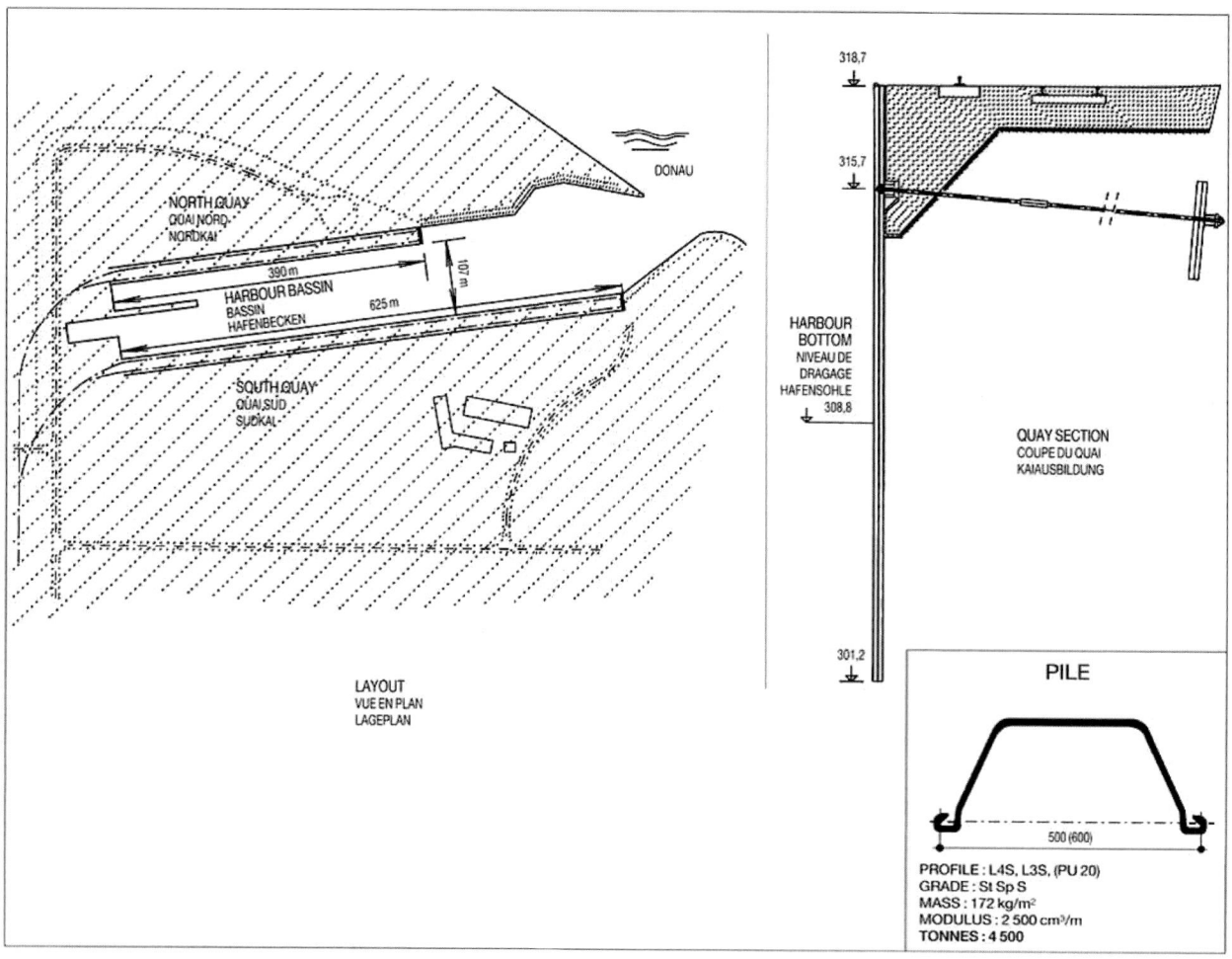

Bild 5-5.6 Darstellung des Hafenbeckens Straubing-Sand, des verwendeten Spundwandprofils und der Profilverankerung

gen Feinsanden und tertiären Tonen erforderten eine eindeutige Festlegung des Einbringverfahrens.

Rammversuche ergaben für 18 und 20 m lange Bohlen mit klassischer Schlagramme (D30) Einbringzeiten von bis zu 40 Minuten pro Bohle. Ein Hochfrequenzvibrator, unterstützt durch Wasserspülung, brachte die Bohlen in 13 bis 18 Minuten in den Boden. Der wirtschaftliche Vorteil dieses Rüttelspülverfahrens auf der einen Seite und der große Nachteil der Schlagrammung, ihre extreme Lärmentwicklung, auf der anderen Seite waren für die Einbringentscheidung maßgebend. In den Ausschreibungsunterlagen wurde somit das Rüttelspülverfahren vorgeschrieben.

Die Bohlen mussten mit einem frequenzsteuerbaren Vibrationsrüttler (regelbar zwischen 0 und mind. 38 Hz), der an einem Mäkler geführt wurde, eingebracht werden. Das statische Moment musste so gewählt sein, dass Fliehkräfte von mindestens 3000 kN erzeugt werden konnten. Die Spülung hatte über 4 Spüllanzen Ø ¾" pro Doppelbohle, die mit den Bohlen verschweißt waren, zu erfolgen. Jede Spüllanze wurde an einer gesonderten Wasserpumpe angeschlossen, die mindestens 20 bar Wasserdruck erzeugen konnte. Es war mit einem relativ hohen Wasserdurchsatz zu rechnen (mind. 8 Liter/s pro Spülrohr). Beim Rüttelvorgang waren nachfolgende Parameter auf ein Protokollblatt automatisch oder elektronisch aufzuzeichnen und der örtlichen Bauleitung zu übergeben: Eindringtiefe, Rüttelzeit, Rüttelfrequenz, Eindringgeschwindigkeit (m/s). Öldruck und Spülwasserdruck waren festzuhalten.

5-6 Grobbleche aus hochfesten Stählen für den Schiffbau

Jörg Maffert

Der Schiffbau ist ein großer Konsument von Stahlprodukten aller Art. Insbesondere warmgewalzte Grobbleche stellen den Löwenanteil des Verbrauchs dar. Tragende Bauteile und sonstige Komponenten, allen voran der Schiffsrumpf, werden aus hochfesten Baustählen gefertigt.

Wie bei anderen ortsbeweglichen Bauteilen spielt das Gewicht eine bedeutende Rolle. Insofern werden seit jeher hochfeste Stähle mit Streckgrenzen bis zu 460 MPa für den Schiffsrumpf verbaut. Aufgrund ihrer Belastung auf hoher See und den widrigen Witterungsbedingungen (Wellengang, Sturm, Temperaturschwankungen bis hin zu arktischen Temperaturen), denen die Schiffe ausgesetzt sind, werden auch gleichzeitig hohe Anforderungen an die Zähigkeit gestellt. Das gilt sowohl für den Grundwerkstoff als auch für die Schweißverbindung.

Mit immer stärkerer Nutzung des maritimen Raumes durch Offshore-Anlagen zur Förderung von Öl und Gas sowie durch Offshore-Windanlagen verändern sich der Bedarf und die Anforderungen der Schiffsart und -ausrüstung in gleichem Maße; angefangen von Service- bis hin zu Installations- und Wartungsschiffen. Mit zunehmender Zahl genehmigter Offshore-Windparks ging der steigende Bedarf an Spezialschiffen einher. Kernstück dieser sind die Hebevorrichtungen und die Hubbeine, die aus hochfesten Stählen gebaut werden. Eine Ausführung in normalfesten Baustählen hätte größere Konstruktionsdicken und somit höhere Eigengewichte zur Folge.

Werkstoffe und deren Eigenschaften

Für hochfeste und kaltzähe Konstruktionsstähle wird vornehmlich auf das Produktionsverfahren der thermomechanischen Walzung zurückgegriffen (TM-Walzung). Unter diesem Verfahren versteht man eine Kombination von thermischer und mechanischer Behandlung, die in einer Gefügestruktur resultiert, die durch eine thermische Behandlung allein nicht erreicht werden kann. Es sind durch die gezielte Erzeugung feinkörniger Mikrostrukturen hohe Zähigkeiten und Festigkeiten möglich, ohne auf größere Legierungsanteile zurückgreifen zu müssen. Dies äußert sich auch in einer sehr guten Schweißeignung. Thermomechanisch gewalzte Bleche werden seit vielen Jahren im Schiffbau, aber auch dem Stahlbau, dem Stahlwasserbau und nicht zuletzt dem Großrohrleitungsbau in sehr großen Mengen verarbeitet. Sie überzeugen durch ihre im Vergleich zu hochfesten Stählen anderer Lieferzustände bessere Verarbeitbarkeit aufgrund einer schlankeren chemischen Zusammensetzung. TM gewalzte Stähle heben sich ferner durch ein sehr ausgewogenes und stabiles Niveau mechanischer Eigenschaften (hohe Festigkeit bei gleichzeitig hoher Kerbschlagarbeit) ab.

Aufgrund der erforderlichen hohen Mindestverformungsgrade beim Herstellprozess hängen die maximal darstellbaren Blechdicken von TM-Stählen von der Anlagentechnik (insbesondere der verfügbaren Vormaterialdicke) ab. Typische Blechdicken für den Schiffsrumpf großer Containerschiffe reichen bis ca. 80 mm, je nach Festigkeitsstufe (Klassifikations- und Bauvorschriften, Schiffstechnik).

Die chemische Zusammensetzung für einen TM-Stahl zeichnet sich durch einen geringen Kohlenstoffgehalt unter 0,08 %, die ausgewogene Zugabe von Mischkristallbildnern sowie Mikrolegierung mit Niob aus. Für größere Blechdicken wird auf das Vergüten zurückgegriffen. Beim Vergüten findet nach dem konventionellen Warmwalzen ein Härten des Werkstoffes statt, welches von einem Anlassen gefolgt wird. Durch diese Sequenz bildet sich im Stahl im ersten Schritt eine Gefügestruktur mit sehr guten Festigkeitseigenschaften, die im zweiten Schritt, dem Anlassen, durch Entspannung und Umbildung von Gefügebestandteilen in ihren Zähigkeitseigenschaften verbessert wird.

Der Grundstein für das Erfüllen höchster Blechanforde-

Bild 5-6.1
Errichterschiff MPI Adventure,
© MPI Offshore Ltd.; Stokesley GB

rungen wird im Stahlwerk gelegt. Das Erreichen tiefster Gehalte an unerwünschten Begleitelementen, wie z. B. Phosphor und Schwefel, sowie die Reinheit des Stahles sind zur Einstellung der anspruchsvollen Zähigkeitsanforderungen, wie z. B. der F-Güten der Schiffs-Rules mit Kerbschlagprüfung bis −60 °C, notwendig.

Anwendungsbeispiel

Die in der Einleitung angesprochene Verwendung als Hubbein stellt besondere Anforderungen an den Stahl. Die Lasten, hervorgerufen durch sich überlagernde Betriebsbedingungen, stellen höchste Anforderungen an die Konstruktion und den Werkstoff Stahl. Man stelle sich vor, Monopiles mit Stückgewichten von etwa 1000 Tonnen werden mit Hilfe der Lastaufnahmemittel in Position gebracht. Die Hubbeine sorgen für eine stabile Position des Errichterschiffs, indem sie auf dem Meeresgrund aufsetzen. Die betriebsbedingten Lasten werden verstärkt durch die äußeren Witterungsbedingungen, hervorgerufen durch Wellengang und Sturm. Ferner ist die Umgebungstemperatur eine ständige He-

rausforderung, da die mechanischen Eigenschaften für die im Betriebsfall vorherrschende Umgebungstemperatur garantiert werden müssen, um eine uneingeschränkte Verwendung unter Volllast jederzeit zu ermöglichen.

Als prominentes Beispiel sei an dieser Stelle das Projekt MPI Adventure genannt. Eigentümer ist MPI Offshore Ltd. (Stokesley, GB). Das durch die Werft Cosco (Nantong, China) gebaute 139 m lange und 41 m breite Installationsschiff für Offshore-Windparks ist mit 6 Hubbeinen ausgestattet. Diese wurden aus einem vergüteten, hochfesten Stahl der Marke Dillimax 690 (Mindeststreckgrenze von 690 MPa) in Stärken bis 100 mm gefertigt. Insgesamt wurden 3250 t der genannten Stahlsorte verbaut. Der Stahl liefert eine garantierte Kerbschlagarbeit bei −40 °C.

Literatur zu Kapitel 5-6

Bannenberg, N.; Streißelberger, A.; Schwinn, V.: New steel plates for the oil and gas industry. Steel Research International 78 (2007) 3

Germanischer Lloyd SE: Klassifikations- und Bauvorschriften, Schiffstechnik. Hamburg 2010

5

6

Stähle für Leitungsrohre – *Stahl für die unsichtbare Transport-Infrastruktur*

Wolfgang Bleck

Leitungen transportieren Flüssigkeiten, Gase, Schlämme, Post und demnächst vielleicht auch Menschen – und das häufig unsichtbar unter der Erde verbaut.

1956 wurde im Walliser Val d'Hérens die erste unterirdische Milchleitung der Schweiz in Betrieb genommen. Für die Sennen eine große Erleichterung, die bis dahin im Sommer täglich bis zu 2000 Liter Milch mühsam ins Tal tragen mussten.

2017 wird der erfolgreiche Test des Hyperloop verkündet. Der Hyperloop ist ein Konzept für ein Hochgeschwindigkeitstransportsystem, bei dem nach dem Prinzip der Rohrpost Transportkapseln mit Menschen mit Reisegeschwindigkeiten von bis zu etwa 1125 km/h auf Luftkissen durch eine teilevakuierte Röhre befördert werden. Die Fahrröhren sollen aus Stahl mit einer Wandstärke von 20 bis 25 Millimetern und einem Durchmesser von 2,23 oder 3,3 Metern gebaut werden. Der Innendruck soll bei etwa 100 Pascal gehalten werden. Stützpfeiler sollen in einem Abstand von etwa 30 Metern stehen und Dämpferelemente für Erdbeben enthalten. Der Vorschlag ist nicht ganz neu, aber erst mit der heutigen Technologie und nur mit Stahl realisierbar.

Bereits 1812 schlug der Engländer George Medhurst vor, Passagierwagen mit Druckluft durch einen Tunnel zu befördern. Der Hyperloop beschleunigt heute mit elektrischen Linearmotoren und nutzt magnetische Levitation.

1879 wurde die erste Langstrecken-Erdöl-Rohrleitung der Welt in Pennsylvania in Betrieb genommen. Damit begann der Siegeszug einer neuen, weitgehend unsichtbaren Transport-Infrastruktur.

Die meisten Pipelines transportieren heute Öl oder Gas. Aber das Prinzip ermöglicht auch den Transport fester Güter. Eine fast 400 km lange Eisenerzpipeline wird in Brasilen betrieben. Das abgebaute Erz wird in einer Aufbereitungsanlage aufgeschlämmt und durch die Rohrleitung mit einem Durchmesser von 50 cm mit ungefähr 6 km/h

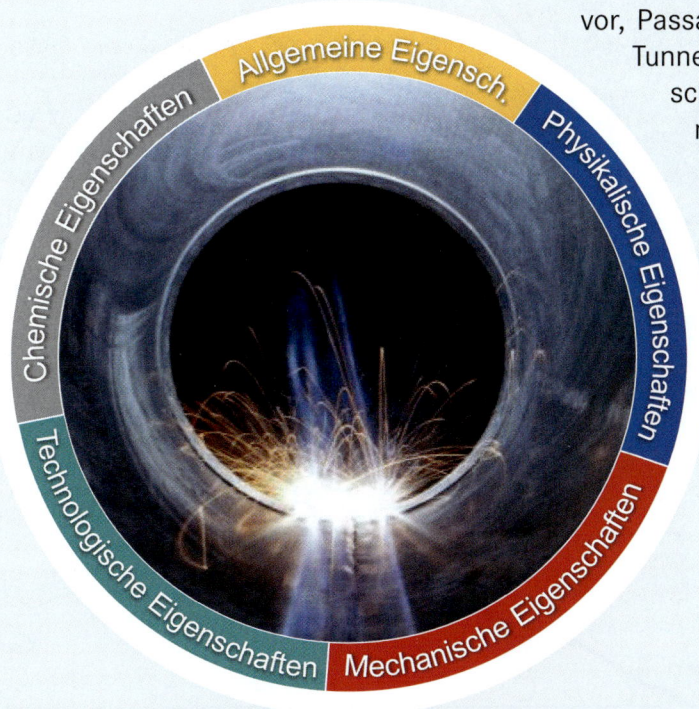

Quelle: www.offshoreenergytoday.com

transportiert. Jährlich werden so 15 Millionen Tonnen Eisenerzschlamm von der Erzmine zu einem Hafen am Atlantik transportiert.

Stahl war und ist die erste Wahl für den Rohrwerkstoff. Mit Leitungsrohren eng verknüpft ist die Entwicklung des thermomechanischen Walzens. Die Verfügbarkeit und die gezielte Nutzung von Mikrolegierungselementen in Stahl ermöglichte den Boom des Rohrleitungsbaus in der zweiten Hälfte des 20. Jahrhunderts. Dies lässt sich eindrucksvoll am Niob-Einsatz für Pipeline–Stähle zeigen, der 1957 bei Null und im Jahr 2000 bei über 6000 t/a lag; wobei typische Niob-Legierungsgehalte gerade einmal 0,03 Massen-% betragen. Die mit der Mikrolegierung und dem thermomechanischen Walzen einsetzende Entwicklung von Werkstoffen und Prozessen ermöglichte höhere Innendrücke und steigerte somit die Effizienz von Gasleitungen. Der Betriebsdruck einer Gasleitung lag 1965 bei 66 bar bei einem typischen Durchmesser von 900 mm und einer jährlichen Transportkapazität von 8300 Mio. m^3. Die gleichen Zahlen für das Jahr 2000 lauten 120 bar, 1420 mm Durchmesser und eine Transportkapazität von 39 000 Mio. m^3. Die Verlegung von Pipelines erfolgt auch unter arktischen Bedingungen und auf dem Meeresboden in Tiefen von über 2000 m. Besonders gefordert sind die Stähle, wenn korrosive Medien transportiert werden oder aber die Umgebung im Meer oder im Erdreich selber aggressiv ist. Selbstverständlich müssen mit der Nutzung moderner hochfester Pipeline-Stähle in Rohrleitungen auch moderne Schweißverfahren entwickelt werden.

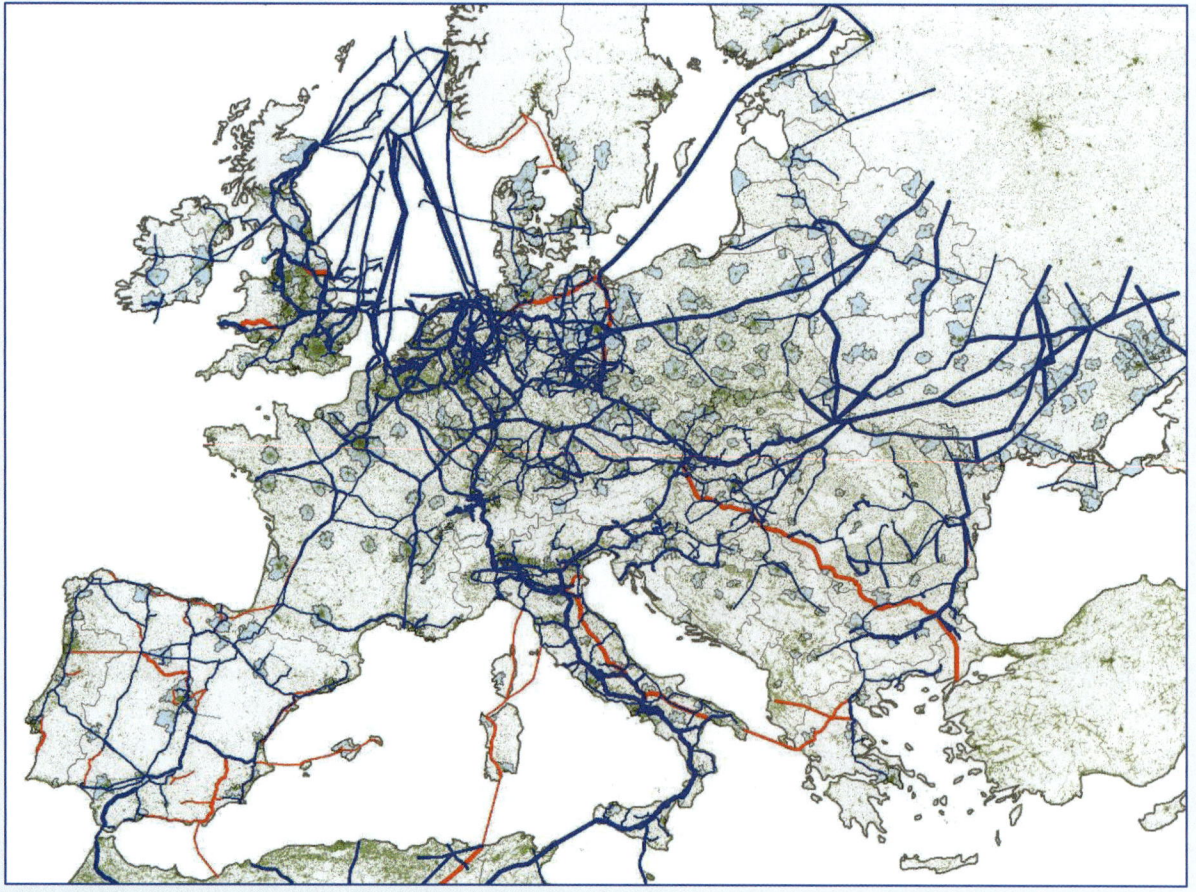

Das bestehende europäische Erdgasnetz ist blau dargestellt, die geplanten Pipelines rot. Die Bevölkerungsdichte erscheint dunkelgrün, größere städtische Gebiete sind hellblau eingefärbt. (Quelle: ETH Zürich)

Im Zusammenhang mit neuen Technologien entstehen neue Anforderungen an Leitungsrohre. Die Carbon-to-Chem-Initiative in Deutschland benötigt den Transport von heterogenen Prozessgasen, der Einstieg in die Wasserstoffwirtschaft im Zusammenhang mit der Energiewende erfordert einen besonderen Schutz gegen Leckagen und gegen Spannungsrisskorrosion. Somit ist klar: das Design neuer Stähle und die Entwicklung neuer Verarbeitungsmethoden für Leitungsrohre ist auch weiterhin ein volkswirtschaftlich bedeutendes Ziel.

6

6 Stähle für Leitungsrohre

Juliane Mentz, Axel Kulgemeyer

6.1 Anwendung von Leitungsrohren

6.1.1 Einsatz von Leitungsrohren

Rohrleitungen stellen die sicherste Form des kontinuierlichen Transports einer Reihe von flüssigen und gasförmigen Medien zur Verbindung von Quellen und Verbrauchern dar. Auch wenn der Bau von Pipelines mit einem hohen Aufwand verbunden ist, sind sie dennoch ökonomischer als der Transport mit Tankwagen. Neben der Beförderung von Erdöl, Erdgas und Wasser gewinnt auch der Transport von Sondergasen wie Wasserstoff (H_2) an Bedeutung. Andere Medien wie Feststoffe werden ebenfalls in Rohrleitungen transportiert, sind durch die geringere Strecke oder Menge aber von untergeordnetem Rang. Rohrleitungen sind grundsätzlich einfache geometrische Bauteile, die aber durch die Verbindung einer Vielzahl von Einzelrohren zu Leitungen mit bis zu mehreren tausend Kilometern Länge mit Überwachungsstationen und einem weitreichenden Verteilungsnetz sehr hohen Herausforderungen gewachsen sein müssen. Bei Rohrleitungen werden hohe Anforderungen an die Sicherheit, Zuverlässigkeit und Langlebigkeit gestellt. Der Transport der vorgesehenen Medien soll über Jahrzehnte ohne bzw. mit geringem Wartungsaufwand erfolgen. Hier hat sich Stahl als geeigneter Werkstoff durchgesetzt.

Grundsätzlich wird zwischen Leitungen unterschieden, die über Land (onshore) und unter Wasser (offshore) verlegt werden. Beide Szenarien bringen Randbedingungen mit sich, die einen Einfluss auf mögliche Auslegungen (u. a. Rohrabmessungen und Rohrwerkstoffe) haben. Um beispielsweise einen möglichst wirtschaftlichen Betrieb einer Gasfernleitung zu garantieren, wird eine hohe Transportkapazität angestrebt. Dieses Ziel kann sowohl durch die Wahl eines großen Rohrdurchmessers als auch durch einen hohen Betriebsdruck erreicht werden. Heutzutage werden im Fall von längsnahtgeschweißten Großrohren Durchmesser bis 56" (1422 mm) erreicht und Betriebsdrücke über 200 bar ermöglicht. Bei konstantem Druck erlaubt der Einsatz von höherfesten Stählen eine geringere Rohrwanddicke, was zu einem niedrigeren Stahlverbrauch und geringeren Kosten für den Transport und das Verlegen führt (Bai 2014). Diese Vorteile wiegen oft die höheren Kosten für das Material und einen meist aufwändigeren Schweißprozess auf (höheres Kohlenstoffäquivalent).

Während in der Vergangenheit die Belastung durch Innendruck das zentrale Kriterium für die Auslegung darstellte, müssen heute weitere Belastungen wie solche durch Erdbewegungen z. B. aufgrund von seismischer Aktivität oder Frosthub berücksichtigt werden. Die Erschließung von Rohstoffquellen in zunehmend unwirtlicher Umgebung wie der Arktis oder Sibirien führt außerdem zu höheren Anforderungen an die Tieftemperatureigenschaften der eingesetzten Werkstoffe. Die Zusammensetzung der Medien ist für die Beanspruchung der Leitungsrohre ebenfalls von hoher Bedeutung. Dabei ist insbesondere die Verunreinigung mit Schwefelwasserstoff (H_2S) zu nennen, die besondere Anforderungen an die Korrosionsbeständigkeit der eingesetzten Stähle stellt. Diese Herausforderungen können nur durch eine kontinuierliche Weiterentwicklung der Rohrwerkstoffe und Herstellungsverfahren bewältigt werden. Zusätzlich wird die Beschichtung der Rohre weiterentwickelt. Die Zielsetzungen reichen von einer mechanischen Stabilisierung durch Faserumwicklung außen bis zur Absenkung des Strömungswiderstandes innen.

Im Falle von Offshore-Leitungen, die auf dem Meeresboden verlaufen, kommt neben der Belastung durch den Innendruck zusätzlich die hydrostatische Belastung durch das Wasser hinzu. Diese Belastung von außen kann bei unzureichender Wanddicke, Festigkeit (Gütestufe), zu starker Unrundheit der Rohre (zu hoher Ovalität) oder bei zu hohem Rohrdurchmesser zum Kollaps des Rohres führen. Mit zunehmender Wassertiefe steigt deshalb das erforderliche Verhältnis von Wanddicke zu Durchmesser (Tanaka 1983). Darüber hinaus kommt es beim Verlegen von Offshore-Leitungen je nach Verlegeverfahren zu einer Biegebelastung, die Auswirkungen auf die mechanischen Eigenschaften hat. Diese Faktoren müssen beim Design der Leitung und bei der Werkstoffauswahl berücksichtigt werden.

Verlegung von Leitungsrohren

Bei der Verlegung von Leitungsrohren/Pipelines werden die einzelnen Stahlrohre mit Längen unter 20 m in aller Regel durch Verschweißen verbunden. Hierbei verlangt der Rohrleitungsbau Schweißprozesse, die durch ihre apparative Ausrüstung überall einsetz- und anwendbar, robust und zuverlässig sind. Für die zu verarbeitende Werkstoffpalette muss die Anfertigung hochqualitativer Schweißnähte gewährleistet sein (Biermann 2004, Dilthey 1995). Präzise Wiederholbarkeit der einzelnen Schweißergebnisse und eine geringe Zahl von Schweißnahtfehlern sind notwendig. Die vorgegebenen Bauzeiten werden immer kürzer, sodass für ihre Einhaltung eine hohe Schweißgeschwindigkeit und Ausbringung, also eine hohe Nahtleistung pro Tag, eine immer größere Rolle spielt. Dabei müssen neben den allgemeinen Anforderungen die witterungsbedingten Einflüsse beherrscht werden. Dies bedeutet beispielsweise eine geeignete Abschottung des Schweißplatzes beim Einsatz von Schweißprozessen, die mit Schutzgas geschützt sind (WIG- und MSG-Prozesse), um eine Beeinträchtigung der Schutzgashülle auszuschließen. Schweißprozesse wie das Lichtbogenhandschweißen, das heutzutage immer noch einen hohen Stellenwert bei Baustellenschweißungen einnimmt, sind zwar weniger windempfindlich, müssen aber ebenfalls gegen Feuchtigkeitseinwirkung geschützt werden, und es muss eine Kompensation der Temperatur erfolgen.

In der Wasserwirtschaft sind auch alternative Verbindungstechniken möglich. So werden teilweise längskraftschlüssige Steckmuffenverbindungen eingesetzt. Grundsätzlich stehen auch lösbare Verbindungstechniken wie Kupplungen oder Flansche zur Verfügung. Im Bereich der Rohrverbindung muss neben der mechanischen und dichten Verbindung auch die Beschichtung sichergestellt sein. Diese erfolgt nach dem Fügen der Rohre typischerweise durch Nachumhüllungen aus Kunststoffen, die unter Wärmeeinwirkung schrumpfen. Teilweise werden bei höheren mechanischen Belastungen andere Beschichtungsmaterialien verwendet, wie etwa faserverstärkte Kunststoffe (Kocks 2008).

Die über Land verlaufenden Onshore-Leitungen werden zumeist unter der Erde verlegt. Erdverlegte Rohrleitungen werden überwiegend zum Transport der Medien Erdgas, Erdöl, Wasser oder Fernwärme eingesetzt. Das Verlegen erfolgt insbesondere im offenen Gelände durch den Aushub eines Grabens, in den die zuvor verbundenen Rohre verlegt werden (Bild 6.1). Es gibt aber vor allem für die Ver- und Entsorgungswirtschaft in besiedelten Gebieten auch sogenannte grabenlose Verfahren (Kocks 2002). Dabei entfällt die aufwändige Wiederherstellung der Oberfläche, und die Beeinträch-

Bild 6.1
Verlegung einer
Pipeline onshore

tigung im Baustellenbereich ist wesentlich geringer. Beim Verlegen erfahren die Rohre hierbei eine erhöhte Biegebelastung. Weiterhin müssen die Rohre gegenüber einem Vergraben einer höheren mechanischen (Zug-)Belastung standhalten. Dies ist grundsätzlich für aneinander geschweißte Stahlrohre gegeben, führt bei grabenloser Verlegung aber ggf. zu einer Anpassung von Wanddicke und Werkstoff. Neben den mechanisch-technologischen Eigenschaften der Stahlrohre muss auch die Umhüllung bzw. Ummantelung, also der äußere Rohrschutz, auf das Verlegeverfahren und die vorliegenden Bodenverhältnisse abgestimmt sein.

Auch im Offshore-Bereich, insbesondere bei geringen Wassertiefen von bis zu 15 m, werden Pipelines zur Auftriebssicherung und zum Schutz gegen äußere Einflüsse in Rohrgräben verlegt. Dazu wird ein Graben mittels Nassbaggerung ausgehoben und nach der Verlegung der Pipeline wieder verfüllt. Dabei ist zusätzlich zu beachten, dass der Eingriff in das ökologische System möglichst gering gehalten wird.

Das Verlegen von Offshore-Pipelines erfolgt von Schiffen aus. Dabei wird das Verlegeverfahren abhängig von den technischen Gegebenheiten der Pipelinekonstruktion sowie den äußeren Bedingungen wie Wassertiefe und Beschaffenheit des Meeresbodens ausgewählt. In der Regel erfolgen, insbesondere bei größeren Rohrdurchmessern, alle wesentlichen Konstruktions- und Prüfaktivitäten an Bord des Verlegeschiffes. Dazu gehören das Anfasen der Rohre, das Schweißen zur Verbindung der Rohre, die zerstörungsfreie Prüfung der Rundnaht sowie die Umhüllung bzw. Beschichtung des Fügebereiches zum Schutz der Pipeline. Diese Aktivitäten und das Ablegen der gefügten Pipeline auf dem Meeresgrund bestimmen die Geschwindigkeit, in der sich das Verlegeschiff vorwärtsbewegt. Typischerweise werden die in der folgenden Aufzählung genannten Verlegeverfahren eingesetzt (BSH 2015, Impac 2009). Die Verfahren sind als Prinzipskizzen in Bild 6.2 gezeigt.

- R-Lay für Rohre bis ca. 19 Zoll Durchmesser (DN 500)
- J-Lay insbesondere für größere Wassertiefen und nicht zu große Rohrdurchmesser bis ca. 32 Zoll (DN 800)
- S-Lay für geringe bis mittlere Wassertiefen und große Rohrdurchmesser bis ca. 60 Zoll (DN 1500)
- Schlepp- und Ziehverfahren

Die Besonderheit des R-Lay-Verfahrens liegt darin, dass ein Rohrstrang an Land verschweißt und auf eine Trommel aufgerollt – gereelt – wird. Dadurch ist das Verfahren auf geringere Rohrdurchmesser einge-

schränkt. Dieser aufgerollte Rohrstrang kann eine Länge von bis zu 10 km aufweisen. Der auf der Trommel transportierte Rohrstrang wird von dem eingesetzten Spezialschiff direkt am Verlegeort wieder abgewickelt und verlegt, sodass in diesem Fall das Fügen an Bord des Schiffes entfällt. Der Rohrstrang wird durch das Reelen einer erheblichen mechanischen Belastung ausgesetzt, da er beim Auf- und Abwickeln bis zu 2 % plastisch verformt wird. Dies muss bei der Auslegung der Pipeline mit berücksichtigt werden (Keller 2002, Bai 2000).

Um die Zugbelastung auf den Rohrstrang gering zu halten, wird das J-Lay-Verfahren zur Verlegung von Pipelines bei größeren Wassertiefen eingesetzt. In diesem Fall werden Rohrstränge, die aus Einzelrohren vorgefertigt werden, verwendet. Nach dem Aufrichten in einem Turm werden sie auf dem Verlegeschiff in einem speziellen Aufbau mit dem bereits abgelassenen Rohrstrang verschweißt und fast senkrecht ins Wasser gelassen. Beim Ablegen auf dem Meeresgrund erfährt der Rohrstrang eine Biegung, sodass bei der Verlegung geometrisch ein „J" entsteht. Eine Anwendung dieses Verfahrens ist auf Rohrdurchmesser bis ca. 32 Zoll beschränkt (Pulici 2003).

Beim S-Lay-Verfahren wird der ausschließlich an Bord verschweißte Rohrstrang in einer kontinuierlichen S-Kurve auf dem Meeresgrund verlegt. Der vom Verlegeschiff ausgehende obere Bogen wird durch einen sogenannten Stinger geführt. Der untere Bogen wird beim Auftreffen auf den Meeresgrund gebildet. Durch die Führung des Rohrstranges in S-Form ergibt sich eine nicht unerhebliche Zugbelastung, die durch die Führung des Rohrstranges und eine geregelte Vorwärtsbewegung des Verlegeschiffs reduziert werden kann. Insbesondere muss ein Beulen der Rohre vermieden werden. Dieses Verfahren kann durch die Belastung auf den Rohrstrang nur bis zu mittleren Wassertiefen angewendet werden (BSH 2015).

Zusätzlich können insbesondere bei nicht zu langen Pipelines, wie bei der Überquerung von Binnengewässern oder breiteren Flüssen, an Land vorgefertigte Pipelines über oder unter der Wasseroberfläche durch Schleppen und Ziehen von zwei Schiffen an den Verlegeort transportiert und dort installiert werden. Dadurch können die Herausforderungen beim Fügen von Rohren auf dem Verlegeschiff vermieden werden. Die Installation erfolgt an vorgefertigten Aggregaten, die zuvor eingerichtet werden müssen.

Die bei den verschiedenen Verlegemethoden eingesetz-

6

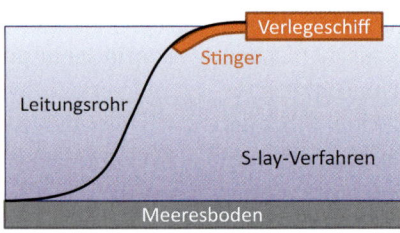

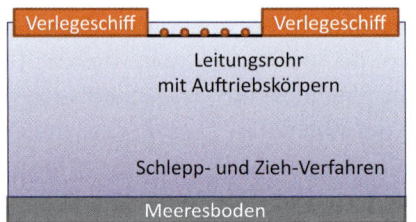

Bild 6.2
Schematische Darstellung der
Verlegeverfahren

ten Schweißprozesse oder Prozesskombinationen sind von einer Vielzahl von Faktoren abhängig. Bei der Offshore-Verlegung von Pipelines werden auf den eingesetzten Verlegeschiffen für die Rundnahtschweißungen halb- oder vollautomatische Schweißverfahren genutzt. Die Ausführung der Rundnahtschweißungen erfolgt üblicherweise parallel an mehreren Schweißstationen entlang der Fabrikationslinie (Impac 2009).

Im Bereich der Onshore-Verlegung ist neben den halb-

Bild 6.3 Mechanisiertes Antriebssystem zur Ausführung der Schweißbewegung an einer Rundnaht

oder vollautomatischen Schweißverfahren das manuelle Lichtbogenhandschweißen mit Stabelektroden auch heute noch ein häufig eingesetztes Verfahren. Aufgrund der hohen Anforderungen an die Handfertigkeit der Schweißer bei diesem Verfahren werden heutzutage bei der Onshore-Verlegung immer häufiger mechanisierte Schweißverfahren eingesetzt, meistens sogenannte (Halb-)Orbitalschweißprozesse. Dabei wird die Schweißbewegung nicht vom Schweißer per Hand ausgeführt, sondern erfolgt vollautomatisch unter Nutzung von motorisierten Antriebssystemen und Spannringen über den gesamten Rohrumfang (Bild 6.3). Je nach Rohrleitungsdurchmesser kommen zwei oder mehr Automaten pro Schweißnaht zum Einsatz. Entsprechend der Rohrwandstärke werden mehrere dieser Fertigungsstationen für das Schweißen von einer oder mehreren Lagen verwendet (Legler 2011).

6.1.2 Normenbasis

Für die Anwendung von Stahlrohren als Leitungen für den Transport von flüssigen und gasförmigen Medien kommen neben verschiedenen Gruppen von Normen auch Richtlinien und Regelwerke zum Einsatz, die von verschiedenen Institutionen herausgegeben werden. Besondere Bedeutung haben hier das American Petroleum Institute (API), ein Interessenverband der Öl- und Gasindustrie einschließlich der petrochemischen Industrie in den USA mit Sitz in Washington D.C., USA, sowie die Klassifizierungsgesellschaft DNV GL, ein Zusammenschluss der DNV (Det Norske Veritas, Norwegen) und des Germanischen Lloyd (GL, Deutschland), die europa-, aber auch weltweit agiert. Für die Herstellung und Lieferung von Stahlrohren gelten dabei Normen, die den Werkstoff und die Rohreigenschaften beschreiben. Daneben wird die Prüfung der Eigenschaften – hier seien insbesondere die Korrosionseigenschaften genannt – durch eigene Normen beschrieben. Eine weitere Gruppe von Normen regelt die Auslegung und den Bau einer Pipeline. Grundsätzlich ist zu beachten, dass die Normen und Regelwerke ständigen Änderungen unterliegen und im Leitungsrohrbereich oftmals Vereinbarungen neben den bestehenden Regelungen getroffen werden.

Die zulässigen Stahlzusammensetzungen sowie die Eigenschaften von Leitungsrohren, insbesondere auch die mechanisch-technologischen Eigenschaften, werden in den einschlägigen Normen und Spezifikationen in verschiedenen Festigkeitsklassen definiert. Diese werden durch die Streckgrenze voneinander abgegrenzt, wobei im europäischen System die Werkstoffkurzbezeichnung aus der Streckgrenze in MPa abgeleitet wird, im amerikanischen System nach der in psi (poundforce/square-inch). Demnach entspricht beispielsweise ein Werkstoff L450 dem mit der Kurzbezeichnung X65. Die üblichen europäischen Werkstoffnummern werden nur selten verwendet.

Bei Öl- und Gasanwendungen im Falle von Onshore-Leitungen kommen häufig die Normen API 5L, EN ISO 3183 bzw. EN 10208 zur Anwendung. Im Falle von Offshore-Leitungen wird häufig auch die Spezifikation DNV-OS-F101 eingesetzt. Je nach Betriebsbedingungen müssen jedoch über die einschlägigen Normen hinausgehende Anforderungen in Kundenspezifikationen für ein spezifisches Projekt definiert werden. Die Vielfalt und steigende Komplexität der möglichen Einsatzszenarien führt dazu, dass es häufig keine Standardlösung gibt, sondern dass für den Einzelfall maßgeschneiderte Lösungen gefunden werden müssen.

Für Stahlrohre, die im Bereich des Transports von Wasser, wässrigen Flüssigkeiten und Abwasser eingesetzt werden, sind im europäischen Raum entsprechende EN-Normen anzuwenden. Dies sind insbesondere die Norm EN 10217 für geschweißte Stahlrohre für Druckbeanspruchungen sowie die EN 10224 für Rohre und Fittings aus unlegiertem Stahl für den Transport von Wasser und wässrigen Flüssigkeiten.

Neben der Werkstoffzusammensetzung und den mechanisch-technologischen Eigenschaften sind die Korrosionseigenschaften von Leitungsrohren für den Einsatz von entscheidender Bedeutung. Für die Beständigkeit gegenüber Korrosionsbelastung kommt bei Leitungsrohren üblicherweise das Regelwerk der NACE (National Association of Corrosion Engineers) zur Anwendung. Die NACE ist eine weltweit agierende Organisation mit dem Hauptsitz in Houston, Texas, USA, die sich in den 40er Jahren des letzten Jahrhunderts aus regionalen Gruppen von Ingenieuren gebildet hat, die sich hauptsächlich mit der Korrosion von Pipelines beschäftigen.

Im Bereich des Öl- und Gastransportes gewinnen beispielsweise Verunreinigungen des Mediums mit H_2S immer stärker an Bedeutung. Obwohl Erdgas getrocknet und mit Inhibitoren versetzt wird, kann eine Störung des Systems nicht ausgeschlossen werden. In so einem Fall muss das Rohrmaterial für eine begrenzte Zeit dem Korrosionsangriff durch ein feuchtes und H_2S-haltiges Medium standhalten können. Als wichtigste Regelwerke seien hier die NACE TM0177, die die Spannungsrisskorrosion behandelt, sowie im Falle der Beständigkeit gegenüber wasserstoffinduzierter Rissbildung die NACE TM0284 genannt. Die in beiden Normen spezifizierten Prüfbedingungen sind gegenüber den realen Bedingungen als sehr konservativ anzusehen.

Weiterhin kommt für den Einsatz von Werkstoffen in H_2S-haltiger Umgebung bei der Öl- und Gasgewinnung die Norm ISO 15156 zum Einsatz. Hierin werden beispielsweise die Akzeptanzgrenzen für die Rissbildung in Korrosionstests geregelt. Neben den in den Normen und Regelwerken beschriebenen Testverfahren werden auch Sonderprüfungen durchgeführt. Dies können beispielsweise Korrosionsprüfungen an Rohrringen sein, wie der „Capcis"-Test, der durch das UK Health and Safety Ministry unter der Bezeichnung OTI 95635 geregelt ist. Weitere Prüfungen können die tatsächlichen Gegebenheiten bei einem speziellen Anwendungsfall betreffen – sogenannte Fit-For-Purpose-(FFP)-Bedingungen.

Die letzte Gruppe von Normen und Regelwerken, die im Bereich von Leitungsrohren zur Anwendung kommen, umfasst solche, die die Verlegung und hier insbesondere das Schweißen und die Schweißnahtprüfung betreffen. Dabei wird üblicherweise wiederum das Regelwerk der DNV (DNV-OS-F101) bzw. die DIN EN 14161 oder ihre Entsprechung ISO 13623 angewendet. Letztere behandelt Anforderungen und Empfehlungen hinsichtlich Konstruktion, Werkstoffen, Bauausführung,

6

Prüfung, Betrieb, Instandhaltung und Stilllegung von Rohrleitungssystemen in der Erdöl- und Erdgasindustrie.

Für die Prüfung der Schweißnähte auf den Verlegeschiffen werden zerstörungsfreie Prüfmethoden eingesetzt. Dies erfolgt durch z. B. automatische Ultraschallverfahren (AUT). Wie auch das Schweißverfahren wurde die Schweißnahtprüfung zuvor einer Qualifizierung unterzogen. Der benannte Sachverständige bestätigt das Prüfverfahren und die Akzeptanzkriterien. Auch hier kommen die Anforderungen nach DIN EN 14161 zur Anwendung. Die Abnahme bzw. Freigabe der Nähte erfolgt durch den benannten Sachverständigen (BSH 2015, Impac 2009).

Für erdverlegte Rohrleitungen werden üblicherweise Anforderungen aus nationalen (z. B. DVGW-Arbeitsblätter, SEW 063, DIN EN 12732, DIN EN 14161 etc.) und internationalen (z. B. API 1104 etc.) (Legler 2011) Regelwerken herangezogen, die die technischen Grundlagen, wie Anforderungen an das Schweißen, Prüfen und Bewerten der hergestellten Schweißnähte, festlegen.

6.1.3 Typen, Abmessungen und Herstellprozesse von Leitungsrohren

Leitungsrohre werden üblicherweise nach ihrem Herstellverfahren unterschieden, da dieses wesentlich die resultierenden Eigenschaften bestimmt. So gibt es üblicherweise die in der folgenden Einteilung genannten Typen von Leitungsrohren:

- unterpulver-(UP)-geschweißte Leitungsrohre
  - längsnahtgeschweißte Großrohre
  - spiralnahtgeschweißte Großrohre
- Hochfrequenz-widerstandspressgeschweißte (HF) Leitungsrohre und
- nahtlose Leitungsrohre.

Entsprechend der Zuordnung zu den Herstellungsrouten ergibt sich eine Einteilung in unterschiedliche Ab-

messungsbereiche (Keller 2002). Während geschweißte Rohre grundsätzlich für Leitungen mit größeren Durchmessern und geringeren Wanddicken angewendet werden, können nahtlose Rohre bei geringeren Durchmessern, aber geforderten mittleren bis sehr großen Wanddicken eingesetzt werden. Entsprechend dem verwendeten Vormaterial werden unterschiedliche Festigkeitsklassen erreicht. So ergeben sich z. B. nach API 5L die Gütestufen X42 bis X120 durch die Angabe der Streckgrenze in der Einheit ksi (kilopoundforce/square-inch), wobei nach Einheitenumrechnung 1 ksi etwa 6,9 MPa entspricht. Eine typische Einteilung der Leitungsrohrtypen in ihre Abmessungsbereiche ist in Tabelle 6.1 aufgeführt, wobei es sich um eine beispielhafte Auflistung zur Abgrenzung von verschiedenen Typen handelt. Insbesondere die Kombinationen aus Wanddicke und Durchmesser müssen ggf. beim Hersteller erfragt werden. Längsnahtgeschweißte Rohre können grundsätzlich auch in noch größeren Durchmessern, z. B. 100", also 2540 mm, und dickeren Wänden, z. B. bis 2,75", also 70 mm, hergestellt werden. Genauso ist die Herstellung nahtloser Rohre auch mit Durchmessern bis z. B. 1500 mm und Wanddicken von 250 mm über spezielle Prozesse möglich (Löbbe 2015, Brensing 1995).

Für den Bau von Fernleitungen zum Transport von Gasen und Flüssigkeiten hat sich bei großen Durchmessern und moderaten Wanddicken der Einsatz geschweißter Rohre durchgesetzt. Im Gegensatz zu nahtlosen Rohren liegt der Vorteil u. a. in einer vergleichsweise kostengünstigen Herstellung sowie engeren Toleranzen für Abmessung und Oberflächenqualität (Brensing 1995). Allerdings muss neben der Schweißbarkeit der Rundnaht bei der Werkstoffauswahl auch auf die Anforderungen des Längsnahtschweißprozesses Rücksicht genommen werden. So entscheiden letztlich die Einsatzbedingungen, also die technischen Anforderungen an das Leitungsrohr, die geforderten Abmessungen und geometrischen Toleran-

Tabelle 6.1 Typische Abmessungen verschiedener Leitungsrohrtypen nach ihren Herstellverfahren

Herstellverfahren	Spiralrohr	Längsnahtgeschweißtes Rohr (UOE)	HF-geschweißtes Rohr	Nahtloses Rohr
Außendurchmesser in mm (in ")	610 – 1677 (24 – 66)	508 – 1526 (20 – 60)	114 – 660 (4,5 – 24)	≤712 (≤28)
Wanddicke in mm	8 – 25,4	9,5 – 43	3,6 – 25,4	≤100
Rohrlänge in m	9 – 18,3	≤18,3	6 – 24	4 – 7 oder Doppellängen
Stahlgüte nach API 5L	≤X80	≤X100	≤X80	≤X120

zen sowie der Preis über die Auswahl des Leitungsrohrtyps.

Die Rohrschweißverfahren können entsprechend dem Vormaterialeinsatz in diskontinuierlich und kontinuierlich arbeitende Verfahren eingeteilt werden (Bild 6.4). Warmgewalztes Grobblech wird für die diskontinuierlich arbeitenden Verfahren eingesetzt. Kontinuierlich arbeitende Verfahren starten von Warmband, das über Bandverbindungsnähte zu „endlosem" Band verschweißt wird. In beiden Fällen wird das Vormaterial in der Stahlherstellung über Brammenstrangguss erzeugt.

Die Freiheitsgrade in den Prozessparametern bei der Herstellung von Grobblech sind durch die kleineren Brammenabmessungen und damit Blechabmessungen vielfältiger als bei Warmbreitband, das kontinuierlich in einer Richtung gewalzt und dann in einem Coil aufgerollt wird. Dagegen sind die Herstellgeschwindigkeit und mögliche Variation der Durchmesser bei den kontinuierlichen Rohrschweißverfahren höher. Während der Durchmesser bei längsnahtgeschweißten Großrohren durch die Breite des Grobblechs und die vorhandenen Einformwerkzeuge festgelegt ist, ist bei der Spiralrohrherstellung der Einlaufwinkel des Warmbreitbandes grundsätzlich frei einstellbar und ermöglicht so, Rohrdurchmesser in weiten Grenzen herzustellen. Allerdings bestimmt dieser Winkel auch die Richtung im Warmbreitband, die später die Längs- bzw. Querrichtung des Rohres kennzeichnet und in der somit die mechanisch-technologischen Eigenschaften nachgewie

sen werden müssen. Hohe Prozessgeschwindigkeiten können beim HF-Schweißverfahren mit typischen Werten von 20 bis 50 m/min erreicht werden und ermöglichen eine leistungsfähige und zugleich preisgünstige Rohrherstellung.

Die abschließende Behandlung der Rohre bestimmt die endgültig vorliegenden Eigenschaften. So werden Großrohre, die diskontinuierlich nach dem UOE-Verfahren hergestellt wurden, im letzten Schritt zur Optimierung der Geometrie und Vergleichmäßigung der mechanisch-technologischen Eigenschaften expandiert. Beim HF-Schweißen wird die Schweißnaht meist durch eine Wärmebehandlung den Eigenschaften des Grundwerkstoffs angepasst. Eine hohe Maßhaltigkeit wird hier durch ein abschließendes Kalibrieren erreicht.

Nahtlose Leitungsrohre werden grundsätzlich warm hergestellt. Als Vormaterial kommen je nach Verfahren und Werkstoff Rundstrangguss sowie Rund- bzw. Polygonalgussblöcke zum Einsatz. Bei den nahtlosen Rohrherstellverfahren handelt es sich um eine Einzelrohrfertigung, die in die drei Fertigungsschritte Lochen, Strecken und Fertigwalzen unterteilt ist (Brensing 1995, Groß-Weege 2004, Keller 2002). In Bild 6.5 sind die typischen Prozesse zur Nahtlosrohrherstellung aufgeführt. Sofern sie keiner Weiterverarbeitung unterzogen sind, werden diese Rohre auch als warmgefertigte Rohre bezeichnet. Grundsätzlich bleibt die Maßtoleranz warmfertiger Rohre hinter der von geschweißten Rohren zurück, nahtlose Rohre bieten aber eine homogene Gefügeausbildung über den gesamten Rohr

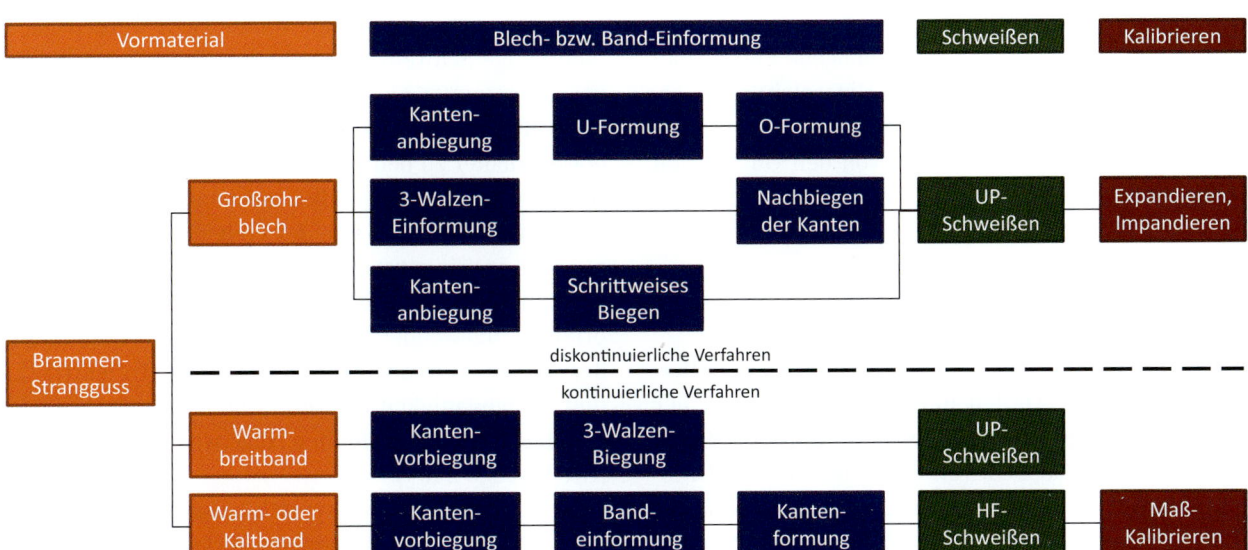

Bild 6.4 Schematische Darstellung der Prozesskette des Rohrschweißverfahrens für die wichtigsten Prozessrouten im Bereich der Leitungsrohre

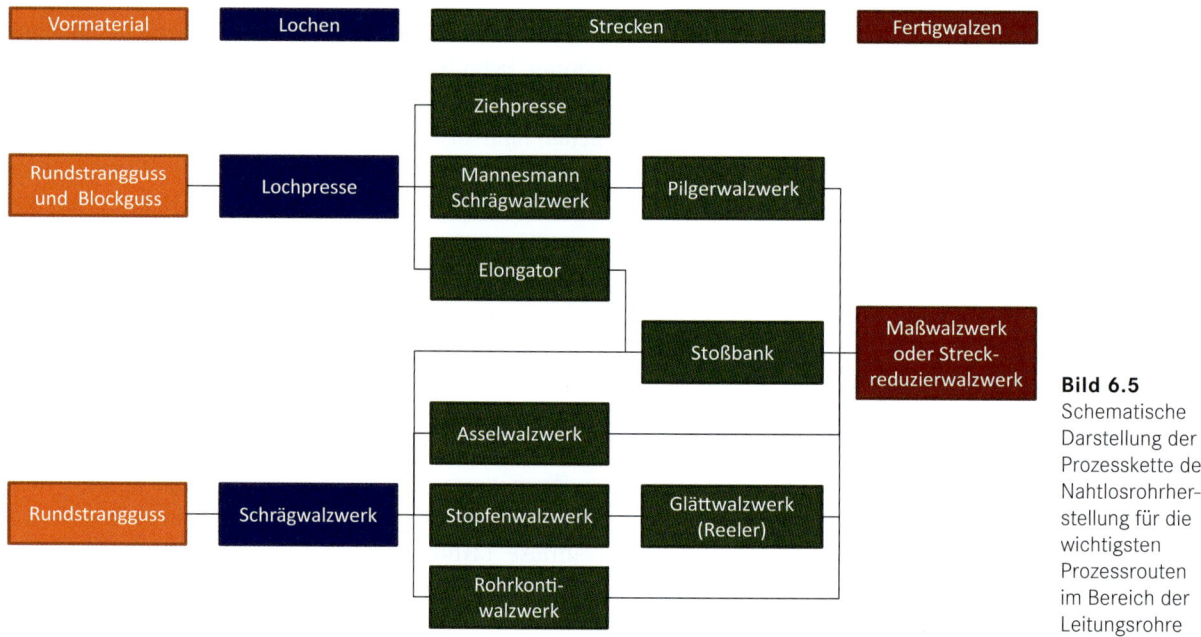

Bild 6.5
Schematische
Darstellung der
Prozesskette der
Nahtlosrohrher-
stellung für die
wichtigsten
Prozessrouten
im Bereich der
Leitungsrohre

umfang. Die Auswahl des eingesetzten Herstellverfahrens richtet sich nach der gewünschten Geometrie des Rohres und dem zu verarbeitenden Werkstoff, also den durch die Anwendung festgelegten Anforderungen.

Die Auslieferung nahtloser Leitungsrohre erfolgt in der Regel im wärmebehandelten Zustand. Dementsprechend schließt sich an die eigentliche Rohrherstellung noch eine Wärmebehandlung vor der Adjustage an. Grundsätzlich ist als Wärmebehandlung ein Normalisieren der Rohre oder auch ein Vergüten möglich, um gezielt die Eigenschaften am Rohr einzustellen. Nahtlose Leitungsrohre zeichnen sich insbesondere nach einer Wärmebehandlung durch homogene Eigenschaften aus. Sie werden bevorzugt als Tiefseeleitungen, sogenannte Flow Lines und Riser (Steigleitungen) eingesetzt, die das Erdöl oder Erdgas von den Quellen am Meeresboden sammeln und an die Oberfläche transportieren. Hierbei sind die Rohre einer Reihe von speziellen Beanspruchungen ausgesetzt.

Herstellprozesse von Leitungsrohren

In der Produktion von Großrohren im diskontinuierlichen Verfahren werden unterschiedliche Arten der Rohreinformung eingesetzt. Bekannt für die Großrohrherstellung ist das UOE-Verfahren, bei der das Grobblech zuerst mittels einer Presse zu einem U geformt (U-Presse) und anschließend über die O-Presse zu einem Schlitzrohr gebogen wird. Weiterhin ist die Einformung über ein Gerüst mit drei Walzen möglich. Es

kann auch ein schrittweises Biegen des Bleches zum Schlitzrohr über eine Freiformbiegeeinrichtung ggf. mit nachfolgender O-Presse erfolgen (Bild 6.4) (Brensing 1995).

Bei der Schweißung der eingeformten Schlitzrohre aus Grobblech hat sich das Unterpulver-(UP)-Mehrdraht-Schweißverfahren durchgesetzt. Nach der Heftnahtschweißung wird bei Verwendung des Lage-/Gegenlage-Verfahrens zunächst die Innen- und daraufhin die Außennaht mit der UP-Mehrdrahttechnologie zu einer Schweißnaht ausgeführt (EUROPIPE 2012). Insbesondere bei sehr großen Wanddicken werden auch mehrlagige Schweißungen durchgeführt. Dabei ist die jeweils eingebrachte Wärmeenergie geringer, die Abkühlzeit ebenso und grundsätzlich ist der Prozess etwas leichter zu beherrschen. Die hergestellten Rohre werden nach dem Schweißen mechanisch oder hydraulisch um etwa ein Prozent des endgültigen Rohrdurchmessers von innen expandiert. In anderen Prozessen wird auch ein Impandieren mit anschließendem Kalibrieren angewendet. Dies ermöglicht die Einhaltung der hohen Toleranzanforderungen an Exzentrizität und Maßgenauigkeit der geschweißten Großrohre und erzeugt einen vorteilhaften Eigenspannungszustand (Groß-Weege 2004).

Ein Überblick über eine typisch ausgeprägte Schweißnaht, die im Lage/Gegenlage-Verfahren hergestellt wurde, ist in Bild 6.6 gezeigt. Die schematische Zeichnung skizziert die verschiedenen Bereiche der Schweiß-

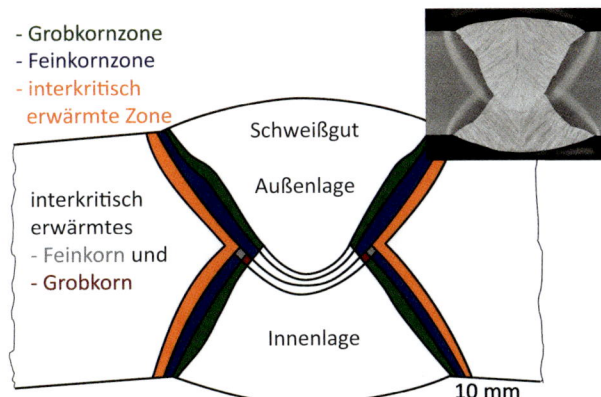

- Grobkornzone
- Feinkornzone
- interkritisch
  erwärmte Zone

Schweißgut

Außenlage

interkritisch
erwärmtes
- Feinkorn und
- Grobkorn

Innenlage

10 mm

Bild 6.6 Typische Übersicht über eine im Lage-/Gegenlage-Verfahren hergestellte UP-Längsnaht eines Großrohres, nach (Niederhoff 1991)

naht mit Schweißgut sowie die unterschiedlich ausgeprägten Bereichen der Wärmeeinflusszone. Diese Schweißnahtbereiche weisen jeweils eine charakteristische Ausprägung von Korngröße und Gefüge auf und prägen wesentlich die Eigenschaften der Schweißnaht (Niederhoff 1991). Die für die Zähigkeitseigenschaften des späteren Schweißnahtbereichs zu beachtenden Zonen, die diese maßgebend beeinflussen, sind beispielsweise die Grobkornzone sowie die bei der Gegenlageschweißung zwischen A_{C1} und A_{C3} interkritisch erwärmte Grobkornzone, die nur einen kleinen Bereich ausmacht und somit für das spätere Bauteilverhalten eine eher untergeordnete Rolle einnimmt.

Die mechanisch-technologischen Eigenschaften des Schweißgutes werden überwiegend durch die chemische Zusammensetzung, die Abkühlbedingungen und durch das resultierende Gefüge bestimmt. Bei der Einstellung der Schweißgutzusammensetzung ist zu beachten, dass das Schweißgut mit ca. 2/3 Grundwerkstoff aufgemischt wird. Das Lage-/Gegenlage-Schweißen ist aufgrund der hohen Wämeeinbringung durch vergleichsweise langsame Abkühlzeiten gekennzeichnet. Zur Einstellung hoher Tieftemperatureigenschaften im

Schweißgut der Großrohrlängsnähte stehen verschiedene Konzepte für Drahtelektroden, beispielsweise MnMo-, MnMoNi-legierte sowie TiB-mikrolegierte Drähte, zur Verfügung, die in Verbindung mit angepassten Schweißpulversystemen die notwendigen Festigkeits- und anforderungsgerechten Zähigkeitseigenschaften sicher darstellen können.

Im Spiralrohrprozess wird Warmbreitband schraubenlinienförmig zum Rohr eingeformt (Brensing 1995). Dazu wird ein 3-Walzen-Biegesystem genutzt, das die kontinuierliche Einformung mit fixierter Rohrachse ohne Versatz der Bandkanten und mit einer hohen Maßtoleranz der Rohrgeometrie sicherstellt. Die zusammenlaufenden Kanten werden sofort kontinuierlich durch eine Schutzgas-Heftnahtschweißung im MAG-Verfahren in der Nähe der 6-Uhr-Position mit Schweißgeschwindigkeiten bis zu 15 m/min fixiert (Bild 6.7) (SMGR 2015). Die Spiralrohrherstellung erfolgt typischerweise in zwei Schritten, sodass bereits nachfolgend an die Heftnahtschweißung die Aufteilung des Rohrstranges in Einzelrohrlängen auf einer mitlaufenden Trennanlage erfolgt. Die UP-Schweißung wird daran anschließend auf separaten Schweißständen durchgeführt (Groß-Weege 2004). Damit wird der unterschiedlichen Schweißgeschwindigkeit beim Heften und bei der Rohrschweißung Rechnung getragen.

Über den Winkel, mit dem das Warmbreitband in die Verformungseinheit einläuft, sowie die Breite des Vormaterialbandes wird der erzeugte Rohrdurchmesser eindeutig festgelegt (Bild 6.7). Je kleiner der Einlaufwinkel bei gleichbleibender Bandbreite ist, desto größer wird der Rohrdurchmesser (Brensing 1995). Gleichzeitig wird über diesen Winkel die Zuordnung der Richtung am Warmbreitband zu der späteren Rohrlängsrichtung festgelegt.

In der Regel erfolgt die nachfolgende kombinierte UP-Innen- und -Außenschweißung auf mehreren parallel angeordneten Schweißständen zur Fertigung des endgültigen Rohres. Während des Schweißens wird

6

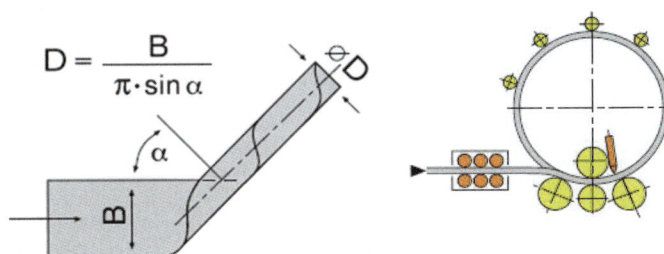

$$D = \frac{B}{\pi \cdot \sin \alpha}$$

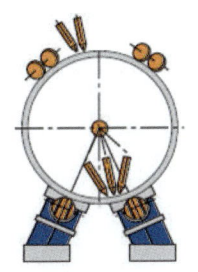

Bild 6.7
Spiralnaht-Rohrprozess: geometrische Gegebenheiten der Einformung, Einformung und Heftnahtschweißung, UP-Innen- und -Außenschweißung (Brensing 1995, SMGR 2015)

das Rohr auf einem speziellen Rollgang in eine präzise Schraubenlinienbewegung versetzt, sodass die Schweißköpfe erst innen (6-Uhr-Position), dann außen (12-Uhr-Position) die Schweißung durchführen können (Brensing 1995, Groß-Weege 2004, SMGR 2015). Sie wird in Mehrdrahttechnik ausgeführt, wie sie auch beim Lage/Gegenlage-Verfahren für die längsnahtgeschweißten Großrohre eingesetzt wird. Entsprechend ist die Ausprägung und Mikrostruktur der Schweißnaht mit der Geometrie der Wärmeeinflusszone, der Korngrößenverteilung und dem Gefüge als vergleichbar zu der oben beschriebenen anzusehen.

Beim Hochfrequenz-Widerstandpressschweißen wird das Warmbreitband nach dem Abhaspeln von einem Coil über Quernähte mit dem vorigen, bereits in der Anlage befindlichen Coil verschweißt und in einem Bandspeicher zwischengelagert. Aus dem Speicher wird das Band der Einformstrecke zugeführt und zuvor an den Kanten auf die notwendige Breite besäumt. Zur Einformung wird bei den größeren Rohrdurchmessern von Leitungsrohren üblicherweise eine Rollenkäfig-Einformung angewendet. Diese ist für verschiedene Durchmesser einstellbar und ermöglicht eine allmähliche Profilumformung zum Schlitzrohr. Alternativ kann ein Formwalzwerk mit genau angepassten Rollensätzen oder ein Linealeinformsystem eingesetzt werden (Brensing 1995).

Die Einformung schließt üblicherweise mit mehreren Messerscheibengerüsten ab, die neben dem letzten Einformschritt auch die Geometrie der Bandkante bestimmen. Insbesondere legen die Messerscheibengerüste aber den Einlaufwinkel der Bandkanten zum Schweißtisch fest. Die Bandkanten werden über einen

hochfrequenten (HF) Wechselstrom gleichmäßig erwärmt. Die Stromübertragung in die Bandkanten erfolgt je nach Anlage entweder induktiv über Spulen oder konduktiv über Schleifkontakte. Die erwärmten Bandkanten werden mit Hilfe von Stauchrollen im Schweißpunkt zusammengepresst und damit ohne Zusatzwerkstoff verschweißt. Beim Verpressen entstehen auf der Innen- und Außenseite des Rohres sogenannte Stauchwülste, die zumeist noch im warmen Zustand direkt anschließend an die Schweißung abgeschabt werden (Löbbe 2015).

Bei der Herstellung von Leitungsrohren über das HF-Pressschweißverfahren wird die Schweißnaht üblicherweise bereits während der kontinuierlichen Produktion nach dem Schweißprozess wärmebehandelt. Der erzeugte Endlosrohrstrang wird abschließend über Kalibriergerüste gerundet und gerichtet und in Einzelrohre der gewünschten Länge aufgetrennt. Der HF-Schweißprozess wird mit Geschwindigkeiten von 10 bis zu 120 m/min durchgeführt und ist damit eins der effektivsten Rohrherstellverfahren (Keller 2002).

Durch die Erwärmung der Bandkanten von der Oberfläche ausgehend ergibt sich ein typisches sanduhrförmiges Erwärmungsprofil (Bild 6.8). Es bildet sich durch die Schweißung eine charakteristische Fügelinie, die sogenannte Ferritlinie, aus. Diese senkrecht verlaufende Linie weist eine im Vergleich zum Grundwerkstoff veränderte Zusammensetzung und Gefügeausprägung auf, sodass sie wesentlich die Schweißnahteigenschaften bestimmt. Teilweise können sich aufgrund von Schweißfehlern oxidische Einschlüsse in der Fügelinie befinden, die die Schweißnahteigenschaften beeinträchtigen. Der Pressvorgang führt zu einer Verfor-

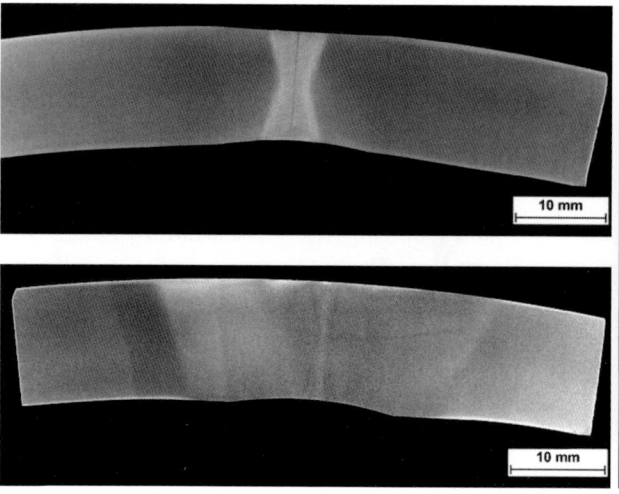

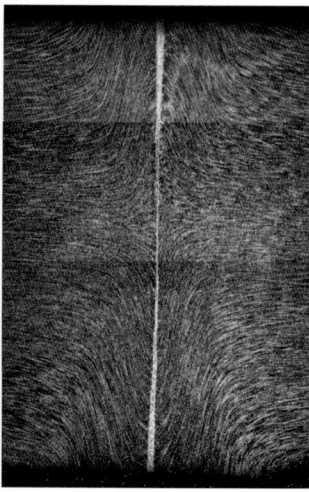

Bild 6.8
Typische Übersicht über eine HFI-Schweißnaht, Übersichtsaufnahmen (links) einer ungeglühten (oben) und einer geglühten (unten) Schweißnaht, HFI-Schweißnaht mit sichtbar gemachter Ferritlinie und Stauchlinienverlauf (rechts)

mung der im Grundwerkstoff längs ausgerichteten Seigerungszeilen von der Bandmitte ausgehend nach oben und nach unten – auch diese sogenannten Stauchlinien sind ein typisches Merkmal einer HF-Schweißnaht (Bild 6.8 rechts). Durch die abschließende, meist induktive Schweißnahtglühung bildet sich ein feinkörniges Gefüge in der Wärmeeinflusszone aus, das die Eigenschaften der gesamten Schweißnaht unterstützt.

Bei der nahtlosen Rohrherstellung wird als erster Produktionsschritt das Lochen durchgeführt (Bild 6.5). Insbesondere bei großen Blockabmessungen erfolgt dies mittels einer Lochpresse. Häufig wird aber für die Herstellung von nahtlosen Rohren das von den Gebrüdern Mannesmann 1885 als Patent angemeldete Schrägwalzverfahren angewendet. Dabei wird der aufgeheizte Block zu einem Hohlblock ausgewalzt, also zu einer sogenannten Luppe gelocht (Brensing 1995).

Für das Strecken des Hohlblocks bzw. der Luppe stehen verschiedene Verfahren zur Verfügung, die in Kombination mit dem entwickelten Schrägwalzverfahren die wirtschaftliche Herstellung nahtloser Rohre ermöglichen. Teilweise wird nach dem ersten Lochen ein weiteres Schrägwalzwerk (Elongator) eingesetzt, um den Hohlblock aufzuweiten und zu strecken (Groß-Weege 2004). Ein Stopfenwalzwerk arbeitet üblicherweise mit zwei Walzstichen und erreicht eine etwa zweifache Streckung mit etwa 50 %iger Querschnittsabnahme. Anschließend wird das fertige Rohr zumeist über ein Glättschrägwalzwerk in gleicher Hitze mit einer leichten Aufweitung gerundet und geglättet. Ein kontinuierliches Rohrherstellungsverfahren ist das Rohrkontiverfahren. Hier sind mehrere Walzgerüste hintereinander in einer Walzlinie angeordnet, sodass die Walzstiche direkt nacheinander erfolgen können. Beim Auswalzen einer Luppe auf einer Dornstange im Rohrkontiverfahren kann eine bis zu vierfache Streckung, also eine Querschnittsabnahme von 75 %, erreicht werden. Das ebenfalls von den Gebrüdern Mannesmann entwickelte Pilgerschrittverfahren ist ein diskontinuierlich arbeitendes Streckverfahren. Es wird für dickwandige Rohre mit größeren Durchmessern für die Warmfertigung eingesetzt.

Ein mittels Lochpresse gelochter Block mit einem Boden kann in zwei Verfahren weiterverarbeitet werden. In einer Stoßbank sind bis zu 15 Walzgerüste hintereinander angeordnet, durch die der gelochte Block mit einer Dornstange gestoßen wird. Anschließend muss das ausgewalzte Rohr einem Lösewalzwerk zugeführt

werden, um die Dornstange von dem Rohr trennen zu können. Für besonders große Durchmesser und Wanddicken eignet sich das Ziehpressverfahren. Hierbei wird ein Hohlblock auf einem Dorn in einer horizontal angeordneten Ziehpresse nacheinander durch mehrere Ziehringe auf einen immer kleiner werdenden Durchmesser gezogen. Nach dem Entfernen des Dorns kann somit entweder ein Behälter oder ein Rohr hergestellt werden.

Der abschließende Schritt der Herstellung nahtloser Rohre ist das Fertigwalzen, das in einem Maß- oder Streckreduzierwalzwerk erfolgt. In einem mehrgerüstigen Maßwalzwerk wird der genaue Außendurchmesser durch Kalibrierwalzen eingestellt. Ein Streckreduzierwalzwerk kann eine bis zu zehnfache Streckung zur Einstellung der Endabmessung erreichen. Bei dem ohne Innenwerkzeug arbeitenden Verfahren sind üblicherweise etwa 26 und mehr Walzgerüste dicht hintereinander angeordnet. Die zunehmende Rohrlänge führt zu einer Zunahme der Walzgeschwindigkeit von einem Gerüst zum nächsten, sodass Austrittsgeschwindigkeiten von bis zu 15 m/s möglich sind. Ein Wechsel der Gerüste und damit der erzielten Rohrdurchmesser ist heutzutage in wenigen Minuten möglich, sodass das Streckreduzierwalzwerk zum Erzeugen der verschiedenen Rohrabmessungen aus einer Luppengeometrie eingesetzt wird.

Das Gefüge und damit die Eigenschaften von nahtlosen Rohren werden bei Leitungsrohren zumeist über eine abschließende Wärmebehandlung eingestellt. Damit ergibt sich über den Rohrumfang ein homogenes Gefüge, z. B. durch ein Vergüten der Rohre. Insbesondere bei dickwandigen Rohren sind bei der Wärmehandlung mögliche Temperaturgradienten über die Rohrwanddicke zur Einstellung der richtigen Glühtemperatur, aber auch zur Beachtung der Abkühlbedingungen zu reduzieren, um ein homogenes Gefüge über die Wand zu erreichen.

6.1.4 Historie

Die Transportkapazität einer Rohrleitung hängt vom Betriebsdruck und dem Rohrdurchmesser ab. Betreiber von Gasfernleitungen sind aus wirtschaftlichen Gründen bestrebt, sowohl den Druck als auch den Rohrdurchmesser zu steigern. Eine Steigerung des Drucks führt zu einer höheren Umfangsspannung, die eine größere Wanddicke oder den Einsatz von Stählen mit höherer Festigkeit erfordert. Diese Bestrebungen haben bis heute großen Einfluss auf die Weiterentwicklung von Rohrwerkstoffen und Herstellungsverfahren.

Bis in die 1970er Jahre wurde warmgewalztes und anschließend normalisiertes Grobblech als Vormaterial für längsnahtgeschweißte Großrohre eingesetzt (Pfeiffer 1985). Die genutzten Stähle mit einer mittleren Korngröße von etwa 20 – 30 µm wiesen ein ferritischperlitisches Gefüge auf (Hillenbrand 2008), wobei ihre Festigkeit stark vom Kohlenstoffgehalt und somit dem Volumenanteil an Perlit abhängig war. Die maximal erreichbare Mindeststreckgrenze bei ausreichender Zähigkeit lag bei 415 MPa (API Gütestufe X60).

Durch die gezielte Zugabe von Mikrolegierungselementen und den Einsatz der thermomechanischen Behandlung konnten im Vergleich zu den normalisierten Stählen deutlich geringere mittlere Korngrößen um 10 µm erreicht werden, was einerseits zu einer Festigkeitssteigerung und andererseits zu einer Verbesserung der Zähigkeit geführt hat (Gräf 1987). Dadurch wurde es möglich, den Kohlenstoffgehalt der eingesetzten Stähle zu reduzieren, was sich wiederum positiv auf die Schweißbarkeit ausgewirkt hat. Auf diese Weise können heute Stähle mit einer Mindeststreckgrenze bis 485 MPa (X70) fertigungssicher erzeugt werden. Großrohre bis zur Gütestufe X70 werden sowohl für Onshore-Leitungen wie für Offshore-Leitungen in großem Umfang bis zu einer Wanddicke von 45 mm eingesetzt. Ein prominentes Beispiel ist die Nord Stream Leitung von Vyborg nach Greifswald mit einer Länge von 1224 km.

Ein weiterer Entwicklungsschub wurde durch Anwendung der beschleunigten Abkühlung nach dem Warmwalzen möglich, wodurch bei geeigneter Stahlzusammensetzung und Endwalztemperatur die ferritische Umwandlung unterdrückt und ein vorwiegend bainitisches Gefüge eingestellt werden kann. Mit Hilfe dieses Verfahrens konnten großtechnisch Mitte der 1980er Jahre Großrohre mit einer Mindeststreckgrenze von 550 MPa (X80) erzeugt werden (Gräf 1987). Die Kombination von hoher Festigkeit und Zähigkeit wurde einerseits durch eine weitere Verringerung der mittleren Korngröße auf etwa 5 µm und andererseits durch eine weitere Absenkung des Volumenanteils an Perlit erreicht. Während der Fokus in Hinblick auf die Wanddicke von Großrohren der Gütestufe X80 bis in die 1990er Jahre auf Wanddicken unter 20 mm lag, geht der Trend inzwischen zu Dicken zwischen 25 mm und 30 mm (Stallybrass 2013a).

Die Zugabe von Molybdän begünstigt die bainitische Umwandlung zusätzlich und führt nach der beschleunigten Abkühlung zu einer weiteren Festigkeitssteigerung. Dieser Umstand wurde betrieblich genutzt, um die Gütestufe X100 mit einer Mindeststreckgrenze von 690 MPa zu erreichen (Hillenbrand 2005). Hier wurden seit 1995 Rohre mit Wanddicken bis 25,4 mm gefertigt, wobei der Großteil zwischen 15 mm und 20 mm lag. Inzwischen wird Molybdän auch für die Gütestufe X80 bei höheren Wanddicken eingesetzt (Stallybrass 2013b). Eine weitere Steigerung auf das X120-Niveau mit einer Mindeststreckgrenze von 830 MPa wurde 2004 durch Zugabe geringer Mengen an Bor erzielt (Heckmann 2004), das ähnlich wie Molybdän die bainitische Umwandlung begünstigt. Betriebliche Erfahrungen haben gezeigt, dass die Gütestufen X100 und X120 ein sehr enges Prozessfenster bei der Blech- und Rohrherstellung erfordern. Darüber hinaus weisen diese Stähle aufgrund ihrer hohen Festigkeit ein höheres Streckgrenzenverhältnis und eine geringere Gleichmaßdehnung als Stähle bis zur Gütestufe X80 auf. Somit muss das Anforderungsprofil seitens der Anwender mit Blick auf tatsächliche Betriebsbedingungen gegenüber den etablierten Werkstoffen angepasst werden (Hillenbrand 2001). Vor diesem Hintergrund ist bislang der Einsatz von Großrohren der Gütestufen X100 und X120 noch auf vergleichsweise geringe Mengen begrenzt geblieben. Die Entwicklung der Gütestufen für Großrohre innerhalb der letzten 50 Jahre ist in Bild 6.9 grafisch dargestellt.

Die Entwicklung zur Verbesserung der Eigenschaften von Warmband als Vormaterial zur Herstellung von HF-geschweißten Leitungsrohren oder Spiralrohren durch thermomechanische Behandlung und beschleunigte Abkühlung verlief nahezu parallel zur Grobblechentwicklung (Lorenz 1981). Durch Optimierung des Prozesses und der Legierungszusammensetzung konnte hier inzwischen die Gütestufe X80 großtechnisch erreicht werden (Bremer 2008, Sanchez 2014). Auch bei den nahtlosen Rohren wurden immer höhere Gütestufen bis zu X120 erreicht. Die Legierungskonzepte sind hier auf die nach dem Warmwalzen der Rohre durchgeführte Wärmebehandlung, zumeist ein Vergüten, abgestimmt.

Neben den Anforderungen an Streckgrenze und Zugfestigkeit der Leitungsrohrwerkstoffe haben auch jene an die Tieftemperaturzähigkeit sowohl des Grundwerkstoffes als auch des Schweißgutes und der Wärmeeinflusszone in den letzten Jahren deutlich an Bedeutung

6

gewonnen, da zunehmend Quellen in unwirtlichen Gebieten wie der Arktis erschlossen werden (Meuser 2012, Stallybrass 2012). Die eingesetzten Werkstoffe müssen auch bei tiefen Temperaturen dazu in der Lage sein, die Ausbreitung von langlaufenden Rissen zu verhindern. Um dies sicherzustellen, war es notwendig, die Tieftemperaturzähigkeit zu verbessern. Durch eine kontinuierliche Optimierung der Legierungszusammensetzungen und des Walzprozesses ist es inzwischen großtechnisch gelungen, den Bereich möglicher Anwendungstemperaturen bis hinunter zu – 40 °C zu erweitern (Stallybrass 2013b).

Unter Einwirkung von H$_2$S in wässriger Lösung kann in niedriglegierten Stählen eine wasserstoffinduzierte Schädigung auftreten. So wurden seit Beginn der Gewinnung von feuchtem Sauergas unterschiedliche Formen der Schädigung, wie Blasen, Innenrisse oder Spannungsrisskorrosion, beobachtet (Paredes 1954, Dahl 1967, Naumann 1973, TCP 1979). Sauergasinduzierte Schäden an Rohrleitungen im Persischen Golf 1972 (Bruno 1980) und in Saudi-Arabien 1974 (Moore 1976) haben die Entwicklung der Prüfmethoden und auch die Werkstoffentwicklung auf diesem Gebiet vorangetrieben (Bruno 1980, Herrmann 2005).

Die Entwicklung von Leitungsrohrstählen für H$_2$S-haltige Medien war vor diesem Hintergrund in erster Linie getrieben von der Marktanforderung nach einer höheren Beständigkeit gegen wasserstoffinduzierte Rissbildung (HIC) und erst in zweiter Linie von der Steigerung der Festigkeit. Dies liegt darin begründet, dass legierungstechnische Maßnahmen zur Festigkeitsstei-

gerung häufig einen nachteiligen Einfluss auf die HIC-Beständigkeit ausüben und somit nur eingeschränkt genutzt werden können. Vor allem der Ausprägung von Seigerungen, Einschlüssen und Gefügeinhomogenitäten kommt dabei eine kritische Rolle zu. Dies hat zur Folge, dass beispielsweise der Spielraum zur Nutzung von Kohlenstoff und Mangan bei höherfesten Güten deutlich eingeschränkt ist, da beide Elemente zur Bildung von Seigerungen und Gefügeinhomogenitäten neigen, welche die wasserstoffinduzierte Rissbildung begünstigen.

Eine Übersicht der Entwicklung der Gütestufen, Wanddicken und der geforderten Prüfbedingungen aus konkreten Aufträgen der EUROPIPE GmbH für Öl- und Gasanwendungen zwischen 1981 und 2005 liefert Bild 6.10 (Schröder 2006). Während zu Beginn der 1980er Jahre noch die Gütestufe X60 dominierte und eine HIC-Prüfung bei pH = 5 gefordert war, liegt der Schwerpunkt seit den 1990er Jahren auf der Gütestufe X65 und einer HIC-Prüfung bei pH = 3. Auch der Trend hin zu höheren Wanddicken wird hier deutlich. Diese ermöglichen eine Steigerung des Betriebsdrucks sowie den Einsatz in größerer Wassertiefe im Falle von Offshore-Leitungen.

Herkömmliche Leitungsrohre, die aufgrund ihrer Legierungszusammensetzung und Herstellung in einer HIC-Prüfung bei 1 bar H$_2$S-Partialdruck nicht beständig wären, können dennoch für den Einsatz unter schwach sauren Bedingungen geeignet sein (Bosch 2010). Großtechnische Erfahrungen mit diesem sogenannten Fit-For-Purpose-Ansatz wurden bei EUROPIPE

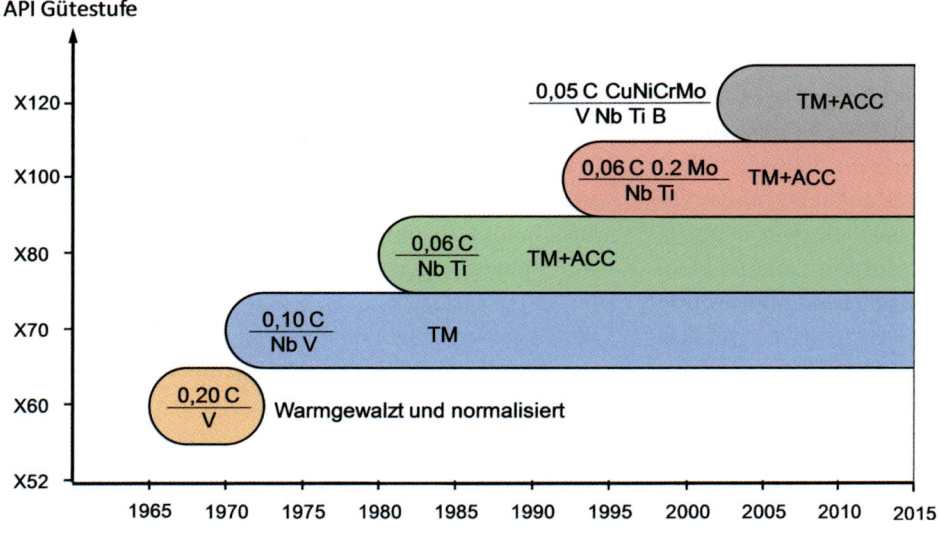

Bild 6.9
Chronologische Entwicklung der Großrohrgüten seit Einführung der thermomechanischen Behandlung (TM) und der beschleunigten Abkühlung (ACC) nach (Hillenbrand 2001)

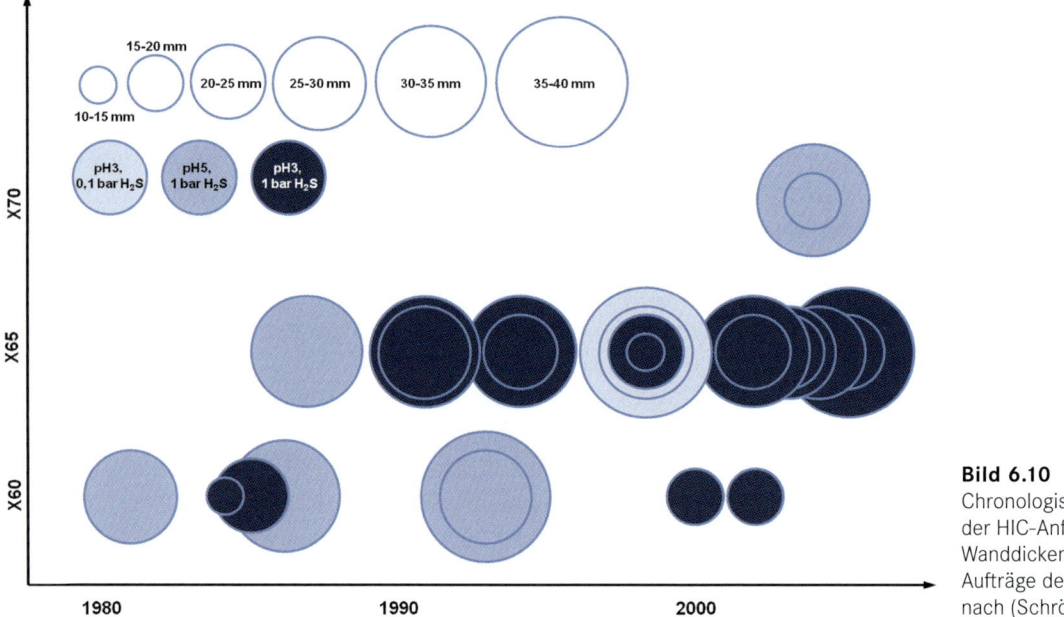

Bild 6.10
Chronologische Entwicklung
der HIC-Anforderungen und
Wanddicken für ausgewählte
Aufträge der EUROPIPE GmbH
nach (Schröder 2006)

1998 im Rahmen eines Auftrages zur Herstellung von
200 000 t X65-Rohren gesammelt (Schröder 2006).
Weltweit sind darüber hinaus auch verstärkt Entwicklungen hin zur Gütestufe X70 für den Einsatz unter
1 bar H_2S zu beobachten (z. B. Staudt 2012, Kobayashi
2012).

6.2 Anforderungen an Leitungsrohre

Die Anforderungen an Leitungsrohre ergeben sich im
Allgemeinen aus den Belastungsfällen bei der Lei-
tungsverlegung sowie beim anschließenden Transport
des Mediums. Beim Verlegen stehen die Belastungen
durch das Biegen des Rohres sowie die Schweißbarkeit,
Prüfung und Beschichtung der Rundnähte unter Ver-
legebedingungen im Vordergrund, während beim Betrieb die Eigenschaften des zu transportierenden Mediums wie Druck, Temperatur und Zusammensetzung,
Umwelteinflüsse sowie die Betriebsdauer die Anforderungen bestimmen. Aus diesen verschiedenen Belas-
tungsbereichen ergeben sich unterschiedliche Anforderungen an das Rohrprodukt. Sie sind im Folgenden
zu den verschiedenen Eigenschaftsbereichen von Leitungsrohren zusammengefasst.

6.2.1 Mechanische Kennwerte und deren Bestimmung

Für die ertragbaren Innendrücke in Rohrleitungen sind
die Zugfestigkeitseigenschaften in Umfangsrichtung
der eingesetzten Rohre maßgeblich. Die entsprechende
Auslegung einer Rohrleitung erfolgt auf Basis von Zug-
versuchsergebnissen. Dies erfordert eine Probenent-
nahme in Rohrumfangsrichtung, wie in Bild 6.11 in den
Positionen 1 bis 3 angedeutet. Mit einer in Umfangsrichtung entnommenen Rundzugprobe (Bild 6.11 b)
kann wegen der Rohrkrümmung nicht die Festigkeit
der gesamten Rohrwand charakterisiert werden.
Deshalb erfolgt in produktionsbegleitenden Prüfungen
die Bestimmung von Dehngrenzen und Zugfestigkeit in
der Regel an Flachproben, die in Umfangsrichtung entnommen und anschließend flachgerichtet werden.
Hierbei wird der Prüfquerschnitt zwar teilweise plastisch verformt, Untersuchungen zeigen aber, dass die
ermittelten Kennwerte die Rohreigenschaften konservativ beschreiben. Für die meisten Leitungsrohrgüten
und -abmessungen sind die so ermittelten Werte mit
den an unverformten Proben ermittelten Werten vergleichbar und stellen damit einen für die Abnahmepra-
xis vertretbaren Kompromiss für die Probenwahl dar
(Knauf 2001).
Eine Alternative zur Entnahme von Querzugproben ist
die Durchführung von hydraulischen Ringaufweitversuchen. Hierbei werden Rohrringe mit einer Länge/

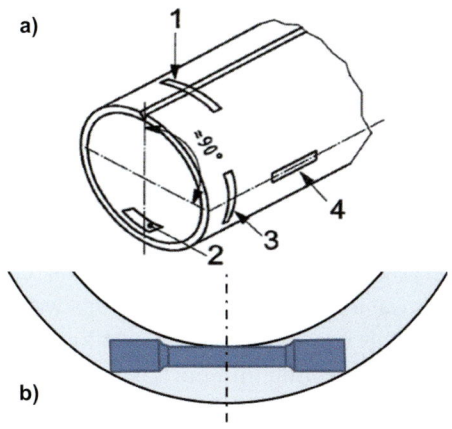

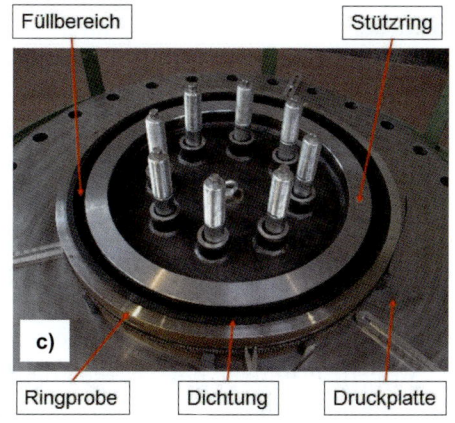

Bild 6.11
Entnahmepositionen für gerichtete Flachzugproben (a) bzw. Rundzugproben (b) und hydraulische Ringaufweitprüfanlage (c)

Höhe von 76 mm durch Innendruck aufgeweitet. Zur Prüfung werden die Ringe auf eine Trägerplatte gelegt und auf der Rohrinnenseite mit einer Kunststoffdichtung versehen (Bild 6.11 c). Ein weiterer Dichtring umschließt ein Füllstück im Innenraum. Abschließend wird eine Deckplatte aufgelegt und mit der Grundplatte verschraubt. Dabei werden Abstandshalter benutzt, die sicherstellen, dass der Prüfring nicht eingeklemmt ist, sondern sich unter Innendruck frei aufweiten kann. Die Innendruckbeanspruchung wird durch Einpumpen von Wasser in den Füllbereich zwischen den beiden Dichtringen erreicht. Ein Seilzugwegaufnehmer, der außen um den Prüfring gelegt ist, ermöglicht bei steigendem Innendruck die Aufzeichnung einer Innendruck-Umfangs-Kurve, die dann in eine Spannungs-Dehnungs-Kurve umgewandelt wird. Je nach Rohrab-

messung werden Drücke deutlich über 400 bar erreicht.

Mit Ringaufweitversuchen werden im Labormaßstab die Rohreigenschaften in Umfangsrichtung am besten ermittelt. Für produktionsbegleitende Prüfungen ist diese Prüfmethode allerdings zu zeitaufwändig. Vergleiche mit den oben beschriebenen Kleinproben (Bild 6.11 a und b) bestätigen die generelle Einsetzbarkeit von gerichteten Flachproben. Für hochfeste Leitungsrohrgüten ab X80 (Dehngrenzen > 490 MPa) wird allerdings eine Abnahmeprüfung mit Rundproben empfohlen (Knauf 2001).

In Einzelfällen ist es nötig, die ertragbaren Drücke und Verformungseigenschaften direkt am Rohr zu ermitteln. Hierzu dienen Berstversuche (Bild 6.12), bei denen ein Rohrabschnitt mit Böden verschlossen und

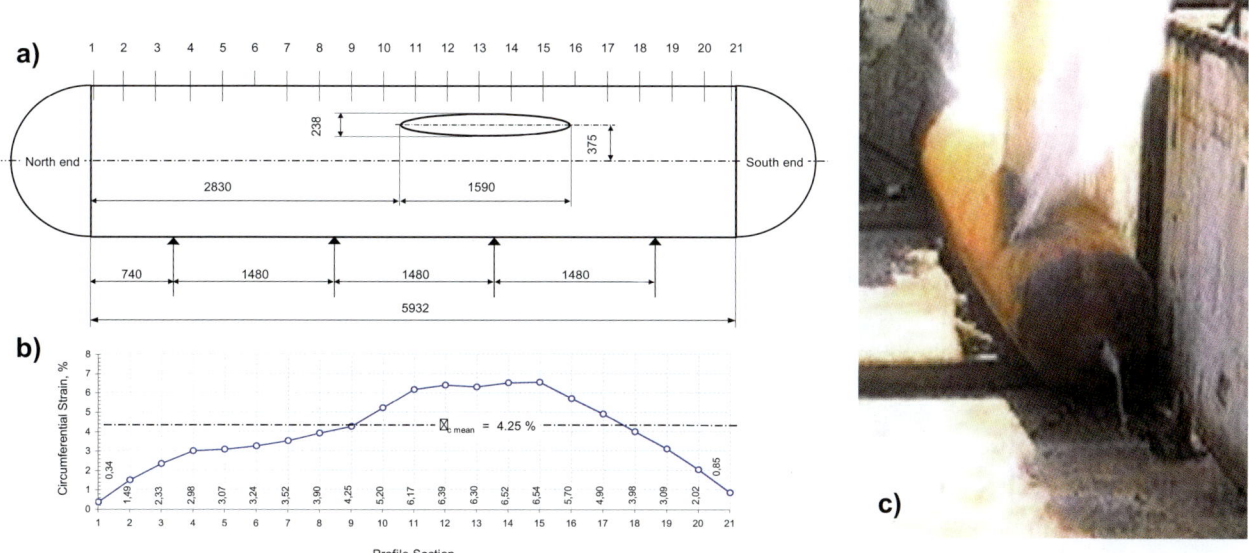

Bild 6.12 Berstversuch an einem Leitungsrohr (c) mit Rohrskizze nach Versuch (a) und ermittelter Umfangsdehnung (b)

durch stetig ansteigenden Innendruck bis zum Bersten belastet wird. Die Prinzipskizze in Bild 6.12 a zeigt neben der Lage des Bruchs auch Positionen von Seilzugwegaufnehmern (1 bis 21), die die Rohraufweitung bei steigendem Innendruck messen. Die ermittelten plastischen Verformungen und ein daraus abgeleiteter Mittelwert für die Verformbarkeit des Rohres sind in Bild 6.12 b dargestellt. Durch diese Versuche wird ein Eindruck von den Festigkeits- und Verformungsreserven von Leitungsrohren gewonnen.

Erdöl- und Erdgasvorkommen werden in immer entlegeneren Gebieten erschlossen. Dies führt oft zur Notwendigkeit, Rohrfernleitungen durch Gebiete zu führen, in denen das Auftreten von Erdbewegungen oder auch Erdbeben nicht ausgeschlossen werden kann. Für diese Bereiche werden hohe Anforderungen an die Dehnungseigenschaften von Leitungsrohren in Längsrichtung gestellt und im Zugversuch durch Bruch- und Gleichmaßdehnung charakterisiert.

Um das Versagen von Rohren und Rohrleitungen unter diesen extremen Belastungen besser zu verstehen, werden Biegeversuche an Rohrabschnitten durchgeführt. Dabei wird unter anderem auf das erste Auftreten von Ausbeulungen geachtet. Bei den teilweise sehr großen Abmessungen der Leitungsrohre sind hierzu besondere Prüfanlagen erforderlich.

In Bild 6.13 ist eine solche Prüfanlage gezeigt. Es können höchstfeste Leitungsrohre (Dehngrenze >690 MPa) bis zu einem Durchmesser von 1422 mm (56") und 30 mm Wanddicke und unter Innendruck von mehr als 100 bar verformt werden. Zur Aufbringung der Biegekräfte sind Druckzylinder mit insgesamt 10 MN Druckkraft installiert. Bild 6.13 b zeigt einen Rohrabschnitt mit Ausbeulung nach einer solchen Prüfung. Die ermittelten Verformungsgrenzen werden u. a. zum Vergleich mit Finite-Elemente-Berechnungen herangezogen und dienen der besseren Auslegung von Rohrleitungen

durch gefährdete Gebiete sowie der Entwicklung von Rohren mit höheren Dehngrenzen.

6.2.2 Widerstand gegen langlaufende Risse

Mit dem Aufbau von Gasfernleitungsnetzen in den USA und Europa seit etwa 1950 stand die Sicherheit des sich ständig vergrößernden Rohrleitungssystems im Vordergrund. Das Gasfernleitungsnetz in Europa weist heute eine Rohrlänge von mehr als 200 000 km auf. Die größtmögliche Gefährdung für eine Gasfernleitung ist das Auftreten von sogenannten langlaufenden Rissen. In den 1960er und 1970er Jahren wurde dieses Phänomen in den USA beobachtet. Es kam zum Aufreißen einiger Gasrohrfernleitungen teils bis zu mehreren Kilometern Länge (Knauf 2002).

Langlaufende Risse in Gasfernleitungen können durch massive Beschädigung einer Leitung z. B. durch Bruchbildung bei Erdbewegungen, durch äußere Eingriffe wie die von Baggerschaufeln oder durch Korrosionsschädigung ausgelöst werden. Wenn sich dabei überkritische Fehlerlängen einstellen, führt dies zur beidseitigen Rissausbreitung mit Geschwindigkeiten von >100 m/s. Ist das Zähigkeitsniveau des Rohrwerkstoffs nicht hoch genug, stellt sich ein Gleichgewicht aus Rissfortschritts- und Dekompressionsgeschwindigkeit des Gases im Rohrstrang mit sich stetig verlängernden Rissen ein.

Verschiedene Vereinigungen und Forschergruppen beschäftigen sich mit den Anforderungen an Pipelines und führen dazu Forschungsprojekte durch. Im Zusammenhang mit dem Stopp von Rissen in Pipelines seien hier die American Gas Association (AGA, ein Zusammenschluss von über 200 Energieversorgern in den USA, gegründet 1918), das Pipeline Research Council International (PRCI, eine seit 1952 global arbeitende Organisation der gemeinsamen Forschungsentwick-

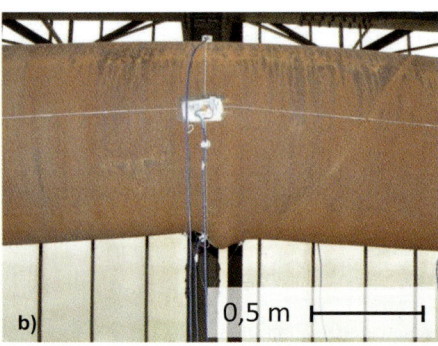

Bild 6.13
Prüfanlage zur Verformung von Großrohren (a) und Beule nach Biegung (b)

lung für die Pipelineindustrie) sowie die European Pipeline Research Group (EPRG, eine europäische Gruppe aus Rohrherstellern und Gastransportgesellschaften, die seit 1972 die gemeinsamen Interessen bezüglich der Betriebsfestigkeit von Rohrleitungen vertritt) genannt. Untersuchungen dieser Institutionen, der AGA (Maxey 1975) und später des PRCI (PRCI 2015) und der EPRG (EPRG 2015), führten zu Vorgaben von Mindestzähigkeitswerten für Rohrwerkstoffe, um den Stopp von langlaufenden Rissen sicherzustellen.

Auf Basis von Versuchsprogrammen konnten Zähigkeitskennwerte an Laborproben mit Ergebnissen aus Großversuchen korreliert werden. Bei den Laborprobenuntersuchungen handelt es sich um Kerbschlagbiegeprüfungen und Fallgewichtsversuche (Drop Weight Tear Test – DWT) nach Battelle an Vollwandproben (API RP5L3, Völling 2012). Durch Einhalten eines Mindestanteils zäher Bruchfläche im DWT-Versuch von > 85 % wird sichergestellt, dass das Bruchverhalten in einer Rohrleitung nicht spröde, sondern duktil ist. Beim Vorliegen von definierten Mindestkerbschlagzähigkeiten (Charpy-V-Notch: CVN) wird dann Rissstopp erreicht.

Großversuche zum Rissstopp sollen das Verhalten einer Rohrleitung simulieren. Sie wurden und werden in Europa auf Militärgeländen in Großbritannien und Italien durchgeführt. Hierzu werden Rohre zu einem Rohrleitungsabschnitt von ca. 50 bis 70 m zusammengeschweißt. Dies erfolgt typischerweise mit einem mittig angeordneten Rissstarterrohr mit einer niedrigen Kerbschlagzähigkeit (Bild 6.14 a). Daran schließen Rohre mit jeweils steigender Kerbschlagzähigkeit an beiden Seiten an. Die Prüfstrecke ist durch Betonblöcke verankert (schwarze Rechtecke in der Prinzipskizze

Bild 6.14 a) und noch durch weitere Rohre verlängert. Vor dem Versuch werden Messmittel – unter anderem zur Druck-, Temperatur- und Rissgeschwindigkeitsmessung – installiert, eine Schneidladung zur Erzeugung einer kritischen Risslänge angebracht, die Leitung eingeerdet und der Rohrleitungsabschnitt mit Luft oder Erdgas bis zum gewünschten Innendruck gefüllt. Durch Zünden der Schneidladung wird die Rissausbreitung in beide Richtungen gestartet. In Bild 6.14 a ist beispielhaft das Ergebnis eines dieser Versuche dargestellt. Auf der linken Seite kam hier der Riss im zweiten Rohr bei einer Kerbschlagenergie von ca. 150 J, auf der rechten Seite im dritten Rohr (ca. 300 J) zum Stehen. Die Rissausbreitungsgeschwindigkeit lag im Starterrohr bei maximal 280 m/s und fiel in den Rissstopprohren schnell von Werten um 120 m/s ab. Bild 6.14 b zeigt einen Rissstoppbereich.

6.2.3 Offshore-Pipelines – mechanisch-technologische Anforderungen

Für das Verlegen und den sicheren Betrieb von Offshore-Rohrleitungen werden besondere Anforderungen an die Geometrie und die mechanisch-technologischen Eigenschaften der eingesetzten Rohre gestellt. Ovalitäten unterhalb 1 % des Rohrdurchmessers erleichtern das schnelle und passgenaue Verschweißen der Rohre auf dem Verlegeschiff und sind ein wichtiger Beitrag zur Kollapsbeständigkeit von Offshore-Leitungen. Insbesondere bei großen Wassertiefen sind neben einer geringen Ovalität auch hohe Druckdehngrenzen in Umfangsrichtung erforderlich und durch Druckversuche nachzuweisen.

Die zu erreichenden Kennwerte werden in aller Regel

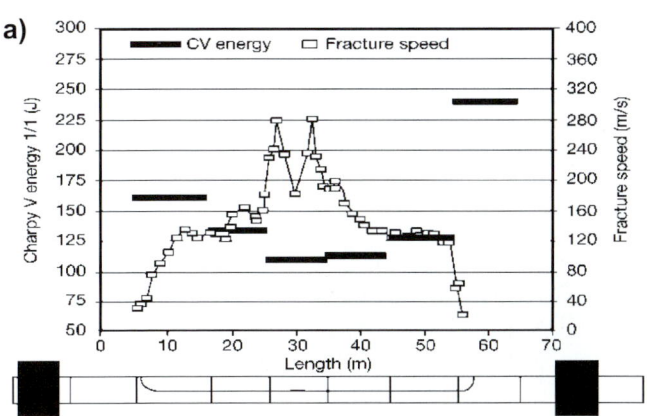

Bild 6.14 Aufbau eines Rissstopp-Großversuchs (a) (Knauf 2002a) und Bruchabschnitt mit Rissstopp (b)

gemäß den Designvorschriften der DNV-OS-F101 berechnet. Je nach Rohrherstellungsverfahren sind danach Fabrikationsfaktoren α_{fab} für den Kollapswiderstand zu berücksichtigen. Während α_{fab} für Nahtlosrohre mit 1 angesetzt wird, ist für UOE-Rohre ein Abminderungsfaktor von 0,85 zu berücksichtigen. Der durch das Kaltexpandieren auftretende Bauschinger-Effekt bewirkt eine Reduzierung der Druckdehngrenzen und damit der ertragbaren Kollapsdrücke. Durch eine Wärmebehandlung, wie sie beim Beschichten der Rohre zum Korrosionsschutz auftritt, wird dieser nachteilige Effekt aber wieder kompensiert (Liessem 2008). Dies zeigen Kollapsversuche an UOE-Rohrabschnitten (Bild 6.15, Bild 6.16).

Wenn Rohrleitungen im Reeling-Verfahren verlegt werden, treten beim Aufwickeln der verschweißten Rohre an Land und beim Abwickeln während des Verlegens plastische Verformungen in Längsrichtung von jeweils ca. 2 % auf. Der Nachweis, dass die Rohre für diese Beanspruchungen geeignet sind, erfolgt gemäß DNV-OS-F101 durch Simulation der Verformungsabfolge an Probenabschnitten mittels Zug- und Stauchbelastungen sowie einer künstlichen Alterung durch Auslagerung bei 250 °C. Danach werden aus den so konditionierten Probenabschnitten Zug- und Kerbschlagproben entnommen und geprüft. Alternativ zur Simulation der Reeling-Beanspruchung an Kleinproben werden Biegeversuche an ganzen Rohren durchgeführt (Bild 6.17), aus denen danach entsprechend Laborproben entnommen werden.

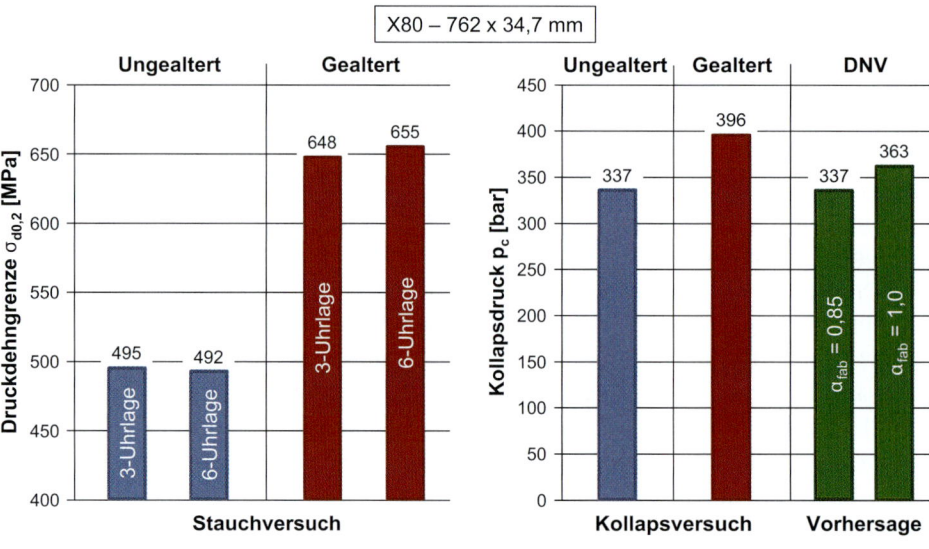

Bild 6.15
Effekt der Wärmebehandlung auf die Druckdehngrenze und den Kollapsdruck von UOE-Rohren nach (Liessem 2008)

Bild 6.16
Kollapsversuch an einem UOE-Rohr, Einbau (a), nach dem Versuch (b)

Bild 6.17 Reelingsimulation an Rohrabschnitten

6.2.4 Schweißverhalten

Sowohl bei der Herstellung geschweißter Rohre in den verschiedenen Prozessen als auch bei der schweißtechnischen Verarbeitung während des Verlegens einer Pipeline liegen hohe Anforderungen an die Schweißtechniken und Schweißprozesse vor. Diese werden durch die steigenden Ansprüche an das Gesamtsystem Pipeline und damit an die werkstofftechnischen Eigenschaften weiter verschärft. Aus dem Einsatz immer höherfester Werkstoffe resultiert beispielsweise die Gefahr der wasserstoffinduzierten Rissbildung, die besondere Maßnahmen in der Schweißtechnik nach sich zieht. Ein weiterer Eigenschaftsbereich, der immer stärkere Bedeutung gewonnen hat, ist die Werkstoff- bzw. Schweißnahtduktilität. Um diese erhöhten Anforderungen sicher zu erfüllen, müssen adäquate Schweißzusätze sowie angepasste Schweißverfahren und Verarbeitungsparameter ausgewählt werden (Düren 1989).

Grundsätzlich kann es bei ungeeignetem Schweißverfahren oder ebensolcher Schweißdurchführung zur Riss- oder Porenbildung kommen, die es zu vermeiden gilt. Die Werkstoff- und Schweißgutzusammensetzung bestimmt zusammen mit der Abkühlgeschwindigkeit nach dem Schweißen die Aufhärtung (Zunahme der Härte, also auch der Festigkeit) im Schweißgut und in der Wärmeeinflusszone (WEZ) der Schweißnaht. Die Abkühlgeschwindigkeit wird dabei in der Schweißtechnik üblicherweise über die sogenannte $t_{8/5}$-Zeit bestimmt und verglichen, die die Zeit wiedergibt, in der eine Abkühlung von 800 auf 500 °C erfolgt (Schulze 2003). Die Geometrie der zu verschweißenden Bauteile kann zu weiteren Spannungen (Eigenspannungen) führen. Im Zusammenhang mit wasserstoffinduzierter

Rissbildung muss insbesondere bei Schweißnähten mit hoher Festigkeit der Anteil an Wasserstoff gering gehalten werden. Diese Rissbildung führt zu dem in der Schweißtechnik als Kaltrissbildung bezeichneten Schweißfehler (Bild 6.18) (Düren 1989). Als wirksamste Methode zur Vermeidung dieser Zustände wird grundsätzlich empfohlen, die mangelhaften Rohre so weit vorzuwärmen, dass zumindest eine Schwitzwasserfreiheit besteht. Dieses entspricht i. A. einer Vorwärmtemperatur von mindestens 80 °C (Niederhoff 1998).

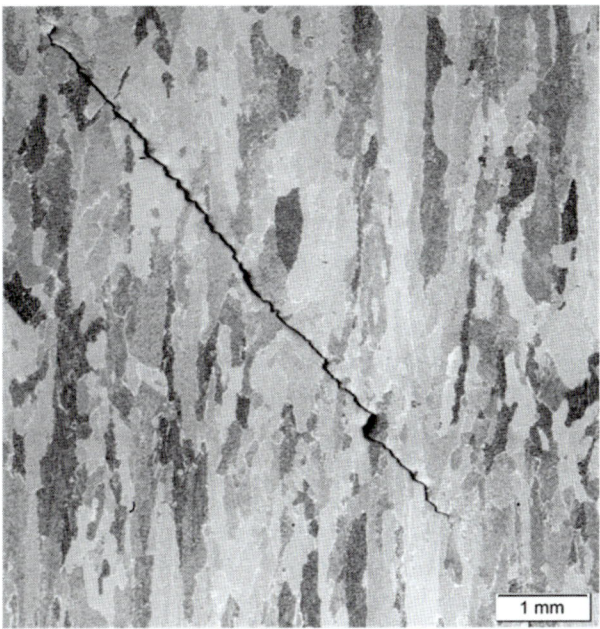

Bild 6.18 Typische Ausprägung eines Kaltrisses im Schweißgut

Entsprechend wird in den verschiedenen Regelwerken auf Maßnahmen zur Vermeidung von Kaltrissen ein besonderes Augenmerk gelegt. Diese beinhalten Angaben und Empfehlungen für das Rundnahtschweißen mit den konventionell eingesetzten Schweißprozessen wie dem Lichtbogenhand-(E)-, Metallschutzgas-(WIG oder MAG)- und Unterpulver-(UP)-Verfahren (Uwer 1991a, Uwer 1996). Hier werden Konzepte zur Bestimmung der für rissfreies Schweißen erforderlichen Vorwärmtemperatur in Abhängigkeit vom Kohlenstoffäquivalent der Stähle unter Berücksichtigung des Wasserstoffgehaltes und hoher Spannungen im Bereich der Streckgrenze der Stähle vorgestellt.

Zur Abschätzung der Schweißeignung wird das Kohlenstoffäquivalent herangezogen. Dieses beschreibt die Wirkung verschiedener Legierungselemente auf die

Aufhärtungsneigung des Stahls. Die Neigung eines Werkstoffs bzw. Gefüges zur Rissbildung wird dabei nicht allein vom Kohlenstoffgehalt, sondern auch von den weiteren Legierungselementen z. T. wesentlich mitbestimmt (Schulze 2003, Uwer 1991a). Die Stärke des Einflusses der verschiedenen Elemente wurde empirisch ermittelt und durch entsprechende Faktoren – auch Äquivalenzzahlen genannt – bezogen auf die rissbegünstigende Wirkung von Kohlenstoff festgelegt. Es sind verschiedene Formeln zur Bestimmung des Kohlenstoffäquivalents – abhängig von der Anwendung, den Schweißparametern und der Stahlgruppe – bekannt.

Eine für C-Mn-Stähle häufig verwendete Beziehung des Kohlenstoffäquivalents ist beispielsweise die für längere Abkühlzeiten (z. B. $t_{8/5}$ = 10 s) geltende IIW-Formel (6.1) (Schulze 2003).

$$CE_{IIW} \text{ in } \% = C + Mn/6 + (Cr + Mo + V)/5 + (Ni + Cu)/15 \qquad (6.1)$$

Speziell zur Vermeidung von Kaltrissen, wie es im konkreten Fall des Rundnahtschweißens beim Verlegen von Leitungsrohren von Bedeutung ist, wurde von Uwer und Höhne (Uwer 1991b, SEW 088) das Kohlenstoffäquivalent CET (Formel 6.2) entwickelt.

$$CET \text{ in } \% = C + (Mn + Mo)/10 + (Cr + Cu)/20 + Ni/40 \qquad (6.2)$$

Bei der schweißtechnischen Verarbeitung von Linepipestählen wird außerdem das Äquivalent PCM (Formel 6.3) herangezogen. Dieses in Japan entwickelte Kohlenstoffäquivalentkonzept beruht auf Ergebnissen und Untersuchungen von Ito und Bessyo (Ito 1969), weshalb es auch oft als Ito- und Bessyo-Beziehung bezeichnet wird. Es ist vornehmlich für kurze Abkühlzeiten und Wurzelschweißungen einsetzbar, bei denen es im Allgemeinen als zuverlässiger als die IIW-Beziehung gilt.

$$PCM \text{ in } \% = C + Si/30 + (Mn + Cu + Cr)/20 + Mo/15 + Ni/60 + V/10 + B \times 5 \qquad (6.3)$$

Aus diesen drei Konzepten wird deutlich, wie unterschiedlich der Einfluss einzelner Legierungselemente auf die Schweißeignung in Abhängigkeit der Schweißprozesse und der späteren Anwendungsfälle interpretiert werden kann. Allerdings wird die Härte in der Wärmeeinflusszone einer Schweißung (WEZ) nicht nur von der chemischen Zusammensetzung des Stahls, sondern insbesondere auch von der Abkühlzeit $t_{8/5}$ bestimmt (Schulze 2003). Im Grenzfall ergibt sich somit für eine Abkühlung, die zu einem rein martensitischen Gefüge führt, ein Kohlenstoffäquivalent von CE = C, da die Härte dann allein vom Kohlenstoffgehalt bestimmt wird.

In diesem Kontext ist zu beachten, dass das Kohlenstoffäquivalent, also die Abschätzung der Aufhärtungsneigung des verwendeten Stahls, nur eine von zahlreichen Einflussgrößen ist, sodass es alleine keine ausreichende Information zur Schweißeignung gibt. Zusätzliche wesentliche Faktoren zur Abschätzung der Gefahr der Kaltrissbildung sind Eigenspannungen und Wasserstoffgehalt in der Schweißnaht, die insbesondere bei den immer höheren Festigkeitsklassen nicht unberücksichtigt bleiben dürfen.

Neben der Abschätzung der Schweißeignung eines Stahls dient das Kohlenstoffäquivalent auch als Grundlage für die Berechnung der Mindestvorwärmtemperatur Tp vor dem Schweißen sowie der Abkühlzeit $t_{8/5}$, die notwendig sind, um eine Kaltrissbildung nach Abkühlen der Schweißnaht ausschließen zu können (Schulze 2003). Genauere Informationen und Angaben zu den Formeln zur Berechnung der Abkühlzeit, der Mindestvorwärmtemperatur etc. sind im Stahl-Eisen-Werkstoffblatt (SEW) 088 bzw. in der DIN EN 1011-1 enthalten.

Entsprechend den beschriebenen Abschätzungen zur Kaltrissneigung über das Kohlenstoffäquivalent und den empfohlenen Schweißparametern wird das Schweißverfahren festgelegt. Vor der Aufnahme der Schweißarbeiten beim Verlegen sind Schweißverfahrensprüfungen (z. B. nach DIN EN ISO 15614) sowie Qualifizierungen der Schweißer unabdingbar, deren Art, Umfang und Durchführung in Abstimmung mit Sachverständigen festzulegen sind. Damit wird die Qualifikation von Personal, Ausrüstung und Verfahren nachgewiesen.

6.2.5 Korrosionseigenschaften

Rohrleitungen sind sowohl außen im Kontakt mit der umgebenden Atmosphäre bzw. dem Erdreich als auch innen im Kontakt zum geförderten Medium der Gefahr der Korrosion ausgesetzt. Als Korrosion wird allgemein die Reaktion eines Werkstoffes mit seiner Umgebung bezeichnet. Sie führt zu einer messbaren Veränderung des Werkstoffes und kann eine Beeinträchtigung der Funktion bewirken. Nach DIN EN ISO 8044 kann eine Einteilung in Flächenkorrosion, Muldenkorrosion, Lochkorrosion oder Spaltkorrosion vorgenommen werden. Grundsätzlich sind alle Arten der Korrosion bzw. ihre nennenswerten Auswirkungen auf das Leitungsrohr zu vermeiden.

Die bekannteste Art der Korrosion ist die Sauerstoffkorrosion. Dabei wirkt Sauerstoff (z. B. Luftsauerstoff) als Oxidationsmittel unter der Bildung von Eisenoxiden (Rost). Zur Vermeidung ist der Zutritt von Sauerstoff zur Stahloberfläche sowie die Beschädigung oder der Angriff der ausgebildeten Eisenoxidschicht zu minimieren. Leitungsrohre werden daher zum Korrosionsschutz beschichtet.

Wenn Eisen mit einem anderen Metall in Berührung kommt, entsteht an der Kontaktstelle ein Lokalelement, das zur Korrosion des unedleren Metalls führt. Der Korrosionsvorgang wird zudem durch die Anwesenheit von Salzen beschleunigt, da diese die Leitfähigkeit und damit auch die Ionenwanderung erhöhen können. Dies hat für Leitungsrohre dann eine Bewandtnis, die bei der Auslegung zu beachten ist, wenn verschiedene Arten von Stählen oder anderen Metallen mit Rohrleitungen aus niedriglegierten Stählen verbunden werden.

Mikrobiologisch induzierte Korrosion oder Biokorrosion wird durch direkten Eingriff oder durch Stoffwechselprodukte von Mikroorganismen ausgelöst. Eine nicht geschützte Offshore-Rohrleitung wäre einer solchen Beanspruchung ausgesetzt.

Spannungsrisskorrosion ist eine transkristalline (durch das Gefügekorn verlaufende) oder interkristalline (entlang der Korngrenzen des Gefüges verlaufende) Rissbildung in Werkstoffen unter dem gleichzeitigen Einfluss von Zugspannung. Im Bereich der Leitungsrohre ist diese Art der Korrosion sowohl bei der schweißtechnischen Verarbeitung als auch bei dem Betrieb einer Rohrleitung zu beachten. Wasserstoffinduzierte Spannungsrisskorrosion kann u. a. bei hochfesten Werkstoffen mit erhöhtem Wasserstoffgehalt, der beispielsweise beim Schweißen eingebracht werden kann, und dem Vorliegen von Eigenspannungen und ggf. überlagerten äußeren Spannungen eintreten.

Bei der Säurekorrosion (z. B. mit Salzsäure) löst sich das Metall unter der Bildung von Fe(II)-Ionen und Wasserstoff auf, welcher in molekularer Form entweicht. Einen besonderen Fall der Säurekorrosion stellt die Schwefelwasserstoffkorrosion dar. Diese Art der Korrosion ist für den Betrieb von Rohrleitungen aus niedrig-

legiertem Stahl besonders wichtig und wird daher ausführlicher behandelt.

Bei Anwesenheit von Schwefelwasserstoff (H_2S) ist die Rekombination der entstandenen Wasserstoffatome zu Wasserstoffgas eingeschränkt, sodass atomarer Wasserstoff in höheren Konzentrationen in den Stahl hineindiffundieren kann. Dieser kann die Initiierung von Hydrogen Induced Cracking (HIC) und Sulfide Stress Cracking (SSC) sowie auch Stress Oriented Hydrogen Induced Cracking (SOHIC) einleiten.

Im Falle der wasserstoffinduzierten Rissbildung (Hydrogen Induced Cracking) rekombinieren Wasserstoffatome im Stahl unter der Ausbildung von Wasserstoffgas, welches einen typischen planaren HIC-Riss erzeugt. Stufenförmige HIC-Risse werden auch als Stepwise Cracking bezeichnet (Bild 6.19). Als Auslöser können Mangansulfide oder andere nichtmetallische Einschlüsse im Stahl, Seigerungszeilen oder Gefügeinhomogenitäten dienen.

Sulfide Stress Cracking ist dem grundsätzlichen Phänomen der Spannungsrisskorrosion zuzuordnen und stellt eine besondere Form des Stress Corrosion Cracking (SCC) dar. Die gleichzeitige Einwirkung von Wasserstoff und mechanischer Belastung führt zu einer Versprödung des Materials und einer Rissinitiierung in Bereichen mit hoher Härte oder Gefügeinhomogenitäten. Eine typische Ausprägung eines spannungsinduzierten SSC-Risses ist in Bild 6.20 gezeigt.

Stress Oriented Hydrogen Induced Cracking ist eine besondere Form der Rissbildung und bis jetzt wenig untersucht. Die Initiierung von typischen gestapelten SOHIC-Rissen kann unter gleichzeitiger Einwirkung

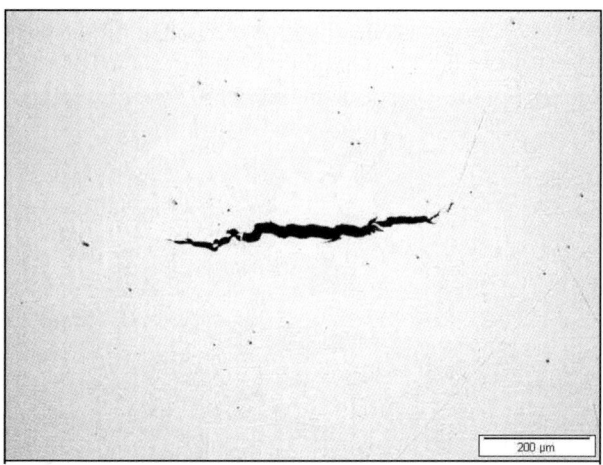

Bild 6.19 Rissbildung durch Hydrogen Induced Cracking (HIC): Stepwise Cracking

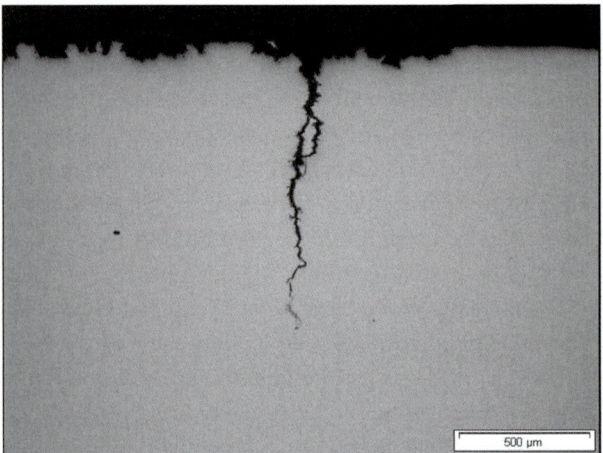

Bild 6.20 Rissbildung durch Sulfide Stress Cracking (SSC)

störungsfreier Prüfmethoden zur Bestimmung der Risslängen sowie danach metallografisch an je drei Schliffen untersucht. Aus den gemessenen Rissgrößen lassen sich die Rissparameter Crack Length Ratio (CLR), Crack Thickness Ratio (CTR) und Crack Sensitivity Ratio (CSR) berechnen. Eine typische Akzeptanzgrenze nach ISO 15156-2 ist CLR < 15 %, CTR < 5 % und CSR < 3 %.

Für die Prüfung der SSC-Beständigkeit existieren mehrere Methoden. So werden in der Norm NACE TM0177 vier verschiedene Prüfverfahren beschrieben, unter anderem die Methode A, ein Zugversuch an einer Rundzugprobe im sauren Medium unter einer konstanten Last. Methode D, der DCB-Test (Double Cantilever Beam), erlaubt es, die Fähigkeit eines Materials zu prüfen, das Wachstum eines Spannungsrisses zu stoppen. Als für Leitungsrohre besonders geeignet hat sich jedoch der Vierpunktbiegetest erwiesen (EFC 16). Die Art der Probeneinspannung und Aufbringung der Biegebeanspruchung ist in Bild 6.22 gezeigt. Die Probenbelastung liegt üblicherweise zwischen 72 % und 90 % der Streckgrenze des Rohrmaterials und wird durch Biegung aufgebracht, wobei die Messung entweder über die Auslenkung (ASTM G39) oder Dehnungsmessstreifen erfolgt. Mehrere der in Spannvorrichtungen eingebauten Proben können gleichzeitig in der Prüflösung für eine Prüfdauer von 30 Tagen ausgelagert werden. Anschließend erfolgt eine visuelle Rissprüfung, Magnetpulverprüfung und häufig auch eine metallografische Untersuchung.

Ein kombinierter Beständigkeitstest ist der Vollring oder „CAPCIS"-Test nach OTI 95635, bei dem ein kom-

einer (tri-axialen) Belastung bevorzugt in niedrigfesten Werkstoffen mit einem ferritischem Gefüge erfolgen.

Für den Einsatz von Rohren unter sauren Bedingungen, d. h. für den Transport von Öl oder Gas mit einem Anteil an Schwefelwasserstoff, ist eine Beständigkeitsprüfung gegenüber Sauergaskorrosion erforderlich. Diese Beständigkeitstests finden im Vergleich zum späteren Einsatz unter besonders scharfen Bedingungen statt, die es ermöglichen, die Anforderungen an das Rohr in einem relativ kurzen Zeitintervall zu untersuchen.

Die HIC-Beständigkeitsprüfung erfolgt üblicherweise nach der Norm NACE TM0284 unter verschiedenen Prüfbedingungen je nach Beständigkeitsanforderung. Dabei werden definierte Proben für 4 Tage in einer sauren Umgebung unter Schwefelwasserstoff in einer wässrigen Lösung ausgelagert. Ein typisches Probengefäß mit dem Aufbau zur Auslagerung der Proben ist in Bild 6.21 dargestellt. Die Proben werden mittels zer-

Bild 6.21 Prüfaufbau für die HIC-Prüfung

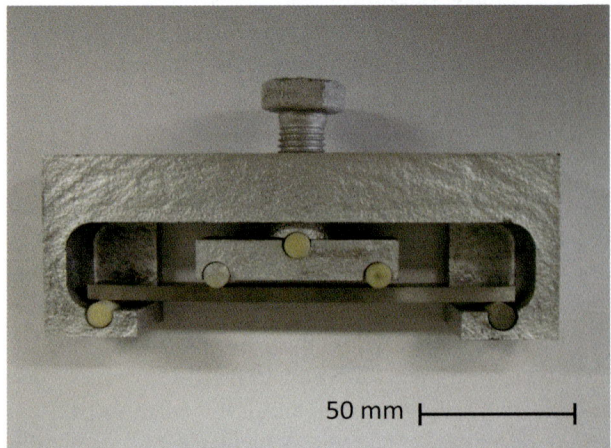

50 mm

Bild 6.22 SSC-Prüfung: Probeneinspannung bei Vierpunktbiegeprüfung nach (EFC 16)

pletter Rohrabschnitt belastet und mit Prüfmedium gefüllt wird. Bild 6.23 zeigt die Belastung des Rohrringes durch eine mechanische Verformung mit einem hydraulischen Druckstempel und die Bestimmung des Verformungsgrades über Dehnungsmessstreifen. Nach der Belastung wird der Hydraulikzylinder entfernt, das Rohr verschlossen und für 30 Tage mit Prüflösung gefüllt, die mit Schwefelwasserstoff gesättigt ist. Nach dem Testende erfolgt eine visuelle Prüfung der Rohrinnenseite, neben Ultraschalluntersuchung, Magnetpulverprüfung der Rohrinnenseite und metallografischer Untersuchung.

Neben den beschriebenen Verfahren, die gegenüber der tatsächlichen Korrosionsbelastung im Betrieb deutlich verschärfte Bedingungen abprüfen, werden zunehmend Korrosionsprüfungen nach dem „Fit-for-Purpose"-(FFP)- oder „Fit-for-Service"-Konzept entwickelt. Danach kann eine Qualifizierung eines Werkstoffes für die spätere Anwendung unter milden und definierten Sauergasbedingungen durch Beständigkeitstests unter Testbedingungen in Anlehnung an die Einsatzbedingungen erfolgen. Entsprechende Parameter sind der pH-Wert oder der Schwefelwasserstoffpartialdruck, wobei bei niedrigen Schwefelwasserstoffgehalten häufig längere Testdauern von bis zu 3 Monaten gefordert werden können.

6.2.6 Beschichtungen

Stahlrohre werden zumeist sowohl innen als auch außen mit einer organischen Beschichtung versehen. Dabei werden die Beschichtungen an die Bedingungen der Verlegung und des Betriebs, z. B. Bodenbeschaffenheit, sowie an das zu transportierende Medium angepasst.

Die Rohraußenbeschichtung wird als passiver Korrosionsschutz eingesetzt (Brecht 2009). In den 1930er Jahren wurden überwiegend Steinkohlenteer und Bitumen als Rohraußenbeschichtung verwendet. Heute sind diese Beschichtungen weitgehend durch 3-Lagen-Polyolefine und Fusion-Bonded-Epoxy-(FBE)-Beschichtungen abgelöst. Die Norm DIN 30675-1 gibt einen guten Überblick über die zurzeit gebräuchlichen Beschichtungssysteme.

Je nach spezieller Anforderung für eine bestimmte Anwendung können Beschichtung und Schichtdicke variieren. Für eine grabenlose Verlegung, z. B. zur Unterquerung von Flüssen, Straßen oder Bahnlinien, wird häufig noch eine zusätzliche Lage als mechanischer Schutz verwendet. Bei 3-Lagen-Polyolefin-Beschichtungen bestehen diese zusätzlichen Lagen meist aus glasfaserverstärktem Kunststoff (GFK) oder Faserzementmörtel (FZM). Eine neue Entwicklung sind 4-Lagen-Beschichtungen mit einer Decklage aus Polyamid auf der darunter liegenden Schicht aus High Density Polyethylen (HDPE) (Betz 2015) (Bild 6.24), welche ebenfalls eine gute mechanische Belastbarkeit aufweisen und dafür kostengünstiger als GFK sind.

Leitungsrohre für Wasser oder wässrige Medien werden häufig mit einer Zementauskleidung versehen.

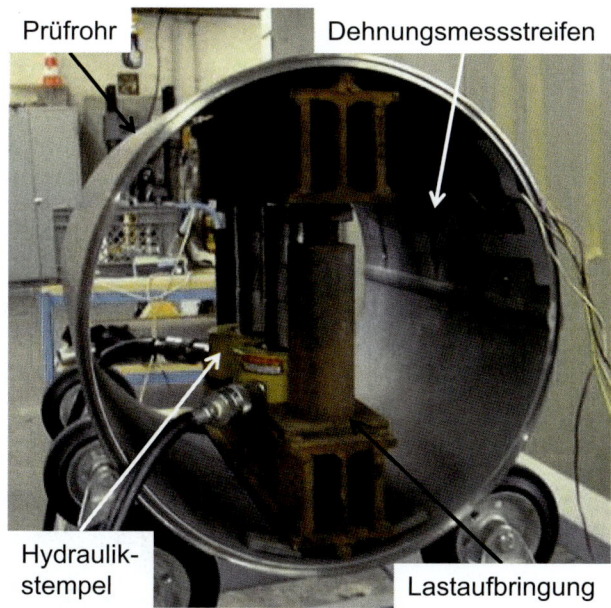

Bild 6.23 Prüfaufbau für einen CAPCIS-Test mit dem zu prüfenden Rohrabschnitt; die Schweißnaht ist im Bereich der höchsten Last angeordnet

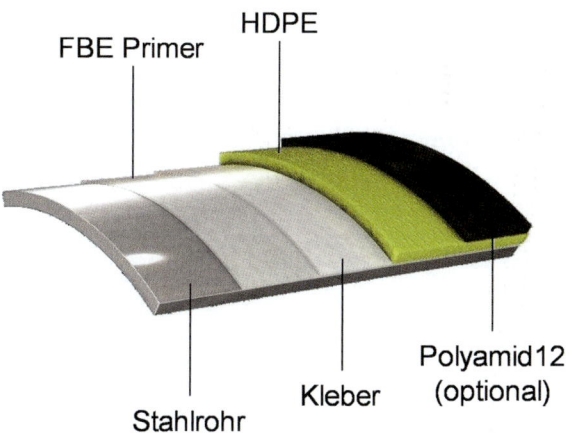

Bild 6.24 Typischer Aufbau eines Beschichtungssystems für Leitungsrohre

Neben der Barrierewirkung wirkt sich bei wenig aggressiven Medien positiv aus, dass der Zement alkalisch ist.

Bei Gaspipelines verwendet man zur Reibungsminderung einen Flowcoat als Rohrinnenbeschichtung (Collet 2013). Dieser Flowcoat besteht aus einer dünnen Epoxidharzbeschichtung mit glatter Oberfläche. Falls im Rohrinneren ebenfalls ein Korrosionsschutz benötigt wird, dann sind andere Beschichtungssysteme mit größerer Schichtdicke erforderlich.

6.3 Eingesetzte Stähle

6.3.1 Stähle für längsnahtgeschweißte Leitungsrohre

Grundsätzlich werden für längsnahtgeschweißte Leitungsrohre un- und niedriglegierte Stähle eingesetzt. Sie werden nach ihrer Gütestufe, also der Streckgrenze, eingeteilt. Entsprechend den einschlägigen Normen und Standards sind dies die Güten von X52 (Streckgrenze 52 ksi oder 360 MPa) bis zu X80 (550 MPa) und X100 (690 MPa). Neben der Streckgrenze sind Grenzen der chemischen Zusammensetzung sowie verschiedene mechanische Anforderungen verlangt. Dabei unterliegen die Forderungen zusätzlich auch Kundenspezifikationen, sodass die speziellen Werkstoffe für geschweißte Leitungsrohre insbesondere bei projektbezogenen Großrohren eigens für das Anforderungsprofil maßgeschneidert werden.

Eine Übersicht gängiger Bereiche der Legierungszusammensetzung von Grobblech für Leitungsrohre ist in Tabelle 6.2 dargestellt. Mit zunehmender Wanddicke sind in der Regel höhere Gehalte an Legierungselementen erforderlich, um die Festigkeitsanforderung zu erfüllen. Dies hat ebenfalls Auswirkungen auf die Schweißbarkeit sowohl der Längsnaht als auch der Rundnaht. Bis zur Gütestufe X70 kann beispielsweise in der Regel auf eine Zugabe von Molybdän verzichtet werden. Im Fall der Gütestufe X80 ist die Zugabe von Molybdän abhängig von der Wanddicke und dem Anforderungsprofil, während diese für die Gütestufe X100 die Regel darstellt.

Wie in Abschnitt 6.1.4 erwähnt, hat die Einführung der thermomechanischen Behandlung von Grobblech und Warmband zu einer deutlichen Verbesserung der mechanischen Eigenschaften gegenüber konventionell gewalztem und normalisiertem Material geführt, die vor allem auf eine Verringerung der Korngröße zurückzuführen ist. Dies wird besonders deutlich, wenn die Entwicklung der Übergangstemperatur von der normalisierten Güte X60 bis zur thermomechanisch gewalzten und beschleunigt abgekühlten Güte X80 betrachtet wird, die in Bild 6.25 schematisch dargestellt ist. Dieses Diagramm zeigt anschaulich, dass die Verringerung der Übergangstemperatur und damit die Verbesserung der Tieftemperaturzähigkeit gegenüber normalisierten Stählen vor allem auf die verringerte Korngröße und die Reduktion des Perlitanteils zurückzuführen ist, während die schwächer ausgeprägte Ausscheidungs- und Versetzungshärtung zwar zu einem Festigkeitszuwachs, aber auch zu einer höheren Übergangstemperatur führen.

Ausschlaggebend für die Verringerung der Korngröße ist, dass die Umformung im Austenitgebiet auf Temperaturbereiche aufgeteilt wird, in denen eine Rekristallisation zuerst erwünscht ist und anschließend unterdrückt wird. Erreicht werden kann dies allgemein durch die gezielte Zugabe von den Mikrolegierungselementen Vanadium, Niob und Titan. Diese drei Elemente unterscheiden sich deutlich in ihrer Löslichkeit im Austenit und somit auch in Hinblick auf ihr Potenzial zur Behinderung der Rekristallisation. Die Löslichkeit von Niob liegt bei modernen Großrohrstählen mit Kohlenstoffgehalten unterhalb von 0,10 Gew.-% und gängi-

Tabelle 6.2 Bereich typischer Legierungszusammensetzungen von Großrohren

Gütestufe	Legierungsanteile in Massen-%							
	C	Si	Mn	Cu	Cr	Mo	Ni	V + Nb + Ti
X65	0,03 – 0,12	≤0,45	1,2 – 2,0	≤0,5	≤0,5	–	≤0,5	≤0,15
X70								
X80						≤0,5		
X100								
X65 sauer	≤0,05	≤0,45	≤1,5			–		

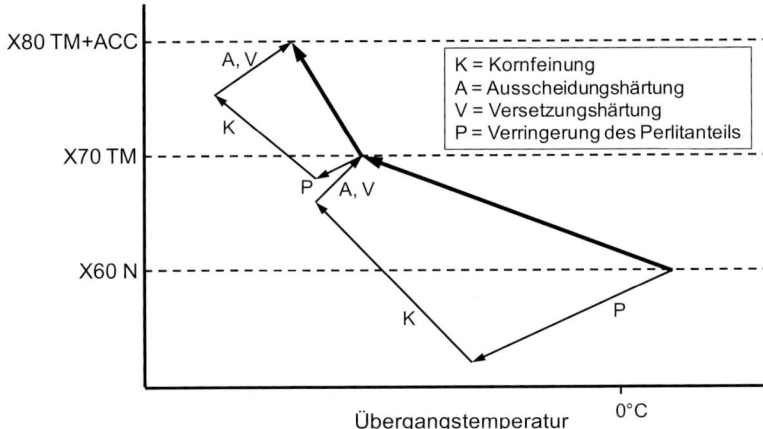

Bild 6.25
Entwicklung der Übergangstemperatur durch die
Einführung der thermomechanischen Behandlung
und der beschleunigten Abkühlung; die Pfeile
verdeutlichen die jeweilige Wirkung der
verschiedenen metallkundlichen Maßnahmen;
nach (Hillenbrand 2001)

gen Stickstoffgehalten zwischen jener von Vanadin und
Titan. Dies erlaubt es, Niob beim Wiedererwärmen der
Brammen in Lösung und im Laufe des Walzprozesses
als Niobkarbonitrid zur Ausscheidung zu bringen.
Diese Niobkarbonitride bewirken eine signifikante Behinderung der Rekristallisation und eine Streckung
des Austenitkorns in Walzrichtung (De Ardo 2001). Mit
zunehmender Umformung ohne Rekristallisation steigt
die Defektdichte im Austenit und somit die Dichte an
potenziellen Keimstellen für die nachfolgende Phasenumwandlung zu Ferrit oder Bainit.

Wird Grobblech oder Warmband aus der Walzhitze ausgehend von einem austenitischen Zustand beschleunigt abgekühlt, so kann dadurch eine bainitische Umwandlung erreicht werden, die zu einer weiteren
Verringerung der Korngröße und des Perlitanteils
führt. Dies bewirkt eine weitere Steigerung der Festigkeit und Zähigkeit gegenüber jenen Güten, die nach
dem Walzen ausschließlich an Luft abkühlen. Wesentliche Faktoren, die dabei eine Rolle spielen, sind die
Legierungszusammensetzung, die Kühlstart- und Kühl-
stopptemperatur sowie die Abkühlgeschwindigkeit. Im

Rahmen der X100-Entwicklung konnte gezeigt werden, dass je nach Legierungszusammensetzung unterschiedliche Legierungs- und Kühlstrategien möglich
sind, um die geforderte Festigkeit zu erreichen (Hillenbrand 2005). So können die Anforderungen durch die
Wahl von hohen Kühlraten und tiefen Kühlstopptempe-
raturen auch bei geringeren Legierungsgehalten erreicht werden. Bild 6.26 zeigt Gefügebeispiele eines
luftabgekühlten Leitungsrohrstahles der Gütestufe X70
sowie zweier höherfester Güten, die beschleunigt abgekühlt wurden.

Der Legierungsbereich von Warmband für Spiralrohre
und HF-Rohre deckt sich nahezu mit jenem für längsnahtgeschweißte Großrohre. Auf die steigende Nachfrage nach Rohren mit höheren Wanddicken haben
Warmbandhersteller mit der Erweiterung ihrer Anla-
genkapazität reagiert (Bremer 2008, Sanchez 2014),
sodass heute Warmband bis 25 mm Wanddicke erzeugt
werden kann. Gleichzeitig ist auch die Entwicklung
von Warmband zu höheren Gütestufen bis X80 über
eine thermomechanische Behandlung erreicht worden. Die gegenüber einem Grobblechwalzwerk einge-

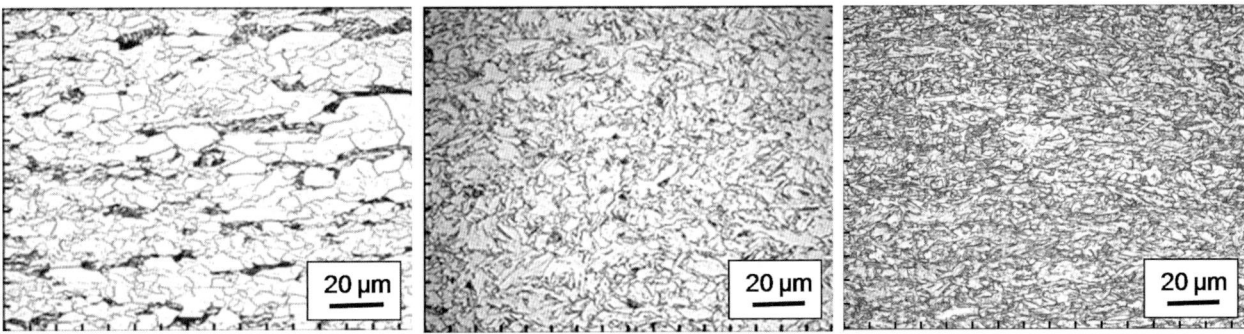

Bild 6.26 Vergleich des Gefüges von modernen Leitungsrohrstählen: X70 (links: ferritisch-perlitisch), X80 (Mitte: ferritisch-bainitisch mit
wenig Perlit) und X100 (rechts: bainitisch)

schränkteren Freiheitsgrade im Walzprozess erfordern hierbei veränderte Legierungskonzepte.

Längsnahtgeschweißte Großrohre erfahren eine mechanische Expansion als letzten Einformschritt. Die dabei eingebrachte plastische Verformung führt zu einem Festigkeitsanstieg in Umfangsrichtung. Dieser Einformschritt erfolgt dagegen nicht bei der Herstellung von HF-geschweißten Rohren oder Spiralrohren. Dies hat zusammen mit dem anderen Herstellverfahren für das eingesetzte Vormaterial zur Folge, dass für letztere Rohrtypen bei vergleichbarer Wanddicke höhere Legierungsgehalte erforderlich sein können als im Fall von expandierten Großrohren.

Aufgrund des Walzprozesses weisen sowohl Warmband als auch Grobblech eine geringe Anisotropie der Festigkeit auf. Ein weiterer Faktor, der auch die Höhe der Legierungsgehalte für Spiralrohre beeinflusst, ist die Einformung. Im Falle von längsnahtgeschweißten Rohren fällt die Umfangsrichtung mit der Querrichtung des Vormaterials zusammen. Dies trifft jedoch nicht auf Spiralrohre zu, bei denen die Rohrlängsachse auch in 45°-Richtung des gewalzten Warmbandes liegen kann. Die herstellungsbedingte Anisotropie der Festigkeitseigenschaften des Vormaterials kann somit dazu führen, dass noch höhere Legierungsgehalte für eine vergleichbare Gütestufe erforderlich werden.

Nicht zuletzt muss bei der Legierungsauswahl auch auf das eingesetzte Schweißverfahren Rücksicht genommen werden. Neben den allgemeinen Regeln der Schweißtechnik kommen hier sowohl beim UP-Schweißverfahren, aber insbesondere beim HF-Schweißen ohne Zusatzwerkstoff die Erfahrungen der Rohrhersteller zum Tragen.

Leitungsrohre für Sauergasanwendungen müssen besondere Werkstoffanforderungen erfüllen, welche schon bei der Stahlherstellung Beachtung finden müssen.

Eine besonders hohe Reinheit mit einer geringen Einschlussdichte und eine spezielle Analyse mit begrenzten Gehalten an Kohlenstoff, Schwefel und Mangan zusammen mit Vakuumentgasung und Calciumbehandlung sind erforderlich. Ein kontrollierter thermomechanischer Walzprozess kann zur Herstellung des Grobbleches und des Warmbandes genutzt werden. Eine genaue Kontrolle der Fertigungsparameter ist während der gesamten Rohrherstellung notwendig. Sauergasbeständige Leitungsrohre sind abhängig von den geforderten Prüfbedingungen in Güten bis zu X80 und Wandstärken bis zu 45 mm verfügbar.

6.3.2 Stähle für nahtlose Leitungsrohre

Im Gegensatz zu den geschweißten Rohren, bei denen bereits das Vormaterial – also das Grobblech oder Warmbreitband – die geforderten Eigenschaften erfüllen muss, werden nahtlose Leitungsrohre in der Regel abschließend wärmebehandelt und ihre Eigenschaften dabei eingestellt. Dies muss bei der Legierungsauswahl berücksichtigt werden, da in der Wärmebehandlung ohne gleichzeitige mechanische Umformung andere Mechanismen eine Rolle spielen als beim thermomechanischen Walzen.

Gerade bei den Leitungsrohren mit höheren Festigkeiten, bereits ab der Gütestufe X60, werden Leitungsrohre zumeist im vergüteten Zustand, also nach einem Härten und geeigneten Anlassen, ausgeliefert. Bild 6.27 zeigt Gefügebeispiele für wasservergütete nahtlose Leitungsrohrstähle der Gütestufen X60 bis X80. Beim Härten wird der Werkstoff über die A_{C3}-Temperatur bis ins Austenit-Gebiet hinein erwärmt. Die resultierende Austenitkorngröße hängt neben der während der Wärmebehandlung eingestellten Temperatur und Haltezeit auch von dem vorher im zur Rohrherstellung eingesetz-

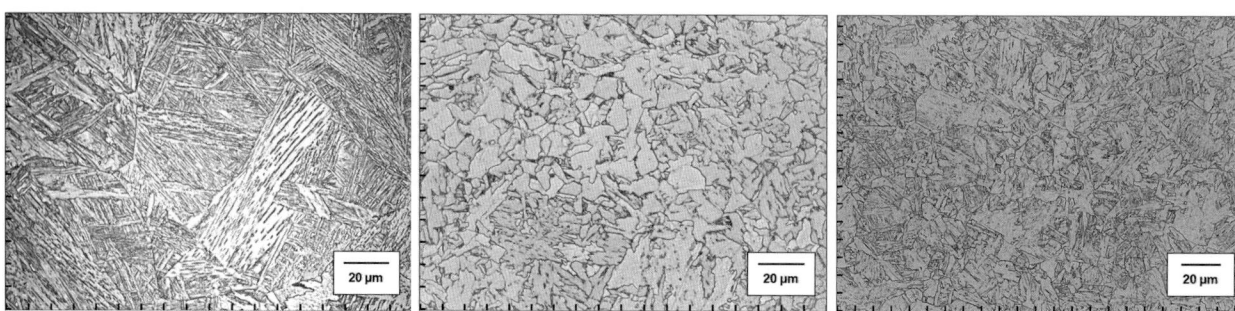

Bild 6.27 Gefügebeispiele von Stählen für vergütete nahtlose Leitungsrohre: X60 (links: angelassener Martensit), X70 (Mitte: hauptsächlich angelassener Bainit) und X80 (rechts: angelassener Bainit, Martensit)

ten Warmwalzprozess und dem dabei entstandenen Gefüge ab. Durch eine Mikrolegierung können im Werkstoff Karbonitride (üblicherweise Niob- und/oder Vanadin-Karbonitride) in geeigneter Größe erzeugt werden. Dabei verhindern insbesondere die Niobkarbonitride ein zu starkes Austenitkornwachstum während des Härtungsprozesses. Die resultierende Austenitkorngröße wird grundsätzlich durch die Wärmebehandlung wesentlich homogenisiert. Durch Abschrecken in Wasser nach der Austenitisierung wird das Rohr gehärtet.

Die anschließende Anlassbehandlung ist auf das Produkt und seine Abmessung abgestimmt. So werden die geforderten mechanisch-technologischen Eigenschaften durch eine geeignete Wärmebehandlung zur Reduzierung der Spannungen des gehärteten Gefüges sowie durch die gezielte Ausscheidung von Karbonitriden (üblicherweise Vanadium-Karbonitride) eingestellt.

Neben den mechanisch-technologischen Eigenschaften müssen auch bei den nahtlosen Rohren die Randbedingungen der Schweißbarkeit (Rundnähte bei der Verlegung von Leitungen) beachtet werden. Für den Einsatz mit sauren Medien gelten die bereits unter 6.3.1 genannten Randbedingungen. Für eine gute Korrosionsbeständigkeit ist eine möglichst homogene Einschlussverteilung im Werkstoff erforderlich. Somit besitzen vollvergütete Nahtlosrohre die beste Sauergasbeständigkeit und werden daher bei speziellen Anforderungen eingesetzt.

6.4 Schlussbemerkungen

Grundsätzlich handelt es sich bei Stählen für Leitungsrohre also um niedriglegierte Stähle mit vergleichsweise geringen Kohlenstoffgehalten, die durch geringe Legierungszusätze und über eine Mikrolegierung mit den Elementen Titan, Niob und Vanadium in Kombination mit den Herstellungsparametern – Umformung-Temperatur-Zeit-Zyklen bzw. abschließende Wärmebehandlung wie ein Vergüten – ihre Eigenschaften über eine gezielte Einstellung der Mikrostruktur erhalten. Zu beachten ist bei Leitungsrohren das komplexe Anforderungsprofil, das sich aus dem Zusammenhang von Rohrherstellung, Rohrverlegung und langfristigem Betrieb der Rohrleitung ergibt. Somit sind verschiedene Bedingungen, wie die mechanisch-technologischen

Eigenschaften in Grundwerkstoff und Schweißnaht (Längsnaht im Rohr und/oder Rohrverbindungsnaht), Bauteileigenschaften, wie der Stopp langlaufender Risse, Schweißeignung, Korrosionseigenschaften und Beschichtungsfähigkeit gleichzeitig einzuhalten. Die zukünftigen Entwicklungen folgen daher auch nicht einem linearen Pfad, wie einer Erhöhung von Festigkeit und Zähigkeit, sondern einer Verbesserung des gesamten Eigenschaftsprofils für gezielte Anforderungskombinationen von Leitungsrohrprojekten. Es wird zunehmend die auf das speziell vorliegende Projekt gezielt zugeschnittene Entwicklung abgefragt – das sogenannte Fit-for-Purpose- oder Fit-for-Service-Konzept.

Literatur zu Kapitel 6

ANSI/API 5L: Specification of Line Pipe. 44th ed., 1 October 2007

API RP5L3: Recommended Practice for Conducting Drop-Weight Tear Tests on Line Pipe. 3rd Ed., Feb. 1996

Bai, Y.; Knauf, G.; Hillenbrand, H.-G.: Materials and Design of High Strength Pipelines. The Tenth International Offshore and Polar Engineering Conference, Seattle, USA, May 28 – June 2 2000

Bai, Q.; Bai, Y.: Subsea Pipeline Design, Analysis, and Installation. Gulf Professional Publishing (2014)

Betz, M.; Kocks, H.-J.; Nordmann, R.: A New Concept in Multi-Layer Coating of Steel Pipes. In: Pipeline Coating 2015, Wien 17.02. – 9.02.2015

Biermann, K.; Kulgemeyer, A.: Schweißen von aus Grobblech gefertigten Rohren aus un- und niedriglegierten Stählen. 4. Stahl-Symposium – Werkstoffe, Anwendung, Forschung, Tagungsband, VDEh, Düsseldorf 2004

Bosch, C.; Haase, T.; Liessem, A.; Schröder, J.: HIC Performance Of Heavy Wall Large-Diameter Pipes For Sour Service Applications Under Fit-For-Service Conditions. Paper presented at CORROSION 2010, 14 – 18 March, San Antonio, Texas, NACE International, 2010, paper 280

Brecht, M.; Kocks, H.-J.: Entwicklung des passiven Korrosionsschutzes von Stahlrohrleitungen. In: gwf Gas | Erdgas – Spezial 1 (2009), S. 14 – 29

Bremer, S.; Flaxa, V.; Knoop, F. M.: A Novel Alloying Concept for Thermo-Mechanical Hot-Rolled Strip for Large Diameter HTS (Helical Two Step) Line Pipe. Proceedings of the 7th International Pipeline Conference, 29 September – 3 October 2008, Calgary, Canada, IPC2008-64678

Brensing, K.-H.; Sommer, B.: Herstellverfahren für Stahlrohre. In: Stahlrohr-Handbuch, 12. Auflage, Vulkan-Verlag, Essen 1995

Bruno, T. V.; Hill, R. T.: Stepwise Cracking of Pipeline Steels – A Review of the Work of the Task Group T-1F-20. Nace Conference CORROSION/80, Paper 6, 3 – 7 March 1980, Chicago, Illinois, USA, siehe auch: H2S Corrosion in Oil & Gas Production – A Compilation of Classic Papers, NACE (1981), S. 307 – 310

Bundesamt für Seeschifffahrt und Hydrographie (BSH), Internetquelle: *http://www.bsh.de/de/Meeresnutzung/Wirtschaft/ Rohrleitungen/Nord_Stream_Gas_Pipeline/Antragsunterlagen/ B22/04_Usedom_Offshore.pdf*, Stand August 2015

6

Collet, P.; Chizet, B.: Internal coating of gas pipelines. In: PIPE-LINE COATING (2013) 11, S. 17 – 20

Dahl, W.; Stoffels, H.; Hengstenberg, H.; Düren, C.: Untersuchungen über die Schädigung von Stählen unter Einfluss von feuchtem Schwefelwasserstoff. Stahl und Eisen 87 (1967), S. 125 – 136

Dahl, W.; Hengstenberg, H.; Hartl, M.: Über den Einfluß der Normalglühtemperatur und der Abkühlungsgeschwindigkeit auf die mechanischen Eigenschaften vanadinhaltiger Feinkornbaustähle. Stahl und Eisen 89 (1969), S. 1062 – 1069

DeArdo, A.: Fundamental Metallurgy of Niobium in Steel. Niobium Science & Technology: Proceedings of the International Symposium Niobium 2001, Orlando, FL, 2001

Dilthey, U.: Schweißtechnische Fertigungsverfahren, Band 2: Verhalten der Werkstoffe beim Schweißen. 2. Auflage, VDI Verlag, Düsseldorf 1995

DNV-OS-F101: Offshore Standard, Submarine Pipeline Systems. DET NORSKE VERITAS AS, August 2012

Düren, C.: Konzepte zur Bewertung des Kaltrißverhaltens von Stählen – Beispiele im Bereich der Großrohrstähle. 3R International (1989) 6, S. 385 – 391

Eliassen, S.; Smith, L. (editors): EFC 16: Guidelines of Materials Requirements for Carbon and Low Alloy Steels for H2S Containing Environments in Oil and Gas Production. 3rd Edition, Nr. 16, European Federation of Corrosion Publications, 2009

European Pipeline Research Group, Internetquelle: *www.eprg.net*

EUROPIPE GMBH: Fertigungsschritte der Rohrherstellung (UOE). Publikation Europipe GmbH. Internetquelle: *http://www. europipe.com*, Stand Juli 2012

Gräf, M. K.; von Hagen, I.; Hillenbrand, H.-G.; Schwaab, P.: Grobbleche für längsnahtgeschweißte Großrohre – Entwicklung von Werkstoffen und Verfahren. 3R International 26 (1987), S. 679 – 686

Groß-Weege, J.; Kulgemeyer, A.; Träger, C.: Herstellung von Stahlrohren. Tagungsband, 38. Metallographie-Tagung, Bochum 2004

Heckmann, K.-J.; Ormston, D.; Grimpe, F.; Hillenbrand, H.-G.; Jansen, J.-P.: Development of Low Carbon NbTiB Micro-Alloyed Steels for High-Strength Large-Diameter Linepipe. Proceedings of the 2nd International Conference on Thermomechanical Processing of Steels TMP 2004, Liège 2004, S. 311 – 318

Herrmann, T.; Bosch, C.; Martin, J. W.: HIC Assessment of Low Alloy Steel Line Pipe for Sour Service Application – Literature Survey. 3R International 44 (2005), S. 409 – 417

Hillenbrand, H.-G.; Gräf, M.; Kalwa, C.: Development and Production of High Strength Pipeline Steels. Niobium Science & Technology: Proceedings of the International Symposium Niobium 2001, Orlando, FL, 2001

Hillenbrand, H.-G.; Kalwa, C.; Liessem, A.: Technological Solutions for Ultra-High Strength Gas Pipelines. Proceedings of the 1st International Conference on Super-High Strength Steels, Rome November 02-04 2005

Hillenbrand, H.-G.; Liessem, A.; Kalwa, C.; Erdelen-Peppler, M.; Stallybrass, C.: Technological Solutions for High Strength Gas Pipelines. In: Proc. of International Pipeline Steel Forum, Peking 19./20. 03. 2008, S. 25 – 42

Impac Offshore Engineering: Technisches Konzept für die Verlegung der offshore Pipelines – Trassenalternative Usedom. Nord Stream AG, Dokument Nr. G-EN-LFG-REP-103-USEOFFSB, 2009

Ito, Y.; Bessyo, K.: Weldability Formula of High Steels, Related to Heat-Affected Zone Cracking. Sumintomo Search 1 (1969) 5, S. 59 – 70

Keller, M.; Hillenbrand, H. G.; Kloster, G.; Winkels, J.: Leitungsrohre aus Stahl für den Transport von fossilen Energieträgern. Stahl und Eisen 122 (2002) 5

Knauf, G.; Hohl, G.; Knoop, F. M.: The effect of specimen type on tensile test results and its implications for line pipe testing. 3R International 40 (2001) 10 – 11, S. 655 – 661

Knauf, G.; Spiekhout, J.: EPRG – 30 years in pipeline research. 3R International 41 (2002) Special Steel Pipelines

Knauf, G.: EPRG – Crack Arrest and Girth Weld Acceptance Criteria for High Pressure Gas Transmission Pipelines. Pipe dreamers conference, Yokohama 7 – 8 November 2002, S. 475 – 500

Kobayashi, K.; Omura, T.; Hamada, M.; Nagayama, H.; Minato, I.; Nishi, Y.: Full Ring Evaluation of X70 Grade UOE Line Pipe for Sour Service. Proceedings of the 9th International Pipeline Conference, Calgary, Canada, 24 – 28 September 2012, IPC2012-90417

Kocks, H.-J.; Joens, H.; Föckersperger, F.: Das Stahlrohr in der grabenlosen Rohrverlegung. 3R International 41 (2002) 2, S. 132 – 137

Kocks, H.-J.: Das Stahlrohr für grabenlose Bauweisen. 3R International 47 (2008)

Legler, P.; Prior, R.: Innovative Schweißverfahren im Großrohrleitungsbau. Sonderdruck aus: bbr Fachmagazin für Brunnen- und Leitungsbau (2011)

Liessem, A.; Groß-Weege, J.; Zimmermann, S.; Knauf, G.: Enhancement of collapse resistance of UOE pipe based on systematic exploitation of thermal cycle of coating process. IPC 2008, Calgary, Canada

Löbbe, H.; Bell, B.; Bick, M.: SMLP Publikation: Offshore-Einsatz von HFI-Rohren als Pipe-in-Pipe System in der Nordsee. In: Rohrleitungen – Für eine sich wandelnde Gesellschaft. 20. Oldenburger Rohrleitungsforum, 09./10. 02. 2006, S. 162 – 166

Lorenz, K.; Hof, W. M.; Hulka, K.; Kaup, K.; Litzke, H.; Schrape, U.: Thermomechanisches und temperaturgeregeltes Walzen von Grobblech und Warmband. Stahl und Eisen 101 (1981), S. 57 – 64

Maxey, W. A.; Kiefner, J. F.; Eiber, R. J.: Ductile Fracture Arrest in Gas Pipelines. American Gas Association, Catalog No. L32176, December 1975

Meuser, H.; Gerdemann, F.; Grimpe, F.; Stallybrass, C.: Development of Modern High Strength Heavy Plates for Linepipe Applications. Tagungsband, 9th International Pipeline conference (IPC 2012), Calgary 24. – 28. 09. 2012

Moore, E. M.; Warga, J. J.: Factors Influencing the Hydrogen Cracking Sensitivity of Pipeline Steels. NACE Conference CORROSION/76, Paper 144, Houston, Texas, USA, 22 – 26 March 1976, siehe auch: Mat. Perform. 15 (1976), S. 17-23

NACE TM0177: Laboratory Testing of Metals for Resistance to Sulfide Stress Cracking and Stress Corrosion Cracking in H2S Environments. 2005

NACE TM0284: Evaluation of Pipeline and Pressure Vessel Steels for Resistance to Hydrogen-Induced Cracking. 2011

Naumann, F. K.; Spies, F.: Examination of a Blistered and Cracked Narural Gas Line. Praktische Metallographie 19 (1973), S. 475 – 480

Niederhoff, K.: Metallurgische Grundlagen der Unterpulver-Hochleistungsschweißtechnologie. Schweißen und Schneiden 43 (1991) 8

Niederhoff, K.: Metallurgie des UP-Schweißens am Beispiel der Großrohrherstellung. Vorlesungsskript, Duisburg 1998

OTI 95635: A test method to determine the susceptibility to cracking of line pipe steels in sour service. Capcis ltd., 1996

Paredes, F.; Mize, W. W.: Unusual Pipeline Failure Traced to Hydrogen Blisters. Oil and Gas Journal 53 (1954), S. 99 – 101

Pfeiffer, G.: Die Mannesmannröhren-Werke AG. Stahl und Eisen 105 (1985), S. 47 – 52

Pipeline Research Council International, Internetquelle: *www.prci.org*

Pulici, M.; Trifon, M.; Dumitrescu, A.: Deep Water Sealines Installation By Using the J-lay Method – The Blue Stream Experience. The Thirteenth International Offshore and Polar Engineering Conference (ISOPE), Honolulu, Hawaii, USA, 25 – 30 May 2003, International Society of Offshore and Polar Engineers: ISOPE-I-03-088

Sanchez, N.; Güngör, Ö. E.; Liebeherr, M.; Ilić, N.: Development of X80M Line Pipe Steel for Spiral Welded Pipes with Low Temperature Toughness and Excellent Weldability. Proceedings of the 10th International Pipeline Conference, Calgary, Canada, 29 September – 3 October 2014, IPC2014-33502

Schröder, J.; Schwinn, V.; Liessem, A.: Recent Developments of Sour Service Line Pipe Steels. Proceedings of the International Symposium on Microalloyed Steels for the Oil and Gas Industry, Araxa, Brazil, 23 – 26 January 2006, TMS, Warrendale, Pennsylvania, USA, S. 123 – 134

Schulze, G.: Die Metallurgie des Schweißens. 3. Auflage, Springer Verlag, Berlin 2003

SMG R: Spiralgeschweißte Großrohre. Publikation Salzgitter Mannesmann Großrohr GmbH, Internetquelle: *http://www.smgr.de*, Stand Oktober 2015

Stahl-Eisen-Werkstoffblatt 088: Schweißgeeignete Feinkornbaustähle, Richtlinien für die Verarbeitung, besonders für das Schweißen. 4. Auflage, Verlag Stahleisen, Düsseldorf 1993

Stallybrass, C.; Dmitrieva, O.; Liessem, A.; Schröder, J.: Influence of Alloying Elements on the Toughness in the HAZ of DSAW Welded Large-Diameter Linepipes. Tagungsband, 9th International Pipeline conference (IPC 2012), Calgary 24. – 28. 09. 2012

Stallybrass, C.; Frommert, M.; Gerdemann, F.; Meuser, H.: The Effect of Processing Conditions on the Toughness of High Strength Heavy Plates for Arctic Applications. Tagungsband, 6th International Pipeline Technology Conference 2013, Ostende 7. – 09. 10. 2013

Stallybrass, C.; Meuser, H.; Gerdemann, F.; Kalwa, C.; Hillenbrand, H.-G.: High Strength Large Diameter UOE Line Pipes Optimised for Application in Remote Areas and Low-Temperature Service. Tagungsband, 8th Pipeline Technology Conference (PTC), Hannover 8. – 20. 03. 2013

Staudt, T.; Schwinn, V.; Raedersdorf, S.; Pant, M.; Kalwa, C.; Haverkamp, H.; Coppey, C.: Development of Grade X70 and X80 for Sour Service Line Pipe Applications. Proceedings of the 9th International Pipeline Conference, Calgary, Canada, 24 – 28 September 2012, IPC2012-90391

Tanaka, K.: New Steel Product Developments for Oil and Gas Industry Applications. IISI 1983 Report of Proceedings, 17th Annual Meetings and Conference, Vienna 2. – 5. Oktober 1983, S. 67 – 80

TCP Publication, Corrosion Control in Petroleum Production. National Association of Corrosion Engineers, 5 (1979) S. 18

Uwer, D.; Höhne, H.: Charakterisierung des Kaltrißverhaltens von Stählen beim Schweißen. Schweißen und Schneiden 43 (1991) 4, S. 195 – 199

Uwer, D.; Höhne, H.: Ermittlung angemessener Mindestvorwärmtemperaturen für das kaltrißsichere Schweißen von Stählen. Schweißen und Schneiden 43 (1991) 5, S. 282 – 286

Uwer, D.; Wegmann, H.: Anwendung des Kohlenstoffäquivalents CET zur Berechnung von Mindestvorwärmtemperaturen für das kaltrißsichere Schweißen von Baustählen. DVS-Jahrbuch Schweißtechnik, Deutscher Verband für Schweißtechnik, 1996, S. 46 – 55

Völling, A.; Erdelen-Peppler, M.: Zähigkeitseigenschaften von Pipelinestählen. Tagungsband Werkstoffprüfung 2012, Verlag Stahleisen, Düsseldorf 2012

Alle im Text erwähnten Normen sind in einer Liste zusammengefasst (Seite 889).

6

Stähle für den Werkzeugbau – *Unverzichtbare Werkstoffe für agrarische und industrielle Gesellschaften*

Wolfgang Bleck

Die Entwicklungsgeschichte der menschlichen Gesellschaften ist eng mit Werkzeugen verbunden. Die frühe Nutzung von Metallen erfolgte als Schmuck, Waffen und Werkzeuge. Viele gesellschaftliche oder technische Entwicklungen setzen die Verfügbarkeit geeigneter Werkzeuge, zumeist hergestellt aus Werkzeugstählen, voraus. Mit der Entwicklung von stählernen Pflügen aus gehärteten Kohlenstoffstählen ist die Agrarrevolution verknüpft; die erfolgreiche Einführung der Kunststoffe als eine neue universell genutzte Werkstoffklasse in der Mitte des 20. Jahrhunderts setzte die Entwicklung der Kunststoffformenstähle voraus. Deren Entwicklung begann 1948 mit dem Stahl 1.2311, der auch heute noch weit verbreitete Stahl 1.2316 folgte 1961 und bis heute werden für die Verarbeitung von Kunststoffen neue, dem Anwendungsfall angepasste Stähle eingeführt. Die Produktionsmenge der Kunststoffe und der Kunststoffformenstähle verläuft proportional. In jüngster Zeit setzt die Entwicklung des schwarzen Rumpfs von Großraumflugzeugen aus Kohlenstofffaserverbundwerkstoffen (CFK) große Werkzeuge voraus, deren temperaturabhängiges Ausdehnungsverhalten den CFK-Werkstoffen angepasst ist. Hier kommen INVAR-Stähle mit ihrer definierten Wärmeausdehnung zum Einsatz.

Die Beispiele belegen, dass die Gruppe der Werkzeugstähle bezüglich ihrer chemischen Zusammensetzung und den geforderten Eigenschaftsprofilen eine sehr große Vielfalt aufweist.

Die Werkzeugstähle machen mengenmäßig etwa 1 % der gesamten Stahlproduktion aus; wertmäßig ist ihr Anteil deutlich höher.

Die Zugehörigkeit eines Stahls zur Gruppe der Werkzeugstähle ergibt sich aus dem Anwendungsprofil und den damit verbundenen Gebrauchseigenschaften. Es gibt weder einheitliche Legierungskonzepte noch einen klar abgrenzenden Legierungsgehalt, wie beispielsweise der Mindest-Chromgehalt bei nichtrostenden Stählen.

Dies erkennt man auch an der Vielzahl der Werkstoffnummern, die die Vielfalt der chemischen Zu-

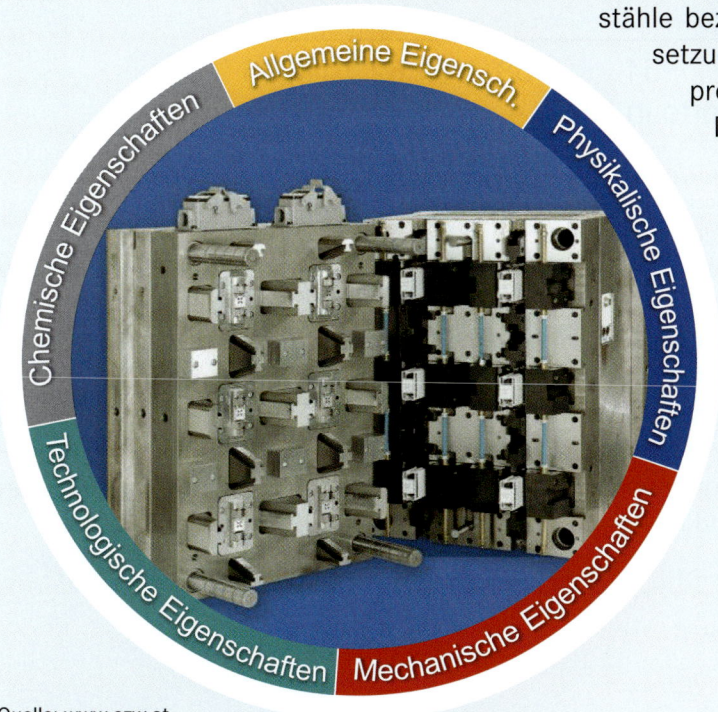

Quelle: www.ezw.at

sammensetzungen widerspiegeln. Die wesentlichen Gebrauchseigenschaften sind die Härte, der Verschleißwiderstand und die Zähigkeit. Daneben werden für einige Anwendungen auch Oxidationsbeständigkeit, Korrosionsbeständigkeit, Temperaturwechselbeständigkeit und Zeitstandfestigkeit gefordert. Wichtige Verarbeitungseigenschaften sind Zerspanbarkeit, Schleifbarkeit, Polierbarkeit sowie generell Warm- und Kaltumformbarkeit.

Betrachtet man nur die Haupteigenschaften Verschleißbeständigkeit und Zähigkeit, so sind diese in inverser Weise mit der Härte verknüpft. Das Gefüge spielt auch bei diesen Stählen eine gravierende Rolle; so ist beispielweise die Einlagerung von Karbiden in der metallischen Matrix zur Verschleißminimierung einerseits mit geringerer Zähigkeit verbunden, andererseits kann diese aber sehr wohl über die Größe, Verteilung und Topographie der Karbide weiter beeinflusst werden.

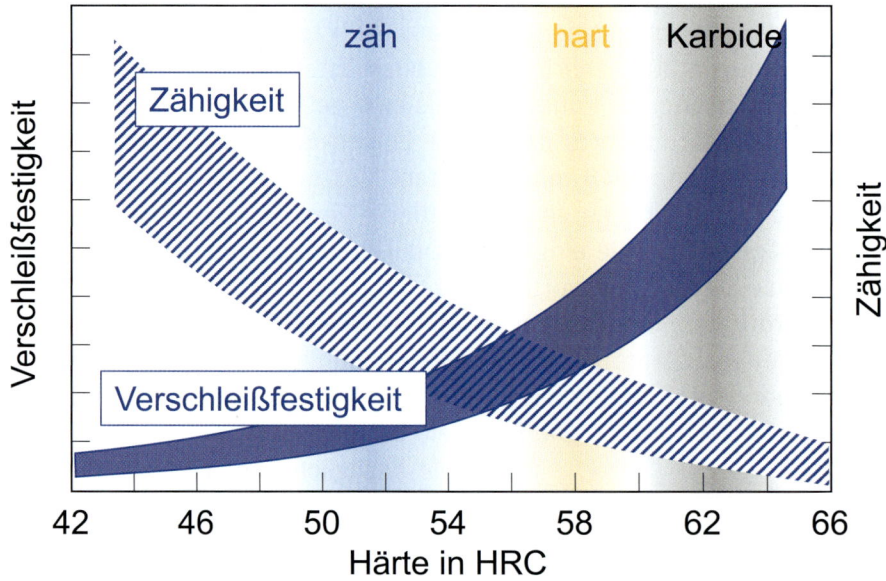

Zusammenhang Härte, Verschleiß, Zähigkeit in Werkzeugstählen
Quelle: Dörrenberg edelstahl GmbH, Tool Steel Handbook 2009

Werkzeugstähle stehen im Wettbewerb beispielsweise mit keramischen Werkzeugen, sodass ständig Forderungen der Weiterentwicklung und der Anpassung bestehen. Neue Verarbeitungsverfahren wie das Additive Manufacturing AM, dass zumeist von pulverförmigen Werkstoffen ausgeht, ermöglichen neue Prozessketten für die Herstellung von Werkzeugen. Neue Ideen, wie die Nutzung von intermetallischen Phasen in Warmarbeitsstählen zur Sekundärhärtung, zeigen alternative Legierungskonzepte auf. Trotz der bereits jetzt verwirrenden Vielfalt von Werkzeugwerkstoffen ist kein Ende der Werkstoffentwicklung abzusehen. Der Erfolg neuer Produktionsmethoden und neuer Produkte war und ist eng verknüpft mit den verfügbaren Werkstoffen.

Stähle für den Werkzeugbau

Evelin Ratte

7.1 Eigenschaften von Werkzeugstählen

Werkzeugstähle umfassen eine Vielzahl an Legierungen mit äußerst unterschiedlichen Legierungsanteilen, bei denen durch Vergüten oder Härten und Anlassen die gewünschten hohen Druckfestigkeiten erzielt werden können. Dabei reicht das Eigenschaftsspektrum dieser Stähle von Festigkeiten von 1000 MPa (31 HRC) bei vorvergüteten Kunststoffformenstählen bis hin zu 70 HRC bei höchstlegierten Schnellarbeitsstählen. Neben solchen Legierungen, die als geschmiedete Halbzeuge hergestellt werden, gibt es ebenfalls Gusslegierungen oder auch pulvermetallurgische und sprühkompaktierte Werkzeugstähle, die in speziellen Anwendungen zum Einsatz kommen.

Wesentliches Merkmal der Werkzeugstähle ist ihre dem Verwendungszweck und der Einsatztemperatur angepasste Härte, erst dann werden Zähigkeits- und Verschleißanforderungen berücksichtigt.

7.1.1 Härte

Die Härte wird bei einem Großteil der Werkzeugstähle über das Zulegieren von Kohlenstoff beeinflusst, der nach erfolgter Härtung frei im Gefüge vorliegen muss. Die durch Martensitbildung erreichbare Härte ist in Bild 7.1 in Abhängigkeit vom Kohlenstoffgehalt für einen unlegierten Stahl dargestellt. Die Abbildung zeigt, dass die Härte des Stahls mit zunehmendem Kohlenstoffgehalt infolge einer zunehmenden tetragonalen Verzerrung des Martensits zunimmt. Bei Stählen mit Kohlenstoffgehalten über 0,6 % sind drei verschiedene Härteverläufe möglich. Der Stahl in Kurve 1 wird bei einer Temperatur oberhalb A_{cm} abgeschreckt. Mit steigendem Kohlenstoffgehalt sinkt die Härte. Dies ist auf den durch Kohlenstoff stabilisierten Restaustenit nach

dem Abschrecken zurückzuführen. Wird nach dem Abschrecken auf eine Temperatur unterhalb von M_f tiefgekühlt (Kurve 3), kommt es zu einer vollständigen Umwandlung des Austenits in Martensit, und es zeigt sich eine mit steigendem Kohlenstoffgehalt weiter zunehmende Härte. Beim Abschrecken von Temperaturen oberhalb von A_1 (Kurve 2) ergibt sich mit steigendem Kohlenstoffgehalt eine konstante Härte. Dies ist darauf zurückzuführen, dass sich bei Wahl der Härtetemperatur in diesem Bereich immer ein konstanter Anteil Kohlenstoff im Austenit löst, bei steigenden Gehalten steigt lediglich der Anteil an Zementitausscheidungen. Da diese gleichzeitig das Austenitkornwachstum behindern, liegt ein vom Kohlenstoffgehalt unabhängiger Zustand vor (Rose 1965). Diese grundlegenden Zusammenhänge finden sich in den Wärmebehandlungsempfehlungen für die unterschiedlichen Werkzeugstähle wieder. Werkzeugstähle mit geringen

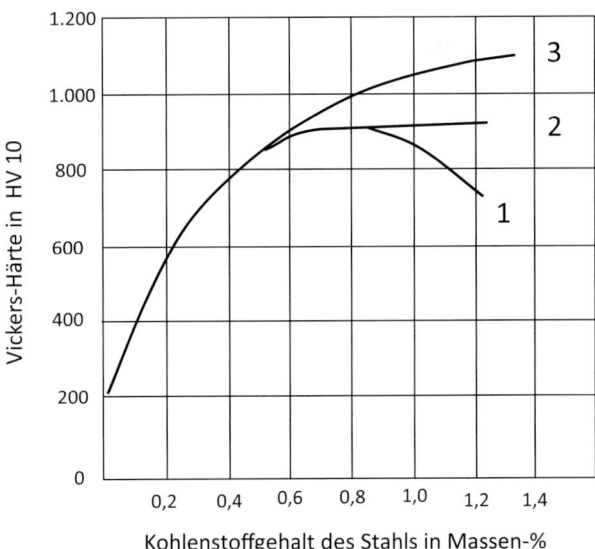

Bild 7.1 Härte in Abhängigkeit des Kohlenstoffgehalts; die Kurvenverläufe sind im Text erläutert

Kohlenstoffanteilen neigen weniger zur Stabilisierung von Restaustenit als höherlegierte Stähle. Das dem Härten folgende Anlassen hat im Wesentlichen den Abbau von Spannungen im Martensit zur Aufgabe. Dies ist nach ein- bis zweimaligem Anlassen geschehen. Werden dagegen höherlegierte Werkzeugstähle gehärtet, muss beim Anlassen vorliegender Restaustenit durch Ausscheidung von Sonderkarbiden destabilisiert und in Martensit umgewandelt werden. Dies geschieht üblicherweise durch mehrfaches Anlassen (mindestens drei Mal). Zur weiteren Umwandlung von Restaustenit bietet sich für höherlegierte Werkzeugstähle ebenfalls Tiefkühlen an.

Neben Werkzeugstählen, die in der Wärmebehandlung einen kohlenstoffreichen Martensit bilden, finden ebenfalls martensitaushärtende Werkstoffe Verwendung. Martensitaushärtende Stähle (maraging steels) können auf bis etwa 55 HRC gehärtet werden. Sie erreichen ihre hohen Festigkeiten im Gegensatz zu konventionellen Stählen durch das Ausscheiden von intermetallischen Phasen in einer zähen Matrix aus Nickelmartensit. Die Bildung der intermetallischen Phasen (typischerweise Ni_3Mo, Ni_3Ti, FeMo und FeTi) in einer einfachen Auslagerung zwischen 400 und 500 °C über 3 – 4 h führt zu einer nur geringfügigen Schrumpfung des Materials um ca. 0,1 %. Dies macht diese Werkstoffgruppe für solche Anwendungen interessant, bei denen ein konventionelles Härten zu hohem Verzug führen und ein Ausfallrisiko darstellen würde.

7.1.2 Zähigkeit

Um einen sicheren Einsatz im Betrieb zu erlauben, kommt der Zähigkeit der Werkzeuge eine besondere Bedeutung zu. Bruchfreiheit geht hier vor Verschleißbeständigkeit, da plötzliche Brüche an Werkzeugen üblicherweise den weitaus größeren Schaden hervorrufen als zu schneller Verschleiß. Ein Maß für die Zähigkeit sind in Schlagbiegeversuchen ermittelte Schlagarbeiten. Mit steigender Härte sinkt die Zähigkeit der Werkzeugstähle bei einer gegebenen chemischen Zusammensetzung, was in Bild 7.2 für den Schnellarbeitsstahl 1.3343 dargestellt ist.

Eine Verbesserung der Zähigkeit bei gegebener Analyse kann nur über schmelzmetallurgische Maßnahmen wie z. B. ESU oder VAR erfolgen. Das Elektro-Schlacke-Umschmelzen (ESU) oder auch das Vakuumlichtbogenumschmelzen (VAR) wirken sich dank der erreichten Gefügeverfeinerung und Reduzierung der Karbidzeiligkeit sowie dem erhöhten Reinheitsgrad positiv auf die erreichten Schlagzähigkeiten aus. Beim ESU-Verfahren werden bei dem erneuten Durchlauf des Materials durch eine reinigende Schlacke Verunreinigungen entfernt. Durch die enge Kontrolle der Abkühlbedingungen wird das Gefüge verfeinert und Seigerungen werden minimiert. Im Gegensatz dazu werden im VAR-Verfahren, das unter Vakuum stattfindet, Gase aus der Schmelze entfernt und der Gehalt an Oxiden wird verringert. Wie beim ESU-Verfahren werden durch die kontrollierte Abkühlung Seigerungen minimiert.

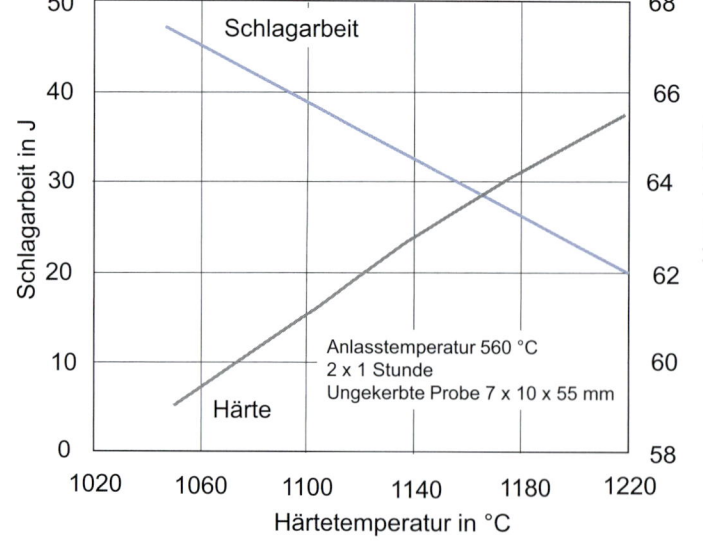

Bild 7.2
Härte und Zähigkeit des Stahls 1.3343 in Abhängigkeit von der Härtetemperatur

7.1.3 Verschleißbeständigkeit

Die Verschleißbeständigkeit eines Werkzeugstahls hängt von dem Volumen an Karbiden in der Matrix sowie ihrer Härte und Verteilung ab. Die unterschiedlichen Karbide weisen Härten zwischen etwa 900 HV 0,02 für Fe_3C (Zementit) und 3000 HV 0,02 für Karbide des Typs MC auf. Tabelle 7.1 zeigt die unterschiedlichen Härten der einzelnen Karbidtypen (Hoyle 1988).

Tabelle 7.1 Härte und Zusammensetzung unterschiedlicher Metallkarbide

Karbidtyp	Metall M	Mikrohärte HV 0,02
M_3C	Fe	900
$M_{23}C_6$	Cr	1200
M_6C	Mo, W	1450
M_2C	Mo, W (instabil)	2000
MC	V, Nb	3000

Bild 7.3 zeigt für den pulvermetallurgisch erzeugten Stahl 1.3343 den Effekt eines steigenden Volumens an Vanadiumkarbiden auf den abrasiven und adhäsiven Verschleiß. Mit steigendem Karbidvolumen sinken sowohl die Verschleißrate für abrasiven als auch die für adhäsiven Verschleiß. Bei der Auswahl hochverschleißfester und damit hochkarbidhaltiger Werkzeugstähle ist auf eine dem Verwendungszweck angepasste Zähigkeit zu achten. Wie auch mit steigender Härte sinkt die Zähigkeit der Werkzeugstähle mit steigendem Karbidvolumen.

Neben diesen drei Kerneigenschaften Härte, Zähigkeit und Verschleißbeständigkeit spielt eine Vielzahl weiterer Anforderungen, wie z. B. Polierfähigkeit, Beschichtbarkeit, Korrosionsträgheit usw. eine wichtige Rolle bei der Werkstoffauswahl von Werkzeugstählen.

7.2 Einteilung der Werkzeugstähle

Eine klassische Einteilung der Werkzeugstähle erfolgt nach DIN EN ISO 4957 anhand ihrer Anlassbeständigkeit, d. h. der Fähigkeit, auch bei hohen Temperaturen eine ausreichend hohe Härte beizubehalten. Diese Einteilung bildet die historischen Anwendungsgebiete ab, die sich in Kaltarbeit wie Schneiden, Stanzen und Umformen, Warmarbeit wie Schmieden und Schnellarbeit im Zerspanungsbereich gliedern. Im Lauf der Anwendungsentwicklung werden die unterschiedlichen Werkzeugstahltypen in allen erdenklichen Bereichen eingesetzt; Schnellarbeitsstähle werden zum Beispiel erfolgreich als Stanzwerkzeuge eingesetzt und Warmarbeitsstähle werden außerhalb der Warmumformung für Werkzeuge mit hohen Zähigkeitsanforderungen verwendet.

Bild 7.4 zeigt im Vergleich die Anlasskurven unterschiedlicher Stahltypen. Typ 1 entspricht einem un- oder niedriglegierten Kaltarbeitsstahl, der zwar eine hohe Härte besitzt, aber nahezu keine Anlassbeständigkeit. Typ 2 ist ebenfalls für Kaltarbeitsstähle charakteristisch. Diese sind jedoch höher legiert als Typ 1.

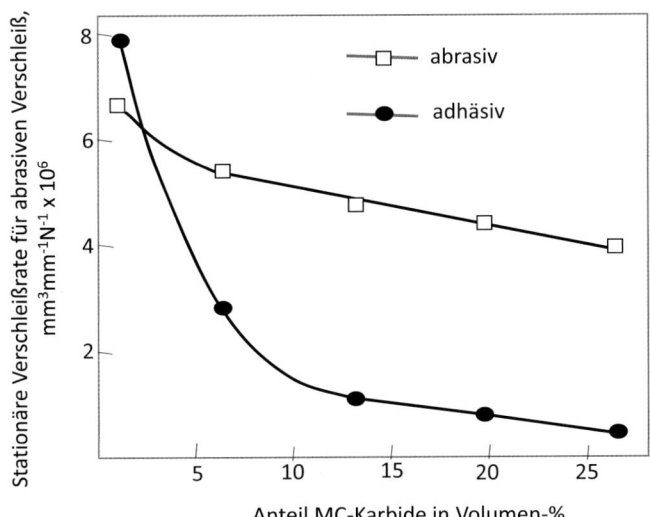

Bild 7.3
Einfluss von MC-Karbiden auf die Verschleißbeständigkeit des Stahls 1.3343 (Hoyle 1988)

Typ 3 bildet die Anlasskurve eines Warmarbeitsstahls ab. Dieser liegt im Härteniveau deutlich unter den Kaltarbeitsstählen, zeigt aber bei höheren Temperaturen nur einen geringen Abfall der Härte. Typ 4 entspricht der Anlasskurve eines Schnellarbeitsstahls. Durch hohe Legierungszugaben ergeben sich die hohe Härte und Anlassbeständigkeit. Die bei hohen Temperaturen noch ansteigende Kurve entspricht einem sogenannten Sekundärhärter. Ein Sekundärhärtemaximum wird zum einen durch die Umwandlung von Restaustenit bei hohen Temperaturen verursacht und zum anderen durch die Ausscheidung extrem feiner Karbide (ASM 1995).

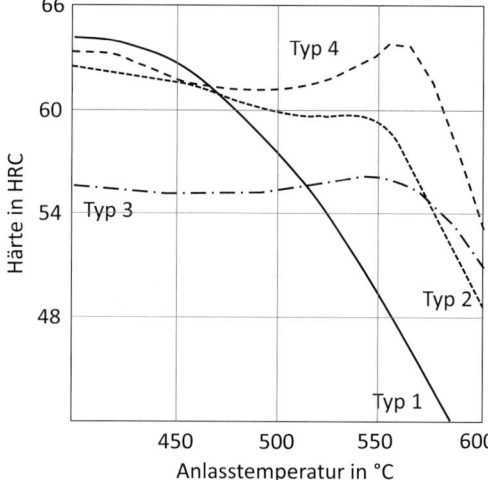

Bild 7.4 Anlasskurven für einen unlegierten Kaltarbeitsstahl (Typ 1), einen legierten Kaltarbeitsstahl (Typ 2), einen Warmarbeitsstahl (Typ 3) und einen Schnellarbeitsstahl (Typ 4) (ASM 1995)

7.2.1 Kaltarbeitsstähle

Kaltarbeitsstähle sind Stähle, die aufgrund ihrer Legierungszusammensetzung keine hohe Anlassbeständigkeit aufweisen. Je nach Legierungsgehalt können Kaltarbeitsstähle Härten bis zu 66 HRC erreichen. Für Anwendungen, in denen das Werkzeug wiederholt aufgewärmt oder dauerhaft auf Temperaturen oberhalb von 200 °C gehalten wird, sind Kaltarbeitsstähle nicht geeignet, da die Härte oberhalb von 200 °C stetig abnimmt. Innerhalb der Gruppe der Kaltarbeitsstähle unterscheidet man unlegierte und legierte Werkzeugstähle.

Unlegierte Kaltarbeitsstähle sind z. B. die Werkstoffe C45U (WSt.-Nr. 1.1730) und C60U (WSt.-Nr. 1.1740). Diese Werkstoffe weisen einen Kohlenstoffgehalt zwischen 0,5 % und 1,5 % auf, oft sind noch geringe Men-

gen Wolfram enthalten. Bei diesen Stählen wird durch eine Vergütung die Oberflächenhärte in Abhängigkeit vom Kohlenstoffgehalt deutlich erhöht. Eingesetzt werden diese Stähle vor allem bei einfachen Werkzeugen oder auch Maschinenteilen, die einen zähen Kern aufweisen sollen.

Die Gruppe der legierten Kaltarbeitsstähle findet dagegen überall dort Anwendung, wo ein hohes Maß an Verschleißbeständigkeit gefordert wird. Innerhalb dieser Gruppe unterscheidet man luft-, öl- oder wasserhärtende Kaltarbeitsstähle. Ursprünglich stammt diese Einteilung aus der Härtereitechnik und beruht auf einer Einteilung der Stähle nach den zur Härtung notwendigen Abkühlbedingungen (Läpple 2010).

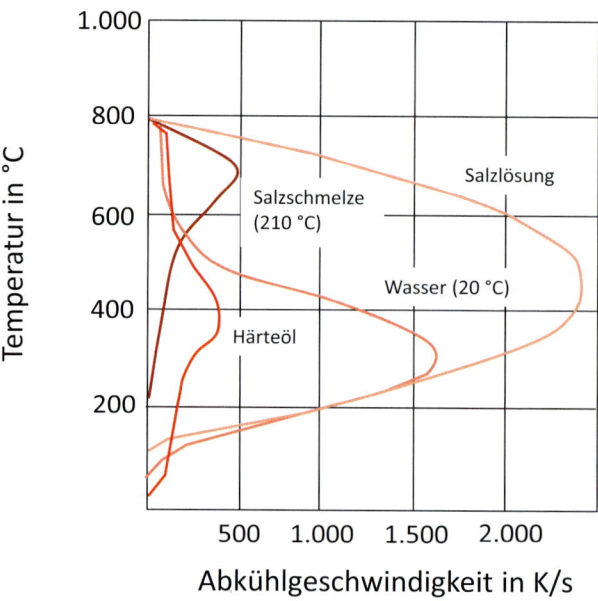

Bild 7.5 Abkühlraten in unterschiedlichen Medien

Aus den in Bild 7.5 dargestellten Abkühlgeschwindigkeiten wird die Abkühlwirkung der einzelnen Medien über den bei der Härtung zu durchlaufenden Temperaturbereich deutlich.

Lufthärtende Kaltarbeitsstähle (Tabelle 7.2) sind ausreichend hochlegiert, um bis zu Querschnitten von 100 mm Dicke eine vollständige Durchhärtung an Luft zu erreichen. Neben Kohlenstoff ist Chrom das wichtigste Legierungselement, dessen Gehalt in einem weiten Bereich variiert. Chrom dient hier in Verbindung mit geringen Gehalten an Vanadium im Wesentlichen der Erhöhung der Verschleißbeständigkeit durch die Bildung von Chrom- bzw. Chrom-Vanadium-Karbiden. Dies führt aber ebenfalls zu einer Erhöhung der notwendigen Austenitisiertemperaturen und damit zu einem höheren Verzug. So steigt der typische Bereich zum Austenitisieren ausgehend vom Stahl 1.2767 mit 840 – 870 °C über den Stahl 1.2363 mit 930 – 970 °C bis auf 1030 – 1050 °C für den Stahl 1.2379 an. Die Einsatzgebiete dieser Kaltarbeitsstähle reichen von Schneid- und Stanzwerkzeugen über Gewindewalzen und -rollen bis hin zu Kunststoffformen bei der Verarbeitung abrasiver Kunststoffe. Diese Stähle erreichen eine hohe Härte von 54 – 56 HRC für den Stahl 1.2767 bis hin zu 58 – 62 HRC beim 1.2379. Typischerweise werden diese Stähle in Umformwerkzeugen, Messern, Walzen oder auch Biegewerkzeugen eingesetzt.

Tabelle 7.2 Beispiele für lufthärtende Kaltarbeitsstähle

Werk-stoff-nummer	Kurzname	Legierungsanteile in Massen-%					
		C	Mn	Cr	Mo	V	Ni
1.2363	X100CrMoV5	1	0,5	5,3	1	0,2	
1.2379	X155CrVMo12.1	1,55	0,4	12	0,7	1	
1.2767	X45NiCrMo4	0,45	0,25	1,3		0,1	4

Ölhärtende Kaltarbeitsstähle sind in Tabelle 7.3 aufgeführt. Um diese Stähle vollständig zu härten, sind höhere Abkühlraten notwendig als bei den lufthärtenden Kaltarbeitsstählen.

Tabelle 7.3 Beispiele für ölhärtende Kaltarbeitsstähle

Werk-stoff-nummer	Kurzname	Legierungsanteile in Massen-%					
		C	Mn	Si	Cr	W	V
1.2510	100MnCrW4	0,95	1,1	0,25	0,55	0,55	0,1
1.2550	60WCrV8	0,6	0,3	0,6	1,1	2	0,2
1.2842	90MnCrV8	0,9	2		0,5		0,1

Wasserhärtende Kaltarbeitsstähle sind im Wesentlichen mit Kohlenstoff und zum Erreichen einer ausreichenden Härtbarkeit mit Chrom legiert. Üblicherweise können diese Stähle nicht durchgehärtet werden, sondern werden mit gehärteter Randzone eingesetzt. Dies birgt den Vorteil eines zähen Kerns.

Ebenfalls unter die Kaltarbeitsstähle fallen die martensitaushärtenden Stähle, wie z. B. der Stahl 1.2709 (Tabelle 7.4). Diese zeigen gegenüber den übrigen Kaltarbeitsstählen eine niedrigere Festigkeit, sind dafür aber um ein Vielfaches zäher. Dies macht diese Stahlsorte für Anwendungen geeignet, die eine extreme Zähigkeit erfordern. Die fehlende Verschleißbeständigkeit kann in kritischen Anwendungen durch Nitrieren verbessert werden.

Tabelle 7.4 Beispiel für einen martensitaushärtenden Kaltarbeitsstahl

Werk-stoff-nummer	Kurzname	Legierungsanteile in Massen-%				
		C	Mo	Ni	Co	Ti
1.2709	X3NiCoMoTi18-9-5	0,03	5	18	10	1

7.2.2 Warmarbeitsstähle

Sind höhere Einsatztemperaturen (typischerweise > 200 °C) gegeben oder sind die Anforderungen an die Zähigkeit höher, werden üblicherweise Warmarbeitsstähle eingesetzt. Chromgehalte von 2 bis 7 Massen-% machen diese Stahlsorten anlassbeständig. Um eine gute Zähigkeit beizubehalten, sind die Kohlenstoffgehalte auf 0,35 – 0,45 % beschränkt. Im Vergleich zu den Kaltarbeitsstählen können Warmarbeitsstähle nur eine vergleichsweise geringe Härte von 40 – 55 HRC erreichen. Die wichtigsten Warmarbeitsstähle sind der Stahl 1.2343 und der Stahl 1.2344 (Tabelle 7.5). Diese Warmarbeitsstähle wurden ursprünglich für den Aluminium-Druckguss entwickelt. Niedrige Austenitisiertemperaturen und die Möglichkeit, an Luft verzugsarm zu härten, waren wichtige Anforderungen, ebenso Heißrissbeständigkeit sowie eine ausreichende Verschleißbeständigkeit. Ihre herausragende Zähigkeit wird durch schmelzmetallurgische Maßnahmen – wie z. B. ESU-Verfahren – weiter erhöht. Wolfram- und kobaltlegierte Warmarbeitsstähle wie z. B. 1.2678 zeigen eine weitere Erhöhung der Warmhärte und der Verschleißbeständigkeit.

7

Tabelle 7.5 Beispiele für Warmarbeitsstähle

Werkstoff-nummer	Kurzname	Legierungsanteile in Massen-%							
		C	Mn	Si	Cr	Mo	W	Co	V
1.2343	X37CrMoV5-1	0,38	0,4	1,0	5,3	1,3			0,35
1.2344	X40CrMoV5-1	0,4	0,4	1,0	5,3	1,4			1
1.2678	X45CoCrWV5-5-5	0,4	0,4	0,3	4,5	0,5	4,5	4,5	2,1

7.2.3 Schnellarbeitsstähle

Schnellarbeitsstähle wurden ursprünglich für Schneidwerkzeuge, wie z. B. Bohrer, Fräser oder Gewindeschneidwerkzeuge, entwickelt. Diese Werkzeuge unterliegen im Einsatz an den Schneiden hohen Temperaturen und verlangen Werkstoffe mit maximaler Anlassbeständigkeit. Durch hohe Legierungsgehalte an Molybdän, Wolfram und Kobalt erreichen die Schnellarbeitsstähle nicht nur die höchste Anlassbeständigkeit von bis etwa 600 °C, sondern ebenfalls die für Werkzeugstähle höchsten Härten von bis zu 70 HRC. Man unterscheidet auf Basis des Legierungskonzepts wolfram- und/oder molybdänlegierte Schnellarbeitsstähle, die gegebenenfalls noch mit Kobalt legiert sind. Molybdänlegierte Schnellarbeitsstähle sind bei gleicher Härte üblicherweise etwas zäher als die Wolframvarianten. Mit steigenden Kohlenstoff- und Vanadiumgehalten erhöht sich ebenfalls die Verschleißbeständigkeit. Aufgrund ihrer hohen Druckbeständigkeit und Warmhärte in Verbindung mit dem hohen Verschleißwiderstand werden Schnellarbeitsstähle auch immer häufiger für Feinschneidwerkzeuge, für Werkzeuge der Massivumformung und für Hochleistungslager verwendet. Für diese „kalten" Einsatzfelder werden Schnellarbeitsstähle unterhärtet eingesetzt, um eine möglichst hohe Zähigkeit zu erhalten (Tabelle 7.6).

Neben diesen drei Gruppen gibt es anwendungsbezogen weitere Klassifikationen. So werden Kunststoffformenstähle beispielsweise häufig als eigene Gruppe von Werkzeugstählen angesehen. Ebenfalls werden chromlegierte korrosionsträge Werkzeugstähle häufig als eigene Gruppe benannt. Werkzeugstähle, die zu diesen Gruppen gezählt werden, lassen sich aber ebenfalls in die bereits erwähnte klassische Einteilung bringen. Eine neuere Gruppe, die tatsächlich nicht in diese Einteilung zu passen scheint, ist die Gruppe der sogenannten Matrixstähle. Diese Stähle entsprechen am ehesten niedrigerlegierten Schnellstählen, die zugunsten einer

besonders hohen Zähigkeit auf Legierungselemente wie Wolfram und Molybdän verzichten. Die daraus resultierende geringere Verschleißbeständigkeit wird im Einsatz häufig über Beschichtungen kompensiert.

7.3 Einsatzbereiche für Werkzeugstähle

7.3.1 Stähle für Schneid- und Stanzwerkzeuge

Scherschneiden

Das Scherschneiden ist das am häufigsten angewandte Fertigungsverfahren in der Blechbearbeitung. Bild 7.6 zeigt schematisch ein Werkzeug zum Scherschneiden.

Das Werkzeug besteht aus einem Schneidstempel, der Matrize oder Schneidplatte und in der Regel einem Niederhalter, der eine Durchbiegung und ein zu starkes Nachfließen des zu schneidenden Materials verhindern soll. Das zu schneidende Material wird zunächst zwischen Niederhalter und Matrize festgehalten, und der Stempel setzt mit definierter Geschwindigkeit auf der Blechoberfläche auf. Im nicht durch den Niederhalter gespannten Bereich kommt es zu einer Durchbiegung des zu schneidenden Materials. Die vom Stempel ausgehende Druckkraft bringt Spannungen in das Blech. Überschreiten diese die Scherfestigkeit des Werkstoffs, kommt es zu plastischen Formänderungen. Durch das Nachfließen des Blechwerkstoffs in den Schneidspalt entsteht ein Kanteneinzug am Schnittteil. Der Schneidspalt beim Scherschneiden beträgt üblicherweise 5 – 10 % der Teiledicke. Erreicht die aufgebrachte Spannung die Schubbruchgrenze des Blechs, kommt es zum Restbruch. Auf der Schnittfläche unterscheidet man den durch plastische Formänderung entstande-

Tabelle 7.6 Beispiele für Schnellarbeitsstähle

Werkstoff-nummer	Kurzname	Legierungsanteile in Massen-%						
		C	Mn	Cr	Mo	W	Co	V
1.3202	HS12-1-4-5	1,4	0,3	4,2	0,9	12	5	4
1.3255	HS18-1-2-5	0,79		4,15	0,65	18	4,75	1,55
1.3343	HS6-5-2C	0,9	0,3	4,3	5	6,5		1,9
1.3355	HS18-0-1	0,75		4		18		1

7

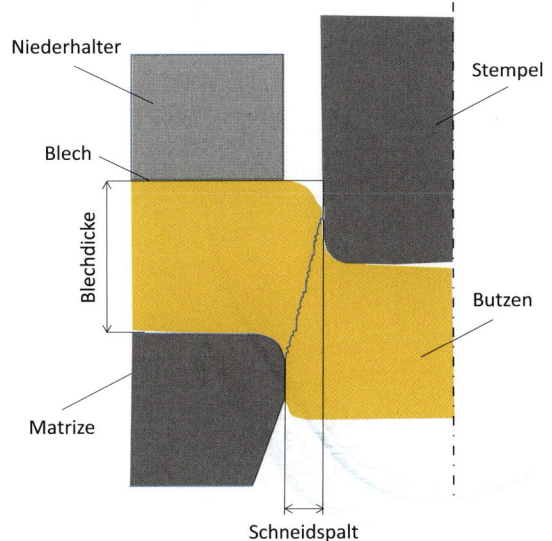

Bild 7.6 Prinzip des Scherschneidens (Schmidt 2007)

nen Glattschnittanteil und die sogenannte Restbruchfläche. Nach der Trennung des Bleches werden elastische Spannungen frei, die zu einem Rückfedern des Werkstoffs im Bereich der Schnittfläche führen. Während des Rückzugs des Stempels herrscht daher häufig eine Presspassung zwischen dem Stempel und dem Außenteil sowie der Matrize und dem Schneidbutzen. Diese Klemmung und die daraus resultierenden Rückzugskräfte bewirken beim Stempel häufig einen stärkeren abrasiven oder adhäsiven Verschleiß als das Eintauchen (Schmidt 2007). Verstärkt wird dies bei Blechen, die stark zu Kaltverfestigung neigen, z.B. bei austenitischen nichtrostenden Stählen. Dabei muss das Werkzeug so ausgelegt sein, dass es den beim Scherschneiden auftretenden Kantendruck sowie die ggf. auftretenden Rückzugskräfte aushält, ohne dass es zu Ausbrüchen oder zu exzessivem Verschleiß kommt.

Das Scherschneiden von Stabmaterial läuft ähnlich ab, unterscheidet sich aber dadurch, dass ein offener Schnitt ausgeführt wird. Das für Blech beschriebene Rückfedern und die teilweise hohen Rückzugskräfte treten nach dem Abscheren des Butzens nicht auf.

Die Auslegung der Werkzeuge richtet sich beim Scherschneiden vor allem nach Materialart, -festigkeit und -dicke. Wichtiger als in anderen Anwendungen von Werkzeugstählen ist hier die Kostenfrage. Da Industriemesser üblicherweise sehr einfache Geometrien aufweisen, ist der Anteil der Materialkosten an den Werkzeuggesamtkosten hier deutlich höher als z.B. bei einem Stanzwerkzeug. Aus diesem Grund kommen für

Messer hauptsächlich konventionelle Werkzeugstähle zum Einsatz. Grundsätzlich können für dünnes oder weiches Produktionsmaterial weniger zähe, aber umso verschleißbeständigere Werkzeugstähle eingesetzt werden, wie z.B. ein Stahl 1.2379 mit über 60 HRC. Um dickeres Material zu scheren, müssen die Werkzeuge eine ausreichende Zähigkeit aufweisen, um Ausbrüche zu verhindern. Dies kann die Auswahl eines weicheren und weniger verschleißbeständigen Werkzeugstahls bedingen. Mögliche Werkzeugstähle wären hier z.B. 1.2363 oder auch 1.2367 bis hin zu 1.2550 mit Härten zwischen 55 und 60 HRC je nach Produktionsmaterial (Tabelle 7.7).

Einen Sonderfall stellt das Warmschneiden dar. Warmschneiden und -scheren wird bei dickem und schwer scherbarem Produktionsmaterial eingesetzt. Für diese Anwendungsfälle ist ein Einsatz von Warmarbeitsstählen unumgänglich, die eine gute Warmhärte bis etwa 425 °C aufweisen.

Feinschneiden

Im Gegensatz zum Normalschneiden ist das Feinschneiden dadurch gekennzeichnet, dass ein Nachfließen des zu schneidenden Bleches vollständig unterbunden wird, um einen Glattschnitt ohne Restbruchfläche zu erzielen. Um dies zu erreichen, wird der Schneidspalt gegenüber dem normalen Scherschneiden massiv auf etwa 0,5 % der Teiledicke reduziert. Gleichzeitig wird das Nachfließen des Blechwerkstoffs aus dem Bereich unterhalb des Niederhalters durch das Einbringen der sogenannten Ringzacke unterbunden (Bild 7.7).

Als Folge steigt der Kantendruck auf die verwendeten Werkzeuge deutlich an. Bild 7.8 zeigt dies für das Feinstanzen eines Lochs mit dem Durchmesser d aus einem Blech der Dicke s. Das Verhältnis von Blechdicke zu Lochdurchmesser s/d ist über der Scherfestigkeit k_s des zu schneidenden Blechs aufgetragen. Für das Feinstanzen eines Lochs von 2 mm Durchmesser in ein 2 mm dickes Blech ist demnach – je nach Scherfestigkeit des zu schneidenden Materials – zwischen 450 und 700 MPa eine Werkzeughärte zwischen 58 und 63,5 HRC notwendig. Wird der Lochdurchmesser verkleinert, steigt der Kantendruck weiter an. Wird dagegen ein relativ großes Loch in ein dünnes Blech gestanzt, sinken die Kräfte. Gegenüber dem konventionellen Scherschneiden werden für das Feinschneiden häufig höherfeste Schnellstähle eingesetzt, da wie in dem oben genannten Beispiel Kaltarbeitsstähle teilweise die hohe Druckfestigkeit nicht erreichen können.

Tabelle 7.7 Typische Werkzeugstähle für Schermesser

Dicke Produktionsmaterial	Werkstoffnummer	Legierungsanteile in Massen-%							Härte in HRC
		C	Mn	Si	Cr	Mo	W	V	
Stahlbleche, Bänder, Aluminium und Aluminiumlegierungen, Kupfer und Kupferlegierungen									
<4 mm	1.2080	2,1	0,4	0,3	12				58 – 62
	1.2436	2,1	0,5	0,3	12		0,7		58 – 62
	1.2516	1,2	0,3	0,2	0,2		1,0	0,1	59 – 60
<6 mm	1.2379	1,55	0,5	0,5	12	0,7		1,0	56 – 60
	1.2363	1,0	0,5	0,3	5,0	1,1		0,2	56 – 60
<12 mm	1.2510	1,0	1,1	0,2	0,6		0,6	0,1	56 – 60
	1.2842	0,9	2,0	0,3	0,35			0,1	56 – 60
>12 mm	1.2550	0,6	0,3	0,8	1,0		2,0	0,15	54 – 58
	1.2767	0,45	0,4	0,3	1,25	0,25		Ni: 4,0	48 – 42
Austenitische Stähle									
<4 mm	1.2379	1,55	0,5	0,5	12	0,7		1,0	60 – 62
	1.3343	0,9	0,3	0,3	4,3	5	6,5	1,9	60 – 64
<6 mm	1.2379	1,55	0,5	0,5	12	0,7		1,0	58 – 62
	1.3343	0,9	0,3	0,3	4,3	5	6,5	1,9	58 – 62
	1.2601	1,6	0,3	0,3	11,5	0,6	0,5	0,4	58 – 62
<12 mm	1.2550	0,6	0,3	0,8	1,0		2,0	0,15	54 – 58
>12 mm	1.2767	0,45	0,4	0,3	1,25	0,25		Ni: 4,0	50 – 54
Messer für Warmschneiden und -scheren									
	1.2343	0,38	0,4		5,3	1,3		0,35	52 – 56
	1.2344	0,4			5,3	1,4		1	52 – 56

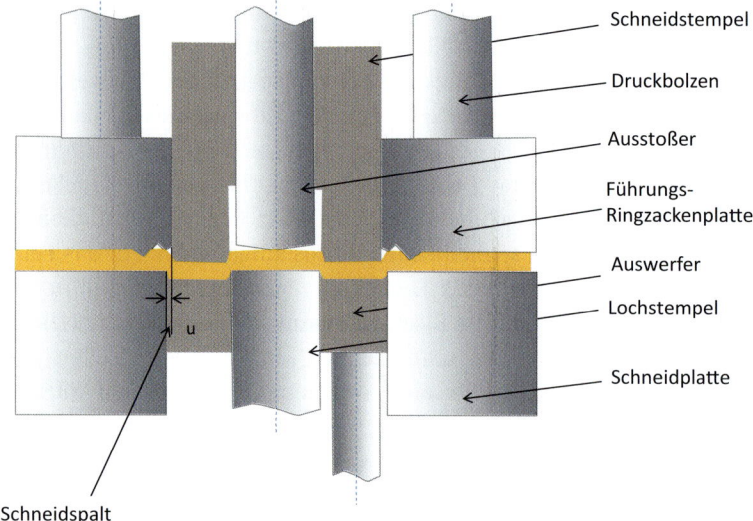

Schneidstempel

Druckbolzen

Ausstoßer

Führungs-Ringzackenplatte

Auswerfer

Lochstempel

Schneidplatte

u

Schneidspalt

Bild 7.7
Aufbau eines Feinschneidwerkzeugs

7

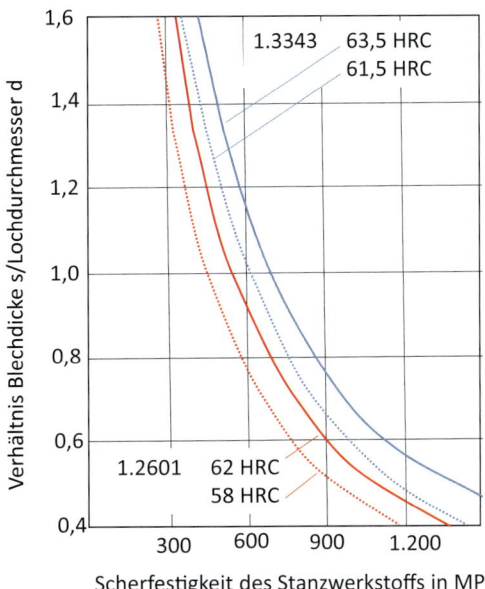

Bild 7.8 Abhängigkeit des Kantendrucks vom Schnittspalt beim Feinschneiden eines kreisrunden Lochs mit verschiedenen Werkzeugstählen (Schmidt 2007)

Die Druckfestigkeit des Schnellarbeitsstahls 1.3343 bei 62 HRC ist mit ca. 2700 MPa höher als die beim Stahl 1.2601 in gleicher Härte, die nur etwa 2400 MPa beträgt (Schmidt 2007).

Unabhängig von dem gewählten Festigkeitsniveau sagt die oben gezeigte Herangehensweise zur Auslegung von Feinschneidwerkzeugen nichts über die notwendige Zähigkeit des Werkzeugmaterials oder dessen Oberflächengüte aus. Metallische Überzüge haben sich für das Feinschneiden bewährt, da sie zum einen die Oberflächenhärte erhöhen, zum anderen aber ebenfalls die Reibung während des Schneidens und des Rückzugs deutlich reduzieren können.

7.3.2 Stähle für Druckgussformen

Beim Druckgießen wird geschmolzenes Metall unter hohem Druck in eine vorgewärmte Form (Kavität) eingebracht. Am häufigsten werden Metalle mit niedrigem Schmelzpunkt durch Druckgießen verarbeitet, wie z.B. Aluminium, Zink, Magnesium oder Kupfer. Die Druckgießform muss dabei vor allem thermoschock- und anlassbeständig sein, um auf der einen Seite das wiederholte Auftreffen der heißen Metallschmelze auszuhalten bei gleichzeitig dauerhaft erhöhter Werkzeugtemperatur von etwa 150 – 300 °C. Bild 7.9 zeigt die Temperaturentwicklung an der Oberfläche und im Inneren ei-

nes Druckgusswerkzeugs. Unmittelbar nach Auftreffen der Metallschmelze kühlt diese in der Kavität für die Dauer eines Zyklus ab. Die Temperatur steigt an der Werkzeugoberfläche nach dem Kontakt mit der Schmelze sprunghaft auf ca. 600 °C an. Über die folgenden Sekunden kühlt die Schmelze zügig auf etwas über 300 °C ab. Der Kern des auf ca. 300 °C vorgewärmten Werkzeugs wird dagegen über mehrere Zyklen nur wenig mehr erwärmt.

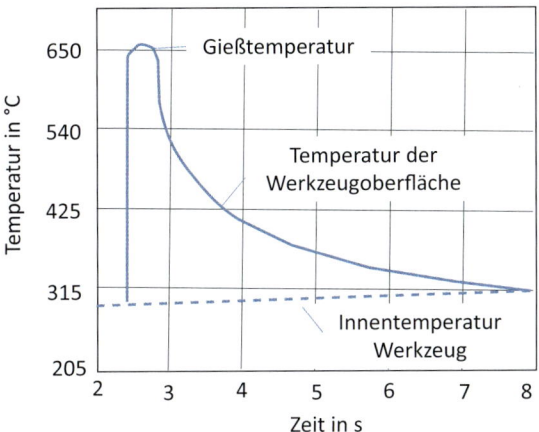

Bild 7.9 Zeitabhängiger Temperaturverlauf beim Druckgießen von Aluminium (ASM 1995)

Insbesondere in solchen Bereichen, in denen die Schmelze in die Kavität einströmt, ist eine gewisse Verschleißbeständigkeit ebenfalls wichtig, um ein Auswaschen der Form durch die Schmelze zu verhindern. Weit verbreitet für einen Einsatz als Druckgussform sind Warmarbeitsstähle, wie z.B. 1.2365, 1.2344 oder 1.2343. Der Stahl 1.2367 wird vor allem bei höheren Verarbeitungstemperaturen eingesetzt, wie sie bei der Verarbeitung von Aluminium notwendig sind. Höher verschleißbeständige Werkstoffe, wie z.B. ein 1.2678, finden in stark verschleißenden Bereichen Anwendung (Tabelle 7.8).

Für eine möglichst hohe Thermoschockbeständigkeit, die im Wesentlichen einer zyklischen Belastung der Werkzeugoberfläche entspricht, ist bei konstanter Härte bzw. Festigkeit eine hohe Zähigkeit anzustreben. Dies wird bei höherlegierten Werkstoffen vor allem durch eine gleichmäßige, feine und vor allem defektarme Mikrostruktur erreicht. Aus diesem Grund profitieren insbesondere die niedrigerlegierten Warmarbeitsstähle von schmelzmetallurgischen Verfahren wie dem Elektroschlacke-Umschmelzverfahren (ESU). Bei Werkzeugen, die eine noch höhere Zähigkeit der

Tabelle 7.8 Typische Warmarbeitsstähle für das Druckgießen

Werkstoff-nummer	Kurzname	Legierungsanteile in Massen-%							
		C	Mn	Si	Cr	Mo	W	Co	V
1.2343	X37CrMoV5-1	0,4		1	5	1,5			0,4
1.2344	X40CrMoV5-1	0,4			5,3	1,4			1
1.2365	32CrMoV12-28	0,32	0,3		3	2,8			0,5
1.2367	X38CrMoV5-3	0,4	0,4		5	3			0,5
1.2678	X45CoCrWV5-5-5	0,4	0,4	0,3	4,5	0,5	4,5	4,5	2,1

Werkzeuge erfordern, z. B. wenn sehr filigrane Stege im Werkzeug vorgesehen sind, kommen auch martensitaushärtende Stähle wie der Stahl 1.2709 zum Einsatz.

7.3.3 Stähle für Walzen

Walzen werden verwendet, um den Querschnitt eines Metalls zu reduzieren und/oder dessen Form. In DIN 8583-2 unterscheidet man Längs-, Quer- und Schrägwalzen. Unabhängig davon, welche Aufgabe das jeweilige Walzenpaar hat, unterliegen alle Walzen starkem Verschleiß, der durch die Relativbewegung zwischen Walze und Walzprodukt unter dem aufgebrachten Druck entsteht. Dieser Verschleiß führt zum einen zu einer Beeinträchtigung der Oberflächengüte der Walze und damit auch des Produkts und zum anderen zu einer Veränderung der maßlichen Toleranzen während des Prozesses. Neben einem ausreichend hohen Verschleißwiderstand müssen Walzen eine ausreichend hohe Festigkeit aufweisen, die auf die im Prozess auftretenden Biege- und Torsionsbelastungen ausgelegt ist. Wichtig ist ebenfalls eine gewisse Materialsteifig-

keit, die insbesondere bei der Verarbeitung von Flachprodukten dafür sorgt, dass sich über die Breite des Walzprodukts eine gleichförmige Dickenverteilung ausbildet. Diese kann zwar ebenfalls durch eine geeignete Bombierung des Walzenkörpers erreicht werden, ist aber lediglich für eine spezifische Dicke, Härte und Bandbreite einsetzbar und damit in ihrer Anwendung sehr stark limitiert.

Die Werkstoffauswahl berücksichtigt die Walzenart, die auftretenden Temperaturen und die Prozessdetails. Die wichtigsten Materialklassen für Walzen sind Gusseisen, Gussstahl, Schmiedeprodukte und Hartmetall. Geschmiedete Walzen finden vor allem beim Kaltwalzen von Flachprodukten Verwendung, da nur sie eine ausreichend hohe Festigkeit für die notwendigen, hohen Walzendrücke haben. Sie werden ebenfalls häufig für das Warmwalzen von Nichteisen-Legierungen verwendet, da sie weniger zum Aufschweißen neigen. Die Herstellung erfolgt dabei zum Großteil über ein Erschmelzen im Elektro-Lichtbogenofen in Kombination mit einer Vakuumentgasung. Liegen höhere Anforderungen bezüglich Reinheitsgrad und Zähigkeit vor, kommen Umschmelzverfahren zum Einsatz. Im an-

Tabelle 7.9 Werkzeugstähle für Walzen

7

Härtetyp	Werkstoff-nummer	Legierungsanteile in Massen-%						
		C	Mn	Si	Cr	Mo	W	V
randschichthärtbar 2 – 3 % Cr	1.2311	0,4	1,5		2	0,2		
	1.2321	0,8	0,4	0,45	1,9	0,3		0,10
	1.2364	0,8	0,65	0,75	2,9	0,55		0,5
randschicht- oder durchhärtbar 5 % Cr	1.2343	0,38	0,4		5,3	1,3		0,35
	1.2363	1	0,5		5,3	1		0,2
durchhärtbar	1.2379	1,55			12	0,7		1
	1.2510	0,95	1,1	0,25	0,55		0,55	0,1
durchhärtbar, höchste Verschleißbeständigkeit	1.3343	0,9	0,3		4,3	5	6,5	1,9
	PM-23/1.3394	1,3	0,3	0,35	4,2	5	6,3	3,1

schließenden Schmieden wird bei großen Walzen bereits eine grobe Vorform erreicht, um den Materialeinsatz so wirtschaftlich wie möglich zu gestalten.

Die Werkstoffpalette umfasst einen weiten Bereich an Legierungen. Dabei wird häufig nach dem Grad der Durchhärtung unterteilt. Diese wird bei den infrage kommenden Werkstoffen über den Gehalt an Chrom eingestellt. Werkstoffe mit 2 – 3 % Chrom werden üblicherweise nur oberflächengehärtet und weisen auch im Einsatz einen hochzähen Kern auf. Stähle mit mehr als 5 % Chromgehalt sind auch vollständig durchhärtbar, können aber ebenfalls nur oberflächengehärtet eingesetzt werden. Höchste Härten werden mit durchhärtbaren Werkstoffen erzielt. Ein Großteil dieser Walzen wird aus dem Kaltarbeitsstahl 1.2379 hergestellt, typisch sind hier Härten von 60 – 62 HRC. Sind höhere Druckbeständigkeiten oder eine höhere Verschleißbeständigkeit gefordert, werden auch Schnellarbeitsstähle eingesetzt. Für höchste Anforderungen kommen bei Walzen ebenfalls pulvermetallurgische Werkzeugstähle zum Einsatz, wie z.B. der Stahl PM-23 (Tabelle 7.9).

7.3.4 Stähle für die Kunststoffverarbeitung

Aufgrund der Vielzahl von unterschiedlichen Verfahren zur Kunststoffverarbeitung werden diese zunächst kurz vorgestellt und anhand der wichtigsten Anforderungen an die eingesetzten Stähle charakterisiert. Entsprechend der Prozesskette für Kunststoffteile wird zunächst die Plastifiziereinheit vorgestellt, die den Kunststoff in seinen Verarbeitungszustand überführt, anschließend werden in Kürze die Verfahren zur Formgebung des Kunststoffkörpers erläutert, bevor auf die Werkstoffauswahl für die unterschiedlichen Bereiche eingegangen wird.

Verschleißteile für Maschinen der Kunststoffverarbeitung

Für die meisten Verfahren der Kunststoffverarbeitung muss der zu verarbeitende Kunststoff zunächst in eine geeignete Verarbeitungsform gebracht werden. Üblicherweise geschieht dies in Plastifiziereinheiten bzw. Extrudern, die in unterschiedlichen Bauarten und -größen vorliegen.

Bild 7.10 zeigt einen einfachen Einschneckenextruder, bei dem das Kunststoffgranulat über einen Fülltrichter links eingebracht wird, anschließend unter erhöhter Temperatur aufgeschmolzen und gemischt und schließlich durch eine Matrize ausgepresst wird. Bild 7.11 zeigt eine Schneckenspitze, die der Dosierung beim Ausstoßen dient.

Die Plastifiziereinheiten unterliegen unterschiedlichen Verschleißformen, die kurz für die Verarbeitung eines faserverstärkten Kunststoffgranulats erläutert werden sollen. Üblicherweise werden Kunststoff und Füllstoff nicht getrennt in die Plastifiziereinheit gebracht, sondern das Granulat umschließt den Füllstoff. In der Einzugszone ist das Granulat noch nicht auf- oder angeschmolzen, sondern bewegt sich lose zwischen den Schneckenstegen und der Zylinderwand. Hier tritt vor allem Verschleiß auf den Schneckenstegen auf, die an der Zylinderwand anliegen. Mit zunehmendem Aufschmelzen des Kunststoffs kann es durch die Füllstoffe in der Schmelze zu einem direkten Verschleiß auch der Schneckenflanken kommen. Beim Ausdrücken und Dosieren der Schmelze kommt es ebenfalls zum starken Verschleiß der Schneckenspitze und Rückstromsperre durch die vorliegenden Füllstoffe (Mennig 2008).

Aufgrund ihrer guten Reibeigenschaften und des hervorragenden Preis-Leistungs-Verhältnisses finden vielfach Nitrierstähle Anwendung für Schnecken und Zylin-

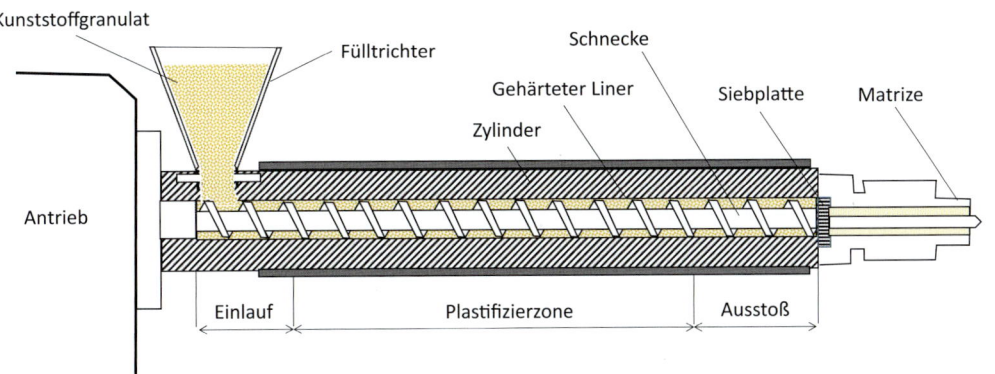

Bild 7.10
Aufbau eines Einschneckenextruders

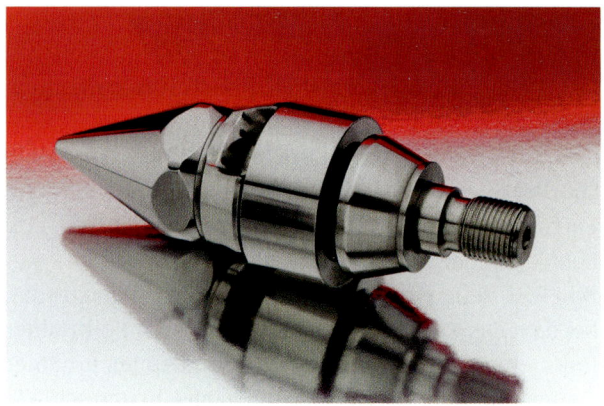

Bild 7.11 Schneckenspitze (Quelle: Zeiger Industries)

der von Plastifiziereinheiten. Typische Vertreter sind z. B. die Stähle 1.8509 und 1.8550. Bei diesen Stählen erfolgt nach der Fertigbearbeitung die notwendige Nitrierbehandlung, wodurch die Oberfläche gehärtet wird und somit deutlich an Verschleißwiderstand gewinnt. Aluminiumlegierte Nitrierstähle erreichen höhere Oberflächenhärten gegenüber solchen ohne Aluminiumzusatz. Ein Vorteil von Stählen ohne Aluminiumzusatz ist jedoch, dass sich diese besser für das Auftragsschweißen eignen, das vor allem zur lokalen Panzerung der Stege eingesetzt wird.

Sind die Anforderungen an die Festigkeit und Verschleißbeständigkeit höher, werden durchhärtende Werkstoffe, wie z. B. der Stahl 1.2379, eingesetzt. Liegt das Augenmerk weniger auf der Verschleißbeständigkeit, wie z. B. bei der Verarbeitung von nicht faserverstärkten Kunststoffen, können Warmarbeitsstähle wie z. B. ein 1.2344 eingesetzt werden. Bei der Werkstoffauswahl und der anschließenden Wärmebehandlung sind jedoch die Verarbeitungstemperaturen der Kunst-

stoffe, die bis 400 °C reichen können, zu berücksichtigen. Für den Werkstoff 1.2379 bedeutet dies, dass bei hohen Verarbeitungstemperaturen die Wärmebehandlung auf Sekundärhärte erfolgen sollte, um nachträgliche Maßänderungen zu unterbinden. Problematisch bei durchhärtenden Werkstoffen ist der in der Wärmebehandlung auftretende Verzug. Gehärtete Schnecken lassen sich nur schwer richten. Das meistens eingesetzte Flammrichten ermöglicht zwar eine Kompensation des Verzugs, führt jedoch lokal zu geänderten Materialeigenschaften (Grimm 2002).

Bei einigen Formmassen werden während der Plastifizierung Spalt- bzw. Abbauprodukte frei, die den Einsatz von korrosionsbeständigen Stählen erfordern. Mögliche Werkstoffe sind hier der Stahl 1.2316 oder ein 1.4122. Bei der Wärmebehandlung dieser Stähle ist darauf zu achten, dass sie nicht nur die gewünschten Festigkeitseigenschaften einstellt, sondern maßgeblich über die Korrosionsbeständigkeit entscheidet. Dabei sinkt mit steigender Anlasstemperatur die Korrosionsbeständigkeit dieser Werkstoffe ab, da sich Chrom in karbidischer Form ausscheidet. Bild 7.12 zeigt die Korrosionsbeständigkeit in Abhängigkeit der Anlasstemperatur für den Werkstoff 1.2316. Im Bereich zwischen 450 und 650 °C steigt der Korrosionsabtrag an. Oberhalb von 650 °C werden die gebildeten Cr-Karbide aufgelöst und die Korrosionsbeständigkeit ist wiederhergestellt. Da bei diesen hohen Anlasstemperaturen die Härte des Materials deutlich absinkt, finden diese Anlasstemperaturen in der Praxis keine Anwendung.

Für höchste Anforderungen und Kombinationen aus Verschleißbeständigkeit, Festigkeit und Zähigkeit hat sich der Einsatz hochverschleißfester pulvermetallurgischer Werkstoffe etabliert. Analysen mit 10 % V und einem daraus resultierenden hohen Karbidvolumen

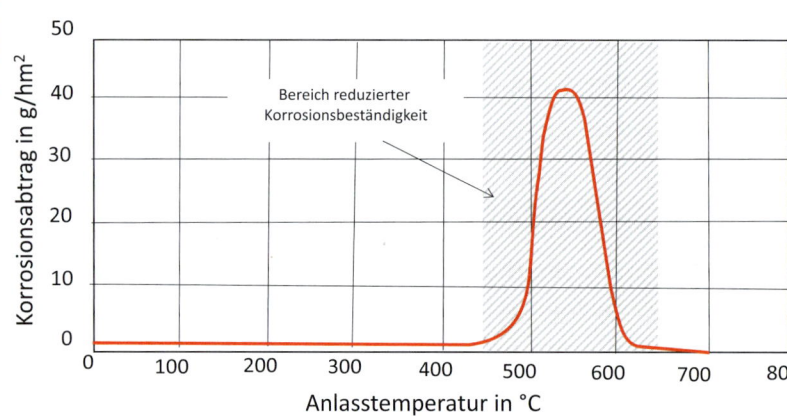

Bild 7.12
Einfluss der Anlasstemperatur auf die Korrosionsbeständigkeit des Stahls 1.2316 (Jeglitsch 1999)

werden vielfach eingesetzt, ebenfalls als korrosionsbeständige Varianten. Tabelle 7.10 zeigt einige Werkzeugstähle für die Kunststoffverarbeitung als Übersicht.

Tabelle 7.10 Werkzeugstähle für die Kunststoffverarbeitung

Werkstoffnummer	Legierungsanteile in Massen-%							
	C	Mn	Si	Cr	Mo	Ni	Al	V
Nitrierstähle								
1.8509	0,42	0,55	<0,4	1,65	0,3		1	
1.8550	0,34	0,5		1,7	0,2	1	1	
Durchhärtbare Stähle								
1.2344	0,4			5,3	1,4			1
1.2379	1,55			12	0,7			1
Durchhärtbare, korrosionsträge Stähle								
1.2316	0,36	0,8		16	1,2			
1.4122	0,4	0,6		17	1,2	0,8		
Hochverschleißfeste PM-Stähle								
PM-A11	2,45			5,25	1,3			9,75
Micromelt 420CW	2,25	0,5	0,9	12,8	1,3			9,25

Spritzgießen

Der größte Anteil der Produkte aus Kunststoffen wird durch Spritzgießen verarbeitet. Das Verfahren ist denkbar einfach. Der zu verarbeitende Kunststoff wird in Granulatform angeliefert, ggf. getrocknet, in einem sogenannten Extruder bis zum Schmelzen erwärmt und unter Druck in eine Form gespritzt. Dort kühlt das Bauteil zügig ab, die Form wird geöffnet und die Teile werden ausgeworfen. Nach dem Schließen des Werkzeugs startet der Zyklus erneut. Es können auf diese Weise sowohl Thermoplaste als auch Duroplaste verarbeitet werden. Bei den Thermoplasten wird eine heiße Kunststoffschmelze (Temperaturen bis ca. 400 °C) in eine kühlere Form gepresst. Bei den Duroplasten wird das Material in eine relativ warme Form eingebracht, in der die Polymerisation stattfindet.

Kunststoffextrusion und Strangpressen

Beim Extrudieren und Strangpressen wird das Kunststoffgranulat in gleicher Weise aufbereitet wie beim Spritzgießen üblich. Das weiche, plastifizierte Material wird dann jedoch als Formmasse kontinuierlich durch eine Matrize in die gewünschte Form gedrückt. Typische Produkte sind Bänder, Rohre oder auch Schläuche.

Blasformen

Durch Blasformen werden vor allem Hohlkörper aus Thermoplasten hergestellt. Auch hier wird mittels eines Extruders das Granulat plastifiziert. Aus diesem Material wird eine Vorform hergestellt, z. B. ein extrudierter Schlauch oder ein Blasrohling. Dieser wird anschließend in einem Blaswerkzeug mittels Luft aufgeblasen. Zuletzt wird der hergestellte Hohlkörper aus der Form entnommen und entgratet. Es gibt kontinuierliche Blasformprozesse, bei denen der Vorformling abgelängt und in einer separaten Blasform zügig fertiggestellt wird. Ein weiteres Verfahren ist das Spritzblasformen, bei dem mittels Spritzgießen ein Vorformling auf einem Kern hergestellt wird. Dieser wird anschließend nahe dem Schmelzpunkt des zu verarbeitenden Thermoplasts auf dem Kern in ein Blaswerkzeug überführt und dort vom Kern ausgehend in die Hohlform gebracht.

Pressen

Das Formpressen von Kunststoffen zeichnet sich im Gegensatz zum Spritzgießen dadurch aus, dass der weiche, aber nicht flüssige Kunststoff in die Kunststoffform eingelegt und anschließend ähnlich einer Blechumformung umgeformt wird. Es findet insbesondere bei faserverstärkten Kunststoffen Anwendung.

Werkstoffe für Kunststoffformen

Kunststoffformen lassen sich in zwei Gruppen einteilen: Spritzgießformen, die in einer Kavität die flüssige Formmasse aufnehmen, und Pressformen, mit denen feste Massen in eine Form gebracht werden. Werkzeugstähle finden überall dort Anwendung, wo hohe Kräfte auftreten und Aluminium- und Zinkguss nicht mehr eingesetzt werden können. Dies ist beim Spritzgießen und Pressen der Fall. Die eingesetzten Werkstoffe müssen die auftretenden Forminnendrücke oder Pressdrücke aufnehmen können. Eine möglichst hohe Wärmeleitfähigkeit bei exzellenter Polierfähigkeit ist für eine hohe Oberflächengüte und gleichzeitig hohe Taktzeiten wichtig. Werden faserverstärkte Kunststoffe verarbeitet, ist eine hohe Verschleißbeständigkeit erwünscht, bei der Verarbeitung von PVC und anderen ausgasenden Kunststoffen ist gleichzeitig ein gewisses Maß an Korrosionsbeständigkeit unerlässlich. Die Anforderungen an die Formenstähle sind sehr unterschiedlich und teilweise gegensätzlich. Zum Beispiel führt eine Erhöhung des Legierungselements Chrom zwar zu einer erhöhten Korrosionsbeständigkeit, senkt aber die Wärmeleitfähigkeit ab. Für eine hohe Oberflächengüte sind Werkstoffe mit geringem Anteil an Karbiden besonders gut einsetzbar, die dann aber wenig verschleißbeständig sind.

Je nach Anwendungsgebiet kommen verschiedene Gruppen zum Einsatz. Vorvergütete Stähle werden für einen Großteil von Standardanwendungen eingesetzt und je nach Einzelfall auf 29 bis 62 HRC vorvergütet. Man unterscheidet hier die sogenannten vorvergüteten Stähle mit Härten bis 40 HRC sowie eine Gruppe mit Gebrauchshärten zwischen 40 und 62 HRC. Die erste Gruppe wird bereits beim Stahlhersteller wärmebehandelt. Ihr Einsatz bietet sich immer dann an, wenn bei großen oder eng tolerierten Werkzeugen eine anschließende Härtung eine große Ausfallgefahr mit sich bringen würde. Dies ist zum Beispiel bei Großwerkzeugen zur Herstellung von Stoßfängern der Fall. Häufig eingesetzt werden hier die Stähle 1.2311, 1.2312 oder auch 1.2711. Der Stahl 1.2311 wird dabei vielfach für die eigentliche Kavität im Spritzgießen, aber auch für Blas- oder Druckformen eingesetzt. Die Durchhärtbarkeit steigt beim Stahl 1.2711 im Vergleich zum 1.2311 durch das Legieren mit 1,75 % Nickel deutlich. Durch die geringere Durchhärtbarkeit des 1.2311 ist der Einsatz auf Abmessungen kleiner als etwa 400 mm beschränkt (Bild 7.13).

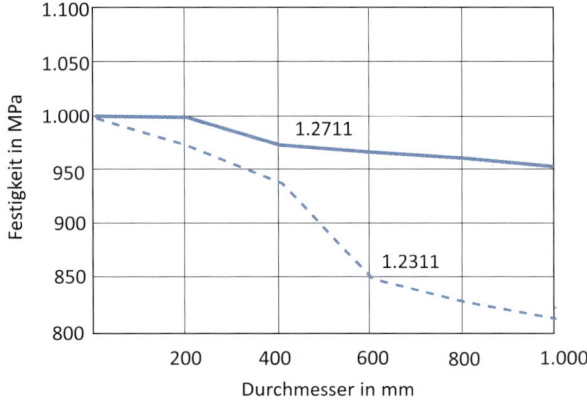

Bild 7.13 Durchhärtbarkeit der Stähle 1.2311 und 1.2711 im Vergleich (Jeglitsch 1999)

Einsatzstähle wie z.B. 21MnCr5 (WSt.-Nr. 1.2162) oder auch 1.2767 finden ebenfalls Verwendung. Es handelt sich um Stähle mit einem relativ geringen Gehalt von 0,15 bis 0,25 % Kohlenstoff. Sie bieten den Vorteil einer harten und verschleißfesten Oberfläche auf einem zähen Kern. Der Übergang der Härte von der Oberfläche zum Kern erfolgt hier graduell. Durch das

Aufkohlen auf bis zu 0,8 % Kohlenstoff in der Randzone können Härten von bis zu 60 HRC erreicht werden. Durchhärtende Werkstoffe kommen ebenfalls zum Einsatz. Die Warmarbeitsstähle 1.2767 und 1.2344 sind auch im gehärteten Zustand äußerst zäh. Wie auch bei den Werkstoffen für Kunststoffmaschinen wird der Stahl 1.2344 ebenfalls nitriert, um eine hohe Oberflächenhärte zu erreichen. Werden höhere Anforderungen hinsichtlich Verschleißbeständigkeit gestellt, kommen auch hier wieder karbidreiche Kaltarbeitsstähle wie z.B. ein 1.2379 oder 1.2436 zum Einsatz. Aufgrund des Karbidvolumens dieser Stähle ist eine hochwertige Politur nicht mehr möglich, sodass diese Stähle weniger für die eigentliche Kunststoffform als vielmehr für Schließleisten eingesetzt werden. Einen Sonderfall stellt der Einsatz des martensitaushärtenden Stahls 1.2709 dar. Sind aufgrund des Prozesses Härten oberhalb von 40 HRC notwendig, ein Härten nach der Bearbeitung aufgrund der Verzugsgefahr aber nicht möglich, eignen sich martensitaushärtende Stähle, da diese während der Wärmebehandlung lediglich um etwa 0,1 % schrumpfen.

Ist ein gewisses Maß an Korrosionsbeständigkeit erforderlich, z.B. bei der Verarbeitung von PVC, bei der ab einer Temperatur von etwa 165 °C Chlorwasserstoff entsteht, werden vorvergütete korrosionsträge Werkzeugstähle oder solche zur nachträglichen Härtung eingesetzt. Weitere Gründe für den Einsatz korrosionsträger Stähle sind eine vorliegende Wasserkühlung der Form oder die Tendenz, unter hoher Luftfeuchtigkeit zu korrodieren. Denkbar ist in solchen Fällen zwar auch der Einsatz von verchromten oder vernickelten Werkzeugstählen. Nachteile dieses Lösungsweges sind aber der teilweise ungleichmäßige Überzug, was zu nicht scharfen Schließkanten und damit zu höheren Graten bei den hergestellten Kunststoffteilen führen kann, sowie die Tendenz zum Abplatzen der Schicht im Einsatz. In diesen Bereichen finden Stähle wie der 1.2083 oder auch 1.2316 Anwendung. Sollen höhere Härten und ein besserer Verschleißschutz eingestellt werden, kommen auch hier Werkstoffe auf pulvermetallurgischer Basis zum Einsatz (Tabelle 7.11).

7.3.5 Werkzeuge zur Warmumformung

Bei der Auswahl von Werkzeugstählen für Schmiedewerkzeuge spielen neben den eigentlich auftretenden mechanischen Lasten, die durch die Temperatur und die Art des zu schmiedenden Materials bestimmt wer-

Tabelle 7.11 Werkzeugstähle für Kunststoffformen

Werkstoffnummer	Legierungsanteile in Massen-%									
	C	Mn	Si	Cr	Mo	Ni	W	Co	Ti	V
Vorvergütete Werkzeugstähle										
1.2311	0,4	1,5		2	0,2					
1.2711	0,52	0,7	0,2	0,75	0,3	1,75				0,1
Durchhärtbare Werkzeugstähle										
1.2344	0,4			5,3	1,4					1
1.2767	0,45	0,25		1,3		4				
1.2379	1,55			12	0,7					1
1.2436	2,2	0,3		12			0,8			
Martensitaushärtende Werkzeugstähle										
1.2709	0,03				5	18		10	1	
Korrosionsträge Werkzeugstähle										
1.2083	0,45	1	1	13						
1.2316	0,36	0,8		16	1,2					
Einsatzstahl										
1.2162	0,21	1,3		1,2						

den, weitere Parameter eine wichtige Rolle. Die Kühlbedingungen und die Verwendung von Schmiermitteln haben einen maßgeblichen Einfluss auf die Werkstoffwahl; die Losgröße bestimmt die Dauer der thermischen Wechselbelastung. Basierend auf diesen Anforderungen müssen neben einer ausreichenden Druckfestigkeit und Verschleißbeständigkeit eine hohe Warmhärte und eine hohe Beständigkeit gegen thermische und mechanische Ermüdung gewährleistet werden. Bild 7.14 zeigt ein typisches Werkzeug der Warmumformung.

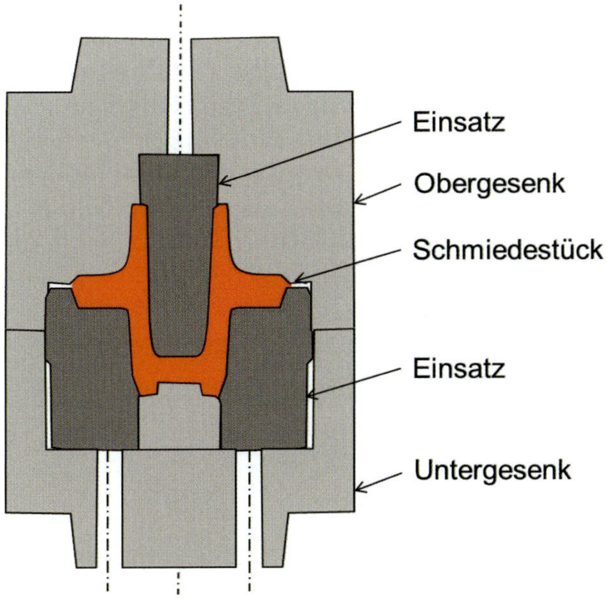

Beim Schmieden wird das Produktionsmaterial bis in den Bereich der spezifischen Rekristallisationstemperatur aufgeheizt. Tabelle 7.12 gibt die Schmiede- bzw. Rekristallisationstemperaturen für unterschiedliche Legierungen an.

Um die Thermoschockbelastung so gering wie möglich zu halten, werden die Schmiedewerkzeuge üblicherweise auf Temperaturen bis zu 425 °C vorgewärmt. Höhere Temperaturen können für die häufig verwendeten Warmarbeitsstähle nicht angewendet werden, da es

Bild 7.14 Typische Werkzeuge der Warmumformung

Tabelle 7.12 Schmiedetemperaturen für unterschiedliche Werkstoffgruppen (ASM 1995)

Aluminiumlegierungen	400 – 550 °C
Magnesiumlegierungen	250 – 350 °C
Kupferlegierungen	600 – 900 °C
Niedriglegierte Stähle	850 – 1150 °C
Martensitische nichtrostende Stähle	1100 – 1250 °C
Martensitaushärtende Stähle	1100 – 1250 °C
Austenitische nichtrostende Stähle	1100 – 1250 °C
Nickellegierungen	1000 – 1150 °C
Ausscheidungshärtende austenitische Stähle	1100 – 1250 °C
Titanlegierungen	700 – 950 °C
Superlegierungen auf Fe-Basis	1050 – 1180 °C
Superlegierungen auf Co-Basis	1180 – 1250 °C
Superlegierungen auf Ni-Basis	1050 – 1200 °C

7

sonst zu einer nicht beabsichtigten Erweichung des Grundmaterials kommt.

Warmarbeitsstähle, wie z. B. 1.2343 und 1.2344, finden häufig Verwendung. Sie weisen eine gute Warmfestigkeit auch über längere Betriebsdauern auf. Molybdän und Wolfram führen zu einer ausreichend hohen Warmhärte. Durch den niedrigen Kohlenstoffgehalt sind die Werkzeuge zäh und können üblicherweise problemlos zwischengekühlt werden, ohne dass es zu Rissen kommt. Höherlegierte Warmarbeitsstähle (WSt.-Nr. 1.2678) erreichen höhere Warmhärten und eine deutlich höhere Verschleißbeständigkeit. Sie sind jedoch weniger zäh als niedrigerlegierte Warmarbeitsstähle. Bei wolframlegierten Warmarbeitsstählen ist zwar die Warmhärte besonders hoch, die Thermoschockbeständigkeit jedoch deutlich geringer, sodass diese Werkstoffe nicht uneingeschränkt wassergekühlt werden sollten (Tabelle 7.13). Martensitaushärtende Stähle finden Verwendung, wenn gegenüber den konventionellen Warmarbeitsstählen eine höhere Zähigkeit gefordert ist. Sie sind heißrissbeständig und haben eine gute Warmfestigkeit, auch bei langen Betriebsdauern. Die geringe Verschleißbeständigkeit kann meist durch Nitrieren kompensiert werden.

Tabelle 7.13 Stähle für Schmiedewerkzeuge

Werkstoff-nummer	Legierungsanteile in Massen-%							
	C	Mn	Si	Cr	Mo	W	Co	V
1.2343	0,4		1	5	1,5			0,4
1.2344	0,4			5,3	1,4			1
1.2678	0,4	0,4	0,3	4,5	0,5	4,5	4,5	2,1

7.3.6 Zerspanungswerkzeuge

Zerspanungswerkzeuge finden in der Metallbearbeitung vielfach Verwendung und stellen das ursprüngliche Einsatzgebiet für Schnellarbeitsstähle dar. Diese wurden speziell für die beim Zerspanen auftretenden hohen Temperaturen entwickelt. Bei der Auswahl eines geeigneten Werkstoffes für Zerspanungswerkzeuge sind die Zerspanungsbedingungen und die Eigenschaften des zu zerspanenden Werkstoffs zu berücksichtigen. Schnellarbeitsstähle behalten die erforderlichen hohen Härten bis zu einer Arbeitstemperatur von 600 °C. Hierdurch können gesteigerte Zerspanungsansprüche und Schnitthaltigkeit für einen längeren Zeitraum realisiert werden. Durch die hohe Anlassbeständigkeit eignen sich Schnellarbeitsstähle besonders für Beschichtungen, die für die unterschiedlichen Arten von Zerspanungswerkzeugen eingesetzt werden.

Je nach Beanspruchungen werden unterschiedlich hochlegierte Schnellarbeitsstähle eingesetzt. Neben der angesprochenen Warmhärte kommt es an den Schnittkanten zwischen Werkzeug und dem zu bearbeitenden Produktionsmaterial zu lokal hohen Druckbeanspruchungen. Bei zu geringer Härte deformiert sich die Werkzeugkante. Ist die Zähigkeit dagegen zu gering, kann es zu Abplatzungen und Brüchen kommen. Treten diese erst nach längerer Beanspruchung auf, handelt es sich um Materialermüdung infolge der aufgetretenen Wechselbelastung. Je nach Härte und Art des zu zerspanenden Materials kommt es ebenfalls zu starkem adhäsiven und abrasiven Verschleiß.

Für leichte Beanspruchungen bei Spiral- und Gewindebohrern, Fräswerkzeugen und Räumwerkzeugen findet der relativ niedriglegierte Schnellarbeitsstahl 1.3343 Anwendung. Bei höheren Belastungen, z.B. bei höheren Schnittgeschwindigkeiten, kommen sukzessive Kobalt-legierte Stähle zum Einsatz. Der 1.3243 entspricht von der Analyse her dem 1.3343, ist aber zusätzlich mit 5% Kobalt legiert. Weiter fortgeführt wird die Reihe mit dem 1.3207, der mit über 10% Kobalt eine weiter gesteigerte Warmhärte aufweist. Für Hochleistungswerkzeuge kommen aber ebenfalls pulvermetallurgische Schnellarbeitsstähle in den Legierungs-

Tabelle 7.14 Schnellarbeitsstähle für die Zerspanung

Werkstoffnummer	Kurzname	Legierungsanteile in Massen-%						
		C	Mn	Cr	Mo	W	Co	V
1.3207	HS10-4-3-10	1,3	0,3	4,2	3,8	10,5	10,5	3,2
1.3243	HS6-5-2-5	0,92	0,3	4,2	5	6,5	5	2
1.3343	HS6-5-2C	0,9	0,3	4,3	5	6,5		1,9
1.3395	PM 23	1,3		4,2	5	6,4		3,1
1.3294	PM 30	1,3		4,2	5	6,4	8,5	3,1
1.3292	PM 60	2,3		4	7	6,5	10,5	6,5

lagen PM23, PM30 und PM60 zum Einsatz (Tabelle 7.14). Tabelle 7.15 zeigt eine Übersicht über einige Verwendungsbeispiele für Schnellarbeitsstahl.

Tabelle 7.15 Verwendungsbeispiele für Schnellarbeitsstähle

	Leichte Beanspruchung	Mittlere Beanspruchung	Schwere Beanspruchung
Spiral-bohrer	1.3343	1.3343 1.3243	1.3243 PM23 / 1.3394, PM30
Gewinde-bohrer	1.3343	1.3343	1.3243 PM23 / 1.3394
Fräswerk-zeuge	1.3343	1.3243	1.3207
Räumwerk-zeuge	1.3343	1.3243	PM23 / 1.3394, PM30

7.4 Zusammenfassung

Werkzeugstähle werden vielfach zur Herstellung oder Formgebung unterschiedlicher Produkte eingesetzt. Dies reicht z. B. von Stanzwerkzeugen für Metallbleche bis hin zu Werkzeugen für die Kunststoffverarbeitung. Die Auswahl eines geeigneten Werkzeugstahls erfolgt nach der gewünschten Härte in Verbindung mit einer ausreichend hohen Zähigkeit. Die möglichst hohe Verschleißbeständigkeit erhöht die Lebensdauer des Werkzeugs und damit die Produktivität des gesamten Prozesses. Neben diesen drei Kerneigenschaften Härte, Zähigkeit und Verschleißbeständigkeit sind je nach Anwendung eine hohe Anlassbeständigkeit, Korrosionsbeständigkeit oder Polierbarkeit von Bedeutung, die durch geeignete Legierungsvariationen erreicht werden können.

Literatur zu Kapitel 7

ASM Specialty Handbook: Tool Materials. ASM International, Ohio/USA 1995

Grimm, W.; Hippenstiel, F.: Handbuch der Kunststoffformenstähle. Buderus Edelstahlwerke 2002

Hoyle, G.: High Speed Steels. Butterworths & Co., London 1988

Jeglitsch, F. u.a.: Proceedings of the Fifth International Conference on Tooling. Leoben/Austria 1999

Läpple, V.: Wärmebehandlung des Stahls. Verlag Europa Lehrmittel, Haan-Gruiten 2010

Mennig, G.; Lake, M.: Verschleißminimierung in der Kunststoffverarbeitung. Carl Hanser Verlag, München 2008

Rose, A.: Wärmebehandlung der Stähle. Stahl und Eisen 85 (1965) 20, S. 1229–1240

Schmidt, R.-A.: Umformen und Feinschneiden. Carl Hanser Verlag, München 2007

Alle im Text erwähnten Normen sind in einer Liste zusammengefasst (Seite 889).

7

8

Stähle für die Energietechnik – *Hochwarmfeste Stähle für die ressourcenschonende Stromerzeugung*

Wolfgang Bleck

Die weltweite Energielandschaft ändert sich: Die CO_2-Emissionen sind in den Fokus der Politik gelangt, gleichzeitig gibt es eine starke öffentliche Förderung regenerativer Energien.

Die Energiewirtschaft verursacht fast die Hälfte aller CO_2-Emissionen. Die Anteile der nächst bedeutenden Sektoren sind der Verkehr (20 %) und die Industrie (10 %). Der spezifische CO_2-Ausstoß eines Kraftwerks resultiert aus dem Kohlenstoffgehalt des Brennstoffs und dem elektrischen Wirkungsgrad des Kraftwerks. Je höher der durchschnittliche elektrische Wirkungsgrad, desto weniger fossile Brennstoffe müssen zur Erzeugung des Stroms verbrannt werden. Die Verbesserung des Wirkungsgrades bei Dampfkraftwerken wird durch eine konsequente Optimierung des Gesamtprozesses erreicht. Als wichtigste Einzelmaßnahmen sind dabei die Erhöhung der Dampftemperaturen und Dampfdrucke, die Verringerung von inneren Verlusten in der Dampfturbine und beim Eigenverbrauch sowie die Verbesserung der Rückkühlung zu nennen. Dies erfordert die Entwicklung und den Einsatz neuer hochwarmfester Stahlsorten, die in Kesseln und Dampfleitungen extrem hohen Druck- und Temperaturbelastungen widerstehen. Hochtemperaturwerkstoffe sind heute in der Regel ferritische Stähle mit Chromgehalten zwischen ca. 8 und 12 %. Ganz wesentlich für ihr Werkstoffverhalten ist das Kriechen, eine plastische Verformung von Proben bei Temperaturen oberhalb $0,4 \times T_S$ bei konstanter Belastung.

Das erste deutsche Kraftwerk wurde 1885 in Berlin in Betrieb genommen, wobei der Wirkungsgrad gerade einmal 9 % betrug. Im Sommer 2012 wurde das RWE Braunkohlekraftwerk Neurath mit Dampftemperaturen von 620 °C sowie Dampfdrücken von 276 bar und einem Wirkungsgrad von 43 % in Betrieb genommen. Höhere Wirkungsgrade sind mit der sogenannten 700 °C-Technologie erzielbar.

Eine Folge der starken Förderung

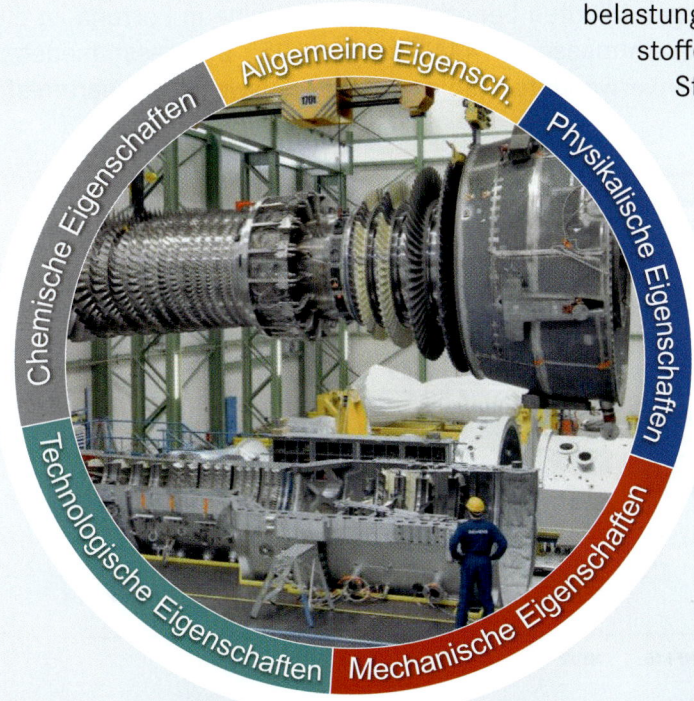

Quelle: www.stahl-online.de

der erneuerbaren Energien ist allerdings die verringerte Volllaststundenzahl pro Jahr, sodass die hohen erforderlichen Investitionen in eine neue Kraftwerkstechnologie der 700 °C-Klasse derzeit nicht sinnvoll erscheinen.

Ein Grundproblem der Einführung neuer Werkstoffe für Hochtemperaturanwendungen sind ihre langen Entwicklungszeiten. Das liegt unter anderem an den Mindestprüfzeiten von 30 000 Stunden für Kriechproben, deren Ergebnisse dann mit dem Faktor 4 auf die Ziellebensdauer von 100 000 Stunden extrapoliert werden.

Die elektrische Energieversorgung ist ausgelegt auf einen ständigen Abgleich der geforderten und der zur Verfügung gestellten elektrischen Energie. Während die durch thermische Kraftwerke zur Verfügung stehende Leistung abnimmt, nimmt die Schwankungsbreite durch die hohe additive Einspeisung an Wind- und Solarenergie deutlich zu. Für die heutigen Grundlastkraftwerke ergibt sich eine geringere Anzahl an Volllaststunden und die zwingende Notwendigkeit des häufigeren An- und Abfahrens. Dies führt zu einer höheren Dynamik beim Betrieb und zu neuen Anforderungen an die Werkstoffe. Hierzu gehören die thermomechanische Ermüdungsbelastung sowie der Widerstand gegen Korrosion durch Kondensate.

Die höchsten Wirkungsgrade werden in Gas- und Dampf-Kombikraftwerken erzielt. Der umfassende Einsatz moderner Stähle, insbesondere hochwarmfester Werkstoffe, ermöglicht die hohen technologischen Belastungen der einzelnen Komponenten. Der zuverlässige Betrieb und eine lange Lebensdauer der Gasturbine müssen sichergestellt sein, sodass beispielsweise der Düsseldorfer Kraftwerksblock „Fortuna" im kombinierten Gas- und Dampfbetrieb einen Wirkungsgrad von über 80 % erreicht.

Der Strombedarf ist über den Tagesverlauf nicht konstant, erneuerbare Energien stehen nicht mit konstanter Leistung zur Verfügung. Es ist deshalb von großem Vorteil, dass die Gasturbine mit einer Drehzahl von 3000 Umdrehungen pro Minute und bei Verbrennungstemperaturen von bis zu 1500 °C eine Anfahrzeit von nur wenigen Minuten benötigt. Die Gasturbine in Fortuna ist die größte der Welt; sie besteht bei einer Gesamtmasse von 444 Tonnen zu 95 % aus geschmiedeten und gegossenen Bauteilen aus Stahl. Hier verwendete Stähle sind beispielsweise der warmfeste

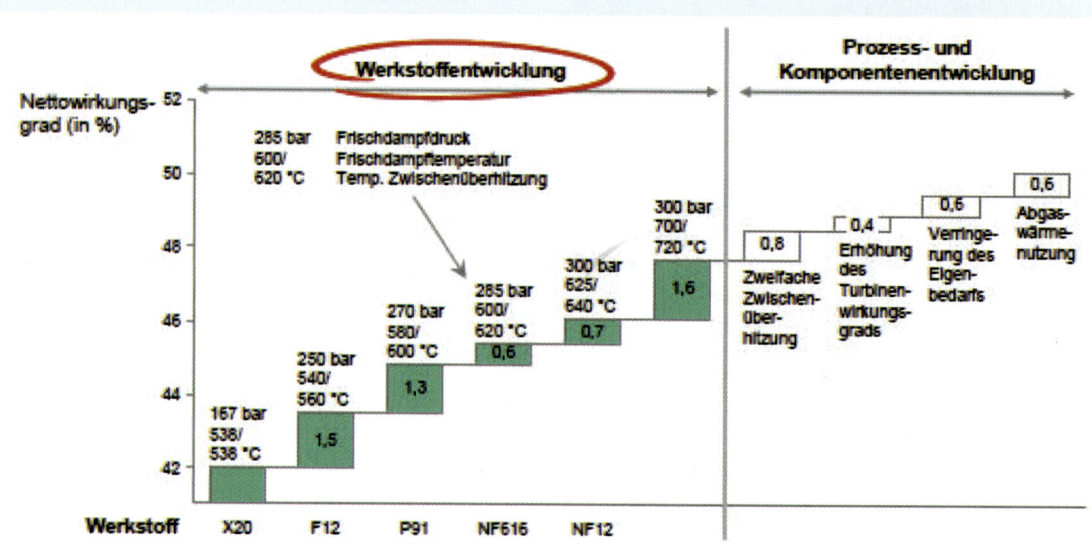

Werkstoffentwicklung führt zur Verbesserung des Wirkungsgrades
Quelle: Deutsche Physikalische Gesellschaft: Klimaschutz und Energieversorgung in Deutschland

Stahl 16Mo3 speziell für druck- und temperaturbelastete Bauteile, der legierte Edelstahl 27NiCrMoV15-6 und der hochwarmfeste nichtrostende Stahl X12CrMoWVNbN10-1-1, die für den Generatoren- und Turbinenbau entwickelt wurden.

In einer Studie der Deutschen Physikalischen Gesellschaft wurde aufgezeigt, wie der Nettowirkungsgrad von Kraftwerken durch die Entwicklung von Werkstoffen sowie von Prozessen und Komponenten beeinflusst wird.

Stähle tragen somit unmittelbar zum schonenden Umgang mit Ressourcen und zu einem geringeren Ausstoß von Treibhausgasen bei. Im Folgenden werden die Stahlentwicklungen für Anwendungen im Kraftwerkbau vorgestellt. Bei dem breit gefassten Begriff Energietechnik versteht es sich von selbst, dass Stähle mit Bedeutung für Energiewandlungsprozesse auch in den meisten anderen Kapiteln angesprochen werden; explizit soll auf Stähle für den Offshore-Bereich in Kapitel 5 und auf Elektroblech in Kapitel 10 hingewiesen werden.

8

Thermische Kraftwerke

Ulrich Brill

8-1.1 Einleitung

Die Energietechnik befasst sich mit Technologien zur effizienten, sicheren, ressourcen- und umweltschonenden und gleichzeitig wirtschaftlichen Gewinnung, Umwandlung, zum Transport, zur Speicherung, Verteilung und Nutzung von Energie in ihren vielfältigen Formen. Im Mittelpunkt steht dabei die sichere Versorgung von Mensch und Industrie mit Energie, heute und in der Zukunft. Treibende Kraft hierfür ist der von 1990 bis 2008 um 10 % pro Kopf der Weltbevölkerung gestiegene Energiebedarf. Bei einer Zunahme der Weltbevölkerung im gleichen Zeitraum von 27 % wuchs der Weltenergiebedarf um 39 %. Regional konzentriert sich das Wachstum dabei auf China, den Mittleren Osten und Indien (Energy in Sweden 2010). Ursache hierfür ist die stark wachsende Bevölkerung in diesen Regionen und die Zunahme der quantitativen und qualitativen Bedürfnisse nach industriell gefertigten Produkten.

Berechnungen des Ethnologen Marshall Sahlins, nach denen der weltweite Energieverbrauch pro Kopf und Jahr bis zum Beginn der industriellen Revolution zunächst nahezu konstant geblieben ist, bestätigen die Erwartungen eines in der Folge aufgrund zunehmender Industrialisierung weiter steigenden Weltenergiebedarfs (Moser 2008). In der Tat erwartet der BP Energy Outlook eine Zunahme des Weltenergiebedarfs um 37 % bis 2035, was einer Steigerung von 1,4 % pro Jahr entspricht. Zugleich wird eine Steigerung der CO_2-Emissionen um 25 % erwartet (BP Energy 2015).

Aus ökonomischen und technologischen Gründen werden heute ca. 85 % des Weltenergiebedarfes durch fossile Energieträger gedeckt. Trotz der derzeitigen Bemühungen um eine nachhaltige und verstärkte Klimapolitik erwartet das Copenhagen Consensus Center eine weitere Steigerung dieses Anteils in den nächsten Jahrzehnten (Copenhagen Consensus Center 2009). Aus diesem Grund wird sich dieser Beitrag auf Werkstoffe für Anlagen, in denen thermische Energie aus

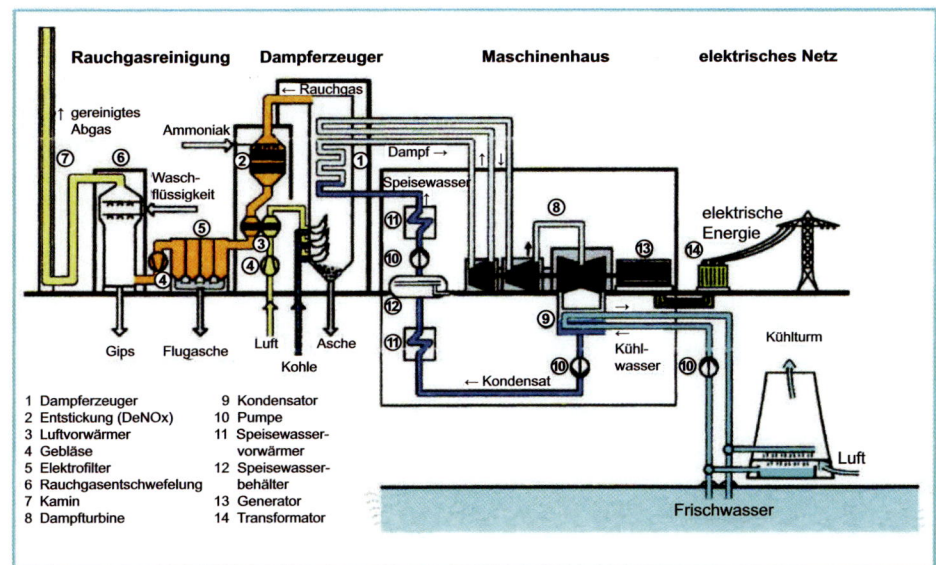

1 Dampferzeuger
2 Entstickung (DeNOx)
3 Luftvorwärmer
4 Gebläse
5 Elektrofilter
6 Rauchgasentschwefelung
7 Kamin
8 Dampfturbine
9 Kondensator
10 Pumpe
11 Speisewasser-vorwärmer
12 Speisewasser-behälter
13 Generator
14 Transformator

Bild 8-1.1
Schematische Darstellung eines Dampfkraftwerkes
(VDI 2013)

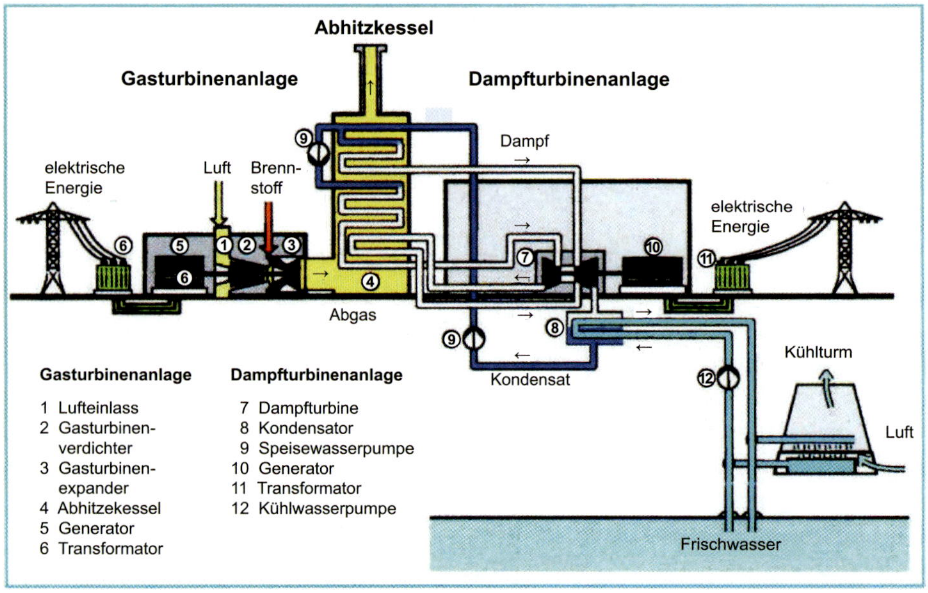

Bild 8-1.2
Schematische Darstellung
eines GuD-Kraftwerkes
(VDI 2013)

den fossilen Brennstoffen Gas, Öl und Kohle zunächst in mechanische und anschließend in elektrische Energie umgewandelt wird, konzentrieren. Dies sind Werkstoffe, die vorzugsweise in Gas- und Dampfkraftwerken (GuD-Kraftwerke) zum Einsatz kommen. Bild 8-1.1 zeigt beispielhaft schematisch ein Dampfkraftwerk mit seinen einzelnen Komponenten (VDI 2013).

Die Kombination von Dampf- und Gasturbinenanlagen in sogenannten GuD-Kraftwerken ist schematisch in Bild 8-1.2 dargestellt (VDI 2013).

In Tabelle 8-1.1 kann man die technologische Entwicklung anhand der Siemens-GuD-Kraftwerksanlagen von der E- bis zur H-Klasse hinsichtlich von Druckver-

hältnissen, Abgastemperatur und Wirkungsgrad nachvollziehen (VDI 2013). Die Begriffe E-, F- und H-Klasse sind dabei die Abkürzungen für die Gasturbinen SGT5-8000H (350-MW-Klasse, eingeführt 2015), SGT5-4000F (250-MW-Klasse, eingeführt 2008) und SGT5-2000E (150-MW-Klasse, eingeführt 1981). In den Kurzbezeichnungen bedeutet ferner SGT: Siemens-Gas-Turbine und 5 steht für 50-Hz-Maschinen.

Tabelle 8-1.1 Typische Kenndaten von Gasturbinen und GuD-Kraftwerken (VDI 2013)

	Einheit	E-Klasse	F-Klasse	H-Klasse
Gasturbine				
Bruttoleistung a)	MW	172	295	375
Druckverhältnis	–	12,1	18,8	19,2
Abgasmassenstrom	kg/s	531	692	829
Abgastemperatur	°C	537	586	627
Bruttowirkungsgrad b)	%	35,3	40	40
GuD-Kraftwerk				
Anzahl GT x DT c)	–	1x1/2x1	1S/2x1	1S/2x1
Nettoleistung	MW	253/512	431/862	570/1140
Nettowirkungsgrad b)	%	52,5/53,1	58,7	> 60

a) ISO-Bedingungen,
b) bezogen auf den unteren Heizwert,
c) 1S: Einwellenanordnung von Gas- (GT) und Dampfturbine (DT)

8-1.2 Anforderungen an Werkstoffe für die Kraftwerkstechnik

Werkstoffe für die Kraftwerkstechnik müssen einerseits auf der Produktionsseite bei hohen Temperaturen hohen mechanischen Belastungen standhalten und gleichzeitig über eine ausreichende Beständigkeit gegen Hochtemperaturkorrosion verfügen, während auf der Entsorgungsseite eine hervorragende Beständigkeit in wässrigen, meist sauren Medien gefordert wird bei gleichzeitig hohen Festigkeiten, um Gewicht einzusparen und wirtschaftlich bauen zu können.

Beispiele für hochtemperaturbeanspruchte Bauteile sind der Dampfkessel mit den Überhitzern und Zwischenüberhitzern mit ihren Eintritts- und Austrittssammlern, die Gasturbine mit Schaufeln, Scheiben, Wellen und Brennkammer sowie die Dampfturbine, ebenfalls mit Schaufeln, Scheiben und Wellen.

Bei bekannten Betriebsbedingungen sind für die Werkstoffauswahl und geometrische Gestaltung des Bauteils die mechanischen Eigenschaften, die Hochtemperaturkorrosionsbeständigkeit, die Verfügbarkeit der erforderlichen Halbzeug- und Fertigteilabmessungen, deren Verarbeitbarkeit und hier insbesondere die Fügbarkeit von entscheidender Bedeutung.

Bei den mechanischen Eigenschaften sind dies in erster Linie die Zeitstandfestigkeiten und die Zeitdehngrenzen für stationäre bzw. quasi-stationäre Bedingungen. Maßgeblich sind die in den VdTÜV-Blättern festgelegten Werte, die sich wiederum auf bestimmte Halbzeuge mit definierter thermomechanischer Vorbehandlung beziehen. Häufig finden sich auch Angaben zu den zulässigen Schweißverfahren und Schweißzusätzen mit im günstigsten Fall Zeitstanddaten der geschweißten Verbindungen oder aber anzuwendende Korrekturfaktoren.

Für Anlagen und Geräte, die der Druckgeräterichtlinie unterliegen, sind weiterhin die Regeln der Betriebssicherheitsverordnung, die technischen Regelwerke, wie z. B. TRD, TRB und TRR, sowie die entsprechenden harmonisierten EN-Normen, wie z. B. EN 10028 für Werkstoffe/Material, zu beachten.

Fertigungs- und herstellungsbedingte Toleranzen oder aufgrund von Biegen, Eindellen, Gewindeschneiden, Eindrehen etc., aber auch durch Korrosion bedingte Querschnittsschwächungen werden durch Wanddickenzuschläge berücksichtigt.

Ändern sich während des Betriebes Temperatur, Druck und äußere Lasten, liegt eine typische Wechselbeanspruchung, häufig als Zugschwell- oder Zug-Druck-Wechselbeanspruchung, vor, die im Vergleich zur statischen Belastung zu deutlich früheren Schädigungen durch Ermüdungsrisse oder zum kompletten Versagen des Bauteils führen kann.

Die Wechselfestigkeit der eingesetzten Werkstoffe ist dabei abhängig von der Zyklusform (Dreiecks-, Trapez-, Sinus-Belastung, mit oder ohne Haltezeit), der Frequenz, der Temperatur und natürlich der Gesamtdehnungsamplitude. Bild 8-1.3 zeigt schematisch einige mögliche Wechselbeanspruchungsverläufe.

Die Bestimmung der Beanspruchbarkeit der Werkstoffe bei Wechselbeanspruchung kann in Form eines klassischen Dauerschwingversuches mit Wöhler-Schaubild – mit Ermittlung der Anrisszyklenzahl – erfolgen. Liegen keine Werkstoffdaten für die Beanspruchbarkeit eines Werkstoffes unter Wechselbeanspruchung vor, ist eine Ermüdungsanalyse nach EN 13480-3 aber positiv, bietet die EN 12952-3:2012 auch vereinfachte Berechnungsmöglichkeiten der Ermüdungslebensdauer (EN 13445-3:2002-05). Ändert sich während des Betriebes der Beanspruchungszyklus, wird die Gesamtlebensdauer des Werkstoffes/Bauteils über die lineare Schadensakkumulation, d. h. eine Aufsummierung der einzelnen Schädigungen, bestimmt (Buxbaum 1992).

Bei den auf der Abgasseite vorwiegend durch Korrosion in wässrigen, sauren Medien beanspruchten metallischen Bauteilen handelt es sich um Komponenten der Abgas- und Rauchgasreinigung, wie z. B. Vorwäscher, Absorber, Wärmeverschiebungssysteme mit ihren Kanälen, Klappen und Rohrleitungen sowie den Kamin.

Die Beanspruchung der Werkstoffe auf der Nasskorrosionsseite kann durch hohe Chloridbelastung, deutlich abgesenkte pH-Werte und höhere Temperaturen sehr korrosiv sein, sodass bei der Auswahl der Werkstoffe der hohen Gefahr durch Loch-, Spalt- und Spannungsrisskorrosion Rechnung getragen werden muss. Höhere Molybdän-, Chrom- und Nickelgehalte in den Werkstoffen haben sich gegen o. g. Korrosionsformen bisher gut bewährt.

Der Einfluss der Legierungselemente auf die Beständigkeit der Werkstoffe in wässrigen Mineralsäuren kann in grober Näherung durch die in Gl. (8-1.1) aufgeführte Wirksumme (WS) abgeschätzt werden (Brill 1991):

Art der Wechselbelastung

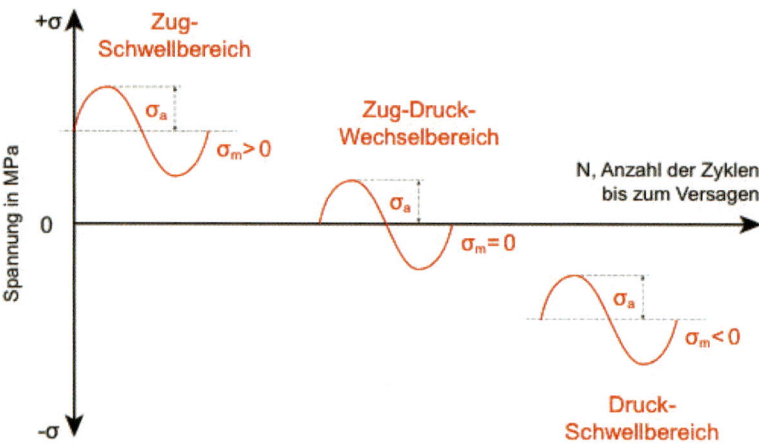

Zyklusform

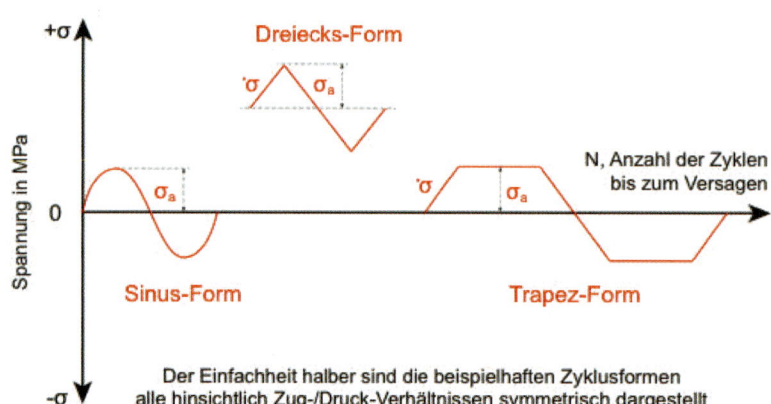

Der Einfachheit halber sind die beispielhaften Zyklusformen alle hinsichtlich Zug-/Druck-Verhältnissen symmetrisch dargestellt

Bild 8-1.3
Schematische Darstellung möglicher Wechselbeanspruchungsverläufe

$$WS = \% \, Cr + 3 \cdot (\% \, Mo + 0,5 \cdot \% \, W) + 30 \cdot N \quad (8\text{-}1.1)$$

(Angaben in Massen-%)

Hiernach erhöhen die Elemente Chrom, Molybdän, Wolfram und Stickstoff, je nach vorstehendem Faktor, die Wirksumme unterschiedlich stark und verbessern damit die Korrosionsbeständigkeit in wässrigen Medien unterschiedlich gut. Durch Versuche in Eisen(III)-chlorid-Lösung kann die Abhängigkeit der kritischen Loch- und Spaltkorrosionstemperatur von der Wirksumme aufgezeigt werden (Wahl 1999, Rockel 1984).
In Bild 8-1.4 sind die kritischen Loch- (CPT) und Spaltkorrosionstemperaturen (CCT) über der Wirksumme aufgetragen. Die jeweils verwendeten Prüfmedien sind bis 80 °C eine 10 %ige $FeCl_3$-Lösung und für Tempera-

turen oberhalb von 80 °C eine Lösung bestehend aus 7 Vol.-% H_2SO_4, 3 Vol.-% HCl, 1 Massen-% $CuCl_2$ und 1 Massen-% $FeCl_3$.
Wegen der in Rauchgasentschwefelungsanlagen vorhandenen hohen Feststoffanteile und der damit einhergehenden Gefahr von Anbackungen ist die kritische Spaltkorrosionstemperatur für die Werkstoffwahl in diesen Anlagen immer das entscheidende Auslegungskriterium (Wahl 1999, Rockel 1984).
Da in chloridhaltigen Medien neben Loch- und Spaltkorrosion auch Spannungsrisskorrosion auftreten kann, hat es nicht an Versuchen gefehlt, über diverse Labortests eine Abschätzung der Anfälligkeit mit ausreichender Differenzierung der Werkstoffe gegenüber Spannungsrisskorrosion zu erhalten.
Die heute üblichen Prüfmedien sind siedende 45 %ige

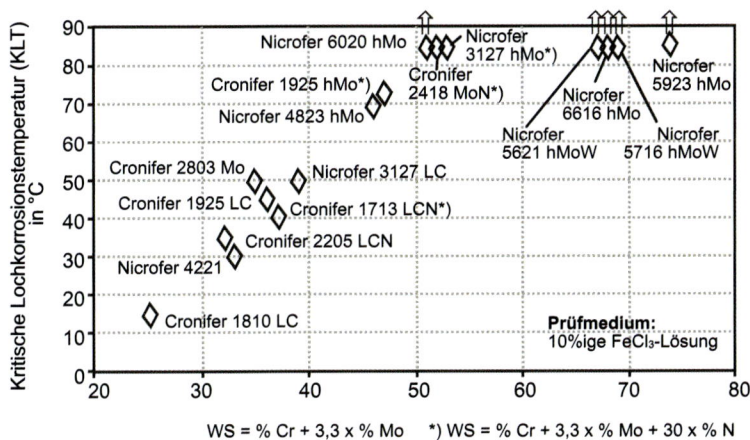

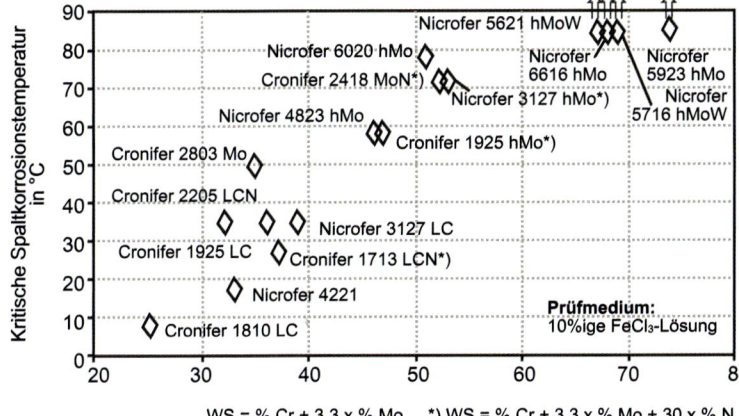

Bild 8-1.4
Kritische Loch- und Spaltkorrosionstemperatur in
Abhängigkeit von der Wirksumme der Werkstoffe

MgCl$_2$- und 62 %ige CaCl$_2$-Lösungen, bei denen die
Standzeiten an Bügelproben bis zum Auftreten erster
Risse bestimmt werden.

Diese Tests sind nicht sehr praxisnah, zeigen aber
deutlich den positiven Einfluss von Nickel auf die Beständigkeit gegen Spannungsrisskorrosion (Rockel 1984).
So wird z. B. aus Bild 8-1.5 deutlich, dass in sieden-
der 62 %iger CaCl$_2$-Lösung 40 % Nickel im Werkstoff
durchaus zu einem spannungsrisskorrosionsfreien
Korrosionsverhalten führen können. Weil für das Pra-
xisverhalten von Werkstoffen die Ergebnisse von Labor-
korrosionsprüfungen nur begrenzte Aussagefähigkeit
besitzen, werden häufig Feldversuche als Auslagerungsversuche, idealerweise auch mit geschweißten
Proben, in verschiedenen Anlagenteilen durchgeführt.
Die Nachuntersuchung der ausgelagerten Proben erfolgt dann nach einem repräsentativen Zeitraum, am
besten zeitlich gestaffelt, um den zeitlichen Korro-
sionsfortschritt anhand der Massenänderung und der
metallografisch ermittelten Schädigungstiefe beurteilen zu können (Riedel 2001).

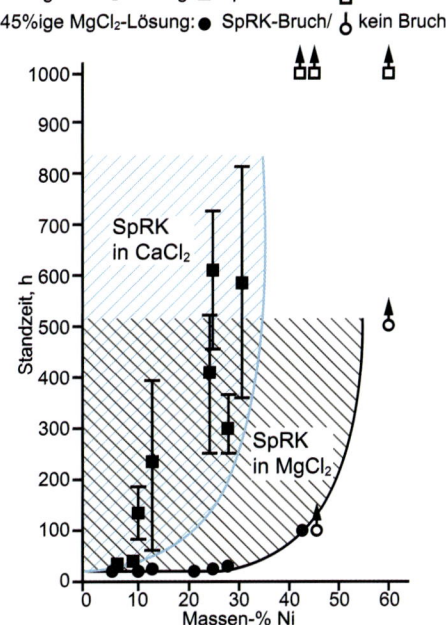

Bild 8-1.5 Einfluss des Nickels auf die Beständigkeit gegen
Spannungsrisskorrosion

8

8-1.3 Hochtemperaturwerkstoffe

Um die Umweltbelastung, insbesondere durch CO_2-Emissionen, zu verringern und um den steigenden Energiekosten zu begegnen, sind Hersteller und Betreiber von Kraftwerken an der stetigen Verbesserung des Wirkungsgrades der Kraftwerke interessiert. So bewirkt z. B. eine Erhöhung des Wirkungsgrades eines GuD- (Gas- und Dampfturbinen-) Kraftwerkes mit jährlich 7000 Stunden Laufzeit um nur ein Prozent eine Erhöhung der jährlichen Stromerzeugung von 130 Mio. kWh ohne eine Erhöhung der Emissionen oder des Brennstoffverbrauches.

Eine Erhöhung des Wirkungsgrades ist durch höhere Dampfparameter möglich. So ist z. B. durch eine Anhebung der Dampfparameter von 540 °C/180 bar und einfacher Zwischenüberhitzung auf 600 °C/300 bar Frischdampfdruck mit doppelter Zwischenüberhitzung eine Einsparung im Wärmeverbrauch von ungefähr 8 % und eine Reduktion der CO_2-Emissionen um ca. 20 % möglich (Brill 1999).

Auf dieser Basis sind in den letzten ca. zehn Jahren die so genannten „700 °C-Kraftwerke" mit einer weiteren Steigerung des Wirkungsgrades durch eine Erhöhung der Dampfparameter auf 700 °C diskutiert und zahlreiche Programme auf nationaler und europäischer Ebene zur Erprobung durchgeführt worden, wie z. B.:

- Thermic AD 700
- Komet 650
- Marcko/Marcko DE-2
- Comtest 700

Durch die politisch gewollte Veränderung gerade in der europäischen Energiepolitik mit dem so genannten „Zwei-Grad-Ziel" der Europäischen Union wird eine CO_2-Reduktion von 1990 bis 2020 um 20 % angestrebt. Seitens der Bundesrepublik Deutschland wird ein „40 %-Szenario" mit einer CO_2-Reduktion von 40 % für den gleichen Zeitraum vorgegeben (Umweltbundesamt 2007).

Da die regenerativen Energien in der Einspeisung mit erster Priorität berücksichtigt werden müssen, verlieren die Kohle- und Gaskraftwerke zunehmend die Grundlastversorgung. Sie müssen die Spitzenlasten abdecken, was nicht nur mit einer deutlich reduzierten Anzahl an Volllaststunden, sondern auch mit deutlich häufigeren An- und Abfahrvorgängen verbunden ist.

Hierdurch bedingt werden alle Werkstoffe in Kohle- und Gaskraftwerken einer zunehmenden Anzahl an Temperatur- und Druckzyklen unterworfen, was mit einer Verschiebung des Belastungsfalls von statisch bzw. quasi-statisch zu deutlich höheren Wechselbelastungen verbunden ist. Als Konsequenz hieraus resultiert ein höherer Lebensdauerverbrauch und damit, bei unverändertem Design, eine Abnahme der Lebensdauer.

Ein Überblick über die historische Entwicklung der

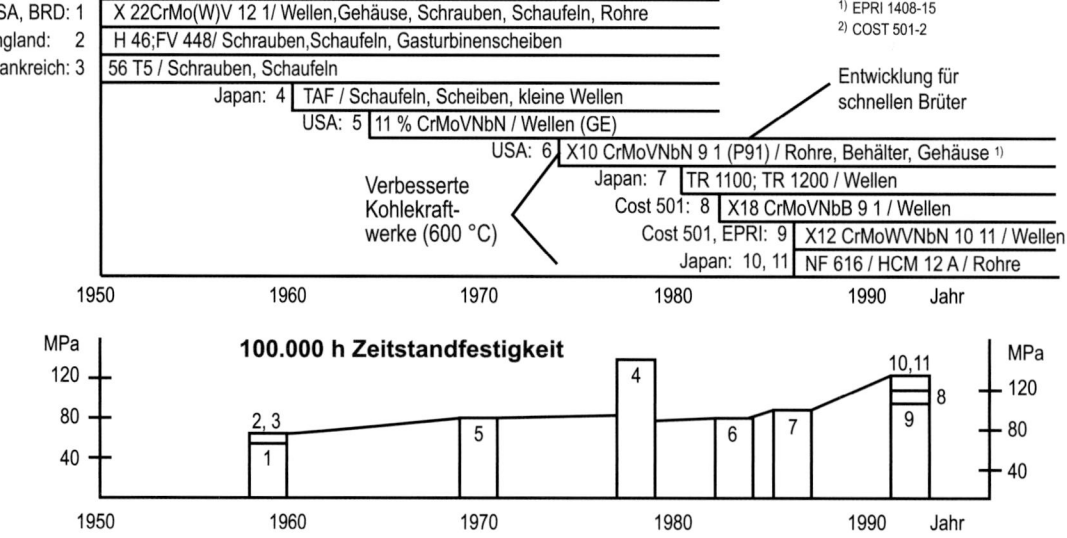

Bild 8-1.6 Historische Entwicklung der 9–12 %-CrMo-Stähle für hochbeanspruchte Kraftwerkskomponenten

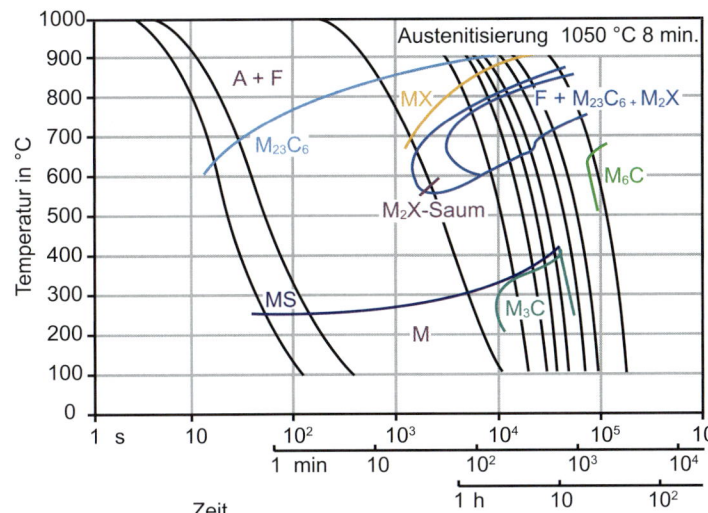

Bild 8-1.7
Zeit-Temperatur-Umwandlungs- und Ausscheidungs-
schaubild für kontinuierliche Abkühlung des Stahles
X20CrMoWV12-1 (Petri 1981, VDEh 1995)

hochwarmfesten ferritischen 9 – 12 %-CrMo-Stähle bis zum Ende des letzten Jahrhunderts ist Bild 8-1.6 zu entnehmen (Mayer 1993). Die Zusammensetzungen der in Bild 8-1.6 genannten Stahlsorten sind, sofern sie nicht ohnehin selbsterklärend sind, Tabelle 8-1.2 zu entnehmen.

Die Wärmebehandlung dieser Stähle besteht aus einem Austenitisieren und einem zweistufigen Anlassen (Bild 8-1.7).

Das Austenitisieren erfolgt meist bei Temperaturen von 1050 bis 1070 °C für Zeiten von bis zu 17 Stunden. Durch die Austenitisierung mit anschließender Abkühlung entsteht Lattenmartensit. Eine vollständige Martensitstruktur wird in der Regel bei Chromgehalten von 9 bis 12 % nicht erreicht. Die Martensitumwandlung ist mit der Bildung neuer Korngrenzen innerhalb der Austenitkörner verbunden, wobei die Großwinkelkorngrenzen zwischen den Bündeln von Martensitlatten liegen, während die Kleinwinkelkorngrenzen zwischen den einzelnen Martensitlatten zu finden sind.

Während des Anlassens, was in der ersten Stufe bei ca. 570 °C und in der zweiten Stufe bei 690 °C für ca. 8 bis 24 Stunden erfolgt, wandeln sich die Martensitlattengrenzen in Subkorngrenzen um. Weitere Ausscheidungsvorgänge in den zwei Anlassstufen, wie die Bildung von MX-, M_3C-, M_2X-, M_7C_3-Karbiden und -Karbonitriden und anderen, sind möglich.

In Bild 8-1.8 sind beispielhaft für den Stahl X20CrMoWV12-1 im Zeit-Temperatur-Diagramm das Umwandlungs- und Ausscheidungsverhalten bei kontinuierlicher Abkühlung dargestellt. Hiernach ist für diesen Stahl eine Austenitisierung bei 1050 °C für bereits

8 Minuten ausreichend. Eine vollständige Martensitumwandlung wird unter 250 °C für die beiden schnellsten Abkühlkurven erreicht. Ein Anlassen bei 690 °C bis 24 Stunden ist mit der Ausscheidung von $M_{23}C_6$-Karbiden, M_2X-Säumen und vermutlich geringen Mengen an M_6C verbunden.

Die in den frühen fünfziger Jahren des letzten Jahrhunderts in Europa und den USA entwickelten Stähle

- X22CrMo(W)V 12 1
- H46
- FV448
- 56T5

weisen bei 600 °C eine 100.000 h-Zeitstandfestigkeit von 60 – 64 MPa auf.

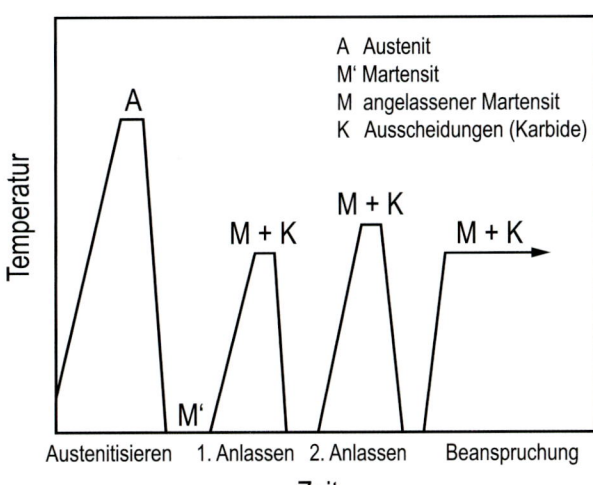

Bild 8-1.8 Schematische Darstellung der Wärmebehandlung von martensitischen Cr-Stählen (Hald 1988)

Tabelle 8-1.2 Chemische Zusammensetzung und Zeitstandfestigkeiten der traditionellen und weiterentwickelten warmfesten 9–12%-CrMo-Stähle (Mayer 1993)

Land	Stahlname	Legierungsanteile in Massen-%									Zeitstandfestigkeit in MPa bei 600 °C	
		C	Cr	Mo	Ni	W	V	Nb	N	B	10^4 h	10^5 h
Basisstähle (Betriebserfahrungen bis max. 565 °C)												
USA	T9 (X12CrMo9-1)	0,12	9,0	1,00							59	34
BRD	X22CrMoV12-1	0,20	12,0	1,00	0,50	(0,5)	0,30				103	59
England	H46 (X16CrMoVNbN11-1)	0,16	11,5	0,65	0,70		0,30	0,300	0,050		118	62
Frankreich	EM12 (X10CrMoVNbN9-2)	0,10	9,0	2,00			0,20	0,450			120	82
USA	AISI422 (X22CrMoWV12-1)	0,23	12,5	1,00	0,75	1,00	0,25				130	60
England	FV488 (X13CrMoVNbN10-1)	0,13	10,5	0,75	0,70		0,15	0,450	0,050		139	64
Frankreich	56T5 (X19CrMoVNbN11-1)	0,19	11,0	0,80	0,40		0,20	0,450	0,050		144	64
USA	11%-CrMoVNbN (GE)	0,18	10,5	1,00	0,70		0,20	0,065	0,050		165	(85)
Japan	TAF (12%-CrMoWVNbB)	0,18	10,5	1,50	0,05		0,20	0,150	0,010	0,040	216	(150)
Neuentwickelte Stähle (Betriebstemperaturen bis max. 620 °C)												
USA	T91 (X10CrMoVNbN 9-1)	0,10	9,0	1,00	< 0,40		0,22	0,080	0,050		124	94
Japan	TR1100	0,14	10,2	1,50	0,60		0,17	0,055	0,040		170	(100)
	TR1150	0,13	10,3	0,30	0,50	2,00	0,17	0,050	0,050		185	(120)
	NF616	0,07	9,0	0,50	0,06	1,80	0,20	0,050	0,060	0,004	160	(132)
	HCM12A	0,10	11,0	0,40	<0,40 1,0 Cu	2,0	0,22	0,060	0,060	0,003	156	(127)
COST 501-2	X12CrMoWVNbN10-11	0,12	10,3	1,00	0,80	0,80	0,18	0,050	0,055		165	(107)
	X18CrMoVNbB 9-1	0,18	9,5	1,50	0,05		0,25	0,050	0,010	0,010	170	(122)
MARCKO 700	P92/T92	0,10	8,9	0,50	0,15	1,7	0,20	0,06	0,052	0,003		(100)
	VM12	0,11	11,3	0,27	0,23	1,44	0,23	0,05				
	E911	0,12	9,0	1,00	–	1,0	0,2	0,05	0,05			(100)

Der in Japan für dünnwandige, kleinere Komponenten entwickelte TAF-Stahl ist eine Weiterentwicklung der europäischen Nb-haltigen Stähle (H46, FV448, 56T5). Diese Stähle waren gegenüber den klassischen 9–12%-CrMo-Stählen (T9, 410) bereits mit Niob, Vanadium und Stickstoff modifiziert und wiesen teilweise bereits bis zu einem Prozent Molybdän auf.

Eine neue Generation von warmfesten Stählen mit 100.000 h-Zeitstandfestigkeiten von 80–100 MPa bei 600 °C repräsentiert der Mitte der siebziger Jahre des letzten Jahrhunderts entwickelte P91/T91. Er zeichnet sich gegenüber den Vorläufer-Legierungen durch eine Absenkung des Kohlenstoffgehaltes und eine Feinabstimmung der Gehalte an Niob und Vanadium aus.

Ein ähnlicher Weg wurde in Japan mit dem Werkstoff HCM12 beschritten, auch hier wurde auf Basis eines 12%-Chromstahles der Kohlenstoffgehalt abgesenkt, der Niobgehalt erhöht, aber im Vergleich zu den euro-

päischen Stählen ca. ein Prozent Wolfram zulegiert. 100.000 h-Zeitstandfestigkeiten bei 600 °C von 120 bis 140 MPa werden von den in Japan auf Basis des P91/T91 entwickelten Stählen Nf 616 und HCM12 erwartet. Sie zeichnen sich durch das Zulegieren von 1,8 bis 2,0% Wolfram bei auf 0,30 bis 0,40% reduziertem Molybdängehalt aus.

Im Gegensatz hierzu kommt die europäische Weiterentwicklung des P91, der E911, ohne Bor und mit nur einem Prozent Wolfram aus, wobei allerdings der Molybdängehalt auch nur auf ein Prozent reduziert wurde.

Bild 8-1.9 zeigt noch einmal in verkürzter, übersichtlicher Darstellung die legierungstechnischen Entwicklungsschritte, ausgehend von den 9–12%-CrMo-Stählen bis zu den 9–12%-CrMo(W)V((B)Nb,N)-Stählen Ende der 90er-Jahre (Hald 1995). Im Vergleich zu Bild 8-1.6 steht hier nicht die zeitliche Entwicklung der

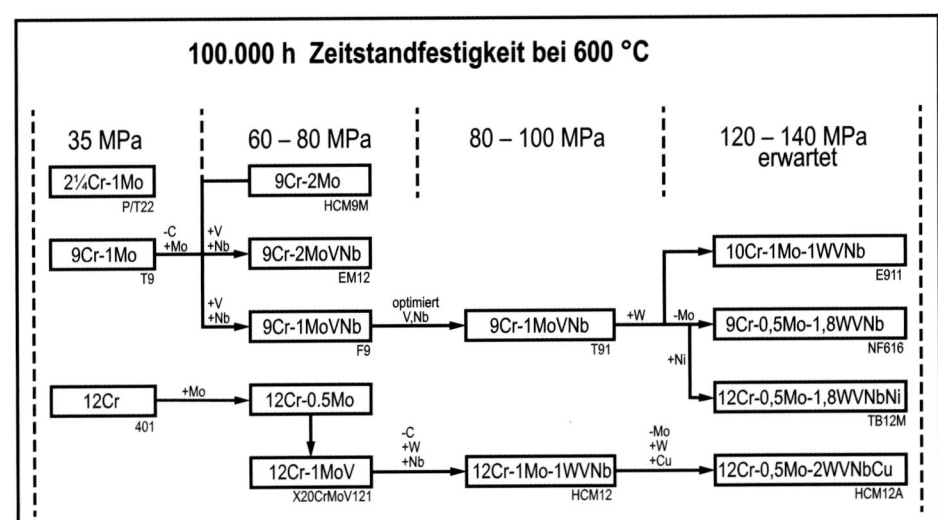

Bild 8-1.9
Entwicklung der 9–12%-CrMo-Stähle (Hald 1995)

100.000 h-Zeitstandfestigkeit der Werkstoffe im Vordergrund, sondern deren analytische Entwicklung.

Die chemischen Zusammensetzungen und die korrespondierenden Zeitstandfestigkeiten der traditionellen und weiterentwickelten warmfesten 9–12%-CrMo-Stähle können Tabelle 8-1.2 entnommen werden.

Die im COST 501-2- und im MARCKO 700-Programm entwickelten Werkstoffe entsprechen den in Klammern genannten deutschen Werkstoffnummern: P91/T91 (1.4903), P92/T92 (1.4901), VM 12 (1.4915) und E911 (1.4905).

Die ergriffenen legierungstechnischen Maßnahmen zielten auf eine mikrostrukturelle Beeinflussung des Gefüges derart, dass folgende Härtemechanismen im Vergleich zum traditionellen Stahl X22CrMoV12-1 genutzt bzw. eingestellt werden konnten:

- kleinere, stabilere Karbide des Typs $M_{23}C_6$
- viele kleine V/Nb-Carbonitride des Typs MX
- Mischkristallverfestigung durch Wolfram und Molybdän
- Hemmung der Karbidvergrößerung durch B-Stabilisierung
- Ausbilanzierung der Ferrit- und Austenit-stabilisierenden Legierungselemente
- Ausscheidung der Laves-Phase $(Fe,Cr)_2(Mo,W)$, während des Einsatzes.

In der Folge wurden Anfang des 21. Jahrhunderts im Rahmen des COST 522-Programms weitere legierungstechnische Maßnahmen erprobt mit dem Ziel, eine maximale Einsatztemperatur der warmfesten 9–12%-CrMo-Stähle von 650 °C zu erreichen. Dies insbesondere vor dem Hintergrund, den Zwischenschritt zu den

„700 °C-Kraftwerken" über austenitische Stähle hin zu den Nickellegierungen vermeiden zu können.

Das Ziel sollte erreicht werden durch:

- Steigerung der Oxidationsbeständigkeit durch Cr-Gehalte bis ca. 11%
- Vermeidung von Deltaferrit und Verbesserung der Gefügestabilität durch höhere Co-Gehalte von 3 und 6%
- Mischkristallverfestigung durch 1,5% Molybdän oder 1% Molybdän + 0,40% Wolfram
- Erniedrigung des Mangangehaltes auf ca. 0,06%.

Eine Klärung des Einflusses des C-Gehaltes in den Grenzen von 0,13 und 0,17% wurde ebenfalls als zielführend benannt.

Die vorliegenden Ergebnisse zeigen, dass eine Steigerung der Zeitstandfestigkeit im Vergleich zu den nur ca. 9,3% Chrom aufweisenden Stählen nicht gelungen ist (Mayer 2002). Als Ursache für die niedrigeren und unterschiedlichen Zeitstandfestigkeiten werden M_2X-, Laves-Phasen- und Z-Phasen-Ausscheidungen angenommen.

Neue japanische 10%-Cr-Wellenstähle weisen gegenüber dem COST-Programm bei Cr-Gehalten von ca. 10% mit ca. 2% deutlich höhere Wolframgehalte bei abgesenkten Molybdängehalten auf. Die C-Gehalte sind auf ca. 0,10% abgesenkt (Tab. 8-1.3).

Die bei diesen Stählen erzielte Verbesserung der Zeitstandfestigkeit wird auf die geringeren Nickel- und Aluminiumgehalte zurückgeführt. Mit hoher Wahrscheinlichkeit hat auch die Absenkung des Chromgehaltes von 11,0 auf 10,2% zum günstigeren Verhalten beigetragen.

8

Tabelle 8-1.3 Chemische Zusammensetzung von neuen japanischen Wellenstählen (Mayer 2002)

Stahlname	Legierungsanteile in Massen-%											
	C	Si	Mn	Ni	Cr	Mo	W	Co	V	Nb	B	N
HR 1200	0,10	0,06	0,46	0,25	10,2	0,14	2,5	2,4	0,21	0,07	0,013	0,02
TOS 110	0,11	0,08	0,10	0,20	10,0	0,7	1,8	3,0	0,20	0,05	0,010	0,02
MTR 10A	0,12	0,05	0,05	0,05	10,2	0,65	1,75	3,3	0,20	0,06	0,002	0,02

Die Modifikationen, die am Wellenstahl HR 1200 erfolgten, wurden dann von Hitachi auch für den Schraubenstahl TAF 650(B) übernommen, zusätzlich wurde der Borgehalt erhöht (Tab. 8-1.4).

In den von 1997 bis 2012 laufenden Forschungsprogrammen zur Entwicklung von ferritisch-martensitischen 9–12%-Cr-Stählen für ultrakritische Dampfkraftwerke mit 650 °C Dampfeintrittstemperatur fokussierte sich die Legierungs-Design-Philosophie zur Verbesserung der Zeitstandfestigkeit darauf,

- das martensitische Lattengefüge in der Nachbarschaft der ehemaligen Austenitkorngrenzen zu stabilisieren und
- Ausscheidungen von AlN, M_6X und Z-Phase zu vermeiden (Förderung einer inhomogenen Mikrostrukturevolution).

Die Strategien zur Stabilisierung der martensitischen Lattenstruktur in der Nachbarschaft der ehemaligen Austenitkorngrenze waren:

- Zulegieren von 0,014% Bor zur Stabilisierung der $M_{23}C_6$-Ausscheidungen; zur Vermeidung von Bornitriden wurde kein Stickstoff zulegiert.
  Legierungs-Modelltyp:
  0,08%C-9%Cr-3%W-3%Co-0,2%V-0,05%Nb-0,014%B
- Vermeidung von $M_{23}C_6$-Ausscheidungen zur Erzeugung von feinen, homogen verteilten MX-Ausscheidungen entlang der Lattengrenzen und der ehemaligen Austenitkorngrenzen.
  Legierungs-Modelltyp:
  0,002%C-9%Cr-3%W-3%Co-0,2%V-0,05%Nb-0,05%N
- Vermeidung von $M_{23}C_6$- und MX-Ausscheidungen und Erzeugung von fein verteilten intermetallischen Phasen in der Nachbarschaft der ehemaligen Austenitkorngrenzen in den Körnern.

Legierungs-Modelltyp:
0,002%C-12%Ni-9%Co-10%W-5%Cr (oder 2% Pd)

Darüber hinaus wurde eine rein ferritische, durch einen hohen Chromgehalt eingestellte, oxidationsbeständige Legierung geprüft.

Legierungs-Modelltyp:
0,003%C-15%Cr-6%W-3%Co-1%Mo-0,2%V-0,05%Nb-0 bis 0,07%N (Mayer 2002).

In Bild 8-1.10 sind die Zeitstandfestigkeiten bei 650 °C der Versuchsvarianten im Vergleich zu den Zeitstandfestigkeiten der Stähle T91 und P92 dargestellt. Hiernach weist die höchste Zeitstandfestigkeit die kohlenstofffreie Variante auf, die keine $M_{23}C_6$-Karbide enthält. Aufgrund des relativ hohen Stickstoffgehaltes ist allerdings langfristig ein stärkerer Abfall der Zeitstandfestigkeit durch die Bildung der Z-Phase möglich.

Grundsätzlich und zusammenfassend lässt sich sagen, dass man heute für die fortschrittlichen borhaltigen 9–12%-CrMoWNbN-Stähle ein Potenzial bis zu Einsatztemperaturen von 620 °C sieht. 640 °C sind zurzeit bereits mit austenitischen Edelstählen erreichbar. Der hohe Wärmeausdehnungskoeffizient und die niedrige Wärmeleitfähigkeit des Austenits gegenüber dem Ferrit lassen jedoch nur kleine Temperaturänderungsgeschwindigkeiten zu, sodass ein verstärkter Einsatz austenitischer Bauteile den Mittellastbereich einschränkt. Zudem ist der mit 0,4% zu erwartende Gewinn des Wirkungsgrades durch den Übergang von ferritischen auf austenitische Stähle in Hinblick auf den noch zu betreibenden Entwicklungsaufwand, die eingeschränkte Flexibilität und die höheren Investitionskosten kaum wirtschaftlich.

Aus diesem Grunde erschien es vor der Energiewende sinnvoll, hochwarmfeste Nickellegierungen als poten-

Tabelle 8-1.4 Chemische Zusammensetzung der japanischen Schraubenstähle TAF 650(B)

Stahlname	Legierungsanteile in Massen-%											
	C	Si	Mn	Ni	Cr	W	Mo	V	Co	Nb	N	B	Al
TAF 650	0,10	0,09	0,50	0,51	10,9	2,6	0,14	0,19	2,9	0,10	0,03	0,013	0,009
TFA 650B	0,12	0,06	0,09	0,10	10,2	2,6	0,15	0,21	2,1	0,08	0,03	0,025	0,001

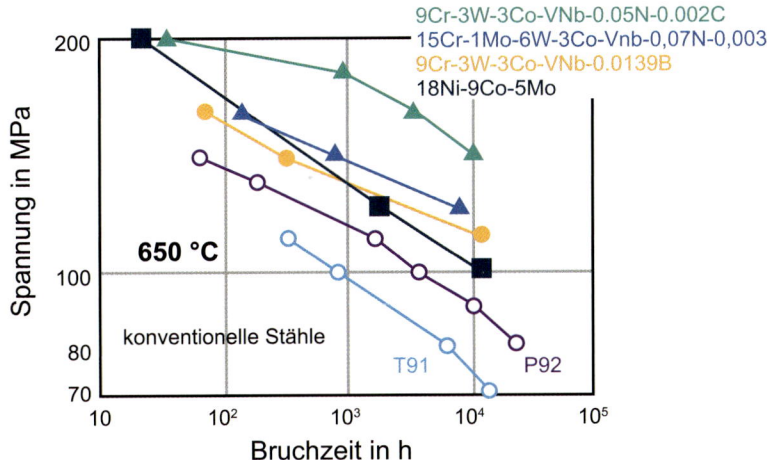

Bild 8-1.10
Vergleich der Zeitstandfestigkeiten der Versuchs-
varianten mit denen der Stähle T91 und P92
(Mayer 2002)

zielle Kandidaten zu prüfen, zumal bei der Siemens AG durchgeführte wärmetechnische Berechnungen eine Wirkungsgraderhöhung gegenüber dem Einsatz von austenitischen Stählen von 2,1 % ergaben (Brill 2002, Brill 1996).

In Bild 8-1.11 sind zur Verdeutlichung noch einmal die 100 000 h-Zeitstandfestigkeiten der verschiedenen Werkstoffe über der Temperatur dargestellt.

Eine Übersicht über die europäischen Forschungs-programme für 700 °C-Kraftwerke in den Jahren 1998 bis 2011 ist Bild 8-1.12 zu entnehmen. Bei den aktu-ellsten Forschungsprojekten handelt es sich um Fol-gende:

- COORETEC ist eine BMWi-Forschungsinitiative zur Förderung von CO_2-Reduktionstechnologien, insbe-sondere für Forschungs- und Entwicklungsprojekte für emissionsarme fossil befeuerte Kraftwerke.
- NRWPP 700 ist ein VGB-Vorhaben einer Pre-Enginee-ring-Studie zu 700 °C-Kraftwerken.
- GMK HWT I ist eine 725 °C-Teststrecke für dickwan-dige Bauteile im Großkraftwerk Mannheim.
- COMTES 700 ist ein Akronym für das europäische Testprogramm für Kraftwerkskomponenten „Compo-nent Test Facility for 700°C Power Plants"

Die kritischen Komponenten der 700 °C-Technologie sind in Bild 8-1.13 dargestellt; dies sind im Einzelnen

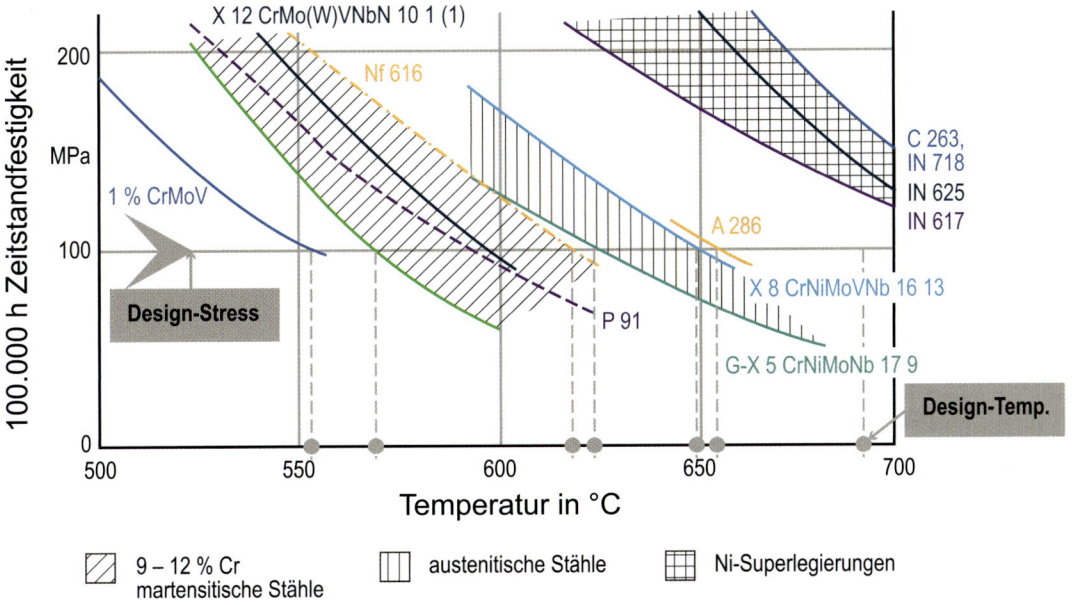

Bild 8-1.11 100 000 h-Zeitstandfestigkeiten von warmfesten Stählen und Legierungen (Mayer 2002)

Entwicklung von hocheffizienten Kohlekraftwerken
F&E-Projekte in Europa

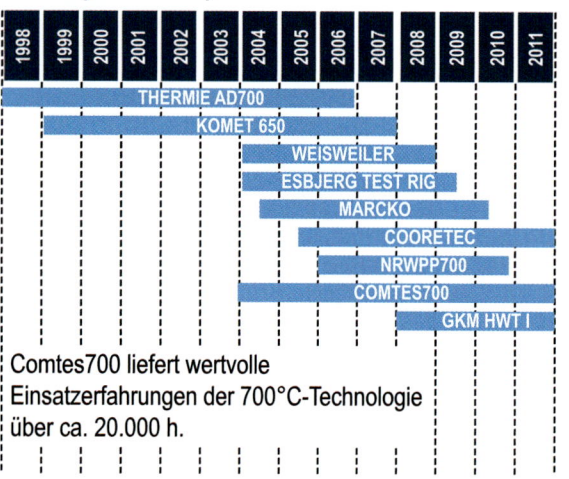

Comtes700 liefert wertvolle Einsatzerfahrungen der 700°C-Technologie über ca. 20.000 h.

Bild 8-1.12 Übersicht europäischer Forschungsprogramme für 700 °C-Kraftwerke (Berker 2015)

Membranwände	Heutige Werkstoffe 13CrMo 4 5 T 23, T 24 500 – 540 °C →	„700 °C-Technologie" … … 560 – 600 °C
Überhitzer	Heutige Werkstoffe Super 304 H DMV 310 N 600 °C =< →	„700 °C-Technologie" … … 700 °C
Sammler	Heutige Werkstoffe P 91, P 92 E 911 600 °C →	„700 °C-Technologie" … … 630 – 640 °C

die Membranwände, Überhitzer, die Nacherhitzungsstufen und die dickwandigen Komponenten, hauptsächlich die Hochdruck-Auslasssammler, sowie die Rohrleitungen.

Die chemische Zusammensetzung der heutigen Membran-, Überhitzer- und Nacherhitzerwerkstoffe sowie von Sammlern und Rohren, ebenso wie die zu Erprobungszwecken eingesetzten Werkstoffe, sind in den Tabellen 8-1.5 bis 8-1.7 aufgeführt.

Für oben genannte Komponenten ergeben sich durch die „700 °C-Technologie" folgende Temperaturerhöhungen:

Andere hochtemperaturbeanspruchte Bauteile oder Komponenten außerhalb des Kessels, insbesondere im Bereich der Dampfturbine, sind: Hoch- und Mitteldruckverdichter (Rotoren und zylindrisches Gehäuse), Ventilgehäuse, Hochtemperatur-Turbinenscheiben, Hochtemperatur-Befestigungsbolzen, Niederdruckrotoren etc. In Tabelle 8-1.8 sind für die oben genannten Bauteile bzw. Komponenten typische Werkstoffe und deren übliche Einsatztemperaturen aufgeführt (Lin 2007).

Die jedoch eingangs beschriebene Energiewende mit der bevorzugten Einspeisung regenerativer Energien führte nun zu einem veränderten Belastungskollektiv der fossil befeuerten Kraftwerke und damit auch der Werkstoffe. Das heißt, weg vom Grundlast- und hin zum Spitzenlastbetrieb mit der Anforderung, die so genannte Residuallast in immer kürzeren Anforderungszeiträumen zur Verfügung zu stellen. Dies bedeutet eine geringere Anzahl an Volllaststunden und eine steigende Anzahl an An- und Abfahrvorgängen.

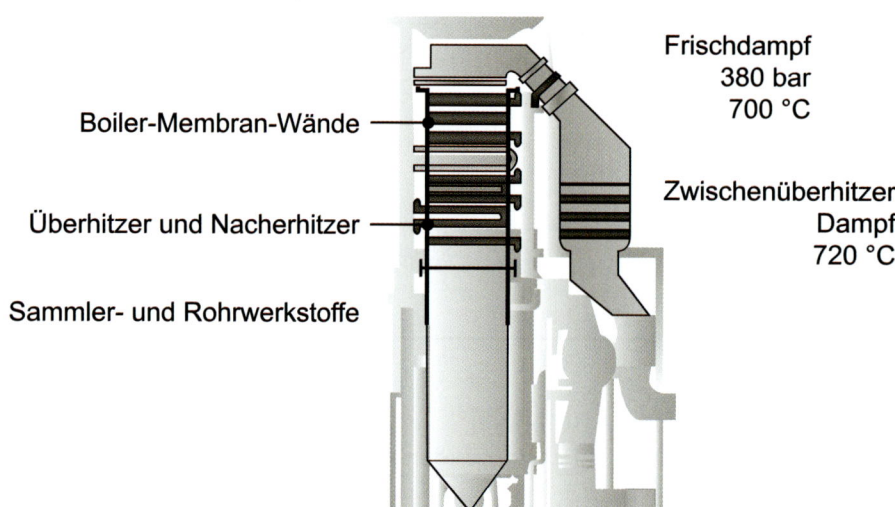

Frischdampf 380 bar 700 °C

Boiler-Membran-Wände

Zwischenüberhitzer Dampf 720 °C

Überhitzer und Nacherhitzer

Sammler- und Rohrwerkstoffe

Bild 8-1.13 Kritische Komponenten in 700 °C-Kesseln

Tabelle 8-1.5 Chemische Zusammensetzung von Membranwerkstoffen (Chen 2008)

Stahlname	Legierungsanteile in Massen-%						
	C	Cr	Mo	W	Ti	Co	Sonstige
2-2,5%-Cr-Stähle							
T23	0,04 – 0,10	1,9 – 2,6	0,05 – 0,30	1,45 – 1,75	–	–	V, Nb, N, B
T24	0,05 – 0,10	2,2 – 2,6	0,9 – 1,1	–	0,05 – 0,10	–	V, N, B
9-12%-Cr-Stähle							
T91	0,08 – 0,12	8,0 – 9,5	0,85 – 1,05	–	–	–	V, Nb, N
T92	0,07 – 0,13	8,5 – 9,5	0,3 – 0,6	1,5 – 2,0	–	–	V, Nb, N, B
VM12	0,10 – 0,14	11,0 – 12,0	0,2 – 0,4	1,3 – 1,7	–	1,4 – 1,8	V, Nb, N, B
HCM12	max. 0,14	11,0 – 13,0	0,8 – 1,2	0,8 – 1,2	–	–	V, Nb
Ni-Basislegierungen							
617 mod.	0,05 – 0,08	21,0 – 23,0	8,0 – 10,0	–	0,3 – 0,5	11,0 – 13,0	Ni, Al, Cu, N, B

Tabelle 8-1.6 Chemische Zusammensetzung von Überhitzer- und Nacherhitzerwerkstoffen (Chen 2008)

Stahlname	Legierungsanteile in Massen-%						
	Cr	Ni	Mo	W	Ti	Co	Sonstige
Austenitische Stähle							
Super304H	17,0 – 19,0	7,5 – 10,5	–	–	–	–	Cu, Nb, N, B
Tempaloy AA–1	17,5 – 19,5	9,0 – 12,0	–	–	0,10 – 0,25	–	Cu, Nb, B
XA704	17,0 – 20,0	8,0 – 11,0	–	1,5 – 2,6	–	–	V, Nb, N
TP347HFG	17,0 – 20,0	9,0 – 13,0	–	–	–	–	Nb + Ta
NF079R	21,5 – 23,0	22,0 – 28,0	1,0 – 2,0	–	max. 0,20	–	Nb, N, B
HR3C	23,0 – 27,0	17,0 – 23,0	–	–	–	–	Nb, N
DMV 310N	24,0 – 26,0	17,0 – 23,0	–	–	–	–	Nb, N
Tempaloy A–3	21,0 – 23,0	14,5 – 16,5	–	–	–	–	Nb, N, B
174	22,5	25,0	–	3,6	–	1,5	Cu, N, Nb
HR6W	21,0 – 25,0	40,0 – 55,0	–	4,0 – 8,0	max. 0,20	–	Nb
Ni-Basislegierungen							
617 mod.	21,0 – 23,0	Rest	8,0 – 10,0	–	0,30 – 0,50	11,0 – 13,0	Al, Cu, N, B
740	25,0	Rest	0,50	–	1,8	20,0	Al, Nb

Tabelle 8-1.7 Chemische Zusammensetzung von Sammler- und Rohrwerkstoffen (Chen 2008)

Stahlname	Legierungsanteile in Massen-%					
	C	Cr	Mo	W	Co	Sonstige
Martensitische Stähle						
P91	0,08 – 0,12	8,0 – 9,5	0,85 – 1,05	–	–	V, Nb, N
E911	0,09 – 0,13	8,5 – 9,5	0,90 – 1,10	0,9 – 1,1	–	V, Nb, N, B
P92	0,07 – 0,13	8,5 – 9,5	0,30 – 0,60	1,5 – 2,0	–	V, Nb, N, B
Ni-Basislegierungen						
617 mod.	0,05 – 0,08	21,0 – 23,0	8,0 – 10,0	–	11,0 – 13,0	Ni, Al, Ti, Cu, N, B
263	0,04 – 0,08	19,0 – 21,0	5,6 – 6,1	–	19,0 – 21,0	Ni, Al, Ti, Cu, B

8

Tabelle 8-1.8 Werkstoffe für super- und ultrasuperkritische Kraftwerkskomponenten (Lin 2007)

Komponente	566 /566 °C	600/600 °C
Sammler/Dampfleitungen	P91, P23	P92, P122, P91
Überhitzer/Zwischenüberhitzer	T91, T92, TP304H, 347H	TP347HFG, Super304H TP310HNbN
Hochdruck-/Mitteldruck-Rotoren	1,25Cr1MoV 10Cr1MoVNbN	10Cr1MoVNbN 10Cr1Mo1WVNbN 10Cr0.5Mo1.8WVNbN
Hochdruck-/Mitteldruck-Innenzylinder	1,25Cr1MoV 9,5Cr1MoVNbN	9,5Cr1MoVNbN 10Cr1Mo0,8WVNbN
Ventilgehäuse	1,25Cr1MoV 9,5Cr1MoVNbN	9,5Cr1MoVNbN 10Cr1Mo0,8WVNbN
Hochtemperaturscheiben	10,5Cr1Mo1WNiVNbN 10Cr0,7Mo1,8W3,2CoVNbNB	10,5Cr1Mo1WNiVNbN 10Cr0,7Mo1,8W3,2CoVNbNB Nimonic 80A, R26
Hochtemperaturbolzen	10,5CrMoVNbNB 10Cr0,7Mo1,8W3,2CoVNbNB	10,5CrMoVNbNB 10Cr0,7Mo1,8W3,2CoVNbNB Nimonic 80A, R26 GH4145
Niederdruck-Rotoren	3,5NiCrMoV	3,5NiCrMoV, hochreines 3,5NiCrMoV

Die unter diesen Bedingungen von R.E. Berker in seiner Dissertation (Berker 2015) durchgeführten Berechnungen für verschiedene Sammlerwerkstoffe ergaben bereits für den Austausch bisheriger Sammlerwerkstoffe mit P 92 einen erheblichen betriebswirtschaftlichen Mehrwert, der durch den Einsatz der Nickelbasislegierung 617 noch weiter erhöht werden konnte.

8-1.4 Nasskorrosionswerkstoffe

Ab 1983 erfordert in Deutschland die Großfeuerungsanlagenverordnung, bei Stein- und Braunkohlekraftwerken eine Rauchgasentschwefelung vorzunehmen. Durch gängige technische Verfahren und Maßnahmen ist es heute möglich, bis über 95 % des Schwefeldioxids aus den Rauchgasen zu entfernen.

Grundsätzlich unterscheidet man bei Entschwefelungsanlagen zwischen nichtregenerativen und regenerativen Verfahren. Zu den regenerativen Methoden gehört das Wellman-Lord-Verfahren, bei dem die Rauchgase in einem Abgaswäscher durch eine Waschflüssigkeit aus Natriumsulfitlösung geleitet werden. Hier reagiert das im Rauchgas enthaltene Schwefeldioxid mit Natriumsulfit zu Natriumhydrogensulfit nach Gl. (8-1.2):

$$Na_2SO_3 + SO_2 + H_2O \rightarrow 2\ NaHSO_3 \qquad (8\text{-}1.2)$$

Im Folgenden wird dann die Waschlauge im Regenerator durch Erwärmung wieder vom Schwefeldioxid befreit. Die zurückbleibende Natriumsulfitlösung wird in einem Kreislaufverfahren anschließend wieder in den Wäscher zurückgeführt. Das hochkonzentrierte Schwefeldioxid kann mit Hilfe von Synthesegas zu H_2S reduziert werden, welches nach dem Claus-Verfahren zu zwei Dritteln in reinen Schwefel überführt werden kann.

Weitere regenerative Verfahren, wie z.B. die Adsorption an Aktivkohle, haben in der industriellen Praxis keine Bedeutung gefunden.

Bei den nichtregenerativen Verfahren erfolgt die Reduzierung der SO_2-Emissionen aus fossil befeuerten Kraftwerken durch eine Nasswäsche der Rauchgase in einer Kalksteinsuspension. Das im Rauchgas enthaltene Schwefeldioxid reagiert hierbei mit dem Calciumcarbonat zu Calciumsulfat, das als Gips nach Gl. (8-1.3) – (8-1.5) ausfällt.

$$2\ SO_2 + 2\ Ca(OH)_2 \rightarrow$$
$$2\ CaSO_3 \cdot \tfrac{1}{2}\ H_2O + H_2O \qquad (8\text{-}1.3)$$

$$2 \, CaSO_3 \cdot \tfrac{1}{2} \, H_2O + O_2 + 3 \, H_2O \rightarrow$$
$$2 \, CaSO_4 \cdot 2 \, H_2O \qquad\qquad (8\text{-}1.4)$$

$$2 \, SO_2 + 2 \, Ca(OH)_2 + O_2 + 2 \, H_2O \rightarrow$$
$$2 \, CaSO_4 \cdot 2 \, H_2O \qquad\qquad (8\text{-}1.5)$$

In typischen 900-MW-Kraftwerken werden dabei die mit einer Temperatur von ungefähr 170 °C eingehenden Rohgase auf 65 °C heruntergekühlt und nachfolgend als Calciumsulfat ausgefällt. Auf diese Weise werden pro Jahr bis zu 375 000 t Gips produziert.

Für die Ausführung der Wäscher bieten sich verschiedene Möglichkeiten an. Bei keramischen und organischen Beschichtungssystemen wird die Funktionalität von mechanischer Beanspruchbarkeit und Korrosionsbeständigkeit der Oberfläche getrennt. Hierdurch sind jeweils die kostengünstigsten Lösungen für die Einzelsysteme und damit natürlich auch für das Gesamtsystem möglich.

Metallische Auskleidungen sind in der Anschaffung teurer, da sie beide Anforderungen, die der hohen Korrosionsbeständigkeit und die der hohen mechanischen Belastbarkeit, in sich vereinen müssen. Allerdings haben sie die Vorteile, gasundurchlässig, porenfrei, quell-, alterungs- und versprödungsbeständig, leicht reparierbar, nicht brennbar und durch ihre 100 %ige Recycelbarkeit sehr umweltfreundlich zu sein.

Durch die richtige Werkstoffwahl kann jedoch die Wirtschaftlichkeit durch höhere Anlagenverfügbarkeit und längere Gesamtlebensdauer verbessert werden. Zudem lassen sich Erstinvestitionskosten durch den Einsatz großformatiger Bleche (geringe Fügekosten), durch Auskleidung (Wallpapering), Plattierungen (Walz- und Sprengplattierungen, Auftragsschweißungen) und neuartige Klebeverbunde deutlich senken.

Zur Auswahl des „richtigen" Werkstoffs sind die grundsätzliche, aber auch die anlagenspezifische Aggressivität der Rauchgase (Müll-, Stein- und Braunkohlekraftwerke) sowie das Rauchgasreinigungsverfahren zu beachten.

Nichtrostende Stähle der Typen 1.4435, 1.4439 und 1.4539 sind bis maximal 70 °C und damit im Bereich oberhalb der Tropfenabscheider bzw. des Reingasauslasses im Rauchgaswäscher einsetzbar; d. h. im neutralen bis schwach sauren Bereich, falls Chloridionenkonzentrationen unterhalb von 0,5 % eingestellt werden können. In Tabelle 8-1.9 sind die in Betracht kommenden Stähle aufgeführt.

Der Einsatzbereich der sogenannten 6 %-Molybdänstähle beginnt in schwach sauren und reicht bis zu stark sauren Lösungen bei mittleren Chloridionenbelastungen. Typische Werkstoffe für diesen Bereich sind in der Tabelle 8-1.10 aufgeführt.

In Tabelle 8-1.10 gehört der Werkstoff 1.4565 aufgrund seiner nur 4,0 bis 5,0 % Molybdän streng genommen nicht dazu; aufgrund seines hohen Stickstoffgehaltes jedoch entspricht seine kritische Lochkorrosionstemperatur (CPT) exakt der der 6 %-Mo-Stähle. Wie Bild 8-1.14 zeigt, gilt der Einfluss des Stickstoffgehaltes, der die Korrosionsbeständigkeit steigert, jedoch nicht für die Spaltkorrosionsbeständigkeit (CCT).

Der hohe Stickstoffgehalt dieses Werkstoffes und die

Tabelle 8-1.9 Chemische Zusammensetzung einiger korrosionsbeständiger austenitischer Stähle in Rauchgasentschwefelungsanlagen (Agarwal 2000)

Werkstoff-nummer	UNS-Nr.*	Legierungsanteile in Massen-%					
		C	Cr	Mo	Ni	N	Cu
1.4435	316L	≤ 0,030	17,0 – 19,0	2,5 – 3,5	12,5 – 15,0	–	–
1.4439	~ 317LN	≤ 0,030	16,5 – 18,5	4,0 – 5,0	12,5 – 14,5	0,12 – 0,22	–
1.4539	~ 904L	≤ 0,020	19,0 – 21,0	4,0 – 5,0	24,0 – 26,0	≤ 0,150	1,0 – 2,0
1.4563	28	≤ 0,020	26,0 – 28,0	3,0 – 4,0	30,0 – 32,0	≤ 0,110	0,7 – 1,5

* Unified Numbering System for Metals and Alloys

Tabelle 8-1.10 Chemische Zusammensetzung einiger 6 %-Mo-Stähle für die Rauchgasentschwefelung (Agarwal 2000)

Werkstoff-nummer	UNS-Nr.	Legierungsanteile in Massen-%					
		C	Cr	Mo	Ni	N	Cu
1.4529	926	≤ 0,020	19,0 – 21,0	6,0 – 7,0	24,0 – 26,0	0,15 – 0,25	0,5 – 1,5
1.4562	31	≤ 0,015	26,0 – 28,0	6,0 – 7,0	30,0 – 32,0	0,15 – 0,25	1,0 – 1,4
1.4565	24	≤ 0,030	24,0 – 26,0	4,0 – 5,0	16,0 – 19,0	0,40 – 0,50	–

8

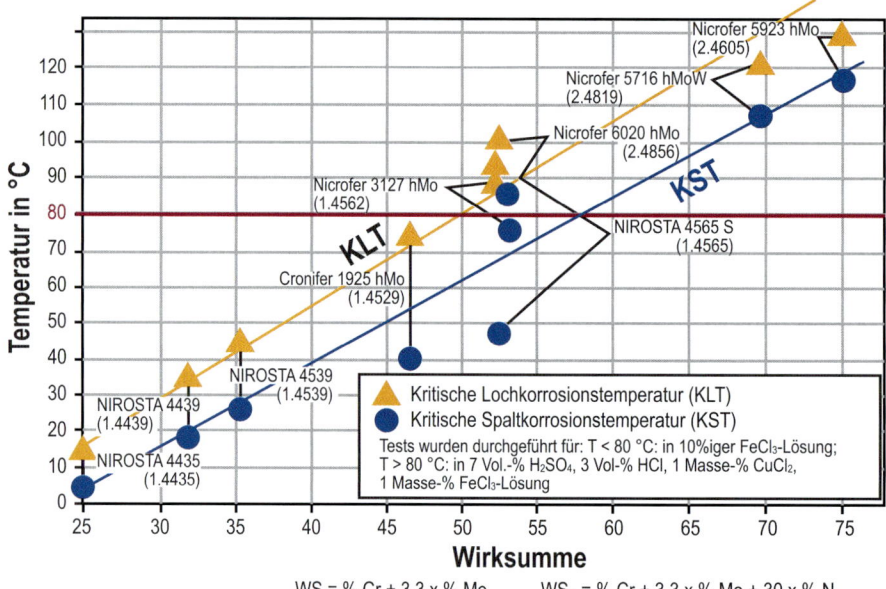

Vergleich der kritischen Loch(CPT)- und Spalt(CCT)-Korrosionstemperaturen

WS = % Cr + 3,3 x % Mo   WS$_N$ = % Cr + 3,3 x % Mo + 30 x % N

Bild 8-1.14
Kritische Lochkorrosions-(CPT)- und Spaltkorrosions-(CCT)-temperaturen verschiedener Werkstoffe in Abhängigkeit von ihrer Wirksumme (Wahl 1999)

dadurch gegenüber den ausschließlich Ni-stabilisierten austenitischen Stählen sehr hohe Streckgrenze macht diesen Werkstoff zu einem hervorragenden Kandidaten für selbsttragende, mechanisch hoch belastete Strukturen in Rauchgasentschwefelungsanlagen. Steigen die Temperaturen über 70 °C bei gleichzeitig niedrigen pH-Werten und hohen Chloridionenbelastungen, können nur noch Nickelbasislegierungen eingesetzt werden. Auch diese Werkstoffe unterscheiden sich vorzugsweise in ihren Chrom- und Molybdängehalten, was sich in ihren unterschiedlich hohen Wirksummen und damit Beständigkeiten in den typischen Prüfmedien bemerkbar macht (Bild 8-1.14). In Tabelle 8-1.11 sind einige typische Nickelbasislegierungen für den höchstbeanspruchten Bereich von Rauchgasentschwefelungsanlagen dargestellt.

Bild 8-1.15 gibt einen guten Überblick über die an verschiedenen Stellen in Rauchgasentschwefelungsanlagen einsetzbaren Werkstoffe. Auffällig ist, dass an gleichen Stellen in der Anlage durchaus verschiedene Werkstoffe mit unterschiedlichen Legierungsinhalten zum Einsatz kommen können. Für die konkrete Werkstoffauswahl sind neben allgemeinen, grundsätzlichen Betrachtungen – wie dem eingesetzten Reinigungsverfahren, eingesetzten Brennstoffen, Anlagenfahrweise, Bauart und Geometrie der Komponenten, Abweichungen vom Normzustand der betrieblichen Anlagenfahrweise – auch eine Vielzahl von hierdurch beeinflussten Einsatzparametern, wie z.B. pH-Wert, SO$_2$- und SO$_3$-Gehalte, Chloridionenkonzentration, Betriebstemperatur, Feststoffanteil, Taupunktunterschreitungen, auftretende Anbackungen zu berücksichtigen (Brill 1991, Wahl 1999, Riedel 2001, Berker 2015).

Tabelle 8-1.11 Chemische Zusammensetzung einiger typischer Nickelbasislegierungen für Rauchgasentschwefelungsanlagen

Werk-stoff-nummer	UNS-Nr.	Legierungsanteile in Massen-%							
		C	Cr	Mo	Ni	Nb	Cu	W	Fe
2.4856	625	≤ 0,10	20,0 – 23,0	8,0 – 10,0	≥ 58,0	3,15 – 4,15	≤ 0,50	–	≤ 5,0
2.4819	C-276	≤ 0,010	14,5 – 16,5	15,0 – 17,0	Rest	–	≤ 0,50	3,0 – 4,5	4,0 – 7,0
2.4602	22	≤ 0,010	20,0 – 22,5	12,5 – 14,5	Rest	–	–	2,5 – 3,5	2,0 – 6,0
2.4606	686	≤ 0,010	19,0 – 23,0	15,0 – 17,0	Rest	–	–	3,0 – 4,4	≤ 1,0
2.4605	59	≤ 0,010	22,0 – 24,0	15,0 – 16,0	Rest	–	≤ 0,30	–	≤ 1,5

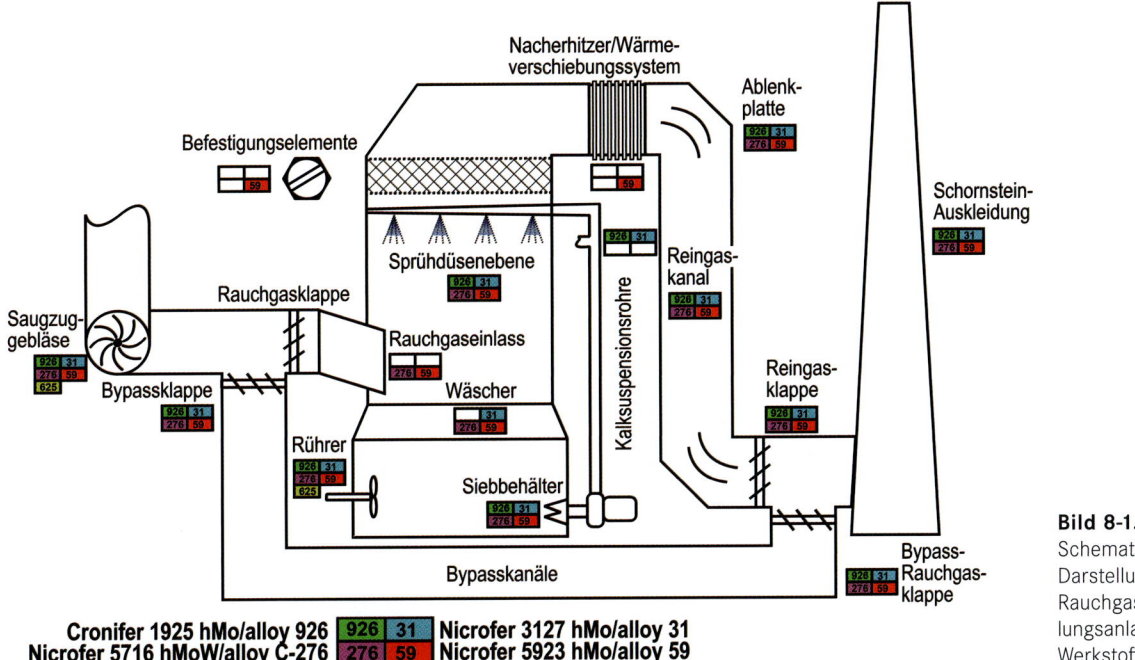

Bild 8-1.15
Schematische
Darstellung einer
Rauchgasentschwefe-
lungsanlage mit
Werkstoffkonzept
(Wahl 1999)

8-1.5 Zusammenfassung und Ausblick

In den letzten 30 Jahren haben sich die Anforderungen an Kraftwerke für fossile Brennstoffe deutlich verändert. In der Dekade von 1980 bis 1990 waren für diese Kraftwerke folgende Ziele zu erreichen:

- minimale Investitionskosten
- kurze Bauzeiten
- Grundlastbetrieb
- Brennstoffflexibilität.

In der Dekade von 1990 bis 2000 zielte die Entwicklung, aufgrund der steigenden Brennstoffpreise und getrieben durch immer höhere Umweltanforderungen, auf eine Erhöhung der Wirkungsgrade. Die Erzielung höherer Wirkungsgrade wurde u. a. durch die Entwicklung und den Einsatz immer warmfesterer 9 – 12 %-CrMo-Stähle realisiert. Hierdurch ist es gelungen, die Frischdampftemperaturen von deutlich unterhalb 600 °C auf nun 600 bis 620 °C anzuheben. Die Erprobung neuer Nickelbasislegierungen stimmte optimistisch, die Frischdampftemperaturen weiter auf 700 bis 720 °C anheben zu können.

Grundlegende Arbeiten zur Erhebung von weiteren Werkstoffkennwerten, angepassten Werkstoffmodifika-

tionen gemeinsam mit den Werkstoffherstellern, Optimierung und Langzeitprüfung der Fügetechnik sowie der bauteilbezogenen Prüfung in Kraftwerken wurden in den letzten 10 Jahren geleistet, einer Zeit, in der durch die Liberalisierung der Strommärkte und die bevorzugte Netzeinspeisung der regenerativen Energien sich bereits neue Anforderungen abzeichneten, wie z. B. Zweischichtbetrieb, Lastfolgebetrieb, Inselbetrieb, Schwarzstartfähigkeit, Frequenzunterstützung und sehr hohe Anfahr- und Betriebszuverlässigkeit, um die Dynamik im Netz zu stabilisieren und damit die Stromerzeugung zu sichern (ENERGY20.net 2011).

Trotz eines massiven Ausbaus der erneuerbaren Energien werden auch im Jahr 2050 noch zahlreiche konventionelle, fossil befeuerte Kraftwerke nötig sein, um die Versorgungssicherheit zu gewährleisten. Effiziente Gas- und Kohlekraftwerke müssen dann laut einer Studie der Deutschen Energie-Agentur dena 60 % der gesicherten Leistung stellen. Zum Vergleich: 1990 waren dies 87 % und 2011 immerhin noch 79 %.

Laut einer Studie für das BMWi aus dem Jahr 2012 soll allerdings die Stromerzeugung durch Kohlekraftwerke bis 2030 stabil bleiben, bis sie dann entsprechend bis 2050 abfällt.

Gerade die umweltschonenden, aber teuren Benutzungsstunden von Gaskraftwerken gehen laut dieser Studie

8

bis 2025 vor allem aufgrund zunehmender Stromerzeugung aus erneuerbaren Energien zurück. Insgesamt lässt sich für den Zeitraum 1990 bis 2011 sagen, dass sich in Deutschland Primärenergieverbrauch und Wirtschaftsleistung weitgehend entkoppelt haben (BMWi 2012). Die Konsequenzen hieraus sind, dass schon heute ein modernes, hocheffizientes GuD-Kraftwerk wie z. B. das in Irsching bei Ingolstadt nur noch 1800 Betriebsstunden im Jahr erreicht. Für einen wirtschaftlichen Betrieb müsste das Kraftwerk jedoch 4000 bis 5000 Betriebsstunden im Jahr erreichen (dena).

Bis zum Jahr 2020 müssen bis zu 25 % der zur Zeit installierten Kraftwerksleistung von ca. 140 000 MW Gesamtleistung erneuert oder modernisiert werden. Viele dieser fossil befeuerten Kraftwerke sind bereits älter als 40 Jahre.

Planungen, nach denen bis 2020 über 30 000 MW Kraftwerksleistung aus Altersgründen außer Betrieb gehen sollen, um modernen Kraftwerken mit höherem Wirkungsgrad Platz zu machen, müssen aus wirtschaftlichen Gründen überdacht werden (BINE Informationsdienste 2015).

Denn neben dem Neubau flexibler, effizienter Kraftwerke mit geringeren CO_2-Emissionen als Ersatz für stillgelegte Altanlagen gibt es einen weiteren Ansatz, den Anforderungen der Energiewende gerecht zu werden: nämlich die Ertüchtigung (Retrofit) von Bestandskraftwerken. Zu dessen Realisierung muss in erster Linie die Wirtschaftlichkeit erhöht und die Stromerzeugungskosten deutlich gesenkt werden. Dies könnte erreicht werden durch:

- Erhöhung der jährlichen Verfügbarkeit
- Anheben der elektrischen Gesamtleistung
- Entkopplung des elektrischen Eigenbedarfs (z. B. durch die Kohlemühlen) vom Generatorfahrplan
- schnellstmögliche Erhöhung der Regelfähigkeit der Kohlekraftwerke für eine Windenergie-Integration, und zwar bis zur Spitzenlastfahrweise
- geringe Mindestlast und vertretbare Start-Stopp-Kosten der Regelkraftwerke (VDI 2013, VGB Power Tech 2010).

Hierfür sind die im Bereich der zentralen Stromerzeugung vorhandenen zwei Technologielinien von entscheidender Bedeutung:

- Kohleverbrennung (Stand der Technik)
- Kohlevergasung (nicht für den Kraftwerkseinsatz erprobt).

Für die zurzeit für den Kraftwerkseinsatz erprobte Technologie der Kohleverbrennung ergeben sich dann folgende Strategien für die Zukunft, die werkstoffrelevant sind:

- Steigerung des Wirkungsgrades und Prozessoptimierung
  - Dies bedeutet, wie in der Vergangenheit so auch heute, eine Anhebung der Frischdampftemperaturen von 600/620 °C auf 700/720 °C, bei gleichen Materialstärken, mit dem Problem eines starken Lebensdauerverbrauches durch kombinierte statische bzw. quasi-statische und ausgeprägte Wechselbeanspruchung mit niedrigem „Standby"-Betrieb.
- Betriebsoptimierung und Erhöhung der Flexibilität. Hierzu gehören Gradientensteigerungen bei An- und Abfahrvorgängen, zurzeit sind typische Laständerungsgeschwindigkeiten für
  - Gaskraftwerke 25 % → 100 %: ca. 15 – 20 Minuten, z. B. GuD-KW Lingen
  - Steinkohlekraftwerke 25 % → 100 %: ca. 55 Minuten, z. B. KW Hamm
  - Braunkohlekraftwerke 50 % → 100 %: ca. 15 Minuten, z. B. KW Neurath (VGB Power Tech 2010)

Eine weitere Erhöhung der Gradientensteigung induziert bei den heute verwendeten Werkstoffen und Bauteilgeometrien hohe thermische Spannungen, die die Anfahr- und Betriebszuverlässigkeit deutlich reduzieren. Abhilfe ist hier möglich durch den Einsatz der neuen 9 – 12 %-CrMo-Stähle, die bei gleicher Beanspruchung eine Reduzierung der aktuellen Wanddicken der Bauteile erlauben und damit die thermischen Spannungen deutlich reduzieren.

Häufige Lastwechsel führen zu einer Änderung des ursprünglichen Belastungskollektivs der Werkstoffe von statischer bzw. quasi-statischer zu einer vermehrten Wechselbeanspruchung mit höherem Lebensdauerverbrauch und vor allen Dingen unklarer und unvollständiger Datenlage für potenziell geeignete Werkstoffe.

Das Gleiche gilt für höhere Startzahlen. Hier ist für die vorhandenen Werkstoffe zu prüfen, inwieweit der Lebensdauerverbrauch sich steigert, wenn der „Lastwechsel-Sonderfall", nämlich neuer Start des Kraftwerkes, in Zukunft vermehrt auftritt.

Abschließend lässt sich sagen, dass die heute bereits verfügbaren Werkstoffe sicherlich auch Potenzial für neue thermische Kraftwerke bzw. Retrofit-Maßnahmen von Bestandskraftwerken haben, wenn dem geänderten Belastungskollektiv durch weitere, entsprechende Werkstoffdatenerhebung und -sammlung Rechnung getragen wird.

8

Bei der Weiterentwicklung der 9 – 12 %-CrMo-Stähle oder bei der weiteren Erprobung ausgewählter Nickelbasislegierungen muss in Zukunft den thermophysikalischen Eigenschaften, wie z. B. der Wärmeleitfähigkeit und dem Wärmeausdehnungskoeffizienten, mehr Beachtung geschenkt werden.

Literatur zu Kapitel 8-1

Agarwal, D. C.; Herda, W. R.; Berry, R. W.: Reliability/Corrosion problems of FGD industry; Cost effective solutions by Ni-Cr-Mo-alloys & an advanced 6 Mo alloy 31. NACE International, Houston, Texas; Corrosion 2000, Paper 574

Berker, R. E.: Die Wirtschaftlichkeit des Einsatzes hochlegierter Werkstoffe im Kraftwerksbau. Band 3, Shaker Verlag, 2015

BINE Informationsdienste: Forschungen am Kraftwerk der Zukunft. *http://www.bine.info/publikationen/basisenergie/publikationen/strom-aus-gas-und-kohle/forschung-an-kraftwerk-der-zukunft/; 2015*

BMWi (Bundesministerium für Wirtschaft und Energie): Entwicklung der Energiemärkte. Energiereferenzprognose BMWi, Projekt Nr. 57/12, 2012

BP Energy: Outlook 2035, Energietrends und Daten-EU. *http://www.bp.com/content/dam/bpcountry/de_dePDFs/Sonstiges/Energy_Outlook-Energietrends_und_Daten_EU_2015.pdf; 2015*

Brill, U.; Großmann, H.-G.; Herda, W.; Rommerskirchen, I.: Metallische Werkstoffe für die Umwelttechnik. Stahl Formen+Fügen+Fertigen (1991) 2, S. 45 – 47, Verlag Stahleisen mbH, Düsseldorf 1991

Brill, U.; Hardt, R.: Neue Werkstoffe für fortgeschrittene Dampferzeuger. Metal Times 14 (1996), S. 48 – 53, Krupp VDM GmbH, 1996

Brill, U.: Werkstoffe bzw. Werkstoffwahl für 700 °C-Kraftwerke. VDI Berichte Nr. 1495 (1999), S. 67 – 82

Brill, U.; Weiß, R.: Einfluß des Wolframgehaltes auf die Eigenschaften der hochwarmfesten Ni-Basis-Legierung 617. 25. Vortragsveranstaltung „Langzeitverhalten warmfester Stähle und Hochtemperaturwerkstoffe", VDEh, 22. November 2002, Düsseldorf 2002, S. 69 – 75

Buxbaum, O.: Betriebsfestigkeit – sichere und wirtschaftliche Bemessung Schwinggefährdeter Bauteile. 2. Auflage, Verlag Stahleisen mbH, Düsseldorf 1992

Chen, Q. et al.: Materials Qualification for 700 °C Power Plants. Advances in Materials Technology for Fossile Power Plants, Proceedings from the 5th Int. Conference. Viswanathan, R.; Gandy, D.; Coleman, K. (eds.), 2008, p. 231 – 259

Copenhagen Consensus Center: Research Green Energy, A Summary: The Analysis Paper (Galiana & Green). http://fixtheclimate.com/component-1/the-solution-new-research/research and development/; 2009

dena (Deutsche Energie-Agentur): Notwendiges Zusammenspiel: Regenerative und fossile Kraftwerke für die Energiewende. *http://www.dena/themen/die-energiewende-das-neue-system-gestalten/notwendiges-zusammenspiel-regenerative-und-fossile-kraftwerke-für-die-energiewende.html*

Energy in Sweden 2010, Fact and Figures. http://webbshop.cm.se/System/TemplateView.aspx?

ENERGY20.net: Energie der Zukunft. *http://www.energy20.net/pi/index.php?StoryID=317&articleID=179195*; Kompendium 2011, Publishing-Industry Verlag GmbH, S. 136

Hald, J.: TEM Investigations in new 9-12% Cr Steels for High Temperature Applications. In: ELSAM/ELKRAFT-Report, Dep. of Metallurgy, The Technical University of Denmark, Lyngby 1988

Hald, J.: Metallurgy and Creep Properties of New 9 – 12% Cr-Steels. 18. Vortragsveranstaltung „Langzeitverhalten warmfester Stähle und Hochtemperaturwerkstoffe", VDEh, 1. Dezember 1995; Düsseldorf 1995, S. 40 – 51

Lin, F. et al.: The Development of Electric Power and High Temperature Materials Application in China – An Overview Advances in Materials Technology for Fossile Power Plants. In: Viswanathan, R.; Gandy, D.; Coleman, D. (eds.): Proceedings from the 5th Int. Conference, Oct. 3 – 5, Florida 2007, p. 46 – 58

Mayer, K. H.; Berger, C.; Scarlin, B.: Stand der Entwicklung verbesserter 9-12% CrMoVNb-Stähle für Turbinen mit 600 °C Dampfparameter. 16. Vortragsveranstaltung „Langzeitverhalten warmfester Stähle und Hochtemperaturwerkstoffe", VDEh, 26. November 1993, Düsseldorf 1993, S. 65 – 78

Mayer, K. H.: Entwicklungstendenzen bei Stahl für die Anwendung in modernen Kraftwerken. COST-Tagung 2002 – Highlights der 7. Liege-COST-Konferenz, 25. Vortragsveranstaltung „Langzeitverhalten warmfester Stähle und Hochtemperaturwerkstoffe", VDEh, 22. November 2002, Düsseldorf 2002, S. 55 – 68

Moser, J.: Einführung in die Wirtschaftsanthropologie. Institut für Volkskunde/Europäische Ethnologie an der LMU München, 2008

Petri, R.; Schnabel, E.; Schwab, P.: Zum Legierungseinfluß auf die Umwandlungs- und Ausscheidungsvorgänge bei der Abkühlung warmfester Röhrenstähle nach dem Austenitisieren, II. Chromstähle. Arch. Eisenhüttenwesen (1981), S. 27 – 32

Riedel, G.; Stenner, F.; Brill, U.: Erprobung korrosionsbeständiger Werkstoffe für Eindampfanlagen für Abwasser aus der Rauchgasreinigung von Großfeuerungsanlagen. VGB Power Tech., September 2001, S. 70 – 77

Rockel, M. B.; Renner, M.: Pitting, crevice and stress corrosion resistance of high chromium and molybdenum stainless steels. Werkstoffe und Korrosion 35 (1984), S. 537 – 542

Umweltbundesamt: Pressemitteilung Nr. 26/2007 des Umweltbundesamtes, Wirksamer Umweltschutz kostet weniger als UN-Fachleute bisher annahmen. Dessau Mai 2007

VDEh (Verein Deutscher Eisenhüttenleute VDEh); Arbeitskreis Elektronenmikroskopie des Werkstoffausschusses des VDEh (ed.): Ausscheidungsatlas der Stähle. Verlag Stahleisen, Düsseldorf 1995

VDI (Verein Deutscher Ingenieure): Fossil befeuerte Großkraftwerke in Deutschland, Stand, Tendenzen, Schlussfolgerungen. VDI-Statusreport 2013, Düsseldorf Dezember 2013

VGB Power Tech. *http://www.vgb.org./vgbmultimedia/News/Kraftwerke2020plus-D.pdf*; 2010

Wahl, V.; Brill, U.; Herda, W.: High-performance alloys for flue gas desulphurization plants. Chemical Engineering, May 1999

Alle im Text erwähnten Normen sind in einer Liste zusammengefasst (Seite 889).

Stähle für eine Rauchgas-entschwefelungsanlage

Winfried Heimann

Eine Rauchgasentschwefelungsanlage (REA) ist eine einem Kraftwerk oder einer Müllverbrennungsanlage nachgeschaltete Chemieanlage, von der eine ebenso lange Lebensdauer wie vom Kraftwerk, nämlich etwa 30 Jahre bei hoher Verfügbarkeit, erwartet wird. Dementsprechend sorgfältig sollte die Auswahl der Werkstoffe sein, auch unter dem Aspekt der Wirtschaftlichkeit, d. h. der Investitions- und Unterhaltskosten.

Die Abgase dieser Anlagen enthalten im Wesentlichen NOx, SO_2 und SO_3. Ihre Reinigung erfolgt in mehreren Stufen: Über elektrostatische Filter werden grobe Partikel entfernt, durch selektive Katalyse wird NOx reduziert, die Schwefeloxide werden durch nasses oder trockenes Verfahren entfernt. Die meisten Anlagen arbeiten nach dem Prinzip der nassen Rauchgaswäsche mit Wasser und fein gemahlenem Kalk.

Die eingesetzten Stähle müssen vor allem beständig sein gegen Loch- und Spaltkorrosion. Es besteht ein Zusammenhang zwischen den Gehalten an Chrom, Molybdän und Stickstoff und dem Auftreten dieser Korrosionsarten. In Laborversuchen wird in einer vorgegebenen Prüflösung die Temperatur ermittelt, bei der zum ersten Mal Korrosion auftritt. Diese als kritische Lochkorrosions- bzw. Spaltkorrosionstemperatur bezeichneten Werte stehen in Korrelation zu dem so genannten PRE-Wert (**P**itting **R**esistance **E**quivalent), in dem die Wirkung der Legierungselemente als Äquivalent des Chroms wiedergegeben wird.

$$PRE = Masse\text{-}\% \ Cr + 3,3 \ Masse\text{-}\% \ Mo + 30 \ (16) \ N$$

Damit ist PRE ein Maß für die Korrosionsbeständigkeit von Edelstählen.

An ihren Faktoren ist die im Vergleich zum Chrom hohe Wirksamkeit von Molybdän und Stickstoff zu erkennen. Die Verwendung von 16 als Wirkfaktor bei Stickstoff führt bei Molybdängehalten bis etwa 3 Masse-% zu einer guten linearen Abhängigkeit, bei höheren

Gehalten hat sich der Faktor 30 bewährt. Es muss aber betont werden, dass die Wahl des Faktors nur der besseren Darstellung dient, aber keine Aussage über die Beständigkeit macht. Einigen nichtrostenden Stählen ist Wolfram zugegeben.

Die Prüfverfahren für die Beständigkeit sind in ASTM G 48 festgelegt.

Die Auswahl des Werkstoffes richtet sich nach der Zusammensetzung des Abgases und damit nach dem bei der Verbrennung eingesetzten Material (Öl, Biomasse, Abfall), aber auch nach den Umgebungsbedingungen. Entscheidend ist das Zusammenwirken von SO_2, Cl-, F-, dem pH-Wert, der Temperatur und der Konstruktion. Deshalb ist der geeignete Werkstoff für jeden einzelnen Anwendungsfall und jeden speziellen Bereich der Gesamtanlage zu prüfen.

Aus korrosionschemischer Sicht herrschen die schwierigsten Bedingungen im Gaseintrittsbereich eines Rauchgaswäschers (Absorber), während am Gasaustritt im Reingasbereich deutlich mildere Verhältnisse vorhanden sind (Bild 8-2.1). Der Absorber eines 300 MVA-Kraftwerkes ist etwa 30 – 40 m hoch und hat einen Durchmesser von 10 – 15 m. Für die Auswahl nichtrostender Stähle werden im Wesentlichen die Betriebstemperatur, die Chloridgehalte der verwendeten Suspensionen im Quencher- und Absorberbereich sowie der pH-Wert als Indikator des Säuregrads herangezogen.

Der Eintrittsbereich ist aufgrund hoher Temperaturen in der Regel den Legierungen auf Nickelbasis vorbehalten. Der Übergang auf nichtrostende Stähle als Konstruktionswerkstoff richtet sich nach den jeweiligen Gegebenheiten einer Anlage. Bei einzelnen Anlagen empfiehlt es sich, den Übergang zum nichtrostenden Stahl erst in der Absorberebene vorzunehmen, während eine andere Anlage eine weitest gehende Konstruktion aus nichtrostendem Stahl zulässt. Es ist im Sinne wirtschaftlicher Legierungskonzepte stets da-

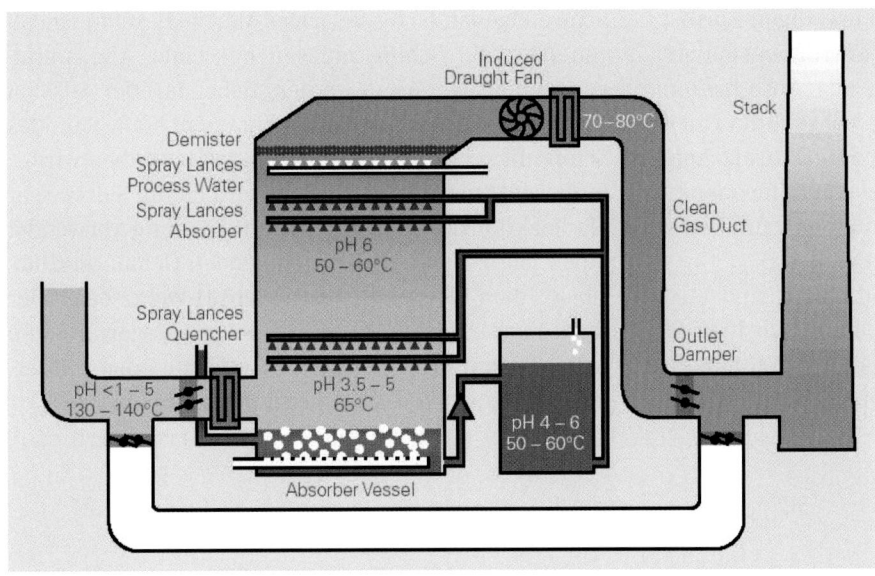

Bild 8-2.1
Schematische Skizze einer Rauch-
gasentschwefelungsanlage mit Angabe
von Betriebsbedingungen, die für eine
Werkstoffauswahl entscheidend sind
(Outokumpu 2004)

Tabelle 8-2.1 Geeignete nichtrostende Stähle für Komponenten in Rauchgasentschwefelungsanlagen

Komponente	Nichtrostender Stahl Bezeichnung nach DIN EN 10088
Behälterwände Quencherebene	1.4565
Absorberwände Absorberebene	1.4565, 1.4547, 1.4529, 1.4462, 1.4439
Sprühlanzen Quencherebene	1.4565
Sprühlanzen Absorberebene	1.4565, 1.4547, 1.4529, 1.4462, 1.4439
Sprühlanzen Prozesswasser	1.4565, 1.4547, 1.4529, 1.4462, 1.4439
Tropfenabscheider Tragsysteme	1.4565, 1.4462, 1.4439
Reingas Saugzuggebläse	1.4565
Reingaskanäle	1.4565

Tabelle 8-2.2 PRE und kritische Korrosionstemperaturen verschiedener Edelstähle (Quelle: Outokumpu)

Kurzname	Werkstoff-nummer	Stahlart[1]	Legierungsanteile in Massen-%			PRE	krit. Korrosions-temperatur °C	
			Cr	Mo	N		nach ASTM G 48	mit Prüf-lösung[2]
Ultra 4439	1.4439	A	17,3	4,1	0,14	33	30	–
Ultra 904L	1.4539	A	20	4,3	–	34	40	50
Ultra 254 SMO	1.4547	A	20	6,1	0,20	43	65	60
Ultra 6XN	1.4529	A	20,5	6,5	0,20	45	60	–
Ultra 4565	1.4565	A	24	4,5	0,45	46	90	80
Ultra 654 SMO	1.4652	A	24	7,3	0,5	56	> Sdp.	90
Forta DX 2205	1.4462	D	22	3,1	0,17	35	40	35
Forta SDX 2507	1.4410	D	25	4	0,27	43	65	55
Alloy 625	2.4856	A	22	9	–	52	90	75
Alloy 31	1.4562	A	27	6,5	0,20	52	–	–
Alloy C 276	2.4819	A	16	16	–	69	> Sdp.	100
Alloy 59	2.4605	A	23	16	–	76	–	–

1 A = Austenit, D = Duplexstahl
2 sog. green death solution

8

rauf zu achten, dass die Stähle der jeweiligen Korrosionsbelastung angepasst und nicht „überdimensioniert" werden. Es genügt beispielsweise, den Absorberkopf aus 1.4439 oder 1.4462 zu bauen, während im Quencherbereich (Abkühlzone) 1.4565 zum Einsatz kommen muss. Für die in Frage kommenden Komponenten liegen Vorschläge der Stahllieferanten aufgrund langjähriger Betriebserfahrungen vor (Tab. 8-2.2).

Aufgrund zunehmender Umweltprobleme sind auch für die Abgase aus Seeschiffen neue Vorschriften erlassen worden. Nach MARPOL, Anlage VI müssen Überseeschiffe entweder Kraftstoff mit geringerem Schwefelgehalt (schwefelarmes Marinedieselöl) einsetzen oder die Schiffe müssen mit einer Abgasreinigungsanlage versehen werden. Dabei darf der Ausstoß von Schwefeldioxid nicht höher sein als wenn das Schiff mit schwefelarmem Brennstoff betrieben wird.

In diesen Anlagen auf Schiffen wird häufig Salzwasser als Reaktionskomponente und zu Kühlung verwendet (open loop). Durch den zunehmenden Gehalt an Chlorid aus dem Meerwasser sinkt der pH-Wert, sodass der Stahl stärker angegriffen wird. Einige Anlagen arbeiten entweder mit Frischwasser (closed loop) oder mindestens mit einem Wassergemisch (Hybridsysteme).

8

Kesselrohre für den Kraftwerksbau

Wolfgang Bleck

8-3.1 Einleitung

Kraftwerke für die Stromerzeugung lassen sich grob einteilen in den Dampferzeuger (Kessel), die Turbine, den Generator und den Transformator zur Stromerzeugung, den Dampfkondensator und das Abgassystem. Im Kessel wird der Brennstoff verfeuert und die thermische Energie für die Stromerzeugung bereitgestellt. Innerhalb des Kessels befinden sich die Kesselrohre; das sind zumeist nahtlose Rohre, die je nach Position im Kesselhaus im Inneren Wasser, Wasser/Dampf-Gemische oder Sattdampf führen (Bild 8-3.1). Kesselrohre werden im Kessel zu den im Feuerraum befindlichen Membranwänden verbaut bzw. zu Überhitzerschlangen in den Rauchgaszügen oberhalb des Feuerraums geformt verarbeitet (Bild 8-3.2). Das Bauteil ist je nach Lage im Kessel einer Temperaturbelastung durch das Feuer und einer Druckbelastung durch den im Inneren strömenden Wasserdampf sowie einer damit einhergehenden Korrosion ausgesetzt. Die im Kesselbereich eingesetzten dampfführenden Rohre müssen folglich aus warmfesten Legierungen gefertigt sein.

Bild 8-3.2 Nahtlose Rohre in einem Dampferzeuger (Quelle: *www.tube-tec.de*)

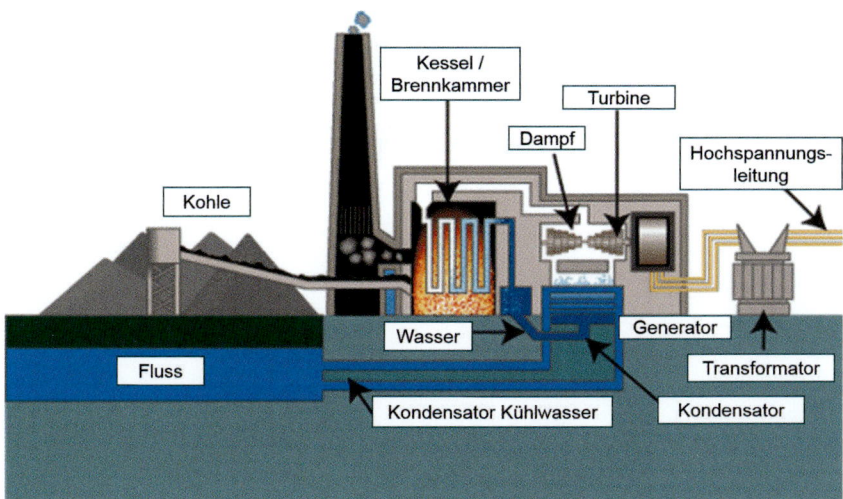

Bild 8-3.1
Schema eines Kesselhauses im Dampfkraftwerk *(Quelle: http://www.brighthubengineering.com/power-plants/18082-coal-fired-thermal-power-plant-the-basic-steps-and-facts/*

8-3.2 Anforderungen an die Werkstoffe

Das allgemeine Anforderungsprofil für Kesselrohre umfasst

- ausreichende Zeitstandfestigkeit aufgrund des Wasserdampfdruckes und der Temperatur,
- Oxidationsbeständigkeit im Kontakt mit Wasserdampf,
- Beständigkeit gegen Korrosion durch Rauchgase,
- Schweißbarkeit.

Aufgrund der unterschiedlichen Lage im Kessel sind die Anforderungen an die Bauteile durchaus verschieden. So muss ein Sammlerrohr nicht beständig sein gegenüber Korrosion durch Rauchgase, während ein Überhitzerrohr, das oberhalb des Feuerraums angebracht ist und in dem sich Sattdampf befindet, allen Anforderungen genügen muss (Tabelle 8-3.1).

Tabelle 8-3.1 Anforderungsprofil von Kesselrohren

	Sammler- und Dampfleitungsrohre	Membranwandrohre	Überhitzer- und Zwischenüberhitzerrohre
Zeitstandfestigkeit			
Beständigkeit gegen Rauchgaskorrosion			
Beständigkeit gegen Dampfoxidation			

■ sehr wichtig   ▨ wichtig   geringe/keine Bedeutung

Tabelle 8-3.2 Chemische Zusammensetzung typischer Werkstoffe im Kraftwerksbau nach DIN EN 10273 und DIN EN 10216-2

Kurzname	Werkstoff-nummer	Legierungsanteile in Massen-%						
		C	Si	Mn	Cr	Mo	Ni	Sonstige
Ferritisch-bainitische Werkstoffe für den Kesselbau								
13CrMo4-4	1.7335	0,10–0,17	0,17–0,37	0,40–0,70	0,70–1,15	0,40–0,60	max. 0,30	
15Mo3	1.5415	0,12–0,2	max. 0,35	0,40–0,90	max. 0,30	0,25–0,35	max. 0,30	
10CrMo9-10	1.7380	0,08–0,14	–0,5	0,30–0,70	2,00–2,50	0,9–1,1	max. 0,30	
Ferritisch-martensitische Werkstoffe für Sammler und Dampfleitungen								
X20CrMoV12-1	1.4922	0,17–0,23	0,15–0,50	max. 1,00	10,00–12,50	0,80–1,20	0,30–0,80	V: 0,25–0,35
X10CrMoVNb9-1 P91	1.4903	0,08–0,12	0,20–0,50	0,30–0,60	8,00–9,50	0,85–1,05	max. 0,40	Nb: 0,060–0,100 V: 0,18–0,25
X11Cr-MoWVNb9-1-1 P911	1.4905	0,09–0,13	0,10–0,50	0,30–0,60	8,50–9,50	0,90–1,10	0,10–0,40	Nb: 0,060–0,100 V: 0,18–0,25 B: 0,0005–0,0050
X10CrW-MoVNb9-2 P92	1.4901	0,07–0,13	max. 0,50	0,30–0,60	8,50–9,50	0,30–0,60	max. 0,40	Nb: 0,040–0,090 V: 0,15–0,25 B: 0,0010–0,0060
Austenitische Werkstoffe und Ni-Basiswerkstoffe für Überhitzer- und Zwischenüberhitzerrohre								
X3CrNiMo17-13	1.4910	max. 0,04	max. 0,75	max. 2,00	16,0–18,0	2,00–2,80	12,0–14,0	B: 0,0015–0,0050
X7NiCrCeNb32-27 AC66	1.4877	0,04–0,08	max. 0,30	max. 1,00	26,00–28,00	k. A.	31,00–33,00	Nb: 0,60–1,00 Ce: 0,05–0,10
NiCr23Co12Mo Alloy617	2.4663	0,05–0,15	0,20–0,70	0,20–0,70	20,0–23,0	8,0–10,0	44,50	B: 0,006

8

8-3.3 Bewährte Stähle

Die wichtigsten derzeit im Kesselbau verwendeten Werkstoffe sind:

- ferritisch-bainitische Stähle mit bis zu 2,5 % Chrom,
- ferritisch-martensitische Stähle mit 8 – 12,5 % Chrom,
- austenitische Stähle mit 16 – 28 % Chrom und Nickel,
- Nickelbasiswerkstoffe.

Die chemische Zusammensetzung der wichtigsten Vertreter dieser Werkstoffgruppen enthält Tabelle 8-3.2. Das Legierungselement Chrom fördert in erster Linie die Oxidationsbeständigkeit, die Legierungselemente V, Nb, Mo, W werden zur Anhebung der Zeitstandfestigkeit genutzt.

In den letzten Jahren haben sich vor allem die ferritisch-martensitischen Stähle für Kesselrohranwendungen im Temperaturbereich bis etwa 650 °C bei Dauerbetrieb bewährt. Diese Stähle werden aufgrund der Spannweite ihres Chromgehaltes auch als 9-12-%-Chromstähle bezeichnet. Die wichtigsten Sorten sind T/P91, T/P92 und P911 (DIN EN10216-2). Dabei steht der Buchstabe T für Tube und der Buchstabe P für Pipe. Aufgrund des höheren Chromgehaltes sind diese Güten bei höheren Temperaturen besser einsetzbar als die bainitischen Stähle. Des Weiteren sichert ihre charakteristische Mikrostruktur die dafür notwendige höhere Zeitstandfestigkeit. Dieses charakteristische Gefüge wird erreicht durch eine für alle 9-12-%-Chromstähle ähnliche Wärmebehandlung mit Normalisieren bei Temperaturen im Bereich 1020 – 1080 °C und Anlassen im Bereich 730 – 780 °C.

8-3.4 Mechanische Eigenschaften bei hohen Temperaturen

Bauteile in Kraftwerken werden langzeitig konstanten mechanischen Belastungen bei hohen Temperaturen unterworfen. Der Begriff „hohe Temperatur" kann nur werkstoffabhängig definiert werden: Eine hohe Temperatur liegt vor, wenn thermisch aktivierte Prozesse zeit-, temperatur- und vorbeanspruchungsabhängig zu Veränderungen der mechanischen Eigenschaften führen. Die Dehngeschwindigkeit wird nun ein maßgeblicher Parameter. Die thermische Aktivierung ist abhängig von der auf den Schmelzpunkt bezogenen homologen Temperatur. Oberhalb von etwa $0,4\,T_m$ finden thermisch aktivierte Entfestigungsprozesse statt. Dabei ist T_m die Schmelztemperatur eines Metalls in K; für Stähle bedeutet dies, dass oberhalb von ca. 450 °C ein temperaturabhängig charakteristisch unterschiedliches Werkstoffverhalten im Vergleich zu den Eigenschaften bei Raumtemperatur zu erwarten ist.

Die Wirkungen hoher Temperaturen auf die mechanischen Eigenschaften von Metallen sind:

- Erniedrigung des E-Moduls = Erniedrigung der Gittersteifigkeit,
- thermische Aktivierung von Entfestigungsvorgängen,
- thermische Längenänderung; bei Temperaturwechseln führt dies zur thermischen Ermüdung,
- zeitabhängige plastische Dehnung – Kriechen,
- zeitabhängiger Spannungsabfall – Relaxation.

Bei hoher Temperatur kann eine plastische Verformung nicht durch die Werkstoffverfestigung gestoppt werden. Sie wird vielmehr durch thermisch aktivierte Prozesse, wie Klettern von Versetzungen, Diffusion und Korngrenzengleitung aufrechterhalten, wodurch auch bei relativ niedrigen Belastungsspannungen Werkstoffschädigungen durch plastische Verformung auftreten können. Bei hoher Temperatur und konstanter Spannung stellt sich durch Kriechen eine von der Zeit abhängige plastische Verformung ein. Kriechvorgänge werden beschrieben, indem bei konstanter Spannung die Dehnung als Funktion der Zeit aufgenommen wird. Bei der Relaxation wird eine konstante Dehnung vorausgesetzt und die Abnahme der Spannung mit der Zeit ermittelt.

Analog zum Zugversuch wird auch bei der Aufnahme von Kriechkurven $\varepsilon = f(t)$ zwischen einer „physikalischen" und einer „technischen" Versuchsdurchführung unterschieden. Beim physikalischen Kriechversuch soll während der gesamten Versuchsdauer eine konstante Spannung auf die Probe wirken. Deshalb muss die von außen wirkende Last entsprechend der Querschnittsabnahme der Probe geändert werden. Das erfordert aufwändige Versuchstechniken.

Im technischen Kriechversuch (einachsiger Zeitstandversuch unter Zugbeanspruchung nach DIN EN ISO 204) wird eine konstante Last auf die Probe aufgebracht und die in Abhängigkeit von der Zeit auftretende Probenverlängerung gemessen. Aufgrund der Querschnittsabnahme steigt die Belastungsspannung im Zeitstandversuch kontinuierlich an. Aus der gemessen

Verlängerung wird die Dehnung der Probe berechnet, die sich aus der momentanen Dehnung (spontane Antwort der Probe auf die angelegte Spannung) und der zeitabhängigen Kriechdehnung zusammensetzt. Je nach Höhe der aufgebrachten Last ist die Anfangsdehnung rein elastisch oder elastisch-plastisch:

$$\varepsilon(t) = \varepsilon_{el} + \varepsilon_{pl} + \varepsilon_K(t) \qquad (8\text{-}3.1)$$

ε_{el} = elastische Dehnung
ε_{pl} = plastische Dehnung
ε_K = Kriechdehnung

Die Funktion $\varepsilon(t)$ wird Kriechkurve oder Zeitdehnkurve genannt. Die zeitabhängige Kriechdehnung $\varepsilon_K(t)$ kann anelastischen oder plastischen Charakter haben, die ihr zugrunde liegenden physikalischen Phänomene werden unter dem Begriff „Kriechen" zusammengefasst.

Häufig kann eine Kriechkurve in drei charakteristische Bereiche unterteilt werden, die unterschiedlichen Phänomenen im Werkstoff zugeordnet werden können. Der prinzipielle Verlauf einer aus dem Zeitstandversuch ermittelten Kriechkurve ist in Bild 8-3.3 dargestellt. Hieraus kann durch Differenzieren nach der Zeit die Darstellung der Kriechgeschwindigkeit als Funktion der Beanspruchungsdauer abgeleitet werden. Es werden drei Bereiche unterschieden:

Bereich 1: Übergangs- oder primäres Kriechen

Die Kriechgeschwindigkeit $\dot{\varepsilon} = d\varepsilon(t)/dt$ nimmt mit zunehmender Zeit ab. Das heißt, in diesem Kriechbereich überwiegen die zu einer Werkstoffverfestigung führenden Vorgänge die parallel ablaufenden entfestigenden Mechanismen. Das Übergangskriechen zeichnet sich dadurch aus, dass die Kriechgeschwindigkeit mit der Zeit asymptotisch gegen null läuft.

Bereich 2: Stationäres oder sekundäres Kriechen

Der technisch bedeutende Bereich des stationären Kriechens ist durch eine konstante Kriechgeschwindigkeit gekennzeichnet; diese stationäre Kriechgeschwindigkeit $\dot{\varepsilon}_S$ stellt näherungsweise ein Maß für die Lebensdauer für einen kriechbeanspruchten Werkstoff dar. Voraussetzung für $\dot{\varepsilon}_S$ = const. ist, dass die Mikrostruktur des Werkstoffes keine Änderung erfährt. In diesem Bereich gilt das Norton'sche Kriechgesetz:

$$\dot{\varepsilon}_S = K \cdot \sigma^n \qquad (8\text{-}3.2)$$

K = temperaturabhängige Materialkonstante
n = Spannungsexponent

Bereich 3: Beschleunigtes oder tertiäres Kriechen

Die Kriechgeschwindigkeit wächst mit zunehmender Zeit, es bilden sich Mikroporen und die Probe schnürt ein. Kriechen in diesem Bereich endet mit dem (Kriech-)Bruch.

Im einem mittleren Temperaturbereich ($0.4 < T/T_m < 0.8$) kann die Kriechkurve mit der Funktion

$$\varepsilon = \varepsilon_0 + a \cdot t^m \qquad (8\text{-}3.3)$$

beschrieben werden, wobei m < 1 im Bereich 1, m = 1 im Bereich 2 und m > 1 im Bereich 3 gilt. ε_0 und a sind Konstanten.

Aus Zeitstandversuchen bei verschiedenen Belastungsspannungen wird das Zeitstandschaubild für eine konstante Temperatur gewonnen. Die prinzipielle Vorgehensweise wird in Bild 8-3.4 erläutert. Zunächst werden für verschiedene Spannungen und Temperaturen die Kriechkurven ε = f(t) ermittelt; aus diesen können für den Bruch (δ) oder für definierte Dehnungswerte ($\varepsilon_K^{\Delta}, \varepsilon_K^{\nabla}$) die ertragbaren Zeiten abgeleitet werden. Diese werden dann im Diagramm log σ = f(log t) aufgetragen, sodass sich eine Zeitbruchgrenzlinie und

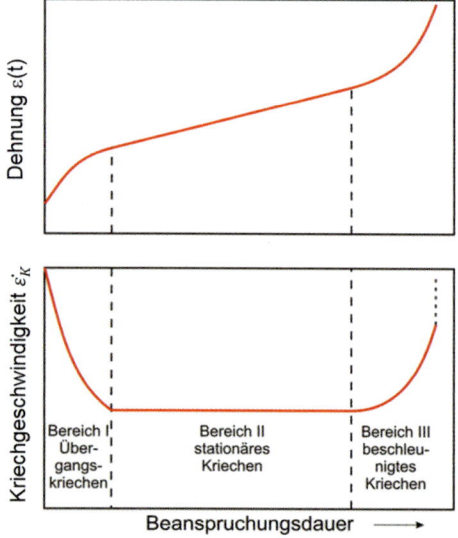

Bild 8-3.3 Dehnung und Kriechgeschwindigkeit in Abhängigkeit von der Beanspruchungsdauer im Zeitstandversuch

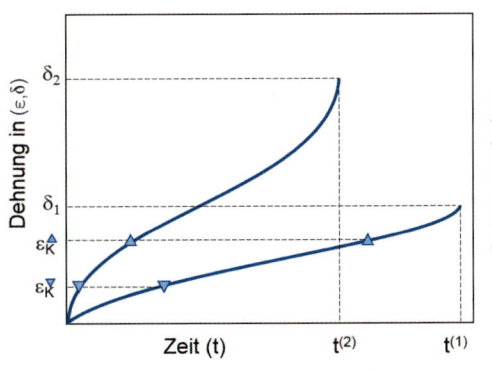
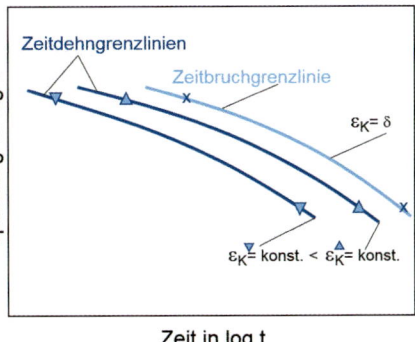

Bild 8-3.4
Kriechkurven und daraus
abgeleitetes Zeitstanddiagramm

Zeitdehngrenzlinien ergeben, die in Abhängigkeit von einer zulässigen Dehnung die ertragbare Spannung als Funktion der geforderten Lebensdauer oder die Lebensdauer bei einer vorgegebenen Spannung aufzeigen.

Für die in der Werkstofftabelle (Tabelle 8-3.2) genannten ferritisch-bainitischen Stähle sind die 100.000 h-Zeitstandfestigkeit im Vergleich zu einem unlegierten und einem ferritisch-martensitischen Stahl in Bild 8-3.5 dargestellt. Vielfach wird eine Zeitstandfestigkeit

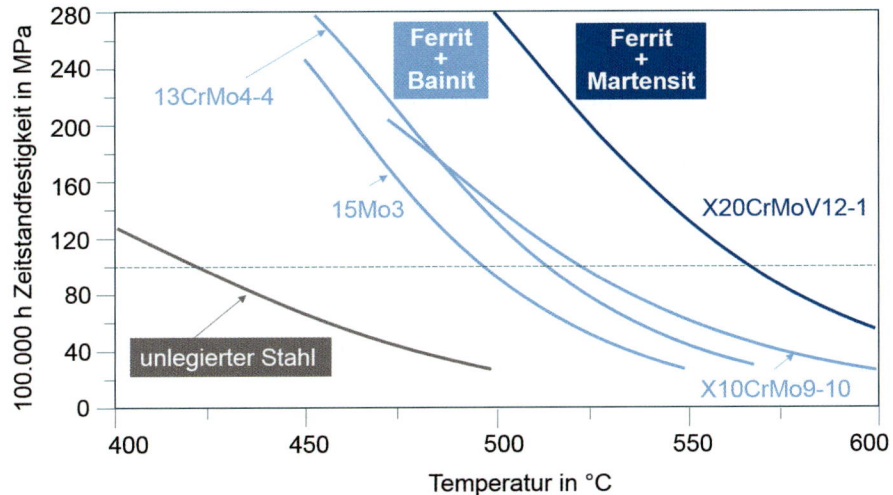

Bild 8-3.5
100.000 h–Zeitstandfestigkeit
verschiedener Werkstoffe im Vergleich

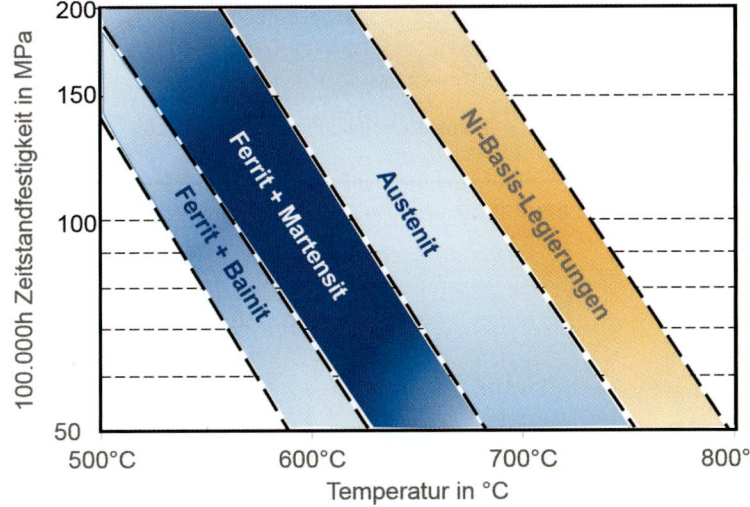

Bild 8-3.6
Schematische Darstellung der 100.000 h-Zeitstandfestigkeit für verschiedene Werkstoffgruppen

8

von 100 MPa gefordert, sodass sich aus dem Schnittpunkt der Kurven mit der 100-MPa-Geraden die maximale Einsatztemperatur für Dauerbelastung ergibt. Dabei ist die Zeitdehngrenze diejenige Spannung, bei der eine bestimmte plastische Dehnung der Probe um 0,2 % nach einer vorgegebenen Zeit t, z. B. 100.000 h, auftritt. Dieser Wert wird folgendermaßen angegeben:

$$\sigma_{0,2/100\,000} = 100 \text{ MPa}$$

Dementsprechend ist die Zeitstandfestigkeit die Spannung, bei der nach vorgegebener Zeit der Bruch eintritt, z. B.:

$$\sigma_{B/100\,000} = 100 \text{ MPa}$$

Schematisch sind die Einsatzbereiche der verschiedenen Werkstoffe in Bild 8-3.6 dargestellt.

8-3.5 Einflussgrößen auf die Kriecheigenschaften

Mit steigender Temperatur treten beim Kriechen verschiedene werkstoffkundliche Phänomene auf: diffusionskontrollierte Versetzungsbewegung (Klettern), Korngrenzen-Diffusion, Volumen-Diffusion, Ostwald-Reifung von Ausscheidungen, Kornwachstum. Die wichtigsten Einflussgrößen auf die Zeitdehnkurve metallischer Werkstoffe müssen somit diese Phänomene kontrollieren. Es wird zwischen den inneren Einflüssen des Werkstoffes (Gefüge, Stapelfehlerenergie) und den äußeren Einflüssen der Versuchsdurchführung unterschieden (Temperatur, Spannung). Entscheidend für die Zeitstandfestigkeit ist die Stabilität des Werkstoffgefüges während der Beanspruchung. Besonders bei feinverteilten Ausscheidungen besteht die Tendenz zur Vergröberung (Ostwald-Reifung), sodass Eisenkarbide keine wirksame Behinderung des Kornwachstums ermöglichen. Die Karbide der Legierungselemente sind effektiver, da auch die Legierungselemente und nicht nur der Kohlenstoff bei ihrem Wachstum diffundieren müssen. Dabei kann es allerdings von negativem Einfluss sein, dass durch Anreicherung von Legierungsatomen im Karbid eine Verarmung der Matrix erfolgt.

Zur Erzielung besonders hoher Werte der Zeitstandfestigkeit bieten sich folgende Wege an:

■ Gleichmäßig fein verteilte Ausscheidungen führen zu hohen Zeitstandwerten, vor allem wenn die Matrix schon eine hohe Warmfestigkeit aufweist. Dies ist in austenitischen Stählen mit niedriger Stapelfehlerenergie und kleinen Selbstdiffusionskoeffizienten gegeben. Austenitische Stähle ermöglichen für die häufig geforderte 100 000 h-Zeitstandfestigkeit Einsatztemperaturen bis zu 750 °C.

■ In ferritischen Stählen ist die Gefügestabilisierung durch Ausscheidungen oder eine Ausscheidungssequenz eine große werkstofftechnische Herausforderung. In 9-%-Cr-Stählen treten vor allem $(Cr, Fe)_{23}C_6$-Karbide auf und als weitere Ausscheidungen $Nb(C, N)$ und $V(N, C)$. Während des Einsatzes der Stähle werden nach längerer Zeit zusätzlich intermetallische Phasen gebildet, hier spielt vor allem die Laves-Phase der Zusammensetzung Fe_2Mo und Fe_2W eine große Rolle.

Die Mikrostruktur dieser 9 %-Cr-Stähle wird schematisch in Bild 8-3.7 gezeigt. Das feinstrukturierte Gefüge aus Martensitlanzetten wird durch $M_{23}C_6$-Karbide und Laves-Phasen stabilisiert; die sehr feinen Ausscheidungen der Mikrolegierungskarbide im Inneren der Lanzetten tragen zur Grundfestigkeit bei.

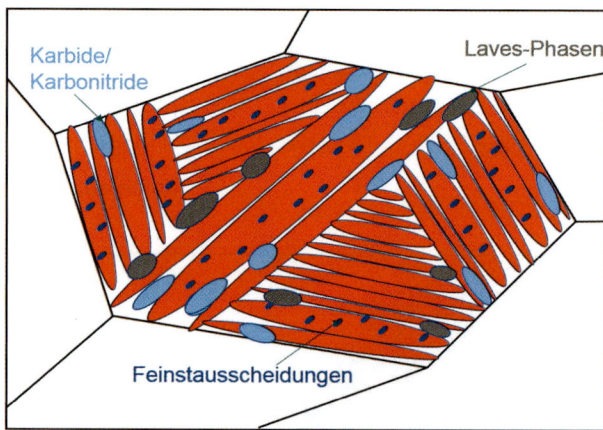

Bild 8-3.7 Prinzipbild zu Ausscheidungen in martensitischen 9 %-Chrom-Stählen

8-3.6 Zukünftige Entwicklungen

Aus den sich verändernden Stromerzeugungsbedingungen mit einer Bevorzugung regenerativ erzeugten Stromes entstehen neue Anforderungen an Werkstoffe in Kraftwerken. Herkömmlich, bislang meist im Grundlastbetrieb arbeitende Kraftwerke erfahren nun häufige Wechsel des Betriebszustandes, gekennzeichnet durch An- und Abfahren mit dem Wunsch besonders schneller Wechsel der Fahrweise. Die Werkstoffe sind vermehrt Temperatur- und Druckzyklen ausgesetzt, was bei der Auslegung auf Lebensdauer zu berücksichtigen ist. Neben die zuvor beschriebenen Kriechbeanspruchungen treten jetzt Wechselwirkungen zwischen Kriechen und Ermüdung, die in Bezug auf ihre Auswirkung auf die Bauteillebensdauer schwer zu beschreiben sind.

Viele Bauteile im Heißbereich von Kraftwerken werden auf eine Lebensdauer von 200 000 Stunden (etwa 20 Jahre) ausgelegt. Die neuen Fahrweisen ermöglichen kürzere Auslegungszeiten bezüglich des Kriechens,

gleichzeitig werden höhere Werkstofffestigkeiten und damit dünnere Bauteildicken besonders attraktiv, da die beim Anfahren und Abfahren auftretenden Temperaturdifferenzen im Bauteil geringer sind und somit schnellere Anpassungsvorgänge ermöglichen. Ein schnelles An- oder Abfahren führt zu Temperaturdifferenzen an der Innen- und Außenwand eines Bauteils und resultiert in Spannungen durch behinderte Wärmedehnungen. Die Beanspruchung beispielsweise durch Innendruck wird mit den temperaturinduzierten Spannungen überlagert und führt dadurch zu erhöhtem Lebensdauerverbrauch (Berker 2015). Nicht mehr die Gesamtzeit auf Betriebstemperatur, sondern die Zahl der Kalt-, Warm- und Heißstarts definiert dann die betriebliche Lebensdauer.

Literatur zu Kapitel 8-3

Berker, R.: Die Wirtschaftlichkeit des Einsatzes hochlegierter Werkstoffe im Kraftwerksbau. Berichte aus dem Institut für Eisenhüttenkunde, Band 3, Shaker Verlag, Aachen 2015

Alle im Text erwähnten Normen sind in einer Liste zusammengefasst (Seite 889).

8

Nichtrostende Rohr-Abhänger für Kraftwerke

Frank Wilke

Funktion

In thermischen Kraftwerken sind große Mengen Rohrleitungen vorhanden, die über große Längen bei unterschiedlichen Temperaturen mit entsprechender Wärmeausdehnung und Schrumpfung ihre Geometrie beibehalten müssen, damit der sichere Medientransport garantiert ist. Für diese Rohrleitungen in Kraftwerken im thermisch belasteten Bereich sind somit Rohr-Abhänger erforderlich, die die Längenänderung der Rohre und auch bei pulsierender Beanspruchung federnd mögliche entstehende Kräfte in den Rohrleitungen aufnehmen.

Werkstoffe und deren Eigenschaften

Als Rohr-Abhänger kommen im Wesentlichen martensitische nichtrostende Stähle zum Einsatz, die im vergüteten Zustand eine Festigkeit von > 800 MPa haben und auch eine deutlich messbare Zähigkeit aufweisen müssen, ermittelt an Kerbschlagproben mit unterschiedlichen Auslegungstemperaturen, insbesondere außerhalb Raumtemperatur. Die hohe Duktilität der Werkstoffe ist sehr wichtig, da das Material auch bei schlagartiger Belastung bei unterschiedlichen Betriebstemperaturen elastisch sein muss. Die Bauteile müssen somit den einschlägigen Druckbehälternormen entsprechen und werden dementsprechend über Fremdabnahmen geprüft (Tab. 8-4.1).

Abmessungen

Da die Rohr-Abhänger für sehr unterschiedliche Rohrquerschnitte und Belastungen auszulegen sind, liegen die Vormaterial-Abmessungen zwischen 12 mm ⌀ und 80 mm ⌀.

Herstellungsprozess

Das vergütete Stabmaterial wird auf kurze Stäbe abgeteilt, diese werden dann um 180° zu einem U-förmigen Bauteil gebogen und an beiden Enden mit Gewinden versehen. Dieses Gewinde dient dann, ggf. mit Federn zusammen, zur Befestigung an Gebäudekonstruktionen. In das U werden dann die Medienleitungen eingehängt. Die Rohr-Abhänger sind sowohl in der Höhe als auch in ihrer Beweglichkeit flexibel gelagert, um die veränderten Betriebszustände der Rohre aufnehmen zu können.

Perspektive/Alternativen

Rohr-Abhänger werden so lange zur Befestigung der Rohre benötigt, wie es thermische Kraftwerke gibt. Wegen möglicher Korrosionsgefahr gibt es kaum alternative Werkstoffe, da das Material ständig unter Zugspannung steht und es in Industrieatmosphäre mit Taupunktunterschreitung zu Korrosion kommen kann.

Tabelle 8-4.1 Beispiele von Stählen für nichtrostende Rohr-Abhänger nach DIN EN 10088 (typische Werte)

Kurzname	Werkstoff-nummer	Legierungsanteile in Massen-%						
		C	Si	Mn	Cr	Ni	Mo	N
X12Cr13	1.4006	0,10	0,50	0,80	12,0	0,40	–	–
X20Cr13	1.4021	0,22	0,40	0,90	13,0	0,20	–	–
X13CrNi13-4	1.4313	0,02	0,40	0,80	13,0	4,0	0,55	0,0300

Stähle für Anwendungen im Haushalt, in der Medizintechnik und im Sportbereich – *Der Mensch im Mittelpunkt*

Wolfgang Bleck

In diesem Kapitel treffen wir auf Stähle, die uns im Alltag begleiten, beispielsweise beim Sport. Seit Maurice Garin im Jahre 1903 die erste Tour de France gewann, haben die Radsport-Fans über die Konstruktion und auch die Materialien der Rennräder diskutiert. Selbstverständlich gewannen die meisten Sieger auf einem Stahlrad, andere Werkstoffe hätten in der Frühzeit der Tour kaum die Strapazen der schlechten Straßen und die erforderlichen Reparaturen unterwegs überstanden. Stahl blieb für Jahrzehnte das beliebteste Material für Rennradrahmen. Der letzte Toursieger mit einem Stahlrahmen war Miguel Indurain im Jahr 1974. Die Tage von Stahl waren dann aber gezählt – zumindest was den Rahmen betrifft. Stähle für die Schaltwerke und Zahnräder blieben länger erhalten. Im Jahr 2017 nutzen nun einige Radprofis erneut Stahl als Rahmenmaterial: das Reynolds Rohr 953 hat Kultcharakter; es ermöglicht schlanke und hochsteife Rahmen mit einem Gewicht unter 1,5 kg. Das Rohr wird aus einem nichtrostenden, im Vakuum umgeschmolzenen Maraging-Stahl mit höchstem Reinheitsgrad und einer Zugfestigkeit von ca. 2000 MPa gefertigt. Ob es erneut zu einem Toursieg auf einem Stahlrad kommt, wird die Zukunft zeigen.

Gewicht ist ebenfalls beim Bergsteigen relevant; Kletterkarabiner werden deshalb aus hochfesten Aluminiumlegierungen gefertigt. Aber bei höchsten Anforderungen an die Bruchlast und für schwierige Arbeitsumgebungen benötigen professionelle Kletterer Stahlkarabiner, beispielsweise zur Felsreinigung auf Alpenstraßen oder bei der Rettung mit Hubschraubern. Bohr- und Felshaken sowie Klettersteige sind selbstverständlich aus nichtrostenden Stählen gefertigt. Sicherheit und Stahl gehören zusammen, was auch für die Befestigungselemente für die Wartungskletterer auf bis zu 143 m hohen Windkraftanlagen gilt.

Auch die Ästhetik kommt nicht zu kurz, wenn Stahl zu Uhren und Schmuck verarbeitet wird. Seine

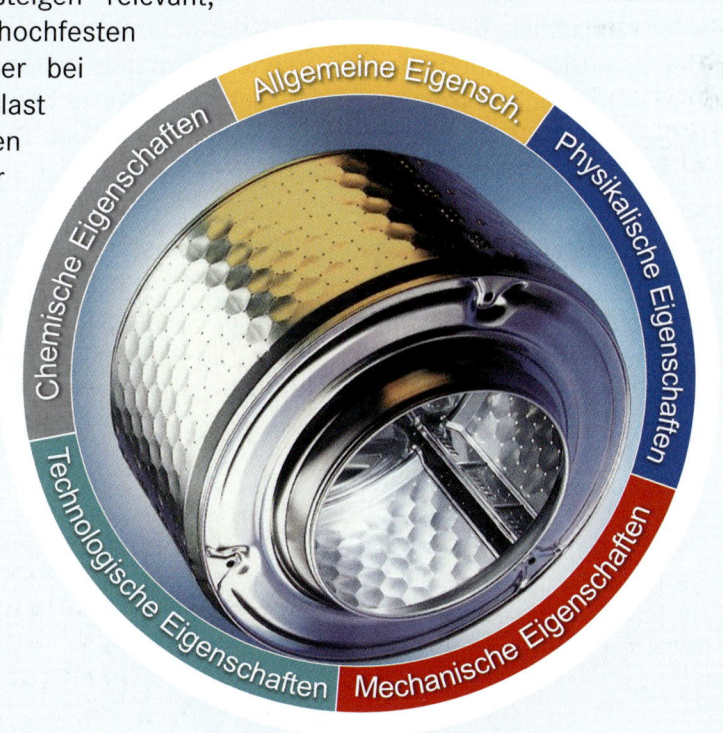

Produkteigenschaften – antiallergisch, kein Anlaufen, kein Oxidieren, lange Lebensdauer, pflege-leicht – in Kombination mit guter Verarbeitbarkeit und edler Oberflächenanmutung haben dazu geführt, dass sich einige Designer auf Edelstahlschmuck spezialisiert haben. Stahloberflächen sind auch bei der Küchengestaltung attraktiv, besonders wenn durch geeignete Oberflächenbe-handlung eine „Antifingerprint"-Wirkung erzielt und somit der Pflegeaufwand minimiert wird.

Neben Festigkeit, Beständigkeit und Schönheit finden sich neue Stahllösungen auch in verbes-serten Haushaltsgeräten. Der Stahlinnovationspreis im Jahr 2003 in der Kategorie Produkte wur-de der Firma Miele für die Entwicklung der Schontrommel in Wäschetrocknern verliehen. Die mit einer speziellen Wabenstruktur versehene Trommel schont die Textilien: In der Waschmaschine bildet sich zwischen Trommel und Wäsche ein Wasserfilm, auf dem die Wäsche gleitet, und beim Schleudern sind Fadendurchtritte aufgrund des kleinen Durchmessers der Trommellöcher deut-lich reduziert. Die Textilien werden beim Waschen und Schleudern somit besonders schonend behandelt.

Stahl begegnet uns im Alltag in vielfältiger Weise, häufig ohne dass wir uns dessen bewusst wer-den. Stahl ist zuverlässig, sodass wir uns an keine Schadensfälle erinnern. Stahl ist selbstver-ständlich, wenn es um Sicherheit geht bei Geländern, Aufzügen, Klettergeräten. Stahl ist vielfältig formbar, so dass er Künstler inspiriert. Die Bildcollage zeigt Stahlanwendungen im Sport, in der Kunst, im Haushalt. Stahl ist einfach überall; die zumeist eingesetzten Stähle und einige wenige Anwendungsbeispiele werden im Folgenden näher erläutert.

Wolfgang Bleck, Frank Wilke

Im Haushalt kommen sowohl legierte nichtrostende als auch unlegierte beschichtete Stähle zum Einsatz, die entsprechend der verwendeten Produktform in Flach- und Langprodukte unterschieden werden. Eine grobe Einteilung bezüglich der Anwendung erfolgt in die Nutzung von Feinblechen für Haushaltsgeräte und in Langprodukte oder dicke Flachprodukte aus Warmband für Haushaltswaren.

Die Produkte im Haushalt sollen hier unterschieden werden in Haushaltsgeräte und Haushaltswaren. Unter den Haushaltsgeräten werden die mechanischen oder elektrischen Geräte, beispielsweise Mikrowellengeräte inklusive Innenraum, Waschmaschinen, Trockner, Herde, Spülmaschinen, Kühlschränke und Kaffeemaschinen zusammengefasst. Zu den Haushaltswaren gehören sonstige Produkte, die häufig auch mit Lebensmitteln in Kontakt kommen, wie Besteck, Töpfe, Küchenmesser und Spülen.

9-1.1 Haushaltsgeräte

Anforderungen

Für Haushaltsgeräte wird Feinblech aus oberflächenveredelten kaltumformbaren Tiefziehstählen oder aus nichtrostenden Edelstählen in vielfältiger Weise genutzt. Die Anforderungen an die Werkstoffeigenschaften sind:

- definierte mechanische Eigenschaften,
- leichte Umformbarkeit, insbesondere im Hinblick auf scharfe Biegekanten,
- enge Dicken- und Breitentoleranzen,
- gute Schweiß- und Fügbarkeit,
- hohe Korrosionsbeständigkeit gegenüber Lebensmitteln und Reinigungsmitteln,
- anpassbare Oberflächengüte bezüglich Rauheit und

Sauberkeit im Gebrauch sowie Schutz gegen Fingerabdrücke (Antifingerprint) sowie
- optische Attraktivität.

Die für Haushaltsgeräte genutzten unlegierten Tiefziehstähle werden in der Regel als Band beschichtet und erhalten dabei einen metallischen Überzug zum Korrosionsschutz; zumeist wird zusätzlich eine Lackierung aufgebracht, um das optische Erscheinungsbild zu verbessern. Diese bandbeschichteten Bleche sind eine preisgünstige Lösung im Vergleich zu einer Bauteillackierung für die sichtbaren Teile in den verschiedenen Geräten wie Kühlschränken, Spülmaschinen, Wäschetrocknern, Öfen und anderen elektrisch betriebenen Haushaltsgeräten. Der häufig für diese Stähle verwendete Begriff „Weiße Ware" stammt von der früher zumeist verwendeten weißen Schlusslackierung, die inzwischen farblich der Umgebung der Küchenmöbel angepasst wird.

Daneben kommen immer mehr Feinbleche aus legierten nichtrostenden Stählen zur Anwendung, da sie die Anforderungen bezüglich Korrosionsschutz und Oberflächengüte erfüllen und einem klassischen Modetrend mit sichtbarem technischen Design folgen. Ca. ein Viertel der Feinblechproduktion aus nichtrostenden Stählen wird für die Herstellung von Haushaltswaren und Haushaltsgeräten verwendet (Bild 9-1.1) (Leffler 2013).

Bild 9-1.1 Nutzung von nichtrostenden Stählen für verschiedene Anwendungsbereiche (Leffler 2013)

Werkstoffe und Herstellung

Als Grundwerkstoffe bei den *weichen unlegierten Stählen* kommen die Werkstoffe DC01 bis DC07 in Form kaltgewalzter Stähle und gegebenenfalls für Hilfskonstruktionen dünne warmgewalzte Stähle DD11 bis DD14 nach DIN EN 10130 und DIN EN 10111 zum Einsatz (Tab. 9-1.1). Diese Stähle haben einen niedrigen Kohlenstoffgehalt und sind bezüglich des Legierungselementes Mangan sowie der Begleitelemente Phosphor und Schwefel begrenzt. Höchste Umformansprüche werden von den mikrolegierten Stählen DC06 und DC07 erfüllt, die als sogenannte IF-Stähle (interstitiell frei) ausgeführt werden. Die Oberflächen dieser Stähle werden durch eine Dressierbehandlung definiert. Unter Dressieren wird ein Nachwalzen des Bandes mit geringem Kaltwalzgrad (zumeist < 1 % Dickenabnahme) und mit definiert gerauhten Walzen verstanden. Damit kann eine ausgeprägte Streckgrenze beseitigt, die Bandebenheit erhöht und die gewünschte Oberflächentopographie eingestellt werden. Im Anschluss an die Fertigung von Kaltband ist eine Dressierbehandlung die Regel, bei der Warmbandherstellung wird die Behandlung optional durchgeführt.

Die verschiedenen Anwendungsgebiete und die sich hieraus ergebenden Anforderungen an die beschichteten Werkstoffe haben zu metallischen Überzügen geführt, die für den jeweiligen Verwendungszweck optimiert sind. Zumeist kommen zink- und aluminiumhaltige Überzüge zum Einsatz, die auf verschiedene Art und Weise aufgebracht werden. Die Beschichtung kann chargenweise durch Tauchen von Bauteilen in Metallbädern oder kontinuierlich durch eine Behandlung von Stahlband in Feuerverzinkungsanlagen durch Ziehen des Bandes durch ein flüssiges Zinkbad erfolgen. Darüber hinaus kann Zink auf Bauteilen oder Bändern auch elektrolytisch abgeschieden werden; dieser Prozess wird als Galvanisieren bezeichnet. Elektrolytische Überzüge können ein- oder zweiseitig aufgebracht werden. Die Schichtdicke beim elektrolytischen Verzinken ist zumeist dünner als beim Feuerverzinken (und damit ressourcenschonend). Metallische Auflagen werden in g/m^2 angegeben; die Umrechnung in eine mittlere Zinkschichtdicke erfolgt durch Division mit dem Divisor 14 bei beidseitigen Auflagen und mit 7 bei einseitigem Überzug.

Das kostengünstigste Verfahren für die Herstellung korrosionsgeschützter Bänder ist das Aufbringen von Zink durch Schmelztauchbeschichtung. Die wichtigsten metallischen Überzüge für die Stahlbandbeschichtung sind in Tabelle 9-1.2 zusammengestellt. Die mengenmäßig bedeutendsten Überzüge sind die Produkte: Feuerverzinkt, GALFAN und Feueraluminiert Typ 1. Relativ neu sind Zink-Magnesium-Überzüge. Sie bieten auch bei geringen Auflagendicken einen hohen Korrosionsschutz und stellen somit eine Alternative vorwiegend zu Blechen mit hohen Zinkauflagen dar.

Zink auf Stahl stellt in zweifacher Hinsicht einen guten Korrosionsschutz dar:

- Die Zinkschicht bildet einen fest haftenden Schutzmantel, der den Stahl vor Korrosion durch wässrige Medien schützt (Barrierewirkung).
- An den Schnittkanten oder dort, wo die Zinkschicht mechanisch verletzt wird, kommt es zur kathodischen Schutzwirkung.

Der schematisch wiedergegebene, typische mikroskopische Aufbau der Zinkschicht eines feuerverzinkten Feinbleches in Bild 9-1.2 verdeutlicht die Koexistenz verschiedener Phasen. Auf der Substratoberfläche vermittelt zunächst die ca. 0,02 µm dicke intermetallische Fe_2Al_5-Phase den Haftverbund. Daran schließt sich die < 1 µm dicke intermetallische Delta-Phase und hierauf die Zinkschicht an. Die intermetallische Delta-Phase wird aus Gründen der Umformbarkeit minimiert. Die äußerste Oberflächenschicht besteht aus Al_2O_3 und

Tabelle 9-1.1 Stahlsorten für kaltgewalztes Feinblech nach DIN EN 10130

Stahlsorten		Streckgrenze $R_{p0,2}$ in MPa	Zugfestigkeit R_m in MPa	Bruchdehnung A_{80} in %	Legierungsanteile in Massen-% (max. Werte)				
					C	Mn	P	S	Ti
DC01	1.0330	140 – 280	270 – 410	≥ 28 %	0,12	0,60	0,045	0,045	–
DC03	1.0347	140 – 240	270 – 370	≥ 34 %	0,10	0,45	0,035	0,035	–
DC04	1.0338	140 – 210	270 – 350	≥ 38 %	0,08	0,40	0,030	0,030	–
DC05	1.0312	140 – 180	270 – 330	≥ 40 %	0,06	0,35	0,025	0,025	–
DC06	1.0873	120 – 180	270 – 350	≥ 41 %	0,02	0,25	0,020	0,020	0,3
DC07	1.0898	100 – 150	250 – 310	≥ 44 %	0,01	0,20	0,020	0,020	0,2

Tabelle 9-1.2 Metallische Überzüge mit Kurzsymbolen, Schichtaufbau, typischen Auflagendicken und Anwendung für oberflächenveredeltes Band

Produkt	Überzug	Zusammensetzung	typische Auflage in (g/m²)
Feuerverzinkt Z	Zn	100% Zn	70 – 350
Zink-Magnesium ZM	ZnAlMg	Zn + Anteile von Mg und Al von in der Summe bis zu 8%	70 – 350
GALFAN ZA	ZnAl	5% Al + 95% Zn	65 – 255
Feueraluminiert AS (Typ 1)	AlSi	10% Si + 90% Al	50 – 200

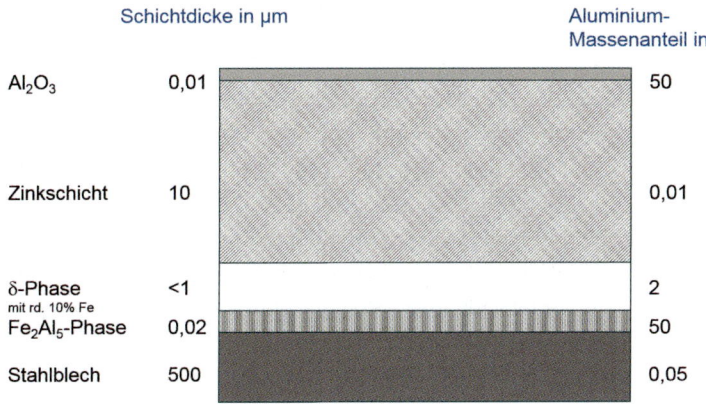

	Schichtdicke in µm		Aluminium-Massenanteil in %
Al_2O_3	0,01		50
Zinkschicht	10		0,01
δ-Phase mit rd. 10% Fe	<1		2
Fe_2Al_5-Phase	0,02		50
Stahlblech	500		0,05

Bild 9-1.2
Aufbau einer Zinkschicht im Querschliff; die verschiedenen intermetallischen Phasen sind gekennzeichnet

ZnO. Der Aluminiummassenanteil der intermetallischen Phasen ist deutlich höher als im Zink und im Stahlsubstrat.

Bild 9-1.3 Kühlschrankpaneele, hergestellt aus verzinktem und bandlackiertem Feinblech Pladur ® *(https://www.thyssenkrupp-steel.com/de/branchen/haushalt/haushalt.html)*

Nach dem Aufbringen eines metallischen Überzuges wird Stahlband häufig in Bandbeschichtungsanlagen (coil coating lines) mit dekorativen Folien beschichtet oder lackiert, sodass ein Band mit „fertiger" Oberfläche für den Anwender zur Verfügung steht. Die Oberfläche des Halbzeuges Band oder Blech ist somit die Oberfläche des Endprodukts. Alle Schritte der Weiterverarbeitung müssen sorgfältig gewählt werden, um die Qualität der Oberfläche bis um Endprodukt zu erhalten.

Die meisten Bauteile, die aus beschichtetem Band gefertigt werden, erfahren eine Umformoperation, z.B. durch Walzprofilieren, Biegen, Kanten, Bördeln oder Tiefziehen. Dabei kommt die verzinkte und lackierte Oberfläche des Feinblechs mit dem Umformwerkzeug direkt in Kontakt. Die Oberflächengüte nach der Umformung hängt von der Elastizität und Härte der Beschichtung ab, die ihrerseits von der Temperatur beeinflusst werden. Optimale Verarbeitungseigenschaften ergeben sich für die unterschiedlichen Beschichtungen bei einer Temperatur oberhalb der Glasübergangstemperatur (T_g) der Beschichtung. Diese liegt normalerweise im Bereich der Umgebungstemperatur bei 20 °C. Die Auswirkungen der Umformung und des Werkzeugkontakts auf die Oberfläche hängen vom Verhalten der Beschichtung ab. Größere Umformradien, geringere Umformgeschwindigkeiten, die z. B. durch eine höhere Anzahl der Gerüste beim Walzprofilieren erreicht werden können, sowie Verarbeitungstemperaturen in der Nähe der Glasübergangstemperatur T_g erleichtern das Umformen (Meuthen 2013).

Bei der Planung des Umformverfahrens und der Gestaltung der Werkzeuge muss die Gesamtdicke des Produkts (Stahl + metallischer Überzug + Beschichtung + Schutzfolie) berücksichtigt werden. Wenn die Beschichtungsstärke in die Berechnung nicht mit einbezogen wird, kann es zum Auswalzen oder Scheren der Beschichtung kommen. Die in den Normen angegebenen Dicken für bandbeschichteten Stahl beziehen sich auf die Dicke des Trägermaterials plus des metallischen Überzugs und schließen die Beschichtung nicht ein.

Eine abziehbare Schutzfolie, die am Ausgang der Beschichtungsanlage oder zu einem späteren Zeitpunkt aufgebracht wird, bietet während der Verarbeitung einen ausgezeichneten Schutz der beschichteten Oberfläche gegen Beschädigungen. Das Umformen von folienbeschichteten Blechen sollte nicht zu nahe an den Schnittkanten erfolgen. Hier kann sich sonst aufgrund zu kleiner Haftflächen die Beschichtung ablösen.

An die Schutzfolien werden bei der Verarbeitung hohe Anforderungen gestellt:

- Sie sollen während des Umformvorganges auf dem Werkstück haften,
- im Gegensatz dazu sollen sie sich aber nach der Umformung bzw. Verarbeitung leicht ablösen lassen,
- es dürfen keine Rückstände im Werkzeug verbleiben,

- gegebenenfalls sollen sich mehrere Umformoperationen nacheinander mit derselben Folie durchführen lassen, ohne dass diese sich zwischendurch stellenweise ablöst oder abreißt und es dann zu Eindrücken in der Werkstoffoberfläche kommt, und
- außerdem sollte eine möglichst hohe UV- und Alterungsbeständigkeit gewährleistet sein.

Für das Verbinden oder Befestigen von bandbeschichteten Erzeugnissen sind praktisch alle für Feinblech üblichen Fügeverfahren wie Schrauben, Klemmen, Nieten, Falzen, Bördeln oder Durchsetzfügeverfahren anwendbar. Einschränkungen gibt es allerdings beim Schweißen (Meuthen 2005).

Nichtrostende Stähle sind in vier Kategorien entsprechend ihrer Mikrostruktur und ihren Hauptlegierungselementen eingeteilt (Tabelle 9-1.3). Typischerweise werden austenitische und ferritische nichtrostende Stähle für Haushaltsgeräte eingesetzt, wobei ferritische Stähle kostengünstiger, bezüglich ihrer Umformbarkeit und ihres Korrosionsschutzes allerdings aufwändiger als austenitische Stähle zu verarbeiten sind. Martensitische Stähle sind aufgrund ihrer hohen Härte und ihrer Verschleißbeständigkeit besonders für Haushaltswaren geeignet (Ritzenhoff 2012).

Diese Stähle lassen sich nach ihrer chemischen Zusammensetzung und ihrem bei Raumtemperatur vorliegenden Grundgefüge in Gruppen einteilen. Für die Blechumformung sind im Wesentlichen die ferritischen Cr-Stähle und die austenitischen Cr+Ni(+Mo)-Stähle von Bedeutung.

Die nichtrostenden Stähle in der Lieferform Blech und Band sind in der DIN EN 10088-2 genormt. Hier sind 40 Standardgüten und ebenso viele Sondergüten be-

Tabelle 9-1.3 Hauptlegierungstypen der nichtrostenden Stähle für die Produktform Feinblech (Leffler 2013, *http://www.nssmc.com,* Cunat 2008)

Kurzname	Werkstoffnummer	Stahltyp	Legierungszusatz	Mikrostruktur
X2CrNi12	1.4003	13%ige Cr-Stähle		ferritisch
X2CrTi12	1.4512		Ti	ferritisch
X6Cr17	1.4016	17%ige Cr-Stähle		ferritisch
X2CrTi17	1.4520		Ti, Nb	ferritisch
X2CrTiNb19	1.4509			ferritisch
X6CrMo17-1	1.4113		Mo, Ti, Nb	ferritisch
X2CrMoTi17-1	1.4513			ferritisch
X2CrMoTi18-2	1.4521			ferritisch
X5CrNi18-10	1.4301	CrNi-Stähle	Ni	austenitisch
X6CrNiTi18-10	1.4541		Ni, Ti	austenitisch
X5CrNiMo17-12-2	1.4401	CrNiMo-Stähle	Ni, Mo, Ti	austenitisch

schrieben. Da die Analysegrenzen relativ weit gesteckt sind und durch die heutige Stahlwerkstechnologie wesentlich engere Grenzen reproduzierbar eingehalten werden können, ergibt sich eine Vielzahl von Kombinationsmöglichkeiten, die Stahleigenschaften gezielt innerhalb der von der Norm zulässigen Grenzen einzustellen.

Ferritische Stähle weisen typischerweise zwischen 10 und 20 % Chrom auf, wobei der Chromgehalt auf die geforderte Korrosionsbeständigkeit abgestimmt ist und gegebenenfalls auch bei höheren Temperaturen eine Oxidationsbeständigkeit garantiert. Ihre Streckgrenze liegt etwa zwischen 250 und 380 MPa mit Zugfestigkeiten zwischen 410 und 700 MPa und Bruchdehnungen zwischen 20 und 32 %. Ferritische Stähle können nicht über eine Wärmebehandlung gehärtet werden (Cunat 2008). Aufgrund von bevorzugten Kristallorientierungen, die bereits beim Walzen entstehen, kann es bei Umformvorgängen unter ungünstigen Randbedingungen zu makroskopischen Oberflächenphänomenen kommen, die als „Ridging" oder „Roping" bezeichnet werden und die ein Hemmnis für ästhetisch anmutende Oberflächen sind. Titan- und niobstabilisierte ferritische Stähle weisen typischerweise eine bessere Umformbarkeit und einen höheren Widerstand gegen Oberflächenfließfiguren auf; sie wirken zudem bei dickeren Abmessungen feinkornstabilisierend. Beispiele für häufig verwendete Stähle für Haushaltswaren sind in Tabelle 9-1.4 zusammengefasst; typische Anwendungsfelder sind in Tabelle 9-1.5 aufgelistet.

Die ferritischen Stahlsorten sind mit Cr-Anteilen zwischen 11 und 18 % legiert und weisen C-Gehalte von max. 0,08 % auf. Im wärmebehandelten Zustand haben diese Stähle ein ferritisches Gefüge mit kubisch-raum-zentrierter Kristallstruktur, wobei zahlreiche Ausscheidungen von Chromkarbiden vorliegen. Der bekannteste Werkstoff dieser Gruppe ist der Stahl X6Cr17 (1.4016). Zur Verbesserung der Schweißeigenschaften werden die 17 %igen Chromstähle mit Titan und/oder Niob legiert. Durch Bildung von Ti- oder Nb-Karbiden wird die Bildung von Chromkarbiden bei der Abkühlung unterdrückt, sodass die Stähle nach dem Schweißen beständig gegenüber interkristalliner Korrosion sind. Außerdem wird die Grobkornbildung in der wärmebeeinflussten Zone von Schweißverbindungen weitgehend verhindert, sodass technologische Eigenschaften ähnlich denjenigen des Grundwerkstoffs erreicht werden. Durch Zulegieren von Molybdän wird die Korrosionsbeständigkeit, insbesondere gegenüber chloridhaltigen Medien, verbessert (Gümpel 2016).

Austenitische nichtrostende Stähle sind durch hohe Cr- und Ni-Gehalte, typischerweise zwischen 17 und 20 % Chrom und 7 bis max. 25 % Nickel, gekennzeichnet. Sie weisen eine hervorragende Oberflächengüte, gute Umformbarkeit und sehr hohe Korrosions- und Abriebbeständigkeit auf. Ihre Streckgrenzen sind typischerweise relativ niedrig im Bereich von 200 bis 350 MPa, die hohen Zugfestigkeiten von 600 bis 800 MPa weisen auf die ausgeprägte Verfestigung bei der Umformung hin. Austenitische Stähle sind hervorragend umformbar mit Bruchdehnungen zwischen 40 und 55 % (Cunat 2008). In gewissem Umfang kann die Streckgrenze von austenitischen Stählen sowohl legierungstechnisch als auch durch Kaltumformbehandlungen angehoben werden. Alle austenitischen Stähle sind nicht ferromagnetisch, weisen gegebenenfalls aber nach Umformung eine geringe magnetische Ansprache aufgrund von Verformungsmartensit auf.

Tabelle 9-1.4 Beispiele von nichtrostenden Stählen für Anwendungen für Haushaltsgeräte nach DIN EN 10088 (typische Werte)

Kurzname	Werkstoffnummer	Legierungsanteile in Massen-%				
		C	Cr	Mo	Ni	Ti
X5CrNi18-10	1.4301	0,04	18,1	–	8,1	–
X2CrNi18-9	1.4307	0,02	18,1	–	8,1	–
X5CrNiMo17-12-2	1.4401	0,04	17,2	2,1	10,1	–
X2CrNiMo17-12-2	1.4404	0,02	17,2	2,1	10,1	–
X6CrNiMoTi17-12-2	1.4571	0,04	16,8	2,1	10,9	0,70
X6Cr17	1.4016	0,05	16,2	–	–	–
X3CrTi17	1.4510	0,02	17,0	–	–	< 0,80
X2CrTi17	1.4520	0,02	16,2	–	–	0,30 – 0,60
X2CrMoTi18-2	1.4521	0,02	18,0	2,0	–	< 0,80

9

Hauptvertreter der austenitischen nichtrostenden Stähle ist der Werkstoff X5CrNi18-10 (1.4301). Dieser Stahl weist nach einer Lösungsglühbehandlung bei etwa 1050 – 1100 °C mit anschließender Abschreckung ein austenitisches Gefüge mit kubisch-flächenzentrierter Kristallstruktur auf. Hierbei ist zu beachten, dass die chemische Zusammensetzung die Stabilität des austenitischen Gefüges beeinflusst. Prinzipiell wird die Stabilität des Austenits mit Zunahme aller Legierungsbestandteile erhöht, wobei die Wirksamkeit der Elemente teilweise sehr unterschiedlich ist. Da bei dieser Stahlsorte der Ni-Gehalt bei sonst näherungsweise gleichbleibenden Gehalten der übrigen Elemente einen starken Einfluss auf die Stabilität hat und innerhalb der Norm am deutlichsten variiert werden kann, wird dieser häufig als Indikator für die Gefügestabilität herangezogen.

Auch bei austenitischen Stählen wird durch Molybdänzusätze die Korrosionsbeständigkeit in chloridhaltigen Angriffsmedien verbessert. Weiterhin können auch diese Stähle durch Legieren mit Titan oder Niob stabilisiert werden.

Tabelle 9-1.5 Anwendungsfelder von nichtrostenden Stählen für Haushaltsgeräte und Haushaltswaren (Leffler 2013)

Anwendungsbereich	Stahlsorten		Struktur	Anforderungen

Ausstattung für:
■ **Haushalt,** wie
  ■ Küchenspülen
  ■ Spülmaschinen
  ■ Türverkleidungen
  ■ Kochtöpfe
  ■ Besteck
  ■ Geschirr
  ■ Pfannendeckel
	X5CrNi18-10	1.4301	A	■ Gute Tiefziehbarkeit
				■ Einfache Reinigung, Desinfizierbarkeit und Sterilisierbarkeit
				■ Hohe Korrosionsbeständigkeit
				■ Langlebige optische Qualität

Trommeln für ■ Waschmaschinen ■ Trockner ■ Spülmaschinen	X6Cr17	1.4016	F	■ Gute Formbarkeit ■ Einfache Reinigung ■ Hohe Korrosionsbeständigkeit ■ Langlebige optische Qualität
■ Weiße Ware, Innenbleche ■ Hauben ■ Seitenpaneele	X6Cr17	1.4016	F	■ Exklusives Aussehen ■ Einfache Reinigung ■ Gute Korrosionsbeständigkeit ■ Kostengünstiger im Vergleich zu austenitischen Stählen
■ Spülen ■ Ablaufbecken	X6Cr17 X3CrTi17	1.4016 1.4510	F	■ Gute Tiefziehbarkeit ■ Hohe Korrosionsbeständigkeit ■ Einfache Reinigung ■ Langlebige optische Qualität
■ Heißwassertanks	X2CrNiMo17-12-2 X6CrNiMoTi17-12-2	1.4404 1.4571	A	■ Gute Formbarkeit ■ Hohe Korrosionsbeständigkeit ■ Einfache Reinigung, Desinfizierbarkeit und Sterilisierbarkeit ■ Langlebige optische Qualität
	X2CrTi17 X2CrMoTi18-2	1.4520 1.4521	F	
	X6Cr17	1.4016	F	
■ Messerklingen	X20Cr13 X30Cr13 X46Cr13 X30CrMoN15-1 (Cronidur®30)*	1.4021 1.4028 1.4034 1.4108	M	

A = austenitisch
F = ferritisch
M = martensitisch
*) Warenzeichen der Fa. Energietechnik Essen

9

Kaltgewalzte Bänder aus nichtrostendem Stahl sind aufgrund des ansprechenden Erscheinungsbildes der metallischen Oberfläche ein gefragter Werkstoff für hochwertige Küchengeräte und Verkleidungen. Diese Eigenschaft ist für Hausgeräte ein wichtiges Kriterium. Nichtrostende Stähle können im Fertigungsprozess mit einem weiten Bereich unterschiedlicher Oberflächenausbildungen ausgestattet werden (Tabelle 9-1.6). Die Oberflächenausführungen sind in der Norm EN 10088-2 beschrieben.

Mustergewalzte Feinbleche werden durch Walzen mit speziellen, mit Mustern versehenen Walzen hergestellt. Das Enderzeugnis ist ein Blech mit Riefen, Würfeln oder anderen Mustern, das sowohl dekorative als auch funktionelle Vorteile hat. Eine feine Musterung verleiht einer Oberfläche praktisch Antihafteigenschaften, die Oberfläche lässt sich sogar leichter reinigen als eine elektropolierte Fläche, bei der das Risiko von Saugwirkung besteht. Viele Kühltheken werden gerade wegen ihrer Reinigungsfreundlichkeit aus nichtrostenden gemusterten Blechen gefertigt.

Das Färben von nichtrostenden Stählen ist ein chemisches Verfahren, bei dem die Dicke der Oxidschicht erhöht wird. Die Farbwirkung entsteht durch eine von der Oxidschichtdicke abhängige Lichtreflexion. Die dicksten Oxidschichten generieren langwelliges rotes Licht, die dünneren kurzwelliges Licht, das dem Betrachter gelb, grün oder blau erscheint. Die Färbung kann mit verschiedenen Prozessen erfolgen: durch Oxidation sowie durch chemische Behandlung in Salzbädern oder Säuren.

Eine unerwünschte Eigenschaft ist die Sichtbarkeit von Fingerabdrücken auf metallischen Oberflächen, die physikalisch ebenfalls in der unterschiedlichen Lichtreflexion begründet ist. Durch gezielte Modifikation der Oberflächenstruktur, wie z. B. eine leichte Mattierung oder unregelmäßig texturierte Muster, lässt sich diese Erscheinung reduzieren. Auch temporär wirksame Edelstahlpflegemittel können eine Verbesserung bewirken. Eine Möglichkeit ist das Applizieren einer Antifingerprint-Beschichtung mit einem besonders kratzfesten Lack, die das Erscheinungsbild des Edelstahls bewahrt und eine dauerhafte Oberflächenästhetik gewährleistet.

Bild 9-1.4 Trommel einer Waschmaschine, hergestellt aus ferritischem nichtrostendem Stahl der Sorte X6Cr17 (1.4016) (Outokumpu: Handbook of stainless steel; Leffler 2013)

9-1.2 Haushaltswaren

9-1.2.1 Kochgeschirr

Haushaltswaren wie Töpfe, Pfannen und Besteck müssen hohe Anforderungen an die Korrosionsbeständigkeit und an die Ästhetik der Oberfläche erfüllen. Dies lässt sich hervorragend durch nichtrostende Stähle

Tabelle 9-1.6 Oberflächenausführungen von nichtrostenden Stählen nach EN 10088-2 (Auswahl)

Standard EN/ASTM	Fertigungsprozess	Oberflächenbeschaffenheit
1D	warmgewalzt, wärmebehandelt, gebeizt	zunderfrei
2E	kaltgewalzt, wärmebehandelt, mechanisch entzundert	rau und stumpf
2D	kaltgewalzt, wärmebehandelt, gebeizt	glatt
2B	kaltgewalzt, wärmebehandelt, gebeizt, kalt nachgewalzt	glatter als 2D
2R	kaltgewalzt, blankgeglüht	glatt, blank, reflektierend
2H	kaltverfestigt	blank

9

realisieren, die haushaltstypische Anforderungen wie leichte Reinigung, Desinfizierbarkeit und Sterilisierbarkeit, hohe Korrosionsbeständigkeit gegenüber Reinigungsmitteln, langwährende Oberflächenqualitätsanmutung mit einer Vielfalt von ästhetischen Details ermöglichen. Es dürfen während der Nutzungsdauer keine Stoffe an den Inhalt abgegeben werden. Speziell bei Schneidwaren kommen eine hohe Härte und ein hoher Widerstand gegen Verschleiß als wichtige Eigenschaften hinzu. Dabei muss die Härte in engen Grenzen und der Verschleißwiderstand gegenüber unterschiedlichen Beanspruchungsformen eingestellt werden können.

Werkstoffe

Als Standardwerkstoff für Kochtöpfe und Pfannen hat sich aufgrund seiner Korrosionsbeständigkeit nichtrostender Edelstahl durchgesetzt, wobei die Standardstahlsorte X5CrNi18-10 (1.4301) als pflegeleicht, robust und langlebig eingestuft wird. Nichtrostende Stähle garantieren einen hohen Widerstand gegen verschiedene Säuren, die in Speisen und Getränken enthalten sind und die insbesondere bei höheren Temperaturen aggressiv wirken. Eine besondere Anforderung besteht bei diesen Werkstoffen an die Wärmeleitfähigkeit, die mit Hilfe von verschiedenen Konstruktionsprinzipien im Bodenbereich von Töpfen und Kasserollen sichergestellt werden kann (Bild 9-1.5).

Austenitische nichtrostende Stähle sind nicht ferromagnetisch, sodass bei Induktionsheizsystemen spezielle Bodenkonstruktionen die induktive Erwärmung ermöglichen. Hierzu bieten sich ferromagnetische nichtrostende Stähle an oder aber Kompositstrukturen, bei denen eine Bodenlage mit einem magnetischen Werkstoff eingebaut wird. Dabei ist darauf zu achten, dass die Wärmeleitfähigkeit vom Legierungsgehalt und die thermische Ausdehnung von der Kristallstruktur und dem Legierungsgehalt abhängig ist.

9-1.2.2 Essbesteck und andere Messer

Messer für Essbestecke haben einerseits einen optischen und dekorativen Anspruch, andererseits ist die Funktion „Schneiden" gefragt. Zu unterscheiden davon sind Industriemesser und Messer für die Vorbereitung der Speisen (Tranchiermesser, Filetiermesser). Nachfolgend sollen geschmiedete Messer und nicht aus Blech gestanzte Produkte näher betrachtet werden (Bild 9-1.6).

Es sind grundsätzlich zwei Produktgruppen zu unterscheiden: zum einen sehr exakt schneidende Messer mit hoher Schärfe, die im Wesentlichen als Industrie- oder Vorbereitungsmesser mit einer geschliffenen Klinge hergestellt werden, zum anderen Messer als Essbesteck mit einem sehr hohen optischen Anspruch als geschliffene und nachträglich polierte Messer. Letztere müssen werterhaltend eine hohe Korrosionsbeständigkeit aufweisen.

Topf: Stahl
Boden: Sandwichstruktur

Al- oder Cu-Einlage zur Wärmeleitung

Bild 9-1.5
Kochtöpfe aus austenitischem nichtrostendem Stahl der Sorte X5CrNi18-10 (1.4301) mit Sandwichboden für verbesserte Wärmeleitung (Quelle: pixabay (links))

Bild 9-1.6 links: Klappmesser, hergestellt aus dem martensitischen stickstofflegierten Stahl X30CrMoN15-1 (1.4108) (Quelle: VSG/Energietechnik Essen); rechts: Haushaltsmesser aus martensitischem nichtrostendem Stahl X50CrMoV15 (1.4116) (Quelle: pixabay)

9

Lebensmittel enthalten einige aggressive Säuren und Salze, die den hohen Anspruch an die Korrosionsbeständigkeit der nichtrostenden Messerstähle begründen. Erschwerend kommt hinzu, dass die Messer durchaus Temperaturen bis 100 °C ausgesetzt sein können und dass die Reinigung von Säuren und Salzen teilweise erst zeitverzögert erfolgt. Diesen hohen Korrosionsansprüchen wird entsprochen, indem zum einen hochwertige nichtrostende Stähle mit mind. 16 % Chrom und 0,6 % Molybdän eingesetzt werden, zum anderen wird die Messeroberfläche hochglanzpoliert, um Korrosion in Spalten oder Grübchen zu unterdrücken.

Je höher der Kohlenstoffgehalt eines nichtrostenden Stahls ist, umso besser ist das Schneidverhalten. Hier ergibt sich jedoch ein Widerspruch zur Korrosionsbeständigkeit, da hohe Kohlenstoffgehalte einen Teil des freien Chroms abbinden und damit die Korrosionsbeständigkeit deutlich herabsetzen. Hohe Kohlenstoffgehalte sind somit vorteilhaft für das gute Schneiden der Messer, niedrige Kohlenstoffgehalte begünstigen die Korrosionsbeständigkeit und weisen zudem im Gefüge kleinere Karbide auf, die bei hochglanzpolierten Essbestecken in ihrer Größe limitiert sein müssen. Es haben sich somit Stähle mit einem mittleren Kohlenstoffgehalt von 0,5 % bewährt. Als Beispiel sei hier der Werkstoff X50CrMoV15 (1.4116) genannt.

Für besonders anspruchsvolle Messer hat sich ein hochstickstofflegierter martensitischer nichtrostender Stahl X30CrMoN15-1 (1.4108) bewährt. Dieser auch für Getriebe in der Luftfahrtindustrie eingesetzte Werkstoff weist eine hervorragende Zähigkeit bei einer Härte von 60 HRC auf, wobei legierungstechnisch ein Teil des Kohlenstoffs durch 0,3 bis 0,5 % Stickstoff ersetzt wird (Ritzenhoff 2012). Daraus ergibt sich neben der sehr hohen Härte auch eine hohe Beständigkeit gegen Lochkorrosion, die mit dem sogenannten PREN-Index (Pitting Resistant Equivalent Number) beschrieben wird. Es gilt die Formel: PREN = Cr (%) + 3,3 Mo (%) + X N (%), wobei der Stickstoffwert mit dem Faktor X zwischen 13 und 30 multipliziert werden kann. Es zeigt sich somit, dass hochstickstoffhaltige Stähle neben ihrer hervorragenden Verschleißbeständigkeit auch eine sehr gute Korrosionsbeständigkeit aufweisen.

Ein wichtiges Kriterium für Essbestecke ist die Fähigkeit des Materials zum Hochglanzpolieren. Hierbei stören grobe Karbide von > 20 µm, da diese als harte Partikel beim Polieren wellenförmige Erhebungen am Spiegelglanz darstellen. Der makroskopische oxidische und sulfidische Reinheitsgrad muss sehr hohen Ansprüchen genügen, weil nichtmetallische Einschlüsse beim Hochglanzpolieren ebenfalls die blanke glatte Oberfläche stören und ein makroskopischer nichtmetallischer Einschluss nach dem Polieren auf der glatten Fläche wie ein „Kometenschweif" erscheint. Sulfide, Oxide sowie hohe Aluminium- und Siliciumgehalte sind daher bei hochglanzpolierten Messern für Essbestecke zu vermeiden.

Werkstoffe

Bezüglich der mechanischen Eigenschaften der Messer müssen diese im gehärteten Zustand mindestens 47 HRC erreichen. Dies wird durch eine ausreichende Menge Kohlenstoff und Vanadium in den nichtrostenden Stählen sichergestellt (Tabelle 9-1.7).

Herstellung

Industriemesser werden überwiegend aus Schmalband oder ausgestanztem Warmband geschmiedet, Messer für Essbestecke im Wesentlichen aus Walzdraht mit 8 bis 16 mm Durchmesser. Industriemesser haben eine Länge bis zu 50 cm, Messer für Essbestecke eine Länge um 15 cm.

Tabelle 9-1.7 Beispiele von Stählen für Messer von Essbestecken nach DIN EN 10088 (typische Werte)

Kurzname	Werkstoff-nummer	Legierungsanteil in Massen-%						
		C	Si	Mn	Cr	Mo	Ni	Sonst.
X20Cr13	1.4021	0,18	0,50	0,70	12,7	–	–	–
X46Cr13	1.4034	0,44	0,40	0,30	13,2	–	–	–
X90CrMoV18	1.4112	0,92	0,40	0,80	18,6	1,2	–	V 0,1
X50CrMoV15	1.4116	0,45	0,40	0,50	14,4	0,5	–	V 0,15
X38CrMoV15	1.4117	0,38	0,40	0,30	14,4	0,5	–	V 0,15
X39CrMo17-1	1.4122	0,36	0,40	0,50	16,0	0,9	0,6	–
X30CrMoN15-1	1.4108	0,30	0,60	0,40	15,0	1,0	0.5	N 0,4

9

Als Vorstufe für Essbestecke dient weichgeglühter Walzdraht (Werkstoff X50CrMoV15), dessen Abschnitte geschert werden. Sie werden induktiv oder in gasbeheizten Öfen auf Schmiedetemperatur von 1100 °C erwärmt, wobei sichergestellt sein muss, dass die Oberfläche nicht entkohlt wird. Klinge und Erl (der Erl stellt die Verbindung der Klinge zum später zugeführten Heft dar) werden gemeinsam geschmiedet; das Heft zur Komplettierung des Messers erfährt andere Verfahrensschritte. Beim dreistufigen Schmieden wird zunächst die Klinge ausgeschmiedet, die Verdickung zum Heft angeschmiedet sowie der Erl ausgeschmiedet. Nach dem Schmieden der Klinge wird diese im Zustand „entspannend geglüht" durch Zerspanen und Schleifen vorbearbeitet. Nach dieser Vorbearbeitung wird die Klinge gehärtet, wobei darauf zu achten ist, dass die Härtung in Gestellen erfolgt, sodass das Material keinen Verzug erleidet und die Abschreckwirkung ausreichend groß ist. Beim Härten wird zur Erzielung einer besseren Oberflächenhärte versucht, die Abschreckwirkung durch ein extrem kaltes Abschreckmedium zu unterstützen.

Danach erfolgt eine Anlassbehandlung bei relativ niedrigen Temperaturen zur Feineinstellung der mechanischen Eigenschaften, damit die Klinge bei Belastung auf Biegung nicht spröde bricht. Nach diesen Wärmebehandlungsprozessen erfolgen aufwändige Fertigschleif- und Poliervorgänge, wobei es das Ziel ist, Spiegelglanz ohne Wellen und Riefen zu erzeugen. Wichtig sind hierbei der oben erwähnte gute makroskopische Reinheitsgrad des Materials sowie die Unterdrückung der Ausbildung von Chromkarbiden.

Nach dem Fertigstellen der Messerklinge erfolgt die Verbindung der Klinge mit dem Heft. Bei klassischen Silbermessern besteht das Heft aus einem Blechhohlkörper, der beim Zusammenfügen mit der Klinge mit Flüssigzement gefüllt wird, um die Verbindung des Heftes mit der Klinge über den in den Zement eingedrückten Erl zu erreichen. Der Zement im Heft des Messers aus Blech bewirkt, dass das Messer gut in der Hand liegt und einen ausgeglichenen Schwerpunkt ausweist. Neben diesem Verfahren gibt es jedoch auch weitere Möglichkeiten, die Klinge mit dem Heft zu verbinden.

Im Gegensatz zum Essbesteck erhalten Industriemesser und Vorbereitungsmesser eine geschliffene, nicht polierte Klinge. Hier besteht auch die Möglichkeit, die Klinge an einem strukturgeschliffenen hochkohlenstoffhaltigen Wetzstahl nachzuschärfen.

Neben den beschriebenen Essbesteckmessern im geschmiedeten Zustand mit hoher Korrosionsbeständigkeit gibt es geschmiedete Messer, im Wesentlichen Industriemesser aus 13%igen Chromstählen, die in geschliffener Ausführung kostengünstiger sind, jedoch bezüglich Korrosionsbeständigkeit einer intensiven permanenten Pflege bedürfen (Beispiel X46Cr13 (1.4034)). So sind diese sehr gut schneidenden Messer immer dem Problem der Korrosionsanfälligkeit ausgesetzt und weisen bei nicht ordnungsgemäßer Behandlung bereits nach kurzer Zeit Korrosionsspuren auf (lochartige punktartige Vertiefungen). Parallel gibt es aus Kaltband gestanzte Messer, die jedoch aufgrund der niedrigen Härtewerte zwar optischen und korrosionstechnischen Ansprüchen genügen, nicht jedoch für einen präzisen Schnitt geeignet sind.

Im Wettbewerb zu den klassischen Messern stehen Keramikmesser, die sehr gut schneiden und keine Probleme bezüglich des Korrosionsverhaltens bereiten, jedoch stark bruchempfindlich sind.

Nickelallergie in Zusammenhang mit nichtrostenden Stählen

Allergische Reaktionen im Zusammenhang mit Nickel entstehen dann, wenn Stäube, Rauche oder Korrosionsprodukte aus einem nichtrostenden Stahl herausgelöst werden. Bei Stäuben und Rauchen ist dies nur im Zuge der Herstellung nichtrostender Stähle der Fall; hier wird jedoch durch geeignete Abschirmmaßnahmen und Abgasreinigung eine toxikologisch unbedenkliche Erzeugung sichergestellt.

Die Befürchtung, dass Nickel aus Besteck oder beim Kochen aus Töpfen freigesetzt wird, ist hingegen unbegründet. Selbst wenn säurehaltige Lebensmittel wie Sauerkraut oder Rhabarber über viele Stunden in Edelstahltöpfen gekocht werden, werden keine nennenswerten Mengen Nickel aus dem Edelstahl gelöst.

Die Nickelallergie ist eine Kontaktallergie, die bei langem Kontakt in saurer Atmosphäre z.B. durch Hautschweiß in Gegenwart von relativ hohen Nickeldosen ausgelöst werden kann. Dies ist vor allem bei Schmuckgegenständen eine potenzielle Gefahr.

Allerdings können bei ungeeigneten nichtrostenden Stählen durch Chloride Korrosionsprodukte auf der Oberfläche eines nichtrostenden Stahls entstehen, die geeignet sind, bei Hautkontakt eine Allergie zu fördern. Je höher der Nickel- und Molybdängehalt eines nichtrostenden austenitischen Stahls ist, umso geringer ist somit die Gefahr, dass Korrosionsprodukte durch die Chloride aus dem Hautschweiß entstehen. Umgekehrt ist der Einsatz einfacher nichtrostender ferritischer Stähle zu vermeiden, da diese nicht genügend Schutz gegen Chlorid-induzierte Korrosion aufweisen. Diese nichtrostenden ferritischen Stähle weisen einen geringen Nickelgehalt auf, der jedoch im Korrosionsfall ausreicht, eventuell allergische Reaktionen auszulösen.

Literatur zu Kapitel 9-1

Cunat, P.-J.: Working with Stainless Steels. 2. Aufl., Materials and Applications Series, Volume 2. EDP Science and Euro Inox, Paris 2008

Gümpel, P. et al.: Rostfreie Stähle. 5. Aufl., expert-Verlag, Renningen 2016

Leffler, B.: Handbook of Stainless Steels. Firmenschrift der Outokumpu. Espoo, Finnland, 2013

McGuire, M. F.: Stainless Steels for Design Engineers. ASM International, Materials Park, Ohio, 2008

Meuthen, B.; Jandel, A. S.: Coil Coating – Bandbeschichtung; Verfahren, Produkte und Märkte. Springer Fachmedien, Wiesbaden 2013

N. N.: Guide to Stainless Steel Finishes. 3. Aufl., Euro Inox, Luxemburg 2005

Ritzenhoff, R.; Hahn, A.: Corrosion Resistance of High Nitrogen Steels. Intech Open Access Publisher, 2012

Stahl und Eisen, Gütenormen 5, Nichtrostende und andere hochlegierte Stähle. 5. Aufl., TB 405, Beuth-Verlag, Berlin 2009

Internetadressen zu Kapitel 9-1

http://www.salzgitter-ag.com/de/presse/konzernmagazin/2005/ausgabe-200504.html

http://usa.arcelormittal.com/News-and-media/Our-stories/Stories-Folder/2015-Stories/Mar/Steel-the-smart-choice-at-home/

http://www.voestalpine.com/stahl/en/House-industry/Household-appliance-industry

http://www.aksteel.com/markets_products/stainless.aspx

www.outokumpu.com

https://www.thyssenkrupp-steel.com/de/produkte/organisch-beschichtetes-band-und-blech/grundwerkstoffe-fuer-pladur/grundwerkstoffe-fuer-pladur-2.html

http://novastahl.ch/stahlnormen/warmbreitband.php

https://www.thyssenkrupp-steel.com/de/branchen/haushalt/haushalt.html

http://www.nssmc.com/en/product/use/elect/top_ele_steel_homeele/stainless_white/index.html

Alle im Text erwähnten Normen sind in einer gesonderten Liste zusammengefasst (Seite 889).

9

Frank Wilke

9-2.1 Chirurgische Instrumente

Chirurgische Instrumente müssen höchsten Ansprüchen an die Hygiene und die Sterilisierbarkeit genügen. Deshalb sind viele medizinische Ausrüstungsgegenstände wie OP-Bestecke, zahnmedizinische Instrumente (Bild 9-2.1) bis hin zu Krankenhauseinrichtungen (OP-Tisch) aus nichtrostenden Stählen hergestellt. Insbesondere martensitische nichtrostende Stähle der Stahlsorten X30Cr13 (1.4028) und X46Cr13 (1.4034) weisen eine sehr hohe Härte und Verschleißbeständigkeit auf. Besondere Rücksicht ist zu nehmen auf langfristigen, intensiven Hautkontakt von nickellegierten Stählen, da zwar Nickel als Spurenelement für den Körper lebensnotwendig ist, andererseits aber Nickelallergien zu den verbreiteten Kontaktallergien gehören. Dies trifft vor allen Dingen dann zu, wenn der leicht saure Schweiß der Haut in langanhaltendem Kontakt zu einem nickellegierten Stahl steht und es zu einem lokalen Korrosionsangriff mit Lösung von Nickelionen kommt (Merkblatt 914 der Informationsstelle Edelstahl Rostfrei).

Anforderungen

Im Medizinbereich gibt es verschiedene Arten von Scheren, die einerseits der klassischen Schere entsprechen, andererseits die Funktion einer Klemme erfüllen. Aus hygienischen Gründen müssen sie polierte Oberflächen haben und somit einen guten Reinheitsgrad mit möglichst kleinen Karbideinschlüssen unter 10 µm aufweisen. Scheren haben im Prinzip Funktionen wie Messer, d. h., sie müssen an der Schneide eine Mindesthärte von 47 HRC haben. Eine Schere in der Nutzung als Klemme muss hochfest und gleichzeitig elastisch sein (Federeigenschaften bei bestimmten Klemmen). Medizinische Instrumente sind teilweise Säuren und hohen Chloridgehalten ausgesetzt, aber sie dürfen während der Nutzungsdauer in keinem Fall Korrosionserscheinungen auf der Oberfläche zeigen.

Werkstoffe

Grundsätzlich sind in der Medizintechnik nichtrostende Stähle einzusetzen; für die in Bild 9-2.2 gezeigte Schere werden 12 – 16 %ige Chromstähle, teilweise mit 0,5 % Molybdän legiert (X20CR13 (1.4021), X39CrMo17-1 (1.4122), X50CrMoV15 (1.4116)), gewählt (Tabelle 9-2.1).

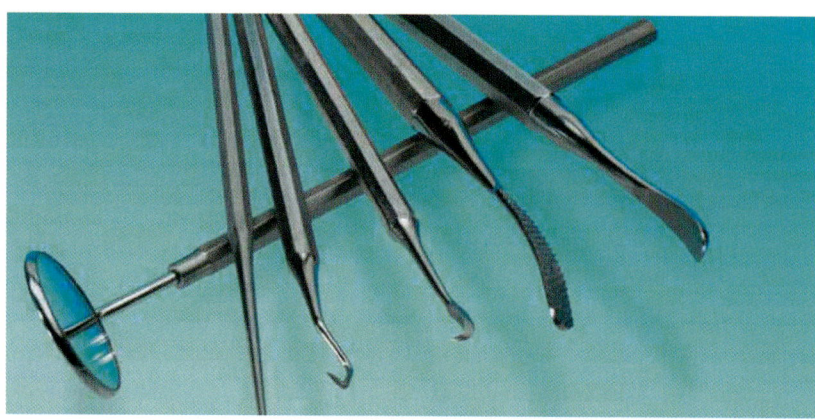

Bild 9-2.1
Besteck für Anwendungen in der Zahnmedizin

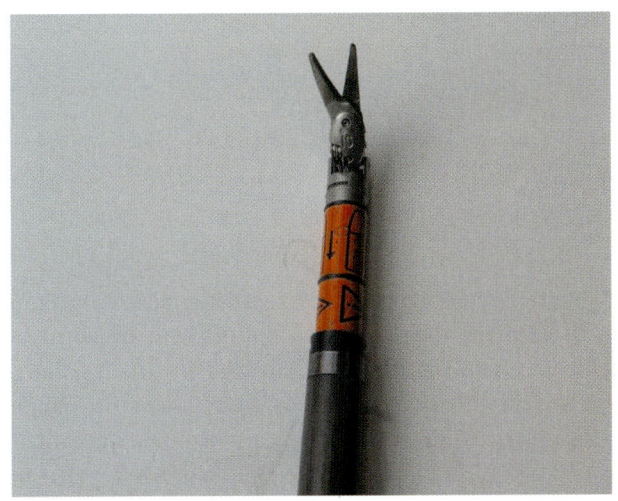

Bild 9-2.2 Schere aus DaVinci-Operations-Besteck für minimal-invasive Eingriffe

Herstellung

Scheren werden aus Flachabmessungen oder Walzdraht liegend im Gesenk geschmiedet in Bauteilgrößen von 10 cm bis 40 cm Länge, die Walzdrahtdicken liegen zwischen 8 und 16 mm. Der abgelängte Walzdraht wird im Gasofen oder induktiv auf 1100 °C erhitzt und in bis zu 4 Stufen zur Schere ausgeschmiedet. Dabei liegen die beiden Scherenteile im Gesenk direkt nebeneinander. Nach dem Schmieden erfolgt ein direktes Ausstanzen und Abgraten, sodass der Scherenrohling aus dem Gesenk heraus schon erkennbar ist. Nach dem Glühen der Bauteile erfolgt ein Vorschleifen, danach das Härten in Wasser zur Erzeugung einer hohen Festigkeit. Danach werden die Bauteile spannungsarm geglüht, um eine gewisse Grundduktilität und -elastizität zu erzeugen. Einem Fertigschleifen, insbesondere der Schneidfläche, folgt noch ein Polieren der Griffe und Rückseiten der Schneide. Am Ende des Herstellungsprozesses werden die beiden Teile der Schere mit einer nichtrostenden Schraube, teils höherlegiert als die Schere selbst, verbunden.

9-2.2 Implantate

Anforderungen

Implantate stützen eine zerstörte Knochenstruktur bis zum Wiederaufbau und werden nach Erfüllung der Funktion dem Körper wieder entnommen. Andere Implantate, z. B. für die Endoprothese von Kniegelenken, verbleiben dauerhaft im Körper. Dazu muss der Implantat-Werkstoff extrem korrosionsbeständig sein und eine gewisse Duktilität aufweisen. Nach dem Einsatz kann festgestellt werden, ob das Material während des Einsatzes mechanisch und in Bezug auf Korrosionsverhalten fehlerfrei geblieben ist. Aus dem Implantat darf an den Körper auf keinen Fall Nickel abgegeben werden, was durch die grundsätzlich hohe Korrosionsbeständigkeit und die sich bildende Passivschicht auf der Oberfläche des Implantats gewährleistet ist. Das Produkt muss einen sehr hohen Reinheitsgrad aufweisen, es muss seigerungsfrei, ferritfrei und extrem feinkörnig sein.

Werkstoffe

Implantate für den menschlichen Körper werden aus hochlegierten nichtrostenden austenitischen Edelstählen hergestellt und haben sich wegen ihrer hohen Duktilität über Jahre bewährt. Gemäß einschlägiger internationaler Normung gibt es für zeitlich begrenzte Implantate im Wesentlichen den hochlegierten nichtrostenden austenitischen Stahl X2CrNiMo18-15-3 (1.4441) (Tabelle 9-2.2). Um absolute Fehlerfreiheit, höchste Reinheit und ein homogenes seigerungsfreies

Tabelle 9-2.1 Beispiele von Stählen für die Medizintechnik nach DIN EN 10088 (typische Werte)

Kurzname	Werkstoffnummer	Legierungsanteile in Massen-%						
		C	Si	Mn	Cr	Mo	Ni	V
X20Cr13	1.4021	0,18	0,50	0,70	12,7	–	–	–
X46Cr13	1.4034	0,44	0,40	0,30	13,2	–	–	–
X90CrMoV18	1.4112	0,92	0,40	0,80	18,6	1,2	–	0,1
X50CrMoV15	1.4116	0,45	0,40	0,50	14,4	0,5	–	0,15
X38CrMoV15	1.4117	0,38	0,40	0,30	14,4	0,5	–	0,15
X39CrMo17-1	1.4122	0,36	0,40	0,50	16,0	0,9	0,6	–

9

Tabelle 9-2.2 Beispiel für einen Stahl für chirurgische Implantate nach DIN ISO 5832-1 (typische Werte)

Kurzname	Werkstoffnummer	Legierungsanteile in Massen-%									
		C	Si	Mn	S	Cr	Mo	Ni	Cu	N	V
X2CrNiMo 18-15-3	1.4441	0,01	0,30	1,80	0,002	17,50	2,80	14,6	0,10	0,09	0,04

Gefüge zu erreichen, wird das Material grundsätzlich im Elektroschlacke-Umschmelzverfahren (ESU) hergestellt. Der Stahl weist einen hohen Molybdängehalt auf, um das Implantat vor Korrosion durch im Körper enthaltene Salze zu schützen.

Herstellung

Implantate werden je nach Anforderung aus Draht, Flachstahl, Rundstäben sowie gewalzten oder gezogenen Profilen hergestellt. Der Abmessungsbereich beträgt dabei z.B. bei Draht 5 bis 30 mm Durchmesser. Die fertigen Implantate sind Schrauben, Nägel, flache Platten, gelochte Streifen und Profile.

Der Werkstoff X2CrNiMo18-15-3 (1.4441) wird aus ESU-Blöcken hergestellt. Bereits die Elektroden dafür müssen einen extrem guten Reinheitsgrad aufweisen und die chemische Zusammensetzung des Stahls muss auf völlige Ferritfreiheit abgestimmt sein. Der ESU-Block erfährt eine Langzeit-Wärmebehandlung, um ein absolut homogenes Gefüge zu erreichen. Das Vorprodukt für die Implantate wird dann über Walzen und Direktabschrecken zur Erzielung der Feinkörnigkeit als gebeizter Draht oder Flachstreifen hergestellt. Weitere Geometrien werden über Profilziehen oder Kaltwalzen aus Draht oder Flachstreifen gefertigt. Dieses Zwischenprodukt wird dann intensiv zerstörungsfrei geprüft, ebenso werden Gefüge und Reinheitsgrad durch eine hohe Probenzahl sichergestellt.

Weitere Arbeitsschritte sind zerspanendes Bearbeiten z.B. zu Schrauben oder das Bohren von Löchern an Flachstreifen. Die fertigen Einbauteile werden poliert, passiviert, sterilisiert und bis zum Einsatz in Folien steril verpackt. Die Geometrie der einzelnen Implantatstücke kann je nach Anforderung sehr vielfältig sein (Bild 9-3.3).

Perspektiven/Alternativen

Implantate aus Edelstahl sind im Wesentlichen Zeit-Implantate. Dauer-Implantate sind keramische bzw. Titan-Implantate, die je nach Anspruch und Belastungsart individuell hergestellt werden. Auch in Zukunft ist der Vorteil der Edelstahl-Zeit-Implantate die große Variationsvielfalt in der Geometrie sowie die hohe mechanische Belastbarkeit auch auf Biegung.

Literatur zu Kapitel 9-2

Dräger, H.; Gill, W.: Instrumentenkunde. Thieme-Verlag, 1990

Merkblatt 914: Nichtrostender Stahl – wenn die Gesundheit zählt. Informationsstelle Edelstahl rostfrei, Düsseldorf 2009

Schlautmann, H.; Liehn, M.: 1 × 1 der chirurgischen Instrumente. Springer-Verlag, 2001

Alle im Text erwähnten Normen sind in einer gesonderten Liste zusammengefasst (Seite 889).

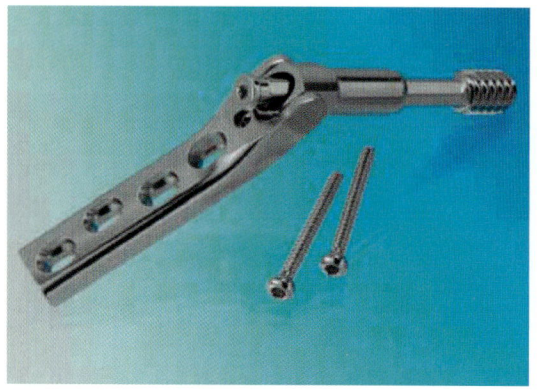

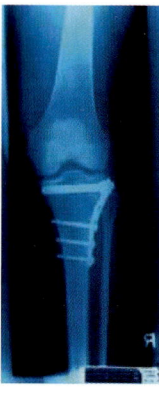

Nichtrostender Stahl ist ein Standardwerkstoff für die Fixierung bei Knochenbrüchen.

Bild 9-3.3
Fixierung von Knochenbrüchen mit Implantaten aus dem Stahl X2CrNiMo18-15-3 (1.4441)

Stähle für Anwendungen im Spiel- und Sportbereich

Wolfgang Bleck, Frank Wilke

Aufgrund der Robustheit und der vielfältig beeinflussbaren mechanischen Eigenschaften wird Stahl traditionell als Werkstoff für viele Spiel- und Sportgeräte verwendet. Dabei kann der Einsatz von klassischen Geräten wie einer Reckstange oder Klettergerüsten auf Spielplätzen bis hin zu Funktionsbauteilen im Bergsport oder an Spezialsportgeräten in Form von Skikanten oder Schlittschuhkufen reichen. Selbst wertvolle Boccia-Kugeln werden aus Stahl gefertigt.

9-3.1 Spiel- und Sportgeräte

Anforderungen

Für viele Spielgeräte werden Federstähle eingesetzt (Bild 9-3.1). Je nach Konstruktion der Feder müssen unterschiedliche Belastungen ertragen werden. Die Federstähle werden häufig aus mit Chrom und Vanadium legierten Stählen hergestellt.

Bild 9-3.1 Federstahlwippen, hergestellt aus nichtrostenden Stählen

Anforderungen

Reckstangen werden beim professionellen Turnen und im Spielbereich sowohl hohen schwingenden als auch biegenden Belastungen ausgesetzt. Eine Reckstange muss somit hochelastisch sein und darf sich nicht während der Nutzung verbiegen oder brechen (Bild 9-3.2). Eine Reckstange ist immer eine mit Gussstücken an einer Abspannvorrichtung mit Pfosten befestigte Stange in unterschiedlichen Längen mit einem genormten Durchmesser von 28 mm.

Bild 9-3.2 Kletterkombination mit Reckstangen aus nichtrostendem Stahl

Werkstoffe

Aus Gründen des Korrosionsschutzes werden für diesen Zweck nichtrostende martensitische Edelstähle im hoch vergüteten Zustand eingesetzt (Tabelle 9-3.1 und 9-3.2). Nichtrostende Stähle werden nicht nur wegen der Optik benutzt, sondern auch wegen möglicher

Tabelle 9-3.1 Beispiel für einen nichtrostenden Stahl für Sportgeräte nach DIN EN 10088 (typische Werte)

Kurzname	Werkstoffnummer	Legierungsanteile in Massen-%			
		C	Si	Mn	Cr
X20Cr13	1.4021	0,23	0,40	0,90	12,2

Tabelle 9-3.2 Mechanische Kennwerte eines nichtrostenden Stahls für Sportgeräte (typische Werte)

Kurzname	Werkstoffnummer	Gefüge	$R_{p0,2}$ in MPa	R_m in MPa	A in %
X20Cr13	1.4021	Martensit	1000	1560	11

Korrosion durch Handschweiß des Benutzers. Der martensitische Stahl wird mit über 1400 MPa Vergütefestigkeit eingesetzt. Er muss bei 0 °C noch eine Kerbschlagzähigkeit von > 20 Joule aufweisen. Das Material muss eigenspannungsfrei und dauerelastisch sein, d. h., die eben beschriebenen mechanischen Eigenschaften sind auch nach Jahren der schwingenden Belastung sicher einzuhalten.

Herstellung

Reckstangen werden aus blanken Stäben mit 28 mm Durchmesser in Längen zwischen 2,80 m und 3,50 m aus martensitischem Vergütungsstahl gefertigt. Dazu wird Stabmaterial temperaturgeregelt gewalzt und danach hoch angelassen. Danach werden die Stäbe gerichtet, geschält auf ISO-Toleranz h9 und danach fein gerichtet. Die blanken Stäbe werden in einer induktiven Durchlaufvergüteanlage auf die oben vorgegebene Festigkeit gehärtet und angelassen. Das induktive Vergüten im Durchlauf ist zum einen erforderlich, um die geforderte Zugfestigkeit bei gleichzeitiger Einhaltung der hohen Zähigkeit zu erreichen, zum anderen, um eine absolute Geradheit und Eigenspannungsarmut des Materials zu garantieren. Die Prozessparameter der induktiven Vergütung müssen in sehr engen Grenzen geführt werden, um Risse und Grobkorn sowie Sprödigkeit zu vermeiden.

Nach der Vergütungsbehandlung werden die Stäbe im Durchlauf feingeschliffen und von den Enden her ultraschallgeprüft, um eine absolute Fehlerfreiheit zu garantieren. Am fertigen Blankstahl werden dann vom Komponentenhersteller an den Stabenden Bohrungen eingebracht, um die Gussstücke der Pfostenhalterung anzubringen. Bei den hohen Festigkeiten sind die Bohrungen sehr sorgfältig und sauber auszuführen, um keinerlei Kerbwirkung im Bereich der Bohrung zu erzeugen. Danach kommen die Reckstangen zum Einsatz. Für mindere Beanspruchungen gibt es auch Reck-

stangen aus dem Vergütungsstahl 50CrV4, die jedoch nicht so belastbar und auf Dauer nicht korrosionsbeständig sind.

9-3.2 Funktionselemente im Sport

Beim Einsatz von Stahl als Funktionselement im Sport gibt es entsprechend der Vielfalt an Sportarten und -ausrüstungen ebenso vielfältige Anforderungen in unterschiedlichen Richtungen. Daher werden als Beispiele der Bergsport, die Skikanten und Schlittschuhprofile im Folgenden näher betrachtet.

Im *Bergsport* werden Kletterkarabiner benötigt, die üblicherweise so leicht wie möglich sein sollen und zumeist aus hochfesten Aluminiumlegierungen hergestellt werden. Für besonders hohe Beanspruchungen, insbesondere auch bei Berufskletterern, werden wärmebehandelte martensitische nichtrostende Stähle eingesetzt, die auch in aggressiven Umgebungen eine gute Korrosionsbeständigkeit aufweisen und eine gute Kombination von Zähigkeit und hoher Festigkeit, auch unter zyklischer Beanspruchung, zeigen.

Ein besonders ausgeprägtes Beanspruchungsprofil ergibt sich für *Skikanten* und Kanten von Snow-boards: hohe Verschleiß- und Korrosionsbeständigkeit, hohe Zähigkeit und Bruchspannung, optimale Gleitfähigkeit und gute Adhäsionseigenschaften sowie gute Verarbeitbarkeit.

Skikanten können durch unterschiedliche Wärmebehandlungen eine Härte zwischen 45 und 52 HRC erreichen. Damit sind sie fast so hart wie Rasierklingen. Nach der Herstellung von Skikanten durch Walzen, häufig ausgehend von Drahtprodukten, und Einstellen

Tabelle 9-3.3 Beispiel für Stähle für Skikanten; C60 nach DIN EN 10083-2 (maximale Werte) und C67 nach DIN EN 10132 (typische Werte)

Kurzname	Werkstoffnummer	Legierungsanteil in Massen-%						
		C	Si	Mn	Cr	Mo	Ni	Cr+Mo+Ni
C60	1.0601	0,65	0,40	0,90	0,40	0,10	0,40	0,63
C67	1.1231	0,67	0,22	0,75	0,23			

eines definierten geometrischen Profils erfolgt die Schlussbearbeitung üblicherweise durch Schleifen. Als Werkstoffe kommen Kohlenstoffstähle, beispielsweise der Sorten C60 oder C67 zum Einsatz *(http://www.waelzholz-skikanten.de)* (Tabelle 9-3.3).

Ähnliche Eigenschaften werden für Profile von Schlittschuhen gefordert, wobei hier in der Regel auch besondere Anforderungen an die Korrosionsbeständigkeit gestellt werden. Schlittschuhprofile werden üblicherweise aus bandgewalztem Stahl hergestellt, wobei häufig das Laserschneidverfahren für die Profilbildung zum Einsatz kommt (Bild 9-3.3).

Typische Härten sind 43-47 HRC, häufig werden diese Schlittschuhe dann noch chromplattiert, um eine hohe Korrosionsbeständigkeit zu erreichen. Speziell die Lauffläche wird auf höhere Härten von 55 bis 56 HRC durch Härten in Öl- oder Salzbädern eingestellt. Nach dem eigentlichen Härten erfolgt die genaue Eigenschaftseinstellung durch Anlassbehandlung (EP 0919262). Als Beispielwerkstoff gilt der Stahl X90CrMoV18 (1.4112) (Tabelle 9-3.4).

Literatur zu Kapitel 9-3

EP 0919262 A1: Method for manufacturing blades for ice skates, and blades obtained with said method.

Internetadressen

http://www.waelzholz-skikanten.de/

Alle im Text erwähnten Normen sind in einer Liste zusammengefasst (Seite 889).

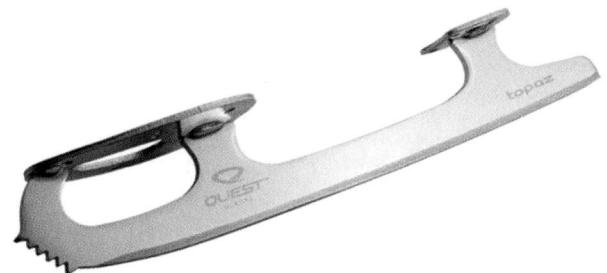

Bild 9-3.3 Schlittschuhprofile, gefertigt aus vergüteten Kohlenstoffstählen

Tabelle 9-3.4 Beispiel für einen Stahl für Schlittschuhprofile nach DIN EN 10088 (maximale Werte)

Kurzname	Werkstoffnummer	Legierungsanteil in Massen-%, max.					
		C	Si	Mn	Cr	Mo	V
X90CrMoV18	1.4112	0,95	1,00	1,00	19	1,30	0,12

9

Stähle für Sonderanwendungen – *Attraktive Kombination von funktionellen und strukturellen Eigenschaften*

Wolfgang Bleck

Die meisten Stähle werden aufgrund ihrer strukturellen Eigenschaften genutzt, das heißt für Anwendungen, bei denen die mechanischen Eigenschaften für die Werkstoffwahl entscheidend sind. Allerdings lassen sich in der Vielfalt der Stähle auch solche mit besonderen funktionalen Eigenschaften finden, die von großer technischer Bedeutung sind. Hier sind vor allen die elektromagnetischen Eigenschaften von Interesse. Eisen gehört zu den wenigen Elementen, die ferromagnetisch und somit für Anwendungen in der Elektrotechnik besonders geeignet sind. Elektrobleche aus Stählen werden universell für Energiewandlungsprozesse genutzt. Stahlband lässt sich gut zu sehr kleinen Dicken auswalzen, die Legierungsfähigkeit – vor allem mit Silicium – trägt zur Reduzierung der Wirbelstromverluste bei und schließlich lassen sich für die Magnetisierung günstige Orientierungsverteilungsfunktionen einstellen. Gerade in den letzten Jahren, bedingt durch die Energiewende in Deutschland und den Trend zur Elektromobilität, sind die Forschungsarbeiten für Elektroblech deutlich intensiviert worden.

Bei der Stromübertragung und -verteilung im Stromnetz und bei der Verteilung in Transformatoren entstehen Verluste von ca. 4 bis 4,5 % der Bruttostromerzeugung. 2007 gingen so in Deutschland ca. 25 TWh bei der Übertragung und Verteilung von Strom verloren, was in etwa der Leistung von drei konventionellen Kohlekraftwerken entspricht. Verluste in der Stromübertragung und -verteilung resultieren primär aus Reibung, Wärme und Blindleistung. Der Wirkungsgrad eines konventionellen Verteiltransformators liegt bereits bei über 98 % und ist primär begrenzt durch die physikalischen Eigenschaften des Stahlkerns.

Durch moderne kornorientierte Stahlkerne ist jedoch eine weitere relative Verringerung der Verluste um etwa 35 % möglich. Dazu werden Stähle mit möglichst einheitlicher günstiger Orientierung der Kristallite erzeugt. Für Anwendungen in schnell drehenden Maschinen beispielsweise für die Elektro-

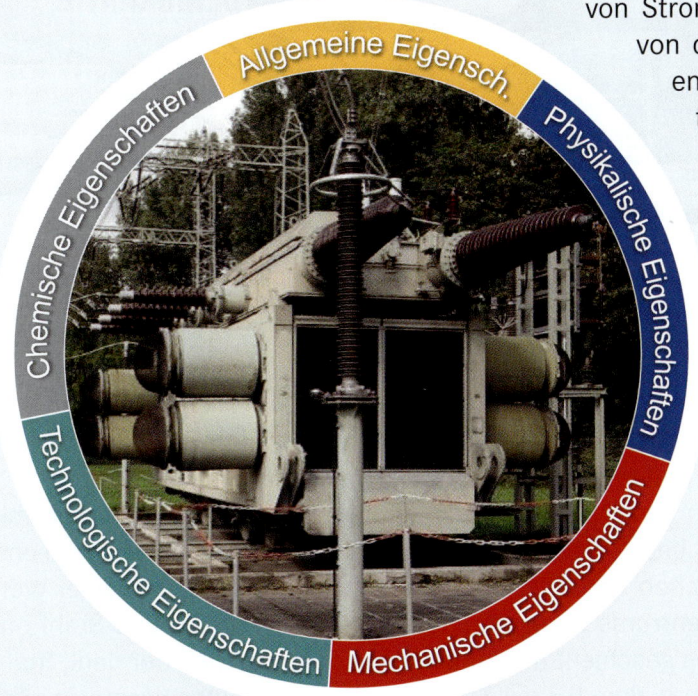

Quelle: www.wikipedia.de

mobilität werden neben hohen Ansprüchen an die magnetische Qualität auch neue Anforderungen an die mechanischen Eigenschaften gestellt.

Im folgenden Kapitel werden Stähle mit besonderen magnetischen und elektrischen Eigenschaften und ihre Nutzung vorgestellt. Aber auch die Nutzung von Stählen mit definierter Wärmeausdehnung ist dank des INVAR-Effektes seit vielen Jahren vor allem für die Messtechnik Stand der Technik. Neuer ist die Nutzung dieser Stähle im Umgang mit sensiblen Stoffen, beispielweise bei der enormen Abkühlung von expandierendem Flüssiggas oder bei der Herstellung von Kohlenstofffaser-Verbundwerkstoffen, die Werkzeuge benötigt, deren thermische Ausdehnung genau auf den Verbundwerkstoff abgestimmt ist.

Schließlich werden Beispiele aufgezeigt, bei denen eine im metastabilen Austenit-Gefüge stattfindende verformungsinduzierte Martensitbildung in der Sicherheitstechnik genutzt wird.

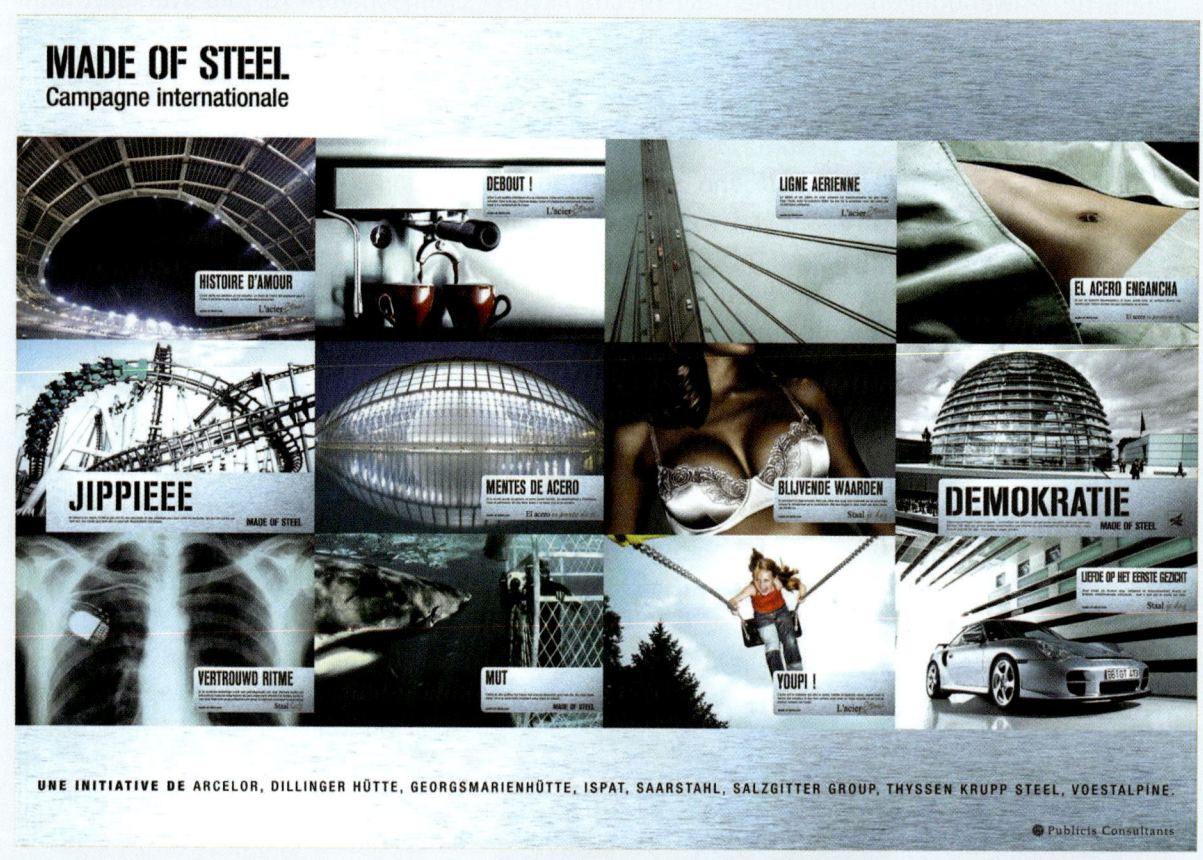

Quelle: Stahl-Informations-Zentrum

Stähle sind äußerst vielfältig in ihren Eigenschaften. Trotzdem haben sie ein Imageproblem; ob es dabei um die Wahrnehmung von Stahl im Alltag oder eher um die Wahrnehmung der stahlherstellenden Industrie geht, bleibt bei vielen Umfragen zunächst offen. Stahl wird in Umfragen mit Begriffen wie „schwer" und „industriell" beschrieben. Dass der Werkstoff zu den modernsten und innovativsten zählt, hat sich im öffentlichen Bewusstsein noch nicht durchgesetzt. In einer Werbekampagne des Stahl-Informations-Zentrums ist es gelungen, die Vielseitigkeit von Stahl optisch überzeugend zu präsentieren. Dies geschieht mit Motiven wie dem Taucher, der dank Stahl im Angesicht des Hais Mut beweisen kann, dem BH mit Stahlbügeln, der Selbstbewusstsein gibt,

10

der Glaskuppel des Reichtags, die für Transparenz in der Demokratie steht und anderen überraschenden Beispielen. Mit ungewöhnlichen, emotionalen Bildern in Verbindung mit prägnanten Schlagworten wird die Botschaft vermittelt: Immer, wenn hohe Leistung, Zuverlässigkeit und Sicherheit gefordert sind, ist Stahl im Spiel.

10

Stähle für die Elektrotechnik

Wolfgang Bleck, Markus Schulte, Frank Wilke

10-1.1 Weichmagnetische Stähle

Magnetische Werkstoffe werden für verschiedene Zwecke eingesetzt, z.B. in der Energieversorgung, für Elektrofahrzeuge, Telekommunikations- und Medizintechnik, Speichermedien und Elektronik. Die wichtigste Eigenschaft magnetischer Werkstoffe ist die Koerzitivfeldstärke, die Hartmagnete von Weichmagneten unterscheidet. Lässt sich ein Material ohne große Verluste ummagnetisieren, wird es als weichmagnetischer Werkstoff bezeichnet. Hartmagnetische Werkstoffe sind dagegen schwer zu entmagnetisieren. Traditionell werden alle magnetischen Werkstoffe mit einer Koerzitivfeldstärke von weniger als 1000 A/m als weichmagnetische Werkstoffe klassifiziert, während alle magnetischen Werkstoffe mit einer Koerzitivfeldstärke von mehr als 1000 A/m als hartmagnetische Werkstoffe bezeichnet werden (DIN IEC 60404-1, VDEh 1984).

Anforderungen
Ein weichmagnetischer Werkstoff ist durch folgende Eigenschaften gekennzeichnet (McHenry 2000):

■ Hohe Permeabilität: Die Permeabilitätszahl μ_r beschreibt den Anstieg der *magnetischen Induktion* (*B*) nach dem Anlegen eines äußeren Magnetfeldes mit der *Feldstärke* (*H*). In Werkstoffen mit einer hohen Permeabilität kann die magnetische Induktion bereits durch eine kleine Änderung der Feldstärke beeinflusst werden,

■ Geringer Ummagnetisierungsverlust: Der Ummagnetisierungsverlust entspricht dem Energieverbrauch nach einem Hysteresezyklus im Diagramm von magnetischer Induktion B und Feldstärke H. Der durch Hysterese bewirkte Energieverlust in einem Wechselspannungsfeld entspricht der Fläche im *B-H*-Diagramm.

■ Hohe *Sättigungsmagnetisierung:* Die Sättigungsmagnetisierung B_S wird erreicht, wenn alle magnetischen Dipole bei einer materialabhängigen Feldstärke gleichsinnig ausgerichtet sind, so dass B_S nicht mehr erhöht werden kann.

■ Hohe *Curie-Temperatur T_C:* Die Eigenschaft eines weichmagnetischen Werkstoffes, bei einer erhöhten Temperatur verwendbar zu sein, hängt von der Curie-Temperatur (magnetische Ordnungstemperatur) des Werkstoffs ab. Die Curie-Temperatur beschreibt den Übergang vom ferromagnetischen zum paramagnetischen Grundzustand.

Das Bild 10-1.1 vergleicht weichmagnetische Werkstoffe anhand ihrer magnetischen Permeabilität und ihrer Sättigungsmagnetisierung. Besonders hohe Kombinationen von Permeabilität und magnetischer Induktion ergeben sich bei Si-legierten Stählen sowie bei amorphen Fe-Legierungen. Zum Vergleich werden auch die Werte für Co-Fe-Legierungen mit einer sehr hohen Sättigungsmagnetisierung, für reines Eisen sowie für Ferrite, das sind ferrimagnetische keramische Werkstoffe, aufgelistet. Die mit Silicium legierten

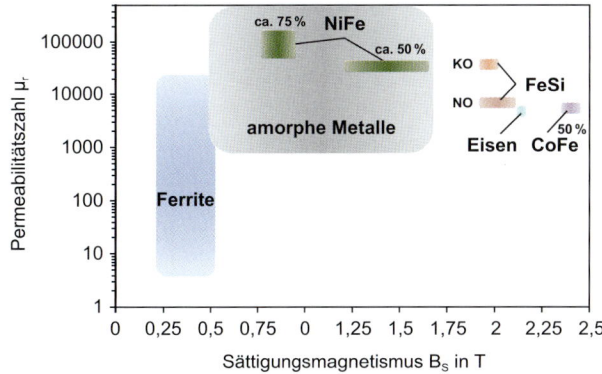

Bild 10-1.1 Verhältnis zwischen der Permeabilitätszahl μ_r (bei 1 kHz) und der Sättigungsmagnetisierung B_s für einige weichmagnetische Werkstoffe

Stähle stellen aufgrund der Verfügbarkeit und der günstigen Kosten die mengenmäßig bedeutendste weichmagnetische Werkstoffgruppe dar. Sie sind der Standardwerkstoff für Rotoren und Statoren in elektrischen Maschinen und sind damit ausschlaggebend für deren Effizienz.

Funktion

Die Funktion der weichmagnetischen Stähle kann im Wesentlichen durch die Aufnahme der Magnetisierungskurve für den jeweiligen Stahl beschrieben werden. In dieser Magnetisierungskurve (Bild 10-1.2) ist die magnetische Flussdichte B als Funktion der Feldstärke H dargestellt. Bei Aufbringen eines elektrischen Feldes, d. h. bei hohen Feldstärken H, verläuft die Flussdichte in eine Sättigung, man erhält eine sogenannte Sättigungsmagnetisierung B_S. Die magnetische Flussdichte wird angegeben in der Einheit Tesla [T].

Diese Sättigungsmagnetisierung B_S stellt die maximal mögliche Magnetisierung eines Materials dar bzw. auch alternativ eine maximal mögliche Kraft, die im elektromagnetischen System erreicht werden kann. Beim Zurückgehen auf die Feldstärke $H = 0$ behält das Material einen Rest-Magnetismus, die Remanenz B_R. Der Nullwert der magnetischen Flussdichte wird durch das Anlegen einer negativen Feldstärke H, hier am Beispiel der Koerzitivfeldstärke H_C, erreicht. Die Koerzitivfeldstärke H_C ist die magnetische Feldstärke, die notwendig ist, um das ferromagnetische Material vollständig zu entmagnetisieren. Beim Ummagnetisieren

stellt dann die Sättigungsflussdichte B_S die maximal mögliche entgegengesetzte Magnetisierung des Materials dar. Es entsteht somit eine Hysteresekurve beim Ummagnetisieren des Materials. Der Durchgang dieser Kurve durch den Nullpunkt der magnetischen Flussdichte B stellt die Koerzitivfeldstärke dar. Die Zahlenwerte von H_C geben die notwendige Koerzitivfeldstärke wieder, d. h. die Kraft, die zum Ummagnetisieren notwendig ist. Je höher die Koerzitivfeldstärke ist, umso mehr Energie wird benötigt, um ein elektromagnetisches System um- oder auszuschalten. Ziel ist somit, die Fläche in der Hysteresekurve möglichst klein zu halten, d. h., die Koerzitivfeldstärke H_C in A/m soll einen möglichst geringen Wert annehmen. Die Sättigungsmagnetisierung des durch höhere C-Gehalte gekennzeichneten Gusseisens ist deutlich geringer als die von Elektroblechen oder Stahlguss.

In rotierenden elektrischen Maschinen wie Motoren und Generatoren kommt es zu wechselnden Magnetisierungsrichtungen innerhalb der Blechebene. Daher werden hier nicht kornorientierte Elektrobandgüten (NO) eingesetzt. Diese weisen in Abgrenzung zu den kornorientierten Güten (KO) möglichst isotrope magnetische Eigenschaften auf. Die KO-Werkstoffe hingegen weisen aufgrund ihrer kristallografischen Orientierungsverteilung eine starke Richtungsabhängigkeit der Magnetisierung auf; sie finden im Wesentlichen Anwendung in Transformatoren. Der magnetische Fluss verläuft dort konstant in die gleiche Richtung. In einem aufwändigen Fertigungsprozess wird daher die

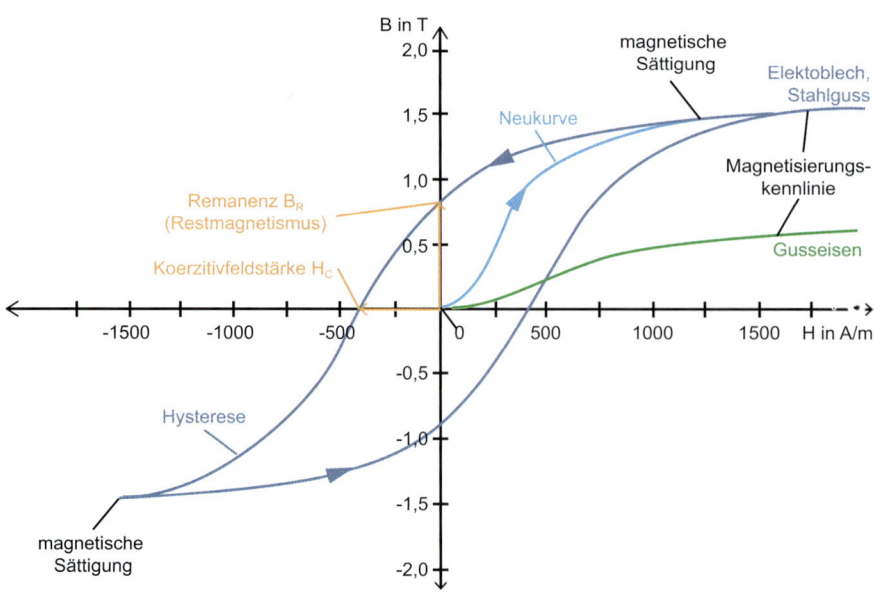

Bild 10-1.2
Schema einer Hysteresekurve eines ferromagnetischen Werkstoffs

10

Goss-Textur {110} <001> eingestellt. Diese hat die aus der Anisotropie der Magnetisierung am Einkristall bekannte magnetisch weiche (100)-Richtung in der Blechebene parallel zum magnetischen Fluss liegen (Teil A, Kapitel 3). Dadurch können die magnetischen Verluste auf ein Minimum reduziert werden. Zur Richtungsabhängigkeit der Magnetisierung siehe Bild 3.20 im Kapitel A3.

Für das Erreichen von Klimazielen durch den reduzierten Ausstoß von Treibhausgasen nimmt die zunehmende Elektrifizierung von Antrieben, z. B. in Fahrzeugen, eine Schlüsselrolle ein. Daher ist insbesondere das NO-Elektroband zunehmend in den Fokus aktueller Forschungsaktivitäten gerückt. Durch striktere Vorschriften für die Effizienz von elektrischen Maschinen in Verbindung mit reduzierten Motorgewichten und steigenden Betriebsfrequenzen sind Kernmaterialien mit optimierten magnetischen und auch mechanischen Eigenschaften erforderlich. Die Kerne bestehen nach heutigem Stand der Technik aus dünnen, hochreinen, siliciumlegierten Elektroblechen. Diese werden meist gestapelt oder gerollt und dann mit einer Kupferwicklung versehen in die elektrische Maschine integriert.

10-1.1.1 Nicht kornorientiertes Elektroblech und -band

Werkstoffe

Die wichtigsten Normen im Bereich Elektroband sind DIN EN 10106 sowie DIN EN 10303 für dünnes Elektroband und DIN EN 10251 für die Bestimmung der wichtigen geometrischen Kenngrößen. Tabelle 10-1.1 zeigt einen Auszug aus Norm DIN EN 10106, in dem einige Anforderungen an heutige Elektrobandgüten festgehalten sind. Der Kurzname, z. B. „M270-50A", beinhaltet bereits verschiedene Eigenschaften des Werkstoffs. So steht das „M" für Elektroband und -blech, „270" für das 100-Fache des Ummagnetisierungsverlustes bei 50 Hz und 1,5 T, „50" für das 100-Fache der Nenndicke in mm und „A" für NO-Elektroband und -blech im schlussgeglühten Zustand.

Der Stapelfaktor beschreibt für ein bestimmtes Blechpaket das Verhältnis der wirklichen Masse zur angenommenen Masse. Die angenommene Masse wird aus dem Volumen dieses, einem bestimmten Druck unterworfenen Pakets errechnet. Die Biegezahl stellt die Anzahl der möglichen Hin- und Herbiegungen vor dem Auftreten des ersten, mit bloßem Auge sichtbaren Anrisses im Grundwerkstoff dar. Die Biegezahl gibt einen ersten Hinweis für die Umformbarkeit des Erzeugnisses.

Tabelle 10-1.1 Einige magnetische und technologische Anforderungen an NO-Elektroband laut DIN EN 10106

Stahlsorte		Nenn-dicke mm	Ummagne-tisierungs-verlust bei 50 Hz und 1,5 T W/kg	Magnetische Polarisation in T min. im Wechselfeld bei einer magnetischen Feldstärke in A/m von:			Anisotropie des Um-magnetisie-rungsver-lustes bei 50 Hz und 1,5 T max. %	Stapel-faktor min.	Biege-zahl min.	Verein-barte Werte der Dichte kg/dm^3
Kurzname	Werk-stoff-nummer			2500	5000	10 000	%			
M210-35A	1.0802	0,35	2,10	1,49	1,60	1,70	±17	0,95	2	7,60
M330-35A	1.0804		3,30						3	7,65
M230-50A	1.0837	0,50	2,30	1,49	1,60	1,70	±17	0,96	2	7,60
M330-50A	1.0809		3,30				±14		3	7,65
M940-50A	1.0817		9,40	1,62	1,72	1,81	±8		10	7,85
M310-65A	1.0892	0,65	3,10	1,49	1,60	1,70	±15	0,97	2	7,60
M330-65A	1.0819		3,30	1,49	1,60	1,70			2	7,60
M1000-65A	1.0829		10,00	1,61	1,71	1,80	±10		10	7,80
M600-100A	1.0893	1,00	6,00	1,53	1,63	1,72	±10	0,98	2	7,60
M1300-100A	1.0897		13,00	1,60	1,70	1,78	±6		10	7,80

10

Bei den NO-Güten bleibt das Verfahren für die Erschmelzung der Stähle sowie deren chemische Zusammensetzung dem Hersteller überlassen. Dabei handelt es sich um tiefstentkohlte Stähle. Die Siliciumgehalte reichen bis zu 3,5 %, Aluminium wird bis zu 1,5 % zulegiert. Mangan dient zum Abbinden des Schwefels und liegt in der Regel bei 0,5 %. Insgesamt sind niedrigste Gehalte an Stickstoff und Begleitelementen einzuhalten.

Magnetische Eigenschaften

Eines der wichtigsten Kriterien für die Auswahl einer anforderungsgerechten Elektrobandgüte ist der Ummagnetisierungsverlust. Der gesamte Ummagnetisierungsverlust, Gleichung (10-1.1), lässt sich in einen Hystereseanteil P_H, einen klassischen Wirbelstromanteil $P_{W,k}$ und den anomalen Wirbelstromverlustanteil P_A (auch Excessverlust genannt) separieren. Die Summen aus $P_{W,k}$ und P_A bilden zusammen die dynamischen Verluste P_{dyn} (Bertotti 1988).

$$P_S = P_H + P_{dyn} = P_H + P_{W,k} + P_A \qquad (10\text{-}1.1)$$

Der Hystereseverlust entspricht der umfahrenen Fläche innerhalb der B-H-Schleife (Bild 10-1.2) während eines Zyklus (Boll 1990).

Mikrostrukturelle und geometrische Parameter haben unterschiedlich stark ausgeprägte Auswirkungen auf die jeweiligen Verlustanteile:

- Die Hystereseverluste P_H verhalten sich linear proportional zur Frequenz f; ein schlechterer Reinheitsgrad, hohe Eigenspannungen sowie eine geringere Oberflächengüte führen zu einer Zunahme der Hystereseverluste; große Körner und erhöhte Blechdicken hingegen begünstigen eine Abnahme der Hystereverluste.
- Die klassischen Wirbelstromverluste $P_{W,k}$ erhöhen sich proportional zu f^2; hohe Blechdicken sowie ein geringer elektrischer Widerstand (wenig Si) erhöhen die Wirbelstromverluste; abnehmende Blechdicken sowie ein feineres Korn senken die Wirbelstromverluste.
- Die anomalen Wirbelstromverluste P_A zeigen eine Frequenzabhängigkeit von $f^{1,5}$; dabei erhöhen Gefügeinhomogenitäten und Eigenspannungen die anomalen Verluste; ein feines Korn sowie geringe Domänengrößen wirken sich positiv aus

Während im niederfrequenten Bereich die Hystereseverluste einen Anteil von ca. 75 % haben (bei 50 Hz und

0,5 mm Blechdicke) und somit sehr dominant sind, entstehen mit zunehmender Frequenz vermehrt Wirbelstromverluste. Um diese möglichst gering zu halten, werden die Kerne aus dünnen und durch Lacke isolierten Blechlamellen aufgebaut. Dadurch entstehen in jedem Blech nur noch kleine Wirbelströme, die mit geringerer Blechdicke weiter abnehmen. Insbesondere bei höherfrequenten Anwendungen haben sich Blechdicken von 0,2 – 0,3 mm etabliert, da sie einen geeigneten Kompromiss zwischen dem Fertigungsaufwand und dem Nutzen für die Effektivitätssteigerung der elektrischen Maschinen darstellen. Diesen Zusammenhang zwischen der Blechdicke und den klassischen Wirbelstromverlusten gibt Gleichung (10-1.2) wieder. Ihr ist zudem die quadratische Abhängigkeit von der Frequenz zu entnehmen, wodurch mit steigender Frequenz der Anteil der Wirbelstromverluste an Bedeutung gewinnt. Während z. B. bei einer Blechdicke von 0,35 mm die Wirbelstromverluste bei mehreren hundert Hz dominant werden, trifft dies bei dünneren Blechen von z. B. 0,1 mm erst im kHz-Bereich auf. Weitere Einflussgrößen sind der spezifische elektrische Widerstand ρ_e, die Dichte des Materials ρ_m sowie der sogenannte Scheitelwert der magnetischen Flussdichte $\hat{B}$.

$$P_{W,k} = \frac{\left(\pi \hat{B} f d\right)^2}{6 \rho_m \rho_e} \qquad (10\text{-}1.2)$$

Zur Berechnung der klassischen Wirbelstromverluste ist Gleichung (10-1.2) jedoch nicht ausreichend, um die dynamischen Verluste als Ganzes zu erfassen, weshalb mit den Excessverlusten ein zusätzlicher Verlustsummand erforderlich ist. Dieser berücksichtigt im Wesentlichen den Energiebedarf, der notwendig ist, um die Blochwände zu verschieben; er beschreibt damit das dynamische Blochwandverhalten. Da dieser Anteil sehr stark von der Mikrostruktur des Werkstoffs, wie z. B. der Korngröße und dem Reinheitsgrad sowie der Verteilung der Domänen abhängt, ist eine exakte direkte Berechnung schwierig. In der Literatur findet sich häufig eine Frequenzabhängigkeit der Anomalieverluste von $f^{1,5}$. Weil die Hystereseverluste und die klassischen Wirbelstromverluste sowie die Gesamtverluste bestimmbar sind, lässt sich dadurch entsprechend Gleichung (10-1.1) auch der Anomalieverlust berechnen (Permiakov 2004, Bertotti 1988, Birkenfeld 1998). Neben der chemischen Zusammensetzung des Werkstoffs ist die Korngröße einer der wesentlichen

10

Einflussfaktoren auf die Performance des Blechs. Es existiert jedoch ein Zielkonflikt bei der Einstellung einer idealen Korngröße: Während der Hystereseanteil durch die Einstellung großer Körner gesenkt werden kann, würde dies zu einer Erhöhung der klassischen Wirbelstromverluste sowie der Anomalieverluste führen und umgekehrt. Daraus resultiert, dass je nach Betriebsfrequenz der elektrischen Maschine eine ideale Korngröße existiert, die zu minimalen Verlusten führt. Dies ist auch Bild 10-1.3 zu entnehmen. Für dieses Beispiel liegt der ideale mittlere Korndurchmesser bei ca. 100 μm.

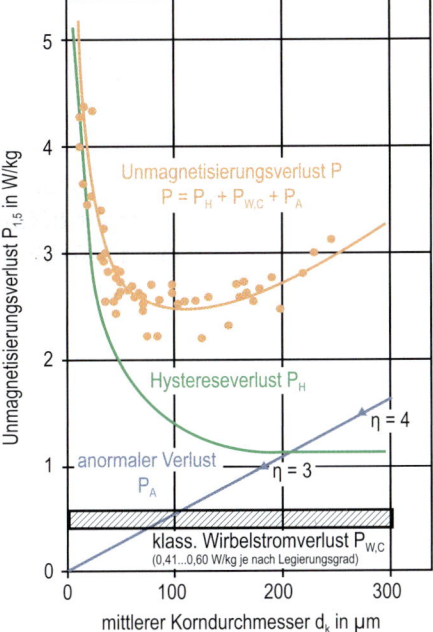

Bild 10-1.3 Abhängigkeit der Verlustanteile einer hochsilizierten Güte bei einer Blechdicke von 0,5 mm von der Korngröße (Bölling 1987)

Neben geringen Ummagnetisierungsverlusten ist die magnetische Polarisation eine weitere wichtige Zielgröße bei der Herstellung von Elektroblechen. Die magnetische Polarisation ist die durch Einbringen in ein Magnetfeld in einem Blech entstandene zusätzliche magnetische Induktion. Während die Sättigungsmagnetisierung von NO-Elektroband nur durch die chemische Zusammensetzung bestimmt wird, weist die magnetische Polarisation ebenfalls einen Korngrößeneinfluss auf. So ist bekannt, dass sie mit zunehmender Korngröße in schwachen Magnetfeldern ($H < 200$ A/m) zunimmt und in starken Magnetfeldern ($H \geq \sim 300$ A/m) abnimmt. Daraus resultiert eine material- sowie feld-

stärkenabhängige Korngröße, die zu optimalen Polarisationswerten führt (Bozorth 1903) (Lee 2013).

Einfluss der Legierungselemente

Wichtigstes Legierungselement in Elektrobandgüten ist Silicium. Es zeichnet sich dadurch aus, dass es den elektrischen Widerstand des Eisens im Vergleich zu anderen Legierungselementen, mit Ausnahme des in Elektrobandgüten unerwünschten Kohlenstoffs, am deutlichsten erhöht. Damit trägt es erheblich zur Senkung der Ummagnetisierungsverluste bei, da sich Wirbelstromverluste sowie elektrischer Widerstand umgekehrt proportional verhalten. Eine weitere positive Eigenschaft des Siliciums bei weichmagnetischen Werkstoffen ist die Verringerung der Kristallanisotropiekonstanten. Dadurch kommt es zu einer Erleichterung der magnetischen Drehprozesse, und es muss weniger Anisotropieenergie K_i aufgebracht werden, um die Polarisationsrichtung im Kristall in eine andere als die Vorzugsrichtung zu drehen. Da die Hystereseverluste etwa proportional zu der Domänenwandenergie sind, die wiederum proportional zu $K_i^{0,5}$ ist, nimmt auch der Hystereseanteil der Verluste mit zunehmenden Siliciumgehalten ab. Allerdings stehen den positiven Eigenschaften eine Abnahme der Magnetisierbarkeit des Eisens sowie eine verschlechterte Umformbarkeit gegenüber. Konventionell gefertigte Elektrobänder weisen daher in der Regel Si-Gehalte < 3,5 Massen-% auf (Binder 2012, Matsumara 1984, VDEh 1984).

Das Legierungselement Silicium begrenzt den γ-Bereich; bei Si-Gehalten von mehr als 2,2 Massen-% findet keine γ-α-Umwandlung statt, wodurch ein grobkörniges einphasiges Gefüge erzeugt werden kann. Auf diese Weise können durch eine Phasenumwandlung entstehende innere Spannungen nach dem Hochtemperaturglühen vermieden werden; gleichzeitig wird die Entstehung eines grobkörnigen Gefüges begünstigt.

Es wurden deswegen verschiedene alternative Methoden zur Herstellung dünner Bleche mit hohen Siliciumgehalten untersucht: rasche Erstarrung, Spray-Forming und andere. Den größten Erfolg hatte dabei das CVD (chemical vapour deposition)-Verfahren, bei dem eine Erhöhung des Siliciumgehaltes bis 6,5 % erreicht wurde. Ein anderer Ansatz verfolgt das nachträgliche Aufsilizieren durch Diffusion von Silicium in das Elektroband. Dadurch wird ein Produkt hergestellt, das eine hohe Permeabilität, nahezu keine Magnetostriktion und einen niedrigen Energieverlust im Transformatorenkern hat (Moses 2002).

10

Neben Silicium sind vor allem Aluminium und Mangan in Elektroband als Legierungselemente von Bedeutung zu nennen. Der Kohlenstoffgehalt hingegen wird durch metallurgische Maßnahmen auf ein Minimum reduziert, um eine magnetische Alterung infolge von Erwärmung im Betrieb durch die Ausscheidung von Karbiden zu verhindern. Diese würden zum Pinning von Blochwänden und Korngrenzen führen, was in einer Zunahme der Ummagnetisierungsverluste resultieren würde. Bild 10-1.4 zeigt den maximal zulässigen Kohlenstoffgehalt, welcher vom Siliciumgehalt abhängig ist. Silicium verzögert effektiv die Karbidausscheidung, weshalb mit steigendem Siliciumgehalt auch bei steigenden Kohlenstoffgehalten magnetische Alterungseffekte unterdrückt werden können. Sinkende Siliciumgehalte hingegen erfordern niedrigste Kohlenstoffgehalte (de Campos 2006, VDEh 1984).

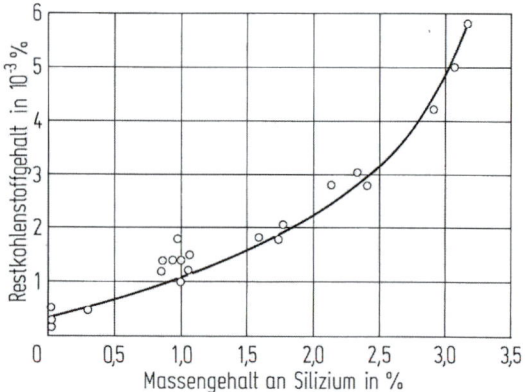

Bild 10-1.4 Zulässiger Kohlenstoffgehalt im NO-Elektroband in Abhängigkeit vom Siliciumgehalt (VDEh 85)

Die Wirkung des Aluminiums ist etwa mit der des Siliciums vergleichbar. Fe-Al-Legierungen weisen jedoch eine etwas bessere Duktilität auf. Verarbeitungsschwierigkeiten sowie die höheren Kosten führen jedoch dazu, dass solche Legierungen nicht wirtschaftlich sind (Barros 2005).
Auch Manganzugaben bewirken einen Anstieg des elektrischen Widerstands und damit eine Abnahme der Ummagnetisierungsverluste. Dabei ist die Wirkung

auf die physikalischen Eigenschaften schwächer als bei Silicium oder Aluminium (Ghosh 2014). Da Mangan zur Bildung von MnS neigt, sind insbesondere bei manganlegierten Güten die Schwefelgehalte besonders gering zu halten (Moses 1990).

10-1.1.2 Kornorientiertes Elektroblech und -band

Die Entwicklung des Goss-Verfahrens im Jahr 1934 stellt den größten Entwicklungsschritt bei der Herstellung von Elektroblechen dar. N.P. Goss gelang es, Eisen-Silicium-Bleche mit magnetischer Vorzugsrichtung zu produzieren. Dabei machte er sich die Anisotropie der magnetischen Eigenschaften des Eisengitters zu Nutze, indem die leicht zu magnetisierende Würfelachse parallel zur Walzrichtung ausgerichtet wurde. Heute sind diese Güten unter der Bezeichnung kornorientiertes Elektroband und -blech (KO) bekannt. Da KO-Elektrobleche ihre Vorzüge in Walzrichtung entfalten, werden sie vor allem in Transformatoren eingesetzt, in denen keine Drehung des magnetischen Feldes in der Blechebene üblich ist. Man spricht daher bei den KO-Güten auch von Transformatorenblechen. Die Kristallorientierung entspricht dabei der sogenannten Goss-Lage {011} <100>, welche Bild 10-1.5 zu entnehmen ist. Kennzeichnend sind neben der Goss-Textur die großen Körner dieser Güten, welche mehrere Millimeter groß sind und sogar bis in den Zentimeterbereich reichen können. Möglich ist dies, da in Transformatoren nur geringe mechanische Kräfte wirken, sodass eine an die meisten anderen Werkstoffe gestellte Forderung nach Feinkörnigkeit in diesem Anwendungsfall nicht erforderlich ist (Goss 1934, Wassermann 1962).

Werkstoffe

Die wichtigste Norm für kornorientiertes Elektroband und -blech im schlussgeglühten Zustand ist DIN EN 10107. Entsprechende Auszüge sind den Tabellen 10-1.2 und 10-1.3 zu entnehmen. Die verwendete Bezeichnung der Kurznamen ist dabei vergleichbar mit

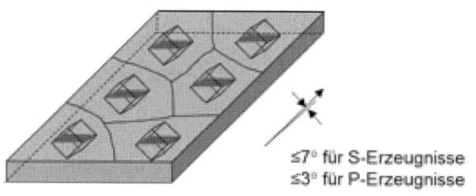

≤7° für S-Erzeugnisse
≤3° für P-Erzeugnisse

Bild 10-1.5
Links: Kornorientiertes Elektroband mit Goss-Textur. Die maximale Winkelabweichung zur ideal ausgerichteten Goss-Textur für Standard-kornorientierte Stähle (Kennzeichen: S) und für hochpermeable kornorientierte Stähle (Kennzeichen: P) sind angegeben. Rechts: Gefügebild von KO-Material (Wuppermann 2005)

10

Tabelle 10-1.2 Technologische und magnetische Eigenschaften für kornorientierte Elektrobleche (DIN EN 10107)

Kurzname	Werkstoff-nummer	Nenndicke	Ummagnetisierungsverlust bei 50 Hz und		Magnetische Polarisation bei H = 800 A/m	Stapelfaktor
			1,5 T	1,7 T		
		mm	W/kg max.		T min.	min.
M110-23S	1.0863	0,23	0,73	1,10	1,78	0,945
M120-27S	1.0868	0,27	0,80	1,20	1,78	0,950
M120-30S	1.9858	0,30	0,83	1,20	1,78	0,955
M135-35S	1.9854	0,35	0,97	1,35	1,78	0,960

Tabelle 10-1.3 Technologische und magnetische Eigenschaften von kornorientierten Elektroblechen hoher Permeabilität (DIN EN 10107)

Kurzname	Werkstoffnummer	Nenndicke	Ummagnetisierungsverlust bei 50 Hz und 1,7 T	Magnetische Polarisation bei H = 800 A/m	Stapelfaktor
		mm	W/kg max.	T min.	min.
M85-23P	1.0822	0,23	0,85	1,88	0,945
M90-27P	1.0838	0,27	0,90	1,88	0,950
M100-30P	1.0852	0,30	1,00	1,88	0,955
M115-35P	1.0855	0,35	1,15	1,88	0,960

der der NO-Güten. Allerdings ist hier im Kurznamen das Hundertfache des Ummagnetisierungsverlustes bei 1,7 T angegeben und als Kennbuchstaben werden „S" für konventionelle kornorientierte Erzeugnisse und „P" für kornorientierte Erzeugnisse mit hoher Permeabilität verwendet. Bei den hochpermeablen Sorten beträgt die mittlere Abweichung zwischen Würfelkanten- und Walzrichtung höchstens 3°, wobei diese bei den konventionellen Güten bei bis zu 7 °C liegt. Gängige Nenndicken sind 0,23 mm, 0,27 mm, 0,30 mm und 0,35 mm.

Die Verfahren für die Erschmelzung der Stähle sowie ihre chemische Zusammensetzung bleiben den Herstellern überlassen. Üblich sind Siliciumgehalte im Bereich von 2,9 – 3,4 Gew.%.

Herstellungsweg

Die Prozessroute zur Herstellung von KO-Elektroband ist sehr aufwändig. Sie beinhaltet, wie Bild 10-1.6 zu entnehmen ist, u.a. das Warmwalzen, die Warmband-glühung, das Kaltwalzen, die Rekristallisation zusammen mit einer Entkohlungsbehandlung und einer Aufstickung, gefolgt von einer finalen Wärmebehandlung, bei der es zur Sekundärrekristallisation und Kornvergröberung kommt (Bild 10-1.7). Dabei findet ein Aufzehren der aus primär rekristallisierten Körnern bestehenden Matrix mit einem mittleren Korndurchmesser von ca. 20 µm durch wachsende Goss-Kristalle statt. So können Körner mit Goss-Orientierung in mehrere Millionen Körner anderer Orientierung hineinwachsen (Gutierrez-Urrutia 2014, Wuppermann 2005).

Zur Kontrolle des Kornwachstums sind Ausscheidungen, die als sogenannte Steuerphasen oder Inhibitoren wirken, erforderlich. Bei der Wärmebehandlung von bereits primär rekristallisierten Gefügen würde es unter gewöhnlichen Umständen zu einem Kornwachstum von Kristallen unterschiedlicher Orientierungen kommen. Die Inhibitoren verhindern das Kornwachstum bei geringen Temperaturen. Bei Erreichen ihrer Auflösungstemperatur kommt es dann zu einem starken,

Bild 10-1.6 Wichtige Schritte bei der Herstellung von KO-Elektroband

10

diskontinuierlichen Kornwachstum. Dies beschränkt sich auf die Körner mit {110}<001>-Orientierungen, da sie geringere Pinning-Kräfte durch die Inhibitoren erfahren als gewöhnliche Großwinkelkorngrenzen. Eingesetzte Inhibitoren sind z. B. AlN, MnS, MnSe, $Cu_{2-x}S$ und Nb(C,N), von denen vor allem MnS und AlN bis heute die größte Bedeutung beizumessen ist (Ushigame 2013, Zhou 2015).

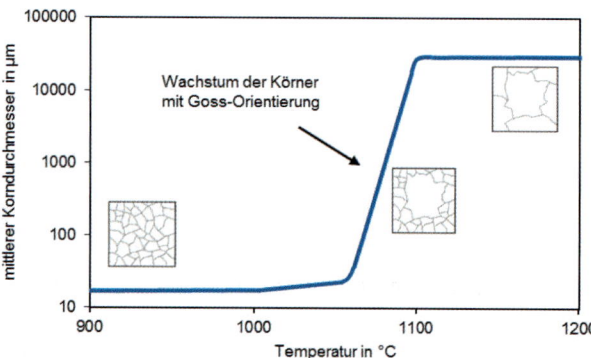

Bild 10-1.7 Sekundärrekristallisation in KO-Elektroband

Die bei den hochpermeablen Güten erreichte Texturschärfe ist ein Resultat gröberer Körner gegenüber den konventionellen Erzeugnissen. Dies führt zu einer Reduktion des Hystereseverlustanteils, mit dem aufgrund eines vergrößerten Blochwand-Abstands eine Erhöhung der anomalen Verluste einhergeht. Dieser Problematik kann durch die Kombination von Oberflächenbehandlungen sowie dem Aufbringen von Zugspannungen begegnet werden. Hier finden z. B. spezielle Oberflächenbeschichtungen sowie die Laserbestrahlung Anwendung (VDEh 1984).

Durch die Entwicklung der Goss-Textur kam es zu einer sprunghaften Verbesserung der magnetischen Eigenschaften und Effizienzsteigerung der Transformatoren. Die ideale Textur in Elektroblechen ist jedoch nicht die Goss-Textur, sondern die aus kubisch-flächenzentrierten Werkstoffen bekannte Würfeltextur {001}<100>. Sie bietet den Vorteil, dass immer zwei leicht zu magnetisierende Richtungen innerhalb der Blechebene liegen, wohingegen dies bei der Goss-Textur nur eine ist. Deshalb wurden vermehrt Bemühungen angestellt, diese gezielt in kubisch-raumzentrierten NO- wie auch KO-Elektroblechen einzustellen. Dazu wurden verschiedene Methoden wie das Querwalzen, die Oberflächenwärmebehandlung sowie das Ausnutzen der Phasenumwandlung entwickelt. Dennoch hat sich bis heute auf Grund der mangelnden großindus-

triellen Umsetzbarkeit keines dieser Verfahren etablieren können. Weitere Entwicklungen auf diesem Gebiet scheinen jedoch u. a. durch den Einsatz der Bandgießtechnologie möglich zu sein (Sha 2014, Xu 2014).

10-1.1.3 Nichtrostende weichmagnetische Stähle

Nichtrostende weichmagnetische Stähle dienen in elektromagnetischen Bauteilen zur Steuerung von Funktionen. Sie werden beispielsweise in Kraftfahrzeugen für elektromagnetische Einspritzdüsen zur Steuerung des Kraftstoffes für elektromagnetische Ventilantriebe verwendet. Diese weichmagnetischen Stähle haben somit eine öffnende, schließende oder haltende Funktion, die durch entsprechende elektromagnetische Felder erzeugt wird, und sie müssen, das ist das Besondere an diesen Stählen, bei Bedarf sehr schnell ummagnetisiert werden. Ein Anwendungsbeispiel wird in Bild 10-1.8 gegeben.

Bild 10-1.8 Hydraulische Steuereinheit für ABS/ESP-Systeme im Automobilbau

Werkstoffe

Ferritische, weichmagnetische, korrosionsbeständige Stähle sind in der Norm für nichtrostende Stähle DIN EN 10088 beschrieben, aber auch in der Elektrotechnik-Norm DIN IEC 60404/1 und ASTM-A 838/02. Nichtrostende weichmagnetische Stähle sollen in ihrer Legierung möglichst rein ferritisch sein, d. h., die Ferritbildner Chrom, Silicium, Molybdän sollten anteilig sehr hoch liegen, die Austenitbildner wie Stickstoff und

10

Tabelle 10-1.4 Typische Zusammensetzung und Koerzitivfeldstärke von nichtrostenden Stählen im schlussgeglühten Zustand nach DIN EN 10088

Kurzname	Werkstoff-Nummer	Legierungsanteile in Massen-%								
		C	Si	Mn	Cr	S	Ni	Mo	Nb	H_c, A/m
X2CrNi12	1.4003	0,012	0,60	1,10	11,0	0,005	0,35	–	–	180
X3CrNb17	1.4511	0,012	0,60	0,80	16,5	0,005	–	–	0,40	160
X6CrMoS17	1.4105	0,012	0,60	1,10	16,5	0,20	–	0,25	–	130
X12CrS13	1.4005	0,085	0,60	1,10	12,2	0,20	–	0,25	–	260
X14CrMoS17	1.4104	0,11	0,60	1,10	16,0	0,20	–	0,25	–	280

Kohlenstoff sowie Nickel sehr niedrig. Es liegen hier somit rein ferritische Güten vor, die auch bei schroffer Abkühlung aus der Umformhitze oder nach einer Wärmebehandlung keinen Martensit bilden. Ein Großteil dieser nichtrostenden, ferritischen, weichmagnetischen Stähle enthält zudem Schwefel, der zum einen zur Unterstützung der Zerspanung dient (die ferritischen Stähle sind sehr grobkörnig und in der Festigkeit meistens deutlich unter 600 MPa). Zum anderen bindet der Schwefel einen Teil des in der Analyse vorhandenen Mangans zu Mangansulfid ab, sodass dieser Anteil magnetisch nicht wirksam wird.

Durch die Schwefelzugabe ist jedoch das Korrosionsverhalten der ferritischen Stähle nicht so gut zu bewerten wie bei austenitischen Stählen oder nichtrostenden Duplexstählen. Dem versucht man dadurch zu begegnen, dass das teurere Element Molybdän legiert wird, d. h. dass es hier somit nicht nur als Ferritbildner, sondern auch zur Stützung der Korrosionsbeständigkeit dient. Das Legierungselement Silicium bewirkt bei den weichmagnetischen Stählen einerseits eine Verminderung der Koerzitivfeldstärke als Ferritbildner, andererseits eine Erhöhung des spezifischen elektrischen Widerstandes und damit eine Reduzierung von Wirbelstromverlusten. Wichtig ist bei diesen Stählen auch ein exzellenter mikroskopischer Reinheitsgrad, weil hier einerseits physikalisch die Koerzitivfeldstärke erhöht wird, andererseits auch das Kornwachstum durch einzelne Keime behindert werden kann. Ziel ist bei den weichmagnetischen Eigenschaften ein sehr grobes Korn mit Korngrößen über 100 µm. So sind auch hoch aluminium- und titanhaltige Werkstoffe als weichmagnetische Güten nicht zu empfehlen.

Herstellungswege

Alle Prozessparameter bei der Herstellung von ferritischen weichmagnetischen Stählen sind in sehr engen Grenzen zu halten. Bei der Erschmelzung und der

sekundärmetallurgischen Behandlung ist auf niedrigste Kohlenstoffgehalte sowie auf höchsten Reinheitsgrad zu achten. Das Gießen erfolgt im Strangguss, wobei die Knüppel aufgrund der Grobkörnigkeit als ferritischer Stahl einer besonderen Behandlung bedürfen. Das Weiterwalzen, im Wesentlichen zu Draht, bedarf sehr enger Temperaturführung, da der Werkstoff bei Walztemperatur sehr weich ist und somit zu Oberflächenfehlern neigt. Nach dem Walzen wird der Draht gebeizt, wobei das Beizen eines ferritischen, auch hoch schwefelhaltigen Stahls eine besondere Beizzusammensetzung und eine genaue Beobachtung der Beizzeit benötigt, um das Material nicht zu überbeizen. Im nächsten Arbeitsschritt werden aus dem Draht weichmagnetische Kerne gezogen oder zerspanend hergestellt. Diese magnetischen Kerne sind im Abmessungsbereich zwischen 4 und 30 mm Ø am gängigsten. Seltener gibt es Profile. Durch die Kaltverfestigung (Ziehen, Zerspanen, Richten etc.) nimmt die Koerzitivfeldstärke des Materials stark zu. Am Ende der mechanischen Bearbeitung erfolgt die magnetische Schlussglühung, wobei dies eine Grobkorn-Glühung ist, um die niedrigsten Koerzitivfeldstärken einstellen zu können. Diese Schlussglühung hat für die weichmagnetischen Eigenschaften des Endproduktes eine sehr hohe Bedeutung, weil neben der Einstellung der Koerzitivfeldstärke ein Anlaufen des Materials vermieden werden muss (Korrosionsprodukte müssen durch Schleifen wieder entfernt werden, aber das erzeugt Kaltverfestigung) und die Teile ihre Geradheit behalten müssen (nachträgliches Richten führt zu Kaltverfestigung und Verschlechterung der Koerzitivfeldstärke). Die Atmosphäre der magnetischen Schlussglühung ist für die niedrige Koerzitivfeldstärke von entscheidender Bedeutung, da bei dieser Langzeitglühung kein Kohlenstoff oder Stickstoff in die Oberfläche eindiffundieren darf. Je nach Werkstoff und Glühung auf Grobkorn können niedrige Koerzitivfeldstärken herunter bis zu 130 A/m erreicht werden.

Diese Werte sind am ehesten mit dem Werkstoff 1.4105 einzuhalten. Andere ferritische Güten, wie die Stähle 1.4016 oder 1.4104, erreichen nur minimale Koerzitivfeldstärken von 200 A/m.

Wenn nach der magnetischen Schlussglühung eine Kaltbearbeitung durchgeführt wird (Richten, Zerspanen o.Ä.), steigt die Koerzitivfeldstärke sofort wieder deutlich an. Beispielsweise erhöht diese Kaltbearbeitung die Koerzitivfeldstärke von 150 A/m auf 300 A/m. Ziel muss daher sein, jegliche Kaltbearbeitung nach der magnetischen Schlussglühung zu vermeiden.

Da die Werkstoffe nach dieser magnetischen Schlussglühung sehr grobkörnig und sehr weich sind (meistens unter 500 MPa Festigkeit), sind mechanische Beschädigungen bis zum Einbau in das elektromagnetische Bauteil zu vermeiden.

Perspektiven/Alternativen

Die Zahl der elektromagnetischen Bauteile nimmt, vor allen Dingen im Kraftfahrzeugwesen, deutlich zu. Insofern ist der Bedarf grundsätzlich für diese weichmagnetischen ferritischen Stähle steigend. Aufgrund der besonderen physikalischen Eigenschaften dieser Stähle gibt es praktisch keine Alternativen.

10-1.2 Hartmagnetische Stähle – Dauermagnetwerkstoffe

Dauermagnetwerkstoffe sind hartmagnetische Werkstoffe, die ihren Magnetismus nach einer Magnetisierung dauerhaft behalten.

Gute dauermagnetische Werkstoffe sind gekennzeichnet durch:
- eine hohe Sättigungsmagnetisierung B_S und eine hohe Remanenz B_R,
- eine große Koerzitivfeldstärke H_C,
- eine hohe Curie-Temperatur.

Das Bild 10-1.9 stellt die Entwicklung der dauermagnetischen Werkstoffe im Laufe des letzten Jahrhunderts dar. Das Diagramm zeigt die Zunahme in der maximalen Energiekapazität (Produkt $(BH)_{max}$), die als Leistungsgröße für die Arbeitsfähigkeit eines Magnets pro Volumeneinheit bezeichnet werden kann. Am Anfang des zwanzigsten Jahrhunderts waren kohlenstoffhaltige Stähle und wolfram-/chromhaltige Stähle die am besten verfügbaren dauermagnetischen Werkstoffe mit einer Energiekapazität von etwa 8 kJ/m³. Die maximale Energiekapazität beträgt heute mehr als 400 kJ/m³ bei einem $Nd_2Fe_{14}B$-basierten Dauermagneten. Aktuell kommen Dauermagnetwerkstoffe auf Basis von NE-Metalllegierungen und Keramik schwerpunktmäßig zum Einsatz.

In Tabelle 10-1.5 sind einige Eigenschaften ausgesuchter Dauermagnetwerkstoffe auf Eisenbasis aufgelistet.

Die wichtigsten Typen der hartmagnetischen Werkstoffe, ihre Eigenschaften und Anwendungen sind in Tabelle 10-1.6 zusammengefasst.

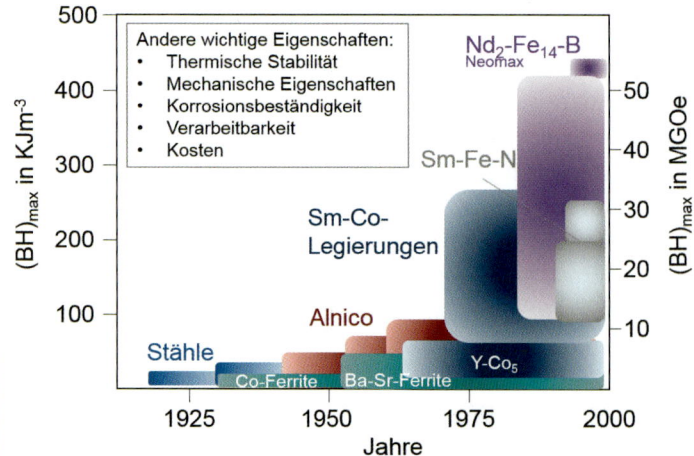

Bild 10-1.9
Entwicklung der maximalen Energiekapazität von Dauermagneten. Die linke Ordinate benutzt die SI-Einheiten, die rechte Koordinate die CGS-Einheiten

10

Tabelle 10-1.5 Magnetisierungskennwerte einiger Dauermagnetwerkstoffe (Davis 2005)

Nominelle chemische Zusammensetzung	Curie-Temperatur	Koerzitivfeldstärke H_C	Remanenz B_r	max. Energiekapazität $(BH)_{max}$
	°C	kA/m	T	kJ/m³
Fe-3,5Cr-1C	745	5,3	0,95	2,3
Fe-6W-0,5Cr-0,7C	760	5,9	0,95	2,6
Fe-17Co-8,25W-2,5Cr-0,7C	–	14	0,95	5,2
Fe-36Co-3,75W-5,75Cr-0,8C	890	19	0,975	7,4
Fe-12Al-25Ni-3Cu	760	38	0,70	11
Fe-12Al-28Ni-5Co	800	56	0,52	10

Tabelle 10-1.6 Wichtigste Typen der Hartmagnete, Eigenschaften und Anwendungen

Werkstoff	Merkmale	Beispiele der Anwendungen
Alnico	Legierungen auf der Basis vom Ni, Co, Fe mit kleineren Mengen Al, Cu und Ti Mikrostruktur, die aus Stäbchen von Hartmagneten Fe-Co (α') in der Matrix des Weichmagneten Ni-Al (α) besteht Nachteil: Niedrige Koerzitivfeldstärke (~50 kA/m)	Elektrodenröhren, elektrische Messtechnik, Relais, Stromzähler, Telefone, Mikrofone, Türglocke, Fahrzeugsensorik
Hartferrite	Keramische Magnete der Phasen $BaFe_{12}O_{19}$ oder $SrFe_{12}O_{19}$ Niedriger Preis aufgrund niedriger Rohstoffkosten Hohe Koerzitivfeldstärke, die den Einsatz in Form von dünnen Querschnitten ermöglicht Nachteil: Niedrige Energiekapazität (~40 kJ/m³)	Dauermagnet- Gleichstrommotoren in der Automobilindustrie, z. B. Fensterheber, elektro-akustische Signalumwandler
SmCo-Magnete	Pulvermetallurgisch hergestellte Legierungen auf der Basis von Co, Fe und leichten Seltenen Erdelementen Hohe Energiekapazität Nachteil: Hohe Rohstoffkosten	Gleichstrommotoren, Sensoren, Kerntransformatoren, Lager in Gasturbinenanlagen
NdFeB-Magnete	Magnetische Eigenschaften basieren auf der Phase $Nd_2Fe_{14}B$ Hohe Sättigungsmagnetisierung Gute Resistenz gegen Entmagnetisierung Signifikante Reduktion des Volumens und des Gewichtes Kostengünstige Werkstoffbasis : Nd (verglichen mit Sm) Geringere Sprödigkeit und hoher Bruchwiderstand Nachteil: Verhältnismäßig niedrige Curie-Temperatur (312 °C)	Anwendung in Plattenlaufwerken, Gleichstrommotoren und Fahrzeugstartern; Anwendungen, bei denen die Verkleinerung ein wichtiges Produktionskriterium ist

10-1.3 Nichtmagnetisierbare Stähle

Die charakteristischen Eigenschaften der nichtmagnetisierbaren Stähle sind die niedrige magnetische Permeabilität oder niedrige magnetische Induktion bei hoher magnetischer Feldstärke. Stähle werden als nichtmagnetisch bezeichnet, wenn ihre Permeabilitätszahl niedriger als 1,01 – 1,05 im Feld von 80 A/cm ist (Bluhm 1967). Diese Anforderungen werden von austenitischen Chrom-Nickel-(Mangan)-Stählen erfüllt, vorausgesetzt, dass keine martensitische Umwandlung bei Umformung oder Einsatz stattfindet. Die wirtschaft-

lichste Herstellung eines nichtmagnetisierbaren Stahls ist deshalb die Zugabe von ausreichenden Mengen Mangan; z. B. muss bei 0,5 % C mindestens 10 % Mn zugegeben werden, um die Martensitstarttemperatur auf weniger als Raumtemperatur zu reduzieren und ein austenitisches Gefüge einzustellen. Weitere Anforderungen, wie die Gefügestabilität bei niedrigen Temperaturen und beim Kaltwalzen, gute Bearbeitbarkeit, Resistenz gegen Oxidation, Korrosionsbeständigkeit und hohe Festigkeit brauchen eine zusätzliche Legierung. Die Tabelle 10-1.7 und Tabelle 10-1.8 zeigen die chemische Zusammensetzung von nichtmagnetisierbaren Stählen und einige Anwendungsbeispiele (VDEh 1984).

10

Tabelle 10-1.7 Chemische Zusammensetzung nichtmagnetisierbarer Stähle (typische Werte)

Stahlsorten	Chemische Zusammensetzung in Massen-%							
	C	Si	Mn	Cr	Mo	N	Nb	Ni
X35Mn18	0,35	0,4	18,0					
X55MnCrN18-5K	0,52	0,7	18,0	4,5		0,10		
X5CrMnN18-18K	0,05	0,5	18,0	18,0		0,60		(1,0)
X15CrNiMn12-10	0,12	0,3	6,0	11,5				10,0
X5MnCr18-13	0,04	0,5	18,0	13,0	0,5	0,15		2,5
X4CrNiN22-13	0,04	0,5	1,0	22,0		0,30		12,5
X4CrNiN18-11	0,04	0,5	1,5	18,0		0,14		11,0
X3CrNiMoN18-14	0,03	0,5	1,5	18,0	2,8	0,16		14,0
X3CrNiMnMoN21-15-7-3	0,03	0,5	7,5	21,0	3,2	0,45	0,15	14,5
X3CrNiMnMoN19-16-5	0,03	0,5	4,5	19,5	3,2	0,30	0,15	15,5
X3CrNiMoNbN23-17	0,03	0,5	5,5	23,0	3,2	0,40	0,20	16,5

Tabelle 10-1.8 Beispiele für Anwendungen der nichtmagnetisierbaren Stähle

Stahlsorten	Anwendungen
X35Mn18	Kompassumgebung im Schiffbau
X55MnCrN18-5K	Kappenringe
X5CrMnN18-18K	Kappenringe (resistent gegen Spannungsrisskorrosion)
X5MnCr18-13	Bohrgestänge
X4CrNiN22-13	Bohrgestänge
X4CrNiN18-11	Kryomagnete
X3CrNiMoN18-14	Kryostate, Wasserstoffblasenkammer
X3CrNiMnMoN21-15-7-3	Spezialschiffbau, Bohrgestänge
X3CrNiMnMoN19-16-5	Spezialschiffbau, Kryoanlage
X3CrNiMoNbN23-17	Spezialschiffbau, Seildraht, Rotor in Kryogeneratoren

10-1.4 Stähle mit guter elektrischer Leitfähigkeit

Außer Kupfer, Bronze, Aluminium und Aluminiumlegierungen wird auch Stahl für die Übertragung elektrischer Ströme verwendet. Im Vergleich mit anderen Werkstoffen ist Stahl billiger und härter, seine spezifische Leitfähigkeit ist allerdings geringer. Der Kehrwert der Leitfähigkeit ist der spezifische elektrische Widerstand R, der in $\Omega mm^2/m$ angegeben wird. Er ist ein Maß dafür, welchen Widerstand ein metallischer Leiter gegen einen Stromfluss aufbaut. Der spezifische elektrische Widerstand des Eisens ist mit R = 0,097 $\Omega mm^2/m$ deutlich größer als der für Kupfer (0,018) und für Aluminium (0,028). In kubisch raumzentrierten Stählen ist der C-Gehalt eine wichtige Einflussgröße, so nimmt der spezifische elektrische Widerstand von tief entkohltem Stahl bis zum Vergütungsstahl C60 von R = 0,107 auf 0,126 $\Omega mm^2/m$ zu. Deutlich höher sind die spezifischen Widerstände in nichtrostenden Stählen; hier ist der Legierungsgehalt eine wichtige Einflussgröße:

X10Cr13: R = 0,588 $\Omega mm^2/m$,

X2CrNi18-8: R = 0,766 $\Omega mm^2/m$.

Die Leitfähigkeit des Stahls hängt sowohl von seiner Reinheit als auch von wichtigen Parametern der Produktionsprozesse, z.B. Kaltverformung oder Wärmebehandlung, ab.

Der im Eisen gelöste Kohlenstoff beeinflusst die elektrische Leitfähigkeit am stärksten; im ausgeschiedenen Zustand ist die Wirkung deutlich geringer. Bild 10-1.10

zeigt den speziellen elektrischen Widerstand in Abhängigkeit vom Kohlenstoffgehalt nach dem Abschrecken für verschiedene Gefüge. Der geringste Einfluss wird nach einem Weichglühen mit kugeligem Zementit beobachtet. Das Abkühlen des Stahls nach dem Walzen sollte so langsam durchgeführt werden, dass eine ferritisch-perlitische Struktur eingestellt wird und gelöster Kohlenstoff vermieden wird.

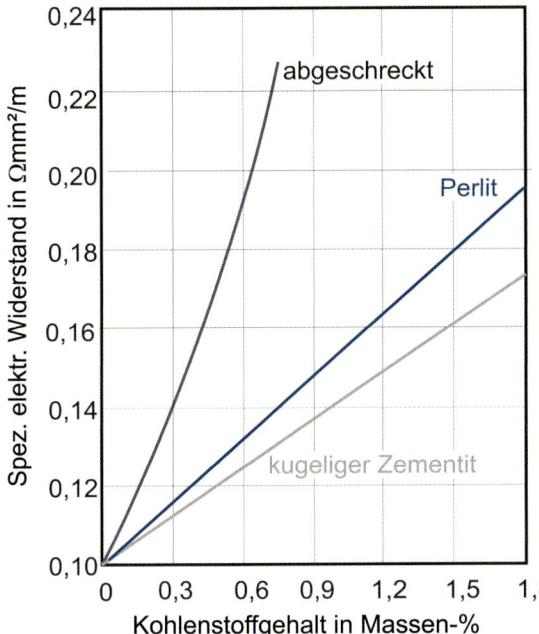

Bild 10-1.10 Einfluss von Kohlenstoffgehalt und Mikrostruktur auf den elektrischen Widerstand eines unlegierten Stahls

Weiterhin ist es wichtig, den Gehalt von Einschlüssen und Legierungselementen zu begrenzen, um die Anforderungen für minimale Werte der elektrischen Leitfähigkeit zu erfüllen.

Literatur zu Kapitel 10-1

Barros, J.: The effect of Si and Al concentration gradients on the mechanical and magnetic properties of electrical steel. Journal of Magnetism and Magnetic Materials 290 – 291 (2005), S. 1457 – 1460

Bertotti, G.: General Properties of Power Losses in Soft Ferromagnetic Materials. IEEE Transactions on Magnetics 24 (1988) 1, S. 621 – 630

Binder, A.: Elektrische Maschinen und Antriebe. Springer-Verlag, Berlin, Heidelberg 2012

Birkenfeld, M.; Hempel, K. A.: Eddy Current Loss and Dynamic Hysteresis Loss in Electrical Steel Sheet under Two Dimensional Measuring Conditions. Non-Linear Electromagnetic Systems (1998), S. 459 – 462

Bluhm, P.: Der nichtmagnetisierbare Stahl und seine Anwendung. Hamburg, Berlin 1967

Boll, R.: Weichmagnetische Werkstoffe: Einführung in den Magnetismus; VAC-Werkstoffe und ihre Anwendungen. 4. Auflage, Berlin, München 1990

Bölling, F. et al.: Trends und Ziele in der Entwicklung hochwertiger Elektrobleche. Stahl und Eisen 107 (1987) 23, S. 47 – 52

Bozorth, R. M.: Ferromagnetism. D. van Nostrand Company, Inc., Toronto 1953

de Campos, M. F. et al.: Consequences of magnetic aging for iron losses in electrical steels. Journal of Magnetism and Magnetic Materials 304 (2006), S. 593 – 595

Davis, J. R.: Alloying – Understanding the Basics. ASM International 2001, 3. Auflage, Materials Park, Ohio, USA 2005, S. 629, 630

Ghosh, P. et al.: Effect of crystallographic texture on the bulk magnetic properties of non-oriented electrical steels. Journal of Magnetism and Magnetic Materials 365 (2014), S. 14 – 22

Goss, N. P.: Trans. ASM 23 (1934), S. 511 – 531

Gutierrez-Urrutia, I. et al.: Microstructure-magnetic property relations in grain-oriented electrical steels: quantitative analysis of the sharpness of the Goss orientation. J. Mater. Sci (2014), S. 269 – 276

Lee, K. M. et al.: Effect of texture and grain size on magnetic flux density and core loss in non-oriented electrical steel containing 3,15 % Si. Journal of Magnetism and Magnetic Materials 354 (2014), S. 324 – 332

Matsumara, K. et al: Recent developments of non-oriented electrical steel sheets. IEEE Transactions on magnetics 20 (1984) 5, S. 1533 – 1538

McHenry, M. E.; Laughlin, D. E.: Acta Materialia 48 (2000), p. 224

Moses, T.: Interdisciplinary Science Reviews 27 (2002) 2, S. 108 – 110

Moses, A. J.: Electrical steels: past, present and future development. IEEE Proceedings 137 (1990) 5, S. 233 – 245

Permiakov, V. et al.: Loss separation and parameters for hysteresis modelling under compressive and tensile stresses. Journal of Magnetism and Magnetic Materials 272-276 (2004), S. 553 – 554

Sha, Y. H. et al: Strong cube recrystallization texture in silicon steel by twin-roll casting process. Acta Materialia 76 (2016), S. 106 – 117

Ushigame, Y.: Theoretical Analysis and Computer Simulation of Secondary Recrystallization in Grain-oriented Silicon Steel. Nippon Steel Technical Report No 102 (2013), S. 25 – 30

VDEh (Verein Deutscher Eisenhüttenleute (Hrsg.)): Werkstoffkunde Stahl, Band 1 und 2. Springer-Verlag, Berlin, Heidelberg 1984

Wassermann, G. et al.: Texturen metallischer Werkstoffe. Springer-Verlag, Heidelberg 1962

Wuppermann, C. D.; Schoppa, A.: Merkblatt 401 Elektroband und -blech. Stahl-Informations-Zentrum, Düsseldorf 2005

Xu, Y. B. et al: Evolution of cube texture in strip-ast non oriented silicon steels. Scripta Materialia 87 (2014), S. 17 – 20

Zhou, B. et al: Effect of sulphur and acid soluble aluminium content on grain oriented silicon steel. Materials Science and Technology 31 (2015), S. 1809 – 1817

Alle im Text erwähnten Normen sind in einer gesonderten Liste zusammengefasst (Seite 889).

10

10-2 Stähle und Legierungen für Heizleiter

Serosh Engineer

Die Aufgabe der Heizleiterlegierungen ist es, elektrischen Strom zur Erzeugung von Wärme zu nutzen und diese Wärme wirkungsvoll an den Ort bzw. an das Teil zu führen, an dem sie benötigt wird. In vielen Fällen sind die Heizleiter in elektrische Isoliermassen eingebettet und von metallischen oder keramischen Rohren umgeben. In Öfen sind die Heizleiter nicht selten Gasen ausgesetzt, die eine starke Reaktion mit den Heizleitern bei hohen Temperaturen hervorrufen.

Anforderungen an die Stähle

Aus dieser Aufgabenstellung leiten sich die Forderungen an die Eigenschaften ab, die an Heizleiterlegierungen zu stellen sind. Die wichtigsten Eigenschaften sind (Bialke 1983):

- hoher elektrischer Widerstand,
- gute Zunderbeständigkeit bei hohen Temperaturen,
- gute Umformbarkeit zur einfachen Gestaltung unterschiedlicher Heizelemente,
- möglichst gute Beständigkeit auch bei hohen Temperaturen gegenüber den vorkommenden einwirkenden Einbettmassen, Gasen und eventuell auch Flüssigkeiten,
- gute Temperaturwechselbeständigkeit.

Wegen der unterschiedlichen Anforderungen muss für den jeweiligen speziellen Anwendungsfall die entsprechende Heizleiterlegierung ausgesucht werden. In Tabelle 10-2.1 sind die häufig verwendeten Legierungen zusammengestellt.

Wie zu erkennen, gibt es bei den Heizleiterlegierungen zwei Hauptgruppen: die ferritischen Chrom-Aluminium- und die austenitischen Nickel-Chrom-Legierungen. Die Sonderzusätze sind Elemente wie Silicium, Seltene Erden, Cer, Lanthal und Yttrium.

Bei Chromgehalten von über 15 % bildet sich eine Chromoxidschicht auf der Oberfläche des Heizleiters. Bei geeigneter Wahl der Legierungselemente und insbesondere der Sonderzusätze wird diese Schicht sehr dicht und haftet fest auf der Oberfläche des Heizleiters mit dem Ergebnis guter Zunderbeständigkeit. Temperaturwechsel, Deformation sowie andere chemische und mechanische Einflüsse können die schützende Oxidschicht verletzen, sodass sie erneuert werden muss.

Die ferritischen Heizleiter bilden zusätzlich zum reinen Chromoxid auch Aluminiumoxide auf ihrer Oberfläche aus. Diese zusätzliche Schutzwirkung des harten und auch spröden Oxids ist bei ungestörtem Betrieb

Tabelle 10-2.1 Übersicht der Heizleiterlegierungen

Stahl-gruppe	Werkstoff-nummer	Kurzname	Legierungstyp	Spez. elektr. Widerstand $\Omega \cdot mm^2/m$	Höchste empfohlene Anwendungs-temperatur °C
Ferrit	1.4765	CrAl25 5	70 % Fe; 25 % Cr; 5,5 % Al + Sonderzusätze	1,44 ± 0,07	1300
Ferrit	1.4767	CrAl20 5	75 % Fe; 20 % Cr; 5 % Al + Sonderzusätze	1,37 ± 0,07	1250
Ferrit	1.4725	X7CrAl14 4	80 % Fe; 14 % Cr; 4 % Al + Sonderzusätze	1,25 ± 0,06	1050
Austenit	1.4843	CrNi25 20	80 % Ni; 20 % Cr + Sonderzusätze	0,95 ± 0,05	1000
Austenit	2.4860	NiCr30 20	50 % Fe; 30 % Ni; 20 % Cr + Sonderzusätze	1,04 ± 0,05	1050
Austenit	2.4867	NiCr60 15	60 % Ni; 25 % Fe; 15 % Cr + Sonderzusätze	1,13 ± 0,05	1100
Austenit	2.4658	NiCr30	70 % Ni; 30 % Cr + Sonderzusätze	1,19 ± 0,06	1250
Austenit	2.4869	NiCr80 20	80 % Ni; 20 % Cr + Sonderzusätze	1,12 ± 0,05	1220

besser als die reine Chromoxidschicht der austeniti-schen Materialien. Daher können die ferritischen Heiz-leiterlegierungen CrAl20 5 und insbesondere CrAl25 5 bei deutlich höheren Temperaturen verwendet werden. Wegen der Empfindlichkeit der Aluminiumoxide ge-genüber Temperaturwechsel und mechanischen Stö-rungen sollen die Chrom-Aluminium-Legierungen vor-zugsweise bei den höchsten Temperaturen verwendet werden, bei denen weniger schroffe Temperaturwech-sel vorkommen (Bialke 1983).

Die Chrom-Aluminium-Legierung CrAl25 5 weist mit $1,44\,\Omega\cdot\text{mm}^2/\text{m}$ den höchsten spezifischen elektrischen Widerstand auf. Die ferritischen Chrom-Aluminium-Legierungen haben einen geringen Temperaturkoeffi-zienten, d.h., der spezifische elektrische Widerstand steigt bis zu den höchsten Anwendungstemperaturen langsam an. Anders verhalten sich die austenitischen Heizleiter. Unter etwa 550 °C ist der spezifische elekt-rische Widerstand von der Geschwindigkeit abhängig, mit der diese tiefe Temperatur – von der höheren kommend – erreicht wird. Erst oberhalb 550 °C ist der spezifische Widerstand nahezu unabhängig von der thermischen Vorgeschichte (Bialke 1983).

Der spezifische elektrische Widerstand jeder Heizlei-terlegierung ändert sich im Laufe einer längeren Be-triebsdauer und zwar umso schneller, je höher die Be-triebstemperaturen sind und somit die Oxidation der chemischen Zusammensetzung der Heizleiter verän-dert wird.

Die Heizleiter sind bei höheren Temperaturen weniger mechanisch belastbar als bei Raumtemperatur, d.h., ihre Streckgrenze und Festigkeit nehmen ab. Bei den austenitischen Heizleiterlegierungen ist die Abnahme jedoch bemerkenswert schwächer als bei den Ferriten. Die Zugfestigkeit bei Raumtemperatur ist für beide Legierungsgruppen nahezu gleich, sie liegt bei rd. 700 MPa. Bei statischer Zugbelastung dehnen sich die Metalle, sie kriechen. Ein kennzeichnender Wert für dieses Kriechen ist bei einer bestimmter Temperatur die Zugbelastung, unter der eine Probe nach 1000 h sich um 1 % bleibend gedehnt hat, auch die 1-%-Zeit-dehngrenze genannt. Bei 1000 °C ist die 1-%-Zeitdehn-grenze für alle austenitischen Heizleiter mit rd. 4 MPa nahezu gleich. Die ferritischen Heizleiter kriechen we-sentlich schneller. Die 1-%-Zeitdehngrenze nach 1000 h bei 1000 °C wird bereits unter einer Zugbelastung von rd. 1 MPa erreicht. Dies bedeutet für die Praxis, dass die ferritischen Heizleiter bei sehr hohen Temperatu-ren unter Umständen unter dem Einfluss ihres eigenen

Gewichtes kritisch fließen können und daher mit Lage-unterstützung eingebaut werden sollen, wenn sie bei ihren Höchsttemperaturen verwendet werden.

Ein weiterer Vorteil der austenitischen Heizleiterlegie-rungen ist die Beständigkeit gegen Kornwachstum nach längerer Verweildauer auf Höchsttemperaturen. Bei den Ferriten setzt bereits oberhalb von 900 °C ein Kornwachstum ein. Dieses rapide Kornwachstum ins-besondere bei Temperaturen über 1000 °C bedeutet eine Versprödung, sodass insbesondere bei der Abküh-lung auf Raumtemperatur Brüche auftreten können. Im heißen Zustand ist eine negative Auswirkung des Grob-korns nicht zu bemerken.

Verwendung von Heizleitern

Heizleiter werden vielseitig verwendet. Sie befinden sich zum Beispiel in Wasch- und Spülmaschinen, in elektrischen Koch- und Backherden, Bügeleisen, Toas-tern, Haartrocknern, Kaffeemaschinen, Warmwasser-bereitern sowie in Öfen aller Art zum Erhitzen von Ga-sen, Flüssigkeiten und Metallen.

Heizleiter werden in Form von Runddrähten oder Bän-dern geliefert (Hahne 1983). Drähte werden meist zu Spiralen gewickelt (Bild 10-2.1), Bänder meist als mä-anderförmige Gebilde verwendet (Bild 10-2.2).

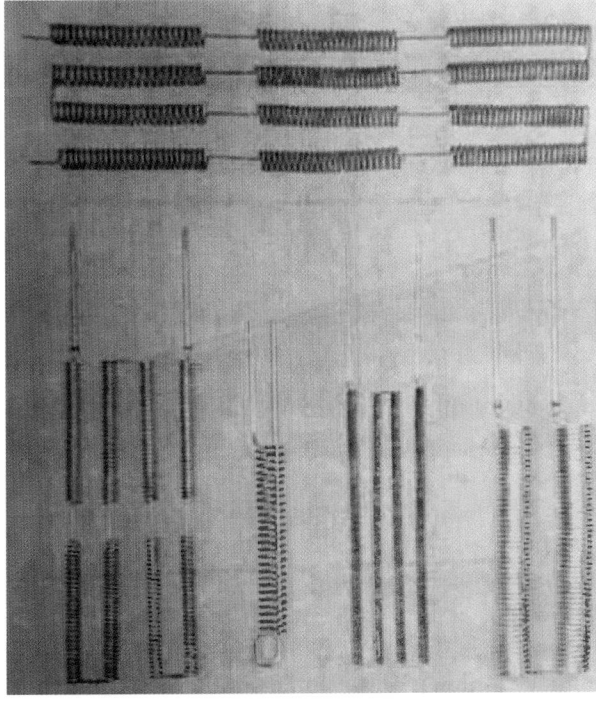

Bild 10-2.1 Beispiele für Heizleiter in Form von Runddrahtwendeln

10

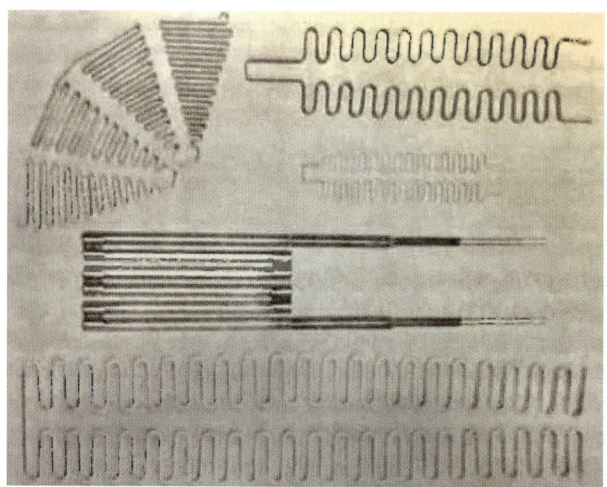

Bild 10-2.2 Beispiele für Bandelemente als Heizleiter

Bild 10-2.3 Zündkerzen (Quelle: VDM Metall, Werdohl)

Dünne Bänder finden oft in Toastern und Bügeleisen Verwendung. Drähte finden ihre Anwendung in Öfen oder Geräten, in denen die geringste Gewichtsmenge gefordert ist und höchste Temperaturen erreicht werden sollen.

Im Temperaturbereich oberhalb von 1100 °C werden vorzugsweise die ferritischen Chrom-Aluminium-Legierungen eingesetzt. In diesem hohen Temperaturbereich kommen die austenitischen Nickel-Chrom-Legierungen wie NiCr80 20 oder NiCr30 nur dann zum Einsatz, wenn häufig wechselnde Temperaturen und eine eventuell schwach oxidierende Atmosphäre vorliegen. Bei Temperaturen unter 1100 °C werden die ferritischen Chrom-Aluminium-Legierungen wegen ihres hohen spezifischen elektrischen Widerstandes nur dann verwendet, wenn auf engstem Raum höchste elektrische Widerstände untergebracht werden müssen. Im Ofenbau wird bei Temperaturen unter 1100 °C die Heizleiterlegierung NiCr60 15 als Draht mit dickerem Querschnitt bevorzugt eingesetzt, insbesondere wenn wenig Platz für das Heizelement vorhanden ist. Für die Anwendung bei Temperaturen unter 600 °C kann die Legierung CrNi25 20 verwendet werden.

Heizleiterlegierungen werden ebenfalls für Zündkerzen in Benzinmotoren und in Glühkerzen von Dieselmotoren eingesetzt. Für Zündkerzen (Bild 10-2.3) werden hauptsächlich Nickellegierungen verwendet, die gegen Erosion (Abbrand wegen Zündfunkens) und gegen Korrosion (durch chemische und thermische Angriffe) beständig sein müssen. Die eingesetzten Abmessungen sind entweder 2,0 bis 5,0 mm gezogener Runddraht oder Flachdraht in den Abmessungen von 1,9 mm × 1,05 mm bis etwa 3,0 mm × 1,8 mm.

Eine interessante Entwicklung war die Herstellung von Glühkerzen mit sehr kurzen Glühzeiten, um den Komfort für die Dieselfahrzeuge zu erhöhen. Um dies zu ermöglichen, wurde ein Heizleiterdraht mit veränderbarem Heizwiderstand aus 99,6 % Ni-Legierung oder aus einer CoFe8-Legierung (+ 92 % Co und ~ 8 % Fe) vor der Heizwendel aus einer ferritischen Heizleiterlegierung vorgeschaltet (Bild 10-2.4). Der Heizleiterdraht weist einen Widerstandsanstieg bei zunehmender Temperatur auf. Dies bedeutet, dass bei Raum- oder Minustemperaturen der Widerstand gering ist, damit der Heizwendel mit maximaler Leistung auf die benötigte Temperatur (100 bis zu 1200 °C) in kurzer Zeit erwärmt wird. Der Motor kann mit einer sehr geringen Vorglühzeit gestartet werden. Würde der Widerstand des vorgeschalteten Heizleiterdrahtes bei höheren Temperaturen sich nicht um das 5- bis 6-Fache erhöhen, so würde der Heizwendel verglühen.

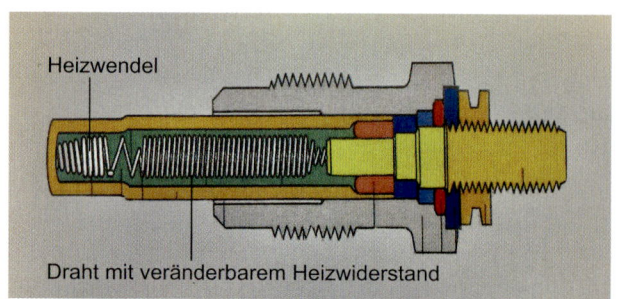

Heizwendel

Draht mit veränderbarem Heizwiderstand

Bild 10-2.4 Glühkerze mit minimaler Glühzeit (Quelle: VDM Metall, Werdohl)

10

Literatur zu Kapitel 10-2

Bialke, H.-J.; Frinken, H.: Heizleiterlegierungen. Thyssen Edelstahl Technische Berichte 9 (1983) 1, S. 3 – 13

Hahne, F. J.: Kaltformgebung der Heizleiter- und Widerstandslegierungen. Thyssen Edelstahl Technische Berichte 9 (1983) 1, S. 19 – 25

Alle im Text erwähnten Normen sind in einer Liste zusammengefasst (Seite 889).

10

10-3 Stähle mit definierter Wärmeausdehnung

Wolfgang Bleck

Werkstoffe mit definierter Wärmeausdehnung werden über den linearen Wärmeausdehnungskoeffizienten α definiert. Dieser variiert bei austenitischen Eisen-Nickel-Legierungen in Abhängigkeit von der chemischen Zusammensetzung in einem Bereich zwischen nahezu 0 und 200×10^{-7} K^{-1}. Messungs-, Steuerungs- und Systemtechnologien verwenden die volle Bandbreite dieser Eigenschaften.

$$\alpha = \frac{1}{l} \cdot \frac{dl}{dT} \qquad (10\text{-}3.1)$$

mit l = Länge und T = Temperatur

Die Tabelle 10-3.1 zeigt die technisch wichtigsten Bereiche der Wärmeausdehnungskoeffizienten; einige Anwendungsbeispiele sind in Tabelle 10-3.2 zusammengestellt.

Die auf Eisen- oder Nickelbasis mit Gehalten an Kobalt und Chrom hergestellten Legierungen haben eine definierte Wärmeausdehnung und sind dank ihrer sehr guten Verarbeitbarkeit und Eigenschaftsvielfalt breit in der Industrie anwendbar. Zusammen mit diesen Legierungen werden auch ferritische Chromstähle für weniger aufwändige Glas-Metall-Abdichtungen eingesetzt. Bild 10-3.1 zeigt beispielhaft den Vergleich zwischen den Wärmeausdehnungskoeffizienten α einer Invar-

Tabelle 10-3.1 Legierungen mit definiertem thermischen Ausdehnungskoeffizienten

Wärmeausdehnungs-koeffizient in 10^{-7}/K	Legierungsanteile in Massen-%					
	C	Si	Mn	Co	Cr	Ni
0 – 20	< 0,05	< 0,5	< 0,5	–	–	35 – 37
50 – 80	≤ 0,05	≤ 0,30	≤ 1,0	–	–	41 – 43
	≤ 0,10	≤ 0,50	≤ 1,0	–	< 1	45 – 47
	< 0,05	≤ 0,30	≤ 0,5	17 – 19	–	28 – 30
80 – 110	< 0,05	≤ 0,30	≤ 0,6	–	–	50 – 52
	< 0,05	≤ 0,30	≤ 1,0	–	5,5 – 6,5	47 – 49
	< 0,1	< 1,0	< 1,0	–	24 – 26	–
180 – 210	0,55 – 0,65	≤ 1,00	6 – 7	–	–	12,5 – 14,5
	≤ 0,20	≤ 1,00	6 – 7	–	–	19 – 21

Tabelle 10-3.2 Anwendungsbeispiele für Werkstoffe mit definiertem Wärmeausdehnungskoeffizienten

Bereiche der Wärmeaus-dehnungskoeffizienten 10^{-7}/K	Anwendungsbeispiele
0 – 20	Messgeräte, geodätische Messstreifen, Ausdehnungsüberwachung, Ausgleichszweige, thermobimetallbasierende Geräte, Kryotechnologien
50 – 80	Ausdehnungsüberwachung, thermobimetallbasierende Geräte, Abdichtung mit gehärtetem Glas, Keramik-Metall-Abdichtung, Kernmaterial eines kupferummantelten Drahtes
80 – 110	Abdichtung mit ungehärtetem Glas
180 – 210	Ausdehnungsüberwachung, thermobimetallbasierende Geräte

legierung und eines gewöhnlichen unlegierten Stahls. Gut zu erkennen ist der deutlich größere Temperaturbereich ohne nennenswerte Wärmedehnung bei der Invarlegierung mit 36 Massen-% Ni.

In Bild 10-3.2 sind die Umwandlungstemperaturen im System Eisen-Nickel dargestellt.

Einige Anwendungsbeispiele werden in Bild 10-3.3 gegeben.

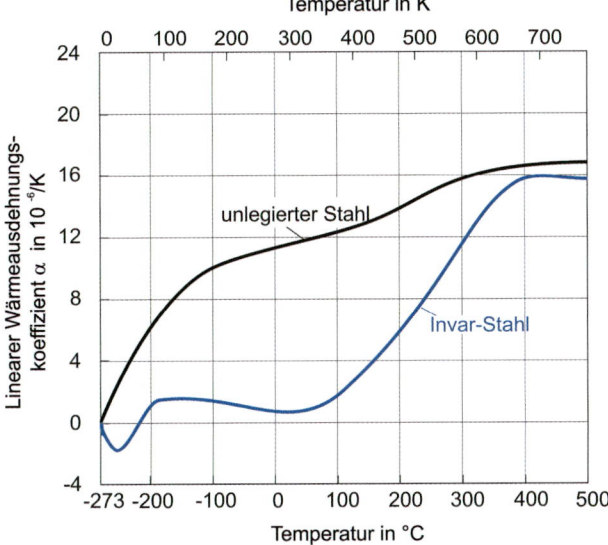

Bild 10-3.1 Linearer Wärmeausdehnungskoeffizient von Invar-Stahl (36 % Ni) und unlegiertem Stahl

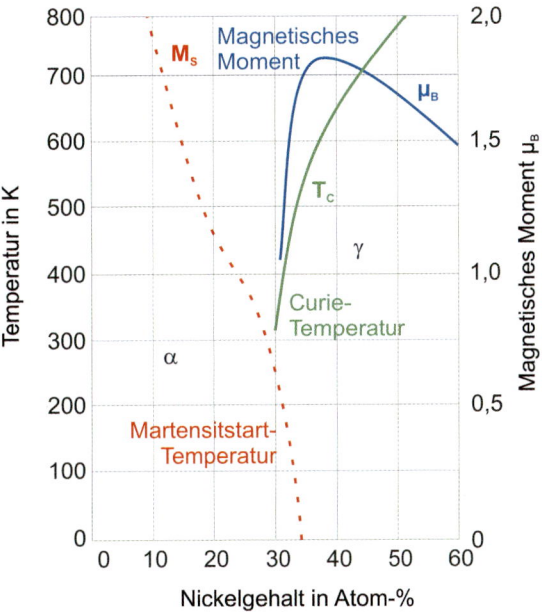

Bild 10-3.2 Umwandlungstemperaturen im System Fe-Ni (Quelle: VDEh: Steel – A Handbook for Materials Research and Engineering. Vol. 1, 1992)

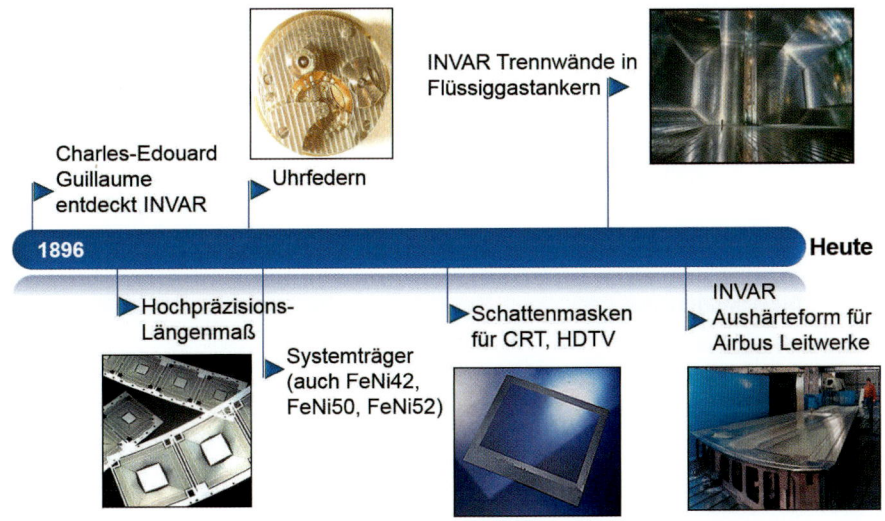

Bild 10-3.3 Anwendungen von Invarstahl

Stähle für die Sicherheitstechnik

Frank Wilke

10-4.1 Bügelschlösser – Bauteile für die Sicherheit

Funktion

Ein Schloss dient zum sicheren Verschließen von Gegenständen, die nicht durch Sägen oder Bolzenschneider geöffnet werden können. Am Beispiel von Bügelschlössern soll die Wirkungsweise derartiger Bauteile beschrieben werden. Neben einem Mindestquerschnitt ist eine hohe Festigkeit Voraussetzung für die Funktion.

Werkstoffe und deren Eigenschaften

Der geeignete Werkstoff für derartige Elemente ist der Mangan-Hartstahl 1.3401, der zum einen hohe Festigkeit aufweist, zum anderen bei jeglicher Kaltverformung sofort stark aufhärtet. Der Werkstoff ist somit auch zusätzlich verschleißfest und kann nicht kalt gesägt oder kalt abgeschert werden (Tab. 4-10.1).
Die Festigkeit liegt in jedem Verarbeitungszustand immer bei > 800 MPa.

Abmessungen

Im Bereich der Bügelschlösser kommt der Werkstoff im Abmessungsbereich von 6 bis 30 mm Ø zum Einsatz. Es gibt jedoch im Bereich der Sicherheitsprodukte auch andere, sehr unterschiedliche Rund-, Vierkant-, Sechskant- und Flachabmessungen.

Herstellungsprozess

Der Werkstoff 1.3401 wird im Strangguss vergossen und bei über 1000 °C zum Halbfertigprodukt Stab oder Draht ausgewalzt. Nach Abkühlen auf Raumtemperatur kann das Material nicht kalt weiterbearbeitet werden, z.B. durch Richten für Prüfung und Oberflächenbearbeitung. Hier sind für alle weiteren Bearbeitungsschritte entsprechend temperaturgesteuerte Verfahren erforderlich. Jede Art der Kaltbearbeitung härtet den Werkstoff weiter auf, sodass am Ende der Herstellungskette durchaus eine Kaltbearbeitung erwünscht ist, um Festigkeiten, besonders an der Oberfläche, von > 400 HV zu erzeugen.

Perspektive/Alternativen

Der Werkstoff 1.3401 weist aufgrund seiner Eigenschaften ein breites Anwendungsspektrum auf. Neben den Produkten im Sicherheitsbereich wie Bügelschlösser kommt er auch bei Gefängnisgitterstäben oder hoch verschleißbeanspruchten Bauteilen zum Einsatz, z.B. in Drehpfannen von Drehgestellen oder in Weichenherzstücken beim Eisenbahnbau. Der Verarbeitungsprozess vom Halbzeug zum fertigen einsatzfähigen Produkt erfordert jedoch sehr spezifische Kenntnisse.

Tabelle 10-4.1 Beispiel eines Stahls für Sicherheitsbauteile (typische Werte, Werkstoff ist nicht genormt)

Kurzname	Werkstoffnummer	Legierungsanteile in Massen-%				
		C	Si	Mn	Cr	N
X120Mn12	1.3401	1,2	0,4	12,5	0,4	0,009

10-4.2 Feindraht für Schutzkleidung

Funktion

Für Schutzanzüge und Handschuhe z.B. in Großschlachtereien sowie für Schutzwesten der Polizei werden mit Edelstahl verstärkte Einsätze aus Feindraht genutzt. Die Hauptfunktion dieser Materialien ist es, Durchstiche von Messern elastisch abzufangen und somit Stichverletzungen des Menschen zu vermeiden. Das klassische Beispiel sind Metzgerhandschuhe mit Feindrahteinlage, um bei der Fleischzerlegung die Unfallgefahr zu minimieren.

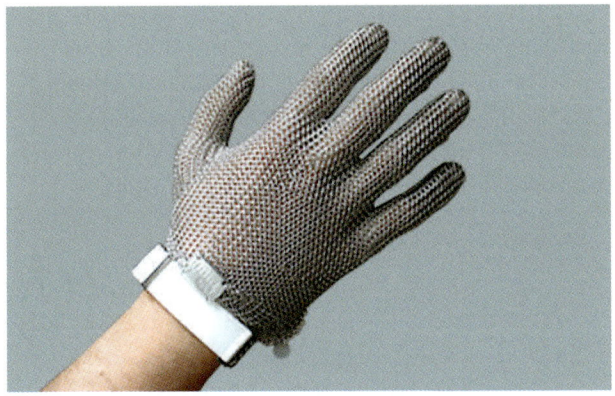

Bild 10-4.1 Schutzhandschuh (Quelle: Protec Schlachthausfreund)

Werkstoffe und deren Eigenschaften

Da es sich hier um Bekleidung handelt, die mehrfach korrosiv belastet ist (Schwitzen, Reinigen), müssen nichtrostende Stähle eingesetzt werden. Aufgrund der Hygienevorgaben erfolgt die Reinigung der Bekleidung sehr intensiv, sodass nichtrostende austenitische Stähle oder Duplexstähle zum Einsatz kommen (Tab. 10-4.2). Es muss eine Korrosionsbeständigkeit gewährleistet sein, die bei mindestens 200 mg/l Chloride auf Dauer keine Korrosion verursacht. In der nachfolgenden Tabelle sind die gebräuchlichsten Stähle für Stichschutzbekleidung aufgeführt.

Abmessungen

Basis für die Herstellung von Stichschutzbekleidung ist Walzdraht, der in mehreren Ziehoperationen mit Zwischenwärmebehandlung zu Feindraht von 0,7 mm Ø verformt wird.

Herstellungsprozesse

Vormaterial ist Vorblockstrangguss bzw. bei Werkstoff 1.4529 Blockguss in Blöcken mit mindestens 5 t Stückgewicht. Über ein mehrstufiges Verfahren wird der Rohstahl zu Walzdraht von 5,5 mm Ø umgeformt, lösungsgeglüht, abgeschreckt und gebeizt. Das Beizverfahren ist sehr sensibel, da die Werkstoffe sehr hochlegiert sind und somit eine gewisse Resistenz gegen das Beizmittel aufweisen. Beizmedien und Beizzeiten sind daher sehr akkurat einzuhalten. Danach wird der Draht in mehreren Ziehoperationen mit Zwischenglühen weiter verformt auf Blankdraht mit 0,7 mm Ø.

Blankdraht mit 0,7 mm Ø ist Basis für das Ablängen zu einzelnen Ringösenteilen, die dann wie eine Kette miteinander verwoben und verschweißt werden. Es entsteht somit ein Gewebe aus einzelnen ösenartigen Ringen, die miteinander in Verbindung stehen, um mögliche Einstiche abzufedern. Wichtig ist hierbei zum einen eine gewisse Mindestfestigkeit, zum anderen eine bestimmte Elastizität des Werkstoffes, damit dieser im Gefahrenfall nicht spröde bricht.

Über mehrere Reinigungsstufen wird dann das fertig hergestellte Gewebe gesäubert und exemplarisch in einem Falltest geprüft (Aufprall eines Schneidwerkzeuges auf das waagerecht ausgebreitete verspannte Gewebe). Es liegt somit ein hoher Anspruch sowohl an die Korrosionsbeständigkeit als auch an die mechanischen Eigenschaften des hergestellten Gewebes vor.

Perspektiven/Alternativen

Sowohl in Großschlachtereien als auch beim Personenschutz (Polizei) besteht weiter großer Bedarf an Schutzkleidung. Alternative Materialien haben sich in allen Anforderungspunkten bisher nicht bewährt, sodass weiter nichtrostende Stähle vorsortiert zum Einsatz kommen.

Tabelle 10-4.2 Beispiele von Stählen für Stichschutzbekleidung nach DIN EN 10088 (typische Werte)

Kurzname	Werkstoffnummer	Legierungsanteile in Massen-%								
		C	Si	Mn	Cr	Mo	V	Ni	Cu	N
X2CrNiMo17-12-2	1.4404	0,015	0,60	1,60	17,40	2,10		10,4	0,50	0,0400
X2CrNiMoN22-5-3	1.4462	0,015	0,60	1,80	22,10	3,20		5,7	0,20	0,1500
X1NiCrMoCuN25-20-7	1.4529	0,010	0,30	0,70	20,00	6,10		24,40	0,80	0,1600

10

10-4.3 Nichtrostender Feinstdraht

Funktion

Nichtrostender Feinstdraht hat mehrere Funktionen: Zum einen erzeugt er in Gewebeform in Displays von Elektronikbauteilen Kontakt durch Berühren, zum anderen ist dieser Draht eine Einlage in Textilien zur Versteifung und Erhöhung der Reißfestigkeit. Sowohl aus Verformungsgründen als auch korrosiven Gründen sind diese Drähte meistens austenitische nichtrostende Stähle mit oder ohne Molybdänlegierung (Tab. 10-4.3).

Werkstoffe und deren Eigenschaften

Wegen der erforderlichen zahlreichen Ziehvorgänge muss der Werkstoff einerseits gut umformbar sein, andererseits völlig frei von inneren und äußeren Fehlern, um die Ziehfähigkeit bis herunter zu 0,017 mm nicht zu gefährden. Die austenitischen Stähle unterliegen dabei bei der Stahlherstellung einer bestimmten Desoxidationspraxis, um nicht nur den guten Reinheitsgrad zu gewährleisten, ohne dass makroskopische Einschlüsse entstehen, sondern auch um spröde, schlecht umformbare Bestandteile aus Silicium, Aluminium und Titan zu vermeiden. Die Legierungszusammensetzung ist zudem so zu gestalten, dass gute Umformbarkeit gegeben ist.

Abmessungen

Ausgangsmaterial ist Walzdraht der Abmessung 5,5 mm Ø, der in mehreren Stufen mit Zwischenwärmebehandlungsschritten gezogen wird.

Herstellungsprozesse

Neben der bereits oben erwähnten Sonderanalyse zur besonderen Desoxidationspraxis ist der Stahl nach dem Vergießen im Strangguss umzuschmelzen. Der Elektroschlacke-Umschmelzprozess dient nicht nur zur Homogenisierung und Reduzierung makroskopischer nichtmetallischer Einschlüsse, sondern auch zur Begrenzung der Begleitelemente Aluminium, Silicium und Titan sowie Calcium. Das umgeschmolzene Material wird dann zweihitzig mit Zwischenkonditionierung der Oberfläche auf Walzdraht von 5,5 mm Ø gewalzt und danach im gebeizten Zustand einer intensiven Sichtkontrolle unterzogen. Erst dann erfolgt die weitere gestufte Kaltumformung und Zwischenwärmebehandlung. Das Ziehen an 0,017 mm ist aufgrund der Aderlänge ein sehr zeitaufwändiger Prozess. Abrisse während des Ziehens, speziell herunter zu 0,017 mm, sind somit grundsätzlich zu vermeiden. Das Material wird dann gespult auf Kleinspulen an die Anwender in textilen oder elektronischen Bereichen geliefert.

Perspektive/Alternativen

Da der nichtrostende Feinstdraht sich im Elektronikbereich bewährt hat und hier Wachstumsmärkte zu verzeichnen sind, sind die Anwendungsfälle „nichtrostend" für dieses Produkt steigend. Wichtig ist jedoch, dass das Know-how der Feinstdrahtherstellung fortgeschrieben wird und die Prozesse abgesichert werden. Alternativlösungen sind derzeit nicht in Sicht.

10-4.4 Hitzebeständige Ketten für Zement-Drehrohröfen

Funktion

Zement wird als Pulver in Drehrohröfen gebrannt. Bei diesem Prozess muss das Zementpulver gleichmäßig durch den Drehrohrofen bewegt werden, und es muss ausreichend und gleichmäßig bis über 1000 °C erwärmt werden (Drehrohrofen: liegend > 60 m Länge, > 2000 mm Durchmesser).

Im Zement-Drehrohrofen gibt es unterschiedliche Temperaturzonen zwischen 600 und 1000 °C. Es sind daher der Temperatur und der zu erwartenden Korrosion angepasste Werkstoffe einzusetzen.

Die Funktion der in den Zementöfen über die gesamte

Tabelle 10-4.3 Beispiele von Stählen für Feinstdraht nach EN 10088 (typische Werte)

Kurzname	Werkstoffnummer	Legierungsanteile in Massen-%						
		C	Si	Mn	Mo	Ni	Cr	N
X5CrNi18-10	1.4301	0,02	< 1,0	< 2,0	< 0,5	9,0	18,2	0,04
X2CrNiMo17-12-2	1.4404	0,02	< 1,0	< 2,0	2,2	11,0	16,8	0,04

10

Länge hängenden Ketten (Kettenvorhänge) ist zum einen die Bewegung des Materials bis zum Ende des Ofens, zum anderen die Unterstützung des Wärmeübergangs aus der Brennerluft in den Zement selbst. Dies wird durch das Aufheizen der Ketten als Vorhang bewirkt, sodass nicht nur eine mechanische Bewegung durch Mischung des Zementes durch den Ofen erfolgt, sondern auch ein hinreichender Wärmeübergang auf den Zement.

Werkstoffe und deren Eigenschaften

Die Ketten erfahren eine thermische und korrosive Belastung über die Länge des Ofens mit unterschiedlichen Schwerpunkten, wobei am Anfang die Feuchtigkeit des Gutes sowie die Abgase eine Rolle spielen, zum Ende hin die thermische Belastung bis 1000 °C, die die Ketten mit ihrem eigenen Gewicht selbst aushalten müssen. Über die Brennkampagne eines Ofens – mindestens 1 Jahr – gibt es mechanischen Verschleiß zusätzlich durch das Bewegen der Kettenglieder zueinander. Es besteht also die Gefahr, dass die Kettenglieder im Laufe der Zeit durch mechanisches Reiben sowie durch die thermische Belastung im Querschnitt dünner werden und schließlich bei einer Mindestdicke von 3 mm reißen.

Je nach Ofenzone werden daher in dem kälteren Teil des Ofens bis maximal 800 °C ferritische hitzebeständige Stähle – wie Werkstoff 1.4742 und 4724 – eingesetzt, im heißen Teil des Ofens dagegen hochlegierte Duplexstähle wie 1.4872 (Tab. 10-4.5). Hierbei gibt es, je nach Temperatur und Korrosionsbelastung, mehrere Analysenvarianten innerhalb des Werkstoffes 1.4872 (Tab. 10-4.4). In der heißen Zone spielt neben der Temperaturbelastung auch der Widerstand gegen schwefelhaltige Gase sowie die aufkohlende Atmosphäre eine wesentliche Rolle. Mit dem Duplexwerkstoff ist eine anwendungsgerechte Möglichkeit gegeben, die Haltbarkeit der Zementketten deutlich zu erweitern.

Abmessungen

Das Vormaterial für Zementketten ist Draht im Abmessungsbereich von 16 bis 28 mm Ø in oben genannten Güten, selten werden größere Abmessungen für Verschlussstücke eingesetzt.

Herstellungsprozesse

Das Rohstrang-Vormaterial – sowohl Ferrit als auch Rostfrei-Duplexstahl – wird thermomechanisch zu Draht gewalzt und beschleunigt abgekühlt, um Feinkorn zu erzeugen. Dies ist auch Bedingung für das Biegen und Schweißen der einzelnen Kettenglieder.

Der Walzdraht wird in einem Arbeitsgang höher als Raumtemperatur gerichtet, abgelängt, gebogen und gleichzeitig zu einer endlosen Kette an den Enden der Kettenglieder widerstandsgeschweißt. Je nach Werkstoff ist die entstehende Wulst an der Schweißnaht entweder sehr klein oder wird noch heiß abgestreift. Der Durchmesser eines Kettengliedes beträgt rund

Tabelle 10-4.4 Beispiele von Stählen für hitzebeständige Ketten nach DIN EN 10095 (typische Werte)

Kurzname	Werkstoffnummer	Legierungsanteile in Massen-%						
		C	Si	Mn	Cr	Al	Ni	N
X10CrSiAl7	1.4713	0,04	0,70	0,50	7,0	0,80	–	–
X10CrSiAl13-1-1	1.4724	0,06	0,80	0,50	12,5	0,80	–	–
X10CrSiAl18-1-1	1.4742	0,06	0,80	0,50	17,3	0,80	–	–
X25CrMnNiN25-9-7	1.4872 [1]	0,20	0,80	7,80	17,1	0,0005	3,7	0,160
X25CrMnNiN25-9-7	1.4872 [2]	0,28	0,80	9,00	24,3	0,0005	6,3	0,210

Variante 1), Variante 2)

Tabelle 10-4.5 Einsatzbedingungen von Stählen für hitzebeständige Ketten (Anhaltswerte)

Werkstoffnummer	Gefüge	Temperatur	Beständigkeit gegen Lose mit		
			Schwefel	Stickstoff	Kohlenstoff
1.4713	Ferrit	400 – 800 °C	+ +		+
1.4724	Ferrit	400 – 850 °C	+ +		–
1.4742	Ferrit	800 – 980 °C	+ +		–
1.4872	Duplex	900 – 1160 °C	+ +	+ +	+

10

120 mm, die Kette für den Kettenvorhang hat eine durchschnittliche Länge von 2 m.

Perspektiven/Alternativen

Da die Zementindustrie weltweit expandiert, ist das Brennen von Zement auch weiterhin stark nachgefragt. Alternativen zur Kette aus hitzebeständigen hochlegierten Stählen gibt es derzeit nicht. Wichtig ist speziell für den Einsatz, dass Werkstoffe Anwendung finden, die keine Versprödungsbereiche aufweisen, da es in einigen Bereichen des Brennofens Temperaturen unter 900 °C geben kann. Insofern scheiden bestimmte Werkstoffe aufgrund des Versprödungsverhaltens aus. Viele ferritische Stähle dürfen eine maximale Temperatur von 850 °C nicht überschreiten, da sie dann zum einen erweichen und sich längen, zum anderen zu Grobkorn neigen und dann die gewünschte Eigenschaft nicht mehr gegeben ist.

10

Additive Fertigung von Bauteilen aus Stahl

Christian Haase

10-5.1 Einleitung

Additive Fertigung (engl. Additive Manufacturing, AM), welche umgangssprachlich auch unter dem Begriff „3-D-Druck" bekannt ist, bezeichnet die Herstellung 3-dimensionaler Strukturen und Bauteile über inkrementellen, schichtweisen Materialauftrag. Somit unterscheiden sich die Verfahren der additiven Fertigung grundlegend von subtraktiven Verfahren wie Drehen, Fräsen und Bohren. Obwohl zahlreiche unterschiedliche Verfahren zur additiven Fertigung existieren, beruhen diese im Wesentlichen auf einem einheitlichen Prinzip (Bild 10-5.1). Zunächst wird die Geometrie des herzustellenden Bauteils in einem CAD-Programm definiert und entsprechend der im Prozess auftragbaren Schichtdicke in 2-dimensionale Schnitte zerlegt. Auf der Basis dieser Daten erfolgt der schichtweise Aufbau durch lokales Aufschmelzen des Einsatzmaterials, üblicherweise Metallpulver oder -draht, unter Zuhilfenahme einer Wärmequelle hoher Energie. Neben Laserstrahlquellen dienen ebenfalls Elektronenstrahlen und Lichtbögen als Wärmequellen. Da neben dem aufzutragenden Material auch die darunterliegende Schicht partiell wieder erschmolzen wird, erfolgt eine lückenlose Anbindung durch das Verschweißen benachbarter Schichten.

Durch diese Fertigungsmethodik ergeben sich neue konstruktive, metallurgische und wirtschaftliche Möglichkeiten, die der additiven Fertigung zu großer industrieller Beachtung verholfen haben. Hierzu zählen beispielsweise erhöhte Freiheit bei der Gestaltung von Bauteilen mit komplexer Geometrie, durch Rascherstarrung und -abkühlung beeinflusste Mikrostrukturen sowie verkürzte Zykluszeit (time to market) und effizientere Fertigung individualisierter Produkte (Bourell 2016, Gebhardt et al. 2016, Gibson et al. 2010, Thompson et al. 2016, Witt 2014).

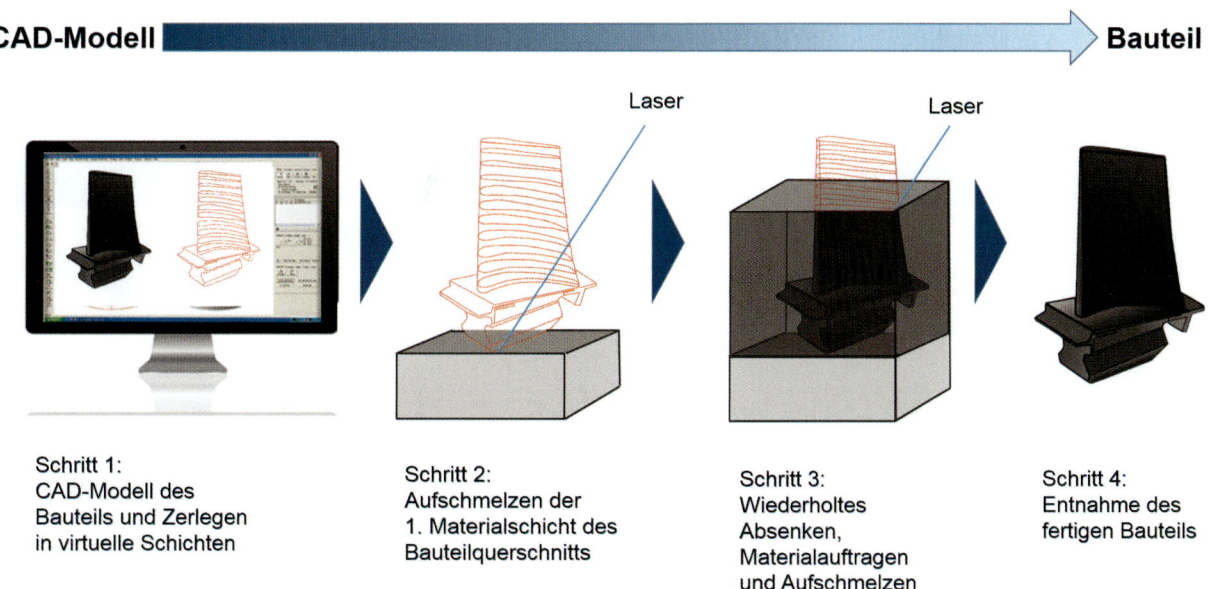

CAD-Modell → **Bauteil**

Laser · Laser

Schritt 1:
CAD-Modell des Bauteils und Zerlegen in virtuelle Schichten

Schritt 2:
Aufschmelzen der 1. Materialschicht des Bauteilquerschnitts

Schritt 3:
Wiederholtes Absenken, Materialauftragen und Aufschmelzen

Schritt 4:
Entnahme des fertigen Bauteils

Bild 10-5.1 Schematische Darstellung der Herstellung von additiv gefertigten Bauteilen vom CAD-Modell zum Bauteil

10-5.2 Verfahren zur additiven Fertigung

Die gängigsten und vom technischen Reifegrad am weitesten fortgeschrittenen additiven Fertigungsverfahren sind die beiden Pulverbettverfahren selektives Laserstrahlschmelzen (engl. Selective Laser Melting, SLM) und Elektronenstrahlschmelzen (engl. Electron Beam Melting, EBM) sowie das Freiraumverfahren Laserauftragschweißen (engl. Laser Metal Deposition, LMD). Üblicherweise werden für die Benennung die angegebenen Akronyme der englischen Verfahrensbezeichnung verwendet. Bild 10-5.2 zeigt schematisch die grundlegenden Prinzipien dieser drei Verfahren, welche nachfolgend kurz erläutert werden.

SLM: SLM ist ein Pulverbettverfahren. Zunächst wird Pulver über einen Zuführbehälter oder aus einem Pulverreservoir auf die Grundplatte in der mit Inertgas gefüllten Prozesskammer aufgebracht und mittels eines Nivelliersystems homogen mit einer Schichtdicke im Bereich von 20 – 100 µm verteilt. Entsprechend dem Probenquerschnitt und der definierten Scanstrategie wird das Pulver selektiv aufgeschmolzen; es erstarrt umgehend nach der Weiterbewegung des Laserstrahls. Nach der Herstellung jeder Schicht wird die Grundplatte um den Betrag der nachfolgenden Schicht herabgesetzt. Pulverauftrag und selektives Schmelzen der nächsten Schicht werden mehrmals bis zur Komplettierung des Bauteils wiederholt. Neben dem Bauteil selbst werden gitterähnliche Stützstrukturen erzeugt, um Wärmeabfuhr und Bauteilverformung zu regulieren.

EBM: EBM ist ebenfalls ein Pulverbettverfahren, in dem das Pulverbett ähnlich dem SLM-Verfahren erzeugt wird. Entgegen dem SLM-Prozess wird im EBM-Prozess ein Elektronenstrahl im Vakuum verwendet. Typische Schichtdicken liegen im Bereich von 50 – 200 µm. Bevor das Pulver selektiv aufgeschmolzen wird, erwärmt ein defokussierter Elektronenstrahl das Pulverbett, wodurch elektrostatischer Aufladung entgegengewirkt wird. Für den eigentlichen Schmelzprozess wird der Elektronenstrahl auf die Pulverschicht fokussiert. Wiederholtes Pulverauftragen, Schmelzen und Absenken der Arbeitsplatte erfolgen analog dem SLM-Prozess.

LMD: Im Vergleich zu den Pulverbettverfahren wird im LMD-Prozess direkt die Oberfläche der Arbeitsplatte bzw. der obersten Materialschicht aufgeschmolzen, während zeitgleich ein oder mehrere Metallpulver mittels eines Trägergases hinzugedüst werden. Das Schmelzbad wird ähnlich zu Schweißprozessen durch Schutzgaszuführung vor Oxidation geschützt. Aufgrund der großen erzielbaren Schichtdicken im Bereich von 40 µm-1 mm sind höhere Aufbauraten im Vergleich zu SLM und EBM möglich. Des Weiteren kann neben Pulver ebenfalls Draht als Einsatzmaterial verwendet werden (Frazier 2014, Gibson et al. 2010, Herzog et al. 2016).

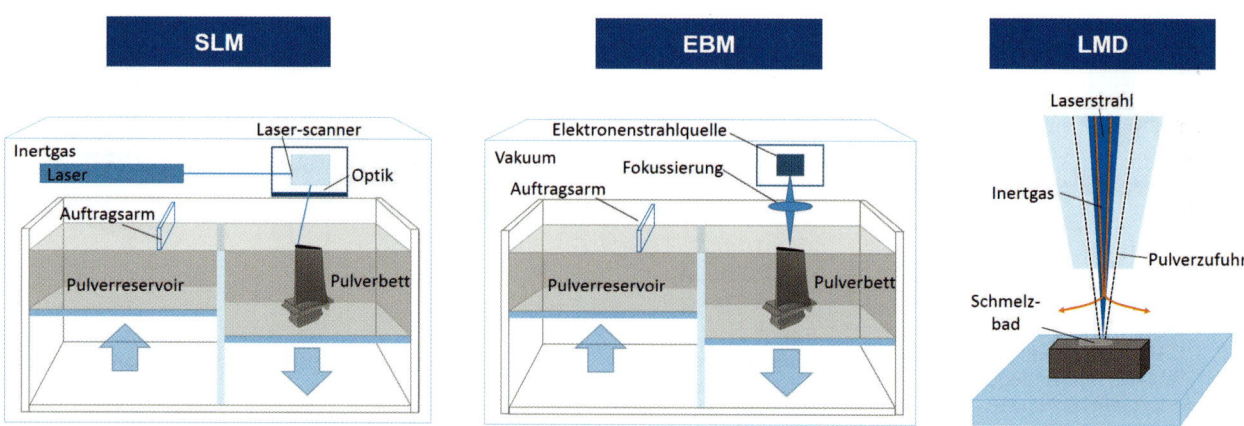

Bild 10-5.2 Schematische Darstellung der gängigsten Verfahren zur additiven Fertigung von Bauteilen aus Metallen (SLM – Selective Laser Melting, EBM – Electron Beam Melting, LMD – Laser Metal Deposition)

10

10-5.3 Prozessbedingte Besonderheiten

Aufgrund der Anlagentechnik und Prozessführung spielen verschiedene Einflussgrößen eine Rolle und weisen additiv gefertigte Bauteile Besonderheiten auf, die von denen aus konventioneller Herstellung abweichen. Tabelle 10-5.1 gibt einen Überblick der relevanten Prozessparameter und der dadurch beeinflussten Materialeigenschaften.

Obwohl in Tabelle 10-5.1 nicht separat aufgeführt, haben sämtliche Parameter, die die chemische Zusammensetzung, Porosität oder Mikrostruktur beeinflussen, auch unmittelbare Auswirkungen auf die mechanischen und physikalischen Eigenschaften der Bauteile.

Wie Tabelle 10-5.1 verdeutlicht, hat die Kombination der gewählten Prozessparameter erheblichen Einfluss auf die Mikrostrukturentwicklung additiv gefertigter Stähle. Darüber hinaus wirkt sich eine Änderung der chemischen Zusammensetzung des in der Regel vorlegierten Einsatzpulvers stets sowohl auf die Interaktion zwischen Pulverpartikeln und Laserstrahlung als auch auf die Erstarrungsbedingungen aus. Daher ergeben sich, wie auch bei konventionellen Herstellungsverfahren, erhebliche Unterschiede der Mikrostrukturen in unterschiedlichen Stählen. Nichtsdestotrotz soll nachfolgend auf einige grundlegende metallurgische Besonderheiten additiv gefertigter Stähle eingegangen werden, die bei der Herstellung zu beachten sind.

■ Abkühlbedingungen bei der Erstarrung: Kurze Interaktionszeiten zwischen Einsatzmaterial und Laserstrahlung führen zu deutlich kleineren Schmelzbädern im Vergleich zu Gießprozessen, was steile Temperaturgradienten und hohe Abkühlraten bedingt. Die Folge sind zum einen hohe Eigenspannungen. Zum anderen treten verglichen mit dem Gusszustand reduzierte Seigerungen, kürzere Seigerungswellenlängen und eine homogenere Elementverteilung auf. Letzteres macht insbesondere hochlegierte Stähle für die Anwendung in der additiven Fertigung interessant.

■ Mikrostrukturbildung bei der Erstarrung: Bei der Erstarrung wird die Wärme hauptsächlich in Richtung der Grundplatte abgeführt, was zumeist die Ausbildung kolumnarer Körner mit Streckung in Aufbaurichtung bedingt. Darüber hinaus führt das partielle Aufschmelzen der darunterliegenden Schicht zu epitaxialem Kornwachstum. Die Kristallite erstrecken sich daher oftmals über mehrere aufgetragene Schmelzlinien und weisen bevorzugte kristallografische Orientierungen auf (Bild 10-5.3 a, b). Bild 10-5.3 c zeigt, dass die dadurch entstehende Textur eine starke Anisotropie der mechanischen Eigenschaften nach sich zieht. Eine genaue Kontrolle der Abkühlbedingungen kann somit genutzt werden, um Richtungsabhängigkeiten gewünscht einzustellen.

■ Intrinsische Wärmebehandlung: Zusätzlich zum Aufschmelzen und Abkühlen der jeweils aufgebauten Schicht werden darunterliegende Schichten stets erneut erwärmt. Die Abbildung dieser mehrmaligen intrinsischen Wärmebehandlungszyklen erfordert genaue Kenntnis der Wärmeabfuhr- und -leitungsbedingungen. Insbesondere in Mehrphasen- und ausscheidungsgehärteten Stählen müssen bei der Herstellung ablaufende Phasentransformationen berücksichtigt und kontrolliert werden.

■ Umformlose Herstellung: Einer der größten Vorteile der additiven Fertigung ergibt sich daraus, dass Bauteile bereits mit ihrer Endgeometrie oder endgeometrienah hergestellt werden. Was prozesstechnisch

Tabelle 10-5.1 Einfluss unterschiedlicher Prozessparameter auf die Materialeigenschaften additiv gefertigter Stähle

Parameter	Eigenschaft
Atmosphäre	Chemie/Reinheit, Porosität, Wärmeabfuhr, Oxidation
Pulverqualität, -fließfähigkeit	Chemie/Reinheit, Porosität, Oberflächenrauheit
Laserleistung, Scangeschwindigkeit, Schmelzbahnabstand, Schichtdicke	Porosität, Oberflächenrauheit, Rissbildung, Korngröße, -morphologie, Eigenspannungen, Seigerung, Phasenzusammensetzung
Scanstrategie	Porosität, Oberflächenrauheit, Rissbildung, Korngröße, -morphologie, Textur, Eigenspannungen
Vorwärmung/Prozesstemperatur	Oberflächenrauheit, Rissbildung, Korngröße, -morphologie, Textur, Eigenspannungen, Seigerung, Phasenzusammensetzung
Nachbehandlung (Glühen, HIP)	Porosität, Korngröße, -morphologie, Textur, Eigenspannungen, Seigerung, Phasenzusammensetzung

10

eine Verkürzung der Herstellungsroute ermöglicht, bedeutet metallurgisch Einschränkungen bezogen auf Mikrostrukturmodifikationen durch plastische Verformung, wie z.B. Regulierung der Korngröße durch Rekristallisation, Steigerung der Streckgrenze durch Vorverformung oder Beeinflussung von Umwandlungskinetiken. Die Rascherstarrung und -abkühlung führen zwar zu höheren Versetzungsdichten im Vergleich zum Gusszustand. Allerdings lassen sich diese erheblich eingeschränkter variieren und dementsprechend nur begrenzt zur Beeinflussung der Mikrostruktur nutzen als die eingebrachte plastische Verformung in konventionellen Umformprozessen.

■ Nachbehandlung: Eine dem additiven Fertigungsprozess nachgeschaltete Wärmebehandlung kann je nach Legierungssystem und durch die bei der Abkühlung vorhandenen Eigenspannungen zu Rekristallisation führen, wodurch Kornmorphologie und Korngröße beeinflusst werden können. Des Weiteren ermöglichen Glühungen Phasenrückumwandlungen sowie die Einstellung mehrphasiger Gefüge, beispielsweise durch Auslagern oder „Quench and Partitioning"-Behandlungen. Ferner erlaubt die Anwendung von heißisostatischem Pressen das Schließen vorhandener Restporen.

Es muss weiterhin darauf hingewiesen werden, dass das jeweilige additive Fertigungsverfahren in der Regel nicht der einzige Prozessschritt zur Herstellung von Stahlbauteilen ist, sondern stets nur ein Teil der Prozesskette. Vorherige Pulver- oder Drahtherstellung und Nachbehandlung in Form von Glühbehandlungen, heißisostatischem Pressen (HIP), Ablösen der Grundplatte, Stützstrukturen und Pulverreste sowie Oberflächenbehandlungen sind notwendig, um gewünschte Mikrostrukturen, mechanische Eigenschaften und Oberflächenqualität einzustellen (Collins et al. 2016, Haase et al. 2017, Lewandowski et al. 2016, Niendorf et al. 2013, Sames et al. 2016).

10-5.4 Eingesetzte Stähle und ihre Anwendungen

Zurzeit werden hauptsächlich etablierte Stähle für die Herstellung additiv gefertigter Bauteile verwendet, worauf im Nachfolgenden eingegangen wird. Es ist jedoch davon auszugehen, dass zukünftig neue Stahlkonzepte entwickelt und angewendet werden, die ihre optimalen Eigenschaften durch die prozessbedingten Gegebenheiten bei der additiven Fertigung erlangen.

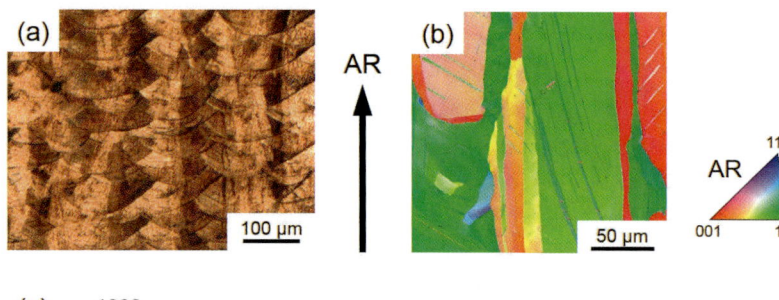

Bild 10-5.3
Mikrostruktur und mechanische Eigenschaften eines additiv gefertigten hochmanganhaltigen Stahls (X30Mn22). (a) Lichtmikroskopische Aufnahme der in Aufbaurichtung (AR) gestapelten Schmelzlinien. (b) Elektronenmikroskopische Abbildung der Kornstruktur mit Farbkodierung entsprechend der Kornorientierung. Die Kristallite sind entlang der bevorzugten Wärmeabfuhr in AR gestreckt. (c) Richtungsabhängigkeit der mechanischen Eigenschaften im quasi-statischen Zugversuch. Es ergibt sich eine ausgeprägte Richtungsabhängigkeit bei der plastischen Verformung (Winkel zwischen Zug- und Aufbaurichtung). Der Referenzzustand entspricht einem konventionell hergestellten Stahl gleicher chemischer Zusammensetzung

Die chemische Zusammensetzung der bisher in der additiven Fertigung eingesetzten Stähle enthält Tabelle 10-5.2.

Anwendungen additiv gefertigter Stahlbauteile finden sich unter anderem im Bereich hochfester Werkzeuge, bei Press- und Gussformen, Turbinenbestandteilen, medizinischen Geräten und Wälzlagerkomponenten. Bild 10-5.4 zeigt exemplarisch einen über das SLM-Verfahren hergestellten Spiralbohrer aus X3NiCoMo-Ti18-9-5-Maraging-Stahl mit präzise gefertigten Kühlspiralen (3dmaterialtech 2017, eos 2017, slm-solutions 2017).

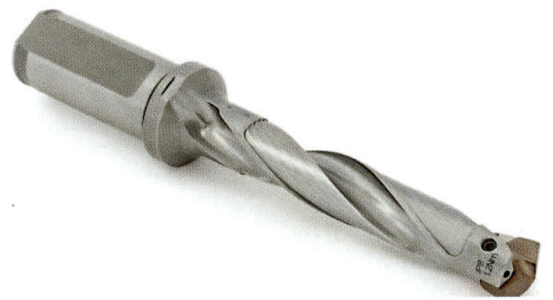

Bild 10-5.4 Über das SLM-Verfahren gefertigter Spiralbohrer aus X3NiCoMoTi18-9-5-Maraging-Stahl (Wst.-Nr. 1.2709) (Mapal Dr. Kress KG) (Quelle: *http://www.fabricatingandmetalworking. com/2015/11/how-to-3d-print-precision-drills/*)

Tabelle 10-5.2 Chemische Zusammensetzung bisher für die additive Fertigung eingesetzter Stähle nach Werkstoffdatenblättern verschiedener Herrsteller

Kurzname	Werkstoff-nummer	Legierungsanteile in Massen-%						
		C	Si	Mn	Cr	Mo	Ni	Sonstige
X2CrNiMo17-12-2	1.4404	max. 0,03	max. 1,0	max. 2,0	16,50 – 18,50	2,00 – 2,50	10,0- 13,0	S: ≤ 0,030 P: ≤ 0,045 N: ≤ 0,10
X2CrNi19-11	1.4306	max. 0,03	max. 1,0	max. 2,0	18,0 – 20,0	–	10,0-12,0	S: ≤ 0,030 P: ≤ 0,045 N: ≤ 0,11
X3NiCoMoTi18-9-5	1.2709	max. 0,03	max. 0,10	max. 0,15	max. 0,25	4,50 – 5,20	17,0-19,0	Ti: 0,80 – 1,20 Co: 8,5 – 10,0 S: ≤ 0,010 P: ≤ 0,010
X5CrNiCuNb16-4	1.4542	max. 0,07	max. 0,70	max. 1,50	15,0 – 17,0	max. 0,60	3,0- 5,0	Cu: 3,0 – 5,0 Nb: 5xC – 0,45 S: ≤ 0,015 P: ≤ 0,040
X5CrNiCu15-5	1.4545	max. 0,07	max. 1,0	max. 1,0	14,00 – 15,50	max. 0,5	3,50-5,50	Cu: 2,50 – 4,50 Nb: 5xC – 0,45 S: ≤ 0,015 P: ≤ 0,030
X37CrMoV5-1	1.2343	0,33 – 0,41	0,80 – 1,20	0,25 – 0,50	4,80 – 5,50	1,10 – 1,50	–	V: 0,30 – 0,50 S: ≤ 0,020 P: ≤ 0,030
X40CrMoV5-1	1.2344	0,35 – 0,42	0,80 – 1,20	0,25 – 0,50	4,80 – 5,50	1,20 – 1,50	–	V: 0,85 – 1,15 S: ≤ 0,020 P: ≤ 0,030
X46Cr13	1.4034	0,43 – 0,50	max. 1,0	max. 1,0	12,00 – 14,50	–	–	S: ≤ 0,030 P: ≤ 0,040

10

Literatur zu Kapitel 10-5

Bourell, D. L.: Perspectives on Additive Manufacturing. Annual Review of Materials Research (46) 2016, S. 1

Collins, P. C.; Brice, D. A.; Samimi, P.; Ghamarian, I.; Fraser, H. L.: Microstructural Control of Additively Manufactured Metallic Materials. Annual Review of Materials Research (46) 2016, S. 63

Frazier, W. E.: Metal Additive Manufacturing: A Review. J. Mater. Eng. Perform. (23) 2014, S.1917

Gebhardt, A.; Hötter, J.-S.: Additive Manufacturing. Carl Hanser Verlag, München 2016

Gibson, I.; Rosen, D. W.; Stucker, B.: Additive Manufacturing Technologies: Rapid Prototyping to Direct Digital Manufacturing. Springer Verlag, Boston 2010

Haase, C.; Bültmann, J.; Hof, J.; Ziegler, S.; Bremen, S.; Hinke, C.; Schwedt, A.; Prahl, U.; Bleck, W.: Exploiting Process-Related Advantages of Selective Laser Melting for the Production of High-Manganese Steel. Materials (10) 2017, S. 56

Herzog, D.; Seyda, V.; Wycisk, E.; Emmelmann, C.: Additive manufacturing of metals. Acta Mater. (117) 2016, S. 371

Lewandowski, J. J.; Seifi, M.: Metal Additive Manufacturing: A Review of Mechanical Properties. Annual Review of Materials Research (46) 2016, S. 151

Niendorf, T.; Leuders, S.; Riemer, A.; Richard, H. A.; Tröster, T.; Schwarze, D.: Highly Anisotropic Steel Processed by Selective Laser Melting. Metallurgical and Materials Transactions B (44) 2013, S. 794

Sames, W. J.; List, F. A.; Pannala, S.; Dehoff, R. R.; Babu, S. S.: The metallurgy and processing science of metal additive manufacturing. Int. Mater. Rev. (61) 2016, S. 315

Thompson, M. K.; Moroni, G.; Vaneker, T.; Fadel, G.; Campbell, R. I.; Gibson, I.; Bernard, A.; Schulz, J.; Graf, P.; Ahuja, B.; Martina, F.: Design for Additive Manufacturing: Trends, opportunities, considerations, and constraints. CIRP Annals − Manufacturing Technology (65) 2016, S. 737

Witt, G.: VDI Statusreport: Additive Fertigungsverfahren. 2014

Internetseiten zu Kapitel 10-5

http://www.3dmaterialtech.com/materials/

https://www.eos.info/material-m

https://slm-solutions.com/products/accessories-and-consumables/slm-metal-powder

Alle im Text erwähnten Normen sind in einer Liste zusammengefasst (Seite 889).

10

Zu guter Letzt – *Sprüche, Weisheiten, Dummheiten, Mythen zu Eisen und Stahl*

Wenn es Stahl nicht schon gäbe, müsste man ihn erfinden.
  (Prof. Claus Razim, ehem. Direktor Forschung, Daimler AG)

Der Mensch wird hart wie Stahl – durch öfteres Abkühlen nach dem Erhitzen.
  (Jean Paul, deutscher Schriftsteller, Aphorismen, 1763 – 1825)

Eisen und Stahl hat in der Vergangenheit … beim Kampfe der europäischen Völker gegeneinander eine verhängnisvolle Rolle gespielt, denn alle Waffen waren ja aus Eisen und Stahl.
  (Konrad Adenauer, erster deutscher Bundeskanzler, Rede zur Montanunion im April 1951)

Die Federn, die gegen Abrüstung schreiben, sind aus demselben Stahl gemacht, aus dem die Kanonen sind.
  (Aristide Briand, französischer Politiker, 1862 – 1932)

American steel and American hands have constructed this 100,000-ton message to the world.
  (Donald Trump, amerikanischer Präsident, am 22.7.2017 bei Inbetriebnahme der USS Gerald R. Ford)

Es muß auf Erden jeder Mensch sein Pärchen Narrenschuh vertragen; doch mancher läßt die Sohlen sich mit Eisen um und um beschlagen.
  (Wilhelm Müller, deutscher Lyriker 1794 – 1827)

Hier ist des Stahles Heimatstätte, Westfalenfaust den Hammer schwingt, und blitzend aus dem Wiegenbette, das Erz in voller Woge springt.
  (Friedrich Emil Rittershaus, deutscher Kaufmann und Dichter, 1834 – 1897)

Sammelt euch nicht Schätze auf Erden, wo Motte und Rost zerstört und wo Diebe nachgraben und stehlen.
  (Matthäus 6; 19)

Auch Männer aus Stahl gehören eines Tages zum alten Eisen.
  (Rupert Schützbach, deutscher Schriftsteller, *1933)

Men are like steel. When they lose their temper, they lose their worth.
  (Chuck Norris, amerikanischer Kampfkünstler, *1940)

Der Gott, der Eisen wachsen ließ, der wollte keine Knechte.
  (Ernst-Moritz Arndt, deutscher Schriftsteller und Freiheitskämpfer, 1769 – 1860)

Die Japaner haben eine raffinierte Art, ihren Stahl in die Vereinigten Staaten zu schmuggeln. Sie malen ihn an, stellen ihn auf vier Räder und nennen das ganze Auto.
(Henry Ford, amerikanischer Großindustrieller, 1863 – 1947)

Nur Pessimisten schmieden das Eisen, solange es heiß ist. Optimisten vertrauen darauf, dass es nicht erkaltet.
(Peter Bamm, deutscher Schriftsteller, 1897 – 1975)

We must beat the iron while it is hot, but we may polish it at leisure.
(John Dryden, englischer Poet und Dramatiker, 1631 – 1700)

Marmor Stein und Eisen bricht
(Deutscher Schlager, Drafi Deutscher, 1946 – 2006)

The secret of steel has always carried with it a mystery. You must learn its riddle, you must learn its discipline.
(Conan, der Barbar, amerikanischer Spielfilm 1982)

Ein heißes Eisen, durch Abstrakta sublimiert, wird kalter Kaffee.
(Ludwig Marcuse, deutsch-amerikanischer Philosoph und Schriftsteller, 1894 – 1971)

ANHANG

Verzeichnis der im Buch erwähnten Normen

DIN EN 1993 EUROCODE 3 Ausg. 2000-09	Bemessung und Konstruktion von Stahlbauten 1: Allgemeine Bemessungsregeln und Regeln für den Hochbau Teil 1–9: Ermüdung Teil 5: Pfähle und Spundwände
DIN EN 1994 EUROCODE 4 Ausg. 2010-12	Bemessung und Konstruktion von Verbundtragwerken aus Stahl und Beton – Teil 1-1: Allgemeine Bemessungsregeln und Anwendungsregeln für den Hochbau
DIN EN 1997 EUROCODE 7 Ausg. 2014-03	Entwurf, Berechnung und Bemessung in der Geotechnik Teil 1: Allgemeine Regeln
DIN EN 2002 Ausg. 2007-08	Luft- und Raumfahrt – Metallische Werkstoffe – Prüfverfahren Teil 1: Zugversuch bei Raumtemperatur
DIN EN ISO 3452 Ausg. 2014-09	Zerstörungsfreie Prüfung – Eindringprüfung Teil 1: Allgemeine Grundlagen Teil 2: Prüfung von Eindringmitteln
DIN 3506 Entwurf 2017-09	Anlagen zur Behandlung von Trinkwasser innerhalb von Gebäuden – Steinfänger mit einer Maschenweite von 1,0 mm bis 1,5 mm – Anforderungen an Ausführung und Sicherheit
DIN EN ISO 3651 Ausg. 1998-08	Ermittlung der Beständigkeit nichtrostender Stähle gegen interkristalline Korrosion
DIN EN 3834 Ausg. 2010-05	Luft- und Raumfahrt – Annietmuttern, selbstsichernd, beweglich, beiderseitiger Flansch, mit unterschiedlich tiefer zylindrischer Aussenkung, aus korrosionsbeständigem Stahl, MoS_2-geschmiert – Klasse: 900 MPa (bei Raumtemperatur)/315 °C
ISO 3685 Ausg. 1993-11	Lebensdauerprüfung von Drehmeißeln
DIN 3990 Ausg. 1987-12	Tragfähigkeitsberechnung von Stirnrädern
DIN 4085 Ausg. 2017-08	Baugrund – Berechnung des Erddrucks
DIN 4125 zurückgezogen	Verpressanker – Kurzzeitanker und Daueranker – Bemessung, Ausführung und Prüfung
DIN 4128 zurückgezogen	Verpresspfähle (Ortbeton- und Verbundpfähle) mit kleinem Durchmesser; Herstellung, Bemessung und zulässige Belastung
DIN EN 4132 Ausg. 2009-10	Luft- und Raumfahrt – Sechskantschrauben, langes Gewinde, aus legiertem Stahl, verkadmet – Klasse: 1100 MPa (bei Raumtemperatur)/235 °C
DIN EN ISO 4287 Ausg. 2010-07	Geometrische Produktspezifikation (GPS) – Oberflächenbeschaffenheit: Tastschnittverfahren – Benennungen, Definitionen und Kenngrößen der Oberflächenbeschaffenheit
DIN ISO 4381 Ausg. 2015-05	Gleitlager – Zinn-Gusslegierungen für Verbundgleitlager
DIN EN ISO 4628 Ausg. 2016-07	Beschichtungsstoffe – Beurteilung von Beschichtungsschäden – Bewertung der Menge und der Größe von Schäden und der Intensität von gleichmäßigen Veränderungen im Aussehen
DIN EN ISO 4885 Ausg. 2017-07	Begriffe der Wärmebehandlung von Eisenwerkstoffen
DIN EN ISO 4957 Ausg. 2017-04	Werkzeugstähle
DIN EN ISO 5579 Ausg. 2014-04	Zerstörungsfreie Prüfung – Durchstrahlungsprüfung von metallischen Werkstoffen mit Film und Röntgen- oder Gammastrahlen – Grundlagen
DIN EN ISO 5755 Ausg. 2013-01	Sintermetalle – Anforderungen
DIN ISO 5832 Ausg. 2017-04	Chirurgische Implantate – Metallische Werkstoffe – Teil 1: Nichtrostender Stahl

ISO 6336 Ausg. 2006-09	Tragfähigkeitsberechnung von gerad- und schrägverzahnten Stirnrädern Teil 1: Grundnorm, Einführung und allgemeine Einflussfaktoren
DIN 6584 Ausg. 1982-10	Begriffe der Zerspantechnik; Kräfte, Energie, Arbeit, Leistungen
DIN 6799 Ausg. 2017-06	Sicherungsscheiben (Haltescheiben) für Wellen
DIN EN ISO 6892 Ausg. 2017-02	Metallische Werkstoffe – Zugversuch – Teil 1: Prüfverfahren bei Raumtemperatur
DIN EN ISO 7438 Ausg. 2016-07	Metallische Werkstoffe – Biegeversuch
DIN EN ISO 8044 Ausg. 2015-12	Korrosion von Metallen und Legierungen – Grundbegriffe
DIN EN ISO 8501 Ausg. 2007-12	Vorbereitung von Stahloberflächen vor dem Auftragen von Beschichtungsstoffen – Visuelle Beurteilung der Oberflächenreinheit
DIN EN ISO 8503 Ausg. 2013-05	Vorbereitung von Stahloberflächen vor dem Auftragen von Beschichtungsstoffen – Rauheitskenngrößen von gestrahlten Stahloberflächen
DIN 8580 Ausg. 2003-09	Fertigungsverfahren – Begriffe, Einteilung
DIN 8582 Ausg. 2003-09	Fertigungsverfahren Umformen – Einordnung; Unterteilung, Begriffe, Alphabetische Übersicht
DIN 8583-1 Ausg. 2003-09	Fertigungsverfahren Druckumformen Teil 1: Allgemeines; Einordnung; Unterteilung, Begriffe Teil 2: Walzen; Einordnung, Unterteilung, Begriffe Teil 3: Freiformen; Einordnung, Unterteilung, Begriffe Teil 4: Gesenkformen; Einordnung, Unterteilung, Begriffe
DIN 8584 Ausg. 2003-09	Fertigungsverfahren Zugdruckumformen Teil 1: Allgemeines, Einordnung, Unterteilung, Begriffe Teil 2: Durchziehen; Einordnung; Unterteilung, Begriffe Teil 3: Tiefziehen; Einordnung, Unterteilung, Begriffe
DIN 8585 Ausg. 2003-09	Fertigungsverfahren Zugumformen Teil 1: Allgemeines; Einordnung, Unterteilung, Begriffe Teil 4: Tiefen; Einordnung, Unterteilung, Begriffe
DIN 8586 Ausg. 2003-09	Fertigungsverfahren Biegeumformen – Einordnung, Unterteilung, Begriffe
DIN 8587 Ausg. 2003-09	Fertigungsverfahren Schubumformen – Einordnung, Unterteilung, Begriffe
DIN 8588 Ausg. 2013-08	Fertigungsverfahren Zerteilen – Einordnung, Unterteilung, Begriffe
DIN 8589 Ausg. 2003-09	Fertigungsverfahren Spanen. Teil 1: Drehen; Einordnung, Unterteilung, Begriffe.
DIN 8590 Ausg. 2003-09	Fertigungsverfahren Abtragen – Allgemeines; Einordnung, Unterteilung, Begriffe
DIN 8593 Ausg. 2003-09	Fertigungsverfahren Fügen Teile 1 bis 8
DIN ISO 8693 Ausg. 2012-07	Press-, Spritzgieß- und Druckgießwerkzeuge – Flachauswerfer
DIN EN ISO 9001 Ausg. 2015-11	Qualitätsmanagementsysteme – Anforderungen
ISO 9223 Ausg. 2012-02	Korrosion von Metallen und Legierungen – Korrosivität von Atmosphären – Klassifizierung, Bestimmung und Abschätzung

DIN EN ISO 9692
Ausg. 2013-12

Schweißen und verwandte Prozesse – Arten der Schweißnahtvorbereitung

DIN EN ISO 9934
Ausg. 2015-12

Zerstörungsfreie Prüfung – Magnetpulverprüfung –
Teil 1: Allgemeine Grundlagen
Teil 2: Prüfmittel
Teil 3: Geräte

DIN EN 10020
Ausg. 2000-07

Begriffsbestimmungen für die Einteilung der Stähle

DIN EN 10021
Ausg. 2007-03

Allgemeine technische Lieferbedingungen für Stahlerzeugnisse

DIN EN 10025
Ausg. 2011-04

Warmgewalzte Erzeugnisse aus Baustählen
Teil 1: Allgemeine technische Lieferbedingungen
Teil 3: Technische Lieferbedingungen für normalgeglühte/normalisierend gewalzte schweiß-
geeignete Feinkornbaustähle
Teil 4: Technische Lieferbedingungen für thermomechanisch gewalzte schweißgeeignete
Feinkornbaustähle;
Teil 6: Technische Lieferbedingungen für Flacherzeugnisse aus Stählen mit höherer Streckgrenze
im vergüteten Zustand

DIN EN 10027
Ausg. 2017-01

Bezeichnungssysteme für Stähle
Teil 1: Kurznamen
Teil 2: Nummernsystem

DIN EN 10028
Ausg. 2016-10

Flacherzeugnisse aus Druckbehälterstählen
Teil 7: Nichtrostende Stähle

DIN EN 10052
zurückgezogen

Begriffe der Wärmebehandlung von Eisenwerkstoffen

DIN EN 10060
Ausg. 2004-02

Warmgewalzte Rundstäbe aus Stahl – Maße, Formtoleranzen und Grenzabmaße

DIN EN 10079
Ausg. 2007-06

Begriffsbestimmungen für Stahlerzeugnisse

DIN EN 10080
Ausg. 2005-08

Stahl für die Bewehrung von Beton – Schweißgeeigneter Betonstahl – Allgemeines

DIN EN 10083
Ausg. 2007-01

Vergütungsstähle
Teil 1: Allgemeine technische Lieferbedingungen
Teil 2: Technische Lieferbedingungen für unlegierte Stähle
Teil 3: Technische Lieferbedingungen für legierte Stähle

DIN EN 10084
Ausg. 2007-01

Einsatzstähle – Technische Lieferbedingungen

DIN EN 10085
Ausg. 2001-07

Nitrierstähle – Technische Lieferbedingungen

DIN EN 10087
Ausg. 1999-01

Automatenstähle – Technische Lieferbedingungen für Halbzeug, warmgewalzte Stäbe und Walzdraht

DIN EN 10088
Ausg. 2014-12

Nichtrostende Stähle
Teil 1: Verzeichnis der nichtrostenden Stähle
Teil 2: Technische Lieferbedingungen für Blech und Band aus korrosionsbeständigen Stählen für
allgemeine Verwendung
Teil 3: Technische Lieferbedingungen für Halbzeug, Stäbe, Walzdraht, gezogenen Draht, Profile und
Blankstahlerzeugnisse aus korrosionsbeständigen Stählen für allgemeine Verwendung

DIN EN 10089
Ausg. 2003-04

Warmgewalzte Stähle für vergütbare Federn – Technische Lieferbedingungen

DIN EN 10106 Ausg. 2016-03	Kaltgewalztes nicht kornorientiertes Elektroband und -blech im schlussgeglühten Zustand
DIN EN 10107 Ausg. 2014-07	Kornorientiertes Elektroband und -blech im schlussgeglühten Zustand
DIN EN 10108 Ausg. 2005-01	Runder Walzdraht aus Kaltstauch- und Kaltfließpressstählen – Maße und Grenzabmaße
DIN EN 10111 Ausg. 2008-06	Kontinuierlich warmgewalztes Band und Blech aus weichen Stählen zum Kaltumformen – Technische Lieferbedingungen
DIN EN 10130 Ausg. 2007-02	Kaltgewalzte Flacherzeugnisse aus weichen Stählen zum Kaltumformen
DIN EN 10132 Ausg. 2000-05	Kaltband aus Stahl für eine Wärmebehandlung – Technische Lieferbedingungen
DIN EN 10138 Ausg. 2000-10	Spannstähle – Teil 1: Allgemeine Anforderungen
ISO/DIS 10146 Entwurf 2017-01	Rohre aus vernetztem Polyethylen (PE-X und PE-MDX) – Einfluss von Zeit und Temperatur auf die zu erwartende Festigkeit
DIN EN 10149-2 Ausg. 2013-12	Warmgewalzte Flacherzeugnisse aus Stählen mit hoher Streckgrenze zum Kaltumformen Teil 2: Technische Lieferbedingungen für thermomechanisch gewalzte Stähle
DIN EN 10152 Ausg. 2017-06	Elektrolytisch verzinkte kaltgewalzte Flacherzeugnisse aus Stahl zum Umformen – Technische Lieferbedingungen
DIN EN 10163 Ausg. 2005-03	Lieferbedingungen für die Oberflächenbeschaffenheit von warmgewalzten Stahlerzeugnissen (Blech, Breitflachstahl und Profile) Teil 1: Allgemeine Anforderungen
DIN EN 10208-2 zurückgezogen	Steel pipes for pipelines for combustible fluids – Technical delivery conditions – Part 2: Pipes of requirement class B10208-2
DIN EN 10213 Ausg. 2016-10	Stahlguss für Druckbehälter –
DIN EN 10216 Ausg. 2014-03	Nahtlose Stahlrohre für Druckbeanspruchungen – Technische Lieferbedingungen Teil 1: Rohre aus unlegierten Stählen mit festgelegten Eigenschaften bei Raumtemperatur
DIN EN 10217 Ausg. 2014-10	Geschweißte Stahlrohre für Druckbeanspruchungen – Teil 1: Elektrisch geschweißte und unterpulvergeschweißte Rohre aus unlegierten Stählen mit festgelegten Eigenschaften bei Raumtemperatur
DIN EN 10222 Ausg. 2017-06	Schmiedestücke aus Stahl für Druckbehälter – Teil 1: Allgemeine Anforderungen an Freiformschmiedestücke
DIN EN 10225 Ausg. 2009-10	Schweißgeeignete Baustähle für feststehende Offshore-Konstruktionen – Technische Lieferbedingungen
DIN EN 10248-1 Ausg. 2006-05	Warmgewalzte Spundbohlen aus unlegierten Stählen Teil 1: Technische Lieferbedingungen Teil 2: Grenzabmaße und Formtoleranzen
DIN EN 10249 Ausg. 2006-05	Kaltgeformte Spundbohlen aus unlegierten Stählen Teil 1: Technische Lieferbedingungen Teil 2: Grenzabmaße und Formtoleranzen
DIN EN 10251 Ausg. 201-11	Magnetische Werkstoffe – Verfahren zur Bestimmung der geometrischen Kenngrößen von Elektroblech und -band
DIN EN 10263 Ausg. 2014-04	Walzdraht, Stäbe und Draht aus Kaltstauch- und Kaltfließpressstählen Teil 1: Allgemeine technische Lieferbedingungen Teil 2: Technische Lieferbedingungen für nicht für eine Wärmebehandlung nach der Kaltverarbeitung vorgesehene Stähle Teil 3: Technische Lieferbedingungen für Einsatzstähle Teil 4: Technische Lieferbedingungen für Vergütungsstähle Teil 5: Technische Lieferbedingungen für nichtrostende Stähle

DIN EN 10264-3 Ausg. 2012-03	Stahldrahterzeugnisse – Stahldraht für Seile – Teil 1: Allgemeine Anforderungen Teil 3: Runder und profilierter Draht aus unlegiertem Stahl für hohe Beanspruchungen
DIN EN 10267 Ausg. 1998-02	Von Warmformgebungstemperatur ausscheidungshärtende ferritisch-perlitische Stähle
DIN EN 10270 Ausg. 2012-01	Stahldraht für Federn Teil 1: Patentiert gezogener unlegierter Federstahldraht Teil 2: Ölschlussvergüteter Federstahldraht
DIN EN 10273 Ausg. 2016-10	Warmgewalzte schweißgeeignete Stäbe aus Stahl für Druckbehälter mit festgelegten Eigenschaften bei erhöhten Temperaturen
DIN EN 10277 Ausg. 2017-03	Blankstahlerzeugnisse – Technische Lieferbedingungen Teil 1: Allgemeines Teil 2: Stähle für allgemeine technische Verwendung Teil 3: Automatenstähle Teil 4: Einsatzstähle Teil 5: Vergütungsstähle
DIN EN 10283 Ausg. 2010-06	Korrosionsbeständiger Stahlguss
DIN EN 10293 Ausg. 2015-04	Stahlguss – Stahlguss für allgemeine Anwendungen
DIN EN 10295 Ausg. 2003-01	Hitzebeständiger Stahlguss
DIN EN 10296 Ausg. 2004-02	Geschweißte kreisförmige Stahlrohre für den Maschinenbau und allgemeine technische Anwendungen – Technische Lieferbedingungen
DIN EN 10303 Ausg. 2016-02	Dünnes Elektroband und -blech aus Stahl zur Verwendung bei mittleren Frequenzen
DIN EN 10305 Ausg. 2016-08	Päzisionsstahlrohre – Technische Lieferbedingungen
DIN EN 10325 Ausg. 2006-10	Stahl – Bestimmung der Streckgrenzenerhöhung durch Wärmebehandlung (Bake Hardening Index)
DIN EN 10346 Ausg. 2015-10	Kontinuierlich schmelztauchveredelte Flacherzeugnisse aus Stahl zum Kaltumformen – Technische Lieferbedingungen
DIN EN ISO 10365 Ausg. 1995-08	Klebstoffe – Bezeichnung der wichtigsten Bruchbilder
DIN EN ISO 12004 Ausg. 2009-02	Metallische Werkstoffe – Bleche und Bänder – Bestimmung der Grenzformänderungskurve
DIN EN 12063 Ausg. 1999-05	Ausführung von besonderen geotechnischen Arbeiten (Spezialtiefbau) – Spundwandkonstruktionen
DIN EN 12501-1 Ausg. 2003-08	Korrosionsschutz metallischer Werkstoffe – Korrosionswahrscheinlichkeit in Böden
DIN EN 12699 Ausg. 2015-07	Ausführung von Arbeiten im Spezialtiefbau – Verdrängungspfähle
DIN EN 12732 Ausg. 2014-07	Gasinfrastruktur – Schweißen an Rohrleitungen aus Stahl – Funktionale Anforderungen
DIN EN ISO 12932 Ausg. 2013-10	Schweißen – Laserstrahl-Lichtbogen-Hybridschweißen von Stählen, Nickel und Nickellegierungen – Bewertungsgruppen für Unregelmäßigkeiten
DIN EN ISO 12944 Entwurf 2016-02	Beschichtungsstoffe – Korrosionsschutz von Stahlbauten durch Beschichtungssysteme

DIN EN 12952 Ausg. 2016-02	Wasserrohrkessel und Anlagenkomponenten Teil 1: Allgemeines Teil 2: Werkstoffe für drucktragende Kesselteile und Zubehör Teil 3: Konstruktion und Berechnung für drucktragende Kesselteile Teil 5: Verarbeitung und Bauausführung für drucktragende Kesselteile Teil 6: Prüfung während der Fertigung, Dokumentation und Kennzeichnung für drucktragende Kesselteile
DIN EN 12953 Ausg. 2012-05	Großwasserraumkessel Teil 1: Allgemeines Teil 2: Werkstoffe für drucktragende Kesselteile und Zubehör Teil 3: Konstruktion und Berechnung für drucktragende Teile Teil 4: Verarbeitung und Bauausführung für drucktragende Kesselteile Teil 5: Prüfung während der Herstellung, Dokumentation und Kennzeichnung für drucktragende Kesselteile
DIN EN 13001 Ausg. 2015-06	Krane – Konstruktion allgemein Teil 1: Allgemeine Prinzipien und Anforderungen
DIN EN 13445 Ausg. 2016-12	Unbefeuerte Druckbehälter – Teil 1: Allgemeines Teil 2: Werkstoffe Teil 3: Konstruktion (NEU: 2017-07) Teil 4: Herstellung Teil 5: Inspektion und Prüfung
DIN EN 13480 zurückgezogen	Metallische industrielle Rohrleitungen – Teil 2: Werkstoffe, Teil 3: Konstruktion und Berechnung, Teil 4: Fertigung und Verlegung, Teil 5: Prüfung
ISO 13623 Ausg. 2009-06	Erdöl- und Erdgasindustrien – Rohrleitungstransportsysteme
DIN EN 13674-1 Ausg. 2017-07	Bahnanwendungen – Oberbau – Schienen – Teil 1: Vignolschienen ab 46 kg/m
DIN EN 13906 Ausg. 2013-11	Zylindrische Schraubenfedern aus runden Drähten und Stäben – Berechnung und Konstruktion Teil 1: Druckfedern
DIN EN ISO 13919 Ausg. 1996-09	Schweißen – Elektronen- und Laserstrahl-Schweißverbindungen – Leitfaden für Bewertungsgruppen für Unregelmäßigkeiten Teil 1: Stahl
DIN EN ISO 14025 Ausg. 2011-10	Umweltkennzeichnungen und -deklarationen – Typ III – Umweltdeklarationen – Grundsätze und Verfahren
DIN EN ISO 14040 Ausg. 2009-11	Umweltmanagement – Ökobilanz – Grundsätze und Rahmenbedingungen
DIN EN ISO 14044 Ausg. 2006-10	Umweltmanagement – Ökobilanz – Anforderungen und Anleitungen
DIN EN 14161 Ausg. 2015-07	Erdöl- und Erdgasindustrie – Rohrleitungstransportsysteme
DIN EN 14199 Ausg. 2015-07	Ausführung von Arbeiten im Spezialtiefbau – Mikropfähle
DIN EN 14399 Ausg. 2015-04	Hochfeste vorspannbare Garnituren für Schraubverbindungen im Metallbau
DIN EN 14713 Ausg. 2016-10	Klebstoffe für Papier und Pappe, Verpackung und Hygieneprodukte – Bestimmung des Reibungsverhaltens potentiell klebefähiger Schichten
ÖNORM EN 14811 Ausg. 2016-09	Bahnanwendungen – Oberbau – Spezialschienen – Rillenschienen und zugehörige Konstruktionsprofile

DIN 15018 Ausg. 1984-11	Krane; Grundsätze für Stahltragwerke; Berechnung von Fahrzeugkranen
ISO 15156 Ausg. 2015-09	Erdöl- und Erdgasindustrie – Werkstoffe für den Einsatz in H_2S-haltiger Umgebung bei der Öl- und Gasgewinnung Teil 1: Allgemeine Grundlagen für die Auswahl von gegen Rissbildung beständigen Werkstoffen Teil 2: Gegen Rissbildung beständige unlegierte und niedriglegierte Stähle und Gusseisen
DIN EN ISO 15549 Ausg. 2011-03	Zerstörungsfreie Prüfung – Wirbelstromprüfung – Allgemeine Grundlagen
DIN EN 15614 Ausg. 2007-09	Schutzkleidung für die Feuerwehr – Laborprüfverfahren und Leistungsanforderungen für Schutzkleidung für die Brandbekämpfung im freien Gelände
DIN EN 15804 Ausg. 2014-07	Nachhaltigkeit von Bauwerken – Umweltproduktdeklarationen – Grundregeln für die Produktkategorie Bauprodukte
DIN EN ISO 16120 Ausg. 2017-09	Walzdraht aus unlegiertem Stahl zum Ziehen
DIN EN ISO 16810 Ausg. 2014-07	Zerstörungsfreie Prüfung – Ultraschallprüfung – Allgemeine Grundsätze
UNE ISO/TS 16949 Ausg. 2012-09	Quality management systems – Particular requirements for the application of ISO 9001:2008 for automotive production and relevant service part organizations
DIN 17100 zurückgezogen	Allgemeine Baustähle – Gütevorschriften
DIN 18516 Ausg. 2010-06	Außenwandbekleidungen, hinterlüftet Teil 1: Anforderungen, Prüfgrundsätze
DIN SPEC 18538 Ausg. 2012-02	Ergänzende Festlegungen zu DIN EN 12699:2001-05, Ausführung spezieller geotechnischer Arbeiten
DIN 19704 Ausg. 2014-11	Stahlwasserbauten Teil 1: Berechnungsgrundlagen Teil 2: Bauliche Durchbildung und Herstellung
DIN EN ISO 22068 Ausg. 2014-06	Sintermetallpulverspritzguss – Anforderungen
DIN EN 22340 Ausg. 1992-10	Bolzen ohne Kopf
DIN 30675 Entwurf 2017-04	Äußerer Korrosionsschutz von erdüberdeckten Rohrleitungen Teil 1: Schutzmaßnahmen und Einsatzbereiche bei Rohrleitungen aus Stahl
DIN 30910 Ausg. 1990 bis 2010	Sintermetalle – Werkstoff-Leistungsblätter (WLB)
DIN 50905 Ausg. 2009-09	Korrosion der Metalle – Korrosionsuntersuchungen
DIN 50928 Ausg. 2017-08	Korrosion der Metalle – Prüfung und Beurteilung des Korrosionsschutzes beschichteter metallener Werkstoffe bei Korrosionsbelastung durch wässrige Korrosionsmedien
DIN EN 60404-1	Magnetische Werkstoffe Teil 1: Einteilung

Alle Normen erscheinen im Beuth Verlag Berlin und sind von dort zu beziehen.

Stichwortverzeichnis

T